金属材料金相图谱

上 册

主 编 李炯辉

副主编 林德成

机械工业出版社

《金属材料金相图谱》分上、下两册（共 12 章），上册内容包括：铸铁、结构钢、钢中夹杂物、工模具钢、特种钢；下册内容包括：焊接件、粉末冶金、表面渗镀涂层、铜及铜合金、铝及铝合金、轴承合金、其他非铁金属（内有钛及钛合金、锌及锌合金、铅及铅合金、镁及镁合金、镍及镍合金和其他合金）。每章的前面部分是文字说明，简要介绍本章的材料分类、处理工艺、组织特征和检验方法等与本章图片密切相关的共性内容，每章的后面部分为金相图片，包括图号、材料名称、浸蚀剂、处理情况和组织说明。图片均选自科研、生产中常见的正常组织图片、缺陷组织图片和失效分析组织图片，共计 4634 幅。

本书适于金相工作者、热加工工艺人员、材料生产、使用等单位的工程技术人员以及科研人员使用，也可供大专院校有关专业师生参考。

图书在版编目（CIP）数据

金属材料金相图谱/李炯辉主编.—北京:机械工业出版社,2006.6（2023.11 重印）
ISBN 978-7-111-19312-8

Ⅰ. 金… Ⅱ. 李… Ⅲ. 金属材料—相图 Ⅳ. TG113.14

中国版本图书馆 CIP 数据核字（2006）第 061474 号

机械工业出版社（北京市百万庄大街 22 号 邮政编码 100037）
责任编辑：崔世荣 王华庆 版式设计：冉晓华 责任校对：刘志文
封面设计：鞠 杨 责任印制：常天培
北京铭成印刷有限公司印刷
2023 年 11 月第 1 版第 10 次印刷
184mm×260mm · 123 印张 · 5 插页 · 3062 千字
标准书号：ISBN 978-7-111-19312-8
定价：499.00 元（上册、下册）

电话服务 网络服务
客服电话：010-88361066 机 工 官 网：www.cmpbook.com
010-88379833 机 工 官 博：weibo.com/cmp1952
010-68326294 金 书 网：www.golden-book.com
封底无防伪标均为盗版 机工教育服务网：www.cmpedu.com

《金属材料金相图谱》编审委员会

《金属材料金相图谱》编写者名单

第1章　铸铁　　　　　　胡明初　周慈成　杨佳荣　梅　红

第2章　结构钢　　　　　朱铭德　李廷蔚　陈飞舟　张明良

第3章　钢中夹杂物　　　李静媛　陈善珠

第4章　工模具钢　　　　蔡美良　顾克成　赵传国　方成水

第5章　特种钢　　　　　陈金宝　强明道

第6章　焊接件　　　　　强明道　陆　慧　顾兰香

第7章　粉末冶金　　　　毛照樵　陈善珠

第8章　表面渗镀涂层　　丁尧华　张晓峰　吴建中

第9章　铜及铜合金　　　李寿康

第10章　铝及铝合金　　　丁惠麟

第11章　轴承合金　　　　孙旭茂

第12章　其他非铁金属　韩德伟　王桂生　谢先娇　余　琨　李寿康

序

经典金相学肇始于 19 世纪中叶,英国冶金学家索比(H.C.Sorby)在光学显微镜下,用斜射光观察了钢铁中的珠贝体组织(形如贝壳表面的纹理),亦即珠光体组织。1885 年,索比应用直射光、放大至较高的倍数,清晰地看到了珠光体的片层状结构,并预测厚的片层为纯铁,薄的片层为渗碳体。之后,人们又相继研究了钢的退火、正火、淬火和回火组织。于是,一门名为"金相学"的学科诞生了。其含义是:在光学显微镜下,研究金属材料组织形态规律的科学,谓之金相学。经典金相亦即光学金相。

随着科学技术特别是相关科学技术的发展,新的金相测试仪器不断涌现,使金相学的面貌日新月异。这主要表现于下列方面:

光学显微镜的使用性能逐渐扩大,如暗场、偏光、相衬、微分干涉、显微硬度、红外光和紫外光的应用等等,提高了相的清晰度和分辨率。

高温和低温显微镜的应用,可观察金属材料在高温和低温时相变的整个过程。

电子探针、离子探针、俄歇能谱仪和 X 射线扫描等用于测定微区的化学成分。

扫描电镜用于观察相的三维形貌,透射电镜用于观察亚结构、位错分布密度等等。与光学显微镜比较,电镜的应用深化了金相的研究层次。

图像分析仪的应用,可根据光学显微镜下相的二维形貌推断其三维形貌并加以量化,这便是定量金相学。

金相显微镜选配自动化电子装置,用计算机对显微镜进行自动化操作,可使金相照片上网,随时与国内外同仁交流。

上述种种,仅为概况,并非全貌。而且每过几年,就会有一种新的测试仪器出现。可见,由于新的测试手段的不断涌现,现代金相学的内涵已逐渐扩大和深化,它已发展成为综合研究金属材料成分、组织和性能之间内在关系的一门科学。

虽然现代金相学的优点很突出,但经典金相学仍然是科学研究特别是检验金属材料质量的重要手段。

本书的作者,大多是从事金相工作达数十年的资深人员,他们孜孜以求,不断耕耘,做了大量分析研究,并拍摄了大量照片(有些照片颇具原创性)。于是,厚积薄发,积淀成本书。我慎重地向从事金属材料研究和检测的人员推荐,这不仅是一本对质量检验有益的图谱,还介绍了大量由材料内在质量缺陷引起的失效实例,因而它是一本能启发人们做进一步探索和研究的图谱。

本书内容丰富,图文并茂,并附有理论说明,对从事金属材料研究和应用的科技人员来说是一本实用的工具书。我相信:本书的出版,必将有助于促进我国金相界的交流和提高。

国际材料检测和评价协会主席

吴永康

前　言

作为现代金相的重要组成部分及研究方法之一，光学显微镜在金属材料的宏观和微观检验中发挥着重要的作用，尤其以其直观、便捷的特点在金相组织鉴别和缺陷分析中得到广泛应用。

随着光学显微技术的发展，从显微镜光学系统的设计到观察方式都有了很大的进步，进一步提高了观察的效果和效率。近年来，特别是数码影像系统的发展，更是为定量金相分析提供了有利条件，同时针对材料研究的多样化要求，显微镜模块化设计为扩展显微镜的功能提供了一个好的平台、电动台、热台等，从而可以非常方便地搭载，为多视场金属夹杂物评定、高温或低温条件下的相变研究提供了便利，而且作为常规检验手段之一，对工作效率的提高要求也促使显微镜的自动化程度大幅度地提高，例如自动聚焦、电动物镜转化、电动观察方式转换，甚至显微镜完全由计算机操控都可实现，为材料科学研究和产品质量控制提供了有利的工具。

目前，现代的金相显微镜都采用了无限远光学系统，奥林巴斯显微镜采取的第二代万能无限远光学系统的像差校正更完善，使得成像更清晰，反差更明显。最新的高 NA 值（数值孔径）长工作距离的高倍物镜，更是为金相和失效分析研究提供了完美的解决方案。

对新材料的研究，使用有针对性的观察方法，往往对结果的判定起到帮助，新一代的金相显微镜都具有明场、暗场、偏光、微分干涉等观察方式并易于转换。奥林巴斯针对不同组织观察需要，还开发了分别针对高分辨率和高反差的微分干涉模块，能够观察到材料垂直方向纳米尺度的变化。

新一代高分辨率数码相机的问世，使取代繁琐暗室工作成为可能。在方便图像记录处理及量测的同时，能得到和光学相机可比拟的金相图像，配合多种金相应用模块可得到准确的分析结果，大大减轻了广大金相工作者的劳动强度，成为新一代金相图像分析的标准工具。

如今专门用于工业领域的激光共焦显微镜的问世（LEXT3000），为现代金相研究又提供了一个新的手段，通过点激光断层扫描探测并获得图像的方式，除了更高分辨率成像、3D影像获取、表面粗糙度的量测，更是为金相检验、失效分析提供了常规光学显微镜所无法实现的功能，扩展了光学金相的范畴；同时在具体使用时也对金相制样的依赖降至最小，因此该设备在分辨率、三维成像、多功能的非接触精密量测（表面粗糙度及高度的自动化测定）以及设备使用的便捷性上都带来了革命性的技术突破。

本书是很多金相专家毕生心血所得，是目前相关领域内较完善全面的学习资料和工具书。在此期间能和很多专家一起探讨金相图片有关技术并参与部分图片拍摄，获益匪浅，我们坚信这本工具书的问世，一定会对广大金相工作者提供很有力的帮助。在此，我们也希望通过不断的努力，为广大金相用户提供更多的技术支持，为推动金相技术的发展和进步贡献我们的一份力量。

元中光学仪器国际贸易（上海）有限公司

编 者 的 话

金属材料行业是国家的支柱产业之一。金相技术则是检测材料的重要手段。

从历史轨迹看，金相技术经历了从经典金相（光学金相）到现代金相的发展过程。

光学金相具有设备简单、操作方便的优点，至今仍是研究新材料、新工艺，特别是检测材料质量以及进行失效分析的重要工具。

本书上、下两册，上册包括：铸铁、结构钢、钢中夹杂物、工模具钢、特种钢共 5 章；下册包括：焊接件、粉末冶金、表面渗镀涂层、铜及铜合金、铝及铝合金、轴承合金、其他非铁金属共 7 章。全书共有 4634 幅图片，其中有少量扫描电镜、透射电镜、俄歇电镜、电子探针和 X 射线扫描、原子力显微镜等照片。按图片的内容分类，包括正常组织、缺陷组织、废品分析和失效分析，还有一些专题研究。例如第 1 章铸铁中反白口的分布特征、形态分类和元素的微区分布，球墨铸铁测定洛氏硬度形成的压痕诱发裂纹；第 2 章结构钢汽车零部件生产应用冷挤压工艺；第 4 章工模具钢中利用原子力显微镜来显示碳素工具钢珠光体片间距的立体形貌；采用双细化新工艺来提高工模具的强韧性等等，皆是专题研究的例子。

本书对金相图片的组织说明有简有繁，对于读者熟知的组织，便用精练的笔墨加以勾勒；对于受人关注的组织（或问题），则往往从历史渊源、研究近况、组织结构和形成机理等各个角度予以论述，以期引起读者的感应和互动（例如，在第 1 章中对球墨铸铁上贝氏体的分析及第 8 章中对铁镀层组织结构的分析），从中可以看出编者的刻意和匠心，希冀把本书写成一本有所创新的图谱，当然这是不容易的。但正如古语所说，"高山仰止，景行行止，虽不能至，心向往之"，这就是我们写作时的心态。

本书的作者，大多是 20 世纪五六十年代即从事金相热处理工作的资深人员，悠悠岁月，耿耿晨昏，如今不少人已两鬓染霜，成为退休一族，为了回报社会，为了繁荣我国的金相工作，大家不量绵薄，编写了这本图谱。

本书的图片，多为编者在科研和日常检测中的长期积累，亦有些系国内同仁友情的支持和取自编者的旧作（《钢铁材料金相图谱》，作者李炯辉，施友方，高汉文；《铜及铜合金金相图谱》，洛阳铜加工厂中心试验室金相组李寿康执笔；《钛及钛合金典型显微组织图册》，有色金属研究总院王桂生执笔）。因此，从某种意义上来说，这是集体耕耘的成果。走笔至此，编者谨向支持和帮助过我们的同仁致以诚挚的谢意。

本书在编写过程中得到了香港德华材料检测有限公司、无锡港下精密砂纸厂（0510—88765588）、元中光学仪器国际贸易（上海）有限公司、恒一精密仪器有限公司等单位的大力支持，在此谨向上述各单位致以深深的谢意。

由于编写篇幅颇多，难免有疏漏之处，恳请读者批评指正。

编 者

目　录

第1章
铸　铁

　　铸铁是初始状态为铸造状态，在任何固态温度下都不能承受工业性形变加工的铁基合金。此定义能更好地界定"钢"和"铸铁"。

　　工业上的铸铁是以 Fe-C-Si 为基础的复杂的铁基合金，w（C）在 2%～4.0%的范围内，此外还有锰、磷、硫等元素。为了改善和强化铸铁的某些性能，常加入铜、镍、钼、铬、钒等元素，成为合金铸铁。

　　一般而言，铸铁与钢相比，虽然力学性能较低，但生产工艺和熔化设备简单，生产成本低廉，且具有许多优良的性能，如减振性、耐磨性、铸造性和切削加工性，因此在工业生产中获得广泛的应用。

　　铸铁的金相组织是由化学成分、冷却速度等因素决定的。化学成分的影响，主要是元素对铸铁石墨化过程的影响。按照各元素石墨化作用的强弱，可排列如下：

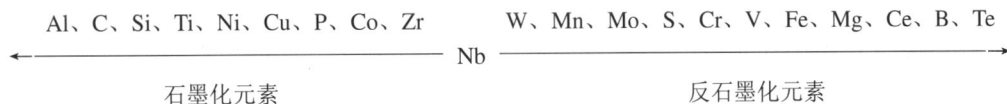

Al、C、Si、Ti、Ni、Cu、P、Co、Zr	W、Mn、Mo、S、Cr、V、Fe、Mg、Ce、B、Te
←———————————————	Nb ———————————————→
石墨化元素	反石墨化元素

　　铌（Nb）对石墨化过程的作用呈中性，铌的左边为石墨化元素，铌的右边为反石墨化（白口化）元素，离铌越远，作用越强。但铸铁是多元合金，当几种元素共同发生作用时，情况就较为复杂。例如，碳、硅都是强烈石墨化元素，但高碳低硅铸铁却易于出现初晶渗碳体。再如，锰和硫都是反石墨化元素，但锰和硫能形成 MnS；可锻铸铁中的 w（S）有时高达 0.2%～0.3%，故常用锰中和硫的有害作用，由此缩短石墨化时间。又如，在高铬铸铁中，提高石墨化元素碳的含量，碳化物数量会随之增加。

　　各元素对铁碳相图共晶点碳量的影响，可用碳当量（CE）和共晶度（S_c）来表示。为计算方便，一般只考虑硅、磷的影响。计算式如下：

$$CE = w（C）\% + 1/3w（Si+P）\%$$

$$S_c = \frac{w(C)\%}{4.26 - 1/3\, w(Si+P)\%}$$

式中　碳、硅、磷的质量分数分别为铸铁的实际含量（%）；

4.26%为铸铁（稳定态）共晶点的最近测定值，在实际生产中此值可取 4.3%。

按碳当量和共晶度，可将铸铁分成三类：$S_c=1$，$w(CE)=4.26\%$为共晶铸铁；$S_c<1$，$w(CE)<4.26\%$为亚共晶铸铁；$S_c>1$，$w(CE)>4.26\%$为过共晶铸铁。S_c 和 $w(CE)$ 不仅能判断某一具体成分的铸铁偏离共晶点的程度，还能判断其石墨化能力的大小和铸造性能的好坏。

铸铁的金相组织是由石墨和基体组成的。

石墨是典型的非金属相，具有反射的多色性和各向异性。在光学显微镜中，用明场非偏振光观察，石墨为均匀一致的浅灰色；用暗场非偏振光观察，边缘有一亮圈。用明场偏振光观察，有些方向发暗，有些方向发亮；用暗场偏振光观察，呈各向异性，可看到明暗相交的十字形。就晶体结构而言，石墨属六方晶系。六角形排列的层面（0001），亦即结晶学的 [1010] 方向，原子以强有力的共价键结合着，基面边缘的碳原子键并不饱和，吸收附近碳原子的能力很强。基面与基面之间的棱面（1010），亦即结晶学的 [0001] 方向，原子以微弱的范德瓦尔力维持着，后者的结合力仅为前者的 1/10。基于上述特点，按晶体生长理论看，石墨主要是沿着基面方向生长的，从而成长为片状；这样碳原子才会被"拉"得牢固。但是，当条件变化时（例如加入不同的变质剂），石墨就会呈现多种多样的形态。我国的学者按照石墨的二维、三维形态以及石墨晶体学特征，亦即其内部的晶面排列位相，把石墨分为片状、蠕虫状、球状和絮状 4 大类。前 3 类石墨是由铁液直接凝固形成的，第 4 类是由石墨化退火或氧化脱碳退火来获得的。国际标准的石墨形态分为 6 类，即片状，水草状，蠕虫状，团絮状，团状和球状等。

铸铁中金属基体的形态特征见表 1-1。铸态常见的组织为珠光体、珠光体-铁素体和铁素体，还有渗碳体和磷共晶。采用不同的热处理或加入合金元素后的铸态，可获得贝氏体、马氏体和莱氏体等组织。可见，在不同的条件下，铸铁的基体组织能在很大范围内变动。

铸铁的分类方法很多，按碳在铸铁中的存在状态和石墨的形态，可分为白口铸铁、灰铸铁、球墨铸铁、蠕墨铸铁和可锻铸铁等 5 类。

表 1-1　铸铁中组织的形态特征

名　　称	形 态 特 征
铁素体	碳（还有少量硅）溶于 α-Fe 中的固溶体，常分布于石墨周围。在球墨铸铁中，以牛眼状、网状和破碎状等形态存在。在硝酸酒精溶液浸蚀后，呈黄白色，可显示晶界
渗碳体	铁和碳的化合物，其化学式为 Fe_3C。按形成原因和形态分类有：初晶、共晶、二次、共析和三次渗碳体等形态。加入合金元素后，可形成合金渗碳体和碳化物。硝酸酒精溶液浸蚀后呈白亮色，碱性苦味酸钠溶液浸蚀后呈棕色
珠光体	铁素体与渗碳体组成的机械混合物，可分成片状和粒状两种。前者铁素体和渗碳体呈交替的层片状排列，后者渗碳体以颗粒状分布于铁素体内，弥散度较高时，需在较高倍显微镜下才能分辨层片状或粒状结构
莱氏体	共晶渗碳体和共晶奥氏体组成的机械混合物，呈蜂窝状。室温时，由渗碳体和奥氏体分解产物组成
磷共晶	二元磷共晶由 Fe_3P 和奥氏体组成，三元磷共晶由 Fe_3P、Fe_3C 和奥氏体组成。为边界向内凹陷的多边形，大多分布于共晶团的交界处。硝酸酒精浸蚀后，二元磷共晶是白色的 Fe_3P 上分布着奥氏体的分解产物；三元磷共晶是白色的 Fe_3P 基体上分布白色针状 Fe_3C 和奥氏体的分解产物

(续)

名　称	形　态　特　征
上贝氏体	呈羽毛状。此组织由条片状铁素体和条片状奥氏体交替组成，条片状较弯曲且呈分枝，无碳化物。在球墨铸铁中，上贝氏体伴有大量残留奥氏体（体积分数为 20%～40%），故称之为奥氏体-贝氏体球墨铸铁。在硝酸酒精溶液中浸蚀速度较缓慢
下贝氏体	呈交叉分布的细针状。是碳在 α-Fe 中的过饱和固溶体，在 α-Fe 针叶内部，碳化物沿特定的位向析出。在硝酸酒精溶液中浸蚀速度较快
马氏体	分低碳和高碳马氏体两种。前者呈短而粗的针状，针叶较钝，亚结构为密度很高的位错，故又称位错马氏体；后者呈针状或竹叶状，具有中脊线，亚结构主要为细小的孪晶，故又称孪晶马氏体

第1节　白口铸铁

白口铸铁是由亚稳定凝固得到的、断口为白亮色、组织中无游离石墨存在的铸铁。

白口铸铁按组织和成分，可分为亚共晶、共晶和过共晶三类。CE<4.3%、S_c<1 的为亚共晶白口铸铁，高温时组织为枝晶状奥氏体和莱氏体（连续的渗碳体上分布着岛状奥氏体），室温时组织为珠光体和莱氏体；CE=4.3%、S_c=1 的为共晶白口铸铁，室温组织为莱氏体；CE>4.3%、S_c>1 的为过共晶白口铸铁，室温组织为初晶渗碳体（大板条状）和莱氏体。由于普通白口铸铁中存在大量渗碳体和莱氏体，硬度高，脆性大，难以切削加工，在工业生产中很少直接应用，它主要被用于制作炼钢生铁和可锻铸铁的坯件。

在工业生产中，应用得最多的是冷硬白口铸铁和高铬白口铸铁。

1. 冷硬白口铸铁

冷硬白口铸铁用于铸造冶金轧辊、粮食轧辊、车轮轮箍，还有发动机的挺柱、凸轮轴的凸轮部分等等。其中，冶金轧辊的消耗量约为轧制品的 0.5%。

冷硬白口铸铁是利用金属型或冷铁对铁液的激冷作用，使铸件表面一定深度内形成白口层；向内冷速稍慢，形成麻口层（过渡层）；心部冷速进一步下降，形成灰口层。金相观察表明，表面白口层为细密的莱氏体，且往往沿散热方向排列；麻口层为渗碳体、珠光体和片状石墨；心部灰口层为珠光体和片状石墨。

除上述典型组织外，冷硬白口铸铁还有两个特例：无限冷硬和半冷硬铸铁。冷硬白口铸铁，其断口上的白口层、麻口层和灰口层之间都有明显的界限。无限冷硬铸铁，其白口层与麻口层之间无明显界限。半冷硬铸铁，整个断面为麻口，其白口层与麻口层之间、麻口层与灰口层之间，均无明显界限。

合金元素对白口层深度的影响，取决于其石墨化作用的强弱：反石墨化作用越强，对白口层深度的增加作用就越强；反之，就越弱。其中，碲的作用最强烈，其含量只要十万分之几，就能收到显著增加白口层深度的作用。

合金元素对白口层硬度的影响，按影响由大到小，排列如下：

$$\text{C Ni P Mn Cr Mo V Si Al Cu Ti S} \longrightarrow$$

合金元素对白口层硬度的影响依次递减

合金元素对麻口层的影响：碲、碳、硫、磷减少麻口层的深度；铬、铝、锰、钼、钒增加麻口层的深度。

工艺因素对白口层深度的影响：提高铁液过热度，会减少石墨核心，故在相同浇注温度下，能增加白口层深度；提高浇注温度，则可减少白口层深度。

2. 高铬白口铸铁

高铬白口铸铁已被广泛应用于冶金、矿山和水泥破碎、研磨等各个方面。国标 GB/T 8263—1999《抗磨白口铸铁技术条件》中，选列出 4 个高铬白口铸铁的牌号，见表 1-1-1。

表 1-1-1　高铬白口铸铁牌号及其化学成分（质量分数，%）（GB/T 8263—1999）

牌　　号	C	Si	Mn	Cr	Mo	Ni	Cu	S	P
KmTBCr12	2.0～3.3	≤1.5	≤2.0	11.0～14.0	≤3.0	≤2.5	≤1.2	≤0.06	≤0.10
KmTBCr15Mo[①]	2.0～3.3	≤1.2	≤2.0	14.0～18.0	≤3.0	≤2.5	≤1.2	≤0.06	≤0.10
KmTBCr20Mo[①]	2.0～3.3	≤1.2	≤2.0	18.0～23.0	≤3.0	≤2.5	≤1.2	≤0.06	≤0.10
KmTBCr26	2.0～3.3	≤1.2	≤2.0	23.0～30.0	≤3.0	≤2.5	≤2.0	≤0.06	≤0.10

① 在一般情况下，该牌号含钼。

高铬白口铸铁，w（Cr）一般为 10%～30%，再辅以适量的镍、钼、铜、硅、锰等元素，它的独特优势主要是含铬量高造成的。当 w（Cr）为 6% 时，碳化物为 (Fe，Cr)$_3$C，显微硬度为 840～1100HV。当 w（Cr）为 10% 时，碳化物由 (Fe，Cr)$_3$C 和 (Fe，Cr)$_7$C$_3$ 共存。当 w（Cr）为 10%～30% 时，碳化物即以 (Fe，Cr)$_7$C$_3$ 为主，呈条棒状或断续状分布，显微硬度为 1500～1800HV，力学性能显著提高。当 w（Cr）继续增加时，形成碳化物 (Fe，Cr)$_{23}$C$_6$，显微硬度为 1500HV，这种碳化物在磨损过程中容易开裂。概括地说，高铬白口铸铁中碳化物的类型主要取决于碳、铬含量，特别是含铬量：高碳低铬，容易得到 (Fe，Cr)$_3$C；低碳高铬，容易得到 (Fe，Cr)$_{23}$C$_6$；碳铬量适当，容易得到 (Fe，Cr)$_7$C$_3$。

高铬白口铸铁的铸态组织一般是共晶碳化物（体积分数约为 20%）、马氏体和奥氏体，还有托氏体等。

淬火型高铬铸铁的基体组织为马氏体和碳化物（二次和共晶碳化物），适用于抗磨要求高的工况。淬火时奥氏体化升温、保温和随后的连续冷却，都能析出二次碳化物。奥氏体化温度较低（900～920℃），碳在奥氏体内的溶解量较少，平衡浓度较低，故会析出较多的二次碳化物。此时，冷却速度快，奥氏体便能基本上或全部转变成马氏体。淬火温度较高（约 1030℃），碳在奥氏体内的溶解量较多，平衡浓度较高，故只有少量二次碳化物析出。此时，冷却速度小，能促进二次碳化物析出，使奥氏体转变为马氏体，从而减少了残留奥氏体。适中的淬火温度，宜采用适中的冷却速度，淬火后才会获得高硬度的组织。一般来说，淬火时的奥氏体化温度可由含铬量来确定，见表 1-1-2。

表 1-1-2　含铬量与淬火奥氏体化温度

w（Cr）（%）	奥 氏 体 化 温 度 /℃
12	930～950
15	940～970
20	960～1030

淬火后，于 400～500℃ 一次或多次回火，旨在降低内应力，减少残留奥氏体量，达到预期的硬度值。淬火型高铬白口铸铁的马氏体基体，能承受磨料的切削作用，还能发挥支撑碳化物的作用。

铸态高铬铸铁中,较受人们关注的是奥氏体高铬白口铸铁。它适用于既要求抗磨性,又要求高应力、小能量多冲的工况,如球磨机的隔窗板。奥氏体的抗磨机制是:使用过程中表层会产生加工硬化。通常的解释是,加工硬化是由金属的晶格畸变所致。研究表明:锰奥氏体表面加工硬化后,硬度为 300HV;铬奥氏体硬度可达 1000HV。还有,铬奥氏体有极强的镶嵌能力和较好的支撑能力,并可阻缓和钝化脆性裂纹从一个碳化物颗粒向另一个碳化物颗粒的发展。

高铬白口铸铁常见铸造缺陷有缩松、缩孔、热裂、冷裂和二次渣等。

白口铸铁金相图片见图 1-1-1~图 1-1-96。

第 2 节 灰 铸 铁

灰铸铁是一种断口呈灰色、碳主要以片状石墨出现的铸铁。

灰铸铁在结晶过程中,约有 w(C)为 80%的碳以石墨的形式析出,这就给灰铸铁带来两方面的特点:一方面,由于石墨强度较低(R_m<20N/mm^2),且以片状的形态存在,割裂了基体的连续性,因此灰铸铁的强度不高,脆性较大。另一方面,由于石墨的存在,灰铸铁具有良好的减振性、耐磨性、切削加工性和缺口敏感性。由于共晶结晶过程中石墨化膨胀,还有减少缩松、缩孔的倾向。同时,灰铸铁还有较高的抗压强度。

灰铸铁的牌号是按照强度划分的,国标 GB/T 9439—1988《灰铸铁件》有 7 个牌号,见表 1-2-1。

表 1-2-1 单铸试棒的牌号

牌 号	抗拉强度 R_m /(N/mm^2)	硬度 HBW	牌 号	抗拉强度 R_m /(N/mm^2)	硬度 HBW
HT100	100	143~229	HT300	300	187~255
HT150	150	163~229	HT350	350	197~269
HT200	200	170~241	HT400	—	—
HT250	250	170~241	—	—	—

灰铸铁传统的化学成分中 Si/C 比较低(0.40~0.55)。研究表明,适当提高 Si/C 比(0.65~0.85),是提高铸铁内在质量的重要途径之一。提高 Si/C 比的作用是:可使连续的初析奥氏体枝晶增加,这就像混凝土中的钢筋一样,对灰铸铁起到加固的作用,可扩大稳定系和介稳定系的温度差,增加过冷度 ΔT,从而细化石墨,有效地扩大基体组织的利用率;还可降低灰铸铁的白口倾向,减小断面敏感性,提高弹性模量和形变抗力。当然,Si/C 比过高,会使铁素体增加,强度和硬度有所降低,这一点也应注意。

片状石墨是灰铸铁特有的石墨形态。国标 GB/T 7216—1987《灰铸铁金相》将片状石墨的二维形态分成 A、B、C、D、E、F 等六种类型,见表 1-2-2。从表 1-2-2 中可以看出石墨的排列,并未遵循一定的规则,似承袭了沿用已久的习惯,如按化学成分和凝固过冷度来排列,片状石墨形态的顺序应该是 C、F、A、B、E、D 六种类型。

表 1-2-2　片状石墨的分布形状及形成原因

名　称	符号	分　布　形　状	形　成　原　因
片　状	A	片状石墨呈均匀分布	共晶或近共晶成分铁液在较小的过冷度下形成
菊花状	B	片状与点状石墨聚集成菊花状分布	共晶或近共晶成分铁液在较大的过冷度下形成
块片状	C	部分带尖角块状、粗大片状初生石墨及小片状石墨	过共晶成分铁液在较小过冷度下形成
枝晶点状	D	点、片状枝晶间石墨呈无向分布	亚共晶成分铁液在很强的过冷度下形成
枝晶片状	E	短小片状枝晶间石墨呈有向分布	亚共晶成分铁液在很大的过冷度下形成
星　状	F	星状（或蜘蛛网状）与短片状石墨混合均匀分布	过共晶成分铁液在较大的过冷度下形成

　　热氧腐蚀或离子轰击后的试样在 SEM 中观察，可看到沿石墨长度方向具有平行的纹理，这反映了石墨沿（0001）面，亦即基面的排列位向，片状石墨就是沿基面择优生长的。

　　虽然片状石墨的二维形态各异，但深腐蚀后在 SEM 中观察其二维形态，却具有共同的特点：片状细而长，端部尖锐，表明较为光滑，在同一共晶团内，石墨片的各个分枝晶是连接在一起的。

　　铸铁的共晶团是石墨奥氏体组成的共晶体。灰铸铁中的共晶团是由石墨-奥氏体交叉生长、石墨端部始终伸向铁液并领先向铁液生长而形成的。在 SEM 中观察，灰铸铁共晶团大致呈球形，石墨核心向各个方向弯曲分枝，而又连接成一个整体。

　　灰铸铁的铸造缺陷较多，常见的铸造缺陷有：气孔、硬点或硬区、孕育过度、白口组织、变形、开裂等。

　　灰铸铁金相图片见图 1-2-1～图 1-2-175。

第 3 节　球 墨 铸 铁

　　球墨铸铁是指铁液经球化处理后，使石墨大部或全部呈球状形态的铸铁。

　　与灰铸铁比较，球墨铸铁的力学性能有显著提高。因为它的石墨呈球状，对基体的切割作用最小，可有效地利用基体强度的 70%～80%（灰铸铁一般只能利用基体强度的 30%）。球墨铸铁还可以通过合金化和热处理，进一步提高强韧性、耐磨性、耐热性和耐蚀性等各项性能。球墨铸铁自 1947 年问世以来，就获得铸造工作者的青睐，很快地投入了工业性生产。而且，各个时期都有代表性的产品或技术。20 世纪 50 年代的代表产品是发动机的球墨铸铁曲轴，20 世纪 60 年代是球墨铸铁铸管和铸态球墨铸铁，20 世纪 70 年代是奥氏体-贝氏体球墨铸铁，20 世纪 80 年代以来是厚大断面球墨铸铁和薄小断面（轻量化、近终型）球墨铸铁。如今，球墨铸铁已在汽车、铸管、机床、矿山和核工业等领域获得广泛的应用。据统计，2000年世界的球墨铸铁产量已超过 1500 万 t。

　　球墨铸铁的牌号是按力学性能指标划分的，国标 GB/T 1348—1988《球墨铸铁件》中单铸试块球墨铸铁牌号，见表 1-3-1。

表 1-3-1　单铸试块的球墨铸铁牌号

牌　号	抗拉强度 R_m/（N/mm^2）	伸长率 A（%）	布氏硬度 HBW	主要金相组织
QT400-18	400	18	130～180	铁素体
QT400-15	400	15	130～180	铁素体
QT450-10	450	10	160～210	铁素体
QT500-7	500	7	170～230	铁素体+珠光体
QT600-3	600	3	190～270	珠光体+铁素体
QT700-2	700	2	225～305	珠光体
QT800-2	800	2	245～335	珠光体或回火组织
QT900-2	900	2	280～360	贝氏体或回火组织

注：硬度和金相组织供参考。

球墨铸铁中常见的石墨形态有球状、团状、开花、蠕虫、枝晶等几类。其中，最具代表性的形态是球状。在光学显微镜下观察球状石墨，低倍时，外形近似圆形；高倍时，为多边形，呈辐射状，结构清晰。经深腐蚀的试样在 SEM 中观察，球墨表面不光滑，起伏不平，形成一个个泡状物。经热氧腐蚀或离子轰击后的试样在 SEM 中观察，球墨呈年轮状纹理，且被辐射状条纹划分成多个扇形区域；经应力腐蚀（即向试样加载应力）后观察，呈现年轮状撕裂和辐射状开裂。球墨是垂直（0001）面向各个方向生长的，从而形成很多个从核心向外辐射的角锥体（二维为扇形区域），（0001）面即呈年轮状排列。在 SEM 中看到的年轮状及辐射状条纹（或裂纹），就是球墨晶体学特征的反映。

球墨铸铁一般为过共晶成分，因此球状石墨的长大，应包括两个阶段：①先共晶结晶阶段，球墨核心形成后，在铁液及贫碳富铁的奥氏体晕圈中长大。②共晶结晶阶段，球墨周围形成奥氏体外壳，即球墨-奥氏体共晶团。此时，球墨是在奥氏体壳包围下长大的。虽然球墨在共晶阶段的长大速度比液态阶段迟缓，但球墨的大部分是在共晶阶段长大的。球墨铸铁的共晶团比灰铸铁的共晶团细小，其数量约为灰铸铁的 50～200 倍。还应说明，球墨铸铁的共晶结晶是一种变态共晶，即球墨和奥氏体均可在单独、互不依存的情况下长大。

为了评价石墨球化的好坏，国标 GB/T 9441—1988《球墨铸铁金相检验》将球化等级分为 6 级，见表 1-3-2。这是根据观察视场内各种石墨的相对数量及球化率的高低划分的。

表 1-3-2　球 化 分 级

球化级别	球化率（%）	说　明
1 级	≥95	石墨呈球状，少量团状，允许极少量团絮状
2 级	90～<95	石墨大部分呈球状，余为团状和极少量团絮状
3 级	80～<90	石墨大部分呈团状和球状，余为团絮状，允许有极少量蠕虫状
4 级	70～<80	石墨大部分呈团絮状和团状，余为球状和少量蠕虫状
5 级	60～<70	石墨呈分散分布的蠕虫状和球状、团状、团絮状
6 级	不规定	石墨呈聚集分布的蠕虫状和片状及球状、团状、团絮状

石墨球的数量是衡量球墨铸铁质量的一项重要指标。某些工厂在检验中，只注意球化率，忽视石墨球数，是不全面的。理由是：①石墨球数增加，球径减小，球墨圆整度提高，分布也趋于均匀。②用石墨球数来评价球墨铸铁的孕育效果，是一种有效、直观的方法。③球墨铸铁中的球数基本上反应了共晶团数。④在薄壁铸件中，铸态是否出现渗碳体，主要取决于石墨球数。美国铸造师协会（AFS）把石墨球数分成 7 级，见表 1-3-3。由表可见，石墨球径

和石墨球数之间的对应关系较好，而石墨大小和石墨球数之间的对应关系则较差。

表 1-3-3 球墨铸铁石墨球数与石墨大小（球径）的对应关系

项　目	标　准	对应数值或级别						
石墨球数/（个/mm²）	AFS 图谱	25	50	100	150	200	250	300
石墨大小/级	GB/T 9441—1988	5	6	6～7	7	7～8	7～8	8
石墨球径/mm（100×）	AFS 图谱	8～12	3～6	2～4	2～3	1.5～3	1～2	<1.5

球化处理是球墨铸铁的关键工序。大致来说，球化处理的历史经历了两个阶段：①20 世纪 50 年代，以纯镁和压入法为主；②20 世纪 60 年代中期开始，以稀土镁合金球化剂和冲入法为主，还相继采用了盖包法、型内法和密流法，20 世纪 80 年代又采用了喂丝法工艺。将纯镁与稀土镁球化剂比较：纯镁的球化能力强，球墨圆整，白口化倾向小，缺点是反应激烈，铁液沸腾，安全性差，还难以避免缩松、夹渣和皮下气孔等铸造缺陷；合金球化剂的稀土，有脱硫去气的作用，能减少缩松、夹渣等铸造缺陷，生产也较安全，但石墨的圆整度往往稍逊于纯镁处理的球墨铸铁，且白口化倾向较大。

孕育处理是球化处理后不可或缺的工序。它能促进石墨化，增加石墨球数，提高石墨圆整度。但加强孕育并不是一味提高孕育量和增加孕育次数。孕育过量，反而会造成孕育缺陷，如缩松、缩孔和石墨漂浮等；孕育剂颗粒大，未曾熔化，残留于铸件内，会成为"硬点"。孕育处理是受多种因素制约的，诸如孕育剂种类、孕育剂粒度、孕育剂数量、孕育方式、铁液温度和孕育位置等等，总之应使处于饱和孕育状态的铁液尽可能接近铁液凝固的瞬间，这样才能以最小的孕育量达到最大的孕育效果。

表 1-3-1 中 8 个牌号的球墨铸铁，QT900-2 一般用热处理制取（例如等温淬火），其余 7 个牌号分别为珠光体、珠光体+铁素体和铁素体球墨铸铁。在球墨铸铁生产初期，这些牌号都是用正火或退火获得基体组织的，如今都可以由铸态制取了。

生产铸态铁素体球墨铸铁必须注意：①采用低锰 w（Mn）<0.03%、低磷 w（P）<0.07%、低硫 w（S）<0.025%生铁。还应考虑促进碳化物形成元素的影响：碳化物系数 CS=Mn+15Cr+20V+30B+10S+7Mo+5Sn+1.5P，其值应取 CS<0.8。②控制终硅量，在铁素体达到要求的前提下，尽量降低终硅量。例如，美国某些工厂的终硅量为 w（Si）2.2%～2.4%。③降低终硅量又要不出现白口，就应该加强孕育，采用浇口杯孕育、型内孕育等后期孕育工艺，增加石墨球数，这对薄壁铸件尤为重要。④控制残留稀土的 w（RE），薄壁铸件为 0.015%～0.03%，厚壁铸件为 0.02%～0.04%。

生产铸态珠光体球墨铸铁必须注意：①采用低磷低硫生铁，严格控制有害微量元素的含量。②w（Mn）以 0.25%～0.50%为宜。③为了增加珠光体含量，常用的合金化元素有铜、锡、锑等；若以铜对珠光体的作用为 1，则锡、锑的作用分别为 10 倍和 100 倍。厚壁铸件宜加入适量的铜。锡易形成晶间碳化物，加入量要控制。④加强孕育，防止出现碳化物。

各种牌号铸态球墨铸铁中珠光体与铁素体的相对数量，与球墨铸铁生产的初期比较，珠光体球墨铸铁中的铁素体量已上升。例如，QT700-2 允许铁素体为 35%（体积分数），这已趋向于混合基体了。

球墨铸铁的铸造缺陷如缩孔、缩松、夹渣、反白口等，是其他铸铁都有的，有些缺陷如球化不良、球化衰退等，则是球墨铸铁特有的。

球墨铸铁金相图片见图 1-3-1～图 1-3-336。

第 4 节　蠕 墨 铸 铁

蠕墨铸铁是指石墨大部分呈蠕虫状，同时伴有少量球状石墨的铸铁。

蠕墨铸铁问世至今，约有 40 年的历史。美国于 1965 年获得专利。由于它具有良好的力学性能和铸造性能，并有良好的导热性、抗热疲劳性和耐磨性，已被用于气缸体、气缸盖、排气管和涡轮增压器废气进气壳等重要零部件。

蠕墨铸铁的牌号是按照强度指标划分的，行标 JB/T 4403—1999《蠕墨铸铁件》规定的牌号见表 1-4-1。

表 1-4-1　蠕墨铸铁的牌号及性能

牌　号	抗拉强度 R_m/（N/mm²）	伸长率 A（%）	布氏硬度 HBW	蠕化率 （%）（不小于）	主要基体组织
RuT420	420	0.75	200～280	50	珠光体
RuT380	380	0.75	193～274	50	珠光体
RuT340	340	1.0	170～249	50	珠光体+铁素体
RuT300	300	1.5	140～217	50	珠光体+铁素体
RuT260	260	3.0	121～197	50	铁素体

（1）蠕虫状石墨二维形态的主要特征

1）状似蠕虫，大多呈孤立分布，侧面不甚光滑，端部呈圆形或呈平直状或呈曲率半径很小的钝状。

2）蠕虫的长度与宽度（厚度）的比例约为 10∶2，较片状石墨的长宽比例小。

3）蠕虫状石墨总与直径为蠕墨几倍的球状（或开花状）石墨伴生在一起。

（2）蠕虫状石墨三维形态的重要特征

1）光学显微镜中看到的部分圆形石墨，是与蠕虫状的枝干连接的。

2）蠕虫状圆钝的端部，有螺旋位错生长的特征；平直的端部无此特征。

3）蠕虫状石墨的侧面呈层叠状。

4）在同一共晶团内，蠕虫状石墨各个分枝是彼此连接的，这与片状石墨的共晶团相似；但是蠕虫状石墨相邻共晶团之间是被金属基体隔开的，这又与球状石墨的共晶团相似。

（3）蠕虫状石墨的结构　蠕虫身与片状石墨相似，呈现出平行的纹理，这表明蠕虫生长的主导方向是基面，即（0001）面；但由于蠕虫身弯曲、扭转的趋势比片状石墨大得多，故基面排列的位向也随之改变。有时，在蠕虫身中断，也可以看到呈年轮状纹理的球墨雏晶。蠕墨端部的结构有两种方式：呈平直状，蠕虫身的平行纹理往往延伸至端部；呈球状，蠕虫身的平行纹理不再向前发展，端部出现年轮状纹理。

（4）蠕虫石墨的形成过程　从结晶过程看，蠕虫状石墨主要也是在共晶相变过程中长大的。其形成模式主要有两种：①小球状→畸变石墨→蠕虫状；②起始为小片状，由于结晶前沿蠕化元素富集而成为蠕虫状。研究表明，共晶成分蠕铁熔体中只有球墨雏晶一种形态，亚共晶成分蠕铁熔体则有蠕虫状和球状雏晶两种形态。

（5）蠕化率　蠕墨铸铁的性能主要取决于金相组织，而金相组织中最主要的因素是蠕化率。行标JB/T 3829—1999《蠕墨铸铁金相标准》中的蠕化率，是指光学显微镜中蠕虫状石墨面积占视场内全部面积的百分比，即：

$$蠕化率 = \frac{S_{OU}}{S} \times 100\%$$

式中　　S_{OU}——测量视场内的蠕虫状石墨面积；

　　　　S——测量视场内的石墨总面积（片状小于 5%）。

评定蠕化率时，石墨总量中的片状石墨须小于 5%，否则不能使用 JB/T 3829—1999 标准。

必须说明，光学显微镜中评定的蠕化率，系名义蠕化率，而非真正的蠕化率。因为，二维金相中观察到的圆形石墨，往往是蠕虫状枝干的横切面，它们在一个共晶团内是相互连接的。把圆形石墨的面积从蠕虫状石墨的面积中扣除，所计算出的蠕化率是名义蠕化率，其值小于真实蠕化率。据文献报道，名义蠕化率 85%，真实蠕化率已接近 100% 了。

至于蠕化率达到多少，才能确认为蠕墨铸铁，各国的规定不尽一致。美国、德国提出蠕墨铸铁的蠕化率要大于 80%。1981 年，国际标准化组织 7.6 蠕墨铸铁委员会提出的蠕墨铸铁技术规范中，规定大于 80%，但对某些铸件，则规定只需大于 50%。我国多数工厂规定蠕化率大于 50%；对某些导热性要求高的铸件，如增压器的涡轮、废气进气管等，规定薄壁处大于 80%，厚壁处大于 90%。

（6）蠕化剂　制取蠕墨铸铁所需的蠕化剂种类繁多，诸如镁钛合金、稀土合金、稀土镁合金、稀土钙合金和稀土钙镁合金等。但究其作用，不外乎两类：以反球化元素干扰石墨球化或以弱球化元素导致球化不良，由此获得蠕虫状石墨。

（7）蠕化处理工艺　有引爆法、稀释法、延时衰退法、随流法和型内法等，这些工艺大多脱胎于球化处理工艺，并作了适当的改造，有些则是独创的。各个工厂可根据自身条件和采用的蠕化剂加以选择。

蠕墨铸铁的铸造缺陷多数是其他铸铁皆有的，蠕化率低及蠕化衰退是蠕墨铸铁特有的缺陷。

蠕墨铸铁的金相图片见图 1-4-1～图 1-4-39。

第 5 节　可 锻 铸 铁

可锻铸铁是一定成分的白口坯件，再经退火而成的可锻铸铁。所谓"可锻"是根据外来语直译的，仅说明它有一定的韧塑性，并不等于说它可以锻造。

按生产工艺不同，可锻铸铁通常分为白心可锻铸铁、珠光体可锻铸铁和黑心可锻铸铁三类，可锻铸铁的牌号和力学性能见表 1-5-1。

表 1-5-1　可锻铸铁的牌号和力学性能

类　型	牌　号		试样直径 d /mm	抗拉强度 R_m/(N/mm²) ≥	屈服强度 R_{eL}/(N/mm²) ≥	断后伸长率 $A(\%)$	布氏硬度 HBW
	A	B					
黑心 可锻铸铁	KTH300-06	—	12 或 15	300	—	6	≤150
	—	KTH330-08		330	—	8	
	KTH350-10	—		350	200	10	
	—	KTH370-12		370	—	12	

（续）

类 型	牌 号		试样直径 d /mm	抗拉强度 R_m/(N/mm²)	屈服强度 R_{eL}/(N/mm²)	断后伸长率 A(%)	布氏硬度 HBW
	A	B			≥		
珠光体 可锻铸铁	KTZ450-06	—	12 或 15	450	270	6	150～200
	KTZ550-04	—		550	340	4	180～250
	KTZ650-02	—		650	430	2	210～260
	KTZ700-02	—		700	530	2	210～290
白心 可锻铸铁	KTB350-04		4	340		5	230
			12	350	—	4	
			15	360		3	
	KTB380-12		9	320	170	13	200
			12	380	208	12	
			15	400	210	8	
	KTB400-05		9	360	200	8	220
			12	400	220	5	
			15	420	230	4	
	KTB450-07		9	400	230	10	220
			12	450	260	7	
			15	480	280	4	

（1）白心可锻铸铁 白口铸件在氧化性介质中加热至 950～1000℃，经长时间脱碳退火制成。铸件心部金相组织为珠光体+团絮状石墨，表层脱碳组织为铁素体，过渡层组织为铁素体+珠光体；其断口为银白色。由于白心可锻铸铁生产工艺陈旧，力学性能不高，因此我国已很少生产。

（2）黑心可锻铸铁 是将白口铸件经高低温两阶段石墨化退火而制成。其工艺为：加热至 920～980℃保温（第一阶段退火），炉冷至 750～700℃，再进行保温（第二阶段退火），再冷至 650～600℃，出炉空冷。由此得到铁素体+团絮状石墨，脱碳层组织为铁素体或珠光体+铁素体或珠光体。黑心可锻铸铁的断口为黑色纤维状；若脱碳层为珠光体，断口表面有一圈白亮色，这就是黑心可锻铸铁名称的由来。黑心可锻铸铁又称为铁素体可锻铸铁。

（3）珠光体可锻铸铁 是将白口坯件在 920～980℃加热保温后，即以较快的冷却速度通过共析相变温度，从而得到珠光体+团絮状石墨的组织。

固态石墨化的机理：渗碳体是一个具有固溶体性质的化合物，Fe-Fe 之间是金属键结合，Fe-C 之间兼有金属键和共价键的结合，Fe-C 键的结合强度为 Fe-Fe 键的两倍。从晶体结构而言，共晶碳化物的分解，即为 Fe-C 键的断开过程。由此可见，所谓固态石墨化，实质就是结合强度较大的 Fe-C 键断开并形成 C-C 键的过程。白口坯件是在亚稳定状态下结晶的，当进行第一阶段退火即升温至奥氏体化温度区间时，亚稳定的共晶渗碳体会向稳定的石墨转变。此过程由四个环节组成：①在渗碳体-奥氏体的界面（特别是非平直界面）形成石墨核心；②渗碳体分解，碳原子溶入周围的奥氏体之中；③碳原子从渗碳体-奥氏体界面向奥氏体-石墨界面扩散；④石墨核心表面的铁原子自扩散，让出空位，碳原子填入，石墨逐渐长大。这一过程延续到共晶渗碳体全部分解并溶入奥氏体,第一阶段石墨化便告完成,此时的平衡组织为奥氏体加退火石墨。至第二阶段退火亦即低温退火,共析渗碳体分解,析出的碳原子依附于高温退火石墨的表面。最终的组织为铁素体+退火石墨。

化学成分是决定可锻铸铁力学性能和热处理的重要因素,其化学成分应符合下列条件:①要求坯件完全白口化,不允许存在片状石墨;②要求石墨化能力较强,以缩短退火的周期;③具有良好的铸造性能。

可锻铸铁推荐的化学成分范围:$w(C)$ 2.4%~2.8%,$w(Si)$ 1.2%~2.0%,$w(Mn)$ 0.30%~0.60%,$w(P)$ <0.10%,$w(S)$ <0.20%。碳、硅含量需根据铸件壁厚及其含硫量而定,当 $w(S) \leqslant 0.15\%$ 时,$w(C+Si)$ =3.7%~4.0%为宜;当 $w(S) \geqslant 0.25\%$ 时,$w(C+Si)$ =3.8%~4.2%,铸件越薄,$w(C+Si)$ 量可以越高。当硅量过高(特别是磷量也较高时),若在 650℃以下缓冷,会引起白脆缺陷。锰是稳定珠光体元素,会阻碍石墨化。硫是反石墨化元素,作用比锰强烈,且能形成 FeS-Fe 共晶体,分布于晶界,降低性能。锰则能平衡硫的有害作用,当 $w(S)$ <0.20%时,锰量可以按下式决定:$w(Mn)\% = 2w(S)\% + 0.2\%$;当 $w(S)$ >0.20%时,锰量可以按下式决定:$w(Mn)\% = 1.75w(S)\% + 0.2\%$;磷会使韧度和塑性急剧下降,还会引起冷脆,故 $w(P)$ 应控制在 0.10%以下。$w(Cr)$ 应控制在 0.06%以下,否则将严重影响石墨化退火。

可锻铸铁的快速退火,国内外已有许多研究报道。一是采用低温预处理(300~450℃保温 3~5h)或高温预处理(750℃左右保温 1~2h),以增加石墨核心,加速石墨化。二是调整白口坯件的化学成分,并加入适量的变质剂,如加入铋、硼、铝等进行变质处理,不仅能缩短退火时间,还能细化晶粒,提高力学性能。通常这些元素可单独加入,也可以复合加入。

黑心可锻铸铁正常的金相组织为团絮状石墨+铁素体,其力学性能取决于石墨的状况和基体组织。行标 JB/T 2122—1977《铁素体可锻铸铁金相标准》规定了检验项目,主要包括:①石墨、②基体、③表皮层。

与直接从铁液中析出的石墨比较,可锻铸铁的石墨较松散,其间填充着未及撤离的金属基体。常见的石墨形状为团絮状、絮状、团球状、聚虫状和枝晶状等。按照石墨以紧密向松散过渡的特点,JB/T 2122—1977 标准列出了上述 5 种石墨,见表 1-5-2。同时,可锻铸铁中的石墨很少以单一的形态出现,往往是几种石墨共存而以一种形状为主,按石墨形状对力学性能的影响,将其分为 5 级,见表 1-5-3。石墨的分布状况,以均匀分布和较均匀分布为宜,不均匀分布特别是呈串状分布,会使性能降低。石墨的颗数,则以 100~150 颗/mm² 较合适,此时综合力学性能较好。

表 1-5-2　JB/T 2122—1977 标准中石墨形状分类

名　称	说　明
团球状	石墨较致密,外形近似圆形,周界凹凸
团絮状	类似棉絮团,外形较不规则
絮状	较团絮状石墨松散
聚虫状	石墨松散,类似蠕虫状石墨聚集而成
枝晶状	由颇多细小的短片状、点状石墨聚集呈枝晶分布

表 1-5-3 JB/T 2122—1977 标准中石墨形状分级

级 别	说 明	对 应 牌 号
1	石墨大部分呈团球状，允许有不大于 15%的团絮状等石墨存在，但不允许有枝晶状石墨	KTH370-12
2	石墨大部分呈团球状、团絮状，允许有不大于 15%的絮状等石墨存在，但不允许有枝晶状石墨	KTH350-10
3	石墨大部分呈团絮状、絮状，允许有不大于 15%的聚虫状及小于试样截面积 1%的枝晶状石墨存在	KTH350-10
4	聚虫状石墨大于 15%，枝晶状石墨小于试样截面积的 1%	KTH350-10
5	枝晶状石墨大于或等于试样截面积的 1%	级外

注：石墨均以体积分数计。

黑心可锻铸铁的基体大部分或全部为铁素体，当存在残留珠光体时，也可以看到牛眼状、连续状和破碎状铁素体。JB/T 2122—1977 未对铁素体的晶粒度作出规定，可参照钢的 8 级晶粒度标准评定，一般以 5~8 级（约 60~250 个/mm^2）较好。珠光体是黑心可锻铸铁退火不足的残留产物，第一阶段退火后快冷得到的是细片状珠光体，第二阶段退火残留的多为片状和粒状珠光体。各种牌号的黑心可锻铸铁允许的珠光体残留量见表 1-5-4。可锻铸铁退火后的残留渗碳体不能超标，第一阶段退火温度较低或保温不足，会出现残留的共晶渗碳体，在中间冷却阶段冷速快，会析出二次渗碳体，在低温冷却过程中停留时间过长，会析出分布于铁素体晶界的三次渗碳体。

表 1-5-4 黑心可锻铸铁中珠光体允许残留量（体积分数，%）

牌 号	片状珠光体	粒状珠光体
KTH300-06	<30	<50
KTH330-08	<20	<40
KTH350-10	<15	<30
KTH370-12	<10	<20

表皮层的检验，可了解白口坯件长时间高温退火过程中与周围介质的反应情况。脱碳层深度的测定，须观察整个边缘，通常取脱碳层的平均深度作为脱碳深度。若脱碳层中存在一圈珠光体，也应测量深度，以便了解铸件的加工性能。还有，第一阶段的退火温度过高，会形成很厚的氧化皮并起泡脱壳，紧靠氧化皮的铁素体呈柱状分布，甚至可使铸件严重变形。

可锻铸铁的缺陷有铸造、热处理和镀锌缺陷三大类。常见缺陷有：缩松、麻口、退火不足、过热过烧、回火脆（白脆）性等。

可锻铸铁的金相图片见图 1-5-1~图 1-5-64。

附表 铸铁常用的浸蚀剂组成、用途和使用说明

铸铁常用的浸蚀剂组成、用途和使用说明

序　号	组　成	用途及使用说明
1	硝酸 0.5～6.0mL 乙醇 96～99.5mL	显示铸铁基体组织。浸蚀时间为数秒至 1min。对于高弥散度组织，可用低浓度溶液浸蚀，减慢腐蚀速度，从而提高组织的清晰度
2	苦味酸 3～5g 无水乙醇 100mL	显示铸铁基体组织。腐蚀速度较缓慢，浸蚀时间为数秒至数分钟
3	苦味酸 2～5g 苛性钠 20～25g 蒸馏水 100mL	将试样在溶液中煮沸，灰铸铁 2～5min，球墨铸铁可适当延长。磷化铁由浅蓝色至蓝绿色，渗碳体呈棕黄或棕色，碳化物呈黑色（含铬高的碳化物除外）
4	高锰酸钾 0.1～1.0g 蒸馏水 100mL	显示可锻铸铁的原枝晶组织。磷化铁煮沸 20～25min 后呈黑色
5	高锰酸钾 1～4g 苛性钠 1～4g 蒸馏水 100mL	浸蚀 3～5min 后，磷化铁呈棕色，碳化物的颜色随浸蚀时间的增加，可呈黄色、棕黄、蓝绿和棕色
6	赤血盐 10g 苛性钠 10g 蒸馏水 100mL	需用新配制的溶液，冷蚀法作用缓慢，热蚀法煮沸 15min，碳化物呈棕色，磷化铁呈黄绿色
7	加热染色（热氧腐蚀）	与钢比较，此法对铸铁特别有效。染色时，珠光体先变色，铁素体次之，渗碳体不易变色，磷化铁更不易变色
8	氯化亚铁 200mL 硝酸 300mL 蒸馏水 100mL	用于各种耐蚀、不锈的高合金铸铁试样的浸蚀，组织清晰度较好
9	氯化铜 1g 氯化镁 4g 盐酸 2mL 无水乙醇 100mL	显示铸铁共晶团界面，用脱脂棉蘸溶液均匀涂抹在试样的抛光表面，浸蚀速度较缓，效果好
10	氯化铜 3g 氯化亚铁 1.5g 硝酸 2mL 无水乙醇 100mL	显示铸铁共晶团界面，浸蚀速度较快
11	硫酸铜 4g 盐酸 20mL 蒸馏水 20mL	显示铸铁共晶团界面，浸蚀速度较快

金 相 图 片

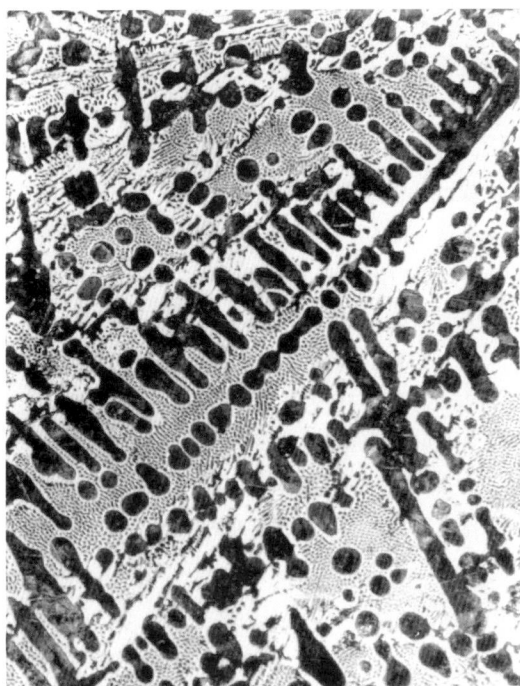

图 1-1-1   100×

图　　号：1-1-1

材料名称：亚共晶白口铸铁

浸 蚀 剂：4%硝酸酒精溶液

处理情况：铸态

组织说明：黑色枝晶状为珠光体，分布在共晶莱氏体基体上，在枝晶珠光体边缘有一层白色组织为渗碳体。

　　高温时，熔融的液体金属随着温度稳定下降将析出枝晶状分布的初生奥氏体，冷至共晶温度时，将发生共晶转变，此时未凝固的液体金属同时析出奥氏体与渗碳体构成的机械混合物——共晶莱氏体组织。随着温度不断下降，初生奥氏体及共晶奥氏体将不断析出二次渗碳体，它将依附于共晶渗碳体而存在，此时初生及共晶奥氏体将因析出二次渗碳体而不断缩小，当铸铁冷至 727℃时，高温奥氏体将发生共析相变而析出珠光体组织。

　　由上述的转变情况可以看出，初生枝晶珠光体和共晶莱氏体中的珠光体面积要比高温奥氏体为小，其周围的白色组织实为二次渗碳体，由于它与共晶渗碳体是同一相，故无明显的相界面。

图　　号：1-1-2

材料名称：亚共晶白口铸铁 [w（C）3.55%，w（Si）0.19%，w（Mn）1.02%]

浸 蚀 剂：4%硝酸酒精溶液

处理情况：铸态

组织说明：黑色枝晶状为珠光体，基体为共晶莱氏体。

　　由于采用了激冷的方式，铁液首先析出了具有方向性的奥氏体枝晶，冷却至共晶温度，在奥氏体晶间形成了莱氏体骨架，至共析相变，奥氏体枝晶转变成珠光体。

　　硬度：56HRC

图 1-1-2   200×

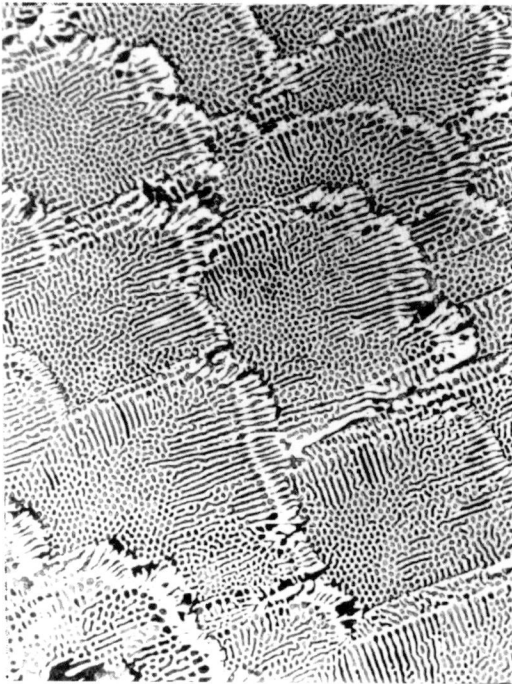

图 1-1-3   100×

图　　号：1-1-3

材料名称：共晶白口铸铁

浸 蚀 剂：4%硝酸酒精溶液

处理情况：铸态

组织说明：典型的共晶莱氏体组织。

高温时，莱氏体由奥氏体与共晶渗碳体所构成。随着温度的不断下降，奥氏体中的碳将以二次渗碳体的形式析出，它将附着于共晶渗碳体而存在，由于两者是相同的相，所以没有明显的相界面。

室温时，莱氏体是由圆粒状或条状分布的珠光体（黑色）与白色基体渗碳体构成的机械混合物。

可以看出，由渗碳体和奥氏体分解产物构成的共晶晶粒（共晶团）其界面上的组织较粗大，排列不甚规则，具有过渡的性质，这是由于相邻共晶团互相作用所致。

图　　号：1-1-4

材料名称：共晶白口铸铁 [w（C）4.3%，w（Si）0.06%，w（Mn）1.9%]

浸 蚀 剂：4%硝酸酒精溶液

处理情况：铸态

组织说明：组织为共晶莱氏体，即在共晶渗碳体上分布着颗粒状和小条状的珠光体。

由于照片左右两侧的冷却速度和冷却方向不同，两侧的共晶莱氏体（共晶团）的大小和排列方向也不同，且两者之间有明显的界线，右侧主要是偶合方式生长的共晶结晶（正常共晶），组织为蜂窝状莱氏体；左侧主要是非偶合方式生长的共晶结晶（异离共晶），组织为板条状渗碳体型莱氏体（简称为板条莱氏体）。

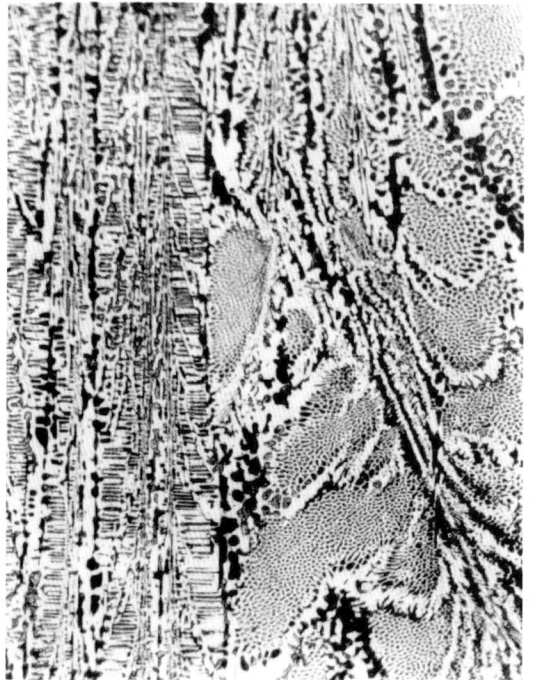

图 1-1-4   100×

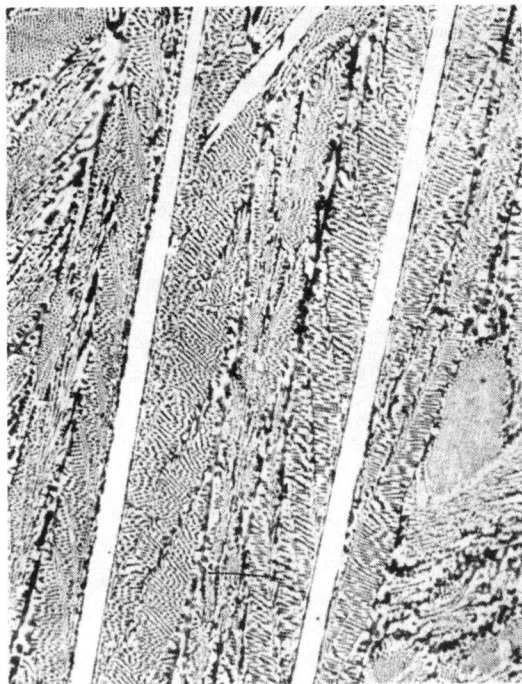

图　　　号：1-1-5

材料名称：过共晶白口铸铁

浸 蚀 剂：4%硝酸酒精溶液

处理情况：铸态

组织说明：典型的过共晶白口铸铁，白口铸铁是由亚稳定凝固得到的断口为亮白色、组织为无游离石墨存在的铸铁，粗大白色板条状为初生渗碳体，基体为共晶莱氏体。

过共晶铁液冷却时，先析出粗大的初生渗碳体，由于它在液体中可以自由生长，故呈板条状或片、针形态分布；随后，当液体金属温度降至1130℃时，发生共晶相变而析出共晶莱氏体；之后，凝固的金属将因温度下降在奥氏体中析出二次渗碳体，此时奥氏体中碳量将不断下降，至共析温度时，奥氏体的成分也恰为共析成分，即转变为珠光体组织。

在共晶结晶的领域交界处有黑色呈条状分布的珠光体，这是由于在结晶时产生化学成分偏析而造成的。过共晶白口铸铁中存在粗大的板条状渗碳体，其性能硬而脆，无实用价值。

图　1-1-5　　　　　　　　　　100×

图　　　号：1-1-6

材料名称：过共晶白口铸铁［w（C）4.4%，w（Si）0.19%，w（Mn）2.2%］

浸 蚀 剂：4%硝酸酒精溶液

处理情况：铸态

组织说明：组织为粗大的板条状初生渗碳体和共晶莱氏体。由于照片左右两侧的冷却方向不同，板条状初生渗碳体和长条状的共晶莱氏体（共晶团）也沿不同的散热方向排列分布。

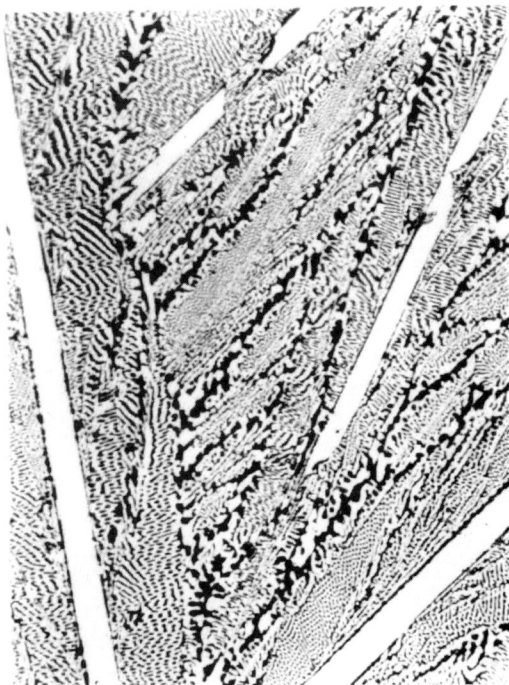

图　1-1-6　　　　　　　　　　100×

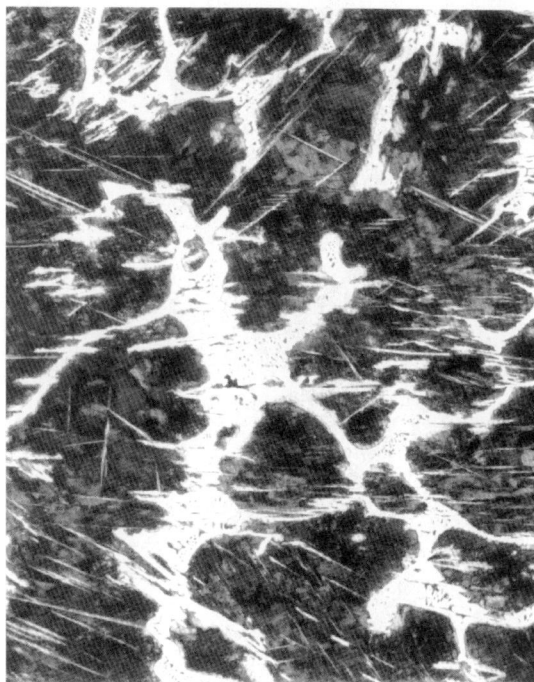

图　　号：1-1-7

材料名称：亚共晶白口铸铁 [w（C）2.3%，w（Si）0.6%，w（Mn）0.7%，w（S）0.09%，w（P）0.1%]

浸 蚀 剂：4%硝酸酒精溶液

处理情况：铸态

组织说明：基体为细珠光体，其上分布着共晶莱氏体及细针状共晶莱氏体，硬度：42～35HRC。

　　　　　这是碳量较低的亚共晶白口铸铁，可用于制造磨球，由于不含合金元素，成本低，但抗磨性差、脆性大，磨球易于碎裂，已逐渐被低合金白口铸铁等材料替代。

图　　1-1-7　　　　　　　　　　　　　　　100×

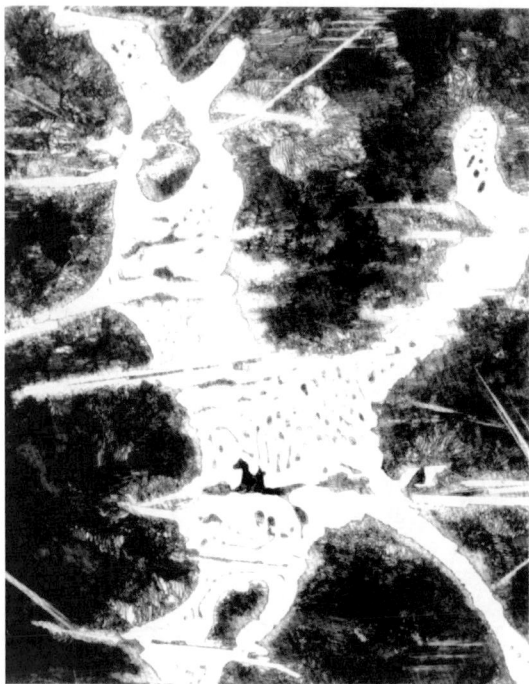

图　　号：1-1-8

材料名称：亚共晶白口铸铁

浸 蚀 剂：4%硝酸酒精溶液

处理情况：与图 1-1-7 同一试样

组织说明：将图 1-1-7 放大至 500 倍后，共晶莱氏体及针状二次渗碳体的形貌显得清晰，珠光体由于结构细致，只有少量能看出层片状形貌，二次渗碳体呈针状（魏氏组织）沿奥氏体一定惯习面析出，出现如此多的针状渗碳体将使合金的脆性增加。因此，这是不希望出现的组织。

图　　1-1-8　　　　　　　　　500×

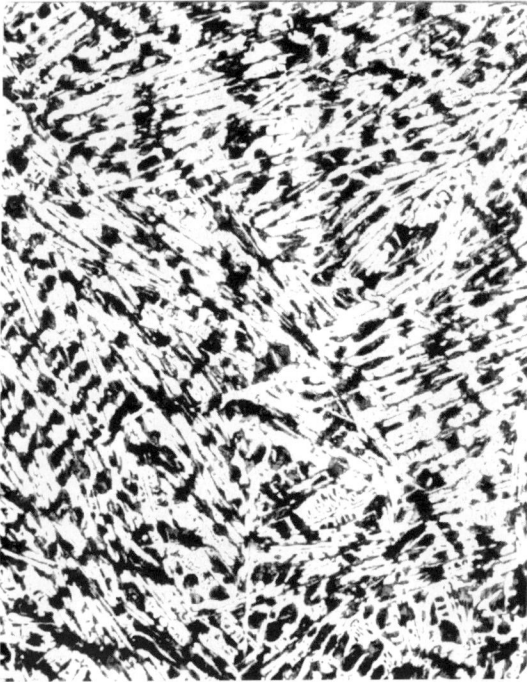

图　　1-1-9　　　　　　　　　　200×

图　　号：1-1-9
材料名称：亚共晶白口铸铁
浸 蚀 剂：4%硝酸酒精溶液
处理情况：铸态
组织说明：黑色枝晶状为珠光体，基体为共晶莱氏
　　　　体。硬度：53HRC。
　　　　莱氏体骨架的粗细，对该组织的性能有影
　　　响。与图 1-1-2 比较，本图的莱氏体骨架较粗，
　　　故硬度较低，耐磨性也逊于图 1-1-8。

图　　号：1-1-10
材料名称：亚共晶白口铸铁［w（C）2.5%］
浸 蚀 剂：4%硝酸酒精溶液
处理情况：铸态
组织说明：基体为片状珠光体，其上分布着蜂窝
　　　　状莱氏体，由于冷却速度较缓慢，珠光体中的
　　　　层片状和莱氏体中部分珠光体颗粒的层片状均
　　　　可辨认。
　　　　对普通白口铸铁而言，莱氏体中的渗碳体和
　　　奥氏体是协同生长的。一般认为，片状渗碳体首
　　　先析出，随后奥氏体心棒沿［100］方向穿越渗
　　　碳体基体，从而形成蜂窝状莱氏体。
　　　　蜂窝状莱氏体与鱼骨状莱氏体的区别：前者
　　　是共晶莱氏体的横切面，后者是共晶莱氏体的纵
　　　切面，它们的平面形貌有所不同，但立体形貌并
　　　无二样。

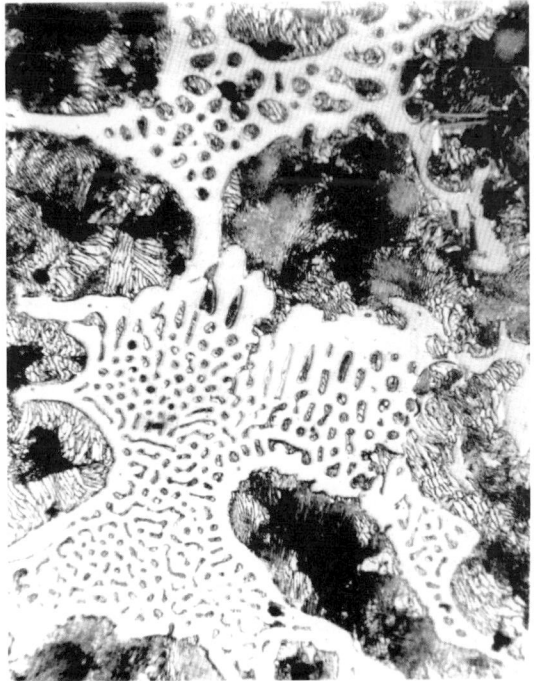

图　　1-1-10　　　　　　　　　　500×

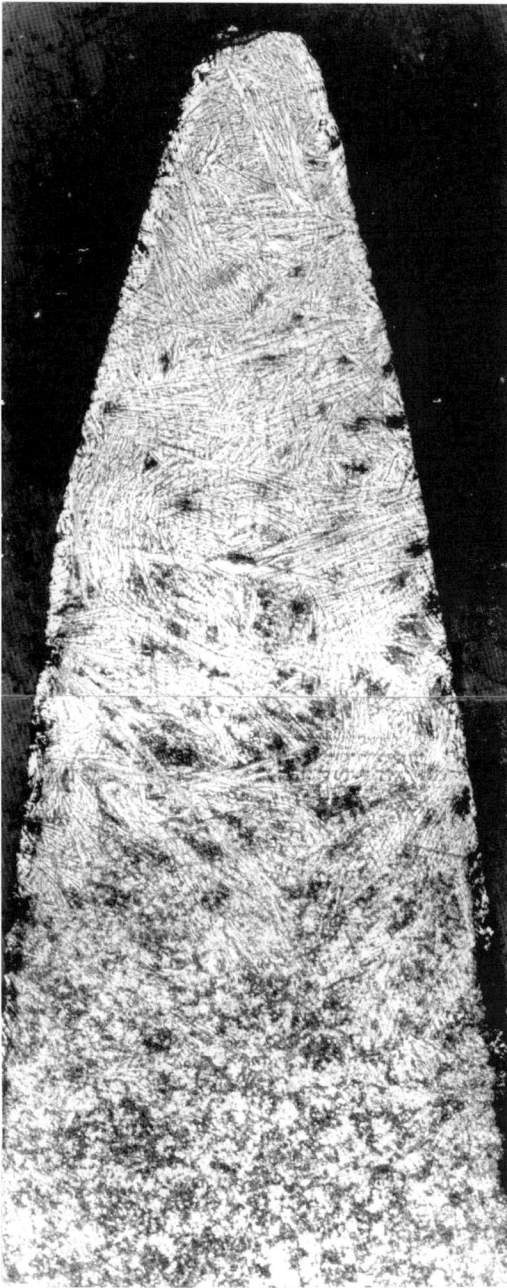

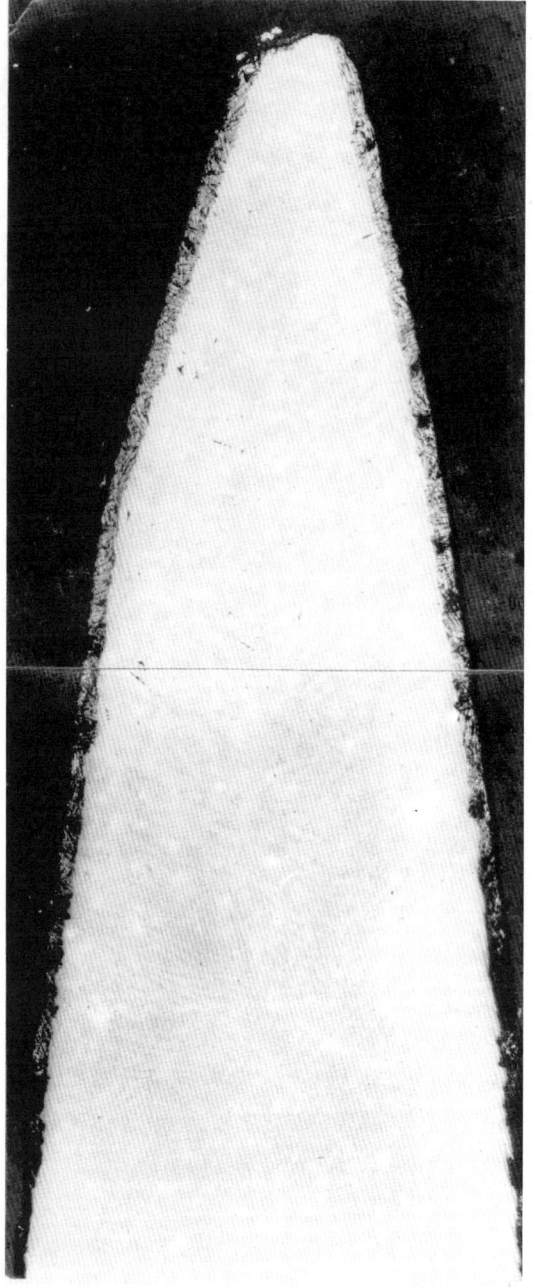

图 1-1-11   25×   图 1-1-12   25×

图　号： 1-1-11、1-1-12　　　　　　　　　**浸　蚀　剂：** 3%硝酸酒精溶液

材料名称： 过共晶白口铸铁（犁铧）　　　　　**处理情况：** 铸态

组织说明： 图 1-1-11：犁铧的显微组织。犁尖处为较小的板条状初生渗碳体和共晶莱氏体。随着铸件壁厚的
　　　　增加，组织也相应粗大，并出现了片状石墨，及至犁铧底部，组织成为麻口，即由渗碳体、珠光体和片状
　　　　石墨组成。

　　　　图 1-1-12：犁铧表层细密的初生渗碳体和共晶莱氏体，这是由于犁铧是用硅砂铸造，并在铸型表面涂
　　　　了碲粉所致，碲具有强烈的过冷作用，这就使犁铧表层形成细密的过共晶白口。

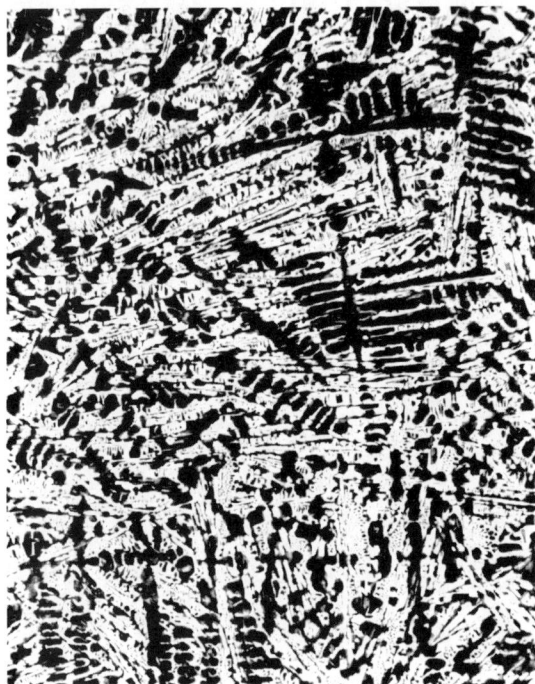

图　1-1-13　　　　　　　　　　100×

图　　号：1-1-13

材料名称：低铬合金白口铸铁［w（C）3.2%，w（Cr）1.2%，w（Mn）2.0%，w（Cu）0.5%，w（Si）<1%，w（S）<0.1%，w（P）<0.1%］

浸 蚀 剂：4%硝酸酒精溶液

处理情况：铸态

组织说明：黑色枝晶状细珠光体、共晶莱氏体和碳化物，莱氏体的骨架较细。硬度：55.5HRC，a_K：0.24J/cm^2

　　普通白口铸铁的脆性很大，在工程上很少应用。为此，可用多元低合金化改善组织和性能，本照片加入铬、铜、锰等元素。铬能使渗碳体 Fe$_3$C 变成碳化物(Fe，Cr)$_3$C，还能增加淬透性；铜能增加并细化珠光体，使冲击韧度提高，还能增加铁液流动性；锰能部分溶入碳化物，增加其硬度，适宜的锰量，能细化共晶团及晶界的碳化物，从而改善了韧性。

图　　号：1-1-14

材料名称：低铬合金白口铸铁，化学成分同图 1-1-13

浸 蚀 剂：4%硝酸酒精溶液

处理情况：铸态

组织说明：将图 1-1-13 放大至 500 倍后的枝晶状珠光体、共晶莱氏体和碳化物，由于加入了少量铬、铜、锰等元素，珠光体组织的片层状结构仍然不易分辨。

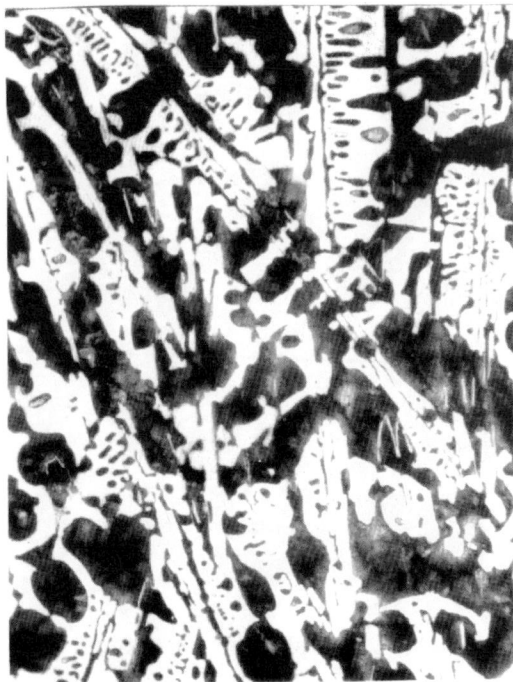

图　1-1-14　　　　　　　　　　500×

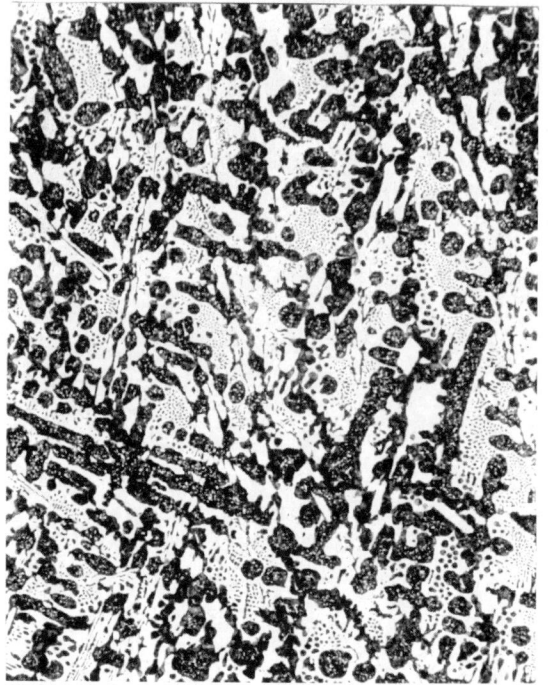

图　　号：1-1-15

材料名称：低铬合金白口铸铁［w（C）3.2%，w（Cr）1.2%，w（Mn）2.0%，w（Cu）0.5%，w（Si）<1%，w（S）<0.1%，w（P）<0.1%］

浸　蚀　剂：4%硝酸酒精溶液

处理情况：铸造后经 1050℃ 正火和 400℃ 回火

组织说明：呈枝晶状分布的细珠光体、共晶莱氏体、碳化物以及颗粒状二次渗碳体，本图的铸态组织见图 1-1-13。 1050℃正火的目的，是使基体中析出颗粒状二次碳化物，使整体硬度趋于均匀，并使白口球团化，从而提高材料的冲击韧度。使用上述材料制造磨球，可减少磨球的破碎率。

硬度：51.3HRC，a_K： 0.47J/cm^2。

图　 1-1-15　　　　　　　　　　　　100×

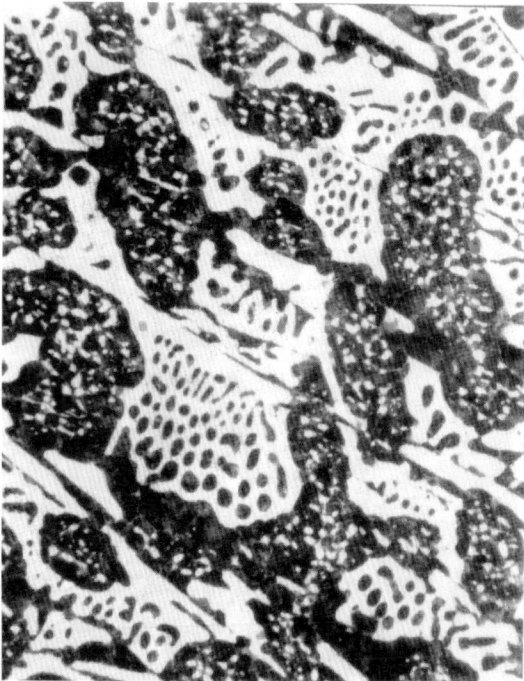

图　　号：1-1-16

材料名称：低铬合金白口铸铁［w（C）3.2%，w（Cr）1.2%，w（Mn）2.0%，w（Cu）0.5%，w（Si）<1%，w（S）<0.1%，w（P）< 0.1%］

浸　蚀　剂：4%硝酸酒精溶液

处理情况：铸造后经 1050℃ 正火和 400℃ 回火

组织说明：将图 1-1-15 放大至 500 倍后的共晶莱氏体，细珠光体上的颗粒状二次碳化物明显可见。

　　高温加热和保温，奥氏体中碳、铬等元素的平衡浓度提高，在适当的冷却速度下，奥氏体脱稳，析出了二次碳化物。

图　 1-1-16　　　　　　　　500×

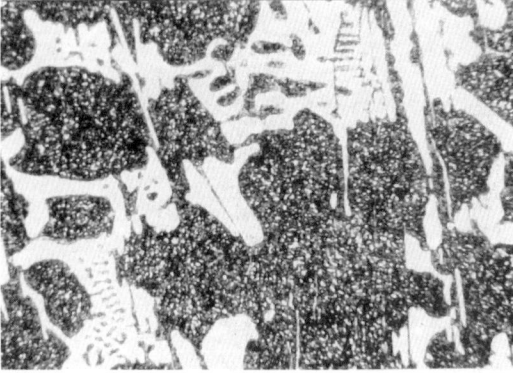

图 1-1-17　　　　　　　　　　　　　500×

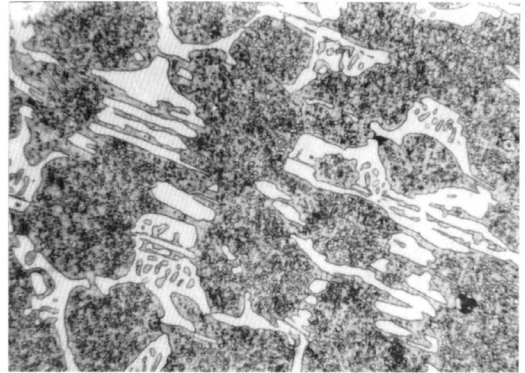

图 1-1-18　　　　　　　　　　　　　500×

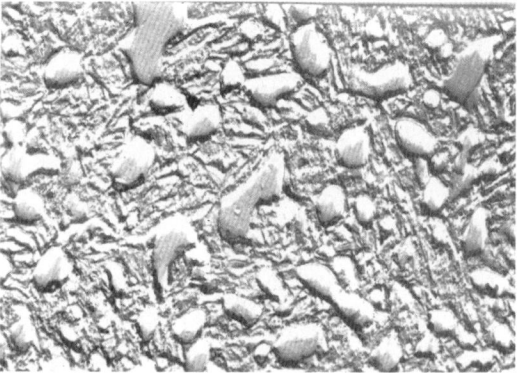

图 1-1-19　　　　　　　　　　　　　5000×

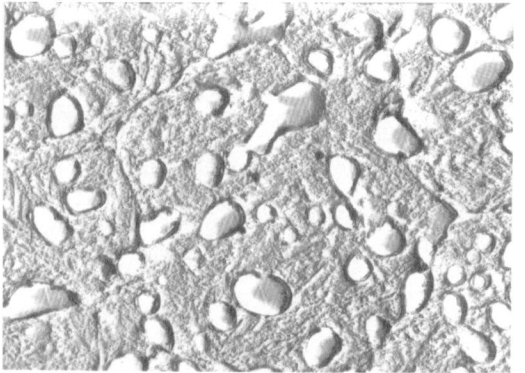

图 1-1-20　　　　　　　　　　　　　5000×

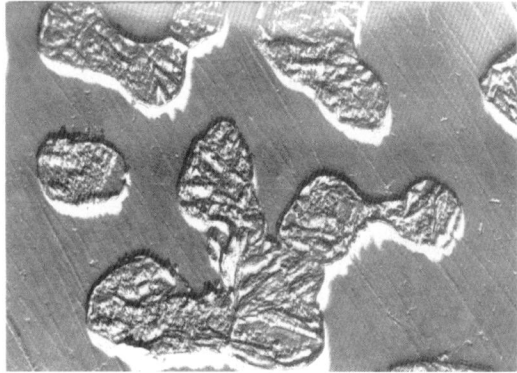

图 1-1-21　　　　　　　　　　　　　5000×

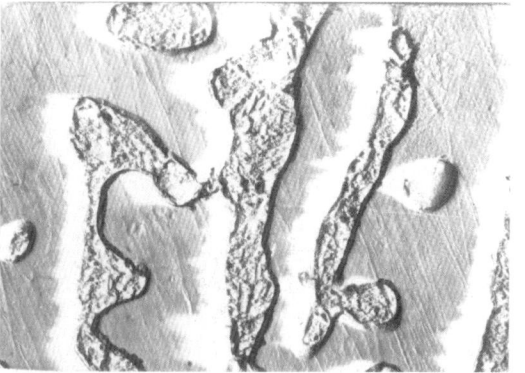

图 1-1-22　　　　　　　　　　　　　5000×

图 1-1-23　　　　　　　　　　　　　6000×

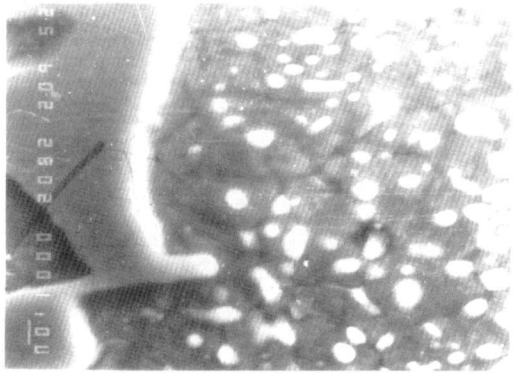

图 1-1-24　　　　　　　　　　　　　6000×

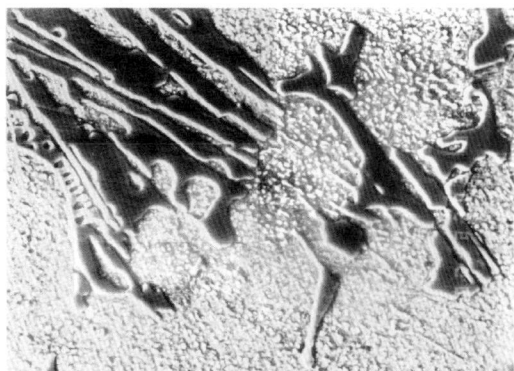

图 1-1-25 1000×

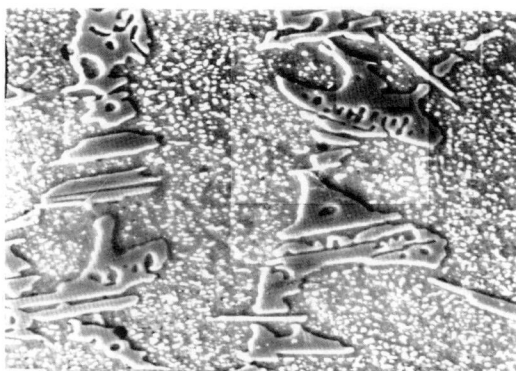

图 1-1-26 1000×

图 1-1-27 1000×

图 1-1-28 1000×

图　　号：1-1-17～1-1-28

材料名称：铬稀土白口铸铁［w（C）2.5%，w（Si）1.1%，w（Mn）0.5%，w（Cr）4.0%，w（RE）0.08%］

浸 蚀 剂：3%硝酸酒精溶液

处理情况：铸造后，经 880～900℃×20min 加热，图 1-1-17 试样淬入 L—AN15 全损耗系统用油中冷却，图
　　　　　1-1-18 试样淬入具有 3000Gs[⊖] 磁场的 L—AN15 全损耗系统用油中冷却

组织说明：稀土是作为缓滞剂加入的，可细化晶粒，使合金渗碳体分布更加均匀。

　　图 1-1-17 为普通淬火，组织为鱼骨状莱氏体、条状合金渗碳体、细马氏体、残留奥氏体及颗粒状二次
合金渗碳体；图 1-1-19 为图 1-1-17 中的马氏体、残留奥氏体及二次合金渗碳体的复膜电子金相形貌；图
1-1-21 为共晶莱氏体复膜电子金相形貌，黑灰色为共晶渗碳体，共晶渗碳体上的块状为马氏体及残留奥氏
体；图 1-1-23 为基体组织的复膜电子金相形貌；图 1-1-27 为图 1-1-25 基体组织用电子探针所作铬元素面
扫描图像，从图可见，铬元素富集于共晶渗碳体。

　　图 1-1-18 为在磁场中淬火试样的显微组织，由莱氏体、隐针状马氏体、残留奥氏体及颗粒状二次合金
渗碳体组成，颗粒较图 1-1-17 细小、分布比较均匀；图 1-1-20 为基体组织的复膜电子金相形貌；图 1-1-22
为基体莱氏体的复膜电子金相形貌；图 1-1-24 为基体组织的复膜电子金相形貌；图 1-1-28 为图 1-1-26 基
体组织用电子探针所作铬元素面扫描图像，图中的白色即为铬元素在合金渗碳体内的痕迹。

　　从上述两组金相及电子复膜金相组织来看，磁场中淬火的马氏体较细小，二次合金渗碳体的颗粒细小
而均匀，而普通淬火后的马氏体和颗粒状二次渗碳体较粗大。再从每隔 1μm 距离进行铬元素电子探针的扫
描数据看，磁场淬火的基体为 w（Cr）3.9%，合金渗碳体为 w（Cr）12.52%，普通淬火后基体为 w（Cr）
2.8%，合金渗碳体为 w（Cr）13.6%。

　　用铬稀土合金白口铸铁浇铸的喷丸机中的耐磨零件经磁场淬火后，其耐磨性比同成分淬火的零件有显
著提高，由此可见，磁场淬火工艺的优越性及机理有待进一步研究。

⊖　Gs 为非法定单位，与法定单位的换算关系为 1Gs=10⁻⁴T。

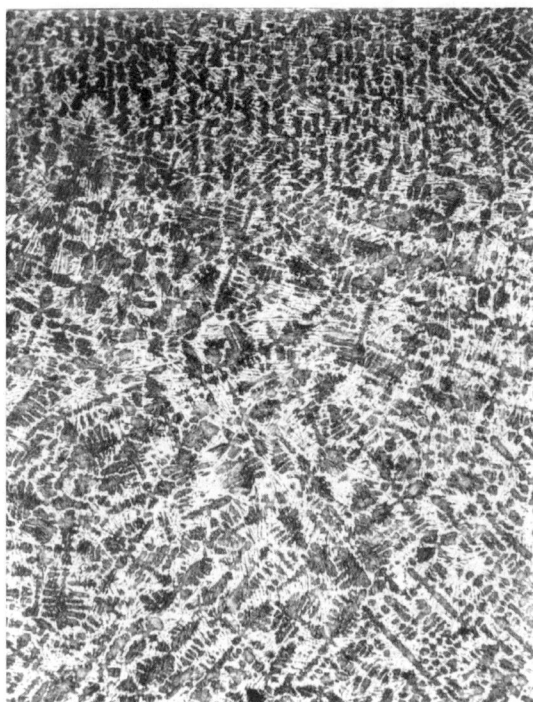 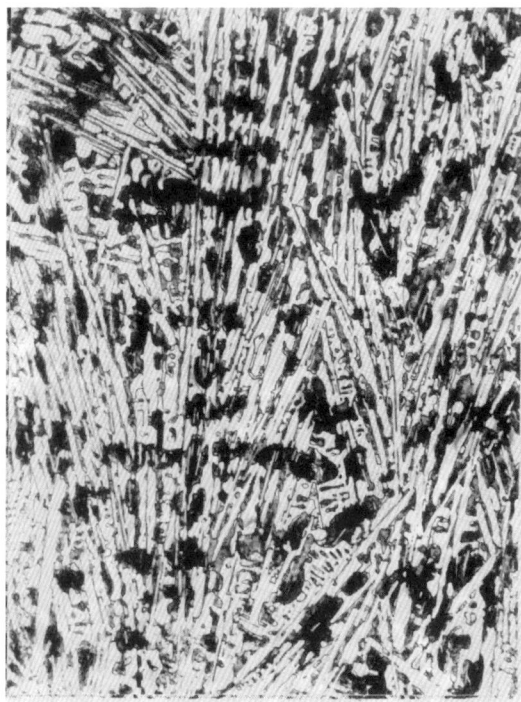

图 1-1-29   100×   图 1-1-30   500×

图　　号：1-1-29、1-1-30

材料名称：冷激铸铁（气门挺柱）

浸 蚀 剂：4%硝酸酒精溶液

处理情况：表面采用冷铁激冷（铸态）

组织说明：黑色枝晶状为珠光体和共晶莱氏体，表面冷铁处的莱氏体沿热扩散方向排列，见图1-1-29。图1-1-30
　　　　为图1-1-29上部表面冷铁处组织的放大后情况。

　　气门挺柱是内燃机中与凸轮轴凸轮组成的摩擦副中承受滑动摩擦及高的接触应力的零件，因而要有高
的抗接触应力及抗咬粘合的能力，其工作表面要以碳化物为主，化学成分为［w（C）3.2%～3.6%，w（Si）
1.8%～2.4%，w（Mn）0.6%～1%，w（Cu）0.5%～0.8%，w（Cr）0.3%～1.0%，w（Mo）0.5%～0.7%］。

　　冷激铸铁的金相组织由外向内可分为三层：白口层，一般为亚共晶或共晶组织，有时也会出现一些细
小的初生碳化物或少量点状石墨；麻口层，也称过渡层，组织为碳化物、珠光体和片状石墨；灰口层，组
织为珠光体和片状石墨，有时也会出现少量铁素体。

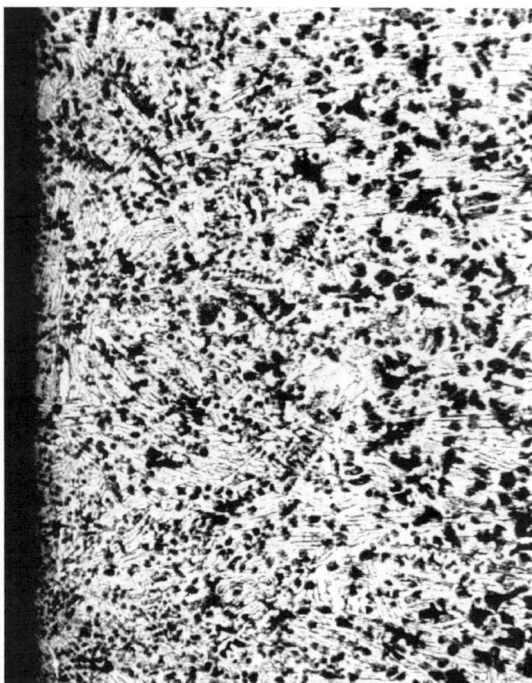

图　　号：1-1-31

材料名称：冷激铸铁

浸　蚀　剂：4%硝酸酒精溶液

处理情况：铸造渗碲

组织说明：黑色为珠光体和共晶莱氏体，表面的共
　　　　晶碳化物十分细致。

　　　　碲是反石墨化作用显著的元素，强烈促进白
　　口，它的反石墨化作用是碳的反向的 160 倍、硅
　　的反向的 80 倍。由于其强烈的白口倾向，在铸
　　型表面涂一层碲粉，即可于表面下形成冷激层，
　　组织细微，共晶团数目显著增加。

图　　1-1-31　　　　　　　　　　　　　　100×

图　　号：1-1-32

材料名称：冷激铸铁（挺柱）

浸　蚀　剂：3%硝酸酒精溶液

处理情况：表面采用冷铁激冷

组织说明：白色鱼骨状为共晶碳化物，黑色为珠光
　　　　体，分布不均匀，局部区域珠光体呈块状分布，
　　　　用肉眼观察抛光浸蚀后的金相试样，可看到白亮
　　　　色的基体上有灰暗色（珠光体聚集区），测定硬
　　　　度，则为"软点"或"软点带"，硬度值仅为30～
　　　　35HRC。

图　　1-1-32　　　　　　　　200×

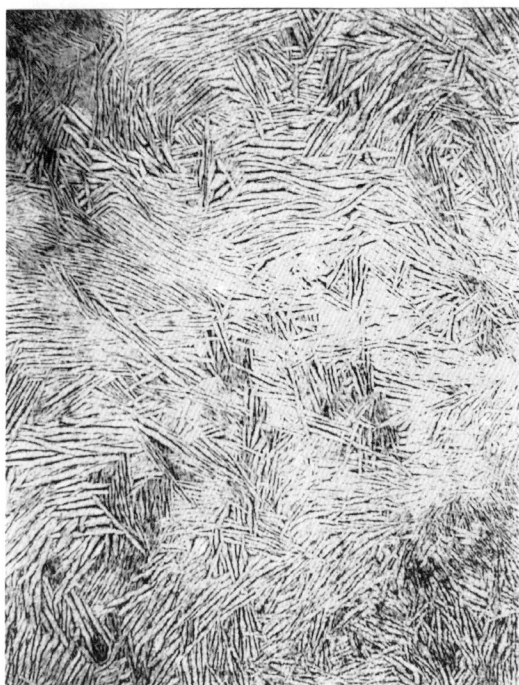

图 1-1-33   100×

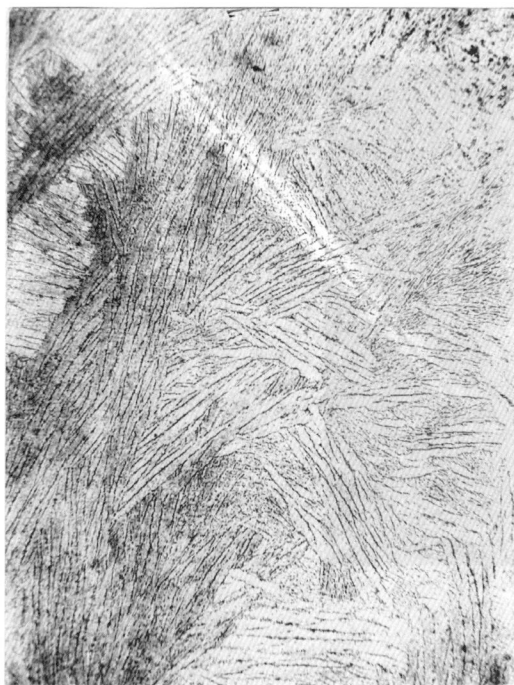

图 1-1-34   100×

图　　号：1-1-33、1-1-34
材料名称：冷激铸铁（挺柱）
浸 蚀 剂：3%硝酸酒精溶液
处理情况：表面采用冷铁激冷
组织说明：大量的针状碳化物和夹于其间的黑色珠光体，图 1-1-34 的碳化物比图 1-1-33 粗大，这是冷却速度不一所致。

冷激铸铁挺柱白口层的组织，一般为共晶莱氏体、细针状碳化物和珠光体。莱氏体的骨架在抗粘着磨损中起着骨架作用，初生碳化物过多，会使脆性增加，易于出现点蚀、剥落的缺陷。

大量初生碳化物的形成原因：

1）化学成分不当是主要的，挺柱典型的化学成分是近共晶成分或共晶成分。倘若超过共晶点过多，就会形成发达的初生碳化物。

2）反白口元素铬、钼等不可过高，若这些元素含量高再加上含碳量也高，会使初生碳化物大量析出。

3）孕育不良也是一个原因，应加强孕育，细化晶粒，防止合金元素偏析。

图　　号：1-1-35

材料名称：冷激铸铁（挺柱）

浸 蚀 剂：3%硝酸酒精溶液

处理情况：表面采用冷铁激冷浇注

组织说明：基体为莱氏体和呈枝晶状的珠光体。

　　浇注挺柱时，铁液在型腔内各部位的冷却方向和冷却速度是不同的。放置冷铁的部位，冷却速度最快，莱氏体垂直冷铁即沿热扩散方向排列，相对来说，挺柱其他方向的冷却速度相对较慢，由图中可见到三个不同方向凝固的莱氏体晶粒相互接触的界面。

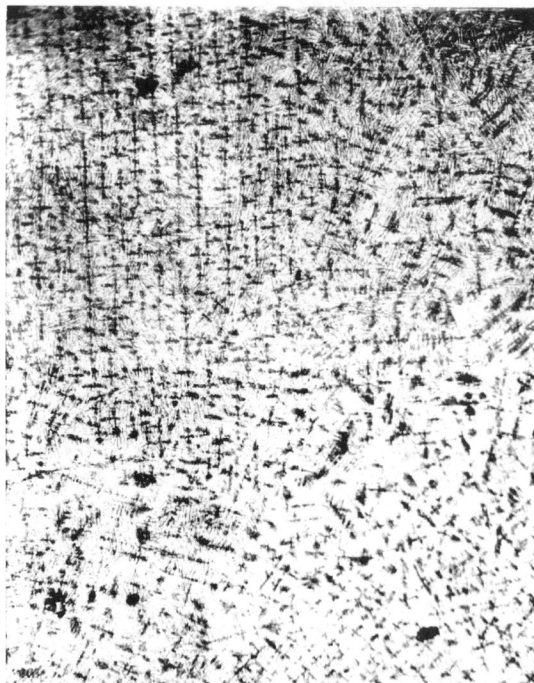

图　1-1-35　　　　　　　　100×

图　1-1-36　　　　　　500×

图　　号：1-1-36

材料名称：冷激铸铁（麻口层）

浸 蚀 剂：4%硝酸酒精溶液

处理情况：铸态

组织说明：基体为片状珠光体，黑灰色条状为石墨碳，白色鱼骨状为共晶莱氏体。

　　用相同载荷测定珠光体和白色渗碳体的硬度，从维氏显微硬度压痕可以看出，渗碳体压痕远较珠光体压痕为细小。这是冷激铸铁挺柱过渡层即麻口层的组织，倘在表面出现麻口组织，属于缺陷组织。

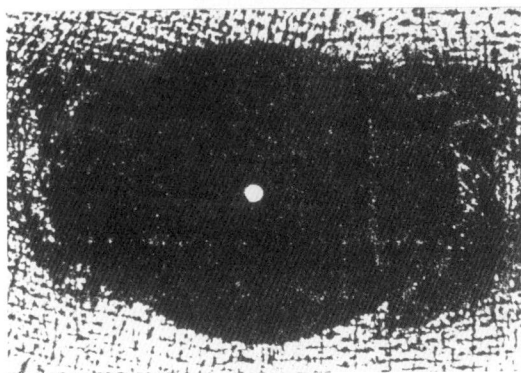

图　1-1-37　　　　　　　　　　　　　100×

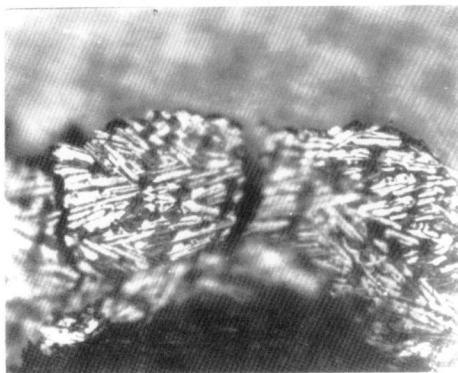

图　1-1-38　　　　　　　　　　　　　100×

图　　号：1-1-37、1-1-38

材料名称：冷激铸铁（挺柱）

浸 蚀 剂：3%硝酸酒精溶液

处理情况：铸态

组织说明：挺柱激冷层的组织主要为呈方向性分布的初生渗碳体，硬度值：54～55HRC。

　　图 1-1-37、图 1-1-38 是激冷层金相试样表面的洛氏硬度压痕及压痕诱发裂纹。压痕呈椭圆形。心部亮点由光学效应造成。放大 100 倍时，可看到长轴两侧的基体组织较为模糊（见图 1-1-37）；放大 400 倍时，可看到长轴两侧有较多裂纹横贯渗碳体，并把渗碳体分割成多个块状（见图 1-1-38），由于各个渗碳体块之间凹凸不平，难于聚焦，故在放大 100 倍时组织显得模糊不清。

　　洛氏硬度计的压头是锥角 120°的金刚石圆锥体，所以球墨铸铁、蠕墨铸铁、灰铸铁和多种钢打硬度后，硬度压痕一般呈圆形，而激冷铸铁的硬度压痕却呈椭圆形。这是因为，挺柱中的渗碳体呈方向性分布，硬度压痕诱发裂纹可横贯或纵贯针状渗碳体，由于前者消耗的能量小于后者，所以硬度压痕边缘横贯渗碳体的裂纹就多于纵贯裂纹。裂纹的出现，可使应力松弛和释放，因此，当压头从受压体卸载后，裂纹较多的部位弹性回复就较小，使压痕呈椭圆形。

　　打硬度出现的应力诱发裂纹，主要取决于应力状态和显微组织。

　　洛氏硬度采用的是静载压入法，其全过程是由加载和卸载两个半周期所构成。压入法产生的应力状态是软性的，其最大切应力与最大正应力的比值大于 2，因此，在压痕内部，钢铁的任何组织，即使像初生渗碳体这种典型的脆性相，仍可表现为"塑性"状态；观察硬度压痕底部，仅见到针状渗碳体变形而未见到渗碳体上出现裂纹。但硬度压痕周围的应力状态却与压痕内部不同，当压头压入试样时，其周围就形成多向不等应力，若压痕边缘某一点的拉应力超过该处强度极限，就会沿径向形成裂纹。渗碳体是一个不能承受拉应力的组织，故在打硬度时极易出现诱发裂纹，此裂纹在加载过程中成核和发展，在卸载过程中继续向前推进，完全卸载后还会发展一段时间再停止。

　　挺柱测定洛氏硬度形成的压痕诱发裂纹，属于表面损伤缺陷，在使用中，表面损伤的积累，会使挺柱出现剥落，为此，建议不在成品零件上打硬度。

图 1-1-39   100×

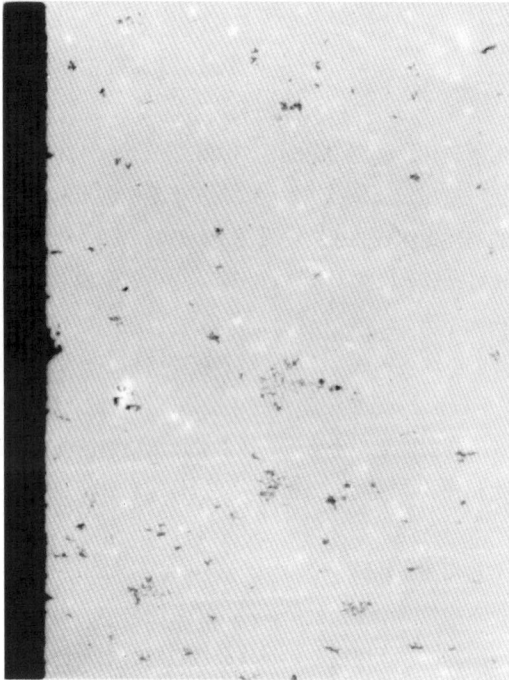

图 1-1-40   100×

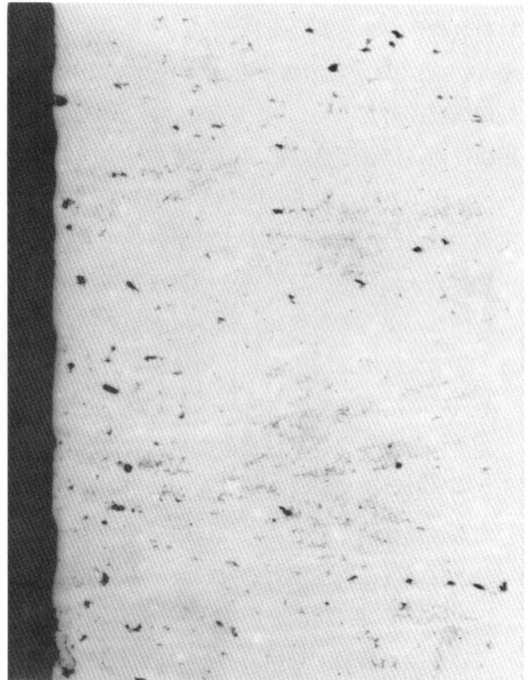

图 1-1-41   100×

图　　号： 1-1-39～1-1-44

材料名称： 冷激铸铁（气门挺柱）

浸 蚀 剂： 未浸蚀

处理情况： 激冷铸造

组织说明： 图 1-1-39～1-1-41 为激冷表面下深度方向的石墨组织。前者为细点状石墨，数量少；中间点状石墨数量增多，少数点状成丛集分布；后者点状石墨更多，且以丛集形式出现。在高倍下此石墨为细小的 D 型石墨，它们排列成明显的枝晶。由上述石墨形状、数量及大小可知，三个试样凝固时冷却速度（激冷速度）依次递减。

图　1-1-42　　　　　　　　　　　　　　　　　　100×

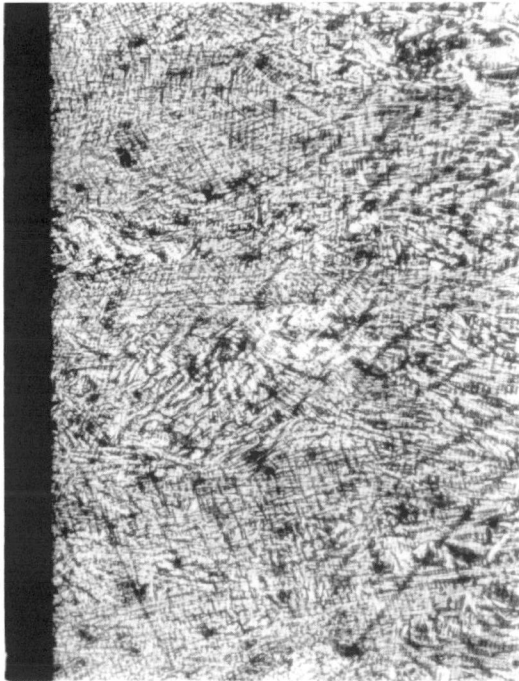

图　1-1-43　　　　　　　　100×

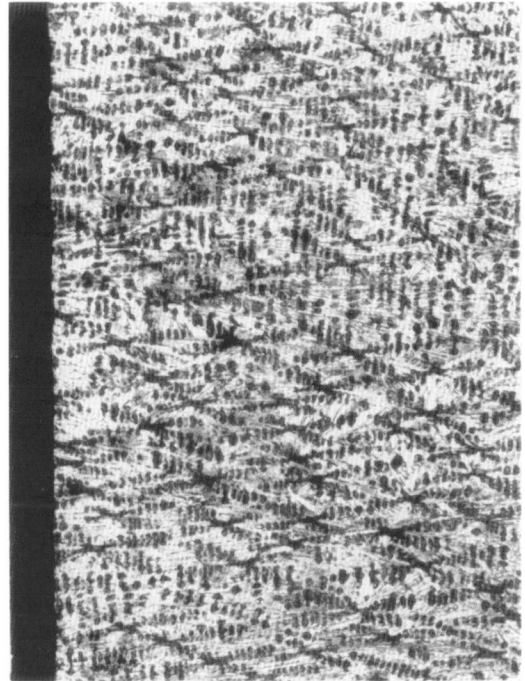

图　1-1-44　　　　　　　　100×

　　图 1-1-42 与图 1-1-39、图 1-1-43 与图 1-1-40、图 1-1-44 与图 1-1-41 是对应的显微组织，均为共晶莱氏体+珠光体，其差别在于珠光体逐次增多，且后者珠光体枝晶最为明显。这一情况同石墨组织一样，印证了显微组织与激冷程度相互的对应依存关系。对接触摩擦零件而言，在硬相质点（碳化物）数量分布等近似条件下，耐磨性的优劣与石墨组织有较大关系；通常是激冷层石墨数量少，石墨颗粒小且孤立出现者耐磨性较好，有片状石墨时最不耐磨，因为片状石墨易于引发裂纹，也易于裂纹的扩展而导致摩擦表面的剥落。为此，对于如挺柱、凸轮轴这类零件，其工作面下的激冷层不仅要求有足够的硬质相如碳化物，还必须有好的石墨组织，图 1-1-39 试样硬度值为 53.5HRC，图 1-1-40 试样硬度值为 53HRC；图 1-1-41 试样硬度值为 51.5HRC。

图　　号：1-1-45

材料名称：冷激铸铁［凸轮轴 w（C）3.19%，w（Cr）0.84%，w（Mo）0.38%，w（Mn）0.77%，w（Si）2.2%，w（P）0.13%，w（S）0.092%]

浸 蚀 剂：4%硝酸酒精溶液

处理情况：激冷铸铁表面再高频感应加热淬火

组织说明：凸轮轴顶端横切面上的组织分布情况。表面出现大量的共晶莱氏体及渗碳体（白色），均匀地镶嵌在马氏体（黑色）基体上。马氏体的针叶由于放大倍数较低，看不清晰。

　　为了进一步提高凸轮轴表面激冷层的耐磨性，可在凸轮轴凸轮部位表面施以高频感应加热淬火，使淬硬层达到一定的深度，淬火后将获得马氏体基体组织，从而可以显著地增高凸轮轴凸轮部位的耐磨性。

　　凸轮顶端硬度值为 52HRC，凸轮心部硬度值为 25HRC。

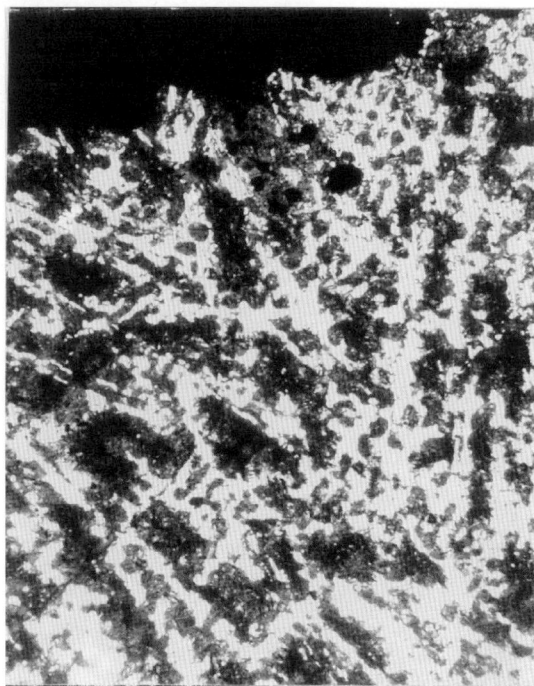

图　1-1-45　　　　　　　　　　　　　200×

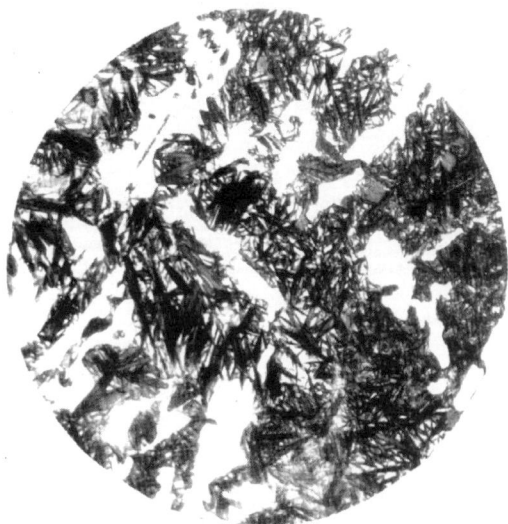

图　1-1-46　　　　　　　500×

图　　号：1-1-46

材料名称：冷激铸铁（凸轮轴）

浸 蚀 剂：4%硝酸酒精溶液

处理情况：与图 1-1-45 同一试样

组织说明：为图 1-1-45 试样放大 500 倍后的情况。基体为黑色粗针状马氏体，其间白色小块状为残留奥氏体，在基体组织上分布的白色大块状和鱼骨状物为渗碳体和共晶莱氏体。

　　凸轮轴的凸轮部位，施以高频感应加热淬火后可使基体组织获得高硬度的马氏体，从而显著地提高其耐磨性。

　　因淬火温度较高，所以奥氏体合金化较充分，淬火后除得到比较粗的针状马氏体外，尚伴随一定量的残留奥氏体。马氏体不宜过分粗大，否则容易淬裂。

图　1-1-47　　　　　　　　　　　　100×　　　图　1-1-48　　　　　　　　　　　　100×

图　　　号：1-1-47、1-1-48

材料名称：合金铸铁（内燃机凸轮轴）

浸 蚀 剂：4%硝酸酒精溶液

处理情况：激冷铸造后经感应加热淬火

组织说明：图 1-1-47：凸轮抛光表面石墨组织，为树枝晶形式析出的细小短片石墨，呈 D、E 型石墨分布，其中有少量点状石墨分布。这种石墨的形成与铸造时表面的激冷有关，激冷程度越大，枝晶越显著，石墨片越细小，甚至出现孤立的点状石墨。这种石墨对于接触应力较高的摩擦铸件，将在一定程度上提高其耐磨性，因为细小的石墨具有一定间距分隔，将有助于延缓裂纹的扩展，抵抗摩擦表面疲劳剥落引起的磨损。

　　图 1-1-48：凸轮轴尖处的莱氏体碳化物（白色）及基体组织（黑色），铸态时为珠光体，经淬火后则为马氏体，柱状晶形态分布的为莱氏体碳化物。由激冷条件下形成的这种形式碳化物对抗磨损有利。其抗磨损的作用与碳化物含量直接相关，数量多，抗磨损性能好；反之，则差。但随着碳化物数量增多，零件机械加工也将发生困难，因此碳化物数量又不宜太多，通常以 w（V）3%左右碳化物较为适宜。

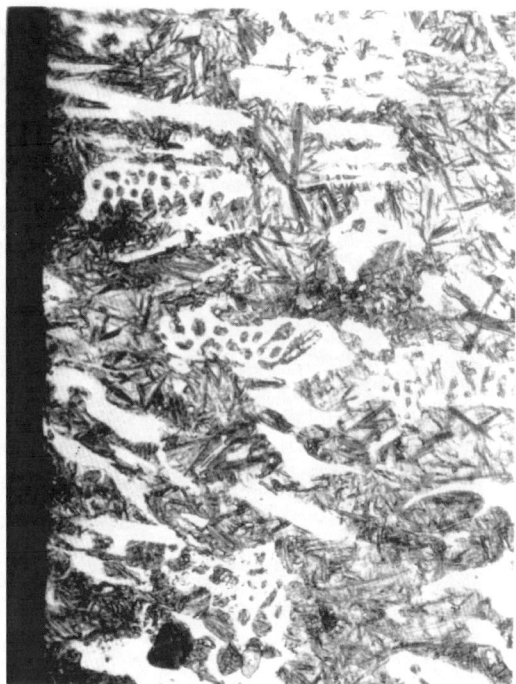

图 1-1-49   500×

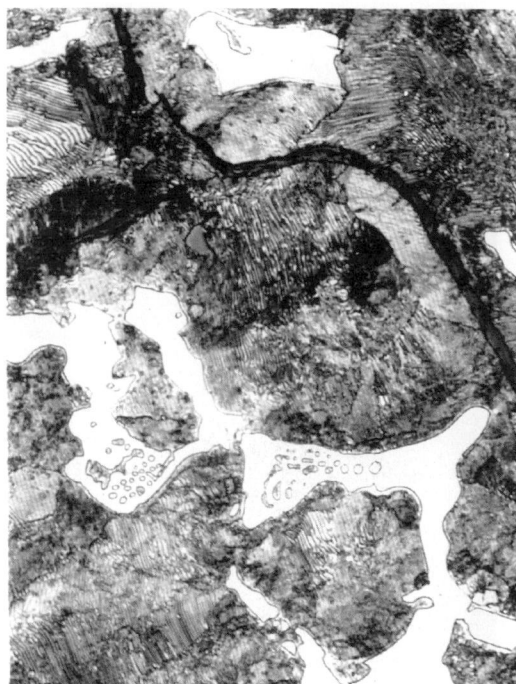

图 1-1-50   500×

图　　号：1-1-49、1-1-50

材料名称：合金铸铁（内燃机凸轮轴）

浸 蚀 剂：4%硝酸酒精溶液

处理情况：激冷铸造后经感应加热淬火

组织说明：图 1-1-49：同一试样的高倍组织形貌，这是凸轮桃尖淬火硬化组织情况。除共晶碳化物外，基体为灰色针状回火马氏体和白色残留奥氏体；马氏体针叶长度已偏长，残留奥氏体数量也偏多，是淬火温度偏高的过热组织，基体硬度指标将达不到要求。凸轮轴桃尖处的耐磨性好坏在很大程度上取决于碳化物的多少，但由于凸轮是在高接触应力下运动的，所以碳化物需要基体的有力支持，淬火硬化是提高基体硬度的最好方法，淬火不当可产生大量残留奥氏体，使其优越性受到抑制。

　　图 1-1-50：凸轮心部组织，白色大块为共晶碳化物，黑色为珠光体基体，粗大黑灰色条状即为片状石墨，凸轮轴是合金化程度较高的灰铸铁，由于浇注后冷却速度较大，所以在其心部出现碳化物（其体积分数一般为 5%左右），属于正常现象。

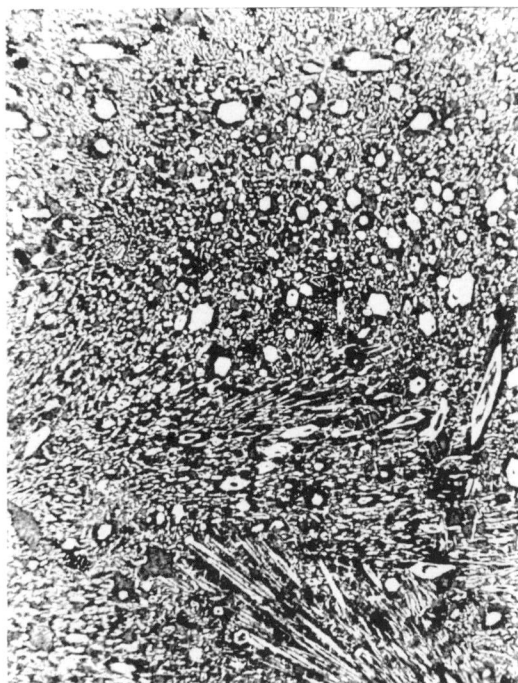

图 1-1-51 100×

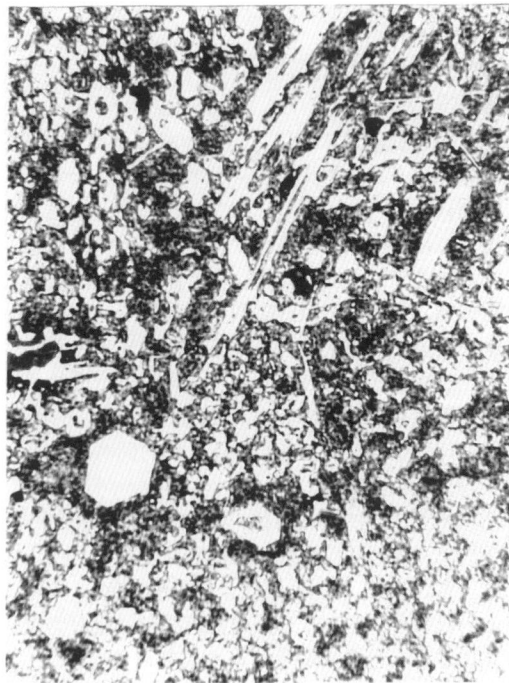

图 1-1-52 500×

图　　号：1-1-51、1-1-52

材料名称：高铬白口铸铁

浸 蚀 剂：4%硝酸酒精溶液

处理情况：铸态

组织说明：图 1-1-51：基体为马氏体和残留奥氏体，其上分布着条状及六角形的初晶碳化物、共晶碳化物。

图 1-1-52 为图 1-1-51 放大后的组织。

关于抗磨铸铁的发展，大致经历了三代：第一代是普通白口铸铁，渗碳体为 Fe_3C；第二代是镍铬低合金马氏体（又称镍硬型）白口铸铁，碳化物为 $(Fe，Cr)_3C$；第三代是高铬白口铸铁，碳化物是硬度高、呈孤立分布的 $(Fe，Cr)_7C_3$。

初晶碳化物呈六角形是高铬白口铸铁特有的，六角形的心部为奥氏体的产物。

高铬白口铸铁的共晶结晶与普通白口铸铁也不同，当铬量足够高时，其共晶结晶的固液相界面不规则，结晶区域变宽，呈现糊状凝固的特征。此时，共晶碳化物趋于小平面生长，共晶奥氏体趋于树枝状生长，所以，普通白口铸铁的共晶渗碳体为板片状结构，而高铬白口铸铁在一般情况下，共晶碳化物为断续的块状，这就是高铬白口铸铁抗磨性和力学性能优于普通白口铸铁的重要原因。

图　　号：1-1-53

材料名称：低碳高铬白口铸铁 [w（C）2.3%, w（Si）0.8%, w（Mn）0.5%, w（Cr）16.1%, w（Mo）1.8%, w（Ni）0.4%, w（Cu）0.2%, w（S）0.06%, w（P）0.1%]

浸 蚀 剂：4%硝酸酒精溶液

处理情况：铸态

组织说明：基体为珠光体、马氏体和残留奥氏体，其上分布着共晶莱氏体及碳化物，部分马氏体已自回火。

　　上述组织具有代表性。高铬白口铸铁的铸态组织，通常是由细珠光体、马氏体和残留奥氏体组成的。且以后二相占多数。这是由于铁液在铸型中凝固后，铸件组织的转变大抵相当于在固相线下进行奥氏体加热。此时奥氏体内碳、铬的平衡浓度变高，珠光体相变受到遏制，M_s 点下降，铸件即使缓慢冷却，在形成马氏体的同时也能形成较多残留奥氏体。

　　各类组织的分布特征，可观察照片中的某一个原始晶粒：晶粒边缘被共晶碳化物包围，在边缘（靠近 M_7C_3 处）为细珠光体（黑灰色），向内为马氏体和残留奥氏体，越接近心部，残留奥氏体便越多（色泽由灰色逐渐变成灰白色）。

　　高铬白口铸铁按含碳量多少区分，可分为低碳 [w（C）≈2%] 和高碳 [w（C）≈3%] 两类。本图片属于前者。

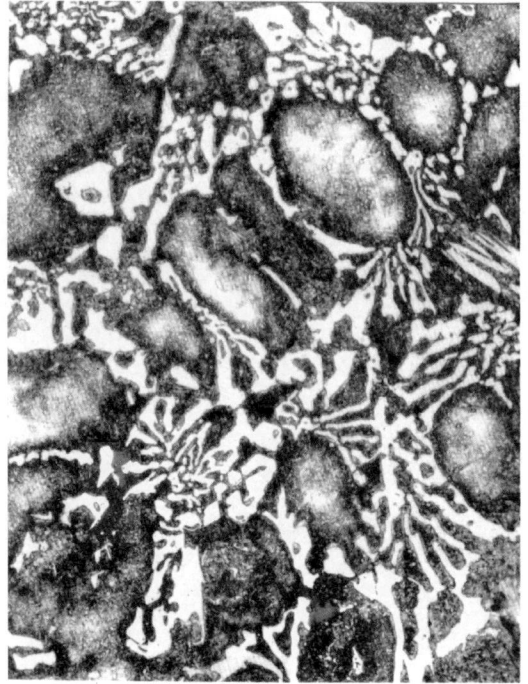

图　1-1-53　　　　　　　　　500×

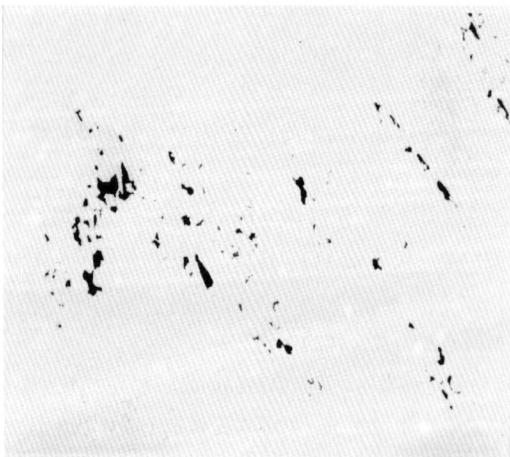

图　1-1-54　　　　　　　　100×

图　　号：1-1-54

材料名称：高铬白口铸铁

浸 蚀 剂：抛光后未浸蚀

处理情况：铸态

组织说明：黑色的晶间疏松、灰色的点状硫化物和少量氮化钛（TiN）。上述缺陷，主要分布于共晶团边界及原奥氏体晶界，只有少量夹杂物分布于晶内。

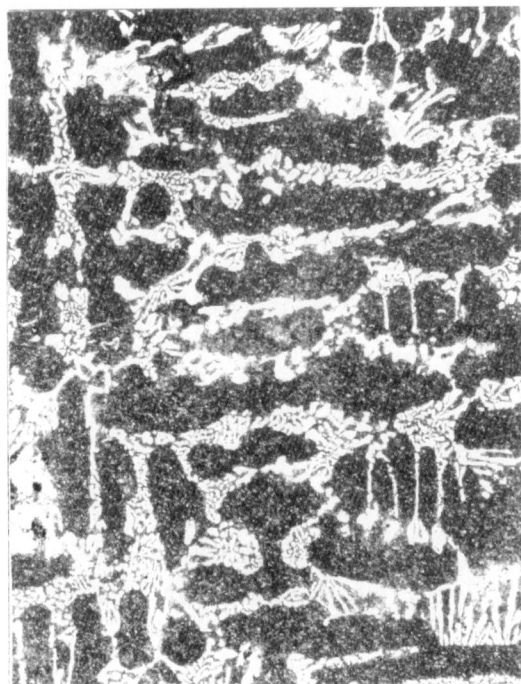

图　　号：1-1-55

材料名称：低碳高铬白口铸铁 [w（C）2.4%，w（Si）0.55%，w（Mn）1.2%，w（Cr）15.32%，w（Ni）0.4%，w（Mo）2.14%，w（Cu）0.2%，w（S）0.06%，w（P）0.1%]

浸 蚀 剂：3%硝酸酒精溶液

处理情况：960℃淬火，250℃回火

组织说明：基体为回火马氏体和残留奥氏体，其上分布有共晶莱氏体、碳化物及颗粒状二次碳化物。硬度：53HRC，a_K：6J/cm²。

　　　　　此材料可制造较小冲击载荷下的抗磨件，如球磨机衬板、磨球和泵的叶轮等。

图　1-1-55　　　　　　　　　　　　200×

图　　号：1-1-56

材料名称：低碳高铬白口铸铁（化学成分同图 1-1-55）

浸 蚀 剂：3%硝酸酒精溶液

处理情况：同图 1-1-55

组织说明：倍数放大后，可清楚地观察共晶莱氏体、碳化物和分布于马氏体上的颗粒状二次碳化物的形貌。

　　　　　铸态高铬白口铸铁中的奥氏体，碳、铬含量较高，故稳定性也较高。重新奥氏体化加热、保温和冷却，奥氏体中的碳、铬会以二次碳化物的形式析出，此现象称为"脱稳"，在淬火过程中应力求脱稳完全，这对提高抗磨性有益。

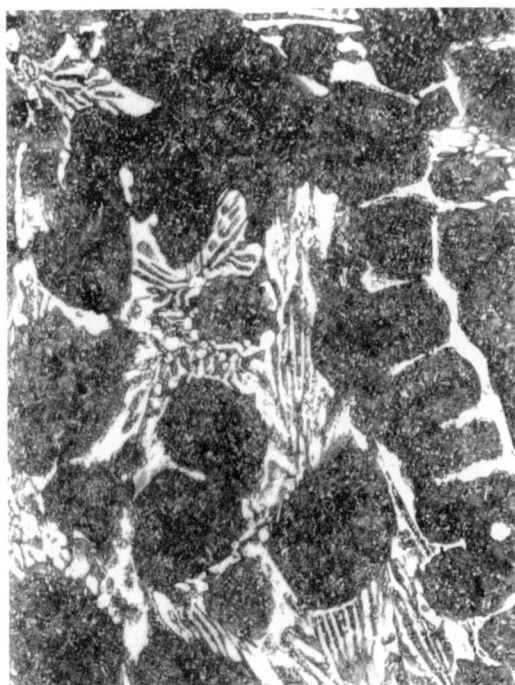

图　1-1-56　　　　　　　　　　　　500×

图　　号：1-1-57～1-1-59

材料名称：高铬合金白口铸铁 [w（C）2%～2.5%，
　　　w（Si）0.4%～0.6%，w（Mn）0.8%～1.0%，w（S）
　　　<0.04%，w（P）<0.04%，w（Cr）13%～20%，
　　　w（Ni）1.5%～2.5%，w（Mo）0.6%～1.0%]

浸 蚀 剂：苦味酸、盐酸酒精溶液

处理情况：铸态

组织说明：图 1-1-57 灰白色枝晶为马氏体和残留
　　　奥氏体，枝晶间为合金碳化物与马氏体及残留
　　　奥氏体构成的共晶体。由于放大倍数较低，故
　　　共晶体的组成物不易分辨。

　　　图 1-1-58：图 1-1-57 放大 200 倍后的组织，
　　　枝晶间共晶体中的合金碳化物有的呈鱼骨状分
　　　布，也有的呈条、块状分布。

　　　图 1-1-59：图 1-1-58 放大 500 倍后的组织，
　　　灰白色初生枝晶为隐针状马氏体及残留奥氏体，
　　　枝晶间白色条块状为合金碳化物，分布在隐针状
　　　马氏体及少量残留奥氏体基体上。初生枝晶的维
　　　氏硬度值为 600HV。

　　　枝晶马氏体高温时为初生枝晶奥氏体，由于
　　　奥氏体中合金元素含量较高，冷却后大部分奥氏
　　　体转变为淬火马氏体。

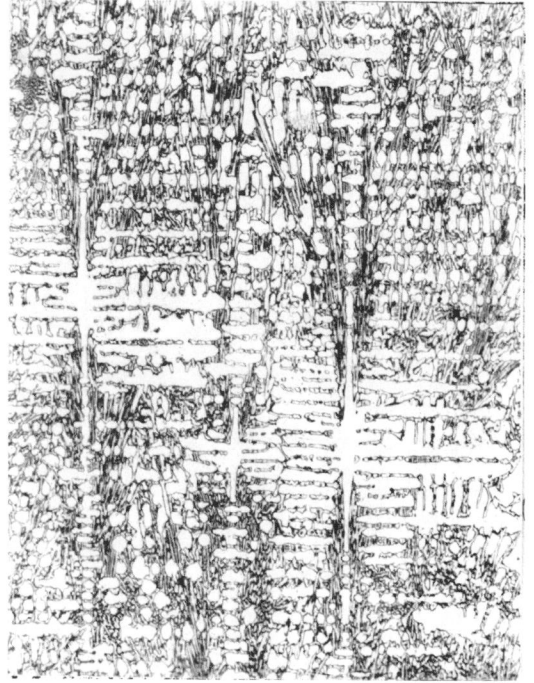

图　1-1-57　　　　　　　　　　　　80×

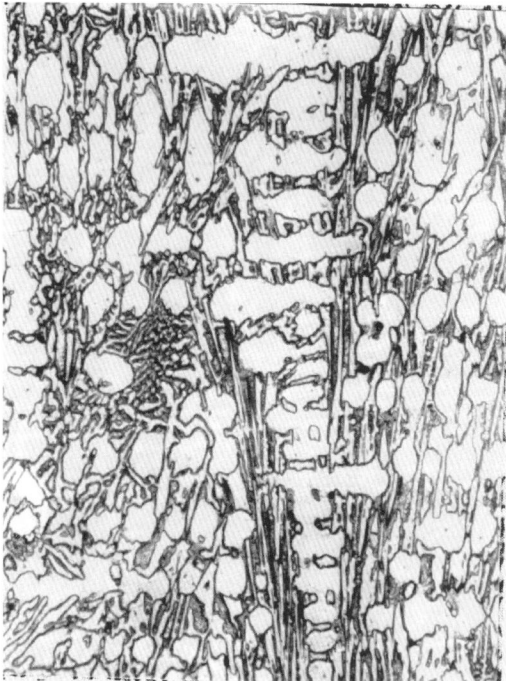

图　1-1-58　　　　　　　　　200×

图　1-1-59　　　　　　　　　500×

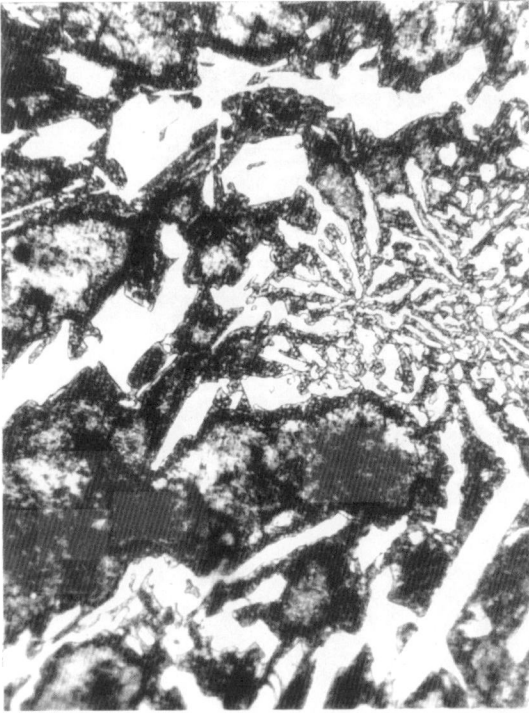

图　　1-1-60　　　　　　　　　　　　500×

图　　号：1-1-60

材料名称：KmTBCr15Mo3 高铬合金白口铸铁

浸 蚀 剂：苦味酸、硝酸酒精溶液

处理情况：铸造后经 700℃退火处理

组织说明：经 700℃退火处理后，马氏体进一步析
　　　　　出碳化物而成为索氏体组织（图中黑色区域），
　　　　　尚有部分马氏体被保留下来。初生碳化物呈杆状
　　　　　及多边形。共晶碳化物呈菊花形，花心聚集的碳
　　　　　化物较小，向周围辐射较弯曲的条状碳化物，整
　　　　　体形状颇似菊花。这是 KmTBCr15Mo3 特有的共
　　　　　晶碳化物形态。

　　　　　索氏体基体的维氏硬度值为 385HV。

图　　号：1-1-61

材料名称：低碳高铬白口铸铁 [w（C）2.3%，w（Si）
　　　　　0.7%，w（Mn）2.52%，w（Cr）14.8%，w（Ni）
　　　　　0.4%，w（Cu）0.3%]

浸 蚀 剂：4%硝酸酒精溶液

处理情况：1000℃淬火，250℃回火

组织说明：基体为回火马氏体和残留奥氏体，其上
　　　　　分布着共晶碳化物及细颗粒的二次碳化物。

　　　　　由于淬火时的实际奥氏体化温度比规定的
　　　　　1000℃高出很多，致使奥氏体中碳、铬的平衡浓
　　　　　度相应增加，组织中便出现了粗大的马氏体和较
　　　　　多的残留奥氏体。

　　　　　共晶碳化物呈菊花状是 KmTBCr15Mo3 的
　　　　　特征。由于本图片的成分接近 KmTBCr15Mo3，
　　　　　故有部分共晶碳化物近似于菊花状。

图　　1-1-61　　　　　　　　　　　　500×

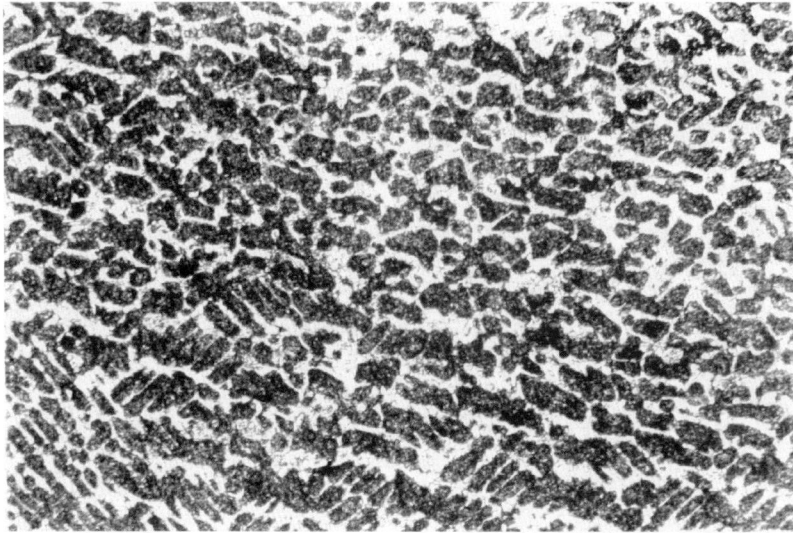

图　1-1-62　　　　　　　　　　　　　　　　100×

图　1-1-63　　　　　　　　　　　　　　　　500×

图　　号：1-1-62、1-1-63

材料名称：高铬合金铸铁（Q25 内燃机气门座）

浸 蚀 剂：4%硝酸酒精溶液

处理情况：铸造后调质处理

组织说明：黑灰色基体为索氏体，白色网络状为共晶莱氏体碳化物。硬度值为 38HRC。图 1-1-63 为图 1-1-62 放大后的组织。

　　Q25 气门材料是一种以铬为主要合金成分、含碳量较低的铸铁，它的石墨组织为细小的团絮状及点状，碳化物呈断续网状分布，数量约为材料面积的 10%～40%。这种碳化物结构可以减缓载荷，抵抗磨损，索氏体基体有中等强度与硬度，对硬质相碳化物能起到有力的支撑，同时有较优异的韧性。这种组织适于气门抗冲击磨损的工作环境；此外，索氏体组织比较稳定，同样适于气门在热状态下服役而不致发生组织变化。

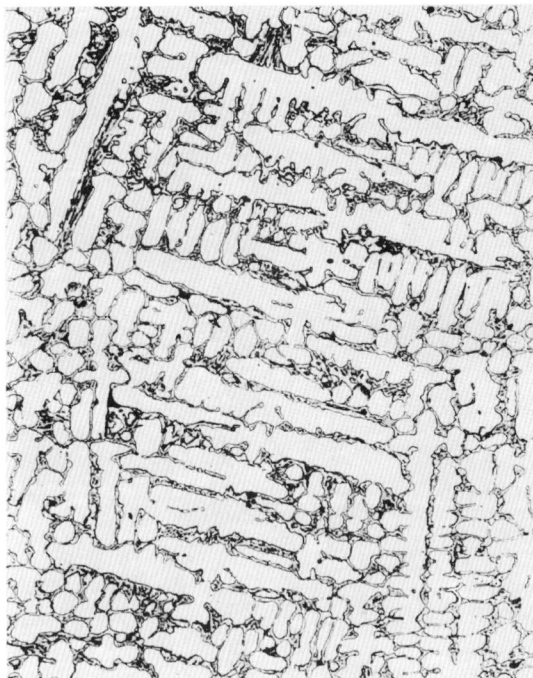

图　1-1-64　　　　　　　　　　100×

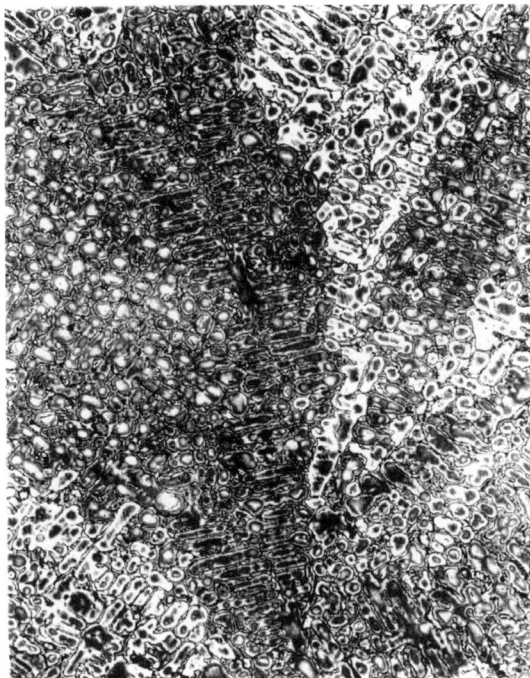

图　1-1-65　　　　　　　　　　100×

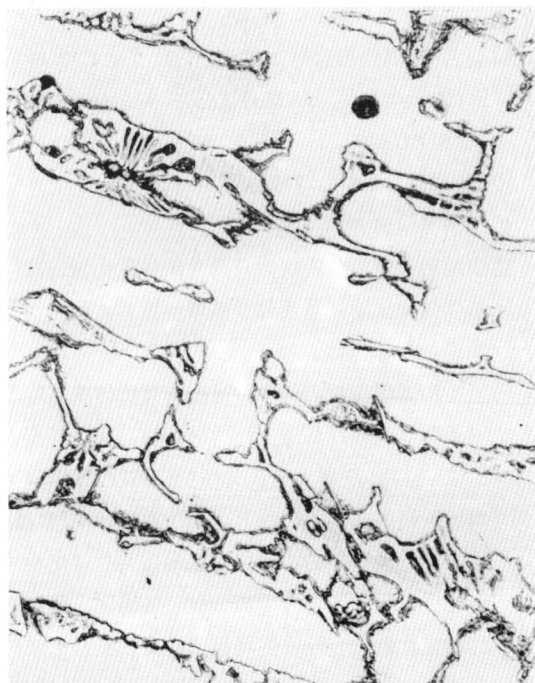

图　1-1-66　　　　　　　　　　500×

图　号：1-1-64～1-1-66

材料名称：SIVS-1 气门座材料 [w(C)1.7%～2.2%，w(Cr)12.5%～14%，w(Mo)1.8%～2.2%，w(Ni)0.35%～0.45%，w(Cu)0.3%，w(Si)0.9%～1.2%，w(Mn)0.4%～0.6%]

浸 蚀 剂：在 100mL 的 1:5 的盐酸水溶液中加入 1g 焦亚硫酸钾

处理情况：铸造后，900℃×90min 空冷正火，再加热至 800℃×120min 炉冷回火

组织说明：白色基体为奥氏体，骨骼状为共晶碳化物，共晶碳化物中间黑灰色为奥氏体的转变产物。共晶碳化物应是 (Fe，Cr)$_7$C$_3$。

　　SIVS-1 中 w(Cr) 为 12.5%以上，属高铬铸铁。由 w(Cr) 为 13%的 Fe-Cr-C 三元合金纵切平衡图可知：平衡状态下组织应为 a+ (Fe，Cr)$_7$C$_3$，由于实际生产条件下，铸铁凝固速度快，形成了奥氏体+共晶碳化物的亚共晶组织。900℃加热正火对奥氏体不发生相变作用，而 800℃加热缓冷后，则有助于奥氏体析出二次碳化物，使合金组织稳定性降低。奥氏体维氏硬度值为 316～336HV，碳化物维氏硬度值为 575～568HV。

　　图 1-1-64、图 1-1-66 浸蚀时间为 3s；图 1-1-65：浸蚀时间则为 7s，此时奥氏体被染上靛蓝色,碳化物部分着色,其轮廓明显。

图　　号：1-1-67

材料名称：高铬白口铸铁（Cr15Mo3）

浸 蚀 剂：4%硝酸酒精溶液

处理情况：铸造后软化处理（820℃×6h，然后以
15℃×h 的冷速炉冷至 600℃出炉空冷）

组织说明：白色条块状为共晶莱氏体碳化物，其余
深色基体为索氏体，其中细小白色颗粒为退火时
析出长大的碳化物颗粒。共晶碳化物部位由于碳
及合金元素浓度较高而保留了奥氏体状态，这种
退火组织随合金中元素浓度、加热温度、保温时
间及随后冷却速度而变化。硬度：35～37HRC。
这种材料用于作水泵、护套及泥浆泵叶轮等。

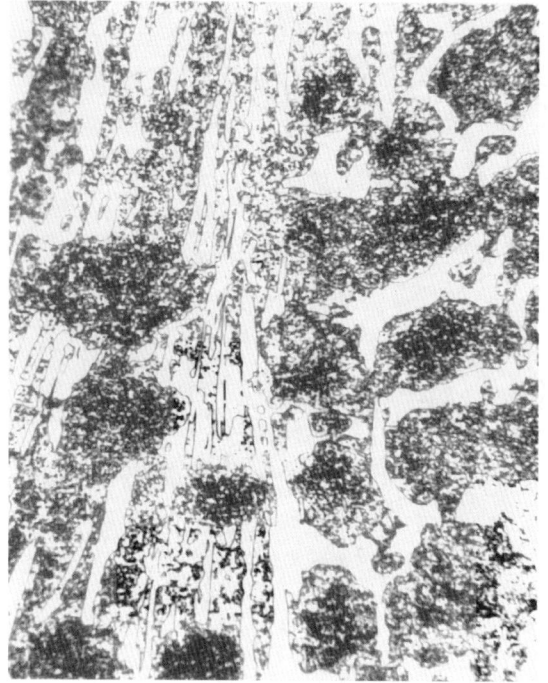

图　1-1-67　　　　　　　　　　500×

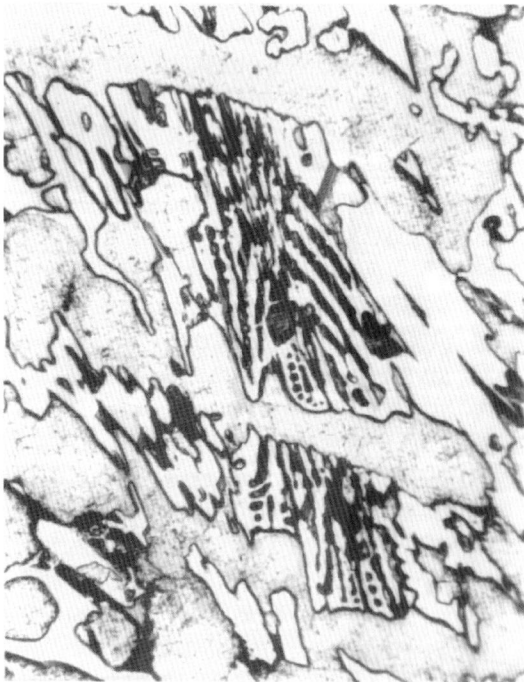

图　1-1-68　　　　　　500×

图　　号：1-1-68

材料名称：高铬白口铸铁（Cr17Mo3）［w（C）2.98%，
w（Cr）17.35%，w（Mo）3.05%，w（Mn）0.69%，
w（Si）0.32%，w（V）0.74%］

浸 蚀 剂：4%硝酸酒精溶液

处理情况：铸态

组织说明：白色条块状为共晶莱氏体碳化物，灰色
基体为淬火隐针马氏体及残留奥氏体，碳化物间
的黑色为珠光体。

钼固溶在奥氏体中，可提高共析转变温度及
显著降低临界冷却速度，有效促进马氏体转变，
所以 Cr17Mo3 属于马氏体型白口铸铁。在形成密
集碳与铬的共晶碳化物时，由于奥氏体中碳、铬
原来充分迁移能力不足，所以常在共晶碳化物边
沿厚度有限的区域内形成低碳、低铬区，其奥氏
体稳定性低，容易发生马氏体转变，甚至形成珠
光体。如果含钒量过高，也容易引起珠光体转变。

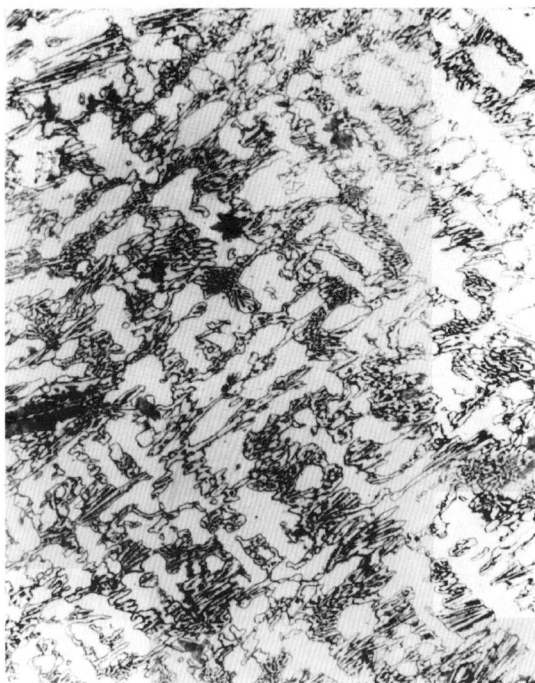

图　　号：1-1-69

材料名称：高铬白口铸铁［w（C）2.98%，w（Cr）
16.8%，w（Mn）0.68%，w（Si）0.91%，w（Mo）
0.51%，w（Ni）0.33%］

浸 蚀 剂：4%硝酸酒精溶液

处理情况：铸态

组织说明：白色枝晶状为初生奥氏体，在奥氏体枝
晶间白色细条状为共晶碳化物，在合金碳化物间
的灰白色基体即为共晶奥氏体。

　　不少共晶奥氏体及部分枝晶奥氏体的颜色
已变"浑"（灰白色），表明奥氏体已发生了组织
的转变。

图　1-1-69 　　　　　　　　　　　　　　100×

图　　号：1-1-70

材料名称：高铬白口铸铁（成分同图 1-1-69）

浸 蚀 剂：4%硝酸酒精溶液

处理情况：铸态

组织说明：是图 1-1-69 放大后的组织，部分组织更
明显。浅灰白色枝晶为初生奥氏体，枝晶间条块
状为共晶碳化物，在共晶碳化物周围基体为奥氏
体及残留奥氏体，灰色针状为淬火马氏体，而较
大面积的黑色块状为托氏体。

　　由于部分奥氏体发生了转变而成为马氏体，
将使材料的硬度有明显的提高。

图　1-1-70 　　　　　　　　　　　　　　500×

图　　号：1-1-71

材料名称：高铬白口铸铁 [w（C）3.08%，w（Cr）15.2%，w（Mn）0.78%，w（Si）0.98%，w（Mo）0.47%，w（Ni）0.47%]

浸 蚀 剂：4%硝酸酒精溶液

处理情况：960℃热透后淬入冷油中冷却

组织说明：粗大白色条状及菱形、六角形为初晶碳化物，其余为共晶莱氏体，其中黑色大部分为马氏体，有少量残留奥氏体。

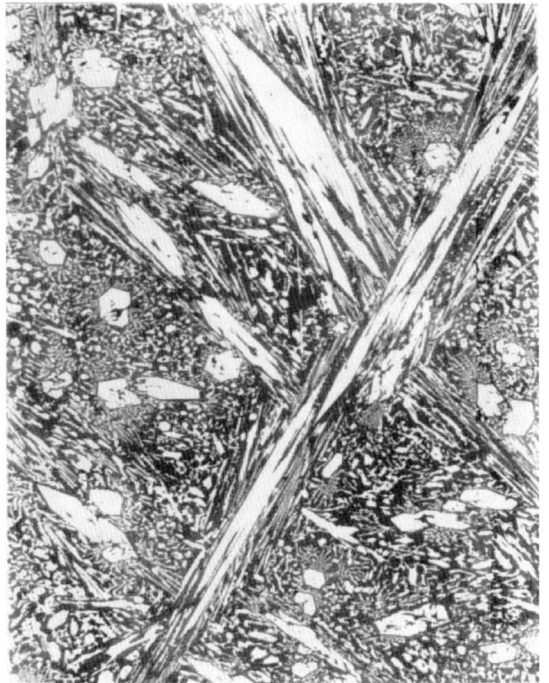

图　1-1-71　　　　　　　　　　　　100×

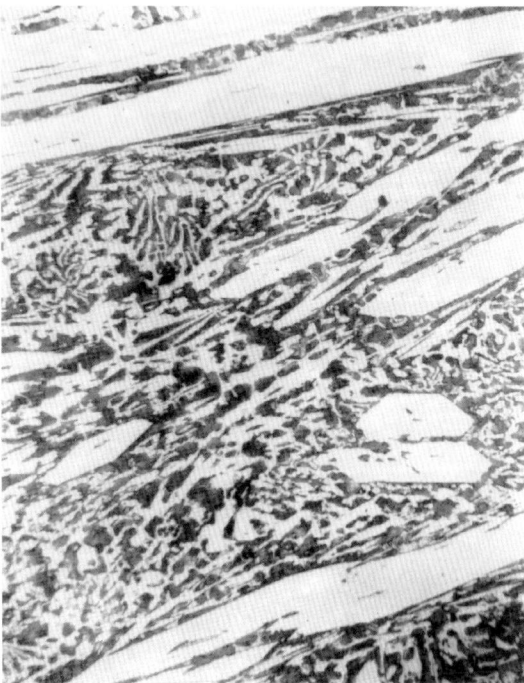

图号：1-1-72

材料名称：高铬白口铸铁（化学成分同图 1-1-71）

浸 蚀 剂：4%硝酸酒精溶液

处理情况：960℃热透后淬入冷油中冷却

组织说明：图 1-1-71 放大至 500 倍后，各部分组织的细节更清晰，菱形及六角形的初晶碳化物为粗条片碳化物的横断面，在初晶碳化物上有小孔洞和细小微裂纹，在部分小孔洞内充盈了金属。这种碳化物对抗冲击磨料磨损有不利影响，主要是它的脆性导致其碎裂剥落。

图　1-1-72　　　　　　　　500×

图　1-1-73　　　　　　　　　　100×

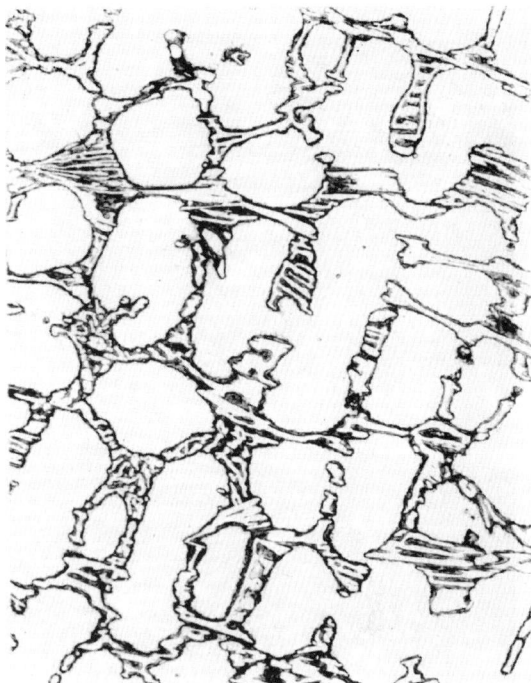

图　1-1-74　　　　　　　　　　500×

图　1-1-75　　　　　　　　　　1000×

图　　号：1-1-73～1-1-75

材料名称：低碳高铬白口铸铁 QZ6 [w（C）1.3%～ 1.8%，w（Cr）18%～22%，w（Si）1.8%～2.4%，w（Mn）0.4%～0.8%，w（Ni）1.0%～1.5%]

浸 蚀 剂：100mL、1＋5 的盐酸水溶液中加入 1g 焦亚硫酸钾

处理情况：铸造后 900℃×90min 空冷正火，再 800℃×120min 炉冷回火。

组织说明：图 1-1-73～图 1-1-75 随着放大倍数增加，组织细节更加清晰。白色基体为奥氏体，骨骼状为共晶碳化物相互构成发达的树枝状结晶，在共晶碳化物上及部分共晶碳化物边沿与奥氏体相界面处的黑色部分为奥氏体的转变产物。

共晶奥氏体中的含铬量普遍低于初生（枝晶）奥氏体的含铬量，因此共晶奥氏体的稳定性要低于初生奥氏体；另外，与共晶碳化物相邻的奥氏体边沿，由于奥氏体中碳、铬原子迁移能力不足而形成一个厚度有限的低碳、低铬区。上述两处在组织转变上的共同处是，在二次碳化物析出后，奥氏体较容易发生马氏体及其他组织的析出。共晶碳化物属 $(Fe, Cr)_7C_3$ 和 $(Fe, Cr)_{23}C_6$。

奥氏体的维氏硬度值为 275HV，碳化物的维氏硬度值为 696HV。

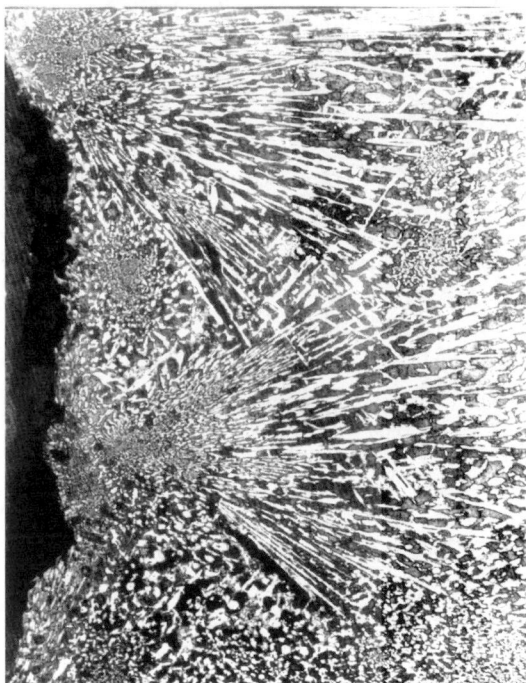

图 号：1-1-76

材料名称：高铬白口铸铁

浸 蚀 剂：4%硝酸酒精溶液

处理情况：铸态

组织说明：白色针状及块状为合金碳化物，黑色基体为马氏体。

从针状碳化物所形成的放射状柱状晶可看出浇注后冷却过程强烈的热流方向，热量是从放射状的扩散部向汇聚处的表面散发的，同时可知表面处的冷却速度比内侧更大，因为表面形成了极细的碳化物和莱氏体晶轴，内侧的条状碳化物和柱状晶则要大得多。本图借助于不同的碳化物大小及分布，显示了高铬白口铸铁在快速冷却凝固过程中金属散热与结晶组织的关系。

图 1-1-76   100×

图 号：1-1-77

材料名称：高铬白口铸铁

浸 蚀 剂：4%硝酸酒精溶液

处理情况：960℃加热保持后淬入冷油

组织说明：粗大白色板条状及菱形分布的初生碳化物和针状、小块状分布的共晶碳化物，其余黑色基体为马氏体。

粗大碳化物上分布有细小裂纹，有的粗大碳化物甚至成破碎状。工程上，通常根据需要先决定材料的含铬量，然后再相应地确定含碳量，此时应遵循的原则是碳量必须低于共晶成分值，因为实际生产中，凝固条件下的冷却速度均较快，碳量过高即会出现粗大的初生碳化物，因此推测该合金实际含碳量应比较高（可能接近共晶成分）。该合金在使用过程中将会有较大的脆性。

图 1-1-77   500×

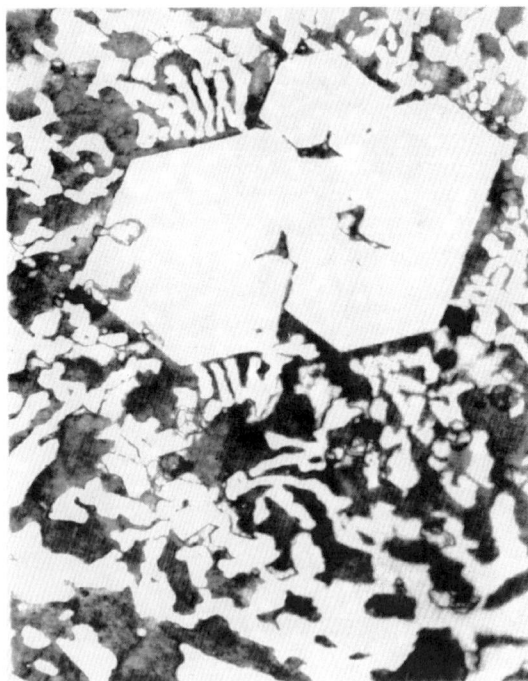

图 号：1-1-78

材料名称：高铬白口铸铁

浸 蚀 剂：4%硝酸酒精溶液

处理情况：铸态

组织说明：大块白色多边形为初生碳化物，其结构
属于 $M_{23}C_6$ 型，黑色基体为马氏体，浅灰色为淬
火马氏体及少量残留奥氏体，其余为共晶莱氏
体。其中白色块条状为共晶碳化物，它的结构属
M_7C_3 型，黑色区主要为马氏体；在共晶碳化物
边沿的浅灰色区域为淬火马氏体及残留奥氏体。

大块状多边形初生碳化物由三块多边形构
成，在棱边交界处和块状初生碳化物上嵌有奥氏
体的转变产物金属基体。

图　1-1-78　　　　　　　　　　　　500×

图　1-1-79　　　　　　　250×

图 号：1-1-79

材料名称：高铬白口铸铁

浸 蚀 剂：4%硝酸酒精溶液

处理情况：铸态

组织说明：图左上侧粗大板块状为初晶碳化物，其
间镶嵌的块状金属基体组织为隐针淬火马氏体
及残留奥氏体，其余白色为共晶碳化物，深灰色
基体为马氏体，在碳化物周边的浅灰色区域为淬
火马氏体及残留奥氏体，这是由于该区域贫碳和
贫合金元素所致。图左下侧的鱼骨状共晶碳化物
通常出现在含钨元素的白口铸铁中。

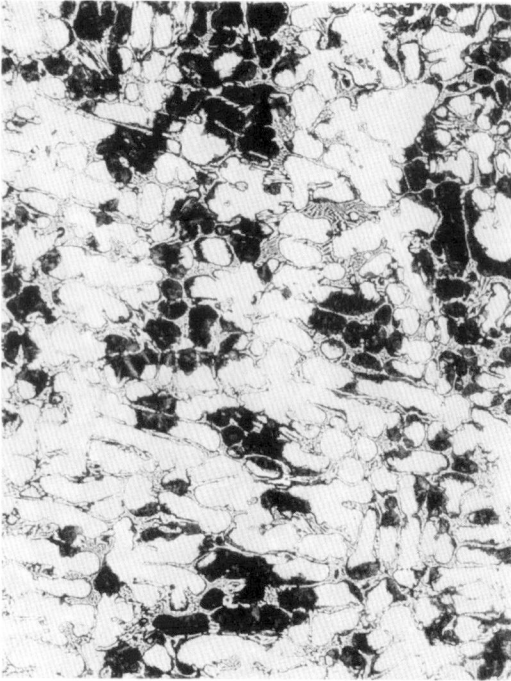

图　1-1-80　　　　　　　　　　　　　100×

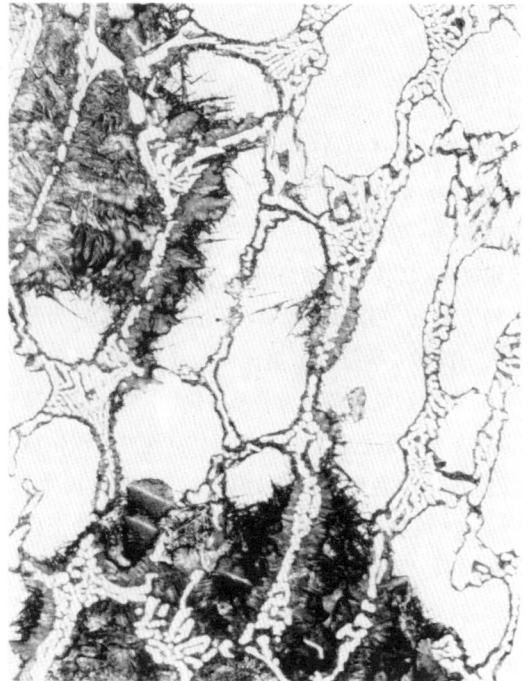

图　1-1-81　　　　　　　　　　　　　500×

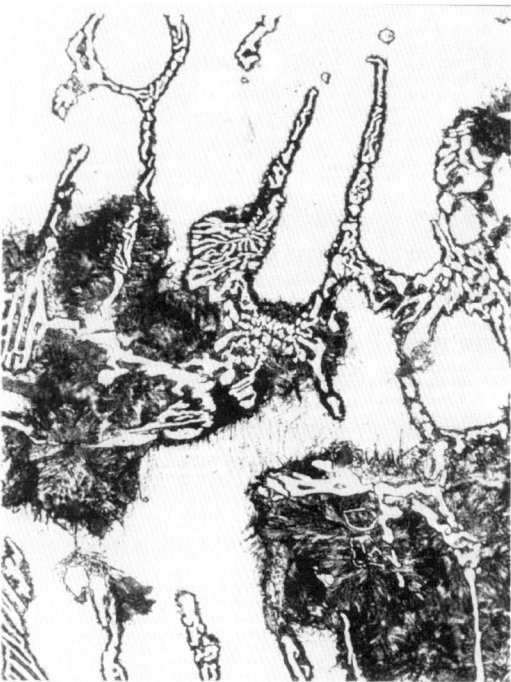

图　1-1-82　　　　　　　　　　　　　500×

图　　号：1-1-80～1-1-82

材料名称：QZ5 高铬白口铸铁［w（C）1.5%～2.0%，w（Cr）13.5%～15%，w（Mo）0.35%～0.5%，w（Si）1.5%～2.0%，w（Mn）0.6%～1.2%］

浸 蚀 剂：在 100mL 的 1∶5 的盐酸水溶液中加入 1g 焦亚硫酸钾

处理情况：铸造后 900℃×90min 空冷正火，再在 610℃×120min 炉冷回火

组织说明：图 1-1-80 中白色基体为奥氏体，白色骨骼状为共晶碳化物，在其周围的黑色为贝氏体组织。

　　铸态高铬白口铸铁基体为奥氏体，通过正火期的高温保温，奥氏体中部分碳化物依附共晶碳化物析出，降低了奥氏体中碳和铬的含量，易使奥氏体发生转变，从图 1-1-81 中黑色针状组织及图 1-1-82 中显微硬度判断，转变组织应为贝氏体。奥氏体与贝氏体区域显示，铸态下碳、铬等合金元素存在较严重的区域偏析，贝氏体区域的原奥氏体其碳与铬元素的含量较低（可能与共晶碳化物中奥氏体的含铬量相当，比正常的初晶奥氏体中 w（Cr）低约 10%），在经过碳化物的二次析出后更容易发生马氏体，但是在这里是发生贝氏体的转变。

　　奥氏体的维氏硬度值为 283～314HV，贝氏体的维氏硬度值为 429～485HV。

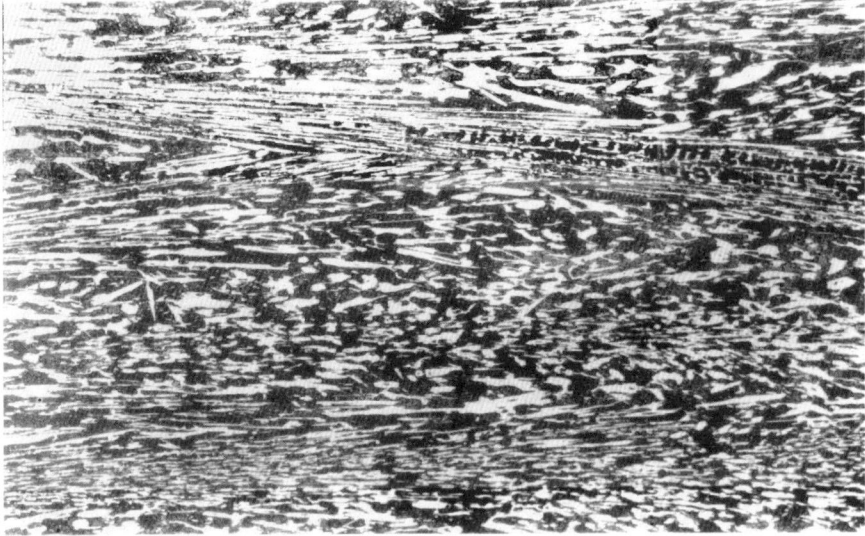

图　1-1-83　　　　　　　　　　　　　　　　　　100×

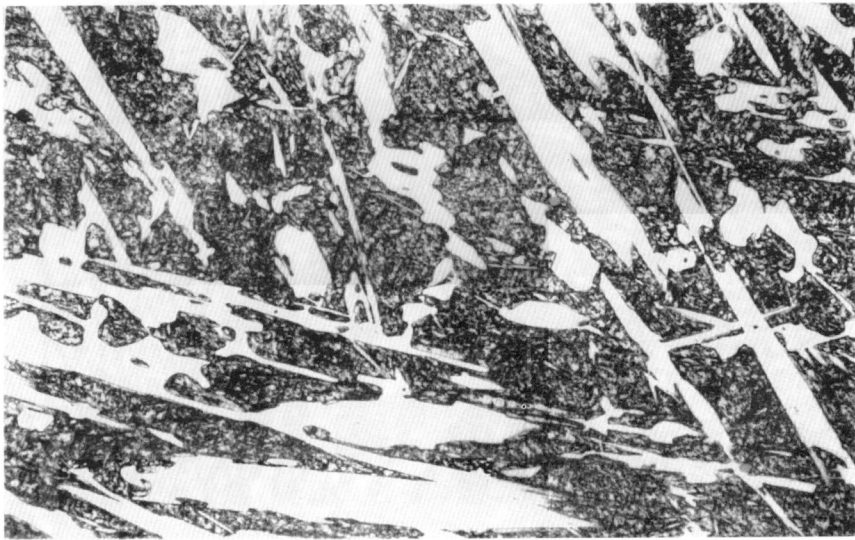

图 1-1-84　　　　　　　　　　　　　　　　　　500×

图　　号：1-1-83、1-1-84

材料名称：高铬合金铸铁 [w（C）2.98%，w（Cr）24.3%，w（Mo）1.03%，w（Ni）0.56%，w（Mn）0.86%，
w（Si）0.50%，w（Cu）0.32%，w（V）0.28%]

浸 蚀 剂：4%硝酸酒精溶液

处理情况：1050℃×1h 后空冷

组织说明：白色针状、短条状及块状为共晶碳化物，黑色基体为淬火马氏体及残留奥氏体，见图 1-1-83，图
1-1-84 为图 1-1-83 放大后的组织。

　　放大倍率提高后观察（见图 1-1-84），其残留奥氏体的灰色背景及马氏体组织更为明显。由于保温时间
较短，致使奥氏体中析出的二次碳化物太小，不易分辨。

　　空淬后硬度值为 62HRC，这一结果，使生产中省略了回火操作，既方便了工艺，又可节约能源和时间。

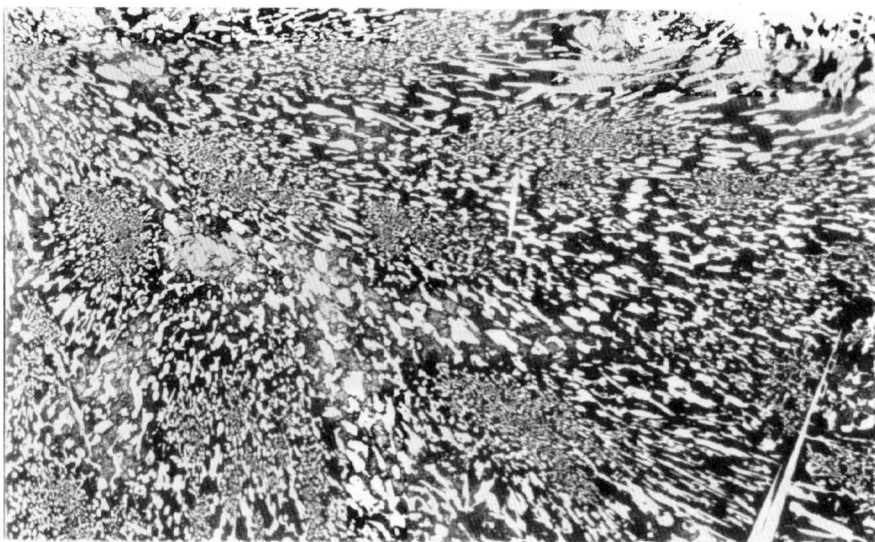

图　1-1-85　　　　　　　　　　　　　　　　　　　　　　　　　100×

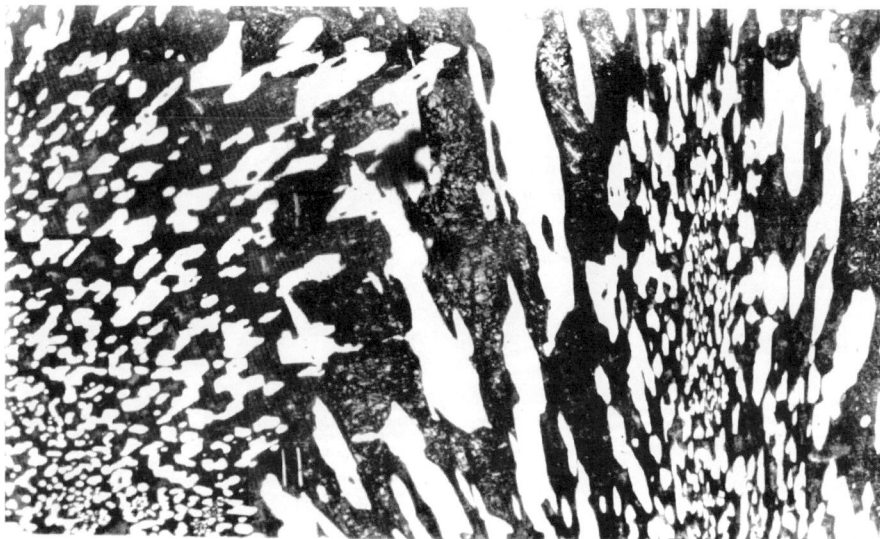

图　1-1-86　　　　　　　　　　　　　　　　　　　　　　　　　500×

图　　号：1-1-85、1-1-86

材料名称：高铬白口铸铁〔w（C）2.98%，w（Cr）24.3%，w（Mo）1.03%，w（Ni）0.56%，w（Mn）0.86%，w（Si）0.50%，w（Cu）0.32%，w（V）0.28%〕

浸 蚀 剂：4%硝酸酒精溶液

处理情况：1050℃×1h 后空冷，再经 250℃×1h 回火处理

组织说明：图 1-1-85：柱状晶形共晶组织的横切面。柱状晶的心部碳化物细小，分布紧密，而晶间边界区碳化物粗大，分布也稀疏得多。这种细小而紧密的碳化物分布，具有很高的耐磨性，黑色部分为马氏体及残留奥氏体。

图 1-1-86：中黑色部分为细小的马氏体针及残留奥氏体，已可辨认。惟析出的二次碳化物因其极为细小，故较难辨析。

经回火处理后，其硬度值为 57HRC，硬度较低的原因是在 250℃回火后，原空淬时引起的晶格畸变得以部分恢复，故硬度下降。

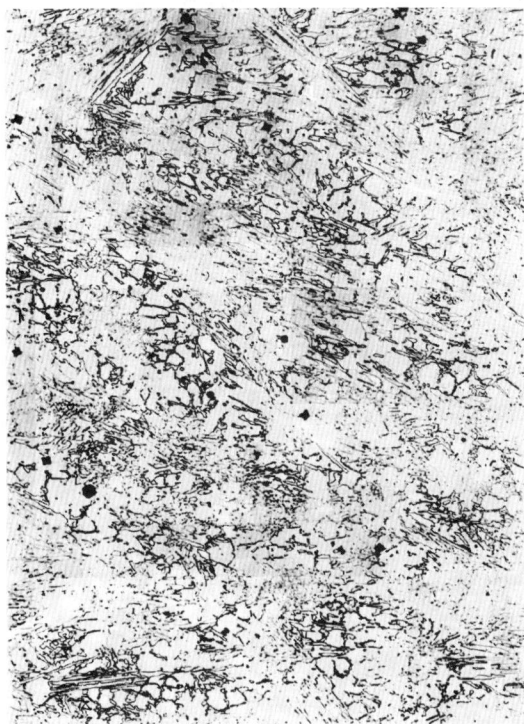

图　1-1-87　　　　　　　　　　100×

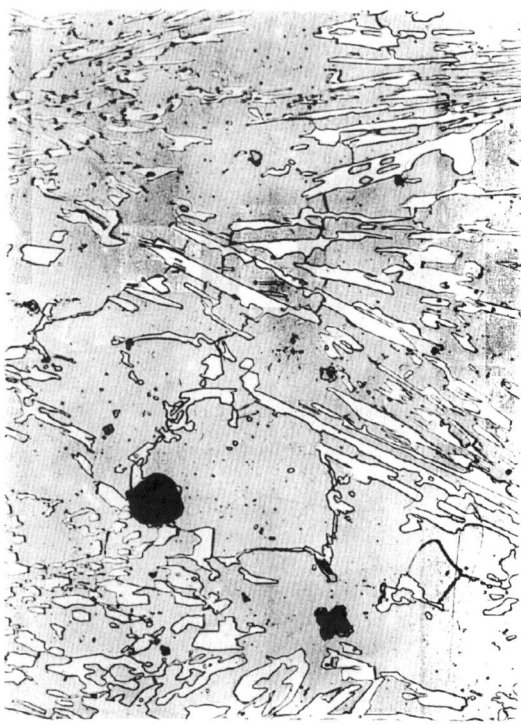

图　1-1-88　　　　　　　　　　500×

图　　号：1-1-87、1-1-88

材料名称：高铬合金白口铸铁（PL33 气门座）［w（C）1.8%～2.3%，w（Cr）33%～35%，w（Mo）2.0%～2.5%，w（Si）1.8%～2.1%，w（Mn）<1%］

浸 蚀 剂：在 100mL 的 1＋5 的盐酸水溶液中加入 1g 焦亚硫酸钾

处理情况：570℃×75min→970℃×135min 空冷

组织说明：白色针状与小块状为共晶碳化物，灰白色基体为铁素体（图 1-1-82）。根据 Fe-Cr-C 三元合金相图，在 w（C）为 2%的切面图，当 w（Cr）达到 35%时，大约在 1050℃以下，其组织应为铁素体+碳化物。所以 970℃加热后空冷的处理，合金将不发生组织转变，仍保留原来的组织。由于材料 w（Cr）达到 35%，根据 Fe-Cr-C 在 w（Cr）为 25%的平衡切面图，其共晶碳化物将是 $(Fe, Cr)_7C_3$ 以及 $(Fe, Cr)_{23}C_6$ 两种。

　　图中黑色圆形为 $FeO\text{-}SiO_2$ 共晶铸态夹杂物。四方形黑色为含铝硫化物夹杂物（图 1-1-88）。

　　碳化物的维氏硬度值为 507～520HV；铁素体的维氏硬度值为 273～290HV。

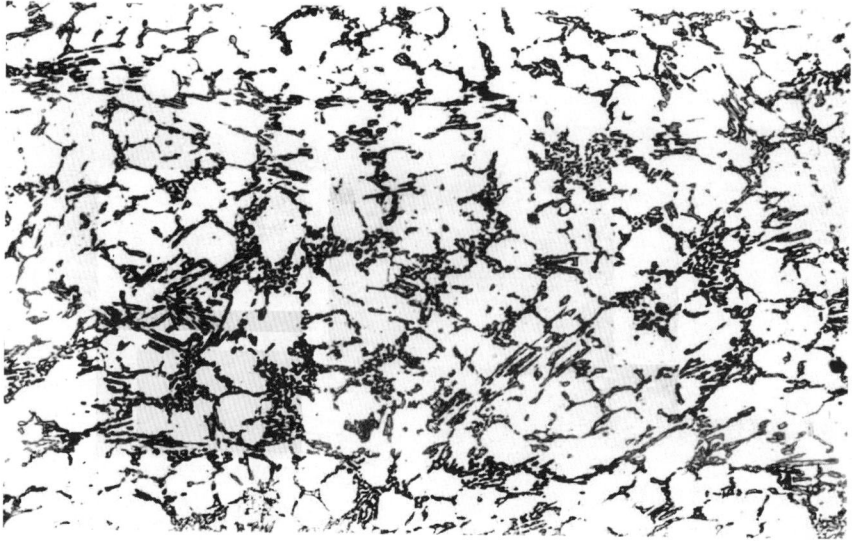

图 1-1-89   100×

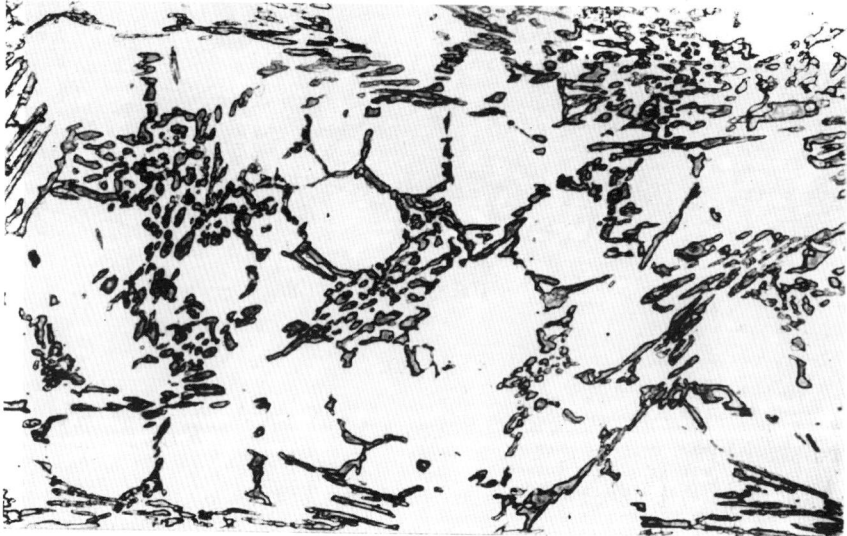

图 1-1-90   500×

图　　号： 1-1-89、1-1-90

材料名称： 高铬合金白口铸铁 [w（C）1.0%～1.4%，w（Cr）34%～36%，w（Si）1.8%～2.1%，w（Mn）0.5%～6%，w（Mo）2.0%～2.5%]

浸 蚀 剂： 高锰酸钾 4g+氢氧化钠 4g+水 100mL，常温浸蚀 20s

处理情况： 铸态

组织说明： 白色枝晶为铁素体，黑色条杆状及点粒状为共晶碳化物。条杆状共晶碳化物的类型主要为 (Fe，Cr)$_7$C$_3$ 和 (Fe，Cr)$_{23}$C$_6$ 两种，铁素体基体中大约 w（Cr）为 5%。图 1-1-90 为图 1-1-89 的放大后的组织。

　　　　铁素体的维氏硬度值为 286HV。

　　　　该材料有很好的高温强度及红硬性、耐磨性，优越的抗腐蚀性，适宜于做高温高速并有燃气腐蚀环境下的滚动轴承。

图　　号：1-1-91

材料名称：中锰白口铸铁［w（C）3.5%，w（Mn）5%，w（Si）3%］

浸 蚀 剂：4%硝酸酒精溶液

处理情况：铸态

组织说明：白色针条状为初生渗碳体，呈柱状晶排列的为共晶莱氏体，其中白色基体为共晶碳化物，而黑色为由原共晶奥氏体转变的产物，其中部分为马氏体，部分为托氏体。

　　由于锰对碳的亲和力比铁更强，从而促进了碳化物的形成。当锰量较高时，锰与碳化合形成(Fe，Mn)$_3$C 存在于共晶碳化物中，且随着含锰量的提高碳化物数量也增加，由此提高材料的耐磨性。

　　锰白口铸铁以锰为主要合金元素，成本较低，但抗腐蚀性稍差，多用于载荷较低场合的磨球、衬板等。

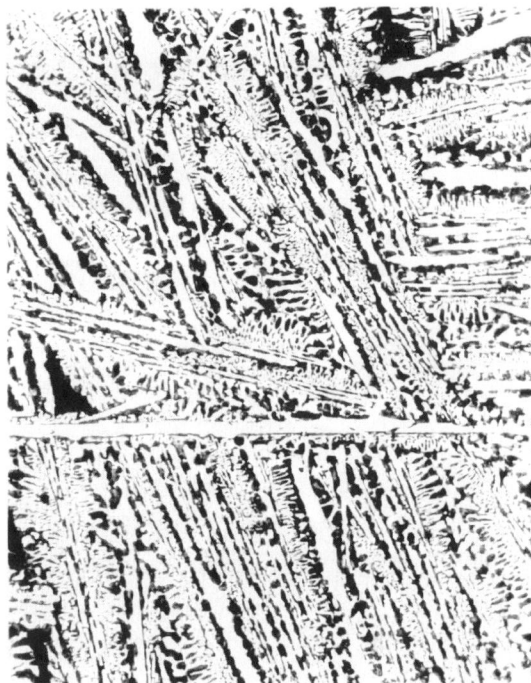

图　1-1-91　　　　　　　　　　100×

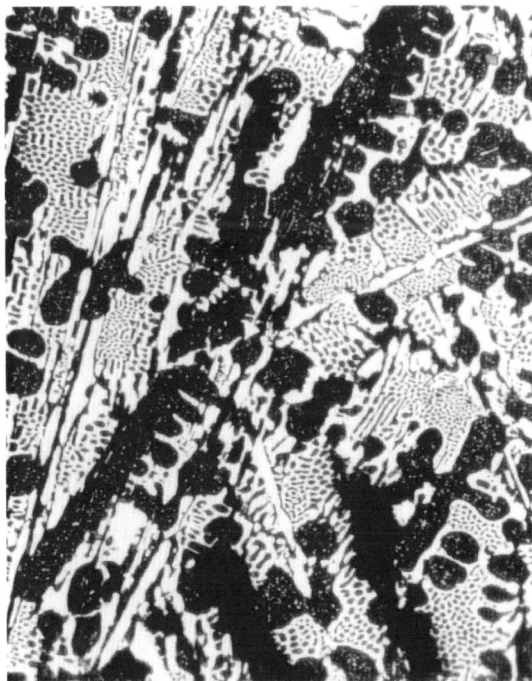

图　1-1-92　　　　　　　200×

图　　号：1-1-92

材料名称：中锰白口铸铁［w（C）3.5%，w（Mn）5%，w（Si）1.5%］

浸 蚀 剂：4%硝酸酒精溶液

处理情况：铸造后于900℃炉冷退火，再于900℃×1h 淬入250℃×10min 介质等温后于200℃回火

组织说明：黑色枝晶及共晶莱氏体中黑色颗粒状为回火马氏体，白色针条为初生碳化物，白色块状为共晶莱氏体中的碳化物，黑色回火马氏体上的白色小颗粒为退火期间由奥氏体中析出的二次碳化物颗粒。

　　锰白口铸铁中较高的锰量抑制了珠光体，稳定了奥氏体，这对提高基体硬度不利，为此应先进行退火，以便奥氏体中析出一定量的碳和锰，有利于其后发生马氏体转变。

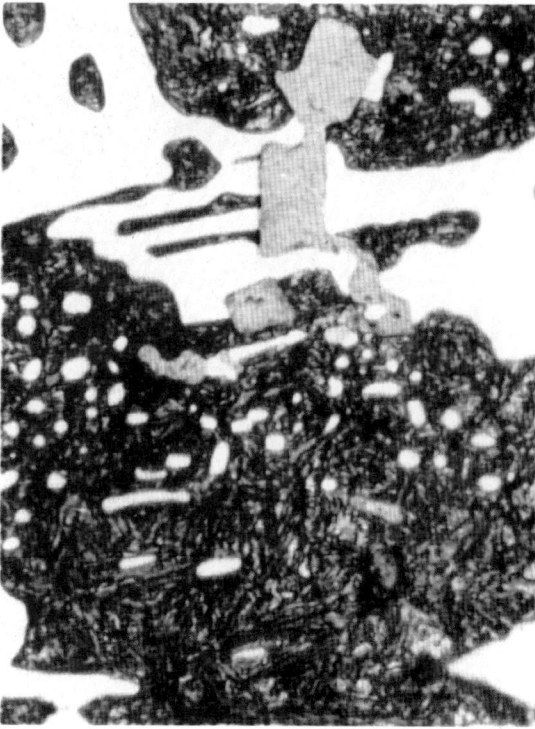

图 号：1-1-93

材料名称：中锰白口铸铁

浸 蚀 剂：4%硝酸酒精溶液

处理情况：铸造后 900℃炉冷退火，再于 900℃×
1h 后淬入 250℃×10min 等温空冷 200℃回火
处理。

组织说明：黑色基体为回火马氏体，其上白色细颗
粒为退火期间析出的二次碳化物，大块白色块状
为共晶莱氏体中的碳化物，灰色大块状为硫化物
夹杂物。

　　由于基体组织发生了马氏体转变，从而使材
料的硬度得以提高，材料的硬度值为69HRC。

图　　1-1-93　　　　　　　　　　500×

图 号：1-1-94

材料名称：中锰白口铸铁

浸 蚀 剂：4%硝酸酒精溶液

处理情况：砂型铸造

组织说明：奥氏体枝晶及共晶莱氏体。白色大块鱼
骨状为共晶莱氏体中的碳化物，碳化物中黑色颗
粒为共晶奥氏体。浅灰色基体为奥氏体。

　　锰是中锰白口铸铁中的主要合金元素，它既
影响碳化物的形式，又影响基体组织的构成。由
于它固溶于奥氏体中，且与碳的亲和力比铁更
强，因此阻止碳从固溶体中扩散析出，起到稳定
和扩大奥氏体区的作用。在含锰量较高时，既增
加碳化物数量，又能获得奥氏体为主的组织。此
外，硅能抑制铸铁的白口倾向，同时能促进奥氏
体的分解，其作用正好与锰相反，因此，中锰白
口铸铁中含硅量应较低，约 w（Si）0.6%～1.5%
左右。对于奥氏体基体的锰白口铸铁含硅量应更
低，通常低于 w（Si）0.8%。

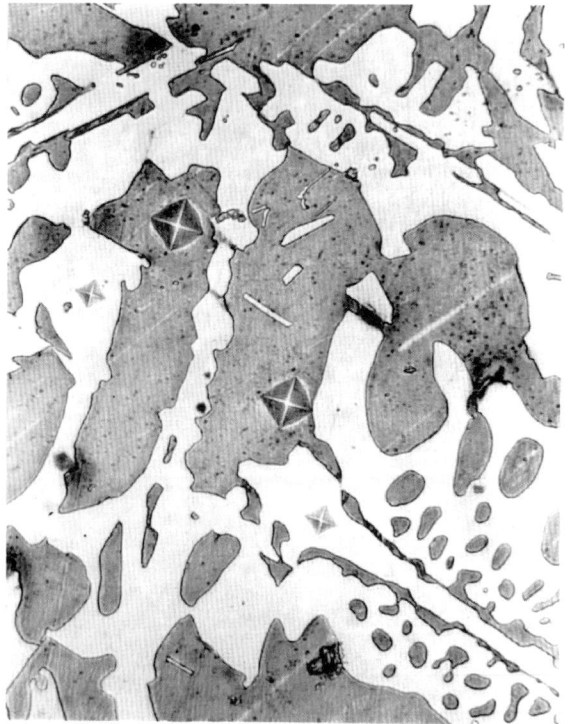

图　　1-1-94　　　　　　　　　　500×

图　　号：1-1-95

材料名称：中锰白口铸铁 [w (C) 3.1%，w (Mn) 6%，w (Si) 1%]

浸 蚀 剂：4%硝酸酒精溶液

处理情况：砂型铸造，950℃×2h 后降温至 750℃× 2h 后随炉冷却

组织说明：白色大块状为共晶碳化物，浅灰色为淬火马氏体，黑色块状为托氏体。三者的显微硬度压痕大小显著不同，白色部位压痕最小，硬度最高；浅灰色部位压痕大小次之；黑色部位托氏体上的压痕最大，说明它的硬度值最低。白色小颗粒为二次碳化物。

　　奥氏体硬度低，因此材料的耐磨性较差，为提高材料的硬度，通常可将材料先进行高温正火，使过饱和的碳及其他合金元素从奥氏体中析出，然后再进行处理，使奥氏体转变为马氏体组织，形成共晶碳化物与马氏体的混合组织，从而获得良好的耐磨性。

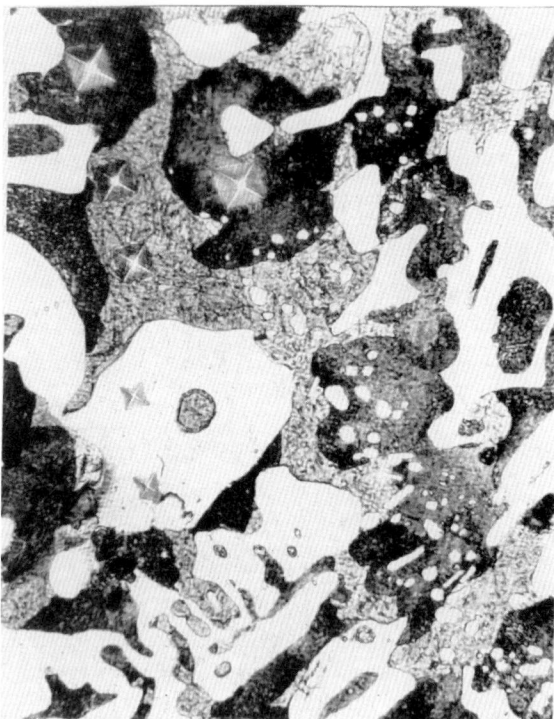

图　　1-1-95　　　　　　　　　　　　　　500×

图　　1-1-96　　　　　　　　　　　　　　500×

图　　号：1-1-96

材料名称：中锰白口铸铁

浸 蚀 剂：4%硝酸酒精溶液

处理情况：感应加热淬火

组织说明：白色粗大片状及蜂窝状为碳化物，灰色粗大针状为淬火马氏体，马氏体针间的白色基体为淬火马氏体及残留奥氏体。黑色短而粗的条状为石墨碳。

　　这是感应加热淬火时加热温度过高造成的严重过热的组织。

金 相 图 片

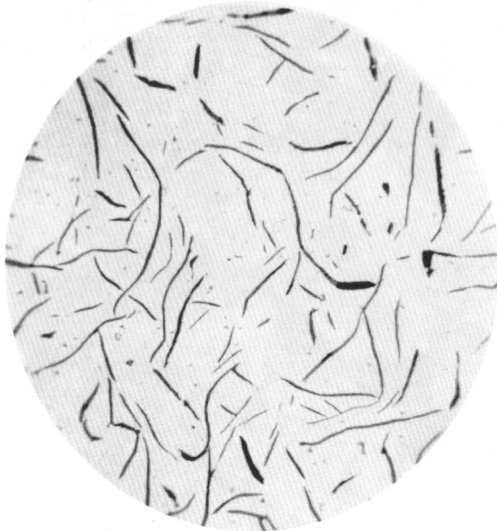

图　　1-2-1　　　　　　　　100×

图　　号：1-2-1

材料名称：灰铸铁

浸 蚀 剂：未浸蚀

处理情况：铸态

组织说明：A 型石墨，呈弯曲片状，分布均匀，无方向性。这是近共晶或共晶成分的铁液在较小过冷度下形成的。由于过冷度较小，才能使各结晶区有均匀成核和长大的条件，从而成为分布和大小均匀的 A 型石墨。这种错纵均匀的石墨，无集中性的弱点，对基体的切割作用较小，按传统的观点，细小的 A 型石墨具有最好的力学性能。

　　壁厚大于 15mm 的硅砂铸型浇铸的铸件，容易得到 A 型石墨。

图　　号：1-2-2

材料名称：灰铸铁

浸 蚀 剂：未浸蚀

处理情况：铸态

组织说明：B 型石墨，中心为点状，周围向外辐射弯曲的片状，形如菊花。这是近共晶或共晶成分的铁液在较大过冷度下形成的。由于过冷度较大，先析出花心部位的点状石墨，初晶产物形成释放出的结晶潜热，使花心周围铁液的冷速减慢，从而形成向外伸展的弯曲石墨片。实质上，B 型石墨的心部为 D 型石墨，周围为 A 型石墨。其力学性能稍次于 A 型石墨。

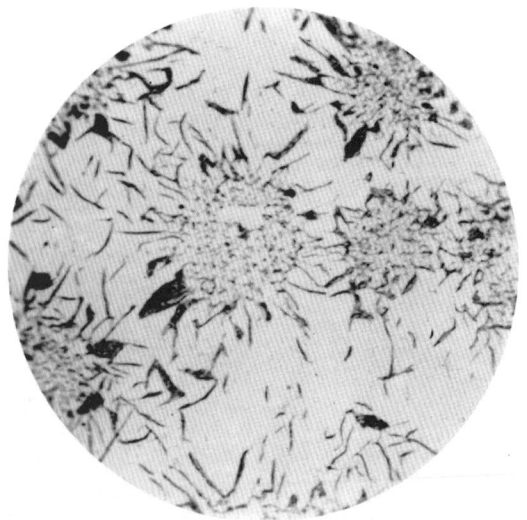

图　　1-2-2　　　　　　　　100×

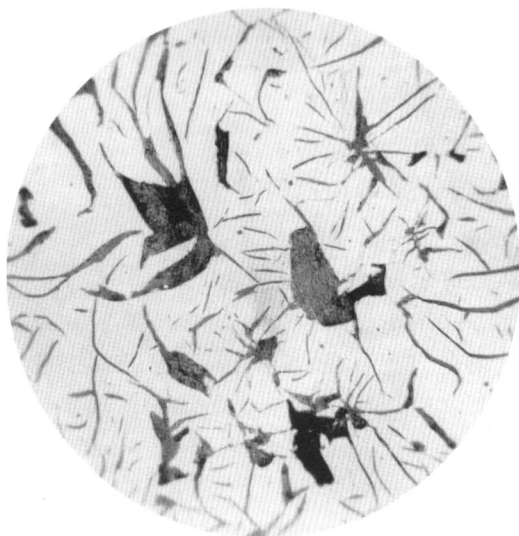

图　1-2-3　　　　　　　　　　　100×　　　　　图　1-2-4　　　　　　　　　　　100×

图　　号：1-2-3、1-2-4

材料名称：灰铸铁

浸 蚀 剂：未浸蚀

处理情况：铸态

组织说明：C 型石墨，呈粗大片状（图 1-2-3）或由大片状和大块状构成（图 1-2-4），无方向性，这是过共晶
　　　　　程度较大的铁液在较小过冷度下形成的，由于冷却速度缓慢，初晶石墨自铁液析出后，所受阻力较小，便
　　　　　会生长成大块状或平直的粗片状。及至共晶温度范围，再在初生石墨周围形成相对较小的弯曲石墨片（共
　　　　　晶石墨）。C 型石墨铸铁的力学性能显著下降。

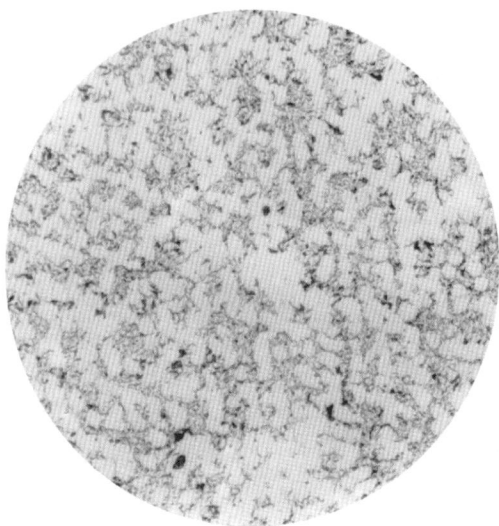

图　　号：1-2-5

材料名称：灰铸铁

浸 蚀 剂：未浸蚀

处理情况：铸态

组织说明：D 型石墨，呈枝晶间分布的点状和细小
　　　　　片状，无方向性，也称过冷石墨。这是亚共晶成
　　　　　分的铁液在强烈过冷度下形成的，铁液结晶时，
　　　　　先析出奥氏体枝晶，由于过冷度强烈，分布于奥
　　　　　氏体枝晶间的铁液，几乎在瞬间生成大量石墨核
　　　　　心，这些石墨核心仅有的生长，便成为细小而分
　　　　　枝繁多的过冷石墨。

图　1-2-5　　　　　　　　　100×

图　　号：1-2-6

材料名称：灰铸铁

浸蚀剂：未浸蚀

处理情况：铸态

组织说明：E 型石墨，呈枝晶间分布的细小片状，
具有方向性，也称过冷石墨，这是亚共晶成分的
铁液在很大过冷度下形成的。差别在于，E 型石
墨形成的过冷度小于 D 型石墨，E 型石墨的弱点
是排列的方向性，在应力作用下，裂纹容易沿该
处发生。

　　薄壁铸件和某些铸件的薄壁处，因为冷却速
度快，就会出现 D 型和 E 型石墨。

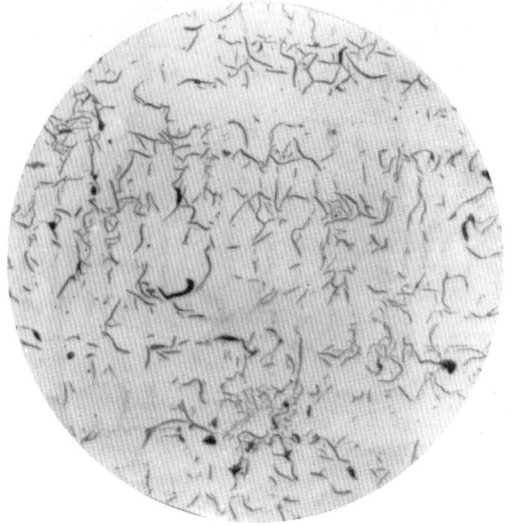

图　1-2-6　　　　　　　　　　　　　100×

图　1-2-7　　　　　　　　　　100×

图　　号：1-2-7

材料名称：灰铸铁

浸蚀剂：未浸蚀

处理情况：铸态

组织说明：F 型石墨，是较大块状石墨周围分布的
较小片状石墨，因其形状特征，又称蜘蛛状或星
状石墨，这是过共晶成分（超过共晶点不多）的
铁液在较大过冷度下形成的。例如，单体铸造的
活塞环，由于壁厚小，易出现白口，采用过共晶
成分和强化孕育，促成微区局部过冷，便得到 F
型石墨。

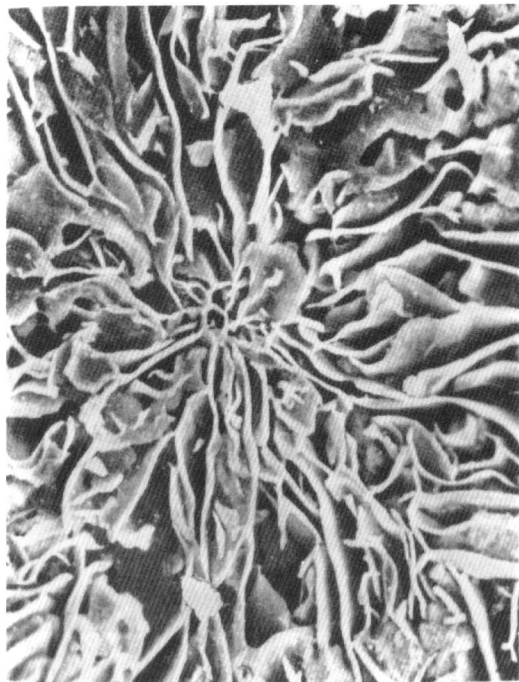

图　　号：1-2-8

材料名称：灰铸铁

浸 蚀 剂：20%盐酸酒精溶液

处理情况：铸态

组织说明：为扫描电镜下 A 型石墨的三维形态。

在光学显微镜下，看到的 A 型石墨实际上是共晶团的某一切面，此时，相邻石墨片彼此分立并无联系；但深腐蚀后在扫描电镜下观察，石墨片表面为较光滑的曲面；在同一共晶团内，石墨片的分枝向各个方向生长而又互相连接于一起。

按传统的观点，长度较短、分布均匀的 A 型石墨，具有最好的力学性能。

图　1-2-8　　　　　　SEM　　　　　　600×

图　　号：1-2-9

材料名称：灰铸铁

浸 蚀 剂：20%盐酸酒精溶液

处理情况：铸态

组织说明：为扫描电镜下 B 型石墨的三维形态，形状似菊花。由于过冷度较大，中心为点状和小片状石墨，无方向性，周围是弯曲的分枝较多的共晶石墨。可以认为，B 型石墨中心具有 D 型石墨的特征，周围具有 A 型石墨的特征。

B 型石墨的力学性能稍次于 A 型石墨。

图　1-2-9　　　　　　SEM　　　　　　500×

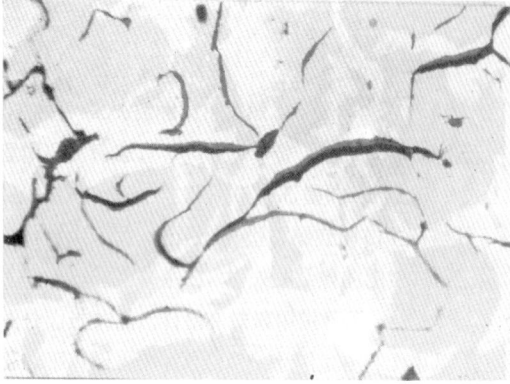 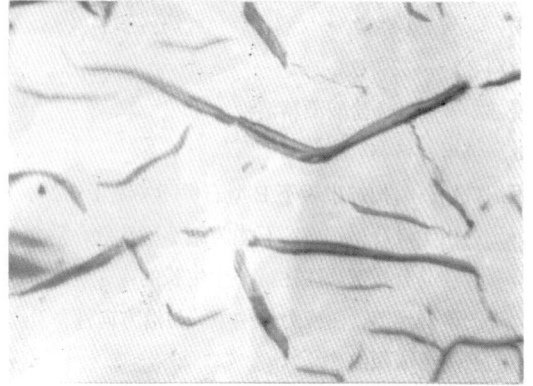

图 1-2-14 　　　 SEM 　　 100× 　 图 1-2-15 　　　 SEM 　　 100×

图　　号：1-2-14、1-2-15

材料名称：灰铸铁

浸 蚀 剂：应力腐蚀

处理情况：铸态

组织说明：片状石墨与基体界面开裂（图 1-2-14），片状石墨内平行两侧指向端部的裂纹（图 1-2-15）。

　　铸铁基体中的裂纹，已有大量文献作了研究和论述。关于石墨内部的裂纹，因为它对铸铁的力学性能影响甚微，所以未被人们所重视。然而，这些裂纹却能显示石墨的晶界、亚晶界及其他界面；换言之，石墨内部裂纹的走向反映了石墨的晶体结构，这就为研究石墨化理论提供了一种新方法，对于通常所用的研究方法，如离子轰击、热氧腐蚀等，起到深化和补充作用。

　　石墨是由碳原子相互连接构成的，形成六方形的层状晶格，每一层形成一个平面，称为基面即（0001）面；层的棱边形成一个平面，称为棱面，也称（10$\bar{1}$0）面。层面内的原子以强有力的共价键结合，层面之间的原子则以微弱的范德互尔力维持。基于石墨晶体的上述结构特征，因此可把石墨近似地看成二维层状结构。在应力作用下，会沿基面撕裂，形成与片状石墨两侧平行指向尖端的裂纹。在 SEM 中规定，这种裂纹是由更微小的裂纹所组成，但即使如此，SEM 中看到的微裂纹与石墨晶面间的距离相比，仍不属于同一数量级，仅仅是间接地反映了石墨的晶体构造而已。

　　石墨基面内的原子，由于"拉"得很牢固，故一般不易于出现裂纹，只有很大或在断裂的后期，片状石墨才会横向折断。

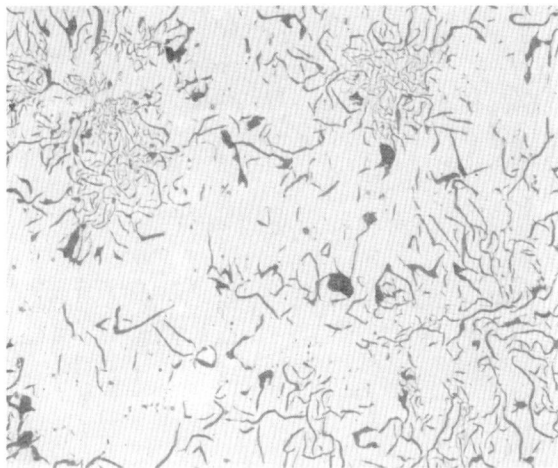

图　　号：1-2-16

材料名称：灰铸铁

浸蚀剂：未浸蚀

处理情况：铸态

组织说明：无方向性 A 型石墨及菊花状 B 型石墨
　　　　的混合分布，夹有少量粗的石墨块，石墨长度
　　　　相当于 4 级。

　　　　铸件在过冷度不大的情况下凝固。由于液
　　　体金属存在成分偏析和温度差别，致使各部分
　　　的结晶产生差异，因此造成一部分石墨呈无方
　　　向性均匀的片状分布；而一部分呈菊花状分
　　　布，甚至还出现了粗大的石墨块。

图　　1-2-16　　　　　　　　　　100×

图　　号：1-2-17

材料名称：灰铸铁

浸蚀剂：未浸蚀

处理情况：铸态

组织说明：细片状 A 型石墨和约 10%小点状 D 型
　　　　石墨的混合分布，A 型石墨的长度约为 5 级，D
　　　　型石墨的长度约为 8 级。

　　　　在薄壁的铸件中，由于过冷度较大，故容易
　　　出现 D 型石墨，D 型石墨在气缸套和活塞环等产
　　　品中常易见到。

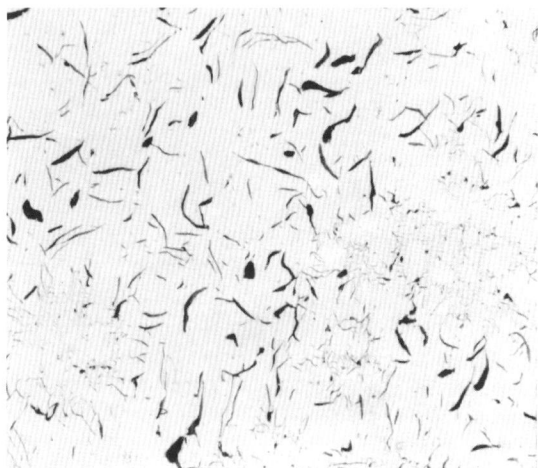

图　　1-2-17　　　　　　　　　　100×

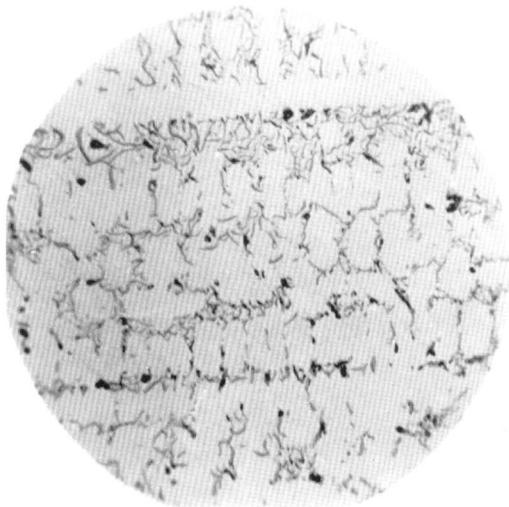

图　　1-2-18　　　　　　100×

图　　号：1-2-18

材料名称：灰铸铁

浸蚀剂：未浸蚀

处理情况：铸态

组织说明：点状、小片状无方向性的 D 型石墨和小
　　　　片状有方向性 E 型石墨的混合分布，石墨长度约
　　　　为 7 级。

　　　　这种石墨容易出现于过冷度大的亚共晶成
　　　分的铸铁件。

图　　号： 1-2-19

材料名称： 灰铸铁

浸 蚀 剂： 未浸蚀

处理情况： 铸态

组织说明： 小片状石墨呈 A 型及 B 型混合分布。

片状石墨在视场中应呈浅灰色。采用 1μm 金刚石粉研磨膏或悬浮液抛光灰铸铁金相试样，可真实地反映石墨的色泽及其分布情况，从而可以避免金相检验时由于抛光操作不当而引起的误差。

实践证明，应用水溶性金刚石粉研磨膏或悬浮液抛光铸铁试样，费时不多，即能达到如图所示的良好效果。

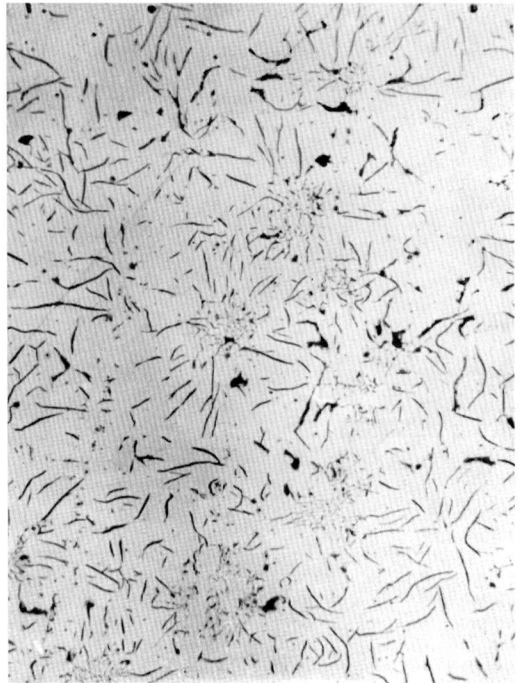

图　1-2-19　　　　　　　　　　　　　100×

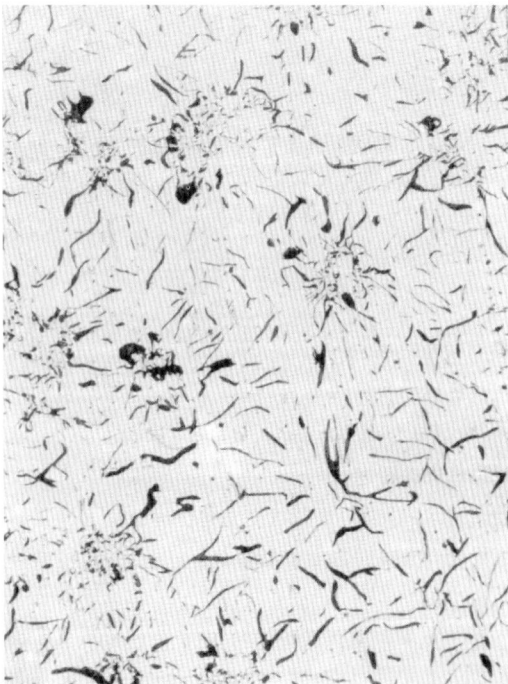

图　1-2-20　　　　　　　　100×

图　　号： 1-2-20

材料名称： 灰铸铁

浸 蚀 剂： 未浸蚀

处理情况： 铸态

组织说明： 与图 1-2-19 为同一试样，用砂纸磨平后，采用三氧化二铬抛光粉抛光，效果较差。从图中可以看出，石墨已明显地扩大，而且大部分石墨碳被拉曳和污染成黑色。

试样中石墨分布类型虽也显示出呈 A 型及 B 型的混合分布，但不如应用水溶性金刚石粉研磨膏抛光来得清晰和真实。

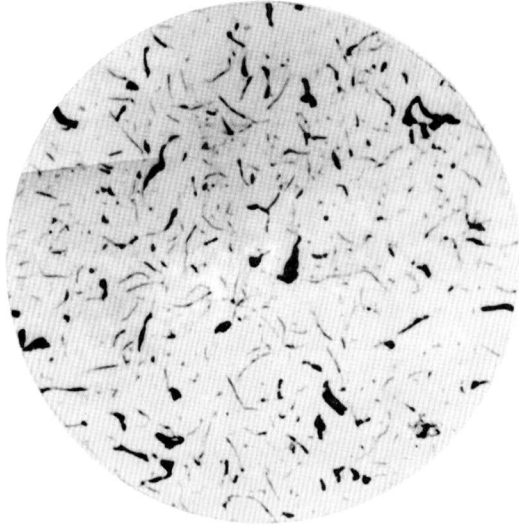

图　1-2-21　　　　　　　　　　　100×

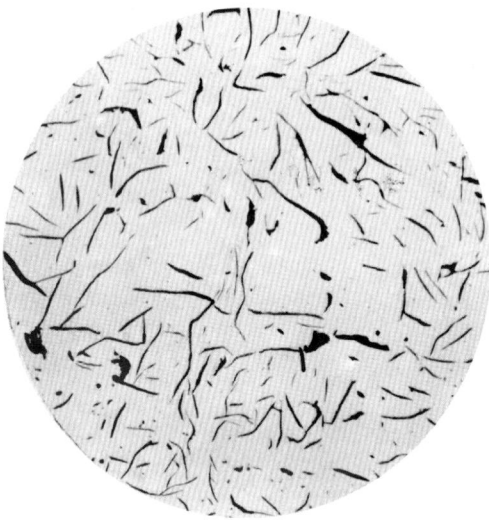

图　1-2-22　　　　　　100×

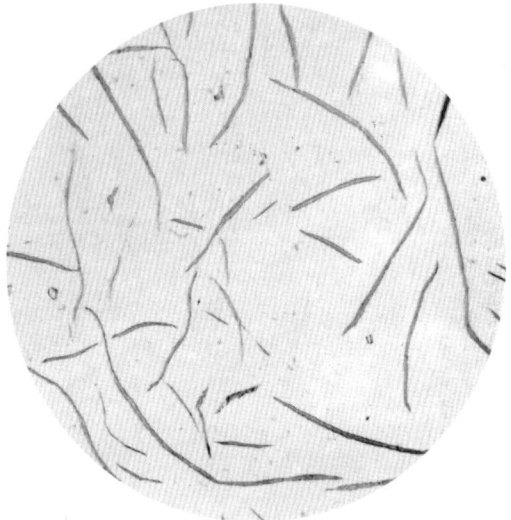

图　1-2-23　　　　　100×

图　　号：1-2-21～1-2-23
材料名称：灰铸铁
浸 蚀 剂：未浸蚀
处理情况：铸态
组织说明：图 1-2-21：A 型石墨，呈细小片状，石墨长度约为 6 级。

图 1-2-22：A 型石墨，中等大小的片状，石墨长度约为 4～5 级。

图 1-2-23：A 型石墨，较粗片状，石墨长度约为 3～4 级。

上述 3 张图片，列出了 A 型石墨常见的三种石墨长度。关于石墨长度的允许范围，需视铸件实际尺寸和使用工况而定，不可一概而论。小片状石墨，对金属基体的切割作用较小，减轻了应力集中，且基体的紧密度也较高，故有较高的硬度、强度和弹性系数。内燃机气门座圈、气门导管等截面较薄、单件重量较小的零件，可采用较细小的片状石墨。但从另一角度，即从耐磨性能看，中等或稍大的片状石墨，润滑性和吸附润滑油的能力较好，石墨剥落后留下的凹坑，也能贮存较多的润滑油，内燃机缸套之类承受滑动摩擦的零件，宜采用中等长度的片状石墨。

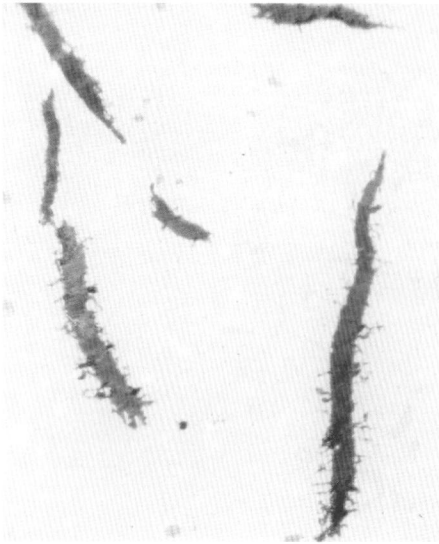

图 1-2-24   1000×

图　　号：1-2-24
材料名称：灰铸铁
浸　蚀　剂：未浸蚀
处理情况：退火处理
组织说明：灰色片状为共晶石墨。当退火温度升至
    600℃时，珠光体在发生球化的同时还发生石墨
    化，温度再升高，此情况尤甚；珠光体分解析出
    的二次石墨碳依附于原有片状石墨的表面生长
    （这样生长可不需要形核功），致使原有片状石
    墨的表面由光滑而变得粗糙。

图　　号：1-2-25
材料名称：灰铸铁 $[w(Mn)\ 0.75\%]$
浸　蚀　剂：4%硝酸酒精溶液
处理情况：退火处理
组织说明：灰色片状为共晶石墨，共晶石墨边缘分
    布的细小片状为退火时析出的二次石墨，基体为
    铁素体和珠光体（体积分数小于20%）。
        退火后的基体为片状珠光体，这是由于加热
    温度较低，保温时间不足等原因，致使部分珠光
    体保留下来；另外，锰是反石墨化元素，退火时
    可减缓珠光体的分解；本图锰量较高，也是部分
    珠光体保留下来的原因。

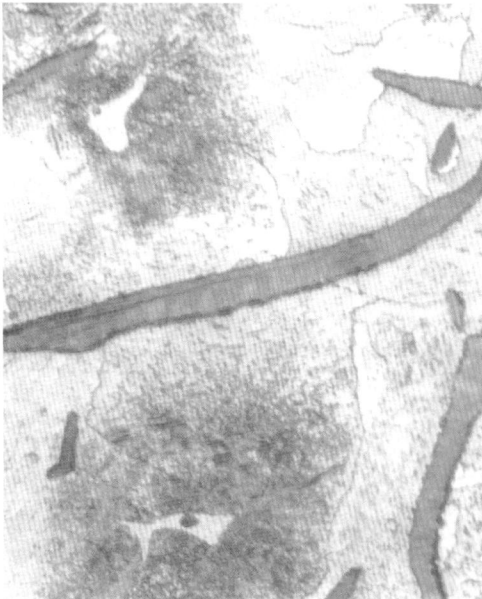

图 1-2-25   250×

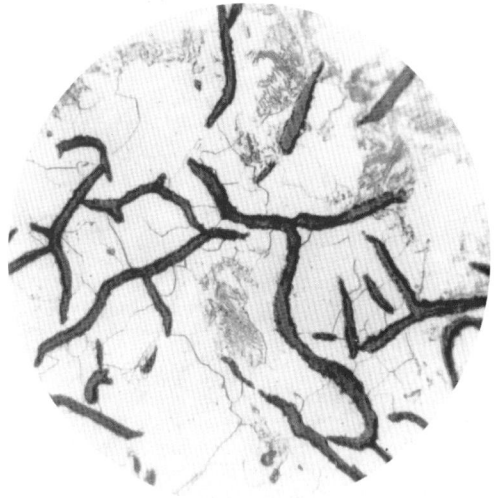

图 1-2-26   1000×

图　　号：1-2-26
材料名称：灰铸铁
浸　蚀　剂：4%硝酸酒精溶液
处理情况：退火处理
组织说明：灰色片状为共晶石墨，其周围细小片状
    为二次石墨，基体为铁素体，其上分布有块状磷
    共晶，磷共晶周围为粒状和片状珠光体。
        磷能提高铸铁的临界点，$w(P)$ 为 0.01%可
    使 Ac_1 提高 2.2℃，磷共晶周围基体中的磷含量很
    高，故该微观区域的临界点很高。还应说明，磷
    共晶周围珠光体中磷的分布是不均匀的，珠光体
    中的渗碳体差不多不含磷，而珠光体中的铁素
    体，其含磷量几乎达到饱和状态；因此珠光体中
    的片状渗碳体就锲在高磷铁素体之中，从而阻碍
    了碳原子的扩散，推迟球化和石墨化的进行，这
    就是磷共晶周围珠光体不易分解的原因。

图　　号：1-2-27

材料名称：灰铸铁

浸 蚀 剂：硫酸铜 4g、盐酸 20mL、水 2mL 溶液

处理情况：铸态

组织说明：共晶团数量为 7 级，实际共晶团数量约
130 个/cm^2，共晶团平均直径 9.4mm。

铸铁的共晶团是指铁液在共晶凝固过程中
形成的石墨-奥氏体的集合体。浸蚀后，共晶团
的界面呈白色，一般认为，边界富集硫、磷等低
熔点化合物，故可用试剂腐蚀，使共晶团显示出
来。经测定，共晶团界面的硬度值比共晶团内部
约高 50～100HV。

在同一共晶团内部，石墨片的各个分枝是互
相联结的，一个共晶团代表一个脆弱的单元，减
小这种脆弱单元，灰铸铁的力学性能就会随之提
高。共晶团数量与铸铁的抗拉强度存在一定的对
应关系，它们两者之间有下列经验公式：R_m=
[8.8+5.52 lm×（共晶团数/cm^2）/10]×9.81N/mm^2

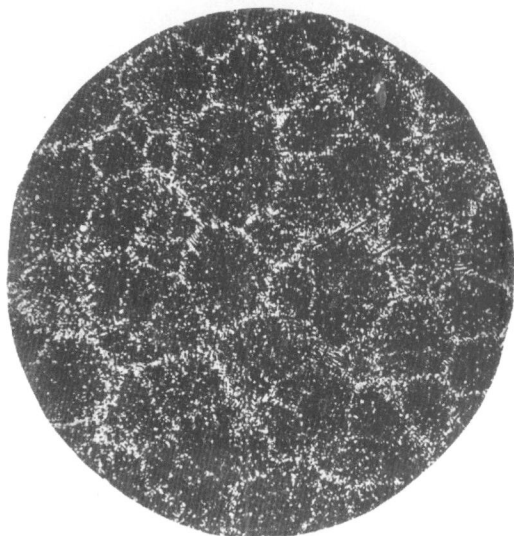

图　1-2-27　　　　　　　　　　　　　　　10×

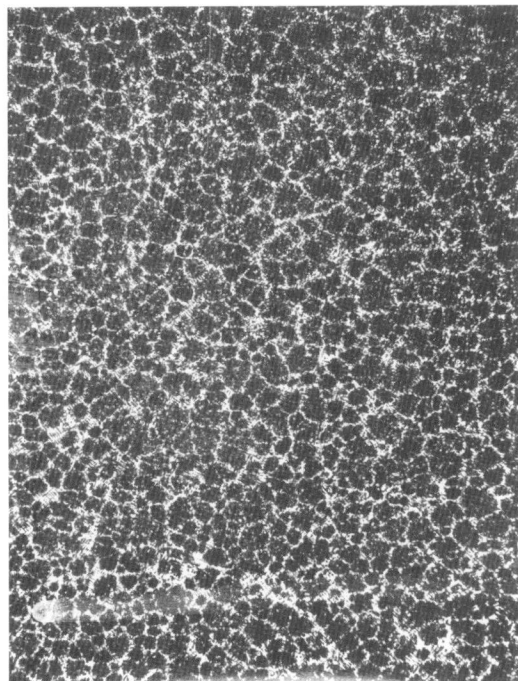

图　1-2-28　　　　　　　　　　1000×

图　　号：1-2-28

材料名称：灰铸铁

浸 蚀 剂：硫酸铜、盐酸水溶液

处理情况：铸态

组织说明：共晶团数量为 2 级，实际共晶团数量约
1040 个/cm^2，共晶团平均直径 3.5mm；与图 1-2-27
比较，共晶团数量已经显著增加。

为了增加共晶团数量（或减小尺寸），采取
孕育是一个有效办法；反之，共晶团数量的多少，
也是评价孕育效果的最直观的手段。

灰铸铁共晶团内的石墨片分枝，可越过共晶
团的边界，伸展至相邻的共晶团内，这是灰铸铁
共晶团的特征；蠕墨铸铁的蠕虫状石墨分枝未达
共晶团边界，即停止生长，使石墨与边界之间存
在一定的间隔；球墨铸铁基本上是一个球墨一个
共晶团，球墨是在奥氏体壳包围下生长的。

图 1-2-29 500×

图 1-2-30 500×

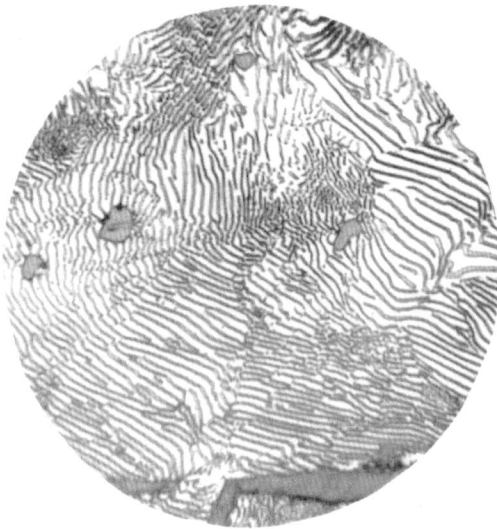

图 1-2-31 500×

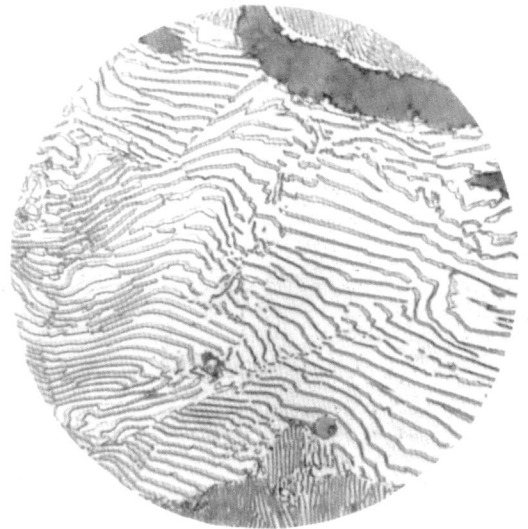

图 1-2-32 500×

图　　号：1-2-29～1-2-32　　　　　浸 蚀 剂：4%硝酸酒精溶液
材料名称：灰铸铁　　　　　　　　　处理情况：铸态
组织说明：图 1-2-29 中灰色长条状为石墨，基体为索氏体型珠光体；图 1-2-30 中灰色条状为石墨，基体为细
　　　　片状珠光体；图 1-2-31 中灰色条状为石墨，基体为中等片状珠光体；图 1-2-32 中灰色粗长条状为石墨，基
　　　　体为粗片状珠光体。

　　　　从实际应用看，较重要的灰铸铁件都采用珠光体基体。因为，珠光体具有较高的硬度和强度，弹性和
耐磨性也较好，当珠光体的化合碳量和分散度增大（片间距减小），性能也随之提高。珠光体的片间距与
奥氏体的成分、晶粒度和分解温度有关，加入形成碳化物和细化晶粒的元素，如铬、锰、钼等，均能增加
珠光体的数量和分散度。

　　　　GB/T 7216—1987《灰铸铁金相》按珠光体片间距大小，将其分为 4 个等级：
　　　　索氏体型珠光体，在 500 倍下，渗碳体与铁素体的片间距难以分辨，硬度为 270HBW。
　　　　细片状珠光体，在 500 倍下，渗碳体与铁素体的片间距<1mm，硬度为 235HBW。
　　　　中等片状珠光体，在 500 倍下，渗碳体与铁素体的片间距为 1～2mm，硬度为 204HBW。
　　　　粗片状珠光体，在 500 倍下，渗碳体与铁素体的片间距>2mm，硬度<170HBW。

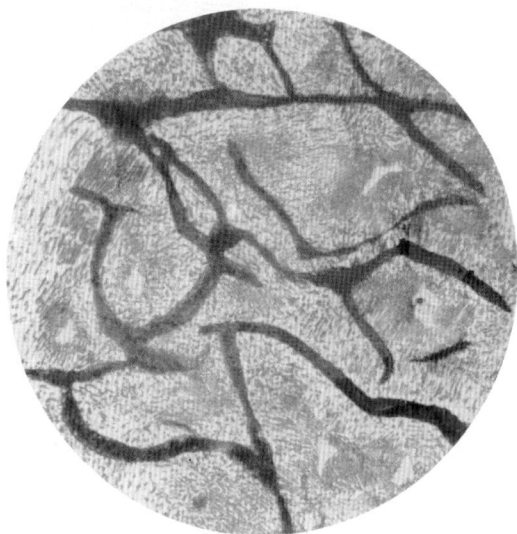

图　　号：1-2-33

材料名称：灰铸铁

浸　蚀　剂：4%硝酸酒精溶液

处理情况：低温退火处理

组织说明：石墨呈黑灰色条片状分布，基体组织为
　　　　　片状和球状分布的珠光体，白色不规则小块状是
　　　　　磷共晶。

　　　　在低于相变温度较长时间退火，由于球形具
　　　有最小的表面能，致使一部分珠光体趋于球粒状
　　　分布。与此同时，有极少量珠光体分解为石墨和
　　　铁素体，从图中可见到石墨片周围的球状珠光体
　　　数量减少，即说明已经发生这一分解，但是因退
　　　火温度较低，此一分解过程进展不大。

　　　　灰铸铁中出现数量颇多的球粒状珠光体，将
　　　明显地降低铸铁的硬度和耐磨性。

图　　1-2-33　　　　　　　　　　　　　500×

图　　号：1-2-34

材料名称：灰铸铁

浸　蚀　剂：4%硝酸酒精溶液

处理情况：低温退火处理

组织说明：石墨呈黑灰色条片状分布，基体为球粒
　　　　　状珠光体和白色铁素体及不规则白色块状的磷
　　　　　共晶，尚有极少量短条状珠光体。

　　　　由于退火温度较图 1-2-33 为高，使基体中极
　　　大部分片状珠光体发生球化，仅有极少量残余的
　　　短片状珠光体存在，同时还有相当数量的珠光体
　　　已经发生石墨化，分解为石墨和铁素体，因此在
　　　基体中出现了大块状分布的铁素体组织；析出的
　　　二次石墨依附在初生石墨上，由于二次石墨的数
　　　量不多，故初生片状石墨的外形无明显变化。

　　　　一般灰铸铁不希望获得这种球状珠光体组
　　　织，因为这对于去应力退火来说，温度太高了。

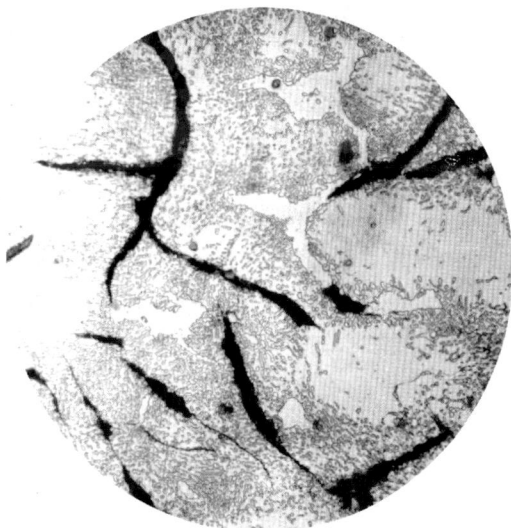

图　　1-2-34　　　　　　　　　　　　　500×

图 1-2-35　　　　　　　　　　200×

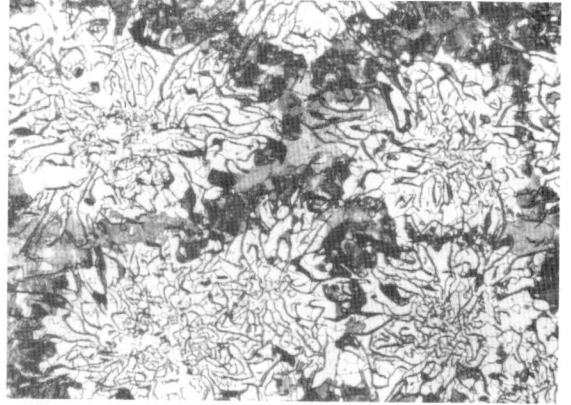
图 1-2-36　　　　　　　　　　200×

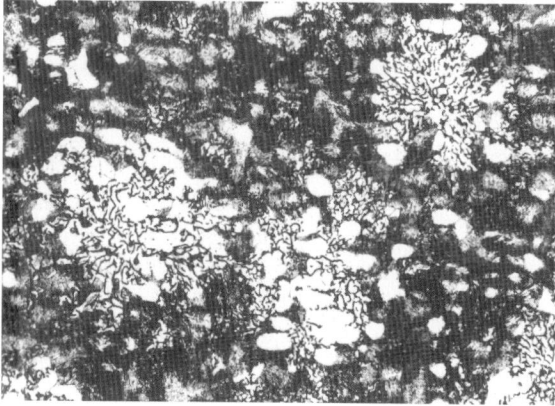
图 1-2-37　　　　　　　　　　200×

图 1-2-38　　　　　　　　　　200×

图　　号：1-2-35～1-2-38

材料名称：灰铸铁

浸 蚀 剂：4%硝酸酒精溶液

处理情况：铸态

组织说明：图 1-2-35：A 型石墨及周围的铁素体，其余为珠光体。

图 1-2-36：B 型石墨及周围的铁素体，其余为珠光体。

图 1-2-37：D 型石墨及分布于枝晶间的铁素体，其余为珠光体。

图 1-2-38：E 型石墨及分布于枝晶间呈方向性的铁素体，其余为珠光体。

上述照片，虽然石墨形态各异，但铁素体皆分布于石墨周围，这是由于（对金属而言）当一个晶体以另一个晶体的晶面为基面结晶时，它们相互对应面上的排列要相似，并且晶格常数的差别不得大于 9%。石墨与铁素体之间就存在这种关系，石墨的（0001）晶面和铁素体的（111）晶面就存在着对应关系，晶格常数的差别仅为 2.3%，故铁素体可优先结晶于石墨表面。

灰铸铁中铁素体析出的多少，与奥氏体的化学成分、共析相变时的过冷度等因素有关，当然也与石墨的形态有关。相对来说，B 型石墨比 A 型石墨容易析出铁素体；D 型、E 型石墨比 B 型石墨更易析出铁素体。

灰铸铁中的铁素体的增加，会使硬度、强度、弹性和耐磨性下降，因此对于较重要零部件铁素体的体积分数应控制在 5%之内。

图　　号：1-2-39

材料名称：灰铸铁（HT150）

浸 蚀 剂：未浸蚀

处理情况：铸态

组织说明：黑灰色为较粗大片状石墨，无方向性均
　　　匀分布，属于 A 型。有少量粗石墨块，石墨长度
　　　相当于 3 级，硬度值为 143～149HBW。

　　　铸件在冷却时，由于冷却速度缓慢以及含硅
量较高，石墨核心自铁液中形成后，因与铁液直
接接触时间较长，碳在铁液中的扩散速度极大
（较碳在奥氏体中的扩散速度大 20 倍），故石墨
极易长大而呈粗大片状。

　　　这种粗大的片状石墨，对基体的切割程度较
大，使铸件的力学性能趋向于恶化，故在一般铸
铁中，不希望获得粗大的片状石墨。

图　　1-2-39　　　　　　　　　　　　100×

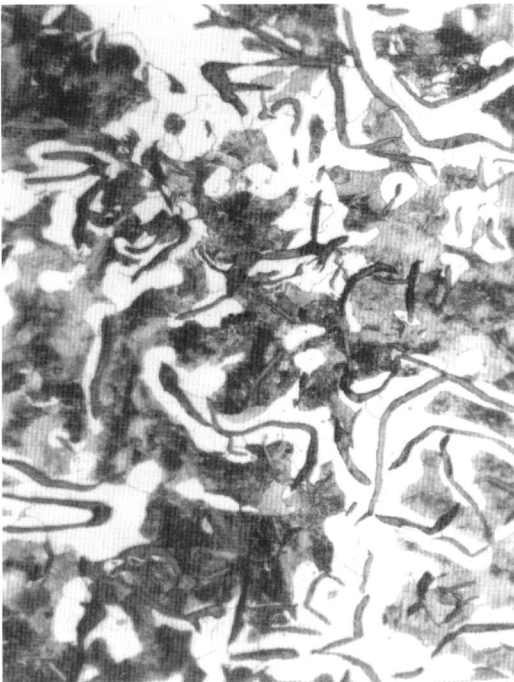

图　　号：1-2-40

材料名称：灰铸铁（HT150）

浸 蚀 剂：4%硝酸酒精溶液

处理情况：铸态

组织说明：石墨呈黑灰色片状分布，基体为细片珠
　　　光体和铁素体，铁素体分布于石墨的周围。

　　　经测定这种组织的抗拉强度为 177N/mm^2。

　　　灰铸铁的布氏硬度和抗拉强度可按下述经
验公式计算：

$$R_m=1.63（HBW-40）N/mm^2$$

图　　1-2-40　　　　　　100×

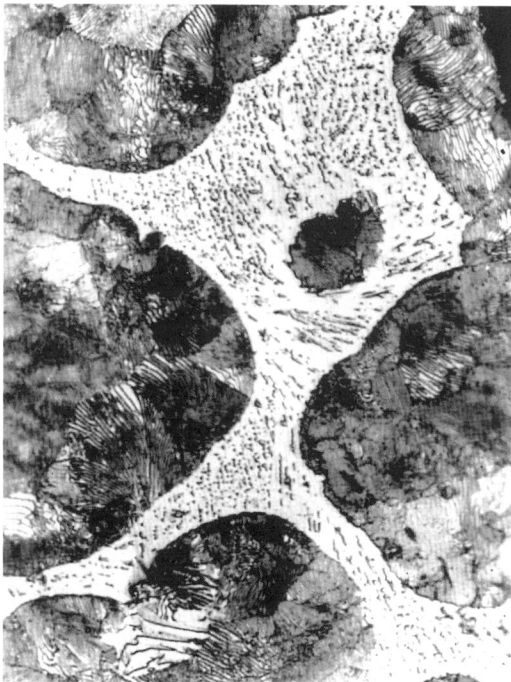

图 1-2-64　　　　　　　　500×

图　　号：1-2-64

材料名称：高磷灰铸铁

浸 蚀 剂：4%硝酸酒精溶液

处理情况：铸态

组织说明：大块网状三元磷共晶分布在细片状珠光
　　　　　体基体上，黑色条状为石墨。

　　　　　当铸铁中 w（P）达 0.6%～0.7%时，形成的
磷共晶就有可能呈大块的网状分布。

　　　　　w（P）达 0.4%～0.8%时称为高磷铸铁。中
磷和高磷铸铁皆属减磨铸铁。这类铸铁是在润滑
状态下工作的，对显微组织的要求是：凸出的硬
化相（磷共晶）成为支承载荷的滑动面，软的基
体（珠光体和石墨）形成凹面，储存润滑油，减
少摩擦，从而提高了耐磨性。

图　　号：1-2-65

材料名称：高磷灰铸铁

浸 蚀 剂：4%硝酸酒精溶液

处理情况：铸态

组织说明：网链状三元磷共晶体分布在细片状珠光
　　　　　体基体上，黑色条状为石墨。

　　　　　铸铁中 w（P）高达 0.8%时，形成的磷共晶
还可能呈较长网链状分布，链长可以横贯或超越
整个视场。

　　　　　三元磷共晶上渗碳体和 α-Fe 或珠光体点粒
较细，说明铸件冷却速度较快，致使结晶时析出
的三元磷共晶共晶组织细密。

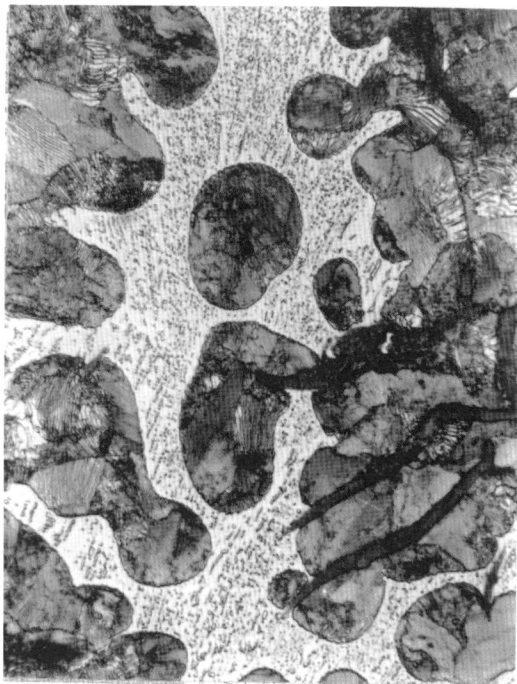

图 1-2-65　　　　　　　　500×

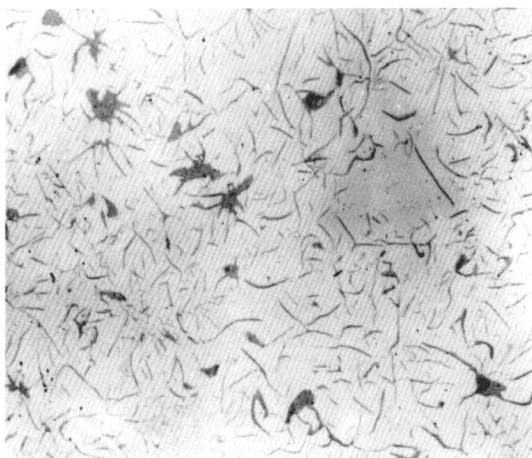

图　　号：1-2-66

材料名称：中磷灰铸铁［w（P）0.4%～0.5%］

浸蚀剂：未浸蚀

处理情况：铸态（单体铸造活塞环）

组织说明：石墨为卷曲片状及星状分布。石墨长度
相当于 6 级。电炉熔炼（熔炼温度较高）过共晶
成分，再加上铸件截面较薄，浇注后就析出星状
石墨。

图　1-2-66　　　　　　　　　100×

图　　号：1-2-67

材料名称：中磷灰铸铁（与图 1-2-66 同一试样）

浸蚀剂：4%硝酸酒精溶液，浸蚀 1-2min

处理情况：铸态（单体铸造活塞环）

组织说明：石墨及珠光体基体经深浸蚀后变为黑
色；而磷共晶体不受浸蚀，呈白色，这样便于观
察磷共晶网孔的大小和分布情况。图示属正常的
较细网孔，分布较均匀。

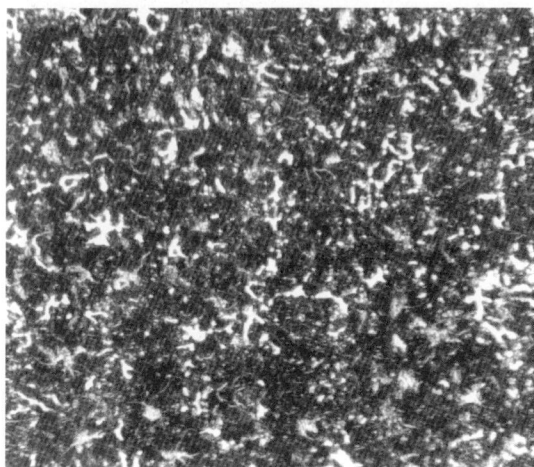

图　1-2-67　　　　　　　　　100×

图　　号：1-2-68

材料名称：中磷灰铸铁（与图 1-2-66 为同一试样）

浸蚀剂：4%硝酸酒精溶液

处理情况：铸态（单体铸造活塞环）

组织说明：石墨呈黑色片状分布，基体为细片状珠
光体，呈白色小条状和链状分布的为磷共晶。在
部分片状石墨边缘分布的白色小颗粒状为铁素
体，其体积分数约占 1%。

图示的基体组织，在活塞环零件中属于正常
的显微组织。

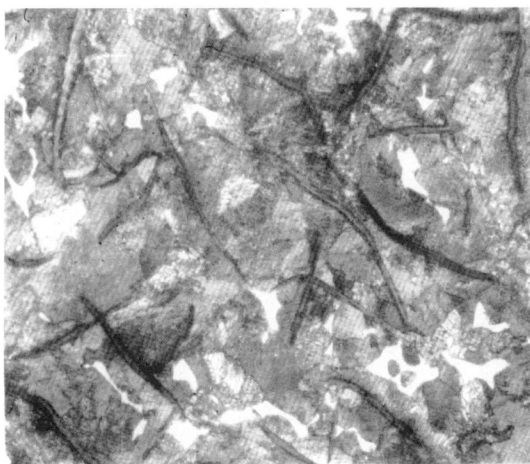

图　1-2-68　　　　　　　　　500×

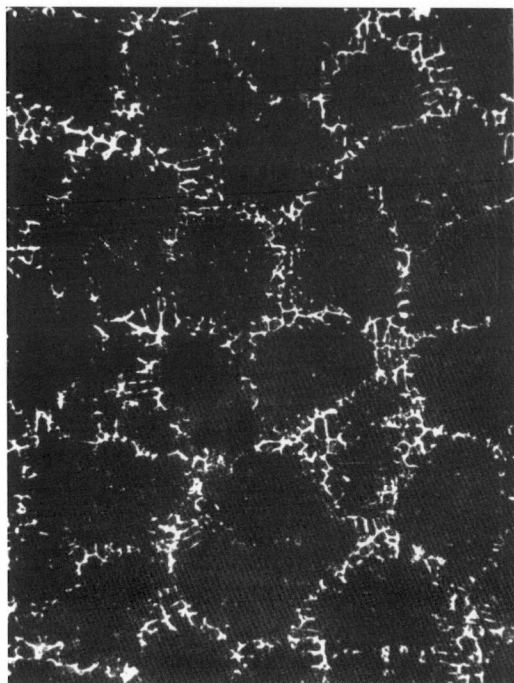

图　1-2-69　　　　　　　　　100×

图　　号：1-2-69

材料名称：中磷铸铁［活塞环 w（P）0.4%～0.5%］

浸 蚀 剂：4%硝酸酒精溶液，浸蚀 1～2min。

处理情况：铸态

组织说明：较长时间的浸蚀，使珠光体基体因深腐
　　　　蚀而变黑，从而可清晰地观察白色磷共晶网状的
　　　　分布情况。图示的网孔大小均匀适中，属良好的
　　　　分布形式，具有均匀分布的磷共晶网孔，以及网
　　　　孔不粗大的活塞环，弹力均匀，耐磨性良好。

　　　　磷共晶有很高的硬度，硬度值为 750HV 左
　　　　右。对于摩擦副而言，磷共晶是第一滑动面，磷
　　　　共晶分布在共晶团晶界处，相互连接构成坚硬的
　　　　骨架；从而在摩擦时，石墨及基体只是第二滑动
　　　　面，当其被磨损而凹陷，而磷共晶则凸起，在凹
　　　　陷处可以储存润滑油，从而起到减磨作用，使零
　　　　件的耐磨性大为提高。

图　　号：1-2-70

材料名称：高磷灰铸铁［气缸套 w（P）0.6%～0.7%］

浸 蚀 剂：4%硝酸酒精溶液，浸蚀 1～2min。

处理情况：铸态

组织说明：基体经深腐蚀后，珠光体和石墨变成黑
　　　　色，白色磷共晶沿共晶团晶界分布，量较多而分
　　　　布均匀，网孔较小。由于铸铁中磷元素的含量增
　　　　高，以致基体中出现的磷共晶体也比图 1-2-69
　　　　试样为多。图示的磷共晶未呈聚集的枝晶分布，
　　　　故属正常的分布形式；磷共晶的数量和分布，对
　　　　耐磨性有一定影响，一般以能得到的磷共晶网孔
　　　　较小，分布均匀，无枝晶偏析的显微组织为佳。

　　　　在生产实践中证实，这种分布形成的活塞环
　　　　和气缸套，其耐磨性良好，在运行过程中未发生
　　　　拉缸和早期磨损的情况。

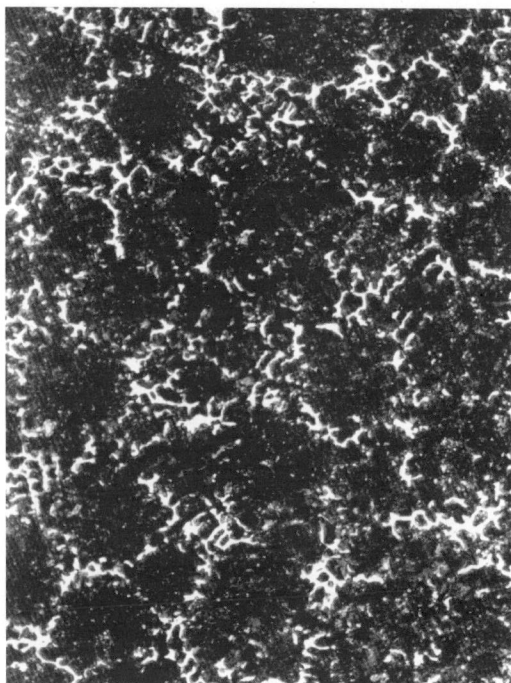

图　1-2-70　　　　　　　　　100×

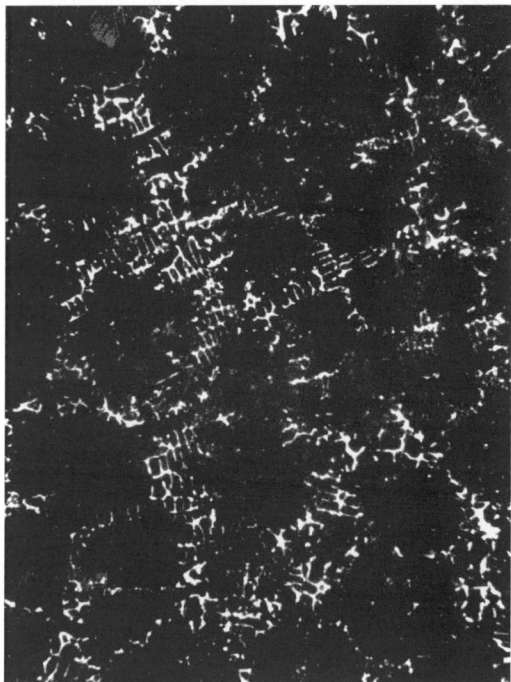

图　　号： 1-2-71

材料名称： 中磷铸铁［活塞环 w（P）0.4%～0.5%］

浸 蚀 剂： 4%硝酸酒精溶液，浸蚀 1～2min。

处理情况： 铸态

组织说明： 深浸蚀后珠光体变成黑色，白色磷共晶的分布情况被清晰地显示出来。图示磷共晶网孔分布不均匀，呈明显的枝晶偏析，有聚集分布的现象，这是属于不正常的分布形式。

　　磷共晶分布不均匀，且有枝晶偏析，将明显地增加活塞环零件的脆性，同时影响其弹力的均匀，从而使耐磨性下降。

图　1-2-71　　　　　　　　　　　100×

图　　号： 1-2-72

材料名称： 中磷铸铁［气缸套 w（P）0.7%～0.8%］

浸 蚀 剂： 4%硝酸酒精溶液，浸蚀 1～2min。

处理情况： 铸态

组织说明： 较长时间浸蚀后，珠光体基体变成深黑色，明显地显示出磷共晶的网孔大小及其分布情况。

　　图示的磷共晶网孔大小分布不均匀，且单块磷共晶的面积太大，并且有严重的枝晶偏析。由于偏析的块状面积大，使气缸套与活塞环摩擦时容易剥落，剥落的磷共晶将成为磨料，从而刮伤气缸套而降低其使用寿命，因而这种磷共晶的分布形式属于不正常的显微组织。

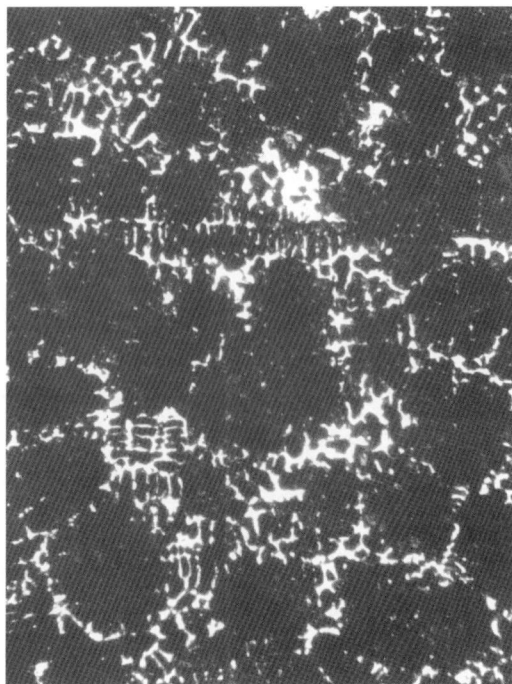

图　1-2-72　　　　　　　　　　　100×

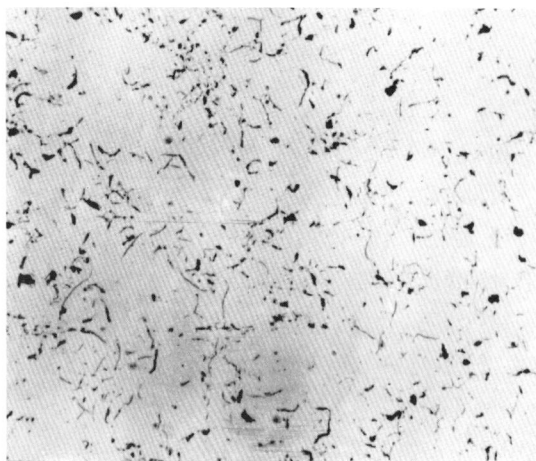

图　号：1-2-73

材料名称：高磷铸铁［气缸套 w（P）0.7%～0.8%］

浸蚀剂：未浸蚀

处理情况：铸态

组织说明：小片状均匀分布的为 A 型石墨，另有少
　　　　　量点状 D 型石墨。

　　　　　片状石墨长度相当于 6 级，点状石墨为 8 级。
这种石墨分布在气缸套产品中，属合格的正常石
墨形态。

图　　1-2-73　　　　　　　　100×

图　号：1-2-74

材料名称：高磷铸铁（与图 1-2-73 为同一试样）

浸蚀剂：4%硝酸酒精溶液，浸蚀 1～2min。

处理情况：铸态

组织说明：深浸蚀后，基体组织变黑，使磷共晶的
　　　　　分布形态清晰显示。

　　　　　图示的磷共晶呈断续网状分布，磷共晶的网
孔较粗大，但尚符合高磷气缸套规定的要求，
相当于内燃机高磷铸铁气缸套金相标准中 5 级
网孔。

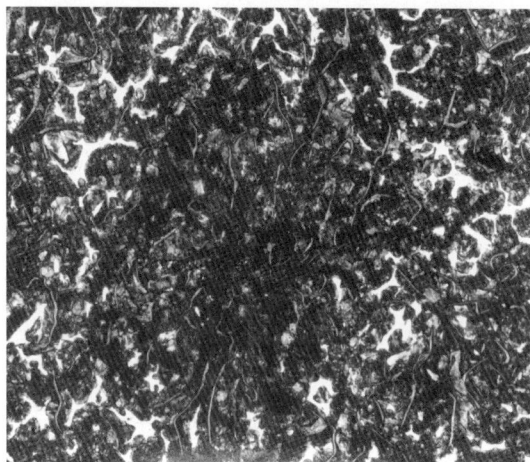

图　　1-2-74　　　　　　　　100×

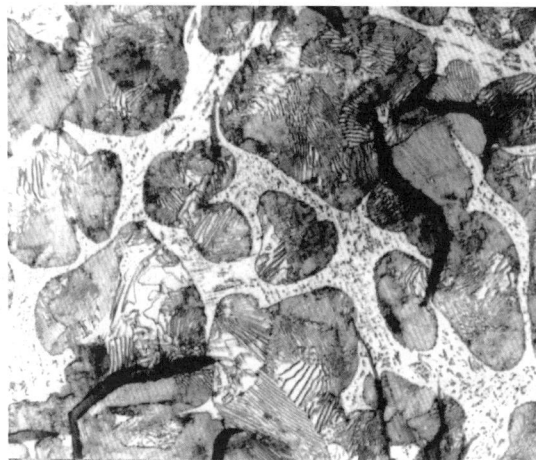

图　号：1-2-75

材料名称：高磷铸铁（与图 1-2-73 为同一试样）

浸蚀剂：4%硝酸酒精溶液

处理情况：铸态

组织说明：黑色片状为石墨，基体为细片状珠光体，
　　　　　三元磷共晶呈中等长度的网链分布。此外，尚有
微量的小块状铁素体。

　　　　　图示的基体组织属于合格的显微组织。

图　　1-2-75　　　　　　　　500×

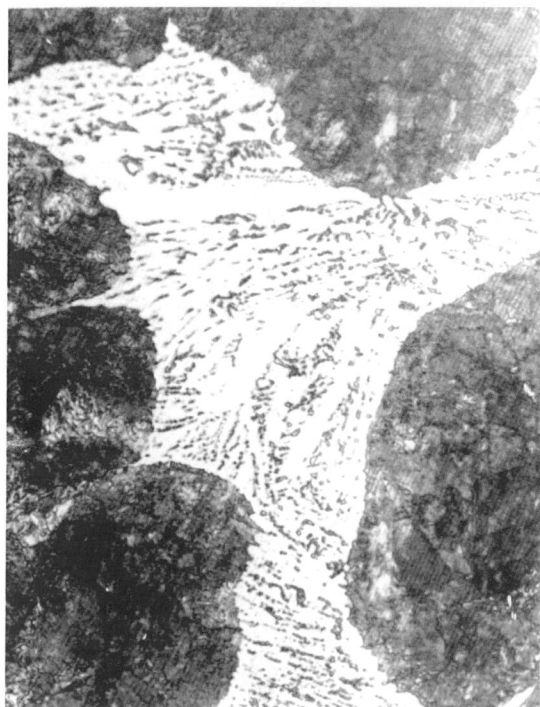

图　　号：1-2-76

材料名称：高磷灰铸铁

浸 蚀 剂：4%硝酸酒精溶液

处理情况：铸态

组织说明：基体为细片状珠光体（黑色），大块状
　　　　　为三元磷共晶。

　　　　　由于灰铸铁中含有较多的磷，结晶后，获得
　　　　粗大的三元磷共晶，基体为 Fe_3P，其上布有方向
　　　　性的空白区为针状渗碳体（因浸蚀后呈白色，故
　　　　与白色磷化铁基体难以区别）及有规则排列的小
　　　　点状铁素体。

图　1-2-76　　　　　　　　　　　　　　500×

图　　号：1-2-77

材料名称：高磷灰铸铁

浸 蚀 剂：4%硝酸酒精溶液浸蚀后，再经高锰酸
　　　　　钾 5g＋氢氧化钠 5g＋水 100mL 溶液中于 40℃下
　　　　　热蚀 2min。

处理情况：铸态

组织说明：与图 1-2-76 为同一试样、同一视场，经
　　　　　高锰酸钾、氢氧化钠水溶液热蚀后，原白色基体
　　　　　中磷化铁受浸蚀，染成浅棕色，而渗碳体则不变
　　　　　色，由此可以清晰地辨认三元磷共晶中各相的分
　　　　　布情况。

图　1-2-77　　　　　　　　　　　　　　500×

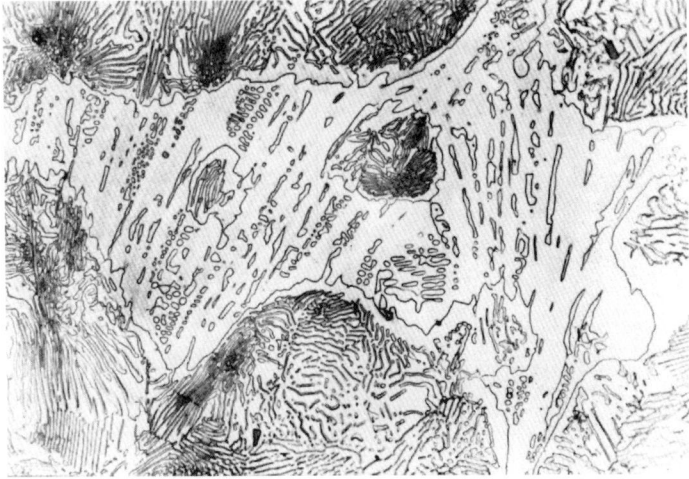

图 1-2-78

500×

图　　号：1-2-78

材料名称：中磷灰铸铁

浸 蚀 剂：4%硝酸酒精溶液

处理情况：铸态

组织说明：基体组织为粗片状珠光体，其上分布有大块状的三元磷共晶，白色基体为磷化铁及渗碳体，其上
　　　　分布有片状珠光体及颗粒状 α-Fe（铁素体）。

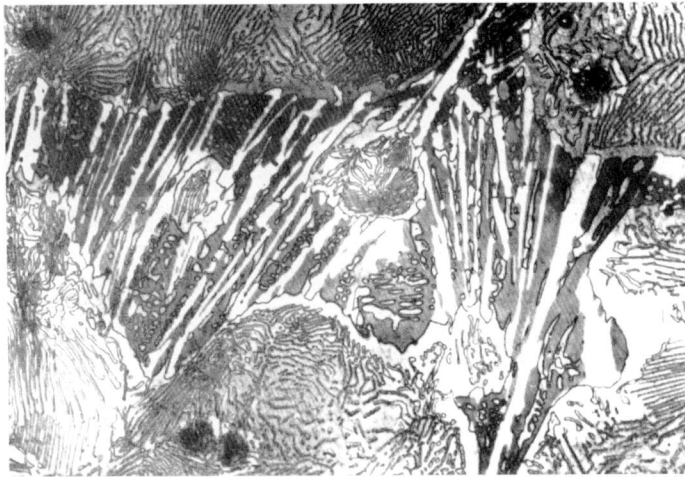

图 1-2-79

500×

图　　号：1-2-79

材料名称：中磷灰铸铁

浸 蚀 剂：4%硝酸酒精溶液浸蚀后，再经高锰酸钾＋氢氧化钠溶液中于 40℃下热蚀 2min

处理情况：与图 1-2-78 同一视场

组织说明：经两种试剂浸蚀后，磷共晶白色基体中的磷化铁被染成棕色，而渗碳体则仍呈白色。由此表明，
　　　　图 1-2-78 磷共晶属三元结构，在磷化铁及渗碳体基体上布有珠光体和铁素体颗粒，是由于高温奥氏体在冷
　　　　却过程中，受到冷却速度的影响。分解不完全所致。

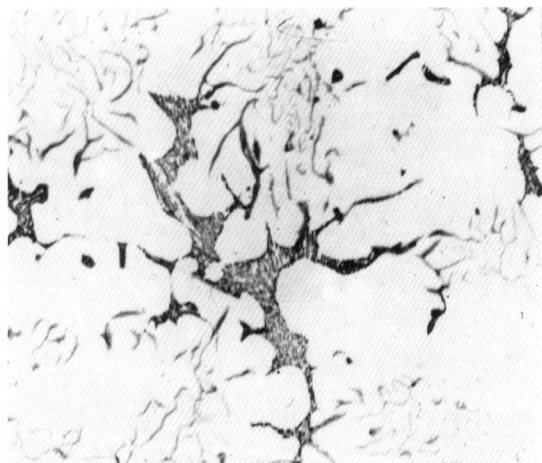

图 1-2-80   100×

图　号：1-2-80
材料名称：含磷铸铁［w（P）0.68%］
浸 蚀 剂：高锰酸钾 4g＋氢氧化钠 4g＋100mL 水，40℃热浸
处理情况：铸态
组织说明：二元、三元磷共晶分布外形相似，均为白色弯曲凹凸的块状组织，其上均有细小奥氏体分解产物。鉴于渗碳体及磷化铁用硝酸酒精浸蚀后均为白亮色，不易区别，三元共晶上有时有明显白色条状空白区；用上述浸蚀剂热染后，磷化铁染成浅紫色，而渗碳体不染色，这就为区分二元或三元磷共晶带来方便。区别二元或三元磷共晶，一从分布形态上来区分，另一种方法是用热浸法的染色来区分。

图　号：1-2-81
材料名称：高磷铸铁（内燃机气缸套）
浸 蚀 剂：4%硝酸酒精溶液
处理情况：离心铸造
组织说明：除石墨外，白色网络状为磷共晶，黑色基体为片状珠光体。磷共晶呈区域偏析分布。

　　由于磷共晶硬度高（750HV100），它是高磷铸铁中主要组成相；磷共晶的分布形态对耐磨性有十分重要的影响，要求磷共晶分布均匀，且有一定的数量。若呈偏析分布，且硬质点分布不均匀，则将使零件产生不均磨损的弊病，应予以防止。熔炼时均匀搅拌，并适当静置，使铁液成分均匀。

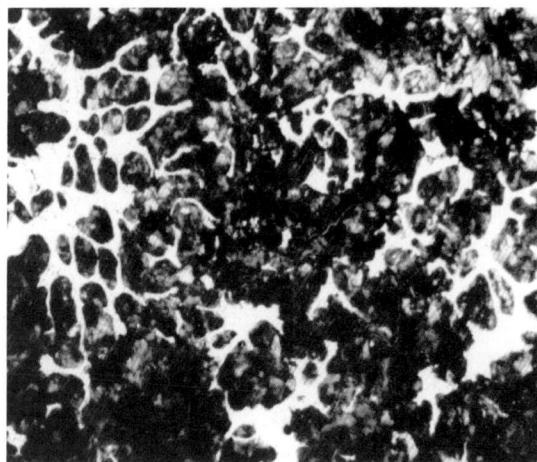

图 1-2-81   100×

图 1-2-82   100×

图　号：1-2-82
材料名称：高磷铸铁（内燃机气缸套）
浸 蚀 剂：4%硝酸酒精溶液
处理情况：离心铸造
组织说明：白色条状渗碳体构成莱氏体，黑色基体为珠光体及石墨。

　　莱氏体出现于气缸套外圆表面处，深达1.60mm，由于数量多，硬度高，无法进行机械加工，铸造后只能作废品处置。

　　产生这种白口缺陷，主要是铸件冷却速度过快或化学成分碳、硅含量过低所致。

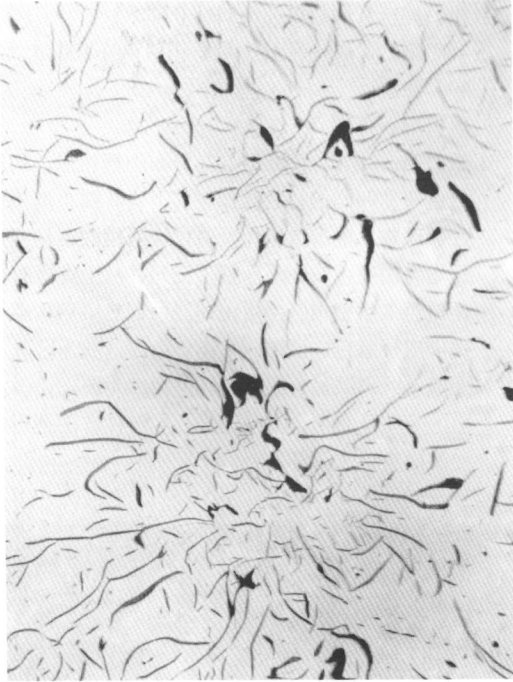

图　1-2-83　　　　　　　　　　100×

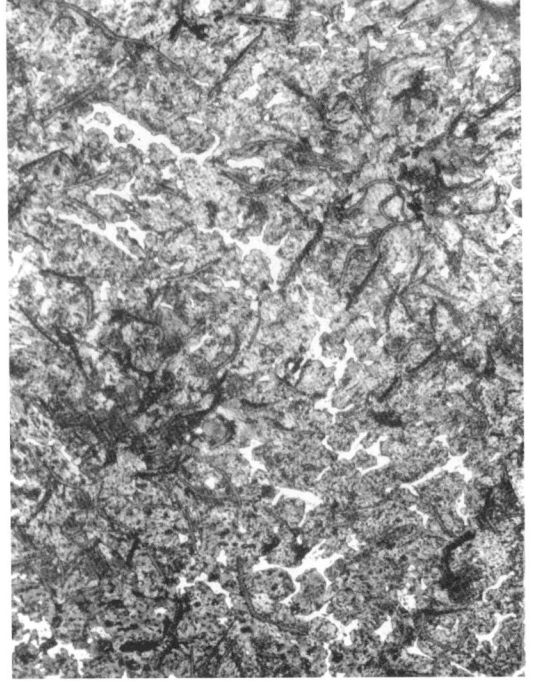

图　1-2-84　　　　　　　　　　100×

图　1-2-85　　　　　　　　500×

图　　号：1-2-83～1-2-85

材料名称：硼铸铁

浸　蚀　剂：图 1-2-83 未浸蚀，图 1-2-84、图 1-2-85
经 4%硝酸酒精溶液浸蚀

处理情况：铸态

组织说明：图 1-2-83：片状石墨呈菊花状的 B 型分
布，石墨长度相当于 4～5 级，属正常石墨形态。

　　图 1-2-84：除片状石墨外，基体为片状珠光
体，白色块状为含硼复合磷共晶，呈块链状分布。

　　图 1-2-85：图 1-2-84 放大 500 倍后的组织。
含硼复合磷共晶更为清晰，磷共晶中的白色区为
含硼碳化物，磷化铁基体上的黑色小点为铁素体。

　　上述照片属于正常组织。

　　硼铸铁中 w（B）通常大于 0.02%～0.08%。
显微组织中含硼复合磷共晶的存在，使材料具有
良好的减磨性能。但是，若含磷量过高（P/B 比
值大于 11～13），则复合磷共晶中的较大条块状
含硼碳化物消失，仅出现三元磷共晶，致使耐磨
性下降。

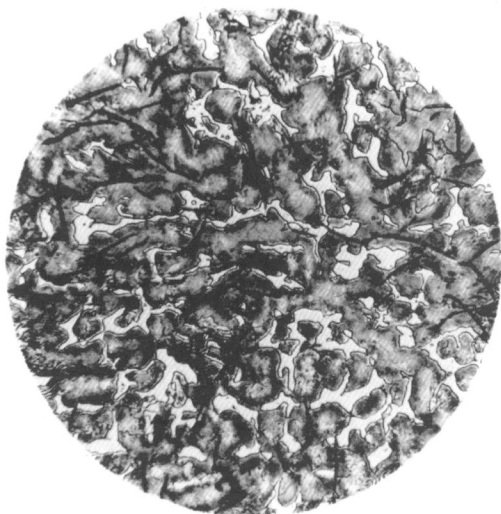

图　1-2-86　　　　　　　　　　100×

图　　号：1-2-86

材料名称：硼铸铁［w（C）3.4%～3.5%，w（Mn）
0.5%，w（Si）1.8%，w（S）<0.1%，w（P）<
0.1%，w（B）0.05%，w（Cr）0.25%～0.30%］

浸 蚀 剂：4%硝酸酒精溶液

处理情况：炉前铁液中加入 w（P）为 25%的硼铁
0.3%～0.4%，砂型铸造。

组织说明：黑色片状为石墨，属 A 型分布，基体为片
状珠光体，白色棱角形为硼碳化合物［Fe₃（C,B）］
及含硼共晶莱氏体组织。

　　铸造冷却速度较大，使析出的硼化物较细
小，但分布均匀，属良好组织；由于硼化物具有
很高的硬度（1000HV 左右），增加了铸铁的耐磨
性，加硼铸铁适于制造柴油机气缸套等耐磨件。

图　　号：1-2-87

材料名称：硼铸铁［w（C）3.4%，w（Mn）0.56%，
w（Si）1.75%，w（S）<0.1%，w（P）<0.1%，
w（B）0.05%］

浸 蚀 剂：2%硝酸酒精溶液

处理情况：砂型铸造

组织说明：黑色片状为石墨，属 A 及 B 型分布。
基体为片状珠光体，其上分布的白色棱角状为硼
碳化合物（Fe₃（C,B））和含硼共晶莱氏体组织。

　　硼化物呈中等大小，分布均匀，属正常组织。

　　硼铸铁气缸套的使用寿命一般在 8000h 以
上，比合金铸铁气缸套的使用寿命提高 2～3 倍。

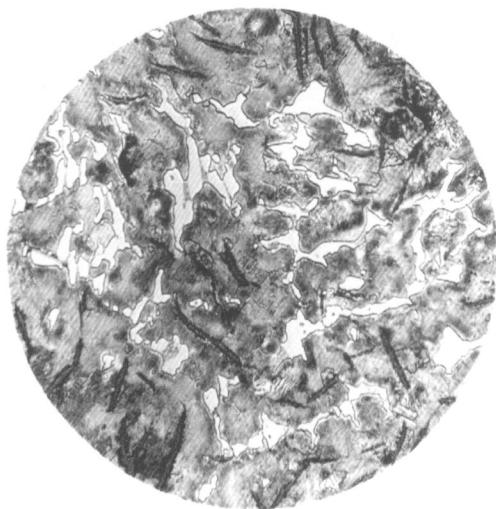

图　1-2-87　　　　　　　　　　100×

图　　号：1-2-88

材料名称：硼铸铁［w（C）3.6%，w（Mn）0.61%，
w（Si）1.68%，w（S）<0.1%，w（P）<0.1%，
w（B）0.045%］

浸 蚀 剂：2%硝酸酒精溶液

处理情况：离心铸造，金属型表面加厚涂料

组织说明：黑色片状为石墨，属 A 及 B 型分布。基
体为细片状珠光体，白色块状为硼化物和含硼共
晶莱氏体。

　　图中硼化物块虽稍大，但分布均匀，故对耐
磨性无明显影响。

图　1-2-88　　　　　　　　　　100×

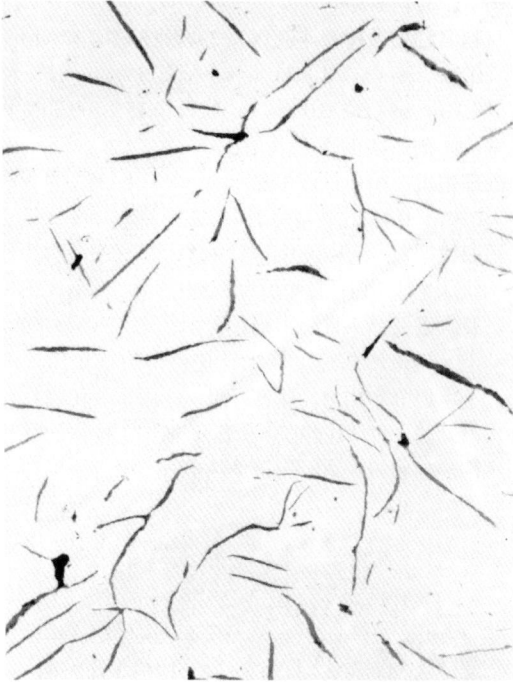

图 1-2-89 100×

图　　号： 1-2-89

材料名称： 硼铸铁（气缸套）[w（C）2.8%，w（Mn）0.74%，w（Si）1.82%，w（S）0.043%，w（P）0.058%，w（B）0.04%，w（Cr）0.36%，w（Mo）0.56%]

浸 蚀 剂： 未浸蚀

处理情况： 砂型铸造

组织说明： 片状石墨呈无方向性均匀分布，属 A 型，石墨长度相当于 4 级。

　　由于加入微量的硼，对提高铸铁的耐磨性产生极为显著的效果。硼元素的加入不受铸铁的壁厚和成分的限制。硼可在炉前加入，也可在炉内加入；加硼剂主要为硼砂、硼铁或硼酸，因此成本不高，便于推广。

图　　号： 1-2-90

材料名称： 硼铸铁（与图 1-2-89 为同一试样）

浸 蚀 剂： 4%硝酸酒精溶液

处理情况： 砂型铸造

组织说明： 除灰黑色片状石墨外，基体为细片状珠光体和白色大块状含硼碳化物，块状含硼碳化物呈串链状分布。

　　珠光体基体上的显微硬度压痕较大，其维氏硬度值为 321HV，相当于 33HRC。

　　含硼碳化物的维氏硬度值为 1100HV，压痕较小。

　　硼在碳化物中的浓度与冷却速度有关，当冷却速度较慢时，硼易存在于碳化物中（因奥氏体固溶硼极微），形成 $Fe_{23}(C,B)_6$ 的硼碳化合物；如冷却较快，则碳化物中硼减少而形成 $Fe_3(C,B)$ 的硼碳化合物，相对来说，后者硬度稍逊于前者。

　　由于含硼的合金碳化物具有极高的硬度值，从而大大提高铸铁的耐磨性能，用该铸铁作气缸套用在大马力柴油机发动机上效果良好，寿命可显著地提高。

图 1-2-90 500×

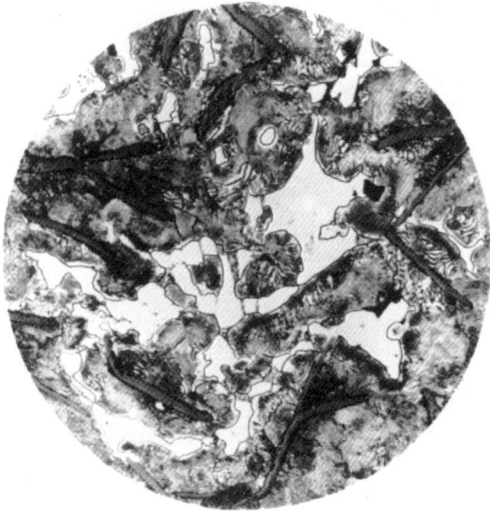

图　1-2-91　　　　　　　　　　　　　100×

图　　　号：1-2-92

材料名称：硼铸铁

浸蚀剂：4%硝酸酒精溶液

处理情况：砂型铸造 φ30mm 试棒

组织说明：细小的片状石墨，基体为细片状珠光体，含硼莱氏体和白色含硼碳化物呈粗大网状分布。

　　　　硼铸铁中含硼量过高，再加上孕育不足，使硼的偏析倾向增加，共晶团之间的残留铁液冷却至 1100℃ 会形成 Fe_3C、Fe_2B 和 Fe 组成的三元共晶，即含硼莱氏体，其成分为：w（B）2.9%、w（C）1.5%，其余为铁。这种莱氏体脆性大，使硼铸铁的力学性能显著下降。

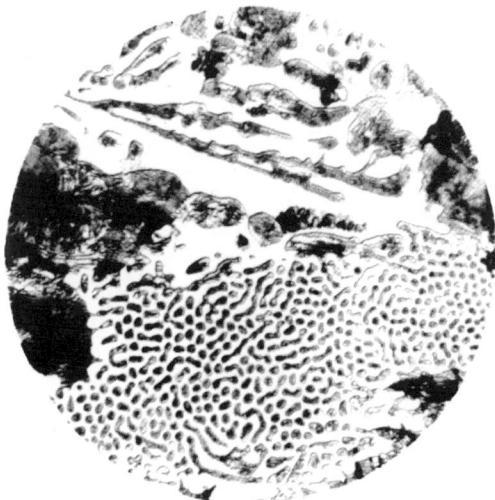

图　1-2-93　　　　　　　　　　　　500×

图　　　号：1-2-91

材料名称：硼铸铁（气缸套）[w（C）3.35%，w（Mn）0.60%，w（Si）1.83%，w（S）<0.1%，w（P）<0.1%，w（B）0.05%]

浸蚀剂：4%硝酸酒精溶液

处理情况：砂型铸造，铸造后以 5～10℃/min 速度冷却。

组织说明：大块硼碳化合物。黑色粗大片状为石墨，属 A 型，基体为片状珠光体。浇注后缓冷，获得较粗大的硼碳化合物，且呈网状分布。这说明铸铁成分有偏析，将使强度下降，且使切削加工发生困难；同时在使用过程中容易剥落，剥落的碎屑将会起到磨料作用，加速气缸套的磨损。图中大块硼碳化合物尖角处有一黑色孔洞，乃是制样时硼碳化合物发生剥落后所留下的孔穴。

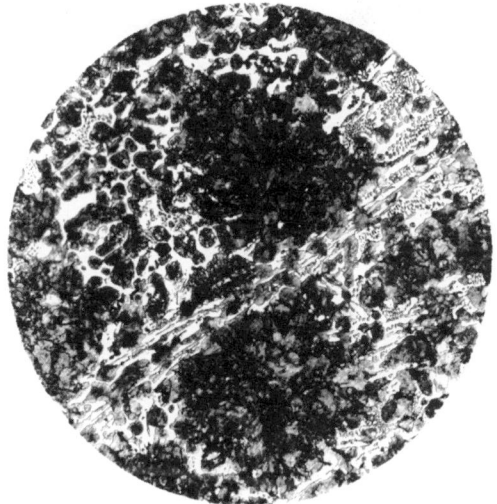

图　1-2-92　　　　　　　　　　　　500×

图　　　号：1-2-93

材料名称：硼铸铁

浸蚀剂：4%硝酸酒精溶液

处理情况：砂型铸造 φ30mm 试棒

组织说明：图 1-2-92 试样放大后的情况，基体为细片状珠光体，其上分布有含硼莱氏体共晶组织。

　　　　硼碳化合物基体的维氏硬度值为 840HV。图示的粗大含硼莱氏体组织，是硼铸铁不希望获得的显微组织；由于它呈网状分布，将增大铸铁的脆性，并使切削加工发生困难。

图　　号：1-2-94

材料名称：硼中磷铸铁（气缸套）[w（C）3.45%，
　　　　　w（Mn）0.7%，w（Si）1.75%，w（S）＜0.1%，
　　　　　w（P）0.3%，w（B）0.04%]

浸 蚀 剂：4%硝酸酒精溶液

处理情况：砂型铸造

组织说明：大块硼碳化合物上的微裂纹。黑色片状
　　　　　为石墨，基体为片状珠光体，白色块状为硼碳化
　　　　　合物[Fe$_3$(C,B)]，其上有一条微裂纹，在硼碳化
　　　　　合物的一侧为磷共晶，它们构成以硼碳化合物为
　　　　　基体的复合物。由于硼碳化合物的析出，致使周
　　　　　围基体产生贫碳，因而导致在冷却时析出铁素体
　　　　　组织。

　　　　　脆硬的硼碳化合物易于在加工、使用过程中
　　　　　产生裂纹。图示硼碳化合物上的微裂纹，是在制
　　　　　备金相试样时由于处理不当而产生的。

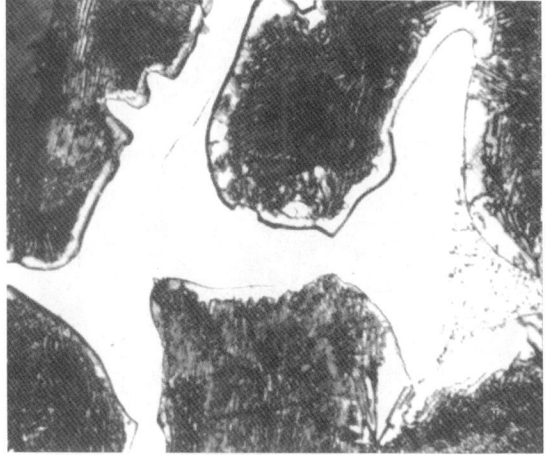

图　　1-2-94　　　　　　　　　　　500×

图　　号：1-2-95

材料名称：硼铸铁

浸 蚀 剂：4%硝酸酒精溶液

处理情况：砂型铸造

组织说明：粗大灰色片状为石墨，基体为较粗片状
　　　　　珠光体，白色块状（有黑色相界线）为硼碳化合
　　　　　物[Fe$_3$(C,B)]，在硼碳化合物周围的白色基体为
　　　　　铁素体，这是由于硼碳化合物的析出，致使周围
　　　　　基体贫碳，从而在冷却时析出铁素体。

　　　　　微量的硼，对石墨和珠光体影响不大，但万
　　　　　分之几的硼便能形成硼碳化物，这种碳化物的结
　　　　　构与渗碳体（Fe$_3$C）相同，但硬度却高于渗碳体。
　　　　　因此，硼铸铁是一种良好的减磨材料，受到青睐。

　　　　　对各组织进行维氏硬度测定，从压痕的大小
　　　　　也可以看出：铁素体最软为104HV；珠光体较硬
　　　　　为220HV；硼碳化物压痕最小为975HV。

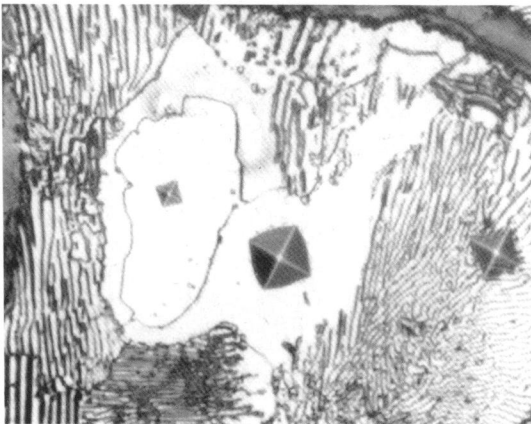

图　　1-2-95　　　　　　　　　　　500×

图　　号：1-2-96

材料名称：硼铸铁

浸 蚀 剂：4%硝酸酒精溶液

处理情况：砂型铸造

组织说明：基体为稍粗片状珠光体，白色大块为硼
　　　　　碳化物及共晶莱氏体，其上分布有颇多的细小黑
　　　　　色条纹为微裂纹，起始于硼碳化物与珠光体交界
　　　　　处，并向里扩展，有的起始于共晶莱氏体中珠光
　　　　　体颗粒边缘，而向硼碳化物中延伸。

　　　　　由于硼碳化物粗大、脆硬，因此在硼碳化物
　　　　　上容易产生微裂纹，若再承受外力，微裂纹即进
　　　　　一步扩展，从而使硼碳化物碎裂和剥落，这种粗
　　　　　大的硼碳化物组织对耐磨性能很不利。

图　　1-2-96　　　　　　　　　　　500×

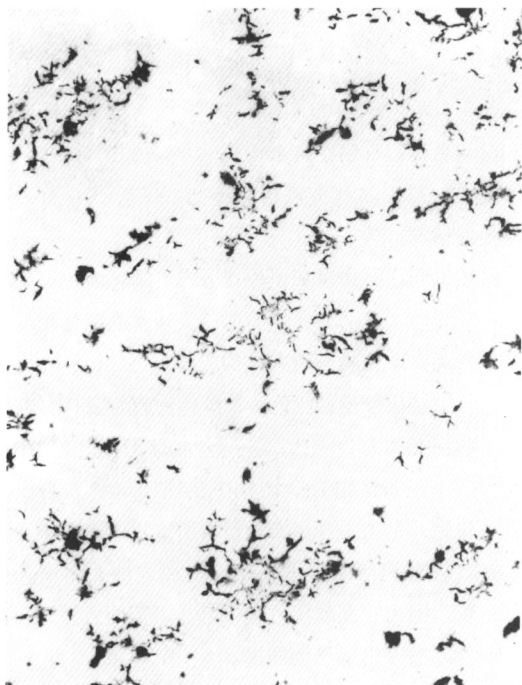

图　1-2-97　　　　　　　　　　100×

图　1-2-98　　　　　　　　　　500×

图　1-2-99　　　　　　　　　　500×

图　　号：1-2-97～1-2-99

材料名称：合金铸铁（活塞环）

浸 蚀 剂：图 1-2-97 未浸蚀；图 1-2-98、图 1-2-99
经 4%硝酸酒精溶液浸蚀

处理情况：铸态

组织说明：图 1-2-97：丛集分布的小片状石墨，石
墨长度相当于 6 级。

图 1-2-98：除灰黑色石墨外，基体为小片状
珠光体，呈黑色及浅灰色，并有分散分布的白色
小块状碳化物。由于放大倍数小，组织分辨不甚
清楚。

图 1-2-99：在 500 倍放大下，小片状石墨呈
灰黑色，部分珠光体的片间距清晰可辨，然而大
部分珠光体由于片间距小，仍不能分辨，故呈一
片灰色，白色颗粒状碳化物与基体有明显的黑色
相界线。

具有均匀分布小颗粒碳化物的麻口铸铁耐磨
性能好，已应用于生产。

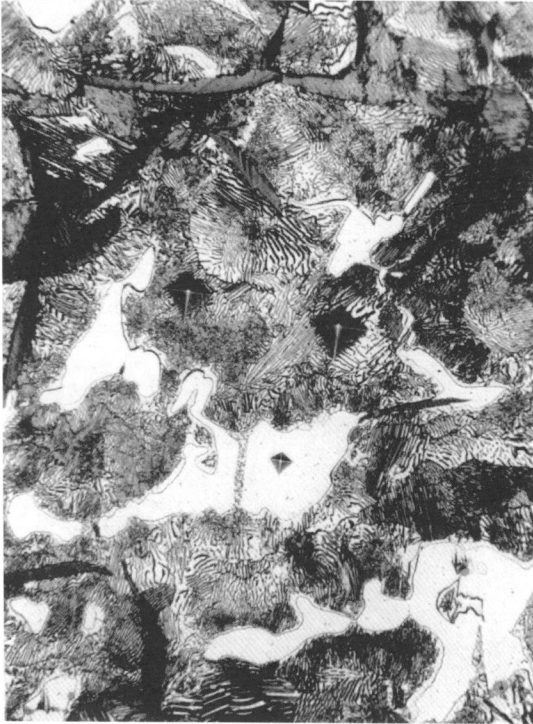

图 1-2-100   500×

图　　号：1-2-100

材料名称：铜铬钼合金铸铁

浸 蚀 剂：4%硝酸酒精溶液

处理情况：铸态

组织说明：石墨呈灰黑片状分布，基体为中等片状珠光体，其上分布有的白色大块状为碳化物，此外尚有碳化物与磷共晶构成的复合物。

　　　　维氏硬度：白色块状碳化物为873HV；细片状珠光体为284HV；中等片状珠光体为212HV

　　　　在铜铬钼合金铸铁中出现的这种大面积碳化物，是由于合金元素偏析所造成的，在柴油机气缸套和活塞环中不允许出现这种大面积碳化物，因为它在摩擦过程中容易剥落而成为磨料，使摩擦副出现早期磨损。

图　　号：1-2-101

材料名称：铜铬钼合金铸铁 [w（C）2.9%～3.2%，w（Mn）0.60%～0.8%，w（Si）1.7%～2.3%，w（Cu）0.8%～1.2%，w（Cr）0.6%～0.8%，w（Mo）0.6%～0.8%]

浸 蚀 剂：4%硝酸酒精溶液

处理情况：淬火后经低温回火处理

组织说明：除片状石墨外，基体组织为回火黑色针状马氏体、残留奥氏体，以及游离分布的白色大块碳化物，硬度值为51～53HRC。

　　　　铜铬钼合金铸铁，通过淬火，同样可以得到硬度值很高的马氏体组织，经低温回火后变成黑色的针状马氏体，在马氏体针交叉中间的白色区域为残留奥氏体组织。

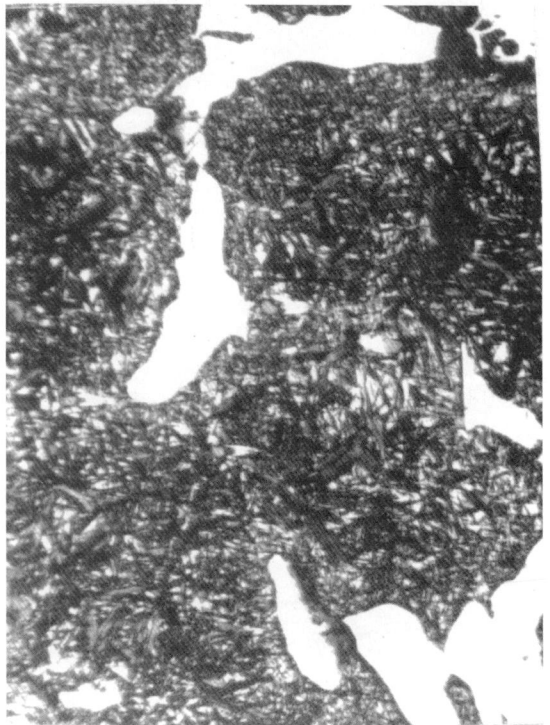

图 1-2-101   500×

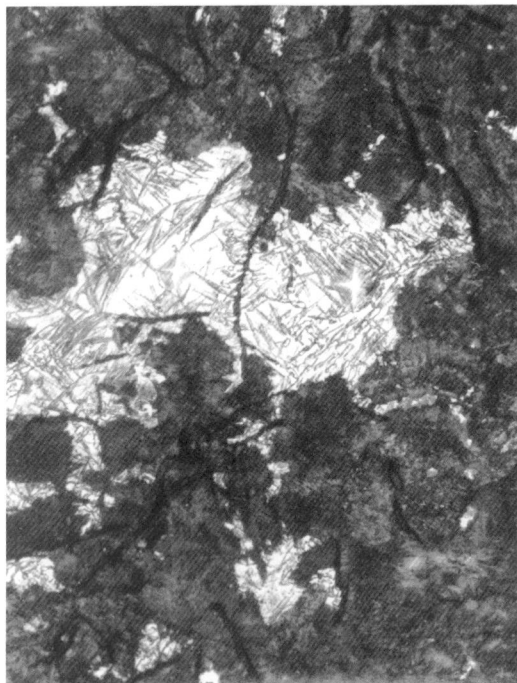

图 1-2-102 500×

图　　号：1-2-102

材料名称：铜铬钼合金铸铁（活塞环）

浸 蚀 剂：4%硝酸酒精溶液

处理情况：铸态

组织说明：石墨呈灰黑色片状分布，基体为细珠光体，但夹有灰白色针状组织区域，其中深灰色针状为贝氏体，灰白色针状为马氏体及残留奥氏体。用 50g 负荷测定其维氏硬度值如下：针状贝氏体区为 460HV（相当于 45HRC），见图中硬度压痕较大处；针状马氏体和残留奥氏体区为 703HV（相当于 58HRC），见图中硬度压痕较小处。

　　由于合金铸铁中含有较多的钼元素，在铸造后因钼元素的偏析作用，易出现针状组织，从而使铸件硬度升高，针状铸铁具有较好的耐磨性，但脆性较大，应进行高温回火处理以提高韧性。

图　　号：1-2-103

材料名称：铜铬钼合金铸铁（活塞环）

浸 蚀 剂：4%硝酸酒精溶液

处理情况：铸造后开箱并淬水冷却

组织说明：石墨呈黑灰色片状分布，基体组织为针状马氏体及少量残留奥氏体。在针状马氏体中夹有极少量的针状贝氏体组织。

　　该铸件由于过早的开箱，并于开箱后用水冷却，使铸件获得淬火状态的显微组织，因而硬度高达 48HRC 以上。此时对铸件进行机械加工将发生困难，而且其脆性增大，需再进行高温回火处理，以改善其性能。

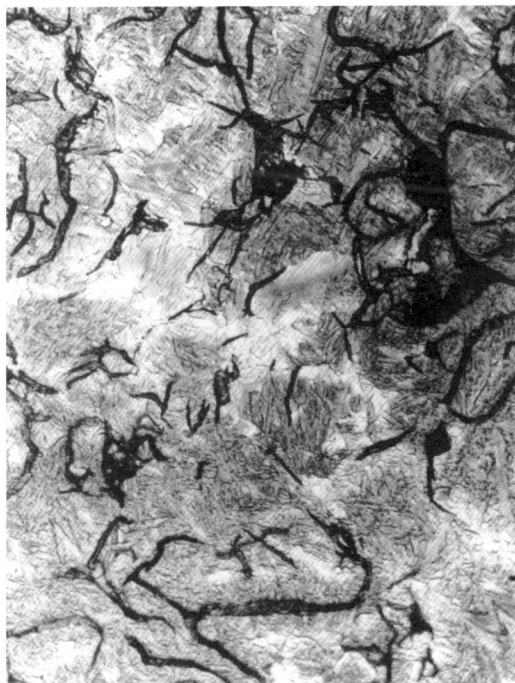

图 1-2-103 500×

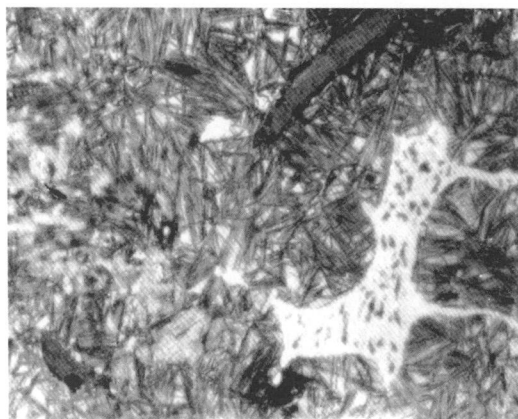

图   号：1-2-104

材料名称：铜铬钼磷合金铸铁

浸 蚀 剂：4%硝酸酒精溶液

处理情况：铸造后于 880℃加热，保温，而后淬入 300℃硝盐中等温 70min 空冷。

组织说明：石墨呈片状分布，基体组织为针状下贝氏体，并有不规则分布的块状灰白色区为淬火马氏体及残留奥氏体。此外，基体上有大块棱角状的二元磷共晶（黑色珠光体分布在白色磷化铁上）。

图   1-2-104   500×

图   号：1-2-105

材料名称：铜铬钼磷合金铸铁

浸 蚀 剂：4%硝酸酒精溶液

处理情况：铸造后 900℃加热，保温，而后淬入 200℃硝盐中等温处理。

组织说明：除片状石墨外，基体组织主要为回火针状马氏体、淬火马氏体和少量残留奥氏体（灰白色基体），此外尚有少量白色不规则块状磷化铁及磷共晶。

图   1-2-105   500×

图   号：1-2-106

材料名称：铜铬钼磷合金铸铁

浸 蚀 剂：4%硝酸酒精溶液

处理情况：铸造后于 880℃加热保温，而后淬入 260℃硝盐中等温 2h 空冷。

组织说明：粗大灰黑色为片状石墨，呈 A 型分布。基体组织主要为针状下贝氏体及马氏体（灰白色区），此外尚有小块棱角状的磷共晶分布于基体上。

图   1-2-106   500×

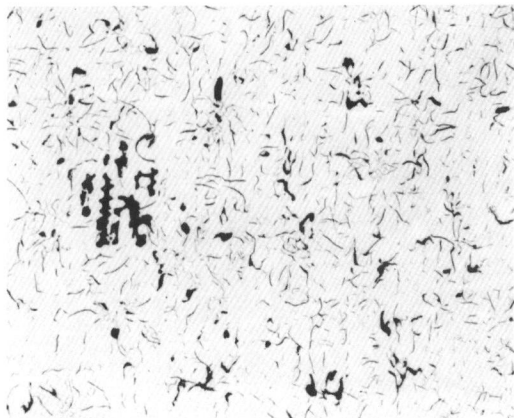

图　1-2-107　　　　　　　100× 　图　1-2-108　　　　　　　500×

图　　　号：1-2-107、1-2-108
材料名称：中铜铬钼合金铸铁 [w（C）3.1%～3.5%，w（Si）2.0%～2.5%，w（Mn）0.6%～0.9%，w（Mo）0.6%～1.0%，w（Cr）0.6%～1.0%，w（Cu）0.8%～1.2%，余为 Fe]
浸 蚀 剂：4%硝酸酒精溶液
处理情况：铸造后于 900℃×90min 空冷正火，620℃×2h 后炉冷回火。
组织说明：图 1-2-107：石墨呈 E 型，石墨长度为 6 级。有少量显微疏松存在。

　　图 1-2-108：片状珠光体及少量细条块状碳化物（其体积分数约为 3%）此外尚有少量颗粒状铁素体分布于枝晶间。

　　由组织的分布可推断：该铸件浇铸时冷速稍快，所以珠光体细、碳化物细小且量数少，作为高速、高负荷发动机气门座是不适宜的，但可作小功率的气门座。

图　　　号：1-2-109
材料名称：中铜铬钼合金铸铁（气门座）
浸 蚀 剂：4%硝酸酒精溶液
处理情况：铸态
组织说明：黑灰色条状为石墨，黑色块状为托氏体，黑灰色块为珠光体，灰色针状为贝氏体，白色块状为碳化物，灰白色枝晶间为淬火马氏体及残留奥氏体。

　　内燃机气门座工况恶劣，在高温下需承受高频的冲击载荷作用，因此材料需有较高的强度、硬度和较好的组织稳定性。较少量的碳化物对耐磨性不利，大量的贝氏体组织不利于机械加工，合金中较多的残留奥氏体将影响零件的尺寸稳定性，易引起变形，因此上述组织在气门座上是不希望出现的。

图　1-2-109　　　　　　　500×

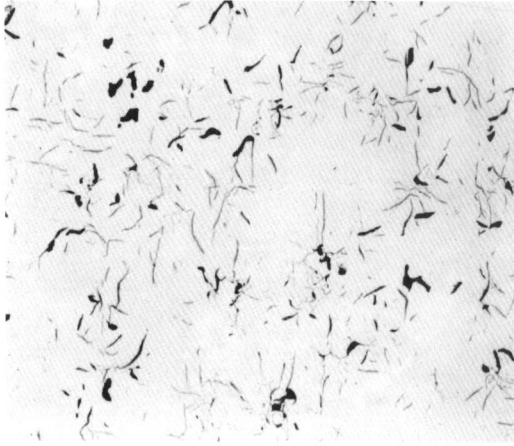

图　1-2-110　　　　　　　　　　　100×

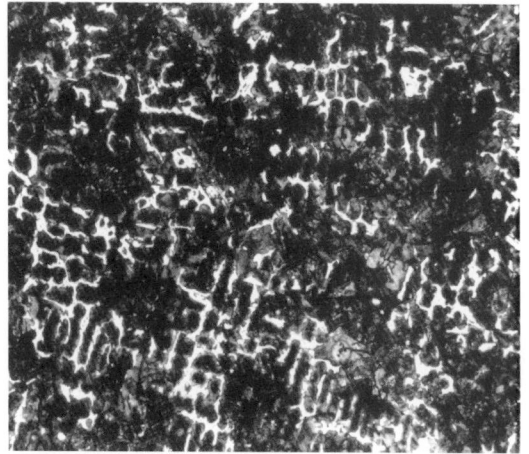

图　1-2-111　　　　　　　　　　　500×

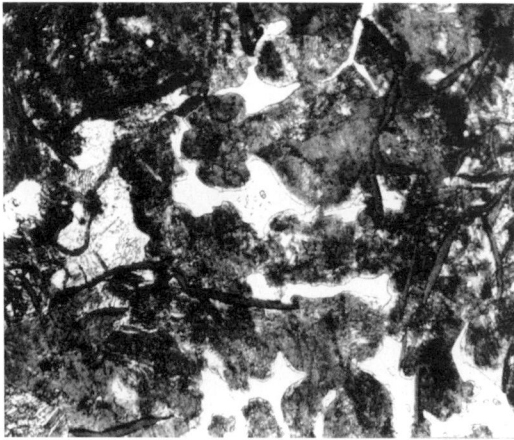

图　1-2-112　　　　　　　　　　　500×

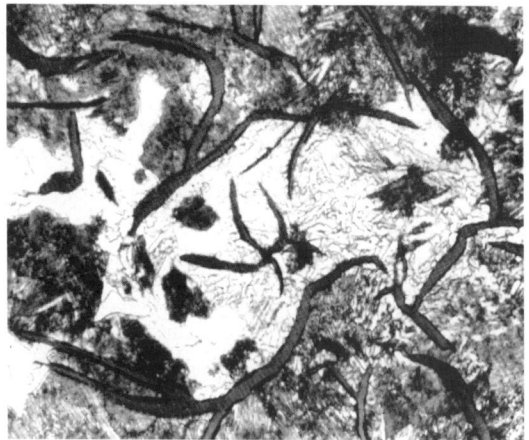

图　1-2-113　　　　　　　　　　　800×

图　　号：1-2-110～1-2-113

材料名称：QE3 铬镍钼合金铸铁 [w（C）3.0%～3.5%，w（Si）2.0%～2.5%，w（Mn）0.5%～0.8%，w（Cr）0.6%～1.2%，w（Ni）0.6%～1.2%，w（Mo）0.8%～1.2%，其余为 Fe]

浸 蚀 剂：4%硝酸酒精溶液

处理情况：铸态

组织说明：图 1-2-110：细片状石墨呈丛集 B 型分布，石墨长度为 5 级。

　　　　图 1-2-111 及图 1-2-112：基体组织为细片状珠光体，有 12%左右（体积分数）的碳化物近似于断续网状分布于枝晶间，此外，尚有 3%（体积分数）的粒状贝氏体呈块状分布于枝晶间，这是由于合金元素晶间偏聚所致，如图 1-2-113 所示。

　　　　细珠光体的维氏硬度值为 370HV100，粒状贝氏体的维氏硬度值为 438HV25，块状碳化物的维氏硬度值为 752HV25。

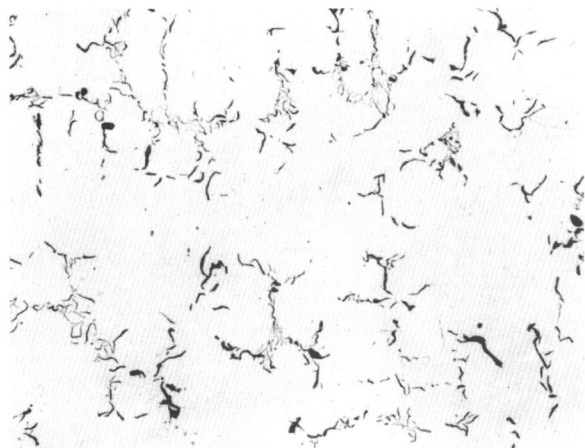

图　1-2-114　　　　　　　　　　100×

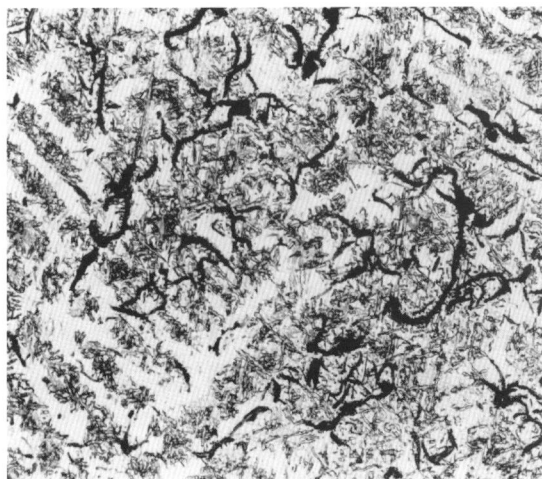

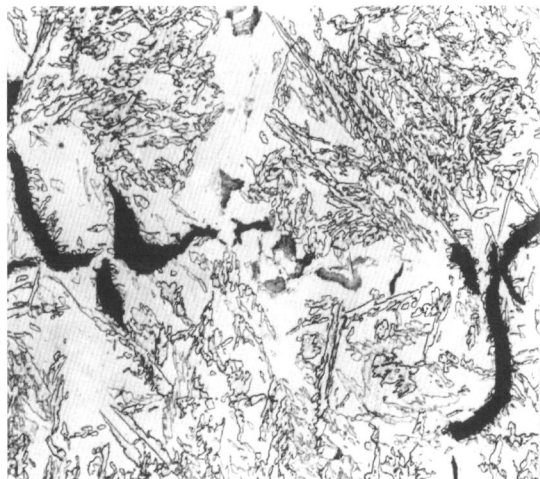

图　1-2-115　　　　　　　　200×　图　1-2-116　　　　　　　　500×

图　　号：1-2-114～1-2-116

材料名称：合金铸铁（气缸套）[w（C）2.8%～3.2%，w（Ni）1.0%～1.5%，w（Mo）1.0%～1.5%，其余为 Fe]

浸 蚀 剂：4%硝酸酒精溶液

处理情况：离心铸造保温后空冷

组织说明：图 1-2-114：细片状石墨呈 E 型分布，石墨片长度为 6～7 级。共晶凝固时，奥氏体枝晶析出较强烈，导致石墨呈较明显的细片断续网状分布。

　　　　图 1-2-115：与图 1-2-114 为同一试样的低倍显微组织，黑色片状为石墨，灰色部分为铁素体及贝氏体，贝氏体大部分呈针状分布，一小部分呈块状分布。白色枝晶为晶界区，该处由于合金元素的偏聚，使组织转变产物不易受腐蚀而呈白色，因放大倍数小，细节不易判别。

　　　　图 1-2-116：图 1-2-115 放大后的组织，组织清晰可辨。黑色片状为石墨，针状及小块状为贝氏体，白色枝晶间为残留奥氏体和少量淬火马氏体，在空白区内，还有极少量磷共晶分布其上。

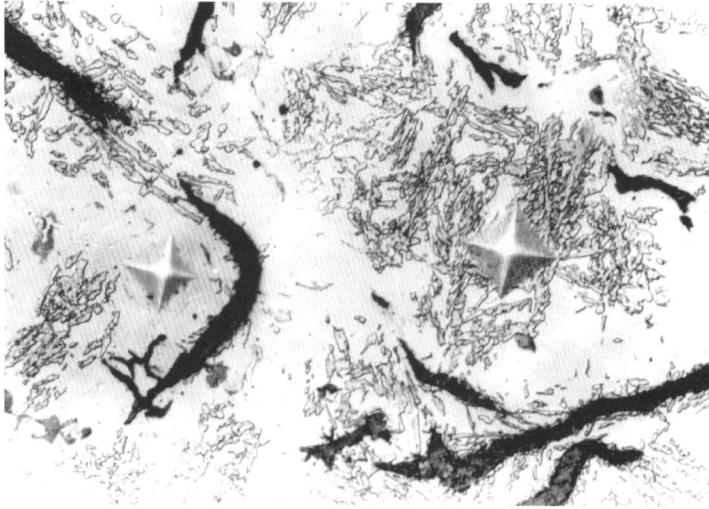

图　1-2-117　　　　　　　　　　　　　625×

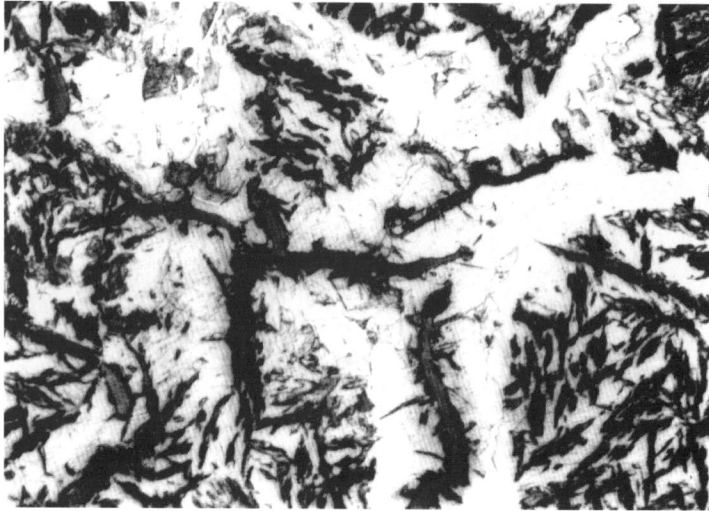

图　1-2-118　　　　　　　　　　　　　625×

图　　号：1-2-117、1-2-118

材料名称：合金铸铁（气缸套）

浸 蚀 剂：图 1-2-117　4%硝酸酒精溶液，图 1-2-118 为 20%硝酸酒精溶液

处理情况：离心铸造保温后空冷

组织说明：图 1-2-117：黑色条片状为石墨，灰色针、块状为贝氏体，白色晶界处基体未被显现出来，仅在局部地区见到有磷共晶组织。针块状贝氏体处的硬度值为 370～385HV100；白色晶界处的硬度值为 537～603HV100。

图 1-2-118：经 20%硝酸酒精溶液深浸蚀后的组织。原先灰色针状及小块状变为黑色，而白色晶界处则显现出色泽极浅的淡灰色针状淬火马氏体、残留奥氏体及碳化物磷共晶复合物。由此证实该处是晶界，由于偏聚较多合金元素，使偏析区在通常浸蚀条件下不变色，这是因为偏析元素转变的组织不易受腐蚀的缘故所造成。

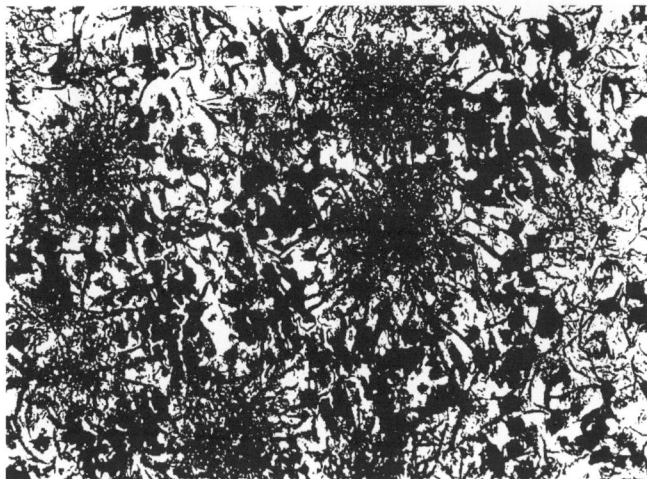

图　1-2-119　　　　　　　　　　　625×

图　1-2-120　　　　　　　　　　　625×

图　　号：1-2-119、1-2-120

材料名称：铜铬钼合金铸铁（排气门座圈）

浸 蚀 剂：4%硝酸酒精溶液

处理情况：淬火、低温回火

组织说明：图 1-2-119：石墨呈黑色细片条状丛集分布，属 B 型，黑色块状为细珠光体，浅灰色针状贝氏体
　　　　　分布于石墨与细珠光体之间。分布于枝晶间的灰白色为淬火马氏体及残留奥氏体，在细珠光体上的白色条
　　　　　片状为碳化物，由于放大倍数较小，故各组织分辨不十分清晰。

　　　　图 1-2-120：图 1-2-119 放大后的组织，可以清晰地显现出各组织的分布形貌。

　　　　排气门座圈是在高温环境下受到高频冲击应力作用的摩擦零件，因此磨损是主要的失效形式。通常情
况其金相组织中应有一定数量的碳化物，基体组织必须具有足够的强度，以承载和支持硬质相。必须保证
零件的尺寸稳定性。由于本图中碳化物数量过少，残留奥氏体量过多，所以硬度较低（334HBW），对抗磨
不利，同时残留奥氏体在使用中发生转变，可能引起零件发生变形。此外，丛集密集的片状石墨，有利于
裂纹的扩展，容易导致座圈断裂，因此上述组织是欠佳的。

图　1-2-121　　　　　　　　　　100×

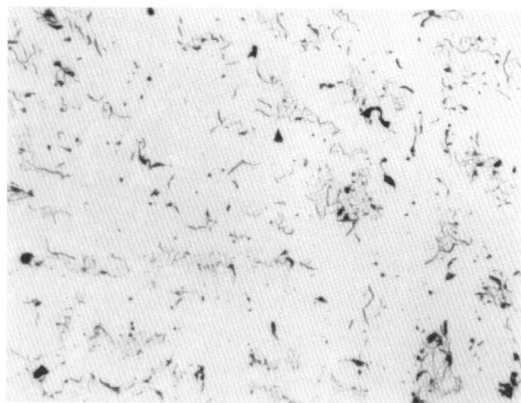

图　1-2-122　　　　　　　　　　100×

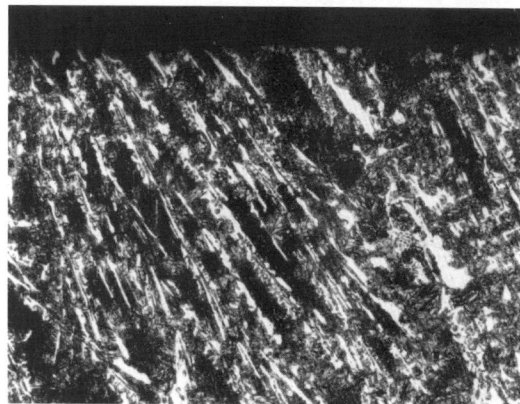

图　1-2-123　　　　　　　　　　100×

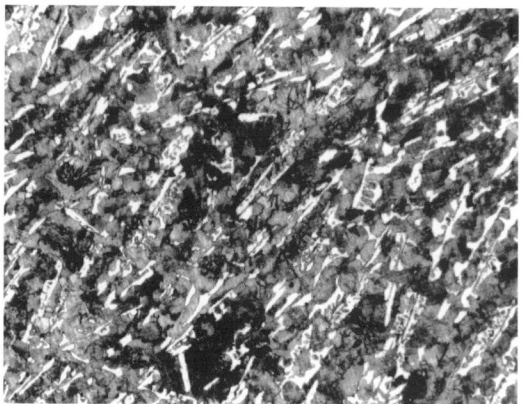

图　1-2-124　　　　　　　　　　100×

图　　号：1-2-121～1-2-124

材料名称：合金铸铁（内燃机凸轮轴）

浸蚀剂：4%硝酸酒精溶液

处理情况：铸态

组织说明：图1-2-121及图1-2-122：凸轮轴凸轮桃尖部位表面石墨的分布情况。

图1-2-121：石墨呈明显的D、E型分布，石墨长度为7～8级；石墨呈发达的枝晶分布，激冷热流方向明显。

图1-2-122：石墨同样呈枝晶分布的D、E型。但枝晶方向性不如图1-2-121强烈，片状石墨较长，以7级为主。由此可见，此桃尖部分的冷却速度不如图1-2-121为大。

图1-2-123、图1-2-124：上述二试样相应的显微组织，白色条、块状为莱氏体渗碳体，黑色基体为细珠光体。由图1-2-123可见碳化物呈枝晶柱状分布的倾向较图1-2-124更为明显和强烈，说明图1-2-123桃尖部分的冷却速度较图1-2-124为强烈。

强烈的枝晶排列的石墨组织，对承受接触摩擦的零件来说，并非是理想的组织，因为当摩擦表面出现裂纹以后，裂纹就容易通过石墨间的连接而迅速扩展，导致摩擦表面的金属剥落而发生剥离型的磨损，这种磨损是加速性的。

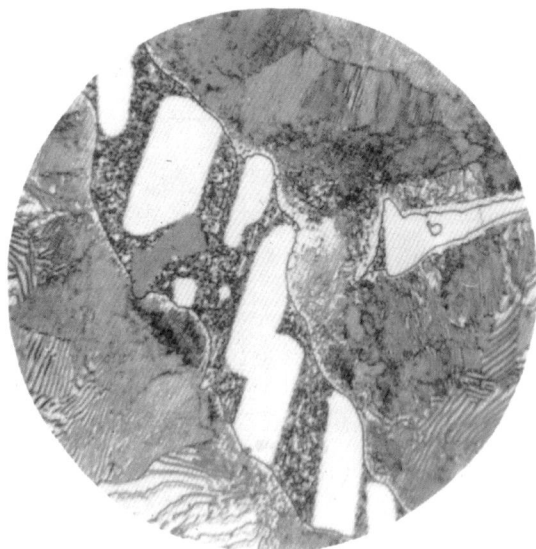

图　号：1-2-125

材料名称：铜钼合金灰铸铁

浸 蚀 剂：4%硝酸酒精溶液

处理情况：铸态

组织说明：基体为片状珠光体，其上分布有白色块
状渗碳体（碳化物）与二元磷共晶构成的复合物，
在二元磷共晶上的灰色块状为硫化物。

　　由于加入强烈形成碳化物的钼元素，致使
铁水因偏析而析出块状碳化物，随后二元磷共
晶依附于它而结晶，从而构成碳化物二元磷共
晶复合物。

　　灰铸铁中出现大块复合物，将使灰铸铁在摩
擦过程中，由于碳化物的剥落而造成早期的磨
损，以及刮伤零件等事故。

图　　1-2-125　　　　　　　　500×

图　号：1-2-126

材料名称：铜钼合金灰铸铁

浸 蚀 剂：4%硝酸酒精溶液

处理情况：铸态

组织说明：基体为片状珠光体，其上分布有白色大
块状碳化物，边缘为二元磷共晶，这也是大块碳
化物与二元磷共晶构成的复合物。

　　在白色块状碳化物上的灰色颗粒为硫化物
夹杂，本图中的渗碳体块状较大，不但易使铸件
发生早期的磨损和刮伤，而且会增加铸铁的硬度
和脆性，给以后的机械加工带来困难。

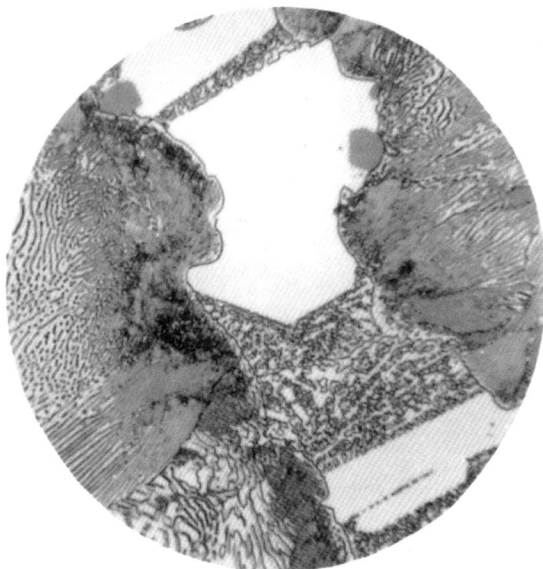

图　　1-2-126　　　　　　　　500×

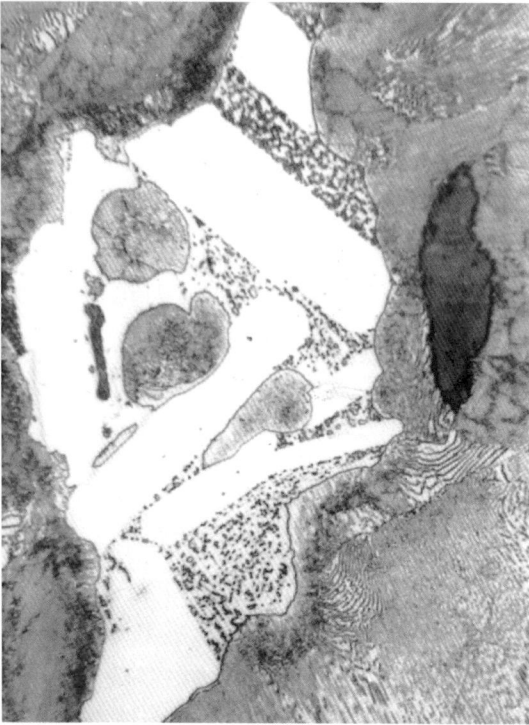

图　1-2-127　　　　　　　　　　　630×

图　　号：1-2-127

材料名称：铜钼合金灰铸铁

浸 蚀 剂：4%硝酸酒精溶液

处理情况：铸态

组织说明：灰色粗条状为片状石墨，基体为细片状
　　　　　珠光体，在共晶团晶界处有颇多白色的大块状碳
　　　　　化物，它分布在二元磷共晶处，构成碳化物与二
　　　　　元磷共晶的复合物。

　　　　　由于铬和钼都是强烈形成碳化物的元素，因
　　　　　此在灰铸铁中容易出现游离的碳化物，随后二元
　　　　　磷共晶则依附碳化物而析出，从而构成复合物。

　　　　　此复合物面积太大，属于不正常组织。

图　　号：1-2-128

材料名称：铜钼合金灰铸铁

浸 蚀 剂：碱性苦味酸钠水溶液热蚀

处理情况：铸态

组织说明：与图1-2-127同一视场，试样抛光后经
　　　　　碱性苦味酸钠水溶液热蚀、染色。图中灰色粗条
　　　　　状为石墨，不变色，基体不受浸蚀；二元磷共晶
　　　　　变为黑棕色，颗粒状珠光体因污染而成为浅棕
　　　　　色；原先白色大块状碳化物被染色，在一块碳化
　　　　　物上色泽有深有浅；大块中间板条状的组成物，
　　　　　其色泽为孔雀蓝，说明该板条状组成物的成分与
　　　　　外面的碳化物不同。经用电子探针分析，在孔雀
　　　　　蓝板条状组成物处，铬元素的强度计数比周围的
　　　　　碳化物高出一半左右，由此可以说明，该处含铬
　　　　　量较高。

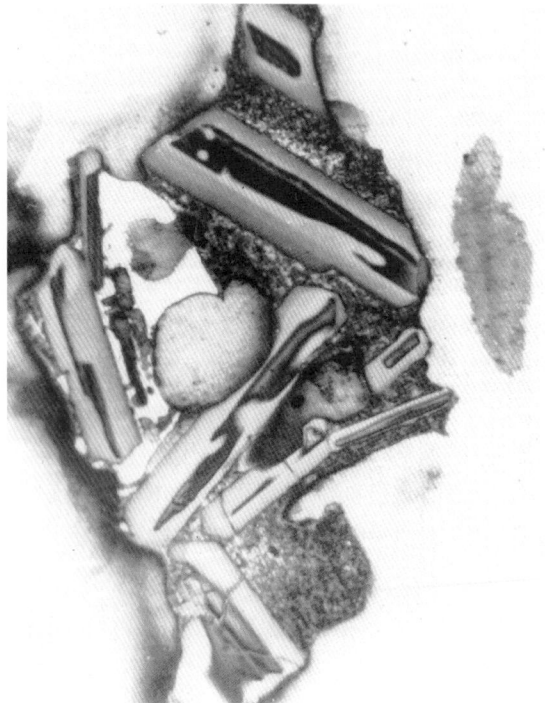

图　1-2-128　　　　　　　　　　　630×

图　1-2-129　　　　　　　　　　　　　1×

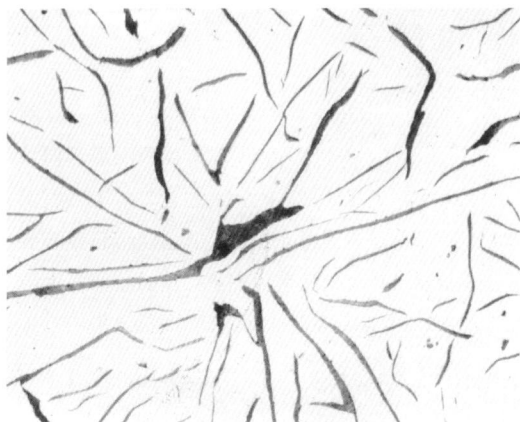

图　1-2-130　　　　　　　　　　　　100×

图　1-2-131　　　　　　　　　　　　100×

图　1-2-132　　　　　　　　　　　　100×

图　　号：1-2-129～1-2-132

材料名称：灰铸铁

浸 蚀 剂：图 1-2-132 经 4%硝酸酒精溶液浸蚀，其余三图均未经浸蚀

处理情况：铸态

组织说明：图 1-2-129：粗晶粒的脆性断口，属脆性断裂。

　　图 1-2-130：断口处取样，片状石墨极为粗大，属 A 型分布，石墨长度为 2～3 级。

　　图 1-2-131：断口试样不同视场，片状石墨属 C 型分布，石墨长度 2～4 级。

　　图 1-2-132：浸蚀后的显微组织，除片状石墨外，白色基体为铁素体及黑色片状珠光体，珠光体约占 30%（体积分数），极大部分铁素体分布于石墨周围。铸件的硬度值为 101～107HBW。

　　由于铸件碳硅当量较高，且冷却速度缓慢，石墨长大比较充分，石墨呈粗大片状及块状分布，造成石墨周围基体贫碳，冷却时容易析出铁素体。该铸件断口晶粒粗大，石墨也粗大，铁素体含量较多，造成铸件的强度、硬度显著下降，脆性明显增加。按金相组织判断，铸件的牌号远低于 HT250，按灰铸铁的布氏硬度与抗拉强度经验公式换算，该铸件的抗拉强度约为 $(HBW-40)/6×9.81=106N/mm^2$。

　　由此可见，铸件的强度很低，在使用中容易发生断裂。

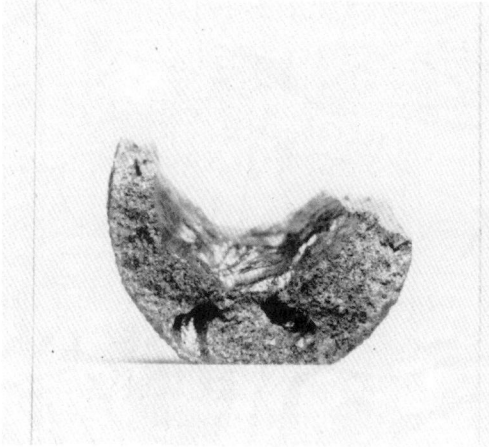

图 1-2-133   实物   1×

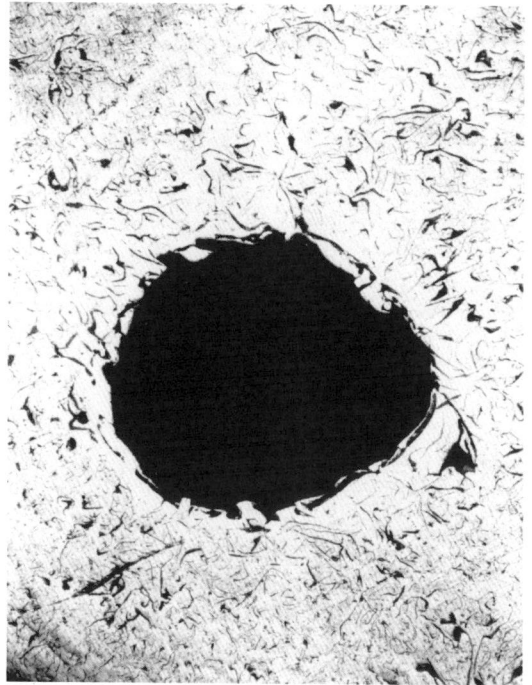

图   1-2-134   40×

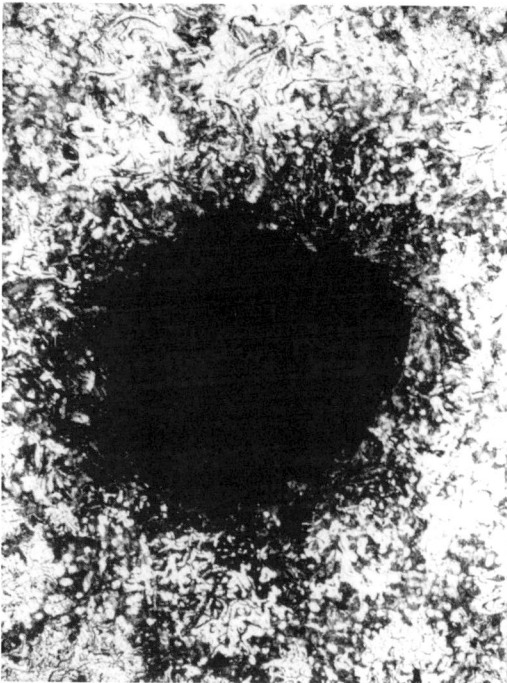

图   1-2-135   40×

图　号：1-2-133～1-2-135

材料名称：灰铸铁 [w（C）3.44%，w（Mn）0.79%，w（Si）2.03%，w（S）0.10%，w（P）0.07%]

浸 蚀 剂：图 1-2-133、图 1-2-134 未浸蚀，图 1-2-135 经 4%硝酸酒精溶液浸蚀

处理情况：湿型铸造，第一包铁液浇注

组织说明：图 1-2-133：铸件断面上气孔的分布形貌。

图 1-2-134：于气孔处取样，抛光后在显微镜下观察，气孔呈较规则的圆形孔洞。

图 1-2-135：孔洞周围为珠光体组织，其余部位为铁素体和少量珠光体。

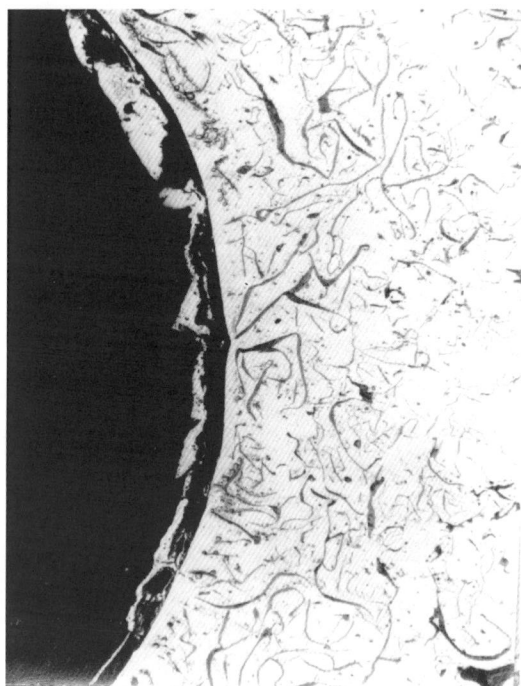

图　　1-2-136　　　　　　　　　　100×　　图　　1-2-137　　　　　　　　　　100×

图　　号：1-2-136、1-2-137

材料名称：灰铸铁（与图 1-2-133 同一试样）

浸 蚀 剂：图 1-2-136 未浸蚀，图 1-2-137 经 2%硝酸酒精溶液浸蚀

处理情况：湿型铸造，第一包铁液浇注

组织说明：图 1-2-136：分布在气孔圆弧周围的氧化物夹杂和石墨情况。

图 1-2-137：灰铸铁的基体组织，除石墨外，基体为铁素体及片状珠光体，铁素体分布于石墨周围。

铁液注入铸型后，由于铁液含气量过多，浇注时未逸出，造成铸件上有气孔缺陷。

气孔的成因很复杂，可能发生于金属之外的因素（如铸型、铁液包、炉壁等），也有可能发生于金属内部的因素。经采取烘干铁液包，严格控制型砂水分，以及采用后几包铁液浇注等措施，铸件的气孔缺陷即不再发生。

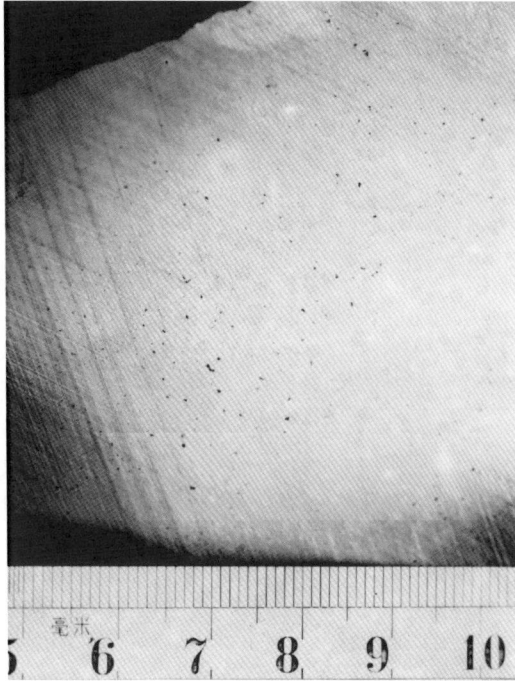

图　1-2-138　　　　　　　　　　　1×

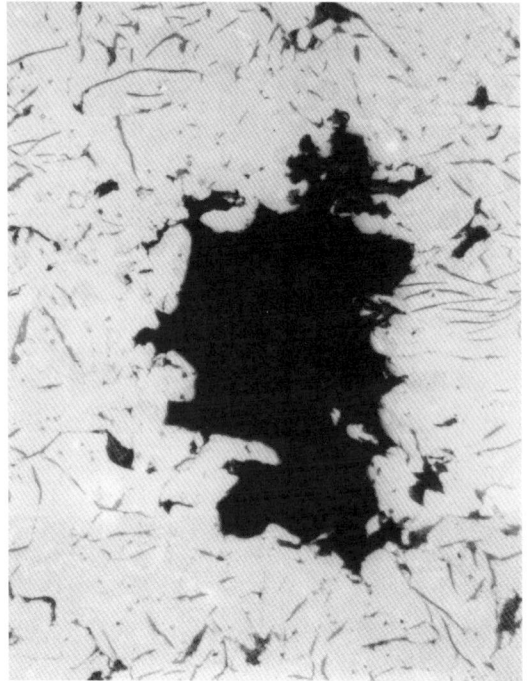

图　1-2-139　　　　　　　　　　100×

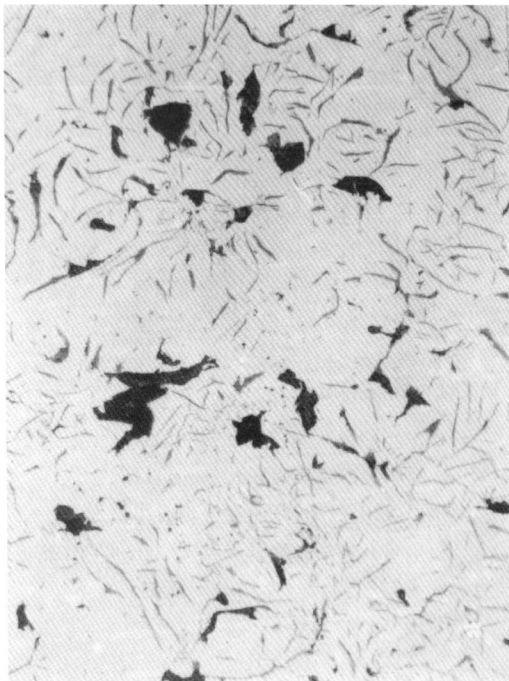

图　1-2-140　　　　　　　　100×

图　　号：1-2-138～1-2-140

材料名称：灰铸铁

浸蚀剂：未浸蚀

处理情况：铸态

组织说明：疏松及石墨针孔。气缸套珩磨后其内圆工作面上发现有颇多孔洞。

图 1-2-138：气缸套内圆工作面上黑色小孔的分布情况。

图 1-2-139：内孔表面存在的大块黑色，即为疏松孔洞。

图 1-2-140：内孔表面存在的石墨针孔（小块黑色）。

气缸套内圆工作表面经珩磨后，发现有大小、形状不规则的孔洞。通过金相检验，可知铸件中同时存在着疏松孔洞和粗片状石墨形成的石墨针孔，随着精加工而暴露于金属表面。

上述缺陷不允许存在，因为它不仅破坏金属基体的连续性，而且有可能导致气缸套在工作过程中漏油。

图　1-2-141　　　　　　　　　　　2×

图　1-2-142　　　　　　　　　　　100×

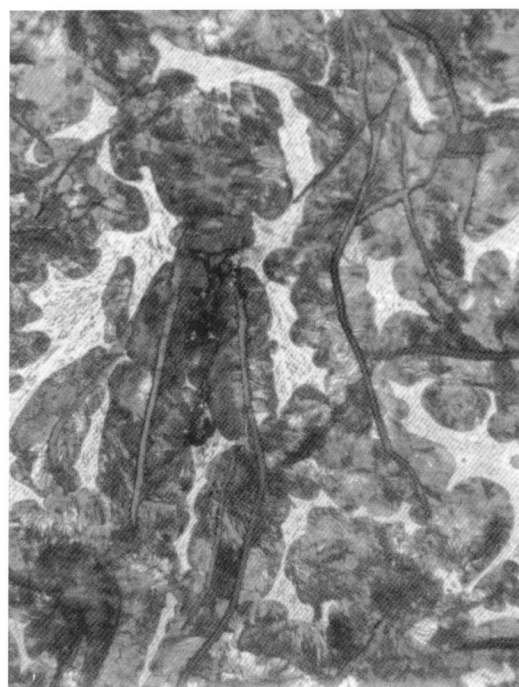

图　1-2-143　　　　　　　　　　　500×

图　号: 1-2-141～1-2-143

材料名称: 铜铬合金铸铁(气缸套)

浸 蚀 剂: 图1-2-141、图1-2-142 未浸蚀, 图1-2-143
经4%硝酸酒精溶液浸蚀

处理情况: 铸态

组织说明: 石墨针孔, 气缸套内圆在珩磨后发现有
颇多细小孔洞。

图 1-2-141: 气缸套工作面经珩磨后出现细小
孔洞情况。

图 1-2-142: 气缸套内圆工作表面石墨的分
布, 在部分片状石墨处存在大块的石墨结。

图 1-2-143: 除片状石墨外, 基体组织为片状
珠光体和断网络状的磷共晶。

气缸套经珩磨后, 发现内圆表面有细小针孔
缺陷, 于针孔处取样做金相检查, 发现试样中存
在着明显粗大的石墨结, 部分石墨结已剥落成孔
洞。说明这种粗大石墨结, 再切削加工中, 连同
其附近的金属微粒剥落下来, 在气缸套的光洁表
面上将导致明显的石墨针孔。

遇到这种情况, 必须降低铸件的碳、硅含量,
以避免石墨针孔的产生。

图　1-2-144　　　　　　　　　　　　　　　　　　　　1×

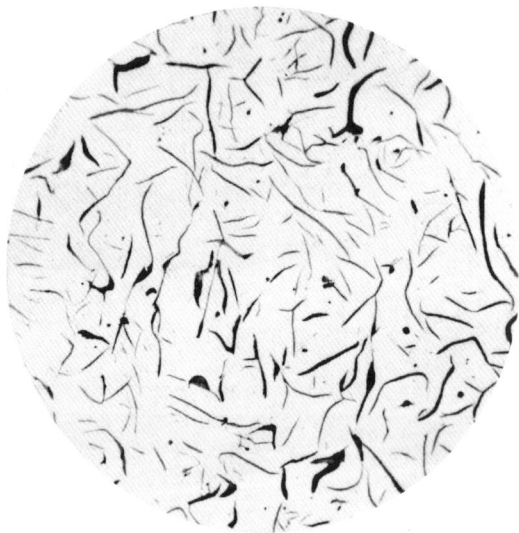

图　1-2-145　　　　　　　100×　　图　1-2-146　　　　　　　100×

图　号： 1-2-144～1-2-146

材料名称： HT250 柴油机机体的 ϕ30mm 抗弯试棒

浸 蚀 剂： 未浸蚀

处理情况： 铸态

组织说明： 共晶团粗大。机体试棒作抗弯试验，其平均值为 425N/mm^2，不合格。抗拉试棒试验后，也不合格，R_m 平均值为 220N/mm^2。

　　图 1-2-144：抗弯与抗拉试棒的断口，断口无特异之处。与合格的抗弯、抗拉试棒断口比较，也无明显的差别。

　　图 1-2-145：抗弯试棒边缘处的石墨分布情况，石墨碳大部分属 B 型，一部分为 A 型，夹有部分 E 型；石墨的长度相当于 5～6 级。

　　图 1-2-146：抗弯试棒心部的石墨分布情况；片状石墨分布属 A 型，石墨碳长度稍长。相当于 5 级。

　　抗弯试棒的基体组织为片状珠光体和少量铁素体，约占 5%（体积分数），与合格试棒的基体组织大致相仿，无明显差异。

图　1-2-147　　　　　　　　　1.5×

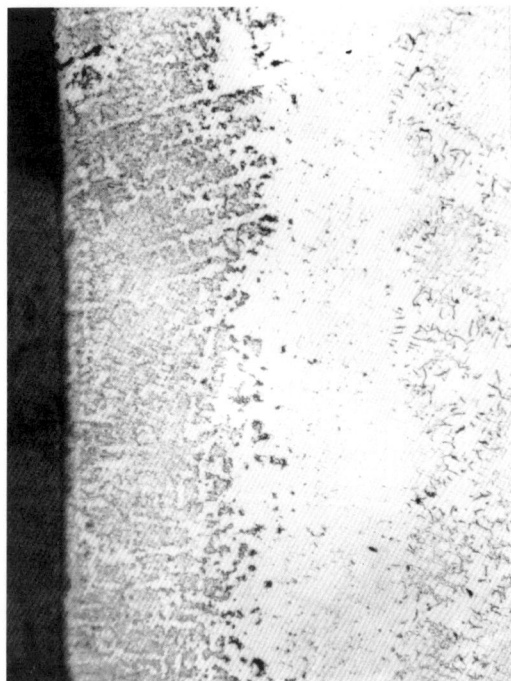

图　1-2-148　　　　　　　　　100×

图　1-2-149　　　　　　　　　100×

图　号：1-2-147～1-2-149

材料名称：灰铸铁 [w（C）3.44%，w（Mn）0.97%，w（Si）2.37%，w（S）0.098%，w（P）0.178%]

浸　蚀　剂：未浸蚀

处理情况：经 700～900℃多次反复退火

组织说明：磨削烧伤。图 1-2-147 为缝纫机升降夹头，铸件经受多次的反复加热退火处理后，发现两平面在磨削时，磨削面容易发焦，严重影响零件的精度和美观。当于升降压头处取样作金相检查时，发现表面有明显的枝晶点状石墨，呈聚集分布，如图 1-2-148 所示。向里一段区域，则石墨稀少，铸件心部为枝晶状过冷石墨，见图 1-2-149。

　　浸蚀后的基体组织，除点片状石墨外，主要为铁素体。造成上述缺陷的主要原因是：铸件在凝固时由于析出大量的过冷石墨，造成基体贫碳，冷却后得到铁素体基体组织，从而使铸件的强度大为下降，韧性则相应增加。使用同样的砂轮来磨削，就显得不相适应。因此，零件的磨削表面易于烧伤而发焦。

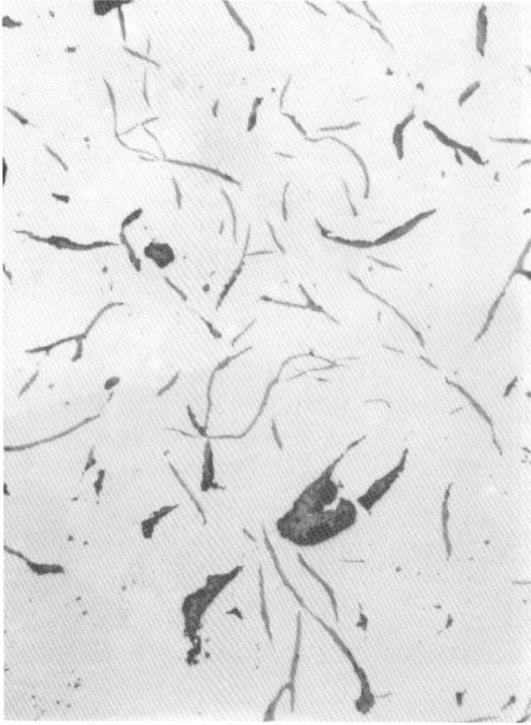

图　　号：1-2-150
材料名称：灰铸铁
浸蚀剂：未浸蚀
处理情况：铸态
组织说明：均匀分布的片状石墨以及少量粗大的石
　　　　墨块，由于灰铸铁原铁水中的碳、硅当量稍高，
　　　　冷却时，成分在局部地区出现偏析，导致部分石
　　　　墨呈块状分布。
　　　　　当出现粗大石墨块时，易使铸件的磨削表面
　　　　产生石墨针孔缺陷。

图　　1-2-150　　　　　　　　　　80×

图　　号：1-2-151
材料名称：灰铸铁
浸蚀剂：未浸蚀
处理情况：铸态
组织说明：黑色条状为片状石墨，基体上的灰色颗
　　　　粒为硫化锰夹杂。
　　　　　由于焦炭中的含硫量过高，从而增高了铁液
　　　　中的含硫量。熔炼过程中又未采取脱硫措施，以
　　　　致铸件中出现颇多的硫化锰夹杂。大量的硫化物
　　　　存在，将使铸件的力学性能有明显的降低。同时，
　　　　铸件的耐蚀性也将下降。
　　　　　硫是铸铁中有害的元素，它不但会降低铁液
　　　　流动性，而且会恶化铸造性能。硫能溶于铁液中，
　　　　但不溶于铁的固溶体，当铸铁中含锰量低时，则
　　　　形成 FeS，与铁构成低熔点共晶（985℃），分布
　　　　于晶界处；若含锰量高时，硫则与锰化合，形成
　　　　熔点较高（1620℃）的硫化锰夹杂物，呈点状分布。

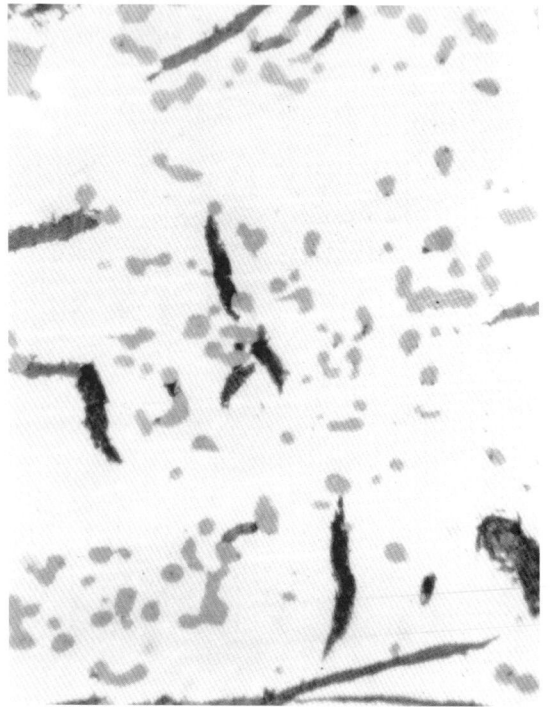

图　　1-2-151　　　　　　　　　　100×

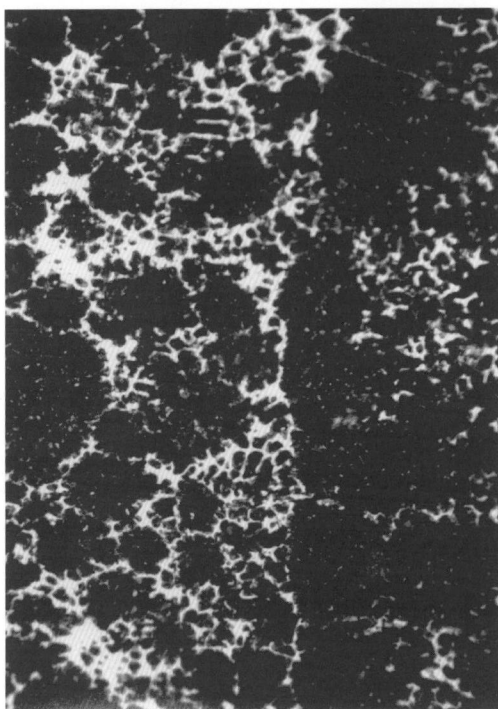

图　1-2-152　　　　　　　　　100×　　　图　1-2-153　　　　　　　　　100×

图　　号：1-2-152、1-2-153

材料名称：高磷灰铸铁

浸 蚀 剂：4%硝酸酒精溶液

处理情况：离心铸造气缸套

组织说明：磷共晶偏析。图 1-2-152：离心铸造高磷铸铁气缸套断面，经研磨抛光后浸蚀，凭肉眼即可见到近断面中部有一明显的白亮带。

图 1-2-153：是图 1-2-152 断面放在金相显微镜下观察，发现磷共晶有严重偏析。在相当截面的中心线处，磷共晶数量颇多，且呈密集的连续网络状分布，两侧磷共晶明显稀少。

气缸套的化学成分为：w（C）3.32%，w（Mn）0.78%，w（Si）2.57%，w（P）0.68%，w（S）0.03%，w（Cr）0.46%，w（Mo）0.26%。

分析中心线上白亮带处，磷的质量分数超过 1%。

由此可见，这种缺陷的形成，是磷偏析所致。由于磷共晶的熔点低，是铸件中最后凝固的组织，离心铸造时，转动惯性把富磷铁液集中到铸件最后凝固的中间地带，使磷共晶呈聚集的形式析出。这种磷共晶偏析，因处于截面中心位置，故对机械加工无甚影响；但它将造成铸件的脆性，增大铸件的应力，影响铸件的使用。

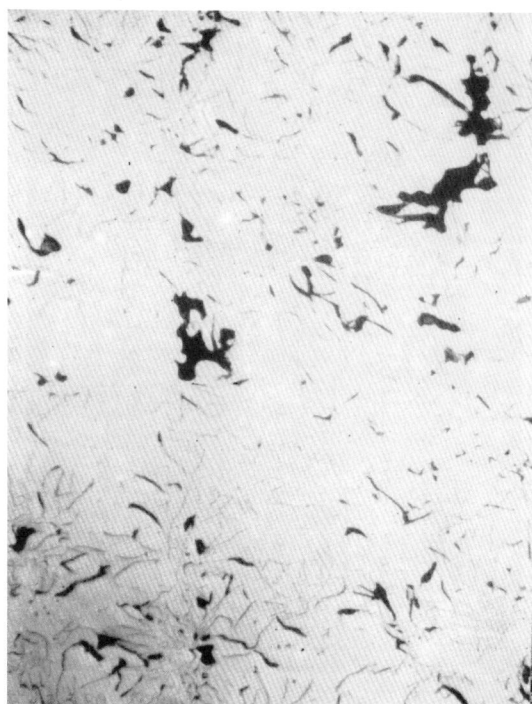

图　1-2-154　　　　　　　　　　　　　2×

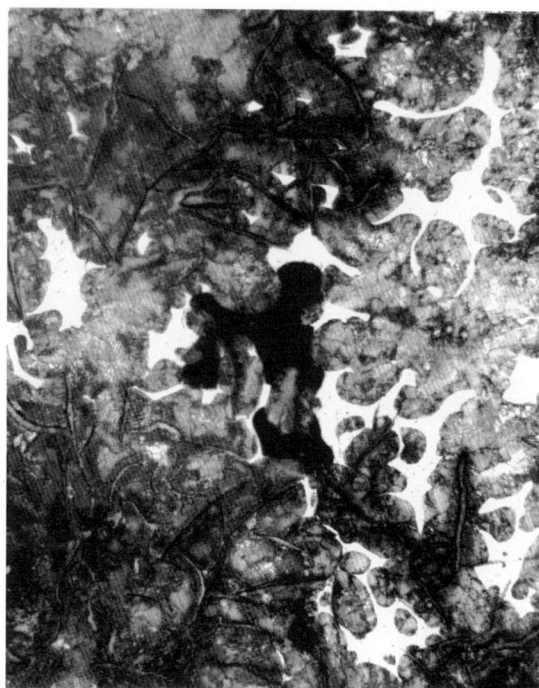

图　1-2-155　　　　　　　　　　　　100×

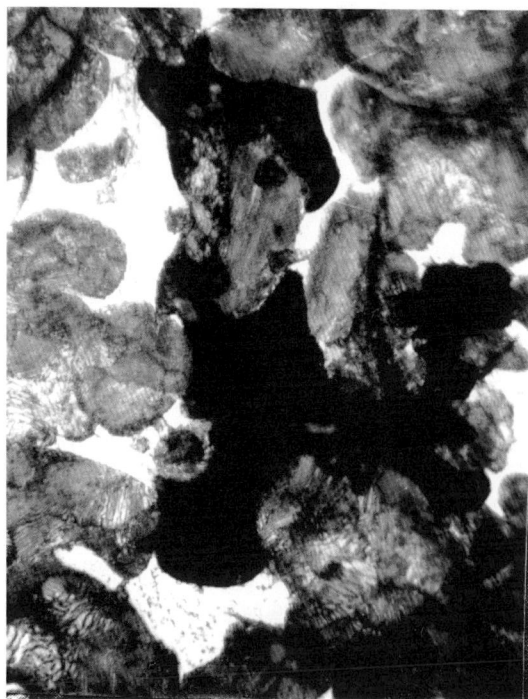

图　1-2-156　　　　　　　　　500×

图　　号：1-2-154～1-2-156

材料名称：铜铬高磷铸铁（气缸套）

浸 蚀 剂：图1-2-154 未浸蚀，图1-2-155、图1-2-156
　　　　　经4%硝酸酒精溶液浸蚀

处理情况：铸态

组织说明：磷共晶剥落引起爆裂。

　　　气缸套在加工过程中爆裂，观察试样未浸蚀的
磨面上有多角形的孔洞，类似铸件的疏松缺陷，见
图1-2-154。经浸蚀后观察，发现该孔洞并非疏松，
而是由呈网络状大块磷共晶剥落所造成，如图
1-2-155 及图 1-2-156 所示。铸件中含有过多的磷共
晶不仅会产生脆性，而且在加工过程中会发生爆裂
事故。此外，铸件中存在较大的铸造应力，也是造
成爆裂的原因之一。

图　1-2-157　　　　　　　　实物

图　　号：1-2-157～1-2-159
材料名称：灰铸铁（气缸套）
浸蚀剂：未浸蚀
处理情况：铸态
组织说明：坑蚀缺陷。气缸套早期坑蚀穿孔，大量
　　　　漏水（见图 1-2-157），坑蚀穿孔部位集中于气缸
　　　　套导流筋边缘。
　　　　　金相检验坑蚀表面有大量腐蚀产物（见图
　　　　1-2-158），坑蚀沿石墨片伸展（见图 1-2-159），它
　　　　说明粗大的石墨片将有助于坑蚀的发展。

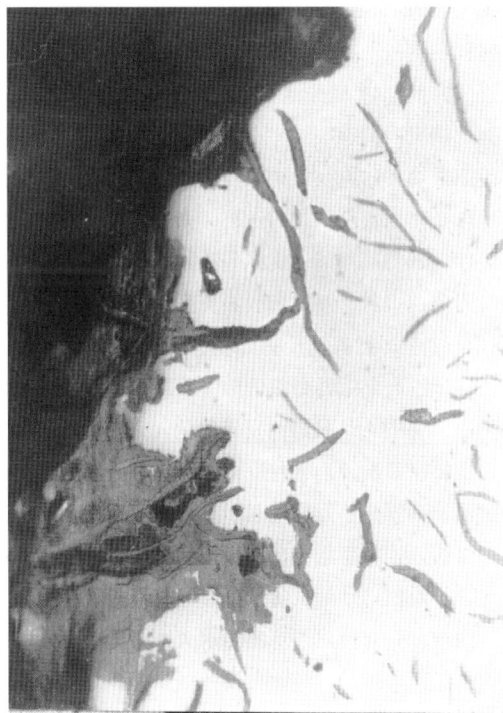

图　1-2-158　　　　　　　　100×

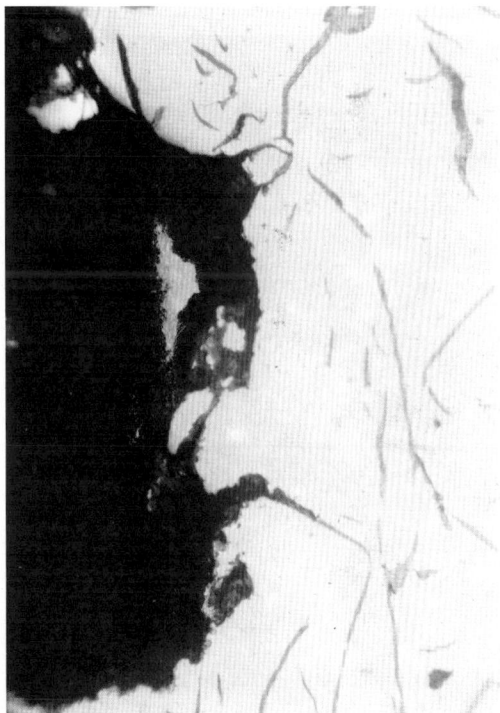

图　1-2-159　　　　　　　　100×

图　　号：1-2-160

材料名称：灰铸铁

浸蚀剂：4%硝酸酒精溶液

处理情况：铸态

组织说明：图左上角白色颗粒成聚集分布于石墨周围的为铁素体；图右侧及下方白色条状及小块状为共晶渗碳体，呈鱼骨状分布；在铁素体析出区有细小的 D 型石墨，而在渗碳体区间夹有 E 型石墨，其余背景为珠光体。

　　产生上述组织的外部条件是浇注后铁液冷却速度过快，出现共晶结晶期石墨析出受阻，长成的石墨十分细小，甚至出现亚稳定共晶转变而形成渗碳体。至于铁素体颗粒的出现是由于 D 型石墨的密集，使该处共晶奥氏体引起微区贫碳所致。

　　局部基体组织中出现麻口组织，将导致该区域硬度较高，给机械加工带来困难。

图　　1-2-160　　　　　　　　100×

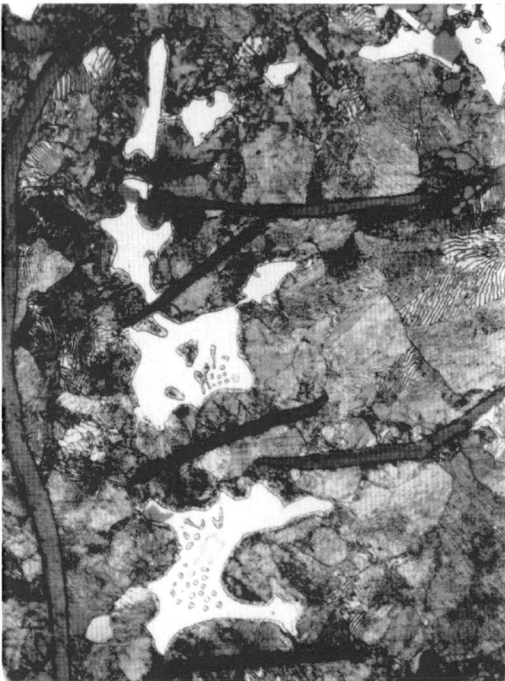

图　　1-2-161　　　　　　　　200×

图　　号：1-2-161

材料名称：灰铸铁

浸蚀剂：4%硝酸酒精溶液

处理情况：铸态

组织说明：白色块状为共晶莱氏体碳化物。基体为珠光体，灰色条状为石墨。上述碳化物出现在铸件内部的局部处，这是一种反常组织，通常称之为反白口。

　　造成灰铸铁反白口的原因大致是铁液中含硫量过高，或者是铁液吸湿而导致含氢量过高，由于它们均是强烈的反石墨化元素，因而产生反白口；其次，当铸件冷却速度快时，表面部位碳由于凝固来不及向心部扩散，造成碳浓度的反向偏析，也将引起心部的反白口。

　　反白口使铸件力学性能恶化，也使机械加工困难，只有被迫进行高温退火，才能消除，通常情况下一般即以铸造废品论处。

　　防止对策是减少铁液中含硫量，避免铁液吸氢，使铸件冷却速度过大等。

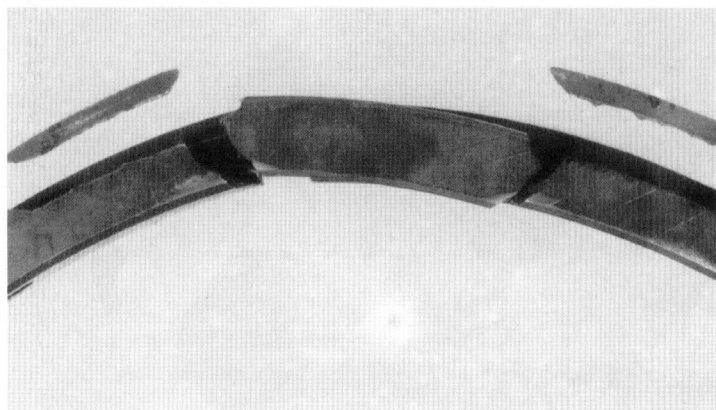

图　1-2-162　　　　　　　　　　　　　　1×

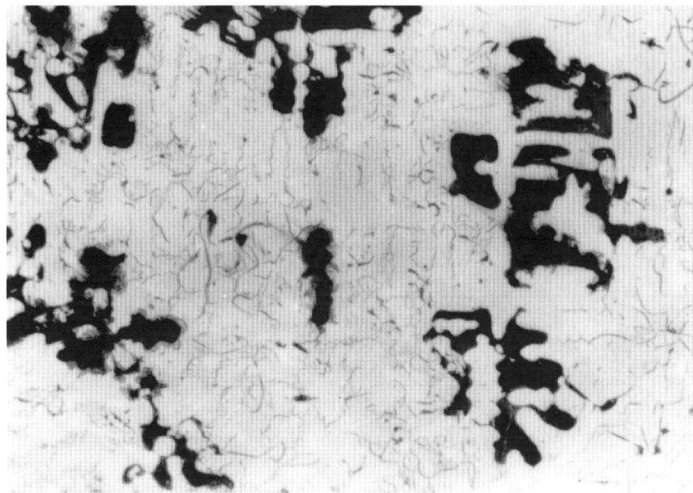

图　1-2-163　　　　　　　　　　　　　100×

图　　号：1-2-162、1-2-163

材料名称：中磷灰铸铁（内燃机活塞环）

浸 蚀 剂：未浸蚀

处理情况：铸态

组织说明：图 1-2-162：断裂的内燃机活塞环，该活塞环装车后运行不长时间，即断裂。

　　检查表明，该活塞环石墨组织为 E 型及 D 型，显微组织正常，特别应该关注的是该断裂活塞环在其断口附近出现多个显微疏松，且分布较为密集（见图 1-2-163）。

　　活塞环工作中受摩擦及气流强烈冲击，受力复杂。环身不时受到扭曲变形，集中出现的疏松犹如缺口，产生应力集中，缺陷的存在使环身有效承载面积减少，使该处应力剧增，从而导致疏松处断开，这是由铸造缺陷造成的破断；铸件产生疏松的直接原因是补缩不足，而发生补缩不足的一个因素是由于铸件凝固期冷却速度过大，以致出现补缩铁液还未到达最后凝固区，结晶已经结束，从而形成疏松。比较该活塞环细小的 E 型石墨，疏松可能因冷却速度过大而引起。

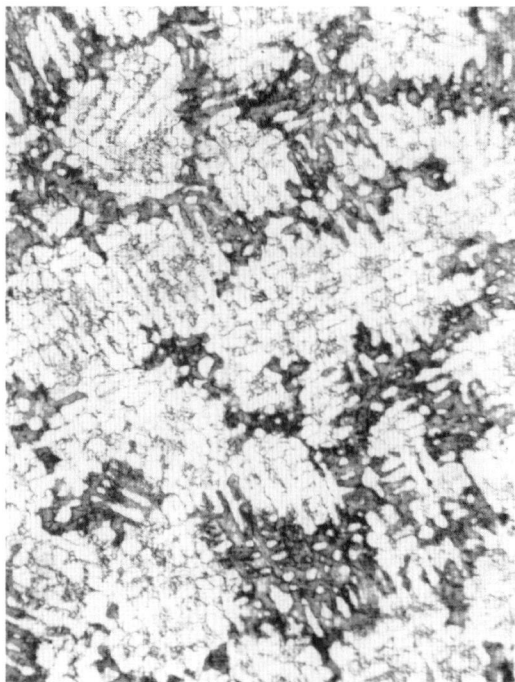

图　1-2-164　　　　　　　　　　50×

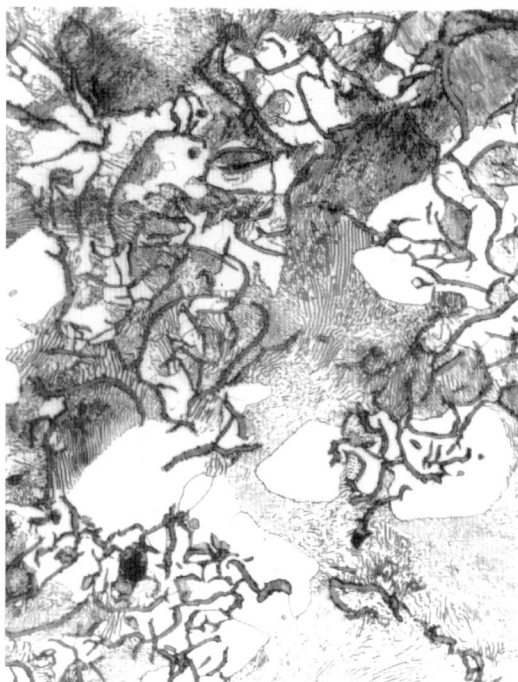

图　1-2-165　　　　　　　　　　400×

图　1-2-166　　　　　　　　　　500×

图　　号：1-2-164～1-2-166

材料名称：灰铸铁（内燃机气缸盖）

浸 蚀 剂：4%硝酸酒精溶液

处理情况：铸态

组织说明：图 1-2-164：图中灰黑色细密枝晶状分布为 D 型石墨，白色基体为铁素体。黑色呈网状分布的为珠光体及细小石墨，其中也有枝晶状分布的白色小块铁素体。

图 1-2-165：为同一试样在珠光体区域的高倍组织图。可见珠光体区有部分渗碳体且成条状，这是奥氏体贫碳引起共析转变后的渗碳体缺乏，但这里由于处于共晶团边界区，内部溶有其它杂质及碳化物形成元素，因此仍有一定数量的珠光体形成。

图 1-2-166：为同一试样在铁素体基体区域的高倍组织图，此处共晶石墨密度很高，造成奥氏体贫碳，且处于共晶团中间部位，杂质及碳化物形成元素缺乏，故有利于形成铁素体。

铸件大范围出现数量较多的铁素体，将严重削弱其力学性能，该试样硬度值为 122HBW。

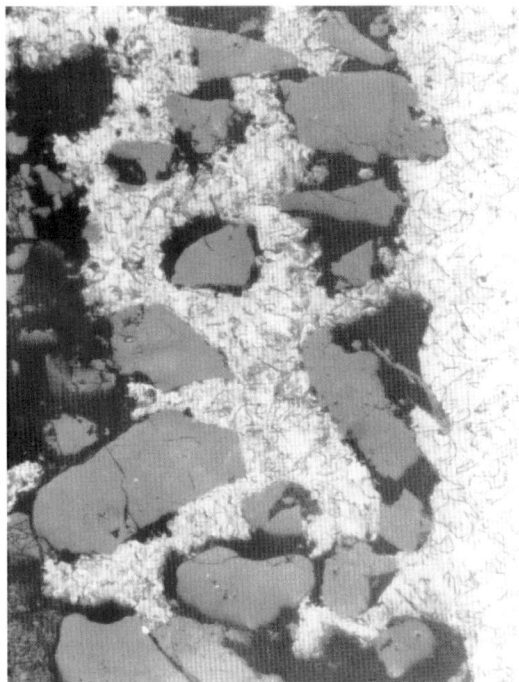

图　1-2-167　　　　　　　50×

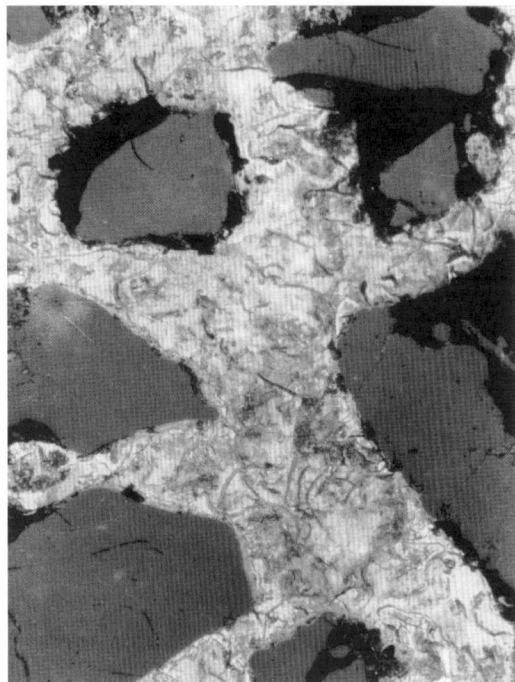

图　1-2-168　　　　　　　100×

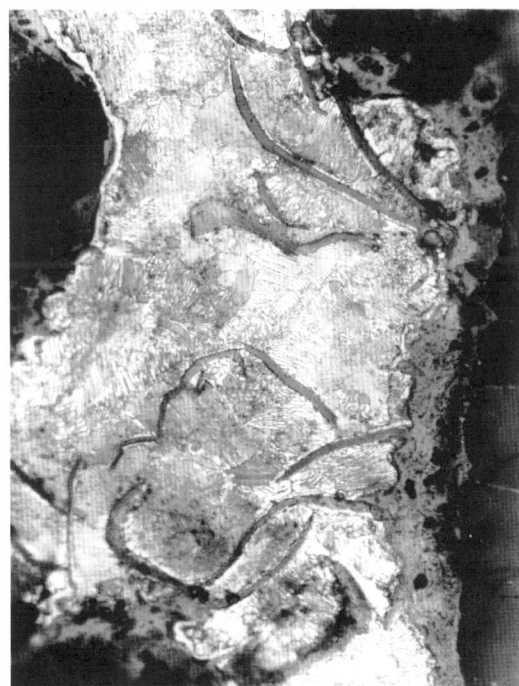

图　1-2-169　　　　　　　400×

图　　号：1-2-167～1-2-169
材料名称：灰铸铁
浸　蚀　剂：4%硝酸酒精溶液
处理情况：铸态
组织说明：灰铸铁件表面机械粘砂。

　　图 1-2-167：图中灰色块状为砂粒，白色部分为铸铁金属，其中灰色细条即为石墨，黑色则为间隙。

　　图 1-2-168：图 1-2-167 的放大后的组织。

　　图 1-2-169：放大 400 倍下砂粒间铸铁金属，石墨及珠光体清晰，金属外层还复有氧化带，这是典型的机械粘砂。

　　机械粘砂是金属液渗透粘砂，防止对策为选用适宜的面砂，改善浇注系统结构形式，控制铁液浇注温度不宜过高等。

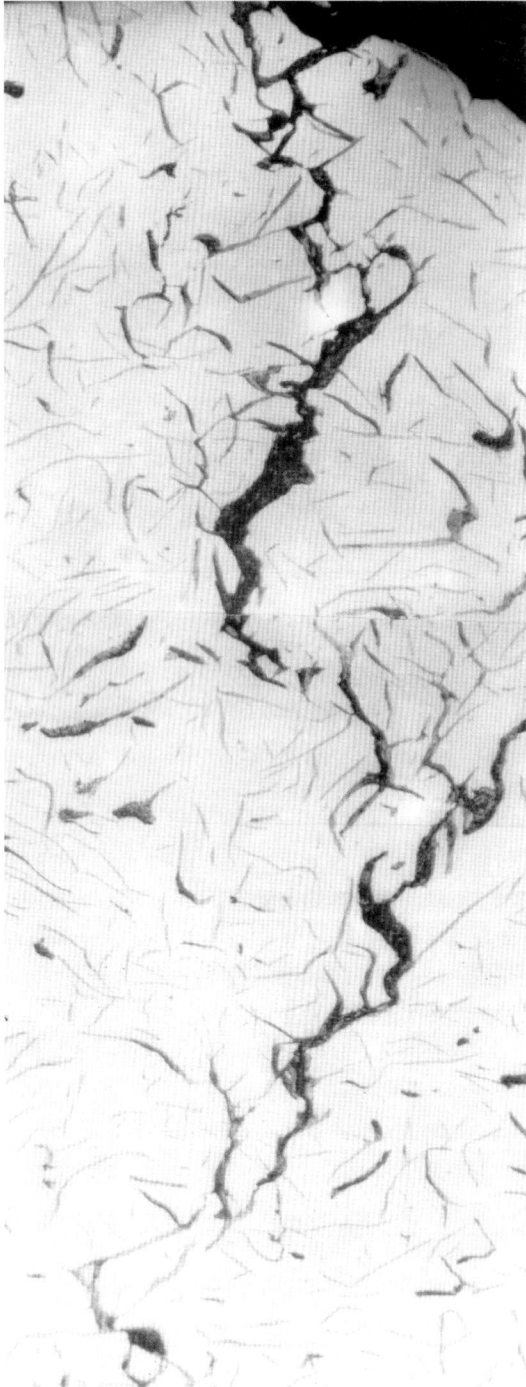

图　　号：1-2-170

材料名称：灰铸铁（HT250）（内燃机气缸盖）

浸 蚀 剂：未浸蚀

处理情况：铸态

组织说明：热疲劳裂纹。产生自气缸盖喷油器装固孔台阶内角上。

　　喷油器装固孔内角在装入喷油器（压入）后，存在较大装配张应力，发动机工作过程中产生的脉动机械应力将以喷油器为载体而传递至该内角上而成为附加应力，这一附加应力随发动机工况而变，其合力对内角上的作用影响还因内角的应力集中程度而变。当实际应力超过该处材料强度时，铸铁即发生开裂，并渐次扩展，当有介质（主要是冷却水及高温燃气）潜入到裂纹中间，会使裂纹两侧材料引起腐蚀或氧化。如缸盖铁素体含量较高，由于铁素体电极电位低，它与较高电极电位的石墨组成腐蚀电池而产生微电池腐蚀，使裂纹扩展加速。

图　1-2-170　　　　　　　　　50×

图　1-2-171　　　　　　　　　　　　　　　　50×

图　号：1-2-171、1-2-172
材料名称：HT250 灰铸铁
浸 蚀 剂：4%硝酸酒精溶液
处理情况：铸态
组织说明：铸造疏松。
　　图 1-2-171：内燃机气缸盖。
　　图 1-2-172：图中黑色区域为疏松孔洞，其余灰白色部分为铸件金属，组织为铁素体、珠光体、石墨，枝晶发达，疏松孔洞几乎贯穿整个截面（左上角黑色为另一侧表面）。
　　显微疏松出现在气缸盖螺柱孔（机械加工而成）处，铸件壁厚较大，与相邻水腔壁连接，形成变截面，容易形成热节疏松，由于其形成在铸件内部，故切削加工后方能发现。
　　显微疏松形成原因是厚壁处凝固滞后，而没有足够补缩，从而形成晶间缩松，防止对策是在热节处安置冷铁，实现与其相邻的薄壁处同步凝固。

图　1-2-172　　　　　　　100×

图　1-2-173　　　　　　　　实物

图　1-2-174　　　　　　　　1×

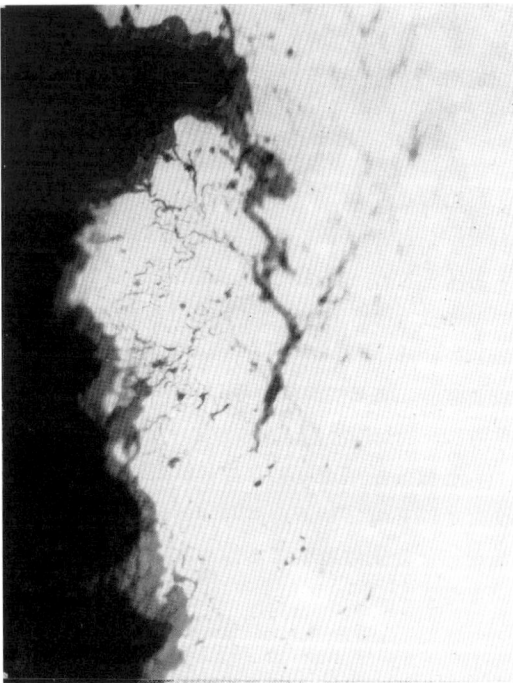

图　1-2-175　　　　　　　　100×

图　号： 1-2-173～1-2-175

材料名称： HT250 灰铸铁

浸 蚀 剂： 未浸蚀

处理情况： 铸态

组织说明： 热裂纹。

图 1-2-173：为齿轮箱壳体在机械加工时，发现铸件边缘开裂。

图 1-2-174：为开裂处断口形貌。

图 1-2-175：为断口开裂处氧化情况。

铸造齿轮箱壳体在机械加工时，发现铸件边沿向内开裂，为判明裂纹性质，敲开断裂面观察，发现断口呈暗灰色，且有氧化色泽，晶粒较细致；从断口处截取金相试样，其试样边缘的石墨为过冷 D 型石墨，沿试样断口覆盖一薄层氧化物，表面氧化物有沿枝晶石墨向内渗透的趋势。

由上述情况可说明，齿轮箱壳体的开裂是由于热裂纹所造成。

金 相 图 片

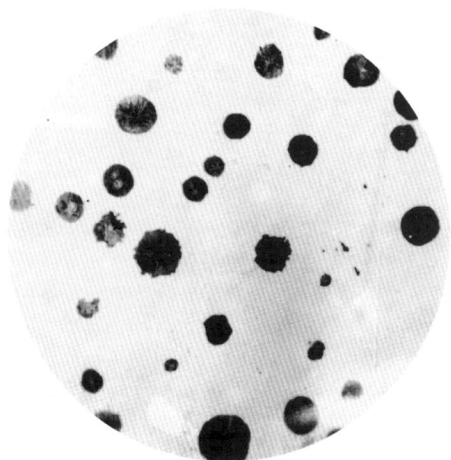

图 1-3-1   100×

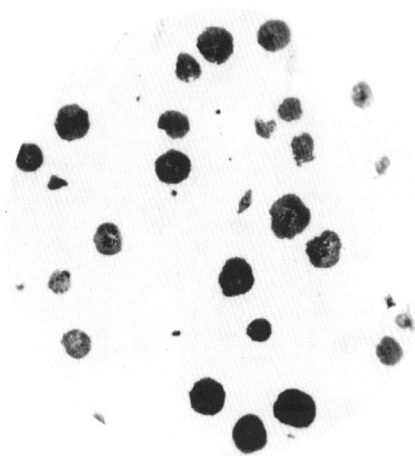

图 1-3-2   100×

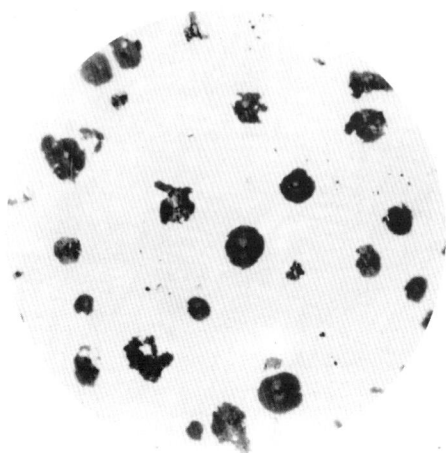

图 1-3-3   100×

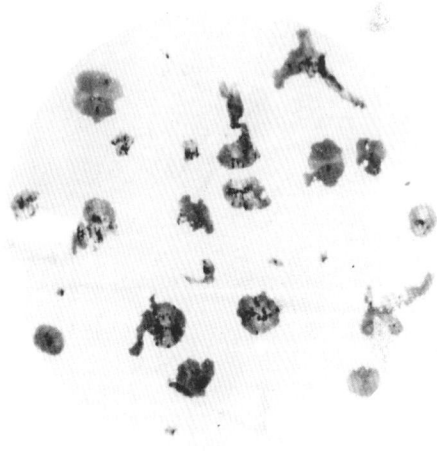

图 1-3-4   100×

图　　号：1-3-1～1-3-4   浸 蚀 剂：未浸蚀
材料名称：球墨铸铁   处理情况：铸态
组织说明：图 1-3-1：图中石墨呈球状，少数团状，球化率≥95%，球化级别为 1 级。

图 1-3-2：图中石墨大部分呈球状，余为团状和极少量团絮状，球化率 90%～95%，球化级别为 2 级。

图 1-3-3：图中石墨大部分呈团状和球状，余为团絮状，球化率 80%～90%，球化级别为 3 级。

图 1-3-4：图中石墨大部分呈团絮状和团状，少量蠕虫状，球化率 70%～80%，球化级别为 4 级。

球化级别按照 GB/T 9441—1988《球墨铸铁金相检验》评定，该标准将球化级别分为 6 级。首先观察整个受检面，之后，从最差的区域开始，连续观察 5 个视场，以其中 3 个最差视场的多数对照级别图评定。

提高球化率的关键是球化处理和孕育处理。

采用稀土镁合金的凹坑冲入法，简单易行，但烟尘较大。采用低稀土镁合金盖包法处理，镁的收得率可达 50%以上，且可解决烟尘问题。据某厂经验，电炉铁液的球化剂成分为：w（Mg）3.0%～3.5%，w（RE）1.0%～1.5%，w（Ca）2.0%～2.5%，w（Al）<1.0%；冲天炉铁液的球化剂成分为：w（Mg）4.5%，w（RE）1.5%～2.0%，w（Ca）2.0%～2.5%，w（Al）<1.0%。

孕育处理可采用二次或三次孕育，球化包内孕育剂可用 75 硅铁，浇包内可加抗衰退（例如含钡）孕育剂。倘有必要，再用随流孕育或型内孕育。

从某些厂的统计资料数据看，对于 QT400-15、QT450-10 和 QT500-7 而言，三级球化再辅以适当的基体组织，能达到牌号的要求；对于 QT600-3、QT700-2 而言，4 级球化加适当的基体组织，即可达到指标。因此，对球化等级的要求，宜视具体情况而定，不可一概而论。

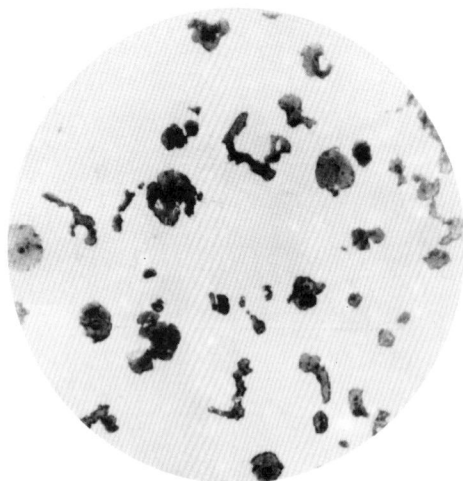

图 1-3-5   100×

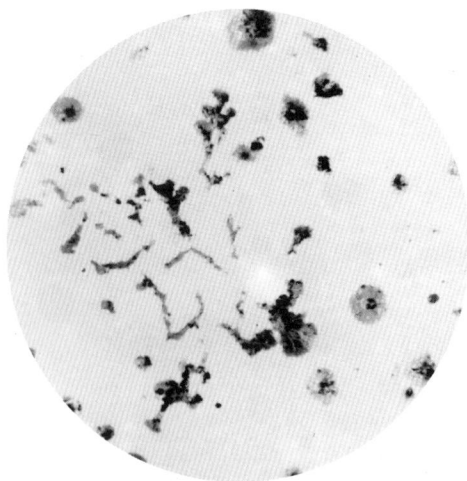

图 1-3-6   100×

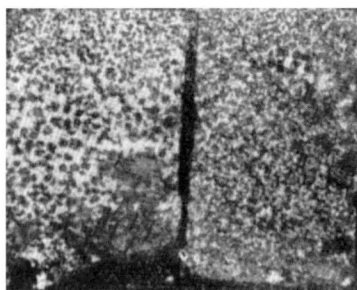

图 1-3-7   实物断口

图 1-3-8   500×

图　　号：1-3-5~1-3-8   浸 蚀 剂：未浸蚀
材料名称：球墨铸铁   处理情况：铸态
组织说明：图 1-3-5：石墨呈分散分布的蠕虫状和球状、团状、团絮状，球化级别为 5 级。

图 1-3-6：石墨呈聚集分布的蠕虫状和片状及球状、团状、团絮状，球化级别为 6 级。

图 1-3-7：蠕虫状石墨聚集分布时宏观断口上出现的小黑点。

图 1-3-8：蠕虫状聚集分布区的大量滑移线。

按 GB/T 9441—1988 金相标准评定，5 级球化的主要特点是蠕虫状石墨呈分散分布，6 级的主要特点是蠕虫状石墨呈聚集状分布，两者的主要区别如下：

（1）宏观组织　聚集分布时，断口上出现稀疏的小黑点，蠕虫状石墨聚集程度增加时，黑点增大，数量也随之增加和密集；蠕虫状石墨分散分布时，其数量较聚集分布为少，断口不会出现小黑斑点。

（2）微观特征　蠕虫状石墨分散分布时，其长宽比较小，呈短而粗的棒状，端部圆钝，常与团状共存。4~5 条蠕虫状石墨丛集一处者，称为聚集分布，此时蠕虫状石墨弯曲、扭转的趋势增加。观察三维形貌，聚集分布的几条蠕虫状石墨往往是同一蠕虫状石墨的不同分枝，这种结构，比表面积较大，分枝与分枝间的距离较近，有利于碳的扩散，故铸态或热处理后，聚集分布的蠕虫状石墨周围容易形成铁素体。

（3）化学成分　蠕虫状石墨聚集分布时，宏观化学成分中的残留镁量和稀土量都较低。用电子探针测定微观成分，聚集区的含硅量较高，含镁和稀土较低，其他区域则相反。

（4）应力状态　与分散分布的蠕虫状石墨相比，几条蠕虫状石墨聚集在一起，应力集中程度也就相应提高。更重要的是，聚集区的蠕虫状石墨，将聚集区的金属基体与周围区域的金属基体隔离开来，使聚集区的金属基体像薄板一样，所受约束较小，应力比较自由，能引起局部缩颈作用，导致聚集区出现较大的塑性变形（滑移线大量形成）。

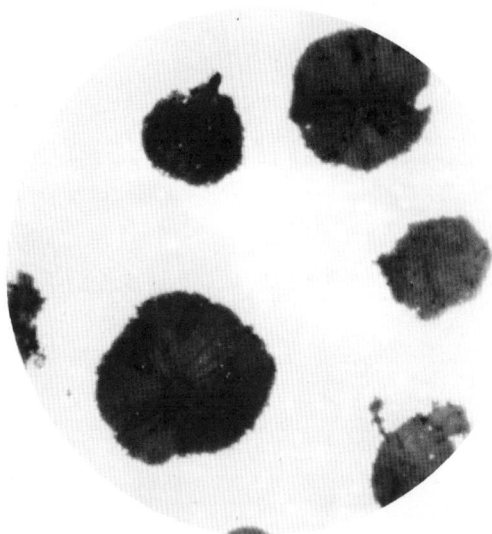

图　　1-3-9　　　　　　　　　　　　　　200×

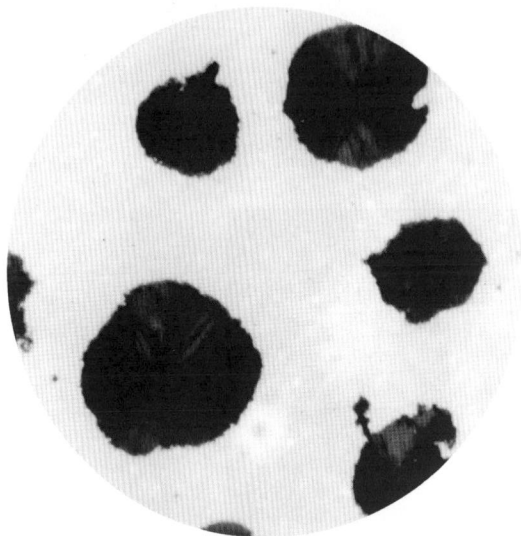

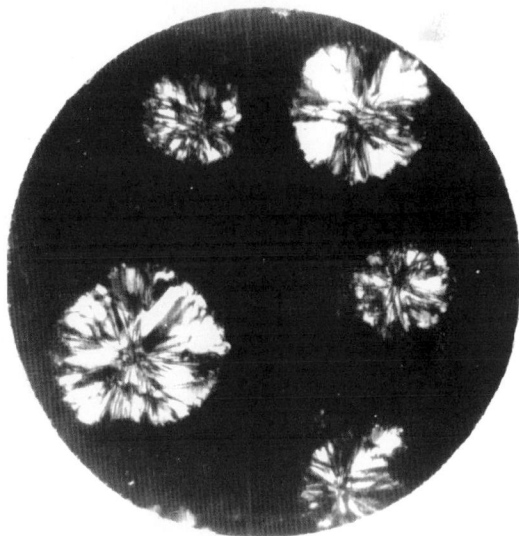

图　　1-3-10　　　　　　　　500×　图　　1-3-11　　　　　　　　500×

图　　号：1-3-9～1-3-11
材料名称：球墨铸铁
浸　蚀　剂：未浸蚀
处理情况：铸态
组织说明：图1-3-9：明场非偏振光下的球状石墨。图1-3-10：明场加检偏镜（45°）下的球状石墨。图1-3-11：暗场偏振光（正交）下的球状石墨。

　　　球墨铸铁是指铁液经球化处理和孕育处理后，使石墨大部分或全部呈球状形态的铸铁。顾名思义，球墨铸铁最具代表性的石墨形态是球状石墨。

　　　球状石墨是一个典型的非金属相，具有反射的多色性和各向异性。在光学显微镜下观察石墨的平面形貌：明场下呈灰色辐射状，低倍时外形近似球形，高倍观察时呈多边形。在明场加检偏镜后，球墨的辐射状显得清晰。在暗场正交偏振光下，呈黑色的十字形。

　　　如试样制备不当，便看不到球墨的辐射状结构。抛磨不足，试样表面的石墨不能完全裸露；抛磨过度，会出现曳尾、球墨脱落和脱落后空穴污染等缺陷。因此，为了正确地评定石墨形态和球化等级，必须制取良好的金相试样。

图　1-3-12　　　　　　　800×　　　　图　1-3-13　　　SEM　　　1250×

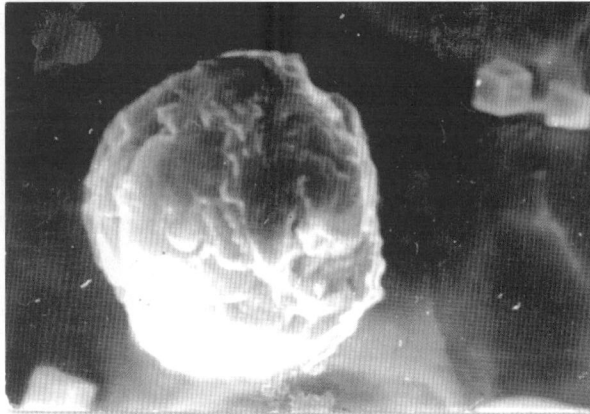

图　1-3-14　　　SEM　　　　　600×

图　　　号：1-3-12～1-3-14

材料名称：球墨铸铁

浸 蚀 剂：图 1-3-12 为 20%盐酸酒精溶液浸蚀，其余未浸蚀

处理情况：铸态

组织说明：图 1-3-12：明场非正交偏振光下的球状石墨，可以看到，球墨周围的背景较亮，球墨具有明暗相间的各向异性，辐射状结构清晰。

　　图 1-3-13：扫描电镜（SEM）拍摄的球状石墨的二维形貌，由于 SEM 的景深大，分辨率比光学显微镜高，故球墨的辐射状结构更明显，且富有立体感。

　　图 1-3-14：SEM 拍摄的、深腐蚀后的球状石墨的立体形貌。由于盐酸酒精溶液的作用，使球墨周围的金属基体及嵌于球墨表面的金属腐蚀掉，由此揭示出球墨的立体形貌及其微观结构。由图可见，球状石墨呈多边形球体，外表面不光滑，起伏不平，存在一个个泡状物，泡状物有的较大，有的则较小，这可能是由于螺位错局部的生长速度不同所致。

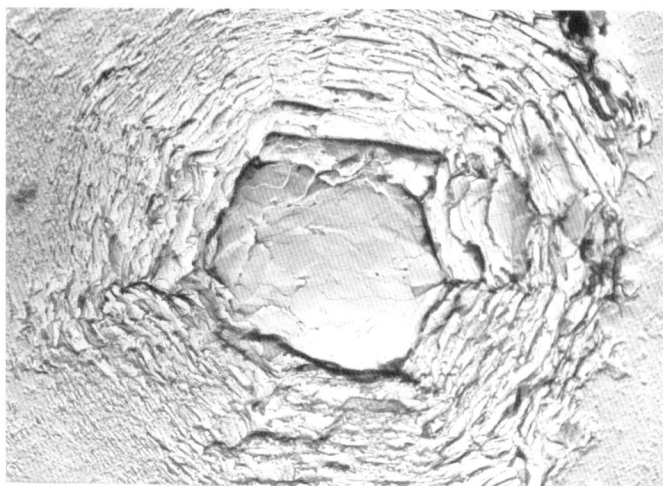

图　1-3-15　　　　　　　　　　　　　　　　　4500×

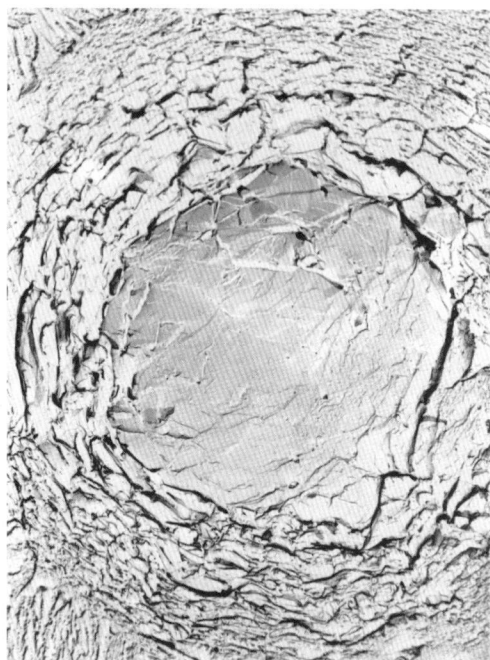

图　1-3-16　　　　　4500×

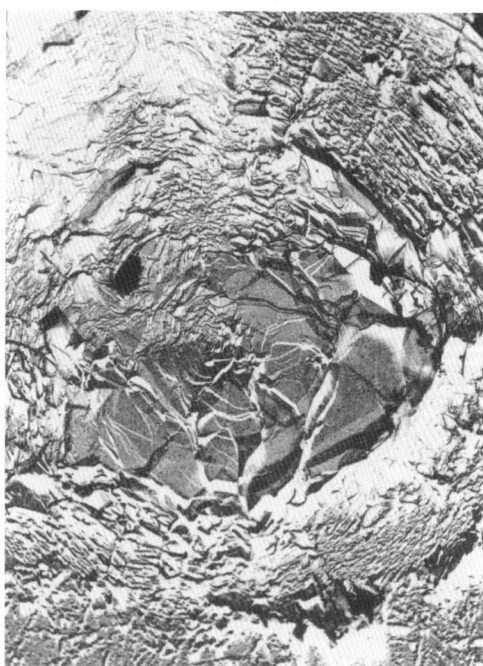

图　1-3-17　　　　　6000×

图　　号：1-3-15～1-3-17　　　　　　浸　蚀　剂：抛光后复膜制样
材料名称：球墨铸铁　　　　　　　　　处理情况：铸态
组织说明：图 1-3-15：在透射电镜（TEM）下球墨剖面的形态，核心为六角形，核心周围为年轮状纹理。
　　图 1-3-16：在透射电镜（TEM）下球墨剖面的形态，核心为近圆形。
　　图 1-3-17：在透射电镜（TEM）下球墨剖面的形态，核心为不规则多边形。
　　球墨心部一般有一个尺寸约 1μm 的外来夹杂物核心。核心的形状可呈球形、双球形、近球形和多角形等。核心物质的成分，当采用稀土镁合金和硅铁孕育时，主要是氧化物和硫化物（与氧亲和力较强的硅、铝等元素的氧化物）。若原铁液含硫量很低时 [$w(S)<0.004\%$]，核心物质没有硫化物，只有氧化物。由核心物质的构成可认为，球化元素的主要作用在于消除熔体中活性氧和硫对石墨呈球状的干扰作用；其中，氧的干扰作用比硫大。
　　核心物质的晶面与核心上生长的石墨晶面之间存在一定的对应关系，球墨是以螺位错方式垂直基面（0001 面）生长的。在核心周围一定距离内，年轮纹理排列较紊乱，向外，年轮纹理的排列较整齐。（上述 3 张图片由李炯辉提供样品，张静江拍摄）。

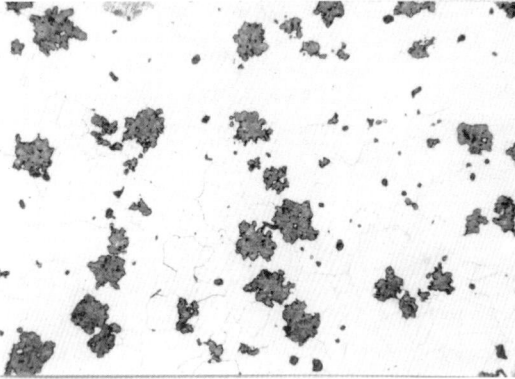

| 图　　1-3-18 | 100× |

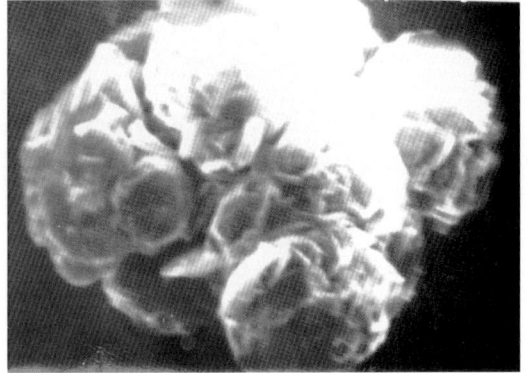

| 图　　1-3-19 | 1000× |

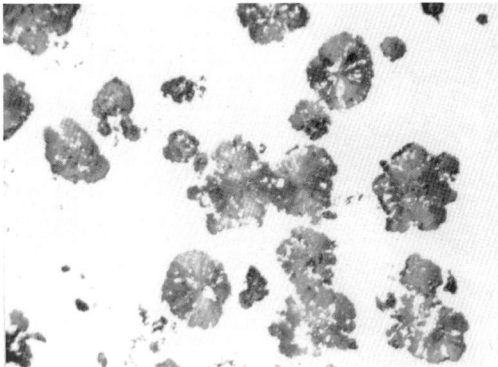

| 图　　1-3-20 | 100× |

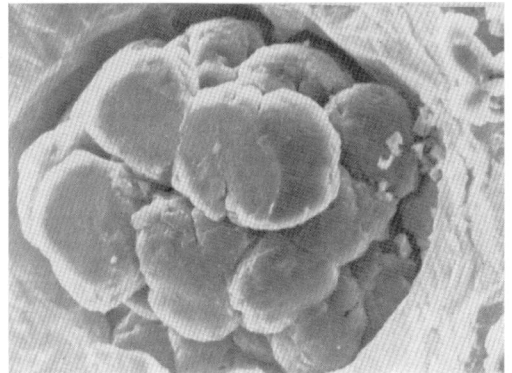

| 图　　1-3-21 | 600× |

图　　号：1-3-18～1-3-21　　　　　　　浸蚀剂：未浸蚀

材料名称：球墨铸铁　　　　　　　　　　处理情况：铸态

组织说明：图1-3-18：团状石墨，图1-3-19：SEM拍摄的单个团状石墨。

　　　团状石墨是不圆整的球状石墨。当组成球状石墨的各个角锥体，在径向的长大速度稍有不同时，就会形成表面凹凸的团状石墨。在光学显微镜中看到的孤立团状石墨，深腐蚀后在SEM中观察，有的是单个不规则的球状石墨，有的则是同一共晶团内的不同分枝。热氧腐蚀后观察，团状石墨具有年轮状结构。

　　　团状石墨是在球化剂加入不足或稀土含量高或球化衰退时形成的。

　　　图1-3-20：开花状石墨，图1-3-21：SEM拍摄的开花状石墨。

　　　开花状石墨是爆开的球状石墨，其中嵌有金属基体。因爆裂程度不同，形态也各异：有的开花程度较小，仍保持较完整的球形；有的形如梅花；有的爆裂程度较大，成为互不联系的块状。尽管如此，其外形大体上仍维持着球状。深腐蚀后，即使平面上开花状石墨是互不联系的块状，在SEM下观察，它们也是彼此连接的，是同一共晶团球墨的组成部分。

　　　开花状石墨的形成机理：石墨核心表面所形成的颇多角锥体之间，出现沟槽，这些沟槽由于大量镁元素的沉积被堵塞，生长受到阻碍，致使各个角锥体之间被隔开。长大时，各角锥体虽垂直基面发展，但最终成为开花状。由此可见，开花状石墨是生长中未填满石墨碳的球状石墨。

　　　开花状石墨易出现于大断面球墨铸铁的热节处或碳硅当量较高的石墨漂浮区。

图　1-3-22　　　　　　　　500×

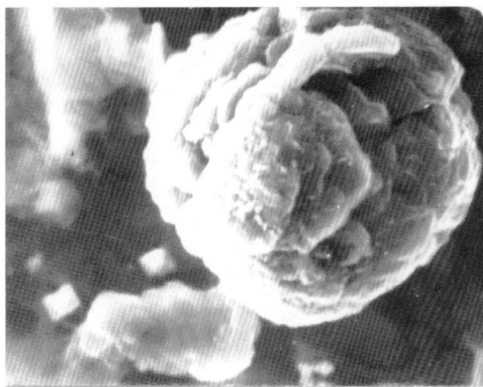

图　1-3-23　　　SEM　　　1500×

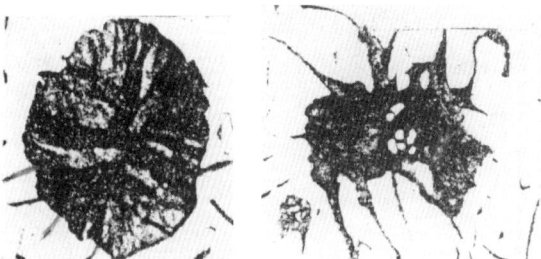

图　1-3-24　　100×　　图　1-3-25　　　100×

图　1-3-26　　　SEM　　　100×

图　　号：1-3-22～1-3-26　　　　浸蚀剂：未浸蚀
材料名称：球墨铸铁　　　　　　　处理情况：铸态
组织说明：图 1-3-22：球虫状石墨。
　　　　　图 1-3-23：SEM 拍摄的球虫状石墨。
　　　　　图 1-3-24：球片状石墨。
　　　　　图 1-3-25：蟹状石墨。
　　　　　图 1-3-26：SEM 拍摄的蟹状石墨。

　　球虫状石墨是球状和蠕虫状的组合。在一定时间内，这种石墨是按球状生长的。之后，在球状的表面沿切线方向，往往会生长出蠕虫状石墨。热氧腐蚀后在 SEM 中观察，这种石墨的球状部分呈年轮状排列，蠕虫状部分的基面排列方向变化频繁。球虫状石墨常出现在大断面球墨铸铁件中，也会出现于残镁偏高或存在干扰元素的情况下。

　　球片状石墨是在不太圆整的球状石墨表面生长出几条片状石墨。热氧腐蚀后，在 SEM 中观察，这种石墨的球状部分具有年轮状纹理，片状部分沿基面方向出现平行的纹理。球片状石墨是球状生长至一定阶段后畸变而成的，仍属球状石墨范畴。

　　蟹状石墨是在不规则的团状石墨表面生长出颇多的片状石墨，因形状与螃蟹相似而得名。这种石墨的主体部分为团状，具有年轮状结构，所以仍属球状石墨的范畴。

　　上述几种石墨的形成机理：球状石墨的分枝是沿 C 轴按螺位错生长的，但分枝内部的石墨层片之间也能产生种种缺陷，可形成类似于片状石墨的旋转晶界和倾斜晶界。旋转晶界使球墨子晶往侧向分枝，倾斜孪晶使子晶沿 C 轴分枝。所以，当球墨出现畸变时，出现垂直于基面的分枝，就会形成虫状石墨；出现平行基面的分枝，就形成片状石墨；当不规则团状石墨分枝内部的倾斜孪晶较多时，就形成了蟹状石墨。

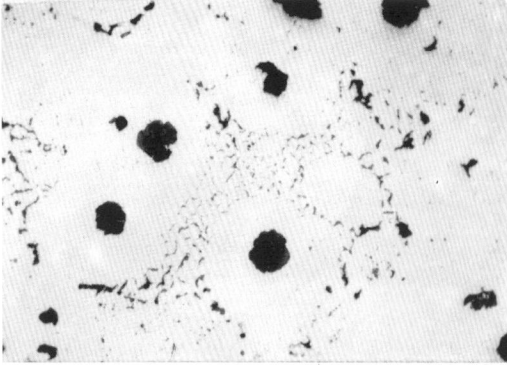

图 1-3-27　　　　　　　　　100×

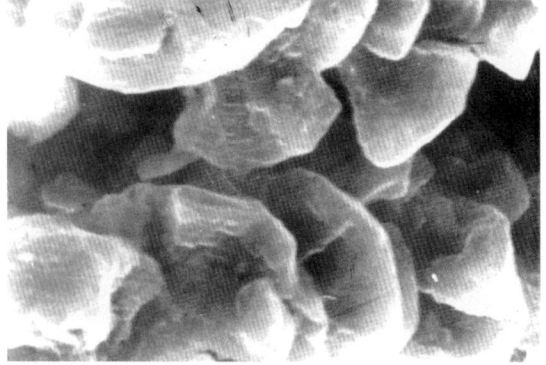

图 1-3-28　　　　　　　　　2000×

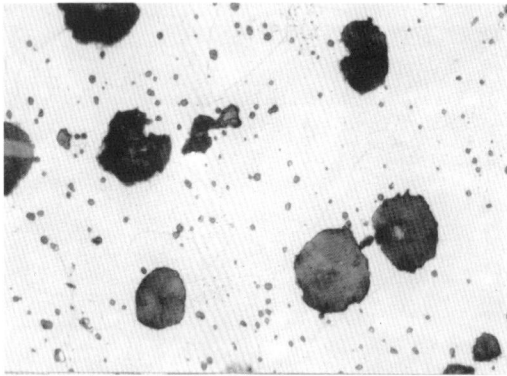

图 1-3-29　　　　　　　　　100×

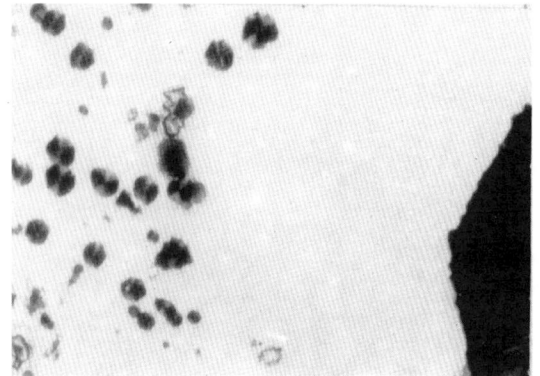

图 1-3-30　　　　　　　　　800×

图　　号：1-3-27～1-3-30　　　　浸蚀剂：SEM拍摄的照片为盐酸酒精深腐蚀，其余为未浸蚀

材料名称：球墨铸铁　　　　　　　处理情况：枝晶状石墨为铸态，二次石墨为淬火后600℃回火

组织说明：图1-3-27：枝晶状石墨。

图1-3-28：SEM拍摄的枝晶状石墨。

枝晶状石墨为聚集的细小块状或条状，常分布于共晶团界面及晶界。按聚集程度不同，在宏观断口上可看到大小不等的灰斑。

大断面球墨铸铁的热节处易出现枝晶状石墨，碳硅当量高、孕育强度过大、化学成分偏析，也会促成这种石墨的形成。

枝晶石墨是在共晶反应后期形成的。共晶结晶时，球墨-奥氏体共晶团逐渐长大，并相互接触，残存铁液被赶到共晶团界面，使该处富集碳和各种低熔点杂质。这些杂质便成为球墨的非自发核心。但是，由于这种石墨的形成温度最低，形成区间狭窄，石墨核心又多，因此从热力学和动力学的角度来看，石墨长度短且不易长大。再加上残存铁液中硫及其他干扰元素的作用，致使石墨畸变成小块状和条状，分布于枝晶间。

图1-3-29：二次石墨。

图1-3-30：高倍下的二次石墨。

淬火球墨铸铁于600℃以上回火，会发生碳化物颗粒的石墨化。石墨化后的碳一部分附着于初生石墨的表面，另一部分则聚集成细小的二次石墨。由低倍观察可见，二次石墨分布于靠近共晶团界面处，而离初生石墨则较远。这是由于共晶团界面附近非自发晶核较多，碳化物分解后，便就近沉积，形成二次石墨。

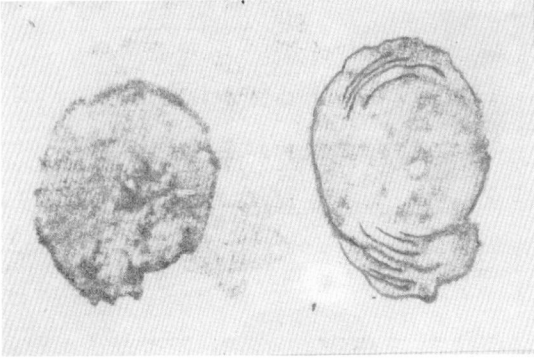

图　1-3-31

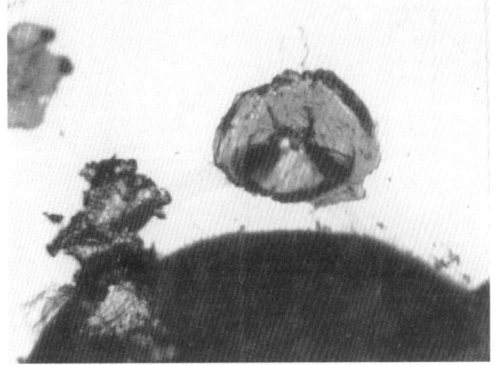

图　1-3-32

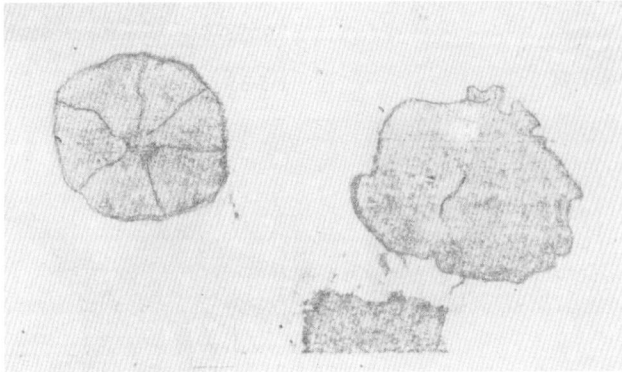

图　1-3-33

图　　号：1-3-31～1-3-33

材料名称：球墨铸铁

浸 蚀 剂：应力腐蚀

处理情况：铸态

组织说明：图 1-3-31：靠近石墨外圆处的年轮状微裂纹。

　　图 1-3-32：整个球墨形成的微裂纹，由于应力大，球墨两道扇形成为凹槽。

　　图 1-3-33：球墨沿棱面（扇形界面）开裂。

　　从晶体结构看，石墨的择优生长方向是沿 A 向即基面生长，从而形成片状组织。加入球化剂后，球墨就沿 C 向即垂直基面方向生长成球状。在电镜中观察，球状石墨的基面呈年轮状排列，并被划分成多个扇形子晶区域。由此，可推断出球墨的立体形貌：扇形区域为角锥体，球墨就是由从核心向各个方向辐射生长的角锥体组成；一个球墨约有 20～30 个角锥体，相邻角锥体之间是相互联系又相互制约的。各个角锥体的生长速度均匀，球墨就圆整；生长速度不均匀，球墨就不甚圆整。

　　在应力作用下，球墨与基体界面往往先脱开；当应力足够大时，就在靠近球墨外圆部位沿基面方向形成年轮状裂纹；应力更大时，整个球墨形成年轮状裂纹。同时，还沿棱面（子晶界面）形成辐射状条纹。这是因为，在工业生产条件下，制取球墨铸铁都要加入球化剂。球化元素与石墨可形成离子型碳化物，这种碳化物不进入石墨晶格，而是偏析于角锥体界面上。在应力作用下，就沿此界面形成辐射状开裂。

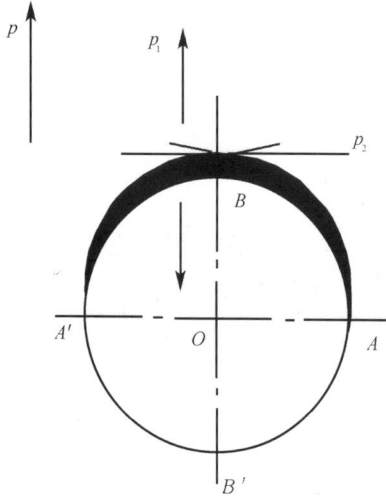

图 1-3-34

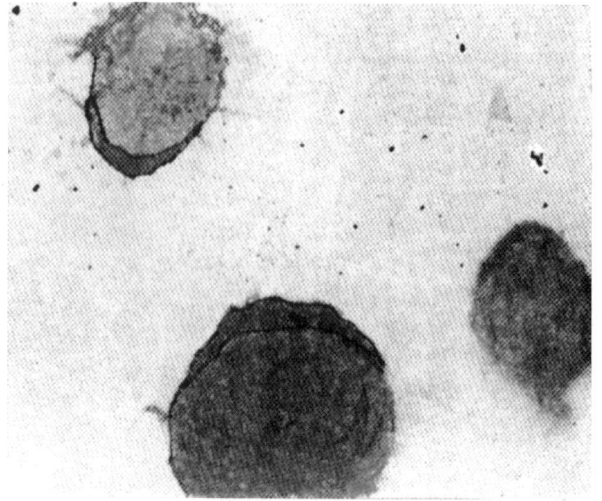

图 1-3-35   500×

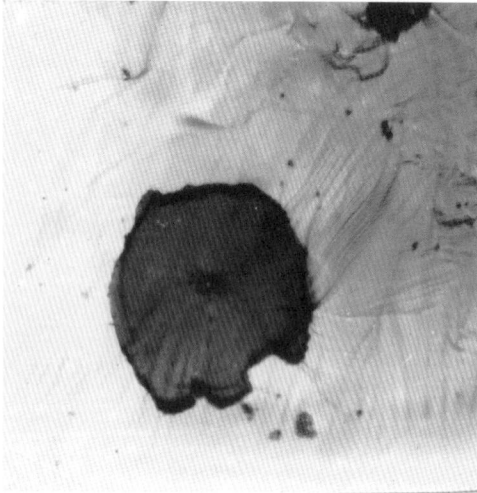

图 1-3-36   500×

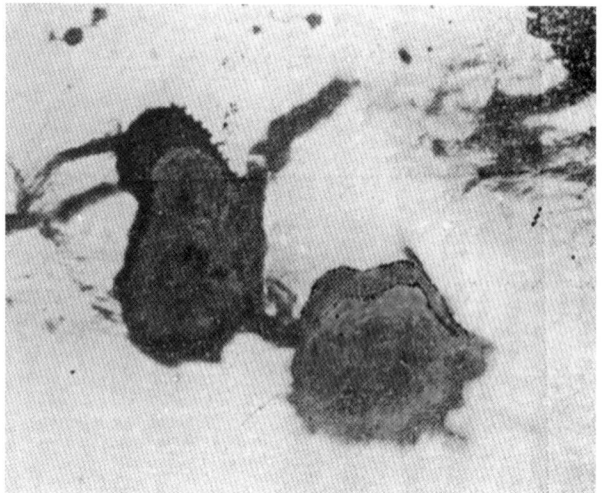

图 1-3-37   500×

图　号：1-3-34～1-3-37　　　　　浸 蚀 剂：应力腐蚀
材料名称：球墨铸铁　　　　　　　处理情况：铸态
组织说明：图 1-3-34：球墨周围应力示意图。

　　　图 1-3-35：球墨与金属基体间形成的月牙形空穴。

　　　图 1-3-36：球墨边缘与正应力方向呈 45°处形成的滑移线。

　　　图 1-3-37：球墨周围的空穴、滑移线和裂纹。

　　从图 1-3-34 的示意图可见，在拉应力作用下，B 点受到与轴向应力方向相同的拉应力 p_1，这个应力使金属基体与球墨脱开，形成月牙形空穴，但由于 B 点还受到应力 p_2 的作用，因此已形成的空穴不会在 B 点张开形成裂纹。当 A 点附近的应力超过屈服强度时，就在此范围内形成一个塑性区，在塑性区以外的区域，则仍处于弹性变形之中。若把球墨铸铁简化各向同性的均质薄板，A 点的应力为材料所受应力的 3 倍。故即使材料所受应力不大（低于屈服强度），但在球墨边缘仍可产生塑性变形。球墨铸铁的塑性变形是以滑移方式进行的。滑移线首先出现在 A 点附近的最大切应力处，即与拉应力呈 45°的部位。之后，滑移线增加，并出现裂纹。

图 1-3-38   600×

图　　号：1-3-38

材料名称：稀土球墨铸铁

浸 蚀 剂：未浸蚀

处理情况：铸态

组织说明：团状石墨在外层长出不大的分枝，周界凹凸。

　　　　　本图试样制备良好，辐射状结构清晰，还能看到一次结晶和二次结晶的界面，该界面靠近外圆。自球墨核心在熔体形成后，在各个结晶阶段，都可能畸变。由本图的一次结晶和二次结晶的界面可知，球墨外圆的显著凹凸，故畸变主要是二次结晶所形成。

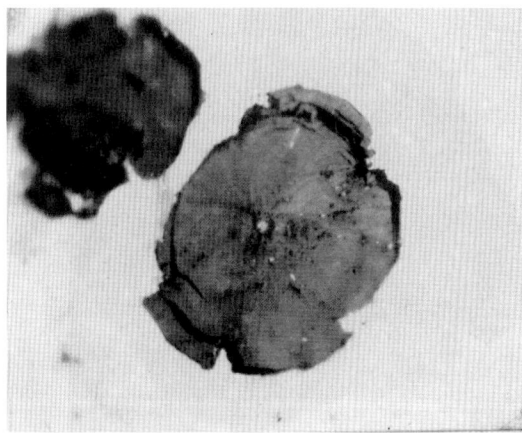

图 1-3-39   630×

图　　号：1-3-39

材料名称：球墨铸铁

浸 蚀 剂：应力腐蚀

处理情况：铸态

组织说明：团状石墨。在一次结晶与二次结晶的界面形成的裂纹。这是因为此界面上的杂质元素较多，在应力作用下容易开裂。由此界面裂纹可以看出，球墨在一次结晶过程中是较圆整的，其表面的凹凸主要是二次结晶所致。

图 1-3-40   500×

图　　号：1-3-40

材料名称：球墨铸铁

浸 蚀 剂：未浸蚀

处理情况：铸态

组织说明：大断面铸件内两颗核心极为接近的石墨。在生长过程中，它们互相接触，长成两颗发育不完全的球墨。在偏振光照明下，各自从中心向外辐射，且在它们的交界处嵌有少量的白色金属基体。

图　　号：1-3-47

材料名称：球墨铸铁（QT600-3）

浸 蚀 剂：未浸蚀

处理情况：采用压力加镁合金球化处理，二次孕育，铸态

组织说明：绝大部分为球状石墨，极少量为团状石墨，球化率在95％以上。

采用二次孕育处理工艺，使球墨获得较多的石墨核心，同时铸件冷却较快，使球状石墨来不及成长，故得到细小的球状石墨，球径为0.02～0.04mm，具有细小球墨的铸件，力学性能较优良。

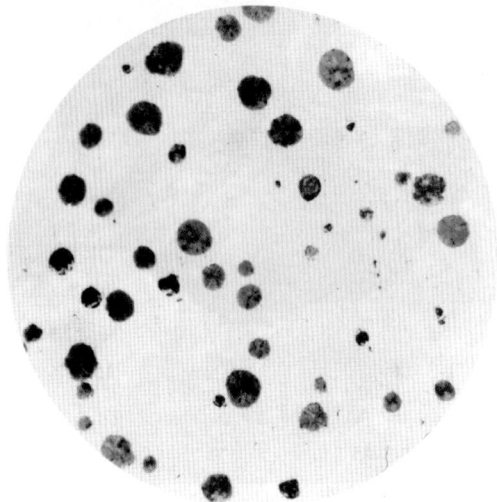

图　1-3-47　　　　　　　　100×

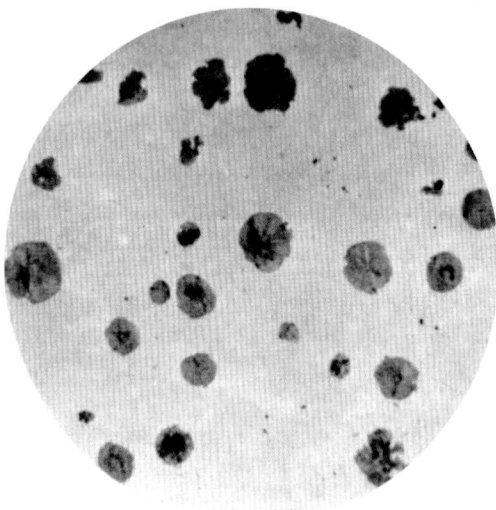

图　1-3-48　　　　　　　　100×

图　　号：1-3-48

材料名称：球墨铸铁（QT600-3）

浸 蚀 剂：未浸蚀

处理情况：压力加镁合金球化处理，铸态

组织说明：球状石墨及少量团状石墨，球化率为85％。一般大小的铸件，铸造后在冷却适中的情况下，可获得中等大小的球状石墨，球径为0.04～0.06mm。中等的球状石墨，能使铸件具有良好的力学性能。铸件中残留 w（Mg）为0.06％。

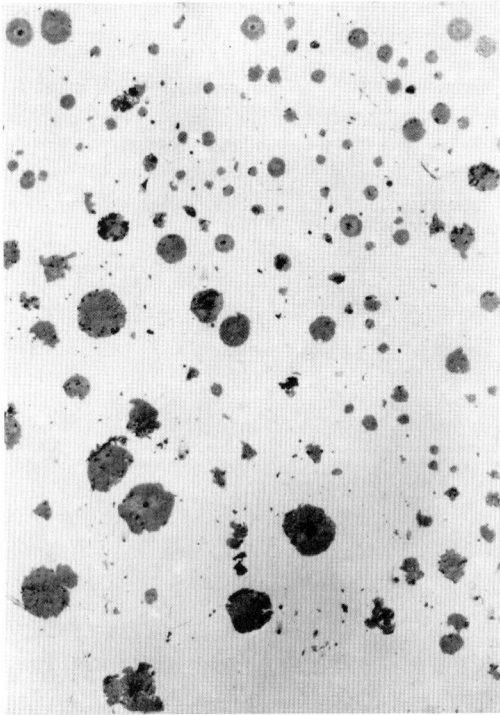

图　　号： 1-3-49

材料名称： 球墨铸铁（QT600-3）

浸 蚀 剂： 未浸蚀

处理情况： 稀土镁合金冲入法球化处理，质量分数为 75%硅铁二次孕育处理，铸态

组织说明： 石墨大部分呈球状，极少量呈团状分布。球墨大小相差悬殊，分布有偏聚现象。大球墨的直径为 0.04～0.06mm，小球墨的直径为 0.005～0.02mm。

　　采用二次孕育处理，通常可以获得均匀分布的细小球状石墨。但由于孕育处理不均匀，或孕育剂中杂有较多的粉末，以致所得球状石墨大小悬殊，且分布有偏聚现象。这种情况在中、小铸件中会出现。

图　1-3-49　　　　　　　　　100×

图　　号： 1-3-50

材料名称： 球墨铸铁（QT600-3）

浸 蚀 剂： 未浸蚀

处理情况： 压力加镁合金球化处理，铸态

组织说明： 石墨一部分呈球状和团状分布，一部分则呈水草状及片状分布，球化率为 40%。

　　由石墨的分布情况说明，球化处理时，由于铁水含硫量较高，致使镁被剧烈地烧损和氧化，铸件的残留低于 $w(Mg)$ 为 0.02%，因而造成铁液球化不良，出现水草状及片状石墨，导致其力学性能急剧下降。

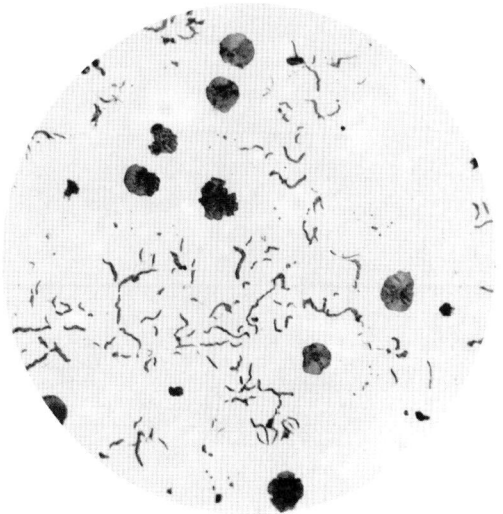

图　1-3-50　　　　　　　　　100×

图　　号：1-3-51

材料名称：球墨铸铁（QT600-3）

浸 蚀 剂：未浸蚀

处理情况：稀土镁合金冲入法球化处理，质量分数
　　　为75%硅铁孕育，铸造后正火处理

组织说明：石墨以团虫状、团状为主，少量呈蠕虫
　　　状及球状分布。

　　　分布稀疏的团虫状石墨，多在较大铸件的心
部出现，这种石墨形态常与球状、团状共存，有
时还伴有少量分散分布的蠕虫状石墨。

　　　这种分布的石墨形态，往往由于孕育稍为衰
退、残留稀土量较高，加之铸件凝固时冷却较慢
的情况下产生的。如基体为珠光体及少量铁素体
时，此类石墨形态的球墨铸铁抗拉强度尚可，一
般不低于700N/mm^2，断后伸长率为3%。

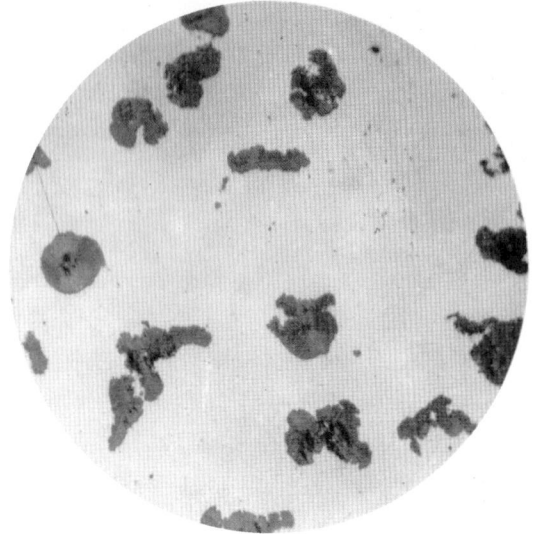

图　　1-3-51　　　　　　　　　　100×

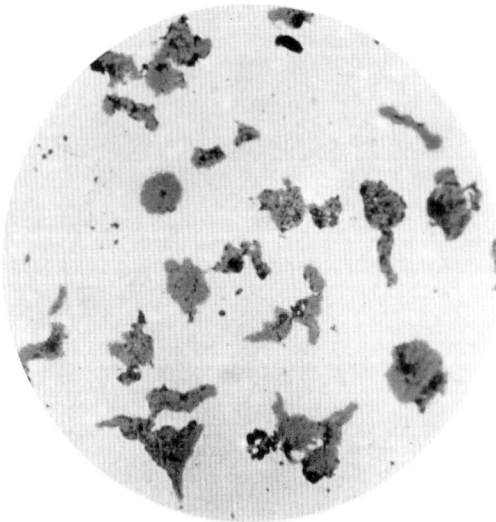

图　　1-3-52　　　　　　　　100×

图　　号：1-3-52

材料名称：球墨铸铁（QT600-3）

浸 蚀 剂：未浸蚀

处理情况：稀土镁合金冲入法球化处理，铸造后经
　　　正火处理

组织说明：为典型的团虫状分布形态的石墨。团虫
状石墨呈菱角状、团状或球状边缘向外伸长等形
式，在基体中尚有少量团状、球状及蠕虫状石墨。

　　　这类石墨易出现在大铸件中。由于铸件较
大，铸造后冷却速度较慢，孕育容易衰退或孕育
不足，或残留稀土量稍高，球状石墨容易发生畸
变，从而形成团虫状石墨。

　　　以团虫状石墨为主的球墨铸铁，其抗拉强度
约在650N/mm^{2}左右，断后伸长率约为2%～3%。

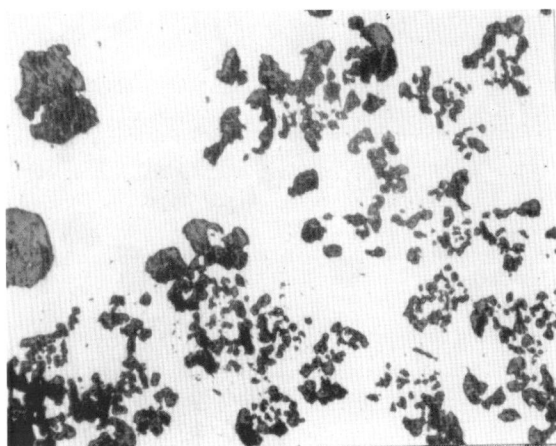

图　　号：1-3-53

材料名称：球墨铸铁（QT600-3）

浸 蚀 剂：未浸蚀

处理情况：稀土镁合金冲入法球化处理，75%硅铁
　　　　　孕育处理，铸态

组织说明：碎块状石墨、少量开花状石墨和球状、
　　　　　团状石墨。

　　　　　由于原铁水中碳当量过高，浇注温度也较高，以致球化处理后，石墨呈开花状而上浮，这种分布形态的石墨，称为爆花状石墨，爆开的程度极大，呈分散的碎块状，已失去球状的外形。但就本质而言，碎块状石墨是由球状石墨畸变所致。

图　　1-3-53　　　　　　　　　　　100×

图　　号：1-3-54

材料名称：球墨铸铁

浸 蚀 剂：未浸蚀

处理情况：稀土镁中间合金及755硅铁型上球化和
　　　　　孕育处理，铁膜覆砂铸造后余热正火处理。

组织说明：球状、团状石墨以及开花状石墨。由于开
　　　　　花状石墨的爆开程度稍大，故呈梅花状分布。

　　　　　因型上球化和孕育处理工艺安排欠佳，以致高温铁水冲入时，由于停留时间较短，使局部地区发生了偏析，碳当量过高，析出开花状石墨。

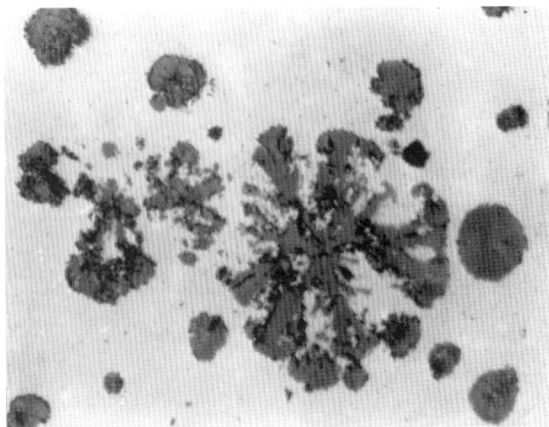

图　　1-3-54　　　　　　　　　　　200×

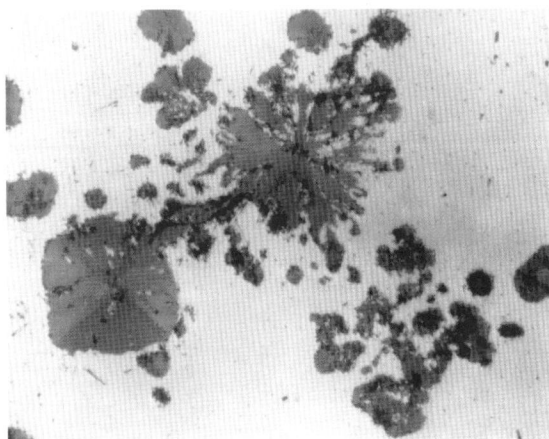

图　　1-3-55　　　　　　　　　　　200×

图　　号：1-3-55

材料名称：球墨铸铁

浸 蚀 剂：未浸蚀

处理情况：稀土镁中间合金冲入法球化处理，硅铁
　　　　　孕育处理，铸造后正火处理

组织说明：球状及团状石墨、开花状石墨。开花状
　　　　　石墨由于爆裂程度不一，呈梅花状和星状分布。

　　　　　铁液的碳当量过高，将产生石墨漂浮，在漂浮区石墨呈开花状，由于大量开花状石墨的析出，致使漂浮区基体严重贫碳，力学性能明显下降。

　　　　　在球墨铸铁的个别视场中，由于成分偏析而出现个别的开花状石墨，对力学性能影响不明显，因此，出现个别的开花状石墨是允许的。

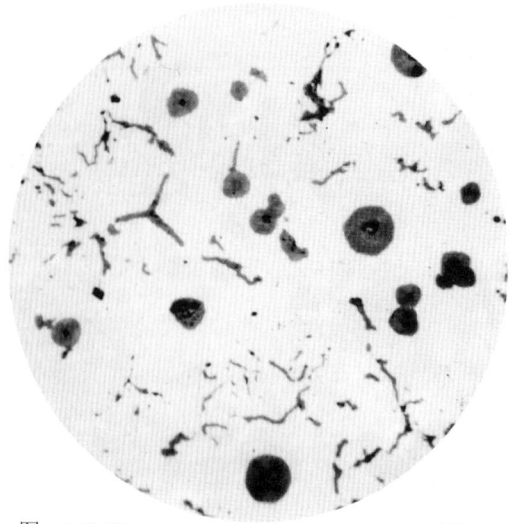

图　　号：1-3-56

材料名称：球墨铸铁（QT600-3）

浸蚀剂：未浸蚀

处理情况：稀土镁合金冲入法球化处理，铸态

组织说明：球状、团状、团絮状和蠕虫状石墨。蠕虫状石墨分布于共晶团晶界处。由于原生铁中存在反球化的干扰元素，致使铁液球化处理不良。

图　1-3-56　　　　　　　　　　100×

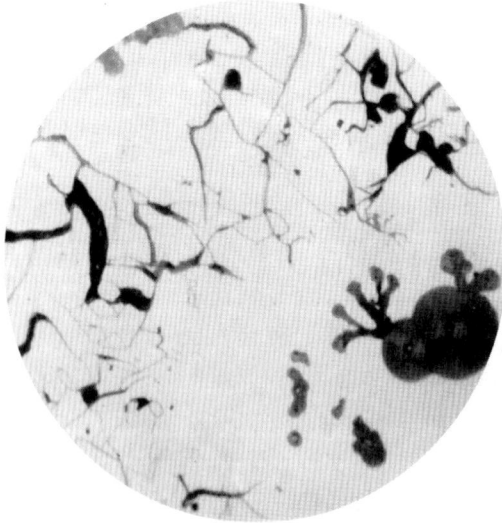

图　　号：1-3-57

材料名称：球墨铸铁（QT600-3）

浸蚀剂：未浸蚀

处理情况：稀土镁合金冲入法球化处理，铸态

组织说明：水草状石墨及片状石墨，此外尚有畸变石墨。浅灰色块状为硫化物夹杂。

　　因原生铁中硫、磷含量较高，同时存在微量干扰元素，致使球化不良，球墨发生畸变。

图　1-3-57　　　　　　　　　　200×

图　　号：1-3-58

材料名称：球墨铸铁（QT600-3）

浸蚀剂：未浸蚀

处理情况：稀土镁合金冲入法球化处理，铸态

组织说明：球墨发生畸变，在球墨边缘生长出颇多细小丛生的片状石墨，以及沿共晶团晶界分布的水草状石墨。

　　采用地方生铁制造球墨铸铁，由于原生铁中含有微量砷等元素，致使石墨发生严重畸变。

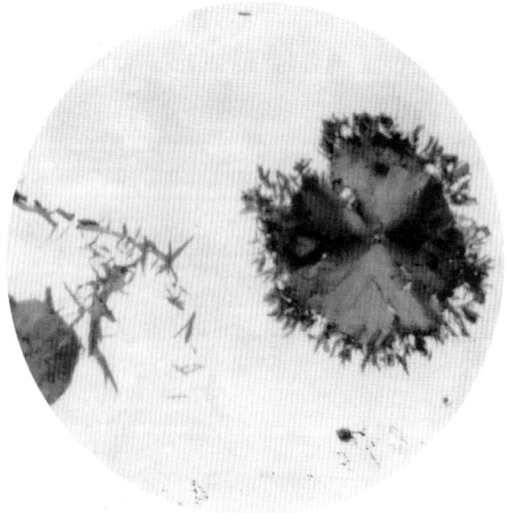

图　1-3-58　　　　　　　　　　500×

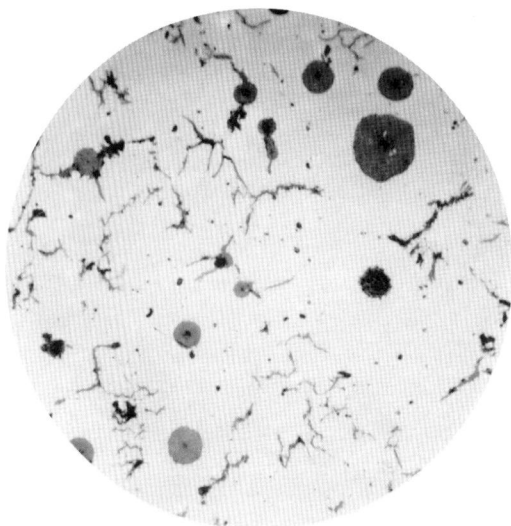

图　　号：1-3-59

材料名称：球墨铸铁（QT600-3）

浸 蚀 剂：未浸蚀

处理情况：稀土镁合金冲入法球化处理，铸态

组织说明：球状石墨以及沿共晶团晶界分布的片状石墨。

　　　　　因原生铁中有微量干扰元素，致使石墨球化不良和发生畸变。

图　　1-3-59　　　　　　　　　　100×

图　　号：1-3-60

材料名称：球墨铸铁（QT600-3）

浸 蚀 剂：未浸蚀

处理情况：稀土镁合金冲入法球化处理，铸态

组织说明：畸变石墨。在球状及蠕虫状石墨上分布有细小片状的石墨。白色小方块为 TiN 夹杂物。

　　　　　由于干扰元素的作用，致使颇多细小片状石墨依附着球状、团状和蠕虫状石墨析出。

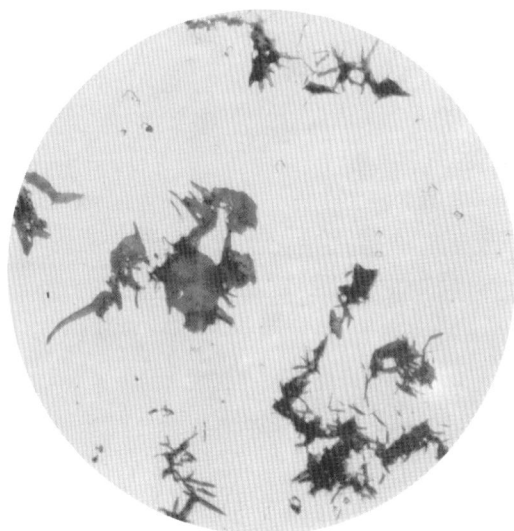

图　　1-3-60　　　　　　　　　　100×

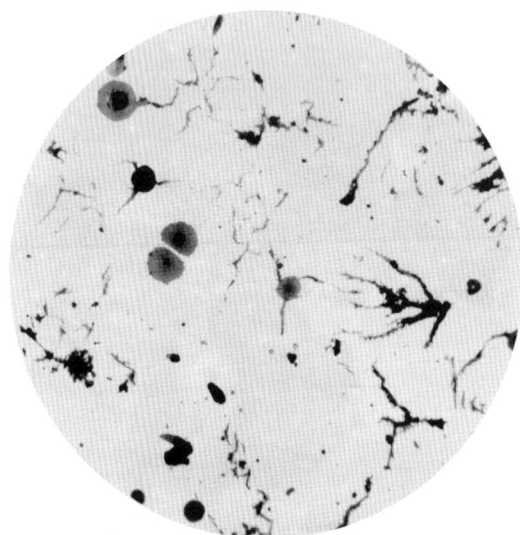

图　　号：1-3-61

材料名称：球墨铸铁（QT600-3）

浸 蚀 剂：未浸蚀

处理情况：稀土镁合金冲入法球化处理，铸态

组织说明：球状石墨和鸡爪状石墨。

　　　　　因原生铁中存在干扰元素，导致球化处理后出现畸变石墨。

图　　1-3-61　　　　　　　　　100×

图　　号：图 1-3-62

材料名称：球墨铸铁（QT600-3）

浸 蚀 剂：未浸蚀

处理情况：稀土镁合金冲入法球化处理，铸态

组织说明：球状石墨和分布于共晶团晶界处的水草状石墨。

　　因原生铁中存在干扰元素，引起石墨球化不良，于共晶团晶界处形成了水草状石墨。

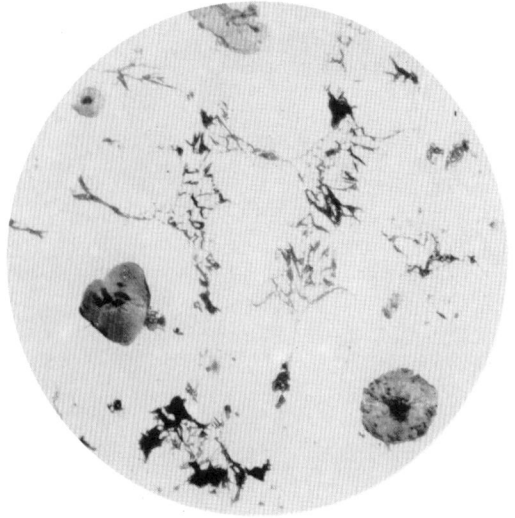

图　　1-3-62　　　　　　　　　　100×

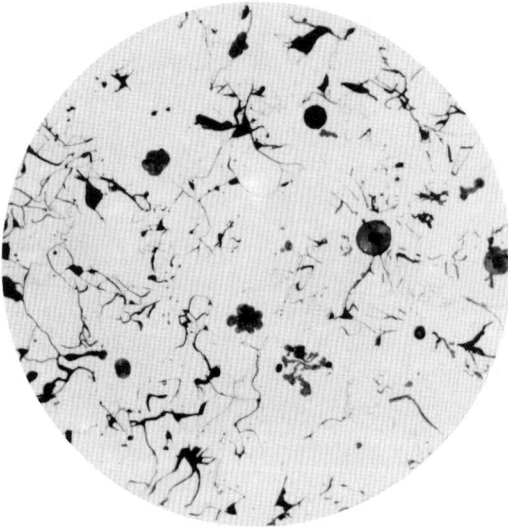

图　　1-3-63　　　　　　　　　　100×

图　　号：1-3-63

材料名称：球墨铸铁（QT600-3）

浸 蚀 剂：未浸蚀

处理情况：稀土镁合金冲入法球化处理，铸态

组织说明：均匀分布的水草状石墨和少量球状及团状石墨。

　　因原生铁（土铁）中干扰元素的影响，引起石墨球化不良。

图　　号：1-3-64

材料名称：球墨铸铁（QT600-3）

浸 蚀 剂：未浸蚀

处理情况：稀土镁合金冲入法球化处理，铸态

组织说明：球状石墨以及沿共晶团晶界边缘及片状石墨两侧均有呈细小片状分布的二次石墨依附着生长。

　　采用地方生铁制造球墨铸铁，因原生铁中含有微量的反球化元素，以致在球化处理后出现畸变的石墨。

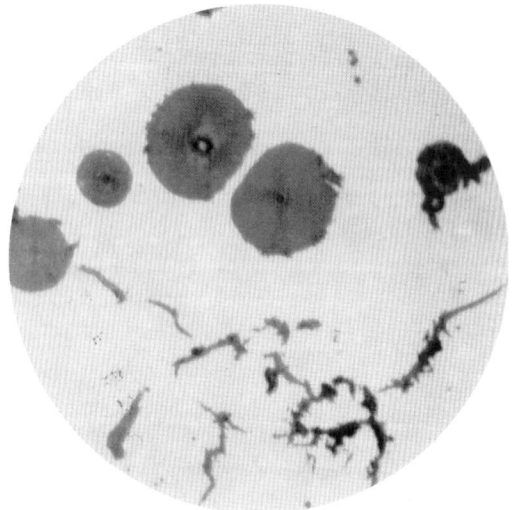

图　　1-3-64　　　　　　　　　　200×

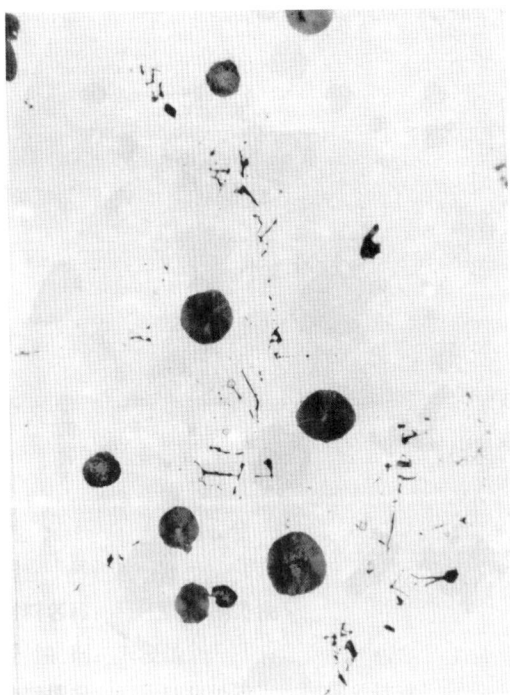

图　　号：1-3-65

材料名称：球墨铸铁（QT600-3）

浸 蚀 剂：未浸蚀

处理情况：铸态

组织说明：硫化铁与硫化锰复合夹杂物，沿共晶团
　　　　　晶界呈断续的网状分布，其间尚嵌有少量 TiN 夹
　　　　　杂物。

　　　　　由于硫化铁和硫化锰复合夹杂物的熔点较
　　　　　低，故存在于共晶团晶界处。这类夹杂物将会影
　　　　　响球铁铸件的力学性能，特别是伸长率的降低较
　　　　　为明显。

图　　1-3-65　　　　　　　　　　100×

图　　号：1-3-66

材料名称：球墨铸铁（QT600-3）

浸 蚀 剂：未浸蚀

处理情况：铸态

组织说明：稀土氧化物沿共晶团晶界断续分布，球
　　　　　铁中出现沿共晶团晶界处分布的稀土氧化物夹
　　　　　杂，将会削弱共晶团晶界处组织的连接，其力学
　　　　　性能特别是冲击韧度和伸长率将显著下降。

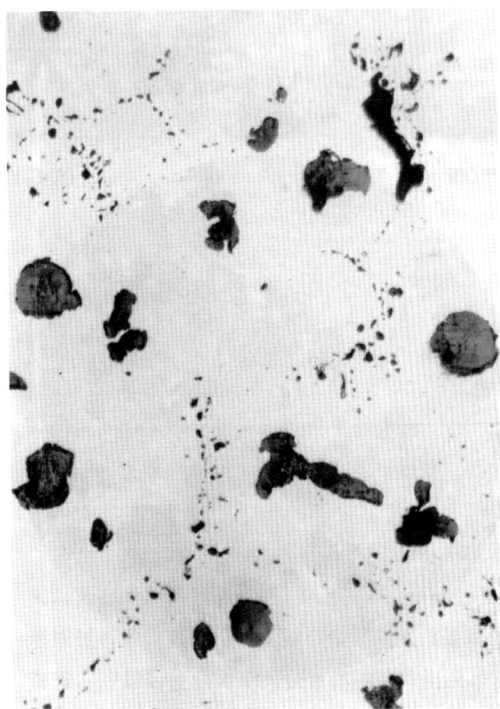

图　　1-3-66　　　　　　　　　　　　　　　100×

图　　号：1-3-72

材料名称：球墨铸铁

浸蚀剂：未浸蚀

处理情况：纯镁球化处理，1150℃高温退火

组织说明：温度过高后出现的同心球状、环状和
　　针状石墨。球墨铸铁消除白口退火温度一般为
　　920～960℃。低于 920℃退火，渗碳体的分解
　　缓慢；高于 960℃退火，奥氏体晶粒会粗大。
　　温度升至 1150℃，已接近或超过共晶点，此时
　　会出现同心球状、环状和针状等异形石墨。稀
　　土镁球墨铸铁退火温度过高时，会出现蠕虫状
　　石墨，上述情况则颇为少见。

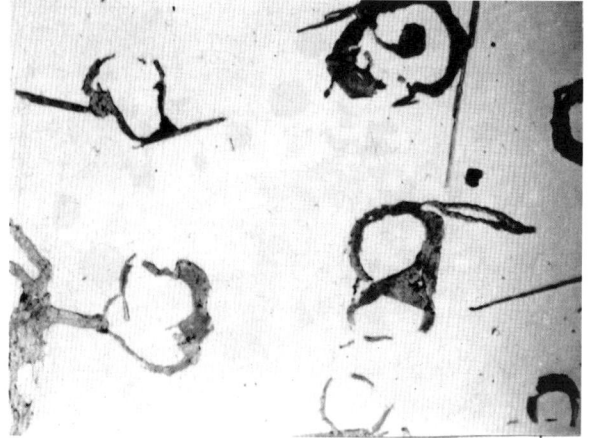

图　1-3-72　　　　　　　　　　250×

图　　号：1-3-73

材料名称：球墨铸铁

浸蚀剂：未浸蚀

处理情况：铸态（硅砂湿型）

组织说明：表面层为片状石墨。

　　球墨铸铁的表面层，在结晶凝固过程中因与内部
的条件不同，两者的组织往往也不同。当铁液注入铸
型，高温铁液与铸型材料、周围气相将发生一系列化
学反应，造成表面层镁、稀土等元素的消耗，使这些
球化元素含量降低到形成球状石墨的临界值以下，当
内层的球化元素尚未扩散到表层，表层已经凝固，就
导致了片状石墨的形成。

图　1-3-73　　　　　　　　　　160×

图　　号：1-3-74

材料名称：球墨铸铁

浸蚀剂：未浸蚀

处理情况：铸态（硅砂湿型）

组织说明：表面层为片状石墨，与图 1-3-73 比较，片状
　　石墨层有较大的增加。

　　经分析，片状石墨层的深度与球化剂的含量有
关：残留镁和稀土的含量较高，片状石墨层就较浅；
反之，片状石墨层就较深。电子探针测定表明：从球
状石墨的内层到片状石墨的表层，残留球化剂含量是
渐次降低的。当片状石墨的表层较薄时，球化剂浓度
变化的曲线较陡；当片状石墨层较深时，球化剂浓度
变化曲线则较平缓。

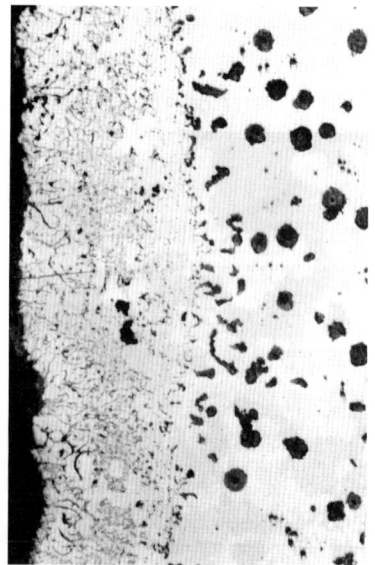

图　1-3-74　　　　　　　　　　100×

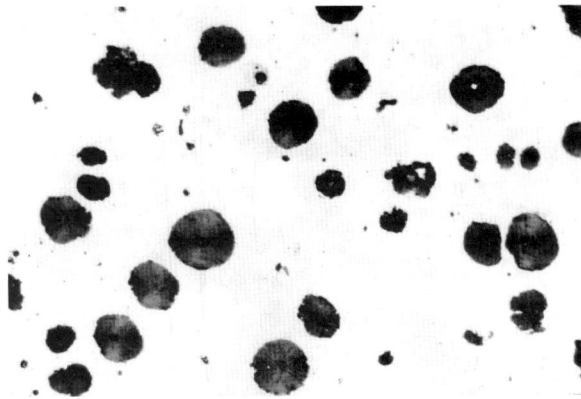

图　1-3-75　　　　　　　　　　　　　　　　100×

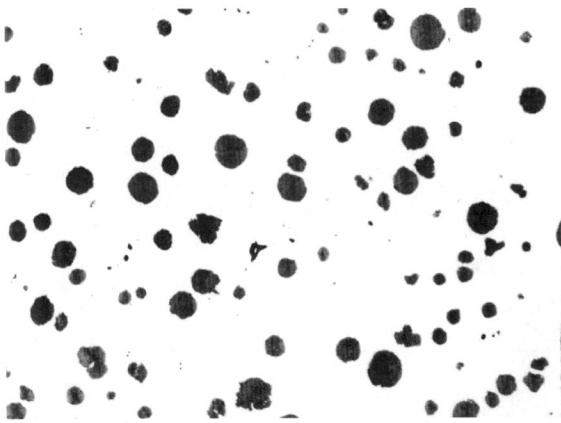

图　1-3-76　　　　　　　　　100×

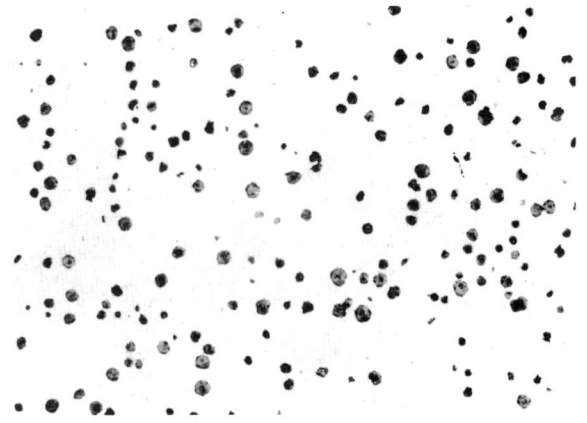

图　1-3-77　　　　　　　　　100×

图　　号：1-3-75～1-3-77　　　　　　　浸 蚀 剂：未浸蚀

材料名称：球墨铸铁　　　　　　　　　　处理情况：铸态

组织说明：图 1-3-75：石墨球数，约为 50 个/mm²。

　　　　　图 1-3-76：石墨球数，约为 110 个/mm²。

　　　　　图 1-3-77：石墨球数，约为 300 个/mm²。

　　石墨球数能反映球墨圆整程度、共晶团数量和孕育效果的好坏。对厚大截面铸件，增加石墨球数能有效地提高力学性能；对薄小截面铸件，增加石墨球数能有效消除渗碳体。石墨球数对热处理也有较大影响：球数多，加热时，由于碳的扩散距离短，碳容易溶入奥氏体，从而使奥氏体很快达到饱和浓度；冷却时，也由于碳的扩散距离短，奥氏体中的碳容易沉积于球墨表面，使奥氏体贫碳，促进了铁素体的形成。因此，有文献认为，石墨球数是衡量球墨铸铁质量最重要的指标。

　　美国铸造师协会（AFS）编制的《球墨铸铁金相图谱》，以每平方毫米上的石墨颗粒数来评定石墨。该图谱把石墨球数分为 7 级，每级球数依次为 25 颗、50 颗、100 颗、150 颗、200 颗、250 颗和 300 颗。

　　影响石墨球数的因素很多，诸如球化处理、孕育处理、铸件凝固速度和化学成分等等。

　　球化处理方法中，型内球化能获得最多的球数，其次是钟罩法，再次是冲入法。

　　孕育处理方法中，型内孕育能获得最多的石墨球数；型内孕育已发展到第 3 代和第 4 代。第 3 代是用类似粉末冶金方法制造并经热处理的孕育块；第 4 代是把孕育和过滤结合的 combi-filter 法，已投入生产应用。

　　加快铸件凝固速度，如适当降低浇注温度、铸件壁厚较薄、采用金属型等均能增加石墨球数。当然，凝固速度加快，也增大了铸件的白口倾向，但只要石墨球数足够，渗碳体的析出就会被抑制。

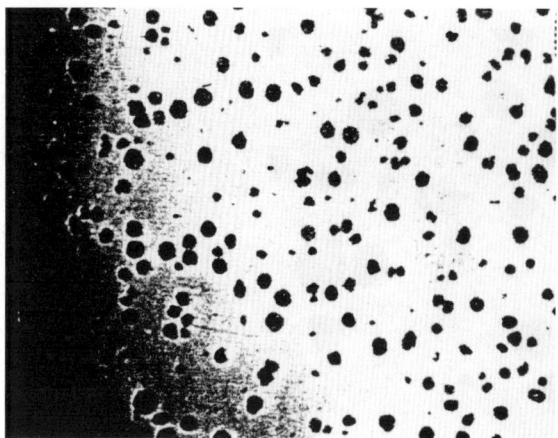

图 1-3-78　　　　　　　　　　100×

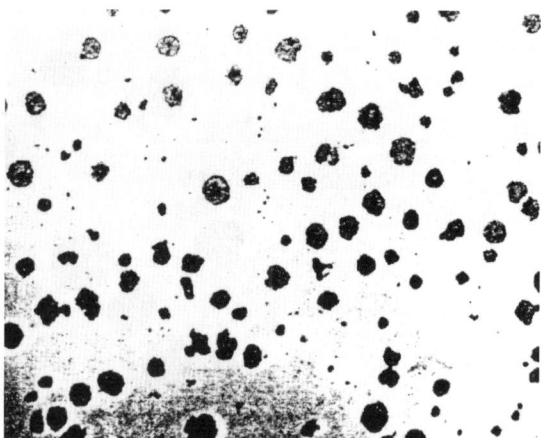

图 1-3-79　　　　　　　　　　100×

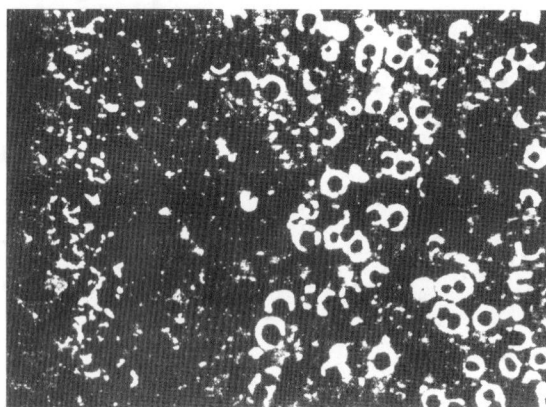

图 1-3-80　　　　　　　　　　100×

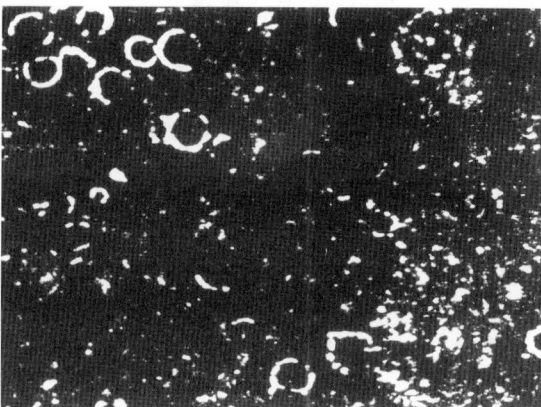

图 1-3-81　　　　　　　　　　100×

图　号：1-3-78～1-3-81

材料名称：球墨铸铁（120 发动机连杆，于杆身靠近小头端部处截取金相试样）

浸蚀剂：图 1-3-78、1-3-79 未浸蚀，图 1-3-80、1-3-81 采用 4%硝酸酒精浸蚀

处理情况：硅砂湿型铸造（含水质量分数约为 5%），再于 890℃×0.5h 正火

组织说明：图 1-3-78：连杆表面石墨球数，约为 230 个/mm²。

图 1-3-79：连杆心部石墨球数，约为 120 个/mm²。

图 1-3-80：连杆表面的基体组织。

图 1-3-81：连杆心部的基体组织。

上述照片反映了冷却速度对石墨球数及正火组织的影响。

由于铸型含有一定的水分，造成连杆表面和心部不同的冷却速度，使内外石墨球数有了较大的差别，并使正火后的组织显得较为复杂。表面，也即石墨球数较多部位的组织依次为：脱碳层、珠光体层和珠光体+铁素体［约为 20%（体积分数）］；心部，也即球数较少部位的组织为珠光体+铁素体［小于 5%（体积分数）］。组织复杂的原因可解释如下：在正火加热过程中，当铸件表面脱碳后，内外就出现了碳的浓度梯度，由于碳原子由高浓度向低浓度扩散，故紧靠脱碳层的部位就形成了一个高碳区，正火冷却后该区域便成为珠光体层，再向内，奥氏体内碳量相对减少，加上球墨数量多，球墨之间的距离短，冷却时碳容易向球墨表面沉积，所以正火后便形成较多的铁素体［约为 20%（体积分数）］。连杆心部球数少，球墨之间的距离较远，正火冷却时奥氏体中的碳就不容易析出沉淀于球墨，故在共析相变便获得了数量较多的珠光体。

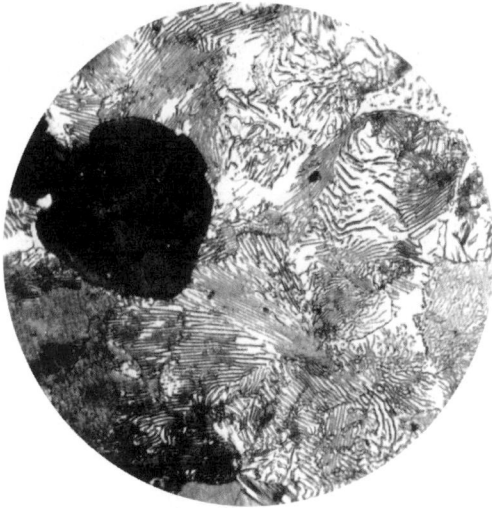

图　1-3-82　　　　　　　　　　　500×

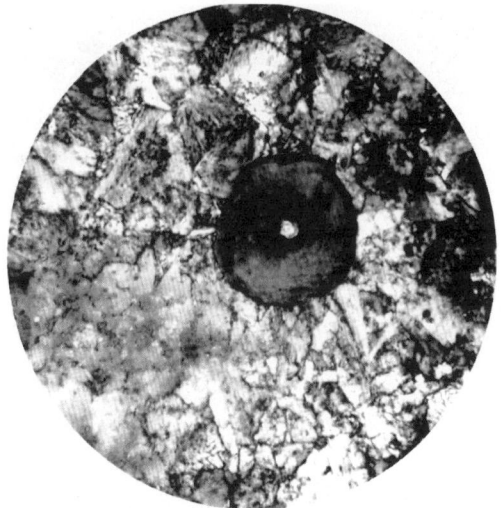

图　1-3-83　　　　　　　　　　　500×

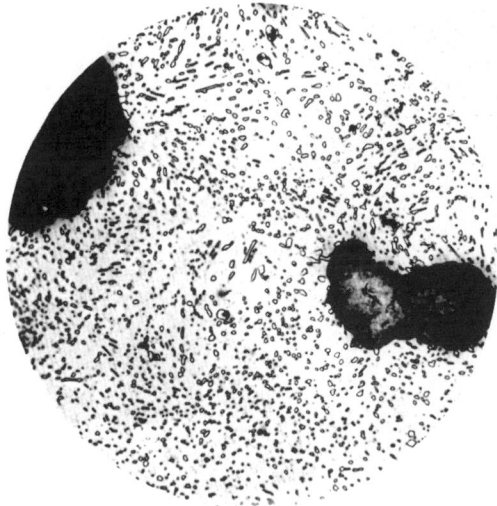

图　1-3-84　　　　　　　　　　500×

图　　号：1-3-82～1-3-84　　　　　　　　浸蚀剂：3%硝酸酒精溶液
材料名称：球墨铸铁　　　　　　　　　　处理情况：正火
组织说明：图 1-3-82 为粗片状珠光体，图 1-3-83 为细片状珠光体，图 1-3-84 为粒状珠光体。
　　　　珠光体具有较高的强度和良好的耐磨性，硬度值为 200～300HBW。
　　　　珠光体可分为片状和粒状两种。片状珠光体由片状渗碳体和片状铁素体组成。GB/T 9441—1988 将它分为粗片状、片状和细片状 3 级。放大 500 倍下，渗碳体和铁素体片间距较大的，为粗片状珠光体；渗碳体和铁素体片间距可辨的，为片状珠光体；渗碳体和铁素体片间距难以辨认的，为细片状珠光体。由于球墨铸铁中含有锰、镁、稀土等元素，过冷度较大，易获得细片状珠光体。此外，还有一种呈针状分布的珠光体，也称为放射状珠光体；事实上，这种珠光体的外貌虽呈"针状"，实质仍为片状，只是片间距很小而已，需在高倍显微镜下才能分辨。在临界温度范围内（即三相区）加热和以较快的速度冷却，是针状珠光体形成的条件。
　　　　粒状珠光体通常在 Ar_1～Ac_1 温度范围内获得。因为非合金球墨铸铁的墨化速度远大于球化速度，所以在上述温度范围内加热，大部分组织分解成铁素体，只有共晶团界面才形成部分粒状珠光体。当含锰量 w（Mn）大于 1.2%时，珠光体稳定性提高，墨化变得困难，球化趋势显著增大，故用热处理可获得全部粒状珠光体。粒状珠光体的强度低于片状珠光体，而韧塑性则较高。

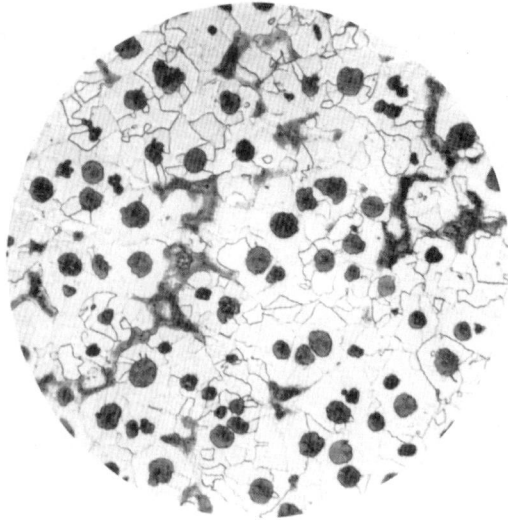

图 1-3-85   100×

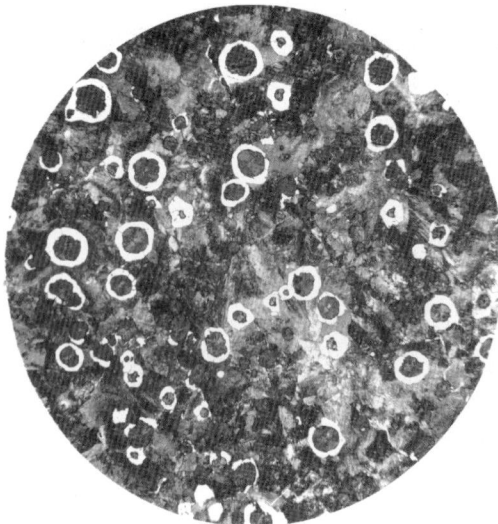

图 1-3-86   100×

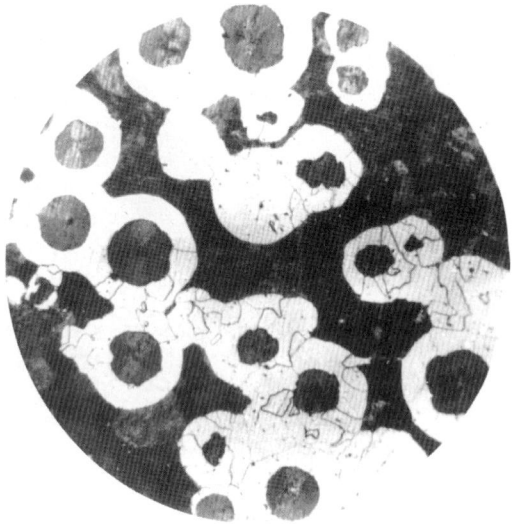

图 1-3-87   100×

图　　号：1-3-85～1-3-87   浸 蚀 剂：3%硝酸酒精溶液
材料名称：球墨铸铁   处理情况：铸态
组织说明：图 1-3-85：等轴铁素体及珠光体。

    图 1-3-86：牛眼状铁素体和珠光体。

    图 1-3-87：牛眼状较厚的铁素体和珠光体。

    碳素钢铁素体的硬度值≤80HBW。球墨铸铁中的铁素体由于已溶入了一定数量的硅、锰、磷等元素，其硬度值为 100～150HBW。按形态分，球墨铸铁的铁素体可分为等轴晶粒、牛眼状、破碎状和网状等几类。

    等轴铁素体：当铁素体数量在基体组织中占大多数或全部时，其晶粒大致呈等轴多边形。

    牛眼状铁素体：铁液冷却后完全奥氏体化正火，若以稍慢的冷却速度通过 Ar_3～Ar_1 温度范围，在球墨周围便会形成环状铁素体，因形状如牛眼而得名。若冷却速度再慢一些，牛眼便会增厚。另外，在正火温度较高，冷却速度较快的条件下，可获得半牛眼状铁素体。

    球墨周围形成牛眼状铁素体的原因有两个：首先，球墨周围硅量较高，硅能促进石墨化；更重要的是，当一个晶体以另一个晶体的晶面为基础进行结晶时，它们相互对应面上的排列应相似，并且晶格常数间的最大差别不得大于 9%。石墨的（0001）晶面与铁素体的（111）晶面的原子排列就存在对应关系，晶格常数差别仅为 2.3%，故铁素体可优先结晶于石墨表面。

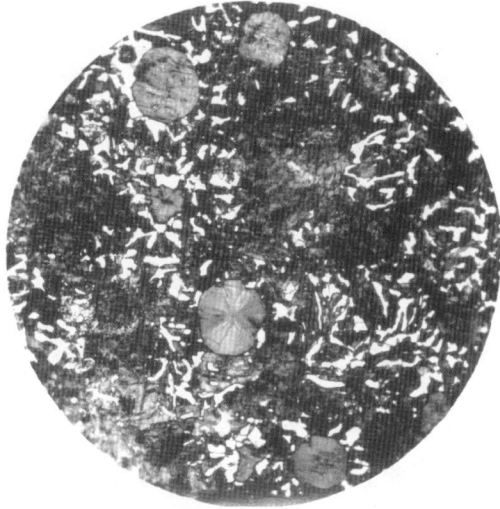

图　1-3-88　　　　　　　　　　　　　100×

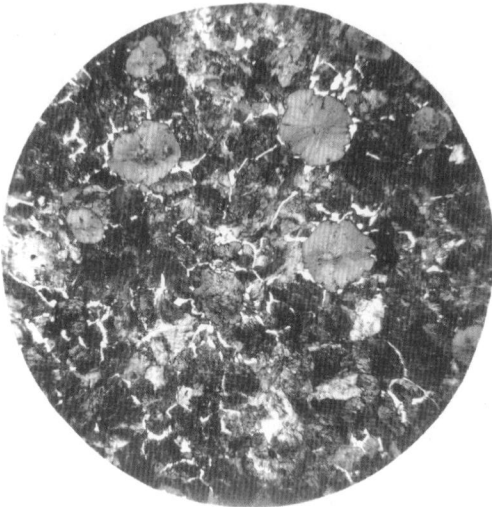

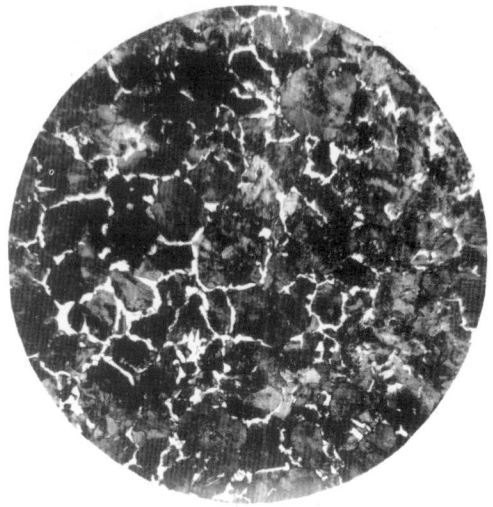

图　1-3-89　　　　　　100×　　　　　图　1-3-90　　　　　　100×

图　　号：1-3-88～1-3-90　　　　　　　浸 蚀 剂：3%硝酸酒精溶液
材料名称：球墨铸铁　　　　　　　　　　处理情况：正火
组织说明：图 1-3-88 为破碎状铁素体和珠光体，图 1-3-89 为网状铁素体和珠光体，图 1-3-90 为网状铁素体、牛眼状铁素体和珠光体。

　　破碎状铁素体：呈块状或条块状分布。非合金球墨铸铁 Ac_1～Ac_3 的温度范围约为 60～80℃，在低于但又接近于 Ac_3 临界温度正火时，可得到破碎状铁素体。实际上，破碎状铁素体即是正火加热时未溶解的铁素体。这种分布的铁素体，能改善含磷较高球铁的韧性。

　　影响破碎状铁素体数量和分布的主要原因是：①加热温度越接近 Ac_3 时，破碎状铁素体越少，加热温度降低则数量增加，但当温度靠近 Ac_1 时，则不会得到破碎状铁素体，此时，由于铁素体数量过多，将形成少量珠光体分布于铁素体基体的组织。②硅是提高临界点的元素，且富集于球墨周围，故在正火后出现的破碎状铁素体，大多分布在球墨周围。

　　网状铁素体：分布于晶粒边界。球墨铸铁经中温奥氏体化加热（900～920℃）并保温后，随炉冷却（冷却速度较快），至接近 Ar_3 点时再保温，然后出炉冷却，可得到网状铁素体。

　　网状铁素体的塑性和韧性比单纯的牛眼状铁素体好。

　　通常认为，球墨铸铁中形成牛眼状铁素体的条件最优越，在接近 Ar_3 点冷却时，不形成牛眼状而形成网状的原因是：①晶粒边界存在各种显微或亚显微缺陷，这些缺陷成为晶核，使铁素体的析出不需要形核功。②奥氏体晶界的自由能较高，而碳量则往往较低，所以在空冷过程中，奥氏体晶界便成为铁素体析出的有利部位。

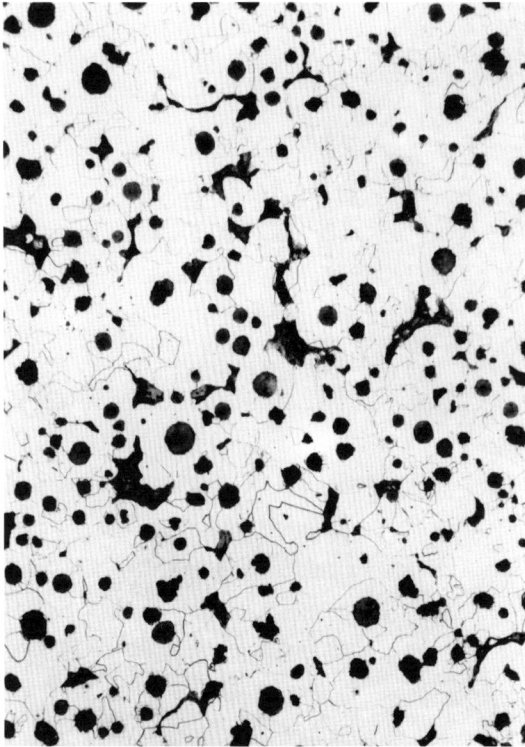

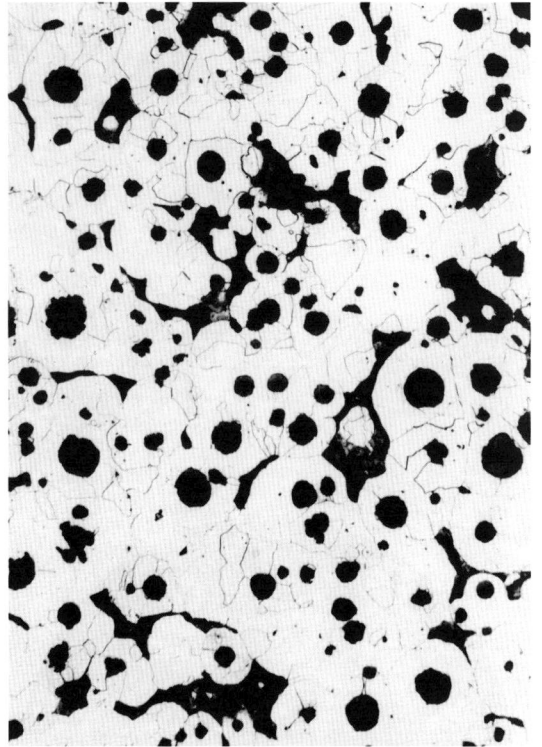

图 1-3-91   100×   图 1-3-92   100×

图 号：1-3-91、1-3-92

材料名称：球墨铸铁（QT400-18、QT400-15）

浸 蚀 剂：3%硝酸酒精溶液

处理情况：铸态

组织说明：图 1-3-91：球化率>90%，石墨球数约 200 个/mm²，基体为铁素体和珠光体（体积分数<10%），牌号为 QT400-18。

图 1-3-92：球化率为 90%，石墨球数约 120 个/mm²，基体为铁素体和珠光体（体积分数<20%），牌号为 QT400-15。

上述铸态铁素体球铁应用于轿车底盘的支架、转向器接柱，高炉冷却壁等。

铸态铁素体球铁的参考化学成分为：w（C）3.5%～3.9% ，w（Si）2.5%～3.0%，w（Mn）≤0.3%，w（P）≤0.07%。

生产铸态铁素体球墨铸铁，特别是 QT400-18，需注意以下几点：

1）用低锰、低硫、低磷生铁，还应引用碳化物系数 Sc 来评价新生铁：

Sc= Mn+15Cr+20V+30B+10S+5Sn+1.5Pb，其值应取 Sc 小于 0.8。

2）在铁素体达到要求的前提下，尽量降低含硅量，在低温下使用的铁素体球铁，w（Si）为 1.4%～2.0%为宜。

3）加强孕育，获得饱和孕育状态的铁液，对薄壁件可用低熔点元素的孕育剂。

4）宜采用低镁、低稀土球化剂。

图　　号：1-3-93

材料名称：球墨铸铁（QT500-7）

浸 蚀 剂：3%硝酸酒精溶液

处理情况：铸态

组织说明：球化率>90%，基体为铁素体和珠光
　　　　　体（体积分数为 40%～50%）。

　　QT500-7 是铁素体和珠光体的混合基体
球墨铸铁，应用于重型汽车底盘的主要零件、
轿车制动钳及其支架、差速器壳体等。

　　参考化学成分：w（Si）2.1%～2.5%，
w（Mn）0.3%～0.5%。新生铁的碳化物系数
选用 Sc0.8～1.0，必要时，可适量调整锰含量
达到 Sc 的数值。但锰不宜过高，因为锰不仅
是珠光体和碳化物形成元素，还能溶于铁素
体，降低伸长率。

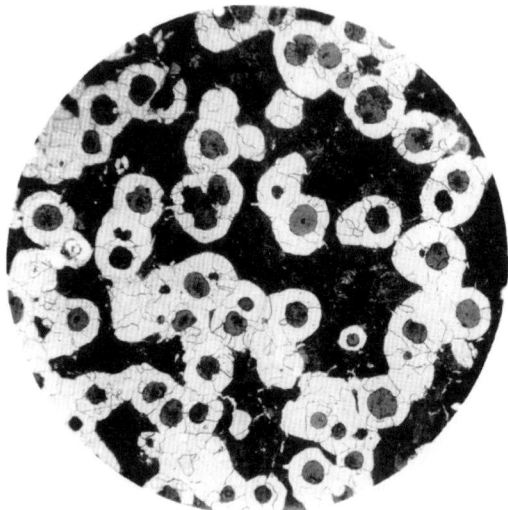

图　　1-3-93　　　　　　　　　　　　100×

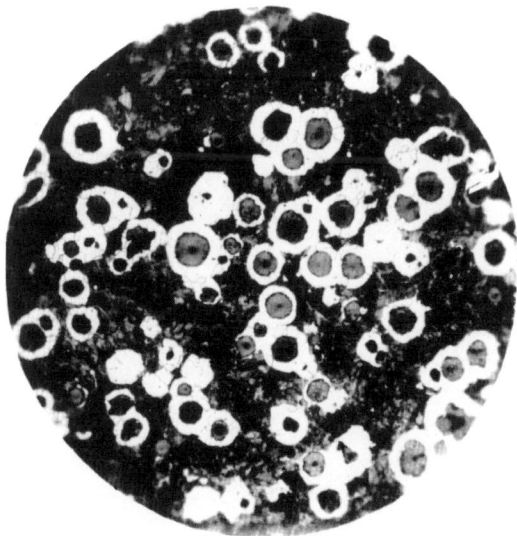

图　　1-3-94　　　　　　　　　　　　100×

图　　号：1-3-94

材料名称：球墨铸铁（QT600-3）

浸 蚀 剂：3%硝酸酒精溶液

处理情况：铸态

组织说明：球化率>90%，基体为珠光体（体积分
　　　　　数≈65%）和铁素体。

　　QT600-3 是珠光体和铁素体的混合基体球墨
铸铁，应用中小发动机的曲轴、起动齿轮等。

　　QT600-3 的珠光体数量要求经历了一个过
程。在球墨铸铁生产初期，要求珠光体量（体积
分数）大于 85%，后降至大于 80%，再降至大于
70%，且珠光体量是通过热处理（正火）获得的；
及至现在，珠光体量大于 60%，即可达到 QT600-3
的要求，还取消了正火处理，由铸态可直接得到
珠光体。此过程反映了球墨铸铁铸造技术的进步。

　　QT600-3 的参考化学成分为：w（Si）2.1%～
2.5%，w（Mn）0.3%～0.6%。新生铁的碳化物系
数选用 Sc0.8%～1.0%。铸件断面较大时，可加入
适量锑。

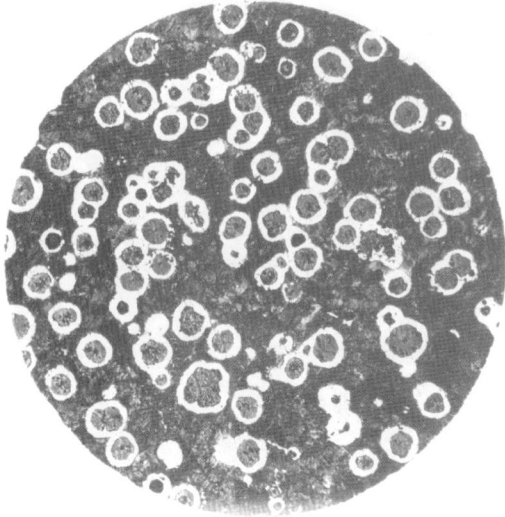

图 1-3-95 100×

图　　号：1-3-95

材料名称：球墨铸铁（QT700-2）

浸 蚀 剂：3%硝酸酒精溶液

处理情况：铸态

组织说明：球化率大于90%，基体为珠光体（体积
　　　　　分数为70%～80%）和铁素体。

　　QT700-2是珠光体球墨铸铁，应用于发动机曲轴等。

　　珠光体球墨铸铁的参考化学成分为：w（C）3.3%～3.6%，w（Si）2.1%～2.5%，w（Mn）0.3%～0.6%，并根据断面大小，加入锑w（Sb）0.015%～0.025%。锑加入量过少，珠光体增加不显著；锑加入量过大，虽能增加珠光体，但在共晶团边界会形成锑的化合物，使抗拉强度特别是伸长率下降。

　　随着球铁铸造技术的发展，珠光体球墨铸铁中允许的铁素体数量在上升，逐步呈现混合基体的趋势。例如，某厂生产的QT700-2，在球化率不低于90%、球径小于0.06mm时，铁素体含量允许为10%～35%（体积分数），即能稳定达到牌号的要求。

图　　号：1-3-96

材料名称：球墨铸铁（QT800-2）

浸 蚀 剂：3%硝酸酒精溶液

处理情况：铸态

组织说明：球化率大于90%，基体为珠光体［大于
　　　　　90%（体积分数）］和铁素体。

　　QT800-2是珠光体球墨铸铁，应用于发动机曲轴等。

　　参考化学成分为：w（C）3.3%～3.6%，w（Si）2.1%～2.5%，w（Mn）0.3%～0.6%，w（Cu）0.3%～1.0%，w（Mo）≤0.3%，w（Sb）0.015%～0.025%。厚壁铸件宜加入铜，因为铜能在冷却速度较缓慢的条件下，仍能获得珠光体。

　　加入铜、锰等白口化元素后，应加强孕育，防止碳化物的形成。

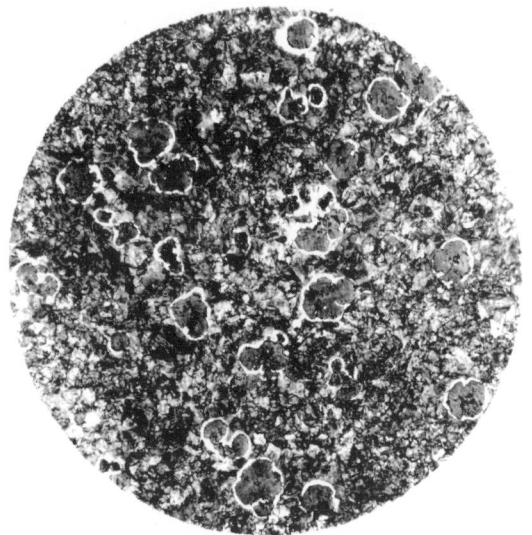

图 1-3-96 100×

图　　号：1-3-97

材料名称：稀土镁球墨铸铁（QT400-18）［w（Si）2.8%］

浸　蚀　剂：2%硝酸酒精溶液

处理情况：920℃×1h→600℃空冷

组织说明：球状及团状石墨，基体为铁素体及少量片状珠光体［约占 5%（体积分数）］，珠光体分布于共晶团晶界处。

　　采用包外孕育，球状石墨细小而又分布均匀，由于球墨铸铁中硅量偏高，渗碳体退火时容易石墨化，因此退火后残留的珠光体数量极少。

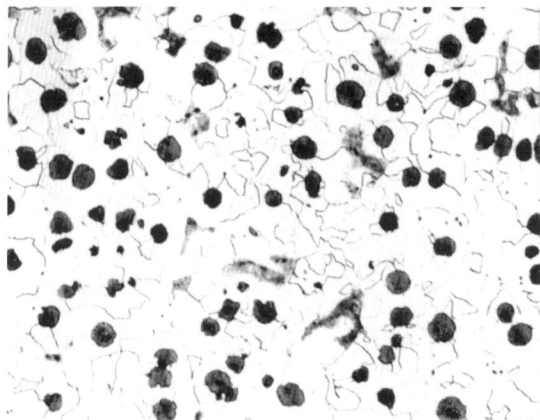

图　　1-3-97　　　　　　　　　　　　100×

图　　号：1-3-98

材料名称：稀土镁球墨铸铁（QT400-18）

浸　蚀　剂：4%硝酸酒精溶液

处理情况：910℃×1h 炉冷

组织说明：球状石墨及少量团状石墨，尺寸细小，分布尚均匀。基体为铁素体及呈岛状分布的片状珠光体［约占 25%（体积分数）］。

　　高温加热保温炉冷时，由于炉子小，冷速大，故残留珠光体数量较多，使球墨铸铁的塑性达不到牌号要求。可补充做低温退火（即加热至 730～750℃保温 1～2h 炉冷），使残留的珠光体进一步石墨化，此时球墨铸铁的塑性将明显增加。

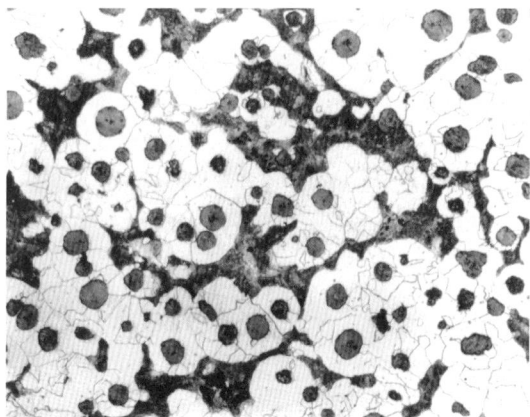

图　　1-3-98　　　　　　　　　　　　100×

图　　号：1-3-99

材料名称：稀土镁球墨铸铁（QT400-18）

浸　蚀　剂：2%硝酸酒精溶液

处理情况：920℃×1h→740℃×30min→600℃空冷。

组织说明：球状石墨呈灰色，基体为铁素体和珠光体［15%～20%（体积分数）］。

　　一般孕育工艺制造的球墨铸铁，其球状石墨较包外孕育工艺来得粗大，相对来说球墨数量也较少。

　　不同牌号的球墨铸铁，应采用不同成分的铁液来生产。但有些工厂为了生产方便，常采用同一成分的铁水来浇注，然后通过不同的热处理工艺获得不同牌号球墨铸铁，例如，QT600-3 用正火处理来获得；若要求 QT400-18 牌号时，即将铸件进行高温退火。这种做法虽不合理，但仍为一些工厂所采用。

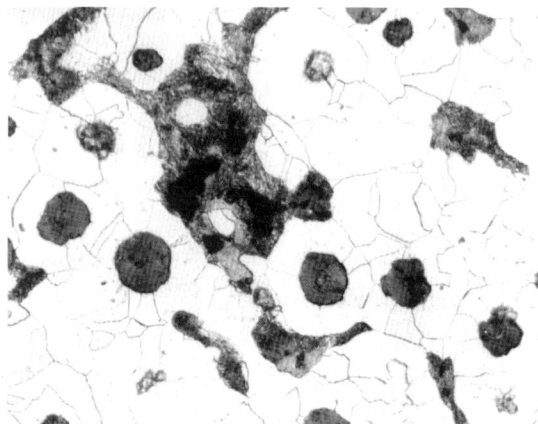

图　　1-3-99　　　　　　　　　　　　200×

图　　号：1-3-100
材料名称：稀土镁球墨铸铁（QT600-3）
浸蚀剂：3%硝酸酒精溶液
处理情况：810℃加热保温后出炉空冷
组织说明：分散分布的块状铁素体。

除球状及团状石墨外，基体为片状珠光体及块状分布的铁素体。这种均匀分布的块状铁素体又可称为破碎状铁素体。

在低于 Ac_3 临界温度下加热，大部分基体转化为奥氏体，但尚有一部分铁素体未被溶解而残留下来，呈块状分布于奥氏体中；在随后的空冷过程中，奥氏体转变为片状珠光体，未溶解的铁素体被保留下来。随着加热温度的升高，未溶解的铁素体将会进一步减少，当加热温度超过 Ac_3 临界温度后空冷，可获得全部片状珠光体组织或片状珠光体和牛眼状的铁素体组织。

图　1-3-100　　　　　　　　100×

图　　号：1-3-101
材料名称：稀土镁球墨铸铁（QT600-3）
浸蚀剂：4%硝酸酒精溶液
处理情况：810℃加热保温后出炉空冷
组织说明：呈方向性分布的块状铁素体。

球状及团状石墨，基体为片状珠光体和块状铁素体。这种分布的铁素体也可称之为破碎状铁素体。

由于球墨铸铁在一次结晶时存在枝晶偏析，引起珠光体和铁素体的不均匀分布；在低于 Ac_3 临界温度下加热时，不可能改善或消除铸造过程中引起的偏析，因此铸造时形成的铁素体未能完全溶解而残留在基体中。冷却后，上述铁素体仍保持铸造时的方向性形态。不过，铁素体块状的大小比铸态时小，外形较圆滑。

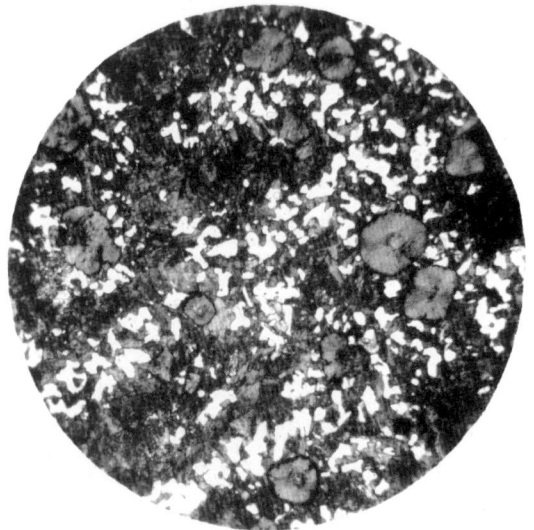

图　1-3-101　　　　　　　　100×

图　　号：1-3-102

材料名称：球墨铸铁（QT600-3）

浸蚀剂：4%硝酸酒精溶液

处理情况：稀土镁中间合金冲入法球化处理，硅铁
　　　　孕育处理，铸造后正火处理

组织说明：分散分布的蠕虫状石墨以及球状和团状
　　　　石墨。基体为片状珠光体及铁素体，铁素体围绕
　　　　着球状、团状及蠕虫状石墨分布。

　　　　蠕虫状石墨分散分布时，常与球状或团状石
　　墨共存与一块铁素体中，很少见到蠕虫状石墨单
　　独地存在于铁素体上，低倍放大时，上述特征更
　　为清晰。蠕虫状石墨分散分布时，对力学性能虽
　　有影响，但一般尚能附合 QT600-3 牌号的要求。

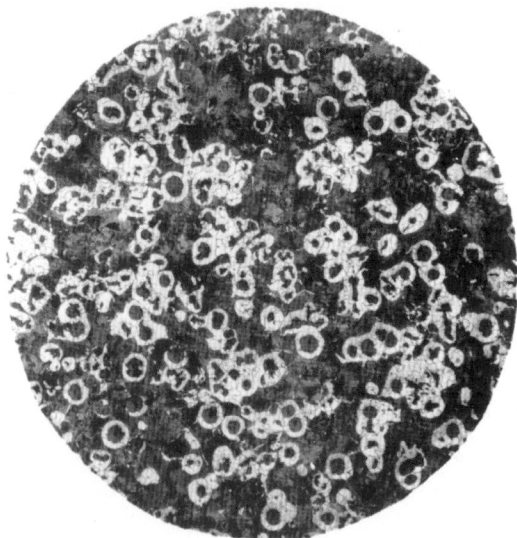

图　1-3-102　　　　　　　　　　40×

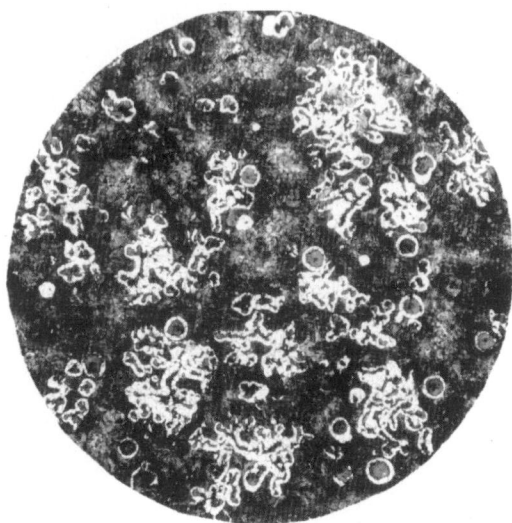

图　1-3-103　　　　　　　　　40×

图　　号：1-3-103

材料名称：球墨铸铁（QT600-3）

浸蚀剂：4%硝酸酒精溶液

处理情况：稀土镁中间合金冲入法球化处理，硅铁
　　　　孕育处理，铸造后正火处理

组织说明：聚集分布的蠕虫状石墨，连在一起分布
　　　　在一块铁素体上，好似一朵菊花。而团状、球
　　　　状石墨则单独分布在铁素体上，呈牛眼状，它
　　　　们很少与聚集丛生的蠕虫状石墨共存于一块铁
　　　　素体上。

　　　　具有这类分布形态的石墨，说明球化处理不
　　良，因此球墨铸铁的力学性能将明显下降，一般
　　达不到 QT600-3 牌号的要求。

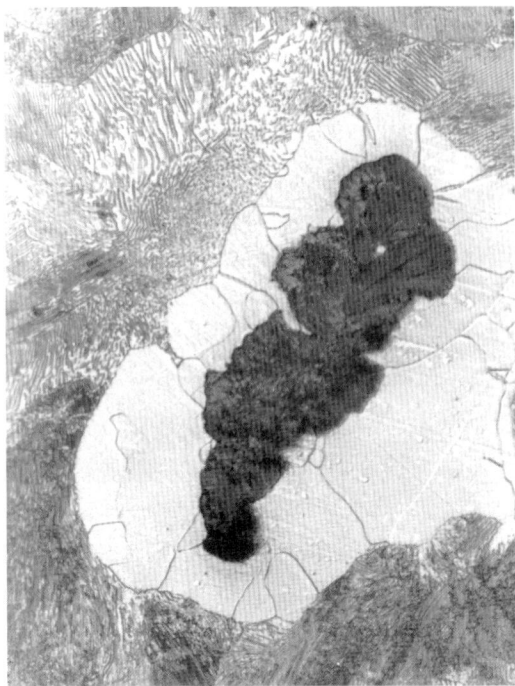

图　　1-3-104　　　　　　　　500×

图　　号：1-3-104
材料名称：稀土镁球墨铸铁
浸 蚀 剂：4%硝酸酒精溶液
处理情况：铸造后，加热至600℃保温后空冷
组织说明：蠕虫状石墨，基体为片状珠光体，石墨
　　　　　周围为铁素体组织。在铁素体与珠光体交界处，
　　　　　少量珠光体发生墨化和球化。
　　　　　　当珠光体和铁素体球墨铸铁加热到600℃左
　　　　　右时，珠光体将发生变化，这一变化首先发生在
　　　　　铁素体与片状珠光体的交界处。在该处可见到少
　　　　　量片状渗碳体呈现断续状。这表明，片状珠光体
　　　　　开始由介稳定的状态趋向于稳定状态。
　　　　　　为什么这一过程首先发生在铁素体与珠光
　　　　　体的交界处呢？这是由于石墨周围的硅量稍
　　　　　高，在低于相变温度加热时，易使珠光体发生
　　　　　分解，析出的碳原子因距离石墨较近，易依附
　　　　　于石墨表面。

图　　号：1-3-105
材料名称：稀土镁球墨铸铁
浸 蚀 剂：3%硝酸酒精溶液
处理情况：铸态，加热至600~650℃保温后空冷
组织说明：团状和球状石墨，呈黑灰色。基体为片
　　　　　状珠光体及牛眼状铁素体，在铁素体与珠光交
　　　　　界处，部分珠光体已发生墨化和球化。该处先转
　　　　　变的原因是：①交界处能量较高，能满足相变所
　　　　　需的能量；②硅是石墨化元素，球墨附近硅量较
　　　　　高，因而片状渗碳体先开始分解；③该处离石墨
　　　　　距离较近，片状渗碳体分解后形成的碳原子，达
　　　　　到石墨的距离就较近。

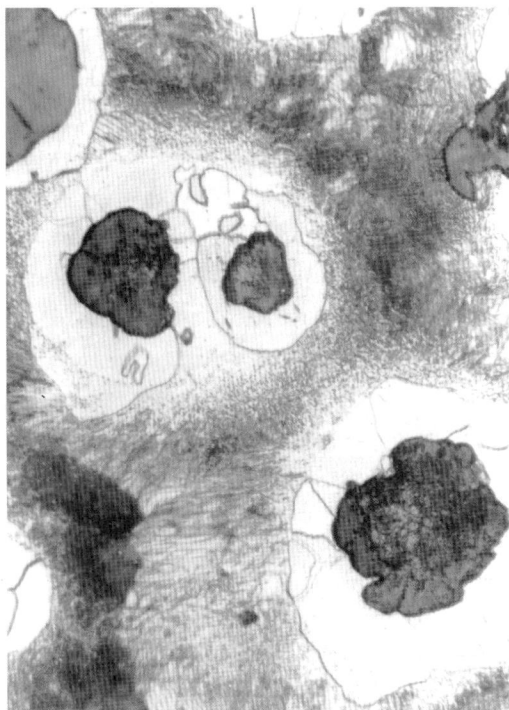

图　　1-3-105　　　　　　　　500×

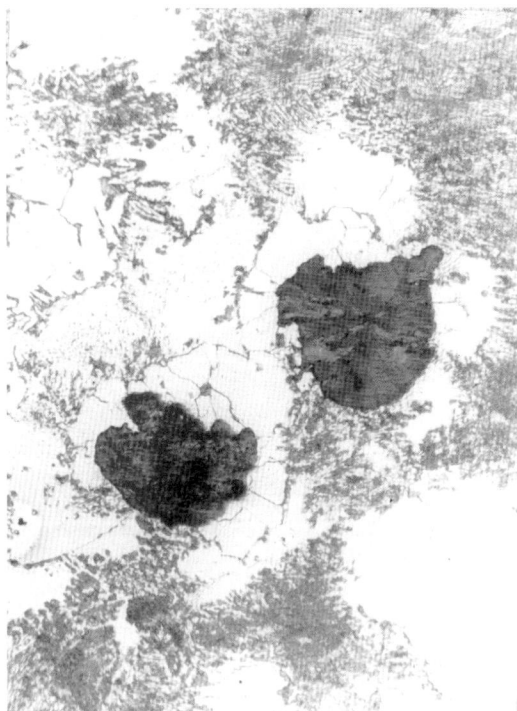

图　　号：1-3-106

材料名称：稀土镁球墨铸铁

浸蚀剂：3%硝酸酒精溶液

处理情况：加热至 700～730℃保温后空冷

组织说明：灰黑色为团状石墨。基体为趋于球化的
片状珠光体，石墨周围的铁素体已扩大，失去牛
眼形态；在铁素体晶界处有条状珠光体。

　　随着加热温度的继续升高，在发生球化的同
时墨化进程加速。由于石墨周围含硅量较高，珠
光体中渗碳体易于分解而墨化，碳通过铁素体晶
界扩散到球墨上，因此晶界处的含碳量较高，此
时若进行空冷，即可在晶界处见到析出条状分布
的珠光体组织。

图　　1-3-106　　　　　　　　　　400×

图　　号：1-3-107

材料名称：稀土镁球墨铸铁

浸蚀剂：4%硝酸酒精溶液

处理情况：不完全正火

组织说明：灰色为球状石墨。基体为呈针状分布的
珠光体，铁素体呈碎块状分布。

　　加热温度稍高于 $Ac_1^{终}$（约为 800℃）时，极
大部分珠光体已转变为奥氏体，同时铁素体将开
始转变为奥氏体。转变首先在铁素体晶界处进
行，因为晶界处能量较高，原子排列不规则，是
碳原子容易活动的"通道"，球墨表面的碳原子
即通过晶界而溶入铁素体，并由铁素体首先转变
为奥氏体。若此时立即进行空冷，晶界处的奥氏
体将转变为珠光体，其外形似针、块状。若加热
温度再升高，将有更多的铁素体转变为奥氏体，
直至 Ac_3 以上、铁素体转变终了，从而获得奥氏
体和石墨两相组织。

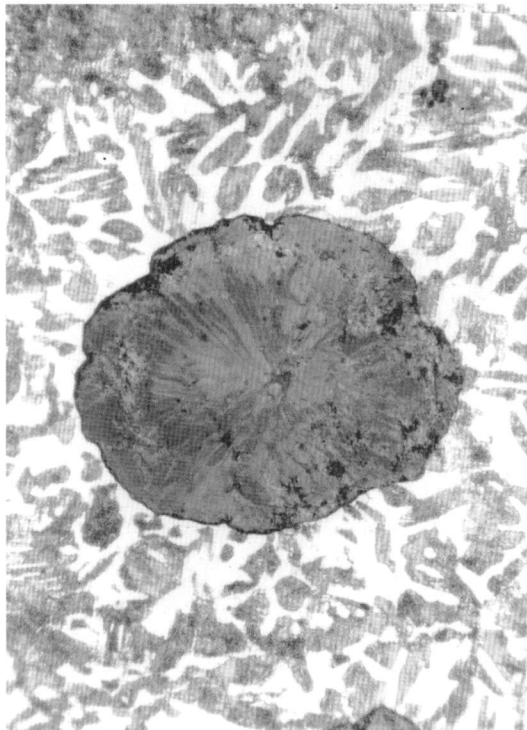

图　　1-3-107　　　　　　　　　　800×

图　　号：1-3-108

材料名称：球墨铸铁

浸蚀剂：3%硝酸酒精溶液

处理情况：正火后于650℃退火处理

组织说明：球状石墨，基体为粒状珠光体

　　粒状珠光体是在接近 Ac_1 温度退火形成的。普通球墨铸铁，由于含锰量较低，墨化速度大于球化速度，故在获得粒状珠光体的同时，还出现了铁素体（数量视退火工艺而定）。当 w（Mn）大于1.2%时，珠光体稳定性提高，墨化变得困难，球化趋势则显著增加，退火后可获得全部珠光体。

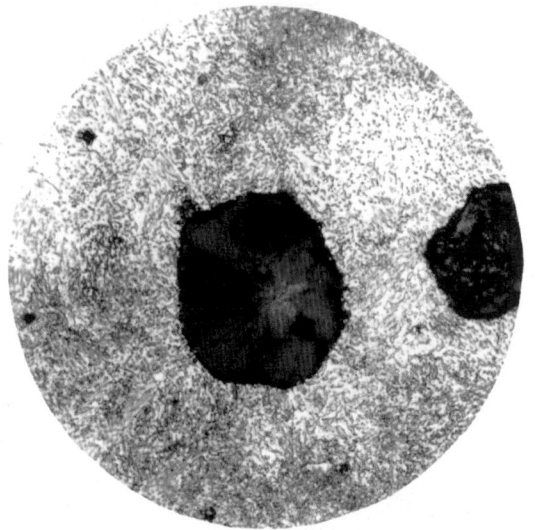

图　1-3-108　　　　　　　　500×

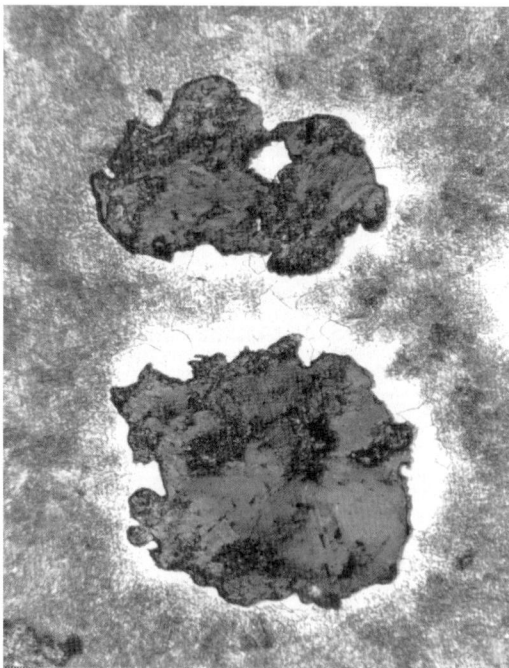

图　1-3-109　　　　　　500×

图　　号：1-3-109

材料名称：稀土镁球墨铸铁

浸蚀剂：3%硝酸酒精溶液

处理情况：正火后于650℃保温后空冷

组织说明：团状石墨呈黑灰色。基体为趋向于球粒状的珠光体，在石墨周围的白色基体为铁素体，球粒状珠光体在铁素体与珠光体交界处甚为清晰。

　　正火处理后，获得珠光体为基体的球墨铸铁，再在650℃加热和保温时，石墨周围的珠光体先发生分解成为铁素体和石墨，析出的石墨则依附于石墨而存在。

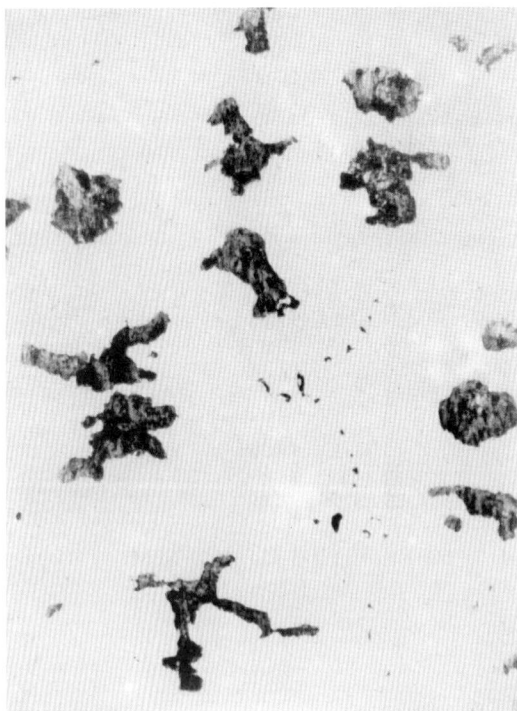

图　1-3-110　　　　　　　　　　　　100×

图　　　号：1-3-110

材料名称：稀土镁球墨铸铁

浸 蚀 剂：未浸蚀

处理情况：880℃×2h 空冷

组织说明：石墨以团絮状为主，在共晶团晶界处存在断续网状分布的 TiN 夹杂物。

　　团絮状石墨的特征是团状边缘向外伸长，通常出现于大断面的铸件中。一般说来，这种形态的石墨较粗大，且分布稀疏。出现这种石墨对综合性能有明显的影响，特别是对伸长率和冲击韧度影响较大。

图　　　号：1-3-111

材料名称：稀土镁球墨铸铁

浸 蚀 剂：3%硝酸酒精溶液

处理情况：880℃×2h 空冷

组织说明：珠光体以及围绕团絮状石墨分布的铁素体，此外还有少量铁素体呈细块状分散分布。

　　由于加热温度不够，致使铸态的铁素体未能完全溶解，而以块状形态残留下来。试样取自曲轴本体，其力学性能如下：R_m 为 650N/mm²；A 为 2.4%；硬度值为 241HBW。

　　本图为稀土镁球墨铸铁大铸件，因凝固时间较长，使石墨于结晶过程中容易发生畸变，从而得到团絮状石墨，这种分布形态的石墨是稀土镁球铁大铸件中特有的分布形态。

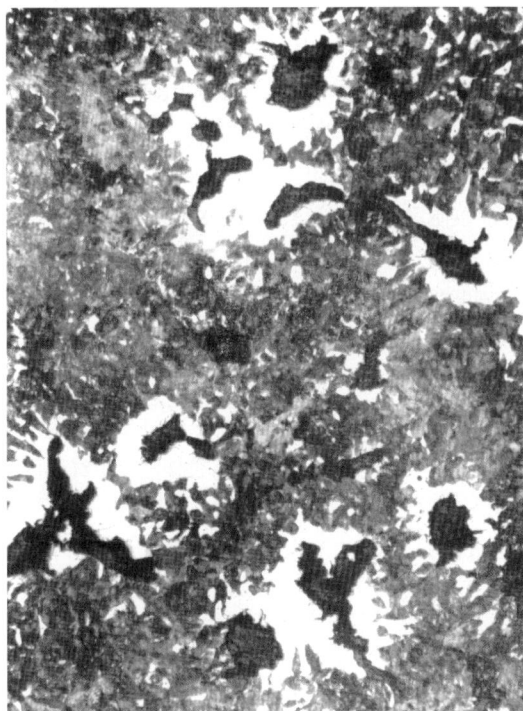

图　1-3-111　　　　　　　　　　　　100×

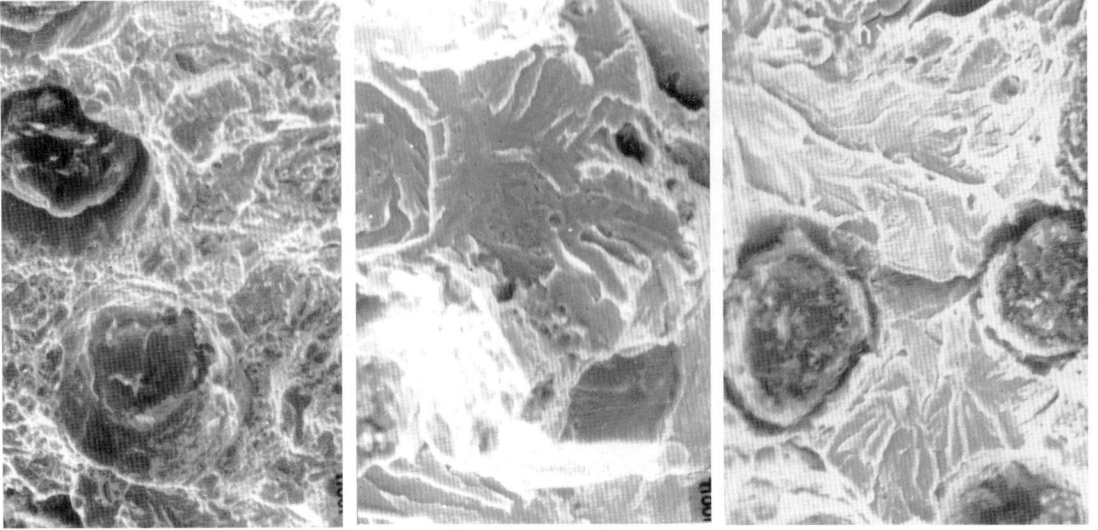

| 图　1-3-112　　　SEM　　600× | 图　1-3-113　　　SEM　　600× | 图　1-3-114　　　SEM　　800× |

图　　号： 1-3-112～1-3-114

材料名称： 球墨铸铁

浸 蚀 剂： 未浸蚀

处理情况： 拉伸试棒断口

组织说明： 图1-3-112：球墨周围为较大的韧窝，其外围有颇多的小韧窝，球墨已沿拉伸方向伸长。

图1-3-113：河流状花样及珠光体断裂的片层状花样。

图1-3-114：河流状花样，裂纹从一个球墨扩展至另一个球墨。

在拉伸应力作用下，珠光体基体球墨铸铁的断裂经历了弹塑性变形、裂纹萌生、裂纹亚临界扩展和裂纹失稳扩展等几个阶段。裂纹起源于球墨或夹杂物边缘，初期其发展速度较缓慢，而且往往一个球墨边缘的裂纹，扩展不久即停止，然后再在另一个球墨边缘形成新的裂纹。反映在宏观断口上，裂纹萌生和亚临界扩展阶段，即为纤维区；在SEM中观察，纤维区为拉长的球墨和大小不等的韧窝。裂纹不断长大，达到一定的尺寸后，由于周围应力集中且得不到有效松弛，于是开始快速扩展，进入失稳发展阶段。反映在宏观断口上，裂纹失稳扩展阶段与结晶区相对应，有时还可看到人字形花纹；在SEM中观察，即为河流状及片层状花样。

宏观断口上纤维区的色泽、面积大小与珠光体和铁素体的相对数量有关。经生产中长期统计，三者的关系如下表所示；其球化级别为1～3级，球径小于0.06mm。

拉伸载荷下纤维区与珠光体、铁素体的关系

珠光体 （体积分数，%）	铁素体 （体积分数，%）	纤维区情况	
		占断口面积（%）	色　　泽
70～80	其余	可能出现	浅灰色
50～70	其余	<1/10	浅灰或灰暗色
30～50	其余	1/12～1/6	灰暗色
10～30	其余	1/10～1/2	灰暗或灰黑色，可出现不完整的剪切唇
<10	其余	1/3～全部	灰黑色，可出现不完整的剪切唇

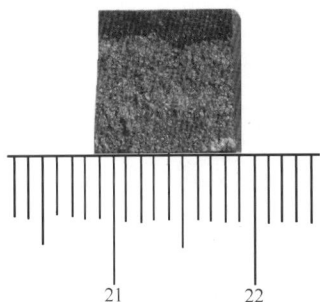

图 1-3-115

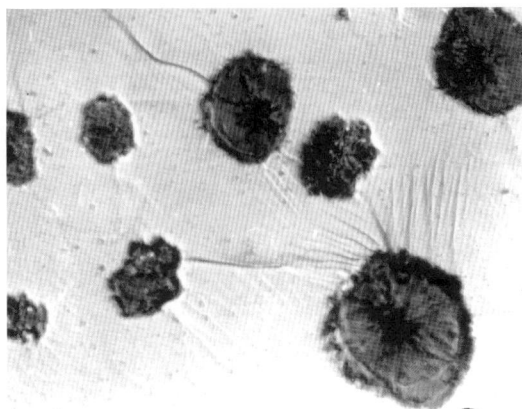

图 1-3-116 320×

图 1-3-117 500×

图　　号：1-3-115～1-3-117

材料名称：铁素体球墨铸铁

浸 蚀 剂：未浸蚀

处理情况：铸态

组织说明：图 1-3-115：冲击试样宏观断口（尺寸为 10mm×10mm×55mm，无缺口），属韧性-脆性混合断口，由纤维区和结晶区组成。

图 1-3-116：球墨与基体界面形成的滑移线。

图 1-3-117：纤维区形成的大量波纹形滑移带。

冲击负荷是一种急加负荷，加载速度很快，而塑性变形却是一个需要时间的过程，这就增加了变形的不均匀性，使球墨更易造成应力集中。

铁素体基体的球墨铸铁的塑性变形是以滑移方式进行的。首先，在纤维区的球墨表面形成滑移带；接着，在铁素体晶界和晶内的微观缺陷处（如空位、缺位、缩松等）形成滑移带；之后，新的滑移带增加和老滑移带色泽加深并形成小的裂纹。纤维区的小裂纹，互相连接、聚合、长大，当其长度达到临界尺寸时，即以高速发展，导致最终的断裂。宏观断口上的纤维区，即是裂纹萌生和亚临界发展阶段。

国标 GB/T 1348—1988 中，铁素体球墨铸铁有 QT400-18、QT400-15 和 QT450-10 三个牌号，其中以 QT400-18 要求最高。从铁素体球墨铸铁的塑性变形的断裂看，为了稳定地达到 QT400-18 的要求，增加石墨球数和提高铁液净度是最重要的措施。这样做，才能降低球墨的应力集中，增加滑移变形，从而提高塑性。

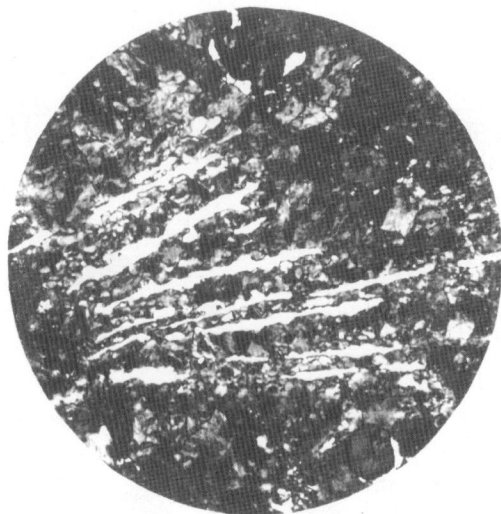

图　1-3-118　　　　　　　　　500×

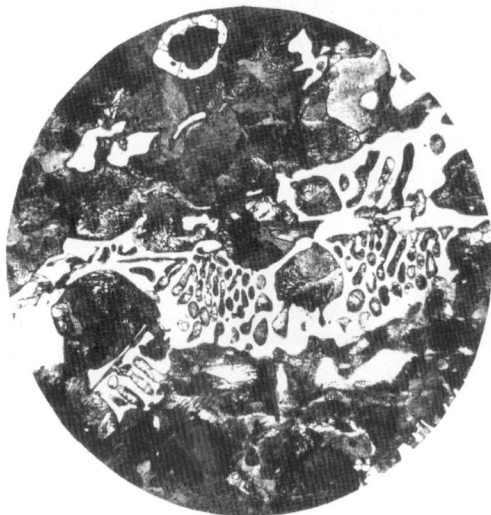

图　1-3-119　　　　　　　500×

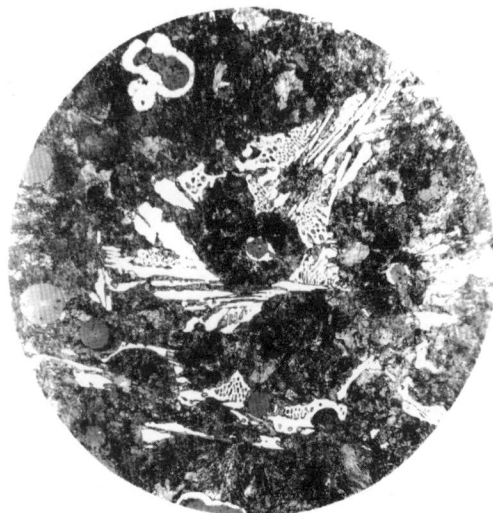

图　1-3-120　　　　　　　500×

图　　号：1-3-118～1-3-120　　　　　　浸蚀剂：3%硝酸酒精溶液
材料名称：球墨铸铁　　　　　　　　　　处理情况：铸态
组织说明：图1-3-118：一次渗碳体。图1-3-119：莱氏体。图1-3-120：板条渗碳体型共晶体。

　　球墨铸铁中的渗碳体，溶有锰、磷、镁、稀土等元素，实为合金渗碳体。加入铬、钼、钒等元素，则可得到合金碳化物，硬度值为70～75HRC。

　　渗碳体的晶格结构是复杂的正交晶格，层内原子以共价键结合，层与层之间以金属键结合，它在c轴方向的生长速度低于a轴和b轴，一般生长成片状。一次渗碳体又称初晶渗碳体，是从铁液中第一个析出的先生成相，其核心形成后，周围都是可以生长的空间，受到的阻碍很小，因此成长为粗大的片状，在金相磨面上观察，即为粗大的板条状或针状。在球墨铸铁中，只有成分中含硅量很低或冷却速度很快时（例如薄壁铸件），才会出现一次渗碳体。

　　莱氏体在共晶温度范围内形成，由共晶渗碳和共晶奥氏体组成，是后生成相。它在奥氏体残留空间中生长，故其形态受到一定限制。形成时，片状渗碳体首先析出，继之，奥氏体棒杆沿［001］方向穿越渗碳体，如此重复协同生长，便形成蜂窝状共晶体即莱氏体。随后，在快冷条件下，蜂窝状奥氏体小岛转变为马氏体和残留奥氏体；在慢冷条件下，便转变为铁素体或珠光体或两者兼有。

　　共晶渗碳体除蜂窝型之外，也可形成板条状渗碳体型。前者是在共晶过冷度较小的条件下出现的，后者是在共晶过冷度较大的条件下出现的。板条状渗碳体型共晶体是离异共晶，其共晶渗碳和共晶奥氏体是以分离的形式生长的。

图　1-3-121　　　　　　　　　500×

图　1-3-122　　　　　　　　　500×

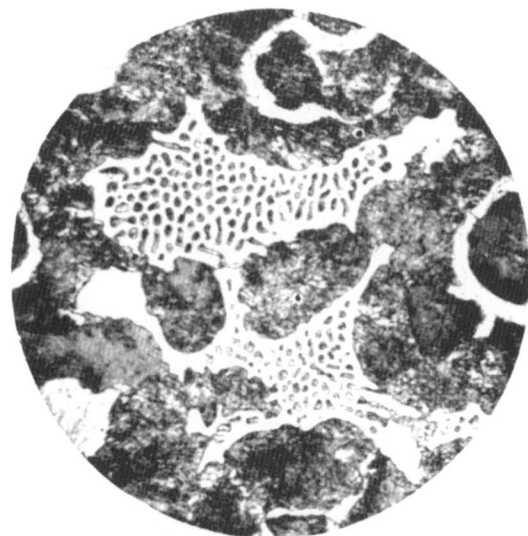

图　1-3-123　　　　　　　　　500×

图　　号：1-3-121～1-3-123
材料名称：球墨铸铁
浸 蚀 剂：3%硝酸酒精溶液
处理情况：铸态
组织说明：图 1-3-121：分布于共晶团内的块状渗碳体。

图 1-3-122：分布于共晶团界面的块状渗碳体。

图 1-3-123：与莱氏体共存的块状渗碳体。

块状渗碳体是在共晶温度形成的，它可由熔体直接析出或由莱氏体转化而成。在共晶转变时，若冷却速度较缓慢，共晶体中的奥氏体就有足够时间通过扩散合并到初生的奥氏体上，使原来应该是莱氏体的位置，只留下块状渗碳体，这种现象称为共晶离异。

在块状渗碳体的上述三种分布形式中，常见的是与莱氏体共存。分布于共晶团界面的块状渗碳体，是在共晶温度后期形成的，富集磷、锰和稀土等元素，即使采用高温正火（退火），也颇难分解。

图　　号：1-3-124

材料名称：稀土镁球墨铸铁（QT400-18）

浸 蚀 剂：3%硝酸酒精溶液

处理情况：920℃×1h 炉冷

组织说明：灰黑色为球状石墨，基体为铁素体及少
量珠光体，还有板条状渗碳体型莱氏体。

　　铸造时析出的渗碳体和共晶莱氏体，在高温
加热时，因保温时间太短，致未完全分解而被保
留下来。由于莱氏体的存在，将增加零件的硬度，
使其伸长率达不到牌号的要求，在使用中容易产
生脆性断裂。

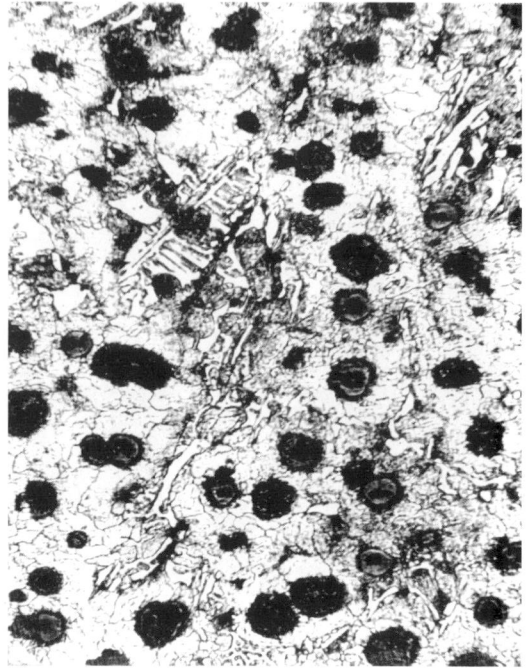

图　 1-3-124　　　　　　　　　　　　100×

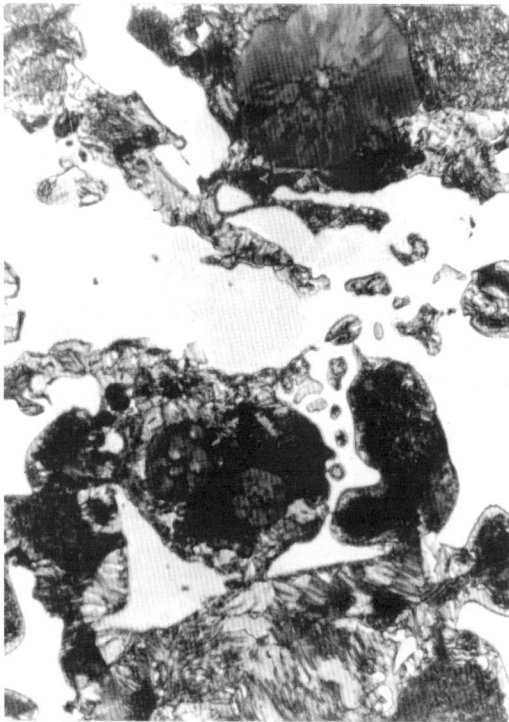

图　 1-3-125　　　　　　　　　　　　500×

图　　号：1-3-125

材料名称：稀土镁球墨铸铁（QT600-3）

浸 蚀 剂：3%硝酸酒精溶液

处理情况：稀土镁中间合金冲入法球化处理，铸造
状态

组织说明：灰黑色为球状石墨，基体为粗片状珠光
体及大块状渗碳体和莱氏体。

　　图中大块状渗碳体实际上是由莱氏体转化
而成。共晶转变时，由于冷却速度缓慢，致使共
晶莱氏体中一部分奥氏体有足够时间扩散到奥
氏体基体上；还有一部分因扩散不完全而残留下
来，在共析转变时析出珠光体组织，因此在大块
渗碳体一侧仍可见到莱氏体。

　　这种大块渗碳体及莱氏体将大大增加铸件
的硬度，使铸件机械加工时发生困难，如不用高
温退火来消除，在使用中由于这种大块脆性组织
的存在，容易产生脆断事故。

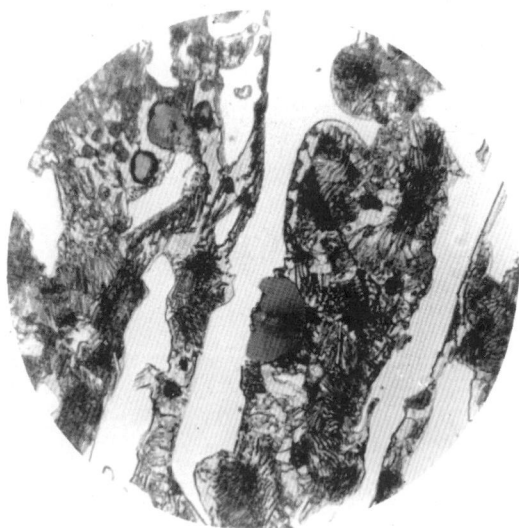

图 1-3-126   500×

图　　号：1-3-126

材料名称：稀土镁球墨铸铁（QT600-3）

浸 蚀 剂：3%硝酸酒精溶液

处理情况：稀土镁中间合金冲入法球化处理，铸造
　　　　　状态

组织说明：球状石墨，基体组织为粗片状珠光体、
　　　　　粗大条状渗碳体以及少量莱氏体。

　　　　　从图中可以看到一个有趣的情况：半个球状
　　　石墨与条状渗碳体相依而存在；这是由于一个石
　　　墨晶核自液态中析出后，一侧被自液态中析出的
　　　渗碳体相切而阻碍了继续生长，一侧则与液体金
　　　属接触而成长为半个球状石墨。

图　　号：1-3-127

材料名称：稀土镁球墨铸铁（QT600-3）

浸 蚀 剂：3%硝酸酒精溶液

处理情况：稀土镁中间合金冲入法球化处理，铸造
　　　　　状态

组织说明：球状石墨，基体组织为片状珠光体和牛
　　　　　眼状铁素体，在共晶团界面处存在条、块状的渗
　　　　　碳体，呈断续网状分布。

　　　　　根据渗碳体的这种分布形态，表明它是在最
　　　后凝固时形成的，因为在最后凝固的铁液中，正
　　　偏析元素容易产生偏析，易促使液体金属凝固时
　　　在共晶团晶界处析出呈网状分布的条、块状渗碳
　　　体。渗碳体的这种分布形式，将显著降低球墨铸
　　　铁的塑性和韧性。可采用高温正火处理来消除这
　　　种分布不良的渗碳体组织，从而改善球墨铸铁件
　　　的力学性能。

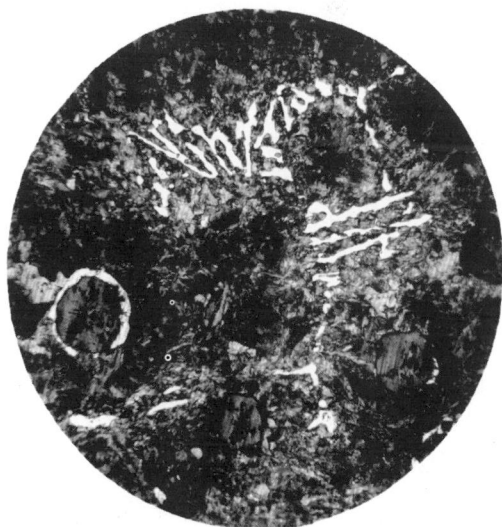

图 1-3-127   100×

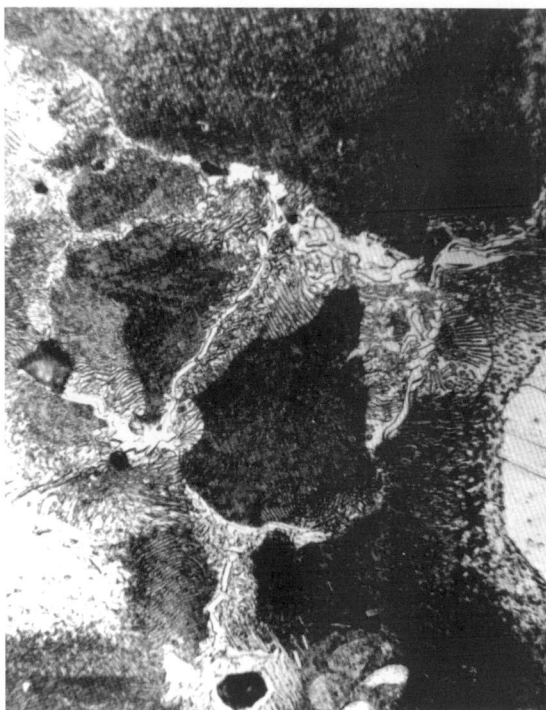
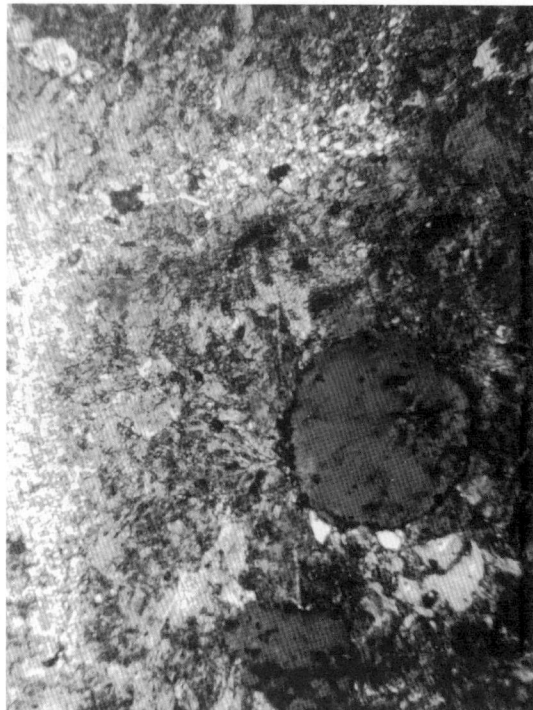

图　　1-3-128　　　　　　　　　　　500× 　图　　1-3-129　　　　　　　　　　　500×

图　　　号：1-3-128、1-3-129
材 料 名 称：球墨铸铁
浸 蚀 剂：3%硝酸酒精溶液
处 理 情 况：铸态
组织说明：图1-3-128：网状二次渗碳体，图1-3-129：粒状二次渗碳体。

　　二次渗碳体是球墨铸铁中较为常见的缺陷。它的存在，能使晶界的脆性增大，从而较大地降低材料的强韧性。这种组织大多在高温正火时析出，也可在铸态或淬火过热时出现。按形态来分，常见的二次渗碳体有网状和粒状两类。

　　网状二次渗碳体分布于原奥氏体晶界上，其网络较细薄，不像网状铁素体那样肥厚。

　　粒状二次渗碳体分布于共晶团界面附近，该部位锰、镁、稀土等正偏析元素较高，这种成分不均匀的奥氏体，在冷却过程中使二次渗碳体易于以粒状的形式析出。

　　减少或消除二次渗碳体的措施：①化学成分中，硅能促进石墨化，可适当提高 [w（Si）>2.2%]；锰是正偏析元素，会促使晶界形成渗碳体，故宜将锰量控制在 [w（Mn）<0.5%]，而且越低越好。②采用低稀土低镁球化剂，借以降低镁和稀土的含量。③采用多次孕育和复合孕育剂，获得饱和孕育的铁液，增加共晶团的数量。④正火温度以 900～920℃为宜。⑤倘出现二次渗碳体，可采用二阶段正火加以消除，其工艺为：900～920℃保温 0.5～2.0h，炉冷至 880～860℃保温 0.5～1h，出炉空冷。

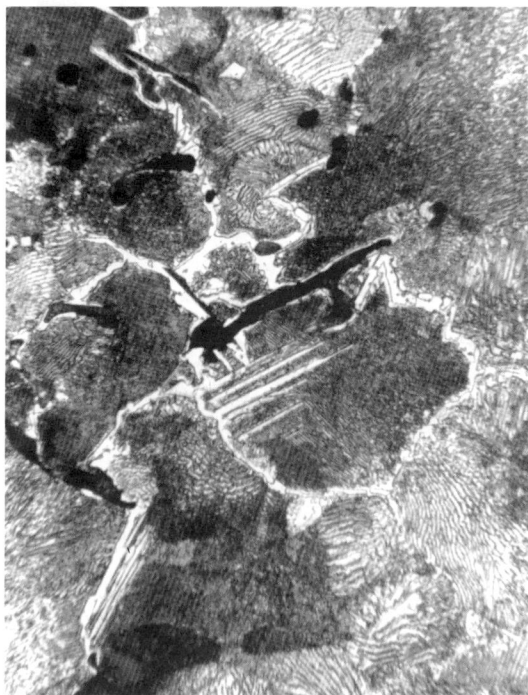 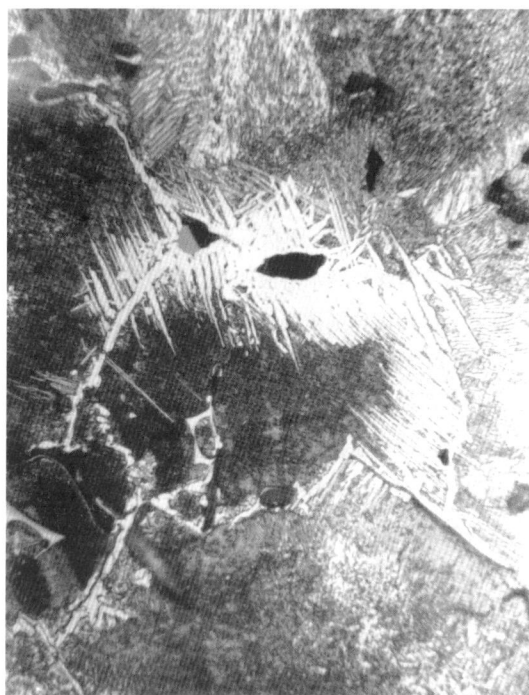

图　1-3-130　　　　　　　　　　500×　图　1-3-131　　　　　　　　　　500×

图　　号：1-3-130、1-3-131

材料名称：球墨铸铁

浸 蚀 剂：3%硝酸酒精溶液

处理情况：1000℃正火

组织说明：图1-3-130：针状二次渗碳体及网状二次渗碳体，图1-3-131：密集分布的针状二次渗碳体。

　　　针状二次渗碳体又称魏氏组织，在球墨铸铁中颇为少见，特别是密集分布的更少。

　　　针状二次渗碳体是沿一定惯析面析出的、从晶界伸向晶内的一组互相平行的片状组织。除晶界生长外，在晶粒内部也可形成少量片状组织。魏氏组织的长度小于或贯穿整个晶粒，但不能穿越晶粒。从照片可以看出，晶界上的网状渗碳体、夹杂物、显微缩松等，是针状二次渗碳体形成的天然晶核，这样几乎不需要形核功。魏氏组织具有明显的方向性轮廓、均匀的明亮度，当它密集分布时，其宽度方向互相衔接时，就分辨不出片状的轮廓。

　　　渗碳体魏氏组织形成的条件：①往往伴随着粗晶粒同时出现；②奥氏体内的碳 w（C）>1.2%；③需要较快的冷却速度，冷却缓慢，析出的策动力不够，冷却太快，析出又会受到压抑。显然，球墨铸铁在通常的正火温度，很难满足上述条件。这是由于球墨铸铁在900～920℃加热，奥氏体内的碳约为 w（C）0.8%～0.9%；况且，球墨铸铁是一种本质细晶粒材料，在900～920℃正火冷却后，晶粒度往往仍为7～8级。因此，具有正火过热再加上适当的化学成分等条件的综合，才能形成魏氏组织。

图　　号：1-3-138

材料名称：稀土镁球墨铸铁（QT600-3）

浸 蚀 剂：4%硝酸酒精溶液

处理情况：铸态

组织说明：球状及团状石墨呈灰色，基体为片状
　　　　　珠光体，其上有少量呈均匀分布的白色块状为
　　　　　磷共晶。

　　　　　磷是铸铁中的有害元素，偏析倾向很大，富
　　　　集于共晶体边界。有文献介绍，$w(P)$超过 0.03%
　　　　就会形成磷共晶。本图片 $w(P)$ 为 0.04%。虽
　　　　然磷共晶的硬度较高易增大铸件脆性，但本铸件
　　　　因含磷量较低，磷共晶的数量较少，且呈均匀分
　　　　布，故对球墨铸铁性能的影响不太明显。

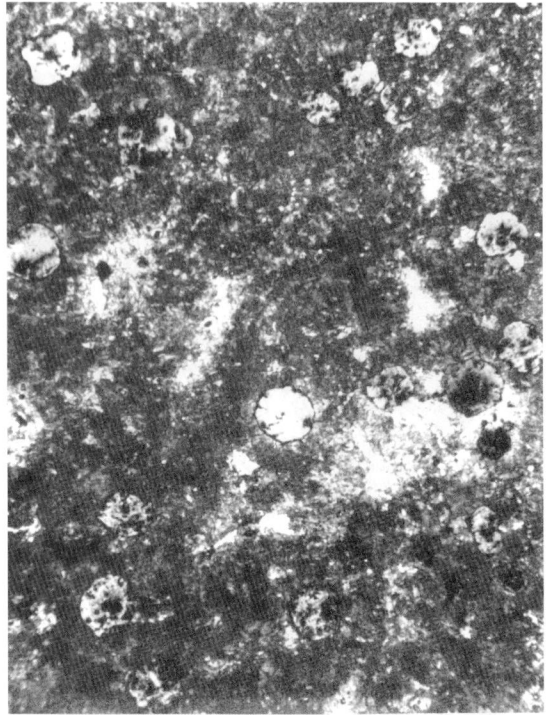

图　1-3-138　　　　　　　　　　　　　　　　100×

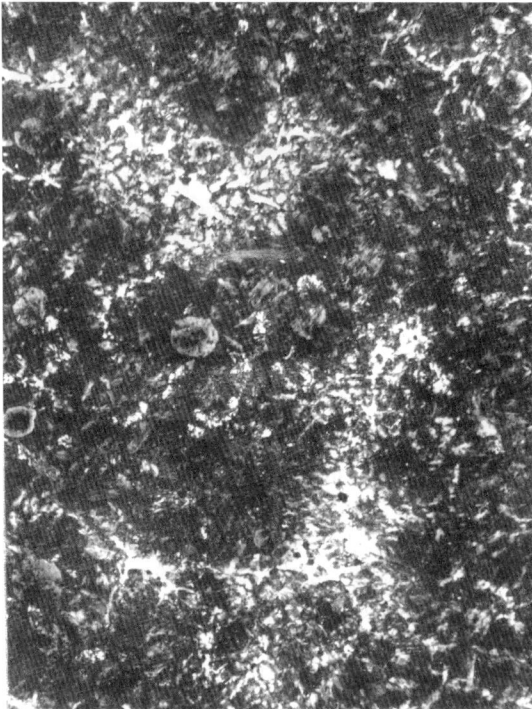

图　　号：1-3-139

材料名称：稀土镁球墨铸铁（QT600-3）

浸 蚀 剂：4%硝酸酒精溶液

处理情况：铸态

组织说明：球状石墨呈灰色，基体为片状珠光体，
　　　　　在共晶团边界处呈白色断续网状分布者为磷共
　　　　　晶体。

　　　　　QT600-3 中 $w(P)$ 一般小于 0.07%，本图
　　　　片 $w(P)$ 为 0.10%，已超过允许值。由于含磷量
　　　　增多，凝固后，磷共晶析出数量也随之增多，且
　　　　呈断续的网状分布，从而削弱了球墨铸铁的强
　　　　度，脆性明显增大，故易在使用中产生脆性断裂。

图　1-3-139　　　　　　　　　　　　　　　　100×

图　　号：1-3-140

材料名称：稀土镁球墨铸铁（QT600-3）

浸 蚀 剂：3%硝酸酒精溶液

处理情况：正火处理

组织说明：球状石墨呈黑灰色，基体为片状珠光体，
　　　　　白色棱角状为磷化铁。

　　　　经长时间高温加热后，二元磷共晶上的 γ-Fe
　　颗粒迁移到磷化铁周围的基体中，从而使二元磷
　　共晶转化为磷化铁，此现象称为共晶离异。

图　1-3-140　　　　　　　　　　500×

图　　号：1-3-141

材料名称：稀土镁球墨铸铁

浸 蚀 剂：3%硝酸酒精溶液

处理情况：880℃加热保温后淬火，600℃回火处理

组织说明：灰色为球状石墨，基体为回火托氏体及
　　　　　回火索氏体。白色不规则棱角状为磷化铁，在其
　　　　　周围的白色小颗粒为二次渗碳体。

　　　　二次渗碳体在稀土镁球墨铸铁中较常见，而
　　在镁球墨铸铁中则很少见。

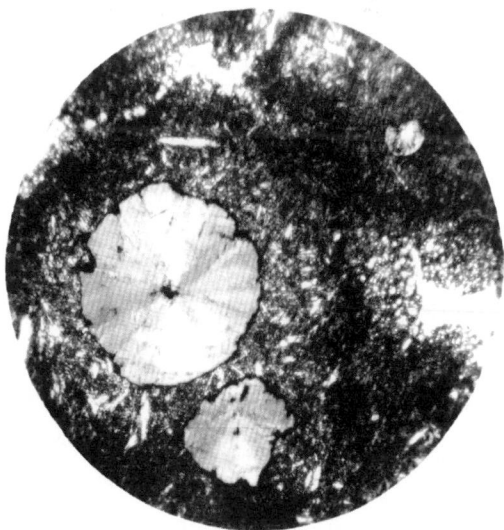

图　1-3-141　　　　　　　　　　500×

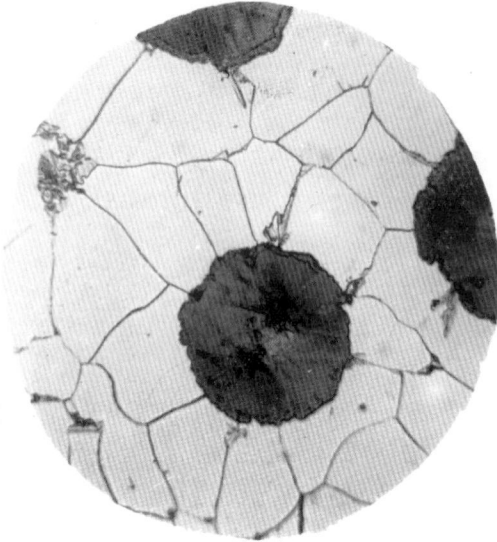

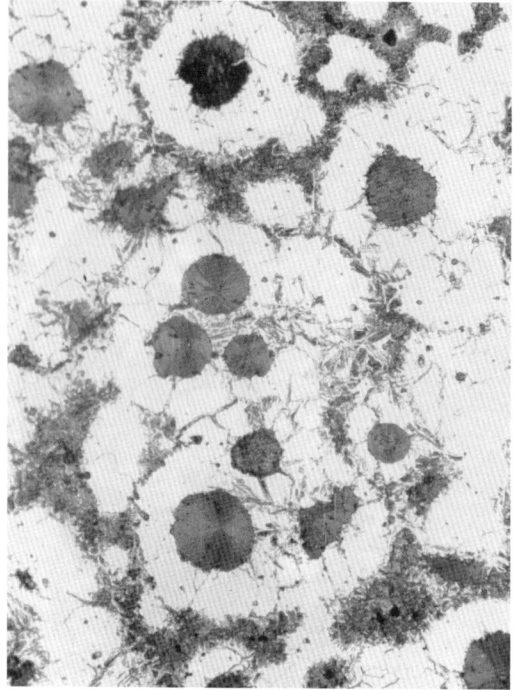

图　1-3-142　　　　　　　　500×　　图　1-3-143　　　　　　　　250×

图　　号：1-3-142、1-3-143

材料名称：球墨铸铁

浸 蚀 剂：3％硝酸酒精溶液

处理情况：宽度 25mm 的 Y 试块铁素体化退火后，加工成 ϕ25mm×8mm、内孔为 ϕ8mm 的圆片试块

　　图 1-3-142：圆片试块 700℃预热后，于 770℃等温铝浴中保温 10s 淬火

　　图 1-3-143：圆片试块 700℃预热后，于 770℃等温铝浴中保温 20s 淬火

组织说明：图 1-3-142：共晶团界面及铁素体晶界形成少量奥氏体（室温为奥氏体转变产物）。

　　图 1-3-143：包围共晶团界面的奥氏体（室温为奥氏体转变产物）。

　　球墨铸铁中铁素体→奥氏体转变是一个受扩散控制的生核长大过程。此过程容易在过热度$\triangle T$ 大、结构起伏大的部位优先形成。同时，还受到碳的影响，因为奥氏体的含碳量比铁素体大得多。所以，要使铁素体向奥氏体转变，就需要不断地提供碳原子。

　　由于球墨铸铁的成分存在微观偏析，球墨周围硅高锰低，共晶团界面锰高硅低；硅可以提高临界点，锰则降低临界点，故球墨铸铁的临界点存在微观的不均匀性，即球墨周围的临界转变温度较高，共晶团界面处的临界转变温度较低，从而增加了后者的过热度$\triangle T$。还有共晶团界面及铁素体晶界，是开阔结构，原子排列不规则，晶格畸变大，能满足相变所需的能量起伏和结构起伏条件。基于上述原因，当加热温度升至 Ac_1 以上不多时，过热度较小，相变较慢，碳有足够的时间扩散，它可以从球墨沿铁素体晶界扩散至较远地方，故奥氏体先在共晶团界面及铁素体晶界形核长大；由照片可见，此时能在共晶团界面形成一圈奥氏体。

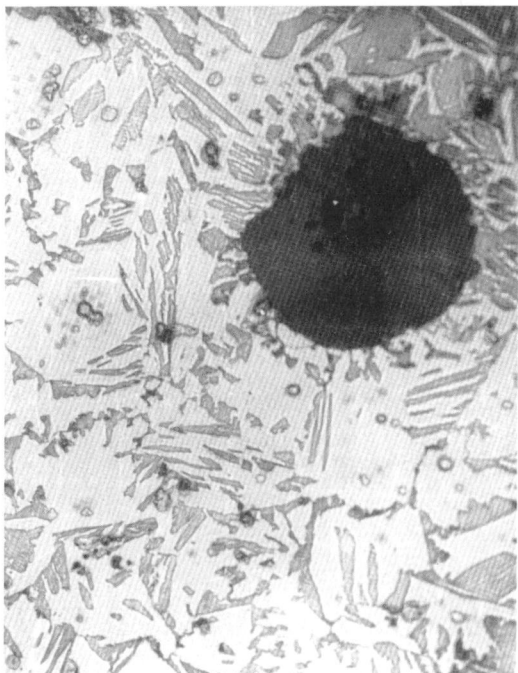

图　1-3-144　　　　　　　　　　630×

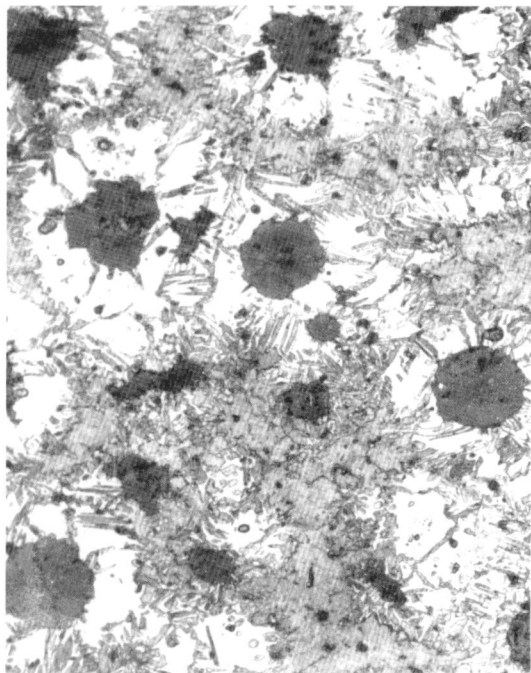

图　1-3-145　　　　　　　　　　250×

图　1-3-146　　　　　　　　　　500×

图　号：1-3-144～1-3-146

材料名称：球墨铸铁

浸　蚀　剂：3%硝酸酒精溶液

处理情况：热处理用 $\phi 25mm\times 8mm$、内孔为 $\phi 8mm$ 的圆片试块。其中：

图 1-3-144：700℃预热后，于 810℃等温铝浴中保温 20s 淬火

图 1-3-145：700℃预热后，于 830℃等温铝浴中保温 60s 淬火

图 1-3-146：700℃预热后，于 850℃等温铝浴中保温 30s 淬火

组织说明：图 1-3-144：奥氏体（室温为马氏体）从晶界以放射状形式向铁素体内发展。

图 1-3-145：球墨周围的奥氏体（马氏体）把铁素体分割成条块状。

图 1-3-146：球墨周围的奥氏体（马氏体）数量增加。

在 Ac_1 以上温度升高时，奥氏体以放射状的形式向铁素体内发展，并把铁素体分割成条块状，由于球墨铸铁临界点存在微观区域性，一般说，离球墨较远处的铁素体先转变成奥氏体，球墨周围的铁素体转变得最迟，当所有球墨周围的铁素体都转变为奥氏体时，此温度即为 Ac_3 点。

图　　号：1-3-147

材料名称：球墨铸铁

浸 蚀 剂：3%硝酸酒精溶液

处理情况：圆形试块 700℃预热后，于 850℃等温
　　　　　铝浴中保温 30s 后淬火

组织说明：三个球墨之间形成的奥氏体。

　　　由于三个球墨靠得很近，奥氏体化加热时，碳的扩散距离缩短，再加上三个球墨同时向该区域输送碳原子，因此在三个球墨外围碳量较低时，该区域已溶解较多的碳，于是，就形成较多的奥氏体。

图　 1-3-147　　　　　　　　　　800×

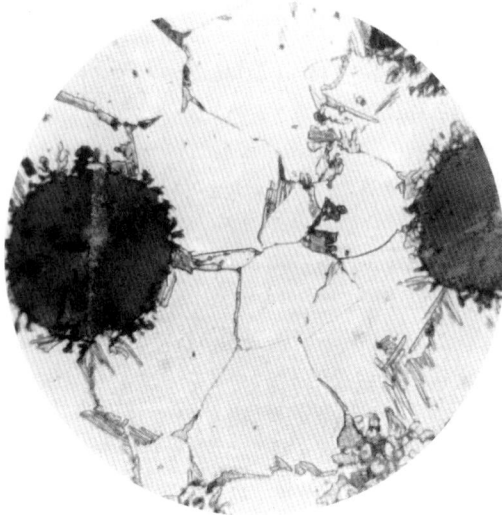

图　 1-3-148　　　　500×

图　 1-3-149　　　　500×

图　　号：1-3-148、1-3-149
材料名称：球墨铸铁
浸 蚀 剂：3%硝酸酒精溶液
处理情况：圆形试块 700℃预热后，于 930℃等温铝浴中保温 10s（图 1-3-148）和保温 15s（图 1-3-149）
组织说明：图 1-3-148：球墨周围的环状奥氏体。
　　　图 1-3-149：由于奥氏体增加，环状奥氏体已失去原有形态。
　　　提高奥氏体化温度及加快升温速度时，铁素体基体球墨铸铁各部位（高锰区和高硅区）都在短时间超过了临界温度，具备了足够的相变过热度。铁素体→奥氏体相变依赖于碳的供应。此时，碳原子不仅能从晶界扩散，更能从球墨表面向外直接扩散，即在球墨周围形成环状奥氏体。保温时间延长，球墨周围和共晶团界面处的奥氏体都增加，环状奥氏体也失去了环状形态。
　　　高频加热或中频加热时，加热速度更快，此时碳原子已来不及从晶界向更远的地方输送碳原子（晶界阻塞），就在球墨周围形成环状奥氏体，淬火后即得到硬环组织。

图　　号：1-3-150

材料名称：稀土镁球墨铸铁

浸 蚀 剂：3%硝酸酒精溶液

处理情况：830℃加热保温后油冷淬火

组织说明：灰色球团状为石墨，具有明显的辐射结
　　　　　构。基体为低碳马氏体，白色块状为未溶解的铁
　　　　　素体。由于低碳马氏体形成温度较高，在冷却过
　　　　　程中遭到回火，故针状不明显，呈棕黄色；由于
　　　　　淬火加热温度未达到临界温度 Ac_3，铁素体未完
　　　　　全溶解，故尚有一部分残留下来。

　　　　　　硬度：48～50HRC

图　1-3-150　　　　　　　　　　　　　　500×

图　　号：1-3-151

材料名称：稀土镁球墨铸铁

浸 蚀 剂：3%硝酸酒精溶液

处理情况：　840℃×20min 水冷淬火

组织说明：基体为低碳马氏体和块状分布的铁素
　　　　　体，在白色棱角状分布的磷共晶附近尚有极少量
　　　　　片状和粒状珠光体残留下来。

　　　　　　在 $Ac_1^{终}$～Ac_3温度范围内加热，铁素体会完
　　　　　全溶解，基体中由于加热温度低而合金化不充
　　　　　分，故在淬火后获得低碳马氏体及未溶解的铁素
　　　　　体组织。

　　　　　　由于球墨铸铁存在微观偏析，磷共晶附近的
　　　　　基体处于球墨铸铁最后凝固部位，磷元素含量较
　　　　　高，磷能使临界点升高，因此磷共晶附近的片状
　　　　　珠光体在淬火后仍被保留下来。

　　　　　　硬度：50～53HRC。

图　1-3-151　　　　　　　　　　　　　　800×

图　　号：1-3-152

材料名称：稀土镁球墨铸铁

浸　蚀　剂：4%硝酸酒精溶液

处理情况：830℃加热后水冷淬火

组织说明：团状石墨呈灰色，基体为低碳马氏体和
　　　　少量块状铁素体。图中白色多边形为磷共晶，其
　　　　周围为残留的片状和粒状珠光体。

　　　　由于球墨铸铁中存在微观铸造偏析，在磷共
晶周围磷及其他杂质元素含量较高，石墨周围则
硅量较高。在 $Ac_1^{终}$ 与 Ac_3 温度内加热，基体中绝
大部分珠光体已转变为奥氏体，且有相当数量的
铁素体转变为奥氏体。磷共晶周围由于锰、磷元
素的偏析作用，使该处珠光体趋于稳定，在超过
$Ac_1^{终}$ 温度加热时，仍未发生转变而残留下来，此
时若进行水淬，即可在磷共晶周围见到残留的片
状和粒状珠光体。

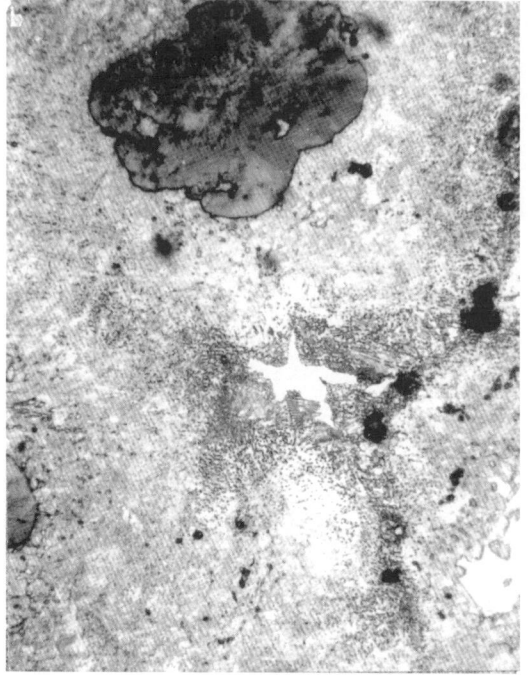

图　　1-3-152　　　　　　　　　　500×

图　　号：1-3-153

材料名称：稀土镁球墨铸铁

浸　蚀　剂：4%硝酸酒精溶液

处理情况：840℃加热后淬火

组织说明：基体为低碳马氏体，白色多边形为磷共
　　　　晶，在磷共晶附近有残留片状珠光体存在。

　　　　在高于 $Ac_1^{终}$ 温度加热时，极大部分珠光体已
转变为奥氏体，铁素体也已向奥氏体转变，但在
共晶团边界处尚有少量粒状和片状珠光体未发
生转变。此时如进行水淬，则可在磷共晶周围见
到残留的珠光体组织。

　　　　若继续提高加热温度，残留珠光体便逐渐转
变为奥氏体。产生这种现象的原因，主要是球墨
铸铁中存在着微观偏析。

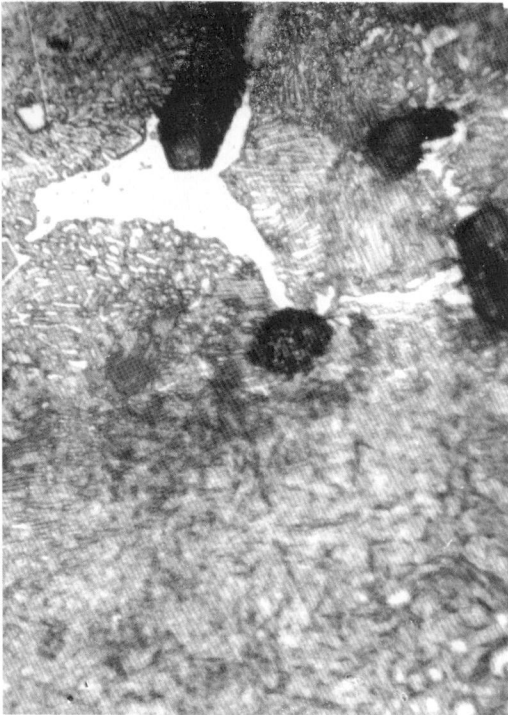

图　　1-3-153　　　　　　　　　　800×

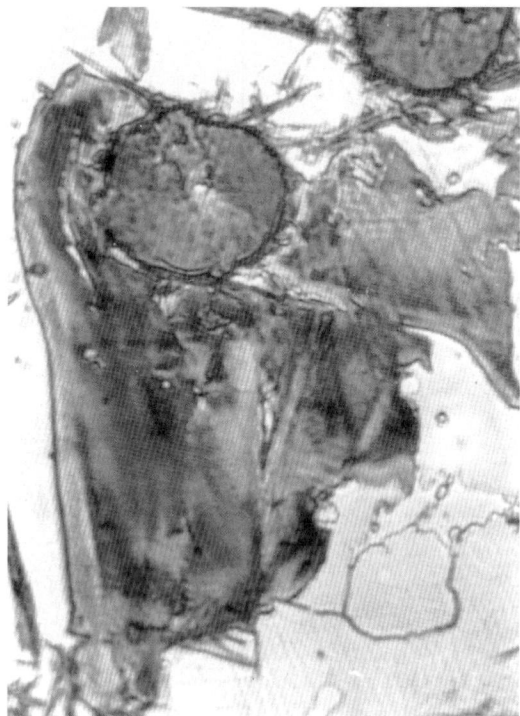

图　　号：1-3-154
材料名称：稀土镁球墨铸铁
浸 蚀 剂：4%硝酸酒精溶液
处理情况：1200℃以上加热后淬火
组织说明：黑灰色球状为石墨，基体为残留奥氏体
和高碳马氏体，白色块状为渗碳体。

　　在石墨球周围，可以看到一圈细针状马氏
体，还可看到粗大片状马氏体。就形态而言，高
碳马氏体在三度空间呈片状，在二度空间（因一
般截取到的是其横截面）呈针状；但当试样截面
恰巧与马氏体片平行时，也可看到片状组织。本
图片即是例子，当然这种几率是较小的。

图　　1-3-154　　　　　　　　　500×

图　　号：1-3-155
材料名称：稀土镁球墨铸铁
浸 蚀 剂：4%硝酸酒精溶液
处理情况：1000℃加热保温后淬火
组织说明：黑灰色球状为石墨，基体为粗针状马氏
体和白色残留奥氏体，球墨边缘为一圈细针状马
氏体。

　　由于加热温度较高，球墨周围的碳大量溶入
基体，迅速扩散，在球墨形成一薄层细针状马氏
体；在离球墨稍远处即得到粗针状马氏体和大量
残留奥氏体。由于试样截面刚好平行于马氏体针
叶，故在高倍显微镜下马氏体呈粗大片状，其上
有几条马氏体相变显微裂纹。因为，高碳马氏体
除本身脆性很大外，它在形成时，以极高速度冲
击奥氏体晶界及孪晶晶界或与先形成的马氏体
相撞，产生了很大的微观应力场，从而导致出现
相变显微裂纹。在回火过程中，部分显微裂纹会
自动焊合。

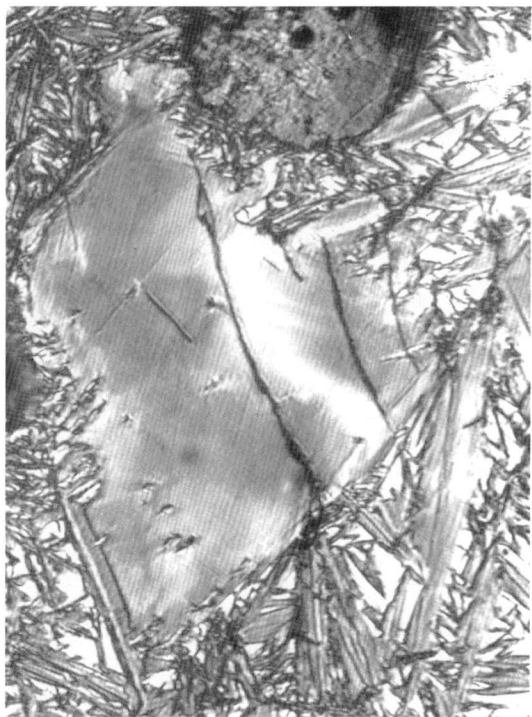

图　　1-3-155　　　　　　　　　500×

图　　号：1-3-156

材料名称：稀土镁球墨铸铁

浸蚀剂：4%硝酸酒精溶液

处理情况：900℃×1h后水冷淬火

组织说明：基体为淬火马氏体和少量残留奥氏体，
　　白色为鱼骨状二元磷共晶，由淬火马氏体和磷化
　　铁构成。黑色小圆粒为分布于共晶团晶界处的夹
　　杂物。

　　　　采用冷水作淬火介质，其冷却能力要比油冷快
　　3～10倍，故获得的针状马氏体较油冷淬火者尖
　　锐但不清晰，工件的内应力较油冷淬火者大。

　　　　水冷淬火马氏体的针叶轮廓之所以不清
　　晰，是由于水淬比油冷淬火具有更多的显微缺
　　陷和超显微缺陷，正是这种缺陷影响了针叶轮
　　廓的清晰程度。

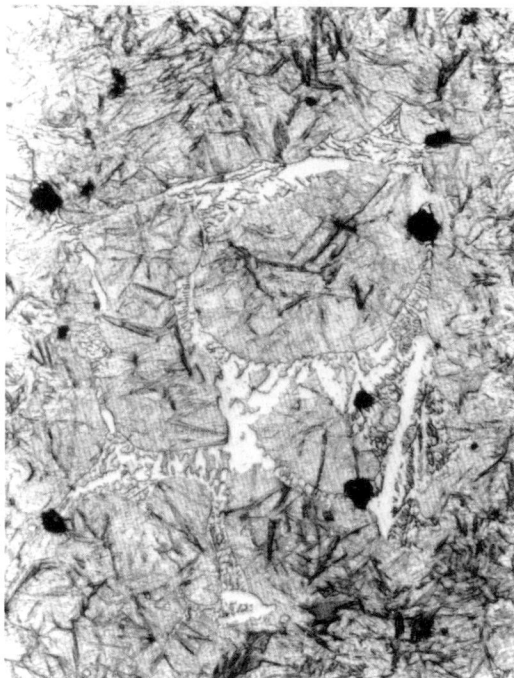

图　1-3-156　　　　　　　　　　　　500×

图　　号：1-3-157

材料名称：稀土镁球墨铸铁

浸蚀剂：4%硝酸酒精溶液

处理情况：900℃×1h，淬入200℃硝盐中分级5min
　　后空冷。

组织说明：灰色球状为石墨，基体组织为分级淬火
　　马氏体（灰色）及针状淬火马氏体（白色）和残
　　留奥氏体。

　　　　分级淬火获得的马氏体，其外形极似下贝氏
　　体，但针叶较下贝氏体为宽。由于采用分级淬火，
　　故马氏体较水冷淬火和油冷淬火清晰。分级淬火
　　时在最初的半分钟内马氏体很快形成，随后转变
　　速度即趋于迟缓。但工件自硝盐介质中提出空冷
　　时，此时未转变的残留奥氏体则趋向稳定，经过
　　一段时间的滞后，奥氏体能转变为淬火马氏体，
　　因其形成温度较低，故不易腐蚀而呈白色，此时
　　仍有一定数量的奥氏体未转变而保留下来。

　　　　工件经分级淬火后，可减少淬火时形成的内
　　应力，而且尺寸变形较小。

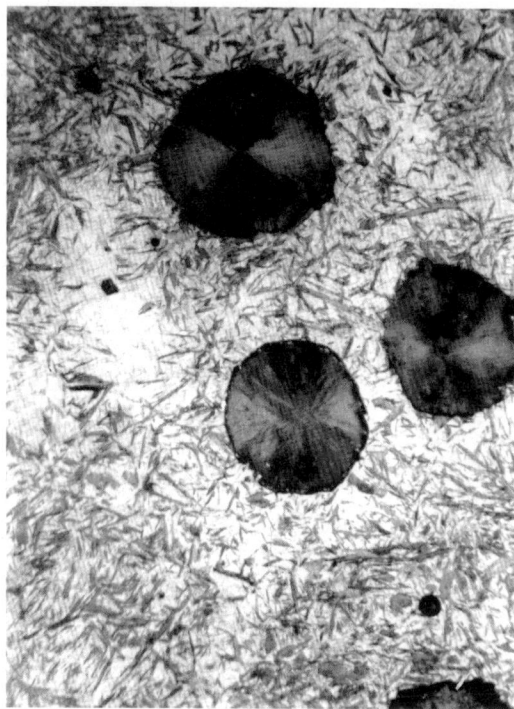

图　1-3-157　　　　　　　　　　　　500×

图　　号：1-3-158

材料名称：稀土镁球墨铸铁

浸 蚀 剂：4%硝酸酒精溶液

处理情况：铁水凝固时立即直接淬火

组织说明：灰黑色球状为石墨，基体为粗针状高碳
　　　　　马氏体和白色残留奥氏体，在球墨表面周围为细
　　　　　针状马氏体。

　　　　这是由于球墨在熔体中生长一定时间后，即
　　　在周围形成一层贫碳富铁的晕圈，共晶凝固时，
　　　即转变为奥氏体外壳；且该层碳、铁、硅等原子
　　　活动频繁，存在较多缺位、空位等微观缺陷，快
　　　速冷却后，即形成密集的小针状马氏体和残留奥
　　　氏体。有文献估算，该层 w（C）约为 1.4%左右。

　　　　图中粗针状高碳马氏体的分布与原奥氏体
　　　呈 60°、90°、120°角，针叶锋锐，边缘整齐，
　　　针叶内有明显的中脊线。

图　　1-3-158　　　　　　　　　　　　　1000×

图　　号：1-3-159

材料名称：稀土镁球墨铸铁

浸 蚀 剂：4%硝酸酒精溶液

处理情况：炉前试样水冷淬火

组织说明：球状石墨呈灰色，基体为淬火马氏体及
　　　　　残留奥氏体，在球墨边缘有一薄层细针状马氏
　　　　　体，此外在奥氏体孪晶面上有呈锯齿形分布的高
　　　　　碳针状马氏体。

　　　　马氏体中含碳量越高，则其针叶越尖锐；由
　　　图中成串的锯齿形马氏体来分析，针叶较狭且尖
　　　锐，两侧整齐，说明其含碳量很高；同时，基体
　　　中存在大量残留奥氏体，也可进一步证明，由于
　　　淬火温度高，奥氏体的含碳量也高，故在淬火后
　　　被大量残留下来。

图　　1-3-159　　　　　　　　　　　　　300×

图　　号：1-3-160

材料名称：稀土镁球墨铸铁

浸　蚀　剂：4%硝酸酒精溶液

处理情况：高温加热后淬火

组织说明：黑灰色球形为球状石墨，基体为针状高
碳马氏体和残留奥氏体，在球墨周围为小针状马
氏体，在先生成的粗针状高碳马氏体的表面形成
颇多细小的新形成的马氏体。

　　高温加热时，基体为奥氏体和球状石墨，当
以大于临界冷却速度冷却时，过冷奥氏体即在
M_s 点以下转变为马氏体；马氏体是碳在 α 铁中
的过饱和固溶体，其转变速度极快。马氏体数量
的增加，不是靠旧马氏体的长大，而是靠新马氏
体的生成来实现的。第一片形成的马氏体往往比
较粗大，其长度可贯穿整个晶粒，而使后形成的
马氏体的尺寸受到限制。由于后形成的马氏体是
在先形成马氏体的表面形核而长大，故新形成马
氏体往往较先形成的马氏体细小。

图　　1-3-160　　　　　　　　　　　　1000×

图　　号：1-3-161

材料名称：稀土镁球墨铸铁

浸　蚀　剂：4%硝酸酒精溶液

处理情况：高温加热后淬火

组织说明：基体为中碳及高碳马氏体，中间白色棱
角形为磷共晶。高温加热时，磷共晶中第二相由
珠光体转变为奥氏体；淬火时，再转变为马氏体，
部分马氏体于磷共晶边缘成核而长大。

　　球墨铸铁加热到高温后，在快冷过程中，并
不是奥氏体的所有部位都能使马氏体形核，而是
在下列有利部位形核、长大：①在奥氏体晶界处
形核并向晶内长大；②在奥氏体孪晶面上形核、
长大；③在先生成马氏体表面形成新马氏体；④在
球墨表面与奥氏体界面上形成马氏体；⑤在磷共晶
表面形核、长大；⑥在初生渗碳体或二次渗碳体
与奥氏体界面上形成马氏体。

图　　1-3-161　　　　　　　　　　　500×

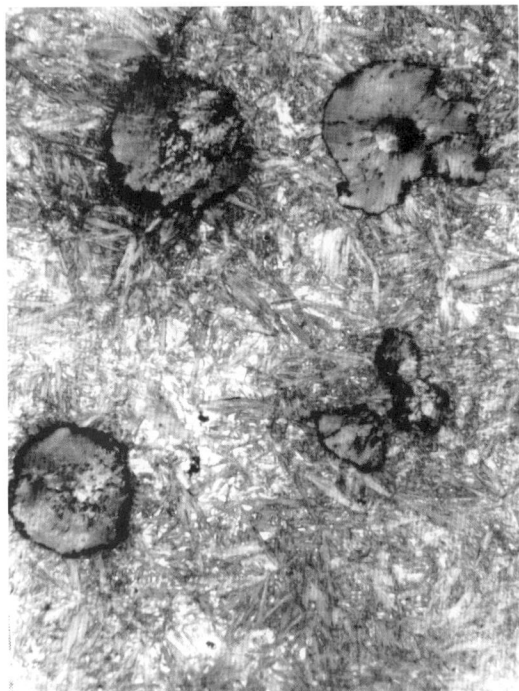

图　　号：1-3-162

材料名称：稀土镁铜钼合金球墨铸铁

浸 蚀 剂：4%硝酸酒精溶液

处理情况：910℃×1h 油冷淬火

组织说明：黑灰色球、团状为石墨。基体为高碳和
　　　　　中碳马氏体，基体上白色小块状为残留奥氏体。

　　　　稀土镁球墨铸铁中加入铜、钼合金元素后，
　　增加了球墨铸铁的淬透性。同时钼元素能使 M_s
　　点下降，因此淬火后，淬火马氏体针叶也比一般
　　非合金球墨铸铁为宽和明显，而且存在较多的残
　　留奥氏体。

图　1-3-162　　　　　　　　　　　400×

图　　号：1-3-163

材料名称：稀土镁球墨铸铁

浸 蚀 剂：4%硝酸酒精溶液

处理情况：1100℃×1h 油冷淬火

组织说明：灰色球状为石墨，基体为高碳马氏体和
　　　　　残留奥氏体，在共晶团晶界处白色条网状为二次
　　　　　渗碳体。

　　　　由于淬火温度高，球墨表面的碳溶入基体，
　　使基体中的碳量大为增加，在淬火冷却时，便于
　　共晶团晶界析出二次渗碳体，同时，由于 M_s 点
　　降到较低温度，在淬火后获得多量的残留奥氏
　　体，从而使球墨铸铁淬火后的硬度不很高。

图　1-3-163　　　　　　　　　　　400×

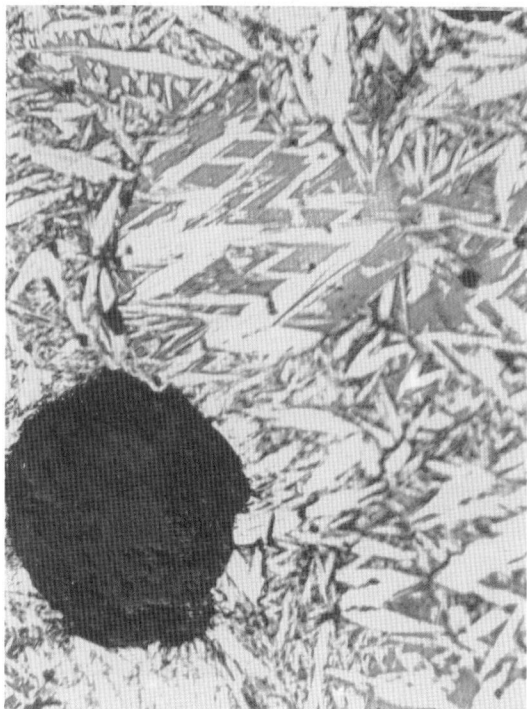

图 1-3-164 500×

图 号：1-3-164

材料名称：稀土镁球墨铸铁

浸 蚀 剂：4%硝酸酒精溶液

处理情况：1100℃加热保温后水冷淬火

组织说明：基体为呈锯齿形的闪电型粗针状淬火马氏体（白色）和残留奥氏体。残留奥氏体因深浸蚀而呈暗灰色，使淬火马氏体显示出明显的针叶状轮廓。图中黑色球形为石墨。

　　由存在粗针状马氏体及大量残留奥氏体可知，工件淬火温度很高，属过热的淬火组织。

图 1-3-165 500×

图 号：1-3-165

材料名称：球墨铸铁

浸 蚀 剂：4%硝酸酒精溶液

处理情况：1100℃加热保温后水冷淬火，并经 180℃回火处理

组织说明：将图 1-3-164 试样在 180℃回火 1h，试样表面经轻微抛光，并用 4%硝酸酒精溶液浸蚀，5s 后于同一视场下拍摄本图。基体上的马氏体因回火时析出 ε 碳化物而易受浸蚀，呈黑色，残留奥氏体呈白色。在白色奥氏体中尚有极少量的淬火马氏体组织。图中黑色球状为石墨。

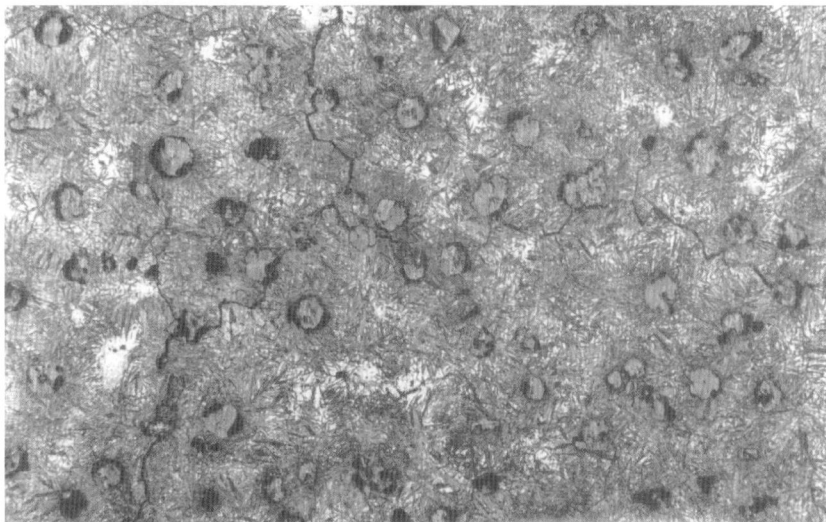

图   1-3-166   100×

图　　号：1-3-166

材料名称：稀土镁球墨铸铁

浸 蚀 剂：4%硝酸酒精溶液

处理情况：900℃加热保温后油冷淬火

组织说明：球状石墨呈灰色，基体为马氏体和残留奥氏体，并有淬火裂纹。

　　淬火裂纹是工件在淬火过程中的宏观残留应力（拉应力）造成的脆性断裂。在 $M_s \sim M_f$ 区域内冷却的不均匀性和马氏体转变的不等时性是其形成条件。对球墨铸铁而言，冷却不当，加热温度过高、球化不良以及铸造合金难于避免的夹杂物、缩孔、缩松等缺陷，都可成为淬火裂纹的诱因。

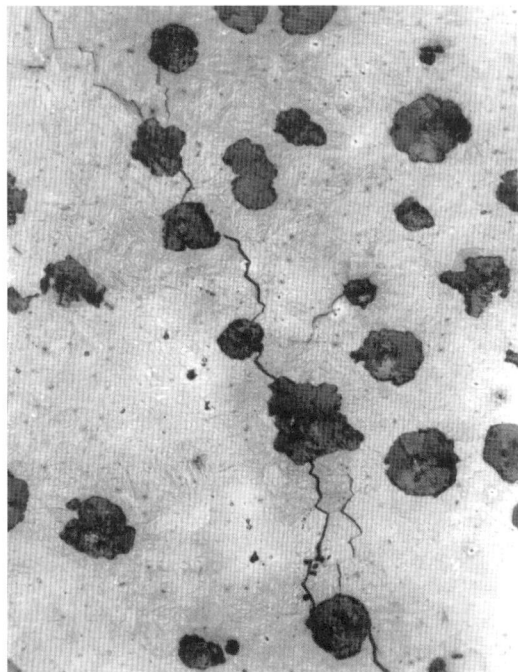

图   1-3-167   200×

图　　号：1-3-167

材料名称：稀土镁球墨铸铁

浸 蚀 剂：2%硝酸酒精溶液

处理情况：900℃加热保温后油冷淬火

组织说明：将图 1-3-166 试样抛光后浅浸蚀，放大 200 倍，球状、团状石墨呈灰色，浅灰色基体为马氏体和残留奥氏体。由于浅浸蚀，淬火裂纹的形态更为清晰，其特征可概括如下：①裂纹为一刚劲折线，根部较宽，尾部尖细；②裂纹遇到球墨，一般不会从球墨的内部穿过，而是绕过石墨边缘或使球墨与基体界面脱开，然后再发展；③在正常温度淬火，一般形成穿晶裂纹，淬火过热时也会出现晶界裂纹；④裂纹两侧显微组织与其他部位并无差别；⑤仅受热应力和组织应力而未受其他外加应力作用时，淬火裂纹宽度仅几微米。

图　　号：1-3-168

材料名称：稀土镁球墨铸铁

浸 蚀 剂：2%硝酸酒精溶液

处理情况：900℃加热保温后淬火

组织说明：基体为淬火马氏体，黑灰色球状及团状
　　　　为石墨，白色为共晶团晶界，该处为残留奥氏体
　　　　及淬火马氏体。淬火裂纹越过石墨扩展，并在另
　　　　一石墨处终止。

　　　　球墨铸铁的淬火裂纹，大多在 M_s 点以下，
特别是在 100~200℃温度范围内形成。这时多
数奥氏体已转变成马氏体，球墨铸铁处于低塑性
状态，热应力和组织应力易在球墨边缘积聚，当
应力超过材料的强度极限时，就会导致开裂。裂
纹自球墨开始并沿越球墨而发展。由于球墨既可
造成应力集中，又能使应力分散，在一般情况下，
前一种作用是主要的，但当条件具备时，球墨又
像"缓冲器" 一样，裂纹从一个球墨发展至另
一球墨即被终止。

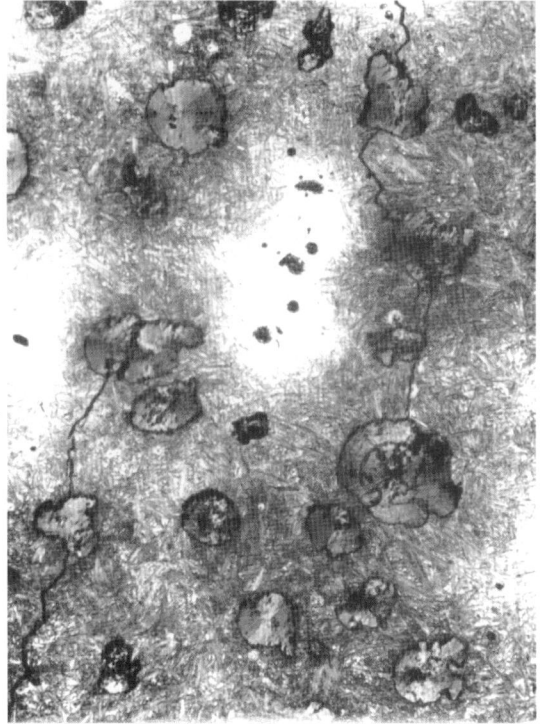

图　 1-3-168　　　　　　　　　　　　　200×

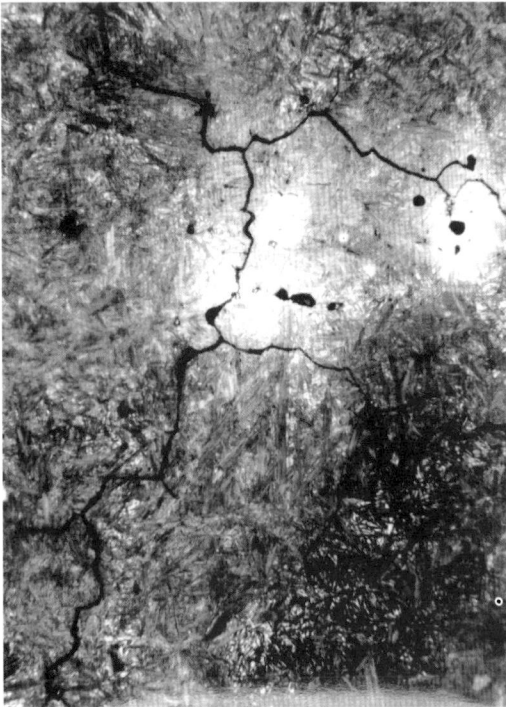

图　 1-3-169　　　　　　　　500×

图　　号：1-3-169

材料名称：稀土镁球墨铸铁

浸 蚀 剂：2%硝酸酒精溶液

处理情况：950℃加热保温后淬火

组织说明：基体为粗针状马氏体和残留奥氏体。淬
　　　　火裂纹沿共晶团晶界呈网状分布。

　　　　随着加热温度的升高，奥氏体的合金化程度
相应增加，淬火后马氏体的比容也增加，晶粒粗
化；同时，由于球墨铸铁存在微区偏析，高硅区
M_s 点下降不多，高磷高锰区的 M_s 点下降颇多，
使两个区域的马氏体转变温度有较大的差距，造
成这两个区域的马氏体转变有先有后，导致工件
内应力分布更不均匀。上述情况的综合作用，导
致晶界处产生裂纹。

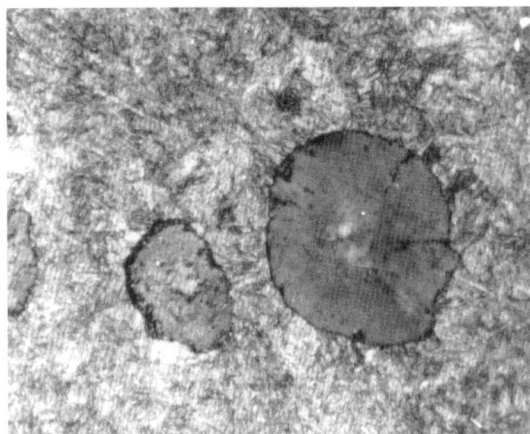

图　　号：1-3-170

材料名称：稀土镁球墨铸铁

浸 蚀 剂：4%硝酸酒精溶液

处理情况：900℃×1h 后淬火

组织说明：灰色球、团状为石墨，基体为马氏体和
　　　　　残留奥氏体。由于马氏体形成温度较高，先形成
　　　　　的在冷却过程中遭到回火，故针叶不清楚呈棕黄
　　　　　色。此属正常的淬火组织。淬火组织不稳定，内
　　　　　应力很大，脆性较大，为了改善其性能，工件
　　　　　淬火后必须进行回火处理。

图　　1-3-170　　　　　　　　　　500×

图　　号：1-3-171

材料名称：稀土镁球墨铸铁

浸 蚀 剂：4%硝酸酒精液

处理情况：900℃×1h 淬火，200℃×1h 空冷。

组织说明：灰色球状为石墨，基体为回火马氏体和
　　　　　白色残留奥氏体。

　　　　　200℃回火后，淬火时形成的马氏体因析
　　　　　出 ε 碳化物而易受浸蚀，故浸蚀后淬火时后形
　　　　　成马氏体的色泽与先形成马氏体的色泽基本
　　　　　趋于一致。

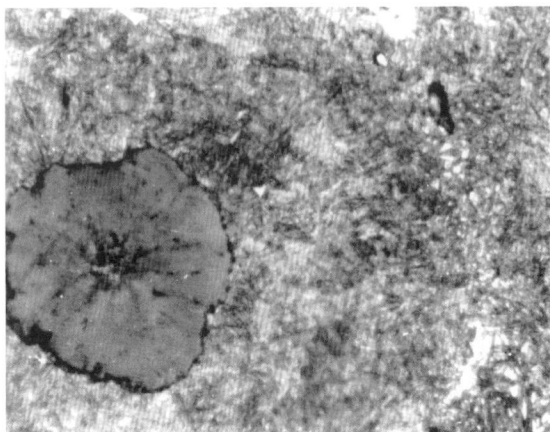

图　　1-3-171　　　　　　　　　　500×

图　　号：1-3-172

材料名称：稀土镁球墨铸铁

浸 蚀 剂：4%硝酸酒精溶液

处理情况：900℃×1h 淬火，300℃×1h 回火

组织说明：灰色球、团状为石墨，基体为棕黑色针
　　　　　状马氏体。

　　　　　较高温度回火时，马氏体析出的碳原子虽较
　　　　　充分，但不能形成新的 ε 碳化物，而只能使原有
　　　　　的 ε 碳化物长大，由于此时碳原子的扩散要"跑"
　　　　　较远的路程，故进行比较缓慢。浸蚀后，马氏体
　　　　　色泽进一步加深，呈棕黑色。

图　　1-3-172　　　　　　　　　　500×

图　　号：1-3-173

材料名称：稀土镁球墨铸铁

浸蚀剂：4%硝酸酒精溶液

处理情况：900℃×1h 淬火，450℃×1h 回火，空冷

组织说明：灰色球状为石墨。基体主要为回火托氏
体以及极少量回火马氏体。回火温度超过400℃
时，大部分马氏体针叶内的 ε 碳化物即转变成颗
粒状渗碳体，并发生聚集，这一过程从先形成的
淬火马氏体的针叶边缘开始，接着在后形成的马
氏体内发生。

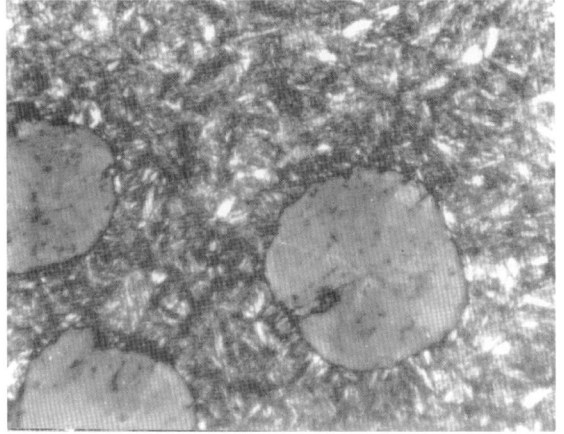

图　　1-3-173　　　　　　　　　　　　　　500×

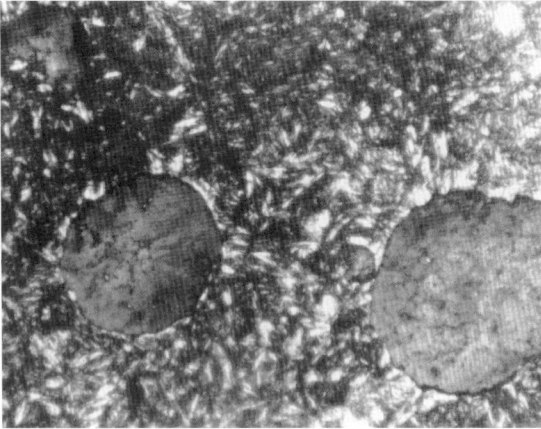

图　　1-3-174　　　　　　　　　　　　　　500×

图　　号：1-3-174

材料名称：稀土镁球墨铸铁

浸蚀剂：4%硝酸酒精溶液

处理情况：900℃×1h 淬火，550℃×1h 回火，空冷

组织说明：灰色球状为石墨，基体为保持马氏体针
状位向的回火索氏体和少量回火托氏体。

　　回火索氏体保留马氏体方向性的原因：由于
先形成的淬火马氏体内的位错主要分布于针叶
边缘，故渗碳体就向边缘聚集，致使马氏体针叶
内部空白，从而得到保留马氏体位向的索氏体。
后形成的马氏体内的位错分布较均匀，故一般不
会保留马氏体的针叶位向。可见，位错密度的不
均匀导致渗碳体沉积不均匀，是回火索氏体保留
马氏体位向的主要原因。

图　　号：1-3-175

材料名称：稀土镁球墨铸铁

浸蚀剂：4%硝酸酒精溶液

处理情况：900℃×1h 淬火，650℃×1h 回火，空冷

组织说明：灰色球状为石墨，球墨周围为铁素体、
少量颗粒状渗碳体及二次石墨（因硅高而使渗碳
体发生墨化）。离球墨稍远处为保持马氏体位向
的回火索氏体。黑色密集的为回火托氏体，这是
共晶团晶界高磷、高锰偏析处的组织。

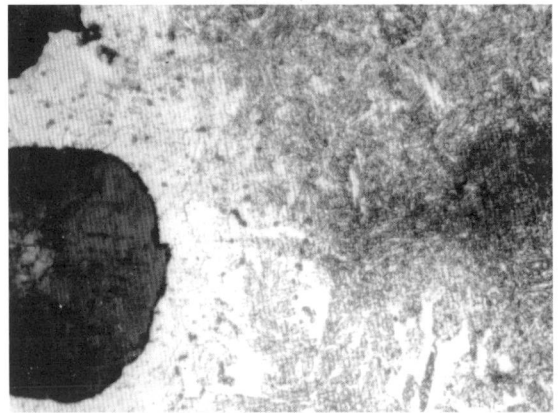

图　　1-3-175　　　　　　　　　　　　　　500×

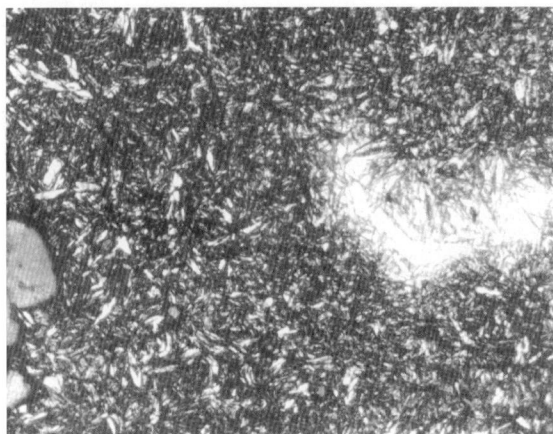

图　　号：1-3-176
材料名称：稀土镁球墨铸铁
浸 蚀 剂：4%硝酸酒精溶液
处理情况：900℃加热保温后油冷淬火，450℃回火
组织说明：灰色团状为石墨，基体为托氏体，白色
　　　棱角状为磷化铁，其周围为淬火马氏体及少量
　　　残留奥氏体。由于磷共晶周围合金元素（磷、
　　　锰、碳）偏析的作用，致使淬火后在该处存在
　　　大量的残留奥氏体。在450℃回火冷却过程中，
　　　残留奥氏体即转变为淬火马氏体，但仍有少量
　　　被保留下来。

图　　1-3-176　　　　　　　　　　500×

图　　号：1-3-177
材料名称：稀土镁球墨铸铁
浸 蚀 剂：4%硝酸酒精溶液
处理情况：900℃加热保温后油冷淬火，500℃回火
组织说明：灰色球、团状为石墨，基体为回火托氏
　　　体，分布在共晶团晶界处的白色链状为二元磷共
　　　晶，其周围高磷、高锰区为回火马氏体。

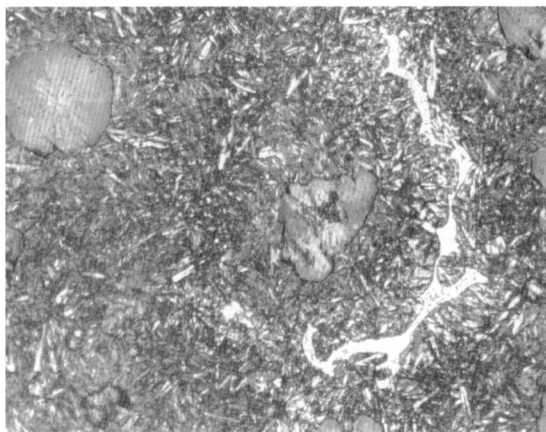

图　　1-3-177　　　　　　　　　　300×

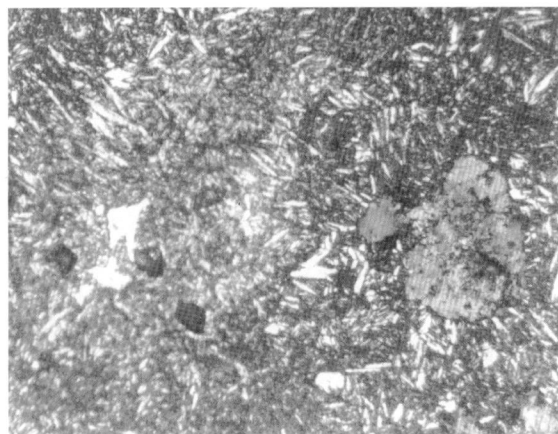

图　　号：1-3-178
材料名称：稀土镁球墨铸铁
浸 蚀 剂：4%硝酸酒精溶液
处理情况：900℃加热保温后油冷淬火，550℃回火
组织说明：灰色团状为石墨球，基体主要为回火索
　　　氏体；在小块状磷共晶周围的高磷高锰区则为回
　　　火马氏体-托氏体组织。

图　　1-3-178　　　　　　　　　　500×

图　　号：1-3-179

材料名称：稀土镁球墨铸铁

浸 蚀 剂：4%硝酸酒精溶液

处理情况：900℃加热保温后油冷淬火，600℃回火

组织说明：黑灰色为球状石墨。球墨周围为高硅区，组织为保持马氏体针叶位向的回火索氏体，一部分索氏体的针叶位向消失。磷共晶周围为高磷高锰区，600℃回火后，该处组织为回火托氏体。

　　由于球墨铸铁存在微观偏析，淬火时导致成分不同的区域相变温度有较大的差异，从而使不同区域的转变产物也不同。在同一温度回火时，由于各区域原先的组织即存在差异，因而转变的回火产物也不一致，这种不一致性在钢中很少见到。

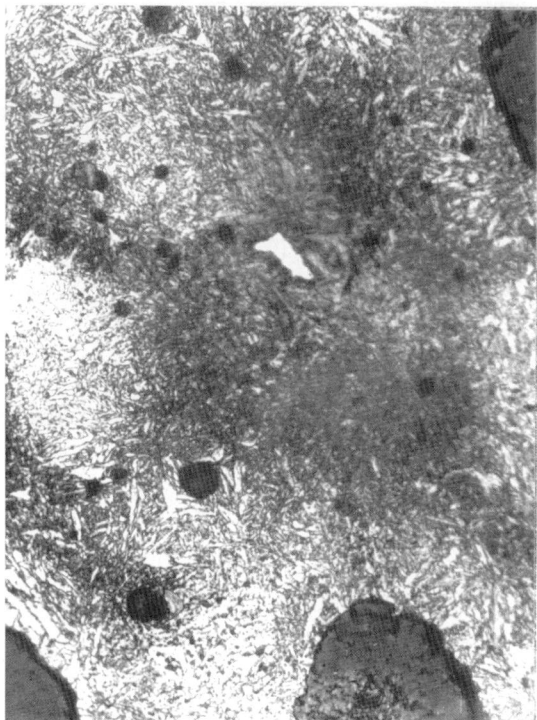

图　　1-3-179　　　　　　　　　　500×

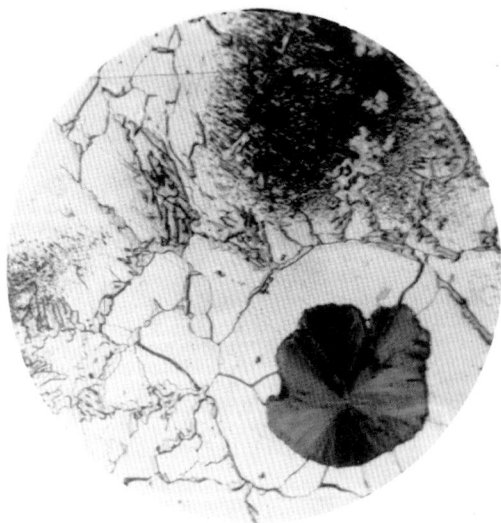

图　　1-3-180　　　　　　　　500×

图　　号：1-3-180

材料名称：稀土镁球墨铸铁

浸 蚀 剂：4%硝酸酒精溶液

处理情况：900℃加热保温后油冷淬火，700℃回火

组织说明：灰色球状为石墨，基体为铁素体，在共晶团边界处为回火索氏体及少量铁素体。

　　随着回火温度的升高，高硅区的索氏体开始分解，其中的渗碳体分解为石墨和α铁，从而得到铁素体和石墨，析出的石墨依附于球墨而存在。高磷高锰区即共晶团晶界处，由于索氏体的稳定性较高，故只获得部分铁素体。

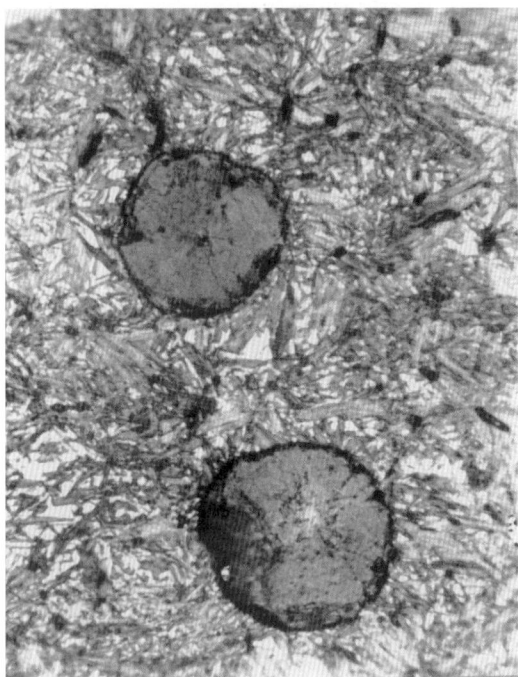

图　1-3-181　　　　　　　　　　300×

图　　号： 1-3-181

材料名称： 稀土镁球墨铸铁

浸 蚀 剂： 4%硝酸酒精溶液

处理情况： 铸造后表面高频感应加热淬火

组织说明： 过热。表面高频感应加热淬火组织，球墨呈深灰色，基体为粗针状马氏体，白色块状为残留奥氏体。

　　高频感应加热淬火是球墨铸铁经常使用的热处理方法之一。它在保留心部原始组织的同时，能使表层获得马氏体组织，由此提高表面的硬度和耐磨性。发动机曲轴轴颈以及凸轮轴桃尖部分即常采用高频感应加热淬火来强化。高频感应加热淬火常用的规范为 250℃/s，加热温度约 1000～1100℃。由于高频感应加热淬火加热速度极快，仅几秒钟就能使表层临界点不同的微观区域都超过临界点，具有了足够的过热度，此时碳原子的扩散在晶界受到了阻塞，就从球墨表面直接向周围奥氏体中扩散。本图片由于加热温度很高，导致形成大量残留奥氏体和粗大的针状马氏体。

图　　号： 1-3-182

材料名称： 稀土镁球墨铸铁

浸 蚀 剂： 4%硝酸酒精溶液

处理情况： 铸造后表面高频感应加热淬火

组织说明： 过烧。表面高频感应加热淬火组织，球状石墨呈灰黑色，基体组织为粗针状马氏体和大量残留奥氏体已熔化成双壳层组织和球状莱氏体。

　　这是过烧组织的特征。由于高频加热温度过高，部分球墨的表层已熔化成双壳层组织：球墨先由一圈马氏体和残留奥氏体包围，即为（M-A）组织，这层组织 w（C）约为 1.4%左右；再向外侧则被莱氏体包围，这部分重熔组织含碳量大大高于（M-A）贫碳层，w（C）在 3.5%以上。完全熔化的球墨，快速冷却后，就转变成细密的球状莱氏体。此莱氏体的硬度很高，可达 1300HV。

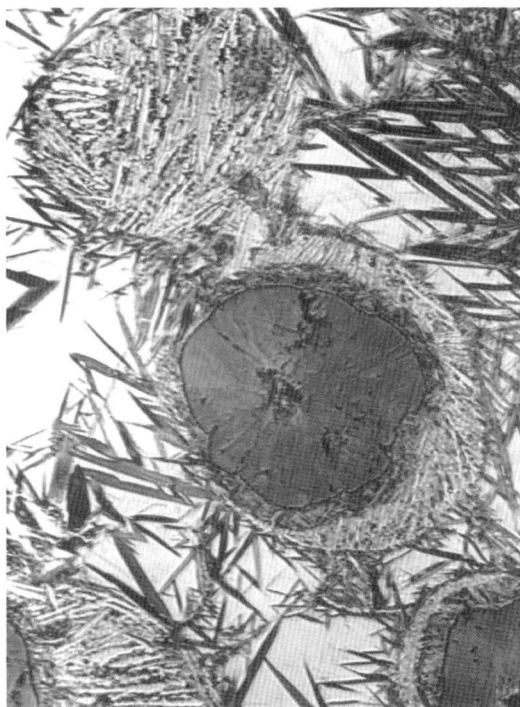

图　1-3-182　　　　　　　　　　500×

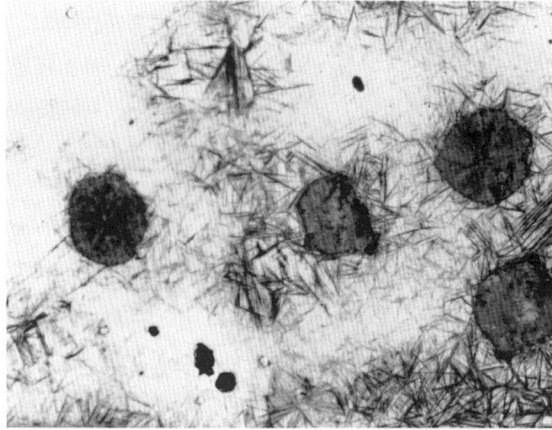

图　1-3-183　　　　　　　　　　　　　　　300×

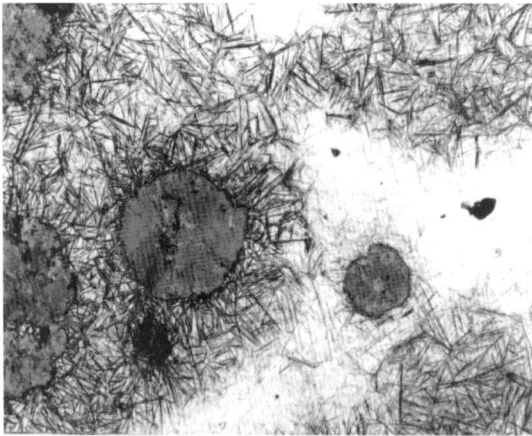

图　1-3-184　　　　　　300×

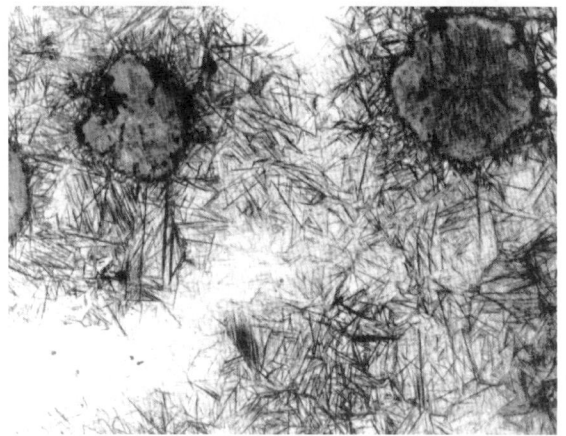

图　1-3-185　　　　　　300×

图　　号：1-3-183～1-3-185

材料名称：稀土镁球墨铸铁

浸 蚀 剂：3%硝酸酒精溶液

处理情况：890℃加热，保温 1h，淬入 280℃盐浴中。

　　图 1-3-183：在盐浴中等温 2min 后油冷淬火。

　　图 1-3-184：在盐浴中等温 15min 后油冷淬火。

　　图 1-3-185：在盐浴中等温 30min 后油冷淬火。

组织说明：图 1-3-183：在盐浴中等温 2min 后下贝氏体的分布和数量，白色为淬火马氏体和少量残留奥氏体。

　　图 1-3-184：盐浴中等温 15min 后下贝氏体的分布和数量，白色为淬火马氏体和少量残留奥氏体。

　　图 1-3-185：盐浴中等温 30min 后下贝氏体的分布和数量，白色为淬火马氏体和少量残留奥氏体。

　　贝氏体的成核是不均匀的。钢的贝氏体主要是在晶界成核，球墨铸铁的贝氏体，可在球墨边缘、晶界和晶内成核。在转变初期，贝氏体往往优先在球墨周围成核，随着时间的延长，贝氏体的数量逐渐增加，淬火马氏体减少。同时，贝氏体的长度和宽度也随等温时间不断长大和加宽，在长度方面，当碰到晶粒边界相异方向的贝氏体即停止生长；在宽度方面，当碰到相邻的贝氏体即停止生长。球墨边缘的贝氏体由于形成时间较早，易遭回火，故色泽较深。

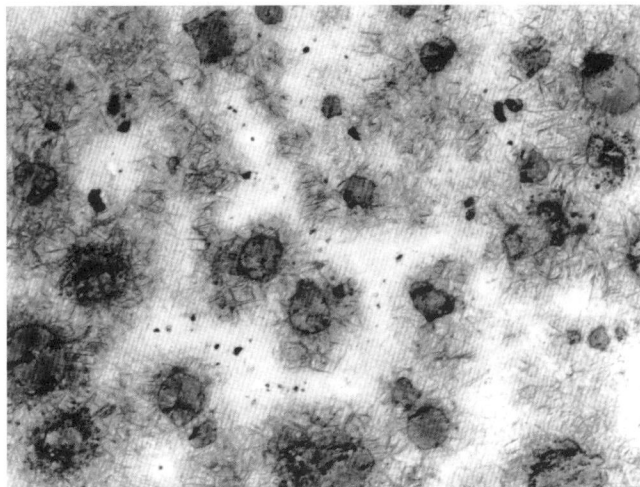

图 1-3-186   100×

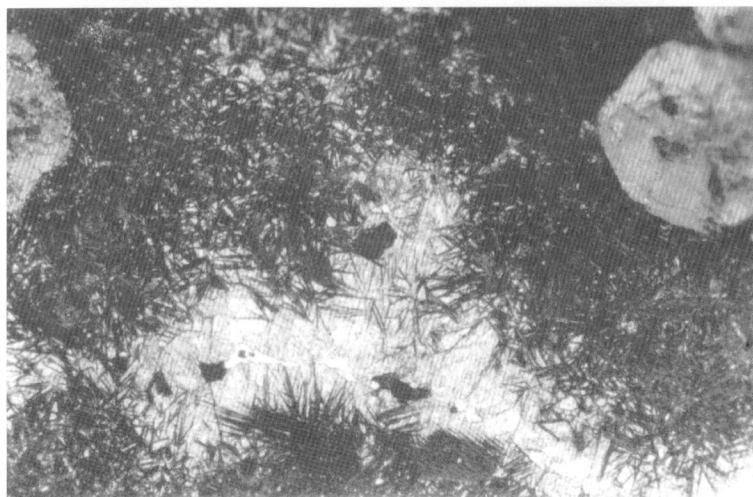

图 1-3-187   500×

图   号： 1-3-186、1-3-187

材料名称： 稀土镁球墨铸铁

浸 蚀 剂： 4%硝酸酒精溶液

处理情况： 900℃加热保温 1h，淬入 300℃盐浴中保温 10min 后空冷

组织说明： 图 1-3-186：球状石墨呈深灰色。细针状为下贝氏体，白色区域为淬火马氏体及少量残留奥氏体。

图 1-3-187：图 1-3-186 放大后的组织。

球墨铸铁等温淬火后，共晶团界面会出现一个不易腐蚀的白色区域，与分布于球墨周围的容易腐蚀的贝氏体区域形成鲜明对照。白色区是由淬火马氏体和少量残留奥氏体组成的。究其原因，这是由于球墨铸铁存在微观偏析所致。球墨周围含硅量较高，共晶团界面附近磷、锰含量较高，等温转变时两个区域的过冷奥氏体具有不同的稳定性。等温时，高硅区的奥氏体首先发生贝氏体转变，高磷高锰区的奥氏体则较稳定，而且越接近共晶团界面的中心，稳定性越高；故随着等温时间的增加，转变逐渐向高磷高锰区推移，致使贝氏体逐渐扩大，白色区域逐渐缩小，但往往有少量奥氏体很稳定，之后，在冷却至室温时转变为马氏体。

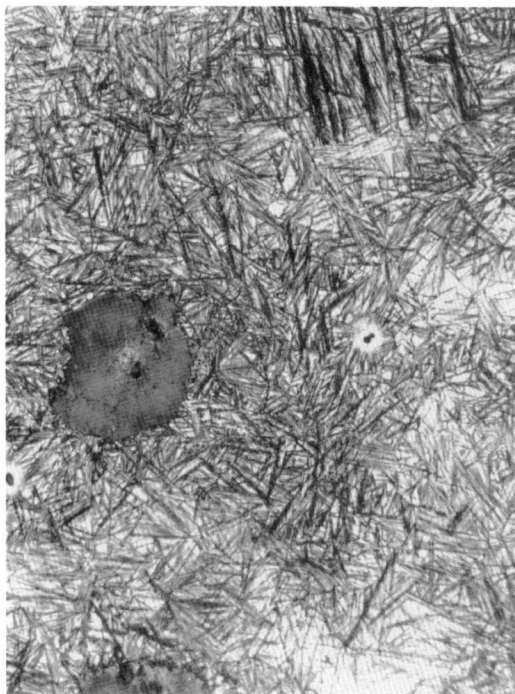

图 1-3-188   500×

图　　号：1-3-188

材料名称：球墨铸铁

浸 蚀 剂：3%硝酸酒精溶液

处理情况：880℃×0.5h→280℃×1h 等温淬火

组织说明：组织主要为下贝氏体，具有抗磨性好、硬度高且有一定塑性的特点，已被大量用于制作小型曲轴、汽车齿轮等零部件。

下贝氏体的主要特征可概括为：

1）呈交叉分布的小针状，比马氏体细小，硬度值为 40～50HRC。

2）由于转变温度较低，碳原子扩散已很困难，碳原子只能沉淀于 α-Fe 表面。

3）在电镜中观察，下贝氏体内的碳化物与 α-Fe 的轴向成一定角度分布。

4）X 射线研究证明：下贝氏体中的奥氏体和贝氏体呈 K-S 关系，铁素体和碳化物呈 Bagaryatski 关系。

5）从组织成分看，下贝氏体可过饱和碳，w（C）约为 0.2%。

6）腐蚀速度极快。

图　　号：1-3-189

材料名称：球墨铸铁

浸 蚀 剂：3%硝酸酒精溶液

处理情况：880℃×0.5h→250℃×1h 等温淬火

组织说明：组织为下贝氏体和少量马氏体。具有高的抗磨性，用于制作发动机凸轮轴等零部件。下贝氏体的等温区间约为 300℃～M_s。随着转变温度的下降，针叶变短，析出的碳化物更加细小，马氏体数量也增加。

部分国家如美国、德国、日本等，都制订了等温淬火球墨铸铁的标准，各个标准的性能指标接近。下表是美国材料试验学会（ASTM）的标准。

等级	R_m /(N/mm²)	R_{eL} /(N/mm²)	A (%)	a_K /J	HBW
1	850	550	10	100	269～321
2	1050	700	7	80	302～363
3	1200	850	4	60	341～444
4	1400	1100	1	35	388～477
5	1600	1300	—	—	444～555

由表可见，上贝氏体具有高的强韧性配合，下贝氏体具有高的强度。这正是它们获得重视的重要原因。

图 1-3-189   500×

图　　号：1-3-190

材料名称：稀土镁球墨铸铁

浸 蚀 剂：4%硝酸酒精溶液

处理情况：880℃加热保温 15min，淬入 260～280℃
　　　盐浴中保温 1h 后空冷

组织说明：球状石墨呈灰色，基体组织主要为针状
　　　下贝氏体。此组织具有一定的塑韧性和良好的耐
　　　磨性。

　　　这是某厂 S195 曲轴的等温淬火工艺。要求
　　　硬度值为 40～48HRC。由于加热保温时间短，
　　　奥氏体中 w（C）约为 0.55%～0.65%。金相观察
　　　表明，曲轴飞轮端（ϕ70mm）淬透深度为 10～
　　　12mm。等温淬火后，一般不再回火，若硬度超
　　　过规定，可按下述温度回火：

　　　47～49HRC，380℃回火。

　　　49～51HRC，400℃回火。

　　　51～53HRC，410℃回火。

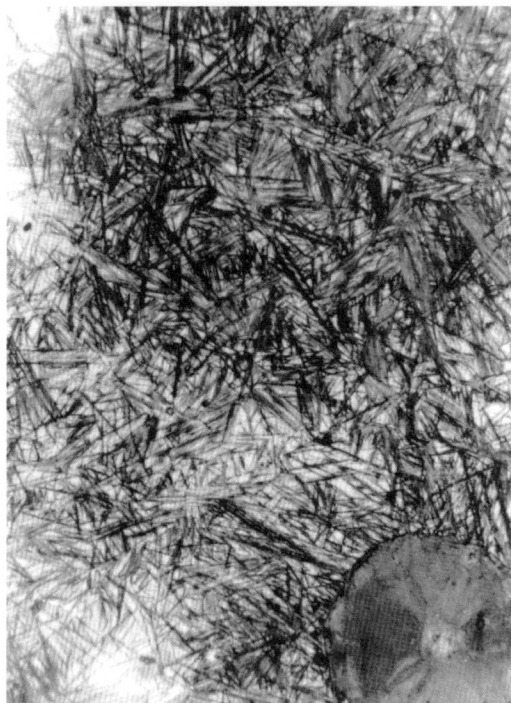

图　 1-3-190　　　　　　　　　　　630×

图　 1-3-191　　　　　　　　　　　630×

图　　号：1-3-191

材料名称：稀土镁球墨铸铁

浸 蚀 剂：4%硝酸酒精溶液

处理情况：890～900℃加热保温 1h，淬入 240～
　　　260℃盐浴中保温 1h 后空冷

组织说明：石墨呈深灰色，基体为高碳下贝氏体，
　　　呈杂乱而无定向分布；少量淬火马氏体和残留奥
　　　氏体。此组织具有高的硬度和高的耐磨性。

　　　这是某厂 S195 柴油机凸轮轴的等温淬火工
　　　艺。要求硬度值为 43～51HRC。由于加热温度较
　　　高，保温时间较长，奥氏体中 w(C)约为 0.80%～
　　　0.9%。金相观察表明，凸轮轴整个断面（ϕ30mm）
　　　均被淬透，组织分布均匀。

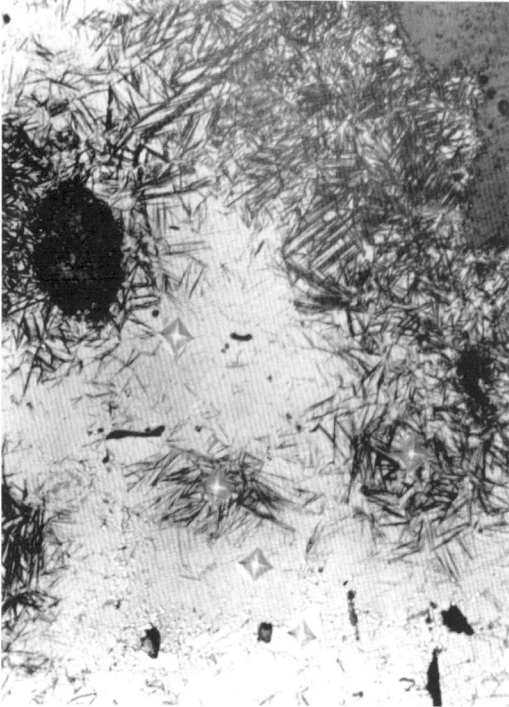

图　　号：1-3-192

材料名称：稀土镁球墨铸铁

浸　蚀　剂：4%硝酸酒精溶液

处理情况：870℃加热 20min，淬入 245℃盐浴中保温 1h 后空冷

组织说明：深灰色球墨周围细针状为下贝氏体，白色组织为淬火马氏体和残留奥氏体，白色基体上白色块状为渗碳体。在各组成相上测定显微硬度：下贝氏体为 633HV；灰白色淬火马氏体及残留奥氏体为 841HV；块状渗碳体为 1070HV。

　　白色区域的出现（由于合金偏析所引起，该处为高磷、高锰区，处于共晶团晶界处），是球墨铸铁等温淬火时区别于钢的独特现象。

图　　1-3-192　　　　　　　　　　500×

图　　号：1-3-193

材料名称：稀土镁球墨铸铁

浸　蚀　剂：4%硝酸酒精溶液

处理情况：870℃加热后淬入 245℃盐浴中保温 1h 后空冷，再经 270℃回火两次

组织说明：灰色球墨周围的下贝氏体呈黑色；远离球墨的白色块状为渗碳体，其周围白色小颗粒为渗碳体，浅灰色为回火马氏体。

　　等温淬火试样在第一次回火时，残留奥氏体转变为淬火马氏体；淬火马氏体转变为回火马氏体。第二次回火时，由残留奥氏体转变的淬火马氏体因析出碳化物，也变成回火马氏体。

　　由于淬火马氏体和残留奥氏体的存在，将增加球墨铸铁的脆性和硬度。若等温后进行二次回火，不但可消除球墨铸铁零件的内应力，且使等温球墨铸铁的脆性和硬度略有下降，明显提高球墨铸铁的强度和韧性，有利于发挥球墨铸铁的潜在性能。

图　　1-3-193　　　　　　　　　　500×

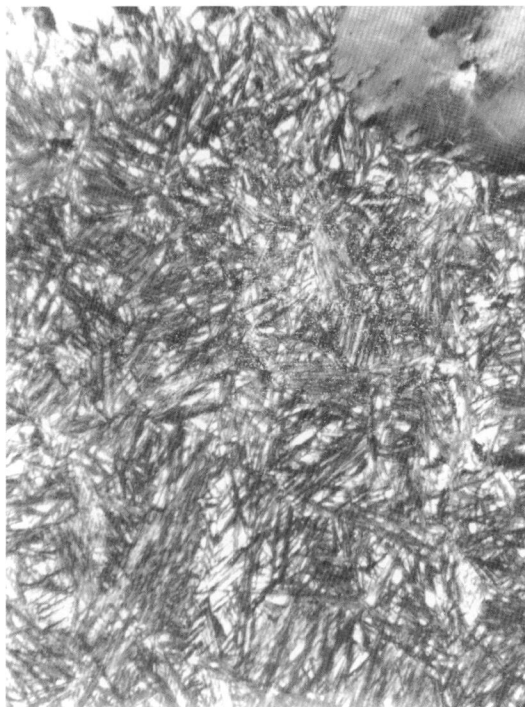

图　　号：1-3-194

材料名称：稀土镁球墨铸铁

浸 蚀 剂：4%硝酸酒精溶液

处理情况：880℃加热保温 1h，淬入 350℃盐浴中
　　　　　等温 20min 后空冷

组织说明：灰色为球状石墨，组织为细针状下贝氏
　　　　　体及上贝氏体混合分布，白色为残留奥氏体和淬
　　　　　火马氏体。

　　　　　贝氏体是中温转变的产物。在接近高温区域
的转变，形成生核长大的上贝氏体；在接近低温
区域的转变，形成生核切变的下贝氏体。在两者
的交界温度，就形成上、下贝氏体的混合组织。
本图即是如此。

图　　1-3-194　　　　　　　　　　　500×

图　　号：1-3-195

材料名称：稀土镁球墨铸铁

浸 蚀 剂：4%硝酸酒精溶液

处理情况：900℃加热保温 1h，淬入 320℃盐浴中
　　　　　等温 20min 后空冷

组织说明：深灰色团状为石墨，细针状下贝氏体和
　　　　　羽毛状上贝氏体分布于淬火马氏体及残留奥氏
　　　　　体基体上。

　　　　　关于上、下贝氏体的分界温度，文献提供的
数据不统一。有文献认为约为 350℃，有文献认
为约为 300℃，还有认为在 330～300℃之间。出
现这种差别，可能是测定所用的材料化学成分和
热处理工艺不同所致。因为，球墨铸铁中的石墨
球是碳的储备库，加热温度升高，奥氏体中的碳
即会增加，而碳则能使分界温度下降。

　　　　　图 1-3-195 与图 1-3-194 为同一成分的非合金
球墨铸铁，差别就在于 1-3-195 图奥氏体中的碳
含量较高，故分界温度就较低。

图　　1-3-195　　　　　　　　　　　500×

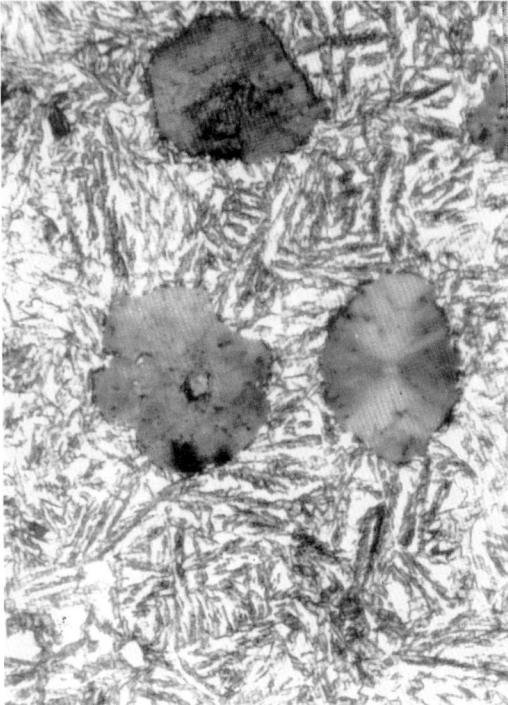

图　　1-3-196　　　　　　　　　　500×

图　　号：1-3-196

材料名称：稀土镁球墨铸铁

浸 蚀 剂：4%硝酸酒精溶液

处理情况：900℃加热保温 1h，淬入 420℃盐浴中
　　　　　等温 20min 后空冷

组织说明：灰色球状、团状为石墨，较粗羽毛状上
　　　　　贝氏体分布于淬火马氏体即残留奥氏体基体上。

　　　　　随着等温温度的升高，碳原子的扩散活力相
应增加，因此上贝氏体 α 铁片随等温温度的升高
而变得粗宽，但其长度随等温温度的升高变化不
大。数量较多的马氏体的出现，是由于等温时间
较短，工件取出盐浴后，含碳较低的不稳定的奥
氏体便在空气中转变成淬火马氏体。

图　　号：1-3-197

材料名称：稀土镁球墨铸铁

浸 蚀 剂：4%硝酸酒精溶液

处理情况：900℃加热保温 1h，淬入 450℃盐浴中
　　　　　等温 1min 后空冷

组织说明：灰色球状为石墨，较宽羽毛状上贝氏体
　　　　　分布于淬火马氏体及残留奥氏体基体上。

　　　　　与图 1-3-196 比较，本图只在盐浴中保持
60s，时间更短，故获得更多的淬火马氏体。上
贝氏体区域的转变按转变后的组织可分为三个
阶段：第一阶段，保温时间短，由于奥氏体含碳
量低，不稳定，在冷却至室温时容易形成淬火马
氏体；第二阶段保温时间充足，获得了上贝氏体
和大量富碳（w（C）为 1.65%～2.0%）的奥氏
体。这就是通常所说的奥-贝球墨铸铁；第三阶
段，等温时间过长，奥氏体中的硅已不能阻止碳
化物的析出，形成了粒状贝氏体，力学性能特别
是塑性下降。

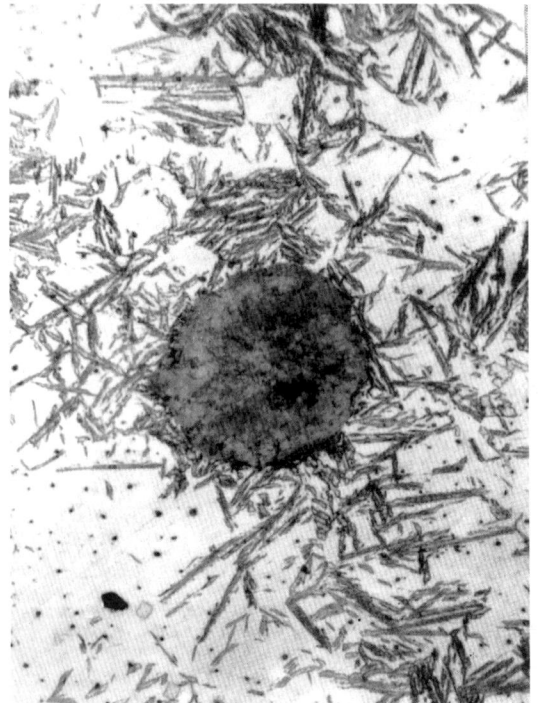

图　　1-3-197　　　　　　　　　　500×

图　　号：1-3-198

材料名称：稀土镁球墨铸铁

浸 蚀 剂：4%硝酸酒精溶液

处理情况：890℃加热保温 1h，淬入 470℃盐浴中
　　　　　等温 30s 后空冷

组织说明：灰黑色团状为石墨，基体为少量上贝氏
　　　　　体（较粗羽毛状）和淬火马氏体，此外尚有少量
　　　　　残留奥氏体。硬度：50HRC。

　　　　　球墨铸铁经高温加热保温后，获得奥氏体和
球墨的基体组织，随即淬入 470℃盐浴中等温，
使奥氏体在恒温条件下进行转变。由于等温的温
度稍高，加之等温停留的时间又短，当上贝氏
体开始转变不久即取出空冷，以致获得多量的
淬火马氏体和少量残留奥氏体。此外，制备金
相试样时，因采用硝酸酒精浸蚀稍深，致使马
氏体基体显示出来，造成上贝氏体与马氏体分
辨不清的情况。

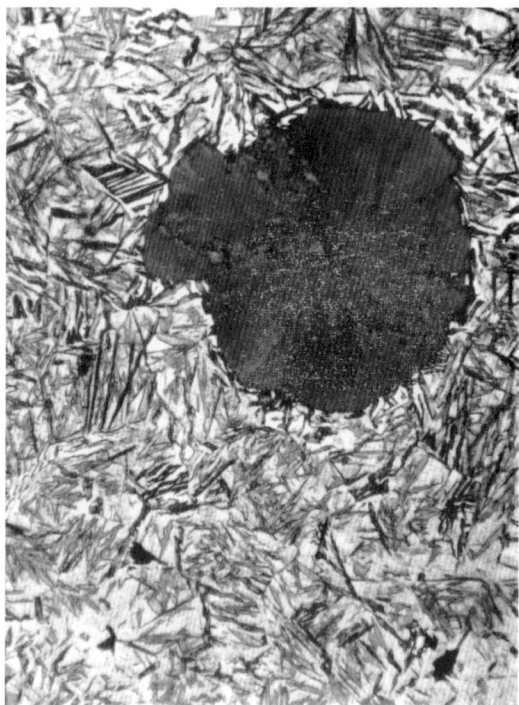

图　　1-3-198　　　　　　　　　　　　　　500×

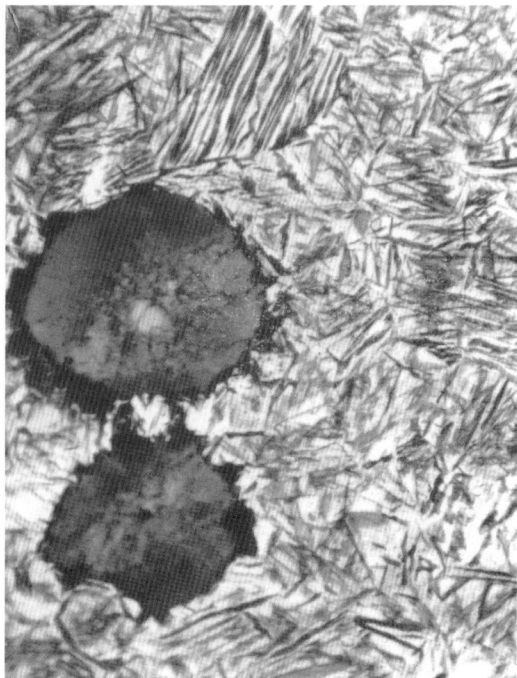

图　　1-3-199　　　　　　　　　500×

图　　号：1-3-199

材料名称：稀土镁球墨铸铁

浸 蚀 剂：4%硝酸酒精溶液

处理情况：890℃加热保温 1h，淬入 470℃盐浴中
　　　　　等温 90s 后空冷

组织说明：基体为淬火马氏体、羽毛状上贝氏体以
　　　　　及残留奥氏体，在深灰色的球墨周围存在一圈黑
　　　　　色组织为细珠光体。硬度：46HRC。

　　　　　在高温加热保温后，在空气中停留了一段时
间，再淬入 470℃盐浴中，以致在球墨周围形成
一圈细珠光体组织。本试样在 470℃盐浴中等温
的时间较图 1-3-198 为长，在等温时产生的上
贝氏体数量明显增多（由于浸蚀较深，上贝氏
体的形貌较难分辨），从而使工件的硬度比图
1-3-198 低。

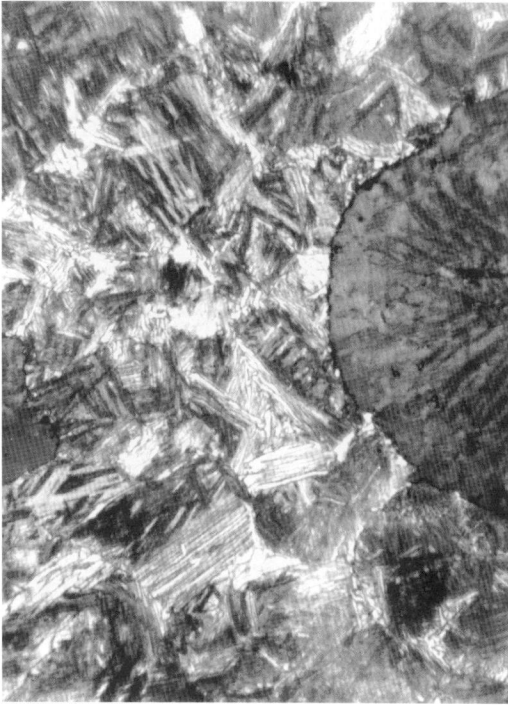

图　　号：1-3-200

材料名称：稀土镁球墨铸铁

浸蚀剂：4%硝酸酒精溶液

处理情况：890℃加热保温 1h，淬入 550℃盐浴中
等温 90s 后空冷

组织说明：深灰色球状为石墨，基体为细珠光体及
上贝氏体，此外尚有淬火马氏体及残留奥氏体。
硬度：39HRC。

　　球墨铸铁高温加热后，在 550℃盐浴中进行
等温转变，由于时间较短，产生一部分细珠光体
后即取出空冷，根据工件的余热作用，致使大部
分过冷奥氏体在冷却过程中发生部分上贝氏体
转变。尚余未转变的过冷奥氏体至 M_s 时即转变
成马氏体。

图　　1-3-200　　　　　　　　600×

图　　号：1-3-201

材料名称：稀土镁球墨铸铁

浸蚀剂：4%硝酸酒精溶液

处理情况：890℃加热保温 1h，淬入 600℃盐浴中
等温 90s 后空冷

组织说明：灰色球状为石墨，基体为细珠光体及极
少量铁素体（白色小点）。硬度：31HRC。

　　高温球墨铸铁淬入 600℃盐浴后，即开始析
出少量铁素体，但大部分过冷奥氏体经过短暂的
孕育期后，即转变为细珠光体组织。

　　如果等温温度进一步升高，过冷奥氏体的分
解产物将出现铁素体和片状珠光体组织。同时珠
光体也随之进一步粗化。

图　　1-3-201　　　　　　　　500×

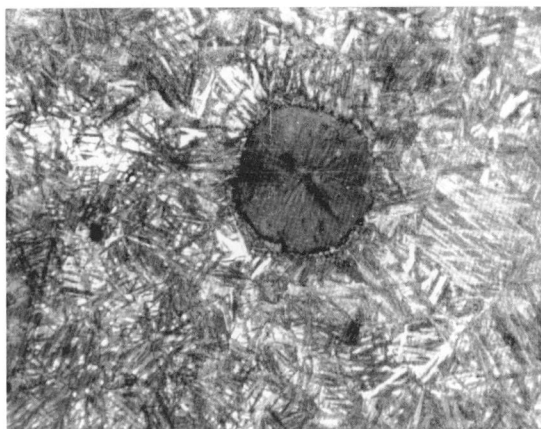

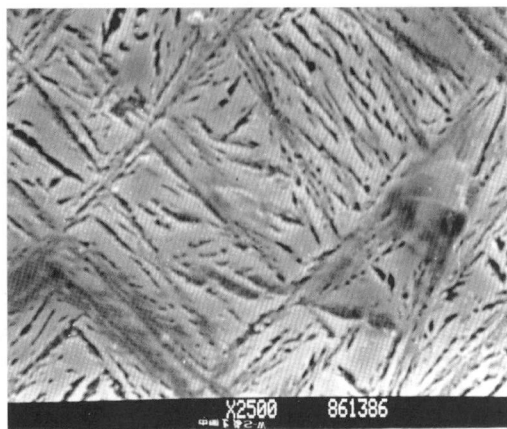

图 1-3-202   500× 　图 1-3-203   SEM   2500×

图　　号：1-3-202、1-3-203

材料名称：球墨铸铁

浸 蚀 剂：3%硝酸酒精溶液

处理情况：880℃×0.5h+350℃×1h

组织说明：图 1-3-202：上贝氏体和残留奥氏体。

图 1-3-203：SEM 拍摄的上贝氏体和残留奥氏体。

自 Davenport 和 Bain（美国）于 1930 年发现贝氏体（当时称为针状托氏体）以来，迄今为止，人们对中温转变及其产物的形态仍未搞清。贝氏体的形态特别是上贝氏体的形态，具有多种样式。除典型的上贝氏体外，还有 B_I、B_{II}、B_{III} 和粒状等类型。一般的上贝氏体，是由铁素体和粒状碳化物组成，由于碳化物排列不良，铁素体位错密度较低，故强度低，韧塑性差，很少应用。球墨铸铁的等温处理是从钢移植过来的，所以早期的有些文献，也沿袭了钢中上贝氏体的观点。

等温淬火球墨铸铁，英美等国统称为 ADI（Austempered Ductile Iron）。20 世纪 70 年代，芬兰开发了一种性能优异的等温淬火球墨铸铁，我国称为奥氏体-贝氏体球墨铸铁（简称奥-贝球铁）。组织为无碳化物析出的贝氏体铁素体和大量富碳的残留奥氏体［25%～50%（体积分数），w（C）1.65%～2.0%］，这种奥氏体即使在零下 100℃仍很稳定。富碳奥氏体的存在是由于硅阻碍碳化物析出所致。硅在碳化物中的溶解度甚微，奥氏体内要析出碳化物，在相变前沿要一个由扩散控制的排碳过程，而在此温度范围内硅的扩散已很困难，故抑制了碳化物的析出，这种上贝氏体-奥氏体球墨铸铁具有高的强韧性配合，已被广泛地应用于矿山、运输等领域。

球墨铸铁中上贝氏体的特征可概括为：

1）呈羽毛状，成排分布，排与排之间互成一定角度。

2）X 射线的研究表明，上贝氏体不含碳，无碳化物的析出，其周围是富碳的残留奥氏体，w（C）为 1.65%～1.8%，甚至可达 w（C）为 2.0%。

3）在 TEM 中观察，是由铁素体板条和奥氏体薄膜交替组成。

4）X 射线的研究表明，上贝氏体内的奥氏体与铁素体的位向呈 N-W 关系。

5）上贝氏体的腐蚀速度较缓慢。

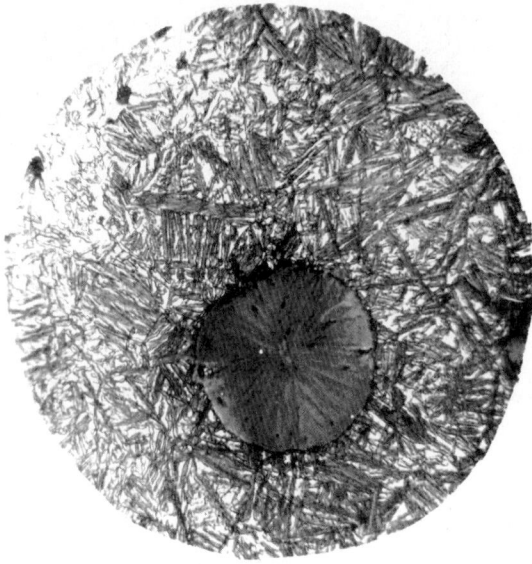

图　1-3-204　　　　　　　　500×

图　1-3-205　　TEM　　29000×

图　　号：1-3-204、1-3-205

材料名称：球墨铸铁

浸 蚀 剂：3%硝酸酒精溶液

处理情况：等温淬火 880℃×30min 淬入 370℃×1h 盐浴后空冷

组织说明：图 1-3-204：上贝氏体和残留奥氏体。

　　图 1-3-205：上贝氏体铁素体的亚元结构。

　　上贝氏体的形成温度约为 330～450℃（常用温度 330～400℃）。在此温度转变区间，等温温度升高，上贝氏体的长度、宽度均增加；具体地说，上贝氏体的宽度增加较大，长度增加较慢。这与下贝氏体的情况正好相反。在下贝氏体转变区间，随等温温度升高，长度增加较大，宽度增加较小。在 370℃等温，残留奥氏体数量为 30%～40%（体积分数），伸长率达到最大值，残留奥氏体更多会形成偏析的不良组织，塑性反而会下降。

　　普通成分的球墨铸铁等温淬火，都能获得奥-贝组织。但选择适当的碳、硅、锰量，可提高奥-贝球墨铸铁的强韧性。碳能稳定奥氏体，并使上贝氏体转变的下限温度下移，$w(C)$ 以 3.5%～3.7%为宜。硅能使过冷奥氏体充分转变，有效地减少白亮区，从而提高力学性能。研究表明，$w(Si)$ 从 2.5%增加到 $w(Si)$ 3.5%，抗拉强度和冲击韧度均随之上升；当 $w(Si)$ 超过 3.5%时，性能才有下降趋势。但硅能提高 Ac_3 点，且在奥氏体中的扩散速度较慢，故提高硅量势必提高等温淬火温度和延长保温时间，否则硅的作用不能充分发挥；同时，硅过高会造成铁原子晶格的严重歪扭，致使脆性增加。考虑到上述多方面的作用，按某些厂的经验，$w(Si)$ 以 2.5%～3.0%为宜。锰能增加淬透性，但富集于共晶团界面，增加白亮区，故 $w(Mn)$ 以<0.3%为宜。

　　增加石墨球数是减少偏析的一个重要方法。据文献介绍，$\phi25mm$ 的铸件，石墨球数应大于 150 颗/mm²，可减少锰的偏析；当球数超过 300 颗/mm² 时，$w(Mn)$ 可放宽至 0.4%～0.6%。

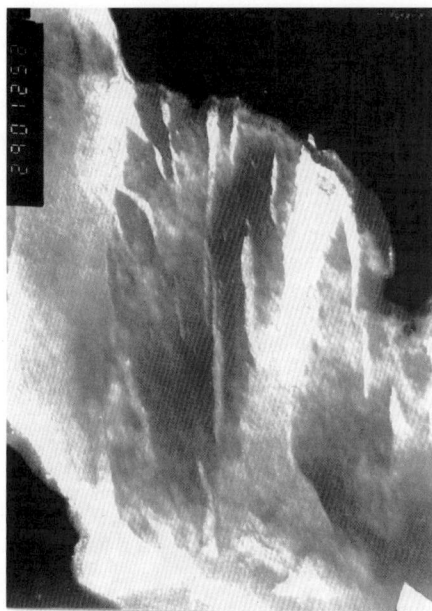

| 图　1-3-206 | 29000× | 图　1-3-207 | 29000× |

图　　号：1-3-206、1-3-207

材料名称：球墨铸铁

浸　蚀　剂：4%硝酸酒精溶液

处理情况：等温淬火 880℃×30min 淬入 370℃×1h 盐浴，再制成薄膜试样

组织说明：图 1-3-206：在 TEM 中拍摄的上贝氏体铁素体，黑色相为铁素体，白色相为奥氏体。

图 1-3-207：与图 1-3-206 的衬度互补，白色相为铁素体，黑色相为奥氏体。

由图可见，球墨铸铁中的上贝氏体是由铁素体板条和奥氏体薄膜组成的两相呈条状交替排列，相界面较弯曲且有分枝，无碳化物存在。据此可推测这种亚元结构的三维形貌：系界面弯曲的半连续的平行铁素体板条束，板条与板条之间是富碳的奥氏体薄膜，这些薄膜与周围的富碳残留奥氏体连接，包围着每一条板条，从而构成了所谓的奥-贝组织。

据文献介绍，球墨铸铁的下贝氏体的亚元结构也是由铁素体板条和奥氏体组成的，还存在细小的碳化物颗粒。只是其奥氏体薄膜比上贝氏体的细小且是断续的。

上、下贝氏体亚元结构的差异是两者力学性能不同的主要原因。

上贝氏体的性能，不仅与贝氏体的尺寸有关，更取决于亚元结构的尺寸。显然，亚结构中的铁素体板条越细小，板条与板条之间的距离越大（即奥氏体膜增厚），对裂纹的萌生和发展的遏制作用就越大，断裂时韧窝数量就增加。

下贝氏体亚元结构的奥氏体膜很薄，且被贝氏体针叶分割成断续状，再加上碳化物颗粒对变形的阻碍，断裂时就易于形成解理裂纹。

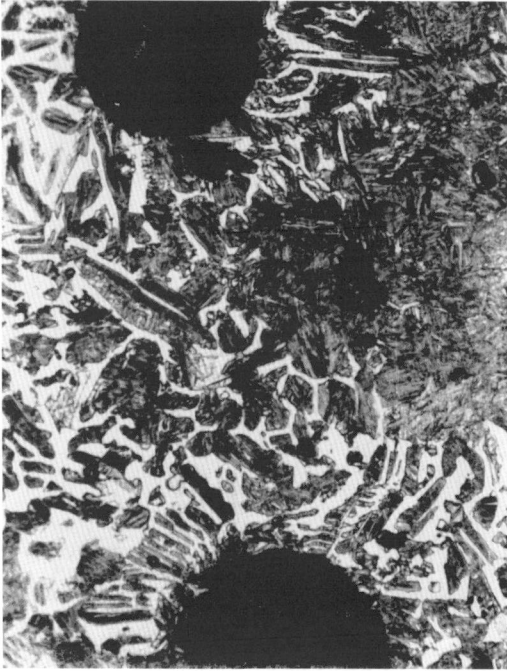

图　1-3-208　　　　　　　　　　600×

图　1-3-209　　　　　　　　　　1000×

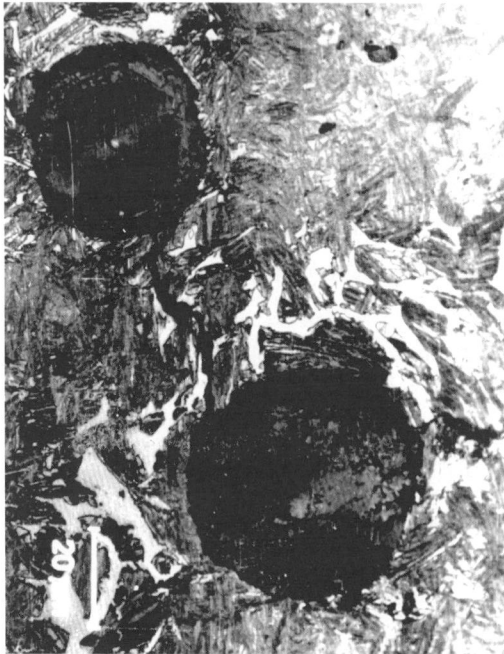

图　1-3-210　　　　　　　　　　750×

图　　号：1-3-208～1-3-210

材料名称：球墨铸铁

浸 蚀 剂：3%硝酸酒精溶液

处理情况：830℃加热保温 20min，淬入 370℃盐浴
中等温 1h 后空冷

组织说明：由抗拉试棒断口（纵向）截取金相试样。

　　图 1-3-208：球墨呈灰黑色，基体为上贝氏体
和破碎状铁素体。

　　图 1-3-209：球墨边缘破碎状铁素体内形成的
裂纹。

　　图 1-3-210：球墨边缘的裂纹穿过铁素体和上
贝氏体发展至另一球墨。

　　由于加热温度在 $Ac_1^{终}$～Ac_3 之间，留下了较
多的未溶铁素体。在拉伸应力的作用下，球墨-基
体界面造成应力集中，并产生滑移变形。当应力
达到一定程度时，裂纹出现于基体内最薄弱的部
位。上贝氏体的强度远大于铁素体，因此，就在
球墨边缘的铁素体内形成裂纹，并沿着铁素体发
展，以最短距离穿越上贝氏体，然后再向邻近铁
素体延伸，直至抵达另一个球墨。

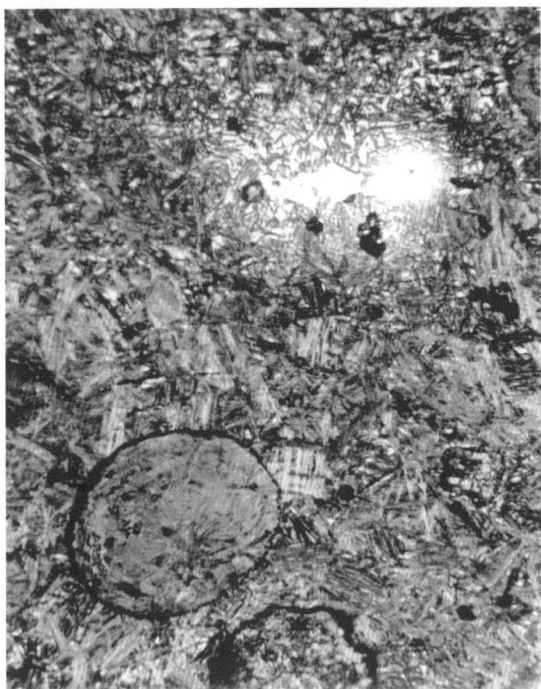

图   号：1-3-211

材料名称：稀土镁球墨铸铁

浸 蚀 剂：4%硝酸酒精溶液

处理情况：900℃加热保温 1h 后淬入 350℃盐浴中
　　　　　等温 10min 后空冷，再经 200℃回火

组织说明：白色块状磷共晶周围的马氏体针状组织
　　　　　较清晰；白色为残留奥氏体。

　　　　　200℃回火后，磷共晶周围的淬火马氏体转
　　　　变为回火马氏体，故其针状组织能较清晰地显示
　　　　出来。球墨周围的贝氏体易受浸蚀，该处残留奥
　　　　氏体转变为马氏体，故基体组织模糊不清。

图　　1-3-211　　　　　　　　　　　500×

图   号：1-3-212

材料名称：稀土镁球墨铸铁

浸 蚀 剂：4%硝酸酒精溶液

处理情况：870℃加热保温 1h 后淬入 400℃盐浴中
　　　　　等温 20min 后空冷，再经 250℃回火

组织说明：球墨周围为上贝氏体及淬火马氏体，白
　　　　　色块状为磷共晶，磷共晶边缘白色颗粒为渗碳
　　　　　体，灰色一片为回火马氏体。

　　　　　等温淬火后，由于存在白色区域（淬火马氏
　　　　体），影响到球墨铸铁的韧性；回火后，淬火马
　　　　氏体转变为回火马氏体，能使等温球墨铸铁的力
　　　　学性能得到改善。

图　　1-3-212　　　　　　　　　　　500×

图　　号：1-3-213

材料名称：稀土镁球墨铸铁

浸蚀剂：4%硝酸酒精溶液

处理情况：890℃加热保温 1h 后淬入 420℃盐浴中
　　　　等温 20min 后空冷，再经 500℃回火处理

组织说明：灰色球墨边缘的羽毛状为上贝氏体，磷
　　　　共晶周围为回火马氏体。

　　　　500℃回火后，磷共晶周围的白色区域已转
　　　变为回火马氏体，由于回火温度较高，碳化物开
　　　始聚集，故易受腐蚀，其色泽较深。

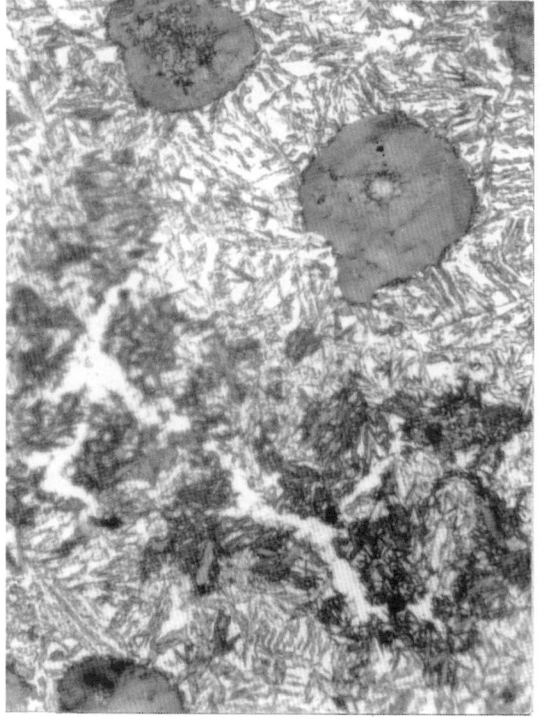

图　1-3-213　　　　　　　　　　　　　　500×

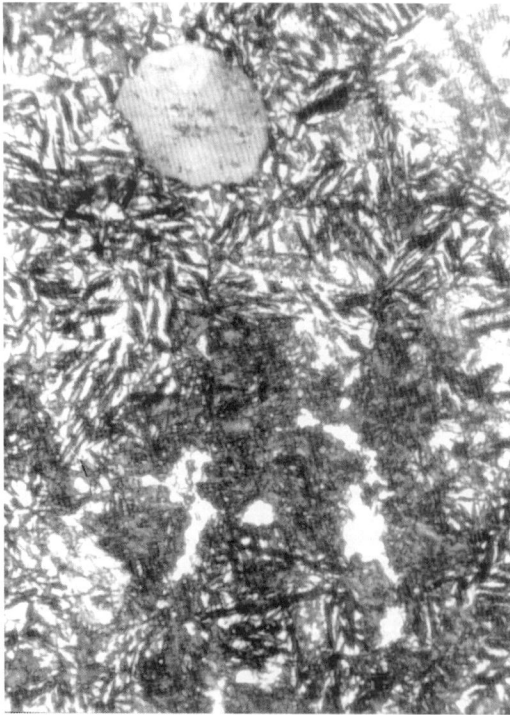

图　1-3-214　　　　　　　　500×

图　　号：1-3-214

材料名称：稀土镁球墨铸铁

浸蚀剂：4%硝酸酒精溶液

处理情况：890℃加热保温 1h 后淬入 420℃盐浴中
　　　　等温 20min 后空冷，再经 550℃回火处理

组织说明：灰色石墨周围为回火上贝氏体，白色块
　　　　状磷共晶周围为回火托氏体。

　　　　550℃回火后，上贝氏体中渗碳体开始聚集，
　　　同时，磷共晶周围的回火托氏体中的碳化物继续
　　　聚集；因此，本图片的上贝氏体色泽比图 1-3-213
　　　为深，回火托氏体色泽则比图 1-3-213 略浅。此
　　　时，球墨铸铁的塑性、韧性显著增加，强度及硬
　　　度则明显下降。

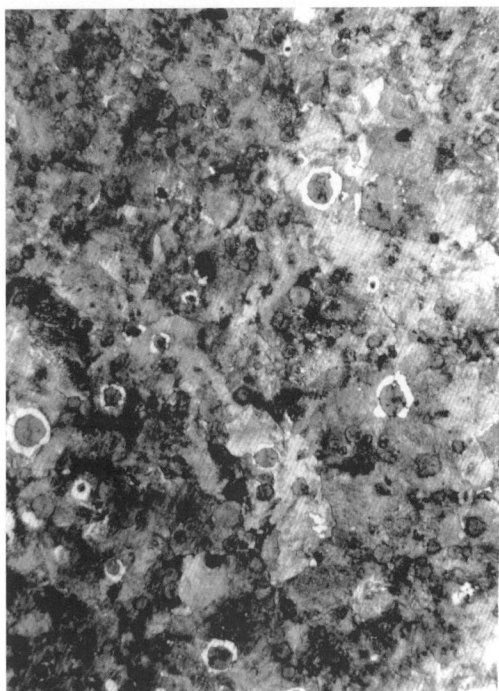

图　　1-3-215　　　　　　　　　100×　　　图　　1-3-216　　　　　　　　1880×

图　　号：1-3-215、1-3-216

材料名称：铜锑珠光体球墨铸铁（S195 曲轴）

浸 蚀 剂：3%硝酸酒精溶液

处理情况：铸态

组织说明：图 1-3-215：基体组织为弥散度很高的珠光体 [>95%（体积分数）] 和铁素体。

　　图 1-3-216：图 1-3-215 放大至高倍（1880×），可看到珠光体的层片状和粒状结构。片状珠光体具有较高的强度，粒状珠光体具有较高的韧塑性，两者混合分布，便使材料具有较好的强韧性。

　　S195 柴油机曲轴的化学成分为：w（Cu）0.4%，w（Sb）150×10^{-6}。

　　铜在共晶相变时有中等的石墨化作用，在共析相变时能细化和促进珠光体的形成，作用是锰的 10 倍。由于铜使过冷奥氏体转变为珠光体的曲线右移，故对截面较大的铸件，也可获得珠光体组织。在铸态珠光体铸铁中，铜的加入量为 w（Cu）0.3%～1.0%。

　　锑是强烈促进珠光体形成的元素，作用是铜的 100 倍。当锑的加入量在 w（Sb）0.02%～0.10%范围内，能细化石墨，提高球墨的圆整度，减少大断面球铁中的碎块状石墨。采用纯镁作球化剂时，锑的加入量可为 w（Sb）150×10^{-6}。铈能中和锑的有害作用，故采用稀土镁球化剂时，锑的加入量可比纯镁球化剂时多一些。锑的加入量还与加入方式有关。锑与孕育剂复合加入时，加入量可比锑与炉料混合加入时多一些。

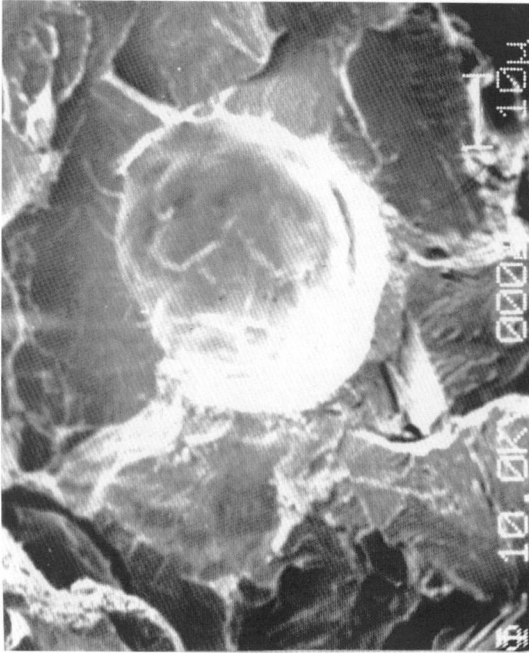

图 1-3-217   1000×

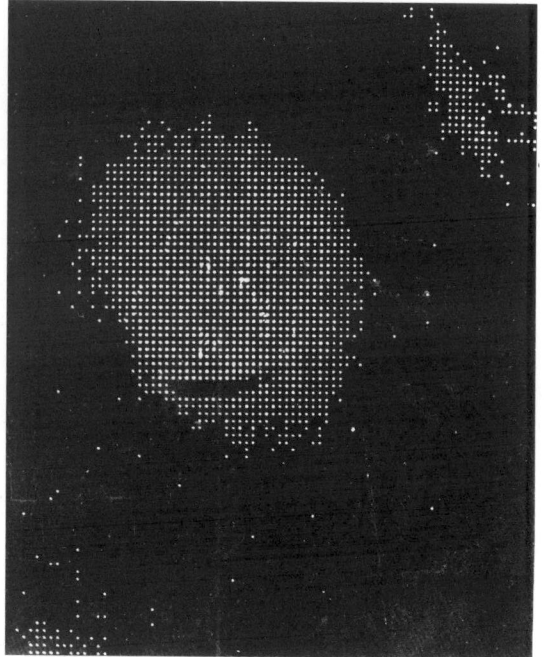

图 1-3-218   1000×

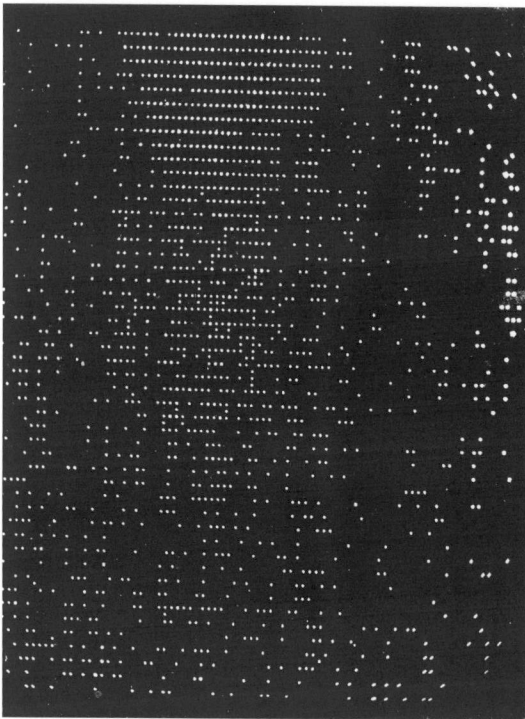

图 1-3-219   1000×

图　　号：1-3-217～1-3-219

材料名称：铜锑珠光体球墨铸铁

浸 蚀 剂：4%硝酸酒精溶液

处理情况：铸态

组织说明：图 1-3-217：俄歇谱仪拍摄的球墨空穴及
周围的二次电子像。

图 1-3-218：锑的面分布。

图 1-3-219：铜的面分布。

在扫描俄歇探针及其破断装置内，于真空条件下，将 3mm×3mm×30mm 试样打断，石墨从孔穴中逸出，用俄歇谱仪检查孔穴的表面、边缘及金属相界面，并拍摄了上述照片。

由图 1-3-218 可见，锑在孔穴表面亦即在球墨与金属相界面的分布较集中。这表明，锑富集于初生石墨的结晶前沿，形成一道屏障（厚度约为 10nm 左右），在一次结晶过程中抑制了石墨的长大和衰退，使石墨球细小和圆整；在二次结晶过程中阻止石墨球-奥氏体界面上铁素体生核，阻碍奥氏体内的碳原子向石墨表面沉积，这些因素都促成了奥氏体向珠光体的转变。

由图 1-3-219 可见，铜在球墨孔穴的分布比基体稍多一些，正是锑与铜的共同作用，促成了高度弥散的珠光体的形成。

图　　号：1-3-220

材料名称：含铜球墨铸铁

浸 蚀 剂：3%硝酸酒精溶液

处理情况：铸造后 980℃加热，而后炉冷至 880℃
　　　　　出炉空冷

组织说明：团状石墨，基体为片状珠光体，在共晶
　　　　　团晶界处有块状及网状渗碳体存在，共晶
　　　　　团晶界处的小黑点为夹杂物。

　　　　　由于合金元素的偏析，致使共晶团晶界处析
　　　　出块状合金渗碳体。在正火加热时，由于温度过
　　　　高致使晶界处一部分合金渗碳体溶入奥氏体中，
　　　　加上原来晶界处碳及锰量较高，因此冷却时容易
　　　　析出网状的二次渗碳体，另外，铸造时析出的块
　　　　状合金渗碳体未能完全分解，仍残留在晶界处。

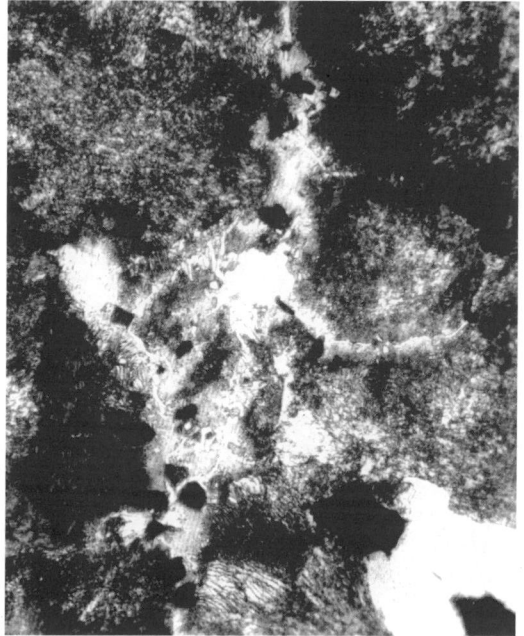

图　　1-3-220　　　　　　　　　　　　250×

图　　1-3-221　　　　　　　　　200×

图　　号：1-3-221

材料名称：铜钼合金球墨铸铁

浸 蚀 剂：4%硝酸酒精溶液

处理情况：铸造后正火处理

组织说明：疏松及针状组织。灰色为球状石墨，基
　　　　　体为片状珠光体，共晶团晶界处黑色孔洞为显微
　　　　　疏松，白色块状为碳化物和磷共晶组织，其周围
　　　　　为针状贝氏体。

　　　　　由于合金元素在共晶团晶界处富集，致使该
　　　　处在铸态下出现块状碳化物和富集合金元素的
　　　　显微组织，正火后出现针状贝氏体。

　　　　　为了减弱和改善共晶团晶界处的偏析，可采
　　　　用低锰铁液生产球墨铸铁。

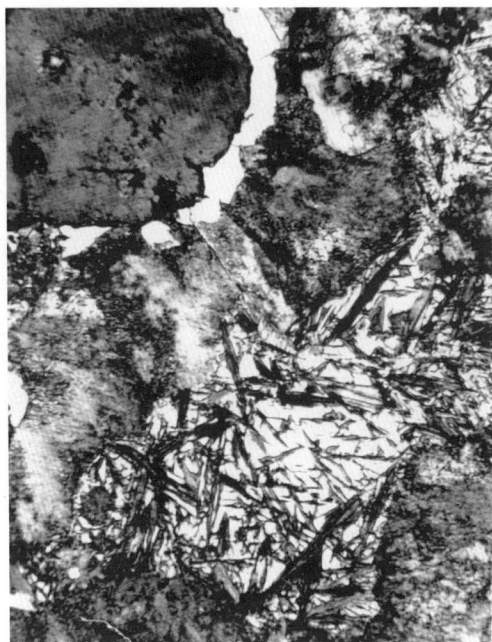

图　　号：1-3-222

材料名称：大断面铜钼球墨铸铁

浸 蚀 剂：3%硝酸酒精溶液

处理情况：920℃正火，喷雾冷却

组织说明：球墨呈灰黑色，基体为珠光体和少量牛眼状铁素体，共晶团界面为针状马氏体和残留奥氏体。

　　为了正火后获得规定的珠光体数量（体积分数大于70%），加入合金元素：w（Cu）0.6%，w（Mo）0.3%，w（Mn）0.6%。铜是负偏析元素，能延缓共析相变的时间，对获得珠光体有利。钼、锰是正偏析元素，富集于共晶团界面，铸件断面大，富集程度增加。钼、锰都使奥氏体等温转变曲线右移，在适当的冷却速度下，就会在部分或少数共晶团界面形成马氏体和残留奥氏体。

图　　1-3-222　　　　　　　　　500×

图　　号：1-3-223

材料名称：大断面铜钼球墨铸铁

浸 蚀 剂：3%硝酸酒精溶液

处理情况：920℃正火，喷雾冷却

组织说明：图1-3-222放大后的组织，分布于白色背景之上的针状马氏体及其中脊线清晰可见。

　　在低倍观察时，由于只有少数共晶团存在范围狭窄的马氏体及残留奥氏体，特别在试样腐蚀过深或已回火的情况下，往往不易察觉。按经验，上述组织宜在较浅的浸蚀后于高倍观察。

　　为了减少大断面铜钼球铁共晶界面出现针状马氏体，应加强孕育，增加石墨球数，借以减少微观偏析。合金元素的加入也应适量选择。

图　　1-3-223　　　　　　　　　1000×

图　　号：1-3-224

材料名称：铜钼合金球墨铸铁

浸 蚀 剂：4%硝酸酒精溶液

处理情况：铸造后正火处理

组织说明：疏松及针状组织。黑色球状及团片状为
　　　　石墨，在共晶团晶界处有显微疏松。基体为较粗
　　　　的片状珠光体及铁素体。铁素体一部分呈牛眼状
　　　　分布，一部分沿晶界网状分布，在共晶团晶界处
　　　　有针状贝氏体组织。

　　　　由于钼元素是正偏析元素，凝固时易在共晶
　　　　团晶界处富集，正火后该处易生成针状贝氏体
　　　　组织。

　　　　球墨铸铁共晶团晶界处因合金元素富集而
　　　　造成的偏析，对球墨铸铁的相变和力学性能都有
　　　　一定的影响，因此减弱或消除共晶团晶界处的偏
　　　　析程度，对改善和提高球墨铸铁的力学性能具有
　　　　一定的现实意义。

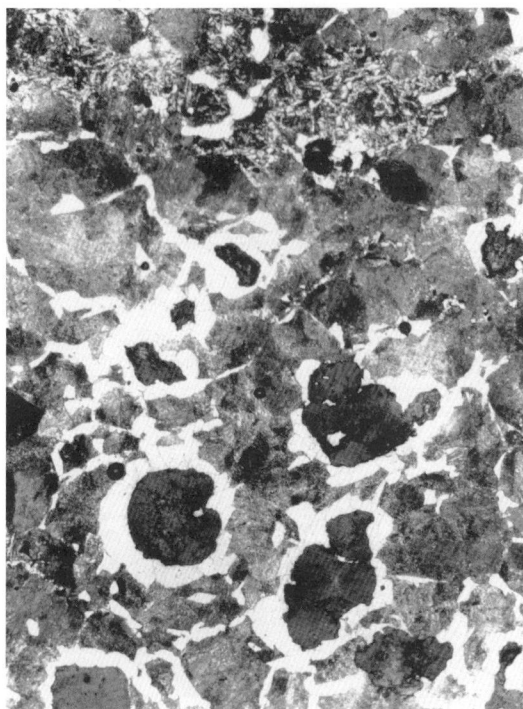

图　1-3-224　　　　　　　　　　　　　　　　200×

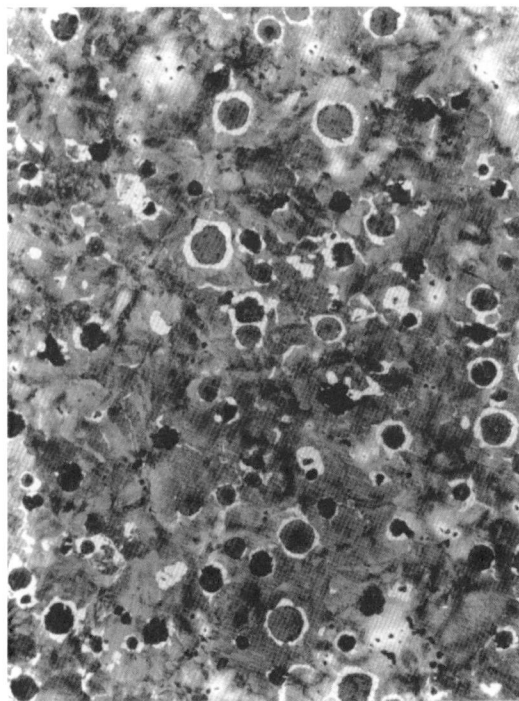

图　　号：1-3-225

材料名称：含铜稀土镁球墨铸铁（QT 700-2）［w（Cu）
　　　　0.5%～0.9%］

浸 蚀 剂：3%硝酸酒精溶液

处理情况：铸态

组织说明：球状及团状石墨碳。基体为片状珠光体
　　　　及牛眼状铁素体［10%～15%（体积分数）］。

　　　　在铁液中加入 w（Cu）为 1%，可使 5t 载重
　　　　汽车的曲轴在铸造状态下组织中的珠光体量达
　　　　到 80% 以上（体积分数），其抗拉强度不低于
　　　　700N/mm²，伸长率大于 2%，从而可使铸造的曲
　　　　轴不再进行正火处理。这样可节省燃料，减少工
　　　　序，以达到降低生产成本的目的。

图　1-3-225　　　　　　　100×

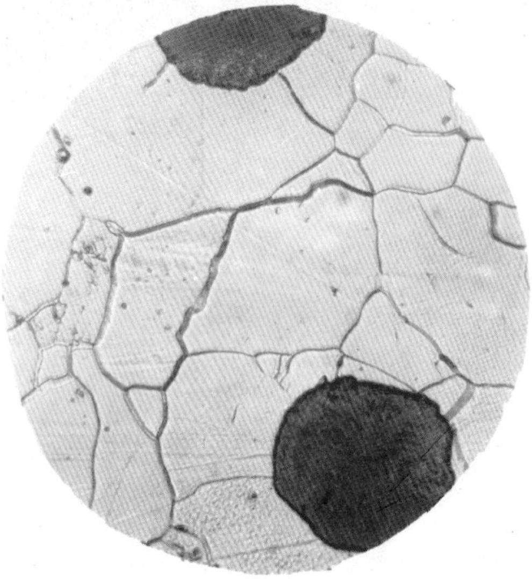

图　1-3-226　　　　　　　　　　500×

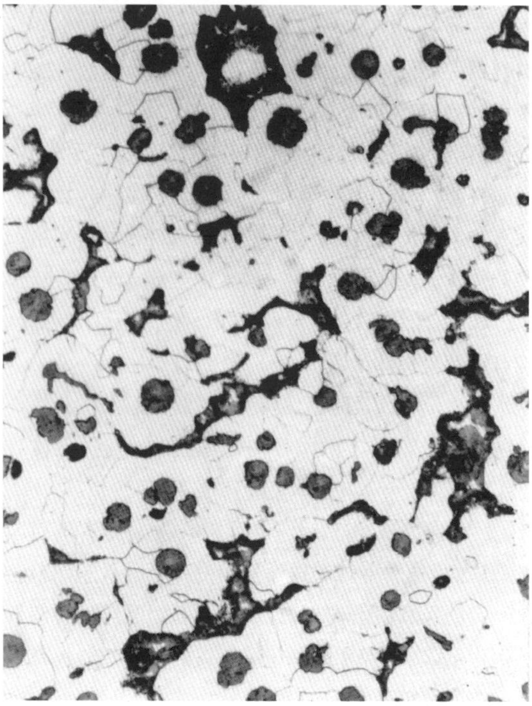

图　1-3-227　　　　　　　　　　100×

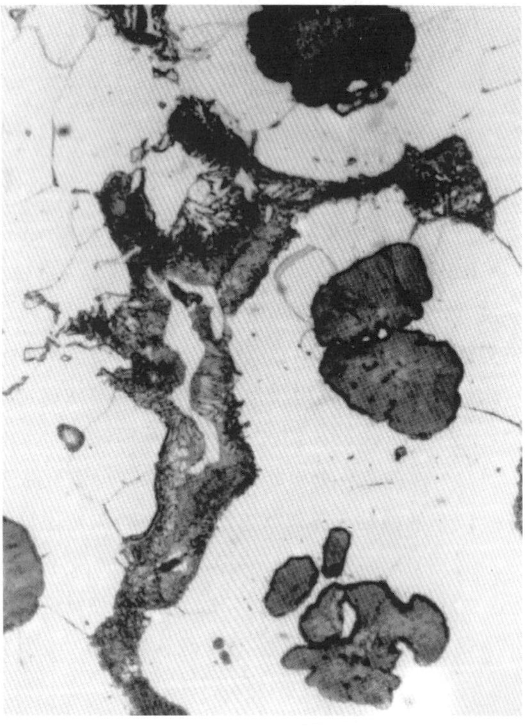

图　1-3-228　　　　　　　　　　500×

图　　号：1-3-226～1-3-228

材料名称：高硅耐热球墨铸铁

浸 蚀 剂：4%硝酸酒精溶液

处理情况：铸态。图 1-3-226 的化学成分为：w（Si）4.5%，w（Mn）0.3%，w（P）0.02%；图 1-3-227 的化学成分为：w（Si）4.5%，w（Mn）0.6%，w（P）0.07%

组织说明：图 1-3-226：石墨主要是球状和团状，基体为铁素体。

图 1-3-227：石墨主要是球状和团状，基体为铁素体和珠光体［10%～20%（体积分数）］及少量的磷共晶。

图 1-3-228：图 1-3-227 的放大组织。

硅是强烈的石墨化元素，与氧有很大的亲和力。当 w（Si）超过 3.5%时，就有较好的耐热性。当 w（Si）增加到 5%～6%时，可在 800～900℃的条件下服役。

硅能升高临界平衡温度，使奥氏体中的碳脱溶，吸附于球墨表面，随着过程的进行，低碳高硅奥氏体转变成硅铁素体。

但当成分中锰、磷含量较高时，也会出现一些珠光体。因为，锰是白口化元素，能促使奥氏体转变为珠光体。磷虽然是石墨化元素，但在共析相变时，磷能排斥碳，优先进入铁素体，被排斥的碳即与铁原子结合成渗碳体。因此，即使在较缓慢的冷却条件下，磷共晶周围也往往会形成珠光体。

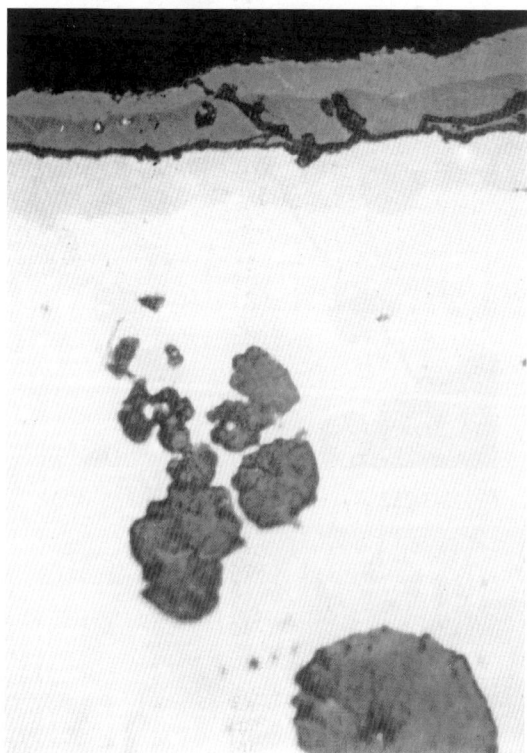

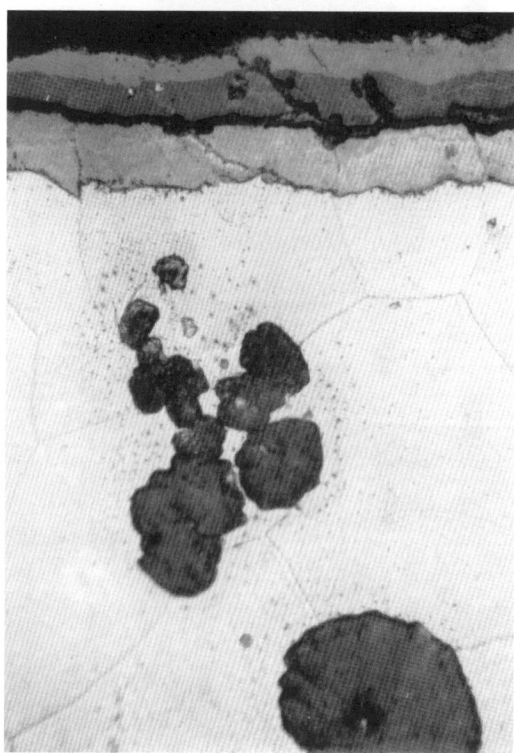

图　1-3-229　　　　　　　　　　500×　　图　1-3-230　　　　　　　　　　500×

图　　　号：1-3-229、1-3-230

材料名称：高硅耐热球墨铸铁

浸　蚀　剂：图 1-3-229 为抛光未浸蚀，图 1-3-230 为 4%硝酸酒精溶液浸蚀

处理情况：试样从长期使用的玻璃模具上截取

组织说明：石墨为球状及碎块状。抛光未浸蚀时观察，试样表面的氧化层较模糊，硝酸酒精溶液浸蚀后再观
　　　　察，氧化层可分为三层，还可看到多条裂纹。

　　　　研究表明，球墨铸铁表面的氧化皮，大致可分为两层：外层为氧化层，内层为次氧化层。用 X 衍射测
　　定，氧化层由铁与氧的化合物组成，由外向内，分为 Fe_2O_3、Fe_3O_4 和 FeO 三层。与此对应，金相观察也
　　可看到色泽不同的三层。次氧化层由 FeO 和 Fe_2Si_4 组成。Fe_2Si_4 是橄榄石型结构，抗氧化性能良好，对金
　　属具有保护作用。球墨铸铁中的含硅量越高，次氧化层中的 FeO 越少，Fe_2Si_4 数量越多，球墨铸铁的抗氧
　　化性能越好。

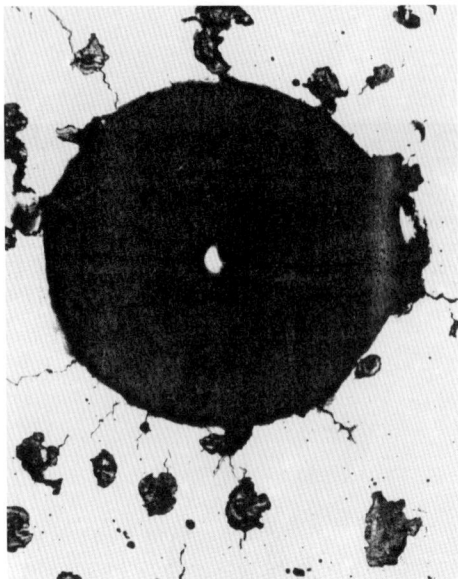

图　　1-3-231　　　　　　　160×

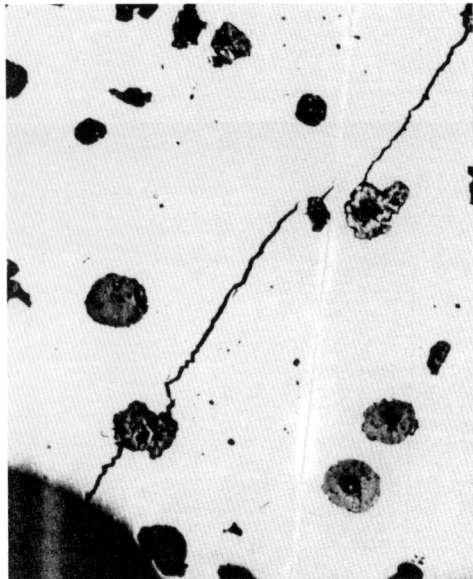

图　1-3-232　　　　　　　100×

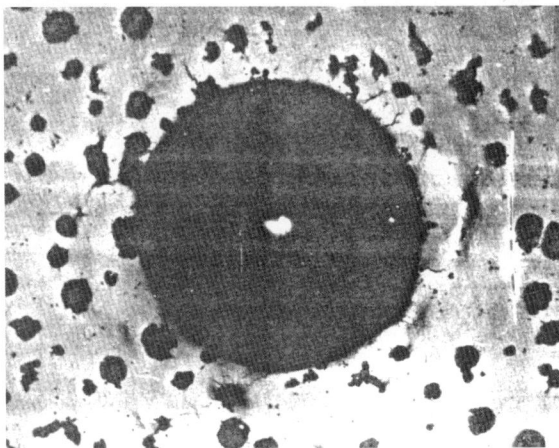

图　　1-3-233　　　　　　　100×

图　　　号：1-3-231～1-3-233
材料名称：球墨铸铁
浸 蚀 剂：未浸蚀
处理情况：图 1-3-231 为 900℃×0.5h 淬火（清水），图 1-3-233 为 890℃×0.5h 后淬入 240℃×1h 盐浴等温淬火
组织说明：图 1-3-231 为淬火试样表面的硬度压痕及压痕诱发的裂纹；图 1-3-232 为淬火试样硬度压痕边缘长
　　　　度>0.5mm 的裂纹；图 1-3-233 为等温淬火试样表面的硬度压痕及压痕诱发裂纹。
　　　淬火后的组织为孪晶马氏体和少量残留奥氏体。硬度在抛光后未浸蚀的试样平面上测定。压头为锥角
120°的金刚石圆锥，压头总负荷为 150Kg，硬度值为 59～61HRC。由于压头是 120°的金刚石圆锥，压
痕一般呈圆形，中心亮点由光学反应造成，倘把亮点放大至较高倍数，可看到压头顶端规则的几何形状留
下的印痕。压痕周围则出现了应力诱发的裂纹，其特点是：①裂纹大都发源于压痕边缘，也有部分裂纹产
生于压痕附近的球墨边缘；②此裂纹沿压痕径向发展，呈辐射状，为一刚劲折线，根部较宽，尾端尖细，
直至全部消失；③裂纹再扩展过程中遇到球墨，可绕过球墨或使球墨与基体界面脱开，然后再发展；④在
未受其他外加应力时，裂纹长度一般小于 0.15mm，宽度小于 0.005mm；⑤个别情况下，也会出现较长的
裂纹，例如大于 0.5mm 的裂纹。
　　　240℃等温淬火后组织为下贝氏体和少量马氏体，硬度值为 49～51HRC，压痕诱发裂纹的特征与淬火
后的压痕裂纹相似，只是数量较少，长度较短而已。

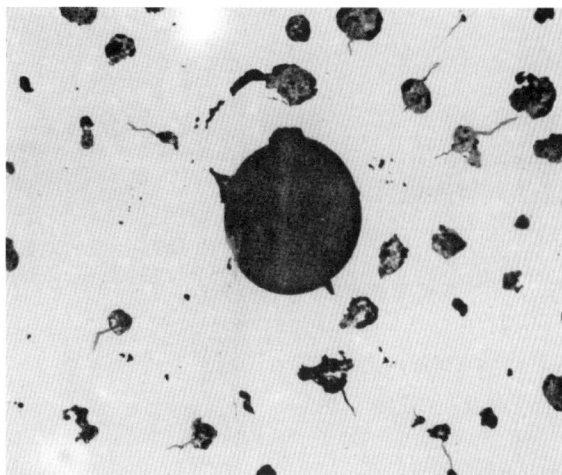

图　1-3-234　　　　　　100×

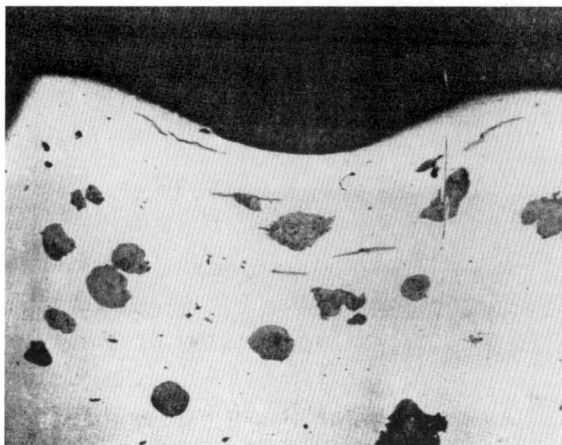

图　1-3-235　　　　　　100×

图　　号：1-3-234、1-3-235

材料名称：球墨铸铁

浸 蚀 剂：未浸蚀

处理情况：900℃淬火（清水）后测定洛氏硬度

组织说明：图 1-3-234：是在洛氏硬度试样表层磨掉 0.05mm 后的压痕诱发裂纹分布情况。可见，此时硬度压痕边缘已无裂纹，裂纹大都起源于压痕附近的球墨和夹杂物，且裂纹的长度比试样表面的裂纹短。

　　　　图 1-3-235：从硬度试样纵向剖开后的压痕诱发裂纹分布情况。可见，硬度压痕两侧的裂纹大致与受压面平行；压痕底部的裂纹大致与试样表面平行。

　　　　综上可见，硬度压痕表面、周围和底部皆存在裂纹且数量较多，分布比较复杂。正是这种缺陷，可造成零部件的过早疲劳失效或脆性断裂。

　　　　在硬度检测中，还会遇到一个问题：测定的硬度值和预期的硬度值有较大的差别。此时，检查硬度压头的完整性是重要的一环。在显微镜中观察，倘淬火球墨铸铁（包括等温淬火、中频感应加热淬火）的硬度压痕不呈圆形、冷激铸铁的硬度压痕不呈椭圆形，压痕中心的亮点所反映的硬度压头顶端的几何形状不规则，凡此种种，都表示硬度压头受到了机械损伤（如碰伤、磨损等），不能再使用，必须调换。这是检查硬度压头完整性的简单而有效的方法。

图　　号：1-3-236

材料名称：球墨铸铁

浸 蚀 剂：3%硝酸酒精溶液

处理情况：900℃淬火后测定洛氏硬度

组织说明：硬度压痕边缘碳化物内的裂纹。碳化物

　　是一个硬度很高、脆性很大的相。打硬度时，就

　　会沿着（100）、（110）和（210）等晶面出现解

　　理断裂。球墨铸铁的共晶团界面，由于锰、镁、

　　稀土等元素的偏析，往往会形成少量碳化物，即

　　使碳化物很细小，若分布于硬度压痕边缘仍然会

　　开裂。

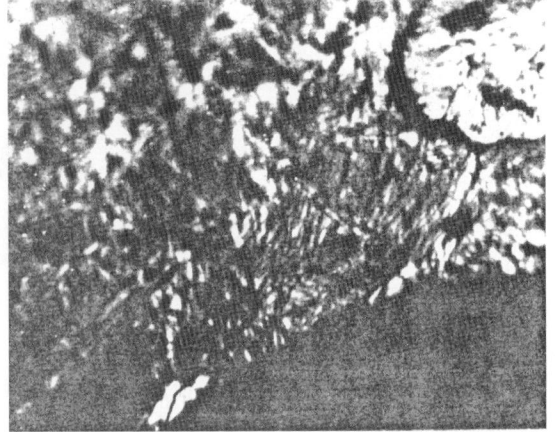

图　　1-3-236　　　　　　　　　500×

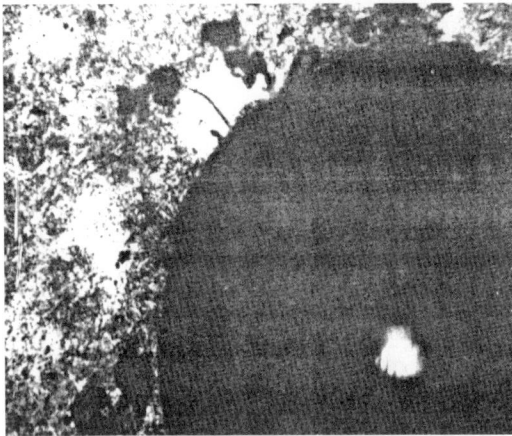

图　　1-3-237　　　　　　　　　400×

图　　号：1-3-237

材料名称：球墨铸铁

浸 蚀 剂：3%硝酸酒精溶液

处理情况：900℃淬火后线切割，再测定洛氏硬度

组织说明：硬度压痕边缘变态莱氏体内的裂纹。淬

　　火后用线切割取样，当钼丝扫过材料时，其表层

　　即发生熔化，快速冷却后，获得呈球状的变态莱

　　氏体、淬火马氏体和残留奥氏体。此莱氏体内的

　　渗碳体呈明显的枝晶状，其片间距仅为普通铸造

　　所获得的莱氏体的十几分之一，硬度值可达

　　1300HV。打硬度时，这种变态莱氏体极易开裂。

图　　号：1-3-238

材料名称：球墨铸铁

浸 蚀 剂：未浸蚀

处理情况：900℃淬火后测定洛氏硬度

组织说明：400 号砂纸磨制后硬度压痕边缘的裂纹。

　　抛光试样的硬度值为 59.9HRC。400 号砂纸磨制

　　后，硬度值下降为 59HRC，且压痕边缘裂纹长

　　度也变短，数量减少。其原因是：抛光平面上打

　　硬度，裂纹大多起源于压痕边缘；试样存在磨痕

　　后，磨痕也会造成应力集中，相对来说，这就削

　　弱了压痕边缘的应力集中程度，即使形成了裂

　　纹，磨痕对裂纹的发展也具有机械阻止作用。同

　　时，裂纹也不再均匀地分布于压痕周围，而是主

　　要分布在磨痕与压痕呈 45°交角处。

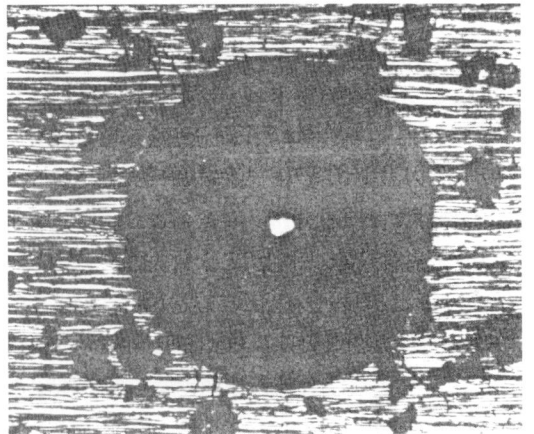

图　　1-3-238　　　　　　　　　125×

图　　号：1-3-239

材料名称：球墨铸铁

浸 蚀 剂：未浸蚀

处理情况：900℃淬火后测定洛氏硬度

组织说明：三个硬度压痕之间的裂纹。三个硬度
　　压痕靠得很近时，由于应力集中较大且较复
　　杂，从平面上观察这一区域，就可看到较多的
　　呈不同走向的裂纹。可以推想，压痕侧面和底
　　部，也形成了较多的颇为复杂的裂纹。该区域
　　就成为一个薄弱环节，在零部件服役时，这些
　　已有的裂纹易于发展，导致早期失效。

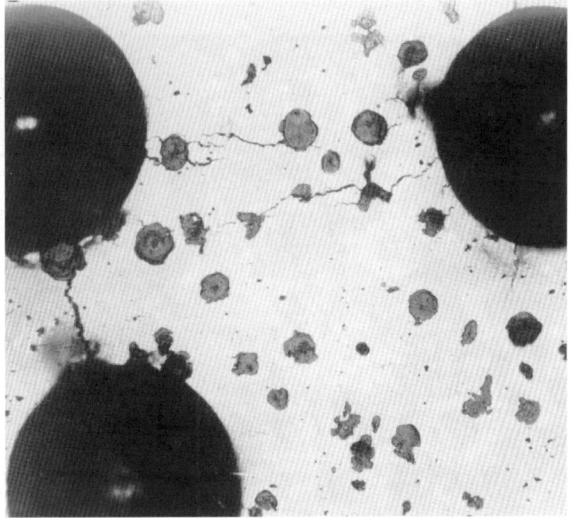

图　　1-3-239　　　　　　　　　　　100×

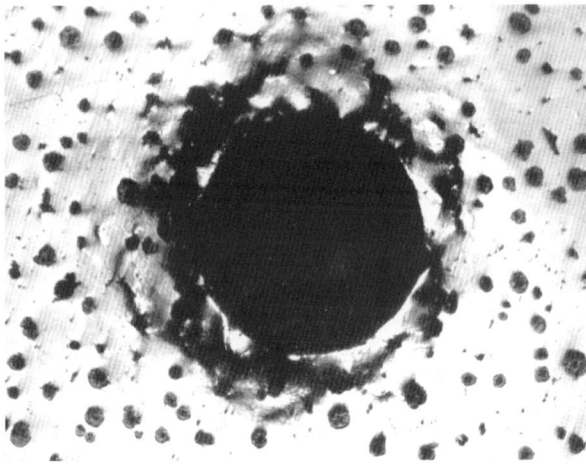

图　　1-3-240　　　　　　　　　　　100×

图　　号：1-3-240、1-3-241

材料名称：球墨铸铁

浸 蚀 剂：未浸蚀

处理情况：900℃淬火、400℃回火后测定洛
　　氏硬度

组织说明：图1-3-240：硬度压痕周围的塑性
　　变形。

　　图1-3-241：硬度压痕周围的球墨已被
　　压成扁圆形。

　　淬火组织在热力学上是不稳定的。回
火能使内应力下降，固溶在马氏体内的碳
化物不断析出和聚集，部分孪晶马氏体内
的相变显微裂纹自动"焊合"。因此，随着
回火温度的升高，打硬度形成的压痕诱发
裂纹也随之减少。球墨铸铁由于硅的抗回
火作用，加热至400℃时，马氏体才转变
成铁素体。至此，打硬度时不再出现裂纹。
压痕边缘因塑性变形出现黑色波纹，致使
球墨也显得不甚清晰。把试样重新抛光后，
可看到压痕周围的石墨都已压扁。

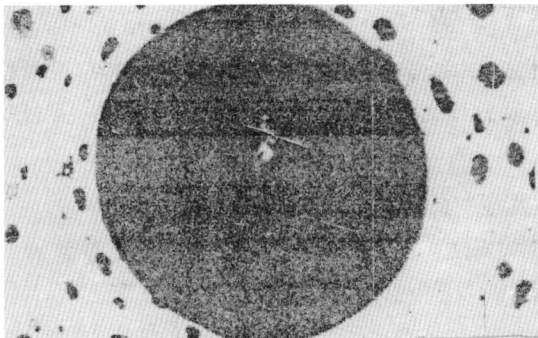

图　　1-3-241　　　　　　　　　100×

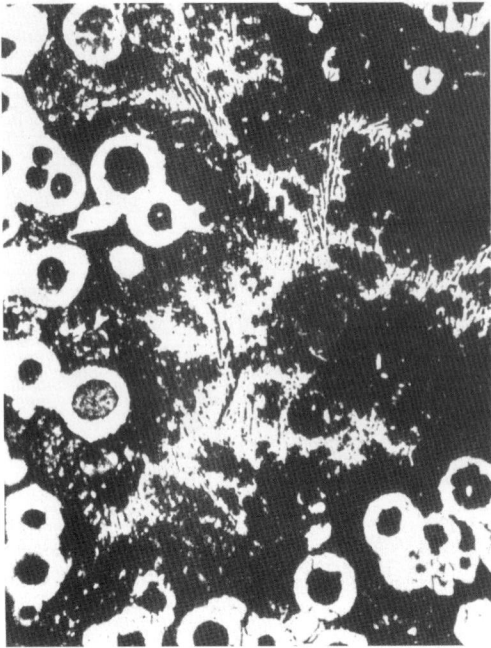 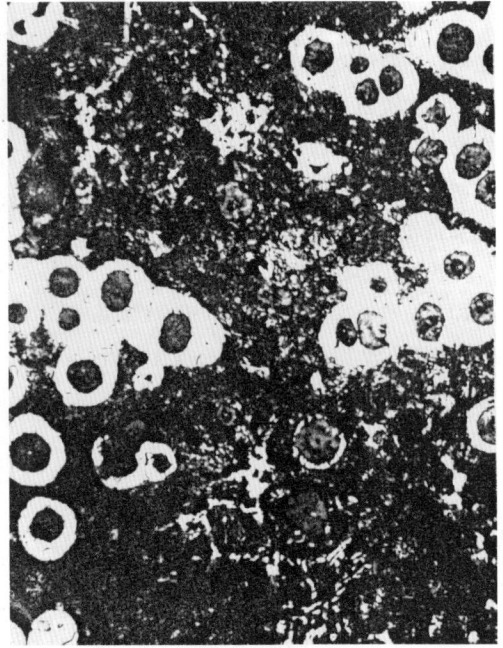

图　1-3-242　　　　　　　　　　100×　图　1-3-243　　　　　　　　　　100×

图　　号：1-3-242、1-3-243

材料名称：球墨铸铁

浸　蚀　剂：3%硝酸酒精溶液

处理情况：铸态

组织说明：图 1-3-242：集中分布的反白口。

　　　　　图 1-3-243：分散分布的反白口。

　　在铸件心部和热节部位形成的渗碳体，称为反白口，以区别分布于铸件表面的渗碳体（正白口）。灰铸铁、蠕墨铸铁和球墨铸铁都能出现此缺陷，尤以后者为甚。

　　从分布特征看，反白口大致分为集中分布和分散分布两种。

　　集中分布为高密度分布的渗碳体组织，大多呈针状，也可能出现部分块状和莱氏体。这是由于铁液强烈过冷和反白口元素偏析所致（主要是锰的富集）。分散分布是低密度的杂乱分布的渗碳体组织，这是由于残留于共晶枝晶间的铁液强烈过冷所致。硫和溶解氢的联合作用，能促进分散分布的形成。一般来说，铁液经球化处理后，溶解氢的含量很低，但在之后的停留过程中，仍可能二次吸氢，致使铁液中溶解氢增加。

　　反白口的出现，能使机械加工困难，并削弱铸铁的性能，特别对动态应力下工作的零部件（例如发动机连杆），更易造成脆性断裂和早期失效，故应严格控制。

　　为了减少和消除反白口，可针对原因采取下列措施：①根据铸件断面系数，适当提高碳硅当量；②加强孕育处理，以期获得饱和孕育状态；③含锰量越低越好；④在保证球化率的前提下，尽量降低球化剂的加入量；⑤提高球化处理温度（1400～1500℃）和浇注温度（大于1350℃）。

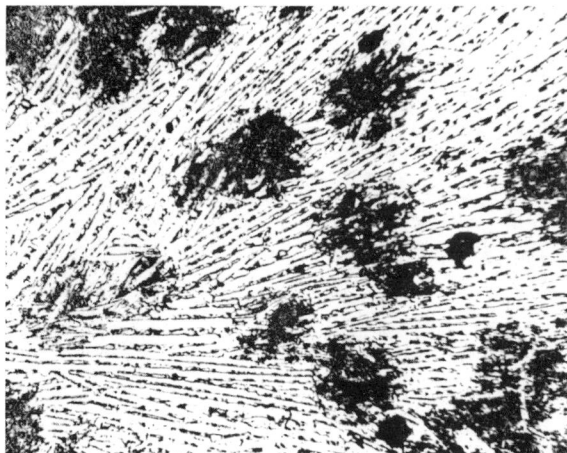

图　1-3-244　　　　　　　　　　　　　400×

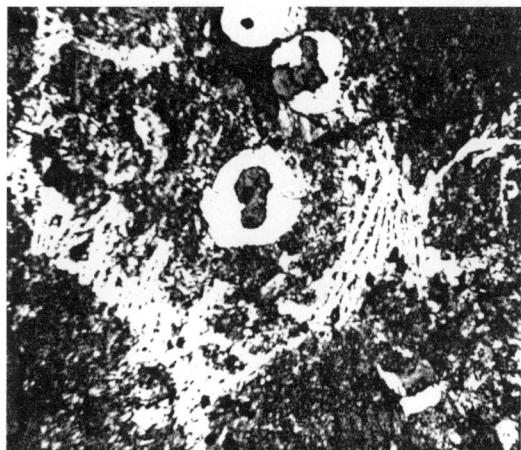

图　1-3-245　　　　　　　400×

图　1-3-246　　　　　　　400×

图　号：1-3-244～1-3-246

材料名称：球墨铸铁

浸蚀剂：3%硝酸酒精溶液

处理情况：铸态

组织说明：图 1-3-244：针状反白口。

图 1-3-245：莱氏体型反白口。

图 1-3-246：块状反白口。

从形态看，反白口可分为针状、莱氏体型和块状等几种。球墨铸铁中的反白口多半以针状分布，有时由于针状渗碳体的大量析出，导致其周围贫碳而出现铁素体。对正白口而言，针状渗碳体是从铁液中析出的绝对先生成相，其形态具有无拘无束的性状。而反白口中的针状，由于冷却空间较小，过冷度较大和散热方向的多元性，其生长就受到限制，故一般只能形成细针状，其分布方向也往往呈现多元性。

莱氏体型反白口是残留铁液形成奥氏体后，于共晶温度析出和生长的，故其所受限制比针状反白口大。

块状反白口也是在共晶温度形成的，它的形成温度越低，锰、磷等元素的偏析也越大，故很难用常规的热处理来消除。

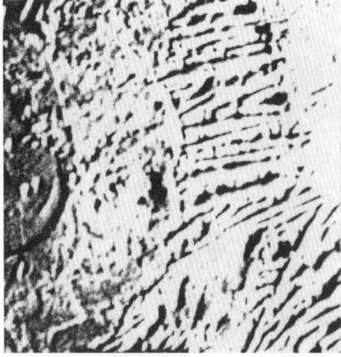

图 1-3-247 1000/2×

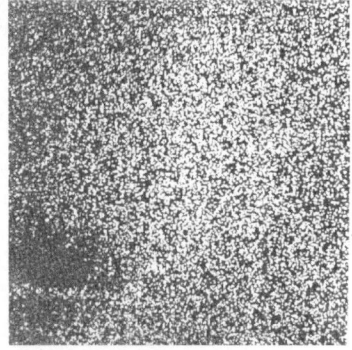

图 1-3-248 1000/2×

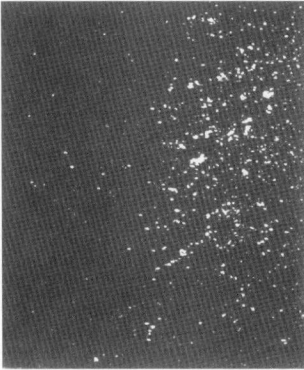

图 1-3-249 1000/2×

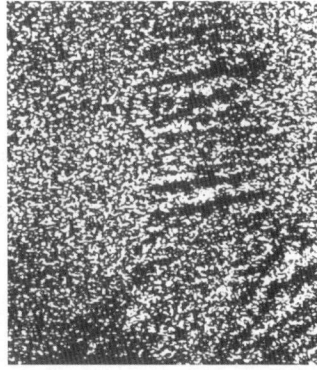

图 1-3-250 1000/2×

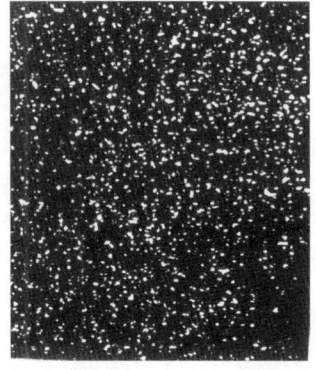

图 1-3-251 1000/2×

图　　号：1-3-247～1-3-251

材料名称：球墨铸铁

浸 蚀 剂：3%硝酸酒精溶液

处理情况：铸态

组织说明：用电子探针测定了针状反白口区的元素分布。

图 1-3-247：针状反白口区的背散射电子像，左边为半个球墨及牛眼状铁素体，右边为针状反白口。

图 1-3-248：锰的面分布。

图 1-3-249：磷的面分布。

图 1-3-250：硅的面分布。

图 1-3-251：铈的面分布。

探针测定的结果为：①针状反白口内存在锰和磷的富集，而硅的含量几乎等于零。②铈较均匀地富集于整个反白口区，而不是集中于针状渗碳体内，其原因是，基体中铈的多寡并不取决于相的类型，而是取决于相的凝固先后，同一个相，后凝固的铈含量就高于先凝固的。

由此可见，降低锰、稀土等元素的含量，适当提高含硅量，均可降低组织中出现反白口的倾向，但硅的提高要适度。据文献介绍，w（Si）从 2.7% 提高至 3.0% 时，反而会出现反白口。这是由于硅能降低其他元素的扩散速度，加剧晶界偏析，故含硅量不宜太高。

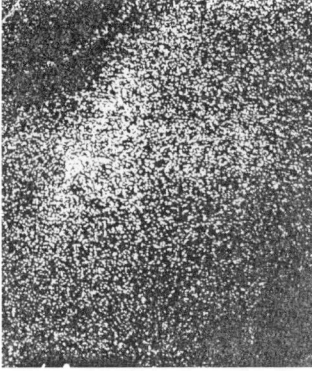

图　1-3-252　　　　1000/2×

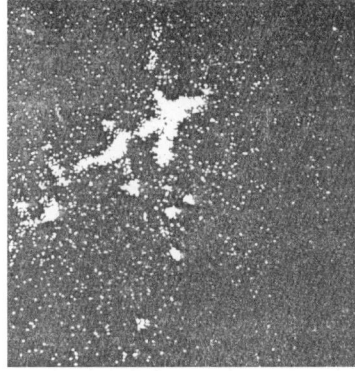

图　1-3-253　　　　1000/2×

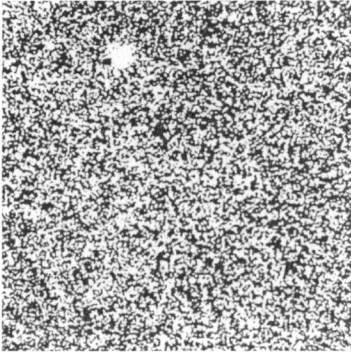

图　1-3-254　　　　1000/2×

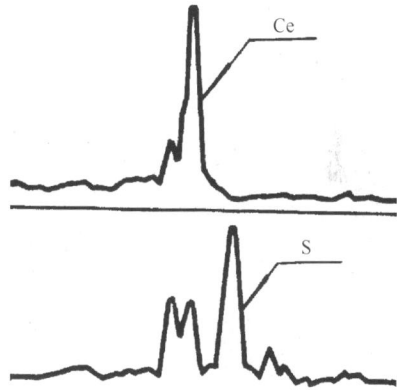

图　1-3-255　　　　1000/2×

图　　号：1-3-252～1-3-255

材料名称：球墨铸铁

浸 蚀 剂：未浸蚀

处理情况：铸态

组织说明：用电子探针测定了块状反白口的元素分布。

　　图 1-3-252：锰的面分布。

　　图 1-3-253：磷的面分布。

　　图 1-3-254：硅的面分布（出现铈的富集点）。

　　图 1-3-255：铈和硫的线分布（于铈的富集点测定）。

　　探针的测定结果为：①与针状反白口比较，块状反白口内锰、磷的富集程度较大，这是由于块状反白口的凝固温度低于针状所致（块状是在共晶温度，而且往往是在共晶温度后期形成的）。②铈较均匀地分布于整个反白口区，但出现个别富集点；于该点作线分布，可看到铈、硫同时出现峰值，由此可初步判断为 CeS、Ce_2S_3 等夹杂物。在针状、块状和莱氏体型反白口区，皆能出现这种夹杂物，但反白口的凝固温度越低，出现的几率就较大。

　　把块状及针状反白口在 920℃×2h 正火（或退火）处理，之后再做探针测定，即使反白口已消除或部分消除，但原反白口区的元素分布与铸态基本相似。这表明，用常规的热处理工艺消除合金元素的偏析是很困难的。

图　　号：1-3-256

材料名称：球墨铸铁

浸 蚀 剂：3%硝酸酒精溶液

处理情况：铸态

组织说明：反白口边缘的二次渗碳体。针状反白口形成后，其周围奥氏体内的锰、碳、稀土等含量仍然较高，在共晶温度至共析温度这一温度区间内以较快的速度冷却，于针状反白口旁便可形成呈网状分布的二次渗碳体。

观察表明，集中分布的反白口比分散分布的反白口易于出现二次渗碳体。

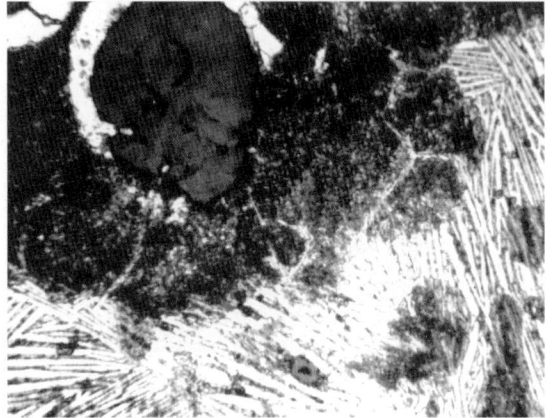

图　1-3-256　　　　　　400×

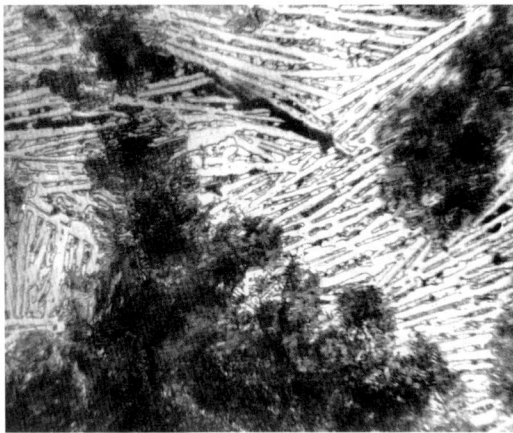

图　1-3-257　　　　　　400×

图　　号：1-3-257

材料名称：球墨铸铁

浸 蚀 剂：3%硝酸酒精溶液

处理情况：铸态

组织说明：针状反白口的显微缩松。针状反白口形成后，夹在渗碳体之间的铁液，往往会与周围隔离，得不到补充，由于渗碳体在冷却过程中收缩，便会形成显微缩松。倘渗碳体周围固态收缩形成的拉应力较大，还会出现显微裂纹。

针状反白口，特别是集中分布的针状反白口，比其他形态的反白口易于形成上述缺陷。

图　　号：1-3-258

材料名称：球墨铸铁

浸 蚀 剂：3%硝酸酒精溶液

处理情况：铸态

组织说明：反白口区的小石墨球。反白口区的球墨数量（指球径大致与正常区相当的球墨）比正常区域的球墨数量少得多，约为正常区域的 1/8～1/10。但反白口区却会出现数量颇多的小球墨，它们嵌在渗碳体内部或夹在渗碳体之间。这些小球墨是直接从液态金属析出的，而且往往是在渗碳体形成之前析出的。

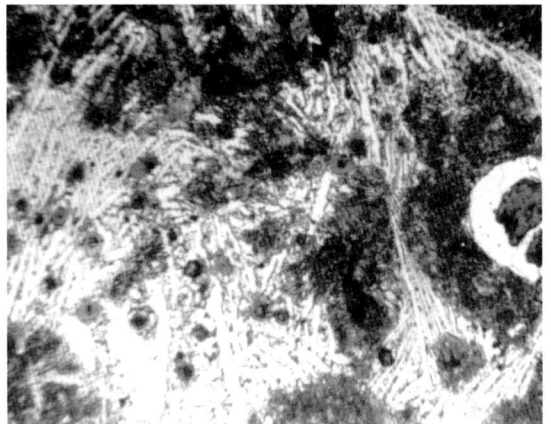

图　1-3-258　　　　　　400×

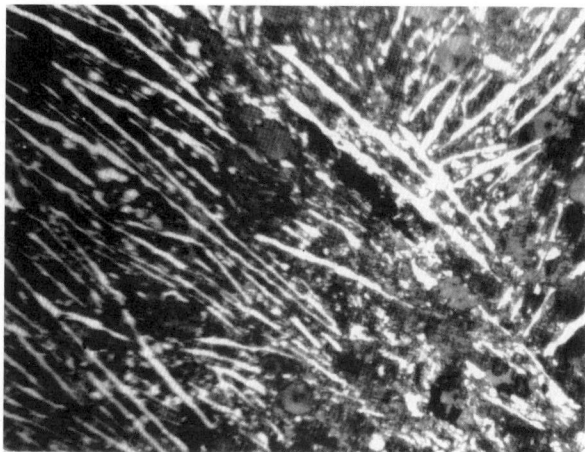

图　　1-3-259　　　　　　　　　　　　　　　　　　500×

图　　1-3-260　　　　　　　100×

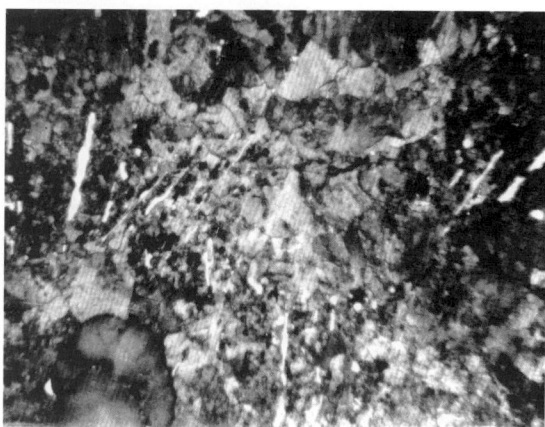

图　　1-3-261　　　　　　　500×

图　　号：1-3-259～1-3-261

材料名称：球墨铸铁

浸 蚀 剂：3%硝酸酒精溶液

处理情况：用正火处理消除反白口

组织说明：图 1-3-259：950℃×1h 正火，针状反白口分解 1/2。

图 1-3-260：950℃×2h 正火，针状反白口大多分解，残留的针状在 100 倍下已难于分辨。

图 1-3-261：图 1-3-260 放大至 500 倍的组织，可看到孤立分布的针状渗碳体。

渗碳体为亚稳定组织，在低温或高温，都有转变成稳定组织的倾向。

在光学显微镜中观察，针状渗碳体的分解过程大致如下：加热至奥氏体温度区域，针状反白口分解成石墨碳和 γ-Fe，这种分解是不均匀的。对某一条渗碳体而言，分解先从曲率半径最大的表面开始，于是这种组织就被分割成断续状；对各条渗碳体而言，其分解速度有快有慢，故原来密集分布的针状就变得稀疏且呈断续状分布。上述过程的进行，使断续状的渗碳体再分割成更细小断续状，直至基本消除或完全消除。实践还表明，反白口的形态对分解速度有影响，相对来说，共晶渗碳体最易分解，块状次之，针状较难分解，但分布于晶界的块状比针状还难分解。上述情况与正白口的分解是相仿的；差别是由于反白口区存在正偏析元素的富集，所以在正火（或退火）过程中，往往比正白口难分解。

图　　号：1-3-262

材料名称：球墨铸铁

浸 蚀 剂：3%硝酸酒精溶液

处理情况：950℃×2h 正火

组织说明：显微缩松和缩孔（图中左下角）旁正火后残留的针状反白口。

　　正火过程中，针状反白口分解后，碳原子通过奥氏体扩散，向球墨表明沉淀，但显微缩松及缩孔旁的渗碳体，其周围（或一侧）就没有奥氏体，致使这一过程受阻或趋于延缓；因此，当没有显微缩松、缩孔混杂其间的渗碳体分解完毕时，缩松、缩孔旁的渗碳体却被保留下来。

图　1-3-262　　　　　　　　　　400×

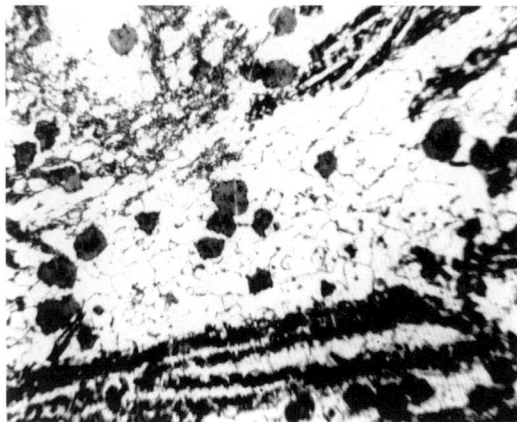

图　1-3-263　　　　　　　　　　400×

图　　号：1-3-263

材料名称：球墨铸铁

浸 蚀 剂：3%硝酸酒精溶液

处理情况：920℃×2h 退火

组织说明：退火后在原渗碳体的位置出现了呈方向性分布的珠光体。

　　据电子探针测定，反白口区存在锰、磷、镁和稀土元素的富集，这些元素溶入奥氏体后，即使在 Ar_3～Ar_1 温度区间内以缓慢的速度冷却，也会在共析相变时形成珠光体。由于锰、磷等元素的分布呈方向性，故珠光体的分布也呈方向性。

图　　号：1-3-264

材料名称：球墨铸铁

浸 蚀 剂：未浸蚀

处理情况：920℃×2h 正火

组织说明：正火后原反白口区形成了呈集中分布的小球墨。

　　反白口是铁液最后凝固的部位，往往存在较多的细小杂质。当反白口分解后，碳即溶入奥氏体，由于反白口区的球墨数量较少，正常区的球墨距离又较远，这些扩散距离近的细小杂质就成为碳沉淀的非自发核心，从而形成呈聚集分布的小球墨。

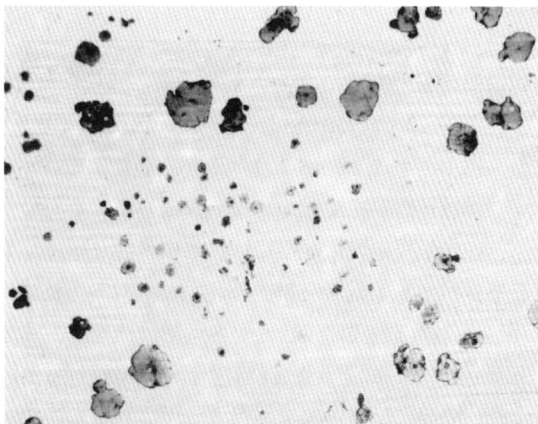

图　1-3-264　　　　　　　　　　400×

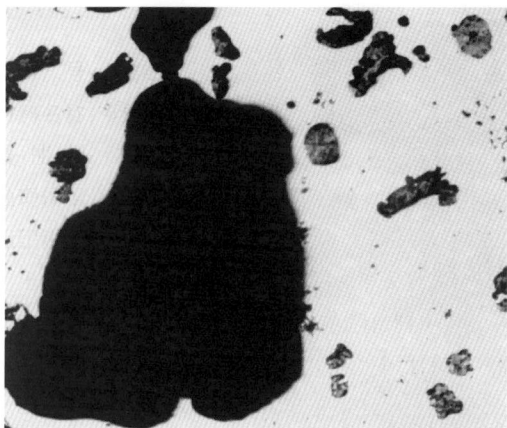

图　1-3-265　　　　　　　　　　　100×

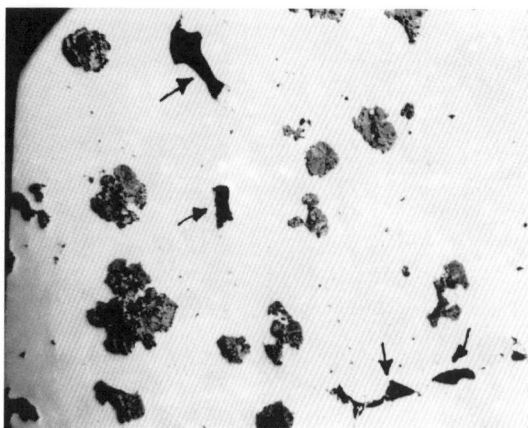

图　1-3-266　　　　　　　　　　　100×

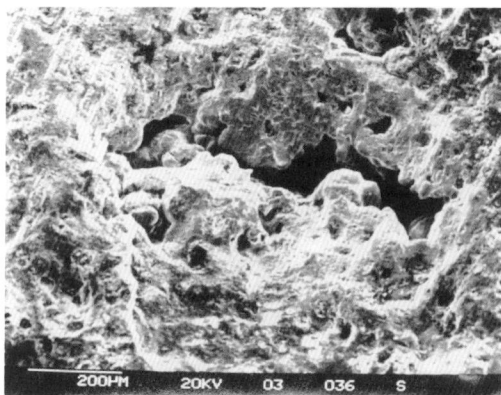

图　1-3-267　　　　　　　　　　　100×

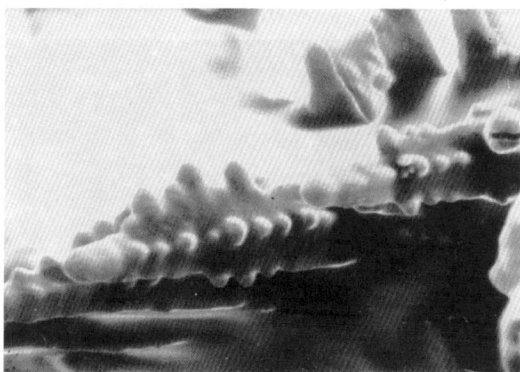

图　1-3-268　　　　　　　　　　　500×

图　　号：1-3-265～1-3-268
材料名称：球墨铸铁
浸 蚀 剂：未浸蚀
处理情况：铸态
组织说明：图 1-3-265：缩孔。

图 1-3-266 为分布于晶界的显微缩松。

图 1-3-267：SEM 中的缩孔，可看到奥氏体枝晶露头。

图 1-3-268：图 1-3-267 放大后组织，奥氏体枝晶露头明显。

以肉眼观察，缩孔是容积较大、形状不规则、内壁粗糙的孔洞。缩松是铸件内部微小而不连贯的缩孔。肉眼可见的，称为宏观缩松；显微镜下才看得见的，称为显微缩松。

与灰铸铁比较，球墨铸铁易于形成缩孔、缩松，特别是显微缩松。这是由于灰铸铁共晶凝固时，片状石墨的端部始终与铁液接触，石墨长大的膨胀力作用于铁液，使共晶团之间未凝固的铁液获得补充，从而减少了微观缩松。球墨铸铁共晶团是由球墨和奥氏体外壳构成的，不与铁液接触，及至共晶凝固后期，共晶团互相接触，缝隙中留下少量铁液。球墨铸铁的共晶团数量又远多于灰铸铁，故共晶团之间的缝隙曲折狭窄，难于补缩；况且，球墨长大的共晶膨胀力不能作用于铁液，而是作用于奥氏体外壳，再传递至型壁，倘若型壁刚性差，铸件外形增大，就会助长微观缩松的形成。这种缩松呈圆形、三角形、条形和各种不规则的形状。若分布于几个晶粒的交界处，则晶界就成为缩松的外形轮廓。

图　1-3-269

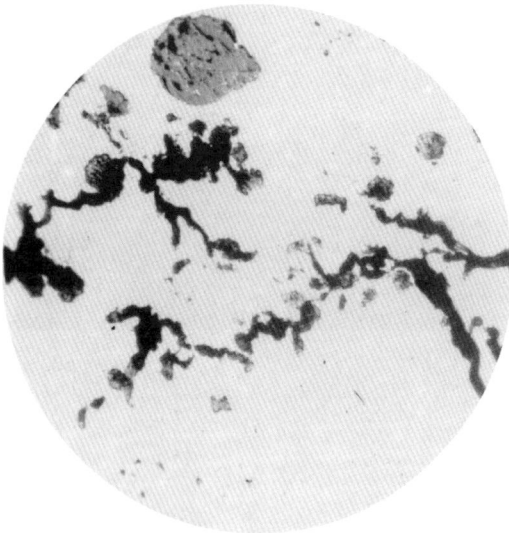

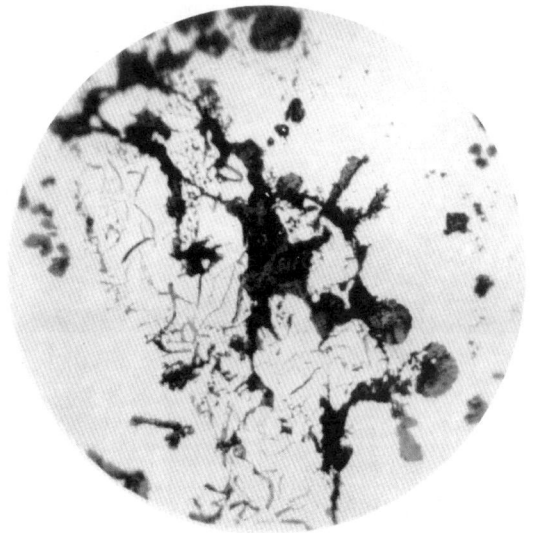

图　1-3-270　　　　　　　　　　　100×　　图　1-3-271　　　　　　　　　　　100×

图　　号：1-3-269～1-3-271　　　　　　　浸　蚀　剂：未浸蚀
材料名称：球墨铸铁　　　　　　　　　　　处理情况：铸态
组织说明：图 1-3-269 为抗拉试棒断口上的夹渣，图 1-3-270 为灰黑色的氧化物、硫化物夹渣，图 1-3-271 为夹渣附近的片状石墨。

　　夹渣又称黑渣或夹杂物。在宏观断口上，夹渣呈灰黑色，无金属光泽，分布于铸件上表面、铸芯下表面或铸件拐角处。在显微镜下观察，夹渣的形态不规则，夹渣区的石墨数量较多，还会有成串分布的漂浮石墨。经探针分析，夹渣区的氧、硫、镁、稀土和锰的含量较高。可见，夹渣主要是由氧化物和硫化物组成的。

　　以形成时间先后分，夹渣有两种：由炉料、炉衬，特别是球化处理形成的，称为一次渣；之后，在浇包内静置、转包、浇注及凝固过程中形成的，或由氧化膜破裂卷入的，称为二次渣。一次渣可以用加稀渣剂、多次扒渣加以清除。二次渣的防止则较困难。有文献认为，铁液温度与二次渣有一定的对应关系：温度大约在 1450℃以上时，铁液表面是净洁的，下降至 1450～1350℃，铁液与气相发生反应，表面形成液态氧化物熔渣（二次渣）。加入适量的稀土，会降低二次渣的形成温度。故采用稀土镁球化剂，并适当提高浇注温度，可减少二次渣。

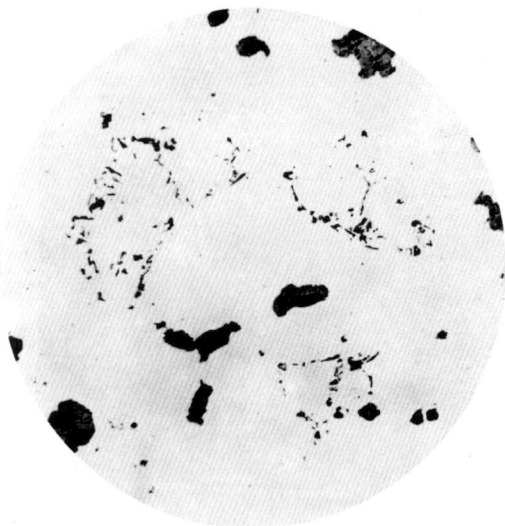

图　1-3-272　　　　　　　　　100×

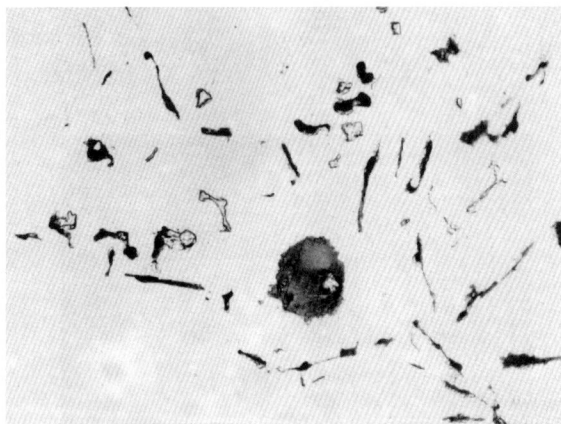

图　1-3-273　　　　　　　　　400×

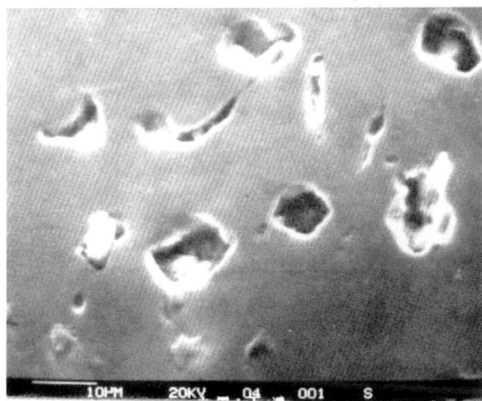

图 1-3-274　　　　　　　　　2000×

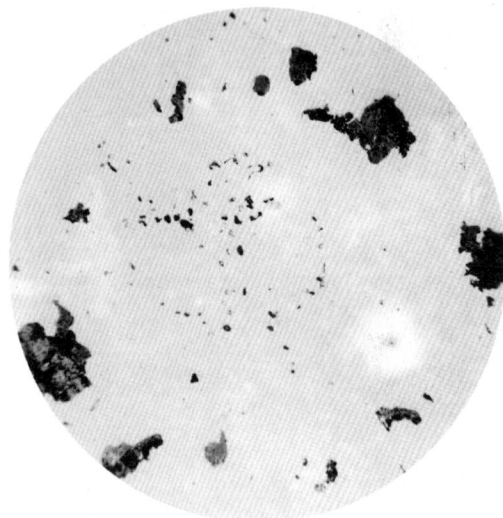

图　1-3-275　　　　　　　　　100×

图　号：1-3-272～1-3-275　　　　　浸　蚀　剂：未浸蚀
材料名称：球墨铸铁　　　　　　　　处理情况：铸态
组织说明：图 1-3-272：显微缩松和 TiN 等夹杂物。

图 1-3-273 为图 1-3-272 放大至 400 倍的条状显微缩松和 TiN 等夹杂物。

图 1-3-274：SEM 下的 TiN 等夹杂物。

图 1-3-275：分布于晶界的颗粒状稀土氧化物。

由于显微缩松一般出现于铁液最后凝固部位，因此其附近往往伴有夹杂物，常见的有氮化钛和稀土氧化物等。铁液中溶有少量的氮 [球化处理前含氮（40～120）×10^{-6}，球化处理后含氮（30～80）×10^{-6}]，氮、碳和钛有很强的亲和力，极易形成 TiN、TiC、T（C，N）等呈规则几何形状（三角形、四边形、多边形）的夹杂物。在光学显微镜下观察，TiN 呈微红色、TiC 呈白亮色、T（C，N）呈亮灰色。这是一些硬度高、脆性大的质点，若数量较多或呈偏析分布时，会较大地降低力学性能。

本组照片中的细小的稀土氧化物，往往是在充型过程中形成的二次渣，若铁液温度较低，来不及上浮，便会分布于晶粒边界。

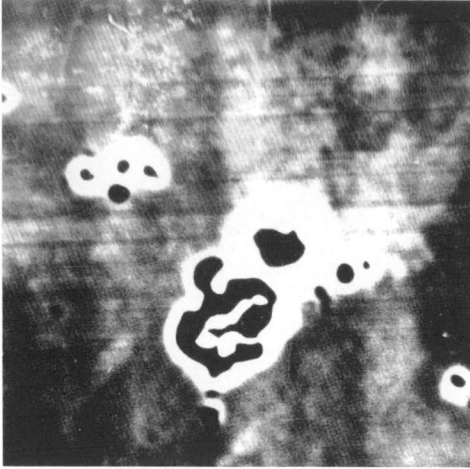

图　1-3-276　　　　　　　　500×

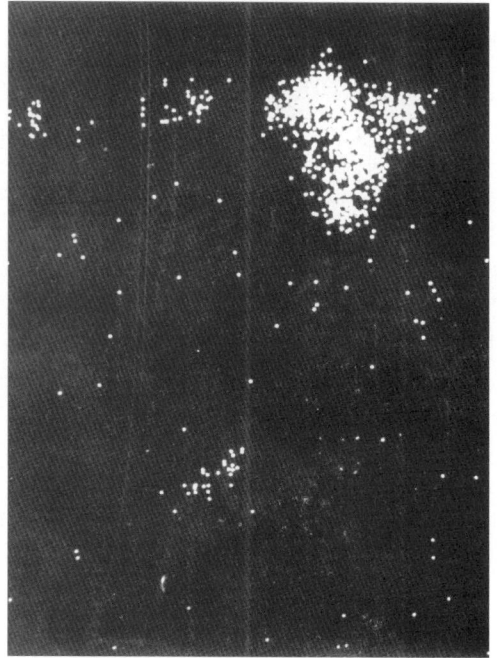

图　1-3-277　　　　　　　　500×

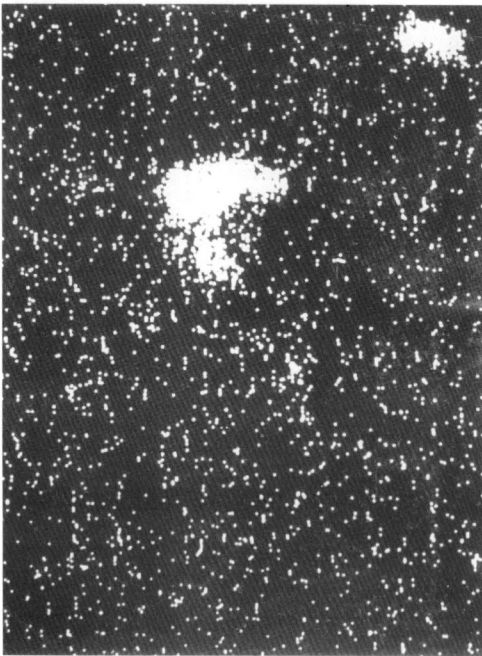

图　1-3-278　　　　　　　　500×

图　　号：1-3-276～1-3-278

材料名称：球墨铸铁

浸蚀剂：未浸蚀

处理情况：铸态

组织说明：图 1-3-276：为富锑相的二次电子相。

　　　　　图 1-3-277：为富锑相中锑的 X 射线面扫描。

　　　　　图 1-3-278：为富锑相中镁的 X 射线面扫描。

　　　　　生产铸态珠光体球墨铸铁，锑是常用元素之一。微量锑能细化石墨，改善石墨形态，还能减少大断面球墨铸铁中碎块状石墨的形成。但锑加入过量，能引起石墨畸变，还会富集于晶界，与球化剂元素形成夹杂物。本组图片是加 w（Sb）为 0.1% 的球墨铸铁中拍摄的。由 X 射线面扫描可见，夹杂物中锑、镁的含量都较高。有文献认为，此夹杂物可能是 Mg_3Sb_2。

图　　1-3-279　　　　　　　　　　　　　　　　　　　　实物断口

图　　号：1-3-279

材料名称：稀土镁球墨铸铁

浸蚀剂：未浸蚀

处理情况：铸态

组织说明：石墨漂浮。图为铸件断面，上部灰黑色层为石墨漂浮区，下部为正常断口，呈银灰色。石墨漂浮区几乎占铸件断面的一半左右。

石墨漂浮是球墨铸铁特有的缺陷之一，这是密度偏析造成的。过共晶相（石墨）从母液（铁液）中析出后，由于球墨的密度比残留铁液小得多，便上浮到铸件上表面、铸芯下表面，从而成为石墨漂浮。观察宏观断口，此断口呈暗黑色层状，与正常区域有明显的界面。观察金相，漂浮区球墨数量多，成串状或链状分布，且易出现开花状石墨和夹渣。正常区石墨数量约占视场的面积的 13%～15%，漂浮区的石墨则可占视场的大部分。

实践证明，石墨漂浮区的碳、硫、镁和稀土含量比正常区域为高。由于石墨漂浮区石墨密集并伴有夹杂，使该区域的抗拉强度、伸长率和冲击韧度明显下降。因此，这种缺陷的深度若超过加工余量时，是不允许出现的。

石墨漂浮是由碳硅当量过高及浇注温度过高所致。防止或减轻石墨漂浮的方法是：碳硅当量（CE）控制在 4.65%～4.75% 范围内，大断面铸件可再低些；浇注温度要适当，不要过高；采用低硅铁液，随流孕育或型内孕育，以便控制总含硅量。

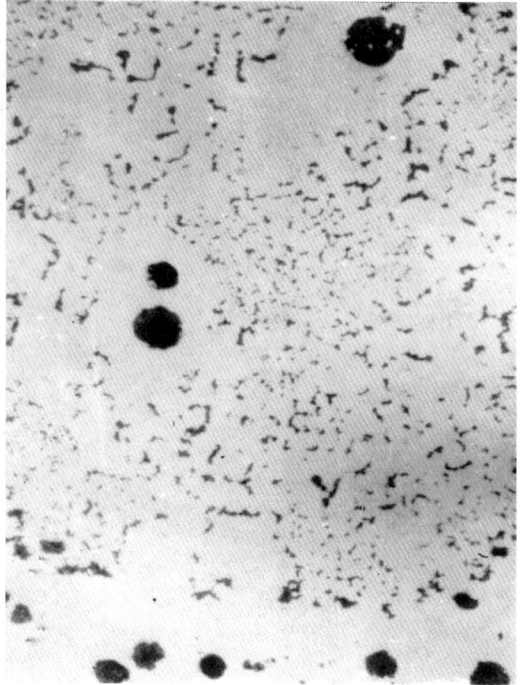

图　1-3-280　　　　实物断口　　　　400×　　图　1-3-281　　　　　　　　　　100×

图　　　号：1-3-280、1-3-281

材料名称：稀土镁球墨铸铁

浸 蚀 剂：未浸蚀

处理情况：铸态

组织说明：球化不良。

图 1-3-280：球墨铸铁曲轴在银灰色断口上布有密集的黑点。

图 1-3-281：黑点处的显微组织，聚集分布的短片状石墨碳及少量球状石墨。

这是球墨铸铁件所特有的缺陷，表现在铸件断面上出现芝麻状黑色斑点，越接近铸件中心，黑色斑点越集中，黑点处的金相组织特征表现为球化不良，随着球化不良程度的增加，反映在断面上是黑点的直径也相应增大。

这种球化不良与孕育衰退而产生的球化不良有原则上的区别，后者由于球墨核心减少，表现为石墨数量少，且球径比较大，还会出现渗碳体组织。

产生上述球化不良的原因，主要是球化反应时中间合金加入量不足，或原铁液中含硫量过高，以致镁元素严重烧损，从而使球墨铸铁中残留镁量不足。改进措施：加强对原铁液的含硫量控制；原铁液用苏打粉或冰晶粉脱硫等。

图　1-3-282　　　　　　　　　　　　　　　　实物断口

图　1-3-283　　　　　　　　　　　　　　　　实物

图　　号：1-3-282、1-3-283

材料名称：稀土镁球墨铸铁

浸 蚀 剂：未浸蚀

处理情况：铸造后正火处理

组织说明：石板状黑斑。图 1-3-282 为球墨铸铁曲轴浇注系统部分断口，晶粒不粗大，呈银灰色。在断口中央存在一条细长黑缝，其上有一块长方形黑灰色斑纹，两者是同一缺陷，只是所截取的截面不同而已。黑色细缝为石板状黑斑缺陷的横向断口。长方形黑灰色斑纹为石板状黑斑的纵向撕断面。

图 1-3-283 为球墨铸铁曲轴的横浇道，磨平抛光后用硝酸酒精溶液浸蚀，显示出亮白色树枝状组织，亮白色的枝干即为石板状黑斑缺陷的横切面。

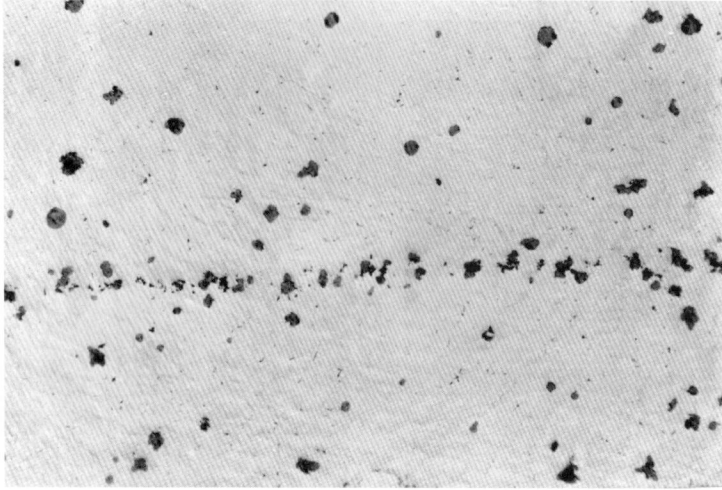

图　1-3-284　　　　　　　　　　　　　　50×

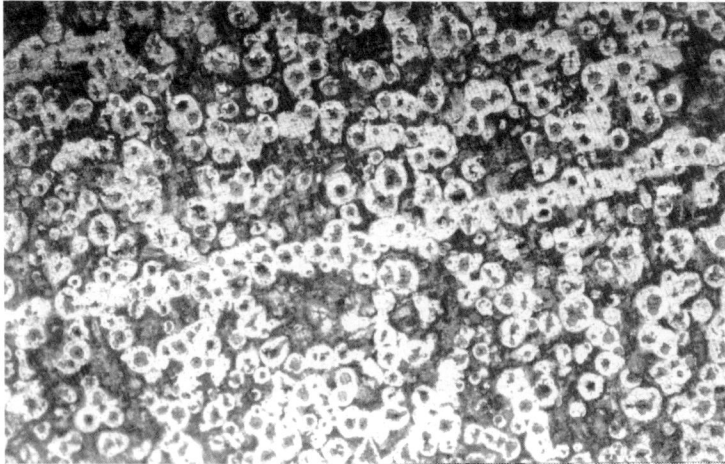

图　1-3-285　　　　　　　　　　　　　　50×

图　　号：1-3-284、1-3-285

材料名称：稀土镁球墨铸铁

浸　蚀　剂：图 1-3-284 未浸蚀，图 1-3-285 经 4%硝酸酒精溶液浸蚀

处理情况：铸造后正火处理

组织说明：图 1-3-284：为石板状黑斑处的显微组织，石墨呈球、团状分布，图片中间有一条呈断续串连的球、团状石墨。该处即为图 1-3-283 亮白色枝干处。

图 1-3-285：为经浸蚀后的情况，基体为片状珠光体，白色铁素体分布于球、团状石墨周围。在断续串连状分布的球、团状石墨周围也是铁素体组织，不过该处铁素体已连成一片。

缺陷成因：由于球、团状石墨呈断续串连状分布，导致串连状石墨周围基体贫碳。冷却后即获得铁素体，并使析出的铁素体因该处的石墨成串分布而连成一片。当受外力作用时，成串的石墨造成应力集中，使周围的铁素体发生塑性变形，产生裂纹，并沿串连状石墨发展。这种塑性变形和断裂，在宏观断口上的反映即呈石板状黑斑。

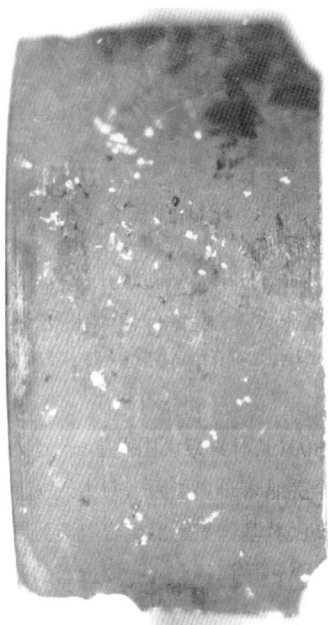

图　1-3-286　　实物　2.5×

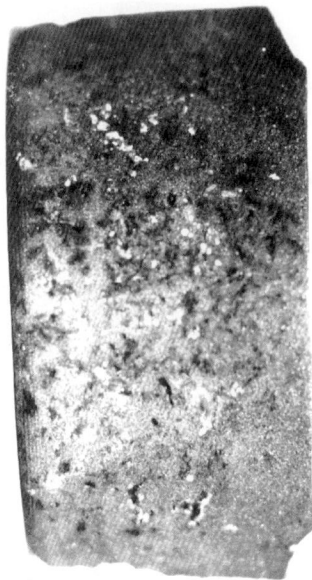

图　1-3-287　　实物　2.5×

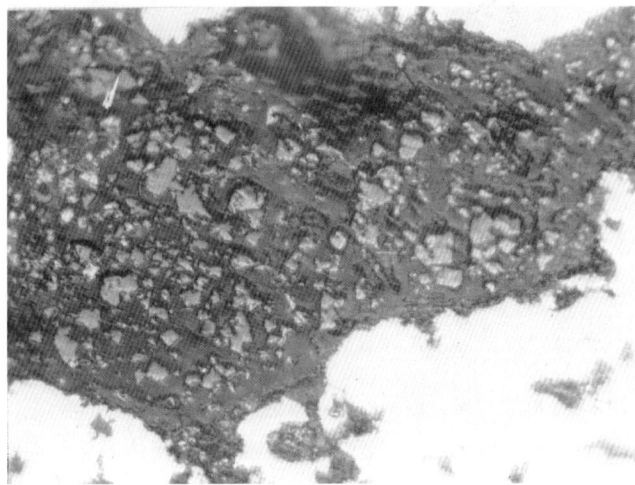

图　1-3-288　　　　　　　　　　　　　　　　　　400×

图　　号： 1-3-286～1-3-288

材料名称： 稀土镁球墨铸铁（QT600-3）

浸 蚀 剂： 图 1-3-286、图 1-3-288 未浸蚀；图 1-3-287 经 1+1 盐酸水溶液热蚀

处理情况： 原铁液经气动脱硫，型上球化处理，金属型覆砂铸造，利用铸造余热正火处理

组织说明： 白斑缺陷。图 1-3-286：195 曲轴主轴颈及连杆颈，机械加工后发现轴颈上箱有白色斑块，其大小
为 0.5～1.5mm，用细针挑破，白斑处即有白色粉末落下，留下凹坑。

图 1-3-287：热蚀后的情况，一部分白斑被蚀掉，一部分面积缩小，但在白斑周围出现较多的缩松。

图 1-3-288：白斑缺陷的组织，灰白色为氧化镁颗粒，其周围深灰色为氧化物夹杂。

于白斑处作光谱分析，谱线特别亮，说明镁富集，远离白斑区域残余 w（Mg）为 0.01%～0.025%，但
不均匀，w（Ti）为 0.15%，w（Mo）为 0.35%。

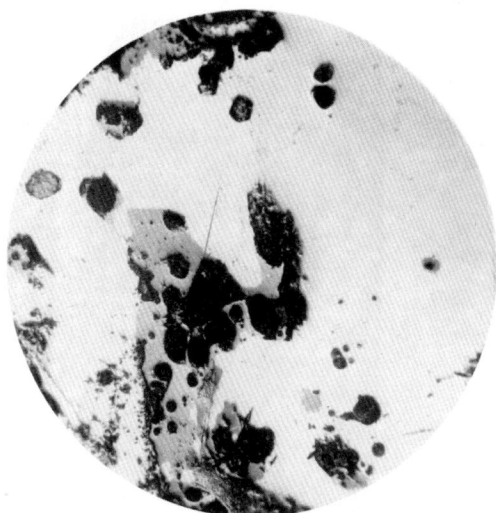

图 1-3-289　　　　　　　　　　100×

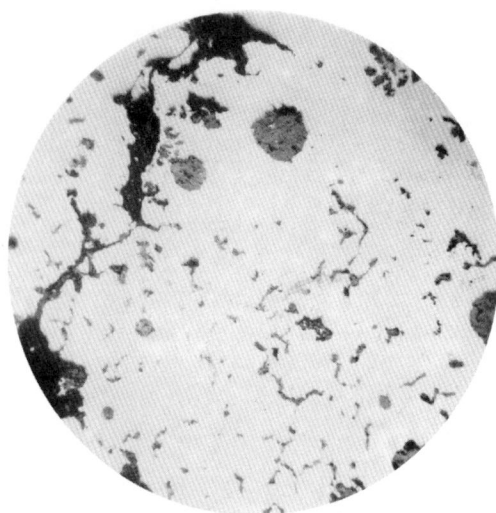

图 1-3-290　　　　　　　　　　100×

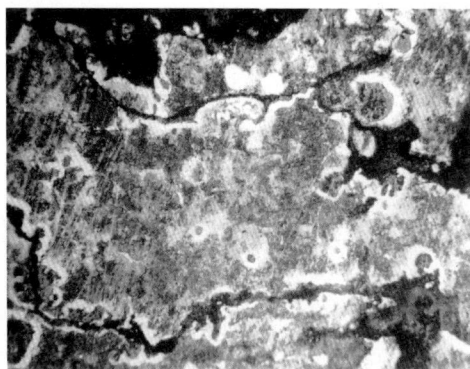

图 1-3-291　　　　　　　　　　100×

图　　号：1-3-289～1-3-291

材料名称：稀土镁球墨铸铁（QT600-3）

浸 蚀 剂：图 1-3-289、图 1-3-290 未浸蚀，图 1-3-291 经 2%硝酸酒精溶液浸蚀

处理情况：原铁液经气动脱硫，型上球化处理，金属型覆砂铸造，利用铸造余热正火处理

组织说明：　图 1-3-289：白斑周围组织，深灰色硫化镁边缘黑色为氧化物夹杂，一部分球状石墨被硫化镁包围。

　　　　　图 1-3-290：白斑附近组织，黑色条状为氧化物，在石墨漂浮区有大球墨和蠕虫状石墨。

　　　　　图 1-3-291：白斑氧化皮附近的组织，基体为珠光体及包围球墨的渗碳体，在黑色氧化皮两侧明显脱碳，组织为铁素体。

　　　　　白斑缺陷将严重影响铸件质量，导致力学性能下降，尤其是冲击韧度和疲劳强度。这种缺陷由球化处理时产生的夹渣所造成。因为采用型上球化时，产生的夹渣没有聚集上浮，随铁液带入型腔内；这些夹渣由氧化镁、硫化镁及其他氧化物所组成，夹渣周围基体的镁量过少，致使出现不球化组织。同时，铁液因碳、硅当量稍高而产生的石墨漂浮也积聚在一起。

　　　　　这种缺陷可通过下述方法来消除：在球化槽内加入少量聚渣剂（由荧石、氟硅酸钠以及玻璃粉或玻璃纤维组成），使球化时产生的夹渣与铁液分离，并凝固成稠粘状，然后利用离心旋转，使其集中在混合室中间，并通过挡渣板将它们留在混合室内，从而使进入型腔内的铁液达到纯净的目的。

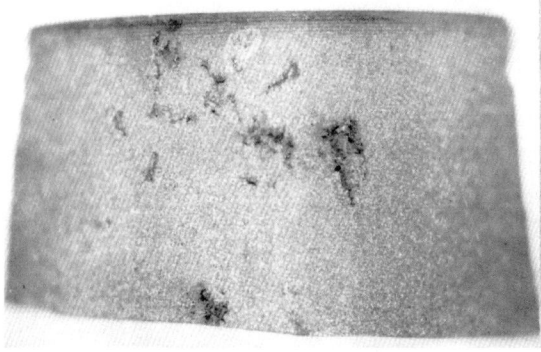 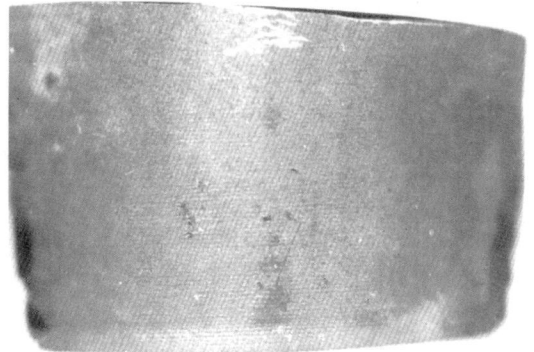

图　1-3-292　　　　实物　　　　1.7×　　图　1-3-293　　　　实物　　　　1.7×

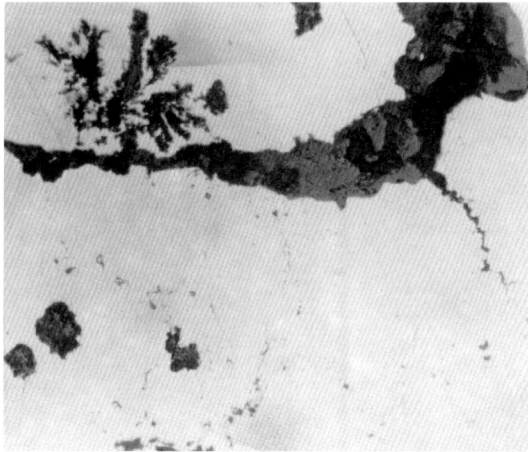

图　1-3-294　　　　　　　　　　　　　200×

图　　号：1-3-292～1-3-294

材料名称：稀土镁球墨铸铁（QT600-3）

浸 蚀 剂：图 1-3-292、图 1-3-293 经 1+1 盐酸水溶液热蚀，图 1-3-294 未浸蚀

处理情况：原铁液经气动脱硫，型上球化处理，金属型覆砂铸造，利用铸造余热正火处理

组织说明：黑斑缺陷。图 1-3-292：195 曲轴主轴颈，车加工后发现有黑色斑纹，出现于铸件上箱下表面或型
　　　　芯下表面死角处。用放大镜检视，黑斑处有密集的缩松和夹杂物存在。

　　　图 1-3-293：热蚀 5min 后的情况，黑斑处的缩松和夹杂物面积进一步扩大，且数量增多。

　　　于黑斑处进行光谱分析，谱线中铁线较少且强度较弱，镁元素 [w（Mg）] 约为 0.09%；远离黑斑处镁

元素 [w（Mg）] 为 0.01%～0.02%，w（Ti）为 0.1%，w（Mo）为 0.08%。

　　　图 1-3-294：黑斑处夹杂物，石墨呈团状分布，有爆裂的开花状石墨，深灰色是硫化镁夹杂，沿晶界分
布的金黄色块状为氮化钛。

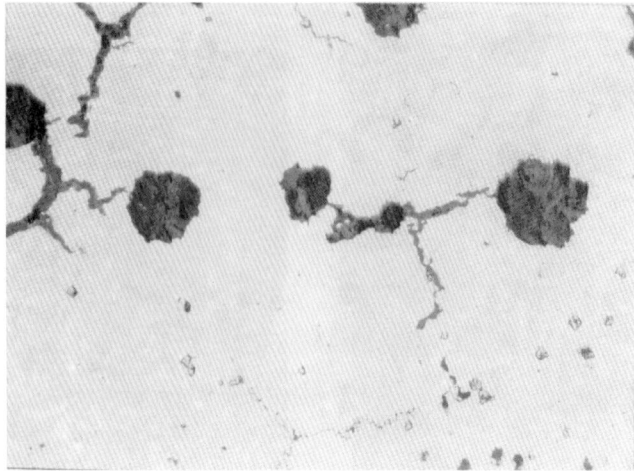

图　1-3-295　　　　　　　　　　　　　　　　400×

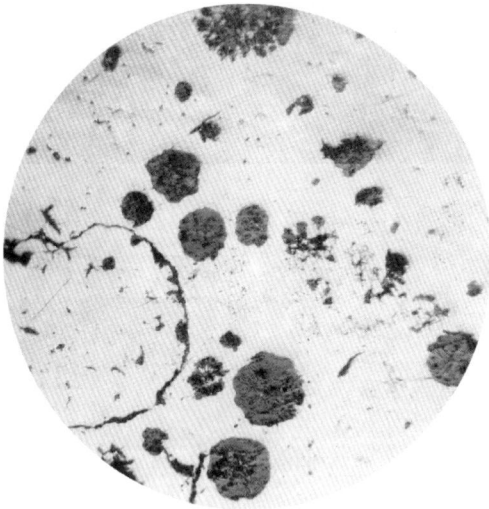

图　1-3-296　　　　　　　100×

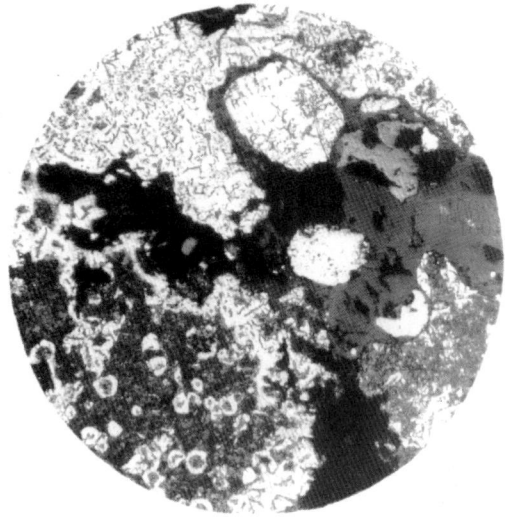

图　1-3-297　　　　　　　50×

图　　号：1-3-295～1-3-297
材料名称：稀土镁球墨铸铁（QT600-3）
浸　蚀　剂：图 1-3-295、图 1-3-296 未浸蚀，图 1-3-297 经 4%硝酸酒精溶液浸蚀
处理情况：原铁液经气动脱硫，型上球化处理，金属型覆砂铸造，利用铸造余热正火处理
组织说明：图 1-3-295：沿球墨分布的灰色水草状为稀土氧化物，沿晶界分布的块状为氮化钛，它们积聚于缩松区附近。

图 1-3-296：黑斑附近的石墨漂浮区，大球状及开花状石墨，黑色环形条状为氧化皮夹杂。

图 1-3-297：黑斑处组织，深灰色为稀土氧化物，其上浅灰色为氧化镁夹杂，黑色为孔洞。夹杂和孔洞周围为铁素体基体，其上分布有枝晶点、片状石墨。稍外一侧为珠光体和铁素体基体，其上分布有球状及聚集分布的蠕虫状石墨，铁素体围绕球状和蠕虫状石墨分布。

黑斑缺陷为球化处理过程中产生的夹渣和凝固时产生的缩松所引起。型上球化产生的夹渣未能排除，而被铁液带入型腔内，因夹渣密度轻，故常出现于铸件的上箱下表面或型芯的下表面死角处。夹渣与镁作用，故使其周围出现不球化的石墨。

黑斑缺陷的存在，将降低曲轴的疲劳强度和其他力学性能。由于夹渣在曲轴运行过程中易产生剥落，从而加速轴颈的磨损。

这种缺陷可在球化槽中加入一定量的聚渣剂来消除。

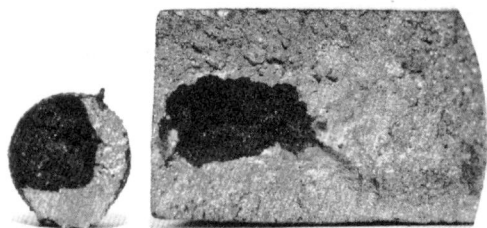

图　1-3-298　　　　实物　　　　1×

图　1-3-299　　　　实物　　　　1×

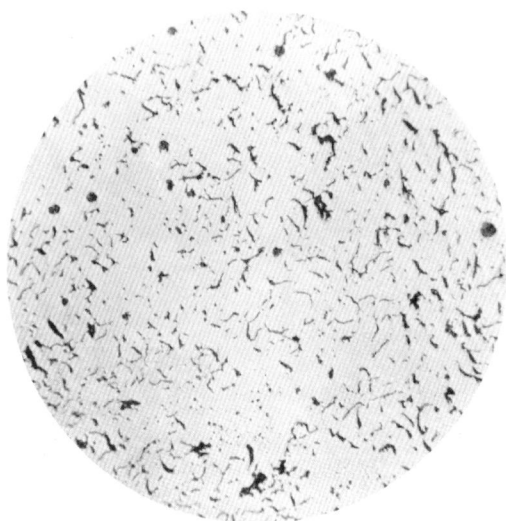

图　1-3-300　　　　　　　　　50×

图　　号：1-3-298～1-3-300

材料名称：稀土镁球墨铸铁（QT600-3）

浸 蚀 剂：图 1-3-298、图 1-3-300 未浸蚀，图 1-3-299 经 1：1 盐酸水溶液热蚀

处理情况：密流槽球化处理，金属型覆砂铸造，利用铸造余热正火处理

组织说明：同一断面上出现灰口、白口和球化组织。

　　图 1-3-298：195 曲轴直浇道（圆形试块）及曲轴扇板的断口，其中一般断面呈银白色，上有大块黑色断口和亮白色斑点。

　　图 1-3-299：曲轴扇板纵断面加工后再作热蚀的情况，在深灰色基体上有一块晶粒粗大的灰白色区域，其上还有颇多细小白色斑点。

　　图 1-3-300：黑色断口处的组织（热蚀曲轴扇板纵断面上大片灰白色处），绝大部分石墨呈片状，少量为球状。由此可见，该处未达到球化的目的。

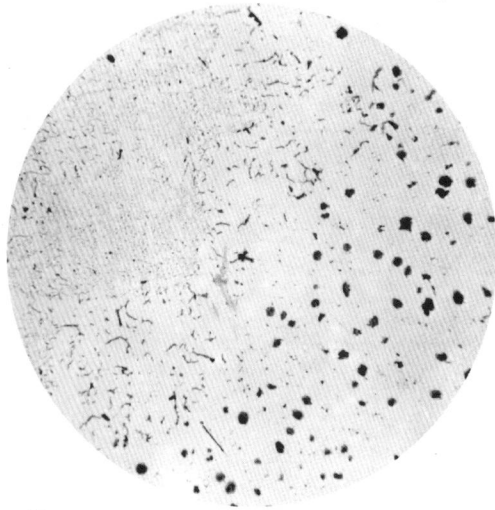

图　1-3-301　　　　　　　　　　　　　　50×

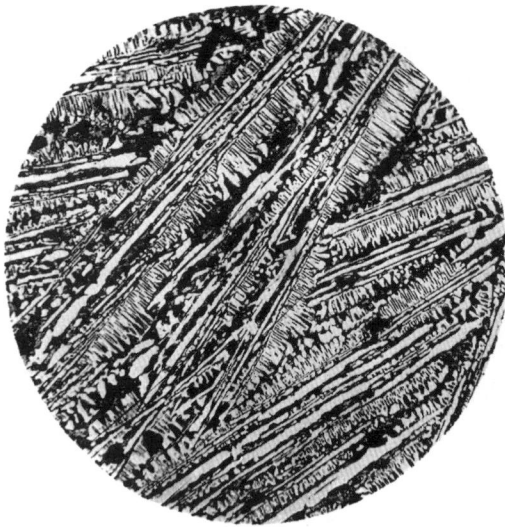

图　1-3-302　　　　　　　100×

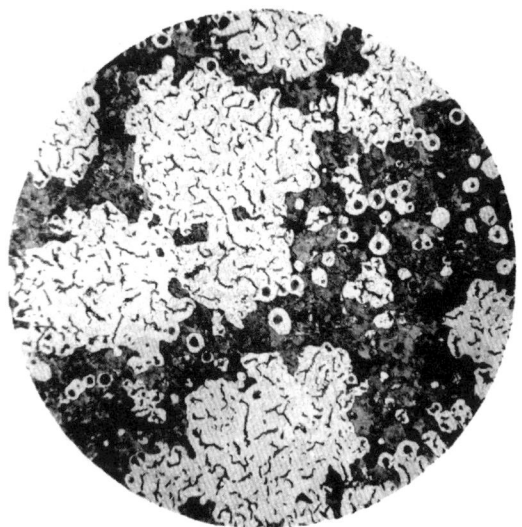

图　1-3-303　　　　　　　100×

图　号： 1-3-301～1-3-303

材料名称： 稀土镁球墨铸铁（QT600-3）

浸　蚀　剂： 图 1-3-301 未浸蚀，图 1-3-302、图 1-3-303 经 4%硝酸酒精溶液浸蚀

处理情况： 密流槽球化处理，金属型覆砂铸造，利用铸造余热正火处理

组织说明： 图 1-3-301：直浇道黑色与银白色断口交界处的组织情况。黑色断口处为不球化组织，石墨呈枝晶分布，残留 w（Mg）为 0.016%，残留 w（RE）为 0.010%；银白色断口处，石墨呈球状，说明此处球化良好。

图 1-3-302：直浇道亮白色斑点处的组织（扇板纵截面上细小白色斑点处），基体为莱氏体共晶，说明该处为白口组织。

图 1-3-303：黑色与银白色断口交界处的未完全球化区。大块白色铁素体上有聚集分布的蠕虫状石墨；片状珠光体基体上有围绕球墨分布的牛眼状铁素体。

直浇道和扇板断口上出现三种色泽的断口，是密流球化处理不善造成的。球化处理时，铁液开始冲入球化槽时，温度较低，球化剂未熔化，而这部分未熔化的球化剂先冲入型内；继而球化剂熔化，大部分铁液达到球化目的而冲入型内；此时，又有极少量铁液因球化剂含量过高而成为白口铁液，随球化铁液一起冲入型内。由于采用金属型覆砂铸型，冷却速度甚大，铁液来不及扩散，因而在铸件的同一断面上出现了灰口、白口和球化三种组织形态。

图 1-3-304   实物

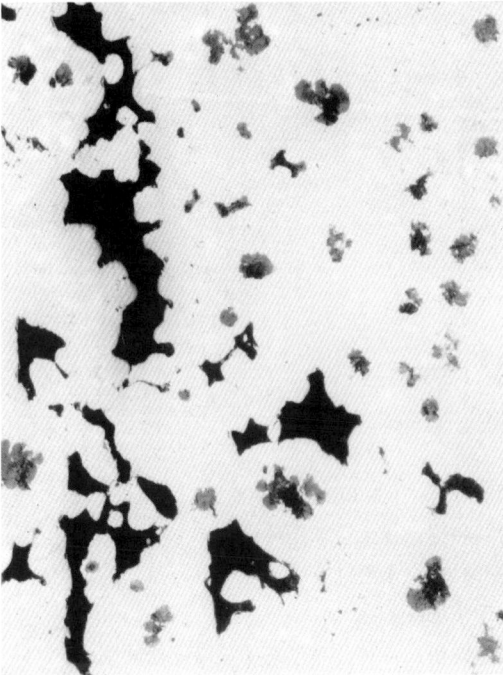

图 1-3-305   50×

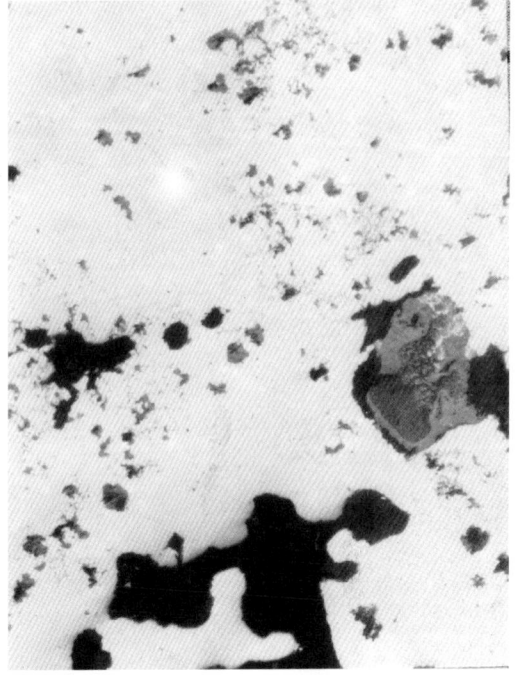

图 1-3-306   400×

图   号： 1-3-304～1-3-306

材料名称： 球墨铸铁（QT600-3）［w（C）3.60%，w（Mn）0.75%，w（Si）3.43%，w（P）0.17%，w（S）0.015%，w（Mg）0.07%，w（RE）0.02%］

浸 蚀 剂： 未浸蚀

处理情况： 铸造后经 920℃加热后空冷

组织说明： 缩松、孔隙缺陷。有一灭弧片冲床，在操作时由于灭弧片卡死在模具中，导致垫板和球铁底架突然碎裂。

图 1-3-304：冲床底架的断口，晶粒稍粗大，呈明显的脆性断裂。在断口心部有严重的缩松孔隙。

图 1-3-305：解剖后组织，黑色孔洞为缩松孔隙，浅灰色为团状及球状石墨。

图 1-3-306：缩松孔隙，孔隙较粗大，伴有大块氧化物夹渣，石墨呈球、团状分布，有碎块状石墨聚集分布在缩松孔隙附近。

产生缩松缺陷的原因是：浇冒口位置放置不妥，使铸件补缩不良。另外，零件中残留镁量及磷量过高，也是产生上述缺陷的重要因素。

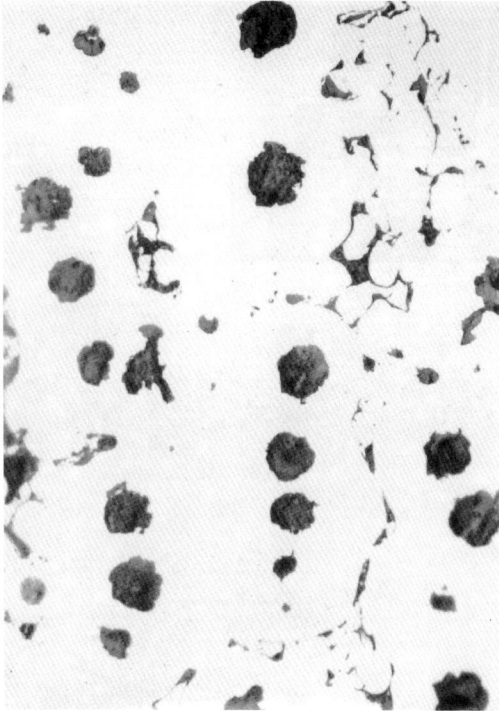

图 1-3-307 100×

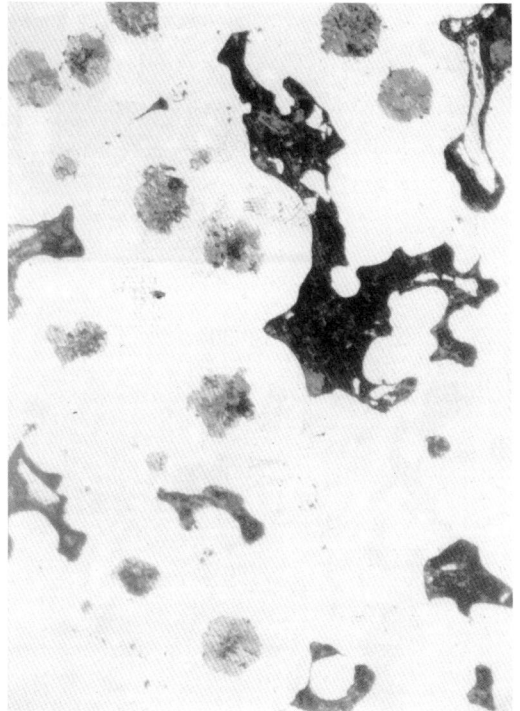

图 1-3-308 100×

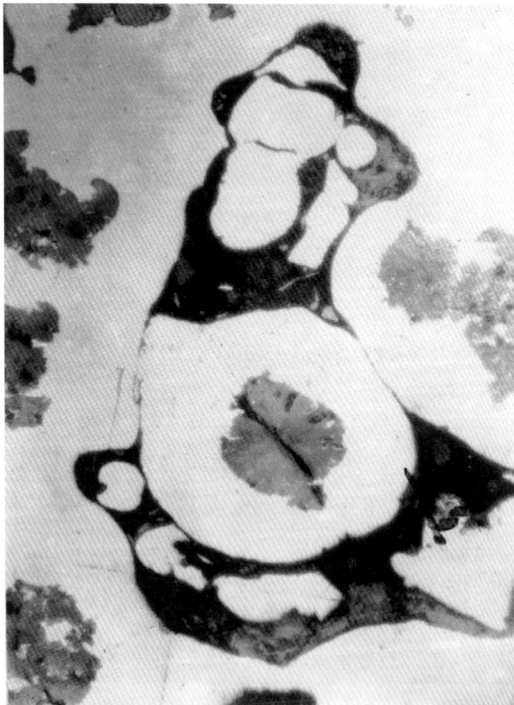

图 1-3-309 500×

图 号：1-3-307～1-3-309

材料名称：稀土镁球墨铸铁

浸 蚀 剂：未浸蚀

处理情况：铸态

组织说明：各种分布形态的显微缩松缺陷。

图 1-3-307：沿晶界分布的断续细小的显微疏松和夹杂物，这种分布形态常出现在截面不大的铸件中。

图 1-3-308：沿晶界分布的粗大棱角状显微疏松，这种形态常在大截面铸件或热节部位出现。

上述两图的显微缩松，处于几个晶粒汇合的界面上，致使各个晶粒的边界成为缩松外形轮廓。

图 1-3-309：沿共晶团晶界包围球墨分布的网状显微疏松孔隙。在部分显微疏松孔隙中嵌有浅灰色的硫化物夹杂。

显微疏松的存在，破坏基体金属的连接，使球墨铸铁力学性能明显恶化。

图　　号：1-3-310

材料名称：铜钼合金球墨铸铁

浸 蚀 剂：4%硝酸酒精溶液

处理情况：铸造后正火处理

组织说明：金属夹杂物。抗拉试棒断口上出现亮白
　　　　　色斑点，经金相观察，白色斑点为未溶解的钼
　　　　　铁合金（510HV），其上还有几条裂纹，周围一
　　　　　圈黄色针状者为马氏体（700 HV）；基体为珠光
　　　　　体（258HV）；石墨周围为铁素体（100HV）。

　　　　　　于炉前加入钼铁，因温度低未能完全溶解；
　　　　在钼铁周围奥氏体合金化程度较基体为高，故冷
　　　　却后得到马氏体组织。

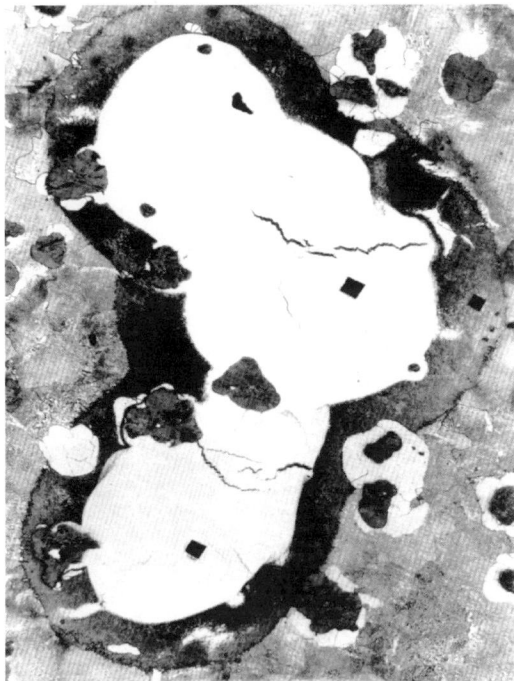

图　　1-3-310　　　　　　　　　　　　　100×

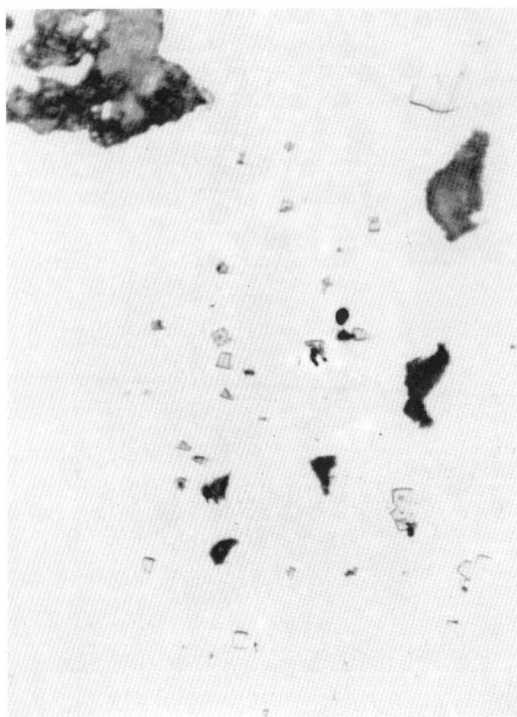

图　　号：1-3-311

材料名称：稀土镁球墨铸铁

浸 蚀 剂：未浸蚀

处理情况：铸态

组织说明：氮化物夹杂。灰色团状为石墨；几何形
　　　　　状规则的正方形或三角形为氮化钛夹杂物，在明
　　　　　场下呈金黄色或微红色。

　　　　　　由于氮和钛有很大的亲和力，故铁液中少
　　　　量钛在熔化过程中极易和氮作用而形成氮化
　　　　钛（TiN），熔点为 2900℃，密度为 5.1g/cm^3，硬
　　　　度值大于 1000HV。氮化钛的塑性极差，易集中
　　　　分布于共晶团界面处，故对切削加工不利。

图　　1-3-311　　　　　　　　500×

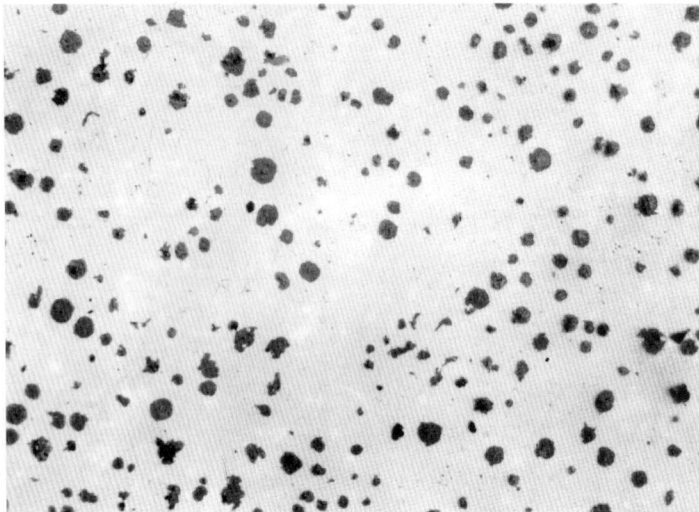

图　1-3-312　　　　　　　　　　　　　　100×

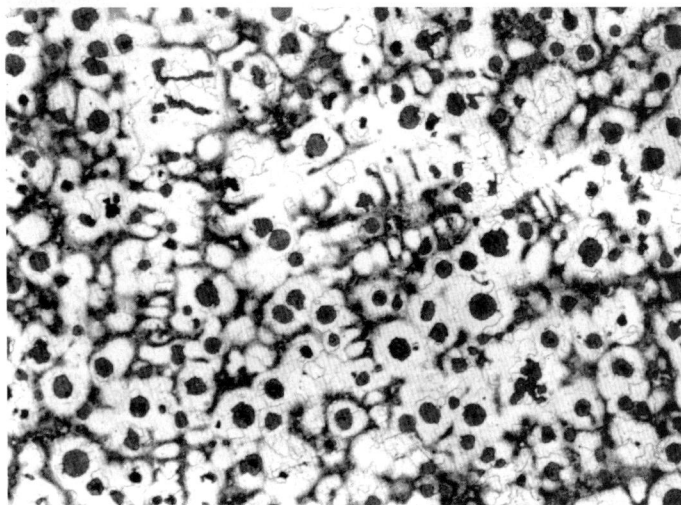

图　1-3-313　　　　　　　　　　　　　　100×

图　　号：1-3-312、1-3-313

材料名称：稀土镁球墨铸铁（QT600-3）

浸 蚀 剂：图 1-3-312 未浸蚀，图 1-3-313 经 4%硝酸酒精溶液浸蚀

处理情况：195 柴油机曲轴，铁液经型上球化和孕育处理后，注入金属型覆砂铸型，铸件在红热状态下自铸型中取出空冷

组织说明：铸件心部出现莱氏体。

　　图 1-3-312：曲轴中的石墨，呈细小球、团状及蠕虫状分布。

　　图 1-3-313：曲轴轴颈外表层（约 10mm 深）的组织情况，除球、团状及蠕虫状石墨外，基体为铁素体及少量珠光体，铁素体呈明显的树枝状分布。

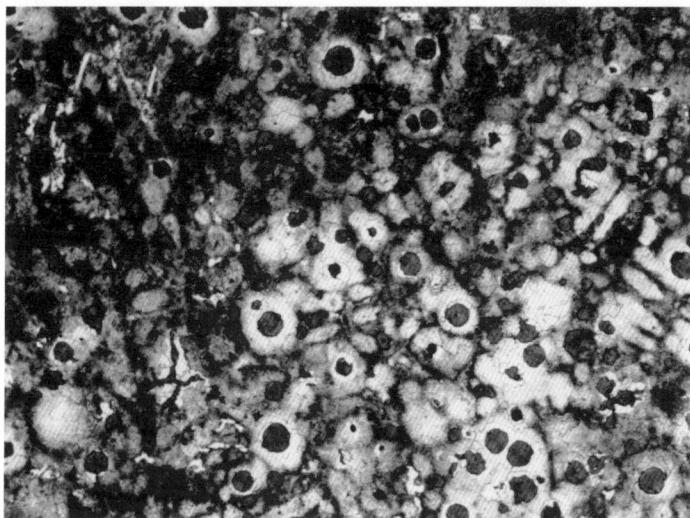

图　1-3-314　　　　　　　　　　　100×

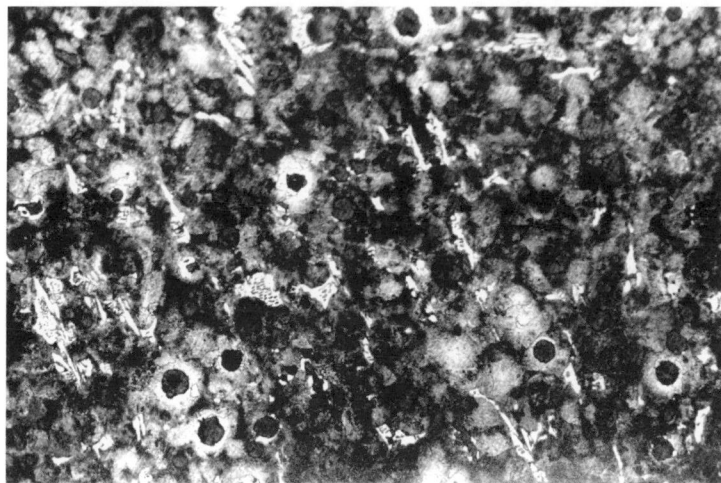

图　1-3-315　　　　　　　　　　　100×

图　号： 1-3-314；1-3-315
材料名称： 稀土镁球墨铸铁（QT600-3）
浸 蚀 剂： 4%硝酸酒精溶液浸蚀
处理情况： 195 柴油机曲轴，铁液经型上球化和孕育处理后，注入金属型覆砂铸型，铸件在红热状态下自铸型中取出空冷
组织说明： 铸件心部出现莱氏体。

图 1-3-314：曲轴轴颈 10mm 深处的组织情况，图右上角为近表面处，组织为铁素体及少量珠光体，铁素体呈树枝状分布；图左下角为曲轴轴颈稍深于 10mm 处的组织，基体为珠光体及极少量呈牛眼状分布的铁素体和条状渗碳体。

图 1-3-315：曲轴轴颈心部组织，石墨大部分呈球状，但数量较边缘地区少，基体为细片状珠光体及极少量呈牛眼状分布的铁素体，尚有相当数量呈鱼骨状分布的莱氏体。

从上列各图片看出，曲轴轴颈表面与心部组织很不均匀，这是由于型上球化和孕育处理的铁液高温停留时间过短，铁液来不及均匀扩散即注入型腔所造成。同时，由于采用金属型覆砂铸型，冷却速度快，也会造成轴颈的内外组织不一致。

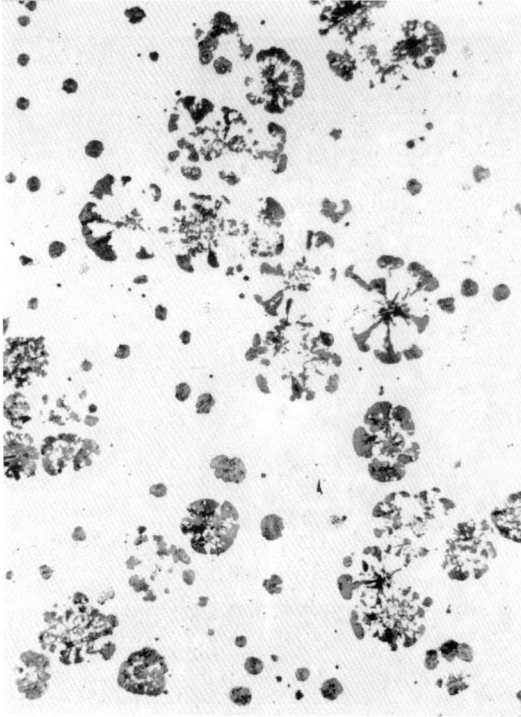

图 1-3-316　　　　　　　　　　80×

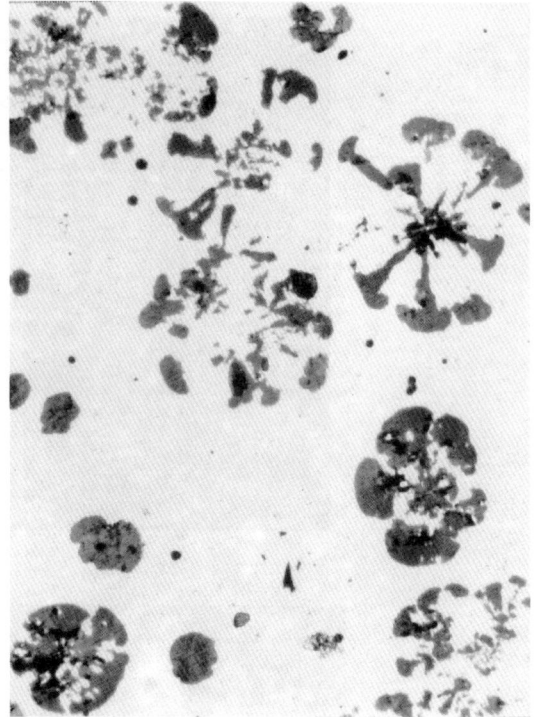

图 1-3-317　　　　　　　　　　160×

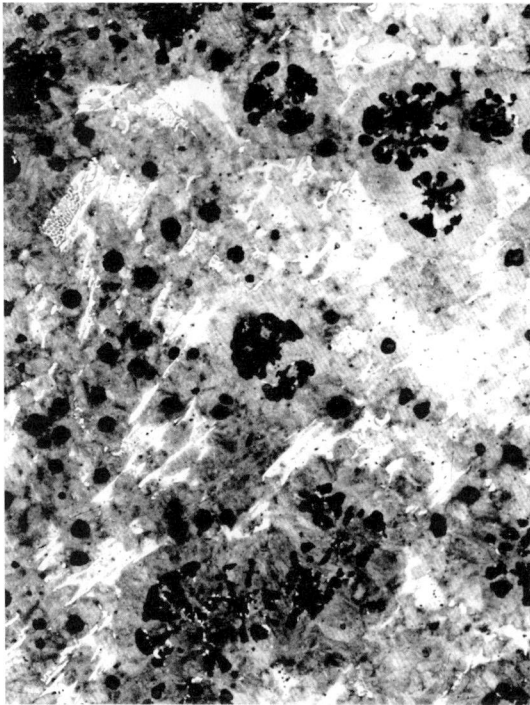

图 1-3-318　　　　　　　　　　80×

图　　号：1-3-316～1-3-318

材料名称：稀土镁球墨铸铁（QT600-3）

浸蚀剂：图 1-3-316、图 317 未浸蚀，图 1-3-318
　　　经 4%硝酸酒精溶液浸蚀

处理情况：铁液经型上球化及孕育处理后注入金属
　　　型覆砂铸型，利用铸造余热正火

组织说明：图 1-3-316：195 柴油机曲轴大头处，除
　　　细小球墨外，尚有颇多开花状石墨。

　　　图 1-3-317：图 1-3-316 开花状石墨放大后的
　　　组织。

　　　图 1-3-318：浸蚀后情况，除石墨以外，基体
　　　为细珠光体，其上有多量的鱼骨状莱氏体，硬度
　　　值为 322HBW。

　　　由于铁液中的碳、硅当量过高，同时曲轴冷
　　　却速度又较大，以致开花状石墨与板条状渗碳体
　　　型莱氏体从液体中析出，导致铸件硬度过高。具
　　　有这种组织的曲轴，其伸长率和冲击韧度下降。

图　1-3-319　　　　　实物

图　　号：1-3-320

材料名称：球墨铸铁（QT600-3）

浸 蚀 剂：4%硝酸酒精溶液

处理情况：密流球化处理，金属型覆砂铸造

组织说明：反白口。断口中心亮白色斑点处，中心
　　　是板条渗碳体型莱氏体组织。两侧为球化不良的
　　　显微组织，在蠕虫状石墨周围的组织为铁素体。

　　　　由于反白口是铸件中最后凝固的部位，因冷
　　　却空间狭窄，且散热方向具有多元性，故形成的
　　　板条状渗碳体较细小，分布方向也具有多元性，
　　　这从图中可清晰地看出来。

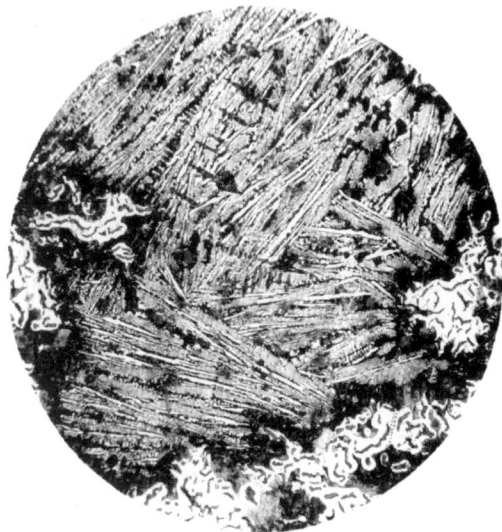

图　1-3-321　　　　　　　　　　400×

图　　号：1-3-319

材料名称：球墨铸铁（QT600-3）

浸 蚀 剂：未浸蚀

处理情况：密流球化处理，金属型覆砂铸造

组织说明：反白口。直浇道断口中心有一大块亮白
　　　色的斑点。断口一侧为黑灰色，另一侧呈银白色。

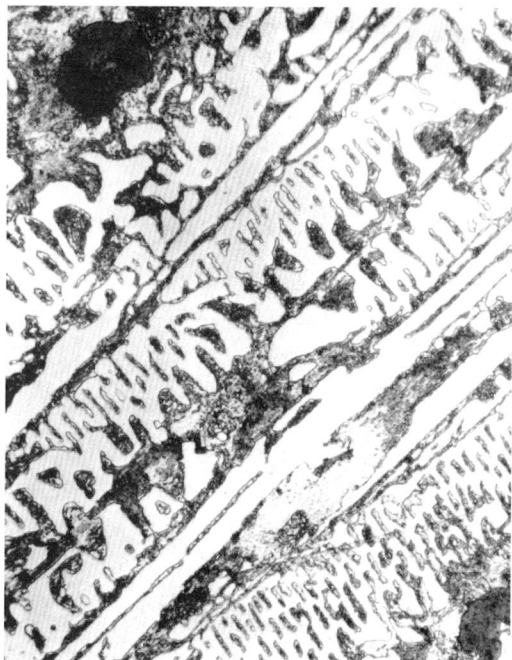

图　1-3-320　　　　　　　　　　50×

图　　号：1-3-321

材料名称：球墨铸铁（QT600-3）

浸 蚀 剂：4%硝酸酒精溶液

处理情况：密流球化处理，金属型覆砂铸造

组织说明：为图 1-3-320 所示反白口处放大 400 倍
　　　后的板条状渗碳体型莱氏体组织，在图的左上角
　　　有一颗球状石墨。

　　　　与正白口相似，反白口区域的莱氏体也有两
　　　种形态：蜂窝状莱氏体和板条状渗碳体型莱氏
　　　体，前者在较小过冷度下形成，后者在较大过冷
　　　度下形成。由于反白口区域的过冷倾向较大，故
　　　形成板条状渗碳体的可能性也较大。

图　1-3-322　　　　　　实物　　　　　1.2×

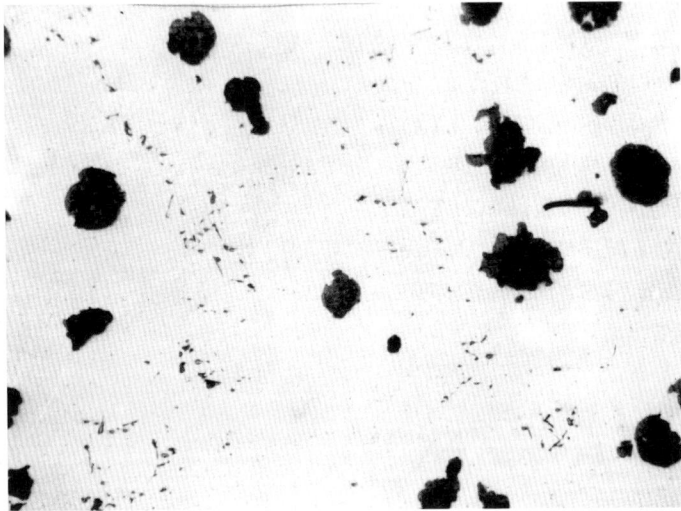

图　1-3-323　　　　　　　　　　　　　100×

图　　　号：1-3-322、1-3-323

材料名称：稀土镁球墨铸铁

浸 蚀 剂：未浸蚀

处理情况：铸造后，粗加工成形再经等温淬火处理

组织说明：疲劳断裂。稀土镁球墨铸铁凸轮轴，仅仅用了 250h 左右，即在凸轮轴小头处发生断裂。

图 1-3-322：凸轮轴小头断裂的断口，晶粒细小、致密，裂纹起始于轴的表面，再向两侧绕圆周作弧形扩展，这一过程是随发动机断续远行而进行的，直至裂纹扩展到凸轮轴键槽根部，终因材料承受不住运行的应力而突然断裂。断口虽极细致，但仍可见疲劳的逐渐延伸线。它极似典型的疲劳断裂，有疲劳源、裂纹逐渐扩展区和突然断裂的脆性断裂区。

图 1-3-323：裂纹起源附近的组织。石墨呈团状、团絮状及球状分布；沿共晶团界面有颇多点状及条状分布的夹杂物，呈聚集断续网状分布，从而大大降低了材料的强度和韧塑性能。

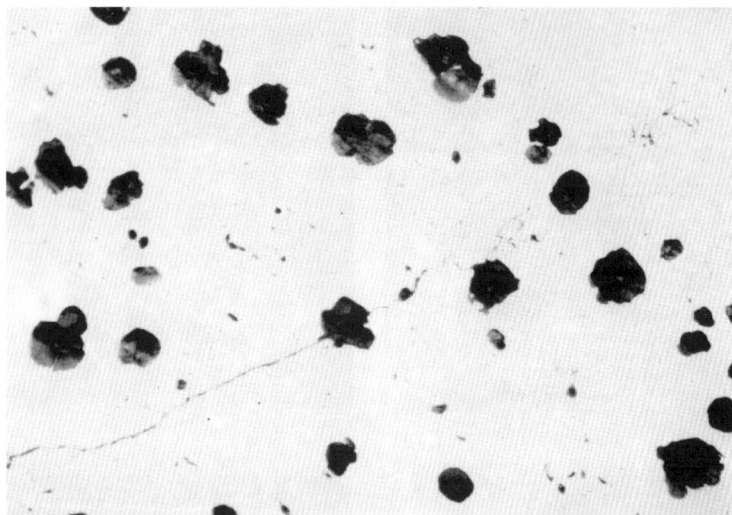

图　1-3-324　　　　　　　　　　　　100×

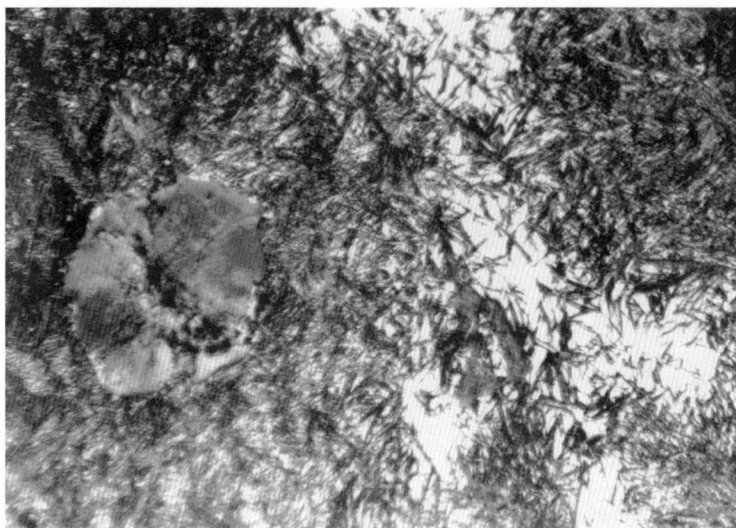

图　1-3-325　　　　　　　　　　　　630×

图　　号： 1-3-324、1-3-325

材料名称： 稀土镁球墨铸铁

浸 蚀 剂： 图 1-3-324 未浸蚀，图 1-3-325 经 4%硝酸酒精溶液浸蚀

处理情况： 铸造后，粗加工成形再经等温淬火处理

组织说明： 图 1-3-324：表面起始裂纹的扩展情况。小裂纹穿过团状石墨，沿共晶团界面处的夹杂物向里延伸。

　　　　　图 1-3-325：凸轮轴的基体组织，除球状石墨外，基体为下贝氏体、马氏体及残留奥氏体。

　　　　　凸轮轴的硬度值为 49～51.5HRC。

　　　　由以上各种情况可知，凸轮轴铸件在铸造时熔炼质量较差，共晶团界面上出现颇多夹杂物。同时等温淬火温度偏低，致使凸轮轴中出现较多的马氏体，塑性及韧性相应下降。故表面易产生裂纹，随着时间的推移，裂纹沿共晶团界面处的断续网状夹杂物扩展，直至最终断裂。

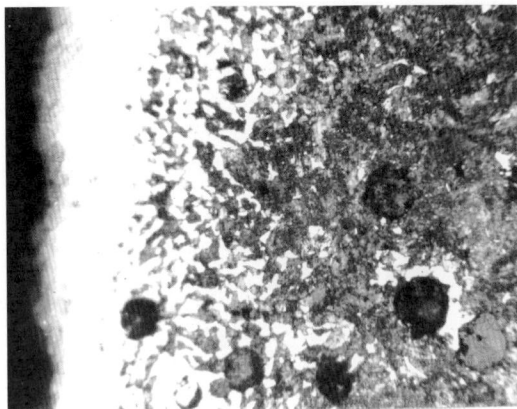

图　1-3-326　　　　　　　　　　100×

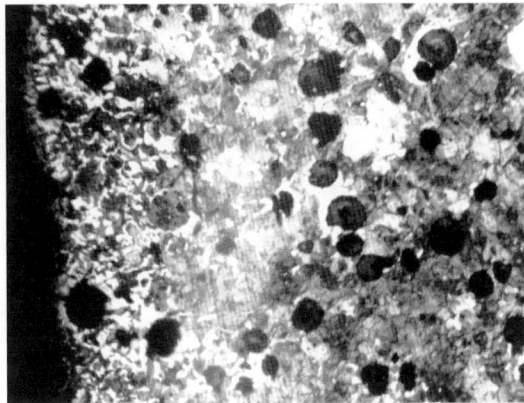

图　1-3-327　　　　　　　　　　100×

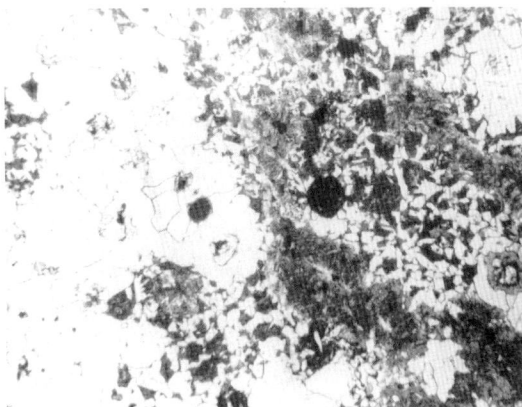

图　1-3-328　　　　　　　　　　100×

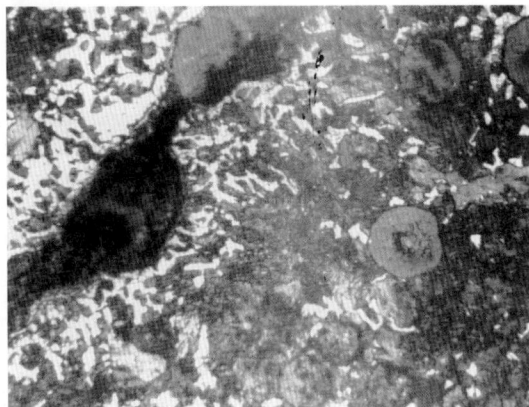

图　1-3-329　　　　　　　　　　100×

图　　号：1-3-326～1-3-329

材料名称：球墨铸铁

浸 蚀 剂：3%硝酸酒精溶液

处理情况：图 1-3-327 为 890℃×0.5h 正火，其余均为 890℃×1h 正火

组织说明：图 1-3-326：球墨铸铁表面的全脱碳层。

图 1-3-327：球墨铸铁表面的半脱碳层。

图 1-3-328：脱碳层内的铁素体分布不均匀。

图 1-3-329：嵌入铸件内的氧化皮周围的脱碳组织。

脱碳是指奥氏体中的碳与炉气中的氧或氢所起的化学作用。在一般情况下，氧化脱碳是同时发生的。但是，当炉气中氧供应不足，由于碳原子比铁原子更为活跃，能优先跟氧结合，故铸件表面将首先发生脱碳；反之，若氧化速度远大于脱碳速度时，新形成的脱碳层迅速成为氧化皮，这就是往往看不到脱碳层的原因。

铸件表面脱碳严重时，表面为全脱碳层，组织为等轴铁素体，向内为半脱碳层，组织为铁素体和珠光体。脱碳不严重时，表面即为半脱碳层，半脱碳层中的铁素体多半呈网状，也会出现不甚完整的牛眼状。呈网状的原因是：晶粒边界的结构较松弛，石墨的碳原子向外扩散，炉气中的氧原子向铸件内扩散，都经过晶粒边界，故脱碳总是从晶界开始的。

球墨铸铁是铸造合金，倘原始组织分布不均匀，也会造成正火（或退火）脱碳组织不均匀；倘浇注时有氧化皮等带入铸件，此氧化皮就会成为炉气中氧原子的"通道"，使周围组织易于脱碳。

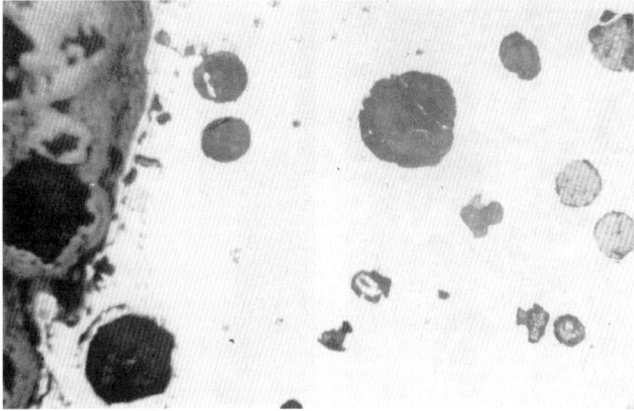

图　1-3-330　　　　　　　　　　　　　250×

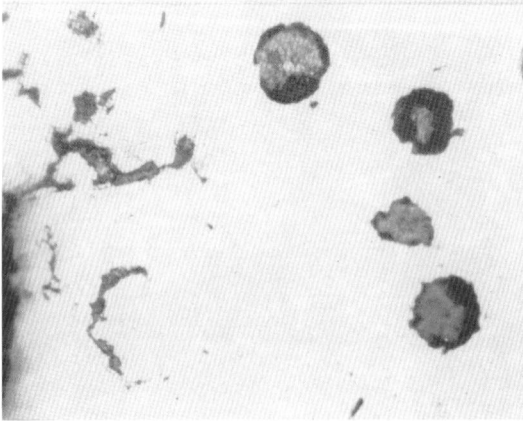

图　1-3-331　　　　　　　　100×

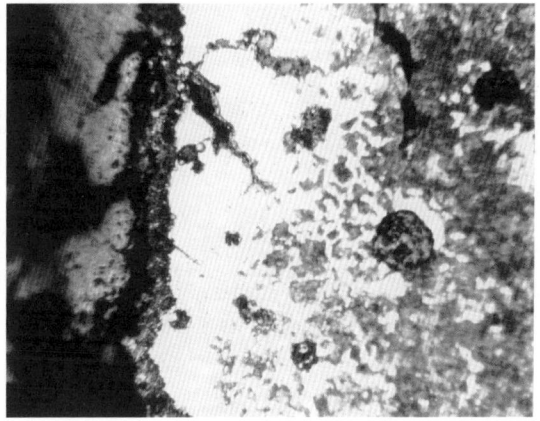

图　1-3-332　　　　　　　　100×

图　号： 1-3-330～1-3-332

材料名称： 球墨铸铁

浸　蚀　剂： 图 1-3-332 为 3%硝酸酒精溶液浸蚀，其余未浸蚀

处理情况： 900℃×2h 正火

组织说明： 图 1-3-330：球墨铸铁表面的灰色氧化皮，内部嵌着石墨孔洞。

图 1-3-331：球墨铸铁表面的条状氧化物向基体内扩散。

图 1-3-332：球墨铸铁氧化皮的外层与内层之间形成的裂纹。

氧化是指铁和氧或燃料燃烧时的生成物发生的化学反应。与钢比较，球墨铸铁的氧化由于石墨的存在和含硅量较高而变得更加复杂。

在高温条件下，球墨的氧化速度快于基体。氧化是在铸件表面很多部位同时形核的，当裸露于表面的球墨被氧化后，金属基体中球墨的氧化是由氧通过晶界向内扩散和碳向外扩散实现的。

氧与铁的反应，是由铸件表面向内形成条状氧化物，把金属基体分割成块状，条状氧化物连接和扩展，致使铸件完全被具有石墨孔洞的氧化皮覆盖。

钢的氧化皮由 Fe_2O_3、Fe_3O_4 和 FeO 组成。球墨铸铁的氧化皮具有多层结构：外层由 Fe_2O_3、Fe_3O_4 和 FeO 组成；内层富硅，又称纯化层，成分为 FeO 和 Fe_3O_4，对金属起保护作用；再向内为次氧化层，其特点是球墨已被氧化，而金属基体没有氧化。

由肉眼观察，钢的氧化皮光滑，粘附性差，敲击时会簌簌地掉下来。球墨铸铁的氧化皮较粗糙，粘附性较好，敲击时不易脱落。这可能是球墨铸铁氧化皮中存在纯化层的缘故。金相观察表明，钢是在金属基体与氧化皮之间剥离的，球墨铸铁则是在氧化皮的外层与内层之间出现裂纹的，即使是外层脱落，内层仍能较好地粘附于金属基体的表面。

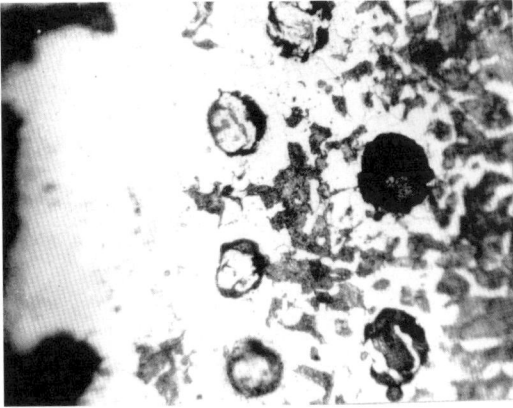

图 1-3-333　　　　　　　　　　　250×

图 1-3-334　　　　　　　　　　　250×

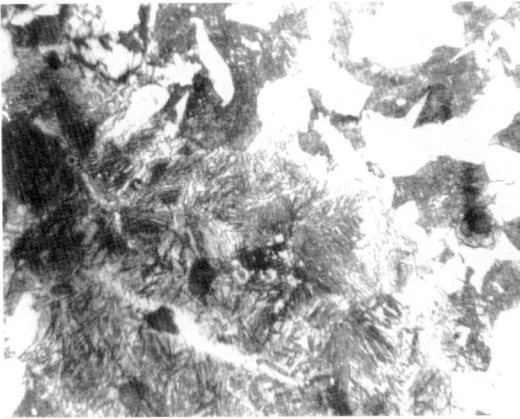

图 1-3-335　　　　　　　　　　　500×

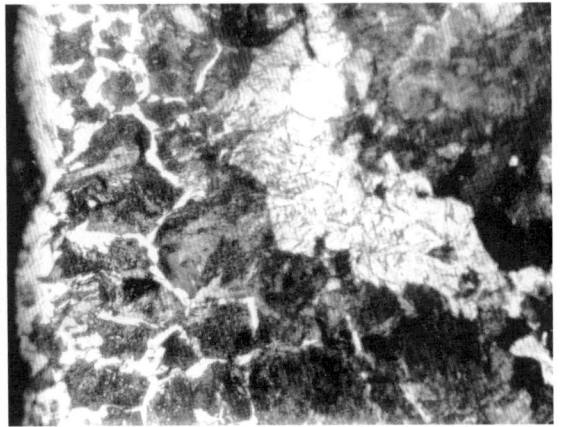

图 1-3-336　　　　　　　　　　　500×

图　　号：1-3-333～1-3-336

材料名称：球墨铸铁

浸 蚀 剂：图 1-3-334 抛光未浸蚀，其余经 3%硝酸酒精溶液浸蚀

处理情况：图 1-3-333 为 890℃×0.5h 正火，其余均为 890℃×1h 正火

组织说明：图 1-3-333：脱碳层内的石墨孔洞被铁、硅等元素填充。

　　　图 1-3-334：脱碳层表面孔洞大量减少。

　　　上述两张照片反映了脱碳层内球墨的变化。石墨球是一个高碳相，在高温条件下与氧反应会生成 CO_2 或 CO。此过程是脱碳反应，反应生成的气体主要通过晶界散逸至周围空气中。在金相中观察，由晶界侵入的氧，先将球墨的表层烧掉，之后从各个方向向球墨心部氧化，但这种氧化的速度是不均匀的，甚至可先烧掉一个或多个扇形区域（三维为一个或多个角锥体），直至成为黑色孔洞。以后，多种元素向孔洞中填充；由定量分析可知，填充的主要为铁 [w（Fe）70%～80%]，还有硅、锰等元素，所以在脱碳层表面，可看到石墨空洞减少甚至没有的现象。

　　　图 1-3-335：脱碳层中的贝氏体。

　　　图 1-3-336：脱碳层中的马氏体。

　　　上述情况，一般发生在偏析较严重，截面较薄的铸件表面。这是由于某些铸件共晶团界面正析偏元素富集，导致局部区域的等温转变曲线向右移动或使等温转变曲线形状改变，再辅以较快的冷却速度，共晶团界面就可能形成贝氏体或马氏体。由此可见，这些相的出现，与铸件是否脱碳无关，主要取决于偏析的严重程度和冷却速度。只不过，当它们出现于脱碳层，就被铁素体衬托得容易分辨了。

金 相 图 片

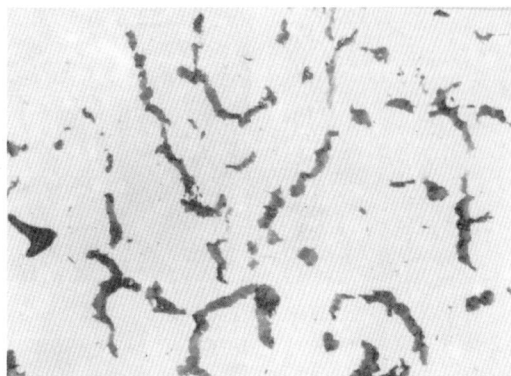

图 1-4-1   100×

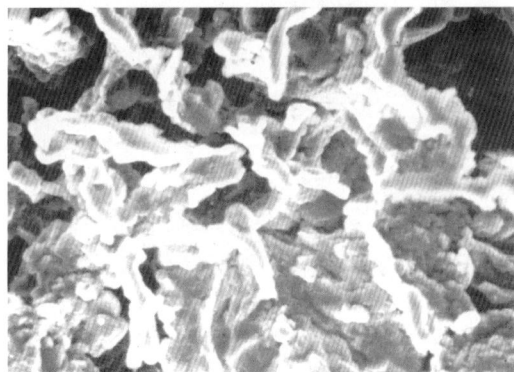

图 1-4-2   200×

图 1-4-3   1500×

图　　号： 1-4-1～1-4-3

材料名称： 蠕墨铸铁

浸 蚀 剂： 图 1-4-1 未浸蚀，图 1-4-2、图 1-4-3 为 20%盐酸酒精溶液深腐蚀

处理情况： 铸态

组织说明： 图 1-4-1：蠕虫状石墨在光学显微镜下的二维形态，大部分为彼此孤立、两侧不甚平整、端部圆钝或平直的石墨。

　　图 1-4-2：蠕虫状石墨在 SEM 下的三维形态，共晶团内各分枝是相互连系的。

　　图 1-4-3：蠕虫状石墨在 SEM 下的几个分枝，侧面呈层叠状，端部较圆钝。

　　蠕墨铸铁是石墨多数为蠕虫状、少数为球状（包括不甚圆整的球状）的铸铁。从整个石墨链观察，蠕墨铸铁的石墨结构介于片状和球状之间，故其力学性能和物理性能也介于灰铸铁和球墨铸铁之间。它的抗拉强度、冲击韧度接近球墨铸铁；它的铸造性能、导热性则与灰铸铁相似，并有良好的耐热疲劳性和耐磨性。

　　有人认为，蠕墨铸铁并不是什么新东西，理由是，早在研究球墨铸铁的初期就看到了蠕虫状石墨。其实，看到了蠕虫状石墨并不等于确立了蠕墨铸铁。1948 年，Morrogh（英）用铈处理铁液获得球墨铸铁时，便发现了蠕虫状石墨。之后，各国相继作了研究。美国、前苏联、德国、日本等都称为蠕虫状石墨，英国称为致密状石墨，我国则称为厚片状石墨。至 1978 年，国际铸造会议才将这种中间石墨形态的铸铁，作为一种独立的新型工程材料，正式命名为蠕虫状石墨铸铁。1990 年由丹麦开发的制取高蠕化率蠕墨铸铁的 Sinter Cast 技术，更使蠕墨铸铁的应用登上一个新台阶，此工艺可使蠕化率稳定在 80%以上，甚至可达 90%～95%。

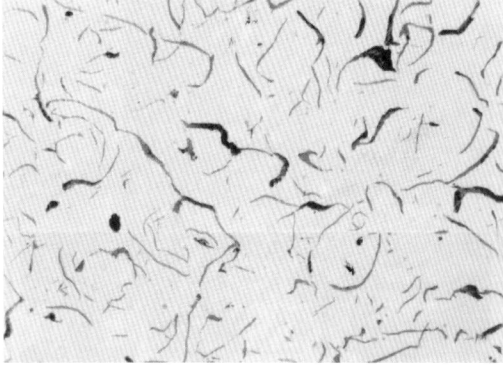

图 1-4-4 200×

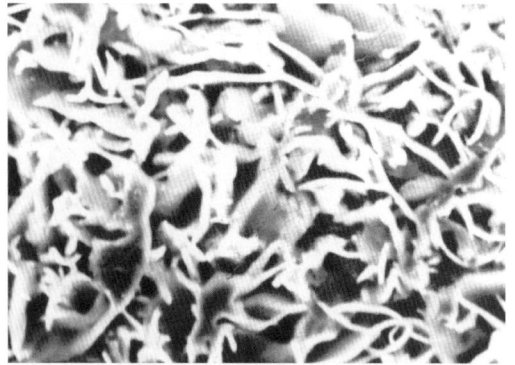

图 1-4-5 200×

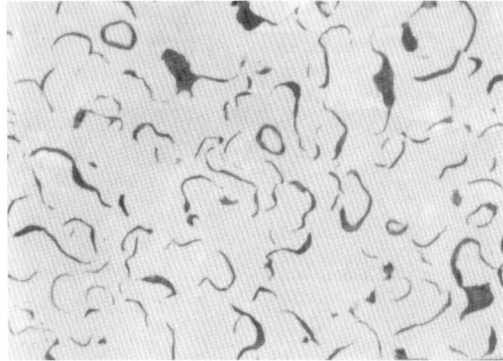

图 1-4-6 200×

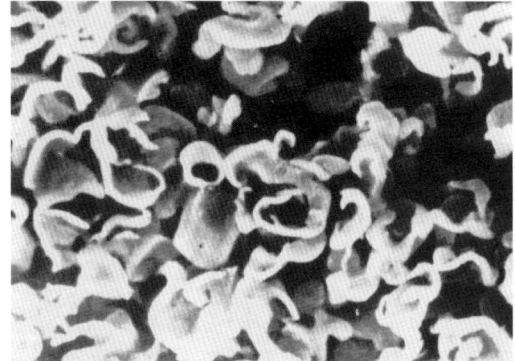

图 1-4-7 200×

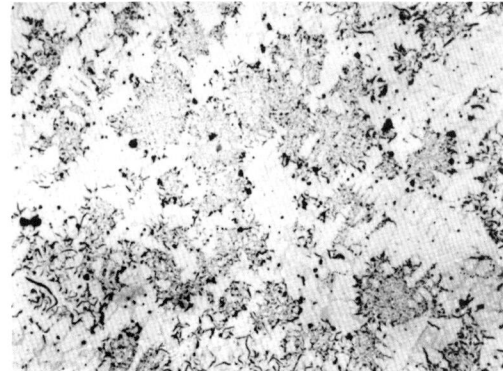

图 1-4-8 200×

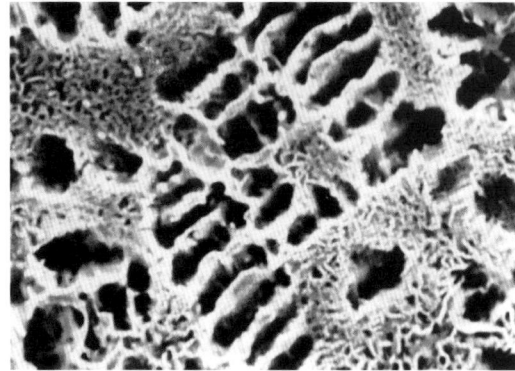

图 1-4-9 200×

图　　号：1-4-4～1-4-9
材料名称：蠕墨铸铁
浸蚀剂：图1-4-5、图1-4-7、图1-4-9用20%盐酸酒精溶液深腐蚀，其余均为未浸蚀
处理情况：铸态
组织说明：图1-4-4为卷曲程度较小的石墨；图1-4-5为SEM拍摄的卷曲程度较小的石墨；图1-4-6为卷曲
　　　状石墨；图1-4-7为SEM拍摄的卷曲状石墨；图1-4-8为珊瑚状石墨；图1-4-9为SEM拍摄的珊瑚状石墨。
　　　卷曲状石墨是蠕化剂加入量不足或蠕化衰退时出现的。在低倍显微镜下观察，石墨细小，呈卷曲状，可卷
　　　曲成360°（环状）或超过360°，有时呈枝晶间分布。在SEM中观察，石墨细小，端部尖锐，在同一共晶团
　　　内，分枝频繁而又相互连接。从形态特征看，是沿[10$\bar{1}$0]方向即（α向）长大的，属片状石墨范畴。
　　　珊瑚状石墨是在铁液含硫量很低并快速冷却或蠕化剂加入量不足并冷速快的条件下形成的。在低倍光学显
　　　微镜中观察，珊瑚状比卷曲状更细小，常呈枝晶间分布，故与过冷石墨颇难区分。在SEM中观察，它比过冷
　　　石墨更细小，分枝更频繁，过冷石墨端部尖锐，珊瑚状石墨的前端则呈棒状。这种石墨仍属片状石墨的范畴。

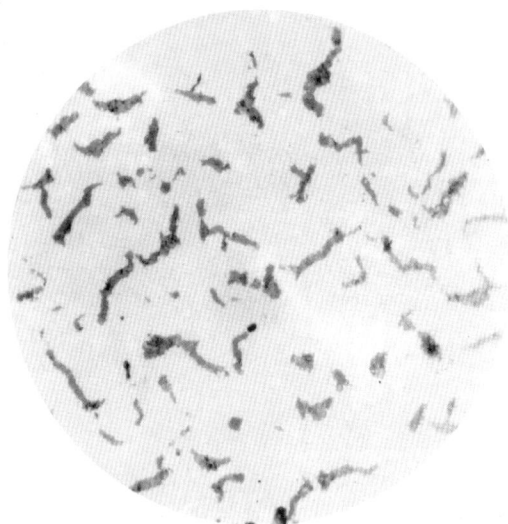

图　1-4-10　　　　　　　　　　100×

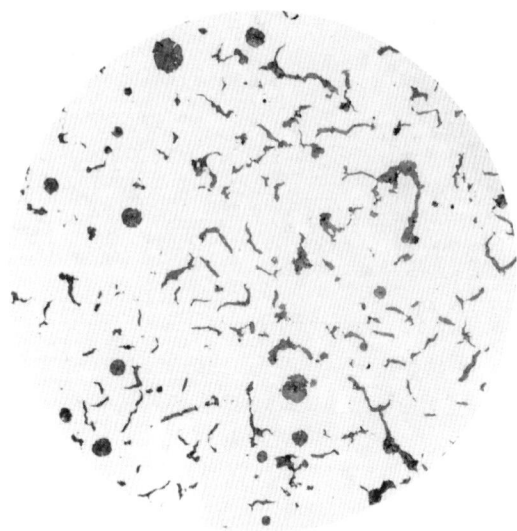
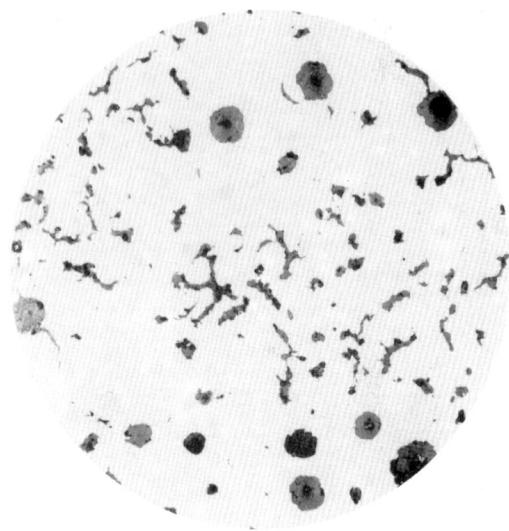

图　1-4-11　　　　　　　100×　图　1-4-12　　　　　　100×

图　　号：1-4-10～1-4-12
材料名称：蠕墨铸铁
浸 蚀 剂：未浸蚀
处理情况：铸态
组织说明：图 1-4-10：蠕虫状石墨>90%（体积分数），余为球状、团状石墨，蠕化率 95%。

图 1-4-11：蠕虫状石墨 80%～90%（体积分数），余为球状、团状石墨，蠕化率 85%。

图 1-4-12：蠕虫状石墨 50%～60%（体积分数），余为球状、团状石墨，蠕化率 55%。

研究表明，蠕墨铸铁的力学性能和铸造性能主要是由金相组织决定的，而金相组织中，蠕化率是最重要的检验项目。蠕化率不同，不单纯是蠕虫状石墨相对数量的变化，还使蠕虫状石墨的形态、分布等发生变化。随着蠕化率的降低，蠕虫状石墨变得短而弯曲，端部更圆钝，共晶团变小，空间联系减弱；还有，当蠕化率<60%时，蠕虫状石墨的分布更趋于不均匀。JB/T 3829—1999《蠕墨铸铁金相标准》规定，蠕化率为在未浸蚀试样上，放大 100 倍，按大多数视场评定。蠕化率分 9 级，从蠕化率最高的"蠕 95"至最低的"蠕 15"，每隔 10%为一级。上述三张照片具有代表性，因为，我国多数工厂规定，一般铸件的蠕化率大于 50%，要求高的铸件则规定薄壁处大于 80%，厚壁处大于 90%。

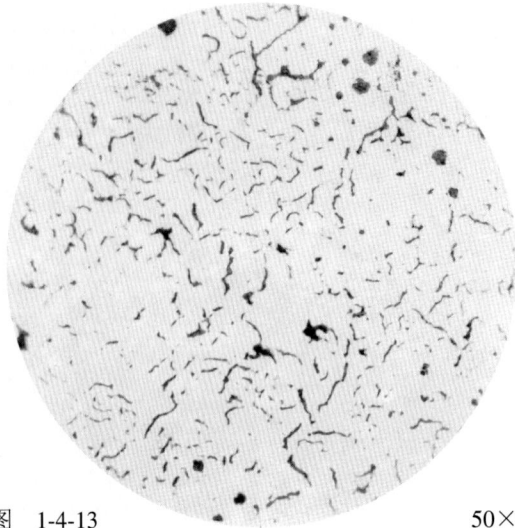

图 1-4-13   50×

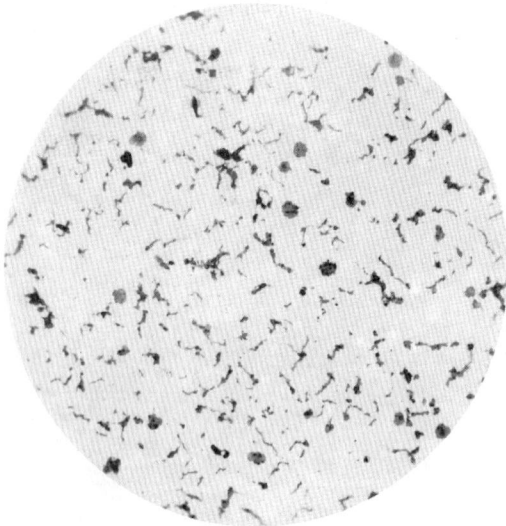

图 1-4-14   50×

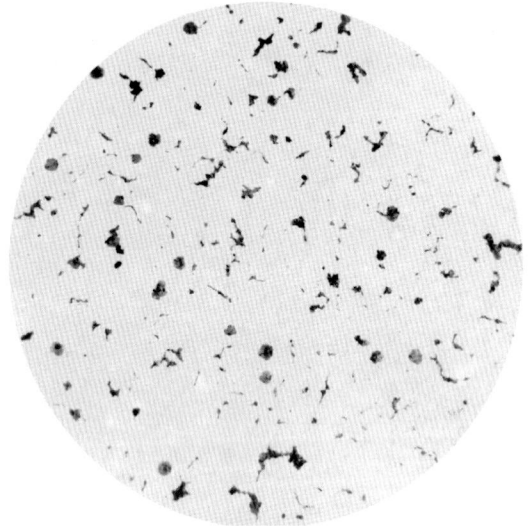

图 1-4-15   50×

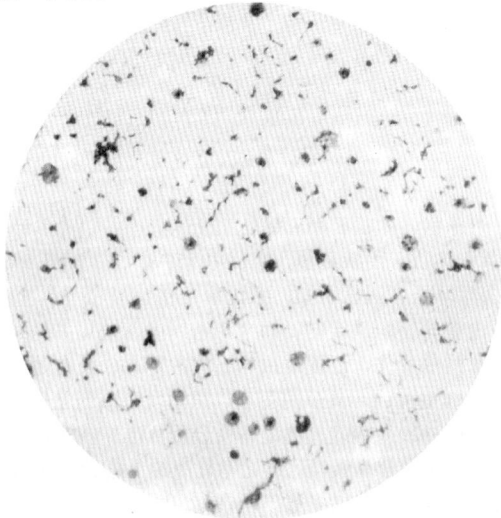

图 1-4-16   50×

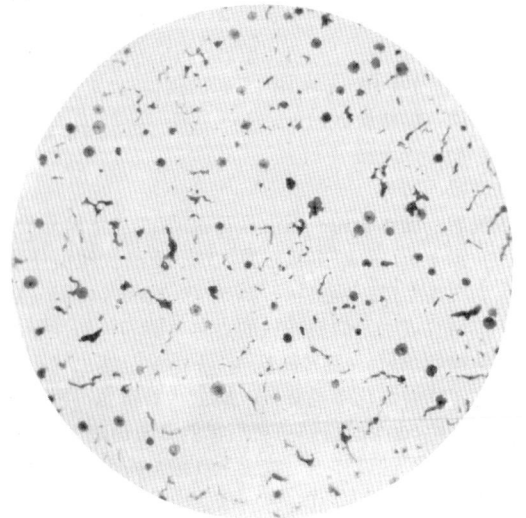

图 1-4-17   50×

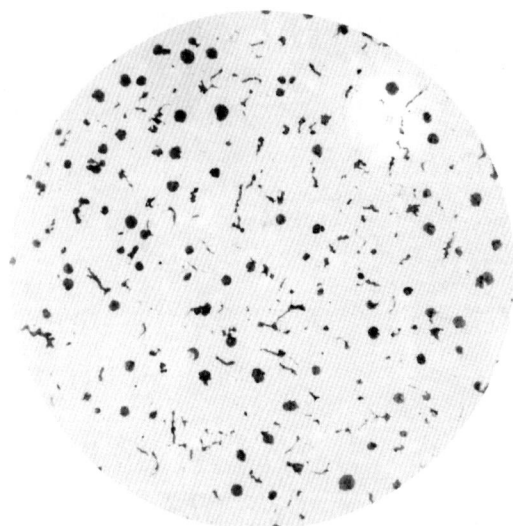

图　1-4-18　　　　　　　　　　50×

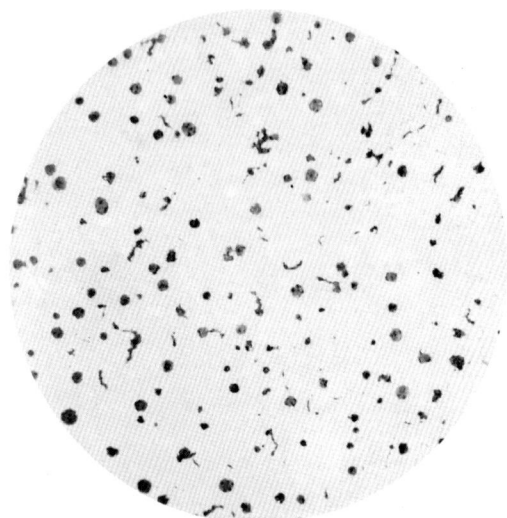

图　1-4-19　　　　　　　　　　50×

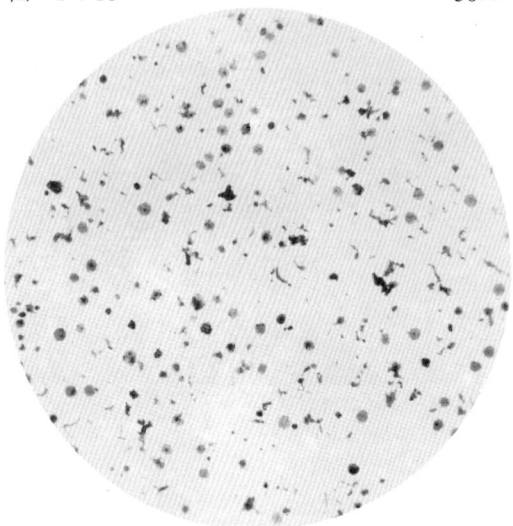

图　1-4-20　　　　　　　　　　50×

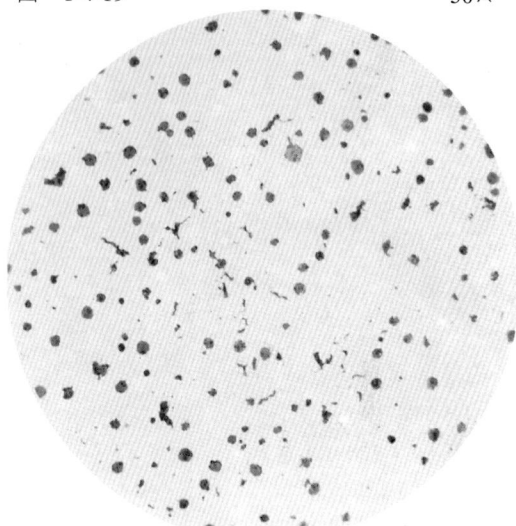

图　1-4-21　　　　　　　　　　50×

图　号：1-4-13～1-4-21　　　　　　　浸蚀剂：未浸蚀
材料名称：蠕墨铸铁　　　　　　　　　处理情况：铸态
组织说明：评定蠕化率时，应注意石墨的偏析分布。观察表明：在蠕化率高的铸件中，为数不多的球状石墨往往聚集在一起，蠕虫状石墨也成堆分布，呈不均匀状态；当蠕化率降低时，球状石墨的不均匀性可能更明显；其原因是：1）蠕化剂在铁液中的分布是不均匀的（例如，稀土的偏析倾向就较大）；2）它与各种类型石墨的共晶团尺寸、形状以及石墨与周围基体的结晶位向有关。

　　根据部分工厂的经验，与 100 倍相比，采用 50 倍评定蠕化率，由于观察视场面积较大，可减少石墨偏析引起的误差。这里介绍的 9 张照片，即为 50 倍的蠕化率，其图像分析仪测定的蠕化率实际数值如下：

图　号	蠕化率级别	实际的蠕虫状石墨数量（%）
1-4-13	蠕95	94.38
1-4-14	蠕85	85.48
1-4-15	蠕75	75.68
1-4-16	蠕65	64.55
1-4-17	蠕55	53.62
1-4-18	蠕45	44.32
1-4-19	蠕35	36.07
1-4-20	蠕25	26.87
1-4-21	蠕15	13.28

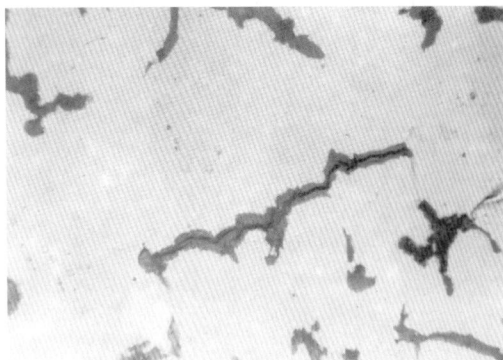

图　1-4-22　　　　　　　　　400×

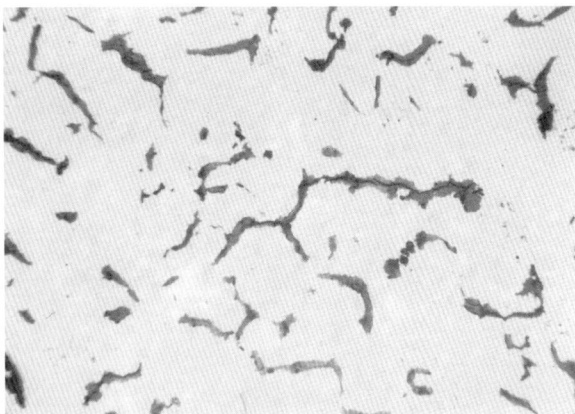

图　1-4-23　　　　　　　　　400×

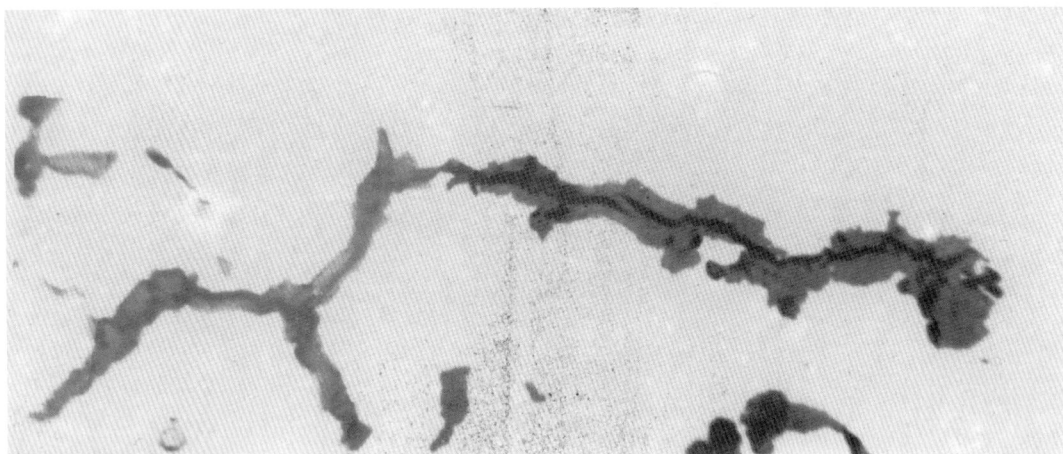

图　1-4-24　　　　　　　　　1200×

图　　号：1-4-22～1-4-24

材料名称：蠕墨铸铁

浸 蚀 剂：应力腐蚀

处理情况：铸态

组织说明：图 1-4-22：端部呈钝状的蠕虫状石墨内部的裂纹。

图 1-4-23：端部呈球状的蠕虫状石墨内部的裂纹。

图 1-4-24：图 1-4-23 的放大组织。

在应力作用下，蠕虫状石墨的裂纹主要出现在石墨的内部，而石墨与基体界面不太容易开裂，这与片状石墨和球状石墨都明显不同。

蠕虫状石墨的结构是比较复杂的。即使是蠕虫状石墨，当蠕化率不同时，其结构也不尽相同。上述照片是指高蠕化率时的裂纹形态。此时，蠕墨虫身的结构与片状相似，都呈平行于（0001）面的层片状结构，所不同的是层片状的厚度增加，层片间的缺陷严重，且向各个方向扭转、弯曲的趋势比片状石墨大得多。故一旦受力，就会沿（0001）面开裂，形成平行于两侧、指向端部得裂纹，甚至能几处开裂，形成相互平行、错开而不连贯的裂纹。

蠕虫状石墨端部的裂纹有两种不同的形式。一是端部呈钝状，裂纹可一直延伸至顶端，这表明结构与片状石墨相似，属 a 向即 [10$\overline{1}$0] 向；二是端部呈球形，裂纹至此不再扩展，而是沿石墨与基体界面扩展或是垂直于外表面呈辐射状分布，这表明端部与球状石墨相似，（0001）面呈年轮状分布。

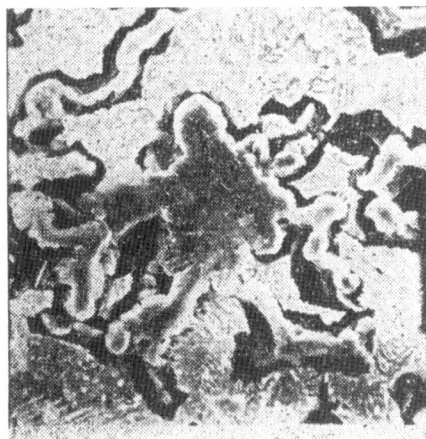

图　1-4-25　　　　　　　　　　800×

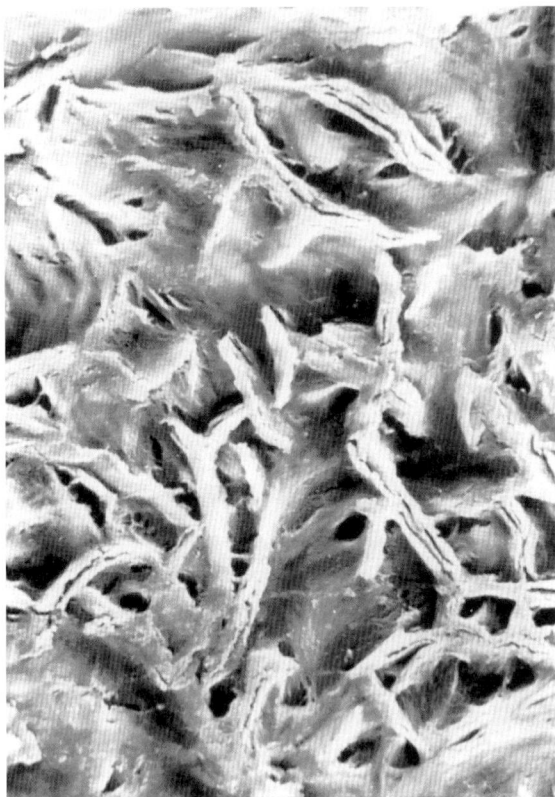

图　1-4-26　　　　　　　　　　300×

图　号：1-4-25、1-4-26
材料名称：蠕墨铸铁
浸蚀剂：20%盐酸酒精溶液深腐蚀
处理情况：铸态
组织说明：图 1-4-25：SEM 拍摄的蠕墨铸铁共晶团。

铸铁的共晶团是指铸铁在最后凝固过程中形成的石墨-奥氏体共晶体。凝固时，铁液中的一些低熔点杂质则往往被排斥至共晶团界面。

铸铁的石墨形态不同，其共晶团的特征也不同。

灰铸铁的石墨构成一个骨架，其分枝向各个方向发展，并可延伸至边界外，且边界处硫、磷等杂质较多。

球墨铸铁基本上是一个石墨一个共晶团。球墨是在奥氏体外壳包围中长大的，但球墨与奥氏体外壳中存在液膜，球墨是通过液体通道生长的。球墨铸铁的共晶团数量约为灰铸铁的 50～200 倍。

蠕墨铸铁共晶团内石墨的各个分枝是相互联系的，分枝端部未生长至共晶团界面即停止生长，亦即分枝与界面之间存在一定间隔，且边界的杂质也较灰铸铁少。蠕墨铸铁的共晶团数量界于球墨铸铁与灰铸铁之间。

图 1-4-26：SEM 拍摄的蠕虫状石墨内部的裂纹。

在同一共晶团内，几条石墨分枝都出现了裂纹，但几条分枝的裂纹尚未互相连接；在同一分枝上，有几条互相平行但错开的、沿虫身长度方向分布的裂纹。相邻共晶团内的裂纹也未相互连接。这正是应力较小时，蠕墨铸铁中裂纹的分布特征。在光学显微镜中看到的裂纹，仅是裂纹某一剖面的形态，在 SEM 中就能看到较多的信息。

图　　号：1-4-27

材料名称：蠕墨铸铁（RuT260）

浸 蚀 剂：3%硝酸酒精溶液

处理情况：铸态

组织说明：基体为铁素体和珠光体（体积分数为

10%～20%）

　　RuT260 为铁素体蠕墨铸铁，强度一般，硬度较低，有较高的塑韧性和导热性（力学性能：

　　R_m 不小于 $260N/mm^2$，A 不小于 3%，硬度为 121～197HBW）。倘铸件中珠光体数量较高，就要经过退火处理（高温退火或低温退火）。低温退火温度 680～700℃，由于在稍低于 Ac_1 温度加热，蠕墨铸铁的珠光体石墨化速度大于球化速度，故退火后仅残留少量珠光体。

　　RuT260 可用于承受冲击负荷及热疲劳的零件，如增压器废气进气壳体、汽车的某些底盘零件等。

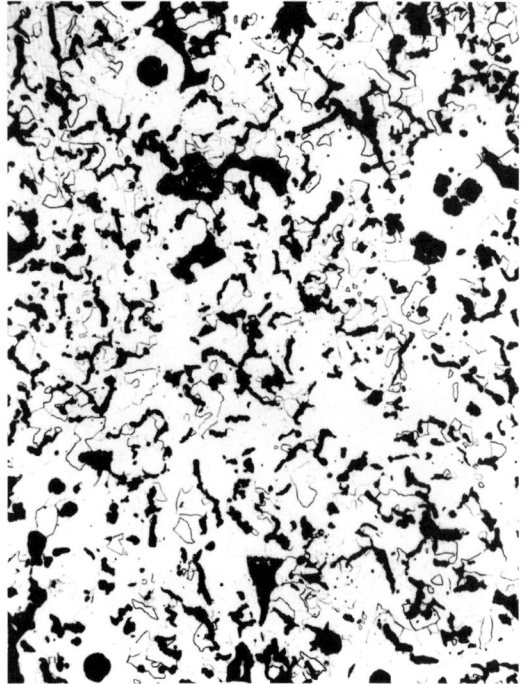

图　1-4-27　　　　　　　　　　　100×

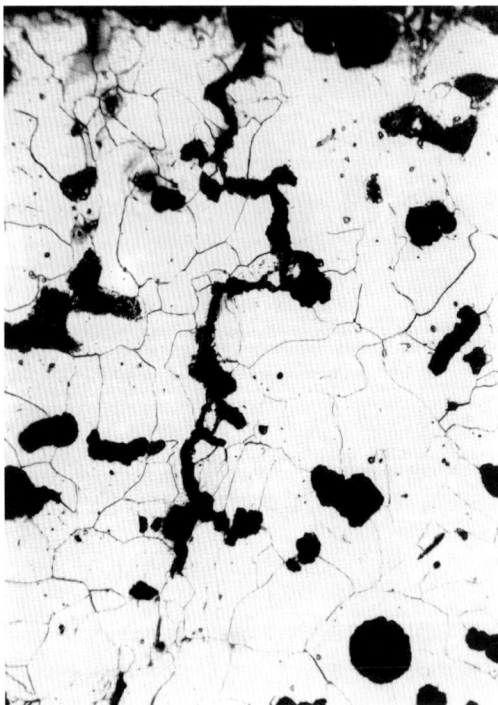

图　1-4-28　　　　　　　250×

图　　号：1-4-28

材料名称：蠕墨铸铁

浸 蚀 剂：3%硝酸酒精溶液

处理情况：退火

组织说明：基体组织为铁素体，热疲劳裂纹垂直表面，并向铸件内部发展。

　　在高温下工作的零件，热疲劳失效是一种常见的形式。如大功率发动机的缸盖、排气管等都发生过这种失效。蠕墨铸铁具有较高的热疲劳强度。从金相的角度观察，蠕墨铸铁的热疲劳裂纹是穿晶裂纹，它在蠕虫状石墨内部，或沿蠕虫状石墨与基体界面发展，之后，沿最短距离穿越铁素体，再在另一条蠕虫状石墨中发展。可见，细化蠕虫状石墨和铁素体晶粒，能提高热疲劳强度。

图　　号：1-4-29

材料名称：蠕墨铸铁（RuT300）

浸 蚀 剂：3%硝酸酒精溶液

处理情况：铸态

组织说明：基体组织为铁素体和珠光体[30%～35%（体积分数）]。

　　RuT300 为铁素体珠光体蠕墨铸铁，具有适中的强度和硬度，有一定的塑韧性，导热性较高，致密性也较好（力学性能：R_m 不小于 300N/mm^2，A 不小于1.5%，硬度为140～217HBW）。RuT300 适用于制造强度和热疲劳都很高的零件，如发动机气缸盖、排气管、变速箱体、液压件和钢锭模等。

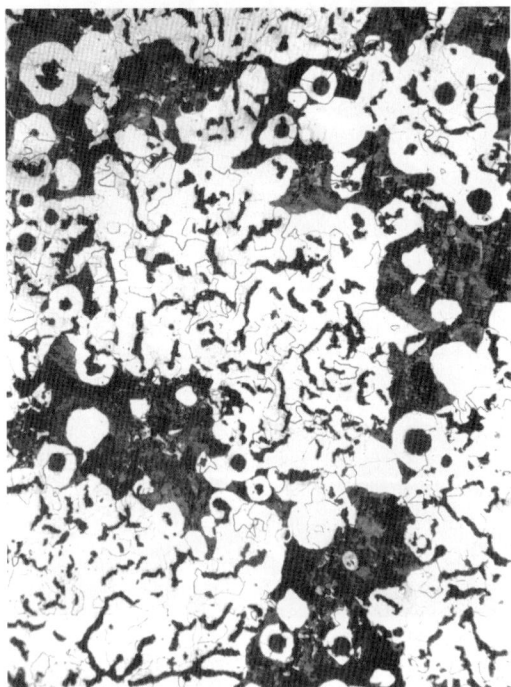

图　　1-4-29　　　　　　　　　　100×

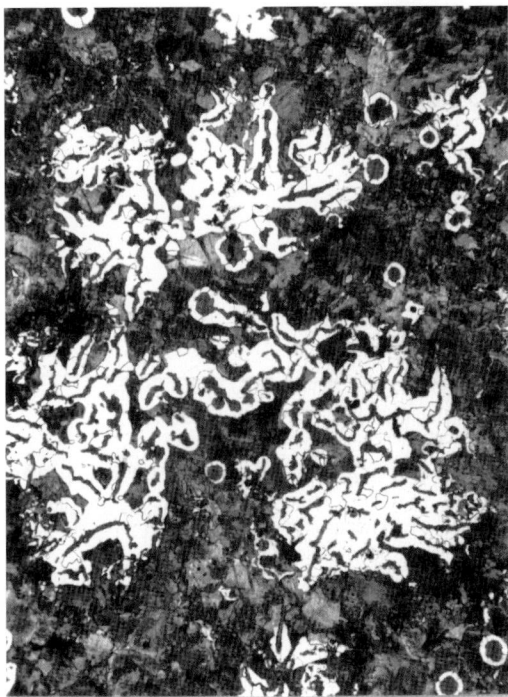

图　　1-4-30　　　　　　　100×

图　　号：1-4-30

材料名称：蠕墨铸铁（RuT340）

浸 蚀 剂：3%硝酸酒精溶液

处理情况：铸态

组织说明：基体组织为珠光体[50%～60%（体积分数）]和铁素体。

　　RuT340 为珠光体铁素体蠕墨铸铁，具有较高的强度和硬度，较高的耐磨性和导热率（力学性能：R_m 不小于 340N/mm^2，A 不小于 1.0%，硬度为 170～249HBW）。适用于制造要求较高强度和刚度及要求耐磨的零件，如大型龙门铣床横梁、带导轨的重型机床件、大型齿轮箱体、玻璃模具和起重机卷筒等。

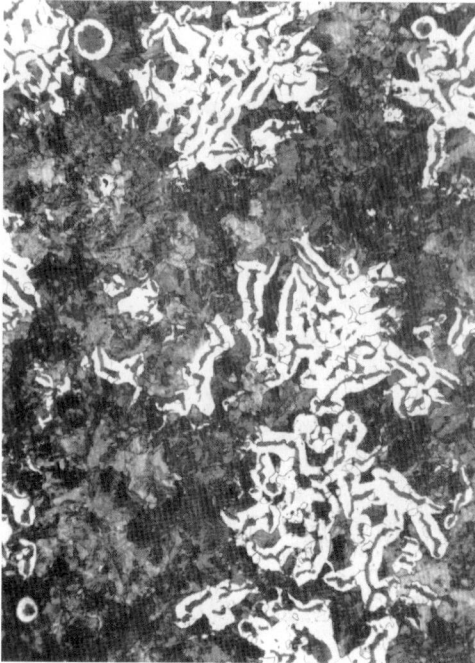

图 1-4-31   100×

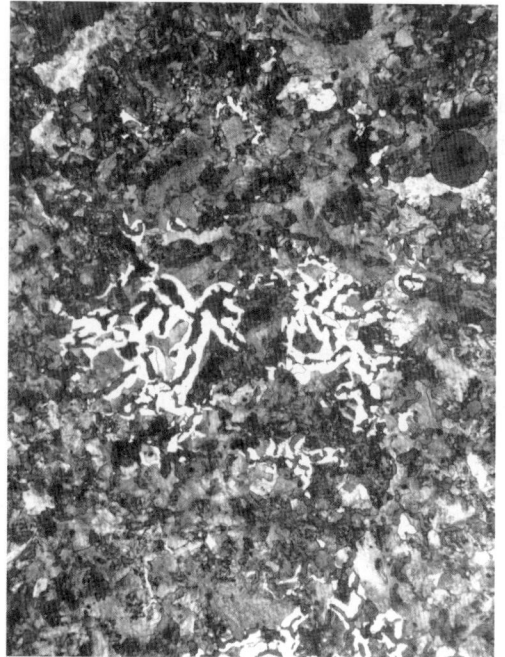

图 1-4-32   100×

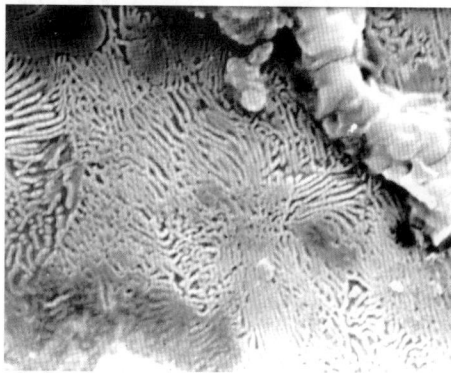

图 1-4-33   2500×

图　　号：1-4-31～1-4-33

材料名称：蠕墨铸铁（RuT380、RuT420）

浸 蚀 剂：3%硝酸酒精溶液

处理情况：铸态

组织说明：图 1-4-31：基体组织为珠光体［70%～80%（体积分数）］和铁素体，牌号为 RuT380。

　　　　　图 1-4-32：基体组织为珠光体［80%～90%（体积分数）］和铁素体，牌号为 RuT420。

　　　　　图 1-4-33：SEM 下的蠕虫状石墨及其周围的珠光体。

　　　　RuT380、RuT420 为珠光体蠕墨铸铁，具有高的强度和硬度，高的导热性和较高的耐磨性。RuT380 的力学性能：R_m 不小于 380N/mm^2，A 不小于 0.75%，硬度为 193～274HBW。 RuT420 的力学性能：R_m 不小于 420N/mm^2，A 不小于 0.75%，硬度为 200～280HBW。适用于要求高硬度和高耐磨性的零件，如活塞环、气缸套、 玻璃模具、钢球研磨盘和泥浆泵等。

　　　　珠光体蠕墨铸铁可用加合金元素（锡、锑、铜等）或热处理（正火）获得。正火冷却时，因为蠕虫状石墨的比表面积较大，各分枝间的扩散距离较短，奥氏体中的碳易于沉积于石墨表面，促成铁素体的析出，所以要强化冷却（吹风或喷雾），籍此增加珠光体的数量。

　　　　常用的蠕墨铸铁有珠光体型、铁素体型和混合型（珠光体+铁素体）等类型。部标 JB/T 3829—1999《蠕墨铸铁金相标准》将珠光体型蠕墨铸铁分为 10 档，即最高的"珠 95"由此递减至最低的"珠 5"，每档相差珠光体量 10%，例如"珠 85"，即为 80%～90%（体积分数）。

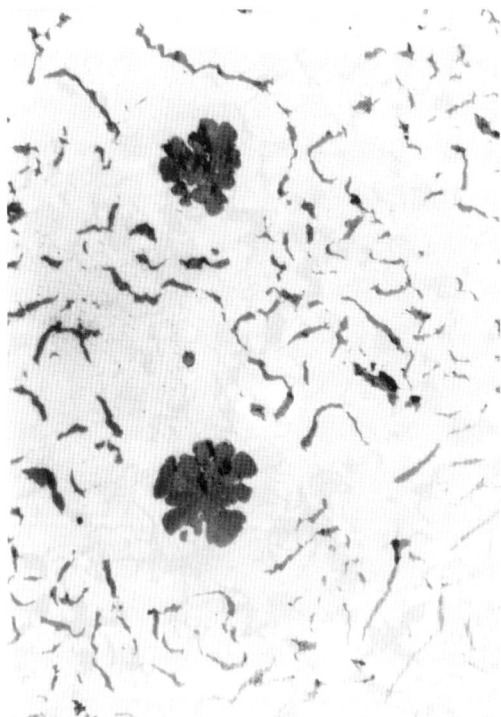

图　1-4-34　　　　　　　　　　　　100×

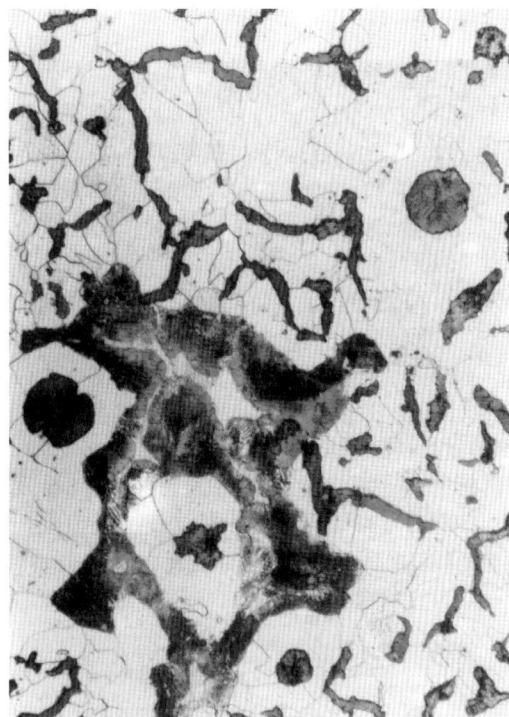

图　1-4-35　　　　　　　　　　　　100×

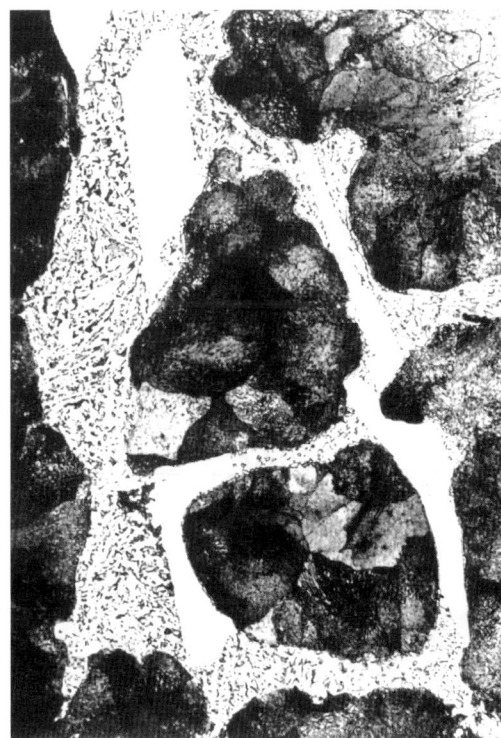

图　1-4-36　　　　　　　　　　　　250×

图　　号： 1-4-34～1-4-36

材料名称： 大断面蠕墨铸铁

浸　蚀　剂： 图 1-4-34 为未浸蚀，其余为 3%硝酸酒
精溶液浸蚀

处理情况： 铸态

组织说明： 图 1-4-34：蠕虫状石墨和开花状石墨。
由于铸件断面大，蠕虫状石墨在共晶凝固过程中，
有较多时间生长得较大。大断面球墨铸铁易出现
开花状石墨；与此相似，大断面蠕墨铸铁也易形
成开花状石墨。

图 1-4-35：基体组织为铁素体和珠光体［5%～
15%（体积分数）］，珠光体中有白色的磷共晶。

图 1-4-36：珠光体内的三元磷共晶-碳化物复
合物。

由于铸件断面大，组织主要是铁素体；珠光
体数量少，而磷共晶是分布于珠光体之内的；珠
光体数量少，就会增加磷共晶的偏析倾向。还有，
一般认为，冷却速度慢，易得到二元磷共晶和二
元磷共晶复合物；冷却快，则易得到三元磷共晶
和三元磷共晶复合物。但生产的实际情况却要复
杂得多。大断面铸件虽然冷速慢，却会使正偏析
元素富集于共晶团界面，从而导致三元磷共晶和
三元磷共晶复合物的出现。

图　　号：1-5-4

材料名称：可锻铸铁

浸　蚀　剂：未浸蚀

处理情况：铸造后经退火处理

组织说明：聚虫状石墨。比絮状石墨更松散，类似
　　　　蠕虫状石墨聚集而成。与絮状石墨比较，聚虫状
　　　　的分枝更为强烈，在石墨切向生长受到更大的阻
　　　　力。按退火石墨的紧密程度而言，聚虫状属松散
　　　　型石墨。

　　　　　深腐蚀后在 SEM 下观察，聚虫状石墨的
　　　　表面形态，与球团状、团絮状的絮状石墨无本
　　　　质不同。

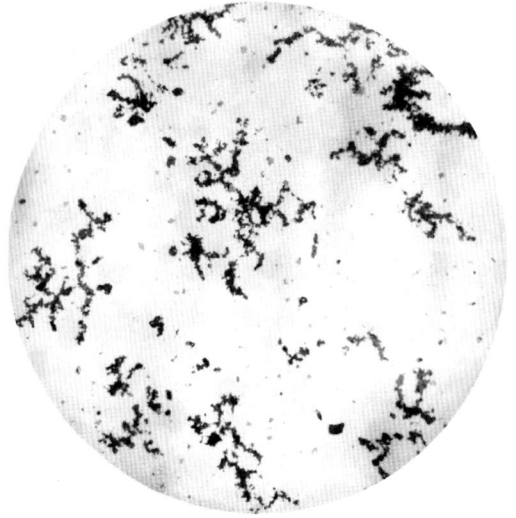

图　　1-5-4　　　　　　　　　　　　　　　　　　100×

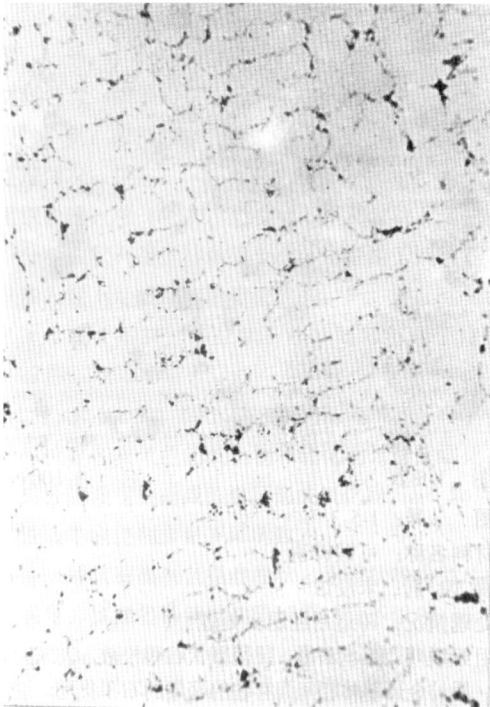

图　　1-5-5　　　　　　　　　　100×

图　　号：1-5-5

材料名称：可锻铸铁

浸　蚀　剂：未浸蚀

处理情况：铸造后经退火处理

组织说明：枝晶状石墨。由颇多的细小点和细小片
　　　　状组成，与聚虫状比较，它的分布更为松散。这
　　　　种石墨是在白口坯件已出现了枝晶状石墨的基
　　　　础上，在退火过程中碳原子不断沉淀于原有石墨
　　　　的表面形成的。但它与灰铸铁中的 D、E 型石
　　　　墨的表面并不相同。D、E 型石墨的表面是较
　　　　为光滑的曲面，退火后的枝晶状石墨的表面极
　　　　为粗糙。

　　　　　按照退火石墨的紧密程度的降低，即对基
　　　　体切割程度的增加，可将可锻铸铁中 5 种典型
　　　　石墨的顺序排列如下：团球状、团絮状、絮状、
　　　　聚虫状、枝晶状。其中，枝晶状对力学性能的
　　　　影响最大。

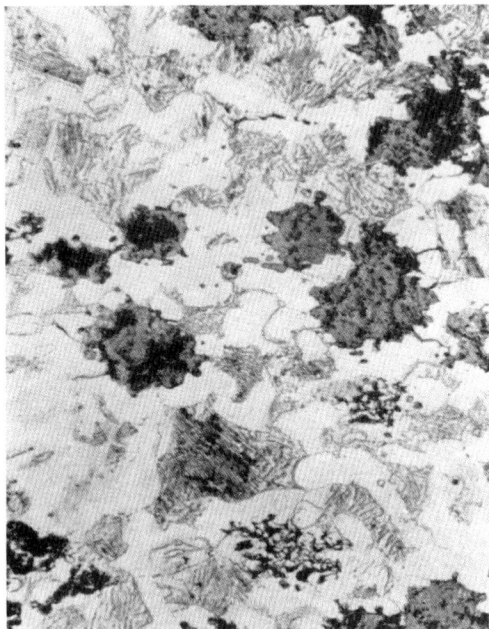

图　1-5-6　　　　　　　　　　　300×

图　　号：1-5-6

材料名称：可锻铸铁

浸 蚀 剂：4%硝酸酒精溶液

处理情况：铸造后退火处理

组织说明：此为武安出土的战国时代铁锹的显微组
织。说明我们的祖先在战国时代就能生产可锻铸
铁了。

石墨呈团絮状，基体组织为铁素体和片状珠
光体。

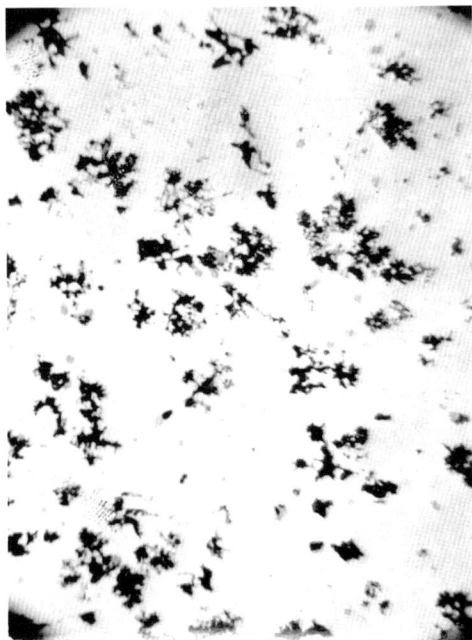

图　1-5-7　　　　　　　　　100×

图　　号：1-5-7

材料名称：高硫珠光体可锻铸铁

浸 蚀 剂：未浸蚀

处理情况：铸造后经退火处理

组织说明：退火石墨大部分呈絮状，少量为团絮状。
此外，尚有呈浅灰色颗粒的硫化锰夹杂物存在。

可锻铸铁中的石墨形状，很少以单一形态出
现，往往是以几种石墨共存，而以一种形状为主，
本图即是例子。按石墨形状对力学性能的影响，
将石墨形状分为 5 级。铁素体可锻铸铁的牌号要
求与石墨形状级别的关系见下表：

石墨等级	对应牌号
1	KTH370-12
2	KTH350-10
3	KTH330-08
4	KTH300-06
5	级外

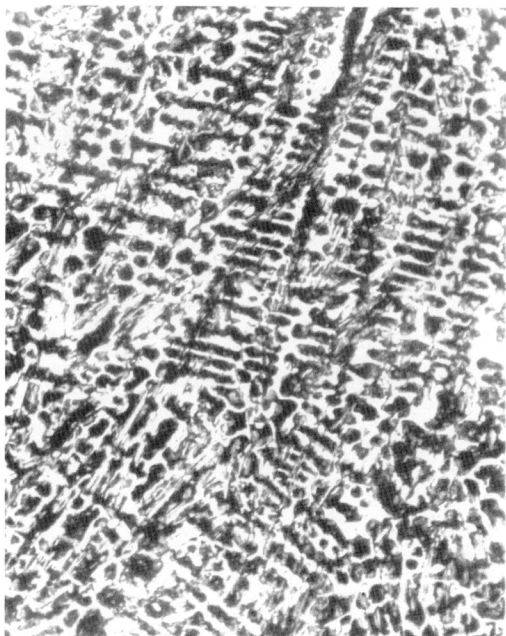

图　1-5-8　　　　　　　　　　　　　100×

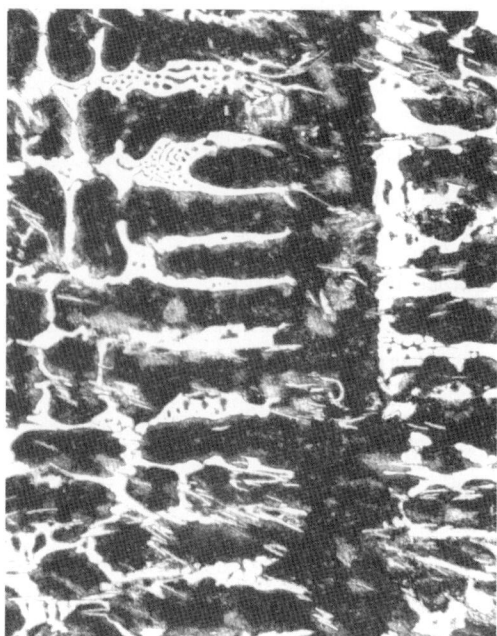

图　1-5-9　　　　　　　　　　　　　200×

图　1-5-10　　　　　　　　　500×

图　　号：1-5-8～1-5-10

材料名称：可锻铸铁坯件

浸 蚀 剂：4%硝酸酒精溶液

处理情况：铸态

组织说明：图 1-5-8 为呈枝晶间分布的细片状珠光
　　体和莱氏体。

　　图 1-5-9：图 1-5-8 放大 200 倍的组织。

　　图 1-5-10：图 1-5-8 放大 500 倍的组织，珠
光体的层片状和莱氏体的条状、块状渗碳体清晰
可见。

　　可锻铸铁是亚共晶成分的铁液凝固成白口
坯件，再经退火而成。灰铸铁、球墨铸铁的石墨，
皆由铸态直接凝固而成；可锻铸铁中的石墨，是
在退火过程中形成的，故称为退火石墨。可见，
获得良好白口坯件，是获得优质可锻铸铁的基础。

　　化学成分是决定白口坯件质量的重要因素。
可锻铸铁常用的化学成分为：w（C）2.4%～
2.8%；w（Si）1.2%～2.0%；w（Mn）0.3%～
0.6%；w（P）<0.10%；w（S）<0.2%。

图　　号：1-5-11

材料名称：可锻铸铁

浸 蚀 剂：4%硝酸酒精溶液

处理情况：升温至 910℃，经短时间保温后空冷

组织说明：基体为珠光体及共晶莱氏体，基体上已
　　　　　有少量灰色团絮状石墨析出。

　　　　　由于高温保温时间短，仅有一小部分莱氏体
发生分解，故基体上出现极少量的退火石墨，大
部分莱氏体仍被保留下来。电子探针分析表明，
硅富集于共晶渗碳体的界面，只有少量进入共晶
渗碳体内部。硅是强烈的石墨化元素，因此，退
火石墨是在共晶渗碳体的界面（特别是负曲率的
界面）生核并生长的。在共晶渗碳体内部则不可
能形成石墨；因为，石墨晶核的形成和生长，会
伴随急剧的体积膨胀，而周围的共晶渗碳体产生
的巨大压应力，将阻止此过程的进行。

　　　　　退火零件中，如出现这种组织是不允许的，
它将使零件硬而脆，易造成断裂事故。

　　　　　本图片为退火不完善的显微组织。

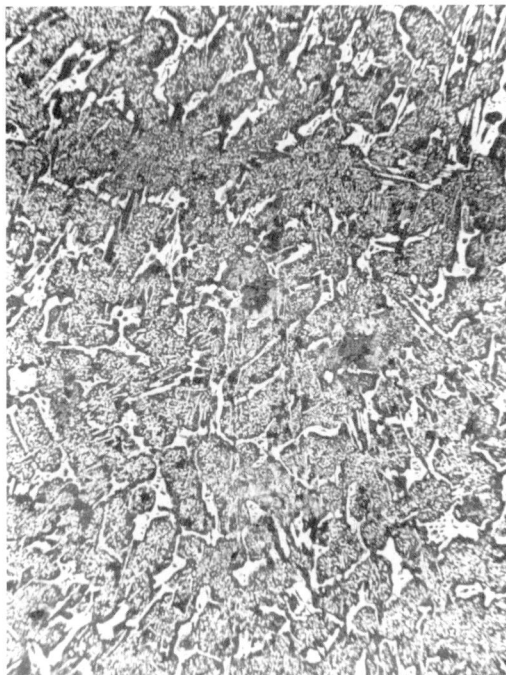

图　　1-5-11　　　　　　　　　　　　100×

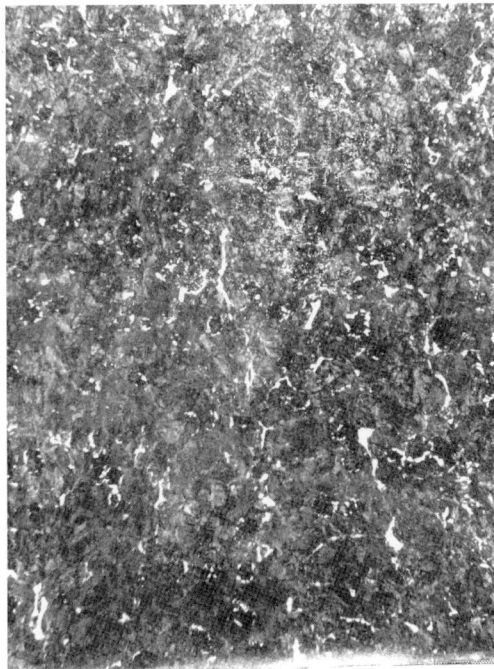

图　　1-5-12　　　　　　125×

图　　号：1-5-12

材料名称：可锻铸铁

浸 蚀 剂：4%硝酸酒精溶液

处理情况：铸造后，920℃×5h 空冷

组织说明：有较多的团絮状石墨，在石墨周围有一
　　　　　层白色铁素体，基体为珠光体（黑色）及少量残
　　　　　留的白色状渗碳体。

　　　　　由于第一阶段石墨化退火保温时间不足，因
而尚有少量渗碳体未分解而残留下来，从而使退
火铸铁的韧性较差，硬度偏高，导致铸件的切削
加工性能变坏。

　　　　　此属退火不合格的显微组织。

图　　号：1-5-13

材料名称：可锻铸铁

浸 蚀 剂：4%硝酸酒精溶液

处理情况：920℃×1h 后降温至 680℃×1h 空冷

组织说明：粒状分布的珠光体和大块状、条状共晶
　　　　渗碳体，在共晶渗碳体周围存在有少量白色铁素
　　　　体，基体上灰色颗粒状为硫化物夹杂，图片上黑
　　　　色小点为石墨。

　　　　　由于加热温度不足，保温时间短，冷却又稍
　　　　快，使共晶渗碳体在高温时未能分解，降温时冷
　　　　却较慢，使共析分解缓慢，故得到粒状珠光体。

图　　1-5-13　　　　　　　　　　　　　500×

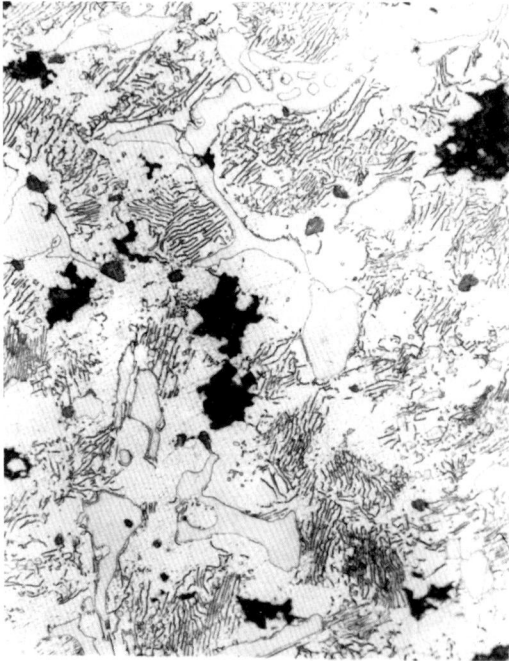

图　　号：1-5-14

材料名称：可锻铸铁

浸 蚀 剂：4%硝酸酒精溶液

处理情况：1050℃×1h 后降温至 680℃×1h 空冷

组织说明：黑色团状为退火石墨，灰色颗粒为硫化
　　　　物夹杂，基体为粗片状珠光体，在白色块状铁素
　　　　体上分布的灰白色块状为共晶渗碳体。

　　　　　加热温度虽高，但保温时间不足，仍有相当
　　　　数量的共晶渗碳体未能分解，共析转变温度较
　　　　高，冷却又缓，故得到粗片状珠光体。

图　　1-5-14　　　　　　　　　　　500×

图　　号：1-5-15

材料名称：铁素体可锻铸铁

浸 蚀 剂：3%硝酸酒精溶液

处理情况：高温加热保温后，降至 750℃×24h 退
　　　　火处理

组织说明：较细小黑灰色团絮状为退火时析出的石
　　　　墨，基体全部为铁素体。在铁素体基体上分布的
　　　　灰色细小颗粒为硫化物夹杂。

　　　　由组织说明：铸件第一阶段高温及第二阶段
中温退火都较充分，使基体中的渗碳体完全分解
而析出石墨碳。由于石墨化充分，致使基体贫碳。
冷却时获得全部为铁素体的基体组织，这是铁素
体可锻铸铁的典型组织。

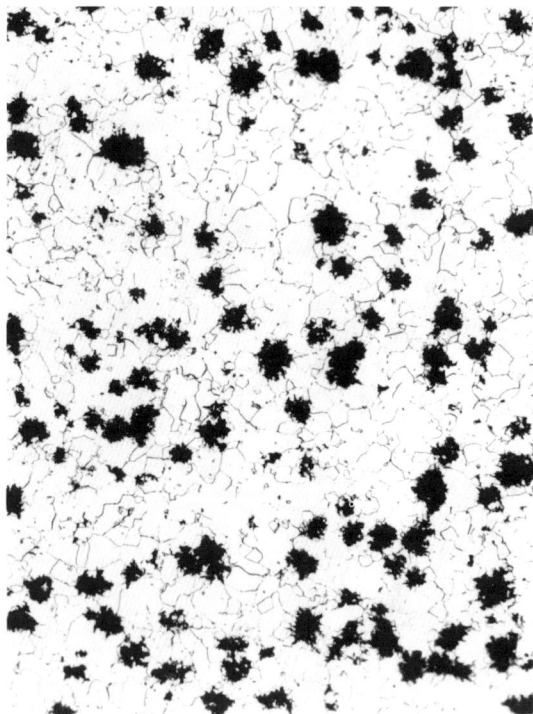

图　1-5-15　　　　　　　　　　　　　　　125×

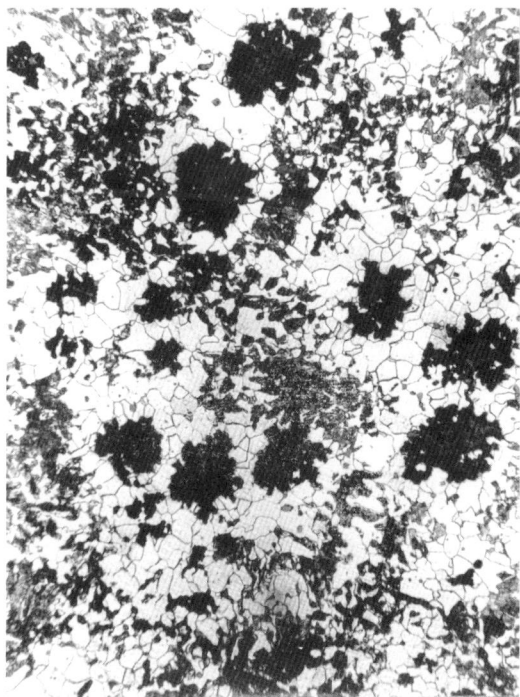

图　1-5-16　　　　　　　125×

图　　号：1-5-16

材料名称：铁素体可锻铸铁

浸 蚀 剂：4%硝酸酒精溶液

处理情况：高温加热保温后，降至 750℃×22h 退
　　　　火处理

组织说明：黑色团絮状为石墨，基体为铁素体及分
　　　　散分布的珠光体 [体积分数为 30%～35%]。

　　　　团絮状石墨较粗大。第二阶段保温时间虽达
22h，但尚嫌不足，故尚有较多的珠光体存在。
我国的铁素体可锻铸铁共计 4 个牌号，允许的残
留珠光体数量见下表：

牌　　号	片状珠光体 （体积分数，%）	粒状珠光体 （体积分数，%）
KTH300-06	<30	<50
KTH330-08	<20	<40
KTH350-10	<15	<30
KTH370-12	<10	<20

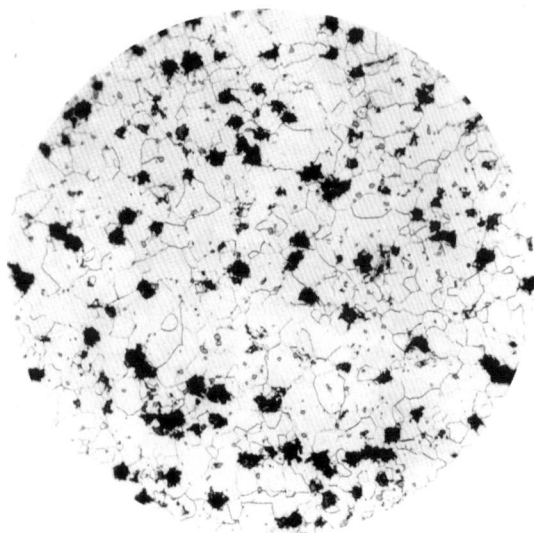

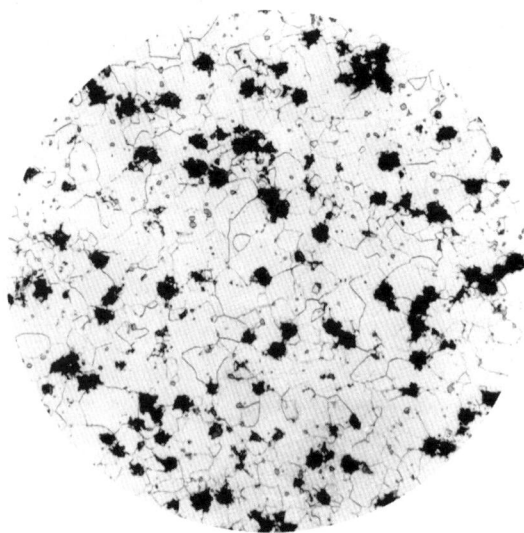

图　1-5-17　　　　　　　　　　100×　　图　1-5-18　　　　　　　　　　100×

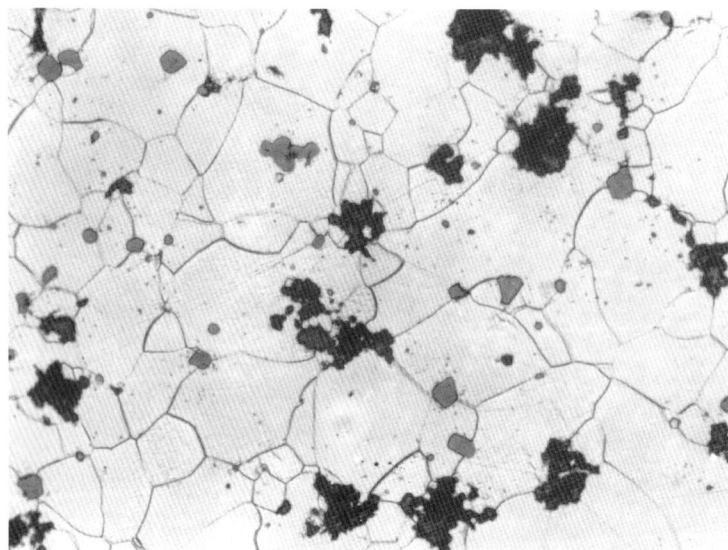

图　　1-5-19　　　　　　　　　　400×

图　　号：1-5-17～1-5-19

材料名称：KTH370-12 可锻铸铁

浸 蚀 剂：3%硝酸酒精溶液

处理情况：铸造后退火处理

组织说明：图 1-5-17：石墨呈团球状分布，分布尚称均匀，其上有颇多浅灰色小点粒状分布的硫化物夹杂，
　　　　基体全为铁素体。

　　　　图 1-5-18：石墨呈团球状分布，有个别团球状石墨堆集在一起，基体组织全为铁素体。

　　　　图 1-5-19：经放大后的情况，团球状石墨及硫化物夹杂分布形态更趋明显。

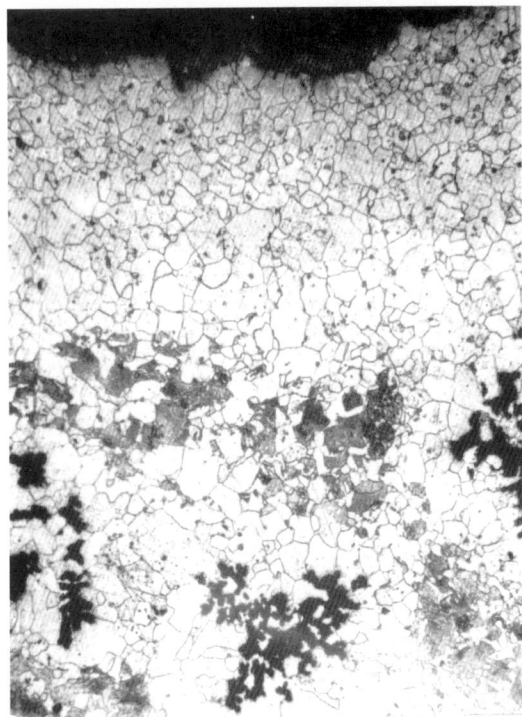

图　　号：1-5-20
材料名称：可锻铸铁（KTH350-10）
浸蚀剂：4%硝酸酒精溶液
处理情况：铸造后退火处理。
组织说明：铸件表面出现全脱碳层，组织为铁素体，
　　　　其深度约为 0.45mm。

　　　　第二层为过渡层，石墨呈团絮状，基体为铁
　　　　素体及少量珠光体，此层深度约为 0.65mm。

　　　　此系铁素体可锻铸铁件坯件装在铁箱内，铁
　　　　箱四周用火泥密封，放入退火炉进行退火处理；
　　　　由于火泥封涂不佳或火泥脱落，空气进入铁箱或
　　　　铁箱内残存氧气，致使铸件表面发生氧化、脱碳。

图　　1-5-20　　　　　　　　　　　　100×

图　　号：1-5-21
材料名称：可锻铸铁（KTH350-10）
浸蚀剂：4%硝酸酒精溶液
处理情况：铸造后退火处理
组织说明：与图 1-5-20 同一试样的心部组织，较粗
　　　　大的石墨呈团絮状分布，基体为铁素体。晶粒不
　　　　粗大，分布均匀。这是黑心可锻铸铁的正常组织。
　　　　为了细化石墨和缩短退火时间，常在铁液中加入
　　　　微量铋或铝-铋进行孕育或复合孕育处理。

　　　　以铋为例，可锻铸铁一般用于铸造中、小型
　　　　铸件，铋的加入量 $[w(Bi)]$ 为 0.002%～0.008%；
　　　　对于断面较大的铸件，铋的加入量 $[w(Bi)]$
　　　　可为 0.05%～0.08%。

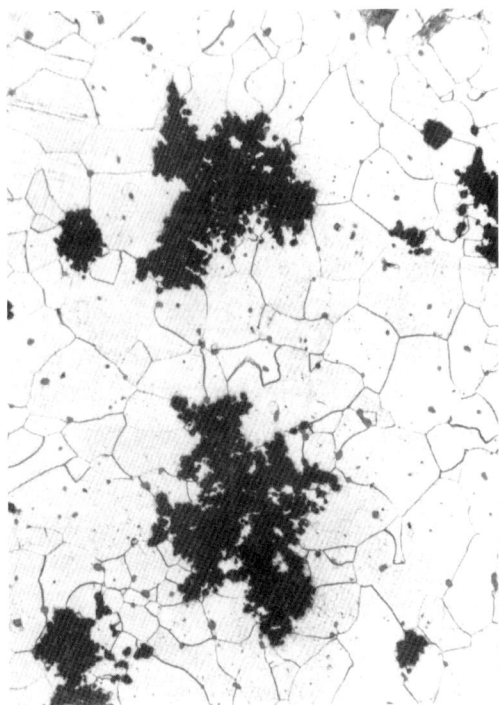

图　　1-5-21　　　　　　　　　　　　200×

图　　号：1-5-22

材料名称：珠光体可锻铸铁

浸 蚀 剂：2%硝酸酒精溶液

处理情况：940℃加热保温长时间后，缓慢冷却。

组织说明：退火石墨呈团絮状分布，基体为片状珠
　　　　　光体及少量铁素体。铁素体部分沿晶界分布，部
　　　　　分分布于团絮状石墨周围。

　　　　白口坯件在 940℃加热并长时间保温后，促
使渗碳体充分石墨化，从而得到奥氏体和团絮状
石墨。随后的冷却稍快使奥氏体组织来不及分解
而产生共析转变从而形成了珠光体。石墨周围因
贫碳而析出铁素体。

　　　　我国珠光体可锻铸铁共计 4 个牌号，按牌号
不同对珠光体数量有不同要求（换言之，允许的
铁素体数量也不同），见下表：

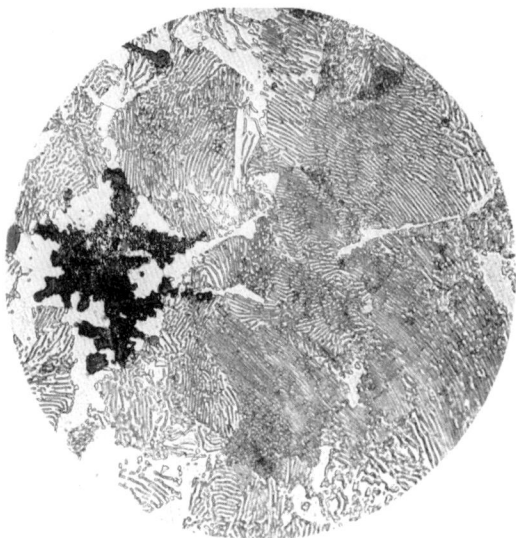

图　　1-5-22　　　　　　　　　　500×

牌　　　号	片状珠光体（体积分数，%）
KTZ450-06	片状珠光体大于 70%
KTZ550-04	片状珠光体大于 80%
KTZ650-02	细片状珠光体大于 90%
KTZ700-02	细片状珠光体大于 95%

表中石墨形态为团絮状。

图　　号：1-5-23

材料名称：可锻铸铁

浸 蚀 剂：2%硝酸酒精溶液

处理情况：将珠光体可锻铸铁再加热到共析温度附
　　　　　近进行球粒化退火

组织说明：石墨呈团絮状分布，图片中浅灰色小
　　　　　圆点为硫化物夹杂。球粒状渗碳体分布在铁素
　　　　　体基体上。

　　　　在共析温度范围进行长时间加热，片状珠光
体将发生球化，从而得到球粒状组织；若加热温
度稍高，则片状珠光体将发生如下分解：$Fe_3C \rightarrow 3Fe+G$。如果保温时间足够，此分解便十分完善，
冷却后可获得铁素体的基体组织。

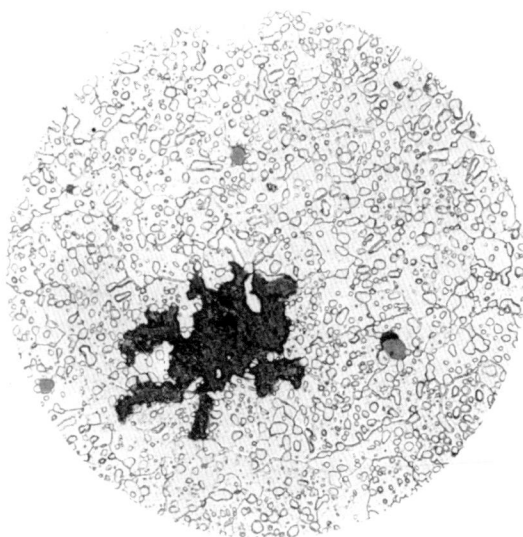

图　　1-5-23　　　　　　　　　　500×

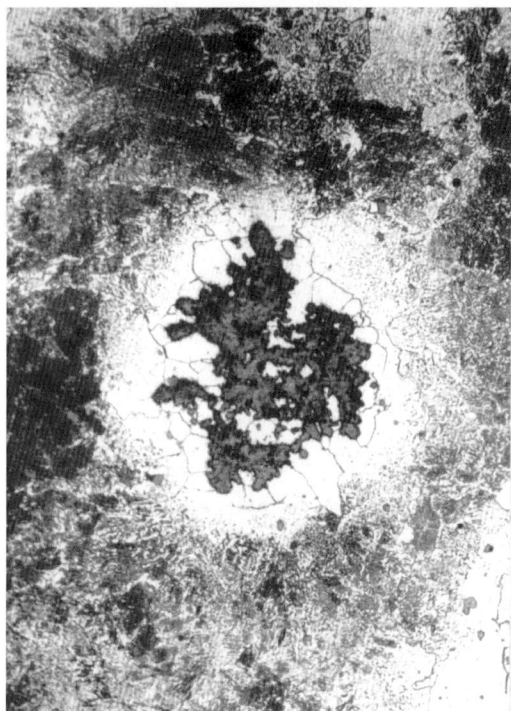

图　　号：1-5-24

材料名称：可锻铸铁

浸 蚀 剂：4%硝酸酒精溶液

处理情况：铸造后经退火处理

组织说明：石墨呈团絮状，其周围为铁素体，余为片状珠光体。此外，在石墨周围的铁素体与珠光体交界处，渗碳体明显地球粒化，构成了球状珠光体。

　　由显微组织的分布情况可以推断：可锻铸铁在第一阶段高温（920～950℃）石墨化退火后，降到第二阶段（750～700℃），未进行保温或缓冷（3～5℃/h），故奥氏体产生共析相变而获得珠光体组织；但在随后冷却时又较缓慢，致使石墨周围的珠光体发生分解，故而得到铁素体组织。在铁素体与珠光体交界处，珠光体中的渗碳体发生球粒化。

图　1-5-24　　　　　　　　　　200×

图　　号：1-5-25

材料名称：可锻铸铁

浸 蚀 剂：4%硝酸酒精溶液

处理情况：铸造后经退火处理

组织说明：黑色团球状为石墨，基体组织为粗片状珠光体、少量铁素体以及小块状渗碳体。

　　基体中有残留的块状渗碳体，说明铸件在第一阶段退火时，保温时间不足，致使渗碳体未能分解而残留下来。

　　根据显微硬度压痕的大小也可进一步证明，白色基体铁素体硬度值最低（压痕最大）；珠光体压痕小于铁素体，硬度值中等；渗碳体压痕最小，其硬度值最高。

图　1-5-25　　　　　　　　　　200×

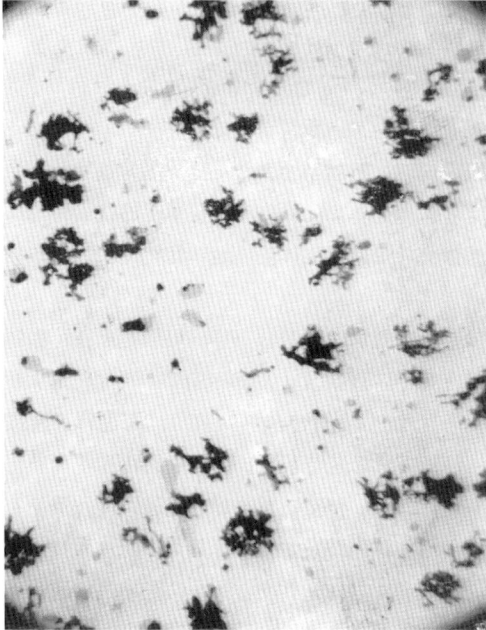

图　　号：1-5-26

材料名称：高硫珠光体可锻铸铁

浸蚀剂：未浸蚀

处理情况：950℃×10h 炉冷

组织说明：退火石墨大部分呈团絮状，少量呈絮状
　　　　　分布；此外，还有较多灰色颗粒状的硫化锰夹杂
　　　　　物存在，部分分布在退火石墨处。

　　　　　本图片试样的含硫量较高 [$w(S)$ 约 0.3%]，
　　　　硫是有害元素，可利用锰来平衡，可锻铸铁中的
　　　　锰含量可视硫含量来定：

　　　　　当 $w(S)<0.2\%$ 时，$w(Mn)\%=2w(S)\%+0.2\%$；

　　　　　当 $w(S)>0.2\%$ 时，$w(Mn)\%=1.7w(S)+0.2\%$。

　　　　　一般铁素体可锻铸铁含锰量 [$w(Mn)$]
　　　　控制在 0.5%～0.7%范围内，珠光体可锻铸铁
　　　　含锰量 [$w(Mn)$] 可控制在 1.0%～1.2%。

图　　1-5-26　　　　　　　　　　　100×

图　　号：1-5-27

材料名称：高硫珠光体可锻铸铁

浸蚀剂：4%硝酸酒精溶液

处理情况：同图 1-5-26 试样

组织说明：基体为粗片珠光体，石墨处有硫化锰存
　　　　　在，基体上的灰色颗粒也是硫化锰夹杂物。

　　　　　经高温退火后，部分石墨依附着硫化物而析
　　　　出；随后炉冷时，奥氏体中的碳量，一部分以石
　　　　墨形式依附着一次退火石墨而析出，另一部分则
　　　　在共析相变时形成片状珠光体。

图　　1-5-27　　　　　　　　　　　300×

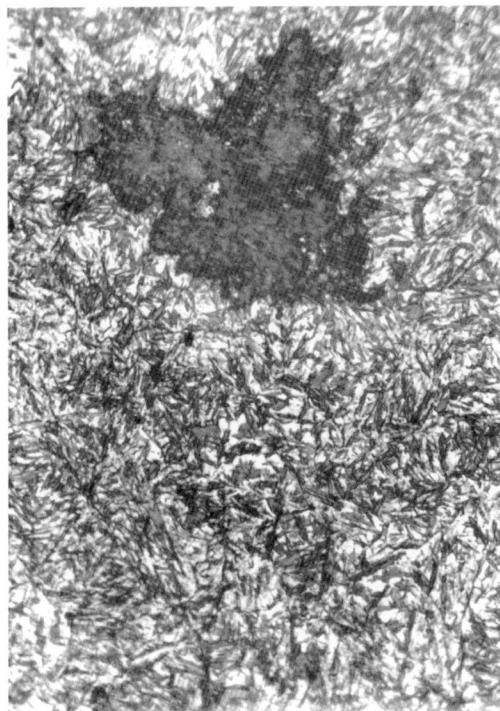

图　　号：1-5-28

材料名称：可锻铸铁

浸蚀剂：4%硝酸酒精溶液

处理情况：860℃加热，保温后水冷，180℃回火
处理

组织说明：基体为针状马氏体及残留奥氏体，黑色
絮状为石墨。

随着加热温度的升高，原有的铁素体逐渐转
变为奥氏体，在保温过程中，部分石墨将溶入奥
氏体。随着保温时间的延长，奥氏体中的含碳量
将增多，以致在水冷淬火时，大部分奥氏体形成
马氏体，尚有一小部分奥氏体被残留下来。

图　　1-5-28　　　　　　　　　　500×

图　　号：1-5-29

材料名称：可锻铸铁

浸蚀剂：4%硝酸酒精溶液

处理情况：高温退火后再经调质处理

组织说明：深灰色为团絮状石墨，基体为回火索氏
体，仍保持着马氏体针叶位向。

调质处理后硬度值为 23～25HRC。

可锻铸铁经调质处理后可获得良好的综合
力学性能，适用于要求强度高、韧性好的机械零
件。本图摄自轿车发动机的连杆。

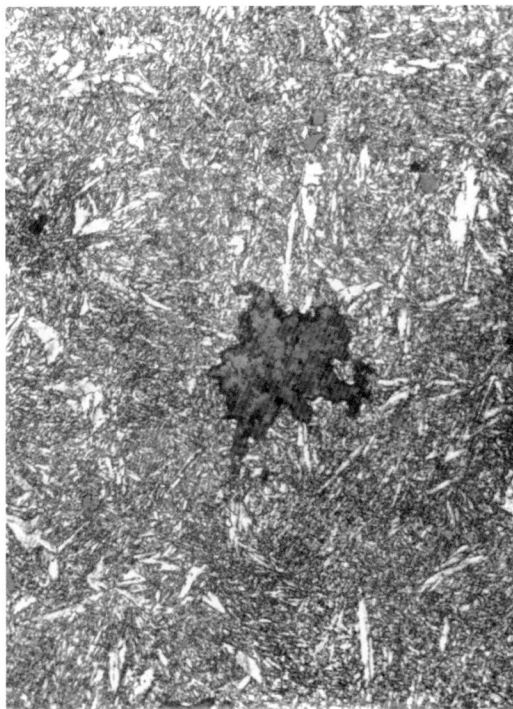

图　　1-5-29　　　　　　　　　　500×

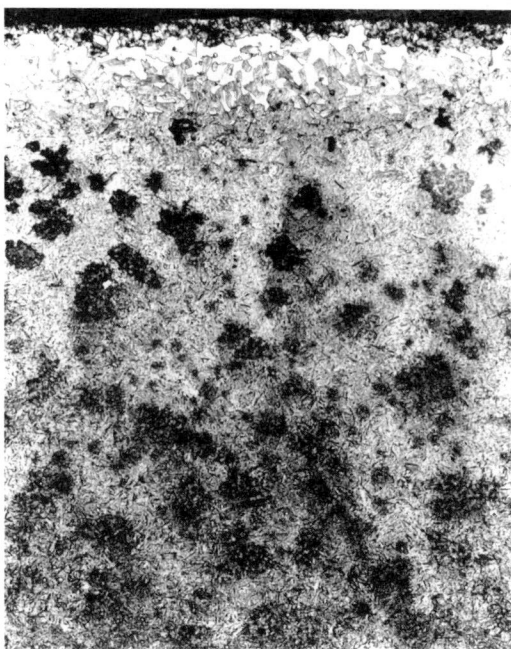

图　号：1-5-30

材料名称：可锻铸铁

浸　蚀　剂：4%硝酸酒精溶液

处理情况：920℃×20min 油冷淬火，240℃回火

组织说明：试样边缘表面有 0.12mm 的脱碳层，最表面有一薄层氧化皮，稍向里为铁素体和沿晶界分布的条块状回火马氏体，再向里为较细小的回火马氏体，其上分布有团状石墨碳，其维氏硬度值为 680HV。

图　1-5-30　　　　　　100×

图　号：1-5-31

材料名称：可锻铸铁

浸　蚀　剂：4%硝酸酒精溶液

处理情况：铸造退火后，在经 880℃×1h，淬入 320℃硝盐等温淬火

组织说明：黑灰色为团絮状石墨，浅灰色块状为硫化物夹杂，基体为羽毛状贝氏体和奥氏体，用 300g 载荷测其维氏硬度值为 334HV。

　　退火可锻铸铁，再经等温淬火处理，可获得强度高、冲击韧度好的性能，可使可锻铸铁用于要求良好综合力学性能的零件。

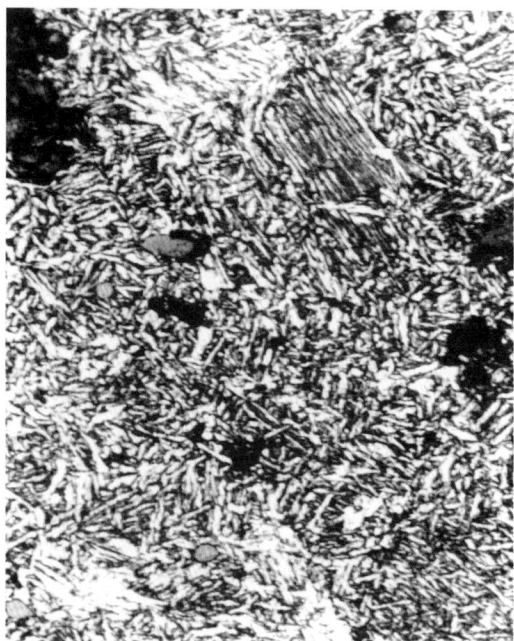

图　1-5-31　　　　　　500×

图　　号：1-5-32

材料名称：铁素体可锻铸铁

浸 蚀 剂：4%硝酸酒精溶液

处理情况：高频感应加热淬火

组织说明：在团絮状石墨周围的灰黄色组织为马氏
体组织，其余白色基体仍为铁素体。

　　　　由于淬火加热速度很快，团絮状石墨表面的
碳就直接向周围扩散，淬火后，即可获得围绕团
絮状石墨分布的马氏体。这种组织称为硬环组
织。硬环组织提高了铁素体可锻铸铁的强度。

　　　　与此相仿，快速加热后等温淬火，即可得到
环状贝氏体组织。

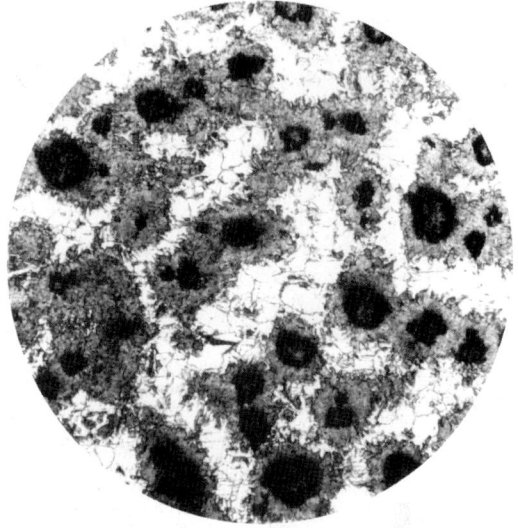

图　1-5-32　　　　　　　　　　　　　　100×

图　1-5-33　　　　　　　　500×

图　　号：1-5-33

材料名称：铁素体可锻铸铁

浸 蚀 剂：4%硝酸酒精溶液

处理情况：采用氧乙炔加热后进行表面淬火

组织说明：黑色团球状为石墨，基体为粗针状马氏
体及大量残留奥氏体，在石墨周围出现一圈聚集
分布的渗碳体及共晶莱氏体。由于氧乙炔的加热
温度过高，导致石墨周围发生熔化，在淬火冷却
过程中，熔化金属凝固析出共晶组织。离石墨处
稍远的基体，含碳量也较高，致使马氏体形成终
了温度下降；因而在水淬冷却时，在该处出现高
碳马氏体组织，大量奥氏体（白色）被保留下来。
实际上，在白色奥氏体基体上留有少量未被显示
出来的淬火马氏体。

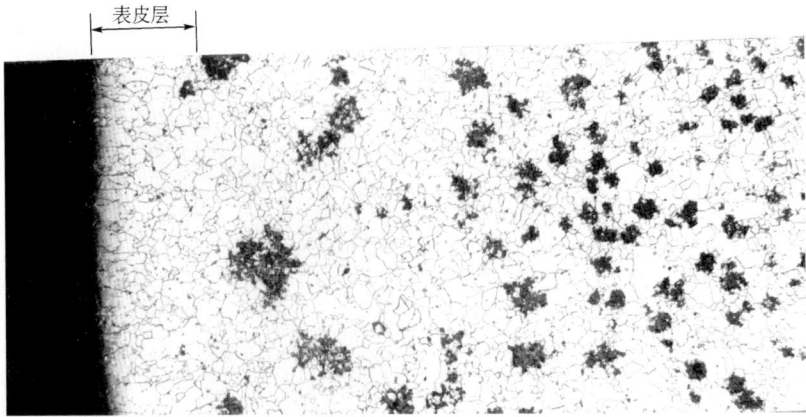

图 1-5-34   60×

图　　号：1-5-34

材料名称：铁素体可锻铸铁

浸 蚀 剂：4%硝酸酒精溶液

处理情况：退火处理

组织说明：退火完全，得到全部铁素体和团絮状石墨的基体组织。其表皮存在一薄层脱碳层，组织为铁素体，
　　　　　无退火石墨。表皮层深度的计算，是由表面测到石墨开始出现为止。

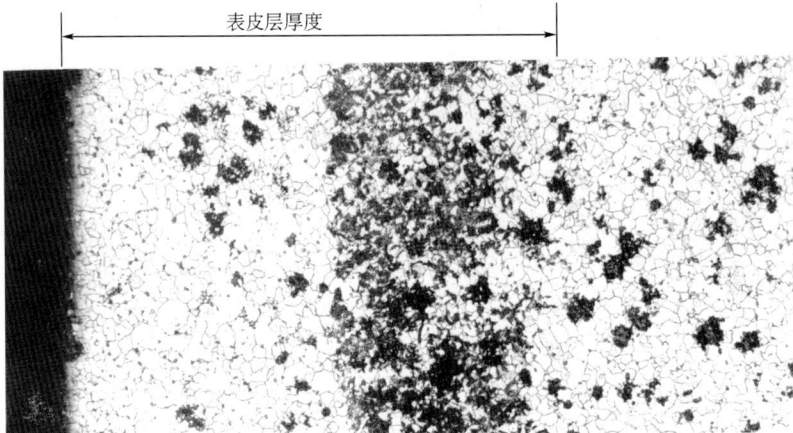

图 1-5-35   60×

图　　号：1-5-35

材料名称：铁素体可锻铸铁

浸 蚀 剂：4%硝酸酒精溶液

处理情况：退火处理

组织说明：心部组织为铁素体和团絮状石墨。表皮层由三层不同的显微组织组成：第一层为铁素体，第二层
　　　　　为铁素体和少量团絮状石墨，第三层为珠光体、铁素体和少量团絮状石墨。

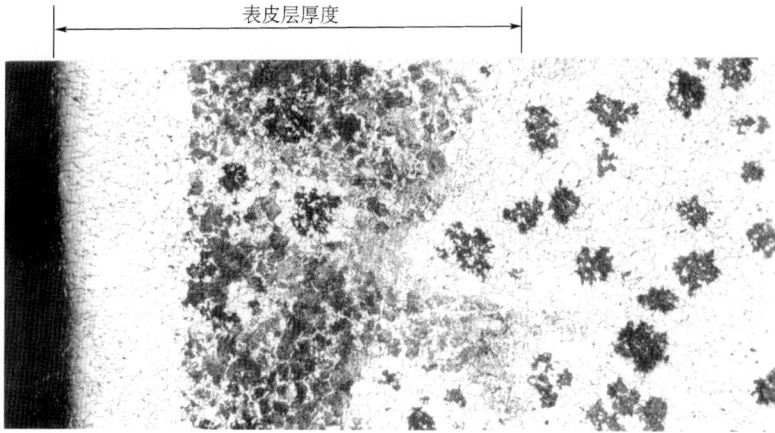

图 1-5-36   60×

图　　号：1-5-36

材料名称：铁素体可锻铸铁

浸 蚀 剂：4%硝酸酒精溶液

处理情况：退火处理

组织说明：经过长时间退火方才得到全部铁素体和团絮状石墨。工件表皮层因处理时的条件不同而出现各种情况，图示表面第一层为全脱碳的铁素体层；第二层为片状珠光体、铁素体及少量团絮状石墨。

　　　　　表皮层深度，由表面测到珠光体消失处为止。一般表皮层的深度要求小于 1mm 为合格。

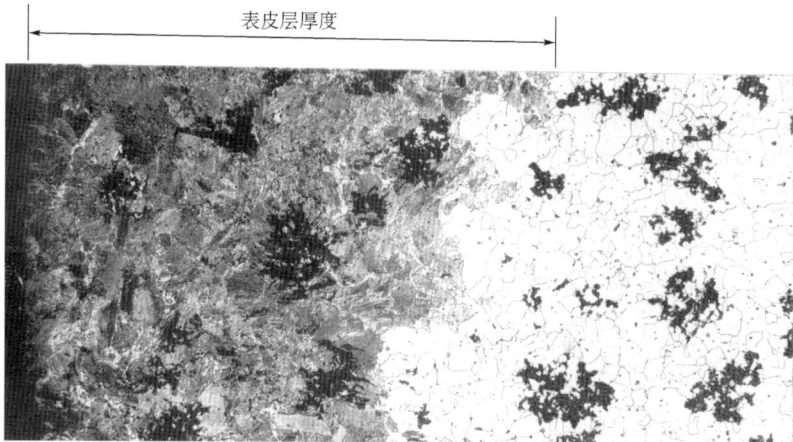

图 1-5-37   60×

图　　号：1-5-37

材料名称：铁素体可锻铸铁

浸 蚀 剂：4%硝酸酒精溶液

处理情况：退火处理

组织说明：退火后，心部组织为铁素体及团絮状石墨。

　　　　　表皮层组织为片状珠光体及团絮状石墨，此时表皮层的深度应测至片状珠光体消失处为止。

　　　　　表皮层出现珠光体组织，可增加铸件表面的耐磨性能。

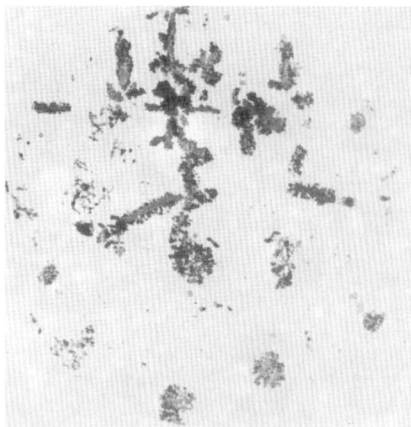

图 1-5-38　　　　　　　　100×

图　　号：1-5-38

材料名称：可锻铸铁（聚虫状石墨）

浸 蚀 剂：未浸蚀

处理情况：铸造后经退火处理

组织说明：聚虫状石墨。灰色团絮状及聚虫状为石墨。在可锻铸铁中析出聚集分布的聚虫状石墨，它将明显地降低铸件的力学性能。通常这种分布形态的石墨不允许存在。

图　　号：1-5-39

材料名称：可锻铸铁（点状石墨）

浸 蚀 剂：未浸蚀

处理情况：铸造后经退火处理

组织说明：点状石墨。松散絮状石墨，并有部分呈细点状聚集分布的石墨存在。此外，尚有少量的疏松孔隙。

　　　石墨较为松散而不紧密，它将影响铸件的力学性能。因此这种分布形态的石墨，属于不正常组织。

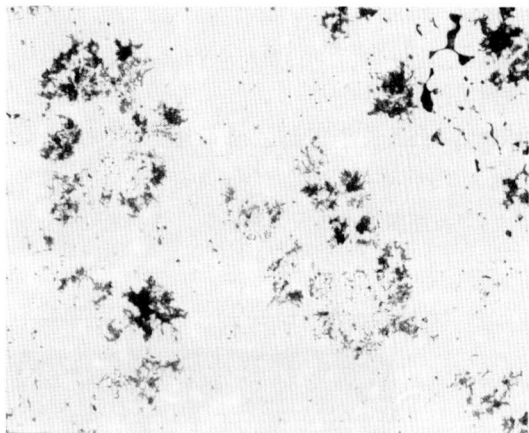

图 1-5-39　　　　　　　　100×

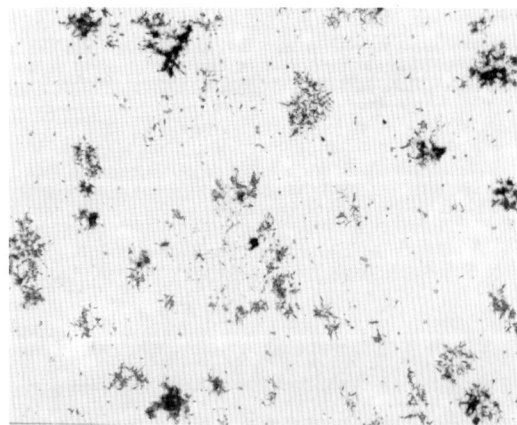

图 1-5-40　　　　　　　　100×

图　　号：1-5-40

材料名称：可锻铸铁

浸 蚀 剂：未浸蚀

处理情况：铸造后经退火处理

组织说明：点状石墨。较为松散的絮状石墨，并夹有细小的点状石墨。石墨的这种分布形态，将使铸件的力学性能降低，由于退火温度偏高，致使析出的石墨呈松散分布。

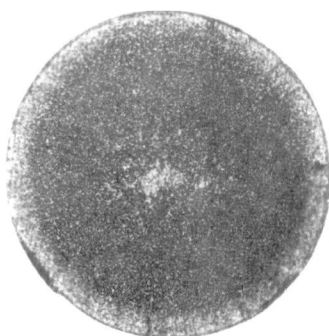

图　1-5-41　　　　　　　　　　2×

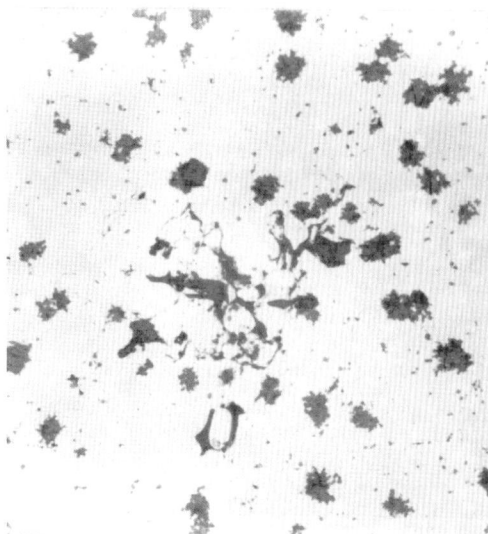

图　1-5-42　　　　　　　　　　100×

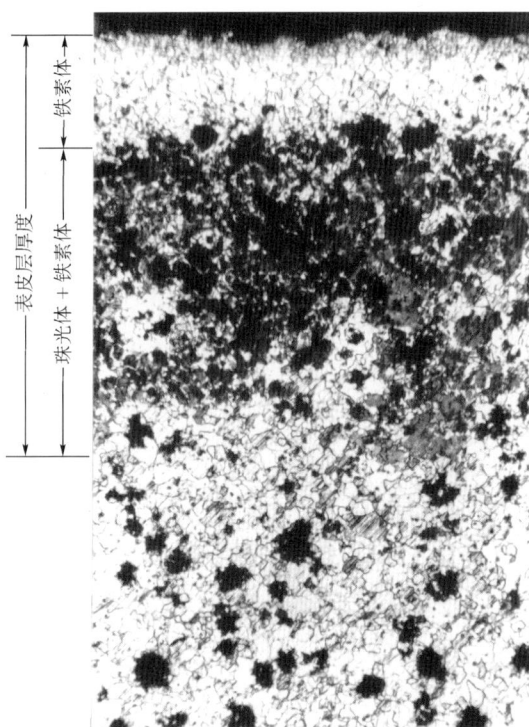

图　1-5-43　　　　　　　　50×

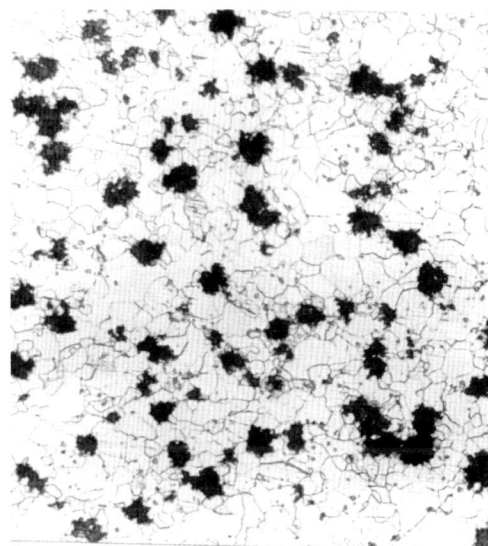

图　1-5-44　　　　　　　　100×

图　号：1-5-41～1-5-44

材料名称：可锻铸铁（KHT350-10）

浸 蚀 剂：图 1-5-41、图 1-5-42 未浸蚀，图 1-5-43、图 1-5-44 经 4%硝酸酒精溶液浸蚀

处理情况：铸造后经退火处理

组织说明：中心疏松。图 1-5-41 为抗拉试棒的断口，试样中心出现一块白色区。放大 100 倍后如图 1-5-42 所示，试棒中心处为疏松孔隙，黑灰色为团絮状石墨。试棒外圆周围一圈灰白色为表皮层，最外层为全脱碳层，组织为铁素体；第二层为片状珠光体、铁素体及团絮状石墨。试棒心部为铁素体和团絮状石墨，如图 1-5-43 所示。试棒黑色断口处的显微组织如图 1-5-44 所示，基体为铁素体和团絮状石墨。由上可知，抗拉试棒断口中心处的一块白色区是中心疏松孔隙缺陷，这属于铸造时产生的缺陷。

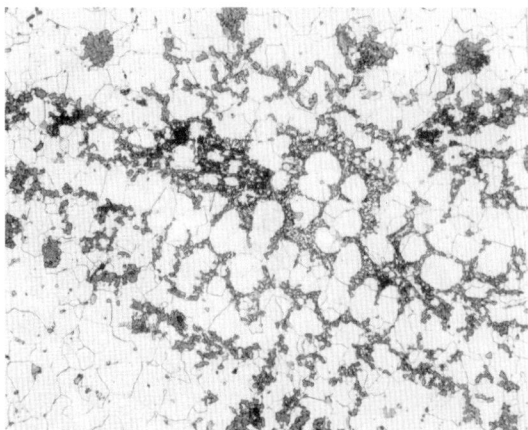

图　号：1-5-45

材料名称：可锻铸铁

浸蚀剂：2%硝酸酒精溶液

处理情况：铸造后经退火处理

组织说明：枝晶石墨。大量枝晶石墨和团絮状退火石墨；基体为铁素体，铁素体上分散分布的细小灰色点状物为硫化物。

由于铸件的化学成分不正确，碳、硅含量偏高，致使坯件中存在枝晶石墨。这种缺陷称为灰口，它不是退火缺陷，而是白口铸件因化学成分配比不当所引起的。

本图白口铸件在凝固时的过冷度不大，因此析出的枝晶石墨稍粗大。

图　　1-5-45　　　　　　　100×

图　号：1-5-46

材料名称：可锻铸铁

浸蚀剂：未浸蚀

处理情况：铸造后经退火处理

组织说明：细小枝晶点状石墨。大量枝晶状分布的石墨，以及较松散的絮状分布的退火石墨。

由于浇铸坯件的铁液成分配比不当，以致铸造后出现枝晶点状石墨，使坯件断口呈灰色。退火后，退火碳将依附于枝晶石墨而析出。在铸件白口区域，则仍按退火石墨的一般规律成核长大，获得团絮状石墨。

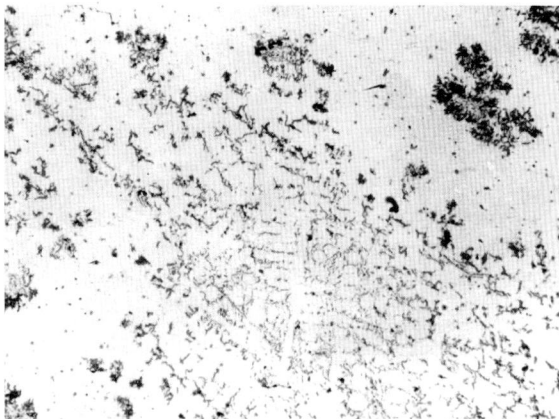

图　　1-5-46　　　　　　　100×

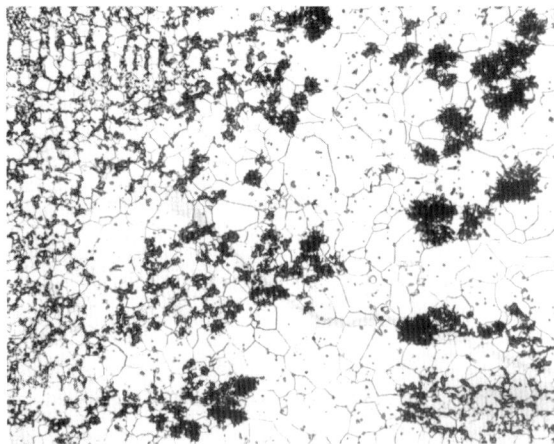

图　号：1-5-47

材料名称：可锻铸铁

浸蚀剂：4%硝酸酒精溶液

处理情况：铸造后经退火处理

组织说明：枝晶石墨。大量细小枝晶点状石墨以及团絮状石墨，基体为铁素体，晶粒较细小。铁素体基体上的灰色细小点状物为硫化物夹杂。

由显微组织说明，白口坯件碳、硅含量过高，同时铁液中硫含量也较高，以致铸造后出现集中分布的枝晶点状石墨和硫化物夹杂。如果铁液的孕育处理不当（石墨化元素加入量过多，反石墨化元素加入量过少或加入后失效），也会引起铸件断口上出现灰口缺陷。

图　　1-5-47　　　　　　　100×

图　1-5-48　　　　　　　　　　　　　100×

图　　号：1-5-48

材料名称：珠光体可锻铸铁

浸 蚀 剂：未浸蚀

处理情况：960℃×6h 后炉冷至 840℃出炉空冷

组织说明：丛集分布的絮状石墨。

　　　　因石墨析出量较多，絮状石墨较为松散，又可称为菜花状石墨。

　　　　由于退火温度偏高，析出石墨较粗大，且呈丛集分布，将导致铸件的力学性能明显下降，达不到牌号的要求。

　　　　本试样的抗拉强度 R_m=312N/mm^2，伸长率 A=2%，硬度为 245HBW。

图　　号：1-5-49

材料名称：珠光体可锻铸铁

浸 蚀 剂：4%硝酸酒精溶液

处理情况：白口铸铁 960℃×6h 后炉冷至 840℃出炉空冷

组织说明：与图 1-5-48 同一试样，基体为片状珠光体及少量铁素体（白色），铁素体分布在絮状石墨的周围或呈分散小块及小条状分布于珠光体基体中。

　　　　本图的基体组织仍属正常，但由于析出的絮状石墨过多，且呈丛集分布，致使铸件的性能达不到牌号的要求。

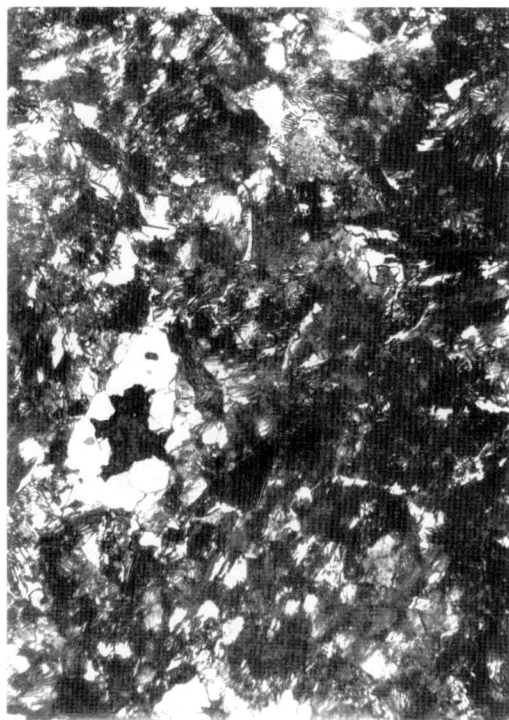

图　1-5-49　　　　　　　　　　　　　200×

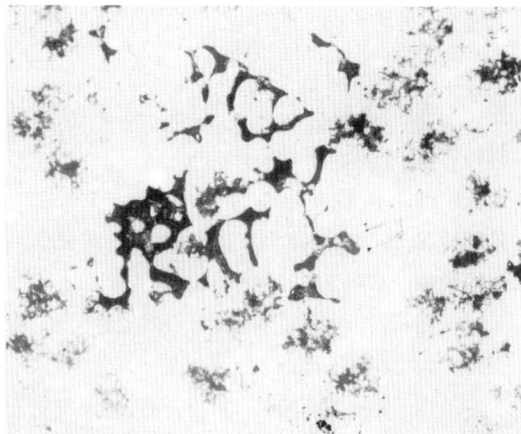

图　　　1-5-50　　　　　　　　　　100×

图　　号：1-5-50

材料名称：可锻铸铁

浸 蚀 剂：未浸蚀

处理情况：铸造后退火处理

组织说明：集中疏松。灰色絮状为石墨，其间夹有
集中分布的黑色不规则的棱角状疏松孔隙，在显
微镜下呈黑色孔洞。由于白口坯件的碳、硅含量
过低，或加入的铝量过高，因此易形成疏松孔隙。
铸件表面形成初生树枝状奥氏体后，由于氢的作
用，阻碍了铁液对枝晶间隙的充填，因而形成树
枝晶形状的疏松孔隙。这种缺陷可通过控制铁液
成分、铝的加入量和型砂水分等措施来消除。

图　　号：1-5-51

材料名称：可锻铸铁

浸 蚀 剂：未浸蚀

处理情况：铸造后退火处理

组织说明：分散疏松。灰色絮状为石墨，在金属基
体中出现呈黑色分散分布的不规则棱角状疏松
缺陷。

　　铸件中存在疏松缺陷将降低零件的韧性和
强度。同时，这种缺陷不但会破坏零件加工表面
的粗糙度，而且会造成铸件渗漏，导致铸件报废。

　　设计合理的浇注系统，布置好冷铁使凝固时
得到均匀补缩，可避免疏松缺陷的发生。

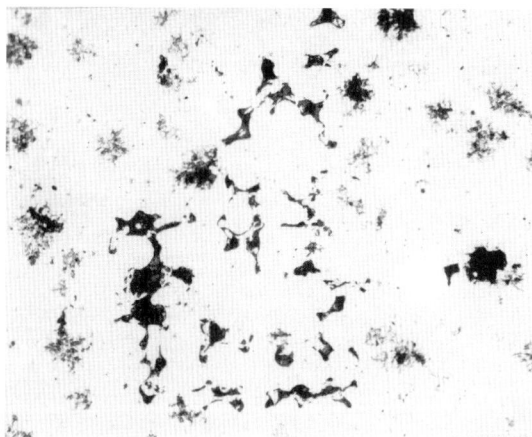

图　　　1-5-51　　　　　　　　　　100×

图　　号：1-5-52

材料名称：可锻铸铁

浸 蚀 剂：未浸蚀

处理情况：铸造后退火处理

组织说明：枝晶石墨及缩松。图下部为枝晶点状石
墨，其间夹有少量团絮状石墨；图上部的大块黑
色是严重的缩松孔隙。

　　由于碳、硅量偏高，致使铸态时就有枝晶石
墨存在，这是不正常现象。同时，因局部过冷，
造成铁液补缩不足，以致在最后凝固部位产生缩
松孔隙，这不仅降低铸件的致密性和强度，还会
在水压试验时造成渗漏，导致铸件报废。

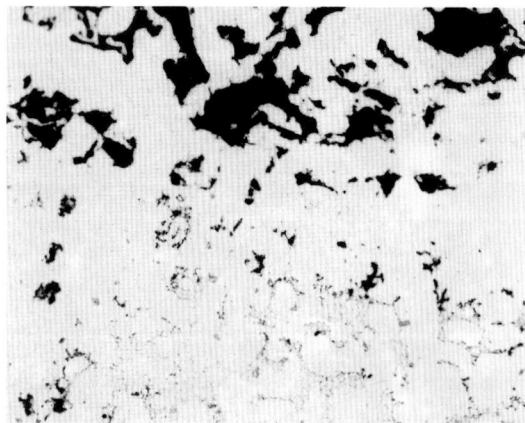

图　　　1-5-52　　　　　　　　　　100×

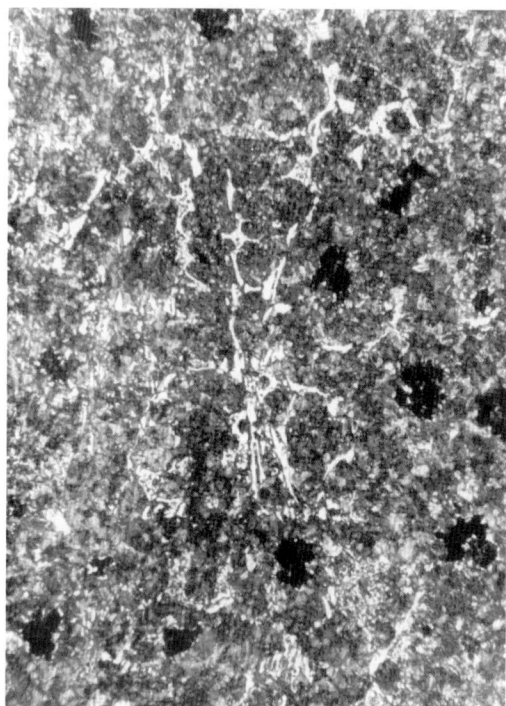

图　1-5-53　　　　　　　　　　　100×

图　　　号：1-5-53

材料名称：珠光体可锻铸铁

浸 蚀 剂：4%硝酸酒精溶液

处理情况：940℃×3h 后炉冷

组织说明：残留共晶莱氏体。灰黑色团絮状为退火
　　　　　石墨，基体为片状珠光体、少量小块状分布的
　　　　　铁素体和共晶莱氏体组织。高温阶段退火保温
　　　　　时间不足，有一部分共晶莱氏体因分解不充分
　　　　　而被残留下来。这种缺陷需要通过增加保温时
　　　　　间来消除。

图　　　号：1-5-54

材料名称：珠光体可锻铸铁

浸 蚀 剂：4%硝酸酒精溶液

处理情况：940℃×3h 后炉冷

组织说明：残留共晶莱氏体。与图 1-5-53 同一试样，
　　　　　是放大 500 倍下的组织。能清晰地区别各种组
　　　　　织。灰黑色为团絮状石墨，在其周围析出的白色
　　　　　为铁素体，基体为细片状珠光体及未分解的莱氏
　　　　　体（白色条状）。

　　　　残留的莱氏体是由于保温不足而遗留下
　　　来的。石墨周围及其附近的铁素体是在高温加
　　　热后随炉冷却时，冷却速度稍为缓慢的情况下
　　　析出的。

　　　　残留的共晶莱氏体，将使工件在切削加工时
　　　发生困难；同时它将使工件的硬度和脆性增加，
　　　而塑性则达不到牌号的要求，工件在使用时易发
　　　生脆断事故。

图　1-5-54　　　　　　　　　　　500×

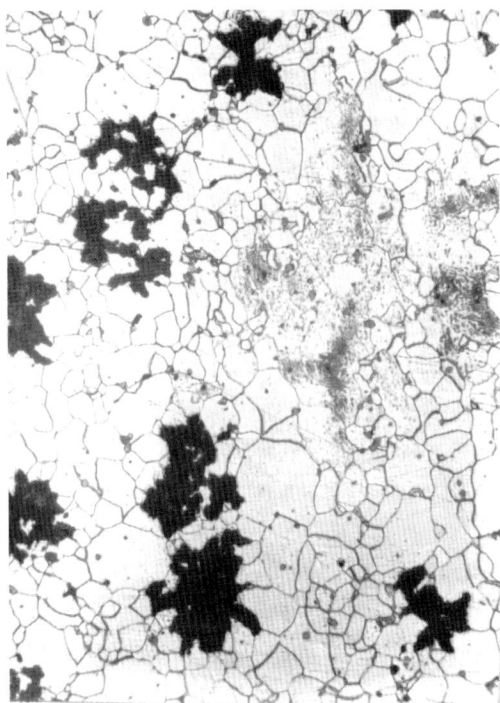

图　　号：1-5-55

材料名称：铁素体可锻铸铁

浸　蚀　剂：4%硝酸酒精溶液

处理情况：铸造后退火处理

组织说明：粗石墨及晶粒大小不均。黑灰色石墨呈团絮状，较为粗大；基体为铁素体，并有少量的球状珠光体区域，铁素体晶粒大小不均匀。

从显微组织可知，第二阶段退火温度偏低，致使残留的珠光体发生球化。一般来说，出现一些球状珠光体是允许的。但铁素体晶粒大小不均匀，相差悬殊，而且石墨粗大，它们则会影响铸件的力学性能。

图　　1-5-55　　　　　　　　　　100×

图　　号：1-5-56

材料名称：铁素体可锻铸铁

浸　蚀　剂：4%硝酸酒精溶液

处理情况：铸造后退火处理

组织说明：残留渗碳体及珠光体。黑色退火石墨呈团絮状分布，基体为铁素体及粗片状珠光体（体积分数约为30%左右）。此外，在铁素体基体上尚有少于2%（体积分数）的残存未分解的渗碳体。图中小的黑色显微硬度压痕为渗碳体；压痕较大者为铁素体。

有渗碳体存在，则说明铸件在第一阶段高温退火时，保温时间不够，以致石墨化不充分。另外，第二阶段退火的保温时间也不足，致使奥氏体中的碳未能充分析出，故而有较多的珠光体产生。

基体中存在渗碳体及多量珠光体，将使铸件因强度增高、伸长率下降变得硬而脆，不利于切削加工。故此类组织属于不合格组织。

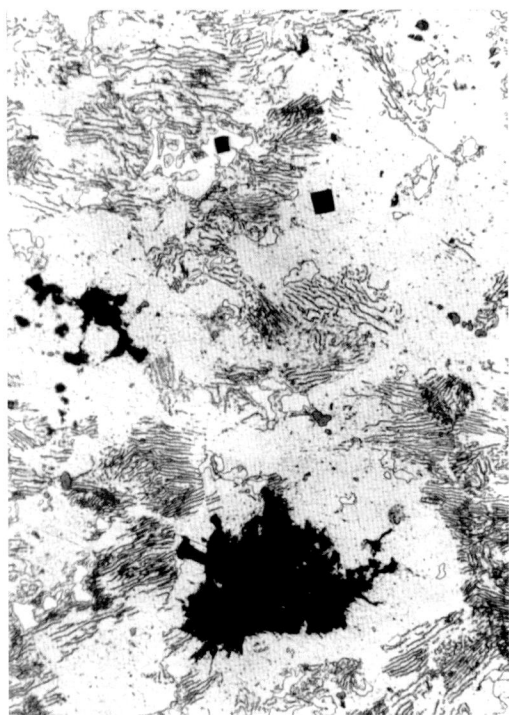

图　　1-5-56　　　　　　　　　　200×

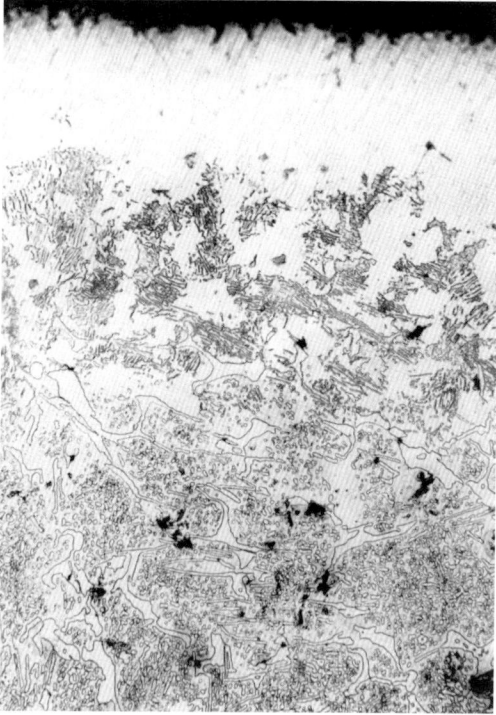

图　　1-5-57　　　　　　　　　500×

图　　号：1-5-57

材料名称：可锻铸铁

浸 蚀 剂：4%硝酸酒精溶液

处理情况：铸造后退火处理

组织说明：退火温度过低，表面有 0.05mm 深的全
脱碳层，组织为铁素体，次表层基体组织主要为
片状珠光体及铁素体，逐渐向里片状珠光体也随
之减少，球粒状珠光体则逐渐增多，且还存在条
状渗碳体和细小絮状分布的石墨。

　　铸件退火后，表面出现脱碳组织，是铸件在
氧化气氛炉中退火所造成。

图　　号：1-5-58

材料名称：可锻铸铁

浸 蚀 剂：4%硝酸酒精溶液

处理情况：铸造后退火处理

组织说明：退火温度过低。与图 1-5-57 同一试样，
此为中心部位，基体组织以球粒状珠光体为主，
夹有较多量的条状渗碳体和莱氏体，图中黑色团
状为团絮状石墨。还有颇多呈细小絮状分布的石
墨。由显微组织可知，第一阶段退火温度过低，
共晶渗碳体石墨化很不充分，致使铸件中退火石
墨较少而且数量也少，因而残存了多量的渗碳体
及莱氏体。随后冷却较快，奥氏体中碳分析出不
多，降到第二阶段时，温度又太低，且保温不足，
故而得到球粒状珠光体。

　　这是由于退火温度不正确所造成的缺陷组织。

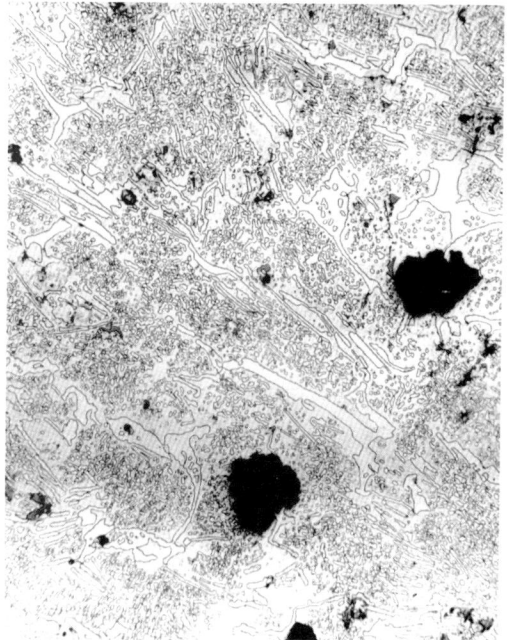

图　　1-5-58　　　　　　　　　500×

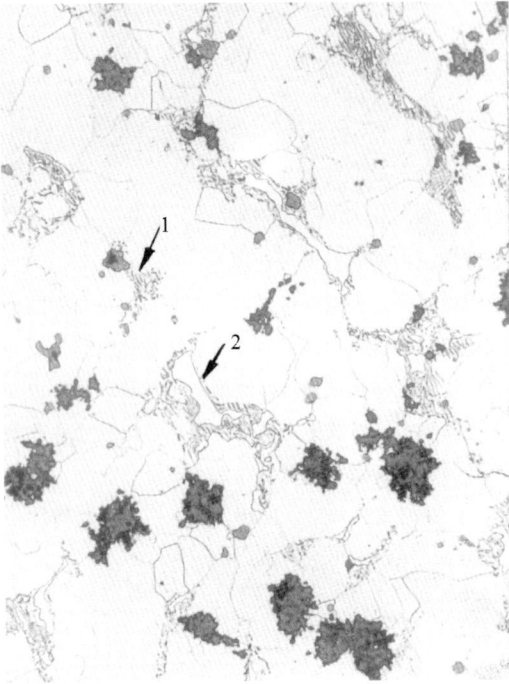

图 1-5-59   240×

图　　号：1-5-59

材料名称：铁素体可锻铸铁

浸 蚀 剂：4%硝酸酒精溶液

处理情况：铸造后退火处理

组织说明：脆性断裂。50hp[⊖] 拖拉机前轴支架，使用 20h 后发生断裂。

　　黑灰色为团絮状石墨，基体组织为铁素体及少量珠光体（箭头 1 所指处）和部分未分解的初生渗碳体（箭头 2 所指处）。

　　第一阶段高温退火保温时间不足，初生渗碳体未能完全分解而有少量被残留下来，同时第二阶段退火也不充分，故有少量珠光体未分解。

　　由于铸件中残留初生渗碳体及珠光体，致使脆性增大，当受到较大的冲击载荷时即易发生断裂。

图　　号：1-5-60

材料名称：铁素体可锻铸铁

浸 蚀 剂：4%硝酸酒精溶液

处理情况：铸造后退火处理

组织说明：试样在放大 500 倍下观察，基体组织中各组成更为清晰，并分别测定显微硬度值：箭头 1 所指处为团絮状石墨；箭头 2 所指处为铁素体；维氏硬度值为 190HV；箭头 3 所指处为初生渗碳体，维氏硬度值为 938HV；箭头 4 所指处灰色颗粒为硫化物夹杂。

⊖ 1hp=745.7W。

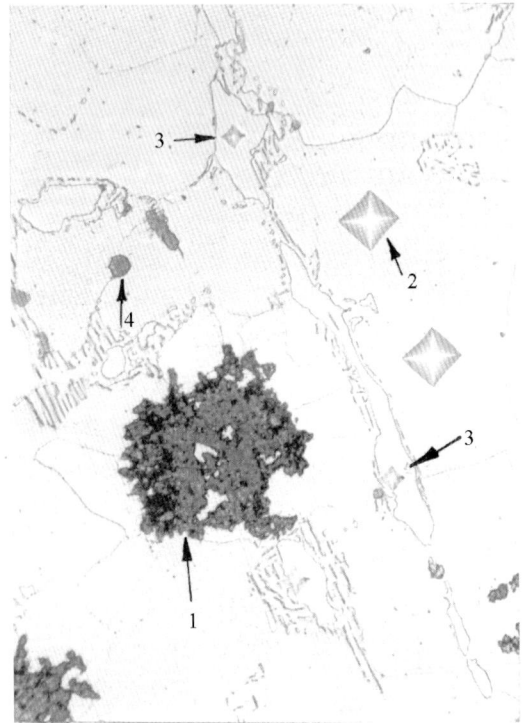

图 1-5-60   500×

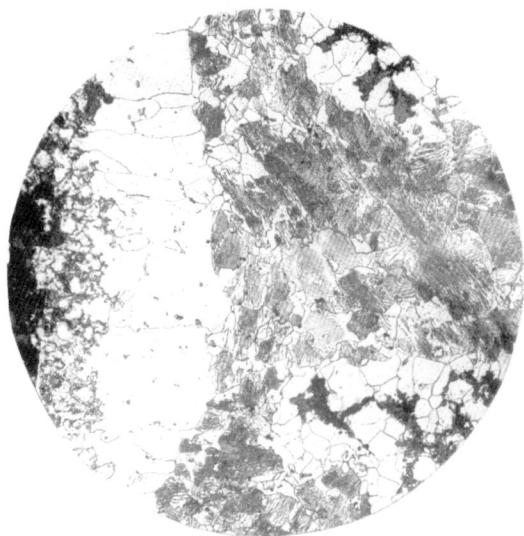

图　　号：1-5-61
材料名称：可锻铸铁
浸 蚀 剂：3%硝酸酒精溶液
处理情况：950℃加热保温长时间后，降温至 750～
　　　　700℃出炉空冷
组织说明：过烧。图左侧为表面层，除铁素体呈柱
　　　　状分布外，在最外表层还有颇多黑色氧化物夹杂
　　　　分布在铁素体基体上。次层为过渡层，基体为片
　　　　状珠光体、铁素体及呈聚虫状分布的石墨，而且
　　　　有沿晶界作网状分布的铁素体。

　　　　退火石墨呈聚虫状分布，说明白口坯件在退
　　　　火时，因退火温度过高，加快了碳原子的扩散速
　　　　度，造成不均匀扩散，使退火石墨的形态恶化。
　　　　一般由于含硅量过高也会产生上述类似情况。但
　　　　是本图试样主要是退火温度过高而造成的过烧
　　　　缺陷，这从最外表层存在多量因过烧而产生的氧
　　　　化物夹杂以及表面的柱状铁素体组织可以证实。

图　　1-5-61　　　　　　　　　　　　100×

图　　号：1-5-62
材料名称：可锻铸铁
浸 蚀 剂：2%硝酸酒精溶液
处理情况：铸造后退火处理
组织说明：夹杂物。灰色为团絮状石墨，基体为铁
　　　　素体，在晶界上出现颇多圆粒状及条状分布的硫
　　　　化物夹杂。

　　　　由于铁液中含硫量较高，虽然一部分硫被铁
　　　　液中的锰所中和，形成熔点较高、分散分布于基
　　　　体中硫化锰夹杂，但仍有一部分硫与铁作用形成
　　　　硫化铁夹杂而分布于铁素体晶粒边界，从而明
　　　　显地降低了可锻铸铁件的塑性。通常可锻铸铁
　　　　中 w（S）应控制在 0.25%以下，否则不但会使
　　　　铸造性能恶化，而且会因产生硫化铁夹杂（分布
　　　　于晶界处），而造成热脆缺陷，同时明显地降低
　　　　了可锻铸铁的力学性能，并将延长其退火周期。

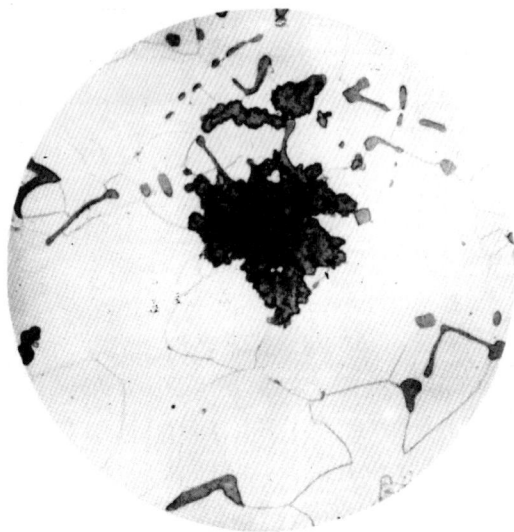

图　　1-5-62　　　　　　　　　　　　300×

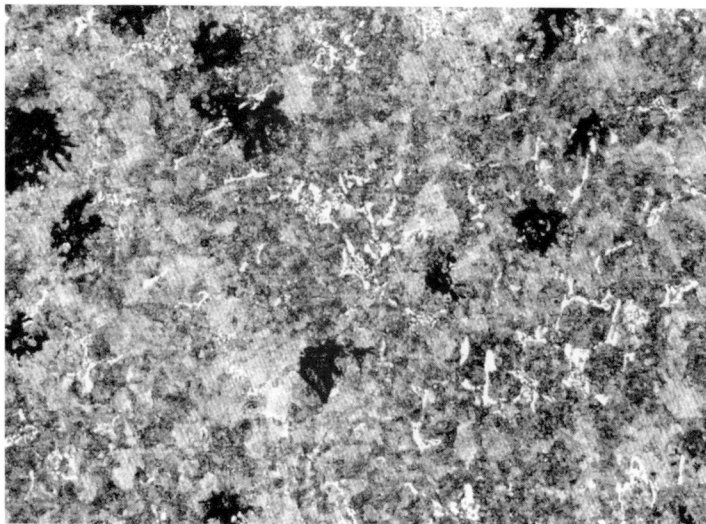

图 1-5-63 200×

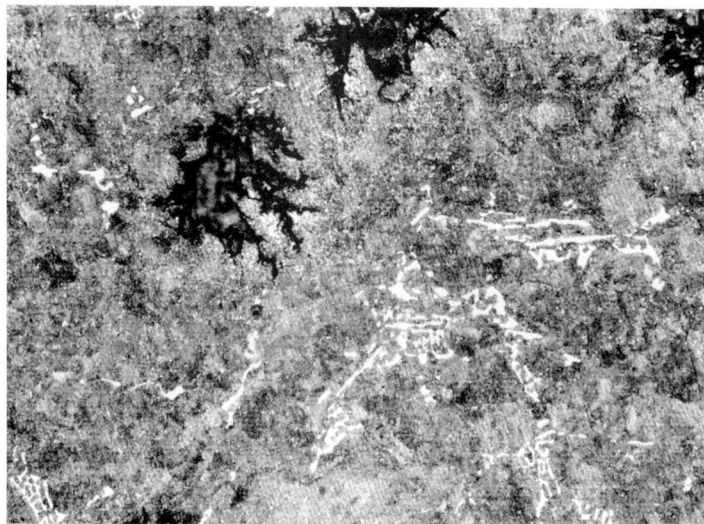

图 1-5-64 500×

图　　号：1-5-63、1-5-64

材料名称：可锻铸铁

浸 蚀 剂：3%硝酸酒精溶液

处理情况：810℃加热后油冷淬火

组织说明：图 1-5-63：退火石墨呈团絮状分布，属紧密型石墨，分布尚属均匀，基体为细珠光体及少量条粒状分布的铁素体，在珠光体基体上尚有颇多白色呈鱼骨状、条块分布的一次共晶碳化物。

　　　　图 1-5-64：是图 1-5-63 放大 500 倍后的组织，经放大后，团絮状石墨、细珠光体、极少量铁素体和条块状鱼骨状分布的共晶碳化物更清晰可辨。

　　　　此为石墨化退火、淬火不完善的组织，基体中残留了一定数量的共晶碳化物。加上淬火加热温度太低，以至未能得到马氏体、残留奥氏体的淬火组织，仅获得正火的细珠光体的基体组织。

第2章
结 构 钢

随着工业化不断的发展，各行各业应用钢铁材料也随之增多，尤其是结构钢应用占有相当大的比重。结构钢含的 w（C）一般在 0.7％以下。结构钢包括碳素结构钢、低合金结构钢和合金结构钢、弹簧钢等所组成。碳素结构钢由于冶炼方便及价格低廉，故在各种机械上得到了广泛的应用，但是随着工业生产的不断发展，各种机械零件也随之提出更高的要求，碳素结构钢的性能就不能满足需求，这就要求在低碳结构钢的基础上加入少量合金元素，合金元素总质量分数不超过 5％，以提高钢的淬透性及力学性能来满足各种结构零件高强度、高韧性的要求。

随着连铸工艺的应用，降低了生产成本，而且该工艺采用强制冷却的方法，大大缩短了高温凝固的时间，促使凝固时获得细小致密的结晶，减少成分偏析的倾向，提高了钢的纯净度，这就使钢的力学性能得到了进一步的提高。这项工艺冶炼时还可采用精炼工艺，不但可以使钢的纯度进一步提高，而且使连铸的材质有明显的改观。

第1节　碳素结构钢

碳素结构钢一般属亚共析钢，其化学成分和力学性能见表 2-1-1，w（C）为 0.08％的钢，称为 08 钢，适于制成薄板，可用作某些机器的零件，或轻工业日用品的冷冲料，如冷冲搪瓷器皿的毛坯，其组织为铁素体，基体上布有少量颗粒状渗碳体，这种渗碳体是铁素体在冷却过程中析出的，故称为三次渗碳体，当三次渗碳体呈方向性长链状或沿铁素体晶界呈网络状分布时，将会导致板材在冷变形加工时发生开裂事故。有些超低碳的钢板可用来制作易拉罐和钱币。

低碳结构钢的 w（C）达 0.25％，具有一定的强度、良好的塑性和韧性。可加工性和焊接性良好，这类钢用途较广泛，可用来制造建筑构件、一般机械结构零件和设备，也可用作渗碳用钢。这类钢的基体为铁素体及片状珠光体（体积分数约占 20％~30％）的混合组织，通过正火可以细化晶粒和改善组织（改善或消除带状组织），增加强度，如果处理温度过高，将出现魏氏组织，使钢的冲击韧度下降。这种钢可以进行淬火，但因含碳量低，淬火后硬度虽有提高，但远不及中碳结构钢。

中碳结构钢的 w（C）在 0.30%~0.50%，具有铁素体及片状珠光体组织，随着钢中含碳量的提高，片状珠光体数量增多，最多约占体积分数 50% 左右，硬度和强度随珠光体数量增多而升高，而塑性及韧性随之下降。在热轧状态下中碳结构钢具有足够的强度和塑性，因此它可以直接用来制作小的机械零件。这类钢一般经正火后使用，又可作调质处理，使钢的综合力学性能进一步得到提高，同时使钢的用途进一步扩大如厚度或直径大于 250mm 的大型零件，一般经正火、回火后使用。正火、回火后可得到细小晶粒的铁素体及片状珠光体；淬火后可得到马氏体，经回火后可以得到均匀分布或保持马氏体位向分布的索氏体组织，可使机械零部件承受较高的载荷。

表 2-1-1 碳素结构钢化学成分及力学性能

钢号	化学成分（质量分数，%）							力学性能（正火）				
	C	Si	Mn	S	P	Cr	Ni	R_m /(N/mm²)	R_{eL} /(N/mm²)	A (%)	Z (%)	α_K /(J/cm²)
08	0.05~0.10	0.17~0.37	0.35~0.65	≤0.040	≤0.040	≤0.10	≤0.25	323	196	33	60	—
10	0.07~0.13	0.17~0.37	0.35~0.65	≤0.045	≤0.040	0.15	≤0.25	333	206	31	55	—
15	0.12~0.18	0.17~0.37	0.35~0.65	≤0.045	≤0.040	0.25	≤0.25	372	225	28	55	—
20	0.17~0.24	0.17~0.37	0.35~0.65	≤0.045	≤0.040	0.25	≤0.25	412	245	26	55	—
25	0.22~0.29	0.17~0.37	0.50~0.80	≤0.045	≤0.040	0.25	≤0.25	451	274	24	50	98
30	0.27~0.34	0.17~0.37	0.50~0.80	≤0.045	≤0.040	0.25	≤0.25	490	294	22	50	98
35	0.32~0.39	0.17~0.37	0.50~0.80	≤0.045	≤0.040	0.25	≤0.25	519	314	21	45	88
40	0.37~0.44	0.17~0.37	0.50~0.80	≤0.045	≤0.040	0.25	≤0.25	559	333	19	45	88
45	0.42~0.49	0.17~0.37	0.50~0.80	≤0.045	≤0.040	0.25	≤0.25	608	353	17	40	74
50	0.47~0.55	0.17~0.37	0.50~0.80	≤0.045	≤0.040	≤0.25	≤0.25	609	362	15	40	68
55	0.52~0.60	0.17~0.37	0.50~0.80	≤0.045	≤0.040	≤0.25	≤0.25	686	382	13	35	—
60	0.57~0.65	0.17~0.37	0.50~0.80	≤0.045	≤0.040	≤0.25	≤0.25	706	392	12	35	—
65	0.62~0.70	0.17~0.37	0.50~0.80	≤0.045	≤0.040	≤0.25	≤0.25	725	412	11	30	—
70	0.67~0.75	0.17~0.37	0.50~0.80	≤0.045	≤0.040	≤0.25	≤0.25	764	431	10	30	—

碳素结构钢的金相图片见图 2-1-1~图 2-1-177。

第 2 节　低合金结构钢

由于碳素结构钢的淬透性较差，而且强度相对较低，对一些大型构件和动力机械均要求用强度高、塑性好的钢来制造，而碳素结构钢就不能满足要求，这就要采用淬透性和耐回火性能较高的而其强度和韧性比较好的低合金结构钢来制造。低合金结构钢是在碳素结构钢的基础上加入少量合金元素冶炼而成的。合金结构钢又分为渗碳钢及调质钢两类。渗碳钢专门用于需要渗碳处理的零件，详见第 8 章。调质钢用作调质处理的零件。调质钢有时也在正火、正火后回火以及淬火后回火状态下使用。正火或正火、回火后的组织为铁素体及珠光体，淬火后为针状马氏体，回火后为索氏体。这类钢主要用来制造承受较高应力和抗冲击载荷的重要零件，由于绝大多数的低合金结构钢需要进行焊接，所以含碳量较低。

低合金结构钢对原材料的要求比较高，碳、硫含量必须严格控制，合金元素限制在较窄的范围内，以保证这类钢在热处理后可获得稳定的性能。我国低合金结构钢的种类颇多，加入的合金元素主要有锰、硅、铬、镍等，这些元素对提高钢的淬透性有较大的作用。钼、钨、钒、钛、硼等作为辅助元素加入钢中，其中钼、钨除可进一步提高淬透性外，还可以消除铬镍钢、铬锰钢、硅锰钢的回火脆性；少量钒、钛元素可细化晶粒；硼元素则可显著提高钢的淬透性。由于低合金结构钢含有一定数量的合金元素，导致钢的导热性能差，因此钢在锻轧加工加热时，加热速度应缓慢，以使合金元素有足够时间扩散，避免在锻轧时产生不均匀变形和偏析缺陷，变形量过小不易改善钢的宏观组织，一般应反复镦锻，锻造压缩比或变形量在 4 左右。终锻温度不能太低，否则易开裂；终锻温度过高易使锻件晶粒粗大，降低性能。我国常用的低合金结构钢的牌号、成分以及热处理规范和性能见表 2-2-1 及表 2-2-2。

表 2-2-1　常用低合金结构钢的牌号和化学成分

钢　　号[①]	化学成分（质量分数，%）								
	C	Si	Mn	Cr	Mo	B	V	S	P
Q345（16Mn）	0.12~0.20	0.20~0.60	1.20~1.60	—	—	—	—	≤0.5	≤0.5
16Mo	0.13~0.19	0.20~0.40	0.40~0.70	—	0.40~0.55	Cu≤0.30	—	≤0.4	≤0.4
15MnB	0.13~0.18	0.20~0.40	1.30~1.60	—	—	0.003~0.006	—	≤0.4	≤0.4
14CrMnMoVB	0.10~0.15	0.17~0.40	1.10~1.60	0.90~1.30	0.32~0.42	0.002~0.006	0.03 ~ 0.06	≤0.4	≤0.035
16MnCr5	0.14~0.20	≤0.12	1.00~1.40	0.80~1.20	—	Al0.02~0.055	Cu≤0.20	≤0.035	≤0.035
20MnCr5	0.17~0.23	≤0.12	1.10~1.50	1.00~1.30	—	Al0.02~0.055	Cu≤0.20	≤0.035	≤0.035
25MnCr5	0.23~0.28	≤0.12	0.60~0.80	0.80~1.00	—	Al0.02~0.055	Cu≤0.20	≤0.035	≤0.035
28MnCr5	0.25~0.30	≤0.12	0.60~0.80	0.80~1.00	—	Al0.02~0.055	Cu≤0.20	≤0.035	≤0.035
20Cr	0.17~0.24	0.17~0.37	0.50~0.80	0.70~1.00	—	—	—	≤0.4	≤0.4
40Mn2	0.37~0.44	0.20~0.40	1.40~1.80	—	—	Cu≤0.30	—	≤0.4	≤0.4
50Mn2	0.47~0.55	0.20~0.40	1.40~1.80	—	—	Cu≤0.30	—	≤0.4	≤0.4
40B	0.37~0.44	0.20~0.40	0.60~0.90	≤0.35	—	0.001 ~ 0.004	—	≤0.4	≤0.4
50BA	0.47~0.55	0.20~0.40	0.60~0.90	—	—	0.001 ~ 0.004	Cu≤0.30	≤0.4	≤0.4
40MnB	0.37~0.44	0.20~0.40	1.10~1.40	≤0.35	—	0.001 ~ 0.0035	0.05 ~ 0.10	≤0.4	≤0.4
40MnVB	0.37~0.44	0.20~0.40	1.10~1.40	—	Cu≤0.30	0.001 ~ 0.004	—	≤0.4	≤0.4
42SiMn	0.39~0.45	1.10~1.40	1.10~1.40	≤0.35	—	—	—	≤0.4	≤0.4
40Cr	0.37~0.45	0.20~0.40	0.50~0.80	0.80~1.10	—	—	—	≤0.4	≤0.4
20CrMo	0.18~0.23	0.17~0.37	0.40~0.70	0.80~1.10	0.15~ 0.25	—	—	≤0.4	≤0.4
35CrMo	0.32~0.40	0.17~0.37	0.40~0.70	0.80~1.10	0.15~ 0.25	—	—	≤0.4	≤0.4
42CrMo	0.38~0.45	0.17~0.37	0.50~0.80	0.90~1.20	0.15~ 0.25	Cu≤0.30	Ni≤0.25	≤0.4	≤0.4
30CrMnSi	0.27~0.34	0.90~1.20	0.80~1.10	0.80~1.10	—	—	—	≤0.4	≤0.4
20CrMnTi	0.18~0.23	0.17~0.37	0.80~1.10	1.00~1.30	—	Ti0.04 ~0.10	—	≤0.4	≤0.4
20CrMnTiH	0.18~0.24	0.17~0.37	0.90~1.30	1.00~1.30	—	Ti0.04 ~0.10	—	≤0.4	≤0.4
16CrNi4	0.13~0.18	0.15~0.35	0.70~1.10	0.80~1.20	≤0.10	Al0.02 ~0.05	Cu≤0.20	Ni0.08~1.20	—
19CrNi5	0.16~0.21	0.15~0.35	0.70~1.10	0.80~1.20	≤0.10	Al0.02 ~0.05	Cu≤0.30	Ni0.08~1.20	—

① 表中一些钢号（如 16Mo、16MnCr5、19CrNi5 等）及文中一些钢号（65Si2MnWA、55SiMnMoVNb）等是新钢号，未纳入图标。

表 2-2-2 常用低合金结构钢的热处理规范与性能

钢 号[①]	毛坯尺寸 /mm	热 处 理 规 范				力 学 性 能 不 低 于				
		淬火 /℃	淬火 介质	回火 /℃	冷却 介质	R_{eL} /(N/mm²)	R_m /(N/mm²)	A (%)	Z (%)	α_K /(J/cm²)
Q345（16Mn）	≤16	热轧状态	空冷			343	510	21		—
	17~25	900				323	490	26		—
16Mo	30	880	空冷	630	空冷	245	392	25	25	117
15MnB	≤16	880	油	200	空冷	—	1519	12.4	60	—
		880	油	350	空冷	1068	1176	13.7	63	—
14CrMnMo VB	φ18	880~900	空冷	600	空冷	935	897	(δ5)17	55	58
		880~900	水淬	500		1019	1107	13.5	53	68
		880~900	水淬	600		902	970	15	58	93
20Cr	φ15	860	水或油	200	空冷	588	748	10	40	58
		860	油淬	500		588	748	12	50	
40Mn2	25	800~840	水	520	水冷	748	980	10	45	58
50Mn2	25	820	水	550	水冷	748	931	9	40	49
40B	25	840	水	550	水冷	637	748	12	45	68
50BA	20	840	水	600	空冷	539	748	10	45	49
40MnB	25	850	油	550	水或油	833	1029	9	40	49
40MnVB	25	850	油	550	水或油	748	980	10	45	58
42SiMn	25	880	水	590	水	735	882	15	40	58
40Cr	25	850	油	500	水或油	748	980	9	45	58
	60(中心)	840	油	500	空冷	804	804	16	57	88
	≤200（1/3R）	850	水	600	水或油	735	735	14	42	49
35CrMo	25	850	油	500	水或油	833	980	12	45	74
	≤300	860	油	580~640	空冷	490	686	15	40	49
42CrMo	25	850	油	580	水或油	931	1078	12	40	74
30CrMnSi	25	880	油	520	水或油	882	1078	10	45	74
	60	870	油	540~560	水或油	686	982	9	45	49

① 同表 2-2-1 注。

1. 锰为主要合金元素的低合金结构钢

锰能固溶于铁素体并能强化铁素体，锰是弱形成碳化物的元素，它的作用与铬相同而仅次于钼。锰能增加奥氏体的稳定性和降低淬火时的临界冷却速度，能显著提高钢的淬透性和降低钢的临界点，使锰钢的淬火温度比相同含碳量的碳素结构钢低，锰钢回火脆性明显，尤其是第一类回火脆性。由于锰有促进晶粒长大的作用，故对钢的过热敏感性大，淬火时应严格控制加热温度和保温时间。锰钢中夹杂物较多，易形成带状偏析，从而影响力学性能。

Q345（16Mn）钢具有较好的强度，较好的焊接性和冷冲性能，加工性也好，适宜作结构件、建筑和桥梁钢结构以及高压容器等。由于这类钢淬透性较好，因此在焊接时应注意选择焊接工艺参数，以避免在热影响区出现上贝氏体和低碳马氏体组织。

为克服锰钢的上述缺点，在钢中加入少量钒、钛等元素，能形成稳定的特殊碳化物，细化晶粒，克服锰钢易过热的缺点，提高钢的耐回火性，使钢的强度和韧性进一步提高。此外，极少量硼可提高钢的淬透性，而对钢的性能无明显影响。生产中常用锰为主要合金元素的低合金钢有：Q345（16Mn）、40Mn2、50Mn2、40MnB、40MnVB 等。

2．以硅、锰为主要元素的低合金钢

硅能固溶并强化铁素体，并有抗回火作用，尤其在低温阶段。在中碳锰钢中加入 w（Si）为 1.1%~1.4％后，可提高钢的强度 15%~20％，而对钢的韧性无影响。当硅、锰元素加入比例适量时，可减少硅所引起的易脱碳缺点，同时还可以减少锰钢的过热倾向。硅锰钢具有良好的淬透性和高的耐回火性，它的锻轧加工便利，有足够的耐磨性、低温性能也比相应的碳素结构钢为好。硅锰钢还有白点敏感性，热加工时应重视。硅锰钢有明显的回火脆性，高温回火后应水冷，加热时应防止表面脱碳。加入少量的钒、钼、钨、硼等辅助合金元素，可进一步提高钢的淬透性，钨、钼、钒元素可细化晶粒，消除钢的第二类回火脆性，使调质后钢的强度和韧性进一步提高，同时钼还可以提高钢的高温强度，故含钼结构钢可制造高温下工作的零件及构件，如高压锅炉钢板、螺栓、汽轮机主轴及叶轮等，生产中常用以硅、锰为主要合金元素的低合金结构钢有：35SiMn、42SiMn、20SiMn2MoV 等。

3．铬为主要合金元素的低合金结构钢

铬元素能强烈提高钢的淬透性，其作用与锰相当。w（Cr）为 0.90%~1.10％的 40Cr 钢，ϕ40mm 圆棒可在水中淬透。铬元素不仅使钢的等温转变图剧烈右移，而且使等温转变图分为珠光体转变和贝氏体转变两部分，铬对抑制贝氏体转变的作用较其他合金元素为高。铬钢对回火脆性较敏感，应在回火后立即水冷。铬钢易出现白点缺陷，故冶炼和热加工时应注意。

铬是中等碳化物形成的元素，钢中 w（Cr）为 1％时，一部分铬置换铁而形成 (Fe，Cr)$_3$C 合金渗碳体，一部分铬则溶入铁素体，从而提高铁素体的强度和硬度，但不影响钢的塑性和韧性。铬能细化晶粒，减小过热敏感性。回火时能提高钢的耐回火性，阻碍钢中碳化物的集聚，使碳化物保持分散度，从而提高钢的强度。在钢中加入钼元素，不但可细化晶粒，提高淬透性，消除铬钢的回火脆性，并使其调质后能有高的冲击韧度。铬钢在 500℃时有良好的力学性能，因此它可以用来制造 500℃以下工作的零部件。钒元素是强烈碳化物形成元素，有细化晶粒作用。钒元素虽能使钢的强度和韧性同时得到改善，但因其不能提高钢的淬透性，因此，铬钒钢只能用于制造截面较小的零件。常用的铬元素为主的低合金结构钢有：20Cr、40Cr、50Cr、35CrMo、42CrMo、20CrV、40CrV 和 50CrV 钢等。

4．铬镍为主要合金元素的低合金结构钢

镍和铬元素配合使用时，可显著地提高钢的淬透性，同时由于镍对铁素体有较好的强化作用，故能使钢具有高的冲击韧度，尤其是低温冲击韧度。这类钢主要用作大截面高负荷和受冲击的零件，尤其是适合于低温条件下工作的受冲击负荷的零件，镍铬钢的白点倾向和回火脆性十分敏感，在锻造后应采用脱氢处理，回火后应采用水冷。

在镍铬钢中加入适量的钼、钨元素，可以克服回火脆性，所以这类钢常用来制造汽轮机主轴和叶轮等重要零件。常用的以铬镍元素为主的低合金结构钢有 40CrNi、37CrNi3、40CrNiMoA、25Cr2Ni4WA 等。此外，还有一些低碳镍铬钢如 20Cr2Ni4 和 20CrNi3，常用作汽车用齿轮材料。

5．以铬锰为主要合金元素的低合金结构钢

由于锰提高淬透性的作用比镍强，因此，铬锰钢具有很高的淬透性，但其韧性略低于镍铬钢，回火脆性较严重，故高温回火后应迅速冷却。目前，引进国外用材采用低碳、w（Mn）为 1％左右和 w（Cr）为 1％左右的锰铬系钢材有 16MnCr5、20MnCr5、25MnCr5、28MnCr5 等，用于制造汽车变速箱中的齿轮和轴类。

在铬锰钢中加入 w（Si）为 1.2%左右，可在不降低韧性的情况下，进一步改善其淬透性和强度。如 ϕ30mm 的 30CrMnSi 钢可在油中淬透，经高温回火后仍可有较高的强度。常用铬锰元素为主的低合金结构钢有 40CrMn、40CrMnMo、35CrMn2、30CrMnSi、35CrMnSiA 等。

6. 以硼为合金元素的低合金结构钢

w（B）为 0.001%~0.005%时，可以显著地提高淬透性，而对其他性能则无影响。一般来说，微量硼能提高钢的淬透性，其效果相当于 w（Ni）为 1.6%、w（Cr）为 0.3%或 w（Mo）为 0.2%，所以硼元素可代替稀缺或较贵重的合金元素。15MnVB 钢通过淬火可得到均匀的板条状低碳马氏体，使钢的力学性能获得显著提高，其性能可与经调质处理的中碳低合金结构钢相媲美。但当 w（B）超过 0.003%时，硼钢的冲击韧度将显示不稳定状态，这是由于析出的白色硼化物（又称"硼相"）所致。当钢中 w（B）超过 0.07%时，则易引起热脆，使锻造发生困难，因此，钢中 w（B）不能超过 0.0035%。

众所周知，制造机械零件一般均需经过机床切削加工，因此要求低合金结构钢不但有良好的力学性能，而且还有较好的可加工性能，这是选材、用材的一个极重要依据，要使材料得到推广应用，不但希望它的加工效率高，而且生产成本要低。钢材的加工性能主要取决于钢材的化学成分、硬度和金相组织，其中硬度和金相组织最为重要。当钢材硬度在规定值时，其可加工性能好；若硬度过高，工件难以加工，刀具易磨损，降低切削效率，增加加工工时；如果硬度过低，工件韧性及延展性好，加工时不易断屑，易产生"粘刀"，加速刀具磨损，使工件表面不能获得理想的表面粗糙度。此外，有时材质硬度虽然相同，但由于金相组织不同，必然会影响其可加工性。例如片状珠光体和铁素体各占 50%（体积分数）的混合组织，与球状珠光体和铁素体各占 50%（体积分数）的混合组织相比，前者加工性能好，表面粗糙度值低，而后者表面粗糙度值大。钢中铁素体为严重带状组织，加工时也会"粘刀"，影响零件的表面粗糙度。

为了节省原材料，降低生产成本，加快零件制造过程，许多零件采用了冷挤压成形新工艺，为了使零件容易成形，不发生开裂，同时又要延长模具的使用寿命，这就要求选用的钢材能有合适的金相组织和硬度，使材料的硬度降低，塑性提高，有利于冷挤压成形。

低合金结构钢一般是在热轧或正火状态下使用，为了充分发挥其潜在性能，需经调质处理后使用，以期能获得比碳素结构钢高的强度和好的韧性。

低合金结构钢的金相图片见图 2-2-1~图 2-2-378。

第 3 节　碳素铸钢及低合金铸钢

本节主要叙述碳素铸钢及低合金铸钢两部分，其他铸钢将分别在有关的钢种中阐述。

鉴于铸钢较少受尺寸、形状以及重量的限制，因此对某些锻造性能和加工性能相当差的钢，以及某些难以用锻压加工成形的复杂零件，均采用铸钢来制造，这不仅节省原材料而且可以降低生产成本。

1. 碳素铸钢件

碳素铸钢中 w（C）一般不超过 0.6%，过高的含碳量将使钢的铸造性能恶化，通常采用低碳或者中碳范围来制造铸钢。常用碳素铸钢的牌号、化学成分、热处理规范和力学性能见表 2-3-1。

表 2-3-1　常用碳素铸钢的牌号、化学成分、热处理规范及力学性能

钢　号	化学成分（质量分数，%）			热　处　理		力　学　性　能				
	C	Si	Mn	正火或退火温度/℃	回火温度/℃	R_m /（N/mm²）	R_{eL} /（N/mm²）	A (%)	Z (%)	a_K /（J/cm²）
						不　小　于				
ZG200-400	0.12~0.22	0.20~0.45	0.35~0.65	920~940	—	392	196	25	40	59
ZG230-450	0.22~0.32	0.20~0.45	0.50~0.80	890~910	620~680	441	235	20	32	44
ZG270-500	0.32~0.42	0.20~0.45	0.50~0.80	880~900	620~680	490	274	16	25	34
ZG310-570	0.42~0.52	0.20~0.45	0.50~0.80	870~890	620~680	568	314	12	20	29.4
ZG340-640	0.52~0.62	0.20~0.45	0.50~0.80	840~860	620~680	637	343	10	18	19.6

注: 1. 各级别的铸件磷、硫含量如下:

铸件级别	I	II	III
硫磷含量（质量分数，%）	≤0.04	≤0.05	≤0.06

2. 钢中残余镍、铬、铜含量不超过 0.3%（质量分数）。除技术条件要求规定外，一般不做分析。

钢液注入砂型后，冷却速度不是很快，首先在型壁处析出大量 δ 铁细小晶粒，在铸件最外层构成一薄层激冷层，随后钢液通过垂直于模壁方向向外散发热量，从而使激冷层靠近心部液体的 δ 铁长成柱状枝晶。铸件心部最后凝固部分因散热均匀而自液体中析出晶核，并按树枝状结晶，最后均匀成长为等轴晶粒。继续冷却时，通过包晶反应转变为奥氏体，使铸件全部凝固。

在生产中，由于铸钢件的大小和含碳量不同，导致在室温下得到的显微组织也不同。较大的铸钢件，在缓冷情况下，奥氏体晶粒特别粗大，沿晶界析出的铁素体和晶内针状铁素体（魏氏组织）共存。较小的铸件，由于过冷度较大，奥氏体晶内则析出大量针状铁素体，构成严重的魏氏组织，铸钢中含碳量越低，形成魏氏组织倾向越大，含 w（C）为 0.12%~0.50% 的铸钢，很容易形成魏氏组织，但 w（C）更高时，达 0.6% 时，则形成沿晶界网状铁素体。

热处理对碳素铸钢组织和性能的影响：由于铸钢件存在枝晶偏析和粗大的奥氏体晶粒，其力学性能和加工性能比较差，尤其是冲击韧度更低，故铸钢件不直接在铸态下使用，须经过适当的热处理，以期改善显微组织，从而获得良好的力学性能。

铸钢件经过重结晶退火或正火后，使化学成分均匀化，消除或改善了铸造时产生的魏氏组织和铸造应力，使粗大的基体组织转变为等轴细晶粒的铁素体和珠光体，获得近似于锻钢退火后的基体组织。铸钢件还可以进行调质处理，得到回火索氏体组织，从而大大地提高铸件的综合力学性能。此外，还可以在零件局部表面施以高频或中频感应加热淬火处理，使表面得到马氏体组织，以达到提高表面硬度，增加耐磨性能的目的。

2. 低合金铸钢件

低合金铸钢在工业生产上已得到广泛的应用。用于锻轧件的低合金结构钢的钢号，原则上均可用于铸钢。有时为了满足铸造工艺的要求，应对某些钢号的化学成分作适当的调整。例如：用 ZG35SiMn 钢作大型铸件时，应将 w（Si）从 1.1%~1.4% 降到 0.6%~0.8%，以减少裂纹的敏感性。

在截面不大、形状和热处理条件相似的情况下，铸钢的力学性能和锻钢很接近。一般来说，铸钢件的强度和塑性介于锻钢纵、横向的变动范围内，且铸钢件无各向异性的缺点。随着铸钢件的尺寸增大以及冶炼铸造时形成的气孔、疏松、树枝状偏析等，对性能的影响将突

出起来。低合金铸钢件不但可以进行退火、正火和调质处理，而且还可以进行表面淬火或化学热处理来提高使用性能，以适应使用的要求。

生产上常用的低合金铸钢牌号有 ZG20Mn、ZG40Mn、ZG40Mn2、ZG35SiMn、ZG20MnMo、ZG40Cr、ZG35CrMo、ZG35CrMnSi 等。

碳素铸钢及低合金铸钢的金相图片见图 2-3-1~图 2-3-88。

第4节 弹 簧 钢

要求弹簧在交变应力作用下能保持固定的尺寸，而且不会过早地产生疲劳断裂。为此要求制造弹簧的钢材必须具有高的机械强度和弹性极限，即要求有高的屈服点和抗拉强度的比值（R_{eL}/R_m 接近于 1）及最大的弹性比功。为了使弹簧能保持较高的疲劳强度，必须使弹簧钢具有较好的塑性和韧性，要使弹簧钢具备以上条件，应选择含碳量适当的合金钢，并经热处理后才能实现。一般常用的弹簧，要求基体组织为回火托氏体。这是因为回火托氏体有极高的弹性极限，同时又具备一定的塑性。

对经淬火、回火的弹簧，要求钢材有良好的淬透性、低的过热敏感性和不容易产生脱碳，并在热状态下有容易绕制成形的工艺性。对于冷拔钢丝制造的小弹簧，则要求有均匀的硬度和良好的绕制性能。为了提高弹簧的使用寿命，要求弹簧在工作时有良好的表面质量，以保证它们能具有高的疲劳性能。由于弹簧钢必须具备有高强度和高的屈服点和疲劳极限，一般选择较高的含碳量。碳素弹簧钢的 w（C）在 0.6%~1.05% 范围内。由于碳素弹簧钢淬透性较差，直径大于 10~15mm 时即不易淬透，其心部将出现铁素体和珠光体，从而降低弹簧的屈服点，使弹簧容易产生变形而导致早期失效。大截面的弹簧，必须采用合金弹簧钢来制造，合金弹簧钢 w（C）一般在 0.46%~0.74% 范围内，加入的合金元素有硅、锰、铬、钒、钨等。目前，我国生产的弹簧钢主要有碳素钢、锰钢、硅锰钢、铬硅钢、铬合金钢等几类。

常用弹簧钢的化学成分、热处理规范和力学性能见表 2-4-1 及表 2-4-2。

表 2-4-1 常用弹簧钢的牌号和化学成分

钢号	化学成分（质量分数，%）							
	C	Si	Mn	Cr	Ni	V	S	P
65	0.62~0.70	0.17~0.37	0.50~0.80	≤0.25	≤0.25	—	≤0.045	≤0.040
70	0.67~0.75	0.17~0.37	0.50~0.80	≤0.25	≤0.25	—	≤0.045	≤0.040
75	0.72~0.80	0.17~0.37	0.50~0.80	≤0.25	≤0.30	—	≤0.045	≤0.040
85	0.82~0.90	0.17~0.37	0.50~0.80	≤0.25	≤0.30	—	≤0.045	≤0.040
65Mn	0.62~0.70	0.17~0.37	0.90~1.20	≤0.25	≤0.25	—	≤0.045	≤0.040
60Si2Mn	0.56~0.64	1.50~2.00	0.60~0.90	≤0.30	≤0.40	—	≤0.045	≤0.040
60Si2MnA	0.56~0.64	1.60~2.00	0.60~0.90	≤0.30	≤0.40	—	≤0.030	≤0.035
50CrVA	0.46~0.54	0.17~0.37	0.50~0.80	0.80~1.10	≤0.40	0.10~0.20	≤0.030	≤0.035

表 2-4-2 常用弹簧钢的牌号、热处理规范和力学性能

钢号	淬火温度/℃	淬火介质	淬火后硬度HRC	回火温度/℃	冷却介质	回火后硬度HRC	力学性能			
							R_m /（N/mm²）	R_{eL} /（N/mm²）	A (%)	Z (%)
70	820~830	油	60~64	380~400	水	45~50	1029	833	8	30

（续）

钢 号	淬火温度/℃	淬火介质	淬火后硬度 HRC	回火温度/℃	冷却介质	回火后硬度 HRC	力学性能			
							R_m / (N/mm²)	R_{eL} / (N/mm²)	A (%)	Z (%)
70(φ>30)	800~810	水	60~63	380~400	水	45~50	—	—	—	—
65Mn	830	油	—	480	水	—	980	784	8	30
	810~830	油	60~63	380~400	水	45~50				
60Si2MnA	870	油	—	460	水	—	1274	1176	5	25
	860~870	油	61~65	430~460	水	45~50				
60Si2MnA(φ>30)	830~840	水	61~65	430~460	空气	45~50				
50CrVA	850	油	59~62	520	—	—	1274	1078	10	45
	860~870	油	59~62	370~400	水	45~50				

1．碳素弹簧钢

碳素弹簧钢 w（C）在 0.6%~0.9% 之间，热处理后可得到高的强度，且具有适当的塑性和韧性。

由于碳素钢的淬透性较差，故只能用于制造小尺寸的板簧或螺旋弹簧，热处理后的组织为回火托氏体。

细小的弹簧钢带及钢丝常用来制造钟表、仪器及阀门上的弹簧。这类冷拉钢丝需经过特殊工艺处理（铅浴等温淬火），即通过 920℃ 加热拉伸或轧制后，在 420~550℃ 铅浴中进行等温淬火，再经冷拉，其总变形量可达 85%~90%，而不引起断裂。通过二次强化处理的钢丝，其抗拉强度可达 2156~2450N/mm²。它的组织是沿拉伸方向分布的纤维状回火索氏体及托氏体。应用这种钢材制成的弹簧，一般先经冷缠成形，然后在 200~300℃ 加热回火消除内应力，使之定形，称为定形处理。

2．锰弹簧钢

这类钢与碳钢相比，优点是淬透性和强度比较高，但比硅锰钢的强度和弹性极限要低，同时屈强比也小。锰钢表面脱碳倾向小，缺点是有过热敏感性和回火脆性，淬火时容易开裂。这类钢用于绕制截面较小的弹簧。

3．硅锰弹簧钢

钢中加入硅可显著提高弹性极限和屈强比。硅能缩小 γ 区，提高 A_3 和 A_1 点，使共析点 S 移向低碳部位。同时硅能提高淬透性，使 M_s 点降低。含硅弹簧钢要求较高的淬火温度和退火温度。由于这类钢的珠光体转变在较高温度下进行，所以在一般的退火条件下，可获得较细的珠光体。硅能产生固溶强化作用，可显著地提高钢的强度和硬度。同时硅还能降低碳在铁素体中的扩散速度，使马氏体在回火时能延缓碳化物的析出和聚集长大，从而增加了淬火钢的耐回火性。硅又是强烈促进石墨化的元素，故这类钢易在退火过程中发生石墨化现象。同时，这类钢加热时的脱碳倾向较大，钢中含硅量过高，易生成硅酸盐夹杂物。在钢中同时加入硅和锰元素，可以发挥各自优点，减少彼此的缺点，因此硅锰弹簧得到了广泛的应用。

在硅锰钢的基础上，加入钨元素，可显著地提高硅锰钢的淬透性，65Si2MnWA 钢的直径达 50mm 的弹簧可在油中淬透。同时由于钨元素的加入，形成钨的碳化物，从而阻碍淬火加热时奥氏体晶粒的长大，在较高温度下淬火仍可获得细小的显微组织，从而明显地提高弹簧的综合力学性能。

4．硅铬弹簧钢

在硅钢中加入铬和钒元素（60Si2CrVA 钢），使钢能获得较高的淬透性，能使 φ50mm 弹簧在油中可淬透，同时又因铬和钒的碳化物能阻止奥氏体晶粒的长大，所以这类钢的过热敏感性及脱碳倾向均较小。这类钢与 60Si2Mn 钢的塑性相近时，其强度和屈服点比 60Si2Mn 钢高。在硬度相同的情况下，冲击韧度较好。鉴于这类钢耐回火性高，力学性能比较稳定，因此适用于制造 300~350℃范围内使用的耐热弹簧及承受冲击应力的弹簧。

5．铬合金弹簧钢

50CrVA 钢是典型的气阀弹簧钢，直径为 30~40mm 的气阀弹簧能在油中淬透。为使 50CrVA 钢能具有良好的塑性和冲击韧度，其含碳量较 60Si2Mn 钢为低。铬元素除能提高淬透性和形成合金碳化物，同时还能降低碳在 α-Fe 中的扩散速度，提高了钢的耐回火性，使钢能在较高温度回火后仍具有理想的强度和硬度，而且韧性较好。钒元素可在钢中形成稳定的 V_4C_3 碳化物，不但可细化晶粒，而且减小钢的过热倾向。鉴于 50CrVA 钢有较好的耐回火性，因此在较高温度（300℃）下长期工作仍有比较稳定的强度和韧性。正常回火组织为细致均匀的回火托氏体，有时基体中允许有少量未溶解的碳化物。

众所周知，弹簧的表面质量对疲劳性能有较大的影响，为了改善弹簧的表面状态，一般可采用喷丸强化处理，使弹簧表面发生塑性变形，处于压应力状态。通过这种处理，可减轻弹簧的表面缺陷以及应力集中地区对疲劳寿命的影响，大大提高弹簧的耐疲劳性能。

弹簧钢的金相图片见图 2-4-1~图 2-4-114。

附表　结构钢常用的浸蚀剂名称、组成和用途

结构钢常用的浸蚀剂名称、组成和用途

序　号	名　称	组　成		用　途
1	4%硝酸酒精溶液	硝酸	4mL	显示优质碳素结构钢组织
		酒精	96mL	
2	饱和苦味酸水溶液			显示优质碳素结构钢组织
3	3%硝酸酒精溶液	硝酸	3mL	显示低碳钢锅炉钢板组织和优质碳素结构钢组织
		酒精	97mL	
4	苦味酸+4%硝酸酒精溶液	在体积分数为 4%的硝酸酒精溶液中加入 1g 苦味酸		显示优质低碳钢组织
5	1+1 盐酸水溶液	盐酸	1 份	显示优质碳素结构钢组织
		水	1 份	
6	碱性苦味酸钠溶液			显示 25MnCr5 钢组织
7	5%硝酸酒精溶液	硝酸	5mL	显示 15MnCrNiMo 钢组织
		酒精	95mL	
8	2%硝酸酒精溶液	硝酸	2mL	显示 40Cr 钢组织
		酒精	98mL	
9	苦味酸饱和水溶液中加少许洗涤剂饱和水溶液	10mL 苦味酸饱和水溶液中加入 5mL 洗涤剂饱和水溶液		显示 40Cr 钢奥氏体晶粒度
10	氯化高铁盐酸水溶液	氯化高铁	5g	显示 ZG1Cr13 钢组织
		盐酸	20mL	
		水	80mL	
11	王水	浓硝酸	1 份	显示 GH2132 镍基高温合金组织
		浓盐酸	3 份	

金 相 图 片

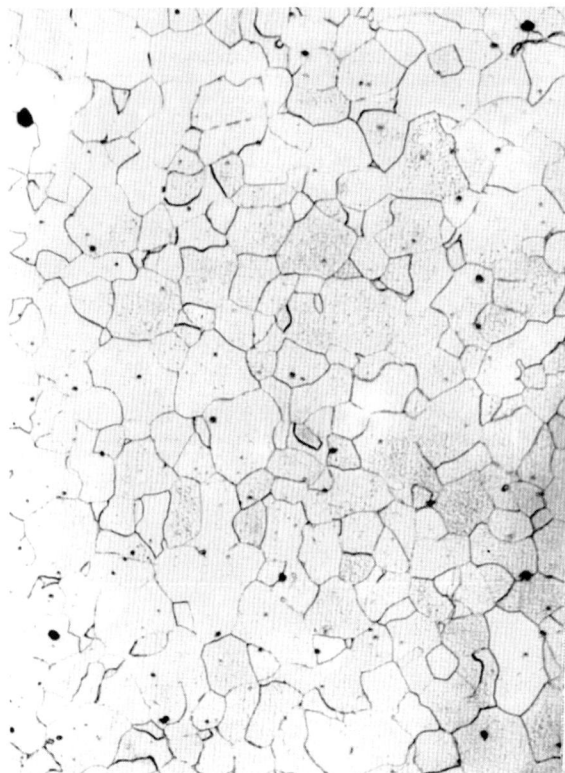

图 2-1-1   200×

图   号：2-1-1

材料名称：05 钢〔$w(C)$<0.05%〕

浸 蚀 剂：4%硝酸酒精溶液

处理情况：退火处理

组织说明：基体为铁素体，其上黑色颗粒为夹杂物。此外，在铁素体晶界处有极少量三次渗碳体。由于放大倍数较低，故不易分辨。

       按照铁-碳相图可知，在 727℃时，α-Fe 中碳的最大溶解度约为 0.02%（质量分数），随着温度的缓慢下降，碳在 α-Fe 中的溶解度将逐渐减少，并在铁素体晶界处析出极少量的三次渗碳体。由于三次渗碳体的析出，将使钢的塑性及韧性明显地降低。为了改善钢的塑性及韧性，可在 700℃以下采用快速冷却，来抑制三次渗碳体的析出。三次渗碳体可用碱性苦味酸钠水溶液煮沸 10min 后染成棕黑色来鉴别。

图   号：2-1-2

材料名称：05 钢

浸 蚀 剂：4%硝酸酒精溶液

处理情况：冷轧后退火

组织说明：铁素体上分散分布的白色细小圆颗粒为三次渗碳体。由于反复冷轧及退火处理，三次渗碳体被轧碎，并趋于球粒化。

       三次渗碳体的分布形态对钢材的深冲性能有明显的影响。但分散分布的颗粒状三次渗碳体，对钢材的塑性影响较小，故对深冲性能影响不大。

       超低碳的板材可制作易拉罐外壳和冲制钱币。退火后用于制造电磁铁、电磁吸盘等磁性零件。

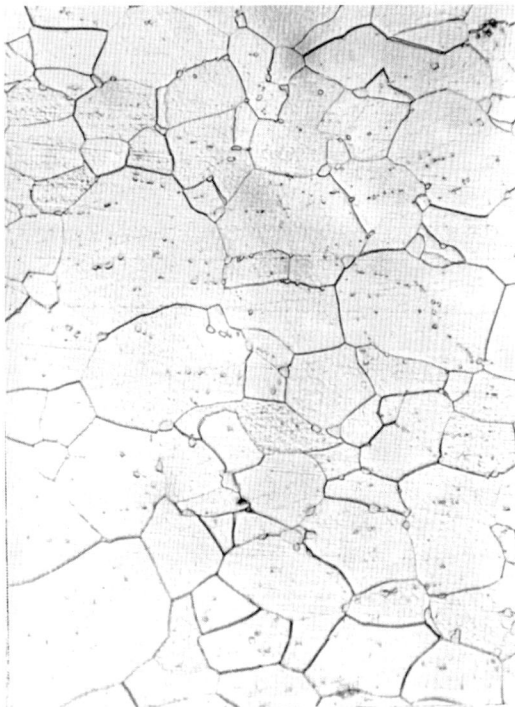

图 2-1-2   500×

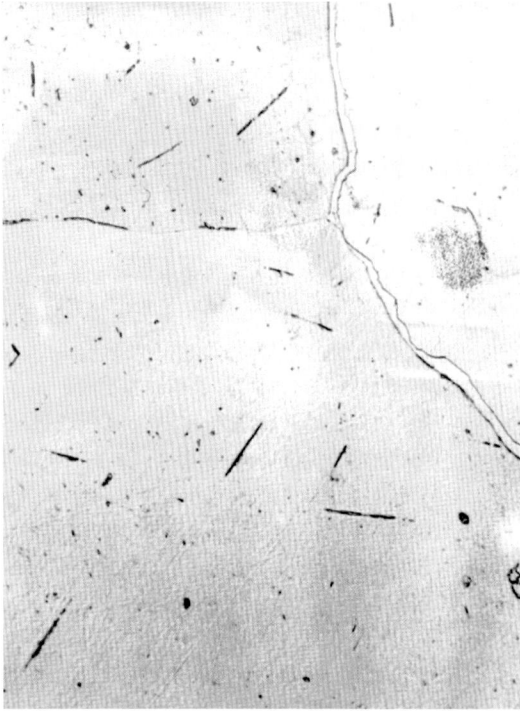

图 号：2-1-3
材料名称：05 钢［w(C)<0.05％］
浸 蚀 剂：4％硝酸酒精溶液
处理情况：退火处理
组织说明：基体为铁素体，部分晶界处有白色条
　　　　　网状三次渗碳体，铁素体基体上呈黑色针状分
　　　　　布者为氮化铁(Fe_4N)。
　　　　钢中含氮量较高，高温退火后，除在部分
　　　晶界上析出三次渗碳体外，且因冷却速度缓
　　　慢，致使铁素体上析出针状分布的氮化铁。钢
　　　中析出脆、硬的三次渗碳体，将导致塑性、韧
　　　性恶化。基体中的针状氮化铁亦将使钢变脆，
　　　从而使钢的脆性和硬度有更明显的增加。
　　　　钢中具有上述脆、硬组织，将使钢在深冲
　　　时易产生裂纹。

图　2-1-3　　　　　　　　　　　500×

图 号：2-1-4
材料名称：08 钢
浸 蚀 剂：4％硝酸酒精溶液
处理情况：冷轧及退火处理
组织说明：基体为铁素体，表层的晶粒甚为粗大，而
　　　　　心部晶粒则很细小。
　　　　这种晶粒粗细不均的材料，是由于冷轧时轧制
　　　工艺不当而引起的。冷轧时钢的表面变形量接近临
　　　界变形度，随后在再结晶退火时，表面晶粒将显著
　　　长大，如果反复上述工艺，将使表面晶粒极剧长大，
　　　从而在冷冲零件时，易产生按45°角度的开裂，导
　　　致零件报废。
　　　　这种开裂是由于极粗大晶粒所引起的脆性
　　　开裂。

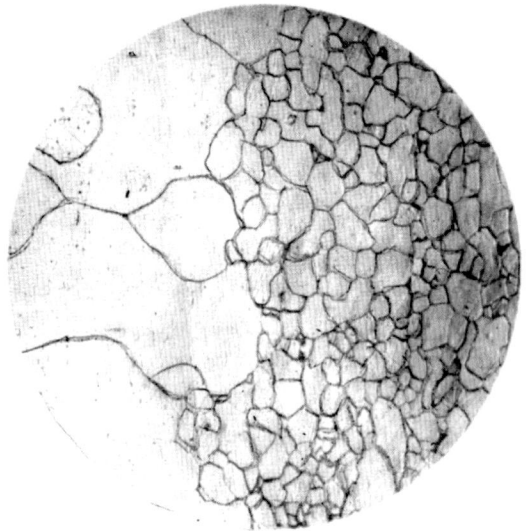

图　2-1-4　　　　　　　　　　　100×

图　　号：2-1-5

材料名称：08 钢 [w（Mn）0.35%～0.65%]

浸 蚀 剂：4%硝酸酒精溶液

处理情况：冷轧后退火处理

组织说明：轻微变形的铁素体晶粒上，有许多顺着加
工变形方向分布的细小颗粒状三次渗碳体，相当于 2
级，尚属正常情况。

　　08 钢具有很高的塑性和韧性，因此有良好的冲
压、拉深和弯曲性能，可用来制造易加工成形而对
强度要求不高的零件，如搪瓷器皿、汽车外壳等。
冷冲后一般可不再进行热处理，因为冷加工变形后
能提高零件的强度和硬度。

　　由于三次渗碳体硬度很高，冲压时几乎不变形，
它将成为钢板变形的障碍，特别是当它沿晶界析出
或呈链状分布时，将破坏金属基体的连续性，降低
钢板的冲压性能，有时将会导致开裂。因此，冷轧
深冲钢板标准中规定，要对渗碳体的数量和分布进
行评定，并限制其合格级别。

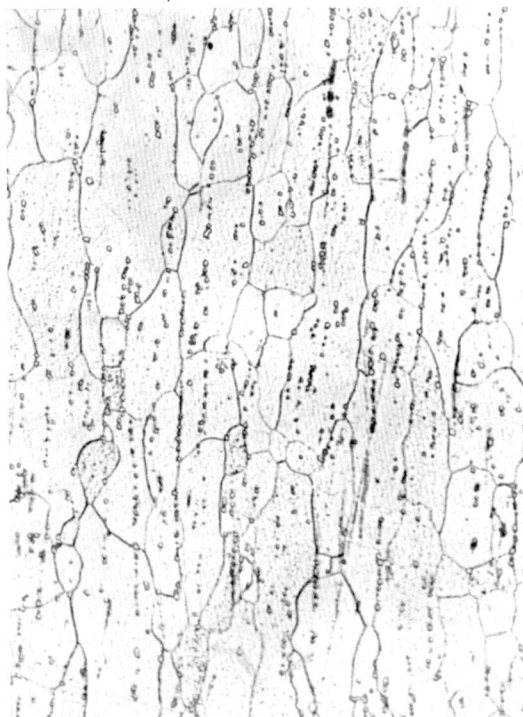

图　2-1-5　　　　　　　　　　　　　　500×

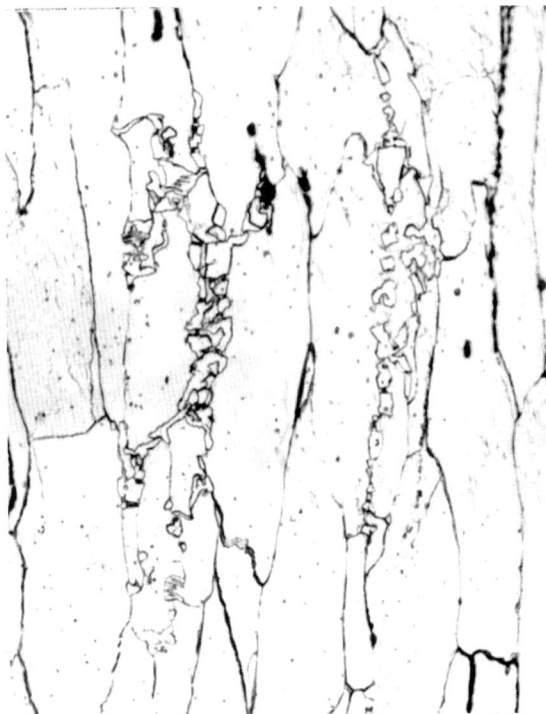

图　2-1-6　　　　　　　　　　　　　　500×

图　　号：2-1-6

材料名称：08 钢

浸 蚀 剂：4%硝酸酒精溶液

处理情况：冷轧

组织说明：冷变形拉长的铁素体晶粒，晶界处聚集
分布着条块状三次渗碳体。这种聚集分布形态的
三次渗碳体，易使零件在冲压时沿着它的分布方
向开裂。

　　由于三次渗碳体的数量及分布形态对冲压性
能具有明显的影响，因此冷轧深冲钢板的标准规
定：ZF、HF、F 三级钢板的三次渗碳体不得超过
2 级。Z 级钢板的三次渗碳体不得超过 3 级。评定
三次渗碳体规定在 500 倍放大下进行。

　　08 钢的强度、硬度很低，塑性及韧性很高；
冷变形性和焊接性很好，可加工性低。一般在供
应态或正火后使用。常用来制造汽车车身、驾驶
室外面板、电器开关箱门以及热处理炉控温柜等。
强度不高的冷成形件如螺钉、螺母、汽车油箱套
筒、靠模；受力不大的焊接件，如容器、搪瓷器
皿；退火后用来制造电磁铁、电磁吸盘等。

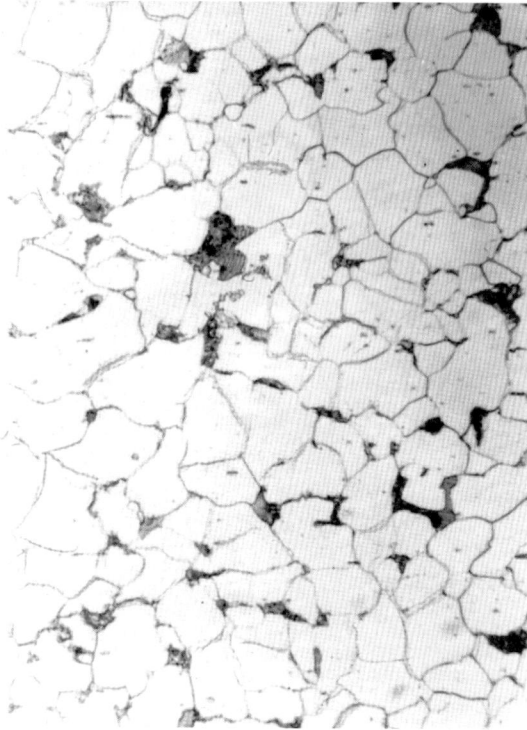

图　2-1-7　　　　　　　　　　　　　　　500×

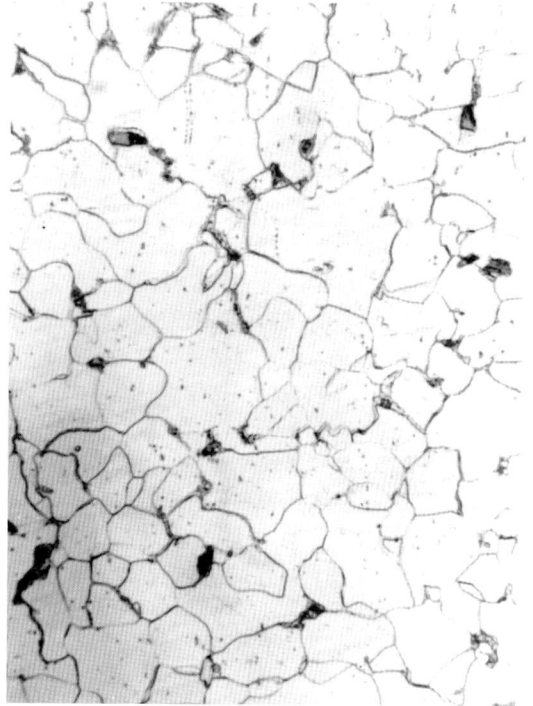

图　2-1-8　　　　　　　　　　　　　　　500×

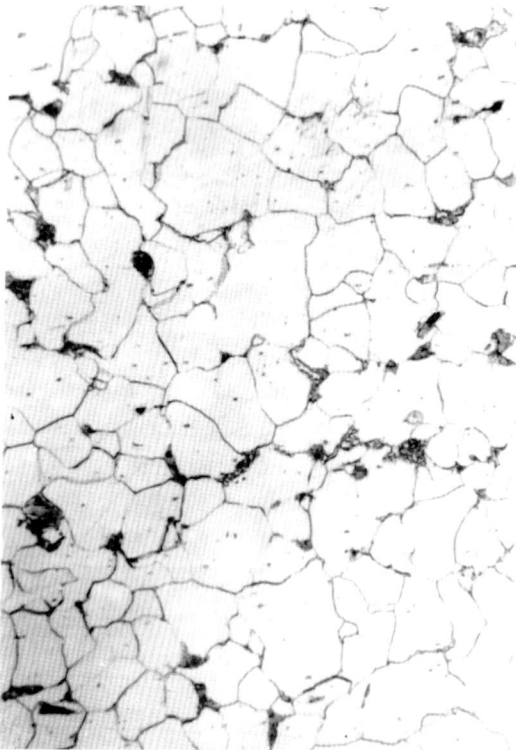

图　2-1-9　　　　　　　　　　　　　　　500×

图　　号：2-1-7～2-1-9

材料名称：08 钢

浸 蚀 剂：4％硝酸酒精溶液

处理情况：热轧后堆冷

组织说明：图 2-1-7：φ12mm 钢管之显微组织，由
于轧制温度稍低些，故铁素体晶粒稍细，少量片
状珠光体中渗碳体呈粒状分布。

　　图 2-1-8：φ18mm 钢管，热轧温度稍高，故
等轴铁素体晶粒较前图粗些，但由于堆冷的冷却
稍缓，因此珠光体量相对量少，三次渗碳体于部
分铁素体的晶界上析出。

　　图 2-1-9：φ30mm 钢管，组织与上图片相仿。
惟有粒状珠光体及三次渗碳体在铁素体的晶界上。

　　低碳钢中存在三次渗碳体，抛光浸蚀后在显
微镜下观察时，由于它的硬度较铁素体为高，所
以它稍有凸出而呈微红色，用质量分数为 10％的
苛性钠溶液煮 10min 后将呈微棕色，若用碱性苦
味酸钠溶液煮 10min 后，三次渗碳体即被染成深
棕色。

图　号：2-1-10
材料名称：08 钢
浸　蚀　剂：未浸蚀
处理情况：冷冲压成形
组织说明：三次渗碳体引起的脆性。零件在冷冲压时发生严重开裂，如图中箭头所指部位。

裂纹沿零件圆周分布，裂开的口子很大，裂口凹凸弯曲不平整，似为撕裂的断口，从断口观察，属明显的脆性断裂。

08 钢的强度、硬度很低，塑性及韧性很高，冷变形性及焊接性良好，可加工性低，淬硬性及淬透性较低。

08F 钢的成分偏析倾向较大，时效敏感性较强，经时效处理后韧性下降，冷变形大时会因时效脆性而发生开裂，水韧处理可消除时效脆性，08 钢时效敏感性比 08F 钢稍弱，退火后导磁性能好，故常用来制造电磁铁、电磁吸盘等磁性零件。

图　2-1-10　　　　　1×

图　号：2-1-11
材料名称：08 钢
浸　蚀　剂：4%硝酸酒精溶液
处理情况：冷冲压成形
组织说明：三次渗碳体引起的脆断。在图 2-1-10 开裂零件上取样观察金相组织，发现基体为铁素体，箭头 1 所指处为铁素体晶粒边界；晶粒边界处尚有粗大呈连续网状分布的三次渗碳体，见箭头 2 所指。三次渗碳体相当于 6 级。

08 钢原材料由于退火工艺不当，导致缓冷时在铁素体晶界处析出网状分布的三次渗碳体，导致钢材变脆，塑性和韧性大幅度降低。这种材料如进行冷冲压成形，极易发生脆性开裂。

上述网状分布的三次渗碳体，可采用高温加热后迅速冷却（正火）的方法来消除或者改善。

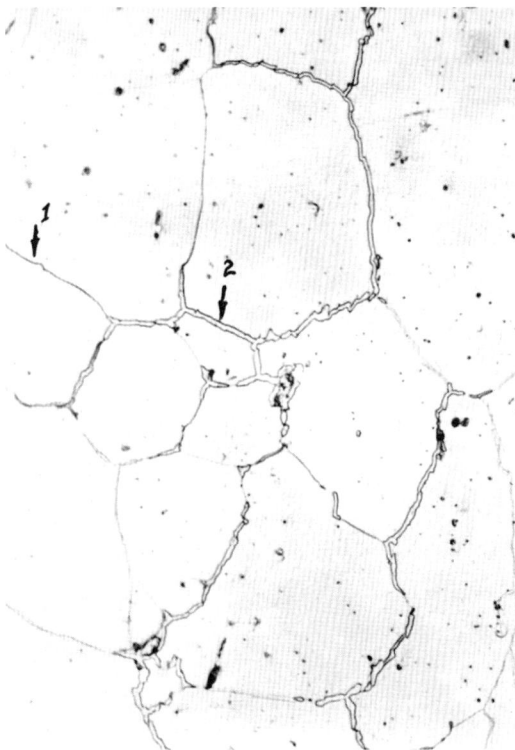

图　2-1-11　　　　　500×

图　　号：2-1-12

材料名称：10 钢［w(C)0.10%］

浸 蚀 剂：4%硝酸酒精溶液

处理情况：退火处理

组织说明：白色晶粒为铁素体，黑色块状为片状珠光
体（体积分数约占 10%）。铁素体晶粒细小，且分布
均匀。在退火状态下，当钢中 w(C)大于 0.05%时，
在铁素体基体中将出现珠光体组织。按铁-碳相图，
珠光体是共析反应的产物，它是由铁素体与渗碳体
片相间如指纹状排列；由于钢中 w(C)仅 0.1%，故珠
光体的含量较少，且分布于铁素体晶界处。10 钢的
强度较低，塑性和韧性较好，因此，可在室温下用
冷变形方法（弯曲、冷冲或拉丝等）制造各种零件。
如拉杆、铆钉、垫片、垫圈等。

　　这类钢的用途与 08 钢相同，可制造不承受载荷
的覆盖件、强度不高的冷成形件、受力不大的焊接
件，退火后用于制造磁性零件。

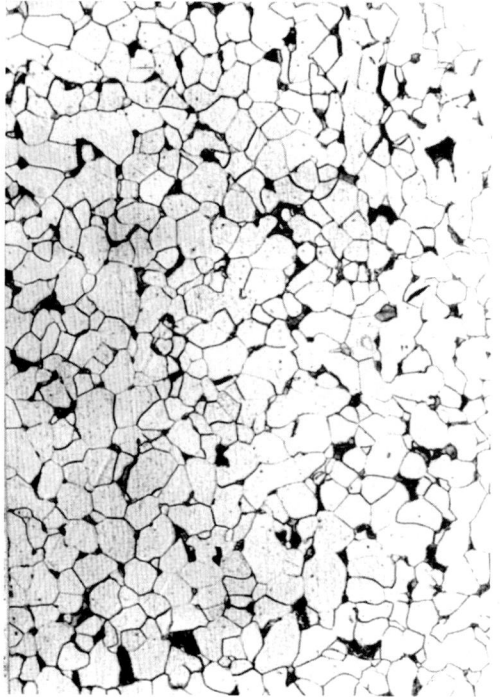

图　2-1-12　　　　　　　　　　　　　　　　200×

图　　号：2-1-13

材料名称：10 钢［w(C)0.07%～1.13%，w(Si)
0.17%～0.37%，w(Mn)0.35%～0.65%］

浸 蚀 剂：4%硝酸酒精溶液

处理情况：退火状态

组织说明：白色基体为铁素体，黑色块状为片
状珠光体。铁素体晶粒小于 8 级。

　　根据铁素体的晶粒大小可知，钢材退火
时加热温度不高，故冷却后获得细小的铁素
体晶粒。

　　这类钢的强度比较低，塑性及韧性较好，
因此可通过弯曲、锻造、热冲、冷冲或拉丝
等方法来制造各种零件。同时，这种钢的焊
接性能较好，且无回火脆性倾向，因此亦可
用来制造受力不大的焊接零件。

　　这类钢的可加工性差，淬硬性及淬透性
极低，这类钢一般在供应态或正火后使用。

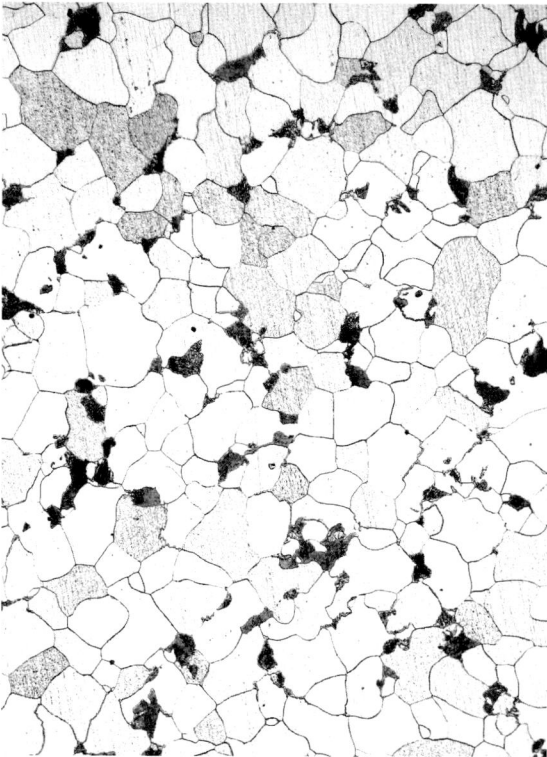

图　2-1-13　　　　　　　　　　　　　　200×

图　　号：2-1-14

材料名称：10 钢

浸 蚀 剂：饱和苦味酸水溶液

处理情况：将图 2-1-13 进行冷拉，变形量为 50%

组织说明：铁素体晶粒沿着冷拉方向而变形，呈长条状分布。分布于铁素体晶界处的珠光体也被拉成长条状。铁素体上出现黑色条状滑移线。

　　　　　10 钢经冷拉或压力加工变形时，先在晶粒内产生滑移线，随着变形量的增加，而产生塑性变形，使各晶粒的取向趋于一致，沿着加工方向拉长。这一过程导致钢材的外形和尺寸发生不能恢复的塑性变形，而且在变形过程中将使钢材同时发生加工硬化现象，使钢的强度明显提高。加工硬化现象不仅钢铁有，其他金属材料（例如铝、铜等）也有。这一可贵的性质，不但能提高金属材料的强度和硬度，而且对一些不能用热处理方法来强化的不锈钢，其作用也尤为重要。

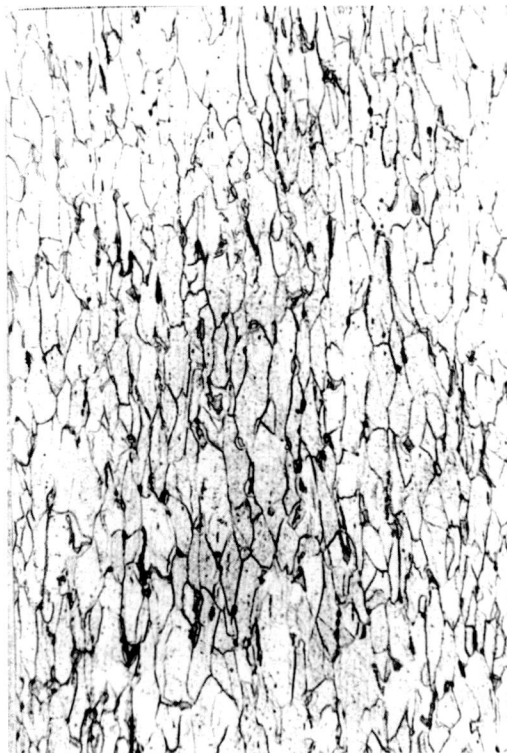

图　2-1-14　　　　　　　　　　　　　　200×

图　　号：2-1-15

材料名称：10 钢

浸 蚀 剂：饱和苦味酸水溶液

处理情况：经冷拉变形，变形量为 70%

组织说明：随着冷拉变形量的增加，铁素体及珠光体被拉长，变形加剧，部分铁素体晶界已被拉碎，同时铁素体中出现更多滑移线。

　　　　　10 钢在加工变形时，其外形、尺寸的变化为内部晶粒变形的总和。随着变形量的增加，各个晶粒沿着变形方向拉长，拉长的程度亦随着变形量的增加而相应增大。当变形量继续增加时，铁素体晶粒将被拉碎而变成纤维状，这种纤维状组织能使钢材具有最大的强度，而塑性和韧性则最低，如再增加变形量，钢材极易发生断裂。

　　　　　由于片状珠光体较球状珠光体脆硬，故在加工变形时所需的能量比球状珠光体要大，而且片状珠光体组织易在拉拔过程中被破碎，从而导致钢材发生断裂。

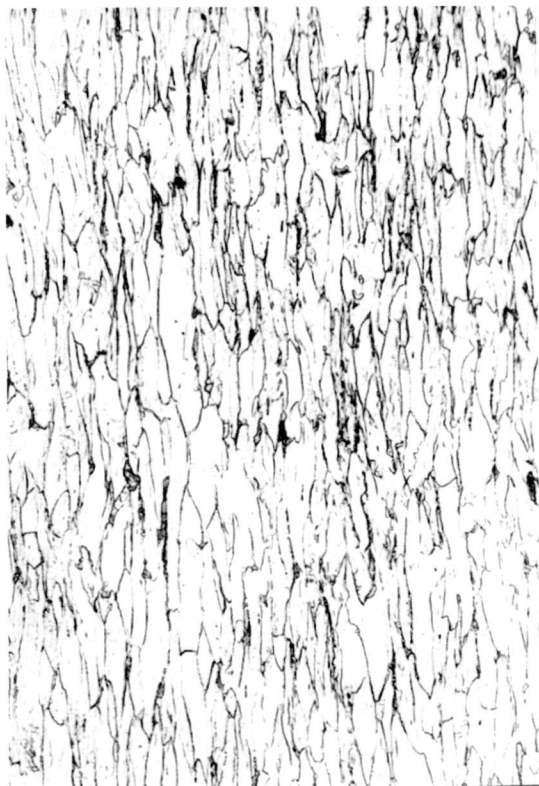

图　2-1-15　　　　　　　　　　　　200×

图 2-1-16 200×

图　　号：2-1-16
材料名称：10 钢
浸 蚀 剂：饱和苦味酸水溶液
处理情况：70％冷拉变形的试样于 500℃退火 3h
组织说明：冷拉变形的铁素体和珠光体仍呈带状分
　　布。变形量为 70％ 的 10 钢，采用低温退火处理
　　后，在光学显微镜下看不出变形的铁素体晶粒有
　　明显的变化。这种低温退火处理仅使金属内部的
　　弹性畸变能下降，晶粒之间相互牵制的作用减
　　弱，微观内应力降低，使组织趋于稳定。它虽使
　　各种力学性能得到少许恢复，但还适当地保留了
　　加工硬化效应，并减少了应力腐蚀倾向。且使磁
　　导率上升，电阻下降。因此这一过程称为回复。
　　在回复阶段尚未出现新的晶粒。

图　　号：2-1-17
材料名称：10 钢
浸 蚀 剂：饱和苦味酸水溶液
处理情况：70％冷拉变形的试样于 700℃退火 3h
组织说明：拉伸变形的晶粒已被再结晶的等轴铁素
体晶粒所替代。此时珠光体趋于球粒化。

　　随着退火温度的升高，将形成一些位向与变
形晶粒不同、内部缺陷较少的等轴小晶粒，这些
小晶粒不断向变形金属中扩展，直至冷变形的拉
长晶粒完全消失为止，这一过程称为再结晶。本
图的细小铁素体等轴晶即为退火时形成的再结晶
晶粒。

　　再结晶后钢的强度、硬度显著下降，塑性和
韧性大大提高，内应力完全消除，加工硬化现象
全部消失，使钢又恢复到冷拉变形前的状态。如
果在再结晶完成后继续升高退火温度，晶粒将继
续长大，它是靠晶界迁移来实现的，小晶粒逐渐
被并吞到相邻的大晶粒中去，此时晶界趋于平直。
粗大晶粒钢的强度、塑性、韧性均将下降。因此，
这是一般不希望出现的情况。

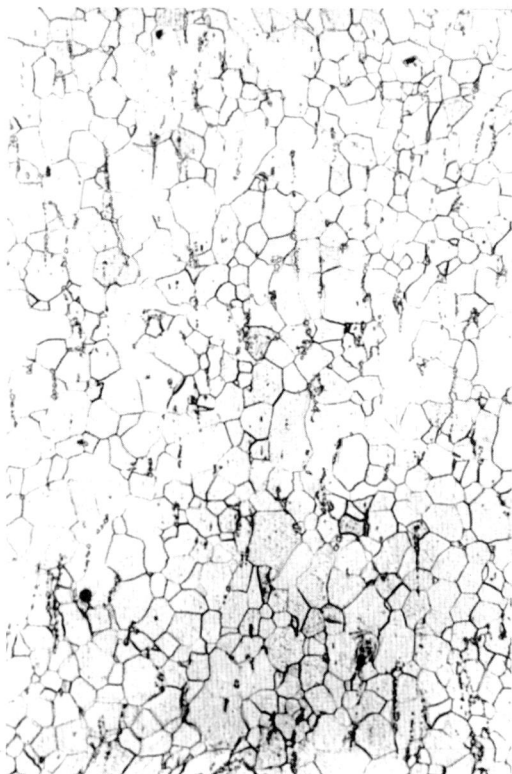

图 2-1-17 200×

图　　号：2-1-18
材料名称：10 钢
浸 蚀 剂：4％硝酸酒精溶液
处理情况：原材料轧制状态
组织说明：晶粒大小不均匀的铁素体和呈严重带状
　　偏析分布的片状珠光体。
　　　　钢中存在严重的片状珠光体带状偏析，导致
性能不均匀。在冷冲压螺母时，即因带状偏析分
布的片状珠光体比铁素体难以发生塑性变形，而
引起开裂。

图　2-1-18　　　　　　　　　　　100×

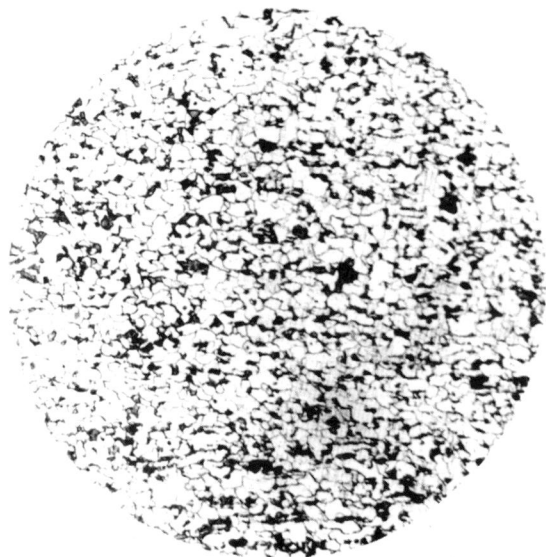

图　2-1-19　　　　100×

图　　号：2-1-19
材料名称：10 钢
浸 蚀 剂：4％硝酸酒精溶液
处理情况：图 2-1-18 原材料经 740℃退火处理
组织说明：细小而又均匀分布的铁素体晶粒以及
　　分散分布的片状珠光体；其中部分片状珠光体
　　已发生球粒化。
　　　　退火处理后，促使原材料的组织细小而又
分布均匀，加上一部分片状珠光体已发生球粒
化，从而改善了原材料的塑性变形性能，应用
退火后的钢材冷冲压螺母时，即不再发生开裂
事故。

图　2-1-20　　　　　　　　　　　　实物

图　2-1-21　　　　　　　　　　　　100×

图　　号：2-1-20～2-1-22

材料名称：10 钢（φ18mm 圆棒）

浸　蚀　剂：4％硝酸酒精溶液

处理情况：冷挤压成形

组织说明：图 2-1-20：左侧图为汽车制动灯开
　　　　关外壳的外形，用 φ18mm 的 10 钢圆棒冷挤
　　　　成形。右侧图是成形的外壳经镀锌处理后的
　　　　情况。

　　　　图 2-1-21：成品做拉力试验后未发生断
　　　　裂，其表面的显微组织为塑性变形极严重的纤
　　　　维状铁素体及珠光体，铁素体的晶粒已被拉碎
　　　　呈纤维状，并沿着加工方向分布，黑色条块为
　　　　严重变形的珠光体。

　　　　图 2-1-22：成品心部之组织，为稍受塑性
　　　　变形的铁素体，铁素体晶粒被挤压变形，但晶
　　　　界仍清晰可见，此外，尚有极少量白色块状三
　　　　次渗碳体。

　　　　由以上两个图可知，10 钢经冷挤压，其
　　　　表面金属流动变形较大，心部变形量甚少，致
　　　　使汽车制动灯开关壳外表面随着变形加工硬
　　　　化作用，硬度较高，应力增大，但因心部塑性
　　　　及韧性极好，使产品在受拉应力作用下未发生
　　　　脆性开裂事故。

图　2-1-22　　　　　　　　　　　　100×

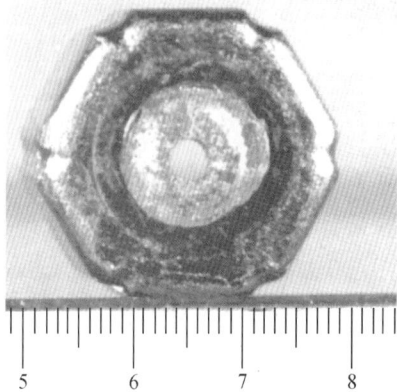

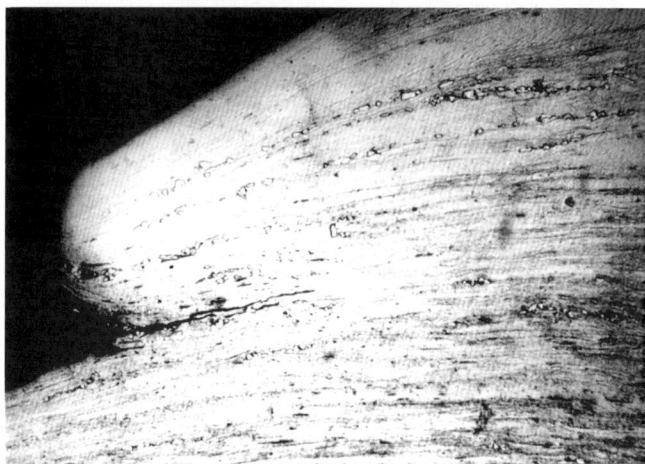

图 2-1-23　　　　　　　　　　实物　　图 2-1-24　　　　　　　　　　　　　50×

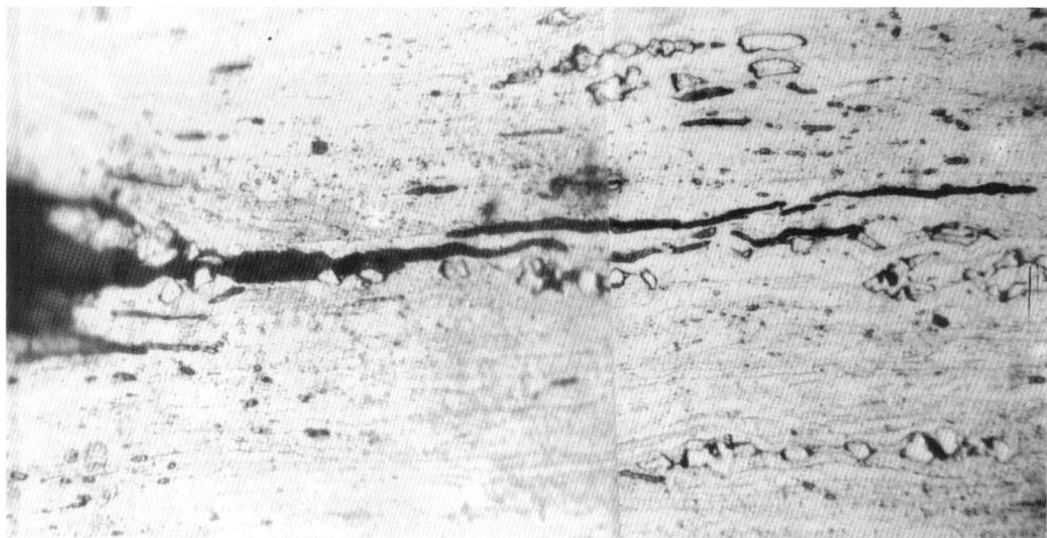

图　2-1-25　　　　　　　　　　　　　　　　　　　　　　　　　400×

图　　号：2-1-23～2-1-25
材料名称：10 钢
浸 蚀 剂：3%硝酸酒精溶液
处理情况：将 φ18mm 的 10 钢圆棒冷挤压成形
组织说明：冷挤压的汽车制动器开关外壳，在做拉力试验后，在尖端螺纹处开裂，断口呈现脆性断裂特征，见图 2-1-23 所示。

图 2-1-24：开关壳沿纵向剖开，磨抛浸蚀后，在螺纹齿根部发现有细小裂纹存在，开关壳铁素体基体呈现沿加工方向变形，在基体上有呈断续串连的白色块状分布的三次渗碳体沿着变形方向存在。

图 2-1-25：螺纹齿根处放大 400 倍后的情况，裂纹沿串连的块状三次渗碳体和变形方向向里延伸。

由上可知，原材料的热加工工艺不当，以致钢材组织中存在多量脆硬的三次渗碳体，使原材料的韧性和塑性下降，加上冷挤压变形的加工硬化，使开关壳的脆性增大，当再受到拉应力作用后，在螺纹应力集中的齿根部容易产生开裂缺陷。

图　2-1-26　　　　　　　　　　400×

图　2-1-27　　　　　　　　　　400×

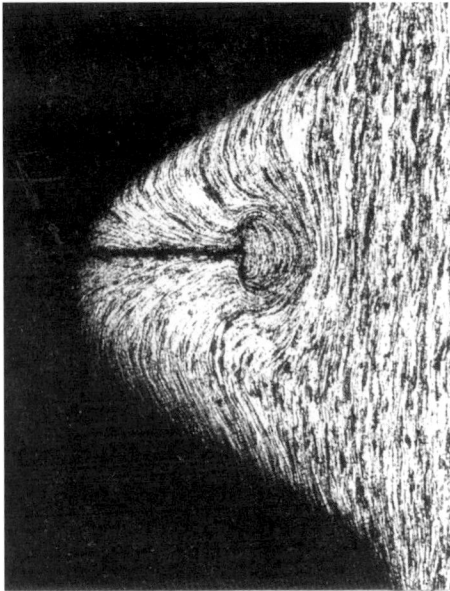

图　2-1-28　　　　　　　　　　80×

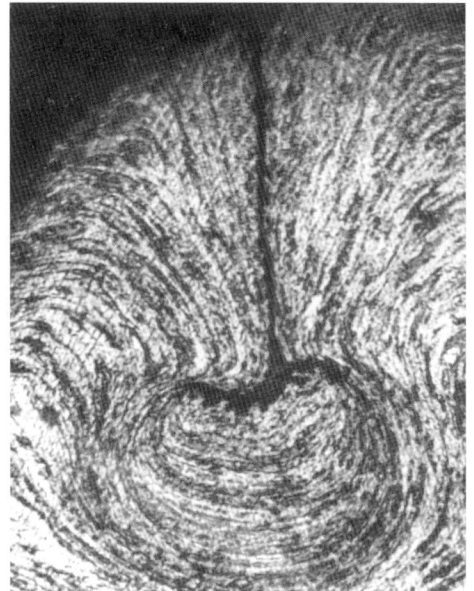

图　2-1-29　　　　　　　　　　200×

图　号：2-1-26～2-1-29　　　　　材料名称：10 钢
浸 蚀 剂：3％硝酸酒精溶液　　　　处理情况：冷挤压
组织说明：冷挤压时齿牙尖产生的挤压缺陷

　　图 2-1-26：冷挤件表面处组织，基体呈纤维状变形。

　　图 2-1-27：冷挤件心部组织，基体为冷挤压变形的铁素体晶粒和稍变形的破碎状珠光体。

　　图 2-1-28：冷挤件齿轮齿牙四周的纤维状变形组织，齿尖处有"Y"字形的挤折裂纹，在"Y"底部分叉裂纹四周变形流线环绕呈圆形分布。

　　图 2-1-29：放大 200 倍后组织，分叉裂纹周围圆形变形流线更清晰。齿尖的分叉裂纹是冷挤时金属流动形成的挤折缺陷。

图　2-1-30　　　　　　　　　　1.5×

图　2-1-31　　　　　　　　　　500×

图　　号：2-1-30～2-1-32
材料名称：15 钢
浸 蚀 剂：图 2-1-30 未浸蚀；图 2-1-31、2-1-32 经
　　　　　4%硝酸酒精溶液浸蚀
处理情况：图 2-1-31 球化退火
　　　　　图 2-1-32 正火处理
组织说明：组织对可加工性能的影响。

　　图 2-1-30：15 钢板冷冲压成形的碗形零件剖面，其内部螺纹系在自动机床上加工。

　　图 2-1-31：球化退火的原材料，经冷冲压成形，组织为铁素体，在晶界处有颗粒状分布的渗碳体，硬度为 103HBW。

　　这种原始组织，冷冲压成形性能较好，但由于硬度太低，在攻螺纹时不易切削，要粘刀甚至损坏刀具，加工后的螺纹表面粗糙度很差。

　　图 2-1-32：该零件经过正火处理后，组织为铁素体及片状珠光体（黑色），硬度为 121HBW。因为经过正火处理，球状渗碳体转变为片状珠光体，提高了硬度，这种组织可加工性良好；而且螺纹表面粗糙度值亦小，从而提高了产品质量。

　　由上述可知，当钢中含碳量低，珠光体呈片状分布时，可以提高可加工性。

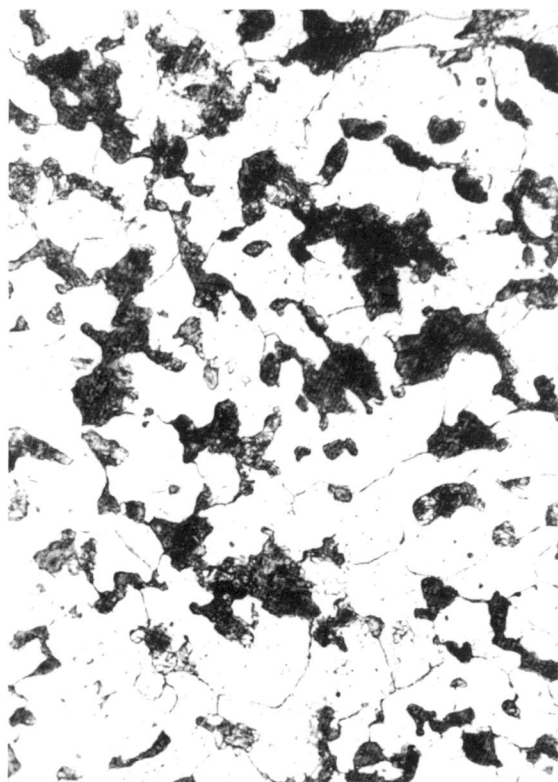

图　2-1-32　　　　　　　　　　500×

图　2-1-33　　　　　　　　　　1×

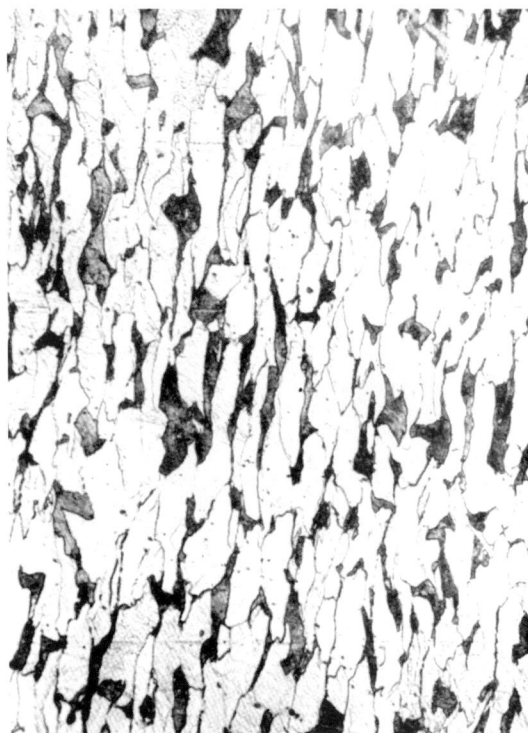

图　2-1-34　　　　　　　　　　200×

图　2-1-35　　　　　　　　　500×

图　　号：2-1-33～2-1-35

材料名称：15 钢

浸蚀剂：图 2-1-33 未浸蚀；图 2-1-34、2-1-35
　　　经 4%硝酸酒精溶液浸蚀

处理情况：图 2-1-34 轧态、图 2-1-35 经球化退
　　　火处理

组织说明：力车车轴钢碗，冲制成形时，发现
　　　大量钢碗被冲裂，如图 2-1-33 所示。钢碗沿
　　　冲凹陷圆弧处开裂，断口呈脆性特征。

　　　图 2-1-34：钢碗的显微组织，呈冷轧变
　　　形的铁素体及片状珠光体，组织呈条带状
　　　分布。

　　　由于片状珠光体硬度高，塑性差，在
　　　冲制变形时易于在受冲压的垂直变形处发
　　　生开裂。

　　　图 2-1-35 制造钢碗的钢材，经过 740℃
　　　球化退火处理后，显微组织中片状珠光体得
　　　到改善，成为球粒状珠光体，钢材的硬度下
　　　降，塑性、韧性增加，故在冲制钢碗时就不
　　　再发生开裂事故。

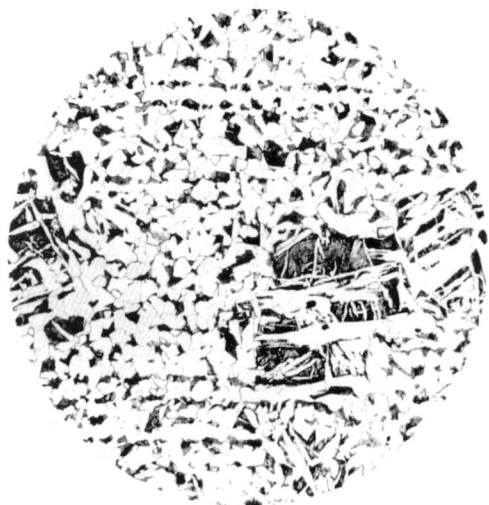

图 2-1-36 100×

图　　号：2-1-36
材料名称：Q235 钢
浸 蚀 剂：4％硝酸酒精溶液
处理情况：原材料热轧后空冷
组织说明：白色基体为铁素体，灰黑色块状为片状珠光体。部分晶粒因过热而长大，并在粗大珠光体晶粒内出现针状铁素体，这是由于钢过热而在冷却时，先共析铁素体沿一定的晶面或惯习面呈针状析出，它与奥氏体晶格之间有一定的取向关系，这种分布形式的铁素体和珠光体，称为魏氏组织。它常导致材料的冲击韧度下降。

图　　号：2-1-37
材料名称：Q235 钢
浸 蚀 剂：4％硝酸酒精溶液
处理情况：原材料热轧后空冷
组织说明：工件的加热温度较图 2-1-36 试样高；冷却速度亦较快。因此铁素体晶粒普遍长大，并出现更多更长的针状铁素体，魏氏组织较图 2-1-36 严重。按 GB/T 13299—1991 标准评定，魏氏组织属 3 级。
　　魏氏组织为过热组织，随着过热程度的提高，魏氏组织的严重程度也随之增大。

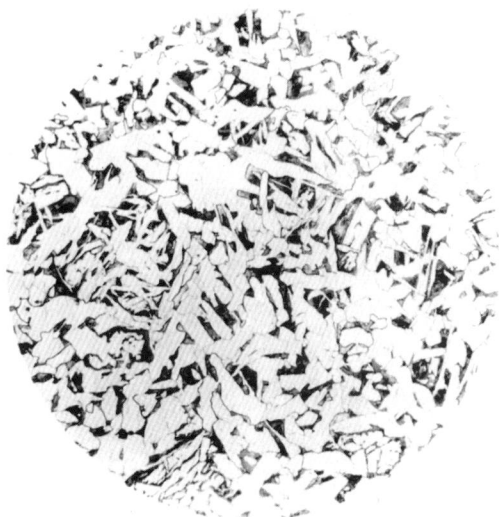

图 2-1-37 100×

图 2-1-38 100×

图　　号：2-1-38
材料名称：Q235 钢
浸 蚀 剂：4％硝酸酒精溶液
处理情况：原材料热轧后空冷
组织说明：热轧终了温度更高，以致晶粒粗大，大部分铁素体呈针状分布，针叶方向交叉，构成严重的魏氏组织（相当于 4 级）。钢件加热温度偏高，而冷却适中时，既能促使晶粒长大，而且在冷却时又容易形成魏氏组织。
　　魏氏组织可通过正确的正火或退火处理予以改善或消除。

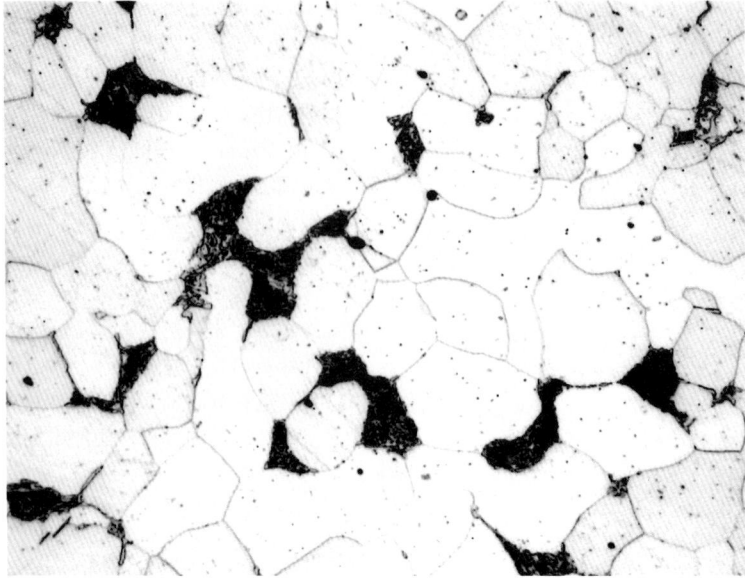

图　2-1-39　　　　　　　　　　　　　　　　　　　500×

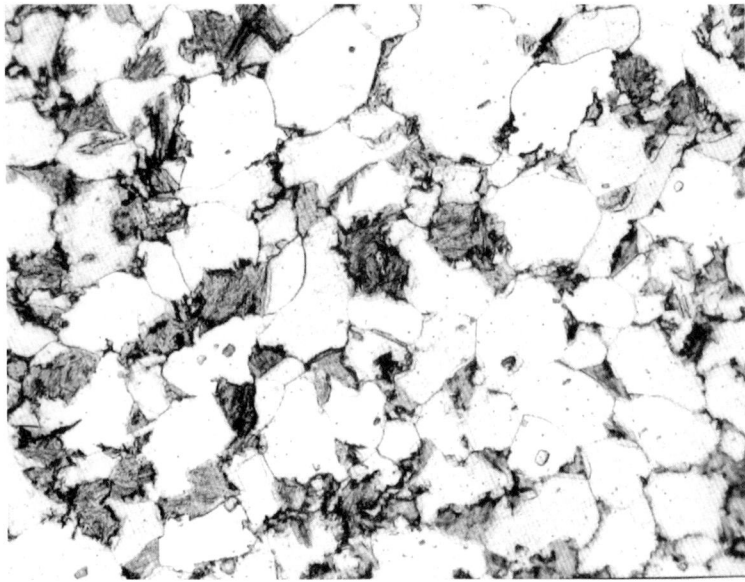

图　2-1-40　　　　　　　　　　　　　　　　　　　500×

图　号： 2-1-39、2-1-40

材料名称： Q235 钢棒材

浸 蚀 剂： 4%硝酸酒精溶液

处理情况： 热轧材；图 2-1-40 经 840℃×0.5h 后淬火

组织说明： 图 2-1-39：热轧棒材，基体组织为铁素体及块状分布的粒状珠光体，铁素体基体上的黑色小点状为渗碳体颗粒，部分晶界上的灰色颗粒状为硫化锰夹杂物。

图 2-1-40：经 840℃加热后的淬火组织，由于加热温度低，同时保温时间又短，以致使珠光体块转变为奥氏体，在冷却时转变为马氏体针状组织，铁素体未发生相变，被保留下来。

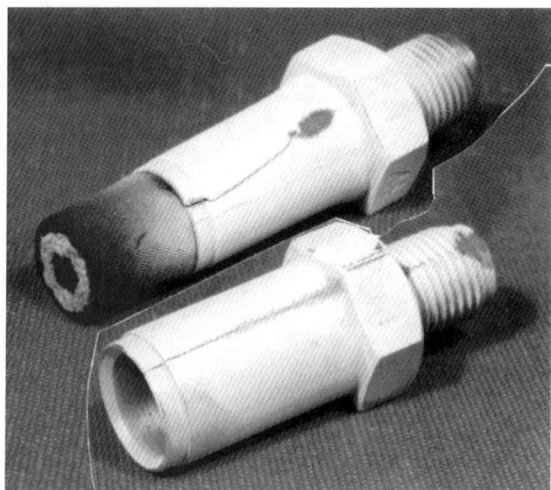

图　2-1-41　　　　　　　　　实物

图　2-1-42　　　　　　　　　50×

图　　号：2-1-41～2-1-43

材料名称：Q235 钢

浸 蚀 剂：未浸蚀

处理情况：汽车刹车管头，冷挤压成形

组织说明：汽车刹车管头在套镶橡胶并挤压成形
　　时，发现管头上有沿纵向分布的细小裂纹，裂纹
　　贯穿刹车管头全长。

　　　　图 2-1-41：刹车管头经着色渗透探伤，管头
　　上贯穿全长的裂纹的分布情况。

　　　　图 2-1-42：刹车管头原材料内孔壁处裂纹的
　　分布情况。

　　　　图 2-1-43：刹车管头横截面，图右上角为裂
　　纹，图中部的裂纹附近有很多孔洞，其内有氧化
　　物夹杂物的情况。

图　2-1-43　　　　　　　　　50×

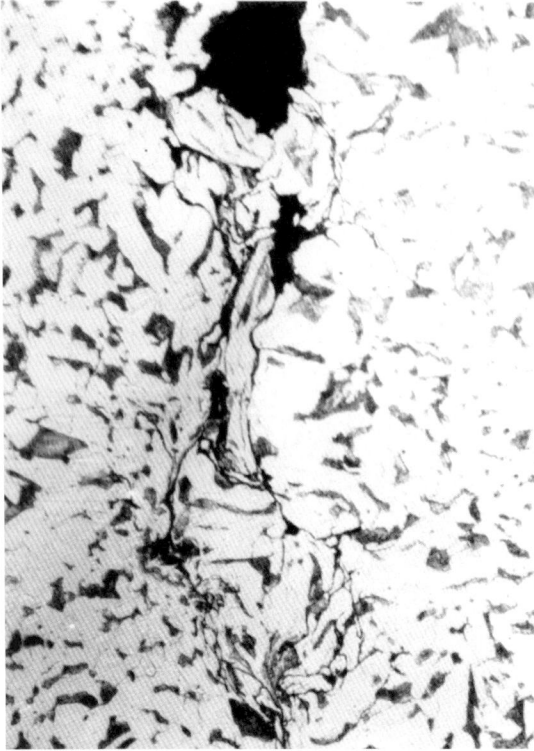

图 2-1-44   250×

图 2-1-45   250×

图 2-1-46   250×

图　　号：2-1-44～2-1-46
材料名称：Q235 钢
浸 蚀 剂：3%硝酸酒精溶液
处理情况：汽车刹车管头，冷挤压成形
组织说明：管头原材料上就存在沿纵向分布的裂
　　　　　纹，且裂纹附近有较多孔洞，孔洞内有氧化物。

图 2-1-44：管头原材料上裂纹经浸蚀后，基体为铁素体及少量块状珠光体，在裂纹尾部裂纹细小分叉，且组织有明显的塑性变形。

图 2-1-45：上述裂纹一直延伸至管头截面另一侧的外表面，裂纹附近的组织也呈变形态。

图 2-1-46：在原材料纵向组织中发现有偏析存在，组织中有大块状铁素体，其周围有珠光体包围着。

汽车刹车管头在原材料中已存在贯穿全长且已穿透的裂纹，此裂纹为钢锭切头过少而残存在钢坯中的残余缩孔，在以后热加工中延伸发展，加工成零件后，残存贯穿在零件的外表面上，这是原材料低劣所造成的。

Q235 钢按力学性能供货，保证抗拉强度和伸长率，按需方需要可补充屈服强度、室温冲击韧度和冷弯性能，化学成分除了硫、磷外不作交货条件。

— 320 —

图　2-1-47　　　　　　　　　实物

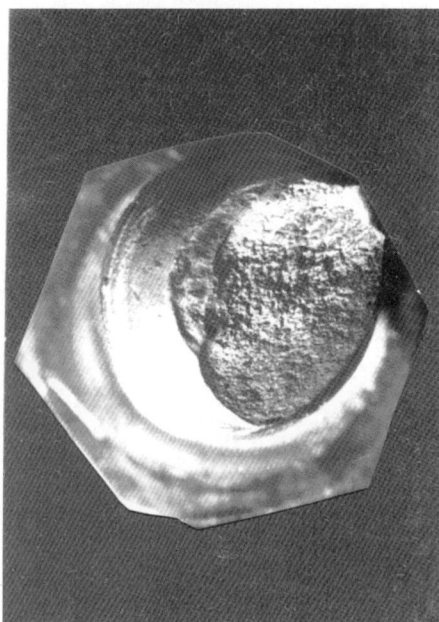

图　2-1-48　　　　　　　　　实物

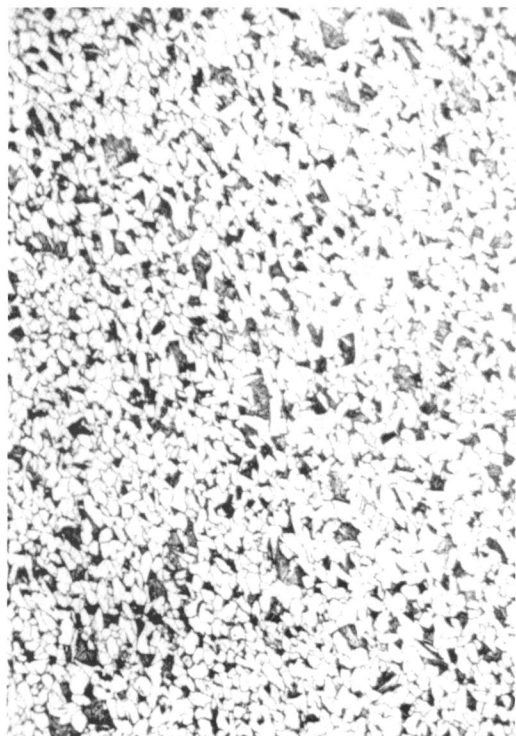

图　2-1-49　　　　　　　　100×

图　　号：2-1-47～2-1-49

材料名称：Q235F 钢螺栓 [w（C）0.17%，w（Mn）0.43%，w（Si）≤0.02%，w（S）0.017%，w（P）0.022%，w（Ni）0.03%，w（Cr）≤0.02%]

浸 蚀 剂：图 2-1-49 经 4%硝酸酒精溶液浸蚀

处理情况：热轧后正火

组织说明：在安装送电铁塔时，由于螺栓断裂，致使铁塔发生倒塌事故。

　　图 2-1-47：螺栓断裂的情况，断头处有严重弯曲变形。

　　图 2-1-48：螺栓头部断口，断口上略有锈斑，剪切唇明显。

　　图 2-1-49：远离断口，在螺栓本体处取样作金相分析，基体为等轴晶粒的铁素体和少量块状分布的片状珠光体。

　　经成分分析，螺栓为 Q235F 低碳钢，将螺栓加工成 ϕ8mm 试样，测试其抗剪强度 τ_b 为 332N/mm²。

图　2-1-50　　　　　　　　　　　　100×

图　2-1-51　　　　　　　　　　　　100×

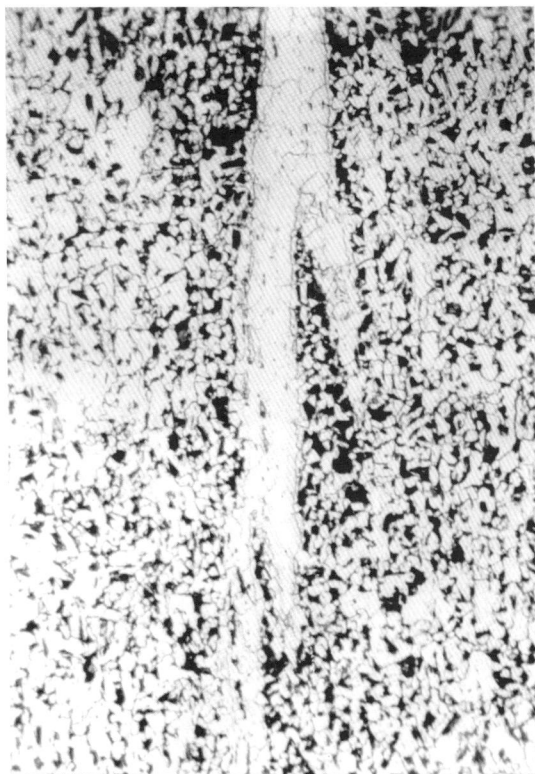

图　2-1-52　　　　　　　　　　　　100×

图　　号：2-1-50～2-1-52

材料名称：Q235F 钢螺栓

浸 蚀 剂：4％硝酸酒精溶液

处理情况：热轧后正火

组织说明：在图 2-1-47 螺栓断头处沿纵向剖开，磨抛浸蚀后其组织为铁素体和珠光体，呈纤维状，见图 2-1-50 所示。

　　断口表面组织为明显变形的铁素体及珠光体，见图 2-1-51。

　　螺栓本体组织中发现有粗大的铁素体带状偏析，见图 2-1-52。由此说明螺栓存在偏析组织，材质欠佳。

　　按原设计送电铁塔螺栓应采用 45 钢来制造，造成铁塔倒塌是由于螺栓错用 Q235F 钢来制造，因而螺栓的强度不够，导致螺栓承受不了铁塔自重而发生变形、剪切断裂。

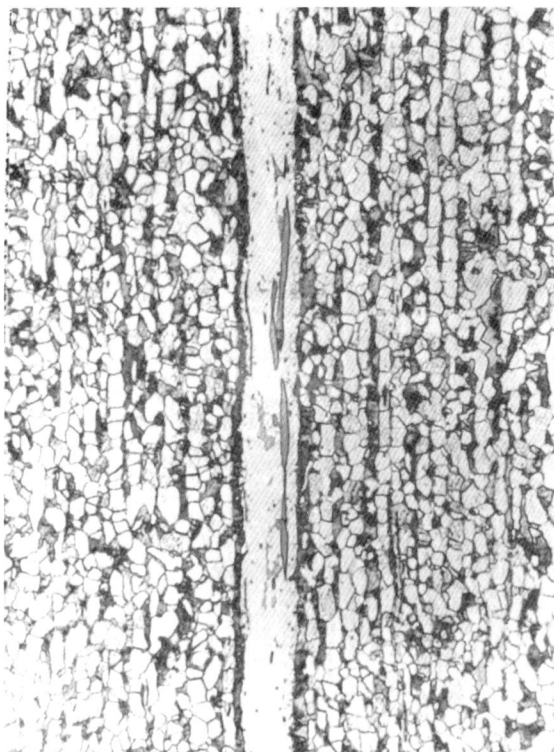

图　　号：2-1-53

材料名称：Q235 钢

浸 蚀 剂：4％硝酸酒精溶液

处理情况：热轧后缓冷

组织说明：鬼线。铁素体和珠光体呈带状分布，基体中有一条宽的白色铁素体带，它为两条片状珠光体细带所间隔，在铁素体带上有浅灰色条状硫化物夹杂。

　　钢液凝固时，先自液体中析出奥氏体的枝晶，这些枝晶中含碳和杂质元素（S 和 P）较少；而未凝固钢液中碳量和杂质元素（S 和 P）则较高，这部分钢液最后凝固于枝晶轴间，由于轴间基体中硫、磷含量较高，硫形成硫化物而磷则固溶于基体中，同时磷元素不易扩散，且有排碳作用，所以磷固溶体周围碳量稍高，承受热压力时，轴间即沿加工方向延伸，冷却后便形成带状铁素体，由于含磷较高，导致两侧有一层珠光体间隔。这种由于磷偏析而造成的带状组织即称为鬼线。它不能借正火或退火处理得到消除或改善。

图　　2-1-53   200×

图　　号：2-1-54

材料名称：Q235 钢

浸 蚀 剂：4％硝酸酒精溶液

处理情况：热轧后缓冷

组织说明：鬼线。图 2-1-53 试样放大后的情况，在铁素体带上布有磷化物，呈不规则条状、块状分布，铁素体由于固溶磷而变得脆、硬，当有磷化物析出时，则脆、硬加剧，从显微硬度的印痕可以看出，它比铁素体硬得多。

　　钢中的磷元素一般都固溶于基体中，由于磷的偏析作用，将使钢产生冷脆，从而造成无法挽救的失效。

　　如欲检视铁素体带是否固溶磷的偏析，可将抛光的试样置于氯化铜、氯化镁、盐酸酒精溶液中浸蚀，然后用水清洗，若铁素体带未被铜离子所覆盖，即可证实该处存在磷偏析。

图　　2-1-54   500×

图 2-1-55 实物

图 2-1-56 100×

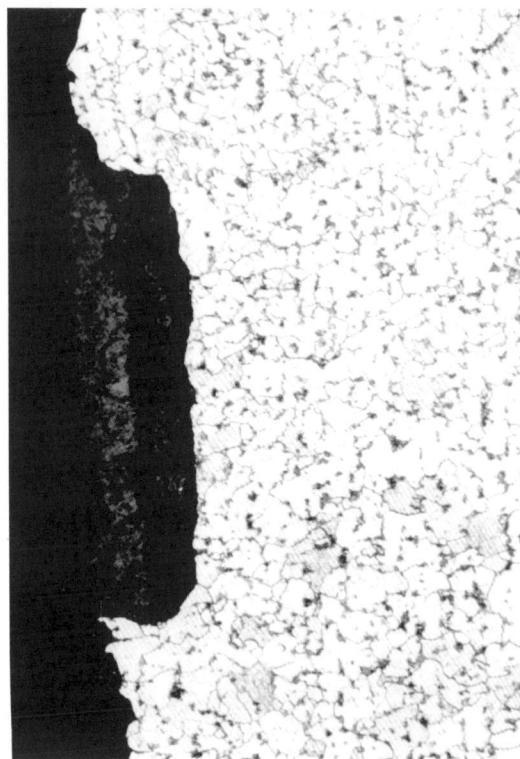

图 2-1-57 100×

图　　号：2-1-55～2-1-57
材料名称：进口 STB33G 无缝锅炉钢管
浸 蚀 剂：图 2-1-57 经 3％硝酸酒精溶液浸蚀
处理情况：进口管放置在露天架上 2～3 年
组织说明：锅炉钢管放在露天架上 2～3 年后，发现钢管表面有较多凹坑，有的是单独的凹坑，较深；有的沿横向连成一圆弧形凹坑，图 2-1-55 为钢管表面凹坑分布的情况。

图 2-1-56：取自单独凹坑的横截面，发现凹坑较深，坑底一层深黑色为腐蚀产物，其上覆有一层灰色氧化皮。

图 2-1-57：上述凹坑处经腐蚀的组织，基体为细晶粒的铁素体和少量小块状分布的珠光体，稍呈带状分布。凹坑底部的腐蚀物受浸蚀后，一小部分被腐蚀掉，外面的氧化皮受浸蚀色泽稍深。

此凹坑乃是长期放置于露天接触大气各种介质浸蚀所造成的局部表面腐蚀和氧化。

图 2-1-58   实物

图 2-1-59   100×

图 2-1-60   100×

图　　号： 2-1-58～2-1-60

材料名称： 进口 STB33G 无缝锅炉钢管

浸 蚀 剂： 图 2-1-60 经 3%硝酸酒精溶液浸蚀

处理情况： 钢管进口后放置于露天架上 2～3 年，除钢管局部存在单独凹坑外，还发现钢管表面有连片的腐蚀斑块

组织说明： 图 2-1-58：钢管表面连片的腐蚀斑块情况。

图 2-1-59：腐蚀斑块处表面上灰色氧化皮外，靠近钢管基材和氧化皮间有一层深灰色腐蚀产物。

图 2-1-60：浸蚀后情况，基体为细晶粒铁素体和少量小块状珠光体，有带状倾向，表面氧化皮清晰可见，夹于基体与氧化皮间的腐蚀产物稍受腐蚀。

长期置于大气中，受到各种介质浸蚀，造成钢管局部表面产生的腐蚀和氧化。钢管表面未发现有脱碳现象和轧制的缺陷。

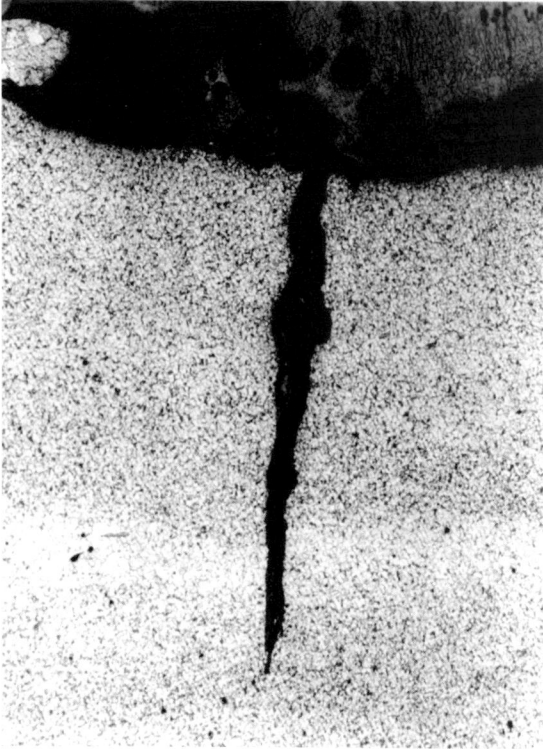

图 号：2-1-61
材料名称：低碳锅炉钢
浸 蚀 剂：3％硝酸酒精溶液
处理情况：卷板成形后铆接
组织说明：苛性腐蚀。使用多年的低碳钢锅炉，铆接部分发现有小裂纹。在有裂纹处取样作金相分析，发现裂纹内充有氧化物夹杂，金属基体为极细晶粒的铁素体和极少量珠光体组织。裂纹较直，且垂直于钢板的带状组织而延伸。铆接处，由于长期氧化腐蚀作用，空隙较大，且有明显的凹坑。

  此缺陷为苛性腐蚀。因锅炉用水中含有碱性杂质；同时锅炉钢板因在铆接时产生的残余应力以及蒸汽压力所产生的张应力作用下，在铆接空隙处，碱性杂质容易富集而浓缩。长期以来，在上述因素的联合作用下，即产生苛性腐蚀脆化。当使用温度大于 250℃ 时，苛性脆化裂纹通常为穿晶的形式，若温度低于 250℃ 时，则苛性脆化裂纹主要为晶间裂纹。

图 2-1-61   50×

图 号：2-1-62
材料名称：低碳锅炉钢
浸 蚀 剂：3％硝酸酒精溶液
处理情况：卷板成形后铆接
组织说明：苛性腐蚀。同图 2-1-61 试样，在铆接钢板上，还发现较多细小的弯曲裂纹自钢板表面向内扩展，裂纹内充有灰色的氧化物夹杂。

  图中间黑色部分为两块钢板铆接的空隙，图左侧为另一块钢板。

  锅炉钢板的显微组织均为铁素体及极少量珠光体。晶粒细小而均匀。

  由此可进一步证明图 2-1-61 缺陷确为苛性腐蚀。在锅炉用水中加入适量的磷酸钠和磷酸后可防止苛性脆化现象，因为磷酸钠和磷酸的沉淀析出可阻止碱性夹杂的进一步富集，使其浓度保持在较低的水平，因而能延缓或防止苛性脆化的发生。

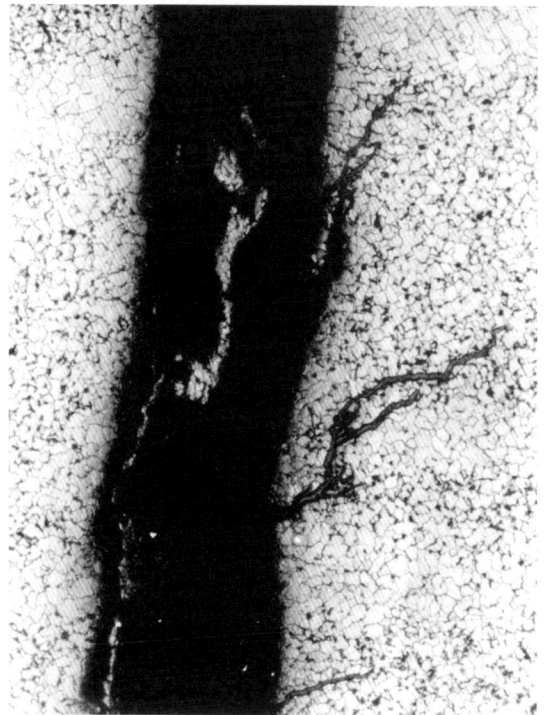

图 2-1-62   100×

图 2-1-63 实物

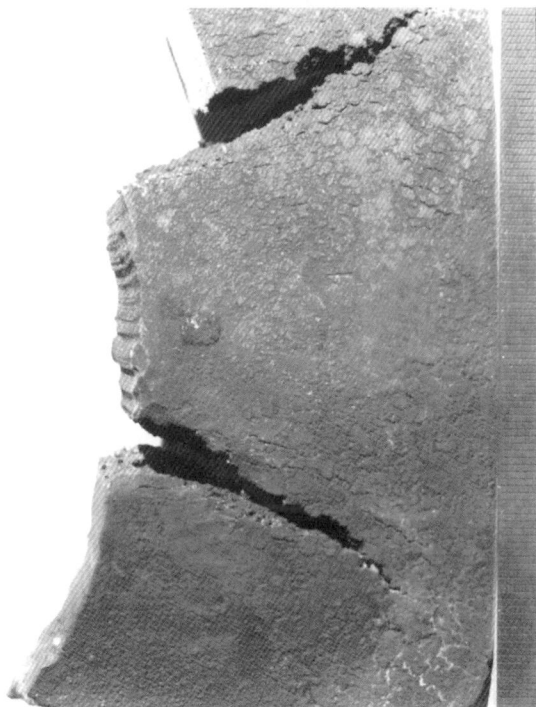

图 2-1-64 实物

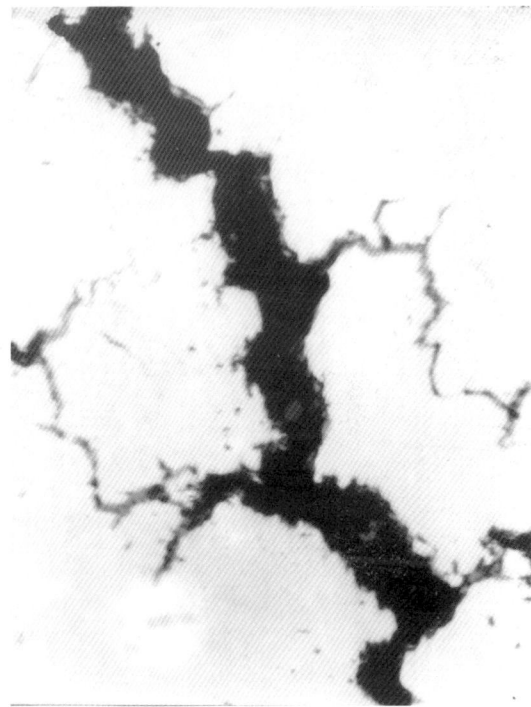

图 2-1-65 100×

图　号：2-1-63～2-1-65
材料名称：低碳锅炉钢
浸 蚀 剂：未浸蚀
处理情况：高温加热后锻造
组织说明：过烧。

　　图 2-1-63 及图 2-1-64：钢板经过高温加热锻造后发生的开裂情况，在钢板表面且有较多呈网状分布的细小裂纹。

　　图 2-1-65：裂口处经磨抛后的情况，裂纹比较粗大，而且弯曲。在主裂纹边缘尚有次裂纹，其内充有浅灰色氧化物夹杂，次裂纹似沿晶界分布。

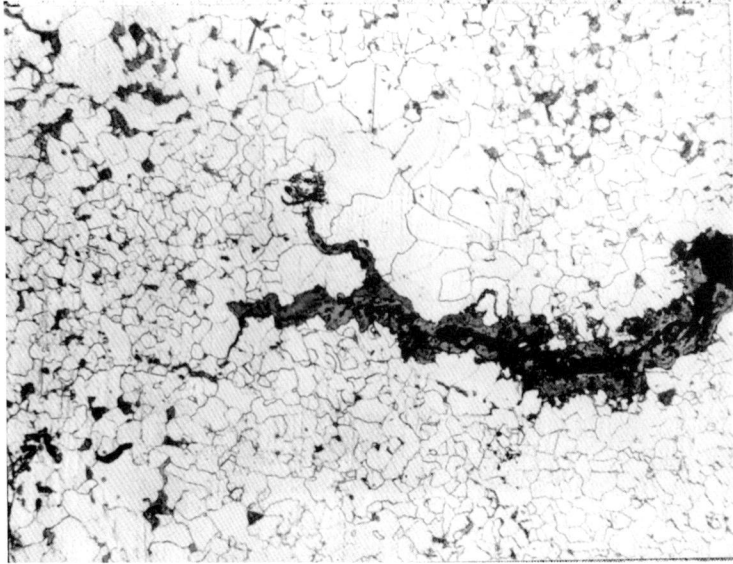

图　2-1-66　　　　　　　　　　　　　　100×

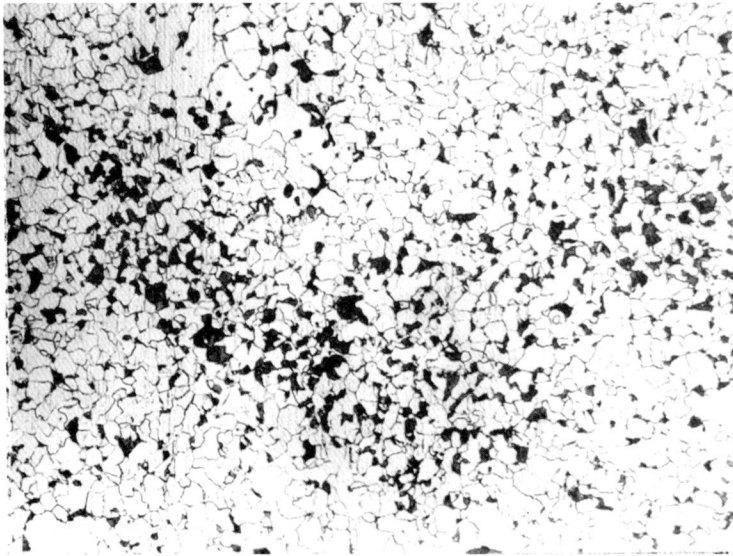

图　2-1-67　　　　　　　　　　　　　　100×

图　　号：2-1-66、2-1-67
材料名称：低碳钢锅炉钢
浸 蚀 剂：4%硝酸酒精溶液
处理情况：高温加热后锻造
组织说明：图 2-1-66：裂纹尾部的显微组织，裂纹内充有氧化物夹杂，裂纹尾部沿晶界分布，裂纹两侧存在脱碳，组织为铁素体及极少量珠光体，部分铁素体晶粒较粗大。离裂纹稍远的组织为铁素体及少量珠光体。

图 2-1-67：心部基体的显微组织，系细晶粒的铁素体及少量珠光体，珠光体的分布不均匀，稍有聚集的情况。

从上列各图的情况推断：钢板的开裂是由于锻造加热温度过高而过烧所引起的，在锻打时，因过烧而引起的裂纹进一步扩展，以致裂成大的开口。

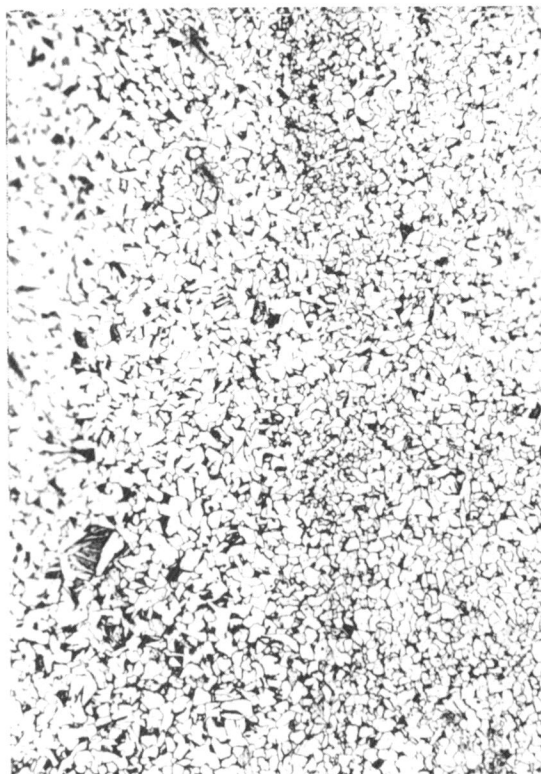

图 2-1-68   100×

图　　号：2-1-68
材料名称：20 钢
浸 蚀 剂：2％硝酸酒精溶液
处理情况：退火状态
组织说明：铁素体及珠光体，铁素体的晶粒大小
　　　分布不均匀。

　　冷拔钢材，由于各部位的变形量不均匀，
以致在同一温度退火后，变形量不同的部位再
结晶后的晶粒大小也不一样；细晶粒部分的强
度及硬度往往稍高于大晶粒处。

　　20 钢可用来制造承受应力不大、塑性及
韧性要求较高的机械零件，如汽车刹车片、杠
杆轴、变速箱变速拨叉、齿轮、齿轮轴、凸轮
轴、气阀挺杆、套筒等负载不大的渗碳体；以
及拉杆、钩环、杠杆、衬垫等受力不大、韧性
要求较高的锻制件和压制件等。

图　　号：2-1-69
材料名称：20 钢
浸 蚀 剂：2％硝酸酒精溶液
处理情况：900℃加热后正火处理
组织说明：白色基体为铁素体等轴晶，黑色块状为片
　　　状珠光体。此为正火后的正常组织。

　　20 钢经正火处理后，可以获得均匀而又细小的
组织，从而使其抗拉强度大于 441N/mm²，伸长率
大于 23％。这种钢可用于制造承受应力不大、塑性
要求较高的机械零件，例如起重钩、轴套、拉杆、
螺钉及杠杆等。如果进行渗碳淬火处理，则可以制
造要求表面硬度高，而心部强度一般的零件，例如
活塞销、轴套、链条的滚子等。另外，这类钢的焊
接性能良好，尚可用作需要焊接的零件。

　　20 钢还可以用于制造压力低于 6MPa、温度低
于 450℃的非腐蚀性介质中工作的管子、法兰以及
各种紧固件。

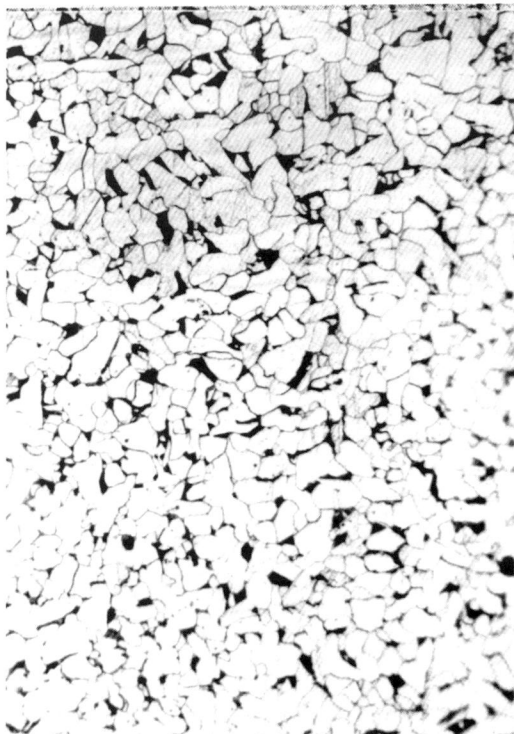

图 2-1-69   100×

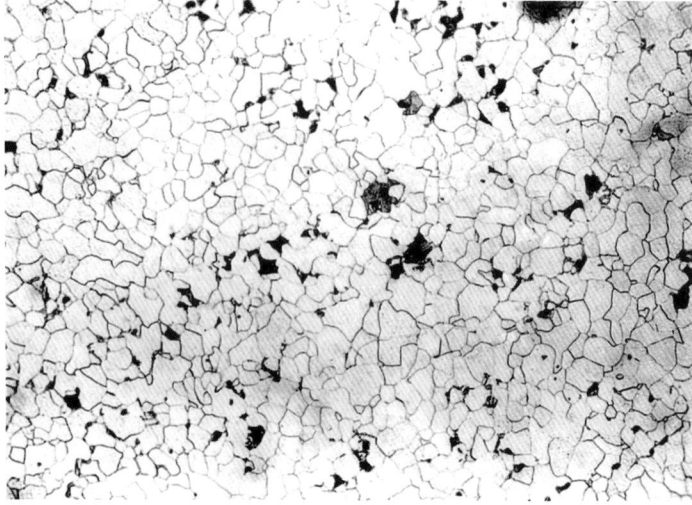

图　2-1-70　　　　　　　　　　　　　　　　100×

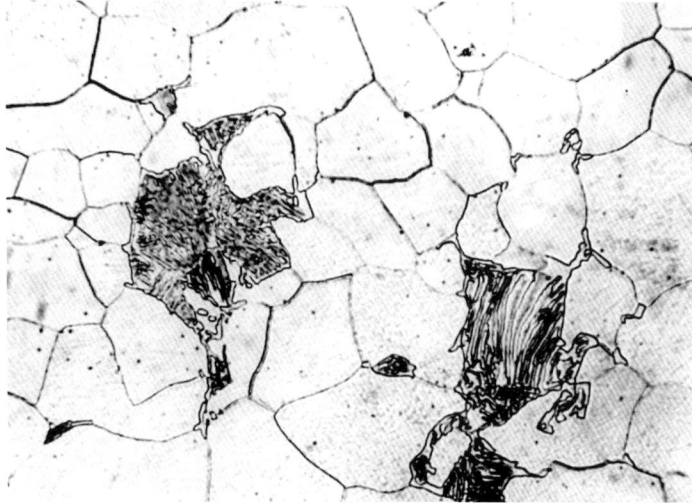

图　2-1-71　　　　　　　　　　　　　　　　500×

图　　号：2-1-70、2-1-71

材料名称：20 钢

浸 蚀 剂：4%硝酸酒精溶液

处理情况：880℃×12h 后随炉冷至 500℃后空冷

组织说明：图 2-1-70：退火后的组织，组织为铁素体及黑色块状分布的片状珠光体，铁素体晶粒细小，属 7 级。珠光体的体积分数约占 5%。

　　图 2-1-71：放大 500 倍后的组织，基体为细晶粒的铁素体，黑色块状为片状珠光体，此外，在珠光体边缘铁素体晶界上有少量三次渗碳体。

　　20 钢经退火后，材料的硬度有所降低，其塑性及韧性较正火处理者低些。此材料适用冷冲压或作渗碳零件。

　　20 钢强度、硬度低，塑性及韧性高，冷变形性和焊接性好，可加工性能差，淬透性和淬硬性低，无回火脆性。一般在供应态或正火后使用，也可通过淬火、回火改善力学性能和可加工性能。

图 号：2-1-72
材料名称：20 钢
浸 蚀 剂：3％硝酸酒精溶液
处理情况：950℃加热保温后水淬
组织说明：低碳马氏体，又称板条状马氏体，硬
　　　　　度为 46～47HRC。
　　　低碳钢淬火后可得到板条状马氏体组织，
它的特征是：尺寸大致相同的条状马氏体定向
平行排列，组成马氏体束或马氏体区域，在区
域与区域之间位向差较大，一颗原始的奥氏体
晶粒内可以形成几个不同取向的区域。
　　　20 钢通过加热后淬火、回火等处理，可以
改善其力学性能和可加工性，以充分利用它
的潜在性能，来制造强度和韧性要求较高的
零部件。

图　2-1-72　　　　　　　　　　　　　630×

图 号：2-1-73
材料名称：20 钢
浸 蚀 剂：3％硝酸酒精溶液
处理情况：大于 1000℃加热保温后水淬
组织说明：粗大低碳马氏体，或称板条状马氏体。
　　　由于淬火温度较前图试样为高，故淬火后得到
粗大的板条状马氏体。
　　　虽说马氏体通常是硬而脆的组织，其实只有中
碳或高碳钢在淬火后可得到既硬又脆的高碳马氏体
组织，而低碳钢淬火后得到的低碳马氏体其强韧性
却很好。目前很多工厂已广泛采用低碳钢或低碳低
合金钢通过高温淬火和低温回火处理，以获得强韧
性好的低碳马氏体组织，从而提高零件的力学性能
和使用寿命，以满足生产要求和节省原材料。

图　2-1-73　　　　　　　　　　　　　630×

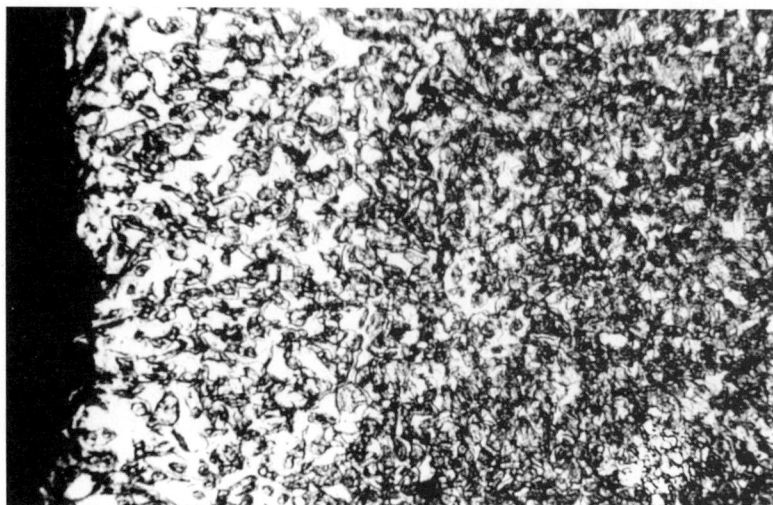

图　2-1-74　　　　　　　　　　　　　　　　　500×

图　2-1-75　　　　　　　　　　　　　　　　　500×

图　　号： 2-1-74、2-1-75

材料名称： 20 钢

浸 蚀 剂： 苦味酸+4%硝酸酒精溶液

处理情况： 淬火、低温回火

组织说明： 图 2-1-74： 20 钢圆棒试样表层组织，表面为半脱碳层，组织为铁素体及回火马氏体，脱碳层深度约为 0.07mm，此层的平均硬度为 270HV，相当于 27HRC。稍黑，组织为回火马氏体及极少量半网状和块状分布的铁素体。

图 2-1-75：20 钢心部组织，基体为回火马氏体及极少量网状或块状分布的铁素体，组织细小均匀，硬度为 414HV，相当于 42HRC。基体中极少量网状和块状分布的铁素体是淬火加热时保温时间不足所致。

图　　2-1-76　　　　　　　　　　　　　　　　实物

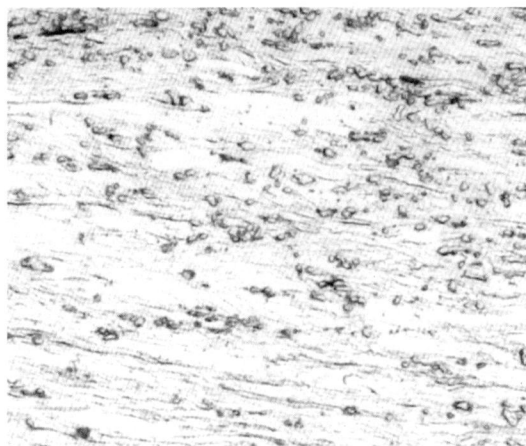

图　　2-1-77　　　　　　　　　　　　　　　　400×

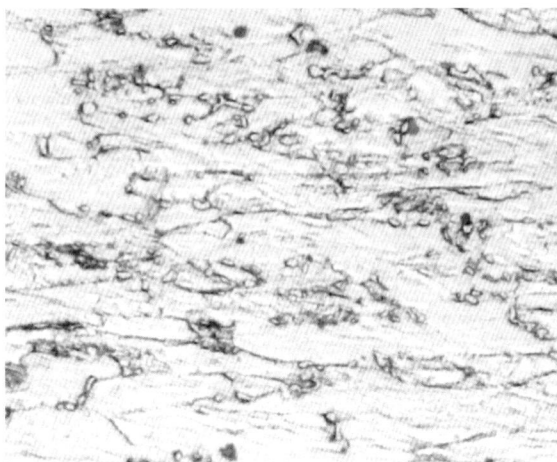

图　　2-1-78　　　　　　　　　　　　　　　　400×

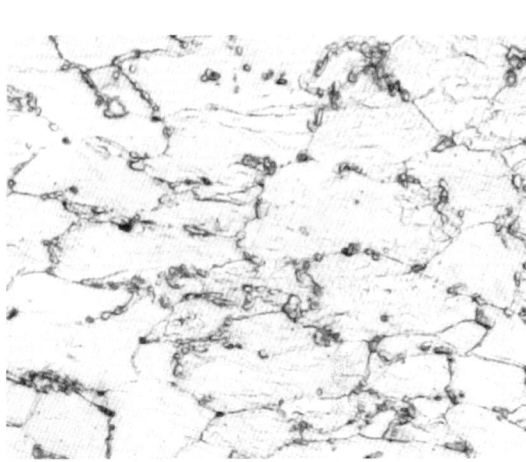

图　　2-1-79　　　　　　　　　　　　　　　　400×

图　　号：2-1-76～2-1-79

材料名称：20 钢 $[w$（C）0.17%～0.24%，w（Si）0.17%～0.37%，w（Mn）0.35%～0.65%，w（S）≤0.035%，w（P）≤0.035%]

浸 蚀 剂：图 2-1-77～图 2-1-79 经 4%硝酸酒精溶液浸蚀

处理情况：冷挤压活塞。材料进行球化处理-磷皂化处理-冷挤压成形

组织说明：冷挤压成形的活塞毛坯外形见图 2-1-76 所示。

图 2-1-77：冷挤压活塞外表面，冷挤压变形量最大处的基体为变形量较大的铁素体，其上有沿变形方向分布的点颗粒状碳化物。

图 2-1-78：冷挤压活塞次表面组织，其变形量较外表面小，故球粒状碳化物仍聚集在一起分布，铁素体虽受变形，但部分铁素体晶界仍被保留。

图 2-1-79：冷挤压活塞心部组织，其变形量较小，球粒状碳化物聚集在铁素体晶界处，铁素体虽受变形，但其晶粒边界完整。

从这一组图片可看到，冷挤压件表面变形量最大，铁素体晶粒被拉碎。逐步向里变形随之减小，铁素体晶界从部分被保留到完全被保留，球状碳化物也由破碎到聚集于铁素体的晶界上。

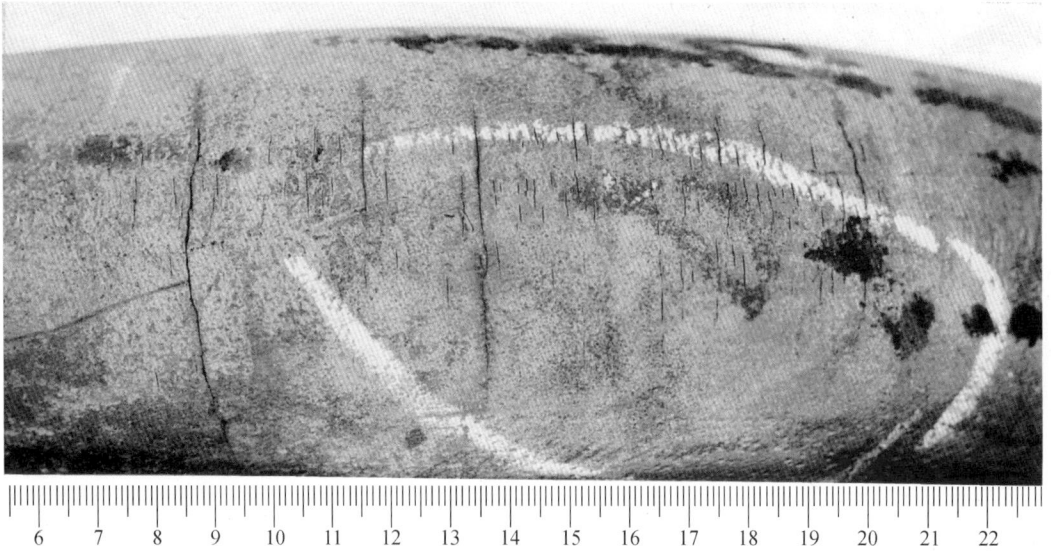

图　2-1-80　　　　　　　　　　　　　　　　　　　　　　实物

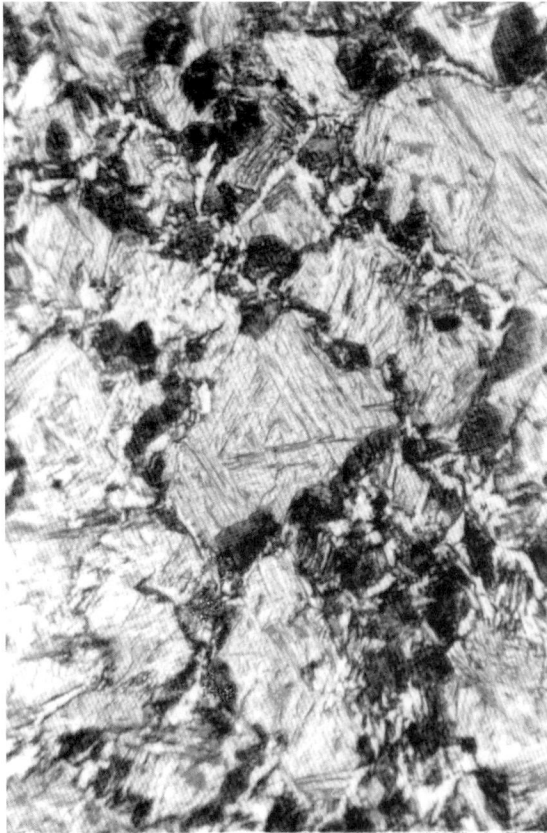

图　　号：2-1-80、2-1-81

材料名称：20 钢钢管

浸　蚀　剂：图 2-1-80 未浸蚀

　　　　　图 2-1-81 经 4％硝酸酒精溶液浸蚀

处理情况：中频感应淬火后进行弯管

组织说明：脆性断裂。图 2-1-80：大型船用柴油机油管，在中频加热后进行弯管时，产生裂纹的宏观形貌。

　　图 2-1-81：20 钢管的显微组织，基体为低碳马氏体，沿晶界分布的黑色相为托氏体，白色呈网络分布的为铁素体。

　　上述 20 钢钢管开裂的原因是：当钢管于中频感应加热后，迅速猛烈地喷水冷却，起到激烈淬火的作用，从而产生马氏体组织，导致钢管具有很大的脆性，故在经受变形时出现开裂。

图　2-1-81　　　　　　　　630×

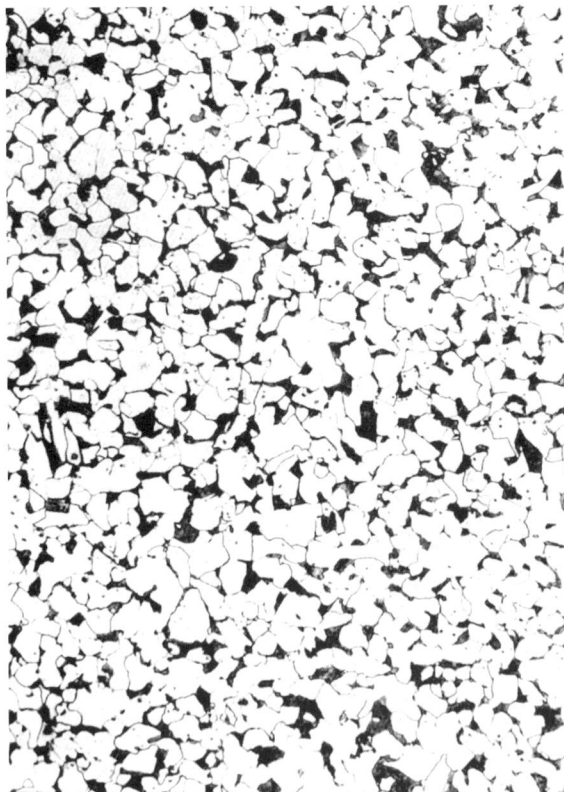

图 2-1-82   200×

图　号：2-1-82

材料名称：20 钢［w(C)0.2%］

浸 蚀 剂：4%硝酸酒精溶液

处理情况：890℃加热保温后炉冷

组织说明：白色晶粒为铁素体，铁素体晶界处的
黑色块状为片状珠光体(体积分数约占 25%)，
铁素体晶粒细小而均匀。由铁-碳相图可知，
铁素体中固溶碳甚少，可视作纯铁，珠光体
中 w(C)为 0.80%。因此，根据珠光体的数量，
可以约略估计钢的含碳量为

$$w（C）= \frac{25}{100} \times 0.8 = 0.20（\%）$$

由此可见，估计的含碳量与钢中的实际含
碳量相符。因此其他亚共析钢亦可用此法来估
计含碳量。这种钢可用来制作承受应力不大，
而要求较大韧性的机械零件，例如轴套、螺钉
等，同时尚可进行渗碳或渗氮处理，用来制造
要求表面硬度高，而心部韧性较好的零件。如
活塞销、链条、轴或一般的齿轮等。

图　号：2-1-83

材料名称：25 钢［w（C）0.22%～0.29%；w（Si）0.17%～
0.37%；w（Mn）0.5%～0.8%］

浸 蚀 剂：4%硝酸酒精溶液

处理情况：920℃加热保温后淬入质量分数为 10%的
NaCl 水溶液中

组织说明：较粗大的低碳马氏体，硬度为 49～51HRC。
25 钢通过强烈淬火可获得低碳马氏体，不仅有高的
强度，良好的塑性和韧性，而且有低的冷脆转化温
度；同时在静载荷、疲劳载荷、多次冲击载荷下的
缺口敏感性和过载敏感性均较中碳调质钢为小。

根据资料介绍，直径为 6mm 的 25 钢，加热到
880℃后淬入质量分数为 10%NaCl 水溶液中，能获得
100%马氏体；欲在心部得到 90%马氏体，钢的直径
应小于 8mm；如欲保证心部获得 50%马氏体，则钢
的直径应小于 25mm。

25 钢强度、硬度较低，塑性、韧性较高，冷变
形性及焊接性较好，可加工性一般，淬硬性和淬透
性较低，无回火脆性，一般在供应态和正火后使用，
也可通过淬火回火来改善力学性能和可加工性。

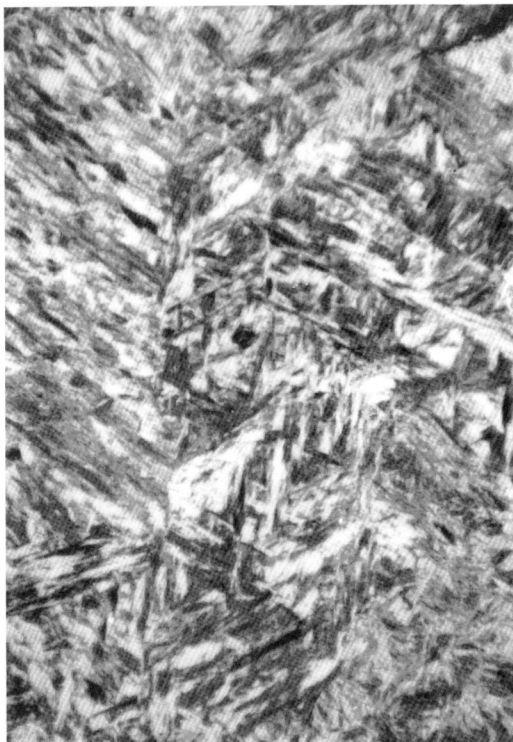

图 2-1-83   630×

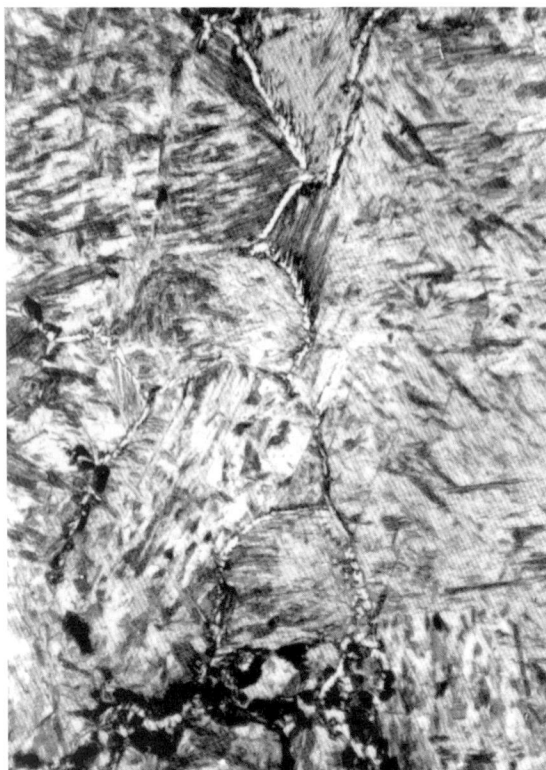

图　　号：2-1-84
材料名称：25 钢
浸蚀剂：4%硝酸酒精溶液
处理情况：920℃加热保温后淬入质量分数为10%的
　　　　　NaCl 水溶液中
组织说明：低碳马氏体，在晶界上有少量铁素体
　　　　　呈半网状分布，此外尚有极少量黑色托氏体分
　　　　　布于铁素体周围。
　　　　　由于低碳钢的淬透性较低，因此工件在稍
　　　　增大截面时，心部将有非马氏体分解产物出现，
　　　　除了出现网状铁素体以外，还会在铁素体附近
　　　　产生托氏体组织。
　　　　　含碳量稍高的 25 钢，在已析出的铁素体周
　　　　围，富碳的奥氏体在铁素体相激发下极易产生
　　　　珠光体晶核，进行扩散型转变，析出极细的片
　　　　状珠光体——淬火托氏体组织。
　　　　　25 钢除用来制造受力不大的轴、辊子、螺
　　　　栓、拉扣、汽车的大梁、车架、横梁等外；淬
　　　　火、回火后还可制造强度要求较高的机械零件，
　　　　如轴承盖、外壳、犁柱、阀体等。

图　2-1-84　　　　　　　　　　　　　630×

图　　号：2-1-85
材料名称：30 钢［w(C)0.30%］
浸蚀剂：4%硝酸酒精溶液
处理情况：860℃加热保温后炉冷
组织说明：白色块状为铁素体，黑色块状为珠光体（体积
　　　　　分数约占 35%）。铁素体晶粒细小均匀。随着钢中含
　　　　碳量的不断增加，基体中珠光体的数量也将随之增
　　　　多；由于放大倍数较低，故珠光体的层片结构不够
　　　　清晰。随着钢中珠光体数量的增多，使钢的强度和
　　　　硬度也相应地增加。
　　　　　30 钢的塑性、韧性较高，冷变形性较好，焊接
　　　　性尚可，淬透性低，淬硬性中等，无回火脆性。
　　　　　这种钢在正火状态下，可用于制造化工方面应
　　　　用的螺钉、丝杆、套筒、轴等机械零件；若经过调
　　　　质处理，这类钢也可用来制造要求综合力学性能较
　　　　好的零件。

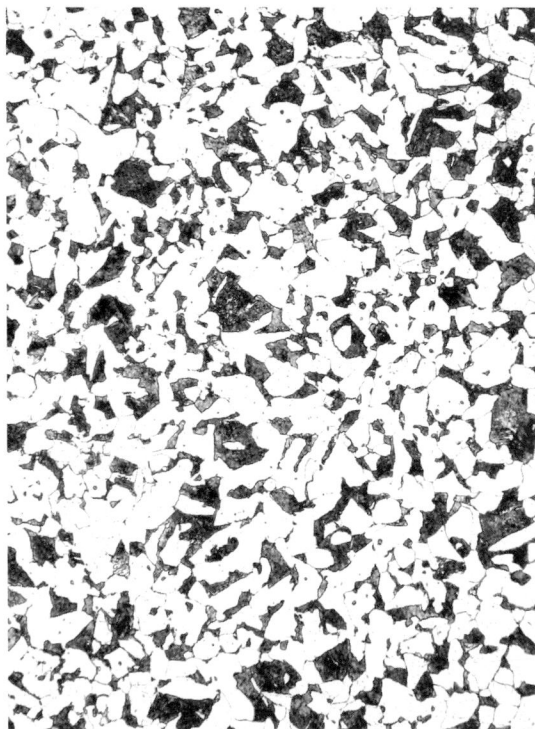

图　2-1-85　　　　　　　　　　　　　200×

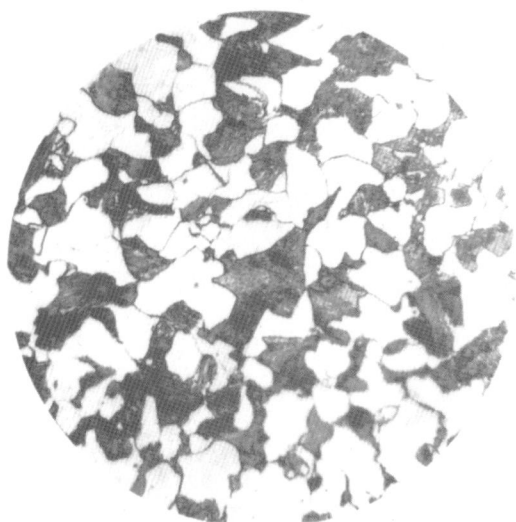

图　2-1-86　　　　　　　　　　　　　　　500×

图　2-1-87　　　　　　　　　　　　　　　200×

图　2-1-88　　　　　　　　　　　　　　　500×

图　2-1-89　　　　　　　　　　　　　　　500×

图　　号：2-1-86～2-1-89

材料名称：35 钢

浸 蚀 剂：4%硝酸酒精溶液

处理情况：图 2-1-86 正火，其余均为调质处理

组织说明：图 2-1-86：汽车拉杆接头经正火处理的组织，基体为铁素体和片状珠光体。

　　　图 2-1-87：汽车球销接头调质件的显微组织，为较粗的回火索氏体，硬度为 25～26HRC。

　　　图 2-1-88：图 2-1-87 放大 500 倍后的情况，较粗回火索氏体仍保持淬火马氏体针叶位向。

　　　图 2-1-89：调质六角螺母心部组织，回火索氏体及白色沿晶界分布的铁素体，硬度为 21HRC。

　　　由于 35 钢的淬透性较差，当工件截面稍大些，即会淬不透，仍会有铁素体存在，图 2-1-89 六角螺母心部即为此例。

　　　35 钢一般在调质态下使用，截面较大的零件常正火处理。35 钢能制造承受较大载荷的机械零件，如曲轴、轴销、杠杆、连杆、套筒、横梁、星轮、轮圈、螺栓、螺母等，以及轴承座、箱体、缸体等铸件。

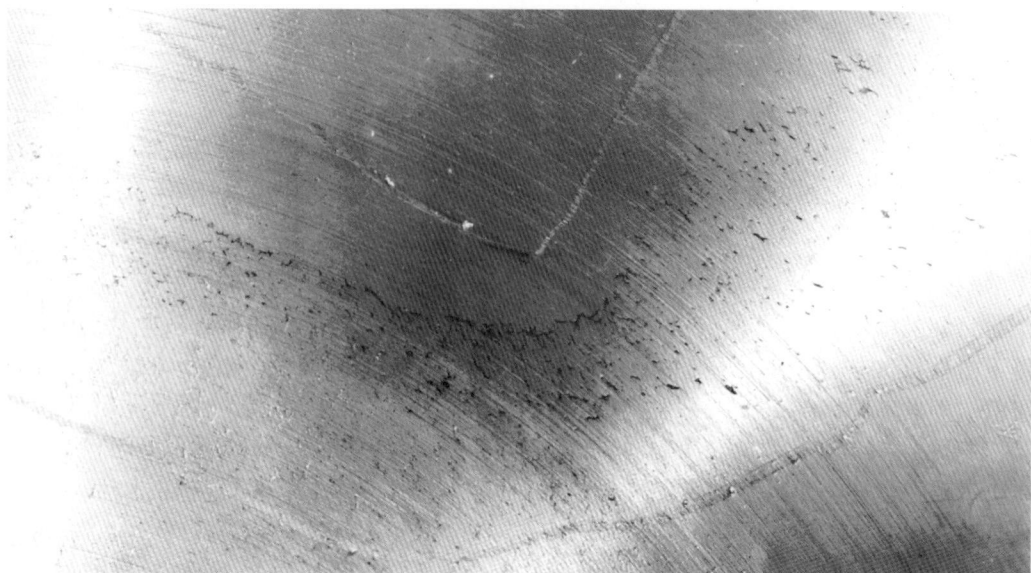

图　2-1-90　　　　　　　　　　　　　　　　　　　　　　　　1×

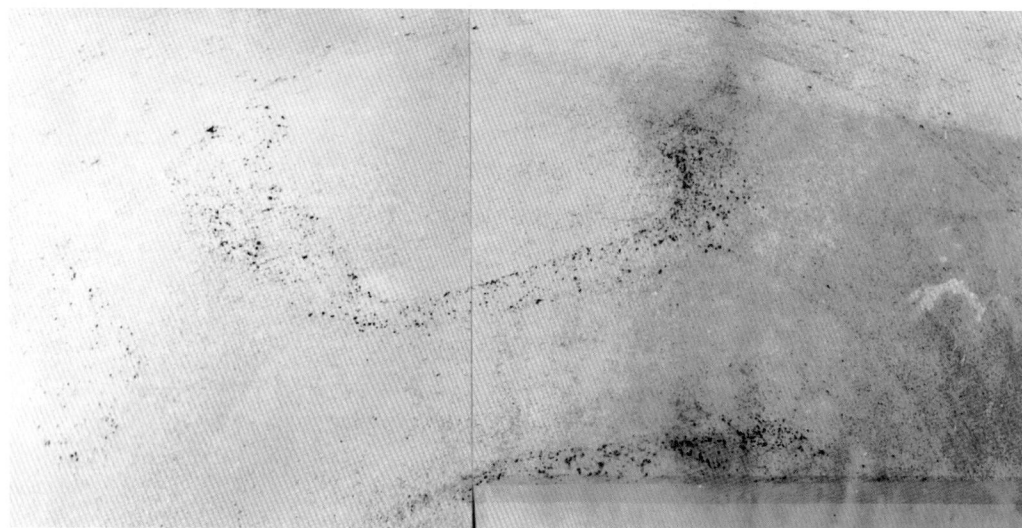

图　2-1-91　　　　　　　　　　　　　　　　　　　　　　　0.2×

图　　号：2-1-90、2-1-91
材料名称：35 钢
浸　蚀　剂：图 2-1-90 磁粉探伤（未浸蚀）
　　　　　图 2-1-91 硫印试验
处理情况：大型轴类锻件，经正火处理
组织说明：硫偏析。锻件经粗加工后，发现端平面有类似夹针剥落的细小孔穴和裂纹。

　　图 2-1-90：锻件端平面经磁粉探伤后情况，肉眼可见到缺陷处有颇多呈点状的磁粉堆积，此外，还有弯曲连成线的细条状缺陷。

　　图 2-1-91：硫印结果，原磁粉堆积处显现出硫的偏析形状，它与磁粉堆积的形状相吻合，从图示可见到硫化物夹杂比较严重，呈聚集分布并构成偏析现象。

　　经检查，此部位系钢锭冒口端，由于冒口处切头少，致使较多杂质残留在钢锭内部，因而锻件上出现了上述缺陷。

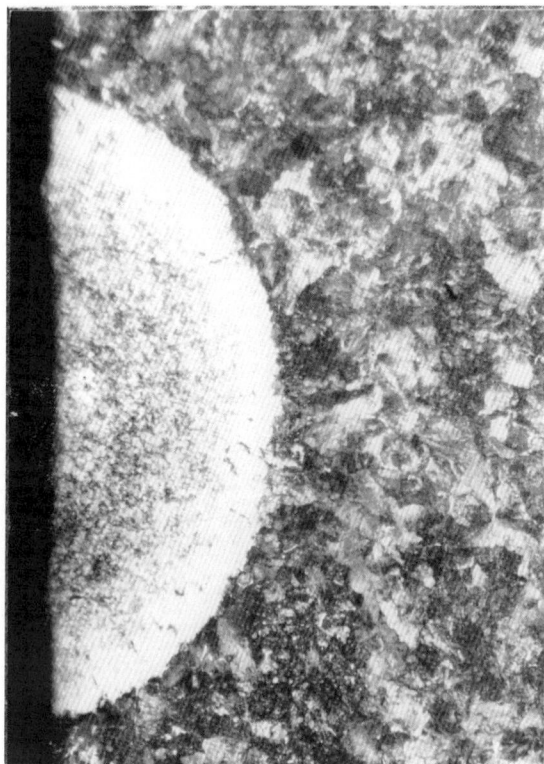

图　2-1-92　　　　　　　　　　　　　　100×

图　　号：2-1-92

材料名称：35 钢 [w（C）0.32%～0.39%，w（Si）0.17%～0.37%，w（Mn）0.5%～0.8%]

浸 蚀 剂：3%硝酸酒精溶液

处理情况：接触电阻加热局部淬火

组织说明：白色弧形为淬硬区，组织为淬火马氏体。淬硬层深度为 0.28mm，硬度 53～56HRC。

心部原始组织为铁素体和片状珠光体。热影响区组织为细片状珠光体及极少量铁素体。

接触电阻加热表面淬火是利用滚轮和工件表面作相对转动，通过低电压、大电流来实现的，由于滚轮和工件存在接触电阻，产生一定的电阻热，此热量一部分被工件表面所吸收，一部分则使工件与滚轮接触处的局部地区以 1/20～1/25s 的速度上升到相变温度以上，而当滚轮离开后，因空气和工件本身的热传导而使该处迅速冷却，同时由于冷却速度超过临界冷却速度，致使该局部表面被淬火，滚轮滚过的轨迹形成了一条淬硬层。

图　　号：2-1-93

材料名称：40 钢 w（C）0.40%

浸 蚀 剂：4%硝酸酒精溶液

处理情况：850℃加热保温后炉冷

组织说明：铁素体及珠光体。铁素体沿晶界呈网状分布，珠光体的体积分数约占 45%，由珠光体的含量推算出钢中的 w（C）约为 0.4%，与化学分析所得的成分相近。由于本图采用的放大倍数较低，故珠光体中铁素体与渗碳体片层间隔排列的结构难以分辨，呈黑色块状分布。

这种钢具有较高的强度和硬度，塑性和韧性较高，加工性能良好，冷加工变形时的塑性尚可。淬透性低，淬硬性中等，无回火脆性。截面尺寸大于 60mm 时，调质态和正火态的力学性能相近。采用 40 钢制造的机器零件，如轴类、曲柄销、连杆、齿轮等，一般均应经过淬火及回火处理。

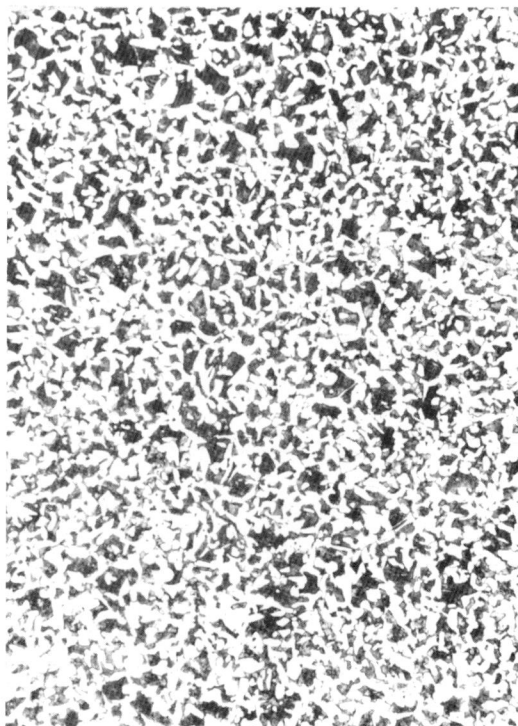

图　2-1-93　　　　　　　　　　　　　　100×

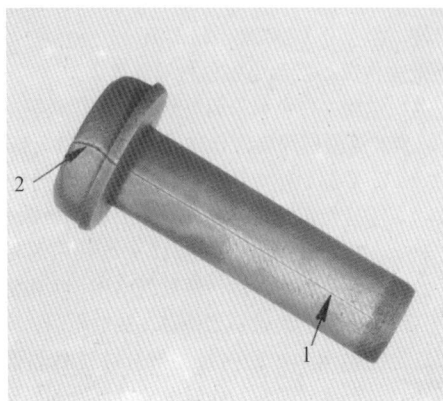

图　2-1-94　　　　　　　　1×

图　2-1-95　　　　　　　　500×

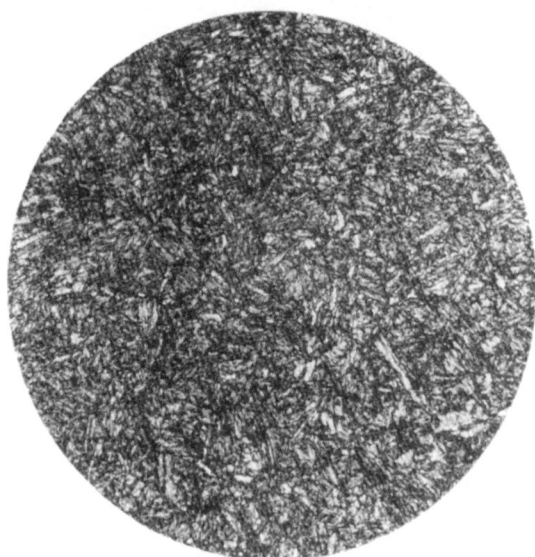

图　2-1-96　　　　　　　　200×

图　号：2-1-94～2-1-96

材料名称：40 钢

浸　蚀　剂：图 2-1-94 经 1+1 盐酸水溶液热蚀，其余图经 4%硝酸酒精溶液浸蚀

处理情况：冷镦后调质处理

组织说明：表面划伤缝隙。40 钢冷镦螺栓毛坯，在调质处理后，发现其表面有一条纵向裂纹。

图 2-1-94：热蚀后的情况，螺栓毛坯表面显示出一条很直的、较明显的缝隙缺陷。

图 2-1-95：图 2-1-94 箭头处横向切面的组织，表面除有全脱碳组织外，还有一块缺口，深度为 0.09mm；缺口底部较圆，无裂纹存在。此缺口即为螺栓毛坯表面的缝隙。表层组织为铁素体，逐步向里为回火索氏体。

图 2-1-96：螺栓毛坯心部的组织，基体为保持马氏体位向分布的回火索氏体。

由上述试验结构可知：冷镦螺栓毛坯表面的纵向裂纹并非真正裂纹，而是原材料在拉拔过程中，因孔型存在毛刺所划伤的缝隙。

图　2-1-97　　　　　　　　　　　　1×

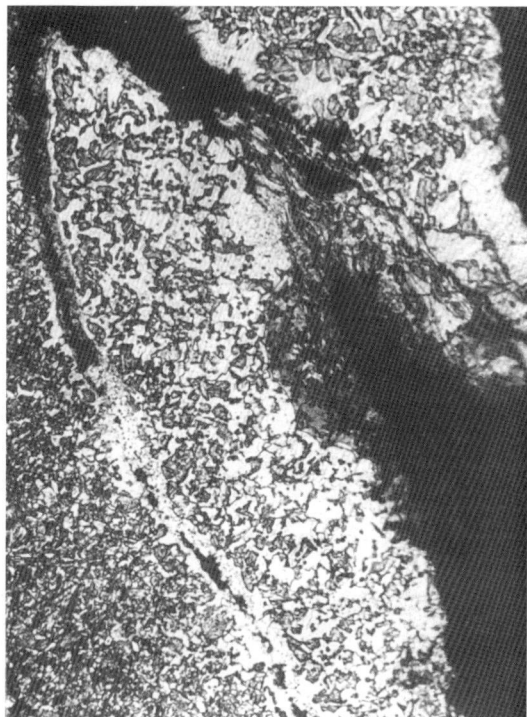

图　2-1-98　　　　　　　　　　500×

图　　号：2-1-97～2-1-99
材料名称：40 钢
浸 蚀 剂：图 2-1-97 未浸蚀，其余经 4%硝酸酒精
　　　　　溶液浸蚀
处理情况：调质处理
组织说明：表面折叠。图 2-1-97：经调质的螺栓外
　　　　　形，其表面存在一条沿纵向分布的细裂纹。

　　　　　图 2-1-98：螺栓头部横截面的组织，裂纹呈
　　　　倒 V 形，裂纹内充有氧化物夹杂。裂纹两侧有明
　　　　显的脱碳，但脱碳层厚薄不均匀。倒 V 形内侧脱
　　　　碳较严重，脱碳层的显微组织为铁素体及块状分
　　　　布的索氏体。逐步向里铁素体则明显减少。

　　　　　图 2-1-99：螺栓心部的组织，基体为索氏体。
　　　　由上述各图可知，倒 V 形裂纹并非淬火时引起
　　　　的，而是原材料在热轧时产生的折叠缺陷。

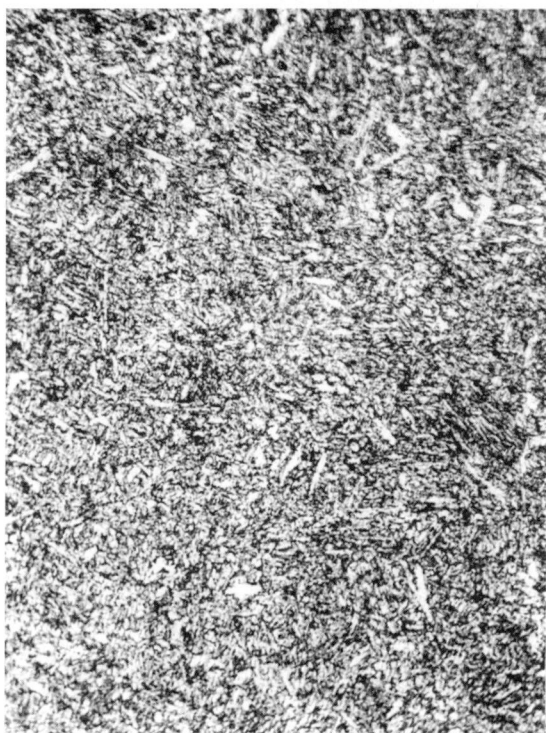

图　2-1-99　　　　　　　　300×

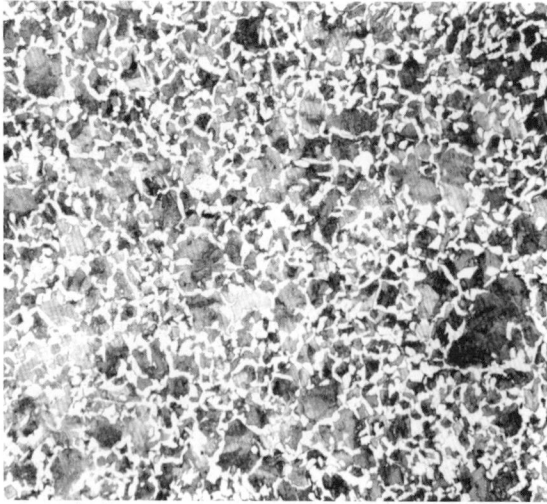

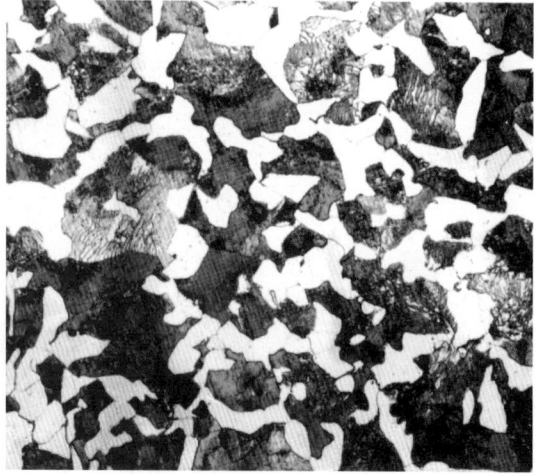

图 2-1-100 100× 图 2-1-101 100×

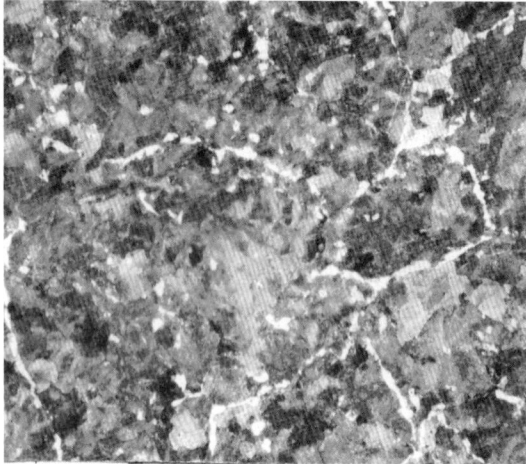

图 2-1-102 100× 图 2-1-103 400×

图　　号：2-1-100～2-1-103

材料名称：45 钢 $[w(C)0.483\%，w(Si)0.186\%，w(Mn)0.59，w(P)<0.007\%，w(S)0.008\%，w(Mo)<0.112\%，$
$w(Ni)<0.082\%，w(Cr)<0.105\%，w(Cu)0.136\%，w(V)<0.0025\%，w(Al)0.015\%，w(Ti)0.027\%]$

　　　　进口 45 钢：$[w(C)0.484\%，w(Si)0.187\%，w(Mn)0.729\%，w(P)<0.007\%，w(S)0.011\%，w(Mo)<0.112\%，$
$w(Ni)<0.158\%，w(Cr)<0.268\%，w(Cu)0.198\%，w(V)<0.025\%，w(Al)0.019\%，w(Ti)0.026\%]$

浸 蚀 剂：4%硝酸酒精溶液

处理情况：锻造正火

组织说明：图 2-1-100：基体是珠光体、铁素体，晶粒度是 5～7 级，个别是 4 级。钻削深孔经常断刀，正
火 R_m 为 650～670N/mm^2。图 2-1-101 是图 2-1-100 放大 400 倍后的组织。

　　　　图 2-1-102：基体是珠光体和粗大网络状铁素体，晶粒粗大，钻削深孔不断刀，正火 R_m 为 720～
730N/mm^2。钻削深孔时，断屑关系到深孔钻使用寿命；断屑能力取决于显微组织，从图 2-1-102 可以认
为珠光体组织较多时对深孔钻的使用寿命有利。图 2-1-103 是图 2-1-102 放大 400 倍后的组织。而图 2-1-100、
图 2-1-101 由于铁素体较多，这样在钻削时铁屑不易断，容易"粘刀"引起钻头断裂。

　　　　同样是 45 钢、同样的锻造正火工艺，会产生不同的显微组织，这与合金元素含量有关，根据分析结
果，易钻削的材料，合金元素、硫的含量比断刀的材料高。所以，对深孔加工的零件要适当考虑材料的
合金元素与硫的含量。

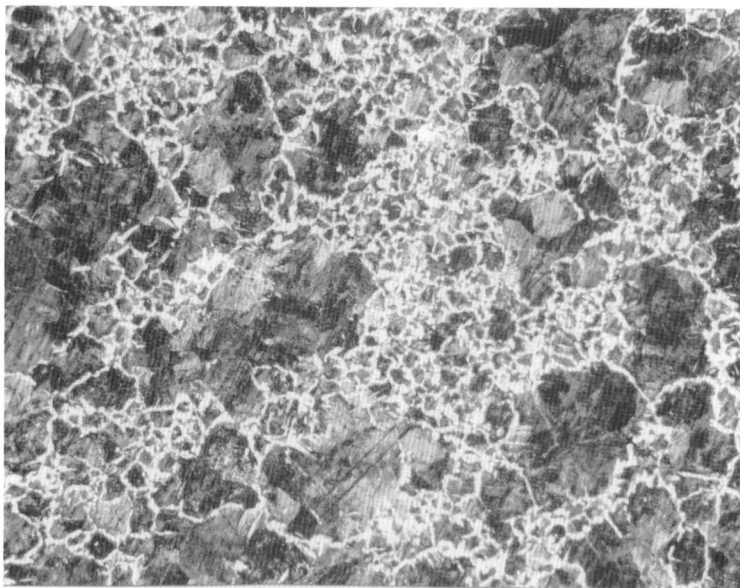

图 2-1-104   100×

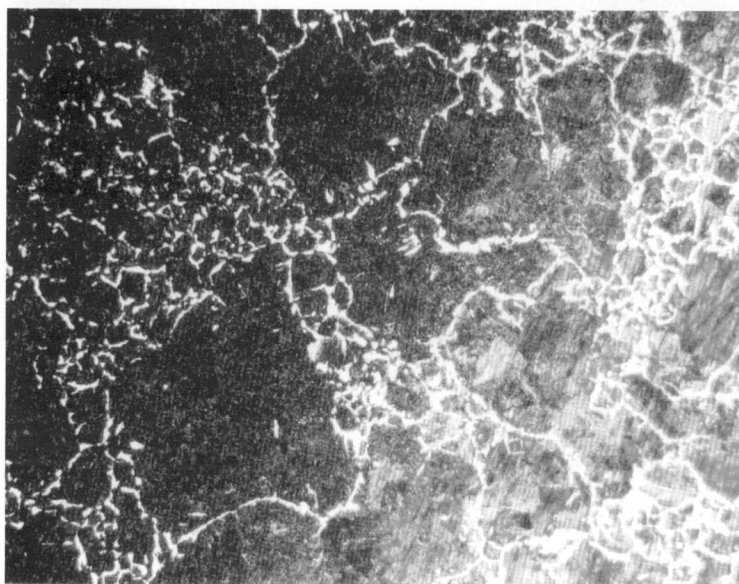

图 2-1-105   100×

图　号： 2-1-104、2-1-105
材料名称： 45 钢
浸 蚀 剂： 4%硝酸酒精溶液
处理情况： 锻造后正火处理
　　图 2-1-105 正火后高频感应淬火过渡区
　　组织说明： 图 2-1-104：基体为片状珠光体，白色为铁素体，构成网络状分布，晶粒大小极不均匀，大晶粒约为 2～3 级，细晶粒为 8 级。细晶粒聚集分布。
　　　　图 2-1-105：高频感应淬火过渡区组织，片状为珠光体，白色为铁素体，呈网络状分布，晶粒大小极不均匀，大晶粒为 2 级，细晶粒为 7～8 级，小晶粒聚集分布。
　　　　45 钢出现上述组织是由于高温保温时间较短、冷却较快所形成的，出现粗大晶粒将会明显地降低材料的力学性能。可采用重新加热、延长保温时间后冷却，组织可得到改善，性能也会随之提高。

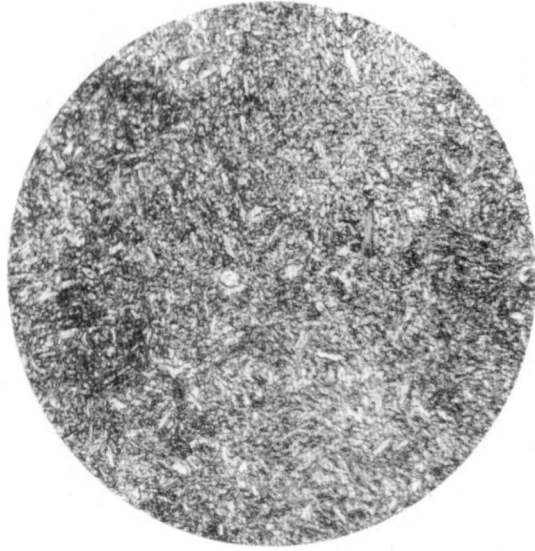

图 2-1-106　　　　　　　　　　　　500×

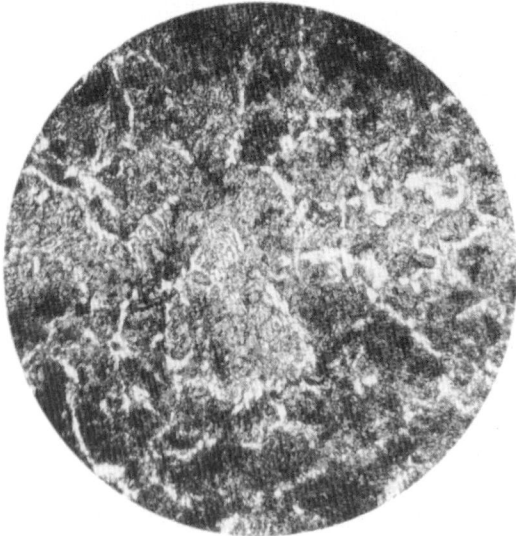

图 2-1-107　　　　　　500×

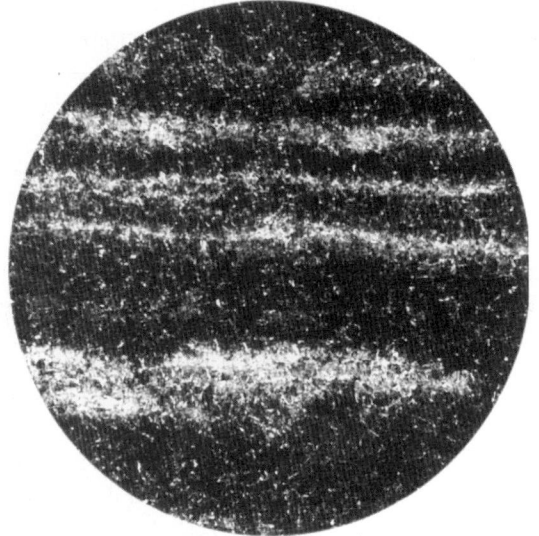

图 2-1-108　　　　　　500×

图　　号：2-1-106～2-1-108

材料名称：45 钢（φ44mm）

浸 蚀 剂：4%硝酸酒精溶液

处理情况：调质处理

组织说明：φ44mm45 钢制半轴，经过调质处理，由于 45 钢的淬透性能较差，通过淬火及回火处理，轴外表面 2～4mm 范围内，淬火时，获得完全的马氏体组织，通过调质的回火处理，得到针状回火索氏体组织，见图 2-1-106。

　　图 2-1-107：半轴心部组织，由于心部未完全淬透，回火后为索氏体和网状铁素体(见图中部)组织，图上、下两边黑色为细珠光体组织。这是原材料内带状组织所造成的。

　　图 2-1-108：半轴调质后纵向心部组织，由于原材料中存在带状偏析组织，调质后仍可见到原先带状偏析组织的痕迹。

图　2-1-109　　　　　　　　　　　　　100×

图　　号：2-1-110
材料名称：45 钢 ［w(C)0.45%］
浸 蚀 剂：4% 硝酸酒精溶液
处理情况：退火处理
组织说明：基体为珠光体及铁素体。铁素体沿奥氏体
　　　　晶界呈网络状分布。片状珠光体的体积分数约占基
　　　　体总体积分数的 55%，由此可以推算出钢中 w（C）
　　　　为 0.45%。同时，从网络状分布的铁素体可以看出，
　　　　此钢退火温度不高；故其晶粒细小。

　　　随着钢中含碳量的增加，钢的强度也相应地增
加，该钢可用于制造要求强度较高的零件。这种钢
在退火状态下强度是偏低的，但为了充分发挥材料
的潜力，通常于调质或正火状态下使用。

　　　45 钢是用量最多的中碳调质结构钢，可制造强
度要求较高的机械零件，如透平叶轮、压缩机和泵
的活塞，以及轧制轴、齿轮、齿条、连接杆、蜗杆、
机床主轴、曲轴、活塞销、各种传动轴等。

图　　号：2-1-109
材料名称：45 钢 ［w(C)0.42% ～0.49%，w(Si)
　　　　0.17 %～0.37%，w(Mn)0.5 %～0.8%］
浸 蚀 剂：3% 硝酸酒精溶液
处理情况：锻造后空冷
组织说明：基体为片状珠光体及网状铁素体，少量
　　　　针状铁素体自晶界向晶内延伸。

　　　由于锻造加热温度较高，且终锻温度又较
高，空冷后即获得粗大的晶粒，因钢已过热，在
冷却时少量铁素体自晶界向晶内扩展，构成过热
的魏氏组织。此外，锻件的冷速又稍快，以致在
共析转变时产生伪共析组织，使基体中的片状珠
光体数量较正常退火时多。

　　　具有粗晶粒的钢，其力学性能将明显恶化，
可利用正火处理细化其晶粒，以提高力学性能。

　　　45 钢调质处理后综合力学性能即强度与韧
性的配合好，截面尺寸大于 80mm 时，调质态和
正火态的力学性能相近。

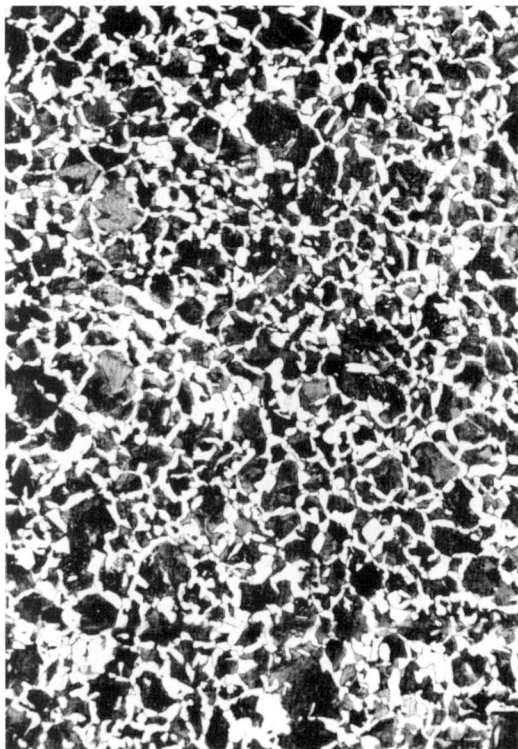

图　2-1-110　　　　　　　　　　　　　100×

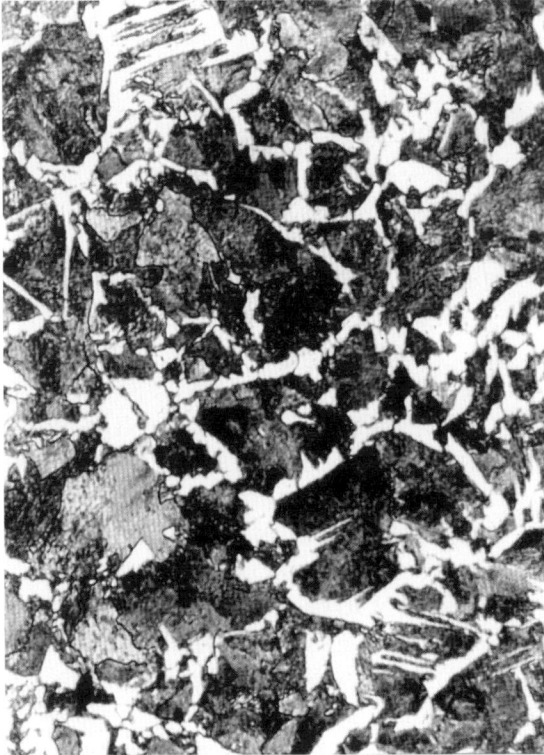

图　　号：2-1-111

材料名称：45 钢

浸 蚀 剂：4%硝酸酒精溶液

处理情况：860～880℃加热保温 3h 后水冷，
　　　　　600℃±20℃保温 4.5h 后空冷

组织说明：片状珠光体及呈白色网状、针状和块
　　　　　状分布的铁素体。晶粒大小不太均匀，有轻微
　　　　　的魏氏组织。

　　试样取自 2105 型柴油机曲轴的心部。曲
轴锻造退火后再经淬火、回火处理。由于曲轴
截面较大以及 45 钢的淬透性差，曲轴心部实际
上并未得到淬火处理，而是经受一次正火处理。
由显微组织的分布情况可以推知，曲轴心部的
加热温度稍有过热，一方面使晶粒大小不均匀；
另一方面，在基体组织中出现了轻度的过热魏
氏组织。

图　　2-1-111　　　　　　　　　　　　500×

图　　号：2-1-112

材料名称：45 钢

浸 蚀 剂：4%硝酸酒精溶液

处理情况：720℃退火处理

组织说明：基体为球粒化珠光体及铁素体。

　　45 钢经过 720℃长时间退火处理，导致片状珠
光体中渗碳体发生球粒化，从而使钢的强度和硬度
明显下降，韧性和塑性则显著增加，因此经过上述
处理的钢材，适宜于作冷挤压和冷冲压零件的原材
料，因为具有这种球化组织的钢材，在冷变形时不
易开裂，同时可延长冲模的使用寿命。

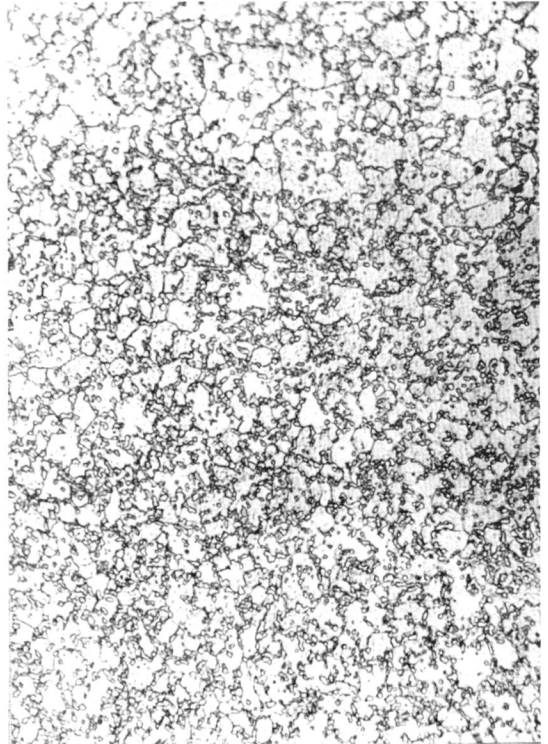

图　　2-1-112　　　　　　　　　　　　500×

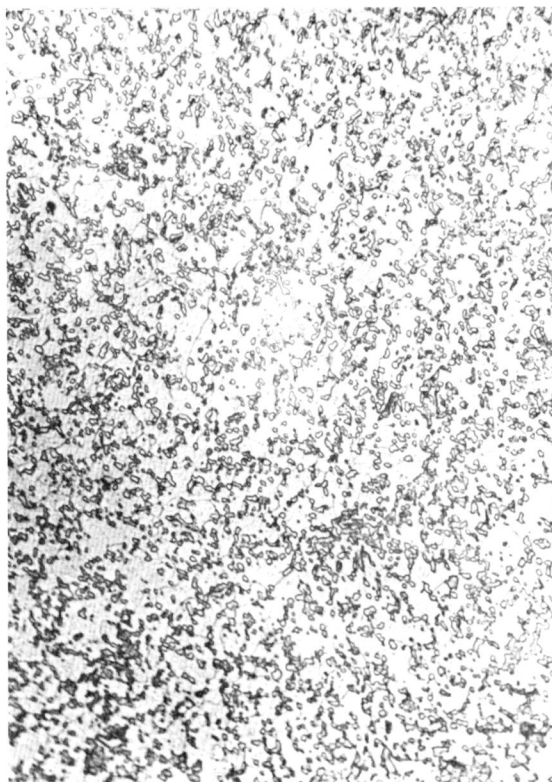

图 2-1-113　　　　　　　　　　　　　　500×

图　　号：2-1-113
材料名称：45 钢
浸 蚀 剂：4%硝酸酒精溶液
处理情况：760℃退火处理
组织说明：基体为较粗球粒状珠光体及铁素体。
　　球状珠光体的渗碳体颗粒较图 2-1-112 粗大。

　　　　由于退火温度略高于图 2-1-112 试样，致
　　使球粒状渗碳体聚集、长大而获得较粗的球状
　　珠光体。

　　　　这种较粗大的球粒状珠光体组织，其强度
　　和硬度较图 2-1-112 低，而韧性和塑性则有所
　　提高。

　　　　这种球化组织对经过球化退火的 45 钢来
　　说，属正常的显微组织。

图　　号：2-1-114
材料名称：45 钢
浸 蚀 剂：4%硝酸酒精溶液
处理情况：810℃退火处理
组织说明：白色基体为铁素体，其上有呈团块状分布
　　的片状珠光体，并有少量渗碳体呈球状分布。

　　　　随着退火温度的升高，一部分球状渗碳体溶入
　　奥氏体；在随后的冷却过程中，至共析反应时，即
　　自奥氏体中析出片状珠光体，极少量未溶解的球粒
　　状渗碳体仍被保留下来。此组织属不完全退火显微
　　组织。由于组织中出现片状珠光体，故不宜作冷挤
　　压的零件。

　　　　45 钢适用于强度要求较高的零件，一般经调质
　　或正火处理后使用，这种钢在淬火时有形成淬火裂
　　纹的倾向，尤其当碳含量处于上限，以及零件直径
　　在 7～8mm 时，容易发生开裂。故复杂零件在淬火
　　时应选择合适的淬火介质来淬火，如三硝水溶液或
　　聚乙烯醇水溶液等。

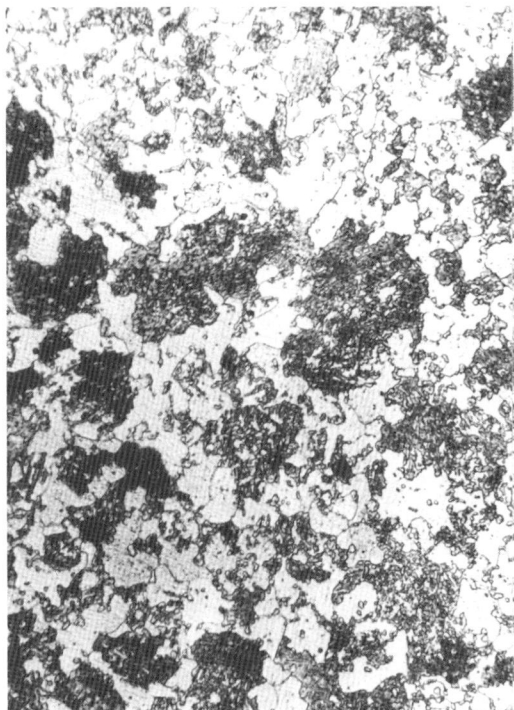

图 2-1-114　　　　　　　　　　　　　　500×

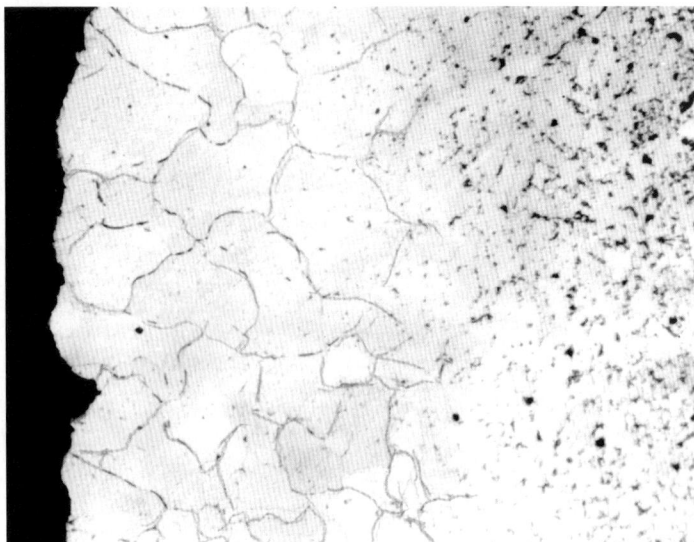

图　2-1-115　　　　　　　　　　　　　　　　　　　　　　250×

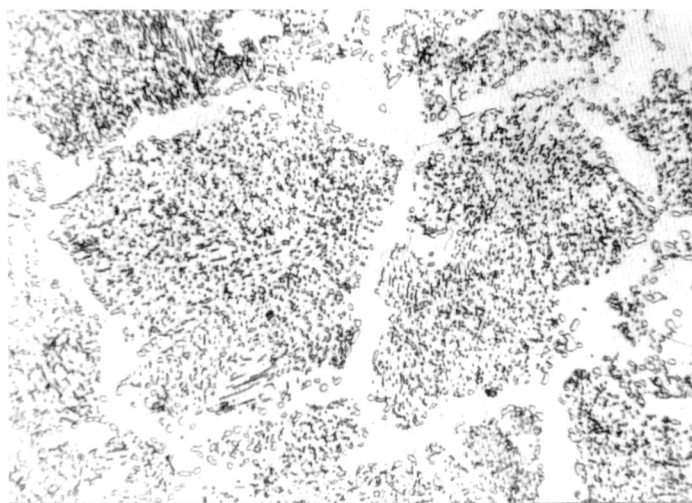

图　2-1-116　　　　　　　　　　　　　　　　　　　　　　500×

图　　号：2-1-115、2-1-116
材料名称：45 钢
浸　蚀　剂：苦味酸+4%硝酸酒精溶液
处理情况：球化退火处理
组织说明：图 2-1-115：表面层组织，最外层为全脱碳层，组织为全铁素体，部分铁素体上的黑色小点为渗碳体颗粒。次表层为铁素体，其上布有少量渗碳体颗粒。

　　　　　图 2-1-116：心部组织，球粒化珠光体及网状分布的铁素体，晶粒稍大，球粒珠光体中大部分渗碳体呈点粒状分布，有小部分渗碳体呈圆粒状和长条状分布。

　　　　　经长时间球粒退火后，将使片状珠光体中渗碳体发生球化，从而获得了球粒化珠光体，使材料的强度降低，韧性和塑性增加，同时硬度也会有所下降。具有球粒化的组织，使材料易于冷冲压或冷挤压成形。

　　　　　45 钢一般在调质态使用，截面较大的零件常正火处理，表面也可淬火。可作轧制轴、齿轮、齿条、连接杆、蜗杆、销子、机床主轴、曲轴、活塞销、各种传动轴等，也可作轧辊、缸体、大齿轮和制动轮等铸件。

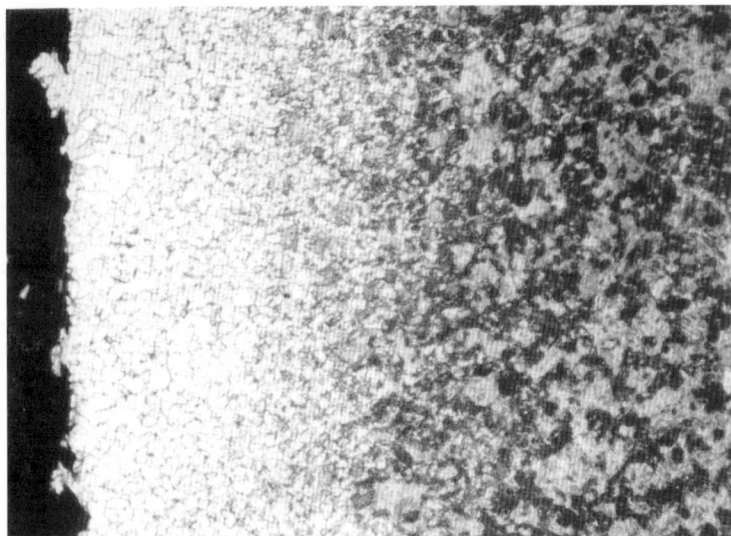

图　2-1-117　　　　　　　　　　　　　250×

图　2-1-118　　　　　　　　　　　　　500×

图　　号：2-1-117、2-1-118
材料名称：45 钢
浸 蚀 剂：苦味酸+4％硝酸酒精溶液
处理情况：860℃加热淬火，200℃回火
组织说明：图 2-1-117：局部表面的组织，表面存在全脱碳层，组织为铁素体，稍黑的为铁素体及少量低
　　碳马氏体，晶粒细小，再向里为淬火低碳马氏体（灰色）＋托氏体（黑色）＋白色小颗粒未溶铁素体。
　　　　图 2-1-118：表面处的低碳马氏体组织。
　　　　由于原材料表面存在不同程度的脱碳，以致淬火后，在脱碳严重的全脱碳层，仍保持全铁素体组织；
逐步向里，在铁素体中出现少量低碳马氏体；再向里，则出现托氏体、低碳马氏体和极少量颗粒状未溶
的铁素体。图 2-1-118 表面处出现低碳马氏体组织是因该处原材料原先是半脱碳层所致。
　　　　45 钢的强度、硬度较高，塑性及韧性较低，冷变形性较低，焊接性较差，铸造性能好，可加工性
好，淬透性低、淬硬性较好，无回火脆性，调质处理后综合力学性能好，而强度和韧性配合好，截面尺
寸大于 80mm 时，调质态与正火态的力学性能相近。

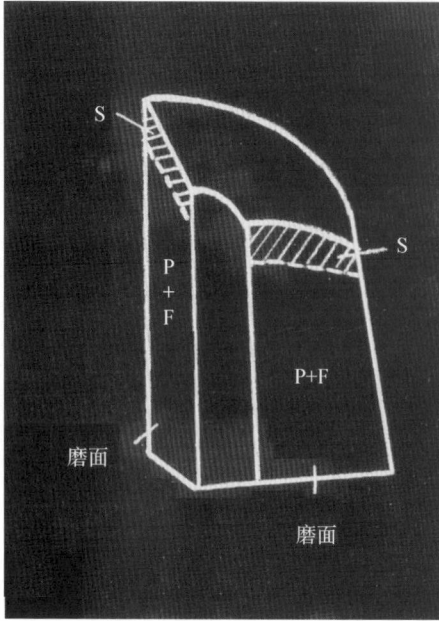

图　2-1-119　　　　　　　示意图

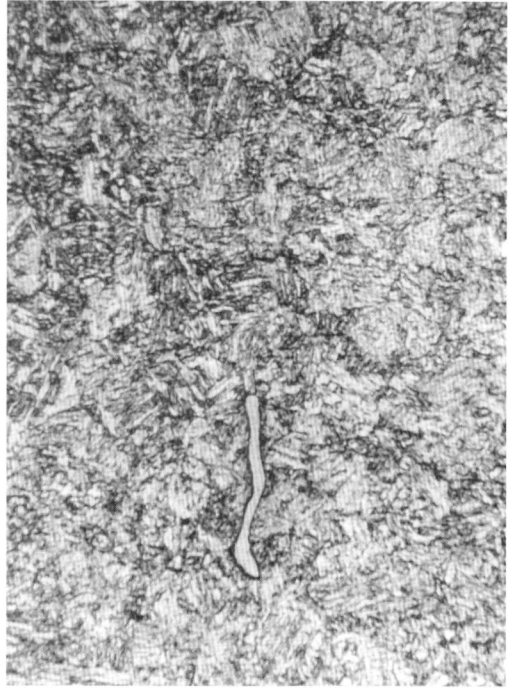

图　2-1-120　　　　　　　500×

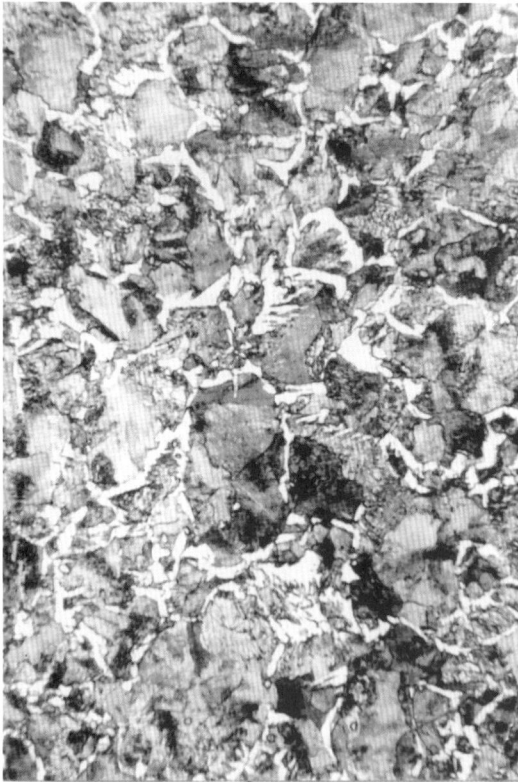

图　2-1-121　　　　　500×

图　　号：2-1-119～2-1-121
材料名称：45 钢（凸缘）
浸 蚀 剂：苦味酸+4%硝酸酒精溶液
处理情况：45 钢制凸缘加至 750℃后在模具中经二
　　　　　次挤压成形，然后整体调质处理，调质淬火温度
　　　　　为 840℃，回火温度为 520℃
组织说明：图 2-1-119：凸缘四分之一解剖示意图，
　　　　　凸缘顶端淬透，回火后为索氏体组织。
　　　　　图 2-1-120：凸缘端部的回火索氏体组织，
　　　　　其间灰色长条状为硫化物夹杂。
　　　　　图 2-1-121：凸缘其余部位组织，为片状珠
　　　　　光体及白色网状分布的铁素体。
　　　　　45 钢的淬透性较差，淬火时，由于凸缘顶端
　　　　　先入水冷却，使顶端表面获得了较好的调质组
　　　　　织，其余部分只相当于经受一次正火处理。
　　　　　45 钢是用量最多的中碳调质结构钢，截面较
　　　　　大的零件常正火处理，也可进行表面处理。45
　　　　　钢可制造强度要求较高的机械零件，也可制造透
　　　　　机叶轮、压缩机和泵的活塞等。

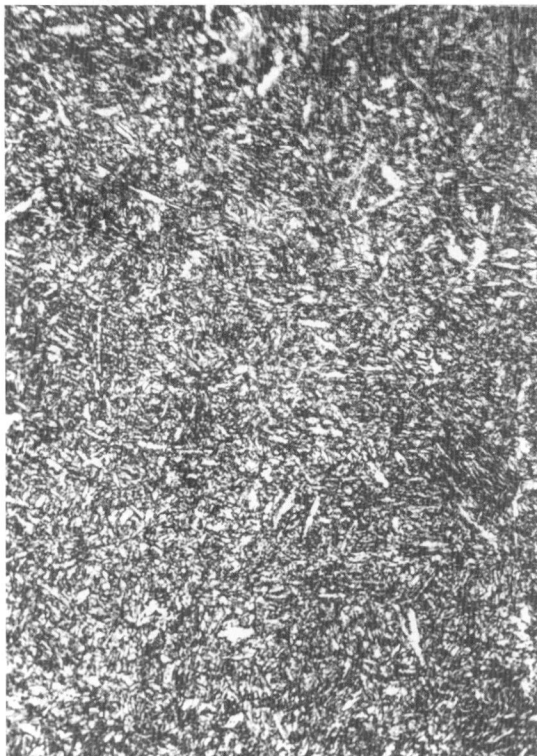

图　　号：2-1-122
材料名称：45 钢
浸 蚀 剂：4%硝酸酒精溶液
处理情况：860℃加热保温后淬火，600℃回火 1h
组织说明：为保持马氏体位向分布的回火索氏
　　体，硬度为 28HRC。
　　　　本图片为 45 钢调质处理后的典型组织。
45 钢淬火后得到过饱和的 α 固溶体即淬火
马氏体。它的强度及硬度很高（硬度可达 58～
60HRC 左右），而其韧性及塑性则明显下降。
为了消除淬火时的内应力和组织应力，淬火的
工件应及时进行回火处理，当回火温度达
600℃时，马氏体则发生分解，析出极细的渗
碳体颗粒，从而使基体分解为索氏体组织，此
时工件的强度和硬度有所下降，而塑性及韧性
则显著提高。因此，可获得良好的综合力学性
能，以适应制造要求强度较高，塑性及韧性也
好的机械零件。

图　　2-1-122　　　　　　　　　　500×

图　　号：2-1-123
材料名称：45 钢
浸 蚀 剂：4%硝酸酒精溶液
处理情况：860℃加热保温后出炉油冷淬火
组织说明：基体为淬火托氏体（极细片状珠光体）、少
　　量淬火马氏体以及呈白色网络状的铁素体。
　　　　加热到临界温度以上保温后，基体全为奥氏体，
冷却时，由于采用油冷，故其冷却速度较缓，以致
有少量先共析铁素体沿奥氏体晶界析出，继而析出
托氏体，最后过冷奥氏体转变为淬火马氏体组织，
使 45 钢的强度和硬度比水淬者为低。
　　　　淬火托氏体实质上是极细的片状珠光体，而在
一般光学显微镜下，无法辨认出层片状；电镜下，
可以观察到它是短、细的片状渗碳体和铁素体构成
的机械混合物。

图　　2-1-123　　　　　　　　　　500×

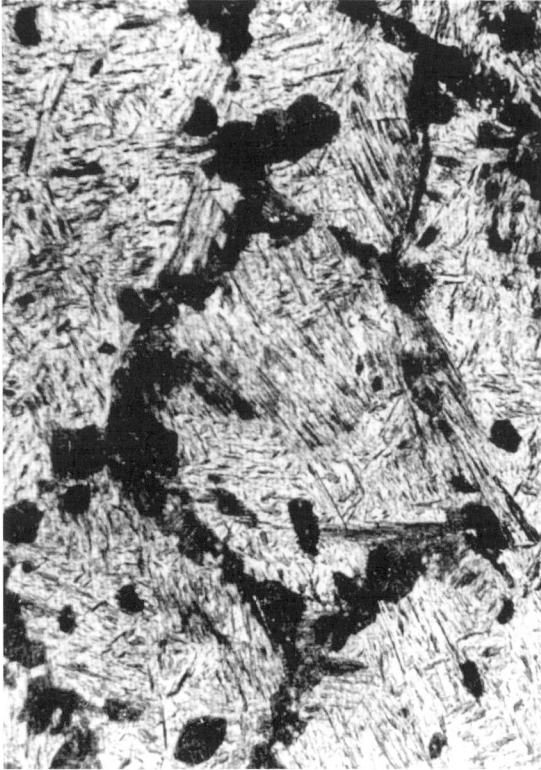

图　　2-1-124　　　　　　　　　　　　500×

图　　号：2-1-124
材料名称：45 钢
浸 蚀 剂：4%硝酸酒精溶液
处理情况：热锻形变后直接淬油
组织说明：较粗的中碳马氏体、极少量残留奥氏
　　　　　体，以及沿晶界分布的黑色团状的托氏体，
　　　　　托氏体的体积分数约为 5%。

　　　　在形变热处理的显微组织中，可允许存在
托氏体的体积分数为 5%左右。钢在再结晶温
度以上进行压力加工，由压力加工导致塑性变
形而引起的加工硬化，可以立即通过再结晶来
消除，因此再热加工过程中，金属内部将同时
发生加工硬化和再结晶软化，这两个相反的作
用，在一般情况下刚好抵消，但有时则不能相
抵，这要视变形的程度和加热温度而定，若变
形度大、加热温度低，则由加工变形引起的硬
化因素将占优势，反之，则再结晶和晶粒长
大占优势，此时由于晶粒长大将使钢的性能
变坏。

图　　号：2-1-125
材料名称：45 钢
浸 蚀 剂：4%硝酸酒精溶液
处理情况：热锻形变后直接淬油
组织说明：基体为中碳马氏体、极少量残留奥氏体和沿
　　　　　晶界分布的黑色网状的托氏体。在托氏体附近尚有少
　　　　　量羽毛状上贝氏体。晶界处析出的托氏体和贝氏体含
　　　　　量较多，其体积分数约为 15%。托氏体和上贝氏体
　　　　　组织的大量出现，是由于工件热锻时终锻温度较低，
　　　　　淬火时冷却速度又较慢，导致工件淬火不完全的缘
　　　　　故，这将严重降低工件的力学性能。

　　　　钢件在热压力加工后直接淬火，尚属一种新工
艺，系由形变和热处理两种工艺相结合，故称为变形
热处理。形变热处理不但可以节省能源，而且可以简
化工序，并在高温回火后能获得优良的力学性能。目
前该工艺已为许多工厂所采用。

图　　2-1-125　　　　　　　　　　　　500×

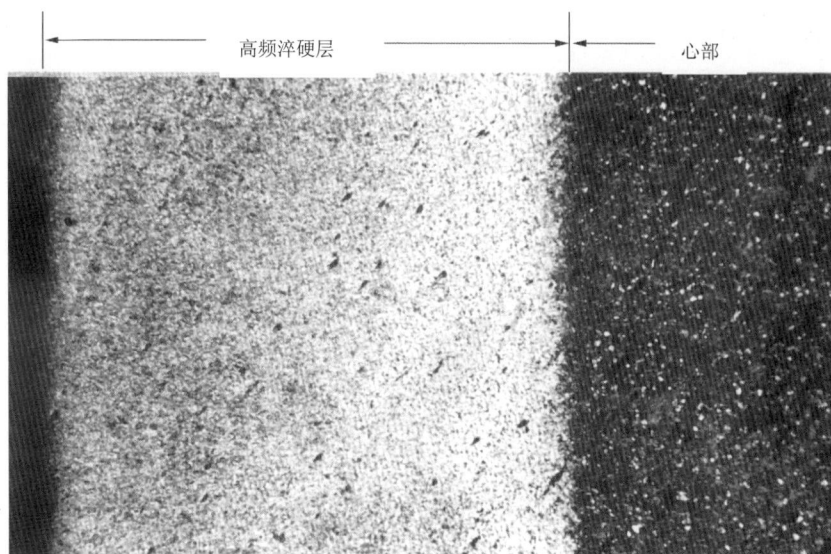

图　　2-1-126　　　　　　　　　　　　　　50×

图　　号：2-1-126
材料名称：45 钢（拖拉机偏心轴）
浸 蚀 剂：4%硝酸酒精溶液
处理情况：偏心轴调质处理后，再于轴表面高频感应加热淬火。
组织说明：表面为中碳淬火马氏体及极少量残留奥氏体，与心部组织交界处有一薄薄的过渡层，其组织为中碳马氏体及团状分布的托氏体，心部为索氏体及少量白色颗粒状铁素体。

　　经调质处理的工件，其表面采用高频感应淬火后，可以获得一定深度的淬硬层，适于制造在其表面要求具有一定耐磨性而心部保持良好综合力学性能的机械零件。

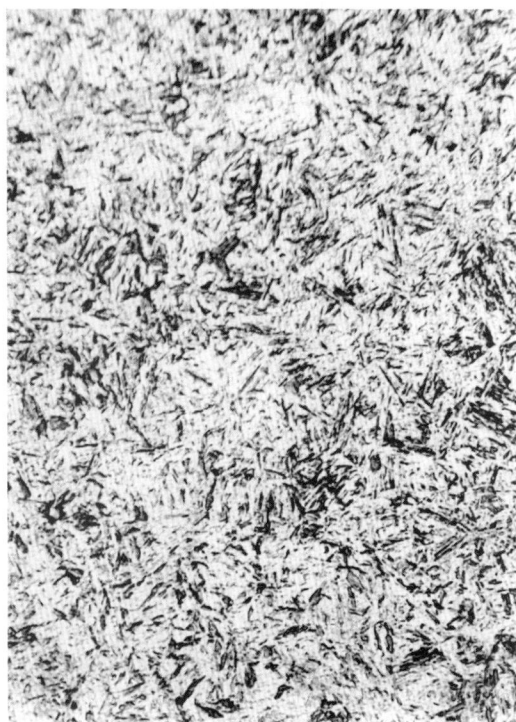

图　2-1-127　　　　　　500×

图　　号：2-1-127
材料名称：45 钢（拖拉机偏心轴）
浸 蚀 剂：4%硝酸酒精溶液
处理情况：与图 2-1-126 同一试样
组织说明：表面淬火层经放大 500 倍后的情况。基体组织为中碳淬火马氏体及极少量残留奥氏体，马氏体针叶细小均匀。按高频感应加热淬火标准评定为 4 级。淬硬层硬度为 58HRC。

　　表层较细而又均匀的马氏体，是高频感应加热淬火的正常显微组织。由于高频感应加热时的参数选择适当，使淬火加热温度适中，加热后的工件又及时地采用喷水冷却，所以淬火后获得性能良好的显微组织。

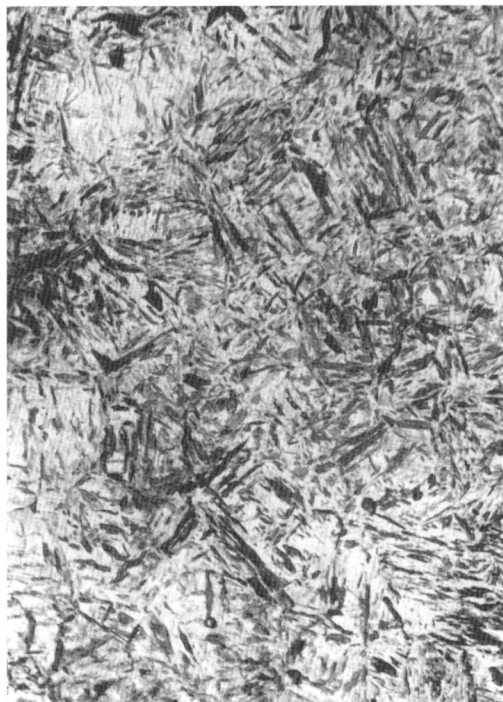

图　　号：2-1-128
材料名称：45 钢
浸 蚀 剂：4%硝酸酒精溶液
处理情况：表面高频感应加热淬火处理
组织说明：针状淬火马氏体,其针叶大小中等, 按
　　　　高频感应加热淬火标准评为 3 级。
　　　　本图片为表面高频感应加热淬火的正常
　　　　组织, 工件在高频电流作用下, 瞬时即由室温
　　　　加热到高温, 由于选用的工艺参数正确, 工件
　　　　表面温度达到奥氏体化温度, 并立即喷水迅
　　　　速冷却, 过冷奥氏体即转化为马氏体, 使表面
　　　　得到一层高硬度的淬火层; 零件表面的耐磨性
　　　　大为提高, 能满足使用要求。

图　　2-1-128　　　　　　　　　　　500×

图　　号：2-1-129
材料名称：45 钢
浸 蚀 剂：4%硝酸酒精溶液
处理情况：表面高频感应加热淬火处理
组织说明：较细的马氏体组织, 晶界处黑色网络为自
　　　　回火马氏体。按高频感应加热淬火标准评为 7 级,
　　　　刚好合格。
　　　　高频感应加热淬火时, 因选用的工艺参数欠佳,
　　　　致使工件表面温度刚达到 Ac_3, 此时原始组织中沿
　　　　晶界的铁素体刚转变为奥氏体, 致使这部分奥氏
　　　　体中碳量稍低, 由于保温时间太短, 奥氏体中的成分
　　　　来不及扩散, 在迅速冷却时, 沿晶界处的奥氏体(原
　　　　铁素体网络处)碳分较低, M_s 温度较高, 先形成低碳
　　　　马氏体。而晶内奥氏体的碳量较高, M_s 温度较低,
　　　　当温度继续下降时, 才会转变为较高含碳量的马氏
　　　　体。这时先形成的低碳马氏体将发生自回火, 易受
　　　　侵蚀而形成黑色网络, 这种网络的位置刚好处于原
　　　　来的网状铁素体处。

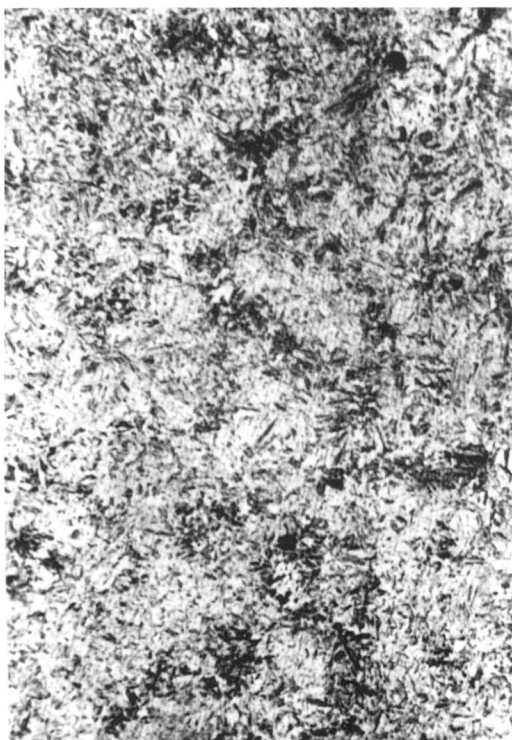

图　　2-1-129　　　　　　　　　　　400×

图 号：2-1-130
材料名称：45 钢
浸 蚀 剂：4%硝酸酒精溶液
处理情况：调质后表面再经高频感应加热淬火
组织说明：托氏体及白色呈点、网状分布的铁素体，灰白色块状为淬火马氏体。
　　高频感应加热淬火欠热组织。
　　高频感应加热淬火时，轴销虽已加热到高温，但加热温度仍嫌不足，冷却时又未及时喷水，以致仅在局部区域得到淬火组织，大部分区域因冷速过缓而析出大量托氏体和极少量网状铁素体。颗粒状铁素体是淬火加热时未溶解的铁素体。由于淬火不足，致使轴销表面硬度低且不均匀，硬度为 31～42HRC
　　这种局部硬度过低的情况，称为软点缺陷。

图　2-1-130　　　　　　　500×

图 号：2-1-131
材料名称：45 钢
浸 蚀 剂：4%硝酸酒精溶液
处理情况：表面高频感应加热淬火
组织说明：基体为成排分布的粗大中碳淬火马氏体。
　表面为高频感应加热淬火的过热组织。
　　由于高频感应加热温度过高，致使奥氏体晶粒迅速长大，淬火后获得成排分布的粗针状马氏体；这种组织将使钢的脆性增大，内应力也较大，在使用时易发生开裂。
　　按高频感应加热淬火金相标准评定，针状马氏体为 1 级，属严重过热的组织。

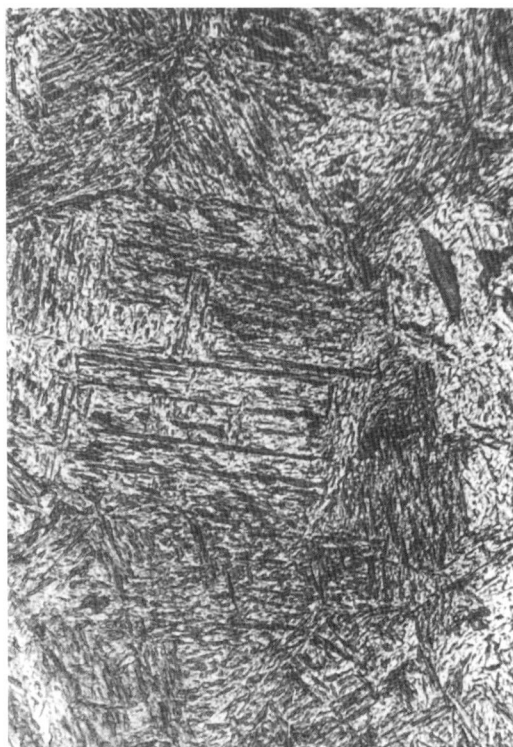

图　2-1-131　　　　　　　500×

图　　号：2-1-132
材料名称：45 钢
浸 蚀 剂：4%硝酸酒精溶液
处理情况：齿表面高频感应加热淬火并经低温回
　　　　　火处理
组织说明：齿轮剖面，由齿顶至齿根以下 2mm
　　　　　处均为淬硬区，即小模数齿轮的正常淬透层。
　　　　　齿部高频感应加热淬火区经磨、抛浸蚀后
　　　　　呈黑色。

图　2-1-132　　　　　　　　　　　　　　1×

图　　号：2-1-133
材料名称：45 钢
浸 蚀 剂：4%硝酸酒精溶液
处理情况：同图 2-1-132
组织说明：齿部淬硬层的组织主要为中等大小的回火
　　　　　针状马氏体。按高频感应加热淬火金相标准评定，
　　　　　针状马氏体相当于 4 级。

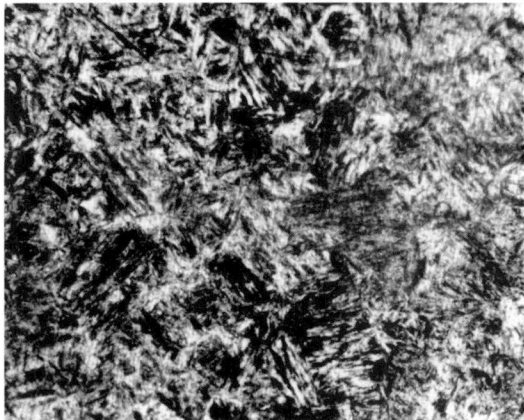

图　2-1-133　　　　　　　　　　　　　　500×

图　　号：2-1-134
材料名称：45 钢
浸 蚀 剂：4%硝酸酒精溶液
处理情况：齿轮心部正火处理
组织说明：图 2-1-132 的高频感应加热淬火齿轮，
　　　　　在齿根以下 5mm 处为齿轮心部，该处仍为原
　　　　　始正火组织，即铁素体与片状珠光体。

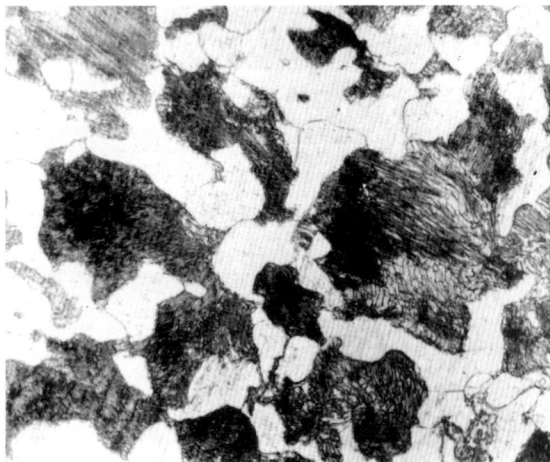

图　2-1-134　　　　　　　　　　　　500×

图　　号：2-1-135

材料名称：45 钢

浸 蚀 剂：3%硝酸酒精溶液

处理情况：45 钢大型锥齿轮，原材料置于煤炉中加热后，采用高速模锻成形，而后淬入油中冷却。

组织说明：大型锥齿轮齿廓面的显微组织，表面有极薄一层铁素体。次表层及心部均为细小的淬火马氏体及极少量的残留奥氏体。

　　　　　此为 45 钢齿轮齿廓面经形变热处理后的组织。由组织说明，钢坯加热，经高速锤锻成形，并迅速油冷淬火的工艺是成功的，这不但可节省能源，简化加工工艺。而且可使形变的特点在热处理后进一步显示出来。经过这种处理的工件，其性能良好，能满足技术要求，因此该工艺值得推广。

图　　2-1-135　　　　　　　　　　100×

图　　号：2-1-136

材料名称：45 钢

浸 蚀 剂：3%硝酸酒精溶液

处理情况：同图 2-1-137

组织说明：大型锥齿轮齿廓面的显微组织

　　　　表面有深约 0.17mm 的脱碳层，组织为索氏体及铁素体，向里则铁素体逐渐减少，次表层为淬火马氏体，网状分布的托氏体(黑色)和极少量残留奥氏体。

　　　　表面覆盖的氧化铁是原材料加热时形成的氧化皮，在高速锻造时被压入齿根表面。它在随后的磨削加工中，完全可以被清除掉，并不影响产品的质量。

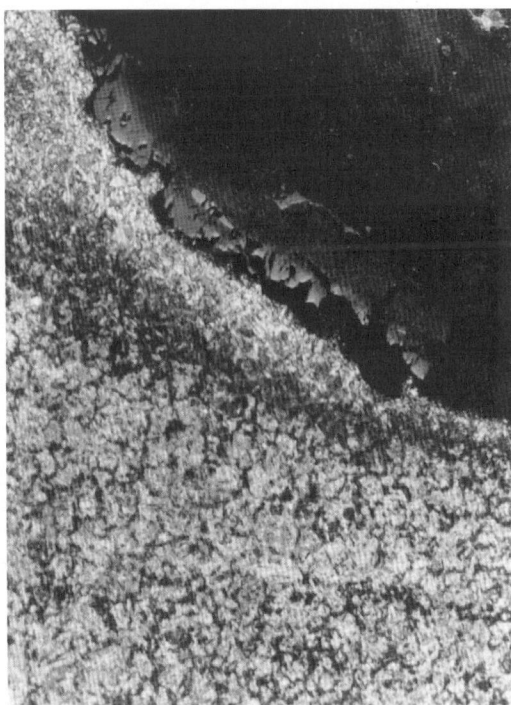

图　　2-1-136　　　　　　　　　　100×

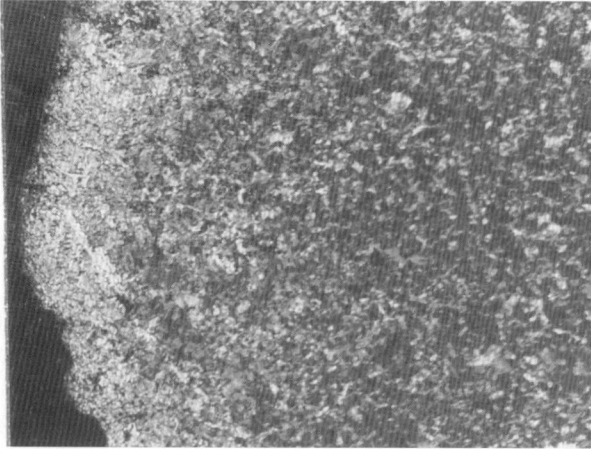

图　2-1-137　　　　　　　　　100×

图　　号：2-1-137
材料名称：45 钢
浸 蚀 剂：3%硝酸酒精溶液
处理情况：45 钢小型锥齿轮，原材料置于
　　　　　煤炉中加热后，采用高速模锻成形，而
　　　　　后淬入油中冷却。
组织说明：小型锥齿轮齿顶部分的显微组
　　　　　织。表面为脱碳层，组织为珠光体及少
　　　　　量铁素体，脱碳层深度为 0.15mm，次
　　　　　层为细珠光体及少量铁素体，分布于晶
　　　　　界处，心部为马氏体及托氏体和贝氏体
　　　　　组织。

图　　号：2-1-138
材料名称：45 钢
浸 蚀 剂：3%硝酸酒精溶液
处理情况：同图 2-1-137
组织说明：小型锥齿轮齿廓面的显微组织。表面
　　　　　为脱碳层，其深度约为 0.35mm，组织为铁素体
　　　　　及索氏体，晶粒极为细小；次层为片状珠光体及
　　　　　沿晶界分布的铁素体，其间有呈带状分布的珠
　　　　　光体组织。

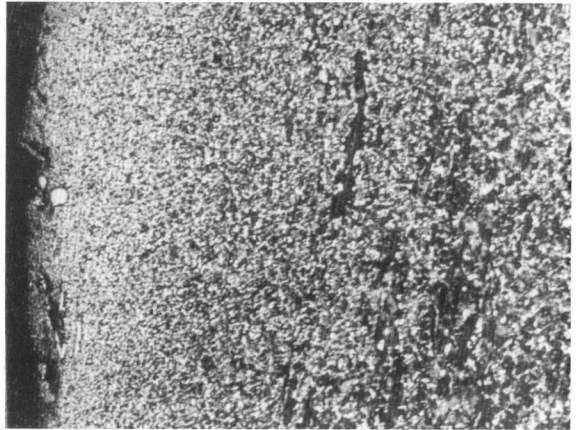

图　2-1-138　　　　　　　　　100×

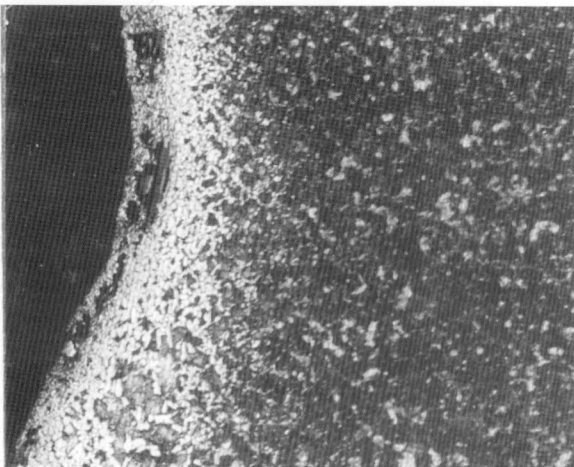

图　2-1-139　　　　　　　　　100×

图　　号：2-1-139
材料名称：45 钢
浸 蚀 剂：3%硝酸酒精溶液
处理情况：同图 2-1-137
组织说明：小型锥齿轮齿根部分的显微组织。
　　　　　表面为脱碳层，其深度约为 0.15～0.30mm；
　　　　　最表面为全脱碳层，组织为铁素体；次层
　　　　　为铁素体及珠光体；心部为细珠光体组织。
　　　　　在最表层尚嵌有大块氧化皮夹杂。
　　　　　　由齿轮齿部三处的显微组织说明：齿
　　　　　坯在煤炉中加热氧化脱碳甚为严重，这种
　　　　　较深的脱碳组织，将严重影响齿轮表面的
　　　　　硬度和强度。

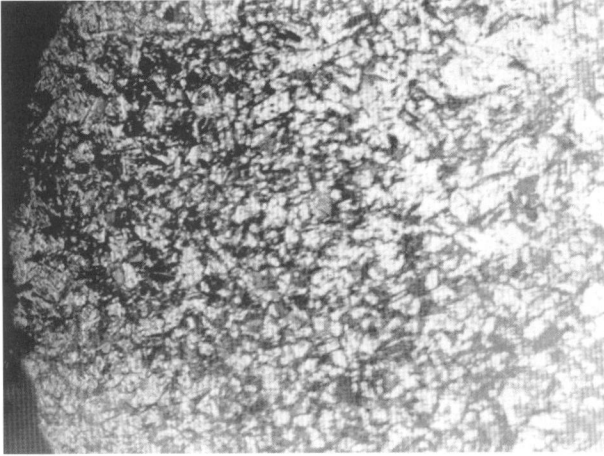

图　2-1-140　　　　　　　　　100×

图　　号：2-1-140
材料名称：45 钢
浸 蚀 剂：3%硝酸酒精溶液
处理情况：45 钢中型锥齿轮，原材料在电
　　　　　炉中加热后采用高速模锻成形，随即淬
　　　　　入油中冷却。
组织说明：中型锥齿轮齿顶部分的显微组
　　　　　织。表面有深度约为 0.15mm 的脱碳层，
　　　　　组织为索氏体、托氏体及贝氏体。逐渐
　　　　　进入心部，组织为淬火马氏体、针状
　　　　　贝氏体、托氏体以及极少量的残留奥
　　　　　氏体。

图　　号：2-1-141
材料名称：45 钢
浸 蚀 剂：3%硝酸酒精溶液
处理情况：同图 2-1-140
组织说明：中型锥齿轮齿廓面的显微组织。表面
　　　　　有深度约为 0.03mm 的一薄层脱碳层，组织为
　　　　　索氏体；稍向里为淬火马氏体及极少量残留奥
　　　　　氏体(图中白色区)，黑色沿晶界分布的团块状
　　　　　和针状为托氏体；逐渐进入心部，托氏体的数
　　　　　量相应地增多。

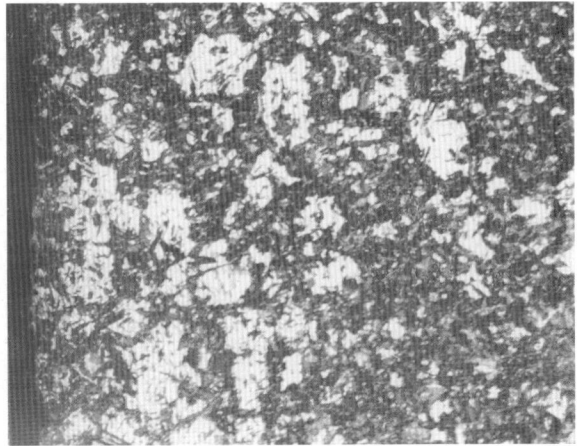

图　2-1-141　　　　　　　　　100×

图　2-1-142　　　　　　　　　100×

图　　号：2-1-142
材料名称：45 钢
浸 蚀 剂：3%硝酸酒精溶液
处理情况：同图 2-1-140
组织说明：中型锥齿轮齿根部分显微组
　　　　　织。组织为极细珠光体，有极少量细条
　　　　　状铁素体沿晶界分布，晶粒 5 级。在齿
　　　　　根局部表面处嵌有氧化铁夹杂。
　　　　　　　钢坯采用电炉加热，使齿轮表面脱
　　　　　碳情况远较煤炉加热者少。齿根局部表
　　　　　面存在的氧化物夹杂，是钢坯加热时形
　　　　　成的，高速模锻时被压入齿坯表面。由
　　　　　各部分组织可知，齿轮锻造后淬入油中
　　　　　的温度稍低，以致在齿轮各部均出现不
　　　　　完全淬火组织，可提高锻件淬火温度来
　　　　　改善。

图　2-1-143　　　　　　　　　　40×

图　　号： 2-1-143

材料名称： 45 钢

浸　蚀　剂： 4%硝酸酒精溶液

处理情况： 加热到 1300℃保温 4h

组织说明： 严重过热。黑色基体为片状珠
　　光体。一部分铁素体沿晶界分布构成相
　　当粗大的晶粒，晶粒度远大于 1 级；一
　　部分铁素体呈块状及针状分布，形成魏
　　氏体组织。

　　由于锻件在高温下长时间加热，
致使晶粒长得特别粗大，使钢严重过
热，这种粗大晶粒是罕见的。过热钢
的强度、塑性和韧性等力学性能均将
因晶粒粗大而恶化，尤其是冲击韧度
更趋于明显的降低。

图　　号： 2-1-144

材料名称： 45 钢

浸　蚀　剂： 4%硝酸酒精溶液

处理情况： 图 2-1-143 加热锻件再经 810℃正火
　　处理。

组织说明： 黑色基体为细片状珠光体，白色为
　　铁素体。晶粒较细小，相当于 7～8 级，间或
　　有个别粗大的块状珠光体，晶粒为 4 级。

　　严重过热的锻件，经正火处理后，基体
发生重结晶，冷却时获得细小的晶粒，从而
提高锻件的力学性能。

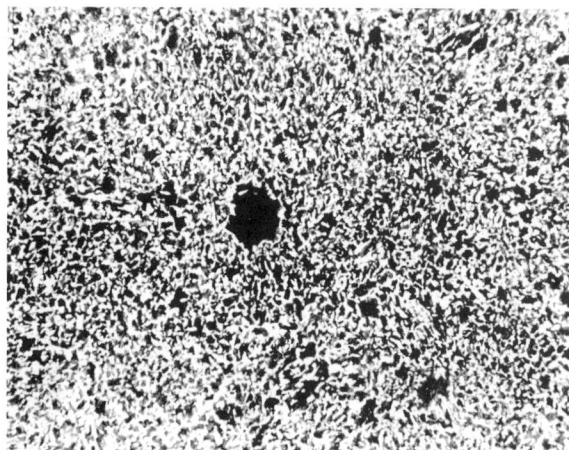

图　2-1-144　　　　　　　　　　50×

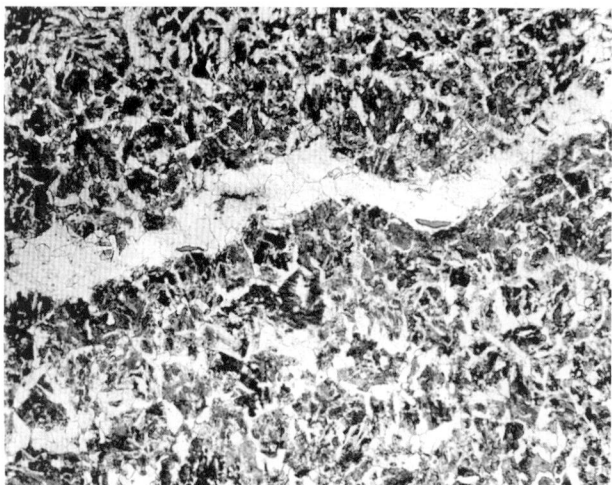

图　2-1-145　　　　　　　　　300×

图　　号： 2-1-145

材料名称： 45 钢

浸　蚀　剂： 4%硝酸酒精溶液

处理情况： 锻造后正火

组织说明： 鬼线

　　珠光体及铁素体，基体中存在一
条已变形宽大白色的铁素体带，其上
有条状为硫化物。经能谱测定白色条
状铁素体，其含磷量要高于一般基体
数十倍，这种由于磷偏析所造成的带
状组织即称为鬼线，这种组织不能借
助于退火或正火处理来消除和改善。

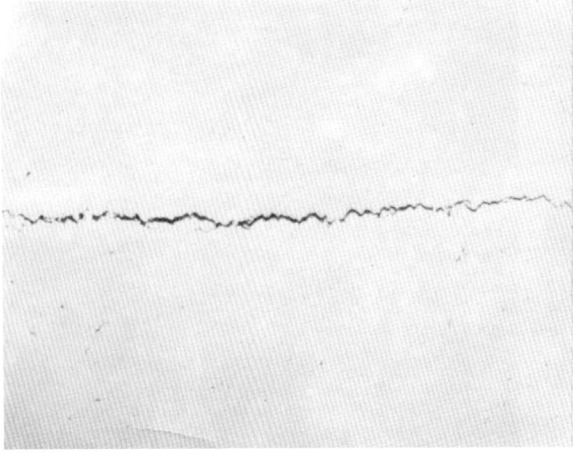

图　2-1-146　　　　　　　　　　　　　　　50×

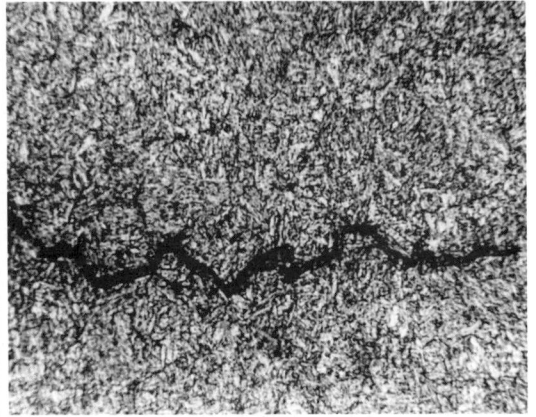

图　2-1-147　　　　　　　　　　　　　　　500×

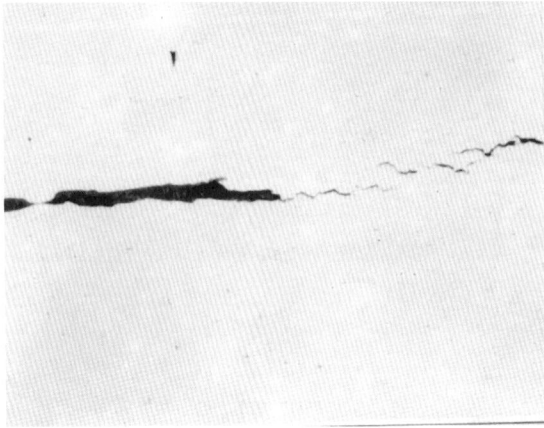

图　2-1-148　　　　　　　　　　　　　　　100×

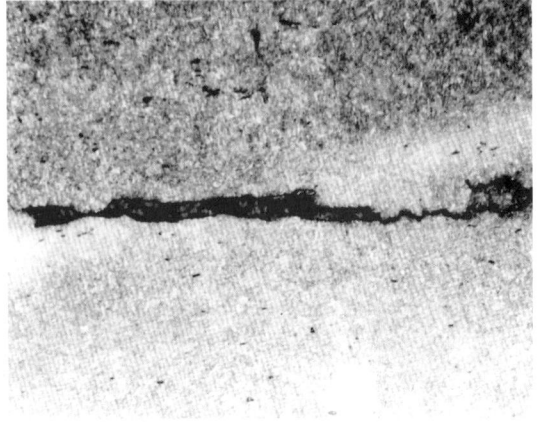

图　2-1-149　　　　　　　　　　　　　　　100×

图　号：2-1-146～2-1-149

材料名称：45 钢

浸 蚀 剂：图 2-1-147、图 2-1-149 经 4%硝酸酒精溶液浸蚀

处理情况：锻造后调质处理

组织说明：45 钢连杆，锻造后调质处理，硬度为 28～32HRC，磁粉探伤时在连杆槽子两尖角中央有一条深度约为 1.4mm 的裂纹。

图 2-1-146：连杆大头槽子横截面上的裂纹分布情况，裂纹沿晶延伸，呈锯齿状，且在裂纹上有两条小裂纹，裂纹内充有氧化物夹杂。

图 2-1-147：浸蚀后裂纹的尾部组织，裂纹沿晶延伸可见到二次小裂纹，基体为较细保持马氏体针叶分布的索氏体，裂纹两侧组织无特异之处。

图 2-1-148：裂纹起始于大型硫化物根部，裂纹沿晶扩展，其内充有氧化物。

图 2-1-149：浸蚀后裂纹起始于硫化物根部，更为清晰，两侧组织无脱碳，连杆上的裂纹是由于原材料内存在大型硫化物夹杂，机械加工没有暴露在表面。在淬火加热时，由于加热速度快，以致造成热应力大而在夹杂物处产生开裂，由裂纹沿晶分布及其内充有氧化物等证明裂纹是高温时形成的淬火裂纹。

综上可知：连杆的原材料质量是欠佳的。

45 钢常用于制造连杆、机床主轴、曲轴、活塞和各种传动轴等。

图 2-1-150   1×

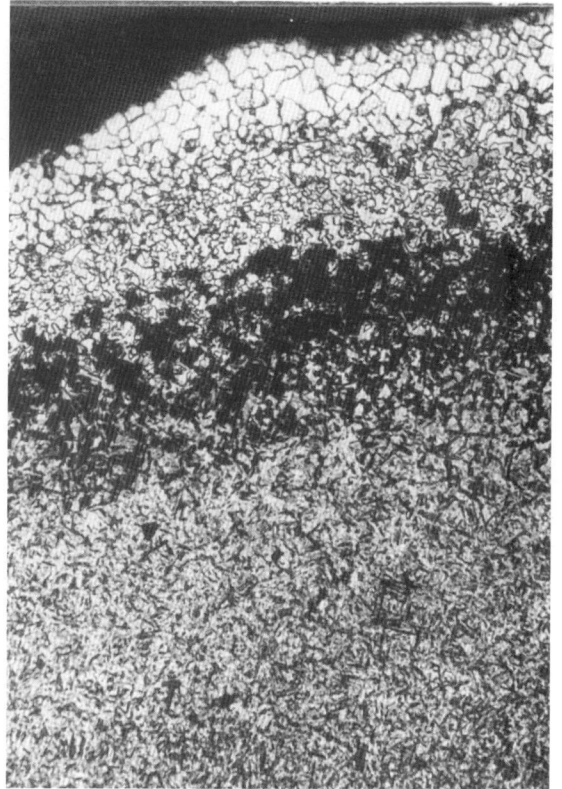

图 2-1-151   200×

图　号：2-1-150～2-1-152

材料名称：45 钢

浸 蚀 剂：图 2-1-150 未浸蚀，其余经 4%硝酸酒精溶液浸蚀

处理情况：锻造，退火，淬火后发生开裂

组织说明：淬裂。45 钢套筒零件，淬火后发生开裂。

图 2-1-150：套筒开裂的情况。

图 2-1-151：套筒的显微组织，表面出现一层全脱碳铁素体层；次层黑色为托氏体；里层即淬硬区，组织为针状马氏体。但套筒另一部位的组织则完全不同，如图 2-1-152 其表面亦为全脱碳铁素体层；次层为黑色托氏体，但其上有少量白色块状马氏体淬硬组织。

套筒表面全脱碳层是由于淬火不当而引起的。

套筒开裂时由于淬火的冷却不均匀，各部分组织转变时产生较大的内应力，而导致淬火裂纹的产生。

图 2-1-152   200×

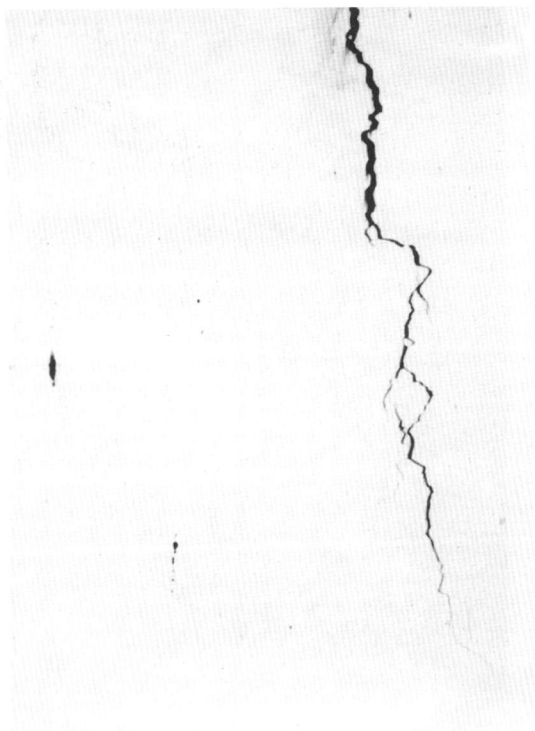

图　2-1-153　　　　　　　　　　100×

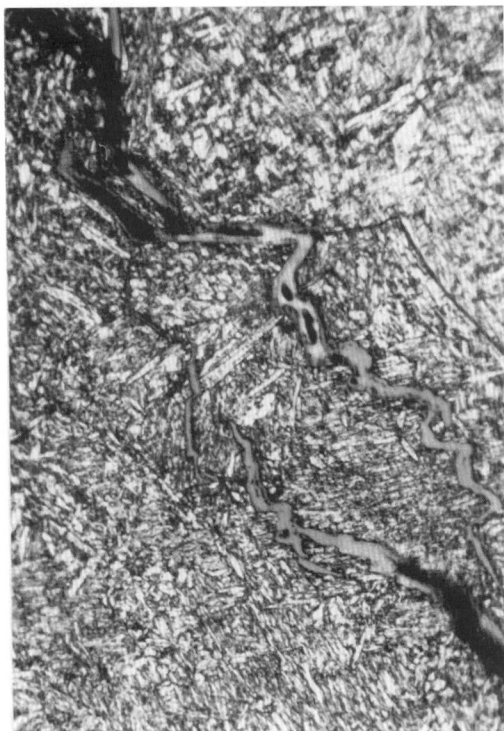

图　2-1-154　　　　　　　　　　500×

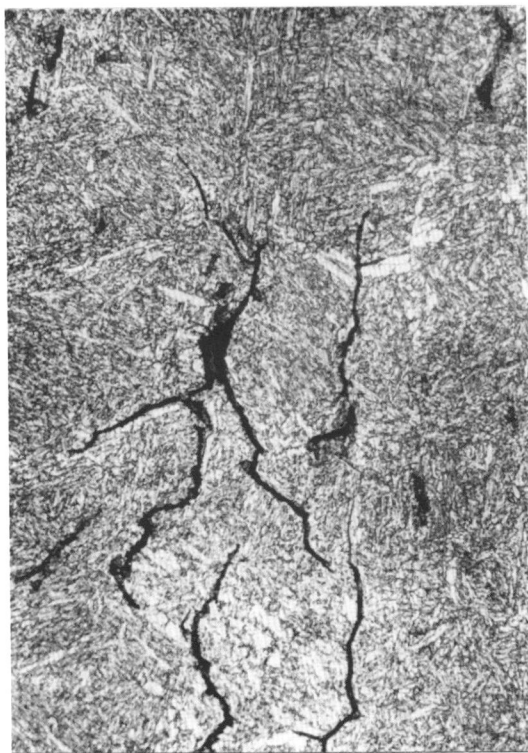

图　2-1-155　　　　　　　　　　100×

图　　号：2-1-153～2-1-155

材料名称：45 钢(套筒)

浸　蚀　剂：图 2-1-153 未浸蚀，其余经 4%硝酸
　　　　　酒精溶液浸蚀

处理情况：840℃加热保温后淬入盐水中冷却

组织说明：内孔裂纹。图 2-1-153 氧化物夹杂相
　　　　　当于 2 级，硫化物夹杂亦为 2 级。图左侧下方
　　　　　有一条弯曲裂纹，似沿晶界延伸。

　　　　图 2-1-154：基体为回火索氏体，呈明显
　　　　的带状偏析，系碳浓度不均匀所造成；在带状
　　　　区域有硫化物夹杂。

　　　　图 2-1-155：基体为保持马氏体位向的回
　　　　火索氏体，黑色裂纹沿晶界曲折延伸。

　　　　套筒内孔表面在调质处理后出现纵向裂
　　　　纹的原因是：由于原材料成分有带状偏析，因
　　　　此内应力较大，套筒淬火加热时，未经预热，
　　　　直接置于高温炉中，导致套筒内外产生较大的
　　　　温差，从而在内孔表面产生纵向裂纹，由于开
　　　　裂是在高温发生，基体的晶界强度较低，因此
　　　　裂纹沿晶界扩展。

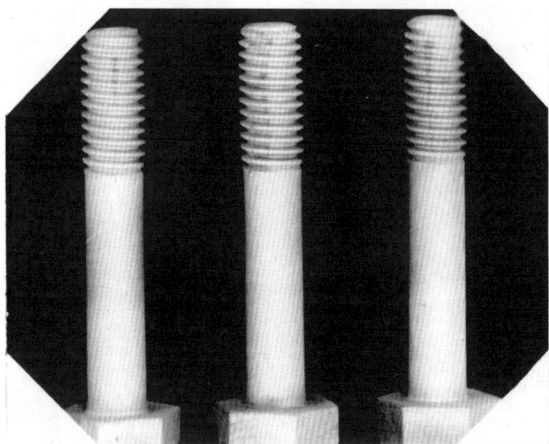

图　2-1-156　　　　　　　　1×

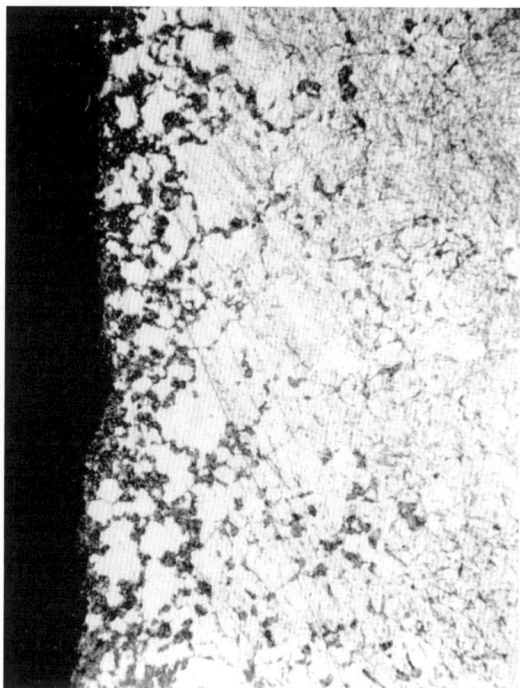

图　2-1-157　　　　　　　100×

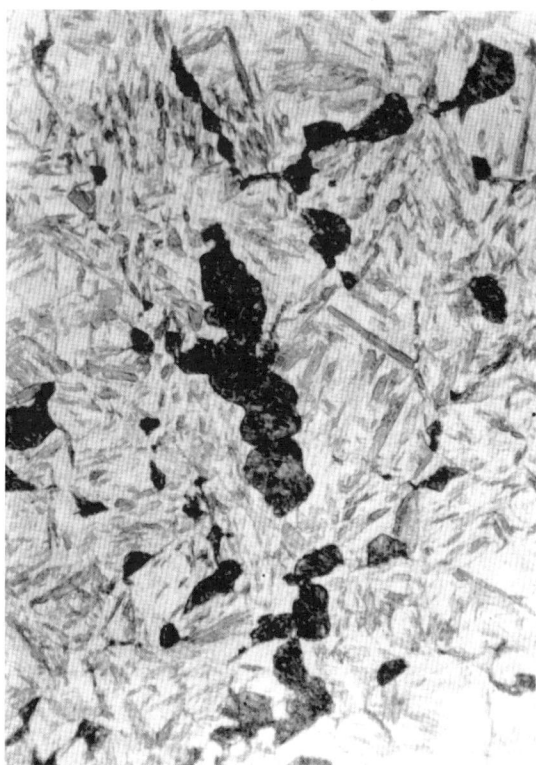

图　2-1-158　　　　　　500×

图　　号：2-1-156～2-1-158

材料名称：45 钢(淬裂)

浸 蚀 剂：图 2-1-156 螺钉经 1+1 盐酸水溶液热
　　　　蚀，图 2-1-157、图 2-1-158 经 4%硝酸酒精溶
　　　　液浸蚀

处理情况：810℃加热水淬

组织说明：淬裂。图 2-1-157、图 2-1-158：螺栓
　　　　表层的组织，基体为马氏体及沿晶界呈网状分
　　　　布的托氏体。逐步趋向心部，托氏体数量则逐
　　　　渐减少；心部组织为淬火马氏体。

　　　　　45 钢螺栓毛坯存在着明显的脱碳现象，
　　　　以致淬火时表层出现托氏体组织，使螺栓在冷
　　　　却时产生较大的组织应力，加上螺纹处应力较
　　　　易集中，从而使该处在淬火冷却时发生开裂。

　　　　　小直径45钢制零件在淬火时易产生开裂，
　　　　直径为 8mm 的螺栓正好处于淬火开裂危险尺
　　　　寸的范围内，此外，45 钢含碳量处于上限时，
　　　　在淬火过程中易产生淬裂缺陷。

图 2-1-159 1.5×

图 2-1-160 100×

图　号：2-1-159~2-1-161

材料名称：45 钢

浸 蚀 剂：图 2-1-159、图 2-1-160 未浸蚀，图 2-1-161 经 4%硝酸酒精溶液浸蚀

处理情况：830℃加热水淬，500℃回火

组织说明：淬火裂纹。45 钢螺栓调质后，在截面急剧变化的肩胛处产生轴向 Y 形裂纹。如图 2-1-159、2-1-160 所示。

图 2-1-161：回火索氏体，裂纹内灰色物为回火时盐浴渗入所引起的腐蚀产物。

45 钢淬火时，应视碳量的高低来选择不同的冷却方法。淬裂的螺纹经化学分析，$w(C)$ 为 0.49%；钢材的碳量偏于上限。偏上限的 45 钢水淬时容易开裂，同时，工件的肩胛部位易在淬火时造成应力集中。故在淬火时产生裂纹。

淬火裂纹的特征：纹路刚直，穿晶发展，尾部稍尖而弯曲，裂纹两侧无脱碳现象。说明裂纹是在淬火冷却后期产生的，即在马氏体转变温度范围内冷却时，由于组织应力在钢件表面附近产生的拉应力超过了钢件的断裂强度所引起的。

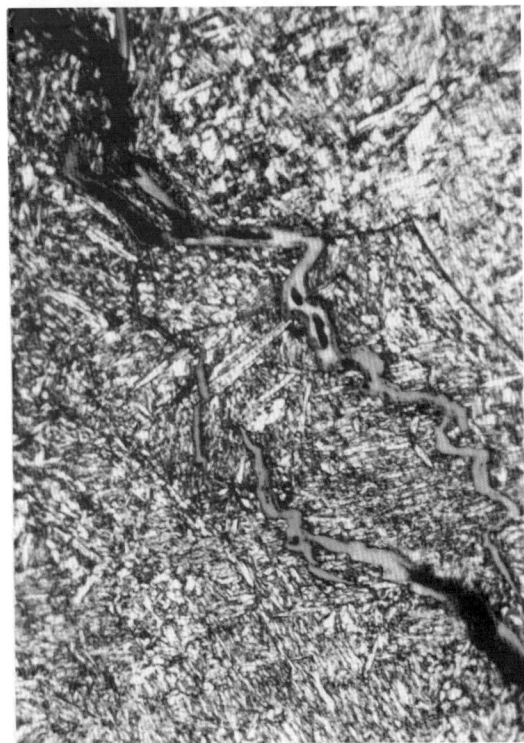

图 2-1-161 500×

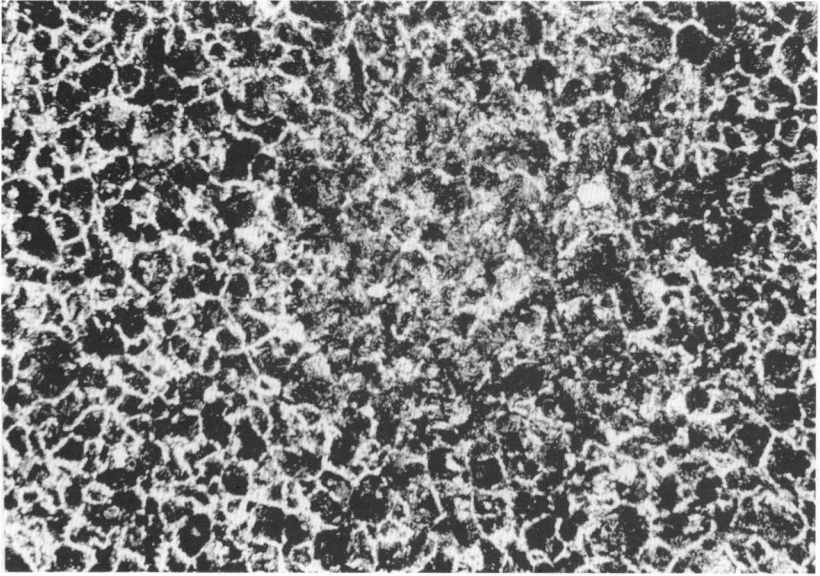

图　2-1-162　　　　　　　　　　　　　　　　　　　　　100×

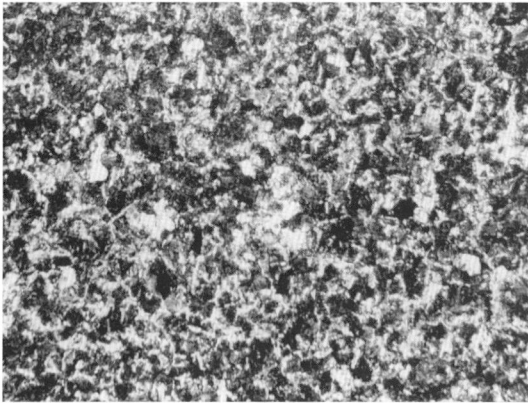

图　2-1-163　　　　　　　100×

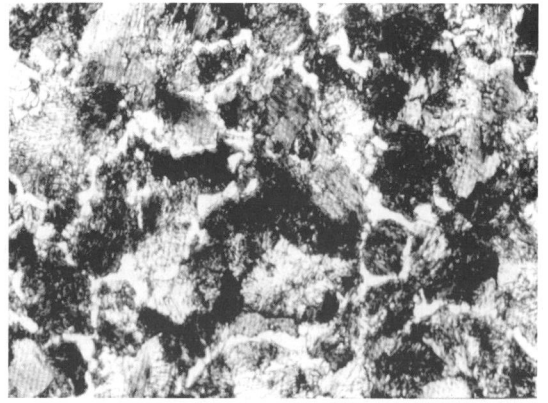

图　2-1-164　　　　　　　500×

图　　号：2-1-162～2-1-164
材料名称：高速热轧钢材，图 2-1-162 为 45 钢，图 2-1-163、图 2-1-164 为 60 钢
浸 蚀 剂：4%硝酸酒精溶液浸蚀
处理情况：高速热轧
组织说明：图 2-1-162：片状珠光体及网状铁素体，晶粒较细小，为 7～5 级。

　　　　　图 2-1-163：60 钢热轧后组织：片状珠光体及细小网状铁素体，晶粒为 8～6 级。

　　　　　图 2-1-164：图 2-1-163 放大后 500 倍的组织，珠光体及铁素体更趋明显。

　　　高速热轧，在高温、高速下使钢材急剧变形，随后通过斯泰尔摩线控制冷却，从而使材料在高温下
高速变形，并在受控制的冷却条件下再结晶，这不但使材料的产量有明显提高，而且材料性能也有提高。
这是因为在高温下急剧变形，并使材料在一定的冷却条件下再结晶，以获得细小的晶粒所致。

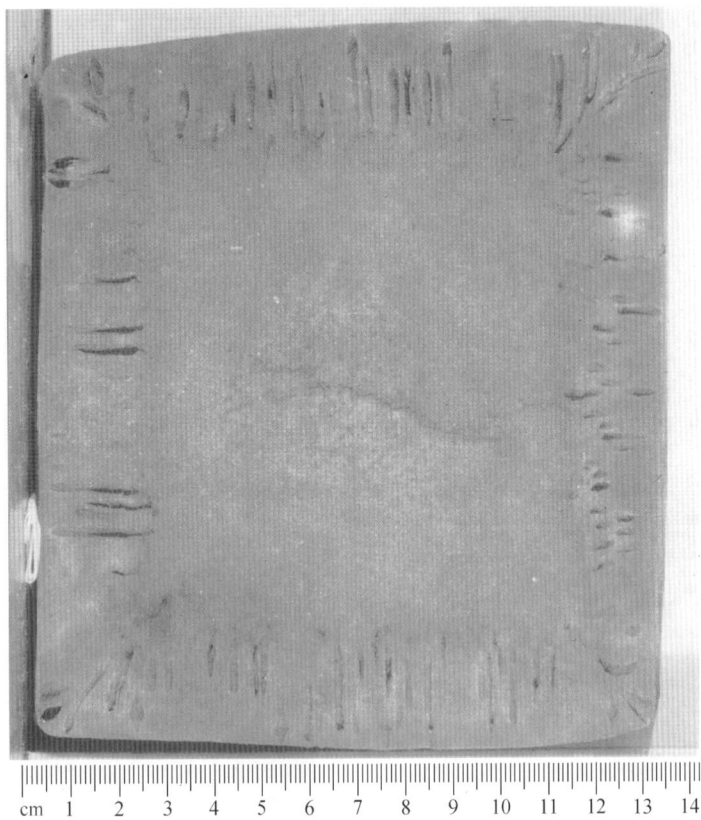

图　2-1-165

图　2-1-166

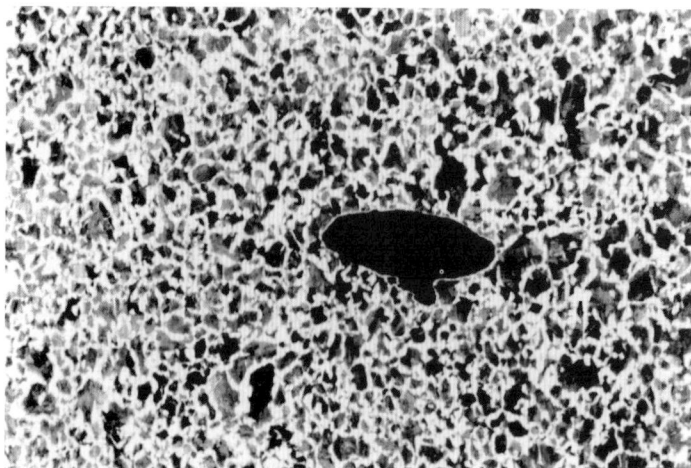

图　2-1-167　　　　　　　　　　　　　　　　　　　　50×

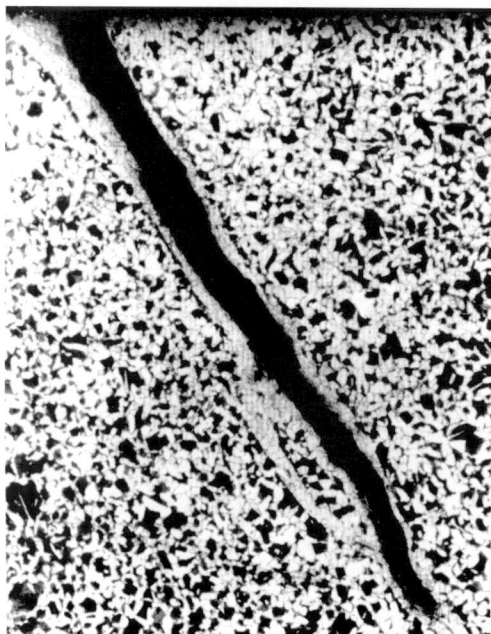

图　2-1-168　　　　　　　50×

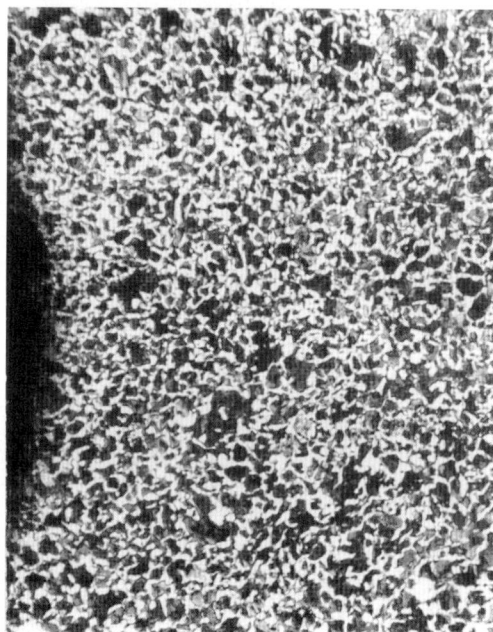

图　2-1-169　　　　　　　50×

图　　号：2-1-165～2-1-169
材料名称：45 钢
浸　蚀　剂：图 2-1-165、图 2-1-166 用 1+1 盐酸水溶液热蚀；图 2-1-167～图 2-1-169　4%硝酸酒精溶液浸蚀
处理情况：连铸坯再经锻造
组织说明：矿石粉碎机 4R 磨辊轴，由 45 钢连铸 φ140mm 坯料，锻成 φ110mm，4R 磨辊轴，再经调质处理后发现轴表面有纵向裂纹，严重者发生了劈开断裂。

　　图 2-1-165：140mm×130mm 的连铸坯，四周存在严重的皮下气泡，铸坯四角气泡几乎连在一起构成薄弱环节，另在钢坯中心存在断续的大裂纹，长达 45mm。

　　图 2-1-166：图上部为连铸坯表面有皮下气泡引起的开裂，见白色箭头处；图下部为 4R 磨辊的锻坯，表面上有皮下气泡引起的裂纹，见箭头处。

　　图 2-1-167：小的皮下气泡周围的显微组织，基体为铁素体+珠光体，黑灰色长圆形为皮下气泡，四周光滑，内充有氧化夹杂，气泡周围无脱碳等特异之处；图 2-1-168 为锻造后皮下气泡造成的开裂组织。

　　图 2-1-169：钢坯中心碳偏析的组织，边缘黑色凹坑为中心缩孔。

　　造成 4R 磨辊轴开裂乃是连铸钢坯质量太差，存在严重的皮下气泡和内裂缺陷，同时在坯料中心存在中心碳偏析和缩孔缺陷。

图 2-1-170 实物

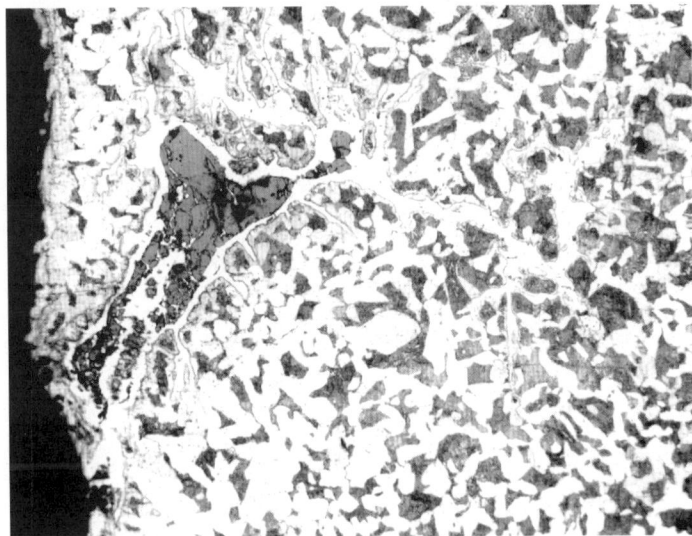

图 2-1-171 500×

图　　号：2-1-170、2-1-171
材料名称：45 钢
浸 蚀 剂：图 2-1-171 经 4%硝酸酒精溶液浸蚀
处理情况：锻造
组织说明：图 2-1-170：45 钢制汽车变速拨叉，高温加热后进行锻造，锻后喷丸处理发现拨叉脚的凸出部分表面十分粗糙，有较多极像气泡的凹坑和小裂纹。

图 2-1-171：拨叉脚上小裂纹处的金相组织，近表面处有脱碳存在，组织为铁素体和少量珠光体，逐步向里珠光体含量增加，而铁素体相对减少，且沿晶界作网状分布，在表面小裂纹处还发现有一大块灰黑色氧化铁压入基体，其周围由于高温时的氧量较高，导致周围基体脱碳，在氧化铁的周围形成一圈铁素体组织。

由于锻造加热温度较高，而炉气又是氧化性气氛，坯料在高温时停留的时间又长，造成坯料表面严重氧化。锻造时造成表面氧化皮被压入表面金属基体中，形成上述缺陷。

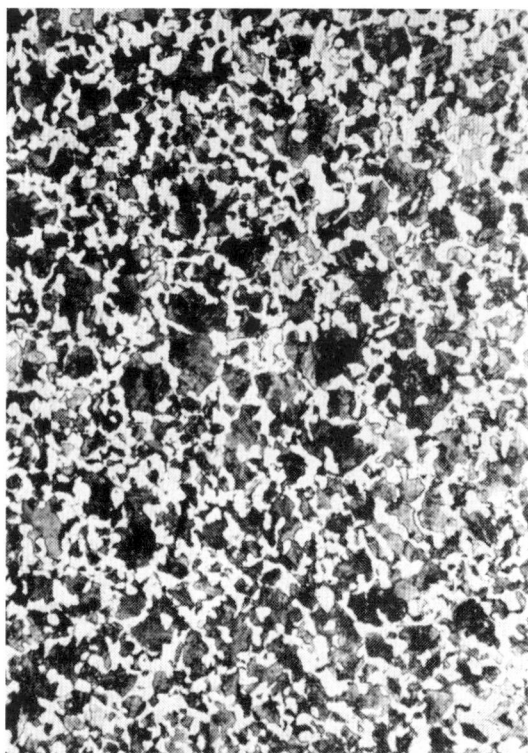

图　2-1-172　　　　　　　　　　　　　200×

图　　号：2-1-172
材料名称：50 钢［w（C）50%］
浸 蚀 剂：4%硝酸酒精溶液浸蚀
处理情况：830℃加热保温后炉冷。
组织说明：黑色基体为片状珠光体，白色呈网络
　　状分布的为铁素体。珠光体的体积分数约占基
　　体总体积分数的 60%。由图可知，钢的退火温
　　度不高，故其晶粒甚为细小，随着钢中含碳量
　　的增加，珠光体的数量也逐渐增多，因此提高
　　了钢的强度，而其韧性及塑性则稍有下降。50
　　钢系中碳高强度优质钢。用它制成的零件应进
　　行淬火及回火处理。由于这种钢的碳量较高，
　　故其焊接性能不好。
　　　　此钢可用于制造要求耐磨的零件，以及动
　　载荷及冲击作用不大的零件，例如：齿轮、轧
　　辊、拉杆和农机犁铧等。

图　　号：2-1-173
材料名称：50 钢
浸 蚀 剂：4%硝酸酒精溶液浸蚀
处理情况：锻造后正火处理
组织说明：基体为片状珠光体，白色为铁素
　　体，铁素体大部分呈网络状分布，一部分铁素体呈块状分
　　布，使整个组织呈带状倾向。
　　　　锻造后由于正火加热温度不高，冷却又稍快，
　　致使钢的晶粒不粗大，同时珠光体数量较多，钢的
　　组织有带状的倾向，导致钢材的强度明显提高，而
　　塑性及冲击韧度有所下降。此种钢材应进行淬火、
　　回火处理，适宜制作耐磨的零件，以及动载荷及冲
　　击作用不大的零件。
　　　　50 钢一般在调质态、正火态或表面淬火后
　　使用。

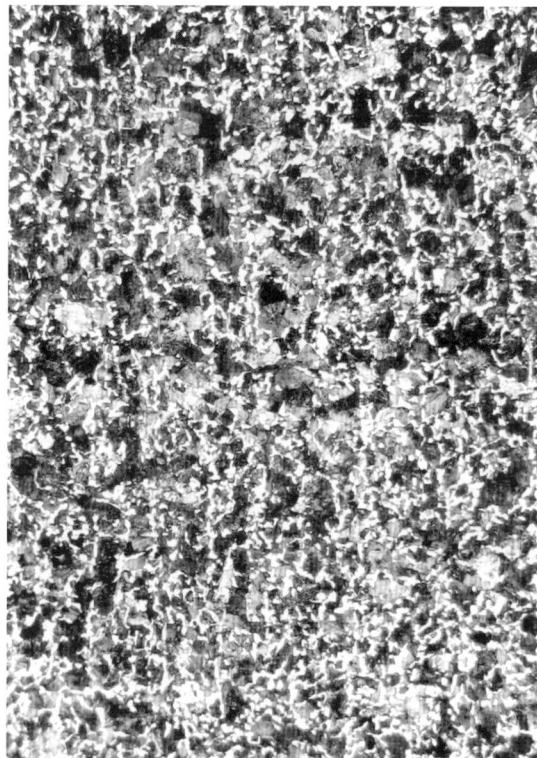

图　2-1-173　　　　　　　　　　　　　100×

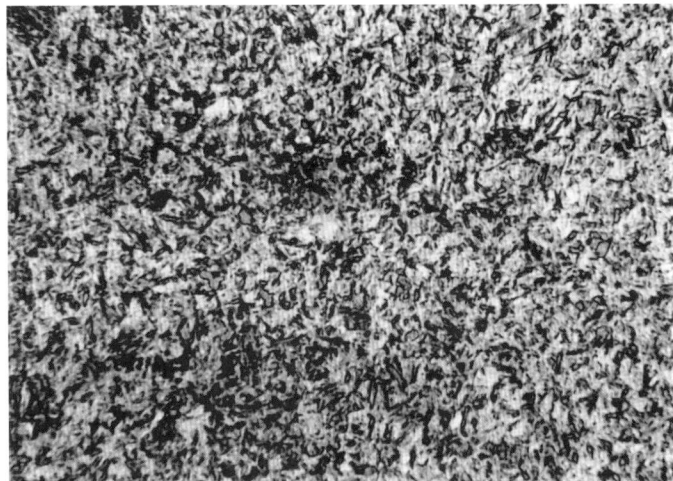

图　2-1-174　　　　　　　　　　　　　　500×

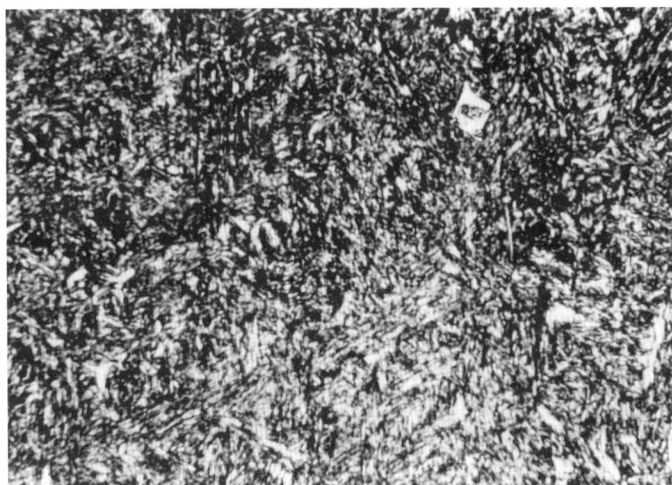

图　2-1-175　　　　　　　　　　　　　　500×

图　　号：2-1-174、2-1-175
材料名称：50 钢
浸 蚀 剂：4%硝酸酒精溶液
处理情况：830℃、860℃淬火，600℃回火
组织说明：手表冷镦夹板螺钉、弹簧垫圈。

图 2-1-174：50 钢制手表冷镦夹板螺钉，在 830℃自动淬火炉中连续加热 2min 后淬入油中冷却的组织，基体为马氏体及少量残留奥氏体，马氏体针叶长度为 3～4 级。

图 2-1-175：50 钢制弹簧垫圈。在 860℃淬火炉中加热 30min 淬入油中冷却，又于 550℃回火处理，组织为回火托氏体，图中白色方块为氮化钛夹杂物。

油温为 50～60℃，加热炉用城市煤气保护，先通过无水氯化钙干燥，经过净化处理后通入炉内作保护气氛用。

50 钢强度、硬度较高，塑性及韧性较低，冷变形性较低，焊接性较差，铸造性能好，可加工性较好，淬透性差，无回火脆性。在工程上一般在调质态或正火态或表面淬火后使用，可用作强度、硬度要求较高，冲击作用不大的机械零件，如齿轮、轧辊、机床主轴、发动机曲轴、掘土犁铧、弹簧、弹簧垫圈等。

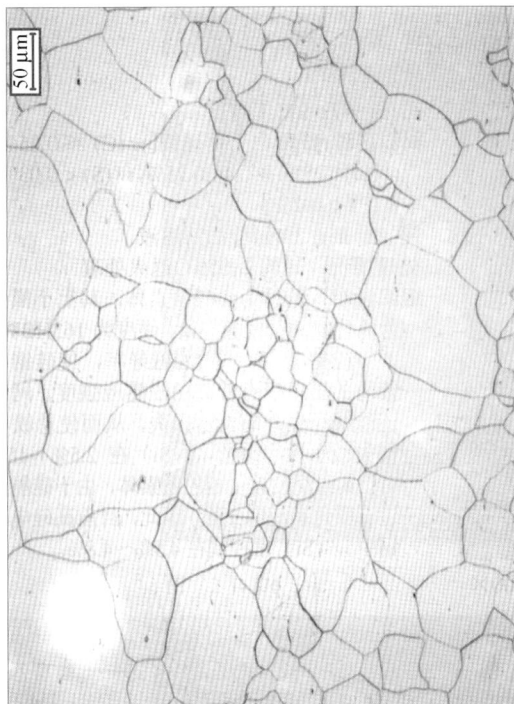

图 2-2-4   150×

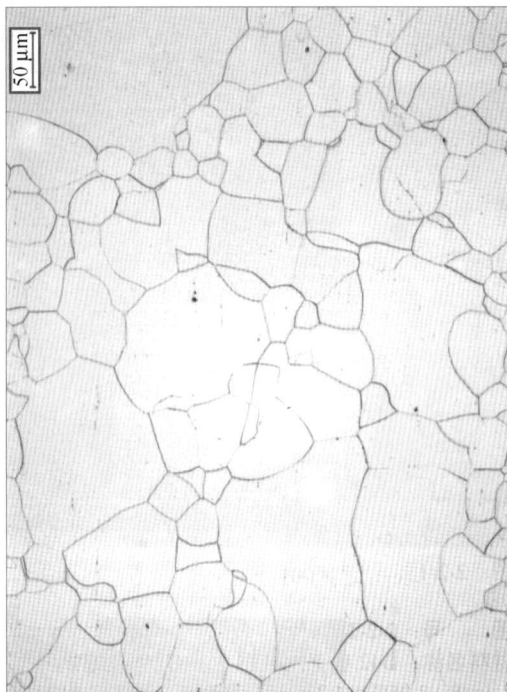

图 2-2-5   150×

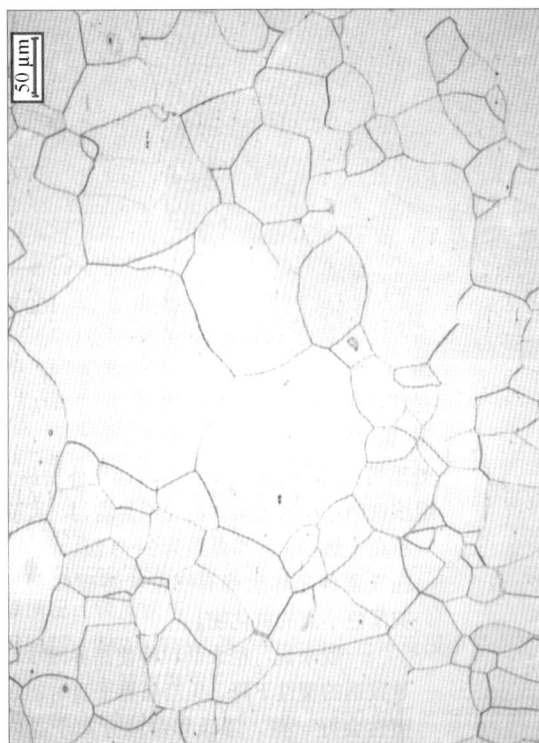

图 2-2-6   150×

图 号：2-2-4～2-2-6

材料名称：电工用硅钢[w(C)0.05%，w(Si)3.50%，w(Mn)0.22%，w(P)0.020%，w(S)0.025%]

浸 蚀 剂：4%硝酸酒精溶液

处理情况：轧制后 750℃×2h 退火处理，再在 450℃×0.5h 发蓝处理

组织说明：空调压缩机铁心退火前铁损为 3.7W/kg，退火发蓝后，发现退火炉的上层、中层和底层位置的铁心的铁损不一样，上层的铁心为 2.8W/kg，中层的铁心为 6.1W/kg，下层的铁心为 5.7W/kg。

　　于退火炉中上、中、下层不同位置各取一片铁心作金相观察，基体均为铁素体。上层铁心由较多细小晶粒和大晶粒组成，见图 2-2-4；中层铁心与上层相比，细小晶粒开始长大，大晶粒变化不明显，见图 2-2-5；下层铁心与上层组织相比，细小晶粒和大晶粒长大不明显，见图 2-2-6。

　　退火时，由于铁心放置位置不同，造成铁心的铁损不一，主要是退火炉内炉温不均匀所致。从观察到的组织来分析，炉底和炉中部位置炉温相近，而炉上部位置炉温稍低，以致退火再结晶晶界不完全，所以其铁损最小。

图　2-2-7　　　　　　　　　　　　　　10000×

图　2-2-8　　　　　　　　　　　　　　10000×

图　　号：2-2-7、2-2-8
材料名称：Q345 钢（16Mn 钢）
浸 蚀 剂：经 4%硝酸酒精溶液浸蚀后二次复型
处理情况：980℃加热后水淬；图 2-2-8 为电弧焊接
组织说明：图 2-2-7：板条状马氏体在电镜高倍放大后情况，低碳马氏体呈垂直交叉分布。

图 2-2-8：热影响区组织，羽毛状上贝氏体及低碳马氏体在电子显微镜下高倍放大后情况。上贝氏体为较光滑的铁素体片，白色断续长条碳化物分布于铁素体片间；低碳马氏体呈板条状，因过饱和碳致使板条不太光滑。

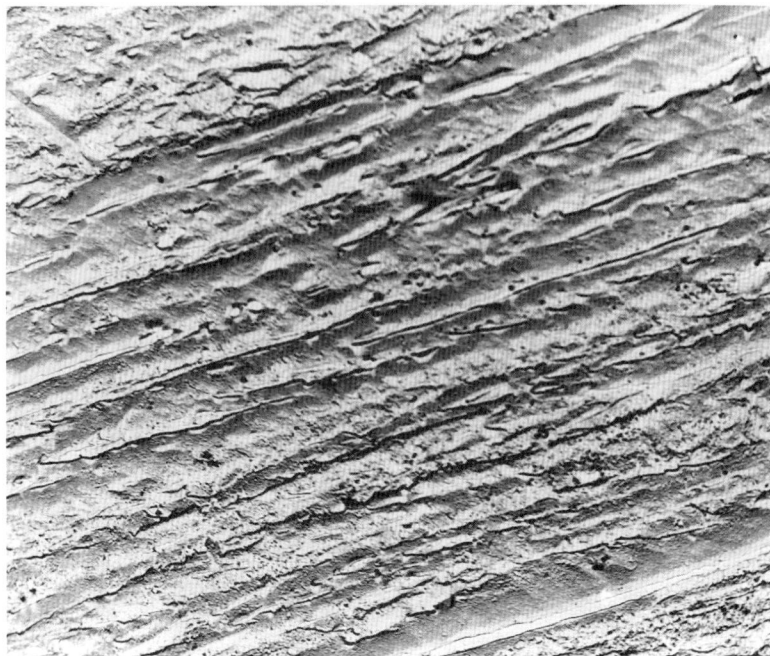

图　2-2-9　　　　　　　　　　　　　　　　　　　　10000×

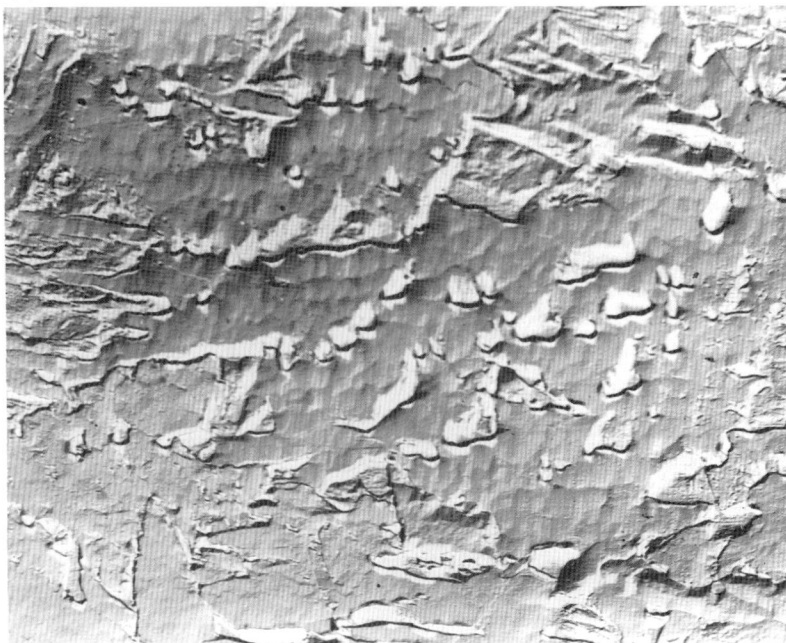

图　2-2-10　　　　　　　　　　　　　　　　　　　10000×

图　　号：2-2-9、2-2-10
材料名称：Q345 钢（16Mn 钢）
浸 蚀 剂：经 4%硝酸酒精溶液浸蚀后二次复型
处理情况：电弧焊接
组织说明：图 2-2-9：热影响区组织，为羽毛状上贝氏体在电子显微镜高倍放大后情况，白色断续条状渗碳
　　　体分布于板条状铁素体间。

　　　　图 2-2-10：热影响区组织，为粒状贝氏体在电子显微镜高倍放大后情况，铁素体基体上布有颗粒状
　　　渗碳体。粒状贝氏体中小岛状组织原为富碳奥氏体，在随后冷却时，分解为铁素体及渗碳体，或转变为
　　　马氏体，或仍为奥氏体。

图　2-2-11　　　　　　　　　　　　　　100×

图　　号：2-2-11

材料名称：Q345 钢（16Mn 钢）[w（C）0.12%～ 0.20%，w（Si）0.40%～0.60%，w（Mn）1.30%～ 1.60%，w（S）≤0.050%，w(P)≤0.045%]

浸 蚀 剂：4%硝酸酒精溶液

处理情况：热轧供应状态

组织说明：基体为铁素体及块状分布的片状珠光体。锰在我国属于富产资源，价格低廉，性能优越。我国合金结构钢体系中，锰钢占有重要的地位。

Q345 钢（16Mn 钢）因具有较高的强度和韧性，是我国应用较早的低合金高强度钢之一。这种钢大多轧成板材和型材使用。当厚度≤ 16mm 时，R_m≥510N/mm²、R_{eL}≥352N/mm²、A≥21%。当厚度≥12mm 时，−40℃下的 a_K 值≥29.5J/cm²。

Q345 钢（16Mn 钢）的焊接性能和冷冲压性能良好，可加工性能也好。因此，可用于制造载重汽车大梁、自行车车架、船体、桥梁、高压容器、起重设备、井架、广播塔等重型结构件。

图　　号：2-2-12

材料名称：Q345 钢（16Mn 钢）

浸 蚀 剂：4%硝酸酒精溶液

处理情况：热轧后于 860℃正火处理

组织说明：基体为铁素体及细小块状分布的片状珠光体，晶粒甚为细小，小于 8 级。

Q345 钢（16Mn 钢）中 w（Mn）一般均不大于 1.6%；锰元素能固溶于铁素体，而使其产生较好的固溶强化作用。但当钢材厚度较大时，为了得到最好的力学性能，特别是冲击韧度，钢材可经 900℃的正火处理后使用。

本图采用的正火温度较低，故在空冷后获得较细小的晶粒，从而使钢的性能大为改善。

Q345 钢（16Mn 钢）是用量最大的低合金结构钢，广泛用于大型船舶、车辆、桥梁、厂房、锅炉、管道、压力容器、石油储罐、矿山机械、起重设备等。特别适用于−40℃以下寒冷地区的低温压力容器、槽及其他构件，也用于渗碳机械零件。

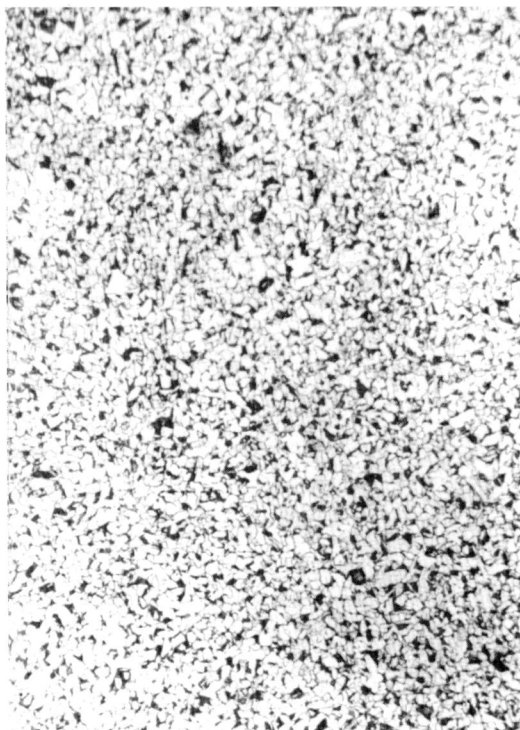

图　2-2-12　　　　　　　　　　　　　　100×

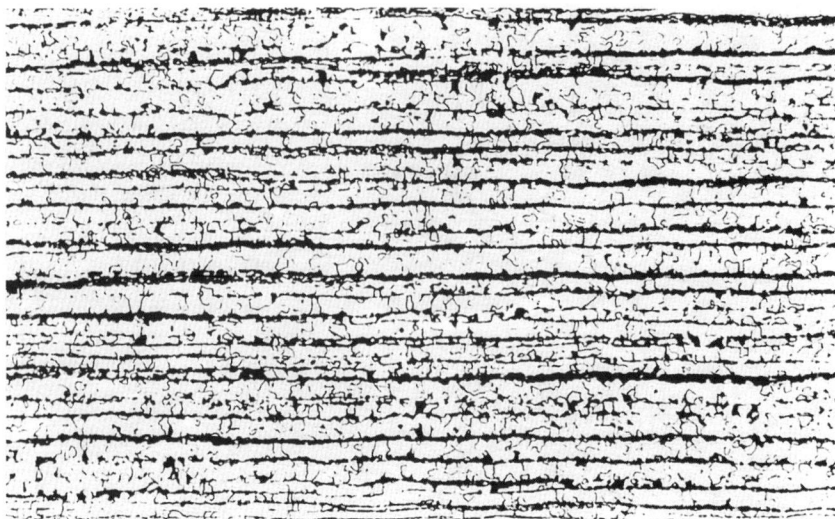

图　2-2-13　　　　　　　　　　　　　　　　　　　　100×

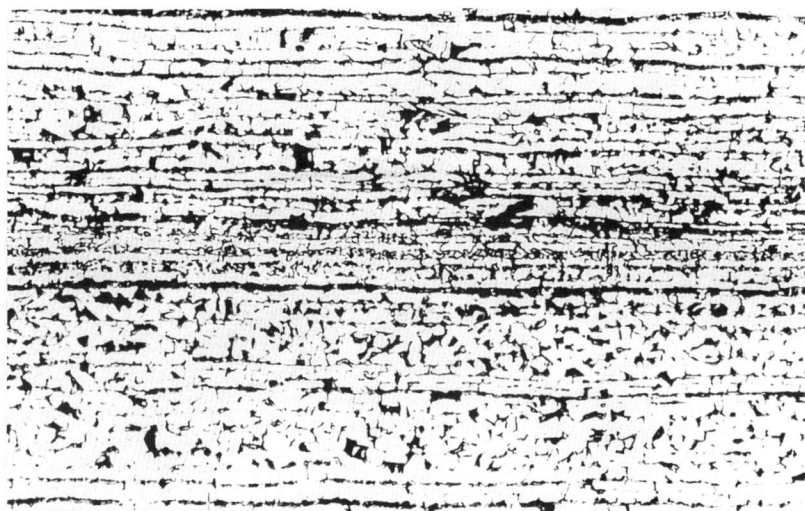

图　2-2-14　　　　　　　　　　　　　　　　　　　　100×

图　　　号：2-2-13、2-2-14　　　　　　　浸　蚀　剂：4%硝酸酒精溶液
材料名称：Q345 钢（16Mn 钢），T14mm 连铸板材　　处理情况：轧态
组织说明：T14mm 连铸连轧板材，为桥梁用钢结构材料。

　　图 2-2-13：钢板纵向组织，基体为细晶粒的铁素体及细带状的珠光体组织，铁素体晶粒极小，约为 9 级。

　　图 2-2-14：钢板中心部分组织，中心部分除有细小断续分布的硫化物夹杂外，浅灰色条状分布较密集，两侧黑灰色细条带分布较稀疏，基体为细晶粒铁素体，黑灰色条带和块状为片状珠光体，中心部分较密集的灰色条带为低碳马氏体组织，说明连铸连轧板材中存在成分偏析。

　　由于连铸时钢液成分不均匀，在激冷条件下结晶时，边缘先结晶，成分较纯，而残液中碳、合金元素和夹杂含量较多，以致聚集于最后凝固的中心部分。冷却后它残存于钢坯心部，经轧制后存在于钢材中心部位。这是连铸钢液处理不当所造成的缺陷。

图　2-2-15　　　　　　　　　630×

图　　　号：2-2-15
材料名称：Q345 钢（16Mn 钢）
浸 蚀 剂：4%硝酸酒精溶液
处理情况：900℃加热后淬入质量分数为 10％
　　　　　NaCl 水溶液中
组织说明：细小的低碳马氏体，硬度为 35～
　　　　　36HRC。

本图所示为 30mm 厚的 Q345 钢（16Mn
钢）经强烈淬火后的表面组织。

由于锰元素中的大部分能溶入铁素体，从而
强化了铁素体；小部分则形成合金渗碳体 (Fe,
Mn)$_3$C，因此在平衡状态下，比含有同等含碳
量的碳素钢具有较多的珠光体组织，锰元素还
能显著地提高钢的淬透性能。

为了进一步提高 Q345 钢（16Mn 钢）的强
度和韧性，可对这类钢进行强韧化处理，将零
件施以高温淬火，以获得强韧性较好的低碳马
氏体组织。本图由于淬火温度稍低，得到的马
氏体组织不粗大，而且从照片中可以看出，奥
氏体合金化的程度也是不均匀的，因此淬火后
的硬度值不高。

图　　　号：2-2-16
材料名称：Q345 钢（16Mn 钢）
浸 蚀 剂：4%硝酸酒精溶液
处理情况：900℃加热后淬入质量分数为 10％NaCl 水
　　　　　溶液中
组织说明：图 2-2-15 的 30mm 厚试样的心部显微组织。

基体为低碳马氏体，晶界处为呈网状分布的铁
素体以及少量羽毛状上贝氏体，硬度为 30～
31HRC。

由于试样厚度较大，虽用强烈的冷却介质进行
淬火，试样心部仍不能完全淬透，因此淬火冷却时，
沿奥氏体晶界首先析出呈网状分布的铁素体，继而
析出少量羽毛状上贝氏体，至 M$_s$ 点时，过冷奥氏体
发生马氏体相变而析出低碳马氏体。钢中出现铁素
体，将使钢的强度和硬度下降。

图　2-2-16　　　　　　　　　630×

图　2-2-17　　　　　　　　　　　　　　　　　　　　500×

图　2-2-18　　　　　　　　　　　　　　　　　　　　800×

图　　　号：2-2-17、2-2-18

材料名称：Q345 钢（16Mn 钢），T14mm 连铸板材

浸 蚀 剂：4%硝酸酒精溶液

处理情况：轧态

组织说明：T14mm 连铸连轧板材，桥梁用钢结构材料，焊后由心部分层开裂。

　　图 2-2-17：板材心部组织，基体为细晶粒铁素体和条块状片状珠光体，在心部存在一定宽度的低碳马氏体和少量铁素体构成的带状偏析，马氏体上维氏硬度压痕较小，珠光体处压痕大，说明马氏体处硬度较珠光体处为高。

　　图 2-2-18：板材心部分层处组织，分层处于板材心部，即连铸锭心部，该处为低碳马氏体条带，两侧为铁素体和条带状珠光体。在马氏体条带中有一条灰色硫化物夹杂，在其尾部有裂纹延伸，造成板材焊后分层开裂。

　　板材中心存在分层开裂，是连铸材中心部分存在成分偏析致使钢材心部出现条带状马氏体和硫化物夹杂物，在焊接时，因热应力作用，导致钢材沿中心偏析处开裂，而造成板材分层开裂。

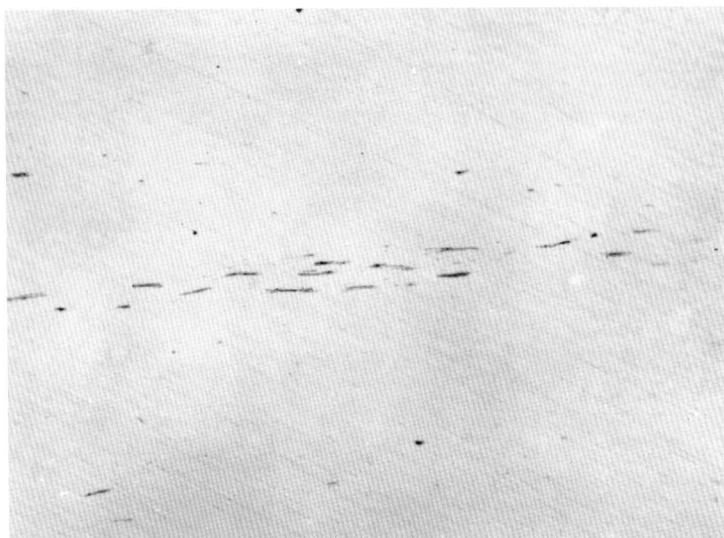

图 2-2-19   100×

图 2-2-20   100×

图 号：2-2-19、2-2-20

材料名称：（德）St52-3 钢板 [w（C）0.20%，w（Si）0.50%，w（Mn）1.50%，w（S）≤0.12%，w（P）≤0.04%]

浸 蚀 剂：图 2-2-19 未浸蚀；图 2-2-20 经 4%硝酸酒精溶液浸蚀

处理情况：热轧

组织说明：图 2-2-19：板材中存在很多断续串连的硫化物夹杂。

　　　　　图 2-2-20：浸蚀后情况，条带状细晶粒铁素体及珠光体，局部地区条带状珠光体较密集。

　　　　　钢中心出现如此多的串连状夹杂物和条带状珠光体是钢锭切头过少，而残存在残余缩孔附近的组织。

　　　　　此钢的综合力学性能、低温冲击韧度、冷变形性以及焊接性均较好，与 Q235 钢相比，屈服强度提高 50%左右，耐大气腐蚀能力约提高 20%～38%，低温冲击韧度优越，缺口敏感性较大，在有缺口时，疲劳强度低于 Q235 钢，且易产生裂纹。是用量较大的普通合金结构钢，可用于压力容器、石油储罐、矿山机械、起重设备等，特别适用于−40℃以下寒冷地区的低温压力容器等。

图　2-2-21　　　　　　　　　　　　　　　　　　　　实物

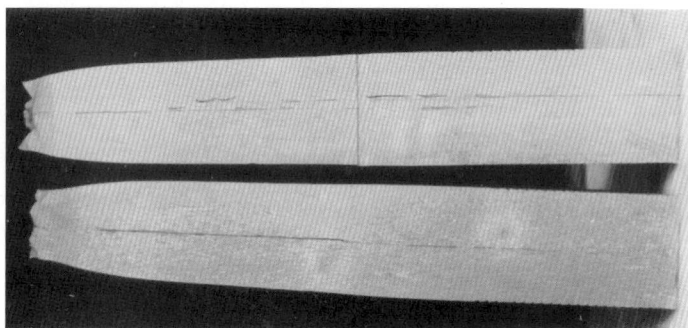

图　2-2-22　　　　　　实物　图 2-2-23　　　　　　　　　　　　实物

图　　号：2-2-21～2-2-23

材料名称：（德）St52-3 钢板 [w（C）0.19%，w（Mn）1.37%，w（Si）0.29%，w（S）0.08%，w（P）0.016%]

浸 蚀 剂：图 2-2-21 经 1+1 盐酸水溶液热蚀

处理情况：热轧板材（板厚 40mm×2100mm×10400mm；板厚 35mm×2550mm×10800mm）

组织说明：用板厚 40mm 钢板及板厚 35mm 钢板制造钢包回转台，在制造转动托架时，发现机架钢板截面中心有断续黑色条纹沿钢板的纵向延伸分布。

　　图 2-2-21：托架的钢板纵截面，经渗透着色液探伤，发现中心部位有沿纵向断续的分层存在。

　　截取钢板作抗拉试验，结果 R_{eL}=374N/mm^2、R_m=543N/mm^2、A=32%、D=1.0a 冷弯，结果钢板侧面（厚度）有分层缺陷。钢板抗拉断口中心也有撕开的分层缺陷，如图 2-2-22 所示。将已拉伸的试样置于 1∶1 盐酸水溶液中热蚀，结果在中心部位存在有断续分层的缺陷，如图 2-2-23 所示。

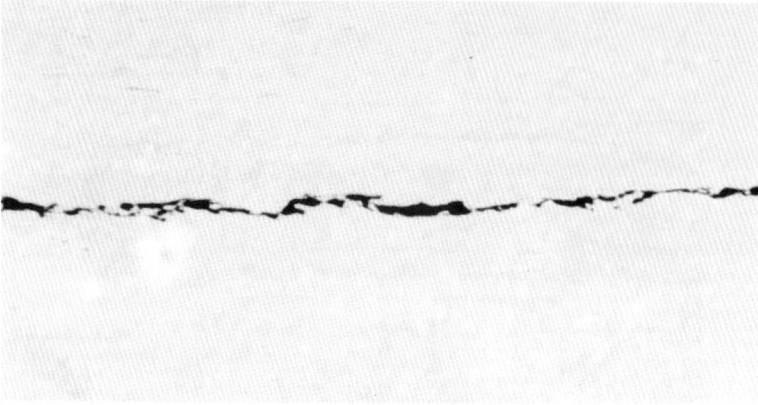

图　2-2-24　　　　　　　　　　　　　　　　100×

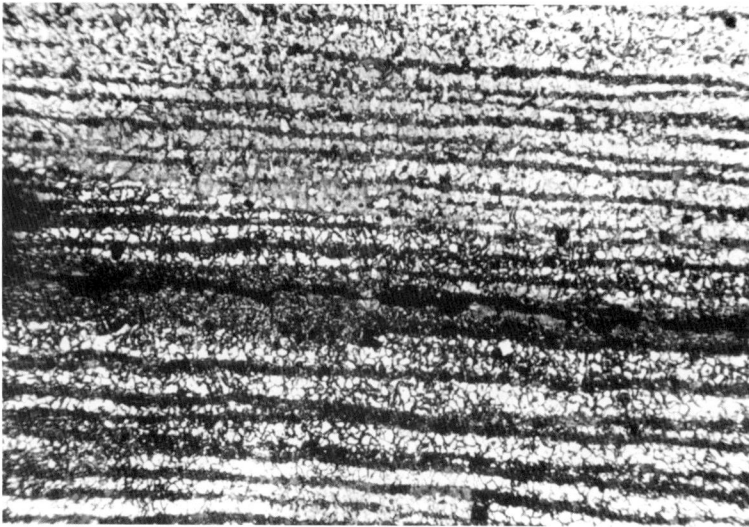

图　2-2-25　　　　　　　　　　　　　　　　100×

图　　号：2-2-24、2-2-25

材料名称：　（德）St52-3 钢板

浸 蚀 剂：图 2-2-24 未浸蚀；图 2-2-25 经 4%硝酸酒精溶液浸蚀

处理情况：热轧板材

组织说明：于钢板纵向截面截取金相试样，磨、抛后发现裂纹沿纵向分布，其内充有氧化物夹杂，如图 2-2-24 所示。在裂纹附近和尾部有较多长条形硫化物聚集分布。

　　40mm 厚与 35mm 厚的板材组织大致相仿，见图 2-2-25，均为严重的带状组织，尤其是钢板中心部位存在裂纹，裂纹两侧为珠光体宽带，其余部位为细晶粒的铁素体和珠光体，钢板中心宽带珠光体是明显的中心碳偏析。

　　裂纹起始部位较粗，其内充有氧化物，经能谱分析，裂纹内主要含有氧、硅、铝、硫、铁等元素，裂纹边有硫化物聚集，主要为硫化锰。

　　钢板中心的裂纹是由夹杂物引起的，同时中心存在碳偏析，该处是钢最后凝固部位，所以夹杂物密集，且中心碳偏析残留在钢中，在随后轧制过程中延伸于钢板中部位，当钢板加工受力而开裂，构成分层缺陷致使钢的连续破坏，这表明钢材的冶炼质量太差。

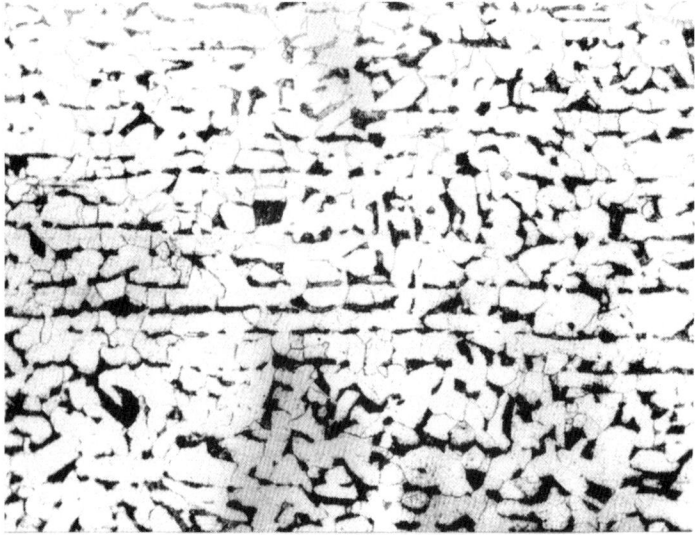

图　2-2-26　　　　　　　　　　　　　　　　　100×

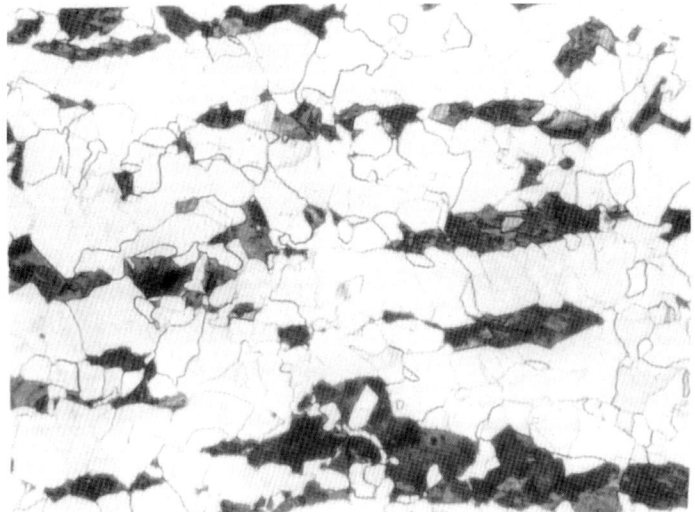

图　2-2-27　　　　　　　　　　　　　　　　　500×

图　　号：2-2-26、2-2-27

材料名称：（德）A572 钢 ［w（C）<0.23%，w（Si）0.15%～0.40%，w（Mn）≤1.35%， w（P）≤0.04%，w（S）≤0.05%］

浸 蚀 剂：4%硝酸酒精溶液浸蚀

处理情况：连铸热轧后退火

组织说明：图 2-2-26：A572 钢连铸连轧板（板厚 100mm）心部组织，基体为铁素体及呈带状和半网状分布的珠光体，铁素体晶粒细小，约为 7 级。

　　图 2-2-27：放大 500 倍的情况，基体铁素体及条、网状分布的珠光体清晰可见。

　　随着钢结构用材的成分不同，板厚度不同，其组织总是为铁素体及片状珠光体组织，惟其含量和分布情况有所不同，主要是珠光体带状的粗细，随板厚的增加而增粗，且珠光体含量也会增多，其分布也会聚集成半网状或网状分布。结构组织有时还会出现过热的魏氏组织。

　　钢结构材料进行金相检验时，除观察组织外，还要对低碳变形钢的珠光体、带状组织、魏氏组织对照 GB/T 299—1994 标准进行评级，同时还要按 GB/T 244—1987 标准测定钢材的脱碳层深度。

图　2-2-28　　　　　　　　　　　　100×

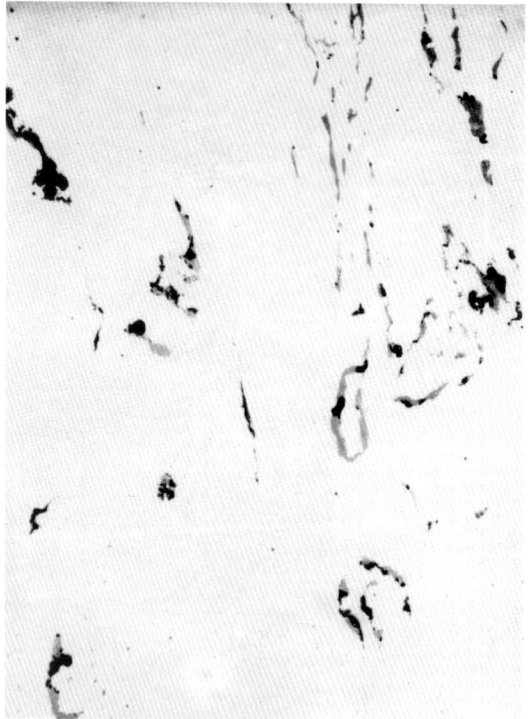

图　2-2-29　　　　　　　　　　　　100×

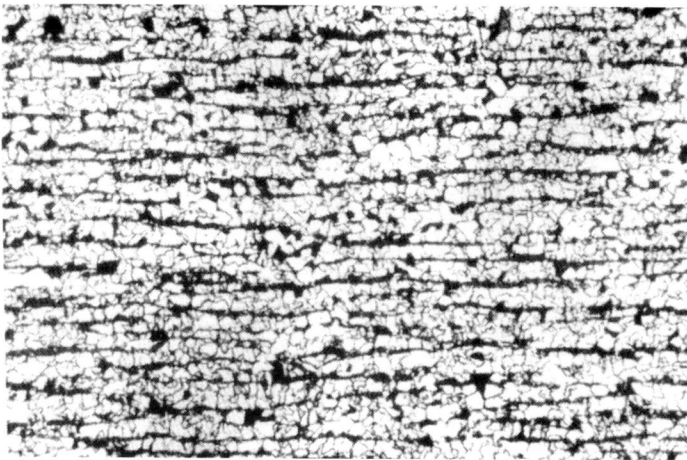

图 2-2-30　　　　　　　　　　　　100×

图　号： 2-2-28～2-2-30

材料名称： SM490E 钢 [w（C）<0.22%，w（Si）<0.55%，w（Mn）<1.6%，w（P）≤0.035%，w（S）≤0.035%]

浸蚀剂： 图 2-2-28、图 2-2-29 未浸蚀；图 2-2-30 经 4％硝酸酒精溶液浸蚀

处理情况： 连铸热轧后退火

组织说明： 图 2-2-28：聚集分布的硫化物夹杂的分布情况。图 2-2-29 为网状分布的硫化物夹杂的分布情况。

图 2-2-30：板材近表面的组织，有铁素体及少量条状分布的珠光体，铁素体晶粒细小，均为 8 级。

我国建筑结构材料主要是碳素结构钢和低合金结构钢。此外，具有特殊用途的钢材也可用于建筑业，如高耐候性结构钢、焊接结构用耐候钢、桥梁用结构钢等。

连铸连轧制造的钢结构厚钢板，随板厚的不同，夹杂物的分布形态也有所不同，板越厚，夹杂物的分布越趋于铸态的分布特征，板薄时，轧压比大，夹杂物呈带状分布；板厚时，则呈聚集偏析和网状分布。其心部组织常存在偏析，主要表现在珠光体含量较其他部位为多，且珠光体条带的粗细常随钢材厚度而增粗，片状珠光体的含量也会增多，且珠光体聚集成半网或网状分布。

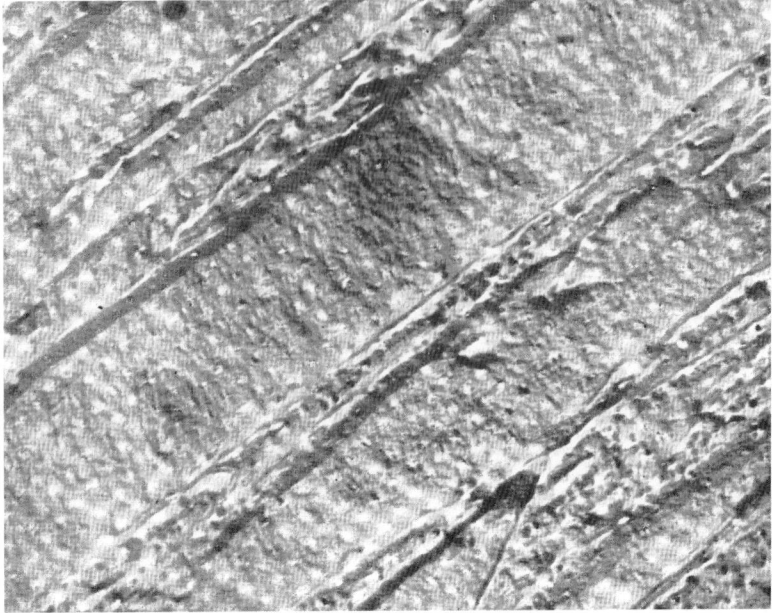

图　2-2-31　　　　　　　　　　　　　　　　　　　　　　　15000×

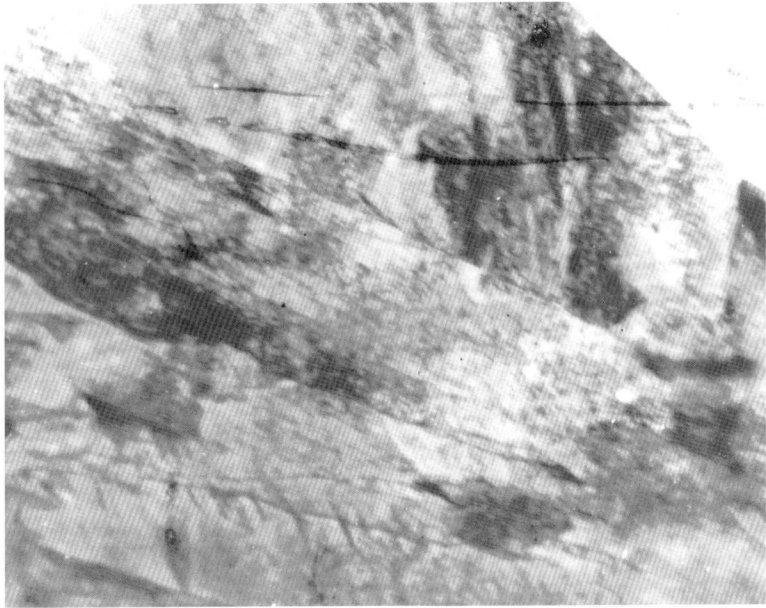

图　2-2-32　　　　　　　　　　　　　　　　　　　　　　　12000×

图　　号：2-2-31、2-2-32

材料名称：15MnB 钢［w（C）0.13%～0.18%，w（Si）0.2%～0.4%，w（Mn）1.30%～1.60%，w（B）0.003%～ 0.006%，w（S）≤0.04%,w(P)≤0.04%］

浸 蚀 剂：4%硝酸酒精溶液浸蚀后二次复型；图 2-2-32 金属厚膜

处理情况：图 2-2-31 经 1000℃加热后水淬、图 2-2-32 经 920℃淬火

组织说明：图 2-2-31：成排分布的板条状低碳马氏体经电子显微镜高倍放大后的情况，板条之间白色条带为残留奥氏体。

　　　　图 2-2-32：试样为线切割的 0.2mm 厚的薄片，用化学方法减薄至 100μm 左右，然后经体积分数为 10%高氯酸酒精溶液电解，减薄至 1000Å（1Å=0.1nm）以下。

　　　　金属薄膜试样在高压透射电镜下的组织状况为板条状马氏体，板条状上分布高密度的位错网络。

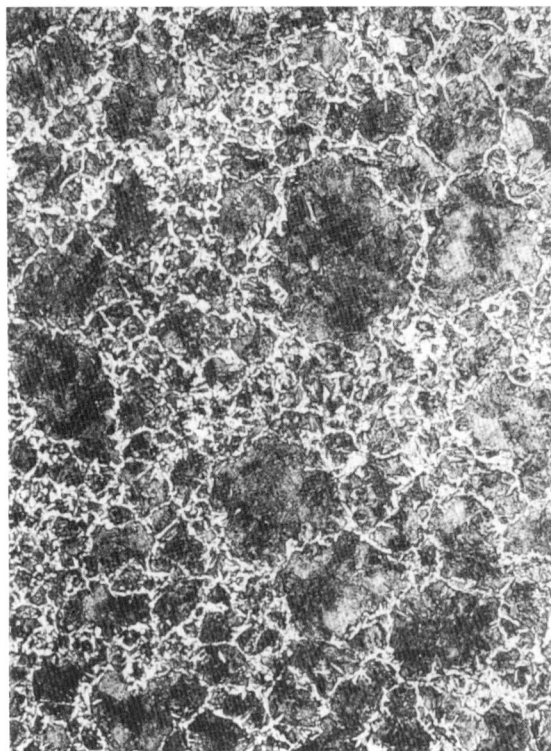

图　　号：2-2-33
材料名称：15MnB 钢（化学成分同图 2-2-31）
浸　蚀　剂：4%硝酸酒精溶液
处理情况：950℃正火处理
组织说明：珠光体及铁素体，铁素体沿晶界分布，
　　　　晶粒大小不甚均匀，大晶粒为 2～3 级，小晶粒
　　　　则为 5～7 级，硬度为 170HBW。

　　锰不但是炼钢时良好的脱氧剂，而且能增
加钢的淬透性。由于加入锰元素能使共析点向
左下方移动，从而与相同碳量的碳素钢相比，
锰钢中的珠光体含量较多而且较细。且锰元素
能溶入铁素体，从而固溶强化了铁素体组织。
由于锰钢在淬火加热时容易发生过热，因此必
须严格控制淬火加热温度。在锰钢中加入微量
的硼，能够明显地提高钢的淬透性，并使钢在
回火后获得良好的综合力学性能。

　　本图试样加热温度稍高，因锰钢具有过热
倾向，以致一部分晶粒急剧长大，冷却后，获
得晶粒大小不均的显微组织，导致钢的力学性
能变坏。

图　　2-2-33　　　　　　　　　　　100×

图　　号：2-2-34
材料名称：15MnB 钢（化学成分同图 2-2-31）
浸　蚀　剂：4%硝酸酒精溶液
处理情况：950℃正火处理
组织说明：本图系 2-2-33 试样放大 500 倍后的情况，
　　　　基体为片状珠光体及沿晶界呈网状分布的铁素体。

　　由于钢中存在部分粗大晶粒以及在晶界出现针
状分布的铁素体，说明钢在加热时已经过热。

　　当 w(C)在 0.15%左右时，按理显微组织应为铁
素体基体上布有少量珠光体（约占面积 25%左右），
但由于锰元素的加入，致使基体中的珠光体比相同
碳量的碳素钢大大增加。此外，硼元素有促使铁素体
呈针状形态分布的不利作用，但硼元素与某些元素不
同，不具有固溶强化铁素体和降低珠光体相变温度的
作用。

　　15MnVB 钢较难冶炼，且易出现疏松偏析；而
15MnB 钢是在 15MnVB 钢基础上发展出来的一个新
钢种，冶炼时较易掌握，且无疏松、偏析等缺陷，其
力学性能较理想。

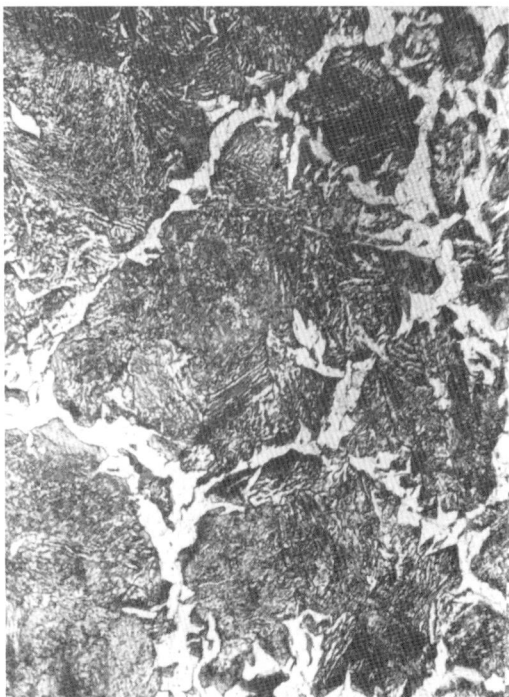

图　　2-2-34　　　　　　　　　　　500×

图 2-2-35   500×

图　　号：2-2-35

材料名称：15MnB 钢（化学成分同图 2-2-31）

浸 蚀 剂：4%硝酸酒精溶液

处理情况：880℃加热油冷淬火

组织说明：基体为低碳马氏体，较细小，呈板条状分布，属正常的淬火组织，硬度为 47HRC。

    15MnB 钢经高温加热淬火后，可以获得低碳马氏体组织，回火后可使钢具有良好的强度、塑性和韧性。

    15MnB 钢已用于制造汽车发动机连杆螺栓。经淬火、回火后，其力学性能比用调质40Cr 钢制造的螺栓好。因此，目前各有关工厂在制造发动机连杆螺栓时已普遍采用。

图　　号：2-2-36

材料名称：15MnB 钢（化学成分同图 2-2-31）

浸 蚀 剂：4%硝酸酒精溶液

处理情况：880℃加热油冷淬火，360℃回火 1h

组织说明：图 2-2-35 试样经中温回火后，低碳马氏体转变成托氏体组织，硬度为 40HRC。

    低碳马氏体的硬度较高，所制螺栓在冷搓螺纹时不易轧制，因而螺栓淬火后需经中温回火处理。

    实践证明：螺栓经 350℃回火后，力学性能良好，断裂韧度亦较高。

    采用上述工艺制成的螺栓，精度较高，且其表面未发现因热处理而造成的脱碳层，故由这种工艺（淬火、中温回火后，精密切削，然后轧丝）制成的螺栓，大都用来制造高精度和高强度的发动机连杆螺栓。

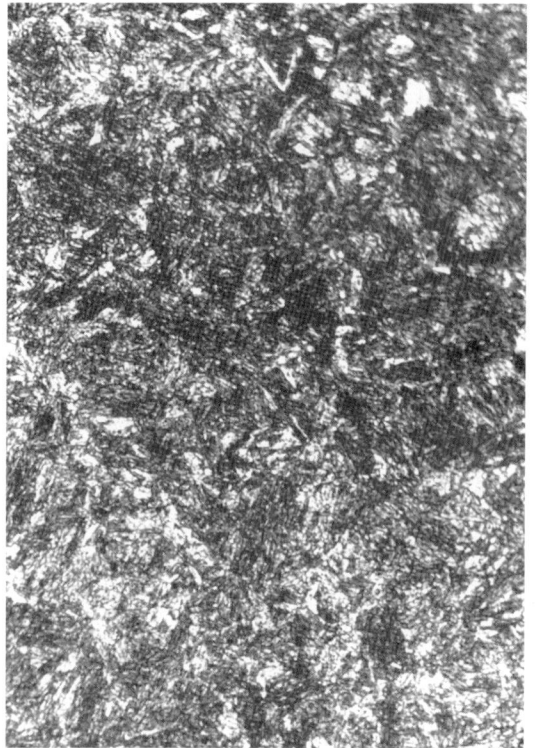

图 2-2-36   500×

图　2-2-37　　　　　　　　　　　　500×

图　2-2-38　　　　　　　　　　　　500×

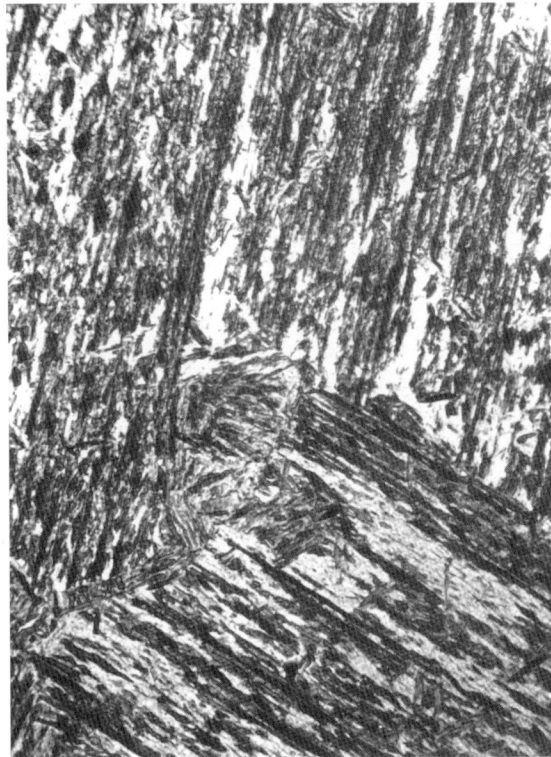

图　2-2-39　　　　　　　　　　　　500×

图　　号：2-2-37～2-2-39
材料名称：15MnB 钢（化学成分同图 2-2-31）
浸 蚀 剂：4%硝酸酒精溶液
处理情况：950℃加热保温后油冷淬火
组织说明：由于淬火温度偏高，奥氏体晶粒急剧
　　　　　长大，淬火后得粗大的淬火组织。下述三幅
　　　　　图片系从同一块试样上不同部位拍摄的显微
　　　　　组织。
　　　　图 2-2-37：板条状低碳马氏体，板条状马
　　氏体束成 90°角排列，呈筐篮式结构。
　　　　图 2-2-38：另一部位的板条状低碳马氏体
　　组织，板条状马氏体束呈 60°角排列，构成等
　　角三角形分布。
　　　　图 2-2-39：又一部位的板条状低碳马氏体
　　组织，粗大板条状马氏体束呈 120°角排列，
　　类似羽毛状。
　　　　上述三幅图片为不同分布形态的典型板
　　条状低碳马氏体组织。

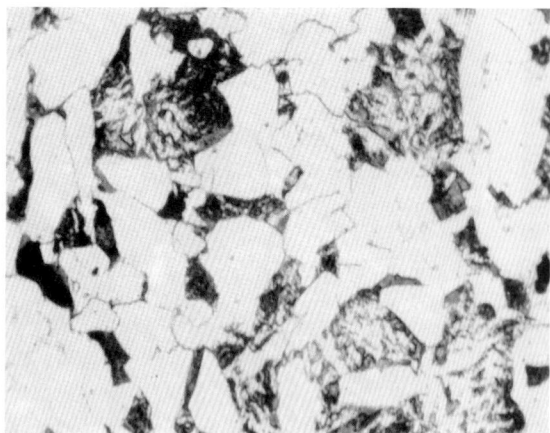

图　2-2-40　　　　　　500×

图　　号：2-2-40
材料名称：低合金高强度钢［w（C）0.12%，w（Mn）1.8%，w（Si）0.30%，w（Cu）0.35%，w（V）0.12%，w（Al）］0.05%，w（B）0.003%］
浸 蚀 剂：4%硝酸酒精溶液
处理情况：锻造状态
组织说明：基体为铁素体、块状分布的珠光体以及少量贝氏体和颗粒状碳化物。

为了保证低合金高强度钢的焊接性能，w（C）不能大于 0.2%，否则易在焊缝及热影响区出现马氏体及其他亚稳定的显微组织，从而由于内应力过大，将导致焊接区开裂。

锰元素能显著地增加强度及淬透性；钒元素能细化晶粒，并产生沉淀硬化作用；铜元素可显著地提高钢材的抗大气腐蚀性能。

图　　号：2-2-41
材料名称：低合金高强度钢（化学成分同图 2-2-40）
浸 蚀 剂：4%硝酸酒精溶液
处理情况：920℃加热后空冷
组织说明：粒状贝氏体。图 2-2-40 试样经过高温加热后，在空冷过程中，由于冷速较大，过冷奥氏体至中温时产生粒状贝氏体转变。这种岛状颗粒一小部分为过冷奥氏体，大部分为低碳马氏体。从而使钢获得较高的性能。

R_{eL}＝568N/mm²、R_m＝833N/mm²、$A_{11.3}$＝13%、Z＝54%、a_K＝51J/cm²，硬度为 24HRC。

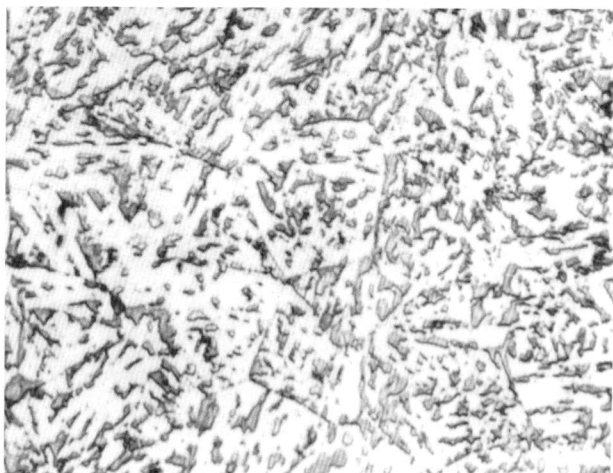

图　2-2-41　　　　　　500×

图　　号：2-2-42
材料名称：低合金高强度钢（化学成分同图 2-2-40）
浸 蚀 剂：4%硝酸酒精溶液
处理情况：920℃加热后正火并经 400℃回火
组织说明：回火贝氏体、少量铁素体及极少量颗粒状碳化物。回火时，岛状低碳马氏体发生分解而析出碳化物。从而使钢的屈服强度及韧性大为提高。

R_{eL}＝637N/mm²、R_m＝813N/mm²、$A_{11.3}$＝12%、Z＝63%、a_K＝100J/cm²，硬度为 100HRW。

这类钢属 R_{eL}＝490N/mm² 的低合金高强度钢，适于制造上述强度要求的机械零件。

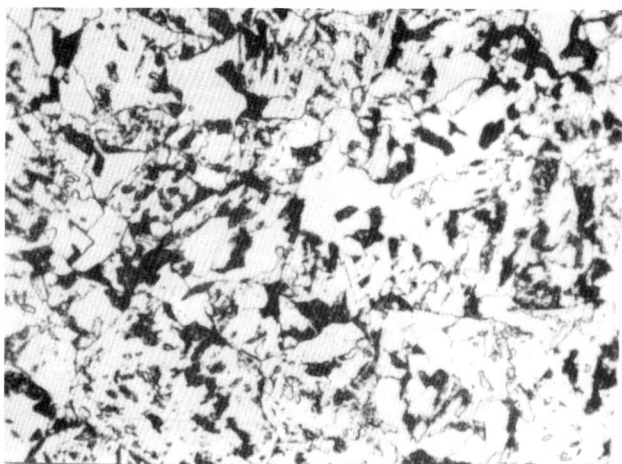

图　2-2-42　　　　　　500×

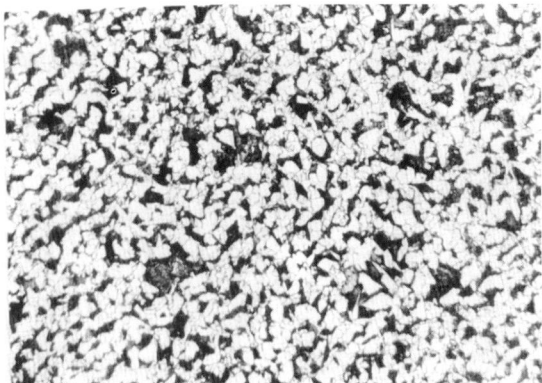

图　2-2-43　　　　　　　　　　　　　100×

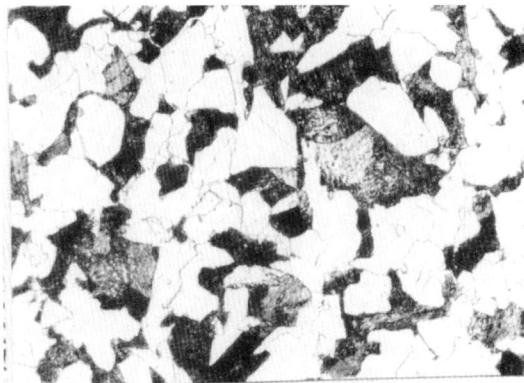

图　2-2-44　　　　　　　　　　　　　400×

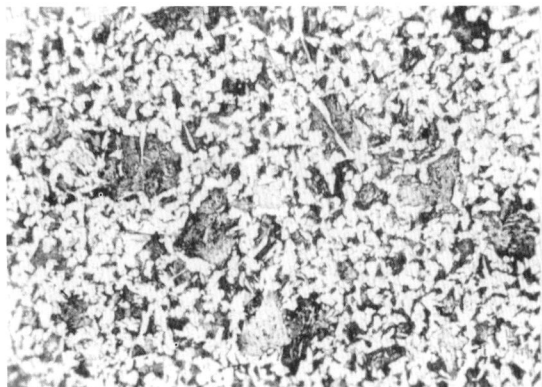

图　2-2-45　　　　　　　　　　　　　100×

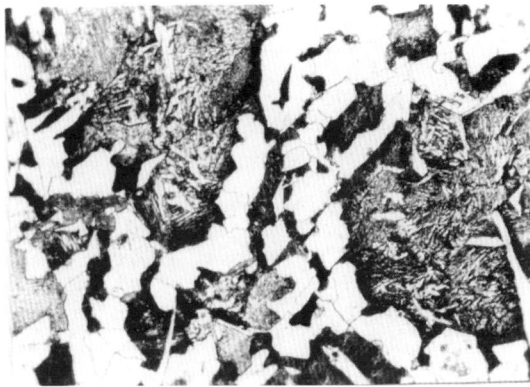

图　2-2-46　　　　　　　　　　　　　400×

图　　号：2-2-43～2-2-46

材料名称：BSG460 钢 （英）［w（C）0.18%～0.25%，w（Si）0.60%～0.80%，w（Mn）1.35%～1.60%，w（V）0.07%～0.14%，w（S）≤0.035%，w（P）≤0.035%，w（CE）≤0.5%］

浸 蚀 剂：4%硝酸酒精溶液

处理情况：控轧控冷成材

组织说明：图 2-2-43：铁素体及片状珠光体，有极少量呈块状分布的贝氏体组织。

　　　　　图 2-2-44：放大至 400 倍后的组织，铁素体、珠光体和贝氏体清晰可见。

　　　　　图 2-2-45：细晶粒铁素体、贝氏体和珠光体，贝氏体中有针状铁素体存在。

　　　　　图 2-2-46：放大 400 倍后的组织，珠光体靠近铁素体分布，贝氏体清晰可见，白色针状铁素体分布于贝氏体基体上。

　　BSG 系钢筋混凝土用热轧带肋钢筋，其成分与我国 HRB400（原牌号 20MnSiV）相当，它是控轧控冷成材，直径为 6～25mm 或直径为 28～50mm 时，其力学性能应符合不低于 R_{eL}＝400N/mm²、R_m＝570N/mm²、A＝14%。钢筋的检查和验收应按 GB/T 17505—1998 的规定进行。

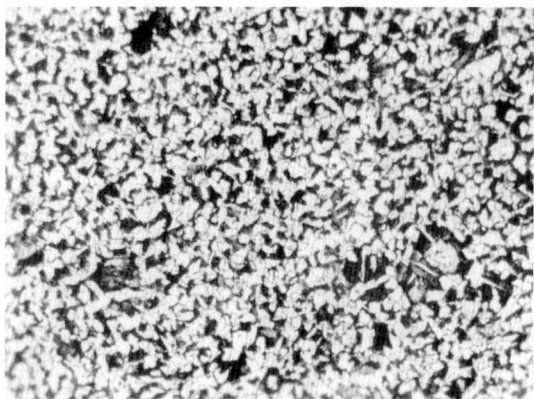

图 2-2-47   100×

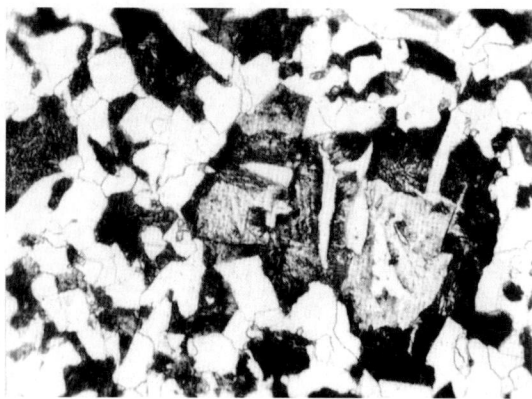

图 2-2-48   400×

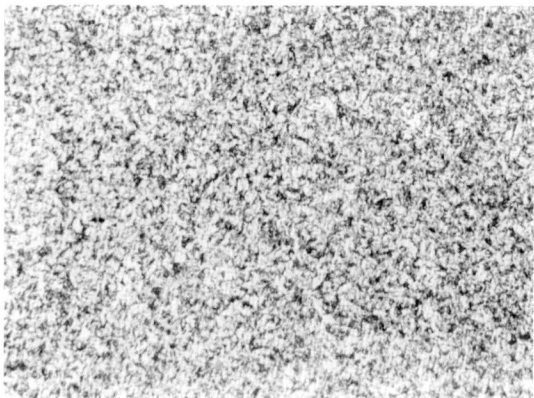

图 2-2-49   100×

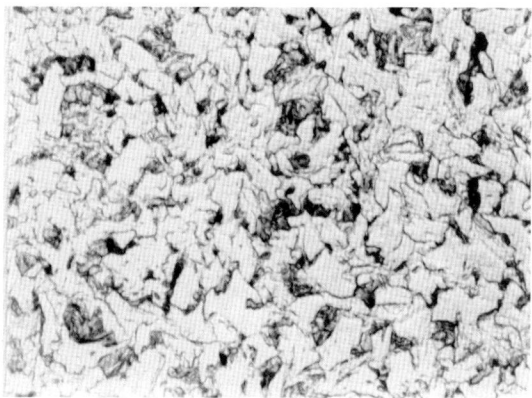

图 2-2-50   500×

图　　号：2-2-47～2-2-50

材料名称：图 2-2-47、图 2-2-48   20MnSiV 钢（400 HRB）；图 2-2-49、图 2-2-50   H08Mn2Si 钢

浸 蚀 剂：4%硝酸酒精溶液

处理情况：热轧状态

组织说明：图 2-2-47：加钒的 20MnSi 钢，热轧成螺纹钢筋，组织为细晶粒的铁素体及少量珠光体，有极少量针状铁素体。

图 2-2-48：图 2-2-47 放大至 400 倍后的组织，大部分组织更趋明显。

20MnSi 螺纹钢筋加钒后晶粒更为细小，使钢的性能有所提高，由于有极少量针状铁素体析出，说明材料终轧温度稍高。HRB400 是Ⅲ级螺纹钢筋。同时钢的焊接性能良好，以适应建筑业的需要。

图 2-2-49：低碳热轧盘条，组织为细小铁素体和小块状低碳马氏体。

图 2-2-50：图 2-2-49 放大至 500 倍后的组织，小块状低碳马氏体清晰可辨。

H08Mn2Si 钢是双相钢，可作为焊丝或焊条的基材。20MnSiV 钢现行牌号为 HRB400，它的化学成分为 [w（C）0.25%，w（Si）0.80%，w（Mn）1.6%]，其力学性能应符合不低于 R_{eL}=400N/mm^2、R_m=570N/mm^2、A=14%。钢筋的检查和验收应按 GB/T 17505—1998 的规定进行。

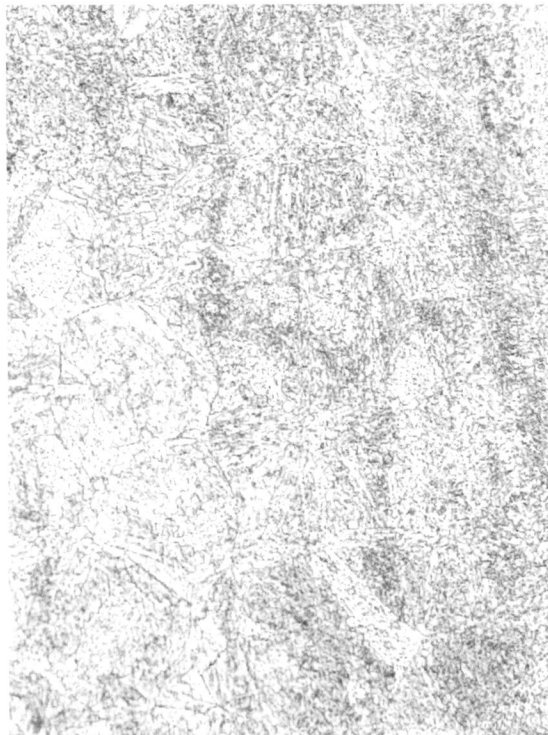

图　2-2-51　　　　　　　　　　500×

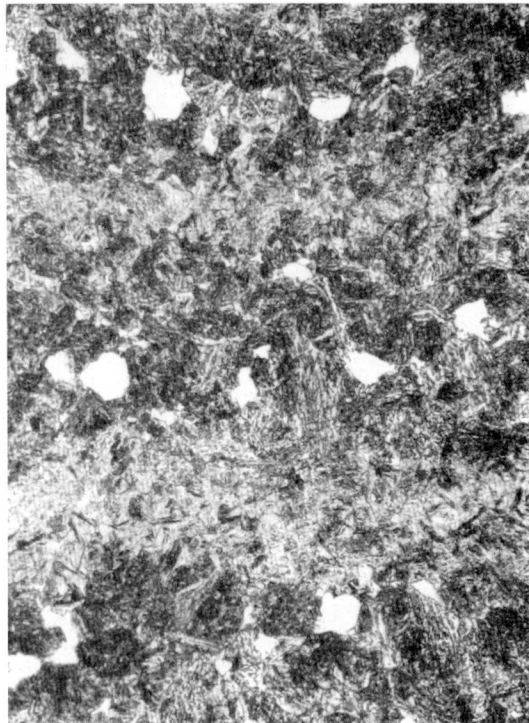

图　2-2-52　　　　　　　　　　500×

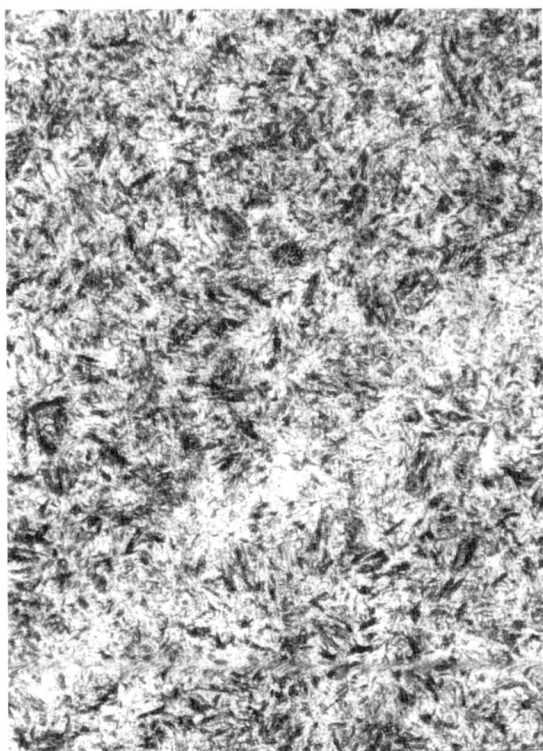

图　2-2-53　　　　　　　　　　500×

图　号： 2-2-51～2-2-53

材料名称： B16 钢

浸 蚀 剂： 4%硝酸酒精溶液

处理情况： 热轧棒材；图 2-2-52 棒材经 880℃×
1h 随炉冷却 2h 后空冷；图 2-2-53 棒材经
830℃×0.5h 后油冷，低温回火。

组织说明： 图 2-2-51：基体为保持马氏体位向的
回火索氏体。图 2-2-52：带状分布的极细珠光
体、块状和针状分布的铁素体以及带状分布的
回火马氏体和极少量贝氏体。显示钢中带状偏
析严重。

图 2-2-53：细针状回火马氏体。

热轧棒材由于冷却速度较大，抑制了铁素
体的析出，同时硼元素大大增加了钢的淬透性，
因此使钢在稍快的冷却速度下，也能在钢材基
体中出现马氏体组织，然后在堆冷过程中，马
氏体得到回火，得到了调质的回火组织。从而
导致材料的硬度和强度有明显的提高。

图 2-2-54 500×

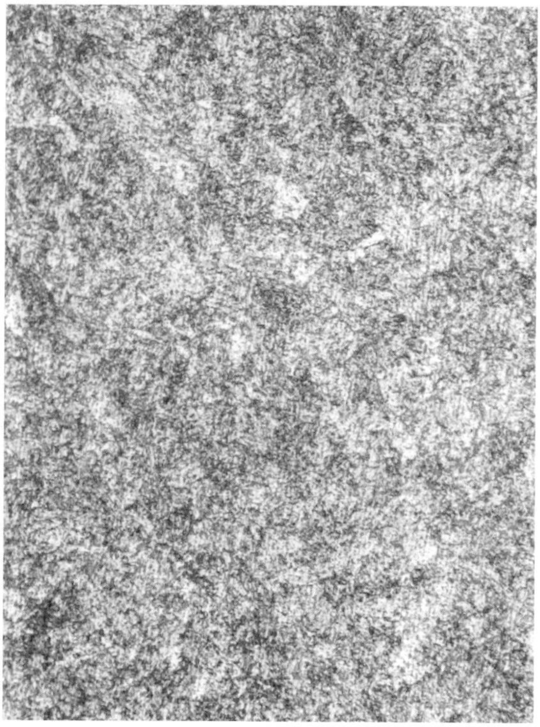

图 2-2-55 200×

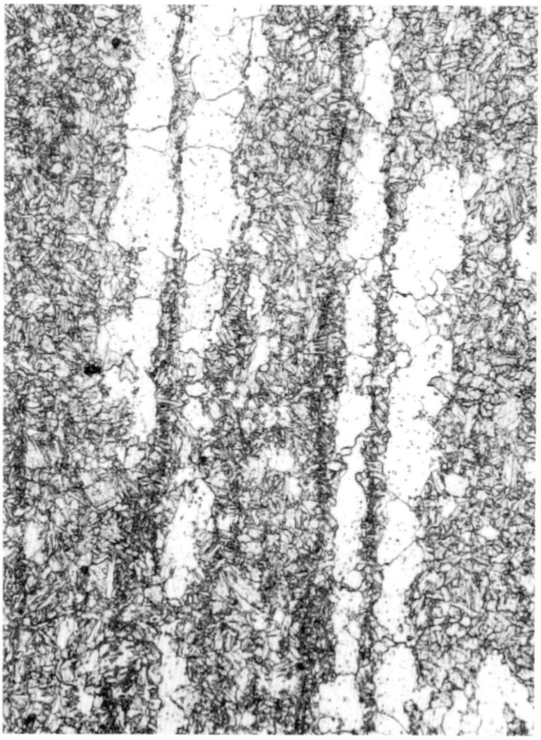

图 2-2-56 200×

图　　号：2-2-54～2-2-56

材料名称：20MnTiB 钢 [w（C）0.17%～0.24%，
w（Si）0.17%～0.37%，w（Mn）1.30%～1.60%，
w（Ti）0.04%～0.10%；w（B）0.0005%～0.0035%]

浸 蚀 剂：4%硝酸酒精溶液

处理情况：热轧棒材；图 2-2-55 经 840℃×0.5h
油冷淬火，600℃回火、图 2-2-56 经 860℃×0.5h
全损耗系统用油淬火，650℃×1h 回火

组织说明：图 2-2-54：铁素体和少量珠光体，呈
明显的带状组织。

图 2-2-55：细索氏体组织，硬度为 27HRC。

图 2-2-56：针状回火索氏体及铁素体带状组
织，在铁素体上有少量颗粒状碳化物，硬度为
23HRC。

本例是采用全损耗系统用油淬火，由于全
损耗系统用油的冷却速度较缓慢，故冷却时在
偏析处析出呈带状分布的铁素体组织。

20MnTiB 钢由于含有钛和硼元素，克服了
锰元素容易使钢产生过热的缺点，同时硼和钛
元素又能细化晶粒和显著地提高钢的淬透性
能，能明显地提高钢的强度和硬度。因此，工
业上常用来制造高强度螺栓和螺母。

图　2-2-57　　　　　　　　　　500×

图　2-2-58　　　　　　　　　　200×

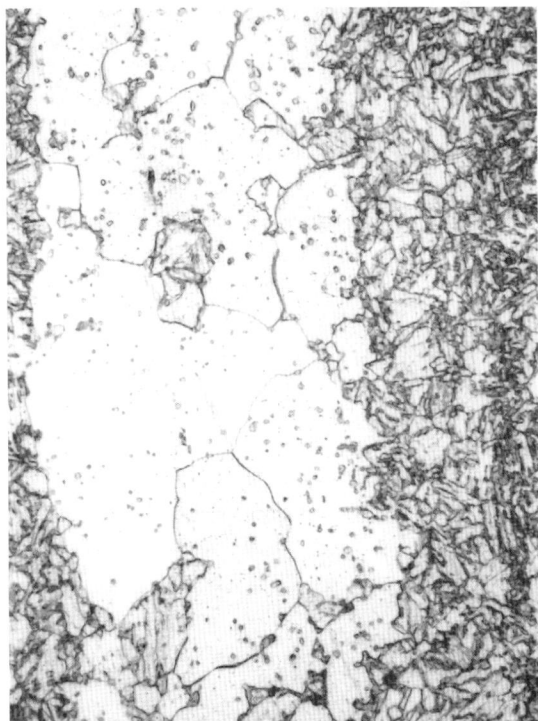

图　2-2-59　　　　　　　　　　500×

图　　号：2-2-57～2-2-59

材料名称：20MnTiB 钢

浸 蚀 剂：4%硝酸酒精溶液

处理情况：860℃×0.5h 全损耗系统用油中冷却，
　　　　　650℃×1h 回火

组织说明：图 2-2-57：基体为保持马氏体位向的
　　　　回火索氏体，此外尚有一定数量的块状铁素体。
　　　　组织有带状偏析的倾向。

　　　　图 2-2-58：基体为针状回火索氏体，有带
　　　状偏析，此外，局部地区尚有带状的大块铁素
　　　体存在，在带状铁素体上有颗粒状的碳化物。

　　　　图 2-2-59：图 2-2-58 放大至 500 倍后的组
　　　织，铁素体上的碳化物颗粒更为明显。

　　　　20MnTiB 钢有较好的淬透性能，但原材料
　　　中有明显的带状偏析，故该钢应先正火处理以
　　　调整原材料中存在的成分偏析，然后再经淬、
　　　回火处理，经过这样处理后可以提高并稳定高
　　　强度螺栓的性能。

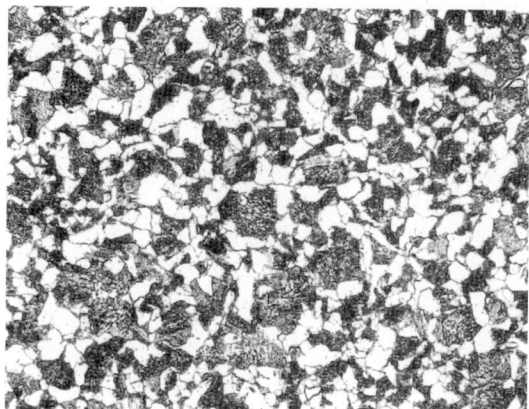

图 2-2-60   100×

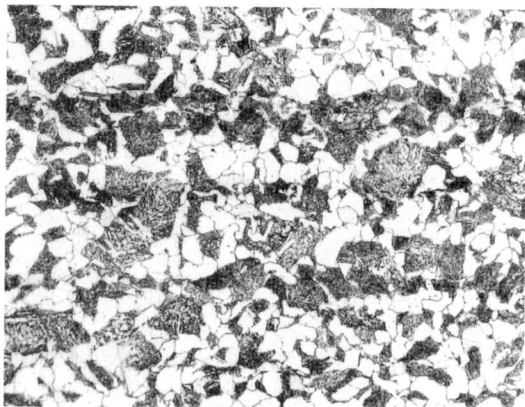

图 2-2-61   100×

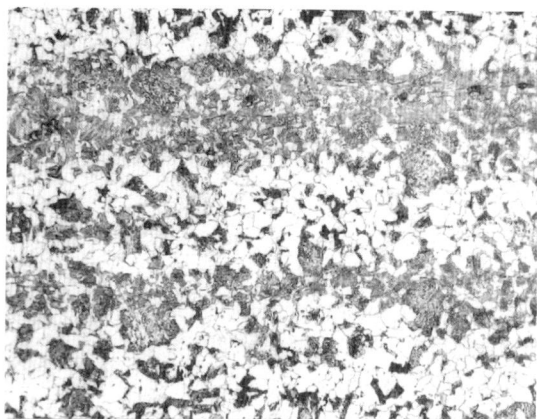

图 2-2-62   100×

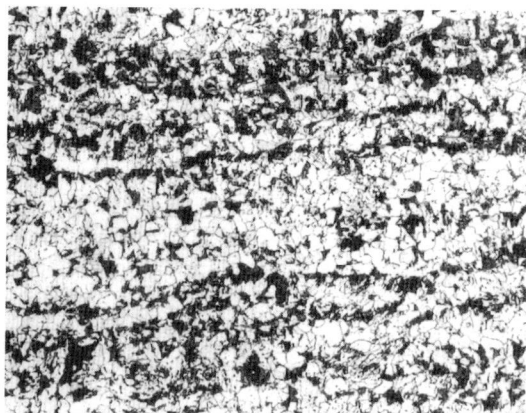

图 2-2-63   100×

图　　号：2-2-60～2-2-63

材料名称：16MnCr5 钢 [w（C）0.14%～0.19%，w（Mn）1.00%～1.40%，w（P）≤0.035%，w（S）0.02%～0.03%，w（Si）≤0.12%，w（Cr）0.8%～1.2%，w（Al）0.02%～0.05%]

浸 蚀 剂：4%硝酸酒精溶液

处理情况：图 2-2-60 是原材料横截面、图 2-2-61 材料纵截面、图 2-2-62 锻造纵截面、图 2-2-63 锻造、正火纵截面

组织说明：图 2-2-60：基体是贝氏体、珠光体、铁素体。

　　　　　图 2-2-61：基体是贝氏体、珠光体、铁素体，铁素体沿轧制方向呈带状分布。

　　　　　图 2-2-62：基体是贝氏体、铁素体，呈明显带状分布，还有少量珠光体。

　　　　　图 2-2-63：经锻造正火后的纵截面，基体是珠光体、铁素体，呈带状分布，经正火后，组织明显细小。

　　　　　材料中的贝氏体、铁素体、珠光体是比较粗大，通过锻造后这些组织相对细小些，但带状组织却明显，经过正确的正火工艺及适当冷却方法可使组织更细小，带状组织也有所改观。

　　　　　16MnCr5 钢可供制作汽车变速箱一般齿轮、行星齿轮等。

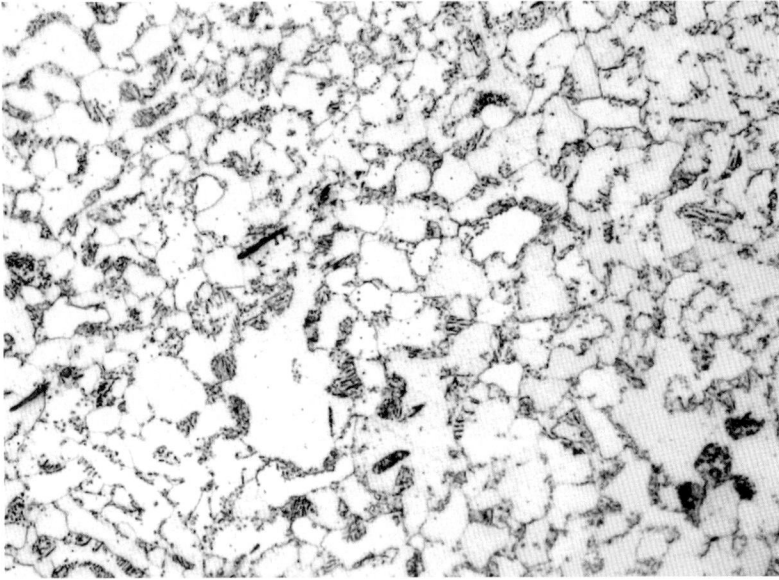

图　　2-2-64　　　　　　　　　　　　　　　　　　　500×

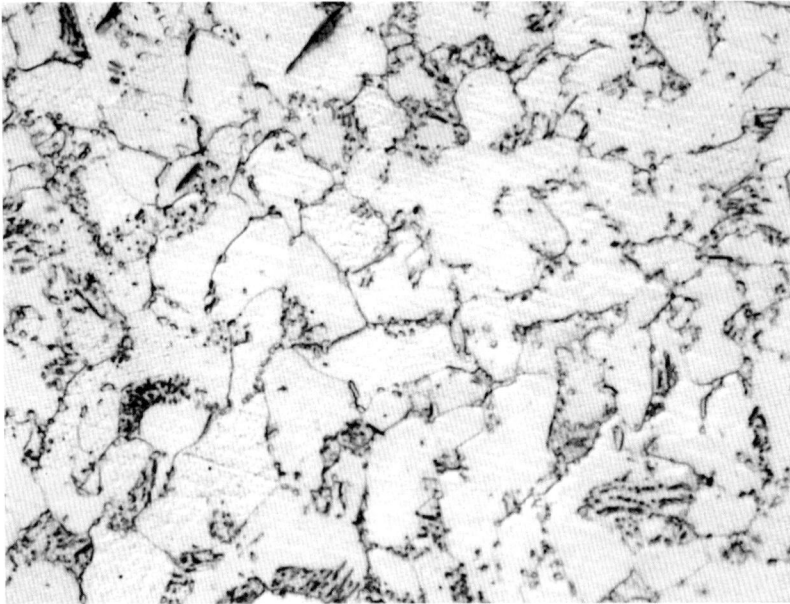

图　　2-2-65　　　　　　　　　　　　　　　　　　　1000×

图　　号：2-2-64、2-2-65
材料名称：16MnCr5 钢（化学成分同图 2-2-60）
浸 蚀 剂：4%硝酸酒精溶液
处理情况：球化退火。880℃×1h 后随炉冷却至 650℃×8h 后随炉冷却至 400℃后出炉空冷
组织说明：图 2-2-64 基体为铁素体，在铁素体晶界处有聚集分布的球粒和少量针条状碳化物（球粒珠光
　　　　　体），铁素体晶粒大小不均匀，此外在铁素体基体上尚有灰色条状分布的硫化物夹杂物。
　　　　　图 2-2-65：图 2-2-64 放大 1000 倍后的组织，白色基体为铁素体晶粒，在铁素体晶界上聚集分布的
　　　　　颗粒状珠光体更为清晰。
　　　　　具有球化组织的基体，使 16MnCr5 钢的强度降低，塑性增加，使钢可以直接适应于进行冷挤压变形
　　　　　成形。冷挤压成形，不但可以节省原材料，而且还可省略机械加工的工作量。

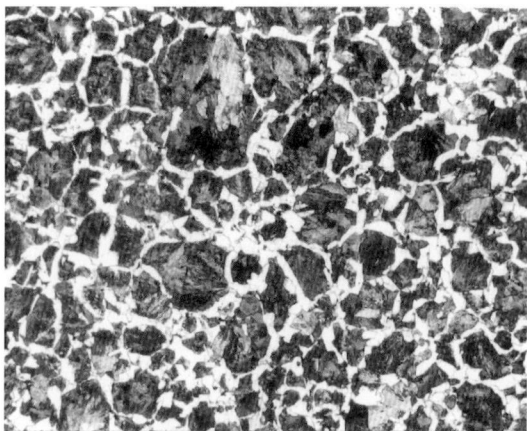

图　2-2-66　　　　　　　　100×

图　2-2-67　　　　　　　　100×

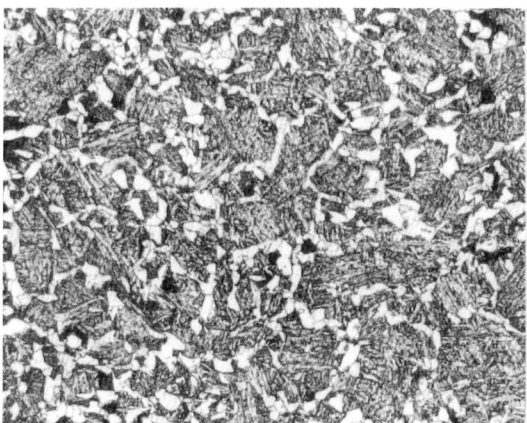

图　2-2-68　　　　　　　　100×

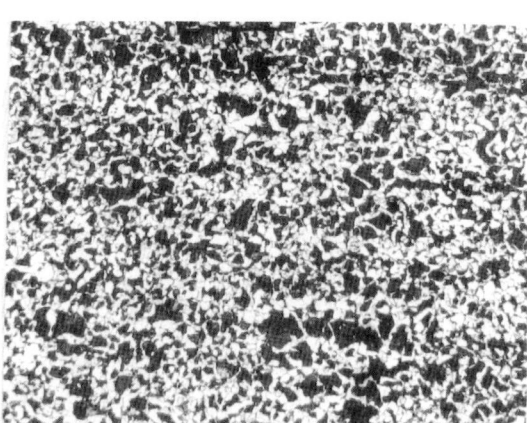

图　2-2-69　　　　　　　　100×

图　　号：2-2-66～2-2-69

材料名称：20MnCr5 钢［w（C）0.17%～0.22%，w（Mn）1.10%～1.50%，w（P）≤0.035%，w（S）0.02%～0.035%，w（Si）≤0.12%，w（Cr）1.00%～1.30%，w（Al）0.02%～0.055%］

浸 蚀 剂：4%硝酸酒精溶液

处理情况：圆棒材料。图 2-2-66 为横截面；图 2-2-67 为纵截面；图 2-2-68 为锻造后纵截面；图 2-2-69 为锻造正火后纵截面。

组织说明：图 2-2-66：基体是珠光体、铁素体、铁素体呈网络状分布，晶粒大小不甚均匀。

　　　　　图 2-2-67：是圆棒纵截面，基体是珠光体、铁素体，带状分布不明显，晶粒大小不均匀。

　　　　　图 2-2-68：是锻后纵截面，基体是网络状铁素体、贝氏体、极少量珠光体。贝氏体较多是锻造后冷却速度过快形成的。

　　　　　图 2-2-69：是锻造后正火的纵截面，基体是细小的铁素体、珠光体，稍呈带状分布。

　　　　　材料的基体组织是珠光体与网络状的铁素体，无明显的带状组织，是比较理想的。锻造后基体组织是粗大的贝氏体及网络状的铁素体，这说明锻造过程中冷却速度较快，使组织向贝氏体转变，正火后组织是细小铁素体，珠光体组织略有不均匀，略有带状组织倾向。

　　　　　20MnCr5 钢的淬透性好，强度也好，常用作汽车后桥弧齿锥齿轮、后桥齿轮轴等零件。

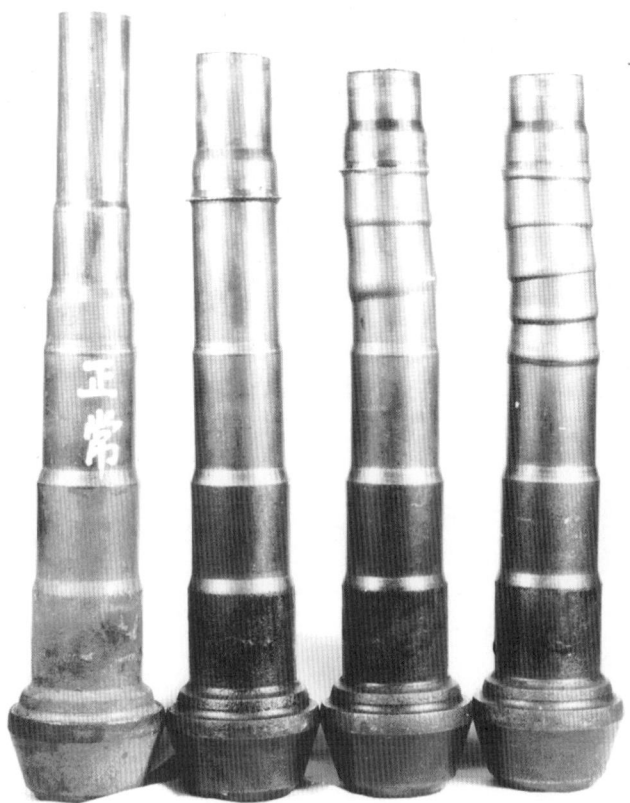

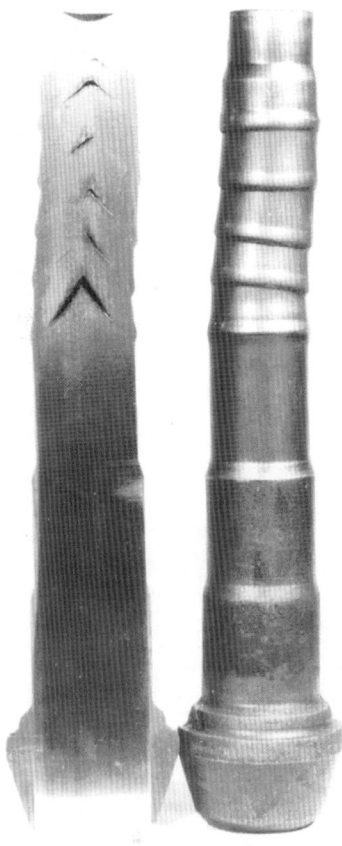

图　　2-2-70　　　　　　　　　　　实物(0.45×)　　　图　　2-2-71　　　　　　实物(0.45×)

图　　号：2-2-70、2-2-71
材料名称：20MnCr5 钢（化学成分同图 2-2-66）
浸 蚀 剂：未浸蚀
处理情况：圆棒直接冷挤压成形
组织说明：图 2-2-70：冷挤压主轴不同的外形

　　图 2-2-70 左起第一根主轴外形完整正常，轴内部无缺陷。

　　图 2-2-70 左起第二根主轴近细螺纹段已有弯曲现象，解剖后弯曲段内部已有"人"字形缺陷。

　　图 2-2-70 左起第三根及第四根主轴，从外观上已有明显的弯曲变形，而且一节连一节的弯曲。

　　图 2-2-71：将图 2-2-70 左起第四根主轴对开剖开，在心部即可见到"人"字形开裂的情况，"人"字形开裂排列于轴内部，其分布与外观的竹节状弯曲相关，即每一节弯曲即有一个"人"字形缺陷。

　　这种"人"字形缺陷与原材料中带状组织的分布不均有关，特别是珠光体带的宽窄影响最大，其次是挤压模入口锥角太大，使接触变形区太短，或润滑不良，如皂化后，皂液未干即进行温拔致轴的变形量太小或拔制速度过快等都会导致"人"字形缺陷的形成。

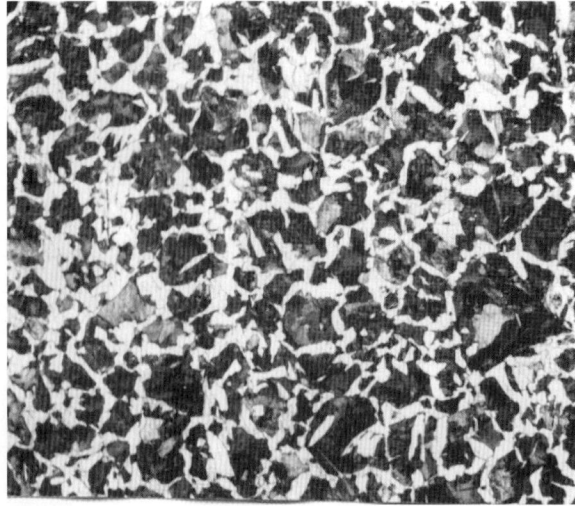

图　2-2-72　　　　　　　　　　　　　100×

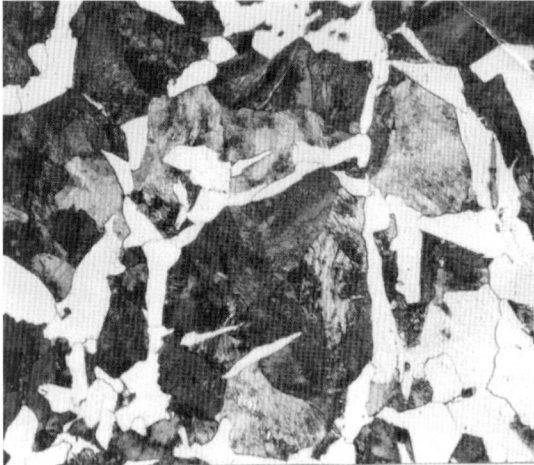

图　2-2-73　　　　　　　　400×

图　2-2-74　　　　　　　100×

图　　　号：2-2-72～2-2-74

材料名称：25MnCr5 钢［w（C）0.23%～0.28%，w（Mn）0.6%～0.8%，w（Si）≤0.12%，w（Cr）0.8%～ 1.00%，w（Cu）≤0.20%，w（Al）0.02%～0.055%，w（S）0.02%～0.035%, w（P）≤0.035%］

浸　蚀　剂：4%硝酸酒精溶液；图 2-2-74 碱性苦味酸钠煮沸 10min

处理情况：锻造状态，图 2-2-74 试样再经 930℃×1h 加热后水冷淬火

组织说明：图 2-2-72：锻造后的组织，基体为片状珠光体和网状分布的铁素体，晶粒大小均匀，为 4～6 级。

　　　　　图 2-2-73：图 2-2-72 放大 400 倍后的组织，珠光体及网状铁素体更为清晰。

　　　　　图 2-2-74：碱性苦味酸钠热染后 25MnCr5 钢的奥氏体本质晶粒度为 7～8 级。

　　　　　由图 2-2-72：所显示珠光体和网状铁素体，其显示的晶粒度 4～6 级为钢经过锻造后的实际晶粒度，而图 2-2-74 是将上述试样（显示的晶粒度为 4～6 级）再经加热至 930℃×1h 后淬火，经磨、抛后再经碱性苦味酸钠热染的晶粒度仍是钢的本质晶粒度，这晶粒度说明此 25MnCr5 钢锻造坯料属本质细晶粒钢，它可以在稍高温度下进行热加工，也不至于使钢晶粒长大而影响其力学性能。

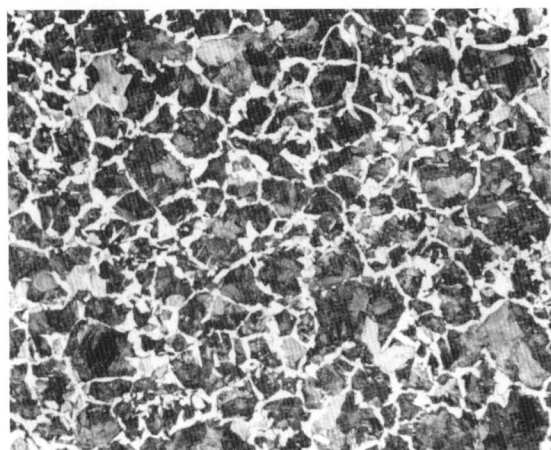

图　2-2-75　　　　　　　　　　100×

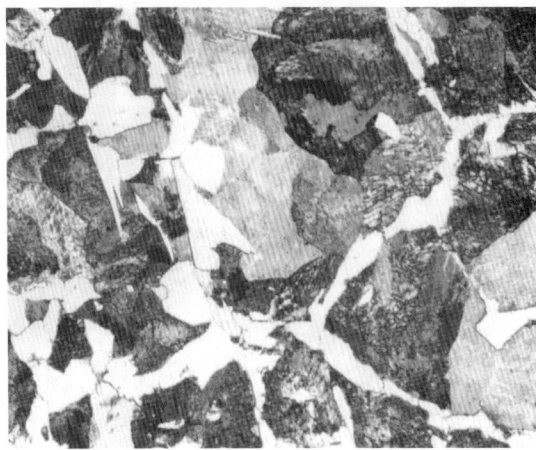

图　2-2-76　　　　　　　　　　400×

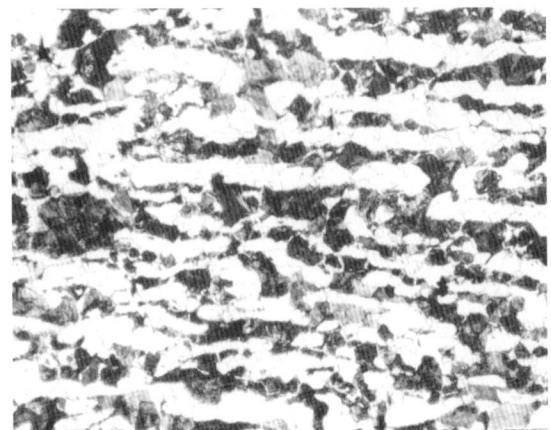

图　2-2-77　　　　　　　　　　100×

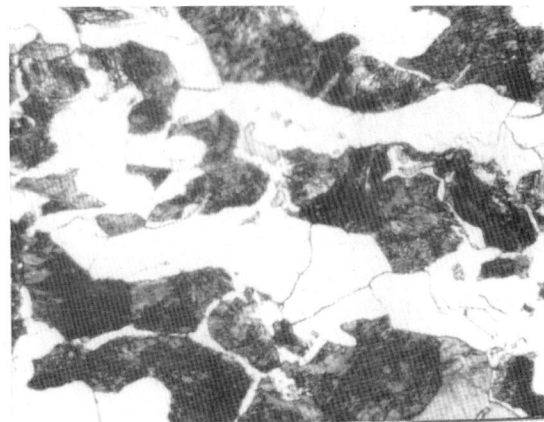

图　2-2-78　　　　　　　　　　400×

图　　号：2-2-75～2-2-78

材料名称：25MnCr5 钢（化学成分同图 2-2-72）

浸　蚀　剂：4％硝酸酒精溶液

处理情况：锻造正火处理

组织说明：图 2-2-75：片状珠光体及铁素体，铁素体沿奥氏体晶界分布，晶粒为 4～6 级。材料强度 $R_m=670N/mm^2$。

图 2-2-76：图 2-2-75 放大 400 倍后的组织，组织同图 2-2-75。

图 2-2-77：片状珠光体及铁素体，铁素体呈带、网状分布，晶粒度为 6～7 级。带状组织属 2 级。材料强度为 $R_m=510N/mm^2$。图 2-2-78 为图 2-2-77 放大 400 倍后的组织。

25MnCr5 钢为汽车用齿轮钢，锻坯应于 900℃加热正火处理，图 2-2-75 正火后，强度合格，显微组织也合格。而图 2-2-77 锻坯虽经 900℃加热正火后，由于冷却速度不够，产生明显的带状组织，导致强度偏低而不合格，具有此种不良的显微组织，导致工件在机械加工时容易产生粘刀现象，使刀具严重损坏。更为严重的是使工件渗碳热处理后，工件变形量增大，不能使工件毛坯达到预处理的目的。

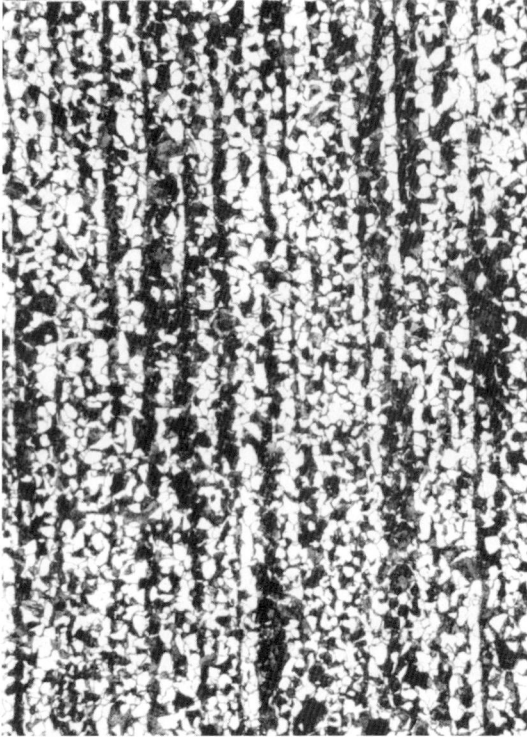

图　2-2-79　　　　　　　　　　　　　　　100×

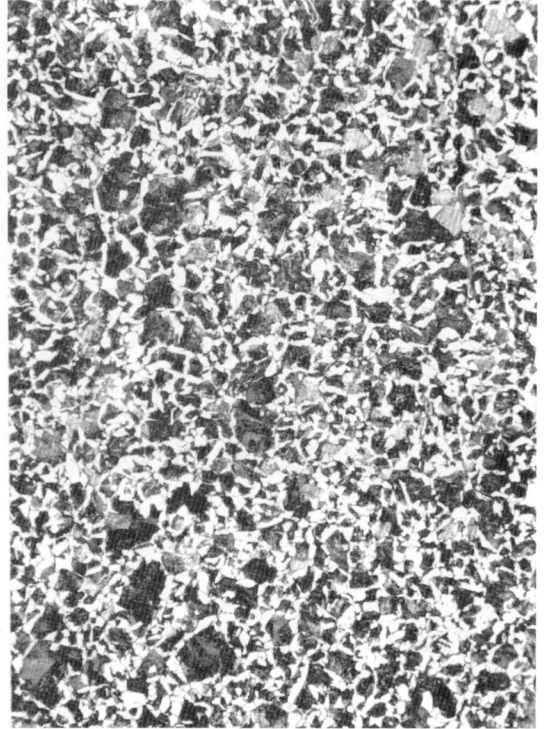

图　2-2-80　　　　　　　　　　　　　　　200×

图　2-2-81　　　　　　　　　　　　　　　500×

图　　　号：2-2-79~2-2-81

材料名称：25MnCr5 钢（化学成分同图 2-2-72）

浸　蚀　剂：4%硝酸酒精溶液

处理情况：图 2-2-79 热轧圆棒材

　　　　　图 2-2-80 经 920℃×3h 加热后出炉空冷

　　　　　图 2-2-81 圆棒材 860℃×1h 油冷淬火，低温回火

组织说明：图 2-2-79：铁素体、片状珠光体、呈带状分布。

　　　　　图 2-2-80：经高温正火后获得分布均匀晶粒较细的片状珠光体及网状铁素体，但在基体中出现少量晶粒稍粗的珠光体及铁素体组织。

　　　　　图 2-2-81：圆棒加热后直接淬火，基体为回火低碳马氏体及少量羽毛状贝氏体组织。

　　　　　从这一组图片可见到，圆棒加热后直接淬火后也可获得均匀分布的显微组织。惟由于采用油冷淬火，圆棒的冷却速度稍缓，因而基体出现了少量羽毛状的贝氏体组织。

图　2-2-82   100×

图　2-2-83   100×

图　　号： 2-2-82、2-2-83

材料名称： 28MnCr5 钢冷挤压料 [w（C）0.25%～0.30%，w（Mn）0.60%～0.80%，w（Si）≤0.12%，w（Cr）0.80%～1.00%，w（Ni）≤1.5%，w（Mo）≤0.10%，w（Al）0.02%～0.055%，w（Cu）≤0.20%，w（S）0.02%～0.035%，w（P）≤0.035%]

浸 蚀 剂： 4%硝酸酒精溶液

处理情况： 热轧棒材

组织说明： 进口的冷挤料是可以直接进行冷挤压的，其硬度为 165～175HBW 左右，虽然带状分布严重，但珠光体、铁素体带的分布均匀。

　　根据冷挤压的情况，一般带状组织是不作为考核指标的，而材料的强度值是考核的主要技术指标，它将会影响工件在冷挤压的金属流动性。但带状组织的宽度是影响冷挤压质量的因素，而珠光体的宽度尤为重要，特别是影响形成"人"字形开裂缺陷的产生。

　　图 2-2-82 及图 2-2-83 二图片组织相仿，基体均为铁素体和珠光体的带状组织，带的宽度不大，较细，仅图 2-2-83 的铁素体晶粒较图 2-2-82 大一些。

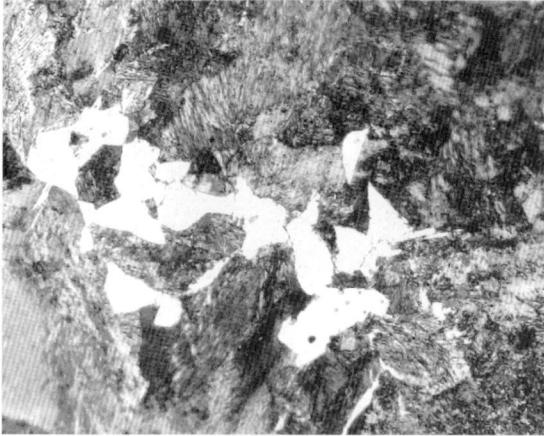

图 2-2-92   500×

图 2-2-93   500×

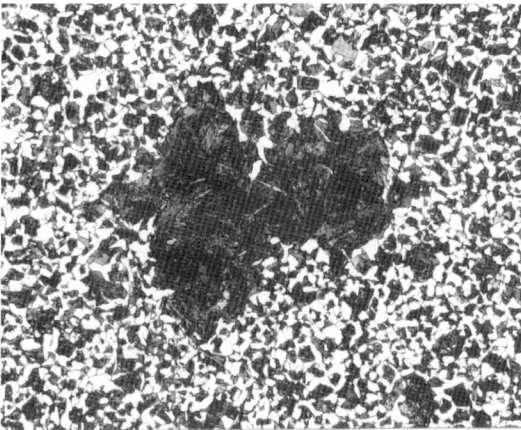

图　2-2-94   100×

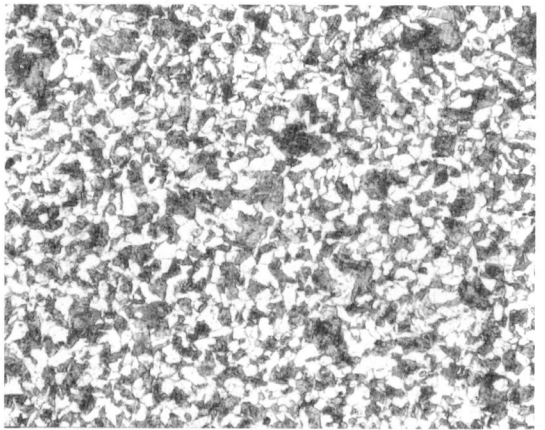

图　2-2-95   100×

图　　号：2-2-92～2-2-95　　　　　　　　浸 蚀 剂：4%硝酸酒精溶液

材料名称：28MnCr5 钢主动轴（化学成分同图 2-2-82）

处理情况：锻造正火。图 2-2-95 盐浴 900℃×1h，硝盐等温 0.5h 再空冷

组织说明：图 2-2-92：粗大块状呈断网络分布的铁素体、粗大片状珠光体。图 2-2-93：粗大珠光体，基体上
　　　　　有大块分布的贝氏体；图 2-2-94：基体是铁素体、珠光体，中间有粗大晶粒的珠光体，内有细针状铁素体；
　　　　　图 2-2-95：是均匀分布的铁素体、珠光体。

　　　　从原材料 28MnCr5 钢分析，含碳量和合金元素含量均比较高，而主动轴的锻造工艺又比较复杂，材
料要锻压、拔长、热整形等多次加热，在这个过程中锻坯的始锻温度、终锻温度比较难控制，在锻模中易
产生冷却不均匀而形成组织偏析。图 2-2-89 分布状态就是黑色斑点穿轴心对称分布，也就是锻压时两模
相交处，在正火过程中，虽然经过高温正火保温阶段，但是由于冷却速度较快，使原成分偏析处保留了下
来，形成黑色斑点的缺陷组织。一旦出现此类缺陷，只有通过盐浴炉高温、保温经硝盐炉等温，最后空冷
使其组织变成均匀的铁素体、珠光体分布，而抗拉强度一般在 540～570N/mm^2 左右，这样能消除切削时
产生软硬块现象。

　　　　经盐浴高温加热及硝盐等温工艺主要使锻坯在高温时组织能充分奥氏体化，在等温时促使组织缓慢变
化，使其成分均匀化，避免缺陷组织再现，但增加了生产成本。

　　　　由于 28MnCr5 钢的含碳量较高，所以在处理后强度高，但其性能不稳定，变化较大，同时脆性也大。
25MnCr5 钢含碳量低一些，但经处理后，获得的性能比较稳定，所以汽车主动齿、变速箱主轴等一般都
采用 25MnCr5 钢来制造。

图　2-2-96　　　　　　　　　　　　　　　　　　　　实物

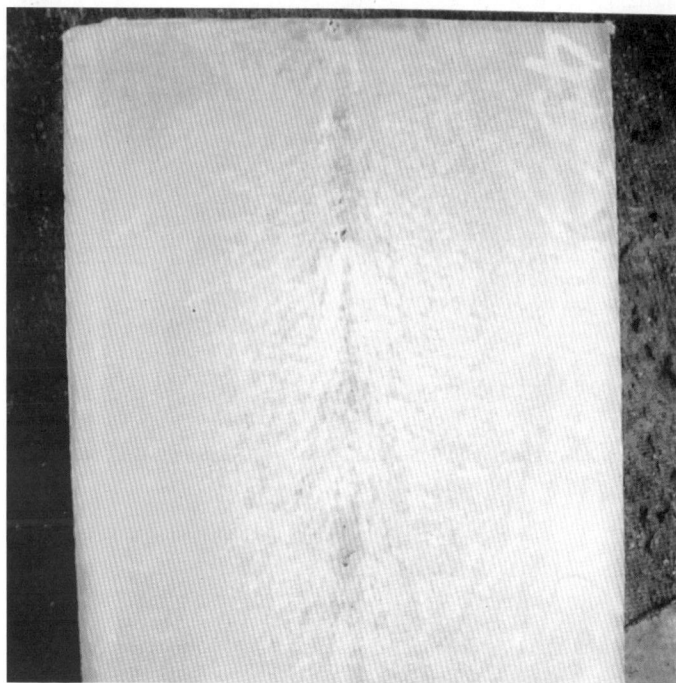

图　2-2-97　　　　　　　　　　　　　　　　　　　　实物

图　　号：2-2-96、2-2-97

材料名称：28MnCr5 钢（化学成分同图 2-2-82）

浸 蚀 剂：1＋1 盐酸水溶液 70℃热蚀

处理情况：连铸连轧坯

组织说明：图 2-2-96：连铸连轧坯经盐酸水溶液热蚀后情况，连铸连轧钢坯存在连续串连的缩管孔洞以及存在于孔洞周围的偏析。

　　　　图 2-2-97：图 2-2-96 一端放大后的组织。

　　　　这是连铸工艺不当所造成的残余缩管缺陷，由于它是钢锭最后凝固部位，因钢锭结晶后无法补缩而残存于钢锭中心部位，经连轧后它仍然在钢坯心部存在，鉴于缩管周围是最后凝固部位，该处杂质和碳、合金元素必然较高，因此这种成分上的偏析，不易扩散，最终伴随缩管存在于钢坯中。

图　2-2-98　　　　　　　　　　　　　　　　　　　　　　　实物

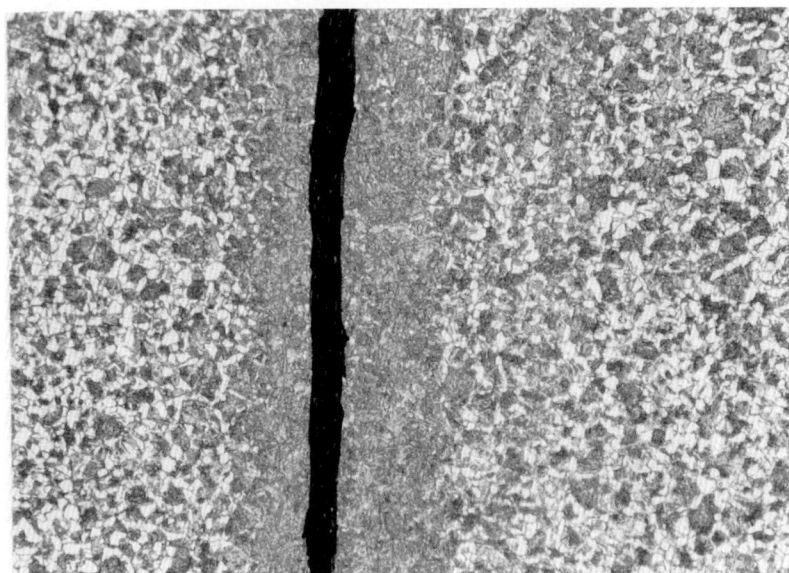

图　2-2-99　　　　　　　　　　　　　　　　　　　　　　200×

图　　号：2-2-98、2-2-99

材料名称：从左至右 16MnCr5 钢（φ70mm）；28MnCr5 钢（φ55mm）；25MnCr5 钢（φ55mm）；28MnCr5 钢（φ40mm）

浸 蚀 剂：1+1 盐酸水溶液 70℃热蚀

处理情况：连铸后连轧钢坯

组织说明：不同直径的钢坯横断面经车光后，置于 1：1 盐酸水溶液中 70℃煮蚀 15min 后，经清洗吹干，截面上均存在不同程度的已稍变形的方框白亮框带，以 φ70mm 和 φ55mm 二试样上最为明显，截面上还有不同程度疏松，各试样在中心均存在黑色的缩管孔洞，其内尚有少量夹杂存在，见图 2-2-98 所示。

　　图 2-2-99：φ70mm 试样横截面中心处显微组织，黑色缩管孔洞，孔洞周围为中心碳偏析，组织为珠光体及极少量铁素体网状，在碳偏析周围的基体为珠光体及白色网状铁素体。

　　这是连铸冶炼工艺不佳产生的缺陷组织，它的存在将会影响钢材的性能和质量。可提高连铸冶炼质量来消除铸坯内的缩管孔洞以及白亮框带、中心碳偏析、疏松、夹杂物等缺陷。

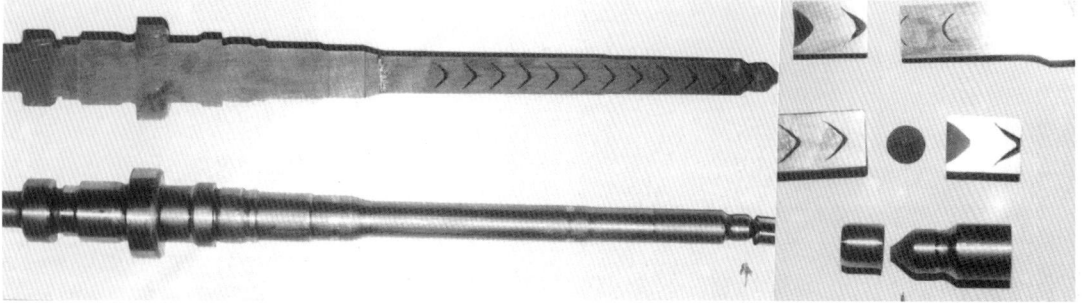

图 2-2-100　　　　　　　　　　　　　　　　　　　　　　实物

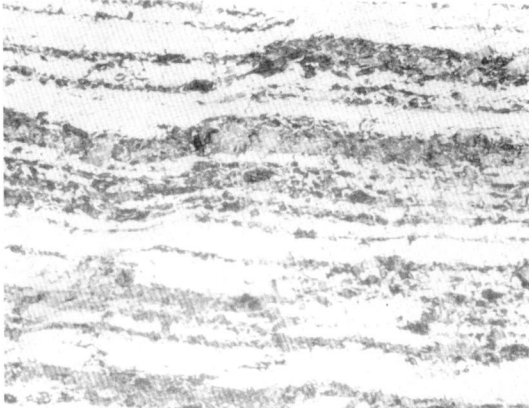

图　2-2-101　　　　　　　　　200×

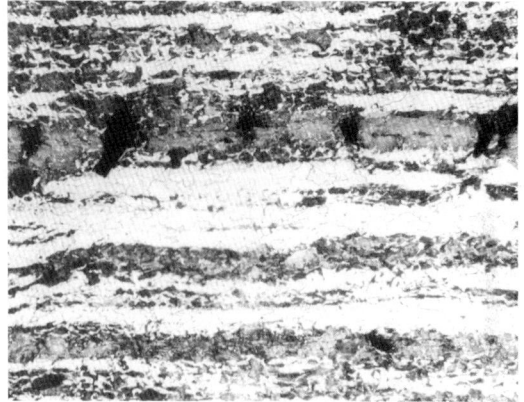

图　2-2-102　　　　　　　　　200×

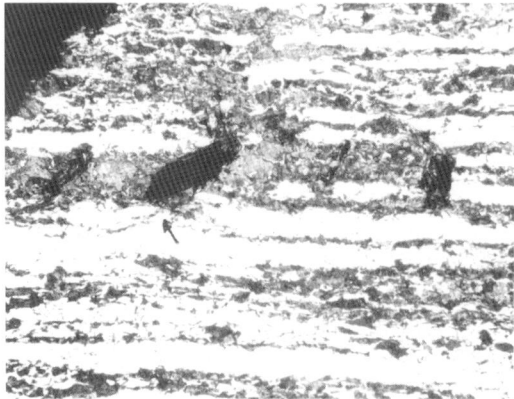

图　2-2-103　　　　　　　　　100×

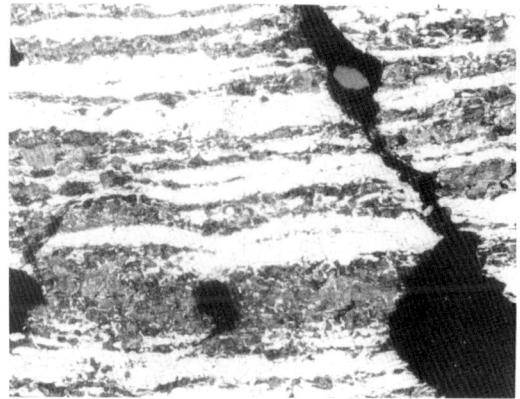

图　2-2-104　　　　　　　　　100×

图　号：2-2-100～2-2-104　　　　　　浸 蚀 剂：4%硝酸酒精溶液
材料名称：28MnCr5 钢（化学成分同图 2-2-82）　　处理情况：圆棒直接冷挤压成形
组织说明：图 2-2-100：冷挤压变速箱主轴，车削加工时，发现主轴尖端脱落，见箭头指处。

　　将轴对剖开，发现变形大的细轴上，出现颇多"人"字形开裂，且顺变形方向排列有序，见图右部轴的剖面。裂纹一方面经常处于破坏力作用的静止球面的有效端向金属的纵向发展，另一方面在已经破坏的部分还经常离开静止的破坏区，参与被破坏物体的运动。所得到的相对运动的轨迹就决定了产生的裂纹和破坏的圆锥形。

　　图 2-2-101～图 2-2-104：是"人"字裂纹的形成过程。图 2-2-101 为冷挤压过程中原材料中带状组织沿冷挤压方向开始变形。图 2-2-102 随冷挤压的继续，在带状珠光体处开始出现裂纹。图 2-2-103 随着冷挤压的继续进行，裂纹进一步扩大，并由珠光体带处向边上铁素体带处发展，见箭头指处。图 2-2-104 挤压进一步继续，裂纹向"人"字形进行扩展。

　　从上可见裂纹从珠光体带处开始，逐步形成"人"字形。由于珠光体带的硬度高于铁素体，金属在冷挤压流动时，珠光体带处的流动明显低于铁素体，故在该处易形成裂纹，并逐步形成"人"字形裂纹。由此可知，冷挤压的原材料中可以存在带状组织，但其分布必须均匀，否则对材料进行冷挤压不利。

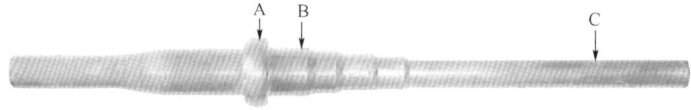

图 2-2-105   实物

图　2-2-106　　　　100×

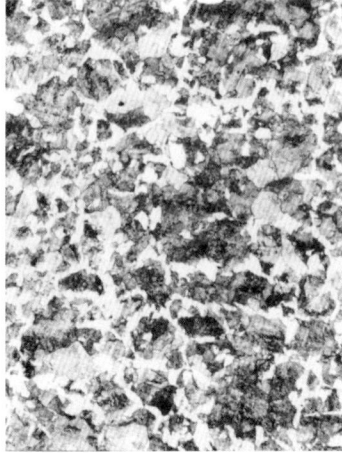

图　2-2-107　　　　100×

图　2-2-108　　　　100×

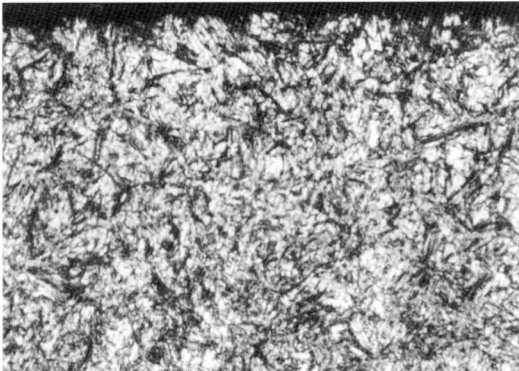

图　2-2-109　　　　400×

图　2-2-110　　　　400×

图　号：图 2-2-105～2-2-110　　　　　　**浸 蚀 剂：**4%硝酸酒精溶液

材料名称：28MnCr5 钢（化学成分同图 2-2-82）　　**处理情况：**圆棒材料直接冷挤压

组织说明：图 2-2-105：冷挤压成形的汽车变速齿箱主动轴毛坯实物，原材料组织为铁素体及珠光体，带状组织及魏氏组织，均<1 级，晶粒度 6～7 级，强度 R_m=630～670N/mm^2。

图 2-2-106：主轴 A 处镦粗部位，流线沿冷挤压方向分布，变形铁素体和珠光体，强度为 R_m=860～870N/mm^2，心部强度 R_m=680N/mm^2。

图 2-2-107：轴 B 处，由于该处冷挤压变形量小，珠光体及铁素体变形不明显，表面强度 R_m=630～660N/mm^2，心部强度 R_m=620N/mm^2。

图 2-2-108：轴 C 处，变形量较大，沿轴纵向变形后铁素体及珠光体，组织已拉碎呈纤维状。

图 2-2-109、图 2-2-110：冷挤压主轴加工后渗碳淬火，表面组织为 1 级针状马氏体＋3 级残留奥氏体＋1 级碳化物，表面硬度为 680～685HV30，图 2-2-110 心部组织，以回火低碳马氏体为主，硬度为 478～490HV30。

原材料不经任何处理直接冷挤压，组织分布不均匀，金属的流动不及球化后来得均匀，所以在轴心部容易产生"人"字形裂纹。从渗碳淬火后的硬度反映，心部硬度值稍高，技术要求为 350～480HV30。

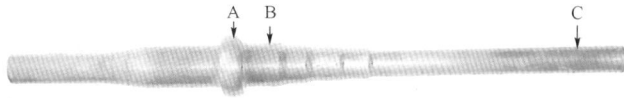

图 2-2-111　　　　　　　　　　　　　　　　　　　　　　　实物

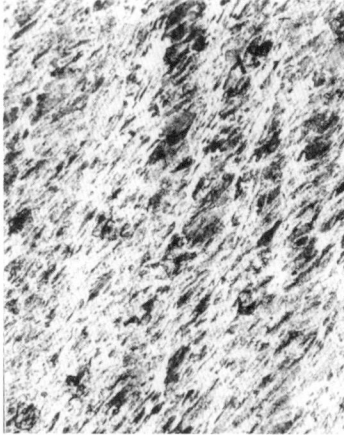
图　2-2-112　　　　　　　　100×

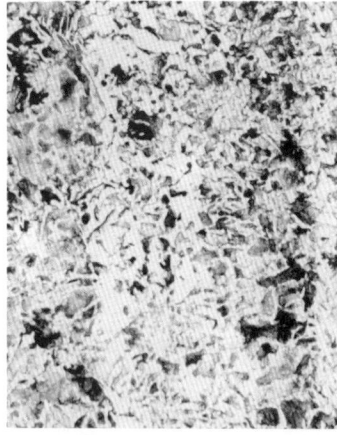
图　2-2-113　　　　　　　　100×

图 2-2-114　　　　　　　　100×

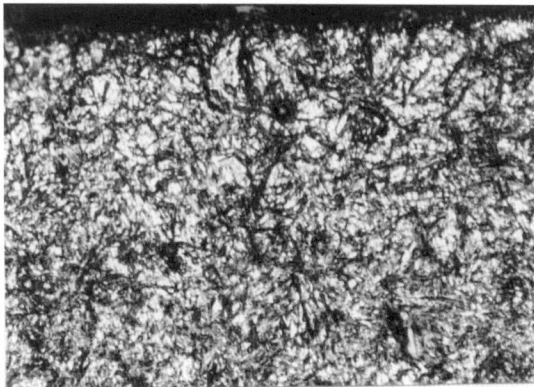
图　2-2-115　　　　　　　　　　　　400×

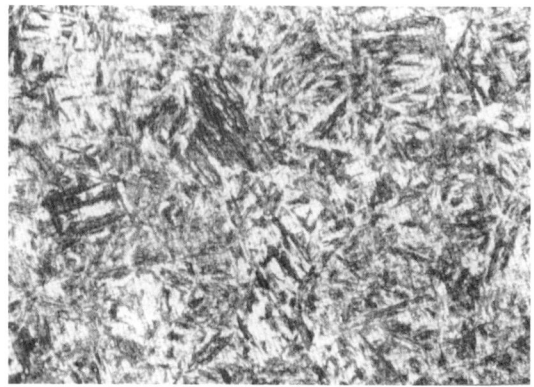
图　2-2-116　　　　　　　　　　　　400×

图　　号：2-2-111～2-2-116　　　　　　　　　**浸 蚀 剂**：4%硝酸酒精溶液

材料名称：28MnCr5 钢（化学成分同图 2-2-82）　　**处理情况**：圆棒球化处理后再冷挤压

组织说明：图 2-2-111：冷挤压成形的汽车变速箱主动轴毛坯实物，原材料组织为铁素体及珠光体、带状组织及魏氏组织均<1 级，晶粒度 5～7 级，强度 R_m＝530～570N/mm²。

　　图 2-2-112：主轴 A 部位，流线沿挤压方向分布，变形铁素体和不均匀分布的变形珠光体，表面强度 R_m＝780～800N/mm²，心部强度 R_m＝620N/mm²。

　　图 2-2-113：主轴 B 部位，由于该处冷挤压变形量小，铁素体及珠光体变形不明显，表面强度 R_m＝530～550N/mm²，心部强度 R_m＝520N/mm²。

　　图 2-2-114：主轴 C 处，沿轴纵向变形量较大，铁素体及珠光体变形明显。表面强度 R_m＝780N/mm²，心部强度 R_m＝750N/mm²。

　　图 2-2-115 及图 2-2-116：主轴加工后经渗碳淬火、回火之组织，齿面为 3 级针状马氏体＋3 级残留奥氏体＋1 级碳化物，硬度为 685～690HV30；图 2-2-116 心部为回火低碳马氏体，硬度为 362～371HV30。

　　原材料球化退火后，硬度及强度均较低，虽利于进行冷挤压加工，但各部位的强度差值较大，而且还应从可加工性等各方面因素来综合考虑。

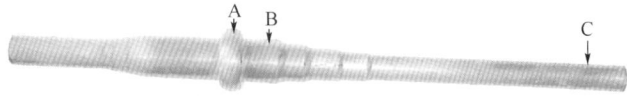

图 2-2-117

实物

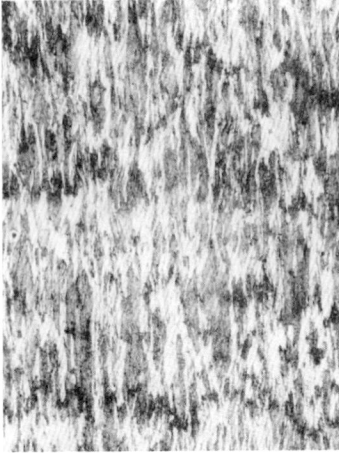

图 2-2-118 100×

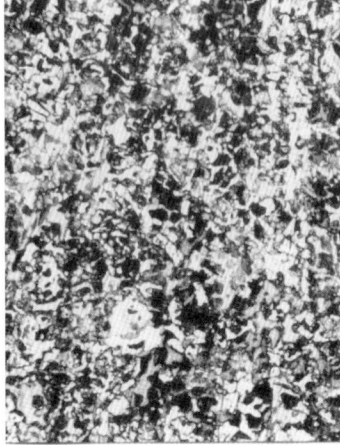

图 2-2-119 100×

图 2-2-120 100×

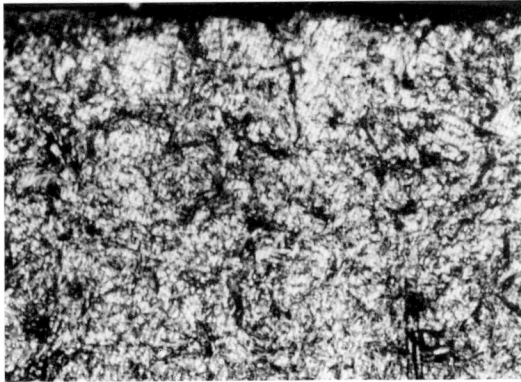

图 2-2-121 400×

图 2-2-122 400×

图　　号：2-2-117～2-2-122　　　　浸 蚀 剂：4%硝酸酒精溶液
材料名称：28MnCr5 钢（化学成分同图 2-2-82）　　处理情况：原材料直接冷挤压，650℃退火处理
组织说明：图 2-2-117：冷挤压成形的变速箱主轴，经 650℃退火后的毛坯实物。原材料组织为铁素体及珠
　　光体，带状及魏氏组织均<1 级，晶粒度 6～7 级，强度 R_m=630～670N/mm^2。
　　　　图 2-2-118：主轴 A 处，沿挤压方向流线均匀分布，但变形量较大，铁素体及珠光体呈明显拉长变
　　形，轴表面强度 R_m=700～720N/mm^2，心部强度 R_m=640N/mm^2。图 2-2-119：主轴 B 处，由于冷变量
　　不大，故铁素体及珠光体变形不明显，铁素体呈网状分布，组织稍呈带状分布倾向。表面强度 R_m=620～
　　670N/mm^2，心部强度 R_m=580N/mm^2。图 2-2-120：轴 C 处，铁素体及珠光体沿轴纵向变形，变形量较
　　大，铁素体及珠光体已被拉碎呈纤维状分布，轴的表面强度 R_m=730～750N/mm^2，心部强度 R_m=
　　700N/mm^2。图 2-2-121 及图 2-2-122：冷挤压后加工成形然后经渗碳淬火、回火，表面组织为 3 级针状马
　　氏体、3 级残留奥氏体、1 级碳化物，硬度为 710～715HV30；心部组织为低碳马氏体组织，硬度为 470～
　　476HV30。
　　　　从表面硬度、心部硬度、有效硬化层深度来看，此工艺最佳，机械加工性能理想，从台架试验来看，
　　直接冷挤压再经中温回火工艺的循环次数较直接冷挤压或球化退火后再冷挤压工艺都高。

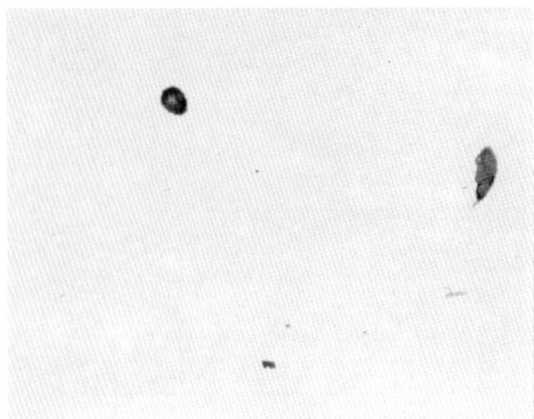

图　2-2-123　　　　　　　　　　　　500×

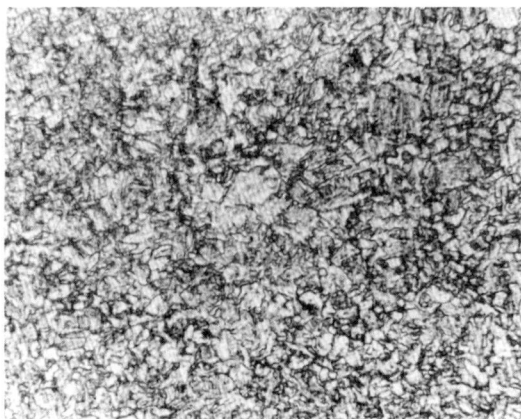

图　2-2-124　　　　　　　　　　　　500×

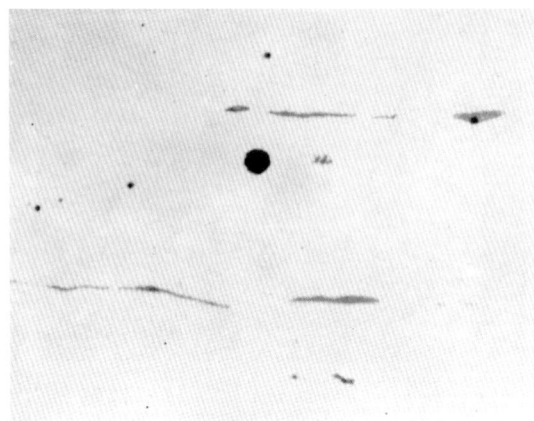

图　2-2-125　　　　　　　　　　　　500×

图　2-2-126　　　　　　　　　　　　500×

图　　号：2-2-123～2-2-126

材料名称：15MnCrNiMo 耐寒高强钢；图 2-2-123、图 2-2-124：[w（C）0.14%，w（Mn）0.94%，w（Si）0.34%，w（P）0.006%，w（S）0.001%，w（Cr）0.71%，w（Ni）0.76%，w（Mo）0.19%，w（Cu）0.33%，w（V）0.05%，w（B）0.0002%]

图 2-2-125、图 2-2-126：[w（C）0.14%，w（Mn）1.05%，w（Si）0.25%，w（P）0.004%，w（S）0.031%，w（Cr）0.40%，w（Ni）0.71%，w（Mo）0.14%，w（Cu）0.34%，w（V）0.085%，w（B）0.0015%]

浸蚀剂：图 2-2-123、图 2-2-125 未浸蚀；图 2-2-124、图 2-2-126 经 4%硝酸酒精溶液浸蚀

处理情况：图 2-2-123、图 2-2-124 均经电渣熔炼；图 2-2-125、图 2-2-126 大气熔炼，试样均经 910℃保温后水冷淬火，680℃回火后空冷

组织说明：图 2-2-123：电渣熔炼耐寒高强钢，极少量颗粒氧化物夹杂物，小于 1 级。

图 2-2-124：保持马氏体位向的极细回火索氏体，晶粒度为 8 级。

图 2-2-125：大气熔炼的耐寒高强钢，颗粒状氧化物及塑性变形长条状的硫化物，脆性夹杂，属小于 1 级，塑性夹杂物属 2 级。

图 2-2-126：保持马氏体位向的回火索氏体，晶粒度约为 6 级。

此低碳低合金耐寒高强度钢，在 -50℃时 R_{eL}=499N/mm²，R_m=730N/mm²，冲击吸收功为 27J，适宜制作高寒天气下构件或露天煤矿的机械构件。

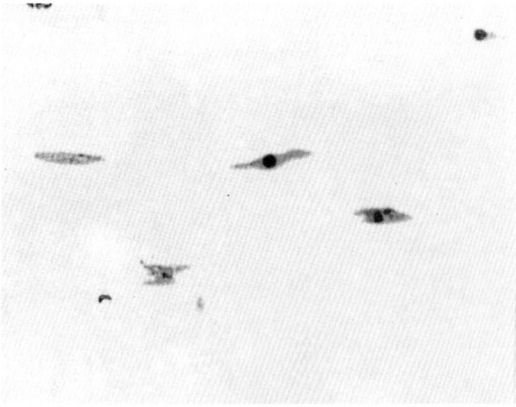

图　2-2-127　　　　　　　　　　500×

图　2-2-128　　　　　　　　　　500×

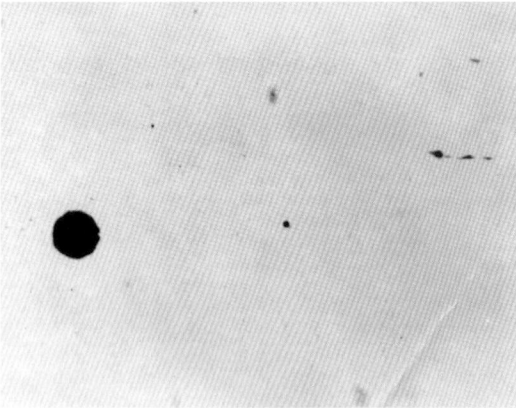

图　2-2-129　　　　　　　　　　500×

图　2-2-130　　　　　　　　　　500×

图　　号：2-2-127～2-2-130

材料名称：图 2-2-127、图 2-2-128：15MnCrNiMo 耐寒高强钢 [w（C）0.16%，w（Mn）1.01%，w（Si）0.44%，w（P）0.005%，w（S）0.024%，w（Cr）0.67%，w（Ni）0.76%，w（Mo）0.20%，w（Cu）0.34%，w（V）0.05%，w（B）0.0003%]

　　　　　图 2-2-129、图 2-2-130：10MnCrMo 易焊耐寒高强钢 [w（C）0.09%，w（Mn）1.10%，w（Si）0.30%，w（P）0.007%，w（S）0.005%，w（Cr）0.72%，w（Mo）0.30%，w（Cu）0.25%，w（V）0.05%，w（B）0.0008%]

浸 蚀 剂：图 2-2-127、图 2-2-129 未浸蚀；图 2-2-128、图 2-2-130 经 5%硝酸酒精溶液浸蚀

处理情况：大气熔炼后经 910℃加热保温后水冷淬火，680℃加热后空冷回火

组织说明：图 2-2-127：颗粒状氧化物和条状硫化物复合夹杂物，属 2 级。

　　　　　图 2-2-128：保持马氏体位向的回火索氏体，晶粒度为 6.5 级。

　　　　　图 2-2-129：低碳耐寒高强钢，钢中夹杂物为颗粒状氧化物，属 1 级。

　　　　　图 2-2-130：低碳耐寒高强钢经调质处理后，组织为保持马氏体位向分布的回火索氏体，晶粒度稍小，为 7 级。

　　　　低碳低合金耐寒高强度钢，含碳低并含有多种低含量的合金元素，使钢在−50℃时仍有 500N/mm^2 左右的屈服强度和近 700N/mm^2 的抗拉强度，冲击韧度也高，可适合于制作高寒气候下工作的机械构件。尤其是 10MnCrMo 钢，虽然含碳低，其强度比 15MnCrNiMo 钢低一些，但其塑性及冲击韧度要好些，用这种钢制造的机械构件能在高寒气候下用焊接方法直接对构件进行焊接修补。

图　2-2-131　　　　　　　　　　　200×

图　　号：2-2-131

材料名称：40MnB 钢 [w（C）0.37%～0.44%，
　　w（Si）0.17%～0.37%，w（Mn）1.10%～
　　1.40%，w（B）0.001%～0.005%]

浸 蚀 剂：4%硝酸酒精溶液

处理情况：900℃退火处理

组织说明：基体组织为细片状珠光体及块状
　　和网状分布的铁素体，组织呈带状偏析分
　　布。硬度为 15HRC。

　　　加入微量硼(w（B）为 0.001%～0.004%)
　　并不能改善由锰所引起的偏析作用，但能
　　显著提高钢的淬透性，其效果相当于 w（Ni）
　　为 1.6%、w（Cr）为 0.3%、w（Mo）为
　　0.2%的作用，从而可代替稀缺和较贵重的
　　合金元素。

图　　号：2-2-132

材料名称：40MnB 钢

浸 蚀 剂：4%硝酸酒精溶液

处理情况：870℃正火处理

组织说明：基体组织为索氏体及部分黑色团状为
　　极细珠光体，硬度为 21～24HRC。

　　　硼元素可弥补主加元素的不足或消除主
　　加元素带来的副作用。例如 42Mn2 钢正火后
　　硬度较差，切削加工困难，通过加入微量的
　　硼，并适当减少锰量后，其淬透性仍保持不
　　变，但可降低正火后的硬度，使之便于进行
　　切削加工。

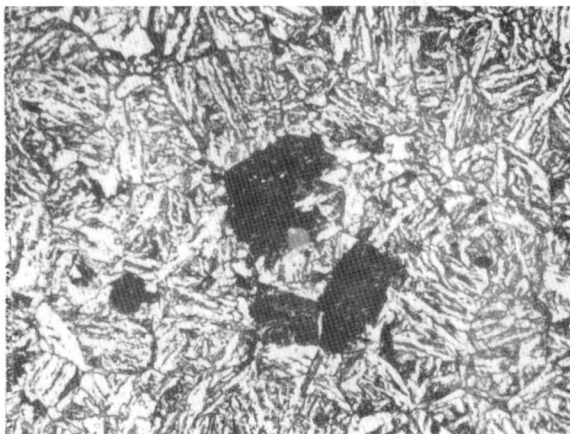

图　2-2-132　　　　　　　　　　　500×

图　2-2-133　　　　　　　　　　　500×

图　　号：2-2-133

材料名称：40MnB 钢

浸 蚀 剂：4%硝酸酒精溶液

处理情况：退火后经 800℃加热后油冷淬火

组织说明：基体组织为较细小的中碳马氏体，
　　其间夹有少量小块状及颗粒状铁素体。

　　　由于淬火加热温度偏低，致使铁素体
　　未能完全溶入基体，因此有极少量铁素体
　　呈小块状及颗粒状残留于马氏体基体中。
　　残留铁素体的存在将导致钢的力学性能下
　　降，达不到预期的要求。

　　　40MnB 钢主要用于制作中、小截面的
　　调质零件。

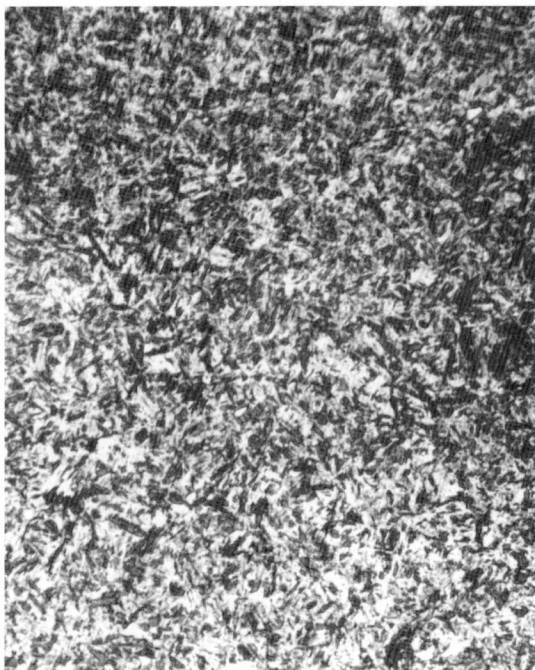

图　2-2-134　　　　　　　　　　500×

图　　号： 2-2-134

材料名称： 40MnB 钢

浸 蚀 剂： 4%硝酸酒精溶液

处理情况： 850℃油冷淬火

组织说明： 基体组织主要为较细且又短小的针状
马氏体，并均匀分布，属正常淬火组织，硬度
为 54HRC。

　　硼元素虽对调质钢的临界点、M_s 点、淬裂
倾向和残留奥氏体无多大影响，但由于它能固
溶于奥氏体并吸附在晶界上，从而抑制了铁素
体晶核的形成，降低了先共析铁素体和上贝氏
体晶核的形成率，使奥氏体分解的孕育期显著
地延长，以至增加了钢的淬透性能。同时，硼
元素还能显著地提高锰钢的力学性能。

　　含硼钢也有第二类回火脆性，但不如含锰、
含铬的钢显著。硼钢还有硼脆现象，控制 $w(B)$
不超过 0.003%，可以防止硼脆产生，对已产生
硼脆的钢，可采用高温(>900℃)正火或淬火处
理，可以减轻或消除已产生的硼脆倾向。

图　　号： 2-2-135

材料名称： 40MnB 钢

浸 蚀 剂： 4%硝酸酒精溶液

处理情况： 850℃油冷淬火，500℃回火

组织说明： 基体组织为较细密的回火索氏体组织。属
正常淬火、回火组织，硬度为 30HRC。

　　硼钢也具有回火脆性的倾向，同时硼元素不能
提高淬火钢在回火时的稳定性。与不含硼的合金钢
相比，其淬透性虽然相同，但要得到相同的强度，
则硼钢的回火温度应选择得低一些，回火时间亦应
控制得短一些。

　　40MnB 钢除作中、小截面的调质零件外，也可
用于制作 ϕ250～ ϕ320mm 卷扬机中间轴等较大截
面的零件。40MnB 钢当制作尺寸较小零件时，也可
代替 40CrNi 钢使用。

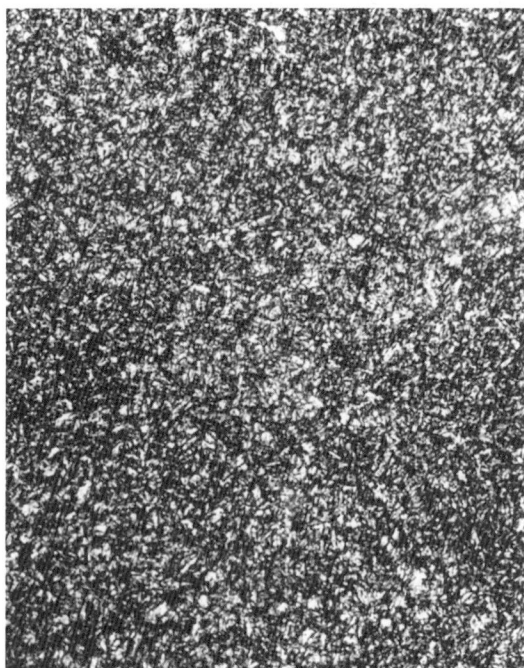

图　2-2-135　　　　　　　　　　500×

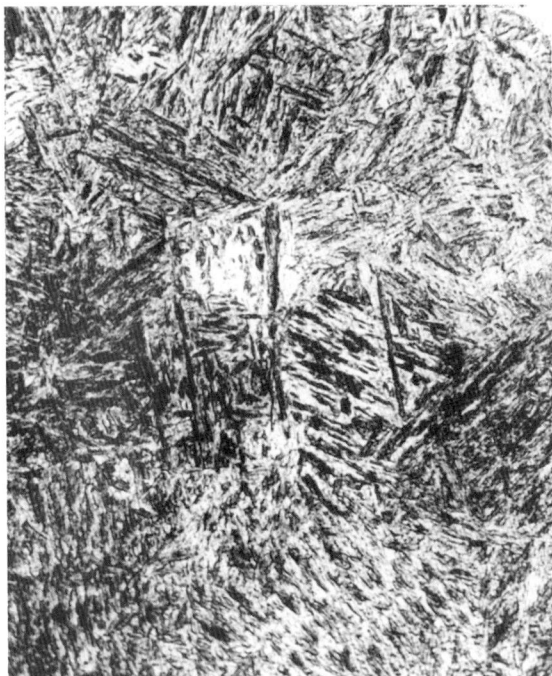

图　2-2-136　　　　　　　　　　500×

图　　　号：2-2-136

材料名称：40MnB 钢

浸 蚀 剂：4%硝酸酒精溶液

处理情况：900℃油冷淬火

组织说明：基体为淬火中碳马氏体，马氏体针叶
　　　粗大，而且成排分布。属淬火过热组织。

　　　40MnB 钢有容易过热的缺点。因此淬火
加热温度应在 860℃ 以下为宜，不能超过 Ac_3
很多。若加热温度过高，将使硼原子由晶界向
晶内扩散，从而减弱甚至消失其增加淬透性的
作用(如果再在较低的淬火温度进行加热和淬
火，硼的作用仍可恢复)。如果高温加热时间
过长，由于脱硼作用以及硼和钢中氢、氧等元
素作用将形成稳定的化合物，而使硼的作用失
效，这时硼即丧失提高淬透性的作用，因此硼
钢的淬火加热温度必须严格控制。

图　　　号：2-2-137

材料名称：40MnB 钢

浸 蚀 剂：4%硝酸酒精溶液

处理情况：工件在 850℃加热后油冷淬火，520～540℃
　　　回火，然后表面经中频感应加热、喷水冷却淬火，
　　　最后再经 180℃回火 3h

组织说明：表层回火针状马氏体组织，表层硬度为 61～
　　　62HRC。

　　　该工件要求表面耐磨，同时又要求心部具有良
好的综合力学性能，因此可采用整体调质，使心部
获得索氏体组织；然后将表面经中频感应加热淬火，
获得马氏体组织，并经低温回火，使其表层具有高
硬度和良好的耐磨性。

　　　图示的淬火组织属中频感应加热淬火的正常
组织。

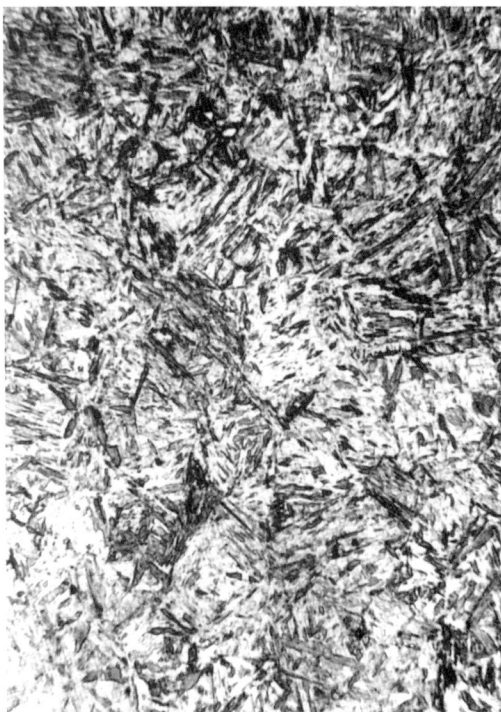

图　2-2-137　　　　　　　　　　500×

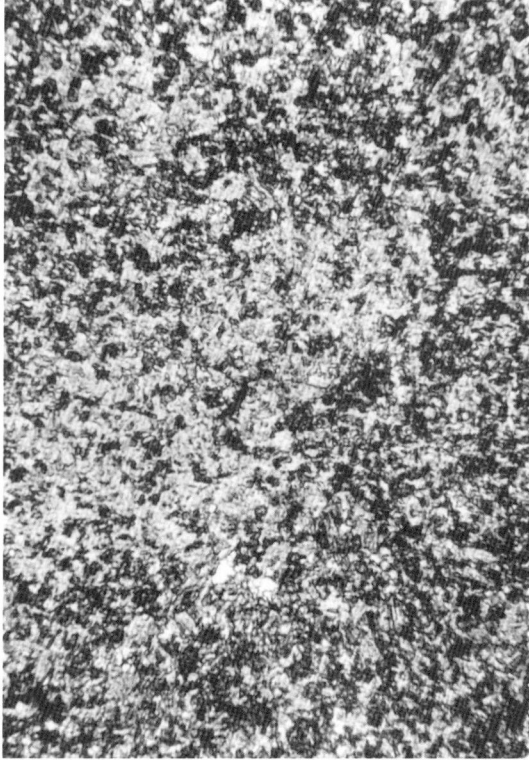

图　2-2-138　　　　　　　　　　　500×

图　　号：2-2-138
材料名称：40MnB 钢
浸 蚀 剂：4%硝酸酒精溶液
处理情况：工件在 850℃加热后油冷淬火，520～
　　　　540℃回火，然后表面经中频感应加热、喷水
　　　　冷却淬火，最后再经 180℃回火 3h
组织说明：表面淬硬层与心部交界处组织，灰白
　　　　色区域为细小针状马氏体，黑色部分为索氏体
　　　　和托氏体组织，硬度为 47～49HRC。
　　　　本图摄自图 2-2-137 试样的表面淬硬层与
　　心部交界处，距表面深度为 1.00～1.20mm，
　　该处马氏体的体积分数约占 50%。

图　　号：2-2-139
材料名称：40MnB 钢
浸 蚀 剂：4%硝酸酒精溶液
处理情况：处理工艺与图 2-2-138 相同
组织说明：心部为索氏体组织，保留极少量未溶铁素
　　　　体，硬度为 31～32HRC。
　　　　此图为上述表层淬硬试样的心部组织，由于工
　　件较厚，心部未淬透，除索氏体外，仍保留少量针
　　状铁素体。
　　　　硼钢在未能完全淬透时，其强度、塑性及韧性
　　将较淬透性完全相同的其他不含硼合金钢来得低。
　　因此硼钢和其他合金元素不同，不具有固溶强化铁
　　素体和细化晶粒的作用。所以硼钢在未淬透的情况
　　下不宜使用。

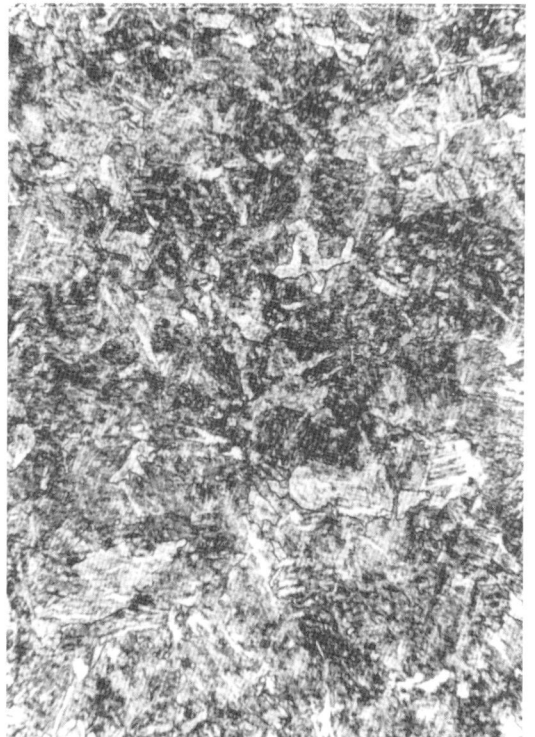

图　2-2-139　　　　　　　　　　　500×

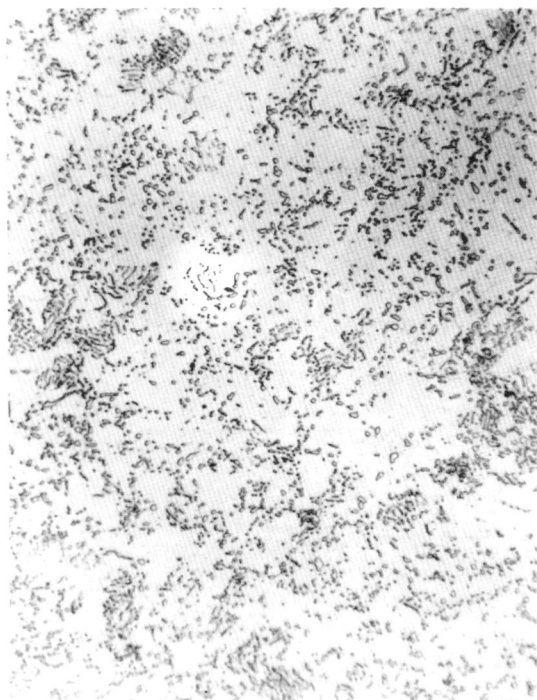

图　　2-2-140　　　　　　　　　　　　　　630×

图　　号：2-2-141
材料名称：40MnVB 钢
浸 蚀 剂：4％硝酸酒精溶液
处理情况：正火处理
组织说明：珠光体和网状分布的铁素体。

　　40MnVB 钢是我国常用的含锰结构钢，在锻造空冷状态下，易得到较粗大的晶粒，作为淬火前的预备热处理，锻件一般需经过正火处理，此图片是 40MnVB 钢经正火后的典型组织状态。除此之外，40MnVB 钢在正火状态下，由于冷却速度较大，有时将会获得岛状组织，即粒状贝氏体组织。

　　40MnVB 钢因综合力学性能比 40Cr 钢好，可用来代替 40Cr 钢或 42CrMo 钢来制造汽车、拖拉机和机床上的重要调质件，如齿轮和轴，性能超过 40Cr钢，在截面不大时还可用来代替 40CrNi 钢。

图　　号：2-2-140
材料名称：40MnVB 钢 [w（C）0.37％～0.44％，w（Si）0.17％～0.37％，w（Mn）1.10％～1.40％，w（V）0.005％～0.10％，w（B）　0.001％～0.005％]
浸 蚀 剂：4％硝酸酒精溶液
处理情况：原材料退火状态
组织说明：40MnVB 钢典型的正常球化退火组织——球粒化珠光体。

　　40MnVB 钢是调质用锰钢，由于含有（w(V)为 0.05％～0.10％），能使调质钢中形成稳定性极好的 V_4C_3 碳化物，它要在 1000℃以上高温下始能溶入奥氏体，因此在一般热处理温度下，V_4C_3 细颗粒能阻止晶界迁移，故有细化晶粒作用，从而消除了锰钢容易过热的现象。因钒是细化晶粒的元素，从而提高了钢的强度和韧性。由图可知，钢中钒的碳化物分布是不均匀的，因此在大截面钢中，一般不用钒元素，以避免获得不均匀组织。

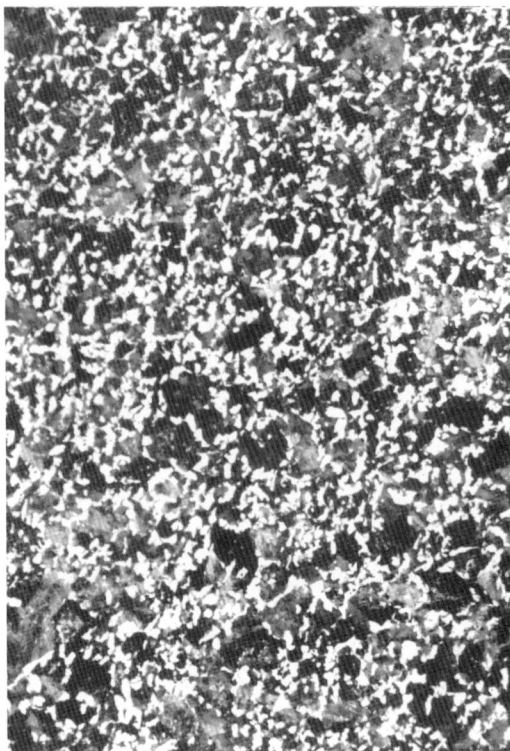

图　　2-2-141　　　　　　　　　　　　　　100×

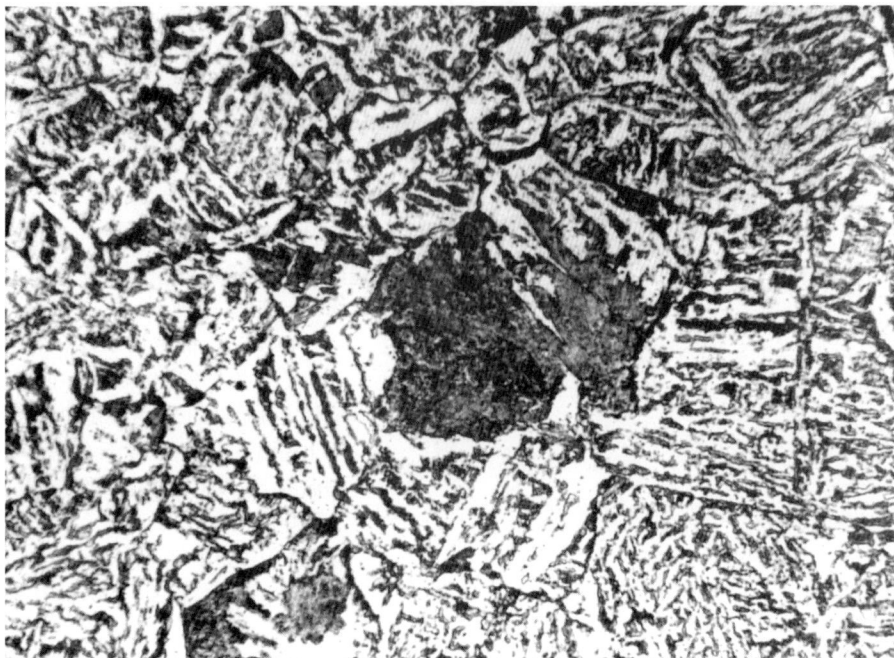

图　2-2-142 　　　　　　　　　　　　　　　　　　　　　　　600×

图　　号：2-2-142
材料名称：40MnVB 钢
浸 蚀 剂：4%硝酸酒精溶液
处理情况：880℃加热后风冷
组织说明：粒状贝氏体和呈大块黑团的片状珠光体。

　　合金钢的过冷奥氏体，在珠光体和马氏体相变温度区域之间的中温区发生贝氏体转变，其转变物——铁素体和渗碳体的混合物即贝氏体，可由中温等温得到，也能在连续冷却中得到。贝氏体有上贝氏体和下贝氏体之分，粒状贝氏体则是最近几十年才被确定的组织。

　　40MnVB 钢当正火冷却至上贝氏体温度范围时，有时会出现粒状贝氏体。粒状贝氏体的特征是：较粗大的铁素体块内有一些渗碳体颗粒和孤立的"小岛"，"小岛"状组织有时呈块状或长条状，形态很不规则。这些孤立"小岛"的组织结构在光学显微镜下分辨不清，低倍观察时，有时类似魏氏组织形态。

　　电镜观察铁素体所包围的"小岛"，高温时为富碳的奥氏体区域，冷却时的组织组成物将视奥氏体的成分及其冷却条件而定。粒状贝氏体内的奥氏体可能发生以下几种变化：①分解或部分分解为铁素体与渗碳体。②可能部分地转变为马氏体，在光学显微镜下显示黄棕色。③仍旧保留富碳的奥氏体。

　　图中大块黑团为片状珠光体，由合金元素偏集的奥氏体稳定区域转变而得。

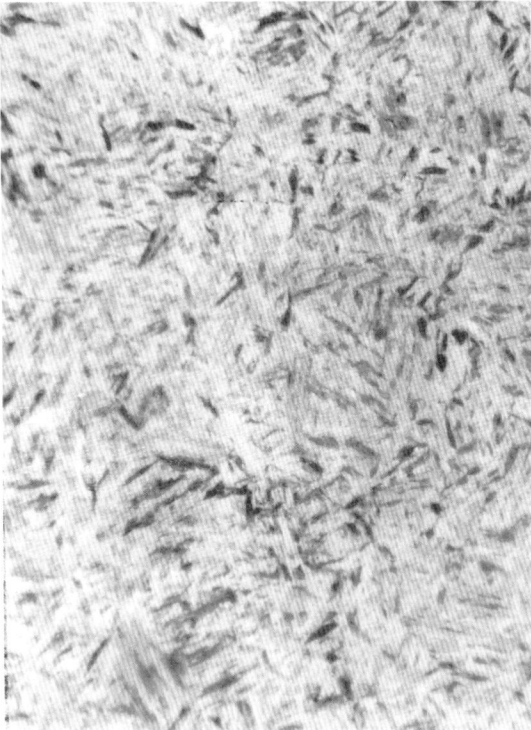

图　2-2-143　　　　　　　　　500×

图　　号： 2-2-143
材料名称： 40MnVB 钢
浸 蚀 剂： 4%硝酸酒精溶液
处理情况： 850℃加热保温后油冷淬火
组织说明： 淬火马氏体。

40MnVB 钢典型的正常淬火组织——较细针状马氏体。由于淬火加热温度和保温时间适当，奥氏体化充分，使得碳化物颗粒有充分的溶解，同时又保证得到细针状马氏体。

锰对提高淬透性的作用十分强烈，缺点是有促使晶粒长大的作用，因此锰钢对过热较敏感；钒在钢中可形成稳定的特殊碳化物，有强烈细化晶粒的作用，可以克服锰钢易过热缺点；同时由于钢中存在微量的硼元素，促使钢的淬透性进一步提高。

图　　号： 2-2-144
材料名称： 40MnVB 钢
浸 蚀 剂： 4%硝酸酒精溶液
处理情况： 850℃加热保温后油冷淬火，500℃回火
组织说明： 回火细索氏体。

在我国有关标准中，调质锰钒硼钢只列入 40MnVB 一种。锰硼钢加钒可细化晶粒，降低过热敏感性，部分钒在热处理时可溶入奥氏体，提高钢材的淬透性与耐回火性，但 40MnVB 钢有回火脆性倾向，回火后应用水冷或油冷。

40MnVB 钢的调质状态与其他合金调质钢一样，能得到典型的调质状态组织——回火索氏体。试样易浸蚀变黑，有时回火组织中尚可见到明显的马氏体针叶位向。40MnVB 钢在调质状态下，抗拉强度（R_m）超过 1029 N/mm²，屈服强度（R_{eL}）大于 833 N/mm²，伸长率（A）达到 10%，断面收缩率（Z）为 45%，具有较好的综合力学性能。

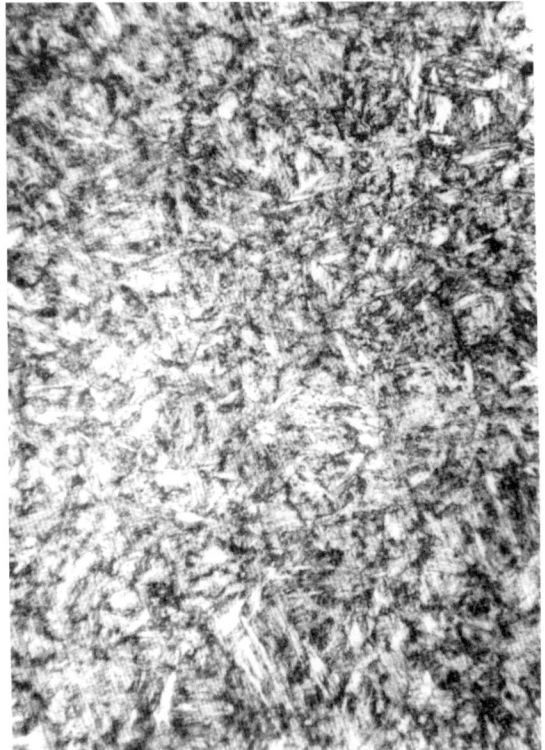

图　2-2-144　　　　　　　　　500×

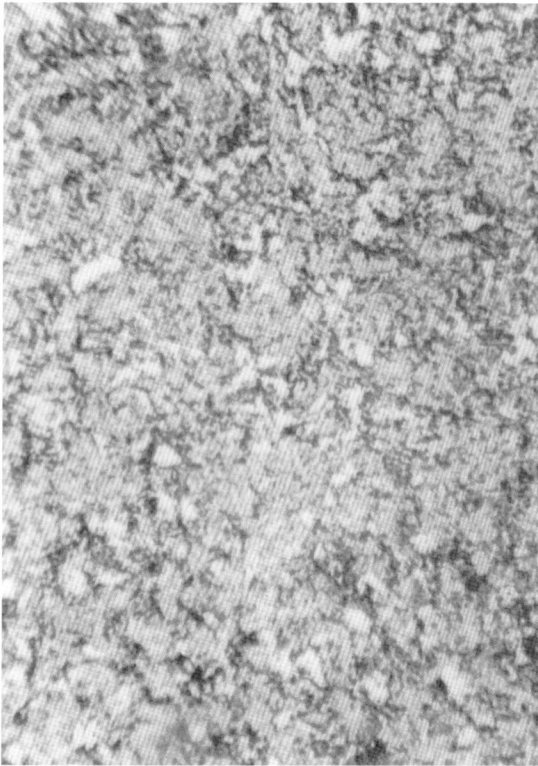

图 2-2-145　　　　　　　　500×

图　　号：2-2-145
材料名称：40MnVB 钢
浸 蚀 剂：4％硝酸酒精溶液
处理情况：中频感应加热淬火
组织说明：细马氏体及块状铁素体。

　　此为 40MnVB 钢不完全淬火的组织。

　　40MnVB 钢制造的柴油机气缸头长螺柱，在中频感应淬火连续加热时，因感应加热装置发生故障，螺柱两端加热温度正常，螺柱中间部位加热温度明显不足，该处奥氏体合金化程度很低，原始组织中铁素体未能完全溶解而被保留下来，同时马氏体组织因过细而模糊不清，致使螺柱中部硬度很低，造成淬火工件不合格。

　　对这种局部淬火不足的工件，如果加工余量充裕的话，可以采用盐浴炉或箱式炉重新加热淬火予以矫正。

图　　号：2-2-146
材料名称：40MnVB 钢
浸 蚀 剂：4％硝酸酒精溶液
处理情况：中频感应淬火后高温回火
组织说明：基体为索氏体，白色块状为未溶解的残留铁素体。

　　该工件是柴油机气缸头长螺柱，在装配时发生螺柱伸长变形，经金相分析后发现，由于螺柱淬火加热不匀，中部的加热温度稍过 Ac_1，以致铁素体未能全部溶解，奥氏体合金化很差，调质后仍保留有较多的铁素体，使螺柱的硬度和强度明显偏低。在拧紧螺柱时即因强度不足而导致伸长变形，从而影响到装配质量。

　　这批淬火不合格的螺柱，经加热炉重新淬火即可矫正。

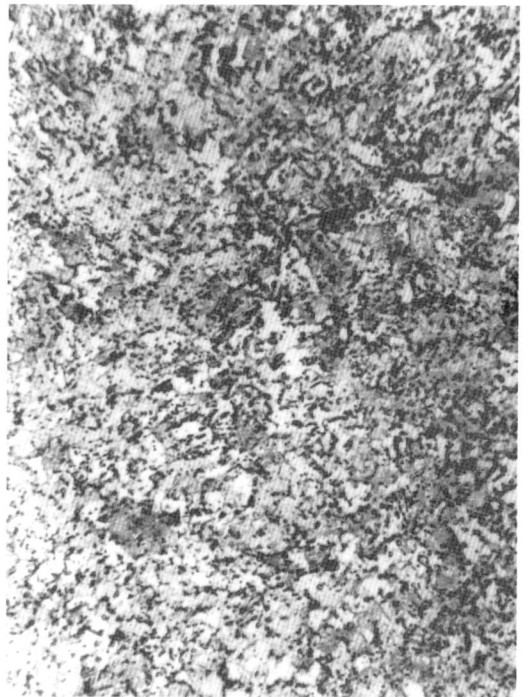

图 2-2-146　　　　　　　　500×

图 2-2-147   1×

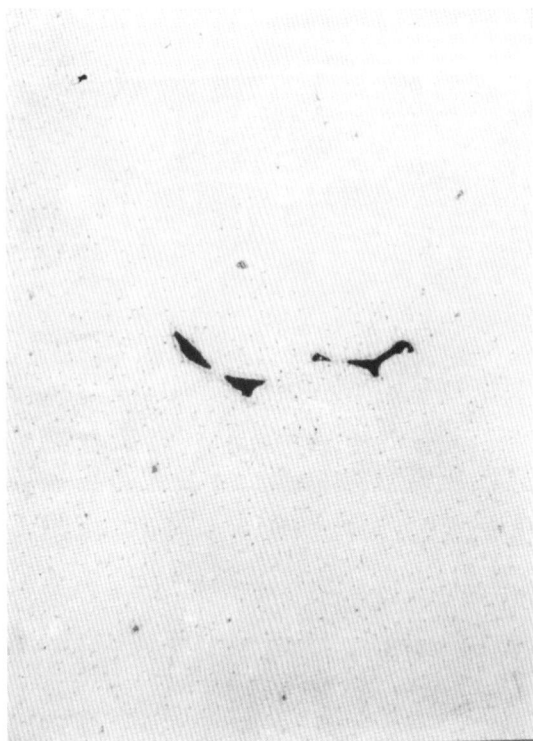

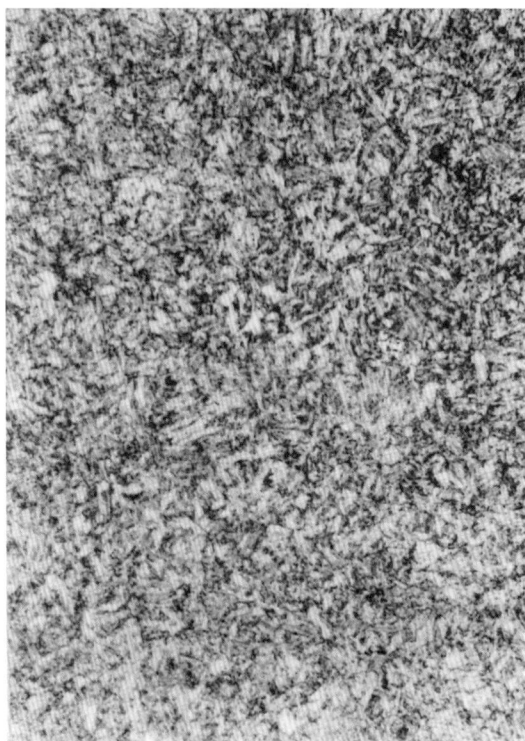

图 2-2-148   100×   图 2-2-149   500×

图　号：2-2-147～2-2-149

材料名称：40MnVB 钢

浸 蚀 剂：图 2-2-147、图 2-2-148 未浸蚀；图 2-2-149 经 4％硝酸酒精溶液浸蚀

处理情况：热镦后正火，调质处理

组织说明：图 2-2-147：螺钉装配时沿圆周横向开裂的情况。

图 2-2-148：沿晶界烧熔的熔化孔洞，孔洞内充有氧化物，孔洞周围布有氧化物小点。

图 2-2-149：基体组织为回火索氏体。

40MnVB 钢制造的连接螺钉，装配时于螺钉中部杆身发生横向开裂。从断口处取样，在未浸蚀的磨面上有沿晶界烧熔的熔化孔洞，周围密布氧化物小点，属锻造过烧缺陷。经浸蚀后，组织正常，为回火索氏体。

螺钉锻造时过烧，破坏了金属基本的连续性，致使拧紧时产生断裂。由于锻造后经过正火处理，细化了晶粒，因此，基体在淬火、回火后其组织仍属正常。

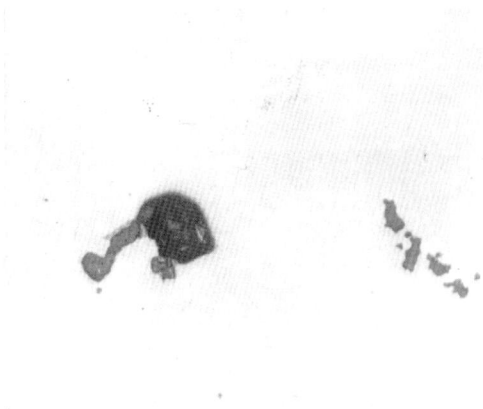

图　号：2-2-150
材料名称：40Mn2 钢［w(C)0.37%～0.44%，w(Si)0.17%～0.37%，w(Mn)1.40%～1.80%］
浸 蚀 剂：未浸蚀
处理情况：原材料供应状态
组织说明：硅酸盐夹杂物呈黑灰色。

大块硅酸盐夹杂的存在，将明显地影响材料的力学性能。锰能减弱因硫而引起的热脆性；同时，锰还能形成硅酸锰夹杂，它在正交偏振光下，呈玫瑰红色。

图　2-2-150　　　　　　　　200×

图　号：2-2-151
材料名称：40Mn2 钢
浸 蚀 剂：4%硝酸酒精溶液
处理情况：热轧后缓冷
组织说明：黑色基体为细片状珠光体，白色网状为铁素体。

锰钢不但价格低廉，而且淬透性较好，能扩大 γ 区，使 S 点向左下方移动，从而与同等含碳量的碳钢比，锰钢在平衡状态下，有较多、较细的珠光体。调质时，铁素体因大部分锰的溶入而强化，小部分锰则形成合金渗碳体（Fe，Mn)₃C。

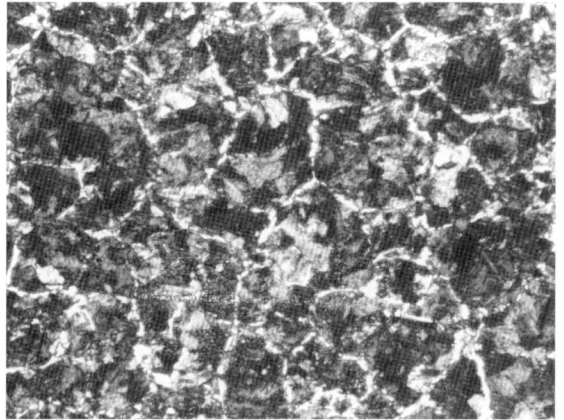

图　2-2-151　　　　　　　　300×

图　2-2-152　　　　　　　　500×

图　号：2-2-152
材料名称：40Mn2 钢
浸 蚀 剂：4%硝酸酒精溶液
处理情况：850℃加热保温后风冷（正火）
组织说明：下贝氏体、淬火马氏体及少量残留奥氏体。

由于锰能增加淬透性，并能使奥氏体等温转变图向右下方移动。高温加热的钢采用风冷时，因冷速稍大，过冷奥氏体发生连续转变，从而得到下贝氏体、马氏体、残留奥氏体的混合组织。这是正火不正常的组织。

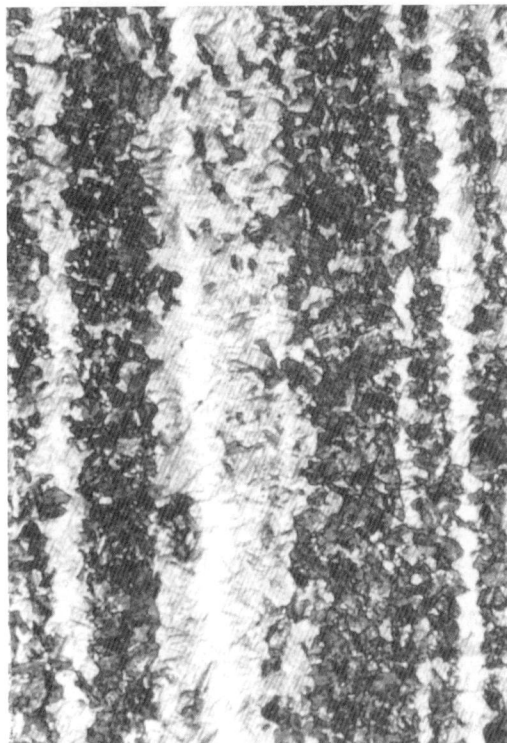

图 2-2-153 200×

图 2-2-154 500×

图　　号：2-2-153、2-2-154
材料名称：40Mn2 钢
浸 蚀 剂：4％硝酸酒精溶液
处理情况：850℃加热后出炉风冷
组织说明：白色带状为淬火马氏体和少量残留奥氏体，黑色区域为托氏体和下贝氏体。

　　以上两张图片摄于同一试样，仅放大倍数不同而已。该试样系于水压试验时突然开裂的氟利昂钢瓶上截取，从金相组织来看，钢瓶原材料有严重的带状偏析（主要是锰和碳元素的偏析），正火时，出炉后采用风冷，冷却速度较快，使白色条带区（高锰区）转变成淬火马氏体和残留奥氏体，其余部位则转变成托氏体和下贝氏体的组织，使材料的脆性增大，因此，在钢瓶水压试验时产生了脆性开裂事故。

　　经显微硬度测定，白色带状区的维氏硬度为 590HV（相当于 53HRC）；黑色条带组织的维氏硬度为 345HV（相当于 36HRC）。

　　以锰为主要合金元素的结构钢中，带状组织比较严重，由此常导致工件在热处理后出现性能的不均匀性，从而在使用过程中易发生事故。为了杜绝上述事故，可将具有严重带状偏析的钢材预先进行退火处理，使组织达到均匀化。

　　此外，尚需要注意，锰钢还具有第二类回火脆性和白点的敏感性，锰钢的过热敏感性较大，加热时奥氏体晶粒易长大，使钢在淬火后的韧性降低，同时淬火后的开裂倾向也会增大。

图　2-2-155　　　　　　　　　　　　　　　　　　　实物

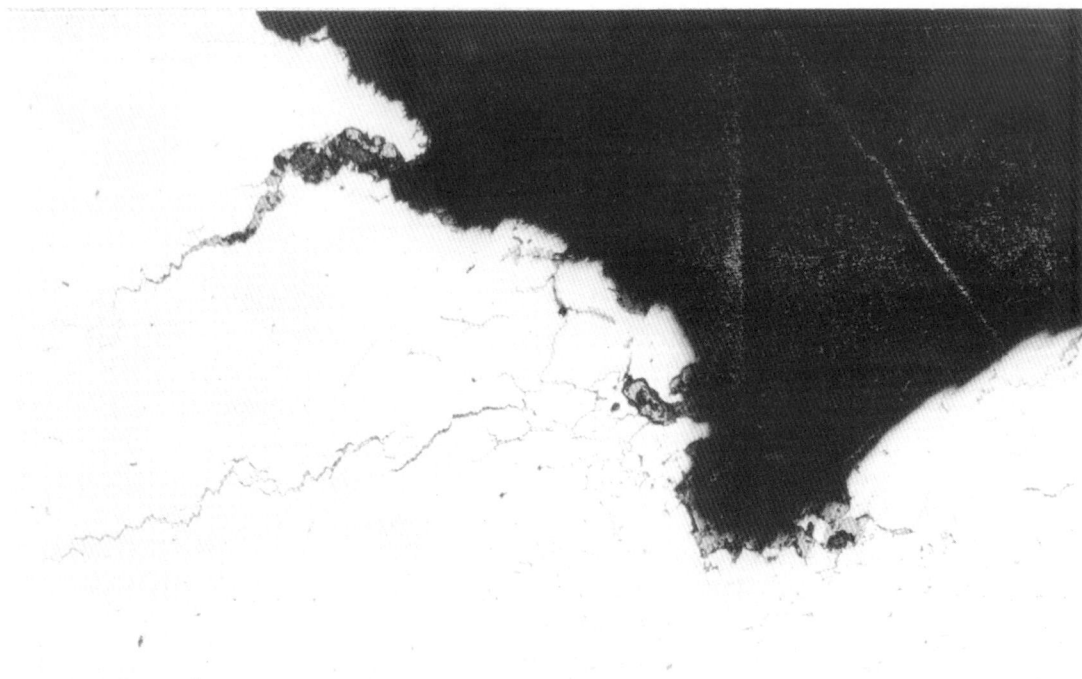

图　2-2-156　　　　　　　　　　　　　　　　　　　50×

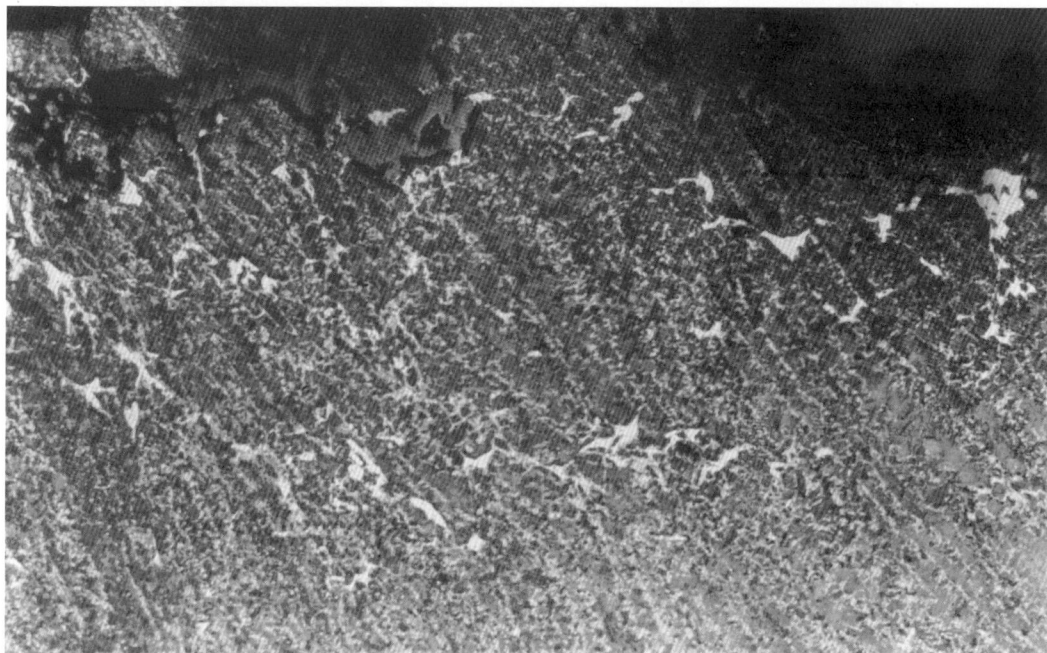

图　2-2-157　　　　　　　　　　　　　　　　　　　　　　　　实物

图　　号：2-2-155～2-2-157
材料名称：40Mn2 钢
浸 蚀 剂：图 2-2-155、图 2-2-156 未浸蚀；图 2-2-156 经 4%硝酸酒精溶液浸蚀
处理情况：热挤压成形后空冷
组织说明：铜脆。氧气瓶爆裂。

　　钢坯加热至 1100～1200℃后，经三次热挤压成形，钢瓶为底厚 18mm、壁厚 6mm 的高压氧气瓶，在做 20MPa 水压试验时发生爆裂。裂口如图 2-2-155 所示，呈锯齿状弯曲向两边扩展，中间粗，两头细，裂口晶粒明显可见，但在靠近裂口内侧，颜色较灰暗，有一层氧化色，可见裂口是从内侧向外爆裂的。

　　从裂口处截取试样，在金相显微镜下观察，发现靠近裂口内侧，除表面存在一层氧化物外，且有颇多微红色的铜相分布于晶界，并向里扩展，如图 2-2-156 所示。试样经浸蚀后，基体组织为珠光体和铁素体，且铁素体按金属变形方向呈带状分布，表面深灰色为氧化皮夹杂，灰白色不规则分布的块状为铜相。由图 2-2-157 可知，钢瓶内表层有铜相富集，逐步进入里层，则铜相明显地减少。

　　由此可见，该钢瓶的爆裂系铜相缺陷所造成。由于铜相自钢瓶内表面向外沿晶界伸展，破坏了金属基体的连接，当钢瓶在受力状态下，即由此缺陷而造成应力集中，导致钢瓶的脆性爆裂。

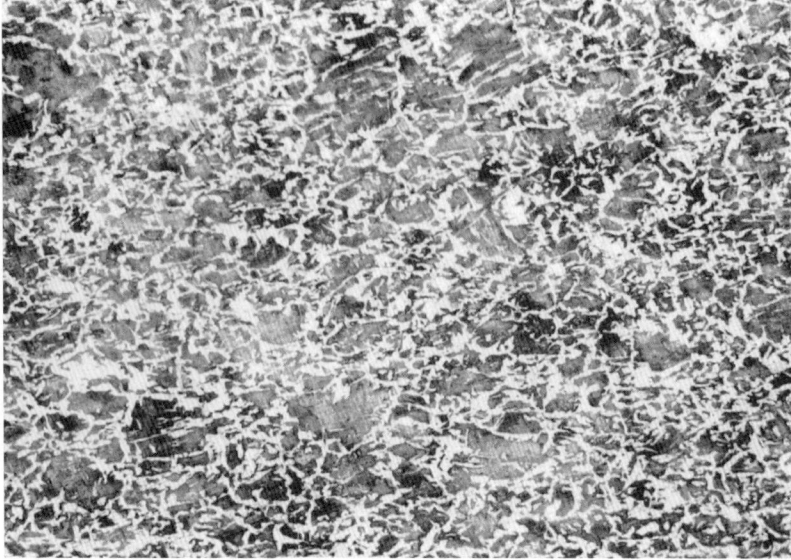

图 2-2-158   100×

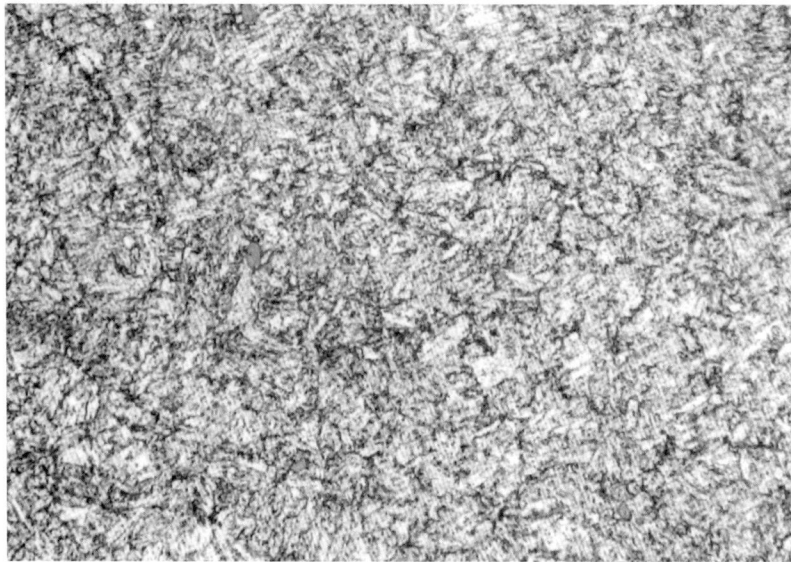

图 2-2-159   800×

图　　号：2-2-158、2-2-159　　　　　　浸 蚀 剂：4％硝酸酒精溶液

材料名称：48Mn2V 钢 [w（C）0.46%～0.50%，w（Mn）1.40%～1.80%，w（Si）0.20%～0.40%，w（V）0.07%～0.12%，w（P）≤0.035%，w（S）≤0.04%]

处理情况：锻后正火。860℃×1h 淬火，580℃×1h 回火

组织说明：图 2-2-158：48Mn2V 钢锻造后经正火处理，基体为片状珠光体及少量呈网状分布的铁素体，由于锻造终了温度较低，致使钢的晶粒大小不均匀，小晶粒为 7～8 级，大晶粒为 5 级左右。

图 2-2-159：经 860℃加热后水冷淬火，并经 500℃回火处理，基体组织为较细回火索氏体，晶界处有极少量呈黑色网状的托氏体组织。

钢中淬火回火后出现的网状托氏体，是由于淬火加热温度低于 860℃，而且淬火时冷却速度又较低，以致使钢在冷却时因冷速稍慢，使高温奥氏体在晶界上因成分不均匀而先析出托氏体，随着继续冷至马氏体转变温度时，奥氏体转变为细针状的马氏体。

钢中出现托氏体组织，尽管其含量极少，但对钢的性能有明显的影响，特别是对冲击韧度的影响。

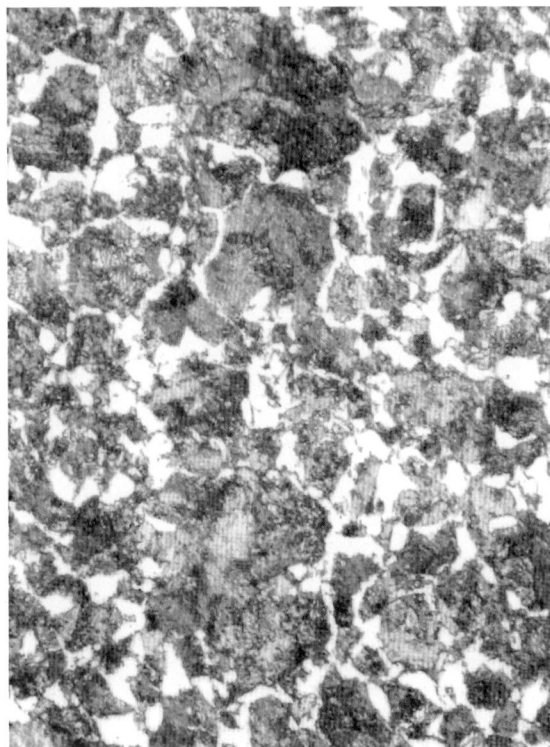

图　2-2-160　　　　　　　　　　　100×

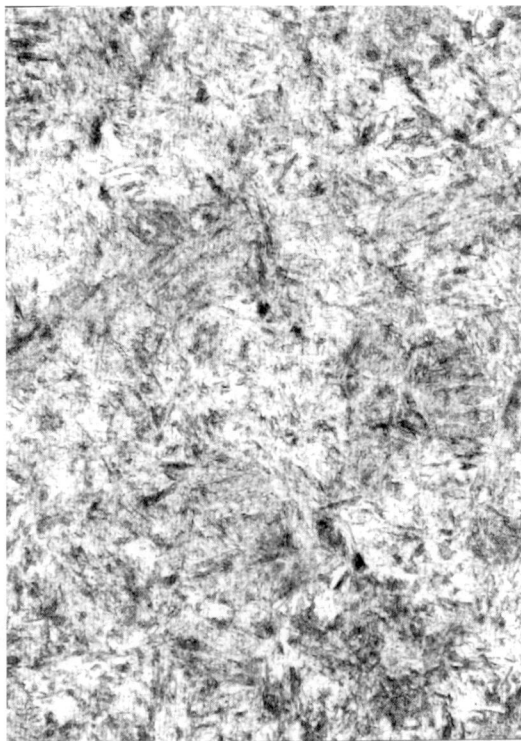

图　2-2-161　　　　　　　　　　　500×

图　　号： 2-2-160～2-2-162

材料名称： 48Mn2V 钢（化学成分同图 2-2-158）

浸 蚀 剂： 4％硝酸酒精溶液

处理情况： 图 2-2-160 经 860℃×1h 正火；图
2-2-161 经 860℃×1h 水冷淬火；图 2-2-162
经 860℃×1h 水冷淬火，600℃×1h 回火

组织说明： 图 2-2-160：组织为珠光体和铁素体，
铁素体呈网状分布，晶粒大小不甚均匀。

图 2-2-161：淬火细马氏体。

图 2-2-162：保持马氏体针叶分布的回火索
氏体。

由于锰是较弱形成碳化物的元素，它能固
溶于铁素体，从而强化铁素体，锰的作用与铬
元素相近，锰元素能增加奥氏体的稳定性，能
显著地提高钢的淬透性，但锰有促进晶粒长大
的倾向，因此加热时应严格控制加热温度和保
温时间，同时含锰量高时，钢的回火脆性较明
显，锰是形成带状偏析的元素，从而影响力学
性能。

为了减少锰元素上述缺陷，可在钢中加入
少量钒元素，不但可细化晶粒，而且可增加钢
的淬透性、耐回火性，从而使钢的力学性能得
到改善。

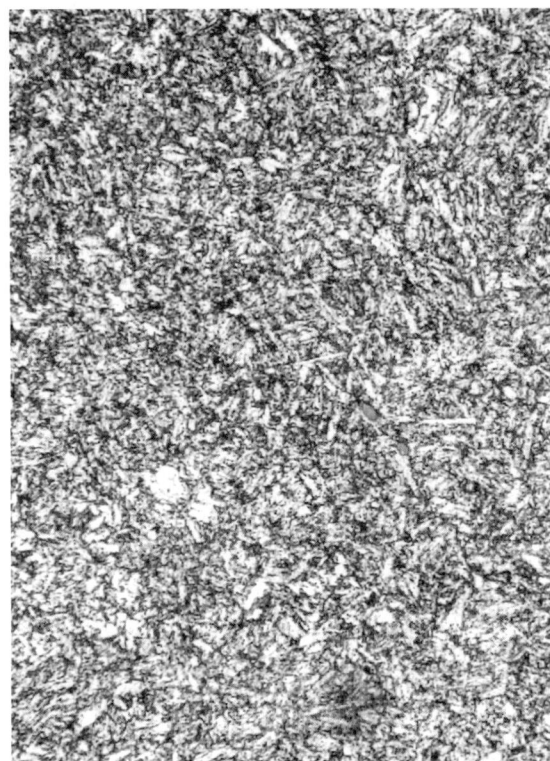

图　2-2-162　　　　　　　　　　　500×

图 2-2-163   100×

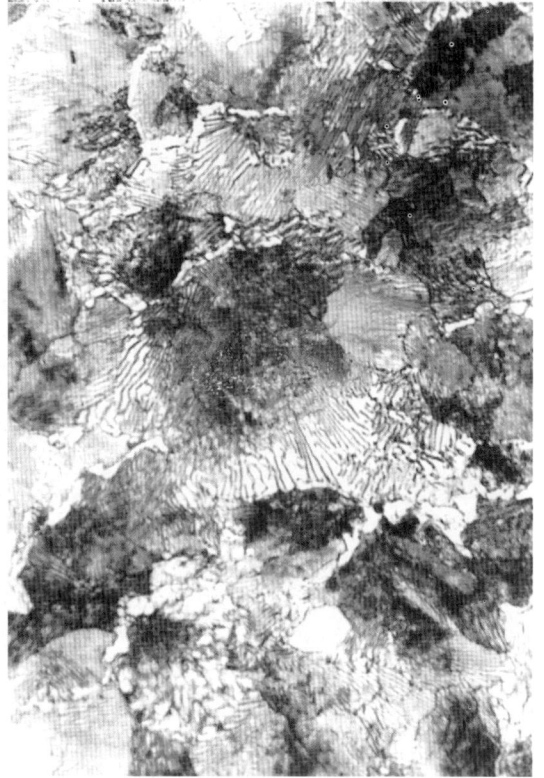

图 2-2-164   500×

图　　号：2-2-163、2-2-164

材料名称：50Mn2 钢［w（C）0.47%～0.55%，w（Si）0.17%～0.37%，w（Mn）1.40%～1.80%］

浸 蚀 剂：3%硝酸酒精溶液

处理情况：原材料（供应状态）

组织说明：珠光体及少量铁素体。低倍时铁素体呈带状分布。

　　我国《合金结构钢技术条件》中，以锰为主要合金元素的钢种占全部合金结构钢牌号的很大一部分。由此可见，锰钢在合金结构钢体系中所占的地位。

　　50Mn2 钢中 w（Mn）为 1.4%～1.8%。由于锰易增加钢的偏析和硫化物、氧化物与硅酸盐等夹杂物的含量，故锰钢易出现带状组织，如图 2-2-163 所示。同时，锰是弱碳化物形成元素，在平衡状态下能增加珠光体含量，如图 2-2-164 所示。

　　锰增加钢材的过热敏感性，尤其是含碳量偏于上限时更为明显，为此，应严格控制加热温度与保温时间。锰会降低钢的临界点，与相同含碳量的碳素钢比较，其淬火温度要低 10～30℃。此外，锰钢有回火脆性倾向，当其含碳量高时尤为显著。为防止回火脆性，锰钢在高温回火后应采用水冷或油冷。

图　2-2-165　　　　　　　　　　100×

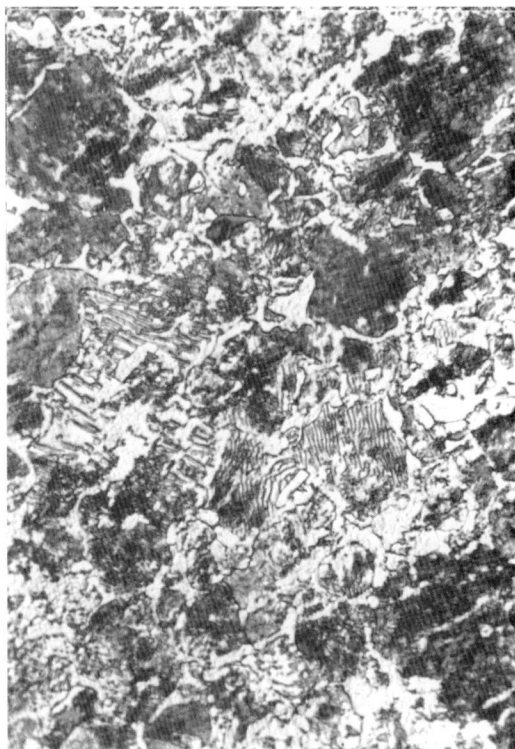

图　2-2-166　　　　　　　　　　100×

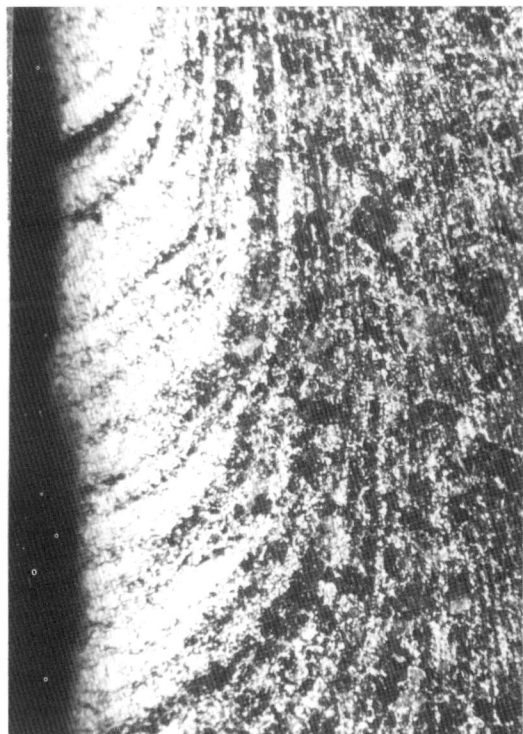

图　2-2-167　　　　　　　　　　100×

图　　号：2-2-165～2-2-167
材料名称：50Mn2 钢
浸 蚀 剂：4%硝酸酒精溶液
处理情况：热挤压
组织说明：珠光体及铁素体。

图 2-2-165：热轧状态推杆套筒顶端的显微组织，组织较致密。

图 2-2-166：热轧状态推杆套筒内孔的显微组织，铁素体较多。

图 2-2-167：靠近推杆套筒顶端表面的变形层组织，几乎全部为铁素体。表面有脱碳层。

锰能提高钢的淬透性，且其作用十分强烈，在各合金元素中仅次于钼而与铬相近。因此锰钢常可用来代替部分含铬结构钢。

推杆套筒是发动机的重要零件之一，要求端面有较高的淬火硬度，可以采用中碳锰钢通过压力加工方法使由毛坯变形直接达到零件相近的尺寸，然后采用淬火、低温回火和磨削加工成形。

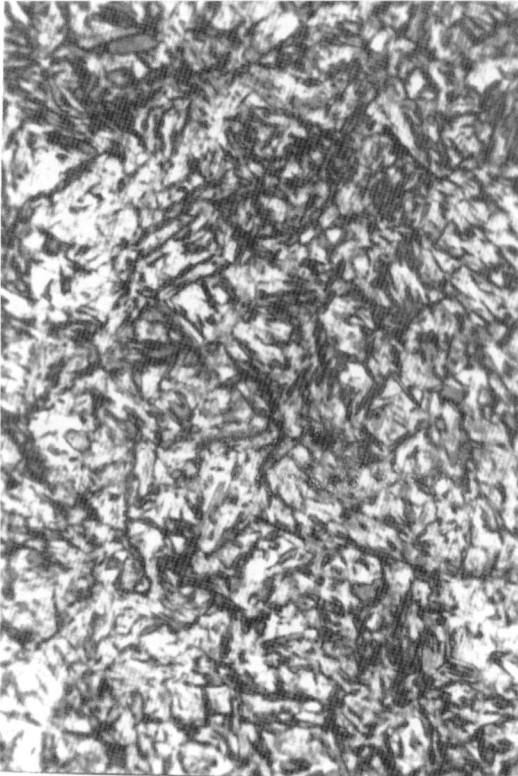

图 2-2-168　　　　　　　　　　630×

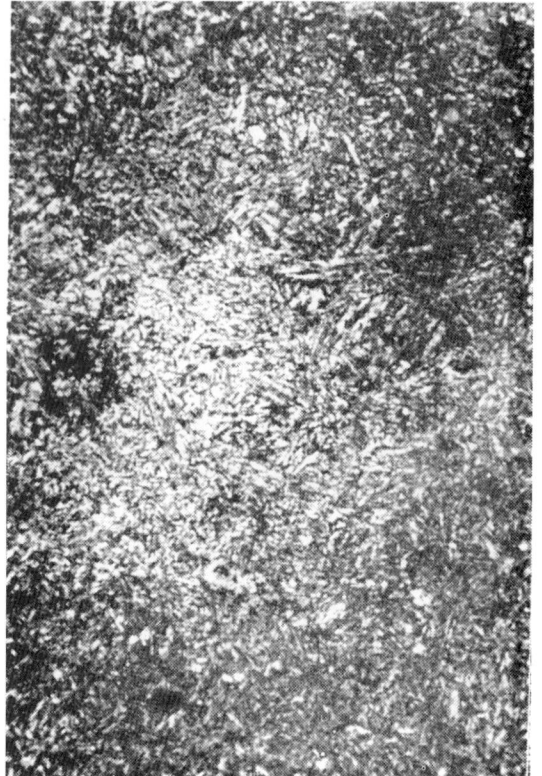

图 2-2-169　　　　　　　　　　500×

图 2-2-170　　　　　　　　　　500×

图　　号：2-2-168～2-2-170

材料名称：50Mn2 钢

浸 蚀 剂：4%硝酸酒精溶液

处理情况：图 2-2-168 经 840℃加热淬火

图 2-2-169 经 840℃加热淬火，200℃回火

图 2-2-170 经 840℃加热淬火，560℃回火

组织说明：图 2-2-168：淬火马氏体和少量残留奥氏体，硬度为 61HRC。

图 2-2-169：回火马氏体，硬度为 51～51.5HRC。

图 2-2-170：回火索氏体和回火托氏体，硬度为 35HRC。

如前所述，锰能够增强钢材的淬透性，使钢材经调质处理后力学性能得到显著的提高。同时，锰对铁素体有较大的强化作用，这对通过调质处理以提高钢材强度是一个十分重要的因素。

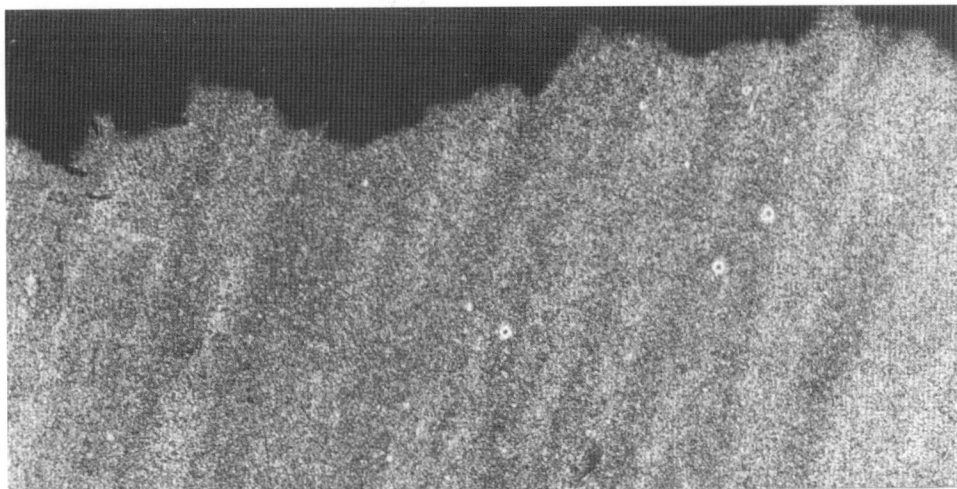

图　2-2-171　　　　　　　　　　　　　　　20×

图　2-2-172　　　　　500×

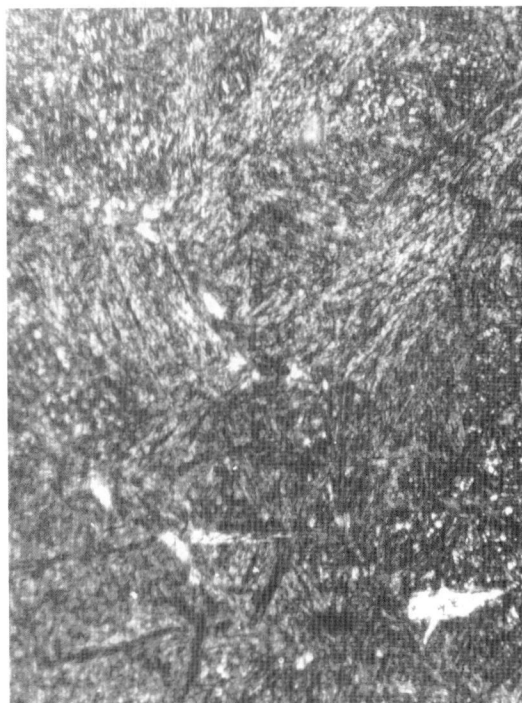

图　2-2-173　　　　　800×

图　号：2-2-171～2-2-173
材料名称：50SiMn 钢 [w（C）0.47%～0.54%，w（Si）1.10%～1.40%，w（Mn）1.10%～1.40%]
浸 蚀 剂：4%硝酸酒精溶液
处理情况：锻造后 860℃加热后淬火，200℃回火
组织说明：图 2-2-171：淬火后表面组织，回火马氏体和极少量残留奥氏体，从组织可以看出，浸蚀后仍可见到材料中存在条带状偏析残迹。
　　图 2-2-172：表面放大后情况，基体为回火马氏体、极少残留奥氏体，其上浅灰色条状为硫化物夹杂物。
　　图 2-2-173：进一步放大后情况，回火马氏体针叶及白色残留奥氏体更清晰，白色块状为氮化钛夹杂。
　　硅锰钢淬透性较高，耐回火性高，有足够的耐磨性，其低温性能也比相应的碳钢好。缺点是有过热敏感性和第二类回火脆性，工艺性能差和白点敏感性大。此钢可用来制造截面较大的工件。

图　　2-2-174　　　　　　　　　　　　　　　　　　　　　实物

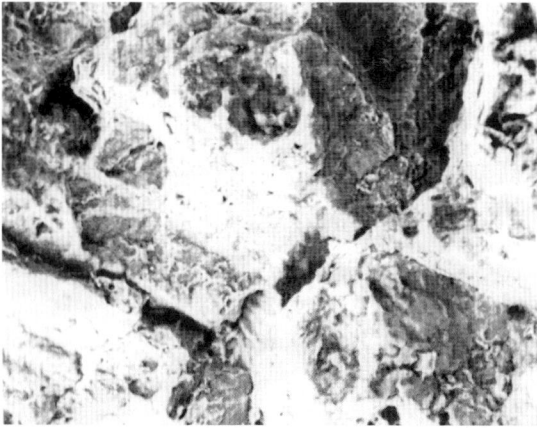

图　2-2-175　　　　　　　　　500×

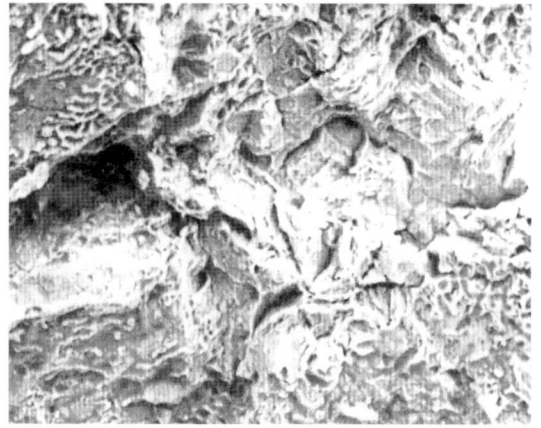

图　2-2-176　　　　　　　　　700×

图　　号：2-2-174～2-2-176

材料名称：50SiMn 钢（化学成分同图 2-2-171）

浸 蚀 剂：未浸蚀

处理情况：锻造后 880℃加热淬火，200℃回火

组织说明：矿山磨粉机中 4R 磨环，外径为 φ1030mm，内径为 φ890mm，环高为 130mm，经机械加工后，于
880℃加热后淬火，200℃回火，装机使用后以及在运输过程中均发现有断环情况。经查，在热处理后发
现 4R 磨环上有裂纹存在，经超声探伤，磨环上有十余处裂纹，见图 2-2-174 中白粉圈出处。经折断后，
断口四周晶粒细小，且平整，呈细瓷状，中心处晶粒粗大，从断口裂纹走向来看，裂纹自心部向外扩展，
呈放射状。截磨环一段，退火后将环两端车平，置于 1∶1 盐酸水溶液中热蚀，结果两端面上树枝状晶十
分粗大，且有明显的方框形偏析，框较宽，端面上有明显的疏松孔隙，此外，在端面中心处还发现有三
条放射形分布的裂纹。

　　　图 2-2-175 及图 2-2-176 为断口中心区域，断口为准解理+裂纹为穿晶形式分布，并有较多的二次裂
纹。断口呈锯齿状。

　　　对断口二处夹杂物进行成分能谱分析，结果一处夹杂物为氧化物，另一处夹杂物为硫化物及氧化物。

图　2-2-177　　　　　　　　　　　　　　　　　　　　　20×

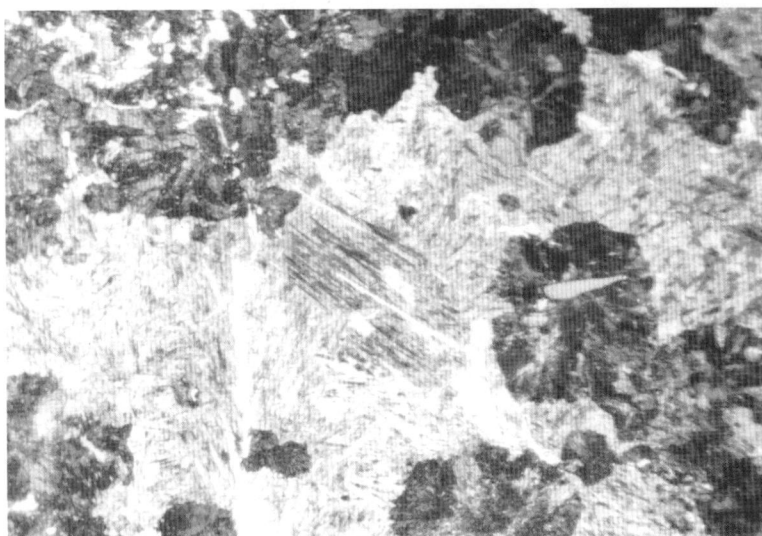

图 2-2-178　　　　　　　　　　　　　　　　　　　　　500×

图　　号：2-2-177、2-2-178

材料名称：50SiMn 钢（化学成分同图 2-2-171）

浸 蚀 剂：4％硝酸酒精溶液

处理情况：锻后 880℃加热后淬火，200℃回火

组织说明：图 2-2-177：磨环中心区域组织，黑色基体为珠光体及网状分布的铁素体，白色处为马氏体及贝氏体组织，在断口附近存在数条小裂纹，裂纹呈穿晶的齿锯状。

　　　图 2-2-178：放大后的组织，灰白色块状为回火马氏体及羽毛状贝氏体，四周为片状细珠光体和呈网状分布的铁素体。

　　　由上述组织说明：磨环表面淬硬层为马氏体，而中心区域存在严重的成分偏析，即方框偏析。同时，中心处存在穿晶的锯齿形小裂纹，此乃钢中氢气含量高而引起的白点裂纹。总之，磨环发生裂纹和由此引起的断裂是钢材质量太差所致。

图 2-2-179   100×

图　　号：2-2-179

材料名称：20Cr 钢［w（C）0.17%～0.24%，w（Si）0.17%～0.37%，w（Mn）0.5%～0.8%，w（Cr）0.7%～1.00%， w（S）<0.04%，w（P）≤0.04%］

浸 蚀 剂：4%硝酸酒精溶液

处理情况：锻造后空冷

组织说明：铁素体及珠光体，部分铁素体为针叶状分布，呈魏氏组织。

　　在 20 钢中加入 w（Cr）为 1%左右，将会使基体组织中的珠光体量显著增加。铬元素在钢中一部分将溶入铁素体，一部分则溶入渗碳体构成 (Fe，Cr)₃C 合金渗碳体。由于(Fe，Cr)₃C 合金渗碳体较 Fe₃C 稳定，故在加热时不易溶入奥氏体，同时铬会阻碍碳的扩散，且其本身扩散又较缓慢，因此使铬钢的过热倾向比碳素钢为小。而且正由于铬的扩散较慢，致使奥氏体均匀化的过程，相对来说也比碳钢难。铬可增大钢的淬透性，但却使钢具有第二类回火脆性及易形成白点。

　　本图由于终锻温度较高，冷却稍快，故得到粗大的晶粒和过热的显微组织，它将使工件的脆性增大，导致工件在使用时易发生断裂。

图　　号：2-2-180

材料名称：20Cr 钢

浸 蚀 剂：4%硝酸酒精溶液

处理情况：880℃加热保温后油淬

组织说明：呈板条状分布的低碳马氏体。正常的淬火组织，硬度为 47HRC。

　　经加热淬火后，将使基体组织获得低碳马氏体，具有较高的强度和韧性。目前一些需要承受一定冲击负荷的零件，均可采用淬火后低温回火，以充分发挥钢的潜力使适应使用的要求。

　　20Cr 钢在淬火冷却时可采用油或水作淬火介质。当零件截面小于 20mm 时，淬火后其硬度值可达 45～50HRC。钢经淬火及低温回火后其显微组织为回火低碳马氏体。若经高温回火（为避免产生回火脆性，回火后采用水冷或油冷），则其硬度可达 20～25HRC。

图 2-2-180   500×

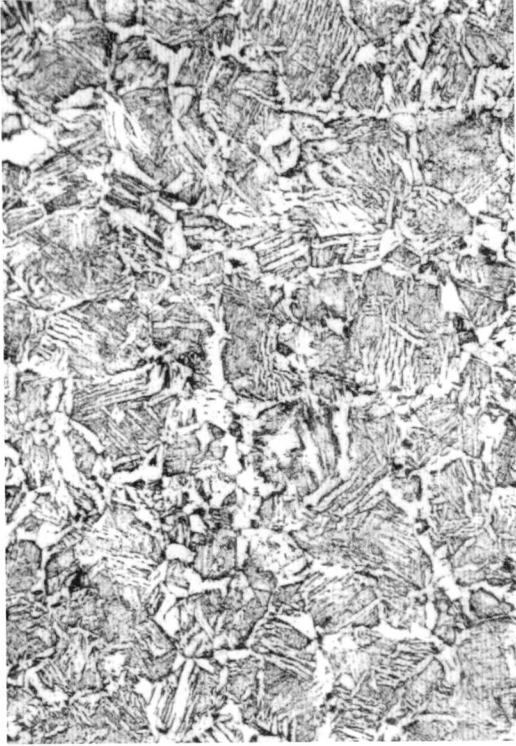

图 2-2-181　　　　　　　　　　　　500×

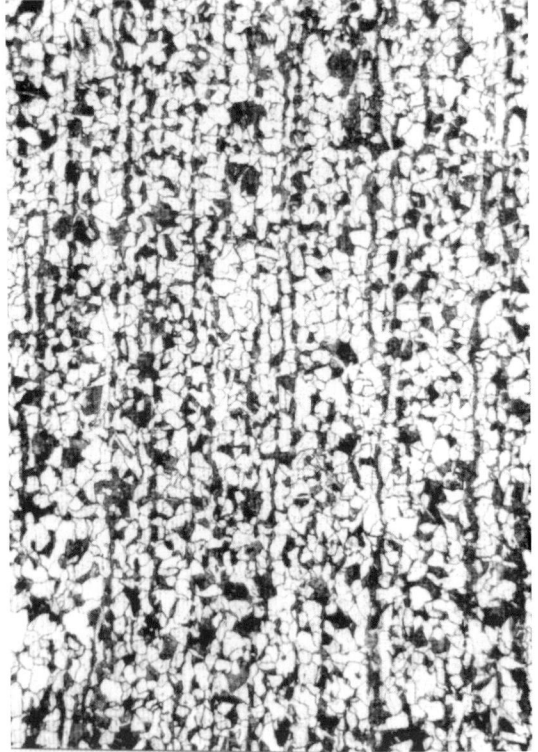

图 2-2-182　　　　　　　　　　　　100×

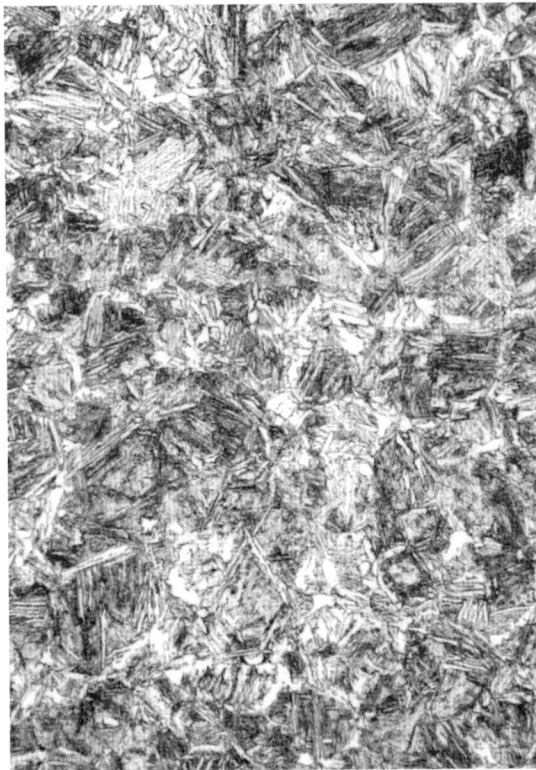

图 2-2-183　　　　　　　　　　　　500×

图　号：2-2-181～2-2-183

材料名称：20Cr 钢 [w（C）0.17%～0.24%，w（Si）0.17%～0.37%，w（Mn）0.50%～0.80%，w（Cr）0.70%～1.00%]

浸 蚀 剂：4%硝酸酒精溶液

处理情况：热轧棒材；图 2-2-182 锻造后正火处理；图 2-2-183 经 860℃×1h 油冷淬火、低温回火

组织说明：图 2-2-181：热轧圆棒之组织，基体为贝氏体和网状分布的铁素体。

　　　　由于轧制后冷却速度较快，故除析出网状铁素体后，发生贝氏体转变，导致热轧后材料的硬度为 29HRC。

　　　　图 2-2-182：锻造正火后，基体为片状珠光体及铁素体呈带状分布，晶粒较细。

　　　　图 2-2-183：油冷淬火、低温回火组织，基体为低碳马氏体和贝氏体，在基体中尚有少量白色块条状铁素体组织，硬度为 34HRC。

　　　　由于铬元素能使奥氏体等温转变图分成上、下两个部分，加上钢中碳质量分数又稍低，在适当的冷却条件下，在析出少量铁素体后，随温度下降，即发生贝氏体转变和马氏体相变。

图　2-2-184　　　　　　　　　　　　300×

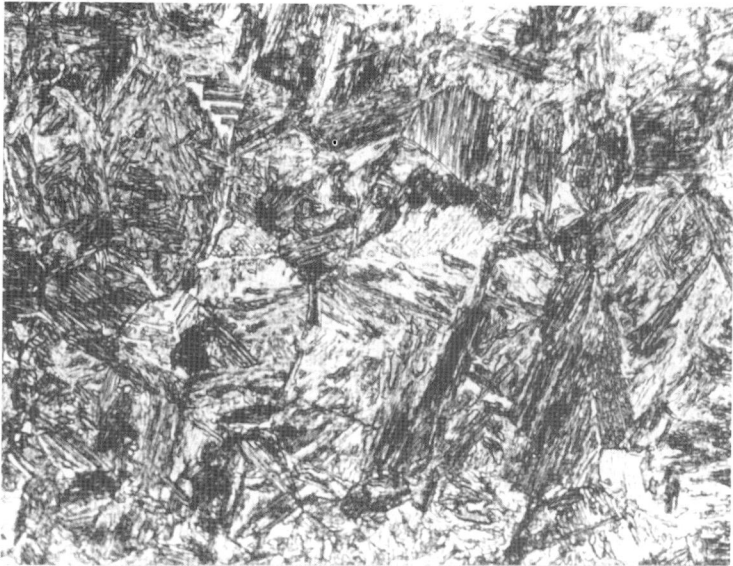

图　2-2-185　　　　　　　　　　　　500×

图　　号：2-2-184、2-2-185
材料名称：20Cr 钢
浸 蚀 剂：4%硝酸酒精溶液
处理情况：900℃×1h 后淬水
组织说明：图 2-2-184：基体为低碳马氏体，晶界处白色网状为铁素体，在铁素体附近出现的黑色块团状为
　　托氏体以及羽毛状上贝氏体等组织混合分布，硬度为 37HRC。
　　　　图 2-2-185：基体组织为板条状的低碳马氏体，晶界上有极少量网状分布的铁素体和较多量的羽毛状
　　贝氏体组织，硬度为 40HRC。
　　　　上述二试样中出现未淬透的托氏体和贝氏体组织，是由于工件截面稍大，不易完全淬透，以致在冷
　　却过程中，由于冷却速度不够，在晶界处析出少量铁素体和析出了托氏体和贝氏体组织。

图　2-2-186　　　　　　　　　　100×

图　2-2-187　　　　　　　　　　200×

图　　号：2-2-186~2-2-188

材料名称：20CrMo 钢［w（C）0.18%~0.23%，
　　　　　w（Mn）0.40%~0.70%，w（Si）0.17%~0.37%，
　　　　　w（Cr）0.80%~1.10%，w（Mo）0.15%~0.25%，
　　　　　w（P）≤0.035%，　w（S）≤0.035%］

浸　蚀　剂：4%硝酸酒精溶液

处理情况：热轧状态

组织说明：图 2-2-186：基体为贝氏体、铁素体和
　　　　　极少量珠光体分布在铁素体附近，试样带状偏
　　　　　析严重，条带较宽，几乎全为贝氏体，其上有
　　　　　极少量白色铁素体小块和珠光体。

　　　　　图 2-2-187：图 2-2-186 贝氏体宽带处放大
　　　　　后的组织，贝氏体上极少量块状铁素体似呈带
　　　　　状分布，其附近小块状珠光体明显可见。

　　　　　图 2-2-188：图 2-2-186 带状铁素体较多一
　　　　　侧处放大后的组织，铁素体呈网络状分布于贝
　　　　　氏体周围，在铁素体附近小块状片状珠光体清
　　　　　晰可见。

　　　　　上述三图片均是 20CrMo 钢热轧状态的带
　　　　　状偏析组织，由组织分布情况可知，热轧材在
　　　　　冷却时冷却缓慢，以致形成严重的带状偏析，
　　　　　可采用重新加热至相变温度以上保温一定时间
　　　　　后，在空气中快速冷却，使带状组织得以改善。

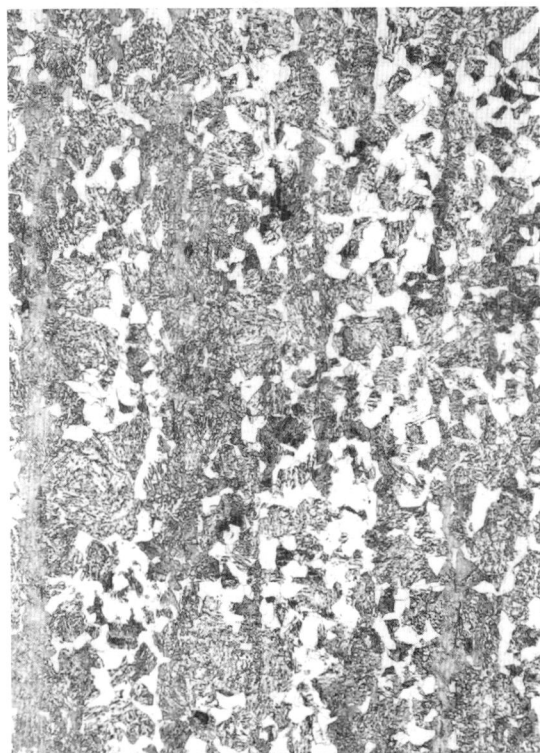

图　2-2-188　　　　　　　　　　200×

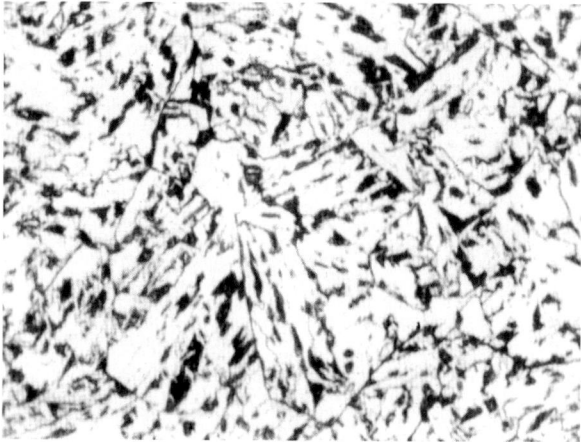

图　2-2-189　　　　　　　　　　　500×

图　　号：2-2-189

材料名称：14CrMnMoVB 钢［w（C）0.10%～0.15%，w（Cr）0.90%～1.30%，w（Mn）1.10%～1.60%，w（Si）0.17%～0.40%，w（Mo）0.32%～0.42%，w（V）0.03%～0.06%；w（B）0.002%～0.006%］

浸　蚀　剂：4%硝酸酒精溶液

处理情况：热轧后缓冷

组织说明：贝氏体。

　　当钢中加入 w(Mo)为 0.3％以上时，加热时固溶于奥氏体；冷却时将明显地阻止奥氏体向珠光体转变，使奥氏体等温转变图分成上、下两个部分，且使上部曲线向右移动较下部为多，因此连续冷却时即得到贝氏体组织。钢中加入微量的硼，不但进一步推迟了珠光体转变，而且强烈地阻止先共析铁素体析出。

图　　号：2-2-190

材料名称：14CrMnMoVB 钢

浸　蚀　剂：4%硝酸酒精溶液

处理情况：880℃正火处理

组织说明：粒状贝氏体及棕色块状分布的低碳马氏体。

　　在以 w(Mo)、w(B)各为 0.5％为基本成分的基础上，再加入 Mn、Cr、V 元素，不但可产生固溶强化作用，而且能使析出的碳化物更为细小，并可推迟珠光体转变，增加耐回火性。使钢在回火后具有良好的综合力学性能。这类钢加快冷速，除得到粒状贝氏体外，还可得到小块状分布的低碳马氏体组织。

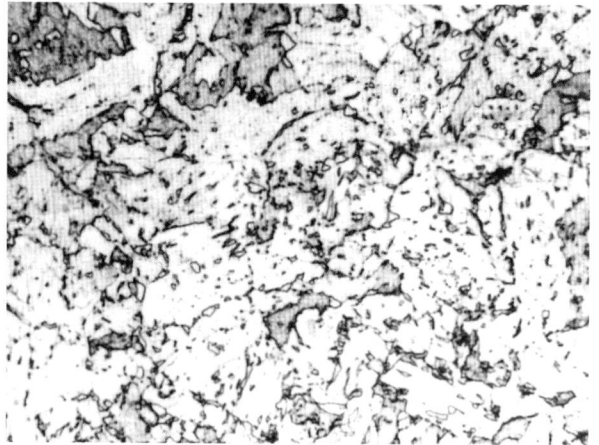

图 2-2-190　　　　　　　　　　　500×

图　　号：2-2-191

材料名称：14CrMnMoVB 钢

浸　蚀　剂：4%硝酸酒精溶液

处理情况：880℃正火后经 600℃回火处理

组织说明：回火贝氏体及块状分布的回火索氏体。

　　这种多元低合金高强度钢，淬透性较好，在正火、回火的情况下，变形小，且可获得高的力学性能。这类钢属 R_{eL}＝700N/mm^2 级的低合金高强度钢，适用于制造中温压力容器以及－60℃左右的高压容器。

　　$R_{eL} \geqslant 700$N/mm^2、$R_m \geqslant 800$N/mm^2、$A_{11.3} \geqslant 16$%、$Z \geqslant 50$%、$a_K = 50$J/cm^2、冷弯（$d=3a$）180°。

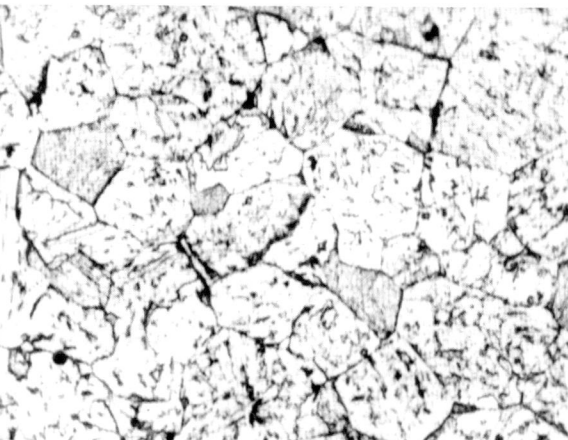

图　2-2-191　　　　　　　　　　　500×

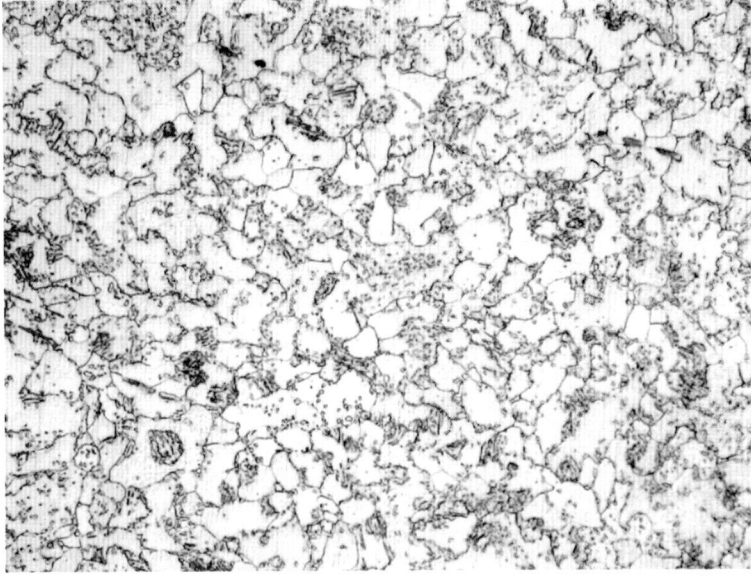

图　2-2-192　　　　　　　　　　　　　　　　　　500×

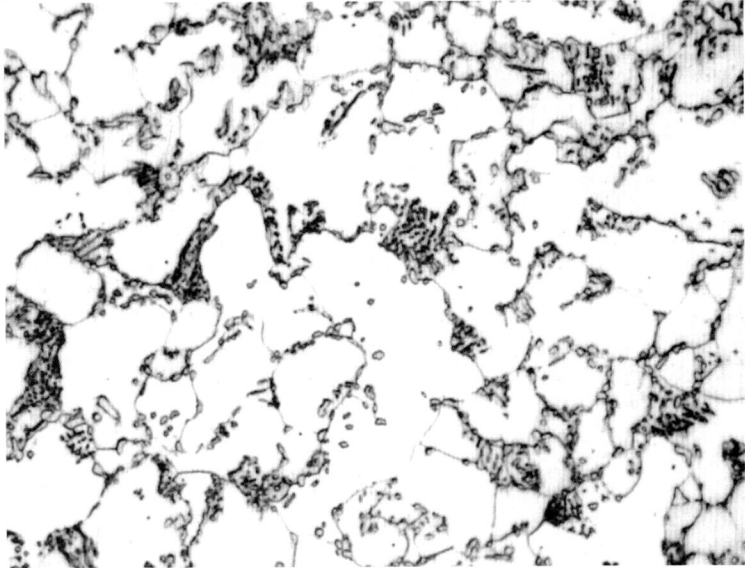

图　2-2-193　　　　　　　　　　　　　　　　　　1000×

图　　　号：2-2-192、2-2-193

材料名称：25CrMoS4 钢［w（C）0.22%～0.29%，w（Si）≤0.40%，w（Mn）0.60%～0.90%，w（Cr）0.90%～1.20%，w（Mo）0.15%～0.30%，w（S）0.02%～0.04%，w（P）≤0.035%］

浸 蚀 剂：4%硝酸酒精溶液

处理情况：球化退火：850℃×6h 后随炉冷却至 500℃，再升温至 800×12h 随炉冷至 680℃×8h，再随炉冷至 500℃出炉

组织说明：图 2-2-192：基体为铁素体，在铁素体晶界上聚集块状的和点粒状碳化物，铁素体晶粒细小，组织分布均匀。此外，在基体上尚有细小粒状及条状的硫化物夹杂物。

　　图 2-2-193：图 2-2-192 放大 1000 倍后的组织，聚集分布的碳化物大部分已经球粒化，但尚有小部分碳化物仍保持条片状分布，硫化物夹杂物呈球粒状分布。

　　由组织说明上述退火工艺尚不够理想，一方面时间太长，另一方面碳化物的球化不够完全，可将球化处理的加热温度以及保温时间进行适当的调整，以使球化的时间能尽量缩短，而球化的效果更好。

图　　2-2-194　　　　　　　　　　　　　　　　　　　150×

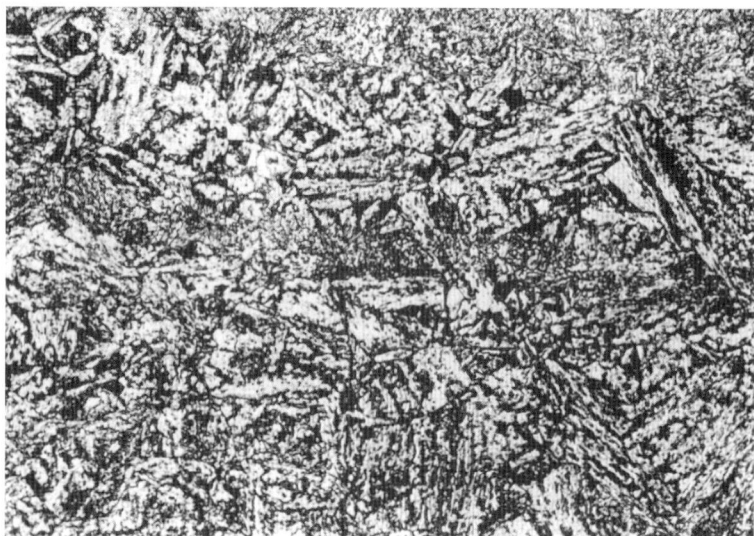

图　　2-2-195　　　　　　　　　　　　　　　　　　　500×

图　　号：2-2-194、2-2-195　　　　　　材料名称：25CrMoVA 钢
浸 蚀 剂：4%硝酸酒精溶液　　　　　　处理情况：高温正火，700℃回火
组织说明：粒状贝氏体钢，系 195 柴油机燃烧室里的镶块。

图 2-2-194：高温正火、回火后之组织，基体为索氏体及少量细针状铁素体，组织稍呈带状分布倾向。

图 2-2-195：镶块长期使用后的组织，回火索氏体及针状铁素体。原粒状贝氏体因长期在高温下工作后，粒状贝氏体分解析出颇多细小点粒状碳化物，在原粒状贝氏体处碳化物聚集仍成块状，但较原来为小。

195 柴油机燃烧室喷油口，因燃烧温度很高，致使喷油口对面燃烧室壁上 45 钢镶块极易烧坏，采用 25CrMoVA 钢来制造镶块，其耐热情况甚佳。由于 25CrMoVA 钢正火后能获得粒状贝氏体组织，这是铬钢中加入钼和钒元素的作用，能形成稳定性较高的碳化物，促使钢在较高的中温形成粒状贝氏体，这种贝氏体一方面由于形成温度较高，且因钼、钒形成碳化物极稳定，其耐回火性较强，在高温长期作用后才开始分解，所以使燃烧喷油口对面的镶块寿命有明显的提高。

图　2-2-196　　　　　　　　　　　　　　　　　　　500×

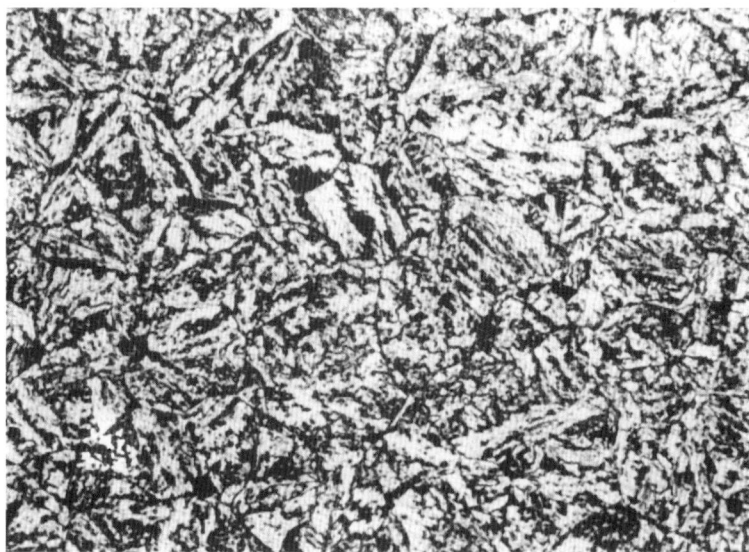

图　2-2-197　　　　　　　　　　　　　　　　　　　600×

图　　号：2-2-196、2-2-197　　　　　　　　　　**材料名称**：25CrMoVA 钢
浸 蚀 剂：4%硝酸酒精溶液　　　　　　　　　　**处理情况**：正火后 700℃回火
组织说明：195 柴油机燃烧室镶块，镶块经过快速试车。

　　图 2-2-196：经快速校车镶块之组织，回火索氏体（实际上为已分解的粒状贝氏体）及针状铁素体（针状铁素体上已有碳化物析出），有带状分布倾向。

　　图 2-2-197：稍放大后情况，铁素体上碳化物已聚集成小点、块状，以及原粒状贝氏体颗粒因在校车时受高温影响而分解析出的密集碳化物块状。

　　镶块原为粒状贝氏体和少量针状铁素体组织，经在高温快速校车时，因受高温加热作用，经过一段时间后，由于它的温度超过 700℃以上，因而加速了粒状贝氏体的分解，析出了碳化物并发生了碳原子的迁移，造成碳化物的集聚而粗化。

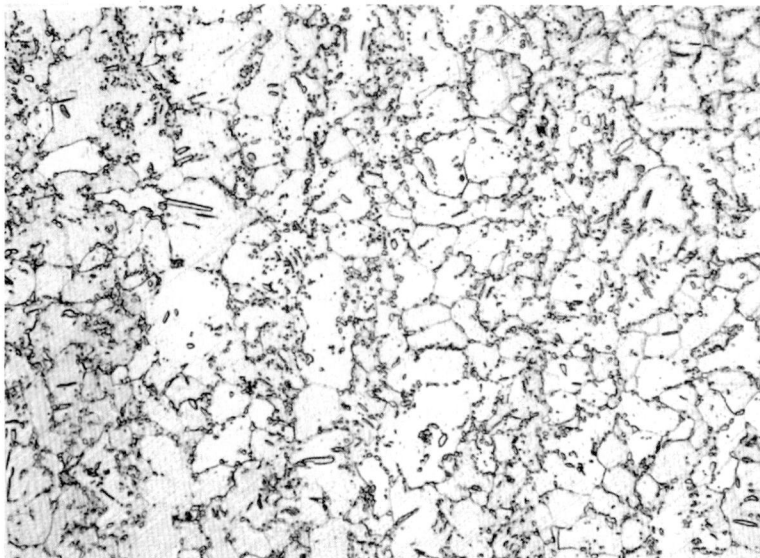

图　2-2-198　　　　　　　　　　　　　　　　　　　　500×

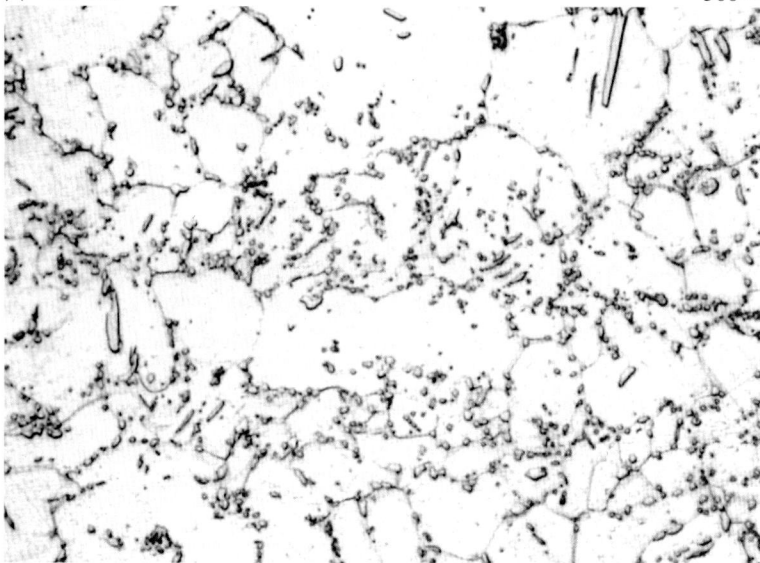

图　2-2-199　　　　　　　　　　　　　　　　　　　　1000×

图　号： 2-2-198、2-2-199

材料名称： 20CrMnMo 钢［w（C）0.17%～0.23%，w（Si）0.17%～0.37%，w（Mn）0.90%～1.20%，w（Cr）1.10%～1.40%，w（Mo）0.20%～0.30%，w（Cu）≤0.30%，w（P）≤0.035%，w（S）≤0.035%］

浸 蚀 剂： 4%硝酸酒精溶液

处理情况： 此材料系美国 SAE4320H 钢，相当于 20CrMnMo 钢。经球化处理：780℃×10h 后随炉冷至 500℃后出炉空冷

组织说明： 图 2-2-198：白色基体为铁素体，在晶界上有颗粒状分布的碳化物（球粒化珠光体），此外，在基体上尚有浅灰色长条状的硫化物夹杂物存在，铁素体晶粒细小。

图 2-2-199：图 2-2-198 放大 1000 倍后的组织，白色基体铁素体及晶界上颗粒状碳化物更趋明显。

20CrMnMo 钢是渗碳钢，也可用作轴类材料，经球化处理后，使珠光体发生球化，增加了材料的韧性和塑性，以便于使钢材可以直接进行冷挤压成形，从而使钢材不经机械加工就可以制成机械零件，不但可以成批加工，而且可提高生产效率。

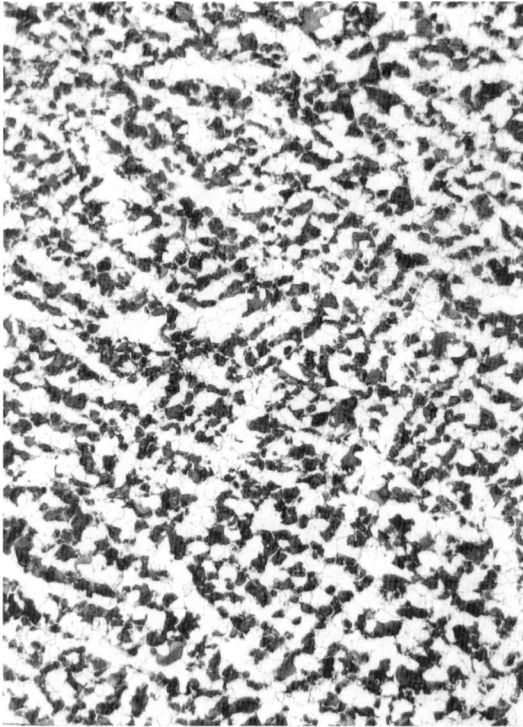

图 2-2-200   100×

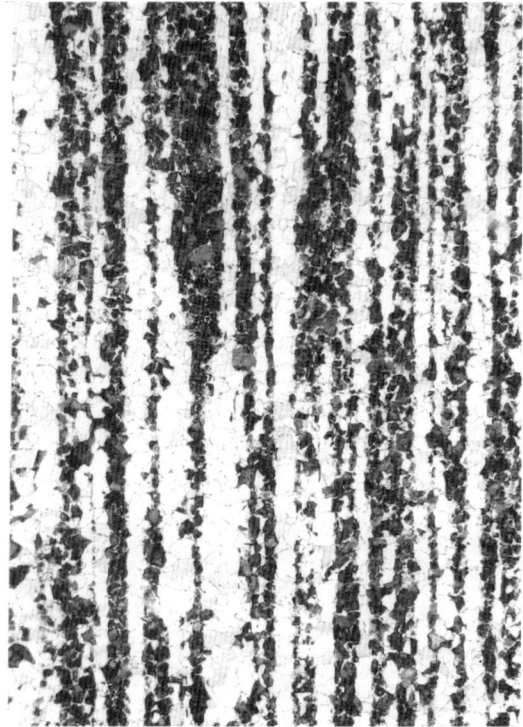

图 2-2-201   100×

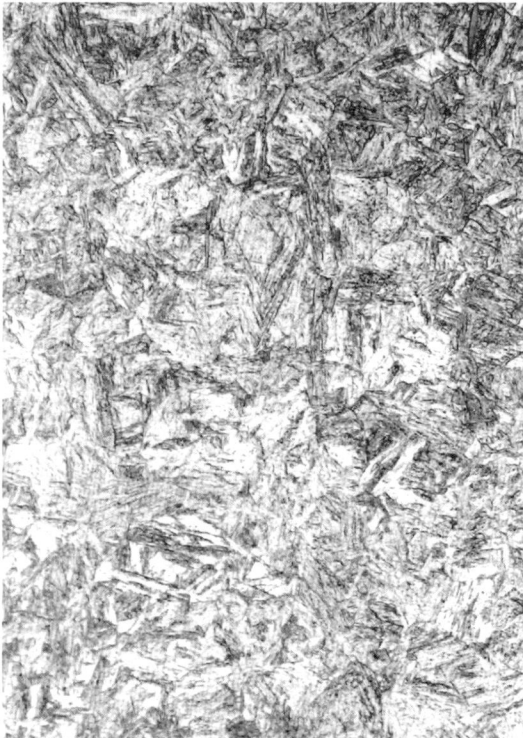

图 2-2-202   500×

图　　号：2-2-200～2-2-202

材料名称：18CrNiMo 钢 [w（C）0.16%～0.21%，
w（Si）0.15%～0.35%，w（Mn）0.70%～1.10%，
w（P）≤0.035%，w（S）0.02%～0.04%，w（Cr）
0.80%～1.20%，w（Ni）0.80%～1.20%，w（Mo）≤
0.10%，w（Cu）≤0.25%，w（Al）0.02%～0.05%]

浸 蚀 剂：4%硝酸酒精溶液

处理情况：图 2-2-200、图 2-2-201 为圆棒材
　　930℃×8h 随炉冷却；图 2-2-202 经 850℃淬火

组织说明：图 2-2-200：原材料横截面组织，组织
　　为铁素体及珠光体，呈枝晶分布。

　　　　图 2-2-201：纵向之组织，呈带状分布的铁
　　素体及珠光体。

　　　　图 2-2-202：经 850℃加热淬火之组织，基
　　体全为低碳马氏体。

　　　　18CrNiMo 钢系铬镍钢，热轧退火后直接淬
　　火，由于其淬透性较好，经淬火后已完全淬透，
　　但因含碳量稍低，故淬火后硬度为 42HRC。

　　　　此材料适宜制作具有一定强韧性的汽车变
　　速箱齿轮及轴类，它需进行渗碳、淬火、回火
　　处理。

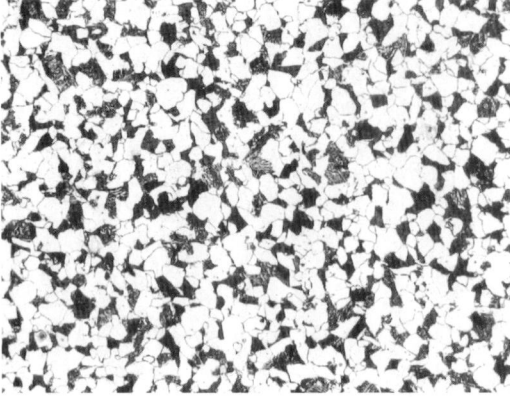

图　2-2-203　　　　　　　　　　100×

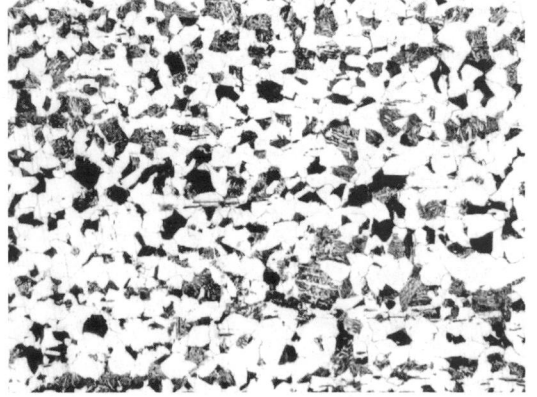

图　2-2-204　　　　　　　　　　100×

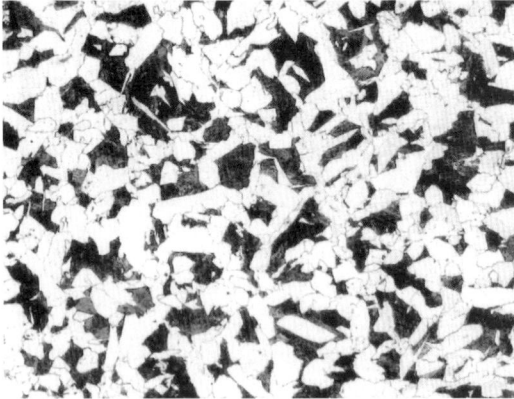

图　2-2-205　　　　　　　　　　100×

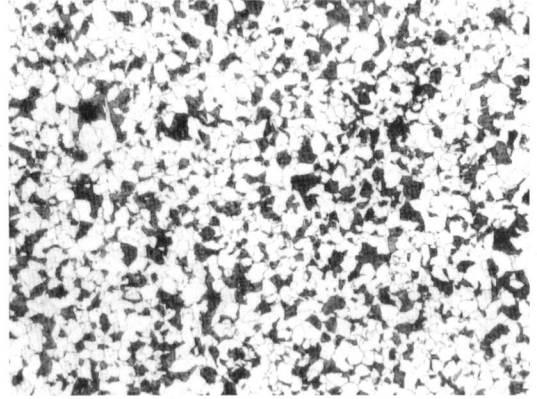

图　2-2-206　　　　　　　　　　100×

图　　号：2-2-203～2-2-206

材料名称：20CrNiMoH 钢 [w（C）0.18%～0.23%，w（Mn）0.70%～0.90%，w（P）≤0.03%，w（S）0.02%～0.035%，w（Si）0.15%～0.35%，w（Cr）0.4%～0.6%，w（Al）0.015%～0.045%，w（Ni）0.4%～0.7%，w（Mo）0.15%～0.20%，w（Cu）≤0.35%]

浸 蚀 剂：4%硝酸酒精溶液

处理情况：圆棒材料，图 2-2-203 是横截面；图 2-2-204 是纵截面；图 2-2-205 是锻造纵截面；图 2-2-206 是锻造正火后的纵截面

组织说明：图 2-2-203：是横截面，基体是铁素体、珠光体、贝氏体，晶粒分布比较均匀。

　　图 2-2-204：是纵截面，基体是铁素体、珠光体、贝氏体，有条状分布的硫化物。

　　图 2-2-205：是锻造后的纵截面，基体是铁素体、珠光体，晶粒度比原材料组织粗大，这与锻造温度有关，温度越高、保温时间越长晶粒也越粗，有时还会出现魏氏组织。

　　图 2-2-206：是锻造正火纵截面，基体是较细的铁素体、珠光体。

　　原材料组织比较好，基体是珠光体、铁素体、仅有少量贝氏体，锻造工艺比较恰当，基体为较粗大的铁素体、珠光体，带状组织消除，经过正火工艺所得到基体组织是均匀的铁素体、珠光体。

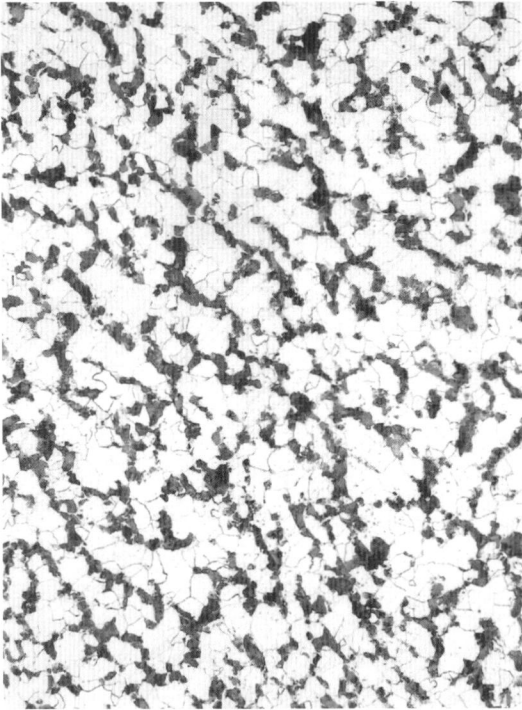

图 2-2-207 100×

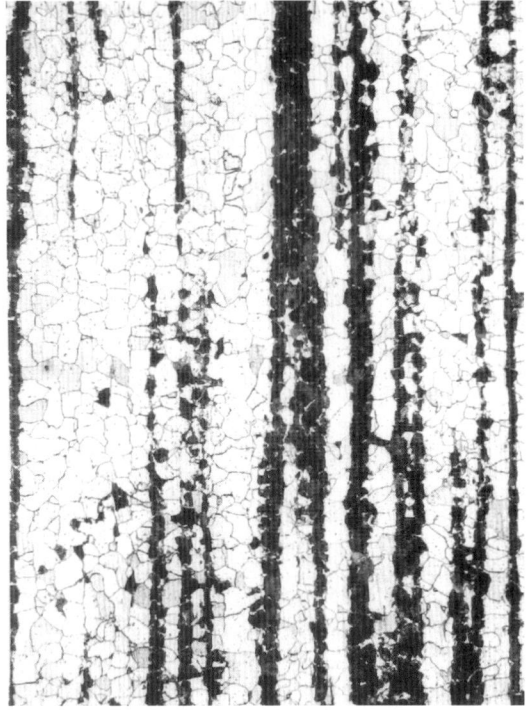

图 2-2-208 100×

图 2-2-209 100×

图 号：2-2-207～2-2-209

材料名称：20CrNiMoH 钢

浸 蚀 剂：4%硝酸酒精溶液

处理情况：圆棒材经 930℃×8h 随炉冷却；图 2-2-209 经 840℃淬火

组织说明：图 2-2-207：圆棒材 930℃退火后横截面之组织，基体为铁素体及珠光体，呈枝晶状分布。

图 2-2-208：退火圆棒纵向之组织，为呈带状分布的细晶粒铁素体及珠光体。

图 2-2-209：淬火后组织，基体为细低碳马氏体，组织均匀。

20CrNiMo 钢退火组织细小，再经 840℃淬火后获得均匀分布的低碳马氏体组织，此材料含有镍、铬、钼元素，大大增加了材料的淬透性和强度，使钢具有高的冲击韧度，同时，钼元素能克服钢的回火脆性，因此，这类钢适宜制作强度要求较高的汽车变速箱中齿轮和主轴等零件。这些零件在生产过程中还需进行渗碳、淬火和回火，以适应它们在运行时的工况技术要求。

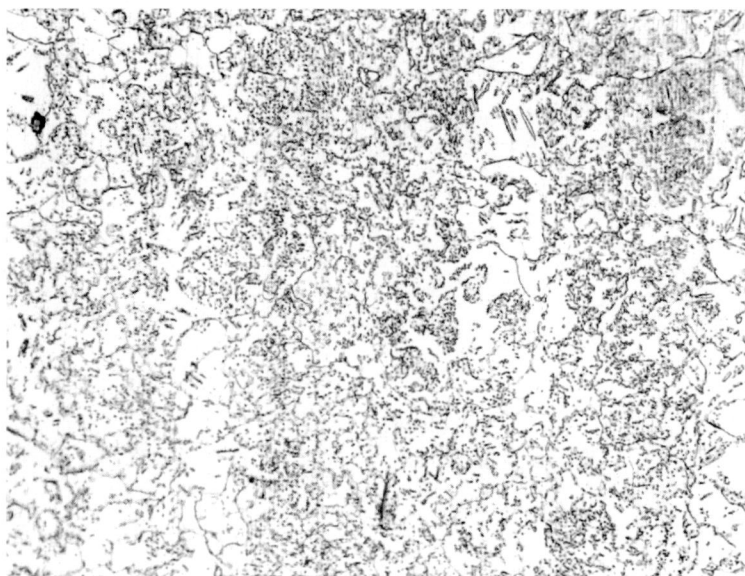

图 2-2-210   500×

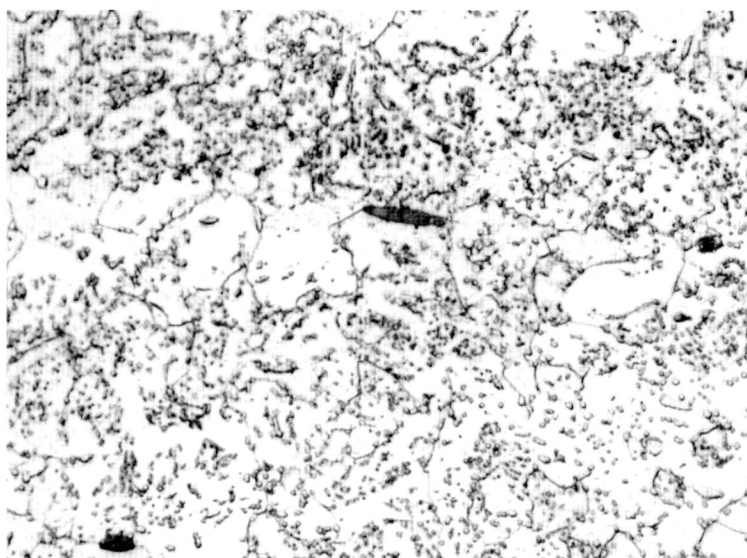

图 2-2-211   1000×

图　　号：2-2-210、2-2-211

材料名称：20CrNiMo 钢 [w（C）0.17%～0.23%，w（Si）0.17%～0.37%，w（Mn）0.60%～0.95%，　w（Cr）0.40%～0.70%，w（Ni）0.35%～0.75%，w（Mo）0.20%～0.30%，w（Cu）≤0.30%，w（P）≤0.035%，w（S）≤0.035%]

浸 蚀 剂：4%硝酸酒精溶液

处理情况：球化处理：800℃×10h 后随炉冷却至 670℃×9h 随炉冷却

组织说明：图 2-2-210：密集分布的球粒化珠光体，球化珠光体中碳化物颗粒清晰可辨。此外，尚有块状铁素体呈带状分布，灰色条状为硫化物夹杂物，沿变形方向分布。

　　图 2-2-211：图 2-2-210 放大 1000 倍后的显微组织，为球状珠光体。块状铁素体以及条状硫化物清晰可视。

　　为降低材料的硬度和强度，增加它的塑性及韧性，以利于进行冷挤压加工，故先将材料进行球化退火处理，球化处理后，将片状珠光体中的片状渗碳体变为圆球状，使材料软化。

图　2-2-212　　　　　　　　500×

图　2-2-213　　　　　　　　500×

图　2-2-214　　　　　　　　500×

图　　号：2-2-212～2-2-214
材料名称：G20CrNiMoA 钢
浸 蚀 剂：4%硝酸酒精溶液
处理情况：图 2-2-212 经 830℃×0.5h 后淬入全损
　　　　　耗系统用油

　　　　　图 2-2-213 经 860℃×0.5h 后淬入全损耗系
　　　　　统用油

　　　　　图 2-2-214 经 890℃×0.5h 后淬入 50℃全损
　　　　　耗系统用油

组织说明：图 2-2-212：由于加热温度稍低，加之
　　　　　保温时间又稍短，基体组织为马氏体和少量贝氏
　　　　　体，此外，尚有少量块状、针状分布的铁素体。

　　　　　图 2-2-213：加热温度较前图高些，保温时
　　　　　间稍短，加之全损耗系统用油的冷却速度稍慢，
　　　　　故基体中马氏体较前图为多，贝氏体数量较前图
　　　　　为少，针、块状铁素体较前图为小而少。

　　　　　图 2-2-214：加热温度提高了，但保温时间
　　　　　还嫌稍短，淬火时加上淬入冷速不理想的 50℃
　　　　　热油中，故得到的马氏体及贝氏体稍粗大，且贝
　　　　　氏体数量多，铁素体块细小且较前图少得多。

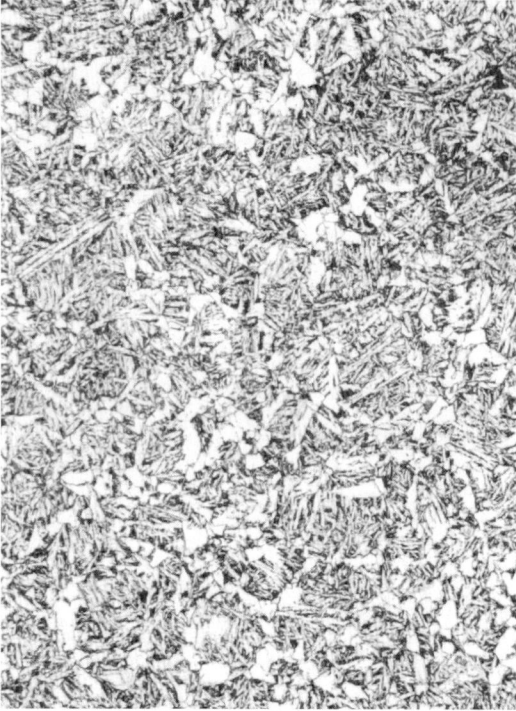

图　2-2-215　　　　　　　　　　　100×

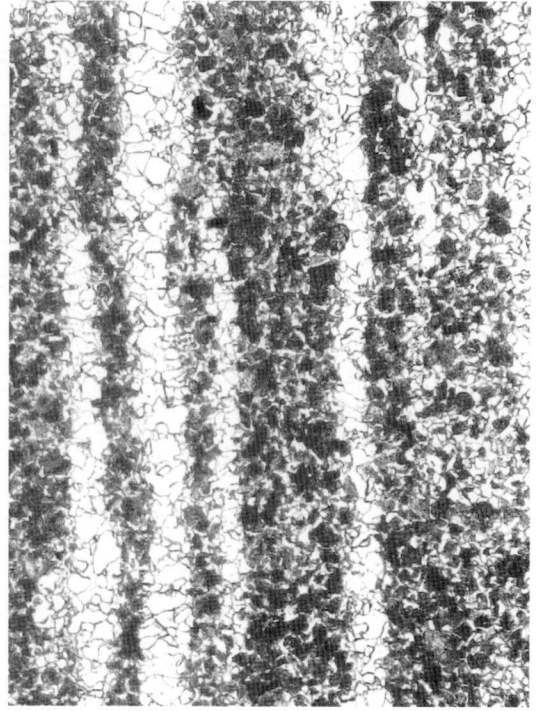

图　2-2-216　　　　　　　　　　　200×

图　2-2-217　　　　　　　　　　　500×

图　　号：2-2-215～2-2-217

材料名称：G20CrNiMoA 钢制机车车轮轴套

浸 蚀 剂：4%硝酸酒精溶液

处理情况：热轧圆棒；图 2-2-216 经 880℃加热保温后随炉冷却退火；图 2-2-217 退火后再 810℃×0.5h 后油冷，并经低温回火

组织说明：图 2-2-215：基体为珠光体及针、块状铁素体，呈严重的魏氏组织。加热后至轧制开始，冷却速度较慢，析出块、网状铁素体，随后冷速较快，致使铁素体呈针状析出，最后发生珠光体转变，呈严重的魏氏组织。

图 2-2-216：退火后，为珠光体及细晶粒铁素体，呈带状分布。

图 2-2-217：淬火后，由于淬火温度稍低或保温时间不足，致使在细马氏体基体中有少量块状铁素体存在。

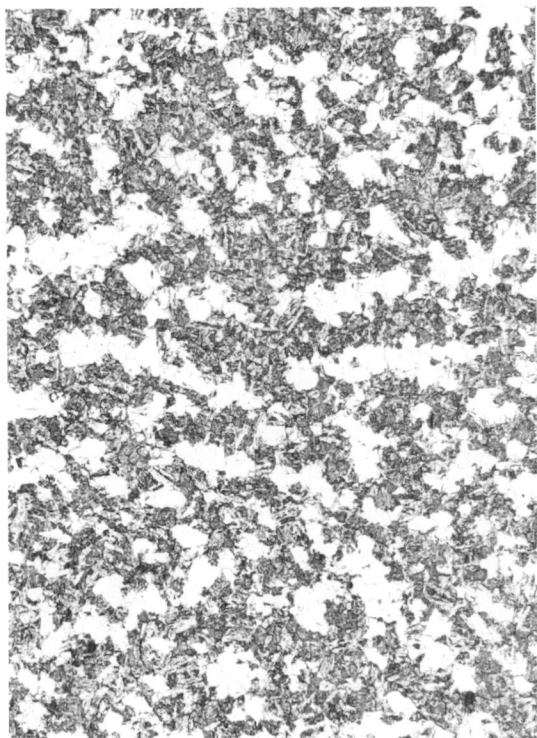

图　2-2-218　　　　　　　　　　　　　100×

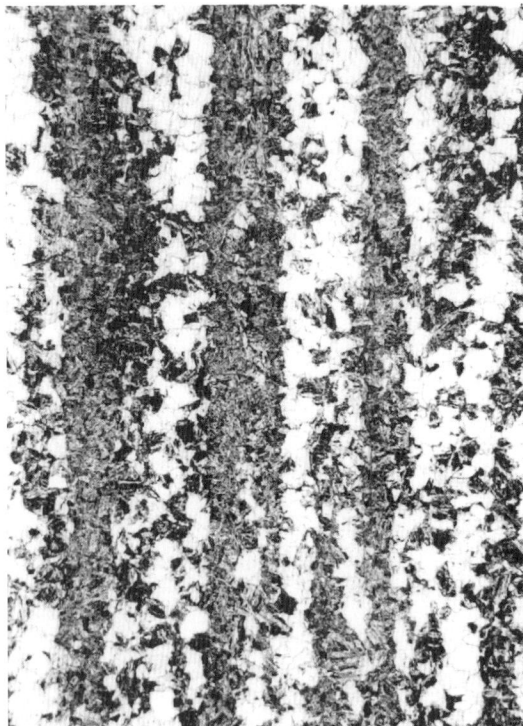

图　2-2-219　　　　　　　　　　　　　100×

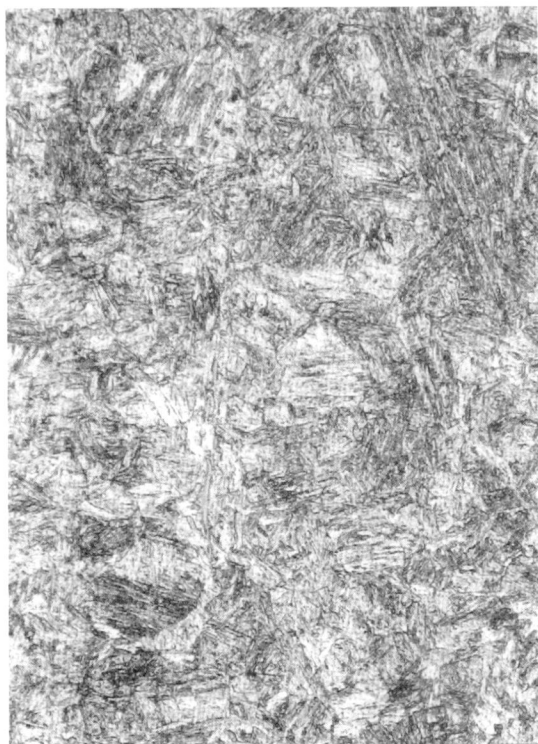

图　2-2-220　　　　　　　　　　　　　500×

图　　号：2-2-218～2-2-220

材料名称：21CrNiMo5H 钢 [w（C）0.19%～0.23%，
w（Si）0.20%～0.35%，w（Mn）0.60%～0.90%，
w（Ni）1.20%～1.50%，　w（Cr）0.70%～1.00%，
w（Mo）0.15%～0.25%，w（Cu）≤0.20%，w（Al）
0.02%～0.05%，w（P）≤0.035%，　w（S）0.02%～
0.04%]

浸 蚀 剂：4%硝酸酒精溶液

处理情况：圆棒材经 930℃×8h 随炉冷却。图
2-2-220 经 850℃加热淬火处理

组织说明：图 2-2-218：退火棒材横截面组织，基
体为贝氏体、铁素体及少量块状分布的珠光体，
铁素体呈块状及针状分布于枝晶间。

图 2-2-219：退火棒材纵向组织，呈条带状
分布的贝氏体、少量珠光体和铁素体。

图 2-2-220：退火圆棒再经加热淬火后组
织，均匀分布的低碳马氏体。

镍铬元素配合使用，可显著地提高钢的淬透
性，由于镍对铁素体有较好的强化作用，使钢在
具有较高的强度的同时，可以得到较高的冲击韧
度。同时钼元素除能细化晶粒，促使截面较大的
钢有均匀的性能外，还可克服回火脆性。

21CrNiMoH 钢可制作强度要求高的汽车
变速箱齿轮和主轴。

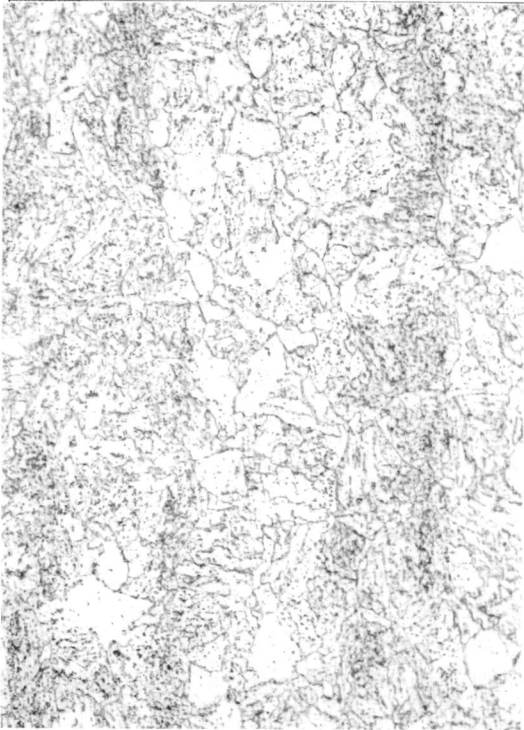

图 2-2-221 500×

图 2-2-222 500×

图 2-2-223 500×

图　号：2-2-221～2-2-223

材料名称：25Cr2Mo3 钢

浸 蚀 剂：4%硝酸酒精溶液

处理情况：热轧棒材；图 2-2-222 经 930℃×1h 随
炉冷却 2h 后空冷；图 2-2-223 经 860℃×1h 油
冷，低温回火

组织说明：图 2-2-221：球粒化珠光体及块状铁素
体，组织稍呈带状偏析。

　　　图 2-2-222：连续冷却的混合组织，白色块
状为铁素体，灰色基体为马氏体，黑色块状为片
状珠光体，此外，尚发现有少量贝氏体组织。

　　　图 2-2-223：基体为回火马氏体及少量贝氏
体和极少量细条状铁素体。

　　　25Cr2Mo3 钢中含有较多的铬和钼元素，使
钢的淬透性大为提高，同时由于含较多量的钼元
素，不但细化了晶粒，而且进一步提高了钢的淬
透性，使钢的强度和塑性大为提高，故适用于制
造高强度螺栓。

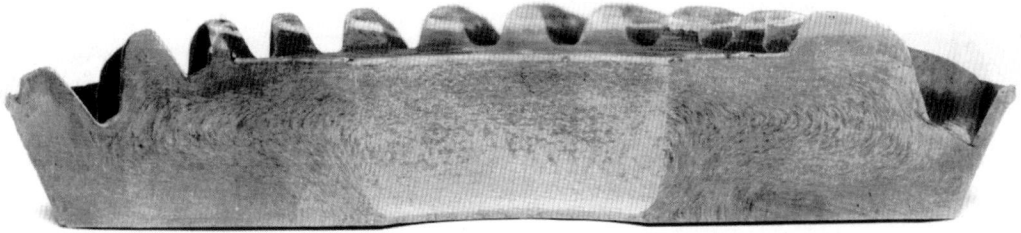

图　2-2-224　　　　　　　　　　　　　　　　　　　　　　　　　　　　实物

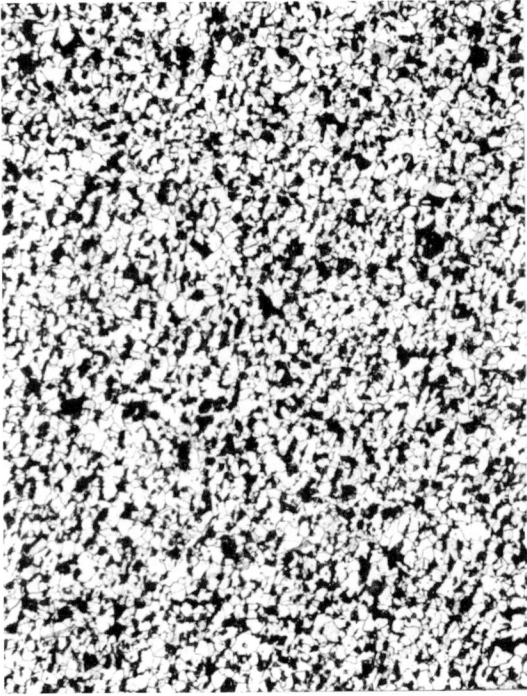

图　2-2-225　　　　　　　　　　100×

图　2-2-226　　　　　　　　　　320×

图　　号：2-2-224～2-2-226

材料名称：18CrMnTi 钢

浸 蚀 剂：图 2-2-224 经 50%盐酸水溶液、70℃热蚀 35～40min

　　　　　图 2-2-225、图 2-2-226 经 4%硝酸酒精溶液

处理情况：无氧化精密锻造

组织说明：无氧化精密锻造是少无切削工艺的新工艺，后桥弧齿锥齿轮经无氧化精锻后，齿轮可以直接进
　　行热处理，经磨削后齿轮可以直接使用，该工艺是节能型的新工艺，精锻后齿轮不经切齿加工，锻造流
　　线就不会被破坏，因此可以提高齿轮强度，从而可提高后桥弧齿锥齿轮的使用寿命。

　　图 2-2-224：弧齿锥齿轮的剖面，经热蚀后，金属锻后流线基本按锻压方向和按精锻齿齿形方向分布，
　　齿形处流线分布致密。

　　图 2-2-225：精锻齿轮经正火后之显微组织，基体为铁素体及黑色块状分布之片状珠光体，晶粒细小，
　　组织稍沿变形方向分布。

　　图 2-2-226：前图组织经放大后情况，细晶粒的铁素体及块状分布的片状珠光体清晰可见。

　　经精锻的弧齿锥齿轮，经渗碳淬火、回火后，组织致密细小，表面碳化物颗粒及针状马氏体细小，
　　同时还存在极少量残留奥氏体，齿心部为回火低碳马氏体为主，有极少量条状铁素体，说明精锻后渗碳
　　组织正常。

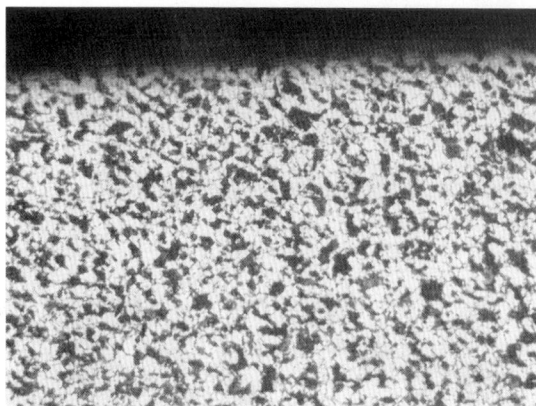

图　2-2-227　　　　　　　　　　100×

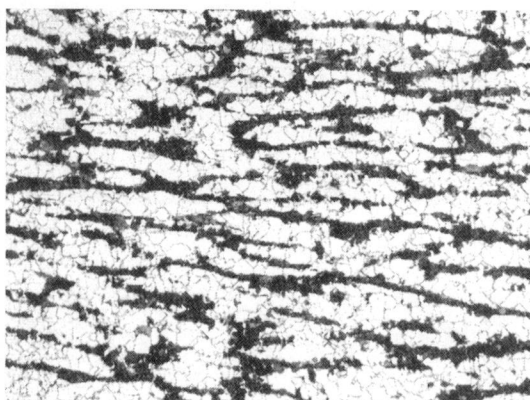

图　2-2-228　　　　　　　　　　100×

图　2-2-229　　　　　　　　　　100×

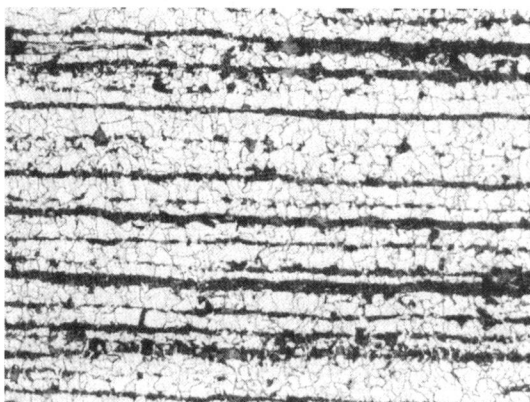

图　2-2-230　　　　　　　　　　100×

图　　号：2-2-227～2-2-230

浸 蚀 剂：4%硝酸酒精溶液

材料名称：20CrMnTiH 钢（汽车变速箱中间轴）

处理情况：楔横轧后正火

组织说明：图 2-2-227：轴的表层组织，基体是较细小的铁素体和珠光体。图 2-2-228 是轴的次层组织，细
　　　小铁素体呈粗短条状，四周围绕的珠光体交叉分布。

　　　　图 2-2-229：轴次层后的组织，粗条状细小铁素体与细小珠光体分布。

　　　　图 2-2-230：轴的心部，基体是细小的铁素体，珠光体呈明显的带状分布。

　　　　带 H 的 20CrMnTi 钢表示其淬透性较一般优质的 20CrMnTi 钢为好。上述是齿轴从表面向心部分布的
　　一组图片，由于轧制变形表面是最大的，以此成梯度式不均匀变形量由大到小，直至心部。心部是仍保
　　持原材料的带状组织。同样在正火过程中齿轴最表面冷却速度最快。所以，基体组织珠光体、铁素体均
　　较细小。但是，带状组织是从表面无带状逐渐到有条状分布，直到心部最严重的带状分布。

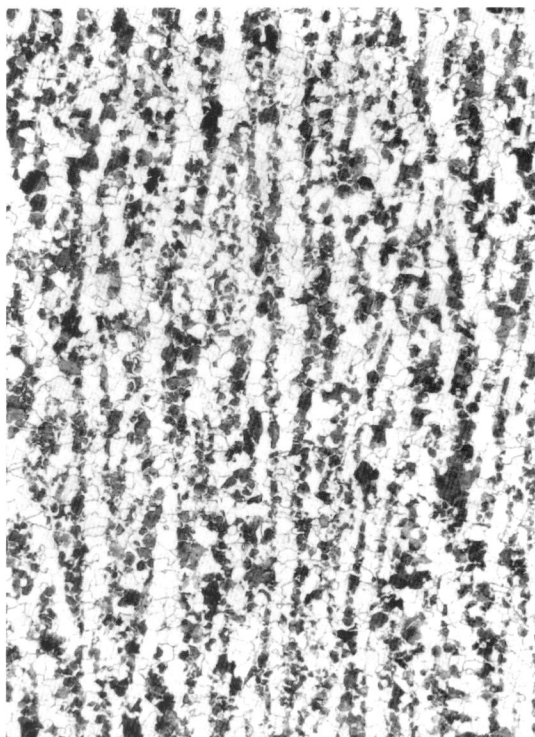

图 2-2-231 100×

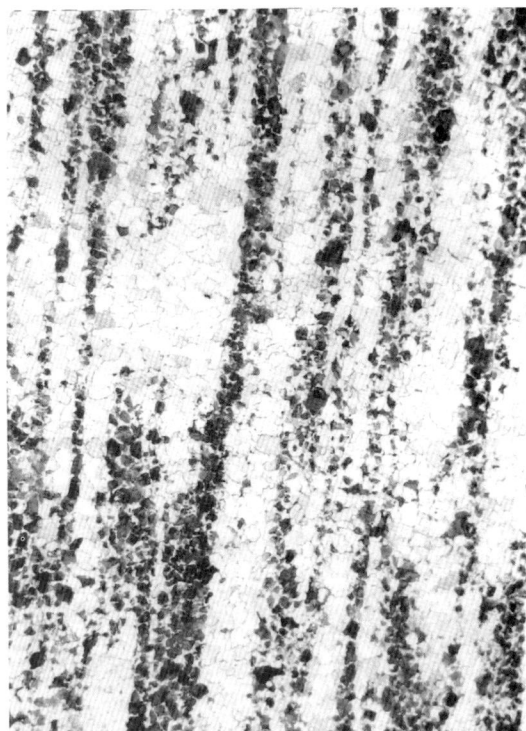

图 2-2-232 100×

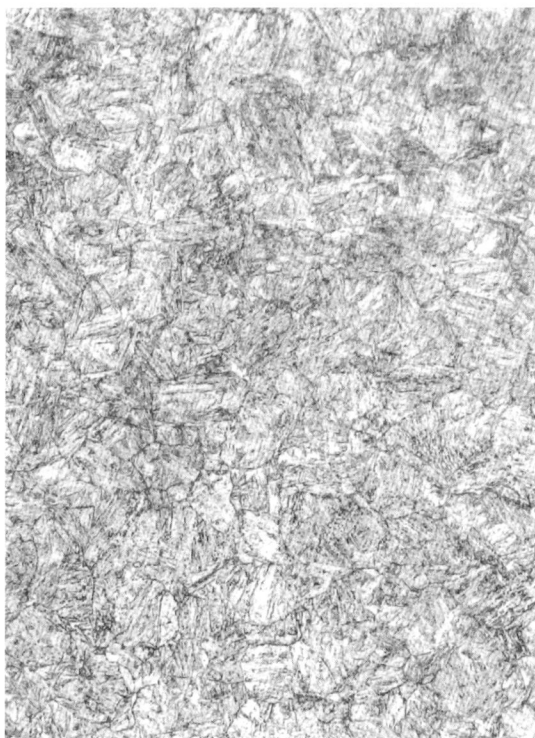

图 2-2-233 500×

图 号：2-2-231～2-2-233

材料名称：20CrMnTiH 钢

浸 蚀 剂：4%硝酸酒精溶液

处理情况：图 2-2-231、图 2-2-232 经 930℃×8h
随炉冷却；图 2-2-233 经 860℃×30min 油冷淬火

组织说明：图 2-2-231：圆棒材横截面之组织，细
晶粒的铁素体及块状珠光体，呈带条状分布。

图 2-2-232：圆棒材纵向组织，为细晶粒的
铁素体及块状珠光体，呈带状分布，且铁素体
带状分布不均匀。

图 2-2-233：淬火组织，为细针状马氏体，
组织分布均匀。

20CrMnTiH 钢具有较好的淬透性，是车用
齿轮、轴类常用的材料。图 2-2-231 和图 2-2-232
是炉冷退火的组织，带状偏析较严重，但将其
直接加热后淬火，可获得均匀分布细小马氏体
组织（见图 2-2-233）。

一般来说，具有带状组织的材料，在车削
加工时会发生"粘刀"现象，使刀具产生早期
磨损，而被加工的零件在经渗碳淬火后会发生
较大的变形，以致使零件造成无法整形而报废。

图　　2-2-242　　　　　　　　　　　　　　　　　　　　　　　实物

图　　号：2-2-242　　　　　　　　浸　蚀　剂：未浸蚀
材料名称：20CrMnTi 钢　　　　　　处理情况：无氧化精密锻造
组织说明：腐蚀坑。

　　　　20CrMnTi 钢经无氧化精密锻造，中图为钢材料稍经镦锻后坯料外表面存在的腐蚀凹坑，腐蚀坑颇多，分布无规律且深。图两侧为同批料经精锻的齿轮毛坯，在齿面、齿根部和齿端面上存在的腐蚀凹坑情况，造成上述缺陷是由于钢材在露天堆放时间过长而产生的严重腐蚀坑，锻造后仍存在于零件的表面，这是管理、保养不善所造成的，具有严重腐蚀凹坑缺陷的齿轮只能全部报废。

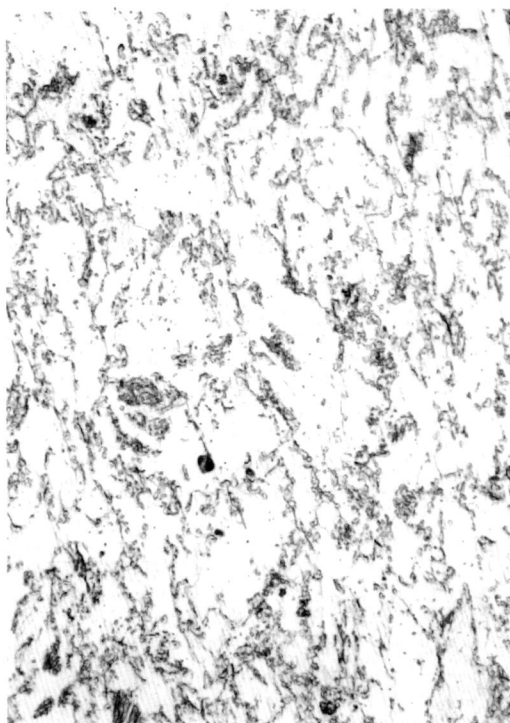

图　　号：2-2-243
材料名称：20CrMnTi 钢
浸　蚀　剂：4%硝酸酒精溶液
处理情况：球化退火后冷变形
组织说明：基体为稍受变形的铁素体，其上布有稍
　　　　受变形的球粒化珠光体。

　　　　为了减少切削加工，以提高生产效率，降低生产成本。先将热轧圆棒进行球化退火处理，然后进行冷挤压成形，本图取自冷挤压轴的心部组织，显示基体已经受冷挤压变形，由于加工硬化效应使材料的强度有所提高，但由于其变形量不大，故轴的塑性和韧性还是比较好的。

图　　2-2-243　　　　　　　500×

图 2-2-244 实物

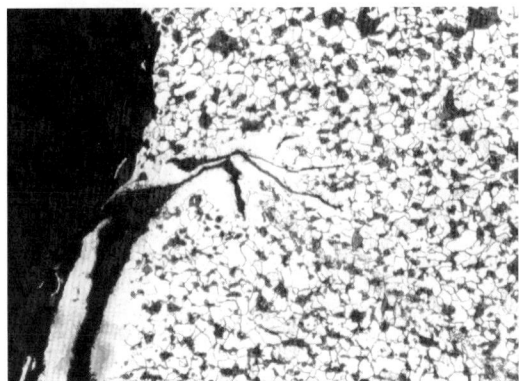

图 2-2-245 60×

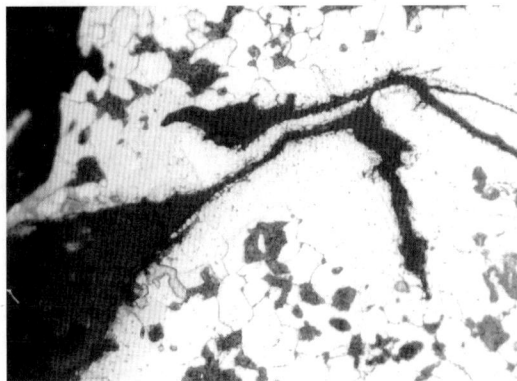

图 2-2-246 300×

图　　号：2-2-244～2-2-246　　　　　　浸 蚀 剂：4%硝酸酒精溶液
材料名称：20CrMnTi 钢　　　　　　　　处理情况：精锻齿轮
组织说明：20CrMnTi 钢经加热后进行精锻成形后，发现在齿轮的齿角表面和齿面表面处存在细小氧化皮剥落形成的凹坑或小裂纹，见图 2-2-244 所示。

经解剖后，发现有严重的脱碳，且有开口被压入的氧化皮层和细小垂直的裂纹，裂纹两侧为全脱碳层，裂纹由表面向里延伸，见图 2-2-245 所示。

图 2-2-246 是将图 2-2-245 试样表面放大至 300 倍后的组织，裂口、裂纹的分布更为清晰，裂纹发展至一定深度后即呈垂直的弯曲向里延伸。

由表面氧化皮被压入齿面和表面裂纹之分布可知，齿坯精锻时加热温度过高，且炉气呈氧化性气氛，使齿坯在加热时过分氧化，正因为炉温高而使齿坯表面温度过热，一方面发生氧化脱碳，另一方面齿坯在精锻时易产生折叠缺陷。图 2-2-245 所示为典型的折叠。

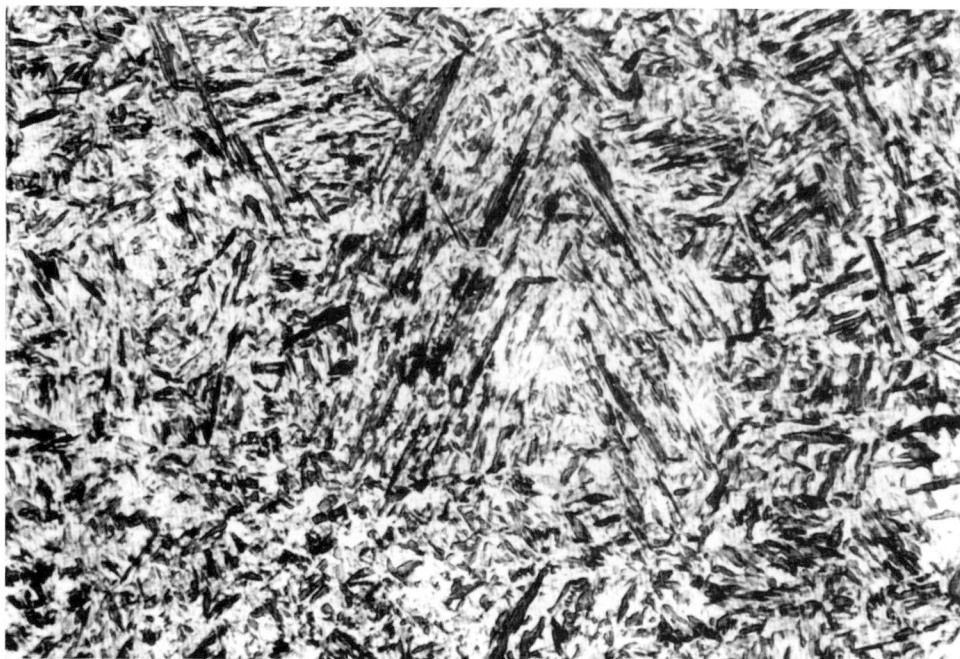

图　2-2-247　　　　　　　　　　　　　　　　　　　600×

图　2-2-248　　　　　　　　　　　　　　　　　　　600×

图　　号：2-2-247、2-2-248
材料名称：40Cr 钢
浸 蚀 剂：4%硝酸酒精溶液
处理情况：860℃加热后油冷淬火
组织说明：图 2-2-247：基体为中碳马氏体，部分马氏体成排分布。
　　　　　图 2-2-248：未淬透的组织。基体为淬火中碳马氏体，黑色针状为贝氏体。

图　2-2-249　　　　　　　　　　　　　　　　　　12000×

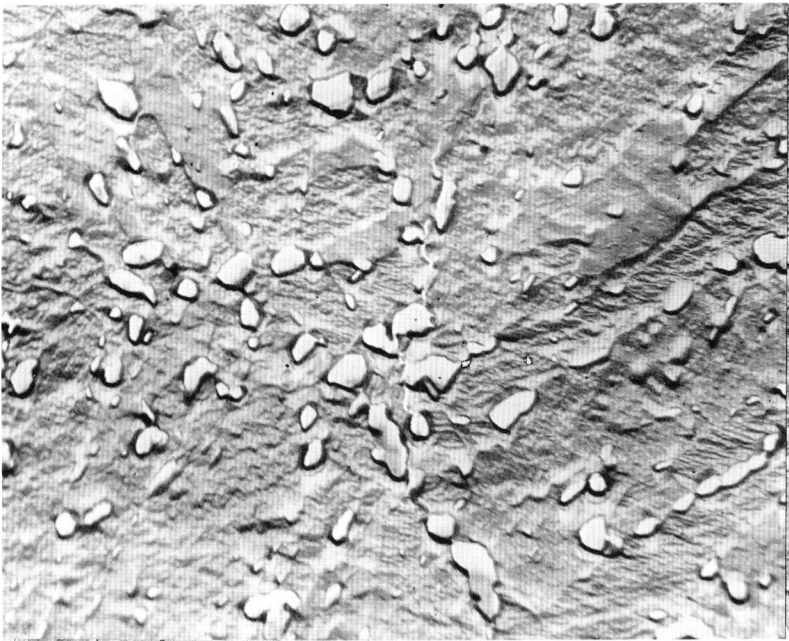

图　2-2-250　　　　　　　　　　　　　　　　　　15000×

图　　号：2-2-249、2-2-250
材料名称：40Cr 钢
浸　蚀　剂：4%硝酸酒精溶液浸蚀后经二次复型
处理情况：图 2-2-249　880℃加热后油冷淬火。图 2-2-250 经 860℃淬火，650℃回火
组织说明：图 2-2-249：中碳马氏体经电子显微镜高倍放大后的情况，针状为片状马氏体（孪晶），基体为
　　板条状马氏体。
　　　　　图 2-2-250：保持马氏体位向的回火索氏体在电子显微镜放大下的情况，基体为铁素体，白色颗粒为
　　合金渗碳体。

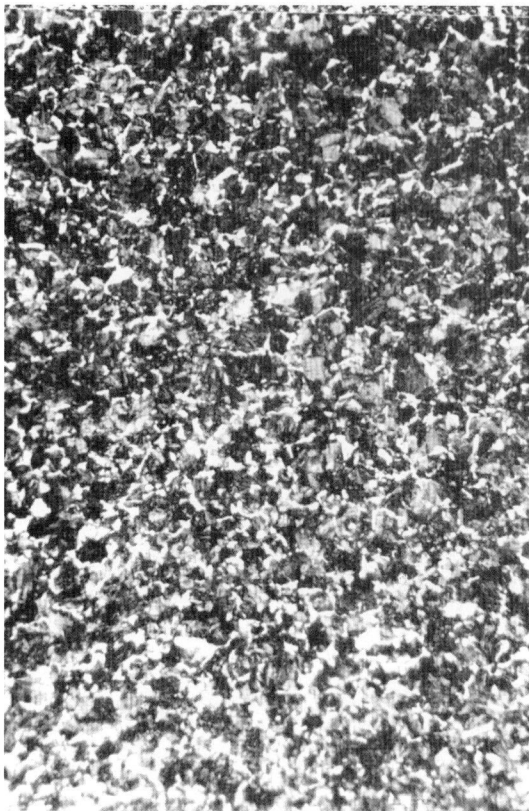

图　2-2-251　　　　　　　　　　　100×

图　2-2-252　　　　　　　　　　　500×

图　　号： 2-2-251、2-2-252

材料名称： 40Cr 钢 [w（C）0.37%～0.45%，w（Si）0.17%～0.37%，w（Mn）0.50%～0.80%，w（Cr）0.80%～1.10%，w（S）及（P）均≤0.04%]

浸 蚀 剂： 4%硝酸酒精溶液

处理情况： 热轧后空冷

组织说明： 基体为片状珠光体及沿晶界呈半网状分布的铁素体。图 2-2-252 为图 2-2-251 放大后的组织。本图为 40Cr 钢供应状态的典型组织。

　　40Cr 钢系最常用的调质钢。铬是强烈提高钢材淬透性的元素之一，w（Cr）为 1%左右的 40Cr 钢，与碳钢相比其主要优点是淬透性高，能获得稳定性比 Fe_3C 高的合金渗碳体(Fe，Cr)$_3$C。同时，过热倾向性比碳钢小。直径为 25～30mm 以下的工件，一般可在油中淬透，当其断面在 50mm 以下时，油冷淬火后无先共析的游离铁素析出；直径为 30mm 以上的零件可采用水冷淬火；形状复杂的零件，水冷淬火时容易形成裂纹，故以油冷淬火为宜。铬对淬透性的强烈作用，是使铬钢得到广泛应用的主要原因。

　　钢中加入铬，将使性能得到显著地提高，其强度约比碳钢高 20%，并具有良好的塑性。此外，铬能增加淬火钢的耐回火性，但具有回火脆性倾向，回火后铬大部分形成合金渗碳体(Fe，Cr)$_3$C，少部分溶入铁素体，从而提高了铁素体的强度和韧性。

　　40Cr 钢广泛用于汽车、拖拉机上的主要零件，如连杆、连杆螺栓、传动轴、转向轴以及机床上的主轴、齿轮等结构零件。

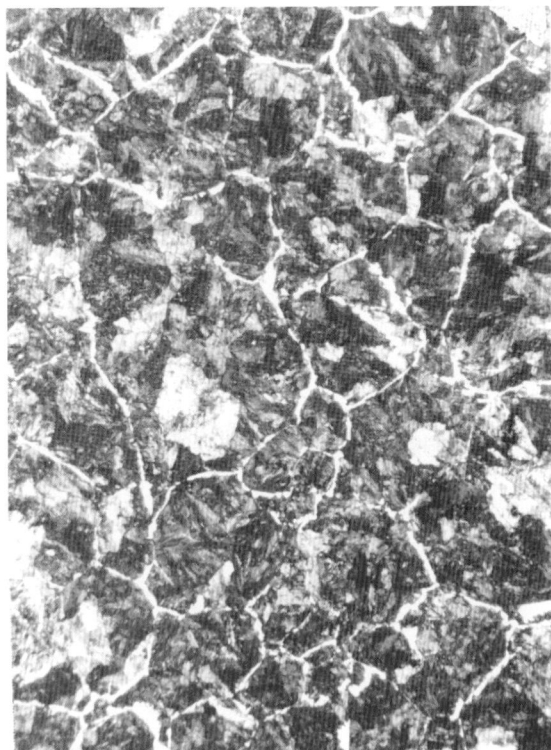

图 2-2-253 100×

图　　号：2-2-253
材料名称：40Cr 钢
浸 蚀 剂：3%硝酸酒精溶液
处理情况：1200℃加热锻造后空冷
组织说明：基体为细片状珠光体、白色网状分布
　　　　　的铁素体，晶粒并不粗大，但大小不均匀。

　　40Cr 钢锻造后空冷的显微组织。

　　当锻件加热温度超过 Ac₃ 时，基体应为单相的奥氏体，随着加热和终锻温度的高低，相应地将得到粗细不同的奥氏体晶粒度。晶粒度表示金属材料晶粒大小的程度，由单位面积内所包含的晶粒个数来度量，而晶粒大小尚可靠直接测量晶粒平均直径大小（用 mm 或μm 为单位）来表示，晶粒度等级越大，说明单位面积内所包含的晶粒个数越多，也就是晶粒越细。一般来说，钢在高温加热锻造时，奥氏体晶粒有被击碎的可能，如果终锻温度较高，在空冷的条件下，奥氏体晶粒仍有充分长大的机会，因此，一般将得到较粗的混合晶粒。

图　　号：2-2-254
材料名称：40Cr 钢
浸 蚀 剂：2%硝酸酒精溶液
处理情况：1200℃加热后空冷
组织说明：片状珠光体及细网状分布的铁素体，晶粒
　　　　　极为粗大，大于 1 级。

　　40Cr 钢在 1200℃加热后，未经锻造直接在空冷后所得到的显微组织。奥氏体晶粒极为粗大，说明过热温度远远超过 Ac₃，且在未锻造变形的条件下空冷，使高温粗大的奥氏体晶粒被保留下来，并在 Ac₁ 以前沿奥氏体晶界析出铁素体网络。由于工件冷却较快，使析出的铁素体数量较缓冷时为少。由铁素体网络大小，对照 8 级晶粒度标准来评定其晶粒大小。

　　与图 2-2-253 比较，40Cr 钢在同样加热温度的情况下，前者经过锻造变形，晶粒明显细化；后者却将高温长大的极其粗大的奥氏体晶粒保留至室温，从而形成缺陷组织。

图 2-2-254 100×

金属材料金相图谱

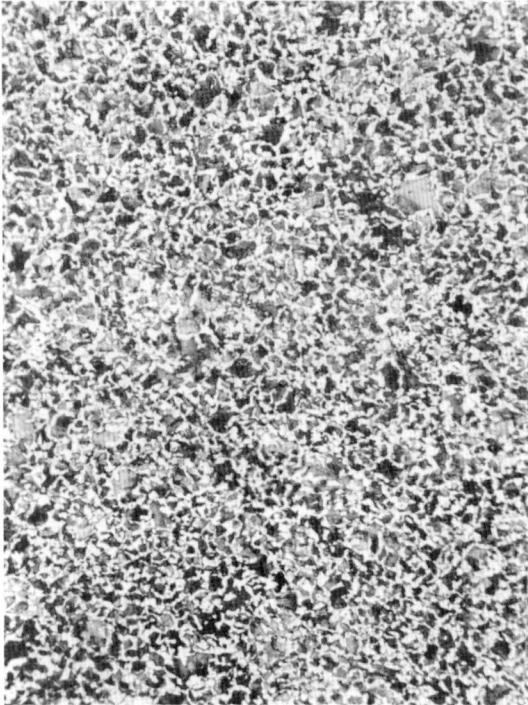

图　　号：2-2-255

材料名称：40Cr 钢

浸 蚀 剂：4%硝酸酒精溶液

处理情况：退火处理

组织说明：珠光体及网状分布的铁素体，晶粒甚
　　　　　为细小。40Cr 钢典型的退火组织。

　　退火工艺是将钢加热到 Ac₃ 以上 30～50℃
（一般为 825～845℃），保温一定时间后随炉冷
却。由于本图采用的加热温度较低，炉冷后获
得的组织较为细小。

　　40Cr 钢由于铬的加入，使钢的 Ac₁ 升高，
Ac₃ 点降低（40 钢 Ac₁ 为 724℃、Ac₃ 为 790℃，
40Cr 钢 Ac₁ 为 743℃、Ac₃ 为 782℃），同时铬
还能使相图中 E、S 点的含碳量降低（左移），
从而使 40Cr 钢在室温时的珠光体含量较 40 钢
为多，故其强度和硬度较高。

图　2-2-255　　　　　　　　　　　　100×

图　　号：2-2-256

材料名称：40Cr 钢

浸 蚀 剂：4%硝酸酒精溶液

处理情况：正火处理（860℃加热后空冷）

组织说明：珠光体及铁素体。

　　40Cr 典型的正火组织。

　　正火工艺是把钢加热到 Ac₃ 以上 30～50℃，保
温一定时间后在空气中冷却。由于钢在空气中冷却
要比随炉冷却的冷却速度快，同时，空冷时发生的
珠光体转变温度也比炉冷时低，因此，正火后获得
的珠光体比退火后的珠光体细，且其数量较退火
钢为多，故钢的强度、硬度也比退火者高。

　　40Cr 钢的正火处理一般作为淬火前的预备热
处理，可使锻造组织获得均匀化和细化，因而能减
少淬火时的变形开裂倾向及改善其可加工性能。

图　2-2-256　　　　　　　　　　　　100×

— 464 —

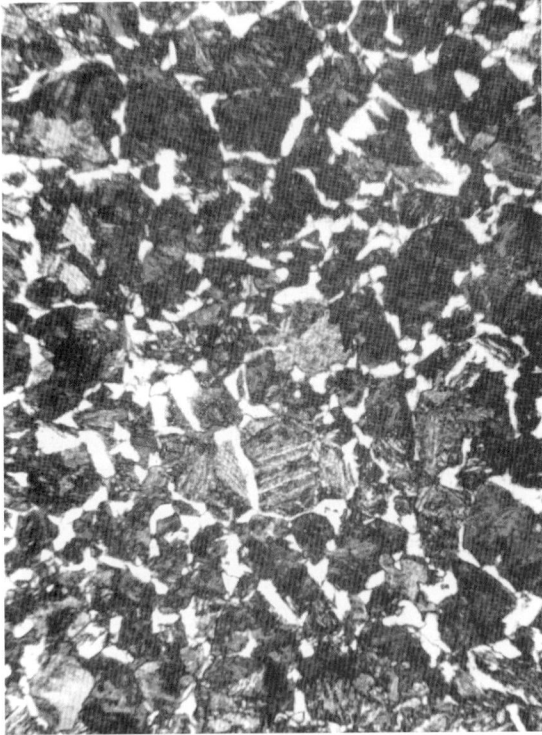

图　　2-2-257　　　　　　　　　　500×

图　　号：2-2-257

材料名称：40Cr 钢

浸 蚀 剂：3%硝酸酒精溶液

处理情况：正火处理

组织说明：基体为珠光体及少量铁素体，大部
　　分铁素体呈网状分布，小部分呈成排的针状
　　分布。

　　　本图为 40Cr 钢经一般正火处理的组织状
　　态，在少数晶粒内存在着铁素体独自析出的现
　　象，且呈针状出现在晶粒内部，构成轻微的
　　魏氏组织，这与图 2-2-258 贝氏体是有明显
　　区别的。

　　　魏氏组织可按国标 GB/T 13299—1991 有
　　关的图片进行对照评定等级，一般受力不大或
　　不重要的零件，允许出现少量的魏氏组织，这
　　可按产品零件的设计条件作出具体的规定。

图　　号：2-2-258

材料名称：40Cr 钢

浸 蚀 剂：3%硝酸酒精溶液

处理情况：正火处理

组织说明：上贝氏体、细珠光体及沿晶界析出的铁
　　素体。

　　　40Cr 钢在正火连续冷却过程中，于一定的冷却
　　条件下，有可能出现上贝氏体（在等温冷却时也能
　　形成），其形成温度大致在 400～480℃范围内，这
　　种贝氏体呈羽毛状分布，故称为上贝氏体，其形态
　　有似于魏氏组织。

　　　上贝氏体有良好的综合力学性能，对要求具有
　　一定强度和韧性的零件，可采用等温淬火处理。

图　　2-2-258　　　　　　　　　　500×

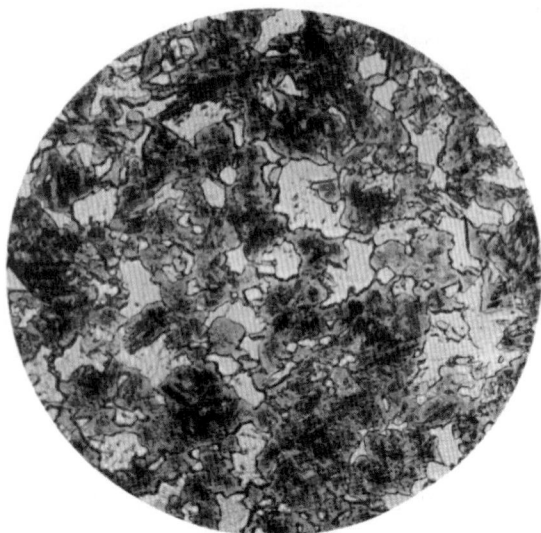

图　　号：2-2-259
材料名称：40Cr 钢
浸 蚀 剂：4%硝酸酒精溶液
处理情况：760℃加热油冷淬火
组织说明：基体为马氏体，白色块状为铁素体。

　　40Cr 钢由于淬火加热温度偏低，未达到铁素体向奥氏体完全溶解的温度，故在淬火后，组织中存在大块未溶解的铁素体，分布于黑色较细针状马氏体基上。这种组织属淬火欠热组织。

　　这种半奥氏体化的 40Cr 钢组织状态，将明显地影响到材料的硬度和强度，因此，必须重新进行热处理。

　　40Cr 钢的临界温度如下：

　　Ac_1 点：743℃；Ar_1 点：693℃。

　　Ac_3 点：782℃；Ar_3 点：730℃。

　　M_s 点：355℃。

图　2-2-259　　　　　　　　500×

图　　号：2-2-260
材料名称：40Cr 钢 [w（C）0.42%，w（Si）0.16%，w（Mn）0.68%，w（Cr）0.93%，w（Ni）0.07%]
浸 蚀 剂：4%硝酸酒精溶液
处理情况：800℃加热油冷淬火
组织说明：淬火细马氏体组织。

　　800℃加热淬火的 40Cr 钢组织，基体为细小短针状马氏体，铁素体基本上已全部溶解，但由于淬火温度不高，奥氏体合金化及均匀化的程度也不高，淬火后得到的马氏体组织虽然比较细小，但其力学性能显然没有正常淬火来得好。

　　40Cr 钢的淬火温度为 830～860℃，一般采用850℃油冷淬火的工艺。

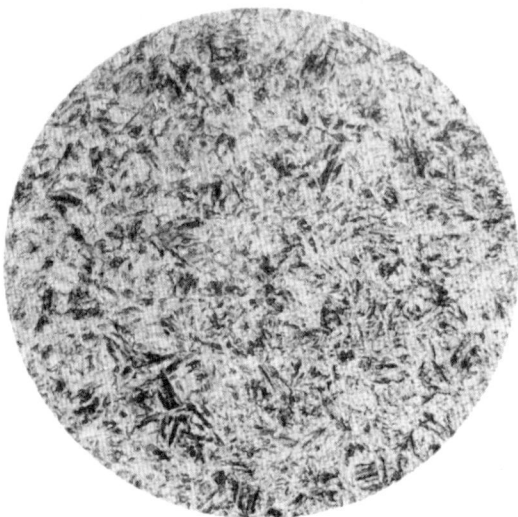

图　2-2-260　　　　　　　　500×

图 2-2-261   500×

图　　号： 2-2-261
材料名称： 40Cr 钢
浸 蚀 剂： 4%硝酸酒精溶液
处理情况： 860℃加热后油冷淬火
组织说明： 中等针状淬火马氏体。

　　40Cr 钢典型的淬火组织。由于加热温度适当，奥氏体合金化充分，经回火处理后能较好地发挥材料的潜在性能。

图　　号： 2-2-262
材料名称： 40Cr 钢
浸 蚀 剂： 4%硝酸酒精溶液
处理情况： 920℃加热后油冷淬火
组织说明： 粗针状淬火马氏体。

　　40Cr 钢淬火过热组织。由于淬火加热温度偏高，致使奥氏体晶粒长大，淬火后得到粗大的马氏体组织。

图 2-2-262   500×

图　　号： 2-2-263
材料名称： 40Cr 钢
浸 蚀 剂： 4%硝酸酒精溶液
处理情况： 850℃加热后油冷淬火
组织说明： 基体为马氏体，其上分布有羽毛状上贝氏体。

　　40Cr 钢淬火冷却不足的组织，硬度为 55～57HRC。

　　40Cr 钢加热淬火时，由于冷却不足，以至在马氏体基体上出现少量贝氏体组织，采用金相法很容易检查出这种淬火冷却不足的弊病。

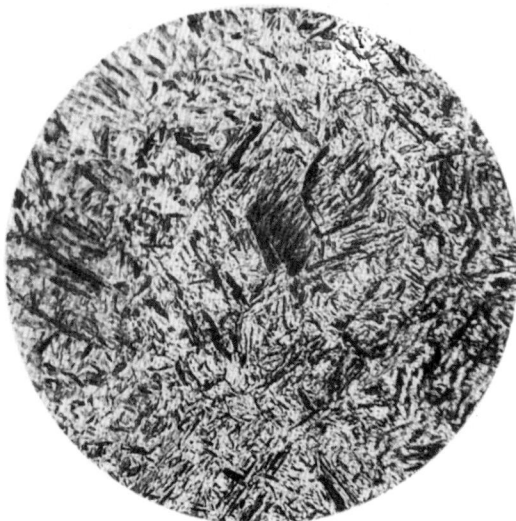

图 2-2-263   500×

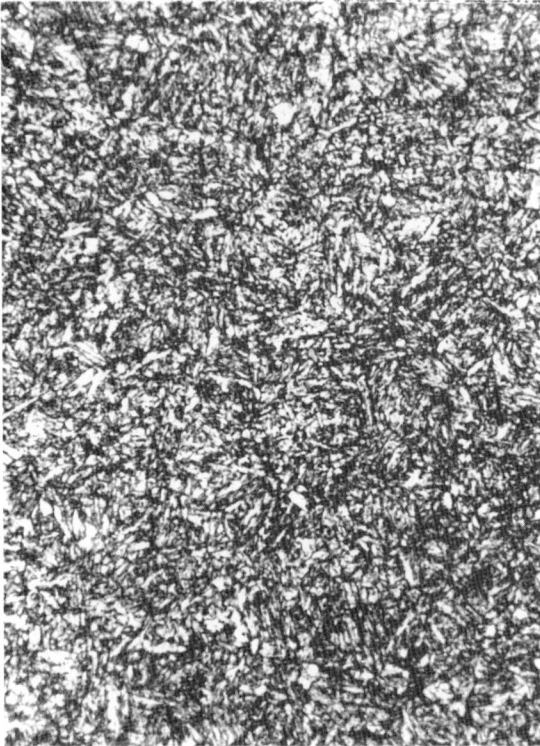

图　2-2-264　　　　　　　　　　500×

图　　号：2-2-264
材料名称：40Cr 钢
浸 蚀 剂：4%硝酸酒精溶液
处理情况：850℃淬火，420℃回火
组织说明：基体为回火托氏体，硬度为43～44HRC。
　　40Cr 钢中温回火产物——回火托氏体。
　　淬火的 40Cr 钢经中温回火后，马氏体已完全分解，ε 碳化物逐渐转变为渗碳体。回火托氏体是铁素体与渗碳体的混合物，在金相显微镜下很难分辨。只有在电子显微镜下可以看出渗碳体呈细粒状分布，它与淬火托氏体中的短片层状结构有明显的区别。回火托氏体已基本上消失马氏体的针叶特征。

图　　号：2-2-265
材料名称：40Cr 钢
浸 蚀 剂：4%硝酸酒精溶液
处理情况：860℃加热油冷淬火，480℃回火。
组织说明：回火托氏体及羽毛状回火贝氏体。
　　40Cr 钢经正常加热温度淬火、480℃回火后的显微组织。回火托氏体有浸蚀后容易变黑的特点。由于中温回火温度较高，马氏体已完全分解，碳化物也已逐渐聚集并长大，但尚可见到马氏体的针状痕迹。
　　图中显示的羽毛状贝氏体，估计是淬火时冷却不足而形成的。上贝氏体的形态与板条状马氏体相类似，但板条状马氏体是单相组织，而上贝氏体则是铁素体与渗碳体两相的机械混合物，所以它也比较容易地受浸蚀而变黑。

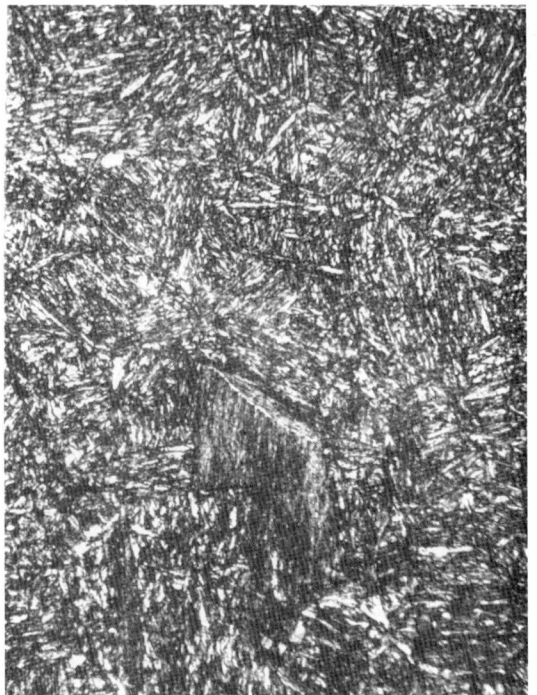

图　2-2-265　　　　　　　　　　500×

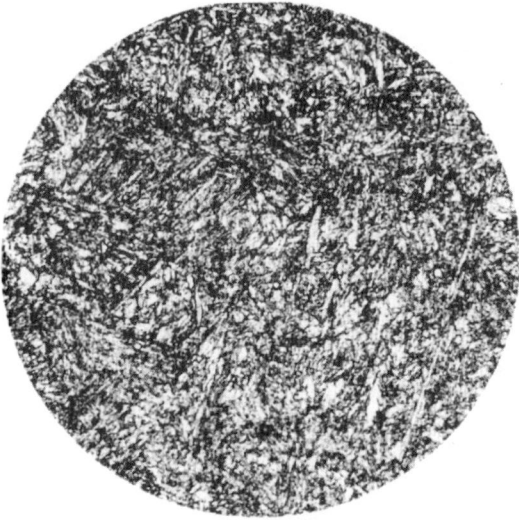

图 2-2-266　经 900℃淬火、510℃×1h 回火　500×

图 2-2-267　经 880℃淬火、510℃×1h 回火　500×

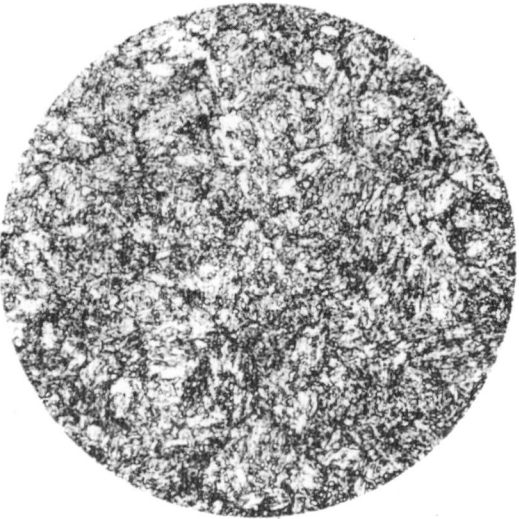

图 2-2-268　经 860℃淬火、510℃×1h 回火　500×

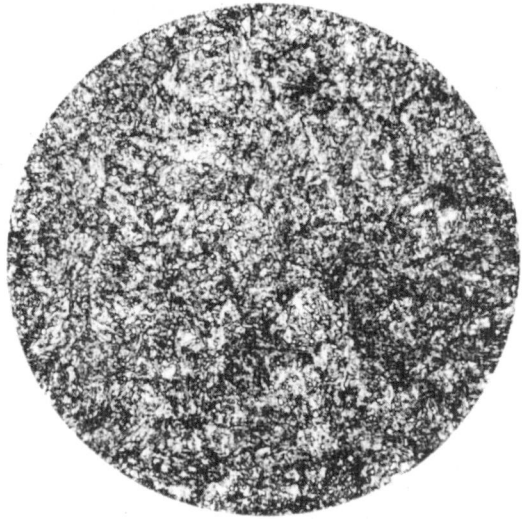

图 2-2-269　经 830℃淬火、510℃×1h 回火　500×

图　　号：2-2-266～2-2-269

材料名称：40Cr 钢 [w（C）0.41%，w（Si）0.19%，w（Mn）0.67%，w（Cr）0.95%，w（S）≤0.04%，w（P）≤0.04%]

浸 蚀 剂：4%硝酸酒精溶液

处理情况：图 2-2-266～图 2-2-269 为一组 40Cr 钢不同淬火温度淬火，并在 510℃回火后的组织形态。

组织说明：图 2-2-266：保持马氏体位向分布的回火索氏体。

图 2-2-267：保持马氏体位向分布的回火索氏体，在索氏体上有少量小颗粒渗碳体。

图 2-2-268 及图 2-2-269：均为回火索氏体，其上有多量颗粒状渗碳体。

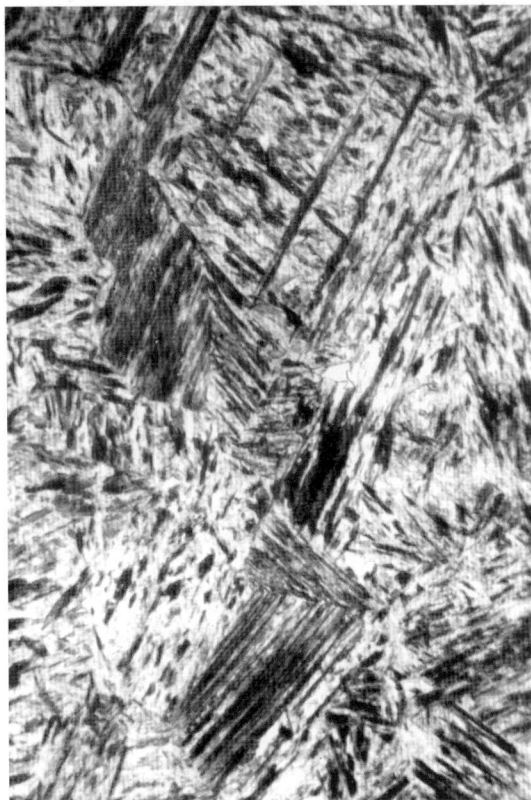

图　2-2-270　　　　　　　　　　　　630×

图　2-2-271　　　　　　　　　　　　630×

图　　号：2-2-270、2-2-271

材料名称：40Cr 钢

浸 蚀 剂：4%硝酸酒精溶液

处理情况：直径 70mm 锻钢件，1200℃加热后锻造，变形后立即进行切边、校直并淬入油中。

组织说明：高温形变淬火马氏体组织。

　　利用锻造余热淬火，即使锻造—热处理连成一体，这是国内近年来推广应用的一项形变强化处理工艺，它具有强韧化的优越性。形变热处理除能提高材料淬透性之外，马氏体形态的改变也是其重要作用之一。

　　上述两图显示形变淬火马氏体形态。在金相显微镜下，类似板条和多角形排列的马氏体束。这部分组织反映在受浸蚀程度上容易变黑，表面在图像上有很强的立体感。此外，还有一部分浸蚀反差较浅的马氏体组织。

　　一般认为，40Cr 钢经形变淬火得到的是板条状马氏体；现经电子显微镜（复膜）分析证明，40Cr 钢形变硬化处理的显微组织是针状、板条状马氏体的混合组织。

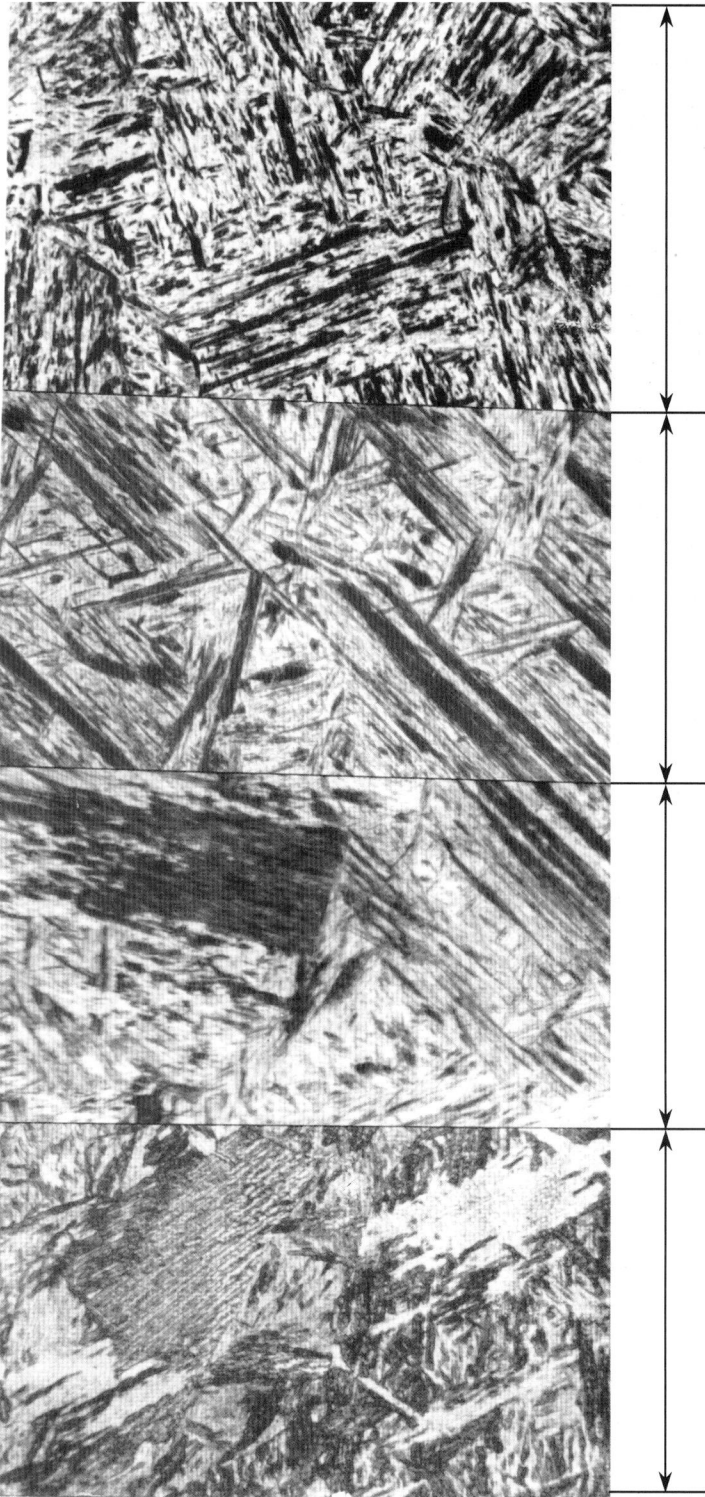

图　　号：2-2-272
材料名称：40Cr 钢
浸 蚀 剂：4%硝酸酒精溶液
处理情况：形变热处理
组织说明：自上而下：马氏体
→粗大马氏体→马氏体和平
行排列的马氏体束→马氏体
及上贝氏体。
　　高温形变热处理（锻造
余热淬火）是将钢在奥氏体
状态下形变（加工）后，立
即淬火产生马氏体相变的热
处理工艺，能大大提高钢材
的淬透性。该图为厚 70mm
的 40Cr 钢锻件，经形变硬化
处理后自表面至心部的显微
组织，可见，它比锻造后空
冷、重新加热淬火的锻件，
淬透性要好得多。

图　2-2-272　　　　　　　　500×

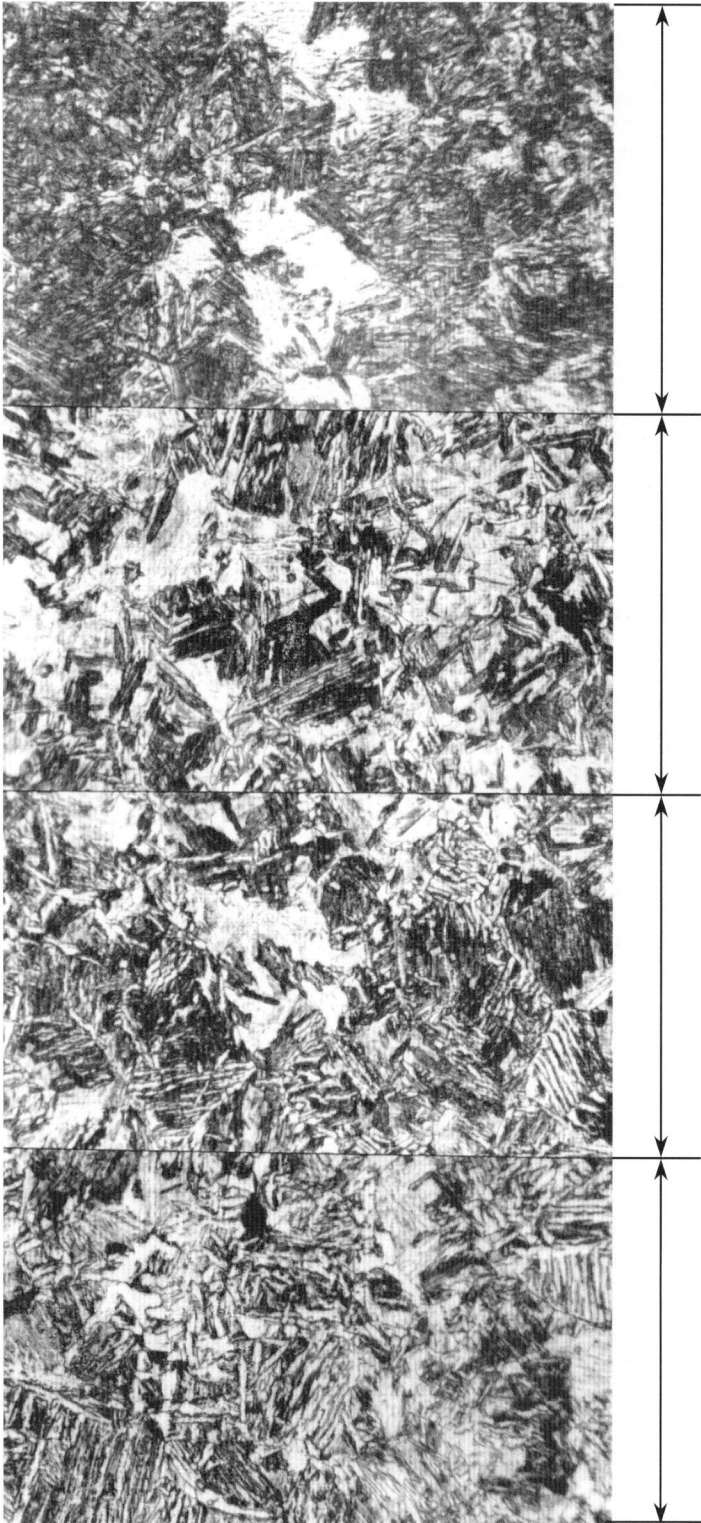

图　　号：2-2-273
材料名称：40Cr 钢
浸 蚀 剂：4%硝酸酒精溶液
处理情况：锻造后空冷、重新
　　　　加热淬火（加热温度 850℃，
　　　　保温 4h 后油冷淬火）
组织说明：自上而下：细马氏
　　　　体→马氏体、贝氏体及少量
　　　　铁素体→贝氏体、马氏体及
　　　　铁素体→贝氏体、少量马氏
　　　　体及较多铁素体。

　　　　与形变热处理的组织比
　　较，淬透性明显的差，在距
　　表面 10mm 左右即出现铁素
　　体。从它的淬透性曲线表明，
　　其硬度值比形变硬化处理的
　　曲线普遍低。

图　2-2-273　　　　　　　　500×

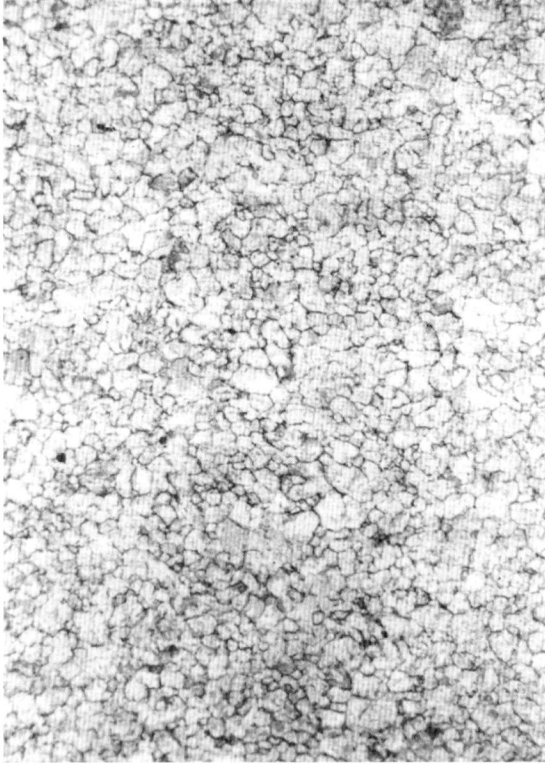

图　　　2-2-274　　　　　　　　　　　　100×

图　　　号：2-2-274
材料名称：40Cr 钢
浸 蚀 剂：苦味酸饱和水溶液中加 5mL 洗涤剂
　　　　　饱和水溶液，55℃热浸蚀 2min
处理情况：锻造→正火→淬火
　　　　　淬火工艺为：850℃保温 1h 油冷淬火
组织说明：奥氏体晶粒细小，属 8 级。
　　　　　显示 40Cr 钢经锻造后空冷重新加热正火
和再重新加热淬火后的奥氏体晶粒情况。
　　　　　调质状态的合金结构钢，一般难以显示奥
氏体晶粒，采用上述特殊浸蚀剂，则能成功地
显示出淬火状态 40Cr 钢的晶粒度。

图　　　号：2-2-275
材料名称：40Cr 钢
浸 蚀 剂：第一次显示奥氏体晶粒度：浸蚀剂为苦味
　　　　　酸饱和水溶液加 5mL 洗涤剂饱和水溶液，55℃热浸
　　　　　蚀 2min；
　　　　　第二次显示淬火组织：浸蚀剂为 2%硝酸酒精溶液
处理情况：锻造→正火→淬火。淬火工艺：850℃保温
　　　　　1h 油冷淬火。
组织说明：基体为淬火马氏体，奥氏体的晶界很清晰。
　　　　　采用苦味酸饱和水溶液加洗涤剂（肥皂粉）饱
和水溶液，能成功地显示淬火或调质状态的 40Cr 钢
的奥氏体晶粒，在这个基础上，试样再经 2%硝酸酒
精溶液浸蚀，奥氏体晶粒内的淬火马氏体形态及其
分布状况也暴露无遗，有很好的效果。

图　　　2-2-275　　　　　　　　　　　　500×

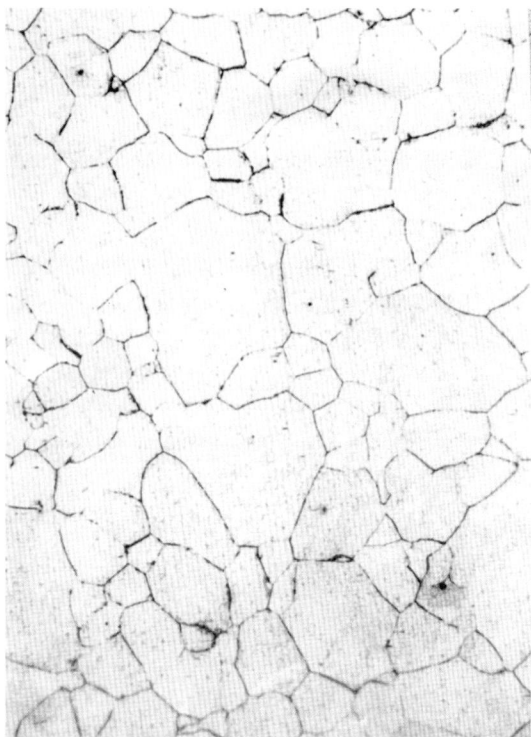

图　2-2-276　　　　　　　　　　　　100×

图　　号：2-2-276

材料名称：40Cr 钢

浸 蚀 剂：苦味酸饱和水溶液加 5mL 洗净剂饱和
　　　　水溶液，55℃热浸蚀 2min

处理情况：1150～1180℃锻造加热 45min，形变后
　　　　切边、校直并淬入油中。

组织说明：奥氏体晶粒边界极清晰。

　　　　锻造余热淬火，从形变→切边→校直→淬
　　　　火，约需 30s 至 1min，在这段高温停留时间里，
　　　　将使形变增殖位错密度降低，并导致奥氏体再
　　　　结晶晶粒的长大，实际上得到的奥氏体晶粒度，
　　　　比锻造后空冷、重新加热正火、再重新加热淬
　　　　火的工件的奥氏体晶粒度要大得多。

图　　号：2-2-277

材料名称：40Cr 钢

浸 蚀 剂：第一次显示奥氏体晶粒度：浸蚀剂为苦味
　　　　酸饱和水溶液加 5mL 洗净剂饱和水溶液，55℃热
　　　　浸蚀 2min；

　　　　第二次显示淬火组织：浸蚀剂为 2％硝酸酒精
　　　　溶液

处理情况：高温形变、切边并淬入油中。

组织说明：粗大的奥氏体晶粒及其淬火马氏体形态。

　　　　形变硬化处理的强韧化效果，在于使奥氏体形
　　　　变时，产生滑移、变形、增加位错密度，引起加工
　　　　硬化，以及得到以板条状马氏体为主的组织结构。
　　　　但是随着形变到淬火入油这段停留时间的增长，将
　　　　由于回复和再结晶而引起软化，得到粗大的奥氏体
　　　　晶粒。为了充分发挥形变硬化的强韧化效果，从形
　　　　变到淬火入油的时间应是越短越好。

图　2-2-277　　　　　　　　　　　　500×

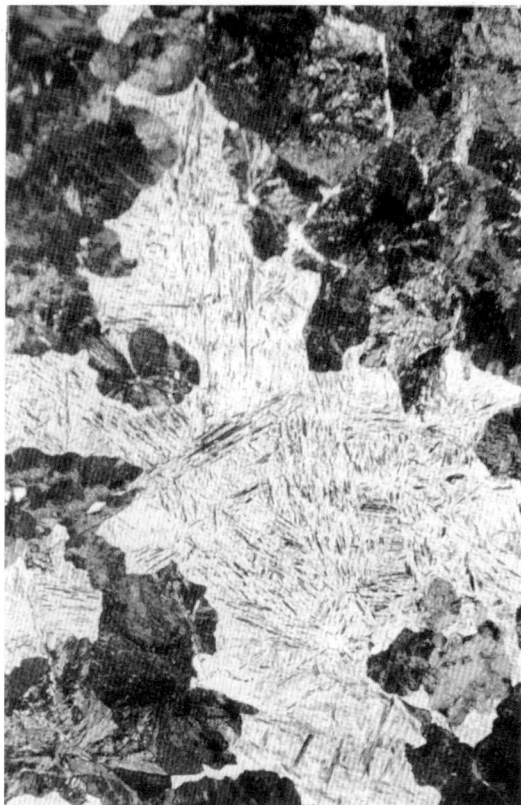

图　2-2-278　　　　　　　　　　500×　　　　图　2-2-279　　　　　　　　　　500×

图　　号：2-2-278、2-2-279
材料名称：40Cr 钢
浸 蚀 剂：2%～4%硝酸酒精溶液
处理情况：1150～1180℃锻造余热淬火
组织说明：黑色基体为珠光体，灰白色大块状为淬火马氏体，少量沿晶界分布的白色网络状为铁素体。

　　40Cr 钢经 1150～1180℃加热锻造，锻后工件在空气中停留 3min，此时大部分奥氏体发生转变，获得片状珠光体和沿晶界析出的铁素体；但尚有部分过冷奥氏体在淬火时转变为马氏体。工件硬度为31.5HRC。

　　利用锻造余热淬火，可简化生产工序，节约能源，处理后得到较好的强韧化效果。但由于形变后停留时间过长，不仅降低了工件的强韧化效果，而且直接影响到淬硬的程度。

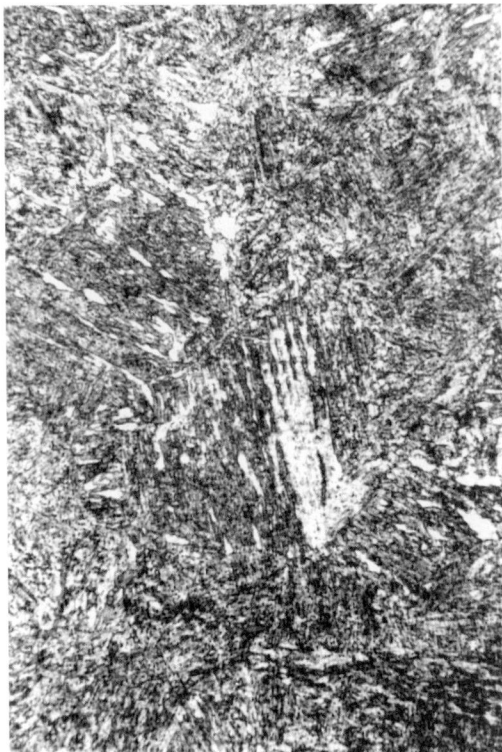

图　　　2-2-280　　　　　　　　　　　　630×

图　　号：2-2-280
材料名称：40Cr 钢
浸　蚀　剂：4％硝酸酒精溶液
处理情况：高温形变淬火后经 660℃回火
组织说明：保持马氏体针叶位向的回火索氏体。

　　　　40Cr 钢经 1150～1180℃锻造后成形后，利用余热直接淬火，并经 660℃回火，显微组织为回火索氏体，其中有保留原马氏体板条痕迹。

　　　　硬度为 249HBW（相当于 23HRC）

　　　　纵向冲击韧度为 111J/cm² 和 106J/ cm²。

　　　　40Cr 钢经较高温度（1180～1125℃）形变热处理。接着如在低于 645℃温度下回火，则其冲击断口将呈结晶状解理断裂；使材料的冲击韧度明显下降。为了避免晶界状解理断裂，回火温度必须提高为 660℃。

图　　号：2-2-281
材料名称：40Cr 钢
浸　蚀　剂：4％硝酸酒精溶液
处理情况：高温形变淬火后经 660℃回火
组织说明：基体为回火索氏体，其中白色块状为铁素体。本图 40Cr 钢形变热处理的欠热组织。

　　　　40Cr 钢经 1150～1180℃锻造，并在空气中停留 3min 后再淬入油中，而后又经 660℃回火，在索氏体基体中有先共析铁素体出现。

　　　　硬度为 239HBW（相当于 21HRC）。

　　　　纵向冲击韧度为 107J/cm² 和 92J/ cm²。

　　　　由于加热形变后停留时间过长，使工件温度由 1150～1180℃下降至 Ac_1～Ac_3 之间，因此在高温奥氏体中已析出少量块状铁素体，成为奥氏体和铁素体两相组织。油冷淬火时淬火组织得到马氏体和铁素体组织，经高温回火后，淬火马氏体转变为回火索氏体，而铁素体则未改变。

图　　　2-2-281　　　　　　　　　　　　250×

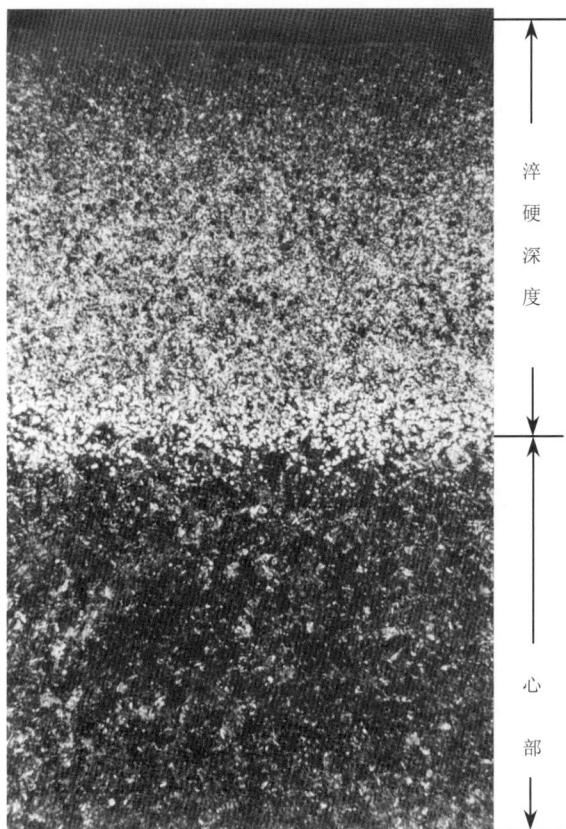

图 2-2-282   100×

图中标注：淬硬深度、心部

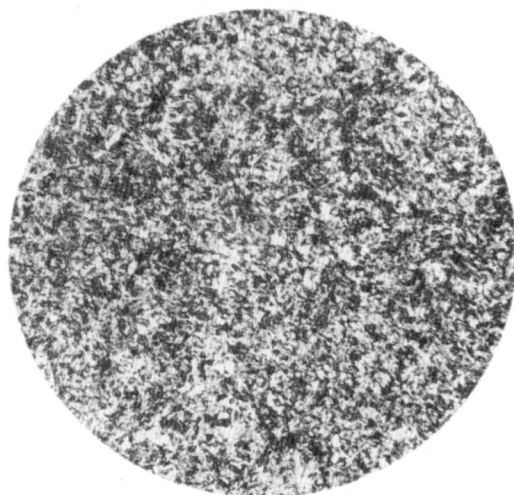

图 2-2-283   500×

图 2-2-284   500×

图　　号：2-2-282～2-2-284

材料名称：40Cr 钢

浸 蚀 剂：4％硝酸酒精溶液

处理情况：工件调质后，其表面再经过高频感应加热淬火处理。

组织说明：图 2-2-282：经高频感应加热淬火后的组织。

表面为淬硬层，组织为淬火马氏体；次层为马氏体及铁素体和珠光体；心部组织为回火索氏体及呈网状和针状分布的铁素体。

图 2-2-283：表面为高频淬硬层组织。基体为淬火细马氏体。

图 2-2-284：心部组织。

基体为回火索氏体，其上有呈网状及针分布的铁素体。由于试样截面太大，心部淬不透，故心部存在铁素体组织。

高频感应加热淬火后，表面淬硬层的测定，应自表面测至体积分数为 50％马氏体处为止。

本图片为高频感应加热淬火的典型组织。

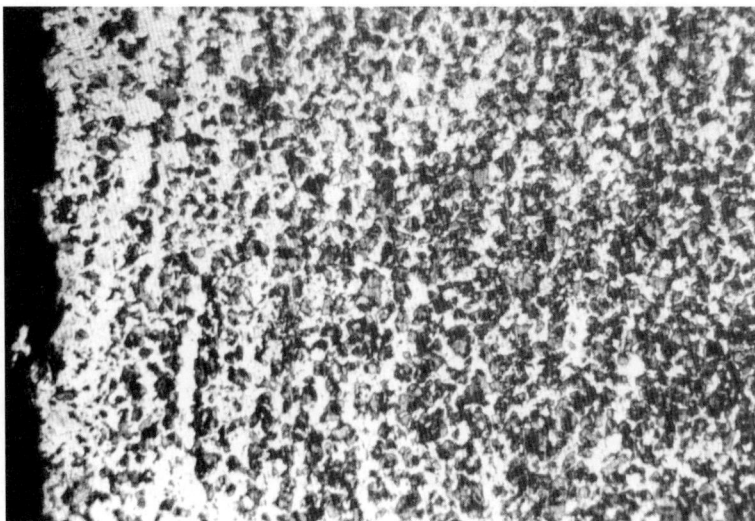

图　2-2-285　　　　　　　　　　　　　　　　　100×

图　2-2-286　　　　　　　　　　　　　　　　　500×

图　　号：2-2-285、2-2-286　　　　　　浸　蚀　剂：苦味酸+4%硝酸酒精溶液
材料名称：40Cr 钢　　　　　　　　　　　处理情况：正火，调质处理
组织说明：图 2-2-285：汽车后桥半轴，经锻造后正火处理，半轴表面处存在半脱层，组织为铁素体及片状
　　珠光体，逐向里珠光体的数量随之增加，近心部为珠光体及铁素体各占 50%（体积分数）。

　　　图 2-2-286：将正火后的半轴进行调质处理，半轴表面处有脱碳层，组织为铁素体及回火索氏体。

　　　汽车半轴锻造时，由于在氧化气氛的加热炉内加热，导致半轴毛坯产生较严重的氧化脱碳，该表层
锻后又未经机加工将其除去，以致残存在工件的表面，使半轴的强度和硬度达不到技术指标。

　　　40Cr 钢常用来制造较重要的零件，如在交变载荷下工作的零件，中等转速和中等载荷的零件，表面
淬火后可用作载荷及耐磨性要求较高，而不受冲击的零件，如曲轴、连杆螺栓和螺母、进气阀、齿轮和
轴等。

图　2-2-287　　　　　　　　　　　　　　　　　　　200×

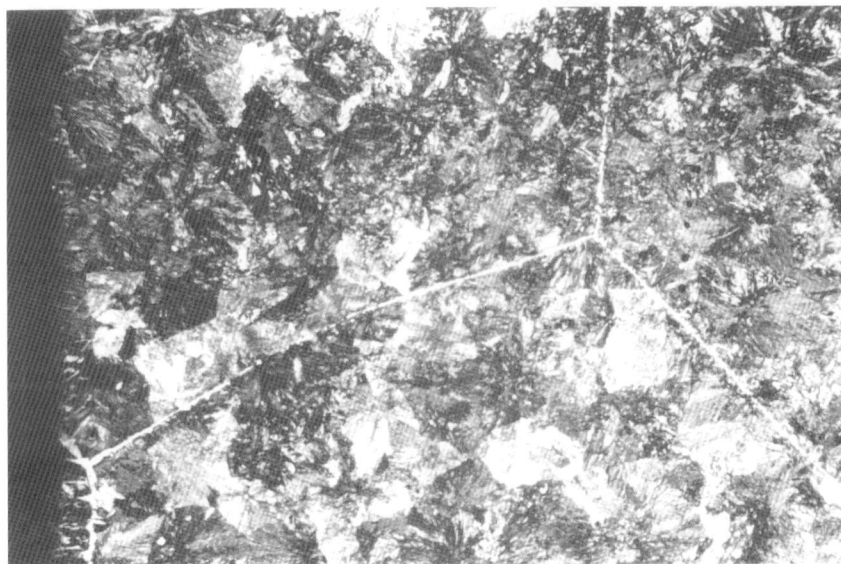

图　2-2-288　　　　　　　　　　　　　　　　　　　50×

图　　号：2-2-287、2-2-288　　　　　　　浸 蚀 剂：4％硝酸酒精溶液
材料名称：40Cr 钢　　　　　　　　　　　　处理情况：锻造
组织说明：图 2-1-287：锻件表面组织，基体为细片状珠光体及极少量沿晶界分布的铁素体，在锻件表面有
　一薄层脱碳层，组织为珠光体及铁素体，铁素体沿晶界呈网状分布，部分铁素体则呈针状分布，构成魏
　氏组织，锻件的晶粒甚为粗大。
　　图 2-1-288：细片状珠光体及沿晶界一薄层网状铁素体，晶粒十分粗大，已大大超过 1 级晶粒。
　　由于 40Cr 钢锻件的加热温度过高，以致晶粒急剧地长大，一般通过锻造，经过冷却可以使锻件重新
再结晶而获得细小的晶粒，若锻造终锻温度过高，锻件又缓冷，这时会形成粗大的晶粒，如果表面存在
脱碳，将使表面获得过热的魏氏组织。

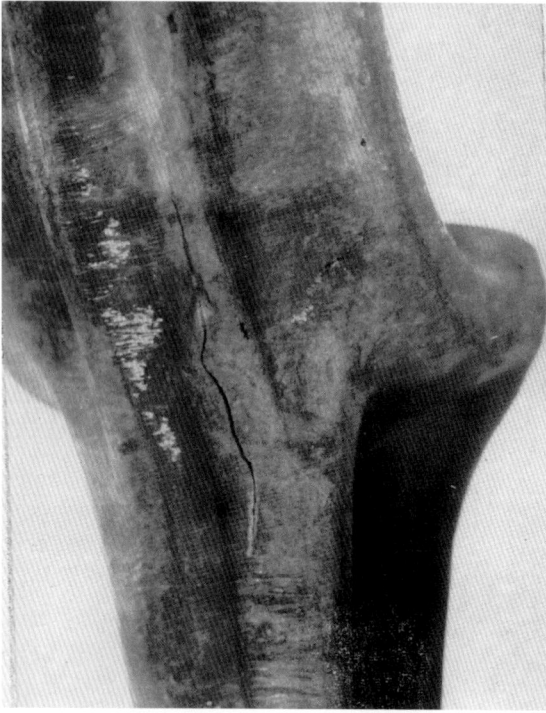

图 2-2-289   1：1

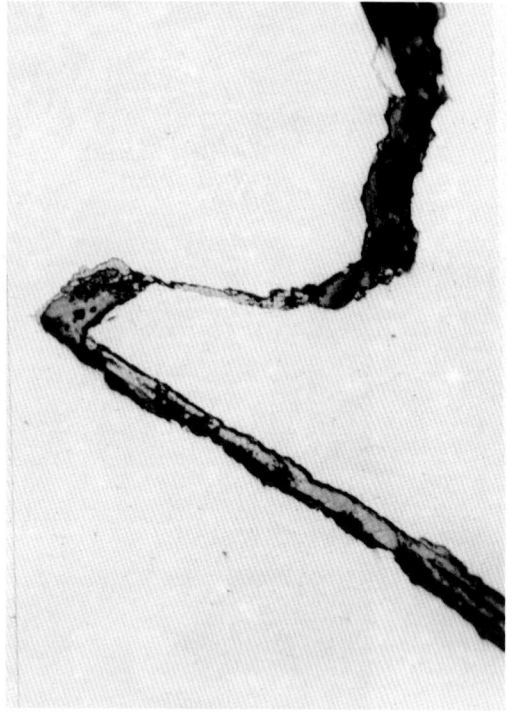

图 2-2-290   锻造折叠微观形貌   100×

图   号：2-2-289、2-2-290

材料名称：40Cr 钢

浸 蚀 剂：未浸蚀

处理情况：锻造后空冷

组织说明：折叠。沿切边方向的锻造折叠裂纹，见图 2-2-289；在显微镜下观察的锻造折叠形态，见图 2-2-290。
　　锻造折叠是在金属变形流动过程中将已受氧化的表层金属裹入锻件而形成的。从折叠处切取试样横向做磨面观察，折叠裂纹在金相显微镜下具有图 2-2-289 的外形，折叠裂纹尾部具有"R"的特征，一般较为圆钝；此外，有些锻件的裂纹走向与金属流线方向一致。
　　锻造折叠除了具有上述特征以外，尚可自折叠裂纹边缘见到氧化、脱碳现象。

图　2-2-291　　　　　　　　　　　100×

图　2-2-292　　　　　　　　　　　100×

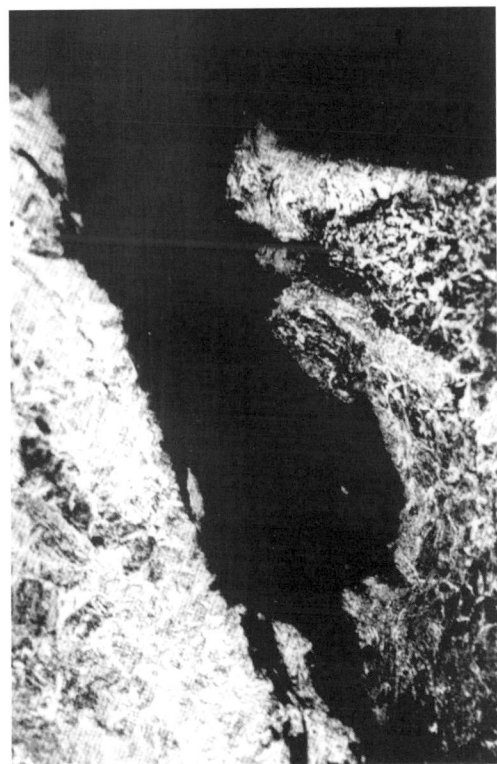

图　2-2-293　　　　　　　　　　　100×

图　　号：2-2-291～2-2-293
材料名称：40Cr 钢
浸 蚀 剂：4％的硝酸酒精溶液
处理情况：锻造后空冷
组织说明：折叠。

　　图 2-2-291：折叠尾部的氧化、脱碳情况。

　　图 2-2-292：折叠中间部分的氧化、脱碳
情况。

　　图 2-2-293：折叠起始端的氧化、脱碳
情况。

　　裂纹内存在的氧化皮，以及折叠边缘的
氧化、脱碳组织。由图可知，折叠裂纹两侧
的脱碳往往是不均匀的。

　　按照上述特征虽可大致区别裂纹和折
叠；但仍需按具体情况作具体分析。例如有
的折叠在进行调质处理时，其裂纹往往要进
一步扩展，后扩展的部分就是淬火冷却时形
成的裂纹，其末端较尖，裂纹两侧一般不存
在氧化和脱碳的现象。

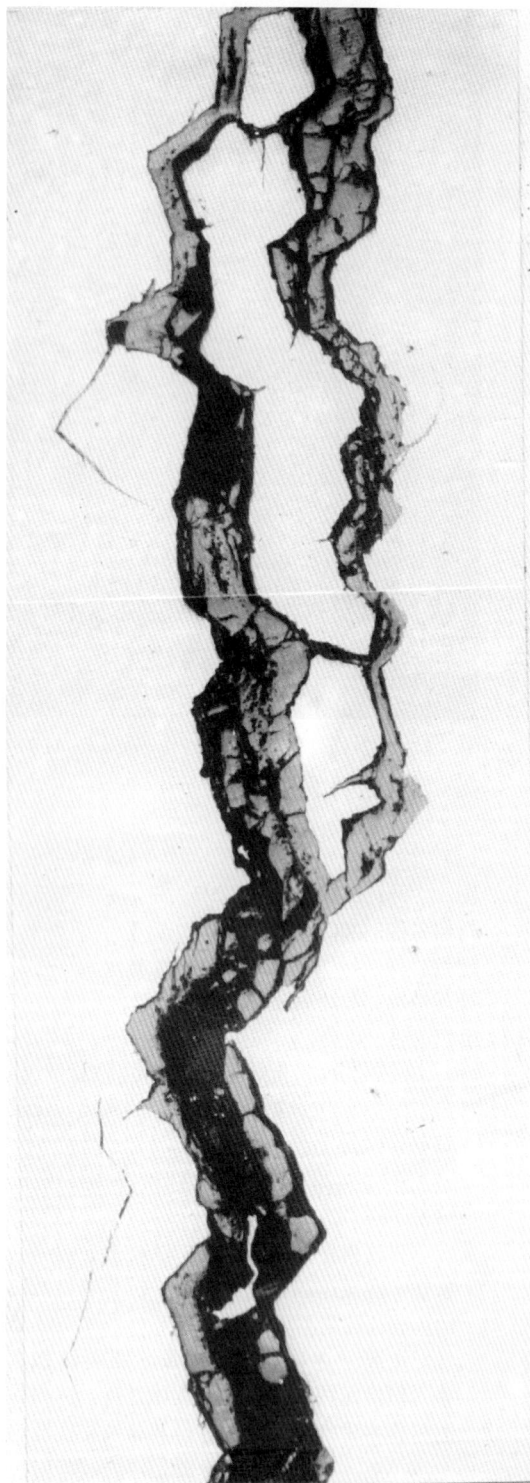

图　2-2-294　　　　　　　　　　　　　　80×

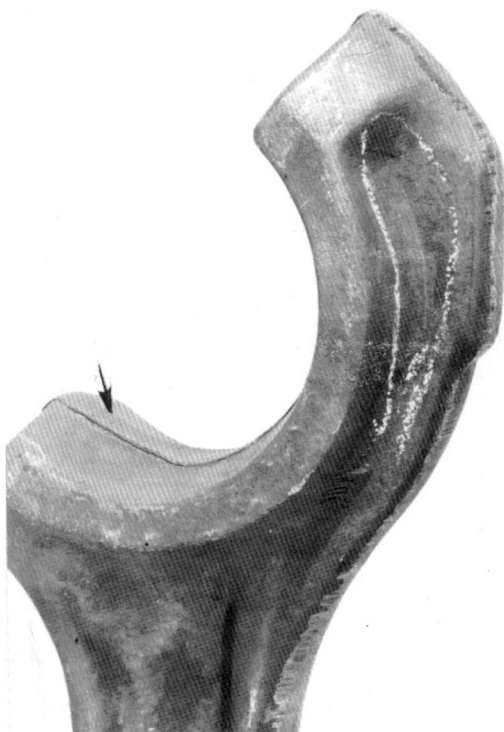

图　2-2-295　　　　　　　　　　　　　0.3×

图　　号：2-2-294、2-2-295

材料名称：40Cr 钢

浸 蚀 剂：未浸蚀

处理情况：锻造余热淬火

组织说明：分模面开裂。沿分模面纵向严重开裂
　　　　　（见图 2-2-295 箭头所指）。开裂区在金相显
　　　　　微镜下观察，裂纹粗大，并沿着粗大的奥氏
　　　　　体晶界发展，见图 2-2-294 所示。这种沿分模
　　　　　面的纵向裂纹通常与原材料有关。由于钢材
　　　　　中存在疏松及分层等缺陷，锻造时被挤向分
　　　　　模面，未能被焊合，且被拉长，模锻时又被
　　　　　毛边所掩盖，切边时便在分模面处出现裂纹，
　　　　　锻件的终锻温度较高，形成粗大的奥氏体晶
　　　　　粒，这将有助于沿分模面形成纵向开裂。主
　　　　　裂纹边上的小裂纹是淬火冷却时形成的。

图 2-2-296　　　　　　　　　　实物

图　2-2-297　　　　　　　　　500×

图　　号：2-2-296～2-2-298

材料名称：40Cr 钢

浸 蚀 剂：苦味酸+4%硝酸酒精溶液

处理情况：830～840℃加热后水淬油冷，450～460℃回火，校直。

组织说明：汽车后桥半轴调质处理，半轴在校直时断裂。

　　图 2-2-296：校直时断裂的断口，断口较齐平，断口边缘处有老伤断面，断面表面呈锈蚀的黑色，在断口另一侧黑色十字处有两条裂纹。

　　图 2-2-297：老伤处取样作金相，基体为回火索氏体，断面处组织无特异之处。

　　图 2-2-298：新断口边缘处组织，存在全脱碳层，虽极薄，但半脱碳层组织有一定深度，基体为回火索氏体，半脱碳层处为网状铁素体及回火索氏体，表面全脱碳层为铁素体。

　　半轴断裂是由于锻造时脱碳引起小裂纹加上淬火加热时，加热速度快，产生了开裂，但是虽未引起断裂，但在校直时，应力大，在开裂处应力集中引起断裂。

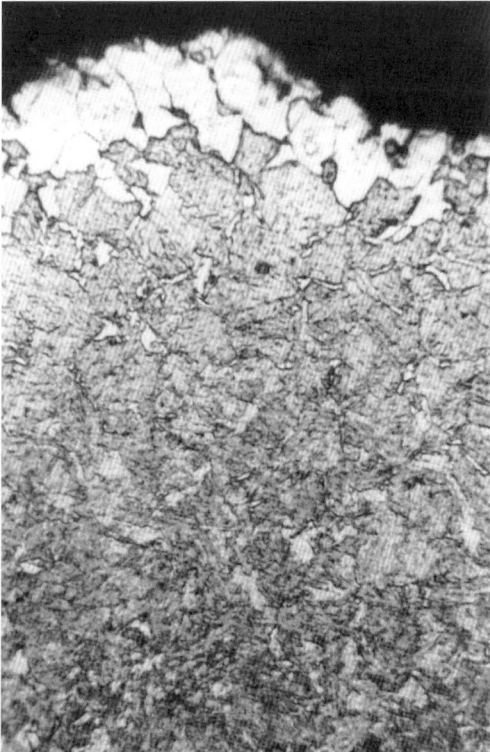

图　2-2-298　　　　　　　　　500×

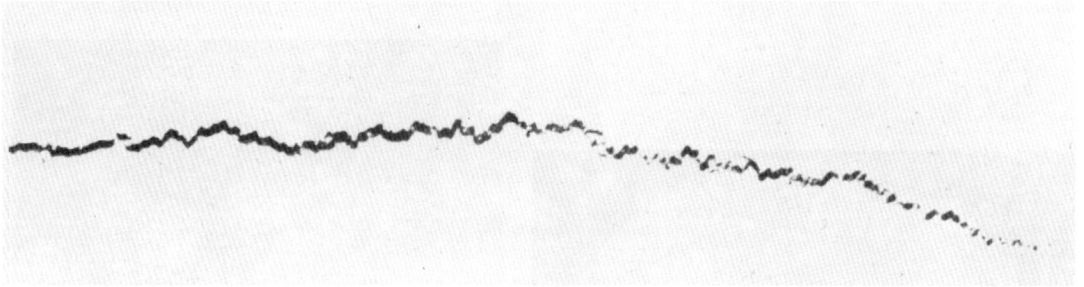

图　2-2-299　　　　　　　　　　　　　　　　　　　　　50×

图　2-2-300　　　　　　　　500×

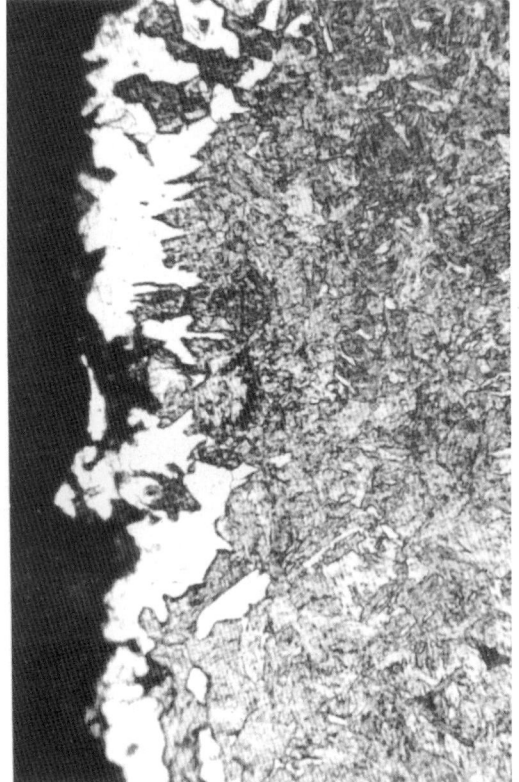

图　2-2-301　　　　　　　　500×

图　　号：图 2-2-299～图 2-2-301　　　　　　　浸 蚀 剂：4%硝酸酒精溶液

材料名称：40Cr 钢　　　　　　　　　　　　　　处理情况：锻造，860℃正火，调质处理

组织说明：锻造后，860℃加热正火，机加工后再经 840℃加热淬火，400℃回火。

　　图 2-2-299：锻件表面的裂纹形貌，裂纹长而弯曲，由表面弯曲断续向里延伸。

　　图 2-2-300：裂纹经浸蚀后，裂纹似沿晶界延伸，基体为回火索氏体。

　　图 2-2-301：调质后表面之组织，基体为回火索氏体，表面处有脱碳的铁素体组织。

　　从 2-2-301：组织来看，表面存在的脱碳层不似淬火加热时所形成，虽然脱碳层薄（可能是机加工时已去除一薄层），但全为铁素体组织，说明此脱碳是锻造加热时形成的，至于锻件产生开裂，从裂纹弯曲沿晶界分布说明，裂纹是高温时形成，这种裂纹极可能是加热时加热速度过快，热应力较大，导致锻件在表面薄弱环节发生的开裂。

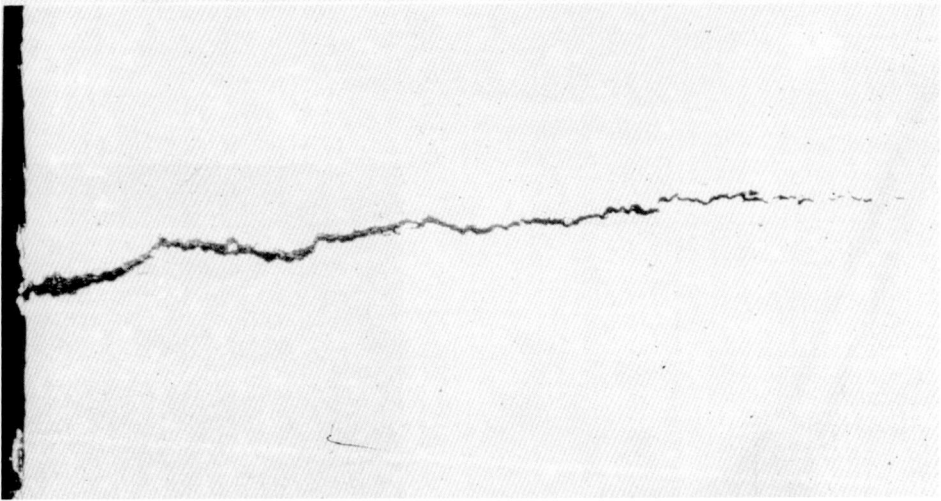

图　2-2-302　　　　　　　　　　　　　　　　　60×

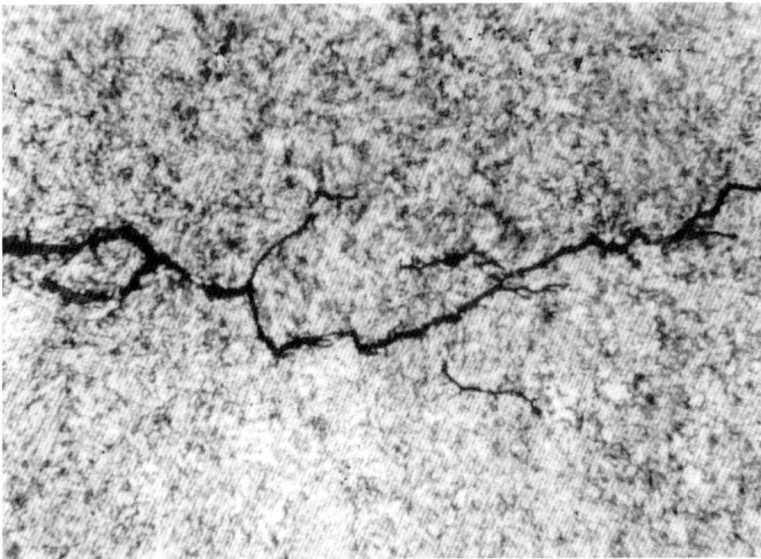

图　2-2-303　　　　　　　　　　　　　　　　　500×

图　　号：2-2-302、2-2-303　　　　　　　　浸 蚀 剂：苦味酸+4%硝酸酒精溶液浸蚀

材料名称：40Cr 钢　　　　　　　　　　　　处理情况：调质处理

组织说明：某厂用 40Cr 钢经过调质处理来制作硬度为 28～32HRC 的标准硬度块，但在热处理后发现硬度块的硬度均匀性很差，而且在 1/8 的硬度块上有裂纹。

　　图 2-2-302：在有裂纹缺陷的试样上取样，经过磨抛后，发现裂纹较粗大，裂纹自表面曲折断续向里延伸，裂纹内充有氧化皮夹杂。

　　图 2-2-303：系经浸蚀后的裂纹附近的显微组织，除裂纹弯曲沿晶界延伸外，裂纹内氧化皮更为清晰，裂纹两侧组织无异常。基体组织为回火细索氏体。

　　据现场了解，硬度块取自购来的圆棒，经正火处理，而且机床车削试块时，切削力大，切割后直接将试块放于高温炉内加热淬火，由此可知，试棒本身存在的内应力较大，加之加热淬火时加热速度又过快，导致在高温时产生早期开裂，因高温晶界强度较低，所以裂纹沿晶界开裂并沿晶界延伸，在高温时受到炉气的氧化，致使裂纹内充有氧化皮杂质。

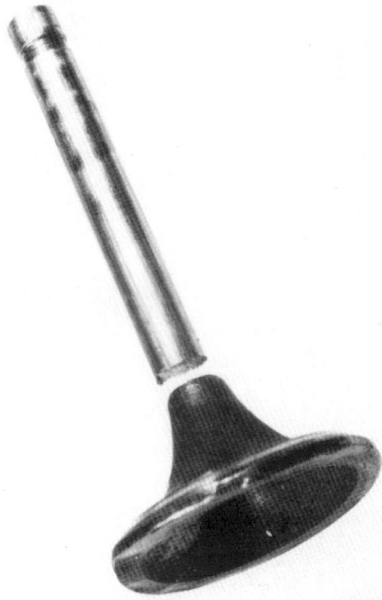

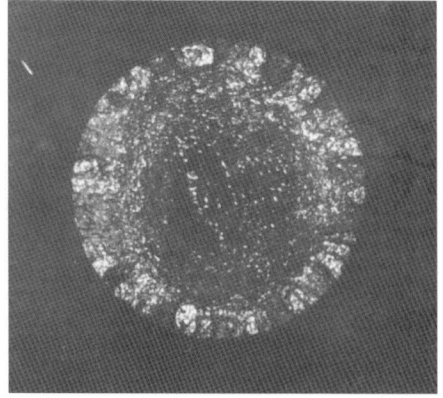

图　2-2-305　　　　　　　　　　3.5×

图　2-2-304　　　　　　　实物

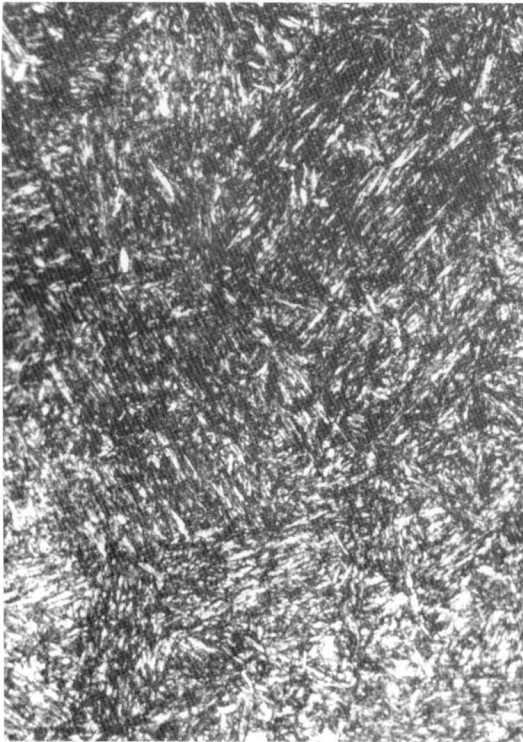

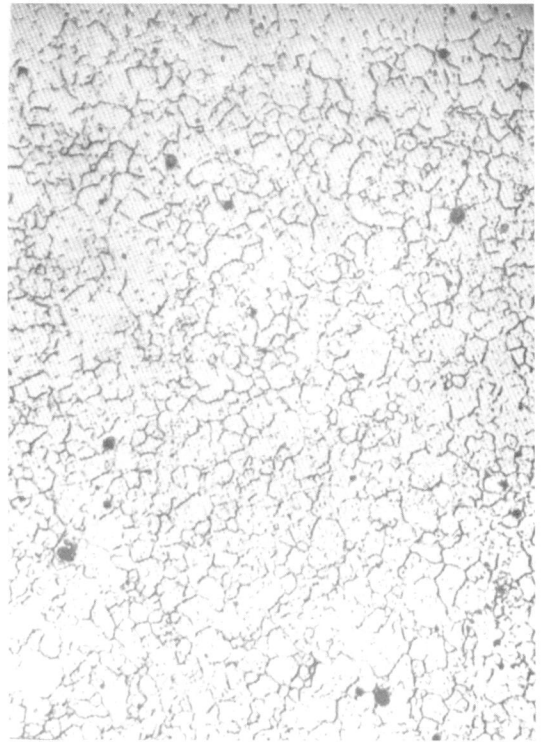

图　2-2-306　　　　　　　　500×　　　图　2-2-307　　　　　　　100×

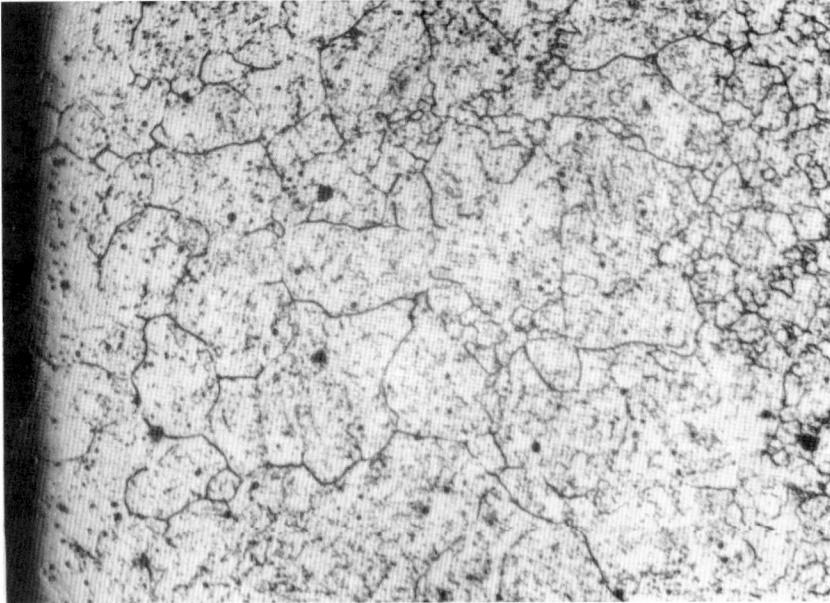

图 2-2-308　　　　　　　　　　　　　　　　　　　　　　　100×

图　　号：2-2-304～2-2-308
材料名称：40Cr 钢
浸 蚀 剂：图 2-2-304、图 2-2-305 未浸蚀
　　　　　图 2-2-306 经 4％的硝酸酒精溶液浸蚀
　　　　　图 2-2-307、图 2-2-308 经饱和苦味酸水溶液中加入少许洗涤剂的试剂浸蚀
处理情况：调质处理
组织说明：疲劳断裂。

图 2-2-304：发动机进气阀在使用过程中颈部发生断裂的情况。

图 2-2-305：该进气阀放大 3.5 倍的宏观断口情况。疲劳源在外圆四周，逐渐向里延伸，至心部材料不能承受载荷时，突然断裂。

图 2-2-306：气阀的基体组织，保持马氏体位向分布的较粗回火索氏体。

图 2-2-307：气阀杆身处所取试样，该处奥氏体实际晶粒较细小，相当于 6 级。

图 2-2-308：气阀断口边缘 1mm 范围内奥氏体实际晶粒，该处晶粒粗大，属 1～2 级；但在断口心部的晶粒则很细小，属 6 级。

由于气阀颈部表面晶粒长大，而使其强度显著下降，因而在使用中疲劳裂纹首先从表面处发生，并逐步向里发展，最后致使阀杆断裂。

图 2-2-309　　　　　　　　　　　实物

图　　号：2-2-309
材料名称：40Cr 钢
浸 蚀 剂：未浸蚀
处理情况：调质处理
组织说明：疲劳断裂。柴油机进气阀沿锁夹颈断裂的外形，图右上角系锁夹颈断面。

　　金属表面脱碳将引起疲劳强度降低，并导致疲劳断裂。零件表面渗铜将使表面弱化，同样会引起疲劳断裂。

　　图示柴油机进气阀采用的铜合金锁夹，在工作过程中因锁夹颈与锁夹摩擦而在表面咬合一层铜，造成表面弱化，从而导致疲劳断裂。

图　　号：2-2-310
材料名称：40Cr 钢
浸 蚀 剂：未浸蚀
处理情况：调质处理
组织说明：进气阀锁夹槽表面铜的渗入情况。母材为调制状态的索氏体组织，表面白色带为渗铜层。

　　于锁夹颈断裂处观察，疲劳源中心相应于外圆表面的摩擦咬合铜斑处。该处成为表面弱化的缺口，由此导致疲劳断裂。

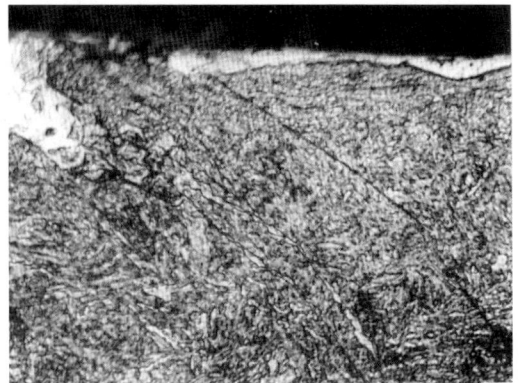

图　2-2-310　　　　　　　　　　500×

图　2-2-311　　　　　　　　　　　　　　　　　　　　　实物

图　2-2-312　　　　　　　上图断口局部放大　　　　　　　实物

图 2-2-313 2000×

图 2-2-314 3000×

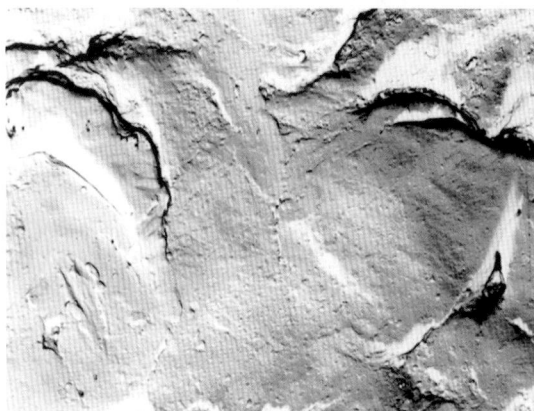

图 2-2-315 3700×

图 2-2-316 3000×

图　号：2-2-311～2-2-318

材料名称：40Cr 钢

浸 蚀 剂：图 2-2-311～图 2-2-316 未浸蚀；2-2-317、2-2-318 经 4%硝酸酒精溶液浸蚀

处理情况：调质处理

组织说明：2-2-311：2.8×6 多绳提升机 ZHG90 型减速器内二级齿轮轴，轴长 1500mm，有四档直径，支承处 ϕ250mm、长 237mm；第二档 ϕ290mm、长 257mm；第三档 ϕ460mm、长 260mm；第四档相距第三档 120mm，第四档直径与第三档相仿。该轴技术要求，调质后硬度 250～280HBW，$R_m \geqslant 686\text{N/mm}^2$，$R_{eL} \geqslant 490\text{N/mm}^2$，$A_{11.3} \geqslant 9\%$，$a_K$ 为 59J/cm^2

　　减速器运行仅半个月，连续运行时间仅 62h 即发生断裂。断裂发生在齿轮轴第二档 ϕ290mm 近第三档 R 圆角 50mm 处，一折二断，断口见图 2-2-311 和图 2-2-312 所示。

　　断下二段齿轮轴之断口相吻合，断裂起始于轴的心部，裂纹自心部向外扩展而导致最后断裂。轴的四周可清晰看到裂纹以放射状的形式向外扩展，在轴断口的边缘可见明显的剪切唇存在，断口的晶粒甚为粗大，且有颇多个银白色圆形斑点，斑点内的晶粒呈结晶状，与四周一般断口之晶粒有明显的区别，由此可见，银白色圆形斑点是白点缺陷。

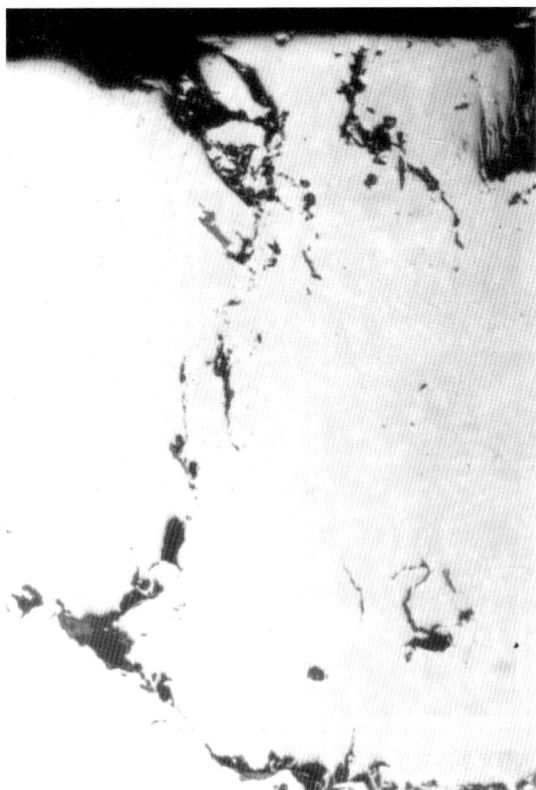

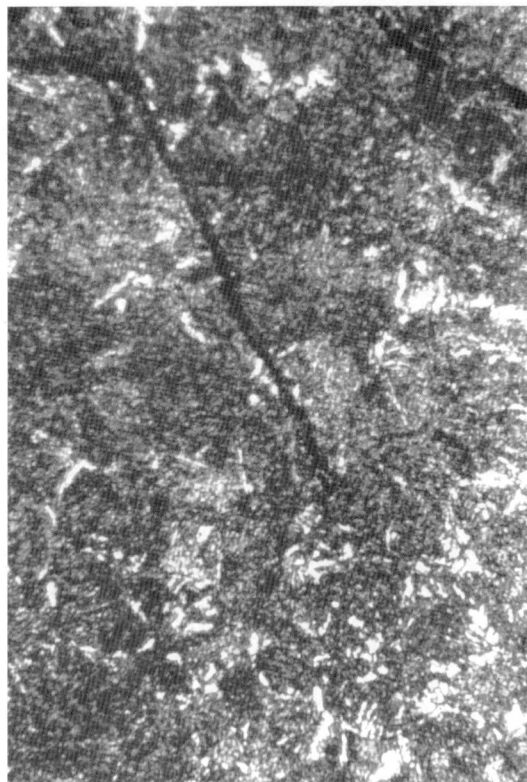

图　2-2-317　　　　　　　　　　　　　100× 　图　2-2-318　　　　　　　　　　　　200×

采用醋酸纤维—碳两次复型方法对断口做电子显微镜观察，宏观"白点"区断口的微观特征为穿晶+沿晶的混合断口（见图 2-2-313、图 2-2-314），并有发纹（见图 2-2-315）和裂纹呈台阶状扩展（见图 2-2-316），这都是氢致裂纹的微观特征。

离齿轮轴 50mm 处截下一段，横断面车平后，即发现有 9 条隐约可见的裂纹，截面经作硫印试验，结果硫的含量不高，且硫的斑点细小均匀，无硫的偏析。再将试样置于 1∶1 盐酸水溶液中热蚀，结果除有一般疏松外，截面上九条裂纹更趋清晰，还发现有颇多细小裂纹呈散乱状锯齿形分布。

于折断的断口处取样作金相，裂纹沿晶分布，也有穿晶分布，裂纹内有氧化物夹杂，见图 2-2-317。

在离轴表面约 40mm 处，发现裂纹断续穿晶分布，基体组织为索氏体及少量网状铁素体，见图 2-2-318 所示。此外，在轴心部的裂纹亦呈穿晶分布，组织则为珠光体及网状分布的铁素体。

由上述断口特征可知，断口上圆形斑点仍是典型的白点缺陷。断口的宏观晶粒粗大，夹杂物含量不高，但有较高含量的氢气，齿轮轴毛坯在锻后脱氢处理又不良，致使在冷却过程中，固溶于钢中的氢气不断析出，导致产生大量垂直纵向的氢致脆的裂纹，使轴在运行中产生断轴事故。

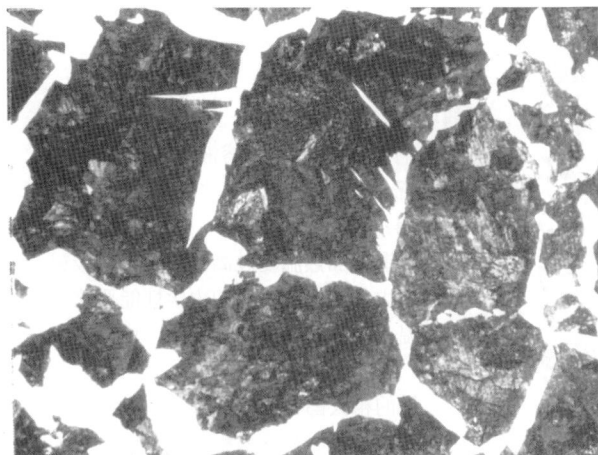

图 号：2-2-323
材料名称：35CrMo 钢
浸 蚀 剂：4%硝酸酒精溶液
处理情况：锻造退火
组织说明：白色铁素体沿原奥氏体晶界呈
网状析出，晶粒内部为细片状珠光体。晶
粒粗大，相当于 2 级；并有轻微的针状铁
素体在晶界上出现，这属于 1 级轻微的魏
氏组织。

图 2-2-323   100×

图 号：2-2-324
材料名称：35CrMo 钢
浸 蚀 剂：4%硝酸酒精溶液
处理情况：退火处理
组织说明：黑色珠光体及白色铁素体，呈带
状偏析分布，晶粒较粗大。
    带状的出现将导致材料的力学性能
有方向性，即顺带状方向，强度、韧性较
高，而垂直于带状方向，则强度及韧性明
显下降。

图   2-2-324   100×

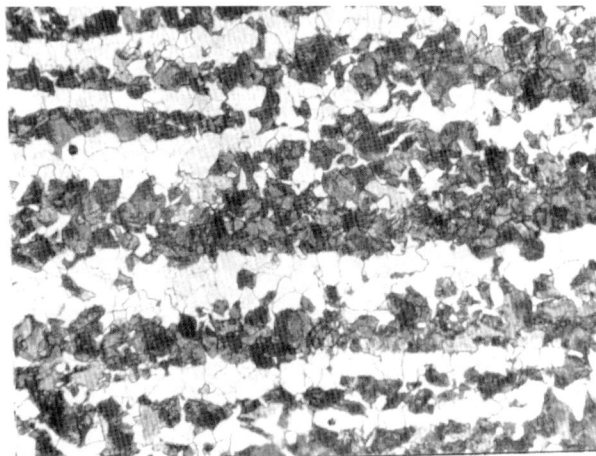

图 号：2-2-325
材料名称：35CrMo 钢
浸 蚀 剂：4%硝酸酒精溶液
处理情况：退火处理
组织说明：黑色细珠光体及白色铁素体，呈
明显的带状偏析，带状组织相当于 3 级。
    通常由于轧制而形成的带状，可通过
正火或退火处理来加以消除。如属于冶
炼质量，因夹杂物而引起的带状偏析，则
较难消除。只有采用各个方向的锻造，才
可以显著地改善带状偏析。

图   2-2-325   100×

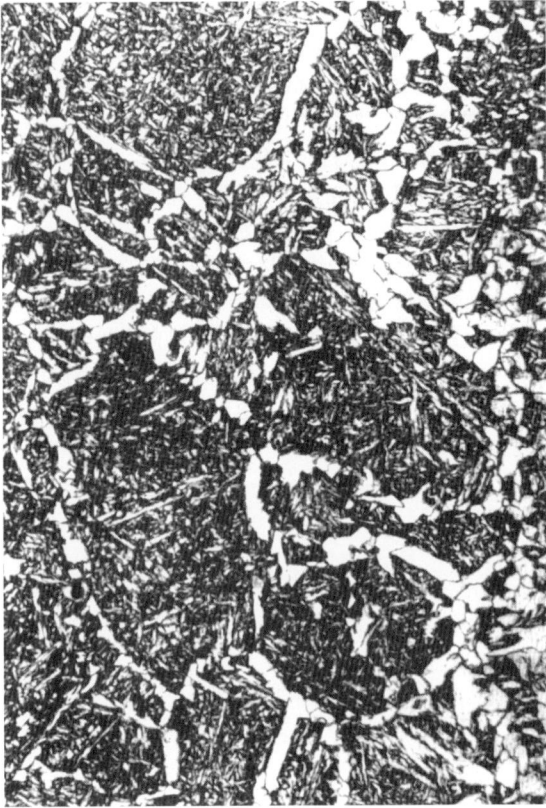

图　　　2-2-326　　　　　　　　　　100×

图　　号：2-2-326
材料名称：35CrMo 钢
浸 蚀 剂：3％硝酸酒精溶液
处理情况：锻造空冷
组织说明：珠光体及铁素体，铁素体沿晶界分布
　　　　　和选向性分布，晶粒粗大，呈魏氏组织。

　　　　35CrMo 钢所制零件，锻造后放在空气中
　　空冷，由于终锻温度较高，引起晶粒急剧长大。
　　冷却时，冷速又较快，故在组织中出现了呈过
　　热特征的魏氏组织。这样的组织如果直接淬火，
　　容易导致零件过热和开裂；因此零件在淬火前，
　　必须进行一次正火处理，以细化晶粒，改善组
　　织，并消除锻造时造成的过热影响和内应力。

图　　号：2-2-327
材料名称：35CrMo 钢
浸 蚀 剂：4％硝酸酒精溶液
处理情况：870℃正火处理
组织说明：片状珠光体及沿晶界分布的铁素体。

　　　　35CrMo 钢制造的大断面零件，通常都经过压力
加工以达到初步成形，但在锻造时，常由于终锻温
度较高，而形成粗大的晶粒。此外，由于锻件截面
的不同，将导致各部位的组织不均匀，这样的组织
状态若直接淬火，常因锻件的内应力较大，而在淬
火时发生开裂事故。正火处理是为了细化晶粒和使
组织均匀化，同时也为以后的淬火处理作组织上的
准备，故正火一般可作为淬火前的预备热处理。

　　　　本图系 35CrMo 钢典型的正火组织。其处理方
法：在 Ac_3 以上 30～50℃加热保温后空冷。35CrMo
钢正火后除使珠光体细小外，还使铁素体数量比同
样处理的 35 钢为少，这是加入铬、钼合金元素后所
起的作用。

图　　　2-2-327　　　　　　　　　　100×

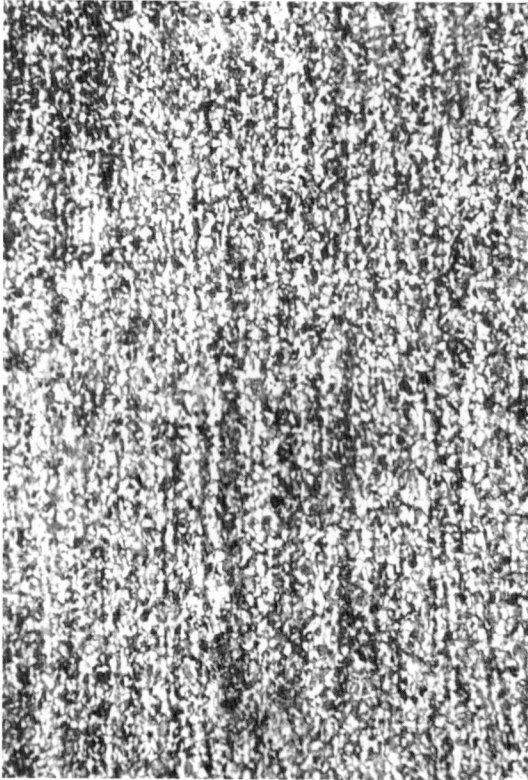

图　2-2-328　　　　　　　　　　　　　100×

图　　号：2-2-328
材料名称：35CrMo 钢
浸 蚀 剂：3％硝酸酒精溶液
处理情况：原材料热轧状态
组织说明：珠光体和铁素体，循加工方向变形而
　　　　　呈带状分布，但晶粒很细小。

　　35CrMo 钢原材料供应状态的带状组织，
是指珠光体与铁素体呈带状排列，因而将造成
其力学性能有方向性，即沿纵向带状组织的强
度高、韧性好；而垂直于带状组织的则强度低、
塑性也差。为了矫正这种情况，可将钢进行退
火或正火处理。

图　　号：2-2-329
材料名称：35CrMo 钢
浸 蚀 剂：3％硝酸酒精溶液
处理情况：退火处理（830℃加热后炉冷）
组织说明：珠光体及呈网络状分布的铁素体。

　　本图为 35CrMo 钢完全退火的典型组织。

　　其处理方法是把钢加热到 Ac_3，以上 30～50℃，
保温一定时间后随炉冷却，即得到黑色细片状珠光
体和白色网络状分布的铁素体。

　　完全退火的钢，检测时，根据珠光体含量的多
少，可以估计出大致的含碳量。如果珠光体的体积
分数约为 50％时，则含碳量为：

$$w（C）\%=(50×0.8)/100=0.40\%$$

式中：0.8 指珠光体的体积分数占 100％时的含碳量。
美国材料学会曾公布过共析点 S 的 $w（C）$ 为 0.77％，
但是为了方便起见，仍可沿用 0.8％来计算。

　　一般可用完全退火处理来消除带状组织，改善
钢材的性能，使有利于切削加工。

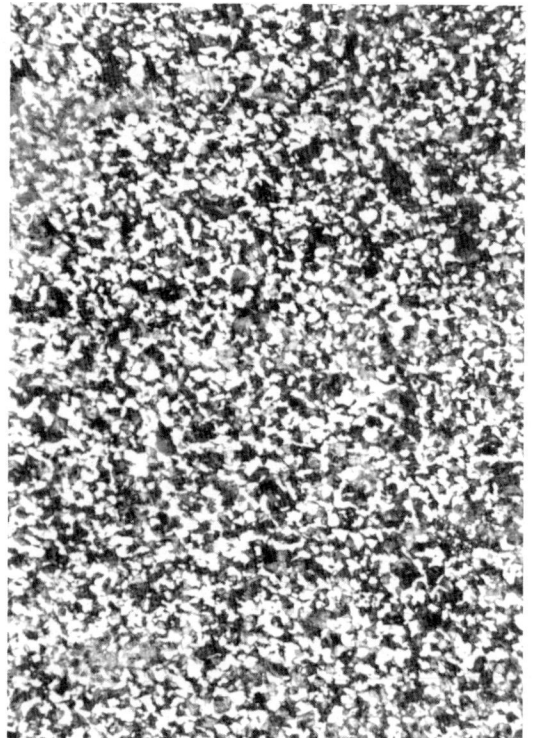

图　2-2-329　　　　　　　　　　　　　100×

图　　2-2-330　　　　　　　　　　500×

图　　号：2-2-330
材料名称：35CrMo 钢
浸 蚀 剂：4％硝酸酒精溶液
处理情况：820℃加热后油冷淬火
组织说明：基体为淬火马氏体，其上分布有少量托
　　　　　氏体（黑色）和白色细条状铁素体。

　　　　　硬度为 46～47HRC。

　　　35CrMo 钢淬火加热温度偏低，致使高温时
存在奥氏体和未溶解的铁素体的二相组织。淬
火时又因冷速不快，致在未溶铁素体周围析出
托氏体，最后过冷奥氏体转变为马氏体，从而
获得三相共存的显微组织。

　　　由于淬火加热温度偏低，奥氏体合金化不
均匀，且不充分，淬火后除获得细针状马氏体外，
还有很多区域的马氏体针叶不明显，呈一片灰
白色。

　　　淬火组织中存在三相共存的组织，将使零件
硬度达不到预期的要求，这不符合进行热处理的
目的。

图　　号：2-2-331
材料名称：35CrMo 钢
浸 蚀 剂：4％硝酸酒精溶液
处理情况：840℃加热油冷淬火
组织说明：淬火马氏体及少量羽毛状贝氏体。

　　　淬火后，零件硬度为 47HRC。由于淬火硬度
不足，反映在金相组织上为：淬火马氏体组织中夹
有羽毛状分布的上贝氏体。这种现象主要是因为冷
却不够快，致使部分过冷奥氏体发生等温转变而引
起的。

　　　淬火零件有时出现少量贝氏体组织，在硬度
上不一定能反映出来，因而只有用金相检验的方
法来进行检查，但首要的是从工艺上来保证淬火
质量。

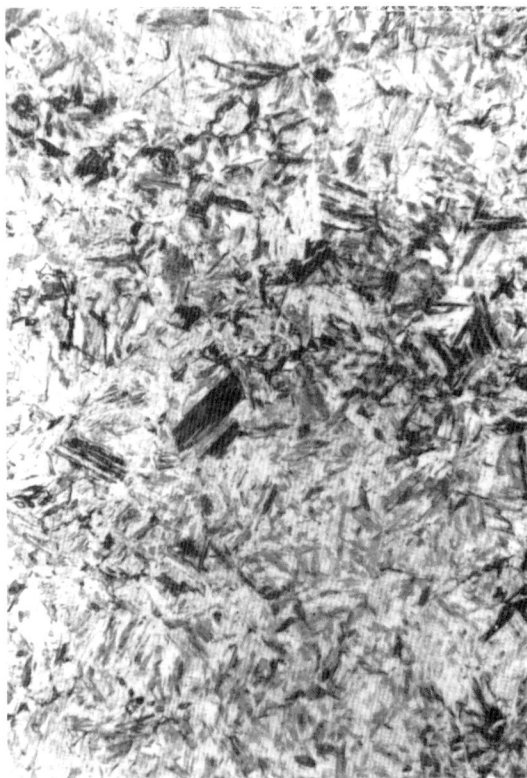

图　　2-2-331　　　　　　　　　　500×

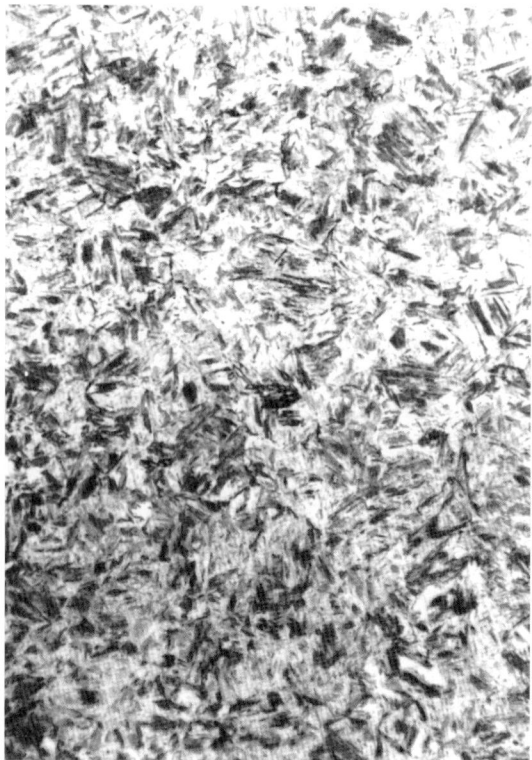

图　2-2-332　　　　　　　　　　　500×

图　　号：2-2-332
材料名称：35CrMo 钢
浸 蚀 剂：4％硝酸酒精溶液
处理情况：860℃加热油冷淬火
组织说明：淬火马氏体。硬度为 62HRC。

　　由于淬火加热温度适中，得到的针状马氏体的大小也适中，硬度符合要求。

　　35CrMo 将形成(Cr,Mo,Fe)$_{23}$C$_6$ 碳化物，从而具有细小晶粒的作用。钼元素能固溶强化铁素体。由于钼还能提高钢的临界点，因此，淬火、正火、退火的温度可以相应的提高，而不会引起过热。

图　　号：2-2-333
材料名称：35CrMo 钢
浸 蚀 剂：4％硝酸酒精溶液
处理情况：860℃加热油冷淬火
组织说明：淬火马氏体、少量上贝氏体及铁素体。
　　　　　硬度为 48.5HRC。

　　本图为 35CrMo 钢大截面工件的心部显微组织。由于截面较大，心部不能完全淬透，以致在加热时，大部分珠光体及铁素体溶入奥氏体，而有少量铁素体未被溶解，淬火时，未溶解的铁素体周围析出少量上贝氏体，其余过冷奥氏体则转变为淬火马氏体，由于心部存在上述组织，致使硬度有所下降，工件表面硬度为 52HRC，心部硬度为 48.5HRC。

　　同样大小的工件，若采用形变热处理工艺进行处理，则其淬透性将有明显的提高，此时心部即不一定会出现贝氏体组织。

图　2-2-333　　　　　　　　　　　500×

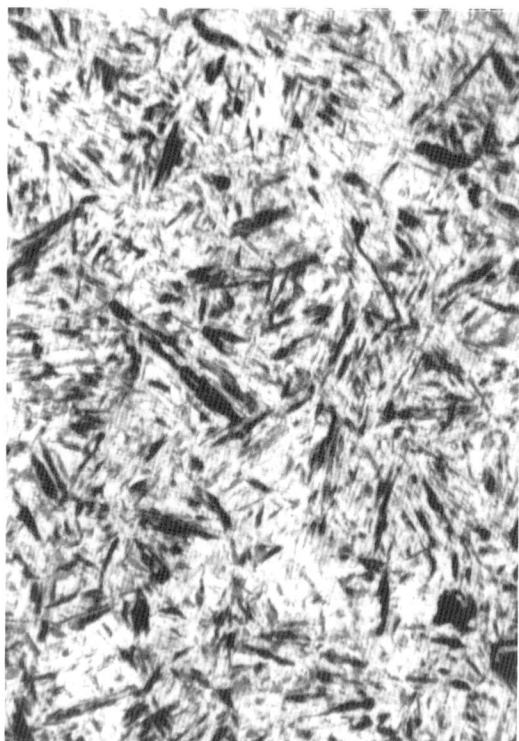

图　2-2-334　　　　　　　　　　500×

图　　　号：2-2-335

材料名称：35CrMo 钢

浸 蚀 剂：4％硝酸酒精溶液

处理情况：800℃加热淬火，500℃回火

组织说明：较细小而又均匀的回火索氏体。

　35CrMo 钢典型的调质组织。硬度为 33～34HRC。

　　调质处理(淬火后高温回火)是为了使材料获得最好的综合力学性能。铬提高了材料的淬透性，并且使淬火和高温回火后的索氏体组织得到强化；钼的作用是防止第二类回火脆性，因此，35CrMo 钢调质后冲击韧度较高。

　　调质状态性能的好坏，还与淬透性有关，只有在全部淬透的情况下，经过高温回火才能使整个截面上的力学性能均匀，而且它的塑性、韧性、强度和屈强比（R_{eL}/R_m）都较好。

图　　　号：2-2-334

材料名称：35CrMo 钢

浸 蚀 剂：4％硝酸酒精溶液

处理情况：900℃加热淬火

组织说明：淬火马氏体。

　　35CrMo 钢淬火加热温度，一般为 830～850℃，淬火后可得到中等针状马氏体。

　　由于钢中含有一定量的钼元素，使钢的临界点上升，同时又有复杂碳化物存在，即使钢材在 900℃加热，奥氏体晶粒长大也不显著，淬火后马氏体的针叶也不会过分粗大。

　　图中马氏体主要呈针状，其中较粗的黑色针状物是试样磨制过程中自行回火的马氏体。灰白色基底的层次模糊，属较细小的针状马氏体组织。

　　一般来说，35CrMo 钢的淬火马氏体针叶是明显的，在充分奥氏体化和合金化的前提下，淬火组织应当比较均匀。

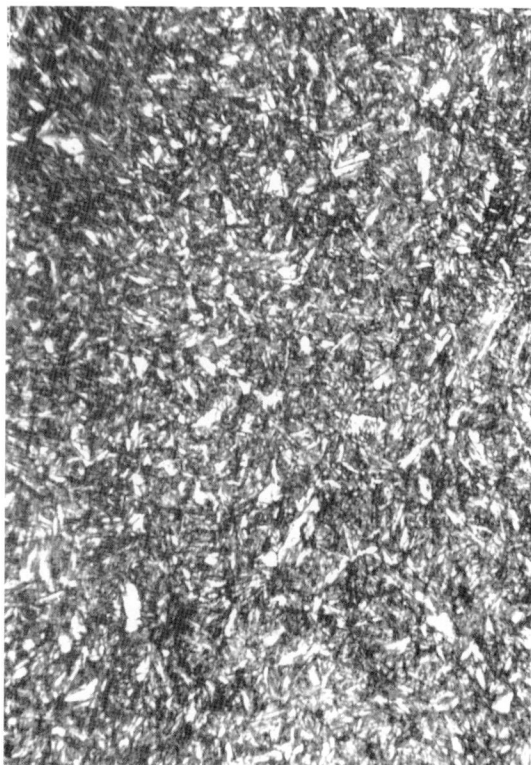

图　2-2-335　　　　　　　　　　500×

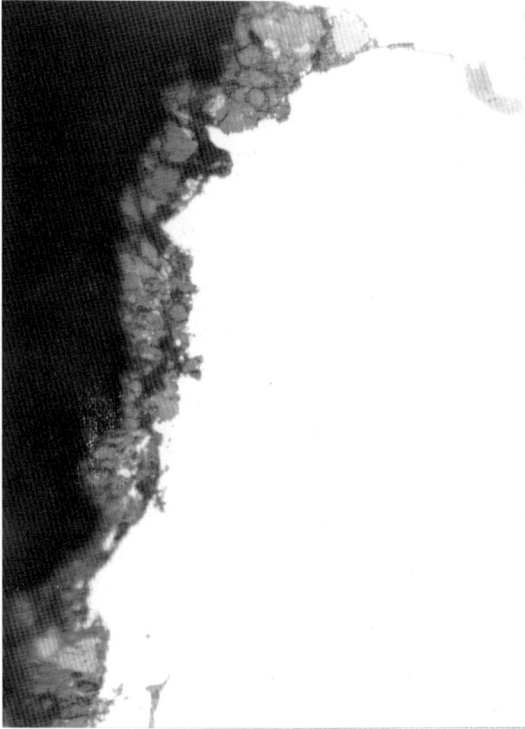

图　2-2-336　　　　　　　　　250×

图　　　号：2-2-336
材料名称：35CrMo 钢
浸蚀剂：未浸蚀
处理情况：锻造
组织说明：氧化、脱碳。表面氧化并沿晶界伸展。
　　　　试样表面氧化严重，并有沿晶界向内伸展的情况，可判为局部表面过烧。
　　　　钢的氧化是指铁与氧、二氧化碳、水蒸气、二氧化硫等作用生成氧化铁。
　　　　氧化物的形成过程是个扩散过程，铁（Fe）以离子状态由内层向外层表面扩散，氧化性气体以原子状态由外表层经吸附后向内扩散，其结果是使表面逐层氧化。
　　　　表层氧化铁呈深灰色，里层向晶界伸展的氧化铁呈浅灰色。

图　　　号：2-2-337
材料名称：35CrMo 钢
浸蚀剂：4％硝酸酒精溶液
处理情况：锻造
组织说明：表面脱碳。
　　　　脱碳是指钢在加热时表层碳分降低的现象。脱碳的过程是钢中的碳在高温下与氢、氧等作用生成甲烷或一氧化碳的过程。
　　　　脱碳也是扩散作用的结果，一方面是氧向钢内扩散，另一方面是钢中的碳向外扩散。脱碳层只有在脱碳速度超过氧化速度时才能形成。当氧化速度很大时产生的脱碳层即氧化而产生氧化铁皮，因此，相对来说，只有在氧化作用较弱的气氛中，才会形成较深的脱碳层。

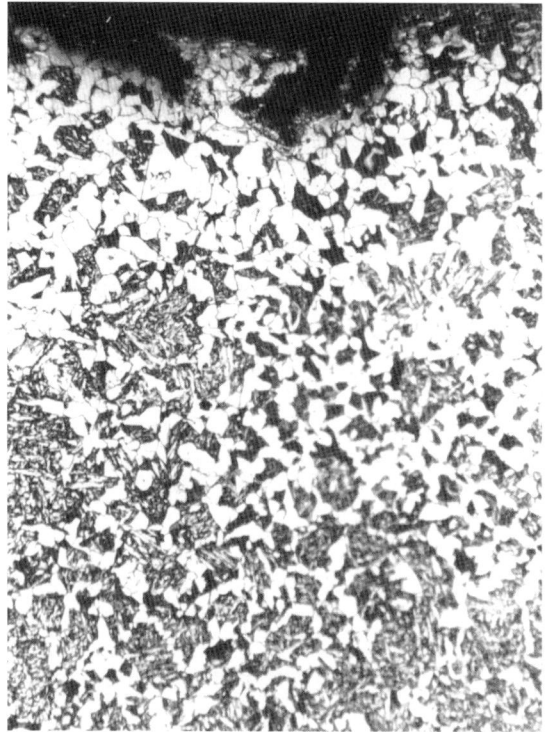

图　2-2-337　　　　　　　　　100×

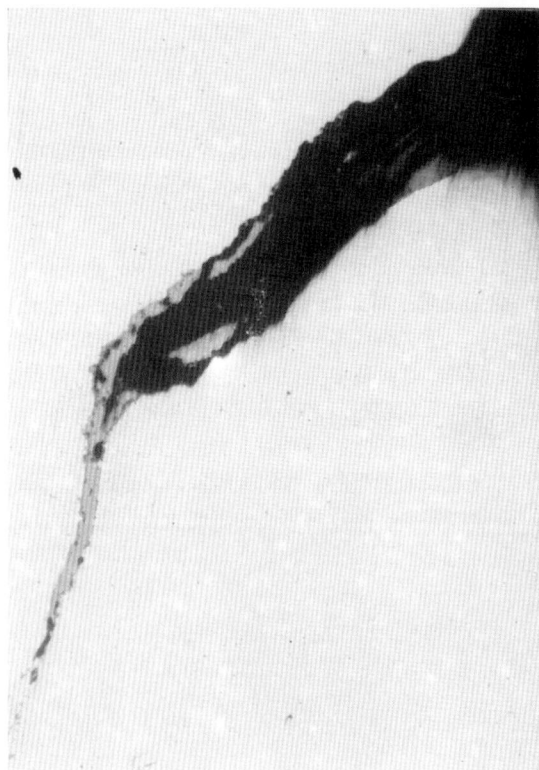

图　　2-2-338　　　　　　　　　　　　　100×

图　　号：2-2-338
材料名称：35CrMo 钢
浸 蚀 剂：未浸蚀
处理情况：高温锻造后空冷
组织说明：轻度过烧。由表向里（呈灰色）分布
　　的氧化物。

　　　　由于锻造温度过高，锻件局部表面发生过
　　烧，形成短而粗的裂纹。裂纹沿晶界发生，并
　　可见沿晶界的氧化夹杂。

　　　　锻件表面的过烧缺陷，除局部表面极浅者
　　尚可采用加工方法去除外，一般来说是无法挽
　　救的，只能报废。

图　　号：2-2-339
材料名称：35CrMo 钢
浸 蚀 剂：4％硝酸酒精溶液浸蚀
处理情况：高温锻造后空冷
组织说明：轻度过烧。本图为图 2-2-338 试样经过浸
　　蚀后的情况。基体为片状珠光体及呈网络状分布
　　的铁素体。裂纹内氧化物更趋明显，裂纹两侧有
　　脱碳，该处铁素体较基体为多。

　　　　氧化与脱碳多是钢与氧或氧化性气体相互作
　　用的结果。在锻造加热中，这两种现象在锻件上
　　往往同时出现，大都是先在局部表层产生过烧并
　　沿晶界开裂，然后有氧气或氧化性气体渗入，从
　　而使裂纹两侧发生氧化和脱碳。

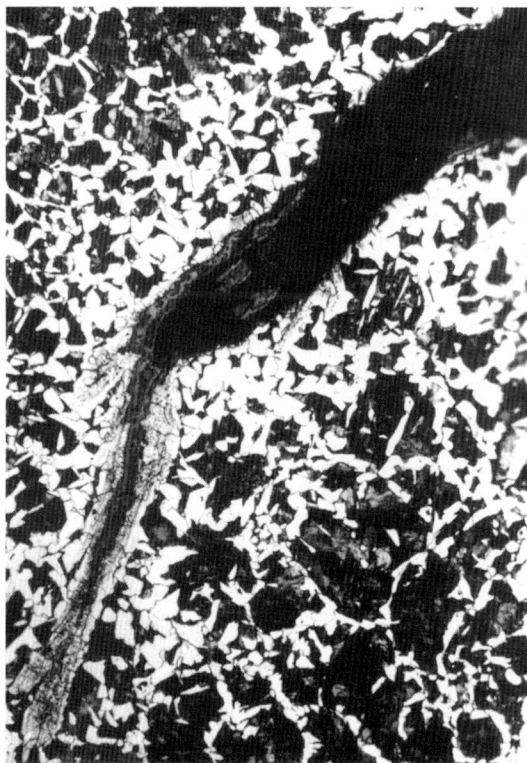

图　　2-2-339　　　　　　　　　　　　　100×

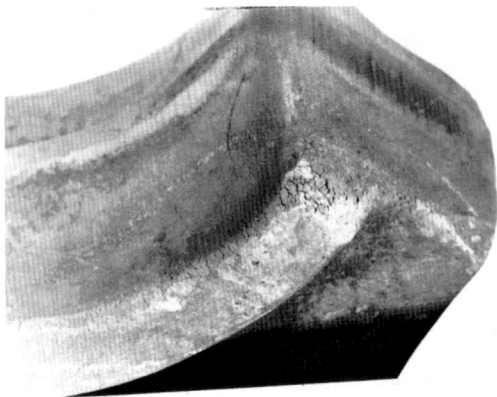

图　　号：2-2-340
材料名称：35CrMo 钢
浸 蚀 剂：未浸蚀
处理情况：锻造
组织说明：局部表面过烧裂纹形貌。

　　这类裂纹多分布在锻件棱角的突出部位，特别是锻造过程中受拉应力的区域。裂纹的特点是短而粗的裂口，密布于锻件棱角突出的表面。

　　一般认为：金属由于加热温度过高或加热时间过长而引起的晶粒粗大现象，就是过热；而过烧则需要有比过热更高的温度才会发生。

图　　2-2-340　　　　　　　　　　实物

图　　号：2-2-341
材料名称：35CrMo 钢
浸 蚀 剂：未浸蚀
处理情况：锻造
组织说明：局部过烧。上述过烧裂口处，氧化物呈灰色点、条状自表面沿晶界向里扩展。

　　锻件表面局部过烧。以晶粒边界出现熔化为特征，即可判为过烧。图示晶界熔化并严重氧化，自锻件表面沿晶界向里扩展，晶界上密布氧化物小点，点状氧化物末端为大块条状氧化铁夹杂。这是由于锻件表面局部过烧后再经锻打，导致表面金属发生较大变形而将氧化物挤扁后的情况。稍向里，金属的变形量较小，故氧化物仍保持原状。该锻件已属明显过烧，无法挽救，只能作废品处理。

图　　2-2-341　　　　　　　　　　250×

图　　号：2-2-342

材料名称：35CrMo 钢

浸 蚀 剂：未浸蚀

处理情况：高温加热后锻造

组织说明：严重过烧，粗晶脆性断口。为典型的
　　　　　过烧断口。

　　　　　35CrMo 钢锻坯，由于加热温度过高，晶粒
　　　　极为粗大，同时晶界发生氧化，工件在出炉落
　　　　地时发生脆性断裂。

图　 2-2-342　　　　　　　　　　实物断口

图　　号：2-2-343

材料名称：35CrMo 钢

浸 蚀 剂：未浸蚀

处理情况：高温加热后锻造

组织说明：于图 2-2-342 过烧断口上取样，在未经浸
　　　　　蚀的磨面上，发现晶粒极粗，晶界严重氧化，灰色
　　　　　氧化物夹杂自表面向内伸展成网络分布。

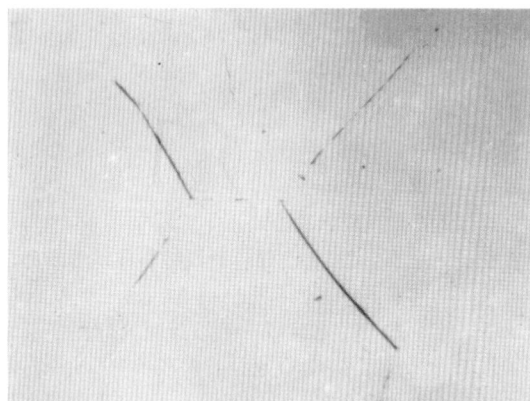

图　 2-2-343　　　　　　　　　　　　　　50×

图　　号：2-2-344

材料名称：35CrMo 钢

浸 蚀 剂：4％硝酸酒精溶液浸蚀

处理情况：高温加热后锻造

组织说明：图 2-2-343 试样经浸蚀后情况，基体为
　　　　　明显的魏氏体组织，黑色沿晶粒边界分布的为
　　　　　过烧时产生的氧化物。

　　　　　35CrMo 钢始锻温度为 1150℃，终锻温度
　　　　应控制在 850℃以上，本例工件由于加热温度超
　　　　过上述规定很多，致使晶粒急剧长大，并在晶
　　　　界发生氧化，从而造成严重的过烧缺陷。

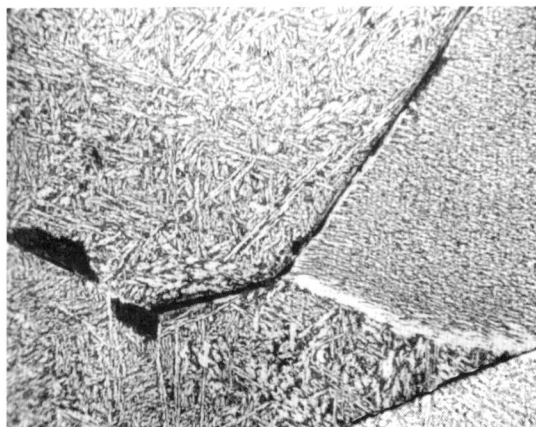

图　 2-2-344　　　　　　　　630×

图　　2-2-345　　　　　　　　　　　　　　　0.25×

图　　号：2-2-345

材料名称：35CrMo 钢

浸 蚀 剂：未浸蚀

处理情况：调质处理

组织说明：疲劳断裂。本图为在运转过程中，
　　因断裂而导致损毁的内燃机连杆实物照
　　片。断裂处于连杆小头端，断口较齐平，
　　有疲劳裂纹扩展时产生渐延线，以及瞬时
　　破坏区，故断口呈现出疲劳断裂的特征。

　　连杆是发动机重要零件之一，发动机
的工作是靠连杆来传递活塞与曲轴动作的，所以连杆处在高速运动状态，承受着
很高的周期性和冲击性的爆发压力及惯
性力，它除了承受大小和方向交变的拉应
力之外，还要承受弯曲应力。因此，连杆
是在交变拉压与弯曲的复合应力作用下
工作的。

　　发动机连杆的断裂大多属疲劳断裂。

图　　号：2-2-346

材料名称：35CrMo 钢

浸 蚀 剂：未浸蚀

处理情况：锻件经调质处理

组织说明：于图 2-2-345 连杆断口处取样，磨制后，
断口局部表面有氧化和细小裂纹。

　　连杆的疲劳强度取决于设计时杆身工字形断
面的形状和尺寸，以及连杆的内在质量（如原材料
质量、热处理硬度、金相组织等）。连杆的表面质
量（折叠、裂纹、脱碳、表层晶界氧化等）也是影
响疲劳强度的重要因素。

　　本例连杆仅在大小头两端平面上进行加工，而
杆身工字型肋部的外表均为锻造面。经仔细分析，
发现连杆断口处局部表面有轻度晶界氧化和表面
脱碳的情况。在高倍显微镜放大下观察到，其表面
晶界氧化处实为导致连杆断裂的疲劳源。因此，高
功率发动机的连杆表面一般经过机加工和喷丸处
理，以防止发生疲劳断裂。

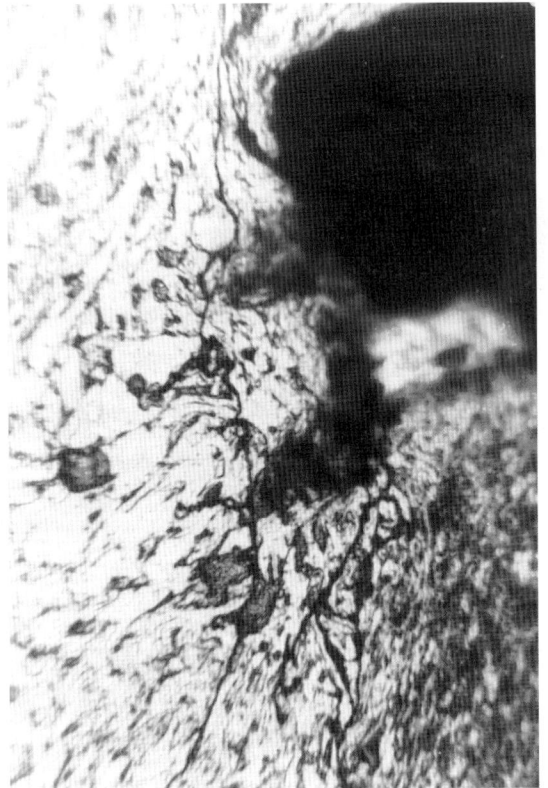

图　　2-2-346　　　　　　　　　　　　　　　630×

图　　号：2-2-347
材料名称：35CrMo 钢
浸 蚀 剂：未浸蚀
处理情况：调质处理
组织说明：塑性断裂。连杆螺栓在使用过程中发
　　生塑性断裂的情况。其断口有明显的塑性变形，
　　为无光泽的纤维状断口或丝状断口（钢件呈灰
　　色）。塑性较好的断口，即以这种形式发生断裂
　　的，金属在抗拉试验中产生颈缩后，试样的心
　　部在三向应力状态下形成显微孔隙。显微孔隙
　　的成因是：在范性变形过程中，晶粒内部夹杂
　　物或硬质点于基体的界面处，因滑移而产生许
　　多微裂纹或小孔；随后逐渐扩大聚合成连续断
　　面（即拉伸杯突状断口的杯底部），当继续增加
　　载荷时，在切应力作用下试样处自剪切唇口断
　　开，呈纤维杯突形断口。一般情况下，塑性断
　　裂是穿晶的。

图　　2-2-347　　　　　1×

图　　号：2-2-348
材料名称：35CrMo 钢
浸 蚀 剂：4％硝酸酒精溶液
处理情况：调质处理
组织说明：均匀索氏体组织。硬度 31.5～32HRC。

　　本图为图 2-2-347 塑性断裂的连杆螺栓的金
相组织（组织正常），说明螺栓的断裂是由于连杆
的弯曲变形而被强行拉断的，不涉及螺栓的材质
问题。经查明，连杆螺栓的塑性断裂，确是由于
活塞销碎断后导致连杆弯曲而被强行拉断的。

　　工厂中，机器发生塑性断裂的实例，大多基
于零件的过载荷。例如：①原材料错乱，发生了
漏验。②由于机器超载。③由于材料强度不足，
以至零件在运行过程中被拉断。④由于甲零件损
坏，使乙零件突然受到很大的应力而被拉断等。
高温下长期承受负荷的零件，也可能发生塑性
断裂。

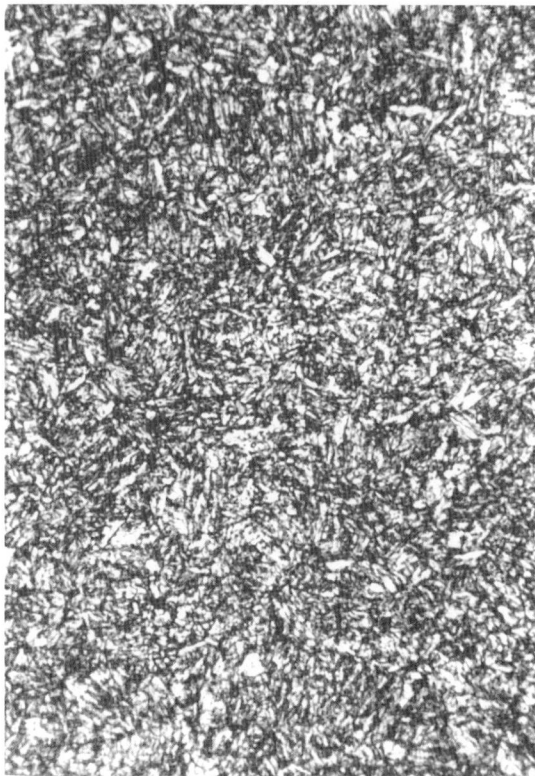

图　　2-2-348　　　　　630×

图 2-2-349   100×

图　　号：2-2-349
材料名称：42CrMo 钢［w(C)0.40%，w(Si)0.24%，w(Mn) 0.57%，w(Cr)1.05%，w(Mo)0.25%］
浸 蚀 剂：4%硝酸酒精溶液
处理情况：供应状态的原材料
组织说明：回火索氏体及细小块状铁素体，组织分布不均匀，稍呈带状偏析分布。

　　42CrMo 钢常用于大截面的锻件，为了要求具有良好的综合力学性能，因此原材料的组织必须均匀细致，由于原材料的带状偏析未能消除，则将明显影响其力学性能。

　　采用一般的正火工艺，是无法消除带状组织的，只有进行 1000℃以上的高温退火，然后采用正常的正火处理，始能消除或改善带状组织所造成的偏析，从而提高钢的塑性。

图　　号：2-2-350
材料名称：42CrMo 钢［w(C)0.38%～0.45%，w(Si) 0.17%～0.37%，w(Mn) 0.50%～0.80%，w(Mo) 0.15%～0.25%，w(Cr) 0.90%～1.20%］
浸 蚀 剂：4%硝酸酒精溶液
处理情况：供应状态的原材料
组织说明：索氏体和少量上贝氏体。

　　42CrMo 钢比 35CrMo 钢的碳和铬分别多质量分数为 0.05%和 0.10%。在相同热处理条件下，其抗拉强度和屈服强度比 35CrMo 钢约高出 98N/mm²，为重要的结构钢，可以来制造调质和正火、回火后使用的，要求力学性能较高的大型零件。并具有较好的高温强度与组织稳定性，亦可用来作珠光体类型的耐热钢。

　　42CrMo 钢在热轧空冷状态，由于变形和冷却较快，从而得到索氏体和少量上贝氏体组织以及较高的硬度，如果直接用来切削加工将造成材料切削性能的下降，如果作为锻造棒料则无妨。

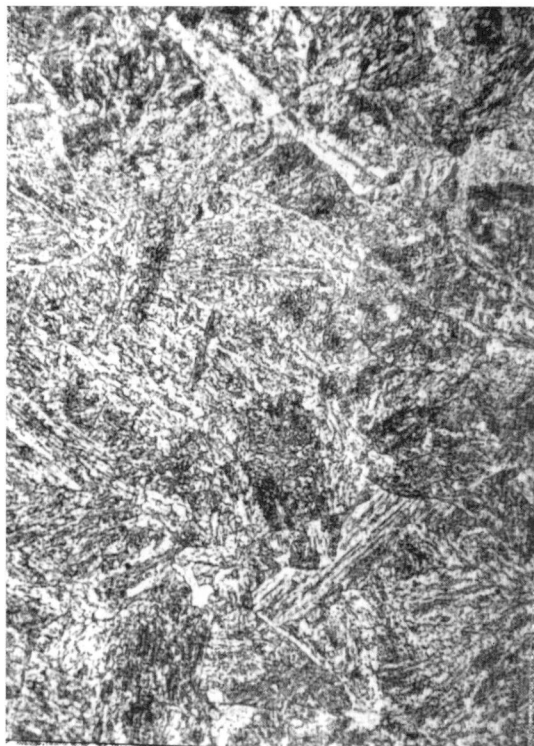

图 2-2-350   500×

图　　号：2-2-351

材料名称：42CrMo 钢

浸 蚀 剂：4%硝酸酒精溶液

处理情况：正火状态

组织说明：片状珠光体及沿晶界呈网络状分布的铁
　　　　　素体，晶粒较细小，但不均匀，属 4～6 级。硬
　　　　　度为 221HBW。

　　　　本图为 42CrMo 钢正火后的正常组织。

　　　　42CrMo 钢大型锻件在锻造空冷的条件下，
常出现粗大晶粒，或形成铁素体选向分布的魏氏
体组织，为使组织细化，减少淬火时变形和开裂
倾向，以及改善切削加工性和降低表面粗糙度
值，通常在锻造后施以正火热处理，以作为淬火
前的预备热处理。

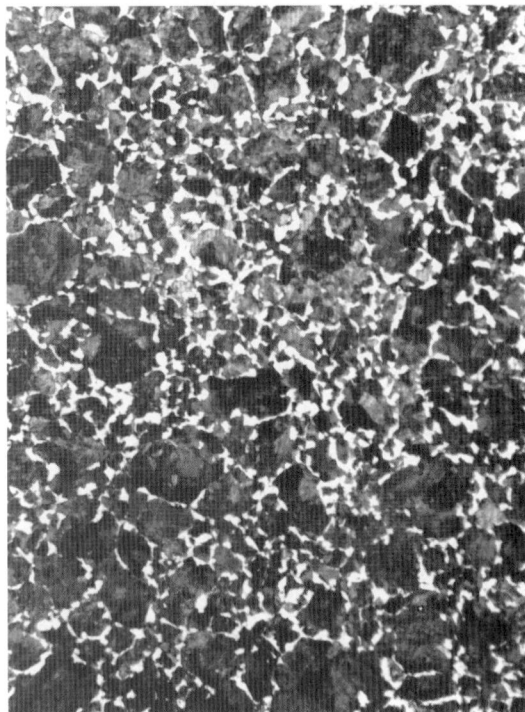

图　2-2-351　　　　　　　　　　　　　100×d

图　2-2-352　　　　　　500×

图　　号：2-2-352

材料名称：42CrMo 钢

浸 蚀 剂：4%硝酸酒精溶液

处理情况：淬火状态

组织说明：白色网络铁素体周围为细片状珠光体，
　　　　　浅灰色针状淬火马氏体组织。

　　　　本图为 42CrMo 钢不完全淬火组织。

　　　　由于加热温度偏低，原始珠光体已转变为奥
氏体，而铁素体则未完全溶解，有极少量铁素体
残留在晶界处，淬火冷却时，又因冷却较缓，以
致沿未溶铁素体晶界析出细片状珠光体。一部分
过冷奥氏体在马氏体形成温度时转变为淬火马
氏体组织，这种组织属不完全淬火组织。如上所
述，由于淬火温度偏低，奥氏体化不完全，冷却
又慢，淬火对工件的硬化作用达不到充分的发
挥，因此，该组织属淬火缺陷组织。

图　2-2-353　　　　　　　　　　　500×

图　　　号：2-2-353

材料名称：42CrMo 钢

浸 蚀 剂：4％硝酸酒精溶液

处理情况：820℃加热后油冷淬火

组织说明：淬火细马氏体，其上分布有黑色针状
　　　物为托氏体组织。

　　42CrMo 钢淬火冷却不足，使过冷奥氏体在
转变过程中析出托氏体。托氏体的存在使材料
的硬度明显下降。

　　此外，根据马氏体的针叶不明显，以及采
用的热处理温度进行分析，工件的淬火加热温
度偏于下限，奥氏体的合金化不够充分，淬火
后马氏体连成一片，呈灰黑色区域，经硬度测
定可知工件的硬度不高，仅为 46～46.5HRC。

图　　　号：2-2-354

材料名称：42CrMo 钢

浸 蚀 剂：4％硝酸酒精溶液

处理情况：810℃加热后油冷淬火

组织说明：基体为淬火细马氏体。

　　42CrMo 钢淬火组织——细马氏体，其中大部
分马氏体组织模糊，不易分辨，这说明淬火加热温
度偏低，奥氏体的合金化亦不够充分，这样的淬火
组织虽不能称它为不正常组织，但要充分发挥
42CrMo 钢的各项性能显然有困难。因此。应提高
其淬火加热温度，促使奥氏体充分的合金化，淬火
后能获得中等针状的马氏体，高温回火后可使钢具
有良好的综合力学性能。

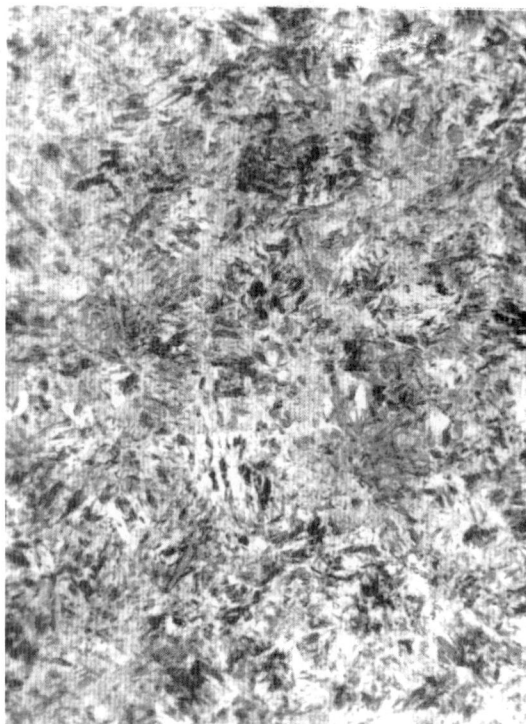

图　2-2-354　　　　　　　　　　　500×

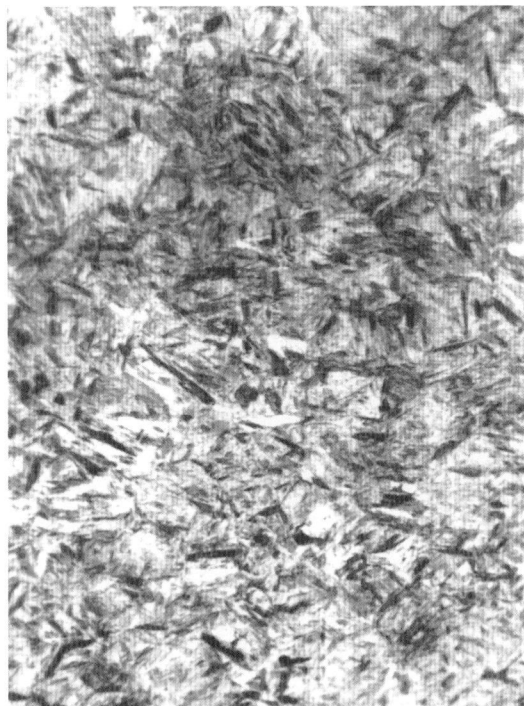

图　2-2-355　　　　　　　　　500×

图　　号：2-2-355
材料名称：42CrMo 钢
浸 蚀 剂：4％硝酸酒精溶液
处理情况：900℃加热，保温 25min 后油冷淬火
组织说明：淬火针状马氏体。

　　42CrMo 钢在较高（900℃）温度下加热淬火，得到中等的针状淬火马氏体组织。马氏体的特征除有明显针状外，尚有相当一部分针叶轮廓模糊不清，呈一片灰白色。这种组织状态，对 42CrMo 钢来说，仍属正常的范围。

　　由于钢中含有铬及钼元素，不但可以细化晶粒，而且可以提高材料的淬透性及其强度和硬度。钢在 900℃加热淬火后，马氏体并不很粗大，这主要是基于钼能提高钢的临界点以及阻碍晶粒急剧长大的结果。

图　　号：2-2-356
材料名称：42CrMo 钢
浸 蚀 剂：4％硝酸酒精溶液
处理情况：调质处理
组织说明：索氏体及针状分布的铁素体，铁素体呈魏氏体组织分布。

　　42CrMo 钢一般用于重要的大截面零件，要求抗拉强度大于 $1078N/mm^2$，屈服强度大于 $931N/mm^2$，伸长率≥12％，断面收缩率≥45％，冲击韧度≥$78J/cm^2$。

　　由于调质状态的钢其金相组织中存在着较多的铁素体，并呈魏氏体组织分布，降低了材料的力学性能，实测的数据是：抗拉强度为 $950N/mm^2$，屈服强度为 $750N/mm^2$，伸长率为 14.7％，断面收缩率为 37.5％，冲击韧度为 $71J/cm^2$。

图　2-2-356　　　　　　　　　500×

图　2-2-357　　　　　　　　　　　　　　　　　100×

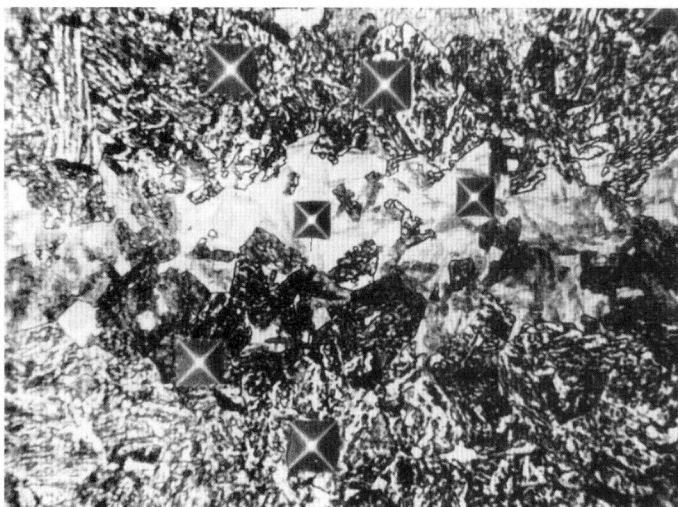

图　2-2-358　　　　　　　　　　　　　　　　　500×

图　　号：2-2-357、2-2-358　　　　　　浸 蚀 剂：4%硝酸酒精溶液
材料名称：42CrMo 钢　　　　　　　　　处理情况：冷拔
组织说明：冷拔原材料的组织，基体为索氏体，其上有白色带状分布的马氏体偏析带，见图 2-2-357 所示。

　　图 2-2-358：图 2-2-357 放大 500 倍的组织，基体索氏体呈马氏体针状位向，其上白色针状马氏体清晰可见，经用显微硬度分别测定其硬度值，在白色马氏体带上压痕较小，其硬度值为 549～579HV（相当于 51～52HRC）而索氏体基体上硬度压痕较大，硬度值为 310～332 HV（相当于 32～35HRC）。

　　从上列图片的显微硬度值可以看出，基体与白色带状硬度值有较大的差异，这是原材料中存在的合金元素偏析所致，存在这种偏析的原材料在淬火处理时极易造成开裂。

　　具有带状偏析的材料，可以进行高温扩散退火或高温加热保持一些时间后进行锻造，以改善材料中的成分偏析。

图　2-2-359　　　　　　　　　　　　500×

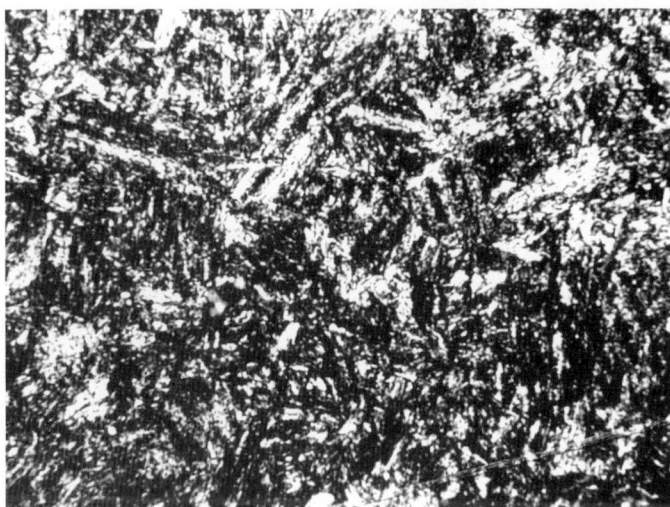

图　2-2-360　　　　　　　　　　　　500×

图　　号：2-2-359、2-2-360
材料名称：42CrMo 钢
浸 蚀 剂：4%硝酸酒精溶液
处理情况：860℃×1h 油冷淬火，600℃×2h 回火
组织说明：图 2-2-359：表面处组织，基体为回火索氏体及较粗大针状和极少量网状铁素体。
　　　　图 2-2-360：心部组织，较粗大保持马氏体位向的回火索氏体。
　　　　在表层组织中出现多量针状及少量网状铁素体是原材料表面存在脱碳缺陷所致。
　　　　42CrMo 钢具有比 35CrMo 钢有更高的淬透性和强度，可以制作截面更大与强度更高的零件，如牵引用的大齿轮、后轴，受负荷极大的连杆及弹簧夹，石油深井钻接头等。

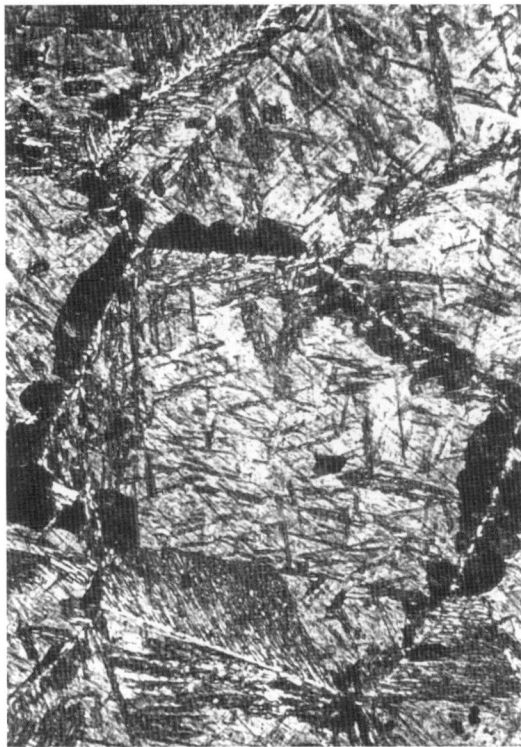

图　2-2-361　　　　　　　　　　　200×

图　　号：2-2-361

材料名称：42CrMo 钢

浸 蚀 剂：4%的硝酸酒精溶液

处理情况：820℃预热，1280℃淬入 560℃盐浴中
　　　　　分级后空冷

组织说明：粗大晶粒。基体为粗大的马氏体，在
　　　　　晶界处有呈白色网络状分布的铁素体，在铁素
　　　　　体周围黑色团状的为托氏体。此外，在晶界处
　　　　　还有羽毛状的贝氏体组织。

　　由于材料搞错，误将 42CrMo 钢作为高速
钢，经按高速钢的淬火工艺处理后，得到过热
的淬火组织，形成粗大的晶粒。淬火冷却时由
于采用分级淬火，导致工件冷却不足，使粗大
的奥氏体晶粒边界上有先共析的网状铁素体
析出，同时在铁素体晶界处还析出托氏体和贝
氏体，使基体出现淬火过热，而又冷却不足的
组织状态。

　　为了消除过热现象，可将材料重新进行细
化晶粒的退火或正火热处理。

图　　号：2-2-362

材料名称：42CrMo 钢

浸 蚀 剂：4%的硝酸酒精溶液

处理情况：调质后表面经高频感应加热淬火

组织说明：严重过热。基体为索氏体，表面为粗大马
　　　　　氏体和残留奥氏体。

　　42CrMo 钢制造的轴类零件，为提高表面硬度和
耐磨性，在调质处理以后，再将工件表面进行高频
感应加热淬硬处理。由于高频感应加热淬火操作不
当，温度突然升高，使表面温度有接近熔化的危险，
冷却后即在表面形成粗大马氏体和残留奥氏体层，
这种表层淬火组织已构成严重过热缺陷，脆性很大，
一旦漏检，即会在使用中引起表层剥落，而造成零
件的严重故障。

　　经高频感应加热表面淬火的工件，应作表面淬
火的金相组织及硬化层深度的测定，根据汽车高频
感应加热热处理零件金相组织的标准，将显微组织
分为 10 级，当硬度≥55HRC 时，规定 3～7 级为合
格，如果硬度符合规定，8 级的组织亦可允许通过。

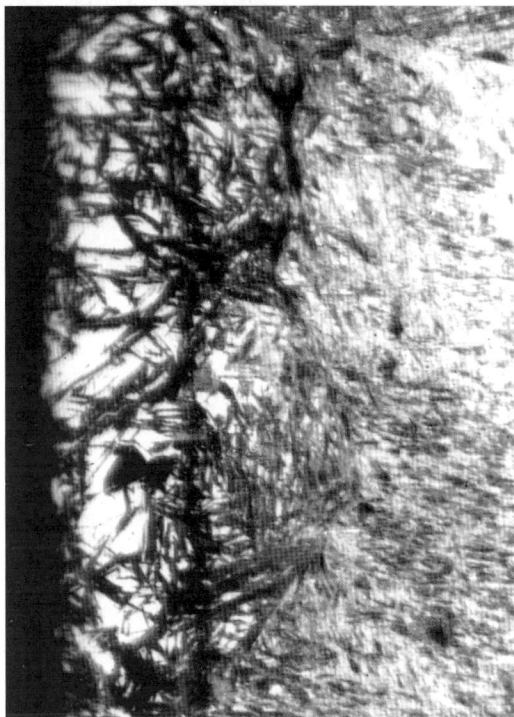

图　2-2-362　　　　　　　　　　　500×

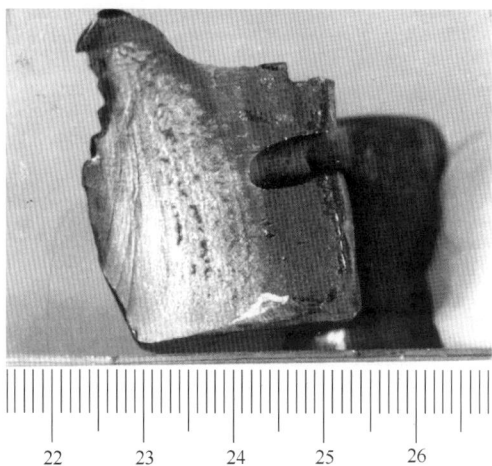

图　2-2-363　　　　　　　　　实物

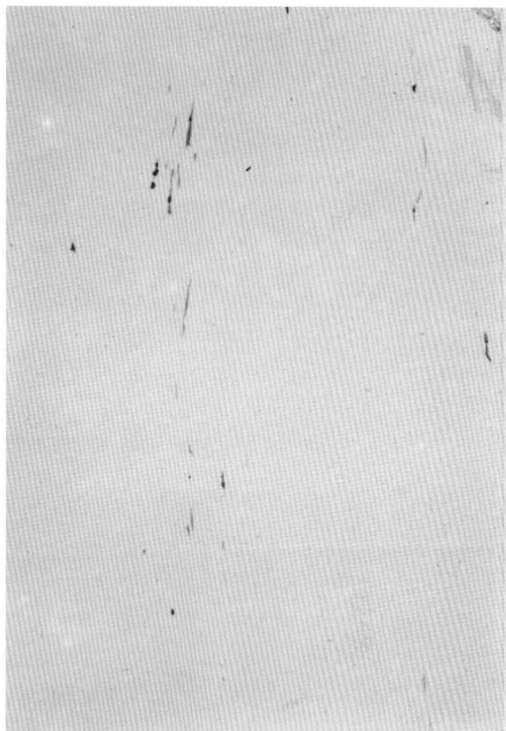

图　2-2-364　　　　　　　　100×

图　2-2-365　　　　　　100×

图　　号：2-2-363～2-2-365
材料名称：42CrMo 钢
浸 蚀 剂：未浸蚀
处理情况：调质处理
组织说明：疲劳断裂。发动机连杆在使用过程中
　　产生疲劳断裂。
　　图 2-2-363：破断面的疲劳断口形貌。
　　图 2-2-364：断面处的非金属夹杂物分布。
　　图 2-2-365：疲劳次生裂纹沿材料夹杂物
的方向发展。
　　发动机连杆服役状态时承受一定的交变
负荷，由于结构上的原因，导致工件 R 处应力
集中，成为疲劳破断的发源地，材料中的非金
属夹杂物比较多，有助于疲劳裂纹的扩展。从
图中可以明显看到，疲劳破坏时的次生裂纹
是沿着材料中的串连夹杂物扩展的，所以对
于重要的结构零件，需保证钢材的纯净度。

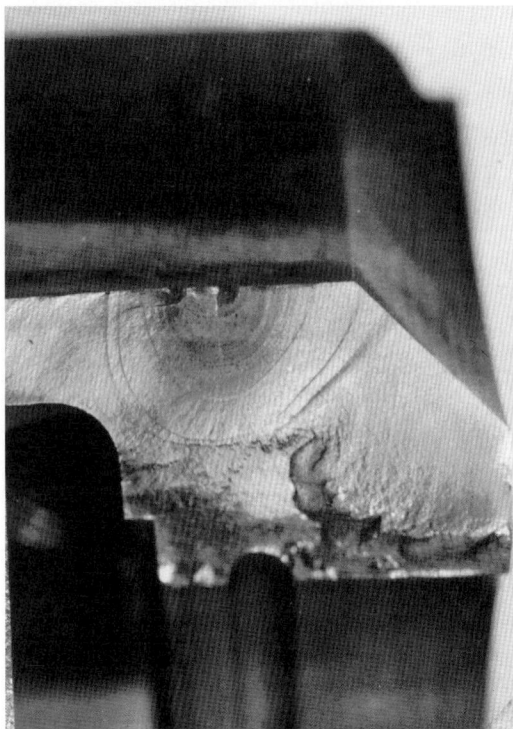

图 2-2-366   0.3×

图　号：2-2-366
材料名称：42CrMo 钢
浸 蚀 剂：未浸蚀
处理情况：调质处理
组织说明：疲劳断裂。

疲劳断口一般可分为三个区域，即裂源区，疲劳扩展区与瞬时破坏区。

零件疲劳裂纹系自疲劳源即裂源区开始，在交变应力作用下继续扩展的。疲劳扩展区的特征之一是断口比较细致，并具有摩擦发亮的现象。特征之二是在疲劳断面呈现疲劳扩展的渐延线。这是疲劳断口明显的宏观特征。当疲劳裂纹扩展到零件截面减少到不足以承受逐渐增加的应力时，零件便骤然断开，该部分即为瞬时破坏区。瞬时破坏区断面粗糙，就韧性材料来说，呈纤维状，而就脆性材料来说，则呈晶状断口。

图　号：2-2-367
材料名称：42CrMo 钢
浸 蚀 剂：4%硝酸酒精溶液
处理情况：调质处理
组织说明：心部组织索氏体，表面白色带状为二次淬火马氏体。

上述疲劳断面的疲劳源中心（裂源区），起始于零件与摩擦副接触的表面。由于磨损，发热，氧化，从而导致二次淬火和产生裂纹，形成疲劳断裂的策源地，使零件出现接触疲劳破坏。

二次淬火马氏体采用硝酸酒精溶液不易浸蚀，故呈白色；马氏体成隐针状。这是表面金属受到不正常的摩擦，发生炽热后自淬火的结果。

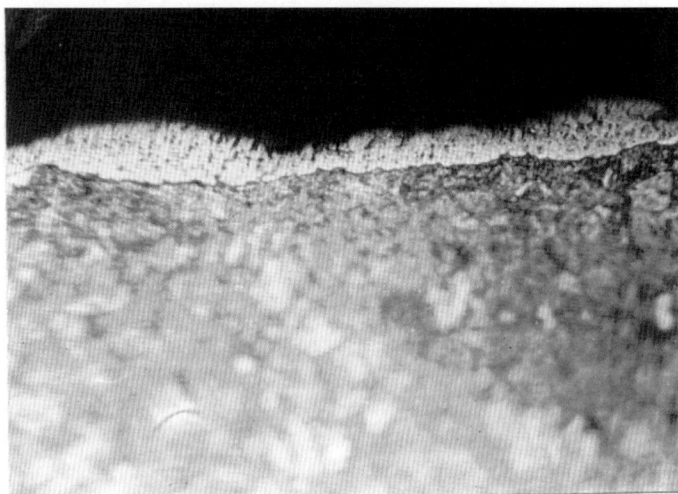

图 2-2-367   630×

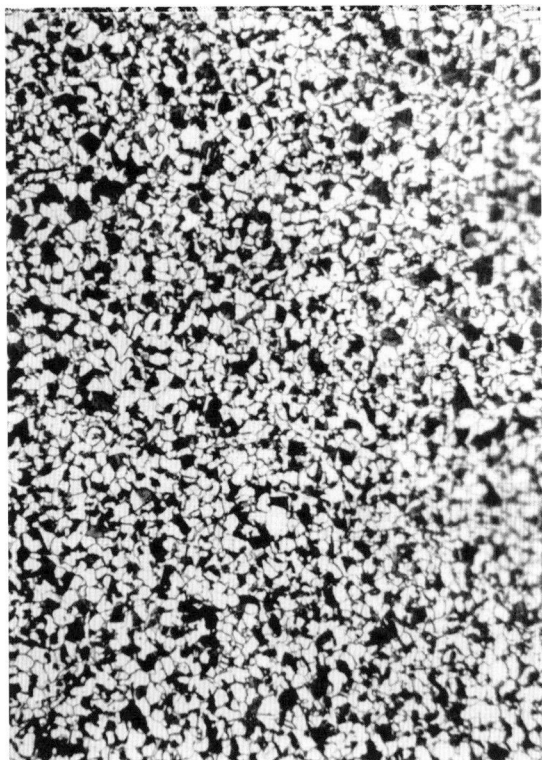

图 2-2-368   100×

图　　号：2-2-369

材料名称：30CrMnSi 钢

浸 蚀 剂：4％硝酸酒精溶液

处理情况：880℃加热保温后油冷淬火，550℃回火 1h

组织说明：基体为保持马氏体针叶的回火索氏体组
织，其上布有白色小颗粒为碳化物。硬度为
37HRC。

　　30CrMnSi 钢的淬透性比较高，直径 40～
50mm 油淬亦可淬透，在调质状态有较高的强度且
不降低其韧性。按有关标准，调质状态的钢其性
能为：抗拉强度为 1078N/mm^2，屈服强度为
882N/mm^2，伸长率为 10％，断面收缩率为 45％，
冲击韧度为 49J/cm^2。

　　30CrMnSi 钢典型的调质工艺为 880℃油冷
淬火，520℃回火，水冷或油冷。用 30CrMnSi 钢
制造的截面小于 25mm 的零件，最好采用等温淬
火的工艺，因为等温淬火后可得到强度和塑性配
合最好的下贝氏体组织，使冲击韧度大大提高，
缺口敏感性和变形程度减小，并能改善可加工性。

图　　号：2-2-368

材料名称：30CrMnSi 钢 〔w(C)0.28％～0.35％，
w (Si) 0.90％～1.20％，w (Mn)0.8％～1.10％，
w (Cr)0.80％～1.10％，w (S)≤0.04％，w (P) ≤
0.04％〕

浸 蚀 剂：4％硝酸酒精溶液

处理情况：正火处理

组织说明：白色块状铁素体和黑色块状分布的片
状珠光体。

　　铬锰硅钢是在铬锰钢与铬硅钢的基础上发
展起来的，w (Si)为 0.9％～1.2％。它与铬硅钢
比，有较高的淬透性，它与铬锰钢比，则有较
高的强度和较好的焊接性。

　　铬锰硅钢的最大优点是具有较高的强度和
足够的韧性，而且耐磨性也比较好。由于此钢
种除铬元素外，不含其他贵重元素，性能与铬
钼钢，铬镍钼钢相仿，因此，广泛用于结构零
件，30CrMnSi 钢是铬锰硅钢较典型的钢号。

　　铬锰硅钢的缺点时横向性能较差，可加工
性也不够好。在 250～380℃ 及 450～650℃温度
范围内回火，具有回火脆性倾向，尤其是在
450～650℃回火后缓冷，冲击韧度降低得特别
剧烈。

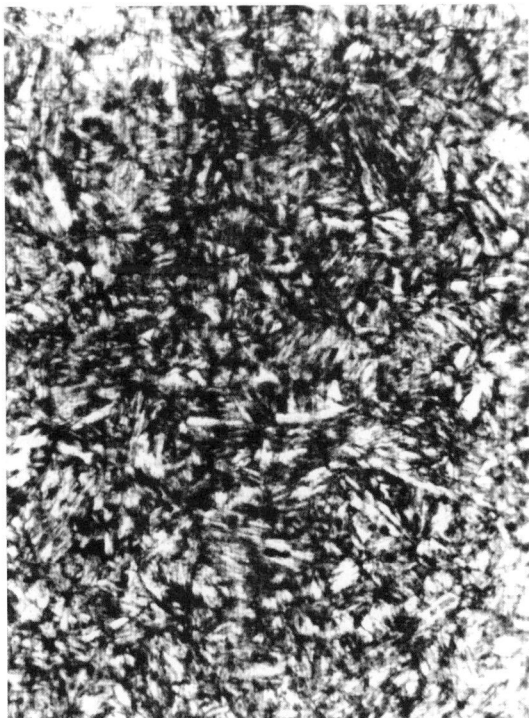

图 2-2-369   500×

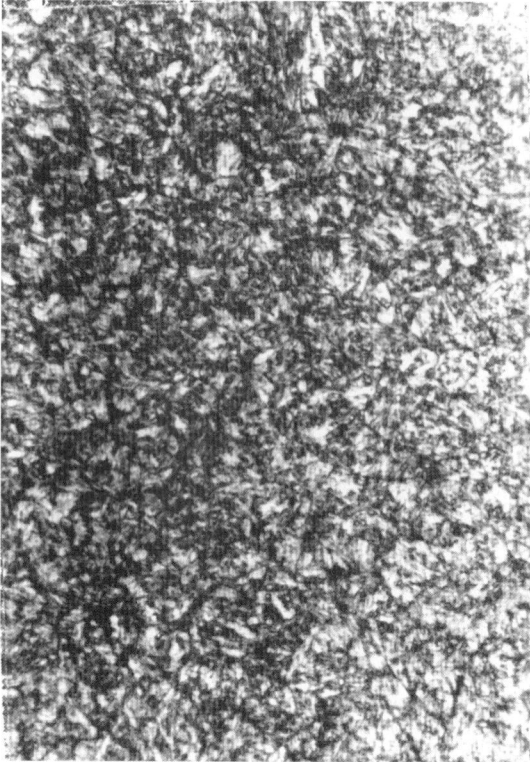

图 2-2-370   500×

图　　号：2-2-370
材料名称：30CrMnSi 钢
浸 蚀 剂：4％硝酸酒精溶液
处理情况：840℃加热后油冷淬火，500℃回火处理
组织说明：基体组织为回火托氏体-索氏体，其
　　　　　上布有白色小颗粒为碳化物。

　　由于淬火温度较低，淬火后马氏体组织比
较细小。因此回火后，回火组织也比较细致。

　　铬锰硅钢对回火脆性比较敏感，当对钢进
行调质处理时，应很好注意。30CrMnSi 钢第
一类回火脆性及第二类回火脆性都比较明显，
尤其是在 450～650℃温度范围内缓冷时，冲
击值将急剧下降，因此，工件在回火后必须采
用水冷。

　　为了防止回火脆性的影响，30CrMnSi 钢
可采用等温淬火工艺，但是选用的等温温度不
可过高，以免使钢的冲击韧度明显下降。

图　　号：2-2-371
材料名称：30CrMnSi 钢
浸 蚀 剂：4％硝酸酒精溶液
处理情况：880℃加热保温，450℃等温淬火
组织说明：基体为上贝氏体和少量回火马氏体。

　　采用淬火和低温回火也可获得高强度和好的韧
性，但为了避免回火脆性的严重影响和充分发挥材
料的性能，30CrMnSi 钢可进行等温淬火。组织为贝
氏体及部分马氏体。硬度为 39～41HRC。

　　30CrMnSi 钢经等温淬火后的抗拉强度大于
1078N/mm^2，冲击韧度可达 49J/cm^2。

　　此外，铬锰硅钢有较大的脱碳倾向，因此，在
淬火加热时应予注意。

　　30CrMnSi 钢可用来制造重要用途的零件，例如
高压鼓风机的叶片、阀板、齿轮、链轮、轴、离合
器、螺栓、飞机的起落架等。

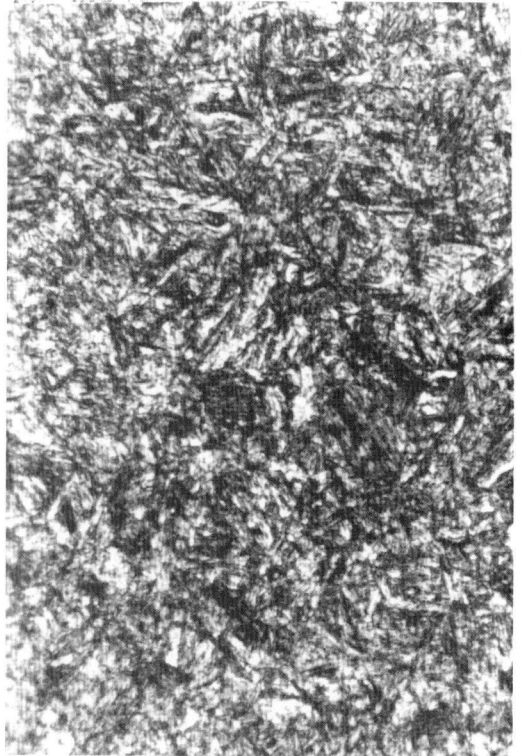

图 2-2-371   500×

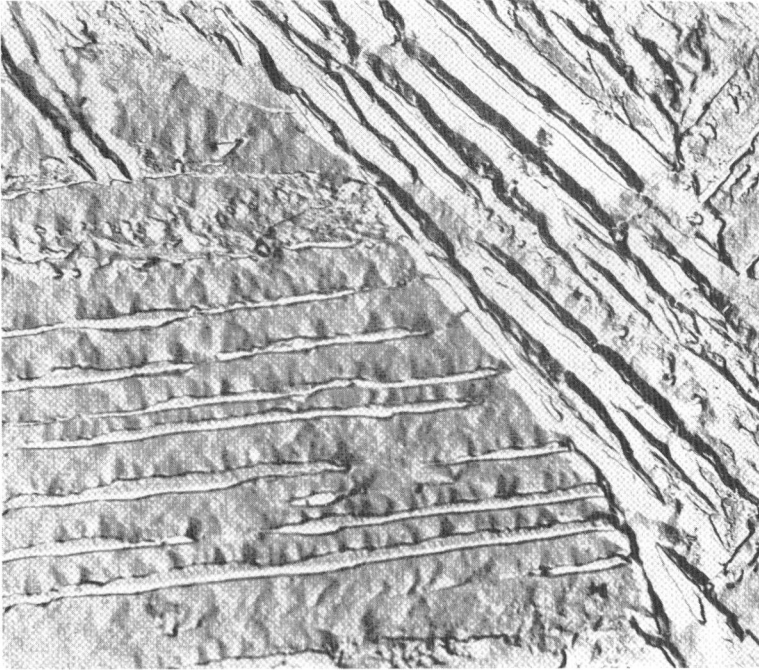

图 2-2-372   8000×

图 2-2-373   8000×

图　　号：2-2-372、2-2-373

材料名称：30CrMnSi 钢［w(C)0.28%～0.35%，w(Si)0.90%～1.20%，w(Mn)0.8%～1.10%，w(Cr)0.80%～1.10%］

浸　蚀　剂：4%硝酸酒精溶液浸蚀后再经两次复型

处理情况：图 2-2-372　900℃加热，450℃等温淬火；图 2-2-373　900℃加热，380℃等温淬火。

组织说明：图 2-2-372：羽毛状贝氏体。基体为铁素体；条状碳化物于铁素体片边缘析出。

图 2-2-373：下贝氏体在电子显微镜放大后的组织，针状铁素体上布有细小片状碳化物，片状碳化物与铁素体的长轴大致呈 55°～60°角。

图　　号：2-2-374
材料名称：30CrMnMoTi 钢
浸　蚀　剂：1+1 盐酸水溶液热蚀 20min
处理情况：热轧后空冷
组织说明：方形液析和试样中心部位的残余缩管。

　　直径 22mm 的 30CrMnMoTi 钢，经 1：1 的盐酸水溶液浸蚀后，试样横断面上呈现方形液析。方形液析的形成，系浇注温度较高，热轧时表面金属的变形较内部为大，致使原来的锭型偏析被保留下来。方形液析的存在将导致钢材内部的性能与表面的性能不一致，这种缺陷可以借助扩散退火来加以矫正。

　　至于图左侧试样中心部位存在的残余缩管，则是无法挽救的。残余缩管是由于钢锭冒口切除不尽，因此使缩孔得以残留在钢内，并与较密集的夹杂物共存。

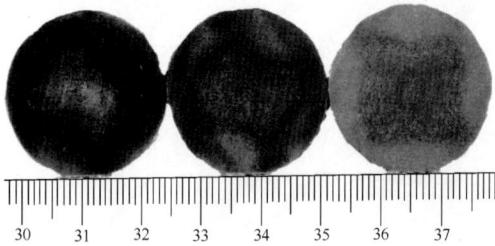

图　2-2-374　　　　　　　　　　　实物断面

图　　号：2-2-375
材料名称：30CrMnMoTi 钢
浸　蚀　剂：未浸蚀
处理情况：热轧后空冷
组织说明：残余缩管。硅酸盐，硫化物及氧化物等夹杂，聚集在钢材心部残余缩管处。

　　在钢材心部残余缩管处，非金属夹杂物密集分布，主要为硅酸盐与硫化物构成的共晶夹杂物，并形成网络状。这类非金属夹杂物对材料的力学性能影响最大。在大块夹杂物之间尚分布有颇多的细小氧化物质点。

　　钢中的残余缩管附近常是碳、硫、磷偏析及大量非金属夹杂物聚集的地方，对这样的钢材只能判废。

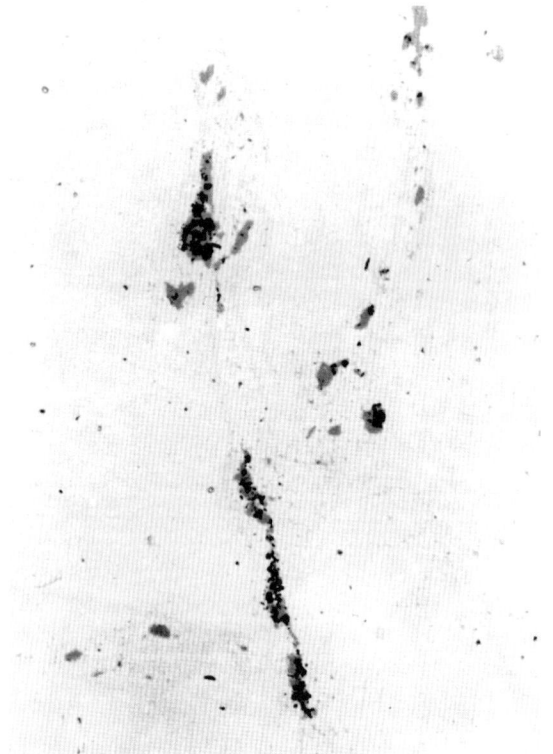

图　2-2-375　　　　　　　　　　　100×

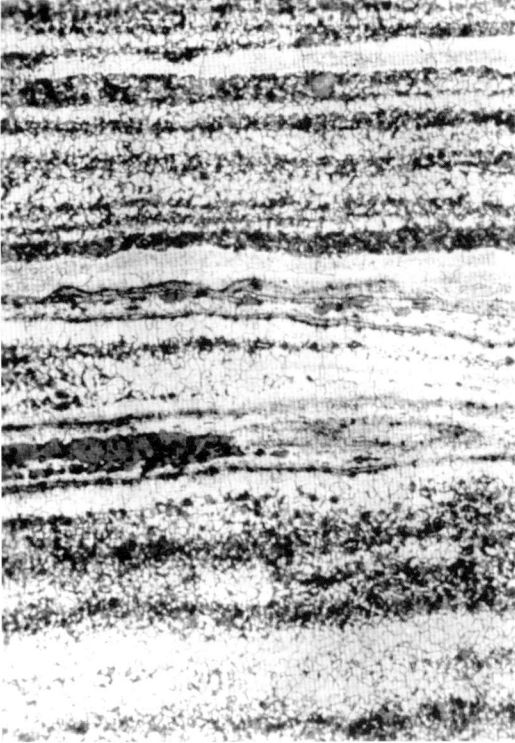

图　2-2-376　　　　　　　　　100×

图　　号：2-2-376

材料名称：30CrMnMoTi 钢

浸 蚀 剂：未浸蚀

处理情况：热轧状态原材料。

组织说明：带状组织。珠光体及铁素体呈带状分布，图中灰色条状为硅酸盐非金属夹杂物。

　　30CrMnMoTi 钢热轧空冷状态下的金相组织。材料中因存在较多的沿轧制方向的非金属夹杂物，使铁素体在其周围析出而呈带状，这种硫、磷夹杂所形成的铁素体的带状偏析，即使施行退火热处理，亦难以消除。

　　带状组织的严重程度，可按 GB/T 13299—1991 进行评级，标准分为 A，B 两列，A 列适合 $w(C)$ 小于或等于 0.25％ 的钢号，B 列适合于 $w(C)$ 大于或等于 0.30％ 的钢号，每列各分 0～5 共六级，级别越高，带状组织越严重。本图片带状组织评为 4 级。

图　　号：2-2-377

材料名称：30CrMnMoTi 钢

浸 蚀 剂：4％硝酸酒精溶液

处理情况：热轧状态原材料

组织说明：残余缩管。基体为珠光体及铁素体。有大块条状分布的硅酸盐及氧化物夹杂物，在夹杂物周围为铁素体，其流线分布方向随变形方向不同而异。

　　30CrMnMoTi 钢处于热轧空冷状态时的低倍组织。图中灰色分叉分布的大块条状非金属夹杂物，系钢材残余缩管的延续，具有这种缺陷的钢材，其力学性能很低劣，不可应用。

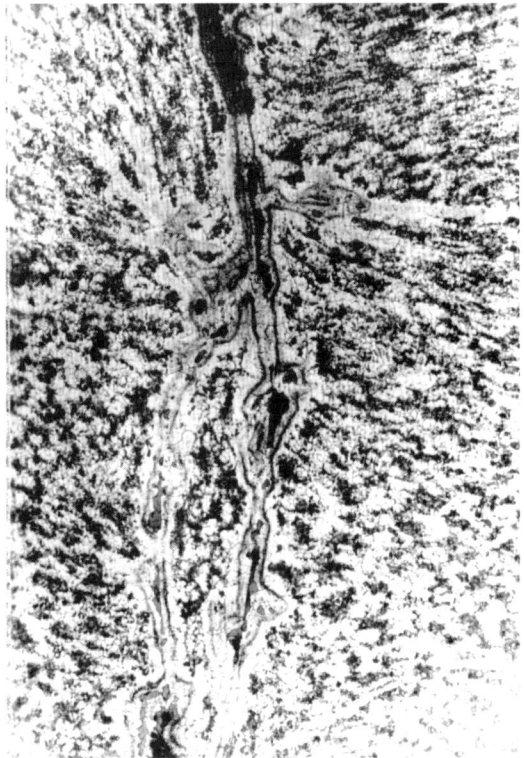

图　2-2-377　　　　　　　　　50×

图　　号：2-3-3

材料名称：ZG230-450 钢 [w（C）0.22%～0.32%，

　　　　w（Si）0.20%～0.45%，w（Mn）0.5%～0.8%]

浸 蚀 剂：4%硝酸酒精溶液

处理情况：铸造状态

组织说明：黑色片状珠光体，白色针状及块状为铁素
　　　　体，呈魏氏组织分布，大部分针状铁素体呈等边三
　　　　角形分布。

　　　　由于铸钢的浇注温度很高，工件在冷却时除得
到粗大晶粒外，还将在临界温度以下析出针状分布
的先共析铁素体，从而形成魏氏组织。针状铁素体
一般沿一定晶面析出，有的呈羽毛状排列，方向大
致互呈 109°角；有的呈等边三角形分布；也有的
互相垂直分布。铸钢中出现魏氏组织倾向的大小，
将受到铸件尺寸及含碳量的影响，一般来说，铸件
尺寸越小、过冷度越大，以及铸件中含碳量越低，
则形成魏氏组织的倾向越强烈。

图　　2-3-3　　　　　　　　　　　　100×

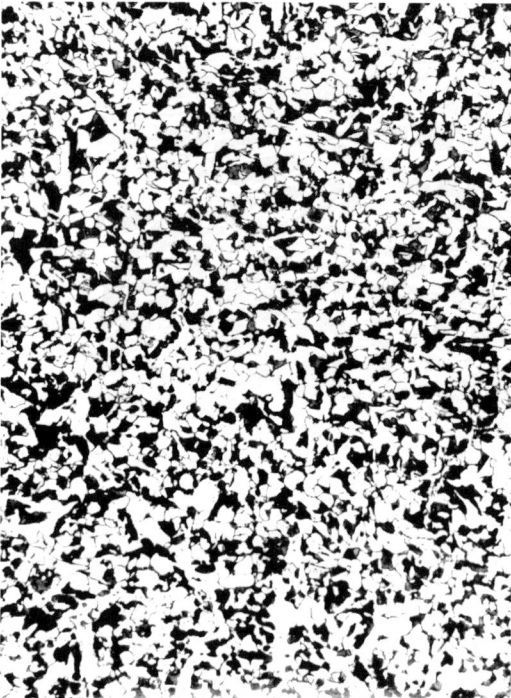

图　　2-3-4　　　　　　　　　　　　100×

图　　号：2-3-4

材料名称：ZG230-450 钢

浸 蚀 剂：4%硝酸酒精溶液

处理情况：图 2-3-3 铸态工件经 900℃正火处理

组织说明：细小而又均匀分布的铁素体晶粒以及
　　　　黑色细块状的片状珠光体。

　　　　由于铸钢具有枝晶偏析以及粗大的奥氏体
晶粒和严重的魏氏组织，将使铸件的力学性能
恶化，特别是冲击韧度较低。为了改善铸件的
力学性能，一般应进行退火或正火处理。铸件
通过高温加热后，使铸态的枝晶偏析因扩散而
趋于均匀；另一方面细化了晶粒，消除了魏氏
组织和铸造应力，从而使力学性能有了显著的
提高。有时经过一次退火或正火处理，还不能
完全消除铸造时带来的不良组织，则可重复进
行一次退火或正火处理。

　　　　ZG230-450 钢具有一定的强度和较好的塑
性和韧性，以及良好的焊接性，可加工性尚可，
可用于制造受力不大、要求有一定韧性的机械
零件，如轴承盖、砧座、外壳、阀体、底板等。

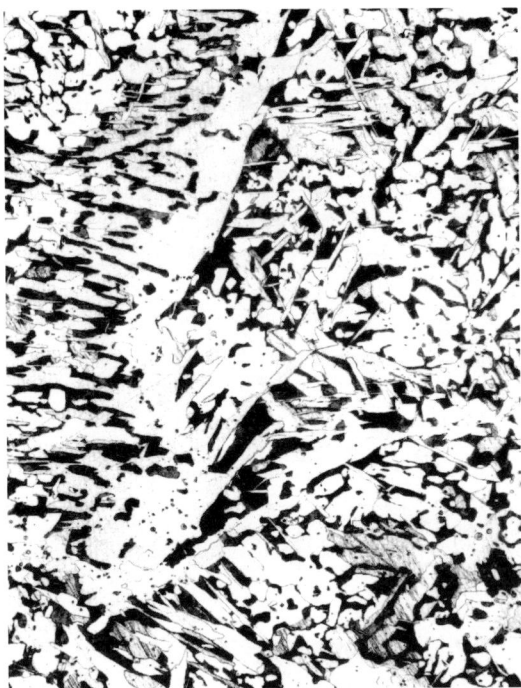

图 2-3-5   50×

图 2-3-6   100×

图　号：2-3-5～2-3-7

材料名称：ZG230-450 钢 [w（C）0.22%，w（Mn）0.56%，w（Si）0.46%，w（S）0.21%，w（P）0.04%，w（Cr）0.52%]

浸 蚀 剂：4%硝酸酒精溶液

处理情况：铸态。图 2-3-7 为 860℃×1h 后随炉冷却退火处理

组织说明：图 2-3-5：铸态组织，白色基体为铁素体黑色块状为珠光体，铁素体有呈大块状似沿晶界分布，铁素体也有呈小块和针条状分布，在铁素体上细小点状为硫化物及氧化物夹杂，似沿晶界呈断续网状分布。

　　图 2-3-6：图 2-3-5 放大后的组织，部分组织更为清晰，铁素体大部分呈块状分布，仅有极少量呈针状分布，黑色块状为珠光体，铁素体上颗粒状为硫化物及氧化物夹杂。

　　图 2-3-7：经加热退火组织，铁素体呈细小等轴状分布，黑色块状珠光体沿枝晶间分布。经退火后基体组织明显细化，从而使力学性能得到明显的改善。尤其是塑性及韧性将会进一步提高。

　　由上述二图的显微组织可知，铸钢件的浇铸温度不太高，冷却速度又尚可，故基体中魏氏组织不严重，铁素体大部分呈块状分布，说明铸钢件过热不严重。

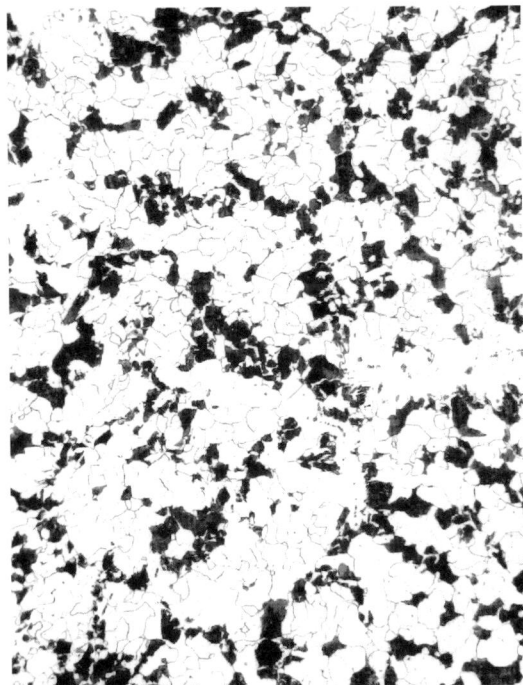

图 2-3-7   100×

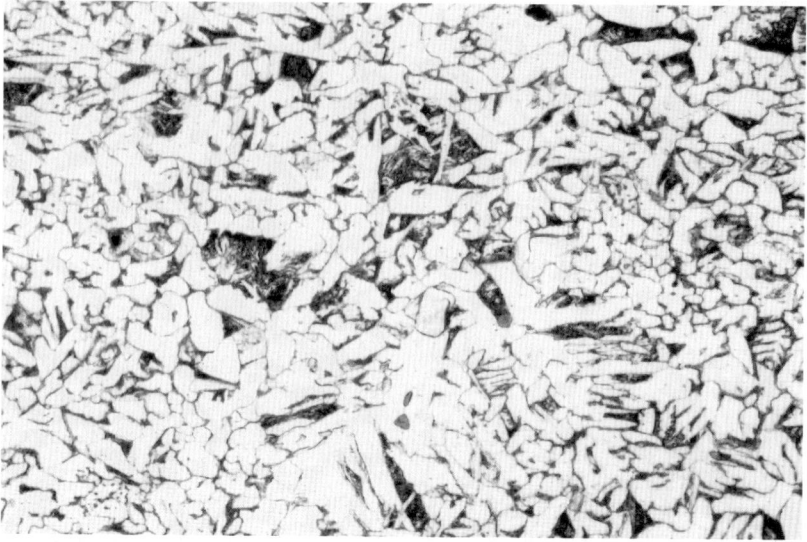

图　2-3-8　　　　　　　　　　　　　　　　　500×

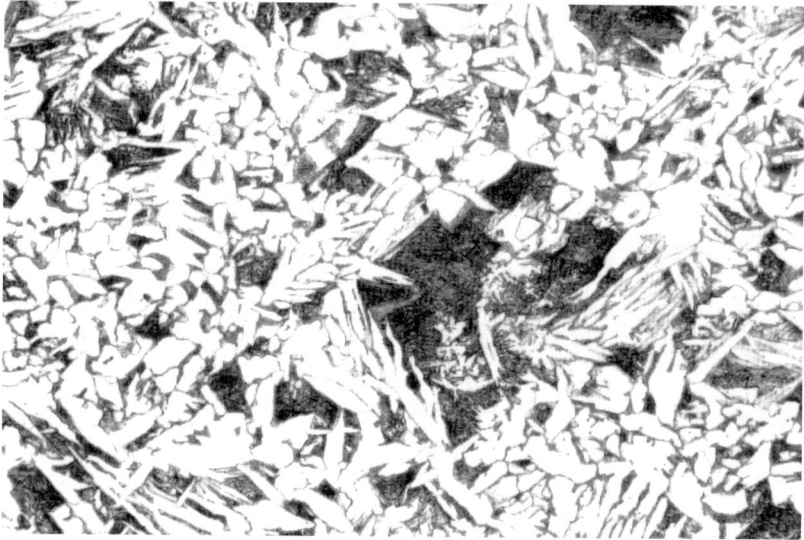

图　2-3-9　　　　　　　　　　　　　　　　　500×

图　　号：2-3-8、2-3-9
材料名称：ZG230-450 钢
浸 蚀 剂：4％硝酸酒精溶液
处理情况：图 2-3-8 浇注后直接退火；图 2-3-9 退火后正火处理
组织说明：图 2-3-8：浇注后直接退火处理，基体为铁素体及少量珠光体，稍呈魏氏组织分布。
　　　　图 2-3-9：退火后再经正火处理，组织为铁素体及珠光体，铁素体呈块状分布外，尚有部分呈针状的魏氏组织。由于正火的冷却速度较快，所以珠光体的数量较退火处理者为多。

图　2-3-10　　　　　　　　　　　　　100×

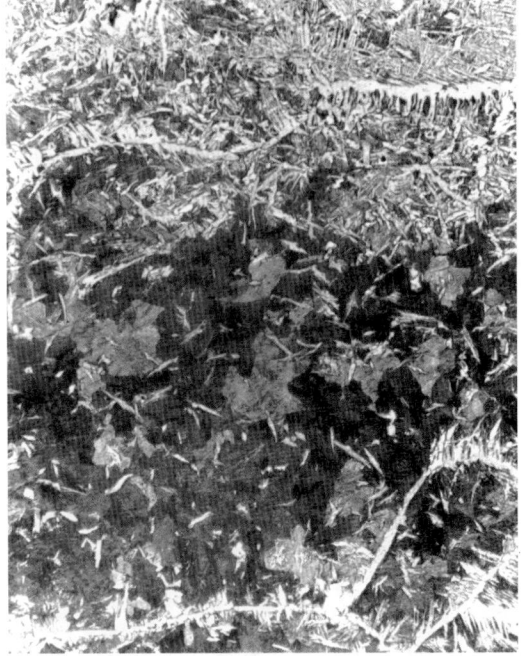

图　2-3-11　　　　　　　　　　　　　100×

图　2-3-12　　　　　　　　　　　　　100×

图　　号：2-3-10～2-3-12

材料名称：ZG270-500 钢［w（C）0.32%～0.42%，w（Si）0.20%～0.45%，w（Mn）0.5%～0.8%］

浸 蚀 剂：4%硝酸酒精溶液

处理情况：图 2-3-10、2-3-11 为铸造状态；图 2-3-12 经 900℃加热后，喷雾冷却

组织说明：图 2-3-10：铸件近表面处的组织，铁素体及片状珠光体，铁素体大部分呈针状分布，细而密集，形成极为严重的魏氏组织。此外，尚有极少量铁素体沿奥氏体晶界分布，晶粒极为粗大，在部分晶界处珠光体数量较多。

图 2-3-11：近心部的组织，图上部组织与图 2-3-10 相同，图下部晶粒虽然也很粗大，晶内除有极少量散乱分布的细针状铁素体外，基体则由颇多不同领域的细片状珠光体所构成。

图 2-3-12：经 900℃正火处理，基体为片状珠光体及铁素体，少部分铁素体沿晶界分布，大部分铁素体向晶内延伸，呈魏氏组织分布。

由图 2-3-10、图 2-3-11 可知，铸件凝固时成分偏析严重，而且冷却时过冷度较大，故得到极为严重的魏氏组织和极粗大的晶粒。为了改善上述不良组织，将铸件于 900℃加热后进行正火，但由于冷速过大，以至晶粒虽然细化，但仍出现严重的魏氏组织。为了进一步改善性能，可再进行一次正火处理，但在冷却时不能采用喷雾冷却。

ZG270-500 钢具有较好的强度和塑性，以及良好的铸造性能，焊接性也尚好。可用作轧钢机机架、轴承座、连杆、箱体、曲轴、缸体等。

图　2-3-13　　　　　　　　100×

图　2-3-14　　　　　　　　100×

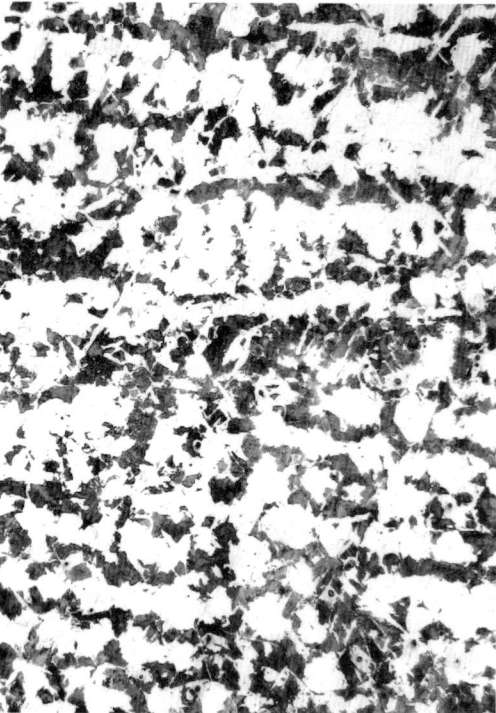

图　2-3-15　　　　　　　　100×

图　号：2-3-13～2-3-15

材料名称：ZG230-450 钢 [w（C）0.32%，w（Mn）0.65%，w（Si）0.28%，w（S）0.24%，w（Cr）0.07%]

浸蚀剂：4%硝酸酒精溶液

处理情况：图 2-3-13、图 2-3-14 为铸态；图 2-3-15 经 860℃×1h 后随炉冷却退火处理

组织说明：图 2-3-13：铸件表面处组织，白色铁素体大部分呈针状分布，少量呈块状沿晶界分布，另有少量小块状呈丛集分布于索氏体基体上，魏氏组织严重。

　　图 2-3-14：上述铸件心部组织，块状铁素体沿晶界分布，晶粒较粗大，针状铁素体较前面少，索氏体基体上的丛集小块状铁素体较前图为多。

　　图 2-3-15：退火后的组织，铁素体块状分布于枝晶处，黑色为珠光体基体，基体上有极少量针状铁素体。由此可知，试样的退火温度尚不足，以致有残存未溶的针状铁素体。

　　从图 2-3-13 及图 2-3-14 组织分布可知，铸件表面处冷却较快，故有颇多针状铁素体，而铸件心部的冷却则稍缓，故块状铁素体易长大，其量多，针状铁素体的量相对少一些。

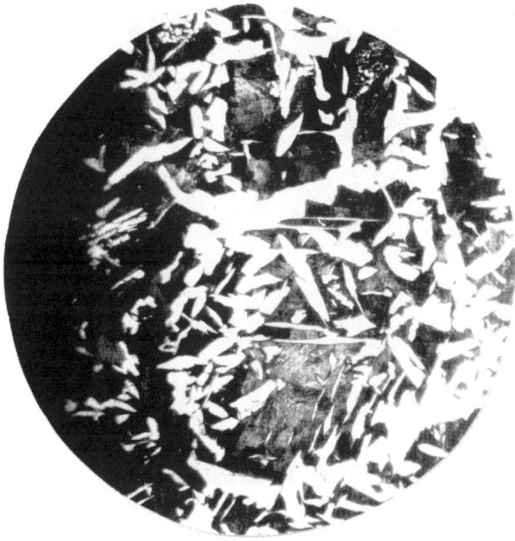

图　2-3-16　　　　　　　　　　　　100×

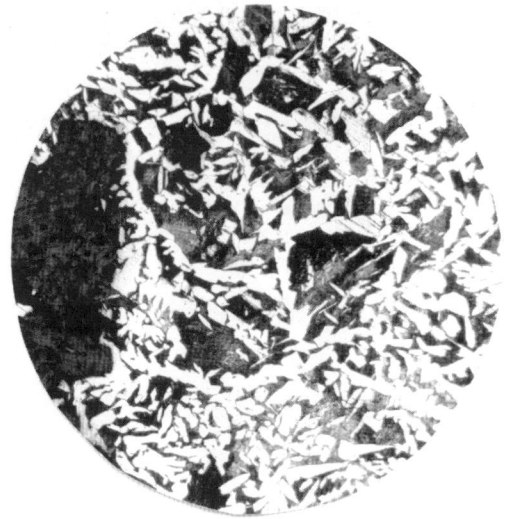

图　2-3-17　　　　　　　　　　　　100×

图　2-3-18　　　　　　　　　　　　100×

图　2-3-19　　　　　　　　　　　　100×

图　　号：2-3-16～2-3-19

材料名称：ZG270-500 钢

浸 蚀 剂：4%硝酸酒精溶液

处理情况：图 2-3-16～图 2-3-18 为铸态；图 2-3-19 为铸造后经 860℃正火

组织说明：图 2-3-16 及图 2-3-17：铸件表面处的组织，为铁素体及片状珠光体，铁素体呈块状沿晶界分布，
　　　一部分铁素体呈针状自晶界向晶内延伸，呈魏氏组织的过热特征。

　　　图 2-3-18：是铸件中组织，为铁素体及珠光体，大部分铁素体呈块状、少量呈网状分布。

　　　图 2-3-19：经 860℃正火后，获得细晶粒的铁素体及珠光体，此属正常组织，其综合力学性能良好。

图　2-3-20　　　　　　　　　　　　　　　　　　　　100×

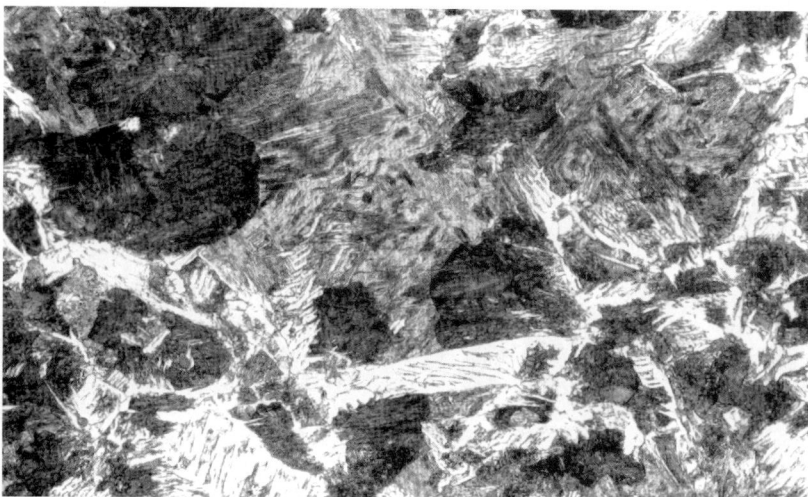

图　2-3-21　　　　　　　　　　　　　　　　　　　　500×

图　　号：2-3-20、2-3-21

浸 蚀 剂：4%硝酸酒精溶液

材料名称：ZG270-500 钢

处理情况：870℃加热淬火，低温回火

组织说明：图 2-3-20：浅灰色为回火马氏体，黑色团状为托氏体，白色网状为铁素体，在网状铁素体边的
　　　　　羽毛状为贝氏体。

　　　　图 2-3-21：图 2-3-20 放大 500 倍后的组织，各部分的组织更趋于清晰。

　　　　由图可知，试样加热后淬油时冷却速度较缓，以至出现不完全淬透的组织，出现了连续冷却转变产
物铁素体、托氏体、贝氏体、马氏体，导致零件的力学性能达不到技术条件的要求。

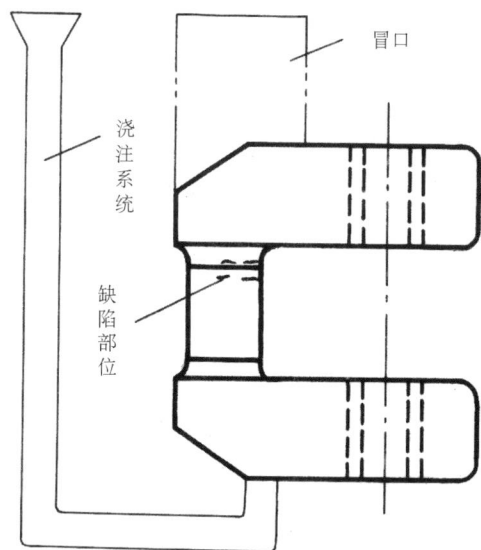

冒口

浇注系统

缺陷部位

图　2-3-22　　　　　　　　　　　　　示意图

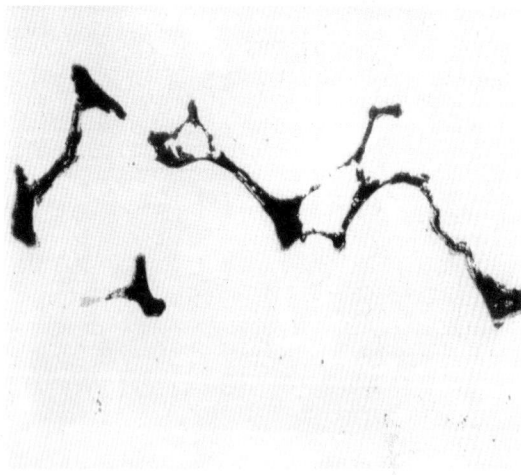

图　2-3-23　　　　　　　　　　　　　50×

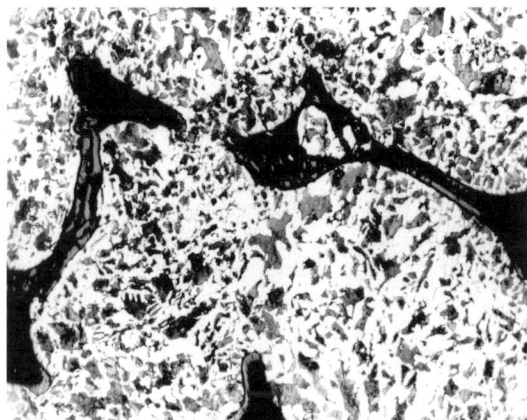

图　2-3-24　　　　　　　　　　　　　100×

图　2-3-25　　　　　　　　　　　　　100×

图　　号： 2-3-22～2-3-25

材料名称： ZG270-500 钢 [w (C) 0.38%，w (Mn) 0.66%，w (Si) 0.35%，w (P) 0.03%，w (S) 0.015%]

浸 蚀 剂： 图 2-3-23 未浸蚀；图 2-3-24 及图 2-3-254%经硝酸酒精溶液浸蚀

处理情况： 1.5t 碱性电炉熔炼，1480℃浇注，钢水未经镇静即浇注曲轴铸件，经 900～920℃×8h 正火，620～640℃×8h 回火

组织说明： 12V300 柴油机的 ZG270-500 铸钢曲轴机械加工后磁粉探伤时，发现曲轴内侧连杆颈与轴颈（连接扇板处）过渡圆角部位有 1～10mm 不同的数条磁痕堆积（见图 2-3-22 示意图）。擦去磁痕后用肉眼可见该处有断续分布的裂纹。裂纹处于浇口上面过渡圆角上。

　　图 2-3-23：过渡圆角，用显微镜观察后发现裂纹不是真正裂纹而是疏松孔隙，疏松孔隙凹陷、孔隙尾部圆钝。

　　图 2-3-24：浸蚀后，疏松孔隙内有灰色氧化物夹杂物，孔隙与基体交界处没有脱碳，组织与基体一致，为块状珠光体及铁素体。

　　图 2-3-25：铸件心部组织，基体为铁素体及珠光体，有少量铁素体呈粗针状且互相垂直的形态分布。

　　综上所述，曲轴内侧过渡圆角部位上的裂纹实系疏松孔隙缺陷。这是钢液补缩不佳而引起的，疏松孔隙中的夹杂物系钢液未镇静，非金属夹杂物来不及上浮，浇铸时带入铸型，凝固时集型于疏松孔隙内。

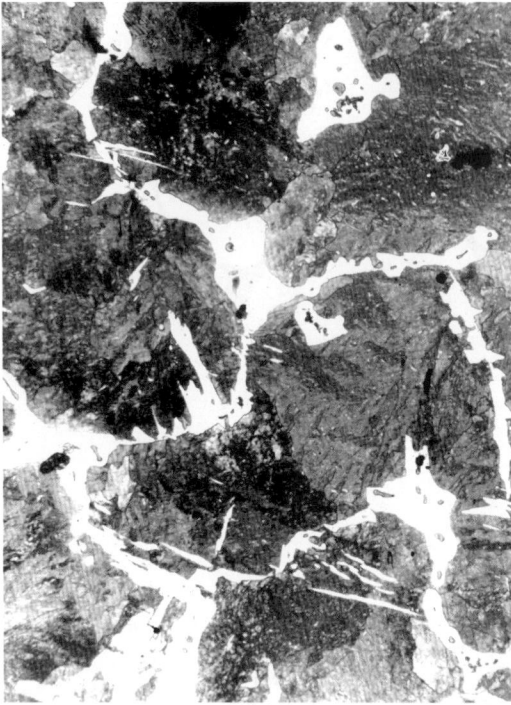

图　2-3-26　　　　　　　　　　　100×

图　　号：2-3-26

材料名称：ZG270-500 钢 [w（C）0.42%～0.52%，w（Mn）0.5%～0.8%，w（Si）0.20%～0.45%]

浸 蚀 剂：4%硝酸酒精溶液

处理情况：铸造状态

组织说明：灰黑色基体为珠光体，白色沿晶界分布的为铁素体，晶粒粗大，大于 1 级。少量针状铁素体呈轻微魏氏组织分布。此外在晶界铁素体上有呈灰色圆点分布的氧化物和硫化物夹杂。

　　　由于铸件晶界处为最后凝固的部位，因此晶界上常有显微缩孔和夹杂物等缺陷聚集，从而形成一个脆弱的界面，使零件受力后易沿此界面发生破裂。

图　　号：2-3-27

材料名称：ZG270-500 钢（与图 2-3-26 同一试样）

浸 蚀 剂：4%硝酸酒精溶液

处理情况：铸造状态

组织说明：本图为将图 2-3-26 试样放大 500 倍后的组织。基体为较粗片状珠光体。白色条状为沿晶界分布的铁素体组织，铁素体上的灰色小圆粒为氧化物夹杂。

　　　晶界上存在夹杂物，将影响铸件的力学性能，其影响程度，与夹杂物的小大及分布有关。这些聚集分布的夹杂物，基于铸件的凝固过程和冷却速度。为了消除和减轻铸钢件缺陷的危害性，应采用合理的铸造工艺，例如：采用顺序凝固原则；在最后凝固部位置一冒口，使缩孔、夹杂物、疏松集中于冒口处，从而使铸件得到夹杂物少，致密而又均匀的组织。

图　2-3-27　　　　　　　　　　　500×

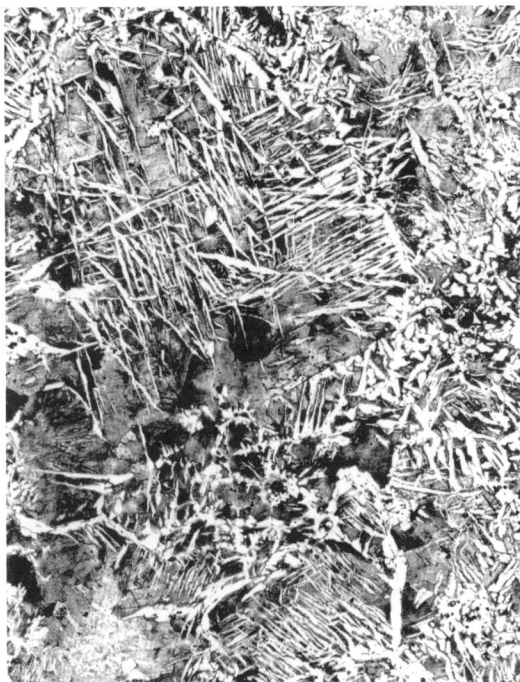

图 2-3-28   50×

图 2-3-29   100×

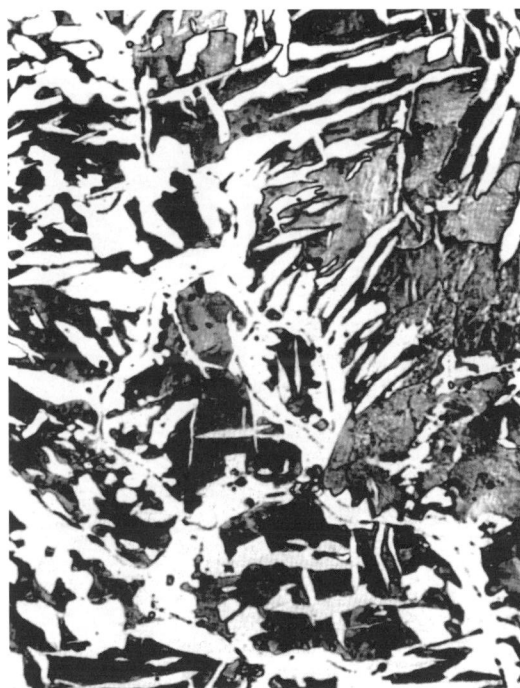

图 2-3-30   200×

图　　号：2-3-28～2-3-30
材料名称：ZG310-570 钢
浸 蚀 剂：3%硝酸酒精溶液
处理情况：铸造状态
组织说明：铸钢，铸造后未经热处理，在使用时
　　发现这批零件脆性较大。

　　图 2-3-28：铸钢件显微组织，基体为珠光体
（显微硬度为 223～244HV）及针状和网状分布
的铁素体，呈严重的魏氏组织。晶粒极不均匀，
大的 1 级，一般 2 级。在网状铁素体上有夹杂物
分布。

　　图 2-3-29：魏氏组织放大后的情况。针状铁
素体沿奥氏体一定的晶面析出，呈羽毛状、垂直
形和等边三角形等形式混合分布，魏氏组织的显
微硬度为 199HV。魏氏组织中的铁素体沿奥氏体
{111}惯习面析出，魏氏组织中的铁素体与奥氏体
晶格之间有一定的取向关系：即$[111]_V$//$[110]_α$；
$[110]_V$//$[111]_α$。

　　图 2-3-30：网状铁素体处放大情况。基体为
珠光体，在网状铁素体（显微硬度为 164HV）上
有呈断续分布的灰色点状和条状低熔点夹杂物。

　　铸件产生脆性主要是由于晶粒粗大所致；晶
界上有许多低熔点夹杂物，亦将导致铸件的性能
变坏，尤其是在高温时，其危害性更为严重。

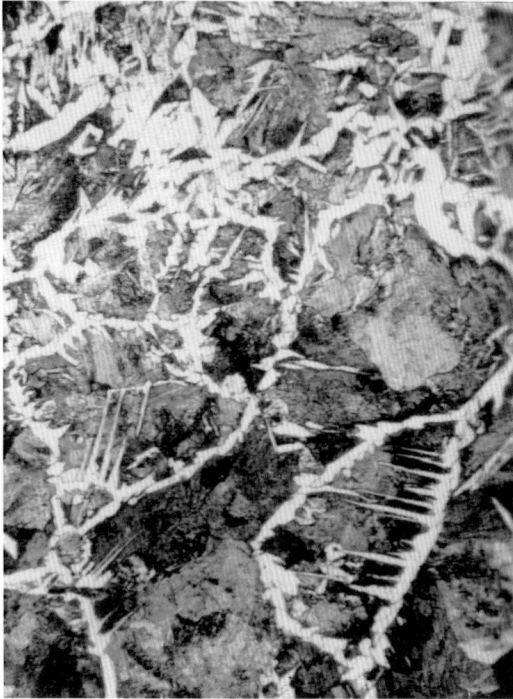

图　2-3-31　　　　　　　　　　100×

图　　号：2-3-31
材料名称：ZG310-570 钢
浸 蚀 剂：4％硝酸酒精溶液
处理情况：铸造状态
组织说明：基体为片状珠光体及铁素体，铁素体
　　　　　大部分沿晶界分布；少量呈针状自晶界向晶内
　　　　　延伸，构成魏氏组织。晶粒很粗大，一般为 1～
　　　　　2 级。

　　　铸钢在凝固成形过程中，冷却速度对其力
学性能的影响起着主导作用。当铸件的截面尺
寸增大，凝固和冷却时间即相应延长，从而使
影响铸钢性能的有害因素如：疏松、成分偏析
和夹杂物等增加，导致力学性能下降，特别是
塑性降低很多。为了改善上述缺点，可以对铸
件进行退火或正火处理，使其晶粒细化、成分
均匀，以提高力学性能。

　　　ZG310-570 钢的强度及可加工性良好，因
此常用来制造承受负荷较高的耐磨零件，如：
辊子、缸体、制动轮及大齿轮等。

图　　号：2-3-32
材料名称：ZG310-570 钢
浸 蚀 剂：4％硝酸酒精溶液
处理情况：铸造后经 790℃加热而后空冷
组织说明：基体为片状珠光体及铁素体。晶粒不均匀
　　　　　分布，大晶粒中有颇多细小晶粒。

　　　图 2-3-32 铸件的晶粒甚为粗大，因此力学性
能较差，可利用正火或退火处理来改善。本图铸件
因采用的加热温度尚未超过 Ac_3 临界点，因而原先
的片状珠光体超过 Ac_1 后即转变为奥氏体，但在晶
界处的先共析铁素体则因加热温度低而未溶解，空
冷时仍被保留下来。高温奥氏体在冷却过程中，产
生重结晶，自奥氏体中析出细网状的铁素体和珠光
体，晶粒显著细化，因此在室温时的组织为大晶粒
中有颇多细小晶粒；铸件的原始粗晶粒未获细化，
此时强度虽有所提高，但塑性改善不多。本图片为
正火欠热组织。

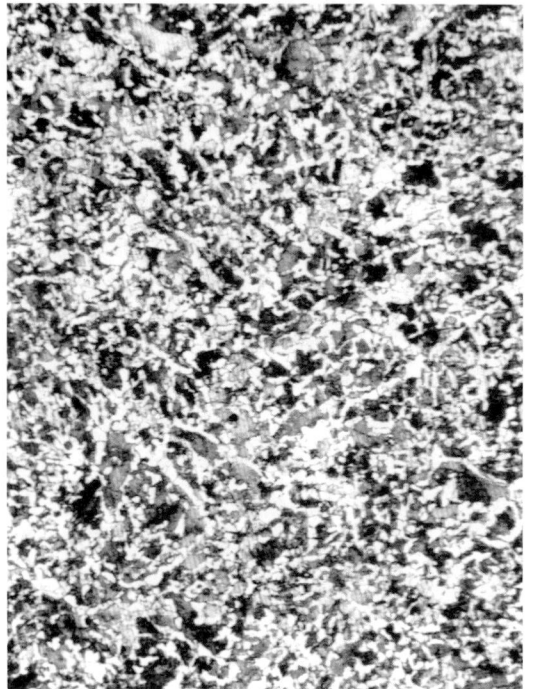

图　2-3-32　　　　　　　　　　100×

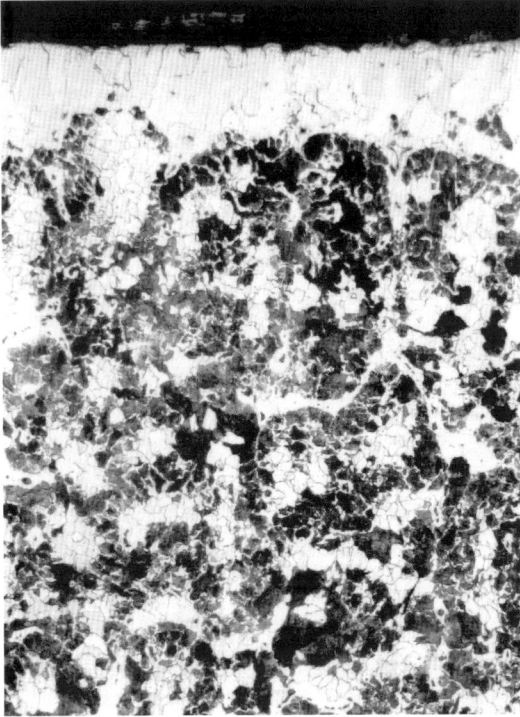

图 2-3-33   100×

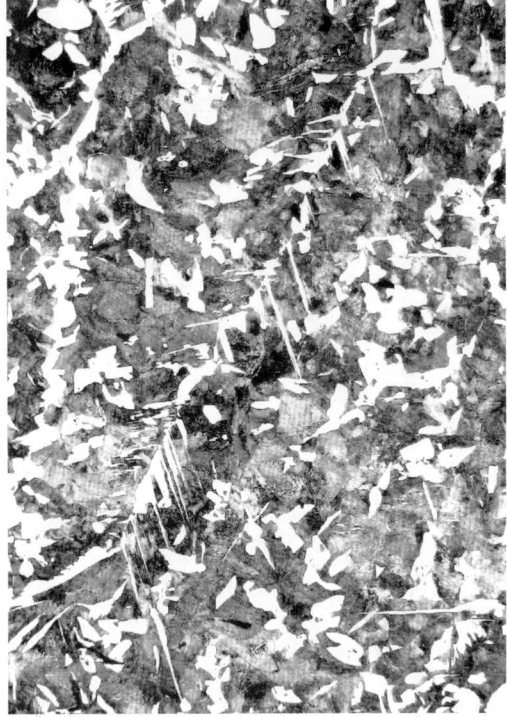

图 2-3-34   100×

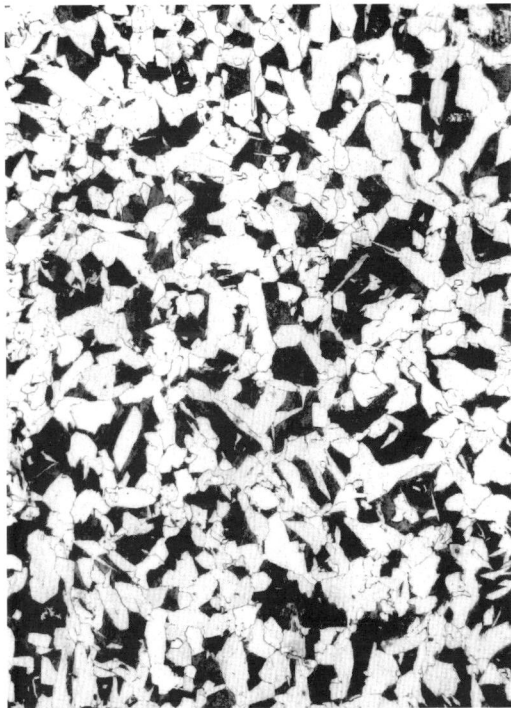

图 2-3-35   100×

图　号：2-3-33～2-3-35

材料名称：ZG310-570 钢汽车拨叉零件毛坯

浸 蚀 剂：4%硝酸酒精溶液

处理情况：退火毛坯—模锻成形—正火—冷整
　　　　　形—机加工

组织说明：图 2-3-33：退火毛坯表面全脱碳，铁素
　　　　　体厚度约为 0.17mm，次层为块、网状铁素体及
　　　　　片状珠光体。

　　　　　图 2-3-34：退火毛坯心部组织，片状珠光体、
　　　　　块网状及针状分布之铁素体，晶粒甚为粗大，
　　　　　稍呈魏氏组织。

　　　　　图 2-3-35：经模锻成形后正火处理，细晶粒
　　　　　铁素体及珠光体。

　　　　　一般情况下，毛坯应先进行退火后再经锻
造，冷整形后进行机加工，但发现毛坯经退火，
零件表面脱碳严重，若再经加热后热锻成形，
零件表面的脱碳将进一步增加，这样将影响到
零件高频感应淬火的质量。

　　　　　为了节能，某工厂将毛坯加热直接模锻成
形再经冷整形，发现零件表面脱碳不明显，经
机加工和高频感应加热淬火处理，质量符合技
术要求。

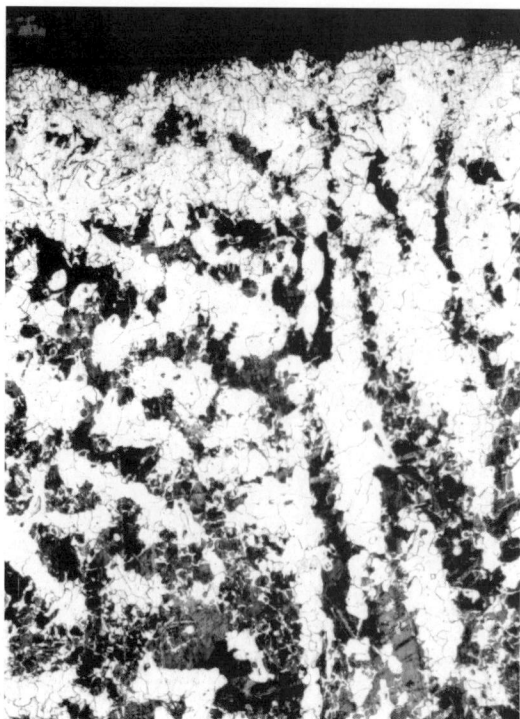

图 2-3-36　　　　　　　　100×

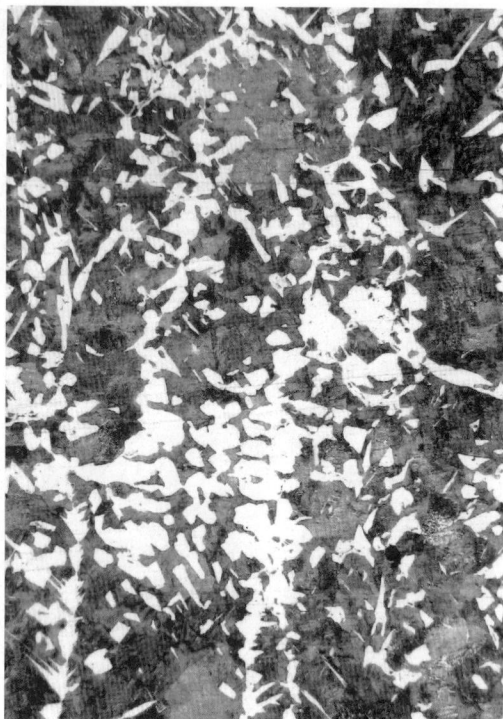

图 2-3-37　　　　　　　　100×

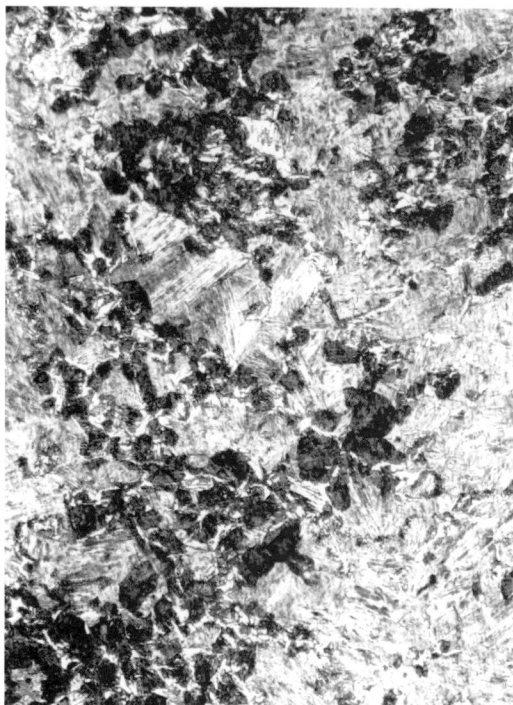

图 2-3-38　　　　　　　　500×

图　　号：2-3-36～2-3-38

材料名称：ZG310-570 汽车变速箱拨叉

浸 蚀 剂：4％硝酸酒精溶液

处理情况：图 2-3-36 铸态

图 2-3-37 为 860℃×1h 随炉冷却退火

图 2-3-38 为退火后 860℃加热油冷淬火，低温回火

组织说明：图 2-3-36：浇注毛坯表面存在脱碳，组织为铁素体及少量珠光体，次层为铁素体及珠光体，呈枝晶分布。

图 2-3-37：退火后组织，珠光体及少量白色呈块状、网状分布之铁素体，晶粒粗大，有魏氏组织倾向。

图 2-3-38：淬火后低温回火组织，基体为回火马氏体及少量贝氏体，白色沿晶界为铁素体，周围黑色团状为细珠光体。

由图可知，由于淬火冷却速度不够，出现连续冷却的转变产物—马氏体、贝氏体及细珠光体、铁素体组织。

由这组图片说明，此零件的脱碳层较图 2-3-33 出现的全脱碳层轻些，为半脱碳层组织。

图 2-3-39　　　　　　　　　　　　500×

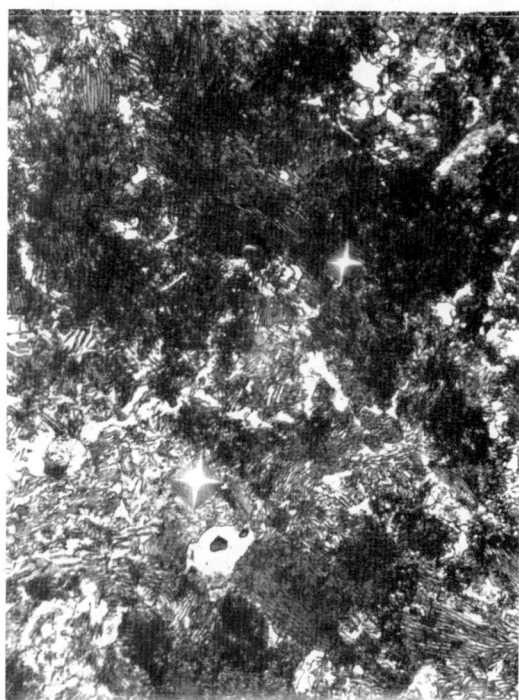

图 2-3-40　　　　　　　　　　　　500×

图　　号：2-3-39～2-3-41

材料名称：ZG310-570 钢

浸 蚀 剂：4％硝酸酒精溶液

处理情况：铸造后经退火处理，而后于铸件表面
　　　　　进行火焰表面淬火

组织说明：图 2-3-39：火焰表面淬火区的组织，
　　　　　基体为中等大小的针状马氏体。硬度为
　　　　　59HRC，属于正常的表面淬火组织。

　　　　　图 2-3-40：淬硬层与心部交界处的组织，
　　　　　黑色区域为表面淬火时析出的淬火索氏体（细
　　　　　片状珠光体），显微硬度为 329HV，在淬火索
　　　　　氏体中还夹有退火时形成的粗片状珠光体（显
　　　　　微硬度为 193HV）及铁素体，铁素体呈白色条
　　　　　块状分布。

　　　　　图 2-3-41：ZG310-570 钢心部退火后的组
　　　　　织，基体为粗片状珠光体和呈条状、大块状分
　　　　　布的铁素体，在大块铁素体上的深灰色颗粒为
　　　　　硫化物夹杂。

　　　　　为了提高铸钢的力学性能，铸件除进行正
　　　　　火和退火处理外，还可以进行调质、表面淬火
　　　　　及表面化学热处理，以满足使用要求。

图 2-3-41　　　　　　　　　　　　500×

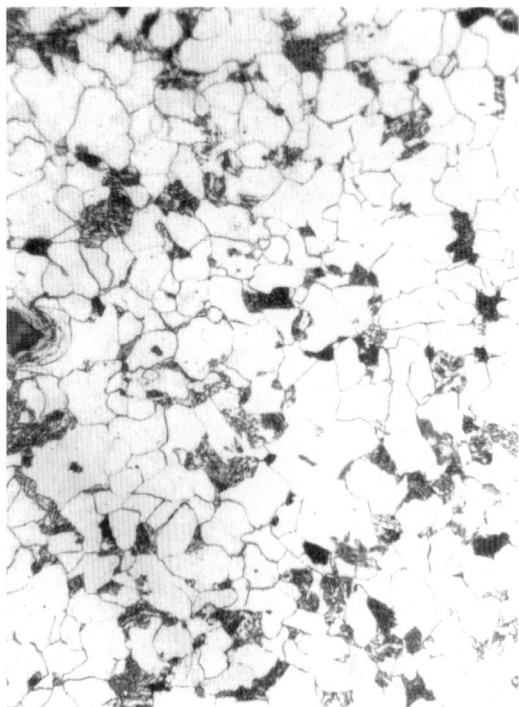

图　2-4-42　　　　　　　　　　　100×

图　　号：2-3-43
材料名称：ZG15Mo 钢
浸 蚀 剂：4％硝酸酒精溶液
处理情况：正火处理
组织说明：铁素体和少量珠光体，铁素体晶粒甚为
　　　　细小，珠光体则仍保留树枝状结构。

　　钼在铸钢件中的主要作用是可形成合金碳化
物(Fe，Mo)₃C，同时 Mo 能显著地延缓珠光体转
变，除提高钢的淬透性外，还能细化晶粒。在含
碳量相同或相近的情况下，钼能提高铸钢件的硬
度和强度。但钼会使钢的流动性降低，因此将导
致其铸造性能恶化。

　　锰能提高钢液流动性，增加珠光体含量，强
化金属和减低冷脆等作用。试样中因含有较高的
锰（实测 w（Mn）为 0.81％），故使显微组织仍
保持铸造状态的树枝状组织方向，这说明钢液中
的锰增加了钢液凝固的结晶力，增大了钢的第一
次结晶的树枝状结构，这是铸钢中含锰量高的不
足之处。

图　　号：2-3-42
材料名称：ZG15Mo 钢［w（C）0.13％～0.18％，
　　　　w（Mn）0.50％～0.80％，w（Si）0.20％～0.45％，
　　　　w（Mo）0.40％～0.60％］
浸 蚀 剂：4％硝酸酒精溶液
处理情况：退火处理
组织说明：基体为铁素体，其上有块状分布的片状
　　　　珠光体。ZG15Mo 钢为低合金铸钢，铸钢件通常
需经退火或正火处理，以消除铸造时形成的树枝
状结构和细化晶粒，为下一道热处理工序作准
备，或经正火、回火后直接使用。

　　本图系该钢号退火后的典型组织，获得细小
等轴铁素体晶粒和均匀分布的块状珠光体。退火
时，由于冷却较缓，故获得接近于平衡状态的显
微组织，铁素体量较多。如果铸件在凝固后即开
箱空冷，其珠光体量则将明显增多。在截面尺寸
不大、形状和热处理条件相似的情况下，铸钢和
锻钢的力学性能大致相近，同时铸钢系各向同
性，因此它被广泛地用来制造外形较复杂的
机件。

　　ZG15Mo 钢在低于 550℃下仍有较高强度，
因此可用于制造工作温度低于 475℃的零件。

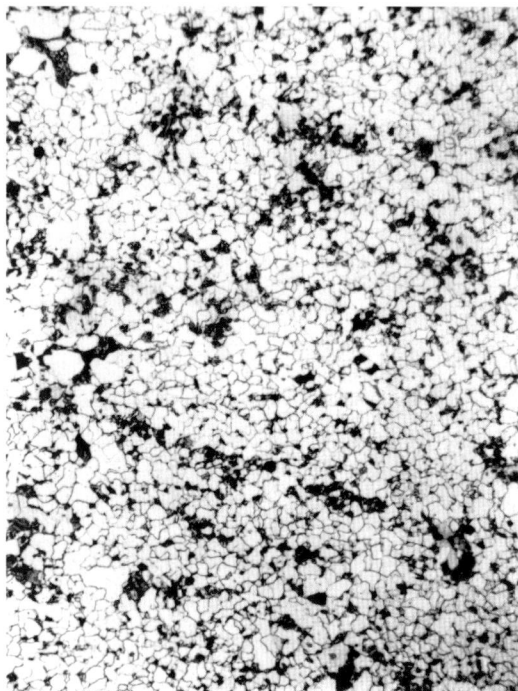

图　2-3-43　　　　　　　　　　　100×

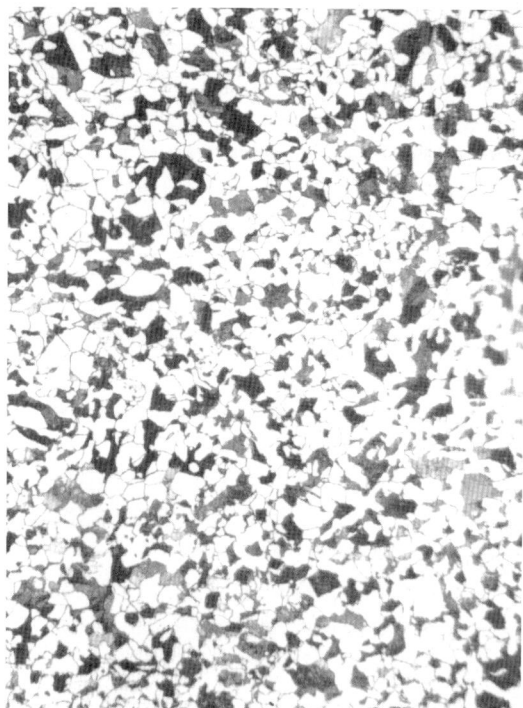

图 2-3-44　　　　　　　　　　　100×

图　　号：2-3-44

材料名称：ZG25Mo［w（C）0.22%～0.30%，
w（Mn）0.50%～0.80%，w（Si）0.20%～0.45%，
w（Mo）0.40%～0.60%］

浸 蚀 剂：4%硝酸酒精溶液

处理情况：退火处理

组织说明：铁素体和块状分布的珠光体。

经退火后的 ZG25Mo 钢，组织明显细化，得到细晶粒的铁素体和珠光体组织。并且使大部分树枝状偏析消失；但由于退火时保温时间稍短，故仍保留有少量树枝状组织的痕迹，使铁素体晶粒大小不均匀，且呈方向性细长条状分布。

对铸钢而言，磷是明显的有害元素，它将加强铸件的冷脆性，磷在电炉钢中的含量应严格控制（w（P）不超过 0.03%）。

含硫多时铸件易发生热脆，因此，在铸钢中要保留足够的锰，因锰与硫的结合力很强，能夺取 FeS 中的 S 而形成为 MnS。MnS 的熔点高达 1620℃，在钢中成为颗粒状夹杂，减弱了呈网状分布的低熔点 FeS 的有害作用。

图　　号：2-3-45

材料名称：ZG25Mo 钢

浸 蚀 剂：4%硝酸酒精溶液

处理情况：退火后再经正火处理，而后经 600℃回火

组织说明：基体为铁素体及珠光体。

本图为 ZG25Mo 钢经正火、回火处理后的典型组织。铸造树枝状偏析已完全消失，得到细小等轴铁素体晶粒，黑色块状为片状珠光体。大型铸钢件的调质处理，因受到铸件的结构以及设备条件的限制，目前大多采用正火处理后，再进行一次高温回火，其力学性能要比同钢号的锻件为低。进行高温回火，可以消除铸钢件因正火处理而产生的内应力，使铸钢件的塑性和韧性在强度稍微降低的情况下得到显著地提高。

ZG25Mo 钢在 550℃以下仍有良好的强度，故可用来制造在 500℃以下工作的机械零件，例如万匹柴油机的气缸盖等。

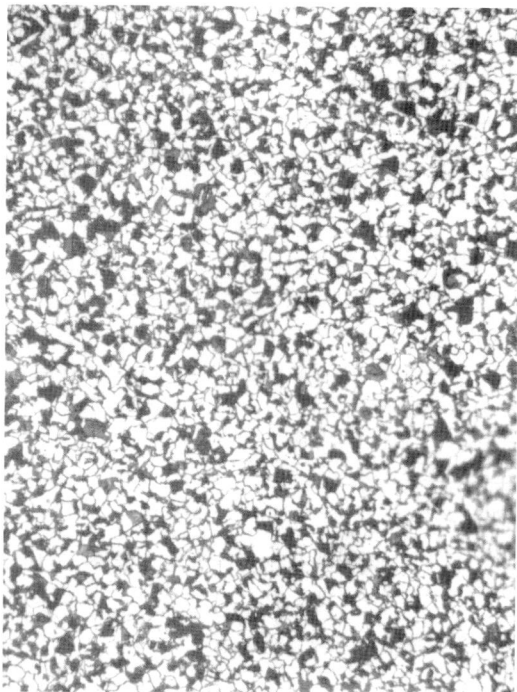

图 2-3-45　　　　　　　　　　　100×

图　2-3-46　　　　　　　　　　500×

图　　号：2-3-46
材料名称：ZG25Mo 钢
浸 蚀 剂：4%硝酸酒精溶液
处理情况：900℃加热保温后空冷
组织说明：铁素体及少量珠光体，铁素体大部分呈块状分布，少量作针状，呈稍过热的魏氏组织分布。本图中部为树枝状枝晶轴间偏析处，组织为粒状贝氏体。

ZG25Mo 钢经正火处理后，基体组织应为铁素体和少量珠光体，但由于铸件中存在明显的枝晶偏析，铸件最后凝固的部分——枝晶轴间富集有碳和合金元素，因此正火后合金元素富集处转变为粒状贝氏体。

粒状贝氏体中的岛状组织在高温时为奥氏体，随着温度的下降则转变为低碳马氏体，因此铸钢件的冲击韧度有所下降。

正火处理后钢的力学性能如下：

R_{eL}: 377N/mm^2，R_m: 637N/mm^2，A: 21.7%，Z: 47%，α_K: 83.5J/cm^2。

图　　号：2-3-47
材料名称：ZG25Mo 钢
浸 蚀 剂：4%硝酸酒精溶液
处理情况：加热 900℃油冷淬火，600℃回火 1h
组织说明：回火针状索氏体。

为了进一步提高 ZG25Mo 钢的力学性能，铸钢件可进行调质处理，调质后基体组织为索氏体。由于铸钢件中存在树枝状偏析，故使调质后的索氏体组织分布不够均匀，有些地区索氏体特别密集且致密，有些区域则针状较明显，前者系树枝状枝晶轴间，后者为树枝状枝干处。枝晶轴间因是最后的凝固部位，该处合金元素及碳含量较高，故在淬火后得到细密的组织。

ZG25Mo 钢调质后的力学性能如下：

R_{eL}: 657N/mm^2，R_m: 799N/mm^2，A: 16.5%，Z: 48%，a_K: 143J/cm^2。

图　2-3-47　　　　　　　　　　500×

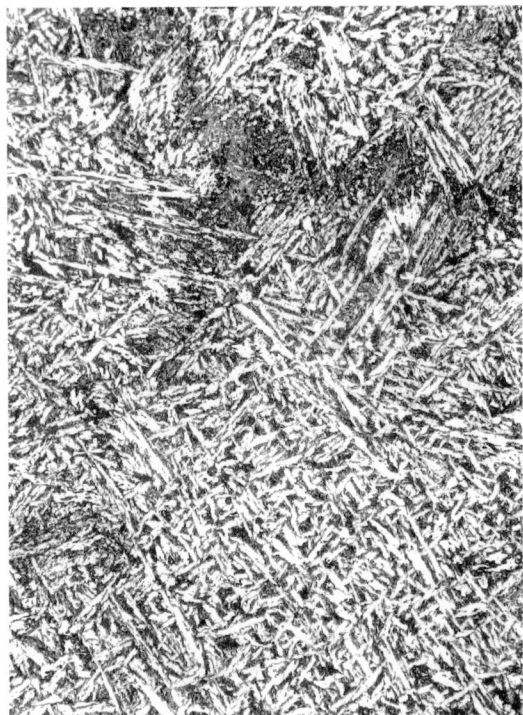

图 2-3-48   200×

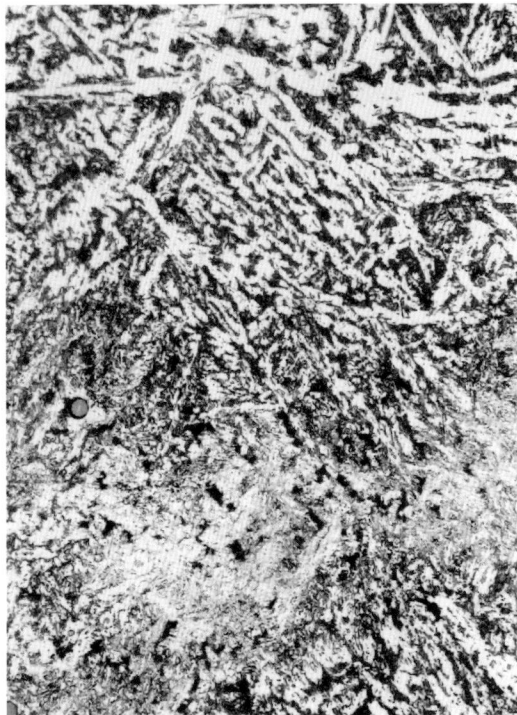

图 2-3-49   500×

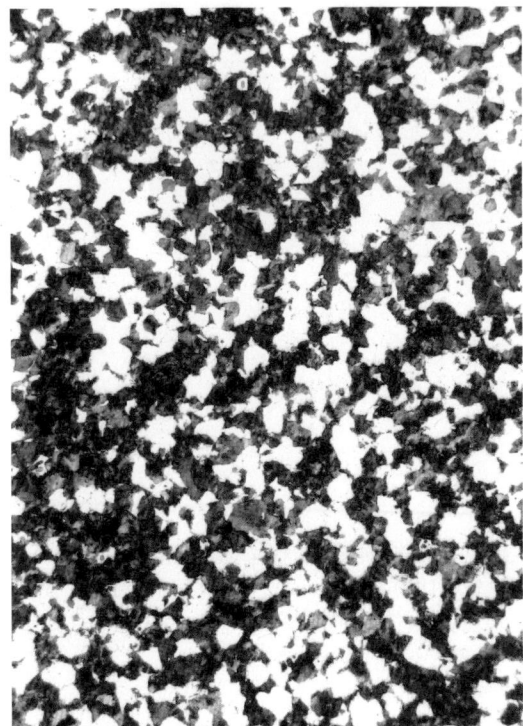

图 2-3-50   100×

图　　号：2-3-48～2-3-50

材料名称：ZG30CrMo 钢[w（C）0.378％，w（Mn）0.510％，w（Si）0.074％，w（Cr）0.923％，w（Mo）0.4％，w（S）0.031％，w（Ni）0.357％]

浸蚀剂：4％硝酸酒精溶液

处理情况：图 2-3-48、图 2-3-49 为铸态；图 2-3-50 为 860℃×1h 随炉冷却（退火）

组织说明：图 2-3-48：细珠光体及针状铁素体，呈严重的魏氏组织，局部地区细珠光体聚集分布，呈明显的偏析分布。

图 2-3-49：图 2-3-48 放大 500 倍后的组织，细珠光体及针状铁素体更趋明显。

图 2-3-50：退火后的组织，黑色为细珠光体，白色块状为铁素体，组织均匀分布。

ZG30CrMo 钢在汽车工业中，常用来制作变速箱中的拨叉零件，经高频感应淬火后工作表面可获得均匀无铁素体的组织，从而可提高拨叉的使用寿命。

图　2-3-51　　　　　　　　　　　　　　　　　　　　500×

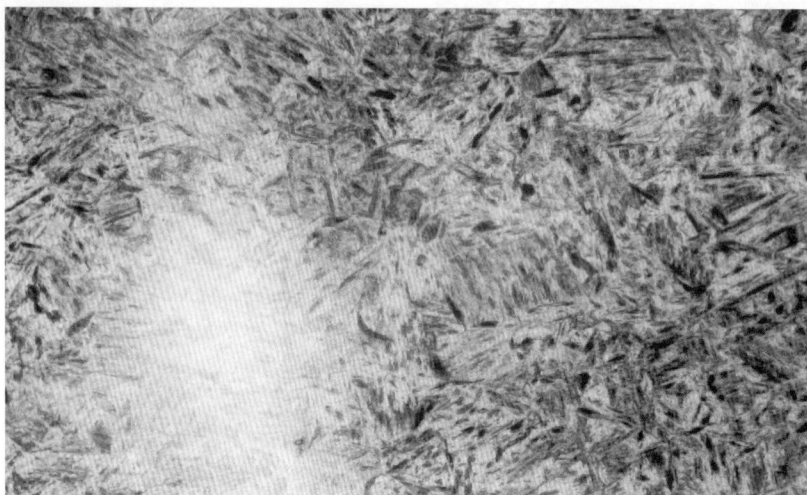

图　2-3-52　　　　　　　　　　　　　　　　　　　　500×

图　　　号：2-3-51、2-3-52
材料名称：ZG30CrMo 钢
浸 蚀 剂：4%硝酸酒精溶液
处理情况：图 2-3-51 系浇铸后直接淬火后低温回火处理

　　　　图 2-3-52 经退火后加热淬火、低温回火处理

组织说明：图 2-3-51：浇注后直接淬火后低温回火处理之组织，基体为回火马氏体，在枝晶间的马氏
　　体因合金元素偏析，而显示不清晰，其间残留奥氏体含量较基体为多。

　　　　图 2-3-52：退火后再加热淬火低温回火组织，回火马氏体针叶较前图为均匀，枝晶间因合金元素偏
　　析而使回火马氏体针叶及奥氏体显示不清晰，呈浅灰白色一片。

　　　　ZG30CrMo 钢适宜制作截面较大且强度要求比较高的机械零件。

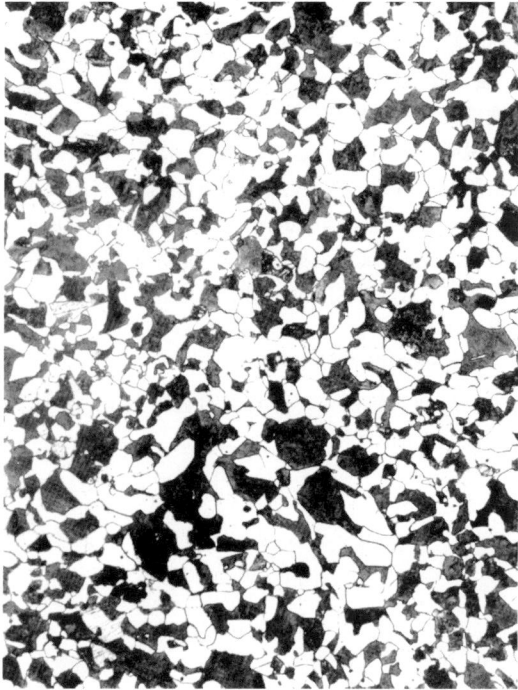

图　2-3-53　　　　　　　　　　　　100×

图　　号：2-3-53

材料名称：ZG35CrMo 钢 [w（C）0.30%～0.40%，
　　　　w（Mn）0.50%～0.80%，w（Si）0.20%～0.40%，
　　　　w（Cr）0.80%～1.10%，w（Mo）0.20%～0.30%]

浸 蚀 剂：4%硝酸酒精溶液

处理情况：退火处理

组织说明：铁素体及呈块状分布的片状珠光体。

　　ZG35CrMo 钢系铸钢中常用的结构钢。通常，铸钢具有粗大的晶粒和树枝状结构；为了细化晶粒和消除树枝状结构，需经过退火处理，退火后可得到细小、等轴状的铁素体晶粒。由于钢中含有质量分数为 1%左右的铬和少量的钼，致使铸件在退火后获得比 35 碳素钢为多的珠光体组织；基体中珠光体与铁素体约各占一半。

　　ZG35CrMo 钢退火工艺应为：在 Ac_3 以上 50℃左右加热透烧后，于炉内冷却，因炉内冷速很慢，铸件在 Ar_1～Ar_3 之间铁素体有充分的析出机会，所以退火后的铸件，铁素体数量比较高，显然它的强度要比正火处理的低。

　　ZG35CrMo 钢具有较好的综合力学性能，能承受较高的负荷，耐冲击，铸造性能尚好，它具有一定的中温（400～500℃）强度，可用于制造链轮、轴套、齿圈、电铲的支承轮以及齿轮等。

图　　号：2-3-54

材料名称：ZG35CrMo 钢

浸 蚀 剂：4%硝酸酒精溶液

处理情况：正火处理（860℃加热保温 1h 空冷）

组织说明：珠光体及细网络状分布的铁素体。

　　ZG35CrMo 钢经正火处理后，不仅其晶粒可较退火处理时明显细化，而且铁素体量大为减少，有利于提高铸钢件的强度。

　　增加铸钢件中的含锰量，能提高铁液的流动性。同时锰有增加珠光体含量的作用，在含碳量相同或近似的情况下，铸钢中锰含量高的，珠光体量也较多，所以锰有提高铸钢的硬度、强度和降低冷脆温度的效能。为此目的，常把铸钢的 w（Mn）提高到 0.90%左右。铸钢件经正火后，具有较大的内应力，为此必须再进行一次高温回火。ZG35CrMo 钢经正火、回火后的力学性能应符合以下指标：

　　屈服强度 $R_{eL}\geqslant392\text{N/mm}^2$；抗拉强度 $R_m\geqslant588\text{N/mm}^2$；伸长率 $A\geqslant12\%$；断面收缩率 $Z\geqslant20\%$；冲击韧度 $\alpha_K\geqslant34\text{J/cm}^2$。

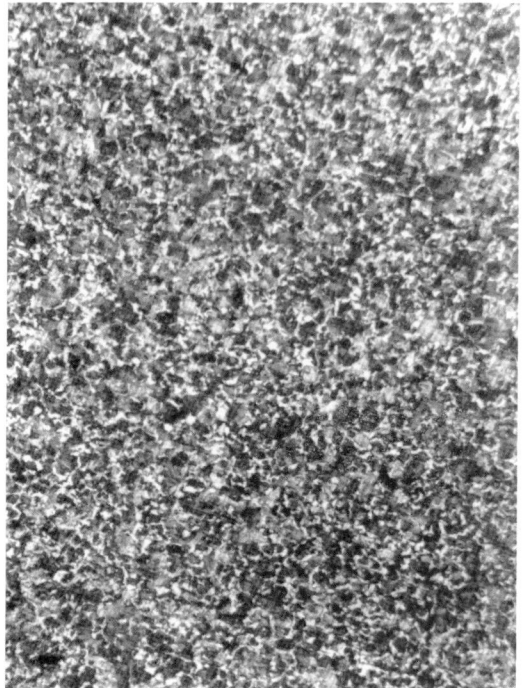

图　2-3-54　　　　　　　　　　　　100×

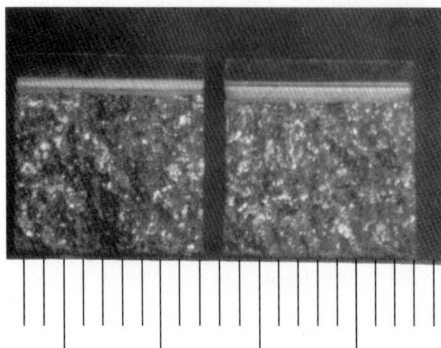

图 2-3-55   实物

图　　号：2-3-55

材料名称：ZG35CrMo 钢

浸 蚀 剂：未浸蚀

处理情况：铸造状态

组织说明：大型发动机主轴，普遍采用铸钢来制造，按照检验规定，对主轴的力学性能有严格的要求。本例取自主轴本体的试样，加工成 20mm×20mm×110mm 冲击试块，经过冲击试验，发现其冲击韧度甚低，仅为 9.8J/cm^2（要求 34J/cm^2），断口属明显的脆性断口。

    脆性断裂的特征：断口齐平，无塑性变形现象，断面晶粒粗大，有明显的金属光泽；并具有脆性断裂的宏观形貌。

图　　号：2-3-56

材料名称：ZG35CrMo 钢

浸 蚀 剂：4%硝酸酒精溶液

处理情况：铸造状态

组织说明：珠光体及块状分布的铁素体（白色）。

    从图 2-3-55 冲击试样断面处作金相检验，发现其金相组织为珠光体及大块铁素体，晶粒甚为粗大，属铸造状态的组织结构。大型发动机主轴是重要的零件，为了达到足够的强度和韧性，必须进行细化晶粒的正火处理。由于该主轴处理工序遗漏，从而导致力学性能不合格。

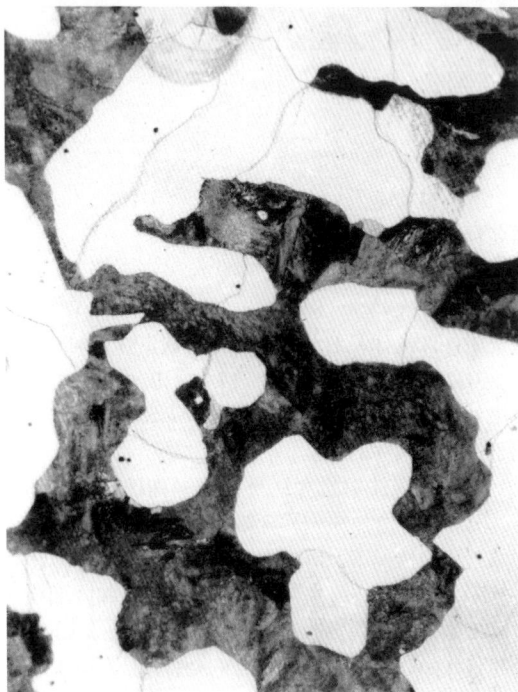

图 2-3-56   100×

图 2-3-57　　　　　　　　　冷弯试棒

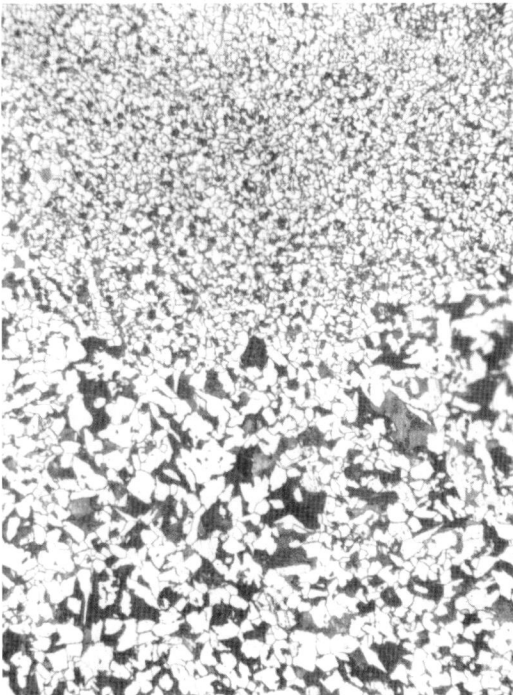

图　2-3-58　　　　　　　　抗拉试棒

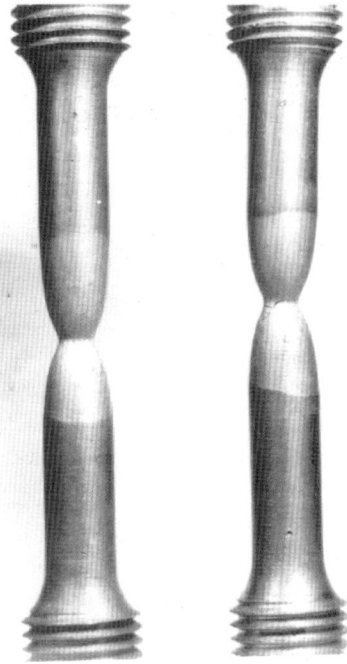

图　2-3-59　　　　　　　　100×

图　　号：2-3-57～2-3-59

材料名称：ZG35CrMo 钢

浸 蚀 剂：图 2-3-57、图 2-3-58 经 1+1 盐酸水溶液
　　热蚀

　　图 2-3-59 经 4％硝酸酒精溶液浸蚀

处理情况：焊接后经正火处理

组织说明：图 2-3-57：焊缝冷弯试样，$d=2.5a$，冷
　　弯 180°无裂纹。

　　图 2-3-58：焊缝抗拉试棒实物，断裂位于焊
　　缝中部。

　　图 2-3-59：焊缝与母材交界处的显微组织。

　　图上部为焊肉部位，组织为细小晶粒的铁素
体及珠光体。图下部为母材，组织亦为铁素体及
珠光体，唯晶粒稍为粗大，且经正火后仍残留树
枝状结构的迹象。

　　大型铸钢件的缺陷，在满足使用条件的情况
下，常可采用焊补的方法来修整。焊缝质量，除
作磁粉探伤等常规检验外，对于大型重要铸钢
件，尚需要进行冷弯试验。本例所示焊补质量
优良。

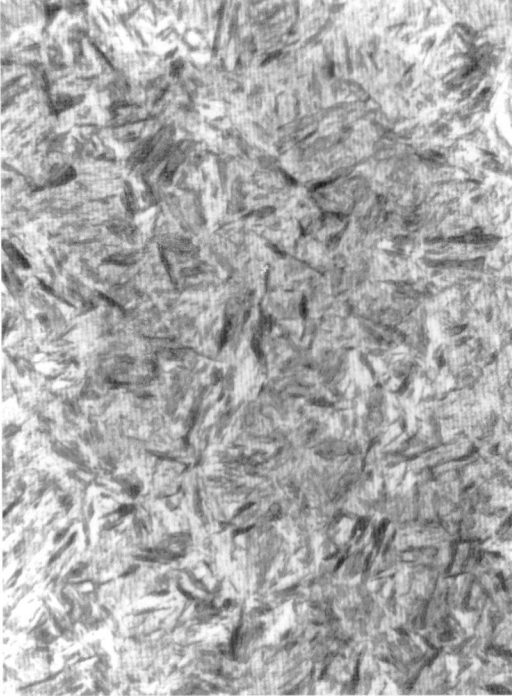

图　2-3-60　　　　　　　　　　　　　630×

图　　号：2-3-60

材料名称：ZG35CrMo 钢

浸 蚀 剂：4%硝酸酒精溶液

处理情况：淬火（加热860℃保温1h后油冷淬火）

组织说明：淬火马氏体组织，硬度为59～61HRC。

　　ZG35CrMo 钢的正常淬火组织，获得中等粗细、较均匀分布的淬火马氏体。为了充分发挥铸钢调质状态的预定性能，要求淬火时保证它在整个截面上得到马氏体组织。

　　ZG35CrMo 钢淬火后，与一般 35CrMo 锻钢相似，其马氏体组织的特征亦无二样，为淬火针状马氏体，基体尚有部分马氏体组织比较模糊，呈浅灰色。

　　ZG35CrMo 钢中，铬有强化基体，提高淬透性的作用，钼有细化晶粒的作用，铬和钼且能提高调质钢的耐回火性。

图　　号：2-3-61

材料名称：ZG35CrMo 钢

浸 蚀 剂：4%硝酸酒精溶液

处理情况：调质处理（860℃加热保温1h，油冷淬火，540℃回火1h）

组织说明：保持马氏体位向分布的回火索氏体，灰黑色颗粒为氧化物夹杂，硬度为29HRC。

　　对要求具有较高力学性能的铸钢件，一般采用 ZG35CrMo 钢进行调质处理，因为索氏体组织具有强度和韧性最好的配合。

　　必须指出的是：铸钢比锻钢具有较大的回火变脆敏感性。铸钢的回火变脆现象，与铸件中各种磷化物、碳化物、氧化物及其他化合物在偏析过程中沿晶粒边界析出超显微的微粒有关。根据这一解释，铸钢进行退火至为重要，它可使铸钢件在一次结晶过程中沿晶粒边界的析出物被消除。调质后能减少晶粒边界的析出物。因此，回火变脆的敏感性将被降低。

图　2-3-61　　　　　　　　　　　　　630×

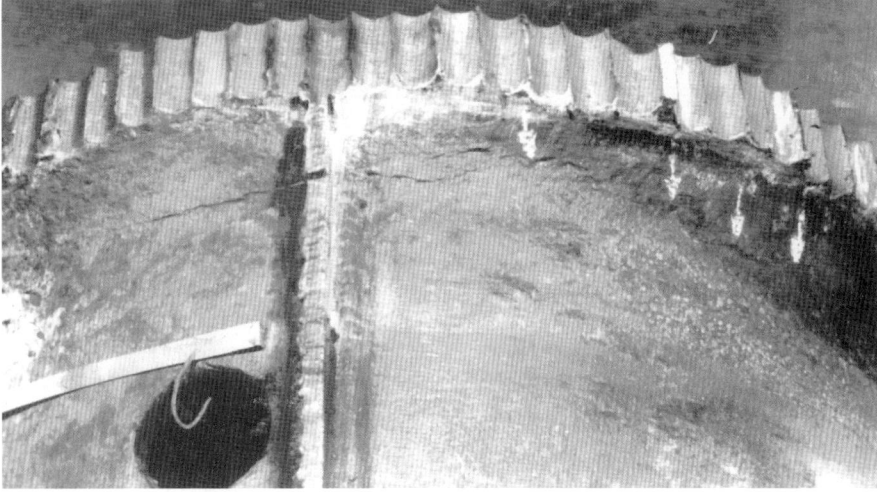

图　2-3-62　　　　　　　　　　　　　　　　　实物

图　　号：2-3-62～2-3-71

材料名称：ZG35CrMo 钢 [w（C）0.37%，w（Mn）0.59%，w（Si）0.31%，w（Cr）0.59%，w（Mo）0.25%，w（P）0.018%，w（S）0.11%]

浸　蚀　剂：图 2-3-62～图 2-3-64 未浸蚀；图 2-3-65～图 2-3-71 经 4%硝酸酒精溶液浸蚀

处理情况：铸件经 880～920℃正火，600～620℃ 回火 6h

组织说明：腐蚀疲劳。

　　　图 2-3-62：下缸盖外侧水腔内的裂纹分布情况。

　　　图 2-3-63：外侧水腔主裂纹的断口情况。

　　　图 2-3-64：主裂纹断口表面的氧化腐蚀产物。

　　　图 2-3-65：热腐蚀疲劳裂纹穿晶扩展。

　　　万吨轮柴油机气缸的下缸盖在运行过程中，经常发生开裂。开裂缸盖占生产总量的 50% 左右。发生开裂的下缸盖其工作时间最短的仅 500h，最长的也不超过 2000h，严重影响了万吨轮柴油机的质量和万吨轮的正常航行。

　　　裂纹均发生于水腔内，起于进水口对向的支承面根部，用钻头将缸盖外圈钻下，清洗水腔内壁油垢，则裂纹清晰可见，系沿着水腔圆周弯曲延伸，总长在 300～400mm 之间，如图 2-3-62 所示。

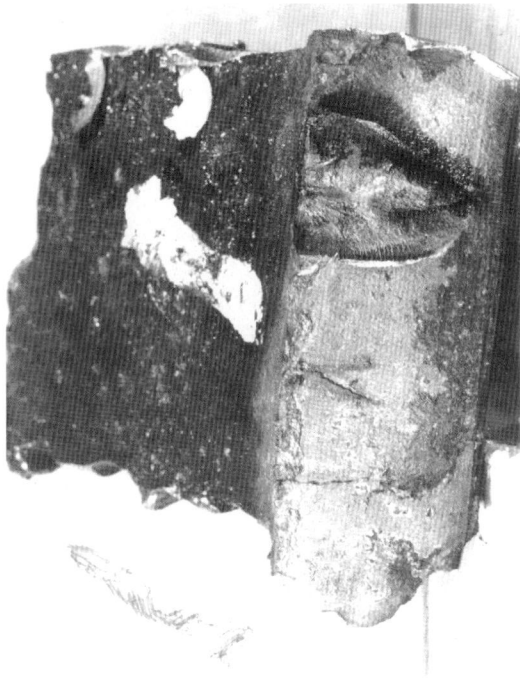

图　2-3-63　　　　　　　　　　　　实物

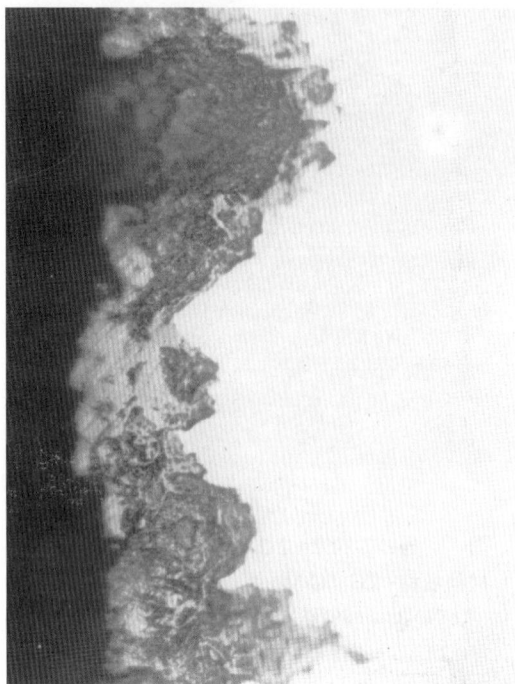

图 2-3-64   250×

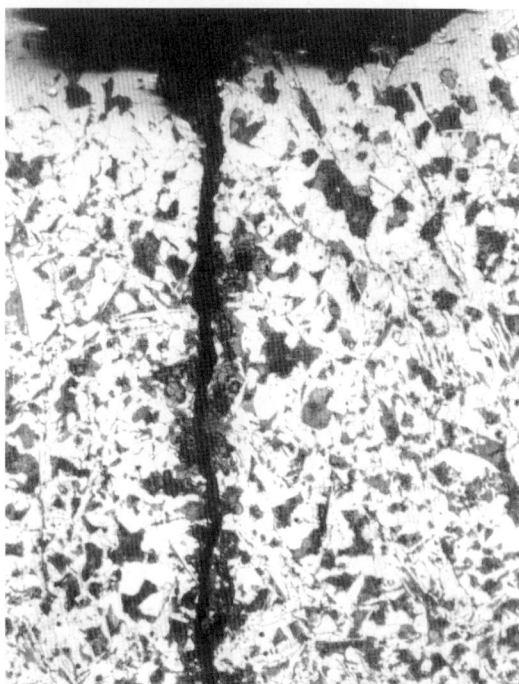

图 2-3-65   100×

经垂直于裂纹方向截取试样，发现裂纹已横贯整个断面裂穿，断口上锈垢严重，清洗后，知属疲劳破坏，且有多个疲劳源，各自独立产生和发展，并逐渐达到相互连接，向内扩展，促成缸盖的疲劳断裂，见图 2-3-63。

从水腔壁近主裂纹处切取试样作金相观察，裂纹表面有严重的腐蚀凹坑，坑内充满氧化腐蚀产物，见图 2-3-64。浸蚀后，试样表面除氧化腐蚀外，稍有脱碳，组织为铁素体及极少量珠光体，向内即为铁素体和珠光体基体组织，从试样上所见的裂纹分布形貌来看，系穿晶分布，见图 2-3-65。

试样经用汽油、四氯化碳去除表面的大块氧化物，再用机械清洁法清洗断口，并用二次复型，在电子显微镜下观察裂纹开始部位，发现腐蚀甚为严重。如图 2-3-66 所示。已有明显受环境（介质、水、热）腐蚀的珠光体层状组织和表面有许多腐蚀凹坑的铁素体晶粒；图 2-3-67 为明显的泥状腐蚀花样；图 2-3-68 有台阶层次的腐蚀花样；图 2-3-69 有腐蚀沟槽花样。从这些电镜图片中，均可以看出裂纹为穿晶应力腐蚀。图 2-3-70 和图 2-3-71 有明显的腐蚀疲劳特征——粗疲劳辉纹。可以认为是低周次的应力作用，在粗辉纹上面有密细的辉纹重叠。在整个辉纹区内均有腐蚀坑，证明缸盖确是受腐蚀疲劳而开裂的。

经过以上分析，包括电镜观察，说明发动机运行时，缸盖水腔部分受到较高的应力和热的作用（工作温度在 450℃ 左右），并处于交变载荷的条件下，同时，水腔内还受到介质的腐蚀，因此，缸盖在工作过程中的开裂，系由于应力腐蚀疲劳破坏的结果。

由于 ZG35CrMo 钢的铸造性能较低碳钢为差，从宏观检查该缸盖的疏松级别和树枝状偏析均较严重，铸造时又不容易在水腔内产生微裂纹，而且这些裂纹很难检出。此外，含碳量高的钢其电化学腐蚀性能也较含碳低的钢为差。鉴于上述原因，建议采用 ZG20CrMo 钢铸造缸盖，从而提高了材料的疲劳抗力和电化学腐蚀性能，结果使用期限超过 8000h，下缸盖的质量仍安然无恙。

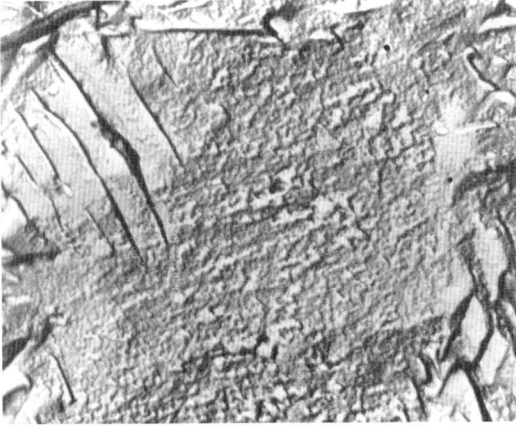

图　2-3-66　　　　　　　　　　　　　4500×

图　2-3-67　　　　　　　　　　　　　3000×

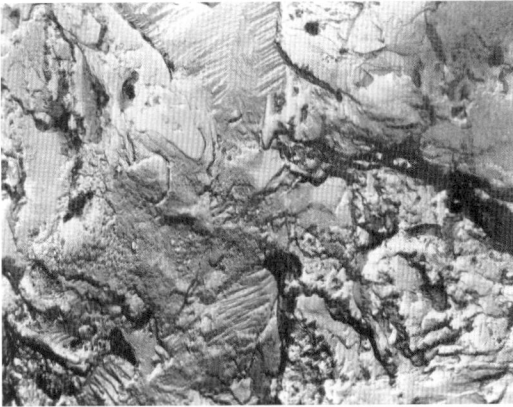

图　2-3-68　　　　　　　　　　　　　2500×

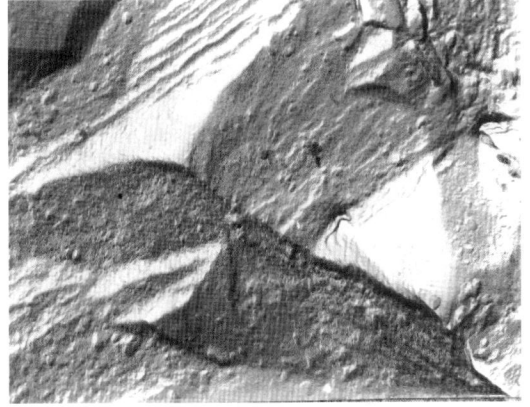

图　2-3-69　　　　　　　　　　　　　4500×

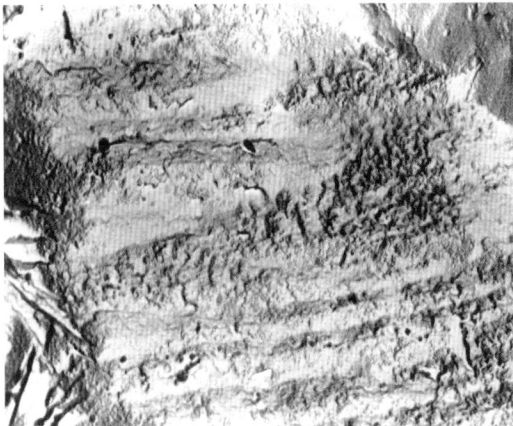

图　2-3-70　　　　　　　　　　　　　5500×

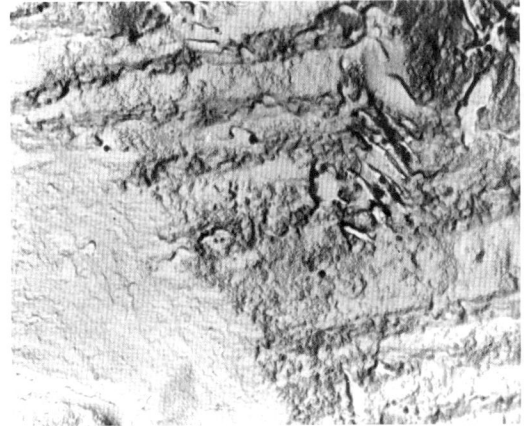

图　2-3-71　　　　　　　　　　　　　5500×

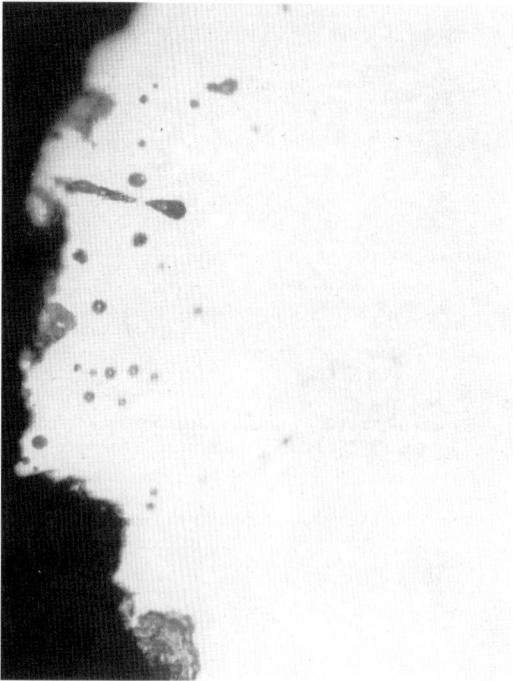

图　2-3-72　　　　　　　　　　　　100×

图　　号：2-3-72
材料名称：ZG35CrMo 钢
浸 蚀 剂：未浸蚀
处理情况：铸造后退火处理
组织说明：二氧化硅夹杂。

ZG35CrMo 钢近表面有圆颗粒的二氧化硅（SiO₂）夹杂物。这种夹杂物，常出现在含硅量较高的铸钢件中，一般分布于晶粒边界，对钢的性能有直接的影响。

钢中的 SiO₂ 可列为外来夹杂物，有的是由于酸性炉衬受浸蚀而带入钢中的；有的可按下列反应式列为脱碳产物：

$$2FeO + Si \rightleftharpoons SiO_2 + 2Fe$$

图示表层大块灰色部分，系铸钢件在工作过程中的氧化腐蚀产物。

图　　号：2-3-73
材料名称：ZG35CrMo 钢
浸 蚀 剂：4%硝酸酒精溶液
处理情况：正火状态
组织说明：显微疏松。基体组织为铁素体及枝晶状分布的珠光体。黑色孔洞为疏松孔隙，在疏松孔隙四周几乎全是珠光体组织。

锻件断口上有黑色斑纹，经取样作金相观察，斑纹处为明显的铸造疏松孔隙，呈黑色孔洞，周围珠光体含量很高，该处系最后凝固部分，碳、合金元素、杂质都比较高，冷却后，析出较多的珠光体。铸件中因有大量的疏松孔洞存在，故其硬度很低。

铸钢在凝固时，体积发生收缩，如得不到充分的钢液来补充，则在最后结晶部分，便会形成疏松孔隙。这种疏松孔隙缺陷将明显影响到铸钢件的力学性能。

铸钢件的致密程度要靠工艺来保证，如严格控制浇注温度，注意化学成分的配比，及认真考虑补缩条件等。

图　2-3-73　　　　　　　　　　　　100×

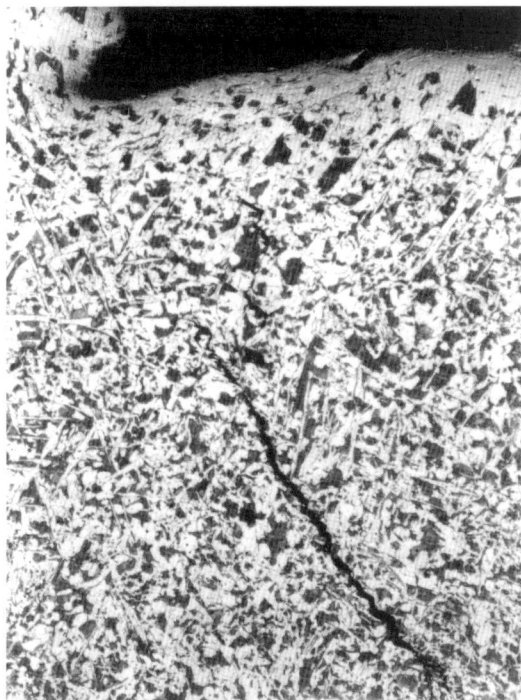

图　2-3-74　　　　　　　　　　　50×

图　　　号：2-3-74
材料名称：ZG35CrMo 钢
浸 蚀 剂：4%硝酸酒精溶液
处理情况：铸造后经正火、回火处理
组织说明：疲劳裂纹。基体为铁素体及少量珠光
　　　体，呈过热的魏氏组织分布，铸件表面稍有脱
　　　碳，且组织明显地变形，在稍离表面的次表层
　　　有一条穿晶裂纹。铸件表面虽然脱碳而使其强
　　　度明显下降，但在承受较大应力的作用下，因
　　　使表层发生明显的塑性变形，从而使脱碳的表
　　　层，由于加工变形而硬化。铸件在交变载荷的
　　　作用下，疲劳裂纹产生于次表面的强度较薄弱
　　　处，以穿晶方式向里扩展。

图　　　号：2-3-75
材料名称：ZG35Cr2MoAlV 钢
浸 蚀 剂：4%硝酸酒精溶液
处理情况：890℃保温 4h 软化退火，760℃保温 3h 作
　　　均匀化处理，然后再经 890℃淬火，700℃回火
组织说明：过烧。热处理后工件表面出现颇多网状分
　　　布的龟裂，刨去 10mm 后，经热酸浸蚀试验，仍有
　　　龟裂存在。
　　　　于龟裂处取样作显微观察，铸件心部组织为针
　　　状回火索氏体及极少量铁素体，稍有树枝状偏析。
　　　在龟裂处，裂纹极似疏松孔隙，且在裂纹附近发现
　　　有针状分布的铁素体，周围严重脱碳，组织全为铁
　　　素体。
　　　　经分析，龟裂均沿晶界分布，裂纹虽然经热酸
　　　蚀，但其内尚有少量氧化物夹杂，裂纹四周严重脱
　　　碳，且在附近有淬、回火未消除的过热针状铁素体
　　　组织，由此说明，该裂纹是铸件放在退火炉火口处
　　　加热时，由于该处温度过高，而造成局部表面严重
　　　过烧所致。退火后未查出，但铸件再经淬、回火处
　　　理，消除表面氧化皮时，始发现有这种缺陷存在。

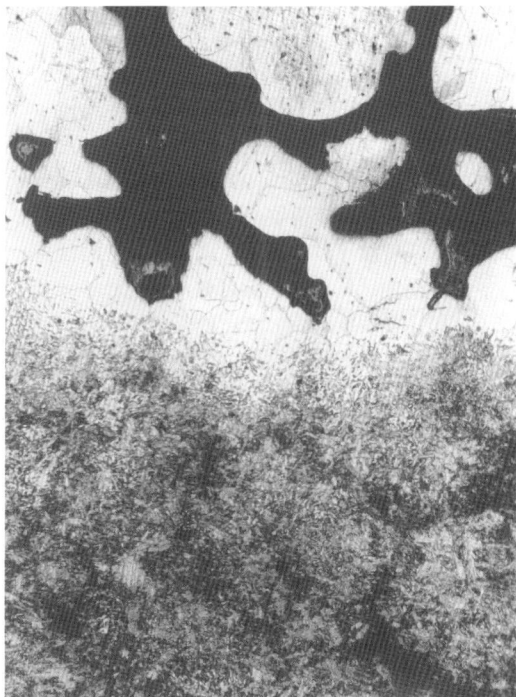

图　2-3-75　　　　　　　　　　　100×

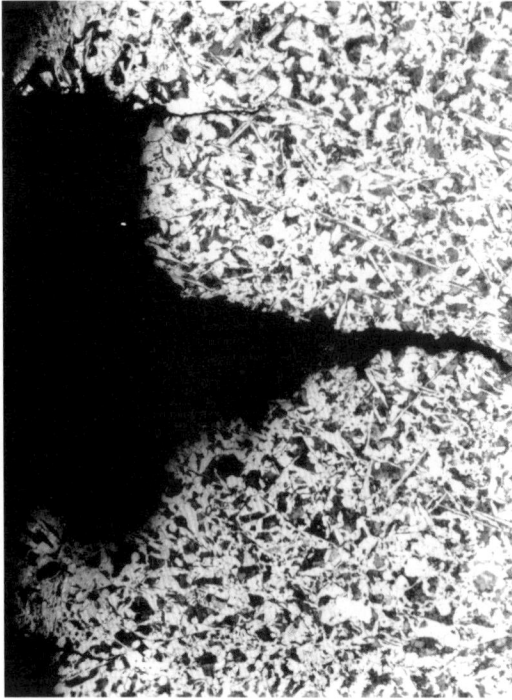

图　2-3-76　　　　　　　　　　　　　50×

图　　号：2-3-76

材料名称：ZG35CrMo 钢

浸蚀剂：4％硝酸酒精溶液

处理情况：铸造后经 880～900℃正火，600℃回火处理

组织说明：腐蚀疲劳裂纹。铁素体及少量珠光体，部分铁素体呈针状分布，显示基体为稍过热之组织。

　　ZG35CrMo 钢制造的气缸盖，使用数百小时后，在水腔内侧发现有裂纹，裂纹自表面凹坑处发生，向里扩展，穿过晶粒而延伸，在大裂纹附近表面处尚有一条小裂纹，垂直于表面向内延伸。

　　由裂纹的分布说明：裂纹均发生在表面凹坑尖角处，该处应力较集中，在往复的交变载荷和介质的腐蚀作用下，裂纹向里穿过晶界而发展。

图　　号：2-3-77

材料名称：ZG35CrMo 钢

浸蚀剂：4％硝酸酒精溶液

处理情况：铸造后经 880～900℃正火，600℃回火处理

组织说明：腐蚀疲劳裂纹。为图 2-3-76 裂纹向里扩展的情况，裂纹穿过珠光体及铁素体晶粒而延伸，较平直，两侧无脱碳等特异之处。

　　与上图裂纹起始的表面处基体相比较，缸盖心部珠光体含量远较表面为多，且晶粒细小。

　　由此说明，缸盖表面在热处理时不但稍有过热现象，而且发生了脱碳。材料表面由于脱碳导致强度明显下降；同时，表面凹凸不平，应力容易集中，加上介质的腐蚀，导致裂纹在高水平应力作用下，迅速扩展，从而造成断裂。

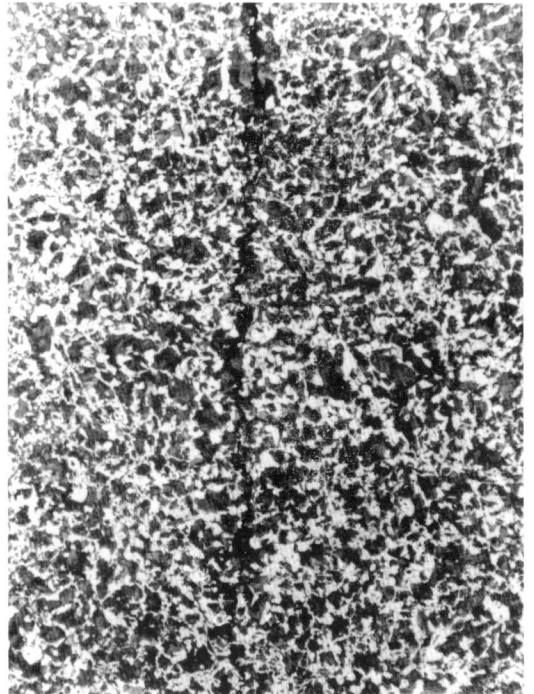

图　2-3-77　　　　　　　　　　　　　50×

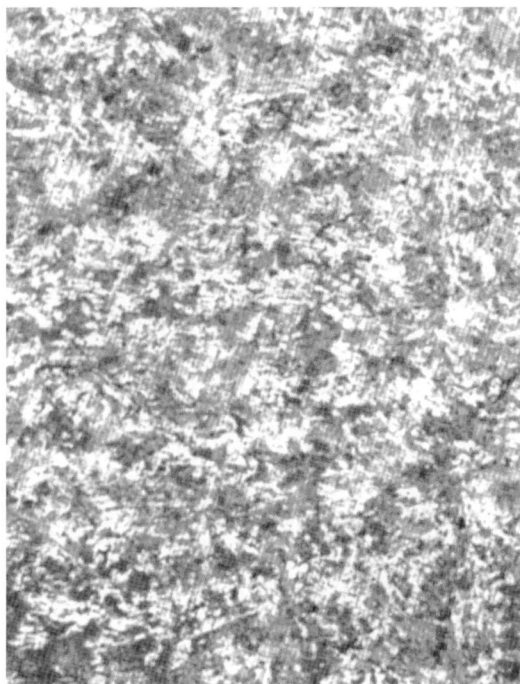

图 2-3-78　　　　　　　　　　100×

图 2-3-79　　　　　　　　　　100×

图 2-3-80　　　　　　　　　　100×

图　　号：2-3-78～2-3-80

材料名称：ZG42CrMo 钢

浸蚀剂：4％硝酸酒精溶液

处理情况：图 2-3-78 为铸态；图 2-3-79 为铸后
900℃退火处理；图 2-3-80 为退火后于 900℃×
1h 油冷淬火、600℃×1h 回火。

组织说明：图 2-3-78：细珠光体及枝晶间分布的
细条、块状分布的铁素体。

图 2-3-79：经退火处理后组织为极细珠光
体和极细块状铁素体，铸造组织已明显消除。

图 2-3-80：为提高铸件的综合力学性能。
退火后组织均匀化，然后再予以淬火和回火，
获得极细均匀分布的回火索氏体组织。使铸件
的性能大为提高，以满足零件服役的需要。

图 2-3-81   100×

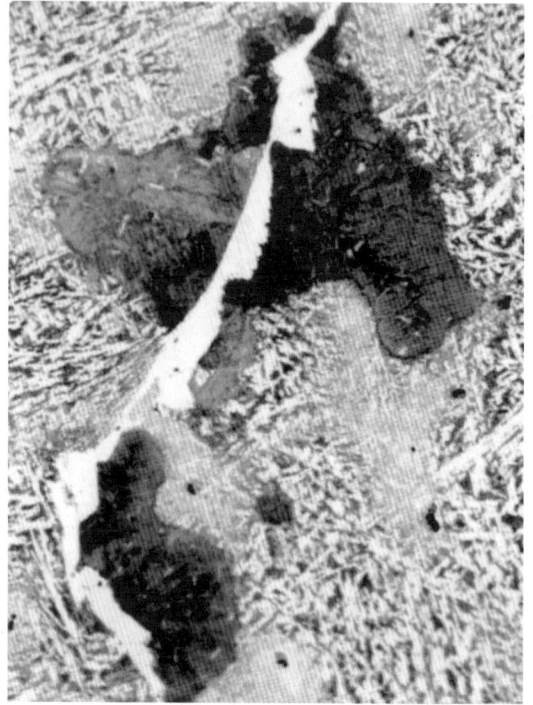

图 2-3-82   200×

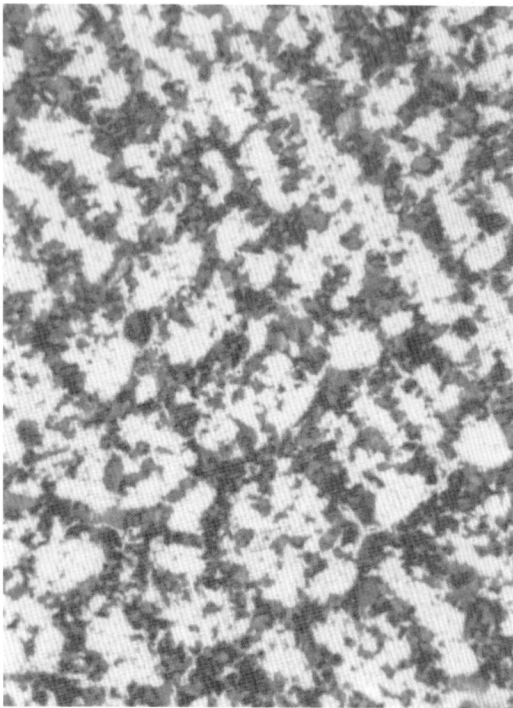

图 2-3-83   100×

图　号： 2-3-81～2-3-83

材料名称： ZG30CrMoNi 钢 [w（C）0.25%，w（Mn）0.366%，w（Si）0.425%，w（Cr）0.987%，w（Mo）0.5%，w（S）0.044%，w（Ni）1.09%]

浸 蚀 剂： 4%硝酸酒精溶液

处理情况： 铸态。图 2-3-83 经 860℃×1h 后随炉冷却（退火）

组织说明： 图 2-3-81：晶界处白色网络为铁素体，其边缘黑色块状为细片状珠光体。基体为细珠光体及针状铁素体。

图 2-3-83：图 2-3-82 的放大组织。

由于合金元素偏析，偏析区细珠光体较集聚。组织中魏氏组织明显，说明铸件浇注温度偏高，而冷速又较大，以致形成严重的魏氏组织。

图 2-3-83：经 860℃×1h 随炉冷却的退火组织，基体组织均匀，无明显的偏析现象，基体为珠光体及块状铁素体，稍呈树枝状分布。

图　2-3-84　　　　　　　　　　　　　　　　　　　500×

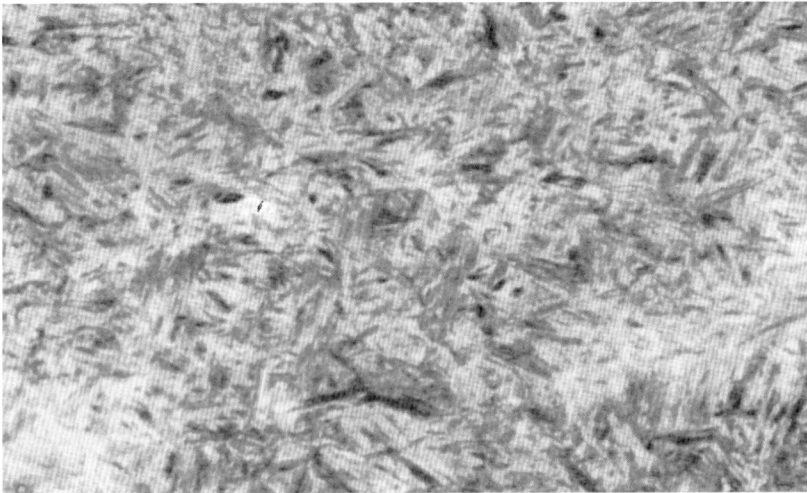

图　2-3-85　　　　　　　　　　　　　　　　　　　500×

图　　号： 2-3-84、2-3-85

材料名称： ZG30CrMoNi 钢

浸 蚀 剂： 4%硝酸酒精溶液

处理情况： 图 2-3-84 为浇注后直接淬火，180℃回火；图 2-3-85 为浇注后于 860℃×8h 随炉冷却后退火，再于 860℃×1h 后油冷，180℃×3h 回火处理

组织说明： 图 2-3-84：基体为针状回火马氏体及少量贝氏体和极少量铁素体。由于浇注后直接淬火，铸造时枝晶间偏析明显可见。

图 2-3-85：浇注后退火处理后再于 860℃×1h 油冷淬火，基体中的回火马氏体组织较上图为细，同时贝氏体和极少量铁素体数量也较上图明显为少。

出现少量贝氏体和极少量铁素体，是由于钢中合金元素的偏聚以及冷速较缓所致。

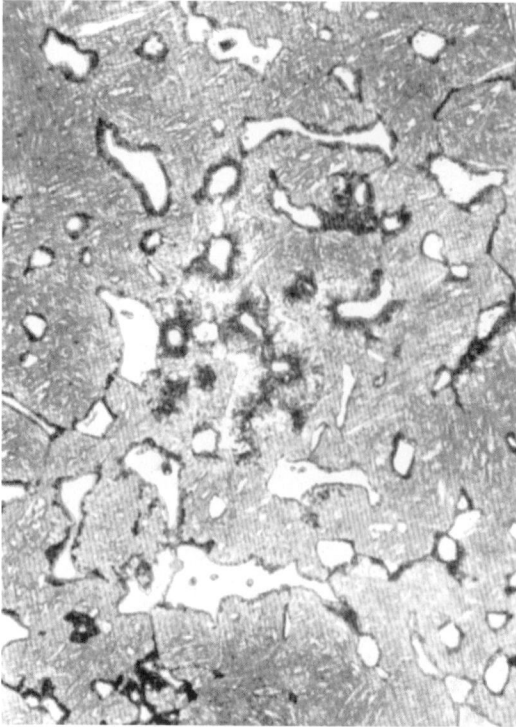

图　2-3-86　　　　　　　　　　100×

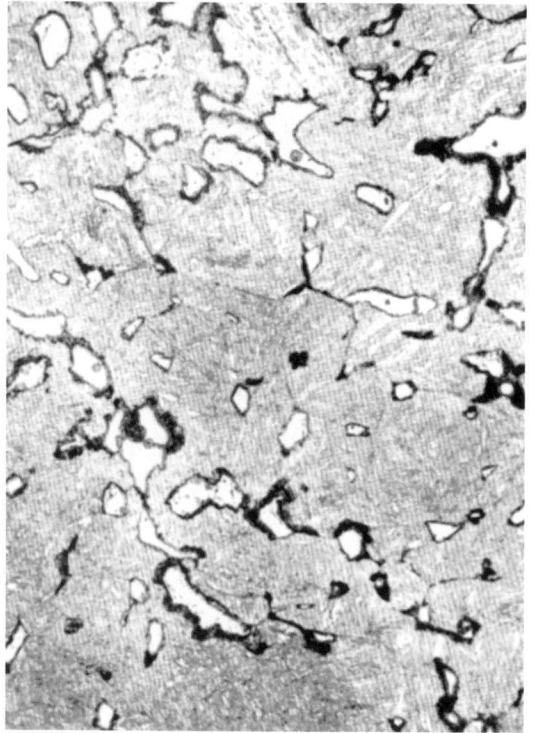

图　2-3-87　　　　　　　　　　100×

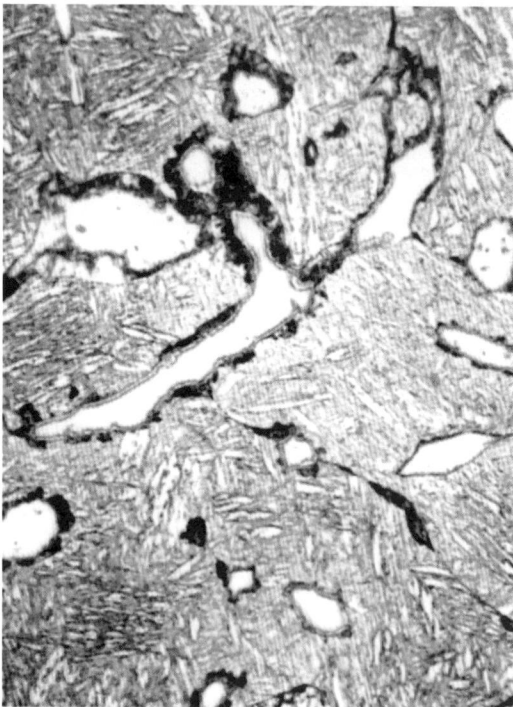

图　2-3-88　　　　　　　　　　500×

图　号：2-3-86～2-3-88

材料名称：ZG1Cr13 钢［w（C）0.17％，w（Cr）1.14％，w（Ni）0.46％，w（Si）0.36％，w（Mn）0.35％，w（S）0.0162％］

浸蚀剂：氯化高铁、盐酸水溶液

处理情况：图 2-3-86 为铸态；图 2-3-87 及 2-3-88 经 950℃×1h 后随炉冷却（退火）

组织说明：图 2-3-86：基体为低碳马氏体，白色块状及岛块状为铁素体，在铁素体边缘黑色为托氏体，此外，尚有黑色托氏体分布在部分晶界上。

　　图 2-3-87：经退火后显微组织，基体没有变化，基体为低碳马氏体、白色岛块状及粒块状为铁素体，在铁素体上及晶界上有黑色托氏体，在部分大块铁素体边上灰色颗粒为硫化物夹杂物。

　　图 2-3-88：图 2-3-87 的放大 500 倍后的组织，除低碳马氏体及铁素体更明显外，在铁素体边缘上及晶界的托氏体更为清晰。

金 相 图 片

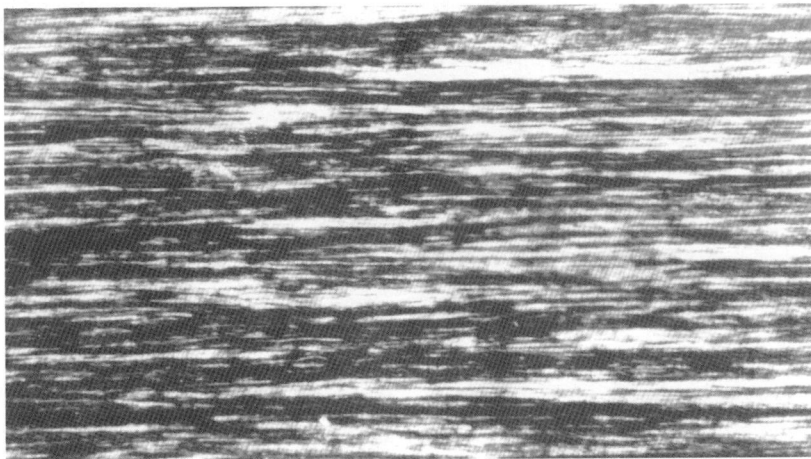

图 2-4-1   500×

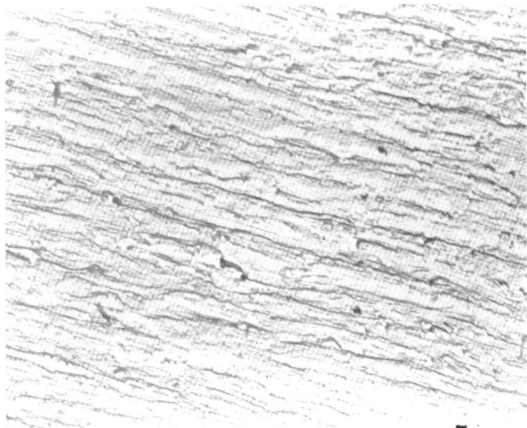

图 2-4-2   8000×

图 2-4-3   500×

图　　号：2-4-1～2-4-3
材料名称：70 钢
浸 蚀 剂：3％酸酒精溶液
处理情况：ϕ1.0mm 及 ϕ1.2mm 铅浴淬火钢丝冷缠后于 250℃去应力退火
组织说明：图 2-4-1：系 ϕ1.0mm 铅浴淬火钢丝冷缠成形后，再在 250℃ 加热去应力退火，基体组织只为
　　细珠光体经冷拉后沿形变方向呈纤维状组织，硬度为 45HRC。

　　　　图 2-4-2：图 2-4-1 组织经复膜后，置于透射电镜下放大 8000 倍后的电子金相沿形变方向呈严重的
　　塑性变形形貌。

　　　　图 2-4-3：ϕ1.2mm 铅浴淬火钢丝冷缠成形后，于 250℃ 加热除应力退火。组织为细珠光体沿形变
　　方向呈纤维组织，硬度为 45HRC。铅浴淬火钢丝一般是指直径小于 8mm 钢材经等温铅浴淬火处理后再
　　经冷拉变形的钢丝。等温淬火处理是将丝坯(已经冷拉到一定直径的钢丝)加热到奥氏体状态，然后通过
　　420～450℃ 的铅浴淬火或盐浴淬火，使奥氏体等温分解得细珠光体组织。经冷拉变形，使细珠光体随着
　　变形量的增加，使珠光体中铁素体产生严重的塑性变形，同时珠光体中的渗碳体细片也被拉碎呈极细点
　　粒状并沿变形方向呈纤维状组织；变形量越大，纤维组织则越细密，带状的倾向也越大。

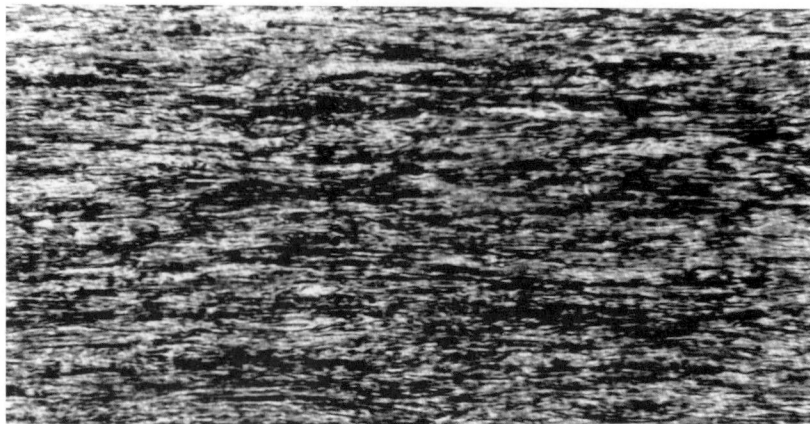

图　2-4-4　　　　　　　　　　　　　　　　　　　　　　　500×

图　2-4-5　　　　　　　　500×

图　2-4-6　　　　　　　　500×

图　　号： 2-4-4～2-4-6

材料名称： 70 钢

浸 蚀 剂： 3%硝酸酒精溶液

处理情况： 不同直径铅浴淬火钢丝冷缠后于 250℃加热去应力退火

组织说明： 图 2-4-4：φ1.4mm 铅浴淬火钢丝冷缠后于 250℃去应力退火，其组织为细珠光体在冷拉后沿变形方向呈纤维状组织，硬度为 44.5HRC。

　　图 2-4-5：进口 φ2.5mm 铅浴淬火钢丝冷缠后于 250℃去应力退火，其组织基本上同图 2-4-4，惟有纤维状组织较图 2-4-4 更加明显，硬度为 46.5HRC

　　图 2-4-6：φ2.5mm 国产铅浴淬火钢丝，冷缠后于 250℃去应力退火，其组织为细珠光体，冷拉后沿变形方向呈纤维状组织，但纤维状组织没有图 2-4-4 明显，故其硬度稍低，为 42HRC。

　　由上面一组试样可以看出，它们的冷拉变形量是稍有不同的，故铅浴淬火去除应力退火后所获得的变形纤维状组织也稍有不同，可从硬度上得到了反映。

　　等温铅浴淬火处理的丝坯还要经过拉伸量达 85%～90%的冷拔，从而使铅浴淬火钢丝具有很高的抗拉强度，有时 R_m 可达 2900N/mm²。这是因为铅浴淬火后可获得细晶粒的珠光体，其渗碳体片更细密而提高其强度，同时冷变形强化后，使细珠光体中片状渗碳体在冷拉过程中被破碎成细颗粒状渗碳体，且沿变形方向呈带状分布，从而提高了钢丝变形方向的抗拉强度。

图 2-4-7　　　　　　　　　　　　　500×

图 2-4-8　　　　　　　　　　　　　500×

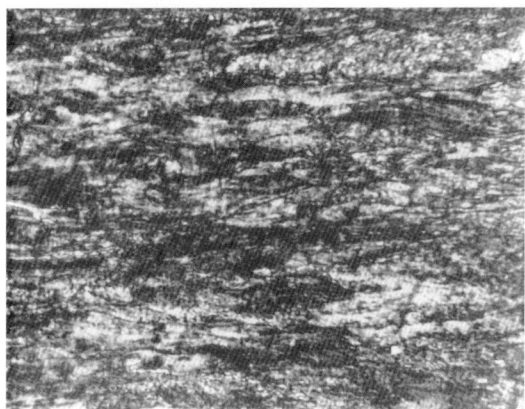

图 2-4-9　　　　　　　　　　　　　500×

图 2-4-10　　　　　　　　　　　　500×

图　　号：2-4-7～2-4-10

材料名称：70 钢；图 2-4-10 为 75 钢

浸 蚀 剂：3％硝酸酒精溶液

处理情况：不同直径的铅浴淬火钢丝冷缠后经不同温度去应力退火

组织说明：图 2-4-7：ϕ3.0mm 铅浴淬火钢丝经冷缠后于 250℃去应力退火，组织为细珠光体，在冷拉后沿变形方向呈纤维状组织，硬度为 46.5HRC。

　　　　图 2-4-8：ϕ4.0mm 铅浴淬火钢丝冷缠后于 280℃去应力退火，组织为细珠光体，在冷拉后沿变形方向呈纤维状组织，硬度为 44HRC。

　　　　图 2-4-9：进口 ϕ4.5mm 铅浴淬火钢丝冷缠后于 280℃去应力退火，组织为细珠光体，在冷拉后沿变形方向呈纤维状组织，硬度为 44HRC。

　　　　图 2-4-10：进口 ϕ4.0 铅浴淬火钢丝冷缠后于 280℃去应力退火，组织为细珠光体，冷拉后沿变形方向呈纤维状组织，硬度为 34HRC。

　　　　从这一组图片可以看出，不同直径的不同钢种铅浴淬火钢丝，冷缠后又经过不同温度回火，从而获得的变形纤维状组织也有所不同，导致其硬度也有所不同。

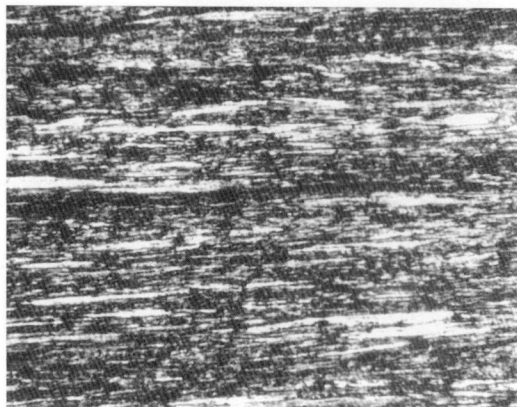

图　2-4-11　　　　　　　　　500×

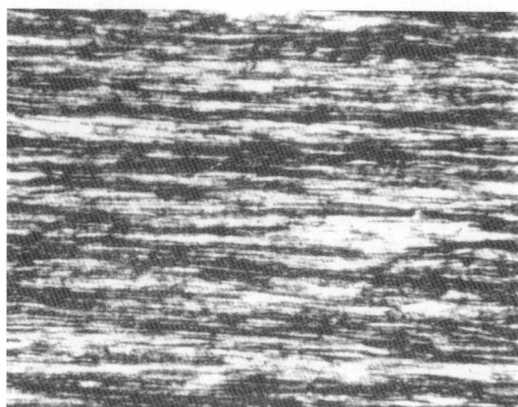

图　2-4-12　　　　　　　　　500×

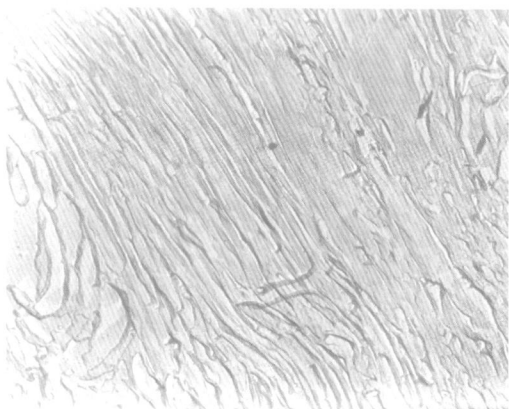

图　2-4-13　　　　　　　　　500×

图　2-4-14　　　　　　　　　500×

图　　　号：2-4-11～2-4-14

材料名称：T9A 钢

浸 蚀 剂：3%硝酸酒精溶液

处理情况：不同直径的铅浴淬火钢丝经冷缠，再经 250℃回火

组织说明：图 2-4-11：φ1.3mm 铅浴淬火钢丝冷缠成形后，经 250℃去应力退火处理。基体为细珠光体，在冷拉后沿变形方向呈纤维状组织，硬度为 45HRC。

　　　　图 2-4-12：φ1.5mm 铅浴淬火钢丝冷缠成形后，经 250℃去应力退火处理，基体为细珠光体，在冷拉后沿变形方向呈纤维状组织，硬度为 45HRC。

　　　　图 2-4-13：上图钢丝的纤维状组织，经复膜后在透射电镜下的组织形貌，沿金属变形方向呈严重的塑性变形。

　　　　图 2-4-14：φ1.6mm 铅浴淬火钢丝冷缠成形后，经 250℃去应力退火处理，基体为细珠光体，在冷拉后沿变形方向呈纤维状组织，硬度为 45HRC。

　　　　常用的铅浴淬火钢丝有 w（C）为 0.6%～1.0%的高碳钢钢丝，采用高碳钢的铅浴淬火钢丝冷缠成的弹簧，成形后应进行去应力退火，退火后虽然钢丝的抗拉强度变化不大，但提高了钢丝的塑性和韧性，同时还可以明显地提高了钢丝的弹性极限。

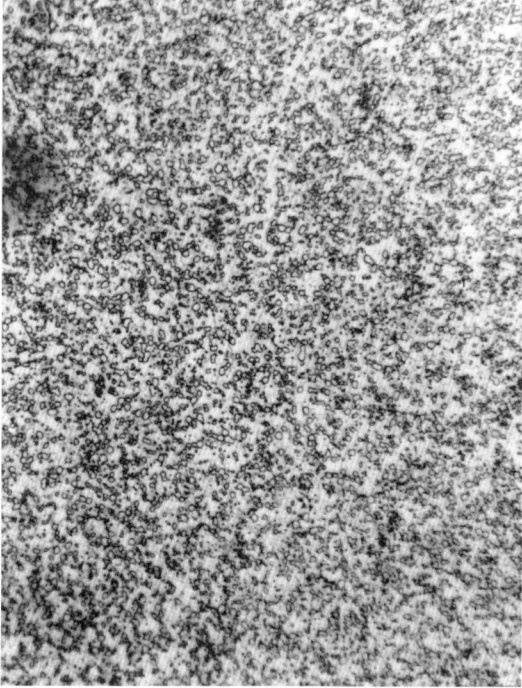

图 号：2-4-15
材料名称：65Mn 钢
浸 蚀 剂：3％硝酸酒精溶液
处理情况：退火状态
组织说明：球粒化珠光体。

　　65Mn 弹簧钢冷拉退火后，获得球粒化珠光体的显微组织，使弹簧钢的强度、硬度有所降低，而其韧性和塑性则较好，有利于再进行冷变形加工处理。

图　2-4-15　　　　　　　　　　　　500×

图 号：2-4-16
材料名称：65Mn 钢
浸 蚀 剂：3%硝酸酒精溶液
处理情况：淬火后再经中温回火处理
组织说明：基体为回火托氏体－细珠光体，其上有极少量铁素体颗粒。

　　65Mn 弹簧钢经 880℃淬火，480～520℃回火。由于淬火保温时间太短，致使极少量铁素体未能溶入奥氏体，淬火后仍残留在基体中，因而导致弹簧的硬度和强度不高。

　　硬度为 34～36HRC。

　　抗拉强度为 1073N/mm²。

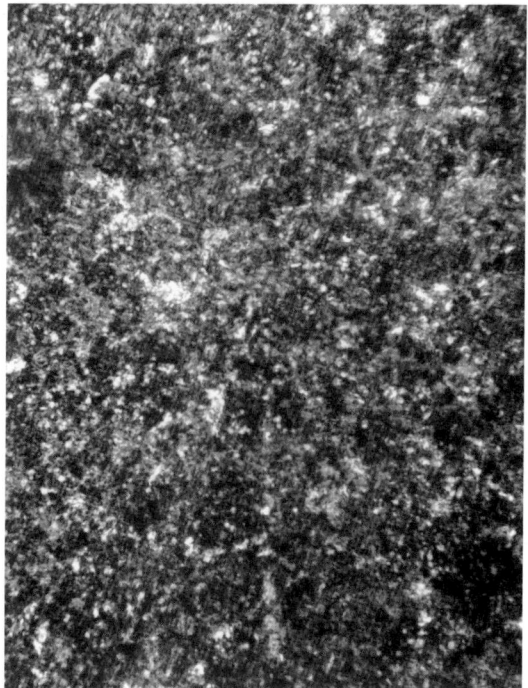

图　2-4-16　　　　　　　　　　　　500×

图 2-4-17 100×

图 2-4-18 630×

图　号：2-4-17、2-4-18

材料名称：65Mn 钢 [w（C）0.62%～0.70%，w（Si）0.17%～0.37%，w（Mn）0.70%～1.00%]

浸 蚀 剂：4%硝酸酒精溶液

处理情况：铅浴淬火后经冷拉加工

组织说明：细珠光体和少量铁素体，呈纤维方向分布。

　　65Mn 钢为常用的含锰弹簧钢，用于制作截面小于 10mm² 的小型弹簧。

　　由于锰元素能提高钢的淬透性，并能扩大 γ 区，使 A₃ 点下降，S 点向左下方移动，因此同含碳量相同的碳钢相比，锰钢退火组织中含有较多的珠光体。锰能提高铁素体强度而不降低其塑性和韧性，因此这类钢的淬透性和屈服极限比碳素弹簧钢高，脱碳倾向性也较小；缺点是有过热敏感性和回火脆性倾向。淬火时，易形成淬火裂纹。

　　这种小型弹簧通常采用冷拔钢丝冷卷成形，钢丝在最后冷拔加工前，预先经过铅浴淬火，即将钢丝加热到 Ac₃ 以上，然后在 500～550℃ 的铅浴中等温处理，获得细珠光体组织，可使钢丝具有很高的塑性和较高的强度，并在此基础上进行总变形量很大（可达 85%～90%）的多次冷拔，使细珠光体呈纤维状组织。

图 2-4-19 500×

图 2-4-20 8000×

图 2-4-21 500×

图　号：2-4-19～2-4-21

材料名称：65Mn 钢

浸 蚀 剂：3%硝酸酒精溶液

处理情况：不同直径铅浴淬火钢丝冷缠后 280℃
去应力退火

组织说明：图 2-4-19：φ2.8mm 铅浴淬火钢丝冷
缠后于 280℃去应力退火后组织，细珠光体冷
拉后沿变形方向呈纤维状组织，硬度为
42HRC。

图 2-4-20：图 2-4-19 试样复膜后，置于透
射电镜下的电子金相形貌。

图 2-4-21：φ3.0mm 铅浴淬火钢丝冷拔后
于 280℃去应力退火后组织，细珠光体在冷拉
后沿变形方向呈纤维状组织分布，硬度为
42HRC。

65Mn 钢铅浴淬火钢丝制成的弹簧往往是
冷缠成形，然后低温去应力退火，退火后钢丝
的抗拉强度并无太大变化，但提高了钢丝的延
性和韧性，同时还提高了钢丝的弹性极限。

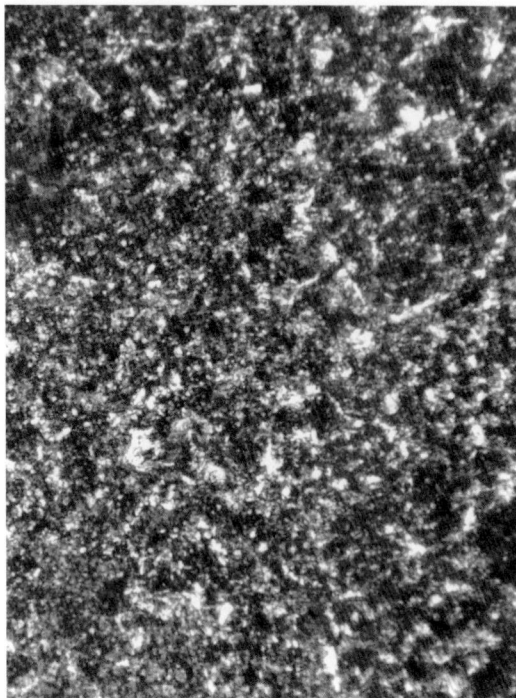

图　2-4-22　　　　　　　　　　　500×

图　　号：2-4-22

材料名称：65Mn 钢

浸 蚀 剂：3%硝酸酒精溶液

处理情况：淬火后再经中温回火处理

组织说明：基体为托氏体-细珠光体混合组织，其上布有白色颗粒状的铁素体（较图 2-4-16 为多）。

　　65Mn 钢丝经 850℃加热淬火后，再经 480～520℃中温回火处理，由于淬火保温时间太短，加上淬火温度较以前各个试样为低，因而有较多的铁素体未被溶解，以致淬火后仍保留在基体中。未溶解铁素体的出现将使钢的强度和硬度明显下降。

　　硬度为 32～34HRC。

　　抗拉强度为 1039MPa。

图　　号：2-4-23

材料名称：65Mn 钢

浸 蚀 剂：4%硝酸酒精溶液

处理情况：接触电阻加热表面淬火

组织说明：白色弧形不易浸蚀层为淬硬区，组织为淬火马氏体，黑色网络为低碳马氏体。淬硬层深度为 0.32mm，硬度为 61HRC。

　　心部原始组织为片状珠光体及网状分布的铁素体。接触电阻加热表面淬火工艺及其所需的设备简单、经济，淬火后的零件变形极小，适用于各类转动及滑动机械零件，特别适用于大型轴类的修补，机床导轨的翻修淬硬等。

　　接触电阻加热表面淬火工艺也适用于一般要求表面淬硬的中碳钢或中碳合金钢零件，由于接触电阻加热表面淬火后不需要回火处理，缩短了加工流程，为使零件心部具有高的强度，可在调质后再进行表面淬火处理。

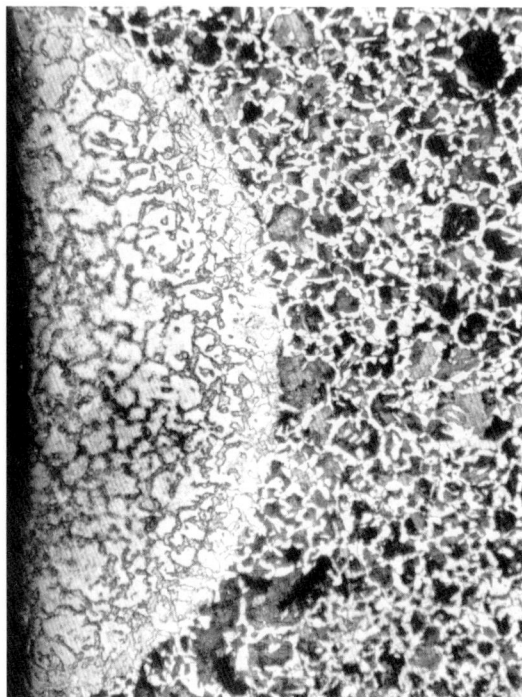

图　2-4-23　　　　　　　　　　　100×

图　2-4-24　　　　　　　　　　1×

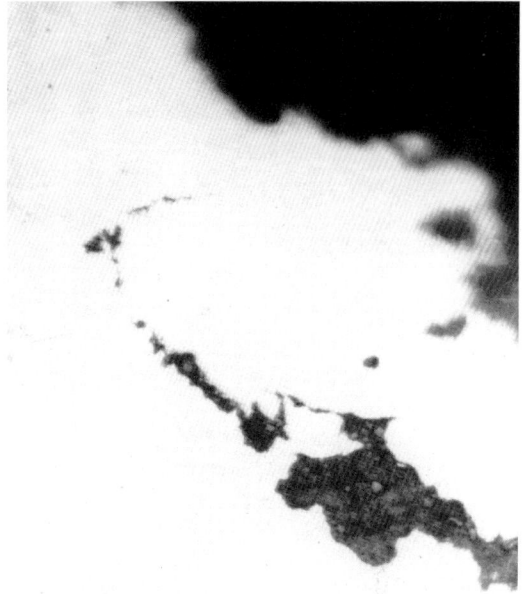

图　2-4-25　　　　　　　　　　250×

图　2-4-26　　　　　　　　100×

图　号：2-4-24～2-4-26

材料名称：65Mn 钢

浸 蚀 剂：图 2-4-24、2-4-25 未浸蚀

　　　　图 2-4-26 经 4%硝酸酒精溶液浸蚀

处理情况：冷拔钢丝绕制成形

组织说明：疲劳断裂。

　　图 2-4-24：调压弹簧断裂的外形。

　　图 2-4-25：断口附近的块状夹杂物和沿夹杂物延伸的裂纹。

　　图 2-4-26：弹簧的基体组织，细珠光体及少量铁素体，沿加工方向变形呈纤维状。

　　断口处有明显的大块氧化物夹杂物存在，致使调压弹簧在伸长和压缩的工作过程中，沿着夹杂物应力趋于高度的集中，促使弹簧产生早期疲劳断裂。从断口上可观察到逐渐破坏区与瞬时破坏区，裂源是从弹簧内侧夹杂物处开始的。

图　2-4-27　　　　　　　　　　　　100×

图　2-4-28　　　　　　　　　　　　500×

图　　号：2-4-27、2-4-28

材料名称：60Si2Mn 钢［w（C）0.57%～0.65%，w（Si）1.50%～2.00%，w（Mn）0.6%～0.9%，w（S）≤ 0.4%，w（P）≤0.040%，w（Cr）≤0.3%，w（Ni）≤0.40%］

浸 蚀 剂：4%硝酸酒精溶液

处理情况：原材料供应状态

组织说明：片状珠光体及断续网状分布的铁素体。

　　对弹簧钢的性能要求主要是高的强度、高的屈服极限和疲劳极限，因此一般多控制较高的含碳量，但碳素钢的淬透性较差，当弹簧直径大于 10～15mm 时，心部易出现珠光体类组织，使屈服极限大大降低，使弹簧在工作时易产生塑性变形而失效。因此，对较大截面的弹簧必须采用合金弹簧钢。

　　硅锰弹簧钢是常用的弹簧钢种之一，最典型的是 60Si2Mn 钢，硅和锰均能提高钢的淬透性，同时它们又能溶于铁素体，导致铁素体明显强化，使钢材在热处理后具有较高的区屈强比（R_{eH}/R_m，比值接近 1），硅锰钢有易于脱碳、产生回火脆性的倾向，这些缺点只要在热处理时予以严格控制，完全可以避免。但由于含硅量高，将形成很多的硅酸盐夹杂，必须引起重视。由于硅锰钢的可硬性和抗氧化能力都比较高，因此使用相当广泛。但必须指出，60Si2Mn 钢在热处理不当时，会发生石墨化，此时钢中锰量要取上限，锰高不但能形成（Fe，Mn）$_3$C 渗碳体，且有利于阻止石墨化的发生。这类钢淬火后应立即进行回火，以防止因淬火内应力而导致自裂。

　　硅锰钢主要用于制造机车车辆和汽车上的钢板弹簧及螺旋弹簧，如解放牌汽车板簧、铁路货运车辆的缓冲弹簧等。

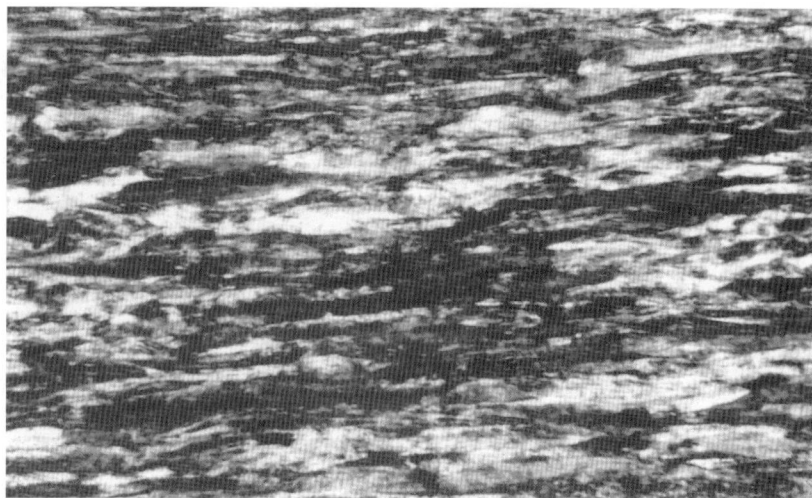

图　2-4-29　　　　　　　　　　　　　　　　　　　　　500×

图 2-4-30　　　　　　　　　　　　　　　　　　　　　500×

图　号： 2-4-29、2-4-30

材料名称： 60Si2Mn 钢

浸 蚀 剂： 3%硝酸酒精溶液

处理情况： 不同直径的铅浴淬火钢丝冷缠后经 280℃除应力退火

组织说明： 图 2-4-29：　ϕ4.0mm 淬铅钢丝冷缠后经 280℃去应力退火，组织为细珠光体，在冷拉后沿变形方向呈纤维状分布，硬度为 37HRC。

图 2-4-30：　ϕ6.0mm 铅浴淬火钢丝冷缠后经 280℃去应力退火，细珠光体在冷拉后渗碳体片被拉碎成细粒状碳化物，沿变形方向分布，硬度为 33HRC。

由图可知，60Si2Mn 铅浴淬火钢丝的塑性变形量不十分大，新的纤维状组织较粗大，破碎的渗碳体细颗粒明显，故其加工硬化的程度也不大，硬度仅为 33HRC 左右。

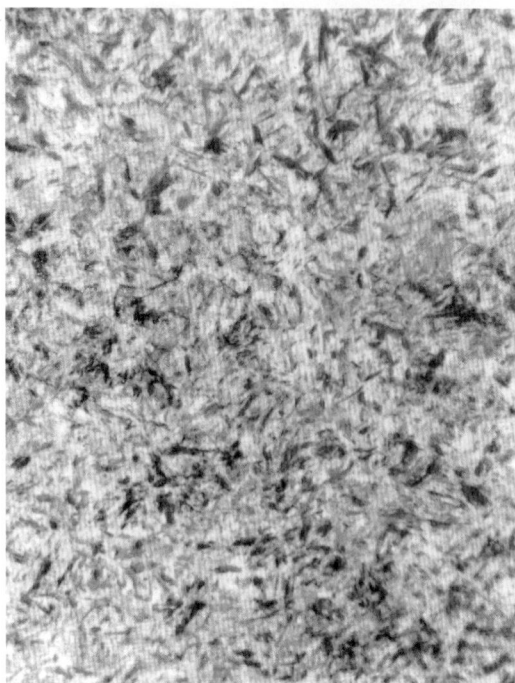

图　2-4-31　　　　　　　　　　　　　　500×

图　2-4-32　　　　　　　　　　　　　　500×

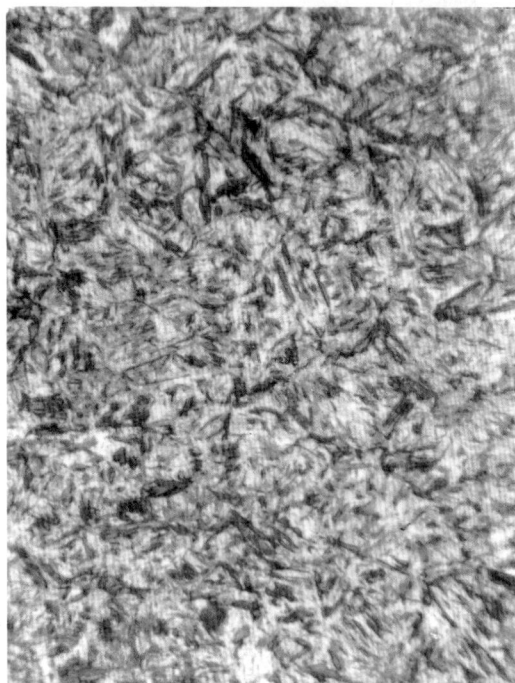

图　2-4-33　　　　　　　　　　　　　　500×

图　　号：2-4-31～2-4-33

材料名称：60Si2Mn 钢

浸 蚀 剂：4%硝酸酒精溶液

处理情况：图 2-4-31 经 820℃加热保温后油冷淬火。

　　　　　图 2-4-32 经 860℃加热保温后油冷淬火。

　　　　　图 2-4-33 经 900℃加热保温后油冷淬火。

组织说明：图 2-4-31：较细针状马氏体组织。

　　　　　图 2-4-32：中等针状马氏体组织。

　　　　　图 2-4-33：较粗针状马氏体组织。

　　　　60Si2Mn 钢的正常淬火温度为 840～870℃，不同淬火加热温度，可以得到不同粗细的针状淬火马氏体。

用于评定 60Si2Mn 钢（$\phi<20\text{mm}$）螺旋弹簧淬火马氏体针叶长度的等级：

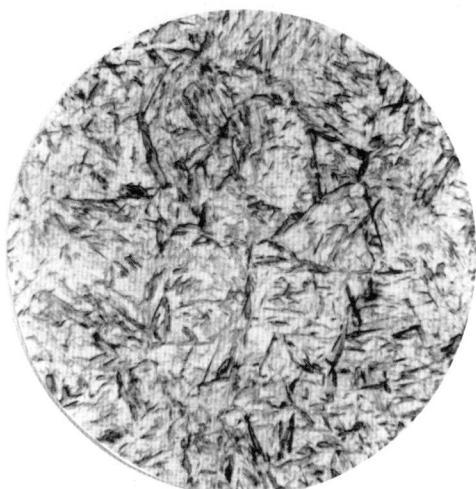

图 2-4-34　1 级淬火细马氏体针叶长≤15μm　500×　　图 2-4-35　2 级较细马氏体针叶长≤20μm　500×

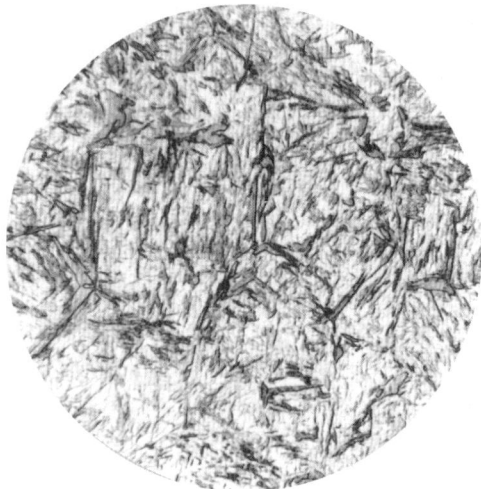

图 2-4-36　3 级粗大马氏体针叶长>35μm　500×

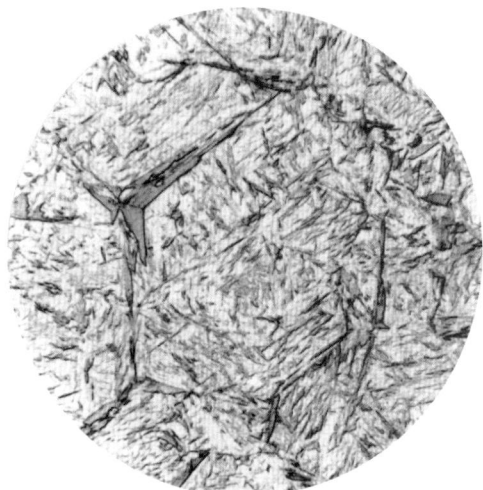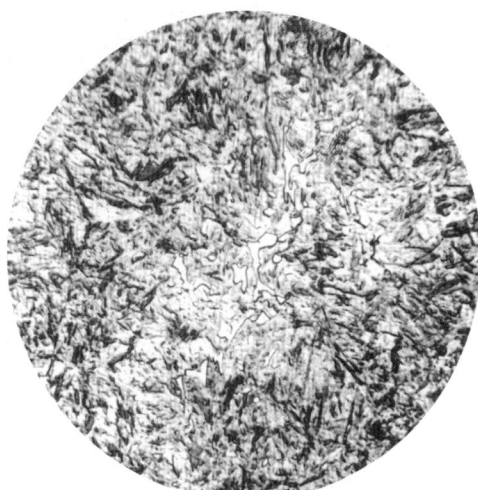

图 2-4-37　4 级较粗马氏体针叶长>53μm　500×　　图 2-4-38　5 级细马氏体和少量块状铁素体　500×

用于评定 60Si2Mn 钢（φ<20mm）螺旋弹簧淬火、回火后组织的等级图：

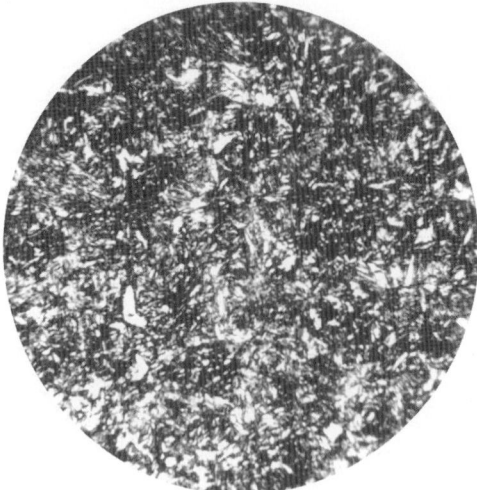

图 2-4-39　1 级细回火托氏体　　　　500×

图 2-4-40　2 级较细回火托氏体　　　500×

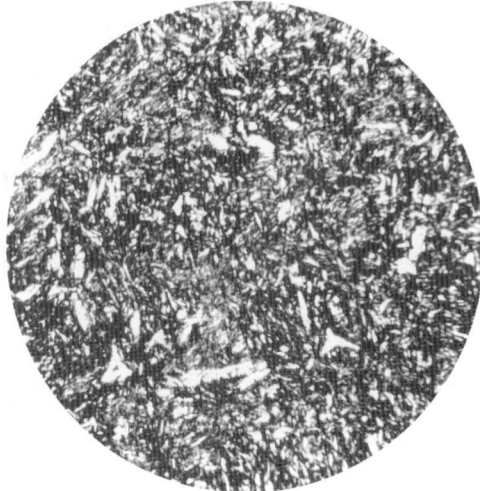

图 2-4-41　3 级较粗回火托氏体　　　500×

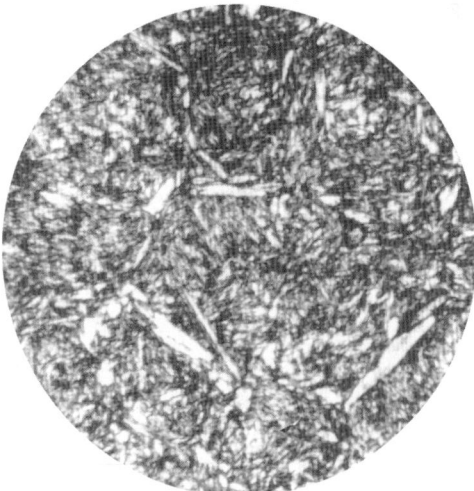

图 2-4-42　4 级粗回火托氏体　　　500×

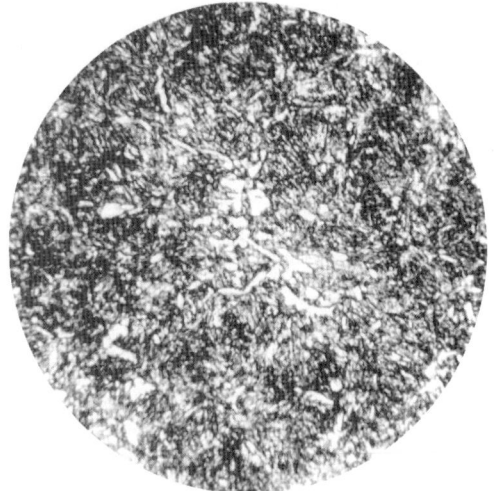

图 2-4-43　5 级回火托氏体及少量块状托氏体　500×

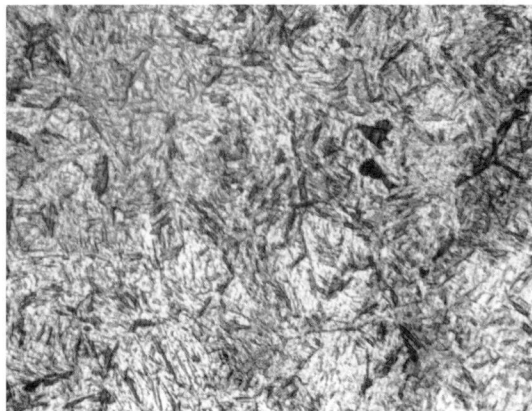

图　2-4-44　　　　　　　　　　500×

图　　号：2-4-44
材料名称：60Si2Mn 钢
浸 蚀 剂：4%硝酸酒精溶液
处理情况：860～870℃油冷淬火
组织说明：基体组织为针状淬火马氏体，属正常
　　的淬火组织。
　　　　ϕ12mm 的工件可以完全淬透。由于硅是石
　　墨化元素，因此含硅量比较高的弹簧钢在退火
　　过程中易发生石墨化现象。
　　　　硬度为 61～62HRC。

图　　号：2-4-45
材料名称：60Si2Mn 钢
浸 蚀 剂：4%硝酸酒精溶液
处理情况：860℃油冷淬火，450～460℃回火
组织说明：基体为回火托氏体组织。
　　　　由于回火的作用，促使过饱和的马氏体析出
　　极为弥散的碳化物，导致基体易受浸蚀而变黑。
　　　　硬度为 47～48HRC。

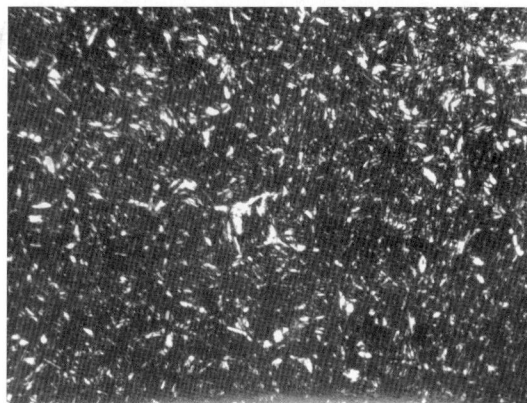

图　2-4-45　　　　　　　　　　500×

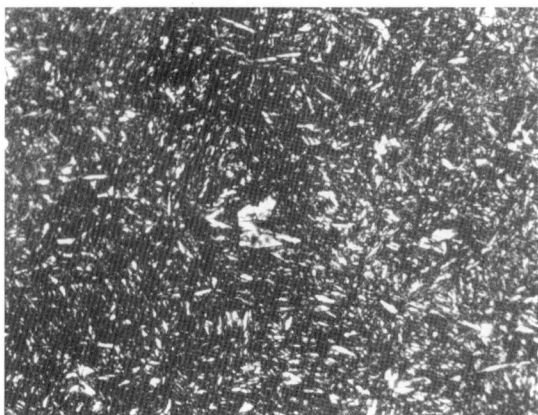

图　2-4-46　　　　　　　　　　500×

图　　号：2-4-46
材料名称：60Si2Mn 钢
浸 蚀 剂：4%硝酸酒精溶液
处理情况：860℃淬火后，于 680～700℃保温 5min，
　　然后空冷，再进行快速回火处理
组织说明：基体组织为保留马氏体针状位向的回
　　火托氏体及少量浅黄色回火马氏体。
　　　　由于回火保温时间极短，以至在试样心部
　　有一小部分马氏体稍受回火，但尚未转变为托
　　氏体，浸蚀后呈浅黄色，该处即为回火马氏体
　　组织。

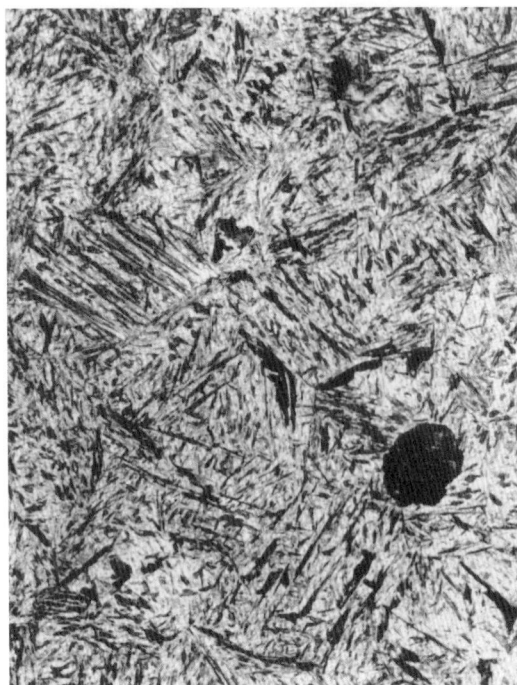

图　　号：2-4-47

材料名称：60Si2Mn 钢

浸 蚀 剂：4%硝酸酒精溶液

处理情况：淬火处理

组织说明：基体主要为针状马氏体，其上有少量
　　　羽毛状贝氏体和一颗黑色团状分布的托氏体。

　　　这种混合组织由于淬火冷却不均造成的，
属不完全淬火组织。

　　　弹簧钢中出现贝氏体及淬火托氏体组织，
不但会使强度和硬度降低，而且会影响到疲劳
强度，因此这种组织属于不合格的显微组织。

图　　2-4-47　　　　　　　　　　　　500×

图　　号：2-4-48

材料名称：60Si2Mn 钢

浸 蚀 剂：4%硝酸酒精溶液

处理情况：淬火后经中温回火处理

组织说明：基体为保持马氏体针状形态分布的回火托
　　　氏体，其上有羽毛状回火贝氏体。

　　　一般来说，钢中出现贝氏体，是由于淬火时冷
却速度不足所造成，经中温回火后，针状马氏体因
析出碳化物而成为回火托氏体，但贝氏体仍保持淬
火时的形态，因此经中温回火的弹簧钢，其显微组
织中，仍可清晰地检视出这种不完全淬火的显微组
织。

　　　厚度小于 8mm 的弹簧钢板，淬火后不应该出
现贝氏体组织。如上所述，贝氏体组织大多是由于
淬火冷却不足所造成。

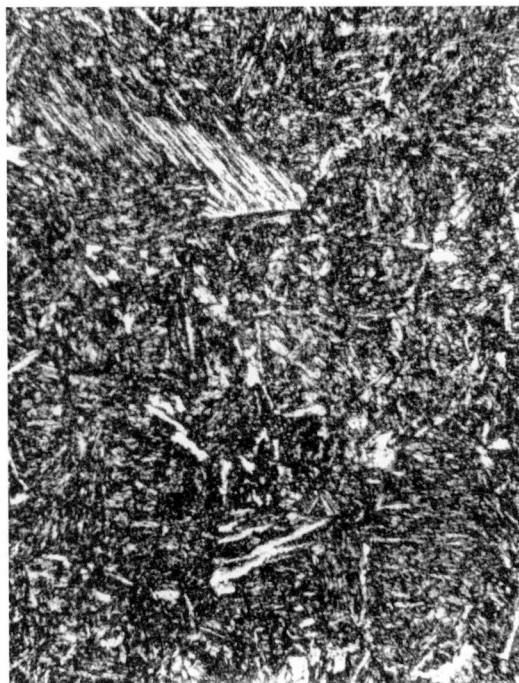

图　　2-4-48　　　　　　　　　　　　500×

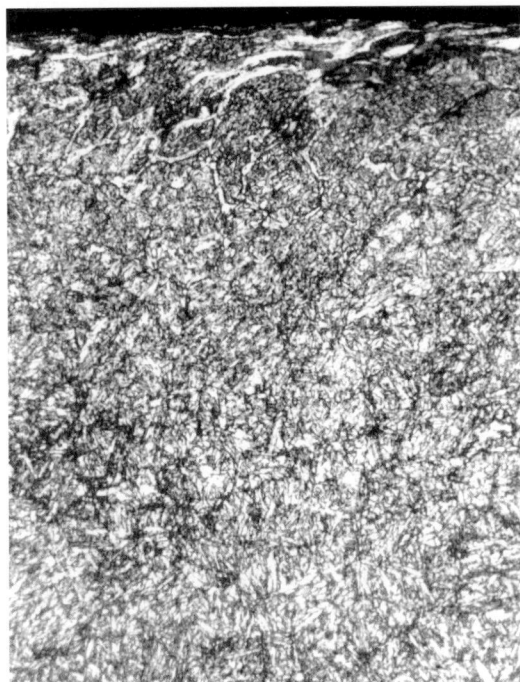

图 2-4-49 500×

图　　号：2-4-49
材料名称：60Si2Mn 钢
浸 蚀 剂：4%硝酸酒精溶液
处理情况：经 860℃加热油冷淬火、460℃回火后，表面再经喷丸处理
组织说明：基体组织为回火托氏体。在表面有因受严重塑性变形而产生的白亮色强化层。

　　回火处理的钢板弹簧，在高速强力喷射的钢丸冲击下，不仅可降低表面粗糙度值、消除或减轻表面疵病，而且会使弹簧表面因受冷加工变形而得到强化。该工艺即称为喷丸处理。喷丸处理的目的是使弹簧的表面粗糙度值降低，硬度及强度有所增加，在弹簧表面留下残余压应力，从而使弹簧在交变载荷下提高使用寿命。

　　弹簧表面因严重塑性变形而产生的一薄层白亮变形强化层，只有在样品制备十分完善的情况下，才能完整清晰地显示出来。

图　　号：2-4-50
材料名称：60Si2Mn 钢
浸 蚀 剂：4%硝酸酒精溶液
处理情况：经 900℃加热油冷淬火、460℃回火后，表面再经喷丸处理
组织说明：基体组织为较粗大的回火托氏体，垂直于表面的两根黑色线条为钢板进行疲劳试验后产生的裂纹。硬度为 44HRC。

　　弹簧表面在喷丸时，不但产生一定的塑性变形，而且会留下较大的残余压应力。残余压应力的大小可借助 X 射线应力测定仪进行测试。根据现有资料认为：残余压应力在 250MPa 左右比较合适。喷丸处产生的残余压应力，甚至可达到比这一数值更高的水平，但过大的压应力并无益处，因为过厚的强化层，将使表面脆性增大，从而在使用时易产生脆断事故。

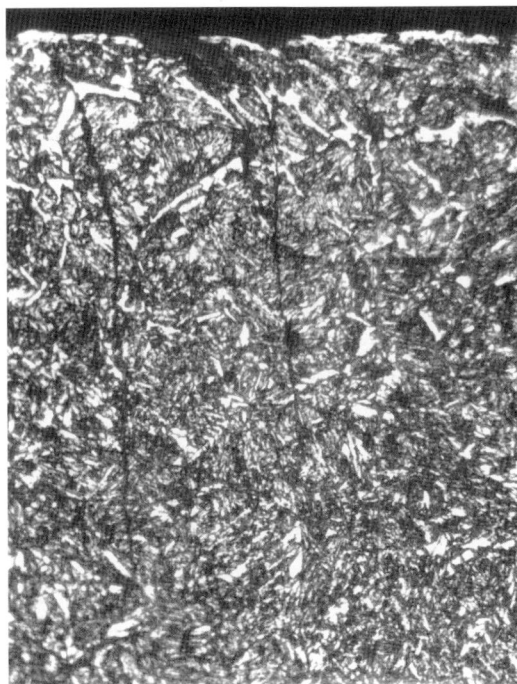

图 2-4-50 500×

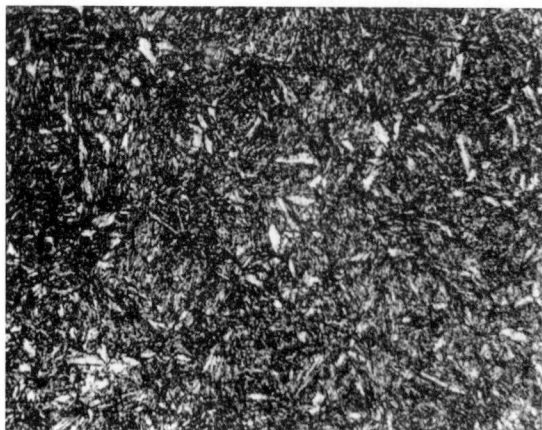

图　2-4-51　　　　　　　　　500×

图　　号：2-4-51
材料名称：60Si2Mn 钢
浸 蚀 剂：4%硝酸酒精溶液
处理情况：860℃油冷淬火，460℃回火
组织说明：保留马氏体位向的回火托氏体。
　　　回火托氏体的特点是碳化物尚未发生明
显的聚集长大，保持弥散的分布状态，马氏体
只发生回复过程，由淬火所造成的第二类内应
力几乎全部消除，但未发生再结晶，仍保持马
氏体的针状形态和一定的强化效果，故而有较
高的弹性极限。

图　　号：2-4-52
材料名称：60Si2Mn 钢
浸 蚀 剂：4%硝酸酒精溶液
处理情况：860℃油冷淬火
组织说明：表层几乎为全脱碳层，组织为铁素休及极
　　少量低碳马氏体，逐渐向里为针状马氏体。
　　　60Si2Mn 钢制钢板弹簧，淬火后其表面单边脱
　　碳深度不得超过总厚度的 2%，图示的脱碳组织，
　　是原材料在热轧时就已产生。

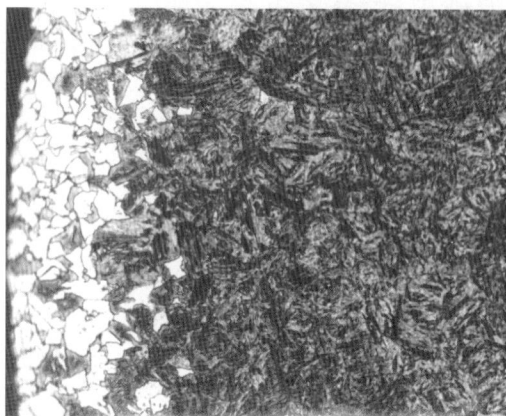

图　2-4-52　　　　　　　　　500×

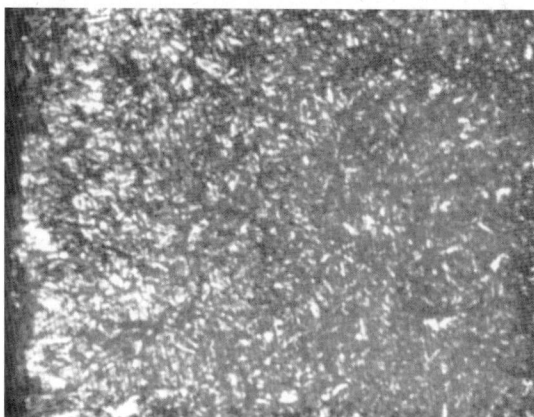

图　2-4-53　　　　　　　　　500×

图　　号：2-4-53
材料名称：60Si2Mn 钢
浸 蚀 剂：4%硝酸酒精溶液
处理情况：860℃油冷淬火，460℃回火
组织说明：基体为回火托氏体。表面层存在轻微
　　的脱碳。
　　　淬、回火后表层的轻微脱碳现象，对弹簧
　　的疲劳强度不利，疲劳强度的降低与脱碳程度
　　及深度有关。试验表明，即使是很轻微的脱碳
　　层（0.125mm），也会导致疲劳强度从
　　570N/mm^2 急剧下降到 350N/mm^2。

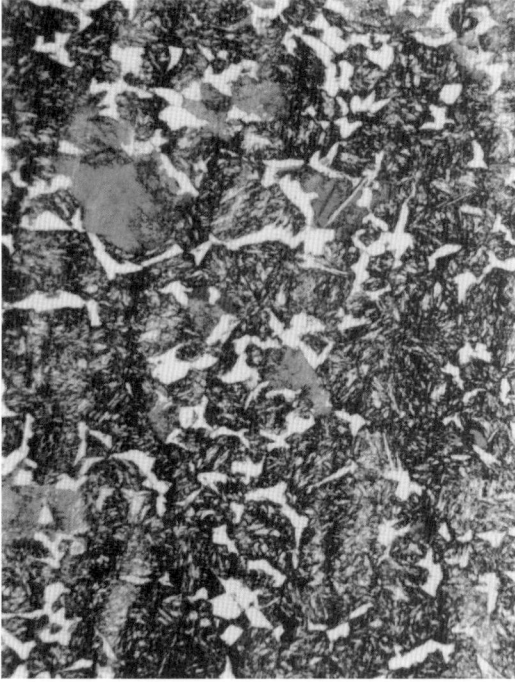

图　号：2-4-54
材料名称：60Si2Mn 钢
浸 蚀 剂：4%硝酸酒精溶液
处理情况：淬火后中温回火
组织说明：基体为保持马氏体位向的回火托氏体，
　　　　其上有白色呈网状分布的铁素体和浅黑灰色块
　　　　状的片状珠光体。这是淬火欠热组织。

　　　　由于淬火加热温度太低，致使网状铁素体
未能溶入奥氏体，这时奥氏体的成分因扩散不
充分而处于不均匀状态，淬火冷却时，在未溶
的铁素体周围因贫碳而易发生共析转变，析出
片状珠光体，尔后，随着温度的下降，至 M_s
点时，过冷奥氏体即发生马氏体相变。回火后
得到回火托氏体。

　　　　这种淬火欠热组织，将严重降低钢的各种
力学性能，使弹簧在使用时易发生永久的塑性
变形，且使其使用寿命大幅度下降。

图　　2-4-54　　　　　　　　　　500×

图　号：2-5-55
材料名称：60Si2Mn 钢
浸 蚀 剂：4%硝酸酒精溶液
处理情况：淬火后中温回火处理
组织说明：具有带状偏析的回火托氏体。

　　　　由于原材料中有带状偏析，因而当弹簧在淬
火、中温回火后，出现因成分不均匀而形成的带状
痕迹。偏析严重时，在白色带处且将出现铁素体
组织。

　　　　造成带状偏析的原因，一种是由于钢材轧制工
艺不当而产生，另一种则可能是由于钢材在冶炼时
造成硫、磷夹杂偏析，轧制时使铁素体在夹杂物或
偏析的周围析出，呈带状分布。前者可用热处理的
方法消除；后者则难以用热处理方法来消除。

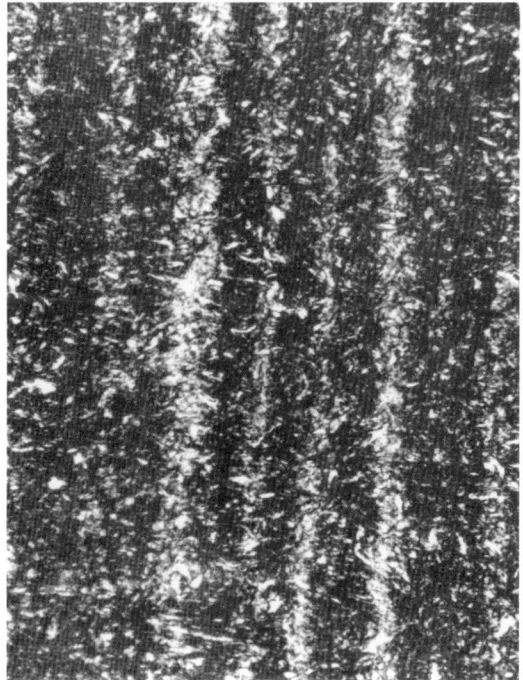

图　　2-4-55　　　　　　　　　　500×

图 2-4-56   2×

图 2-4-57   100×

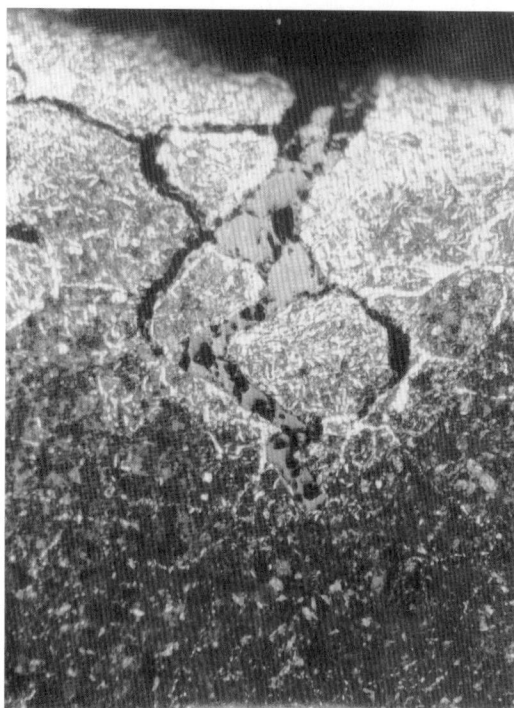

图 2-4-58   200×

图　　号：2-4-56～2-4-58
材料名称：60Si2Mn 钢
浸 蚀 剂：图 2-4-56 未浸蚀，图 2-4-57、2-4-58
　　　　　经 4％硝酸酒精溶液浸蚀
处理情况：钢板弹簧两端加热卷耳
组织说明：过烧。

图 2-4-56：钢板弹簧加热卷耳后，表面出现桔皮状裂纹的形貌。

图 2-4-57 和图 2-4-58：基体组织为回火托氏体，表层有脱碳和沿晶界分布的氧化夹杂物。

沿裂纹垂直方向切割试样观察，钢板表面有一层白色的全脱碳铁素体层，并有沿晶界向内伸展的裂纹，裂纹内充满氧化物。说明该弹簧钢板由于加热急剧、温度过高，致使外表层晶界氧化而开裂，造成表层局部过烧。

硅锰钢易脱碳，尤其当加热温度超过 1000℃时更为剧烈。与此同时，过高的温度将造成金属表层沿晶界烧熔，在卷耳时即沿烧熔处发生桔皮状的开裂。

图　2-4-59　　　　　　　　　　　　　　　　　　　实物

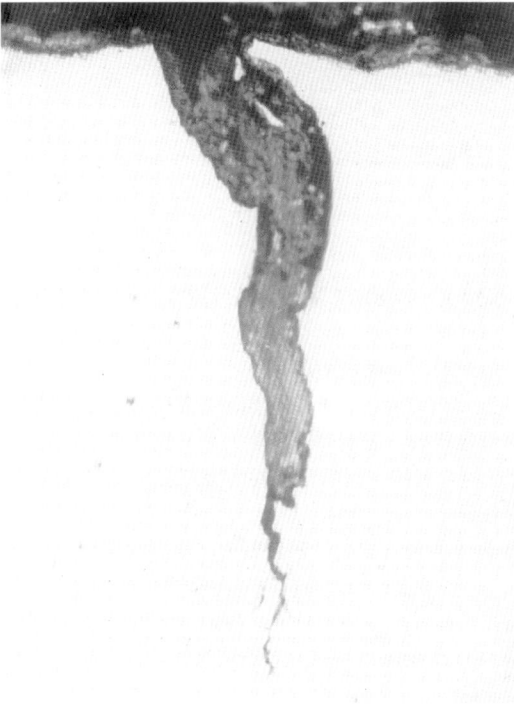

图　2-4-60　　　　　　　　　100×

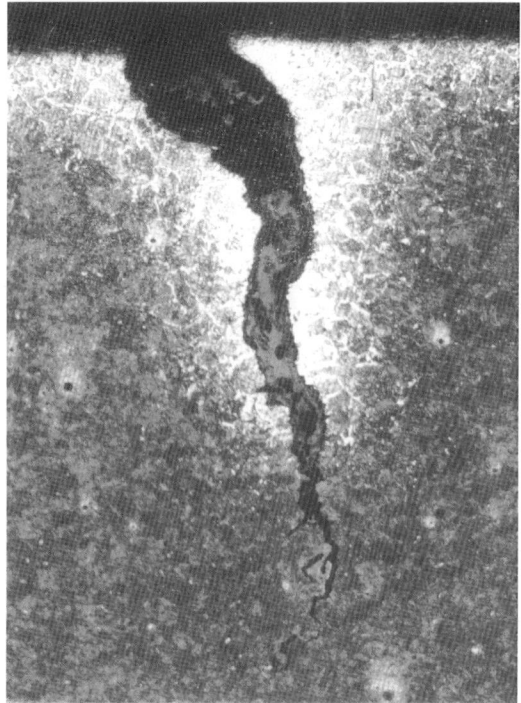

图　2-4-61　　　　　　　　　75×

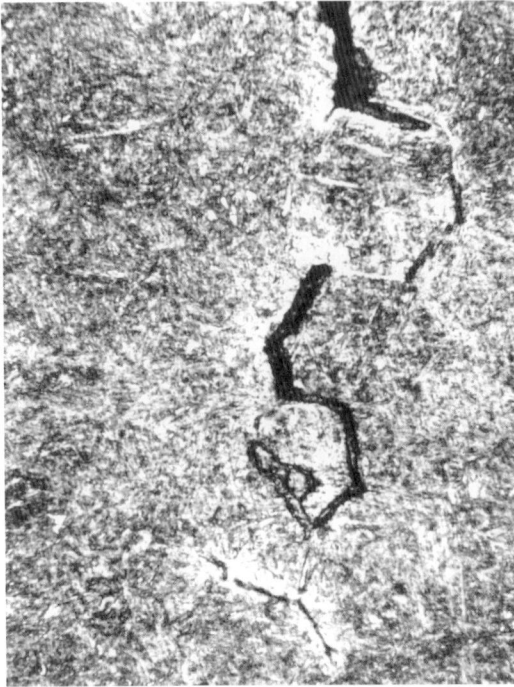

图 2-4-62   500×

图 2-4-63   500×

图　　号：2-4-59～2-4-63

材料名称：60Si2Mn 钢

浸 蚀 剂：图 2-4-59、2-4-60 未浸蚀

图 2-4-61、2-4-62、2-4-63 经 4%硝酸酒精溶液浸蚀

处理情况：ϕ12mm 热轧钢材，冷绕成圆形低压开关过载拉簧。经 870℃加热保温后油冷淬火，并于 460℃回火

组织说明：脆性断裂。低压开关过载拉簧在试验时，突然断裂，且断成数段。

图 2-4-59：弹簧断成多段的形貌和断口情况。从断口可以看出，断裂起始于弹簧内侧表面隙缝处并向里扩展，最后导致断裂。断口极似疲劳断口，但晶粒较粗大，表明弹簧受应力后开裂并迅速扩展。

图 2-4-60：于裂纹断口处取样，发现在断裂源有一粗大裂纹（其内充有氧化物夹杂），自表面向心部延伸。但粗裂纹尾部较圆钝，且有弯曲的细小裂纹存在。

图 2-4-61：浸蚀后情况，粗裂纹两侧有脱碳，弹簧表面也有脱碳，但较轻微，粗裂纹尾部小裂纹周围基体组织同心部，为回火托氏体。

图 2-4-62：粗裂纹尾部的小裂纹扩展情况。小裂纹沿晶界呈弯曲形扩展，两侧组织为回火托氏体。

图 2-4-63：过载弹簧原材料的组织，为片状珠光体以及少量呈块状分布的铁素体，在表面有脱碳现象，该处的铁素体含量较基体为多。

从上述各项试验可知，粗裂纹在热处理前即已存在，因其两侧在热处理时发生脱碳；尾部小裂纹则系淬火加热时扩展产生的，故无脱碳，且沿晶界分布。过载拉簧在受载荷时发生断裂，主要是弹簧表面已存在粗裂纹，造成应力集中所致。至于粗裂纹的产生原因，经多次抽检原材料，证明原材料表面除稍有脱碳外，并无其他缺陷存在。那么为什么会产生粗裂纹，而且总是处于弹簧内侧呢？经过进一步检查，知绕制弹簧的靠模轴直径太小，使钢材内侧在绕制时产生隙缝。因此本图所示粗裂纹并非裂纹，而是绕制工具欠佳所造成的隙缝缺陷。

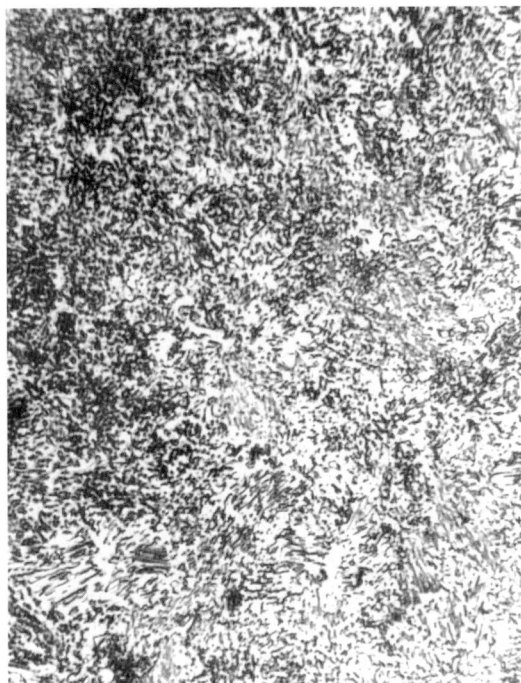

图　2-4-64　　　　　　　　　　500×

图　2-4-65　　　　　　　　　　500×

图　　号：2-4-64、2-4-65

材料名称：65Si2MnWA 钢 [w（C）0.61%～0.69%，w（Si）1.50%～2.00%，w（Mn）0.70%～1.00%，w（W）0.80%～1.20%，w（Cr）≤0.35%，w（Ni）≤0.40%，w（Cu）≤0.25%，w（S）≤0.03%，w（P）≤0.035%]

浸 蚀 剂：3%硝酸酒精溶液

处理情况：图 2-4-64 为球化退火；图 2-4-65 为热轧状态

组织说明：图 2-4-64：球粒珠光体。

　　当线径小于 8mm 时，适宜于冷缠成形的弹簧；细小球粒状珠光体是淬火前良好的预备组织，硬度为 24～25HRC。

　　图 2-4-65：珠光体。

　　适合于热缠成形的弹簧。为了确保淬硬，片状珠光体应细些为妥。

　　65Si2MnWA 钢是在 65Si2Mn 钢的基础上再加入 w（W）为 0.80%～1.20%，钨是强烈形成碳化物的元素，形成的细少较稳定的碳化物大部分分布于晶界，故可以阻止晶粒长大，提高钢的硬度，减弱了钢的表面脱碳及钢的石墨化倾向，还降低钢的过热敏感性。65Si2MnWA 钢淬火温度提高到 1020℃时，油冷淬火后的马氏体仍不粗大，经 440℃×1h 回火后，钢仍保持较好的综合力学性能，R_m 为 1833N/mm²，R_{eL} 为 1715N/mm²，A 为 10.5%，硬度为 48HRC。

　　鉴于 65Si2MnWA 钢有较好的综合力学性能，故适用于制造高应力的弹簧及重要用途的弹簧，为常规武器取弹钩弹簧。

图　2-4-66　　　　　　　　　　500×

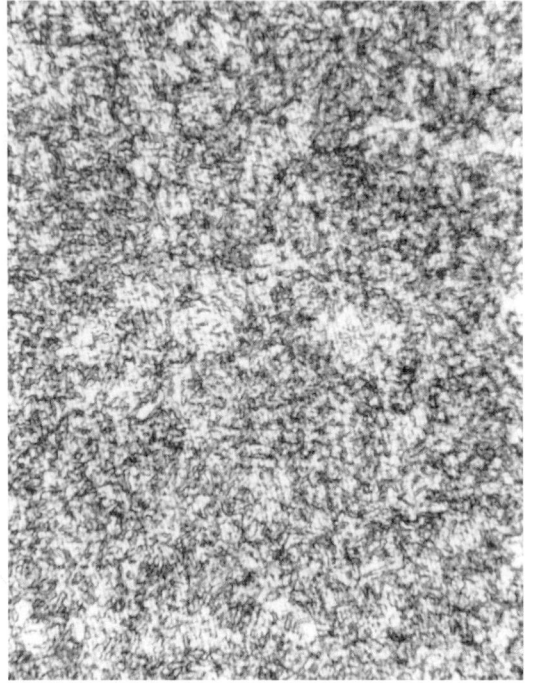

图　2-4-67　　　　　　　　　　500×

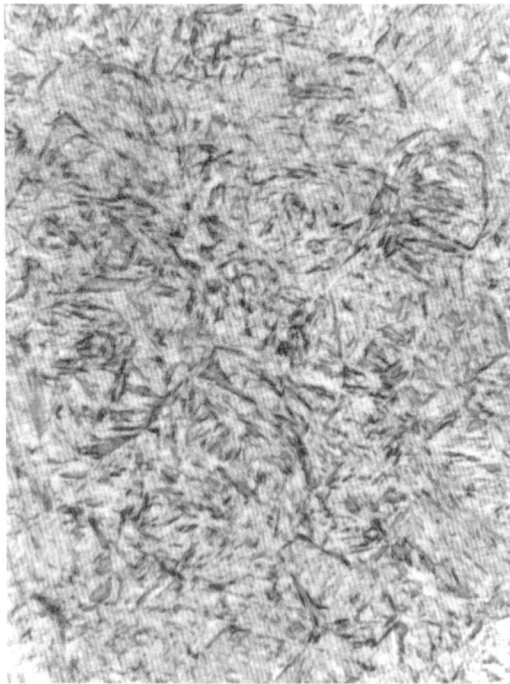

图　2-4-68　　　　　　　　　　500×

图　　号：2-4-66～2-4-68

材料名称：65Si2MnWA 钢

浸 蚀 剂：3%硝酸酒精溶液

处理情况：分别于 820℃、870℃、970℃加热后
　　　　　油冷淬火

组织说明：图 2-4-66：淬火欠热组织。细马氏体
　　　　　及多量颗粒状碳化物。硬度为 56～57HRC。

　　　　　由于淬火温度偏低，碳化物溶入基体较少，
奥氏体合金化程度不够，导致淬火强度较低，
影响弹簧的弹性变形力，应重新淬火。

　　　　　图 2-4-67：正常淬火组织，马氏体及均匀
分布的粒状碳化物，硬度为 60～61HRC。

　　　　　图 2-4-68：正常淬火组织，马氏体及极少
量粒状碳化物，硬度为 60～61HRC。

　　　　　钨的加入，使钢的淬透性增加，故
65Si2MnWA 钢直径达 50mm 时也能在油中淬
透。65Si2MnWA 钢常用的淬火-回火工艺是：
860～900℃油冷淬火＋440℃回火后水冷。

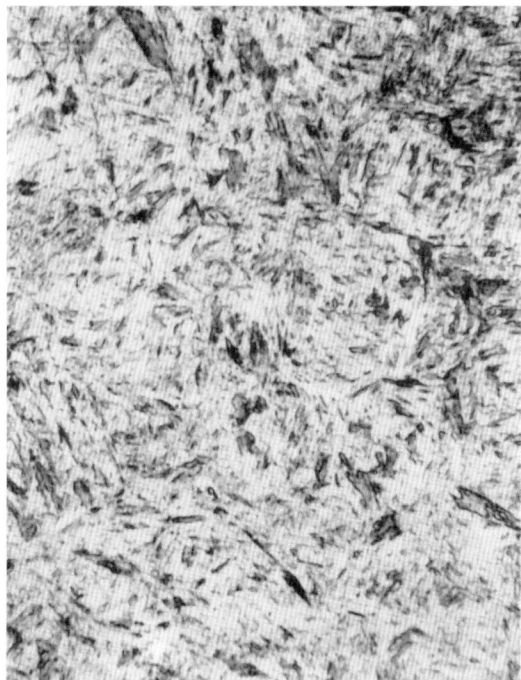

图　2-4-69　　　　　　　　　　　　500×

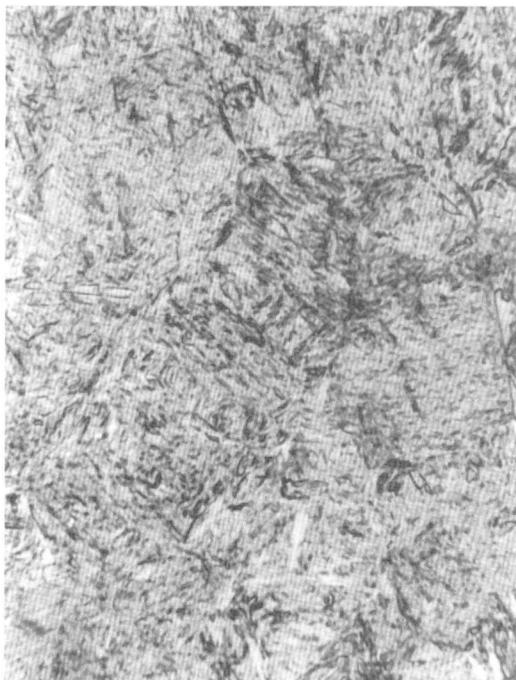

图　2-4-70　　　　　　　　　　　　500×

图　2-4-71　　　　　　　　　　　　500×

图　　号：2-4-69～2-4-71

材料名称：65Si2MnWA 钢

浸　蚀　剂：3％硝酸酒精溶液

处理情况：分别经 1020℃、1070℃、1120℃加热
　　　　　后油冷淬火。

组织说明：图 2-4-69：马氏体，硬度为 60.5～
　　　　61.5HRC。本图淬火温度高于正常 900℃加热温
　　　　度较多，但因分布于晶界的细小钨的碳化物质
　　　　点仍对晶粒的长大起着阻碍的作用，钢的综合
　　　　力学性能仍然良好，可见 65Si2MnWA 钢的淬火
　　　　温度范围是相当宽的。但过高的淬火温度反使
　　　　电力消耗增大，在经济上是不合算的。

　　　　图 2-4-70：较粗马氏体，硬度为 61 ～62HRC。
　　　　具有这种粗马氏体的弹簧，经正常的回火温度
　　　　回火后，脆性稍大，使弹簧在使用过程中性能波
　　　　动较大。

　　　　图 2-4-71：淬火过热组织。粗马氏体，硬
　　　　度为 62HRC。这种淬火组织的弹簧经正常回火
　　　　处理后，韧性将不足，在使用过程中易产生
　　　　断裂。

　　　　65Si2MnWA 钢由于含有一定的钨，因此钢
　　　　在加热时过热敏感性小，故在一般淬火后其马
　　　　氏体的针叶较细小。

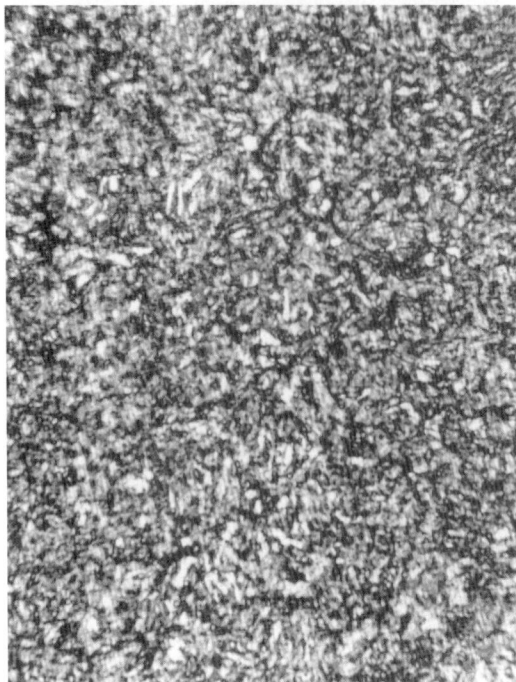

图 2-4-72   500×

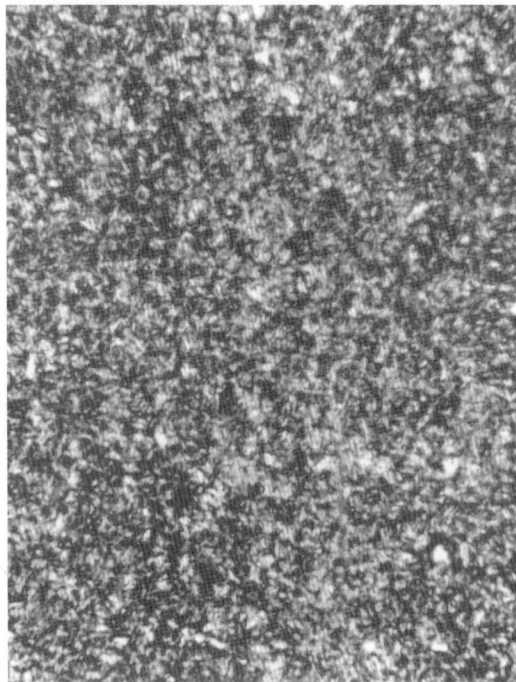

图 2-4-73   500×

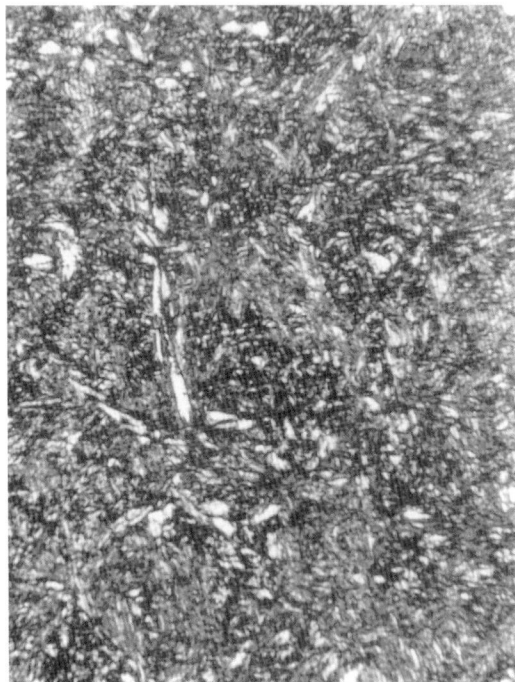

图 2-4-74   500×

图　号：2-4-72～2-4-74

材料名称：65Si2MnWA 钢

浸 蚀 剂：3%硝酸酒精溶液

处理情况：图 2-4-72   820℃油冷淬火，440℃×
1h 回火

     图 2-4-73   870℃油冷淬火，440℃×1h 回火

     图 2-4-74   970℃油冷淬火，440℃×1h 回火

组织说明：图 2-4-72：淬火欠热组织，细小托氏
体及多量粒状碳化物。

     淬火温度偏低，奥氏体均匀化不够，大部
分碳化物被保留下来，虽经正常温度回火，但
其力学性能不理想，R_m 为 1764N/mm²，R_{eH} 为
1676N/mm²，A 为 7.5%，硬度为 47HRC。

     图 2-4-73：正常组织，为托氏体及少量均
匀分布的粒状碳化物。R_m 为 1823N/mm²，R_{eL} 为
1715N/mm²，A 为 10.5%，Z 为 37.2%，硬度为
48～49HRC。

     图 2-4-74：正常组织。托氏体及极少量粒
状碳化物。R_m 为 1833N/mm²，R_{eL} 为 1715N/mm²，
A 为 9.8%，Z 为 36%，硬度为 48～49HRC。

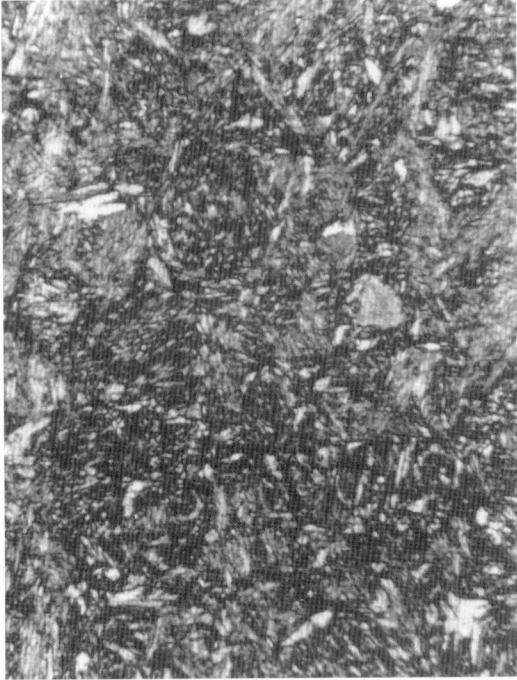

图 2-4-75   500×

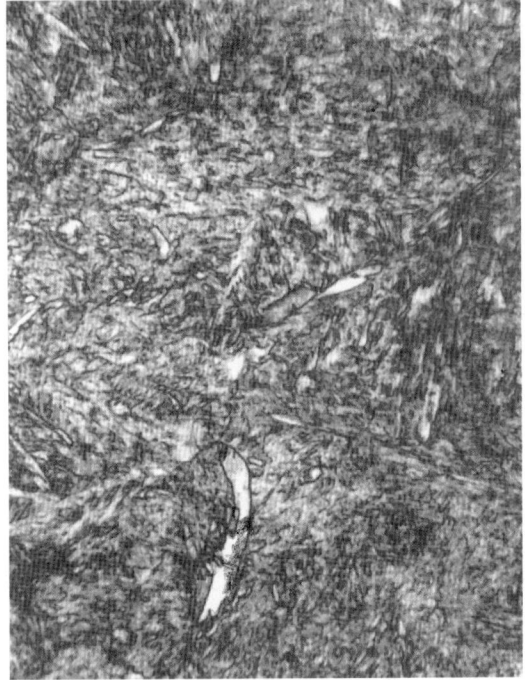

图 2-4-76   500×

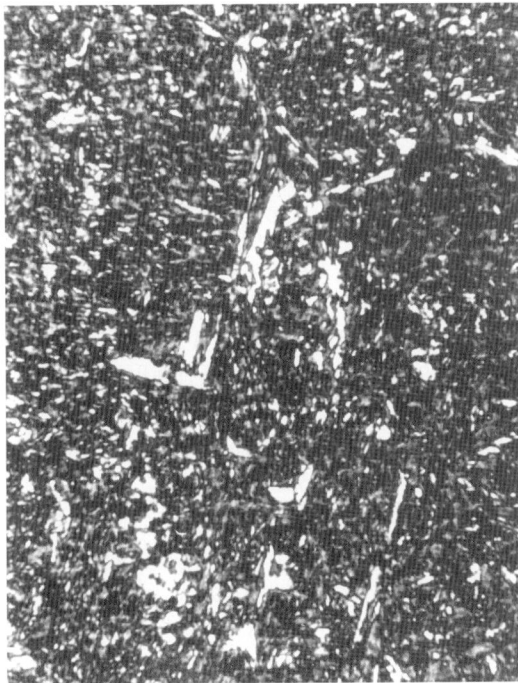

图 2-4-77   500×

图　号：2-4-75～2-4-77

材料名称：65Si2MnWA 钢

浸 蚀 剂：3%硝酸酒精溶液

处理情况：图 2-4-75 为 1020℃油冷淬火，440℃×1h 回火

图 2-4-76 为 1070℃油冷淬火，440℃×1h 回火

图 2-4-77 为 1120℃油冷淬火，440℃×1h 回火

组织说明：图 2-4-75：托氏体。

R_m 为 1833N/mm², R_{eL} 为 1725N/mm²，A 为 10.5%，Z 为 31.5%，硬度为 48HRC。

图 2-4-76：托氏体。

由于晶粒较粗大，抗拉强度虽为 1833N/mm²，但 R_{eL} 下降到 1666N/mm²，A 降至 8.5%，硬度为 48～49HRC，弹簧的脆性增加，在使用中弹簧易断裂。

图 2-4-77：粗托氏体，硬度为 48～49HRC。

由于淬火过热，导致晶粒粗大，虽然抗拉强度仍有 1833N/mm²，但 R_{eL} 下降至 1656N/mm²，脆性增加了，在使用时极易断裂。

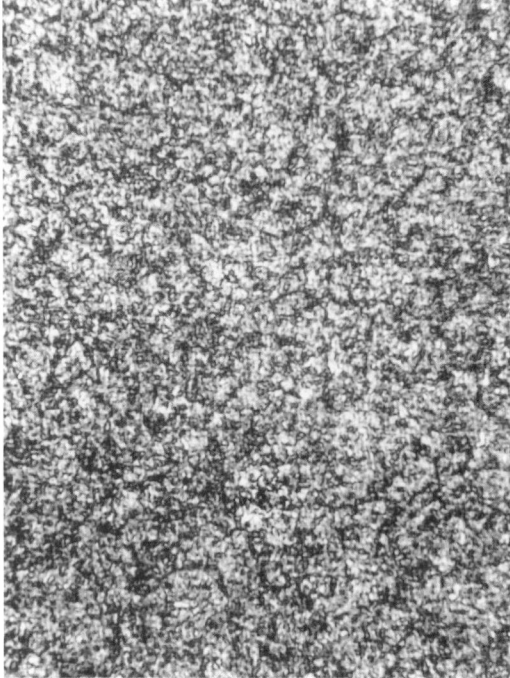

图 2-4-78   500×

图 2-4-79   500×

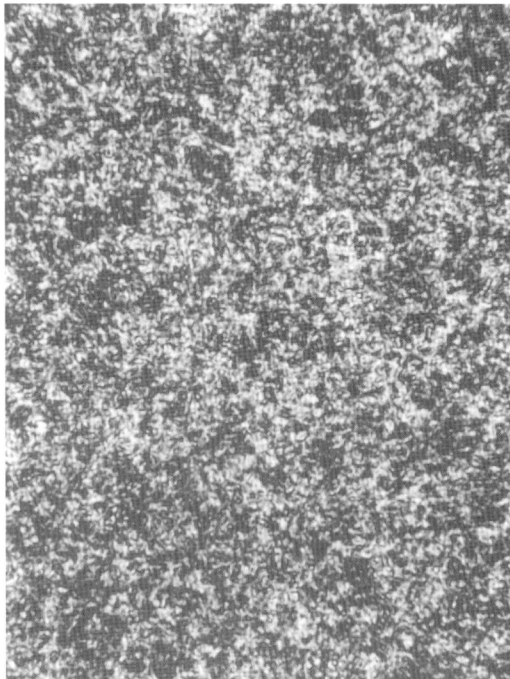

图 2-4-80   500×

图　号：2-4-78～2-4-80

材料名称：65Si2MnWA 钢

浸 蚀 剂：3%硝酸酒精溶液

处理情况：图 2-4-78 为 870℃油冷淬火，300℃×
1h 回火

图 2-4-79 为 870℃油冷淬火，350℃×1h
回火

图 2-4-80 为 870℃油冷淬火，400℃×1h 回火

组织说明：图 2-4-78：回火马氏体及均匀分布的
粒状碳化物，硬度为 51～53HRC。

R_m 为 2281N/mm²，R_{eL}、A 及 Z 测不出数据。
弹簧的脆性极大，此弹簧不宜使用，应提高温
度重新回火。

图 2-4-79：回火马氏体及均匀分布的粒状
碳化物，硬度为 50.5～52.5HRC。

R_m 为 2284N/mm²，R_{eL}、A 及 Z 测不出数据。
弹簧的脆性极大，不宜使用，应提高温度重新
回火。

图 2-4-80：回火马氏体及均匀分布的粒状
碳化物，硬度为 50.2～52HRC。

R_m 为 2107N/mm²，R_{eL}、A 及 Z 测不出数据。
弹簧的脆性极大，不宜使用，应提高温度重新
回火。

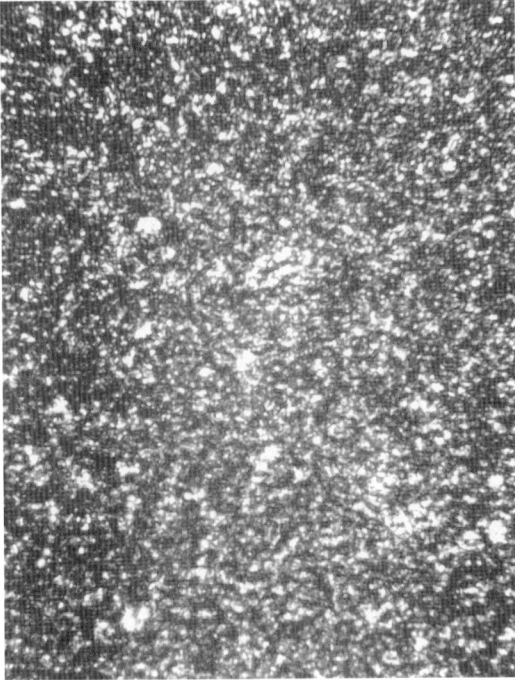

图　2-4-81　　　　　　　　　　　　　500×

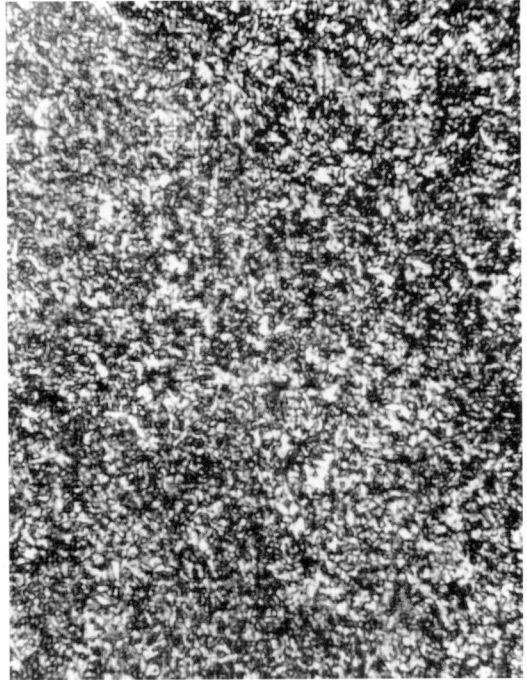

图　2-4-82　　　　　　　　　　　　　500×

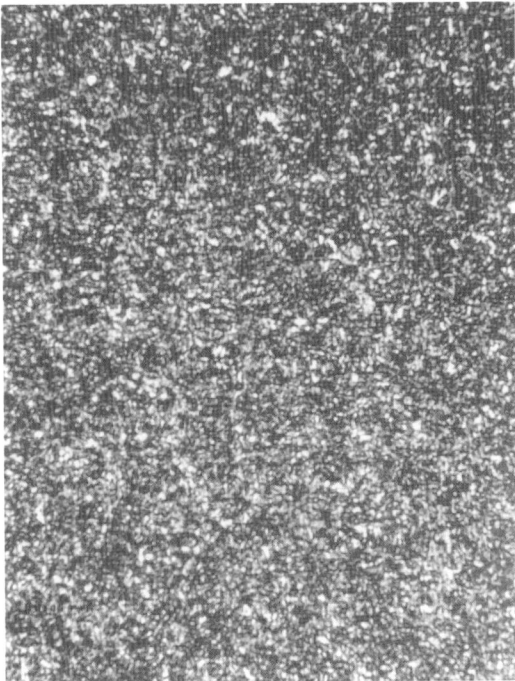

图　2-4-83　　　　　　　　　　　　　500×

图　　号：2-4-81～2-4-83

材料名称：65Si2MnWA 钢

浸 蚀 剂：3%硝酸酒精溶液

处理情况：图 2-4-81 为 870℃油冷淬火，440℃×
　　　1h 回火

　　　　图 2-4-82 为 870℃油冷淬火，500℃×1h
　　　回火

　　　　图 2-4-83 为 870℃油冷淬火，550℃×1h
　　　回火

组织说明：图 2-4-81：托氏体及均匀分布的粒状
　　　碳化物，硬度为 48～49HRC。钢的综合力学性
　　　能良好，R_m 为 1774N/mm²，R_{eL} 为 1715N/mm²，
　　　A 为 8.5%，Z 为 38.3%。

　　　　图 2-4-82：托氏体及均匀分布的碳化物，
　　　硬度为 46～48HRC。

　　　　由于回火温度偏高，使弹簧的弹性变形能
　　　力降低。

　　　　图 2-4-83：托氏体，硬度为 43～44HRC，
　　　R_m 为 1431N/mm²，R_{eL} 为 1331N/mm²，A 为
　　　10.7%。

　　　　由于回火温度高了，托氏体组织粗化，使
　　　抗拉强度及屈服强度下降许多，致使弹簧的变
　　　形能力大为降低。

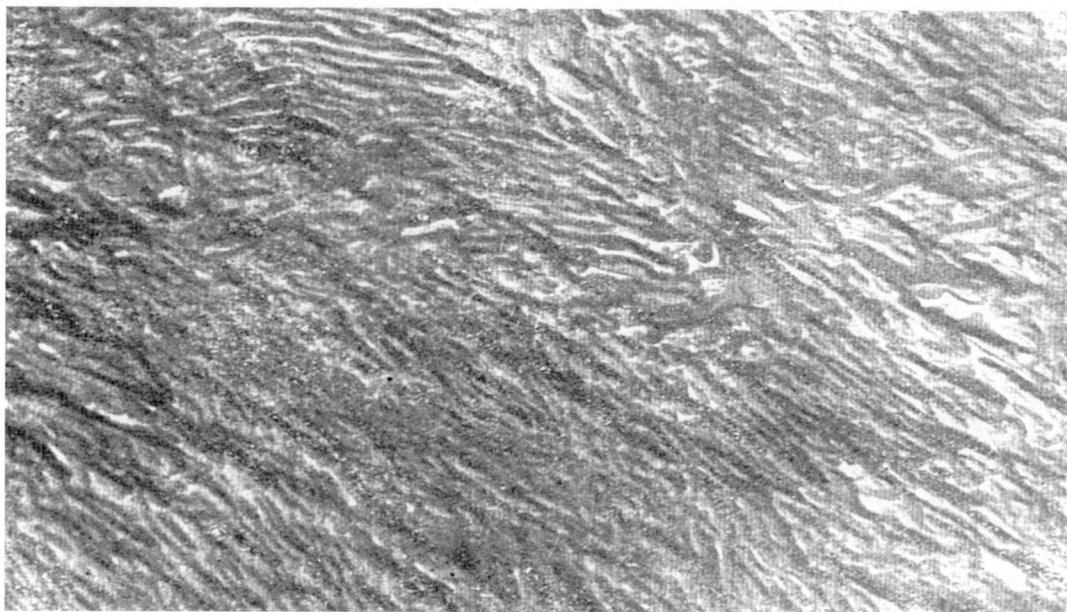

图　2-4-84

24000×

图　　号：2-4-84　　　　　　浸　蚀　剂：4%硝酸酒精溶液浸蚀后经二次复型
材料名称：60Si2Mn 钢　　　　　处理情况：淬火
组织说明：淬火托氏体在电子显微镜高倍放大下的情况。在铁素体上布有短而极细的片状渗碳体。

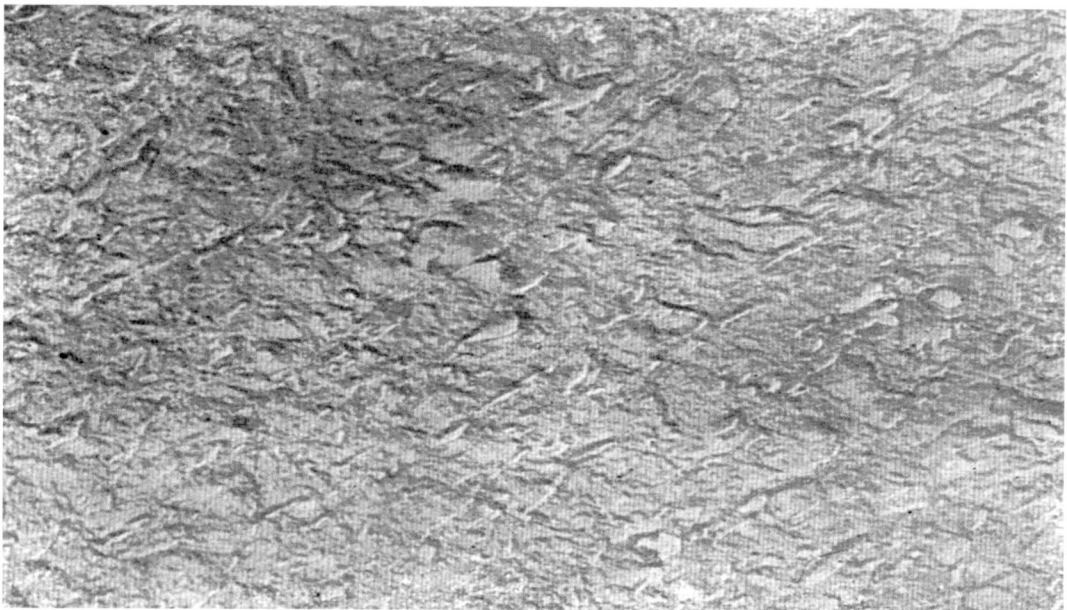

图　2-4-85

20000×

图　　号：2-4-85　　　　　　浸　蚀　剂：4%硝酸酒精溶液
材料名称：70Si3Mn 钢　　　　　处理情况：860℃淬火，450℃回火
组织说明：保持马氏体位向分布的回火托氏体经电子显微镜高倍放大下的情况。在铁素体基体上布有细粒
　　　状渗碳体。

图 2-4-86   500×

图　　号： 2-4-86

材料名称： 70Si3Mn 钢 ［w（C）0.66%～0.74%，

　　　w（Si）2.40%～2.80%，w（Mn）0.60%～0.90%］

浸 蚀 剂： 4%硝酸酒精溶液

处理情况： 退火处理

组织说明： 片状珠光体及极少量铁素体（白色）。

　　由于钢的含碳量接近共析成分，因而基体中析出的铁素体量非常少，但是含硅较高的钢，其共析温度则因含硅量的影响而升高颇多，故在一般退火条件下，不易获得极细的片状珠光体。

　　由于硅能固溶强化铁素体，因而可以明显地提高钢的强度和硬度。同时硅能降低碳在铁素体中的扩散速度，延缓马氏体在回火时析出碳化物和聚集长大，从而提高了钢的耐回火性，所以钢经过高温回火后仍有较高的强度、硬度及良好的冲击韧度。但是含硅量过高，易使钢在退火或回火过程中发生石墨化，因此钢中的含锰量不宜过低，以免钢产生上述缺陷。

图　　号： 2-4-87

材料名称： 70Si3Mn 钢

浸 蚀 剂： 4%硝酸酒精溶液

处理情况： 860℃加热保温后油冷淬火

组织说明： 基体为淬火针状马氏体及少量残留奥氏体，此系正常的淬火组织。硬度为 59HRC。

　　弹簧钢采用硅、锰元素来合金化，是符合我国资源情况的。这类钢经淬火后，马氏体应为中等大小。淬火后应立即进行回火处理，否则将因淬火产生过大的内应力而引起自裂。回火温度大致在 400～550℃之间，回火产物应为托氏体组织，因为托氏体具有较高的弹性极限，高的强度和屈服比，以及良好的疲劳强度，从而能适应弹簧工作时的需要。

图 2-4-87   500×

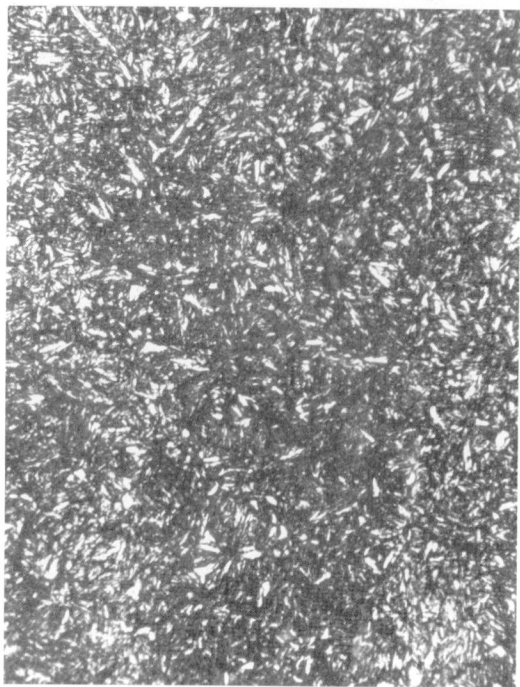

图 2-4-88   500×

图　　号：2-4-88

材料名称：70Si3MnA 钢［w（C）0.66%～0.74%，w（Si）2.40%～2.80%，w（Mn）0.60%～0.90%，w（Cr）≤0.30%，w（Ni）≤0.40%，w（S）≤0.03%，w（P）≤0.035%］

浸 蚀 剂：4%硝酸酒精溶液

处理情况：860℃加热保温后油冷淬火，480℃回火2h

组织说明：试样经中温回火后，马氏体基体转变为回火托氏体，托氏体仍保持马氏体位向分布。属正常的回火组织。硬度为48HRC。

　　回火后仍保持马氏体的针叶形态和一定的强化效果，这是基于析出的碳化物还未发生聚集长大，以及马氏体在回火时钢发生回复尚未再结晶的情况下产生的。

　　这类钢经淬火和中温回火后，其屈强比可达0.8～0.9，力学性能能满足弹簧服役时的要求。

图　　号：2-4-89

材料名称：70Si3MnA

浸 蚀 剂：4%硝酸酒精溶液

处理情况：氧乙炔气割

组织说明：针状马氏体及少量羽毛状贝氏体。

　　钢材采用氧乙炔切割，气割处因瞬时加热而导致局部熔化，接近熔化的边缘部分受到较高温度的影响，而钢材两端的温度仍处于室温，因而在开始时起到激冷作用，嗣后随着温差的减少，则使过热部分产生少量中温转变，析出羽毛状贝氏体，其余部分的过冷奥氏体则转变为马氏体组织。

图　2-4-89   500×

图　　　　2-4-90　　　　　　　　　　　　200×

图　　　号：2-4-90

材料名称：70Si3MnA 钢

浸 蚀 剂：4%硝酸酒精溶液

处理情况：1200℃加热保温 15min，而后淬入 400℃
　　　　　等温 3min 后取出空冷

组织说明：基体为下贝氏体、马氏体及残留奥氏
　　　　　体，其上分布有少量羽毛状上贝氏体。

　　　　高温加热后，原始组织中的珠光体及铁素
体将转变为奥氏体。由于采用的淬火加热温度
过高，致使奥氏体的晶粒因长大而粗化。冷却
时采用等温淬火，冷却速度较缓，致使奥氏体
在冷却过程中于晶界处首先发生中温转变，转
变的产物为羽毛状上贝氏体。由于等温温度处
于下贝氏体转变的温度范围内，大部分未转变
的过冷奥氏体即转变为针状下贝氏体。但因等
温时间较短，仅 3min，所以过冷奥氏体来不及
全部转变，将在继续冷却过程中转变为马氏体。
由于钢的马氏体转变终止温度较低，因此尚有
极少量奥氏体残留在基体中。

图　　　号：2-4-91

材料名称：70Si3MnA 钢

浸 蚀 剂：4%硝酸酒精溶液

处理情况：经 1200℃加热保温 15min，而后在 500℃
　　　　　等温 3min，空冷

组织说明：基体为上贝氏体及少量托氏体（黑色团
　　　　　状）分布在晶界处，并有极少量条状铁素
　　　　　体沿晶界分布。

　　　　由于采用的等温温度处于等温转变曲线第二
个鼻子的上部，因此在冷却过程中，过冷奥氏体
于晶界处首先析出少量铁素体，接着在其周围发
生托氏体转变，随着温度下降至中温转变温度时，
过冷奥氏体即发生上贝氏体转变，但因温度处于
鼻子的上半部，故中温转变产物较为粗大和稀疏。

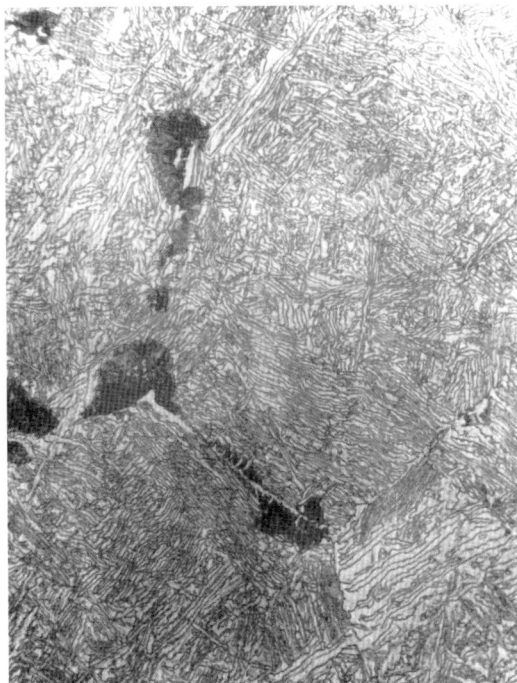

图　　　　2-4-91　　　　　　　　　　　　500×

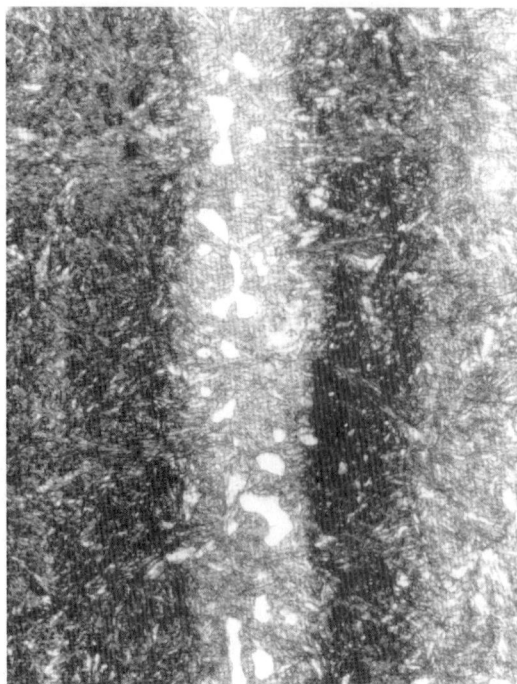

图　2-4-92　　　　　　　　　　500×

图　2-4-93　　　　　　　　　　500×

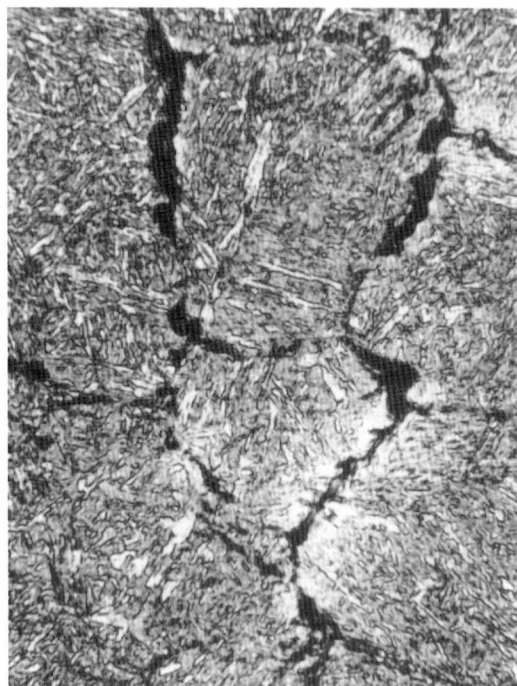

图　2-4-94　　　　　　　　　　500×

图　　号：2-4-92~2-4-94

材料名称：70Si3MnA 钢；图 2-4-94 为 60Si2Mn

浸 蚀 剂：3％硝酸酒精溶液

处理情况：图 2-4-92 为 860℃加热油冷淬火，
　　　　　440℃×1h 回火；图 2-4-93 原材料；图 2-4-94
　　　　　为 860℃加热油冷淬火。

组织说明：图 2-4-92：带状托氏体、带状回火马
　　　　　氏体和白色颗粒状未溶铁素体，也呈带状分
　　　　　布。由于原材料中带状铁素体较严重，经正
　　　　　常淬火、回火后铁素体未完全溶解而残留下
　　　　　来，从而影响了弹簧的强度、硬度和使用性
　　　　　能，促使弹簧过早失效。

　　　　　图 2-4-93：珠光体、铁素体及石墨。大量
　　　　　网状铁素体的出现，是由于存在多量游离状石
　　　　　墨所造成。经化学分析，钢中游离石墨量高达
　　　　　0.24％（体积分数），这种钢是不能用来制造弹
　　　　　簧的。

　　　　　图 2-4-94：马氏体及沿晶界分布的极细珠
　　　　　光体。出现沿晶界细珠光体是由于淬火冷却速
　　　　　度不够所致。这种组织将使弹簧的疲劳性能
　　　　　下降。钢中粗马氏体是因原热轧材晶粒粗大
　　　　　所造成。

图　2-4-95　　　　　　　　　　100×

图　　号：2-4-95

材料名称：55SiMnMoVNb 弹簧钢 ［w（C）
0.52%～0.60%，w（Si）0.4%～0.7%，w（Mn）
1.00%～1.30%，w（Mo）0.30%～0.40%，w（V）
0.08%～0.15%，w（Nb）0.01%～0.03%］

浸 蚀 剂：4%硝酸酒精溶液

处理情况：880℃保温 8min 出炉空冷 2min 后再油
冷至 250℃出油空冷

组织说明：在纵向试样中出现较多的白色带状偏
析，由于方法倍数低，因此组织分辨不清。

　　　　这是符合我国资源条件的新型钢种之一。
钢中合金元素的作用：锰、钼能提高淬透性，
钼还能抑制回火脆性，提高韧性；钒可细化晶
粒，降低过热敏感性。同时钼、钒、铌等元素
都是强烈形成碳化物的元素。

图　　号：2-4-96

浸 蚀 剂：55SiMnMoVNb 弹簧钢

浸 蚀 剂：4%硝酸酒精溶液。

处理情况：同图 2-4-95

组织说明：将图 2-4-95 试样置于 500 倍下观察，并
用显微硬度计鉴别带状组织，可知：白色条带区显
微硬度最高，为 841HV（合 63HRC），该处组织为
淬火针状马氏体及残留奥氏体；黑色区域的显微组
织硬度为 358HV（合 37HRC），该处组织为托氏体；
黑色与极少量白色的混合区，显微硬度为 441HV
（合 44HRC），该处组织为托氏体及马氏体混合分
布区。

　　　　图示带状偏析是由于原材料中合金元素偏析
所造成的。

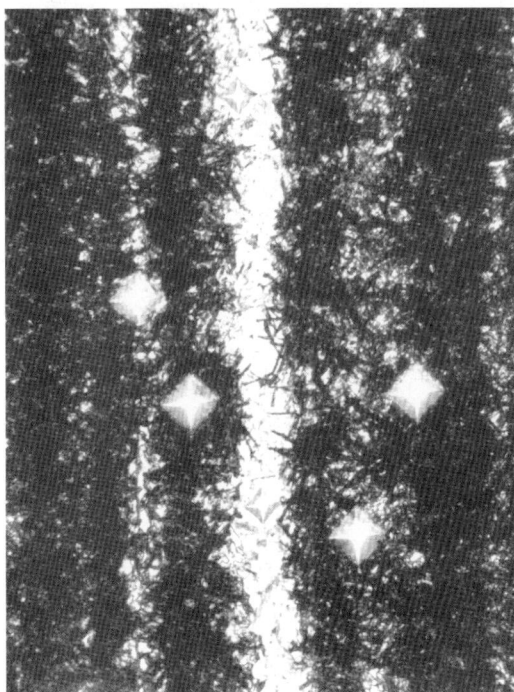

图　2-4-96　　　　　　　　　　500×

图 2-4-97   100×

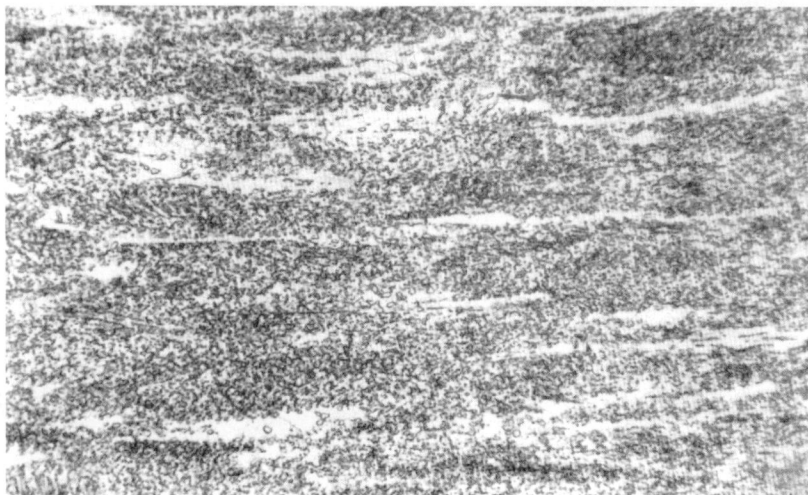

图 2-4-98   630×

图　　号：2-4-97、2-4-98

材料名称：50CrVA 钢 [w（C）0.46%～0.54%，w（Si）0.17%～0.37%，w（Mn）0.5%～0.8%，w（Cr）0.8%～1.0%，w（V）0.10%～0.20%]

浸 蚀 剂：4%硝酸酒精溶液

处理情况：冷拉变形的原材料

组织说明：细珠光体和少量呈带状分布的铁素体，基体严重变形，呈纤维状。

　　　50CrVA 钢常用来制造大截面、受应力较高的螺旋弹簧和重要发动机的气门弹簧等。这种钢具有很高的淬硬性，在硬度高时，且持有低的缺口敏感性，脱碳倾向小，在 350℃ 以下性能仍很稳定，故可在较高温度下使用。

　　　含铬合金弹簧钢有 50CrMn、50CrVA、60Si2CrA、60Si2CrVA 等。其中 50CrVA 钢使用最为普遍，它们的 w（Cr）均为 1%左右。铬能提高淬透性，并溶于铁素体中，使弹性极限提高，钒的加入是为了细化组织，减少过热敏感性，提高钢的强度和冲击韧度。这种钢无石墨化现象。

图　　2-4-99　　　　　　　　　　500×

图　　号：2-4-99

材料名称：50CrVA 钢

浸 蚀 剂：2%硝酸酒精溶液

处理情况：Ac₃ 以上加热，500～550℃铅浴等温
　　处理，然后经冷拉加工

组织说明：基体索氏体组织因受冷拉加工而呈细
　　短的纤维状。由纤维状组织变形情况来看，钢
　　丝的变形不大。

　　　　因冷拉钢丝具有良好的表面质量，并经
　　冷加工而强化，故有些工厂常用它来制作气
　　门弹簧。

图　　号：2-4-100

材料名称：50CrVA 钢

浸 蚀 剂：2%硝酸酒精溶液

处理情况：同图 2-4-99

组织说明：基体索氏体组织因受冷变形加工而呈较长
　　的纤维状。由组织的变形情况来看，纤维状组织不
　　太长，因此钢丝的变形属于中等。

　　　　应用冷拉钢丝制成的弹簧，不需再经淬火、回
　　火处理，仅在绕制后作 400～500℃的低温去应力退
　　火即可。

图　　2-4-100　　　　　　　　　　500×

图　　2-4-101　　　　　　　　　　500×

图　　号：2-4-101

材料名称：50CrVA 钢

浸 蚀 剂：2%硝酸酒精溶液

处理情况：同图 2-4-99

组织说明：基体索氏体组织。因受冷拉加工而呈
　　细长的纤维状分布。从组织的变形情况来看，
　　纤维状组织较长且细狭，说明钢丝在冷拔加工
　　时的变形量很大。

　　　　用冷拉钢丝制成的气阀弹簧，可以避免因
　　淬火、回火而引起的变形和脱碳缺陷。这种方
　　法同样适用于直径小于 8mm 的冷拉钢丝所绕
　　制的其他弹簧。

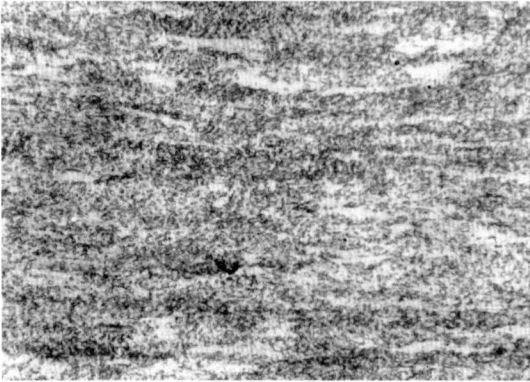

图　2-4-102　　　　　　　　　　500×

图　　号：2-4-102

材料名称：50CrVA 钢

浸　蚀　剂：2%硝酸酒精溶液

处理情况：原材料状态，冷拉变形

组织说明：较粗索氏体及少量铁素体，沿变形方向分布，组织呈纤维状。

　　　　　基体索氏体较粗大，仔细观察可见到球状碳化物的颗粒，说明在冷拉变形前原材料铅浴等温温度过高，停留时间偏长，致使索氏体中的碳化物较粗大。

图　　号：2-4-103

材料名称：50CrVA 钢

浸　蚀　剂：4%硝酸酒精溶液

处理情况：球化退火

组织说明：基体组织主要为球粒化珠光体。分布尚均匀。

　　　　　球粒化珠光体的塑性、韧性良好，便于拉伸变形和冷绕成弹簧。这种组织在淬火加热时不易产生过热。

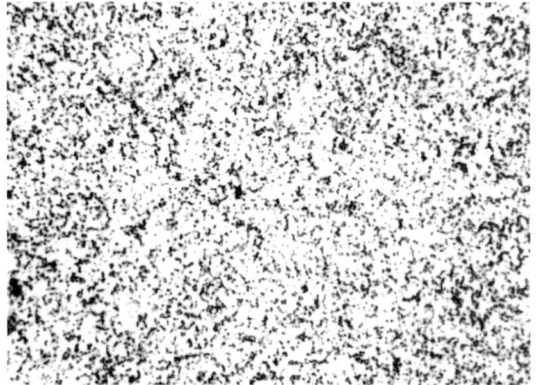

图　2-4-103　　　　　　　　　　500×

图　　号：2-4-104

材料名称：50CrVA 钢

浸　蚀　剂：4%硝酸酒精溶液

处理情况：810℃加热保温后淬火，400℃回火

组织说明：基体为回火托氏体，白色块状分布的为铁素体，另有白色细小颗粒为未溶解的碳化物。

　　　　　由于淬火加热温度偏低，大量铁素体和碳化物未能溶入奥氏体，因而奥氏体的合金化程度甚低。淬火后，铁素体及碳化物残留在马氏体基体上，回火后这些组织依然存在。图示组织属淬火缺陷组织。

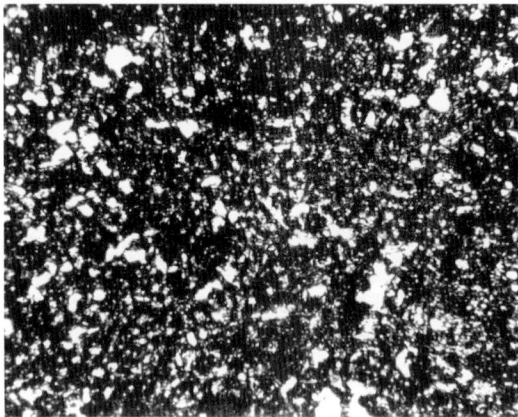

图　2-4-104　　　　　　　　　　500×

图　2-4-105　　　　　　500×

图　　号：2-4-105
材料名称：50CrVA 钢
浸 蚀 剂：2%硝酸酒精溶液
处理情况：加热到 840℃保温后油冷淬火
组织说明：基体为细针状马氏体，其上布有少量
　未溶解的碳化物颗粒。
　　　50CrVA 钢的正常淬火温度为 840～880℃，
由于淬火温度偏低，致使碳化物颗粒未能完全
溶解，因而硬度亦偏低，为 54HRC。

图　　号：2-4-106
材料名称：50CrVA 钢
浸 蚀 剂：4%硝酸酒精溶液
处理情况：850℃加热油冷淬火
组织说明：细针状马氏体和极少量未溶解碳化物颗粒，
　属正常的淬火组织。
　　　硬度为 60HRC。
　　　用较细钢丝绕制的弹簧,考虑到出炉淬火时容
易降温,将会影响油冷淬火效果,因此,可取加热
温度的上限,一般为 870～880℃；对于直径较大
（大于 5～6mm）的弹簧,淬火时则可取加热温度
的下限,一般为 840～850℃。

图　2-4-106　　　　　　500×

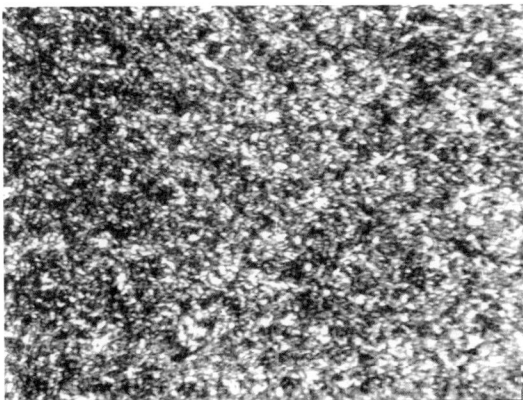

图　2-4-107　　　　　　500×

图　　号：2-4-107
材料名称：50CrVA 钢
浸 蚀 剂：2%硝酸酒精溶液
处理情况：840～860℃加热油冷淬火，370～420℃
　回火
组织说明：回火托氏体及碳化物颗粒。
　　　本图片为 50CrVA 钢在正常工艺下淬火、回
火后得到的显微组织,组织均匀而细小,故其
性能良好。
　　　硬度为 44～46HRC。

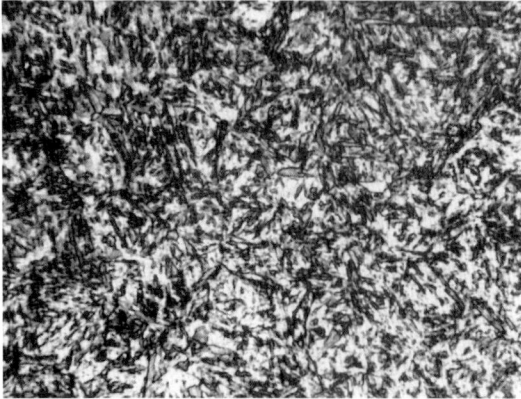

图　　2-4-108　　　　　　　　　　500×

图　　号：2-4-108

材料名称：50CrVA 钢

浸 蚀 剂：4%硝酸酒精溶液

处理情况：1000℃加热保温后油冷淬火

组织说明：中等大小的针状淬火马氏体及残留奥氏体。

　　较高的淬火温度将使碳化物全部溶解，奥氏体的合金化也很充分，奥氏体晶粒因碳化物的溶解而开始长大，淬火后获得较粗大的马氏体组织。本图片由于淬火温度较高，致使淬火后残留奥氏体数量增多，从而使硬度明显下降。

　　硬度为 56HRC。

图　　号：2-4-109

材料名称：50CrVA 钢

浸 蚀 剂：4%硝酸酒精溶液

处理情况：1150℃加热保温后油冷淬火

组织说明：粗大针状淬火马氏体及残留奥氏体，属过热的淬火组织。

　　过高的加热温度使碳化物全部溶解，合金化充分，奥氏体晶粒急剧长大，淬火后获得粗大的马氏体组织，从而使工件的脆性增大。

　　硬度为 54～56HRC。

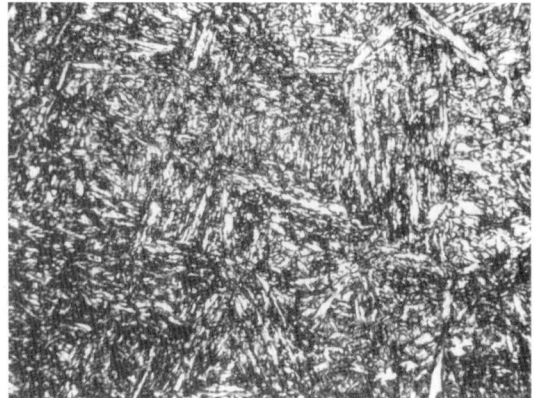

图　　2-4-109　　　　　　　　　　500×

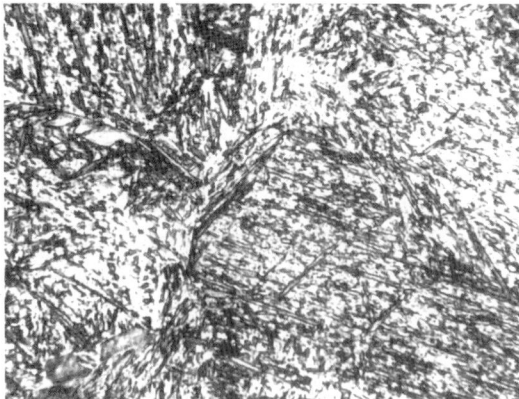

图　　2-4-110　　　　　　　　　　500×

图　　号：2-4-110

材料名称：50CrVA 钢

浸 蚀 剂：4%硝酸酒精溶液

处理情况：加热 1250℃保温后油冷淬火

组织说明：极粗大的针状淬火马氏体和较多的残留奥氏体，属严重过热的淬火组织。

　　硬度为 54HRC。

　　加热温度更高，致使奥氏体晶粒显著长大，淬火后得到极其粗大的、成排分布的淬火马氏体，使钢材脆性因晶粒粗大而增大，同时由于淬火后残留奥氏体数量增多，导致钢的强度和硬度均下降。

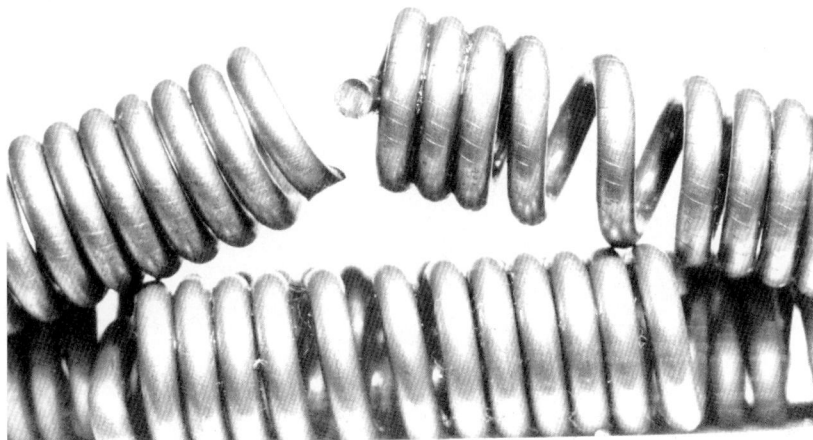

图　2-4-111　　　　　　　　　　　　　　　　　　　　　　1×

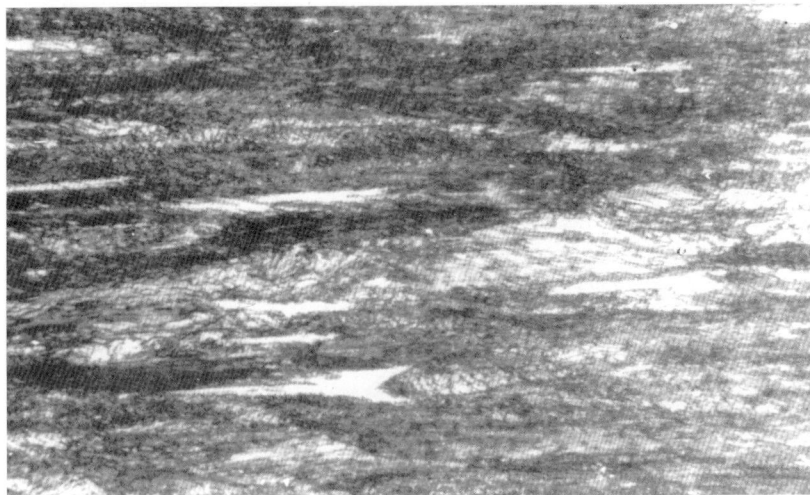

图　2-4-112　　　　　　　　　　　　　　　　　　　　　　500×

图　　号：2-4-111、2-4-112

材料名称：50CrVA 钢

浸 蚀 剂：图 2-4-111 经 1+1 盐酸水溶液热蚀；图 2-4-112 经 2%硝酸酒精溶液浸蚀

处理情况：50CrVA 弹簧钢丝在盘绕过程中断裂

组织说明：表面缺陷引起的断裂。

　　图 2-4-111：弹簧表面酸洗后存在先期产生的颇多有规律分布的横向细裂纹。

　　硬度为 337～346HV。

　　弹簧大都是在交变应力下工作，承受扭转载荷，其破坏原因主要属于疲劳破坏。因此，弹簧钢除必须具有高的疲劳强度、屈服强度和较好的塑性外，并要求钢材表面光洁，无伤疤，无裂纹。该批钢材在拉制过程中，因受拉模毛刺损伤，在表面留下颇多的横向细裂纹，以致在绕制弹簧过程中在横向裂纹处发生断裂。

图　2-4-113　　　　　　　　　　　　　　　　　　　　　　　　实物

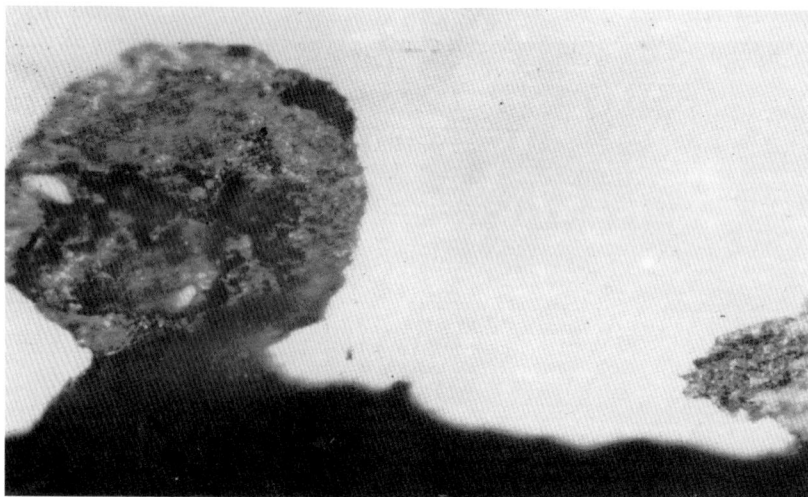

图　2-4-114　　　　　　　　　　　　　　　　　　　　　　　　500×

图　　号：2-4-113、2-4-114

材料名称：50CrVA 钢

浸 蚀 剂：未浸蚀

处理情况：经淬火和中温回火处理

组织说明：表面锈蚀。

　　图 2-4-113：柴油机气门弹簧，在使用过程中发生断裂，断面为典型的疲劳断口，疲劳源发生在弹簧表面腐蚀麻坑处。

　　图 2-4-114：弹簧表面腐蚀麻坑处的腐蚀产物。

　　柴油机气门弹簧，由于保养不良，使表面产生严重锈蚀而形成麻坑，使用时首先在弹簧内侧表面(受应力最大)的麻坑处形成应力集中，成为疲劳源，随着时间的推移，裂纹不断扩大，最后导致破断。

　　由此可见，弹簧的表面质量对其使用寿命有极大的影响，因此弹簧在制造和使用过程中对其表面质量应给予足够的重视。

第3章
钢中夹杂物

　　随着科学技术的发展，对钢材的性能提出了更高的要求，因此研究钢中夹杂物具有非常重要意义。影响钢材性能的因素除了其组织状态之外，钢材的冶炼质量也是一个很重要的方面。冶炼质量与钢中夹杂物的存在有着直接的关系。

　　钢的冶炼是以生铁和废钢为基本原料，钢铁冶炼实质上是一种氧化-还原反应，在冶炼过程中，氧气及其他气体大量溶解在液态的钢中，这些气体的存在，影响了以后一系列性能，为了防止氧以及其他气体的有害作用，在金属中加入对氧以及其他气体的亲和力较母体金属为大的脱氧元素，例：Si、Mn、Al、Ca、Ti 等，这些元素的加入与铁中的氧发生反应，在金属内生成不能溶解的各种固体氧化物微粒，而形成的氧化物与熔渣互相作用又可以形成许多复杂的夹杂物，这些夹杂物大部分在钢液凝固前作为炉渣浮出。为了进一步提高钢的纯洁度，先进的炼钢方法使钢液中的纯度大大提高，但是总有一部分残留在钢中，而形成钢中的夹杂物。其次，高温时溶解在钢中的物质，当温度降低时，其溶解度减小，使这些物质自钢中分离出来形成夹杂物，硫化物即是典型一例。

　　上述由钢在冶炼过程中的反应以及冷却时金属中某些物质溶解度的降低，有关的反应所形成的夹杂物一般称为内在的或天然的夹杂物，是造成钢中夹杂物的主要来源。此类夹杂物颗粒细小，形状也比较规则且分散分布，夹杂物的类型和组成取决于冶炼的脱氧制度和钢的成分。

　　钢中夹杂物除了内在的还有外来的夹杂物。炉底、盛钢桶及下注用的耐火砖，受钢液的冲刷和浸蚀生成 $MnO\text{-}Al_2O_3\text{-}SiO_2$ 系炉渣，其中一部分熔成大滴，并能很快浮到钢液上面，一部分存在于钢内，有些夹杂物在铸锭的末期或是在钢结晶时才离开耐火砖，那时它们便来不及上浮，并聚集在钢锭内，形成非金属夹杂物。这类夹杂物多数以复合氧化物的形式存在，其特征是颗粒粗大，形状不规则，组成复杂且常以复相存在，分布无规律。

　　夹杂物存在于钢中的数量虽不多，但对钢及其产品的性能和质量则起着很大的作用，对于一些薄带和细丝的精密合金而言，夹杂物的存在对性能的影响尤为重要。

　　夹杂物对产品质量的影响主要取决于其总量、分散度、形状、大小及其分布情况。

夹杂物的影响首先表现在钢的压力加工上。硫化物及氧化物夹杂的特性以及它们的形状、含量和分布使钢造成热脆性，尤其是硫化铁与铁形成易熔的共晶体（熔化温度为985℃）分布于晶粒边界时其影响更大；当钢在冷态下这些夹杂物影响其强度和塑性；而当钢在热锻、热轧、热冲压等加工变形时，由于共晶体的熔化而使工件开裂。钢中的 FeO 对性能也有很大影响，若钢中同时有 FeS 存在时，则 FeO 与 FeS 形成在940℃熔化的共晶体，使钢产生热脆。

其他如呈带状、链状以及脆性夹杂物的存在都影响钢的加工性，特别是冷加工性能。当某些夹杂物分布于钢件表面时，又因钢件使用过程中受到反复应力的作用，应力易在夹杂处集中而形成微细裂纹。磁性材料中的 Fe-Al 合金在热轧时开裂往往是由氧化铝的存在而引起的。

夹杂物的存在往往导致力学性能指标的下降，例如某些硬的角状夹杂物经轧制碎成小块链状夹杂物时，明显地降低了断面收缩率，现已确定有些结构钢的断面收缩率（Z）与夹杂物级别的对应关系，当夹杂物级别每增加一级时能使断面收缩率降低10%。

夹杂物对钢的抗拉强度影响颇大，当钢中存在夹杂物偏析或夹杂物沿晶界分布时，其断裂往往起始于这些地方，从而使强度急剧下降。夹杂物的危害性就在于它破坏了钢基体的均匀连续性，造成了应力集中，促进了疲劳裂纹的产生，并在一定条件下加速了裂纹的扩展，从而加速了疲劳破坏的过程。

钢中夹杂物对性能的影响得到了广泛的重视，由于夹杂物在钢中存在的形式比较复杂，它的类型、形态、尺寸大小，组成与结构等常常随着钢的成分，冶炼方法和其他处理条件的变化而变化，所以鉴定钢中夹杂物很难应用一门技术满足要求，必须应用各种技术从不同角度进行综合分析。目前，研究夹杂物的方法很多，有化学法、岩相法、金相法、X 射线衍射分析法、电子探针法等。化学法和岩相法均需将夹杂物从钢的基体中分离出来，分离夹杂物的过程是既困难又耗费时间的工作，化学分离会使一部分夹杂物被溶解，不仅使化学稳定性差的硫化物溶解，甚至有些化学稳定性强的氧化物也同样会遭到破坏，这样就使夹杂物的天然形态难以保持，因此，化学法不能研究夹杂物的形状，大小及变形能力，也无法研究夹杂物对钢材性能的影响。金相法无此弊病，借助于金相显微镜特殊的照明装置（如明场、偏光、暗场等），可以直接观察试样表面上夹杂物的形状、大小、分布、数量和色泽，同时利用高倍显微镜观察（500～1000倍）可研究夹杂物的显微细节、反射本领、色彩，由此来判断夹杂物的属性及分析夹杂物的来源。

用金相法不但可以判断夹杂物的类型，根据夹杂物的分布情况及其数量参照有关标准给予评定级别，或运用自动图像分析仪进行定量分析，从量的方面给出数据。兼之样品的制备和操作均较为简便，对于生产过程中控制钢的质量具有比较现实的意义，因此，在日常检验或夹杂物研究中，金相法仍是最广泛采用的方法。

在金相鉴别的基础上，电子探针和 X 射线结构分析对夹杂物的鉴定是目前较重要的方法。采用电子探针定点对夹杂物进行成分分析，X 射线结构分析，这样对夹杂物的形态、成分和晶体结构进行综合分析，从而确定夹杂物的成分和结构，为追溯钢中夹杂物的来源，改善冶炼工艺、提高钢材质量提供了重要的分析依据。

钢中常见的夹杂物主要为氧化物、硫化物、硅酸盐、氮化物等以及这些夹杂物的复合产物。

第1节 氧 化 物

钢的冶炼过程是一个氧化过程，钢液中不可避免含有相当数量的氧化铁 FeO，在铸锭前要进行脱氧操作，当钢中加 Al 脱氧时，则在 FeO 的基础上生成 Al_2O_3，脱氧产物还有 SiO_2、MnO 或其他复合物，因为钢中含有非金属元素 O、N、S 和 P 都是形成夹杂物的基本元素，在脱氧过程中有大部分夹杂浮入渣内而去除，如果钢中含氧量过多或熔炼及脱氧操作不良，可能在钢中遗留下不少氧化物。

氧化物的种类很多，大多数氧化物（包括双氧化物）均没有塑性，称脆性夹杂物。由于它们的性质甚脆，在钢基体发生塑性变形时，夹杂物很容易脆裂而引起形状的变化。简单的氧化物为 FeO、SiO_2、Al_2O_3、MnO、Cr_2O_3 等，但在实际生产的钢中氧化物主要以复合氧化物和硅酸盐为多。

铁的氧化物夹杂是以氧化亚铁 FeO 形式存在于钢中，这是由于大量过剩的熔化铁同时存在，一般高价的铁的氧化物都被还原成 FeO。有实验证明从电解纯铁、沸腾钢或精制钢材中电解分离出来的夹杂物经 X 射线衍射鉴定为 FeO，没有发现 Fe_3O_4 相的存在。

在各种加入 Al 为脱氧元素的钢中主要生成刚玉型 α - Al_2O_3，它是一种高熔点的夹杂物，它在钢液凝固之前就呈固体颗粒析出，较难结合为大的颗粒，所以多数为颗粒细小的夹杂物，其形状常呈条状、片状或形状不规则的小颗粒，也有成串分布，有些片状边角发圆并具有玻璃质的特征。在含氧较低的原材料中加入过量 Al 后会获得球状 Al_2O_3。使高温下比较稳定的 FeO 保留下来。电解分离沉淀中发现呈树枝状的 FeO。

在 Fe-Cr-O 系中加 Cr 含量高时，会生成亚稳相 Cr_3O_4，这种亚稳相在钢锭加热后可以转化成稳定的 Cr_2O_3，所以，日常钢中很难发现 Cr_3O_4 的存在。

在炼钢工业中，V 和 Ti 只作为合金化元素使用。在电解纯铁中加入 w（V）为 0.5%～1.0% 时得到两种夹杂物，经 X 射线鉴定为 $FeO \cdot V_2O_3$ 和 V_2O_3。$FeO \cdot V_2O_3$ 属尖晶石型结构，金相观察夹杂物成规则的方块。V_2O_3 属六方系，在偏振光下有各向异性效应，所以在显微镜下易于区别。Ti 除作为合金化元素外，而在钢中加 Ti 合金起到脱氧的作用，根据 X 射线分析加入 w（Ti）为 0.1% 时，钢中主要夹杂物相为 FeO；加入 w（Ti）为 0.5%～2.4% 时，主要相为 Ti_2O_3，除此以外，还有 TiO 和 TiO_2，这些相在显微镜下难以区分，如 TiO 在明场中为金黄色，与 TiN 相同，又同属立方系。后经电子探针测定后，发现这些形状不规则的金黄色夹杂同时含有氮和氧，可定为 Ti（N·O）。

氧化物的金相图片见图 3-1-1～图 3-1-50。

第 2 节　硫 化 物

S 在 γ - Fe 中最大的固溶度从 w（S）为 0.0012%（$650℃$）到 w（S）为 0.0324%（$900℃$）。但在室温时，S 在 Fe 中几乎没有固溶度。在高温时溶于 Fe 液中的 S，随温度降低将以 FeS 的形式析出。所以 Fe-S 系中的主要夹杂物为 FeS。当加入 Mn 后，夹杂物类型将由 FeS→（Fe、Mn）S→（Mn、Fe）S→MnS 的变化，这个变化的最终产物，视含 Mn 量的多少而定。

有关资料介绍 MnS 的形态随钢的成分、冶炼工艺的不同而有所区别，MnS 形态可分三类：

Ⅰ类 MnS：用 Si 脱氧的沸腾钢中出现，常与氧化物复合，如 $MnO \cdot SiO_2$ 基体上析出的 MnS 虽为树枝状，仍属Ⅰ类 MnS。

Ⅱ类 MnS：用 Al 脱氧的钢中出现，所用 Al 量过剩时，在晶界上以共晶形式凝固。

Ⅲ类 MnS：用过量 Al 脱氧的钢中出现，呈不规则的角状，任意分布。

钢中含 S 量与冷却速度对 MnS 的形态有影响，生成 II 类 MnS 的量，随含 S 量和冷却速度增加而增多，而 I 类和III类 MnS 几乎不受钢中含 S 量的影响，只随钢的冷却速度增大而减少。

硫以硫化铁（FeS）的形式存在于钢内。结晶过程中 FeS 分布在晶粒的周围，当钢材在 800～1200℃ 左右的温度下进行轧压和锻造时，由于 FeS 的塑性不足或熔化，常导致晶界的开裂，这种现象称为热脆性。如果 FeS 不分布在晶界上，而是呈孤独的夹杂物分布在晶粒之内，其危害性将大大减弱。

若钢中有锰存在时，由于锰易与硫形成熔点甚高（1600℃）的硫化锰（MnS），而在结晶后呈粒状分布于晶粒内。在热加工温度下，硫化锰有足够的塑性，能沿辗压或锻压方向伸长，可见锰有消除硫害的作用，因此钢中必须保持一定的锰量。在一般钢中夹杂物很少以单相 MnS 存在，而是形成复合的硫化物。

硫化物的金相图片见图 3-2-1～图 3-2-39。

第3节 硅 酸 盐

在电解纯铁（含氧较高）和精钢材（含氧较低）为原料在中频炉中熔化后，分别加入 w（Si）为 0.01%～2%，试样经 X 射线衍射结果，未得到 SiO_2，只有 $2FeO \cdot SiO_2$。由于 SiO_2 属玻璃质，在试样中发现球状的 SiO_2 上析出带条状的夹杂物，它们在偏振光中有异性效应，符合 $2FeO \cdot SiO_2$ 的特征。在加入 Si-Ca 脱氧的试样中，除了 SiO_2 小球状夹杂物外，还有复相球状夹杂物，从定性分析中发现含 Ca，由此可肯定该夹杂物类型为 $CaO \cdot SiO_2$。

除了炼钢时加入 Si 之外，冶炼过程中钢液与耐火砖的接触会发生一些复杂的物理化学过程，它或多或少地存在于各种牌号的钢锭中。在一定的含碳量下钢液中的 Mn 和 Si 有一定的平衡关系；当钢液中有多余的 Mn 时，这些多余的 Mn 将与所接触的耐火砖起作用，将耐火砖中的氧化硅还原成 Si，以求达到 Si、Mn 平衡。钢液中的多余 Mn 与耐火材料中的氧化硅起作用生成 MnO 及 Si（$2Mn + SiO_2 \rightleftharpoons Si + 2MnO$），所形成的 MnO 以及原钢液中的 MnO 和 FeO 本身使耐火材料内的氧化硅渣化而生成 MnO- Al_2O_3- SiO_2 系的熔渣。反应后的熔渣以及冲涮进去的耐火材料一部分熔成大滴并能很快地浮到钢液上面，一部分存在于钢内；而在铸锭末期或是在钢结晶时才离开耐火砖而形成的夹杂，它们来不及上浮并聚集在钢锭内，成为钢中的硅酸盐夹杂物。

硅酸盐类夹杂除了锰硅酸盐和铁锰硅酸盐夹杂易变形外，其他硅酸盐不变形或变形破碎，它们在明场下一般呈灰色或暗灰色，在偏振光下呈现特有的暗黑十字及暗黑的同心圆。

硅酸盐的成分是最复杂的夹杂，它能溶解各式各样的氧化物和硫化物，并与之形成各种类型的化合物、共晶体和机械混合物，迄今的研究分析工作还未能确定所有硅酸盐的精确组成和结构。常见的硅酸盐类夹杂有铁硅酸盐（$2FeO \cdot SiO_2$）、锰硅酸盐（$2MnO \cdot SiO_2$）、铝硅酸盐（$3Al_2O_3 \cdot 2SiO_2$）、钙硅酸盐（$CaO \cdot SiO_2$，$2CaO \cdot SiO_2$，$3CaO \cdot SiO_2$）和铁锰硅酸盐（$mFeO \cdot nMnO \cdot pSiO_2$）等。

$MnO \cdot SiO_2$ 的熔点为 1285～1365℃，密度为 3.71g/cm^3，可磨性好，易变形。锰橄榄石 $2MnO \cdot SiO_2$ 熔点为 1816℃，密度为 4.113g/cm^3。$2MnO \cdot SiO_2$ 与 $2FeO \cdot SiO_2$ 可生成连续固溶体，Mn、Fe 原子可相互置换。

硅酸盐夹杂物的金相图片见图 3-3-1～图 3-3-39。

第 4 节　氮化物、稀土夹杂物

一、氮化物

氮在 α-Fe 中的固溶度随温度而变化,当铁液冷至 590℃时,N 在 α-Fe 中的固溶度为 0.115%(体积分数),当冷至室温时,氮几乎不能固溶于 α-Fe 中,将以 Fe_4N、Fe_3N、Fe_2N 和 ε-Fe_3N-Fe_2N 等化合物的形式析出。当纯铁中加入与氮亲和力较强的元素,如加入 Ti、Zr、Nb、V 等元素后,将分别析出相应的氮化物。

1. Fe-Ti-N 系夹杂物

TiN 作为钢中常见的夹杂物已被人们所熟悉。在真空熔炼纯铁液中加氮气流并加 Ti 元素,钢中得到金黄色方块的 TiN 夹杂物。但从电解分离出来的氮化物夹杂物有三种形态,一为褐色方块;另有数量最多的为深灰色方块,方块中有花纹存在,在岩相偏振光中,深灰色方块周围有异性效应,而内部仍为各向同性;还有一种透明的黄色方块,上有层状条纹,岩相偏振光中方块内部为各向同性,而周围为异性。这些电解夹杂物的 X 射线衍射结果主要均为 TiN。此外,还得到呈聚集分布、形状不规则的金黄色夹杂物,经 X 射线衍射分析定为 TiO。

纯铁在通氮气氛下熔化后,同时加入与氮亲和力大的 Ti 和混合稀土金属,由于稀土金属中量最大的是 La,故获得了(Ti,La)N 型夹杂物。在此种夹杂物中还含有少量 O、S 和 Fe。

2. Fe-Zr-N 系夹杂物

以低氧纯铁为原料,在真空中熔化后,通氮气保持 5min 后,分别加入 w(Zr)为 0.6%和 3.0%。这时试样中得到两类夹杂物,一为呈柠檬黄色方块,另一种为沿晶界呈黄褐细条状分布,电解分离后经 X 射线衍射结构分析,柠檬黄色方块为 ZrN,而黄褐色细条状为 ZrC。

3. Fe-B-N 系夹杂物

在真空纯铁的熔液中通氮气并加入 w(B)为 0.5%和 1.0%,得到沿晶界分布的浅蓝色链状夹杂物和少量浅灰色方块夹杂物,经 X 射线衍射相分析,浅蓝色链状夹杂物为 FeB,而浅灰色方块为 BN 夹杂物。

4. Fe-V-N 和 Fe-Nb-N 系夹杂物

在一般结构钢中尚未发现有纯的 VN 夹杂物,但在含 V 的新轴承中存在大量 V(C,N)相。经在真空熔化的纯铁液中通氮后加入 w(V)为 0.5%未发现 VN 夹杂物,而在加入 w(V)为 2.5%的试样中,出现大量黄灰色方块、条状和颗粒状夹杂物,它们在暗场中均不透明,在偏振光中均为各向同性,电解分离后作 X 射线衍射结构分析,黄灰色为 VN,另尚有少量 V_2O_3 夹杂物存在。

在某些不锈钢中加 Nb 后,可生成 NbN 夹杂物,呈土黄色方块状分布,暗场中不透明,在偏光中各向同性。

38CrMoAl 钢中除 Al_2O_3 夹杂物外,有时还会有相当多的 AlN 夹杂物,AlN 具有各种规则的形状,有方形、五边形、六边形或多角形等。AlN 在明场中为深灰色,暗场中透明,偏振光中有强异性,彩色。AlN 属六方系,熔点为 2150~2200℃,密度为 3.05g/cm³,不变形,可磨性较差。

二、稀土夹杂物

我国的稀土资源十分丰富,在 20 世纪 50 年代末即开始把稀土应用于钢的生产,鉴于稀土元素如 La、Ce、Y 等的生成自由能与公认的强脱氧剂 Al 和 Ca 相当或更低，当钢中加入稀土后，生成大量聚集分布的夹杂物，从而影响钢材质量。为深入了解稀土加入钢中的作用，我国 20 世纪 60 年代初就进行了系统研究，为冶金工业冶炼时提供改善钢质的依据。

在 Fe-La-O 系中分别加入 w（Ce）为 0.2%，0.5%，0.8%，1.0%，2.0% 和 2.5%，观察到夹杂物由 FeO→FeO(含 Ce)→氧化铈的规律，在加 w（Ce）为 0.2% 的标样中，仍以 FeO 夹杂物为主，当加入 w（Ce）大于 0.5% 后 FeO 开始消失，试样中主要夹杂物为氧化铈。由于原料中含有极微量的 S，因此除氧化铈外，还有 Ce_2O_2S 夹杂物。

氧化铈形状不规则，具有高熔点，成聚集分布，在明场下呈中灰色，暗场中呈金黄带绿色，在偏振光下有明显的异性效应。标准试剂和 φ（HF）为 20% 水溶液对氧化铈无浸蚀作用。

Ce_2O_2S 夹杂物明场下浅灰色，暗场下呈金黄带绿色，偏振光下有明显的异性效应。φ（HF）为 20% 的水溶液中全部蚀掉。

在 Fe-La-O 系夹杂物主要是 $LaFeO_3$ 型夹杂物，明场中呈灰黄色聚集分布，暗场中透明杏红色，在偏振光中弱异性，半透明红色。

在 Fe-混合稀土-O 系夹杂物，在混合稀土中含有 La、Ce、Pr、Nd 四个主要元素，其中 La、Ce 含量最高，所得夹杂物是稀土氧化物，常以 REO_2、RE_2O_2S 和 $REFeO_3$ 等来表示，有时因 Al_2O_3 坩埚受蚀等影响，有 Al 会进入铁液中生成稀土复合 $REAl_2O_3$ 型夹杂物。

Fe-混合稀土-S 系夹杂物有 RE_2S_3、RE_3S_4 和 RES 三种。钢中加入稀土后，可使原来的(Mn、Fe)S 转变成稀土硫化物。由于稀土与氧的亲和力很大，所以常生成稀土硫氧化物，从而改变 MnS 的分布形态，减少夹杂物分布的方向性，使钢的横向性能得到明显的改善。此外，由于稀土硫化物的熔点较高，在钢中以固体形式存在，而易于从钢液中排除，使钢液中含硫量降低，因此，稀土兼备脱氧和脱硫的作用。

在低氧纯铁中加入 w（FeS）为 1.1% 和 w（混合稀土）为 1.4%，生成的夹杂物在明场下呈中灰色和蛋黄色，以及两者构成共晶析出的球状夹杂物，在暗场下均不透明，有亮边。在偏振光中各向同性，有蛋黄色反光。在化学试剂腐蚀结果，蛋黄色相在 φ（HCl）为 5% 的水溶液中腐蚀掉，而中灰色直到 φ（HF）为 20% 的水溶液中仍无作用，经 X 射线衍射分析证实中灰色为 RE_2O_2S，蛋黄色为 RES。

Fe-混合稀土-Si-O 系夹杂物为稀土硅酸盐夹杂物，呈球状硅酸盐，其光学性质与化学试剂腐蚀结果，均与玻璃质 $FeO\cdot SiO_2$ 相近，但球状中心为红色各向异性，由夹杂物组成分析证明含有 w（混合稀土）为 30%～50%，故应为稀土硅酸盐夹杂物 $REO\cdot SiO_2$。

氮化物及稀土夹杂物的金相图片见图 3-4-1～图 3-4-45。

附表　钢中夹杂物浸蚀剂的名称、组成和用途

钢中夹杂物浸蚀剂的名称、组成和用途

序号	名　称	组　成		用　法	用　途
1	2%硝酸酒精溶液	硝酸　2mL	酒精　98mL	浸入法	低碳钢、结构钢
2	3%硝酸酒精溶液	硝酸　3mL	酒精　97mL	浸入法	低碳钢、结构钢
3	4%硝酸酒精溶液	硝酸　4mL	酒精　96mL	浸入法	低碳钢、结构钢
4	1+1 盐酸水溶液	盐酸　1 份	水　1 份	65～75℃热酸浸入法	显示碳素钢及结构钢的低倍组织
5	5%硫酸水溶液	硫酸　5mL	水　95mL	浸入法	稀土氧化物受腐蚀
6	10%铬酸水溶液	铬酸　10mL	水　90mL	浸入法	MnS 及稀土硫化物受腐蚀
7	碱性苦味酸钠水溶液	氢氧化钠10g　苦味酸2g　水100mL		浸入法	MnS 及稀土硫化物腐蚀

金 相 图 片

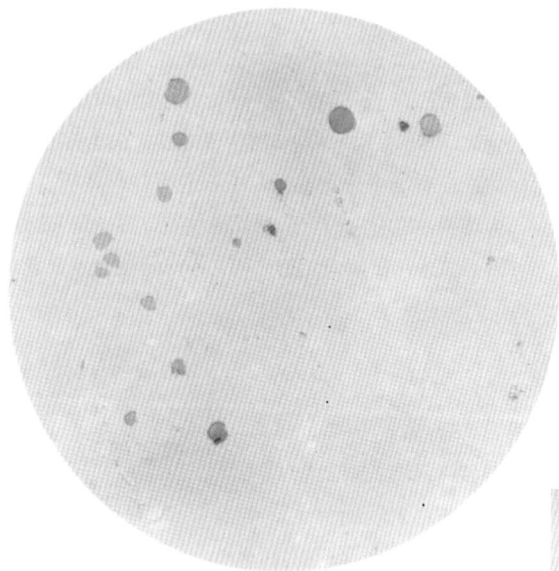

图　　号：3-1-1
材料名称：电解铁
浸 蚀 剂：未浸蚀
处理情况：铸态
组织说明：w（O）在纯 Fe 液中的溶解
度（1700℃）为 0.30%。随钢液冷却，
氧的溶解度逐渐降低，至室温时几乎
为零。溶于 Fe 液中的氧将以 FeO 夹
杂物析出。

　　　　　FeO 在明场中呈深灰或灰黄色，
暗场中不透明，偏振光中各向同性。

图　　3-1-1　　　　　　　　500×

图　　号：3-1-2
材料名称：沸腾钢
浸 蚀 剂：未浸蚀
处理情况：铸态
组织说明：在沸腾钢中由于不脱氧或不完全脱
氧，故钢中残存 FeO，在金相显微镜下观察
FeO 沿晶分布。FeO 属立方系，熔点为
1360℃，密度为 5.7g/cm³，可磨性好，锻后
稍变形。

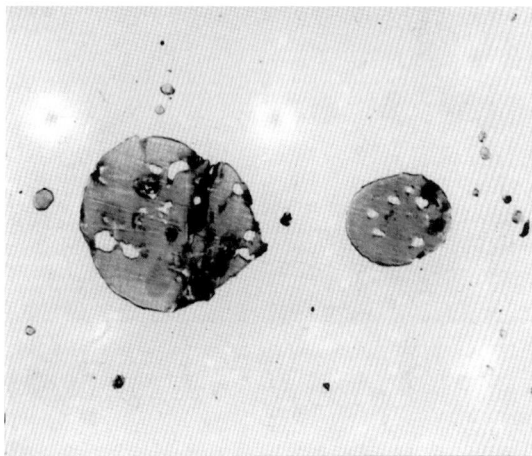

图　　3-1-2　　　　　　　　500×

图　　号：3-1-3
材料名称：电解铁
浸 蚀 剂：未浸蚀
处理情况：加 w(Mn) 为 1%脱氧
组织说明：电解铁中加入 w(Mn) 为 1%，脱氧后生
成（Fe、Mn）O 夹杂物。在 Fe-Mn-O 系中 FeO
与 MnO 生成连续固溶体。

　　　　在 FeO·MnO 固溶体中，（Fe、Mn）O 夹杂
物的光学性质，随 MnO 含量而变化。当 FeO 含量
较高时，光学性质接近于 FeO；明场由灰色变成
褐色，而且中心透明；暗场中由金黄色变至绿宝
石色；偏振光中也由金黄色变至绿。受饱和 SnCl₂
酒精溶液浸蚀。

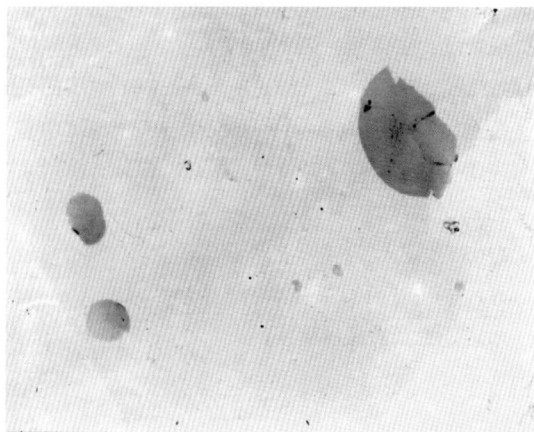

图　　3-1-3　　　　　　　　500×

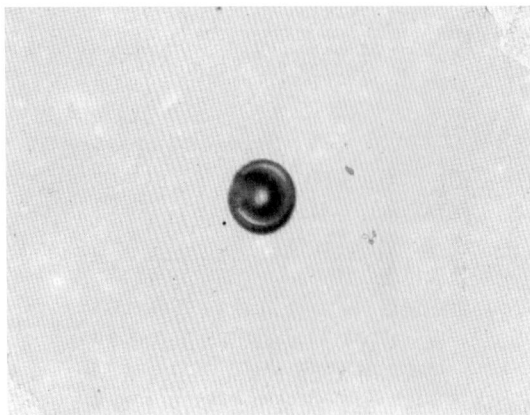

图 号：3-1-4
材料名称：电解铁
浸 蚀 剂：未浸蚀
处理情况：加 w（Si-Fe）为 2.12%
组织说明：在 Fe-Si-O 系中夹杂物的类型与加 Si 量
　　　　　有关，加 w（Si）>0.1%时生成 SiO_2。SiO_2 多呈球
　　　　　状，在明场中为深褐色，中心透明并有亮环；暗
　　　　　场透明，色彩由所含杂质元素决定，含少量 Fe 时
　　　　　为亮黄色；在偏振光中透明，各向同性有黑十字。

图　　3-1-4　　　　　　　　　　500×

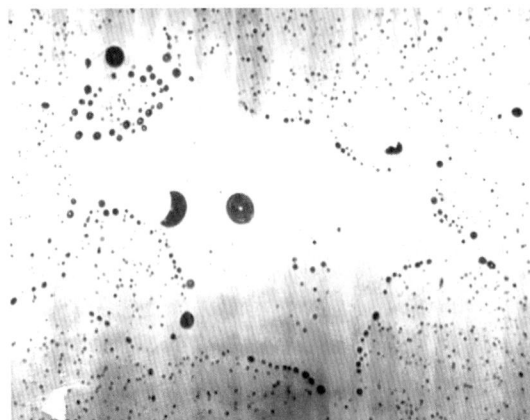

图 号：3-1-5
材料名称：沸腾钢
浸 蚀 剂：未浸蚀
处理情况：淬火后+高温回火
组织说明：图中为沸腾钢中后生成的 SiO_2 夹杂，钢
　　　　　中大量 SiO_2 小球状夹杂物聚集在一起，工人俗称
　　　　　为钢表面出汗，这种后生成的 SiO_2，其光学性质
　　　　　与化学性能均与内生 SiO_2 相同，均会在 φ（HF）
　　　　　为 20%的溶液中腐蚀掉，这种 SiO_2 熔点高达 1600～
　　　　　1670℃，显微硬度高达 1600HV，密度为 2.4～
　　　　　2.65g/cm³，易磨掉。

图　　3-1-5　　　　　　　　　　500×

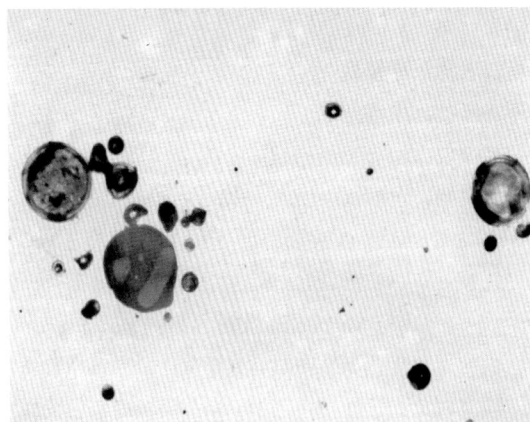

图 号：3-1-6
材料名称：电解铁
浸 蚀 剂：未浸蚀
处理情况：加入 w（Si）为 0.1%
组织说明：当加入 w（Si）小于 0.1% 时生成的夹
　　　　　杂物为 FeO·SiO_2。硅酸盐有 2FeO·SiO_2 和
　　　　　FeO·SiO_2 两种结晶类型，FeO·SiO_2 有单斜系
　　　　　和正交系；而 2FeO·SiO_2 只有正交系，熔点为
　　　　　1205℃，密度为 4～4.2g/cm³，稍变形，可磨性较
　　　　　好。在用 Si 脱 O 后生成的夹杂物多为玻璃质，偶
　　　　　尔也能见到结晶硅酸铁。

图　　3-1-6　　　　　　　　　　500×

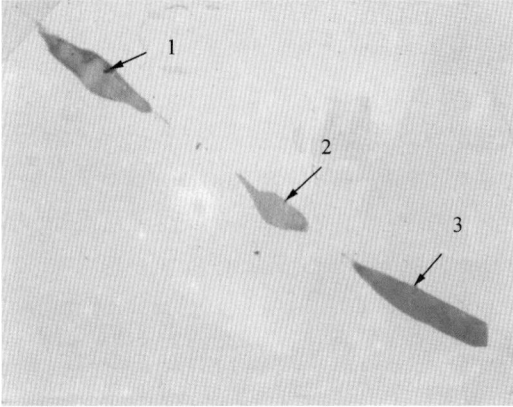

图　3-1-7　　　　　　　　　　　　400×

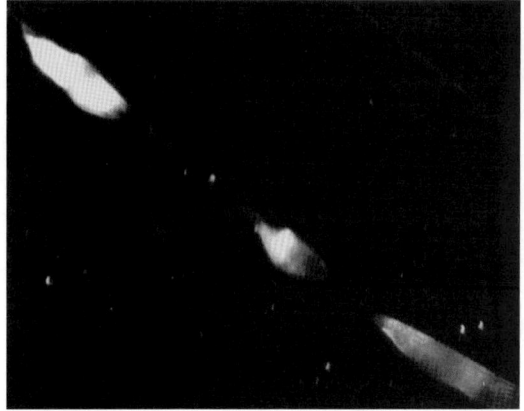

图　3-1-8　　　　　　　　　　　　400×

图　　号：3-1-7、3-1-8

材料名称：沸腾钢（08F）

浸 蚀 剂：未浸蚀

处理情况：钢锭锻后取样

组织说明：由于沸腾钢只用少量 Si-Mn 脱氧，使钢中存在大量 Si-Mn 氧化物和 FeO，铸态时成球状，锻后稍变形成棒状（Fe，Mn）O·SiO_2 夹杂物，见图 3-1-7。图 3-1-8 为（Fe，Mn）O·SiO_2 夹杂物锻后在偏振光下具有强异性效应，转动载物台时颜色发生变化，如①蓝绿 $\rightleftharpoons$ 黑黄②部分橙红部分绿蓝③深红。在偏振光中由铸态时的同性变成锻后异性，说明钢锭在热锻过程中使（Fe，Mn）O·SiO_2 由玻璃态变成结晶态。在暗场中①透明②透明橙黄色③为黄红色。其化学性与铸态时相同，均受 φ（HF）为 20%的水溶液腐蚀。MnO·SiO_2 的熔点为 1285～1365℃，密度为 3.71g/cm^3，可磨性好，易变形。

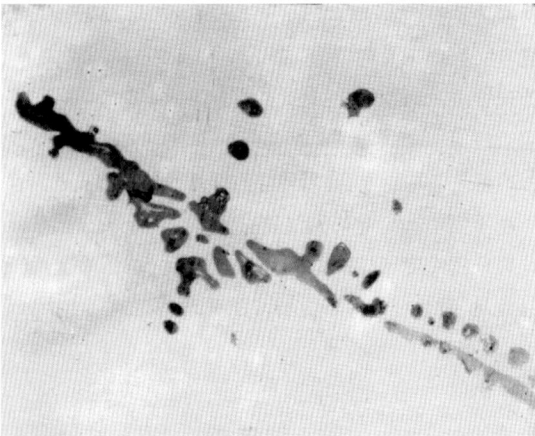

图　3-1-9　　　　　　　　　　　　500×

图　　号：3-1-9

材料名称：电解铁

浸 蚀 剂：未浸蚀

处理情况：加入 w（Mn）为 3%脱氧

组织说明：脱氧后生成的（Fe，Mn）O 及 MnO 夹杂物。在 Fe-Mn-O 系中，FeO 同 MnO 生成连续固溶体，当加入 w（Mn）>1%时，脱氧产物近于纯 MnO。图中呈树枝状分布的夹杂物为 MnO，明场下由灰色变成褐色，且中心透明；暗场中由金黄色变至绿宝石色；偏振光中也由金黄色变至绿色。受饱和 $SnCl_2$ 酒精溶液浸蚀。MnO 属立方系，熔点为 1700℃，密度为 5.4～5.8g/cm^3，可磨性良好，锻后稍变形。

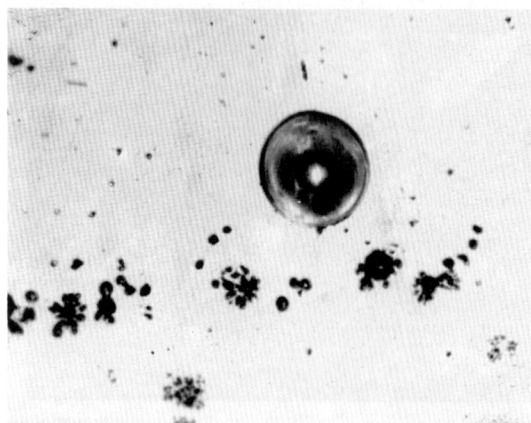

图 3-1-10　　　　　　　　　400×

图　　号：3-1-10

材料名称：电解铁

浸 蚀 剂：未浸蚀

处理情况：加 Al 脱氧，铸态

组织说明：图中玻璃质球状 Al_2O_3，明场中呈深灰褐色，中心透明并有亮环。暗场中透明程度低于球状 SiO_2；偏振光下同性，有黑十字。$\alpha\text{-}Al_2O_3$ 属六方系，熔点为 2050℃，密度为 $4.0g/cm^3$，不变形，可磨性差。因不易变形，经常在抛光后出现拖曳尾巴。$\alpha\text{-}Al_2O_3$ 不受夹杂物的 8 种标准试剂腐蚀，但在 20%HF 溶液中腐蚀掉。

图　　号：3-1-11

材料名称：25CrNiWA 钢

浸 蚀 剂：未浸蚀

处理情况：铸态

组织说明：锻后 Al_2O_3 夹杂略有变形。该视场为 Al_2O_3 夹杂聚集处。Al_2O_3 是一种高熔点的夹杂物，它是在钢液凝固前就呈固体颗粒析出，较难结合成大的颗粒，所以多数为颗粒细小的夹杂物。从分布特征来看，Al_2O_3 常以聚集成群的形式存在。

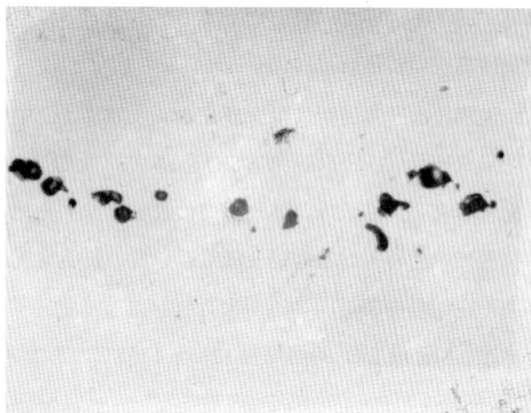

图 3-1-11　　　　　　　　　500×

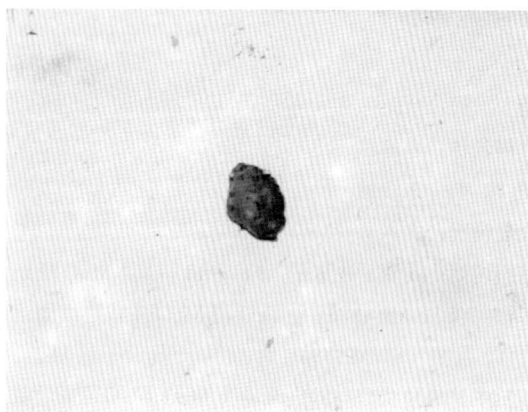

图 3-1-12　　　　　　　　　500×

图　　号：3-1-12

材料名称：GCr15 钢

浸 蚀 剂：未浸蚀

处理情况：铸态

组织说明：点状铝酸盐（Ca·Mg）O·Al_2O_3 夹杂。冶炼工艺中补加 Al 以使硅酸盐还原成 Al_2O_3 上浮存在于钢中，但此措施仅使点状夹杂物长大、增多。夹杂物经电子探针分析为含 Ca、Mg 的铝酸盐，Ca 含量相对比 Mg 高。此种点状夹杂物为混合渣所致。

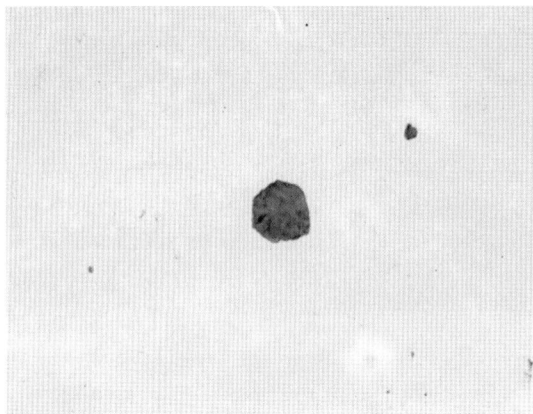

图　号：3-1-13

材料名称：GCr15 钢

浸 蚀 剂：未浸蚀

处理情况：铸态

组织说明：点状铝酸盐（Ca·Mg）O·Al_2O_3 夹杂。

　　工艺上与上图相同，该夹杂经电子探针分析为含 Mg，Ca 的铝酸盐，相对 Mg 含量比 Ca 高。

图　3-1-13　　　　　　　　　500×

图　号：3-1-14

材料名称：GCr15 钢

浸 蚀 剂：未浸蚀

处理情况：铸态

组织说明：大颗粒夹杂物约 110μm，经电子探针分析夹杂物基为 Al_2O_3，深灰色小块为（Ca·Mg）O·Al_2O

图　3-1-14　　　　　　　　　500×

图　3-1-15　　　　　　　　　500×

图　号：3-1-15

材料名称：GCr15 钢

浸 蚀 剂：未浸蚀

处理情况：铸态

组织说明：大颗粒夹杂物约为 50μm，经电子探针分析夹杂物基体为铝酸钙（CaO·Al_2O_3），块状相为铝酸镁（MgO·Al_2O_3）。

图 3-1-16　　　　　　　　　　500×

图 3-1-17　　　　　　　　　　500×

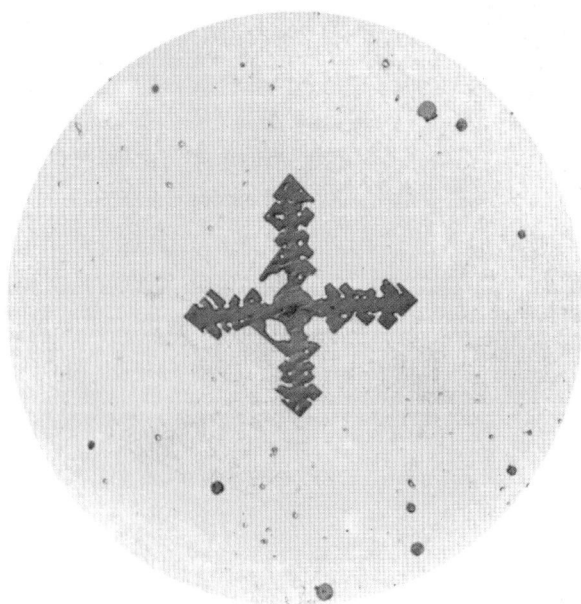

图 3-1-18　　　　　　　　　　500×

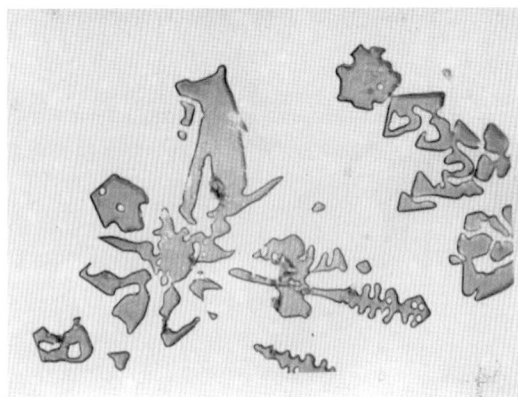

图　3-1-19　　　　　　　　　　　　500×

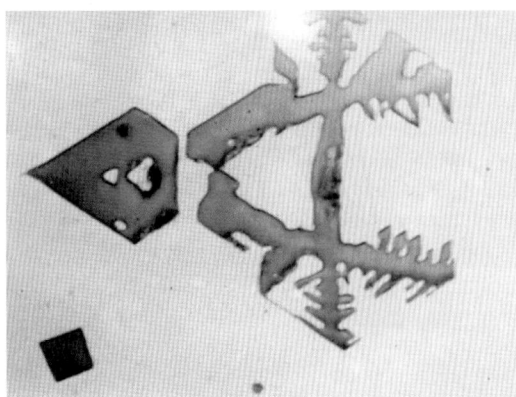

图　3-1-20　　　　　　　　　　　　500×

图　　号： 3-1-16～3-1-20

材料名称： 电解铁

浸 蚀 剂： 未浸蚀

处理情况： 图 3-1-17 加入 w（Cr）为 0.5%，图 3-1-16、图 3-1-18～图 3-1-20 均为加入 w（Cr）为 1%脱氧

组织说明： 图 3-1-16：FeO·Cr_2O_3 夹杂物呈一定的几何形状。

图 3-1-17：FeO·Cr_2O_3 夹杂物聚成串连状。

图 3-1-16～图 3-1-20：生成的夹杂物均为 FeO·Cr_2O_3。在铁基合金中生成的 FeO·Cr_2O_3 具有各种特奇形状，如十字花、A 形、剑形等，或者聚集成堆，或单独成梯形、三角形、六角形和其他整形晶体。

明场中由灰色到深灰色；暗场中不透明；偏光各向同性。当其中包有氧化铬或扭曲尖晶石（Fe·Ca）O、Cr_2O_3 时，出现各向异性效应。在酸性 $KMnO_4$ 溶液中蚀掉，其余在标准试剂中均无作用。

FeO·Cr_2O_3 属立方系，熔点为 2160℃，密度为 5.109g/cm^3。（Fe·Ca）O·Cr_2O_3 与 Cr_3O_4 同属面心四方系。

图 3-1-18：FeO·Cr_2O_3 夹杂物除小点外，还有十字花状。

图 3-1-19 及 3-1-20：FeO·Cr_2O_3 夹杂物形状各异，或五边形等。

由于铬的脱氧作用较弱，一般钢中都不用铬作脱氧剂。但在铬合金钢中常有铬的夹杂物，对其类型早有研究，其中 D·C·Hiety 等人于 1955 年发表的著作比较全面，认为在含氧纯铁中加铬生成的夹杂物类型随着加铬量而变化，即：

w（Cr）小于 3%时，初生氧化物为 FeO 和 FeO·Cr_2O_3。

w（Cr）约为 3%时，初生氧化物为 FeO·Cr_2O_3。

w（Cr）为 3%～9%时，FeO·Cr_2O_3 中的 FeO 被 CrO 置换后生成（Fe，Ca）O·Cr_2O_3 氧化物。

w（Cr）为 9%～25%时，生成 Cr_3O_4（只含少量 Fe）。

一切尖晶石型夹杂物均属立方系，但扭曲尖晶石为 Cr_3O_4 与 FeO·Cr_2O_3 组成的中间相，结晶成面心四方晶系，因此在偏振光下由各向同性变为各向异性。

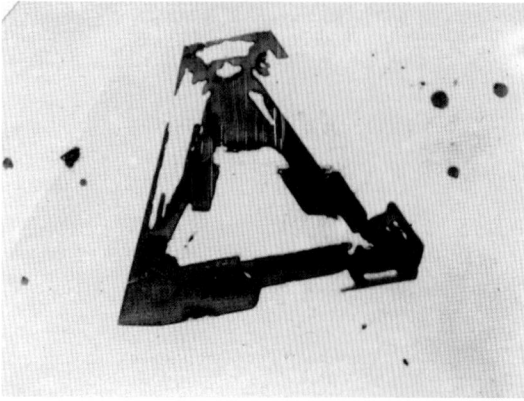

图 3-1-21　　　　　　　　　　500×

图 3-1-22　　　　　　　　　　500×

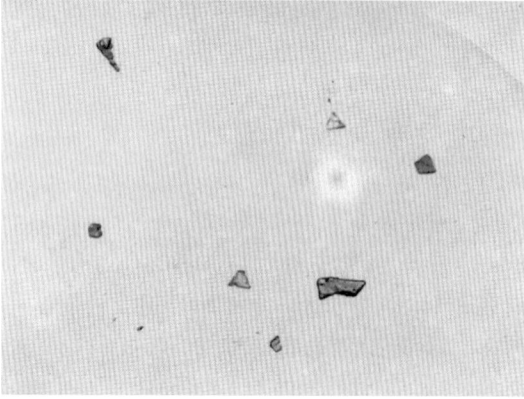

图 3-1-23　　　　　　　　　　500×

图 3-1-24　　　　岩相　　　　420×

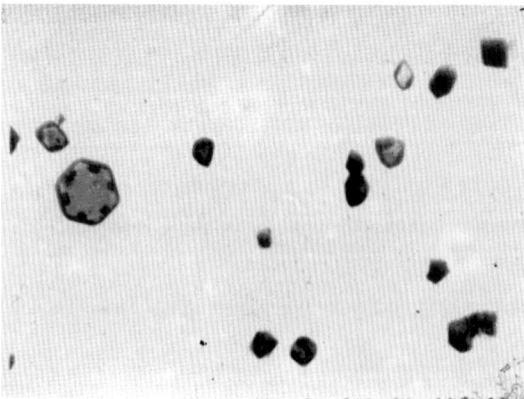

图 3-1-25　　　　岩相　　　　420×

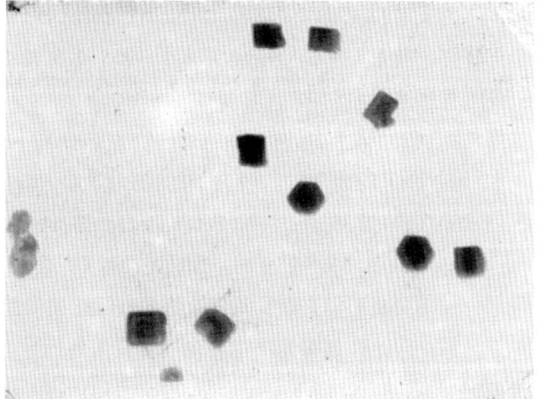

图 3-1-26　　　　岩相　　　　420×

图　　号：3-1-21～3-1-26

材料名称：电解铁

浸蚀剂：未浸蚀

处理情况：加不同质量分数的铬脱氧后取样，经电解分离出来的铬铁矿

组织说明：图 3-1-21：电解铁加入 w（Cr）为 1%生成的梯形边金属的 $FeO \cdot Cr_2O_3$。

图 3-1-22：电解铁加入 w（Cr）为 2%生成的扭曲尖晶石（Fe，Ca）$O \cdot Cr_2O_3$。

图 3-1-23：电解铁加入 w（Cr）为 5%生成的 Cr_2O_3 和 $FeO \cdot Cr_2O_3$ 夹杂物，未发现 Cr_3O_4 夹杂物。

图 3-1-24：在岩相观察中发现六边形 $FeO \cdot Cr_2O_3$ 内为多层等边三角形组成。

图 3-1-25：在六边形 $FeO \cdot Cr_2O_3$ 夹杂物的边沿上有第二相析出，该图为岩相照片。

图 3-1-26：岩相照片，有六边形和正方形夹杂，两者均为 $FeO \cdot Cr_2O_3$ 夹杂物，其中大多数为方块状。

Cr_2O_3 夹杂物在明场中呈中灰带紫色，形状不像 $FeO \cdot Cr_2O_3$ 规整；暗场中只有薄层处透出绿色。如厚度较厚光线不能穿透而不透明；偏光中各向异性绿色。不受 8 种试剂腐蚀。Cr_2O_3 属六方晶系，熔点为 1900℃，密度为 5.2g/cm³。

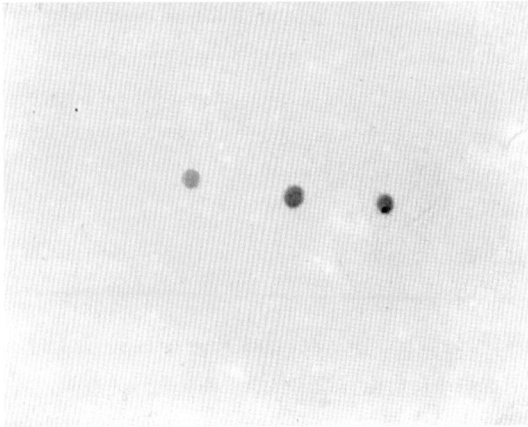

图　3-1-27　　　　　　　　　　500×

图　　号：3-1-27

材料名称：低碳钢 $[w$（C）$\leqslant 0.07\%]$

浸蚀剂：未浸蚀

处理情况：加入 w（Nb）为 1%

组织说明：经 X 射线衍射结果和电子探针分析确定夹杂物为 $FeO \cdot Nb_2O_5$。该夹杂物在明场中呈中灰色圆球，大小和分布较均匀，暗场中微透明，个别小球上有网状结构；偏振光中各向同性，但有的小球上有异性透明并呈淡绿色块状夹杂物。$FeO \cdot Nb_2O_5$ 属正交晶系。

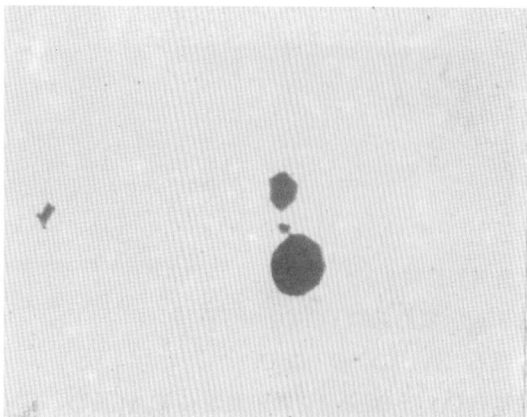

图　号：3-1-28

材料名称：10A 钢

浸 蚀 剂：未浸蚀

处理情况：加 w（Nb）为 2%

组织说明：图中球状夹杂物为 FeO·Nb$_2$O$_5$，块状夹杂物为 Nb$_2$O$_5$。Nb$_2$O$_5$ 在明场中呈灰紫色；暗场中为透明红色；偏振光中透明红色，具有明显的各向异性效应，受体积分数为 5%的盐酸酒精溶液腐蚀。Nb$_2$O$_5$ 属单斜系，密度为 4.55g/cm^3。

图　　3-1-28　　　　　　　　500×

图　号：3-1-29

材料名称：电解镍

浸 蚀 剂：未浸蚀

处理情况：加 w（Zr）为 0.2%脱氧

组织说明：脱氧后生成细小的 ZrO$_2$ 夹杂物，呈聚集分布，明场中呈灰褐色，中心透明，近球状；暗场中均不透明，偏振光中各向异性黄绿色。ZrO$_2$ 具有多种晶型结构，在一定温度下可发生同素异构转化。陶瓷工业利用此种特点作为增韧之用。

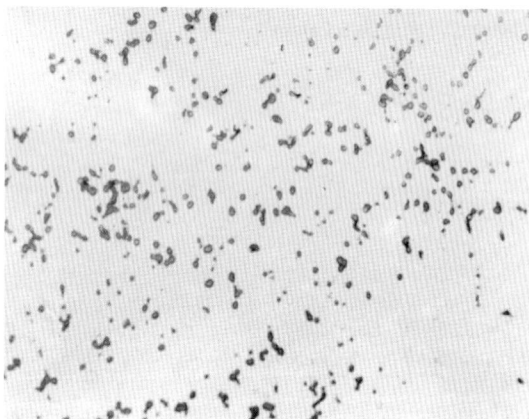

图　　3-1-29　　　　　　　　500×

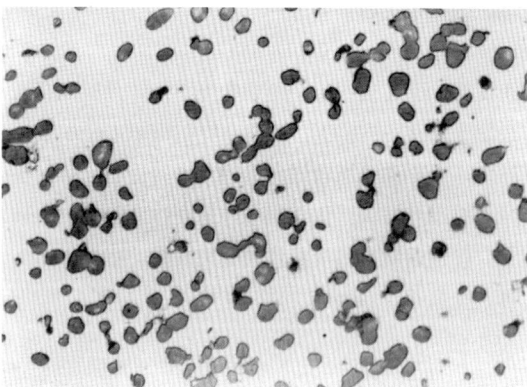

图　　3-1-30　　　　　　　　500×

图　号：3-1-30

材料名称：电解铁

浸 蚀 剂：未浸蚀

处理情况：加入 [w（Zr）为 1.5%+w（FeS）为 1%]

组织说明：由于电解铁中含氧很高又未预先脱氧，故试样中除生成 Zr$_3$S$_2$ 外还有大量 ZrO$_2$，纯铁中的 ZrO$_2$ 比纯镍中的 ZrO$_2$ 较粗大，但都成聚集分布，光学性质也基本相同，在钢中存在的 ZrO$_2$ 夹杂物属单斜晶系，熔点为 2700℃，密度为 5.59g/cm^3，不变形，可磨性好。

图　　号：3-1-31

材料名称：电解铁

浸 蚀 剂：未浸蚀

处理情况：加入 w（V）为 0.05%脱氧

组织说明：FeO·V_2O_3 在明场中呈浅灰带玫瑰色，形状规则，但不像 FeO·Cr_2O 那样具有特异形状。夹杂物受 4%NH_4CO_3 水溶液腐蚀。FeO·V_2O_3 属立方系，密度为 5.20g/cm³，不随试样锻后变形，可磨性一般。

图　　3-1-31　　　　　　　　500×

图　　号：3-1-32

材料名称：电解铁

浸 蚀 剂：未浸蚀

处理情况：加入 w（V）为 0.5%脱氧

组织说明：当 w（V）增加到 0.5%时生成 V_2O_3。在明场中呈灰棕色，角状或聚集成团；暗场中不透明，偏振光下各向异性，血红色。V_2O_3 属六方系，熔点为 1970℃，密度为 4.87g/cm³，不变形，可磨性良好。

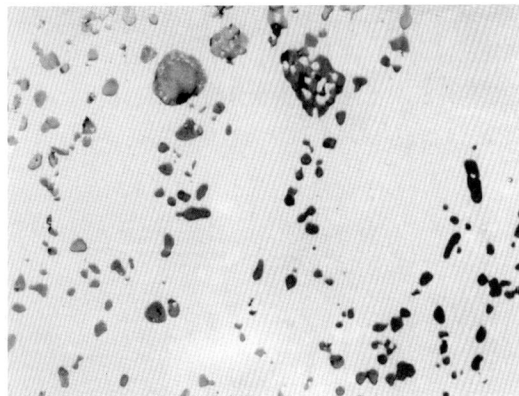

图　　3-1-32　　　　　　　　500×

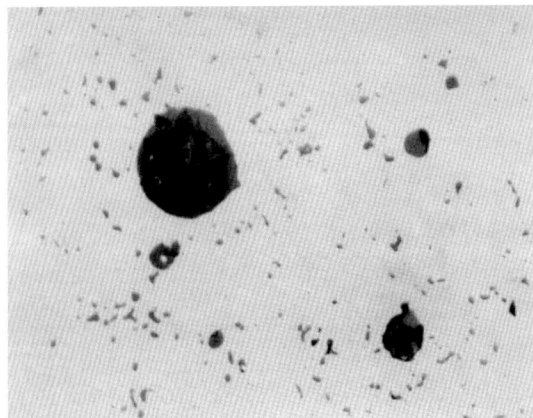

图　　3-1-33　　　　　　　　500×

图　　号：3-1-33

材料名称：电解铁

浸 蚀 剂：未浸蚀

处理情况：加入 w（Ti）为 0.5%脱氧

组织说明：脱氧生成 α-Ti_2O_3 夹杂物。在明场中呈深红色，有的近球状，有的不规则；在暗场中不透明，偏光中各向异性，转动载物台时由蓝色变至红色。α-Ti_2O_3 属六方系，熔点为 1900℃，密度为 4.6g/cm³，不变形，可磨性较好。

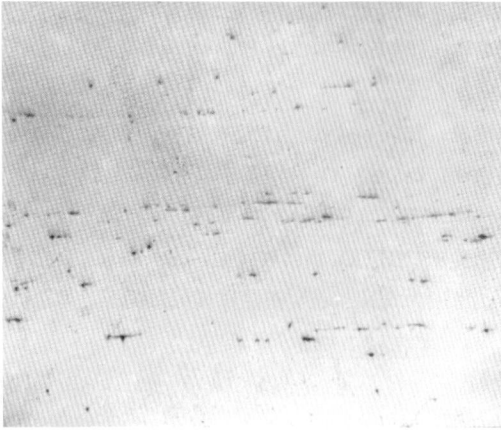

图　3-1-34　　　　　　　　　100×

图　号：3-1-34

材料名称：低碳钢

浸蚀剂：未浸蚀

处理情况：热轧后正火处理

组织说明：浅灰色呈串连条状分布者为硫化物
　　　夹杂（4级）；深灰色点状为氧化物夹杂。

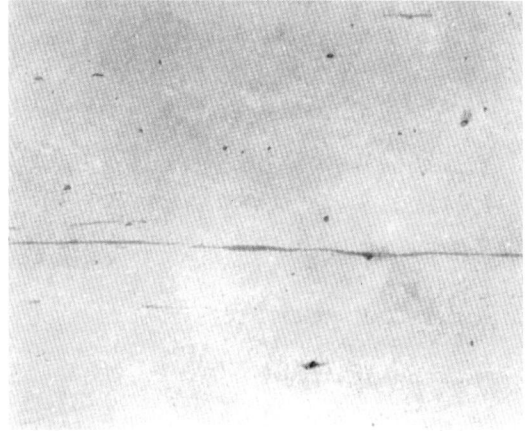

图　3-1-35　　　　　　　　　300×

图　号：3-1-35

材料名称：低碳钢

浸蚀剂：未浸蚀

处理情况：热轧后正火处理

组织说明：图 3-1-34 试样放大 300 倍后的情况。灰
　　　色条状为硫化物；黑色点状为氧化物夹杂。

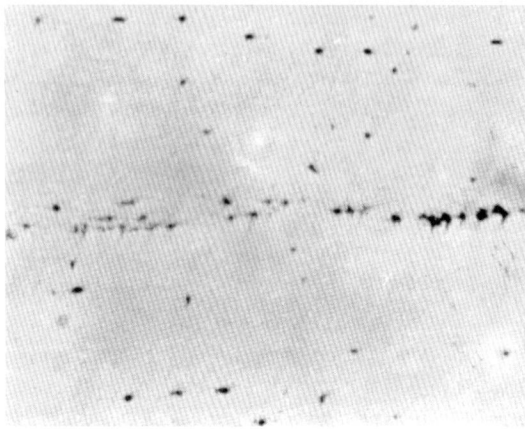

图　3-1-36　　　　　　　　　100×

图　号：3-1-36

材料名称：低碳钢

浸蚀剂：未浸蚀

处理情况：热轧后正火处理

组织说明：分散分布及呈串连状分布的黑色点状物
　　　为氧化物夹杂，相当于 3.5 级。

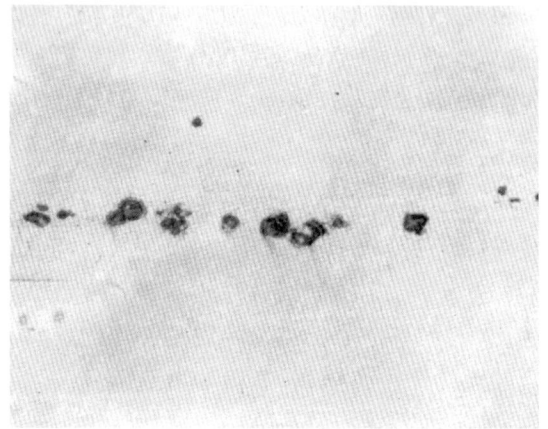

图　3-1-37　　　　　　　　　300×

图　号：3-1-37

材料名称：低碳钢

浸蚀剂：未浸蚀

处理情况：热轧后正火处理

组织说明：图 3-1-36 试样放大 300 倍后的组织。呈
　　　串连分布的灰黑色颗粒为氧化物夹杂。

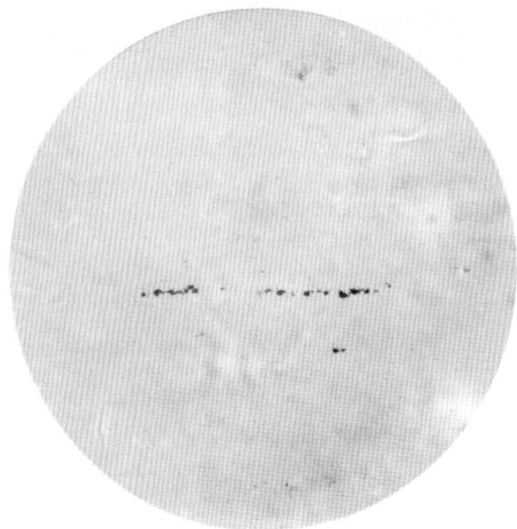

图　　号：3-1-38

材料名称：GCr15 钢

浸 蚀 剂：未浸蚀

处理情况：原材料

组织说明：颗粒形呈链状分布的为氧化物夹杂。

　　氧化物夹杂是 Al_2O_3、Cr_2O_3、氧化铁及尖晶石等的通称。它属脆性夹杂物，而且塑性很差，硬度较高。热加工后，通常以具有棱角的颗粒沿加工方向呈链状分布。

　　本图按标准评定为 2.5 级。尚属合格范围。

图　　3-1-38　　　　　　　　100×

图　　号：3-1-39

材料名称：GCr15 钢

浸 蚀 剂：未浸蚀

处理情况：原材料

组织说明：灰色细小颗粒的氧化夹杂物呈链状分布。按标准评定为 3.5 级，属不合格。

　　颇多链状分布的颗粒状氧化物破坏了金属基体的连续性，致使轴承在运转时，易在该处造成应力集中，从而导致早期的疲劳损坏。

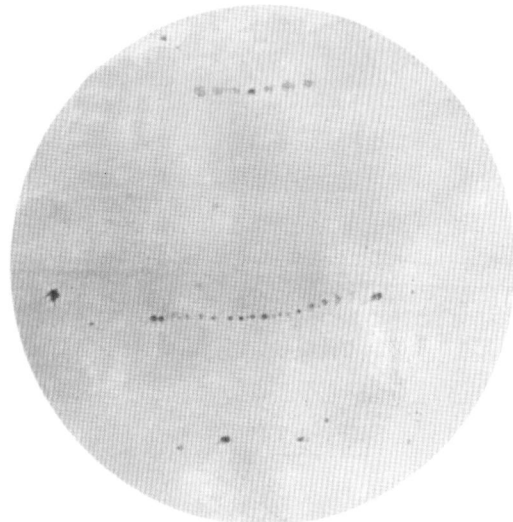

图　　3-1-39　　　　　　　　100×

图　　号：3-1-40

材料名称：GCr15 钢

浸 蚀 剂：未浸蚀

处理情况：原材料

组织说明：灰色颗粒的氧化物呈长链状分布，贯穿整个视场，极为严重。按标准评定为 4 级，属不合格。

　　由于氧化物性脆，且构成长链状，使轴承在高速运转时，易在夹杂物处产生应力集中，而发生微裂纹，从而扩展成裂纹，导致早期损坏。

图　　3-1-40　　　　　　　　100×

图　　号：3-1-41

材料名称：G18Mo3 钢 ［w（C）<0.02%］

浸 蚀 剂：未浸蚀

处理情况：锻造后，930℃加热保温后空冷。

组织说明：黑色小点为氧化物夹杂物。夹杂甚细小，
　　　　　且分布均匀，对钢经超精研磨后的表面粗糙度影响
　　　　　较小。

　　　　　G18Mo3 钢是耐腐蚀性能良好的铁素体不锈
　　　　钢，除用于耐腐蚀的工件外，有时也用来制造手表
　　　　外壳。经超精研磨后，可获得良好的抛光表面。

图　　3-1-41　　　　　　　　　　　　100×

图　　号：3-1-42

材料名称：G18Mo3 钢 ［w（C）<0.02%］

浸 蚀 剂：未浸蚀

处理情况：锻造后，930℃加热保温后空冷。

组织说明：基体上浅灰色条状为硫化物夹杂物，呈串
　　　　　连状分布的黑色颗粒为氧化铬夹杂物。

　　　　　这种夹杂物塑性较差，在加工变形时被拉碎，
　　　　呈颗粒状分布，它的存在将严重影响钢在超精研磨
　　　　时的表面粗糙度，交降低钢材的力学性能。氧化铬
　　　　夹杂物在高铬钢中较常见，它是冶炼时由于铬合金
　　　　被氧化而形成的。

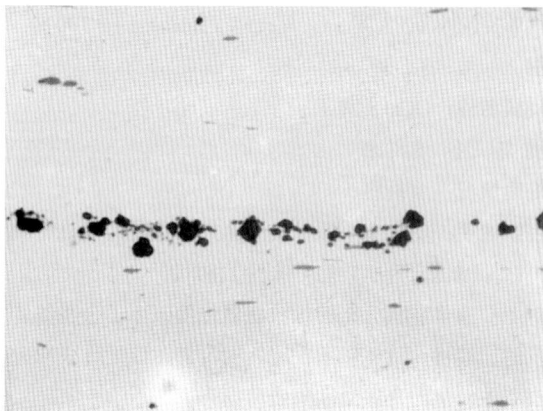

图　　3-1-42　　　　　　　　　　　　200×

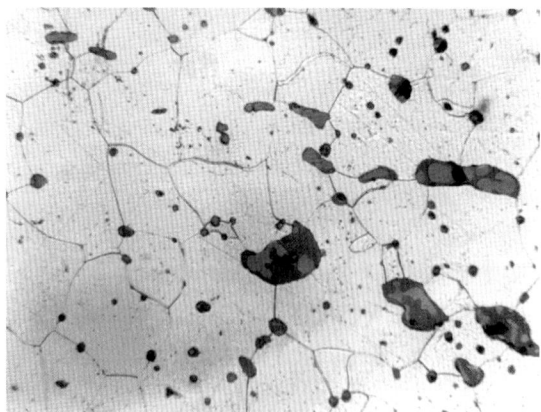

图　　3-1-43　　　　　　　　　　　　100×

图　　号：3-1-43

材料名称：低碳钢 ［w（C）<0.05%］

浸 蚀 剂：4%硝酸酒精溶液

处理情况：锻造后空冷

组织说明：在铁素体基体上分布的浅灰色颗粒为氧
　　　　　化铁夹杂物。深灰色与浅灰色大块为构成的
　　　　　MnO-FeO复合夹杂物。

　　　　　钢中具有多量夹杂物，力学性能必将受到严
　　　　重影响。

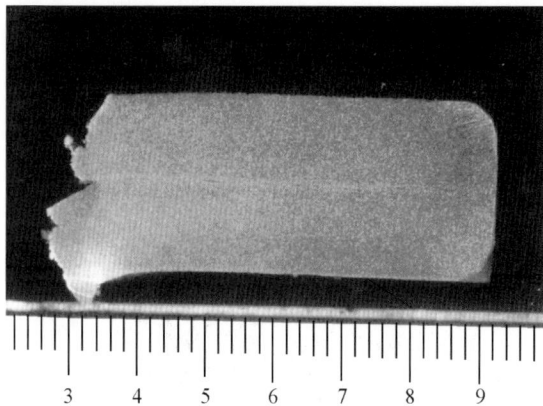

图　3-1-44　　　　　　　　　　　　实物

图　　号：3-1-44

材料名称：20g 钢（锅炉钢板，含［w（C）0.17%～
　0.24%，w（Si）0.17%～0.37%］，w（Mn）0.35%～
　0.65%）

浸 蚀 剂：4%硝酸酒精溶液深浸蚀

处理情况：热轧后空冷

组织说明：锅炉钢板纵断面抛光并经硝酸酒精溶液
　深浸蚀后的情况。在银灰色基体中间部位，出现
　一条亮白色带状偏析，撕裂断口的缺口恰恰处于
　带状偏析处。

图　　号：3-1-45

材料名称：20g 钢

浸 蚀 剂：4%硝酸酒精溶液

处理情况：热轧后空冷

组织说明：图 3-1-44 试样经过抛光和浅浸蚀后放大 25
　倍的组织情况，灰色基体为铁素体，其上布有黑色
　条状为珠光体。宏观断面上的亮白色带状偏析处，
　铁素体带呈聚集分布，该处珠光体数量较少，但有
　串连分布的颗粒状氧化物夹杂。

图　3-1-45　　　　　　　　　　　　25×

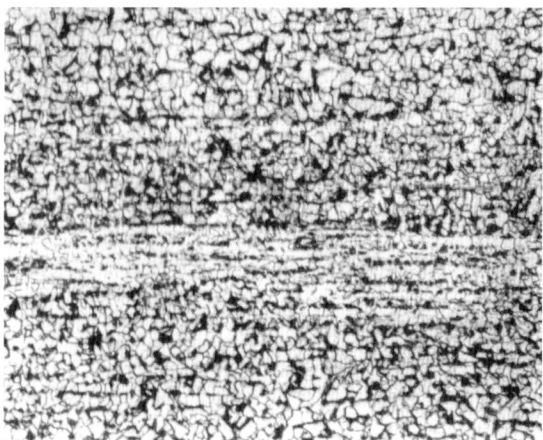

图　3-1-46　　　　　　　　　　　　100×

图　　号：3-1-46

材料名称：20g 钢

浸 蚀 剂：4%硝酸酒精溶液

处理情况：热轧后空冷

组织说明：图 3-1-44 试样放大 100 倍后的组织，基体
　为细晶粒铁素体，其上有少量呈块状及带状分布的
　片状珠光体。亮白色带状偏析处的铁素体呈聚集分
　布，其间串连分布的颗粒状氧化物更趋明显。

　　深浸蚀纵断面上亮白色带状偏析，是聚集分布
的带状铁素体，因铁素体不易浸蚀，故呈亮白色，
由于铁素体聚集致使该处强度较基体为低，所以撕
裂缺口处于该处。

图　3-1-47　　　　　　　　　　　　　实物

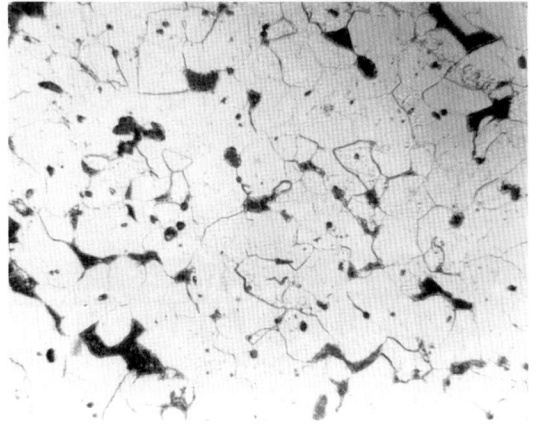

图　3-1-48　　　　　　　　　　　　　100×

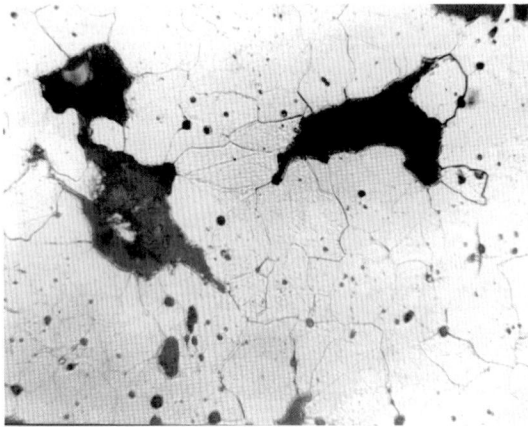

图　3-1-49　　　　　　　　　　　　　100×

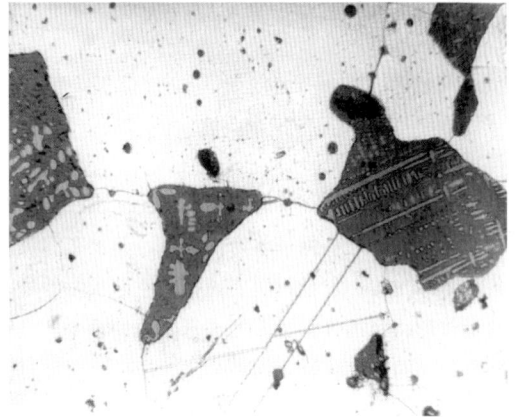

图 3-1-50　　　　　　　　　　　　　200×

图　　号：3-1-47～3-1-50

材料名称：低碳钢

浸　蚀　剂：图 3-1-47 以 1∶1 盐酸水溶液热蚀；图 3-1-48～图 3-1-50 经 4%硝酸酒精溶液浸蚀

处理情况：热锻后空冷

组织说明：图 3-1-47：该件为纺织机传动轴，使用时突然断裂，截取其一段横向截面，车光后经过热蚀，其组织为层状偏析及大型夹杂物，特别是层状偏析甚为明显，层与层之间有疏松孔隙与夹杂存在。

　　　　图 3-1-48：传动轴横截面之显微组织，基体为铁素体及少量珠光体（黑色块状），此外尚有少量均匀分布的灰色圆形颗粒为 FeO 夹杂物。图左上角大块黑色为 Fe_3O_4 夹杂分布在铁素体基体上。

　　　　图 3-1-49：另一层的组织，大块黑色 Fe_3O_4 夹杂和细小圆形颗粒 FeO 夹杂分布于铁素体基体上。

　　　　图 3-1-50：又一层的组织，铁素体基体布有大块灰色和浅灰色构成的共晶夹杂物，此外，在铁素体上的细小灰色圆形颗粒为 FeO 夹杂物。

　　　　从传动轴横截面上多层的显微组织情况看来，传动轴系由多层铁板拼锻而成。材料中氧化夹杂物颇多，系由于长时间高温加热氧化所引起；再者传动轴各层的珠光体含量不同，也是高温加热时所受氧化脱碳的程度不同而造成。

金 相 图 片

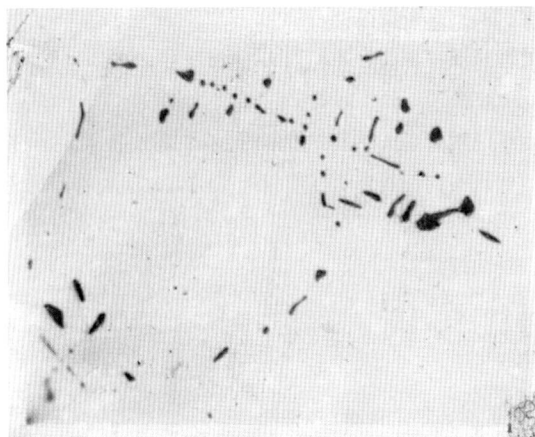

图 3-2-1 　　　　　500×

图 号：3-2-1

材料名称：10A 钢

浸 蚀 剂：未浸蚀

处理情况：加入 w（Mn）为 1.5% + w（FeS）为 1%

组织说明：硫作为钢中五大元素之一，但其固溶于铁中的量很少，w（S）在 γ- Fe 中最大固溶度约为 0.065%，而 w（S）在 α - Fe 中的固溶度从 650℃ 到 900℃ 时，由 0.0012%～0.0324%，但在室温时，硫在铁中几乎不固溶，因此以夹杂物的形式析出。纯铁中含硫时，析出 FeS 夹杂物。加入锰后则形成 MnS 夹杂物，如图所示。

图 号：3-2-2

材料名称：10A 钢

浸 蚀 剂：未浸蚀

处理情况：加入 w（Mn）为 1.5%+ w（FeS）为 1%

组织说明：纯铁中含硫时，析出 FeS 夹杂物，当纯铁中加入锰后，夹杂物类型将又随加锰量而变化，即 FeS→（Fe、Mn）S→（Mn、Fe）S→MnS。MnS 的形态又随钢中氧含量的变化而变化。10A 钢材中的含氧量介于高与低之间，MnS 和 Fe 发生共晶反应后析出于晶界。

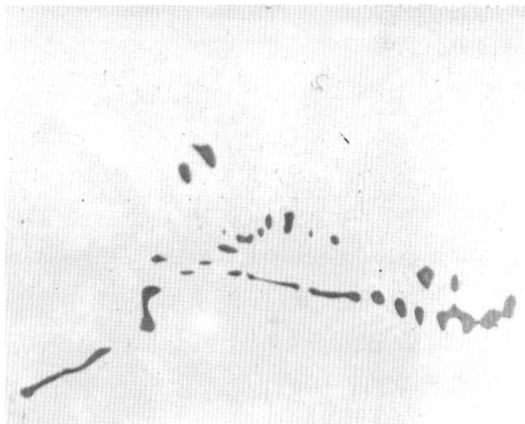

图 3-2-2 　　　　　500×

图 号：3-2-3

材料名称：45 钢

浸 蚀 剂：未浸蚀

处理情况：重熔后各加入 w（Mn）为 1.5%+ w（S）为 0.088%

组织说明：形成与图 3-2-2 相同分布的 MnS。明场浅灰色，暗场不透明，偏振光各向同性，在 10% 铬酸溶液中全部腐蚀掉。MnS 结晶属立方系，熔点为 1620℃，密度为 3.9～4.0g/cm³，易变形，而且变形度大于钢的基体，可磨性好。

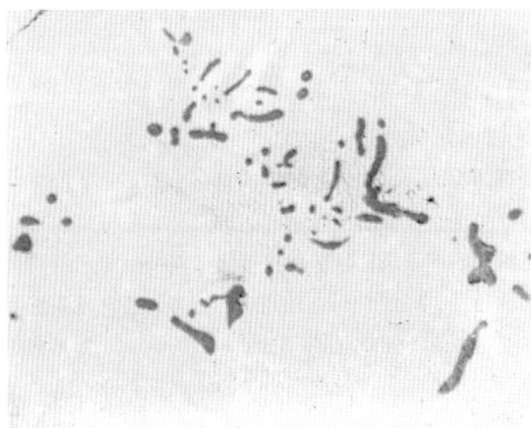

图 3-2-3 　　　　　500×

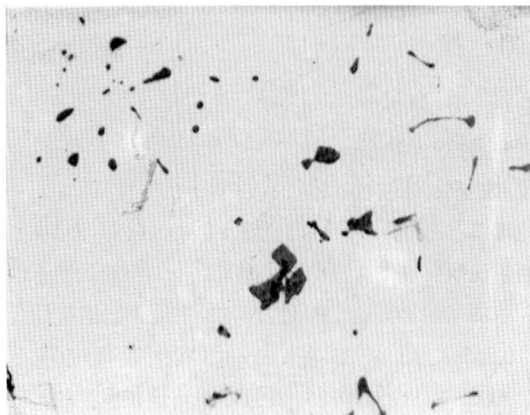

图　　号：3-2-4

材料名称：45 钢

浸　蚀　剂：未浸蚀

处理情况：重熔后各加入 w（Mn）为 1.5%+w（S）为 0.089%

组织说明：形成沿晶界析出的 MnS 和块状 MnS。形状虽不同但其光学性质相同，明场为浅灰色，暗场不透明，偏光各向同性。在 10%铬酸水溶液中全部腐蚀掉。

图　 3-2-4　　　　　　　　500×

图　　号：3-2-5

材料名称：45 钢

浸　蚀　剂：未浸蚀

处理情况：加入 w（C）为 1.17%+w（Mn）为 1.5%+w（S）为 0.086%

组织说明：形成条状 MnS 夹杂物和块状 MnS，硫化锰夹杂的形状有条状和块状，但其光学性质相同，在明场均为浅灰色，暗场不透明；偏振光各向同性。块状硫化锰经变形后为条状，易变形，而且变形度大于钢基体。

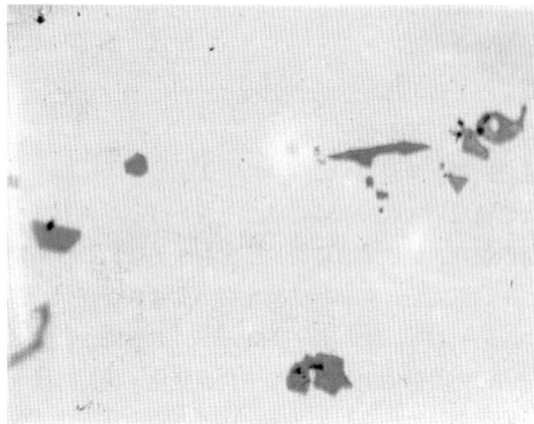

图　 3-2-5　　　　　　　　500×

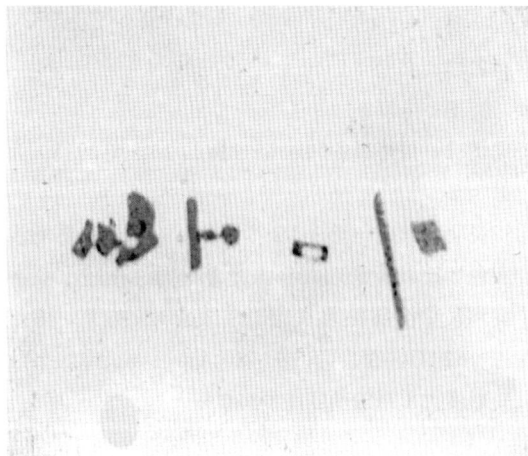

图　　号：3-2-6

材料名称：45 钢

浸　蚀　剂：未浸蚀

处理情况：加入 w（C）为 1.17%+w（Mn）为 1.5%+w（S）为 0.086%

组织说明：形成棒状和块状硫化锰夹杂，与上图夹杂物相同。MnS 的形态随钢中（铸态）氧含量高低而变化。条状 MnS 存在于含氧量高的钢中，块状 MnS 存在于含氧量很低的钢中，而含氧量介于上述二者之间，为 MnS 与 Fe 发生共晶反应后析出于晶界。

图　 3-2-6　　　　　　　　500×

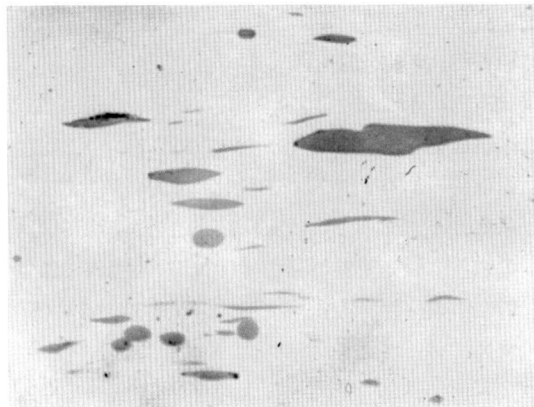

图　　　3-2-7　　　　　　　　　500×

图　　号：3-2-7

材料名称：Q235F 钢

浸 蚀 剂：未浸蚀

处理情况：热轧态

组织说明：由于 MnS 和 FeS 可形成连续固溶体，当钢中含 Mn 量不足时，可形成两种形式的夹杂物：（Mn，Fe）S 和（Fe，Mn）S。鉴别这两种形式除用电子探针分析 Mn 含量外，还有用 10% 铬酸水溶液浸蚀，（Mn，Fe）S 受 10% 铬酸水溶液浸蚀，而（Fe，Mn）S 受碱性苦味酸钠水溶液浸蚀，但当用 X 射线衍射时均为 MnS。另外，由于沸腾钢中含氧量高，还可形成 Mn（S，O）夹杂物，此时变形性较 MnS 差。图中长条形为（Mn，Fe）S，球状为 Mn（S，O）。

图　　号：3-2-8

材料名称：CrNiMoA 钢

浸 蚀 剂：未浸蚀

处理情况：热轧态

组织说明：灰色条状夹杂物为 MnS，桔红色三角形夹杂为 TiN。MnS 夹杂塑性好，能随钢的基体变形而变形。TiN 夹杂脆而硬经抛光后，TiN 的硬度高于钢的基体，因此与钢的基体有明显的分界线。

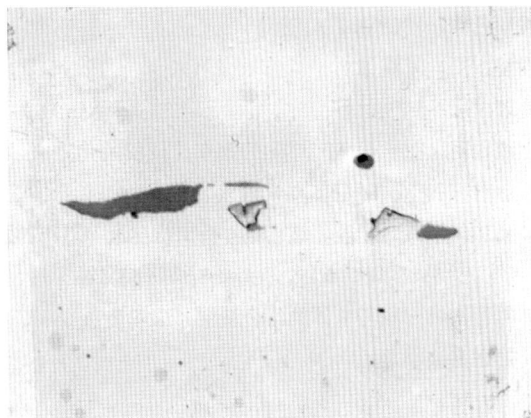

图　　　3-2-8　　　　　　　　　500×

图　　　3-2-9　　　　　　　　　500×

图　　号：3-2-9

材料名称：CrNiMoA 钢

浸 蚀 剂：未浸蚀

处理情况：热轧态

组织说明：灰色长条夹杂物为 MnS，在灰色长条夹杂物上有黑色点状夹杂为 Al_2O_3。由于钢中的铝和氧很容易形成 Al_2O_3 夹杂，黑色点状夹杂和灰色 MnS 夹杂结合在一起就形成图中的复合夹杂。Al_2O_3 夹杂细小对钢的性能无明显影响。

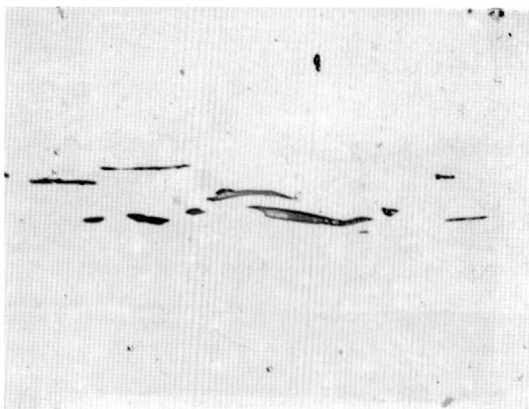

图　　号：3-2-10

材料名称：20Mn2TiB 钢

浸 蚀 剂：未浸蚀

处理情况：轧制状态

组织说明：含 Ti 钢中存在的硫化物形态。硫化物呈长条状分布，明场中由浅灰变成半透明；暗场中透明黄绿色；偏光下有明显的异性效应。经电子探针分析图中硫化物含 Mn、S、Ti，未含有 O，该种硫化物为（Mn，Ti）S。

图　　3-2-10　　　　　　　　　500×

图　　号：3-2-11

材料名称：18CrMnTiA 钢

浸 蚀 剂：未浸蚀

处理情况：轧制状态

组织说明：在含有 Mn、Ti 的钢中生成的硫化锰夹杂上有 TiN 或 Ti（N、C）为核心析出。但其光学性质和化学性质和硫化锰相同。析出相 TiN 或 Ti（N、C）不受标准试剂腐蚀，当 MnS 被铬酸腐蚀掉后，残留的析出相与基体的结合变弱，TiN 或 Ti（N、C）随之易被剥落。

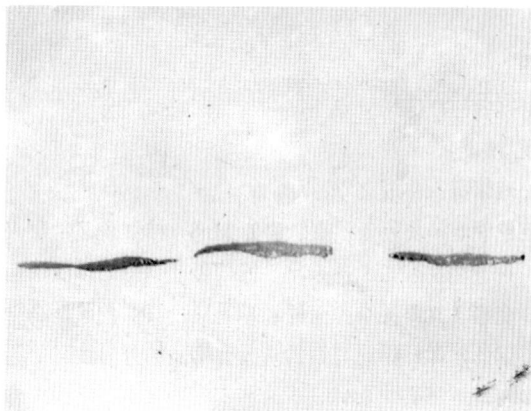

图　　3-2-11　　　　　　　　　500×

图　　号：3-2-12

材料名称：纯铁

浸 蚀 剂：未浸蚀

处理情况：加入 w（V）为 0.07%+w（FeS）为 1%

组织说明：纯铁中加入 FeS 为电解铁脱氧后作原料配制的硫化物标样。形成大块灰色的（Fe、V）S 以及细小颗粒的 VS。在明场中为黄褐色，暗场不透明，偏振光下有弱的异性效应，受碱性苦味酸钠腐蚀。VS 属六方系，密度为 4.28g/cm³。

图　　3-2-12　　　　　　　　　500×

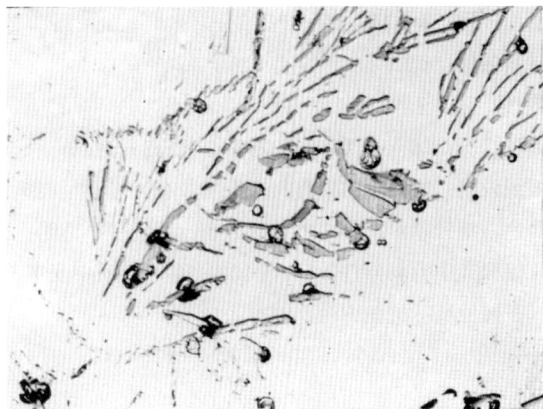

图　　号：3-2-13

材料名称：纯铁

浸 蚀 剂：未浸蚀

处理情况：加入 w（Nb）为 1.5%+w（FeS）为 1%

组织说明：加 Nb 生成的 NbS 夹杂物沿晶界析出。明场中黄略带红色，暗场中不透明，偏振光中各向异性。当用 w（FeCl$_3$）为 1%的水溶液腐蚀后由黄色变白色，在酸性 KMnO$_4$ 中腐蚀掉，而不受其他标准试剂腐蚀。NbS 属正交系。

图　3-2-13　　　　　500×

图　　号：3-2-14

材料名称：纯铁

浸 蚀 剂：未浸蚀

处理情况：加入 w（Cr）为 1.5%+w（FeS）为 1%

组织说明：加 Cr 生成的硫化物经 X 射线衍射数据确定为 Cr$_3$S$_4$，其光学性质和化学性质与 FeS 相近，只是形状不同于 FeS，Cr$_3$S$_4$ 形状为棒状及近球状。明场中灰黄色，暗场中不透明，偏振光下近球状为各向异性，棒状为各向同性。Cr$_3$S$_4$ 属四方系，密度为 4.28g/cm^3。

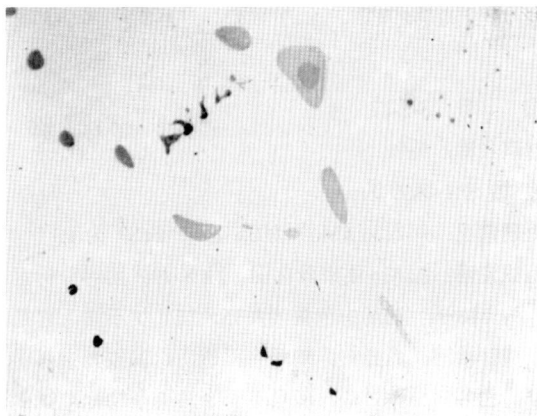

图　3-2-14　　　　　500×

图　　号：3-2-15

材料名称：纯铁

浸 蚀 剂：未浸蚀

处理情况：加入 w（FeS）为 1%+w（Zr）为 3%

组织说明：加 Zr 生成的硫化物经 X 射线衍射数据确定为 Zr$_3$S$_2$。在明场中呈棕黄色，六边形和多角形，其中有层线结构；暗场中不透明；偏振光中具有丰富的色彩，当转动载物台时，颜色由亮白色→淡蓝色→紫铜色。在碱性苦味酸钠水溶液中表面受腐蚀，在 HF 水溶液中全部腐蚀掉。

图　3-2-15　　　　　500×

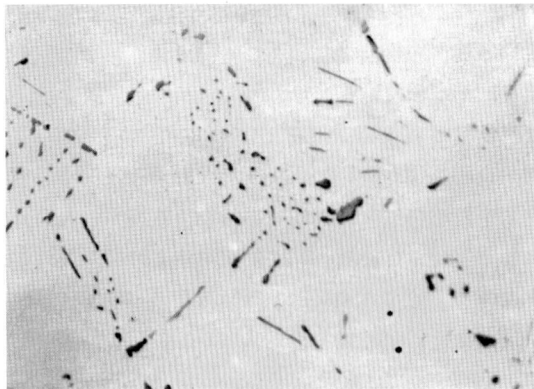

图 号：3-2-16

材料名称：纯铁

浸 蚀 剂：未浸蚀

处理情况：加入 w（Ti）为 0.7%+w（FeS）为 1%

组织说明：加 Ti 生成 Ti$_2$S 夹杂物。在明场中呈亮黄色，细针状沿晶界成放射状分布；暗场中不透明；偏振光中有弱异性效应。在 10%铬酸水溶液中变黑，在碱性苦味酸钠中全部蚀掉。

图   3-2-16   500×

图 号：3-2-17

材料名称：纯铁

浸 蚀 剂：未浸蚀

处理情况：加入 w（Mo）为 0.8%+w（FeS）为 1%

组织说明：加 Mo 生成硫化钼，经 X 射线衍射分析定为 Mo$_2$S$_3$。明场中色很浅发亮，与 σ 相不同，它是成针状沿晶界分布；暗场中不透明，偏振光中有明显的各向异性效应，而且不受 8 种夹杂物标准试剂浸蚀。

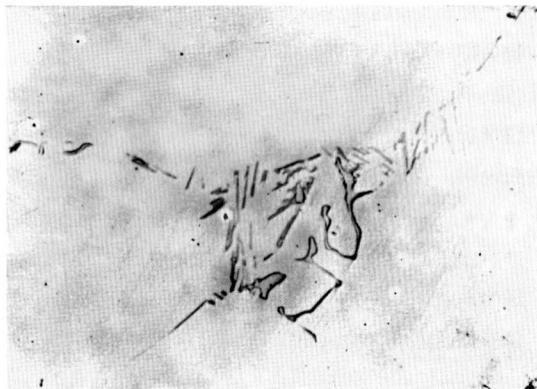

图   3-2-17   500×

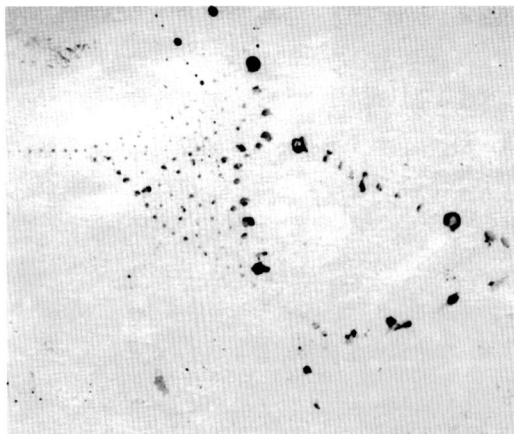

图 号：3-2-18

材料名称：纯铁

浸 蚀 剂：未浸蚀

处理情况：加入 w（Al）为 0.2%+w（FeS）为 1%

组织说明：加 Al 生成硫化铝，经 X 射线衍射分析定为 Al$_2$S$_3$。明场中呈灰黄色小点沿晶界分布；暗场中半透明；偏振光中各向异性。在 10%铬酸水溶液中大部分小点受腐蚀，残留小部分未浸蚀

图   3-2-18   500×

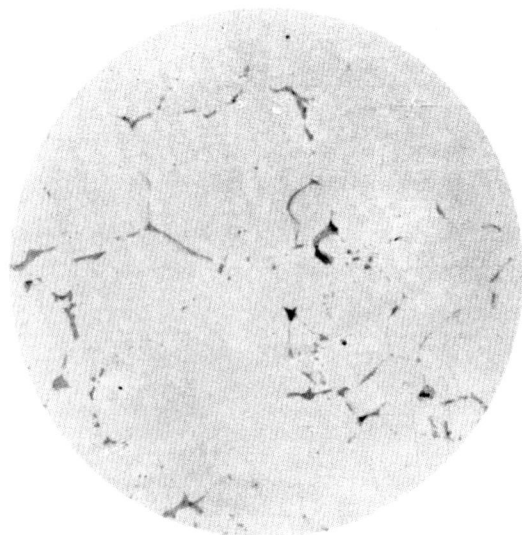

图　3-2-19　　　　　　　　　　　　　　　　200×

图　　号：3-2-20

材料名称：20 钢

浸 蚀 剂：未浸蚀

处理情况：热轧状态

组织说明：带状硫化物密集。多量硫化锰夹杂循加工
方向变形，相当于 4 级。钢材具有这样多的夹杂物，
说明材质低劣。

　　由于材料中含锰、硫量较高，使硫与锰作用而
形成硫化锰，其熔点较高（1620℃）。且呈分散状分
布，热加工时塑性较好，易变形，从而避免了钢在
高温时因硫化铁而引起的热脆缺陷，一般钢中锰、
硫比达 4～7，这种热脆性将得到改善或消除。

图　3-2-21　　　　　　　　　　　　　　　　300×

图　　号：3-2-19

材料名称：20 钢 [w（S）0.28%；w（P）＜0.04%；
　　w（Cr）＜0.3%]

浸 蚀 剂：未浸蚀

处理情况：铸造状态

组织说明：网状硫化铁。硫化铁夹杂物沿奥氏体晶界
呈断续网状分布。由于硫化铁的熔点较低，锻造加
热时，即发生熔化，使晶粒间的连接强度大为下降，
材料的塑性极差，此时若进行压力加工，则易沿晶
界产生裂纹，而使工件报废。这种缺陷称为热脆。

　　硫化铁六方晶系，熔点为 1170～1185℃，密度
为 4.8g/cm^3，可磨性好。FeS 明场下呈淡黄色，暗
场下不透明，偏振光下表面层有各向异性效应，呈
浅黄色。

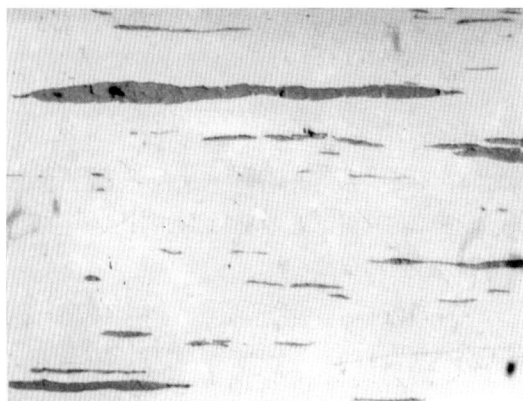

图　3-2-20　　　　　　　　　　　　　　　　100×

图　　号：3-2-21

材料名称：20 钢

浸 蚀 剂：未浸蚀

处理情况：热轧状态

组织说明：图 3-2-20 中的硫化锰夹杂物经放大后的情
况。变形的硫化锰外形较光滑，说明其可塑性能较
好，容易在加工时变形。

　　多量串连带状分布的夹杂物，将严重的破坏基
体金属的连接性，从而降低钢的塑性和强度。尤其
当它分布于材料的锐角处，则更易导致开裂。

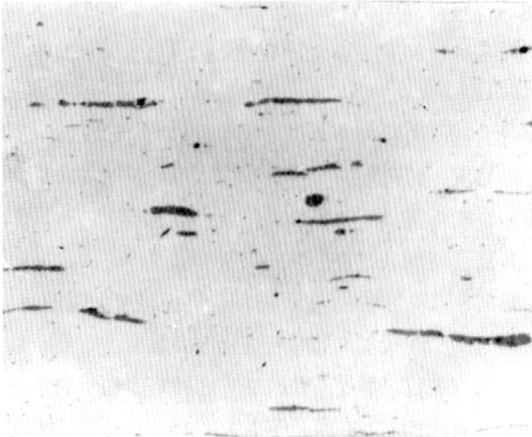

图　　3-2-22　　　　　　　　　500×

图　　号：3-2-22

材料名称：低碳钢

浸　蚀　剂：未浸蚀

处理情况：轧制

组织说明：基体中的硫化物沿钢材的轧制方向变形成
　　　　为细条状。由于硫化物的塑性在较宽的温度范围内
　　　　始终与钢的基体的塑性相类似。当钢经过热加工变
　　　　形时，硫化锰与钢基体同时产生塑性变形，并呈条
　　　　带状分布。钢材变形量越大，硫化锰夹杂的变形量
　　　　也越大。

图　　号：3-2-23

材料名称：10 钢

浸　蚀　剂：2%硝酸酒精溶液

处理情况：轧制态

组织说明：多条粗大灰色条状硫化物沿轧制方向分布
　　　　于基体中，有的呈典型的纺锤形，在硫化物夹杂的
　　　　两尖端有少量呈深灰色的夹杂物为硅酸盐夹杂。硅
　　　　酸盐夹杂其变形能力与钢的基体变形能力相近似，
　　　　有的甚至超过硫化锰的变形能力，在硫化物的两端
　　　　变得细而尖。

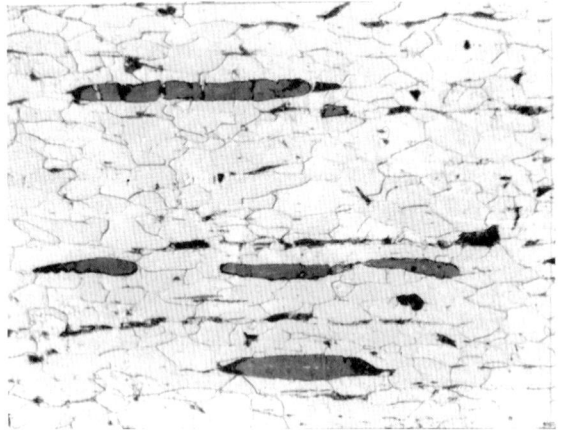

图　3-2-23　　　　　　　　　　　　500×

图　　号：3-2-24

材料名称：T9 钢

浸　蚀　剂：4%苦味酸酒精溶液

处理情况：球化退火处理

组织说明：细小而又均匀分布的球粒状珠光体，黑色
　　　　条状为硫化物夹杂。

　　　　钢中存有硫化物，热加工时产生塑性变形，循
　　　　加工方向分布。本图钢材材质极为低劣，虽然球化
　　　　退火组织良好，但用此等材料制成工具，在使用过
　　　　程中易发生开裂事故。

　　　　经过热加工的碳工钢，其显微组织为片状珠光
　　　　体，硬度较高，难于机械加工，同时也不符合淬火
　　　　对原始组织的要求，因此，热加工后应进行球化退
　　　　火，使基体为球粒状珠光体，这样不但硬度低，而
　　　　且利于机械加工。

图　　3-2-24　　　　　　　　　500×

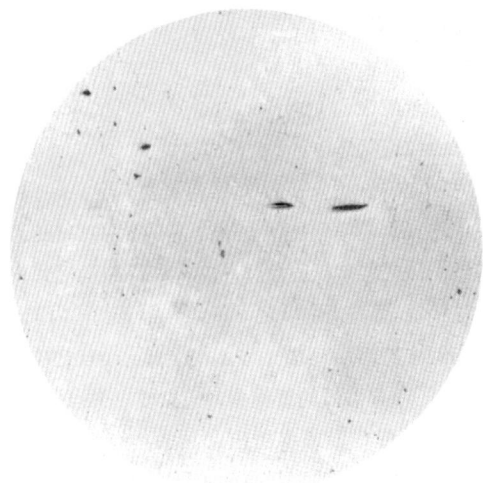

图 3-2-25 100×

图 号： 3-2-26

材料名称： GCr15 钢

浸 蚀 剂： 未浸蚀

处理情况： 原材料

组织说明： 灰色细条状呈断裂断续分布的硫化物，按
标准评定为 3.5 级。

由于硫化物夹杂数量较多，且成较长的条状分
布，破坏了金属基体的连续性，对轴承的力学性能
有较明显的危害。本图硫化物超出了允许范围，属
不合格级别。

必须指出，有些具有塑性的硅酸盐夹杂，热压
力加工时，也会循加工方向变形，但它在明场下呈
灰黑色。

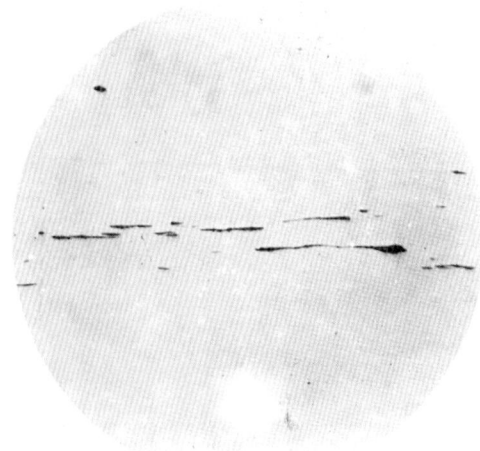

图 3-2-27 100×

图 号： 3-2-25

材料名称： GCr15 钢

浸 蚀 剂： 未浸蚀

处理情况： 原材料

组织说明： 灰色短条状为硫化物夹杂。按标准评定为
1.5 级。

当钢中硫量增多时，必将使硫化物夹杂增多。
硫化物为塑性夹杂物，热压力加工时，将沿变形方
向呈细条状分布。

硫化物夹杂虽对轴承的寿命有影响，但其危害
性较脆性夹杂物为小。钢中的含硫量不能过高，应
予以控制。

本图硫化物夹杂小而短，且分散分布，因此属
于合格范围。

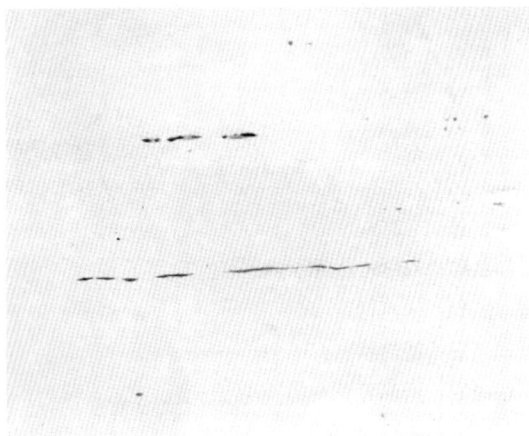

图 3-2-26 100×

图 号： 3-2-27

材料名称： GCr15 钢

浸 蚀 剂： 未浸蚀

处理情况： 原材料

组织说明： 灰色长条状硫化物夹杂，呈聚集分布，并
贯穿整个视场。按标准评定大于 4 级，属不合格。

由于钢材中含硫量偏高，因此出现较多的硫化
物，而且集中分布。用这种材料制成的零件，在使
用中易在硫化物集中的地方产生裂纹，并逐步扩展，
直至碎裂。

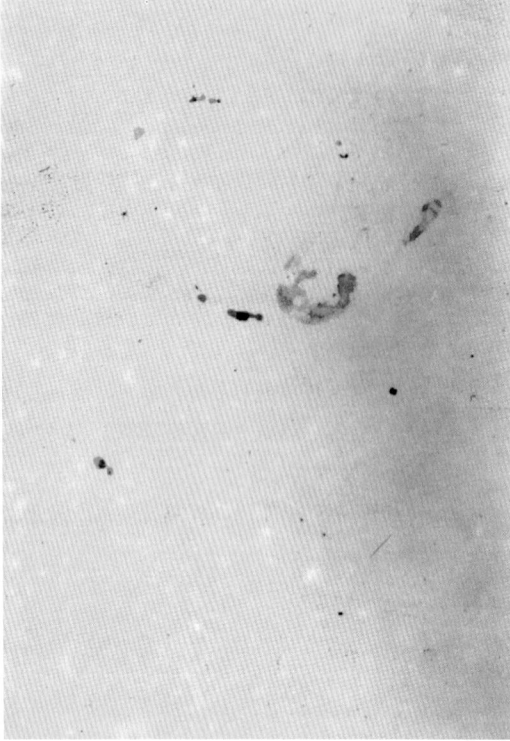

图　3-2-28　　　　　　　　　　　100×

图　　号：3-2-28

材料名称：ZG35CrMo15 钢

浸 蚀 剂：未浸蚀

处理情况：铸造状态

组织说明：块、条状分布的铁-锰硫化物夹杂。

　　硫化物夹杂是指硫化铁（FeS）和硫化锰（MnS），在铸钢中，它们常以固溶体（Fe，Mn）S 的形式出现，这种铁-锰硫化物以块、条状分布于晶粒内部。

　　硫在钢中的溶解度极小（w（S）低于 0.015%～0.020%），在含锰低的铸钢中，硫主要以 Fe-FeS 共晶化合物的形式沿晶界析出，共晶具有低的熔点（985℃），容易导致材料热脆。当含锰量一定时，由于硫和锰的亲和力较大，故而生成 MnS 型的高锰硫化物。（Fe，Mn）S 夹杂物具有与 MnS 相似的作用，因此它对材料力学性能的降低不会产生剧烈的影响，同时可以避免由于硫而造成的热脆缺陷。

图　　号：3-2-29

材料名称：ZG35CrMo15 钢

浸 蚀 剂：未浸蚀

处理情况：铸造状态

组织说明：沿晶界分布的铁-锰硫化物。

　　复杂的铁-锰硫化物，既可以块、粒状于晶粒内部分布，也可沿铸钢一次结晶的晶粒边界分布。本图所示为沿晶界呈长片状分布的（Fe，Mn）S 夹杂物。这种网络状分布的夹杂，严重割裂了金属基体的连续性，易引起铸钢件在使用过程中产生断裂事故。

　　大的铸钢件在铸造时容易产生冶金缺陷（例如疏松、气孔、夹杂等），这将明显降低它的力学性能。为使铸钢件获得接近于锻钢件的性能，必需选择良好的铸造工艺，以保证使铸钢件中的冶金缺陷，降低到最低限度。尽管如此，铸件的强度可接近于锻件，但相对来说，其塑性和韧性一般都较锻件低。

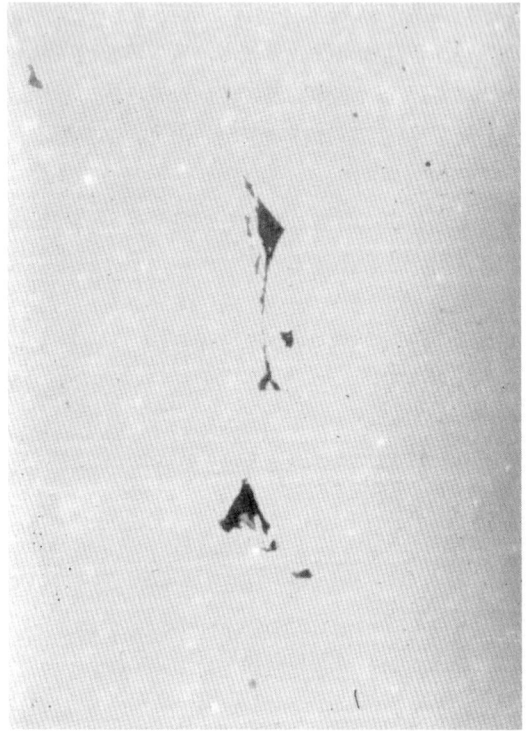

图　3-2-29　　　　　　　　　　　100×

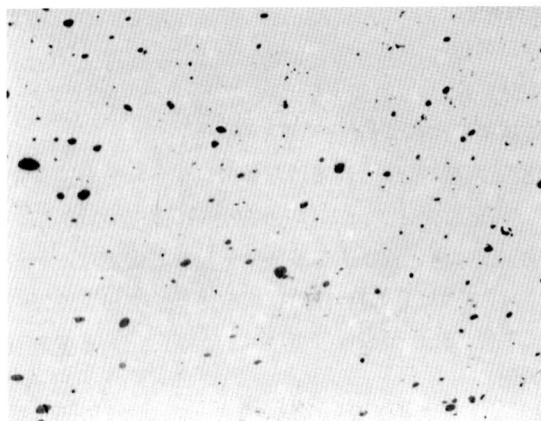

图 3-2-30　　　　　　　　100×

图　号： 3-2-30

材料名称： Y12 易切削钢（w（C）0.15%；w（S）0.16%；

　　　　w（P）0.064%；w（Si）≤0.35%；w（Mn）0.9%）。

浸蚀剂： 未浸蚀

处理情况： 退火处理

组织说明： 灰色颗粒为硫化锰夹杂物（属 2.5 级），分

　　　　布尚均匀。

　　　　由于试样选取的部位不当，为横截面，因此看

　　不到硫化锰在钢中的分布情况和变形后的真实长

　　度。

图　号： 3-2-31

材料名称： Y12 易切削钢

浸蚀剂： 未浸蚀

处理情况： 退火处理

组织说明： 与图 3-2-30 同一试样，但系从纵截面上观

　　察的结果。硫化物夹杂呈条带状分布，属 3～4 级。

　　　　这是正确的取样方法得出的结果。由此可见，

　　试样部位的选取，对试验结果的正确性有极大的影

　　响。因此，在取样时应予以重视。

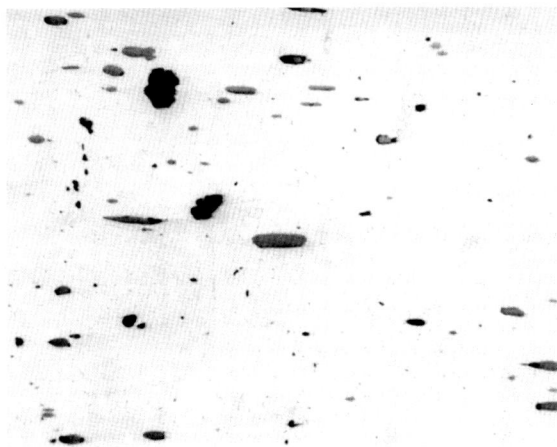

图 3-2-31　　　　　　　　100×

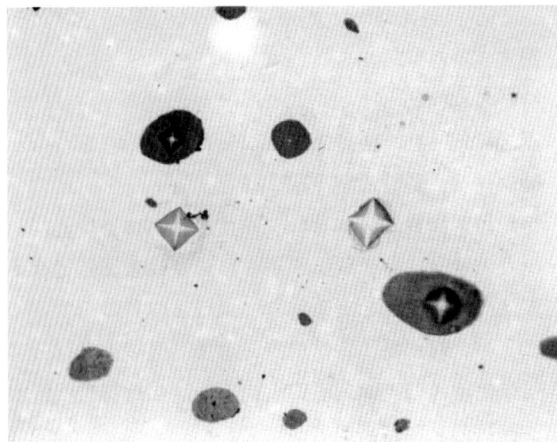

图 3-2-32　　　　　　　　500×

图　号： 3-2-32

材料名称： Y12 易切削钢

浸蚀剂： 未浸蚀

处理情况： 退火处理

组织说明： 图 3-2-31 试样放大 500 倍后的组织，灰色

　　为硫化物夹杂，呈纺锤状分布，显微硬度为 272HV；

　　白色金属基体的显微硬度为 156HV。这种含硫较高

　　的易切削钢，可用于一般不经锻造加工和热处理的

　　零件。因硫化物在切削时能起到润滑作用，同时有

　　利于断屑，故而提高了钢的易加工性能。

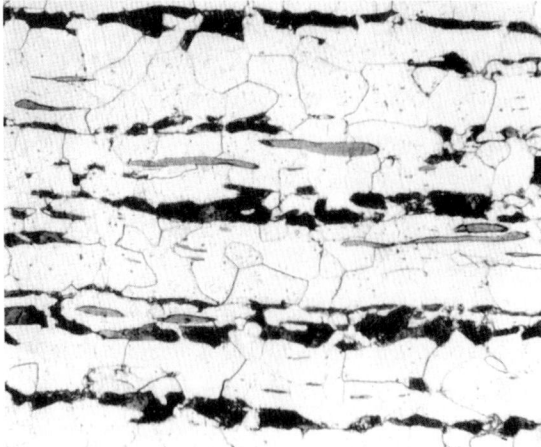

图 3-2-33   300×

图　　号：3-2-33

材料名称：15 钢

浸 蚀 剂：4%硝酸酒精溶液

处理情况：热轧后堆冷

组织说明：基体为铁素体及呈黑色条带状分布的珠光体。分布在铁素体基体上的灰色条状为硫化物夹杂。

试样内带状组织因成分偏析或热轧温度过低而造成，它将导致材料的纵、横向力学性能出现较大的差异。带状组织可采用 1～2 次高温正火处理来改善。

图　　号：3-2-34

材料名称：20 钢

浸 蚀 剂：4%硝酸酒精溶液

处理情况：热轧后空冷

组织说明：基体为铁素体和片状珠光体组织。铁素体呈块状、带状及针状分布，使部分显微组织成为魏氏组织。长条状硫化物夹杂分布在铁素体带上。在硫、磷偏析处易形成带状组织。

带状组织相当2～3级，魏氏组织为2级。

由此组织说明，原材料加热温度稍高，已呈过热。魏氏组织对常温下的力学性能虽说影响不大，但对低温下的冲击韧度却有显著的影响。

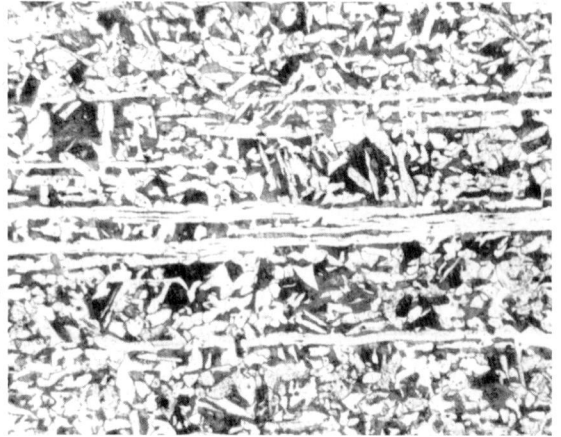

图 3-2-34   100×

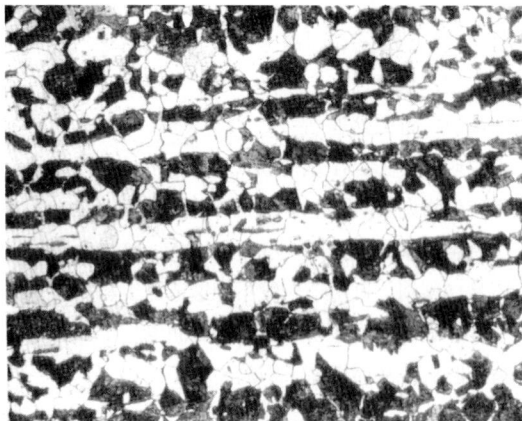

图 3-2-35   100×

图　　号：3-2-35

材料名称：25 钢

浸 蚀 剂：3%硝酸酒精溶液

处理情况：热轧后空冷

组织说明：铁素体和片状珠光体。铁素体呈块、网状及带状分布，带状组织属3级。在铁素体带上有条状分布的硫化物夹杂物。

带状组织属不正常组织，可借高温正火予以改善或消除。若一次高温正火尚不能达到改善带状组织的目的，则可采用二次正火。

图　3-2-36　　　　　　　　　　层状断口　　　　　　　　　1/2×

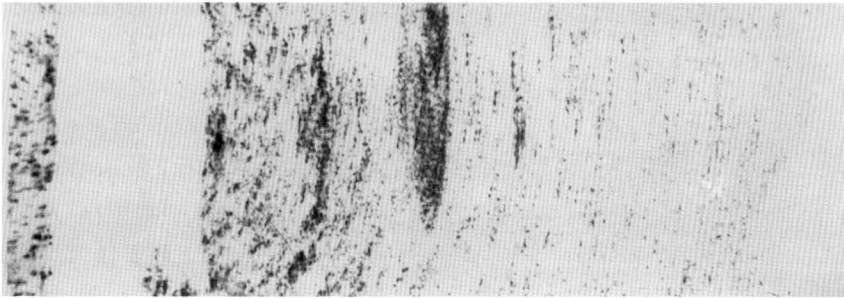

图　3-2-37　　　　　　　　　　硫印试验　　　　　　　　　1×

 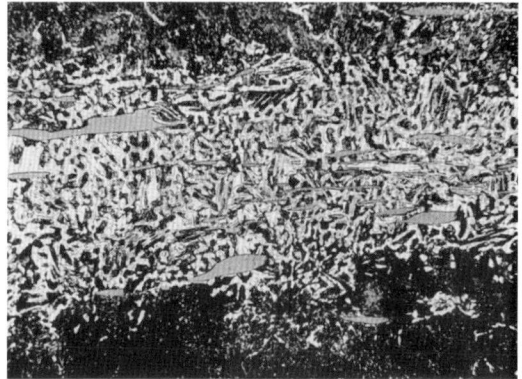

图　3-2-38　　　　　　　100×　　图 3-2-39　　　　　　　200×

图　　号：3-2-36～3-2-39

材料名称：45 钢

浸 蚀 剂：图 3-2-37 硫印试验；图 3-2-38 未浸蚀；图 3-2-39 为经 4%硝酸酒精溶液浸蚀

处理情况：调质处理

组织说明：图 3-2-36：45 钢齿坯经调质处理后因硫偏析全部开裂，在齿坯断口的内圆两侧 36mm 区域内呈层状断口。

图 3-2-37：层状断口处作硫印试验的结果，硫的偏析比较严重，且含硫量偏高，经分层取样化验，w（S）最高达 0.077%。

图 3-2-28：层状断口处取样作金相分析，出现严重的硫化物，相当于 4 级。

图 3-2-39：基体组织为回火索氏体及铁素体。铁素体呈带状偏析分布，大量条状硫化物分布在铁素体处。

由于原材料中含硫量偏高易造成热脆，可能在锻成齿坯时，已有部分裂纹，但未发觉，致在淬火时引起扩展而导致开裂。

金 相 图 片

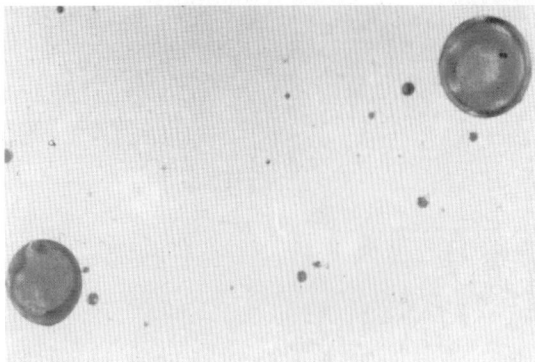

图 3-3-1   500×

图　　号：3-3-1

材料名称：电解铁

浸 蚀 剂：未浸蚀

处理情况：加入 w（Si-Fe）为 0.9%

组织说明：加入 w（Si-Fe）为 0.9%时生成硅酸
铁 FeO·SiO$_2$ 夹杂物。明场中暗灰到透明网状；
暗场中透明，其色彩除与杂质含量有关外，还与
本身厚度有关。FeO·SiO$_2$ 分别有单斜系和正
交系；而 2FeO·SiO$_2$ 只有正交系，熔点为 1205℃，
密度为 4～4.2g/cm^3。稍变形，可磨性较好。

图　　号：3-3-2

材料名称：08F 钢

浸 蚀 剂：未浸蚀

处理情况：铸态钢锭

组织说明：由于沸腾钢只用少量 Si-Mn 脱氧，使钢
中存在大量 Si-Mn 氧化物和 FeO。图中为（Mn，
Fe）O·SiO$_2$ 夹杂物，铸态时呈球状。明场下呈
暗褐色，暗场中透明，局部为黄色或绿色。

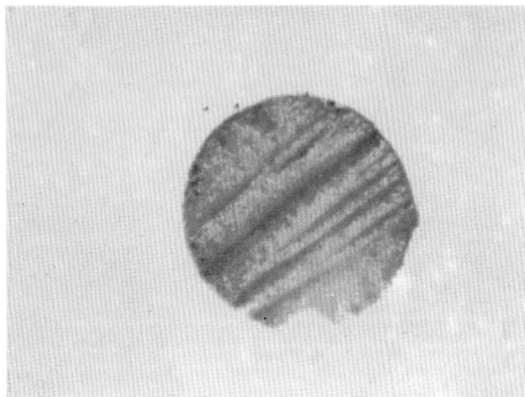

图 3-3-2   500×

图 3-3-3   500×

图　　号：3-3-3

材料名称：08F 钢

浸 蚀 剂：未浸蚀

处理情况：铸态钢锭

组织说明：上图为明场，本图与上图为同一视场。
（Mn，Fe）O·SiO$_2$ 夹杂物在暗场中透明局部为
黄色或绿色，含 Mn 高时为绿色，含 Fe 高时为亮
黄色，在 Mn、Fe 比例适中时呈红色；本图为偏
振光下夹杂中的黑带不透明，夹杂基体透明各向
同性。

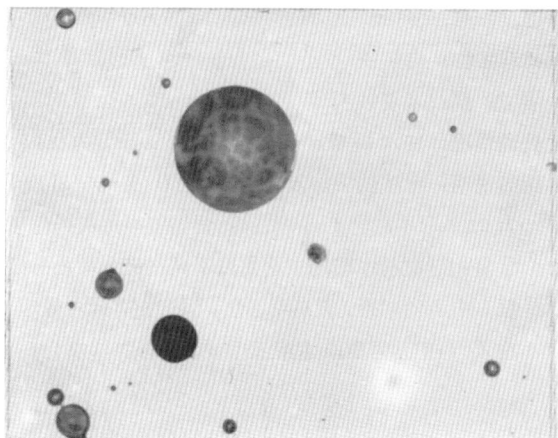

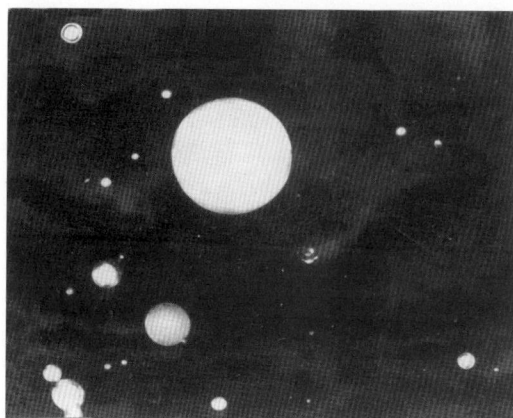

图　3-3-4　　　　　　　　　　　500× 　　　图　3-3-5　　暗场　　　　　500×

图　　　号：3-3-4、3-3-5

材料名称：电解铁

浸 蚀 剂：未浸蚀

处理情况：加 Si-Ca 合金脱氧

组织说明：电解铁中加 Si-Ca 合金脱氧，生成 SiO_2 和 $CaO \cdot SiO_2$ 夹杂物。夹杂物呈球状，小球状数量较多，在明场中大、小球均为灰褐色，小球中心有亮点为 SiO_2，大球内有花纹，为复相共晶球见图 3-3-4，暗场中透明见图 3-3-5；偏振光中各向同性，受 φ（HF）为 20% 水溶液腐蚀。

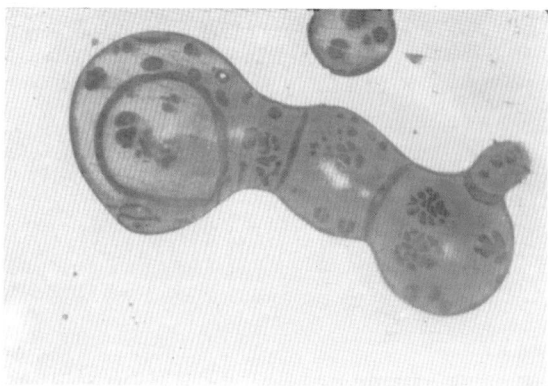

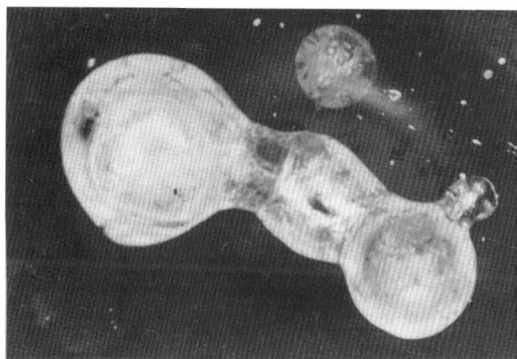

图　3-3-6　　　　　　　　　　500× 　　　图　3-3-7　　　　　　　　　500×

图　　　号：3-3-6、3-3-7

材料名称：电解铁

浸 蚀 剂：未浸蚀

处理情况：加 Si-Mn 合金脱氧

组织说明：电解铁中加 Si-Mn 合金脱氧，生成特异形状的夹杂物，其基体为 $MnO \cdot SiO_2$ 析出 SiO_2。夹杂物由几颗 $MnO \cdot SiO_2$ 聚合长大而成，见图 3-3-6。明场下为灰褐色，局部透明；暗场中透明黄绿色见图 3-3-7，这与单纯透明的 SiO_2 不同；偏振光中呈黄红绿色，转动载物台无变化，说明仍为玻璃质，受 φ（HF）为 20% 水溶液腐蚀。电解铁中 Si-Mn 脱氧产物易于聚集长大，这点与实际钢中的 $MnO \cdot SiO_2$ 不同。

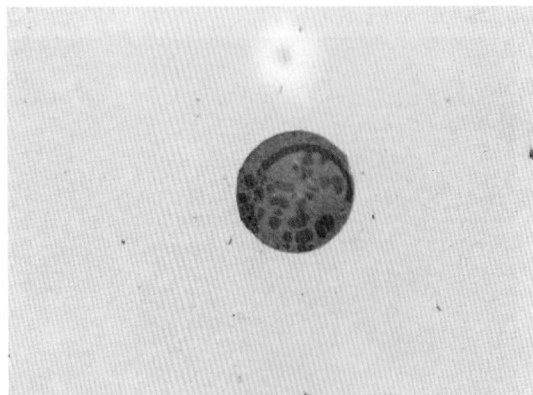

图　　号：3-3-8
材料名称：电解铁
浸　蚀　剂：未浸蚀
处理情况：加入 w（La）为 0.1%+w（Si-Fe）为 0.8%
组织说明：电解铁中加入 w（La）为 0.1%+w（Si-Fe）
为 0.8%后生成含 La 硅酸盐。明场中呈深灰褐色球
状复相硅酸盐；暗场中透明度不高，带金黄色；偏
振光中各向同性，微透明黄色，沉淀相有异性效应。
在 φ（HF）为 20%水溶液中被腐蚀掉。

图　　3-3-8　　　　　　　　　　500×

图　　号：3-3-9
材料名称：08F 钢
浸　蚀　剂：未浸蚀
处理情况：锻态
组织说明：图中为复相硅铝酸盐，基体为
$3MnO \cdot SiO \cdot 3Al_2O_3$（箭头 1），沉淀相 $MnO \cdot Al_2O_3$
（箭头 2）明场中呈灰褐色；暗场下基体透明略带黄，
沉淀相不透明；偏振光下基体透明，各向同性，沉
淀相为黑块。经 10%铬酸溶液浸蚀后基体变成共晶
相，其中所含 MnS 受铬酸腐蚀而变黑，沉淀相不受
腐蚀；经 φ（HF）为 20%水溶液腐蚀后，基体被腐
蚀掉，沉淀相不受腐蚀，电子探针分析其中成分含
有 Fe、Si、Al、〔O〕。

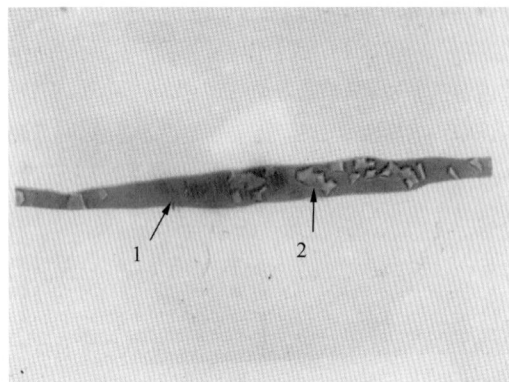

图　　3-3-9　　　　　　　　　　500×

图　　3-3-10　　　　　　　　　420×

图　　号：3-3-10
材料名称：08F 钢
浸　蚀　剂：未浸蚀
处理情况：电解分离出的复相硅酸盐夹杂
组织说明：该图与上图同系一夹杂物，经电解分离出
来后在岩相显微镜下观察，不透明；当滴加折光率
n=1.805 浸油后，黑块呈全透明，复相结构变成网
状，即基体同方块的折光率相近。经 X 射线鉴定基
体是 $3MnO \cdot SiO_2 \cdot 3Al_2O_3$，沉淀相为 $MnO \cdot Al_2O_3$。
两者析光率相近与岩相鉴定一致。

图　3-3-11　　　　　　　　　　　SEM

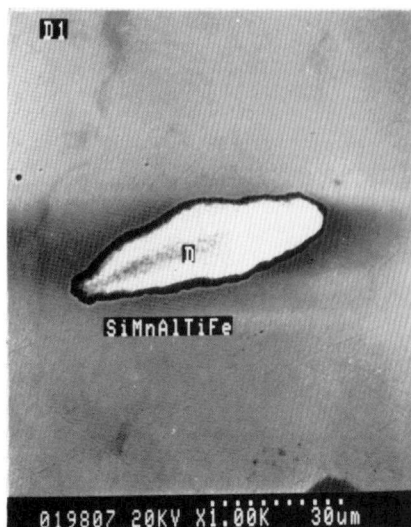

图 3-3-12　　　　　　　　　　　SEM

图　　号：3-3-11、3-3-12

材料名称：42CrMo 钢

浸 蚀 剂：未浸蚀

处理情况：炼钢原料熔化后取钢样

组织说明：钢液中有球状夹杂物，球的尺寸为 40μm，见图 3-3-11。除球状夹杂物外还发现条状夹杂物，见图 3-3-12。两试样经电子探针分析均确定为 MnO·SiO$_2$。

图　3-3-13　　　　　　　　　250×

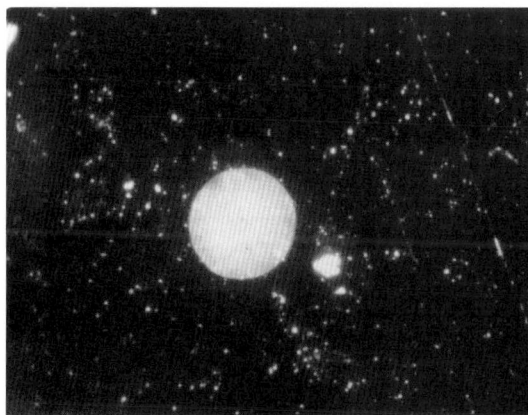

图 3-3-14　　　　　　　　　200×

图　　号：3-3-13、3-3-14

材料名称：42CrMo 钢

浸 蚀 剂：未浸蚀

处理情况：与上图 3-3-11 同炉钢液，炼毕后钢液在盛钢桶中镇静后浇注过程中取样

组织说明：钢液中的球状夹杂物比图 3-3-11 为大，为 φ90μm，见图 3-3-13。球状 MnO·SiO$_2$ 夹杂在明场下呈暗褐色，暗场中透明，偏振光下透明，各向同性，在 φ（HF）为 20% 水溶液中受蚀。图 3-3-14 为暗场照片。

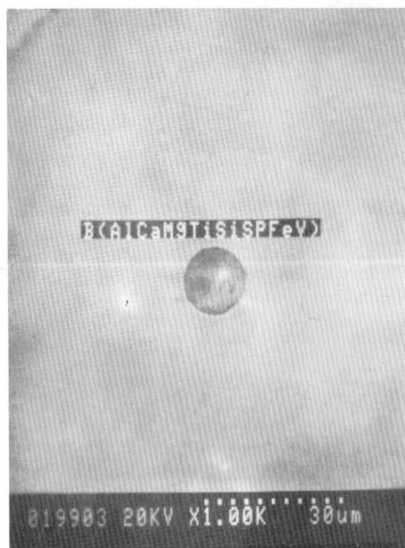

图　3-3-15　　　　　　　　　　　　　SEM

图　3-3-16　　　　　　　　　　　　　SEM

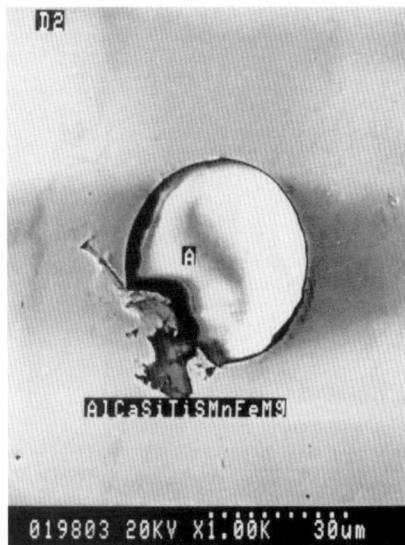

图　3-3-17　　　　　　　　　　　　　SEM

图　　号：3-3-15～3-3-17

材料名称：42CrMo 钢

浸 蚀 剂：未浸蚀

处理情况：加铝脱氧后，出钢前样

组织说明：炼钢初期 42CrMo 钢中主要夹杂物为 $MnO \cdot SiO_2$ 球状夹杂物，当加铝脱氧后，在出钢前，夹杂物的成分和形状发生变化，成分比较复杂。图 3-3-15 和图 3-3-16 夹杂物均成球化，图 3-3-17 夹杂物成块状，用电子探针分析化学成分见表 3-3-1。

表 3-3-1　图 3-3-15～图 3-3-17 试样的化学成分（质量分数，%）

图号	Al	Mg	Ca	Si	Fe	Mn	Ti	S	P	O
3-3-15	30.9	1.2	19.4	3.8	1.1	2.5	1.5	0.76	—	41.7
3-3-16	26.2	9.9	16.4	2.1	1.9	—	2.5	1.0	0.43	39.6
3-3-17	31.5	15.0	6.6	1.1	1.9	0.5	0.6	0.10	0.10	42.6

由此定为图 3-3-15 夹杂物为 $mCaO \cdot nAl_2O_3$，图 3-3-16 夹杂物为 $m（Ca \cdot Mg）O \cdot nAl_2O_3$，图 3-3-17 夹杂物由于含 Mg 较 Ca 多，故写成 $m（Mg \cdot Ca）O \cdot nAl_2O_3$。

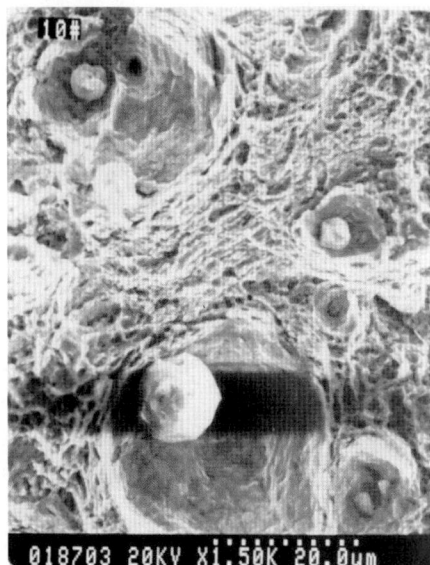

图　3-3-18　　　　　　　　　　SEM

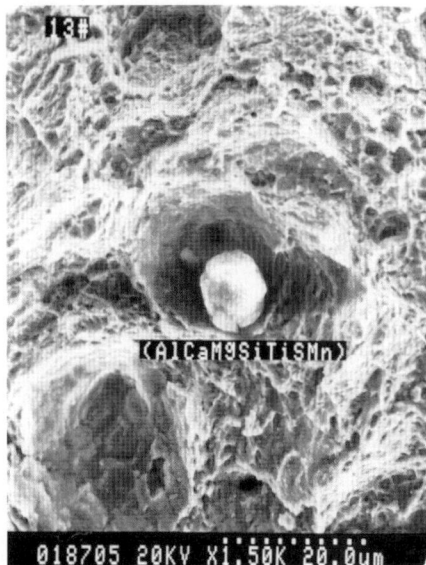

图　3-3-19　　　　　　　　　　SEM

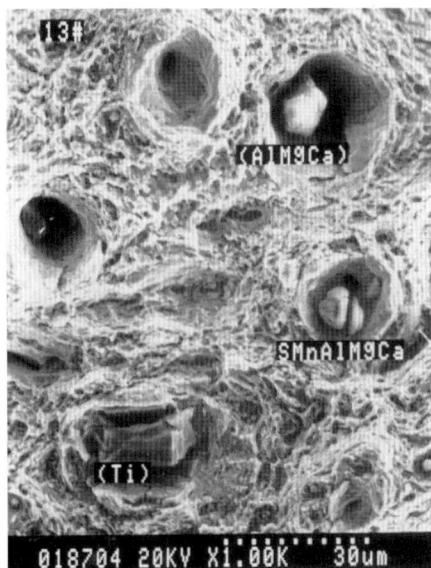

图　3-3-20　　　　　　　　　　SEM

图　　号：3-3-18～3-3-20

材料名称：42CrMo 钢

浸 蚀 剂：未浸蚀

处理情况：加铝脱氧后，出钢前样（冲击断口）

组织说明：为冲击试样上各种夹杂物的形貌（SEM）。

　　图 3-3-18：断口上的铝酸盐夹杂物，仍呈球状，但表面仍凹凸不平。

　　图 3-3-19：断口上铝酸盐夹杂物成六边形。

　　图 3-3-20：断口上铝酸盐和氮化钛为开裂的方块。

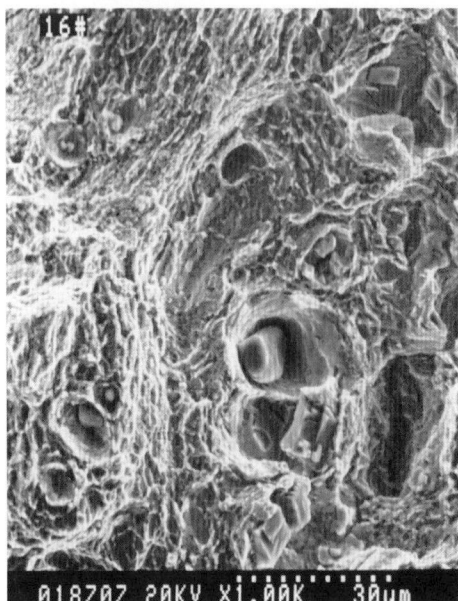

图 3-3-21 SEM

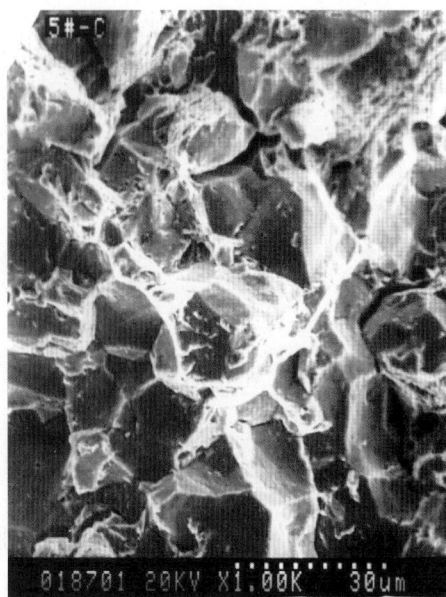

图 3-3-22 SEM

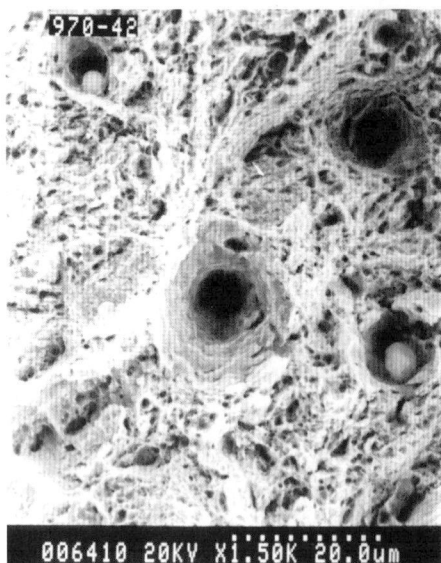

图 3-3-23 SEM

图　号：3-3-21～3-3-23

材料名称：42CrMo 钢

浸蚀剂：未浸蚀

处理情况：加铝脱氧后，出钢前样（冲击断口）

组织说明：为冲击试样断口上各种夹杂物的形貌
　　（SEM）。

图 3-3-21：MnS 形成的韧窝仍成长形。

图 3-3-22：夹杂物引起的沿晶脆性断裂，使冲
击韧度大为降低。

图 3-3-23：球状夹杂物，裂纹在夹杂物上形核，
受力后沿夹杂物周围开裂形成的韧窝。

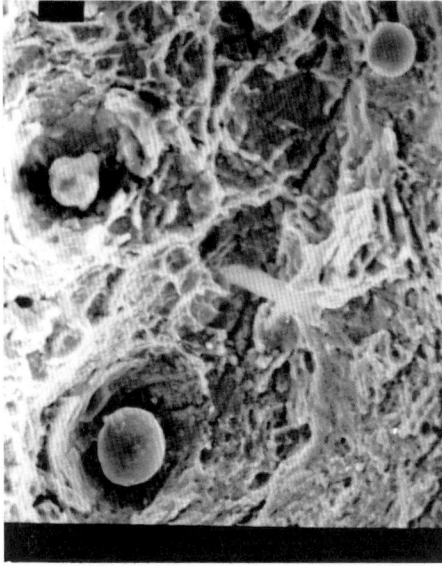

图　3-3-24　　　　　　　　　SEM

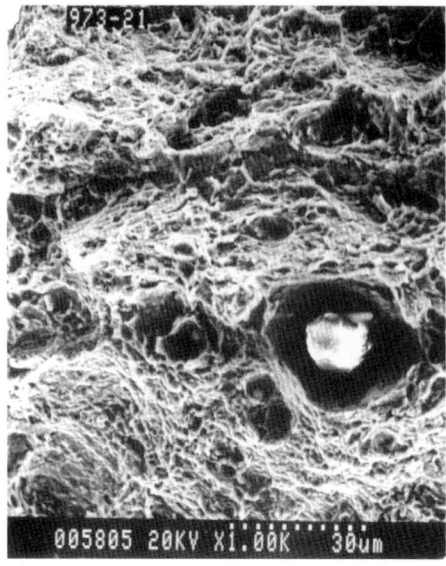

图　3-3-25　　　　　　　　　SEM

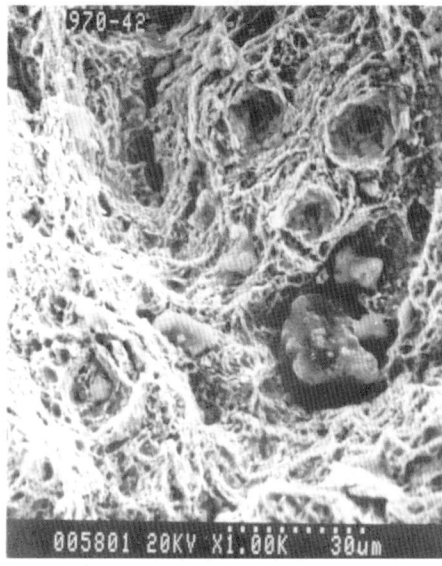

图　3-3-26　　　　　　　　　SEM

图　　号：3-3-24～3-3-26

材料名称：42CrMo 钢

浸 蚀 剂：未浸蚀

处理情况：加铝脱氧后，出钢前取样（冲击断口）

组织说明：图 3-3-24：两颗球状铝酸盐夹杂物引起开
　　　　　裂后，微裂纹彼此相连。

　　　　图 3-3-25：展示裂纹沿夹杂物扩展的情况。

　　　　图 3-3-26：断口上的硅酸盐渣夹杂物，其周围
　　　　已裂开。

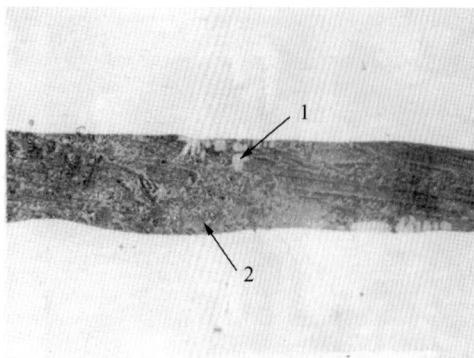

图 3-3-27　　　　　　　　　　　400×

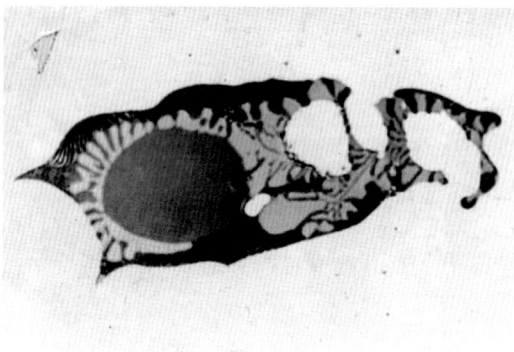

图 3-3-28　　　　　　　　　　　700×

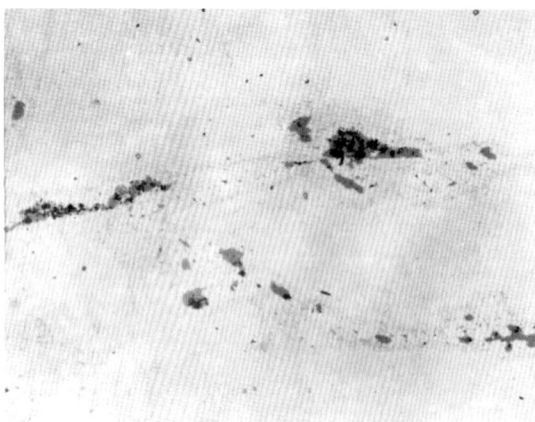

图 3-3-29　　　　　　　　　　　100×

图　　号：3-3-27

材料名称：08F 钢

浸 蚀 剂：未浸蚀

处理情况：铸态

组织说明：图中为复相硅酸盐夹杂，其上有浅灰相析
　　　　　出为 MnS（箭头 1），夹杂基体为（Mn、FeO）·SiO_2
　　　　　（箭头 2）。在明场中夹杂基体为树皮色，析出相为
　　　　　浅灰色；暗场中夹杂基体为黄绿点组成，析出相不
　　　　　透明；偏振光中夹杂基体呈条状分布，各条上有黄
　　　　　绿点，透明，各向异性，析出相不透明，各向同性。
　　　　　若用 10%铬酸水溶液腐蚀析出相将被腐蚀掉，夹杂
　　　　　基体则部分受腐蚀。

图　　号：3-3-28

材料名称：08F 钢

浸 蚀 剂：未浸蚀

处理情况：铸态

组织说明：图中为四相共晶夹杂物，经综合鉴定方法
　　　　　得出：四相共晶夹杂物为 MnO 与 MnO·MnS 共晶、
　　　　　MnO·MnS 与 MnO·SiO_2 共晶。深灰椭球相为
　　　　　MnO，周围浅灰色相为 MnO·MnS；周边暗褐色相
　　　　　MnO·SiO_2 与之共晶的浅灰相仍为 MnO·MnS。
　　　　　MnS 与 MnO·MnS 在光学上难以区分。只有化学
　　　　　腐蚀后才能区分。MnS 受铬酸溶液腐蚀，而
　　　　　MnO·MnS 受饱和 $SnCl_2$ 酒精溶液腐蚀。

图　　号：3-3-29

材料名称：30CrMnMoTiA 钢

浸 蚀 剂：未浸蚀

处理情况：热轧

组织说明：图中为大量无规则形状深灰色及灰色夹杂
　　　　　物，并沿轧制方向变形，该夹杂物应为氧化物和硅
　　　　　酸盐复合夹杂，夹杂物是在残余缩孔附近位置，是
　　　　　由残余缩孔未被完全切除而留下的夹杂物，如零件
　　　　　中发现有这类夹杂物应作报废处理。

图　　3-3-30　　　　　　　　　　　　　100×

图　　号：3-3-30

材料名称：GCr15 钢

浸 蚀 剂：未浸蚀

处理情况：原材料

组织说明：灰色点状不变形夹杂物。按标准评定为 2.5
　　　　　级。

　　　　点状不变形夹杂物一般是由具有一定脆性的硅
　　　　酸盐及硅酸盐玻璃体所构成，性硬而脆，无塑性，
　　　　不易变形，故呈点状或球状分布。它对轴承寿命的
　　　　影响仅次于脆性氧化物。

　　　　小于 1 级的点状不变形夹杂物可纳入点状氧化
　　　　物或硫化物夹杂范围进行评定。

图　　号：3-3-31

材料名称：GCr15 钢

浸 蚀 剂：未浸蚀

处理情况：原材料

组织说明：深灰色的球状（点状）不变形夹杂物，按
　　　　　标准评定为 3.5 级，属不合格。

　　　　这类夹杂物外形近似球状，在压力加工时极难
变形。这种球状不变形夹杂一般是由硅酸盐类杂质
所构成，性脆，在超精研磨加工时，容易形成凹坑。
轴承中存在此种夹杂物，在运行过程中将会刮伤沟
槽而使轴承早期损坏。

图　　3-3-31　　　　　　　　　　　　　100×

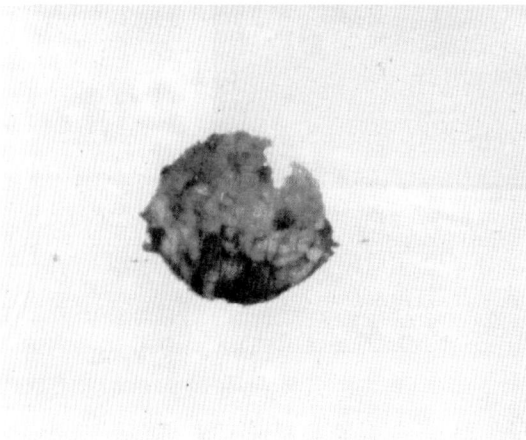

图　　3-3-32　　　　　　　　　　　100×

图　　号：3-3-32

材料名称：GCr15 钢

浸 蚀 剂：未浸蚀

处理情况：原材料

组织说明：灰色粗大球状不变形夹杂物。

　　　　此类夹杂物无塑性，危害性大，明显降低钢材
接触疲劳强度。

　　　　本图球状夹杂物过份粗大，已大于规定的级别，
故属不合格。

图   3-3-33   800×

图   号：3-3-33

材料名称：GCr15 钢

浸 蚀 剂：未浸蚀

处理情况：原材料

组织说明：大块硅酸盐夹杂，沿轧制变形方向分布，两端较尖，不似硫化物圆钝。由于硅酸盐塑性稍差，故
在变形时被拉碎。

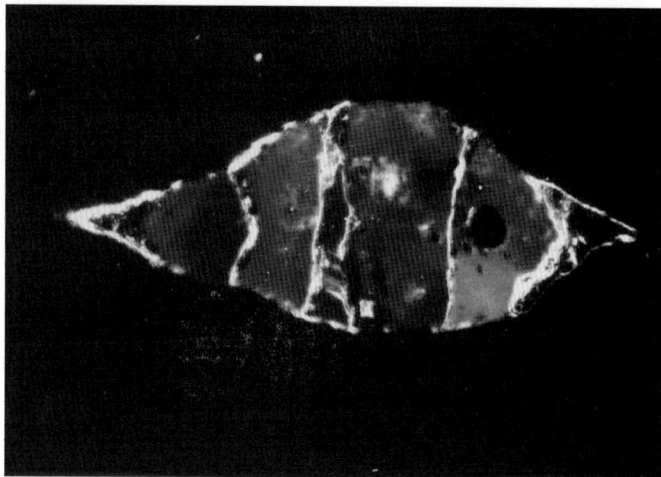

图   3-3-34   800×

图   号：3-3-34

材料名称：GCr15 钢

浸 蚀 剂：未浸蚀

处理情况：原材料

组织说明：与图 3-3-33 同一试样、同一视场，在正交偏振光照明下的情况，硅酸盐夹杂物稍透明，在其四周
边缘及碎裂处呈现明亮的色泽。

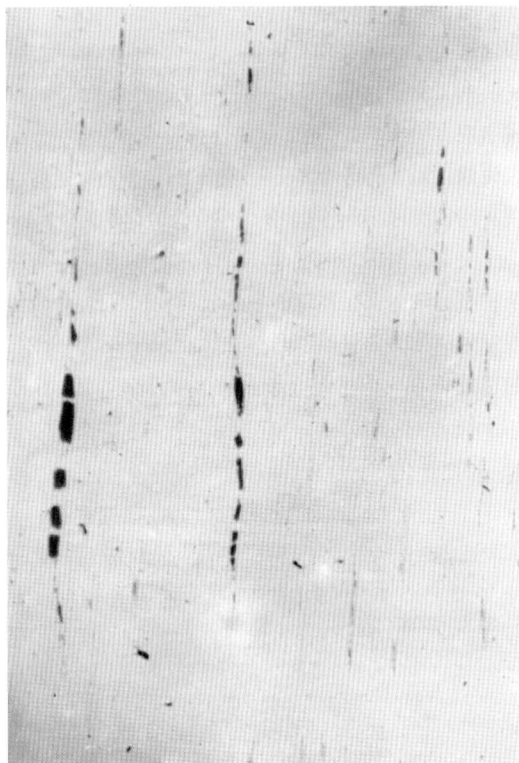

图　　号：3-3-35

材料名称：低碳钢[w（C）为 0.14%]

浸 蚀 剂：未浸蚀

处理情况：热轧状态

组织说明：热轧锅炉低碳钢板，其中存在较多呈断续
　　串连状的黑灰色颗粒为硅酸盐夹杂物；浅灰色条状
　　为硫化物夹杂。由试样内夹杂物的数量及分布情况
　　来分析，钢材质量较差。

　　　硅酸盐夹杂物较脆硬，塑性也差，因此虽然在
　　热加工时，也能循加工方向变形，但却往往因为较
　　脆而被拉成数段。硫化物夹杂物的塑性较好，故在
　　热加工时易循加工方向变形。

图　　3-3-35　　　　　　　　　　　　　　　100×

图　　号：3-3-36

材料名称：低碳钢 [w（C）为 0.14%]

浸 蚀 剂：4%硝酸酒精溶液

处理情况：热轧状态

组织说明：图 3-3-35 锅炉钢板试样经浸蚀后的情况。
　　基体为铁素体及少量珠光体（黑色条状），呈明显的
　　带状分布，在带状组织中有呈条状分布的硅酸盐和
　　硫化物夹杂物分布其间。

　　　具有带状组织的钢材，其纵、横向的力学性能
　　相差较大，一般纵向的抗拉强度较高，伸长率和断
　　面收缩率都比较好；横向的抗拉强度则明显降低，
　　伸长率和断面收缩率的下降趋势尤为显著。

图　　3-3-36　　　　　　　　　　　　　　　50×

图　　号：3-3-37

材料名称：Cr18Mo3 钢

浸 蚀 剂：未浸蚀

处理情况：锻造后，930℃加热保温后空冷

组织说明：呈黑色断续状长条分布的为硅酸盐夹杂物，浅灰色条状的为硫化物，黑色小点为氧化物夹杂物。

　　　　夹杂循加工方向变形，贯穿整个视场，此类夹杂物将影响钢在超精研磨后的表面粗糙度，同时也影响到钢的力学性能和耐腐蚀性能。颇多细小硫化物将使钢在切削时易于断屑，从而提高钢的切削加工性。

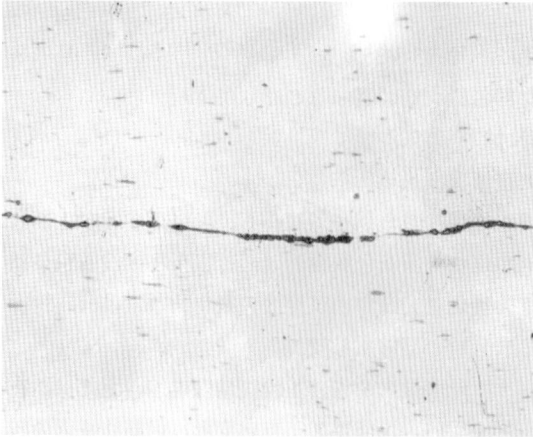

图　3-3-37　　　　100×

图　　号：3-3-38

材料名称：15g 钢

浸 蚀 剂：未浸蚀

处理情况：热轧后空冷

组织说明：黑灰色长条为硅酸盐夹杂物，浅灰色条状及颗粒状为硫化锰夹杂物。

　　　　由于硅酸盐夹杂物的塑性较差，热加工后，其外形即不及塑性较好的硫化锰来得光滑。变形后的硅酸盐的两端较尖锐，不像硫化锰两端那么样圆钝。

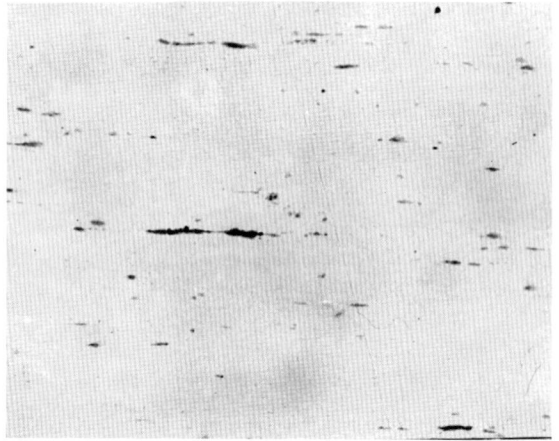

图　3-3-38　　　　100×

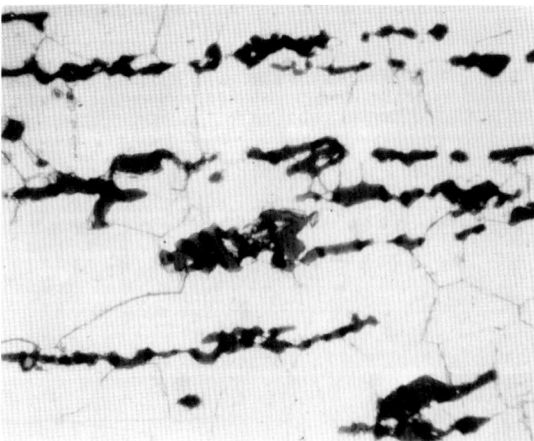

图　3-3-39　　　　100×

图　　号：3-3-39

材料名称：08 钢

浸 蚀 剂：4%硝酸酒精溶液

处理情况：热轧后空冷

组织说明：铁素体基体上有颇多断续串连状分布的硅酸盐（深灰色）夹杂物。

　　　　硅酸盐的塑性较差，热轧时，虽然也能延伸，但边缘不光滑，同时因变形量较大而碎裂成许多断续的块状和条状。

　　　　此类硅酸盐夹杂物在明场下呈深灰色，偏振光下发亮，各向同性。

金 相 图 片

图　3-4-1　　　　　　　　　　　500×

图　　号：3-4-1

材料名称：纯铁

浸 蚀 剂：未浸蚀

处理情况：纯铁在氮气流中熔化后加入 $w(Ti)$ 为 0.5%

组织说明：氮在 α-Fe 中有较高的溶解度，但当温度由 590℃降至室温时，$w(N)$ 在 α-Fe 中的溶解度由 0.115%降至接近于零，此时 N 将以 Fe_4N、Fe_2N 等到氮化物形式析出。在 Fe 液中加入与 N 亲和力很强的 Ti，则生成 TiN 夹杂，明场下呈淡黄色方块形状。

图　　号：3-4-2

材料名称：纯铁

浸 蚀 剂：未浸蚀

处理情况：纯铁在氮气流中熔化后加入 $w(Ti)$ 为 0.5%

组织说明：与 N 生成的 TiN 夹杂物，属立方系，熔点为 2950℃，密度为 5.4g/cm³。不变形，抛光时易出尾巴。试样经电解分离后得 TiN 在岩相观察为黑方块。

图　3-4-2　　　　岩相　　　　420×

图　　号：3-4-3

材料名称：纯铁

浸 蚀 剂：未浸蚀

处理情况：纯铁在氮气流中熔化后加入 $w(Ti)$ 为 0.5% 及少量 C

组织说明：带进少量 C 而生成 Ti（N，C）。在实际钢中除生成 TiN 和 Ti（N，C）外，还可生成 C 量高的 Ti（C，N）和 TiC。由 TiN→ Ti（N，C）→Ti（C，N）→TiC，明场下颜色的变化为金黄色→淡黄色→紫玫瑰色→淡紫色→亮灰色，形状也由规则的方块变至不规则的块状；在暗场和偏振光中，不透明和各向同性；均不受 8 种标准试剂浸蚀。

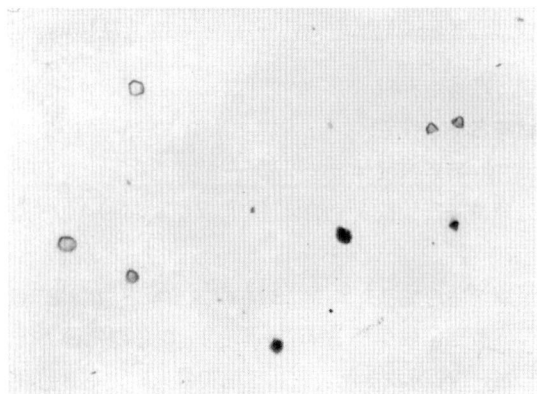

图　3-4-3　　　　　　　　　　　500×

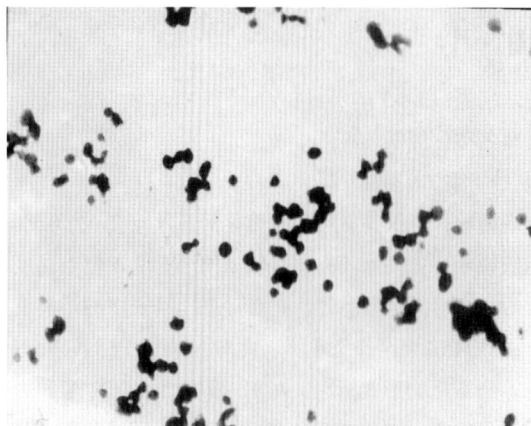

图 号：3-4-4

材料名称：纯铁

浸 蚀 剂：未浸蚀

处理情况：纯铁在氮气流中熔化后加入 $w(Ti)$ 为 0.5% 及少量 C

组织说明：带进少量 C 而生成 Ti（N，C）夹杂物。用电解分离出来的 Ti（N，C）在岩相观察与图 3-4-2 对比，即可知 Ti（N，C）形状上的变化。

图 3-4-4 岩相 420×

图 号：3-4-5

材料名称：纯铁

浸 蚀 剂：未浸蚀

处理情况：纯铁在氮气流中熔化后加 Zr

组织说明：纯铁通氮气后加 Zr 生成的 ZrN。明场中为柠檬黄色方块、梯形和六边形；暗场和偏振光中不透明和各向同性。ZrN 也同 TiN 相似，N 原子可被 C 原子置换而生成 Zr（N，C），Zr（C，N），和 ZrC。由于一般钢中很少加 Zr，因而对 ZrN 形态的变化很难见到。当生成 Zr（C，N）时明场由柠檬黄的整体晶体变成土黄到灰紫色，且形状也变成不规则。暗场和偏振光中，不透明和各向同性。均不受 8 种标准试剂腐蚀。

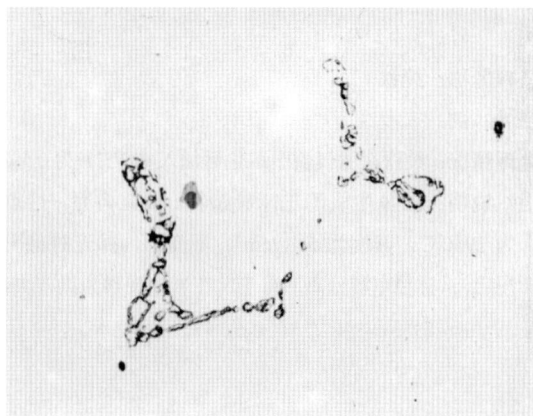

图 3-4-5 500×

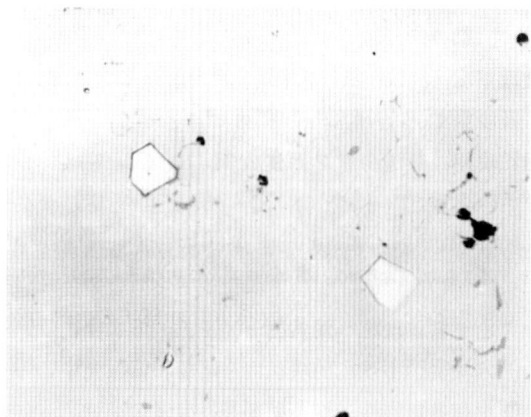

图 3-4-6 500×

图 号：3-4-6

材料名称：纯铁

浸 蚀 剂：未浸蚀

处理情况：纯铁真空熔化通 N_2 保护加入 $w(B)$ 为 1%

组织说明：纯铁加入 $w(B)$ 为 1% 生成 Fe_2B，通 N_2 气后则生成少量 BN。明场中 Fe_2B 色浅沿晶界分布，BN 为浅灰色块状；暗场和偏光中，不透明和各向同性。Fe_2B 受 φ（HF）为 20% 水溶液腐蚀，而 BN 在碱性 $KMnO_4$ 溶液中被腐蚀掉。

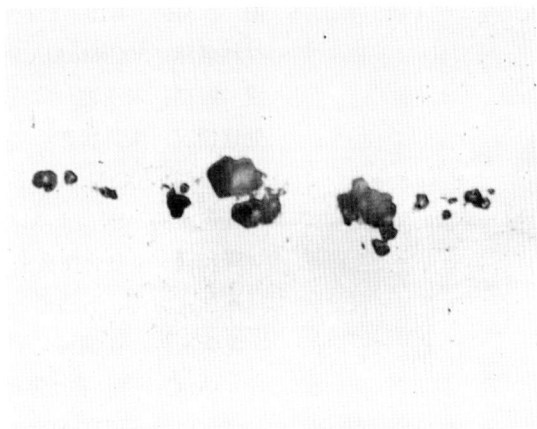

图 3-4-7 500×

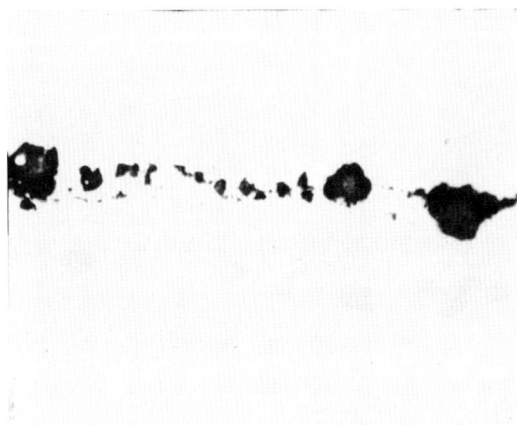

图 3-4-8 500×

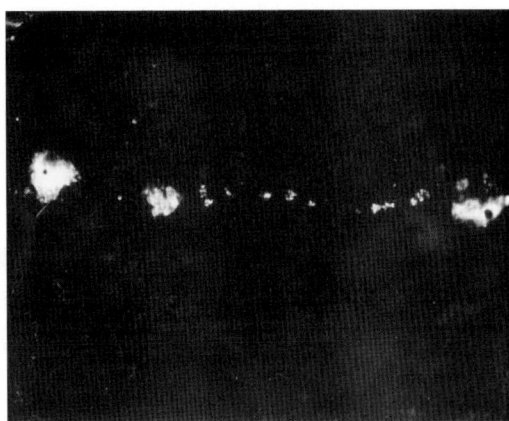

图 3-4-9 500×

图　号：3-4-7～3-4-9

材料名称：图 3-4-7 为 25CrNiWA 钢；图 3-4-8 及图 3-4-9 为 2Cr13 钢

浸 蚀 剂：未浸蚀

处理情况：铸态

组织说明：图 3-4-7：25CrNiWA 钢中 α-Al$_2$O$_3$ 和呈方块状的 AlN 夹杂物，α-Al$_2$O$_3$ 呈断续串连状分布，有些 α-Al$_2$O$_3$ 颗粒依附着方块 AlN 分布。

图 3-4-8：2Cr13 钢中颗粒状 α-Al$_2$O$_3$ 夹杂物依附着呈方块几何形状深灰色 AlN 分布，α-Al$_2$O$_3$ 颗粒呈断续串连状分布。

图 3-4-9：图 3-4-8 同视场暗场照明下组织，α-Al$_2$O$_3$ 及 AlN 均呈透明。

α-Al$_2$O$_3$ 及 AlN 夹杂物在明场下均为深灰色，惟 AlN 是方块形状，这两种夹杂物在暗场中均透明，偏振光中 α-Al$_2$O$_3$ 透明异性，而 AlN 具有强异性，且呈五彩色。是否具有五彩色是区别 α-Al$_2$O$_3$ 同 AlN 的重要特征，同时 AlN 受碱性试剂腐蚀。

α-Al$_2$O$_3$ 属六方系，熔点为 2050℃，密度为 4.0g/cm^3，不变形，可磨性差，经常在抛光后出现彗星尾巴。

AlN 亦属六方系，熔点为 2150～2200℃，密度为 3.05g/cm^3，不变形，可磨性也较差，但好于 α-Al$_2$O$_3$。

图　3-4-10　　　　　　　　　　500×

图　　号：3-4-10

材料名称：30CrMoAlA 钢

浸 蚀 剂：未浸蚀

处理情况：供货状态

组织说明：30CrMoAlA 钢中除 α-Al$_2$O$_3$ 夹杂物外还有相当多的 AlN，α-Al$_2$O$_3$ 与一定几何形状 AlN（色泽稍浅）呈复合型夹杂，这些 AlN 具有各种规则的形状：方形、五边形、六边形或多角形，在明场中呈紫灰色；在偏振光中具有强异性和五彩色，易于 α-Al$_2$O$_3$ 区别。在 25CrNiWA 钢和 18CrMnTiA 钢中偶尔也能发现有 AlN。

图　　号：3-4-11

材料名称：　18CrMnTiA 钢

浸 蚀 剂：未浸蚀

处理情况：供货状态

组织说明：在 18CrMnTiA 钢中偶尔也发现有 AlN，还有 Al$_2$O$_3$ 和 MnS 夹杂，图中为这三种夹杂的复合夹杂。在明场下观察为深浅不同的灰色。AlN 属六方系，熔点为 2150～2200℃，密度为 3.05g/cm^3，不变形。α-Al$_2$O$_3$ 属六方系，熔点为 2050℃，密度为 4.0g/cm^3，不变形，可磨性差。

图　3-4-11　　　　　　　　　　500×

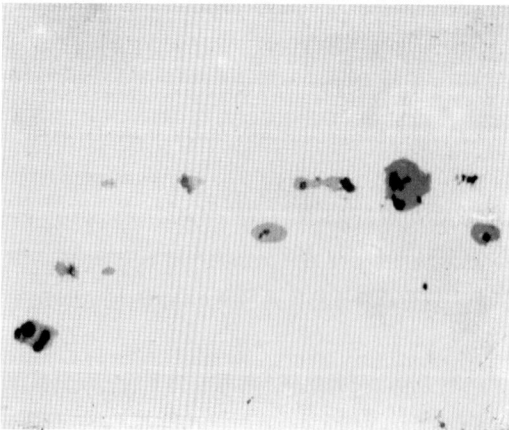

图　3-4-12　　　　　　　　　　500×

图　　号：3-4-12

材料名称：GCr15 钢

浸 蚀 剂：未浸蚀

处理情况：供货状态

组织说明：GCr15 钢中常见夹杂物为 α-Al$_2$O$_3$ 和 MnS，有时随 Cr 合金料带入 Ti 而形成少量 TiN 夹杂物，此外还有点状 Cr$_2$O$_3$ 夹杂物。图中为 Al$_2$O$_3$ 和 MnS 夹杂物。在 GCr15 钢中对夹杂物要求比较高，不允许有多量夹杂存在。

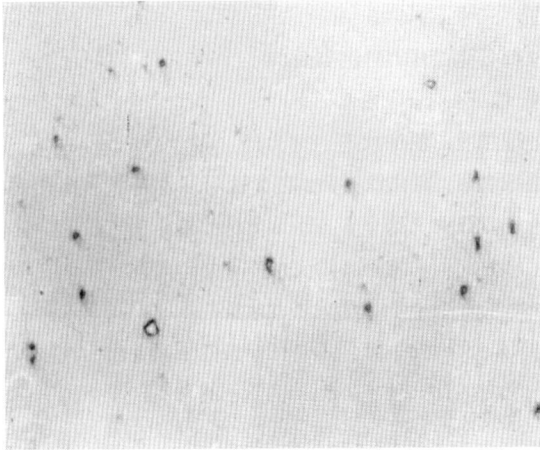

图 3-4-13 250×

图　　号：3-4-13

材料名称：1Cr18Ni9Ti 钢

浸　蚀　剂：未浸蚀

处理情况：轧制

组织说明：氮化物在一般钢中不沉淀，只有在加有钛、
　　　　　钒等元素，这些元素与氮的亲和力很强，形成稳定
　　　　　的氮化物和其他较复杂的氮化物型夹杂物。
　　　　　1Cr18Ni9Ti 钢中常见的是 TiN 夹杂，均呈规则的几
　　　　　何形状，图中为分散分布的细小 TiN 夹杂。

图　　号：3-4-14

材料名称：1Cr18Ni9Ti 钢

浸　蚀　剂：未浸蚀

处理情况：轧制

组织说明：图中为串连的 TiN 夹杂，夹杂均呈规则的
　　　　　几何形状（正方形、长方形、三角形等）。该钢材中
　　　　　局部 TiN 夹杂聚集，经加工变形后，聚集的 TiN 夹
　　　　　杂被拉长变成串连状。在实际应用中 1Cr18Ni9Ti
　　　　　钢中 TiN 夹杂不可避免，但希望钢中夹杂数量越少
　　　　　越好，分布形态以分散分布为好，串连状夹杂越多
　　　　　影响钢材使用性能越明显。

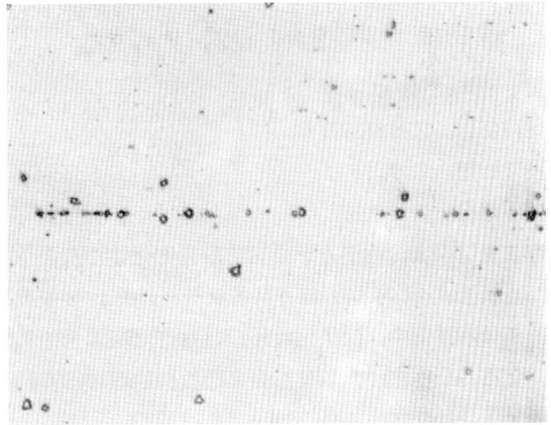

图 3-4-14 100×

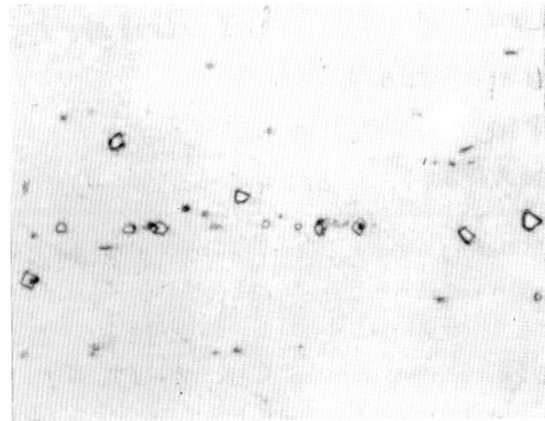

图 3-4-15 500×

图　　号：3-4-15

材料名称：1Cr18Ni9Ti 钢

浸　蚀　剂：未浸蚀

处理情况：轧制

组织说明：1Cr18Ni9Ti 钢中的 TiN 夹杂具有规则几何
　　　　　形状外，在明场观察呈亮桔黄色，对光具有较高的
　　　　　反射本领，因此 TiN 夹杂物在显微镜下根据以上特
　　　　　征较容易鉴别。暗场中不透明，周围有亮边；偏振
　　　　　光下各向同性，不受标准试剂腐蚀。

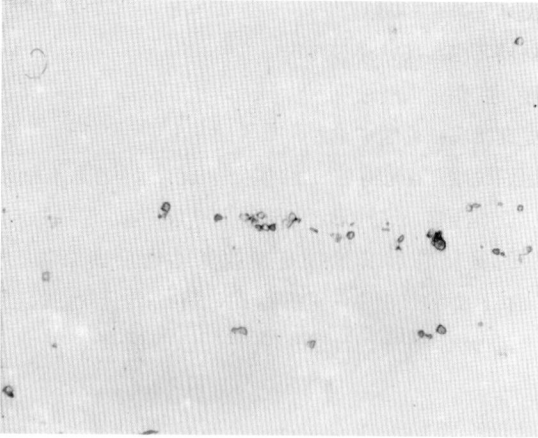

图　号：3-4-16

材料名称：1Cr18Ni9Ti 钢

浸 蚀 剂：未浸蚀

处理情况：供应状态

组织说明：氮化钛夹杂。在含钛 18-8 型奥氏体不锈钢中，TiN 夹杂呈正方形或其他有规则的多边形。热压力加工后常聚集沿变形方向呈串连状分布。在明视场照明下，为浅黄色到紫红色；在暗场下，不透明，沿周界镶有亮线；在偏振光下，各向同性，不透明。TiN 的熔点极高，约为 2950℃。

图　3-4-16　　　　　　　　100×

图　号：3-4-17

材料名称：1Cr18Ni9Ti 钢

浸 蚀 剂：未浸蚀

处理情况：供应状态

组织说明：金黄色正方形或三角形为氮化钛，灰黑色点状为氧化铬夹杂，部分呈条状分布。在 18-8 型奥氏体不锈钢中，除氮化钛外，且常有呈灰黑色的氧化铬夹杂物出现，其外形为多边较圆的颗粒，有时呈条带状分布。

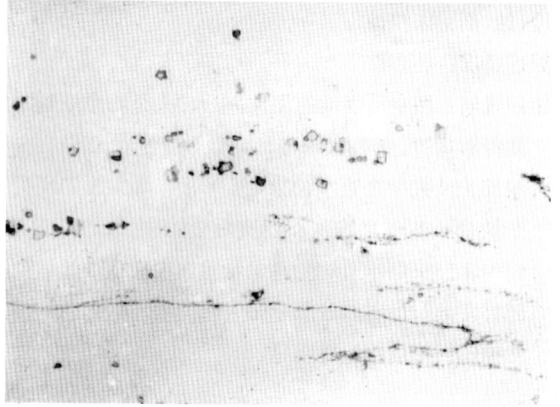

图　3-4-17　　　　　　　　100×

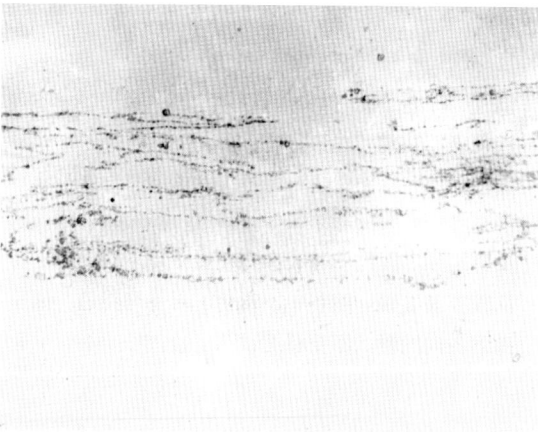

图　3-4-18　　　　　　　　100×

图　号：3-4-18

材料名称：1Cr18Ni9Ti 钢

浸 蚀 剂：未浸蚀

处理情况：供应状态

组织说明：氧化铬夹杂物呈丛集的带状分布。18-8 型奥氏体不锈钢在冶炼时，加入的铬合金于高温下易发生氧化而形成氧化铬夹杂物，呈灰黑色的小点状，它的硬度极高，变形程度差，在压力加工容易碎裂，呈丛集的带状分布。多量的氧化铬夹杂物易使工件在锻造时产生开裂。

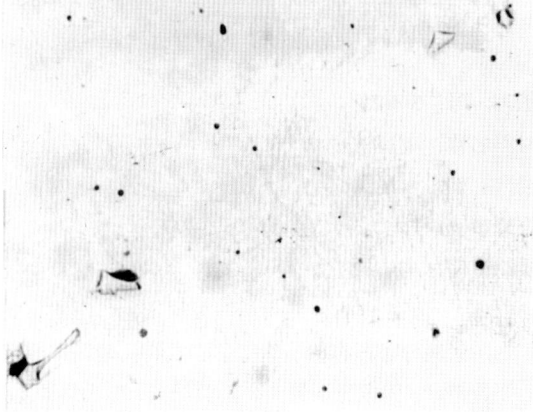

图　　3-4-19　　　　　　　　　　　100×

图　　号：3-4-19

材料名称：1Cr18Ni9Ti 钢

浸 蚀 剂：未浸蚀

处理情况：锻造后空冷

组织说明：方块及三角形为氮化钛夹杂物，长条状为碳氮化钛，黑色点状为氧化铬和氧化铁夹杂物。

　　由于钛和碳的亲和力较铬和碳强，在冶炼过程中钛和氮、碳还常会形成碳氮化钛［Ti（NC）］夹杂物。外形较圆滑，色泽青灰，TiC 则呈规则的几何外形，色泽为浅黄到紫红。

图　　号：3-4-20

材料名称：0Cr18Ni12Mo2Ti 钢

浸 蚀 剂：未浸蚀

处理情况：热轧状态

组织说明：黑色长条为氧化物夹杂；金黄色方块、三角形及具有一定几何形状者为 TiN 夹杂物，TiN 呈串连的带状分布。

　　冶炼时，含钛钢中的钛易与钢液中的氮结合合成 TiN 夹杂物。TiN 属立方晶系，熔点为 2950℃，无可塑性。抛光时易剥落。明场下 TiN 的色泽依基体金属中含碳量的增加，由浅黄→粉红→紫红而变动。

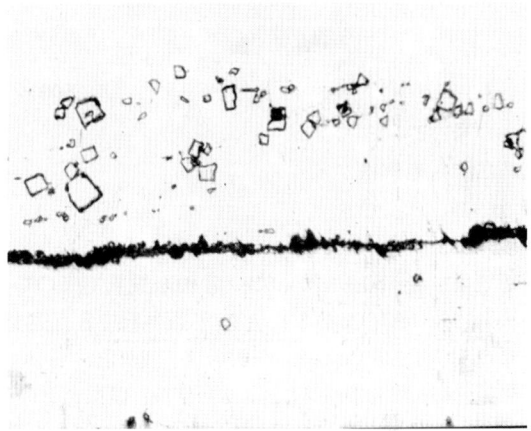

图　　3-4-20　　　　　　　　　　　200×

图　　3-4-21　　　　　　　　　　　500×

图　　号：3-4-21

材料名称：0Cr18Ni12Mo2Ti 钢

浸 蚀 剂：未浸蚀

处理情况：热轧状态

组织说明：图 3-4-20TiN 夹杂物放大 500 倍后的情况。

　　其形状与更为清晰，边缘黑色的抛光时沾染上去的污物（因 TiN 硬度极高，抛光时常凸出，故污物易镶在边缘上）。因此，不锈钢制手表外壳，其中倘存在多量的 TiN 夹杂，会严重影响表壳的抛光性能和效果。

　　TiN 夹杂物在暗场下，不透明，周界为光亮的线条所围绕。偏振光下，各向同性，不透明。

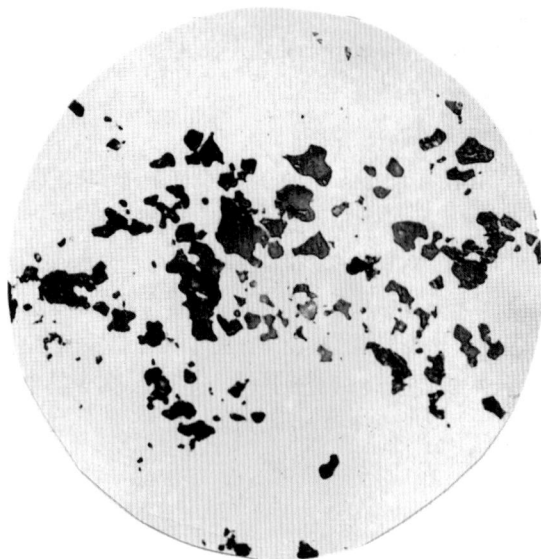

图 3-4-22   500×

图　号： 3-4-22

材料名称： 电解铁

浸蚀剂： 未浸蚀

处理情况： 加入 $w(Ce)$ 为 0.5%脱氧

组织说明： 电解铁中加入 $w(Ce)$ 为 0.5%脱氧生成 CeO_2 夹杂物。CeO_2 在明场中为深灰色，形状不规则，聚集分布；有的呈球状中心发红；暗场中透明亮黄带绿；偏振光下各向异性黄绿点，但大块 CeO_2 透明同性。CeO_2 属立方系，熔点大于 2600℃，密度为 7.13g/cm^3，不变形，可磨性较好。

图　号： 3-4-23

材料名称： 电解铁

浸蚀剂： 未浸蚀

处理情况： 加入 $w(Ce)$ 为 0.5%脱氧

组织说明： 电解铁中加入 $w(Ce)$ 为 0.5%脱氧生成 CeO_2 夹杂物外。还有 Ce_2O_2S 夹杂物，只要原料中含有很少量 S，即可生成 Ce_2O_2S。在明场中呈浅灰色，细小，聚集分布；暗场中由黄、红、绿点组成；偏振光下黄、绿点有各向异性效应。在 10%铬酸水溶液中部分被腐蚀掉，剩下部分在碱性苦味酸钠中全部蚀掉。

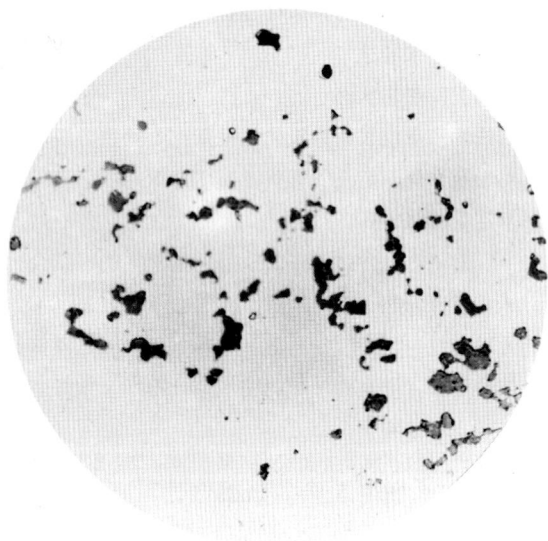

图 3-4-23   500×

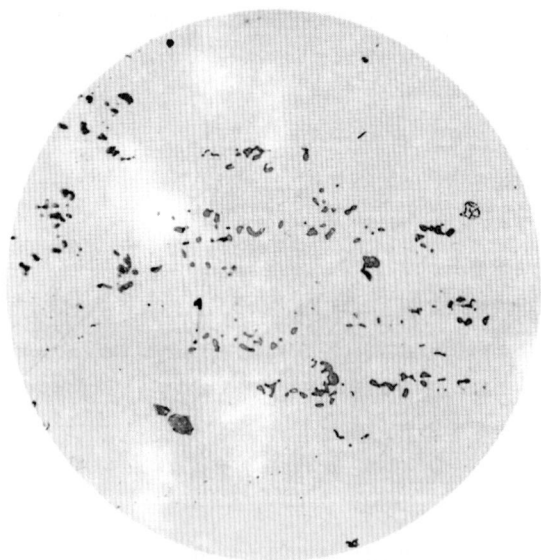

图 3-4-24   500×

图　号： 3-4-24

材料名称： 电解铁

浸蚀剂： 未浸蚀

处理情况： 加入 $w(Ce)$ 为 0.8%

组织说明： 在电解铁中加入 $w(Ce)$ 为 0.8%生成更单一的 Ce_2O_2S，估计 CeO_2 已上浮而剩下 Ce_2O_2S。Ce_2O_2S 属六方系，密度为 5.99g/cm^3，不变形，可磨性好。

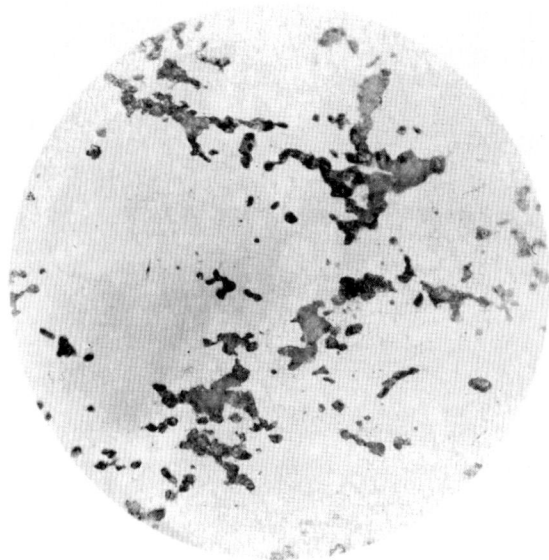

图　号：3-4-25

材料名称：电解铁

浸蚀剂：未浸蚀

处理情况：加入 w（La）为 2%脱氧

组织说明：加入 w（La）为 2%脱氧生成 $LaFeO_3$ 夹杂物，未发现 La_2O_3。在其他标样（加稀土）中发现 LaO_3 易于水解，试样抛光后出现大量蚀坑。$LaFeO_3$ 在明场下成灰褐色，形状不规则，聚集分布，抛光过程中易于水解；暗场中透明杏黄色；偏振光下半透明，弱异性，在部分水解变薄的夹杂物上有强异性的红点。受碱性苦味酸钠腐蚀。$LaFeO_3$ 具有强磁性。

图　3-4-25　　　　　　　　　　400×

图　号：3-4-26

材料名称：电解铁

浸蚀剂：未浸蚀

处理情况：加入 w（混合稀土）为 1.4%和 w（FeS）为 1.1%

组织说明：在电解铁中加入 w（混合稀土）为 1.4%和 w（FeS）为 1.1%后生成两种稀土硫化物。在金相明场观察：一种硫化物呈蛋黄色，一种呈紫红色；暗场中蛋黄色不透明，紫红色局部透明；偏振光中蛋黄色相各向同性；紫红色相部分异性红色和绿色，部分同性不透明。蛋黄色相受饱和 $SnCl_2$ 酒精中腐蚀掉，紫红色相在 φ（HCl）为 5%中全部腐蚀掉。根据所配标样，蛋黄色相为硫化铈，紫红色相为硫化镧。

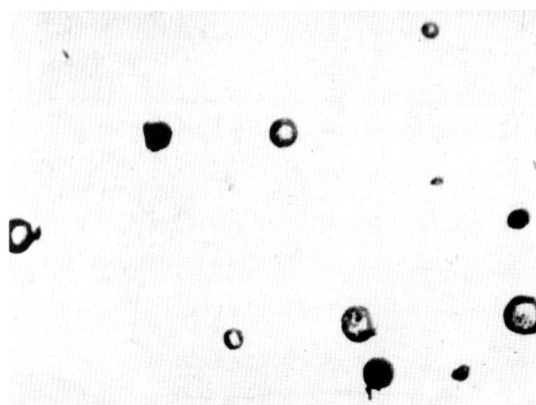

图　3-4-26　　　　　　　　　　500×

图　号：3-4-27

材料名称：电解铁

浸蚀剂：未浸蚀

处理情况：加入 w（混合稀土）和 w（FeS）为 1.1%

组织说明：在电解铁中加入 w（混合稀土）和 w（FeS）为 1.1%后生成两种稀土硫化物，经电解分离后得出球状中心空洞的稀土硫化物，该图为岩相硫化物的形态。

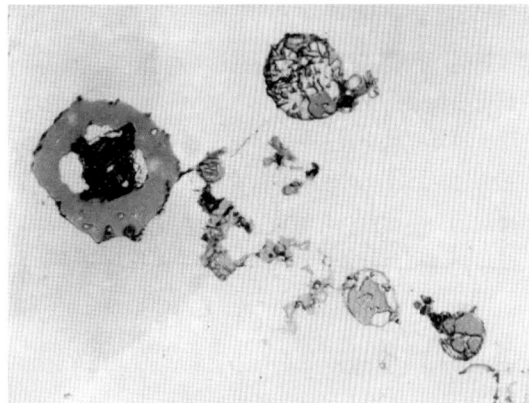

图　3-4-27　　　　岩相　　　　420×

图　3-4-28　　　　　　　　　　500×

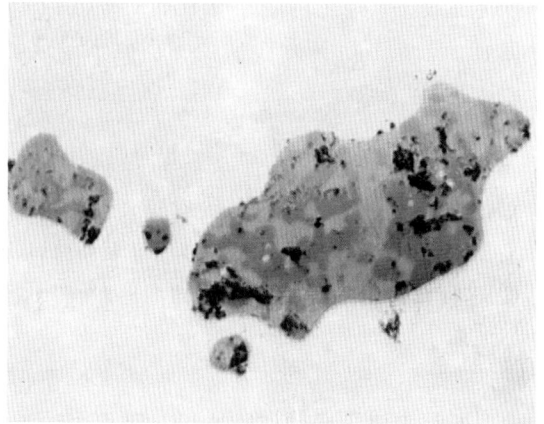

图 3-4-29　　　　　　　　　　500×

图　　号：3-4-28；3-4-29

材料名称：16MnRE 钢

浸 蚀 剂：未浸蚀

处理情况：铸态

组织说明：为了提高 Q345 钢（16Mn 钢）的性能，在 Q345 钢（16Mn 钢）中加入稀土，但加稀土后经常出现大块复相稀土夹杂物。经电子探针分析图 3-4-28 及图 3-4-29 中的浅灰色相均为 RE_2S_2 型硫化物，深灰色相为 RE_2O_2S。明场下复相夹杂物为深灰和浅灰；暗场中浅灰相透明程度不同，由透明黄红色到不透明，深灰相透明血红色；偏振光中深灰相各向异性红色，浅灰相各向异性，部分同性。在 10%铬酸水溶液中浅灰相受腐蚀，深灰相受 10%硫酸水溶液腐蚀。

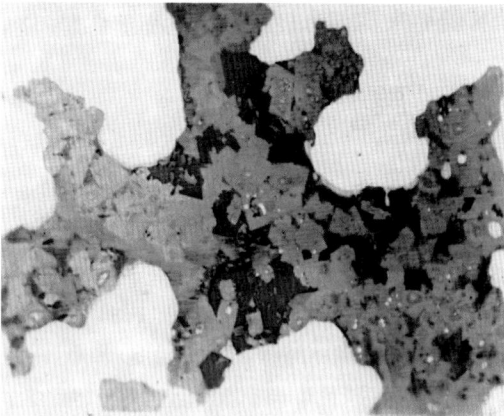

图　3-4-30　　　　　　　　　　500×

图　　号：3-4-30

材料名称：16MnRE 钢

浸 蚀 剂：未浸蚀

处理情况：铸态

组织说明：图中复相稀土夹杂物，由深灰-浅灰-紫灰三相共晶，经电子探针分析，浅灰相为 RE_2S_2，深灰相为 RE_2O_2S，紫灰相为 RE（O，S，C）。

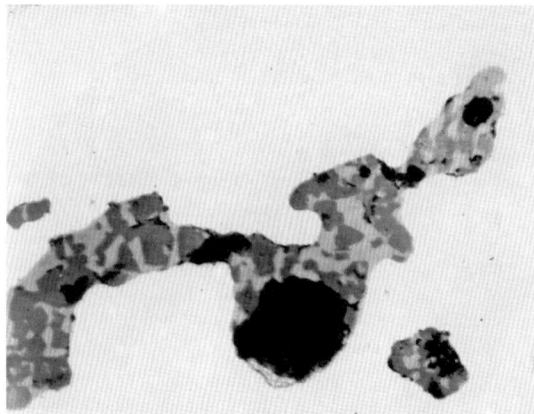

图　　号：3-4-31
材料名称：16MnRE 钢
浸 蚀 剂：未浸蚀
处理情况：铸态
组织说明：为了观察稀土夹杂物腐蚀情况，以帮助确
　　　　　定其类型，图中为抛光后的复合稀土夹杂物形态。

图　 3-4-31　　　　　　　　　　　　400×

图　　号：3-4-32
材料名称：16MnRE 钢
浸 蚀 剂：10%铬酸水溶液
处理情况：铸态
组织说明：在上述抛光态复合稀土夹杂物进行浸蚀，
　　　　　夹杂物基体浅灰相被腐蚀，证实浅灰相为稀土硫化
　　　　　物。

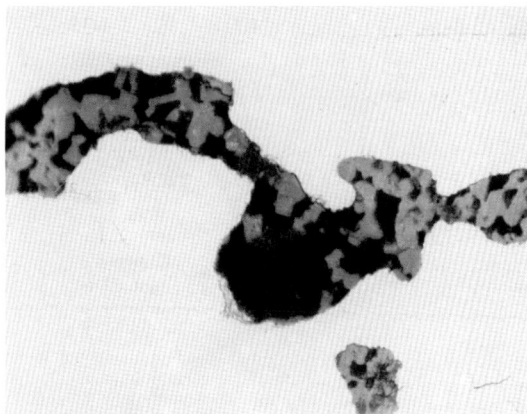

图　 3-4-32　　　　　　　　　　　　400×

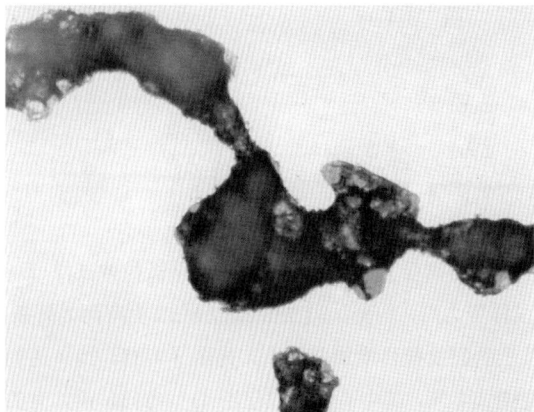

图　　号：3-4-33
材料名称：16MnRE 钢
浸 蚀 剂：5%硫酸水溶液
处理情况：铸态
组织说明：在图 3-4-32 同一夹杂物上浸蚀，图 3-4-32
　　　　　中的深灰相受 φ（H_2SO_4）为 5%水溶液腐蚀，证实
　　　　　深灰相为稀土硫氧化物。

图　 3-4-33　　　　　　　　　　　　400×

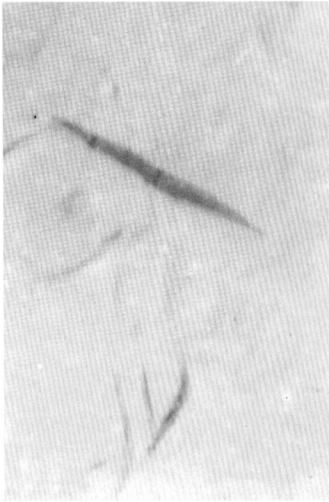

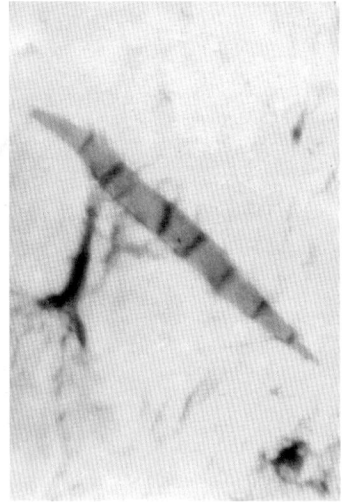

图　3-4-34　　　　　400× 图　3-4-35　　　　　400× 图　3-4-36　　　　　400×

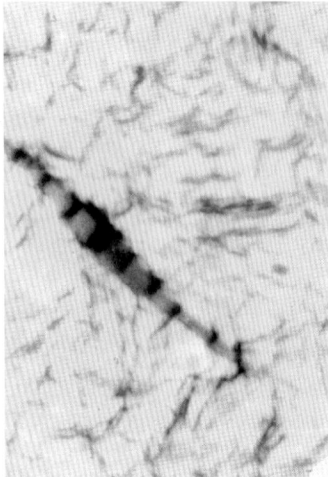

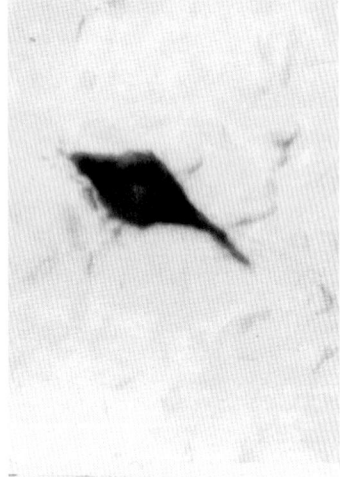

图　3-4-37　　　　　400× 图　3-4-38　　　　　400×

图　　号：3-4-34～3-4-38

材料名称：42CrMo 钢

浸 蚀 剂：未浸蚀

处理情况：平板拉伸试样进行应力-应变试验

组织说明：钢的断裂首先必须生成裂纹。裂纹在夹杂物上成核与钢受力产生应变有关。用平板拉伸试样可观察裂纹在夹杂物上成核与扩展同应力-应变的关系。当试样受力后，应变 ε=1.738%时，MnS 上有两处开裂，见图 3-4-34。随着应力增加，ε 达到 3.260%时，MnS 上的裂纹数目增加并长大，见图 3-4-35。当 ε 达到 7.8%时，原有的裂纹继续长大，并开始生成新裂纹，见图 3-4-36。其中有的裂纹已沿 45°方向扩展，有的与滑移线相连，见图 3-4-37。在球状铝酸盐周围已开裂并扩展，见图 3-4-38。以上说明条状 MnS 与球状铝酸盐开裂方式不同，MnS 系自身开裂，裂纹数目逐增，而球状夹杂物在 ε=7.8%时，本身并不开裂，只有界面开裂，并沿界面长大。

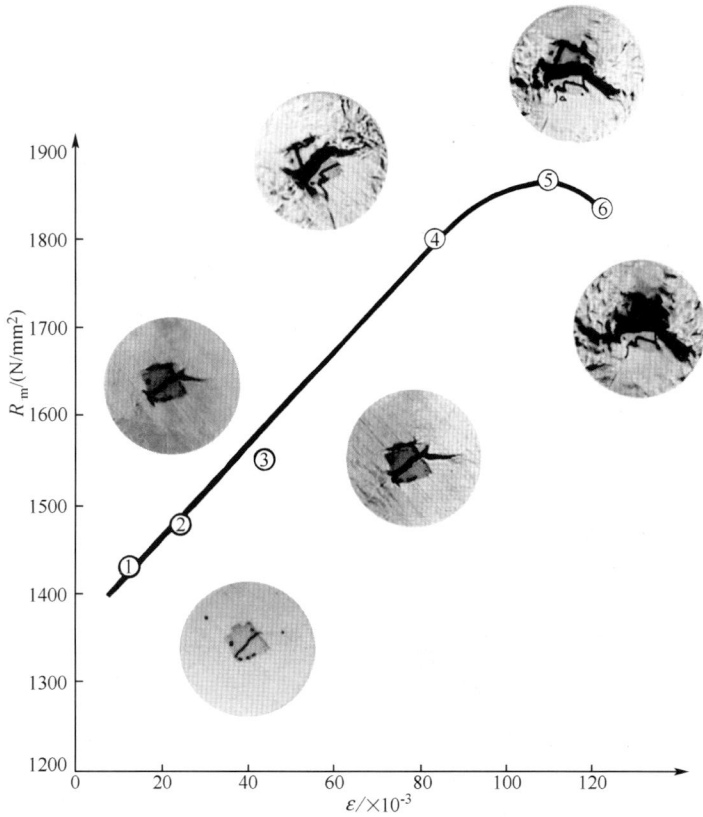

图 3-4-39 TiN 夹杂物在拉伸过程中开裂及裂纹扩展情况

图 号：3-4-39

材料名称：D6AC 超高强度钢

浸 蚀 剂：未浸蚀

处理情况：铸态

组织说明：图 3-4-39：方块状夹杂物的开裂方式与条件和裂纹的扩展情况。是采用平板拉伸试样跟踪同一颗 TiN 夹杂物，在拉伸过程中可见裂纹在 TiN 上成核、长大与扩展的全过程。图中：

① ε =1.21%、R_m=1417N/mm^2 时，裂纹在 TiN 上成核，并开始扩向基体。

② ε =2.4%、R_m=1462N/mm^2 时，裂纹长大，并向两个方向扩展。

③ ε =4.32%、R_m=1554N/mm^2 时，裂纹进一步长大，扩展距离增大，试样开始颈缩。

④ ε =8.24%、R_m=1868N/mm^2 时，裂纹除增大外，又有几处开裂。

⑤ ε =10.88%、R_m=1872N/mm^2 时，裂纹变粗，进一步扩展。

⑥ ε =12.1%，裂纹已开始随颈缩进一步扩展。

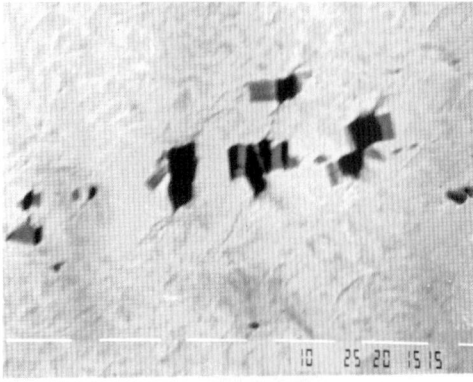

图　3-4-40　　　　　　　　　　750×

图 3-4-41　　　　　　　　　　750×

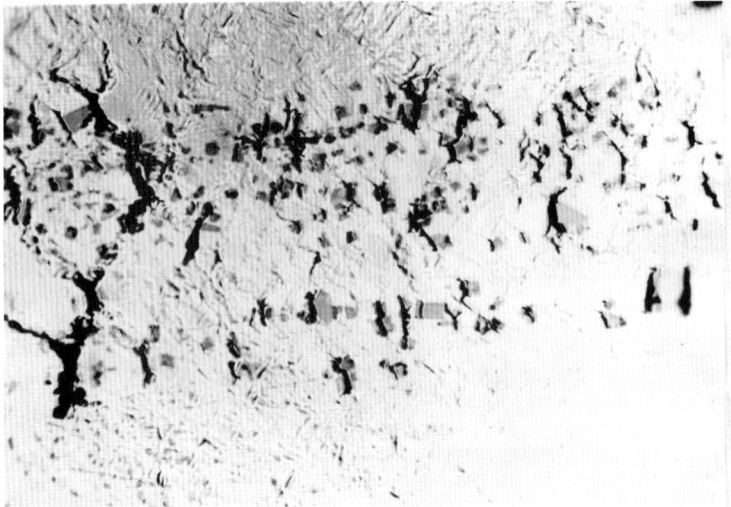

图　3-4-42　　　　　　　　　　200×

图　　号：3-4-40～3-4-42

材料名称：DA6 超高强度钢

浸 蚀 剂：未浸蚀

处理情况：铸态

组织说明：图 3-4-40：SEM，二次电子图像裂纹在 TiN 上产生的情况。图 3-4-41：SEM，二次电子图像，裂纹在 TiN 上长大与相邻 TiN 上的裂纹相连情况。

　　　　上述二图片显示含有 TiN 夹杂物的金相试样受力后在扫描电镜下观察裂纹在 TiN 上成核后长大，并彼此相连变粗，在夹杂物聚集区内裂纹成核后靠相邻夹杂物彼此连接扩展的情况。

　　　　图 3-4-42：由于 TiN 大量聚集，使 TiN 聚集区裂纹彼此相连，夹杂物间距缩小，当试样颈缩后，可加快裂纹的连接长大，最终使钢产生裂纹。

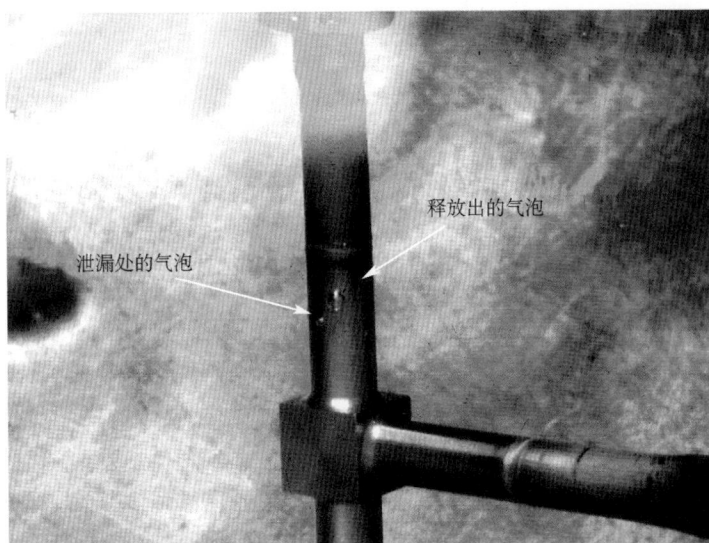

图　3-4-43　　　　　　　　　　　　泄漏的三通实物图

图　3-4-44　　　　　　　　　　　　50×

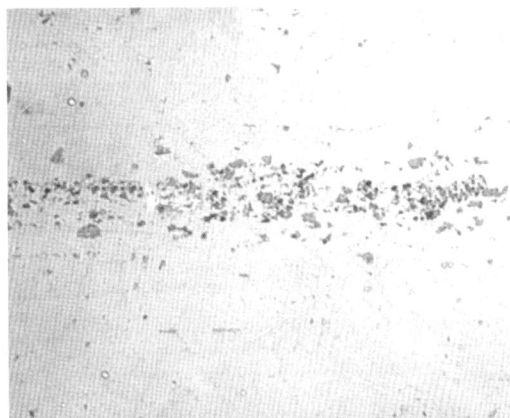

图　3-4-45　　　　　　　　　　　　500×

图　　号：3-4-43～3-4-45　　　　　　　浸 蚀 剂：未浸蚀

材料名称：1Cr18Ni9Ti 钢　　　　　　　处理情况：轧制

组织说明：等径三通本体所用材料是 ϕ80mm 的 1Cr18Ni9Ti 热轧棒材（非电渣重熔奥氏体不锈钢），在氦检发现其漏率超差，再作气检当气压增至 2MPa 时，三通图示部位有气泡形成，每 3min 左右冒一个泡，见图 3-4-43。取三通沿材料的纵向泄漏处剖开做金相分析，发现 TiN 夹杂和氧化铬夹杂沿棒材纵向分布，其走向垂直于三通壁厚。在泄漏部位的截面处发现夹杂已经贯穿管壁厚度，其宽度约为 0.2mm，见图 3-4-44。图 3-4-45 为图 3-4-44 局部处放大组织。因此三通气检泄漏的原因是原材料棒材中呈纵向连续分布的 TiN 夹杂和其他夹杂条带贯穿管壁，并在一定的气检加压条件下由于应力集中使这些夹杂缺陷扩大所致。

在 1Cr18Ni9Ti 不锈钢中为了抑制（Cr，Fe）$_{23}$C$_6$ 碳化物的析出，提高其抗晶间腐蚀的能力在不锈钢中加 Ti，因 Ti 与钢中的 N 有很强的亲和力，在凝固结晶时很容易生成 TiN 夹杂并伴有疏松，这些夹杂及疏松在锻轧加工时沿加工方向延伸，在一定条件下就会形成呈连续分布的夹杂带。钢锭中的夹杂量越多越集中这种情况就越严重。由于 TiN 夹杂属脆性相，在外力作用下容易造成应力集中，因此这些较严重的呈条状连续分布的夹杂一旦贯穿承压部件的壁厚，就容易在受压时的造成泄漏。这类钢如进行电渣重熔可大大降低钢锭中这些夹杂的含量，从而能明显降低热轧棒上呈连续分布的夹杂带的程度。

第4章
工模具钢

在汽车制造、电机、电器、航空、航天、仪器、仪表等工业部门中，用于制造零件的加工工具一般是用工模具钢来制造的，而工模具的质量直接影响着被加工工件的产量、质量和精度。随着科学技术的飞速发展，对工模具钢提出了越来越高的要求，国内外生产和研制的钢种也日益增多。根据不同使用要求，如何合理选择、使用工具模具钢，以及合理制定工模具冷热加工工艺显得尤为重要。因选材不当、使用不当或工艺不当造成工模具的失效事故也屡见不鲜，因此对工具模具的失效分析是改进产品质量，提高产品使用寿命的重要措施。

第1节　碳素工具钢

碳素工具钢的冶炼方法比较简单，价格低廉，热处理后具有很高的硬度和耐磨性，广泛用于各种工具和零件。但因碳钢的淬透性差、淬火变形和开裂倾向大、热强性差等不足之处，使用范围受到限制，一般仅适用于制造各种轻型切削刀具、刀刃受热程度低的手工刀具、低速及小进给量的机用刀具等。碳素工具钢按其杂质含量不同，分为优质钢和高级优质钢两类。高级优质钢的硫磷含量低，硅锰控制范围较窄，因此性能较好。工模具行业用得较多的是 T10 和 T12 两种钢。常用碳素工具钢的钢号、特性和用途见表 4-1-1。

表 4-1-1　常用碳素工具钢的钢号、特性和用途

钢　号	A_{cm},A_{c_3}/℃	常规淬火加热温度/℃	M_s/℃	用　　途
T7，T7A	770	780～800	280	在适当硬度下具有较高的韧性，用于受振动和冲击的工具，如錾子、锻模、硬印、锤子等
T8，T8A	—	760～770	240	受振动需要足够韧性并有较高硬度的工具，如模具、钻凿工具等

（续）

钢 号	$A_{cm}, A_{c3}/℃$	常规淬火加热温度/℃	$M_s/℃$	用 途
T9，T9A	—	760～770	—	有一定硬度及韧性的冲模、冲头、木工工具等
T10，T10A	800	770～790	200	不受振动并有少许韧性的工具，如拉丝模、冷冲模、丝锥、板牙等
T12，T12A	820	770～790	200	不受振动并有高硬度的工具，如钻头、外科手术刀、刮刀等

保证碳素工具钢的退火质量是为以后最终热处理打下基础，退火的主要缺陷有以下几种：

1）片状或点状珠光体。

2）网状碳化物。

3）石墨碳。

4）脱碳。

碳素工具钢的淬火和回火组织和缺陷将决定工模具的质量，其主要缺陷有以下几种：

1）过热。

2）裂纹。

3）回火不足。

4）脱碳。

碳素工具钢的金相图片见图 4-1-1～图 4-1-76。

第 2 节 轴 承 钢

轴承是转动部件中不可缺少的重要零件，它在高速运转的同时，还承受着高而集中的周期性交变载荷，接触应力大，同时又因滚珠和轴承套之间接触面积很小，工作时不但有转动，而且还有滑动，从而产生强烈的摩擦现象。铬滚动轴承钢是轴承专用钢，目前已不仅用于制造滚动轴承，同时也用来制造冷冲模、轧辊、量具等工具，使用效果较满意。

轴承钢中 w（C）在 1% 左右，w（Cr）在 0.5%～1.65%。其中 w（Cr）为 1.5% 的 GCr15 钢应用最为广泛。因这种钢的含合金量较低，但具有高强度、高弹性极限、高的硬度和耐磨性，以及良好的接触疲劳强度和良好的淬透性，同时还具有一定的韧性和抗腐蚀能力，热处理工艺也较为简单等优点。各种牌号的轴承钢的化学成分见表 4-2-1。

轴承钢中的铬是碳化物形成的元素，在过共析钢中不仅会显著改变钢中碳化物的分布形态、颗粒大小，而且还将置换铁形成铬的合金渗碳体。在退火时合金渗碳体集聚倾向比无铬渗碳体小，因此铬轴承钢中碳化物颗粒细小，分布均匀，热处理可显著提高钢的硬度、强度、耐磨性等各项指标，铬元素还能明显提高钢的淬透性能。但 w（Cr）不能高于 1.65%，否则会使残留奥氏量增加而降低硬度。为了消除轴承钢化学成分偏析和初步成形，均需经过锻造，其始锻温度为 1120℃，终锻温度在 800～850℃ 之间。锻后硬度较高，基体为细珠光体，不利于切削加工。为了给最终淬火处理准备好良好的原始组织，同时能得到优越的可加工性能，必须经过球化退火，使碳化物完全球化，硬度下降到 120～180HBW，这样的组织可加工性能好，过热敏感性低，淬火回火后的残留碳化物细小且分布均匀，因此轴承钢的耐磨性、弯曲疲劳强度、冲击韧度均较高。GCr15 钢常用的球化退火工艺为：780～810℃ 加热，保温 3～6h，缓冷至 650℃ 出炉室冷。

轴承钢零件在生产中常见的缺陷形式：

1）因淬火加热温度偏低或保温时间不足，出现团块状或网状托氏体，冷却速度不够时出现贝氏体，甚至出现树枝状或针状托氏体。

2）淬火加热时工件表面受氧化浸蚀扩散，使表层出现贫铬区，淬火后表面出现托氏体网或托氏体层，称为黑色组织，使表面硬度降低，耐磨性变差。

3）淬火加热时工件表面脱碳，使表面硬度降低或引起淬火开裂。

4）工件薄厚不均时，在保温时间不足的情况下，淬火后易于在相对较厚处出现软点。

5）在磨削加工时，因砂轮太钝、太细或太硬，进给量太大或冷却不当等情况，都会引起轴承钢工件的磨削退火、烧伤或开裂等缺陷。

GCr15 钢的淬火温度为 835～850℃，大截面工件或采用分级淬火时，淬火温度可适当提高到 850～870℃。在制作要求尺寸稳定的量具时，淬火后应立即进行冷处理，以减少残留奥氏体量，从而稳定其尺寸。

表 4-2-1　轴承钢的化学成分

钢 号	化学成分（质量分数，%）					
	C	Mn	Si	Cr	S	P
GCr6	1.05～1.15	0.20～0.40	0.15～0.35	0.40～0.70	≤0.02	≤0.027
GCr9	1.00～1.10	0.20～0.40	0.15～0.35	0.90～1.20		
GCr9SiMn	1.00～1.10	0.90～1.20	0.40～0.70	0.90～1.20		
GCr15	0.95～1.05	0.20～0.40	0.15～0.35	1.30～1.65	≤0.02	≤0.027
GCr15SiMn	0.95～1.05	0.90～1.20	0.40～0.65	1.30～1.65		

轴承钢金相图片见图 4-2-1～图 4-2-100。

第3节　冷作模具钢

冷作模具钢用于金属或非金属材料的冲裁、拉深、弯曲、冷镦、滚丝、压弯等工序。冷变形模具的材料应具有高的硬度、强度和耐磨性，足够的韧性和小的热处理变形量。因此，冷作模具钢应在淬火回火后的组织中有一定量的剩余碳化物，并要分布均匀，形态圆整、细密，马氏体针要均匀、细小、弥散。对于形状简单的小型工模具，可选用碳素工具钢；精度要求较高的中小型工模具，可选用低合金工模具钢，如 CrWMn、9SiCr、GD 钢等；对于要求淬透性好，而且具有高硬度、高强度、高耐磨、高承载能力的大中型模具，应选用高铬钢、高速钢、基体钢等来制作。

工模具服役条件是经常承受冲击、磨损、弯曲、剪切，因此要求其材料应具备优良的强韧性。为了满足某些工模具的比较苛刻的使用要求，对不同材料的工模具的热处理工艺和组织应有一些特殊的要求，以便进一步改进工模具的性能，提高其使用寿命。例如双细化工艺、等温淬火工艺等，现已得到广泛应用。

常用的冷作模具钢的钢号和化学成分见表 4-3-1。对表中部分钢种作如下简要介绍：

（1）Cr12 钢　属高铬微变形模具钢，经常用于制造高耐磨、微变形、高负荷服役条件下的冷作模具和工具。因含铬量高使钢的淬透性很好。因为组织中含有大量共晶碳化物，故又称为莱氏体钢。大量碳化物的存在不仅使硬度很高，而且能阻止晶粒长大。可以通过控制淬火加热温度来控制合金元素向奥氏体的溶解量，从而使模具得到微变形甚至不变形。残留奥氏体量的多少与模具的变形量密切相关，因此针对不同要求，通过制定相应热处理工艺来控制淬火后的残留奥氏体量，以满足生产上的不同要求。由于 Cr12 型莱氏体钢中碳化物的不均匀性较严重，增大了钢的脆性，在锻后应进行球化退火处理。在淬火回火状态都仍会残留有较大的淬火应力，因此淬火后回火必须充分，否则易在磨削和服役中开裂。

表 4-3-1　常用冷作模具钢钢号及化学成分

钢　号	化学成分（质量分数，%）						
	C	Si	Mn	Cr	V	Mo	其他元素
CrWMn	0.90～1.05	—	0.80～1.10	0.90～1.20	—	—	W1.20～1.60
9SiCr	0.85～0.95	1.20～1.60	0.20～0.60	0.95～1.25	—	—	—
9Mn2V	0.85～0.95	≤0.35	1.70～2.00	—	0.10～0.25	—	—
6CrW2Si	0.55～0.65	0.50～0.80	0.20～0.40	1.00～1.30	—	—	W2.20～2.70
Cr12	2.00～2.30	≤0.35	≤0.35	11.5～13.0	—	—	—
Cr12MoV	1.45～1.70	≤0.25	≤0.35	11.0～12.5	0.15～0.30	0.40～0.60	—
6CrNiMnSiMoV (GD)	0.64～0.74	0.50～0.90	0.70～1.00	1.00～1.20	—	0.30～0.60	Ni0.70～1.10
65Cr4W3Mo2VNb (65Nb)	0.60～0.70	≤0.35	≤0.40	3.80～4.40	0.80～1.10	2.00～2.50	W2.50～3.00
5Cr4Mo3SiMnVAl (012Al)	0.47～0.57	0.80～1.10	0.80～1.10	3.80～4.30	0.80～1.10	2.80～3.40	Al0.30～0.70
6Cr4Mo3Ni2WV (CG-2)	0.55～0.65	≤0.40	≤0.40	3.80～4.20	0.90～1.30	2.80～3.30	W0.90～1.30 Ni1.80～2.20
7Cr7Mo3V2Si (LD1)	0.70～0.80	0.70～1.20	≤0.50	6.50～7.00	1.70～2.20	2.00～2.50	—
9Cr6W3Mo2V2 (GM)	0.86～0.94	—	—	5.00～6.40	1.70～2.20	2.00～2.50	W2.80～3.20
Cr12W	2.00～3.00	—	—	11.0～12.8	—	—	W0.60～0.90
Cr12Mo	2.05～2.40	—	—	11.0～13.0	—	0.70～1.20	—
Cr5MoV	0.95～1.05	—	≤1.00	0.95～1.05	0.15～0.50	0.90～1.40	—
Cr4W2MoV	1.20	—	—	0.33	1.00	～1.00	W2.20

（2）9Mn2V 钢　这是一种利用我国资源丰富的锰和钒而不含铬的冷作模具钢，它有很好的淬透性，是极易锻造和加工的工模具钢。含锰量增加，会使淬火后残留奥氏体含量增加，因此淬火变形小，但尺寸稳定性稍差，耐回火性差。由于钒有细化晶粒的作用，因此改善了由锰带来的过热倾向和颗粒长大的倾向。

（3）6CrW2Si 钢　该钢的淬透性好，耐回火性好，等温转变比较稳定，有利于分级淬火和等温淬火，可用来制作冷作模具，也可制作冲击工具和刀具等。对于用于要求有中等硬度和耐磨性的工模具时，可采用 880～900℃ 加热淬火，而要求有高硬度高耐磨的工模具时则采用 950～980℃ 加热淬火。

（4）Cr12MoV 钢　是高铬微变形模具钢系列的一种，其综合性能最好，与 Cr12 钢相比，因加入钼而进一步提高了钢的淬透性，细化了晶粒，细化了共晶碳化物，改善了韧性，提高了耐回火性，碳化物的数量、粒度、形态、不均匀程度都比 Cr12 钢有较大的改善。Cr12MoV 钢除耐磨性稍逊于 Cr12 钢外，强度和韧性都比 Cr12 钢好。

（5）GD 钢　其钢号为 6CrNiMnSiMoV 钢，是一种碳化物偏析小而淬透性高的高强韧钢。通过热处理可获得较多的板条马氏体，碳化物细小、均匀，总量比较少，淬火温度较低，淬火温度区间宽，尤其适用于中小企业的热处理条件，可制作各种冷作模具，很少出现崩刀和断裂现象。GD 钢是空冷微变形模具钢，退火状态硬度较高，故必须经球化退火以利于机械加工。

（6）65Nb 钢　其钢号为 65Cr4W3Mo2VNb，是以高速钢为母体，适当降低含碳量，并用少量铌合金化的改型基体钢，是一种高强韧冷热兼用模具钢。特别适用于复杂、大型或难变形金属的冷挤压模具和受冲击负荷较大的冷镦模具，有时也用于热作模具。其淬火回火工艺可按不同要求适当选择：

要求韧性高时：1080～1120℃ 加热后油冷淬火，520～540℃ 回火 1～2h，回火二次。

要求硬度高时：1120～1180℃ 加热后油冷淬火，540～580℃ 回火 1～2h，回火二次。

（7）012Al 钢　其钢号为 5Cr4Mo3SiMnVAl 钢，是冷热兼用的基体钢。钢中适量增加了锰和硅，提高了固溶强化效果，因此提高了基体强度，又添加了微量铝，使钢材的韧性有了明显提高，012Al 钢十分适用于进行渗碳或碳氮共渗来有效提高模具的耐磨性。012Al 钢的热处理工艺可按模具要求不同而做出选择：

冷作模具：1090～1100℃ 加热，油冷淬火或分级冷却，510℃ 回火 2h，回火二次，硬度为 60～62HRC。

热锻模具：1100～1120℃ 加热，油冷淬火或分级冷却，580～600℃ 回火 2h，回火二次，硬度为 52～54HRC。

压形模、压铸模：1120～1140℃ 加热，油冷淬火或分级冷却，620～630℃ 回火 2h，回火二次，硬度为 42～44HRC。

（8）CG-2 钢　其钢号为 6Cr4Mo3Ni2WV 钢，是冷热兼用的基体钢。钢中的合金元素钼、钒能促进二次硬化效果，提高热硬性。但含钼量高会导致钢有脱碳倾向，过热敏感性也较大。镍元素能提高韧性和热疲劳性能。CG-2 钢加热温度超过 1120℃，晶粒会明显长大。淬火后回火温度在 650℃ 时有二次硬化峰。CG-2 钢的热处理工艺按不同模具而选择：

热作模具：1120～1180℃ 加热后油冷淬火或分级，630℃ 回火二次，硬度为 51～53HRC。

冷作模具：1100～1140℃ 加热后油冷淬火或分级，560℃ 回火二次，硬度为 60～61HRC。

（9）GM 钢　其钢号为 9Cr6W3Mo2V2 钢，它是制作精密、耐磨、高寿命冷作模具的莱氏体钢，由于 GM 钢的碳、铬、钼含量相对比较低，因此其碳化物带状分布倾向较轻微。GM 钢锻后要及时进行球化退火，以利于后面的机械加工。推荐采用的淬火工艺为：1100～1160℃ 加热油冷淬火或分级淬火，520～560℃ 回火三次，硬度为 65HRC 以上。GM 钢在冷轧钢带冲模、多工位级进模、滚丝模、切边模等领域使用，寿命都有大幅提高。

（10）CrWMn 钢　CrWMn 的淬透性极好，工件直径小于 50mm 时能在硝盐中淬透。淬火加热时晶粒长大倾向低，淬火后的残留奥氏体较多，淬火变形小。因钨和铬都是碳化物形成元素，碳化物的熔点高，因此淬火回火后的剩余碳化物较多，使硬度提高。但钢的碳化物不均匀性也比较严重，常常是造成模具失效的主要原因。

（11）9SiCr 钢　钢中增加含硅量后，强化了铁素体，明显提高了钢的硬度和强度，回火时又有阻止硬度降低的作用。9SiCr 钢是专用刀具钢，也可用于制作冷作模具，如滚齿模、冷冲模等。现又初步应用于较大载荷的模具。

9SiCr 钢的淬透性好，工件尺寸小于 60mm 时在硝盐中能淬硬，直径小于 80mm 时可在油中淬硬，而且其网状碳化物析出的敏感性低，带状碳化物偏析和液析倾向较轻，但因含硅量的增加，同时也增加了钢的脱碳倾向。

冷作模具钢的金相图片见图 4-3-1～图 4-3-172。

第 4 节　热作模具钢

1. 热作模具钢的分类

经加热的金属在热变形模具中或液态金属在压铸模具中能够加工成所需要形状的工件，制作这种模具的钢称热作模具钢。这种模具长期在反复急冷急热条件下服役，要求能稳定地保持各种力学性能，特别是热强性、热疲劳性和韧性。一般热作模具钢分为三类：

（1）高韧性热作模具钢　主要用于承受冲击负荷的锤锻模，能在 400℃ 左右的工作条件下承受急冷急热的恶劣工况。此类模具钢有 5CrMnMo、5CrNiMo 等。

（2）高热强模具钢　一般用于模具温升高容易造成模具型腔堆塌、磨损、表面氧化和热疲劳的热挤压模、压形模、压铸模等模。此类模具钢有 3Cr2W8V、GR 、Y4、Y10 等。

（3）强韧兼备的热作模具钢　用于能在 550～600℃ 高温下服役、又可用于冷却液反复冷却的压铸模、压形模等模。此类模具钢有 4Cr5MoV1Si（H13）、3Cr3MoNb（HM3）、5Cr4Mo3SiMnVAl（012Al）等。

以下三类热作模具钢的常用钢号和化学成分见表 4-4-1。

2. 常用热作模具钢的性能

采用热作模具钢制作复杂模具时，为防止变形和开裂，热处理时采用等温淬火，可使模具获得较好的综合力学性能。热作模具钢在服役中的磨损和冷热疲劳是造成模具失效的主要因素。在一定条件下对模具采用表面化学热处理，可提高模具的热疲劳寿命和抗热磨损性能。但表面化学热处理会降低模具的韧性。因此，只在冷热循环条件苛刻、受冲击不大的模具上使用。

（1）5CrMnMo 和 5CrNiMo 钢　这是传统的应用最广泛的热锻模具钢，热锻模的型腔表面与 1150～1100℃ 高温金属接触，高温金属在冲击力的作用下在型腔内剧烈地流动和变形，所以锻模温度常被加热到 300～400℃，局部甚至达到 500～600℃，因此要求模具应具有高硬度、高韧性和一定的耐磨性，同时还要求在较高温度下能保持与室温下几乎相同的力学性能，即有较高的耐回火性。由于热锻模在工作时要受水、油等冷却介质的冷却，故必须有良好的耐热疲劳性能。5CrMnMo 和 5CrNiMo 钢能满足热锻模的工作要求。

表 4-4-1　常用热作模具钢的钢号及化学成分

类别	钢号（代号）	化学成分（质量分数，%）							
		C	Si	Mn	Cr	W	Mo	V	其他元素
高韧性热作模具钢	5CrMnMo	0.50~0.60	0.25~0.60	1.26~1.60	0.60~0.90	—	0.15~0.30		
	5CrNiMo	0.50~0.60	≤0.40	0.50~0.60	0.50~0.80	—	0.15~0.30	—	Ni:1.40~1.60
	5SiMnMoV	0.45~0.55	1.50~1.80	0.50~0.70	0.20~0.40	—	0.35~0.50	0.20~0.35	—
	4Cr5MoSiV	0.33~0.43	0.80~1.20	≤0.40	4.75~5.50	—	1.10~1.60	0.30~0.60	—
	5CrSiMnMoV	0.45~0.55	0.80~1.00	0.80~1.10	1.30~1.60	—	0.20~0.40	0.20~0.30	—
	4Cr5MoSiV (H11)	0.33~0.43	0.80~1.10	0.20~0.50	4.75~5.50	—	1.10~1.60	0.30~0.60	P,S≤0.03
高热强热作模具钢	3Cr2W8V	0.30~0.40	≤0.40	≤0.40	2.20~2.70	7.50~9.00	—	0.20~0.50	P,S≤0.03
	4Cr3Mo3W4V TiNb(GR)	0.37~0.47	≤0.50	≤0.50	2.50~3.50	3.50~4.50	2.00~3.00	1.00~1.40	Nb:0.10~0.20
	Y4	0.36~0.42	0.25~0.50	0.90~1.30	2.20~2.70		2.00~2.50	0.90~1.30	B:0.002~0.006 Nb:0.04~0.10 P,S: ≤0.02
	4Cr5Mo2Mn VSi (Y10)	0.36~0.42	1.00~1.50	0.70~1.50	4.50~5.50		1.80~2.20	0.80~1.20	Ni,Cu 微量
	35Cr3Mo3W2 V(HM-1)	0.32~0.42	0.60~0.90	≤0.65	2.80~3.30	1.20~1.80	2.50~3.00	0.80~1.20	—
	5Cr4Mo2W2S iV	0.45~0.54	0.80~1.10	≤0.50	3.70~4.30	1.80~2.20	1.80~2.20	1.00~1.30	—
	5Cr4W5Mo2V (RM2)	0.40~0.50	≤0.40	0.20~0.60	3.80~4.50	4.50~5.30	1.70~2.30	0.80~1.20	—
强韧兼备热作模具钢	4Cr5MoV1 Si(H13)	0.32~0.45	0.80~1.20	0.20~0.50			1.10~1.75	0.80~1.20	
	3Cr3Mo3V Nb(HM13)	0.24~0.33	—		2.60~3.20		2.70~3.20	0.60~0.80	Nb:0.08~0.15
	4Cr5W2SiV	0.32~0.42	0.80~1.20	0.40	4.50~5.50	1.60~2.10	—	0.60~1.00	—
	5Cr4Mo3SiMn VAl(012Al)	0.47~0.57	0.80~1.10	0.80~1.10	3.80~4.30	—	2.80~3.40	0.80~1.20	Al:0.30~0.70
	CG-2	0.55~0.64	≤0.40	≤0.40	3.80~4.30	0.90~1.30	2.80~3.30	0.90~1.30	Ni:1.80~2.20 P,S≤0.03
	4Cr3Mo2MnV B(ER8)	0.34~0.39	0.25~0.60	1.20~1.70	2.20~2.80	—	1.80~2.30	0.90~1.40	B:0.002~0.005 P,S≤0.03 Ni,Cu 微量

一般中小型模具用 5CrMnMo 钢，大型锻模则用淬透性和强韧性较好的 5CrNiMo 钢制造。

（2）4Cr5MoVSi 钢（H11）　H11 钢能在 500℃下服役，热强性、耐磨性及淬火性都好，抗热疲劳性特别好，因此是制作高速锤锻模的理想材料。也可用于制造压铸模和挤压模。模具的使用寿命可提高 1～2 倍。H11 钢在 500℃回火会出现冲击韧度的低谷，因此模具的回火温度应避开 500℃，也应避免在此温度进行化学热处理。

（3）3Cr2W8V 钢　这是我国热作模具的传统用钢，用于要求承载力高、热强性高和耐回火性高的压铸模、热挤压模、压形模。因为含碳量低，因此有一定的韧性和良好的导热性能。

3Cr2W8V 钢含碳量虽不高，但在合金元素作用下使共析点左移，因此它属于共析钢或过共析钢。因合金元素含量高，元素的扩散均匀化困难，如果冶炼不当，元素的偏析严重，共晶碳化物的数量会增加，这会导致模具脆裂报废事故。

（4）4Cr5Mo2MnVSi 钢（Y10）　Y 系列钢主要是针对压铸模的特点，提高热疲劳性能、热强性、抗熔融金属的熔蚀性和降低热处理变形而研制的新钢种。Y10 钢是针对铝合金压铸模的特点而设计的，这种模具使用中的主要失效形式是热疲劳裂纹和铝液熔蚀。这种钢制作的模具能在低于 600℃的工况条件下长期使用。

Y10 钢的锻造性能良好。它的淬火加热温度为 950～1050℃，回火温度为 550～620℃，在上限温度回火后硬度为 42～52HRC，在下限温度回火后硬度为 50～51HRC。

（5）Y4 钢　Y4 钢是针对铜合金压铸模研制的热压模具钢。铜合金液的温度比铝合金更高（880～960℃）。Y4 钢加入了铌，使碳化物稳定性提高，因此能细化晶粒，降低过热敏感性，提高热强性和热稳定性。Y4 钢的耐热性能比 Y10 钢好。Y4 钢已在锰黄铜、铝黄铜的压铸模中和热挤压模上应用，性能比 3Cr2W8V 钢好。

（6）4Cr5MoSiV1 钢（H13）　H13 钢是国际上已广泛应用的空冷硬化热作模具钢，有较高的韧性、耐冷热性和耐疲劳性能，不易发生热疲劳裂纹，模具在使用前须预热，且可以用水喷冷以控制模具的温升。H13 钢有较高热强性能，既可用于热锻模具，也可用作热压铸模具的材料。其热强性和热稳定性都高于 H11 钢。

H13 钢的淬火温度可根据不同要求决定，对要求热硬性为主的模具采用 1050～1080℃淬火，硬度为 54～57HRC；对要求韧性较好的模具可采用 1020～1050℃淬火，硬度为 53～56HRC。回火温度为 550～650℃。

（7）3Cr3Mo3VNb 钢（HM3）　是适用于难变形合金锻件、高温合金锻件及精密锻件的模具用钢。铌使晶粒细化，耐回火性提高，有明显的回火二次硬化效果。HM13 钢淬火加热温度在 1060～1090℃，油冷淬火或分级淬火，回火温度按不同要求而确定：

锻造变形抗力小的锻模，回火温度为 570～600℃，回火后硬度为 47～52HRC。

锻造变形抗力大的锻模，回火温度为 600～630℃，回火后硬度为 42～47HRC。

HM13 钢用于制作耐热钢、不锈钢、高温合金的成形模，其使用寿命有明显提高。

热作模具钢的金相图片见图 4-4-1～图 4-4-128。

第 5 节　塑料模具钢

塑料模具因塑料制品增多而用量不断增加，目前用于制作塑料模具的钢材已占全部模具用钢的一半以上。塑料模具的形状复杂，尺寸精度和表面粗糙度要求高，因此对模具材料的加工性能、热处理变形、尺寸稳定性等方面都有很高的要求。

对于一些形状简单、尺寸精度要求不高、表面粗糙度要求一般的模具，可采用各种常规的模具钢制作。但如果要制作要求高一些的塑料模具时，一般模具钢的综合性能就很难满足塑料模具特有的要求，必须使用塑料模具专用钢。常用的塑料模具专用钢的钢号和化学成分见表 4-5-1。它们的热处理工艺见表 4-5-2。

（1）3Cr2Mo 钢（P20） 这是一种预硬型的塑料模具钢，其化学成分属低杂质的合金结构钢，可以调质到较高硬度但仍能保持良好的可加工性，抛光后又能获得较低的表面粗糙度值，调质后的组织为回火索氏体，硬度为 34HRC，调质后可进行机械加工，避免了热处理变形，故称"预硬型"塑料模具钢。

钢中 w（S）为 0.08%左右，同时增加了含锰量，形成含有大量硫化锰的易切削钢，故调质后仍有很好的可加工性。

（2）8Cr2MnWMoVS 钢（8Cr2S） 系易切削模具钢，主要是由于有易切削相硫化锰的作用。可用于制作精度要求较高模具的模坯。常选择 870℃加热空冷淬火，以减少变形。

（3）5CrNiMnMoVSCa 钢（5NiSCa） 系二元易切削预硬型塑料模具钢。钢中加入钙，可使条状硫化锰起变质作用，从而形成低熔点的共晶氧化物，大大降低氧化物的硬度。这种钢在彩电、电子计算机、电器、塑料制品模具等方面得到广泛应用。

（4）PMS 钢 这是一种低碳的镍铜铝铁合金钢，可以挤压成形。锻后空冷即可进行机械加工成形，固溶淬火后的硬度为 30HRC 左右，便于机械加工。成形后进行热处理，硬度可达到 40～45HRC，是理想的光学透明塑料制品的成形模具材料。这种钢的表面耐蚀性高，补焊性能也很好。

表 4-5-1 常用的塑料模具钢的化学成分（质量分数，%）

钢　号	C	Si	Mn	Cr	Mo	W	V	其 他 元 素
3Cr2Mo（P20）	0.33～0.36	0.51～0.57	0.78～0.79	1.83～1.85	～0.46	—	—	P，S≤0.01
8Cr2MnWMoVS（8Cr2S）	0.75～0.85	≤0.40	1.30～1.70	2.30～2.60	0.50～0.80	0.70～1.10	0.10～0.25	S：0.08～015 P≤0.03
5CrNiMnMoVS（SM1）	0.55～0.70	≤0.4	1.00～1.50	1.00～1.50	≤1.00	—	≤1.00	Ni：1.20～2.00 P≤0.03S≤0.2
5CrNiMnMoVSCa（5NiSCa）	0.50～0.60	—	～1.12	0.90～1.30	～0.54	—	—	Ni：0.90～1.30 S：0.06～0.15 Ca/S～0.10
PMS	0.05～0.20	—	0.50～2.00	—	0.20～0.80	—	～0.19	Ni：2.00～4.00 S≤0.01 Cu：0.80～1.50 Al：0.50～1.50
SM2	≤0.30	≤0.40	≤1.50	≤1.00	≤1.00	—	—	Ni≤5.00 Al≤2.00 S≤0.20 P≤0.03

表 4-5-2　常用的塑料模具钢的热处理工艺

钢号	淬火温度 /℃	淬火介质	回火温度 /℃	回火后硬度 HRC	其　他
3Cr2Mo（P20）	840～860	油	600～650	28～36	调质在加工前进行
8Cr2MnWMoVS（8Cr2S）	860～920	油或240～280 硝盐	550～620	40～48	精度高的可用870℃空冷淬火，650℃回火，硬度30～34HRC
5CrNiMnMoVS（SM1）	800～850	油	620～650	约 40	—
5CrNiMnMoVSCa（5NiSCa）	840～900	油	600～650	35～45	—
PMS	840～900	空冷(硬度 31～33HRC)	～510	40～43	回火时效处理应放在机械加工后进行
SM2	810～930	空冷	500～520	40～45	

塑料模具钢的金相图片见图 4-5-1～图 4-5-14。

第 6 节　高 速 钢

高速钢是含多种合金元素的高合金钢，它具有较高的热硬性，能在 600℃下保持高的硬度和耐磨性。自 20 世纪 60 年代以后，其应用范围已不断扩大，目前除用于制造高速切削刀具外，还可制作冷作模具、高温下服役的热冲压冲头、挤压模具和热锻模等。

高速钢中含有大量合金元素，使相图的 E 点明显左移，使其成为莱氏体型钢。铸造状态的高速钢，莱氏体中的共晶碳化物呈鱼骨状，虽然钢锭经过锻造或轧制，鱼骨状共晶碳化物被破碎并重新分布，但其分布仍往往是不均匀的。尤其是直径大的钢件，因变形不够，碳化物颗粒往往顺着变形方向成带状或网状分布，构成共晶碳化物的偏析。

碳化物的偏析是热处理所无法改变的，所以高速钢采用锻造的目的，不仅是为了初步成形，而更重要的是改变钢中碳化物的分布情况。但即使如此，锻后成形的工件仍往往存在严重的带状或网状碳化物，甚至在网角处形成块状堆集形态，这不仅使钢的力学性能具有明显的各向异性，而且会降低工件在热处理后的强度和韧性。由上述可知，碳化物偏析对钢的性能和加工工艺有很大的影响，偏析严重时，容易导致锻造或淬火时的过热、变形和开裂，并会使制成的工具在使用时发生崩刃、折齿和断裂等事故。为此，高速钢碳化物偏析的级别根据使用要求应有明确的规定。

高速钢的优良性能必须通过正确的热处理才能达到，高速钢的热处理工艺有如下特点：

第一个特点是淬火温度比一般工具钢高得多，因为钢中的主要合金元素钨和钒可形成高熔点的特殊碳化物，这些碳化物需要在 1200℃以上才能大量地溶入奥氏体，淬火后得到钨、钒含量很高的马氏体，且使马氏体在回火时不易分解；在较高温度回火后，上述碳化物可以以极细小的特殊碳化物形式弥散析出，这些弥散的碳化物一般是很难聚集长大的，从而保证高速钢具有高的热硬性。

第二个特点是回火温度高（550~570℃）和多次回火，这是因为高速钢中合金元素多，淬火温度高，致使淬火后组织中存在大量的（可达体积分数 30%）残留奥氏体，这种残留奥氏体固溶有大量的合金元素，故比较稳定，在较低的温度回火是不易转变的。通过550~570℃回火，马氏体和残留奥氏体则将析出弥散度很大的特殊碳化物。这时，残留奥氏体的稳定性才会降低，在回火冷却过程中有可能向马氏体转变，并在后一次回火时转变为回火马氏体。经过多次回火，残留奥氏体可下降至体积分数 2%~3%，绝大部分残留奥氏体将转变为回火马氏体，而回火后的硬度比淬火后还高，可达 63~66HRC，保证刀具具有更好的切削能力。虽然高速钢的回火温度高达 560℃，但因得到的组织是回火马氏体及碳化物，故按其实质仍属低温回火，而不是调质回火。

高速钢的钢号和化学成分见表 4-6-1。

表 4-6-1　高速钢的钢号和化学成分

钢　号	化学成分（质量分数，%）						
	C	Cr	W	V	Mo	Co	Al
W9Cr4V2	0.85~0.95	3.80~4.40	8.50~10.00	2.00~2.60	≤0.30	—	—
W18Cr4V(T1)	0.70~0.80	3.80~4.40	17.50~19.00	1.00~1.40	≤0.30	—	—
W12Cr4V4Co5	1.35~1.55	3.50~5.00	12.00~14.00	3.75~5.00	0~1.00	4.50~5.50	—
W18Cr4VCo5	0.75	4.00	18.00	1.00	—	5.00	—
W18Cr4VCo10	0.70~0.85	3.80~4.40	17.00~19.00	0.70~1.50	0.80~1.00	9.00~10.00	—
W6Mo5Cr4V2(M2)	0.80~0.90	3.80~4.40	6.00~7.00	1.80~2.30	4.50~6.00	—	—
W12Cr4V4Mo	1.20~1.40	3.80~4.40	11.50~13.00	3.80~4.40	0.90~1.20	—	—

采用高速钢制作模具时，凡要求有高热强性的工模具时，一般可选用 W18Cr4V 类高速钢。而要求经受一定冲击载荷的工模具时，一般可选用 W6Mo5Cr4V2 类高速钢。常用高速钢的锻造温度和热处理工艺见表 4-6-2。

表 4-6-2　高速钢的锻造温度和热处理工艺

钢　号	锻造温度/℃	退火温度/℃	淬火温度/℃	回火温度/℃	硬　度	
					退火后 HBW	淬火后 HBW
W9Cr4V	1150~950 缓冷	870~900	1230~1250	540~560	≤225	>63
W18Cr4V	1150~950 缓冷	850~880	1260~1300	540~560	≤225	>63
W12Cr4VCo5	1150~980 缓冷	870~900	1240~1260	540~560	≤277	>64
W18CrVCo5	1150~950 缓冷	870~900	1260~1310	540~560	≤269	>63
W18Cr4VCo10	1150~950 缓冷	870~900	1270~1320	540~560	≤277	>64
W6Mo5Cr4V2	1150~930	840~860	1210~1240	540~560	≤241	>62
W12Cr4V4Mo	1150~950 缓冷	800~860 缓冷	1240~1270	540~560	≤275	>62

高速钢的金相图片见图 4-6-1～图 4-6-85。

工模具钢金相试样常用的化学浸蚀剂见表 4-6-3。

附表　工模具钢常用的浸蚀剂名称、组成和用途

工模具钢常用的浸蚀剂名称、组成和用途

序号	名　称	组　成	用　途
1	2%～5%硝酸酒精溶液	硝酸　　　　2～5mL 酒精　　　95～98mL	显示工模具钢显微组织
2	10%硝酸酒精溶液	硝酸　　　　10mL 酒精　　　　90mL	高速钢淬火组织及晶间显示
3	饱和苦味酸水（酒精）溶液	饱和苦味酸水溶液（或酒精溶液）	显示钢显示组织，特别显示碳化物组织
4	碱性高锰酸钾溶液	高锰酸钾　　　1～4g 苛性钠　　　　1～4g 蒸馏水　　　100mL	碳化物染成棕黑色，基体组织不显示
5	饱和苦味酸-海鸥洗涤剂溶液	饱和苦味酸溶液+少量海鸥洗涤剂	新配制适用于显示淬火组织的晶界
6	三酸乙醇溶液	饱和苦味酸　　20mL 硝酸　　　　　10mL 盐酸　　　　　20mL 酒精　　　　　50mL	显示合金模具钢及刀具材料的淬火与回火组织
7	1+1 盐酸水溶液	盐酸　　　　50% 水　　　　　50%	显示 GCr15 钢组织
8	苦味酸盐酸水溶液	苦味酸　　　　1g 盐酸　　　　　5mL 水　　　　　100mL	显示 Cr12MoV 钢组织
9	苦味酸盐酸酒精溶液	苦味酸　　　　1g 盐酸　　　　　5mL 酒精　　　　100mL	显示 6Cr4Mo3Ni2WV 钢组织

金 相 图 片

图　　号：4-1-1

材料名称：T7 钢 ［w（C）0.65%～0.74%］

浸 蚀 剂：4%硝酸酒精溶液

处理情况：加热至 820℃保温后炉冷

组织说明：细片状珠光体基体上布有少量白色条
状的铁素体组织。铁素体沿奥氏体晶界呈半网
状分布。

　　当钢中含碳量接近共析成分时，基体组织
中的珠光体含量将明显增加，铁素体的含量则
相应减少。由于退火状态的 T7 钢中珠光体呈
层片状分布，故其硬度较高，影响切削加工，
同时这种片状珠光体也不符合淬火组织的要
求，必须进行球化退火处理，使片状珠光体中
的渗碳体发生球粒化，从而满足淬火和机械加
工的要求。

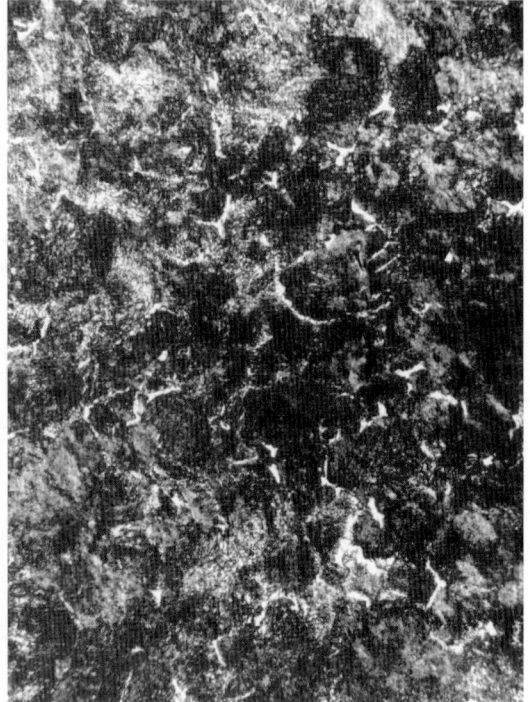

图　4-1-1　　　　　　　　　　　200×

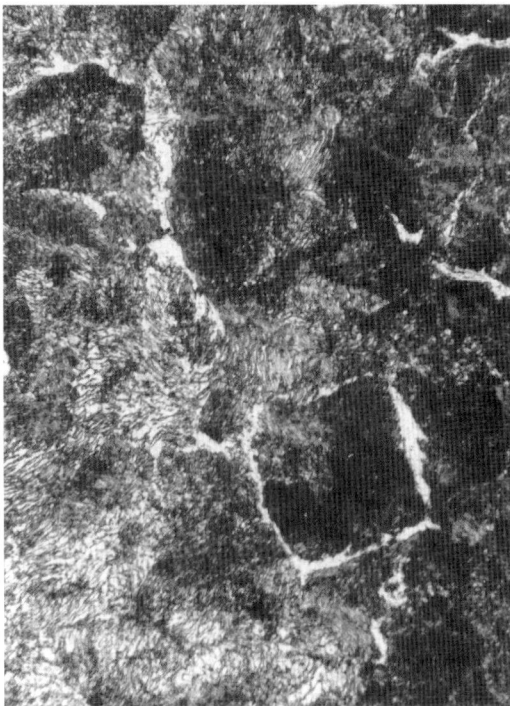

图　4-1-2　　　　　　　　　　　500×

图　　号：4-1-2

材料名称：T7 钢

浸 蚀 剂：4%硝酸酒精溶液

处理情况：820℃加热保温后炉冷

组织说明：本图为图 4-1-1 试样放大至 500 倍后的
组织，珠光体片间距清晰可辨，白色铁素体沿晶
界分布，仔细观察，晶界处的铁素体与片状珠光
体中的铁素体相连，没有相界。尽管晶界处的铁
素体含量较少，但其分布是不规则的，且较肥大，
不像过共析钢中沿晶界分布的二次渗碳体那样细
而薄，二次渗碳体与片状珠光体中的铁素体是有
明显相界的。

　　T7 钢具有较好的韧性和硬度，但其可加工性
较差。淬火后，基体中没有剩余的碳化物，因此
其耐磨性较差，硬度相对也较低，故一般用于制
造木工工具和钳工工具。其锻件必须经过球化退
火，才有利于切削加工和淬火处理。

图　　号：4-1-3
材料名称：T8 钢
浸 蚀 剂：4%硝酸酒精溶液
处理情况：完全退火处理
组织说明：细片状珠光体及极少量呈断续
　　网状分布的铁素体；试样中珠光体的含
　　量大于 95%（体积分数）。

　　　由于碳分偏于下限，故在退火冷却
时沿晶界析出极少量铁素体。若在退火
冷却时，稍加快冷却速度，则将产生伪
共析转变，可获得全部细片状珠光体。
T8 钢也应进行球化退火以利于切削加
工。经淬火和低温回火处理可获得较细
的马氏体组织。但它的淬火温度范围狭
窄，加热时极易产生过热；而且淬火时
变形较大，淬透性又很低。它的热硬性
较差，只适用于制造工作温度在 250℃以
下、而承受冲击载荷不大的工模具。

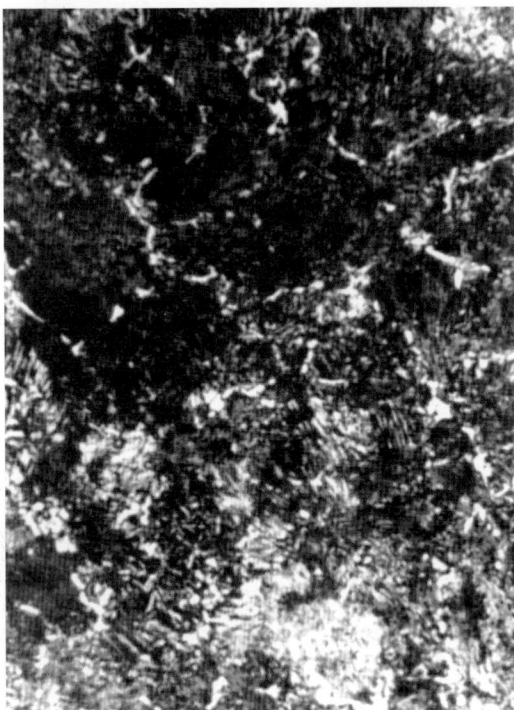

图　4-1-3　　　　　　　　　　　　500×

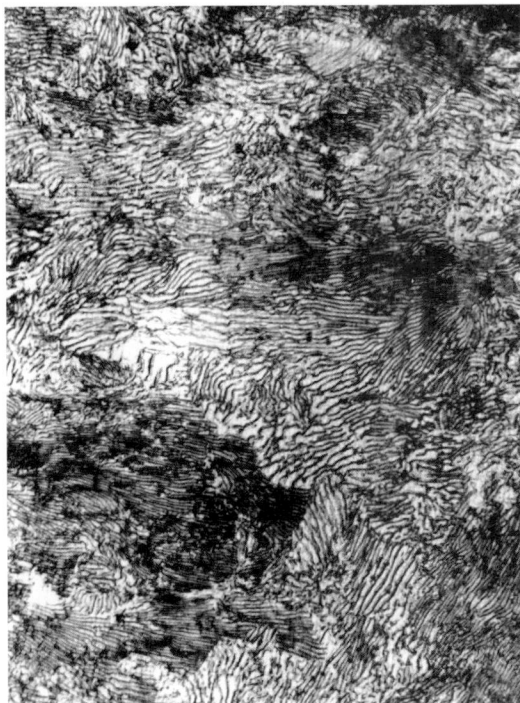

图　4-1-4　　　　　　　　　　　　500×

图　　号：4-1-4
材料名称：T8A 钢
浸 蚀 剂：4%硝酸酒精溶液
处理情况：完全退火处理
组织说明：基体为片状珠光体。珠光体层片间
　　距清晰可辨，在放大 500 倍的情况下，这样
　　粗细的片状珠光体属于中等片状珠光体。

　　　此为 T8 碳素工具钢完全退火的典型组
织，即共析钢的平衡组织。完全退火的片状
珠光体组织是不符合淬火处理要求的，应在
淬火前先经球化退火处理，获得球状珠光体
组织，然后再进行淬火处理。这样不仅能使
钢材利于机械加工，而且可以避免淬火时产
生过热组织；同时在淬火后可以得到细针状
马氏体组织。

　　　T8 钢是共析钢，过热敏感性大，淬火后
容易出现过热的粗大马氏体组织，导致工件
开裂，淬火后很少有残余的碳化物，故耐磨
性也较差，但在大截面工件的中心不会出现
网状二次碳化物。

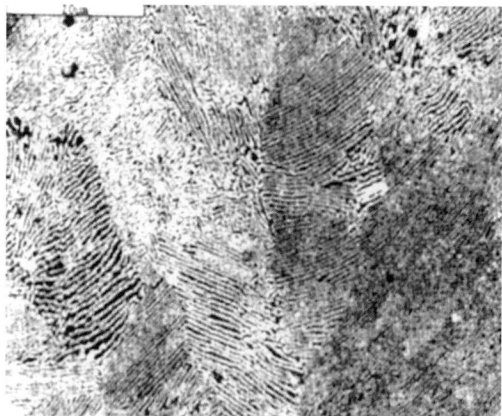

图 4-1-5   1000×

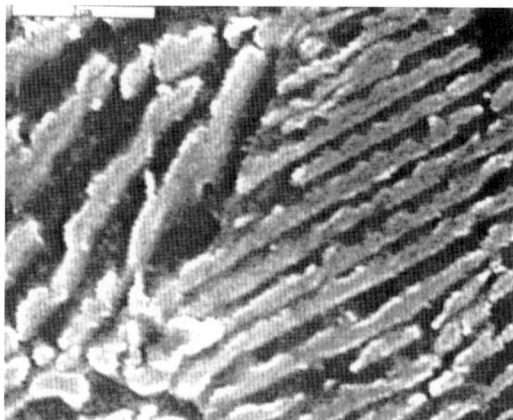

图 4-1-6   10000×SEM

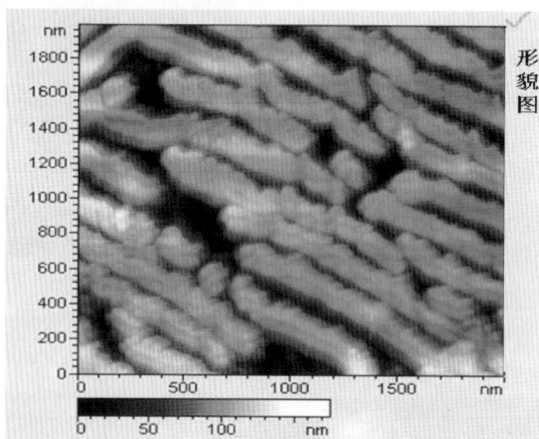

图 4-1-7   珠光体 AFM 形貌图

图　　号：4-1-5～4-1-7

材料名称：T8A 钢 [w（C）0.79%～0.85%，w（Mn）≤0.40%，w（Si）≤0.35%，w（S）≤0.03%，w（P）0.035%]

浸 蚀 剂：4%硝酸酒精溶液

处理情况：热轧空冷后的钢坯

组织说明：图 4-1-5：放大 1000 倍的层片状珠光体。珠光体的层片状清晰可辨，从图中可见到每个珠光体领域层片状排列有序的分布情况。

图 4-1-6：SEM 扫描电镜下层片状珠光体在放大 10000 倍下的组织，两个不同珠光体领域内的层片状组织的分布情况。

图 4-1-7：层片状珠光体在原子力（AFM）显微镜下的层片形貌图。图中纵、横坐标轴的数据给出了在钢坯中同一区域内存在着片间距不同的珠光体组织。

珠光体是共析转变的产物，是由铁素体和渗碳体组成的机械混合物，片状珠光体是一片铁素体和一片渗碳体紧密交替堆叠而成的。片层排列方向大致相同的区域称为珠光体领域、珠光体团或珠光体晶粒。一个原奥氏体晶粒内，可以形成几个珠光体领域或珠光体团。珠光体的显微结构或片间距的测定，一般可用金相显微镜或扫描电镜（SEM）来测定一片铁素体和一片渗碳体的总厚度或相邻两片渗碳体或铁素体中心之间的距离——称为珠光体的片间距离。

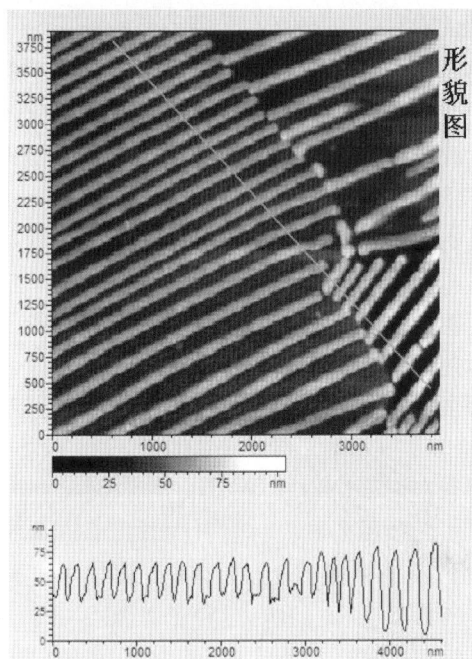

图　4-1-8　　　　　　　　　　　　　AFM 片间距

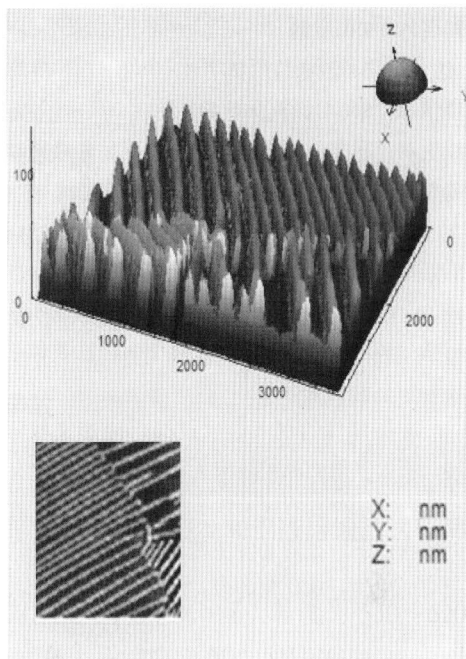

图　4-1-9　　　　　　　　　　　　　AFM 立体图

图　　　号：4-1-8、4-1-9

材料名称：T8A 钢

浸 蚀 剂：4%硝酸酒精溶液

处理情况：热轧空冷后的钢坯

组织说明：图 4-1-8：片层状珠光体经原子力（AFM）显微镜放大后的形貌，下面曲线为片层珠光体宽度和高度的情况。

图 4-1-9：图 4-1-8 层状珠光体经原子力显微镜放大后的立体形貌。

传统测定珠光体的片间距是在金相显微镜下或扫描电镜下进行的，它们都在二维平面上判定结果。它忽视了观察平面上存在不同取向的因素，因此在这种条件下不同位置测得的结果存在有明显的差异。

AFM 在一定条件下可以给出三维形貌，是一种较为精确测定珠光体片间距（S_0）的方法。

普通珠光体：S_0=1500～4500Å[一]（500 倍下能清晰分辨出片层结构）。

索氏体：（细珠光体）S_0=800～1500Å[一]（500 倍下很难分辨出片层结构）。

托氏体：（极细珠光体）S_0<800Å[一]（1000 倍下无法分辨出片层结构）。

珠光体片间距的细密程度不仅反映了材质本身的力学性能，而且也反映出材质的热处理工艺情况，因此测定珠光体的片间距是十分重要的。

[一]　Å 为非法定计量单位，1Å=0.1nm。

图　　号：4-1-10

材料名称：T10A 钢

浸 蚀 剂：3%苦味酸酒精溶液

处理情况：860℃加热保温后炉冷

组织说明：粗大片状珠光体及沿晶界呈断续网状
分布的渗碳体。硬度为 198～202HBW。

　　T10A 钢属过共析钢，完全退火状态的组
织是细片状珠光体及沿晶界分布的二次渗碳
体。二次渗碳体在晶界处作细薄的网状或断续
网状分布，呈白色，与珠光体中白色铁素体基
体有明显的相界。

　　本图零件的退火温度过高，冷却又较缓
慢，所以获得的晶粒较粗大，而且片状珠光体
也很粗。工件具有这种粗大的退火组织时，在
外力作用下，很容易发生脆断。T10A 钢在淬
火前应先进行球化预处理，以提高其韧性和改
善可加工性。

　　注：浸蚀剂成分为以酒精为基液，加入体
积分数 3%的苦味酸。

图　 4-1-10　　　　　　　　　　　　500×

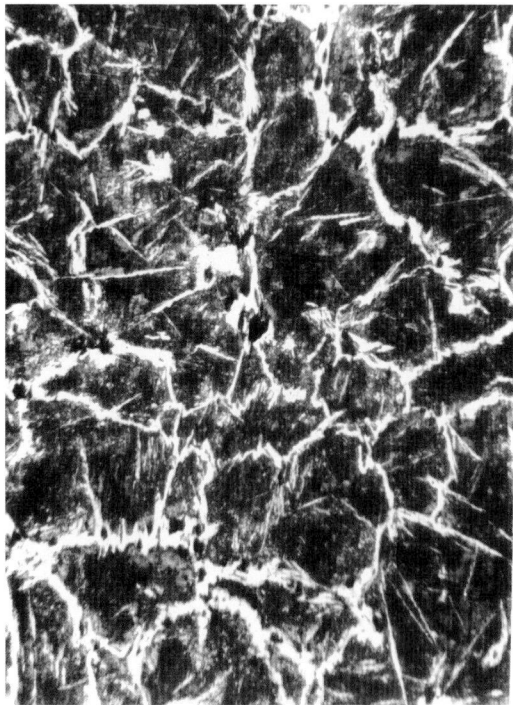

图　 4-1-11　　　　　　　　100×

图　　号：4-1-11

材料名称：T12A 钢

浸 蚀 剂：4%硝酸酒精溶液

处理情况：锻造后空冷

组织说明：白色网状及针状组织是渗碳体，黑色基
体组织是珠光体。

　　停锻温度较高，晶粒粗大，空冷后渗碳体易
形成魏氏组织，即部分渗碳体呈封闭网状分布于
晶界，部分呈针状伸向晶内。这种组织在球化退
火前必须先正火，以消除呈网状分布的渗碳
体。碳化物如果比较肥厚就要采用二次正火方能消
除，而且第一次正火的温度要稍高些。

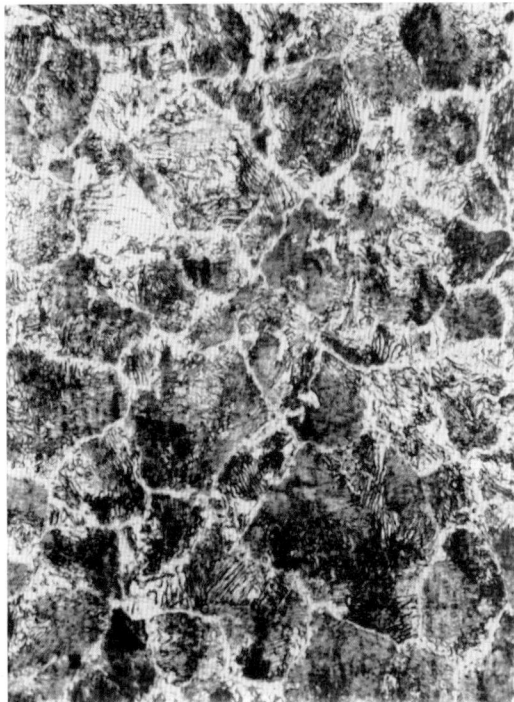

图　　号：4-1-12

材料名称：T12 钢

浸　蚀　剂：4%硝酸酒精溶液

处理情况：1100℃热轧后空冷

组织说明：片状珠光体及网状碳化物。

　　热轧加热温度较高，冷却速度较快，组织较粗大，硬度较高，以后热处理时易变形，故必须经过球化退火后才能使用。

　　T12 钢淬火后有颗粒状剩余碳化物，致使钢的硬度高，耐磨性好，同时钢的组织也较细，使之具有一定的韧性。

图　4-1-12　　　　　　　　　　　　500×

图　4-1-13　　　　　　　　　　　　500×

图　　号：4-1-13

材料名称：T12 钢

浸　蚀　剂：4%苦味酸酒精溶液

处理情况：800℃加热保温后随炉冷却

组织说明：粗片状珠光体及网状碳化物。

　　退火加热温度较高，奥氏体晶粒长大，冷却缓慢，沿奥氏体晶界析出呈网状分布碳化物，片状珠光体呈板条状整齐分布。

　　这种组织可通过正火处理得到改善。淬火后，有较多的剩余碳化物颗粒，不但使组织细小，而且工件的硬度高，耐磨性好，且还具有一定韧性，适用于制造工模具。

图　　号：4-1-14

材料名称：T12A 钢

浸 蚀 剂：4%硝酸酒精溶液

处理情况：完全退火

组织说明：基体为片状珠光体，白色网状二次渗
　　　　碳体沿晶粒边界析出。从二次渗碳体网状的大
　　　　小，显示出钢在高温时奥氏体晶粒的大小。故
　　　　可利用它来评定钢的晶粒大小。

　　　　晶界处的网状渗碳体很细薄，不像亚共
析钢晶界上的铁素体那么肥大和不规则，因
此在显微镜下可以利用上述分布特征进行
初步鉴别；然后再放大倍数，进一步观察它
与片状珠光体中的铁素体有无相界，如果是
二次渗碳体，则它与珠光体中的铁素体应有
明显的相界。倘若仍然观察不清，可将试样
抛光后置于煮沸的碱性苦味酸钠或质量分
数为 10%的氢氧化钠水溶液中热蚀 10min，
此时二次渗碳体将被染成棕黑色，而铁素体
则不变色。

　　　　本图片为 T12A 钢完全退火的典型组织。

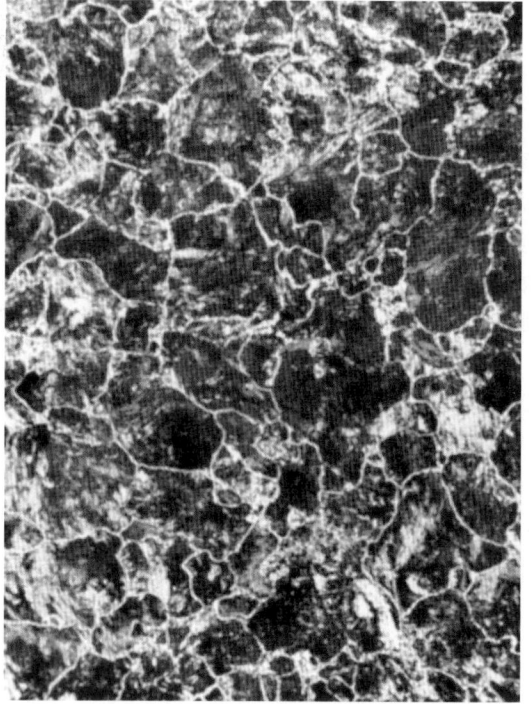

图　4-1-14　　　　　　　　　　　　　100×

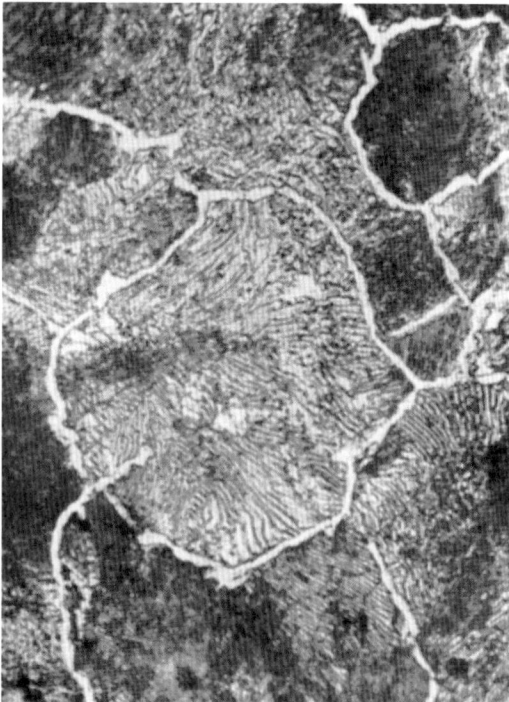

图　4-1-15　　　　　　　　500×

图　　号：4-1-15

材料名称：T12A 钢

浸 蚀 剂：4%硝酸酒精溶液

处理情况：完全退火，与前图同一试样

组织说明：将图 4-1-14 试样放大 500 倍后的组织，
　　　　可清晰地分辨出片状珠光体与铁素体层片间隔排
　　　　列的结构。晶界处网状分布的二次渗碳体与片状
　　　　珠光体中的铁素体有明显相界。T12A 钢完全退
　　　　火的组织，不利于切削加工，而且在淬火加热时
　　　　容易发生过热和淬裂，生产中不希望出现这样严
　　　　重的粗网状渗碳体。这种粗网状渗碳体是由于停
　　　　锻温度过高而形成的，可采用正火处理来消除，
　　　　然后再进行球化退火处理。

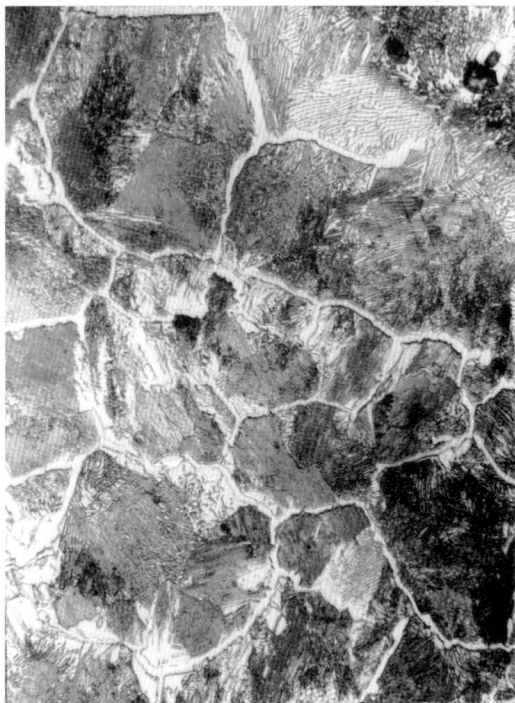

图　　号：4-1-16

材料名称：T13 钢

浸 蚀 剂：4%苦味酸酒精溶液

处理情况：完全退火

组织说明：片状珠光体（黑色）及二次渗碳体（白
色）。二次渗碳体沿奥氏体晶界析出。由于钢中
w（C）达 1.3%，故析出的二次渗碳体比 T12A
钢粗厚得多。

　　从白色网状的大小可评定钢的晶粒大小。这种
完全退火的组织十分脆硬，在生产上难以应用。网
状二次渗碳体可采用正火处理来消除,接着经过球
化退火，然后再进行淬火和低温回火处理。

图　　4-1-16　　　　　　　　200×

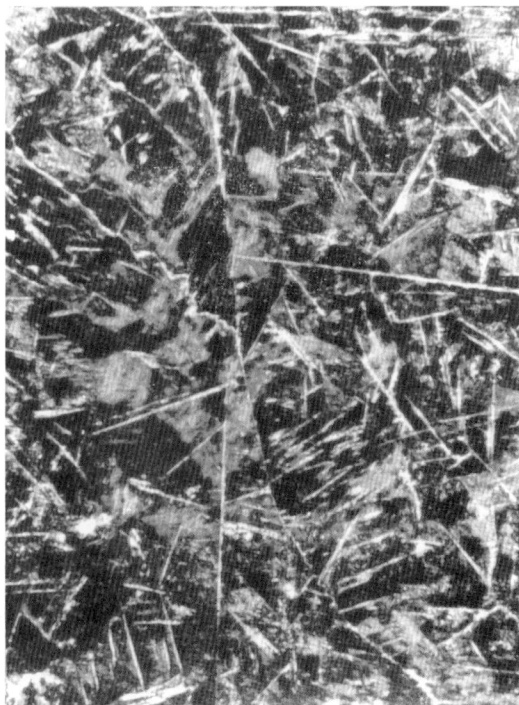

图　　号：4-1-17

材料名称：T13 钢

浸 蚀 剂：4%硝酸酒精溶液

处理情况：高温加热后风冷

组织说明：基体为极细片状珠光体，其上有针、
片状二次渗碳体，属过共析钢过热魏氏组织。

　　过共析碳素钢的淬火温度应选择超过
$Ac_1$30~50℃为宜，一般在 780~790℃。本试
样的加热温度超过 Ac_{cm} 以上很多，二次网状
渗碳体完全溶入奥氏体中，冷却时速度较快，
使二次渗碳体呈针状析出。共析转变时，因采
用风冷，故得到极为细密的片状珠光体。

　　本图属于过共析钢典型的过热组织。

图　　4-1-17　　　　　　　200×

图　　号：4-1-18
材料名称：T8 钢 [w（C）0.75%～0.84%，
　　w（Si）≤0.35%，w（Mn）≤0.4%，
　　w（S）≤0.03%，w（P）≤0.035%]
浸 蚀 剂：4%硝酸酒精溶液
处理情况：球化退火处理
组织说明：球粒状珠光体，有少量残余片状
　　珠光体。球化退火组织不太均匀。

　　　T8 碳素工具钢的含碳量接近或等于共
析成分，球化退火温度的范围较狭窄，要
获得全部球粒化组织较困难，因为退火温
度稍低，将有少量片状珠光体残存在球粒
化珠光体中。如果退火温度稍高，则将出
现粗片状珠光体。采用循环退火法，其球
化组织将较一次球化退火为好。

　　　共析成分的碳素工具钢，淬火加热时
易发生过热，且变形大。淬火后虽然有较
高硬度和耐磨性，但其强度和塑性却较低，
不宜制造承受冲击的工具。常用来制造简
单的模具、冲头以及切削较软金属用的刀
具和木工工具等。

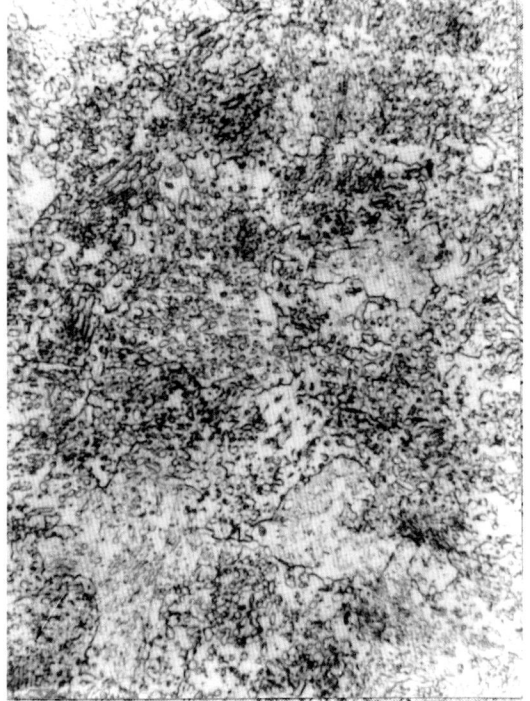

图　4-1-18　　　　　　　　　　　　500×

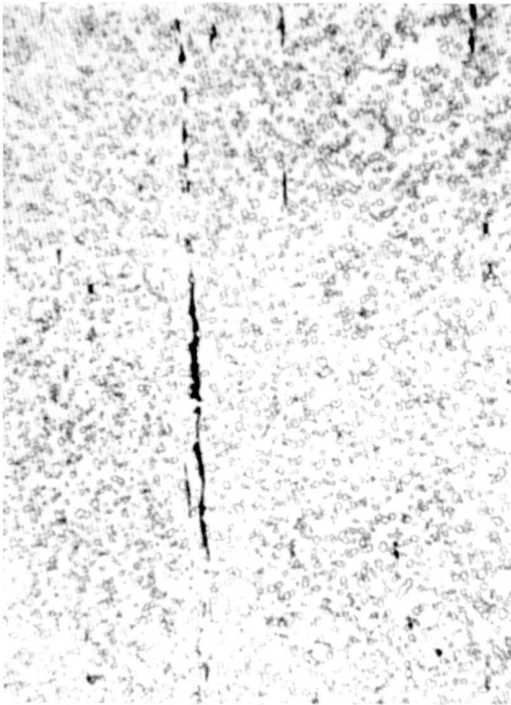

图　4-1-19　　　　　　　　　800×

图　　号：4-1-19
材料名称：T9 钢 [w（C）0.85%～0.94%，w（Si）
　　≤0.35%，w（Mn）≤0.40%，w（S）≤0.03%，
　　w（P）≤0.035%]
浸 蚀 剂：4%苦味酸酒精溶液
处理情况：球化退火处理
组织说明：细小而又均匀分布的球粒状珠光
　　体，黑色条状为硫化物夹杂。

　　　钢中存在有硫化物，热加工时产生塑
性变形，沿着加工方向分布。本图钢材材
质较为低劣。虽然球化退火组织良好，但
用此类材料制成的工具，在使用过程中易
发生开裂事故。

　　　经过热加工的碳素工具钢，其显微组织
为片状珠光体，硬度较高，难于机械加工，
同时也不符合淬火对原始组织的要求，因此，
热加工后应进行球化退火，使基体为球粒状
珠光体，这样不但硬度低，而且利于机械加
工，碳素工具钢的球化组织应按 GB/T 1298
—1986 标准中第一级别图评定。

图　　号：4-1-20

材料名称：T10 钢 [w（C）0.95%～1.04%，w（Si）0.10%～0.35%，w（Mn）0.15%～0.35%，w（S）≤0.03%，w（P）≤0.035%]

浸蚀剂：4%硝酸酒精溶液

处理情况：球化退火处理

组织说明：较细的球粒化珠光体。

　　这属于正常球化退火的显微组织。

　　T10 碳素工具钢完全退火的组织常为片状珠光体，以及网状渗碳体，这种组织不但硬度高，且使切削加工变得困难，制成的工具在热处理时容易过热和变形，并会使热处理后的工具硬度不均匀，使用时容易开裂或崩刃。为此，在热加工后应速冷至 650℃，然后进行缓冷，以避免析出粗大或网状分布的渗碳体。为了降低其硬度，钢材在热加工后必须进行球化退火，这不但使钢材利于切削加工，而且为淬火作好组织上的准备。使工件在淬火后可得到细小而又均匀的淬火马氏体组织。

　　T10 钢可用作工作时刃口不变热的工具，如：木工工具、麻花钻、刮刀、锉刀、拉丝模、冲模、冷镦模，以及小截面的切边模和冲孔模等。

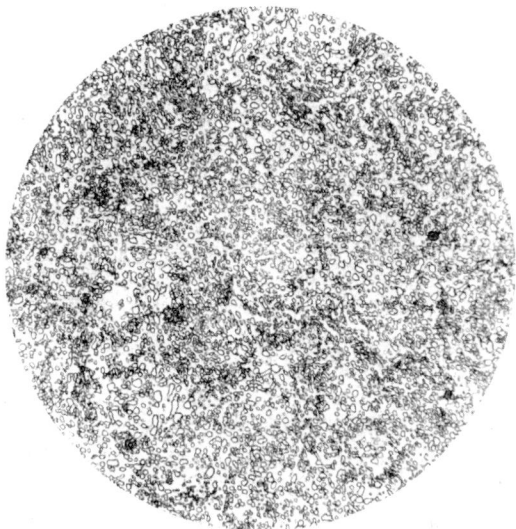

图　4-1-20　　　　　　　　　　500×

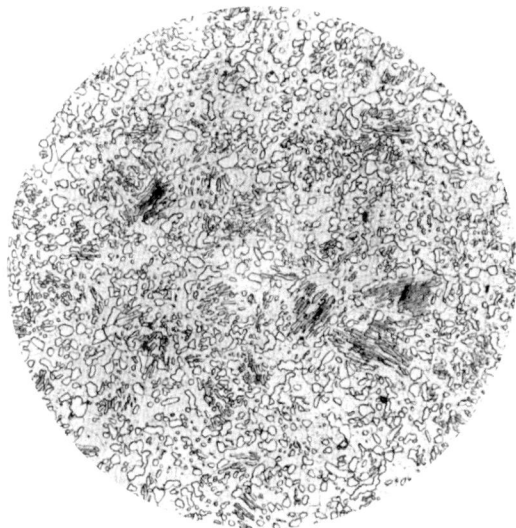

图　4-1-21　　　　　　　　　500×

图　　号：4-1-21

材料名称：T10 钢

浸蚀剂：4%硝酸酒精溶液

处理情况：球化退火处理

组织说明：基体主要为球粒化珠光体，其间夹杂有 10%左右的片状珠光体。

　　这是典型的球化退火欠热组织，属于球化不完全组织。由于球化退火加热温度较低，约在 Ac_1 附近，因而基体组织不发生相变，仅使片状珠光体中呈层片状分布的渗碳体发生球粒化，由于球粒具有最小的表面能，层片状自由能较高而不稳定，在 Ac_1 附近加热必然会使不稳定的组织趋向于稳定，从而获得球粒化珠光体，这种球化退火又称为不完全退火。

　　本图工件由于球化退火的加热温度偏低，以致有一部分细片状珠光体被保留下来，使基体在退火后的硬度稍高。

图　　号：4-1-22

材料名称：T10 钢

浸 蚀 剂：4%硝酸酒精溶液

处理情况：球化退火处理

组织说明：主要为粗大片状珠光体。有部分球
　　　　粒化珠光体嵌杂在粗片状珠光体中，这一部
　　　　分球粒化珠光体中的渗碳体颗粒亦甚粗大。
　　　　这是球化退火过热组织，属于不合格的显微
　　　　组织。

　　　　产生粗片状珠光体的原因是：当球化退
火时，加热温度过高，使大部分珠光体发生
相变，之后又在缓慢冷却情况下进行冷却，
导致共析反应析出的珠光体呈粗片状分布；
而部分未发生相变的珠光体则发生球粒化，
但是由于温度较高，仅使其中少量渗碳体颗
粒发生聚集、长大，故呈粗粒状分布。

　　　　具有粗大片状珠光体的钢材，不仅因为
硬度高而不易切削加工，且在淬火时易发生
过热，从而引起开裂，因此这种组织不宜用
于生产，可采用返修退火以改善钢材的显微
组织。返修退火即将钢材再进行一次球化退
火处理。

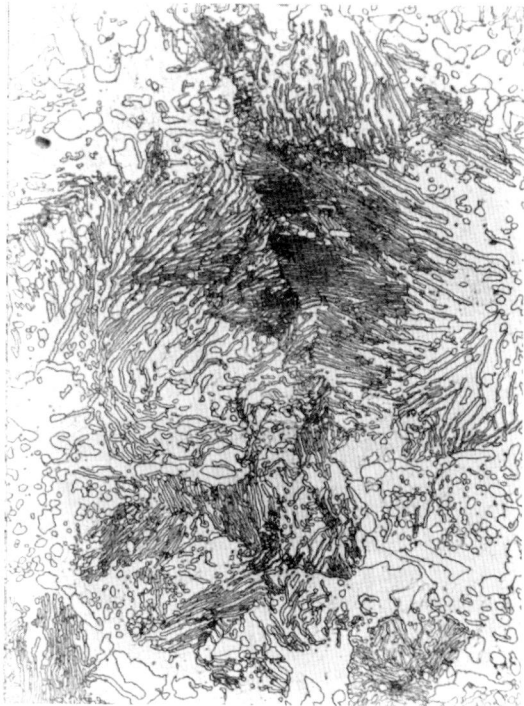

图　　4-1-22　　　　　　　　　　　　500×

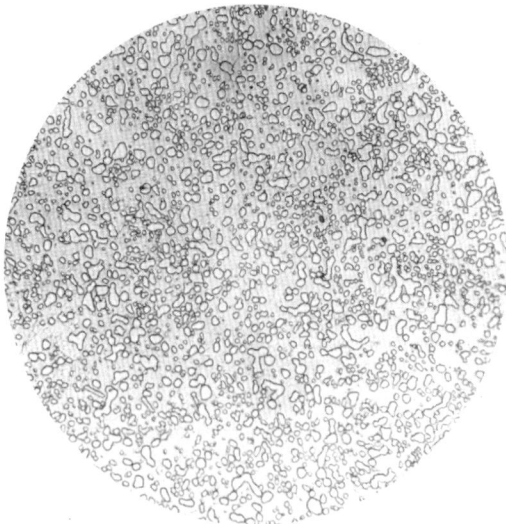

图　　4-1-23　　　　　　　　500×

图　　号：4-1-23

材料名称：T10 钢

浸 蚀 剂：4%硝酸酒精溶液

处理情况：不完全（球化）退火

组织说明：基体为球粒化珠光体，其中有部
　　　　分颗粒状渗碳体呈腰子形分布。

　　　　这是返修退火处理后获得的显微
组织。

　　　　一般来说，返修退火后可获得良好的
球化组织，但也有因长时间退火，导致部
分颗粒状渗碳体发生聚集，而呈腰子形
的，这就使渗碳体球化颗粒大小不一，且
使球化组织不均匀。若选择的淬火温度较
低，这部分腰子形渗碳体即不易溶入基
体，将使基体合金化程度不足，从而影响
工件的耐磨性，降低其使用寿命。

图　　号：4-1-24

材料名称：T12A 钢 ［w（C）1.15%～1.24%，

　　　　　w（Si）≤0.35%，w（Mn）≤0.4%］

浸 蚀 剂：4%苦味酸酒精溶液

处理情况：球化退火处理

组织说明：球状珠光体，其中有少量残留的细
　　　片状珠光体。此外，球状珠光体中的渗碳体
　　　颗粒大小甚不均匀。这是属于球化退火欠热
　　　的组织。

　　　由于球化退火温度偏低，或保温时间不
　　　足，致使一部分细片状珠光体未发生球粒
　　　化，同时又使球粒化的珠光体出现颇多细小
　　　点状分布的渗碳体，这种组织是球化退火温
　　　度较低、保温时间过短所特有的。

　　　本图片球化欠热组织尚属轻微，对以后
　　　的淬火处理无太大影响。

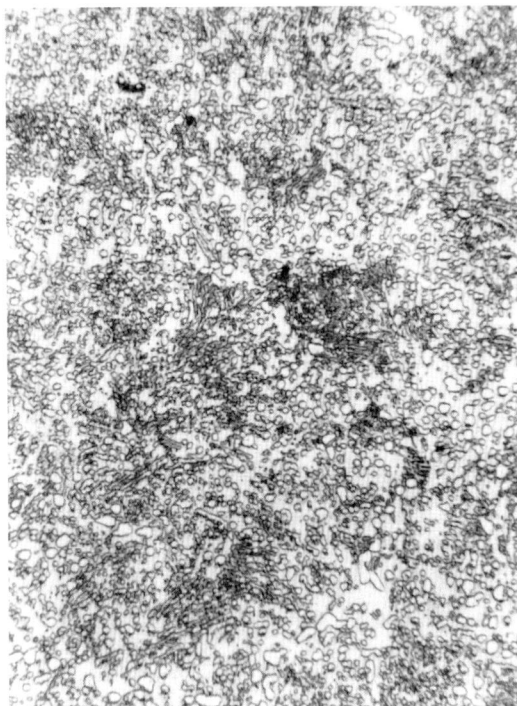

图　4-1-24　　　　　　　　　　　　　　500×

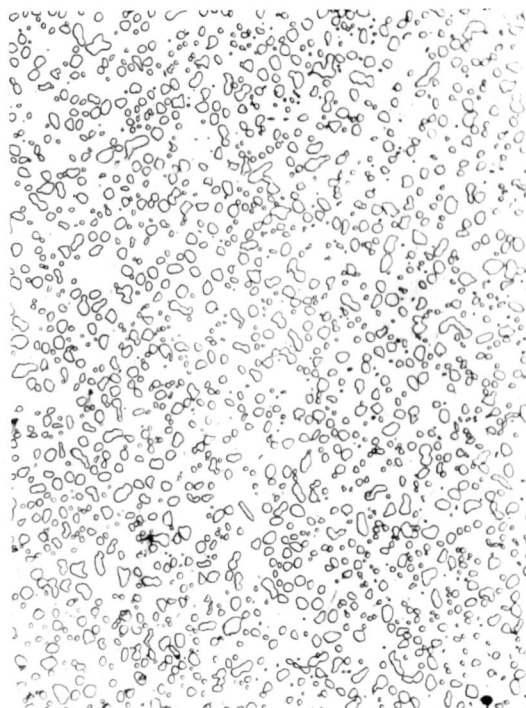

图　4-1-25　　　　　　　　　500×

图　　号：4-1-25

材料名称：T12A 钢

浸 蚀 剂：4%苦味酸酒精溶液

处理情况：球化退火处理

组织说明：细小而又均匀分布的球粒状珠光体组
　　　织，属正常的球化退火组织。

　　　正确控制球化退火的温度和保温时间，将使
　　　钢材获得良好的球粒化珠光体。这不但能使钢材
　　　易于切削加工，而且可以在淬火后获得细小而又
　　　均匀分布的淬火马氏体，以及细颗粒的二次渗碳
　　　体，使工件获得良好的质量和使用性能。

　　　T12 钢按其耐磨性和硬度，适于制造不受冲
　　　击负荷、切削速度不高的刀具，例如车刀、铣刀、
　　　钻头、铰刀、丝锥、板牙、量规、锉刀等。此外，
　　　还可用作小截面的冷切边模和冲孔模。

图　　号：4-1-26

材料名称：T12A 钢

浸 蚀 剂：4%苦味酸酒精溶液

处理情况：退火处理

组织说明：球粒化珠光体，球化组织不均匀，其上有颇多大球状分布的渗碳体颗粒。本图片属球化欠佳的显微组织。

　　球粒化珠光体中出现多量大颗粒的渗碳体，是由于球化退火温度稍高、保温时间过长，返修退火，致使颗粒状渗碳体发生长大而造成的。这种组织虽然是球粒化了，但其颗粒过于粗大，以致在正常淬火加热的条件下，不易发生溶解，造成基体合金化不足，淬火后硬度偏低，从而明显地影响到工件的耐磨性和使用寿命。如欲提高工件的耐磨性，势必要提高基体在高温时的合金化程度，这就要进一步提高淬火温度，此时晶粒就要长大，淬火后将得到粗大的针状马氏体，从而增加了工件的脆性。因此这种球化组织属欠佳的球化组织。

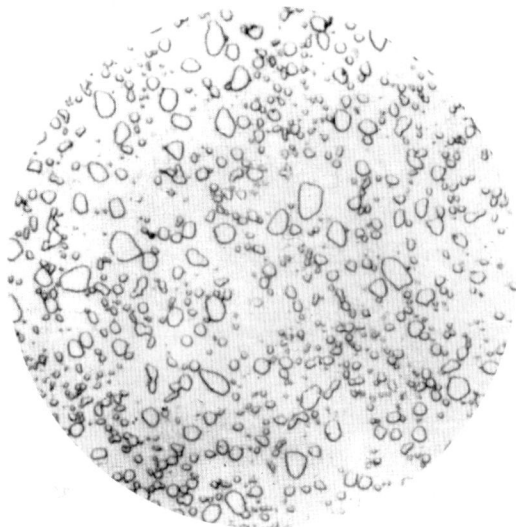

图　　4-1-26　　　　　　　　500×

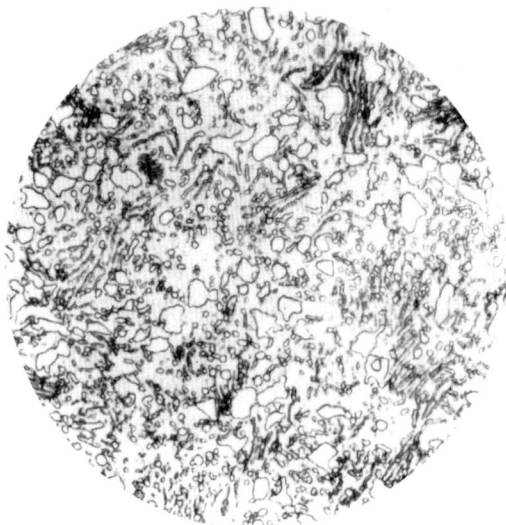

图　　4-1-27　　　　　　　　500×

图　　号：4-1-27

材料名称：T12 钢

浸 蚀 剂：4%苦味酸酒精溶液

处理情况：退火处理

组织说明：球状珠光体以及少量粗片状珠光体；球状珠光体中有部分渗碳体颗粒甚为粗大。这是球化退火过热的显微组织。

　　如前所述，球化退火温度偏高或保温时间过长，将使一部分珠光体发生相变而转变为奥氏体，缓冷时由于冷却速度极慢，易使奥氏体在共析反应时获得粗大的片状珠光体，同时在基体中得到颗粒较大的渗碳体，这种组织是球化退火过热的特征。这种过热退火组织，在淬火过程中易使工件造成过热和大的变形。

图 号：4-1-28
材料名称：T12 钢
浸 蚀 剂：4%苦味酸酒精溶液
处理情况：球化退火处理
组织说明：铁素体基体上分布有稀疏的粗片状和球状渗碳体，此外还有大块棱角状分布的渗碳体。这是球化退火的缺陷组织。

　　由于球化退火温度过高，保温时间又长，致使组织中不但出现粗大片状珠光体，而且使颗粒状渗碳体长大成棱角状分布。这种组织为球化退火过热的标志。

　　具有这种显微组织的工件，若进行正常的淬火处理，将由于棱角渗碳体不易溶解而导致奥氏体的含碳量不足，造成淬火硬度不高，同时由于棱角状渗碳体的存在而使工件脆性增大。

图　4-1-28　　　　　　　　　　　　　500×

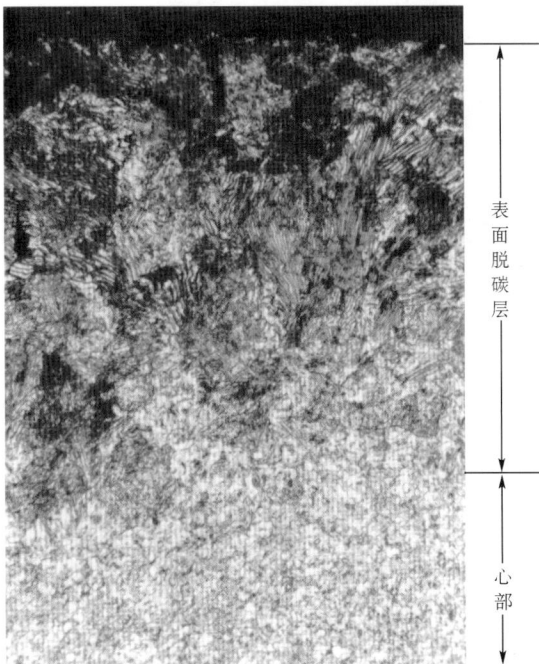

图　4-1-29　　　　　　　　　　400×

图 号：4-1-29
材料名称：T10 钢
浸 蚀 剂：4%硝酸酒精溶液
处理情况：热轧后球化退火处理
组织说明：表面层为片状珠光体；次表层为片状珠光体及球粒状珠光体；心部为球粒状珠光体。

　　钢材加热时，由于炉中氧化性气氛强烈，使钢材表面严重氧化脱碳；或者钢材在退火加热过程中因加热温度较高或时间较长，造成表面脱碳。

　　球化退火状态下，脱碳层的显微组织按其严重程度分为两种类型。第一种为表面脱碳严重，出现全脱碳层，组织为铁素体；次表层为半脱碳层，组织为铁素体及片状珠光体；再次层为片状珠光体及球状珠光体；心部组织为球状珠光体，脱碳层总深度应测至片状珠光体消失处为止。第二种为表面仅有部分脱碳层，组织为铁素体及片状珠光体（有时表面仅出现片状珠光体）；次层为片状珠光体；再次层为片状珠光体及球状珠光体；心部为球状珠光体，总脱碳层深度应测至片状珠光体消失处。

　　表面存在脱碳层的工具，淬火后表面硬度偏低，将明显地影响工具的使用寿命。

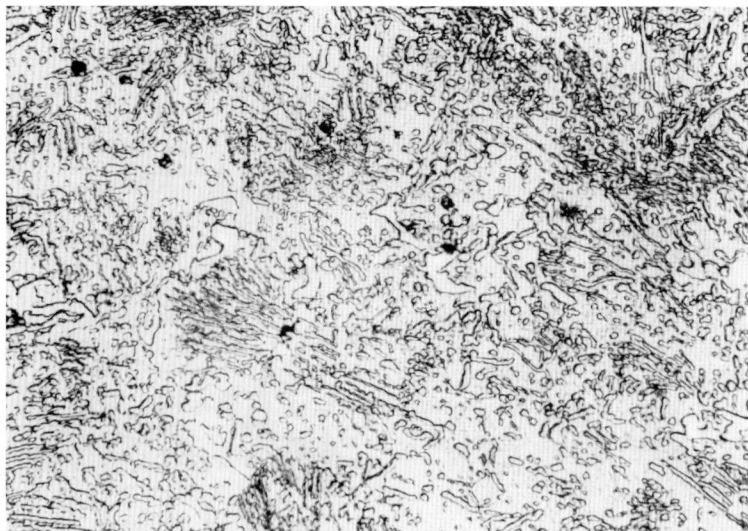

图　4-1-30　　　　　　　　　　　　　　　　　　500×

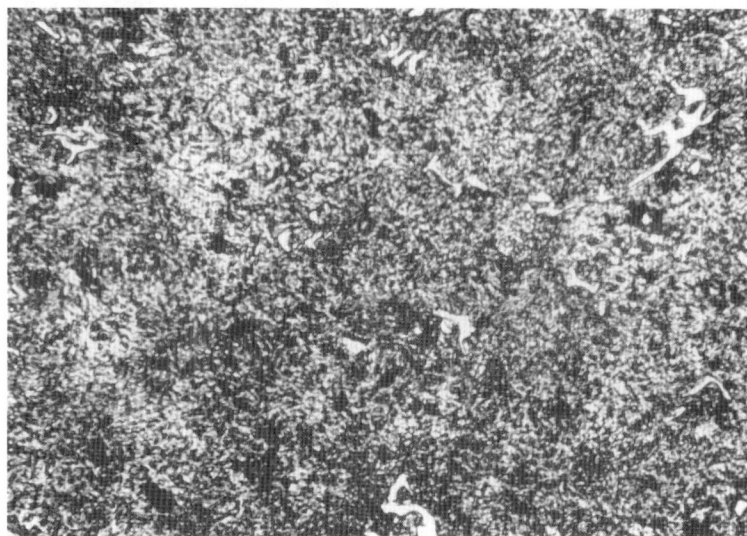

图　4-1-31　　　　　　　　　　　　　　　　　　500×

图　　　号：4-1-30、4-1-31

材料名称：T12A 钢

浸 蚀 剂：4%硝酸酒精溶液

处理情况：图 4-1-30 球化退火，炉温不均。图 4-1-31：图 4-1-30 工件在 780～790℃加热淬火，180～200℃
回火

组织说明：图 4-1-30：因炉温不均，球化组织中有多角状和粗片状碳化物，是球化不良组织，按标准可评定
5 级，属过热球化组织。组织中碳化物粗细不均，形态也不一。

图 4-1-31：球化不良状态，经淬火后的组织，基体组织为马氏体+少量残留奥氏体，白色为残留碳化
物，呈多角状和小颗粒状，分布极不均匀。球化退火时过热的组织使淬火加热时碳化物的溶解速度不同，
使淬火后的组织非常不均匀，容易引起工件的开裂、变形或硬度不足等缺陷。

图　　号：4-1-32

材料名称：T12A 钢

浸 蚀 剂：4%苦味酸酒精溶液

处理情况：退火处理

组织说明：片状珠光体，黑色颗粒状为退火石
　　　　墨碳。由于退火温度过高，然后又长时间保
　　　　温及缓慢冷却，使钢中不但出现片状珠光
　　　　体，且有部分渗碳体发生分解而析出石墨
　　　　碳。严重时，在石墨周围，基体将因贫碳而
　　　　出现铁素体组织。由于退火石墨较为疏松，
　　　　在抛光试样上呈浅灰色，一经浸蚀极易脱落
　　　　而呈黑色。

　　　　碳素工具钢中含硅量过高，以及经多次
　　返修退火处理，均易析出石墨。具有退火石
　　墨的钢材，断口呈灰黑色。石墨的含量可用
　　化学分析方法来定性和定量，石墨的形状和
　　分布可利用金相法来检查。

　　　　碳素工具钢中出现石墨碳，将明显地
　　降低韧性，增大脆性，使制成的刀具易崩
　　刃及剥落，所以这种钢材不宜制作工具，
　　只能报废。

图　　4-1-32　　　　　　　　　　　　500×

图　　4-1-33　　　　　　　500×

图　　号：4-1-33

材料名称：T9A 钢

浸 蚀 剂：4%硝酸酒精溶液

处理情况：热轧退火处理

组织说明：基体为细小而又均匀的球粒状珠光体，
　　　　黑色条状石墨碳依附着硫化物夹杂而存在。

　　　　直径为 2.0mm 的 T9A 碳素工具钢钢丝，断
　　口呈灰黑色，经金相检查后，发现钢中存在石
　　墨碳，且循加工方向变形，经化学分析，游离
　　石墨 w（C）为 0.24%。

　　　　钢丝出现退火石墨碳，是由于热加工时终止
　　温度较高，随后又缓冷，且在 750~800℃温度下
　　长时间停留，因此钢中的渗碳体发生分解，附着
　　变形的硫化物析出石墨碳。随后在球化退火时，
　　基体成为球粒化珠光体，而石墨碳则仍保持变形
　　的外形。

　　　　这种钢丝如经淬、回火，基体的硬度不高，
　　且极易脆断。

图　　号：4-1-34

材料名称：T8A 钢

浸 蚀 剂：4%硝酸酒精溶液

处理情况：760℃加热保温后淬火

组织说明：基体为细针状淬火马氏体及少量残留
奥氏体。马氏体针叶长度为 2mm（实际长度为
4μm）。

　　为了提高工件的硬度和耐磨性，可将工件
进行淬火处理，以获得高硬度的马氏体组织，
由于马氏体较脆硬，故淬火后应进行低温回
火，以减少工件的内应力和脆性。本图的马氏
体很细小，是由于选择较低的淬火温度而获得
的。但有时因淬火温度偏低，导致基体的合金
化不充分，从而使工件硬度偏低。

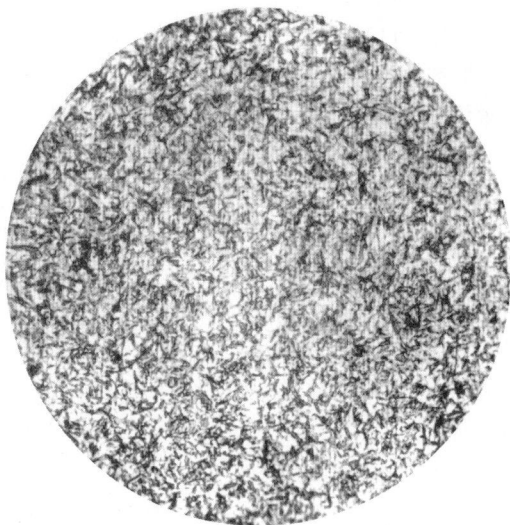

图　　4-1-34　　　　　　　　　　　　500×

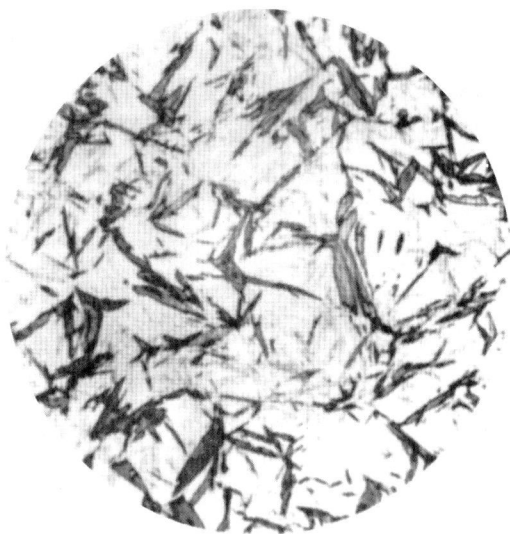

图　　4-1-35　　　　　　　　500×

图　　号：4-1-35

材料名称：T8A 钢

浸 蚀 剂：4%硝酸酒精溶液

处理情况：860℃加热保温后淬火

组织说明：基体为淬火马氏体+残留奥氏体，其上布
有深灰色针状稍受回火的马氏体，马氏体针叶长
度在 500 倍下测量为 13mm（实际长度为 26μm）。

　　共析钢和过共析的碳素工具钢，其正常淬火
加热温度大都选择 780℃，在该温度下加热，可
使奥氏体的合金化较充分，晶粒也不长大，淬火
后可得到大小适中的马氏体针叶。如果淬火加热
温度过高，则随着温度的升高，钢的晶粒将相应
地增大，淬火后将得到粗大针叶淬火马氏体，使
工件在淬火时易发生开裂，而且变形较大；同时
因晶粒粗大而增加钢的脆性。故一般淬火加热温
度不宜选择过高。

图　　号：4-1-36

材料名称：T8 钢

浸 蚀 剂：4%硝酸酒精溶液

处理情况：780℃加热保温后淬火

组织说明：基体为淬火马氏体及少量残留奥氏体；
晶界处的黑色团状为淬火托氏体。

　　碳素工具钢虽然价格低廉，来源丰富，但也有不足之处，例如热硬性差，不能用于制造工作温度高于 250℃的刀具或模具，因在高于 250℃时，钢的硬度及耐磨性将急剧降低，而使工具失去工作能力；同时这类钢的淬透性又较差，当工件截面大于 15mm 时，即难以淬透。此时奥氏体晶界上将出现团状分布的托氏体。经用电子显微镜观察，淬火托氏体系由短而极细的片状渗碳体与铁素体所构成。

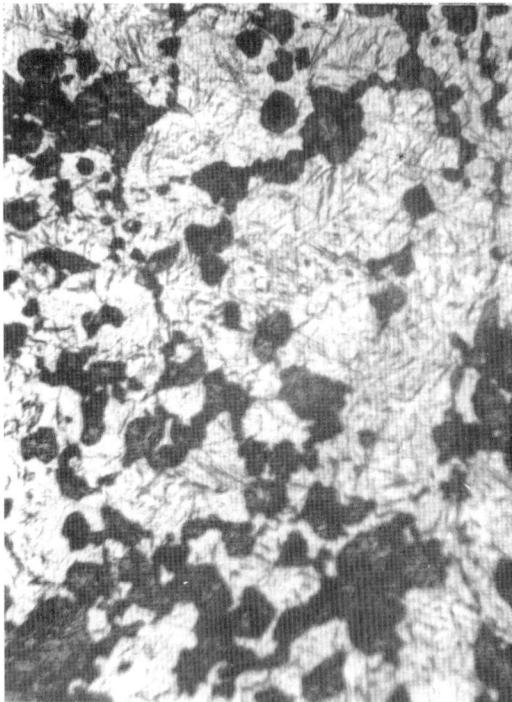

图　4-1-36　　　　　　　　　　　　500×

图　4-1-37　　　　　　　　　500×

图　　号：4-1-37

材料名称：T8 钢

浸 蚀 剂：4%硝酸酒精溶液

处理情况：780℃加热保温后淬火

组织说明：基体为淬火托氏体（黑色）、白色淬火马
氏体及极少量的残留奥氏体。

　　本图为 20mm 直径工件的心部组织，由于尺寸较大，淬火后心部未能淬透，从而获得大量淬火托氏体和少量马氏体的显微组织。

　　心部未淬硬的硬度为 40～45HRC；而表面淬硬层的硬度一般为 60～65HRC。因此，从工件表面的淬硬层到未淬硬的中心部分硬度相差很大。

　　这种情况易使工件在淬火时容易形成裂纹。

图　　号：4-1-38

材料名称：T8 钢

浸 蚀 剂：4%硝酸酒精溶液

处理情况：860℃加热，280℃等温淬火

组织说明：加热温度过高，组织已粗化，等温
　　　　温度较高，易出现软点。图中黑色团状组织
　　　　是在等温冷却过程中形成的托氏体。板条状
　　　　黑色组织是贝氏体，贝氏体已成排分布，但
　　　　没有针状的下贝氏体，是一种过渡型贝氏体，
　　　　贝氏体粗大。

　　　　工件因加热温度较高，等温时间又稍长，
　　　　因此板条状贝氏体的板条较长。同时，由于等
　　　　温温度较高，过冷奥氏体容易分解，故出现较
　　　　多的团状分布的托氏体。

图　　4-1-38　　　　　　　　　500×

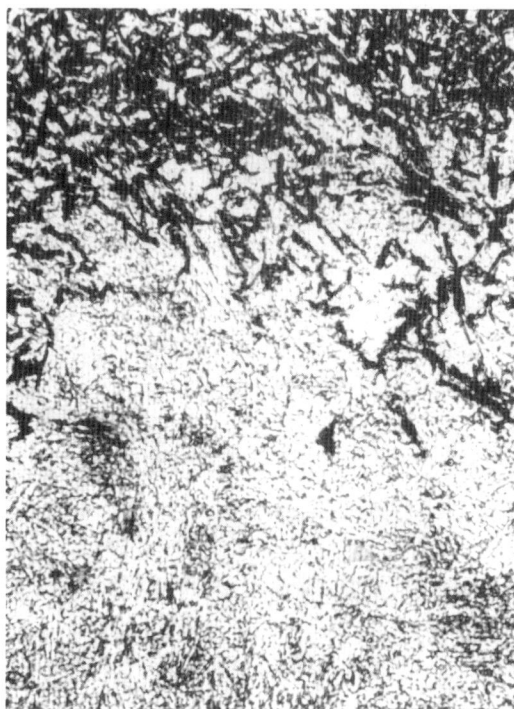

图　　4-1-39　　　　　　　　　500×

图　　号：4-1-39

材料名称：T8A 钢

浸 蚀 剂：4%硝酸酒精溶液

处理情况：790℃加热，水淬

组织说明：因淬火加热温度接近下限，保温时间又
　　　　不足，工件表面出现黑色下贝氏体（针状）。内
　　　　层为淬火马氏体，马氏体针细小。

　　　　由于加热时间短，珠光体转变为奥氏体时未
　　　　能均匀化，因此奥氏体成分十分不均匀，出现了
　　　　局部呈珠光体形态分布的马氏体。

　　　　表面层出现下贝氏体的原因，主要是冷却水
　　　　在表面形成瞬时汽膜，降低了表面冷却速度，汽
　　　　膜破裂以后，冷却速度又重新增加，冷却速度的
　　　　变化导致下贝氏体的出现。

图　4-1-40 500×

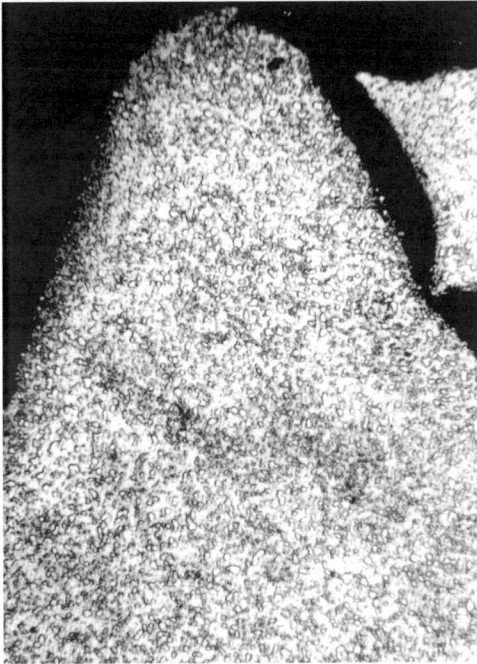

图　4-1-41 400×

图　4-1-42 400×

图　　号：4-1-40～4-1-42

材料名称：T10 钢

浸 蚀 剂：苦味酸、硝酸酒精溶液

处理情况：球化退火原材料，图 4-1-42 经 820℃加热淬火，170℃回火

组织说明：图 4-1-40：经球化退火的手工锯条显微组织，为均匀分布之细小球状珠光体。

图 4-1-41：球化退火手工锯条锯齿处的显微组织，为较细小均匀分布的球状珠光体，齿尖处组织正常，无脱碳等异状组织存在。

图 4-1-42：经 820℃盐浴加热保温 2min 后淬入 100℃热油中，再经 170℃回火后的组织，灰色基体为回火细马氏体及极少量残留奥氏体，白色颗粒状为碳化物，齿尖处显微硬度为 677～795HV100g，相当于 57～61HRC，此为手工锯条正常的淬火、回火组织。

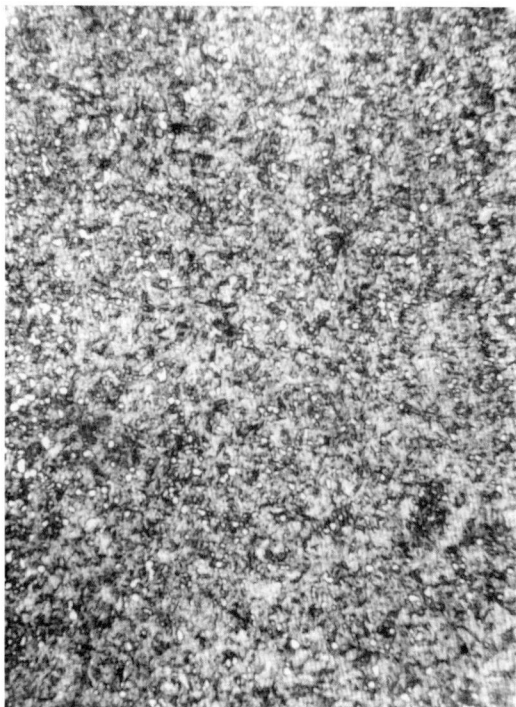

图　　4-1-43　　　　　　　　　　　500×

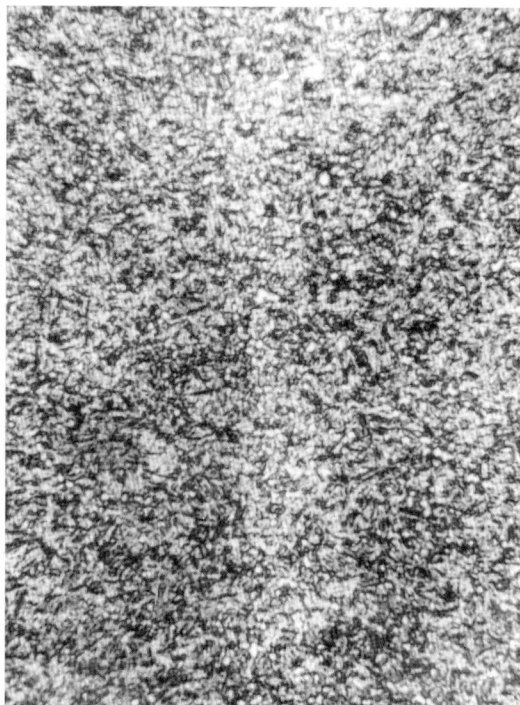

图　　4-1-44　　　　　　　　　　　500×

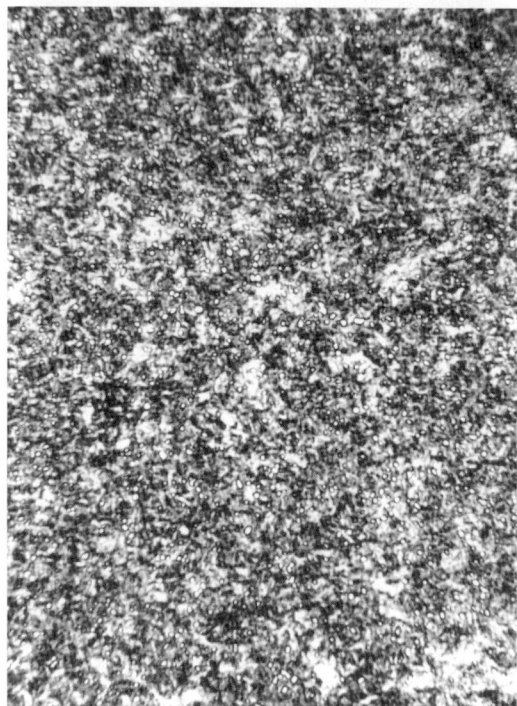

图　　4-1-45　　　　　　　　　　　500×

图　　　号：4-1-43～4-1-45

材料名称：T10 钢

浸 蚀 剂：苦味酸、硝酸酒精溶液

处理情况：分别于 800℃、820℃、840℃盐浴加热
　　　　　后油冷淬火，再经 170℃回火

组织说明：三个试样组织大致相仿，均为回火马氏
　　　　　体和极少量残留奥氏体，白色颗粒状为未溶解的
　　　　　碳化物。

　　　　　三个试样均取自手工锯条，由于锯条较薄，
　　　　　均用钢带来制作，鉴于钢带经过多道轧制退火，
　　　　　故其原始组织较细小，所以淬火加热保温时间可
　　　　　较短，淬火后仍可得到细密的淬火组织，不会由
　　　　　于组织粗大而产生脆性。同时也可避免在热处理
　　　　　时产生脱碳等缺陷。

　　　　　三个试样的组织随加热温度升高，马氏体针
　　　　　叶逐渐粗大，但还是较细小的，因此可使锯条获
　　　　　得良好的工作性能。

图　4-1-46　　　　　　　　　　　　　　500×

图　4-1-47　　　　　　500×

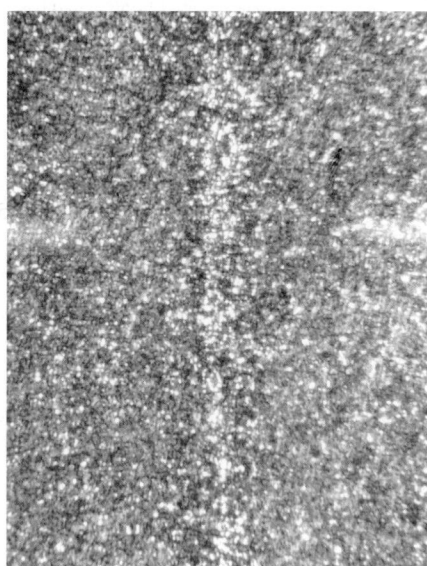

图　4-1-48　　　　　　500×

图　　号：4-1-46～4-1-48

材料名称：T10 钢

浸 蚀 剂：苦味酸、硝酸酒精溶液

处理情况：均经 790℃加热保温 90min 后淬入 100℃热油中冷却

组织说明：图 4-1-46：手工锯条中间处取样的组织，为细针状马氏体及极少量残留奥氏体，其上有均匀分布的颗粒状碳化物，马氏体针叶长度为 1 级，晶粒度为 7～8 级，显微硬度为 841～945HV100g（相当于 63～65HRC）。

　　图 4-1-47：锯条边缘局部地区存在的全脱碳层，厚度约为 0.02mm，全部为铁素体组织；稍向里为回火细马氏体、极少量残留奥氏体和细颗粒碳化物。

　　图 4-1-48：锯条局部心部存在条带状碳化物偏析分布的组织。

　　上述说明，锯条原材料组织不佳，局部边缘存在全脱碳的缺陷，部分原材料中存在碳化物带状偏析，这些缺陷组织均对锯条的使用性能有致命的影响，应选择质地良好的原材料来制造锯条。

图　　号：4-1-49

材料名称：T10 钢

浸 蚀 剂：4%硝酸酒精溶液

处理情况：760℃加热保温后淬火

组织说明：基体为极细小针状马氏体、残留奥氏体以及细颗粒状二次渗碳体。马氏体针叶长度在 500 倍下小于 1.5mm（实际长度小于 3μm）。

由于淬火温度偏低，致使未溶解的渗碳体颗粒较正常淬火时多，从而造成淬火加热时奥氏体中的碳含量太低，淬火后硬度不高，使工件的耐磨性显著下降，因此极细的马氏体组织，对高碳工具钢来说，往往不是理想的显微组织。

在工厂，为了判定工具在淬火时是否过热，通常可借助观察马氏体针叶的长度来衡量，马氏体针叶越长，则说明工件的淬火温度越高。

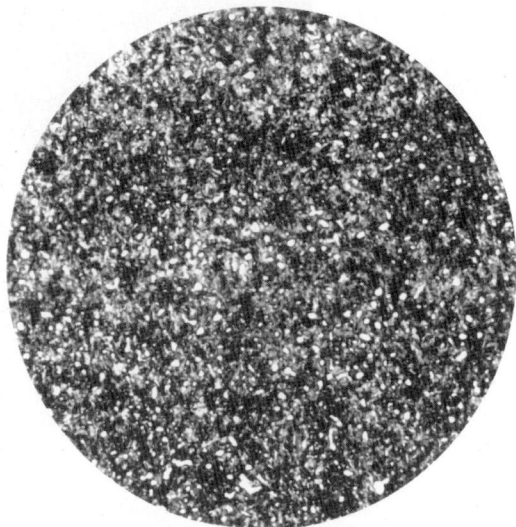

图　4-1-49　　　　　　　　　　　　　　　500×

图　4-1-50　　　　　　　　　　　　　　　500×

图　　号：4-1-50

材料名称：T12A 钢

浸 蚀 剂：4%硝酸酒精溶液

处理情况：780℃加热保温后淬火

组织说明：细及中等针状稍受回火的马氏体、残留奥氏体以及颗粒状二次渗碳体，在白色残留奥氏体处尚有淬火马氏体，马氏体针叶长度在放大 500 倍下为 6～8mm（实际长度为 12～16μm）。

碳素工具钢的淬透性较差，一般应在水中淬火才能使工具获得高的硬度和一定的淬透深度，为了减少工具在淬火时变形，除采用预冷外，还可采用水淬油冷的双液淬火法以及低熔点盐浴或碱浴淬火或分级淬火法。

采用低熔点盐浴或碱浴淬火或分级淬火法所获得的马氏体针叶要比双液淬火和水冷淬火来得清晰，其中最不易显示的为采用水冷淬火获得的马氏体针叶。

T12 碳素工具钢常用来制造不受振动和需要极高硬度的工具，如钻头、丝锥、外科手术刀、刮刀和锉刀等。

图　　号：4-1-51

材料名称：T12 钢

浸 蚀 剂：4%硝酸酒精溶液

处理情况：780℃淬火，180℃回火 1.5h

组织说明：黑色基体为回火马氏体，白色颗粒
　　　　　为二次渗碳体。

　　此为回火充分的显微组织。淬火马氏体
在低温回火时将自过饱和的马氏体中析出
δ 碳化物，使组织易受腐蚀而变为黑色。如
果回火不充分，将使工具存在较大的内应
力，而具有较大的脆性。回火不充分的特征
是试样磨面不易浸蚀，在显微组织中存在未
回火的针状马氏体。或在黑色基体上出现浅
黄色的、回火不充分的马氏体组织，它常以
一滩一滩浅黄色的色泽存在于黑色基体上。

　　工件的回火虽然充分，但图中二次碳化
物的分布不甚均匀，且有呈断续网状趋势，
一方面说明工件稍有过热倾向，同时网的存
在会增加工件的脆性。

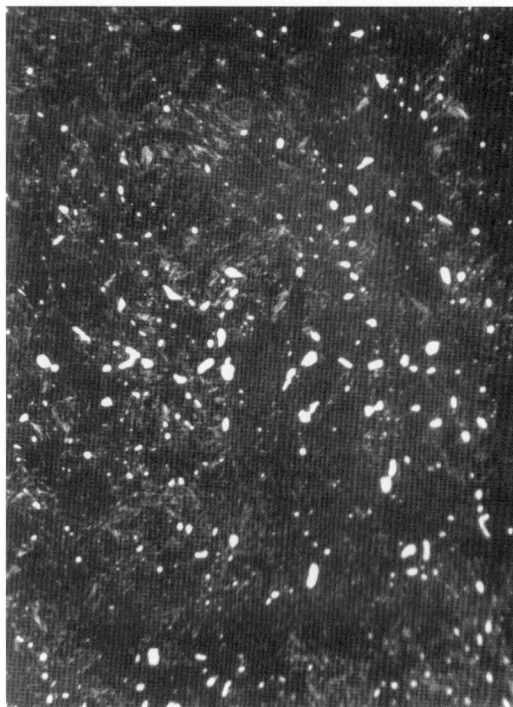

图　　4-1-51　　　　　　　　　　　　　500×

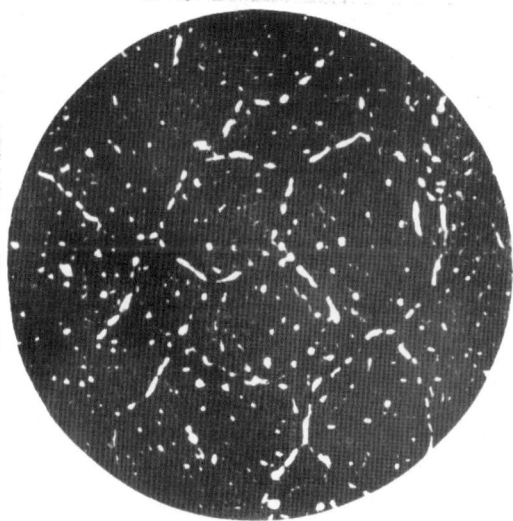

图　　4-1-52　　　　　　　　　500×

图　　号：4-1-52

材料名称：T12 钢

浸 蚀 剂：4%硝酸酒精溶液（深浸蚀）

处理情况：780℃淬火，180℃回火

组织说明：黑色基体为回火马氏体；白色为二次渗
　　　　　碳体，呈断续不完全封闭的网状分布。

　　为了改变碳素工具钢钢材的外形尺寸和致密
性，使获得均匀的显微组织，一般需进行热压力
加工；为此不但要选择适当的压缩比，而且要选
择正确的加热温度和冷却速度。无论是加热温度
过高或冷却速度过小，均会使钢在奥氏体晶界处
析出网状分布的二次渗碳体，这种网状渗碳体在
球化退火或淬火过程中难以消除，淬火后将使工
件的脆性增大，易发生脆断事故。

　　网状渗碳体可通过高温正火来消除。检查网
状渗碳体，则可按 GB/T 1298—1986 标准规定的
方法进行。

图　　号：4-1-53

材料名称：T10A 钢

浸 蚀 剂：4%硝酸酒精溶液

处理情况：780℃加热，水冷淬火

组织说明：白色马氏体基体是淬火马氏体和残留奥
　　　　　氏体。黑色沿晶界呈网状分布的是淬火托氏体，
　　　　　白色碳化物大部分呈断续网状沿晶界分布。

　　　　　这是高碳钢中的软点组织，碳素工具钢在淬火
　　　　　冷却时常常会出现淬火软点。托氏体量越多，工
　　　　　件硬度越低。

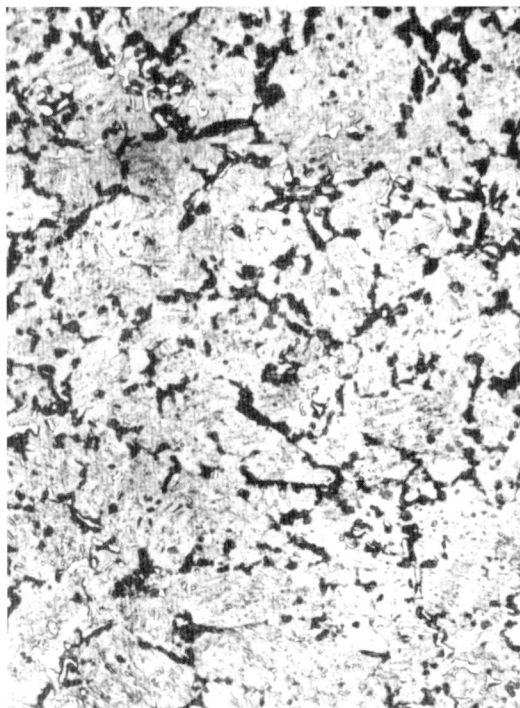

图　　4-1-53　　　　　　　　　　　　　500×

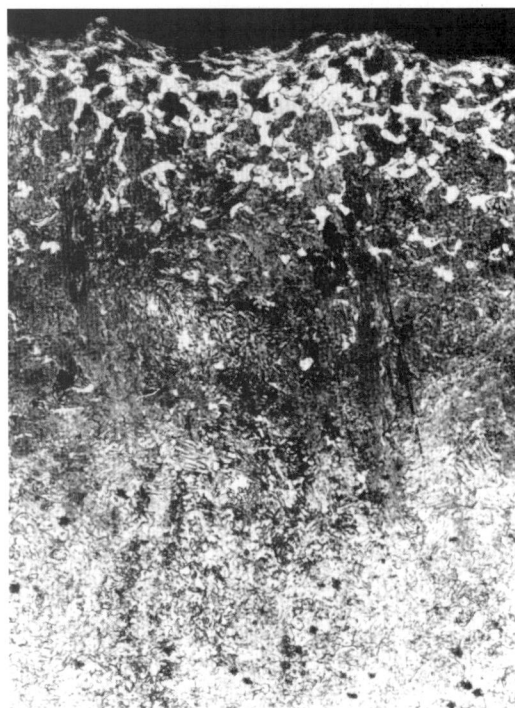

图　　号：4-1-54

材料名称：T10A 钢

浸 蚀 剂：4%硝酸酒精溶液

处理情况：球化退火工艺失控

组织说明：工件表面脱碳，脱碳层组织由表及里为：
　　　　　片状珠光体＋网状铁素体→片状珠光体→片状
　　　　　珠光体＋球状珠光体，心部组织为球状珠光体＋
　　　　　石墨。

　　　　　高碳工具钢在退火温度过高时，时间太长
　　　　　时，或在锻造时终锻温度太高，并在缓冷和在
　　　　　750～780℃之间长时间停留，都会引起石墨化。
　　　　　石墨有呈片状的也有呈团状的。石墨化使材料脆
　　　　　性增加，其断口呈黑色，故称黑脆。

图　　4-1-54　　　　　　　　　　　　　500×

图　4-1-55　　　　　　　　　　　　　500×

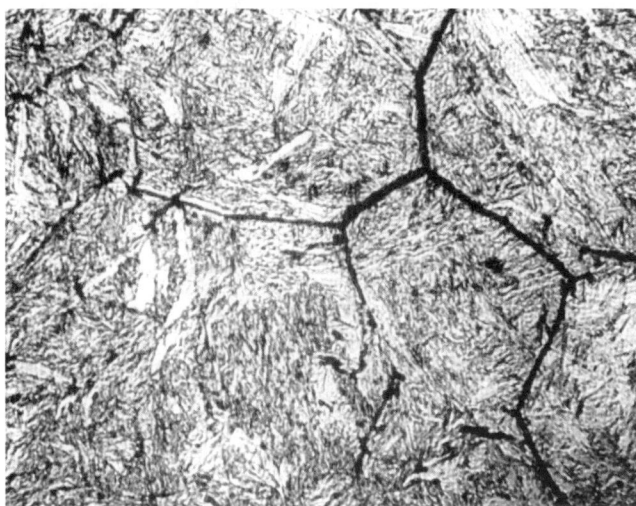

图　4-1-56　　　　　　　　　　　　　500×

图　　号：4-1-55、4-1-56

材料名称：T10A 钢

浸 蚀 剂：4%硝酸酒精溶液

处理情况：图 4-1-55 淬火加热控温仪表失灵，已超过正常加热温度，200℃回火。

　　　　　图 4-1-56 淬火加热过烧，水冷淬火

组织说明：图 4-1-55：严重过热组织。黑色粗针状回火马氏体，白色部分是残留奥氏体。

　　　　　图 4-1-56：严重过烧组织。马氏体针粗长，晶粒呈六角形，晶界已氧化开裂。此工件是由于局部接触盐浴炉电极而导致工件局部过烧造成的。

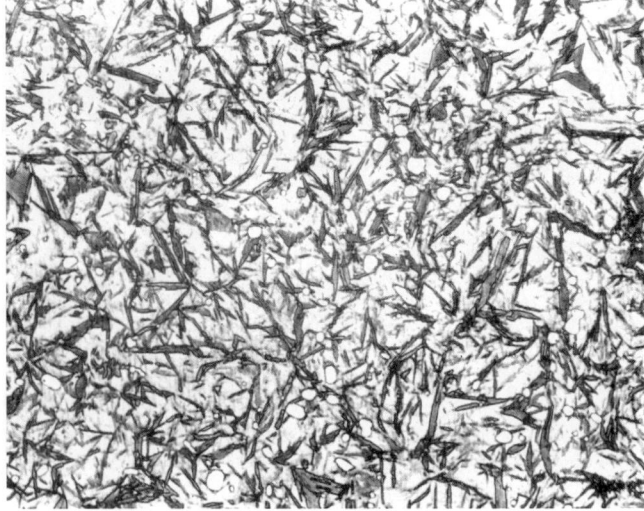

图　4-1-57　　　　　　　　　　　　　　　500×

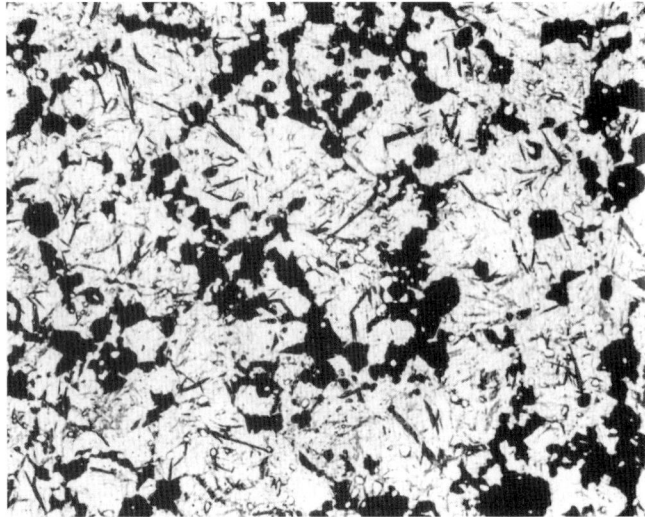

图　4-1-58　　　　　　　　　　　　　　　500×

图　　号：4-1-57、4-1-58

材料名称：T12 钢

浸 蚀 剂：4%硝酸酒精溶液

处理情况：图 4-1-57：830℃加热保温后水冷淬火。图 4-1-58：780℃加热后水冷淬火

组织说明：图 4-1-57：粗针状马氏体、碳化物及残留奥氏体，属过热组织。由于淬火加热温度过高，冷却后获得粗针状马氏体和较多的残留奥氏体。粗大马氏体硬而脆，降低了刀具的强度。

　　　　图 4-1-58：淬火马氏体＋残留奥氏体＋沿晶界分布的黑色托氏体。过共析钢要求淬火临界冷却速度较大，冷却速度不够快时，就会在晶界出现托氏体组织，这会使工件的硬度明显降低。

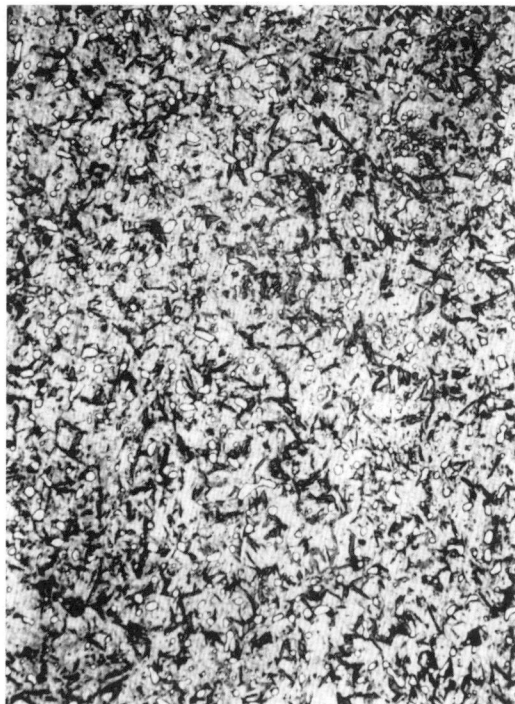

图　　号：4-1-59

材料名称：T12A 钢

浸 蚀 剂：4%硝酸酒精溶液

处理情况：820℃加热，160 分级油冷，2min 后油冷

组织说明：马氏体＋回火马氏体＋少量残留奥氏体
＋粒状碳化物

　　黑色针状是回火马氏体，它是在分级以前形
成的马氏体，在分级温度 160℃时被回火。白色基
体是油冷时形成的马氏体与残留奥氏体，碳化物
均匀分布，呈颗粒状。

　　这是典型的分级淬火组织，碳化物和马氏体
都比较均匀而细致，是正常的淬火组织。马氏体
针与针之间有明显的黑白差，比较易于测量马氏
体针的长度。如果从 820℃直接油冷淬火，针与针
之间没有黑白差。

图　4-1-59　　　　　　　　　　　　　　500×

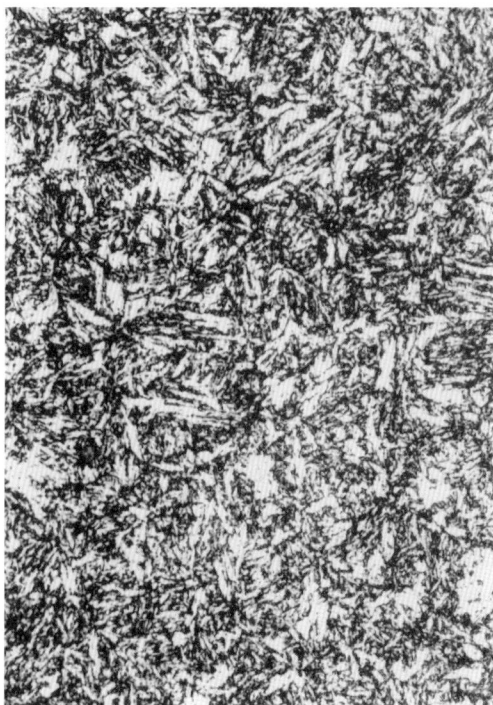

图　　号：4-1-60

材料名称：T12A 钢

浸 蚀 剂：4%硝酸酒精溶液

处理情况：水冷淬火

组织说明：白色针状为马氏体。由于淬火温度已偏
高，马氏体针较长，已属过热组织。

　　碳素工具钢的临界冷却速度较大，故碳素工
具钢多采用水冷淬火。

图　4-1-60　　　　　　　　　500×

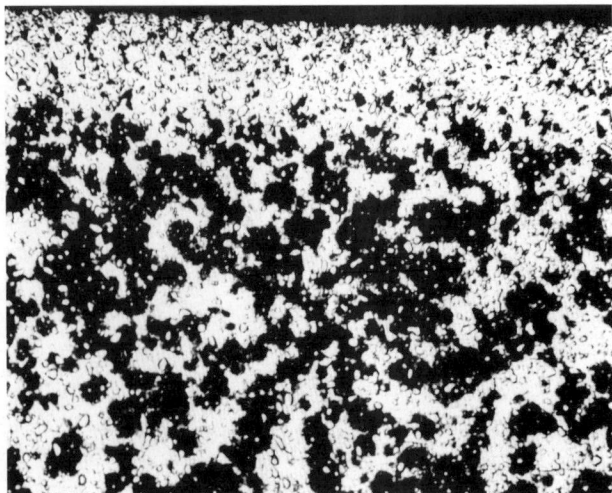

图　4-1-61　　　　　　　　　　　　　　　　　500×

图　4-1-62　　　　　　　　　　　　　　　　1000×

图　　号：4-1-61、4-1-62

材料名称：T12A 钢

浸 蚀 剂：4%硝酸酒精溶液

处理情况：图 4-1-61：　780℃加热后水冷淬火。图 4-1-62：过热温度淬火后回火

组织说明：图 4-1-61：由于为防止工件表面脱碳在盐浴中加入了黄血盐，但表面因黄血盐而被碳氮共渗，使
奥氏体稳定性提高，表面层在淬火后出现含氮马氏体。

由于水温偏高，冷却不良，工件组织中出现大量黑色托氏体，约占淬火组织的50%以上（体积分数）。
碳化物呈粒状均匀分布，基体为淬火马氏体及残留奥氏体。

图 4-1-62：高碳钢严重过热组织。黑色片状组织为回火马氏体，白色为残留奥氏体。图中两片长针孪
晶马氏体的中脊线清晰可见，并能隐约见到孪晶亚结构。由于孪晶马氏体高速形成，在互相撞击后片中出
现微裂纹，先形成的马氏体片比较粗长，微裂纹较多，后形成的马氏体在先形成的马氏体片间隙中生长，
因此马氏体片长短不一，大小不均匀。

图　4-1-63　　　　　　　　　　　实物

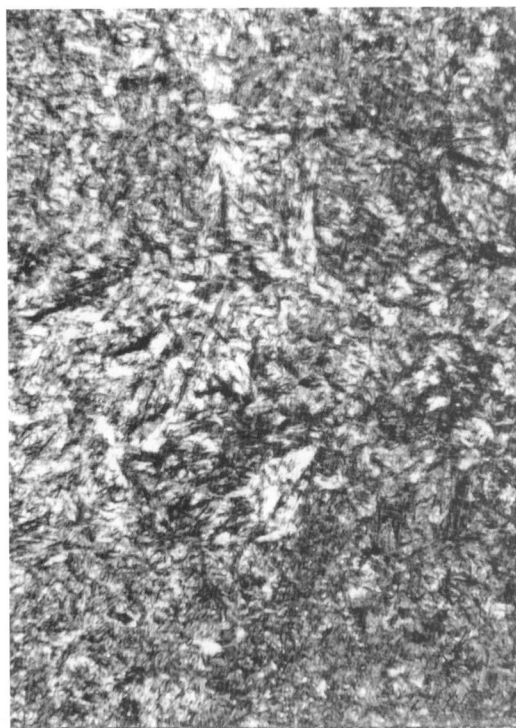

图　4-1-64　　　　　　　　　　　500×

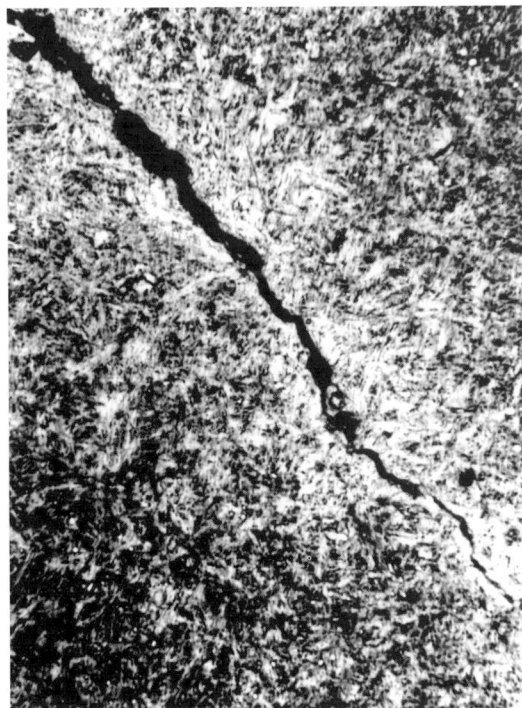

图　4-1-65　　　　　　　　　　　500×

图　号：4-1-63～4-1-65

材料名称：T10 钢（牙膏管冷挤凹模）

浸 蚀 剂：4％硝酸酒精溶液

处理情况：780℃加热保温后取出，向型腔内喷水淬火

组织说明：淬裂。图 4-1-63：冷挤凹模经磨抛浸蚀
　　　后，除在端面边缘有两块黑色区域外，端面上还
　　　有三条自外缘向型腔扩展的裂纹。

　　　图 4-1-64：型腔端面的显微组织，基体为淬
　　　火粗针状马氏体，少量残留奥氏体，以及极少量
　　　颗粒细小的渗碳体。端面黑色区域为托氏体，该
　　　处为不完全淬火区域——即软点。

　　　图 4-1-65：型腔端面裂纹处的显微组织，裂
　　　纹自端面边缘向中心扩展，粗大，不弯曲，两侧
　　　无脱碳等异常情况。裂纹处组织为淬火马氏体、
　　　残留奥氏体和极少量细小颗粒状渗碳体。

　　　由上述可知，冷挤压模实际淬火加热温度超
　　　过 780℃，喷水冷却时，局部区域冷却过快，而
　　　另一区域则因水蒸气气泡的阻隔冷却缓慢，致使
　　　整个端面上冷却不均匀，从而产生裂纹。

图　4-1-66　　　　　　实物断口　　　　　1×

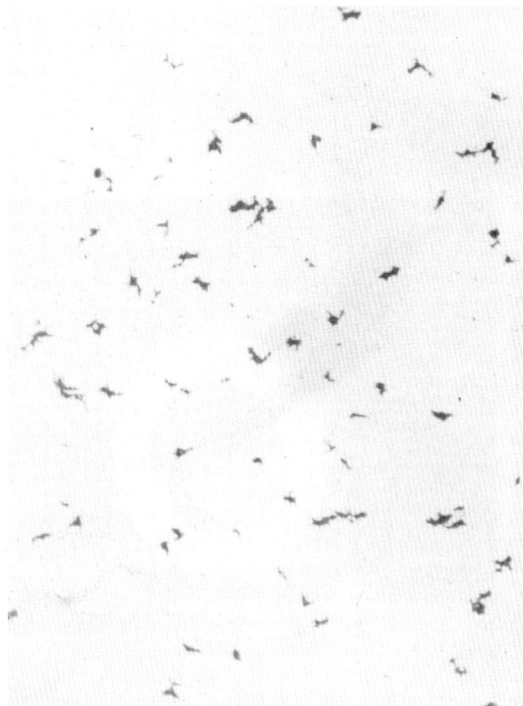

图　4-1-67　　　　　　　　　　　　　　500×

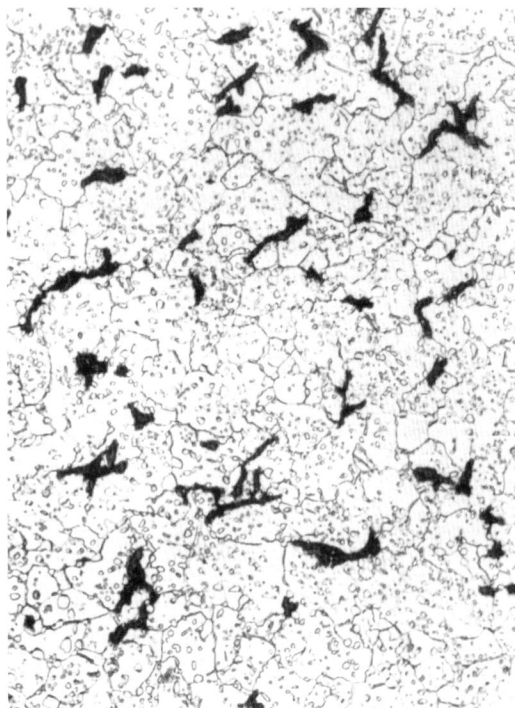

图　4-1-68　　　　　　　　　　500×

图　　　号：4-1-66～4-1-68

材料名称：T12 钢 [w（C）1.16%，w（Mn）0.22%，w（Si）0.28%]

浸 蚀 剂：图 4-1-66、4-1-67 未浸蚀，图 4-1-68 经 4%硝酸酒精溶液浸蚀

处理情况：球化退火

组织说明：螺栓在加热过程中发生断裂。

　　图 4-1-66：宏观断口，断口呈灰黑色。

　　图 4-1-67：未经浸蚀的试样，其上存在较多的灰黑色细条状为析出的石墨相。

　　图 4-1-68：浸蚀后的基体组织。主要为球状珠光体，黑色条状为石墨碳，基体中颗粒状渗碳体的数量少于正常的 T10 退火钢，这是由于部分渗碳体发生分解，析出游离石墨所致。

　　钢材因析出石墨而导致脆性，并使断口呈灰黑色，这种缺陷称为黑脆。

　　导致钢材产生黑脆缺陷的原因，是由于钢材经长时间退火或经多次返修退火，使渗碳体发生分解，析出石墨所造成。

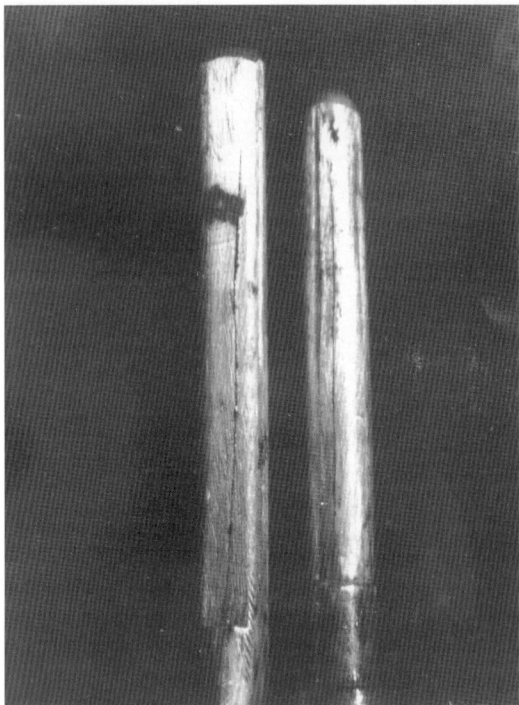

图 4-1-69 实物

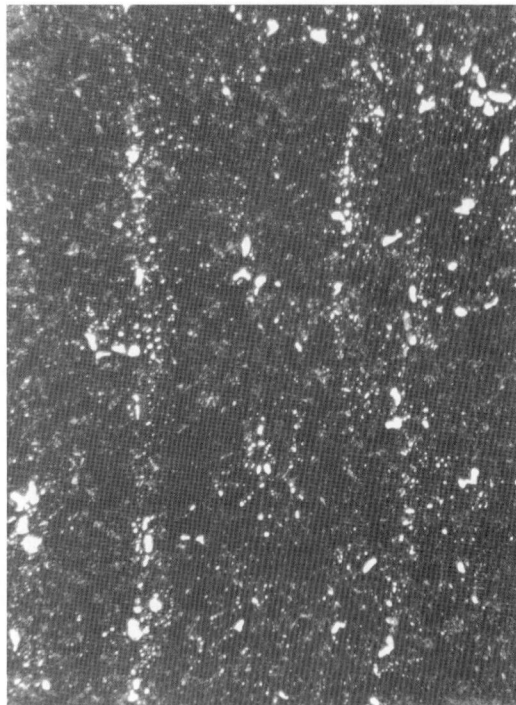

图 4-1-70 250×

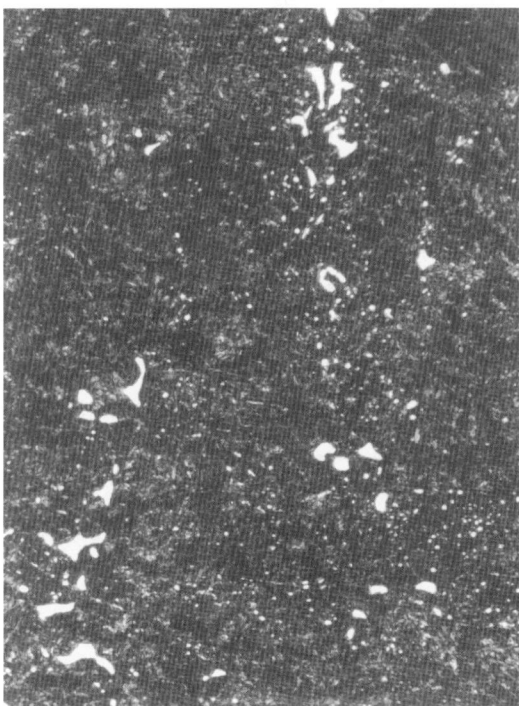

图 4-1-71 500×

图　号：4-1-69～4-1-71

材料名称：T10 钢

浸 蚀 剂：图 4-1-69 未浸蚀。图 4-1-70、4-1-71 经
　4%硝酸酒精溶液浸蚀

处理情况：780℃加热保温后水冷淬火，160℃回火

组织说明：淬火裂纹。T10 钢制型芯，淬火、回火
　后发现有纵向分布的裂纹。

　　图 4-1-69：裂纹分布情况，裂纹刚直，较粗
大，自型芯端部发生，沿纵向扩展。

　　图 4-1-70：型芯纵向组织，基体为回火马氏
体，白色颗粒及棱角状为渗碳体，稍呈带状分布。

　　图 4-1-71：图 4-1-70 放大 500 倍后的组织，
棱角状渗碳体较粗大，基体为回火马氏体，其上
分布有颇多细小颗粒状渗碳体。

　　型芯内存在棱角状渗碳体，是由于原材料退
火温度较高所造成的；出现带状，说明原材料的
成分有偏析现象。从多量残留细粒状渗碳体说明
型芯的淬火温度并不过高；型芯的开裂，主要是
由于型芯直径较小，淬火时冷却速度过分剧烈而
造成的。

图　　号：4-1-72

材料名称：T10A 钢 [w（C）0.98%；w（Mn）0.36%]

浸 蚀 剂：4%硝酸酒精溶液

处理情况：790℃加热油冷淬火，200℃回火

组织说明：回火马氏体基体＋残留奥氏体＋沿晶
界分布的碳化物。

　　由于马氏体针较细小，浸蚀时间较长，因此
回火马氏体针状已不可分辨。残留碳化物呈断续
网状分布，部分碳化物呈针状向晶内伸展。这种
呈魏氏组织分布的碳化物是在锻后空冷时已形
成的。断续网状碳化物显示了晶粒的大小。网状
分布的碳化物降低了材料的塑性，脆性增加，降
低了工件的使用寿命。它还导致淬火变形和开裂
倾向。因此锻后要增加正火以消除二次碳化物网
状和魏氏组织。然后方能进行球化退火。

图　4-1-72　　　　　　　　　　　　　　500×

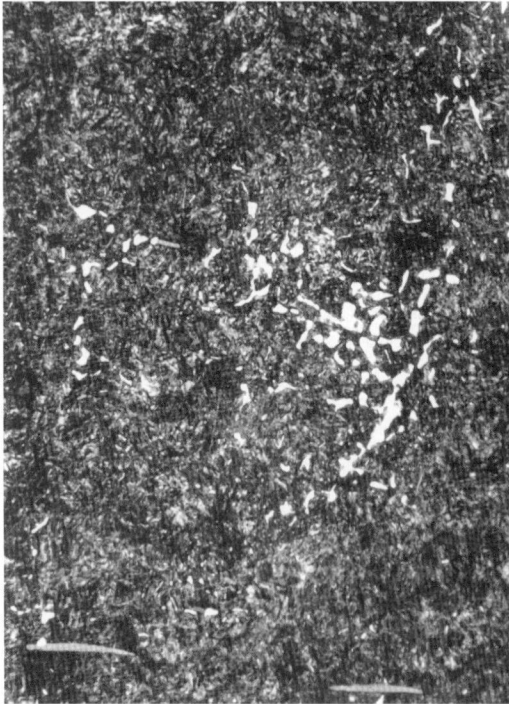

图　4-1-73　　　　　　　500×

图　　号：4-1-73

材料名称：T10A 钢

浸 蚀 剂：4%硝酸酒精溶液

处理情况：800℃加热后油冷淬火，180℃回火

组织说明：黑色为回火马氏体＋少量残留奥氏体＋
白色残留碳化物＋灰色条状塑性夹杂物。

　　碳化物呈堆集的多角状，它使工件的脆性增
加，采用碳化物超细化处理可以消除碳化物偏析。
工艺要点是在 850～980℃温度内加热固溶，使绝
大部分碳化物溶入奥氏体中，然后油冷淬火或等
温淬火，再在 550～640℃高温回火。这样处理后，
可获得均匀、细小、圆整的细粒状珠光体。然后
进行最终淬火回火处理，可大幅度提高工件的使
用寿命。

图　　号：4-1-74
材料名称：石墨钢 [w（C）1.3%～1.5%，w（Si）
　　1.3%～1.7%，w（Mn）0.5%～0.8%，w（Mo）
　　0.2%～0.4%，w（S）及（P）≤0.04%，w（Al）
　　0.1%～0.5%，w（RE）（加入量）0.20%]
浸 蚀 剂：3%硝酸酒精溶液
处理情况：电炉冶炼，1500℃出钢，镇静 10～
　　20min，采用半冷型挂砂烘模铸造，浇注温度
　　1390～1420℃，铸造状态
组织说明：此为 ϕ670mm 不含镍铬的新型石墨化
　　铸钢轧辊显微组织，基体为细片状珠光体及块状
　　铁素体，在晶界处有断续网状的合金渗碳体，块
　　状铁素体中心有细小石墨碳存在。

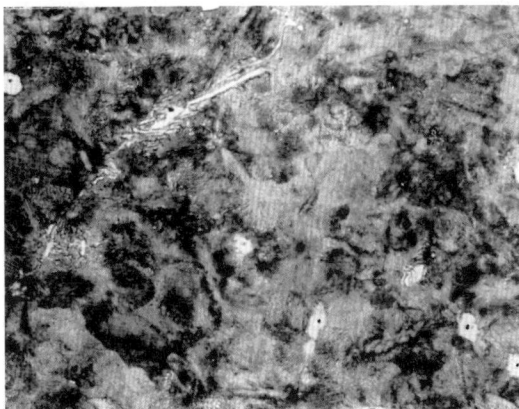

图　4-1-74　　　　　　　　　　　　　500×

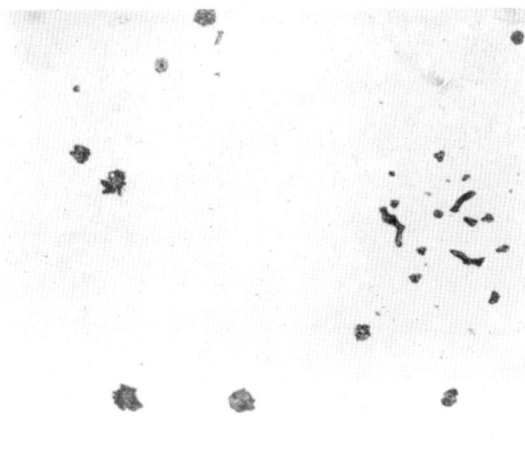

图　4-1-75　　　　　　　　　　　　　500×

图　　号：4-1-75
材料名称：石墨钢（成分同图 4-1-74）
浸 蚀 剂：未浸蚀
处理情况：锻造后，随炉加热至 700℃，保温 2h，
　　而后升温至 980℃，保温 16h，空冷，至 400℃保
　　温 4h，然后再加热至 600℃，保温 14h，炉冷，
　　至 300℃出炉空冷
组织说明：球状、团状石墨，此外尚有极少量聚集分
　　布的厚片状石墨。
　　　由于硅、铝元素能促进石墨化，故在铸态基体
　　中存在细小游离的球状石墨。热处理的目的，主要
　　是促进石墨化和消除网状碳化物，从而进一步强化
　　基体，以提高基体的力学性能。

图　　号：4-1-76
材料名称：石墨钢（成分同图 4-1-74）
浸 蚀 剂：3%硝酸酒精溶液
处理情况：同图 4-1-75
组织说明：细片状珠光体和球状及团状石墨，在部分
　　石墨周围有少量铁素体。
　　　轧辊本身附带试样的力学性能：R_m 为 784～
980N/mm²，A 为 2.5%～7.5%，Z 为 0.8%～4.0%，α_K
为 7.8～15.7J/cm²，硬度为 45～47 HS（约合 33HRC）。
　　　石墨钢强度、抗疲劳性和耐磨性均较 70 钢、
70Mn2 钢为优，故石墨钢轧辊的使用寿命较 70
钢、70Mn2 钢轧辊约提高 25%～100%。
　　　若在 650℃回火，硬度将明显下降（为
31HRC），此时，韧性虽有提高，但将严重影响使
用寿命。

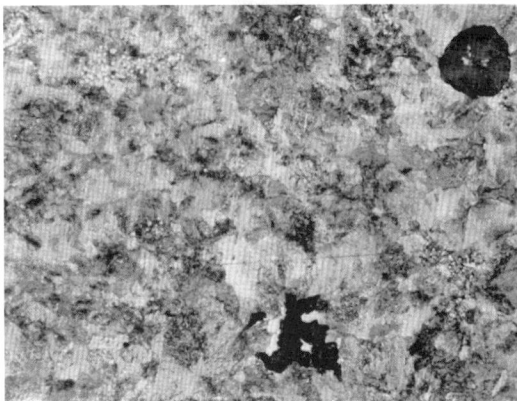

图　4-1-76　　　　　　　　　　　　　500×

金 相 图 片

图　　号： 4-2-1

材料名称： GCr15 钢 [w(C) 0.95%～1.05%，w(Mn) 0.20%～0.40%，w(Si) 0.15%～0.35%，w(Cr) 1.30%～1.65%，w(S)≤0.020%，w(P)≤0.027%]

浸 蚀 剂： 1+1 盐酸水溶液，70℃热蚀 20min

处理情况： 热轧状态原材料

组织说明： 钢材横截面中心处的黑色小点为中心疏松，按标准评定属 1.5 级。

产生疏松的原因，与缩孔大致相同，也是由于金属凝固时的体积收缩所造成的，因为疏松是最后凝固部分，所以疏松区域的夹杂物比较集中。当疏松严重时，将显著地影响钢材的力学性能。

疏松经热压力加工后，可得到一定的改善。如果原钢锭中疏松较严重，在热加工时压缩比不足或孔形设计不当，则钢锭上的疏松孔隙，经热加工后仍将存在于钢材中。因此，提高压缩比和设计合适的孔形以及合理的切头率，均可减少或改善疏松缺陷。

由于疏松孔隙处夹杂较集中，经热酸蚀后，极易受腐蚀和发生溶解，因而在低倍试片上出现颇多外形不规则的细小孔隙和孔穴，肉眼观察时为黑色小点。

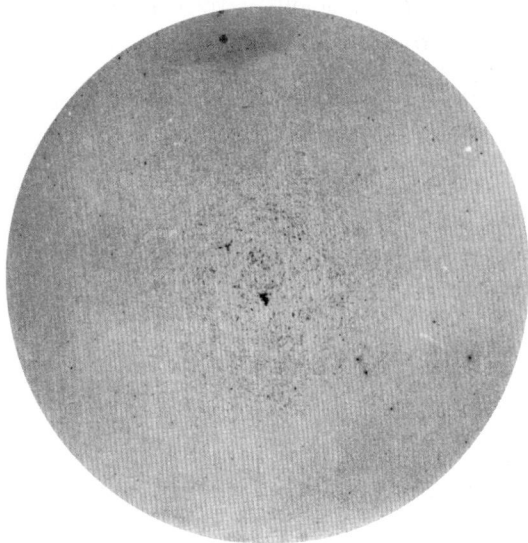

图　4-2-1　　　　　　　　　　　　　1×

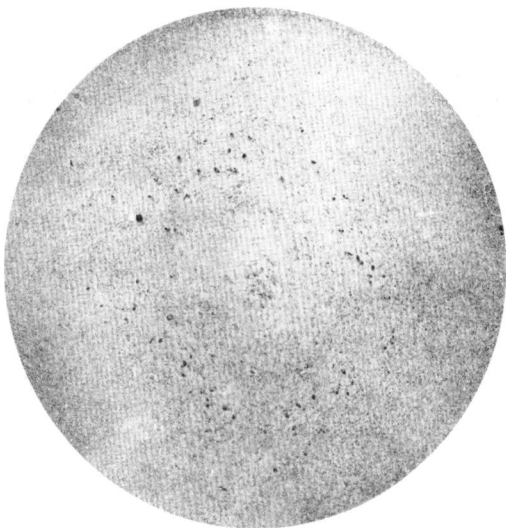

图　4-2-2　　　　　　　　1×

图　　号： 4-2-2

材料名称： GCr15 钢

浸 蚀 剂： 1+1 盐酸水溶液，70℃热蚀 20min

处理情况： 热轧状态原材料

组织说明： 横截面上分散分布的黑色小点即为一般疏松。按标准评定为 2.5 级，属不合格。

疏松主要是在钢液凝固时，因体积收缩形成树枝晶晶间空隙，未被钢液所填充而形成。导致组织不致密，破坏了钢材的连续性，从而降低了钢材的力学性能。这种不致密的疏松，在淬火时易产生裂纹，并在机械加工后影响零件的表面粗糙度，尤其是对超精加工的研磨表面来说，易出现黑色孔隙，且易受腐蚀而生成锈斑，相应地降低了轴承的使用寿命。

图　　号：4-2-3

材料名称：GCr15 钢

浸 蚀 剂：1+1 盐酸水溶液，70℃热蚀 20min

处理情况：热轧状态的原材料

组织说明：热蚀后在钢材横截面上显示出由聚
　　　集分布的黑色小点所构成的方框形，即称为
　　　方框形偏析。按标准评定，大于 2 级，属不
　　　合格。

　　　这种缺陷是钢液在凝固过程中形成的。按
　　　钢锭的一般结晶规律，在钢锭截面的中间部位
　　　为钢液的最后凝固部分，该处碳、合金元素以
　　　及硫、磷杂质较易富集，因此组织的致密度很
　　　差。钢锭经热压力加工时，钢锭中间部位存在
　　　的夹杂及合金成分偏析，将因钢锭表面的变形
　　　较大，心部及中间的变形极小，而以锭形（方
　　　框形）的形式存于钢材中，由图中方框偏析
　　　分布位置可知，钢材在压力加工时表面的变形
　　　是不均匀的。

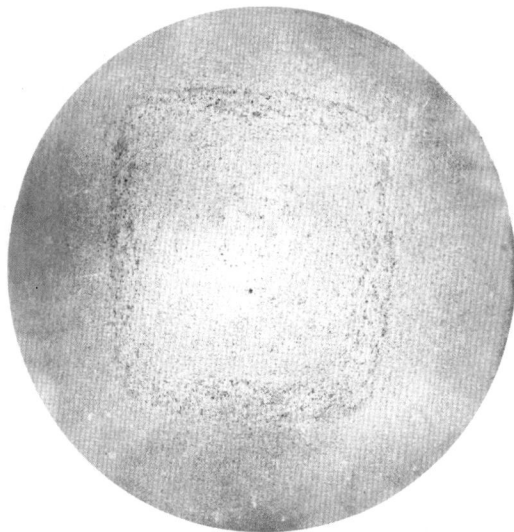

图　　4-2-3　　　　　　　　　　1×

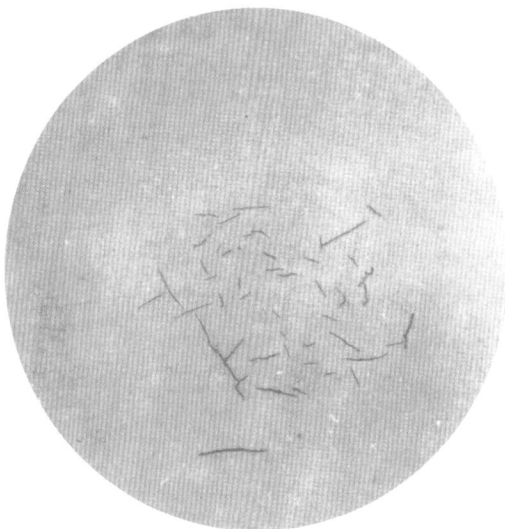

图　　4-2-4　　　　　　1×

图　　号：4-2-4

材料名称：GCr15 钢

浸 蚀 剂：1+1 盐酸水溶液，70℃热蚀 15min

处理情况：热轧状态的原材料

组织说明：热蚀后，钢材横截面上近中心区域出现颇
　　　多细长条的发裂，裂纹两侧呈锯齿形，此乃典型的
　　　白点缺陷。

　　　含铬轴承钢经轧制空冷后易出现白点缺陷。白
　　　点缺陷在低倍试块横截面上呈条状裂纹；在纵向断
　　　口面上，则呈现圆形或椭圆形的银白色明亮结晶斑
　　　点，故称之为白点。

　　　白点形成的原因，主要是由于钢中的氢含量较
　　　高，在冷却较快的情况下，尤其是在 200℃左右时，
　　　原子氢将向分子氢转变，未逸出的氢存于晶界
　　　间，此时将产生极大的压力而出现裂纹。

　　　白点缺陷若未暴露在空气中，则可采用锻造方
　　　法使之焊合，但锻后应缓冷，不过此时钢材需改小
　　　尺寸。一般来说，白点是钢中不允许存在的缺陷。

图　　号：4-2-5

材料名称：GCr15 钢

浸 蚀 剂：4%硝酸酒精溶液深浸蚀

处理情况：原材料经淬火并回火

组织说明：黑色基体为回火马氏体，白色小块状为
　　碳化物液析，按标准评定为 1 级，属合格级别。

　　碳化物液析系指钢锭在凝固时，因产生显著
的枝晶偏析，在局部富碳区和富铬区，生成莱氏
体共晶组织。它在热压力加工变形时，将被破碎
成断续的串连状小块。

　　本图碳化物液析尚属细小，因而在使用时不
易产生剥落，故对轴承的寿命危害不大，属于允
许的范围。

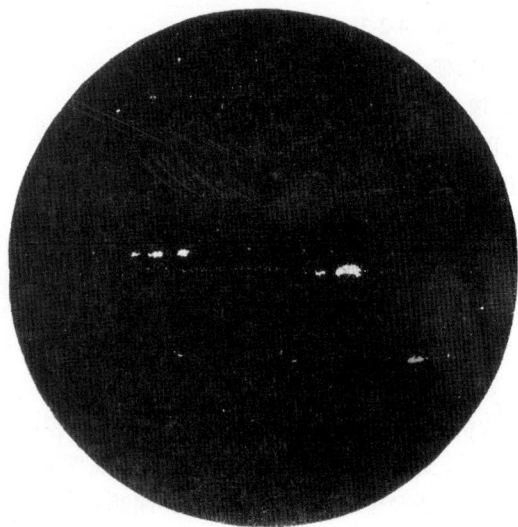

图　　4-2-5　　　　　　　　　100×

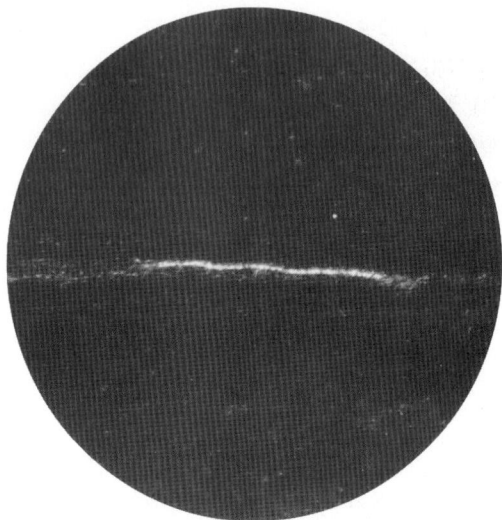

图　　4-2-6　　　　　　　100×

图　　号：4-2-6

材料名称：GCr15 钢

浸 蚀 剂：4%硝酸酒精溶液深浸蚀

处理情况：原材料经淬火并回火

组织说明：黑色基体为回火马氏体，白色长条为碳
　　化物液析缺陷，经评定相当于 3 级，属不合格
　　级别。

　　本图片出现较长的条状碳化物，它将使钢在
球化退火或淬火后的组织产生不均匀现象，从而
使钢的力学性能，尤其是疲劳强度大为下降。如
果这种碳化物液析处于轴承表面，将在使用中易
产生剥落，从而增加轴承的磨损，使轴承的使用
寿命明显缩短。

图　　号：4-2-7

材料名称：GCr15 钢

浸 蚀 剂：4%硝酸酒精溶液深浸蚀

处理情况：830℃淬火，200℃回火

组织说明：黑色基体为回火马氏体，较多的白色长
　　　　条为碳化物液析，按标准评定相当于 5a 级，属最
　　　　差级。

　　　碳化物液析来源于冶炼凝固时产生的偏析，
　　热压力加工时，碳化物液析常沿轧制方向以带状
　　的形式分布。

　　　碳化物液析相当于一次碳化物，是由液体中
　　直接析出的。它在热压力加工后，除以单独的条
　　状存在外，有时还会与带状碳化物混在一起。

　　　本图片试块取自 φ50mm 钢材的纵向截面，
　　具有如此严重碳化物液析的钢材，质量低劣，不
　　适宜制造轴承，因此一般只能报废或移作他用。

图　　4-2-7　　　　　　　　　　　　　　　100×

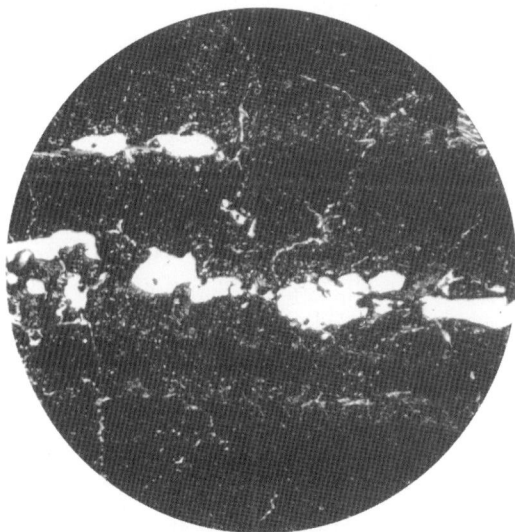

图　　4-2-8　　　　　　　　　　　500×

图　　号：4-2-8

材料名称：GCr15 钢

浸 蚀 剂：4%硝酸酒精溶液

处理情况：同图 4-2-7

组织说明：同图 4-2-7 同一试样，经放大 500 倍观
　　　　察，白色粗大块状为碳化物液析，在其附近尚有
　　　　呈网状分布的碳化物，相当于 4 级。

　　　条状碳化物液析破坏了金属基体的连续
　　性，同时碳化物液析还具有高的硬度和脆性，
　　若出现在轴承的工作面上，则在轴承使用过程
　　中易于剥落，并产生磨损和裂纹，从而降低轴
　　承的疲劳寿命。

　　　由于碳化物液析处于富碳和富铬的区域，因
　　此该区域的合金成分含量较高，锻造空冷时，如
　　冷却稍缓，则将在液析附近同时出现网状分布的
　　碳化物，从而在奥氏体晶界上形成一层脆的硬壳，
　　使钢的冲击韧度降低，并使钢材在使用时易发生
　　断裂。

图　　号：4-2-9

材料名称：GCr15 钢

浸 蚀 剂：4%硝酸酒精溶液深浸蚀

处理情况：原材料经 850℃油冷淬火，200℃回火

组织说明：黑色基体为回火马氏体，其上分布有白
色带状碳化物偏析，带状偏析相当于 2.5 级。

　　按金相检验碳化物带状偏析，必须沿钢材
纵向取样，并经磨、抛，为了能清晰地显示白
色带状偏析，试样可通过深浸蚀。严重的带状
碳化物常是轴承产生裂纹的起源，显著降低轴
承的疲劳寿命。

　　带状碳化物偏析处且易在热处理后出现托氏
体组织，这主要是基于带状碳化物周围基体中碳
和合金元素贫乏的缘故。托氏体的出现将影响轴
承尺寸的稳定性和使力学性能不均匀，从而使轴
承出现过早地失效。

　　本图片带状条数较多，但比较狭小，因此它
的危害性并不很大，尚属合格级别。

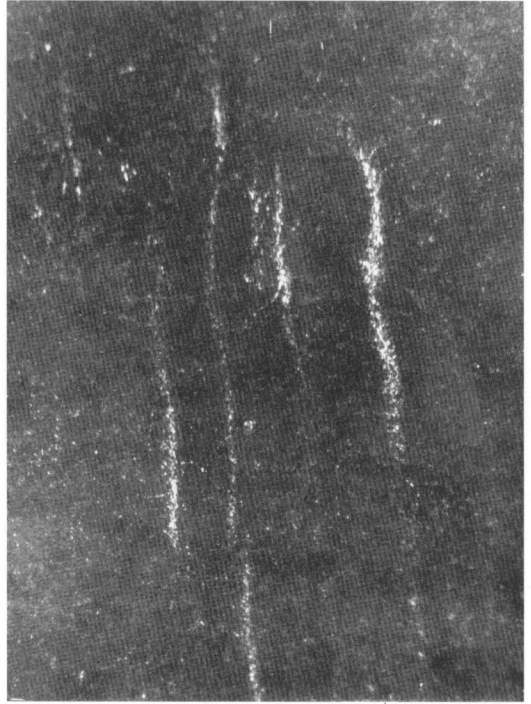

图　　4-2-9　　　　　　　　　　　　100×

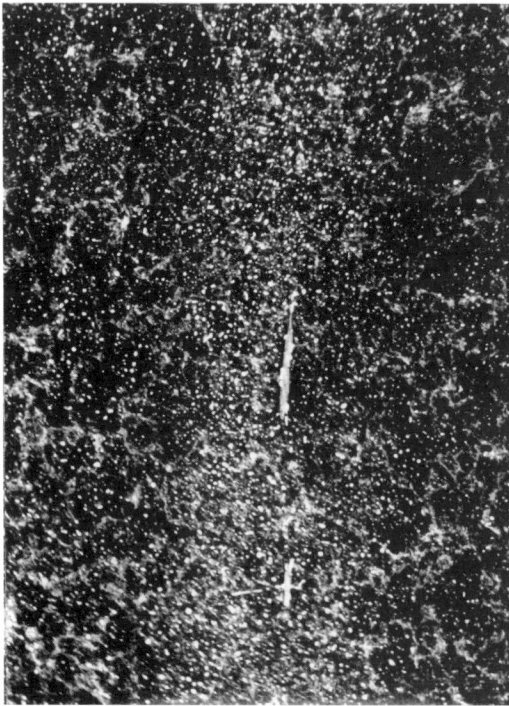

图　　4-2-10　　　　　　　　　　　500×

图　　号：4-2-10

材料名称：GCr15 钢

浸 蚀 剂：4%硝酸酒精溶液

处理情况：同图 4-2-9

组织说明：基体为回火细马氏体及颗粒状碳化物，
部分颗粒状碳化物聚集成较轻微的带状偏析分
布，在带状区有浅灰色长条为碳化物夹杂。

　　图 4-2-10 为图 4-2-9 放大 500 倍的组织，可
以清晰地看到白色带状区是由许多小颗粒碳化物
聚集而成。在带状碳化物周围的基体，因碳和合
金元素贫乏，故该处 M_s 点较高，低温回火时，不
易受回火，致呈浅灰色。

　　带状碳化物是由枝晶偏析引起的，在热加工
后，偏析区轧成带状分布；其中一些富铬、富碳
的区域将析出较多的颗粒状碳化物，致使钢材纵
断面上碳化物呈带状。一般来说碳化物带状组织
在钢材中心较钢材边缘为严重。

图　　号：4-2-11

材料名称：GCr15 钢

浸 蚀 剂：4%硝酸酒精溶液深浸蚀

处理情况：850℃油冷淬火，200℃回火

组织说明：黑色基体为回火马氏体，白色带状为聚
　　　集分布的颗粒状碳化物所构成的带状偏析。按标
　　　准评定碳化物带状偏析相当于 4 级，属不合格。

　　由于凝固时产生的枝晶偏析严重，因而在轧制
后，使偏析处的带状显得长而宽，并贯穿整个视
场，这种分布形式是极为严重的，它将使钢材在
球化退火以及淬火、回火后获得不均匀的显微组
织，从而使钢的力学性能，尤其是疲劳性能显著
下降。

　　由于铬元素的扩散极慢，因此碳化物带状偏
析不能用一般的退火或扩散退火来消除，而只能
用较大的压缩比的热压力加工来改善。

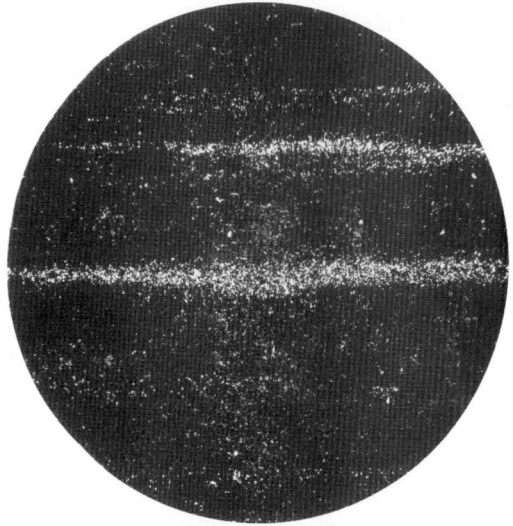

图　4-2-11　　　　　　　　　　　　　　100×

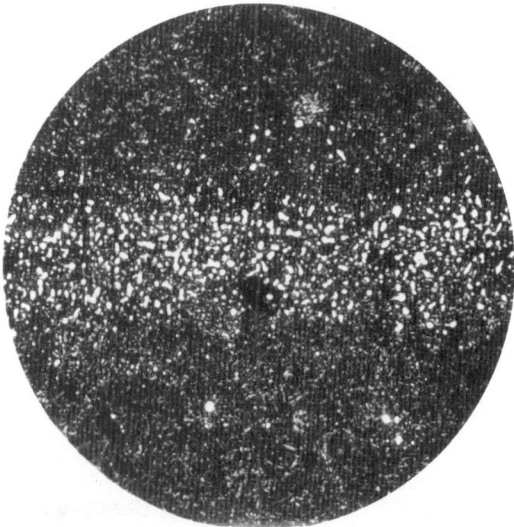

图　4-2-12　　　　　　　　　　500×

图　　号：4-2-12

材料名称：GCr15 钢

浸 蚀 剂：4%硝酸酒精溶液深浸蚀

处理情况：同图 4-2-11

组织说明：此图为图 4-2-11 放大 500 倍后的组织，
　　　较大颗粒的碳化物呈带状聚集分布在回火马氏体
　　　基体上。

　　钢液在凝固过程中，液体金属必然按树枝状
结晶，先结晶的树干与最后凝固的枝轴间，其化
学成分将因结晶的先后而有所不同。一般来说，
枝轴间碳和合金元素较为富集，且该处硫、磷杂
质含量较高，因而构成了树枝状偏析，偏析的程
度将视成分的差异而定。严重时，枝轴间将自液
体中直接析出共晶莱氏体（即所谓液析）；不严重
则仅在富碳、富合金元素的枝轴间析出二次碳化
物，在热压力加工时，这种富集区将被延伸成带
状分布，从而形成由颇多轧碎的细小碳化物颗粒
聚集分布。由于铬元素的扩散极慢，且能阻止碳
的扩散，因此这种偏析仅用高温加热是不能消除
的，可采用加大锻轧压缩比予以改善。

图　　号：4-2-13

材料名称：GCr15 钢

浸 蚀 剂：4%硝酸酒精溶液

处理情况：锻造后空冷

组织说明：基体为细片状珠光体。

　　　　锻造空冷时的冷却速度较大，故得到极细片状珠光体，此时渗碳体及铁素体的层片间距分辨不清，所以又可称为索氏体型珠光体。图中珠光体呈黑、灰、白不同的色泽，系不同领域的珠光体在明场下的反射色泽。

　　　　属良好的锻造后组织。

图　4-2-13　　　　　　　　　　　500×

图　　号：4-2-14

材料名称：GCr15 钢

浸 蚀 剂：4%硝酸酒精溶液

处理情况：锻造后空冷

组织说明：基体为极细片状珠光体及沿晶界分布的白色细网状碳化物。晶粒大小中等，相当于 4 级。

　　　　锻造温度正常，但停锻温度较高，冷却又稍缓慢，故而沿奥氏体晶界析出二次碳化物。由于晶界处存在一薄层脆硬的碳化物，通过球化退火还会有部分网状碳化物存在，故属稍差的锻造后组织。

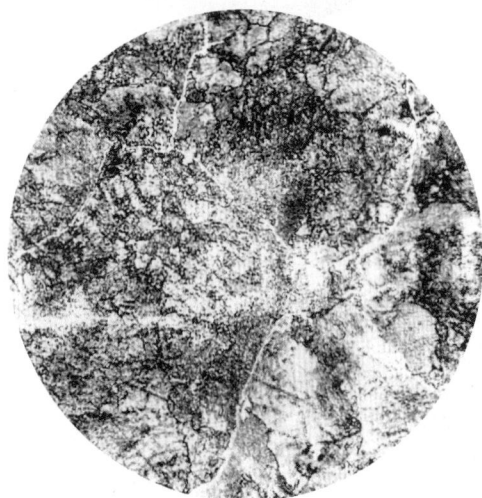

图　4-2-14　　　　　　　　　　　500×

图　　号：4-2-15

材料名称：GCr15 钢

浸 蚀 剂：4%硝酸酒精溶液

处理情况：锻造后空冷

组织说明：基体主要为细片状珠光体，在晶界上较粗的为白色网状碳化物，晶粒粗大，相当于 1 级。

　　　　锻造温度及停锻温度均过高，致使奥氏体晶粒粗大，冷却时有严重的网状碳化物析出，球化退火时，这种碳化物很难消除，淬火后仍保持网状分布，从而增加零件的脆性。网状碳化物可用正火处理来消除，通过正火处理尚可细化晶粒，以提高零件在淬火后的力学性能。

图　4-2-15　　　　　　　　　　　500×

图　　号：4-2-16

材料名称：GCr15 钢

浸 蚀 剂：4%硝酸酒精溶液

处理情况：锻造后退火

组织说明：网状碳化物。基体组织为片状珠光体及
　少量球粒状珠光体，沿晶界有呈网状分布的二次
　碳化物，基体中片状珠光体有粗有细。硬度为
　28～30HRC。

　　锻件的停锻温度较高或在锻造后缓冷，易使
二次碳化物沿奥氏体晶界呈网络状分布。球化退
火时，又由于加热温度偏高，基体中仅得一小部
分球状珠光体，其余均为片状珠光体，同时网状
碳化物未能消除。这种退火组织使钢在晶界上具
有一层脆硬的外壳，故钢的脆性大为增加，在使
用中易产生脆性断裂，同时还因硬度较高，而使
钢不易切削加工，因此这种组织属退火缺陷组织。

　　以片状珠光体为基的退火组织，在淬火加热
时不仅使钢容易产生过热倾向，同时易使工件在
淬火后产生大的变形和发生开裂。

图　4-2-16　　　　　　　　　　500×

图　　号：4-2-17

材料名称：GCr15 钢

浸 蚀 剂：4%硝酸酒精溶液

处理情况：锻造后退火

组织说明：退火不良组织。基体为片状珠光体和呈
　网状分布的碳化物；且在基体中出现呈带状分布
　的球粒状珠光体。

　　退火钢的基体组织中出现网状碳化物，系停
锻温度偏高或锻后缓冷所造成；而片状珠光体组
织则为球化退火温度偏高所造成。基体中出现一
部分呈带状分布的球粒化珠光体，是由于钢中存
在成分偏析，在锻压加工时未被消除，循着加工
变形方向而形成。因为成分有偏析，致使该处的
相变温度与基体有差异，偏高的退火温度对大多
数基体来说是过热了，而对带状偏析的贫碳、贫
铬区来说，却恰到好处，故在球化退火后，该处
即获得球粒化组织。

　　锻件中存在的网状碳化物，可用正火处理来
消除，钢经正火处理后，再经球化退火，可以得
到颗粒细小而又均匀分布的球粒状珠光体基体组
织，有利于切削加工和淬火处理。

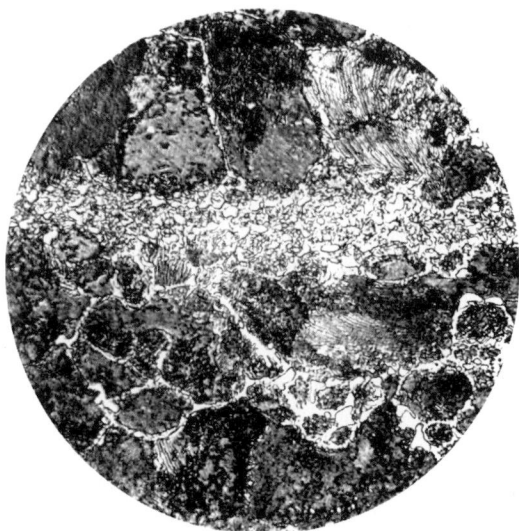

图　4-2-17　　　　　　　　　　500×

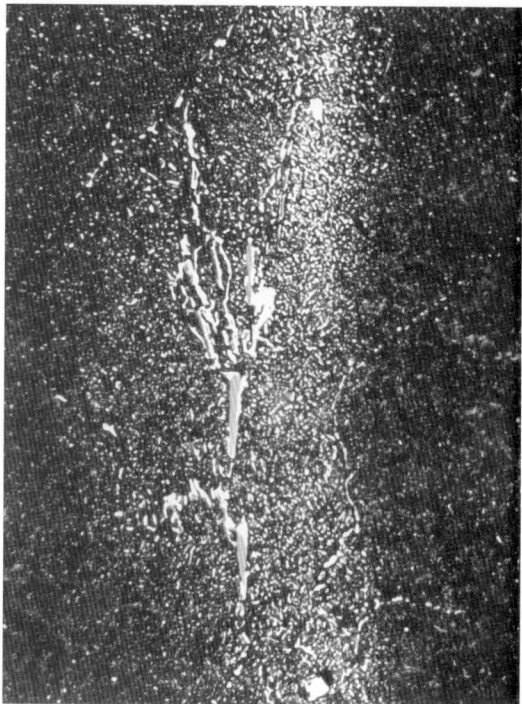

图　　号：4-2-18

材料名称：GCr15 钢

浸 蚀 剂：4%硝酸酒精溶液

处理情况：850℃油冷淬火，170℃回火

组织说明：碳化物偏析带。试样采用深浸蚀使碳化
　　物易于分辨，碳化物带中有颗粒碳化物夹在其
　　中，此外，还有二次碳化物网沿晶界延伸。根据
　　碳化物带中碳化物的密集程度和带的宽度，按有
　　关标准认定为 3 级。

　　　碳化物带中的块状碳化物是碳化物液析。

　　　此外，在网状碳化物的边缘还有灰色条状分
　　布的硫化物夹杂物。

图　4-2-18　　　　　　　　　　　　　500×

图　　号：4-2-19

材料名称：GCr15 钢

浸 蚀 剂：4%硝酸酒精溶液

处理情况：锻造后空冷

组织说明：层状珠光体及网状二次碳化物。珠光体
　　呈粗片状，晶粒粗大，碳化物网局部比较肥大。

　　　工件在球化退火前一定要先进行正火处理，
　　以消除二次碳化物。否则网状碳化物会残留下来，
　　从而造成十分严重的后果。

图　4-2-19　　　　　　　　500×

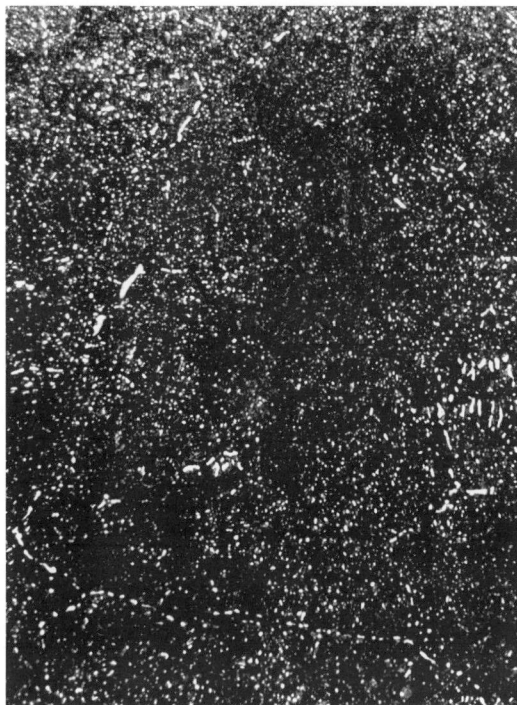

图　　号：4-2-20

材料名称：GCr15 钢

浸 蚀 剂：4%硝酸酒精溶液

处理情况：球化退火

组织说明：本图是图 4-2-19 锻后空冷材料直接球化
　退火后的组织。珠光体已经球化，但网状二次碳
　化物未能消除。碳化物网的网孔大小相当于锻后
　的奥氏体晶粒度，晶粒粗大。可以推测锻造时停
　锻温度很高。

　　锻后的工件一定要正火后方可进行球化退
　火，或者锻后采取较快的冷却速度，也可抑制二
　次碳化物的析出而免去正火。

图　　4-2-20　　　　　　　　　　500×

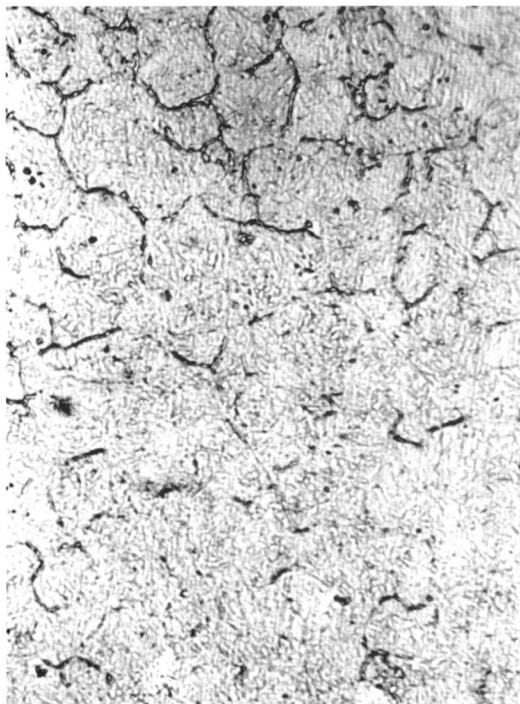

图　　4-2-21　　　　　　　　　　500×

图　　号：4-2-21

材料名称：GCr15 钢

浸 蚀 剂：4%硝酸酒精溶液

处理情况：球化退火，淬火

组织说明：针状马氏体＋残留奥氏体＋网状二次碳
　化物。碳化物网比较肥厚，呈全封闭或半封闭网
　络，网孔不大。

　　这种碳化物网不是锻造后缓冷时遗留下来
　的，而是球化退火工艺不当造成的。由于球化温
　度失控，球化退火后获得片状珠光体和肥厚的网
　状碳化物，淬火后基体全部形成针状马氏体，碳
　化物全部集中分布在晶界上。

　　二次碳化物网是工件脆性开裂的重要原因。

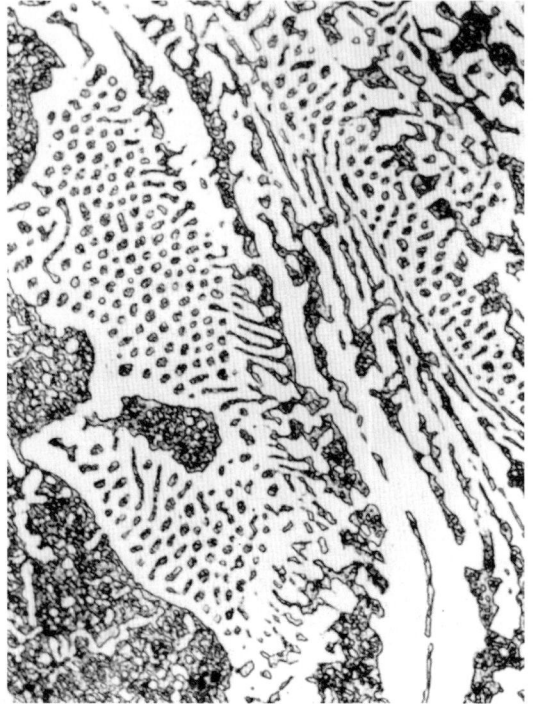

图　　号：4-2-22

材料名称：GCr15 钢

浸 蚀 剂：4%硝酸酒精溶液

处理情况：锻造加热过烧

组织说明：锻造套圈表面高温增碳生成的莱氏体和碳化物网，此系锻造过烧组织。

　　由于锻造加热温度过高，加热炉内碳势也高，套圈锻坯在这种高温高碳势的条件下长时间加热，表面增碳严重，表层生成鱼骨状共晶莱氏体组织，其中 $w(C)$ 高达 3.15%～2.24%，这种组织硬度高，脆性大，工件已严重过烧，只能报废。

图　4-2-22　　　　　　　　500×

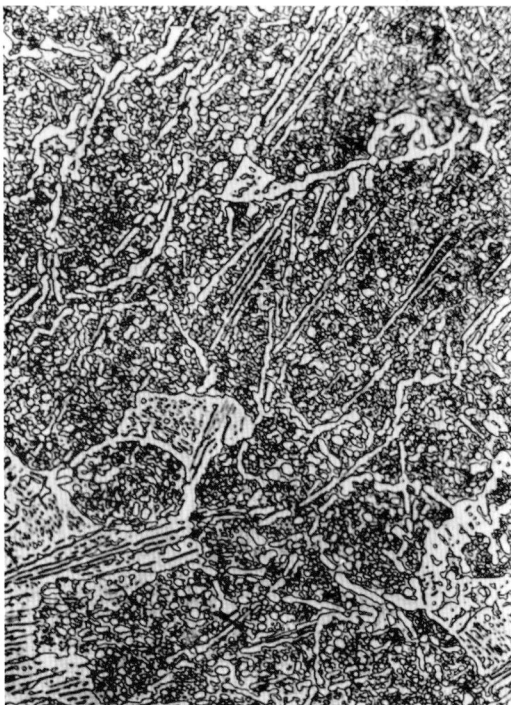

图　　号：4-2-23

材料名称：GCr15 钢

浸 蚀 剂：4%硝酸酒精溶液

处理情况：锻造过烧、退火

组织说明：锻造套圈表面在高温增碳，在次表层生成的碳化物网条，莱氏体组织和球化珠光体组织。

　　锻件在高温高碳势条件下长时间加热，表层的碳向内层扩散，使次层中 $w(C)$ 也高达 1.40%～1.04%，生成本图中所示的碳化物网条和球状珠光体、莱氏体组织，此组织仍为过烧，不能用热处理的办法予以改善，必须在毛坯锻造加热时就予以防止。

图　4-2-23　　　　　　　　500×

图　　号：4-2-24
材料名称：GCr15 钢
浸 蚀 剂：4%硝酸酒精溶液
处理情况：锻造后冷却
组织说明：块状淬火组织。灰黑基体为索氏体，其
　　　　上灰白色块状为淬火马氏体及残留奥氏体。

　　钢锭中的树枝状偏析，锻造时由于压缩比不
足而残存于钢中。锻造后冷却速度较快，使富碳、
富合金元素的偏析区在冷却过程中析出淬火马氏
体组织。这种块状马氏体组织会在切削加工时使
刀具发生崩刃。这种硬质点组织可采用球化退火
来予以改善。

图　　4-2-24　　　　　　　　　　400×

图　　号：4-2-25
材料名称：GCr15 钢
浸 蚀 剂：4%硝酸酒精溶液
处理情况：锻造后风冷
组织说明：锻造不正常组织。黑色针状为下贝氏体，
　　　　灰白色基体为淬火马氏体（隐约可见到针状）及
　　　　残留奥氏体。

　　由于锻件截面较小，锻造后，起始冷却速度
较快，抑制了奥氏体向珠光体的转变，当冷至中
温时，因冷却速度稍缓，致使过冷奥氏体产生中
温转变而生成下贝氏体，此时锻件还在继续冷却，
未转变的过冷奥氏体到 M_s 点，则发生马氏体转变。
由于奥氏体合金化程度较高，以至尚有一部分奥
氏体被残留在马氏体基体中。

图　　4-2-25　　　　　　　　　　500×

图　　号：4-2-26
材料名称：GCr15 钢
浸 蚀 剂：4%硝酸酒精溶液
处理情况：锻造后较快冷却
组织说明：锻造不正常组织。基体为羽毛状上贝氏
　　　　体，少量灰白色区为马氏体及残留奥氏体。

　　锻造后，由于起始冷却速度稍快，随后则冷
却速度较缓，以至过冷奥氏体至中温时，产生上
贝氏体转变；且因在中温附近的停留时间稍长，
使这一转变较为充分，从而得到多量的羽毛状上
贝氏体，剩下少量的过冷奥氏体则继续冷却至 M_s
点时转变为马氏体。

图　　4-2-26　　　　　　　　　　500×

图　　号：4-2-27

材料名称：GCr15 钢

浸 蚀 剂：4%硝酸酒精溶液

处理情况：锻造后快冷

组织说明：锻造不正常组织，基体组织为羽毛状贝氏体，白色块状为淬火马氏体及残留奥氏体。

　　锻件在冷却过程中，局部接触水，导致起始冷却速度加快，故得到贝氏体、马氏体及残留奥氏体组织。由于这种组织硬度较高，使工件难以切削加工，这时，可将锻件进行球化退火处理，使之得到球状珠光体组织，它不但能使锻件的硬度下降，以适应切削加工的要求，而且为热处理作好组织上的准备，使工件在热处理时，可在较宽的温度范围内进行加热而不致产生过热。同时还可以减少钢中残留奥氏体数量，使工件不会产生过大的变形。

图　　4-2-27　　　　　　　　　　500×

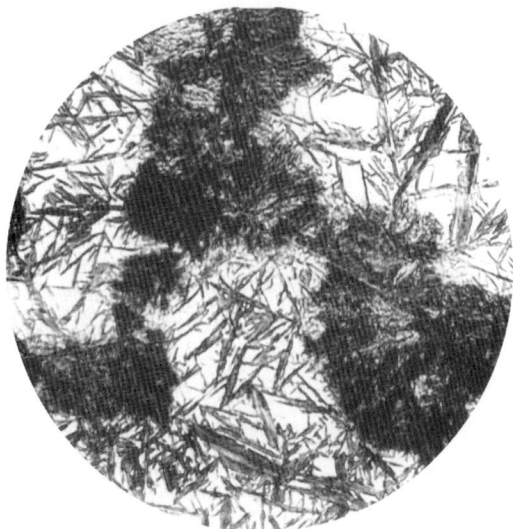

图　　4-2-28　　　　　　　　　　500×

图　　号：4-2-28

材料名称：GCr15 钢

浸 蚀 剂：4%硝酸酒精溶液

处理情况：锻造后快冷

组织说明：锻造不正常组织。基体为针状马氏体及残留奥氏体，黑色团状为淬火托氏体组织。

　　锻造后，锻件局部区域不慎接触到水，致使该区域冷却速度过快，从而获得不正常的显微组织。

　　锻件冷却时，局部遇到冷水，使锻件在快冷条件下易得到马氏体组织，但是在这种条件下锻件极易产生开裂事故，因此锻件在锻造后应避免接触到水。上述组织可通过球化退火来给予改善。球化退火后，不但锻件的硬度下降，有利于切削加工，而且能为以后的热处理作好组织上的准备。

图　　号：4-2-29

材料名称：GCr15 钢

浸 蚀 剂：4%硝酸酒精溶液

处理情况：锻造后水冷

组织说明：锻造不正常组织。基体组织为粗大针状
马氏体，白色区域为残留奥氏体。

　　锻件的终锻温度过高，停锻后又直接采取淬
火冷却，故得到粗大的淬火组织。这种冷却方式
极不正常，它不但会使锻件产生较大的内应力，
而且易使锻件在冷却时发生开裂。

　　GCr15 钢钢锭或钢坯在终锻后应采取缓慢的
冷却，这样可避免因内应力过大而产生开裂，同
时还能防止白点的产生。一般来说，$\phi \leqslant 25mm$
的工件，锻造后采用空气冷却；$\phi \geqslant 55mm$ 的工
件，应采取堆冷；$\phi > 100mm$ 的工件，则应采取
坑冷或砂冷。

　　这种不正常的组织可采用高温回火或球化退
火来改善其原始组织。

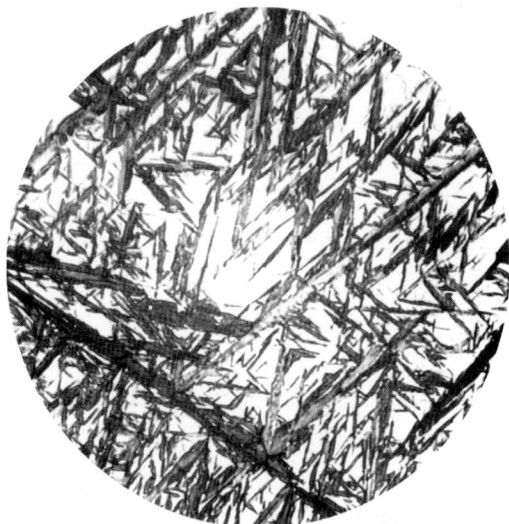

图　4-2-29　　　　　　　　　　　　　　　500×

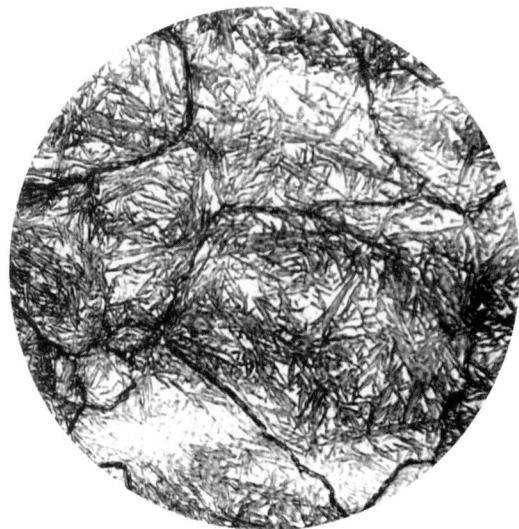

图　4-2-30　　　　　　　　　　　500×

图　　号：4-2-30

材料名称：GCr15 钢

浸 蚀 剂：4%硝酸酒精溶液

处理情况：锻造后水冷

组织说明：网状裂纹。基体组织为粗针状马氏体及
残留奥氏体。沿晶界有网状细裂纹。

　　锻件上出现沿晶界分布的网状裂纹，是因为
采用直接淬水而产生的。钢在高温加热时，晶粒
急剧长大，此时晶界的强度很低，当采用冷却速
度激烈的水冷却时，由于工件的热应力很大，致
使工件沿强度薄弱的晶界处发生开裂。同时由网
状裂纹可知，钢的终锻温度过高。

　　为了避免产生上述缺陷，锻件的终锻温度不
宜过高，锻后应采用堆冷或砂冷，以防止工件产
生过大的热应力和内应力。

图　　号：4-2-31

材料名称：GCr15 钢

浸　蚀　剂：4%硝酸酒精溶液

处理情况：球化退火

组织说明：基体组织为均匀分布的球状珠光体。碳化物颗粒较细小，呈点、球状分布。属正常球化退火的显微组织。

　　锻造空冷后获得的细片状珠光体，硬度较高，达 255～340HBW，很难进行切削加工，故需通过球化退火，以降低硬度，使有利于切削加工并得到光洁的表面，同时也为淬火做好组织上的准备。

　　球粒状珠光体的形成，亦是形核、长大的过程，它的晶核来源于非自发晶核，在过共析钢中即以未溶解的渗碳体质点为晶核，并按球形长大，得到均匀分布的点、球状珠光体。

　　球化退火后的组织形态——即碳化物球化与否，取决于退火加热温度及冷却速度的综合作用，而不是单纯取决于退火加热温度的高低。

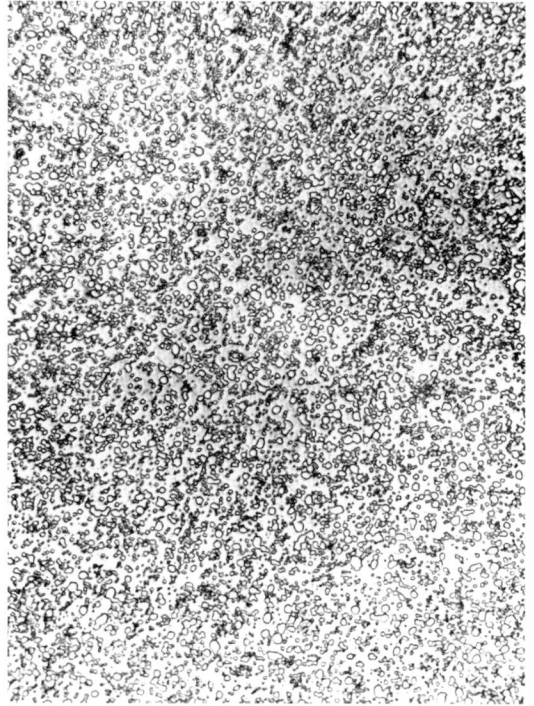

图　4-2-31　　　　　　　　　　500×

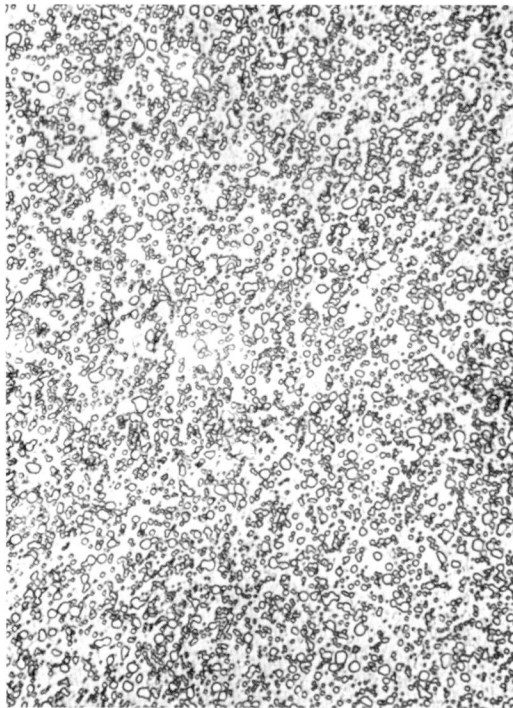

图　4-2-32　　　　　　　　　　500×

图　　号：4-2-32

材料名称：GCr15 钢

浸　蚀　剂：4%硝酸酒精溶液

处理情况：球化退火

组织说明：基体组织为球状珠光体。碳化物颗粒大小不甚均匀，少量颗粒较大。

　　碳化物球形成机理可从微观缺陷（位错等）的观点来解释：在 A_1 温度以下，片状碳化物的球化过程是通过碳化物的破裂、碳的扩散和碳化物析出而形成的。即首先在碳化物片的两侧固溶体中有较多的微观缺陷，从而加速了这一区域碳的扩散，使片状碳化物破裂，尔后破裂的碳化物小片通过尖角处溶解，再从平面处析出，逐渐形成碳化物小球。

图　　号：4-2-33

材料名称：GCr15 钢

浸 蚀 剂：4%苦味酸酒精溶液

处理情况：重复二次球化退火

组织说明：基体为球粒状珠光体。部分碳化物颗粒较大，且呈椭圆形或多角状分布。

　　第二次球化退火时，部分球状碳化物长大呈椭圆形和多角状分布。这种大小不均匀的球状珠光体，在正常淬火后将获得硬度偏低的基体组织，从而使零件的强度和耐磨性显著下降。

图　　4-2-33　　　　　　　　　　500×

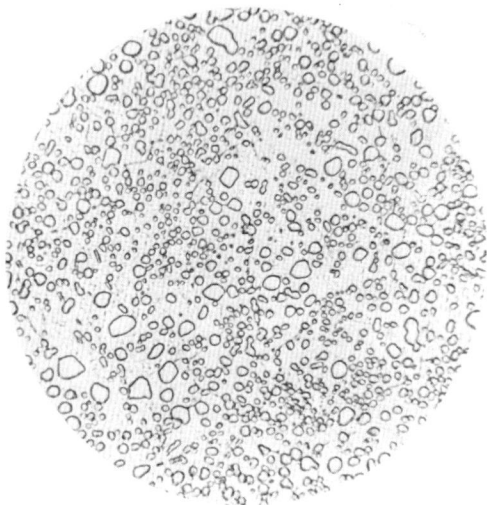

图　　4-2-34　　　　　　　　　　500×

图　　号：4-2-34

材料名称：GCr15 钢

浸 蚀 剂：4%苦味酸酒精溶液

处理情况：返修退火处理

组织说明：基体为球粒状珠光体，部分碳化物颗粒粗大。

　　返修退火时，部分细点状碳化物溶于基体，部分颗粒状碳化物则不断长大，冷却后得到大小不均匀的球化组织。在正常加热温度下淬火，将使基体的合金化程度偏低，必须采用更高的加热温度，此时除容易得到过热粗大的淬火组织外，工件的变形和开裂倾向也将随之增大。

图　　号：4-2-35

材料名称：GCr15 钢

浸 蚀 剂：4%硝酸酒精溶液

处理情况：球化退火处理

组织说明：基体主要为球粒状珠光体，并有少量粗片状珠光体，粗片状珠光体少于 5%（体积分数）。

　　球化组织中出现粗片状珠光体，是由于球化退火温度稍偏高引起的，这种原始组织不太理想，因为淬火时容易发生过热，从而使工件的变形增大，而且开裂的倾向亦大。

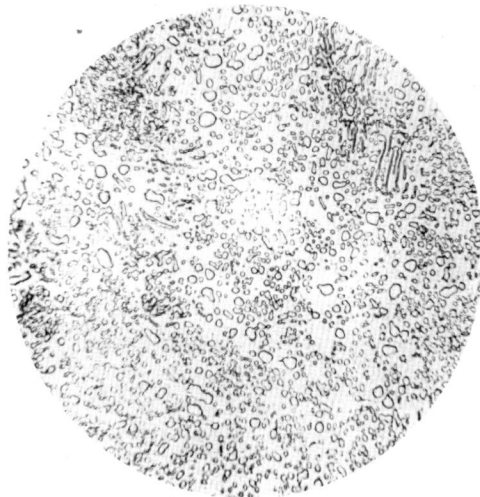

图　　4-2-35　　　　　　　　　　500×

图　　号：4-2-36

材料名称：GCr15 钢

浸 蚀 剂：4%硝酸酒精溶液

处理情况：球化退火处理

组织说明：在球粒化珠光体基体上布有 20%左右
（体积分数）的粗片状珠光体。

　　由于退火温度偏高，致使部分碳化物溶入基
体，减少了球化结晶的核心，冷却时即析出粗片
状珠光体。这种过热组织不但使基体硬度偏高，
使加工性能变差，且使淬火过热敏感性增大，工
件热处理后的变形量也显著增大。

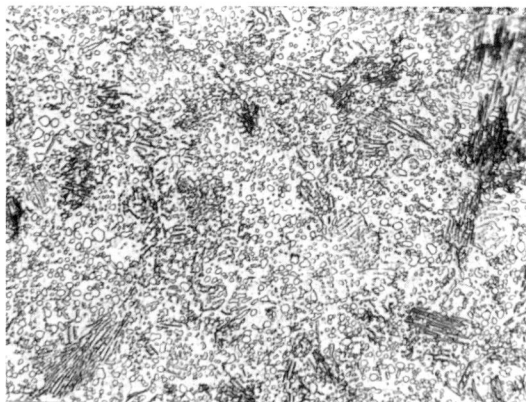

图　4-2-36　　　　　　　　　　　　　500×

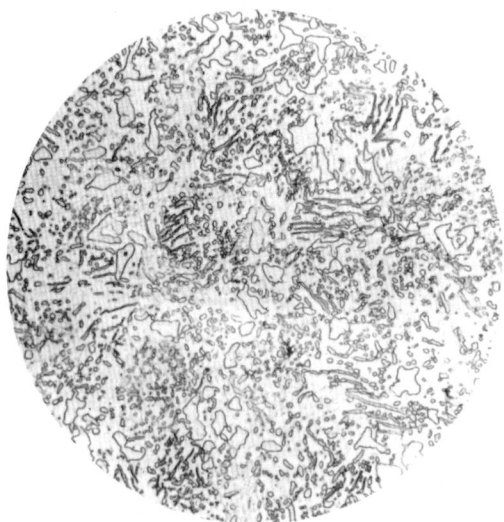

图　　4-2-37　　　　　　　　　　　500×

图　　号：4-2-37

材料名称：GCr15 钢

浸 蚀 剂：4%硝酸酒精溶液

处理情况：返修退火

组织说明：球粒状与粗片状珠光体，其间夹有多量
棱角状碳化物颗粒。这是属于返修退火不正常的
显微组织。

　　经多次返修退火，由于退火温度较高，不仅
使基体组织中出现粗片状珠光体，而且使一部分
颗粒状碳化物急剧长大并呈棱角状，这种组织在
切削加工时易使刀具产生崩刃和磨损。

图　　号：4-2-38

材料名称：GCr15 钢

浸 蚀 剂：4%硝酸酒精溶液

处理情况：840℃球化退火

组织说明：粗片状珠光体及少部分球状珠光体。为
严重过热的退火组织。

　　退火温度超过 800℃后，绝大部分珠光体溶
入奥氏体，仅少部分未发生溶解。冷却时，奥氏
体只析出粗片状珠光体组织，而少部分未溶解
的珠光体则发生球粒化。这种组织属球化退火的
缺陷组织，需返修退火。

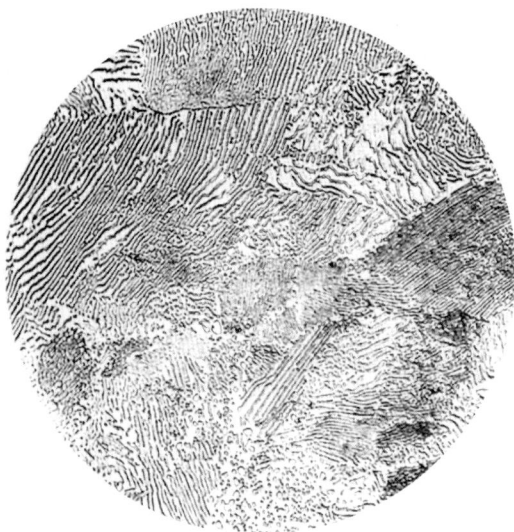

图　　4-2-38　　　　　　　　　　　500×

图　　号：4-2-39
材料名称：GCr15 钢
浸　蚀　剂：4%硝酸酒精溶液
处理情况：790℃球化退火
组织说明：球粒状珠光体中间夹有较多的细片状珠
　　　　　光体。属球化退火的反常组织。

　　本图粗看起来，属于球化退火欠热的组织。
其实不然，本图片球化退火温度正常，保温时间
也足够，至于出现众多细片状珠光体的原因，经
解剖纵向试样得悉，片状珠光体在纵向截面上呈
带状分布，再追检原材料，发现原材料中带状偏
析严重。由于钢材中存在严重的带状偏析，使钢
材的成分严重不均匀，而成分不同处的相变温度
也不同，若在同一温度退火时，成分不一致的区
域即可得到不同的退火组织。因此，本图片的细
片状珠光体是由原材料中严重带状偏析引起的。

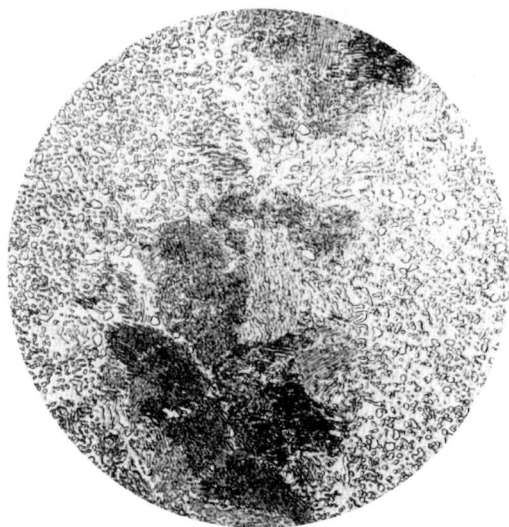

图　4-2-39　　　　　　　　　　　　　　500×

图　4-2-40　　　　　　　　　　　500×

图　　号：4-2-40
材料名称：GCr15 钢
浸　蚀　剂：4%硝酸酒精溶液
处理情况：720℃退火处理
组织说明：基体为细片状珠光体及少量细粒状珠光
　　　　　体。属球化退火欠热组织。硬度为 260HBW。

　　由于退火温度偏低，致使大部分片状渗碳体
未发生溶解，因而没能形成球粒化的晶核，退火
冷却后，除仅仅得到少量细粒状珠光体外，大部
分片状珠光体被保留下来，从而使钢材的硬度高
出正常退火后的硬度（170～207HBW），这时，
钢材较难以切削加工。同时，这种组织作为淬火
热处理的原始组织，也是不理想的。经生产实践
表明：只有当原始组织为细球状珠光体，经过淬
火、低温回火后，才能使轴承保持有高的强度和
韧性，并且具有高的硬度、耐磨性和疲劳强度，
从而大大提高轴承的使用寿命。

图　　号：4-2-41
材料名称：GCr15 钢
浸 蚀 剂：4%硝酸酒精溶液
处理情况：退火
组织说明：表面贫碳。表面层为片状珠光体，心部为球状珠光体。

　　GCr15 钢在锻轧加工时，由于加热炉氧化气氛较强烈，以至钢坯在加热过程中即被氧化。球化退火时，钢坯表面贫碳层在冷却过程中，出现一层片状珠光体。这是因为贫碳层的临界温度较正常区域为低，故在同一温度下进行退火时，表面层全为奥氏体，冷却时即析出片状珠光体，而心部则因退火温度合适，故在冷却后得到球状珠光体组织。

　　表面脱碳层深度的测定，应自表面测至片状珠光体消失为止。

　　工件表面发生脱碳，将使淬火后的表面硬度明显下降，导致耐磨性降低，严重影响到工件的使用寿命。

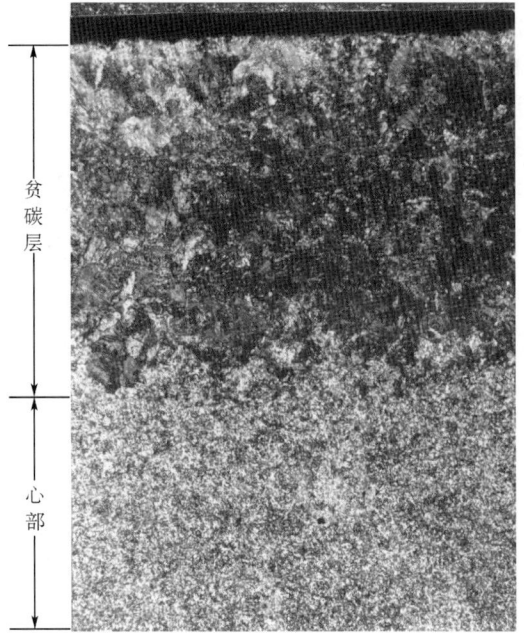

图　4-2-41　　　　　　　　　　500×

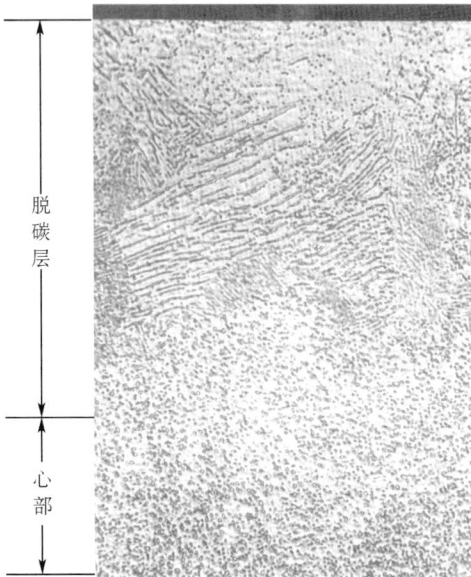

图　4-2-42　　　　　　　　　　500×

图　　号：4-2-42
材料名称：GCr15 钢
浸 蚀 剂：4%硝酸酒精溶液
处理情况：球化退火
组织说明：表面脱碳。表层为少量稀疏的细小颗粒状碳化物分布于铁素体基体上，次层为粗大片状珠光体和少量粒状珠光体混合分布，心部为细粒状珠光体。

　　工件表面在热加工时，由于受到氧化作用而造成严重的脱碳，在球化退火时，表面层的成分与心部不同，因而两区域的球化温度也不同。一般来说，贫碳层的临界温度较低，因而在同一温度下退火，心部形成球粒状珠光体，而表层则得到片状珠光体组织。

　　脱碳不严重的钢材，淬火后从显微组织上是较难区分的，有时可借表面未溶解碳化物的数量来判别。

图　　号：4-2-43

材料名称：GCr15 钢

浸 蚀 剂：4%硝酸酒精溶液

处理情况：830℃加热保温 16min 后油冷淬火

组织说明：隐针状（黑区）及细小针状马氏体（亮区），未溶解的白色碳化物颗粒以及少量残留奥氏体。属正常淬火组织。硬度为 63HRC。

　　GCr15 钢的 Ac₁ 并不太高，淬火温度为 830～860℃。生产上常用的淬火温度为 830～850℃。

　　在正常温度淬火后，将出现隐针状（黑色）及细小针状（亮区）马氏体组织，这是轴承钢淬火后特有的显微组织。亮区一般作网状分布，这部分在奥氏体晶界处，该处碳化物首先发生溶解，故含碳量及含铬量要比晶内多些，M_s 点则较低，淬火冷却时形成的马氏体不易发生自回火，故不易受浸蚀，呈白色，而奥氏体晶内的碳化物溶解少一些，所以该处未溶解的碳化物颗粒较多，奥氏体中碳和铬溶入较少，M_s 点较高，在淬火冷却时易发生自回火，故浸蚀后呈黑色。

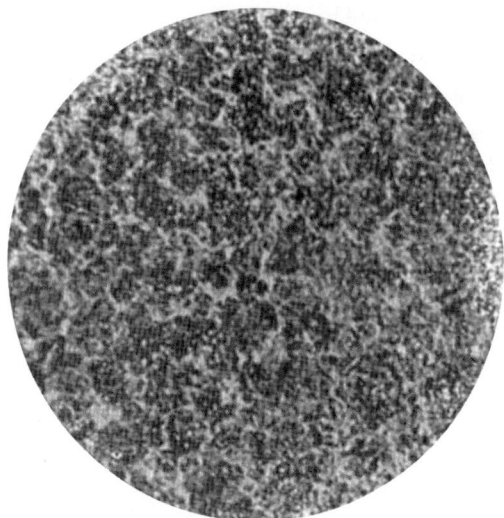

图　4-2-43　　　　　　　　　　500×

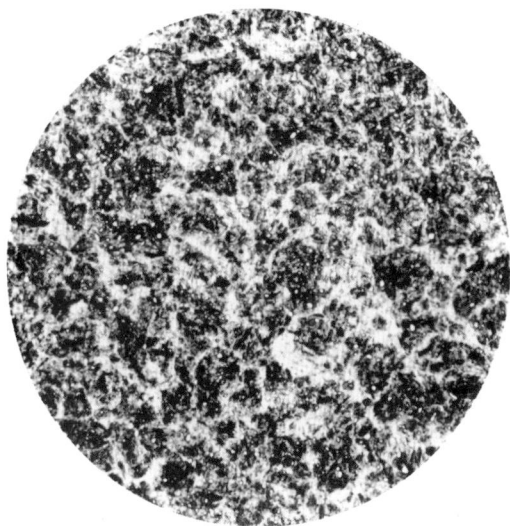

图　4-2-44　　　　　　　　　　500×

图　　号：4-2-44

材料名称：GCr15 钢

浸 蚀 剂：4%硝酸酒精溶液

处理情况：850℃加热保温 16min 后油冷淬火，160℃回火

组织说明：回火马氏体及细小颗粒状碳化物，马氏体的亮区及黑区仍较明显。属正常淬火、低温回火的显微组织。

　　随着淬火温度的提高，亮区面积也相应增加，黑区则相应减少。同时随着加热温度的升高，钢中碳化物不断溶入基体，致使淬火后的残留奥氏体数量增多，由于马氏体及残留奥氏体都是不稳定的相，故淬火后必须及时进行回火处理，一方面可消除淬火造成的内应力，另一方面可使组织趋于稳定，同时还能稳定工件的尺寸。

　　GCr15 钢除用于制造滚动轴承外，还可用作柴油机上的油泵柱塞副、喷油嘴，以及磨床主轴、丝杠、靠模、套筒、冷轧辊、丝锥、搓丝板、冷冲模、量具卡板和块规等。

图　　号：4-2-45

材料名称：GCr15 钢

浸 蚀 剂：4%硝酸酒精溶液

处理情况：870℃加热保温 16min 后油冷淬火

组织说明：细针状马氏体及隐针状马氏体，未溶解
的碳化物颗粒和少量残留奥氏体，亮区马氏体针
长大于 7μm。属过热的淬火组织。

　　GCr15 钢喷油嘴零件，淬火后应获得隐针状
马氏体、少量细针状马氏体、均匀分布的细小碳
化物颗粒以及极少残留奥氏体组织。图示的马
氏体针较明显且粗大，针长大于 7μm，说明淬火
温度已超出规定的范围。

　　如前所述，随着淬火加热温度的升高，碳化
物溶入奥氏体的数量增多，从而使淬火后的亮区
面积扩大，同时高温奥氏体的晶粒也因碳化物的
溶解面逐渐长大，故淬火后获得较粗大的针状马
氏体，而且钢中的残留奥氏体数量也随着增多，
使钢的硬度、强度以及冲击值明显下降，零件的
变形和开裂倾向则相应地增加。

图　4-2-45　　　　　　　　　　　　　　500×

图　　号：4-2-46

材料名称：GCr15 钢

浸 蚀 剂：4%硝酸酒精溶液

处理情况：890℃加热保温 16min 后油冷淬火

组织说明：粗针状马氏体、少量隐针状马氏体以及
少量未溶解的碳化物颗粒和残留奥氏体。马氏
体针叶极粗大，针长大于 10μm。属过热的淬火
组织。

　　该轴承钢零件的实际加热温度已接近 900℃，
淬火后得到过热的粗针状马氏体和多量的残留奥
氏体组织。

　　随着淬火温度的升高，碳化物颗粒大量溶解，
这一过程首先发生在奥氏体晶界处，并且随着保
温时间的增加，不断向晶内扩展，从而使淬火后
的隐针状马氏体区域（相对来说是贫碳、贫合金
元素区域）显著减少，在富碳、富铬区除获得粗
大针状马氏体外，残留奥氏体的含量也因 M_s 点的
下降而增多，从而使淬火后的硬度显著降低。

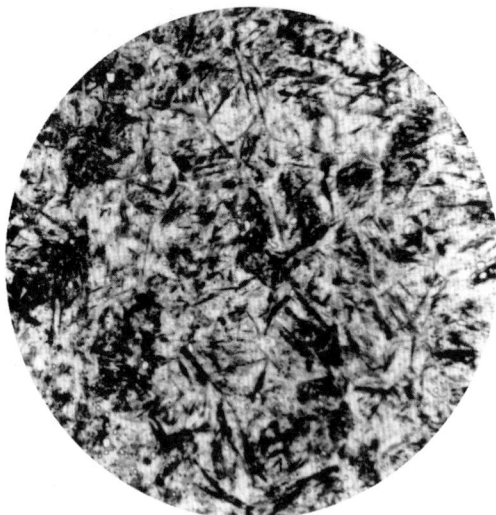

图　4-2-46　　　　　　　　　　　　　500×

图　　号：4-2-47

材料名称：GCr15 钢

浸 蚀 剂：4%硝酸酒精溶液

处理情况：840℃淬火，160℃回火

组织说明：基体为隐针状回火马氏体，白色点、粒
状为未溶解的碳化物。残留碳化物不但数量多，
而且有部分呈粗粒状分布。硬度为 57～59HRC。

　　原始组织为经返修退火的球粒化珠光体，其
中有多量大颗粒碳化物。在正常温度下淬火，大
颗粒碳化物较难溶解，因而基体合金化程度低，
致使零件淬火后的硬度偏低。

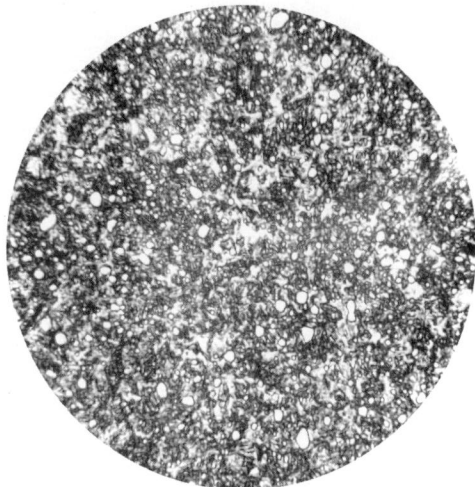

图　4-2-47　　　　　　　　　　500×

图　　号：4-2-48

材料名称：GCr15 钢

浸 蚀 剂：4%硝酸酒精溶液

处理情况：800℃加热后油冷淬火

组织说明：隐针状淬火马氏体、黑色团状的托氏
体。白色小颗粒为未溶解的碳化物。属淬火加
热温度不足的显微组织。

　　由于加热温度偏低，致使局部地区合金化程
度过低，冷却时在该处即析出未淬硬的托氏体组
织并呈团状分布。但因浸蚀较深，托氏体与基体
分辨不甚清晰。

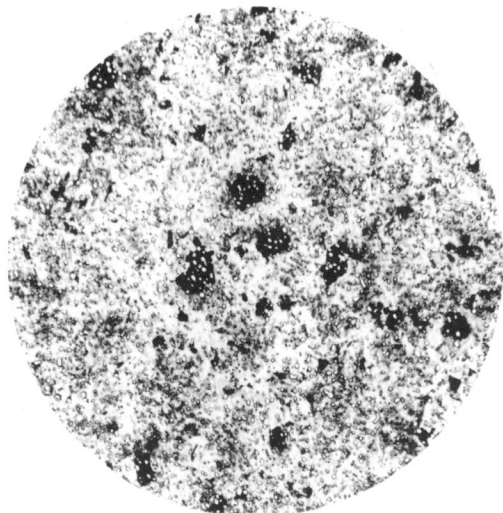

图　4-2-48　　　　　　　　　　500×

图　　号：4-2-49

材料名称：GCr15 钢

浸 蚀 剂：2%硝酸酒精溶液轻度浸蚀

处理情况：800℃加热后油冷淬火

组织说明：浅灰色基体为隐针状淬火马氏体，白色
细颗粒为淬火时未溶解的残留碳化物，黑色团块
状为淬火托氏体。属加热不足的显微组织。

　　用较稀的硝酸酒精溶液轻度浸蚀，因腐蚀作用
较缓慢，使易受腐蚀的淬火托氏体先受浸蚀而变为
黑色，基体马氏体组织则尚未被完全显示出来，此
时即可清晰地区别出未淬硬的托氏体组织，从而能
正确地观察到托氏体的含量及其分布情况。

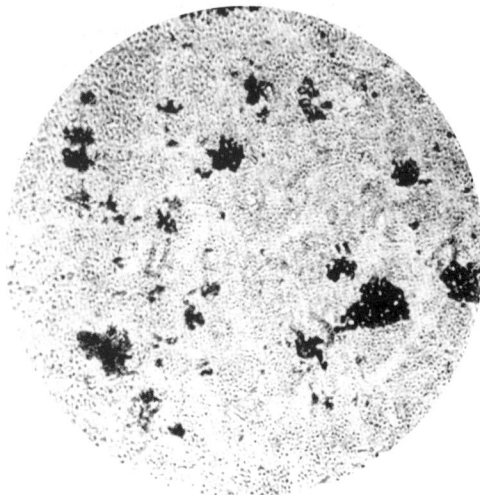

图　4-2-49　　　　　　　　　　500×

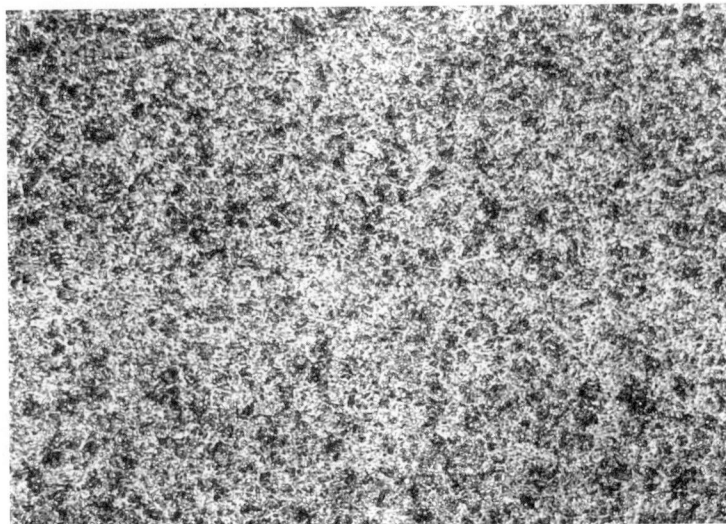

图　4-2-50　　　　　　　　　　　　　　500×

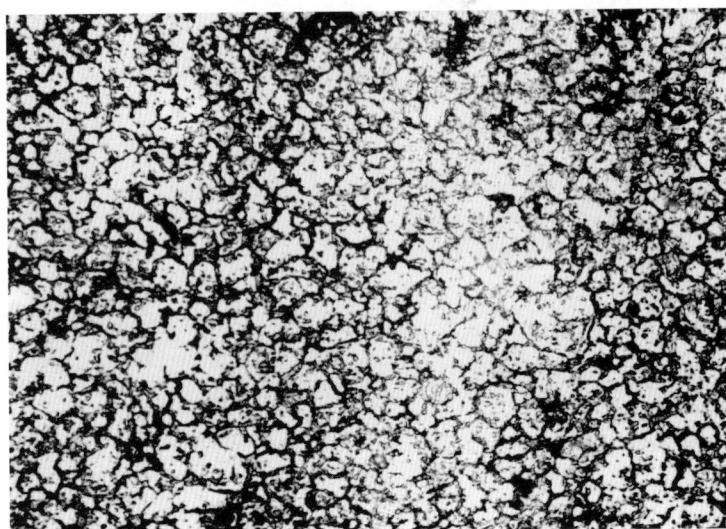

图　4-2-51　　　　　　　　　　　　　　500×

图　　号：4-2-50、4-2-51

材料名称：GCr15 钢

浸 蚀 剂：图 4-2-50：经 4%硝酸酒精溶液浸蚀。图 4-2-51 为饱和苦味酸水溶液热擦

处理情况：温热加工成形工艺，700℃±20℃温挤压成形，830℃加热，油冷淬火，160℃回火

组织说明：图 4-2-50 工件采用温挤压的温度较低，不改变原来的球化组织，成形后不再进行球化退火，直接机械加工。淬火加热温度低于常规工艺 5～10℃，组织均匀化程度提高了，碳化物比较均匀、细小，淬火后的晶粒度可细化到 11 级（图 4-2-51）。

　　　温热加工虽可使组织均匀、细化，但不能消除碳化物偏析带和液析的影响。

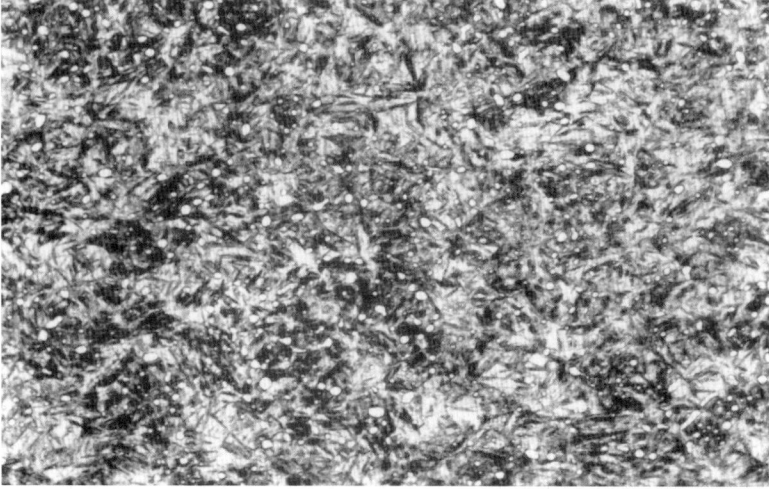

图　4-2-52　　　　　　　　　　　　　　　　　　1000×

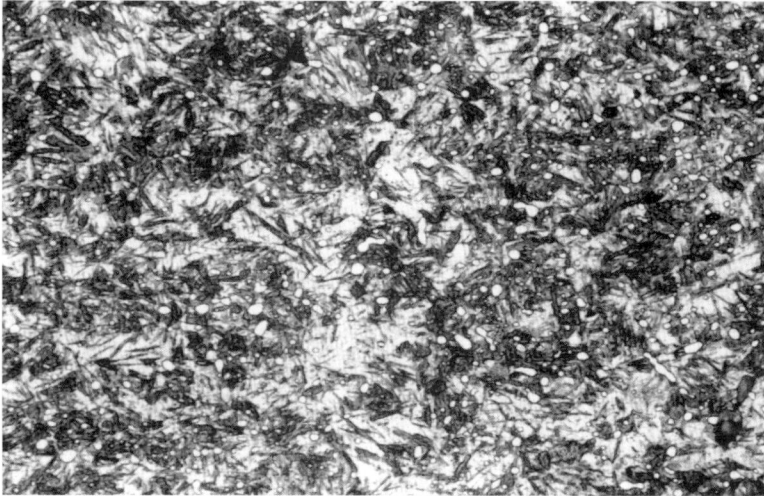

图　4-2-53　　　　　　　　　　　　　　　　　　1000×

图　　号：4-2-52、4-2-53

材料名称：GCr15 钢

浸 蚀 剂：4%硝酸酒精溶液浸蚀

处理情况：850℃加热，在 200℃预淬火，再 240℃等温 10min 后空冷。

　　图 4-2-52 为在 200℃预淬火停留 8min 的组织。图 4-2-53 为在 200℃预淬火停留 10min 的组织

组织说明：在 200℃预淬火的目的，是使隐针板条马氏体的黑区首先形成或大部分形成板条马氏体。在
　　240℃等温时，高碳高合金区的原孪晶马氏体所在的白区开始下贝氏体转变，这样可以保留性能较好的
　　板条马氏体，而以下贝氏体取代高合金区的孪晶马氏体。与此同时，预淬火时所形成的马氏体对以后
　　的下贝氏体转变起促进作用。因此在 240℃等温短时间可获得大量下贝氏体，缩短了等温时间。两图
　　中的组织都是下贝氏体+板条马氏体+残留奥氏体+残留碳化物，还有少量孪晶马氏体。两图中的板条
　　马氏体量明显不同，图 4-2-52 中的板条马氏体数量比图 4-2-53 中的要少。

　　预淬火等温处理的工件，性能优于常规等温淬火。

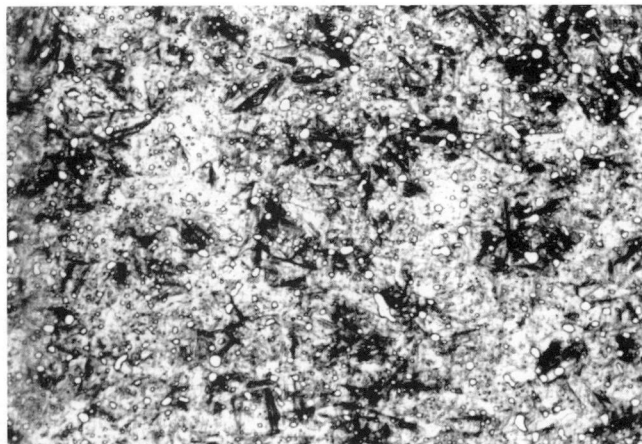

图 4-2-54   1000×

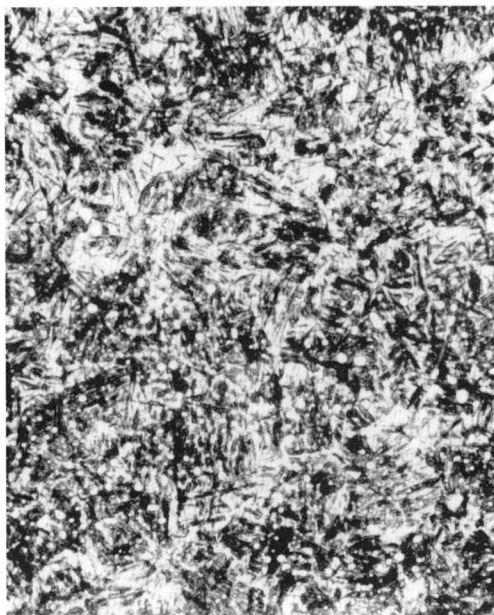
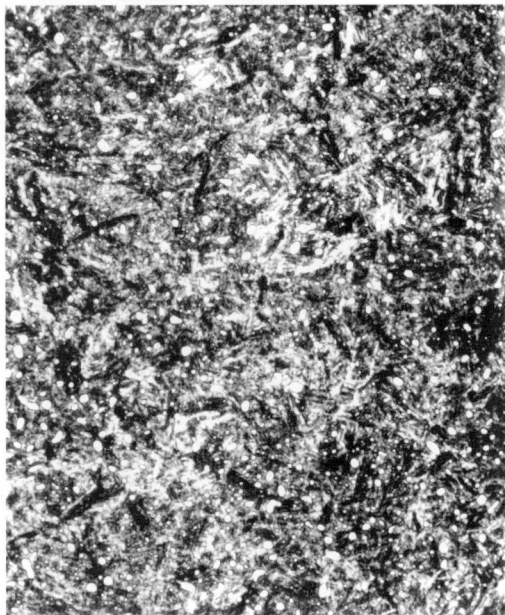

图 4-2-55   1000×   图 4-2-56   1000×

图　　号：4-2-54～4-2-56

材料名称：GCr15 钢

浸 蚀 剂：4%硝酸酒精溶液浸蚀

处理情况：图 4-2-54 为 850℃加热，240℃等温 6min 后油冷。图 4-2-55 为 850℃加热，240℃等温 10min 后油冷。图 4-2-56 为 850℃加热，240℃等温 2h 后油冷

组织说明：在 850℃加热后，经 240℃等温 6min 后，在低碳低合金区先形成草丛状下贝氏体，取代了常规淬火时先形成的隐针状板条马氏体(黑区)，但数量不多，因此与常规淬火的性能相比改善不大。

等温 10min 后，所有板条马氏体全部为下贝氏体所代替。白色的孪晶马氏体也有部分为下贝氏体所取代。此时组织为下贝氏体+孪晶马氏体+残留奥氏体+残留碳化物。其性能比常规淬火工件稍有提高。

等温 2h 后(图 4-2-56)奥氏体大部分转变为下贝氏体和残留奥氏体，孪晶马氏体很少，因此韧性明显上升。K_{IC} 由常规淬火的 20.43MPa·m$^{1/2}$ 上升到 27MPa·m$^{1/2}$，α_K 值由 36.7J/cm^2 上升到 86.95J/cm^2，σ_{bb} 上升 27%～34%，回火硬度都在 61HRC 左右，当下贝氏体含量为 50%（体积分数）时，综合性能最好。

图 4-2-57　　　　　　　　　　　　　　　　　　　　500×

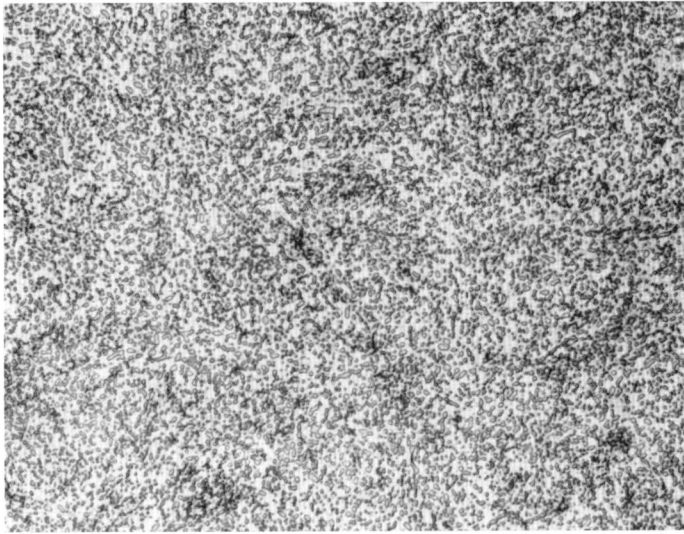

图 4-2-58　　　　　　　　　　　　　　　　　　　　500×

图　　号：4-2-57、4-2-58

材料名称：GCr15 钢

浸 蚀 剂：4%硝酸酒精溶液浸蚀

处理情况：图 4-2-57 为固溶等温淬火。图 4-2-58 为固溶等温淬火+短时间等温球化(720℃×1h+780℃×1h+720℃×2h)

组织说明：固溶超细化处理是获得均匀、细小、圆整的碳化物的先进工艺。首先将模坯在 1050℃左右固溶处理，使绝大部分碳化物都溶入奥氏体，包括碳化物液析，经过一定时间的均匀化，以消除碳化物带状偏析，然后将工件淬入 300～350℃的硝盐浴中等温处理，使奥氏体全部转变成下贝氏体，见图 4-2-57。将处理后的工件升温到 720℃回火 1h，再升温到 780℃保温 1h，再降温到 720℃保温 2h 后炉冷到 500℃出炉，这样可获得均匀、细小、圆整的超细化碳化物，最大直径为 1.00μm，最小直径为 0.22μm。碳化物偏析带和液析可以基本消除，见图 4-2-58。经超细化后的模具可以直接进行机械加工。

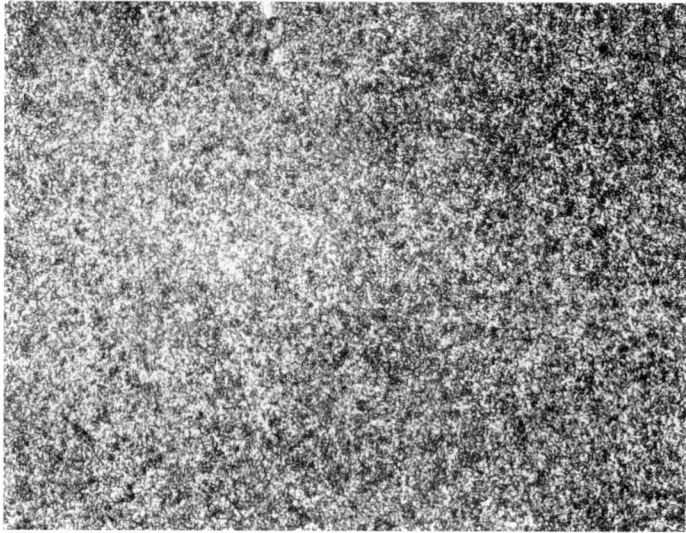

图　　4-2-59　　　　　　　　　　　　　　500×

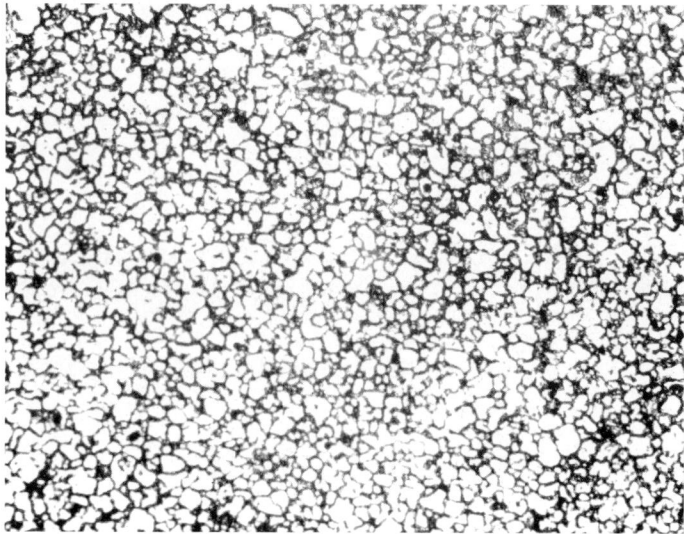

图　　4-2-60　　　　　　　　　　　　　　500×

图　　号： 4-2-59、4-2-60

材料名称： GCr15 钢

浸 蚀 剂： 图 4-2-59 为用 4%硝酸酒精溶液浸蚀。图 4-2-60 为用饱和苦味酸酒精溶液热擦拭

处理情况： 碳化物超细化处理，790℃加热油冷淬火，170℃回火

组织说明： 碳化物超细化以后经机械加工成形后的模具，可以降低淬火加热温度到 790℃，油冷淬火，170℃
回火，硬度仍可达到 52～60HRC，随保温时间长短而变。其淬火、回火组织见图 4-2-59，组织为隐针马氏
体+残留奥氏体+细小碳化物，黑白区已完全消失，组织非常均匀。晶粒度见图 4-2-60，为 12.5 级。碳化
物和晶粒度都达到了细化目的，模具韧性很高，强度和硬度也好。

图　　号：4-2-61
材料名称：GCr15 钢
浸 蚀 剂：2%硝酸酒精溶液轻度浸蚀
处理情况：840℃加热后油冷淬火
组织说明：浅灰色基体为隐针状马氏体，细小白色
　　　　颗粒为碳化物，沿晶界的黑色条状、黑色点状为
　　　　淬火托氏体。

　　　采用稀释的硝酸酒精溶液进行轻度浸蚀，使
易受浸蚀的托氏体呈黑色，基体未被显现，从而
可以清晰地显示出因淬火冷却不足而析出的托氏
体组织。若用 4%硝酸酒精溶液浸蚀和通常的浸蚀
时间，则托氏体与基体组织不易分辨。

　　　托氏体的出现将使零件硬度明显下降，此缺
陷可采用重新淬火处理来消除。

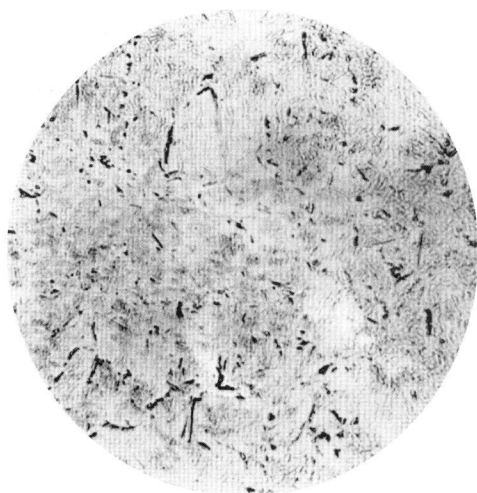

图　4-2-61　　　　　　　　　　　　500×

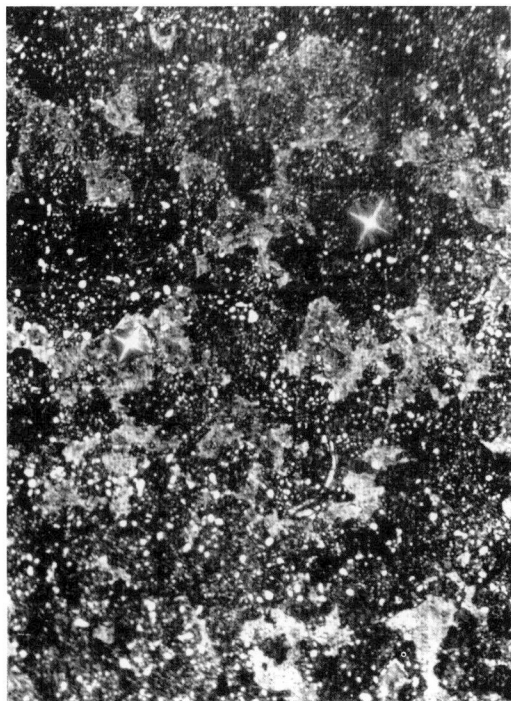

图　4-2-62　　　　　　　　500×

图　　号：4-2-62
材料名称：GCr15 钢
浸 蚀 剂：4%硝酸酒精溶液
处理情况：用氨保护气体炉加热至 820℃出炉，预冷
　　　　后淬火
组织说明：基体为索氏体、块状分布的隐针状马氏体
　　　　和少量未溶解的碳化物颗粒，在黑色索氏体上的二
　　　　次碳化物颗粒较多且粗大。

　　　分别于索氏体及块状马氏体区进行显微硬度
测定：索氏体为 262HV(相当于 26HRC)；块状马氏
体区为 677HV(相当于 57HRC)。

　　　基体中出现索氏体，一方面是由于加热温度偏
低，使奥氏体合金化程度较低，另一方面因出炉预
冷降温过多。由于上述两个原因的综合作用，致使
合金元素贫乏的地区，过冷奥氏体在出炉预冷过程
中发生分解而析出索氏体，在淬火时，未转变的过
冷奥氏体至 M_s 点发生马氏体转变。基体因出现混
合组织从而降低了工件的硬度。这种缺陷组织可通
过重新淬火来改善。

图　　号：4-2-63

材料名称：GCr9 钢

浸 蚀 剂：4%硝酸酒精溶液

处理情况：820℃加热后油冷淬火，180℃回火处理

组织说明：表面严重脱碳。羊毛剪上刀片使用不久
　　即卷刃。发现在上刀片齿内侧有严重的脱碳现象。
　　外表层全为铁素体，稍向里为铁素体和极少量块
　　状分布的回火马氏体，再向里则为回火马氏体和
　　少量颗粒状碳化物。

　　　　脱碳层深度约为 0.12mm。

　　　　羊毛剪存在的脱碳层，是热压力加工时形成
　　的，机械加工时未除去，淬火后仍被保留在刀片
　　刃口上，致使表面因硬度不足而产生卷刃现象。

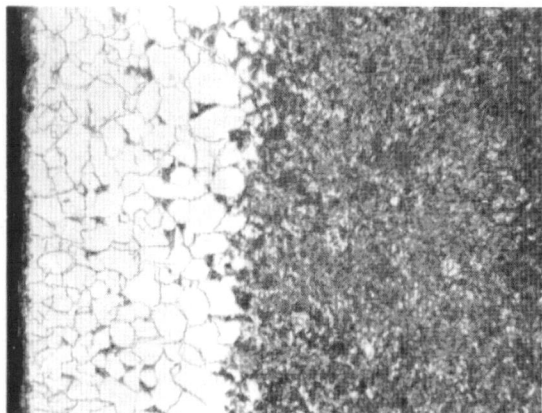

图　　4-2-63　　　　　　　　　　　300×

图　　4-2-64　　　　　　　　　　　500×

图　　号：4-2-64

材料名称：GCr9 钢 [w（C）1.00%～1.10%，　w（Si）
　　0.15%～0.35%，w（Mn）0.20%～0.40%，w（Cr）
　　0.90%～1.20%]

浸 蚀 剂：4%硝酸酒精溶液

处理情况：820℃加热后油冷淬火，180℃回火处理

组织说明：羊毛剪下刀片心部的显微组织，基体为回
　　火细马氏体及小颗粒碳化物(白色)，碳化物分布较
　　均匀。硬度为61HRC。

　　　　GCr9 钢中含铬量较 GCr15 钢为少，故适当提
　　高其含碳量，以保证硬度和耐磨性。该钢常用来制
　　造滚动轴承的钢球和滚子，但因其淬透性较 GCr15
　　钢差，目前在生产上的应用已日益减少。

图　　号：4-2-65

材料名称：GCr6 钢

浸 蚀 剂：4%硝酸酒精溶液

处理情况：820℃加热后油冷淬火

组织说明：淬火托氏体。基体为淬火马氏体及颗粒
　　状碳化物，其上有呈带状分布的淬火托氏体(黑色
　　块状物)。

　　　　ϕ15mm 的滚子，由于截面尺寸稍大，加上
　　GCr6 钢的淬透性较差，在油冷条件下不能完全淬
　　透，以致出现硬度较低的淬火托氏体组织。

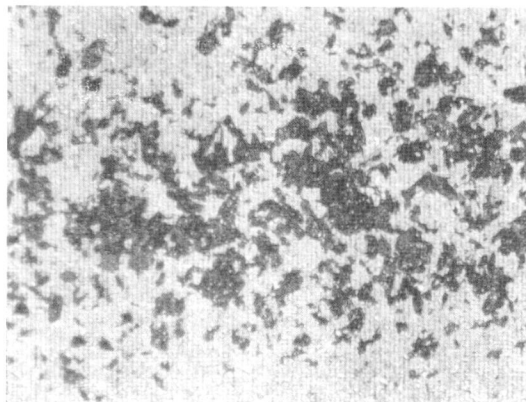

图　　4-2-65　　　　　　　　　　　500×

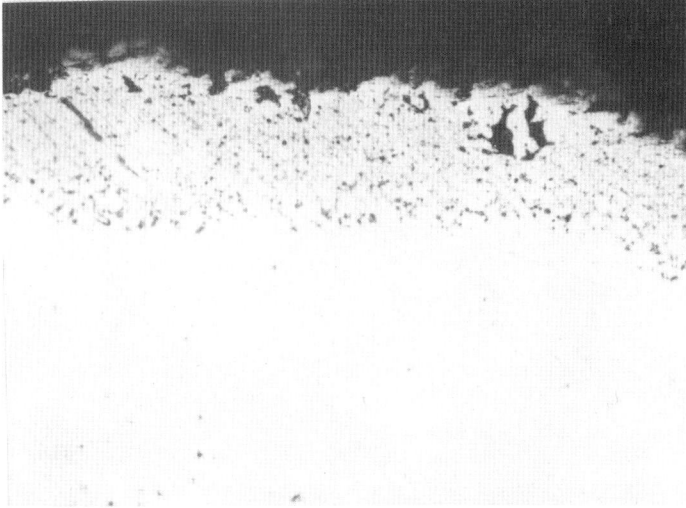

图　4-2-66　　　　　　　　　　　　　　　　　　500×

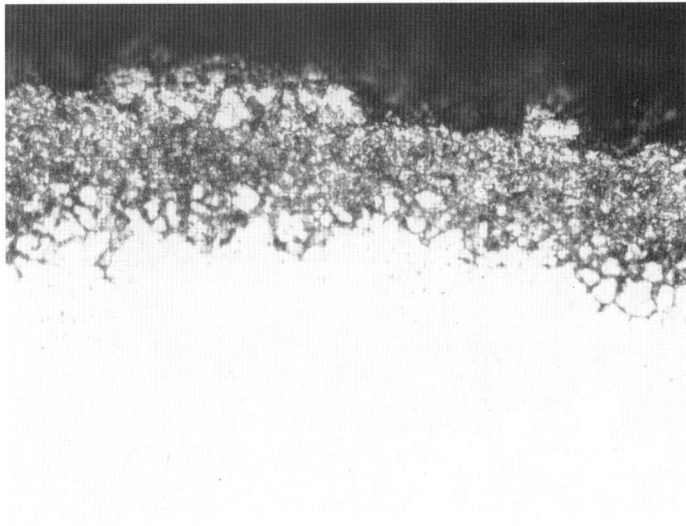

图　4-2-67　　　　　　　　　　　　　　　　　　500×

图　　号：4-2-66、4-2-67

材料名称：GCr15 钢

浸 蚀 剂：图 4-2-66 未浸蚀；图 4-2-67 为经 4%硝酸酒精溶液浸蚀

处理情况：850℃油冷淬火，170℃回火

组织说明：表面黑色组织。由于氧的侵入使表层合金元素被氧化，尤以晶界附近较严重，在未浸蚀的图中可看到黑色点状氧化物，严重时可形成氧化物网络。由于合金元素被氧化，因此表层淬透性下降，油冷淬火后表层出现黑色托氏体(图 4-2-67)。托氏体有时呈网状，严重时呈层状。表面的灰黑色氧化物和托氏体混称为黑色组织。

灰黑色氧化物在加热时已形成，无法消除，但表层托氏体可以用加大冷却速度的方法减少或消除。

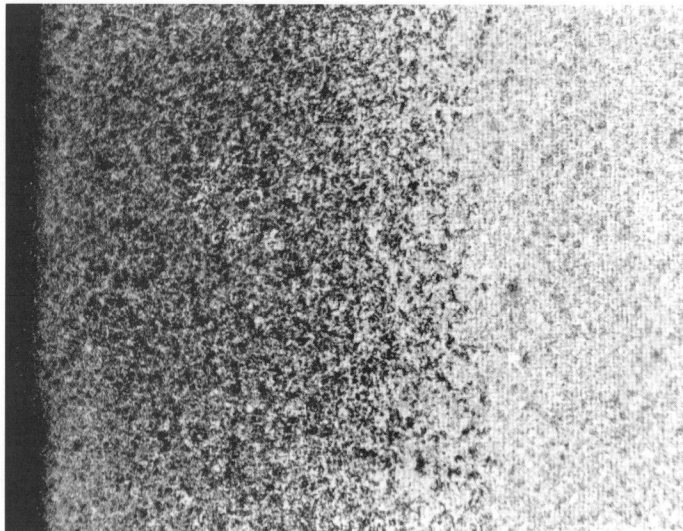

图　4-2-68　　　　　　　　　　　　　　　　　100×

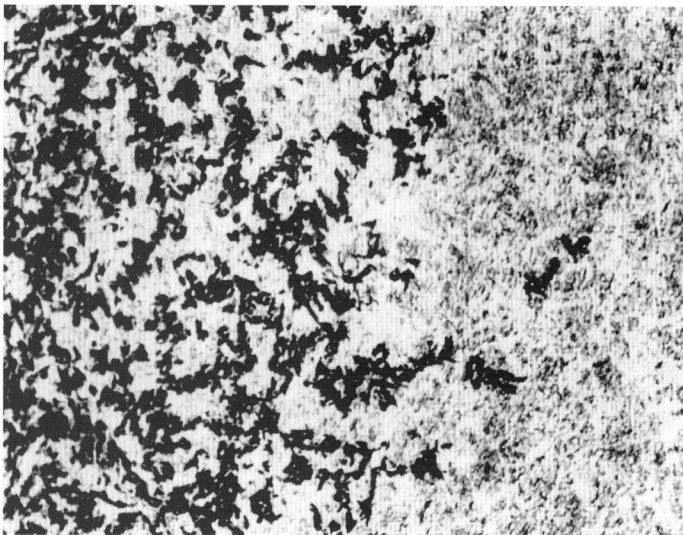

图　4-2-69　　　　　　　　　　　　　　　　　500×

图　　号：4-2-68、4-2-69

材料名称：GCr15 钢

浸 蚀 剂：2%硝酸酒精溶液浸蚀

处理情况：钢球淬火、回火

组织说明：图4-2-68：表层有黑色细针状托氏体，基体为隐晶马氏体和细小结晶马氏体、残留奥氏体、剩余碳化物。

图4-2-69：为图4-2-68针状托氏体放大后的组织。

由于加热时炉气无保护性措施，表面含碳量的变化造成其临界温度的变化，淬火冷却过程中，表面冷却速度不足，形成了相当厚的一层托氏体(细针状)，硬度明显下降(表面硬度仅为 55HRC)，而心部尚能得到正常的淬火组织，硬度达到63HRC。从放大后的托氏体（图4-2-69）可看出，托氏体实质上是比索氏体更细的珠光体类型组织，其分布类型有针状或团絮状等多种。研究证明：一定量的托氏体能减缓和松弛应力集中的作用，降低微观缺陷和边缘效应的敏感性。因此，轴承钢零件中有少量托氏体存在，只要硬度能达到要求是允许的。

图　号：4-2-70

材料名称：GCr15 钢

浸蚀剂：4%硝酸酒精溶液

处理情况：低氰盐浴中加热至 840℃，保温 12min，
淬入 160℃硝盐中分级后空冷

组织说明：黑色组织。最表面出现一薄层黑色托氏
体带(其上有颗粒状碳化物)，深度约为 0.012mm；
次层和心部组织均为隐针、细针状马氏体、颗粒
状碳化物以及极少量的残留奥氏体。

GCr15 钢喷油嘴、柱塞副等精密偶件要求具
有较高的硬度，以适应工作时的需要。为了防止这
些偶件在热处理时发生贫碳、脱碳缺陷，通常将偶
件在低氰盐浴中加热。但在淬火后，这些偶件的表
面往往会出现一薄层硬度较低的黑色组织，仔细观
察得知为淬火托氏体。这层组织且随加热保温时间
的增长而加厚，一般可达 3～40μm 深度。轻微时，
淬火托氏体量少，呈断续网状分布。

由于这种黑色组织具有一定的深度，在研磨
时很难消除，故在使用时严重地影响偶件的硬度
和耐磨性。

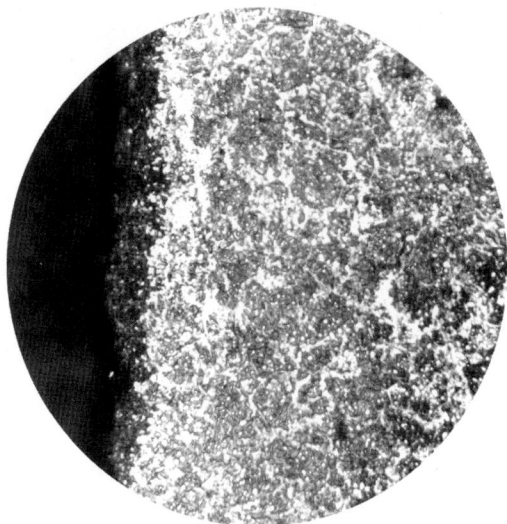

图　4-2-70　　　　　　　　　　　　500×

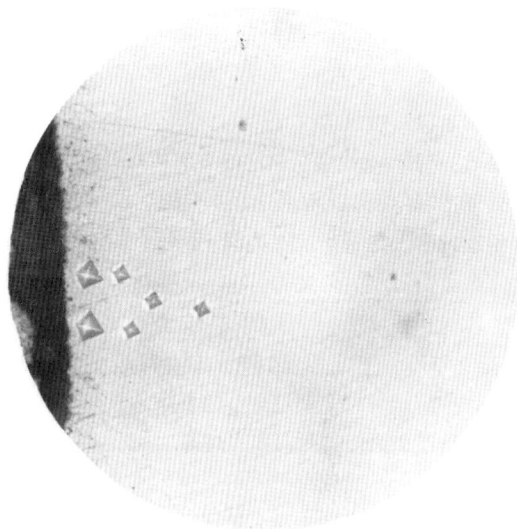

图　4-2-71　　　　　　　　　　　　500×

图　号：4-2-71

材料名称：GCr15 钢

浸蚀剂：未浸蚀

处理情况：低氰盐浴中加热至 840℃，保温 12min，
淬入 160℃硝盐中分级后空冷

组织说明：黑色组织。用 0.1N 负荷测定最表面黑色
组织与次层组织的显微硬度。距表面 0.012mm 范
围内，硬度压痕较大，为 438HV（相当于 43HRC）；
在距表面 0.02mm 处，硬度压痕较小，为 876HV
（相当于 63HRC）。由此证实，表面黑色组织为
低硬度的淬火托氏体。

工件在低氰盐浴中加热，按理表面层不会脱
碳，只有增碳作用。经剥层分析，证实最表面 w(C)
达 1.3%。但为什么会出现低硬度的组织呢？这是由
于在高温加热时，氰盐中的碳与钢表面合金元素有
较大的亲和力，易形成合金渗碳体，从而导致表面
层基体合金元素贫乏，使基体的等温转变图位置发
生变化。冷却时，基体易转变为托氏体，降低了表
面基体淬火后的硬度值。

图　　号：4-2-72

材料名称：GCr6 钢 [w（C）1.1%，w（Mn）0.45%，w（Si）0.22%，w（Cr）0.46%]

浸 蚀 剂：4%硝酸酒精溶液

处理情况：表面高频感应淬火

组织说明：表面黑色层为细马氏体和少量细粒状碳化物，次层有少量淬硬组织呈块状分布，心部基体组织为球状珠光体。

　　表面马氏体层厚度约为 0.05mm，显微硬度为 869HV（相当于 63HRC）；次层块状淬硬组织的显微硬度为 535HV（相当于 50HRC）；心部球状珠光体的显微硬度为 215HV（相当于 18HRC）。

　　在高碳钢中加入 w（Cr）为 0.5%左右即能提高钢的淬透性，且能改善碳化物的组成、分布情况及颗粒大小。由于合金碳化物（Fe,Cr）$_3$C 在退火时的集聚倾向较无铬碳化物小，因此使碳化物明显地细化且分布均匀，从而可提高钢的硬度、强度和耐磨性。

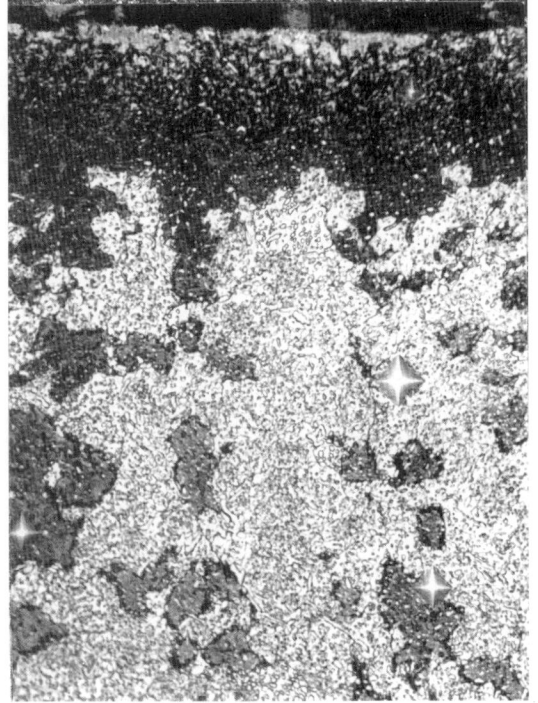

图　4-2-72　　　　　　　　　　　　2500×

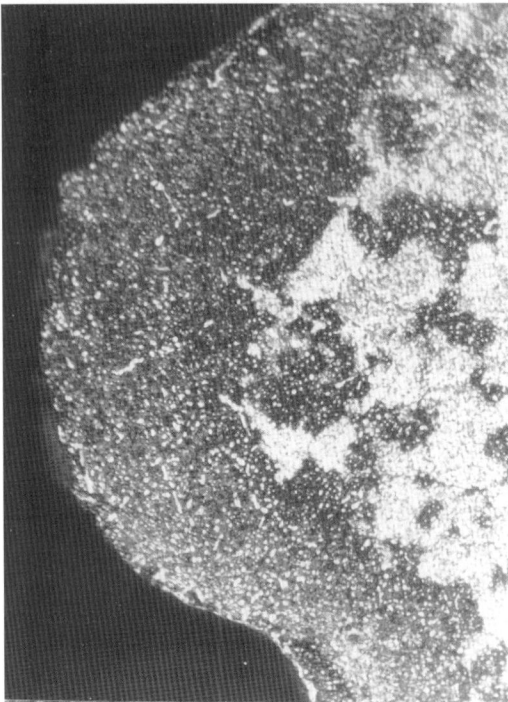

图　4-2-73　　　　　　　　500×

图　　号：4-2-73

材料名称：GCr6 钢

浸 蚀 剂：4%硝酸酒精溶液

处理情况：表面高频感应加热淬火

组织说明：与图 4-2-72 为同一试样，为滚丝模纵向截面上螺纹尖角处的组织，其基体为细马氏体及颗粒状碳化物，心部为球状珠光体。

　　GCr6 钢含铬量较少，故其淬透性较 GCr15 钢小，一般用于制造淬透性要求不太高的零件，如理发工具中的剃刀和刀片等。

　　对于承受载荷不大的小模具或滚丝模表面，采用高频感应加热淬火处理后，能使其表面获得一薄层淬硬层，从而使模具表面的耐磨性大为增加，而心部则仍保持足够的强度和韧性。

图　4-2-74　　　　　　　　　　　　500×

图　4-2-75　　　　　　　　　　　　500×

图　　号：4-2-74、4-2-75

材料名称：GCr15 钢

浸 蚀 剂：4%硝酸酒精溶液

处理情况：850℃加热后油冷淬火，160～170℃回火

组织说明：图 4-2-74：白色基体为淬火马氏体及残留奥氏体，黑色羽毛状为上贝氏体，黑色团状为托氏体组织。

图 4-2-75：从图中显微硬度压痕也可以看出，黑色区域的硬度压痕较白色马氏体区域为大，说明下贝氏体、托氏体区域的硬度较淬火区域为低。

这是淬火时冷却速度低而形成的软点区的显微组织。

图　4-2-76　　　　　　　　　　　　　　　500×

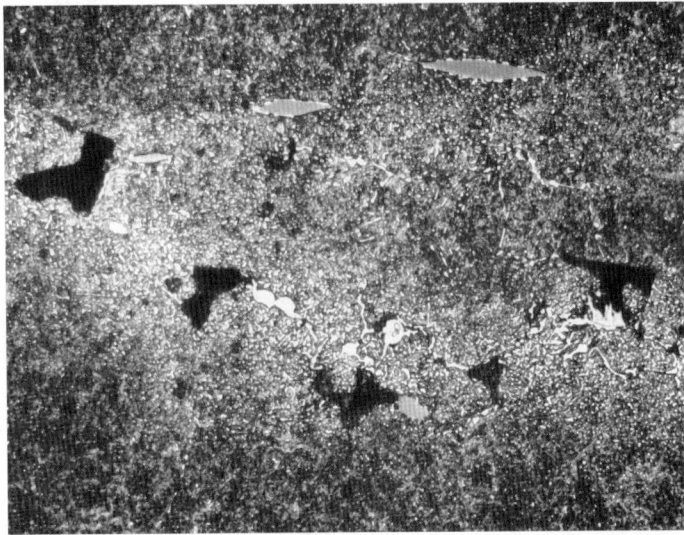

图　4-2-77　　　　　　　　　　　　　　　500×

图　号：4-2-76、4-2-77

材料名称：GCr15 钢

浸 蚀 剂：图 4-2-76 未侵蚀；图 4-2-77 4％硝酸酒精溶液浸蚀

处理情况：850℃加热后油冷淬火，160～170℃回火

组织说明：显微疏松、碳化物液析、塑性杂质。

　　在铸锭均匀化退火时，严重的液析区回溶，与四周金属因膨胀系数的差异而破坏了两相间的结合，在随后的热轧时界面被撕裂成显微缩松。因此显微缩松总与严重的碳化物液析相伴而生。加大锻造比，轧成较小规格的材料后，缩松可被焊合。

　　图中黑色孔洞为缩松，灰色条状为可塑性杂质，图 4-2-77 中的白色组织是碳化物液析，碳化物液析区多是杂质密集区。图中的基体组织是 GCr15 钢的淬火、回火组织。

图 4-2-78   500×

图　　号：4-2-78

材料名称：GCr15 钢

浸 蚀 剂：4%硝酸酒精溶液

处理情况：845℃加热，230～240℃等温 4h 后油冷
　　　　　淬火

组织说明：细针状贝氏体和隐针状马氏体为基体，
　　　　　较多碳化物和残留奥氏体。下贝氏体呈黑色细针
　　　　　状，大部分呈无规则交叉分布。白色为隐针马氏
　　　　　体。这是由于等温时间较短的情况下形成的。

图　　号：4-2-79

材料名称：GCr15 钢

浸 蚀 剂：4%硝酸酒精溶液

处理情况：经淬火和低温回火处理

组织说明：碳化物带状偏析。

　　　　基体为隐针状马氏体和少量残留奥氏体；白
　　色颗粒为碳化物，呈带状分布。

　　　　图中颗粒状碳化物聚集分布，且呈严重的条、
　　带状，按 GB/T 18254—2002 评定为 4～5 级（最
　　差级别）；此外，试样从横向观察，尚可发现碳化
　　物有呈网络状分布的现象。

　　　　该工件系某机床刀排，使用过程中支撑刀具
　　切削高速旋转的工件，承受一定的拉压和弯曲应
　　力，这种严重带状分布的碳化物，易使刀具在使
　　用过程中发生脆断。

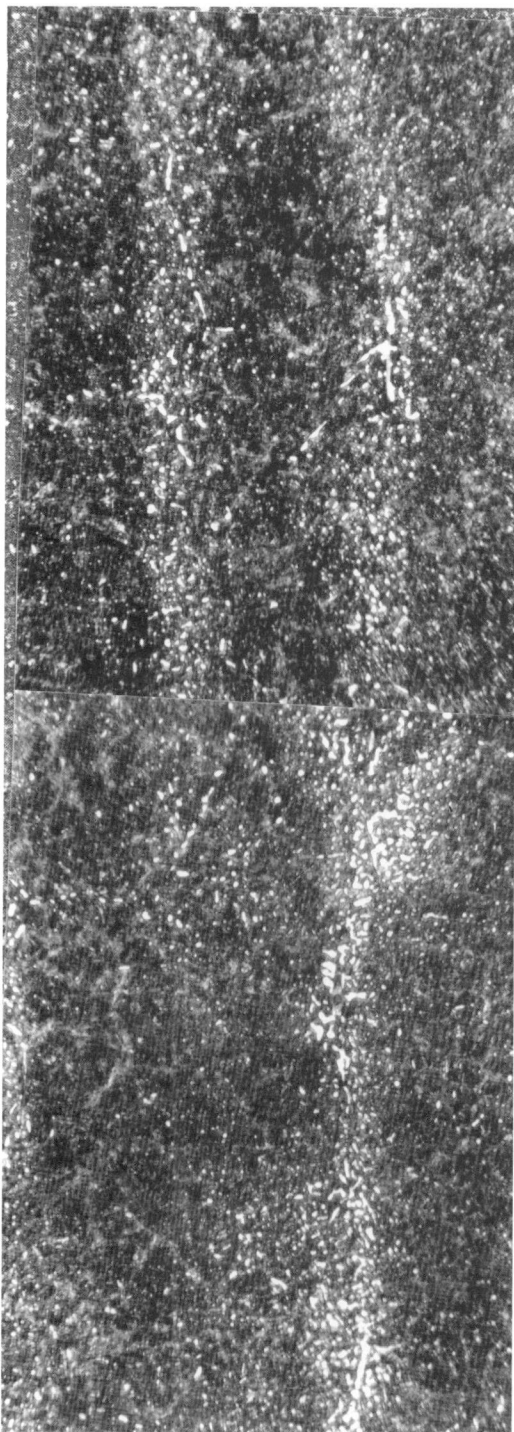

图 4-2-79   500×

图　　号：4-2-80

材料名称：GCr15 钢

浸 蚀 剂：4%硝酸酒精溶液

处理情况：830℃加热保温后油冷淬火，180℃回火

组织说明：带状及网状碳化物。基体为黑色回火隐
针状马氏体，其上布有多量聚集分布的碳化物，
碳化物大部分呈颗粒状分布，但也有少量带状碳
化物呈断续的半网状分布。

　　这种聚集分布的带状、颗粒状碳化物偏析，
是原材料在冶炼凝固时形成枝晶偏析所造成的。
虽然它们在热轧时被轧成条带分布，但其偏析程
度并未减轻，带状分布的碳化物颗粒将使钢的成
分出现明显地不均匀，淬火后不但会得到不均匀
的显微组织，而且会在带状偏析处出现过热组织，
从而使钢的力学性能趋向于恶化。

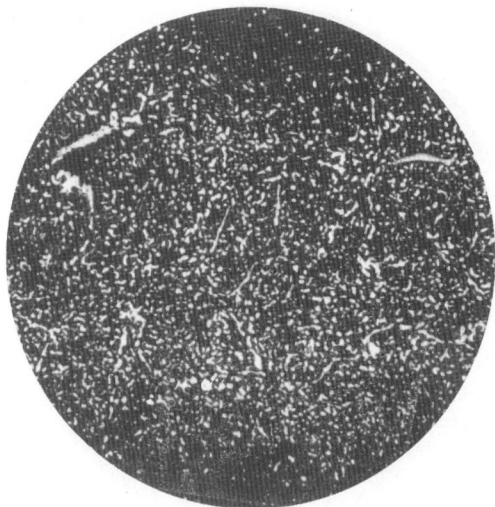

图　　4-2-80　　　　　　　　　　500×

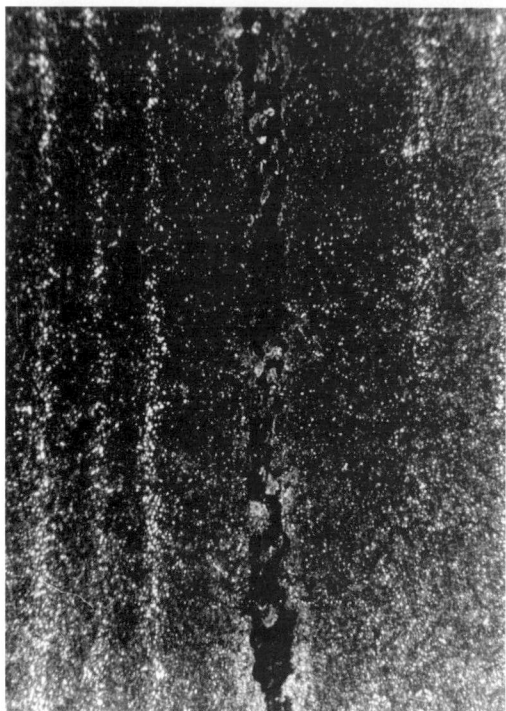

图　　4-2-81　　　　　　　　500×

图　　号：4-2-81

材料名称：GCr15 钢

浸 蚀 剂：4%硝酸酒精溶液

处理情况：840℃加热保温后油冷淬火，170℃回火

组织说明：裂纹。基体为回火细针状马氏体，其上
有明显的碳化物带状偏析。裂纹沿带状碳化物扩
展。

　　由显微组织可以见到：裂纹分布较平直，其内
无氧化物夹杂，两侧也无脱碳现象，裂纹发生于脆
性的碳化物带状处，且沿带状偏析扩展。

　　裂纹内嵌有金属基体碎块，说明它发生于常
温，是由于较大的应力所造成。工件受力时，由于
承受的应力较大，且垂直于带状方向受力，故在脆
性的带状偏析薄弱环节产生开裂，并沿着带状偏析
迅速扩展。

图　　号：4-2-82

材料名称：GCr15 钢

浸　蚀　剂：4%硝酸酒精溶液

处理情况：淬火后进行低温回火处理

组织说明：带状偏析。本图上半部为隐针状及细针
状马氏体、少量残留奥氏体和细小颗粒碳化物。
在这一区域未溶解的碳化物很少。本图下半部出
现大量的碳化物颗粒，呈严重的带状偏析分布，
这一区域的马氏体也呈隐针状分布，但其含量远
较本图上半部为少。

　　这种严重不均匀的带状偏析，不但在淬火时
得不到均匀的淬火组织，而且容易产生开裂。这
将使钢材的力学性能出现明显地不均匀。

　　该组织说明：颗粒碳化物聚集的带状偏析处
虽然铬和碳较为富集，但溶于基体中的合金元素
和碳量则较少。淬火时，由于碳化物熔点较高而
未能溶解，致使基体中碳及合金元素的含量较为
贫乏。但它能阻碍晶粒长大，从而得到细小均匀
的马氏体组织；在贫碳和贫铬区，由于碳化物数
量较少，淬火加热时一部分发生溶解，因而该处
晶粒容易长大，淬火后得到较大的针状组织。

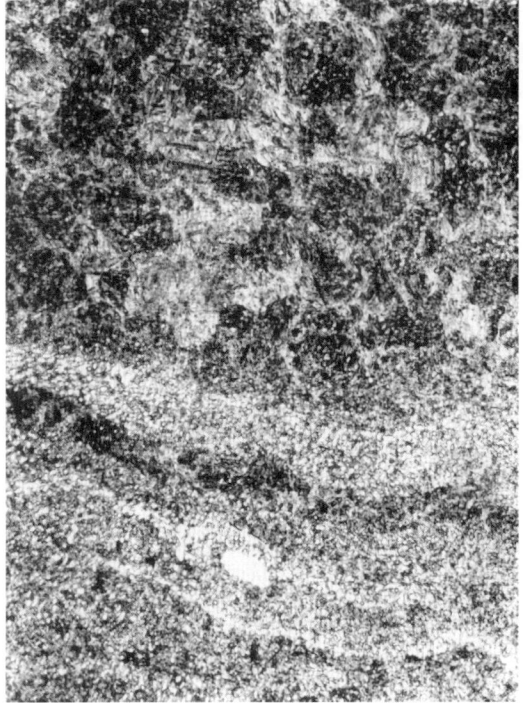

图　　4-2-82　　　　　　　　　　　　500×

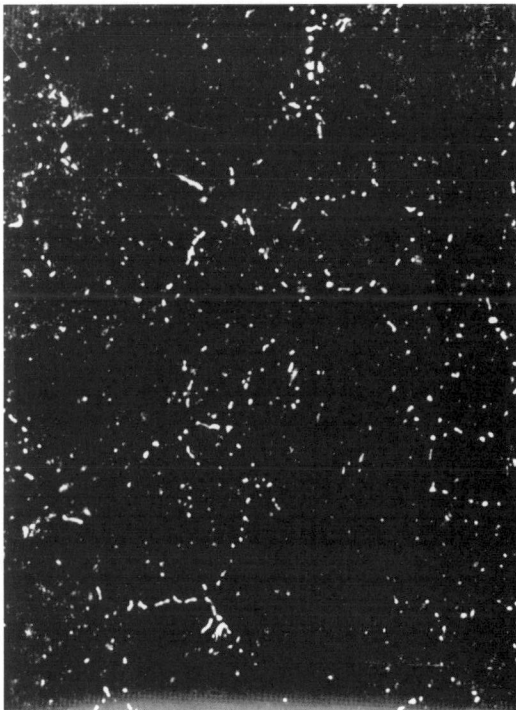

图　　4-2-83　　　　　　　　　　　　500×

图　　号：4-2-83

材料名称：GCr15 钢

浸　蚀　剂：4%硝酸酒精溶液

处理情况：淬火后并于 200℃回火

组织说明：网状组织。基体为黑色回火马氏体，其
上沿晶界有呈断续网状分布的白色颗粒碳化物，
按 GB/T 18254—2002 评定，网状碳化物相当于 3
级。

　　淬火、回火后如得到网状碳化物，将使晶界处
组织变脆，导致钢的冲击韧度降低，在使用中易发
生断裂。

　　零件中出现网状碳化物，主要是在锻造时停锻
温度较高，停锻后冷却速度缓慢所造成。有时，由
于退火温度过高，也会导致网状碳化物的生成。严
重的网状碳化物在淬火加热时是无法消除的，只有
进行正火处理才能消除或改善。

图　　号：4-2-84

材料名称：GCr15 钢

浸 蚀 剂：3%硝酸酒精溶液

处理情况：正火堆冷，再经 840℃淬火处理

组织说明：正火过热。基体为马氏体，白色小颗粒
　　为碳化物，在基体上有粗长针状分布的碳化物，
　　呈过共析魏氏组织。

　　　从基体马氏体针状的粗细来看，工件淬火温
　　度不高，绝不会析出粗长针状碳化物，这种呈魏
　　氏组织分布的碳化物，系由于正火加热温度过高，
　　导致过饱和奥氏体直接析出先共析的碳化物，并
　　成一定角度析出，形成过热的呈魏氏组织分布的
　　碳化物。

　　　这种呈魏氏组织分布的碳化物，在正常淬火
　　条件下是无法溶解的，从而使钢材在淬火后增加
　　了脆性，此属过热的缺陷组织。

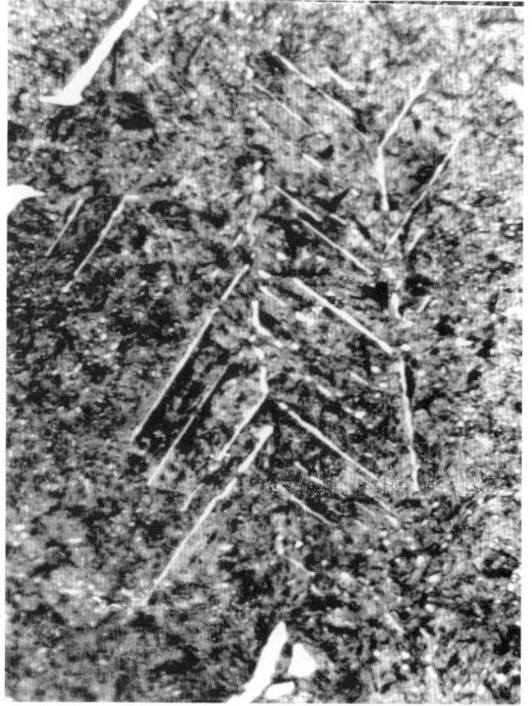

图　4-2-84　　　　　　　　　　　　500×

图　4-2-85　　　　　　　　500×

图　　号：4-2-85

材料名称：GCr15 钢

浸 蚀 剂：4%硝酸酒精溶液

处理情况：930℃加热后，油冷淬火

组织说明：淬火过热。基体为高碳针状马氏体及残留
　　奥氏体，未溶解的碳化物颗粒很少。

　　　由于淬火加热温度过高，大部分碳化物得到充
　　分溶解，使奥氏体晶粒急剧长大。淬火后除得到粗
　　针叶的高碳马氏体外，残留奥氏体明显增加，此时
　　工件的淬火应力极大，使工件的变形增大，同时导
　　致工件容易发生开裂。

　　　淬火过热的工件，其硬度虽因残留奥氏体增多
　　而显著地降低，但由于其晶粒粗大，从而增大了钢
　　的脆性，故工件在使用时容易开裂。GCr15 钢的正
　　常淬火温度应为 830～860℃，在此温度下淬火可
　　获得细密的显微组织，能使工件具有良好的力学
　　性能。

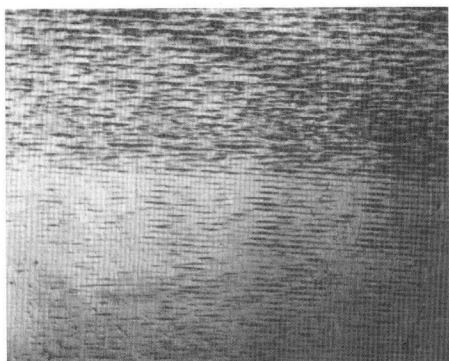

图 4-2-86　　　　　　　　　　　实物表面

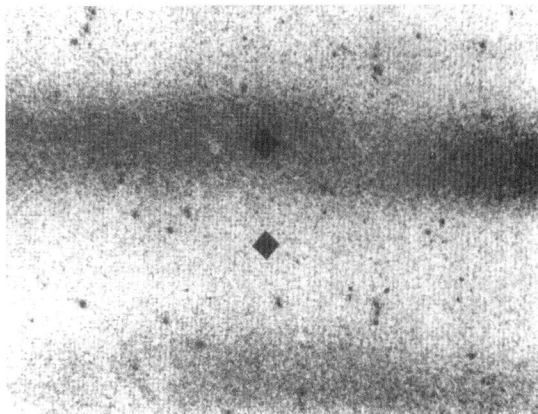

图 4-2-87　　　　　　　　　　　200×

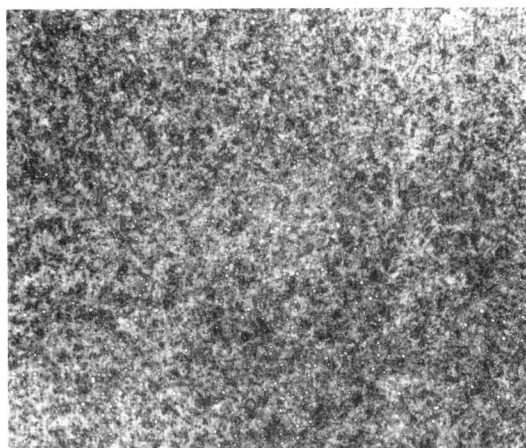

图 4-2-88　　　　　　　　　　　500×

图　　号：4-2-86～4-2-89
材料名称：GCr15 钢
浸 蚀 剂：4%硝酸酒精溶液
处理情况：830℃加热油冷淬火，140℃稳定处理
组织说明：磨削烧伤。图 4-2-86：标准硬度块磨削加
　　　工后，经过浸蚀在磨削表面上出现的黑色条纹，沿
　　　磨削方向分布。
　　　图 4-2-87：试样经抛光后在 200 倍下观察到的
　　　组织，基体上同样出现有黑色条带组织，黑色区的
　　　显微硬度为 510HV，灰白色区的显微硬度为
　　　650HV。
　　　图 4-2-88：灰白色区放大后的组织，基体组织
　　　为隐针状马氏体和极细小未溶解的碳化物颗粒。
　　　图 4-2-89：黑色条带区放大后的组织，基体为
　　　过回火的马氏体及白色小颗粒碳化物。
　　　宏观黑色条带区为磨削加工不当所引起的烧
　　　伤带，即这个区域在磨削时产生较高的温度，使该
　　　处的基体回火过度，以至易受浸蚀而呈黑色。由于
　　　该处回火温度较高，故其硬度比灰白色区低，从而
　　　造成硬度块的表面硬度不均匀。具有烧伤的硬度块
　　　是不能作为标准硬度块使用的。

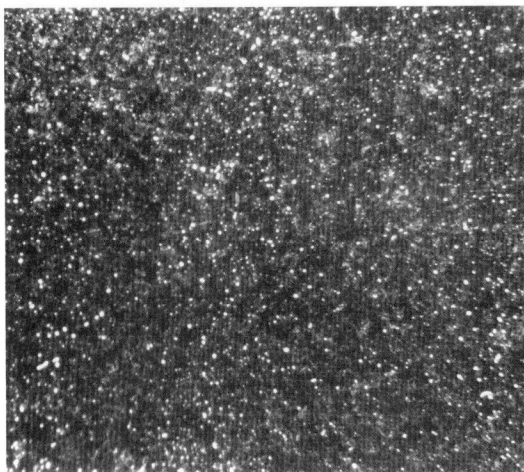

图 4-2-89　　　　　　　　　　　500×

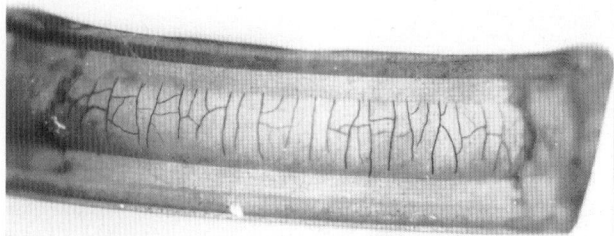

图 4-2-90 实物

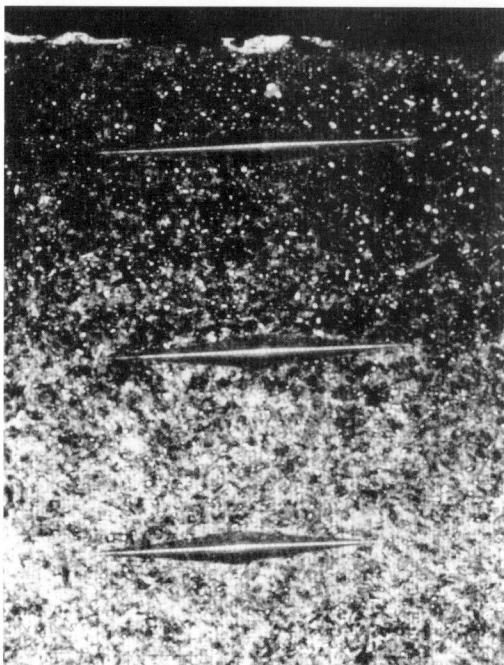

图 4-2-91 100×

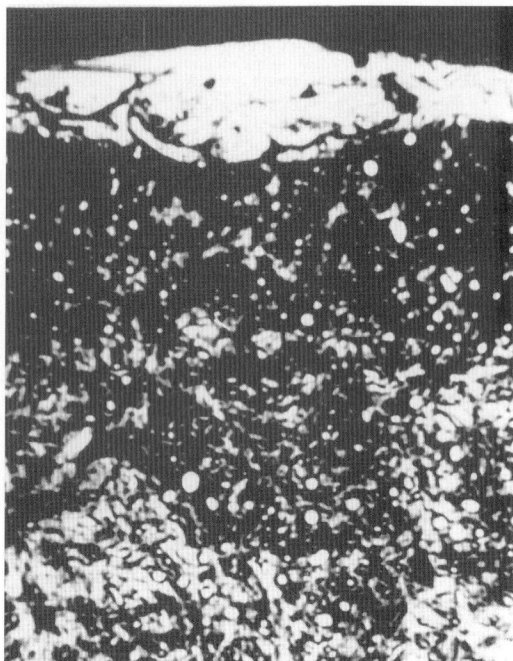

图 4-2-92 500×

图　　号： 4-2-90～4-2-92

材料名称： GCr15 钢

浸 蚀 剂： 图 4-2-90 经 1+1 盐酸水溶液，70℃热蚀 30min；图 4-2-91 和图 4-2-92 经 4%硝酸酒精溶液

处理情况： 淬火、回火

组织说明： 图 4-2-90：成品轴承套圈经热酸洗后，在沟道出现密集的细网状裂纹，此为典型的磨削裂纹。

　　当磨削工艺不当，致使磨削力过大或磨削热过高时，会导致磨削裂纹，并呈网状、龟裂状或放射状。

　　图 4-2-91：淬火、回火过的轴承零件，磨削时产生磨削热，其使工件表面层在很短时间就使温度急剧升高，这时表层的温度梯度很大。虽有磨削液冷却，仍足以使表面层的组织发生相变。表面层温度升到 A_1 点以上时，就会局部被奥氏体化，并在磨削液的冷却作用下再次淬火生成马氏体（或称二次淬火烧伤）。图中表层断续的白亮层即是二次淬火层。其为淬火态马氏体不易受浸蚀，故呈白色。二次淬火层以下部分已转变为高温回火索氏体，称为高温回火烧伤层，即图中黑色区。该区硬度很低，越向心部硬度又升高。

　　图 4-2-92：是图 4-2-91 的局部放大组织，可见到在二次淬火层上有许多淬火微裂纹，已深入到次表层的回火索氏体中。二次淬火马氏体脆性大，裂纹多，易脱落。

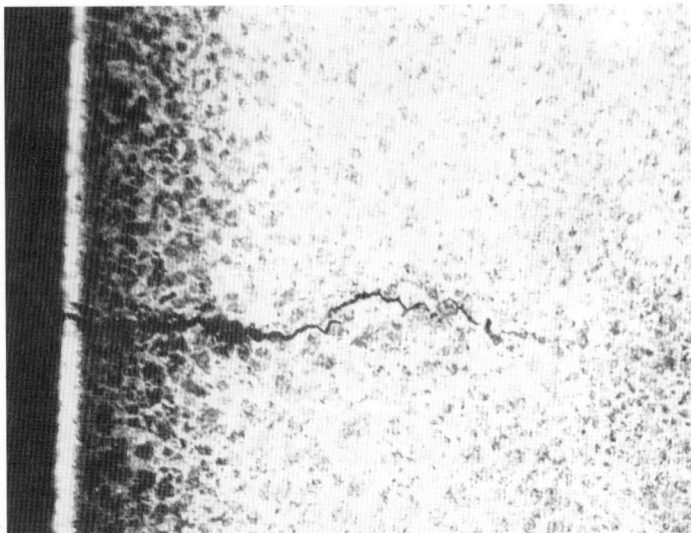

图　4-2-93　　　　　　　　　　　　　　　100×

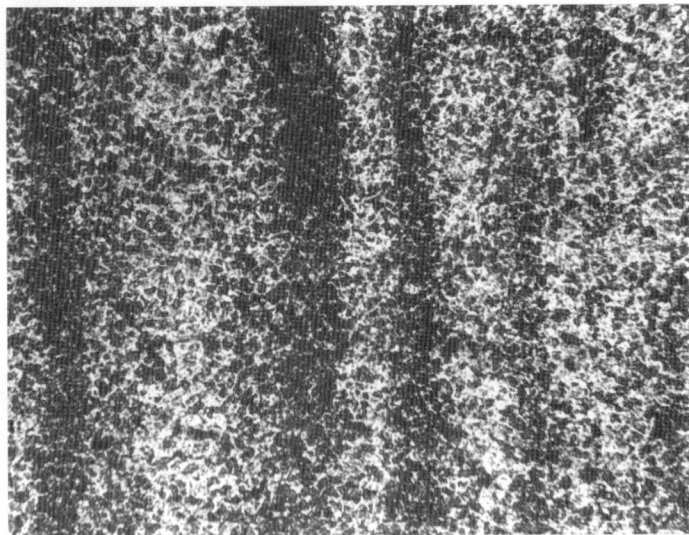

图　4-2-94　　　　　　　　　　　　　　　500×

图　号： 4-2-93、4-2-94

材料名称： GCr15 钢

浸 蚀 剂： 4%硝酸酒精溶液

处理情况： 860℃加热油冷淬火，170℃回火，磨削加工后表面开裂

组织说明： 轴套内表面发现有裂纹，磨削开裂是工模具钢工件加工致废的重要原因，磨削加工用的砂轮太钝、太细、太硬，进给量太大，冷却不良是磨削开裂的外因。轴套内表面磨削加工时，工件与砂轮接触面大，冷却条件不好，最易产生磨削裂纹。

　　图 4-2-93：垂直表面取样的磨削裂纹全貌，表面是二次淬火层，次层是磨削瞬时温度低于临界点时形成的高温回火层，浸蚀后前者呈白色，后者呈黑色，裂纹垂直于磨削面，深度为 0.5～1.0mm，特殊情况下也有较深的裂纹，甚至大块龟纹状剥落。

　　图 4-2-94：轴套内部组织，为纵向取样，材料有较严重的带状组织，这也是产生磨削裂纹的原因之一。

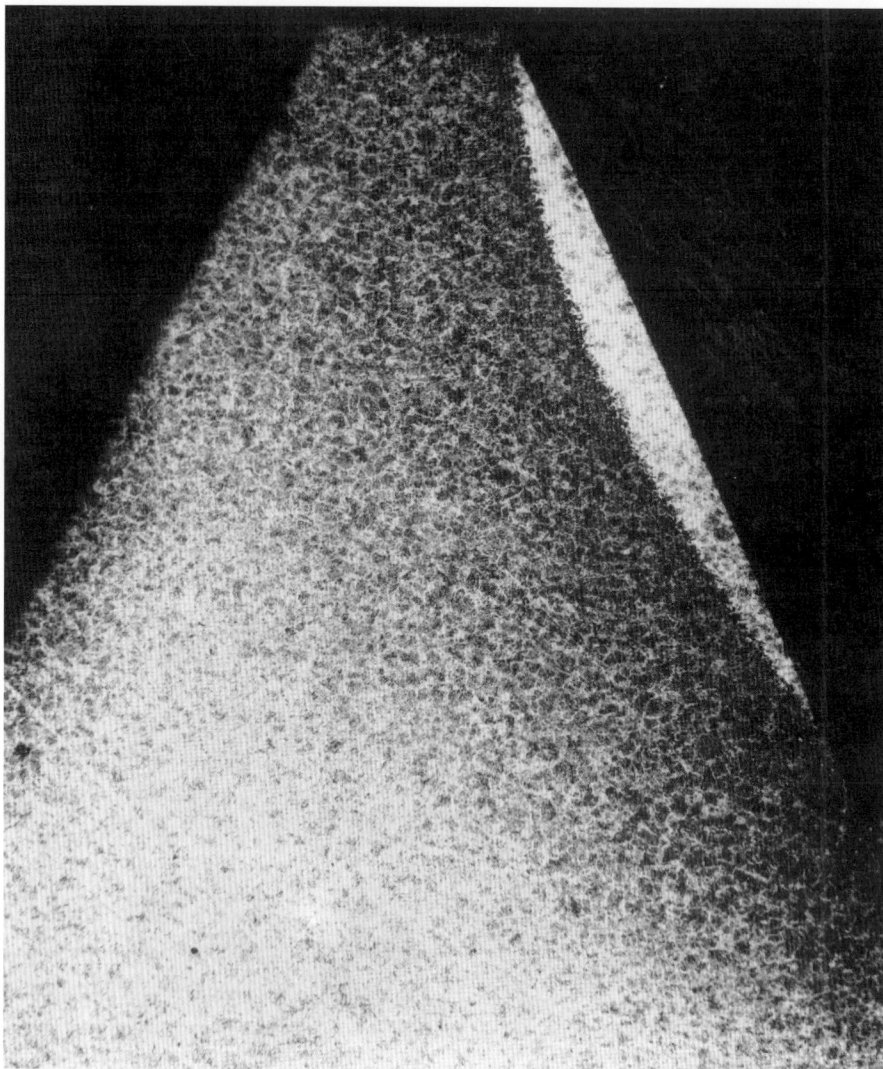

图　4-2-95 100×

图　号：4-2-95

材料名称：GCr15 钢

浸 蚀 剂：4%硝酸酒精溶液

处理情况：850℃加热油冷淬火，170℃回火。

组织说明：汽车水泵轴螺纹磨床磨齿，服役过程中出现批量断轴，断口都在螺纹部位。本图片为齿部组织全
　　貌，螺纹齿部一侧有白色的二次淬火层，次层有黑色高温回火层，回火层延伸至齿根。淬硬层厚度为 1mm，
　　回火层厚度为 4mm。

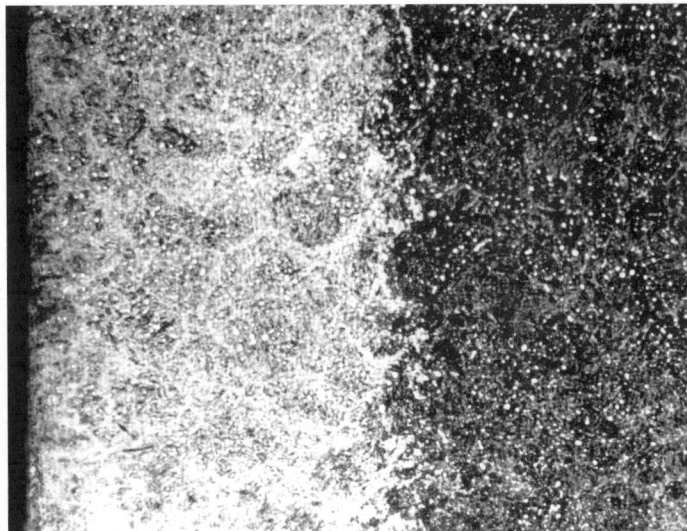

图　　4-2-96　　　　　　　　　　　　　　　　　500×

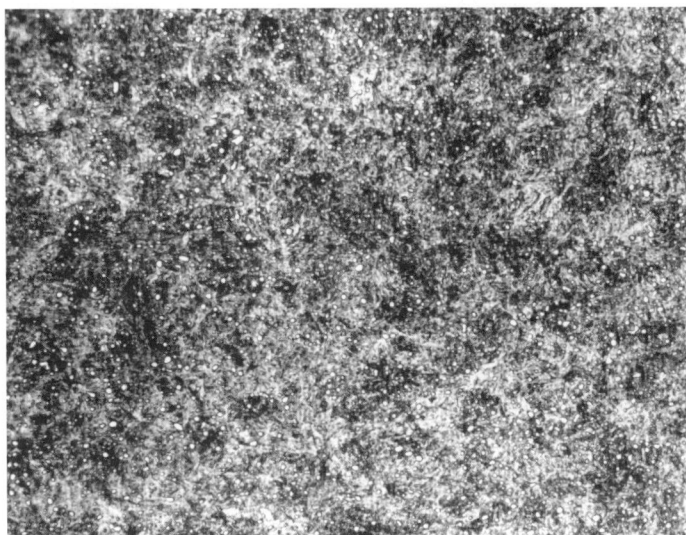

图　　4-2-97　　　　　　　　　　　　　　　　　500×

图　　号：4-2-96；4-2-97

材料名称：GCr15 钢

浸 蚀 剂：4%硝酸酒精溶液

处理情况：850℃加热油冷淬火，170℃回火

组织说明：图 4-2-96 是图 4-2-95 的放大后组织，是二次淬火层的形貌，表面为白色二次淬火烧伤层，次层是高温回火烧伤层，二次淬火层很厚，说明磨削工艺非常恶劣，呈严重过热组织。

图 4-2-97：是工件的心部组织，为针状马氏体+残留奥氏体+剩余碳化物。

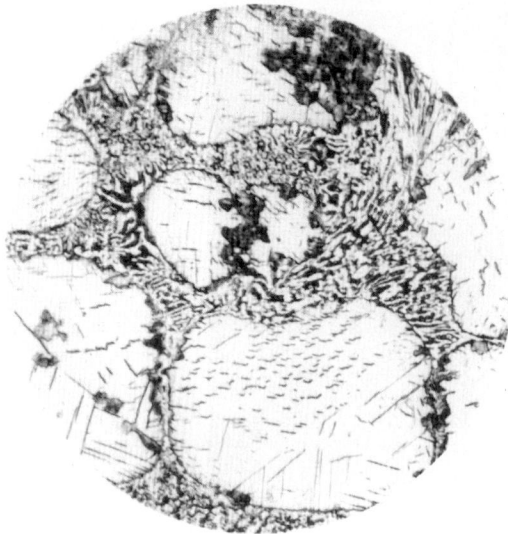

图　4-2-98　　　　　　　　　　　500×

图　4-2-99　　　　　　　　　　　500×

图　　号：4-2-98～4-2-100

材料名称：GCr15 钢

浸 蚀 剂：4%硝酸酒精溶液

处理情况：锻造

组织说明：过烧。

图 4-2-98：在明场下，基体为马氏体及大量残留奥氏体，在晶界上出现鱼骨状莱氏体共晶组织。此外，在基体上尚有呈针状、粒状分布的碳化物。

图 4-2-99：与图 4-2-98 为同一视场，应用暗场照明，基体组织的色泽恰与明场相反，明场下呈白色组织，在暗场下则呈暗黑色。

图 4-2-100：与图 4-2-98 为同一视场，应用正交偏光照明，奥氏体呈暗灰色，碳化物呈白色，共晶莱氏体中基体碳化物变黑色，而珠光体则呈白色。

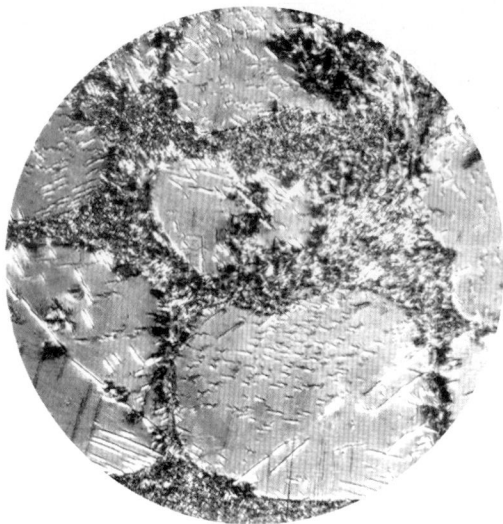

图　4-2-100　　　　　　　　　　500×

GCr15 钢在锻造时，由于加热温度过高，致使晶界处发生熔化。冷却时，冷却速度又较大，使晶界熔化部分析出莱氏体共晶组织，近莱氏体附近的基体因碳和合金元素含量较高，在快冷的条件下，碳化物呈针状分布，基体为马氏体及残留奥氏体。具有上述过烧缺陷的钢材无法使用，只能报废。

金 相 图 片

图　　号：4-3-1

材料名称：9SiCr 钢 [w（C）0.85%～0.95%，w（Si）1.2%～1.6%，w（Mn）0.3%～0.6%，w（Cr）0.95%～1.25%，w（S）及 w（P）均为≤0.030%]

浸 蚀 剂：4%硝酸酒精溶液

处理情况：840℃加热保温后油冷淬火，180℃回火处理

组织说明：极细的回火针状马氏体，白色颗粒状为未溶解的碳化物，分布均匀。

　　滚丝模正常淬火、回火的组织，硬度为62HRC。

　　在 9SiCr 钢中，w（Si）常达 1.2%　～1.6%，由于硅能强化铁素体，从而大大提高了钢的硬度和强度。同时硅有阻碍淬火马氏体的分解和从淬火马氏体析出渗碳体的聚集作用，因而硅在回火时能够起到阻碍硬度降低的作用。而且因同时加入铬元素，致使钢的临界点得到显著的提高，Ac_1 为 770～780℃，Ac_{cm} 为 910～930℃，因此这种钢具有细小的奥氏体晶粒，淬火温度提高至870℃，也不易过热。硅铬钢的淬透性、淬硬性以及耐回火性均较好，直径为 40～60mm 的 9SiCr 钢，油冷淬火后硬度可达 62～64HRC，经过 250～300℃回火，其硬度仍有 60HRC，因此这种钢被广泛来制造搓丝板、铰刀、丝锥及薄刃刀具。

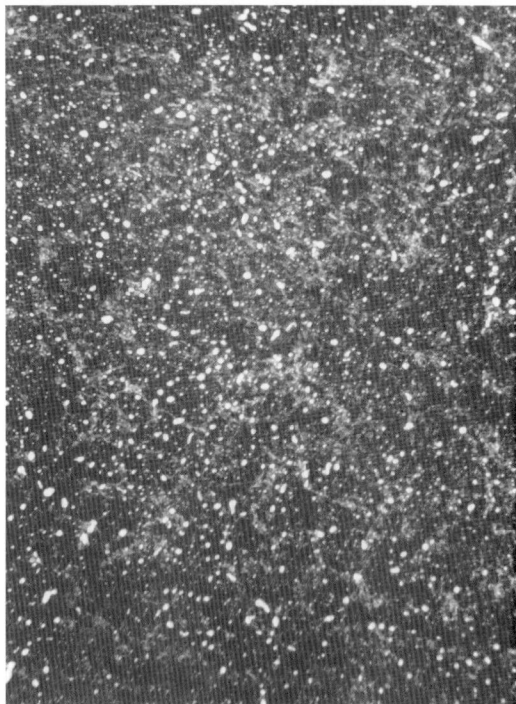

图　4-3-1　　　　　　　　　　　　　500×

图　　号：4-3-2

材料名称：9SiCr 钢

浸 蚀 剂：4%硝酸酒精溶液

处理情况：850℃加热保温后油冷淬火，180℃回火×1h

组织说明：黑色基体为细针状回火马氏体，白色断续网状为二次碳化物。网状碳化物按 GB/T 1299—2000 标准中第二级别图评定为 3 级。

　　9SiCr 钢制造的滚丝模在滚丝时产生碎裂，经解剖后发现其中二次碳化物呈粗大的断网状分布，从而使滚丝模的脆性增大，一经受力即发生崩刃或碎裂。

　　粗大网状碳化物在磨削加工时易产生磨削裂纹，因此这种组织属于缺陷组织。网状碳化物的产生，大多是由于终锻温度过高、冷却又较缓慢，使奥氏体沿晶界析出二次碳化物所致。另外，退火温度过高，亦将产生网状碳化物。这种网状碳化物，在正常淬火温度下加热是无法消除的，因此在淬火后仍将存在于基体中。

　　为了防止网状碳化物的产生，可采用稍低的终锻温度和正常的退火工艺。如钢中已存在网状碳化物，则可采用高温正火处理予以消除。

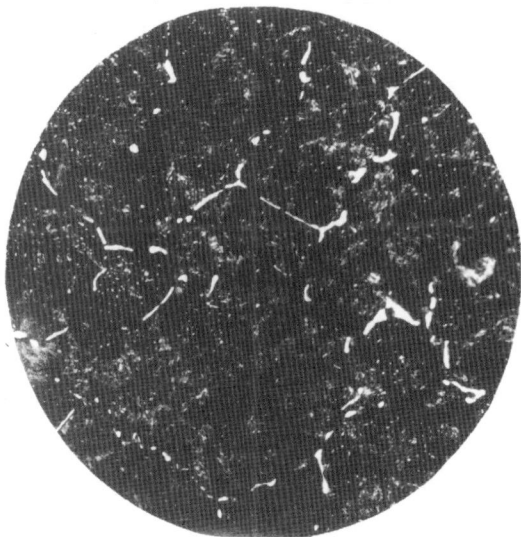

图　4-3-2　　　　　　　　　　500×

图 号：4-3-3

材料名称：9SiCr 钢

浸 蚀 剂：4％硝酸酒精溶液

处理情况：870℃加热后 250℃等温 40min 后空冷

组织说明：下贝氏体［约为 30％（体积分数）］＋
马氏体＋残留奥氏体＋碳化物，硬度为 57～
59HRC

　　等温淬火是提高模具韧性的有效方法，模具
使用寿命可提高 2～3 倍。

图　4-3-3　　　　　　　　　　　　500×

图 号：4-3-4

材料名称：9SiCr 钢

浸 蚀 剂：4％硝酸酒精溶液

处理情况：淬火、回火

组织说明：9SiCr 钢表面脱碳组织。

　　9SiCr 钢是易于在高温下产生表面脱碳现象
的钢种。其正常的淬火组织为针状马氏体＋隐针
状马氏体＋残留奥氏体＋残留碳化物。组织中有
黑白区，当脱碳层中 $w（C）$ 为 0.6％～0.8％时，
组织中仍有碳化物颗粒，当 $w（C）$ 降低到 0.4％～
0.6％时，淬火组织变成交叉分布的针状马氏体，
呈灰白色。脱碳层中出现的这种低碳马氏体板条
成排分布，严重脱碳时除成排分布的板条马氏体
外，晶界还会出现铁素体网，甚至发展到出现铁
素体纯脱碳层，色泽变白。

图　4-3-4　　　　　　　　　　　　500×

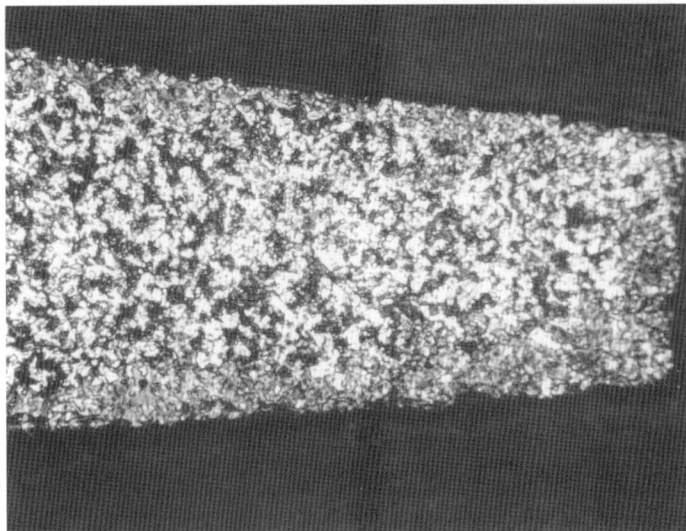

图　4-3-5　　　　　　　　　　　　　　　　　500×

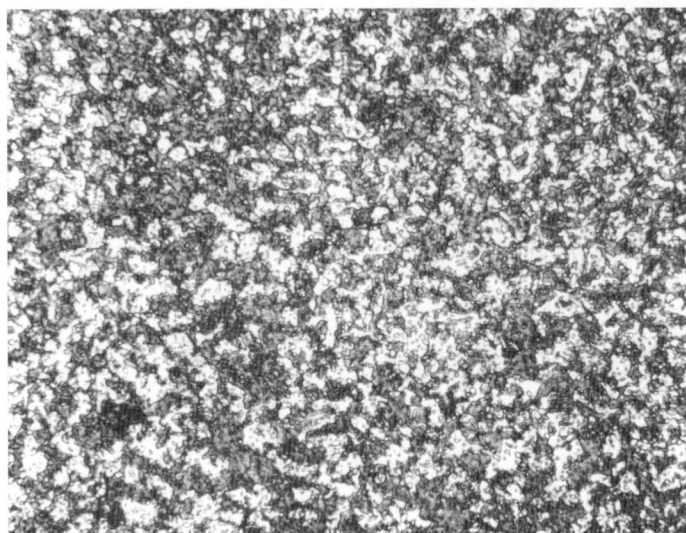

图　4-3-6　　　　　　　　　　　　　　　　　500×

图　　号：4-3-5、4-3-6

材料名称：9SiCr 钢

浸　蚀　剂：4%硝酸酒精溶液

处理情况：820℃加热后油冷淬火，180℃回火

组织说明：9SiCr 钢的临界点较高，正常淬火温度为 850～870℃，因此淬火加热温度不足。

图 4-3-5：刀尖组织。图 4-3-6：刀杆部分组织，其中白色区为未淬火的粒状珠光体组织，黑灰色部分为淬火回火组织，由于 9SiCr 钢的临界点较高，高于同类低碳合金钢，不能采用同类钢的热处理工艺。如果用低温淬火也必须增加保温时间，使退火组织能全部奥氏体化后再淬火，才能满足强度和硬度的要求。

图　　号：4-3-7

材料名称：9SiCr钢

浸蚀剂：4％硝酸酒精溶液

处理情况：退火

组织说明：因退火不充分，组织为较细的球状珠光
　　体。但因退火温度较低，球化不完全，尚有相当
　　部分片状珠光体存在。这种组织不均匀，在以后
　　的热处理时将产生较大的应力。

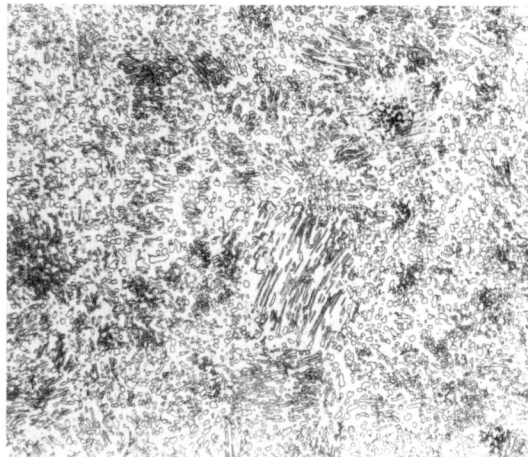

图　　4-3-7　　　　　　　　500×

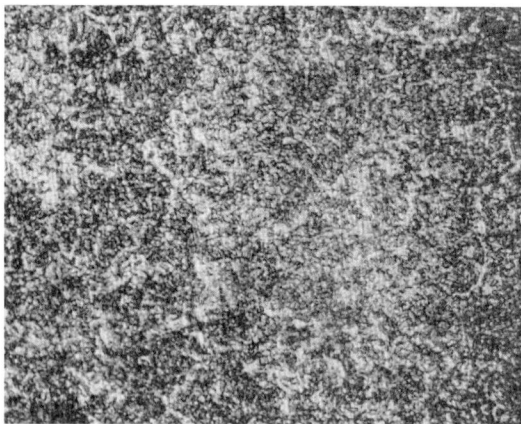

图　　4-3-8　　　　　　　　500×

图　　号：4-3-8

材料名称：9SiCr钢

浸蚀剂：4％硝酸酒精溶液

处理情况：870℃加热，160℃硝盐中停留2min后
　　空冷

组织说明：淬火马氏体＋残留奥氏体＋粒状碳化物。
　　采用低温硝盐冷却可减少工件淬火应力，使工件
　　减少变形，故适用于形状复杂和要求变形小的工
　　件。硬度为64～65HRC。

图　　号：4-3-9

材料名称：9SiCr钢

浸蚀剂：4％硝酸酒精溶液

处理情况：910℃加热，在160℃硝盐中停留冷却
　　2min后空冷

组织说明：粗针状马氏体＋残留奥氏体＋细粒状碳
　　化物。
　　　　过热组织。加热温度升高后，碳化物大量溶
　　解，奥氏体晶粒长大，故出现粗针状马氏体，使
　　工件性能下降，产生变形和开裂。硬度为61～
　　62HRC。

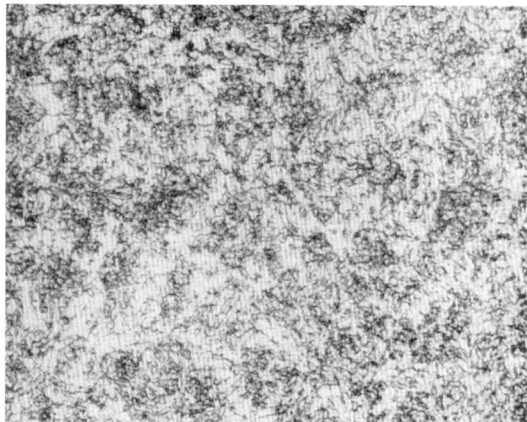

图　　4-3-9　　　　　　　　500×

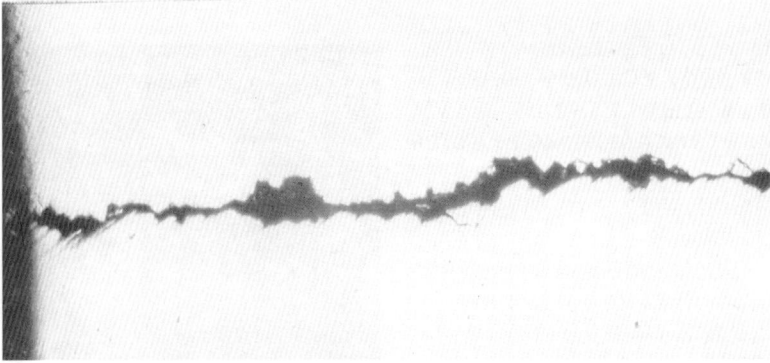

图　4-3-10　　　　　　　　　　　　　　　　100×

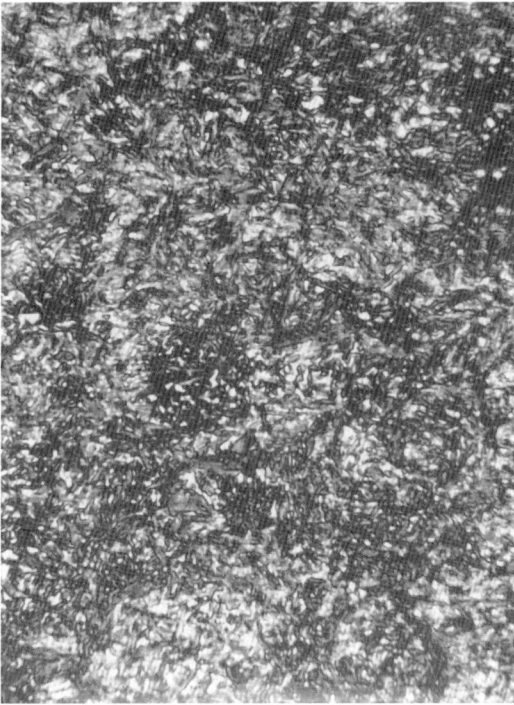

图　4-3-11　　　　　　500×

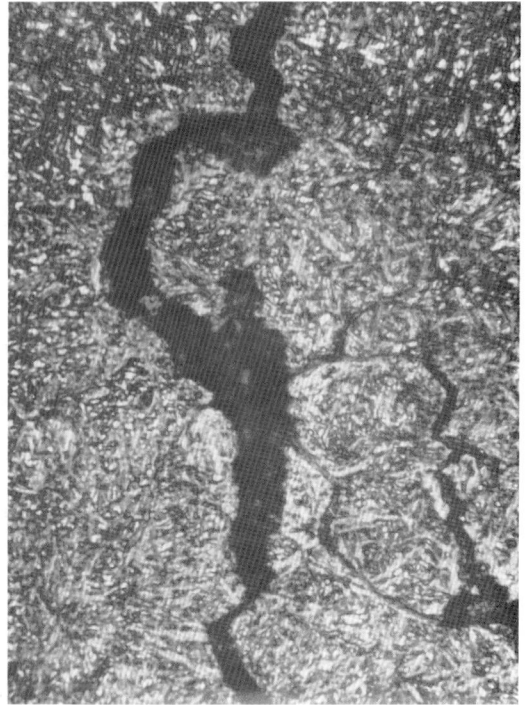

图　4-3-12　　　　　　500×

图　　号：4-3-10～4-3-12

材料名称：9SiCr 钢

浸 蚀 剂：图 4-3-10 未浸蚀，图 4-3-11、图 4-3-12 经 4%硝酸酒精溶液浸蚀

处理情况：齿坯经滚齿后，在 500～550℃箱式炉中预热 50min，而后置于 880～890℃流态粒子炉内加热 25min 出炉油冷淬火，再经 200℃保温 2h 的回火处理。

组织说明：严重变形引起的裂纹。原始组织为球状和片状珠光体，原材料直接进行冷挤压后滚齿，然后经淬火和回火处理，发现滚丝模外圆齿面上有一条垂直分布的细小裂纹，长度约为 6～8mm，经解剖，裂纹自表面向内延伸，开始细小，向里逐渐粗大，且稍有弯曲，如图 4-3-10 所示。浸蚀后，基体为粗针状回火马氏体、颗粒状碳化物及极少量残留奥氏体，如图 4-3-11 所示。表面存在轻微的脱碳层，约有 0.015mm 深度，裂纹两侧未发生脱碳，其内无氧化物夹杂，裂纹尾部沿晶界分布，如图 4-3-12 所示。

　　滚丝模原材料由于存在片状珠光体，故硬度偏高，塑性较差，冷挤压时应力又较大，迫使齿纹处产生极大的塑性变形，因加工硬化作用，致使齿纹处出现垂直分布的小裂纹；随后淬火加热，温度又较高，冷却时使冷挤压产生的小裂纹由于热应力的作用而进一步向里扩展，因此扩展的裂纹较外面挤压时产生的裂纹为粗大，且裂纹尾部沿晶界分布。

图　号：4-3-13

材料名称：9Mn2V 钢［w（C）0.85%～0.95%，w（Si）≤0.35%，w（Mn）1.7%～2.0%，w（V）0.10%～0.25%，w（S）≤0.030%，w（P）≤0.030%］

浸 蚀 剂：4%硝酸酒精溶液

处理情况：原材料供应状态

组织说明：细片状珠光体，局部地区有白色条状二次碳化物，呈半网状分布，硬度为 260HBW。

9Mn2V 钢是我国近年来发展的不含铬的高碳低合金工具钢，淬火后具有高的硬度和耐磨性。它在淬火时的变形规律与碳素工具钢相似，但其变形量比碳素工具钢小。一般来说，这种钢的碳化物不均匀性比 CrWMn 钢小，淬火时的开裂倾向也较 CrWMn 钢小，加热时，它的脱碳倾向也比 9SiCr 钢小。淬透性则比碳素工具钢为大，是值得推广的钢种之一。

本图片为原材料供应状态，由于热轧终了温度稍高，故在冷却时于高温奥氏体晶界处析出呈条、网状分布的二次碳化物，并在随后的冷却过程中产生共析转变，析出共析产物——片状珠光体，增加了钢的硬度，不利于切削加工。为了改善其加工性能以及为淬火处理做组织上的准备，需进行球化退火处理。

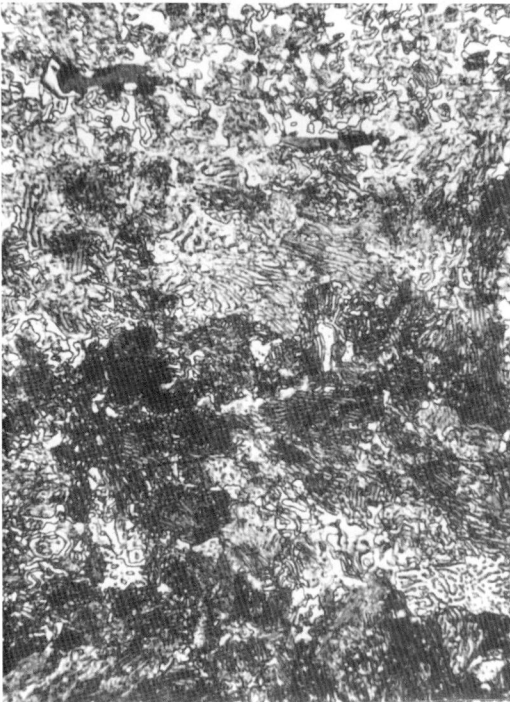

图　4-3-13　　　　　　　　500×

图　号：4-3-14

材料名称：9Mn2V 钢

浸 蚀 剂：4%硝酸酒精溶液

处理情况：原材料供应状态

组织说明：原材料心部组织不均匀。大部分区域为片状珠光体，其上布有少量条、网状二次碳化物（见图下半部）；小部分区域有大块棱角状碳化物聚集分布（见图上半部），硬度为 248～265HBW。

9Mn2V 钢中含有 w（Mn）约为 2%。虽然锰能够显著地提高钢的淬透性和扩大 γ 区，使钢中珠光体含量增多且细化，但过多的锰会使钢的过热敏感性和形成淬火裂纹的倾向增大。同时在结晶时容易形成树枝状偏析，经热压力加工后，树枝状偏析将被拉长呈带状，在富碳、富合金元素带（枝轴间）上易析出碳化物，呈聚集状分布。尤其是当终锻温度过高时，这种偏析带上的碳化物将呈棱角状分布，而贫碳、贫合金元素的条带（树枝状主杆）上，则得片状珠光体。这种不均匀的原始组织，用一般热处理方法是无法挽救的，只有施以大变形量的热压力加工才能予以改善。具有严重偏析的钢材，将在淬火时产生大的变形，同时引起开裂。因此这种偏析组织属于原材料的不正常显微组织。

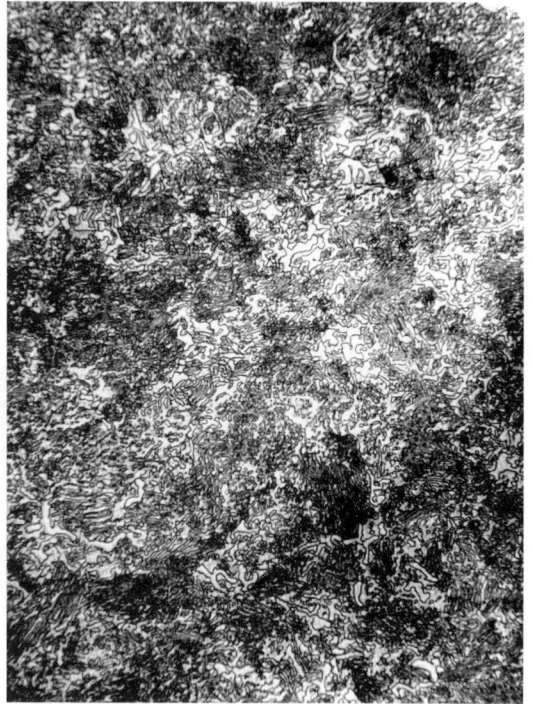

图　4-3-14　　　　　　　　500×

图　　号：4-3-15

材料名称：9Mn2V 钢

浸 蚀 剂：4%硝酸酒精溶液

处理情况：920℃加热保温 2h 后空冷

组织说明：基体为细片状珠光体，白色细小颗粒为
　　　　　二次碳化物。

　　经锻造后的坯料，于高温加热后空冷，正火
后得到细小颗粒状的二次碳化物。基体组织则为
细片状珠光体，这种基体组织将使坯料的硬度升
高，使它难于切削加工，同时其组织也不符合热
处理的要求，因此需要使坯料再进行一次预备热
处理——球化退火，以降低硬度，使之有利于切
削加工，并为以后的热处理做好组织上的准备。

图　　4-3-15　　　　　　　　　　　　　　500×

图　　4-3-16　　　　　　　　　500×

图　　号：4-3-16

材料名称：9Mn2V 钢

浸 蚀 剂：4%硝酸酒精溶液

处理情况：加热至 1050℃锻造后球化退火

组织说明：粗片状珠光体及球状珠光体，白色大颗
　　　　　粒为二次碳化物，硬度为 235～240HBW。

　　球化退火温度过高，一部分片状珠光体发生
溶解，使其中的渗碳体断开呈小点状，这些小点
状的渗碳体在保温和缓冷过程中逐渐长大呈球粒
状，从而得到球状珠光体组织；另一部分珠光体
则因退火温度稍高而溶入奥氏体，在缓冷过程中，
因时间较长，使析出的片状珠光体长成粗片状，
从而得到粗片状珠光体。

　　这种退火过热的组织，将使制成的工件在淬
火时易产生过热，除获得粗大马氏体外，工件的
变形也较大。

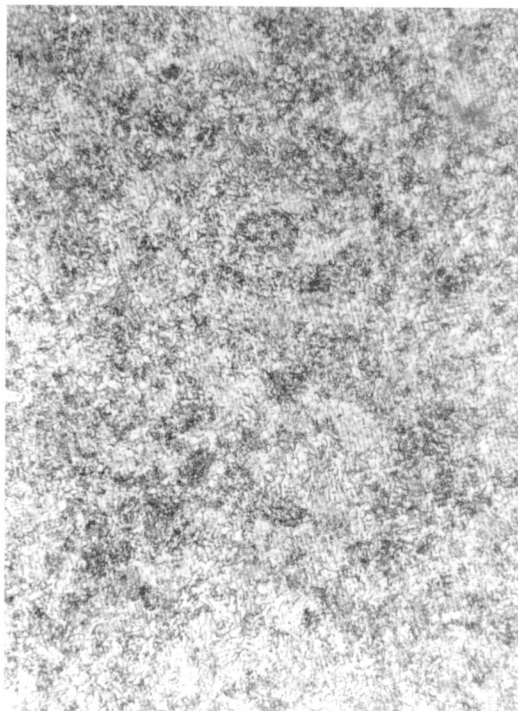

图 号：4-3-17

材料名称：9Mn2V 钢

浸 蚀 剂：4%硝酸酒精溶液

处理情况：经加热至 760～780℃，保温 3h 后炉冷，
继至 680～700℃保温 5h 后炉冷

组织说明：细球粒状珠光体，为球化退火的正常组
织，硬度为 203HBW。

9Mn2V 钢的退火工艺为等温球化退火，其显
微组织应为细球粒状珠光体，退火后的硬度应低
于 229HBW，使其便于切削加工，并为热处理做
好组织上的准备，以避免淬火时引起过热和开裂。

9Mn2V 钢适于制造具有高硬度、高耐磨性以
及能承受冲击载荷的冷变形模具和胶木模等。

图 4-3-17   500×

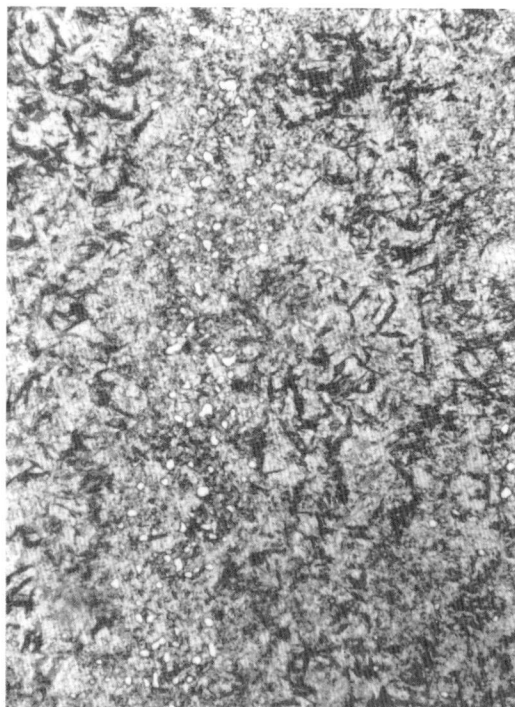

图 号：4-3-18

材料名称：9Mn2V 钢

浸 蚀 剂：3%硝酸酒精溶液

处理情况：770℃加热保温后淬火

组织说明：淬火马氏体及呈带状分布的碳化物颗粒，
硬度为 59～60HRC.。

由于 9Mn2V 钢原材料中具有较多的带状碳化
物，在 770℃下淬火，虽然基体组织已基本上得到
淬火马氏体，但在马氏体基体上仍保留较多的碳
化物，这说明奥氏体的合金化不充分，故使淬火
后工件的硬度略低，从而影响工件使用时的耐磨
性。这样的组织是淬火欠热组织。为了增加奥氏
体的合金化程度，可将淬火加热温度提高到 780～
800℃（指油冷淬火时的加热温度，如果采用硝盐
分级淬火，则以 790～810℃为宜）保温后淬火，
这对提高工件的硬度和力学性能以及使用寿命都
有好处。

图 4-3-18   500×

图　　号：4-3-19

材料名称：9Mn2V 钢

浸 蚀 剂：4%硝酸酒精溶液

处理情况：790℃加热后淬入 160℃硝盐中分级淬火

组织说明：针状马氏体、极少量残留奥氏体和颗粒
状二次碳化物。由于采用硝盐分级淬火，致使一
部分马氏体遭到回火，在浸蚀后呈黑色针状，硬
度为 62～64HRC。

9Mn2V 钢具有较好的淬透性，因此可以在硝
盐浴及热油等冷却能力较缓和的介质中进行淬
火，由于采用上述淬火工艺，不但淬硬层较深，
而且工件的变形量也比 T10 钢小，因此使用寿命
也较碳素工具钢模具为高。

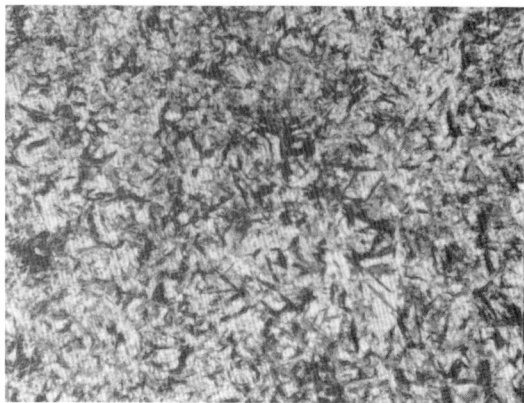

图　　4-3-19　　　　　　　　　　500×

图　　号：4-3-21

材料名称：9Mn2V 钢

浸 蚀 剂：5%硝酸酒精溶液

处理情况：780℃加热保温、油冷淬火，表面经磨削
加工

组织说明：基体为回火不充分的针状马氏体，其上
所布有的黑色条带为回火马氏体区，此外尚有很
少量的颗粒状碳化物。

9Mn2V 钢的耐磨性比 CrWMn 钢稍差，而淬
火变形量则与 CrWMn 钢相仿。这种钢在磨削加工
时，如果进给量过大或冷却不当，将会发生磨削
烧伤，在烧伤处出现带状分布的过回火组织。严
重时，将出现重新淬火组织。烧伤组织的出现，
将导致模具表面的硬度不均匀，从而影响其耐磨
性及使用寿命。

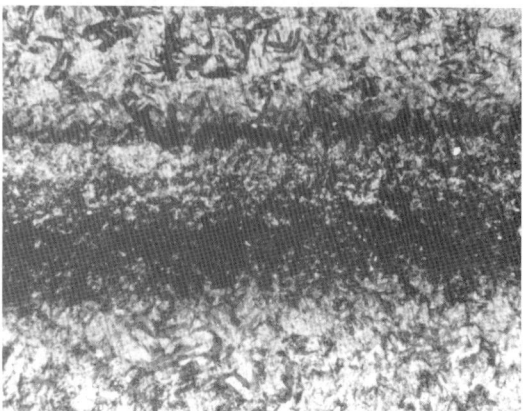

图　　4-3-20　　　　　　　　　　500×

图　　号：4-3-20

材料名称：9Mn2V 钢

浸 蚀 剂：4%硝酸酒精溶液

处理情况：780℃加热保温后置于 180℃硝盐中分级
淬火后空冷，再在 180℃回火 2h

组织说明：基体为回火马氏体及颗粒状碳化物，属
正常的淬火、回火显微组织，硬度为 61～63HRC。

9Mn2V 钢在性能上还存在冲击韧度不够高的
缺点，本图片试块的 α_K 值仅为 4J/cm^2。使用时还
发现有碎裂现象，易在倾角及小型芯处断裂。这种
钢的耐回火性较差，回火温度一般高于 160℃为宜，
但在 200℃回火时弯曲强度及韧性将出现低值。

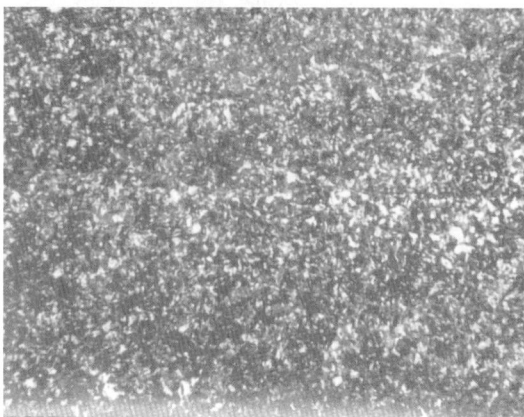

图　　4-3-21　　　　　　　　　　500×

图　　号：4-3-22

材料名称：9Mn2V 钢

浸 蚀 剂：4％硝酸酒精溶液

处理情况：原材料供应状态

组织说明：棱角状碳化物。片状珠光体及聚集分布的棱角状二次碳化物，有些棱角状二次碳化物则为网状分布。

　　在 9Mn2V 钢中，由于含有 $w(\mathrm{Mn})$ 约为 2％，锰虽能提高钢的淬透性，但过多的锰会增加钢的过热敏感性和形成淬火裂纹的倾向。钒的加入可细化晶粒，减少钢的过热敏感性，补偿一部分锰在钢中的缺点。钒元素还能有效地防止碳化物形成网状。但是当终锻温度较高时，钒的作用将因碳化物的溶解而消失，此时钢的晶粒便会迅速长大，冷却时二次碳化物易形成棱角状的外形。同时，在随后的冷却过程中，基体即将获得片状珠光体的共析产物。此图片属过热的缺陷组织。

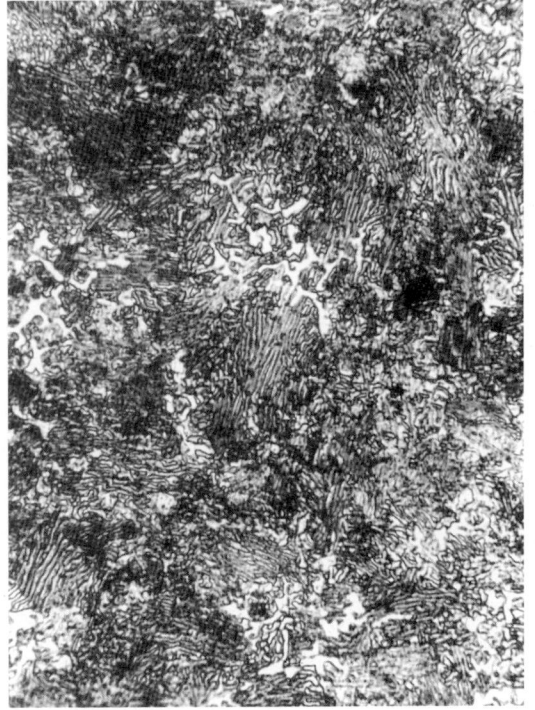

图　4-3-22　　　　　　　　500×

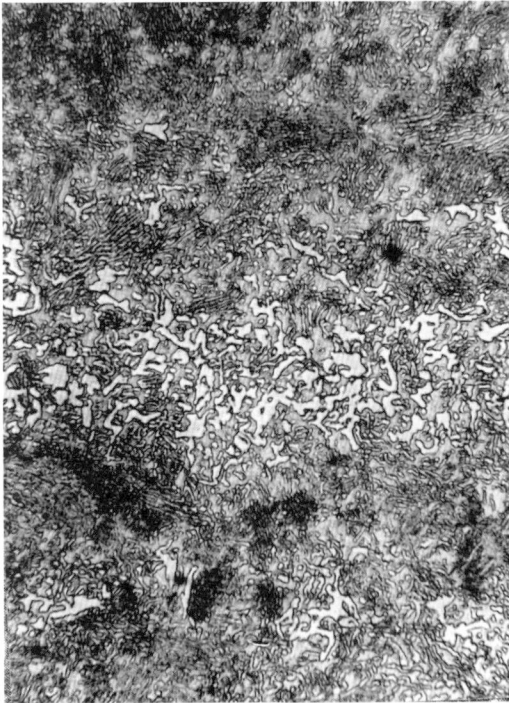

图　4-3-23　　　　　　　　500×

图　　号：4-3-23

材料名称：9Mn2V 钢

浸 蚀 剂：4％硝酸酒精溶液

处理情况：原材料供应状态

组织说明：碳化物呈带状分布。基体为片状珠光体，其上有聚集呈带状分布的棱角状碳化物。

　　钢中存在严重的树枝状偏析，使树枝晶主轴与轴间成分有较大的差异。一般来说，枝轴间是最后凝固的部分，该处碳、锰及钒合金元素较富集，杂质硫、磷元素也富集，凝固冷却时将会析出大量碳化物，该处的显微组织显然与贫碳、贫合金元素的树枝晶主轴有明显的差别。当热压力加工时，轴间与主轴均随加工方向变形，轴间的碳化物将形成带状偏析。由于锻造温度较高，致使碳化物外形呈棱角状聚集分布。这种极不均匀的碳化物带状偏析，在淬火时，势必会造成模具各部分产生不均匀变形，而且容易引起淬火裂纹。淬火后使模具的硬度产生不均匀现象。此缺陷是模具生产所不希望的，这种碳化物偏析可采用大变形量的反复镦、拔锻造来改善。

图　　号：4-3-24

材料名称：9Mn2V 钢

浸 蚀 剂：3％硝酸酒精溶液

处理情况：780℃加热后淬入160℃硝盐分级随后空
冷，180℃回火

组织说明：淬火过热组织。较粗针状马氏体及白色
残留奥氏体，硬度为 57～59HRC。

　　9Mn2V 钢的正常淬火加热温度一般应为
780～810℃，但由于控温的热工仪表失灵，竟使
实际炉温比工艺要求的高出许多，致使碳化物大
量溶解。此时，碳化物阻止晶粒长大的作用随即
消失，钢的奥氏体晶粒不但迅速长大，且因碳化
物的大量溶入而提高了奥氏体的合金化程度，使
M_s 点相应地下降，淬火后虽然可获得小的变形
量，但是模具的硬度则将因残留奥氏体量的增加
而降低，从而达不到使用要求。

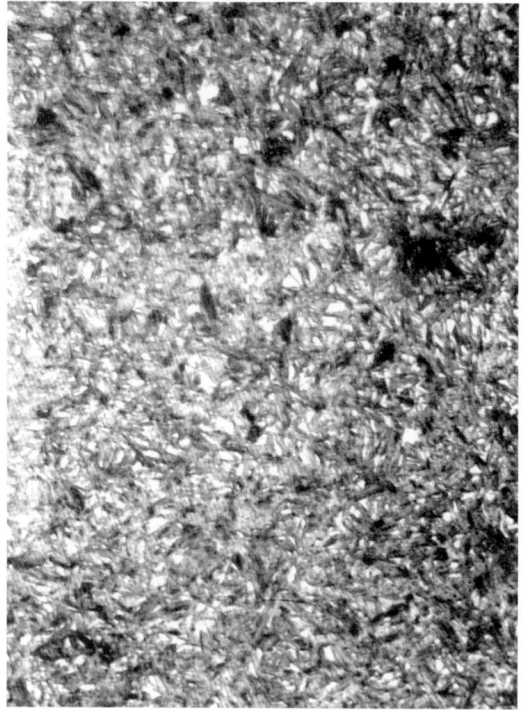

图　　4-3-24　　　　　　　　　　　　　　　630×

图　　号：4-3-25

材料名称：9Mn2V 钢

浸 蚀 剂：3％硝酸酒精溶液

处理情况：780℃加热后淬入160℃硝盐分级随后空
冷，180℃回火

组织说明：严重过热的组织。粗针状马氏体及多量
白色残留奥氏体，硬度为 56～58HRC。

　　模具的实际淬火加热温度已经超过工艺规定
要求的 780℃，致使二次碳化物完全溶解。此时
不但奥氏体的合金化程度显著增大，而且导致钢
的晶粒急剧长大。淬火时，模具的开裂倾向也相
应增加，同时得到粗大的基体组织和大量的残留
奥氏体，从而使模具淬火后的硬度明显降低。此
外，由于晶粒粗大而增加了钢的脆性，使模具在
使用时容易发生脆性断裂。

图　　4-3-25　　　　　　　　　　　630×

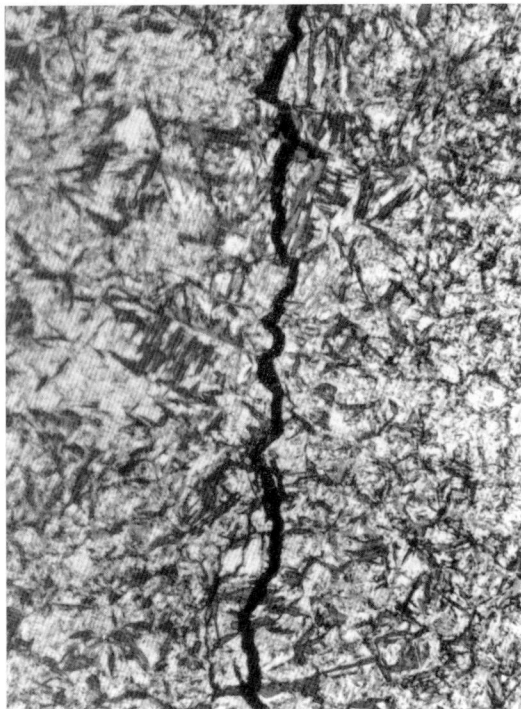

图　　号：4-3-26

材料名称：9Mn2V 钢

浸 蚀 剂：4％硝酸酒精溶液

处理情况：870℃加热保温后淬入 170℃硝盐中分级
　　　　　而后空冷

组织说明：淬裂。粗大针状马氏体及残留奥氏体，
　　　　　其上有一条稍曲的裂纹，但分布颇直，硬度为
　　　　　58～59HRC。

　　　　　9Mn2V 钢的碳化物不均匀性和淬火开裂倾
　　　　向比 CrWMn 钢小。但处在过高的加热温度下，
　　　　阻止晶粒长大的碳化物几乎全部溶解，使奥氏体
　　　　的合金化程度大为增加。淬火冷却时，将因过大
　　　　的热应力，而增加形成淬火裂纹的倾向，从而出
　　　　现沿奥氏体晶粒边界的淬火裂纹，导致模具报废。

图　　4-3-26　　　　　　　　　　　　　　　500×

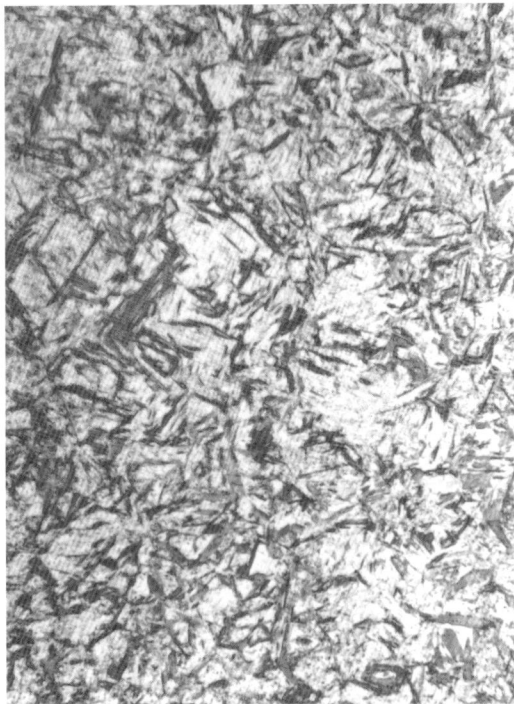

图　　号：4-3-27

材料名称：9Mn2V 钢

浸 蚀 剂：4％硝酸酒精溶液

处理情况：870℃加热保温后淬入 170℃硝盐中分级，
　　　　　然后空冷

组织说明：淬裂。本图为图 4-3-26 工件的心部组织。
　　　　　粗大的针状马氏体及残留奥氏体。

　　　　　由于过高的淬火加热温度，使奥氏体晶粒急
　　　　剧长大，钢的脆性随之增加，淬火时热应力也大，
　　　　因而容易出现淬火裂纹。

　　　　　此外，过多的含锰量也会增大钢的过热敏感
　　　　性，从而使钢的淬火开裂倾向增大。所以在
　　　　9Mn2V 钢中，w（Mn）不应该超过 2％。

图　　4-3-27　　　　　　　　　　500×

图　4-3-28　　　　　　　　　　实物

图　　号：4-3-28、4-3-29

材料名称：9Mn2V 钢

浸 蚀 剂：图 4-3-28 未浸蚀。图 4-3-29 经 4％硝酸
　酒精溶液浸蚀

处理情况：780℃加热、油冷淬火

组织说明：脆性断裂。9Mn2V 钢制机床传动轴，
　在淬火未完全冷透的情况下进行校直时，沿轴小
　头凹槽处断裂，如图 4-3-28 所示。经于断口处截
　取试样，其显微组织如图 4-3-29 所示，图上部为
　片状珠光体，呈带状分布；图中部为颗粒状碳化
　物，呈偏聚的带状，该处的基体为马氏体和残留
　奥氏体。

　　显微组织说明：机床传动轴的原材料中存在
　严重的成分偏析，在淬火温度偏低和冷却不足的
　情况下，不同的成分处将得到不同的显微组织。
　加上轴中存在严重的带状碳化物偏析，使轴的脆
　性增加，故在校直的过程中，于轴的凹槽处（应
　力容易集中的地方）产生断裂。

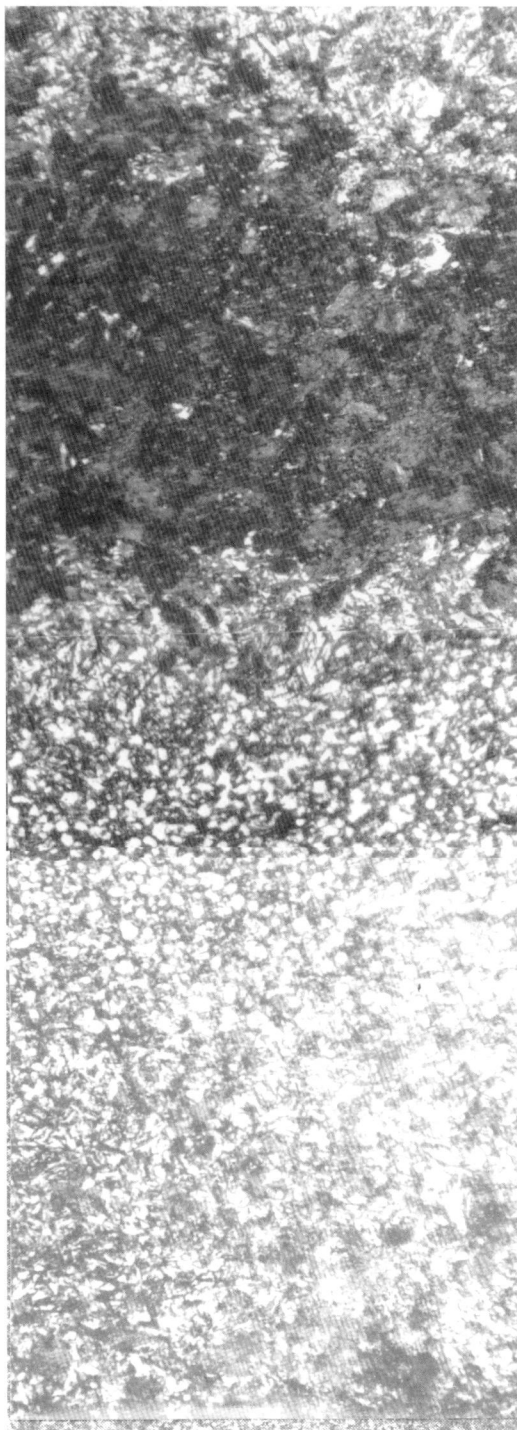

图　4-3-29　　　　　　　　　　500×

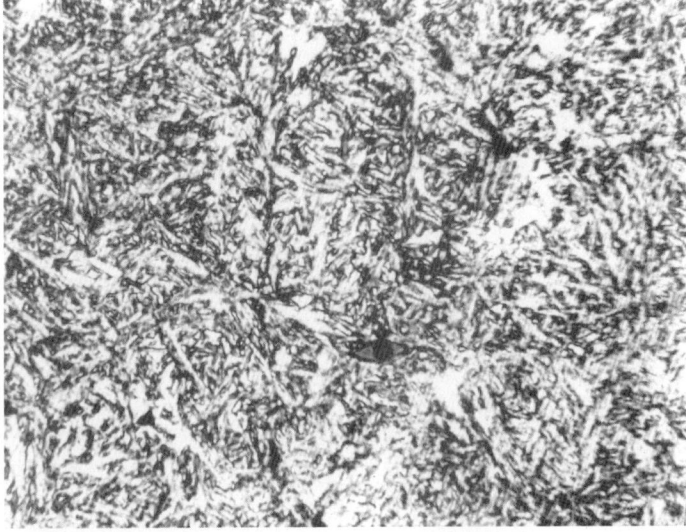

图　4-3-30　　　　　　　　　　　　　　　　　　　　500×

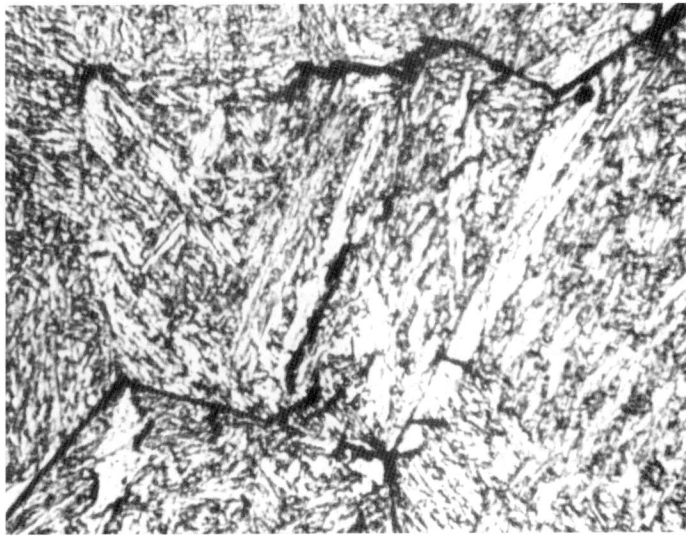

图　4-3-31　　　　　　　　　　　　　　　　　　　　500×

图　　号：4-3-30、4-3-31

材料名称：9Mn2V 钢

浸 蚀 剂：4％硝酸酒精溶液

处理情况：淬火加热时仪表失控，工件淬火时开裂

组织说明：图 4-3-30：是严重过热组织，为粗针状马氏体及残留奥氏体。碳化物在加热时已基本全部溶解。由于仪表失控，加热温度肯定已超过正常淬火温度（780～820℃），估计可达 950℃左右。

图 4-3-31：是严重过烧组织，晶粒呈六角形，马氏体针贯穿整个晶粒，马氏体片中有微裂纹，晶界已氧化，裂纹沿晶界延伸。这种组织只有在仪表失控、温度大大超过工艺温度或是工件与盐浴炉电极接触时才有可能出现。

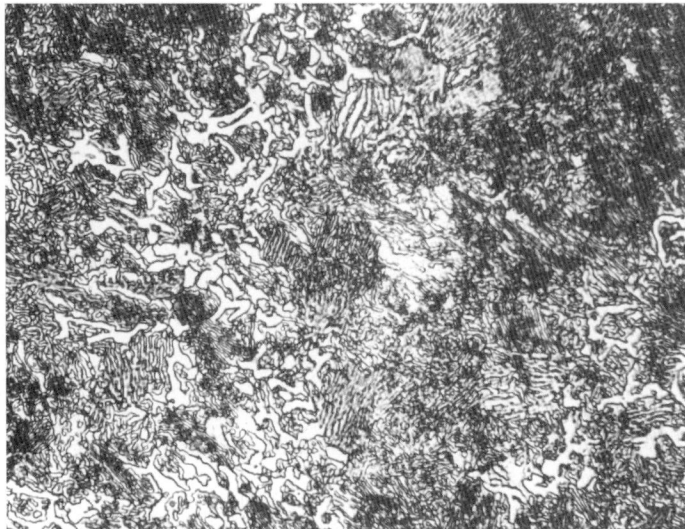

图　　4-3-32　　　　　　　　　　　　　　　　　　500×

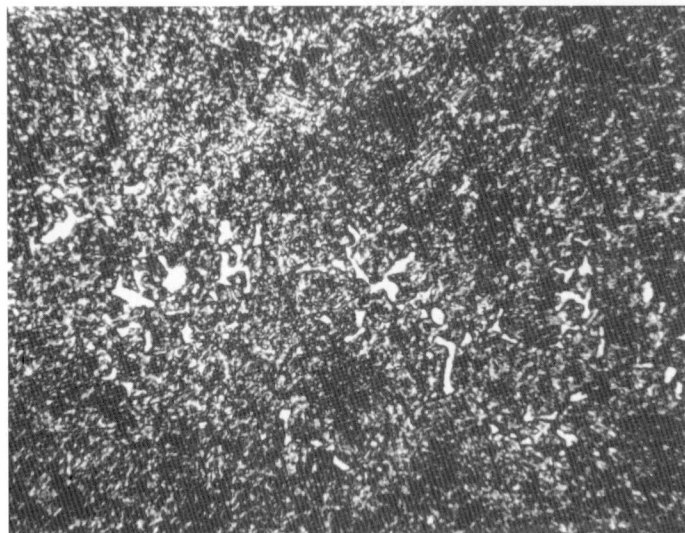

图　　4-3-33　　　　　　　　　　　　　　　　　　500×

图　　号：4-3-32、4-3-33

材料名称：9Mn2V 钢

浸 蚀 剂：4％硝酸酒精溶液

处理情况：图 4-3-32 球化退火后的组织。图 4-3-33 淬火、回火后的组织

组织说明：9Mn2V 钢制磨床主轴。图 4-3-32 球化退火后的组织中有骨骼状碳化物偏析带，这种碳化物为锰钢所特有的，由于偏析比较严重，因此在偏析区未得到球化，基体仍为片状珠光体。

图 4-3-33：淬火、回火后的组织，骨骼状碳化物仍然存在，但因淬火加热时大部分溶入基体中，所以延伸范围比退火组织中的小。基体组织为回火马氏体和残留奥氏体，组织较粗大。

该主轴因碳化物偏析而早期开裂。

图　　号：4-3-34

材料名称：CrWMn 钢 [w（Cr）0.90%～1.05%，w（Si）0.15%～0.35%，w（Mn）0.8%～1.0%，w（Cr）0.9%～1.2%，w（W）1.2%～1.6%，w（S）≤0.030%，w（P）≤0.030%]

浸 蚀 剂：4%硝酸酒精溶液

处理情况：锻造后经 920℃加热 2h 后空冷

组织说明：基体为索氏体，白色颗粒为二次碳化物。碳化物细小，分布均匀，硬度为 280HBW。

　　钢中同时存在 Cr、W、Mn 合金元素，故具有良好的淬透性，同时由于钨元素是强烈碳化物形成元素，使钢中形成大量碳化物。钢经锻造后再经正火处理，故其基体获得索氏体及细小碳化物颗粒的组织。

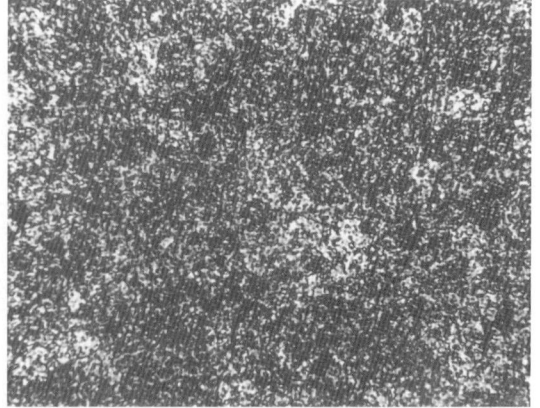

图　 4-3-34　　　　　　　　　　500×

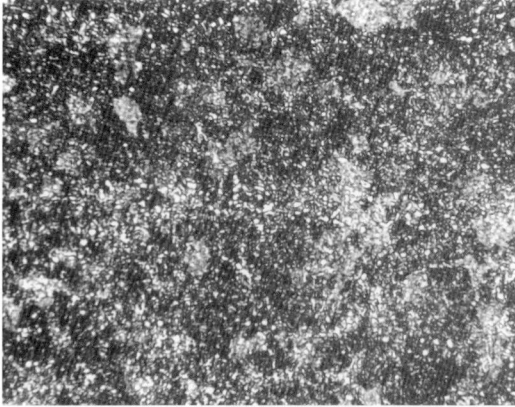

图　 4-3-35　　　　　　　　　　500×

图　　号：4-3-35

材料名称：CrWMn 钢

浸 蚀 剂：4%硝酸酒精溶液

处理情况：锻造后经 770℃保温 3h 后炉冷

组织说明：基体为细索氏体及部分细球状珠光体，其中白色细小颗粒为二次碳化物，呈均匀分布，硬度为 270HBW。

　　由于 770℃球化退火处理的保温时间较短，仅使一部分珠光体发生球化，大部分仍为细珠光体组织。这时工件的硬度较高，将使切削加工发生困难。

图　　号：4-3-36

材料名称：CrWMn 钢

浸 蚀 剂：4%硝酸酒精溶液

处理情况：770℃加热保温 3h 后炉冷至 750℃再保温 3h 后炉冷

组织说明：细球粒状珠光体及少量颗粒状二次碳化物，硬度为 220HBW。

　　Ac_1 以上的加热温度，是保证珠光体球化与否的主要因素，温度过高将得到粗片状珠光体；温度过低则得到点、粒状珠光体，甚至还有薄片状珠光体保留下来。退火时的冷却速度主要是控制碳化物的弥散度。冷却速度大，易形成细小颗粒状的碳化物，故其弥散度大。反之，则碳化物的颗粒大。

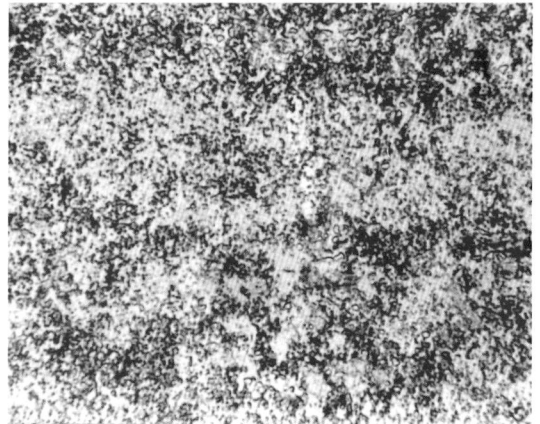

图　 4-3-36　　　　　　　　　　500×

图　　号：4-3-37

材料名称：CrWMn 钢

浸 蚀 剂：4%硝酸酒精溶液

处理情况：810℃加热保温后淬入 170℃硝盐中分级
　　　　后空冷，180℃回火 1h

组织说明：基体为回火细马氏体，白色颗粒状为二
　　　　次碳化物。该碳化物分布虽然很均匀，但数量过多，
　　　　硬度为 60～62HRC。α_K 为 2.94～3.92 J/ cm²。

　　　　CrWMn 钢有高的淬透性。经淬火、回火后可
有较多的过剩碳化物，从而使钢具有高的硬度和
耐磨性。

　　　　本图基于淬火加热温度过低，致使大部分碳
化物未溶入基体，而导致碳化物数量过多。因此，
基体的合金化程度较低，淬火后工件的硬度偏低。

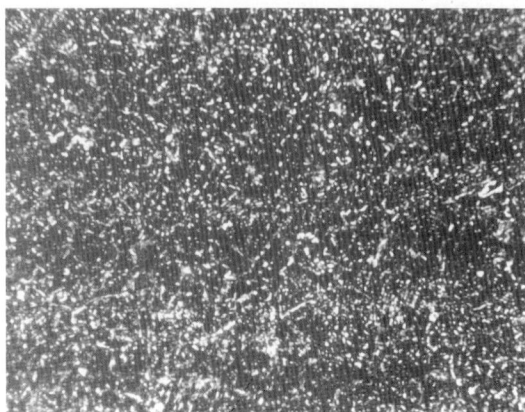

图　4-3-37　　　　　　　　　　　　　　　500×

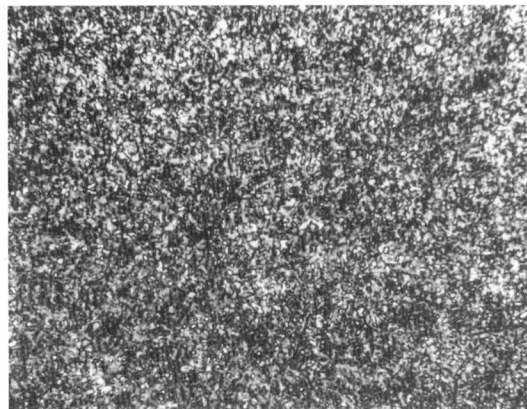

图　4-3-38　　　　　　　　　　　　　　　500×

图　　号：4-3-38

材料名称：CrWMn 钢

浸 蚀 剂：4%硝酸酒精溶液

处理情况：830℃加热保温后淬入 170℃硝盐中分级后
　　　　空冷，180℃回火 20min

组织说明：回火不充分的马氏体及细颗粒状二次碳化
　　　　物。此外，尚有极少量残留奥氏体分布于未受回火的
　　　　马氏体基体上（浅黄色）。属回火不足的显微组织，
　　　　硬度为 63～64HRC。α_K 为 3.92～26.46 J/ cm²。

　　　　淬火后，由于回火保温时间太短，致使基体回火
不充分，浸蚀后在回火马氏体（黑色）基体上存在浅
黄色一滩一滩回火不充分的马氏体组织，因而工件
（模具）内应力较大，在使用时极易产生脆性断裂。

图　　号：4-3-39

材料名称：CrWMn 钢

浸 蚀 剂：4%硝酸酒精溶液

处理情况：830℃加热保温后淬入 170℃硝盐中分级
　　　　空冷，180℃回火 2h

组织说明：回火马氏体及均匀分布的细颗粒状二次
　　　　碳化物。属正常的淬火、回火显微组织，硬度为
　　　　63HRC。α_K 为 35.3 J/ cm²。

　　　　由于钨元素有细化晶粒和提高耐回火性的作
用，可使 CrWMn 钢在正常淬火温度淬火后获得细
小的马氏体组织，从而使钢具有较好的韧性。

　　　　CrWMn 钢可用于制造较为精密的刀具、模具
和量具。例如拉刀、板牙、冷变形模具、块规等 。

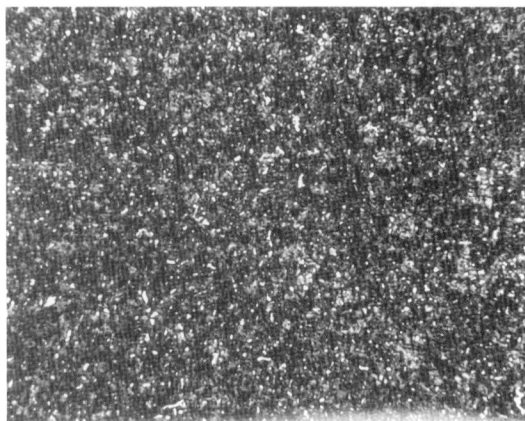

图　4-3-39　　　　　　　　　　　　　　　500×

图　　号：4-3-40

材料名称：CrWMn 钢

浸 蚀 剂：4%硝酸酒精溶液

处理情况：840℃加热后油冷淬火，280℃回火

组织说明：基体为回火马氏体及颗粒状碳化物，硬
度为 59～60HRC，α_K 为 39.2～49 J/ cm^2。

　　　　锰元素有使钢的临界点下降的作用。加入
$w(Mn)$ 为 1%时，可使淬火加热温度下降 10 ～
15℃，并能使 M_s 点强烈地下降。这样，在淬火后
会使残留奥氏体的数量增多，从而抵消淬火时因
马氏体生成而产生的体积膨胀，减少淬火后的总
变形量，有利于制造变形要求严格的模具和刀具。

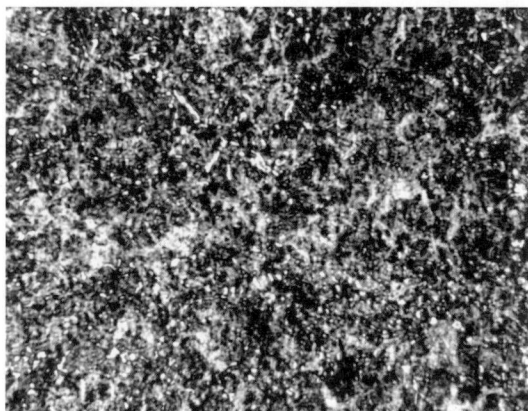

图　　4-3-40　　　　　　　　　　　　600×

图　　号：4-3-41

材料名称：CrWMn 钢

浸 蚀 剂：4%硝酸酒精溶液

处理情况：840℃加热后油冷淬火，420℃回火

组织说明：基体为回火马氏体（浅黄色）及回火托氏
体（黑色网状）；在托氏体上有白色颗粒状碳化物，
硬度为 54～56HRC，α_K 为 115.6～127.4 J/ cm^2。

　　　　随着回火温度的升高，仅有一部分马氏体发
生分解析出碳化物而成为托氏体组织，但是由于
钨元素有提高耐回火性的作用，因而尚有一部分
马氏体分解不充分，仍以回火马氏体的形式存在
于基体中，导致工具的硬度偏高。

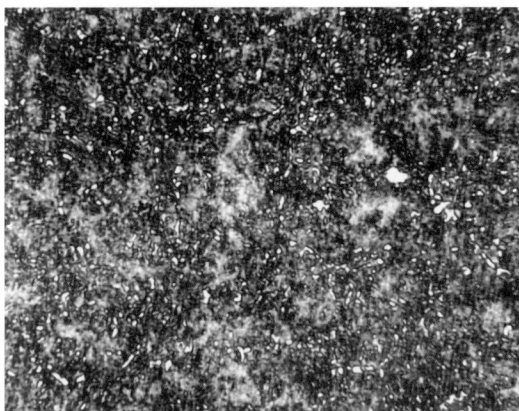

图　　4-3-41　　　　　　　　　　　　600×

图　　号：4-3-42

材料名称：CrWMn 钢

浸 蚀 剂：4%硝酸酒精溶液

处理情况：860℃加热后置入 270℃硝盐中等温 1h
后空冷

组织说明：基体为粗大马氏体及细小颗粒的二次碳
化物。碳化物颗粒分布在回火下贝氏体上。图中
灰色长条为硫化物夹杂，硬度为 55～57HRC。
α_K 为 99 J/ cm^2。

　　　　采用 270℃等温淬火致使在晶界处发生下贝
氏体转变，随后在等温过程中，使下贝氏体发生
回火，当取出空冷时，未转变的过冷奥氏体即转
变为马氏体。这种组织虽然能使工件的变形较小，
但却降低了硬度。

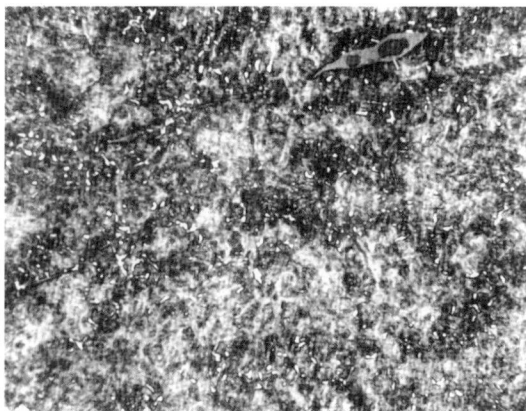

图　　4-3-42　　　　　　　　　　　　600×

图　　号：4-3-43

材料名称：CrWMn 钢

浸 蚀 剂：4%硝酸酒精溶液

处理情况：550℃预热，820℃加热保温（按 1～
　　　　1.5min/mm 计），而后淬入油中冷至 100～120℃
　　　　出油空冷，180～220℃回火 1～2h

组织说明：碳化物液析。在黑色回火马氏体基体
　　　　上，分布有浅棕色条带状回火不充分的马氏体，
　　　　其上尚有成串分布的白色颗粒状碳化物液析和
　　　　断续网状分布的二次碳化物，硬度为 60HRC。

　　　　由于 CrWMn 钢中存在钨元素，它属于强烈
　　形成碳化物的元素，在冶炼时，易自液体中直接
　　析出碳化物，使钢中产生严重的成分偏析。在热
　　加工时，因碳化物液析的性质硬而脆，将被拉碎
　　沿加工变形方向呈断续串连状分布；同时由于热
　　压力加工终止温度过高，冷却时易沿奥氏体晶界
　　析出网状分布的二次碳化物。这种成分偏析及网
　　状碳化物的存在，将使制成的工具刃部有剥落的
　　危险，导致工具的使用寿命大大降低。

　　　　这种偏析将使 CrWMn 钢脆性增加，韧性下
　　降，严重损害了正常的 CrWMn 钢韧性较好、不
　　易崩刃的优点。

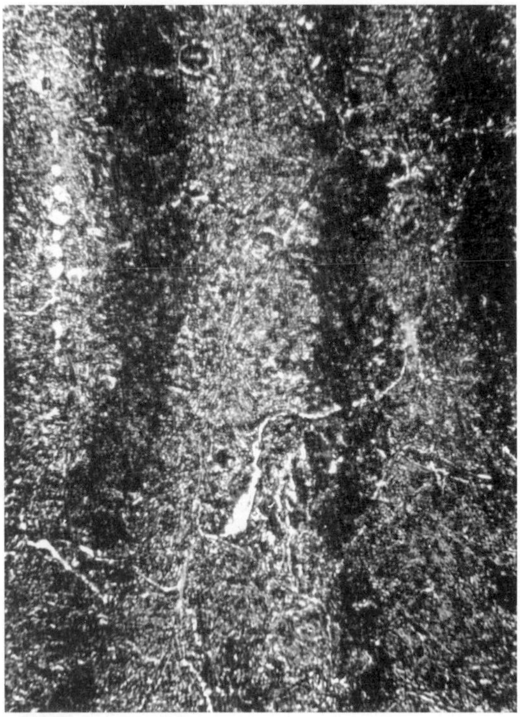

图　 4-3-43　　　　　　　　　　　　　　500×

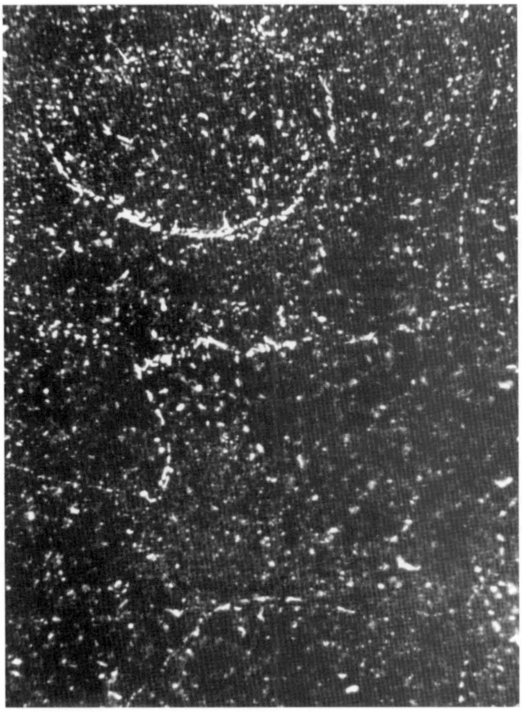

图　 4-3-44　　　　　　　　　　500×

图　　号：4-3-44

材料名称：CrWMn 钢

浸 蚀 剂：4%硝酸酒精溶液

处理情况：830℃加热后油冷淬火，200℃回火

组织说明：网状碳化物。基体为回火马氏体，其上
　　　　分布有颗粒状及呈断续网状分布的二次碳化物，
　　　　硬度为 60～62HRC。

　　　　CrWMn 钢在热加工时，有易形成网状分布的
　　二次碳化物的倾向。在奥氏体四周有一薄层脆而
　　硬的碳化物薄层，大大减弱了晶粒间的连接强度，
　　使工件的脆性显著增加，冲击韧度明显地下降。
　　使刀具和模具在使用时容易发生崩刃和开裂。具
　　有网状碳化物的模具，在磨削加工时还易出现磨
　　削裂纹，这种裂纹将沿脆硬的网状碳化物扩展。

　　　　这种网状碳化物，可以通过高温正火来改善
　　或消除。

图　4-3-45　　　　　　　　　　　　　实物

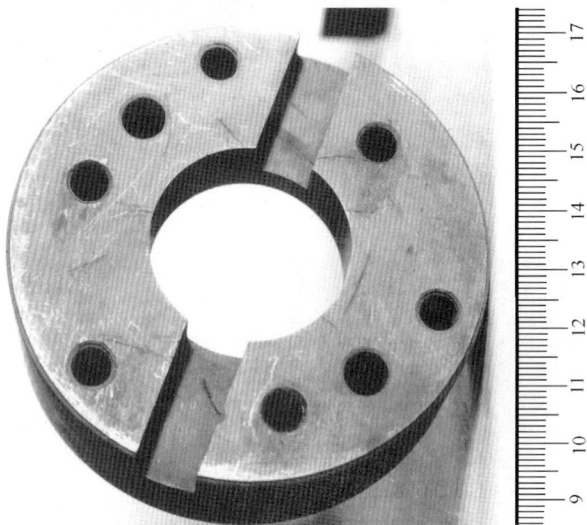

图　4-3-46　　　　　　　　　　　　　实物

图　　　号：4-3-45、4-3-46

材料名称：CrWMn 钢

浸 蚀 剂：1+1 盐酸水溶液热蚀

处理情况：840℃加热保温后油冷淬火，200℃回火处理

组织说明：白点。CrWMn 钢制冲模，经淬火、回火处理及磨削加工后，仔细检查，发现模具表面存在数量较多、长度较短的裂纹，有的与磨削方向垂直，有的呈散乱的分布形式。经用磁粉探伤，裂纹更趋明显。

　　图 4-3-45：模具表面经盐酸水溶液热蚀后的情况，裂纹较细小，自模型型腔内向外扩展。

　　图 4-3-46：模具背面经热蚀后的情况，裂纹较短，呈锯齿型，自中心向外扩展呈放射状分布。

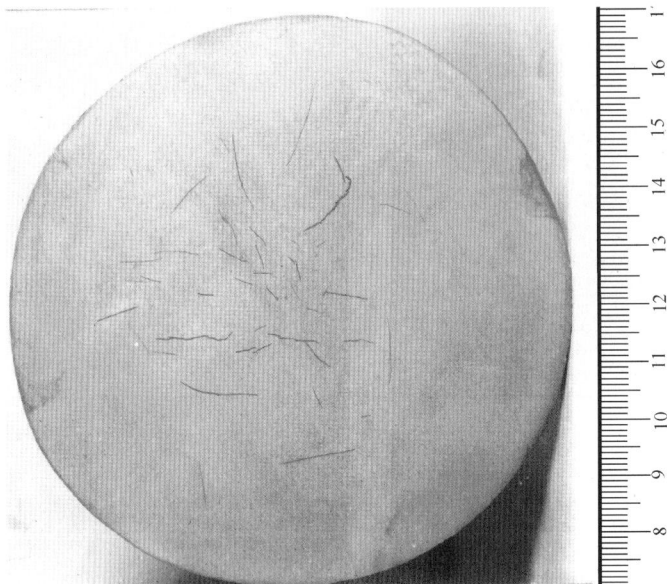

图　　4-3-47　　　　　　　　　　　　　　　　　　实物

图　　4-3-48　　　　　　　　　　　　　　　　　　实物断口

图　　号：4-3-47、4-3-48　　　　浸 蚀 剂：图 4-3-47 经 1+1 盐酸水溶液热蚀；图 4-3-48 未浸蚀

材料名称：CrWMn 钢　　　　　　　处理情况：840℃加热保温后油冷淬火，200℃回火处理

组织说明：白点。CrWMn 钢制冲模，经淬火、回火处理及磨削加工后，仔细检查，发现模具表面存在数量较多、长度较短的裂纹，有的与磨削方向垂直，有的呈散乱的分布形式。经用磁粉探伤，裂纹更趋明显。

　　由裂纹的分布特征估计，这种裂纹不似磨削裂纹，也不像淬火裂纹。为此，怀疑是原材料材质不佳所引起，故从仓库中找出制造这批模具的原材料做热蚀试验，结果如图 4-3-47 所示，在钢材截面上有颇多散乱分布的短裂纹，呈锯齿形；从裂纹的分布倾向来看，大多存在于钢坯中心，且有自中心向外缘作辐射状扩散的倾向。

　　由此，怀疑这些裂纹是原材料上的白点缺陷。故再取一段原材料，击断后纵观其断口，结果发现断口上有颇多呈圆形或椭圆形结晶状的白色斑点，如图 4-3-48 所示。从而证实，模具表面存在的裂纹是白点缺陷，并非淬火裂纹和磨削裂纹。

　　白点缺陷形成的最主要原因，是钢中含有较多氢气，冷却时在组织应力综合作用下产生裂纹。为防止白点的产生，炼钢时应尽量减少钢中的氢气；热加工时，需进行预防白点退火，使氢气从钢中溢出。

图　4-3-49　　　　　　　　　　　　　　　　　　　实物

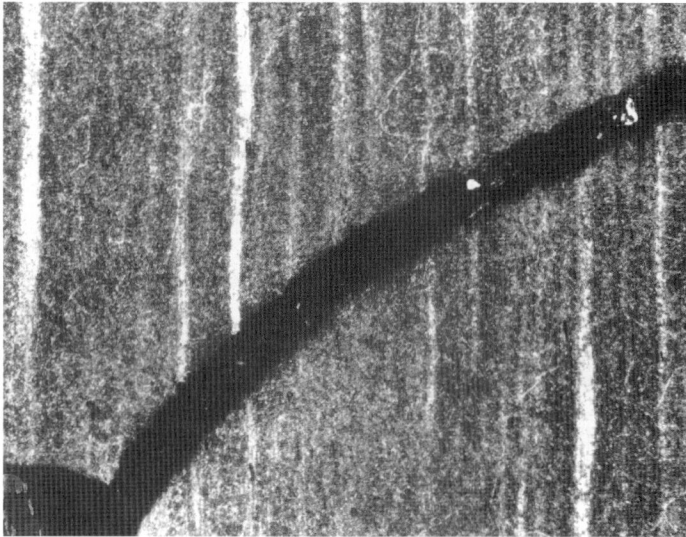

图　4-3-50　　　　　　　　　　　　　　　　　40×

图　　号：4-3-49、4-3-50

材料名称：CrWMn 钢

浸 蚀 剂：图 4-3-50 经 4%硝酸酒精溶液浸蚀

处理情况：制造工序：备料→锻造→机加工→淬火、回火→磨加工。

　　热处理工序：于 550℃箱式炉中预热（保温时间按 1.5～2min/mm 计算），然后置于 880℃加热保温（按 1～1.5min/mm 计）、油冷淬火，冷至 100～200℃时出油空冷，再经 180～200℃回火 1～2h 后空冷

组织说明：结构不当引起的失效。图 4-3-49 为 CrWMn 钢制簧片落料冲模，淬火、回火后经磨削加工，结果在冲模截面厚薄悬殊的尖角处发现裂纹。冲模薄截面的厚度仅为厚截面的 1/3，硬度为 60HRC。

　　图 4-3-50 为裂纹处的显微组织。裂纹自冲模截面厚薄悬殊的尖角处产生，以 45°方向向里扩展，裂纹较为粗大，边缘不毛糙。浸蚀后，冲模基体组织中存在严重的带状偏析和网状碳化物，裂纹以 45°方向穿过带状组织。

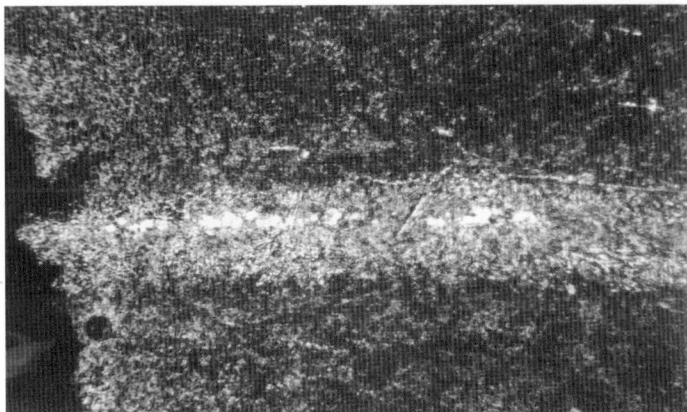

图　4-3-51　　　　　　　　　　　　　　　　　500×

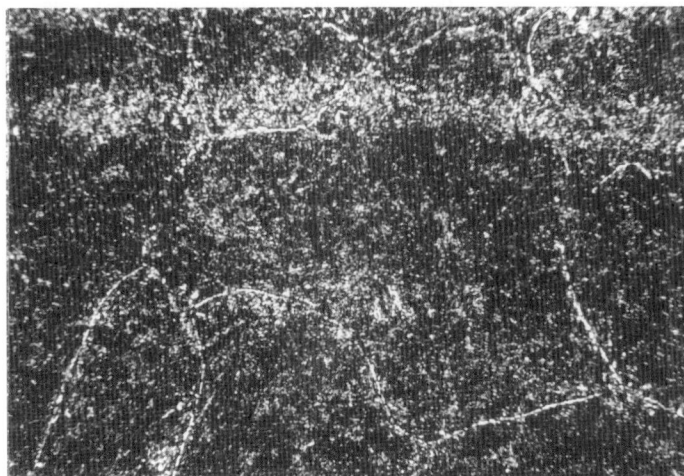

图　4-3-52　　　　　　　　　　　　　　　　　500×

图　　　号：4-3-51、4-3-52　　　　　浸　蚀　剂：经 4%硝酸酒精溶液浸蚀

材料名称：CrWMn 钢　　　　　　　　　处理情况：制造工序：备料→锻造→机加工→淬火、回火→磨加工

　　热处理工序：于 550℃箱式炉中预热（保温时间按 1.5～2min/mm 计算），然后置于 880℃加热保温（按
1～1.5min/mm 计）、油冷淬火，冷至 100～200℃时出油空冷，再经 180～200℃回火 1～2h 后空冷

组织说明：结构不当引起的失效。图 4-3-51 为裂纹边缘处的组织，基体带状组织严重，且存在串连状分布的
　　碳化物液析，由于冲模经过锻造，故碳化物液析被拉成碎粒。碳化物液析处于回火不充分的马氏体带中，
　　带的两侧为回火充分的马氏体及极少量细小点状碳化物。此外，在带状马氏体处还有呈断续网状分布的二
　　次碳化物。

　　　　图 4-3-52 为冲模的基体组织回火马氏体及细小颗粒状未溶解的碳化物，其上分布有粗大网状的二次碳
　　化物。由粗大网状碳化物可知，钢的晶粒极粗大，属 1 级；组织中存在的带状偏析，是由于材料成分偏析
　　所引起的。

　　　　由上述可知，模具材料的质量极差。锻造时温度过高，锻坯锻压比不足；同时锻件的终锻温度较高，
　　锻后又缓冷，以后又未经正火处理，以至锻坯粗大晶粒没有细化，网状碳化物也未被消除，故冲模坯料的
　　组织是低劣的。但从裂纹的情况来推断：冲模开裂是由于应力作用所造成的，与材质低劣无关，主要是冲
　　模结构设计不当，截面厚薄相差太悬殊，尖角处又未采用较大的过渡圆角；热处理时又未采取适当措施，
　　以至淬火骤冷时在尖角处因应力集中而产生开裂。这种缺陷可采用拼块结构来防止。

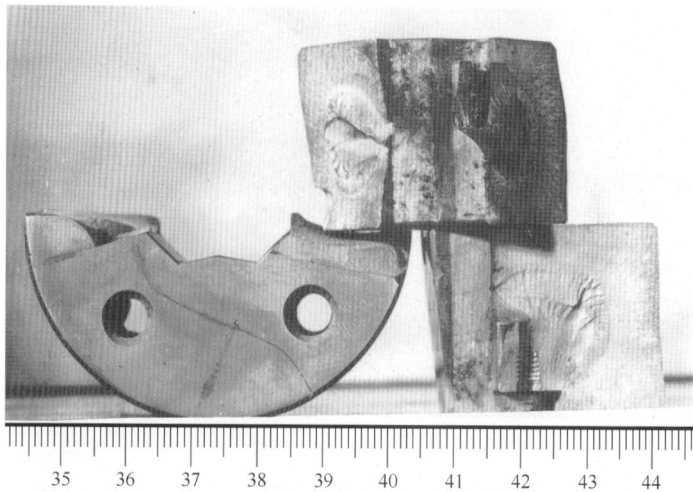

图　4-3-53　　　　　　　　　　　　　　　　　实物

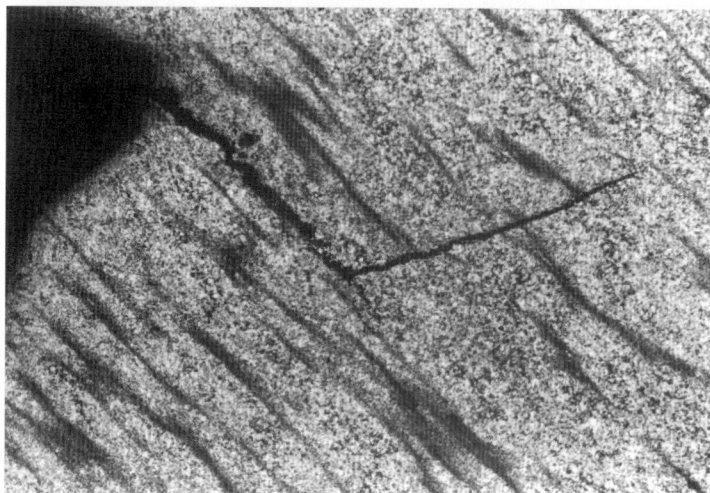

图　4-3-54　　　　　　　　　　　　　　　50×

图　　号：4-3-53、4-3-54

材料名称：CrWMn 钢

浸 蚀 剂：图 4-3-54 经 4%硝酸酒精溶液浸蚀

处理情况：820℃加热保温 16min，淬入 120℃热油中 30min 后空冷，随后用水清洗，再置于 160℃烘箱中保温 20min

组织说明：淬火开裂。

　　图 4-3-53：CrWMn 钢制铁氧体压模碎裂情况。铁氧体压模自烘箱中取出时已开裂。从断口上可观察到裂纹发生在螺纹根部和型腔尖角处并向外扩展。

　　图 4-3-54：裂纹处的组织。基体为淬火马氏体及颗粒状碳化物，其上分布有呈方向性的黑色条纹，为回火马氏体。由此可见，压模原材料存在带状偏析，裂纹发生于型腔尖角处，粗大且较直，开始沿带状偏析延伸，继而与带状偏析方向呈 45°角向内扩展。

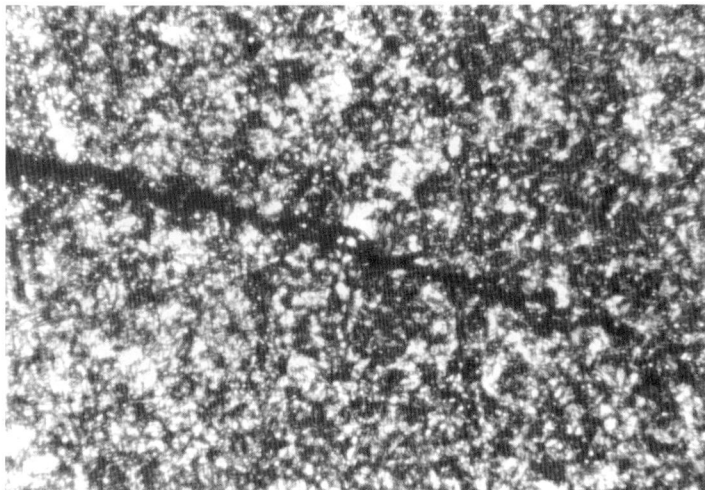

图 4-3-55 500×

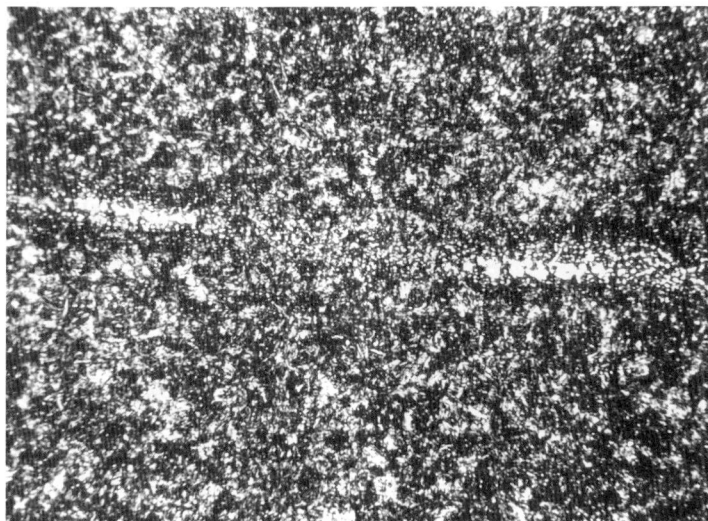

图 4-3-56 500×

图　号： 4-3-55、4-3-56

材料名称： CrWMn 钢

浸 蚀 剂： 经 4%硝酸酒精溶液浸蚀

处理情况： 处理同图 4-3-53

组织说明： 淬火开裂。

图 4-3-55：裂纹放大后的组织。基体组织为细淬火马氏体及颗粒状碳化物，裂纹粗大且刚健且为穿晶分布，裂纹两侧无脱碳和特异之处。

图 4-3-56：压模基体组织。组织为细马氏体，其上分布有白色小颗粒状的二次碳化物。此外，基体中尚有呈串连状分布的碳化物液析，在碳化物液析周围碳浓度较高，故有颇多细小点状碳化物聚集分布在液析周围。

由上述检验结果推知，压模原材料偏析较严重。模具淬火时未经预冷，以至形成较大的内应力；模具分级淬火后在未冷透的情况下即用水清洗，促使模具产生较大的组织应力，在这两种应力的影响下，导致型腔尖角处及螺纹根部应力集中处产生裂纹。同时，模具回火又不充分，因而存在较大的内应力，使淬火裂纹进一步扩展，最终裂成碎块。

图　　号：4-3-91

材料名称：Cr12 钢[w（C）2.2%～2.3%，w（Cr）11.5%～13.0%，w（Si）≤0.35%，w（Mn）≤0.35%]

浸 蚀 剂：4%硝酸酒精溶液

处理情况：原材料经淬火、回火处理

组织说明：基体为回火马氏体、少量残留奥氏体以及白色块、粒状碳化物并呈条带状分布。碳化物不均匀性对照 GB/T 1299—2000 标准第三级别图评为 1 级。本图片碳化物不均匀性级别属优良。

Cr12 钢属莱氏体钢，基体中共晶碳化物数量较多，不均匀性也较严重。为了使共晶碳化物破碎并达到均匀分布，钢材一般需进行改锻。

Cr12 钢的淬透性较好，截面在 300mm×400mm 以下的工件可在油中淬透。淬火后有较多的残留奥氏体，从而抵消一部分因马氏体转变时产生的体积膨胀，所以 Cr12 钢淬火变形量极小，有微变形钢之称。Cr12 钢可用于制造重负荷、高耐磨性、高淬透性的冷变形模具，如滚丝模、拉深模、硅钢片冲模等。

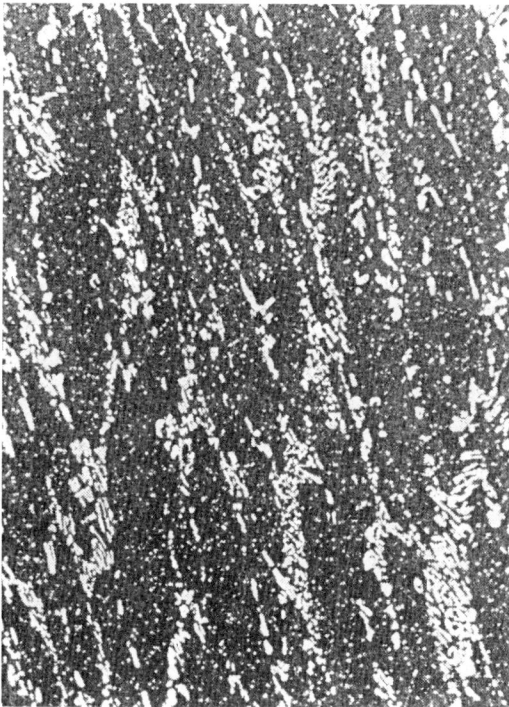

图　　4-3-91　　　　　　　　　　　100×

图　　号：4-3-92

材料名称：Cr12 钢

浸 蚀 剂：4%硝酸酒精溶液

处理情况：原材料供应状态，经高温淬火和回火处理

组织说明：基体为回火马氏体、少量残留奥氏体及白色颗粒为碳化物，呈破碎变形的半网状分布，网角处碳化物有堆集。碳化物不均匀性为 4.5 级，由于钢材直径小于或等于 50mm，故属不合格。

Cr12 钢中因碳、铬元素含量较高，因此其共晶碳化物数量也较 Cr12MoV 钢为多。钢中碳化物主要为高硬度（2300HV）的 Cr_7C_3，故能提高钢的硬度和耐磨性。

检查 Cr12 钢原材料中碳化物的不均匀性，应从钢材上取厚度为 10～12mm 的试样，然后在圆试样纵向直径上或方试样对角线上的四分之一处观察，并择其具有代表性的视场对照 GB/T 1299—2000 标准评定。必须指出：检查的试样应先经过淬火及回火处理。

图　　4-3-92　　　　　　　　　　　100×

图　号：4-3-93

材料名称：Cr12 钢

浸 蚀 剂：4％硝酸酒精溶液

处理情况：980℃加热保温后油冷淬火

组织说明：白色基体为淬火马氏体及残留奥氏体，白色块状为共晶碳化物，颗粒状为二次碳化物。

经锻造后的 Cr12 钢，硬度较高，难以进行切削加工，为此需经球化退火。退火后的硬度将从锻态的 477～653HBW 下降到 207～255HBW。

Cr12 钢的正常淬火温度为 980℃。由于这种钢的合金元素含量较高，导热性较差，淬火时应进行预热。这种钢在淬火后可得到与高速钢相似的组织。但淬火马氏体不易浸蚀，呈白色隐针状，它与基体中的残留奥氏体很难区别，但奥氏体晶界颇为明显。

图　　4-3-93　　　　　　　　500×

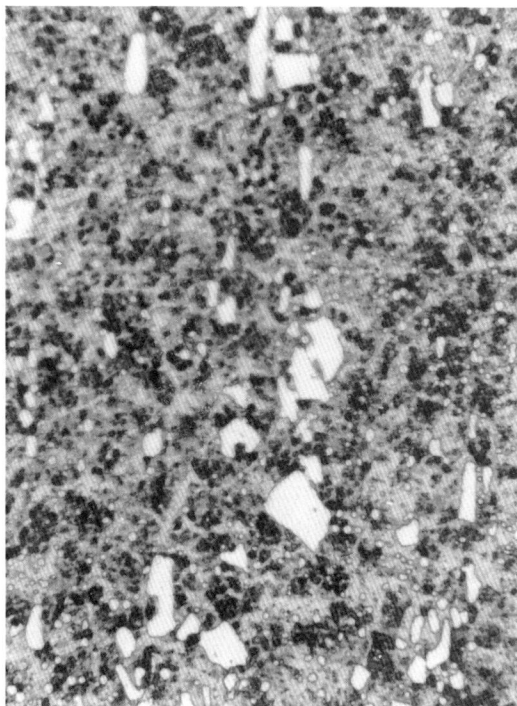

图　号：4-3-94

材料名称：Cr12 钢

浸 蚀 剂：4％硝酸酒精溶液

处理情况：1000℃加热保温后，淬入 260℃硝盐中分级，空冷

组织说明：稍受回火的马氏体、少量残留奥氏体，以及颗粒状碳化物。在颗粒状碳化物周围的黑色细粒、针状物为经充分回火的马氏体，硬度为 64～65HRC。

由于 Cr12 钢的淬透性很高，淬火加热后采用硝盐分级淬火，不但可以减小工件的变形，而且可以减少淬火的应力，这项工艺已在生产中广泛使用。

硝盐分级淬火时，过冷奥氏体基本上不发生马氏体相变，而在随后的空冷过程中才发生奥氏体向马氏体的转变。由于分级时间较短，致使空冷时工件心部余热向外扩散。颗粒状碳化物周围的黑色马氏体，是分级空冷时先形成的马氏体，在空冷过程中，它接受回火作用较充分，故易浸蚀而呈黑色。经分级淬火的 Cr12 钢，由于基体稍受回火，故奥氏体晶界不及油冷淬火工艺来得清晰。

图　　4-3-94　　　　　　　　500×

图　　号：4-3-95

材料名称：Cr12 钢

浸 蚀 剂：4％硝酸酒精溶液

处理情况：1000℃加热保温后淬入 260℃硝盐中分级，空冷，再经 200℃回火 1h。

组织说明：浅黄色和黑色基体分别为稍受回火和回火充分之马氏体，其间尚有少量残留奥氏体，白色大块状为共晶碳化物，白色颗粒为二次碳化物，硬度为 63～64HRC。

　　工件在淬火后必须及时回火，以消除淬火应力，达到稳定尺寸等目的。通过回火处理，马氏体将析出细小的碳化物，同时使一部分残留奥氏体转变为淬火马氏体。一般来说，工件经一次回火处理是不充分的。因为工件中尚存有一部分回火不充分和未回火的马氏体，所以脆性较大，易在使用中发生脆裂，同时这种回火不充分的工件在磨削加工时，易产生磨削裂纹。因此，工件应再补充一次低温回火，使得回火充分。

图　　4-3-95　　　　　　500×

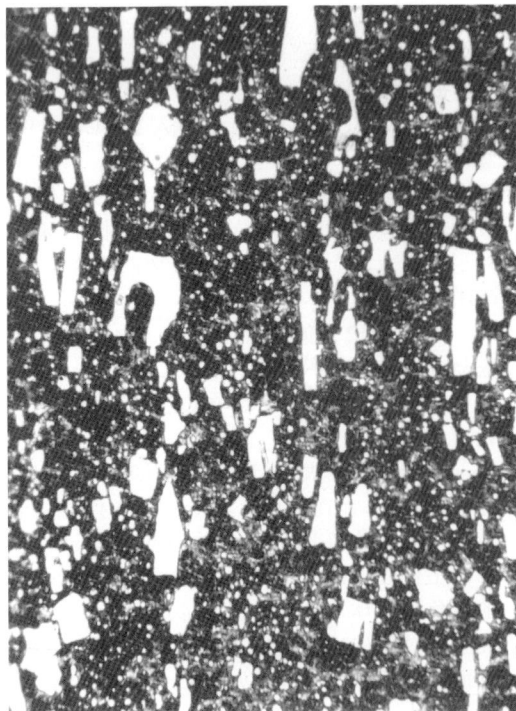

图　　4-3-96　　　　　　500×

图　　号：4-3-96

材料名称：Cr12 钢

浸 蚀 剂：4％硝酸酒精溶液

处理情况：1000℃加热保温后淬入 260℃硝盐中分级，空冷，再经 200℃保温 1h 回火 2 次

组织说明：黑色基体为回火马氏体，其上有极少量回火不充分的马氏体，白色块状及颗粒分别为共晶和二次碳化物，硬度为 63HRC。

　　分级淬火后可以得到黑色细针状和浅黄色马氏体，这是工件在分级淬火时自回火的结果。由于 Cr12 钢中铬元素较多，增大了钢的耐回火性。因此，工件淬火后仅进行一次回火往往是不充分的，一般应进行两次以上的回火，以消除脆性，提高模具的使用寿命。

　　要求高硬度、高耐磨性的模具，可采用 150～170℃回火；对于要求有一定强度、韧性和硬度的模具，可采用 200～270℃回火。此时模具硬度为 58～60HRC；对个别承受冲击载荷特别大的模具，则可采用 450℃回火，回火后硬度为 45～50HRC。

图　　号：4-3-97

材料名称：Cr12 钢

浸 蚀 剂：4％硝酸酒精溶液

处理情况：980℃加热后淬火

组织说明：基体为残留奥氏体及少量淬火马氏体，
　　较大粒状及白色条状为共晶碳化物，少量细小颗
　　粒为二次碳化物，奥氏体晶粒粗大。

　　　　正常退火状态的 Cr12 钢，其碳化物数量约占
　　基体总体积的 15％～17％。正常淬火后，碳化物
　　的数量约为 12％。因此，从基体中碳化物的数量
　　可以粗略估计出淬火加热温度是否属于过热。

　　　　本例由于仪表失灵，炉温超过正常的淬火温
　　度较多，高达 1150℃，致使碳化物大量溶入奥氏
　　体，导致 M_s 点明显降低，淬火后获得多量残留奥
　　氏体（约占 90％左右（体积分数）），硬度为
　　43HRC。为了增加热硬性，以在 400～500℃温度
　　下工作的热冲模具为例，可将淬火温度提高至
　　1130～1150℃，然后在 510～520℃进行 4 次以上
　　的回火处理，使残留奥氏体转变为马氏体，从而
　　使热冲模具产生二次硬化效应。

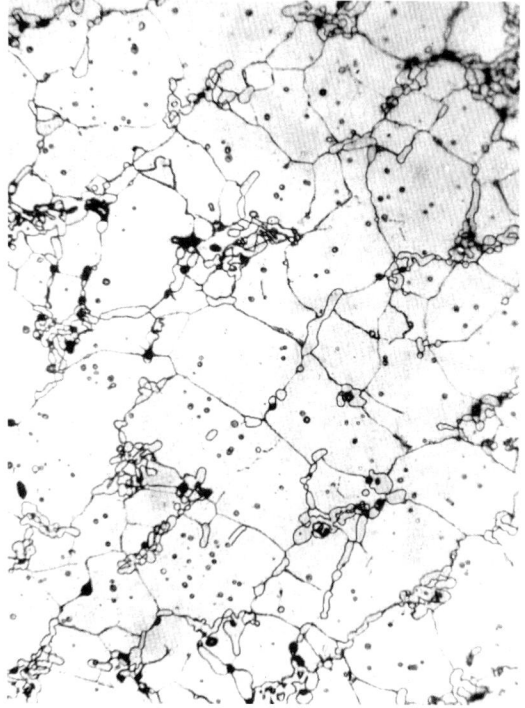

图　　4-3-97　　　　　　　　　　　　300×

图　　号：4-3-98

材料名称：Cr12 钢

浸 蚀 剂：4％硝酸酒精溶液

处理情况：1250℃加热后淬火

组织说明：白色基体为残留奥氏体，晶界上分布有
　　碳化物和共晶莱氏体，部分奥氏体晶粒内有针状
　　淬火马氏体存在。

　　　　本例为 Cr12 钢严重过热组织。由于在很高的
　　温度下加热淬火，导致碳化物大部分溶解，使阻
　　碍奥氏体晶粒长大的因素消失，因此奥氏体晶粒
　　长得甚为粗大。同时由于大量合金碳化物的溶入，
　　大大提高了奥氏体的合金化程度，因而淬火后得
　　到大量的残留奥氏体。工件淬火后外形尺寸显著
　　缩小，硬度明显下降，抗弯强度、冲击韧度均趋
　　于恶化，在使用时极易产生脆性断裂。

　　　　图示的针状马氏体则是在磨制试样时，因
　　温度过高，促使残留奥氏体发生马氏体转变而
　　得到的。

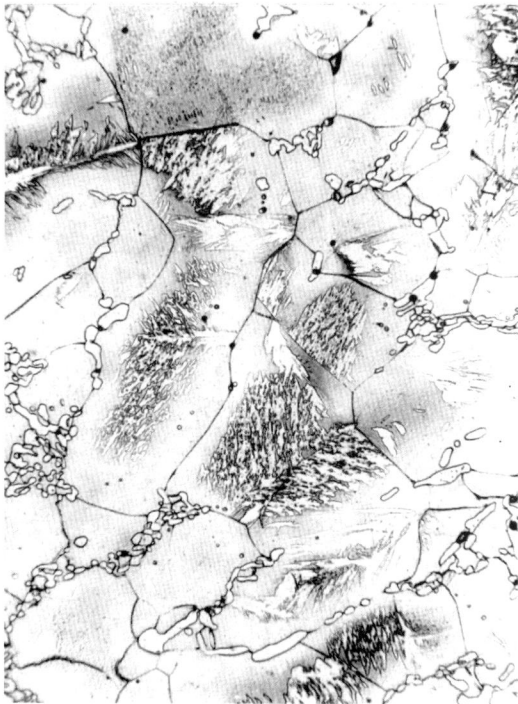

图　　4-3-98　　　　　　　　　　　　300×

图　　号：4-3-99

材料名称：Cr12 钢

浸 蚀 剂：4%硝酸酒精溶液

处理情况：1250℃加热后淬火

组织说明：黄黑色针状为回火马氏体，基体为残留
　　　　奥氏体和淬火马氏体，在晶界处有呈细小鱼骨状
　　　　分布的共晶碳化物，晶界处黑色小点为熔化孔洞。
　　　　回火马氏体一般分布于奥氏体晶粒内部，基体中
　　　　出现回火马氏体，是切割试样时因摩擦导致温度
　　　　过高造成的。

　　　　　淬火加热温度过高，晶界处开始发生熔化，
　　　　淬火后工件外表面出现轻微的皱皮现象，说明在
　　　　加热时工件已经发生过烧。冷却时，在熔化的晶
　　　　界处析出共晶莱氏体呈鱼骨状分布。同时，因加
　　　　热温度过高，奥氏体晶粒明显长大，奥氏体的合
　　　　金化程度很高，致使 M_s 点下降，淬火后基体中保
　　　　持着大量残留奥氏体，故而工件的硬度急剧下降，
　　　　脆性增大。

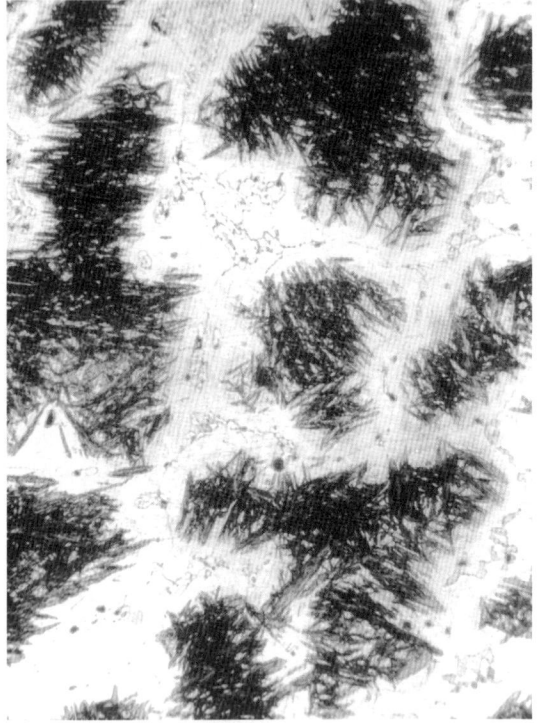

图　　4-3-99　　　　　　　　　　300×

图　　号：4-3-100

材料名称：Cr12 钢

浸 蚀 剂：4%硝酸酒精溶液

处理情况：1280℃加热保温后淬入 560℃盐浴中分
　　　　级，空冷

组织说明：白色基体为奥氏体及少量淬火马氏体，
　　　　沿晶界呈网状分布的为细小莱氏体共晶组织，硬
　　　　度为 38～39HRC。

　　　　　由于管理不善，误按 W18Cr4V 钢的淬火工艺
　　　　进行淬火加热，致使工件因加热温度过高而在晶
　　　　界处发生熔化，因高温保温时间不长，熔化的晶
　　　　界未受到氧化，故在冷却时析出铸态的共晶莱氏
　　　　体。同时由于大量碳化物的溶入使奥氏体基体的
　　　　合金化程度大幅度提高，所以在淬火后获得大量
　　　　奥氏体（90%以上（体积分数）），导致基体硬度
　　　　急剧下降。

　　　　　这种严重过烧的工件，除在晶界上存在脆性
　　　　极大的铸态组织外，还因外表面皱皮严重而判废。

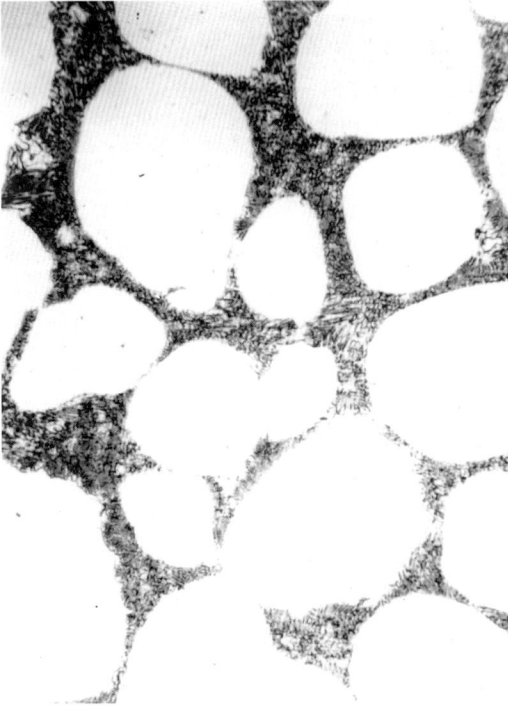

图　　4-3-100　　　　　　　　500×

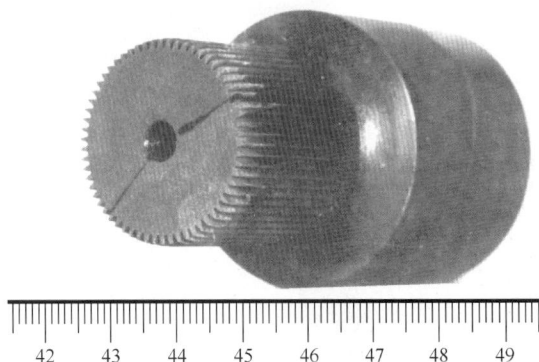

图 4-3-101 实物

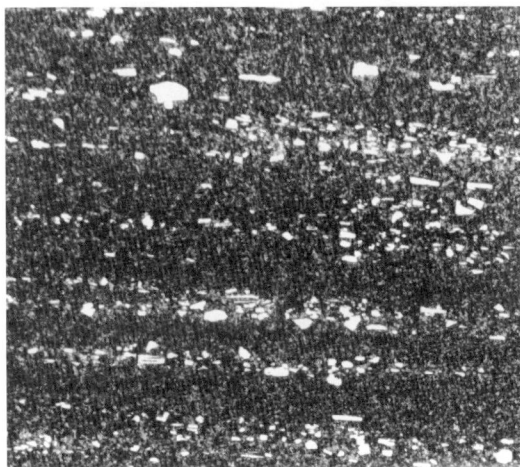

图 4-3-102 100×

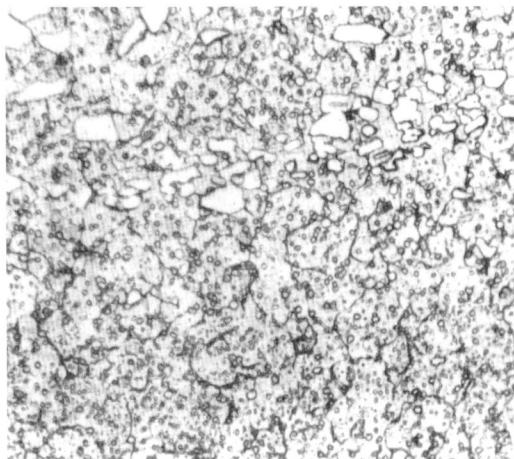

图 4-3-103 500×

图 号： 4-3-101～4-3-103

材料名称： Cr12 钢

浸 蚀 剂： 图 4-3-101 未侵蚀；图 4-3-102、图 4-3-103 经 4%硝酸酒精溶液浸蚀

处理情况： 980℃箱式炉中加热保温后油冷淬火，再于 120℃水中煮沸 1h 的回火处理

组织说明： 由于回火不足引起的开裂。组织为淬火马氏体＋残留奥氏体和块、粒状分布的碳化物，硬度为 66～67HRC。

图 4-3-101：Cr12 钢制冷挤压冲头，在冷挤压 Q235 钢零件时，仅挤压几十件就发生开裂，裂纹自冲头端面齿根处产生，向心部扩展。

图 4-3-102：于齿端面裂纹处取样做金相检验，碳化物偏析不严重，属 2.0 级。

图 4-3-103：奥氏体晶粒极明显，从显示的晶粒大小说明组织属细晶。

模具淬火温度不高，回火系在开口罐的 120℃水中煮沸 1h，实际回火温度不会超过 100℃。从显微组织观察，模具根本没有受到回火处理，基体仍为淬火马氏体组织，因而模具仍处于高硬度和高应力状态。在冷挤压时，模具由于受外力的作用，即在应力容易集中的齿根部产生裂纹，随着冷挤压的继续进行，裂纹逐渐向中心发展，从而导致模具早期失效，此乃回火不足所造成的开裂缺陷。

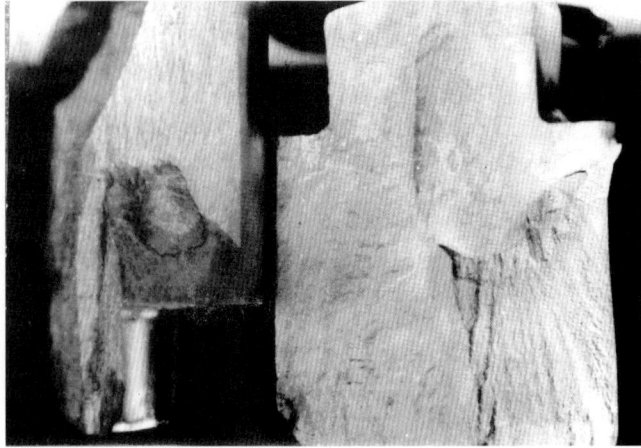

图　4-3-104　　　　　　　　　　　　实物

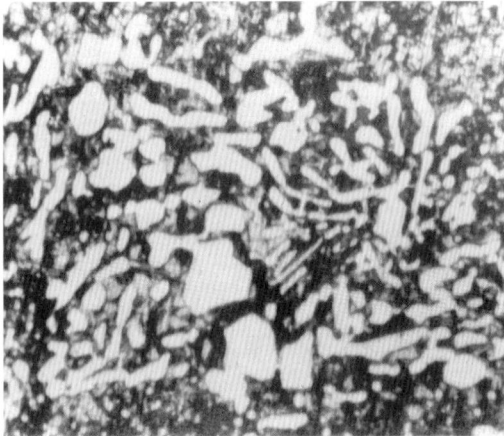

图　4-3-105　　　　　　100×

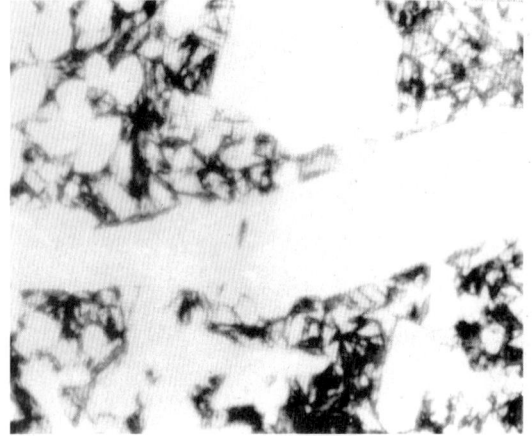

图　4-3-106　　　　　　500×

图　　号：4-3-104～4-3-106

材料名称：Cr12 钢［w（C）2.2%～2.3%，w（Cr）11.5%～13.0%，w（Si）≤0.4%，w（Mn）≤0.35%］

浸 蚀 剂：图 4-3-104 未侵蚀；图 4-3-105、图 4-3-106 4%硝酸酒精溶液

处理情况：加热 980℃保温后油冷淬火，180℃保温 1h 回火 2 次

组织说明：碳化物偏析引起的崩裂。

　　图 4-3-104：Cr12 钢塑料旋钮模使用不久即发生崩裂，断口上亮白色条纹沿纵向分布呈放射状，属脆性解理断裂。

　　图 4-3-105：解剖后做金相观察，基体为粗大针状马氏体和明显的残留奥氏体，其上分布有聚集成堆的大块状和颗粒状碳化物。

　　图 4-3-106：这些聚集成堆的大块状碳化物，在正常淬火加热温度下是不易溶入基体的，致使碳和合金元素贫乏的基体处于过热状态，晶粒长大，淬火后即获得粗大的淬火马氏体组织。

　　粗大碳化物和马氏体都是脆性很大的显微组织，当承受较大载荷时容易开裂，裂纹多沿碳化物分布的方向扩展。断口上的白亮斑纹，是大块碳化物解理断裂后在日光下的反射色泽。

　　由上述可见，塑料旋钮模崩裂的主要原因是原材料质量低劣，存在严重碳化物偏析所致。

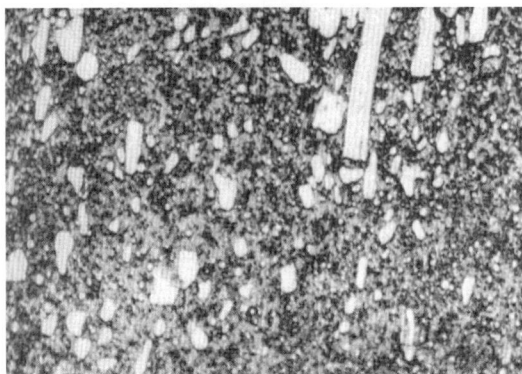

图　　号：4-3-107

材料名称：Cr12 钢

浸 蚀 剂：4％硝酸酒精溶液

处理情况：900℃加热 130℃热油中冷却 4min 后空冷

组织说明：欠热组织。

　　基体为马氏体、块状碳化物和少量残留奥氏体。由于淬火加热温度偏低，奥氏体合金化不充分，淬火硬度较低，只有 55.5HRC。

图　　4-3-107　　　　　　　　　500×

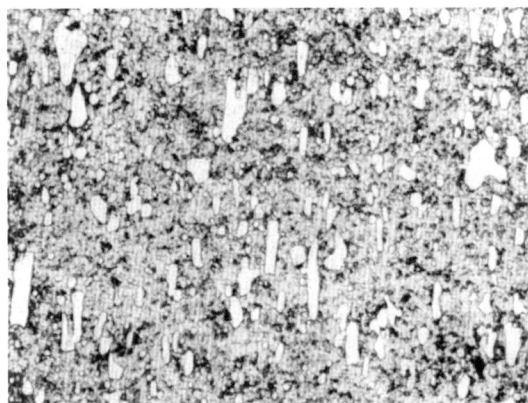

图　　4-3-108　　　　　　　　　500×

图　　号：4-3-108

材料名称：Cr12 钢

浸 蚀 剂：4％硝酸酒精溶液

处理情况：980℃加热 130℃热油中冷却 4min 后空冷

组织说明：正常淬火组织。

　　基体为马氏体、块状粒状碳化物以及少量残留奥氏体。

　　在热油中冷却，冷却速度稍慢些，不但能减少工件变形，而且能保持高的硬度，本工件硬度为 64.5HRC。

图　　号：4-3-109

材料名称：Cr12 钢

浸 蚀 剂：4％硝酸酒精溶液

处理情况：1100℃加热 130℃热油中冷却 4min 后空冷

组织说明：过热组织。

　　基体为马氏体、块状碳化物以及少量残留奥氏体。

　　随着淬火温度的升高，碳化物数量显著减少，晶粒开始长大，淬火后除较粗大马氏体外，残留奥氏体量也增加了，表现为硬度较大幅度地下降，只有 48HRC。

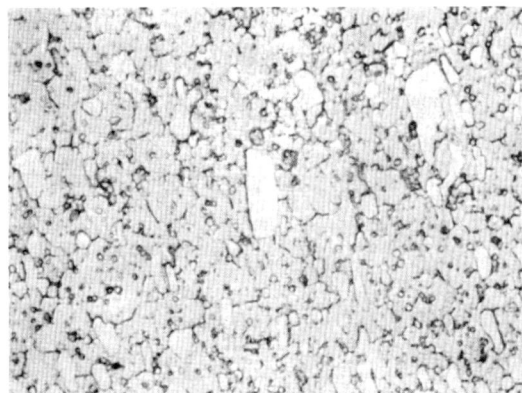

图　　4-3-109　　　　　　　　　500×

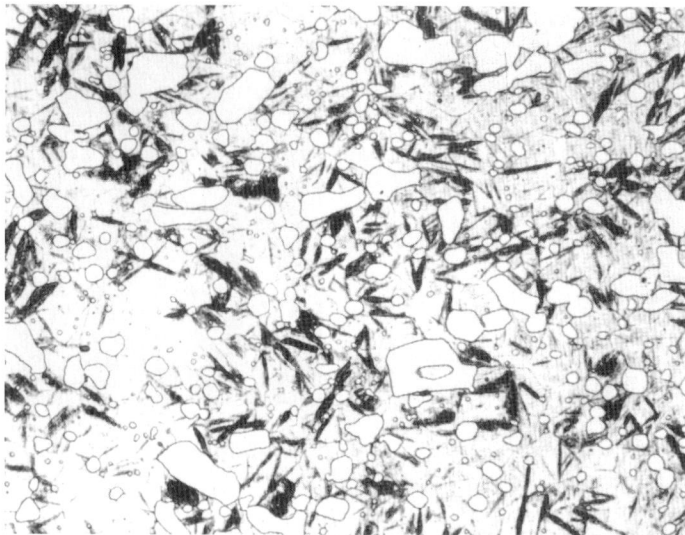

图　4-3-110　　　　　　　　　　　　　　　　500×

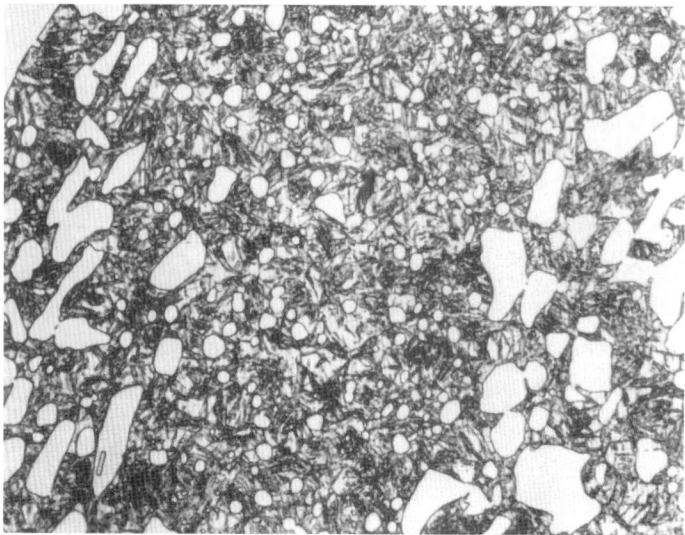

图　4-3-111　　　　　　　　　　　　　　　　500×

图　　号：4-3-110、4-3-111

材料名称：Cr12 钢

浸 蚀 剂：4%硝酸酒精溶液

处理情况：1000℃加热等温处理。图 4-3-110 为在 280℃等温 60min 后油冷；图 4-3-111 为在 280℃等温
　　120min 后油冷

组织说明：基体为马氏体，黑色针状为下贝氏体及残留奥氏体。等温 60min 时，下贝氏体数量为 15%左
　　右（体积分数）；等温 120min 时有 50%（体积分数）下贝氏体。其中白色粒状为各类碳化物。
　　　　等温淬火是改善 Cr12 钢淬火后性能的最佳办法，不仅提高了工模具的耐磨性，并有效地提高了 Cr12
　　钢的韧性，从而提高了模具的使用寿命，同时热处理变形也减少了。

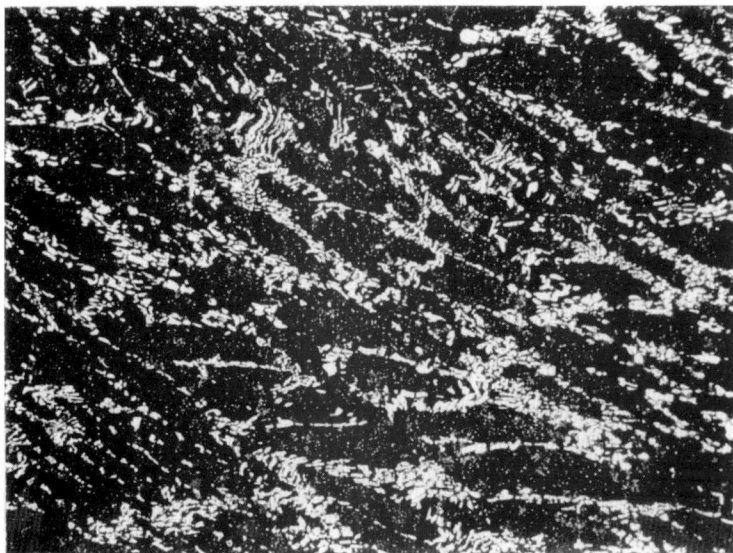

图　4-3-112　　　　　　　　　　　　　　　　　　　　　100×

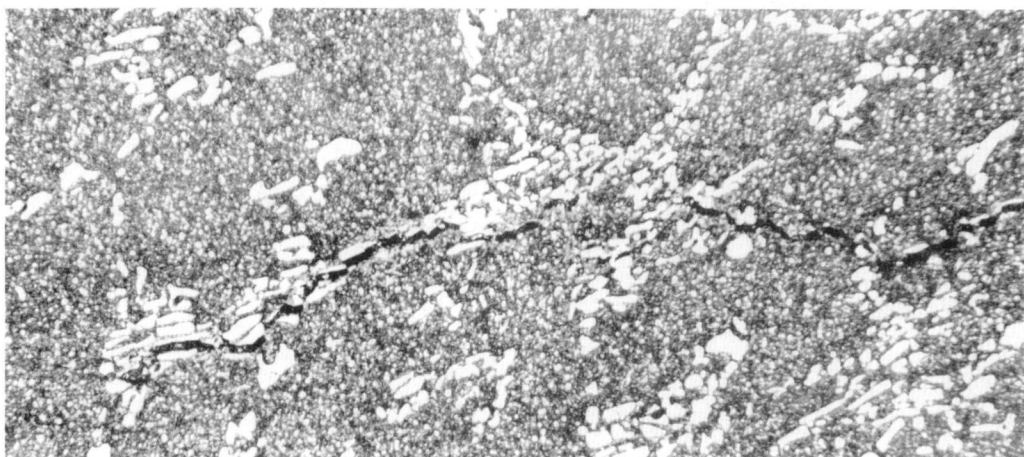

图　4-3-113　　　　　　　　　　　　　　　　　　　　　500×

图　　号：4-3-112、4-3-113

材料名称：Cr12 钢

浸 蚀 剂：4％硝酸酒精溶液

处理情况：原材料锻造退火，淬火

组织说明：图 4-3-112：原材料经过锻造后退火处理，黑色基体为球状索氏体，白色颗粒及条状为碳化物。原材料中共晶碳化物未被完全破碎，有些呈聚集分布，有些呈变形的断续网状分布，从图中还可见到未破碎的呈条状排列的共晶碳化物。

图 4-3-113：原材料锻造退火后，再经 560℃预热并置于 940℃中加热保温 20min 后油冷淬火后的组织。由于原材料中存在着严重的网状碳化物，相当于 6～7 级，锻造时未能改善，促使晶界处脆性增加，故在淬火应力的作用下，易在晶界处开裂，图为裂纹沿共晶碳化物延伸的情况。

图 4-3-114　　　　　　　实物

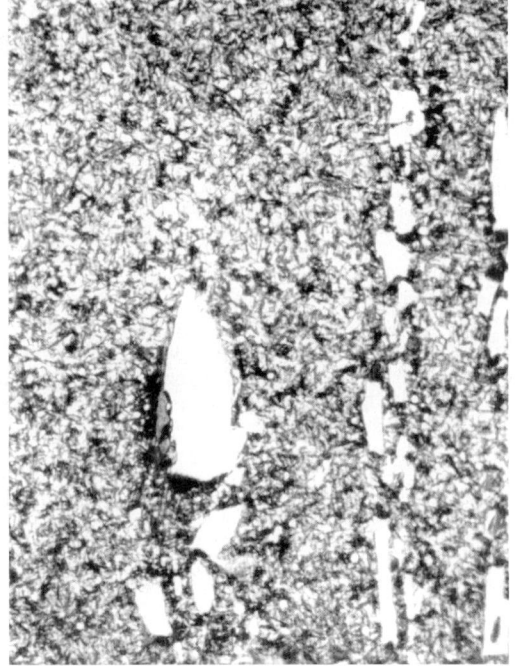

图　4-3-115　　　　　　　100×　　图　4-3-116　　　　　　　500×

图　　号：4-3-114～4-3-116

材料名称：Cr12 钢

浸 蚀 剂：4％硝酸酒精溶液

处理情况：淬火后低温回火

组织说明：图 4-3-114：冷挤压模具使用 5000 模次，在挤压模头部位产生剥落，如图中箭头所指处。

图 4-3-115：冷挤压模具经磨抛深侵蚀，基体为回火马氏体，白色块状呈带状分布为共晶碳化物，带状偏析为 3 级。

图 4-3-116：除了白色大块状为共晶碳化物外，基体为针状回火马氏体及少量残留奥氏体。

由上述组织可以推知：该冷挤压模具的淬火加热温度偏高，以至淬火后得到针状马氏体。

对于高合金钢来说，针状马氏体的出现，一方面说明工件淬火温度偏高，另一方面针状马氏体将使模具的脆性增加，导致模具仅使用 5000 模次就发生崩裂早期失效的事故。

图　4-3-117　　　　　　　　　　100×　　图 4-3-118　　　　　　　　　500×

图　号： 4-3-117、4-3-118

材料名称： Cr12MoV 钢 [w（C）1.45%～1.75%，w（Cr）11.0%～12.5%，w（Mo）0.4%～0.6%，w（V）0.15%～0.30%，w（Si）≤0.35%，w（Mn）≤0.35%]

浸 蚀 剂： 4%硝酸酒精溶液

处理情况： 原材料供应状态（热轧后退火）

组织说明： 基体为索氏体，其上分布有带状的大块状碳化物。碳化物不均匀度按 GB/T 1299—2000 标准中有关级别图评为 2 级。

  Cr12MoV 钢是高合金模具钢，常用于制造要求高硬度、高耐磨性的冷冲模具。它比 Cr12 钢 w（C）低 0.55 %～0.60 %，w（Cr）低 0.5 %，还添加了少量的钼和钒。钼元素的加入是为了增加钢材的淬透性和细化晶粒，而钒既能细化晶粒，又能提高钢的韧性，并形成高硬度的 VC，可进一步提高钢的耐磨性。

  Cr12 型高铬钢中的碳化物为（Cr，Fe）$_7$C$_3$，加热至高温时，一部分溶入奥氏体，以保证淬火后得到高硬度的马氏体；另一部分未溶碳化物起到细化晶粒的作用，这部分碳化物的硬度远高于马氏体的硬度，使钢的耐磨性大为提高。

  Cr12MoV 钢除了有良好的耐磨性外，淬火变形量也小，而且在有较高强度和高硬度的情况下，还有足够的韧性，因此适于制造高硬度、高强度、高耐磨性和微变形的精密冷冲模具。

  网状共晶碳化物经锻造或者轧制后可被破碎，它将随锻轧方向变形，呈带状或者破碎的网状分布，从而构成碳化物偏析（或称碳化物的不均匀度）。根据碳化物破碎的程度以及分布情况，GB/T 1299—2000 标准分为 8 级，1～3 级是依带的宽度和长度分级；4～6 级同一级别分列网系和带系两张照片，依照网状破碎变形的程度以及带的宽度和贯穿视场的程度来分级；7 级、8 级为稍受变形的铸态网状。其中，1 级碳化物的不均匀度良好，8 级为最差。碳化物的不均匀度可借助反复镦粗、拔长的锻造工艺来改善。

图　　号：4-3-119

材料名称：Cr12MoV 钢

浸 蚀 剂：4％硝酸酒精溶液

处理情况：1020℃加热保温后淬火，180～200℃
回火

组织说明：基体为回火马氏体、少量残留奥氏体以
及块状、颗粒状的共晶和二次碳化物。块状碳化
物颗粒较粗大，呈带状及网状分布，碳化物不均
匀度为 5 级。

锻造后，网状碳化物将被打碎，沿加工方向
分布。钢中碳化物的体积分数为 15％～17％。碳
化物的不均匀分布，将导致模具在热处理时发生
大的变形或开裂，同时还将促使力学性能下降。
由于碳化物的热膨胀系数较钢的基体小 30％左
右，因此加热时将阻止基体膨胀；冷却时又会阻
止基体收缩。所以，具有带状碳化物偏析的钢在
淬火后，沿轧材方向的体积将增大，而横向则收
缩或不膨胀。这种不均匀胀缩将会使模具尺寸产
生不均匀变形，严重时甚至会报废。

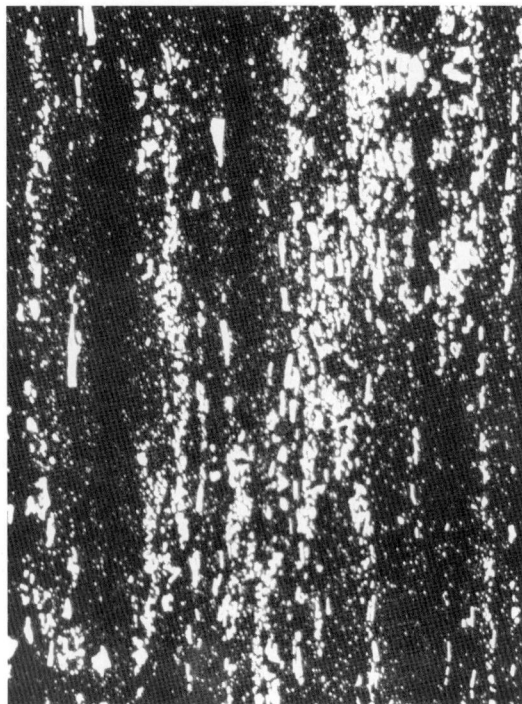

图　4-3-119　　　　　　　　100×

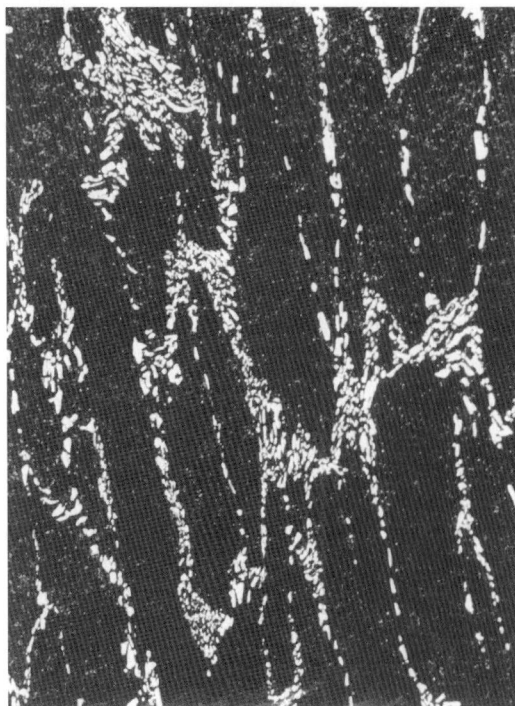

图　4-3-120　　　　　　　　100×

图　　号：4-3-120

材料名称：Cr12MoV 钢

浸 蚀 剂：4％硝酸酒精溶液

处理情况：1020℃加热保温后淬火，180℃回火处理

组织说明：基体为回火马氏体及少量残留奥氏体，
其上有变形的网状碳化物偏析，属于 6 级。

碳化物偏析严重时，除对钢的力学性能产生
不良的影响外，且易使模具在淬火时产生变形和
开裂。因此，改善碳化物不均匀度，将成为提高
Cr12 型钢质量的重要途径。

GB/T 1299—2000 标准规定，碳化物不均匀
度的合格级别是依照钢材截面尺寸的大小来规定
的，见下表：

钢材截面尺寸/mm	共晶碳化物不均匀度合格级别不大于	
	Ⅰ级	Ⅱ级
≤50	3	4
>50～70	4	5
>70～120	5	6
>120	6	双方协议

图　　号：4-3-121

材料名称：Cr12MoV 钢

浸　蚀　剂：苦味酸盐酸水溶液

处理情况：锻造后空冷

组织说明：基体为稍受回火的马氏体、残留奥氏体以及块状共晶碳化物和颗粒状二次碳化物，硬度为 53～54HRC。

　　这类钢的熔点较低，导热性又差，因此锻造加热温度不宜过高，而且加热速度要求缓慢。始锻温度为 1050～1100℃，终锻温度为 850～900℃。钢中由于存在一定数量的碳化物，故热塑性较差，始锻时应先"轻锤快锻"，然后再用重锤锻造。为了改善碳化物的不均匀度，工件需反复进行镦粗和拔长，锻后应缓冷，防止由于应力过大而产生裂纹。

　　锻件在稍快的冷却条件下，即可得到马氏体组织，由于工件心部存在余热，可使基体稍受回火，故易受浸蚀而呈黄褐色。

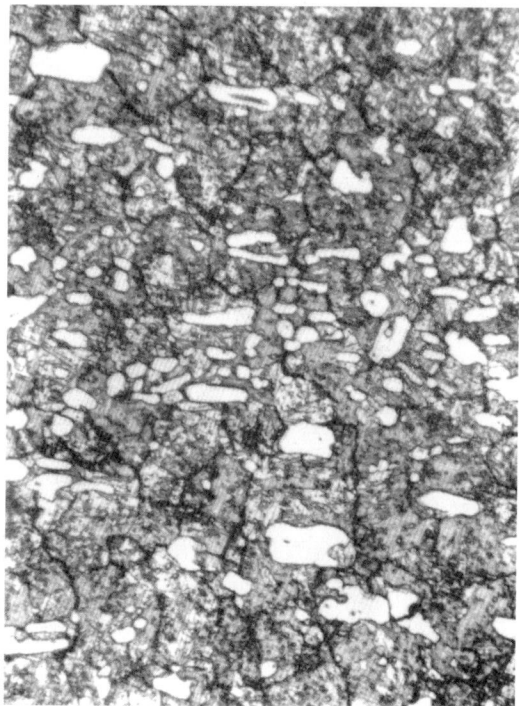

图　4-3-121　　　　　　　　　　500×

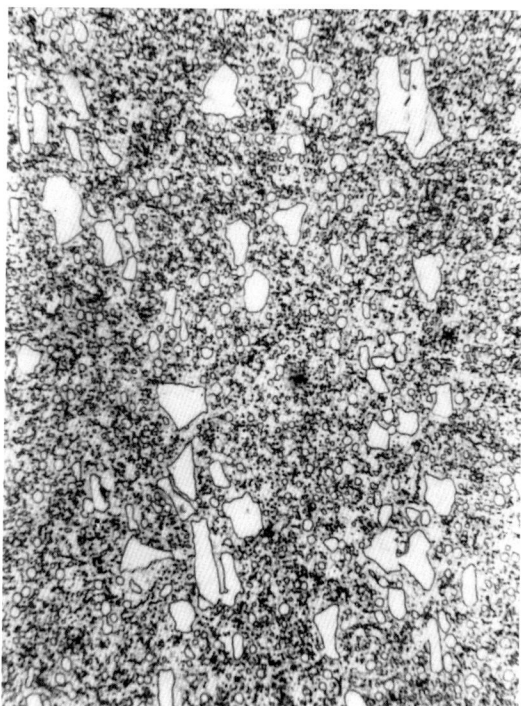

图　4-3-122　　　　　　　　　　500×

图　　号：4-3-122

材料名称：Cr12MoV 钢

浸　蚀　剂：苦味酸盐酸水溶液

处理情况：球化退火（加热至 850～870℃，保温 3～4h 后炉冷至 720～750℃，保温 6～8h，再炉冷至 500℃以下出炉空冷）

组织说明：基体为索氏体及块状共晶碳化物，稍大的颗粒为二次碳化物，硬度为 230HBW。

　　为典型的球化退火组织。由于 Cr12MoV 钢含有较多的合金元素，淬透性较高，锻造后空冷即可获得马氏体及碳化物显微组织，硬度较高，几乎无法进行机械加工，同时内应力又较大。为此，锻件在锻造后要进行球化退火，以降低硬度，使其能进行切削加工，消除锻造应力，并为最终热处理创造条件。

　　在退火组织中，铁元素占 83%～85%（体积分数），碳化物占 15%～17%（体积分数）。碳化物主要为 Cr_7C_3，其中，w（C）为 9.2%，w（Cr）为 4.8%，w（V）为 2.5%。铁素体中，w（Cr）为 33%，w（V）为 0.1%，其余为 Fe。

图　　号：4-3-123

材料名称：Cr12MoV 钢

浸 蚀 剂：4％硝酸酒精溶液

处理情况：1020℃加热保温后油冷淬火，180℃回火

组织说明：基体为回火马氏体，少量残留奥氏体，
　　　　　白色大块状为共晶碳化物，细小颗粒为二次碳化
　　　　　物，在基体上尚有少量回火不充分的马氏体（呈
　　　　　浅黄色）。

　　　　　为正常淬火、回火的显微组织，硬度为 62～
63HRC。

　　　　　Cr12MoV 钢经 1020℃淬火后，碳化物数量
约占基体的 12％（体积分数）；马氏体占 68％～
73％（体积分数）；残留奥氏体占 20％～25％（体
积分数）。若淬火温度过高，将使大量二次碳化物
溶入基体，M_s 及 M_f 点即明显下降，淬火后除了
马氏体针叶粗大外，残留奥氏体的数量将急剧地
增加，使硬度明显下降，工件趋于收缩变形；若
淬火温度过低，则碳化物溶入基体的数量较少，
使奥氏体合金化程度降低，淬火后将导致基体硬
度不高，从而降低模具的耐磨性和使用寿命。

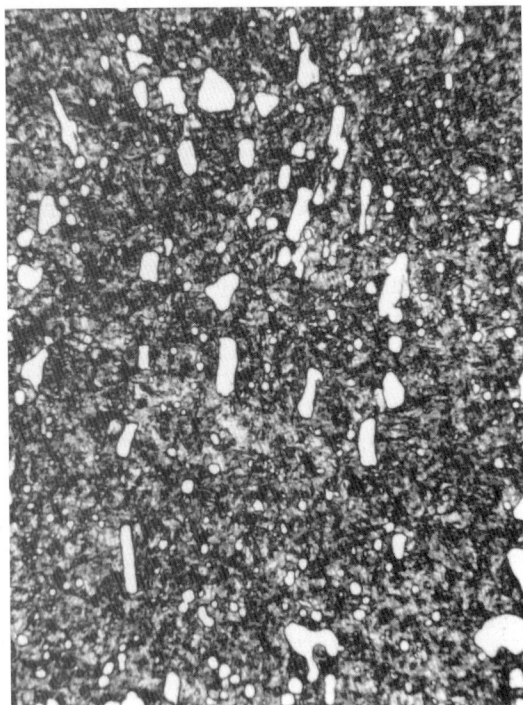

图　4-3-123　　　　　　　　　　　　　500×

图　　号：4-3-124

材料名称：Cr12MoV 钢

浸 蚀 剂：4％硝酸酒精溶液

处理情况：1020℃加热 6min 后淬入 260℃硝盐中分
　　　　　级，空冷

组织说明：基体为稍受回火的马氏体、少量残留奥
　　　　　氏体，白色大块状为共晶碳化物，颗粒状为二次
　　　　　碳化物。在部分碳化物附近有呈黑色针块状回火
　　　　　充分的马氏体。

　　　　　为正常分级淬火的显微组织，硬度为
64HRC。

　　　　　高铬钢的显微组织和性能与淬火温度有很
大的关系。当 Cr12MoV 钢淬火加热奥氏体化温
度为 1020℃时，M_s 点约在 130℃左右，采用 M_s
点以上温度进行分级淬火，由于高温模具在硝盐
中保持一定时间，各部分温度均匀，有利于减少
淬火热应力；同时在分级后空冷过程中形成马氏
体，并由工件的余热作用而受到轻微回火，淬火
组织应力也较小，这些都有利于减少淬火变形。

图　4-3-124　　　　　　　　　　　　　500×

图　　号：4-3-125

材料名称：Cr12MoV 钢

浸 蚀 剂：4％硝酸酒精溶液

处理情况：1020℃加热 6min 后淬入 260℃硝盐中分

　　　　级，空冷，再经 200℃加热回火 5min

组织说明：基体为回火不充分的马氏体、残留奥氏

　　　　体，白色大块状为共晶碳化物，白色细小颗粒为

　　　　二次碳化物，硬度为 63～64HRC。

　　　　因回火保温时间太短，仅使少部分马氏体转

　　　变为回火马氏体，大部分马氏体呈回火不充分的

　　　组织状态。也正是由于回火不充分，使模具残留

　　　较大的淬火应力，脆性增大，磨削加工时易产生

　　　裂纹，或使模具在使用过程中发生脆性断裂。

　　　　硝盐分级淬火后，出现深黑色和浅黑色马氏

　　　体，这是模具分级淬火空冷时受到自回火作用的

　　　程度不同造成的。为提高模具的性能和使用寿

　　　命，Cr12MoV 钢淬火后的低温回火应进行二次

　　　以上。

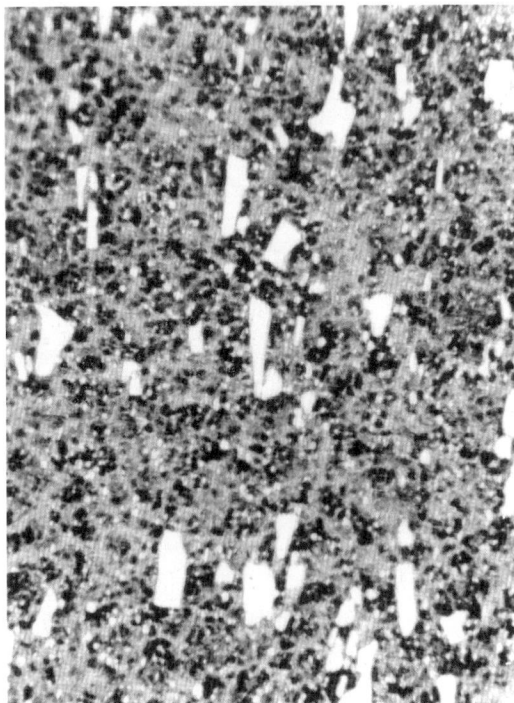

图　　4-3-125　　　　　　　　　　　　　　500×

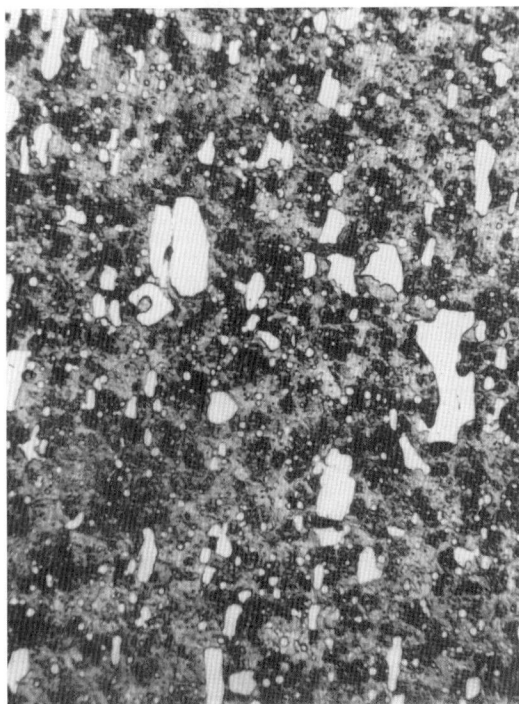

图　　4-3-126　　　　　　　　　　　　　500×

图　　号：4-3-126

材料名称：Cr12MoV 钢

浸 蚀 剂：4％硝酸酒精溶液

处理情况：1020℃加热保温后淬入 260℃硝盐中分

　　　　级 4min，空冷，再经 200℃回火 2h

组织说明：基体为回火马氏体、少量残留奥氏体，

　　　　白色大块状为共晶碳化物，白色颗粒为二次碳化

　　　　物，硬度为 63～64HRC。

　　　　Cr12MoV 钢在低于 200℃回火后，其硬度一

　　　般均大于 60HRC。当模具要求硬度、强度、韧性

　　　均较高时，回火温度可取 200～450℃。但是倘若

　　　在 275～375℃回火时，钢材具有回火脆性，不仅

　　　会使硬度降低，而且韧性和塑性也将显著降低。

　　　　分级淬火后经 200℃回火处理，除使基体再

　　　一次得到回火外，尚有一部分残留奥氏体转变为

　　　淬火马氏体。因此模具经上述处理后，体积尺寸

　　　的变化将取决于回火马氏体析出碳化物的多寡以

　　　及残留奥氏体转变为淬火马氏体的数量而定。

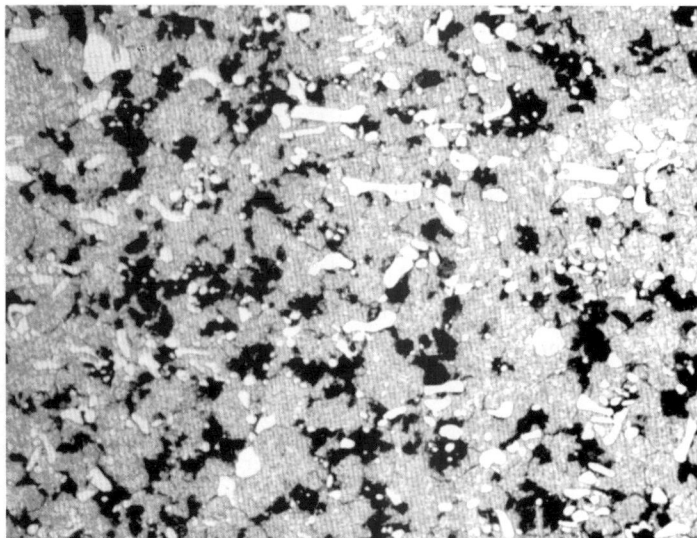

图　4-3-127　　　　　　　　　　　　　　　500×

图　4-3-128　　　　　　　　　　　　　　　500×

图　　号：4-3-127、4-3-128

材料名称：Cr12MoV 钢

浸 蚀 剂：4％硝酸酒精溶液

处理情况：两件同炉真空淬火，图 4-3-127 为外侧位置；图 4-3-128 为中心位置。在真空炉内加热到 1000℃
后又在炉内喷氩气冷却，氩气喷头对着中心位置，故中心位置的工件冷却充分，外侧工件冷却不充分，然
后又经炉内余热回火

组织说明：图 4-3-127：冷却不够充分，淬火后在回火马氏体基体上有较多托氏体组织（黑色块状），白色块
状为共晶碳化物及颗粒状碳化物，硬度为 52～54HRC。

图 4-3-128：冷却充分，淬火后回火马氏体基体上白色块状为共晶碳化物和颗粒状二次碳化物，以及少
量的托氏体，硬度为 59～61HRC。

图　　号：4-3-129

材料名称：Cr12MoV 钢

浸 蚀 剂：4%硝酸酒精溶液

处理情况：1020℃加热后淬入 260℃硝盐中停留
　　4min，空冷，再经 450~500℃回火处理

组织说明：基体为回火马氏体及呈带状分布的块状
　　共晶碳化物，有少量颗粒状二次碳化物。

　　　为模具高温回火正常组织，硬度为 50HRC
左右。

　　　为使 Cr12MoV 钢制模具能承受较大的冲
击载荷，除了要求具有高硬度、高强度外，尚
需具有较高的韧性，一般可在 450~500℃进行
回火。回火后，淬火马氏体中将析出大量弥散
度较高的碳化物，故其硬度仍较高，而冲击韧
度则有大幅度的增长，因此适应于制作承受大
冲击载荷的模具。

　　　必须指出，由于淬火马氏体中析出大量弥散
分布的碳化物，使马氏体的正方性下降，模具的
体积尺寸将发生明显的收缩。

图　　4-3-129　　　　　　　　　　　　　500×

图　　号：4-3-130

材料名称：Cr12MoV 钢

浸 蚀 剂：苦味酸盐酸水溶液

处理情况：1150℃加热后淬火，520℃保温 1h，回
　　火 4 次

组织说明：回火马氏体、少量残留奥氏体以及块状
　　共晶碳化物和极少量颗粒二次碳化物，马氏体针
　　叶较粗大。

　　　为了使 Cr12MoV 钢制模具能在 400~500℃
下具有良好的热硬性，可采用 1130~1150℃的高
温淬火，淬火后由于残留奥氏体数量较多将使硬
度下降，一般只有 50HRC 左右，随后进行 510~
520℃多次回火（一般为 4 次），使其产生二次硬
化，硬度可回升到 59~60HRC。此时模具的热
硬性虽高，但因晶粒粗大而使力学性能变差。有
时为了提高模具的耐磨性，结合上述高温淬火、
高温回火工艺，可以在第 4 次回火时进行软氮化
处理，以进一步提高模具表面的硬度，延长使用
寿命。

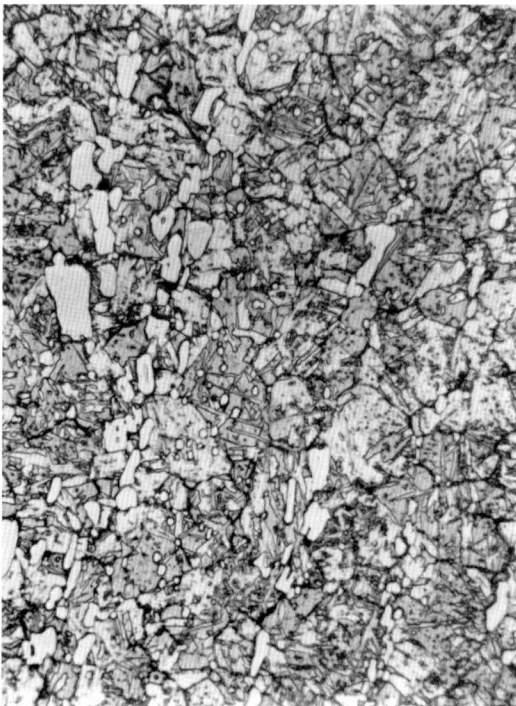

图　　4-3-130　　　　　　　　　　　500×

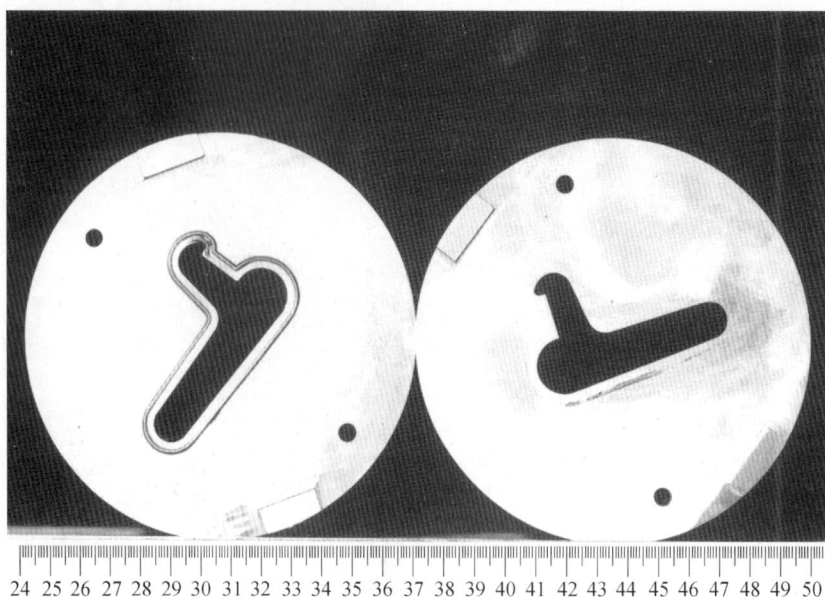

图　4-3-131　　　　　　　　　　　　　　　　　　　　　实物

图　　号：4-3-131～4-3-134

材料名称：Cr12MoV 钢 [w（C）1.45%～1.70%，w（Cr）11.0%～12.5%，w（Mo）0.4%～0.6%，w（V）0.15%～0.30%，w（Si）≤0.40%，w（Mn）≤0.35%]

浸 蚀 剂：图 4-3-131 未浸蚀，图 4-3-132～图 4-3-134 经 4%硝酸酒精溶液

处理情况：1000℃加热后油冷淬火，160℃回火保温 1h，回火 2 次

组织说明：电火花加工，由于电流密度过大引起断裂。

　　图 4-3-131：Cr1MoV 钢制精冲模，淬火、回火后浸入油中，沿冲孔周围用电火花加工成三角形的台阶，使用后不久该台阶即崩落，如图 4-3-131 右侧实物，左侧为加工良好的冲模。

　　图 4-3-132：精冲模的显微组织，基体组织为淬火马氏体、残留奥氏体和块状共晶碳化物，以及分布于晶界处的粒状及椭圆形的二次碳化物，晶界十分明显。

　　图 4-3-133：在三角形台阶崩落的底部与模具平面大致齐平，经磨、抛、浸蚀后，沿三角形台阶底部一圈的组织受较高温度回火，裂纹沿崩落台阶回火组织与模具平面淬火组织交界处的界面分布。在崩落台阶的底部回火组织上尚有小裂纹，沿网状碳化物延伸。

　　图 4-3-134：另一处崩落台阶与模具基体平面交界处，裂纹较粗大，且在粗裂纹的尖角处有两条延伸扩展的小裂纹。

　　由上述情况可知，模具实际上未按图样要求的工艺执行，仅经过淬火而根本没经过回火，因此模具具有较高的内应力，当浸入油中进行电火花加工时，电流密度又较大，以致三角形台阶尖角处重新淬火，而台阶底部则因受热产生局部回火，由于冷却较快，所以台阶的组织应力很大，以致在台阶和平面（淬火组织）交界面产生裂纹。使用时，这些裂纹沿台阶底部逐步扩展而导致台阶崩落。

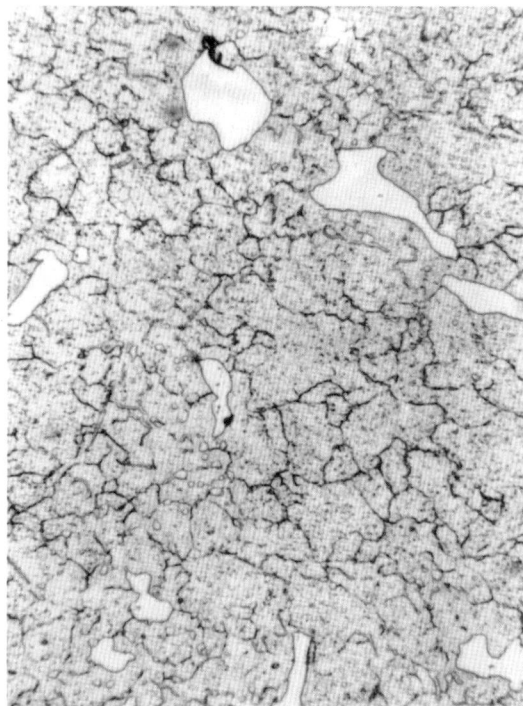

图　4-3-132　　　　　　　　　　　　　　500×

图　4-3-133　　　　　　　50×

图　4-3-134　　　　　　　50×

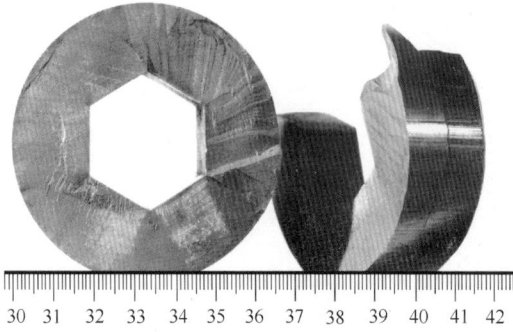

图　4-3-135　　　　　　　　　　　　实物

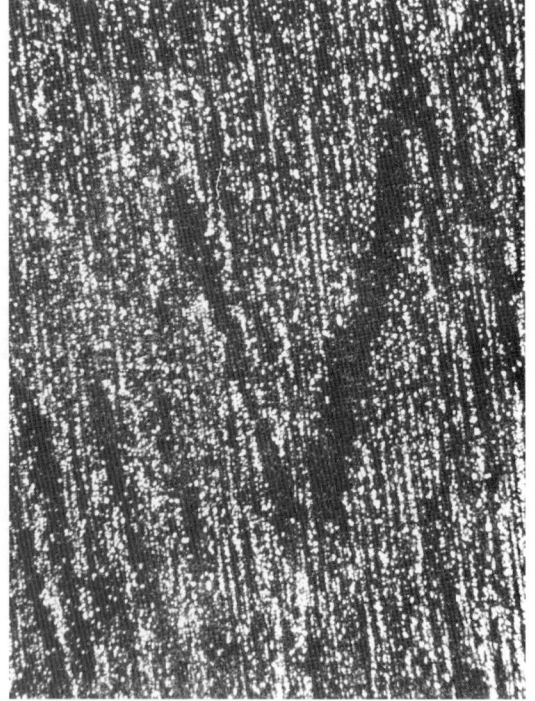

图　4-3-136　　　　　　　　　　32×

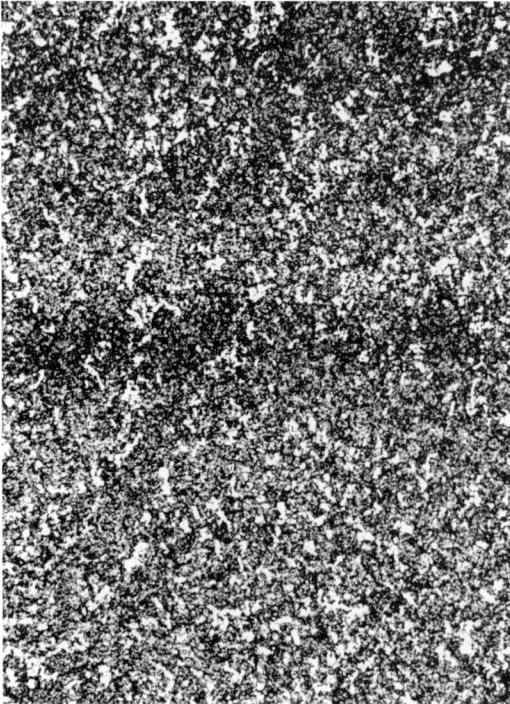

图　4-3-137　　　　　　　　100×

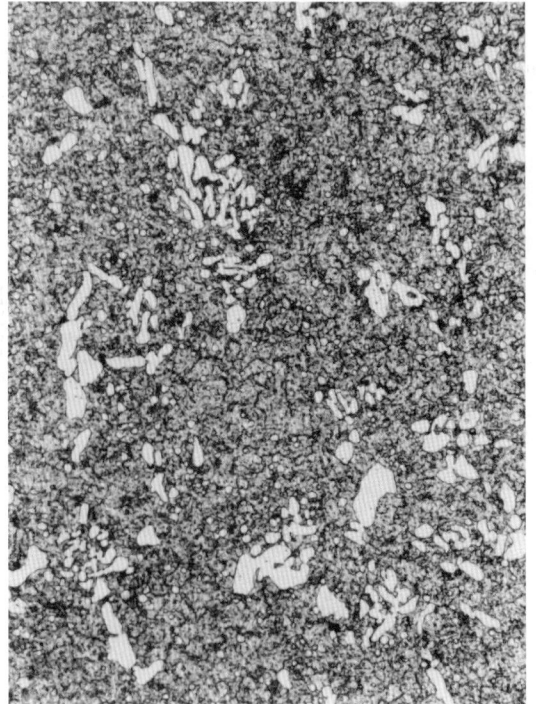

图　4-3-138　　　　　　　　500×

图　　号：4-3-135～4-3-138

材料名称：Cr12MoV 钢 [w（C）1.45%～1.70%，w（Cr）11.0%～12.5%，w（Mo）0.4%～0.5%，w（V）0.15%～0.30%，w（Si）≤0.40%，w（Mn）≤0.35%]

浸 蚀 剂：图 4-3-135 未浸蚀；图 4-3-136～图 4-3-138 经 4%硝酸酒精溶液

处理情况：920℃渗碳 1.5h，再升温至 960℃保温 30min 后直接油冷淬火，然后经 540～560℃回火处理，硬度为 60HRC

组织说明：因淬火温度过低而引起的开裂。

　　Cr12MoV 钢制 M20 六角螺母冷镦模，采用上述热处理工艺，在冷镦近万件螺母后，模具沿六角螺母底部横截面发生断裂，断口情况如图 4-3-135 所示。裂纹发生自六只尖角处，由型腔内孔向外呈放射性扩展，如图 4-3-135 所示。从右侧冷镦模碎块外表面上可以见到横向裂纹。

　　经解剖后，冷镦模内碳化物不均匀度为 2.0 级，但其分布不均匀，有铸造的残余树枝状偏析，呈 V 形分布，如图 4-3-136 所示。横向的碳化物分布尚属均匀，网角处无明显堆集，如图 4-3-137 所示。模具的组织为回火不充分马氏体，其上有共晶块状碳化物以及细小颗粒状的二次碳化物，基体的晶粒甚为细小，晶界明显，如图 4-3-138 所示。冷镦模表面的显微组织与心部相似，碳化物数量无增减情况。

　　从显微组织可以看出，冷镦模的淬火温度不高。因其硬度达到 60HRC，晶界明显，估计冷镦模的回火温度不是 540～560℃，而是在 160～200℃范围内，且回火很不充分。同时由于 Cr12MoV 钢本身的含碳量已很高，在 920℃进行渗碳时，碳元素很难渗入基体。因此，920℃气体渗碳工艺对 Cr12MoV 钢冷镦模来说未起作用。960℃的淬火温度又太低，因此淬火加热时基体合金化程度也较低，从而在渗碳后导致基体硬度不高，强化作用较小。冷镦模在使用时，因承受反复的冲击张应力，由于基体强度不够，首先在型腔内壁应力容易集中的六只尖角处产生小裂纹，在随后的使用过程中，这些小裂纹在受张应力与压应力的交界面沿径向逐渐向外扩展，最后导致模具沿横截面端部断裂。

　　Cr12MoV 钢的 w（C）应在 1.45%～1.70%范围内，同时在钢中加入适量的钼和钒元素，不但能提高钢的耐回火性和淬透性，还能细化晶粒和提高钢的韧性。因此 Cr12MoV 钢是一种良好的冷作模具钢，在工业上已得到广泛的应用。本例缺陷是由于淬火温度过低，造成基体强度不足而引起的开裂。

图　　号：4-3-139

材料名称：Cr12MoV 钢

浸 蚀 剂：4%硝酸酒精溶液

处理情况：1200℃以上加热淬火

组织说明：严重过烧组织。晶界有莱氏体结构，晶内为黑色组织和其周围的奥氏体镶边。这种组织已近急冷的铸态组织。过热组织的特点是晶粒长大，而过烧组织的特点为晶界出现莱氏体。

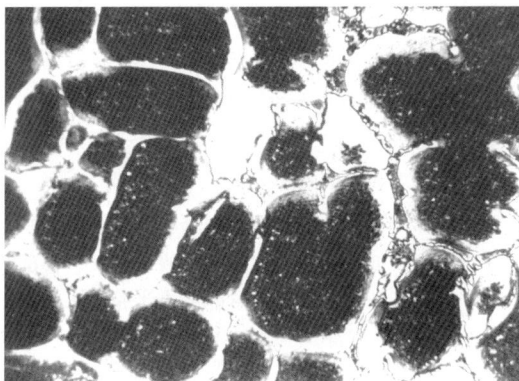

图　4-3-139　　　　　　　　　　　　　　500×

图 4-3-140   实物断口

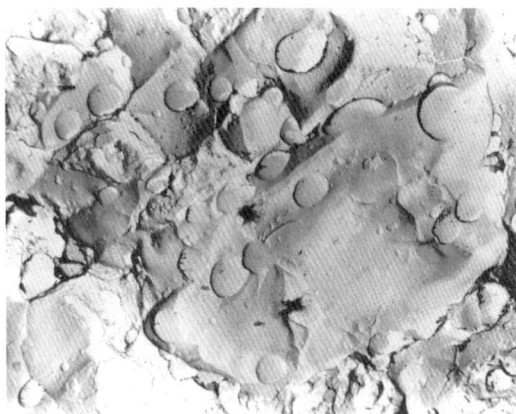

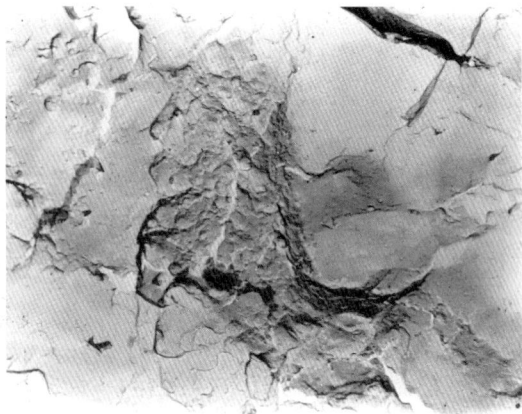

图　4-3-141   3500×   图　4-3-142   3500×

图　　号：4-3-140～4-3-145

材料名称：Cr12MoV 钢制灭弧片冲模，垫板为 9Mn2V 钢

浸　蚀　剂：图 4-3-143～图 4-3-145 经 4%硝酸酒精溶液浸蚀

处理情况：冲模：经 1040℃加热保温后淬入 260℃硝盐中分级 5min 后空冷，180℃保温 1h，回火 2 次。处理
　　　　　后冲模硬度为 61～62HRC。

　　　　　垫板：经 780℃加热保温后淬入 160～170℃硝盐中分级 3min 后空冷，170～180℃保温 1h，回火 2 次。
　　　　　回火后垫板硬度为 60HRC。

组织说明：因操作不当，致使模具和垫板产生脆性断裂。

　　　　在自动冲载低碳钢灭弧片时，冲模、垫板、模架等突然发生断裂。图 4-3-140 所示即为冲模和垫板断
裂后的断口（在冲模型腔内嵌有颇多不平整的灭弧片），均属脆性断口。

　　　　分别在冲模、垫板断口上作复型电子显微断口分析，图 4-3-141 为冲模断口形貌，断口较平坦，其上
有大量第二相粒子析出，系脆性断裂。图 4-3-142 所示为垫板断口形貌，呈沿晶界（冰糖状）和穿晶（中
间部分为韧窝）混合断裂，这是由于突然产生高应力而引起的断裂。

　　　　金相检查结果：冲模的基体组织为回火马氏体、块粒状碳化物和极少量残留奥氏体，如图 4-3-143 所示；
碳化物偏析呈网状倾向，碳化物不均匀度为 4.5 级，如图 4-3-144 所示。垫板的显微组织为回火马氏体及颗粒状
二次碳化物，颗粒状二次碳化物呈聚集带状偏析分布，有部分粒状碳化物呈网状趋势，如图 4-3-145 所示。

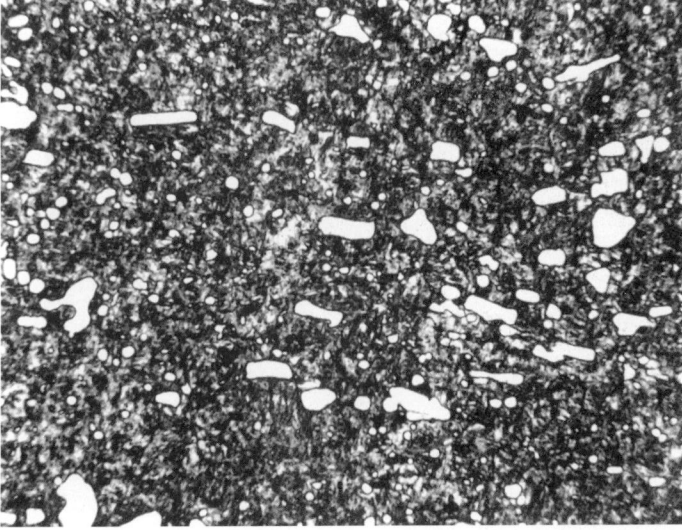

图　4-3-143　　　　　　　　　　　　　　　　　500×

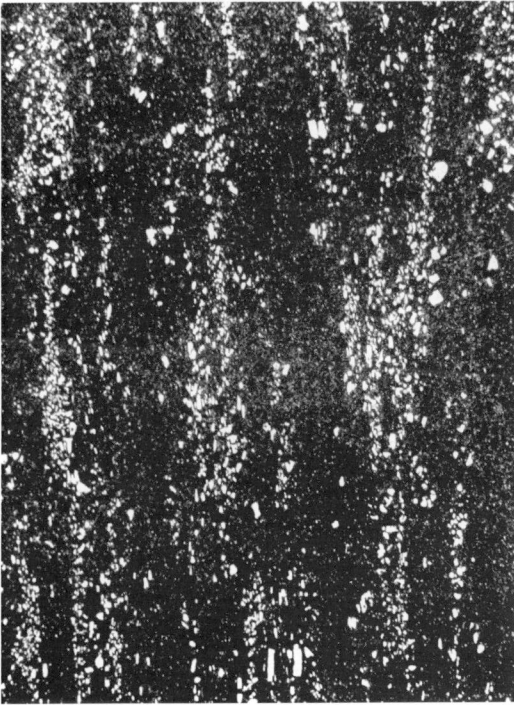

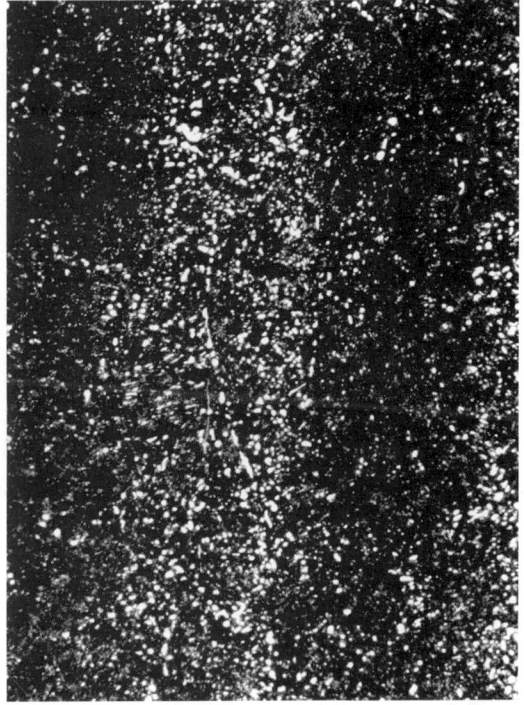

图　4-3-144　　　　　　　　100×　　　图　4-3-145　　　　　　　　500×

　　由以上试验结果可推知，冲模、垫板的热处理工艺正常。虽然原材料中存在的碳化物偏析有呈网状趋势，但还不甚严重，其余组织也无特异之处。经了解现场情况和分析，此模具的早期失效与操作不当有关。在自动冲床的操作过程中，由于灭弧片卡在冲模与垫板之间，使前面成形的灭弧片无法落料，当冲头继续冲裁时，垫板与冲模承受了更大的冲击载荷，因过载而发生脆断。

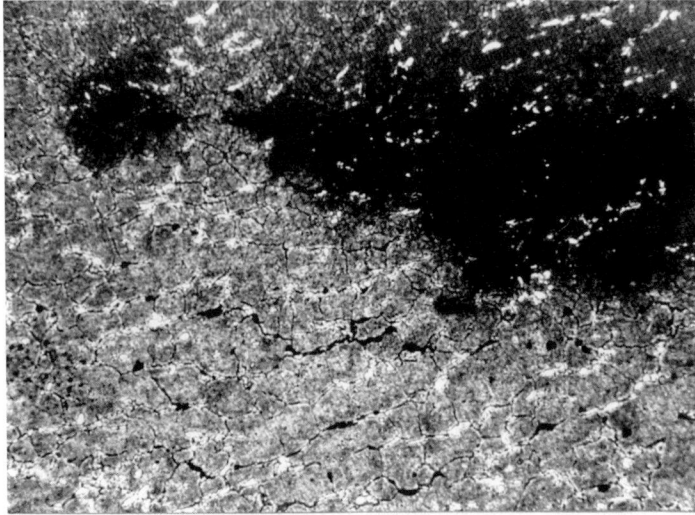

图　4-3-146　　　　　　　　　　　　　　100×

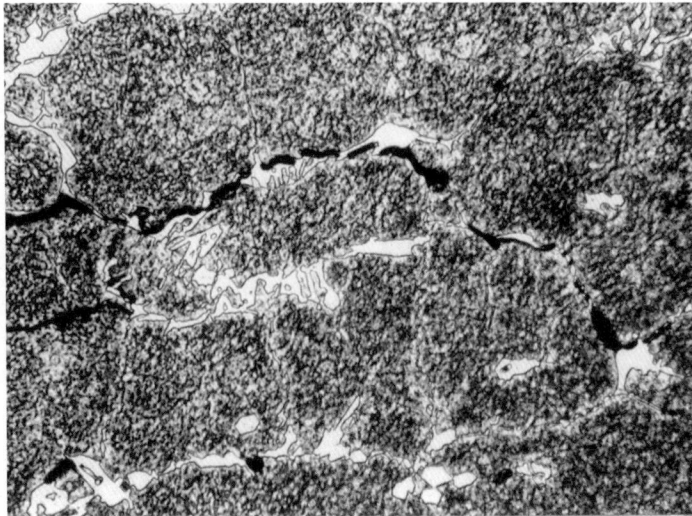

图　4-3-147　　　　　　　　　　　　　　500×

图　　号：4-3-146、4-3-147

材料名称：Cr12MoV 钢

浸 蚀 剂：4%硝酸酒精溶液

处理情况：1020℃加热保温后油冷淬火

组织说明：淬火开裂。

　　图 4-3-146：大块黑色区为裂口处，基体为淬火马氏体、残留奥氏体，白色颗粒碳化物构成断续网状分布，在基体中尚有颇多沿碳化物网分布的黑色细条状小裂纹。

　　图 4-3-147：将试块放大至 500 倍后，可见到黑色裂纹沿着白色碳化物网延伸的情况，同时还发现部分共晶碳化物仍保持鱼骨状分布的形态，说明锻造加工未将其破碎。基体为淬火马氏体及少量残留奥氏体和细小粒状碳化物。

　　由于淬火应力太大，以至裂纹沿脆性的共晶碳化物扩展。

图　4-3-148　　　　　　　　　　　　　　　　　　　　200×

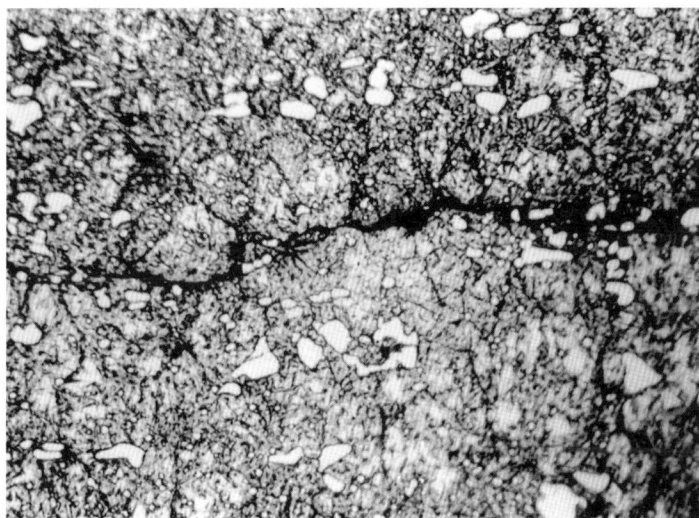

图　4-3-149　　　　　　　　　　　　　　　　　　　　400×

图　　号：4-3-148、4-3-149

材料名称：Cr12MoV 钢

浸 蚀 剂：4%硝酸酒精溶液

处理情况：1200℃加热保温后油冷淬火

组织说明：图 4-3-148：加热淬火的过烧组织，基体为残留奥氏体、淬火马氏体和块粒状碳化物，碳化物呈条带
　　状偏析分布，带状偏析为 2 级。基体中黑色网状为晶界。在部分晶界上有黑色小块的鱼骨状莱氏体析出，因放
　　大倍数低鱼骨状莱氏体细节分辨不清，工件晶粒粗大，且有少量莱氏体出现，说明工件淬火温度过高，已经过烧。

　　　　图 4-3-149：基体为残留奥氏体、淬火马氏体和白色块粒状共晶碳化物，在局部晶界上有黑色小块
　　莱氏体析出，沿晶界延伸的黑色条纹为裂纹。

　　　　由上述组织说明，工件已轻微过烧，但未经回火，在磨削加工时进给量又稍大，以至因工件在淬火后
　　钢中残余应力较大，且奥氏体热导率极差，加上磨削加工应力的叠加作用，极易造成模具表面产生磨削裂纹。

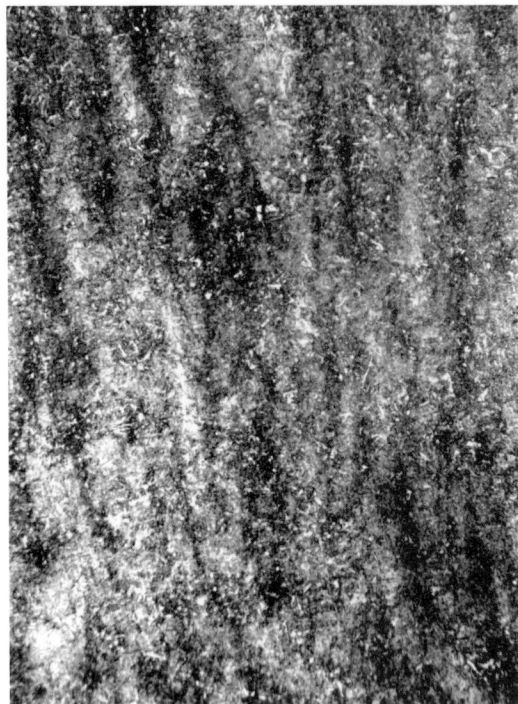

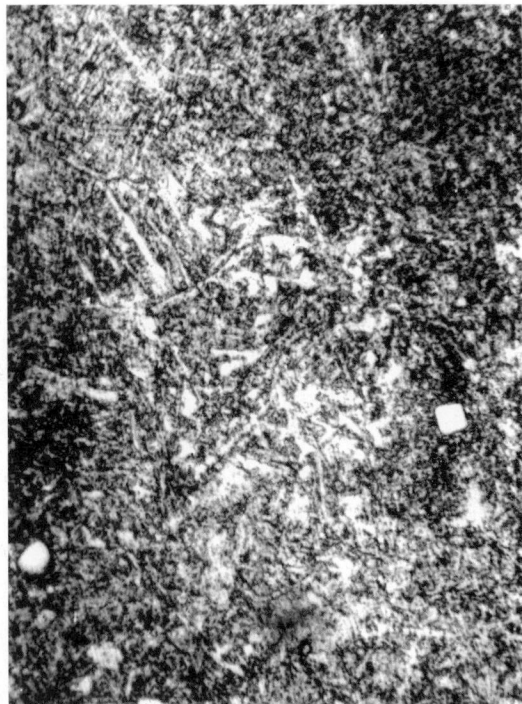

图 4-3-150 100× 图 4-3-151 500×

图　号：4-3-150、4-3-151

材料名称：6Cr4Mo3Ni2WV 钢，企业代号为 CG-2 ［w（C）0.55%～0.64%，w（Cr）3.8%～4.3%，w（Mo）2.8%～3.3%，w（W）0.9%～1.3%，w（V）0.9%～1.3%，w（Ni）1.8%～2.2%，w（Mn）≤0.4%，w（Si）≤0.4%，w（P）<0.03%，w（S）<0.03%］

浸 蚀 剂：4%硝酸酒精溶液

处理情况：供应状态

组织说明：图 4-3-150、图 4-3-151 分别为低倍和高倍放大组织，基体为索氏体，基体上有少量呈块状分布的碳化物。

　　6Cr4Mo3Ni2WV 钢属基体钢类型的新钢种。钢中加入 w（Cr）为 4%，能提高淬透性，促进二次硬化效应，回火后析出 Cr_7C_3。同时，为了使钢具有一定的抗氧化能力而加入了钒，能生成高硬度的 VC（或 V_4C_3），不但能细化晶粒，且能显著提高模具的耐磨性。但是过量的钒会影响钢材本身的可加工性能，使加工工艺性变差，因此 w（V）应控制在 1%左右。钨和钼的作用也相类似，能生成易溶解于钢中的 M_6C 型碳化物，经淬火、回火后析出弥散分布的 M_2C，引起强烈的二次硬化效应和提高钢的热硬性。钢中钼、钨元素的质量比为 3：1，用钼代替钨，既能细化碳化物又能防止碳化物的偏析。但含钼量提高后会使钢稍具脱碳倾向。加入 w（Ni）为 2%，有弥散和细化碳化物的作用，能改善钢的韧性，促进基体强化，提高钢材的高温强度和热导率，延长模具的使用寿命。

　　6Cr4Mo3Ni2WV 钢具有强度高、韧性好、耐磨、抗热震等优点。适用于制造冷锻、温挤等不同要求的模具。

　　6Cr4Mo3Ni2WV 钢的临界点：Ac_1 为 737℃；Ac_2 为 822℃；M_s 为 180℃。

图　　号：4-3-152

材料名称：6Cr4Mo3Ni2WV 钢

浸 蚀 剂：苦味酸盐酸酒精溶液

处理情况：锻造后退火处理

组织说明：基体为索氏体及少量颗粒状碳化物。

　　6Cr4Mo3Ni2WV 钢锻造后应直接装入退火炉中进行退火处理，以避免工件由于锻造应力而出现裂纹。同时可降低材料硬度，以便于切削加工，并为以后热处理做组织上的准备。

　　6Cr4Mo3Ni2WV 钢的退火工艺是采用随炉升温到 810℃，保温 2～3h 以后，以小于 30℃/h 的冷却速度炉冷至 650℃保温 4～6h，然后缓冷至 550℃出炉空冷。

　　6Cr4Mo3Ni2WV 钢也可采用等温退火工艺退火，随炉升温至 830℃保温 2～3h 后炉冷至 680℃保温一定时间，而后再升温至 830℃保温 4～5h，炉冷至 550℃出炉空冷。工件退火后的硬度为 220HBW 左右，脱碳层深度不应大于 0.25mm。

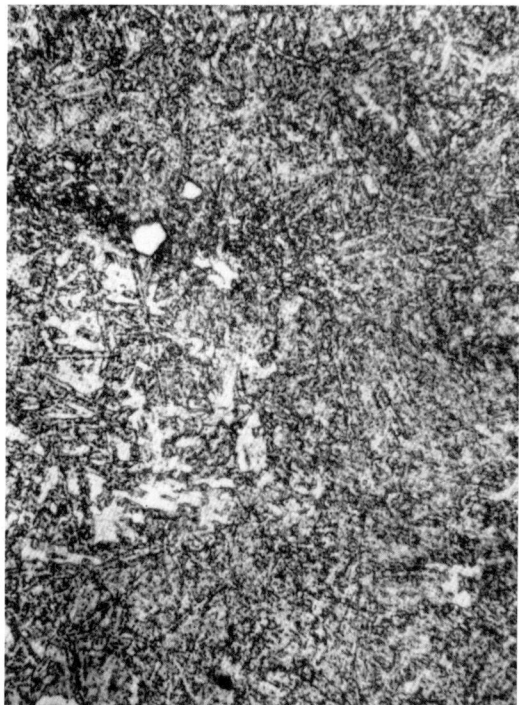

图　4-3-152　　　　　　　　500×

图　4-3-153　　　　　　　　500×

图　　号：4-3-153

材料名称：6Cr4Mo3Ni2WV 钢

浸 蚀 剂：苦味酸盐酸酒精溶液

处理情况：缓慢加热至 800～850℃保温一段时间，即升温至 1140～1180℃，随后锻造，锻后空冷

组织说明：灰白色基体为淬火马氏体及残留奥氏体，其上分布有针状的下贝氏体（502HV）和黑色网状分布的细索氏体（321HV）组织。

　　锻造后采用空冷，致使过冷奥氏体在晶界上先析出索氏体，继而产生贝氏体转变，当温度降低至 M_s 点时，一部分过冷奥氏体产生马氏体相变，使工件硬度升高，不易切削加工，须进行退火处理，以降低其硬度。

　　6Cr4Mo3Ni2WV 钢的锻造加热温度不宜过高，锻造时应先轻轻锻打，然后用中等力量进行锻造，千万不可用过重的力量，更不能用大锤锻小件，否则锻件会被打"鼓"而产生中心开裂。终锻温度应控制在 950℃以上，锻后应缓冷并及时进行退火。

图　　号：4-3-154

材料名称：6Cr4Mo3Ni2WV 钢

浸 蚀 剂：苦味酸盐酸酒精溶液

处理情况：1020℃加热保温后油冷淬火

组织说明：基体为淬火细马氏体，其上分布有颇多块状及颗粒状的碳化物。

　　基体属淬火欠热组织，硬度为 54～56HRC。

　　6Cr4Mo3Ni2WV 钢所含合金元素，在一定的淬火加热温度下（即奥氏体化温度），基本上能溶解于 γ-Fe 中，而过剩的未溶解的碳化物不超过 5%。热处理对提高钢材的硬度、强度以及充分发挥材料的潜在性能至关重要。

　　本例由于淬火加热温度过低，合金碳化物未能充分溶解，致使奥氏体合金化程度不足，淬火后工件硬度不高，热硬性和热强度过低。因此，过低的淬火温度未能充分发挥材料中的各种合金元素的作用，从而降低了模具的使用寿命。

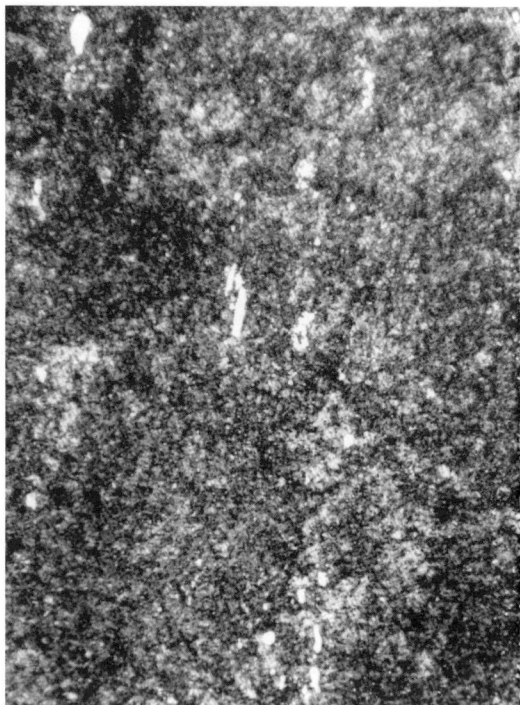

图　　4-3-154　　　　　　　　500×

图　　4-3-155　　　　　　　　500×

图　　号：4-3-155

材料名称：6Cr4Mo3Ni2WV 钢

浸 蚀 剂：苦味酸盐酸酒精溶液

处理情况：1120℃加热保温后油冷淬火

组织说明：淬火马氏体、残留奥氏体以及少量块粒状碳化物，组织中有带状偏析，硬度为 62～64HRC。

　　淬火温度过高，则会引起奥氏体晶粒长大。为了使固溶体合金化充分，而又不使晶粒过分长大，应选定适当的淬火加热温度。

　　6Cr4Mo3Ni2WV 钢的淬火加热温度以采用 1100～1140℃为宜，淬火后可获得固溶一定的碳和合金元素的淬火马氏体、残留奥氏体和少于 5%（体积分数）的块粒状碳化物。这种淬火组织能保证在回火处理时析出弥散度大的高硬度碳化物，从而使钢在回火时产生二次硬化效应。

图　　号：4-3-156

材料名称：6Cr4Mo3Ni2WV 钢

浸 蚀 剂：苦味酸盐酸酒精溶液

处理情况：1120℃ 加热保温后油冷淬火，520～
560℃回火保温 2h 后空冷，回火 2 次

组织说明：基体为回火马氏体及少量碳化物颗粒，
硬度为 59～62HRC。

　　由于 6Cr4Mo3Ni2WV 钢含有大量合金元
素，故导热性较差，为了减少工件加热时的内
外温差，以及缩短高温加热保温时间，使钢的
表面不发生氧化或脱碳现象，工件在淬火加热
前应进行预热，第一次预热的温度为 450℃，
保温后升温至 850℃再次保温预热，然后于
1100～1140℃加热淬火。

　　6Cr4Mo3Ni2WV 钢高温淬火后，经 520～
560℃回火 2 次，在获得高硬度、高强度的同时，
尚具有良好的韧性和塑性，以适应冷变形模具
的使用要求。

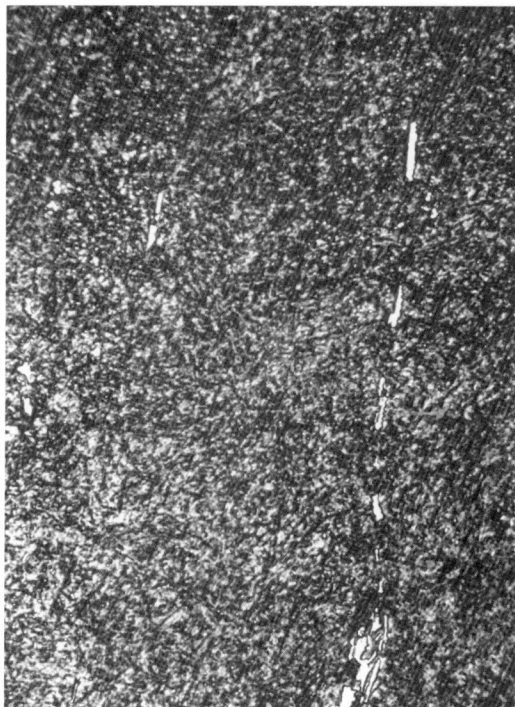

图　　4-3-156　　　　　　　　　　500×

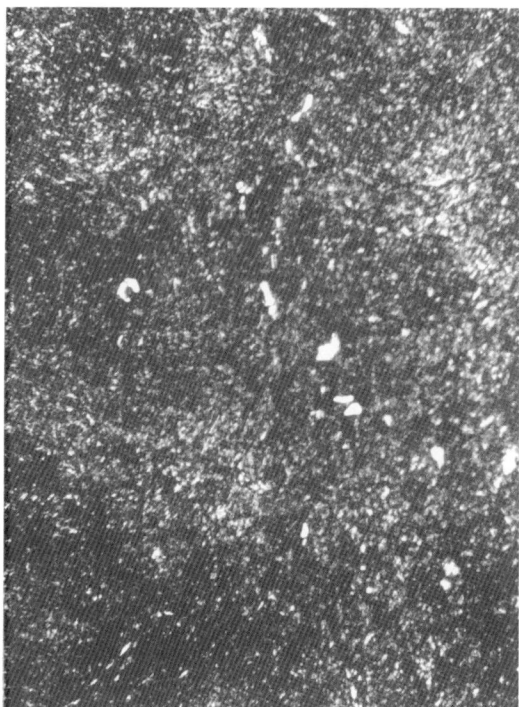

图　　4-3-157　　　　　　　　500×

图　　号：4-3-157

材料名称：6Cr4Mo3Ni2WV 钢

浸 蚀 剂：苦味酸盐酸酒精溶液

处理情况：经 450℃及 850℃预热后，立即于 1120℃
加热保温、油冷淬火，再经 620～650℃保温 2h 后
空冷，回火 2 次

组织说明：基体为回火马氏体、托氏体及碳化物，
硬度为 50～54HRC。

　　经过高温加热，使钢在淬火后能获得固溶足
够的碳和合金元素的过饱和 α 固溶体（即淬火马
氏体）。马氏体在回火时不易发生分解（亦即提高
了钢的耐回火性）。因此，要在较高温度下回火时
才能析出大量碳化物，而基体中仍固溶有一定的
钨、铬、钒和镍元素，致使钢在具有较高热强度的
情况下且具有高的热硬性和韧性。6Cr4Mo3Ni2WV
钢经 620～650℃回火后，确实能具有上述性能，因
此可用于制造承受较大冲击载荷的热变形模具。

图　　号：4-3-158

材料名称：6Cr4Mo3Ni2WV 钢

浸 蚀 剂：苦味酸盐酸酒精溶液

处理情况：1140℃加热油冷淬火

组织说明：针状马氏体、残留奥氏体及少量块、粒状碳化物。

随着淬火温度的升高，奥氏体晶粒将明显长大，残留奥氏体也较多，此时硬度将有所下降。

经试验测定，6Cr4Mo3Ni2WV 钢在 1050℃淬火时，残留奥氏体数量为 17.4%（体积分数）；1100℃淬火时，残留奥氏体数量为 21.3%（体积分数）；1140℃加热淬火时，残留奥氏体数量则为 22.8%（体积分数）。因此，6Cr4Mo3Ni2WV钢不能采用过高的温度淬火，以免因晶粒粗化导致钢的冲击韧度明显降低而恶化钢的性能。同时，过多的残留奥氏体将迫使钢在回火时增加回火次数，否则钢的硬度将达不到预期的要求。

图　　4-3-158　　　　　　　　500×

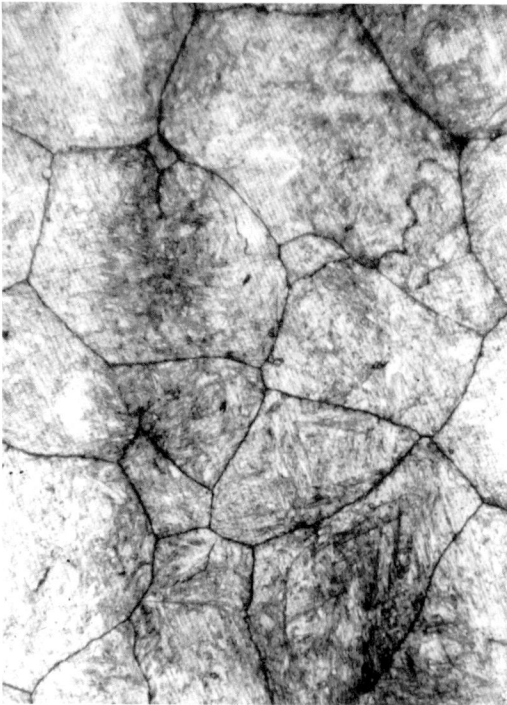

图　　4-3-159　　　　　　　　500×

图　　号：4-3-159

材料名称：6Cr4Mo3Ni2WV 钢

浸 蚀 剂：苦味酸盐酸酒精溶液

处理情况：1180℃加热保温后油冷淬火

组织说明：基体为粗针状马氏体及残留奥氏体，晶粒粗大。

采用恰当的加热温度进行淬火，碳化物几乎全部溶解，阻碍晶粒长大的因素从而消失，于是奥氏体晶粒急剧长大而形成了特大的晶粒和粗大的针状马氏体，构成严重过热状态的组织特征。这样的工件脆性很高，使用时极易发生脆性断裂。若淬火加热至更高温度时，在局部晶界处将发生熔化。冷却后在部分晶界上则会出现铸态的共晶莱氏体组织，这样工件的脆性将会更大。

6Cr4Mo3Ni2WV 钢的淬火介质除了油以外，还可以在 560～600℃的低温盐浴中分级淬火，可获得与油冷淬火相同的硬度。在 250℃硝盐中等温淬火，将会得到较多的贝氏体组织。

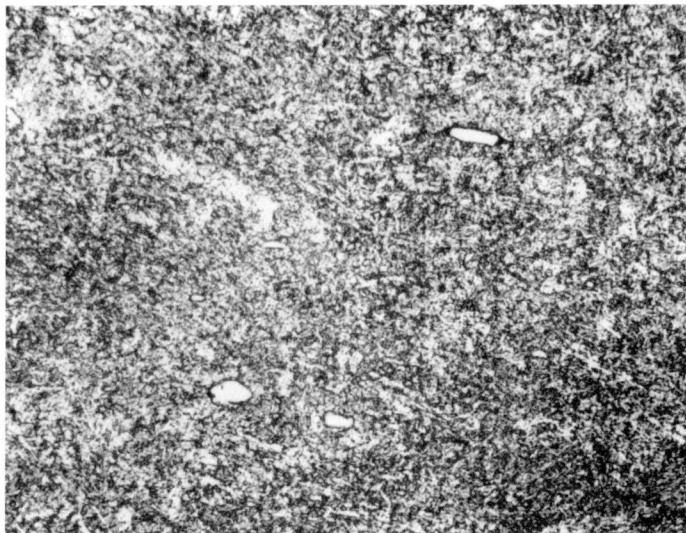

图　4-3-160　　　　　　　　　　　　　500×

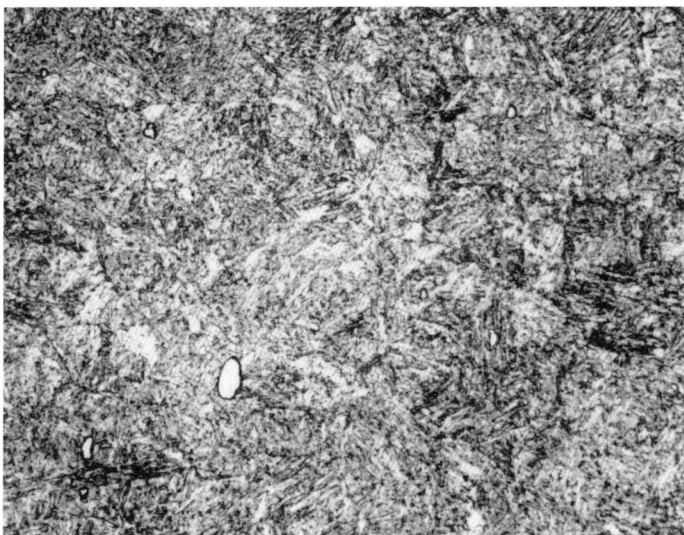

图　4-3-161　　　　　　　　　　　　　500×

图　　号：4-3-160、4-3-161

材料名称：6Cr4Mo3Ni2WV 钢

浸 蚀 剂：三酸乙醇溶液

处理情况：图 4-3-160 为 1100℃加热后油冷淬火；图 4-3-161 为 1150℃加热后油冷淬火

组织说明：此钢是冷热模兼用的模具钢，其热处理工艺可根据模具服役条件选择：

　　1. 热作模具工艺：1120～1170℃加热油冷淬火或分级淬火，630℃回火 2 次，硬度为 51～53HRC。

　　2. 冷作模具工艺：1100～1140℃加热油冷淬火或分级淬火，560℃回火 2 次，硬度为 60～61HRC。

　　图 4-3-160：是在下限温度淬火组织。细针状马氏体+残留奥氏体［约为 21%（体积分数）］+残留碳化物，硬度为 62.5HRC。这是冷作模的典型淬火组织。在随后的 560℃回火时，有二次硬化峰。

　　图 4-3-161：是热作模具的淬火组织。针状马氏体+残留奥氏体［约为 24%（体积分数）］+残留碳化物，硬度为 62.5HRC。因回火温度稍高（630℃），硬度降至 51～53HRC。

　　图中白色块状组织都是共晶碳化物，此外还有颗粒状和点状碳化物。

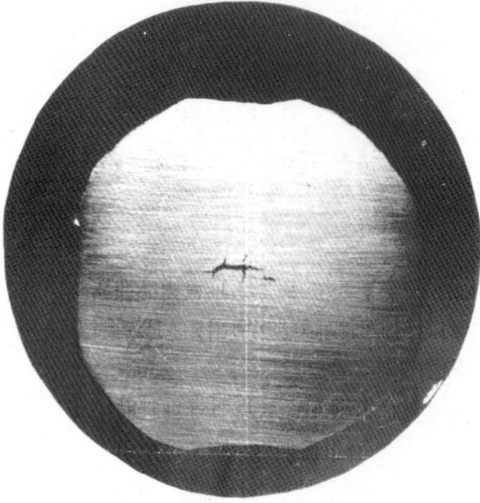

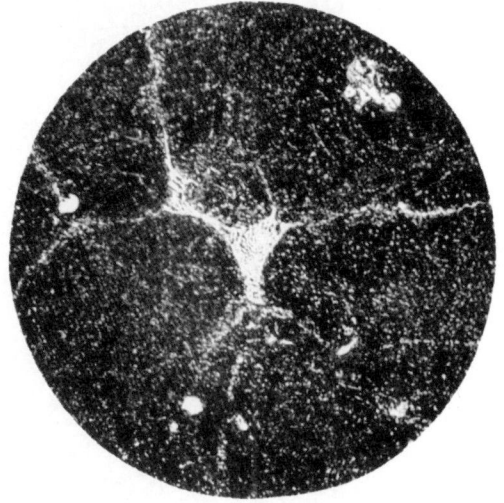

图　4-3-162　　　　　　　　　　实物　　图　4-3-163　　　　　　　　　　500×

图　　号：4-3-162、4-3-163

材料名称：6Cr4Mo3Ni2WV 钢 [w（C）0.55%～0.64%，w（Ni）1.8%～2.2%，w（Cr）3.8%～4.3%，w（W）0.9%～1.3%，w（Mo）2.8%～3.3%，w（V）0.9%～1.3%]

浸 蚀 剂：图 4-3-162 未浸蚀；图 4-3-163 经 4%硝酸酒精溶液浸蚀

处理情况：800 ～850℃预热，加热至 1140 ～1160℃锻造，终锻温度高于 950℃，锻后缓冷

组织说明：锻造过热造成的开裂。

　　图 4-3-162：6Cr4Mo3Ni2WV 钢在煤炉中加热后，改锻成 ϕ30mm 的离合器片内孔热冲头。锻造后发现在钢料中心部分开裂，如图所示。

　　图 4-3-163：取样做金相分析，基体为索氏体及细粒状碳化物，在晶界处除有网状分布的二次碳化物外，尚有鱼骨状分布的共晶莱氏体出现，如图所示。由显微组织说明，钢坯在锻造时加热温度过高，实际上已超过 1140～1160℃，致使晶界处产生局部熔化，故在锻造时引起中心开裂。

　　6Cr4Mo3Ni2WV 钢系基体钢，锻造工艺要求严格，加热时要缓慢，应先在 800～850℃预热一段时间，然后再升温，锻造加热温度为 1140～1160℃，若温度稍高，锻造时即容易发生开裂。这种钢在锻造时应先轻打，然后再用中等力量锻打，不能用过重的力量锻打，更不能用大锤锻小件，否则易造成内部升温而过热，使锻造时产生打"鼓"而在中心处开裂。

　　6Cr4Mo3Ni2WV 钢的终锻温度应控制在 950℃以上，锻造后需放在砂中缓冷或炉冷，并及时进行退火处理，以消除锻造时产生的内应力并降低锻件硬度，以利于进行机械加工，并为以后的热处理准备好理想的原始组织。

图　　号：4-3-164

材料名称：012Al 钢（5Cr4Mo3SiMnVAl 钢）

浸 蚀 剂：三酸乙醇溶液

处理情况：大于 1200℃加热淬火

组织说明：粗针状马氏体+残留奥氏体+残留碳化物。马氏体针已横贯整个晶粒，残留奥氏体体积分数约占 30%，仅有少量颗粒状碳化物。大部分碳化物已经溶解，是严重过热组织。

　　　　图中大块之黑色块状物（在显微镜观察为紫灰色），它是氧化铝夹杂物，这对模具的寿命会造成很大的危害。大块氧化铝夹杂存在说明冶金质量低劣。

图　4-3-164　　　　　　　　　　500×

图　　号：4-3-165

材料名称：6Cr4Mo3Ni2WV 钢

浸 蚀 剂：三酸乙醇溶液

处理情况：严重过热组织

组织说明：马氏体成排分布，共晶碳化物仍存在，残留奥氏体数量大于 26%（体积分数），晶粒清晰可见，晶粒度为 7 级。

　　　　6Cr4Mo3Ni2WV 钢的力学性能：

　　　　1100℃淬火，480℃回火，硬度为 59.5HRC，a_K 为 9.02J/mm²。

　　　　1100℃淬火，520℃回火，硬度为 61HRC，a_K 为 7.46J/mm²。

　　　　1200℃淬火，600℃回火，硬度为 57～59HRC，a_K 为 19～33J/mm²。

　　　　1200℃淬火，650℃回火，硬度为 48～50HRC，a_K 为 20～25J/mm²。

图　4-3-165　　　　　　　　　　500×

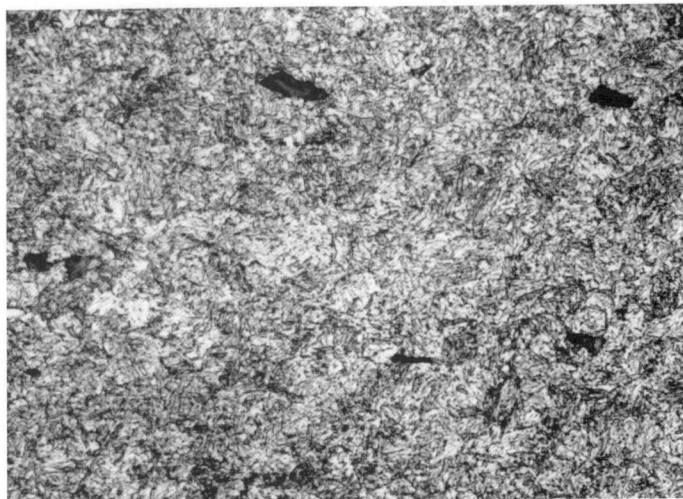

图　4-3-166　　　　　　　　　　　　　　　　　　　500×

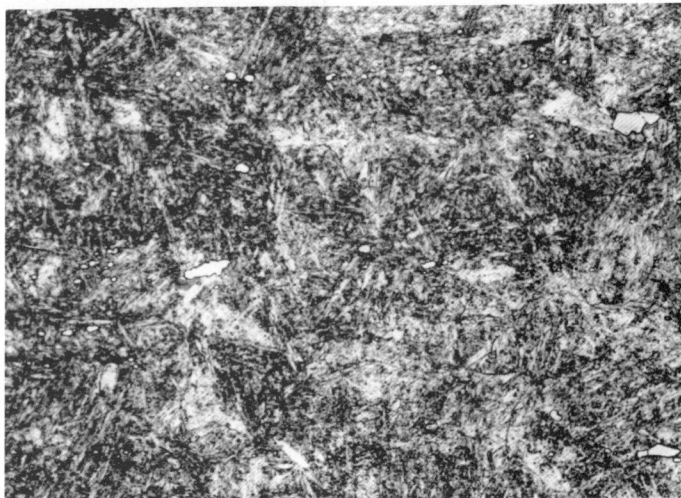

图　4-3-167　　　　　　　　　　　　　　　　　　　500×

图　号：4-3-166、4-3-167　　**材料名称**：012Al 钢（5Cr4Mo3SiMnVAl 钢）

浸 蚀 剂：三酸乙醇　　　　　　**处理情况**：图4-3-166 为 1100℃加热后油冷淬火；图4-3-167 为 1150℃加热后油冷淬火

组织说明：012Al 钢是以锰-硅合金化，提高固溶强化效果，再加入铝而增加稳定性的冷热兼用的基体钢。铝的加入可使钢的韧性有了明显提高。

012Al 钢的最终热处理工艺，要根据模具的服役条件选择：

1. 冷作模具工艺：1090～1120℃加热，油冷淬火或分级淬火，570℃回火 2 次，每次 2h，硬度为60～62HRC。

2. 热作模具工艺：1090～1120℃加热，油冷淬火或分级淬火，580～600℃回火 2 次，每次 2h，硬度为 52～54HRC。

3. 压铸模具：1120～1140℃加热，油冷淬火或分级淬火，620～630℃回火 2 次，每次 2h，硬度为 42～44HRC。

图 4-3-166：是下限温度的淬火组织，为细针马氏体+残留奥氏体 [约为 27%（体积分数）]+碳化物 [约为 2.5%（体积分数）]。晶粒度 10 级，淬火硬度为 612HRC。图中黑色块状组织是氧化铝夹杂物。

图 4-3-167：是上限温度的淬火组织，为细针状马氏体+残留奥氏体 [约为 29%（体积分数）]+碳化物 [约为 1.8%（体积分数）]。

马氏体已趋于成排分布，晶粒度为 8～8.5 级。图中白色块状物为共晶碳化物，黑色小块为氧化铝夹杂物。

图　　号：4-3-168
材料名称：65Nb 钢（65Cr4W3Mo2VNb 钢）
浸 蚀 剂：三酸乙醇溶液
处理情况：淬火、回火

　　碳化物分布不均匀，白色小块和小颗粒是共晶碳化物。由于偏析带中碳化物较细，淬火加热时溶解较好，淬火后的抗回火性高，比两侧基体难以被浸蚀，因此碳化物偏析带呈灰白色。

　　65Nb 钢是高强韧冷热兼用模具钢，可用来制作各类冷作模具，特别适用于复杂、大型或难变形金属的冷挤压模具和受冲击负荷较大的冷镦模具，有时也用于热作模具。

图　　4-3-168　　　　　　　　　　　100×

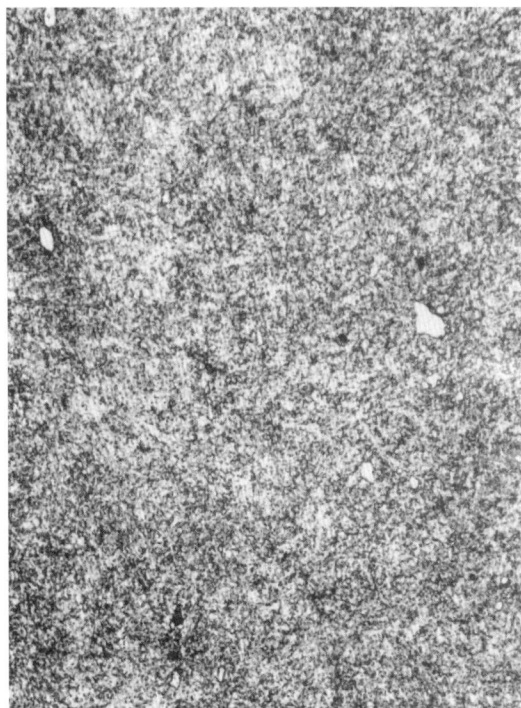

图　　号：4-3-169
材料名称：65Nb 钢（65Cr4W3Mo2VNb 钢）
浸 蚀 剂：三酸乙醇溶液
处理情况：1200℃固溶处理+700℃高温回火；
　　　　　930℃加热油冷淬火+410℃回火
组织说明：经高温固溶处理再加低温淬火的超
　　　　　细化处理后，碳化物细小且分布均匀，淬火
　　　　　组织非常细小，冲击韧度比常规处理大大提
　　　　　高，硬度为 57～61HRC，特别适合于模具的
　　　　　需要。

图　　4-3-169　　　　　　　　　500×

图　　号：4-3-170

材料名称：GD 钢（6CrNiMnSiMoV 钢）

浸 蚀 剂：4%硝酸酒精溶液

处理情况：900℃加热后油冷淬火，200℃回火

组织说明：基体为回火隐针马氏体、残留奥氏体[11%（体积分数）]及剩余碳化物[2.9%（体积分数）]。

　　　GD 钢是一种高强韧低合金冷作模具钢，其热塑性好，碳化物偏析小，又是空冷微变形模具钢。晶粒度细，淬火硬度为 66HRC，回火后硬度为 61HRC。

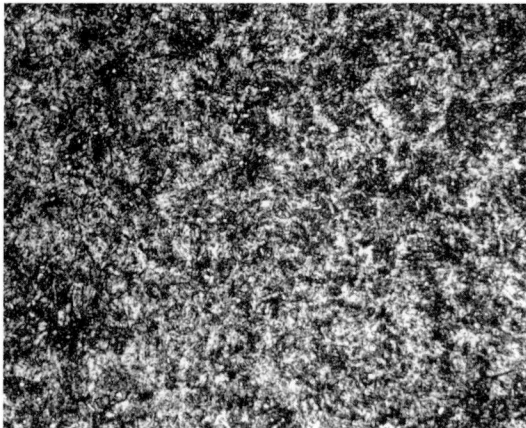

图　4-3-170　　　　　　　　　　500×

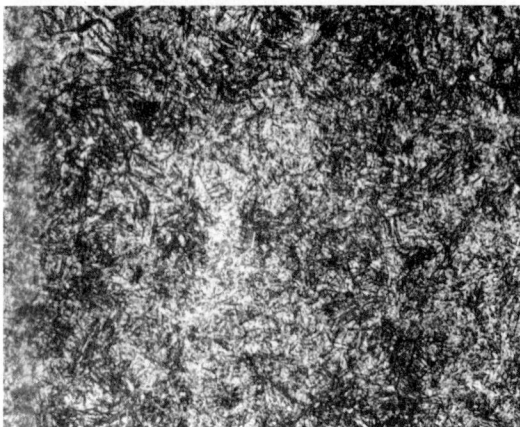

图　4-3-171　　　　　　　　　　500×

图　　号：4-3-171

材料名称：GD 钢（6CrNiMnSiMoV 钢）

浸 蚀 剂：4%硝酸酒精溶液

处理情况：950℃加热后油冷淬火

组织说明：为微过热组织。照片中心有一白色区，这是原来的碳化物富集区，这些碳化物在加热时全部溶入奥氏体，淬火后形成较细的针状马氏体而较难浸蚀。

　　　照片两侧为较长的马氏体针、残留奥氏体近 20%左右（体积分数），淬火硬度为 66HRC，200℃回火后硬度为 60.5HRC。

图　　号：4-3-172

材料名称：GD 钢（6CrNiMnSiMoV 钢）

浸 蚀 剂：4%硝酸酒精溶液

处理情况：900℃加热后 250℃等温 55min 后油冷

组织说明：黑色针状下贝氏体，黑色点状为剩余碳化物，灰白色基体是马氏体及残留奥氏体。马氏体基体上分布着适量的下贝氏体，具有明显的韧化效果。最佳下贝氏体的体积分数为 27%左右。在照片中黑色下贝氏体的体积分数约为 13%左右。黑色下贝氏体分布也不均匀，主要是原材料的成分偏析所致。

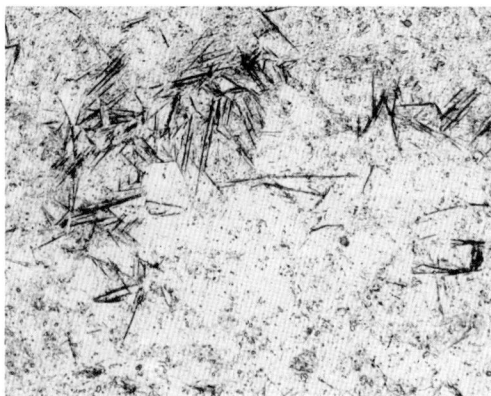

图　4-3-172　　　　　　　　　　500×

金 相 图 片

图　　号：4-4-1

材料名称：5CrMnMo 钢 [w（C）0.50%～0.60%，
　w（Mn）1.20%～1.60%，w（Si）0.25%～0.60%，
　w（Cr）0.60%～0.90%，w（Mo）0.15%～0.30%]

浸 蚀 剂：4%硝酸酒精溶液

处理情况：锻造后空冷

组织说明：基体为淬火马氏体及少量残留奥氏体，其
　上分布有呈带状的粗针状回火马氏体组织。硬度为
　59～62HRC。

　　5CrMnMo 钢与 5CrNiMo 钢的性能相类似。
5CrMnMo 钢以 Mn 代 Ni，从淬透性的角度来看，
是完全可以的，但其强度和韧性则不如 5CrNiMo 钢；
在高温下工作，5CrMnMo 钢的耐热疲劳性也较
5CrNiMo 钢差。这种钢的力学性能在室温与 500～
600℃时几乎相同，在 500℃工作时仍可保持 300HBW
以上的硬度。但在热处理后，其冲击韧度仅为 19.9～
39.2J/cm^2。故只适用于制造中、小型热锻模。

　　由于这类钢含有较多能增加淬透性的合金元
素，故在锻造后空冷，即可得到马氏体组织，因此
锻件应进行退火处理，一方面消除锻造应力；另一
方面可降低硬度，以利于切削加工。此外，退火处
理还可以细化晶粒和改善组织，以适应最终处理的
要求。

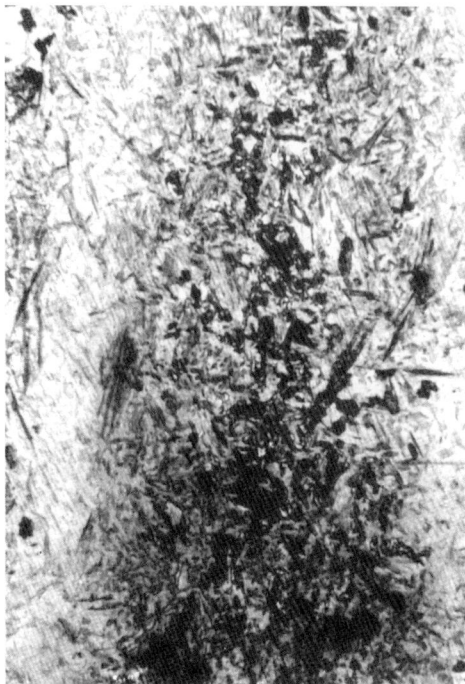

图　4-4-1　　　　　　　　　　　　　　　500×

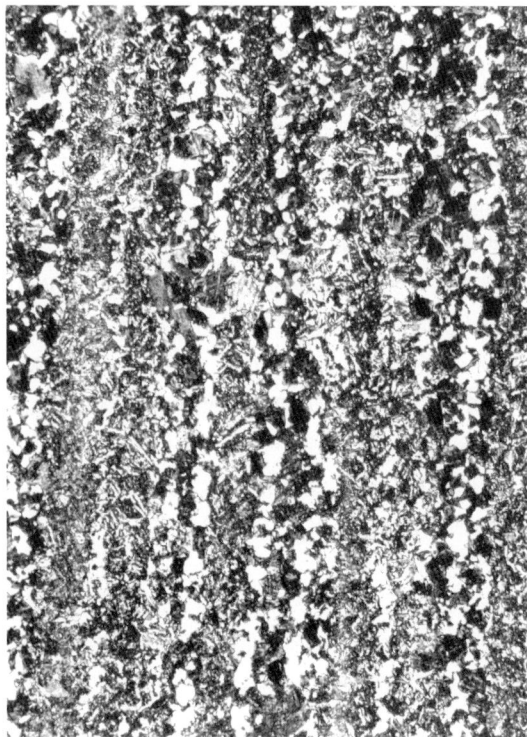

图　4-4-2　　　　　　　　　　　100×

图　　号：4-4-2

材料名称：5CrMnMo 钢

浸 蚀 剂：4%硝酸酒精溶液

处理情况：900℃加热保温 2h 后炉冷

组织说明：基体为呈带状分布的针状索氏体，
　白色块状为铁素体，黑色块状为片状珠光体，
　呈明显的条带偏析。硬度为 270HBW。

　　这类钢在凝固时易产生树枝状偏析，锻
造时将循着变形方向而成为带状组织。由于
合金元素在高温时扩散较慢，因此经一般退
火处理后，它仍将保持带状偏析，出现条带
分布的显微组织，使钢的力学性能具有方向
性，因而导致锻模的组织和力学性能出现不
均匀性，严重影响了锻模的使用寿命。为了
改善这种缺陷，可将钢坯施以大的变形，进
行充分的锻造，一般交替拔长和镦粗至少进
行二、三次，然后再进行退火处理，可使锻
坯得到均匀的显微组织和力学性能。

图　　号：4-4-3

材料名称：5CrMnMo 钢

浸 蚀 剂：4%硝酸酒精溶液

处理情况：900℃加热保温 2h 后炉冷

组织说明：图 4-4-3：为图 4-4-2 试样放大后的组织，基体为针状分布的索氏体，其上分布有块状的铁素体（白色）及片状珠光体（黑色）组织。

常用的退火温度应为 810～830℃，保温 4～6h，然后炉冷到 500℃左右出炉空冷。对于翻新的模具，也应先经退火处理，以消除内应力，以减少再淬火时形成裂纹的倾向。

对于一些大型的 5CrMnMo 和 5CrNiMo 钢锻坯，容易出现白点缺陷，锻造时应注意：一般大型锻坯，锻造后应立即放在 600～650℃炉中保温一段时间，然后再缓慢冷却至 150～200℃出炉空冷。经过上述处理后，锻件出现白点缺陷的现象可以减少。

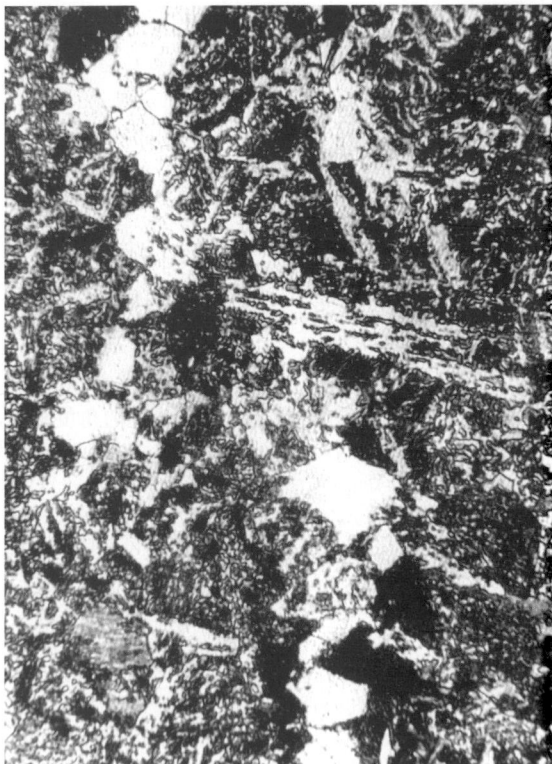

图　　4-4-3　　　　　　　　　　　　500×

图　　号：4-4-4

材料名称：5CrMnMo 钢

浸 蚀 剂：4%硝酸酒精溶液

处理情况：790℃加热保温后淬入 170℃碱浴中等温 4min 后空冷

组织说明：基体为细针状马氏体及极少量残留奥氏体，此外还有少量未溶解的铁素体。硬度为 52HRC。为淬火欠热的显微组织。

5CrMnMo 钢的临界点 Ac_1 为 710℃，Ac_3 为 760℃，正常的淬火加温度应为 820～850℃，采用油冷淬火，出油温度应为 150～200℃。出油后应立即进行回火，否则因内应力过大容易产生裂纹。对于小型锻模淬火至 150～180℃，出油后可采用空冷。

本图采用的淬火加热温度较低，以至尚有一小部分铁素体未溶解而残存在基体中，使锻模硬度偏低，不能满足使用要求。

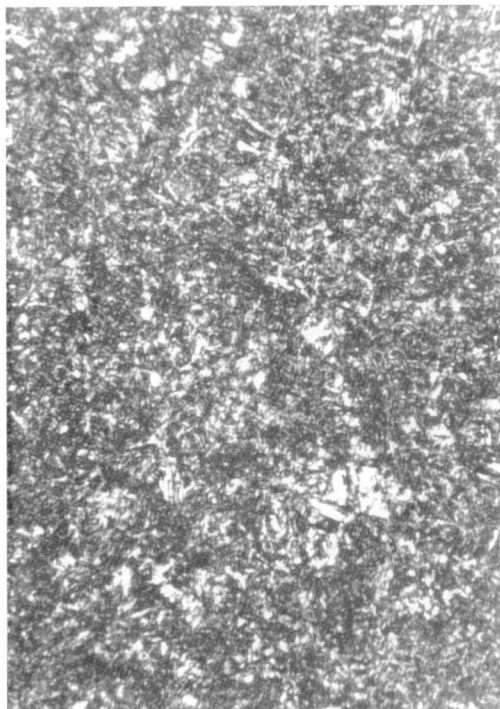

图　　4-4-4　　　　　　　　　　500×

图　　号：4-4-5

材料名称：5CrMnMo 钢

浸　蚀　剂：4%硝酸酒精溶液

处理情况：840℃加热保温后淬入冷油中，冷至 200～300℃出油空冷

组织说明：基体为回火马氏体及极少量残留奥氏体。硬度为 60HRC，为正常淬火的显微组织。

　　　　由于采用的淬火温度适当，保温时间足够，淬火后可获得细小而又均匀的马氏体组织，从而使锻模具有良好的力学性能。必须指出，为了减小锻模在淬火时产生的变形，应使加热的锻模在淬火前预冷至 740～760℃油冷淬火。

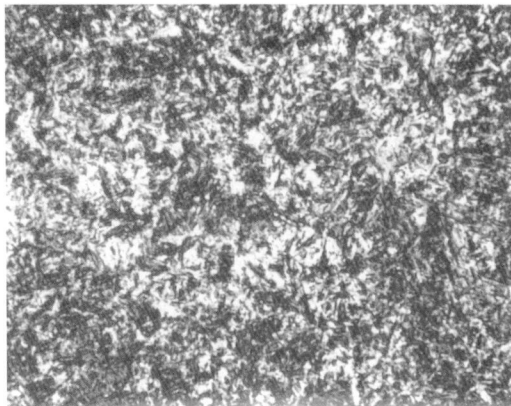

图　4-4-5　　　　　　　　　　　　　　500×

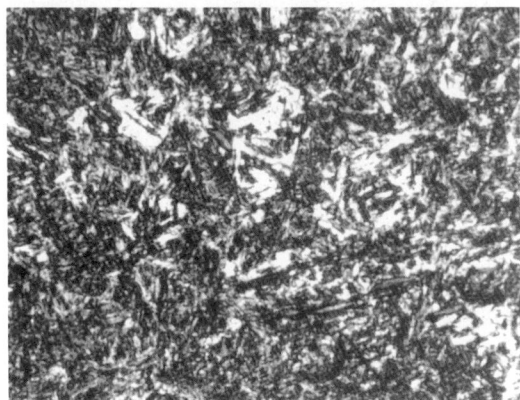

图　4-4-6　　　　　　　　　　500×

图　　号：4-4-6

材料名称：5CrMnMo 钢

浸　蚀　剂：4%硝酸酒精溶液

处理情况：960℃加热保温后淬入 260℃硝盐中等温 4min 分级，随后立即空冷

组织说明：基体为稍粗的回火马氏体及少量残留奥氏体。硬度为 58HRC，为过热的淬火组织。

　　　　由于加热温度较高，致使奥氏体晶粒明显地长大，淬火后得到粗大的马氏体组织，从而使锻模的力学性能恶化。

图　　号：4-4-7

材料名称：5CrMnMo 钢

浸　蚀　剂：4%硝酸酒精溶液

处理情况：1080℃加热保温后淬入 420℃硝盐中等温 4min 分级，随后空冷

组织说明：回火上贝氏体及索氏体。硬度为 36HRC。

　　　　为了提高锻模的综合力学性能，同时减少复杂锻模在淬火时产生大的变形，可将锻坯加热后淬入 270～300℃硝盐中进行等温淬火，以期获得具有良好韧性的显微组织。本图锻坯加热温度过高，淬入 420℃硝盐中等温后，得到了粗大的羽毛状贝氏体组织。

图　4-4-7　　　　　　　　　　　　　　500×

图　　号：4-4-8

材料名称：5CrMnMo 钢

浸 蚀 剂：4%硝酸酒精溶液

处理情况：840℃加热保温后淬入冷油中，冷至
　　　　　200～300℃出油空冷，立即于 460℃回火 15min

组织说明：基体为回火托氏体及少量回火马氏体，
　　　　　回火马氏体呈带状偏析。硬度为 47HRC。

　　　锻模淬火后应立即进行回火处理，否则将会
出现裂纹。本图工件系小型锻模，故选择较低的
回火温度进行回火，由于回火保温时间不充分，
以至在原来带状偏析处仍保留一部分回火马氏
体，使模具的硬度偏于上限，故而脆性较大。按
照锻模的尺寸及工作条件可选择不同的温度进行
回火，以期获得所需要的硬度值，见下表：

锻模类型及尺寸/mm	回火温度/℃	硬度　　HRC
小型锻模<250	490～510	41～47
中型锻模 250～400	520～540	38～41

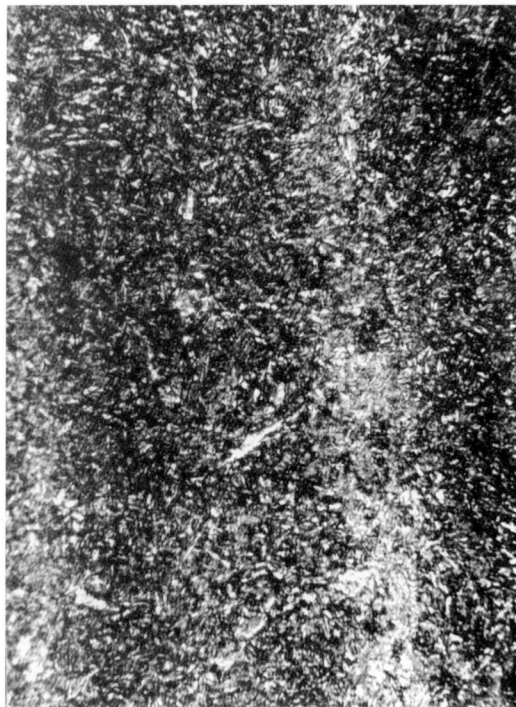

图　4-4-8　　　　　　　　　　　　　500×

图　　号：4-4-9

材料名称：5CrMnMo 钢

浸 蚀 剂：4%硝酸酒精溶液

处理情况：840℃加热保温后淬入冷油中，冷至
　　　　　200～300℃出油空冷，　460℃回火 2h

组织说明：基体为回火托氏体。硬度为 41～43HRC。

　　　为小型锻模工作面正常淬火、回火的显微组
织。由于淬火、回火工艺选择适当，因此基体获
得了均匀而又细小的回火托氏体组织，使锻模具
有良好的力学性能。在正确的操作条件下，模具
的使用寿命可以得到显著地提高。

　　　用 5CrMnMo 钢制造的锻模，在淬火时，为
了避免产生较大的内应力而形成开裂，故在淬入
油中后不能油冷至室温，而应在 200～250℃出
油，出油后应立即置入 350～400℃炉中均热，
热透后再升温至所需的回火温度回火，保温后锻
模应置于油中冷至 100℃左右出油，以防止产生
第二类回火脆性。为减少回火油冷时产生的内应
力，锻模最后还需经 190～200℃补充回火处理。

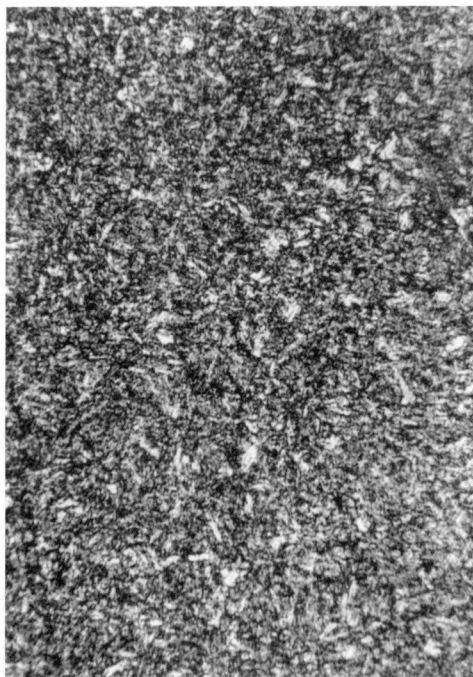

图　4-4-9　　　　　　　　　　　　　500×

图　　号：4-4-10

材料名称：5CrMnMo 钢

浸 蚀 剂：4%硝酸酒精溶液

处理情况：840℃加热保温后淬入冷油中，冷至200～
　　300℃出油空冷，580℃回火 15min

组织说明：基体为回火托氏体、少量回火索氏体和回
　　火马氏体。硬度为 41～42HRC。

　　锻模的燕尾部分直接与锻锤的锤杆相连接，
其工作条件与锻模工作面显然不一样。锻模工作
面要求有较高的硬度，以满足耐磨性的要求，同
时要求有较高的强度和一定的韧性。而燕尾部分
除要求一定强度外，则希望能有较好的韧性，以
避免在工作时因韧性不足而造成脆性断裂。

　　本图片为回火不充分的显微组织，因此锻模
燕尾部分硬度较高，故在使用中易产生脆性断裂。

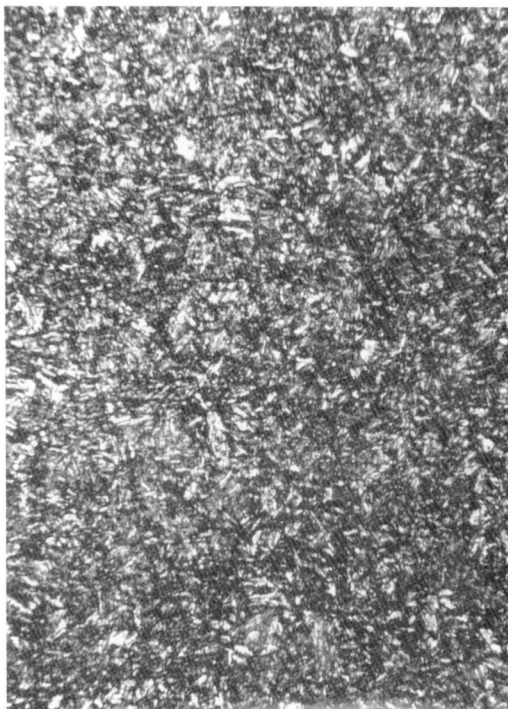

图　4-4-10　　　　　　　　　　　500×

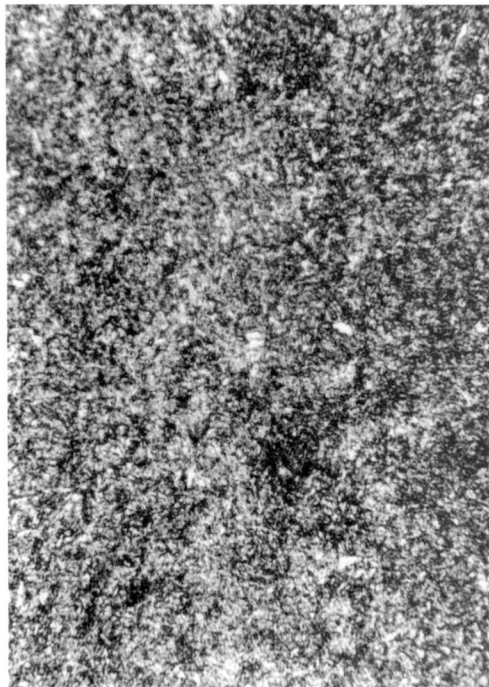

图　4-4-11　　　　　　500×

图　　号：4-4-11

材料名称：5CrMnMo 钢

浸 蚀 剂：4%硝酸酒精溶液

处理情况：840℃加热保温后淬入冷油中，冷至200～
　　300℃出油空冷，580℃回火 2h

组织说明：回火索氏体及少量回火托氏体。硬度为
　　36HRC。

　　为燕尾部分正常淬、回火的显微组织。由于
淬火温度选择适当，故在淬火、回火后得到细小
而又均匀的索氏体组织。

　　锻模燕尾的回火温度应较锻模工作面为高。
回火时可将锻模燕尾部分置于盐浴炉中加热，而
锻模工作面则暴露在空气中，观察锻模工作面的
色泽至蓝色（其温度达 400℃左右），而锻模燕尾
部分则达所需回火温度，这样保温一段时间后，
立即将模具置于油中冷至 100℃时出油空冷，然
后再在 190～200℃温度补充回火一次，以消除回
火时产生的内应力。此时锻模燕尾可得回火索氏
体组织，而锻模工作面可得回火托氏体组织。

图　　号：4-4-12

材料名称：5CrMnMo 钢

浸 蚀 剂：4%硝酸酒精溶液

处理情况：780℃加热后 130℃热油中停留 4min 后空冷

组织说明：淬火马氏体及珠光体。因加热温度偏低，以及保温时间不足，部分珠光体在加热时尚未溶解，淬火后被保留下来，因此硬度不高仅为 36 HRC，属于欠热组织。

图　　4-4-12　　　　　　　　　500×

图　　4-4-13　　　　　　　　　500×

图　　号：4-4-13

材料名称：5CrMnMo 钢

浸 蚀 剂：4%硝酸酒精溶液

处理情况：850℃加热保温后于 130℃热油中冷却停留 4min 后空冷

组织说明：马氏体。这是正常的淬火组织。为了减少模具的变形和应力，可将工件在加热后先在空气中预冷至 740～760℃，再入热油冷却。本工艺适用于中型模具的淬火处理。硬度为62HRC。

图　　号：4-4-14

材料名称：5CrMnMo 钢

浸 蚀 剂：4%硝酸酒精溶液

处理情况：1000℃加热保温后于 130℃热油中停留 4min 后空冷

组织说明：粗大马氏体，典型的过热组织。加热温度过高，使晶粒急剧长大，淬火后得到粗大马氏体，工件性能变劣，变形增加，硬度为 63HRC。

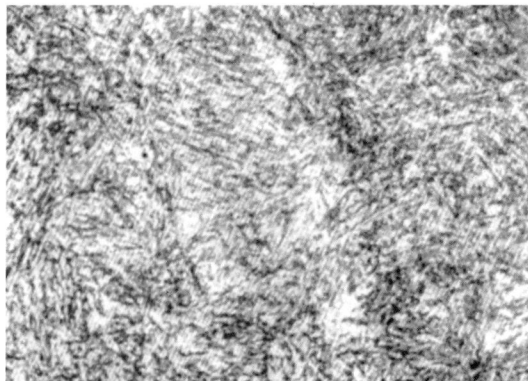

图　　4-4-14　　　　　　　　　500×

图　4-4-15　　　　　　　　　100×　　　图　4-4-16　　　　　　　　　500×

图　　　号：4-4-15、4-4-16

材料名称：5CrNiMo 钢［w（C）0.50%～0.60%，w（Mn）0.5%～0.8%，w（Si）<0.35%，w（Cr）0.5%～0.8%，w（Ni）1.4%～1.8%，w（Mo）0.15%～0.30%］

浸　蚀　剂：4%硝酸酒精溶液

处理情况：锻造后空冷

组织说明：图 4-4-15：系低倍放大组织；图 4-4-16：为高倍放大组织，组织均为细片状珠光体。

　　5CrNiMo 钢为亚共析钢，组织应为珠光体及铁素体。钢坯经锻造后空冷，由于冷却速度较大，使先共析铁素体自奥氏体中析出受到了控制，故在连续冷却过程中产生了伪共析，从而获得全部珠光体组织，增加了锻件的硬度。为此锻件必须进行软化退火，才能进行切削加工。

　　5CrNiMo 钢是常用的热锻模钢。

　　一般来说，热锻模钢主要用作热锻模，用来使炽热的金属进行塑性变形，因此要求这类钢在高温下有良好的强度、韧性及耐磨性；使所制模具在高的冲击载荷作用下，不发生塑性变形和开裂。又由于锤锻模尺寸较大，故要求这类钢具有高淬透性，能使整体获得均匀的力学性能，而且希望它具有良好的导热性，免致模具的工作面因受热过甚而导致力学性能的降低，同时要求在反复热、冷作用下，具有良好的耐热疲劳性。

　　5CrNiMo 钢含有 w（C）为 0.5%～0.6%，既能保证淬火后获得一定的硬度，又有较好的导热性和冲击韧度。镍是 5CrNiMo 钢的主要合金元素，它固溶于铁素体，故能提高钢的强度和韧性，使钢有良好的淬透性和耐热疲劳性。铬的作用是提高钢的淬透性、耐磨性和耐回火性。钼的作用是细化晶粒和减少钢的回火脆性。300mm×300mm×400mm 的 5CrNiMo 钢锻模，自 820℃油冷淬火和在 560℃回火后，其截面各处的硬度几乎相等，说明已经全部淬透。

　　5CrNiMo 钢适用于制造形状复杂、承受较大冲击、要求高强度和韧性的大型锻模。

图　　号：4-4-17

材料名称：5CrNiMo 钢

浸 蚀 剂：4%硝酸酒精溶液

处理情况：810℃退火 4h

组织说明：片状珠光体及白色块状分布的铁素体。

5CrNiMo 热锻模钢经锻造后的钢坯尚须进行退火处理，以消除锻造应力，细化晶粒，使组织均匀，降低硬度，便于切削加工，同时还能适应淬火、回火最终热处理的组织要求。

5CrNiMo 钢的退火工艺：加热温度为 780～800℃或 810～830℃，保温时间 4～6h，以小于 40℃/h 的速度随炉冷却至 500℃以下出炉空冷。退火组织为片状珠光体及块状分布的铁素体。退火状态的硬度为 197～241HBW。

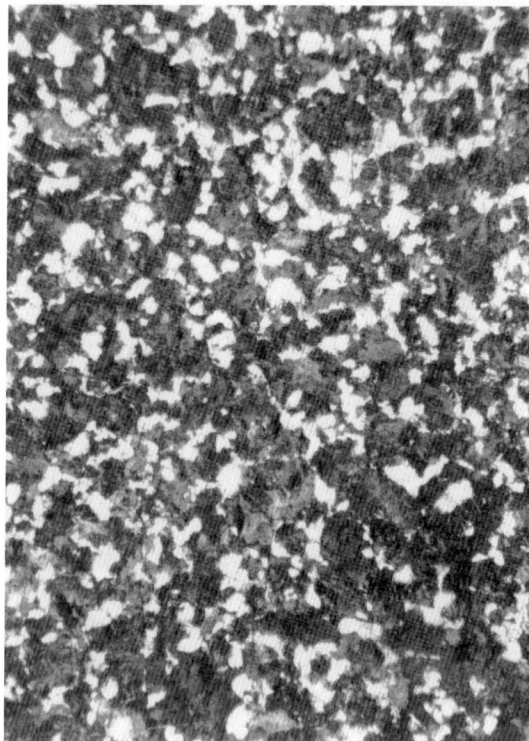

图　　4-4-17　　　　　　　　　　　100×

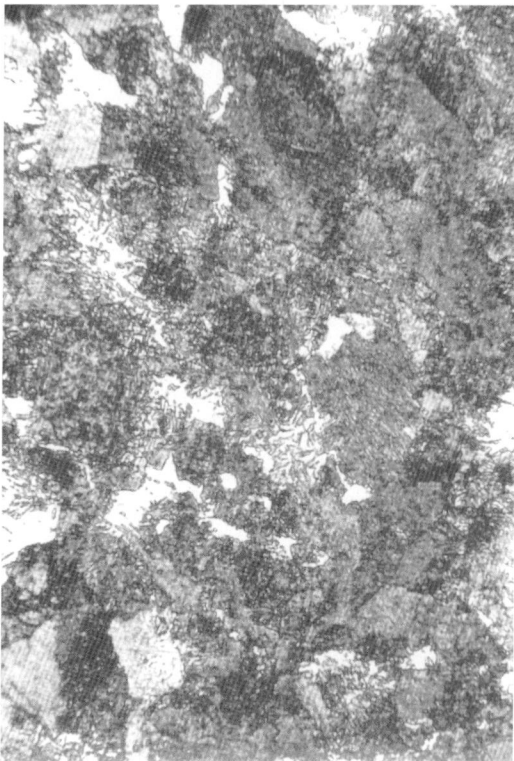

图　　4-4-18　　　　　　　　　　　500×

图　　号：4-4-18

材料名称：5CrNiMo 钢

浸 蚀 剂：4%硝酸酒精溶液

处理情况：退火状态

组织说明：基体为细片状珠光体及白色条块状铁素体。

本图为图 4-4-17 放大 500 倍后的组织。基体中珠光体较为细密，使钢具有良好的强度，但硬度略高。

5CrNiMo 钢钢经轧制或锻造后，在钢坯中常会出现顺加工方向分布的纤维组织，它将导致钢坯的力学性能具有方向性：沿轧制方向的冲击韧度和塑性较高，垂直于轧制方向的冲击韧度和塑性却较低。这种不均匀性的组织，势必降低模具的使用寿命。为了改善这种情况，钢坯在锻造时应交替进行拔长、镦粗至少 2～3 次，这样才能使钢坯制成的模具获得理想的力学性能。

图　　号：4-4-19

材料名称：5CrNiMo 钢

浸 蚀 剂：4%硝酸酒精溶液

处理情况：840℃加热保温后油冷淬火

组织说明：针状马氏体及极少量残留奥氏体。硬度
　　　　　为 52～54HRC。

　　5CrNiMo 钢的临界点 Ac_1 为 710℃；Ac_3 为
770℃，M_s 点为 210℃，正常淬火温度应为 830～
860℃。由于 5CrNiMo 钢钢具有很高的淬透性，
因此淬火介质可采用油或低温硝盐。为了减少淬
火应力和变形，工件（模具）加热后应预冷到
750～780℃后再淬火，淬入油中后应在 150～
200℃时出油，以防止模具内存在大的内应力而
引起开裂，出油后需立即回火，不允许冷到室温
再回火，以防止模具开裂。

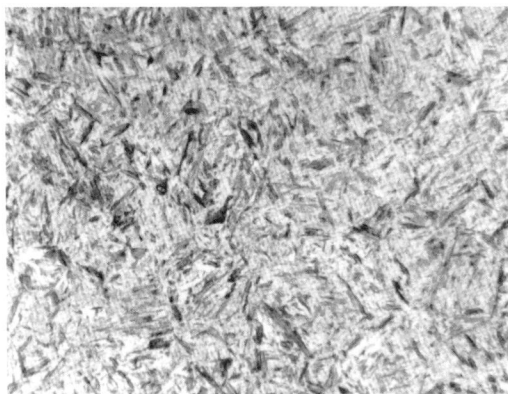

图　4-4-19　　　　　　　　　　　　　　500×

图　　号：4-4-20

材料名称：5CrNiMo 钢

浸 蚀 剂：4%硝酸酒精溶液

处理情况：860℃加热保温后油冷淬火

组织说明：针状马氏体及极少量残留奥氏体。硬度
　　　　　为 53～55HRC。

　　选择较高的淬火温度，可使合金元素在钢中
充分溶解，这样模具在淬火、回火后即能获得良
好的综合力学性能，显著地提高使用寿命。但是，
并非所有模具都能选择高的淬火温度，需视模具
的尺寸而定。一般来说，大型锻模虽然经过锻造，
但其组织均匀性肯定不如小型模具好，为了保证
大型锻模在淬火时合金元素得到充分溶解，此时
就应该选用较高的淬火温度。

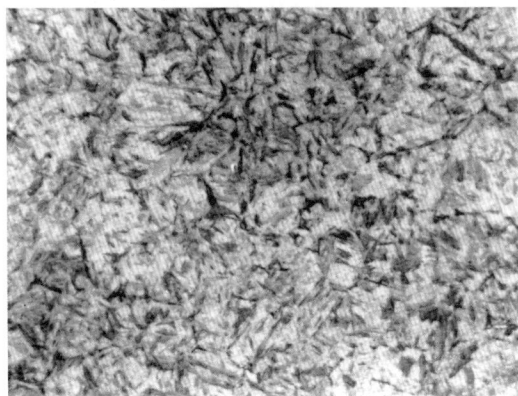

图　4-4-20　　　　　　　　　　　　　　500×

图　　号：4-4-21

材料名称：5CrNiMo 钢

浸 蚀 剂：4%硝酸酒精溶液

处理情况：900℃加热保温后油冷淬火

组织说明：较粗大针状马氏体及少量残留奥氏体。
　　　　　硬度为 54～56HRC。

　　采用过高的温度淬火，虽然可使合金元素充
分地溶入奥氏体，但是此时奥氏体晶粒将明显长
大，使钢产生过热，淬火后即获得粗大的马氏体
组织。它将使钢的脆性增大，促使锻模早期失效。

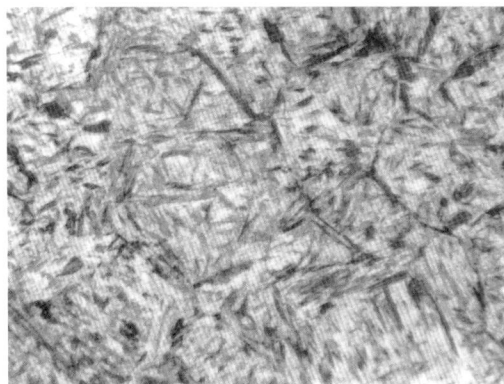

图　4-4-21　　　　　　　　　　　　　　500×

图　　号：4-4-22

材料名称：5CrNiMo 钢

浸 蚀 剂：4%硝酸酒精溶液

处理情况：840℃加热后油冷淬火，200～250℃出油后立即置于 250℃炉中保温，而后升温至 460℃回火 20min 出炉空冷

组织说明：基体为回火托氏体，其上有一滩滩浅黄色的回火马氏体组织区。硬度为 46～49HRC；a_K 为 19.9～24.5J/cm^2。

　　根据热锻模的尺寸和工作条件的不同，应采取不同温度的回火以达到消除淬火应力、稳定组织与尺寸的目的。本图由于回火保温时间不够，以至有一小部分马氏体仅得到回火，而未能分解为均匀的回火托氏体组织，故模具的硬度不但偏高而且不均匀。这种回火不充分的模具在使用时容易产生脆性断裂事故。

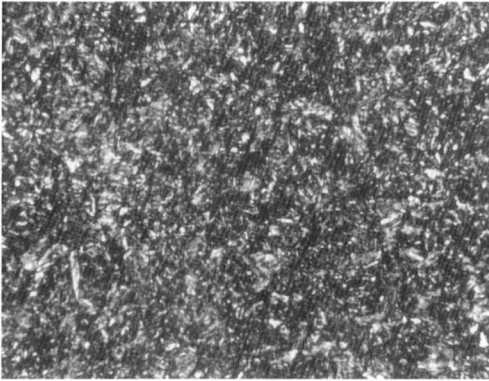

图　　4-4-22　　　　　　　　　500×

图　　号：4-4-23

材料名称：5CrNiMo 钢

浸 蚀 剂：4%硝酸酒精溶液

处理情况：840℃加热后油冷淬火，200～250℃出油后立即置于 250℃炉中保温，而后升温至 460℃回火 2h

组织说明：均匀而细小的回火托氏体组织。硬度为 41～44HRC；a_K 为 29.4～34.3J/cm^2。

　　为小型锻模工作面正常淬火、回火后的显微组织。不同尺寸锻模的工作面，其回火温度与硬度值要求如下表：

锻模类型及尺寸/mm	回火温度/℃	硬度 HRC
小型锻模<250	450～500	444～387
中型锻模 250～400	500～540	415～369
大型锻模>400	540～580	364～321

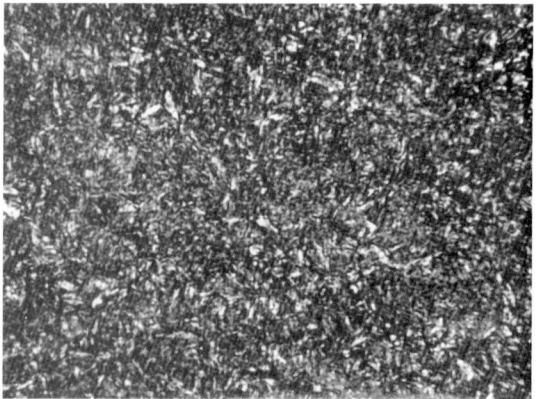

图　　4-4-23　　　　　　　　　500×

图　　号：4-4-24

材料名称：5CrNiMo 钢

浸 蚀 剂：4%硝酸酒精溶液

处理情况：840℃加热保温油冷淬火，200～250℃出油空冷，然后于 580℃回火 2h

组织说明：基体为均匀细小的回火索氏体。硬度为 34HRC；a_K 为 73.5～78.4J/cm^2。

　　为大型锻模工作面正常淬火、回火后的显微组织。

　　大型锻模在热处理后变形较大，所以都在淬火、回火后再进行机械加工，为了便于加工，模具表面的硬度要求低一些。而中、小型锻模的机械加工在淬火前已大体完成，仅在回火后再对模具表面进行一次精磨，故模具表面的硬度可稍高。

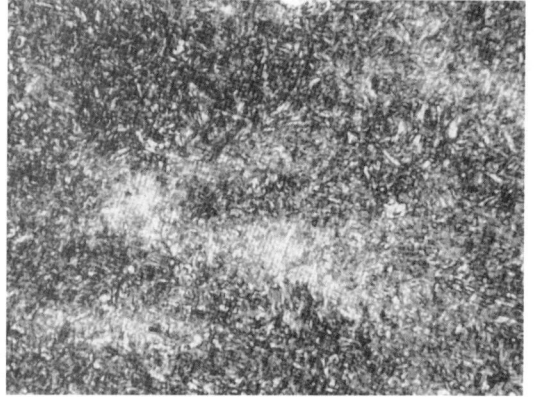

图　　4-4-24　　　　　　　　　500×

图　　号：4-4-25
材料名称：5CrNiMo 钢
浸 蚀 剂：4%硝酸酒精溶液
处理情况：860℃加热保温后油冷淬火，250℃出油
　　　　后空冷，420℃回火
组织说明：回火托氏体及少量回火马氏体。硬度为
　　　　46HRC。
　　　　由于回火温度过低，致使基体组织中尚保留
极少量的回火马氏体，此时模具的硬度偏高。
　　　　锻模淬火后具有较大的内应力，故不能直接
加热至回火温度，以免开裂。为此可先将模具在
350～400℃炉内均热，待热透后再升至回火温
度。回火保温时间可按 1.5～2min/mm 来确定。

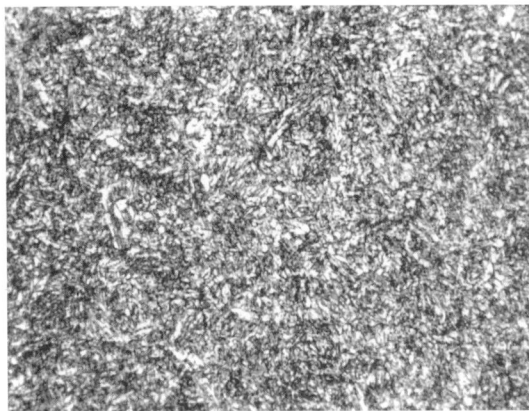

图　　4-4-25　　　　　　　　　　　　　　500×

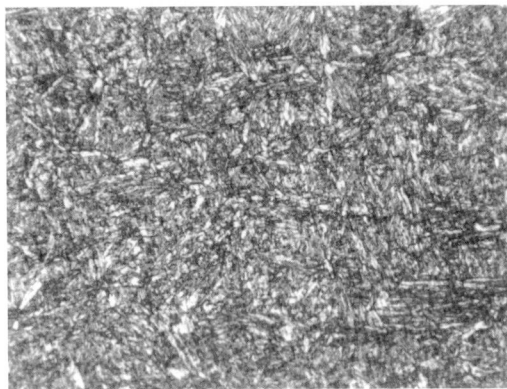

图　　4-4-26　　　　　　　　　　　　　　500×

图　　号：4-4-26
材料名称：5CrNiMo 钢
浸 蚀 剂：4%硝酸酒精溶液
处理情况：860℃加热保温后油冷淬火，250℃出油
　　　　后空冷，500℃回火
组织说明：回火托氏体。硬度为38HRC。
　　　　为中型锻模淬火、回火后的显微组织。
　　　　为了防止第二类回火脆性，可在回火后采用油
冷，当油冷至 100℃左右时即出油槽。回火油冷也
会产生内应力，为此可在 190～200℃温度下再补
充回火一次。

图　　号：4-4-27
材料名称：5CrNiMo 钢
浸 蚀 剂：4%硝酸酒精溶液
处理情况：860℃加热保温后油冷淬火，250℃出
　　　　油后空冷，610℃回火
组织说明：基体为回火索氏体。硬度为 33～34HRC。
　　　　热锻模燕尾部分是直接与锻锤锤杆连接的，
在生产中，该处常因硬度太高而发生脆性断裂，
故这一部分可以提高回火温度，以提高其韧性。
按锻模尺寸不同，锻模燕尾部分的回火温度和硬
度值要求也不同，见下表：

锻模类型及尺寸/mm	回火温度/℃	硬度 HRC
小型锻模<250	580～610	364～321
中型锻模 250～400	580～610	340～302
大型锻模>400	650～680	302～255

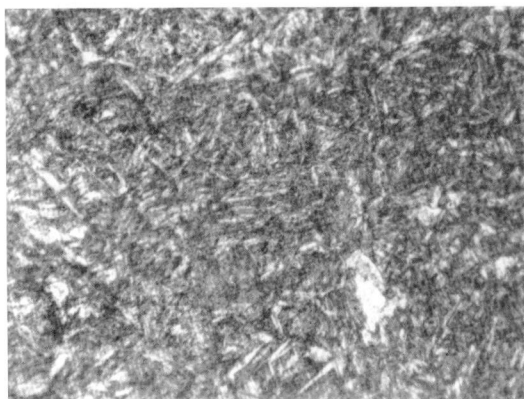

图　　4-4-27　　　　　　　　　　　　　　500×

图　　号：4-4-28

材料名称：5CrNiMo 钢

浸 蚀 剂：未浸蚀

处理情况：860℃加热油冷淬火，　580℃回火

组织说明：脆性断裂。锻模在使用中发生断裂，断口宏观下几乎没有发生塑性变形，断面有金属光泽，呈晶状或瓷状。脆性断裂系拉应力下引起穿晶分离的。这种分离发展很快，且沿一定的晶面发生断裂，该晶面即为解理面，这种断口即称为解理断口。脆性金属在高应力作用下或在应力集中点（例如有缺口存在）有助于解理断口发生。脆性解理断裂一旦开始，就会以很大的速度（与声速同一数量级）传遍整个截面，实际上是很难阻止和预测的。因此，解理断裂常造成灾难性的破坏。

　　图示宏观脆性断面呈人字纹或鱼背骨状，人字纹顶端指向裂源。

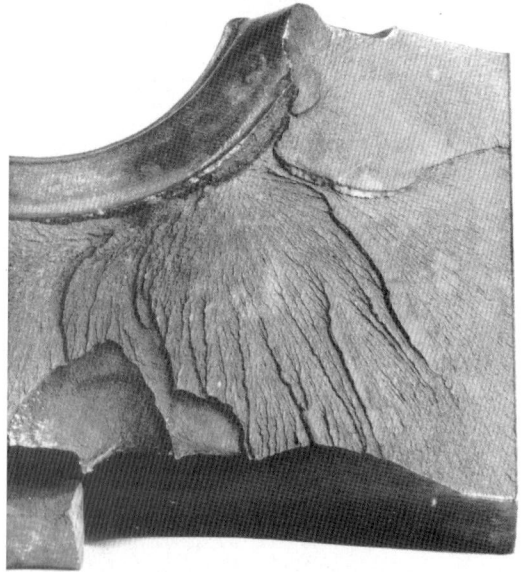

图　　4-4-28　　　　　　　　　　实物断口

图　　4-4-29　　　　　　　　500×

图　　号：4-4-29

材料名称：5CrNiMo 钢

浸 蚀 剂：4%硝酸酒精溶液

处理情况：同图 4-4-28，860℃加热油冷淬火，580℃回火

组织说明：脆性断裂。保留粗大马氏体痕迹的索氏体。

　　在上述失效锻模裂源处取样做金相分析，结果基体组织为经高温回火的索氏体，组织极为粗大，而且锻模的奥氏体晶粒也很粗大。由此可以说明，锻模的淬火加热温度过高（约为 950℃），致使模具严重过热。淬火、回火后，锻模因具有粗大晶粒而呈脆性，在第一次使用时，稍一承受应力即可发生断裂事故。

图　4-4-30　　　　　　　　　　　　　　　　　　实物

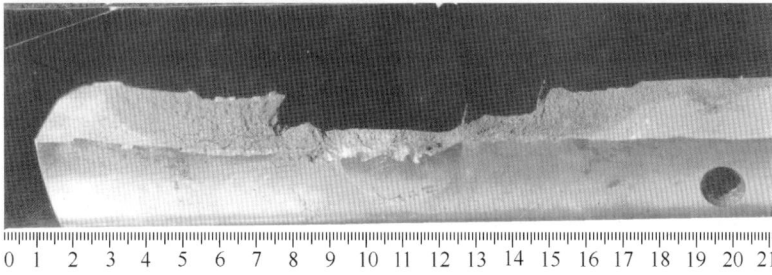

图　4-4-31　　　　　　　　　　　　　　　　　　实物

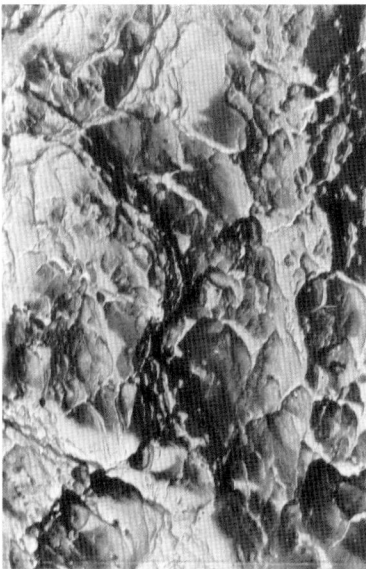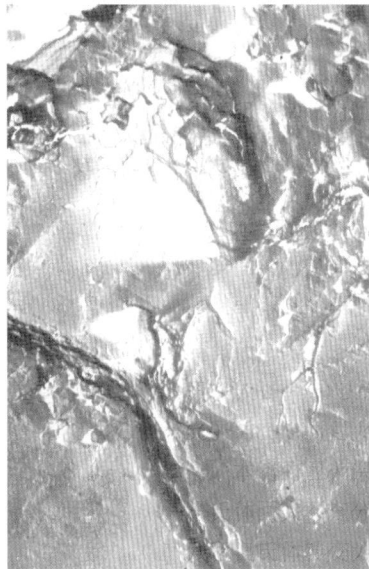

图　4-4-32　二次复型　　5000×　　图　4-4-33　二次复型　　3000×　　图　4-4-34 二次复型 4000×

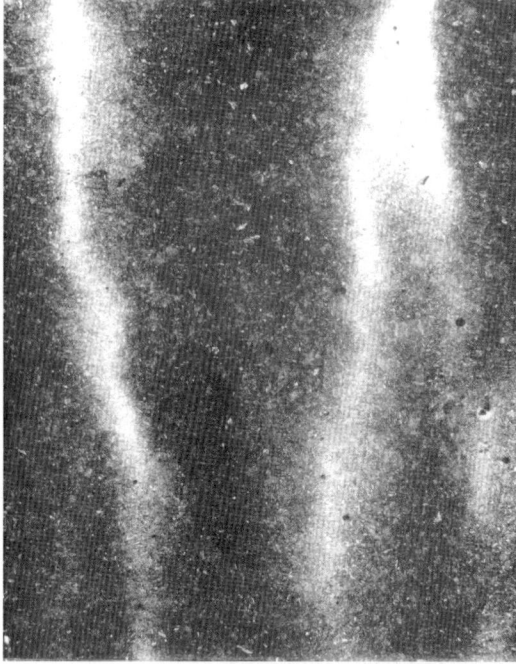

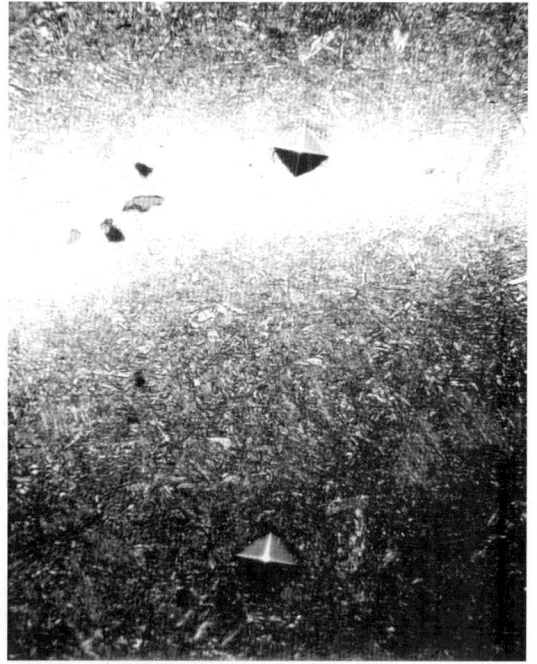

图　4-4-35　　　　　　　　　　　80× 　图　4-4-36　　　　　　　　　　400×

图　　号：4-4-30～4-4-36

材料名称：5CrNiMo 钢。

浸　蚀　剂：图 4-4-30～图 4-4-34 未浸蚀。图 4-4-35、图 4-4-36 经 4%硝酸酒精溶液浸蚀

处理情况：锻造后，坯料经 780℃加热保温 3～4h，随炉降至 680℃再保温 3～4h，炉冷至 500℃出炉空冷；又经 840℃加热保温油冷淬火，600～640℃回火。机械加工成形，将其装在木炭粉铁箱中密封后升温至 600℃保温 3～4h 预热，然后升温至 840℃保温 4h，迅速开箱取出模具并预冷至 760℃，而后淬入 50℃热油中，待模具冷至 250℃，立即出油，并置入 250℃炉中保温 2h，然后再升温至 460℃进行回火处理，回火后出炉空冷。

　　　　　模具硬度为 45HRC，符合图样要求

组织说明：强度不够，引起开裂。

　　　　图 4-4-30：5CrNiMo 钢制铝合金热锻模对半裂开之断口，裂纹起始于锻模腔底部中心，见图中箭头所指。晶粒细小且平整，似一剪切断口，然后裂纹自中心向两侧以波浪层状发展，呈人字形，模具断口四周为剪切唇区，是模具最后断裂的部分。

　　　　图 4-4-31：模具底部中心（即壁厚最薄处），有 ϕ40mm 因塑性变形而凸起的部分，其大小恰与模架中心的工艺孔相吻合。

　　　　图 4-4-32～图 4-4-34 分别为裂源、裂纹快速扩展区以及边缘剪切唇区断口覆膜电镜照片。裂源断口有明显的塑性变形特征；裂纹快速扩展区断口为解理和韧性晶间断裂两种微观特征；切剪唇区的断口为明显的韧窝。

　　　　上述三个区域组织大致相仿，均有较明显的树枝偏析。基体为回火托氏体，偏析处为淬火马氏体，从显微硬度压痕大小也可明显区别这两部分的组织不同，分别见图 4-4-35 及图 4-4-36 所示。

　　　　由上述各区的断口特征及显微组织说明，锻模存在的树枝状偏析，为模坯锻压比不足所造成。模具淬火、回火工艺基本正常。从模具的结构及使用情况来看。断裂发生于壁厚最薄的型腔底部，该处且有明显的塑性变形。由此说明，该处强度最为薄弱，当锻造铝合金零件时，该处承受负荷最大，恰恰又处在模架中心孔处。当承受载荷时，无支承作用，所以该锻模在使用数百次后，即由于强度不够而产生塑性变形，最后导致断裂。

图　　号：4-4-37

材料名称：5CrNiMo 钢

浸 蚀 剂：4%硝酸酒精溶液

处理情况：淬火

组织说明：纤维组织。合金元素偏析导致组织不均
　　　匀。退火后因元素偏析而出现带状组织，淬火后
　　　就变成图中的纤维状组织。其中晶粒的大小、马
　　　氏体的粗细都随纤维的分布而变化，甚至有一条
　　　带中的组织还保留着未淬火的状态。组织不均匀
　　　使组织应力更大，这是中型模具早期失效的重要
　　　原因。

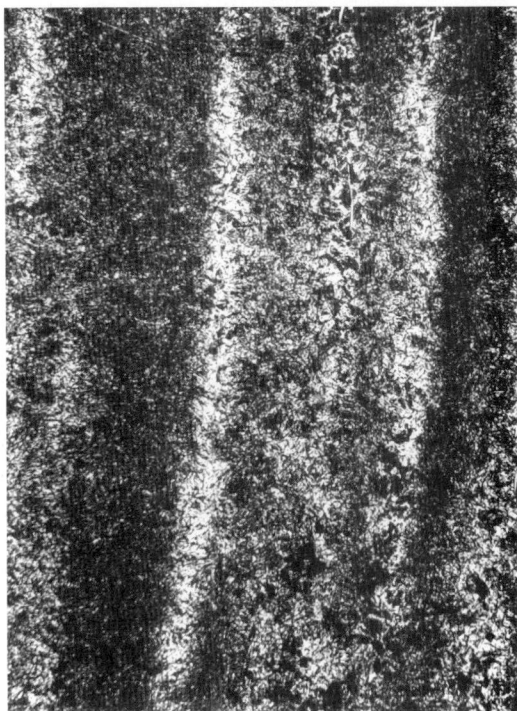

图　4-4-37　　　　　　　　　　　　　　　　100×

图　4-4-38　　　　　　　　500×

图　　号：4-4-38

材料名称：5CrNiMo 钢

浸 蚀 剂：4%硝酸酒精溶液

处理情况：850℃加热淬火，500℃回火

组织说明：本图系开裂模具的中心部分组织，黑色
　　　组织都是贝氏体，针状是下贝氏体，成排分布的
　　　是上贝氏体，板条状的是过渡型的贝氏体，灰白
　　　色背影是从等温槽中取出空冷时形成的马氏体和
　　　残留贝氏体，模具心部转变成上贝氏体是模具早
　　　期失效的重要原因。

　　　模具淬火时，为防止开裂往往带温回火，致
　　　使模具中心未冷到 M_s 点以下就从等温槽中取出
　　　并回火，致使模具心部转变成上贝氏体。

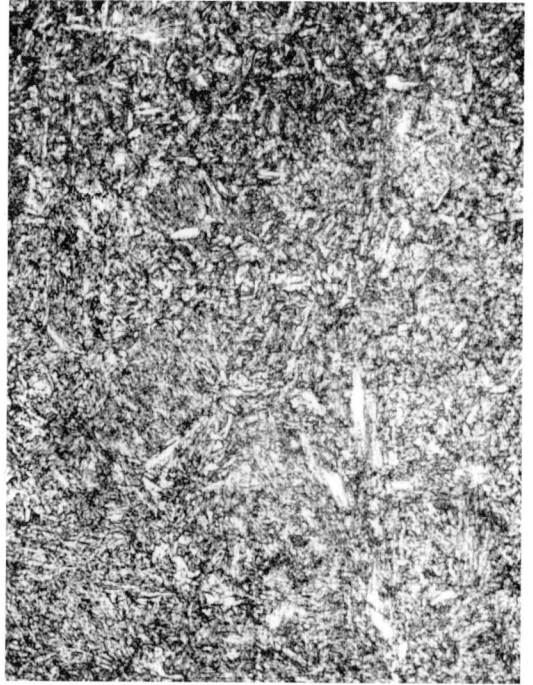

图　4-4-39　　　　　　　　　　500×　　图　4-4-40　　　　　　　　　500×

图　　号：4-4-39、4-4-40

材料名称：5CrNiMo 钢

浸 蚀 剂：4%硝酸酒精溶液

处理情况：图 4-4-39 是 870℃加热后油冷淬火，图 4-4-40 是 870℃加热后油冷淬火，500℃回火

组织说明：图 4-4-39：是常规淬火组织，为淬火马氏体+少量残留奥氏体［约为 8%（体积分数）］，硬度为 61.4HRC。

图 4-4-40：是回火组织，为回火索氏体+回火托氏体，硬度为 400HBW。

5CrNiMo 钢是传统的热锻模用钢，韧性好而热强性稍差，当温度高于 400℃后，钢的屈服强度将急剧下降，因此只适用于服役条件不超过 400℃的模具。

推荐采用复合工艺：880℃加热后油冷至 150～200℃，使形成少量马氏体后再转入 280～300℃等温槽中等温 2～3h，使模具均温，避免形成上贝氏体，再进行回火处理。这样的模具就能获得最理想的综合力学性能。

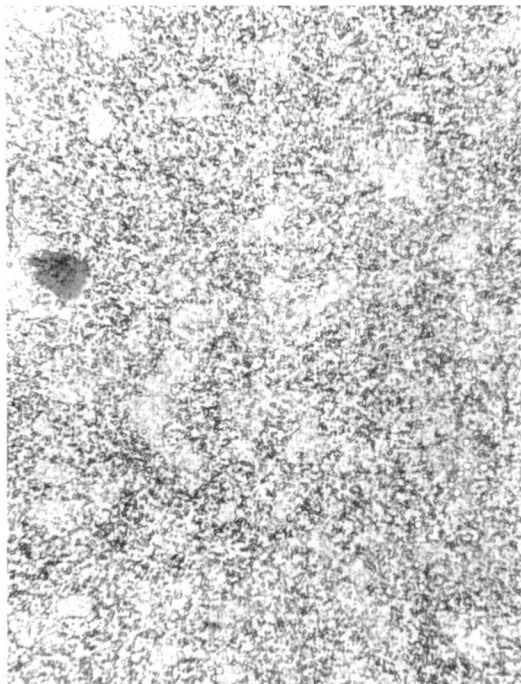

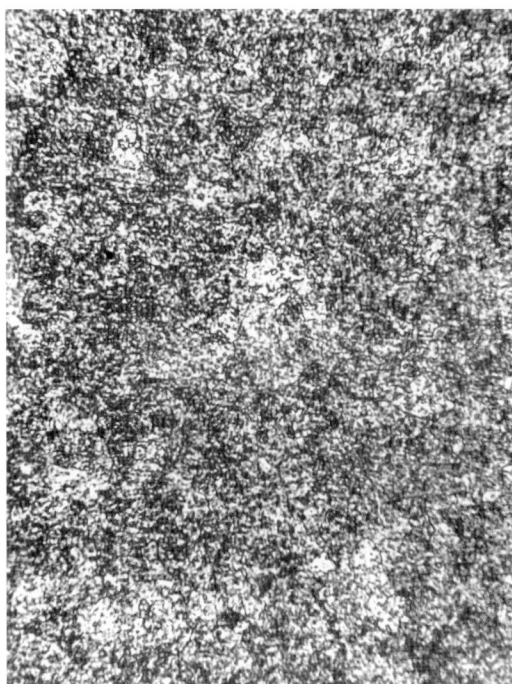

图　4-4-41　　　　　　　　　　　　500×　　图　4-4-42　　　　　　　　　　　　500×

图　　号：4-4-41、4-4-42

材料名称：3Cr2W8V 钢 [w（C）0.3%～0.4%，w（Cr）2.2%～2.7%，w（W）7.5%～9.0%，w（V）0.2%～0.5%，w（Si）≤0.35%，w（Mn）0.2%～0.4%，w（S）≤0.03%，w（P）≤0.03%]

浸蚀剂：4%硝酸酒精溶液

处理情况：图 4-4-41 是 770℃加热保温 4h 后炉冷；图 4-4-42 是 920℃加热 2h 后炉冷

组织说明：图 4-4-41 球粒状珠光体及均匀分布的颗粒状二次碳化物，硬度为 220HBW；图 4-4-42 细索氏体基体上分布有颗粒状二次碳化物，硬度为 260HBW。

3Cr2W8V 钢是目前普遍应用的压铸模用钢，它的含碳量较低，具有良好的导热性和高的韧性。较高的含钨量，可形成稳定的含钨碳化物，有利于提高钢的耐回火性，并使回火中析出的碳化物起到二次硬化的作用，使钢具有较好的热硬性。此外，钨元素还能提高钢的耐腐蚀性能。钒可以细化晶粒，形成VC，以提高钢的耐磨性，钒元素还有改善韧性的作用，在回火时，钒元素可加强钨在回火过程中的二次硬化效果。铬的作用主要是提高淬透性，并能提高钢的抗氧化性能。由于 Cr、W、V 等合金元素的综合作用，使 3Cr2W8V 钢具有较高的高温力学性能和耐热疲劳性能，它在 600～650℃温度下 R_m 可达1176 N/mm² 以上，硬度可达 250～300HBW，截面在 100mm 以下的钢可以完全淬透。因此，3Cr2W8V钢适于制造浇铸较高熔点的有色金属及其合金的压铸模，以及工作负荷较重的热顶锻模和热挤压模。

但由于钢中含有大量的合金元素，使共析点 S 明显地右移，因此 3Cr2W8V 钢属过共析钢。为了改善钢中的冶金缺陷和保证组织致密，一般在制造模具前先进行锻造。锻造时，加热应缓慢，且应经过预热，防止加热不均匀，造成开裂和锻造时产生不均匀变形。3Cr2W8V 钢锻件的硬度较高，切削加工困难，为此在锻后一般均应采用不完全退火。

图　　号：4-4-43

材料名称：3Cr2W8V 钢

浸 蚀 剂：4%硝酸酒精溶液

处理情况：1080℃加热后淬入 420℃硝盐中分级，空
　　　　　冷，再经 580℃保温 60min 回火 2 次

组织说明：回火马氏体弥散分布的碳化物，在晶界
　　　　　上碳化物较密集。硬度为 45HRC。

　　　　为正常的淬火、回火组织。

　　　　由于 3Cr2W8V 钢含有钨、铬、钒等合金元素，
且其总量较高，因此不仅使奥氏体等温转变图向
右移，而且其形状也有明显的改变，出现两个鼻
子。模具在此温度区间进行分级淬火，可获得小
的变形量。精密模具应采用二次分级淬火：第一
次为 860℃，第二次在 570℃分级，然后空冷，可
显著地减少模具的淬火应力和变形。对于形状复
杂、尺寸较小的模具，可采用 560～620℃一次分
级淬火。

　　　　本例所选用的淬火分级温度太低，因为在 420℃
时过冷奥氏体不及 570℃分级时来得稳定。

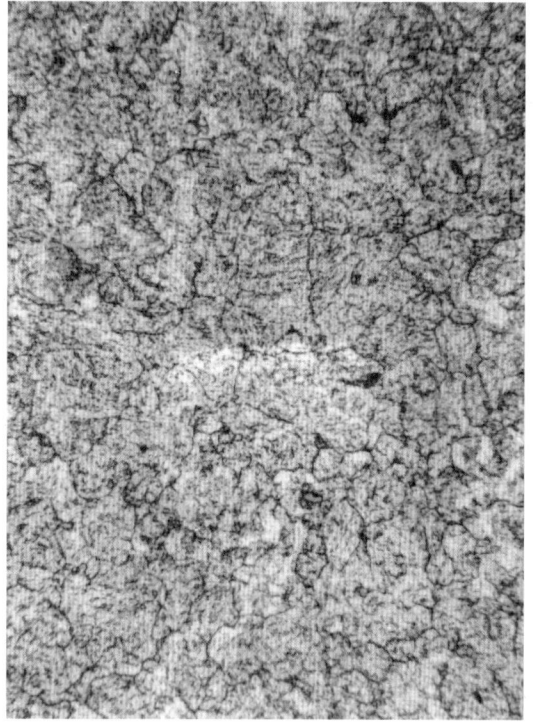

图　　4-4-43　　　　　　　　　　　　　500×

图　　号：4-4-44

材料名称：3Cr2W8V 钢

浸 蚀 剂：4%硝酸酒精溶液

处理情况：1120℃加热保温后淬入 420℃硝盐中分
　　　　　级，空冷，再经 580℃回火 2h

组织说明：回火马氏体、少量残留奥氏体和极少量
　　　　　颗粒状二次碳化物，在回火马氏体基体中尚有一
　　　　　部分回火不充分的马氏体（浅黄色），硬度为
　　　　　47HRC。

　　　　提高温度进行淬火，可使钢中绝大多数碳化
物发生溶解，奥氏体合金化程度明显提高，M_s 点
显著下降，淬火后将获得比正常淬火为多的残留
奥氏体，同时还将得到粗大的马氏体组织。回火
处理后，虽有一部分奥氏体在冷却时转变为淬火
马氏体，但尚有一小部分被保留下来。同时淬火
马氏体将在回火过程中析出弥散分布的碳化物颗
粒。在上述两个过程的综合作用下，使模具的硬
度明显上升，脆性增大，在使用过程中易产生脆
性开裂。为此可补充一次回火处理，使马氏体充
分回火，以提高模具的韧性。

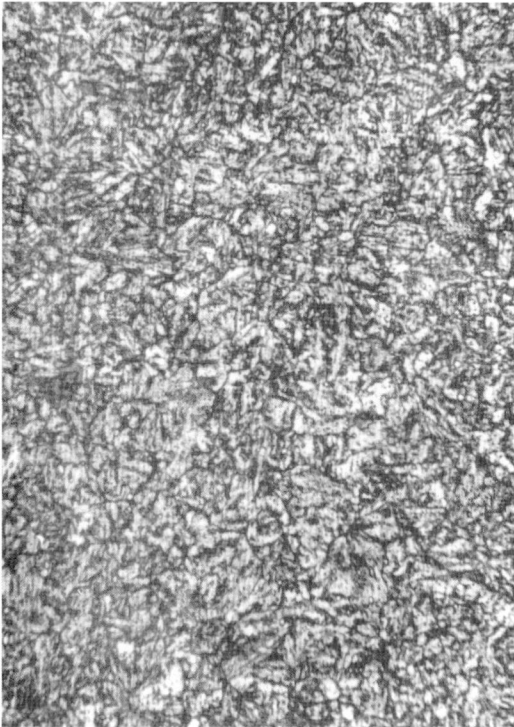

图　　4-4-44　　　　　　　　　　　　　500×

图　　号：4-4-45

材料名称：3Cr2W8V 钢

浸 蚀 剂：4%硝酸酒精溶液

处理情况：1150℃加热保温后淬入硝盐中分级，
　　　　　空冷

组织说明：马氏体、少量残留奥氏体和极少量颗粒
状二次碳化物，硬度为 51HRC。

当淬火温度提高到 1150℃时，基体中铬的碳
化物已完全溶解，钨和钒的碳化物开始大量溶入
基体，使奥氏体的合金化程度大大提高，奥氏体
晶粒虽已开始长大但还不显著。采用这种工艺处
理后，可明显提高钢的热硬性、热强度以及耐回
火性，从而有利于提高热顶锻模具的使用寿命。
目前生产上对热强度要求高的锻模，已开始采用
高温淬火、回火的热处理工艺。

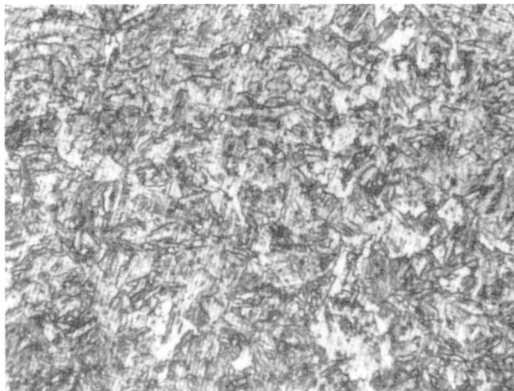

图　4-4-45　　　　　　　　　　　　　　500×

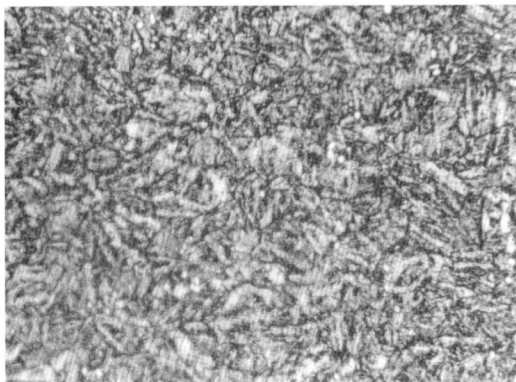

图　4-4-46　　　　　　　　　　　　　　500×

图　　号：4-4-46

材料名称：3Cr2W8V 钢

浸 蚀 剂：4%硝酸酒精溶液

处理情况：1175℃加热保温后淬火，620℃回火
　　　　　5min

组织说明：基体为稍受回火的马氏体，少量残留奥
氏体和极少量颗粒状二次碳化物。硬度为 52HRC。

1175℃加热淬火后，奥氏体晶粒明显长大；
所获得的马氏体针叶也更粗大，残留碳化物不但
小，而且数量明显减少；残留奥氏体数量则显著
增多。高温回火时，过饱和马氏体除析出大量钒
和钨的高弥散度碳化物外，还有一部分残留奥氏
体转变为回火马氏体，使钢产生二次硬化。本例
工件的回火时间太短，致使基体回火不充分，故
硬度偏高。

图　　号：4-4-47

材料名称：3Cr2W8V 钢

浸 蚀 剂：4%硝酸酒精溶液

处理情况：1175℃加热保温后分级淬火，再经 620℃
保温 2h 回火 2 次

组织说明：基体为回火马氏体及极少量颗粒状二次
碳化物，晶界处析出的碳化物较密集。硬度为
47HRC。

采用二次高温回火处理，使马氏体中碳化物
析出较充分，同时使由残留奥氏体转变的淬火马
氏体得到充分的回火。由于回火的保温时间较长，
晶界处碳化物有聚集现象。马氏体的针叶轮廓也
较模糊。根据上述几种原因，致使工件的韧性有
明显的提高，硬度显著下降。本例属于过回火的
显微组织。

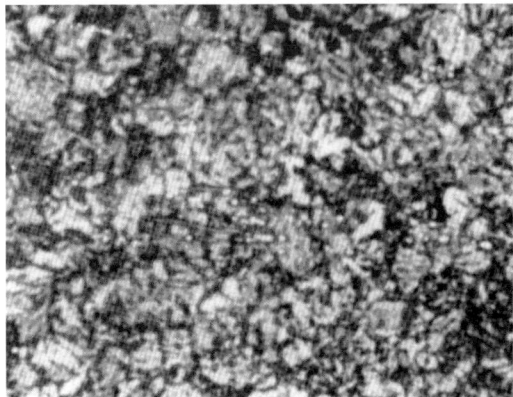

图　4-4-47　　　　　　　　　　　　　　500×

图　　号：4-4-48

材料名称：3Cr2W8V 钢

浸 蚀 剂：4%硝酸酒精溶液

处理情况：960℃加热保温 6min 后淬入 260℃硝盐
中 4min 后空冷

组织说明：在马氏体基体上分布有少量点状珠光体
及颗粒状碳化物。

　　　　为欠热淬火的显微组织，硬度为 43HRC。

　　　　由于淬火加热温度较低，除一部分铬的碳化
物溶入奥氏体外，钨和钒的碳化物基本上未溶入
奥氏体，因此奥氏体的合金化不充分，所以得到
的组织也不均匀，基体马氏体有亮、暗区之分。
同时，原始组织中尚有少量点状珠光体未溶解，
致使工件硬度偏低，热硬性不高，这种组织在回
火时耐回火性也较差。

　　　　3Cr2W8V 钢 Ac_1 为 820～830℃；Ac_3 为 1100℃，
Ar_1 为 790℃，M_s 为 330～380℃。

　　　　3Cr2W8V 钢的奥氏体化温度应为 1050～
1100℃，低于 1050℃加热的淬火工艺在生产上极
少采用。

图　　4-4-48　　　　　　　　　　　　　500×

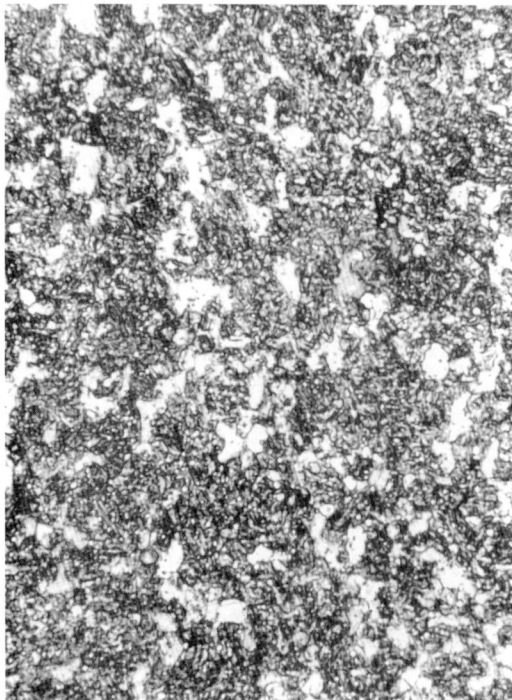

图　　4-4-49　　　　　　　　　　500×

图　　号：4-4-49

材料名称：3Cr2W8V 钢

浸 蚀 剂：4%硝酸酒精溶液

处理情况：1020℃加热保温后淬入 260℃硝盐中
4min 后空冷

组织说明：黄褐色基体为马氏体和少量残留奥氏体，
其上分布有颗粒状二次碳化物和未溶解的大块铁
素体。硬度为 32HRC。

　　　　由于退火状态的钢材边缘处存在着脱碳，工
件的淬火加热温度又偏低，表面脱碳层中的大部
分铁素体未被溶解，分级淬火后金属基体上的颗
粒状二次碳化物和大块铁素体仍保留下来，从而
使工件的硬度达不到要求。

　　　　模具表面脱碳组织的存在，将显著降低模具
的耐磨性、耐腐蚀性和热硬性，在使用中容易发
生腐蚀和磨损，从而影响模具的使用寿命，所以
脱碳是模具产品不允许存在的缺陷。

图　　号：4-4-50

材料名称：3Cr2W8V 钢

浸 蚀 剂：4%硝酸酒精溶液

处理情况：1080℃加热保温后淬入 420℃硝盐中
4min 后空冷

组织说明：基体为马氏体、少量残留奥氏体以及粒
状碳化物，在马氏体基体上尚分布有少量贝氏体
组织，硬度为 40HRC。

　　随着淬火温度的提高，虽然钢的硬度及强度
能继续升高，但由于晶粒的长大，钢的塑性及韧
性则相应地下降。对要求热强性较高的压铸模，
可采用上限淬火温度，使合金碳化物得到充分地
溶解，以保证淬火后能具有良好的热硬性和硬度。
对要求承受较大冲击载荷的压铸模或热锻模，可
采用下限淬火温度，以期模具能获得足够的韧性。

　　由于分级淬火时在硝盐中停留时间稍长，致
使有部分过冷奥氏体发生贝氏体分解，一般来说
将使工件的硬度明显下降。

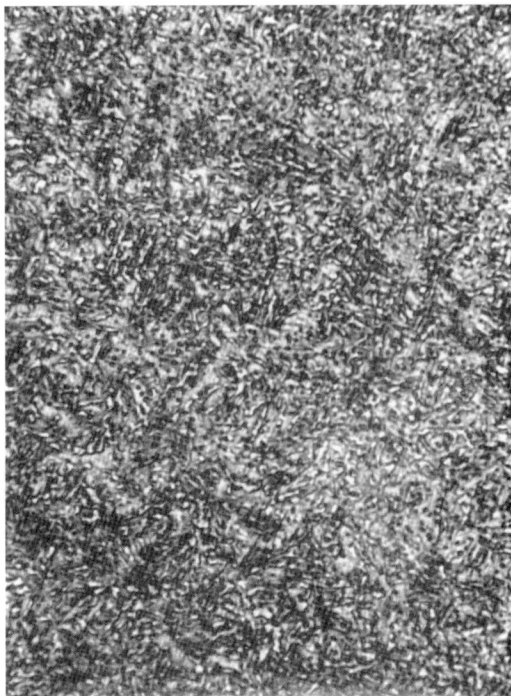

图　4-4-50　　　　　　　　　　　　500×

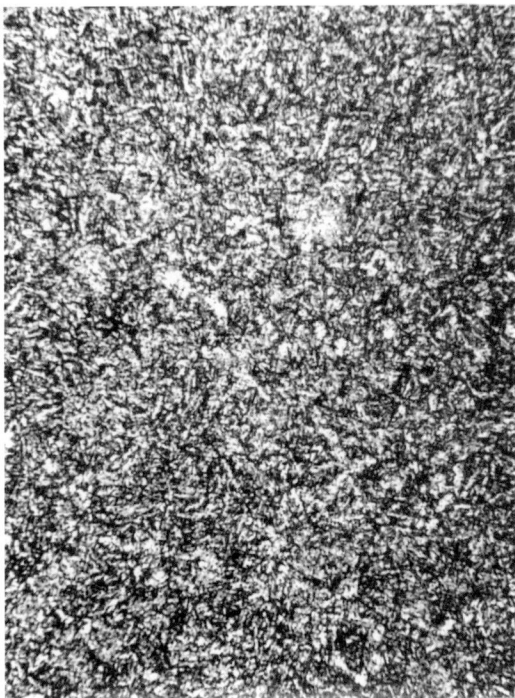

图　4-4-51　　　　　　　　　　500×

图　　号：4-4-51

材料名称：3Cr2W8V 钢

浸 蚀 剂：4%硝酸酒精溶液

处理情况：1080℃加热保温后淬入 420℃硝盐中
4min 后空冷，再经 580℃回火 5min

组织说明：基体为回火不充分的马氏体及少量未溶
解的粒状碳化物。在基体中呈浅黄色和白色的部
分为淬火马氏体，硬度为 56HRC。

　　在 1080℃淬火后，马氏体中能固溶足够的碳
和合金元素，使在回火时能析出高度弥散和高硬
度的钨及钒的碳化物，导致钢在回火时产生二次
硬化效应。3Cr2W8V 钢回火时的二次硬化效应一
般在 550～600℃最为强烈。因此，生产中常采用
560～580℃的回火温度来进行回火处理。

　　本例的回火保温时间太短，导致原先淬火的
马氏体回火不充分；同时在回火冷却时有一部分
残留奥氏体转变为回火马氏体。由于上述两个原
因，致使钢的二次硬化更为显著。

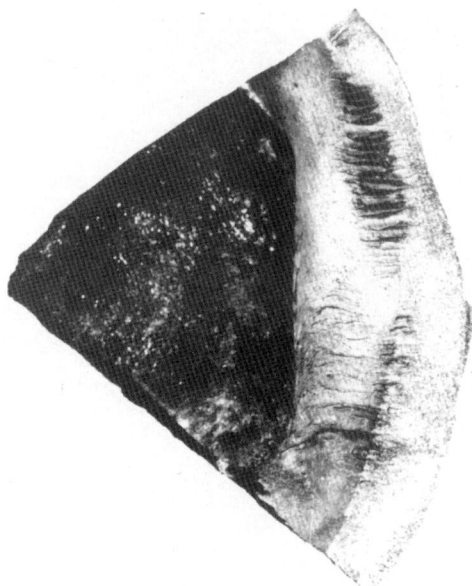

图　4-4-52　　　　　　　　　锻件断口　　图　4-4-53　　　　　　　实物碎片

图　　号：4-4-52～4-4-56

材料名称：3Cr2W8V 钢

浸 蚀 剂：图 4-4-52、图 4-4-53：未浸蚀；图 4-4-54、图 4-4-55：4%硝酸酒精溶液；图 4-4-56：经含少量海鸥洗涤剂的饱和苦味酸水溶液浸蚀

处理情况：1050℃加热后淬火，500℃回火，硬度为 52HRC

组织说明：因淬火过热造成的开裂。

　　3Cr2W8V 钢制曲线齿锥齿轮热锻模，在第一次模锻时即发生开裂。从图 4-4-52 所示的断口可以看出，锻模心部断口呈黄褐色的回火色，边缘亮白色为脆性断口，晶粒粗大。由心部断口的回火色泽说明，模具心部在回火前已发生开裂。边缘亮白色断口是模具在使用受力时扩展的脆性断口。图 4-4-53 是锻模侧面碎块的断口，晶粒粗大，系明显的脆性断口。

　　取样做金相检验，基体为粗大针状回火马氏体及少量细小颗粒碳化物，马氏体不仅粗大而且成排分布，说明模具的实际淬火加热温度已严重过热，如图 4-4-54 所示。此外，在部分晶界处有网状分布的碳化物析出，浸蚀后呈亮白色，如图 4-4-55 所示。

　　试样抛光后经含少量海鸥洗涤剂的饱和苦味酸水溶液浸蚀，显示出晶粒粗大，属 2 号晶粒，如图 4-4-56 所示。

　　由粗大的显微组织可以推知，锻模的实际淬火温度已大大超过 1050℃，呈现严重的过热状态，以至在淬火时，由于热应力作用使心部发生开裂，当时未发现，在使用时一经受力即导致断裂。

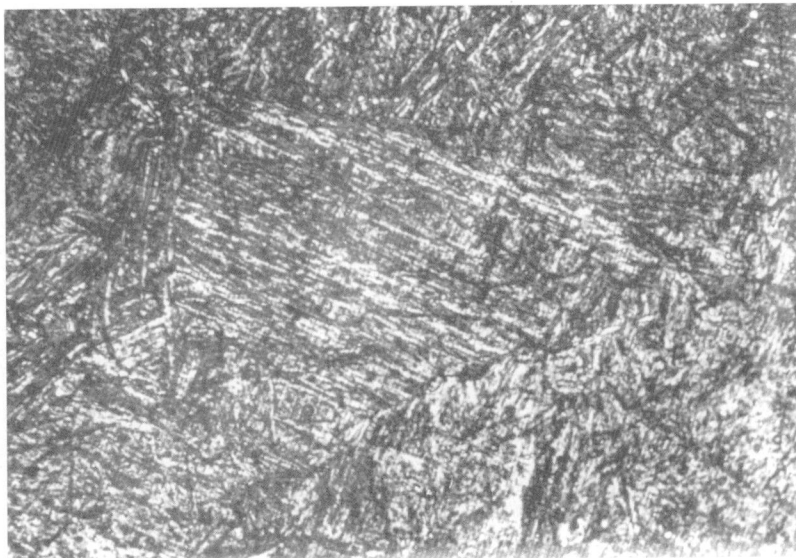

图　4-4-54　　　　　　　　　　　　　　　　　　　500×

图　4-4-55　　　　　　500×

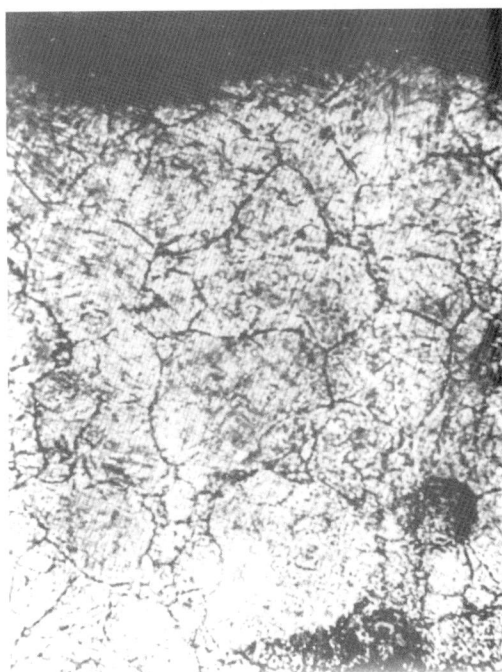

图　4-4-56　　　　　　500×

图　4-4-57　　　　　　　　实物　图　4-4-58　　　　　　　　实物

图　　号：4-4-57～4-4-61

材料名称：3Cr2W8V 钢

浸 蚀 剂：图 4-4-60、图 4-4-61 经 4%硝酸酒精溶液浸蚀

处理情况：锻造后加热至 750～760℃保温 1h，升温至 790～800℃，再保温 4～4.5h，炉冷至 600℃以下出炉空冷

组织说明：锻造加热温度不均匀而引起的开裂。

　　3Cr2W8V 钢制轴承套圈热冲模锻坯，落料后置于煤炉中加热，在汽锤上锻造成形，并经上述工艺退火。机械加工时，发现车屑断裂，检查锻坯已加工表面，发现有隐约可见的裂纹，采用磁粉探伤，裂纹更趋明显，如图 4-4-57 及图 4-4-58 所示。为探究其裂纹性质，于裂纹处取样做金相分析，发现裂纹自表面向心部扩展且较粗大，裂纹内充满氧化物，尾部有分叉，如图 4-4-59 及图 4-4-60 所示。基体组织为保持针状马氏体位向分布的回火索氏体，裂纹两边的组织为密集分布的托氏体，如图 4-4-61 所示。

　　3Cr2W8V 钢系过共析高合金钢，在煤炉中加热时，由于保温时间不足，致使钢料未烧透，从保留较粗针状马氏体位向分布的索氏体来看，锻坯外表的加热温度已达到了比较高的始锻温度，可是锻坯内部仍未达到始锻温度，因此锻坯内外存在较大的温差。实际上心部的加热温度不足，所以塑性很差，锻压加工时，因承受较大的应力，致使塑性差的心部发生开裂，故其裂纹较粗直。裂纹在高温时受炉气的氧化，两侧有脱碳现象，因此裂纹两侧的成分与基体不同，在球化退火冷却后，即获得托氏体组织。此外，该锻坯的退火工艺也不合适，采用的是 GCr15 钢的退火工艺，导致材料退火后的硬度较高。这种缺陷的产生，主要是未掌握好 3Cr2W8V 钢的锻造工艺所造成。在健全工艺制度的情况下，上述缺陷可以避免。

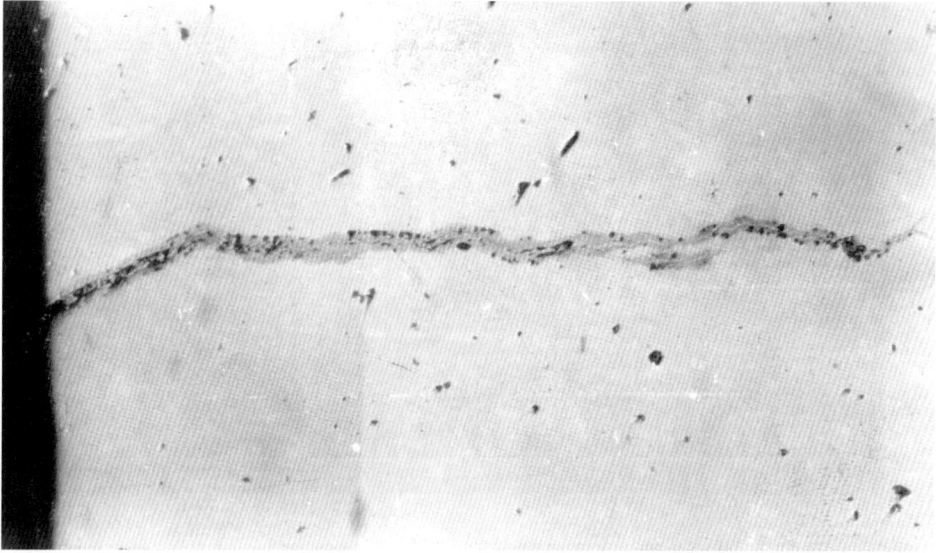

图　4-4-59　　　　　　　　　　　　　　　　　　　　　　　　100×

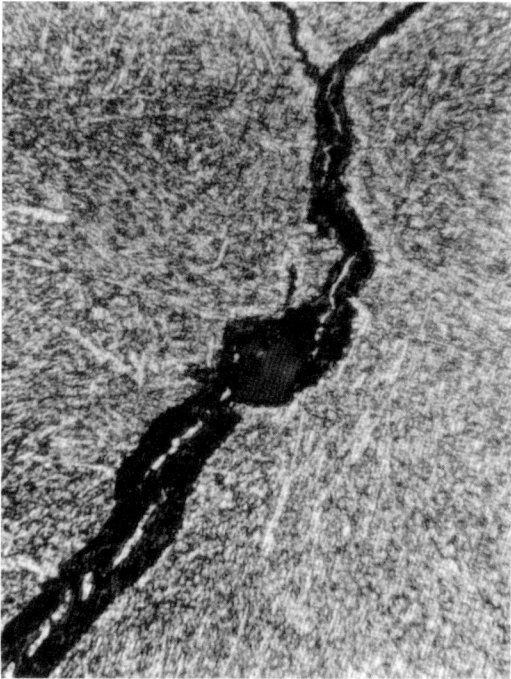

图　4-4-60　　　　　　　　500×

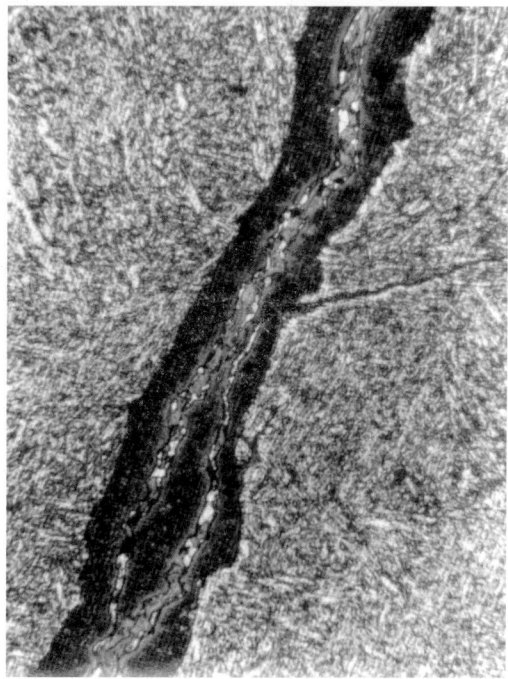

图　4-4-61　　　　　　　　500×

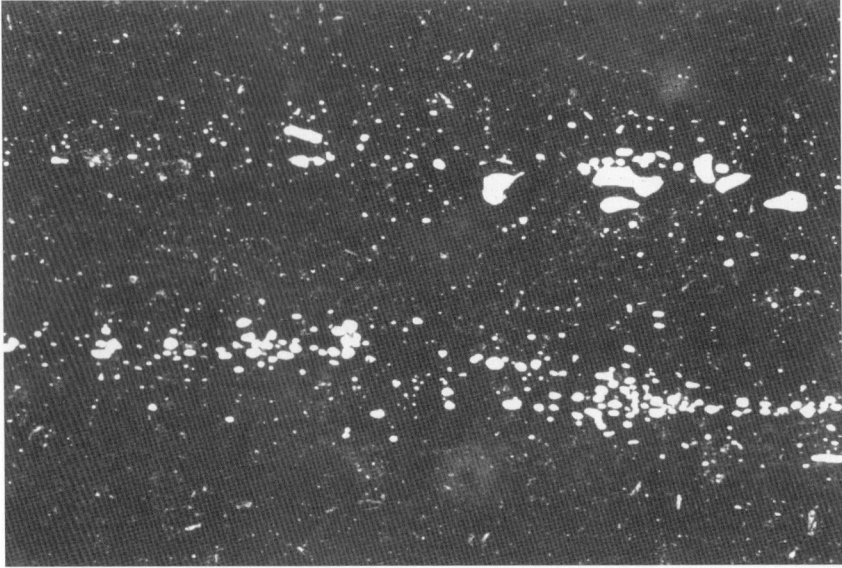

图 4-4-62   500×

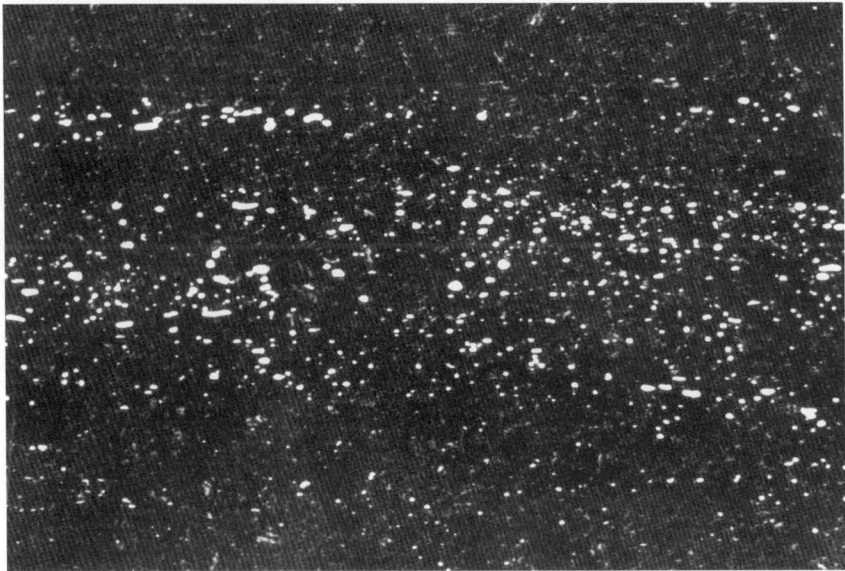

图 4-4-63   500×

图　号：4-4-62、4-4-63

材料名称：3Cr2W8V 钢

浸蚀剂：4%硝酸酒精溶液

处理情况：1100℃加热，油冷淬火 600℃回火

组织说明：3Cr2W8V 钢的成分变化较大，它属于过共析钢，但绝不是莱氏体钢。钢中共晶碳化物的形成原因与碳化物液析相同，它是一种亚稳相，原则上可以用高温扩散退火消除。

    图 4-4-62：图中白色颗粒状共晶碳化物呈链状分布，比较集中，危害较大。

    图 4-4-63：共晶碳化物分布较分散，碳化物粒度较细，形态也比较圆整。

    提高锻造质量，进行六面锻造，并要求有一定的锻造比，可以改善碳化物分布，此类碳化物的检验在淬火回火后进行，纵向取样，制样后用硝酸酒精深浸蚀，参照碳化物液析的有关标准图片进行对比评定。

图　　号：4-4-64

材料名称：3Cr2W8V 钢

浸 蚀 剂：4%苦味酸酒精溶液

处理情况：等温球化：830～850℃保温 2～3h，冷却到 700～720℃保温 4～5h，炉冷到 500℃出炉

组织说明：3Cr2W8V 钢的主要合金元素含量相当于 W18Cr4V 高速钢的一半，因此又称为半高速钢。在火花鉴别时，它的火花与高速钢类同。

　　3Cr2W8V 钢的淬透性、抗回火能力、热强性都很高，因为合金元素的变动范围较大，故不同钢厂、不同炉次的钢材，在热处理后获得的金相组织和力学性能也会有较大差异。

　　高钨钢有脱碳倾向，这是模具磨损快、粘模严重、表面早期出现疲劳裂纹的原因之一。

　　球化退火后得到的是点状和细球状珠光体，按有关标准评定球化退火质量，本图属球化等级为 3 级。

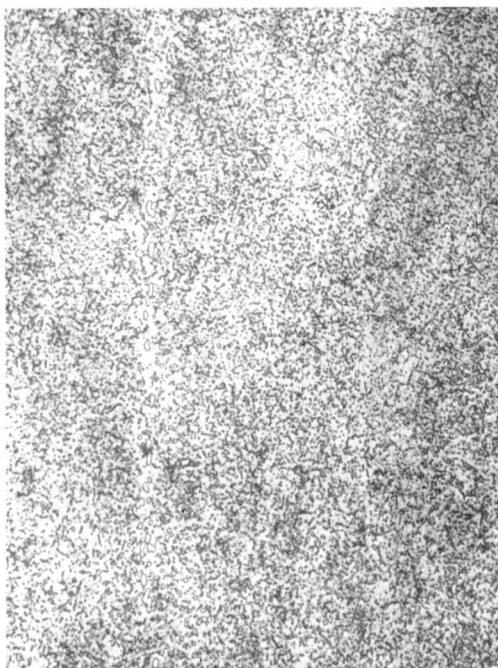

图　4-4-64　　　　　　　　　　　　　　500×

图　4-4-65　　　　　　　　　　　500×

图　　号：4-4-65

材料名称：3Cr2W8V 钢

浸 蚀 剂：4%硝酸酒精溶液

处理情况：箱式炉加热，1140℃奥氏体化分级淬火后 620℃回火

组织说明：严重脱碳组织，表面白色区域为铁素体纯脱碳层；次层组织是铁素体+板条状马氏体（已回火），属半脱碳层；内层为板条马氏体，有轻微脱碳，也属半脱碳层；中心组织为细针马氏体（未摄入照片）。

　　3Cr2W8V 钢易产生脱碳，因此在箱式炉中加热时，必须采取保护措施。在盐浴炉中加热时也必须很好地脱氧。

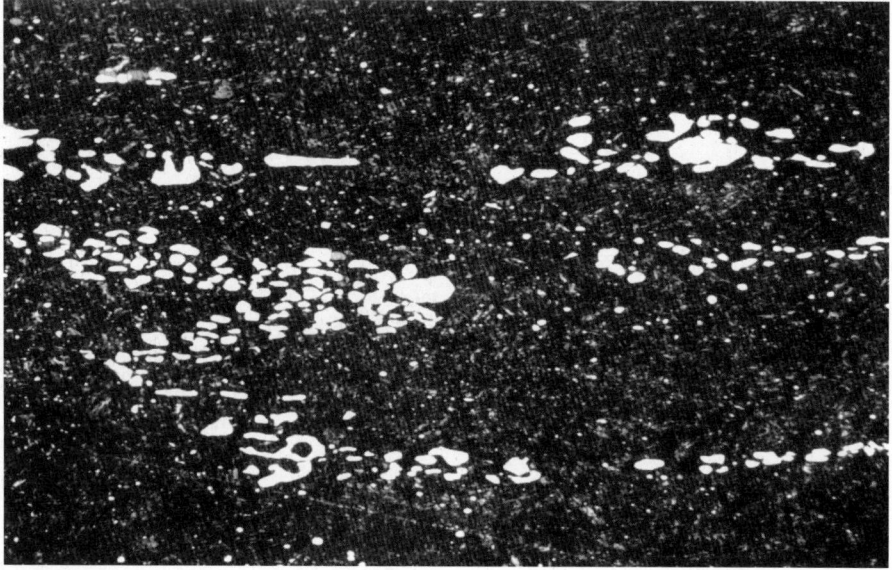

图　4-4-66　　　　　　　　　　　　　　　　　　　　500×

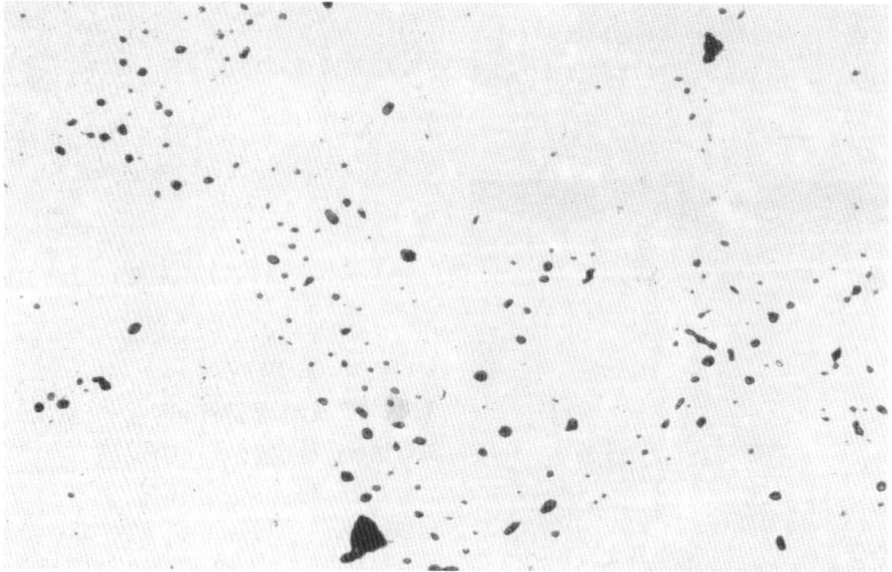

图　4-4-67　　　　　　　　　　　　　　　　　　　　500×

图　　号： 4-4-66、4-4-67

材料名称： 3Cr2W8V 钢

浸　蚀　剂： 图 4-4-66：4%硝酸酒精溶液；图 4-4-67：碱性高锰酸钾水溶液

处理情况： 1100℃加热奥氏体化，油冷淬火，620℃回火

组织说明： 亚稳定共晶碳化物呈网状堆集。

图 4-4-66：白色碳化物呈网状堆集，碳化物比较密集，基体为回火马氏体。

图 4-4-67：碳化物已染成棕黑色，碳化物比较稀疏，呈网状分布。

经良好的锻造以后，网状堆集的碳化物可以被打散，只有经过良好的锻造后，才能使模具质量得到保证，未经良好锻造的模具，使用寿命很低。

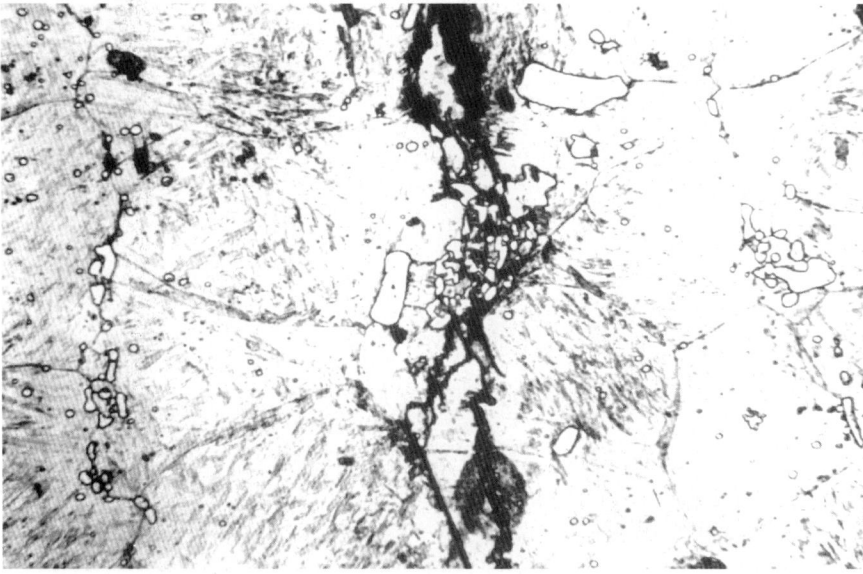

图 4-4-68　　　　　　　　　　　　　　　　　　　　　　　　500×

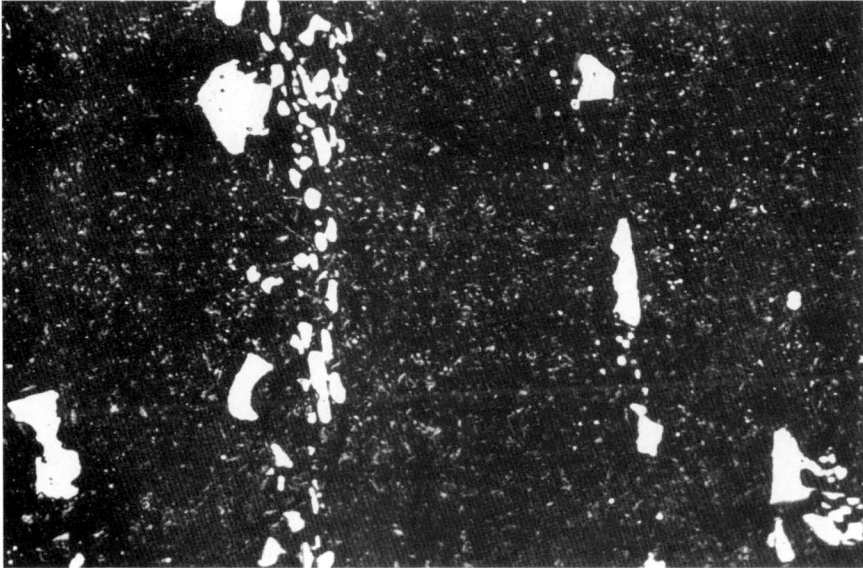

图 4-4-69　　　　　　　　　　　　　　　　　　　　　　　　500×

图　　号：4-4-68、4-4-69

材料名称：3Cr2W8V 钢

浸 蚀 剂：4%硝酸酒精溶液

处理情况：图 4-4-68：1160℃加热奥氏体化油冷淬火；图 4-4-69：1150℃加热奥氏体化油冷淬火，620℃
　　　　回火

组织说明：白色块状组织是亚稳定共晶碳化物，这种多角状粗大的碳化物在 3Cr2W8V 钢中比较少见，只
　　　　有在冶炼不良的大直径材料中方能看到。

　　　　图 4-4-68：是淬火开裂的组织，淬火加热温度偏高，组织粗大，裂纹沿多角形碳化物链开裂。

　　　　图 4-4-69：是淬火、回火组织，白色碳化物呈链状和带状分布，碳化物呈多角状，使模具很容易在
服役初期就出现脆性开裂。

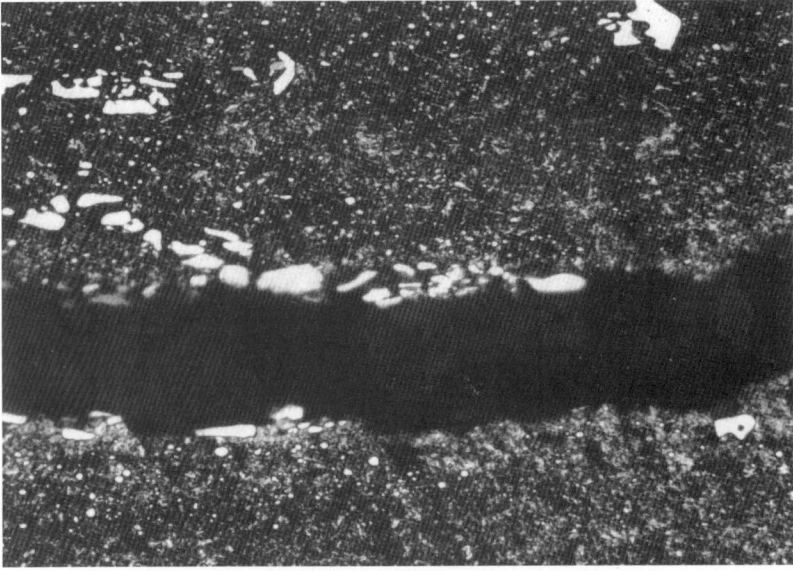

图　4-4-70　　　　　　　　　　　　　　　　　　　500×

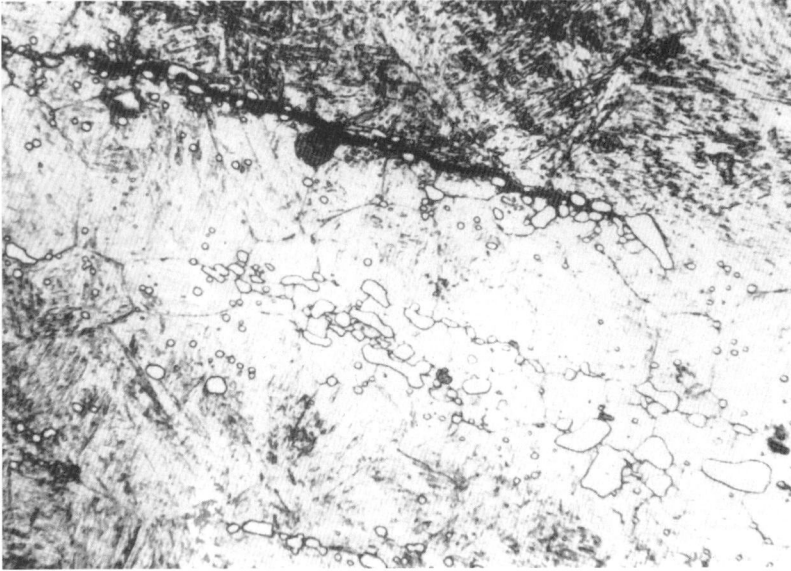

图　4-4-71　　　　　　　　　　　　　　　　　　　500×

图　　号：4-4-70、4-4-71

材料名称：3Cr2W8V 钢

浸　蚀　剂：4%硝酸酒精溶液

处理情况：图 4-4-70：1150℃加热，油冷淬火，650℃回火；图 4-4-71：1150℃加热油冷淬火

组织说明：碳化物偏析导致模具的开裂。

　　　图 4-4-70：裂纹沿碳化物链开裂伸展，裂纹两侧有碳化物链分布。

　　　图 4-4-71：淬火开裂组织，裂纹沿碳化物链伸展，与裂纹平行的另一条碳化物链中有块状碳化物堆集。

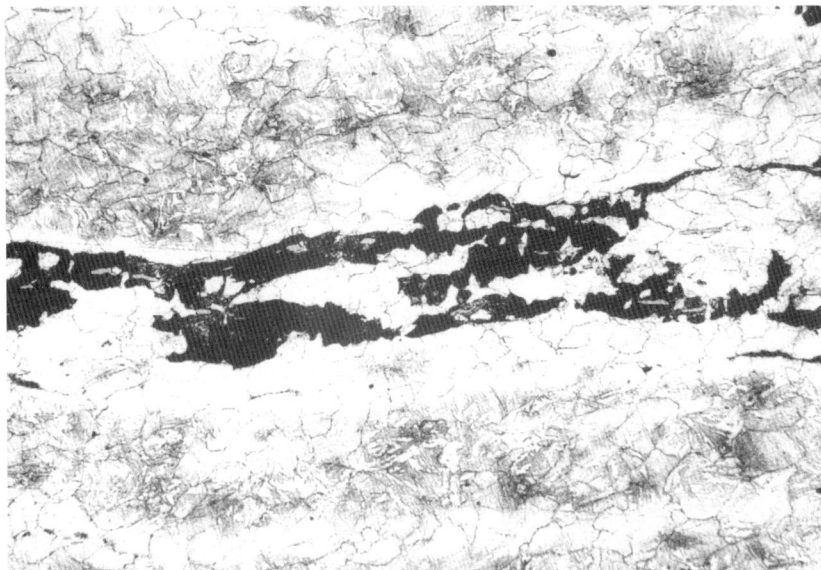

图 4-4-72　　　　　　　　　　　　　　　　　　　　　　　　100×

图 4-4-73　　　　　　　　　　　　　　　　　　　　　　　　500×

图　　号：4-4-72、4-4-73

材料名称：3Cr2W8V 钢

浸 蚀 剂：4%硝酸酒精溶液

处理情况：锻造开裂

组织说明：在锻造开裂工件上取样，发现试样组织中有黑色条带，貌似裂纹，但经抛光后，黑色带条均消
　　　　　失，说明不是裂纹。黑色组织两侧的晶粒度为 6 级。整体硬度为 47HRC。图 4-4-73 是图 4-4-72 的基体
　　　　　组织高倍放大后的组织，是上贝氏体和残留奥氏体。硬度为 514HV2N，这是 3Cr2W8V 钢锻造后空冷
　　　　　时形成的正常组织。

　　　　关于黑色带条的组织情况见图 4-4-74 说明。

图　　号：4-4-74

材料名称：3Cr2W8V 钢

浸 蚀 剂：4%硝酸酒精溶液

处理情况：锻造开裂，与图 4-4-72 相同

组织说明：图 4-4-74：是图 4-4-72 近黑色条带
区的高倍放大后的组织，其中灰色条状组织
是可塑性夹杂物。可以清晰地观察到原黑色
组织的细部，它是极细的鱼骨状组织，并非
δ 相分解的黑色组织，因为高速钢中的黑色
组织显微硬度为 320～350HV，而这里的鱼骨
状组织的显微硬度为 448HV2N，明显高于黑
色组织。此外，鱼骨状组织两侧的基体中，
晶界有封闭的二次碳化物网，由鱼骨状组织
向两侧伸展，因此鱼骨状组织是富碳富合金
区。

　　鱼骨状条带是原材料中的共晶碳化物密
集带，熔点较低，常规锻造温度已接近其熔
点，锻造时的温升促使其熔化，大部分在锻
造过程中沿熔化带开裂，部分未裂的熔化带，
冷却后形成极细的鱼骨状莱氏体共晶，如图
4-4-72 所示。

　　因此必须在原材料进厂时检测亚稳定共
晶碳化物的分布和数量，如果数量多而且密
集，则锻造工艺必须作相应的调整。

图　4-4-74　　　　　　　　　　1000×

图　　号：4-4-75

材料名称：3Cr2W8V 钢

浸 蚀 剂：4%硝酸酒精溶液

处理情况：球化退火

组织说明：球化退火组织及表面有脱碳。组织
为点状和细粒状珠光体，未见有共晶碳化物。
近表面出现低密度碳化物球的颗粒，越接近
表面，低密度碳化物球颗粒数越多。
　　　低密度碳化物颗粒出现处，即为脱碳层
开始之处，从该处到工件表面为脱碳层，越
接近表面低密度碳化物球颗粒将相连成片，
其中碳化物密度也越来越低。

图　4-4-75　　　　　　　　　　　　　　500×

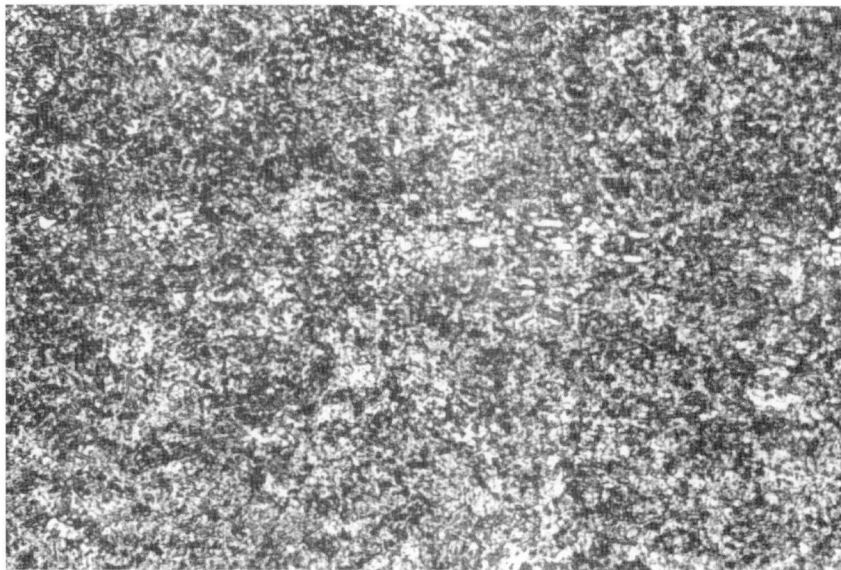

图 4-4-76   500×

图 4-4-77   500×

图　　号：4-4-76、4-4-77

材料名称：3Cr2W8V 钢

浸 蚀 剂：硝酸酒精溶液

处理情况：图 4-4-76：1050℃加热，油冷淬火；图 4-4-77：1100℃加热，油冷淬火

组织说明：3Cr2W8V 钢的常规热处理工艺为：1050～1100℃加热奥氏体化，油冷淬火或分级冷却，580～680℃回火。

　　图 4-4-76：下限温度加热淬火后组织，组织为隐针和细针状马氏体+残留奥氏体+剩余碳化物。马氏体针长<1 级。晶粒度为 10～11 级，剩余碳化物较多，粒度也较大，淬火硬度为 46HRC，冲击韧度较高，热强性较差。

　　图 4-4-77：上限温度加热淬火组织，组织为细针状马氏体+残留奥氏体+剩余碳化物，马氏体针长小于 3 级，晶粒度为 9～10 级，剩余碳化物较多，强韧性高，一般大中型模具宜采用此温度加热淬火。

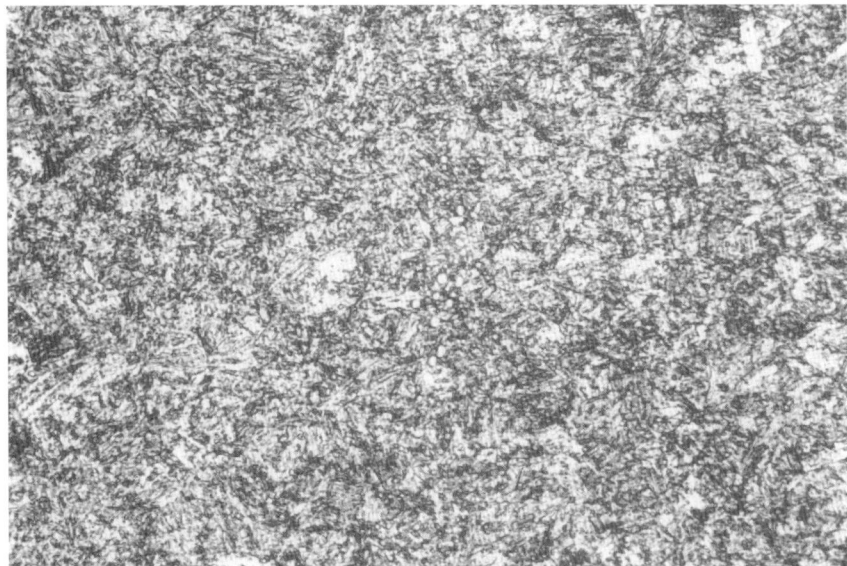

图　4-4-78　　　　　　　　　　　　　　　　　　500×

图　4-4-79　　　　　　　　　　　　　　　　　　500×

图　号：4-4-78、4-4-79

材料名称：3Cr2W8V 钢

浸 蚀 剂：4%硝酸酒精溶液

处理情况：图 4-4-78：1150℃加热，油冷淬火；图 4-4-79：1175℃加热，油冷淬火

组织说明：为了提高模具的热强性，压铸模常采用高温淬火工艺：1140～1150℃加热油冷淬火或分级淬火。油冷淬火硬度高达 55HRC，分级淬火硬度可达 47HRC，其组织如图 4-4-78 所示，组织为针状马氏体+残留奥氏体+剩余碳化物。马氏体针长为 3～4 级，油冷淬火后残留奥氏体约为 7.6%～9.5%（体积分数），碳化物数量较少，采用高温淬火工艺，模具的寿命有明显提高。

　　如材料中钨、钒含量近上限时，有报道淬火温度可升高到 1170℃，但晶粒稍有长大，马氏体针长在 4 级，个别可达 5 级，如图 4-4-79 所示，其热强性可能会下降，因此采用此温度淬火的较少。

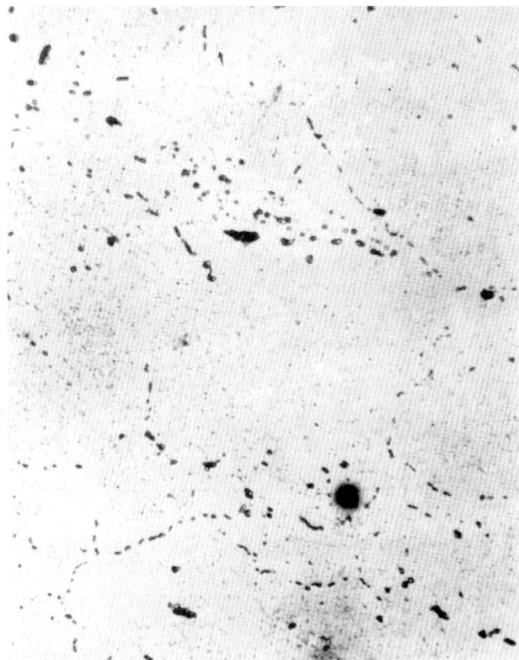

图　　号：4-4-80

材料名称：3Cr2W8V 钢

浸 蚀 剂：碱性高锰酸钾水溶液热染

处理情况：1080℃加热，油冷淬火，600℃回火

组织说明：二次碳化物网络已被染成黑褐色并呈断续网状分布。

　　检测二次碳化物在淬火、回火后进行，按有关标准评定，模具钢中的碳化物网一般不要超过2级为好。

　　图中的碳化物网可评为2.5级，具有这种组织的模具容易发生脆裂。

图　　4-4-80　　　　　　　　　500×

图　　4-4-81　　　　　　　　　500×

图　　号：4-4-81

材料名称：3Cr2W8V 钢

浸 蚀 剂：4%硝酸酒精溶液

处理情况：严重过热

组织说明：加热温度在1250℃左右，严重过热组织，马氏体全部成排分布，晶粒呈多角形，是因与高速钢零件混料后淬火的组织。

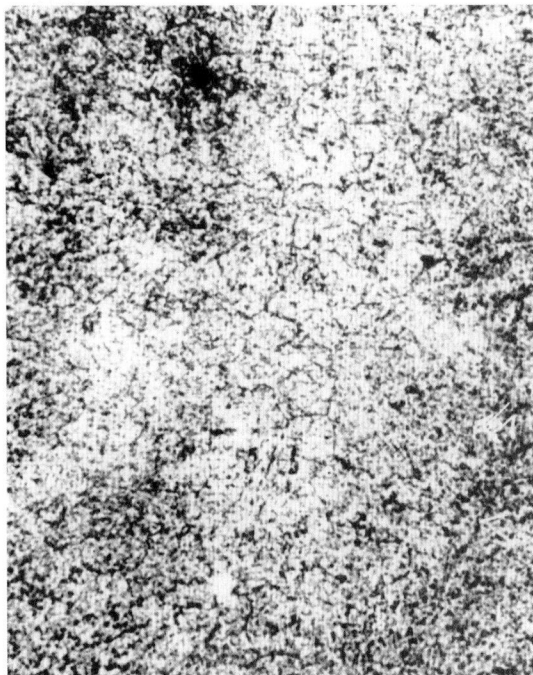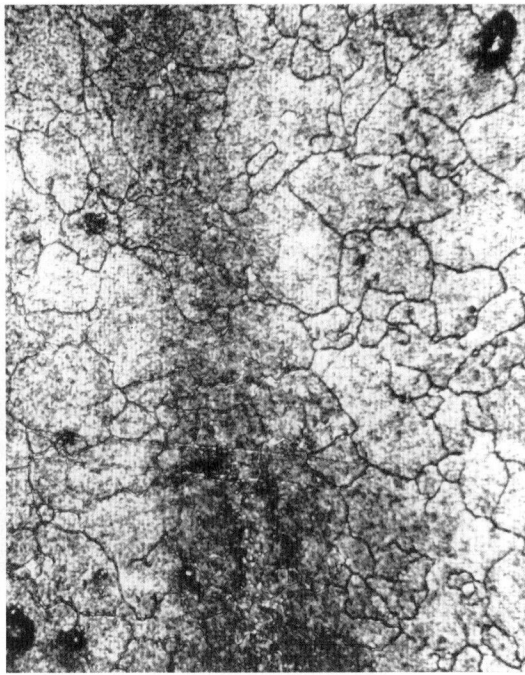

图　4-4-82　　　　　　　　　　　500× 图　4-4-83　　　　　　　　　　　500×

图　　号：4-4-82、4-4-83

材料名称：3Cr2W8V 钢

浸 蚀 剂：图 4-4-82 用 4%硝酸酒精溶液；图 4-4-83 用碱性高锰酸钾水溶液热染

处理情况：1120℃加热，560～600℃分级油冷

组织说明：3Cr2W8V 钢的奥氏体连续冷却转变图上有时有二次碳化物的析出线，它随钢材产地、炉次、加热温度的高低、冷却速度的快慢不同，有时出现，有时不出现。淬火加热温度和冷却速度对此影响很大，低温加热时不出现二次碳化物，但提高淬火加热温度，碳化物溶解较多时，就会出现二次碳化物析出线，分级冷却时容易在晶界上析出二次碳化物，加热温度越高越明显。

　　图 4-4-82：是硝酸酒精溶液浸蚀后的组织，图中二次碳化物不明显，数量也不多。

　　图 4-4-83：是用碱性高锰酸钾溶液热染后显现出来二次碳化物网，呈全封闭网络。由此可见显示纤细的二次碳化物网用染色法最理想。

　　淬火冷却过程中形成的二次碳化物网特别纤细，用硝酸酒精浸蚀不易显现，这是它有别于其他原因形成的二次碳化物网之处。

　　封闭的二次碳化物网一旦形成，模具就将脆化。

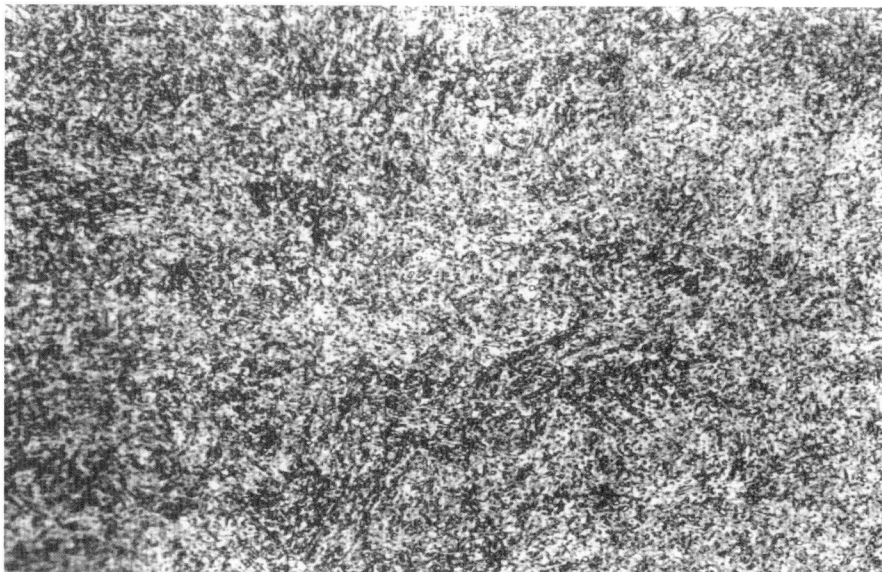

图 4-4-84   500×

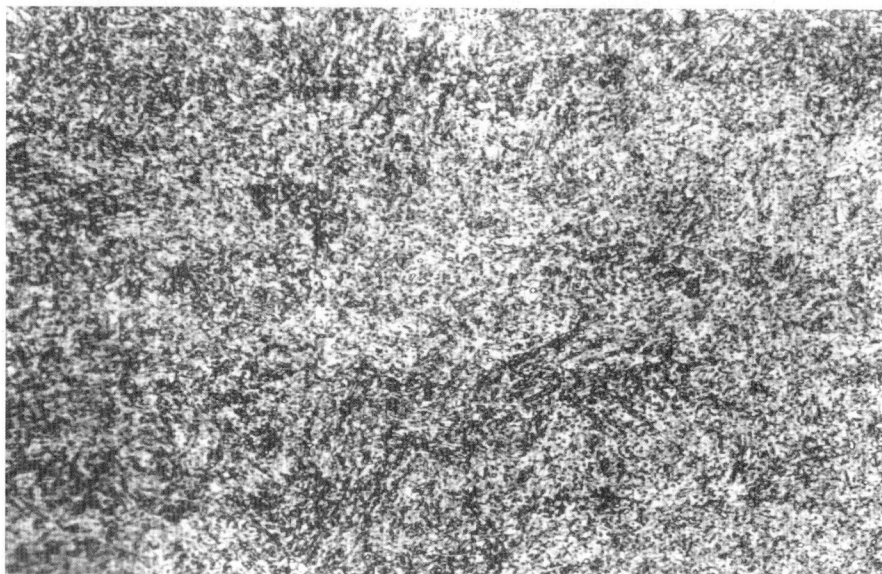

图 4-4-85   500×

图　号：4-4-84、4-4-85　　　　　　　　**材料名称**：3Cr2W8V 钢

浸 蚀 剂：图 4-4-84 用 4%苦味酸酒精溶液；图 4-4-85 用 4%硝酸酒精溶液

处理情况：图 4-4-84 是超细化处理组织（1120～1250℃加热固溶，分级淬火，780℃高温回火）。图 4-4-85 是
　　　超细化处理后，再经 1100℃加热油冷淬火

组织说明：为了获得均匀、圆整、细小的原始组织，以取代常规的球化组织，目前在 3Cr2W8V 钢中推广用
　　　固溶超细化处理和锻造余热淬火超细化处理两种新工艺。

　　　图 4-4-84：是固溶超细化处理后的组织，碳化物很小，仍保留了针状马氏体的排列。如将高温回火改
为短时间等温球化处理，则可获得更圆整的碳化物，针状分布可以完全消除，但碳化物粒度稍大，工件硬
度更低，便于机械加工，采用超细化处理可以基本消除亚稳定共晶碳化物的不均匀分布。

　　　图 4-4-85：是在超细化处理后再于 1100℃加热淬火后的组织，组织细小均匀，剩余碳化物呈点状，模
具强韧性得到提高，寿命增加。

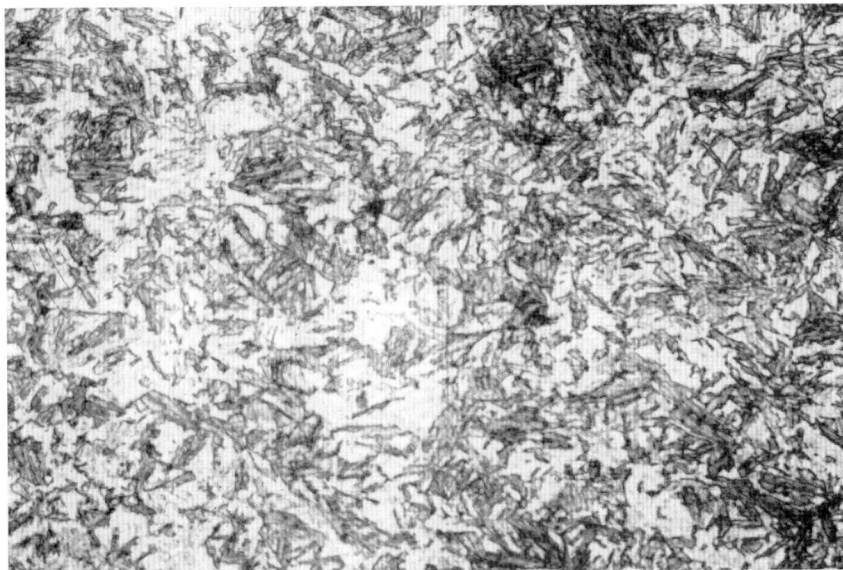

图　4-4-86　　　　　　　　　　　　　　　　　　　500×

图　4-4-87　　　　　　　　　　　　　　　　　　　500×

图　　号：4-4-86、4-4-87　　　　　　　　材料名称：3Cr2W8V 钢

浸 蚀 剂：4%硝酸酒精溶液

处理情况：1150℃加热奥氏体化，图 4-4-86：为 380℃等温 1h 后油冷。图 4-4-87：为 450℃等温 1h 后油冷

组织说明：等温淬火组织。

图 4-4-86：黑色针状组织为下贝氏体，白色背影是马氏体+残留奥氏体+剩余碳化物。因为含碳量较低，因此下贝氏体不像高碳钢中的下贝氏体那样刚劲锋利。

图 4-4-87：是针状组织的下贝氏体，尚未完全成排分布，白色背影是马氏体+残留奥氏体+剩余碳化物，等温温度偏高。

等温温度一般在 350～450℃之间，等温后的硬度值为 45～48HRC，冲击韧度 $a_K \geqslant 39.2J/cm^2$，断裂韧性 $K_{1c} \geqslant 37MPa \cdot mm^{1/2}$。贝氏体组织有较高的强韧性，但贝氏体必须呈无规则分布。贝氏体组织的耐回火性比淬火-回火后的马氏体组织高，抗热冲击性能也较好，模具的变形小，使用寿命长。等温处理后宜采用低温回火，以 360℃左右最适宜，如果回火温度提高到 550～580℃，硬度可以回升到 48～50HRC，但韧性有较大幅度下降。

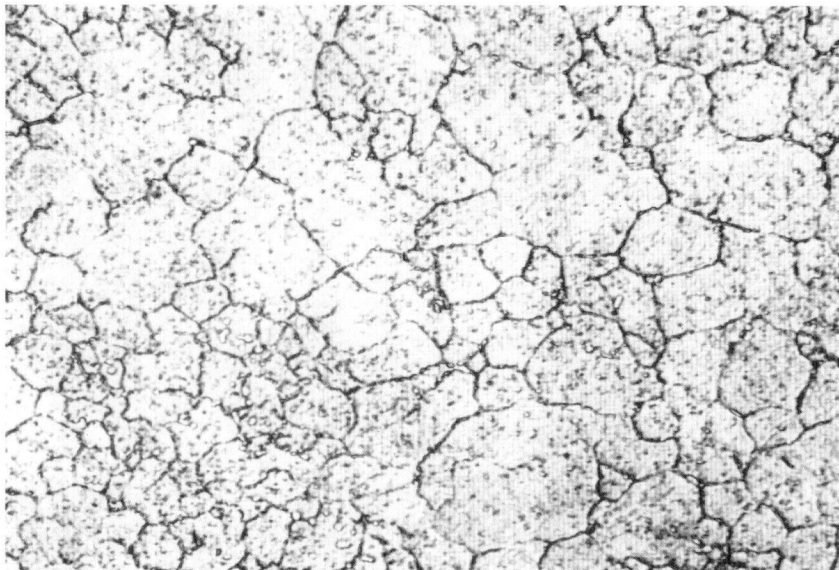

图　4-4-88　　　　　　　　　　　　　　　　　　　　　500×

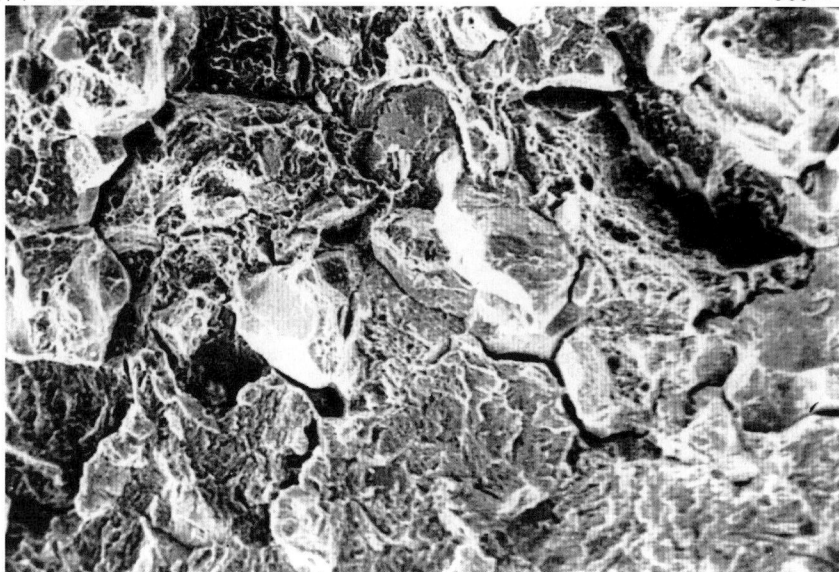

图　4-4-89　　　　　　　　　　　　　　　　　　　　　500×

图　　号：4-4-88、4-4-89　　　　　　　　　　材料名称：3Cr2W8V 钢

浸 蚀 剂：图 4-4-88：用 4%硝酸酒精溶液。图 4-4-89：是断口扫描电镜照片，未浸蚀

处理情况：1150℃加热分级冷却，650℃回火 3 次

组织说明：图 4-4-88：可观察到宽晶界，抛光后用碱性高锰酸钾水溶液热染，不出现网状的二次碳化物组
　　　织。用电子探针横过晶界扫描，都证实晶界网状组织不是二次碳化物。淬火温度升高，回火时间增加，
　　　都会使网状组织明显，当晶界出现明显的网状宽晶界时模具将变脆。

　　　图 4-4-89：是变脆模具的断口扫描电镜照片，呈沿晶断口。模具变脆与网状宽晶界的出现密切相关，
　　　但其形成机理尚不清楚。降低淬火加热温度到 1100℃以下或降低回火温度到 400℃以下，模具性能可以得
　　　到改善。

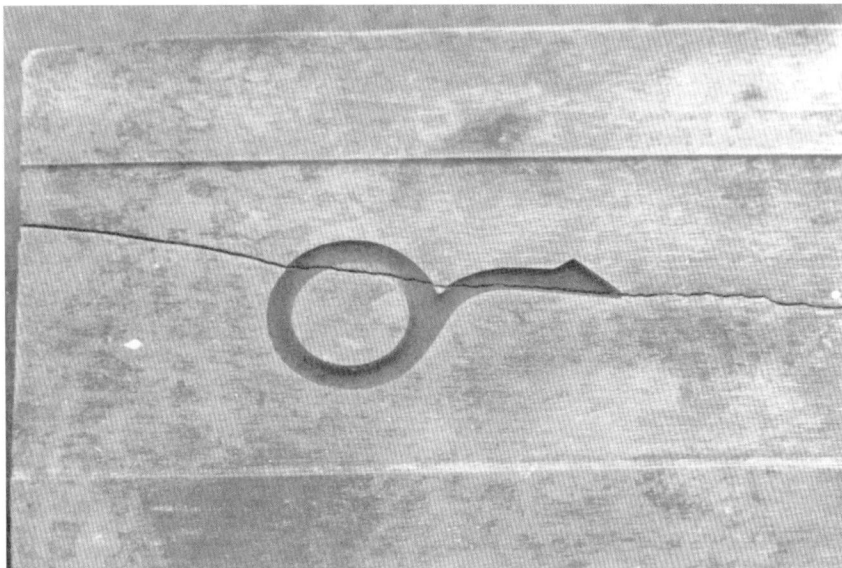

图 4-4-90　　　　　　　　　　　　　　　　　　　　　　实物（1/2×）

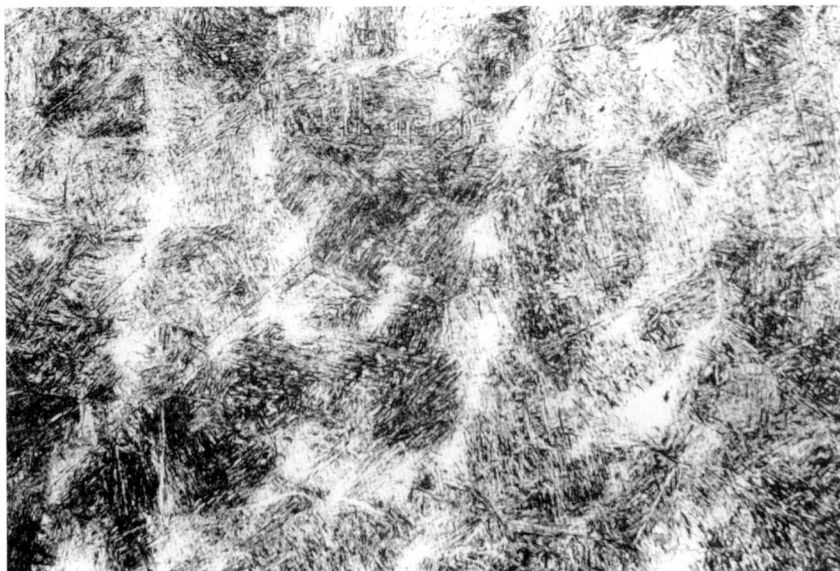

图 4-4-91　　　　　　　　　　　　　　　　　　　　　　500×

图　　号：4-4-90、4-4-91

材料名称：3Cr2W8V 钢

浸 蚀 剂：图 4-4-90 未浸蚀；图 4-4-91 用 4%硝酸酒精溶液浸蚀

处理情况：1150℃加热分级淬火，650℃回火

组织说明：图 4-4-90：是开裂模具的宏观照片，裂纹沿倾角纵向延伸。

　　　　图 4-4-91：是开裂模具取样的组织，回火马氏体针成排分布。

　　　　此组织说明淬火加热时温度已超过 1150℃很多，组织已严重过热。

　　　　组织中有呈树枝状分布的白斑区，这是碳及合金元素富集区，它是原材料中碳化物集中分布区，钢坯的碳化物偏析严重，锻造又不够理想，未能改变碳化物的分布，裂纹沿白色斑区伸展。因此模具开裂是由于原材料碳化物偏析严重和淬火加热过热造成的。

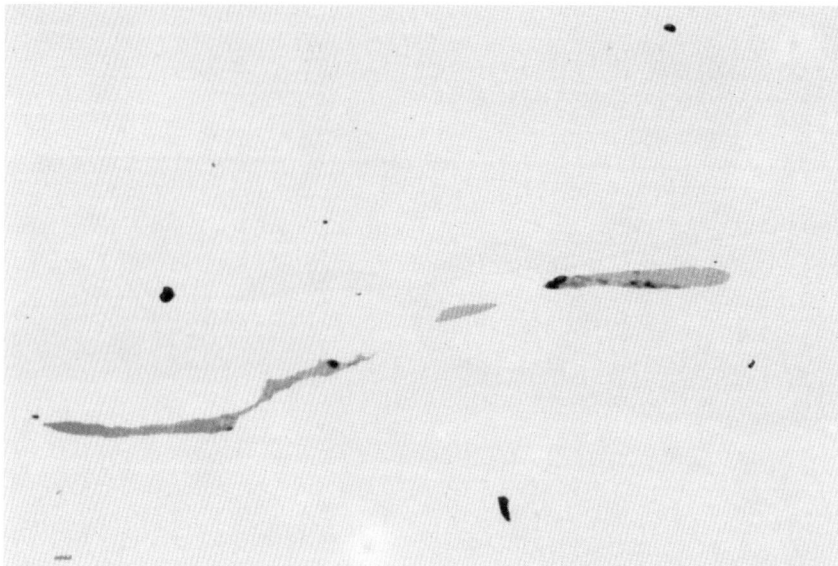

图 4-4-92   500×

图 4-4-93   500×

图　　号：4-4-92、4-4-93

材料名称：H13 钢（4Cr5MoSiV1 钢）

浸 蚀 剂：未浸蚀

处理情况：淬火、回火

组织说明：图 4-4-92：是失效模具中出现的可塑性夹杂物。

图 4-4-93：是氧化物夹杂，颗粒特别粗大，是造成失效的重要原因。

H13 钢是国际上广泛应用的空冷硬化热作模具钢，它有较高的韧性和耐热疲劳性，不易产生热疲劳裂纹，即使出现热疲劳裂纹也细而短，不易扩展，因此用其制作的模具生产的热锻件或压铸件外观质量有很大提高。H13 钢既可用于热锻模，也可用于在 600℃以下服役的压铸模。

提高钢的清洁度，特别是降低含硫量，是提高 H13 钢模具使用寿命的有效措施。优质的 H13 钢对 w（S）要求在 0.008%～0.005%之间。

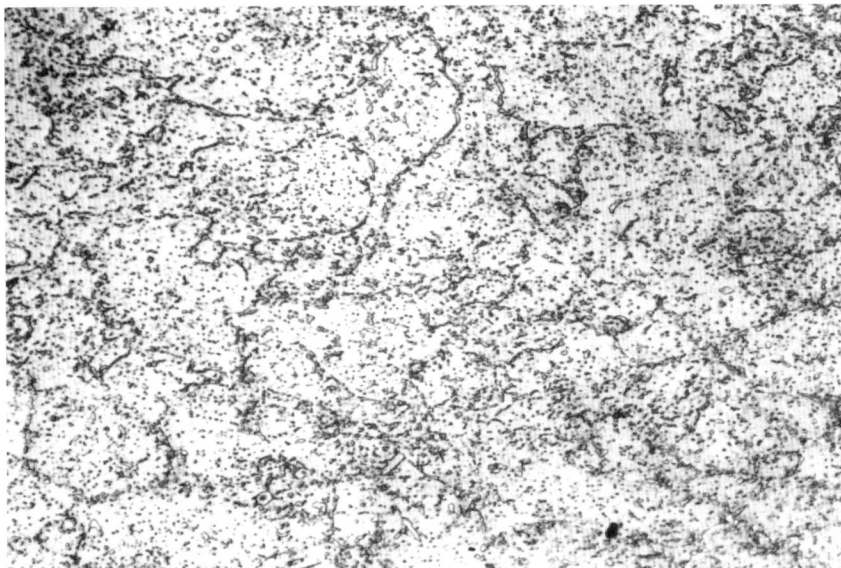

图　4-4-94　　　　　　　　　　　　　　　　500×

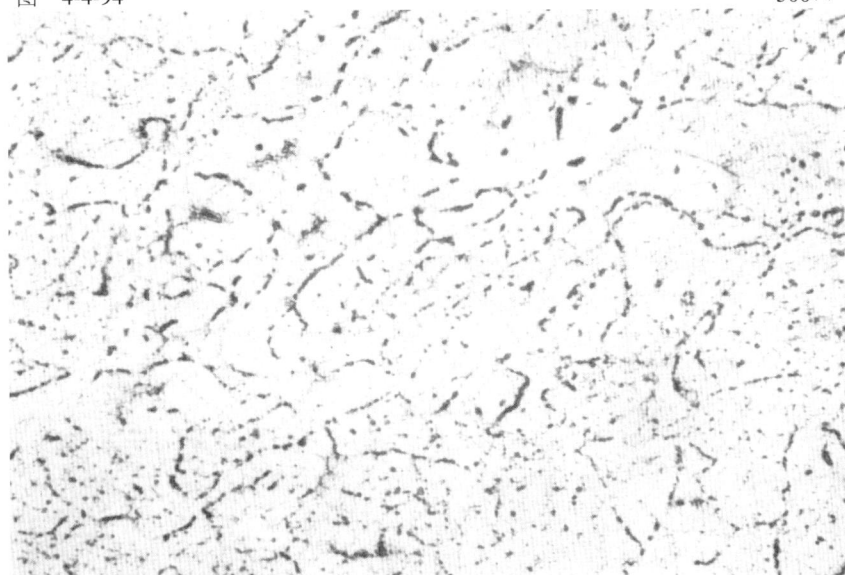

图　4-4-95　　　　　　　　　　　　　　　　500×

图　号：4-4-94、4-4-95

材料名称：H13 钢

浸 蚀 剂：图 4-4-94：用 4%苦味酸酒精溶液浸蚀。图 4-4-95：用碱性高锰酸钾水溶液热染

处理情况：图 4-4-94：球化退火组织。图 4-4-95：淬火、回火后组织

组织说明：图 4-4-94：球化退火的组织。为球状珠光体+网状二次碳化物。

图 4-4-95：经以上退火后再经淬火、回火并用高锰酸钾水溶液热染后的二次碳化物网。

检查二次碳化物网在淬火、回火后进行，用碱性高锰酸钾热染后，对照有关标准评定，一般碳化物网不得大于 2 级，图 4-4-95 中的碳化物网可评为 4 级，不合格。

上述网状的二次碳化物的产生，是由于锻造时终锻温度高，冷却又缓慢时形成的。球化退火以前要采取正火工艺先消除二次碳化物，然后再进行球化退火。

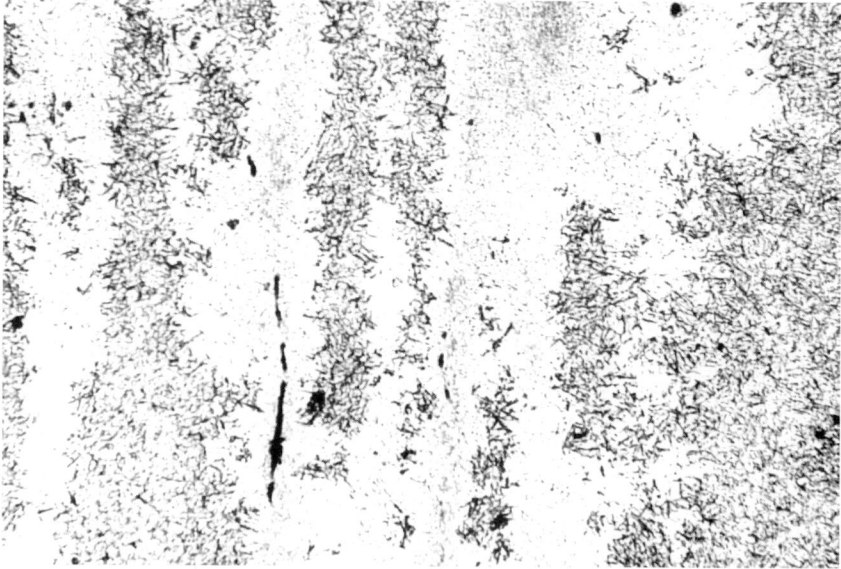

图　4-4-96　　　　　　　　　　　　　　100×

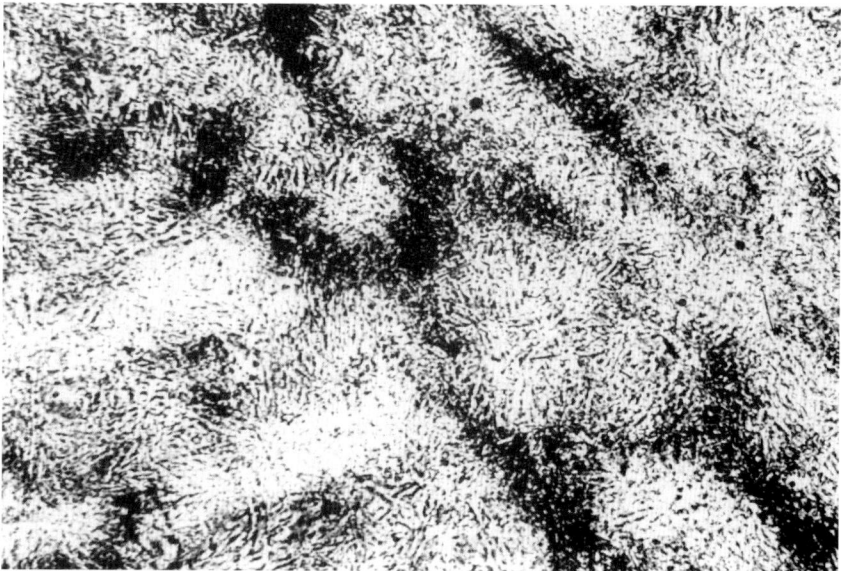

图　4-4-97　　　　　　　　　　　　　　100×

图　　号：4-4-96、4-4-97

材料名称：H13 钢

浸 蚀 剂：图 4-4-96：用 4%硝酸酒精溶液浸蚀。图 4-4-97：用碱性高锰酸钾水溶液热染

处理情况：淬火、回火

组织说明：图 4-4-96：纵向取样，碳化物呈带状偏析，灰白色条带中有密集的碳化物黑点和可塑性夹杂物，黑带是低碳合金区内的粗大组织。

　　图 4-4-97：横向取样，经染色后，碳化物密集区被染成黑色，呈网状堆集，网孔内是低碳低合金区的粗大组织。

　　评定碳化物偏析带时，应纵向取样，淬火、回火制样，用硝酸酒精深腐蚀后，对照有关标准评定级别。必须注意由于偏析带中的碳化物呈黑色点状，偏析带色彩较浅，一般呈灰白色，与高碳低合金钢有所不同。

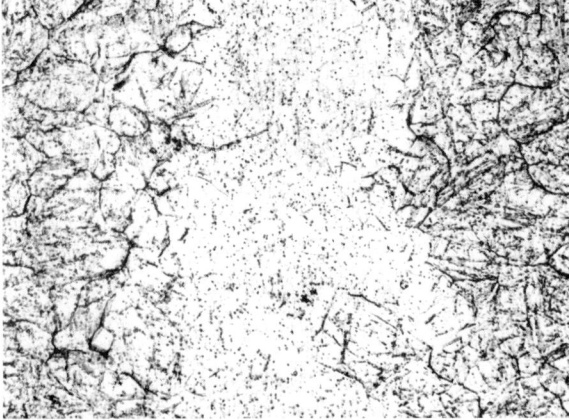

图　4-4-98　　　　　　　　　　500×

图　4-4-99　　　　　　　　　　500×

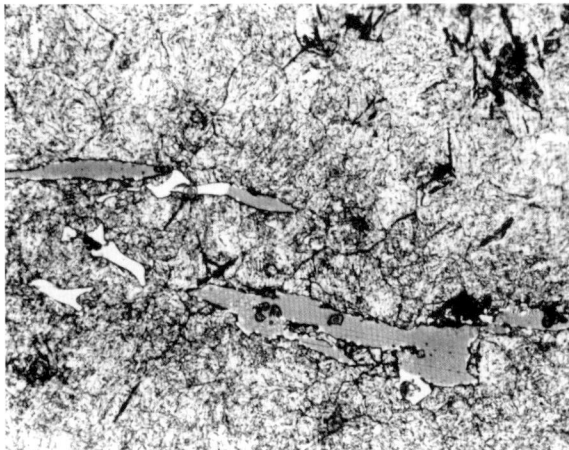

图　4-4-100　　　　　　　　　　500×

图　　号：4-4-98~4-4-100
材料名称：H13 钢
浸 蚀 剂：4%硝酸酒精溶液
处理情况：1150℃加热淬火，600℃回火
组织说明：H13 钢模具早期失效。

　　图 4-4-98：是碳化物偏析带，带中有密集的碳化物小黑点，因为碳化物较细，因此带中碳化物溶解较好，其基体中的碳和合金元素较高，淬火马氏体细而且耐回火性高，浸蚀后偏析带呈灰白色，马氏体细而不易显现。两侧低碳低合金区回火组织粗长。

　　图 4-4-99：是碳化物偏析带与共晶碳化物共存的组织，图中心一条纵向碳化物偏析带中有密集的黑色碳化物小黑点和白色块状共晶碳化物，两侧低碳低合金区出现大量黑色的下贝氏体。

　　图 4-4-100：也是一条碳化物偏析带，带中的淬火、回火组织不易分辨，两侧有堆集状下贝氏体，带中灰白色条状组织是可塑性粗大夹杂物，与白色共晶碳化物共生。

　　模具早期失效是由于碳化物带状偏析，而且钢材清洁度很低，可塑性夹杂物较多造成的。

图　　号：4-4-101

材料名称：H13 钢

浸 蚀 剂：4%苦味酸酒精溶液

处理情况：球化退火：880℃保温 2～4h，降温到
750℃保温 4～6h，炉冷到 500℃出炉

组织说明：H13 钢的球化退火组织，组织为点状和
小球状珠光体。球化质量可按 GB/T 1299—2000
标准第一级别图评定，图中组织可评为 2 级。

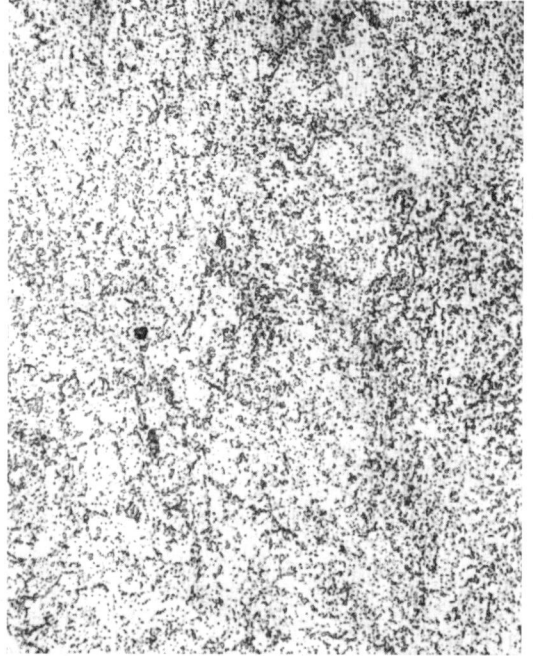

图　　4-4-101　　　　　　　　　　500×

图　　4-4-102　　　　　　　　　　500×

图　　号：4-4-102

材料名称：H13 钢

浸 蚀 剂：4%硝酸酒精溶液

处理情况：1100℃加热后油冷淬火

组织说明：高温淬火组织。组织为长针马氏体+残留
奥氏体［约为 10%（体积分数）］+剩余碳化物，
马氏体针已经成排分布，针长为 4 级。晶粒度为
8.5 级，晶界清晰显现，油冷淬火后硬度为 58HRC，
已达淬火硬度极大值。只有在要求有很高热硬性
的情况下，才采取此种高温淬火工艺。

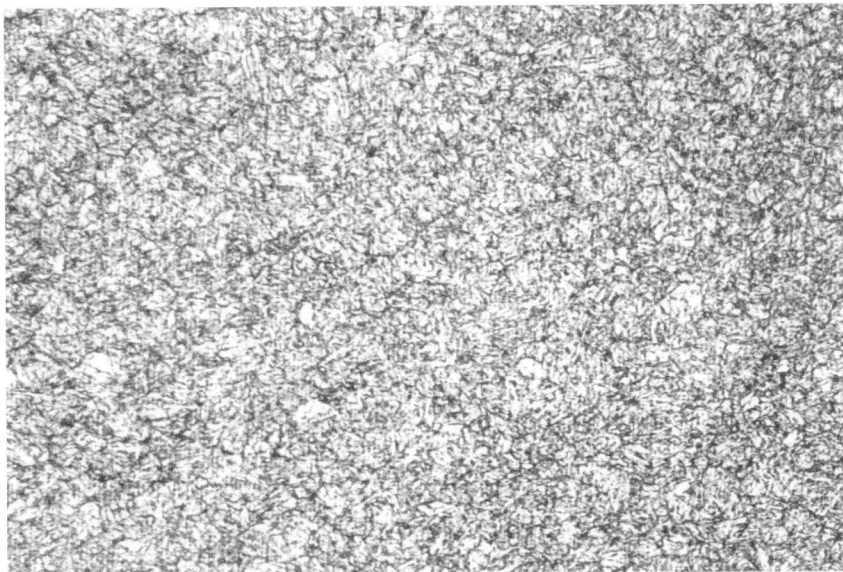

图 4-4-103   500×

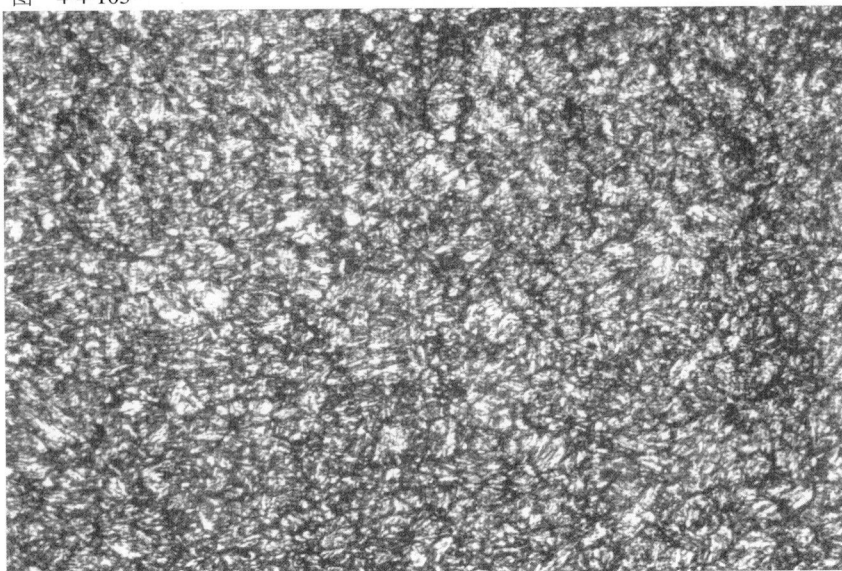

图 4-4-104   500×

图　号： 4-4-103、4-4-104

材料名称： H13 钢

浸 蚀 剂： 4%硝酸酒精溶液

处理情况： 图 4-4-103 是 1050℃加热油冷淬火，530℃回火 2 次，每次 1.5h。图 4-4-104 是 1050℃加热油冷淬火，630℃回火 2 次，每次 1.5h

组织说明： 图 4-4-103：组织为回火马氏体+回火托氏体+剩余碳化物。图 4-4-104：组织为回火托氏体+回火索氏体+剩余碳化物。

　　H13 钢的回火硬度峰在 500℃左右，硬度峰值可达 55HRC，韧性较差，因此回火温度要避开 500℃，取 550～600℃回火为宜。

　　H13 钢在 600℃以下服役，有较高的强韧性和抗热疲劳性能。a_K 和 K_{1c} 值比 3Cr2W8V 钢高得多，但在 600℃以上情况下服役时，其热强性急剧下降。

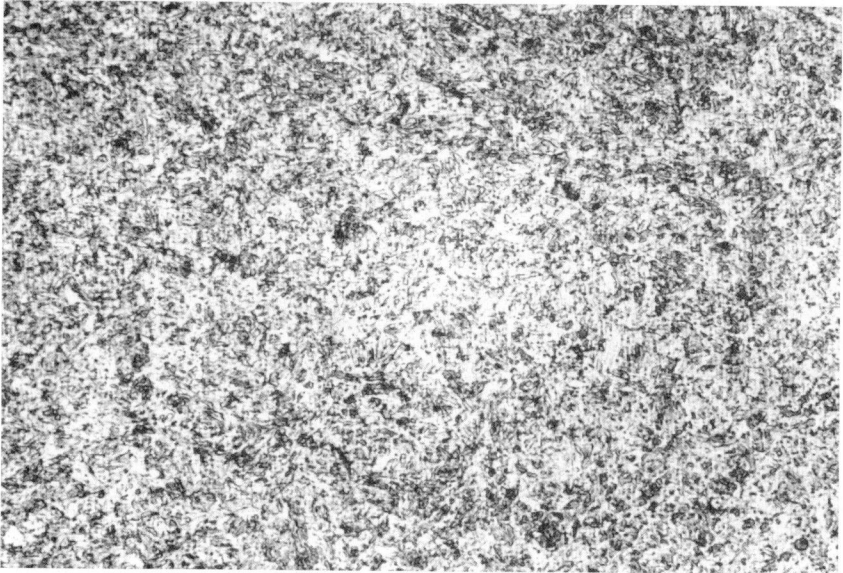

图　4-4-105　　　　　　　　　　　　　　　　　　500×

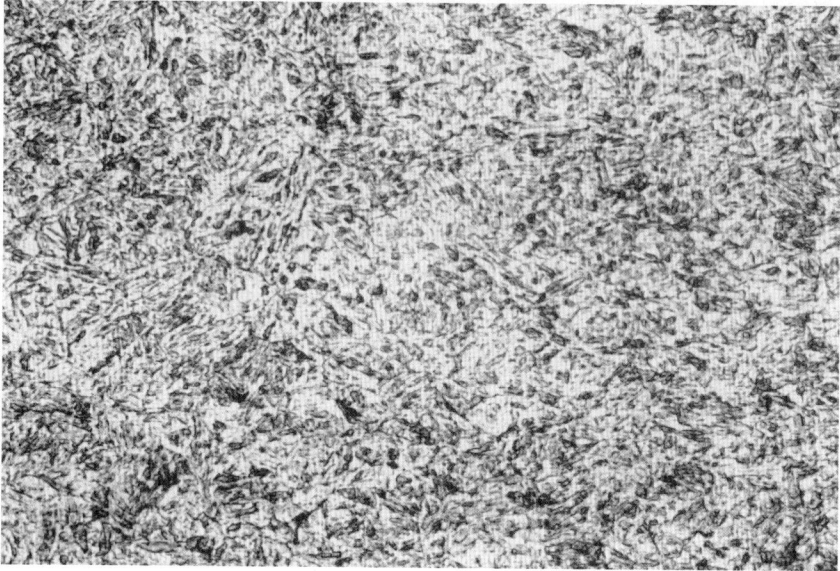

图　4-4-106　　　　　　　　　　　　　　　　　　500×

图　　号：4-4-105、4-4-106

材料名称：H13 钢

浸 蚀 剂：4%硝酸酒精溶液

处理情况：图 4-4-105 是 1020℃加热油冷淬火。图 4-4-106 是 1080℃加热油冷淬火

组织说明：图 4-4-105：是隐针马氏体+残留奥氏体[约为 2%（体积分数）]+剩余碳化物。硬度为 53～56HRC。

　　　　　图 4-4-106：是细针状马氏体+残留奥氏体[约为 7.5%（体积分数）]+剩余碳化物。硬度为 54～57HRC。

　　　　　H13 钢的最佳热处理工艺为：1020～1080℃加热后油冷淬火或分级淬火，再于 500～650℃回火。

　　　　对于要求热硬性高的模具（压铸模）可取上限加热温度淬火。对要求韧性为主的模具（热锻模）可取下限加热温度淬火。

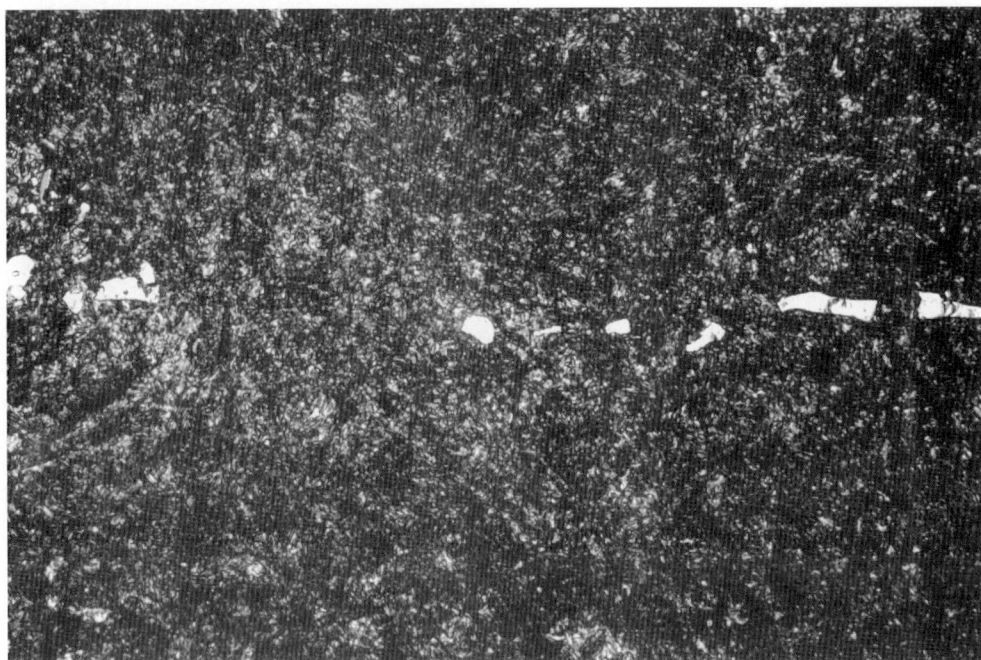

图　　4-4-107　　　　　　　　　　　　　　　　　　　　　　　500×

图　　号：4-4-107

材料名称：H13 钢

浸 蚀 剂：4%硝酸酒精溶液

处理情况：淬火、回火

组织说明：H13 钢是一种过共析钢，不是莱氏体钢，但由于元素偏析，有可能形成亚稳定的共晶碳化物，图中白色块状组织就是亚稳定的共晶碳化物。其形成机理与低合金高碳工具钢中的碳化物液析相似，原则上可采用高温扩散退火的方法来消除。

图　　号：4-4-108

材料名称：H11 钢（4Cr5MoSiV 钢）

浸 蚀 剂：4%硝酸酒精溶液

处理情况：1020℃加热后油冷淬火，560℃回火

组织说明：H11 钢是 500℃以下服役的中等热强
　　　钢，抗热疲劳性能特别好，所以是制作高速锤
　　　锻模的理想钢材。

　　　　图中组织：回火托氏体+回火索氏体+剩余碳
　　　化物。硬度为 47～49HRC。

　　　　H11 钢的含钒量低于 H13 钢，因此它的热强
　　　性低于 H13 钢，但韧性比 H13 要好，是制造热
　　　锻模的优良钢种。

图　4-4-108　　　　　　　　　　　500×

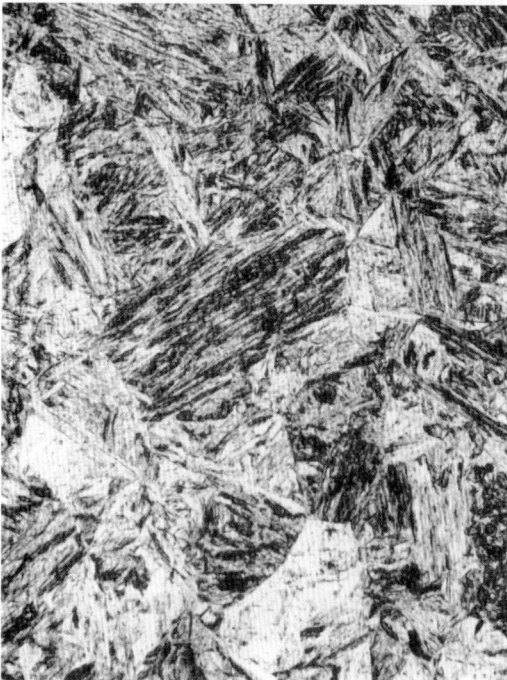

图　4-4-109　　　　　　500×

图　　号：4-4-109

材料名称：HM3 钢（3Cr3Mo3VNb 钢）

浸 蚀 剂：4%硝酸酒精溶液

处理情况：严重过热

组织说明：马氏体全部成排分布，马氏体针粗长，残
　　　留奥氏体量增多，剩余碳化物溶解，热处理加热温
　　　度估计已达 1180℃左右。属严重过热组织。

　　　　为了提高热强性，淬火温度不宜超过 1120℃，
　　　否则其室温冲击韧度明显下降至 a_K 为 19J/cm^2。
　　　HM3 钢的冲击韧度在 200℃以上有明显的上升，因
　　　此建议模具先在 200℃预热，可以防止脆性开裂。

　　　　HM3 钢的热稳定性极好，在 550℃保温 100h
　　　其硬度基本不下降，在 600℃保温 20h 后硬度才开
　　　始有所下降。

图　4-4-110　　　　　　　　　　　　　　　　　500×

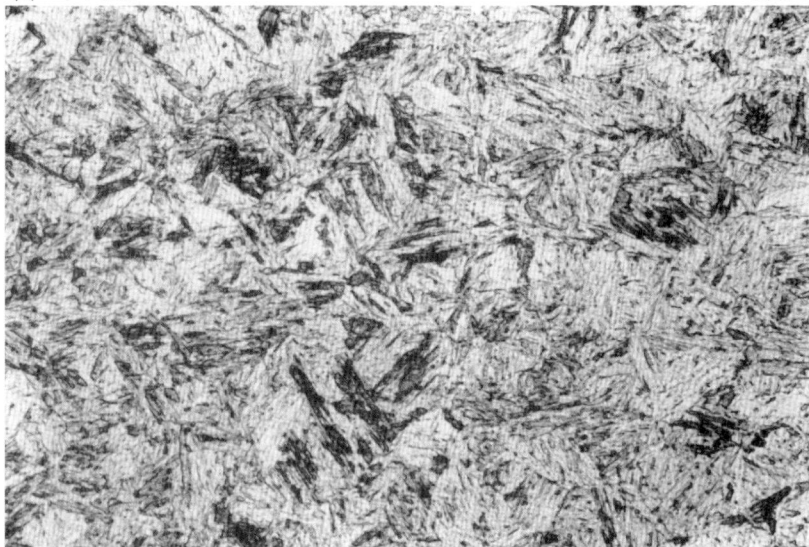

图　4-4-111　　　　　　　　　　　　　　　　　500×

图　　号：4-4-110、4-4-111

材料名称：HM3 钢

浸 蚀 剂：4%硝酸酒精溶液

处理情况：图 4-4-110：1080℃加热后油冷淬火；图 4-4-111：1120℃加热后油冷淬火

组织说明：图 4-4-110：马氏体+残留奥氏体+剩余碳化物。马氏体成排分布，晶粒度为 9 级，硬度为 47.5HRC。属正常淬火组织。

图 4-4-111：马氏体全部呈排列分布，晶粒度为 8 级，淬火硬度为 47.8HRC。属于过热组织。

HM3 钢是一种新型热锻模钢，适用于制造航空喷气发动机大量难变形合金锻件、高温合金锻件以及精密锻造的热锻模。

HM3 钢的常规热处理工艺为：1060～1090℃加热后油冷淬火或分级淬火，570～600℃回火，硬度为 47～52HRC；600～630℃回火，硬度为 42～47HRC。前者适用于锻造变形抗力小的工件所用的锻模，后者适用于锻造变形抗力大的工件所用的锻模。

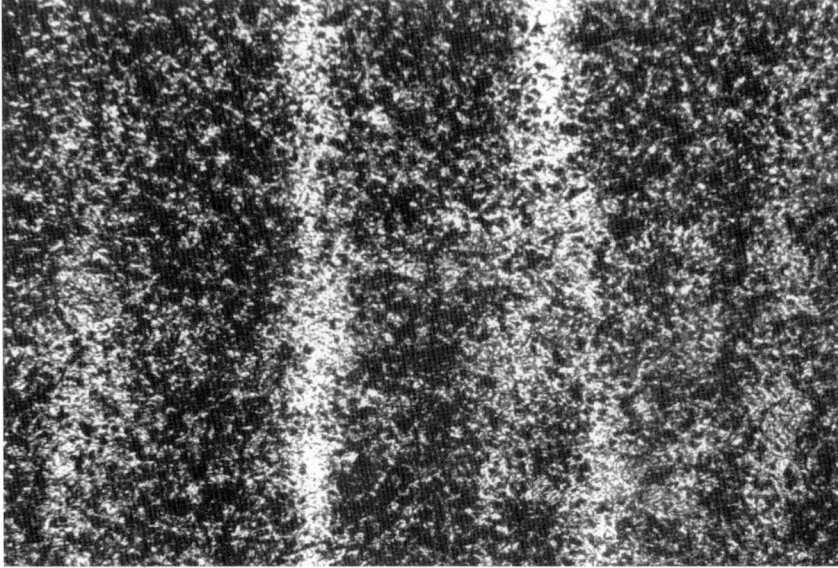

图　4-4-112　　　　　　　　　　　　　　　　　100×

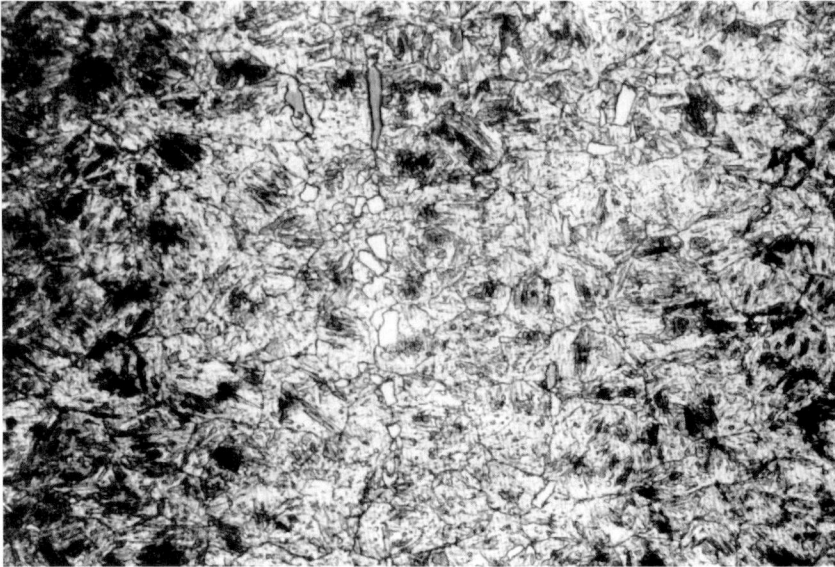

图　4-4-113　　　　　　　　　　　　　　　　　500×

图　　号：4-4-112、4-4-113

材料名称：HM3 钢

浸 蚀 剂：4%硝酸酒精溶液

处理情况：1060℃加热后油冷淬火，600℃回火

组织说明：图 4-4-112：碳化物偏析带。图 4-4-113：是图 4-4-112 放大至 500 倍的组织。

　　　　图中白色条带是碳化物偏析带，带中既有白色点状碳化物，也有链状分布的亚稳定共晶碳化物，并有灰色可塑性夹杂物。基体为隐针马氏体和细针马氏体+残留奥氏体。由于合金含量较高不易被浸蚀，故呈灰白色。偏析带两侧是回火板条马氏体。由于碳化物偏析造成组织不均匀，热处理造成附加淬火应力而导致模具开裂。

图　　号：图 4-4-114~4-4-118　　材料名称：Y4 钢　　浸　蚀　剂：10%硝酸酒精溶液

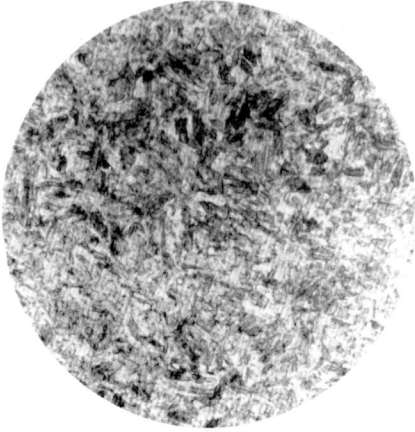

图　4-4-114　　　　　　500×
处理情况：1050℃油冷淬火
组织说明：淬火马氏体，极少量残留奥氏体，少量
　　　　　碳化物。

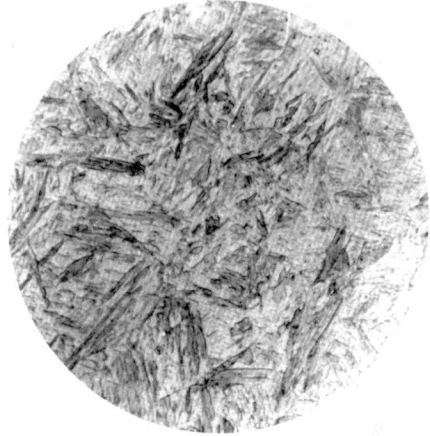

图　4-4-115　　　　　　500×
处理情况：1100℃油冷淬火
组织说明：组织同前图，马氏体稍粗。

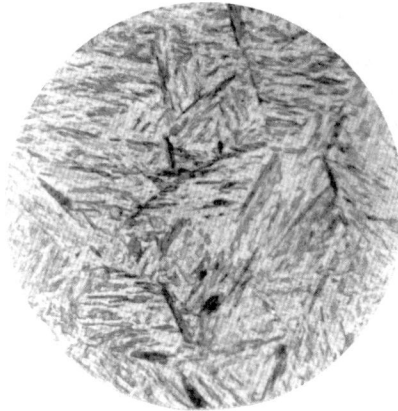

处理情况：1150℃油冷淬火
组织说明：组织同前图，马氏
　　　　　体粗大。

图　4-4-116　　　　　　500×

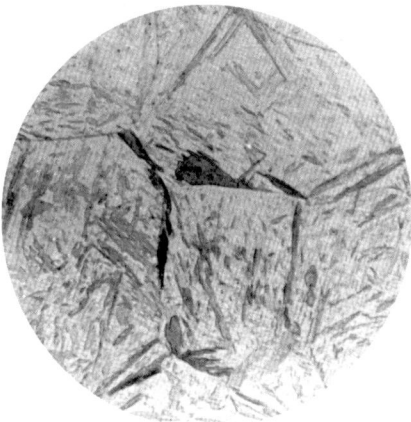

图　4-4-117　　　　　　500×
处理情况：1180℃油冷淬火
组织说明：组织同前，马氏体更粗大。

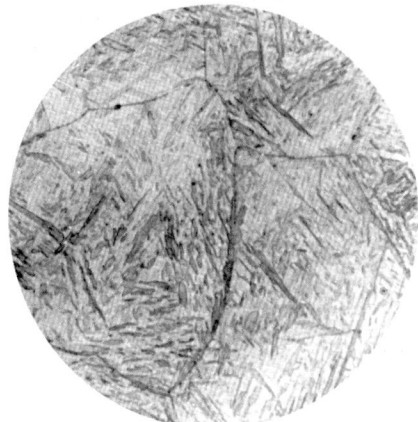

图　4-4-118　　　　　　500×
处理情况：1200℃油冷淬火
组织说明：随着淬火温度升高马氏体随之变粗。

图　号：**图** 4-4-119~4-4-123　　材料名称：Y4 钢　　浸　蚀　剂：10%硝酸酒精溶液

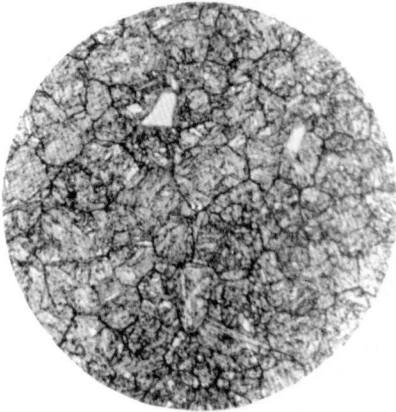

图 4-4-119　　　　　　600×
处理情况：1050℃油冷淬火，650℃、660℃二次回火，硬度为 48HRC
组织说明：回火马氏体+块粒状碳化物，晶粒度为 9 级。

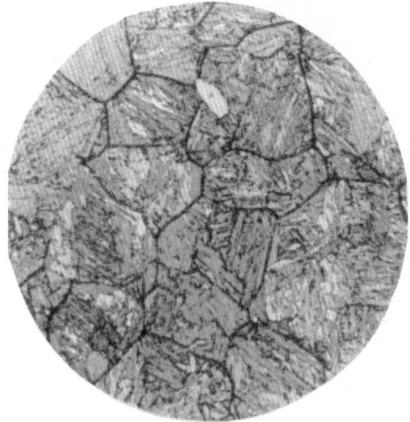

图 4-4-120　　　　　　600×
处理情况：1100℃油冷淬火，650℃、630℃二次回火，硬度为 49HRC
组织说明：组织同前图，晶粒度为 6.5 级。

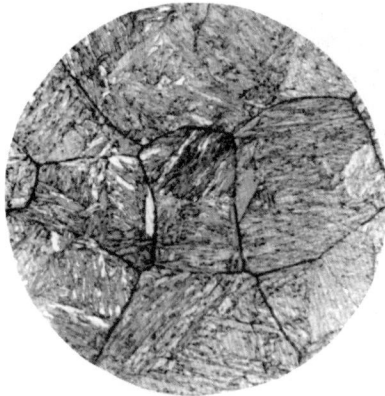

图　4-4-121　　　　　　600×

处理情况：1180℃油冷淬火，650℃、630℃二次回火，硬度为 50HRC
组织说明：组织同前图，晶粒度为 5 级。

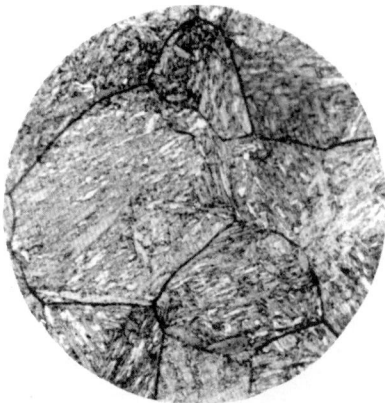

图　4-4-122　　　　　　600×
处理情况：1180℃油冷淬火，686℃、650℃二次回火，硬度为 47.4HRC
组织说明：粗回火马氏体及颗粒状碳化物，晶粒度为 5 级。

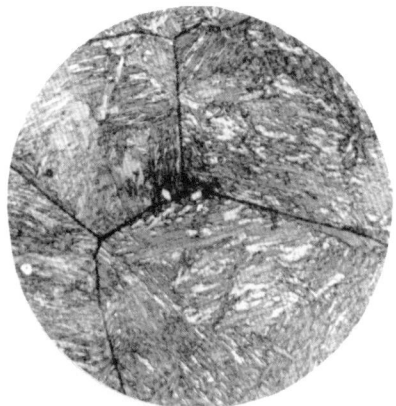

图　4-4-123　　　　　　600×
处理情况：1200℃油冷淬火，686℃、650℃二次回火，硬度为 46.7HRC
组织说明：组织更粗大，晶粒度为 3 级。

图　　号：图 4-4-124~4-4-128　　　材料名称：Y4 钢　　　浸　蚀　剂：10%硝酸酒精溶液

图　4-4-124　　　　　　　　600×
处理情况：1050℃油冷淬火，650℃、660℃二次回火，
　　750℃×160min 水冷，硬度为 35HRC
组织说明：保持马氏体位向的粗索氏体+少量粒
　　状碳化物。

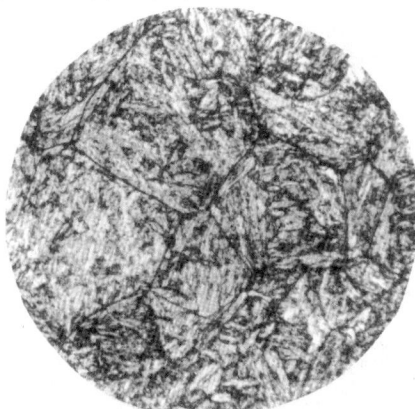

图　4-4-125　　　　　　　　600×
处理情况：1100℃油冷淬火，650℃、630℃二次回火，
　　750℃×2h 水冷，硬度为 33HRC
组织说明：组织同前图

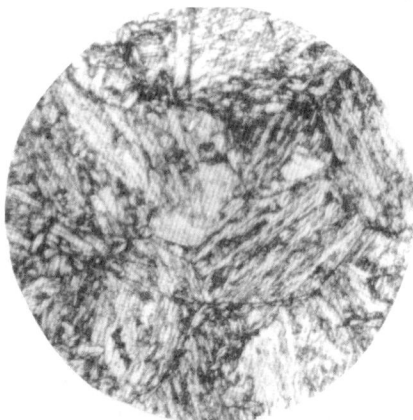

图　4-4-126　　　　　　　600×

处理情况：1150℃油冷淬火，650℃、630℃
　　二次回火，750℃×1h 水冷，硬度为 34HRC
组织说明：组织同前图稍粗。

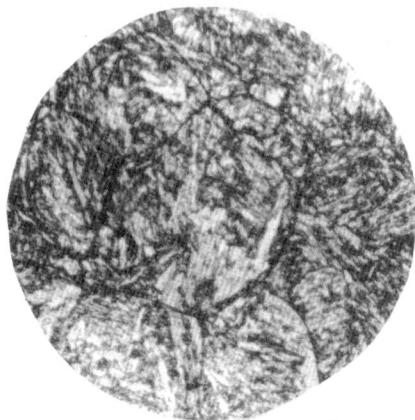

图　4-4-127　　　　　　　600×
处理情况：1180℃油冷淬火，686℃、650℃二次回火，
　　750℃×2h 水冷，硬度为 34HRC
组织说明：组织同前图。

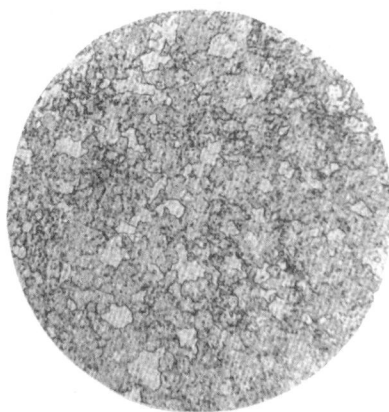

图　4-4-128　　　　　　　600×
处理情况：1200℃油冷淬火，686℃、650℃二次回火，
　　860℃×4.5h 炉冷，至 500℃出炉空冷
组织说明：铁素体上弥散点状碳化物，组织细密。

金 相 图 片

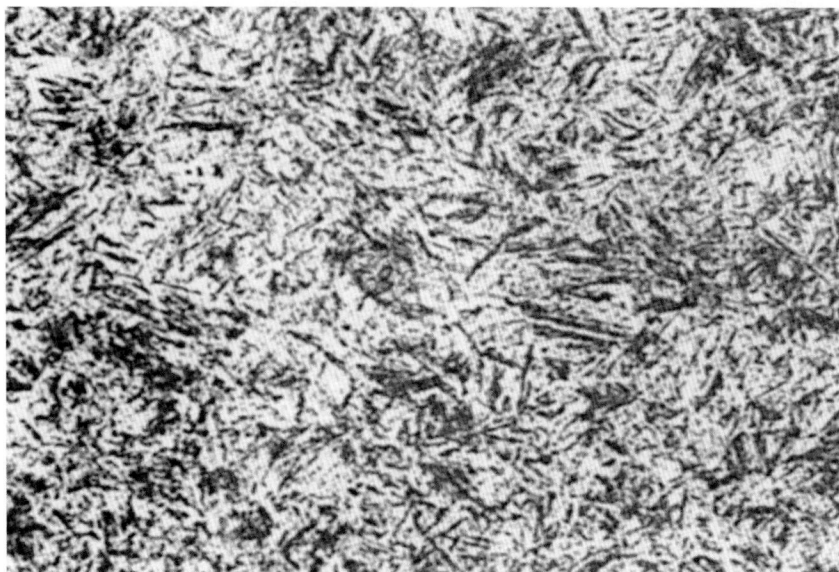

图 4-5-1   500×

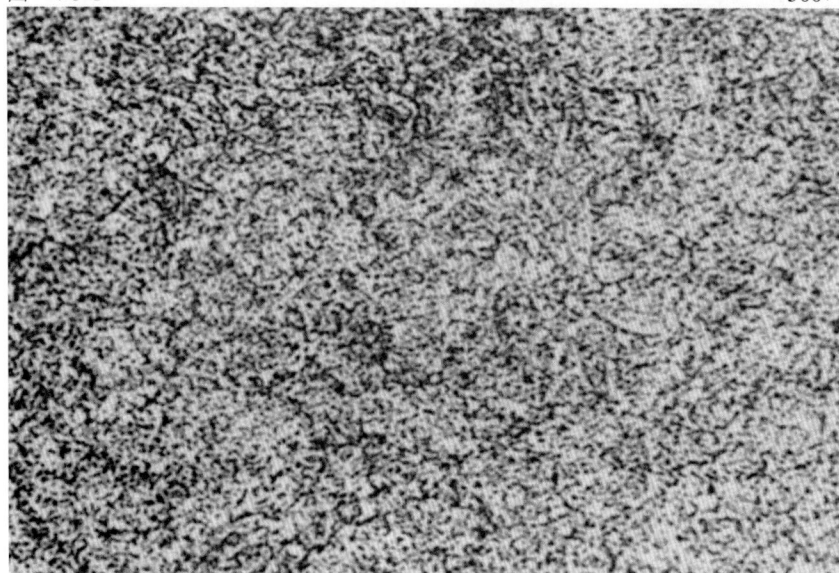

图 4-5-2   500×

图　　号：4-5-1、4-5-2

材料名称：SM35Cr2Mo 钢（P20 钢）[w(C)0.33%～0.36%，w（Si）0.57%～0.58%，w（Mn）0.78%～0.79%，w（Cr）1.83%～1.85%，w（Mo）0.46%]

浸 蚀 剂：4%硝酸酒精溶液

处理情况：图 4-5-1：850℃加热，油冷淬火。图 4-5-2：850℃加热，油冷淬火，620℃回火

组织说明：P20 钢是塑料模具专用钢。经电渣重熔，所以杂质特别少，加工性能和抛光性能较好。

　　图 4-5-1：是淬火组织,组织为针状马氏体+少量残留奥氏体。与普通合金结构钢类似,淬火硬度为 50～54HRC。

　　图 4-5-2：是回火索氏体，硬度为 28～36HRC。当调质硬度达到 30HRC 以上时，抛光后表面粗糙度可达 R_a0.1~0.05μm，与普通合金结构钢不同之处是调质硬度虽高，但可加工性能比同硬度下的普通合金结构钢为好，原因在于 P20 钢中没有硬质颗粒。

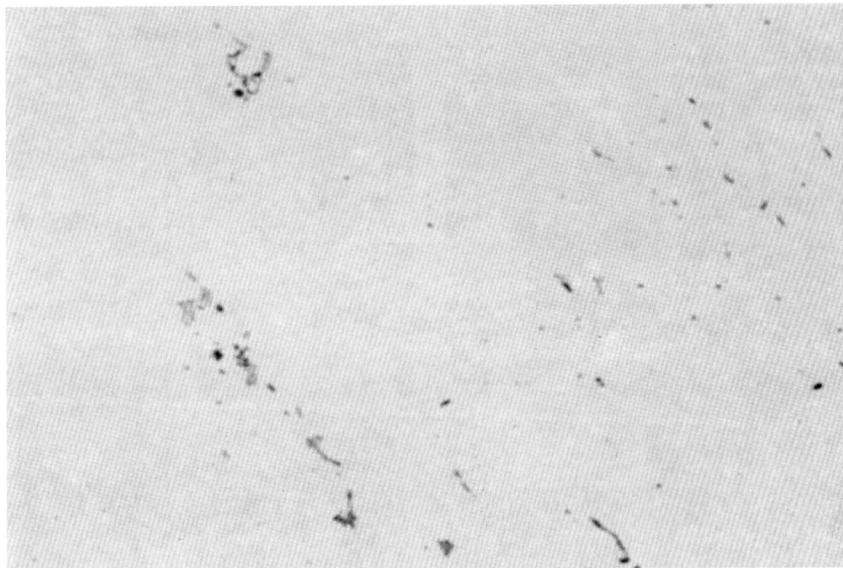

图　4-5-3　　　　　　　　　　　　　　　　　　　　100×

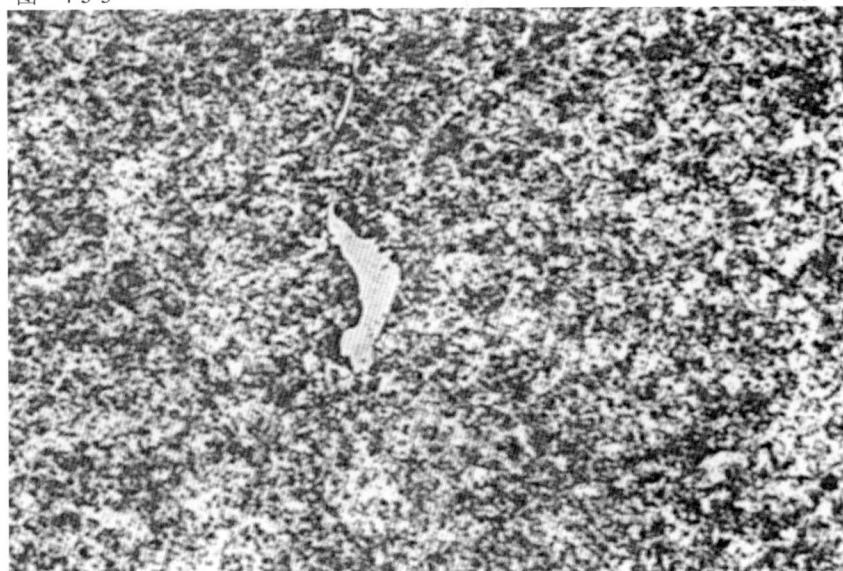

图　4-5-4　　　　　　　　　　　　　　　　　　　　500×

图　　号：4-5-3、4-5-4

材料名称：8Cr2MnWMoVS 钢 [w（C）0.75%～0.85%,w（Cr）2.3%～2.6%,w（W）0.70%～1.10%,w（Mo）0.50%～0.80%,w（V）0.10%～0.25%,w（Mn）1.30%～1.70%,w（S）0.08%～0.15%,w（P）≤0.030%]

浸　蚀　剂：图 4-5-3 未浸蚀；图 4-5-4 经 4%硝酸酒精溶液浸蚀

处理情况：900℃加热，油冷淬火（正常淬火温度为 860～920℃，油冷淬火或分级冷却或 240～280℃等温淬火）

组织说明：这是一种加硫的易切削预硬型塑料模具钢。同时增加了含锰量，保证了硫能形成硫化锰成为易切削相，但含硫量不能太高，因为过多的硫化锰会对钢材的物理性能和化学性能产生不良影响。易切削钢调质到 40～48HRC 时，与碳素结构钢调质到 30HRC 时可加工性能相近，但硬度高，使抛光性能非常好。

　　图 4-5-3：该钢锻造性能良好，锻造时硫化锰沿锻轧方向延伸成条状，从图中可见呈条带分布的硫化物，在切削过程中可起到缺口断层作用和润滑作用。但条状分布的硫化物使工件性能呈各向异性，横向韧性很差，且易生锈。

　　图 4-5-4：淬火组织，为隐针马氏体＋细针状马氏体＋残留奥氏体＋剩余碳化物 [约为 7%（体积分数）]，照片中部有灰色条块状硫化物为易切削相，淬火硬度为 62～64HRC。

　　正常淬火温度为 860～920℃，油冷淬火或分级冷却或 240～280℃等温淬火。

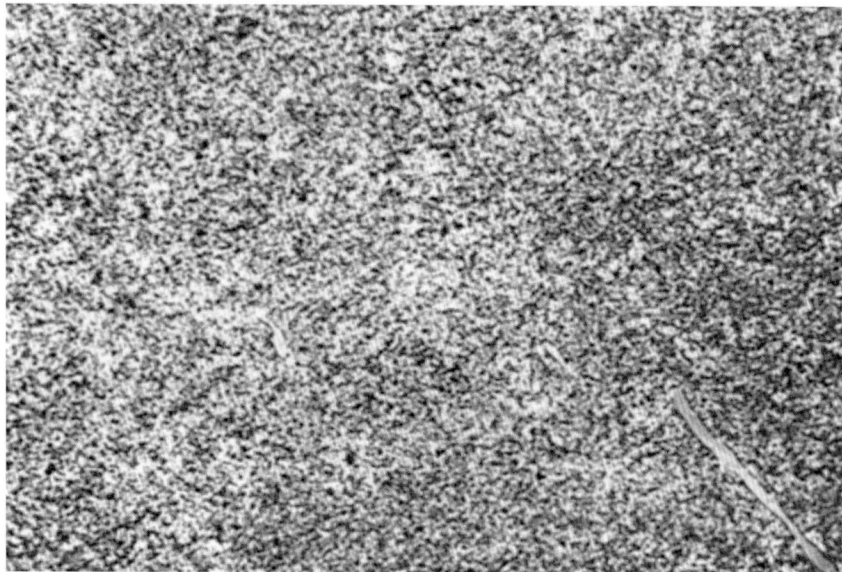

图　4-5-5　　　　　　　　　　　　　　　　　　　　　500×

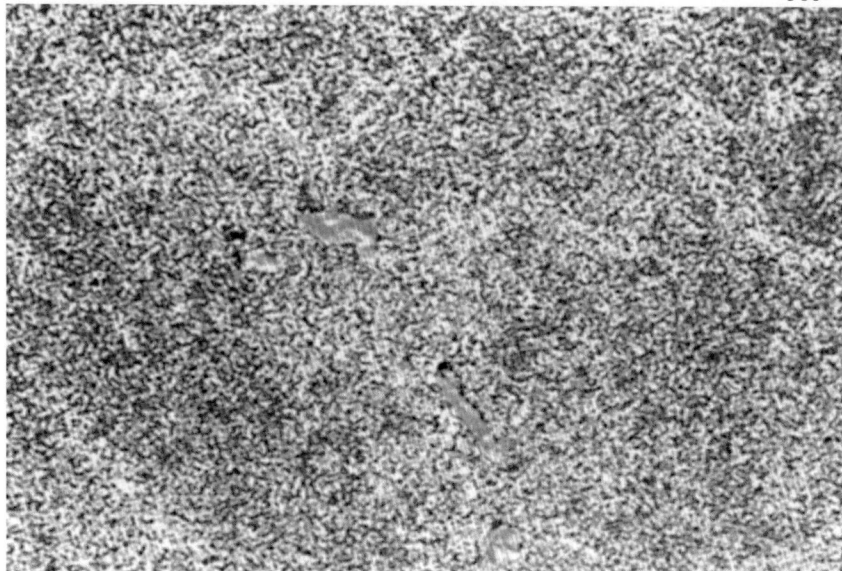

图　4-5-6　　　　　　　　　　　　　　　　　　　　　500×

图　　号：4-5-5、4-5-6

材料名称：8Cr2MnWMoVS 钢

浸 蚀 剂：4%硝酸酒精溶液

处理情况：图 4-5-5：900℃加热，油冷淬火，600℃回火。图 4-5-6：870℃加热，油冷淬火，560℃回火

组织说明：图 4-5-5：是回火索氏体组织。组织较细，硬度为 45HRC，硬度偏高，切削性能较差，但抛光性
　　　能好。

　　　图 4-5-6：是回火索氏体组织。组织较粗，硬度为 34HRC，硬度偏低，虽然容易切削，但表面粗糙度
　　　较差。图中灰色相是硫化锰为易切削相。

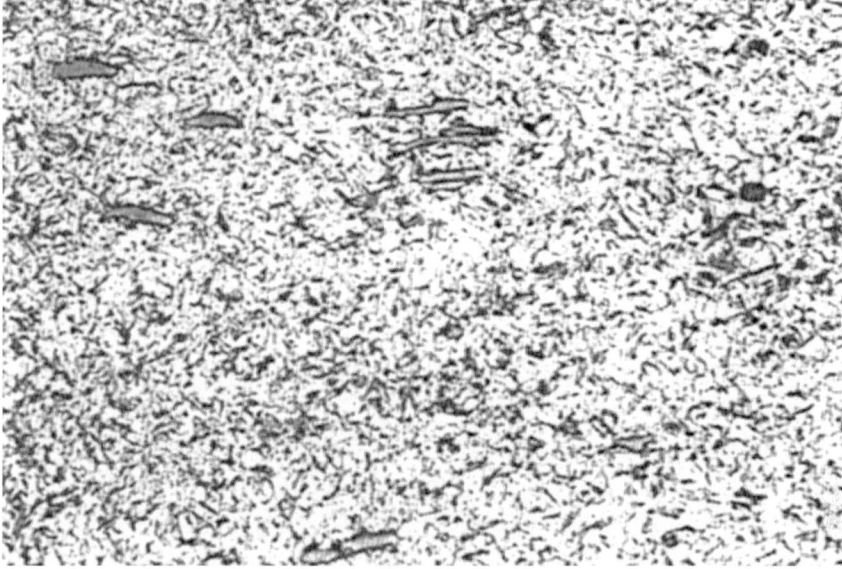

图　4-5-7　　　　　　　　　　　　　　　　　　　　500×

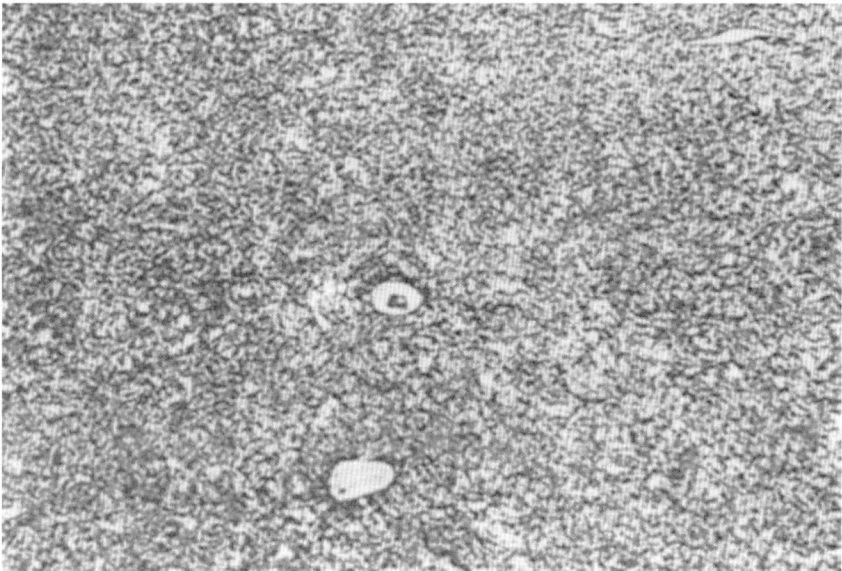

图　4-5-8　　　　　　　　　　　　　　　　　　　　500×

图　号：图 4-5-7、4-5-8

材料名称：5NiSCa（5CrNiMnMoVSCa 钢）二元易切削预硬型塑料模具钢

浸 蚀 剂：4%硝酸酒精溶液

处理情况：图 4-5-7 是 880℃加热，油冷淬火。图 4-5-8 是 880℃加热，油冷淬火，600℃回火

组织说明：5NiSCa 钢的正常热处理工艺为：880～920℃加热，油冷淬火，分级冷却或风冷，600～650℃回火，回火后硬度为 35～45HRC。

　　图 4-5-7：是淬火组织，为细针状马氏体＋少量残留奥氏体＋少量剩余碳化物＋（Mn·Ca）S 易切削相。

　　图 4-5-8：是回火索氏体组织，其中两颗（Mn·Ca）S 易切削相的里面包容有硬质氧化物，呈椭圆形，回火后硬度为 40.5HRC，屈服强度 $R_{r0.2}$ 为 1083～1392N/mm^2，冲击韧度（C 型试样）a_K 为 68～43J/cm^2，横向 a_K 和纵向 a_K 比约为 0.42，抛光后表面粗糙度 R_a 可达 0.05μm。

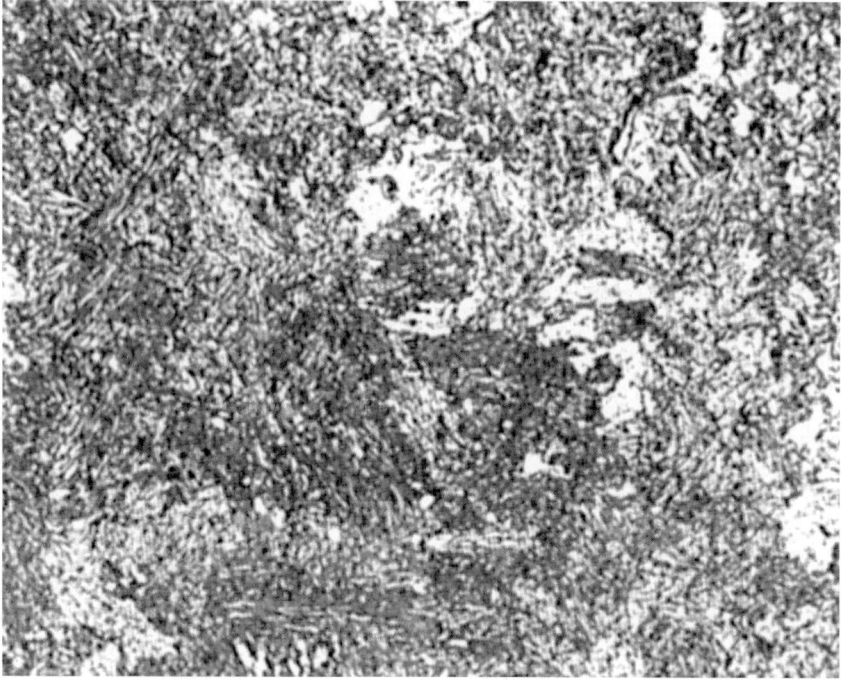

图　4-5-9   500×

图　　号：4-5-9

材料名称：PMS 钢（1Ni3Mn2MoAlCu 钢）时效硬化型塑料模具钢

浸 蚀 剂：4%硝酸酒精溶液

处理情况：820℃加热油冷淬火

组织说明：PMS 钢是一种新型析出硬化型时效结构钢，可以挤压成形，锻造空冷后无需退火即可加工。淬火
后的硬度为 30HRC 左右，精加工方便，精加工后进行回火时效可获得 40～45HRC 的高硬度，最后进行精
抛光，抛光后表面可达镜面光亮度，而且模具表面洁净抗蚀，图案刻蚀性能良好，是理想的光学透明塑料
制品的成形模具专用钢种。

　　　　PMS 钢的常规热处理工艺为：840～900℃加热，油冷淬火或空冷，油冷淬火后硬度为 37HRC，空冷
后硬度为 33HRC 左右，一般采用空冷淬火。

　　　　因为淬火温度 820℃偏低，图中组织为板条马氏体＋未溶铁素体。淬火后进行机械加工，再经 500℃
回火时效，硬度可提升到 40～45HRC，最后进行抛光，可达到镜面光亮度，表面粗糙度 $R_a \leqslant 0.05\mu m$。耐
蚀性高，补焊性能好。

　　　　淬火回火后，基体组织为贝氏体＋板条状马氏体，通过硬化相 NiAl 的析出而硬化，可获得良好的
力学性能：$R_{r0.2} \geqslant 980 N/mm^2$，$R_m \geqslant 1078 N/mm^2$，$A \geqslant 13\%$，V 型试样 $a_K \approx 20 J/cm^2$，钢的总变形率在 0.05%
以下。

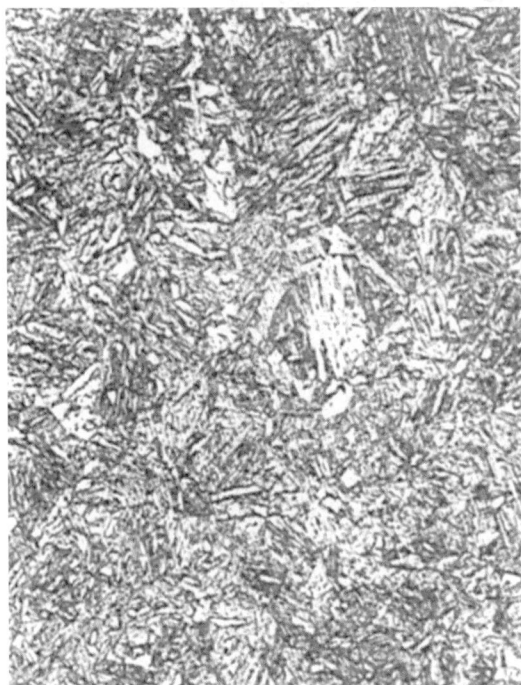

图　4-5-10　　　　　　　　　　　500×

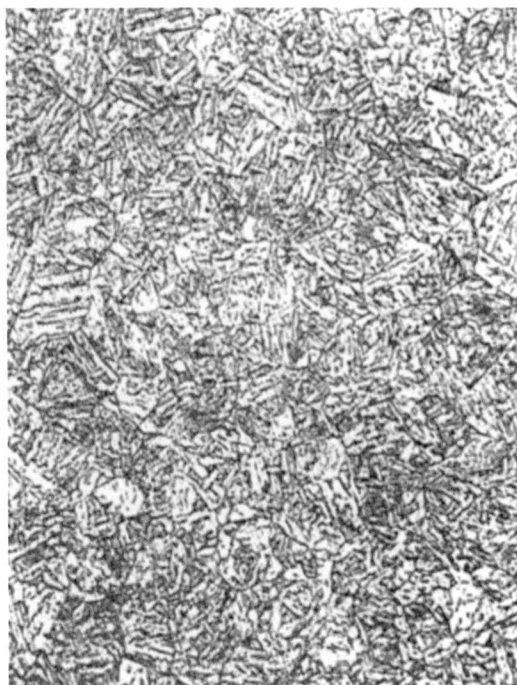

图　4-5-11　　　　　　　　　　　500×

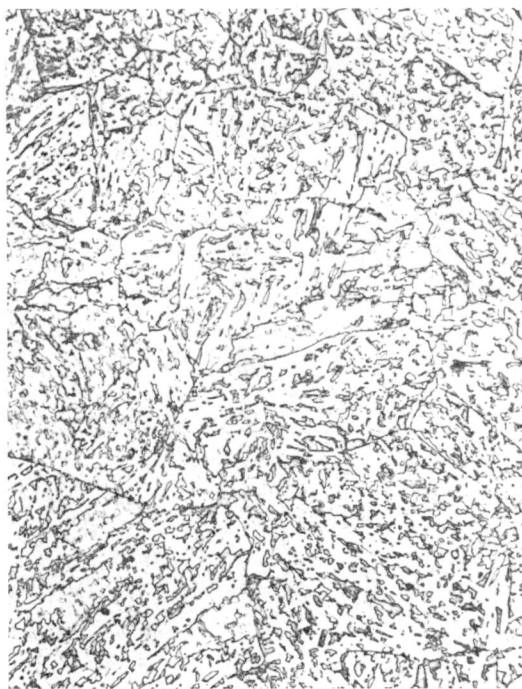

图　4-5-12　　　　　　　　　　　500×

图　　号：4-5-10~4-5-12

材料名称：PMS 钢

浸 蚀 剂：4%硝酸酒精溶液

处理情况：图 4-5-10：870℃加热，油冷淬火。图
4-5-11：870℃加热，流动空气冷却。图 4-5-12：
870℃加热，空冷

组织说明：图 4-5-10：是油冷淬火后的组织，组织
为板条状马氏体，硬度为 37HRC。

图 4-5-11：是流动空气冷却，组织为板条状
马氏体＋粒状贝氏体，硬度为 33HRC。

图 4-5-12：是空气冷却，组织为粒状贝氏体，
硬度为 32HRC。

冷却速度对固溶后转变的组织虽有影响，
但对硬度的影响不大。空气冷却后的模具内应
力小，变形小，易于机械加工，固此一般建议
采用空冷淬火。

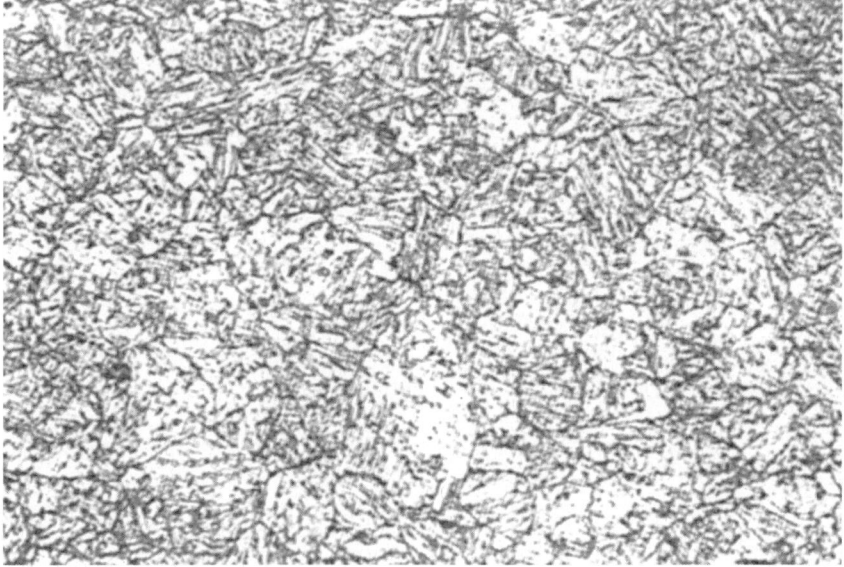

图　4-5-13　　　　　　　　　　　　　　　　　　　　　　500×

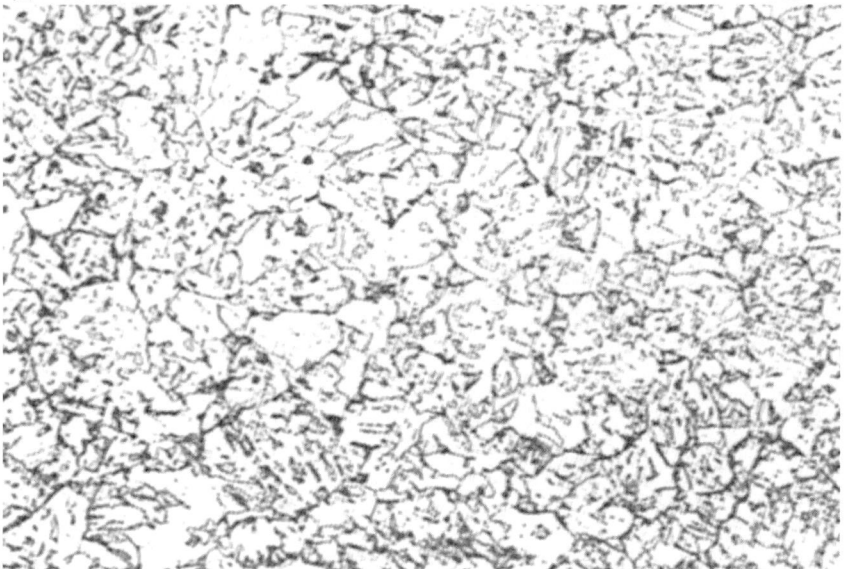

图　4-5-14　　　　　　　　　　　　　　　　　　　　　　500×

图　　号：4-5-13、4-5-14

材料名称：PMS 时效硬化型塑料模具钢

浸蚀剂：4%硝酸酒精溶液

处理情况：图 4-5-13 是 870℃加热固溶，油冷淬火，500℃回火。图 4-5-14 是 870℃加热固溶，空冷淬火，
　　500℃回火

组织说明：图 4-5-13：组织为板条状马氏体，有碳化物和 NiAl 相析出。

　　　　图 4-5-14：组织为回火粒状贝氏体，其中奥氏体小岛分解为马氏体和碳化物，并有 NiAl 时效相析出。

　　　　时效析出相 NiAl 的直径约为 100Å（10nm），时效后硬度回升到 40～43HRC。

金 相 图 片

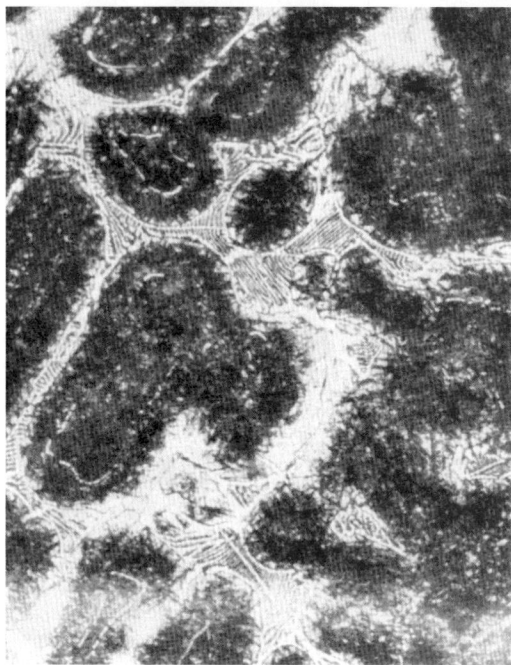

图　4-6-1　　　　　　　　　500×

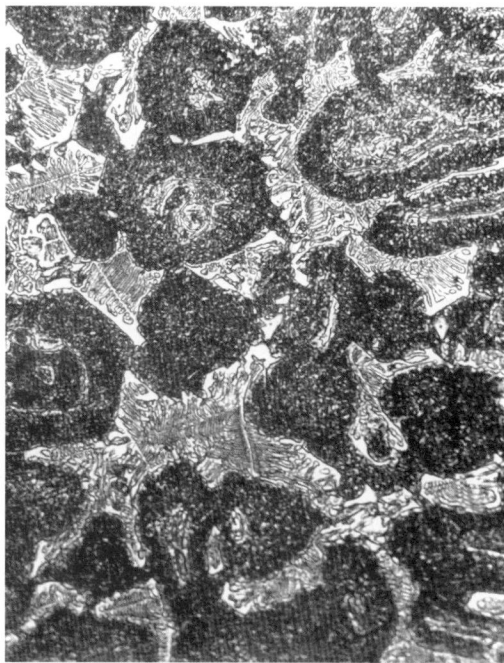

图　4-6-2　　　　　　　　　500×

图　号：4-6-1、4-6-2

材料名称：W18Cr4V 钢［w（C）0.7%～0.8%，w（W）17.5%～19.0%，w（Cr）3.8%～4.4%，w（Mo）≤0.30%，
w（V）1.0%～1.4%，w（Mn）≤0.40%，w（Si）≤0.40%，w（S）≤0.030%，w（P）≤0.030%］

浸 蚀 剂：4%硝酸酒精溶液

处理情况：图 4-6-1 为 1350℃壳型铸造；图 4-6-2 铸造后退火处理

组织说明：图 4-6-1：基体组织为共晶莱氏体，黑色组织、隐针状马氏体及残留奥氏体，硬度为 50～53HRC。

图 4-6-2：基体为托氏体，其上布有骨骼状共晶莱氏体，硬度为 250HBW。

高速钢是制造各种刀具的主要材料，以能进行高速切削而得名，其特点是在高碳成分的基础上加入钨、铬、钼、钒等合金元素，而且含量很高，使钢在淬火和高温回火后具有高的热硬性，当其切削温度在 600℃以下时硬度仍能保持 60HRC 以上；其强度也比碳素工具钢和低碳合金工具钢高 30%～50%。所以，高速钢具有足够的强度和硬度（62～65HRC）以及优良的耐磨性。

高速钢铸态组织中有大量的共晶莱氏体，经过高温淬火后，环绕晶粒呈网状分布的共晶碳化物仍然存在，这就导致钢材的力学性能显著下降，其强度仅为轧制或锻造的钢几分之一，塑性和韧性基本等于零。在淬火时，由于铸态共晶莱氏体周围，基体的碳及合金元素较贫乏，因此加热时容易过热，冷却时 M_s 点较高；而一般基体处由于二次碳化物溶解充分，合金化程度较高，故其 M_s 点较低。这种基体成分上的不均匀，使组织转变有先有后，增加了淬火时的组织应力，使变形和开裂倾向增大。若共晶莱氏体在刀具刃口处，则使用时容易发生崩刃。这些都是铸造高速钢的不足之处。在正常的情况下，高速钢均需经过锻造后才能使用。

但是，铸造高速钢的热硬性和耐磨性很好，为了利用废料重熔，直接浇铸（精密铸造）成大规格钻头、车刀、立铣刀等，经过特殊的热处理，仍具有一定的使用寿命。

图　　号：4-6-3

材料名称：W18Cr4V 钢

浸 蚀 剂：4%硝酸酒精溶液

处理情况：铸造状态

组织说明：细共晶莱氏体+黑色组织+白色组织

　　细小共晶莱氏体的粗细直接影响到碳化物不均匀度的严重程度，莱氏体粗大，锻、轧后得到较严重的碳化物不均匀度。因此，铸造时应尽量加快冷却速度，为此高速钢铸锭比其他钢种的铸锭小得多，而且呈长方形，称为扁锭。本图取自铸件较边缘部位，得到细小共晶体，这种材料具有较好的性能。

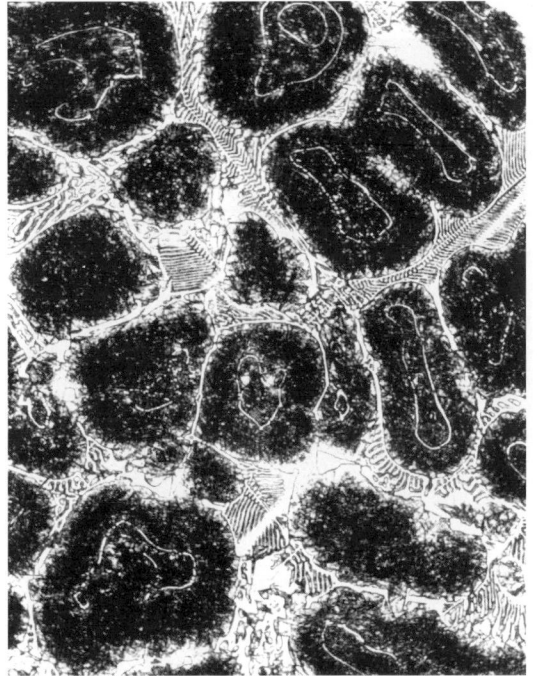

图　4-6-3　　　　　　　　500×

图　4-6-4　　　　　　　500×

图　　号：4-6-4

材料名称：W18Cr4V 钢

浸 蚀 剂：4%硝酸酒精溶液

处理情况：铸造状态

组织说明：粗大共晶莱氏体+黑色组织+极少量的白色组织。

　　由于浇铸温度较高及冷却速度缓慢，形成很完整的共晶莱氏体，呈十字状结晶，形成典型的鱼骨状图案。这种粗大的共晶体导致严重碳化物的不均匀性，使材料的力学性能下降。

图　　号：4-6-5
材料名称：W18Cr4V 钢
浸 蚀 剂：4%硝酸酒精溶液
处理情况：铸造状态
组织说明：共晶莱氏体+白色组织+黑色组织。

　　铸态加热温度较高，共晶莱氏体呈十字状结晶，但由于冷却速度较快，结晶未很好长大，淬火马氏体及残留奥氏体也没能转变成黑色组织，所以在共晶莱氏体周围及枝晶晶界处出现较多的白色组织。又由于共晶莱氏体较细小，故钢的性能也较好。

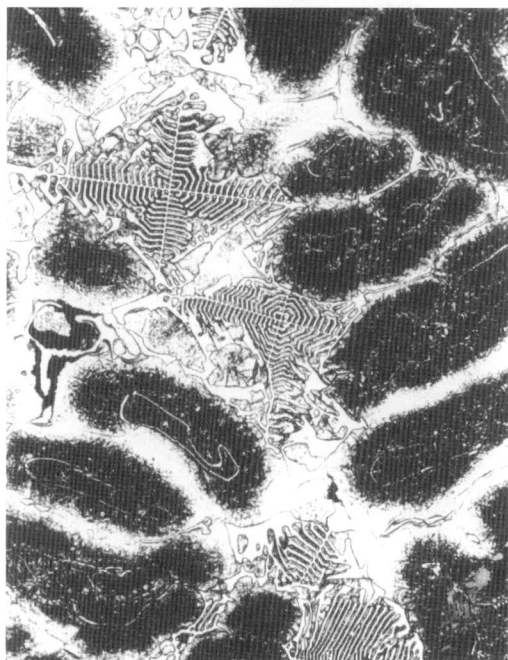

图　　4-6-5　　　　　　　　　　　　　　　　500×

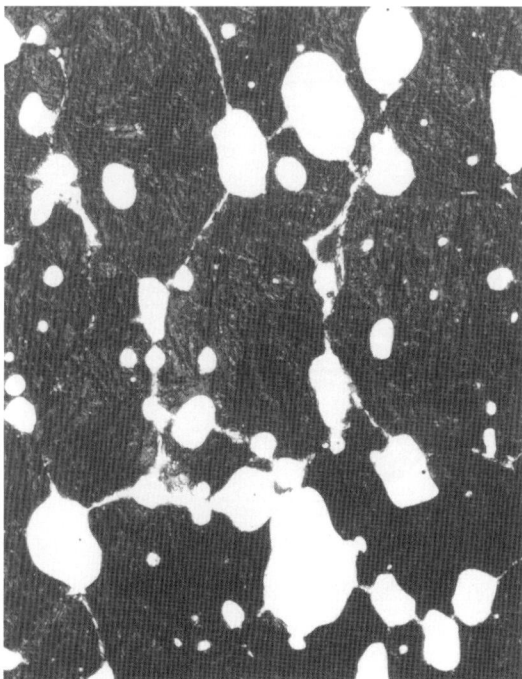

图　　4-6-6　　　　　　　　　500×

图　　号：4-6-6
材料名称：W18Cr4V 钢
浸 蚀 剂：4%硝酸酒精溶液
处理情况：淬火+回火
组织说明：回火马氏体+大块碳化物+网状碳化物

　　钢材由于冶炼方法不良产生大块碳化物，这些大块碳化物在加工过程又未能被及时改善，热处理过程也不能把它们溶解，并由于大块碳化物附近含碳量较高，碳化物沿晶界析出形成网状，这是过热的特征，这种组织会使刀具强度降低。

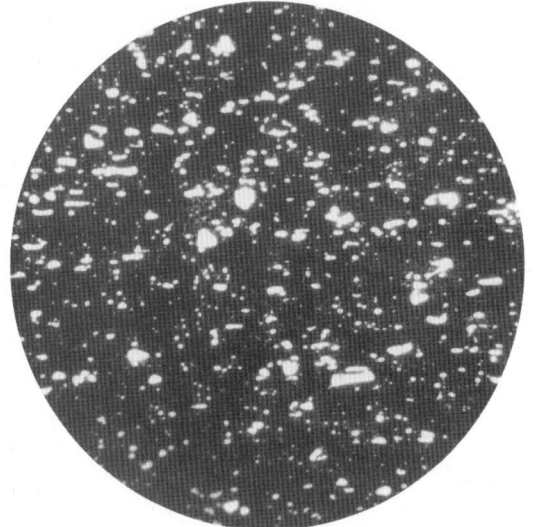

图　　4-6-7　　　　　　　　　　100×　　　图　　4-6-8　　　　　　　　　　500×

图　　号：4-6-7、4-6-8　　　　　　　　　浸 蚀 剂：4%硝酸酒精溶液深浸蚀

材料名称：W18Cr4V 钢　　　　　　　　　处理情况：锻造后经正常的淬火及回火处理

组织说明：图 4-6-7：黑色回火马氏体基体上有均匀分布的细小颗粒共晶及二次碳化物，碳化物不均匀度
按 GB/T 9943—1988 标准钨系级别图评为小于 1 级。

图 4-6-8：为图 4-6-7 放大 500 倍后的组织，硬度为 65～66HRC。

高速钢锻造后，共晶莱氏体网络被破碎，碳化物不但细小，而且均匀分布，从而显著地提高了钢材
组织的均匀程度及其力学性能。

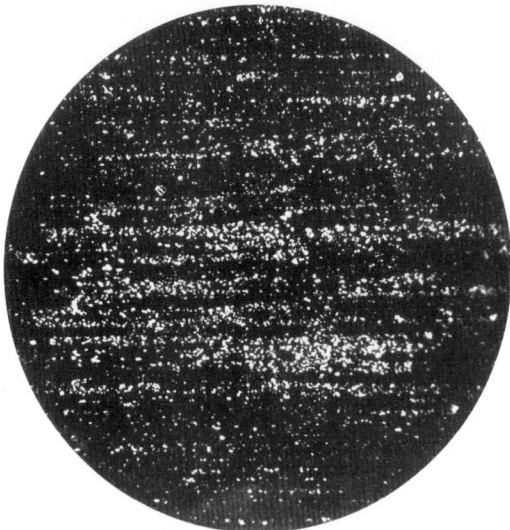

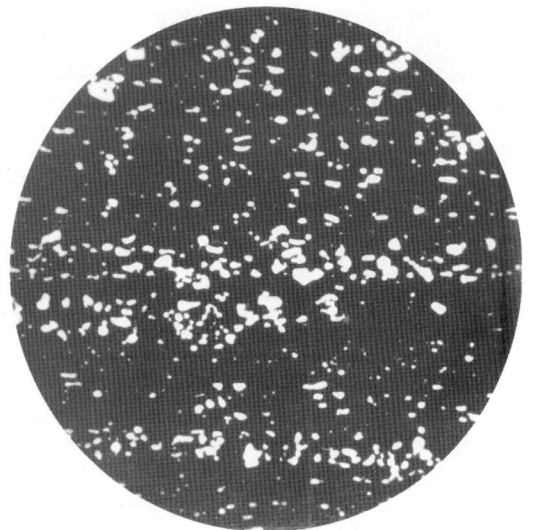

图　　4-6-9　　　　　　　　　　100×　　　图　　4-6-10　　　　　　　　　　500×

图　　号：4-6-9、4-6-10　　　　　　　　　浸 蚀 剂：4%硝酸酒精溶液深浸蚀

材料名称：W18Cr4V 钢　　　　　　　　　处理情况：锻造后正常的淬火和回火处理

组织说明：图 4-6-9：黑色回火马氏体基体上有呈带状分布的共晶碳化物。经按 GB/T 9943—1988 评定属 3.5 级。

图 4-6-10：为图 4-6-9 放大 500 倍后的组织，共晶碳化物呈聚集的带状分布，硬度为 66HRC。

共晶碳化物不均匀度测定的方法是切取厚度为 10～12mm 试片，沿半径分剖为扇形，淬火、回火后，
沿加工变形方向磨制试样，经深浸蚀，在离钢材表面 1/4 直径处放大 100 倍选择最严重的视场来评级。

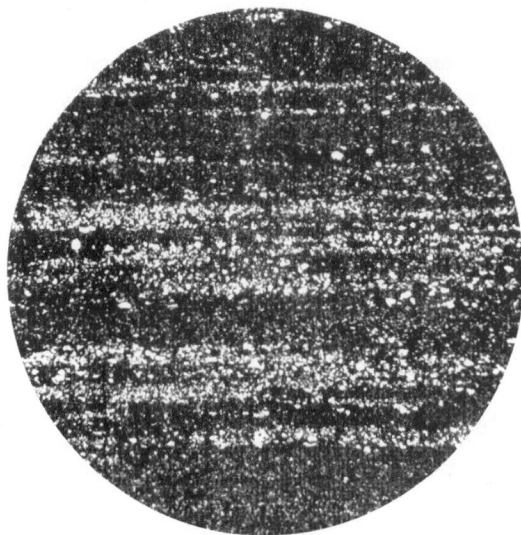
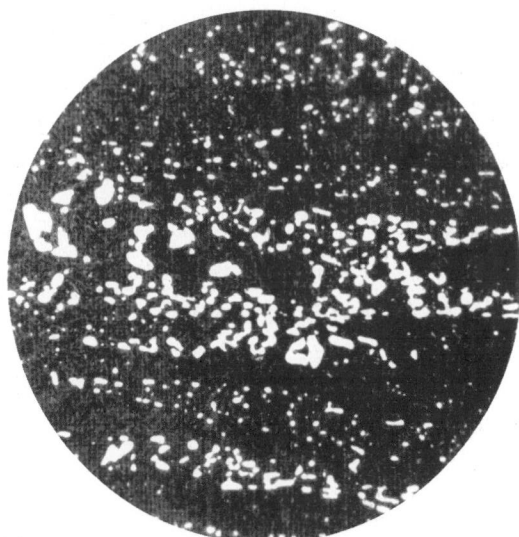

图　4-6-11　　　　　　　　　100× 　图　4-6-12　　　　　　　500×

图　　号：4-6-11、4-6-12　　　　　　浸 蚀 剂：4%硝酸酒精溶液深浸蚀
材料名称：W18Cr4V 钢　　　　　　　　处理情况：轧制后经正常的淬火及回火处理
组织说明：图 4-6-11：黑色回火马氏体基体上有明显呈带状分布的共晶碳化物。碳化物不均匀度较严重，
　　　按 GB/T 9943—1988 标准评为 6 级。
　　　　图 4-6-12：为图 4-6-11 放大 500 倍后的组织。聚集带状处共晶碳化物颗粒较粗大和密集。
　　　　严重的碳化物带状偏析处，在热处理时易产生过热，淬火后导致工件产生较大的变形，严重时会引
起开裂。采用较低的淬火温度、适当延长加热保温时间，能减少具有严重碳化物偏析工件的过热倾向、
淬火应力和变形。

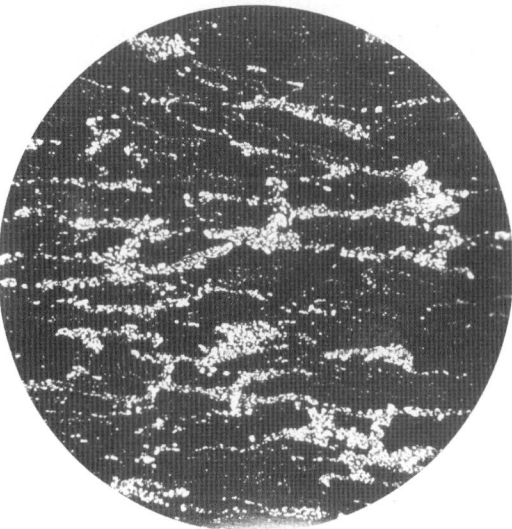
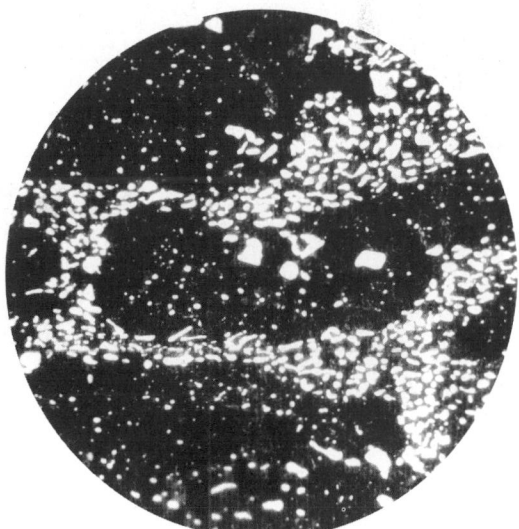

图　4-6-13　　　　　　　　　100× 　图　4-6-14　　　　　　　500×

图　　号：4-6-13、4-6-14　　　　　　浸 蚀 剂：4%硝酸酒精溶液深浸蚀
材料名称：W18Cr4V 钢　　　　　　　　处理情况：锻造后经 1280℃淬火，560℃回火 3 次
组织说明：图 4-6-13：黑色回火马氏体基体上分布有稍变形的网状碳化物和小颗粒状二次碳化物，碳化物
　　　不均匀度经按 GB/T 9943—1988 标准评定为 8 级。
　　　　图 4-6-14：为图 4-6-13 放大 500 倍后的组织，共晶碳化物呈封闭的网状分布。
　　　　钢锭虽经锻压加工，但由于设备能力太小，致使共晶碳化物网未被破碎，仅稍有变形。采用这种组
织的钢制造的工件，其强度、塑性及韧性都很低，脆性很大，使用中极易脆断。

图　　号：4-6-15

材料名称：W18Cr4V 钢

浸 蚀 剂：4%硝酸酒精溶液

处理情况：1260℃加热油冷淬火，560℃回火
　　　　　3 次

组织说明：由于共晶碳化物不均匀分布，
　　　　　因此在碳化物稀少处晶粒不均匀长大，
　　　　　马氏体组织粗长，组织不均匀导致附加
　　　　　内应力的产生，是引起刀具崩刃和脆裂
　　　　　的重要原因。

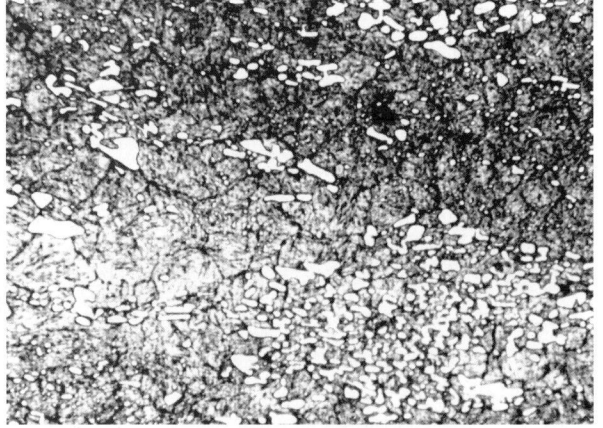

图　4-6-15　　　　　　　　　　　　　　500×

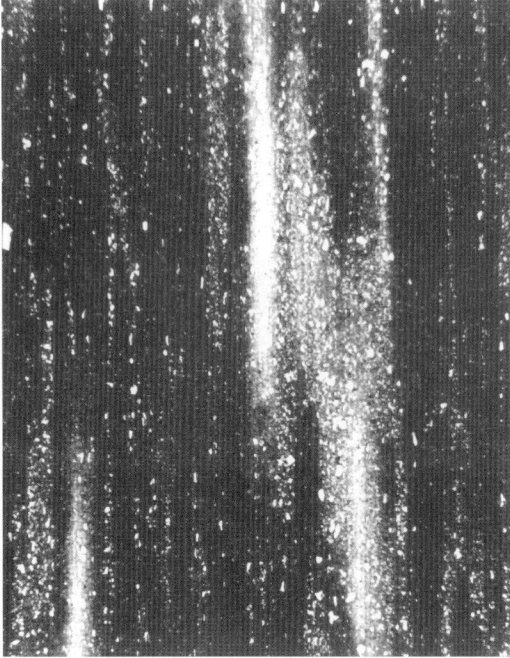

图　4-6-16　　　　　　　100×

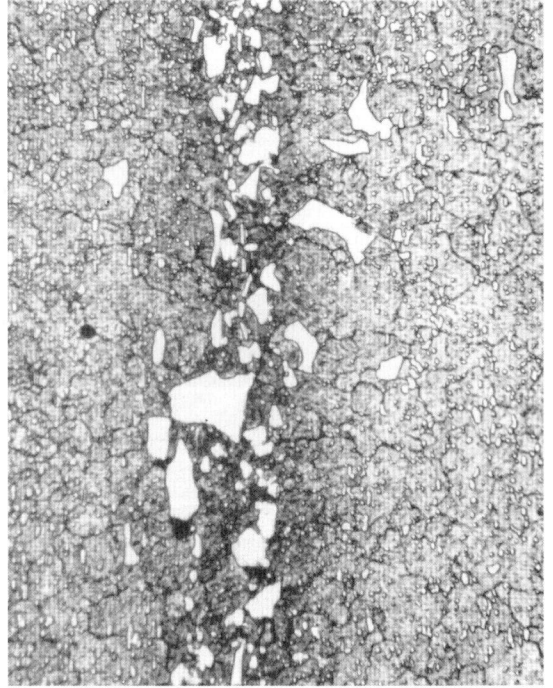

图　4-6-17　　　　　　　　　　　　　500×

图　　号：4-6-16、4-6-17　　　　　　　浸 蚀 剂：4%硝酸酒精溶液

材料名称：W18Cr4V 钢　　　　　　　　处理情况：1270℃加热油淬，560℃回火 3 次

组织说明：图 4-6-16 中出现灰色条带，该处放大后是一条碳化物密集带，如图 4-6-17 所示。

　　　碳化物密集带中有多角形的共晶碳化物，碳化物密集带中基体的合金元素比较富集，不易被回火，基体中可见到明显的晶粒边界。因此，出现灰白色带，常表示回火不足。灰白色带与浸蚀条件有关。

　　　图中组织属回火不足组织，同时碳化物形态异常，常会导致刀具崩刃或脆裂。

图　　号：4-6-18

材料名称：W18Cr4V 钢

浸 蚀 剂：4%硝酸酒精溶液

处理情况：1300℃淬火，560℃回火 3 次

组织说明：基体组织为回火马氏体及碳化物带状偏
　　　析，局部区域出现小块莱氏体组织。

　　此系淬火过热组织。由于 W18Cr4V 高速钢中
含有大量合金元素，常使碳化物产生比较严重的偏
析，导致钢中化学成分及显微组织的不均匀性。由
于局部基体贫碳及缺少合金元素，熔点相应降低，
导致碳化物堆集处的基体在淬火时容易过热，甚至
出现局部熔化，冷却后生成莱氏体组织。

　　碳化物的偏析不仅会造成堆集处的基体产生
过热现象，而且会使各处基体的合金浓度不一致，
致使 M_s 点各异，马氏体转变有先有后，这样将增
加工件的淬火应力、变形和开裂等倾向。

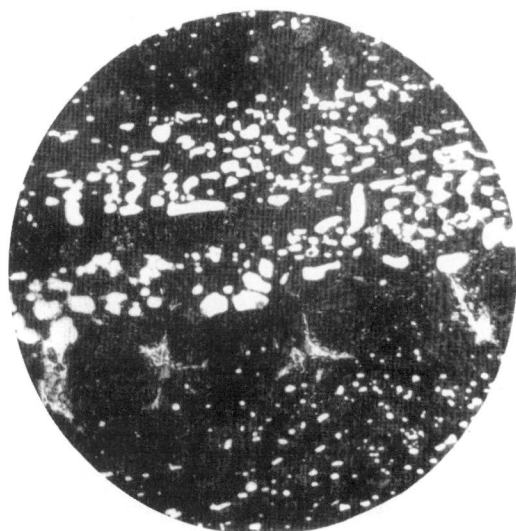

图 4-6-18　　　　　　　　　　　　　　　500×

图　　号：4-6-19

材料名称：W18Cr4V 钢

浸 蚀 剂：4%硝酸酒精溶液

处理情况：1280℃淬火，560℃回火 2 次

组织说明：黑色回火马氏体及未溶解的共晶碳化
　　　物和二次碳化物。在碳化物较聚集的区域马氏
　　　体基体不易受浸蚀，呈浅黄褐色的一堆，这是
　　　回火不足的特征。

　　淬火状态的 W18Cr4V 钢存在着大量的残
留奥氏体，为了使残留奥氏体转变为淬火马氏
体，并使淬火马氏体得到回火，同时消除淬火
应力，一般需经 3 次回火处理。这样残留奥氏
体的体积分数可降至 2%～3%，硬度可达 63～
66HRC。

　　图示经 2 次回火，淬火马氏体已基本上转
变为回火马氏体，但在部分碳化物集中处，马
氏体回火不充分，呈浅黄褐色。此系回火次数
不够所造成的。

　　高速钢中存在回火不充分的马氏体，从基
体的硬度值上较难反映出来。但是具有回火不
足的高速钢脆性较大，容易在使用时产生刀具
崩刃或开裂。

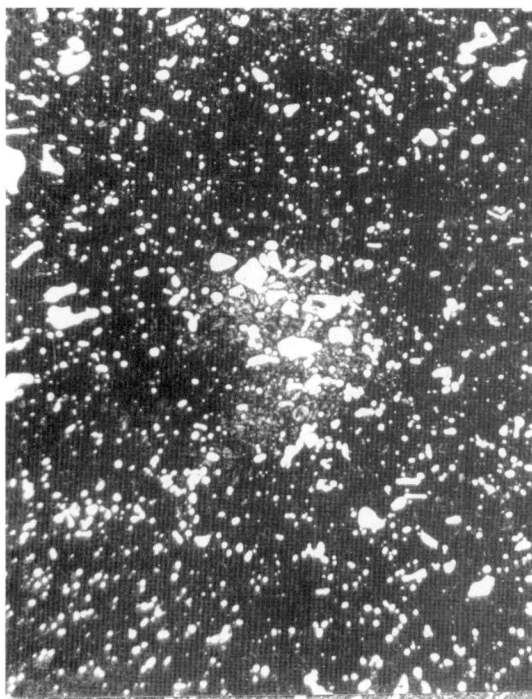

图 4-6-19　　　　　　　　　　　　　　　500×

图　　号：4-6-20

材料名称：W18Cr4V 钢

浸 蚀 剂：4%硝酸酒精溶液

处理情况：1220℃加热保温后，淬入 560℃硝盐中分级后空冷

组织说明：基体为隐针淬火马氏体及残留奥氏体，白色大颗粒为共晶碳化物，细小颗粒为二次碳化物。奥氏体晶粒细小，属于 10.5 级。

　　锻件退火后，硬度可降至 207～255HBW，组织为索氏体及碳化物，碳化物数量占基体总体积分数的 20%～25%。

　　高速钢正常淬火温度为 1270～1280℃，淬火后马氏体中含 w（C）可达 0.5%，含 w（W）约 7.8%，含 w（Cr）为 4%，含 w（V）为 1% 左右，因此钢材具有良好的热硬性和耐磨性。淬火后，马氏体的体积分数约占 57%～62%，未溶碳化物的体积分数约占 16%～17%，残留奥氏体的体积分数约占 20%～25%，硬度为 63～64HRC。

　　本例淬火加热温度偏低，奥氏体的合金化不充分，淬火后晶粒细小，残留碳化物数量过多，故而硬度偏低，热硬性也差，所以刀具在使用时容易磨损。

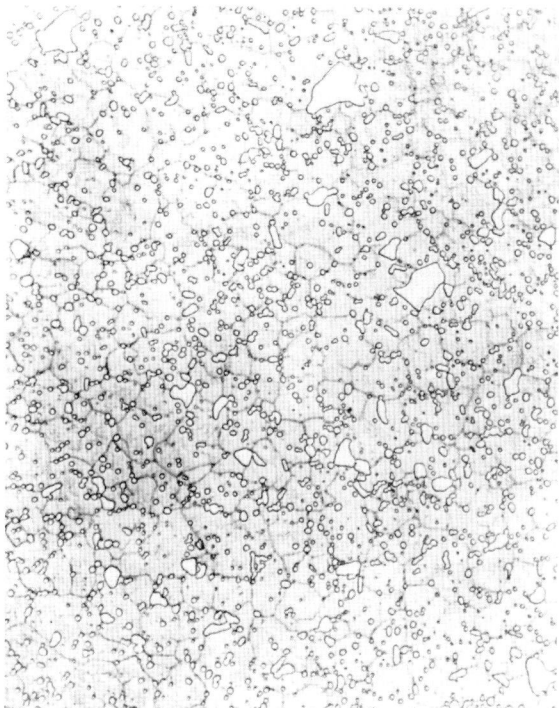

图　　4-6-20　　　　　　　　　　500×

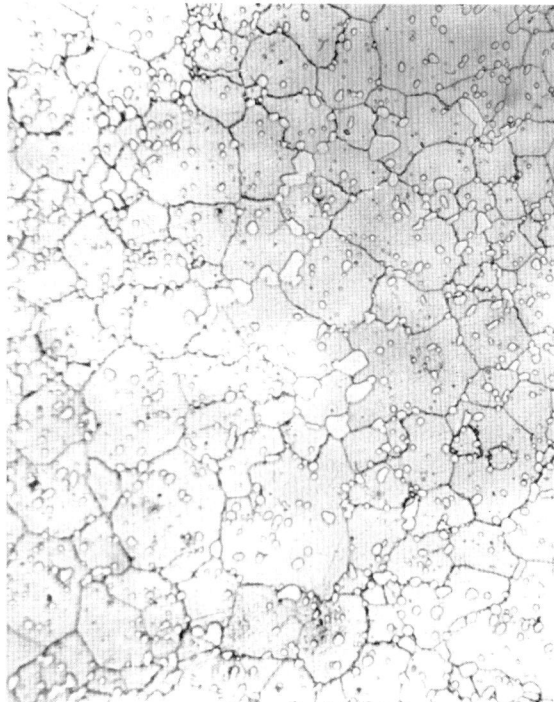

图　　4-6-21　　　　　　　　　　500×

图　　号：4-6-21

材料名称：W18Cr4V 钢

浸 蚀 剂：4%硝酸酒精溶液

处理情况：1270℃加热，560℃分级淬火

组织说明：基体为淬火马氏体、残留奥氏体、大颗粒状为共晶碳化物，细小点粒状为二次碳化物。奥氏体晶界清晰，晶粒大小为 8 级。

　　高速钢淬火后的晶粒度一般应为 8～10 级。晶粒过大说明淬火已过热，钢的力学性能要降低；若晶粒过小则显示加热不足，钢的硬度和热硬性将变差。在 950～1100℃加热时，铬的碳化物可以完全溶入奥氏体；钒的碳化物要在 1100～1200℃才能迅速溶解，致使奥氏体中 w（V）达 0.75%左右，钨的碳化物则在较宽的温度范围内（950～1325℃）进行溶解；1200～1250℃溶解速度最快，在 1270～1280℃加热时，奥氏体中合金化充分，淬火后马氏体中可固溶大量合金元素，回火时可以析出高弥散度、高硬度的碳化物，从而使钢具有优良的力学性能，以满足使用要求。

图　　号：4-6-22
材料名称：W18Cr4V 钢
浸 蚀 剂：4%硝酸酒精溶液
处理情况：1300℃淬火
组织说明：轻度淬火过热

基体为淬火马氏体及残留奥氏体，白色块状为共晶碳化物，白色细小颗粒为二次碳化物，奥氏体晶界清晰，晶粒大小为 8 级。此外，在局部晶界处出现类似层状分布的共晶莱氏体组织。

采用稍高于正常淬火温度加热，可使碳化物充分溶解，从而显著地提高奥氏体的合金化程度。淬火、回火后工件有较高的硬度和热硬性，有利于延长刀具使用寿命。但是由于淬火温度稍高，使晶粒明显长大，从而降低了刀具的冲击韧度，并增加其脆性，所以这种工艺仅仅适用于形状简单的刀具；对于形状复杂的刀具则不适用。因为过高温度淬火将使刀具产生较大的变形以及局部晶界发生熔化，冷却后在熔化处析出莱氏体组织，致使刀具质量因局部过热而受到一定影响。

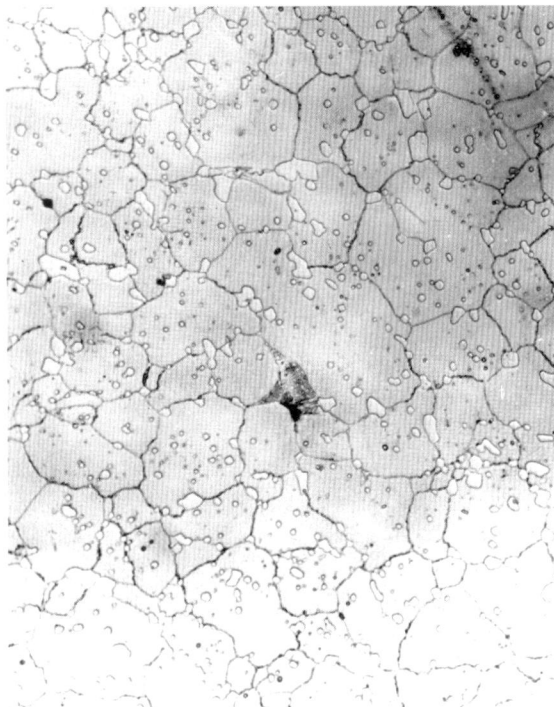

图 4-6-22　　　　　　　　500×

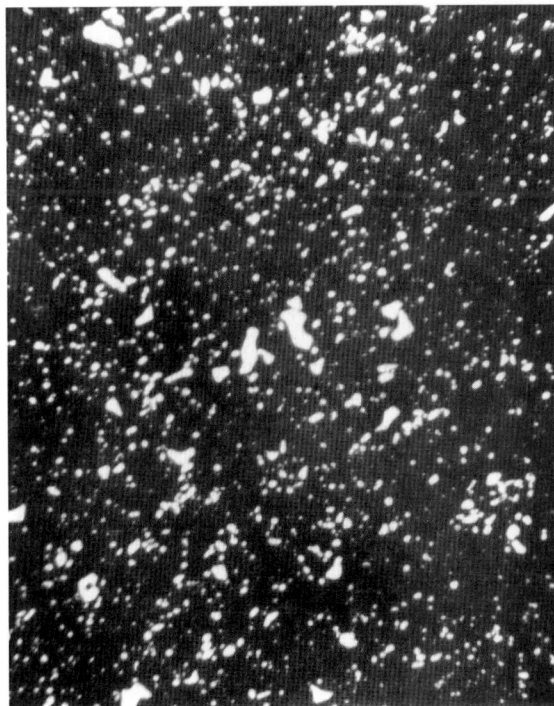

图 4-6-23　　　　　　　　500×

图　　号：4-6-23
材料名称：W18Cr4V 钢
浸 蚀 剂：4%硝酸酒精溶液
处理情况：1280℃加热保温后淬入 560℃盐浴中分级后空冷，560℃保温 1h 回火 3 次
组织说明：黑色基体为回火马氏体、极少量残留奥氏体，大块白色颗粒为共晶碳化物，细小点粒状为二次碳化物，硬度为 65～66HRC。

高速钢淬火后若停留时间过长，内应力会重新分布和集中，从而造成开裂，同时还将使奥氏体稳定化，降低回火的效果。因此工件在淬火后停留时间不能超过 2h，应及时进行回火处理。

回火处理不仅能消除淬火内应力，而且将产生二次硬化效应。

在 580～600℃回火时，有大量高度弥散的钨、钒碳化物析出，从而使钢的硬度达到最高值。550～575℃是 V_4C_3 强烈析出的温度范围。因此，这就是高速钢选用 560℃回火的依据。

此外，高速钢淬火后尚有 20%～25%（体积分数）残留奥氏体，在回火过程中转变为二次马氏体，使硬度上升，这也是造成二次硬化的原因之一。

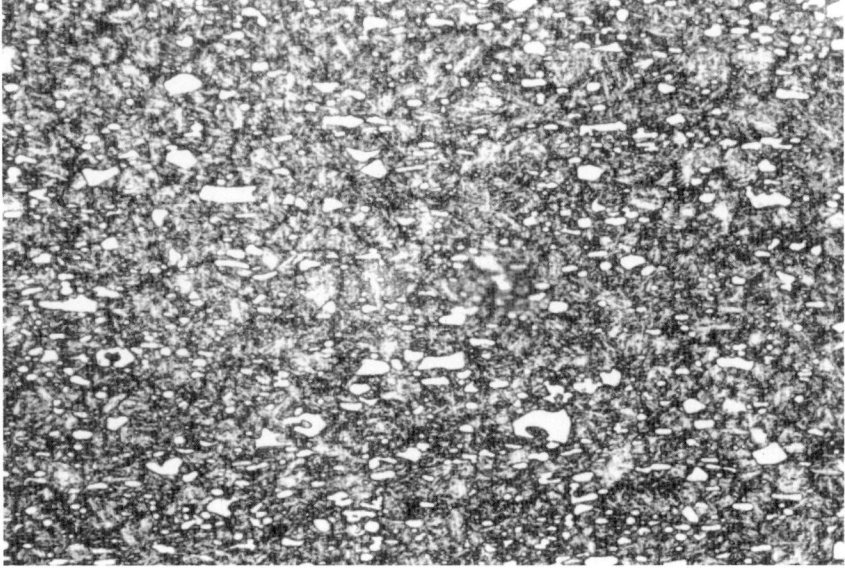

图　4-6-24　　　　　　　　　　　　　　　　　　　　　　500×

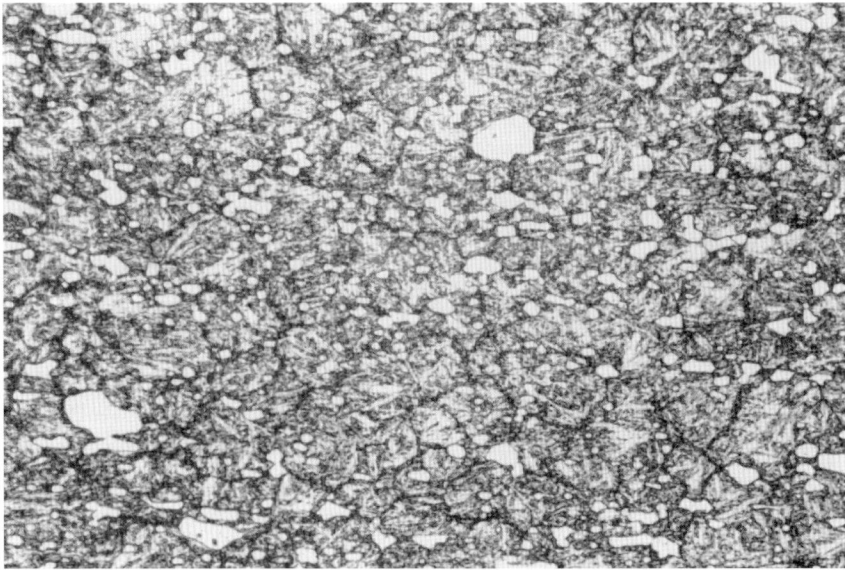

图　4-6-25　　　　　　　　　　　　　　　　　　　　　　500×

图　　号：4-6-24、4-6-25　　　　浸 蚀 剂：三酸乙醇溶液

材料名称：W18Cr4V 钢　　　　　处理情况：图 4-6-24 为 1260℃加热油淬；图 4-6-25 为 1300℃加热油冷淬火

组织说明：采用三酸乙醇溶液浸蚀剂可全面显现高速钢的淬火组织，而用 4%硝酸酒精溶液浸蚀只能显现晶
　　界和碳化物。

　　图4-6-24：晶粒度为 10 级，马氏体呈细针状，针长不大于 1.5 级，这并非为隐针马氏体。残留奥氏体
　　分辨不清，碳化物分布比较均匀。

　　图4-6-25：是上限加热温度淬火组织，为针状马氏体，晶粒度在 9 级左右，马氏体针长约 3 级，碳化
　　物溶解较多，但个别碳化物开始异常长大，残留奥氏体仍分辨不清。

　　1260℃淬火适用于冷作模具及精密、细小的工具。1300℃淬火适用于热作模和形状简单的工具。

图　　号：4-6-26

材料名称：W18Cr4V 钢

浸 蚀 剂：4%硝酸酒精溶液

处理情况：淬火

组织说明：极细晶粒。

　　高速钢淬火后马氏体呈隐针状未能显现，所以只能观察到奥氏体晶粒及碳化物颗粒。随着淬火温度的提高，奥氏体晶粒也将长大；随着淬火温度的降低，奥氏体晶粒也越小，以至于未能出现晶界。图示极细晶粒是从很小的试样上取得的，这样小的晶粒是很罕见的。

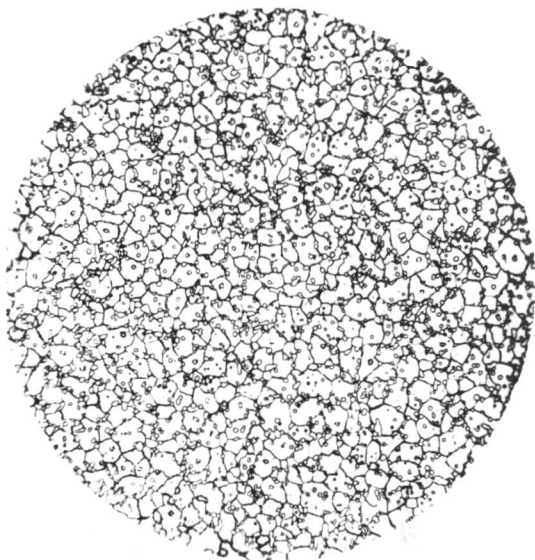

图　4-6-26　　　　　　　　　　500×

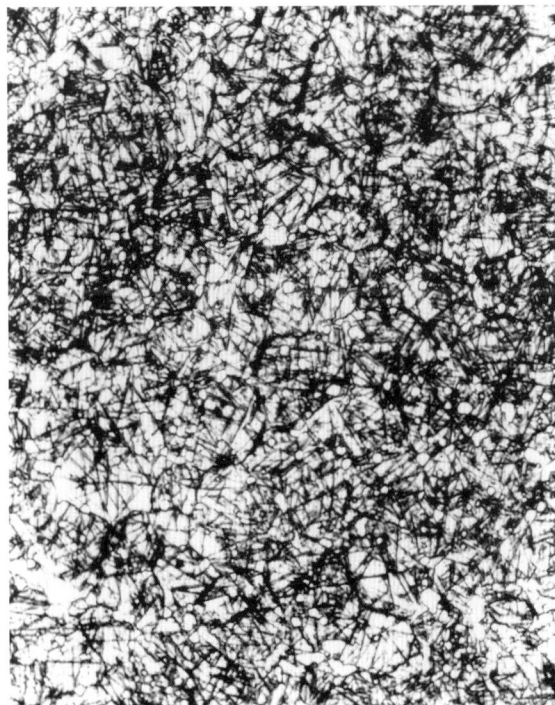

图　4-6-27　　　　　　500×

图　　号：4-6-27

材料名称：W18Cr4V 钢

浸 蚀 剂：4%硝酸酒精溶液

处理情况：1270℃加热后再于 280℃等温淬火

组织说明：白色颗粒状为碳化物，基体上黑色针状为贝氏体，白色基体为淬火马氏体及残留奥氏体。

　　高速钢淬火过程中，为了减少刀具的变形和开裂以及提高刀具的韧性，可以加热保温后进行等温淬火（260~280℃，2~4h），这时可以得到细针状的贝氏体组织，等温时间越长贝氏体的数量越多，但不可能得到全部贝氏体，仍然会有约30%（体积分数）的马氏体及残留奥氏体存在，回火后可以得到较高的硬度。

图　　号：4-6-28

材料名称：W18Cr4V 钢

浸 蚀 剂：4%硝酸酒精溶液

处理情况：高于 1275℃加热，560℃分级后空冷

组织说明：粗大晶粒。基体为淬火马氏体、残留
　　奥氏体以及颗粒状碳化物，在晶界处碳化物呈
　　棱角状分布，晶粒内有一部分呈明显的细针状
　　分布的马氏体。

　　　　随着淬火温度的不断升高，晶粒不但相应
　　地长大，剩余碳化物的数量和形状也同时发生
　　变化。碳化物数量逐渐减少，形状则按其过热
　　程度的不同而可能出现粘连、拖尾，从等轴状
　　向角状过渡，呈棱角状；沿晶界呈不连续网状
　　或网状分布。同时，基体组织中将出现细长针
　　状马氏体和多量的残留奥氏体，导致钢的硬度
　　下降。粗大晶粒、棱角状碳化物以及针状马氏
　　体的出现，都是钢材过热的特征。过热使钢的
　　力学性能降低，脆性增大，有可能造成刀具开
　　裂、变形或在使用中发生崩裂现象。

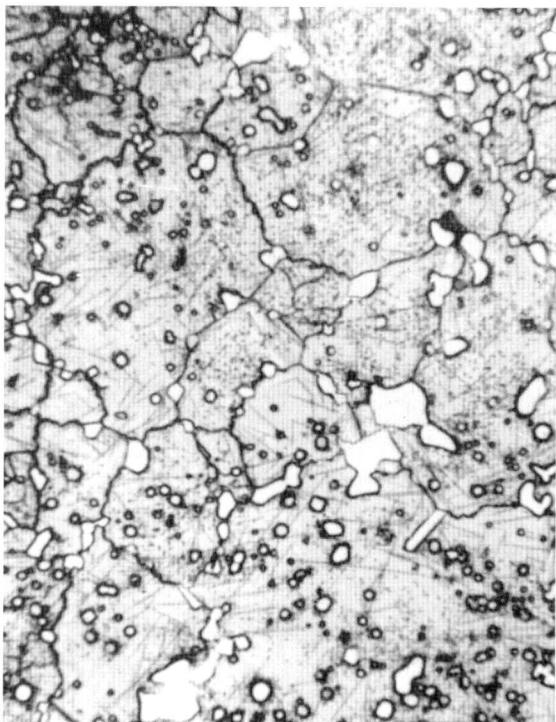

图　4-6-28　　　　　　　　　500×

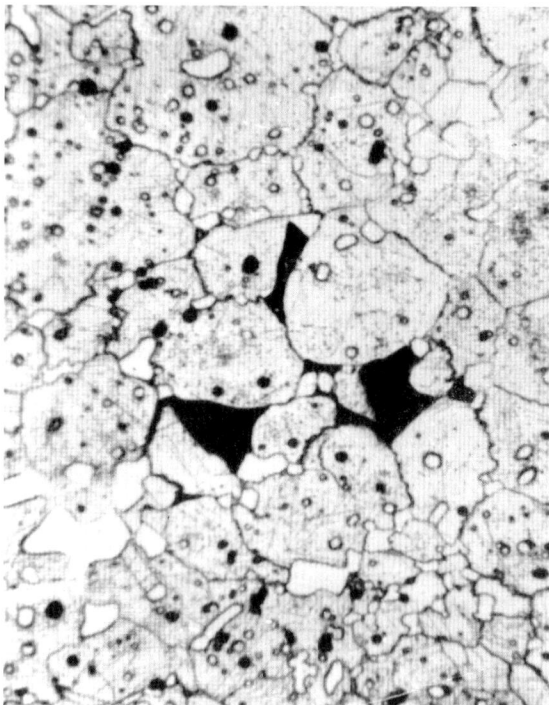

图　4-6-29　　　　　　　　　500×

图　　号：4-6-29

材料名称：W18Cr4V 钢

浸 蚀 剂：4%硝酸酒精溶液

处理情况：高于 1275℃加热保温后，淬入 560℃盐
　　浴中分级后空冷

组织说明：粗大晶粒。基体为淬火马氏体及残留奥
　　氏体，碳化物除呈颗粒状分布外，在晶界上呈
　　棱角状分布。黑团状为黑色组织——索氏体及托氏
　　体的混合组织，晶界处大块外形不规则的黑色为
　　熔化孔洞。

　　　　淬火温度过高，晶粒明显长大，碳化物呈棱
　　角状分布，基体上一部分马氏体针叶较明晰，在
　　晶粒内部还会出现黑色组织，晶界上出现熔化孔
　　洞，这些都是过烧的特征。

　　　　黑色组织是由于加热温度过高，致使在高温
　　下析出 δ 相，冷却至室温时析出细小碳化物而
　　形成的。

　　　　过烧多半是由于控温装置失灵或工件靠近
　　电极而造成的。过烧会使钢的冲击韧度、塑性和
　　强度显著降低，脆性增加，造成不可挽救的缺陷。

图　　号：4-6-30

材料名称：W18Cr4V 钢

浸 蚀 剂：4%硝酸酒精溶液浸蚀 2.5min

处理情况：1320℃加热淬火

组织说明：严重的过烧组织。

　　基体为淬火马氏体及残留奥氏体，晶界处灰色网为共晶莱氏体，大块黑色为黑色组织（索氏体-托氏体混合组织），被黑色组织包围的白色块状为 δ 相。

　　淬火加热温度过高，不仅使碳化物完全溶解，而且在奥氏体晶界上发生大量熔化，在随后的冷却过程中，熔化处生成大量莱氏体组织，在奥氏体晶粒中间出现黑色组织，其中还夹着白色 δ 相（高温铁素体）。这种严重的过烧组织，使刀具外形严重变形，出现收缩和皱皮，导致刀具报废。

　　由于高速钢奥氏体晶粒度的大小取决于淬火温度的高低，故高速钢在热处理后应进行晶粒度测定，这是热处理临炉检测质量的方法之一。

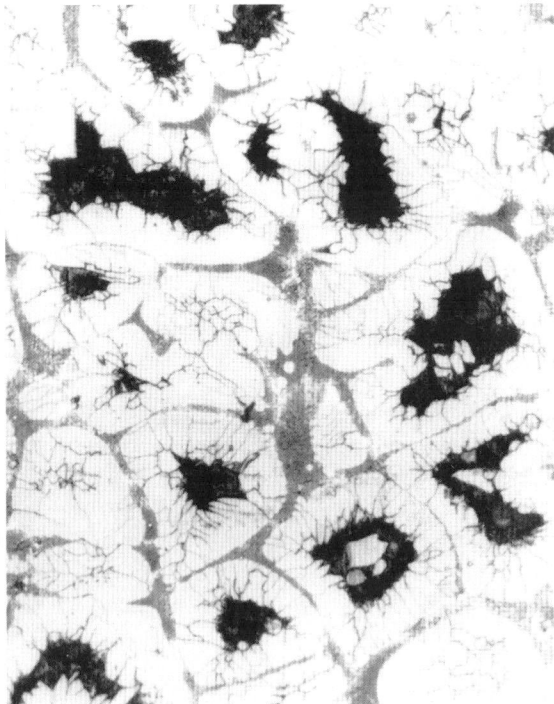

图　4-6-30　　　　　500×

图　　号：4-6-31

材料名称：W18Cr4V 钢

浸 蚀 剂：4%硝酸酒精溶液

处理情况：淬火+回火

组织说明：回火马氏体+碳化物。在晶界处析出呈线段状碳化物与颗粒状碳化物连在一起。

　　碳化物析出呈线段，随着淬火加热温度的升高使钢产生了过热，从晶界处析出的碳化物依其严重的程度可分为线段状、半网状及网状。过热组织的刀具能获得较高的硬度和热硬性，所以形状简单的刀具允许有线段状的过热组织。但过热组织往往使刀具产生较大的变形甚至皱皮，故较精密的刀具不允许有过热组织。

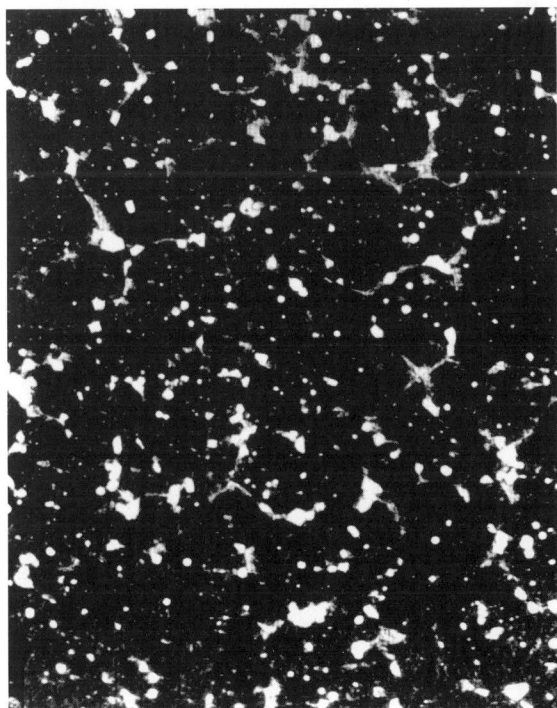

图　4-6-31　　　　　500×

图　　号：4-6-32

材料名称：W18Cr4V 钢

浸蚀剂：4%硝酸酒精溶液

处理情况：淬火、回火处理

组织说明：严重淬火过热组织。

　　基体为回火马氏体和颗粒状碳化物，局部晶粒边界碳化物熔化，冷却时析出网状分布的莱氏体组织。

　　随着加热温度的不断升高，奥氏体晶粒相应长大，剩余碳化物的数量和形状将发生变化，块状碳化物数量明显减少，同时局部晶粒边界的碳化物发生熔化，冷却时析出网状或半网状的莱氏体共晶碳化物。严重过热的高速钢刀具或工件，其力学性能将明显下降，并导致脆性增大，故在做热处理金相质量检验时，应严加控制。

　　为了对过热程度进行评级，试样需经淬火、回火处理后用 4%硝酸酒精溶液浸蚀并放大500 倍后观察，一般工件过热程度控制在 2 级，重要刀具或工件过热程度控制在 1 级。3 级（熔化组织呈半网状）和 4 级（熔化组织呈完整网状）过热组织均应判为不合格。

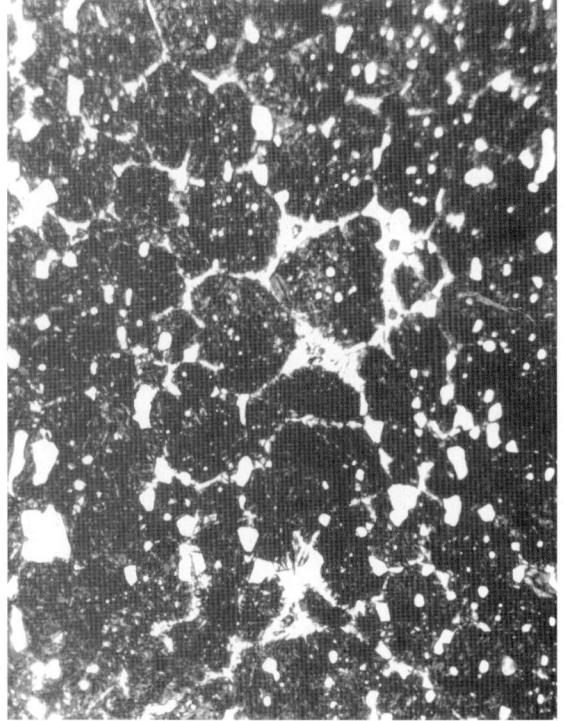

图　4-6-32　　　　　　　　　　　　500×

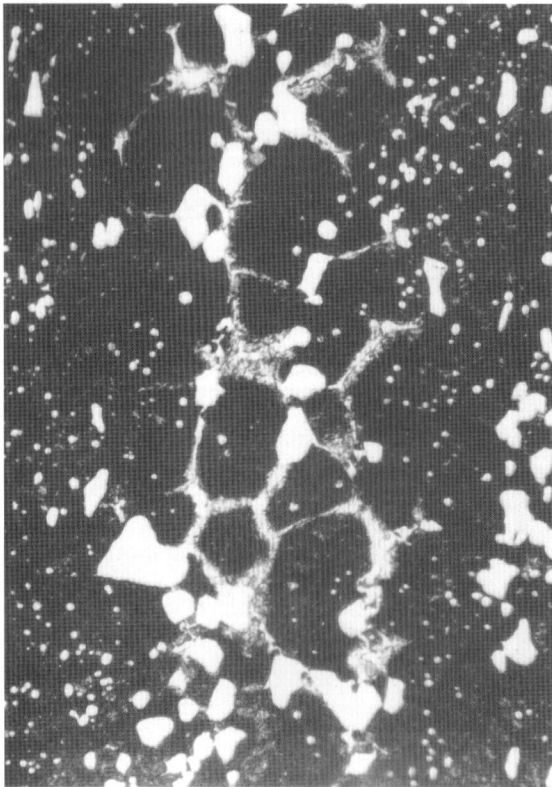

图　4-6-33　　　　　　　　　　　500×

图　　号：4-6-33

材料名称：W18Cr4V 钢

浸蚀剂：4%硝酸酒精溶液

处理情况：淬火+回火

组织说明：回火马氏体+次生莱氏体+棱角状碳化物。由于加热温度较图 4-6-32 为高，晶界已开始熔化，冷却析出的次生莱氏体已构成网状分布。由于淬火加热温度过高，晶粒边界已明显发生熔化，次生莱氏体沿晶界析出，这是典型的过烧组织。

　　过烧使刀具的强度降低，并使刀具有较大的脆性。同时由于淬火加热温度过高，也会使刀具的表面产生皱皮及严重的弯曲变形。

图　　号：4-6-34

材料名称：W18Cr4V 钢

浸 蚀 剂：4%硝酸酒精溶液

处理情况：淬火+回火

组织说明：回火马氏体+块网状碳化物。

　　严重淬火过热组织，较严重碳化物网，基体奥氏体晶界粗糙，呈浮雕状，这种组织甚为罕见，可能是由于回火不够充分，金相制样时晶界处易被浸蚀，晶界附近颜色较深，所以造成立体浮雕的感觉，此组织过热相当严重，网角处呈过烧趋势。

图　　4-6-34　　　　　　　　　500×

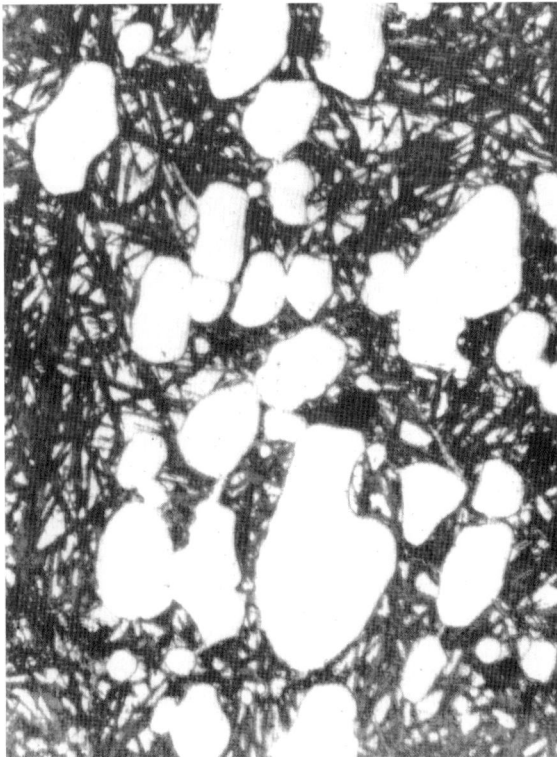

图　　号：4-6-35

材料名称：W18Cr4V 钢

浸 蚀 剂：4%硝酸酒精溶液

组织说明：粗针状回火马氏体、残留奥氏体（其中尚有极少量淬火马氏体）及大块状碳化物。

　　由于淬火温度较高，以及大块碳化物附近含碳量较高，所以淬火后获得极粗大针状马氏体及较多的残留奥氏体。这些残留奥氏体由于未完全转变为黑色回火马氏体，所以在图中能观察到明显的针状回火马氏体组织，一般在回火充分的情况下基体浸蚀后将完全变为黑色，白色残留奥氏体将不存在。因此，针状马氏体是无法看到的。

图　　4-6-35　　　　　　　　　500×

图　　号：4-6-36

材料名称：W18Cr4V 钢

浸　蚀　剂：4%硝酸酒精溶液

处理情况：经过二次加热淬火，淬火温度均为
1280℃

组织说明：白色基体为淬火马氏体、残留奥氏体
及大块未溶解的碳化物。奥氏体晶粒特别粗
大，但看不到过热的棱角状碳化物或莱氏体组
织，这是重复二次淬火所特有的组织形态。

具有这样组织形态的钢材其断面为萘状断
口。这是高速钢常见的缺陷之一，其特点是具
有特殊闪光的粗糙断口。

萘状断口钢的硬度、热硬性和正常断口没
有什么区别，但是其强度很低，特别是韧性降
低得极为厉害，在使用中易产生早期失效。

这种组织是返修品未经过退火处理就直接
进行第二次淬火造成的。因此，高速钢的返修
工件应先进行退火，然后再进行第二次淬火，
才能获得性能良好的显微组织。

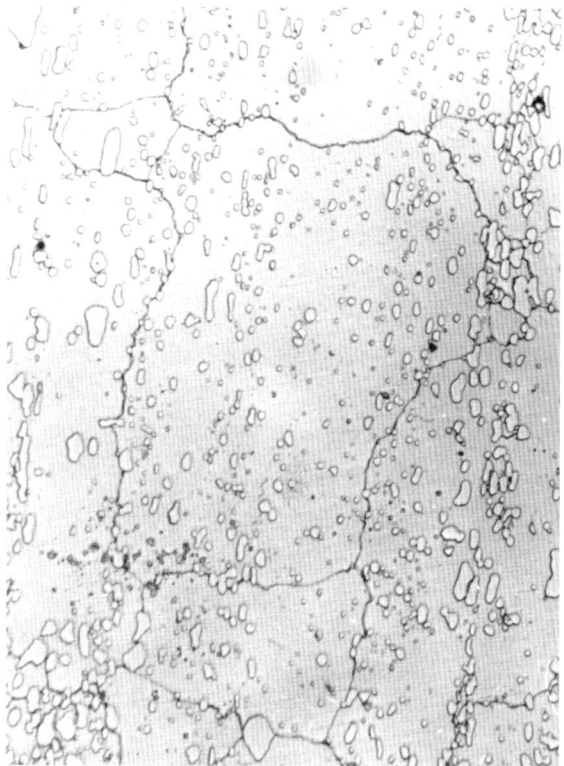

图　4-6-36　　　　　　　　　　　　　500×

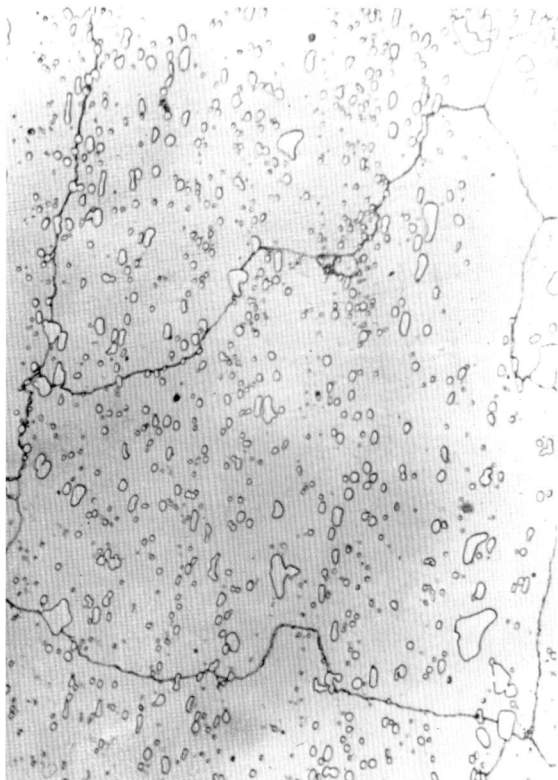

图　4-6-37　　　　　　　　　　　　　500×

图　　号：4-6-37

材料名称：W18Cr4V 钢

浸　蚀　剂：4%硝酸酒精溶液 2.5min

处理情况：重复二次淬火处理

组织说明：萘状断口的显微组织。

基体为淬火马氏体及残留奥氏体，白色大
颗粒和细小颗粒分别为未溶解的共晶和二次碳
化物，奥氏体晶粒极为粗大。其断口为粗大晶
粒，呈鱼鳞状斑纹，称为萘状断口。

萘状断口是由于热压力加工（锻造、轧制）
的终锻温度过高（高于 1050～1100℃）而产生
的，在此温度下，当奥氏体的塑性变形为临界
变形度（5%～9%）时，容易产生萘状断口。如
因硬度低或变形超差而返修的工件，在重新淬
火前未经退火处理即直接淬火，也会出现萘状
断口。因此，必须控制高速钢的终锻温度不得
超过 1100℃，返修工件在第二次淬火加热前需
先进行退火处理，使工件硬度降至 25HRC，才
可进行第二次淬火，这样才能获得正常的细晶
粒马氏体组织。

图　　号：4-6-38

材料名称：W18Cr4V 钢

浸 蚀 剂：4%硝酸酒精溶液

处理情况：原材料（热轧后退火）

组织说明：表层为铁素体及碳化物颗粒，碳化物
颗粒的数量明显减少，因此试样在浸蚀后表层
因脱碳不易受浸蚀，故基体色泽较白。试样心
部组织正常，基体为索氏体及细小碳化物颗粒。

热轧退火时，由于加热介质中含氧量过高，
以至使钢材表面发生脱碳，从而提高了钢材表
面的 M_s 点，淬火时，表层将在较高温度下完
成马氏体的转变。随后心部马氏体转变时体积
将膨胀，使表层受到较大的张应力，因此极易
导致工件开裂。

退火状态下测定脱碳层深度，即在浸蚀后
横截面的试样上观察表层与心部碳化物的数量
差异，脱碳层内碳化物稀少。浸蚀后，表面脱
碳层的色泽较非脱碳区的基体为浅，在金相显
微镜下即可测出表面脱碳层的深度。

图　4-6-38　　　　　　　　　　　　　100×

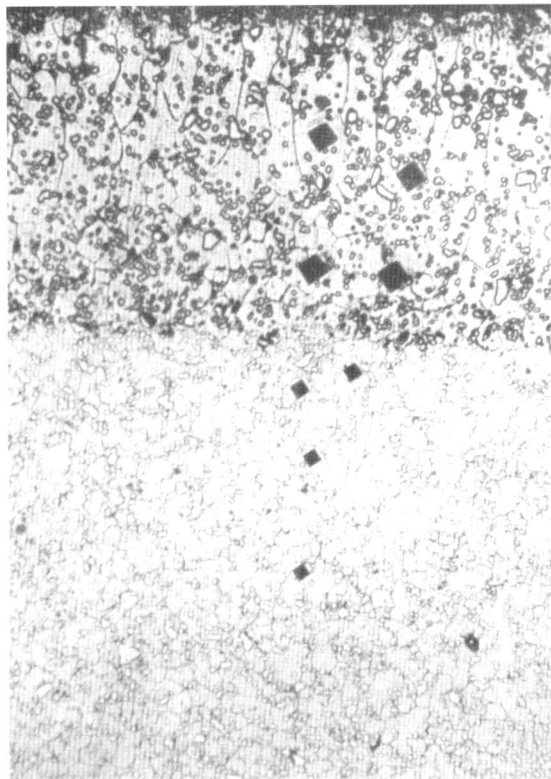

图　4-6-39　　　　　　　　500×

图　　号：4-6-39

材料名称：W18Cr4V 钢

浸 蚀 剂：4%硝酸酒精溶液

处理情况：1280℃加热淬火

组织说明：表层为铁素体及少量碳化物颗粒，表
面铁素体呈柱状晶分布；心部为淬火马氏体、
残留奥氏体及碳化物颗粒。

高速钢刀具由于热处理盐浴脱氧不良，盐
浴中存在较多的氧化物，在加热时其表面将发
生脱碳。脱碳层的硬度比心部硬度明显降低。
在脱碳层与心部组织之间的过渡区存在的黑色
小团为托氏体。

脱碳的刀具不仅在淬火时容易产生过热和
裂纹，而且使淬裂的倾向增大。在使用时由于
表层的硬度较低，致使刀具的耐磨性显著下降，
这将影响刀具的使用性能，使刀具的使用寿命
显著降低。

图　　号：4-6-40

材料名称：W18Cr4V 钢

浸 蚀 剂：4%硝酸酒精溶液

处理情况：1260℃箱式炉中加热 1h 后空冷，然后
　　　　　经 560℃保温 1h 回火 3 次

组织说明：严重的脱碳层。表层为铁素体，其上
　　　　　有极少量的碳化物（191HV），逐渐趋向里层，
　　　　　基体虽仍为铁素体，但碳化物的数量则相应增
　　　　　多，心部组织为回火马氏体及均匀分布的颗粒
　　　　　碳化物（791HV）。表面脱碳层深度为 0.43～
　　　　　0.48mm。

　　　　　在箱式炉中进行高温加热时，高温氧化性
气氛使钢材表层基体铁原子发生氧化，同时基
体中的碳分向外扩散，由此而产生氧化和脱碳。
这两个过程首先发生于基体，因为碳化物的熔
点较高，一般是较难发生氧化和分解的，只有
当基体中碳分贫乏的情况下，碳化物才会加速
溶入基体，然后通过基体向外扩散，从而造成
表层碳化物数量明显减少。这进一步证明，碳
分的减少是自表层向里发展的。

图　 4-6-40　　　　　　　　　　　　　100×

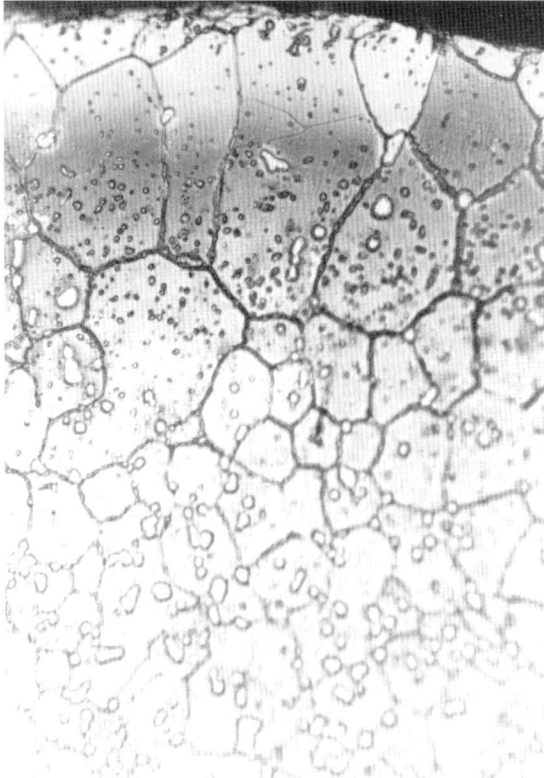

图　 4-6-41　　　　　　　　　　　　　500×

图　　号：4-6-41

材料名称：W18Cr4V 钢

浸 蚀 剂：4%硝酸酒精溶液

处理情况：1260℃箱式炉中加热 1h 后空冷，然后
　　　　　经 560℃保温 1h 回火 3 次

组织说明：本图为图 4-6-40 表层脱碳层放大 500
　　　　　倍后的组织。表层铁素体晶粒较次层粗大，其
　　　　　上碳化物颗粒稀少。逐渐向里层晶粒就越细小，
　　　　　颗粒状碳化物的数量则相应增多。

　　　　　由于表层与高温氧化性气氛直接接触，故
而表面基体中的碳分大量向外扩散。同时，碳
化物颗粒不断溶解，致使表面碳化物数量明显
地减少。次层的碳分也在不断地由里向外扩散，
但要通过一定距离。因此，里层碳化物较表层
较多。正由于表层碳化物的溶解，使阻碍晶粒
长大的因素消失，故表层晶粒较次层大。用硝
酸酒精溶液浸蚀时，因表层铁素体易氧化，所
以染上了一薄层棕色的氧化色泽。

图　　号：4-6-42

材料名称：W18Cr4V 钢

浸 蚀 剂：4%硝酸酒精溶液

处理情况：淬火、回火后再用电火花切割

组织说明：表面白亮层为淬火马氏体及大量残留
奥氏体；次层为淬火马氏体、残留奥氏体及颗
粒状碳化物。奥氏体晶界清晰，二次细颗粒状
碳化物数量较心部少，共晶碳化物的颗粒也较
心部细小；心部的显微组织为回火马氏体、少
量残留奥氏体以及大颗粒共晶碳化物和细小颗
粒状二次碳化物。

　　工件浸在油槽中进行电火花切割，但由于
选择的参数不当，电流密度过大，以至熔化层
较厚，使受热影响的表面升温较高，碳化物大
量溶入奥氏体中；而工件的次层则因受热温度
稍低，故碳化物溶解较少，随后表面和次层迅
速冷却而发生二次淬火。表层由于残留奥氏体
数量较多，硬度较低，次层的硬度与一般淬火
处理时相同。心部由于受热影响较小，故组织
未发生变化，仅再受到一次回火。

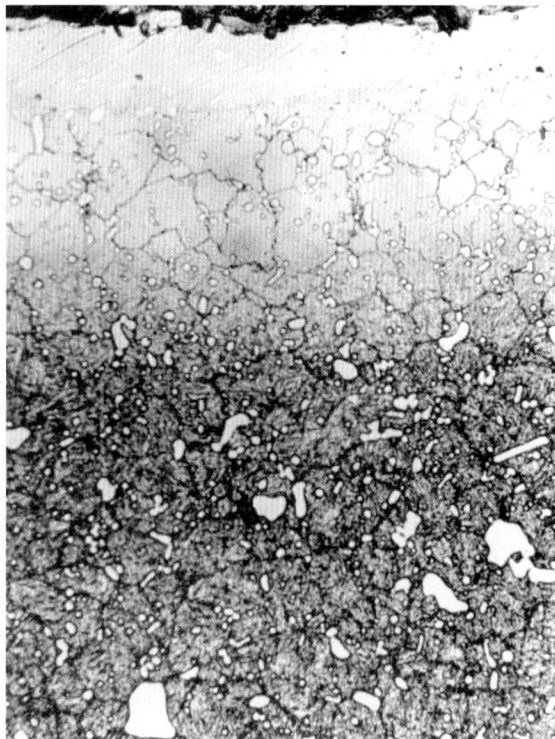

图　4-6-42　　　　　　　　　　　　　　500×

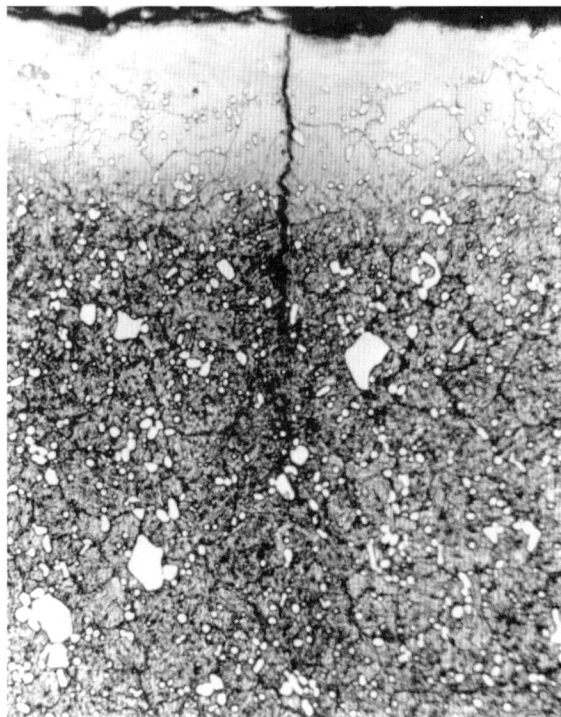

图　4-6-43　　　　　　　　　　　500×

图　　号：4-6-43

材料名称：W18Cr4V 钢

浸 蚀 剂：4%硝酸酒精溶液

处理情况：淬火、回火后再用电火花切割

组织说明：表层为淬火马氏体及大量残留奥氏体，
系淬火过热的粗晶粒组织。次层虽然也是淬火
马氏体、残留奥氏体，但其上尚有颗粒状碳化
物，奥氏体晶界明显，属于正常的淬火组织。
心部为回火马氏体、少量残留奥氏体以及颗粒
状共晶和二次碳化物，黑色网状为奥氏体晶界，
由此证明该处回火不充分。垂直于表面有一条
穿晶分布的裂纹，自表层通过次层深入心部，
裂纹两侧无脱碳现象，裂纹内无氧化夹杂。

　　电火花加工时，表层由于受热影响较严重，
产生过热和重新淬火，次层为重新淬火，冷却
时各层间由于组织转变的应力较大，因此沿热
扩散方向产生裂纹。从裂纹的分布情况及其周
围特征说明，裂纹是在冷却时由于组织应力过
大而造成的。

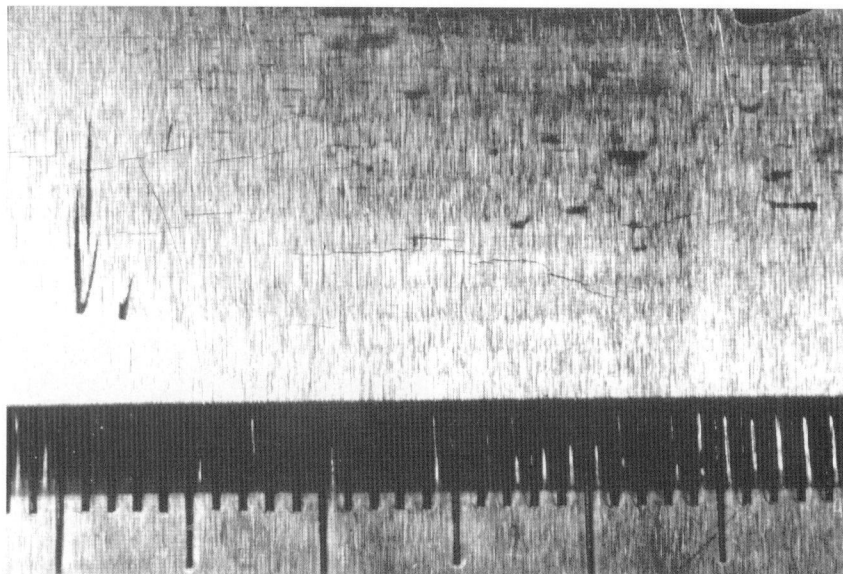

图　4-6-44　　　　　　　　　　　　　　　　　　　　　　　实物

图　4-6-45　　　　　　　　　　　　　　　　　　　　　　　50×

图　号：4-6-44～4-6-47

材料名称：W18Cr4V 钢

浸 蚀 剂：4%硝酸酒精溶液

处理情况：1260℃加热保温后淬入 560℃盐浴中分级后空冷，经 560℃保温 1h 回火 3 次，处理后硬度为 65～66HRC

组织说明：磨削裂纹。图 4-6-44：W18Cr4V 钢制收割机刀片冲齿切边模。热处理后经成形磨削，发现经过磨削的表面有微小的裂纹。仔细观察，裂纹均垂直于磨削方向分布。

　　　图 4-6-45：对有微裂纹的模具表面用砂纸略微磨平，并稍加抛光，浸蚀后在显微镜下观察，发现裂纹大多分布在碳化物集聚偏析处，形状稍呈弯曲但不长，其内无氧化物夹杂，周围也无脱碳现象。

图　4-6-46　　　　　　　　　　　　　　　　　　　　　　400×

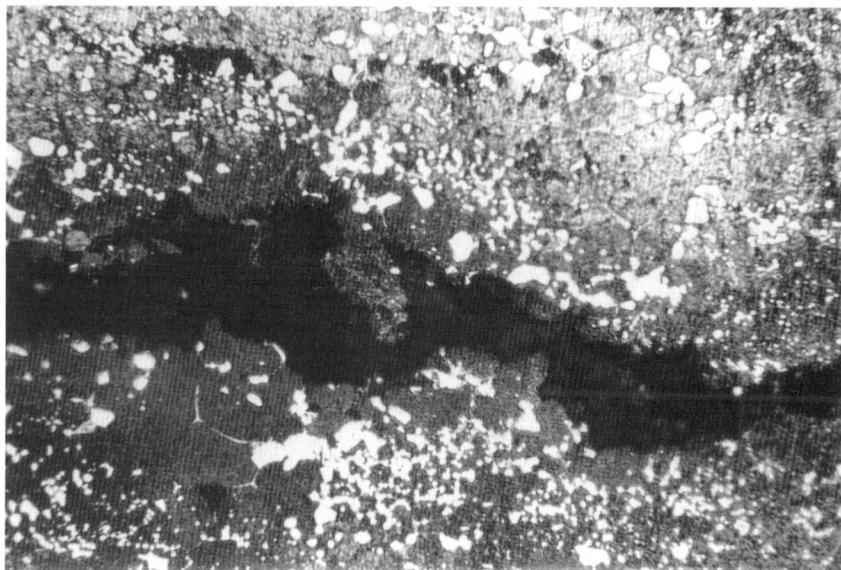

图　4-6-47　　　　　　　　　　　　　　　　　　　　　　300×

　　图 4-6-46：进一步放大后，发现磨削痕迹处组织为淬火马氏体、残留奥氏体以及呈块、粒状分布的碳化物，晶界很清晰；而在磨削痕迹淬火组织的两侧，则为回火充分的马氏体以及块、粒状碳化物。

　　图 4-6-47：再于裂纹周围作仔细观察，裂纹附近的碳化物较密集，且在大块碳化物的尖角处有呈半网状分布的碳化物。

　　由上述情况推知，此切边模的实际淬火温度已超过 1260℃，致使模具在淬火加热时因炉温过高而呈过热状态，在成形磨削时，又由于进给量太大，冷却不当，导致模具表面由严重烧伤而出现重新淬火的组织，而淬火组织两侧的基体则因受热影响的作用，得到进一步回火。与此同时，碳化物聚集处因碳化物的热膨胀系数比基体小，在磨削热的影响下，它将阻止基体膨胀；冷却时，则又阻止基体的收缩，因而在脆性的碳化物聚集处容易产生磨削裂纹，这种裂纹一般均垂直于磨痕方向分布，而且不深。本例主要是磨削时进给量太大，冷却不当所造成的。当然，碳化物偏析及淬火过热等，则是产生磨削裂纹的次要因素。

图　4-6-48　　　　　　　　　　刀具实物

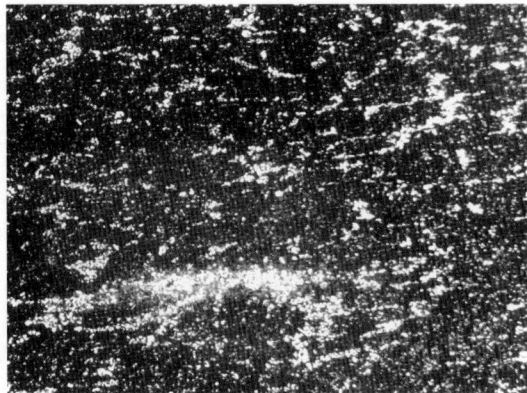

图　4-6-49　　　　　　　　　　100×

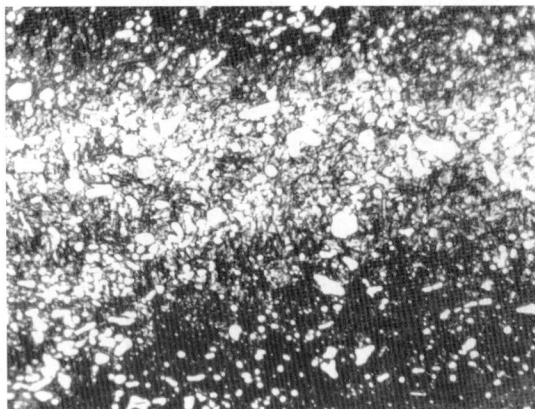

图　4-6-50　　　　　　　　　　500×

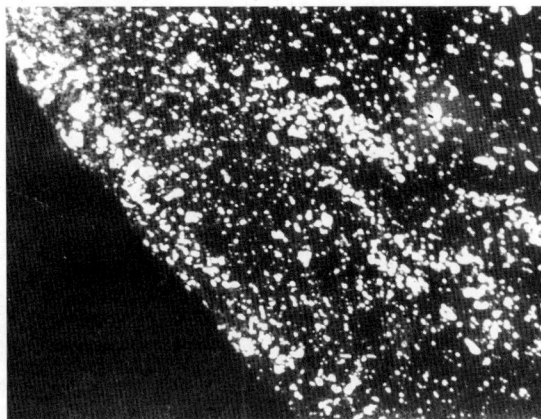

图　4-6-51　　　　　　　　　　500×

图　　号：4-6-48～4-6-51

材料名称：W18Cr4V 钢

浸 蚀 剂：4%硝酸酒精溶液

处理情况：1280℃加热后淬火，经 560℃回火 3 次

组织说明：碳化物偏析及回火不足引起的开裂。

　　图 4-6-48：专用刀具，在使用时刃口极易崩裂，箭头所指处即为崩裂的断口。

　　图 4-6-49：经金相分析，基体组织为回火马氏体（黑色）和碳化物。碳化物分布不良，呈半网状和堆集带状偏析分布。经评定碳化物不均匀度属于 6 级。

　　图 4-6-50：放大 500 倍下观察，发现在碳化物基体处有回火不足的现象（即马氏体颜色较浅，不呈黑色）。

　　图 4-6-51：崩裂刃口边缘处的组织，碳化物呈明显的聚集带状偏析分布，该处并有回火不足现象。

　　钢材中碳化物偏析较严重，回火时，在碳化物聚集的基体处容易产生回火不足，这些情况都是导致刀具刃口崩裂的重要原因。

图 4-6-52   冲头实物

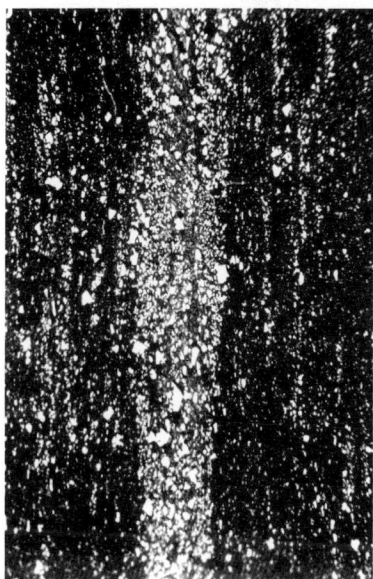

图 4-6-53   100×

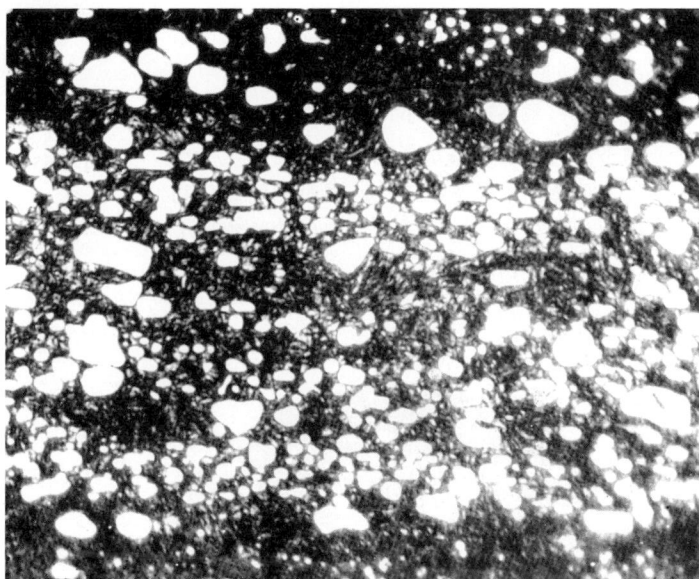

图 4-6-54   630×

图　　号：4-6-52～4-6-54

材料名称：W18Cr4V 钢

浸 蚀 剂：4%硝酸酒精溶液

处理情况：1280℃加热保温后淬入 560℃盐浴中分级后空冷，经 560℃回火 3 次

组织说明：碳化物偏析引起的脆性断裂。

图 4-6-52：W18Cr4V 钢制热锻用冲头，热处理后硬度为 56 ～62HRC。热冲头使用不久，即发生早期断裂。

图 4-6-53：从断口处取样做金相检查，发现原材料中碳化物带状偏析比较严重，按 GB/T 9943—1988 标准评定为 4 级。

图 4-6-54：将图 4-6-53 放大观察基体，显微组织为回火马氏体和残留未溶的带状碳化物偏析。在碳化物聚集成堆处，基体的马氏体针叶极为明显和粗大，且呈回火不充分的现象。

据此，热锻用冲头在工作过程中产生的早期断裂失效事故，是原材料材质欠佳，存在严重的碳化物带状偏析所致。

图　　号：4-6-55

材料名称：W6Mo5Cr4V2 钢 [w（C）0.8%～0.9%，w（W）5.75%～6.75%，w（Mo）4.75%～5.75%，w（Cr）3.8%～4.4%，w（V）1.8%～2.2%，w（Si）≤0.35%，w（Mn）≤0.40%，w（S）≤0.03%，w（P）≤0.03%]（M2）

浸 蚀 剂：4%硝酸酒精溶液

处理情况：淬火+回火

组织说明：回火马氏体+网络状碳化物。

　　试样是从材料纵向 1/4 直径处取样，观察碳化物的不均匀度，W-Mo 钢由于钨的含量较低，以钼元素代替钨可以降低高速钢结晶时的包晶反应温度，从而使铸态组织中莱氏体较钨系高速钢细小，经锻轧后钢的碳化物不均匀度也较钨系高速钢小，提高了热塑性，但增加了脱碳敏感性，同时钼的碳化物比钨的碳化物易溶。因此，用钼代替钨增大了钢材的过热敏感性。

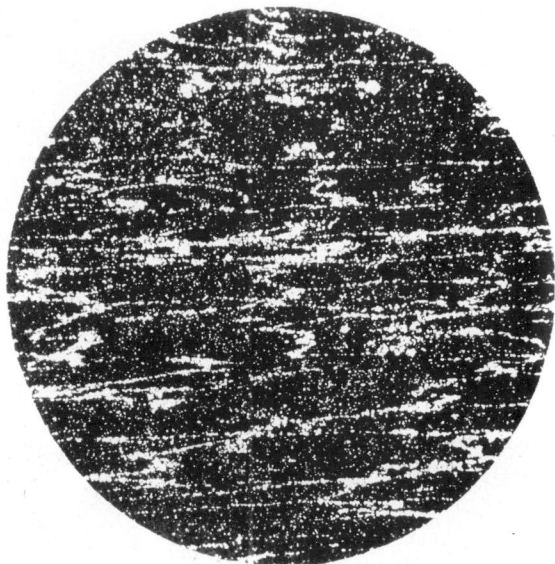

图　4-6-55　　　　　　　　　　100×

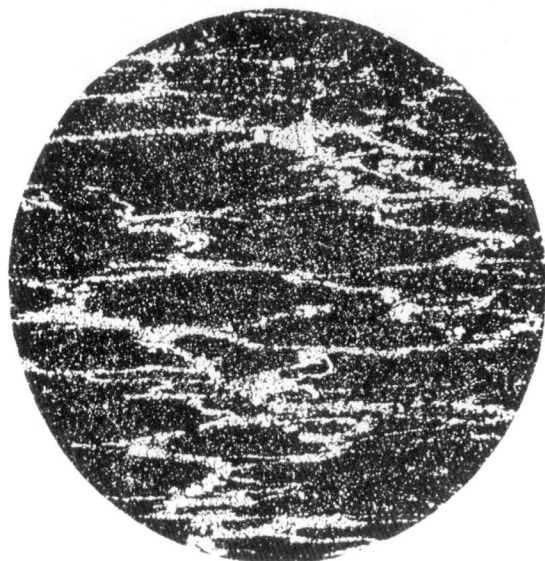

图　4-6-56　　　　　　　　　　100×

图　　号：4-6-56

材料名称：W6Mo5Cr4V2 钢（化学成分同图 4-6-55）

浸 蚀 剂：4%硝酸酒精溶液

处理情况：淬火+回火

组织说明：回火马氏体+网状碳化物。

　　由于钢材直径较大，因此在开坯成材时碳化物网状未被粉碎且呈拉长的变形网状，并在网角处有较严重的碳化物堆集存在，共晶碳化物骨骼状尚明显可见。

　　含有这种网状碳化物材料的强度差，脆性大，使用前应进行改锻，使网状及堆集的碳化物得到改善，以提高钢的力学性能。

图　　号：4-6-57

材料名称：W6Mo5Cr4V2 钢（化学成分同图 4-6-55）

浸蚀剂：4%硝酸酒精溶液

处理情况：锻造后，经 560℃预热 30min，再在 850℃预热 15min，即置于 1190℃加热保温而后淬入 560℃盐浴等温分级 3min 油冷，再经 560℃保温 1h 回火 3 次

组织说明：基体为回火马氏体、少量残留奥氏体，碳化物呈带状分布，碳化物不均匀度属于 4.5 级。

W6Mo5Cr4V2 钢是以钼代替部分钨，使铸态莱氏体得到细化，故在轧制后碳化物不均匀度较轻，且颗粒也较细小，球化退火温度可较 W18Cr4V 低 10～20℃。如前所述，W6Mo5Cr4V2 钢的力学性能和可加工性能均较 W18Cr4V 高速钢要好。但是，这种钢的脱碳倾向性较敏感，故淬火温度需限制在较窄的范围内，一般为 1220～1240℃。

图　4-6-57　　　　　　　　　　　　　　100×

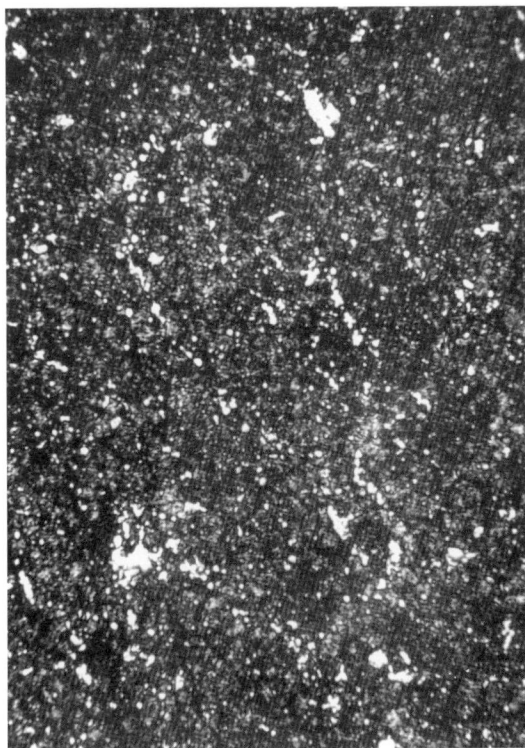

图　4-6-58　　　　　　　　500×

图　　号：4-6-58

材料名称：W6Mo5Cr4V2 钢（化学成分同图 4-6-55）

浸蚀剂：4%硝酸酒精溶液

处理情况：与上图 4-6-57 相同

组织说明：基体为回火马氏体、少量残留奥氏体以及颗粒状的共晶二次碳化物，硬度为 61～61.7HRC。

由于 W6Mo5Cr4V2 钢的导热性较差，加热淬火前应进行预热。同时钢的过热敏感性较大，故淬火加热温度需严格控制，淬火后奥氏体晶粒大小应控制在 9.5～10 级之间。

由于钨、钼、铬、钒的联合作用，使 M_S 点降低到 180℃左右，故淬火后残留奥氏体较多，约为 40%（体积分数）。因此，在回火过程中，一方面淬火马氏体将析出弥散度很高的 W_2C、Mo_2C、V_4C_3 等合金碳化物；另一方面，在冷却时残留奥氏体将转变为马氏体，从而出现二次硬化现象。由于残留奥氏体数量多，故回火应重复进行 3～4 次，每次 1h。经过 560℃的 3 次回火后，残留奥氏体的含量可降低到 2%（体积分数）左右。

图　　号：4-6-59

材料名称：W6Mo5Cr4V2 钢（化学成分同图 4-6-55）

浸 蚀 剂：5%硝酸酒精溶液

处理情况：锻造后，轧成 0.25mm 厚的薄片，经过 1170℃加热后，淬入 540℃等温后空冷，再经 560℃盐浴中保温 1h 后空冷，回火 3 次

组织说明：ϕ40mm×0.25mm 圆形薄片铣刀。

　　基体为回火马氏体，其上分布有均匀细小颗粒状碳化物。碳化物的不均匀度属于 1 级。

　　W6Mo5Cr4V2 钢属 W-Mo 系高速钢，w（Mo）为 1%相当于 w（W）为 2%的作用，此类钢中含 Mo 较多。由于该钢种合金元素总量较钨系 W18Cr4V 高速钢为少，故碳化物及不均匀性也较小。因此，这种钢具有较高的和良好的力学性能及可加工性。

　　这类钢可用来制造各种机用刀具，在制造模具方面也日益增多。

图　　4-6-59　　　　　　　　　　　100×

图　　号：4-6-60

材料名称：W6Mo5Cr4V2 钢（化学成分同图 4-6-55）

浸 蚀 剂：5%硝酸酒精溶液

处理情况：与图 4-6-59 相同

组织说明：基体组织为回火马氏体和极少量残留奥氏体，其上分布有白色块状及颗粒状碳化物，碳化物细小而分布均匀，硬度为 64HRC。

　　W-Mo 系高速钢加热温度范围比较狭窄，而且在高温加热时容易脱碳，由于钢中含有较多的钒元素，它可以形成稳定性较高的 V_4C_3 碳化物，在加热时能阻止奥氏体晶粒的长大。回火时，不但会析出高弥散度的 W_2C 碳化物，而且还会析出 V_4C_3 碳化物，从而使钢在回火后出现二次硬化现象。

　　W6Mo5Cr4V2 钢正常的淬火温度应为 1220～1240℃，550～570℃回火 3 次。本工件由于很薄，故选择较低的温度（1170℃）淬火。若在 1240℃以上加热淬火，将使工件发生过热缺陷。

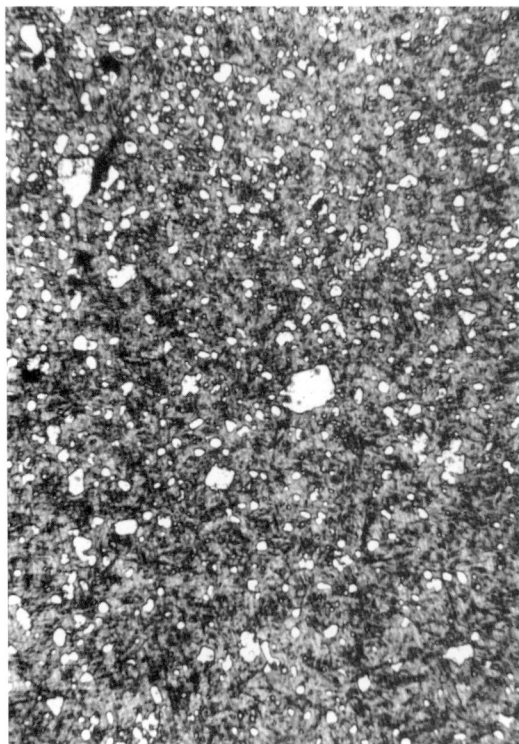

图　　4-6-60　　　　　　　　　　　100×

图　　号：4-6-61

材料名称：W6Mo5Cr4V2 钢（化学成分同图
4-6-55）

浸 蚀 剂：3%硝酸酒精溶液

处理情况：1190℃加热保温后油冷淬火，再经
560～570℃保温 1h 后空冷，回火 3 次

组织说明：汽车活塞销冷挤模具。其基体为回火
马氏体、颗粒状碳化物和极少量残留奥氏体。
在碳化物带状偏析处为回火不充分的马氏体
（淡黄色）和少量残留奥氏体。硬度为 65HRC。

　　原材料虽然经改锻处理，但基体中碳化物
偏析仍较严重。淬火时，带状碳化物处溶入奥
氏体中的碳化物数量较多，奥氏体合金化程度
相应提高，M_s 点下降，淬火后残留奥氏体数量
明显增加。回火后，一般基体的淬火马氏体充
分得到回火，而带状偏析附近的基体由于固溶
较多的合金元素，提高了耐回火性能，在一般
工艺条件下回火，该处呈淡黄色泽，显示回火
不足。

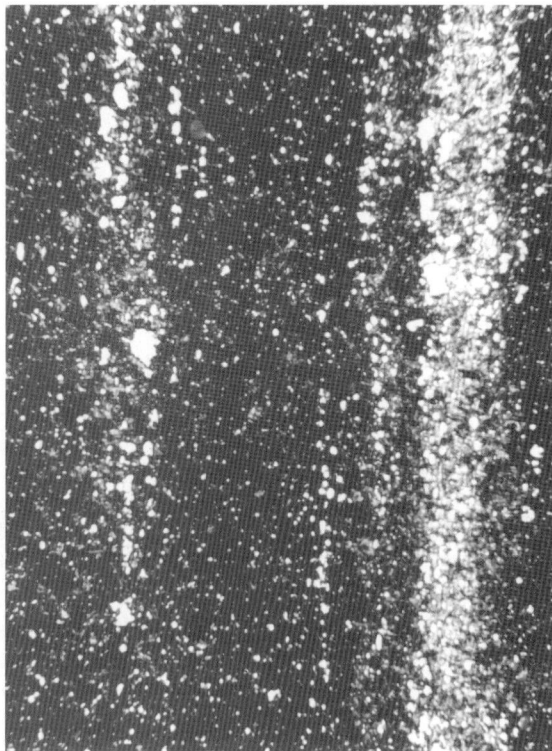

图　4-6-61　　　　　　　　　　　　　500×

图　4-6-62　　　　　　　　500×

图　　号：4-6-62

材料名称：W6Mo5Cr4V2 钢（化学成分同图4-6-55）

浸 蚀 剂：3%硝酸酒精溶液

处理情况：1200℃加热保温后油冷淬火，再经
580～600℃保温 1h 后空冷，回火 3 次

组织说明：汽车活塞销冷挤模具。其基体为回火马
氏体、颗粒状碳化物及极少量残留奥氏体，在碳
化物带状偏析处为回火较不充分的马氏体（淡黄
色）和少量残留奥氏体，硬度为 66HRC。

　　提高加热温度进行淬火，致使较多碳化物
溶入基体中，残留在基体中的碳化物明显减
少，同时碳化物颗粒也较细小，虽然回火温度
较高，但基体中成分不均匀的现象依然存在，
因此仍有回火不充分的马氏体区域，但其回火
效果已较图 4-6-61 明显地提高了，从而使模
具降低了脆性，提高了力学性能，延长了使用
寿命。

图　　号：4-6-63

材料名称：W6Mo5Cr4V2 钢（化学成分同图 4-6-55）

浸 蚀 剂：4%硝酸酒精溶液

处理情况：1220℃加热保温 1h 后 560℃分级后空冷，经 560℃保温 1h 后空冷，回火 3 次

组织说明：严重的碳化物带状偏析。

　　基体为回火马氏体、极少量残留奥氏体，大块白色颗粒和细小点、粒状为共晶和二次碳化物，碳化物呈带状分布，硬度为 63HRC。

　　W6Mo5Cr4V2 高速钢的主要特点是由于钼的存在降低了钢中碳化物偏析的程度，从而提高了钢的热塑性。但是若浇注的凝固工艺控制不当，钢液在凝固时将析出严重的碳化物网，在正常的热压力加工条件下，该碳化物网会被破碎呈聚集的带状分布，从而降低了钢的力学性能；在热处理时不但容易产生淬裂事故，而且会产生不均匀变形。因此，对具有严重偏析的钢材应先进行较大锻压比的改锻，经历多次镦、拔后，使碳化物偏析得到改善，从而提高了工模具的使用寿命。

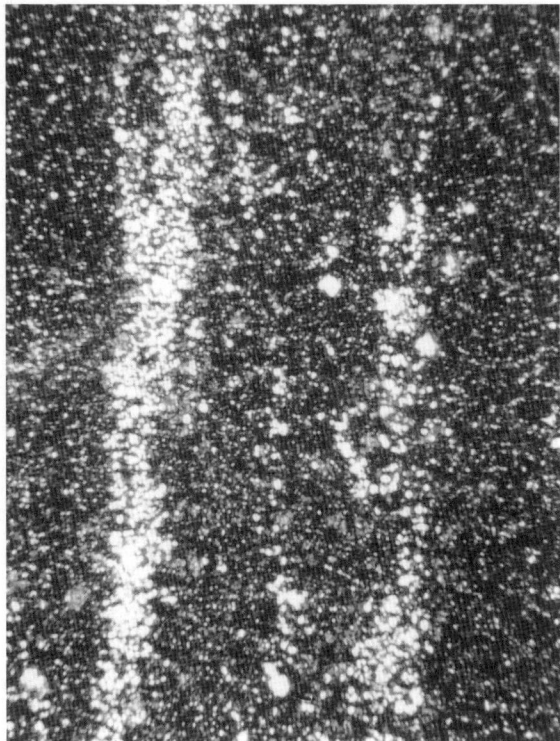

图　4-6-63　　　　　　　　　　　　500×

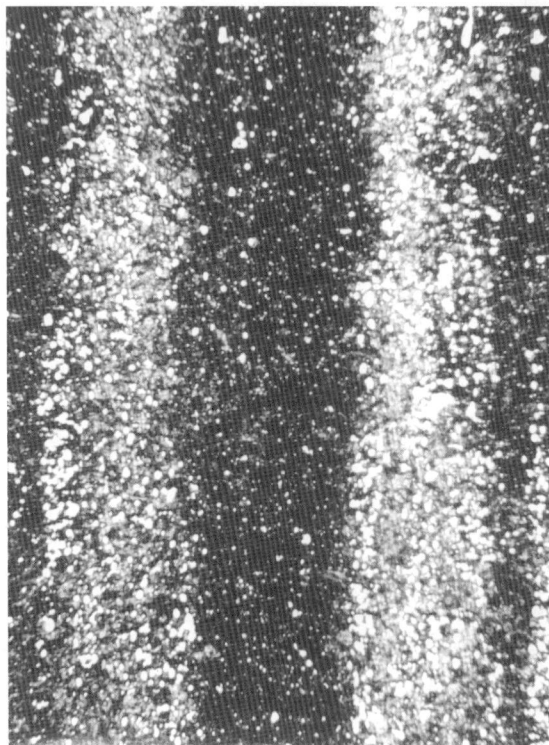

图　4-6-64　　　　　　　　　　　　500×

图　　号：4-6-64

材料名称：W6Mo5Cr4V2 钢（化学成分同图 4-6-55）

浸 蚀 剂：4%硝酸酒精溶液

处理情况：1230℃加热保温后 560℃分级后空冷，经 560℃保温 1h 后空冷，回火 3 次

组织说明：回火不足。

　　黑色基体为回火马氏体和极少量残留奥氏体，白色点、粒状为二次碳化物，呈带状分布的为共晶碳化物。碳化物带状偏析处的基体为稍受回火的马氏体（色泽呈浅黄色）及残留奥氏体，说明该处基体回火不足，硬度为 66HRC。

　　严重带状碳化物偏析处，从宏观角度来说是合金元素和含碳量较富集的地区，但从微观角度来说，碳化物周围基体的碳和合金元素则较贫乏。正常淬火加热时，由于偏析处的碳化物颗粒较大，不易溶解，因而基体仍处于贫碳和贫合金元素状态，故该处的 M_s 点较一般基体为高，淬火时容易产生过热而得到粗大马氏体和多量的残留奥氏体。因此，该处较正常的基体处不易受回火，导致工件脆性较大，在使用中容易产生脆性开裂。为使淬火、回火后能得到回火均匀而又充分的显微组织，应再增加 1～2 道 560℃回火。

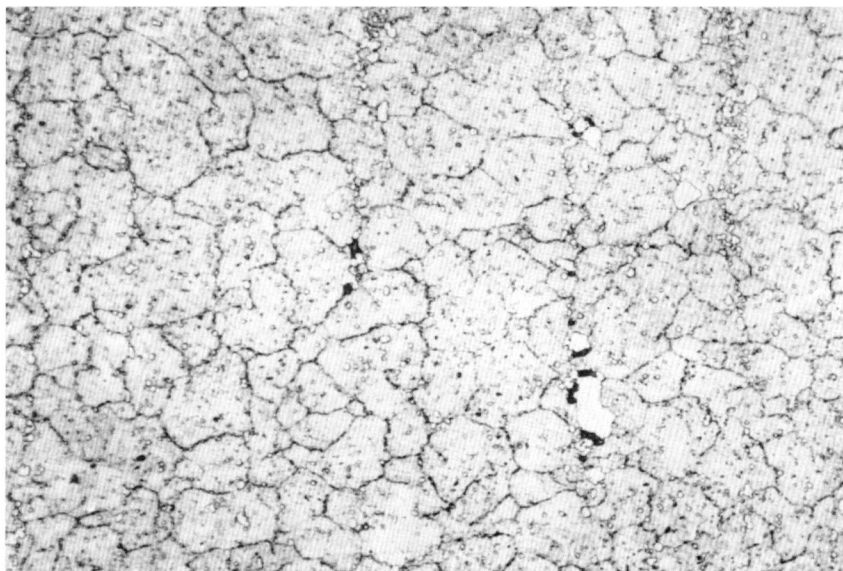

图　4-6-65　　　　　　　　　　　　　　　　　　　　500×

图　4-6-66　　　　　　　　　　　　　　　　　　　　500×

图　　号：4-6-65、4-6-66

材料名称：W6Mo5Cr4V2 钢（化学成分同图 4-6-55）

浸 蚀 剂：三酸乙醇溶液

处理情况：图 4-6-65 为 1220℃加热油冷淬火组织；图 4-6-66 为 1220℃加热油冷淬火，低温回火处理后组织

组织说明：利用三酸乙醇晶粒显示剂浸蚀，可以清晰地显示淬火晶粒度和回火晶粒度，晶粒度都是 9 级。淬火晶粒度可以用硝酸酒精显示，是炉前检验的重要检测手段。但是工件失效分析时，经常碰到的是已经回火并已失效的工件，显示其晶粒度是检测淬火工艺是否正常的重要手段，采用硝酸酒精溶液浸蚀往往已无能为力。但三酸乙醇晶粒显示剂可以清晰地显示回火后的晶粒度。

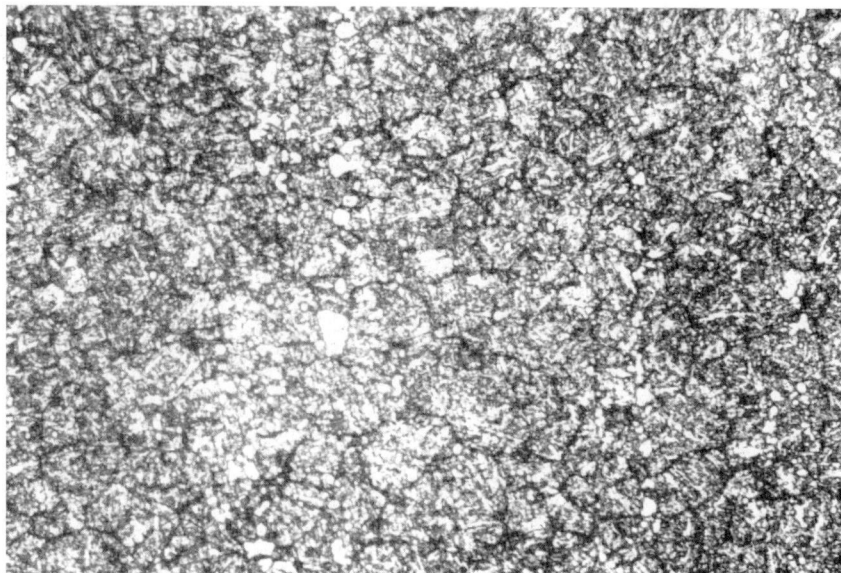

图　4-6-67　　　　　　　　　　　　　　　　　　　　500×

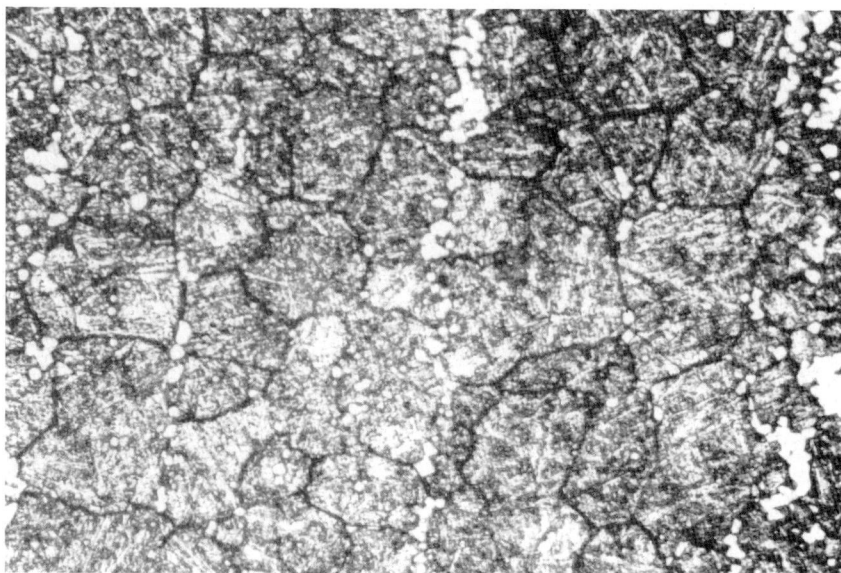

图　4-6-68　　　　　　　　　　　　　　　　　　　　500×

图　　号：4-6-67、4-6-68

材料名称：W6Mo5Cr4V2 钢（化学成分同图 4-6-55）

浸 蚀 剂：三酸乙醇溶液

处理情况：图 4-6-67 是 1220℃加热后油冷淬火组织；图 4-6-68 是 1250℃加热后油冷淬火组织

组织说明：图 4-6-67：细针状马氏体，马氏体针长小于 2 级，残留奥氏体分辨不清，碳化物细小，晶粒度为 9 级。

　　　　图 4-6-68：上限加热温度淬火后组织，针状马氏体已接近 4 级左右，部分横贯整个晶粒，晶粒度为 8 级。残留奥氏体仍分辨不清，碳化物已呈角状化，而且互相连接，本组织已显现出过热特征，W6Mo5Cr4V2 钢容易过热。因此，淬火温度不要选择在上限温度。

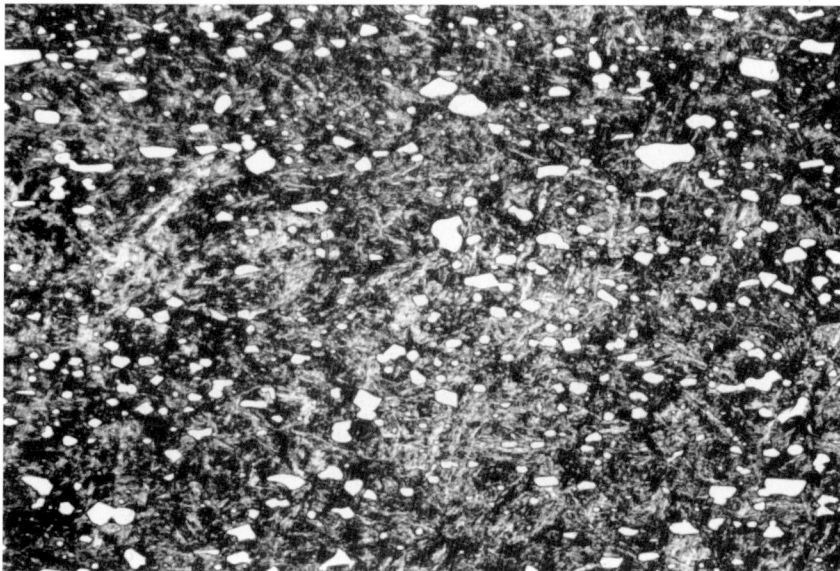

图 4-6-69   500×

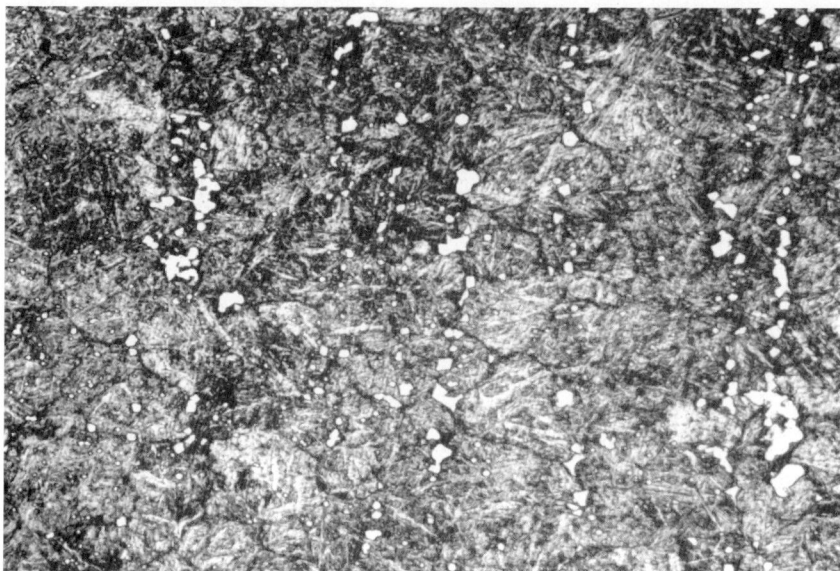

图 4-6-70   500×

图　号：4-6-69、4-6-70

材料名称：图 4-6-69 是 W18Cr4V 钢；图 4-6-70 是 W6Mo5Cr4V2 钢（化学成分同图 4-6-55）

浸 蚀 剂：三酸乙醇溶液

处理情况：图 4-6-69：1300℃加热后油淬，高温回火，320℃×1h+560℃×1h；图 4-6-70：1260℃加热后油冷
淬火，高温回火 380℃×1h+560℃×1h 2 次

组织说明：两图组织都是回火马氏体+少量下贝氏体+少量残留奥氏体+各类碳化物。

第一次回火时有 5%～7%（体积分数）的残留奥氏体转变成下贝氏体，这样就会使后两次回火时 M_2C
型碳化物能更充分地析出，也更均匀地弥散。从而使工件的热硬性和冲击韧度都有所提高。

新的浸蚀剂可以清晰地显示回火马氏体针以及淬火晶粒度。

图　4-6-71　　　　　　　　　　　　　　　　　　实物

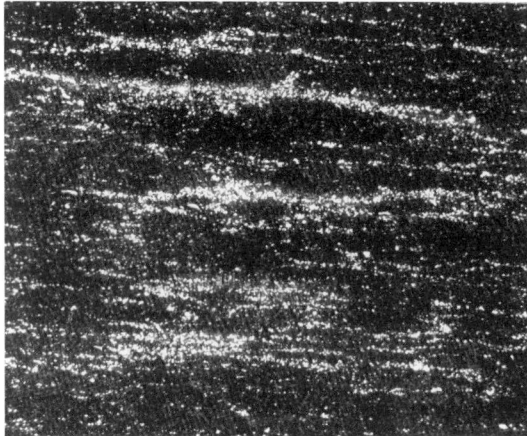

图　4-6-72　　　　　　　　　　　100×

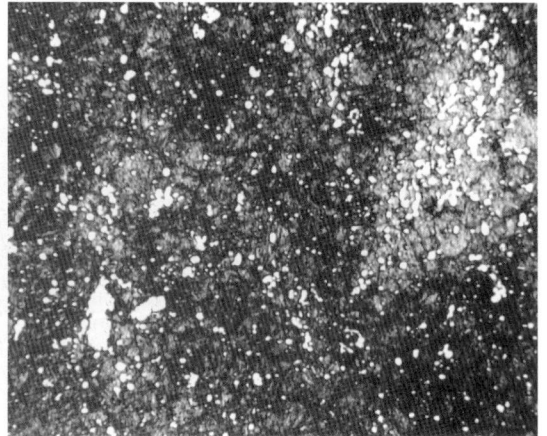

图　4-6-73　　　　　　　　　　　500×

图　号：4-6-71～4-6-73　　材料名称：W6Mo5Cr4V2 钢（化学成分同图 4-6-55）

浸 蚀 剂：4%硝酸酒精溶液

处理情况：锻造成形后车加工。于 560℃和 850℃两次预热后立即置于 1190℃加热保温（按 15s/mm 计），随后淬入 560℃盐浴中分级后油冷，再经 560℃保温 1h 回火 2 次。模具硬度为 61HRC

组织说明：机床精度不良引起的早期失效。

　　图 4-6-71：W6Mo5Cr4V2 钢制活塞销冷挤顶杆模具，使用时由两顶端模具向中心对顶 20Cr 钢活塞销坯料，使之达到冷挤成形，该模具仅使用几百次即在过渡圆角处发生脆性断裂，仔细观察裂纹系自过渡圆角一侧表面处发生，并沿径向扩展。

　　图 4-6-72：解剖后发现钢中碳化物分布不均匀，经评定为 4.5 级。

　　图 4-6-73：基体组织为回火马氏体，少量残留奥氏体以及共晶和二次碳化物。在碳化物聚集处基体组织回火不充分，浸蚀后呈浅黄色。

　　模具原材料碳化物已超过级别，同时模具回火工艺执行不当，致使局部区域回火不充分，造成模具的脆性较大。使用时，两顶端模具又因机床精度不良而影响对中心，在冷挤压时因单面受力而发生弯曲，当继续承受更大的挤压力时，即在顶杆过渡圆角应力集中处产生开裂。这种早期失效主要是由于机床精度不良所引起的，而顶杆碳化物偏析严重以及回火不充分，也是造成模具失效的因素之一。

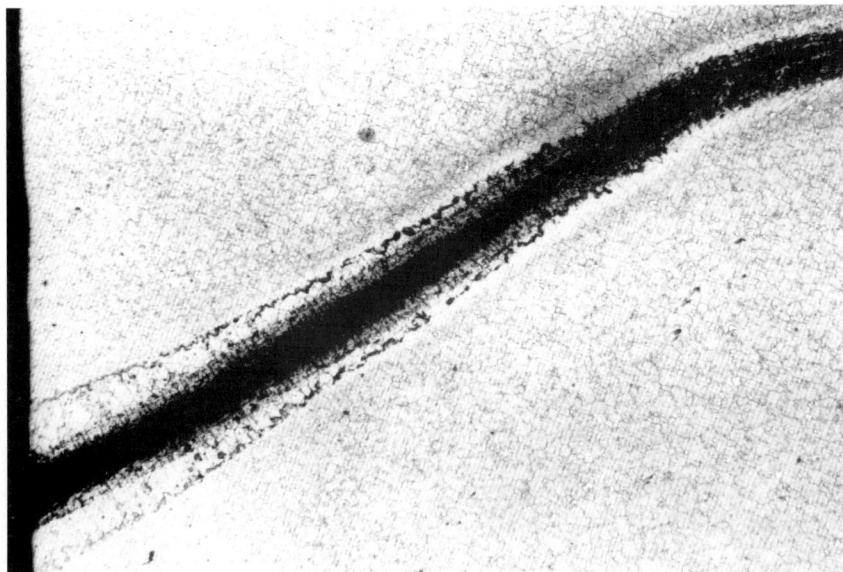

图　4-6-74　　　　　　　　　　　　　　　　　　　　　　　100×

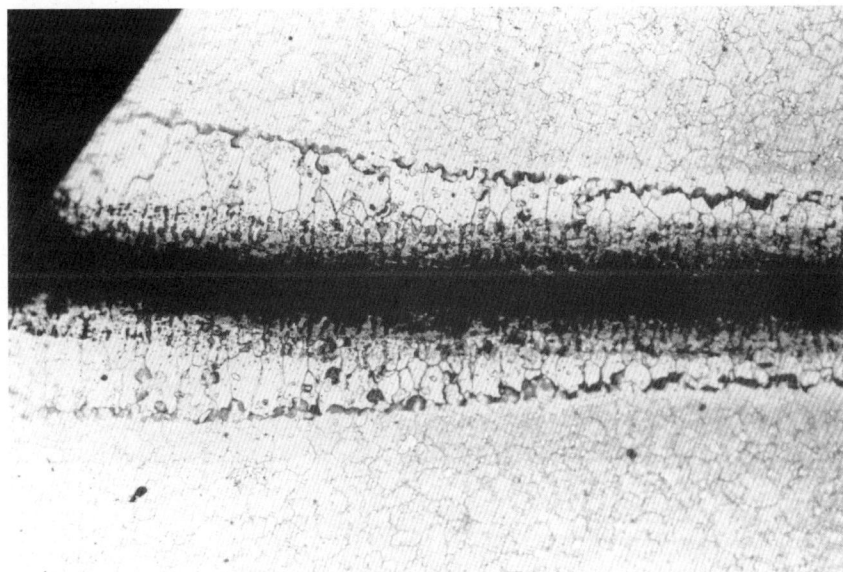

图　4-6-75　　　　　　　　　　　　　　　　　　　　　　　500×

图　　　号：4-6-74、4-6-75　　　　　　　　　　　浸 蚀 剂：4%硝酸酒精溶液

材料名称：W6Mo5Cr4V2 钢（化学成分同图 4-6-55）　　　　处理情况：淬火

组织说明：图 4-6-74：刀具淬火后表面发现裂纹。裂纹两边有明显的脱碳层，说明原材料在淬火前已有裂纹，
　　退火时在裂纹两侧脱碳，近表面处由于氧化严重而脱碳层深，越往里面氧化气氛越少，脱碳层越浅。

　　　　图 4-6-75：是高倍下的局部组织，裂纹两侧是柱状铁素体有规则的排列，脱碳层非裂纹的一侧有少量
黑色组织。

　　　　钢材在退火过程中不可避免地会产生不同深度的脱碳，但钢材表面的脱碳在机械加工过程中得到去
除，而裂纹两侧的脱碳层则无法去除，而且较细小的裂纹也无法发现。只有经过淬火后裂纹有所扩大时才
能够显现出来。

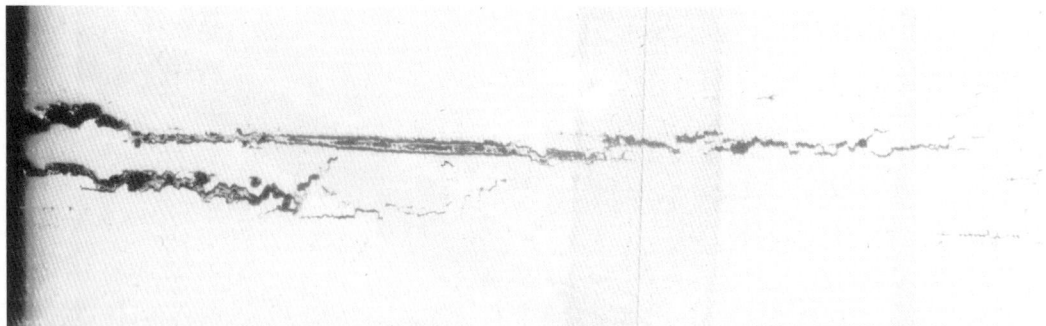

图　4-6-76　　　　　　　　　　　　　　　　　　　　　　　　　　　50×

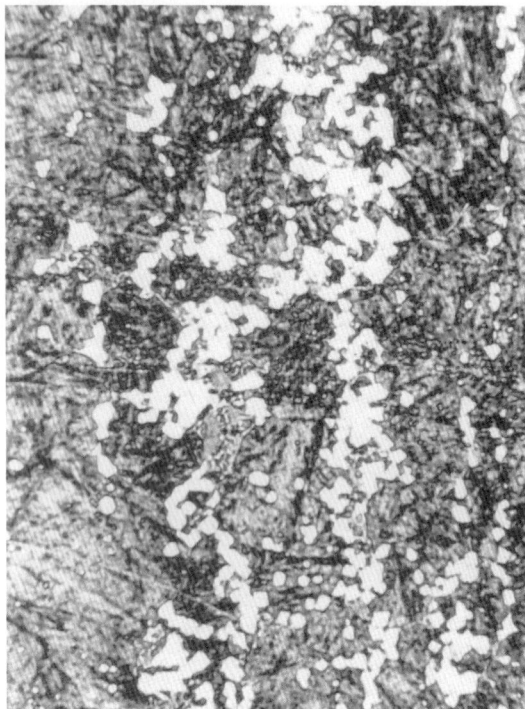

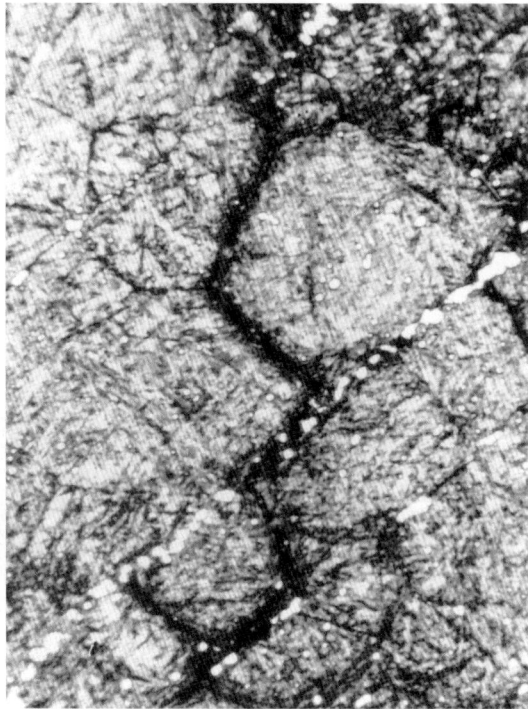

图　4-6-77　　　　　　　　　　500×　　图　4-6-78　　　　　　　　　　500×

图　号：4-6-76～4-6-78　　　　　　　　材料名称：W6Mo5Cr4V2 钢（化学成分同图 4-6-55）

浸蚀剂：苦味酸硝酸酒精溶液，图 4-6-76 未浸蚀

处理情况：400℃预热后再置入 830～850℃中温预热 5min 后立即置于 1210～1230℃加热，保温 6min 后取出淬入 550℃硝盐浴 2min 后空冷，再在 550℃硝盐中回火 90min，取出放入-75℃冷处理 4h，再于 550℃硝盐中回火 5h，然后再在-75℃冷处理 4h，再经 550℃回火 1.5h，然后清洗，最后在 460℃焙烧 12h

组织说明：此为计量泵零件，使用不久即在棱角处产生开裂失效。

　　　图 4-6-76：断裂处切取试样，磨抛后发现裂纹有两条：一条较长且平直，尾部处呈断续状向里延伸，尾部稍弯曲；另一条较短，尾部也是弯曲状。两条裂纹均有氧化皮。

　　　图 4-6-77：浸蚀后的纵向的组织。基体为粗大回火马氏体及聚集状分布的碳化物和极少量残留奥氏体。

　　　图 4-6-78：浸蚀后裂纹尾部的组织。粗大回火马氏体，聚集变形的碳化物已部分重熔过烧及呈串连分布。

　　　从上述可推断，试样淬火已严重过热，零件开裂是由于预热不充分，加热淬火时加热速度太快，造成较大热应力导致开裂，在淬火冷却过程中又使裂纹进一步扩展。

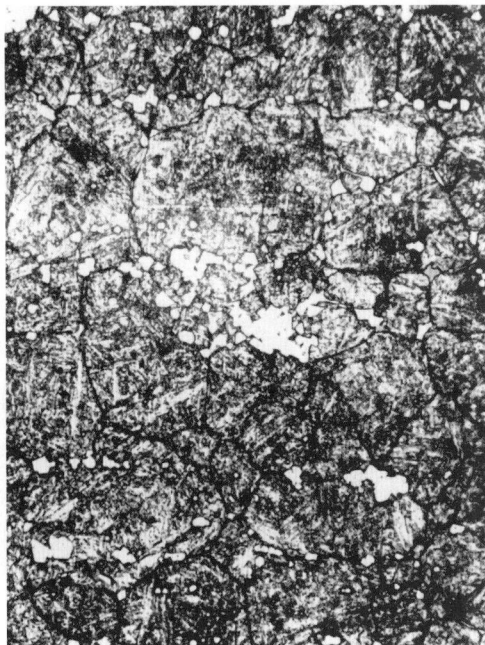

图　　号：4-6-79
材料名称：W6Mo5Cr4V2（化学成分同图 4-6-55）
浸 蚀 剂：三酸乙醇溶液
处理情况：1260℃加热后油冷淬火
组织说明：严重过热组织，晶粒粗大，马氏体针粗长。

　　此钢属 W-Mo 系的高速钢，除了可制作高速切削刀具外，还可制作要求有高热强性的工具和热作模具。因为它有较高的韧性，又可制作重负荷下的冷作模具。

　　本例加热温度过高，淬火后残留奥氏体增加，碳化物已呈角状化并相互粘连，局部沿晶界伸展。

图　4-6-79　　　　　　　　　　500×

图　4-6-80　　　　　　　　　　500×

图　　号：4-6-80
材料名称：W6Mo5Cr4V2（化学成分同图 4-6-55）
浸 蚀 剂：三酸乙醇溶液
处理情况：1170℃加热油冷淬火
组织说明：细针状马氏体、隐针状马氏体、残留奥氏体及各类碳化物。

　　基体组织很细，残留碳化物较多。这是低温淬火获得的显微组织特征。因为淬火加热时碳化物溶解较少，所以淬火后的残留奥氏体就多而且粒度也较粗大。这种低温淬火工艺适宜于冷作模具热处理。

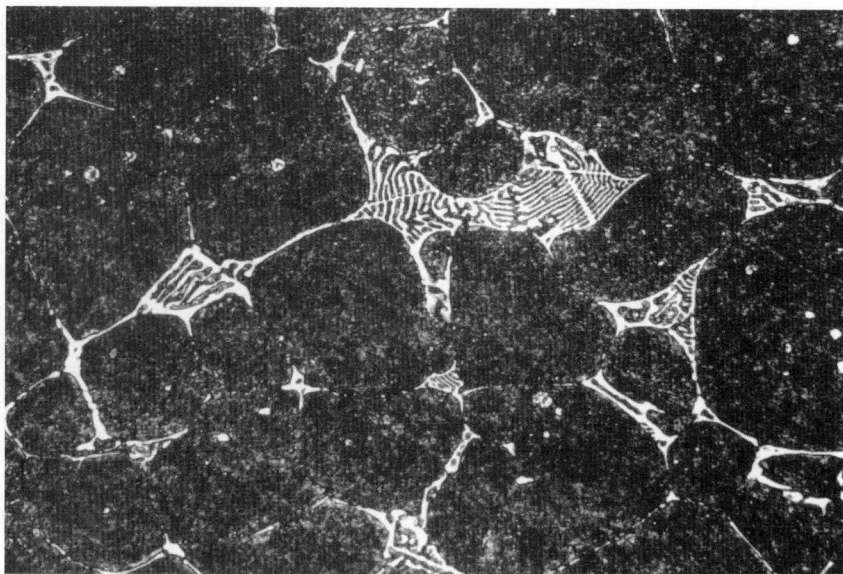

图　4-6-81　　　　　　　　　　　　　　　　　　　　500×

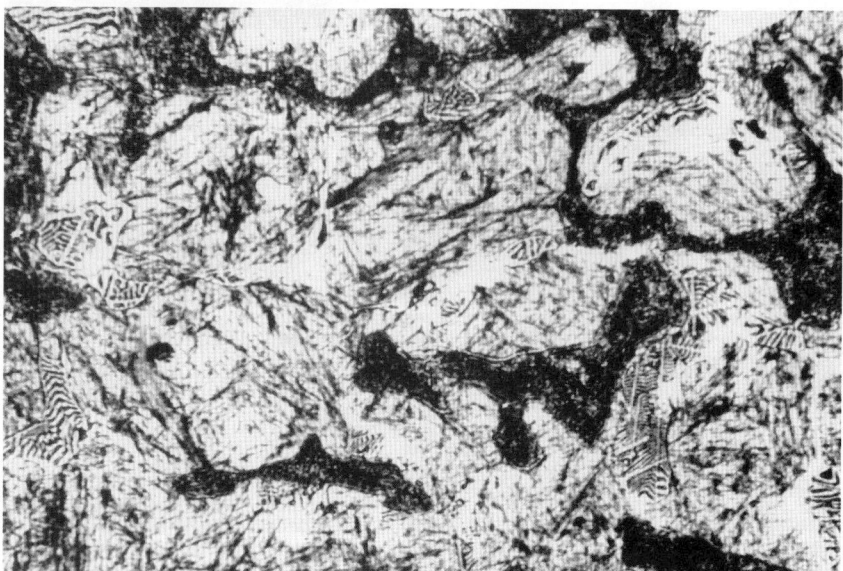

图　4-6-82　　　　　　　　　　　　　　　　　　　　500×

图　　号：4-6-81、4-6-82　　　　　　材料名称：W6Mo5Cr4V2（化学成分同图 4-6-55）

浸蚀剂：三酸乙醇溶液

处理情况：图 4-6-81：1270℃加热后油冷淬火后 560℃回火 3 次；图 4-6-82：1270℃加热油冷淬火后未回火

组织说明：严重过烧组织的特征，晶界出现鱼骨状莱氏体。

　　图 4-6-81：是回火组织，晶界的鱼骨状莱氏体非常清晰，黑色基体是回火马氏体，少量淬火马氏体及极少量残留奥氏体。

　　图 4-6-82：是淬火组织，晶界有鱼骨状莱氏体，还有大片黑色组织，晶内是粗针状马氏体和残留奥氏体。

　　此钢的正常淬火温度是 1150～1180℃，而 W18Cr4V 钢的正常淬火温度是 1270～1280℃。

　　本试样的过烧现象，估计是错把此钢看作 W18Cr4V 钢来加热淬火造成的。

图　4-6-83　　　　　　　　　　　　　　　　　500×

图　4-6-84　　　　　　　　　　　　　　　　　500×

图　号：4-6-83、4-6-84　　　　材料名称：W9Mo3Cr4V 钢　　　浸蚀剂：三酸乙醇溶液

处理情况：图 4-6-83：1220℃加热油冷淬火；图 4-6-84：1240℃加热油冷淬火

组织说明：W9Mo3Cr4V 钢是新的高速钢种，正常淬火加热温度在 1220～1250℃，560℃回火 3 次。

图 4-6-83：是下限淬火加热温度的淬火组织，细针状马氏体、残留奥氏体和颗粒状碳化物，组织非常清晰。马氏体针长为 2 级，残留奥氏体约为 20%（体积分数），回火后尚余约为 2%左右，晶粒度为 9.5 级。回火后硬度为 65.5～66.5HRC。此工艺适用于模具、滚刀、拉刀、插齿刀、钻头、锯条、丝锥等工具的热处理。

图 4-6-84：是上限淬火加热温度的淬火组织，马氏体针长为 3 级，淬火后残留奥氏体为 30%左右（体积分数），回火后下降到 3%左右，晶粒度为 8.5 级，碳化物分布均匀，个别有角状化趋势，回火硬度为 66.5～67.5HRC。

本钢种性能好于 W6Mo5Cr4V2，而且价格较便宜。

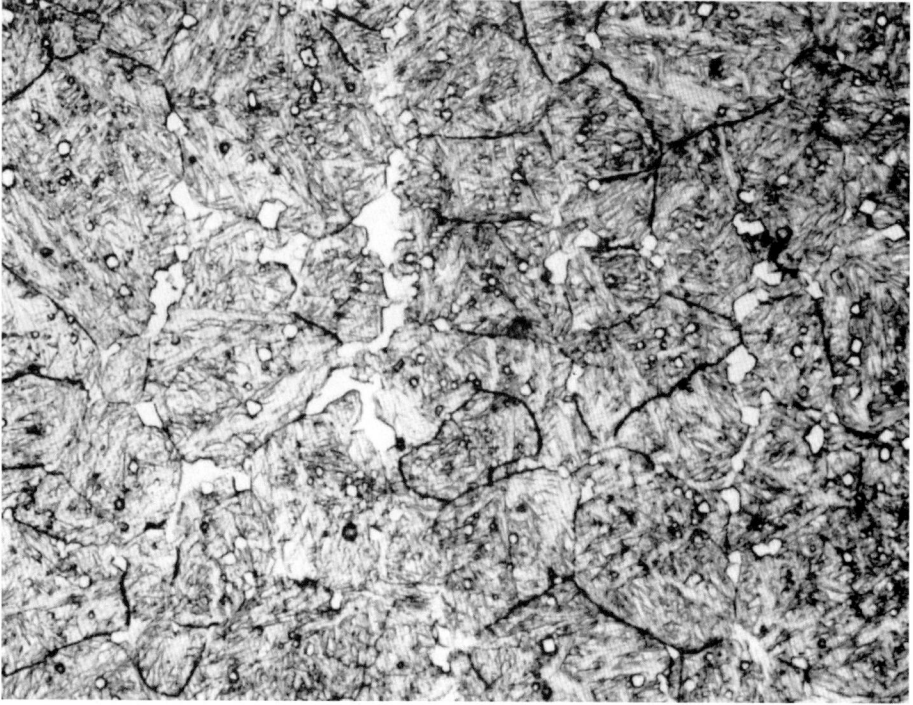

图　4-6-85   500×

图　　号：4-6-85

材料名称：W9Mo3Cr4V 钢

浸 蚀 剂：三酸乙醇溶液

处理情况：1280℃加热油冷淬火

组织说明：严重过热组织。

　　晶粒粗大，晶粒度为 7 级，马氏体针粗长为 5 级，碳化物已角状化，并沿晶界相互粘连。

第5章

特　种　钢

本章主要包括不锈钢、耐热钢和耐磨钢。有些不锈钢也可用作耐热钢。常用的不锈钢、耐热钢的牌号、化学成分、特性与用途见表 5-1、表 5-2。

表 5-1　常用不锈钢和耐热钢的牌号及化学成分

牌　号	主要化学成分（质量分数，%）									
	C	Si	Mn	P	S	Ni	Cr	Mo	N	其　他
1Cr18Ni9	≤0.15			≤0.035	≤0.030	8.0 ~ 10.0	17.0 ~ 19.0			
ZG1Cr18Ni9	≤0.12	≤1.5	0.8 ~ 2.0	≤0.045		8.0 ~ 11.0	17.0 ~ 20.0			
0Cr18 Ni9	≤0.07					8.0 ~ 11.0	17.0 ~ 19.0			
1Cr18Ni9Ti	≤0.12	≤1.00	≤2.00	≤0.035	≤0.030	8.0 ~ 11.0	17.0 ~ 19.0			Ti5(C%×0.02) ~0.80
1Cr13	≤0.15	≤1.00	≤1.00	≤0.035	≤0.030		11.5 ~ 13.5			
0Cr13	≤0.08	≤1.00	≤1.00	≤0.035	≤0.030		11.5 ~ 13.5			
1Cr12Mo	0.10 ~ 0.15	≤0.50	0.30 ~ 0.50	≤0.035	≤0.030	0.30 ~ 0.60	11.5 ~ 13.0	0.30 ~ 0.60		
1Cr13Mo	0.08 ~ 0.18	≤0.60	≤1.00	≤0.035	≤0.030	≤0.60	11.5 ~ 14.0	0.30 ~ 0.60		

（续）

牌 号	主要化学成分（质量分数，%）									
	C	Si	Mn	P	S	Ni	Cr	Mo	N	其　他
2Cr13	0.16~0.25	≤1.00	≤1.00	≤0.035	≤0.030	≤0.60	12.0~14.0			
ZG2Cr13	0.16~0.24	≤1.00	≤0.60	≤0.040			12.0~14.0			
3Cr13	0.26~0.35	≤1.00	≤1.00	≤0.035	≤0.030	≤0.60	12.0~14.0			
4Cr13	0.36~0.45	≤0.60	≤0.80	≤0.035	≤0.030	≤0.60	12.0~14.0			
1Cr17Ni2	0.11~0.17	≤0.80	≤0.80	≤0.035	≤0.030	1.50~2.50	16.0~18.0			
9Cr18	0.90~1.00	≤0.80	≤0.80	≤0.035	≤0.030	≤0.60	17.0~19.0	≤0.75		
1Cr17	≤0.12	≤0.75	≤1.00	≤0.035	≤0.030	≤0.60	16.0~18.0			
5Cr21Mn9Ni4N	0.48~0.58	≤0.35	8.00~10.00	≤0.040	≤0.030	3.25~4.50	20.0~22.0		0.35~0.50	
2Cr21 Ni12N	0.15~0.28	0.75~1.25	1.00~1.60	≤0.035	≤0.030	10.5~12.5	20.0~22.0		0.15~0.30	
4Cr14-Ni14W2Mo	0.40~0.50	≤0.80	≤0.70	≤0.035	≤0.030	13.0~15.0	13.0~15.0	0.25~0.40		W2.00~2.75
4 Cr9 Si2	0.35~0.50	2.00~3.00	≤0.70	≤0.035	≤0.030	≤0.6	8.0~10.0			
4Cr10Si2Mo	0.35~0.45	1.90~2.60	≤0.70	≤0.035	≤0.030	≤0.6	9.0~10.5	0.70~0.90		
1 Cr11 MoV	0.11~0.18	≤0.50	≤0.60	≤0.035	≤0.030	≤0.6	10.0~11.5	0.50~0.70		V0.25~0.40
0 Cr17-Ni4Cu4Nb	≤0.07	≤1.00	≤1.00	≤0.035	≤0.030	3.00~5.00	15.5~17.5			Cu3.00~5.00 Nb0.15~0.45

表 5-2 常用不锈钢和耐热钢的特性与用途

牌　　号	特性与用途
1Cr18Ni9	经冷加工有高的强度，但伸长率比 1Cr17Ni 稍差，建筑用装饰部件
ZG1Cr18Ni9	
0Cr18 Ni9	食品用设备，一般化工设备，原子能工业用设备
1Cr18Ni9Ti	用于焊芯、抗磁仪表、医疗器械、耐酸容器及设备衬里、输送管道等设备和零件
1Cr13	有较高的韧性和冷变形性；在温度不超过 30℃ 的弱腐蚀介质中（如盐酸水溶液、稀硝酸和某些浓度不高的有机酸、食品介质等）有良好的耐蚀性；在淡水、蒸汽、潮湿大气条件下也有足够的抗锈性和耐蚀性；在 700℃ 以下有足够高的热稳定性。热处理后，主要制造要求韧性较高、承受冲击载荷的零件，如汽轮机叶片、水压机阀门、紧固件、热裂设备配件等，以及在 650℃ 以下要求抗氧化的部件
0Cr13	具有良好的韧性、塑性和冷变形性，其抗锈蚀性和耐腐蚀性优于 1Cr13～4Cr13 钢，焊接性好。主要用于制造抗水蒸气、碳酸氢氨母液、热的含硫石油腐蚀的设备等衬里
1Cr12Mo	为比 1Cr12 耐蚀性高的高强度钢钢种，用于制造汽轮机叶片及高应力零部件
1Cr13Mo	为比 1Cr13 耐蚀性高的高强度钢钢种，用于制造汽轮机叶片及高温零部件
2Cr13	与 1Cr13 钢相比，2Cr13 钢的强度、硬度稍高，而韧性、耐蚀性略低；冷状态时深拉、冷加工工艺良好；焊后硬化倾向较大，易产生裂纹。主要用于制造汽轮机叶片、热油泵轴和轴套、叶轮、水压机阀片等；也广泛用于造纸工业和制造医用器械、家庭用具、餐具
3Cr13	具有比 1Cr13 和 2Cr13 更高的强度、硬度、淬透性；而耐蚀性和在 700℃ 以下的热稳定性相对较低。主要用于制造要求强度较高的结构件，受到高应力机械载荷并在一定浓度腐蚀介质作用下的磨损件，如 300℃ 以下工作的刀具、弹簧，400℃ 以下工作的轴、螺栓、阀门、轴承等；也常用于制造测量器械、医用钳子
4Cr13	其主要性能与 3Cr13 钢相似。用于制造较高硬度及高耐磨性的热油泵轴、阀片、阀门轴承、医疗器械、弹簧等
1Cr17Ni2	具有很高的强度和硬度；对氧化酸类（一定温度、浓度的硝酸、大部分的有机酸），以及有机盐类的水溶液有良好的耐腐蚀性。用于制造生产硝酸、食品、醋酸和肥皂的工业设备；制造心轴、活塞杆、泵等零件以及制造航空和船舶要求高强度和耐腐蚀性高的部件、外科手术器件等
9Cr18	用于制造不锈切片机械刃具及剪切刀具、手术刀片、高耐磨设备零件等
1Cr17	具有较大的室温脆性，在氧化性酸类溶液中有良好的耐蚀性，尤其是硝酸。主要用于制造生产硝酸用的化工设备，如吸收塔、硝酸热交换器、酸槽、输送管和罐；也可制作食品、酿酒等工业的容器、管子及餐具
5Cr21Mn9 Ni4N	用于制造以经受高温强度为主的汽油及柴油机用排气阀
2Cr21 Ni12N	用于制造以抗氧化为主的汽油及柴油机用排气阀
4Cr14 Ni14W2 Mo	主要用于制造 700℃ 以下柴油发动机进、排气阀以及航空发动机的排气阀和紧固件。用作进、排气气阀时，阀面须堆焊钴基合金
4 Cr9 Si2	主要用于制造内燃机的进气阀和工作温度低于 650℃ 的内燃机排气阀；也作低于 800℃ 下使用的抗氧化构件，例如料盘、炉管吊挂等
4 Cr10Si2Mo	可制造内燃机进气阀和 700℃ 以下工作的排气阀，也可以制造 850℃ 以下工作的炉子构件
1 Cr11 MoV	具有较高的热强性、良好的减振性及组织稳定性。用于制造涡轮叶片及导向叶片
0 Cr17 -Ni4Cu4Nb	用于制作燃气涡轮压缩机叶片，燃气涡轮发动机绝缘材料

第1节 不 锈 钢

不锈钢能抵抗大气腐蚀及具有在一些化学介质（如酸类）中能抵抗腐蚀的能力。

不锈钢具有高的耐腐蚀性能，这主要是加入了大量铬、镍的缘故。钢中加入铬、镍与空气中的氧发生作用，表面形成一层非常致密的含合金元素的复合氧化薄膜，这种薄层在许多腐蚀介质中具有很高的稳定性，从而防止金属被空气或其他腐蚀介质腐蚀。铬溶入铁基固溶体后，可使其电极电位提高。当 w（Cr）为 12.5%、25.0%、37.5%（相应为 1/8、2/8、3/8 原子比）时，钢的腐蚀速率都有一个突然的降低，这种变化规律通常叫做 $n/8$ 规律（n=1、2、3……），即在一定的介质中铬对钢耐腐蚀性影响的原子比规律。w（Cr）高于 12%时能强烈提高钢的钝化能力，在较低的电极电位下就能达到稳定的钝化状态。如 w（Cr）达到 12.5%时，其电极电位由－0.56V 跃增至+0.2V，此时，合金在大气、海水、稀硝酸中的耐蚀性显著提高。

镍加入铬不锈钢中，可提高铬不锈钢在硫酸、醋酸、草酸及硫酸盐中的耐蚀性。

不锈钢按其正火后的显微组织可分为五类：奥氏体型不锈钢、铁素体型不锈钢、奥氏体-铁素体型不锈钢、马氏体型不锈钢和沉淀硬化型不锈钢。

1. 奥氏体型不锈钢

这是应用很广的不锈钢，属铬镍合金钢。这种钢含碳量很低，w（Cr）为 17%～19%，w（Ni）为 8%～11%。典型的奥氏体型不锈钢是 18-8 型不锈钢，如 0Cr18Ni9、1Cr18Ni9。

奥氏体型不锈钢具有良好的室温及低温韧度、焊接性、耐蚀性及耐热性。奥氏体型不锈钢的缺点是在 500～850℃范围内进行焊接或长期加热，会使铬的碳化物从奥氏体中析出，特别是在焊缝上，会引起晶间腐蚀。因此，在 18-8 型不锈钢中加入钛和铌，易于形成稳定性更高的碳化物，可消除晶界腐蚀。

18-8 型不锈钢一般在固溶体状态下使用，目的是提高耐蚀性并使钢软化。这类钢在固溶状态下塑性很好，适于各种冷塑性变形，对加工硬化敏感，故此类钢惟一的强化方法是加工硬化，而不能通过热处理强化。一般 18-8 型不锈钢在 1050～1100℃温度下，作适当的保温，然后快冷，使碳化物固溶于奥氏体中，在室温下得到均一的奥氏体组织。某些牌号的钢，例 1Cr18Ni9Ti、0Cr18Ni9Ti、0Cr18Ni11Nb，因需要可以在固溶处理后再进行稳定化处理。稳定化处理的目的是避免钢在固溶处理后由于残存的碳化物而引起晶间腐蚀。一般稳定化热处理温度为 850～930℃，经常采用 850～900℃，保温 2～4h。

18-8 型不锈钢在固溶状态下塑性很好，适于各种冷塑性变形来强化，但对加工硬化敏感。为了消除冷加工后的内应力，改善钢的伸长率，并提高屈服强度和疲劳强度，可通过消除应力热处理的方法来达到，消除应力热处理是：一般为 250～425℃（实际生产中经常采用 300～350℃），保温 1～2 h 随后空冷。

2. 铁素体型不锈钢

此种为含碳量较低的高铬钢，w（Cr）为 13%～30%，w（C）≤0.25%。由于含碳量低，其显微组织是铁素体，故称为铁素体型不锈钢。它具有良好的耐蚀性和抗氧化性，可以抵抗硝酸、热磷酸及亚氯酸等强烈腐蚀性溶液的腐蚀。这类钢在一定的温度范围内加热和冷却时，不发生相变，不能通过热处理来强化。

在铁素体型不锈钢中，添加少量钼和钛元素后，基体仍是铁素体组织。但钼、钛与钢中的碳结合，会出现 MoC、Mo₃C、TiC 等碳化物和金属间化合物，这类化合物溶于铁素体中，能强化基体，提高耐蚀的能力。

铁素体型不锈钢在 450～525℃温度范围内长期加热，其耐蚀性能将明显下降，同时会产生脆化。这种脆化称为 475℃脆化。这种脆化是可逆的，加热至 600℃保温适当时间，快冷后可消除。

铁素体型不锈钢在 900℃以上温度加热，晶粒会急剧长大，这样会使钢变脆，晶粒长大后，是不能再细化的。这是由于高铬钢是以铁素体为基的，加热或冷却都没有相变发生。因此，必须严格控制加热温度，对于锻压工件的终锻温度应在 750℃以下，以避免晶粒粗化。

3. 奥氏体-铁素体型不锈钢

这种不锈钢是在 18-8 型钢的基础上，对其化学成分加以调整，即适当增加铬、钼、钛等形成铁素体的元素，减少镍、锰等形成奥氏体元素的含量，再通过固溶处理，就可以得到具有奥氏体和铁素体双相组织的不锈钢。

奥氏体-铁素体型不锈钢的显微组织是在铁素体基体上分布小岛状的奥氏体。铁素体的含量一般约占 50%～70%（体积分数）。由于其碳化物不在奥氏体晶界上析出，也不在 δ 与 γ 相界面附近的 δ 相内析出，同时，δ 铁素体富铬，$(Cr,Fe)_{23}C_6$ 析出于铁素体晶界，不致造成贫铬现象，因此双相钢有较高的韧性和热塑性，而且它的强度比奥氏体型不锈钢高，晶间腐蚀也比奥氏体钢小，但冷变形能力比奥氏体钢差。这类钢易析出 σ 相，故使用温度不能超过 350℃。与奥氏体型不锈钢相比，奥氏体-铁素体型不锈钢的屈强比高，抗点腐蚀和应力腐蚀开裂较强，因组织中存在较多的铁素体，能阻止裂纹的扩展。

4. 马氏体型不锈钢

这种钢 $w(Cr)$ 为 12%～18%、$w(C)$ 为 0.1%～0.4%，个别钢号如 9Cr18w（C）达到 1%。经正火或淬火后的显微组织是马氏体或马氏体+铁素体，所以称为马氏体型不锈钢。它可以通过热处理来强化，淬、回火后，具有良好的强度、塑性、韧性及耐蚀性能。随着含碳量的增加，会使马氏体型不锈钢的耐蚀性能下降，而强度、硬度、耐磨性及切削性能则显著提高。马氏体型不锈钢可以在空气中淬硬，故焊接性能不良，一般不作焊接件用。

2Cr13 钢在工厂实际生产中常采用 980～1000℃油冷淬火，得到马氏体和少量残留奥氏体组织，再经 650℃回火后得到保持马氏体位向的索氏体组织。若低于这个温度，铬的碳化物溶于奥氏体不充分，会降低奥氏体中的含碳量及含铬量；若高于这个温度，不但晶粒粗大，而且在晶界区域会发生 δ 共析转变，在晶界处获得似极细珠光体组织。这种组织是高温加热时，沿晶界析出的 δ 相，冷却时转变为碳化物与奥氏体的混合组织。

3Cr13 和 4Cr13 不锈钢的热处理工艺相似，当零件要求高的硬度与耐磨性时，可采用低温回火，回火温度一般为 200～250℃。4Cr13 不锈钢经 1020℃油冷淬火、650℃回火处理，显微组织为索氏体和碳化物。

9Cr18 钢一般采用 1050～1100℃油冷淬火。如果超过 1100℃时，马氏体粗化，残留奥氏体量增多，致使性能下降。9Cr18 钢在锻造时，始锻温度过高或终锻温度过高时，都会产生粗大网络状碳化物，它不能用退火处理加以消除。因为这类钢导热性较差，加热速度不宜过快，一般应先在 800～850℃炉中预热，随后再移入最终淬火加热炉中加热后进行淬火。为了防止工件开裂，淬火后应在 150～160℃进行回火。经低温回火后的显微组织为回火马氏体和碳化物。

5．沉淀硬化型不锈钢

这种钢由于钼、铜、铝、钛、硼等元素及铬元素的配比适当，经沉淀硬化处理后，这些元素在钢中能起沉淀硬化作用，使钢的强度获得很大改善。在腐蚀介质中，沉淀硬化型不锈钢的耐蚀性能与18-8型不锈钢相近。

不锈钢金相图片见图5-1-1～图5-1-190。

第2节　耐　热　钢

耐热钢是指在高温条件下兼有抗氧化性和保持足够的高温强度的、耐热性能良好的钢。它包括抗氧化钢与热强度钢两类。抗氧化钢是在高温下有较好的抗氧化能力，并有一定强度的钢（又叫不起皮钢）；热强度钢是在高温下有良好抗氧化能力，并有较高的高温强度的钢。

耐热钢中通常加入铬、镍、铝、硅、钨、钼、钴等合金元素。其中铬是耐热钢的最基本元素，它能形成致密的氧化膜，使钢具有高的耐蚀性能和高的抗氧化性能。镍加入耐热钢中溶入固溶体，使钢的力学性能显著提高，还提高耐热钢中的抗氧化性能。铝、硅加入耐热钢可形成保护性氧化膜，提高钢的抗氧化性能。钨、钴提高耐热钢的再结晶温度，形成复杂的合金化合物，提高钢的热硬性。钒、钛、铌加入不锈耐热钢中，可形成稳定的碳化物，提高钢的强度及热硬性。

耐热钢按组织可分为五类，分别简述如下：

1．奥氏体型耐热钢

这种钢是在18-8型不锈钢的基础上发展起来，工作温度在600～700℃范围内。钢中加入铬、铝、硅等元素，可进一步提高钢的耐气体腐蚀和抗氧化能力；加入钼、钨、钴、铬等元素，可提高基体的再结晶温度，增加基体组织结构的稳定性并使之固溶强化。奥氏体型耐热钢通常采用的热处理规范是：加热至1000℃以上，保温一定的时间，随后水冷或空冷的固溶处理，并在高于使用温度约60～100℃的范围内进行时效处理，使组织趋向稳定，进一步提高钢的强度。

2．铁素体型耐热钢

这类钢 w（Cr）为17%以上，还含有铝、硅等元素。铝、硅是强烈的铁素体形成元素。铁素体耐热钢抗氧化性强，尤其是对含硫气氛中的抗氧化性优于奥氏体铬、镍不锈钢。缺点是高温强度低。所有的铁素体耐热钢在950℃以上都发生晶粒的急剧粗化，引起冷脆。为避免这一缺点，发展了 w（Cr）为25%、w（Ni）为4%的复相钢。这种钢高温加热时，铁素体晶粒的长大受奥氏体部分的抑制，可减轻脆化的现象。铁素体型耐热钢适用于800～900℃以下受低负荷作用和含硫气体的侵蚀条件下使用。

3．马氏体型耐热钢

这种钢是在Cr13马氏体型不锈钢的基础上发展起来的。马氏体型耐热钢中加入钼、钨等元素使 α 基体得到固溶强化，再加入钒、钛、铌等元素形成了稳定的碳化物，使马氏体型耐热钢比Cr13马氏体型不锈钢具有更高的抗氧化性和耐蚀性。为了提高其热强性，还可加入适量的硼和氮。马氏体型耐热钢一般热处理为1000～1150℃油冷淬火，再650～740℃回火。回火后的显微组织是索氏体。马氏体型耐热钢适宜于在小于620℃范围内使用。

4．珠光体型耐热钢

这类钢属于合金元素的质量分数总量不超过 5% 的低合金钢。这类钢在淬火、高温回火时，析出质点很细小的碳化物，不易聚集长大，由此造成沉淀硬化，使钢具有高的蠕变强度。珠光体型耐热钢适宜于在 350～600℃ 范围内使用。

5．沉淀硬化耐热钢

是在铬镍不锈钢基础上加入铝、钛、铌等元素，通过沉淀硬化处理得到强化的钢。铝、钛加入钢中主要是为了形成金属间化合物，以便经过时效引起沉淀硬化，而铌的加入，则能形成碳化物 NbC 作为沉淀硬化相。

关于不锈钢和耐热钢中的 δ 相、σ 相和碳化物，简要介绍如下：

（1）δ 相　是在高温区域形成的相，一般称为高温铁素体或 δ 铁素体。这个相主要是由于加热温度过高、高温中停留时间过久、化学成分波动，或形成铁素体与奥氏体的元素达不到平衡等原因而形成的。

不锈钢中 δ 相的数量及分布形态与冲击韧度有密切的关系。如 1Cr13 钢中 δ 相含量在 15% 以下（体积分数），且均匀分布，此时对冲击韧度没有明显的下降。如果 δ 相含量在 15% 以上（体积分数），或呈网状分布，这将使冲击韧度显著降低。因此，δ 相在钢中的含量一般应控制在 5%～15%（体积分数）。要求严格的零件一般控制在 5% 以下（体积分数）。

18-8 型耐热钢固溶处理的温度不宜过高，过高会析出 δ 相。铸造 18-8 型耐热钢自高温缓慢冷却后，奥氏体基体上会出现一定数量的 δ 相。尤其是添加一定量的钛后，δ 相的数量会稍增多。铸态 1Cr18Ni9Ti 钢中，因为成分偏析大，所以总含有一定量的 δ 相，δ 相的含量一般在 3%～17%（体积分数）。

1Cr18Ni9Ti 耐热钢在热轧后空冷和高温加热后缓冷下来都会出现 δ 相，它一般沿纵向变形方向分布，在金相显微镜下观察，有明显的轮廓，呈白色。

（2）σ 相　是一种 Fe、Cr 原子比例相等的 FeCr 金属间化合物，它的结构很复杂，属于正方系，性能脆，硬度一般为 68.5 HRC。当 σ 相沿晶界分布时，钢的塑性下降。若单独分布，危害性较少，并有一定强化效果。σ 相是在一定成分和一定温度范围内形成的。

当 w（Cr）为 25%～70% 时，经一定时间加热，可能会出现 σ 相，而在纯 Fe-Cr 合金中添加少量的硅，可大大地增加 σ 相形成速率，所以 Fe-Cr-Si 系合金在较低含量条件下能形成 σ 相。添加少量铝、钼元素，对形成 σ 相的作用与铬相似。添加少量的镍和锰，会扩大 σ 相形成范围。若含碳量增加，将减少 σ 相形成的敏感性。

在 18-8 型耐热钢中，采用高温退火处理，将阻止 σ 相的形成，而冷加工则会助长 σ 相的形成。

σ 相的形成，有一个显著的特点，就是形成速度很慢，如在高铬不锈钢中，一般在 600～800℃ 高温下，需要很长的时间，逐渐形成 σ 相。

在 18-8 型不锈钢中的 δ 相（高温铁素体），高温时是稳定的，但在时效时，这些初生 δ 相容易转变为 σ 相。在奥氏体型不锈钢焊接件中，存在少量 δ 相，在焊接、热处理过程中，或在某一温度下长期使用时，δ 相将转变为 σ 相。存在 σ 相的奥氏体型不锈钢，在焊接时，将会降低钢的塑性和韧性。

σ 相的存在，大大增加了钢的缺口敏感性，对硬度和强度通常没有重大影响，但对高温冲击韧度有显著的影响。

σ 相存在于铁素体型不锈钢和奥氏体型耐热钢中，均会降低钢的耐蚀性、抗氧化性和抗蠕变能力。

（3）碳化物 这是碳与一种或数种金属元素构成的化学化合物。

在不锈钢和耐热钢中常常有碳化物存在。钢中随含碳量的增加，碳化物也逐渐增多。钢经过热处理后，有时温度不够或保温时间不够，碳化物不能完全溶入奥氏体中，或者有些碳化物熔点较高，在一定的温度下不能熔解，冷却后仍保留在钢的基体中，因此钢中有碳化物存在总是难免的。

在不锈钢和耐热钢中，由于合金元素较复杂，所以碳化物也较复杂，类型也较多。其碳化物大致可分为 MC 型、M_6C 型、$M_{23}C_6$ 型、M_7C_3 型等四种形式。

MC 型碳化物：碳在不锈钢和耐热钢中是一个重要组成元素，它首先与钽、铌、钛、钒等元素结合，形成 TaC、NbC、TiC、VC 等碳化物，分布在晶界上，能引起强化作用。在热处理过程中，能阻碍晶粒长大。在奥氏体型不锈钢中，形成了 TiC 、NbC、TaC、VC 等碳化物，通过固溶处理及稳定化处理后，能抑制 $(Cr,Fe)_{23}C_6$ 碳化物产生，这样钢的耐蚀性可以进一步提高。

$M_{23}C_6$ 型碳化物：在不锈钢和耐热钢中，都有较高的含铬量，因此易产生高铬的碳化物，如（Cr，Fe）$_{23}C_6$ 碳化物。这类碳化物具有复杂面心立方结构，它能以不同形态析出，对钢的性能有较大影响。在铁基合金中，$M_{23}C_6$ 型碳化物以颗粒状沉淀于晶界或晶内，在 $800\sim1000℃$ 温度下，它能提高持久强度，但对耐蚀性能则有较大的危害性。不锈钢和耐热钢存在这类碳化物，将使钢的耐蚀性显著降低。

M_7C_3 型碳化物：是含铬较高的碳化物，具有三角晶系结构。M_7C_3 型碳化物可与 MC 型碳化物同时在液体中形成，起到一定强化作用。它是一种亚稳定碳化物，在时效和使用过程中，将转变为 $M_{23}C_6$ 型碳化物，但对时效硬化无重大作用。

M_6C 型碳化物：是一种二元碳化物，它具有复杂的面心立方晶系，一般是在含铬量高，而钨、钼含量超过一定时，才会形成 M_6C 型碳化物。例如 $w(C)$ 为 0.15%、$w(Cr)$ 为 12%、$w(Mo)$ 为 9%的钢，经 1200℃固溶处理加热时，δ 铁素体被钼、铬、碳所饱和。在较低温度等温处理时，经一定孕育期后，在 δ 铁素体中析出碳化物。高于 900℃时，析出 M_6C 型碳化物。低于 900℃时，同时还析出 $M_{23}C_6$ 型碳化物，一般它是以颗粒状形态析出于晶界上，与 $M_{23}C_6$ 型碳化物一起，起着强化晶界和提高持久强度的作用。

耐热钢金相图片见图 5-2-1～图 5-2-174。

第3节 耐 磨 钢

ZGMn13 钢是应用广泛的典型耐磨钢。为了改善 ZGMn13 钢的组织以提高韧性，对钢进行水韧处理，即加热到 1000～1100℃适当保温后水冷，消除沿晶界或滑移面析出的碳化物，获得均匀的、单一的奥氏体组织，使之具有高的抗拉强度、塑性、韧性和无磁性。ZGMn13 钢的主要特点是在使用中受到剧烈冲击和强大压力而变形时，其表面层将迅速产生加工硬化并有马氏体及 ε 相沿滑移面形成，从而产生高耐磨的表面层，而内层仍保持优良的韧性，因此即使零件磨损到很薄，仍能承受较大的冲击载荷不致破裂。故可用于铸造各种耐冲击的耐磨件。

耐磨钢金相图片见图 5-3-1～图 5-3-23。

附表　特种钢常用的浸蚀剂名称、组成和用途

特种钢常用的浸蚀试剂名称、组成和用途

序　号	名　称	组　成		用　法	用　途
1	王水甘油溶液	1.　硝酸 盐酸 甘油	10mL 20mL 30mL	先将盐酸和甘油倒入杯内搅匀，然后加入硝酸 浸蚀前，在热水中适当加温，采用反复抛光，反复浸蚀，一般擦蚀数秒至十几秒，溶液配制 24h 后才能使用	奥氏体型不锈钢及含 Cr、Ni 高的奥氏体型耐热钢
		2.　硝酸 盐酸 甘油	10mL 30mL 20mL		
		3.　硝酸 盐酸 甘油	10mL 30mL 10mL		
2	氯化高铁盐酸水溶液	氯化高铁 盐酸 水	5g 50mL 100mL	浸蚀或擦蚀，室温浸蚀 15～60s	奥氏体-铁素体型不锈钢、18-8 型不锈钢
3	王水酒精溶液	盐酸 硝酸 酒精	10mL 3mL 100mL	浸蚀（室温）	不锈钢中的 δ 相呈白色，有明显的晶界
4	苛性赤血盐水溶液	赤血盐 氢氧化钾 水	10g 10g 100mL	在通风橱中煮沸 2～4min，不可混入酸类，以免 HCN（剧毒物）逸出	铬不锈钢、铬镍不锈钢的铁素体呈玫瑰色、浅褐色，奥氏体呈光亮色，σ 相呈褐色，碳化物被溶解
5	苦味酸盐酸酒精（水）溶液	苦味酸 盐酸 酒精（水）	4g 5mL 100mL	浸蚀 30～90s	不锈钢
6	硫酸铜盐酸水溶液	硫酸铜 盐酸 水	4g 20mL 20mL	浸蚀 15～45s	奥氏体型不锈钢
7	高锰酸钾水溶液	高锰酸钾 苛性钾 水	4g 4g 100mL	煮沸浸蚀 1～3min	奥氏体型不锈钢 σ 相呈彩虹色，铁素体呈褐色
8	10%草酸水溶液	草酸 水	10g 90mL	电压：4V 时间：10～20s	显示不锈钢中铁素体、碳化物、奥氏体。α 相呈白色，碳化物为黑色，在奥氏体晶界析出
9	复合试剂	酒精 硝酸 盐酸 苦味酸 重铬酸钾	30mL 5mL 15mL 1g 2～3g	浸蚀 10～60s	显示不锈钢、耐热钢等
10	盐酸硝酸氯化高铁水溶液	盐酸 硝酸 氯化高铁 水	20mL 5mL 5g 100mL	浸入法	显示铬锰氮耐热钢的显微组织

金 相 图 片

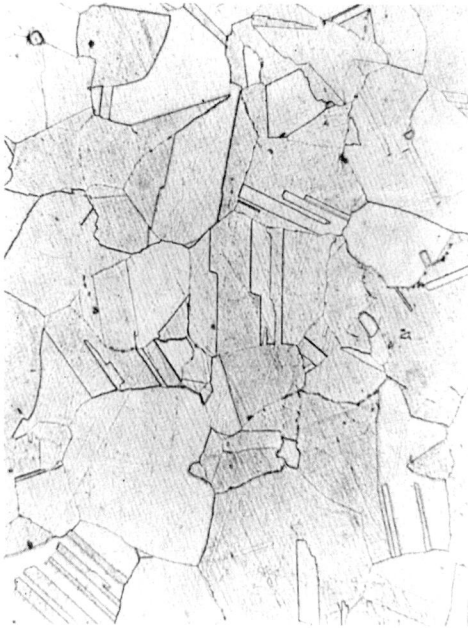

图　5-1-1　　　　　　　　　　　　　　100×

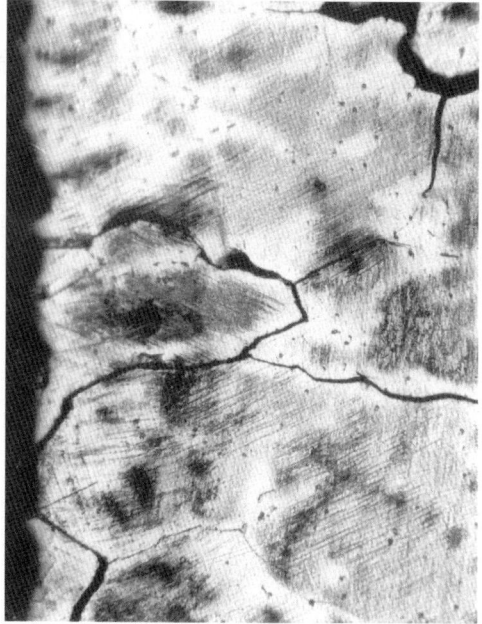

图　5-1-2　　　　　　　　　　　　　　50×

图　5-1-3　　　　　　　　　　　　　　1×

图　　号： 5-1-1～5-1-3

材料名称： 1Cr18Ni9 钢［w（C）≤0.15%，w（Ni）8.00%～10.00%，w（Cr）17.00%～19.00%，w（P）≤0.035%，w（S）≤0.030%］

浸 蚀 剂： 图 5-1-1 为王水甘油溶液浸蚀图 5-1-2 质量分数为 10%草酸水溶液电解

处理情况： 图 5-1-1 为 1050℃固溶；图 5-1-2 和图 5-1-3 为 1050℃固溶+650℃敏化

组织说明： 图 5-1-1：均匀、等轴的奥氏体组织，晶内有孪晶。

图 5-1-2：腐蚀试验后在金相磨面上显现的大量的沿晶裂纹。

图 5-1-3：经 GB/T 4334.5—2000 硫酸—硫酸铜腐蚀试验方法作晶间腐蚀倾向试验后，再冷弯成 90°，此时板材受拉力处的开裂情况。

1Cr18Ni9 钢具有良好的室温和低温韧度、焊接性、耐蚀性及耐热性。在固溶状态下塑性很好，适于各种冷塑性变形。但该钢不足之处是在 500～850℃范围内进行长期加热或焊接，会使铬的碳化物从奥氏体中析出，引起晶界腐蚀，图 5-1-2 和图 5-1-3 显示了这种晶界腐蚀倾向。

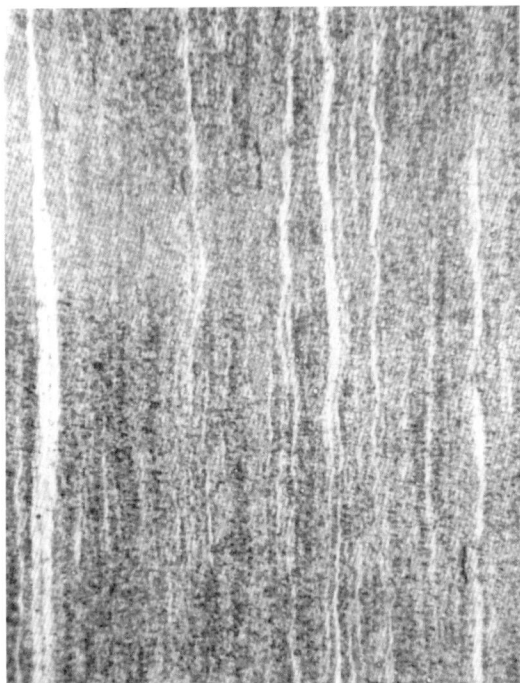

图　5-1-4　　　　　　　　　500×　　　　图　5-1-5　　　　　　　　　500×

图　　号：5-1-4、5-1-5

材料名称：1Cr18Ni9 钢

浸 蚀 剂：氯化高铁盐酸水溶液

处理情况：冷轧薄片

组织说明：图 5-1-4：薄片的纵向（沿冷轧延伸方向）显微组织，为形变奥氏体和碳化物，呈纤维状组织。

　　图 5-1-5：薄片的横向（垂直冷轧延伸方向）显微组织，为形变奥氏体和碳化物，亦呈纤维状组织。

　　1Cr18Ni9 钢通常在 1010～1150℃快冷（即固溶处理）以获得良好的塑性，适宜于冷塑性变形，对加工硬化很敏感，惟一的强化方法是加工硬化，而不能通过热处理强化。图 5-1-4 和图 5-1-5 所示的纤维状变形组织使薄片具有很好的强化效果。

　　1Cr18Ni9 钢属于奥氏体型不锈钢，具有良好的耐蚀性能和冷加工性能，主要用于制作各种结构件及非磁性零件，也可用于低温环境，对强氧化性酸具有优越的耐蚀性能（如质量分数<65%的硝酸）。此钢对碱性溶液及大部分有机酸和无机酸也有一定的耐蚀性。该钢焊后的耐蚀性较含 Ti、Nb 的不锈钢和低碳的 18-8 型不锈钢为差。

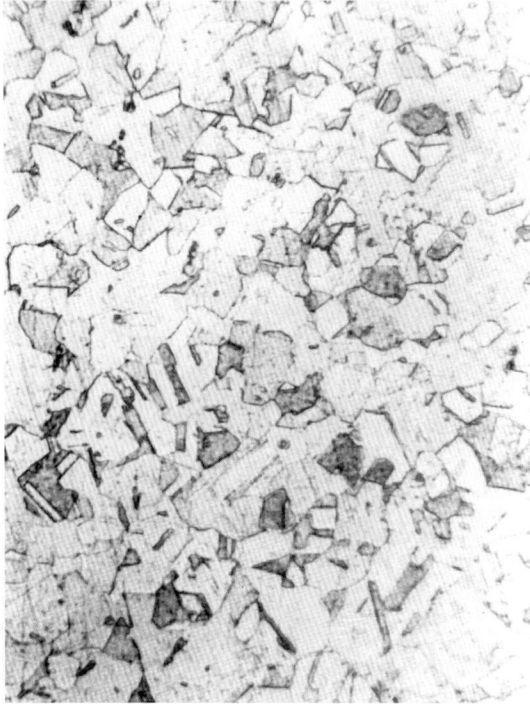

图　号：5-1-6
材料名称：1Cr18Ni9 钢
浸 蚀 剂：王水甘油溶液
处理情况：固溶处理
组织说明：均匀等轴奥氏体组织，晶粒度为 9～10 级。

　　单相细小均匀的奥氏体组织不仅使该钢具有良好的冷变形性能，而且无磁性，适宜于制造仪表部件或零件。

图　5-1-6　　　　　　　　　500×

图　号：5-1-7
材料名称：1Cr18Ni9 钢
浸 蚀 剂：王水甘油溶液
处理情况：固溶处理
组织说明：等轴奥氏体组织和仍保持沿加工方向变形的长条状分布的 α 铁素体。

　　由于在固溶处理时或保温时间欠短，或加热温度略偏低，使显微组织中出现 α 铁素体，使该钢不能成为无磁性钢，不宜在仪表工业中使用。

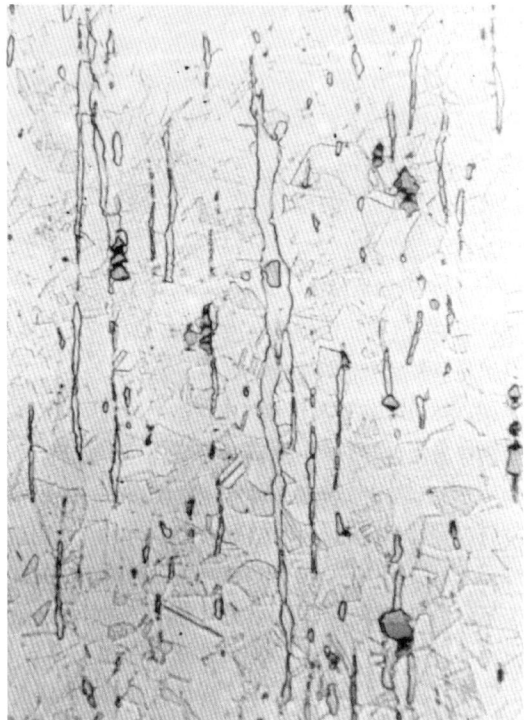

图　5-1-7　　　　　　　　　500×

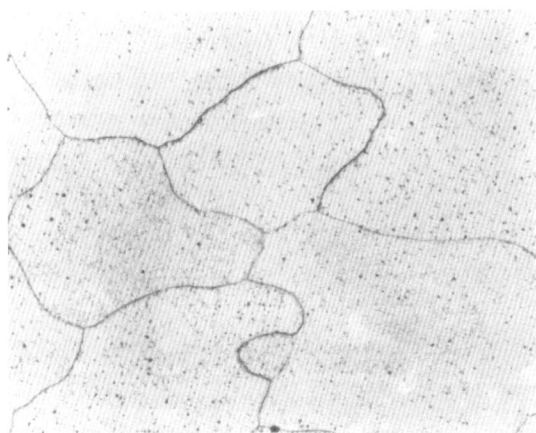

图　5-1-8　　　　　　　　　　100×

图　　号：5-1-8

材料名称：18-8 型不锈铸钢

浸 蚀 剂：王水甘油溶液

处理情况：铸后固溶处理，并经消除应力退火

组织说明：基体为奥氏体，其上布有细小点状碳化物
　　　和氧化物夹杂，晶粒粗大，晶粒度大于 0 级。

　　　循环泵壳体在消除应力退火时，加热温度超过
450℃，亦析出颇多弥散度很高的碳化物，导致泵
壳耐蚀性降低。

图　　号：5-1-9

材料名称：18-8 型不锈铸钢

浸 蚀 剂：王水甘油溶液

处理情况：铸后固溶处理

组织说明：基体为奥氏体，其上布有白色圆形颗粒为
　　　α 相，黑色小点为氧化物夹杂。经目测，α 相数量
　　　约占 2%（体积分数）。

　　　循环泵壳体由于在固溶处理时保温时间不足，
以致基体中尚残留部分 α 相，将使铸件具有一定的
磁性。

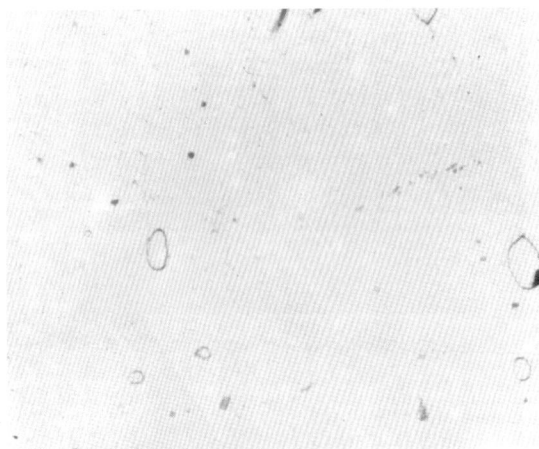

图　　5-1-9　　　　　　　　　　100×

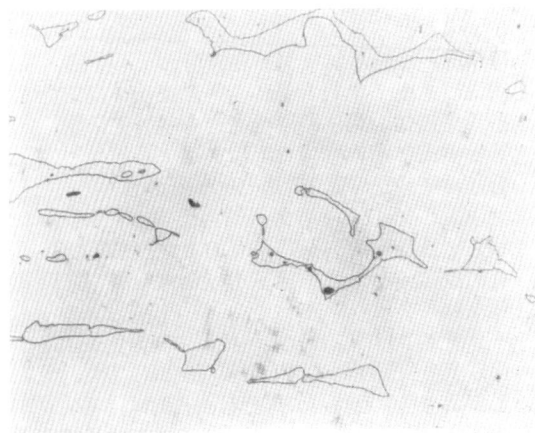

图　　5-1-10　　　　　　　　　　100×

图　　号：5-1-10

材料名称：18-8 型不锈铸钢

浸 蚀 剂：王水甘油溶液

处理情况：铸后消除应力退火处理

组织说明：基体为奥氏体，其上布有白色不规则的块
　　　状为 α 相，黑色小点为氧化物夹杂。经目测，α 相
　　　数量约占 10%～15%（体积分数）。循环泵壳体法
　　　兰端由于 α 相数量较多，故该处的磁性较强。在奥
　　　氏体基体上析出 α 相，构成两相组织，易形成微电
　　　池，有增加点腐蚀的倾向。

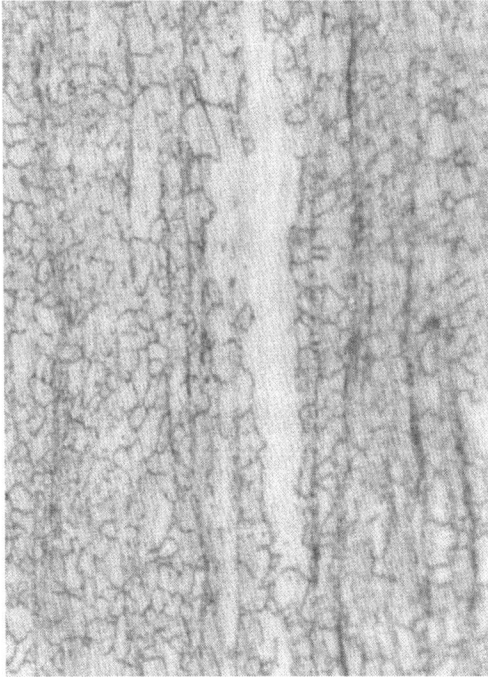

图 5-1-11　　　　　　　　　　100×

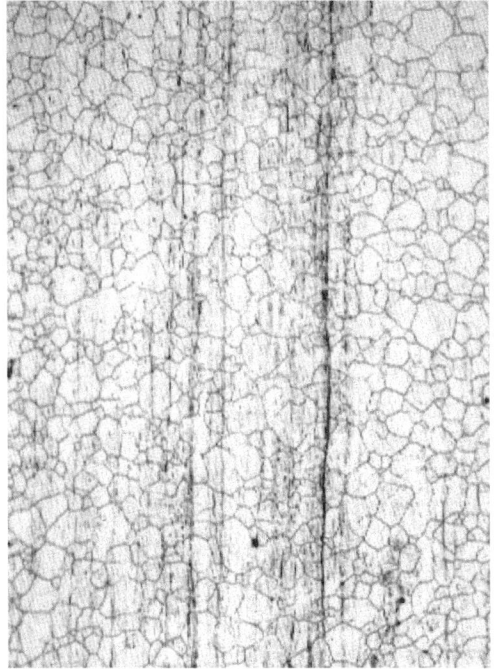

图 5-1-12　　　　　　　　　　200×

图 5-1-13　　　　　　　　　　200×

图　　号：5-1-11～5-1-13

材料名称：0Cr18Ni9 钢 [$w(C)$ ≤0.07%，$w(Ni)$ 8.00%～11.00%，$w(Cr)$ 17.00%～19.00%，$w(Si)$ ≤1.0%，$w(Mn)$ ≤2.0%，$w(P)$ ≤0.035%，$w(S)$ ≤0.030%]

浸　蚀　剂：硝酸盐酸水溶液（体积比为 1：10：10）电浸蚀

处理情况：冷轧后氩气保护连续退火

组织说明：图 5-1-11：基体为等轴奥氏体及白色条状奥氏体，黑色断续分布之条状为夹杂物，等轴奥氏体晶粒度为 10 级；退火再结晶不完善，再结晶程度属 1.5 级（90%再结晶）。

图 5-10-12：基体为等轴奥氏体，黑色条带状为严重变形的夹杂物，有的贯穿整个视场，有的成排分布，基体已基本完全再结晶，奥氏体晶粒大小属 6.5～8 级。

图 5-1-13：二块冷轧薄板，中间深色条状为镶嵌塑料，图左侧试样变形较右侧试样为大，变形夹杂物呈串连状且成排分布；右侧试样夹杂较少，且变形量较左侧试样为小。左右二侧基体均为奥氏体等轴晶，晶粒大小均属于 7.5 级。

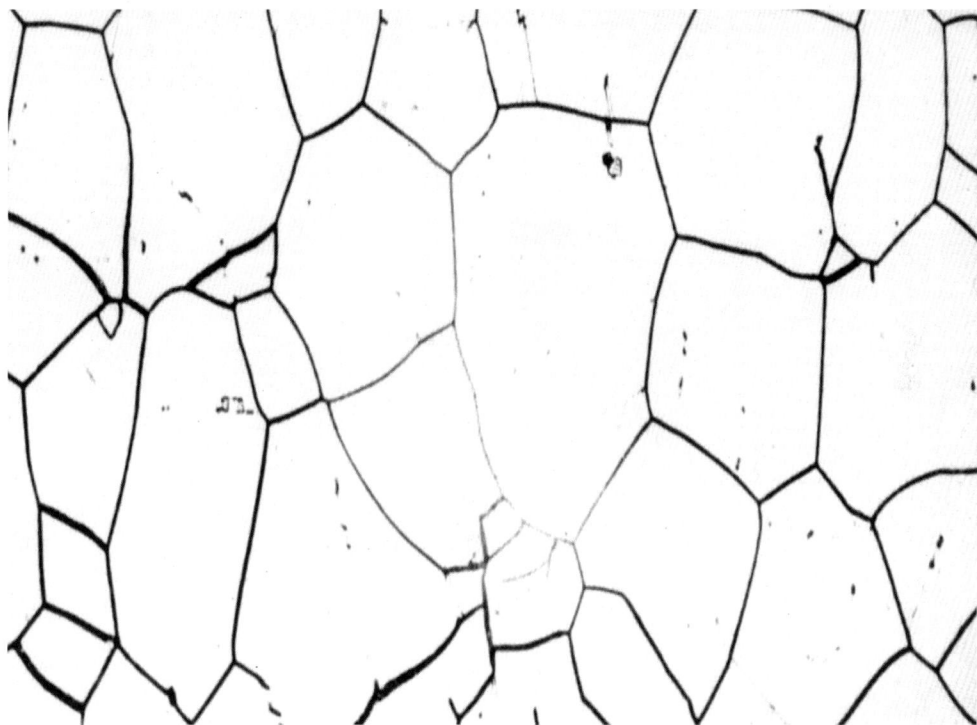

图　5-1-14　　　　　　　　　　　　　　　　　　　　　　　　800×

图　　　号：5-1-14

材料名称：1Cr18Ni9Ti 钢 ［w（C）≤0.12%，w（Si）≤1.0%，w（Mn）≤2.0%，w（S）≤0.030%，w（P）
　≤0.035%，w（Cr）17.00%～19.00%，w（Ni）8.00%～11.00%，w（Ti）5×（C%−0.02）～0.80%］

浸　蚀　剂：王水溶液（硝酸 10mL，盐酸 30mL）

处理情况：1050℃固溶处理

组织说明：基体为奥氏体，晶粒细小，部分晶粒呈孪晶。基体上黑色点状为氧化物，黑色串连呈条状分布为
　硫化物夹杂。

 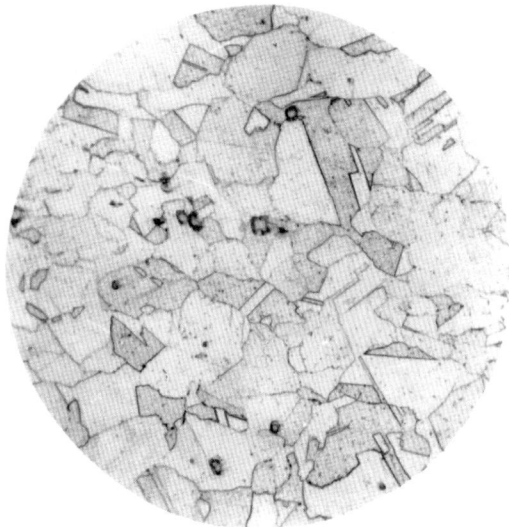

图 5-1-15　　　　　　　　　　　100×　　图 5-1-16　　　　　　　　　　　250×

图　　号：5-1-15、5-1-16

材料名称：1Cr18Ni9Ti 钢

浸 蚀 剂：盐酸 25mL、水 25mL 溶液中加入 2.5g 氯化高铁

处理情况：供应状态

组织说明：图 5-1-15 基体为奥氏体部分晶粒呈孪晶分布。图 5-1-16 为图 5-1-15 放大后情况，在奥氏体基体上存在金黄色、正方形的氮化钛夹杂。奥氏体晶粒细小，属 6 级。

　　1Cr18Ni9Ti 钢是 18-8 型不锈钢中最常用的钢种，属奥氏体型不锈钢，加热到高温时不发生相变，热强性和组织稳定性都比较高，可以作为 600℃ 以下工作的热强钢。与铬不锈钢相比，18-8 型不锈钢在常温和低温下具有很高的塑性和韧性，不具磁性；同时含铬量和含镍量均较高，使之具有优良的耐腐蚀性。18-8 型铬镍奥氏体型不锈钢，冷热加工性和焊接性能也比较好。为了消除冷加工后的内应力，可在较低温度下进行消除应力处理，使钢的伸长率有显著改变，并可提高其屈服强度和疲劳强度。消除应力处理的温度一般为 250～425℃，经常采用 300～350℃，保温 1～2h 随后空冷的工艺。

　　钢中 $w(C)$ 约有 0.1%，高温时能固溶到奥氏体中，但也能生成 $(Cr,Fe)_{23}C_6$ 碳化物，当弥散析出时对热强度有好处。但由于碳在奥氏体中的固溶度随着温度的降低而减少，在冷却过程中多余的碳向晶界处扩散，与晶界附近的铬生成 $(Cr,Fe)_{23}C_6$ 碳化物，使晶界附近的基体贫铬（$w(Cr)$ 低于 11.7%），贫铬区是不耐蚀的，因此，18-8 型不锈钢容易发生晶间腐蚀。加钛是为了消除晶间腐蚀，钛在钢中与碳优先生成 TiC，而不致于形成碳化铬，保证奥氏体具有足够均匀的含铬量，1Cr18Ni9Ti 钢在 500～700℃ 范围内工作时，不会引起晶间腐蚀的现象。

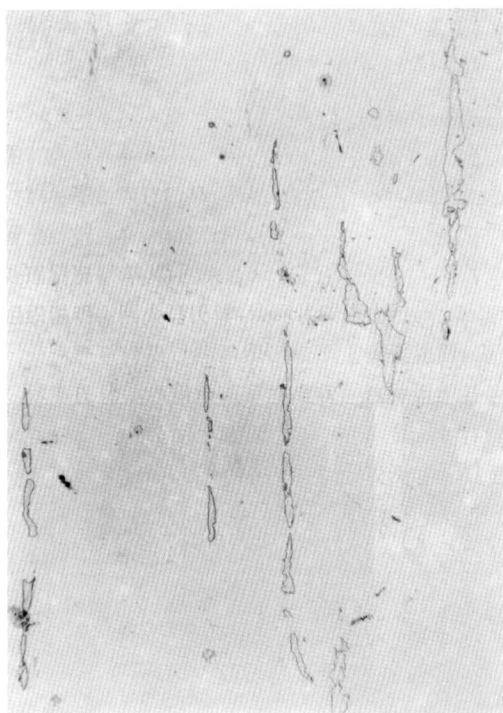

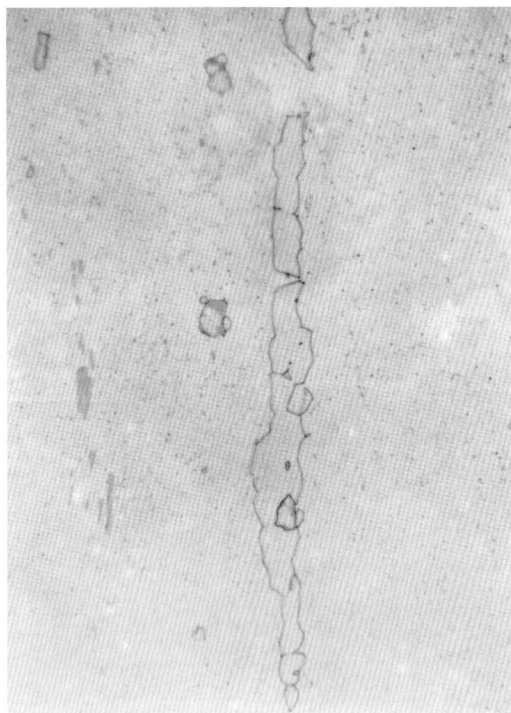

图　5-1-17　　　　　　　　　　250×　　　　图　5-1-18　　　　　　　　　　250×

图　　　号：5-1-17、5-1-18

材料名称：1Cr18Ni9Ti 钢

浸 蚀 剂：5%硝酸水溶液加 10mL 盐酸

处理情况：图 5-1-17 试样系热轧状态；图 5-1-18 试样经 1020℃高温加热后缓冷

组织说明：条粒状铁素体分布在奥氏体基体上。多角形颗粒为氮化钛夹杂物，黑色小点为氧化铬夹杂，灰色
　　　　　条状为硫化物。

　　1Cr18Ni9Ti 钢在热轧空冷和高温加热后缓冷的条件下，将会出现铁素体组织，一般呈条状和颗粒状，
沿纵向变形方向分布；在横向截面上观察，则为颗粒状。经 5%硝酸酒精和盐酸溶液浸蚀，铁素体相呈白
色，具有明显的晶界，轮廓清楚。铸态时沿奥氏体晶界分布；热轧状态时则随变形方向分布。

　　在 18-8 型奥氏体不锈钢中出现铁素体，尤其是沿晶界分布时，对防止晶间腐蚀有好处。因为铁素体中
的含铬量比较高，且铬的扩散比较容易，可使晶界两边的贫铬现象大为改善。18-8 型奥氏体钢中存在铁素
体时，其屈服强度较高。同时，两相组织（奥氏体-铁素体）在焊接时形成裂纹的倾向，也比单相奥氏体组
织来得小，所以在焊缝接头处一般希望存在 5%左右（体积分数）的铁素体。但是，18-8 型奥氏体不锈钢
中存在铁素体，也有其不利的一面，即因为铁素体与奥氏体的电位不同，所以它的腐蚀倾向较大；由于两
相组织接受变形的能力不同，因此在热压力加工时容易形成裂纹；还有在高温长期工作以后，容易从铁素
体中产生 σ 相（FeCr 金属间化合物）使材料发生脆性，σ 相且有害于不锈钢的耐蚀性。

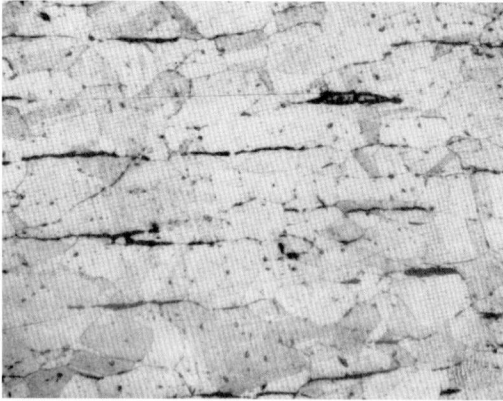

图 5-1-19   100×

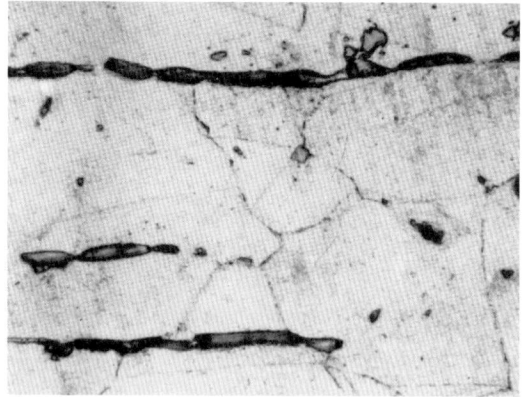

图 5-1-20   500×

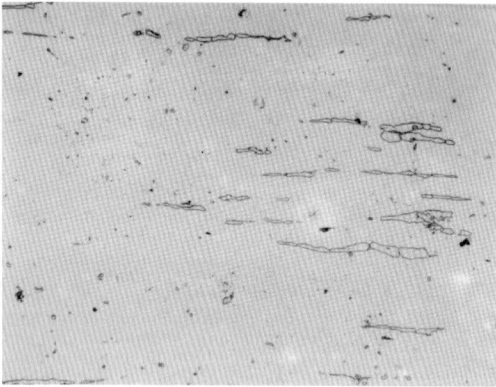

图 5-1-21   100×

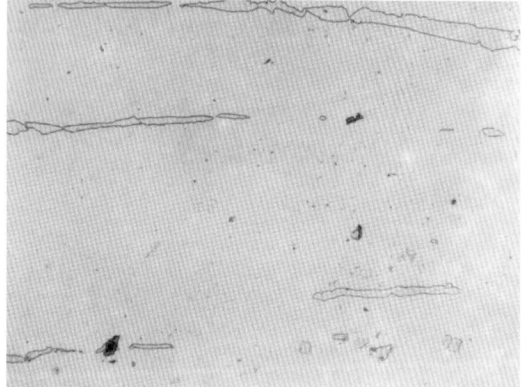

图 5-1-22   500×

图　号：5-1-19～5-1-22

材料名称：1Cr18Ni9Ti 钢

浸 蚀 剂：图 5-1-19、图 5-1-20 经复合试剂浸蚀；图 5-1-21、图 5-1-22 经加入 10mL 盐酸的 100mL 3%硝酸酒精溶液浸蚀

处理情况：热轧状态

组织说明：图 5-1-19：具有孪晶的奥氏体晶粒上有沿加工变形方向分布的黑色条纹 α 铁素体，黑色点状为氮化钛夹杂物。

图 5-1-20：图 5-1-19 放大后的组织，在奥氏体晶界上有极少量点状分布的（Cr,Fe)$_{23}$C$_6$ 碳化物，变形的铁素体被严重腐蚀而呈黑色凹坑，氮化钛夹杂呈灰色块状分布。

图 5-1-21：基体为奥氏体，其上有沿加工变形方向分布的白色条状 α 铁素体，灰色小点为氮化钛夹杂物。

图 5-1-22：图 5-1-21 放大后的组织，铁素体及氮化钛轮廓清晰。

具有两相组织的金相试样，采用复合试剂溶液浸蚀时，由于腐蚀作用强烈，以致铁素体被腐蚀掉，而成一黑色凹坑；这时奥氏体晶粒虽被显示，但 α 铁素体扩大了，从而影响到铁素体量的测定。采用腐蚀作用较缓和的王水酒精溶液浸蚀，由于该溶液腐蚀作用缓慢，故奥氏体晶界未能显示现来。

图　5-1-23　　　　　　　　　　50×

图　5-1-24　　　　　　　　　　250×

图　号：5-1-23、5-1-24

材料名称：1Cr18Ni9Ti 钢

浸 蚀 剂：氯化高铁盐酸水溶液

处理情况：1050℃固溶处理

组织说明：图 5-1-23：基体为细小晶粒的奥氏体，其上有沿加工方向分布的细小条状氧化物夹杂物。

图 5-1-24：细小的奥氏体晶粒，部分晶粒呈孪晶分布，其上有少量条状分布的氧化物夹杂物。

18-8 型奥氏体不锈钢的化学稳定性比马氏体型不锈钢好，在氧化性介质和某些还原性介质中工作时，有很高的耐蚀性。但在含硫气氛中却显得并不耐用。

含钛或含铌的 18-8 型奥氏体不锈钢在固溶处理后，尚须进行稳定化处理。因为固溶处理时，大部分钛和铌的碳化物溶解，钛和铌不能夺取碳化铬中的碳，从而在固溶状态下难以起到减小晶间腐蚀的作用。含钛不锈钢只有经过稳定化处理，保证形成碳化钛，才能达到防止晶间腐蚀的效果。稳定化处理的工艺是加热到 800～900℃保温 2h（含铌钢），或保温 4 h（含钛钢）。

图　5-1-25　　　　　　　　　　　　　　　　250×

图　5-1-26　　　　　　　　　　　　　　　　250×

图　号：5-1-25、5-1-26　　　　**浸 蚀 剂**：25mL 盐酸、2.5g 氯化高铁、25mL 水溶液
材料名称：1Cr18Ni9Ti 钢　　　　**处理情况**：1140℃固溶处理
组织说明：图 5-1-25 为单一的奥氏体组织，有部分呈孪晶，图 5-1-26 为图 5-1-25 放大后的组织，硬度为 135HBW。

18-8 型铬镍奥氏体不锈钢，可在耐热、耐腐蚀的场合使用，需经高温固溶处理，其目的是要把全部铁素体、$(Cr,Fe)_{23}C_6$ 和部分 TiC 充分溶解到奥氏体基体中去，使成为常温下的单相奥氏体组织。

1Cr18Ni9Ti 钢的固溶温度可选在 920～1150℃范围内，钢中的含碳量较高时，可选加热温度的上限；含碳量较低时，则取下限。1Cr18Ni9Ti 钢在 920～1150℃范围内加热，可以得到均一的奥氏体，快冷后能使这一状况保持至室温。为使钢中的碳化物在高温加热时被充分溶解，快冷后固溶在奥氏体中，可选择较高的加热温度（例如 1100～1150℃）。

必须注意，固溶处理的温度一般不宜过高，因为钢在高温加热时易析出 δ 铁素体。同时，高温加热后（即固溶处理）应快冷，否则将会析出 α 铁素体。

18-8 型奥氏体不锈钢经固溶处理后，具有良好的塑性变形性能和耐腐蚀性能。

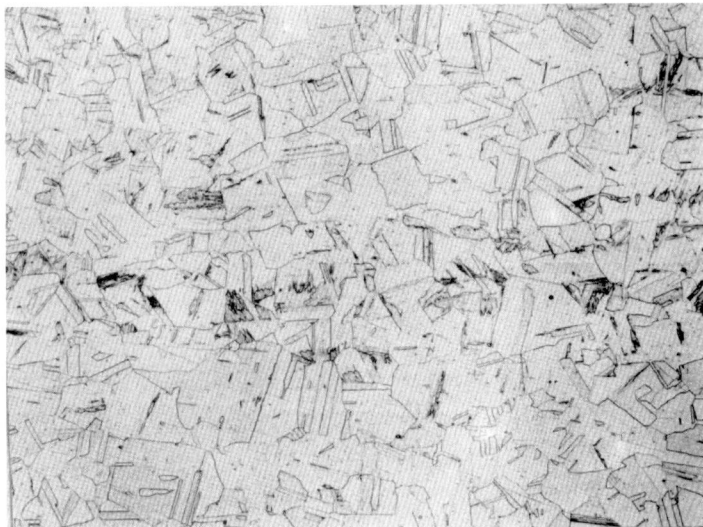

图 5-1-27   75×

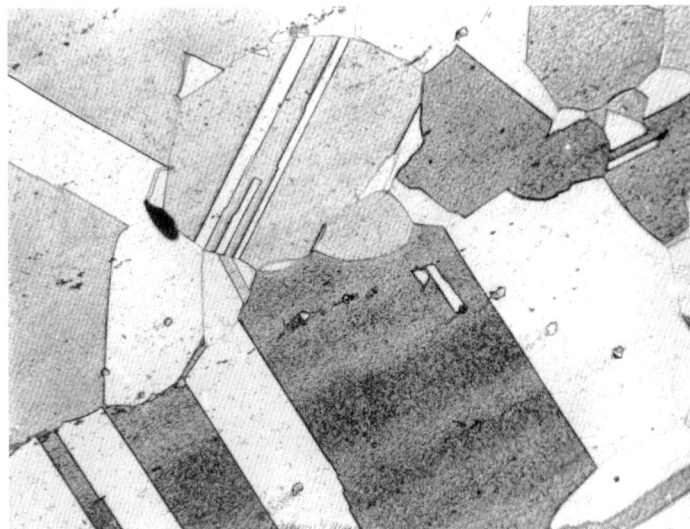

图 5-1-28   250×

图　　号：5-1-27、5-1-28

材料名称：1Cr18Ni9Ti 钢

浸 蚀 剂：图 5-1-27 王水甘油溶液浸蚀；图 5-1-28 氯化高铁盐酸水溶液浸蚀

处理情况：图 5-1-27 为 1150℃固溶处理；图 5-1-28 为 1180℃固溶处理

组织说明：由图 5-1-27 和图 5-1-28 可以看出，由于固溶加热温度依次升高，奥氏体晶粒逐渐变得粗大，图
5-1-27 的晶粒度为 4～5 级，图 5-1-28 已变为 3～4 级。

　　1Cr18Ni9Ti 钢在 1150℃及以上温度进行固溶处理，随着固溶温度越高，奥氏体晶粒越粗大，奥氏体
晶界不但越平直，而且出现颇多的孪晶，浸蚀后，晶粒因取向不一，具有反差极强暗亮不同的色泽。

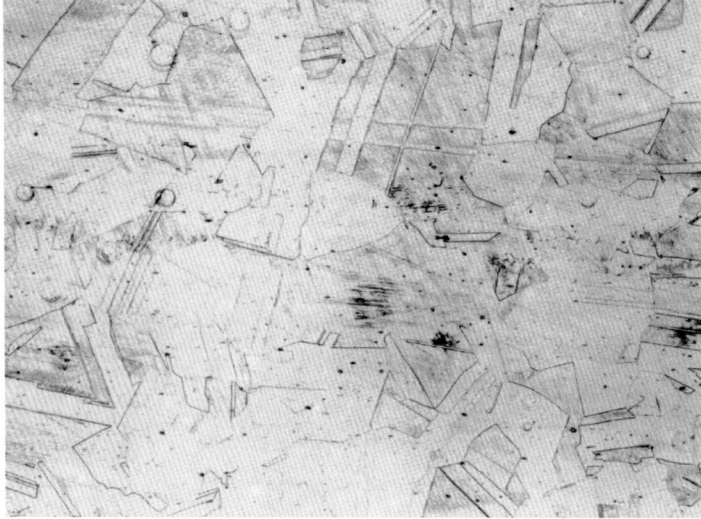

图　5-1-29　　　　　　　　　　　　　　　　　　　75×

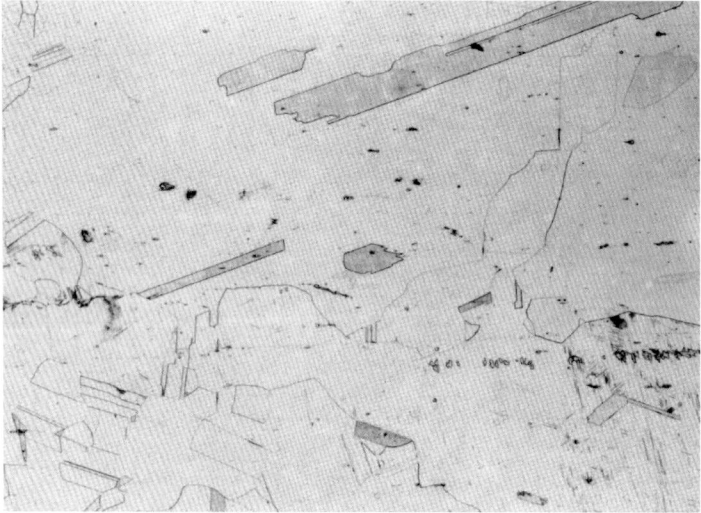

图　5-1-30　　　　　　　　　　　　　　　　　　　75×

图　　号：　5-1-29、5-1-30

材料名称：1Cr18Ni9Ti 钢

浸 蚀 剂：王水甘油溶液浸蚀

处理情况：图 5-1-29 为 1200℃固溶；图 5-1-30 为 1300℃固溶

组织说明：由图 5-1-29 和图 5-1-30 可见，奥氏体晶粒随固溶温度升高而长大，灰色块粒状为氮化钛夹杂物。

　　　　18-8 型奥氏体型不锈钢的加热温度不宜过高，因为高温时将析出 δ 铁素体；同时会使晶粒明显粗
　　　　化，虽然它不像铁素体型不锈钢那样会因晶粒粗大而影响冲击韧度，但会影响冲压件的表面质量，如
　　　　产生皱皮、耳子等缺陷。这类钢的晶粒粗化以后，是不能用热处理方法使其细化的，只有经过加工变
　　　　形，再经较低温度的加热，使它重结晶，才能获得细小的晶粒。

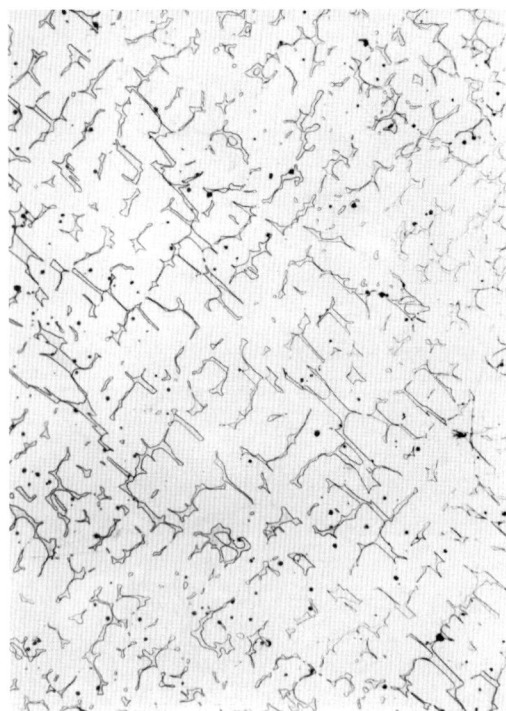

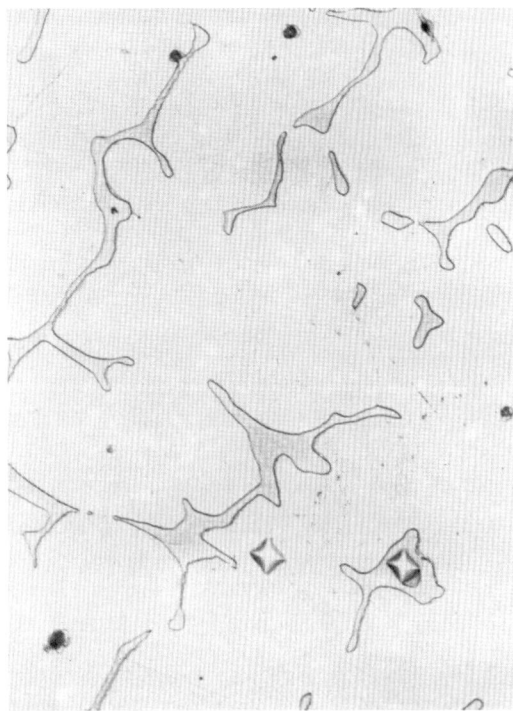

图　5-1-31　　　　　　　　　100×　　　图　5-1-32　　　　　　　　　500×

图　　号：5-1-31、5-1-32

材料名称：ZG1Cr18Ni9Ti 钢

浸 蚀 剂：硝酸 1mL、盐酸 10mL、水溶液 10mL

处理情况：铸造状态

组织说明：图 5-1-31 为奥氏体基体上有呈枝晶状分布的铁素体，构成奥氏体-铁素体两相组织。图 5-1-32 为图 5-1-31 放大后组织。

　　在不锈钢中，铬是缩小奥氏体相区的元素，它的存在能促使形成铁素体；镍是扩大奥氏体相区的元素，可使钢形成奥氏体。当它们共存于不锈钢中时，钢的组织将因其含量不同而发生不同的变化。例如：1Cr17 是铁素体型不锈钢，但当加入 w（Ni）为 2%时，即成为 1Cr17Ni2 钢时，钢的组织即转变为铁素体和奥氏体两相状态。但奥氏体只在高温时存在，冷却时将转变为马氏体。继续提高钢中 w（Ni）达 8%时，则不论在高温或室温都能获得奥氏体组织，这就是 18-8 型奥氏体钢的组织特征。

　　18-8 型铬镍不锈钢必须采用合适的固溶温度及快冷，使高温时的奥氏体组织（单相组织）保持到室温。铸造的 18-8 型不锈钢自高温缓慢冷却后，组织中会出现一定数量的铁素体。尤其是在钢中加钛后，将促使铁素体含量的进一步增加。铸态的 1Cr18Ni9Ti 钢成分偏析比较大，因此钢中铁素体的存在是不可避免的，其数量常在 3%～17% 之间（体积分数），以 3%～10%（体积分数）居多。

　　18-8 型不锈钢存在铁素体时，比具有单一奥氏体组织的钢的屈服强度高，同时，钢出现 5%～20%（体积分数）铁素体时，可以防止晶间腐蚀。但总的说来，两相组织容易形成微电池，增加点腐蚀的倾向；并在轧制时易产生开裂。因此，18-8 型不锈钢应尽可能控制铁素体的数量。

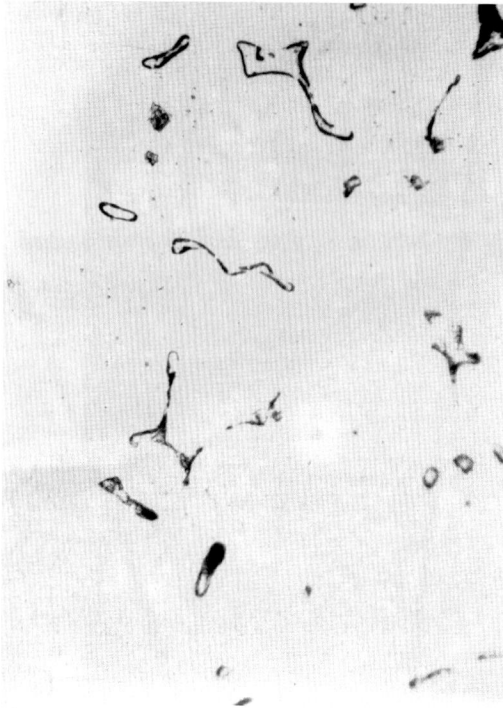

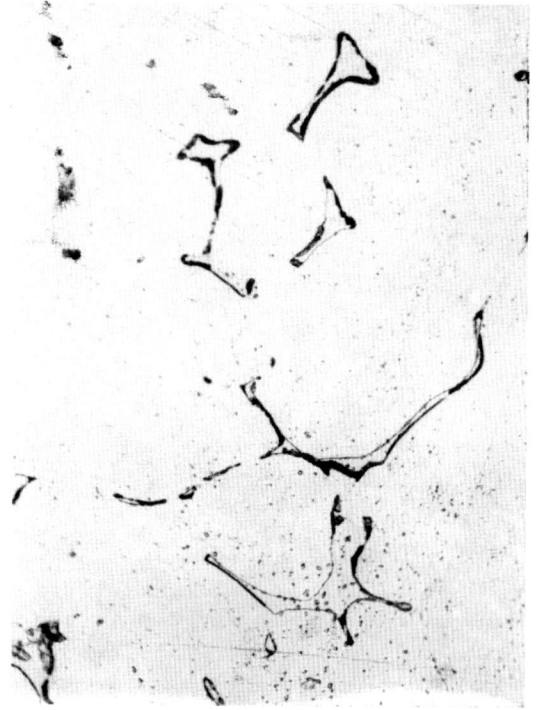

图　5-1-33　　　　　　　　　　200×　　图　5-1-34　　　　　　　　　　500×

图　　号： 5-1-33、5-1-34

材料名称： ZG1Cr18Ni9Ti 钢

浸　蚀　剂： 苛性赤血盐水溶液

处理情况： 铸件经 850℃长期时效

组织说明： 图 5-1-33 为奥氏体基体上析出的 σ 相。图 5-1-34 是图 5-1-33 的放大后组织，σ 相更为清晰。

　　在 1Cr18Ni9Ti 钢或其他高铬钢中出现 σ 相，不仅增加材料的脆性，而且会使耐蚀性大为降低。一般认为，σ 相系在 600～800℃（甚至 950℃）长期保温时由 α 相转变而成。

　　σ 相是成分范围很宽的 Fe-Cr 金属间化合物，对于其成分的上限和下限，现在还不清楚，近似地以 FeCr 分子式表示。σ 相具有磁性，硬度很高（大于 68HRC），而塑性低，性极脆。当钢中形成的 σ 相数量不超过 3%（体积分数）并以小颗粒状均匀分布时，对韧性的影响不大。如果 σ 相因数量和分布而造成严重脆性时，则必须以热处理方法来加以消除。一般说来，σ 相在加热至 820℃以上时可以溶解，因此，对于由 σ 相引起的脆性可通过 820℃以上的加热或固溶处理予以改善。

　　σ 相可用特殊的金相试剂和浸蚀方法来鉴别，比较常用的试剂为苛性赤血盐水溶液。其配方为：水 100mL、苛性钾（或苛性钠）10g、赤血盐 10g，煮沸，浸蚀 2～4min。浸蚀后，σ 相呈褐色至黑色；碳化物溶解；奥氏体呈光亮浅色至绿色；铁素体呈淡黄色至褐色。

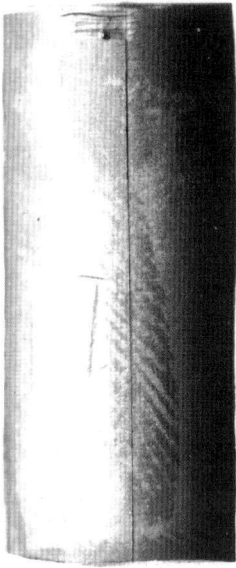

图　5-1-35　　　实物　　　3×

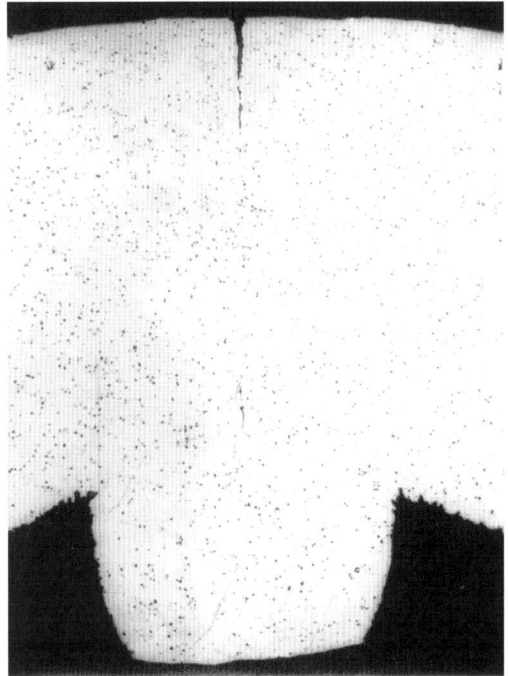

图　5-1-36　　　　　　　50×

图　5-1-37　　　　　　75×

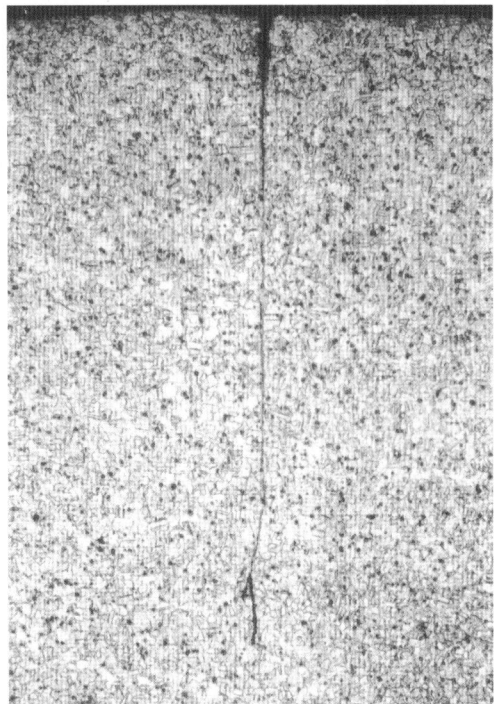

图　5-1-38　　　　　　75×

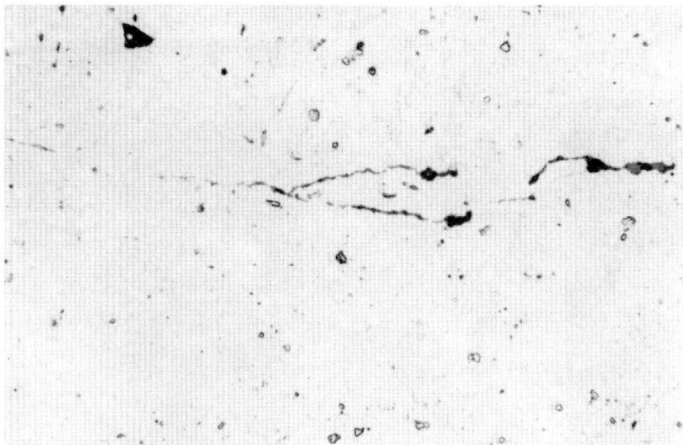

图 5-1-39 500×

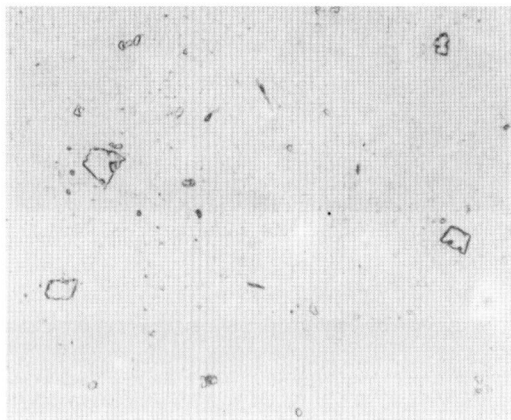

图 5-1-40 800×

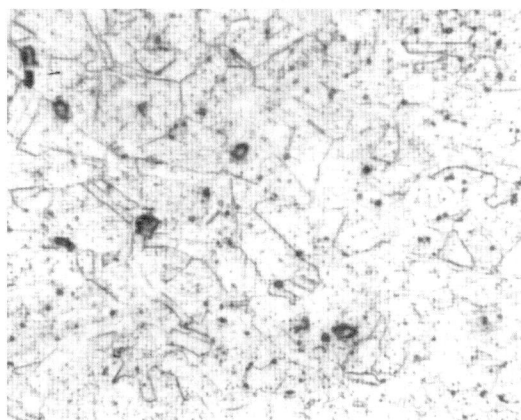

图 5-1-41 500× .

图　　号：5-1-35～5-1-41

材料名称：1Cr18Ni9Ti 钢

浸 蚀 剂：5%～6%硝酸酒精溶液；王水酒精溶液

处理情况：软化状态

组织说明：在 ϕ8mm×1.5mm×1900mm 的 1Cr18Ni9Ti 无缝钢管表面，发现有一条贯穿管子全长的缝隙，经用 5%～6%硝酸酒精溶液酸洗，缝隙更为明显，如图 5-1-35 所示。截取管子横截面作金相分析，知缝隙与管壁垂直，自外向内延伸，在缝隙对称的管子内壁有一凸出部分，也和缝隙一样，贯穿管子内壁全长，且始终与缝隙对称，如图 5-1-36 所示。稍放大，缝隙更清晰，起始裂口较大，逐渐向内隐约延伸，如图 5-1-37 所示。经王水酒精溶液浸蚀后，可见缝隙垂直于管子外壁，如图 5-1-38 所示。于缝隙尾部放大 500 倍后观察，仅尾部缝隙内有灰色氧化物夹杂，其他部分均为隐约可见的细缝，如图 3-1-39 所示。管子的横截面上有颇多的几何形状规则的、呈桔红色的氮化钛夹杂；此外，还有许多细颗粒的碳氮化钛夹杂，如图 5-1-40 所示。经王水酒精溶液浸蚀后，管子的显微组织为奥氏体，如图 5-1-41 所示。

由以上结果可知，无缝钢管表面存在的缝隙是拉管时，变形量过大，而管内未衬芯子所造成的折叠；同时，由于管子在拉伸变形时，变形量选择过大，致使挤出的金属向内壁突出呈凸形，因此该凸出金属在内壁也呈一定的形状，始终贯穿管子的全长。

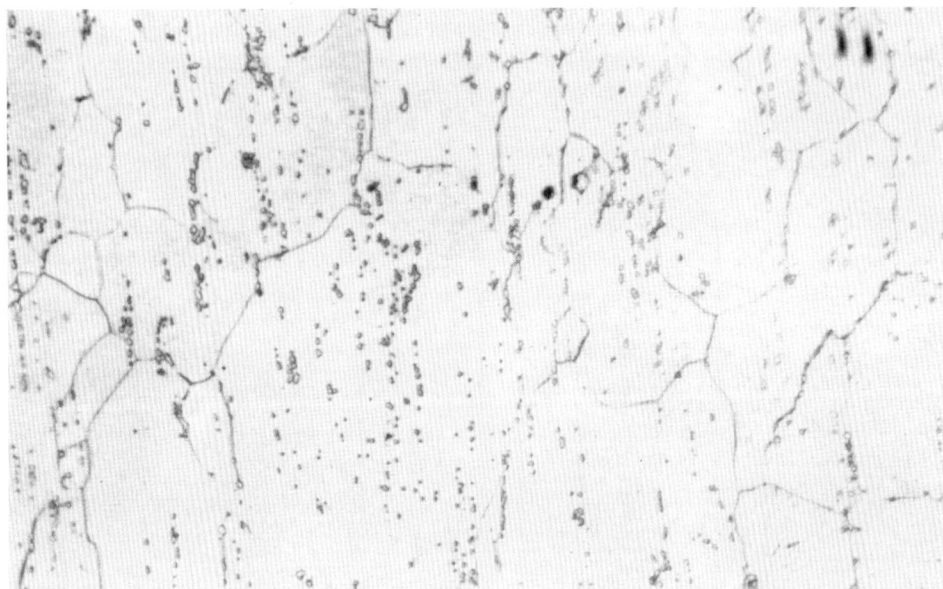

图　5-1-42　　　　　　　　　　　　　　　　　　　　　800×

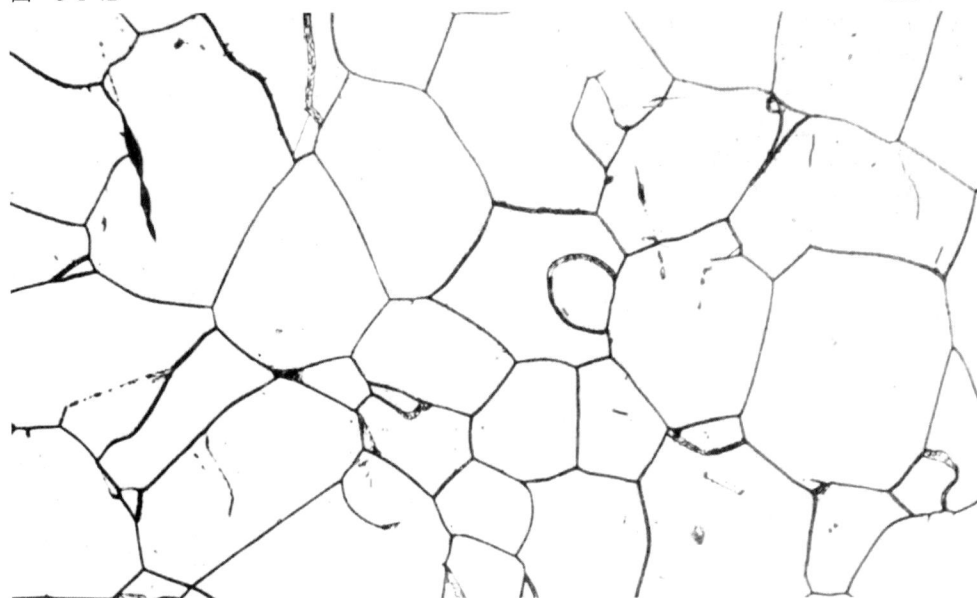

图　5-1-43　　　　　　　　　　　　　　　　　　　　　340×

图　　号：5-1-42、5-1-43

材料名称：1Cr17 钢［w（C）≤0.12%，w（Si）≤0.80%，w（Mn）≤0.80%，w（Cr）16.00%～18.00%，w（S）≤0.030%，w（P）≤0.030%］

浸　蚀　剂：图 5-1-42 硝酸盐酸水溶液；图 5-1-43 苦味酸盐酸酒精溶液

处理情况：5-1-42 为 840℃加热退火 2h；图 5-1-43 为 850℃水冷淬火

组织说明：图 5-1-42：铁素体基体上有带状分布的颗粒状（Cr,Fe)$_7$C$_3$ 碳化物。

　　　图 5-1-43：基体为铁素体。黑色点、条状分别为氧化物及硫化物夹杂。

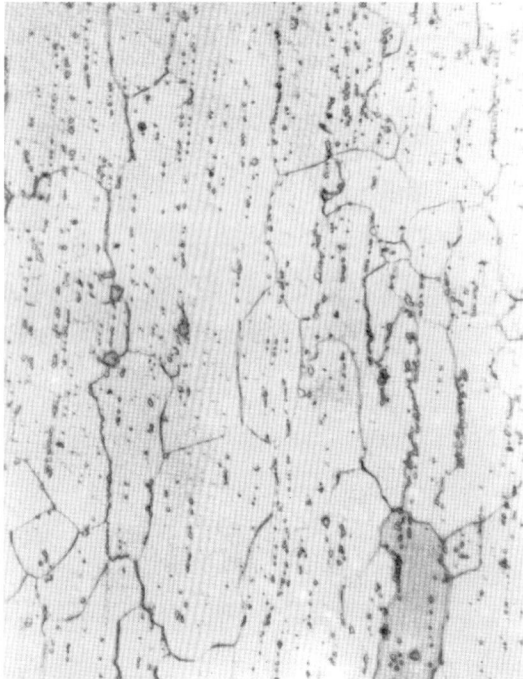

图　5-1-44　　　　　　　　　　500×　　　图　5-1-45　　　　　　　　　　500×

图　　　号：5-1-44、5-1-45

材料名称：1Cr17 钢

浸 蚀 剂：硝酸盐酸水溶液

处理情况：原材料供应状态

组织说明：图 5-1-44：为铁素体及沿轧向分布的碳化物颗粒。

图 5-1-45 为铁素体及少量珠光体和沿轧向分布的碳化物颗粒。

1Cr17 钢属于简单的高铬铁素体型不锈钢，其组织为含铬铁素体与（Cr,Fe)$_7$C$_3$ 型碳化物，但有时会出现少量珠光体组织。珠光体的数量则随碳和铬的含量而定。当含碳量低而含铬量高时，钢主要由铁素体组成。简单 1Cr17 钢加热时虽不发生相变。但是碳化物可以发生溶解。一般说来，1Cr17 钢的性能是不能借助热处理方法来改善。

为改善 1Cr17 钢的性能，可在钢中添加钛或钼。加钛可使钢具有抗晶间腐蚀的性能。钛在钢中形成稳定的 TiC 化合物，这种碳化物颗粒极细，在金相显微镜下不易观察到，其组织呈现为铁素体。但在加钛后钢中常见到氮化钛夹杂物，在显微镜下呈现正方形、矩形或三角形，呈金黄色，极易区别。钢中加钼以后，基体组织为铁素体，并出现 MoC、Mo$_2$C 型碳化物及 Fe$_3$Mo$_2$ 金属间化合物，淬火后这些化合物固溶在铁素体中，回火后以弥散的颗粒状析出，从而使钢得到了强化。

1Cr17 钢主要用于化工以及石油机械制造等工业。

图　5-1-46　　　　　　　　　　　　100×

材料名称： 1Cr17 钢

浸　蚀　剂： 硝酸盐酸水溶液

处理情况： 经 760～780℃ 退火处理

组织说明： 铁素体及沿轧向分布的碳化物颗粒，少量珠光体。颗粒状碳化物为 $(Cr,Fe)_7C_3$，属正常退火组织。

1Cr17 钢通常是经过 760～780℃ 退火处理后使用的。1Cr17 钢应避免在 400～500℃ 温度范围内长期加热。因为在此温度范围内加热，会造成高铬钢 475℃ 脆性。并且随着含铬量的增加，造成脆性的加热温度上限也提高，当钢中 w（Cr）为 18% 时，导致脆性的温度上限为 525℃；w（Cr）为 25%～45% 时，为 550℃。在 550℃ 以上加热可使这种脆性消失。

形成 475℃ 脆性，在金相显微镜下尚未能观察到组织的明显变化。有时 475℃ 脆性也发生在某些奥氏体-铁素体型不锈钢中，且随着钢中铁素体含量的增加，475℃ 脆性倾向则增大。

材料名称： 1Cr17 钢

浸　蚀　剂： 硝酸盐酸水溶液

处理情况： 经 900℃ 加热空冷

组织说明： 铁素体及沿轧向分布的碳化物颗粒。

1Cr17 钢的室温脆性较大，当钢加热至 850℃ 以上时，晶粒将会长大，此时钢的脆性更显著，尤其是加热温度达 1100℃ 时，晶粒的长大更为剧烈。

铁素体型不锈钢在某些介质中具有较好的耐蚀性，且价格低廉，耐拉应力腐蚀破裂性较好，因此，即使存在以下缺点：①塑性、韧性较低，具有较高的缺口敏感性；②晶粒长大的倾向严重，加剧了脆性，尤其是焊件的热影响区很脆；③导热性较差，焊接裂纹敏感，但它仍为目前广泛应用的不锈钢种。

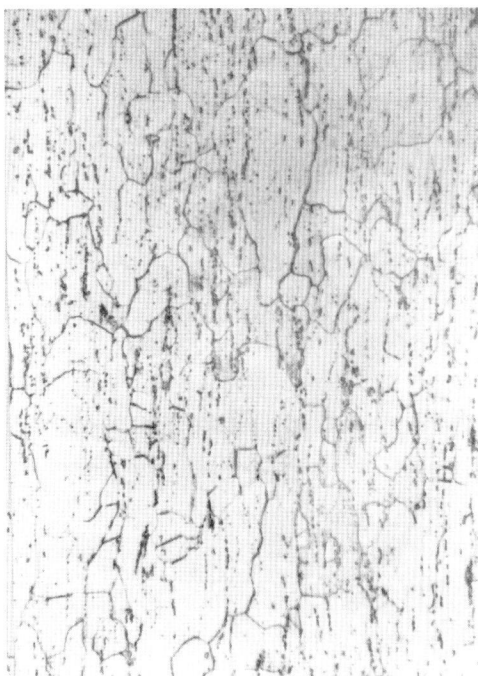

图　5-1-47　　　　　　　　　　　　100×

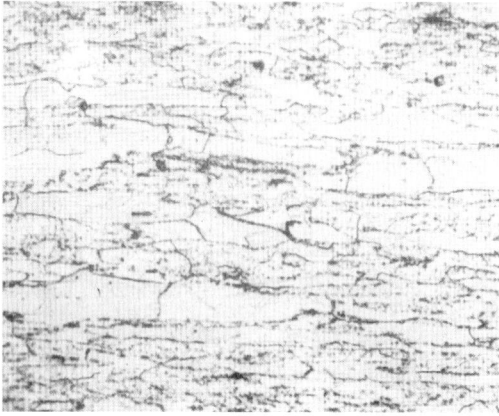

图　5-1-48　　　　　　　　　　　　500×

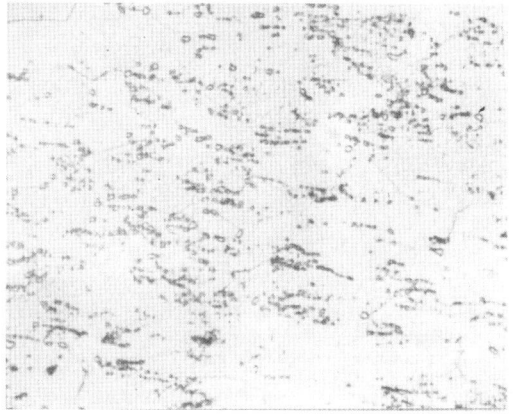

图　5-1-49　　　　　　　　　　　　500×

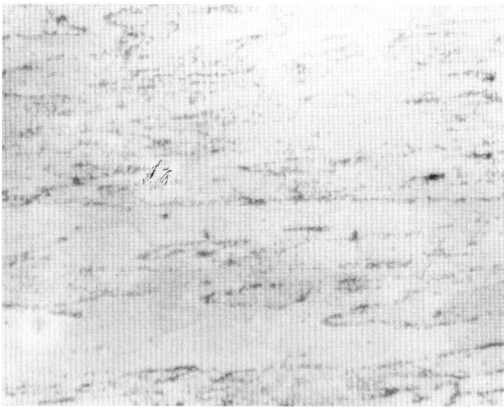

图　5-1-50　　　　　　　　　　　　500×

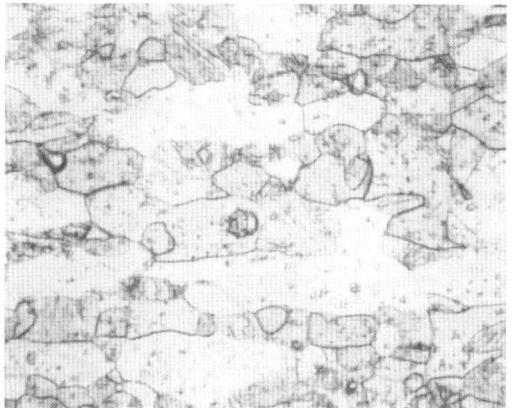

图　5-1-51　　　　　　　　　　　　500×

图　号： 5-1-48～5-1-51

材料名称： 1Cr17 钢

浸 蚀 剂： 苦味酸盐酸水溶液

处理情况： 图 5-1-48 为热轧供货状态；图 5-1-49 经 900℃炉冷处理；图 5-1-50 经 900℃水冷淬火处理；图 5-1-51 经 1050℃水冷淬火处理

组织说明： 图 5-1-48 和图 5-1-49 均为退火组织，铁素体和富铬的 $M_{23}C_6$ 及 M_7C_3 型碳化物。图 5-1-50 未充分再结晶回复的铁素体和稀少的碳化物。图 5-1-51 为铁素体和少量马氏体。

　　1Cr17 钢加热和冷却时无晶型转变，其轧制状态下呈明显的方向性。该钢一般经 900℃以下缓慢的退火态下使用。1Cr17 钢有较高的耐腐蚀性和抗氧化性，但力学性能较低，且不能通过热处理予以调整，大多用于受力要求不高，但需耐腐蚀的零件。当在较高温度下使用，例如在 400～500℃范围内，会造成高铬的脆性。在高铬钢中常添加一些钼、铝等元素，以提高其在非氧化性和某些有机酸环境中的耐腐蚀性。当 1Cr17 钢加热温度达到或超过 1050℃时，落入（γ＋α）两相区，故淬火后能获得由奥氏体转变的马氏体（如图 5-1-51 所示），使硬度升高，耐腐蚀性下降。

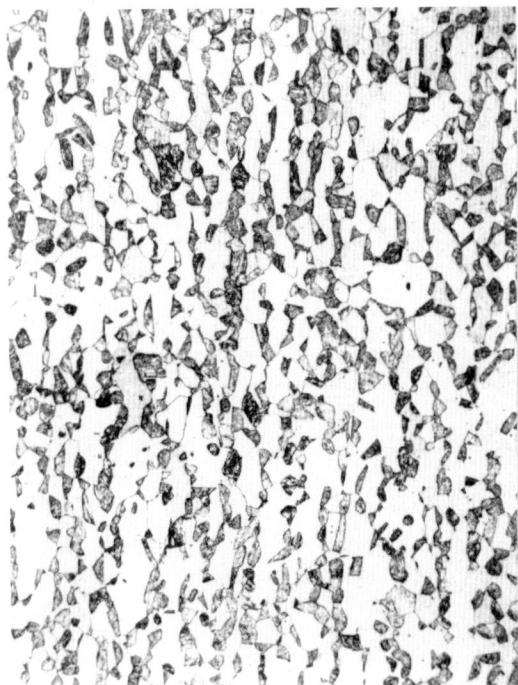

图　5-1-52　　　　　　　　　　　100×

图　5-1-53　　　　　　　　　　　500×

图　5-1-54　　　　　　　　　500×

图　　号：5-1-52～5-1-54

材料名称：1Cr17 钢

浸 蚀 剂：硝酸盐酸水溶液

处理情况：图 5-1-53 及图 5-1-53 为 1100℃水冷淬
　　　　　火；图 5-1-54 为 1200℃水冷淬火

组织说明：图 5-1-52：基体为铁素体（白色）和低
　　　　　碳马氏体（灰色块状）。

　　　　　图 5-1-53：放大 500 倍的显微组织，晶界明
　　　显，铁素体的硬度为 274HV；低碳马氏体的硬度
　　　为 493HV。

　　　　　图 5-1-54：铁素体和低碳马氏体。由于淬火
　　　加热温度高达 1200℃，（γ+α）两相区中的 γ 量
　　　多了，故淬火后的低碳马氏体数量也多了。

　　　　　1Cr17 钢中的珠光体量随着碳、铬含量而变
　　　化，当含碳量低、含铬量高时，钢的组织主要由
　　　铁素体组成，加热时不会发生相变；若含碳量较
　　　高，含铬量趋于低限时，则珠光体量增多，故淬
　　　火后出现较多低碳马氏体组织。

图　5-1-55　　　　　　　　　　　200×

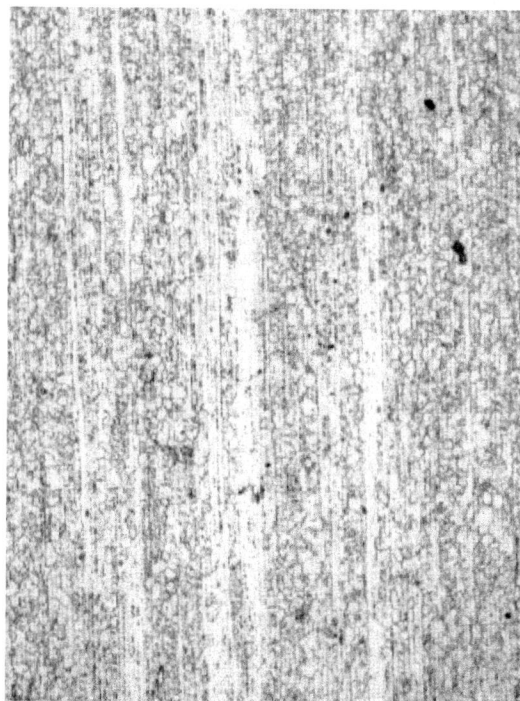

图　5-1-56　　　　　　　　　　　200×

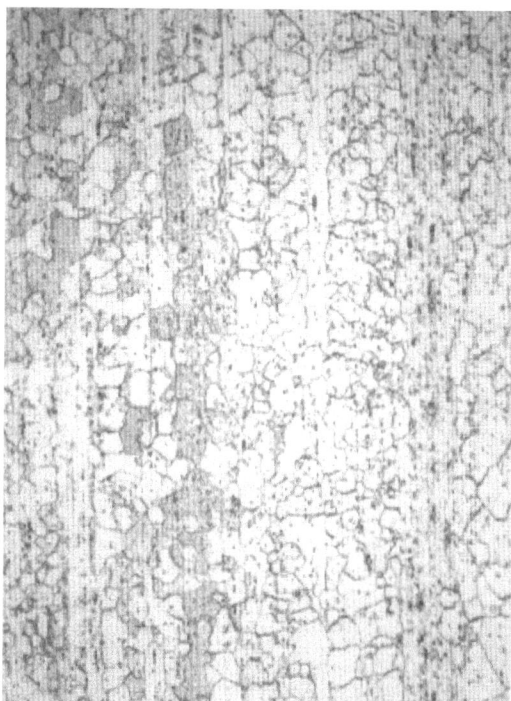

图　5-1-57　　　　　　　500×

图　　号：5-1-55～5-1-57

材料名称：1Cr17 钢［w（C）≤0.12%，w（Cr）16.00%～18.00%，　w（Mn）≤1.00%，w（Si）≤0.75%，w（S）≤0.030%，w（P）≤0.035%］

浸 蚀 剂：硝酸盐酸水溶液

处理情况：大变形量冷轧后氩气保护炉中连续退火

组织说明：图 5-1-55：基体为已完全再结晶的等轴铁素体晶粒，其大小为 7.5 级；黑色细条状和点粒状为非金属夹杂物。由于变形量大，故夹杂物被拉成细条状或被拉碎成断续状分布点粒状。再结晶程度属 1 级（100%再结晶）。

图 5-1-56：基体为铁素体，大部分已再结晶，但有部分铁素体未再结晶仍呈白色带状分布；黑色点粒状为夹杂物。再结晶程度属 3 级（60%再结晶）。

图 5-1-57：基体为退火不完全再结晶的铁素体晶粒，再结晶铁素体晶粒大小属 8.5 级；黑色呈串连点状及条状为夹杂物；一部分未被再结晶的铁素体呈条带状分布。再结晶程度属 2.5 级（70%再结晶）。

图　5-1-58　　　　　　　　　　　　　200×

图　5-1-59　　　　　　　　　　　　　500×

图　5-1-60　　　　　　　　　　　　　200×

图　　号：5-1-58～5-1-60

材料名称：1Cr17 钢

浸 蚀 剂：硝酸盐酸水溶液

处理情况：大变形量冷轧后氩气保护炉中连续退火

组织说明：图 5-1-58：基体为铁素体，呈纤维状带状分布，其上有少量已再结晶的等轴铁素体晶粒。再结晶程度属 4 级（30%再结晶）。

图 5-1-59：放大 500 倍后的组织，基体为被拉长的铁素体晶粒，其上黑色点条状为夹杂物。基体中仅有极少等轴铁素体晶粒。

图 5-1-60：变形铁素体，呈纤维状条带状；有 45°分布的应变滑移线，属未再结晶组织。

在日常生产中，为方便评定变形后退火再结晶的情况，一般按照再结晶的完全程度分为 5 级：1 级为已完全再结晶（100%再结晶）；2 级为 80%再结晶；3 级为 60%再结晶；4 级为 30%再结晶；5 级为未再结晶。

图 5-1-61　　　　　　　　　　200×

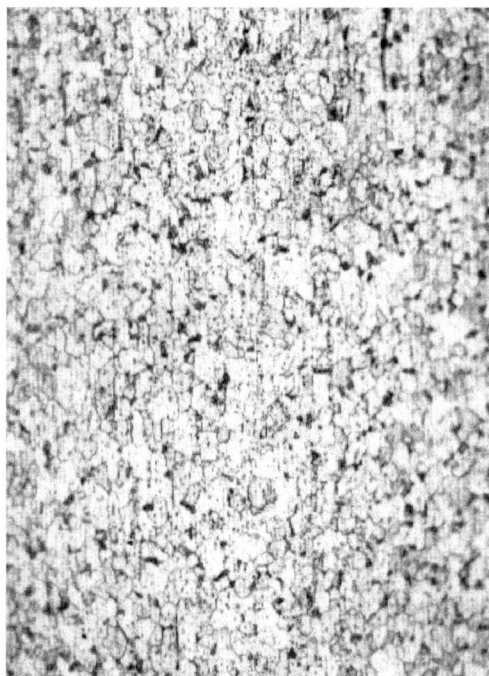

图 5-1-62　　　　　　　　　　200×

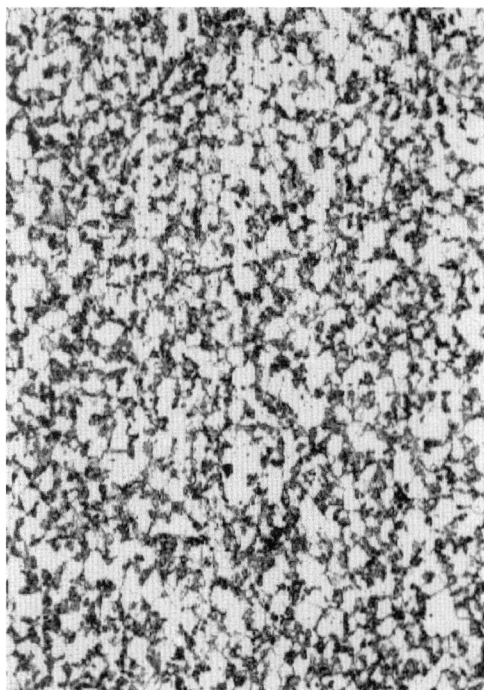

图 5-1-63　　　　　　　　　　200×

图　　号：5-1-61～5-1-63
材料名称：1Cr17 钢
浸 蚀 剂：硝酸盐酸水溶液
处理情况：冷轧后退火
组织说明：图 5-1-61：基体为铁素体，晶粒度为 8 级；
黑色块状为马氏体（体积分数约为 5%）；黑色变形
细条状为夹杂物。

　　　　图 5-1-62：基体为铁素体，晶粒度为 8 级；黑
色块状为马氏体（体积分数约为 10%）；黑色变形
细条状为夹杂物。

　　　　图 5-1-63：显微组织情况与前二图基本相同，
马氏体呈网络状分布，其数量为 30% 左右（体积分
数）。

　　　　1Cr17 钢中原铁素体冷轧退火后应仍为铁素
体。当在加热退火时温度过高或保温时间过长，尤
其退火时加热速度过快时，导致 S 点左移，在高温
出现 α＋γ 两相组织，冷却后则转变为马氏体组
织。基体中马氏体含量的多少与高温时 γ 相的含量
有关。冷轧板中一般是不允许有马氏体存在的，但
在实际生产中有时允许极少量马氏体存在，一般控
制在 2% 以下（体积分数）。因为马氏体的出现，将
使材料的硬度升高，耐蚀性能变差。

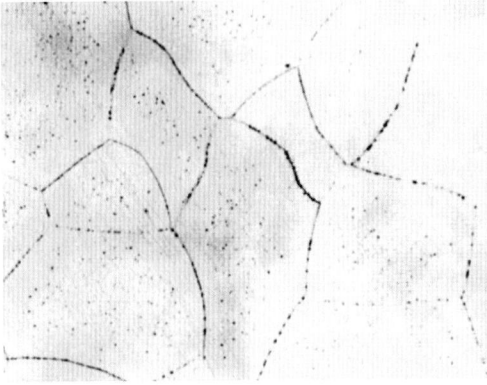

图　5-1-64　　　　　　　　　　100×

图　　　号：5-1-65

材料名称：Cr18Mo3 钢。

浸 蚀 剂：苦味酸盐酸水溶液

处理情况：铸造后，930℃加热保温后空冷

组织说明：基体为铁素体，晶界上碳化物呈断续
小点状分布。

　　由于钼元素与碳的亲和力较铬强烈，因
此它常与碳化合而以钼的碳化物析出，避免
了基体中由于铬与碳化合而造成贫铬的缺
点。同时钼元素是形成铁素体的元素，故在
高铬铁素体型不锈钢中加入钼，不会改变铁
素体基体组织。

　　钼元素还能强化基体，在腐蚀介质中它
可形成钝化物，从而显著地提高钢的耐腐蚀
性能。

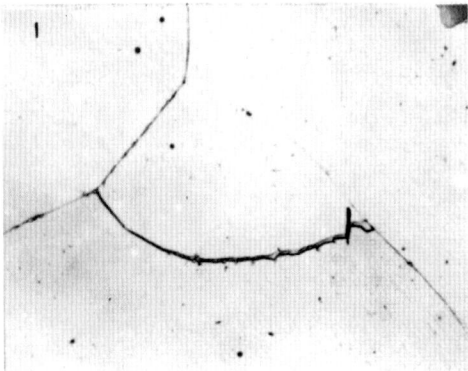

图　5-1-66　　　　　　　　　　500×

图　　　号：5-1-64

材料名称：Cr18Mo3 钢。[w（C）0.02%，　w（Cr）
17%～19%，　w（Mo）2.5%～3.0%]

浸 蚀 剂：苦味酸 2g、盐酸 5mL、酒精溶液 100mL。

处理情况：铸造后，930℃加热保温后空冷

组织说明：基体为铁素体，再结晶内及晶界上有点状
碳化物析出。

　　此系超低碳铁素体型不锈钢。由于铁素体型不
锈钢的加工性能较奥氏体型不锈钢为好，因此常用
作易切割的耐腐蚀工件。

　　这类钢在醋酸中有较强的耐腐蚀性能，且具有
良好的抗氯离子腐蚀的性能，因此，在上述条件下
工作的部件，采用这类钢颇为理想。

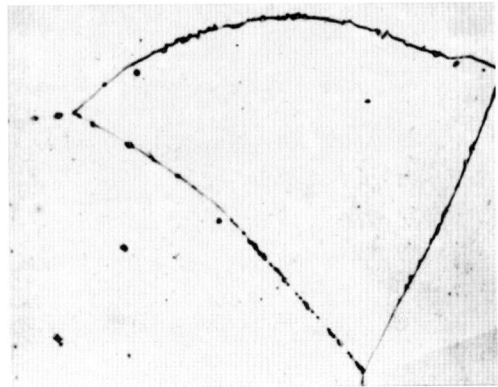

图　5-1-65　　　　　　　　　　500×

图　　　号：5-1-66

材料名称：Cr18Mo3 钢。

浸 蚀 剂：苦味酸盐酸水溶液

处理情况：铸造后，930℃加热保温后空冷

组织说明：铁素体晶界处有呈连续状分布的碳化物。

　　钼的加入可形成 MoC、Mo_2C 碳化物，或
Fe_3Mo_2 金属间化合物，淬火时可固溶于基体，
再时效时将以弥散的点状析出，强化铁素体。
但连续状分布的碳化物，不仅降低钢的耐腐蚀
性能，而且将产生较大的脆性，从而降低了钢
的力学性能。

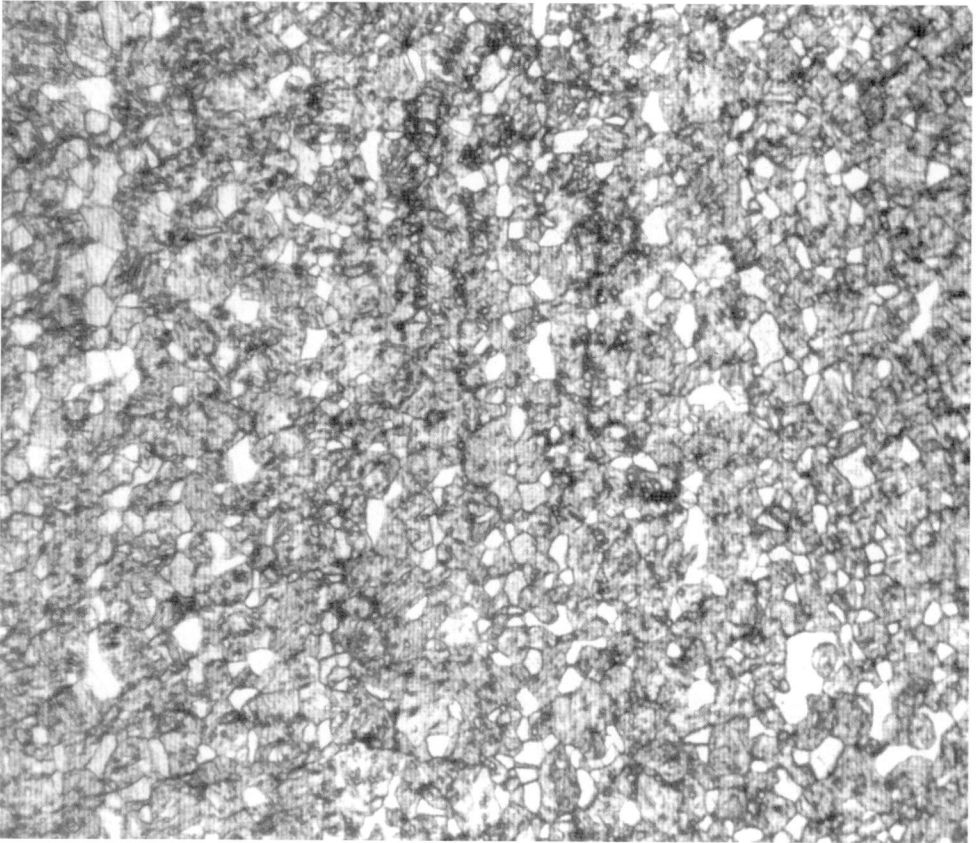

图　5-1-67   800×

图　　号：5-1-67

材料名称：1Cr17Ni2 钢 ［w（C）0.11%～0.17%，w（Cr）16.00%～18.00%， w（Ni）1.50%～2.50%，w（Si）≤0.80%，w（Mn）≤0.80%，w（S）≤0.030%，w（P）≤0.035%］

浸 蚀 剂：硝酸盐酸水溶液

处理情况：1000℃油冷淬火后低温回火处理

组织说明：回火马氏体及少量残留奥氏体，基体上分布的白色块状为铁素体。

图 5-1-68   100× 图 5-1-69   500×

图   号：5-1-68、5-1-69

材料名称：1Cr17Ni2 钢

浸 蚀 剂：硝酸盐酸水溶液

处理情况：供应状态原材料

组织说明：图 5-1-69 是图 5-1-68 放大后组织，两图均为在富铬的铁素体上有沿轧向分布的颗粒状碳化物。

　　1Cr17Ni2 钢通常在两种状态下应用：一种是淬火后在 275～350℃低温回火，组织为回火马氏体、少量残留奥氏体及铁素体；另一种是淬火后在 550℃以上回火，组织为索氏体及少量铁素体。1Cr17Ni2 钢出现大量铁素体，会使钢的塑性与韧性显著降低。影响其铁素体数量的因素有二：一是化学成分的影响，一般来说钢中增加形成奥氏体的元素，如 C、Ni、Mn、N 等，将使铁素体数量减少；若增加形成铁素体的元素，如 Cr、Si 等，则铁素体数量增多；二是加热条件的影响，实践证明，加热温度高于 1150℃或在高温下停留时间过长，均可出现大量铁素体。因此，必须严格控制钢的化学成分和热加工工艺。此外，还要严格控制钢在调质状态下的残留奥氏体的含量，因为残留奥氏体在回火过程中，会发生 $\gamma \rightarrow \alpha + M_{23}C_6$ 的等温分解。由于析出碳化物而使奥氏体的稳定性降低，在回火冷却时形成 $\gamma \rightarrow M$ 转变，从而使强度升高，而塑性、韧性下降。因此，这类钢应进行二次高温回火，以期获得均匀的索氏体组织，以提高钢的韧性。

　　1Cr17Ni2 不锈钢适于制造在 400℃以下工作的零件，可用于航空工业中压气机的整流叶片及船舶尾轴等。

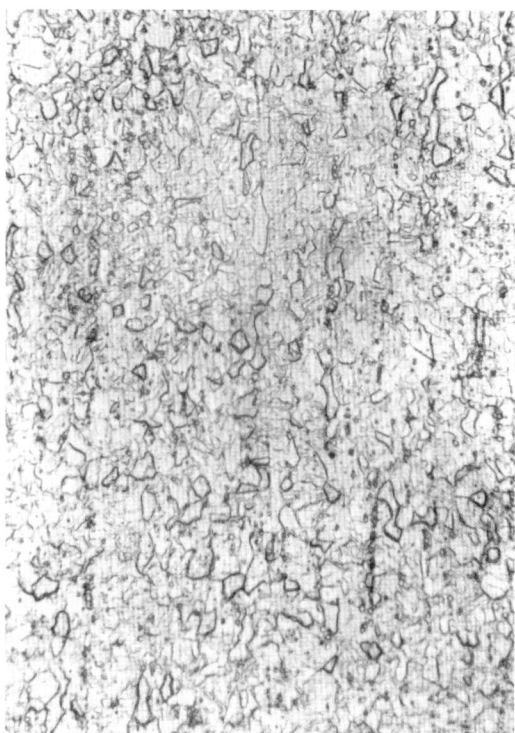

图 5-1-70   500×

图　　号：5-1-70
材料名称：1Cr17Ni2 钢
浸　蚀　剂：硝酸盐酸水溶液
处理情况：1000℃油冷淬火
组织说明：基体为淬火马氏体、少量残留奥氏体及
　　　　白色块状分布的铁素体。硬度为 41～42HRC。

　　1Cr17Ni2 钢中既具有稳定奥氏体的元素 C、
Ni、Mn、N，又有形成铁素体的元素 Cr、Si，因
此组织变得很复杂，在大多数情况下这类钢具有
α＋γ两相组织。

　　1Cr17Ni2 钢的推荐淬火加热温度范围为
950～980℃，淬火后的组织为马氏体、少量残留
奥氏体及铁素体。淬火加热温度超过 1000℃时，
铁素体及残留奥氏体会明显增多，将导致硬度强
度及韧性明显下降；若淬火温度过低，将使奥氏
体合金化不充分且不均匀，从而降低淬火后的耐
蚀性。

图　　号：5-1-71
材料名称：1Cr17Ni2 钢
浸　蚀　剂：硝酸盐酸水溶液
处理情况：1150℃油冷淬火
组织说明：淬火马氏体、奥氏体及白色块状铁素
　　　　体。硬度为 47～48HRC。

　　由于淬火温度过高，淬火组织比较粗大，原
奥氏体晶界清晰可见，铁素体不但块度增大，而
且数量亦增多。由于淬火加热时奥氏体的合金化
程度较高，因此淬火后的硬度仍比较高。

　　在符合相图的条件下，高温析出的δ铁素体
在缓冷过程中会转变成奥氏体，但在实际生产条
件下，1Cr17Ni2 钢是不可能全部完成δ→γ转变
的，因此大量的铁素体仍被保留下来。不管什么
原因造成 1Cr17Ni2 钢中铁素体量的增多，都会
造成钢的性能恶化，最显著的表现在塑性和冲击
韧度明显下降。

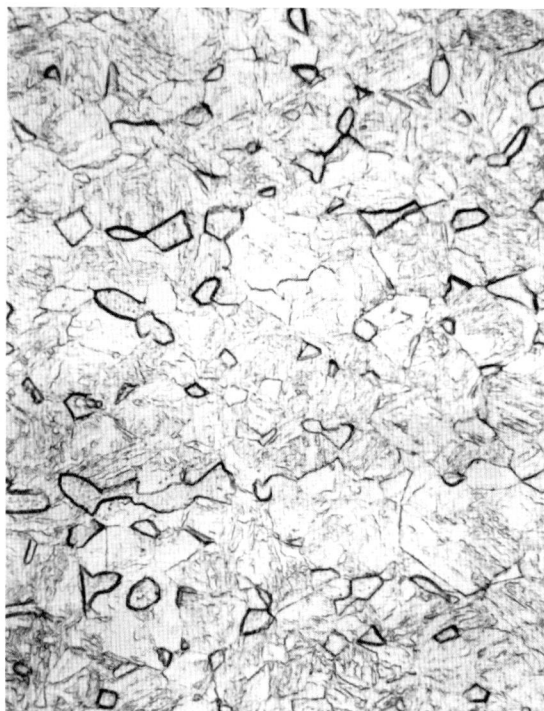

图 5-1-71   500×

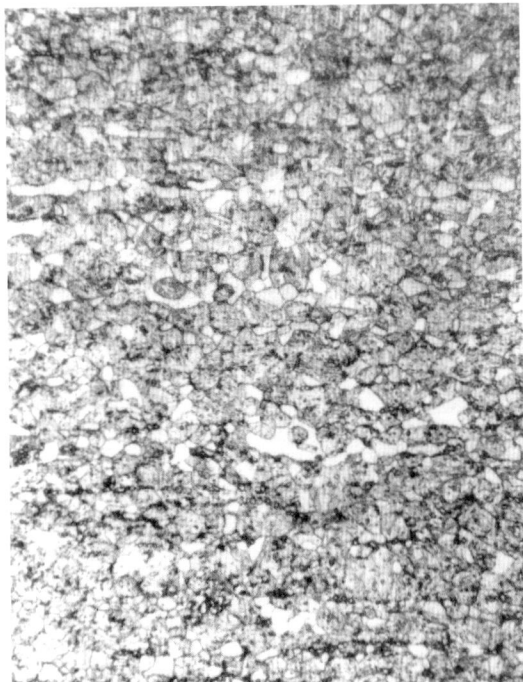

图　　　5-1-72　　　　　　　　　　　　　500×

图　　号：5-1-73

材料名称：1Cr17Ni2 钢

浸 蚀 剂：硝酸盐酸水溶液

处理情况：1150℃油冷淬火后 600℃回火

组织说明：索氏体、少量淬火马氏体及残留奥氏体，块状分布的铁素体。硬度为 28～30HRC。

　　1Cr17Ni2 钢在调质处理后常存在较多的残留奥氏体，其原因有三：①由于钢锭结晶时合金元素的偏析，使该处的奥氏体稳定性很高，冷却时未完全溶解；②钢中稳定奥氏体的元素偏高；③淬火加热温度过高，使奥氏体中溶解大量的碳及合金元素，奥氏体的稳定性增加。尤其是当高温时析出 δ 铁素体以后，使奥氏体中的合金元素特别是稳定奥氏体的合金元素相对地增多，将使马氏体转变点（M_s）降至零下温度，淬火时奥氏体便不能完全转变成马氏体。

　　就残留奥氏体本身来讲，它是一种低强度、高韧性的组织，但在经过调质的 1Cr17Ni2 钢中出现残留奥氏体以后，却使强度增高而使塑性和韧性降低，这是由于一部分残留奥氏体在冷却时转变为淬火马氏体所致。

图　　号：5-1-72

材料名称：1Cr17Ni2 钢

浸 蚀 剂：硝酸盐酸水溶液

处理情况：1150℃油冷淬火后 270℃回火

组织说明：基体为回火马氏体、淬火马氏体以及少量残留奥氏体和白色块状的铁素体。硬度为 36～40HRC。

　　1Cr17Ni2 钢淬火后经 275～350℃低温回火，适宜于要求高硬度的零件，因为这时大量的铬仍在固溶体中，所以它的耐蚀性很好。

　　1Cr17Ni2 钢淬火后不能在 350～550℃区间回火，因为在这温度范围内回火，淬火马氏体将析出弥散的碳化铬，并因回火温度低，合金元素的扩散不易进行，固溶体中因析出碳化铬而引起局部的贫铬区，从而导致腐蚀性降低。此外，在 350～550℃回火后，还会出现回火脆性。

图　　　5-1-73　　　　　　　　　　　　　500×

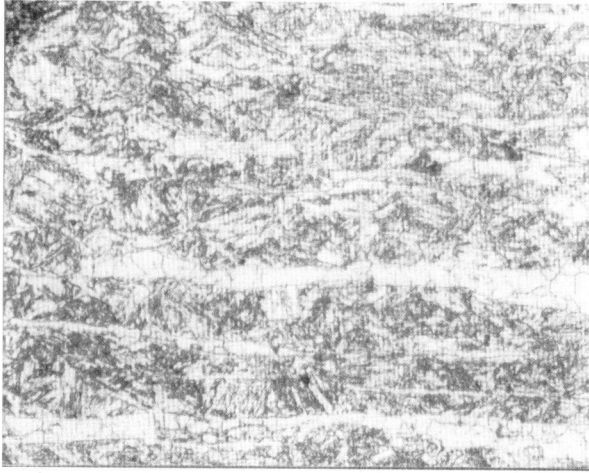

图 5-1-74   320×

图 5-1-75   400×

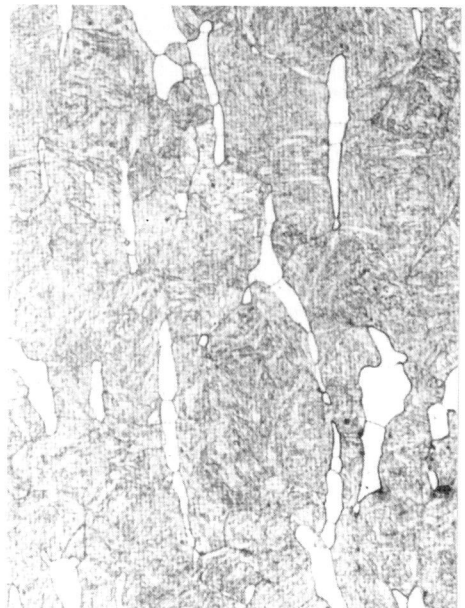

图 5-1-76   400×

图　号：5-1-74～5-1-76

材料名称：1Cr17Ni2 钢

浸 蚀 剂：苦味酸盐酸酒精溶液

处理情况：图 5-1-74 热轧供货状态；图 5-1-75 850℃炉冷处理；图 5-1-76 为 970℃油冷淬火后又经 620℃空冷处理

组织说明：图 5-1-74 和图 5-1-75 均为不完全退火组织。图 5-1-74 为保留马氏体位向的索氏体，还有少量贝氏体、沿轧向分布的铁素体及析出的碳化物；图 5-1-75 以贝氏体为主，还有碳化物在铁素体晶界上大量析出，图 5-1-76 为保持马氏体位向的索氏体和一定数量的铁素体，属正常的调质组织。

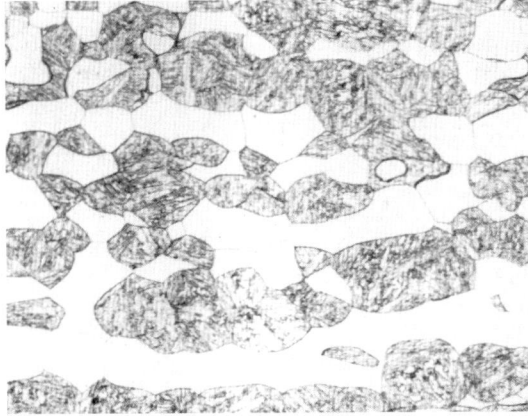

图　5-1-77　　　　　　　　　　　400×

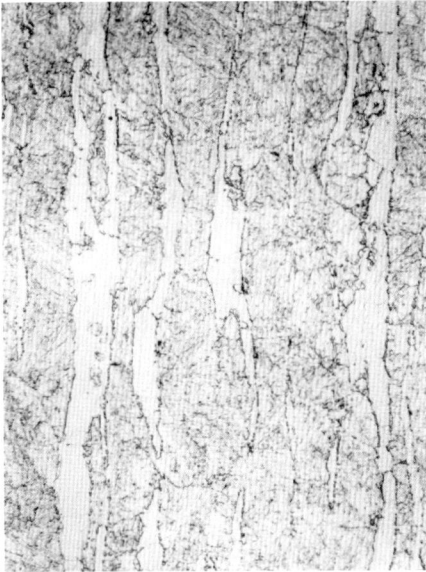

图　5-1-78　　　　400×

图　5-1-79　　　　400×

图　号：5-1-77～5-1-79　　　　材料名称：1Cr17Ni2 钢

浸 蚀 剂：苦味酸盐酸酒精溶液

处理情况：图 5-1-77：1250℃油冷淬火后又经 620℃空冷处理；图 5-1-78 为 900℃油冷淬火后又经 620℃空
　　冷处理；图 5-1-79 为 970℃油冷淬火后又经 300℃空冷处理

组织说明：图 5-1-77：为保持马氏体位向粗大的索氏体、晶界上布有大量白色块状δ铁素体，属过热组织。

　　　　图 5-1-78：索氏体和晶界未完全溶解的碳化物和铁素体。

　　　　图 5-1-79：回火马氏体及铁素体。

　　　1Cr17Ni2 钢的完全退火组织应为铁素体基体上有沿轧向分布的碳化物颗粒。该种钢是在 1Cr17 铁素体
型不锈钢基础上发展而来，加入 w（Ni）2％而得到的马氏体-铁素体钢。它具有相当于 1Cr17 钢的高耐腐
蚀性和 1Cr13 钢的高强度。但也保留了高铬钢和两相钢的一些缺点，如脆性倾向，力学性能方向性。该钢
调质后其铁素体数量随钢中形成铁素体元素的增加而增加，较多的铁素体会降低钢的强度和塑性。过热组
织的成因及对性能的影响与 1Cr17Ni2 相同。图 5-1-78 所示的晶界碳化物的未完全溶解及索氏体保持马氏
体位向不明显是欠淬火组织的特征。当工件要求较高强度时，可采用淬火后再 270～350℃低温回火。

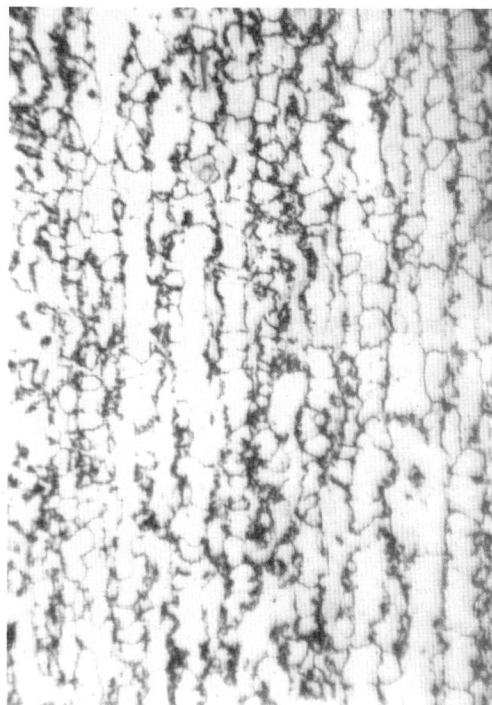

图　5-1-80　　　　　　　　　100×　　图　5-1-81　　　　　　　　　500×

图　号：5-1-80、5-1-81

材料名称：1Cr13 钢 [w（C）≤0.15%，w（Cr）11.50%～13.50%，w（Mn）≤1.0%，w（Si）≤1.0%，w（S）≤0.030%，w（P）≤0.035%，w（Ni）≤0.60%]

浸 蚀 剂：苦味酸盐酸水溶液

处理情况：热轧供应状态

组织说明：铁素体及细点状 (Cr,Fe)$_{23}$C$_6$ 型碳化物，铁素体沿轧向呈带状分布。

　　1Cr13 型不锈钢是工业上应用最广的不锈钢。当 w（Cr）达 11.7%时，电极电位显著提高，增强了化学稳定性，具有不锈耐蚀的作用。同时，作为主要合金元素加入的铬，能比铁优先与氧结合，在钢件表面形成一层富铬的氧化物 (Cr,Fe)$_2$O$_3$，这层氧化物十分致密，并与金属基体牢固结合，具有保护金属免受腐蚀的作用。

　　1Cr13 型不锈钢在加热冷却时具有 α ⇌ γ 相变，不仅耐蚀性良好，而且可用热处理方法在较宽范围内改善其力学性能。

　　铬是形成铁素体的元素，钢中加入 w（Cr）为 16%，使奥氏体等温转变曲线右移；这种钢在淬火空冷状态即能获得马氏体组织。Cr13 型不锈钢按其含碳量的高低，使淬火状态的 0Cr13 与 1Cr13 钢为马氏体-铁素体组织；2Cr13 与 3Cr13 钢为马氏体组织；4Cr13 钢为马氏体-碳化物组织。

　　1Cr13 型不锈钢在锻轧或焊接时，具有 γ→M 相变，硬度很高，体积应力也大，必须进行完全退火工艺使之软化，便于进一步机械加工和防止工件的开裂倾向。退火工艺应采用 860℃加热，保温数小时，冷却到 600℃以下出炉空冷。

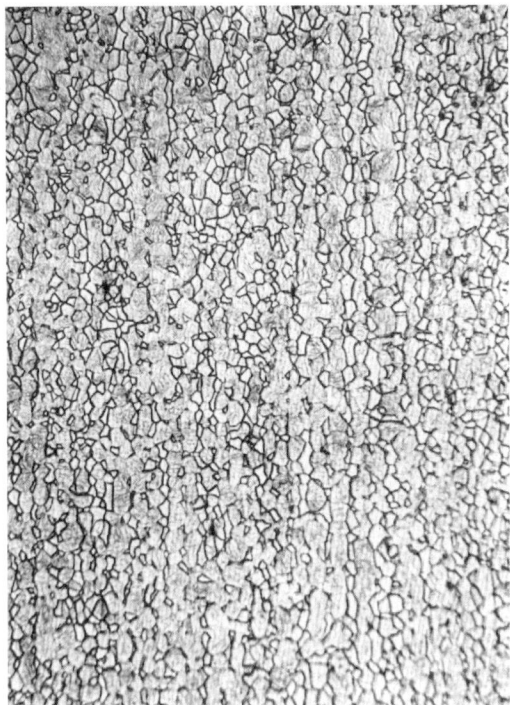

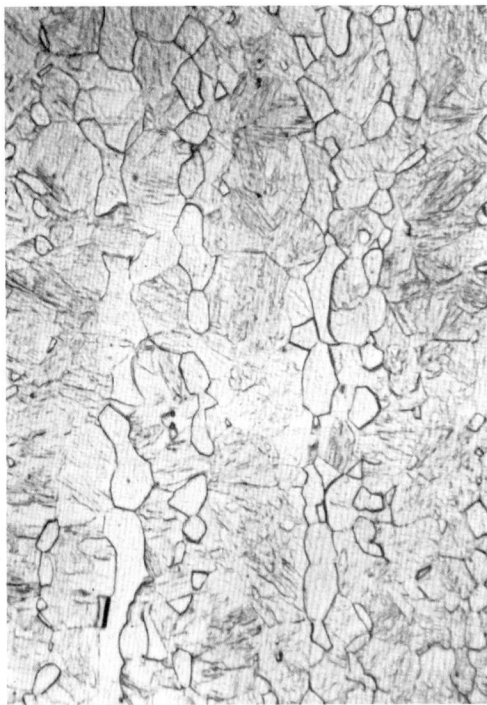

图　5-1-82　　　　　　　　　　　　100× 　图　5-1-83　　　　　　　　　　　500×

图　　号：5-1-82、5-1-83

材料名称：1Cr13 钢

浸 蚀 剂：苦味酸盐酸酒精溶液

处理情况：1020℃加热保温后油冷淬火

组织说明：图 5-1-82 基体为马氏体及块状分布的铁素体，铁素体沿轧向呈带状分布。图 5-1-83 是图 5-1-82 放大后组织硬度为 36～38HRC。

　　1Cr13 与 0Cr13 钢因含碳量较低，加热至淬火温度时其组织仍处于奥氏体与铁素体的两相状态，故淬火冷却到室温时其组织为马氏体与体积分数约为 15%左右的铁素体共存。因此，人们常把 1Cr13 与 0Cr13 钢称为马氏体-铁素体型不锈钢。

　　1Cr13 钢的 Ac_1 为 730～750℃；Ac_3 为 850℃；Ar_3 为 820℃；Ar_1 为 700℃。

　　Cr13 型钢因导热性差，加热过程中发生相变所产生的体积应力比较大，所以在淬火时应防止开裂，一般须在加热前经过充分的预热，或采用分级加热的办法。

　　1Cr13 与 0Cr13 钢的加热温度不宜过高，否则将使工件过热，形成 δ 铁素体及粗晶组织，使钢的冲击韧度下降。

　　1Cr13 钢具有较高的韧性和冷变形性能，经过热处理可提高其力学性能。1Cr13 钢工件经热处理后，在弱腐蚀介质中，温度不超过 30℃的条件下，具有良好的耐腐蚀性；在淡水、海水、蒸汽、湿大气等条件下，也有足够的耐蚀性；但在硫酸、盐酸、热磷酸、热硝酸、熔融碱及乳制品中，耐蚀性较低。

　　此外，1Cr13 钢还可作为热强钢使用，在 700℃以下具有足够的强度和热稳定性。热处理后可制作要求韧性较高与受冲击载荷的零件，如透平叶片、水压机阀等，还可用作常温下耐弱腐蚀介质的设备。

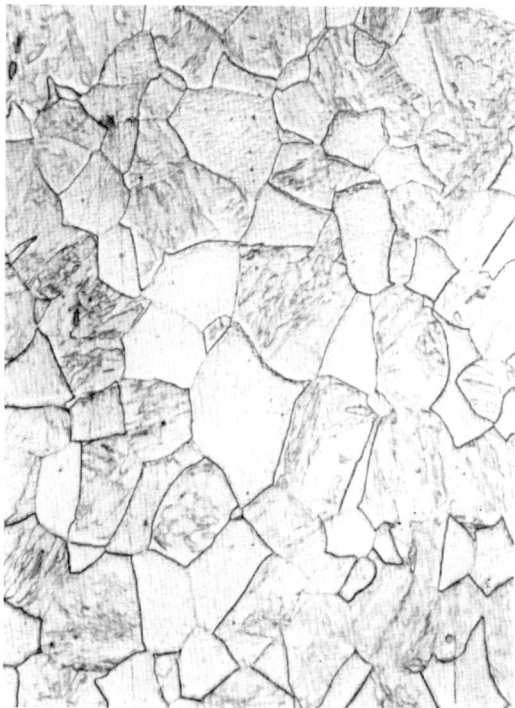

图　5-1-84　　　　　　　　　　500×

图　　号：5-1-84

材料名称：1Cr13 钢

浸 蚀 剂：苦味酸盐酸酒精溶液

处理情况：1240℃加热保温后油冷淬火

组织说明：粗大马氏体及大块状分布的 δ 铁素体。硬度为 30～31.5HRC。属淬火过热组织。

　　一般说来，1Cr13 钢的正常淬火组织中铁素体的体积分数约为 15%左右，若稍提高淬火温度，则铁素体的含量将有所下降。该图所示的组织是由于选择的淬火温度过高，从而析出高温 δ 铁素体。δ 铁素体的出现是 1Cr13 钢过热组织的特征。1Cr13 钢中一旦析出 δ 铁素体后，在随后的冷却过程中就不能按相图完成 δ 铁素体→γ 奥氏体的转变，即使以正常加热温度重新淬火，这部分 δ 铁素体也不可能全部溶入奥氏体中。

　　1Cr13 钢因淬火加热温度过高而得到的 δ 铁素体和粗大晶粒，对钢的强度和韧性将产生不利的影响，尤其会使钢的冲击韧度大幅度降低。

图　　号：5-1-85

材料名称：1Cr13 钢

浸 蚀 剂：苦味酸盐酸酒精溶液

处理情况：1020℃加热保温后油冷淬火后再经650℃回火处理

组织说明：保持马氏体针叶位向分布的索氏体和呈带状分布的铁素体。硬度为 21～23HRC。

　　为使 1Cr13 钢得到良好的综合力学性能，可在淬火后进行高温回火（调质处理）。经调质处理后的 1Cr13 钢，其正常组织应为索氏体和淬火时未溶的沿轧向分布的铁素体。调质后钢的强度与韧性配合较好，同时保持一定的耐蚀性。

　　此外，1Cr13 钢与 0Cr13 钢回火后未发现有明显的回火脆性现象，而 2Cr13 钢与 3Cr13 钢调质后常显示出回火脆性。

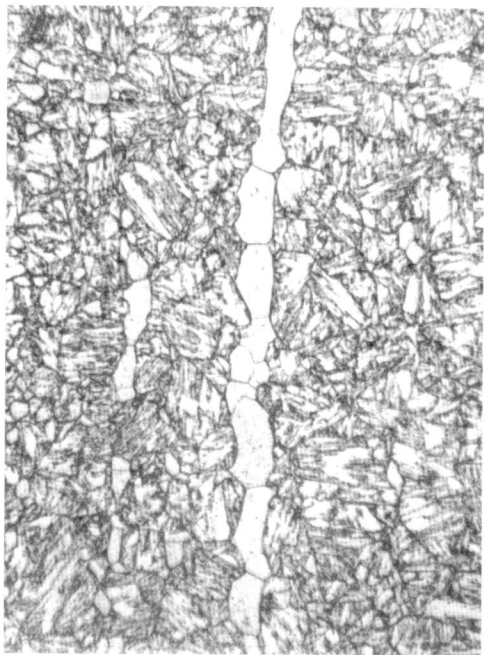

图　5-1-85　　　　　　　　　　500×

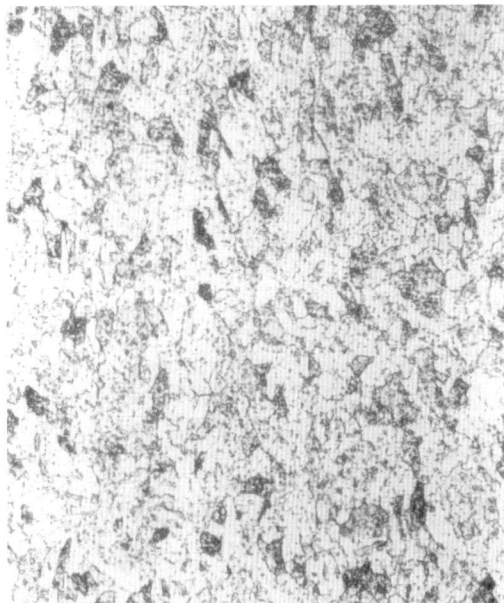

图　　5-1-86　　　　　　　　　　400×

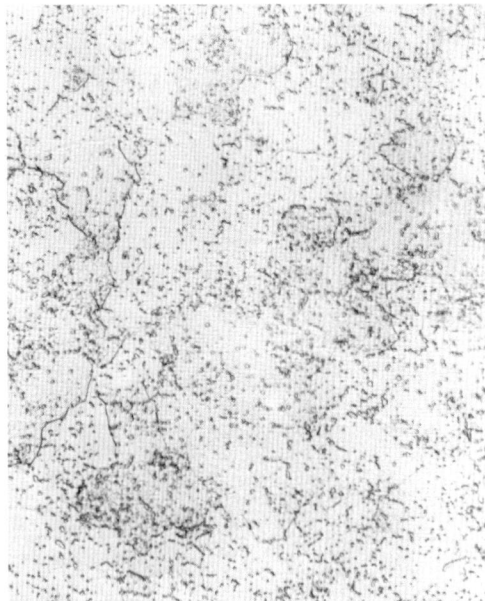

图　　5-1-87　　　　　　　　　　400×

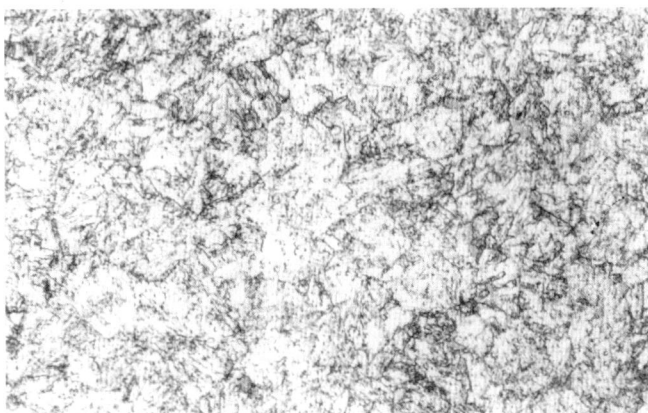

图　　5-1-88　　　　　　　　　　400×

图　　　号：5-1-86～5-1-88

材料名称：1Cr13 钢

浸 蚀 剂：苦味酸盐酸酒精溶液

处理情况：图 5-1-86 热轧、供货状态；图 5-1-87 经 880℃炉冷退火状态；图 5-1-88 经 1030℃油冷淬火后再
经 700℃回火

组织说明：图 5-1-86、图 5-1-87 均为富铬铁素体和弥散分布的 $M_{23}C_6$ 碳化物；图 5-1-88 为保持马氏体位向的
索氏体和少量铁素体。

　　1Cr13 钢中的铁素体有沿轧制方向分布的组织遗传性，其消失程度取决于退火的完全程度，完全退火
可使铁素体分布的方向性变得不明显。1Cr13 钢正常淬火加热温度一般仍处于相图中的 γ+α 两相区，淬火
后铁素体数量约占 15%（体积分数），但有时由于钢成分中碳分偏上限而铬偏下限，组织中可能不出现铁
素体，如图 5-1-88 所示。

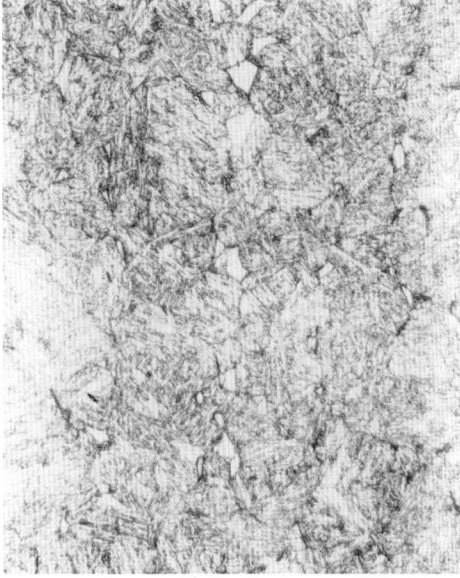

图 5-1-89   400×

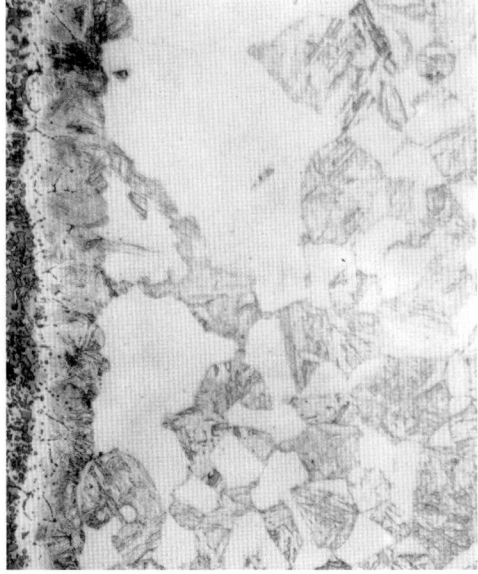

图 5-1-90   400×

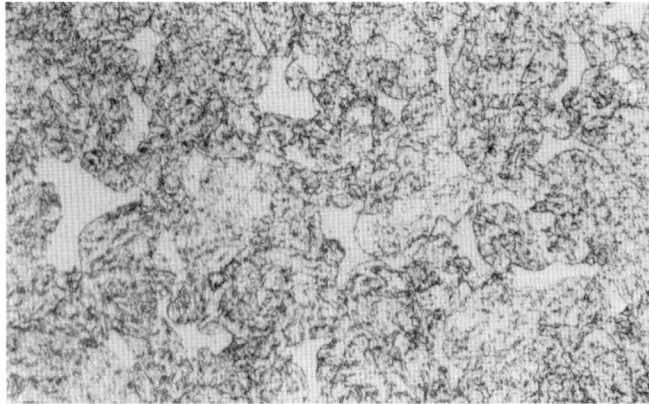

图 5-1-91   400×

图 号： 5-1-89～5-1-91

材料名称： 1Cr13 钢

浸 蚀 剂： 苦味酸盐酸酒精溶液

处理情况： 图 5-1-89 经 1250℃油冷淬火后 750℃回火；图 5-1-90 经 1250℃油冷淬火后再经 700℃回火。图 5-1-91 经 900℃油冷淬火后再经 700℃回火

组织说明： 图 5-1-89：晶粒粗大保持马氏体位向分布的索氏体和分布于晶界呈多角状的铁素体。

图 5-1-90：试样的表面层组织情况，其最外层为氧化物层，次表层有严重的晶界氧化，内表层为全脱碳半脱碳层。

图 5-1-91：淬火欠热组织，晶粒细小的索氏体和部分来不及转变的铁素体及少量未溶碳化物。

钢的淬火加热温度过高，不仅晶粒粗大，而且出现在晶界呈多角状的 δ 铁素体，会严重降低钢的冲击韧度，如图 5-1-89 所示，而且在钢的表面造成严重的氧化和脱碳，如图 5-1-90 所示，将降低零件的表面硬度和疲劳强度。

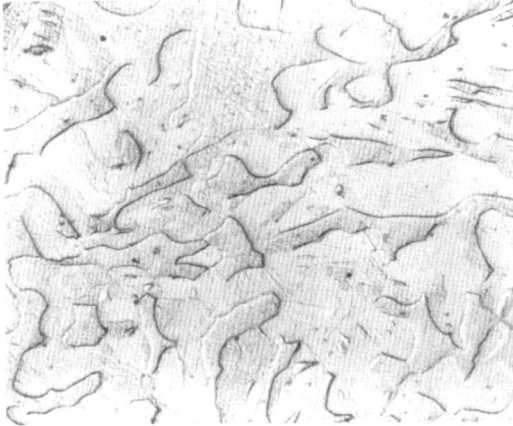

图 5-1-92   400×

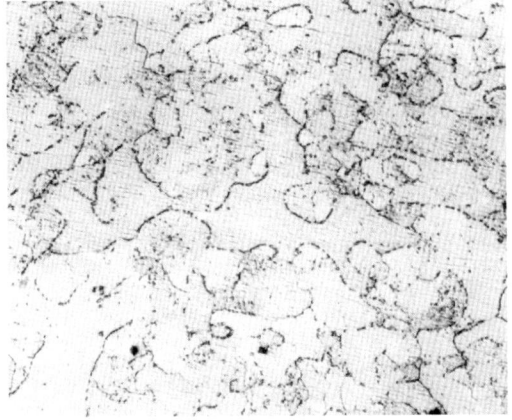

图 5-1-93   400×

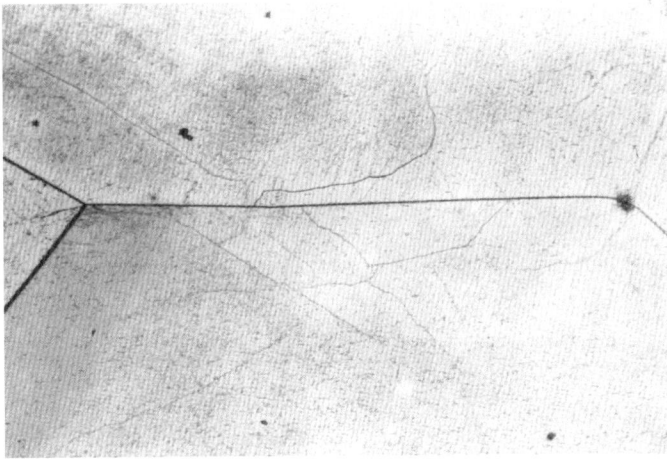

图 5-1-94   200×

图　号：5-1-92～5-1-94

材料名称：0Cr13 钢 [w（C）≤0.08%，w（Cr）11.50%～13.50%，w（Mn）≤1.00%，w（Si）≤1.00%，w（S）≤0.030%，w（P）≤0.035%]

浸蚀剂：苦味酸盐酸酒精溶液

处理情况：图 5-1-92 为热轧退火；图 5-1-93 为完全退火；图 5-1-94 经 1250℃油冷淬火

组织说明：图 5-1-92 和图 5-1-93 均为铁素体基体和碳化物。观察横向金相磨面时，铁素体呈等轴状；观察纵向金相磨面时，铁素体沿变形方向拉长。碳化物以（Cr，Fe）$_{23}$C$_6$ 类型为主，含少量 M$_7$C$_3$。由图 5-1-92 和图 5-1-93 可知，完全退火使碳化物析出较充分，分布在晶界上尤为明显。图 5-1-94 极为粗大的单相铁素体，晶界平直，宏观晶粒尺寸约为 4～5mm，晶内有细微裂纹存在，呈网状，这是一种微观的淬火裂纹，是淬火过热的组织。

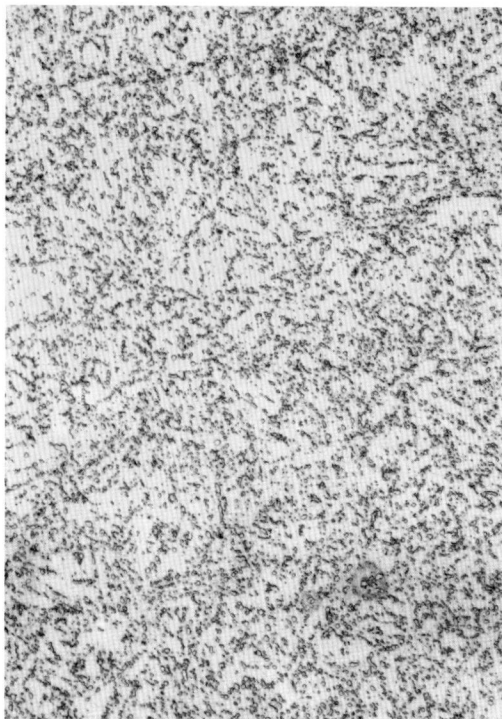

图　5-1-95　　　　　　　　　　　　500×

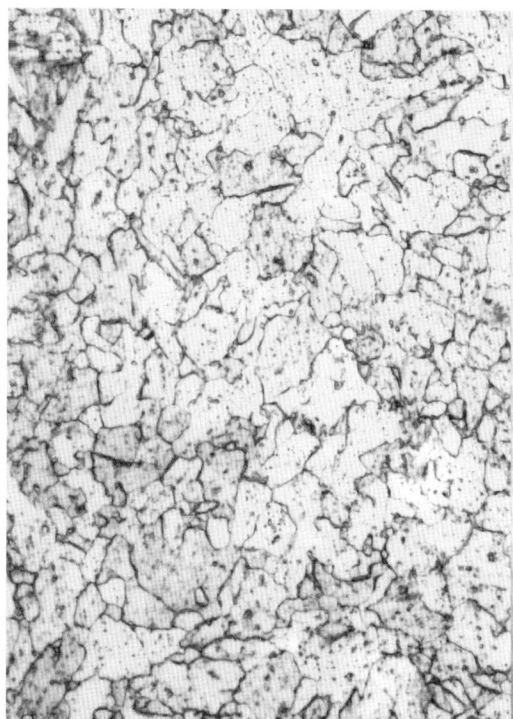

图　5-1-96　　　　　　　　　　　　500×

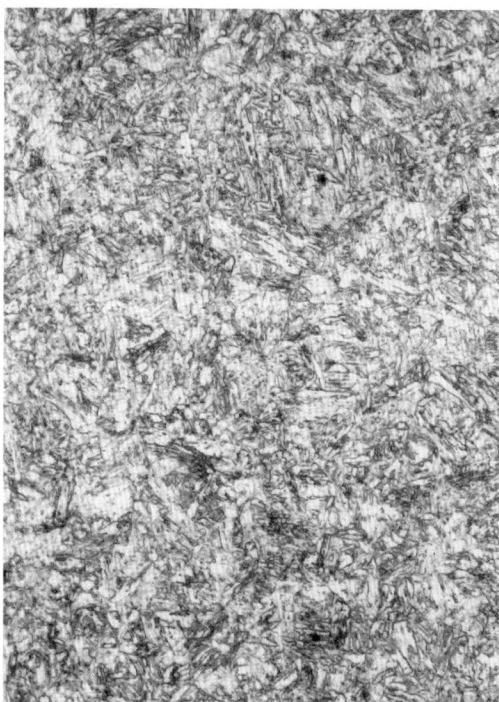

图　5-1-97　　　　　　　　　　　　500×

图　　号：5-1-95～5-1-97

材料名称：1Cr12Mo 钢　［w（C）0.10%～0.15%，
w（Cr）11.50%～13.00%，w（Mo）0.30%～0.60%，
w（Mn）0.30%～0.50%，w（Si）≤0.50%，w（S）
≤0.030%，w（P）≤0.035%，w（Ni）0.30%～
0.60%］

浸 蚀 剂：苦味酸盐酸酒精溶液

处理情况：图 5-1-95 供货状态；图 5-1-96 为 900℃×
40min 炉冷；图 5-1-97 为 950℃×40min 空冷

组织说明：图 5-1-95 铁素体上布有粒状碳化物。

图 5-1-96：铁素体上布有点粒状碳化物，铁
素体晶粒细小。

图 5-1-97：针状索氏体及针状、块状分布的铁素
体，硬度 18HRC，这是由于冷速较快而得到的组织。

1Cr12Mo 钢系 1Cr13 加 Mo 的改良型，由于
Mo 元素的加入，提高了钢的淬透性，调质处理后
它还有较低的回火脆性倾向和较高的回火稳定性。

1Cr12Mo 钢与 1Cr13 钢相比综合性能较
1Cr13 优良，有较高的强度和韧性。在平衡组织
中除了铁素体和碳化物外，还有一定数量的奥氏
体转变产物，轧制态组织中将呈明显的方向性。

适用于制造使用温度低于 450℃汽轮机静叶
片、喷嘴块、密封环等。

图　5-1-98　　　　　　　　　　　　800×

图　5-1-99　　　　　　　　　　　　500×

图　5-1-100　　　　　　　　　500×

图　　号：5-1-98～5-1-100

材料名称：1Cr12Mo 钢

浸 蚀 剂：苦味酸盐酸酒精溶液

处理情况：图 5-1-98 经 970℃×40min 油冷；图
　　　5-1-99 经 970℃×40min 油冷后再 650℃×1h 回
　　　火；图 5-1-100 经 1200℃×40min 油冷

组织说明：图 5-1-98：基体为针状马氏体和少量针
　　　块状铁素体[≤5%（体积分数）]，硬度为 34HRC。

　　　图 5-1-99：基体为保持马氏体位向的索氏体
　　　及少于 5%（体积分数）的针块状铁素体。

　　　图 5-1-100：粗针状马氏体和在晶界上析出
　　　的少量铁素体，此系过热组织。

　　　1Cr12Mo 钢的热处理工艺为：950～1000℃
　　　油冷淬火，650～710℃回火。正常的调质组织中
　　　允许有≤5%（体积分数）的铁素体组织。当调质
　　　淬火温度偏低或保温时间不足时未完全奥氏体
　　　化，得到位向不明显的索氏体和部分保留原奥氏
　　　体转变的混合组织，铁素体基体上的 $M_{23}C_6$ 析出
　　　包括了回火时析出物和供货时原有的部分。

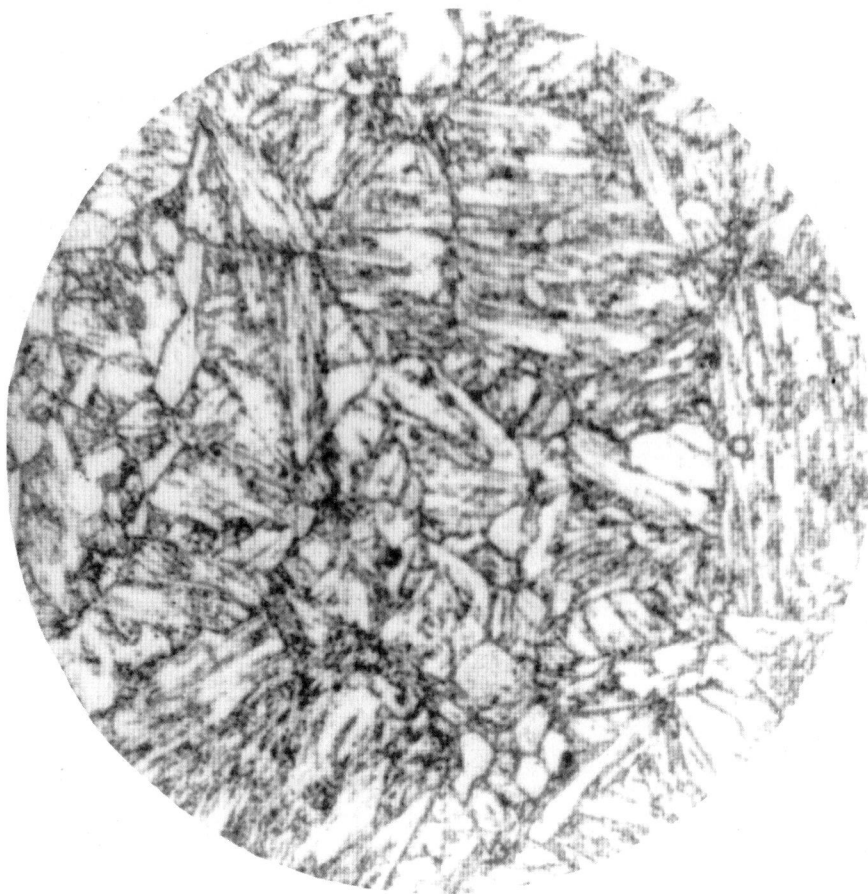

图 5-1-101   800×

图　号：5-1-101

材料名称：2Cr13 钢［w（C）0.16%～0.25%，w（Cr）12.00%～14.00%，w（Mn）≤1.00%，w（Si）≤
　　1.00%，w（S）≤0.030%，w（P）≤0.035%，w（Ni）≤0.60%］

浸 蚀 剂：苦味酸盐酸酒精溶液

处理情况：调质处理

组织说明：保持马氏体针叶位向分布的索氏体组织。

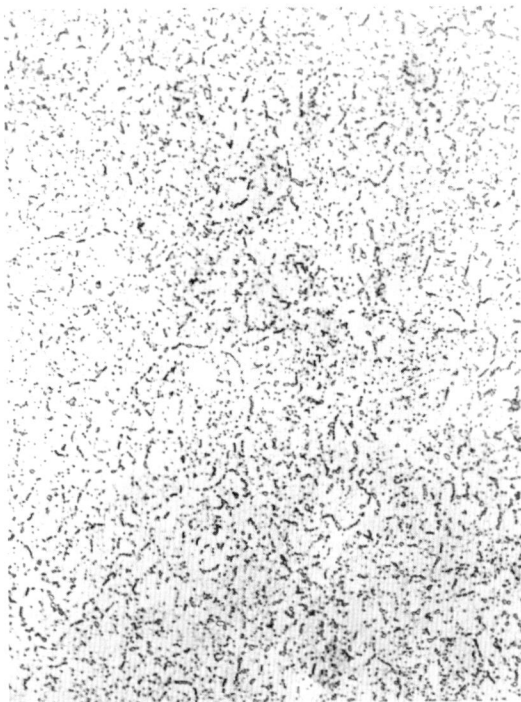

图　 5-1-102　　　　　　　　　　　　500×

图　　　号：5-1-102

材料名称：2Cr13 钢

浸 蚀 剂：氯化高铁盐酸水溶液

处理情况：退火状态

组织说明：铁素体基体上布有碳化物颗粒（即球粒
　　　状珠光体），晶界上碳化物呈断续网状倾向。硬度
　　　为 170HBW。

　　2Cr13 钢工件经锻造或焊接时，常会发生 γ→M
相变，使硬度升高，体积应力增大。为了便于机械加
工及防止锻件或焊件开裂必须进行以软化为目的的
完全退火处理：一般是加热到 800℃，保温 2～4h（在
该温度范围内的组织是 α＋γ），然后用≤25℃／h 的
冷却速度冷却到 600℃（得到 α 铁素体和 $Cr_{23}C_6$ 碳化
物的球粒状珠光体组织）。

　　2Cr13 钢具有良好的耐大气、海水、蒸汽等介
质腐蚀的性能，适于制造在这些腐蚀条件下要求韧
性较高与受冲击载荷的零件，也可用来制作餐具。

图　　　号：5-1-103

材料名称：2Cr13 钢

浸 蚀 剂：苦味酸盐酸酒精溶液

处理情况：1000℃加热保温后油冷淬火

组织说明：淬火针状马氏体及少量残留奥氏体。硬
　　　度为 52HRC。

　　2Cr13 钢的正常淬火制度为 920～980℃油冷
淬火。淬火加热温度稍超过 1000℃就会产生过热
现象，过热的特征是获得粗大的组织，降低材料
的冲击韧度；淬火加热温度过低又会使碳化物的
溶解减少，降低了材料的强度。

　　2Cr13 钢还可以作为热强钢来使用，可用作
400～450℃下工作的汽轮机叶片。

图　 5-1-103　　　　　　　　　　　　500×

图 5-1-104   500×

图　　号：5-1-104

材料名称：2Cr13 钢

浸 蚀 剂：苦味酸盐酸酒精溶液

处理情况：1040℃加热，保温 1h 后油冷淬火

组织说明：基体为淬火板条状马氏体及少量残留奥
氏体。由于工件的淬火加热温度过高，得到粗大
淬火马氏体组织。随着淬火加热温度的升高，一
般淬火组织的变化趋向是板条状马氏体的数量随
之增多，淬火马氏本针叶间形成 90°夹角，使组
织富于立体感。

　　2Cr13 钢系马氏体型不锈钢。要使铬不锈钢
具有高的耐蚀性，基体中 $w(Cr)$ 至少要达 11.7%，
但考虑到钢中含有一定量的碳，它能与铬形成
$(Cr,Fe)_{23}C_6$ 碳化物，而消耗基体中的一部分铬，
故铬不锈钢的 $w(Cr)$ 应高于 11.7%，通常选择
在 13%左右。

图　　号：5-1-105

材料名称：2Cr13 钢

浸 蚀 剂：苦味酸盐酸酒精溶液

处理情况：1040℃，保温 1h 后油冷淬火

组织说明：试样经 C-Cr 二次复型后的电子金相照
片。其组织为低碳板条状马氏体及少量残留奥
氏体。由于采用 1040℃较高温度淬火，致使钢
的晶粒长大而粗化，同时淬火后获得较粗大的
板条状马氏体组织，从而降低了钢的冲击韧度。

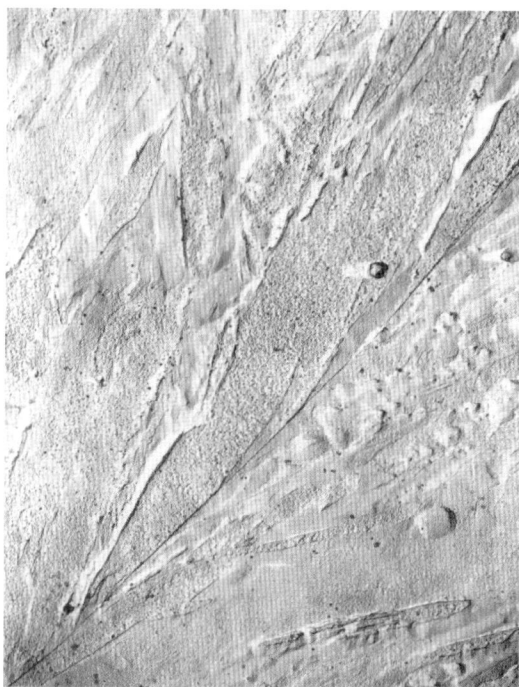

图 5-1-105   3500×

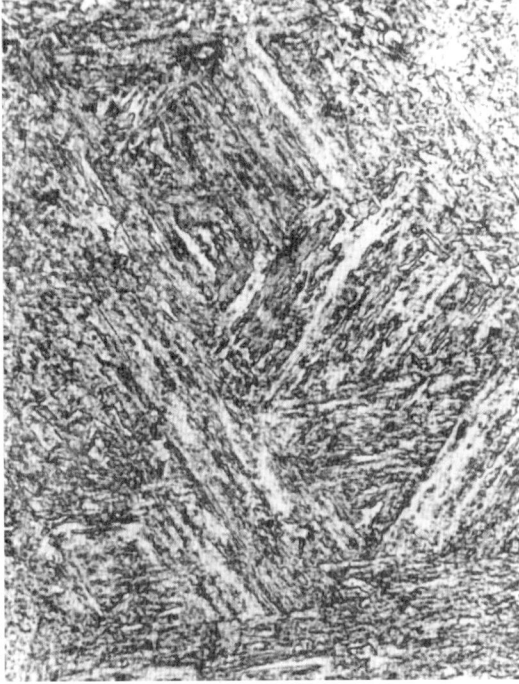

图　5-1-106　　　　　　　　500×　图　5-1-107　　　　　　　　3600×

图　　号：5-1-106、5-1-107

材料名称：2Cr13 钢

浸 蚀 剂：苦味酸盐酸酒精溶液

处理情况：1040℃，保温 1h 后油冷淬火，然后再在 840℃加热保温 1h 后油冷淬火，620℃保温 3h 后空冷

组织说明：图 5-1-106：保持原来板条马氏体位向（呈 60°等腰三角形分布）的索氏体组织。

图 5-1-107：系试样经 C-Cr 二次复型后的电子金相照片，α 针叶间布有回火时析出的白色颗粒状碳化铬。

采用第二次 840℃较低温度加热淬火，是想改变原来的粗大组织，但由于加热温度不够高故淬火后仍保留第一次淬火所形成的粗大组织。这类钢与一般的碳钢不同，经高温回火后，虽然其组织也为索氏体，但仍明显地保持原来板条状马氏体的位向。本例中的钢在回火后虽然组织粗大，但从图 5-1-107 显示出钢在回火时，因马氏体针叶间析出了稍粗大的碳化铬，致使钢的冲击韧度有显著改善。

这类钢淬火后如不及时回火，将会发生自裂。一般淬火至回火间隔时间不应超过 8h。

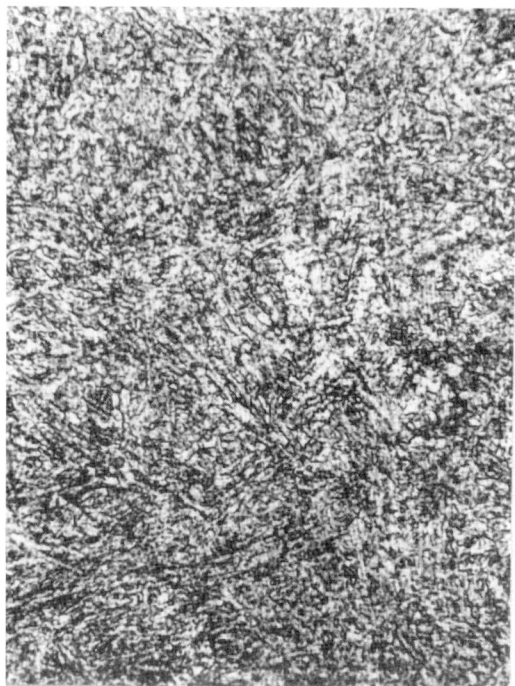

图　5-1-108　　　　　　　　　　　　500×　　图　5-1-109　　　　　　　　　　　3600×

图　　　号：5-1-108、5-1-109

材料名称：2Cr13 钢

浸 蚀 剂：苦味酸盐酸酒精溶液

处理情况：1040℃加热保温 1h 后油冷淬火，然后再在 650℃加热保温 3h 后空冷，再于 840℃加热保温 1h 后
　　　　油冷淬火，最后在 620℃加热保温 3h 后空冷

组织说明：图 5-1-108：基体组织较细的索氏体，原板条状马氏体位向因组织较细而不明显。

　　　　图 5-1-109：系试样经 C-Cr 二次复制后的电子金相照片，铬的碳化物颗粒较细小，分布于 α 针叶片间。

　　　　采用二次淬火、回火处理，可明显细化钢的显微组织，从而使钢在获得高强度的情况下，韧性、塑性
亦较高，这种处理可称为强韧化处理。

　　　　由于铬能提高钢的回火稳定性，因此其回火温度应在比一般调质钢高。2Cr13 钢有回火脆性倾向，
故回火后应采用快速冷却。为了消除快冷所产生的内应力，可在回火后再补充一次 400℃左右的消除
应力处理。

　　　　调质后的 2Cr13 钢具有较淬火态稍差的耐蚀性能。

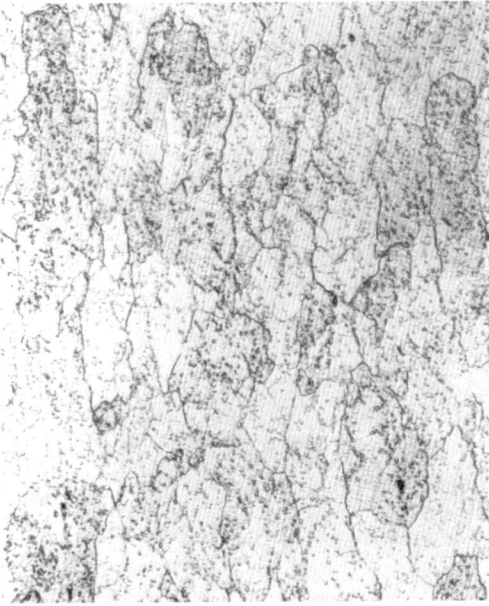

图 5-1-110 400×

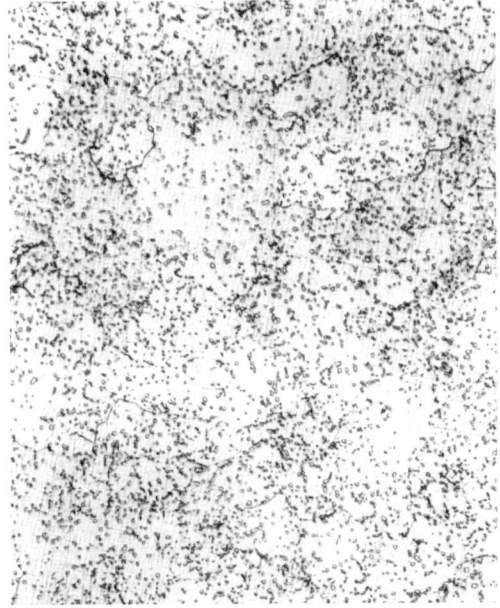

图 5-1-111 400×

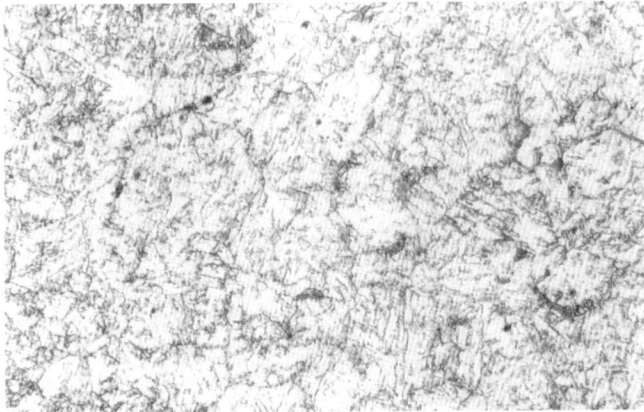

图 5-1-112 400×

图 号：5-1-110～5-1-112

材料名称：2Cr13 钢

浸 蚀 剂：苦味酸盐酸酒精溶液

处理情况：图 5-1-110 为热轧供货状态；图 5-1-111 经 880℃炉冷退火；图 5-1-112 为 980℃空冷后再经 700℃空冷

组织说明：图 5-1-110 和图 5-1-111 均为退火组织，铁素体基本上析出（Cr，Fe）$_{23}C_6$ 碳化物，此钢材的力学性能和耐腐蚀性能均很低。图 5-1-112 为保留马氏体位向的索氏体，属正常调质态组织。若由于钢中含铬量偏析，局部区域含铬量偏上限，可能会在调质组织中出现少量铁素体[约为 15%（体积分数）]。2Cr13 钢即使在空冷条件下也能得到淬火马氏体组织。

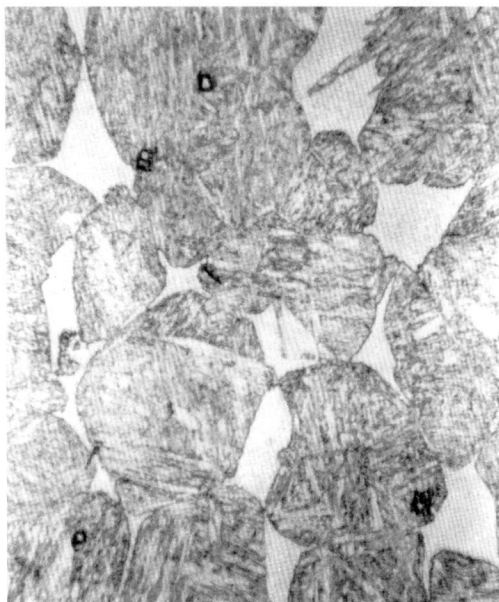

图 5-1-113   400×

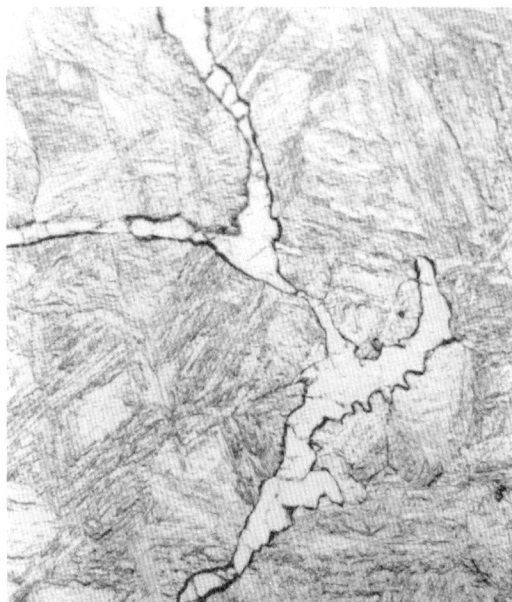

图 5-1-114   400×

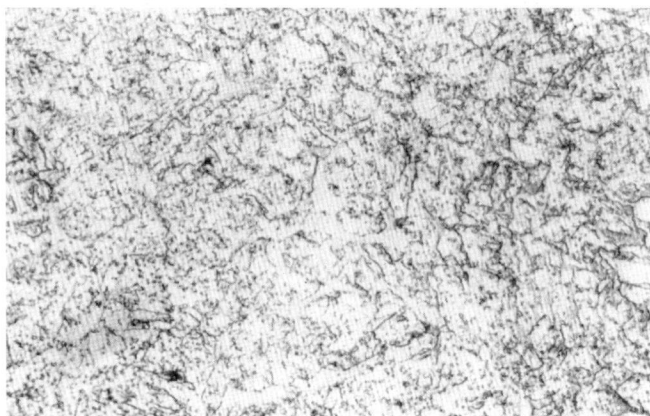

图 5-1-115   400×

图　　号：5-1-113～5-1-115

材料名称：2Cr13 钢

浸 蚀 剂：苦味酸盐酸酒精溶液

处理情况：图 5-1-113 为 1250℃空冷后再经 700℃空冷；图 5-1-114 为超过 1300℃空冷后再经 700℃空冷。图
　　　　5-1-115 为 900℃空冷后再经 700℃空冷

组织说明：图 5-1-113 和图 5-1-114：保持原马氏体位向的晶粒粗大的索氏体，还有大量的分布在晶界的 δ 铁
　　　　素体。

　　　　图 5-1-113：典型的淬火加热过热组织。

　　　　图 5-1-114：除上述过热特征外，还有晶界局部氧化，已呈微细裂纹，实际上已属过烧组织。

　　　　图 5-1-115：索氏体和碳化物。由于淬火加热温度偏低，奥氏体化不充分，晶粒较细，晶内碳化物未
被完全溶解，为欠淬火组织。

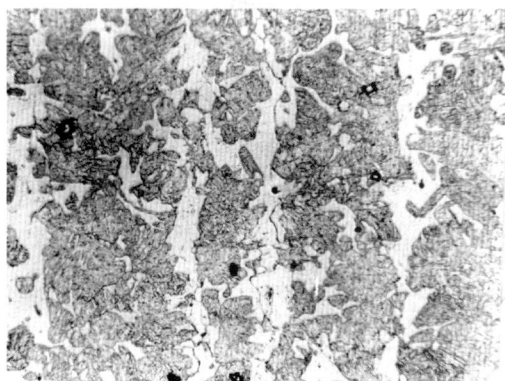

图　5-1-116　　　　　　　　　　125×

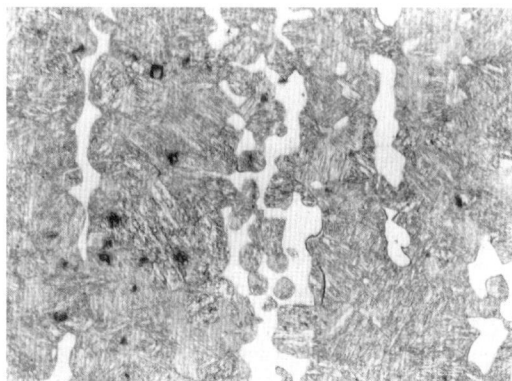

图　5-1-117　　　　　　　　　　125×

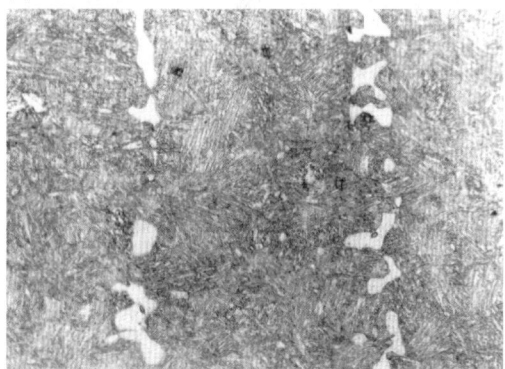

图　5-1-118　　　　　　　　　　125×

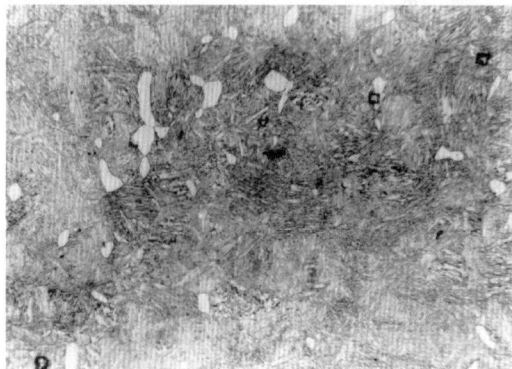

图　5-1-119　　　　　　　　　　125×

图　　号：5-1-116～5-1-119

材料名称：2Cr13 钢

浸 蚀 剂：苦味酸盐酸酒精溶液

处理情况：图 5-1-116 为 1000℃油冷淬火后再经 690℃空冷。图 5-1-117 为 1000℃油冷淬火后经 690℃空
　　　　冷，再经 1050℃油冷淬火。图 5-1-118 为 1000℃油冷淬火后经 690℃空冷，再经 1080℃油冷淬火及
　　　　690℃空冷。图 5-1-119 为 1000℃油冷淬火后经 690℃空冷，再经 1120℃油冷淬火及 690℃空冷。

组织说明：图 5-1-116：保持马氏体位向的索氏体和约为 27%（体积分数）的铁素体。由实测钢的化学成分
　　　　后分析得知，该材料淬火温度在两相区。这么多的铁素体会使 2Cr13 钢的常规力学性能中的强度、硬度和
　　　　韧性不合格。

　　　　图 5-1-117：马氏体和约为 11.0%（体积分数）的铁素体。图 5-1-118：为保持马氏体位向的索氏体和
　　约为 5%（体积分数）的铁素体。

　　　　图 5-1-119：保持马氏体位向的索氏体和约为 3%（体积分数）的铁素体。

　　　　对图 5-1-119 的钢试样重新进行不同的加热温度的热处理，从 1050℃～1120℃油冷淬火及回火，使组
　　织中的铁素体含量明显下降，如图 5-1-117～图 5-1-119 所示，使其力学性能的强度、硬度和韧性得到很大
　　改善，达到合格要求。

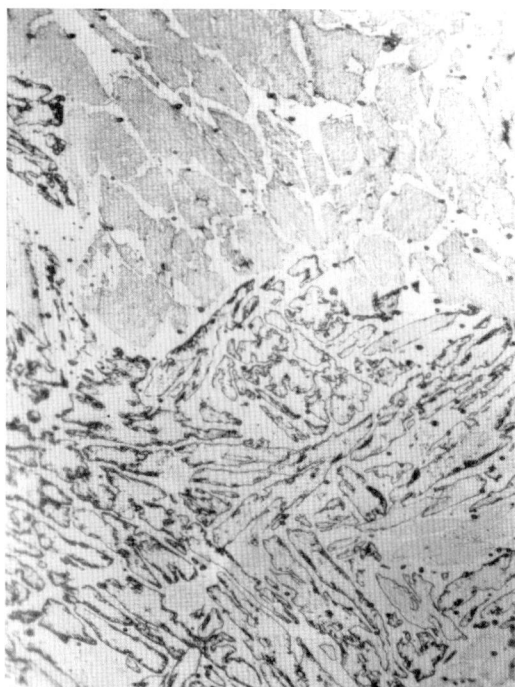

图　5-1-120　　　　　　　　　500×

图　　　号：5-1-120

材料名称：ZG2Cr13 钢

浸　蚀　剂：浓硝酸酒精溶液（浓硝酸体积分数为
　　　　　　10%～30%，其余为酒精，下同）

处理情况：铸态

组织说明：基体为细索氏体，白色树枝状分布的为铁
　　　　　素体，黑色点块为托氏体组织。

　　　　ZG2Cr13 钢属马氏体型不锈钢。该钢的含碳量
　　较 ZG1Cr13 钢为高，所以其室温的强度和硬度要
　　较 ZG1Cr13 钢为高些，耐腐蚀性和热强性稍低，
　　它可以通过表面化学热处理来提高疲劳强度和耐
　　磨性。此钢可用作腐蚀性不强及常温下的有机酸水
　　溶液或者要求防污染的介质中工作的零件，也可用
　　作水轮机转子叶片、水压机阀等零件。

图　　　号：5-1-121

材料名称：ZG2Cr13 钢

浸　蚀　剂：浓硝酸酒精溶液

处理情况：铸态

组织说明：此图是图 5-1-120 放大后的组织，基体为细
　　　　　索氏体，白色树枝状为铁素体，黑色为托氏体组织。
　　　　　组织的分布较图 5-1-120 更为清晰。

　　　　ZG2Cr13 钢铸件经 1050℃淬火后再 750℃回火
　　处理可获得索氏体和铁素体组织。铸钢的这种调质
　　组织有较好的综合力学性能和耐蚀性。但有时在
　　1050℃加热后会得到过热组织，不但马氏体晶粒粗
　　大，而且使残留奥氏体和铁素体增多，从而降低了
　　调质钢的冲击性能。对某些大型复杂的铸件不宜进
　　行调质处理时，可以进行退火处理，退火后的组织
　　为珠光体和铁素体。

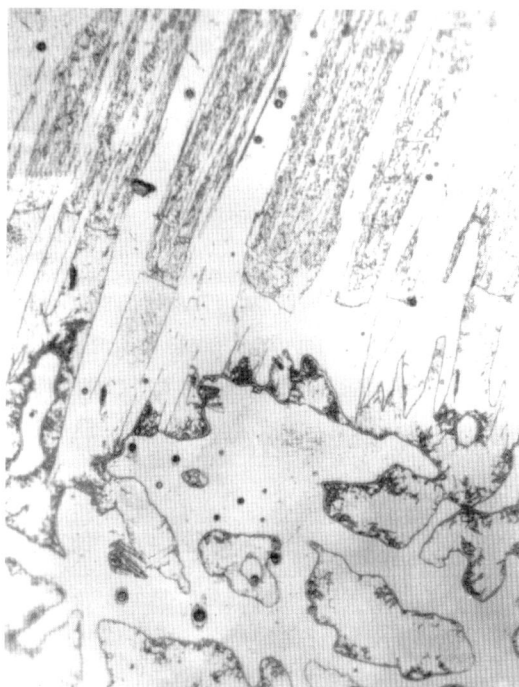

图　5-1-121　　　　　　　　　250×

图　5-1-122　　　　　　　　　断口

图　5-1-123　　　　　　　　　剖面

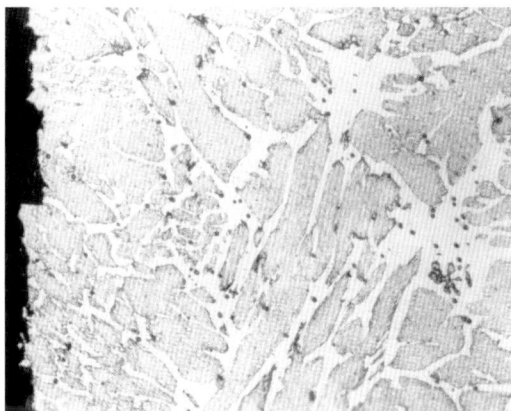

图　5-1-124　　　　　　　　　50×

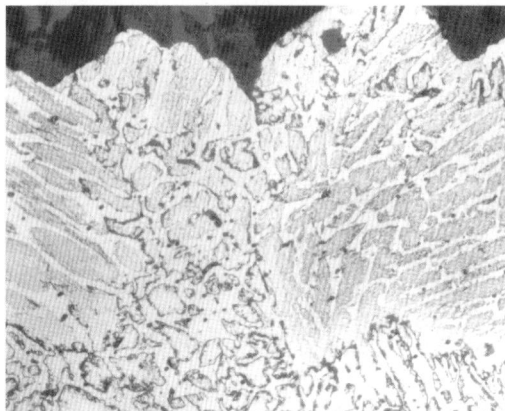

图　5-1-125　　　　　　　　　500×

图　　号：5-1-122～5-1-125

材料名称：ZG2Cr13 钢

浸 蚀 剂：浓硝酸酒精溶液

处理情况：铸态，铸钢件在服役过程中突然发生断裂

组织说明：图 5-1-122：断口实貌，呈粗大结晶状，晶粒自中心延伸至铸件边缘，是典型铸造结晶组织，在断面左侧有一斜条状分布的粗宽夹砂层缺陷。

图 5-1-123：实物断口的另一侧面经磨平后的情况，在剖面右侧有一条粗条状夹砂层，它与图 5-1-122 所示的夹砂层呈对应分布。

图 5-1-124：断口处的显微组织，基体为细索氏体，白色树枝状为铁素体，分布在铁素体边缘上的黑色点状为托氏体分布在铁素体上（图 5-1-124 右侧所示）的灰黑色点粒状为氧化物夹杂。

图 5-1-125：夹砂层附近的显微组织，基体为细索氏体，白色树枝状为铁素体，黑色点块状为托氏体。基体组织边缘处的黑灰色为石英砂夹杂。由于铸件落入大块型砂，构成严重的铸造缺陷，分割了基体，严重地降低了基体的连接强度，同时铸件晶粒粗大，并存在严重的柱状结晶，所有这些均是造成铸件断裂的主要原因。

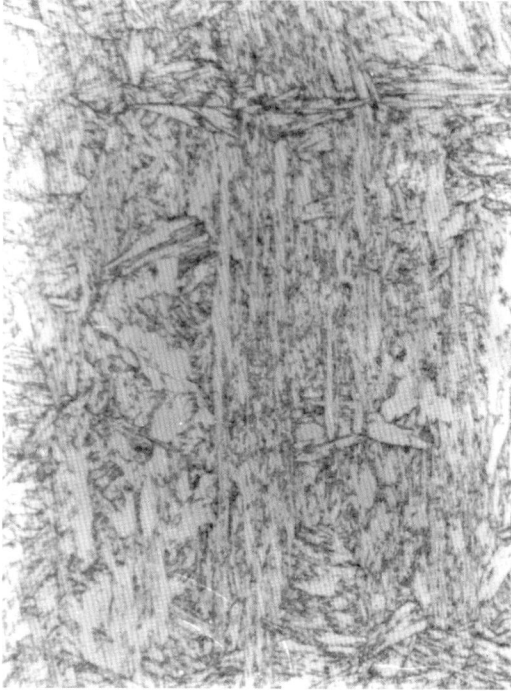

图　5-1-126　　　　　　　　　　　　500×

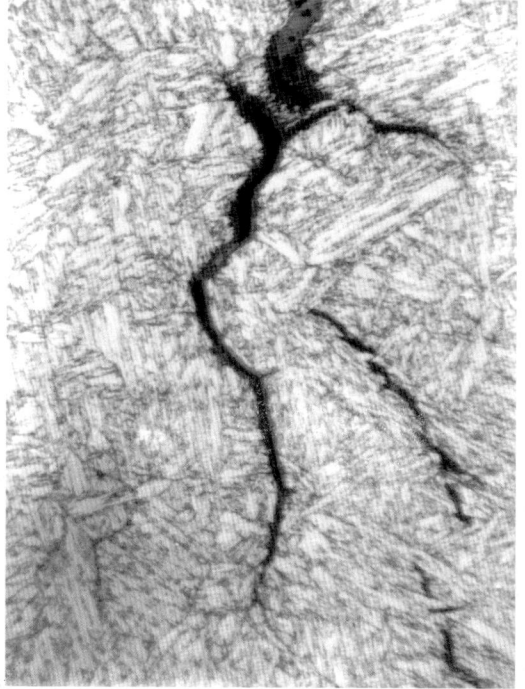

图　5-1-127　　　　　　　　　　　　500×

图　　号：5-1-126、5-1-127

材料名称：2Cr13 钢

浸 蚀 剂：苦味酸盐酸酒精溶液

处理情况：1050℃淬火后 750℃回火

组织说明：图 5-1-126：过热组织，保留马氏体粗大针叶位向的索氏体。

图 5-1-127：沿晶裂纹，在粗大索氏体基体上，有沿晶界分布的裂纹；裂纹内充满灰色氧化物夹杂。

2Cr13 钢正常的热处理淬火温度为 920～980℃，过高的淬火加热温度会使淬火后的马氏体变粗，虽然再经高温回火，仍保留着马氏体粗大针叶的位向的索氏体组织。此时，2Cr13 钢因晶粒粗大而使其冲击韧度显著下降。

2Cr13 钢经高温回火后有较好的韧性，且由于回火温度较高，合金元素较易扩散，使固溶体分解析出的碳化物周围贫铬区重新获得铬浓度的平衡，耐蚀性也较好。

Cr13 型不锈钢调质处理时最常见的缺陷是高温淬火开裂。因为 Cr13 型不锈钢导热性能差，在加热过程中发生相变时将产生很大的应力，尤其是在工件形状突变的部位更容易造成开裂。这种裂纹一般是由于加热速度较快，热应力大，以至在强度较低的晶界处产生，继而氧化，淬火后这些裂纹还将稍有扩展。防止开裂的措施是缓慢加热，或采用预热、分级淬火的办法。对形状复杂的工件可先在 540℃均热，再在 780℃均热，然后达高温淬火温度短时间加热。

由淬火加热应力所造成的开裂特征是：裂纹沿晶界扩展，有明显的分叉现象，裂纹的尾部尖细，裂纹内充满氧化物夹杂。

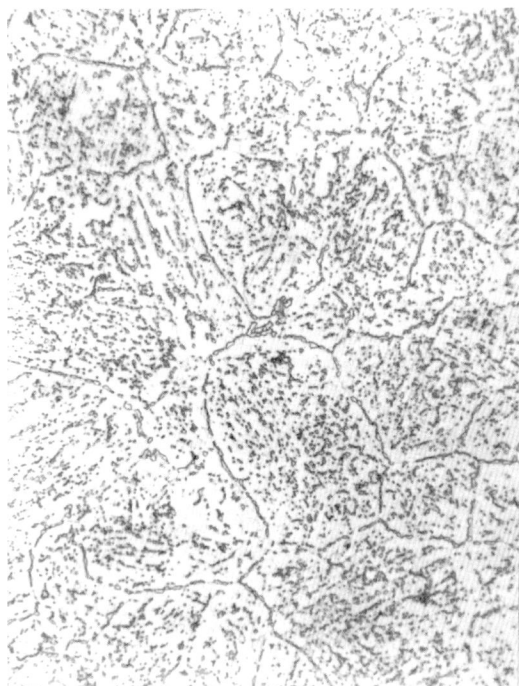

图　5-1-128　　　　　　　　500×

图　　号： 5-1-128

材料名称： 3Cr13 钢 [w（C）0.26%～0.35%，w（Cr）12.00%～14.00%，w（Mn）≤1.00%，w（Si）≤1.00%，w（S）≤0.030%，w（P）≤0.035%，w（Ni）≤0.60%]

浸 蚀 剂： 王水甘油溶液

处理情况： 退火状态

组织说明： 球粒状珠光体及呈断续网状分布的二次碳化物。硬度为 220HBW。退火状态的 3Cr13 型不锈钢，其力学性能比较低，耐腐蚀性也不高。因为这时钢中的铬与碳形成许多（Cr，Fe）$_{23}$C$_6$，使固溶体中的含铬量大为减少，同时钢中这些碳化物颗粒在腐蚀介质中将起到微电池的作用，有加速腐蚀的倾向。因此，为了兼顾 Cr13 型不锈钢的力学性能与耐蚀性，通常都在经淬火、回火后使用。3Cr13 钢经淬火、回火后可用作强度较高的结构材料，制造能承受高机械载荷、磨损及腐蚀介质作用条件下工作的零件。此外，也可用来制造量具、刃具、医疗器具、食用餐具等。

图　　号： 5-1-129

材料名称： 3Cr13 钢

浸 蚀 剂： 苦味酸盐酸酒精溶液

处理情况： 1200℃加热保温后油冷淬火

组织说明： 淬火细马氏体，残留奥氏体及少量未溶解的细颗粒状碳化物，金黄色方块为氮化钛夹杂物。硬度为 54HRC。

　　通常要求 3Cr13 钢在使用时具有较高的硬度和耐磨性，所以一般应经淬火热处理。淬火的目的，一方面是通过马氏体相变提高强度和硬度；另一方面是提高其耐腐蚀性能。在正常淬火温度（1020℃）范围内一部分残留未溶的碳化物具有阻止晶粒长大的作用，故使钢在淬火后得到细小的组织。淬火加热温度不宜过高（例如高于 1100℃）时，即将会得到粗大的淬火组织，从而导致材料的冲击韧度显著降低。

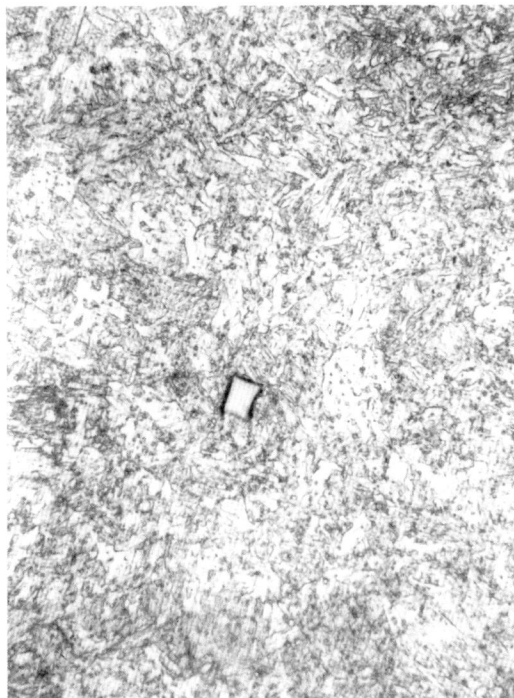

图 5-1-129　　　　　　　　500×

图　　号：5-1-130
材料名称：3Cr13 钢
浸 蚀 剂：氯化高铁盐酸水溶液
处理情况：1000℃淬火后 600℃回火
组织说明：保留马氏体位向的索氏体。硬度为
　　　　　29HRC。

　　当 3Cr13 不锈钢要求较高的强度与韧性相配
合较高的耐腐蚀性时，应采用调质处理，其回火
温度通常为 600～750℃。由于回火温度较高，合
金元素容易扩散，能使固溶体分解析出的碳化物
周围贫铬区重新得到铬的平衡组织，而使钢的耐
蚀性得到显著改善。

　　3Cr13 钢有回火脆性倾向，因此工件在回火
后应以较快的速度进行冷却。

图　　5-1-130　　　　　　　　　　500×

图　　号：5-1-131
材料名称：3Cr13 钢
浸 蚀 剂：氯化高铁盐酸水溶液
处理情况：1020℃油冷淬火后 200℃回火
组织说明：基体为回火马氏体及少量颗粒状未溶碳
　　　　　化物。硬度为 52HRC。

　　当 3Cr13 不锈钢要求具有高硬度时，可采用
低温回火（一般低温回火的温度为 200～250℃范
围内）。钢经过低温回火后，可很好的消除淬火应
力，同时获得回火马氏体组织。正常的低温回火
组织，大量的铬仍保留在固溶体中，使工件在具
有较高的硬度和耐磨性的情况下，且具有一定的
耐腐蚀性。

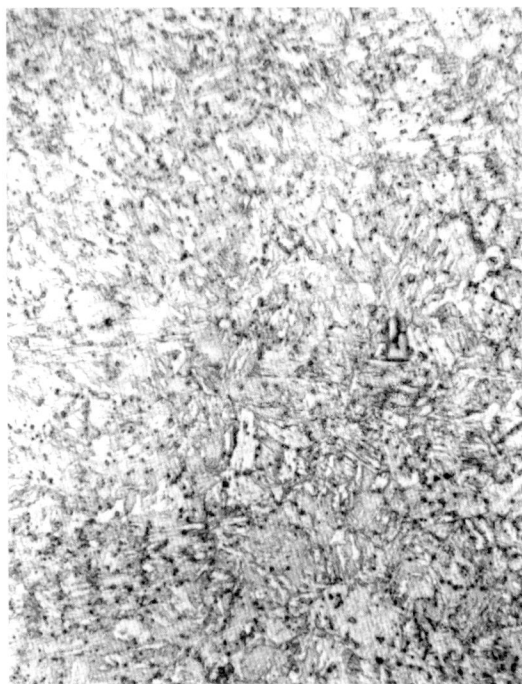

图　　5-1-131　　　　　　　　　　500×

图　5-1-132　　　　　　　　　实物

图　5-1-133　　　　　　　　　100×

图　　号：5-1-132～5-1-134

材料名称：3Cr13 钢

浸 蚀 剂：图 5-1-134 经苦味酸盐酸酒精溶液
　　　　浸蚀

处理情况：调质状态

组织说明：腐蚀严重而造成失效。

　　图 5-1-132：水泵轴外表面的严重腐蚀情
况。该轴由于腐蚀严重，外形尺寸发生明显变
化而失效。

　　图 5-1-133：水泵轴腐蚀表面在金相显微镜
下的形貌。轴的表面为铁的氧化物所覆盖，其
尺寸因严重腐蚀而发生显著的变化。

　　图 5-1-134：该轴失效后的显微组织，基体
为索氏体，尚属正常。由 3Cr13 不锈钢制造的
水泵轴表面的严重腐蚀，是使用过程中的缝隙
腐蚀所造成，与材料内在组织无关。这说明不
锈钢的"不锈"只是相对的，在某种条件下亦
会出现腐蚀严重现象。

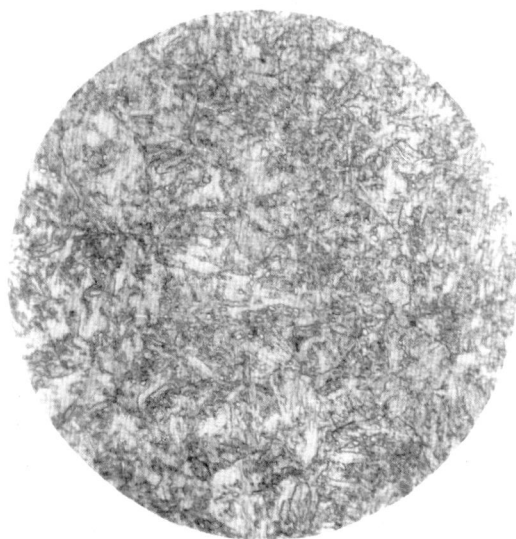

图　5-1-134　　　　　　　　　500×

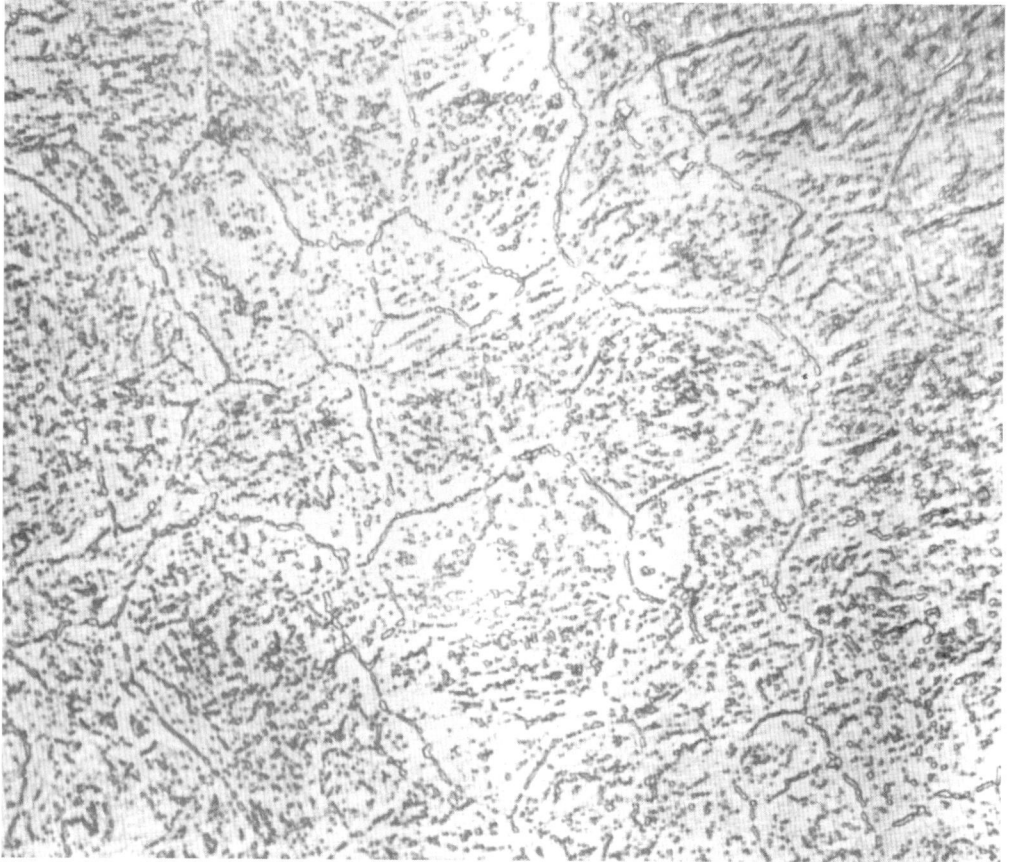

图　5-1-135

850×

图　号：5-1-135

材料名称：4Cr13 钢 ［w（C）0.36%～0.45%，w（Cr）12.00%～14.00%，w（Mn）≤0.80%，w（Si）

≤0.60%，w（S）≤0.030%，w（P）≤0.035%，w（Ni）≤0.60% ］

浸 蚀 剂：氯化高铁盐酸酒精水溶液

处理情况：退火状态

组织说明：球粒状珠光体及呈断续网状分布的二次碳化物。

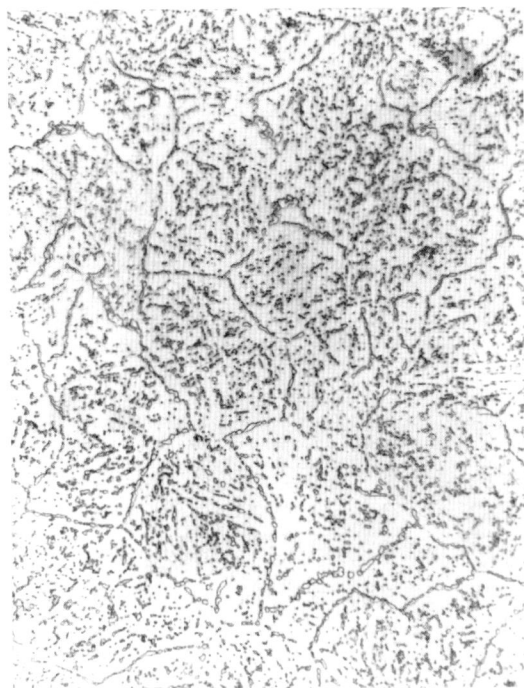

图 5-1-136   500×

图　　号：5-1-136

材料名称：4Cr13 钢

浸 蚀 剂：苦味酸盐酸酒精溶液

处理情况：退火状态

组织说明：球粒状珠光体及沿晶界呈断续网状分布的碳化物。硬度为 222HBW。

　　4Cr13 不锈钢导热性能较差，在锻造时应缓慢加热。对某些锻造比要求比较大的工件，必须反复多次加热锻造，退火后要注意缓慢冷却。

　　退火后的球粒状珠光体组织使工件便于切削加工。4Cr13 钢为过共析钢，其碳化物亦以（Cr，Fe）$_{23}$C$_6$ 为主。

　　4Cr13 钢经淬火回火后，硬度较高，耐磨性较好，同时耐蚀性也高。适于制作刃具、量具、外科医疗器具、弹簧等零件。

图　　号：5-1-137

材料名称：4Cr13 钢

浸 蚀 剂：苦味酸盐酸酒精溶液

处理情况：1020℃加热保温后油冷淬火

组织说明：淬火细马氏体及未溶解的碳化物颗粒。硬度为 54HRC。

　　4Cr13 钢一般应经淬火、回火后使用。该钢的正常淬火加热温度范围为 1050～1100℃，冷却介质为油。由于 4Cr13 钢含碳量较高，淬火的加热温度要适当，既要使基体中碳化物的溶解较充分，又要使钢在淬火后仍保留一定数量的碳化物颗粒，使工件既具有较高的硬度，又具有一定的耐磨性。

　　由于 4Cr13 钢的导热性比较低，合金元素在基体中的溶解及扩散比较缓慢，因此淬火加热保温时间应比相同含碳量的碳钢为长；同时，因 Cr13 型钢有脱碳倾向，故其保温时间又不宜过长，这点必须注意。

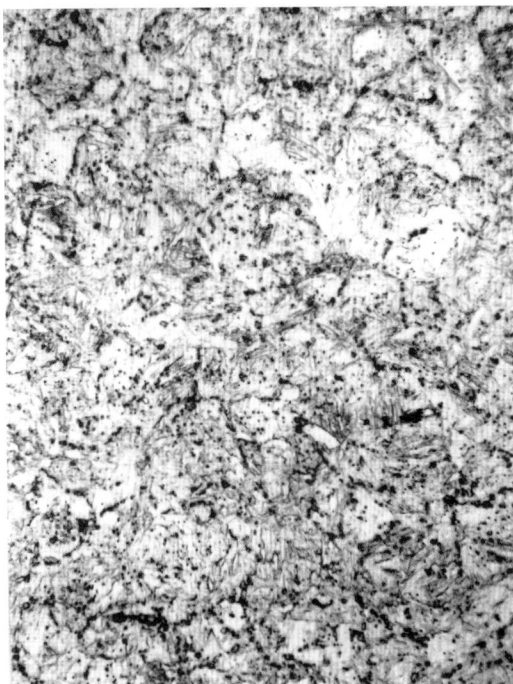

图 5-1-137   500×

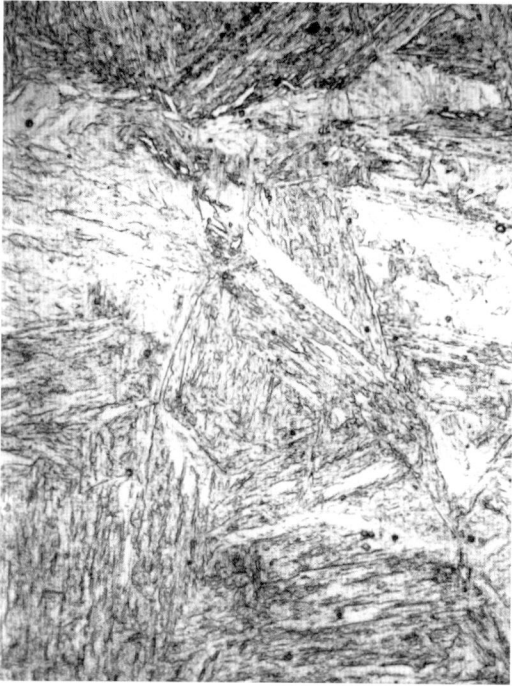

图　5-1-138　　　　　　　　　　　　　500×

图　　号：5-1-138

材料名称：4Cr13 钢

浸 蚀 剂：氯化高铁盐酸酒精水溶液

处理情况：1100℃加热保温后油冷淬火

组织说明：粗大淬火马氏体及残留奥氏体。硬度
　　　　　为 55～56HRC。

　　　在铬系马氏体型不锈钢中，随着淬火温度的
提高，碳化物（Cr,Fe)$_{23}$C$_6$的溶解不断增多，致使
淬火马氏体被进一步强化，从而提高了淬火后的
硬度。但这时淬火马氏体已明显粗化。若淬火加
热温度再提高，组织中将会出现不能强化的 δ 铁
素体，反而会降低其强度和耐蚀性，所以 4Cr13
钢的淬火加热温度不得大于 1100℃。另外，由于
其马氏体含碳量较高，在过高温度的氧化性介质
中长期加热保温时，将会产生强烈的脱碳，从这
个观点出发，4Cr13 不锈钢的淬火加热温度也不
宜过高。

图　　号：5-1-139

材料名称：4Cr13 钢

浸 蚀 剂：氯化高铁盐酸酒精水溶液

处理情况：1020℃油冷淬火后 650℃回火

组织说明：索氏体及细小粒状碳化物。图中灰色小
　　　　　方块及长方形为氮化物夹杂物。硬度为 52～
　　　　　53HRC。

　　　当 4Cr13 不锈钢要求较高的强度与韧度相
配合和较高的耐腐蚀性时，应采用调质处理，
其回火温度通常为 600～750℃。在大多数情况
下，要求用 4Cr13 不锈钢制成的零件具有高的
硬度和高耐磨性时，则可采用低温回火处理，
即淬火后的零件在 200～250℃的温度范围内进
行消除淬火应力的热处理，其组织为回火马氏
体。正常的低温回火组织，大量的铬仍留在固
溶体中，从而使零件满足使用要求。

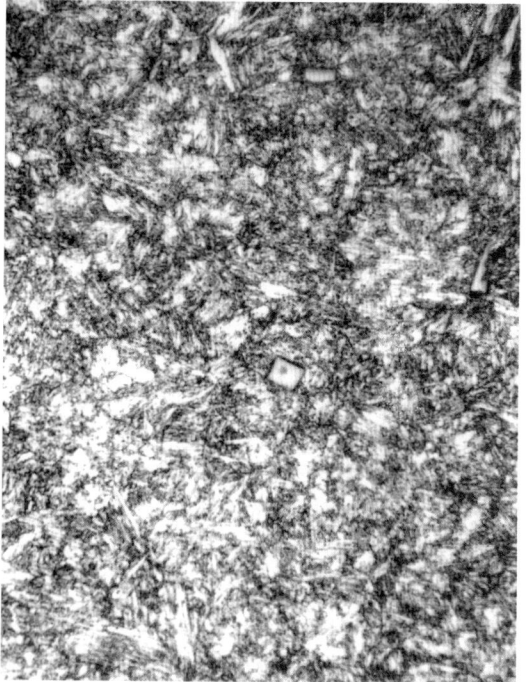

图　5-1-139　　　　　　　　　　　　　500×

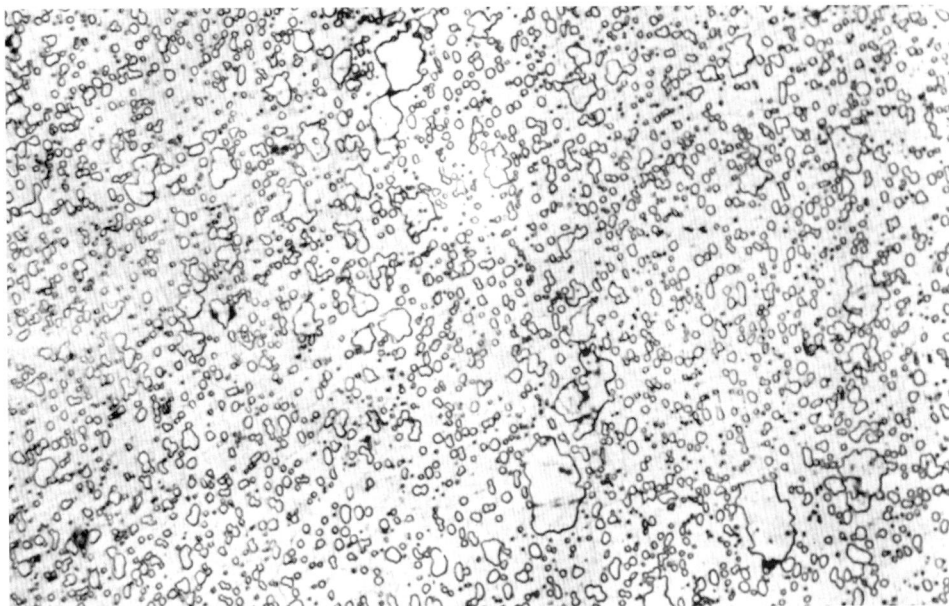

图　　5-1-140　　　　　　　　　　　　　　　　　　　　850×

图　　5-1-141　　　　　　　　　　　　　　　　　　　　850×

图　　号：5-1-140、5-1-141

材料名称：9Cr18 钢 [w（C）0.90%～1.00%，w（Mn）≤0.80%，w（Si）≤0.80%，w（Cr）17.00%～19.00%，w（S）≤0.030%，w（P）≤0.035%]

浸蚀剂：苦味酸盐酸酒精溶液

处理情况：图 5-1-140：球化退火处理；图 5-1-141：1100℃加热保温后油冷淬火

组织说明：图 5-1-140：基体为球状珠光体，白色大块和颗粒状为共晶和二次碳化物。

　　　　　图 5-1-141：基体为马氏体及少量残留奥氏体，白色大块状及颗粒状为共晶和二次碳化物。

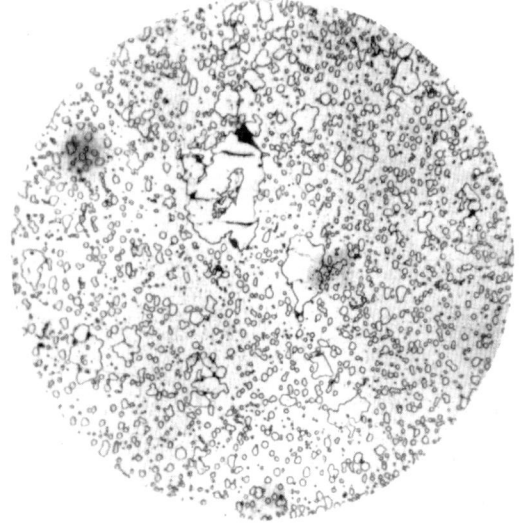

图　5-1-142　　　　　　　100× 　图　5-1-143　　　　　　　500×

图　　号：5-1-142、5-1-143

材料名称：9Cr18 钢

浸 蚀 剂：苦味酸盐酸酒精溶液

处理情况：球化退火处理

组织说明：图 5-1-142 为球粒状珠光体及共晶和二次碳化物。图 5-1-143 为图 5-1-142 放大后组织，基体中的粒状碳化物和共晶碳化物更趋明显。硬度为 220HBW。

　　9Cr18 钢为高碳高铬马氏体型不锈钢，易形成不均匀的碳化物。图示为退火后的低倍组织中有带状偏析的迹象，高倍观察时为球粒状珠光体及少量块状、粒状碳化物。由于原始组织的不均匀性，虽经球化退火，仍存在着较大的块状共晶碳化物。

　　9Cr18 钢中大块共晶碳化物，只有在变形较大的情况下才会破碎，为此在锻造时必须注意锻造比。同时，由于钢中含有大量的铬元素，使导热性较差，故锻造加热速度应缓慢，一方面防此锻件由于内外温差大而引起开裂，另一方面可使难熔的复杂碳化物在高温下充分溶解，以提高奥氏体的合金化程度。9Cr18 钢的正常锻造组织应为奥氏体、马氏体以及颗粒状的共晶和二次碳化物。不允许有过热的粗大晶粒和过烧的共晶莱氏体和含有孪晶的组织。若终锻温度过高，锻后又缓冷，将产生粗大的网状组织。这些组织在退火中是无法消除的，将严重影响钢材的性能。

　　为了降低锻件的硬度，使有利于机械切削加工，故应进行球化退火（一般球化退火工艺：加热至 850～870℃，保温 3～6h 以后以低于 90℃/h 的冷却速度冷至 600℃出炉空冷），使基体获得球粒状珠光体和块状、颗粒状的共晶和二次碳化物。若退火欠热，将有细片状或粒状密集分布的组织出现，使硬度偏高；若退火温度过高，则将出现粗大球状和网状碳化物，从而使钢的性能恶化。

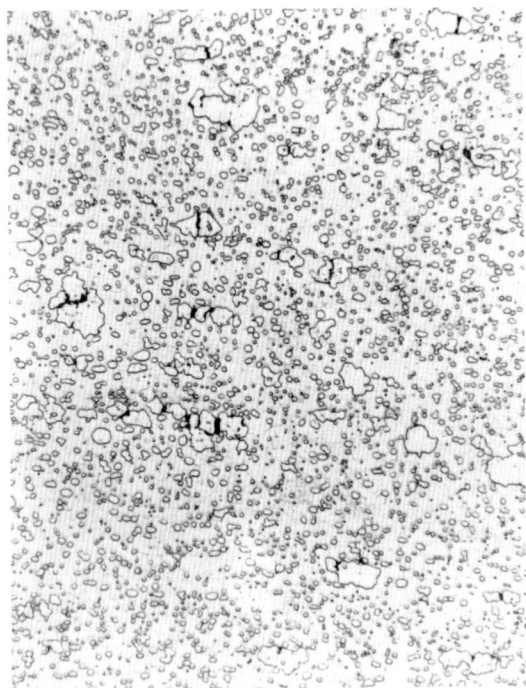

图   5-1-144   500×

图　　号：5-1-144

材料名称：9Cr18 钢

浸 蚀 剂：苦味酸盐酸酒精溶液

处理情况：1000℃加热保温后油冷淬火

组织说明：隐晶状马氏体、颗粒状碳化物及块状共晶碳化物和粒状二次碳化物，硬度为 56HRC。属淬火欠热组织。

　　9Cr18 钢在加热温度不太高的情况下淬火，颗粒状二次碳化物及块状共晶碳化物溶解不多，导致基体的合金化程度较低，淬火后马氏体呈隐针状，故基体呈白色，看上去仍与原始供应状态的组织差不多。1000℃淬火后钢中的残留奥氏体数量约占 5%（体积分数）。由于该钢淬火加热温度较低，致使工件的硬度偏低，不能满足使用要求。

图　　号：5-1-145

材料名称：9Cr18 钢

浸 蚀 剂：苦味酸盐酸酒精溶液

处理情况：1000℃油冷淬火后 160℃回火

组织说明：基体为隐针马氏体、少量残留奥氏体，大块状及颗粒状分别为共晶碳化物和二次碳化物，硬度为 57HRC。

　　9Cr18 钢经 1000℃油冷淬火后又 160℃回火处理，回火时一部分残留奥氏体将转变为马氏体，产生硬化作用，与钢在回火时去除淬火应力降低硬度的效果相抵消，故钢在回火后硬度变化极微。

　　9Cr18 钢正常淬火温度应为 1050～1100℃，若采用过高的淬火温度，将使钢中残留奥氏体数量明显增多，使硬度急剧下降。同时，还将获得粗大组织，使钢的性能恶化。

　　对易变形工件或薄壁小件，宜采用下限温度进行淬火；对要求高硬度的零件，为了使它能在高温下工作，则可选用上限温度淬火，以提高基体的合金化程度，适应使用要求。

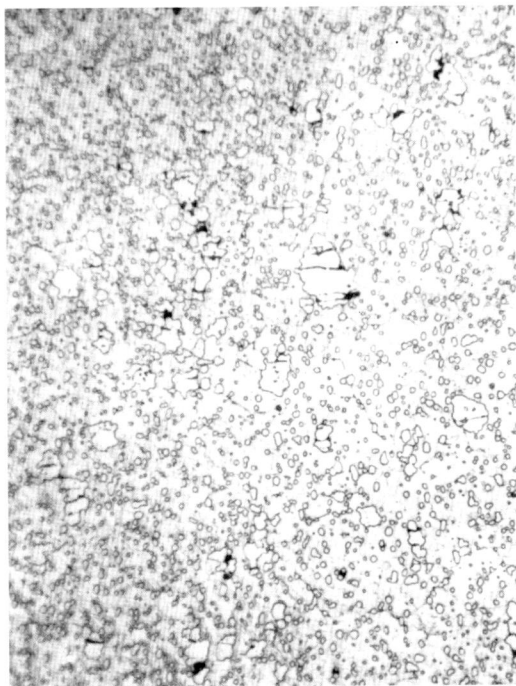

图   5-1-145   500×

图　5-1-146　　　　　　　　　　500×

图　　号：5-1-146

材料名称：9Cr18 钢

浸 蚀 剂：苦味酸盐酸酒精溶液

处理情况：1050℃油冷淬火

组织说明：隐针状马氏体、残留奥氏体及颗粒二次
　　　碳化物和块状共晶碳化物，硬度为 60HRC。属正
　　　常淬火的显微组织。

　　　在正常淬火组织中粒状碳化物溶解较多，故
奥氏体基体中的合金化程度明显提高，淬火后残
留奥氏体的数量约为 30%（体积分数）。

　　　9Cr18 钢正常淬火组织的特点是，浸蚀后
马氏体针叶不易被显示，淬火组织呈灰白色，
除色泽不均匀外与原材料退火状态的显微组
织很相似。

　　　由于 9Cr18 钢的淬透性较好，可在油冷或空
冷的条件下形成马氏体。一般来说，对于尺寸较
小、形状复杂的工件为避免淬火时产生过大变形
及淬裂缺陷，可选用冷速较缓的空冷。

图　　号：5-1-147

材料名称：9Cr18 钢

浸 蚀 剂：苦味酸盐酸酒精溶液

处理情况：1050℃油冷淬火后 160℃回火

组织说明：回火马氏体及残留奥氏体，颗粒状二次
　　　碳化物及块状共晶碳化物，硬度为 59～61HRC。

　　　9Cr18 钢正常淬火后，可在 160℃进行回火
处理，以消除淬火应力，稳定工件的尺寸和组
织，且使原淬火马氏体基体变黑。其回火组织
应为棕黑色隐针状马氏体及极少量残留奥氏
体，颗粒状二次碳化物及块状共晶碳化物。回
火马氏体的色泽不大均匀，这是回火时有部分
残留奥氏体转变为淬火马氏体，而与基体回火
马氏体共存所造成的结果。

　　　9Cr18 钢经淬火和回火后，使钢具有较高的
硬度和强度，同时，又具有一定的韧性，综合力
学性能较好。

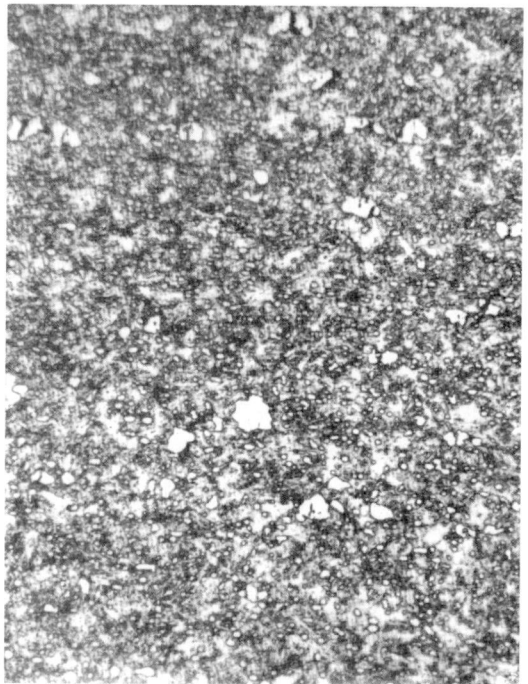

图　5-1-147　　　　　　　　　　500×

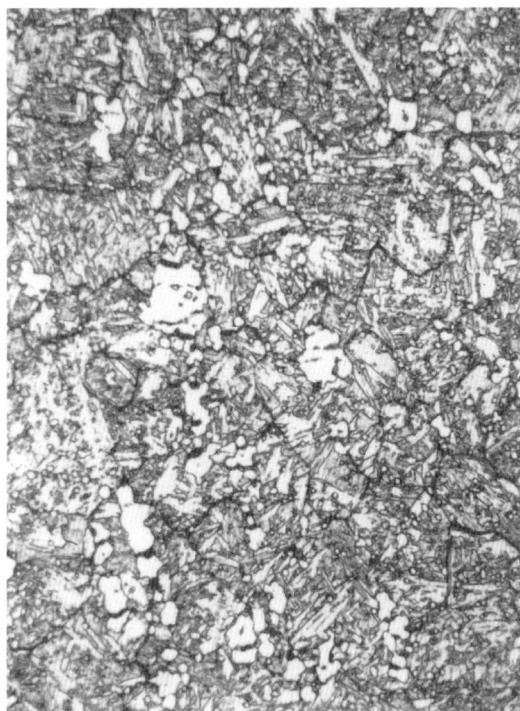

图　　5-1-148　　　　　　　　　　　　　500×

图　　号：5-1-148

材料名称：9Cr18 钢

浸 蚀 剂：苦味酸盐酸酒精溶液

处理情况：1120℃油冷淬火

组织说明：针状马氏体及残留奥氏体，其上布有块
状、颗粒状的共晶和二次碳化物。硬度为 38～
40HRC。

　　本图试样的淬火加热温度超过上限（1100℃），
淬火后得到粗大的组织，马氏体的针叶明显。同时得
到较多的残留奥氏体；颗粒状二次碳化物大部分溶
解，故淬火后二次碳化物数量明显减少，且颗粒外形
也明显缩小。

　　9Cr18 钢超过 1100℃加热淬火，具有明显粗
大的晶粒和显微组织，晶界很明显，并出现较多
的残留奥氏体［其数量可达 90％（体积分数）］，
使工件硬度急剧下降。

　　具有过热组织特征的 9Cr18 钢工件，可经过
重新退火，再加热到恰当温度并进行淬火处理，
以挽回因过热而造成的不良影响。

图　　号：5-1-149

材料名称：9Cr18 钢

浸 蚀 剂：苦味酸盐酸酒精溶液

处理情况：1180℃油冷淬火

组织说明：奥氏体、块状碳化物及重熔后新生的
共晶莱氏体，硬度为 30HRC，属轻度过烧的显
微组织。

　　本图试样的淬火加热温度达 1180℃，块状共
晶碳化物已发生溶解，淬火后得到大量亚稳定的
奥氏体［约为 95％以上（体积分数）］组织，已
形成轻度过烧，使工件的硬度明显降低。从图中
尚隐约可见细长针状分布的马氏体。此外，局部
地区有熔化现象，以致冷却后晶界处出现新生的
共晶莱氏体。

　　过烧组织的形成，使钢材的力学性能显著下
降，脆性明显增大。具有过烧组织的工件，无法
通过热处理方式来进行矫正，只能作报废处理。

图　　5-1-149　　　　　　　　　　　　　500×

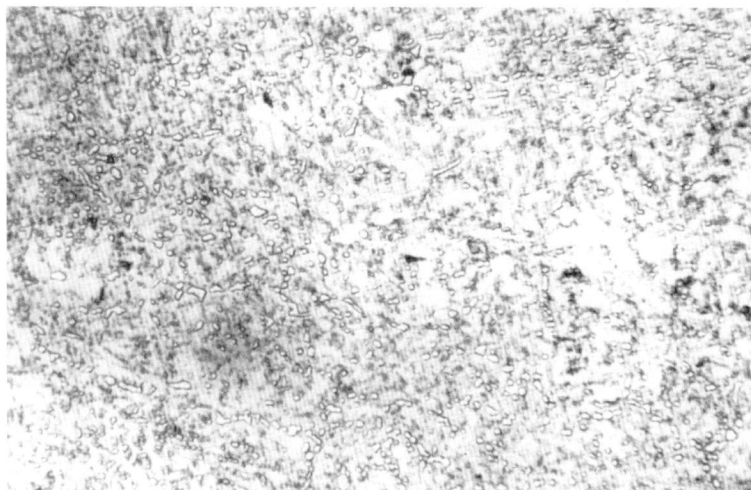

图　5-1-150　　　　　　　　　　　　　　　　500×

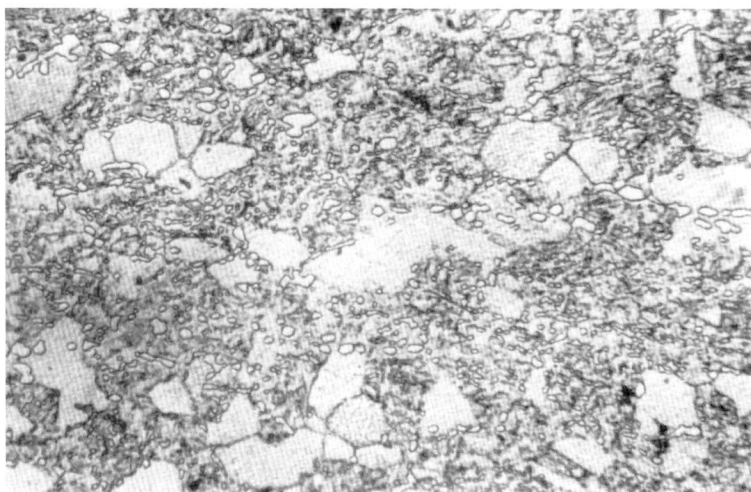

图　5-1-151　　　　　　　　　　　　　　　　500×

图　　号：5-1-150、5-1-151

材料名称：3Cr17Mo 钢（德国牌号 X35CrMo17）[w（C）0.33～0.45%，w（Cr）15.5%～17.5%，w（Mo）0.7%～1.3%，w（Ni）≤1.0%，w（Si）≤1.0%，w（Mn）≤1.5%，w（P）≤0.04%，w（S）≤0.03%]

浸 蚀 剂：硝酸盐酸水溶液

处理情况：锻造后于 1020℃加热后油冷淬火，670℃回火处理

组织说明：图 5-1-150：系 ϕ25mm 试样之显微组织。

　　图 5-1-151：系 ϕ410mm 主轴 1/3R 处之显微组织，两图的组织大致相同，惟后图试样系 1/3R 处取样，冷却较慢故二次及一次碳化物稍粗大，且一次碳化物呈条状分布，且有带状倾向。二试样基体均为索氏体，后图试样中由于冷却速度较慢，故有块状高温铁素体析出。1/3R 处的力学性能为：$R_{p0.2}$ ≥550N/mm^2；R_m 为 800～900N/mm^2；A≥14%；a_K≥20J/cm^2，其性能满足技术条件要求。

　　此材料系沉淀硬化型不锈钢，可用作 400℃以下高强度耐腐环境下的聚合物反应器的主轴。

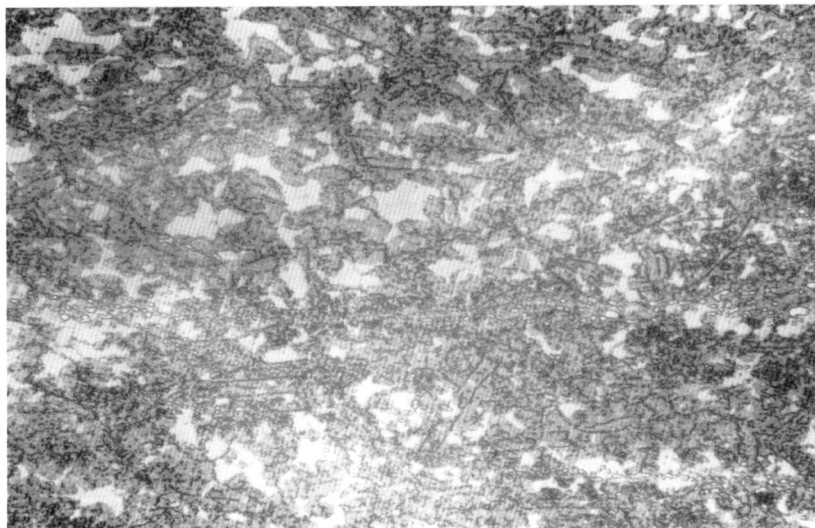

图　　5-1-152　　　　　　　　　　　　　　　　　　　　100×

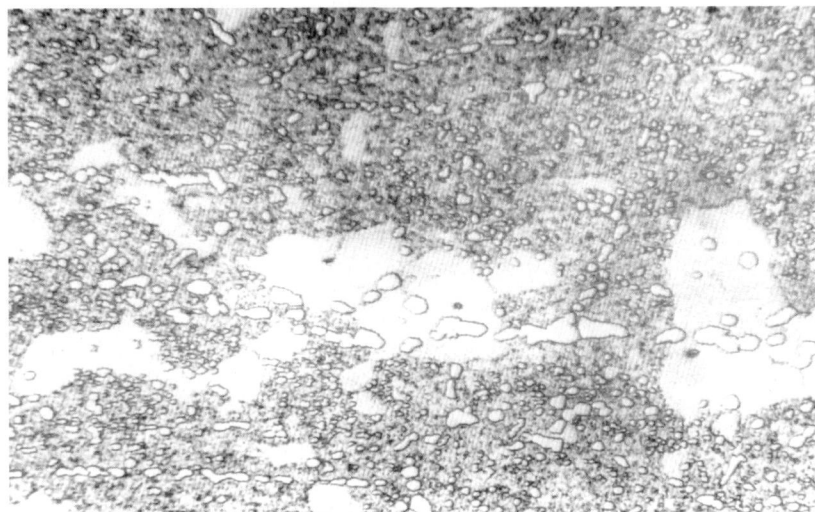

图　　5-1-153　　　　　　　　　　　　　　　　　　　　500×

图　　号：5-1-152、5-1-153

材料名称：3Cr17Mo 钢

浸 蚀 剂：硝酸盐酸水溶液

处理情况：锻造后于 1020℃加热后油冷淬火，670℃回火处理

组织说明：图 5-1-153：系图 5-1-152 的放大后组织，试样取自 ϕ410mm 主轴的法兰端，由于轴长 7m，只能
　　　　两端分别加热后锻造，致使主轴长时间加热冷却又缓，使碳化物聚集呈条链状分布，该碳化物在低倍时呈
　　　　黑色条状分布，放大后可见到长条和颗粒链状分布，说明材料已过热。基体组织为索氏体及细小粒状碳化
　　　　物，由于高温保温时间长，所以基体组织中有块状铁素体呈带状分布，其上有时有颗粒状碳化物存在，说
　　　　明碳化物先于铁素体形成。
　　　　　鉴于过量高温铁素体和链状碳化物的出现，不但使强度下降，同时还影响材料的塑性和冲击韧度。

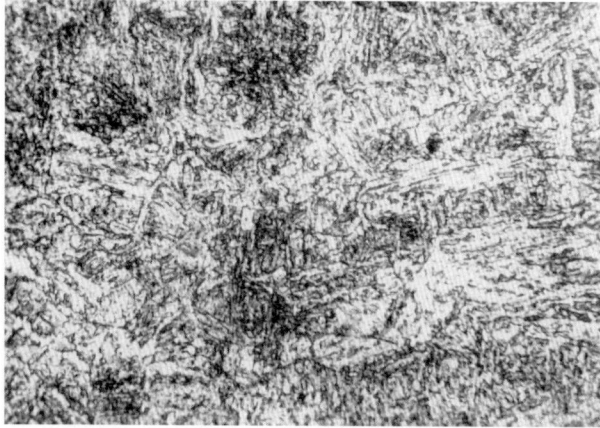

图 5-1-154   500×

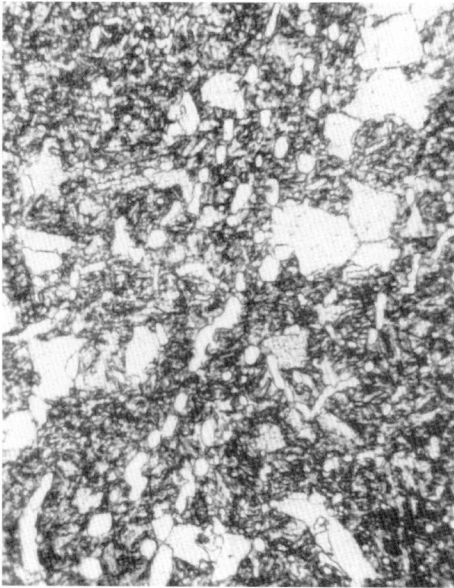

图 5-1-155   500×

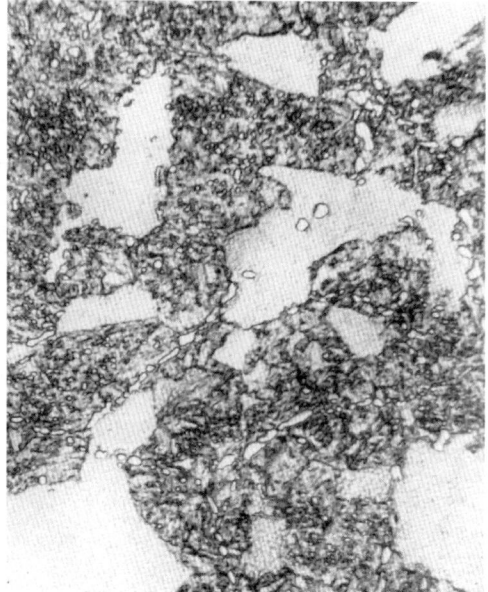

图 5-1-156   500×

图　　号：5-1-154～5-1-156

材料名称：3Cr17Mo 钢

浸 蚀 剂：硝酸盐酸水溶液

处理情况：锻造后于 1020℃加热后油冷淬火，670℃回火处理

组织说明：图 5-1-154：系 ϕ410mm 主轴近表面处之组织，基体为保持马氏体位向分布的索氏体及点粒状碳化物，在晶界处有短条状二次碳化物呈断续网状分布。

　　　　图 5-1-155 和图 5-1-156：两图分别取自不同主轴 1/3R 处，基体组织基本相仿，惟高温铁素体的含量在图 5-1-156 中较大且多，致使其综合的力学性能较图 5-1-155 为差。

　　　　图中如出现全封闭的网状碳化物，将会严重影响材料的强度、塑性和韧性，导致材料的力学性能达不到规定的技术指标。

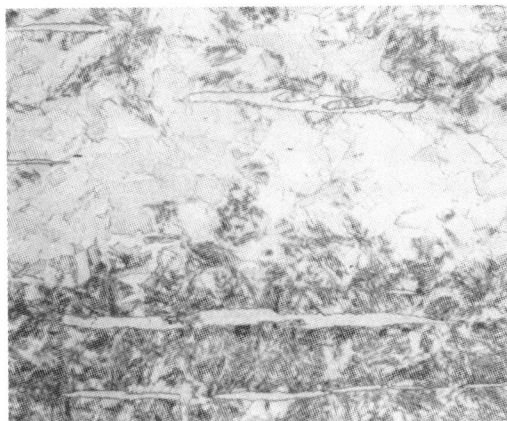

图 5-1-157 160×

图 号：5-1-158
材料名称：0Cr17Ni4Cu4Nb 钢
浸 蚀 剂：氯化高铁盐酸水溶液
处理情况：完全退火状态
组织说明：低碳马氏体及残留奥氏体组织。硬度
　　　　　为 313～321HBW。

　　0Cr17Ni4Cu4Nb 钢又称 17-4PH 钢。PH
表示沉淀硬化，属沉淀硬化型耐热钢。它是在
18-8 型奥氏体不锈钢的基础上发展起来的。

　　0Cr17Ni4Cu4Nb 钢经淬火、回火后，在具
有高强度的情况下，仍具有一定的耐腐蚀性能。

　　0Cr17Ni4Cu4Nb 钢的始锻温度为 1200℃，
终锻温度为 930℃，锻造后空冷。这类钢可用于
硬度要求高且耐腐蚀的场合。

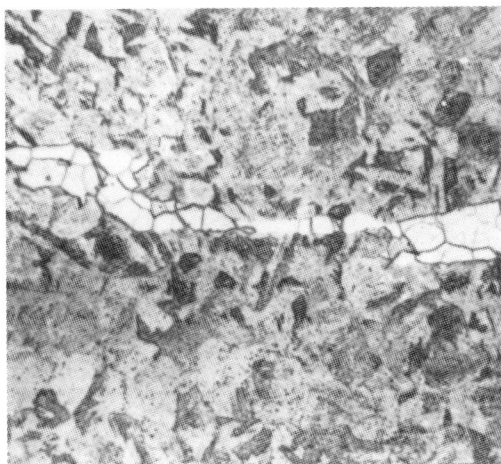

图 5-1-159 500×

图 号：5-1-157
材料名称：0Cr17Ni4Cu4Nb 钢 [w（C）≤0.07%；
　　　　　w（Cr）15.50%～17.50%，w（Ni）3.00%～5.00%，
　　　　　w（Cu）3.00%～5.00%，w（Nb）0.15%～0.45%，
　　　　　w（Si）≤1.00%，w（Mn）≤1.00%，w（P）≤
　　　　　0.035%，　w（S）≤0.030%]
浸 蚀 剂：苦味酸盐酸酒精溶液
处理情况：热轧供货状态
组织说明：带状偏析的马氏体（深色带状）和铁素
　　　　　体（白色带状）。由于严重的成分带状偏析造成的
　　　　　带状偏析组织，重新进行完全退火可消除偏析。

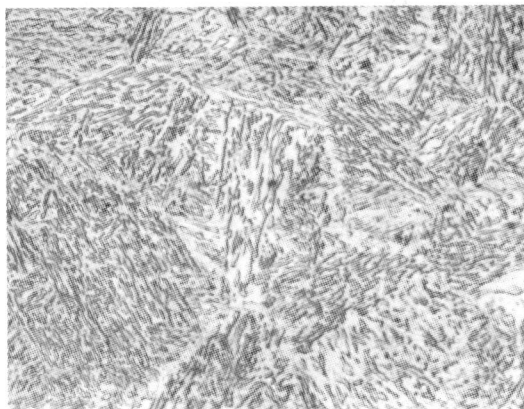

图 5-1-158 500×

图 号：5-1-159
材料名称：0Cr17Ni4Cu4Nb 钢
浸 蚀 剂：苦味酸盐酸酒精溶液
处理情况：1000℃加热保温后回冷
组织说明：基体为低碳马氏体，其上有沿轧制方向
　　　　　分布的条状铁素体，铁素体晶粒清晰可见，硬度
　　　　　为 33HRC。

　　本例由于淬火温度过低，故有多量铁素体
未溶解，淬火后仍保留在马氏体基体中，它将
会影响材料的强度，达不到不锈超高强度钢的
性能指标。

　　通常，不锈超高强度钢的强度要比其他类型
钢（如马氏体时效钢）要低，它最大优点是具有
良好的耐蚀性和抗氧化性能，从而使它较早地在
重要工程上得到应用，目前用在火箭和导弹上，
作为蒙皮材料。

图 5-1-160   500×

图 5-1-161   500×

图 5-1-162   500×

图　号：5-1-160～5-1-162

材料名称：0Cr17Ni4Cu4Nb 钢

浸 蚀 剂：苦味酸盐酸酒精溶液

处理情况：图 5-1-160 为 1000℃固溶；图 5-1-61 为
　　　　1030℃固溶；图 5-1-162 为 1050℃固溶

组织说明：图 5-1-160：低碳马氏体及部分未溶的铁
　　　　素体，尚有少量上贝氏体分布于晶界处。硬度为
　　　　42～43HRC

　　　　图 5-1-161：低碳马氏体及少量［≤5%（体积
　　　　分数）］的铁素体。

　　　　图 5-1-162：低碳马氏体。

　　　　0Cr17Ni4Cu4Nb 钢经 1050℃加热固溶后，可获
　　得全部低碳马氏体，它既耐蚀，又具有高的强度。

　　　　在低于固溶温度加热将有部分残留的铁素体存
　　在，且随加热温度越接近固溶温度，残留铁素体的
　　数量也随之减少。

图 5-1-163   500×

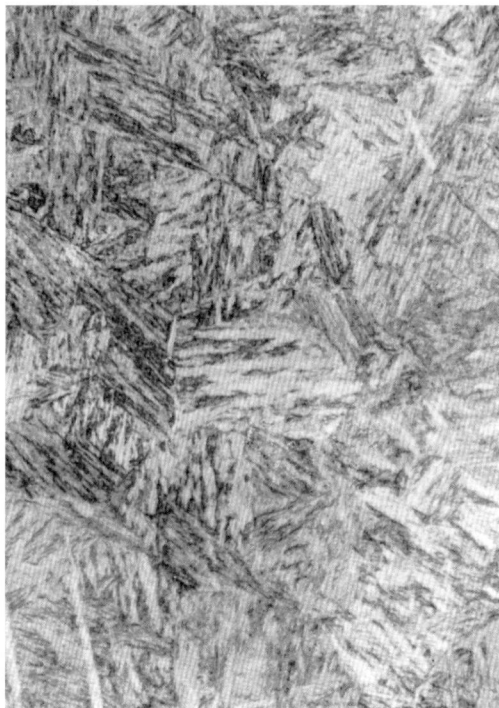

图 5-1-164   500×

图　　号：5-1-163、5-1-164
材料名称：0Cr17Ni4Cu4Nb 钢
浸 蚀 剂：苦味酸盐酸酒精溶液
处理情况：图 5-1-163 为 1150℃固溶；图 5-1-164 为 1150℃固溶后再 580℃时效
组织说明：图 5-1-163：粗大低碳马氏体及奥氏体。图 5-1-164：粗大索氏体组织。

　　0Cr17Ni4Cu4Nb 钢，经 1000℃固溶处理后获得低碳马氏体组织外，尚有未溶解的铁素体存在，如图 5-1-159 所示，表明是固溶温度低所造成的。同时，由于固溶温度偏低，基体合金化程度不足，导致在冷却过程中晶界处发生贝氏体转变。这种组织使该钢硬度下降，也影响到钢的时效后的强度。0Cr17Ni4Cu4Nb 钢的正常固溶温度为 1020～1060℃。图 5-1-162 所示是正常固溶处理后的显微组织，具有较高的强度。当固溶温度提高到 1150℃时，因其加热温度较高，0Cr17Ni4Cu4Nb 钢的晶粒显著长大，从而得到粗大的组织，如图 5-1-163 所示；时效后得到的组织也甚为粗大，如图 5-1-164 所示；既有损于强度，也使耐蚀性能降低。

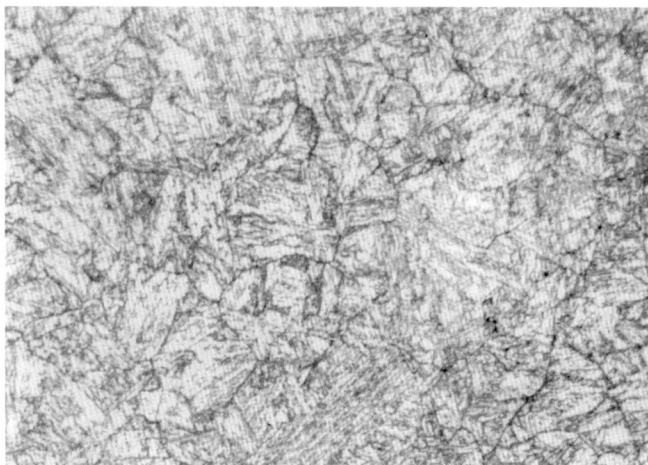

图 5-1-165 500×

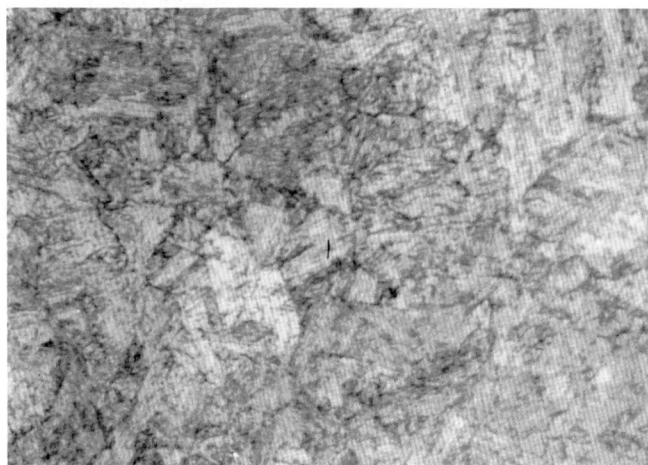

图 5-1-166 500×

图　　号：5-2-165、5-2-166

材料名称：0Cr17Ni4Cu4Nb 钢

浸 蚀 剂：苦味酸盐酸酒精溶液

处理情况：图 5-2-165 为 1030℃固溶后再经 810℃固溶；图 5-2-166 为 1030℃固溶后又经 810℃固溶再经 610℃时效。

组织说明：图 5-2-165：二次固溶后的过饱和低碳马氏体组织。

　　　图 5-2-166：马氏体基体上析出的第二相质点。

　　0Cr17Ni4Cu4Nb 钢在 1020～1060℃固溶处理后再进行较低温度（例如 810℃）的固溶处理，使之发生部分奥氏体化，有利于组织细化，从而能满足长期使用的组织稳定性要求。0Cr17Ni4Cu4Nb 钢经二次固溶处理后再进行 610℃时效处理，马氏体基体上析出第二相的强化相质点，如图 5-2-166 所示，这类强化相质点主要是富铜的面心立方 ε 相等一些金属间化合物和 $M_{23}C_6$ 及 NbC 碳化物。

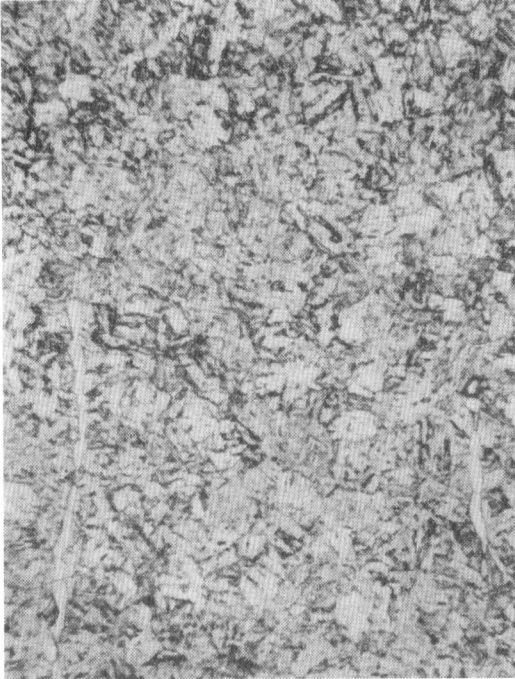

图　号：5-1-167
材料名称：0Cr17Ni4Cu4Nb 钢
浸 蚀 剂：苦味酸盐酸酒精溶液
处理情况：1050℃×3.5h 固溶后再经 570℃×6h 时效
组织说明：基体为保持马氏体位向的索氏体，其上布
　　　　　有沿轴向分布的条状未溶解的铁素体。硬度为
　　　　　40HRC。

　　　　图示组织的固溶温度是 1050℃，属正常。但保
温时间不足，致使组织中残留少量铁素体，沿加工
变形方向分布。可见这些铁素体系在固溶处理过程
中未被溶解。但基体为马氏体，经时效处理后，析
出高度弥散分布的碳化物，使硬度升高，产生沉淀
硬化作用。

图　5-1-167　　　　　　　　　　　　　400×

图　5-1-168　　　　断口实貌

图　5-1-169　断裂源的断口实貌　　3500×

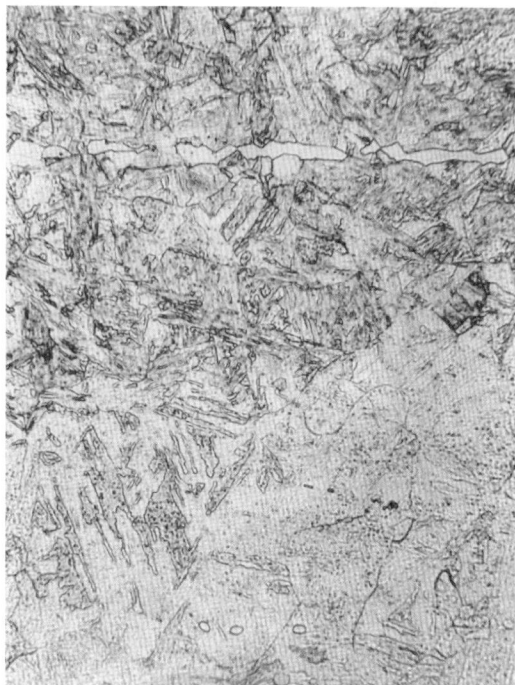

图 5-1-170　　　　　　　　　　400×

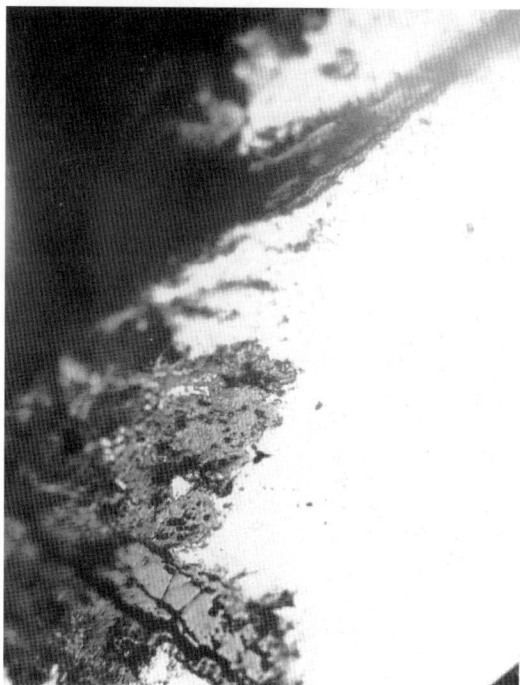

图 5-1-171　　　　　　　　　　300×

图　　号：5-1-168～5-1-171

材料名称：0Cr17Ni4Cu4Nb 钢

浸 蚀 剂：苦味酸盐酸酒精溶液

处理情况：ϕ105mm×2000mm 轴。1050℃×3.5h 固溶后，再经 570℃×6h 时效。由于轴较长，故在炉中调头时效处理。在校直时发生断裂

组织说明：图 5-1-168：长轴的断口实貌。

　　　　图 5-1-169：长轴断裂源经电子显微镜复膜所显示的断口形貌。

　　　　图 5-1-170：近长轴断口处的显微组织，基体为索氏体组织及少量未溶解的铁素体，晶粒细小。索氏体较粗大，组织呈带状分布。

　　　　图 5-1-171：断裂源表面的组织，表面存在折叠和氧化物凹坑。

　　　　由图 5-1-168～图 5-1-171 分析可知，轴的断裂系脆性断裂。断裂自表面缺陷处（如图 5-1-168 和图 5-1-171 所示）发生，由断口（如图 5-1-168 和图 5-1-169 所示）可知，引起断裂的应力水平较高；同时轴的固溶温度稍低，导致有未溶解的铁素体存在，如图 5-1-170 所示；轴的原材料质量较差，存在带状偏析和表面缺陷（折叠和氧化斑疤，见图 5-1-171）；当轴在校直时的校直应力又过大，致使在表面缺陷处发生断裂。

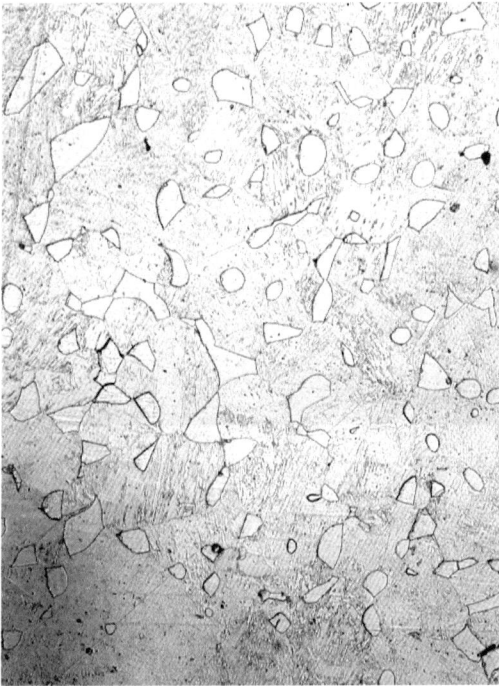

图　5-1-172　　　　　　400×

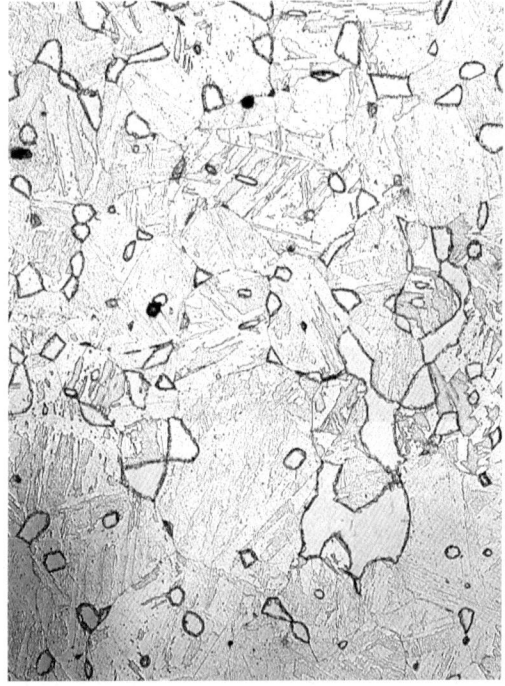

图　5-1-173　　　　　　400×

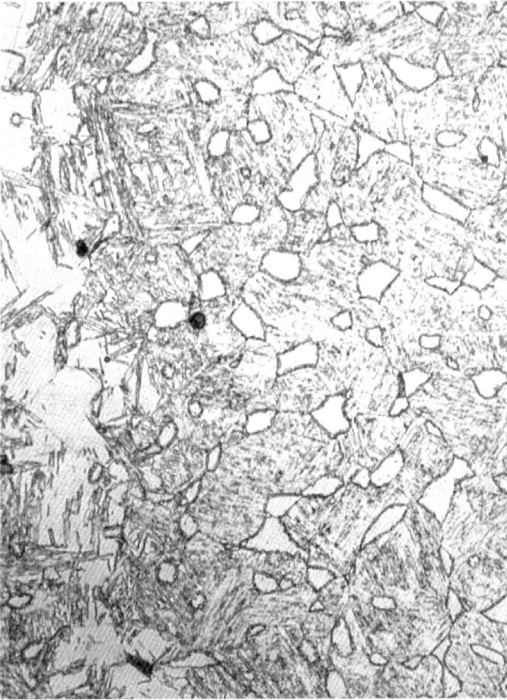

图　5-1-174　　　　　　400×

图　　号：5-1-172～5-1-174
材料名称：0Cr15Ni7Mo2Al（锻件）
浸　蚀　剂：氯化高铁盐酸水溶液
处理情况：图 5-1-172 经 1050℃×60min 固溶后空冷；
　　　　图 5-1-173 经固溶＋760℃×90min 空冷再经 0℃保
　　　　温 1h；图 5-1-174 经固溶＋760℃×90min 空冷再经
　　　　－5℃保温 1h＋565℃×90min 时效
组织说明：图 5-1-172：经固溶处理后的组织，浅灰
　　　　色的基体主要为奥氏体+少量马氏体，其上分布白
　　　　色小岛状的 δ 铁素体。硬度为 19HRC。
　　　　图 5-1-173：经调整处理后的组织，基体为马
　　　　氏体＋少量残留奥氏体，$Cr_{23}C_6$ 碳化物沿 δ 和 γ 相
　　　　界析出。硬度为 29HRC。
　　　　图 5-1-174：经调整处理、再进行时效处理
　　　　后的组织。在原来的组织上时效析出弥散镍-铝
　　　　强化相，残留奥氏体进一步分解成马氏体，因 M_s
　　　　点较低故仍有少量残留奥氏体。硬度为 38HRC。
　　　　0Cr15Ni7Mo2Al 属半奥氏体沉淀硬化型。不锈
　　　　钢，固溶处理后基本保持奥氏体组织［含 5%～20%
　　　　（体积分数）δ 铁素体］，有良好的成形性能，加工
　　　　后需经中间调整处理及冷处理，使其转变为马氏体组
　　　　织，再经时效处理，析出镍-铝强化相，使室温 R_m
　　　　达 1400N/mm² 以上。该钢具有较好的抗氧化及耐腐
　　　　蚀性能。它广泛用于宇航及石油化工等方面的耐
　　　　腐蚀及 400℃以下工作的承力构件和压力容器。其
　　　　缺点是热处理制度较复杂，纵、横向韧性及塑性差
　　　　异较大，化学成分需精确控制，经调整后韧性及塑
　　　　性损失较大。

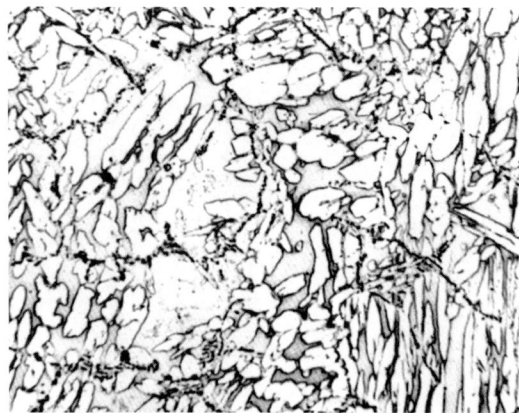

图 5-1-183　　　　　　　　　　　150×

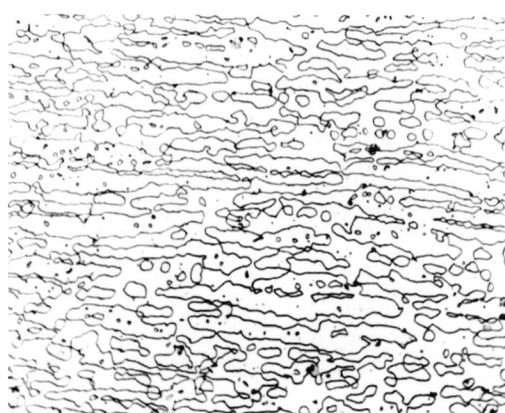

图 5-1-184　　　　　　　　　　　340×

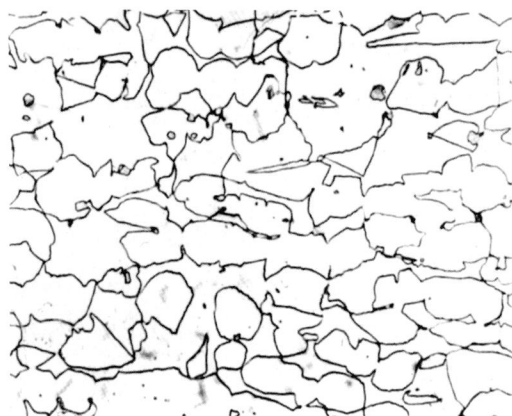

图 5-1-185　　　　　　　　　　　340×

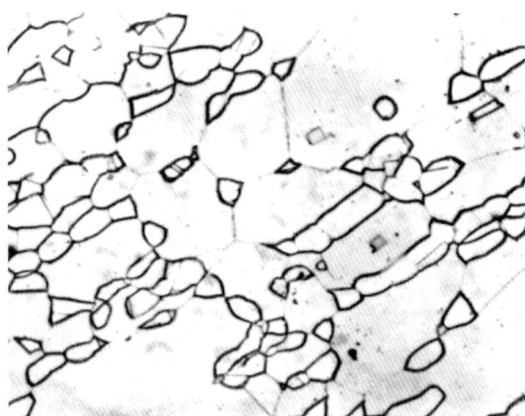

图 5-1-186　　　　　　　　　　　340×

图　　　号：5-1-183～5-1-186

材料名称：1Cr21Ni5Ti 钢 ［w（C）0.13%,w（Cr）21.05%,w（Ni）5.7%,w（Ti）0.45%,w（Mn）0.55%,w（Si）0.41%,其余为 Fe］

浸 蚀 剂：图 5-1-183 为 10% 氢氧化钾水溶液电解浸蚀；图 5-1-184～186 为 10% 草酸水溶液电解浸蚀

处理情况：图 5-1-183 合金的铸态组织；图 5-1-184 δ=3mm 的冷轧板材经 1100℃×30min 后空冷；图 5-1-185 经 1200℃×30mn 后空冷；图 5-1-186 经 1250℃×30min 后空冷

组织说明：图 5-1-183：1Cr21Ni5Ti 铸态组织，灰色的基体为 α 铁素体，其上分布着片状和小岛状的 γ 相。

　　　　图 5-1-184～图 5-1-186：是冷轧板材经不同温度固溶后的组织，其组织是在铁素体基体上分布着小岛状的 γ 相，其铁素体数量分别为 65%、75% 和 85%（均为体积分数）。随着固溶温度的升高，钢中的 γ 相含量逐渐减少，α 含量增加，晶粒逐步长大。而钢的强度和韧性呈下降趋势。

　　　　1Cr21Ni5Ti 属典型的 γ+α 的双相钢，它的韧性比铁素体型不锈钢好，强度比奥氏体型不锈钢高，耐蚀性能优良，但塑性及冷变形性较奥氏体型不锈钢差，轧制后其组织沿轧制方向呈带状分布，使力学性能存在各向异性。它一般在固溶处理（1000～1100℃）状态使用，其组织为 γ+α 双相，α 相的数量约占 50%～70%（体积分数），钢的韧性最好。用于室温力学性能要求比奥氏体不锈钢要高的耐蚀零件，如运载工具的阀门、发动机外壳和火箭发动机燃烧室外壁等。

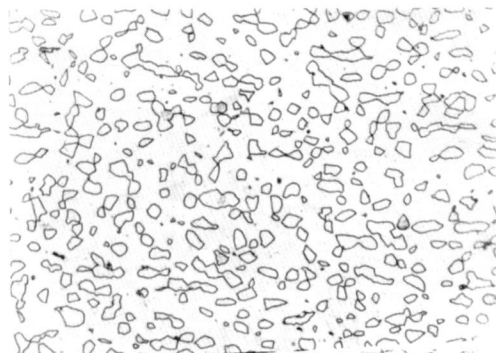

图　5-1-187　　　　　　　　340×

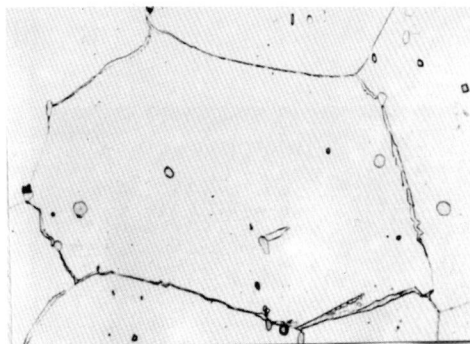

图　5-1-188　　　　　　　　340×

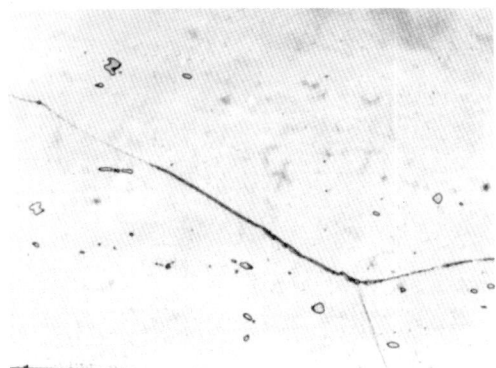

图　5-1-189　　　　　　　　340×

图　5-1-190　　　　　　　　400×

图　号： 5-1-187～5-1-190

材料名称： 1Cr21Ni5Ti 钢 [w（C）0.10%，w（Cr）21.05%，w（Ni）5.5%，w（Ti）0.77%，w（Mn）0.41%，w（Si）0.72%，其余为 Fe]

浸蚀剂： 图 5-1-187～图 5-1-189 为 10% 草酸水溶液电解浸蚀　图 5-1-190 为苛性赤血盐水溶液

处理情况： 图 5-1-187 为 δ=3mm 的冷轧板材经 1100℃×30mn 后空冷；图 5-1-188 经 1200℃×30mn 后空冷；图 5-1-189 经 1250℃×30mn 空冷；图 5-1-190 经 1000℃×100h 空冷

组织说明： 图 5-1-187：在铁素体基体上分布着小岛状的 γ 相。图 5-1-188：铁素体的体积分数接近 100%，其上分布极少量的 γ 相。图 5-1-189：铁素体的体积分数近 100%。图 5-1-190：灰色铁素体基体上分布着小岛状白色 γ 相＋褐色的 σ 相。图 5-1-187～图 5-1-189 是冷轧板材经不同温度固溶后的组织，由于 Ti 量偏上限，随固溶温度的升高，钢中 γ 相含量迅速减少，铁素体晶粒急剧长大。钢的强度和韧性明显下降。Ti 是铁素体形成元素，随着含钛量不同，会使钢在相同的固溶温度下 γ＋α 二相比例有很大的差异，对于 w（Ti）为 0.45% 的钢，固溶温度达 1200℃ 时，其铁素体含量为 75%（体积分数）；而对于 w（Ti）为 0.77% 的钢铁素体数量已接近 100%（体积分数）。对 1Cr21Ni5Ti 双相钢来说，铁素体是脆性相，固溶态没有弥散的析出相，所以钢的韧性只与铁素体的数量有关，随着铁素体数量增加韧性下降。但必须注意：1Cr21Ni5Ti 钢还具有严重的时效脆性倾向，双相钢的脆化是在铁素体相内发生，起脆化作用的是固溶在铁素体中的钛，在 550℃ 左右时效生成 Ni-Ti 金属间化合物而发生弥散硬化，会使钢变脆。因此，必须控制含钛量，固溶温度不能过高，固溶后尽可能的快冷。除此以外 1Cr21Ni5Ti 钢还存在 σ 相脆化问题，它不宜在 650～750℃ 范围内工作或停留，短时间加热由于 $Cr_{23}C_6$ 的析出，奥氏体强烈贫化，发生马氏体转变，使钢的韧性显著下降；长时间工作，则会发生 α→σ 相转变，使钢变脆。

金 相 图 片

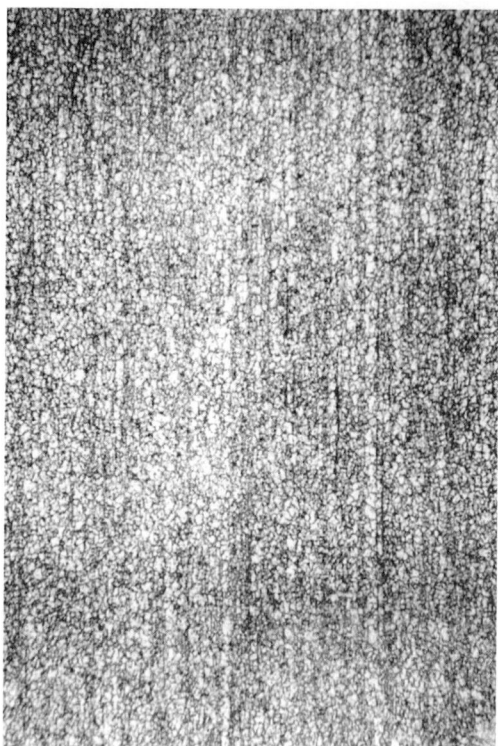

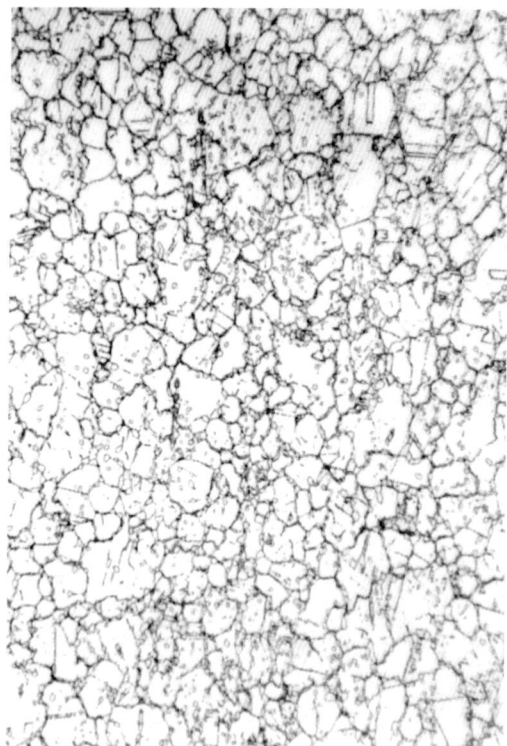

图 5-2-1　　　　　　　　　　100×　　图 5-2-2　　　　　　　　　　500×

图　　号：5-2-1、5-2-2

材料名称：5Cr21Mn9Ni4N 钢 [w（C）0.48%～0.58%，w（Si）≤0.35%，w（Mn）8.00%～10.00%，w（Cr）20.00%～22.00%，w（Ni）3.25%～4.25%，w（N）0.35%～0.50%，w（P）≤0.040%，w（S）≤0.030%]

浸 蚀 剂：苦味酸盐酸酒精溶液

处理情况：原材料供应状态

组织说明：基体为奥氏体和颗粒状碳化物，碳化物一般分布于晶内。奥氏体晶粒极细小，部分奥氏体呈孪晶。从倍数较低的图 5-2-1 可以看到，钢有因轧制而引起的带状残迹存在。图 5-2-2 为图 5-2-1 放大后组织奥氏体基体上的颗粒状碳化物及孪晶奥氏体更明显。

在 5Cr21Mn9Ni4N 钢中，由于锰镍的作用相近，也是扩大 γ 区的元素。因此，将 w（Mn）提高到 9%，可以节约一部分镍，使钢的 w（Ni）下降到 4%，同时，添加碳和氮，使 w（C+N）>0.90%，可显著地提高钢的奥氏体固溶强化和析出强化的作用。为使钢在熔融的 PbO 中具有优良的耐蚀性，对含硅量作了严格的限制。

5Cr21Mn9Ni4N 钢标准热处理制度为 1100～1200℃固溶处理和 760～780℃空冷的时效处理。

将 w（S）提高到 0.07%，可改善 5Cr21Mn9Ni4N 钢的加工性能；添加 w（B）为 0.00005%～0.005%，可改进 5Cr21Mn9Ni4N 钢的热加工性能。

5Cr21Mn9Ni4N 钢具有良好的高温性能，适宜于在 600～750℃温度下长期工作，而且具有良好的耐氧化铅腐蚀性能。因此广泛地被应用在以经受高温强度为主的汽油机及柴油机用排气阀。

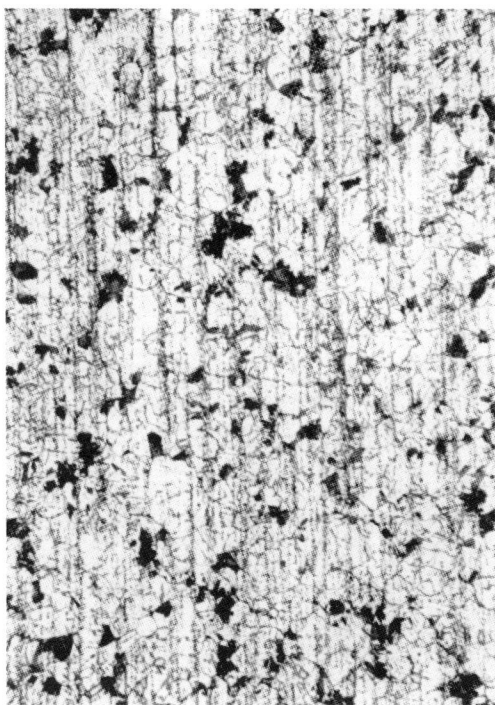

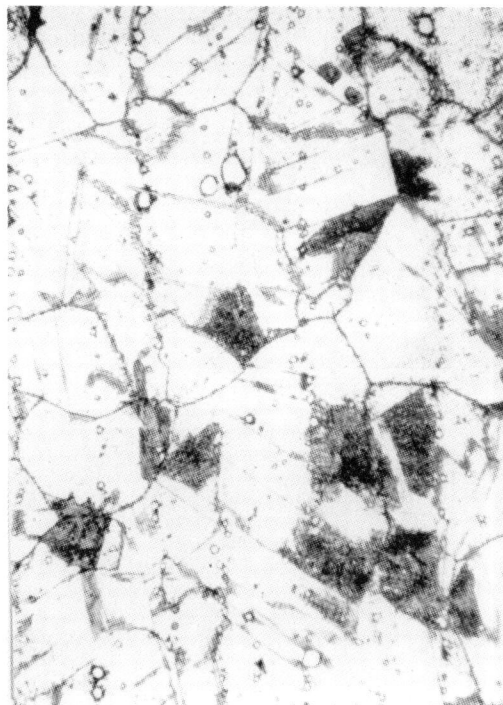

图　5-2-3　　　　　　　　　　100×　　图　5-2-4　　　　　　　　　　500×

图　　号：5-2-3、5-2-4

材料名称：5Cr21Mn9Ni4N 钢

浸 蚀 剂：苦味酸盐酸酒精溶液

处理情况：固溶处理后经 800℃时效处理

组织说明：图 5-2-3：白色基体为奥氏体，其上布有颗粒状碳化物，黑色块状为层片状析出物分布于晶界处，组织稍呈带状分布。

图 5-2-4：为图 5-2-3 的放大后组织，基体、碳化物、层中析出物更清晰。

5Cr21Mn9Ni4N 钢经固溶处理和 800℃时效处理后，由于固溶或时效温度太高，容易产生这种层片状析出物，经 X 射线和电子扫描分析，是奥氏体与 Cr_2N 相互交替呈层片状排列的层片状析出物，有类似层片状珠光体的特征，弥散分布在奥氏体晶界处。

5Cr21Mn9Ni4N 钢晶界析出物使钢的高温强度明显下降，冲击韧度和耐蚀性亦显著降低，因此该晶界层片状析出相应尽可能限制在 10%以下。

为了消除 5Cr21Mn9Ni4N 钢晶界析出物对室温、高温性能和耐蚀性的影响，可对产生层片状析出物的材料重新进行大于 1100℃的固溶处理，即可予以改善。

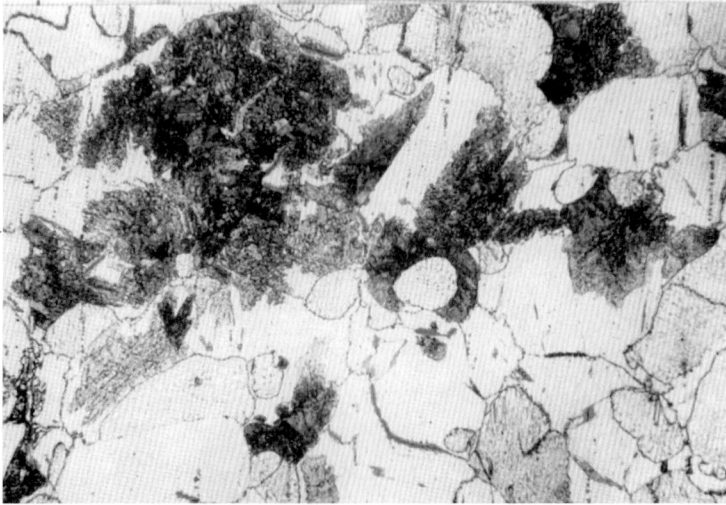

图　5-2-5　　　　　　　　　　250×

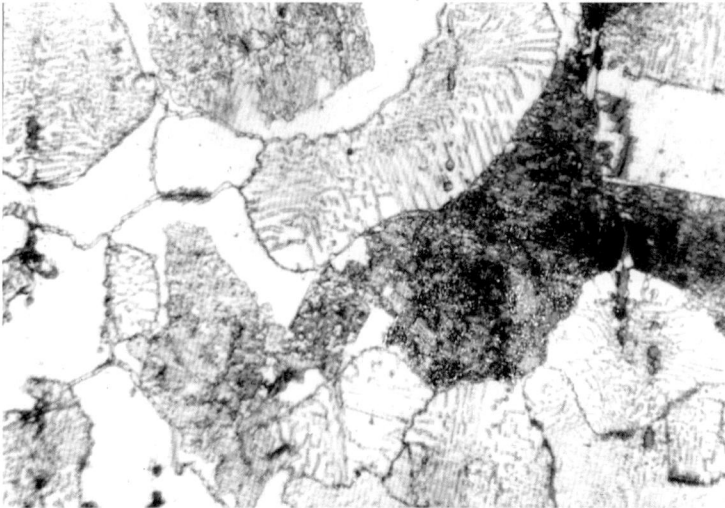

图　5-2-6　　　　　　　　　　800×

图　号： 5-2-5、5-2-6

材料名称： 5Cr21Mn9Ni4N 钢

浸 蚀 剂： 苦味酸盐酸酒精溶液

处理情况： 1250℃固溶处理后经 900℃时效处理

组织说明： 白色基体为奥氏体，晶界处层片状析出物较致密（色泽较深），浅灰色层片较粗大。图 5-2-6 是图 5-2-5 同一试样的放大后的组织，析出物的结构清晰可辨。经 X 射线分析，层片状析出物为 Cr_2N 相。

固溶温度显然比标准热处理制度高了一些，对形成晶界析出相有影响，而固溶后的时效温度超过 800℃（现在时效温度是 900℃），晶界析出物的数量急剧增加，并且部分析出物粗化，从而使 5Cr21Mn9Ni4N 钢的热强度和耐腐蚀性能恶化。

5Cr21Mn9Ni4N 钢出现这种组织已过时效，可采用再次固溶处理予以消除，改善钢的热强性和耐蚀性能。

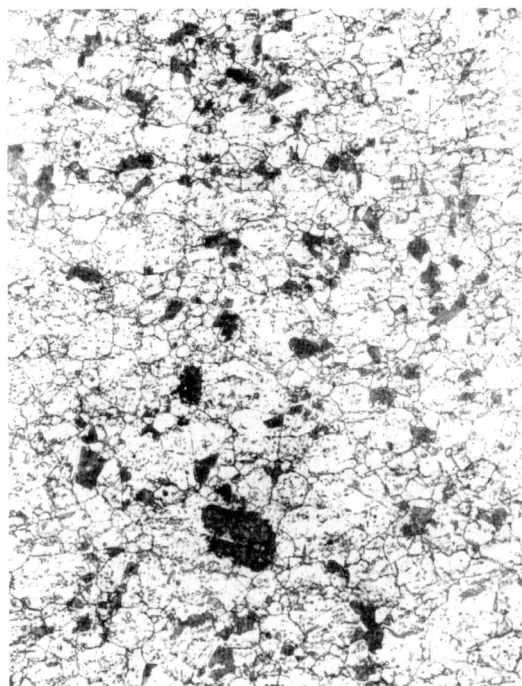

图　5-2-7　　　　　　　　　　　100×

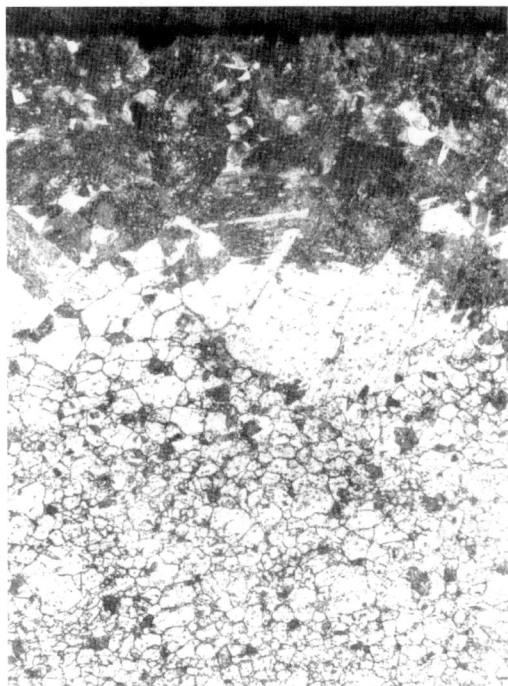

图　5-2-8　　　　　　　　　　　100×

图　号：5-2-7～5-2-9

材料名称：5Cr21Mn9Ni4N 钢制排气门盘

浸 蚀 剂：硫酸铜盐酸水溶液

处理情况：固溶后时效，使用了 500h

组织说明：图 5-2-7：排气门盘的显微组织，基体为
　　　　　奥氏体，黑色块状为层片状析出物（Cr_2N），细小
　　　　　点状物为析出的（$Cr_{23}C_6$）碳化物及被破碎的原
　　　　　铸态共晶碳化物颗粒。

　　　　　图 5-2-8：排气门盘圆弧表面下的显微组织，
　　　　　其表面几乎为连续的层片状组织带（间有少量奥
　　　　　氏体），向里约 0.2mm 后才是正常的固溶后时效
　　　　　的组织，即奥氏体、析出碳化物及少量层片状析
　　　　　出物（Cr_2N）。

　　　　　图 5-2-9：图 5-2-8 表层组织的放大后组织，
　　　　　层片状析出物结构清晰。这种层片状析出物在工
　　　　　作表面大量出现，是由于排气门在服役过程中，
　　　　　圆弧表面处持续受到灼热燃气的高温冲刷导致的
　　　　　必然结果，将会引起该材料的热强度、韧性及耐
　　　　　腐蚀性能的全面降低。

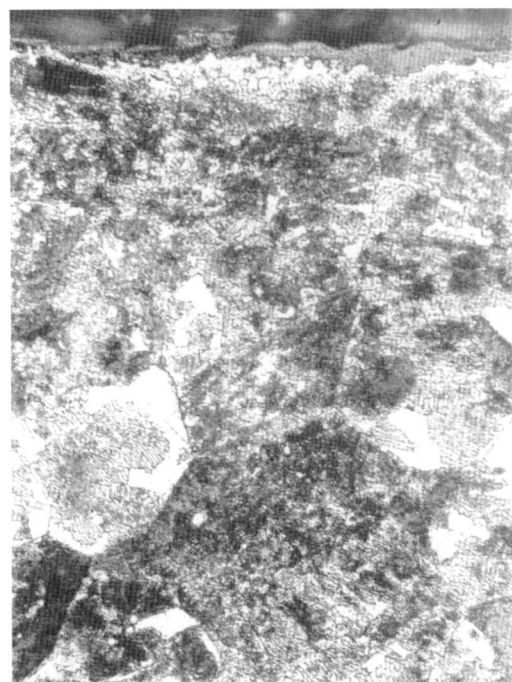

图　5-2-9　　　　　　　　　　　500×

图　5-2-10　　　　　　　　　　　实物

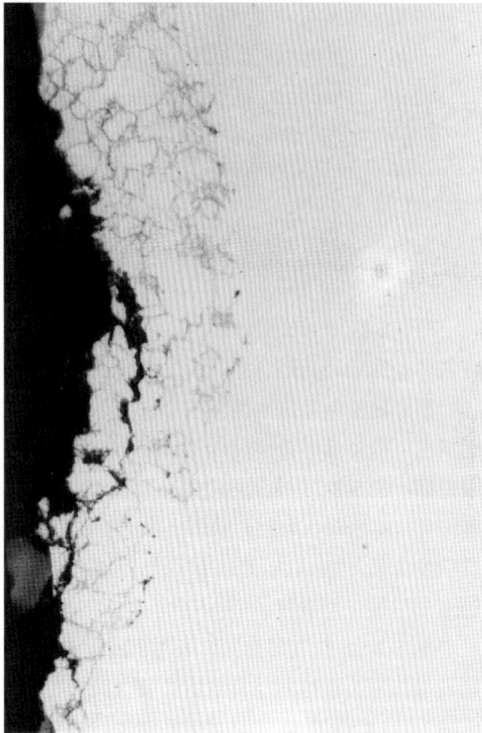

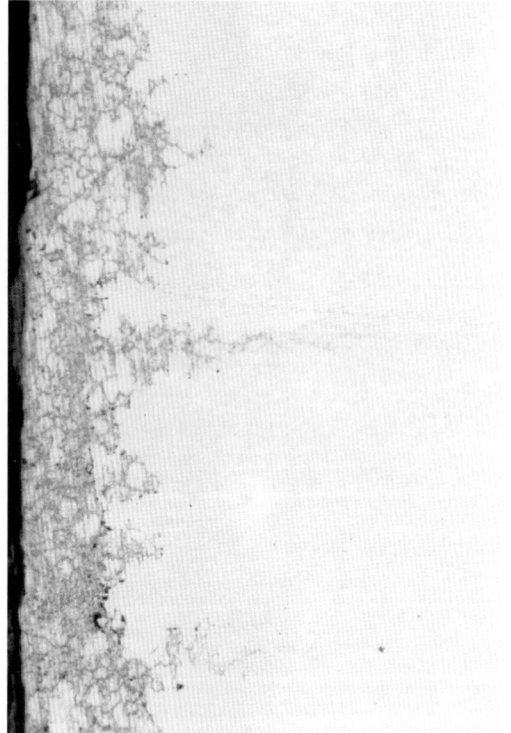

图　5-2-11　　　　　　　　　100×　　图　5-2-12　　　　　　　　50×

图　　号：5-2-10～5-2-12

材料名称：5Cr21Mn9Ni4N 钢

浸　蚀　剂：硫酸铜盐酸水溶液

处理情况：图 5-2-10 未浸蚀；其余两图固溶处理后时效，再经表面软氮化处理

组织说明：图 5-2-10：高速柴油机排气门盘后盘部碎裂实物。

　　　图 5-2-11：排气门盘圆弧面的切面金相组织形貌，表面层有密集的氧化网络及沿氧化网络产生的表面剥落情况。

　　　图 5-2-12：排气门盘部表面层的氧化网络向深处扩展的情况。

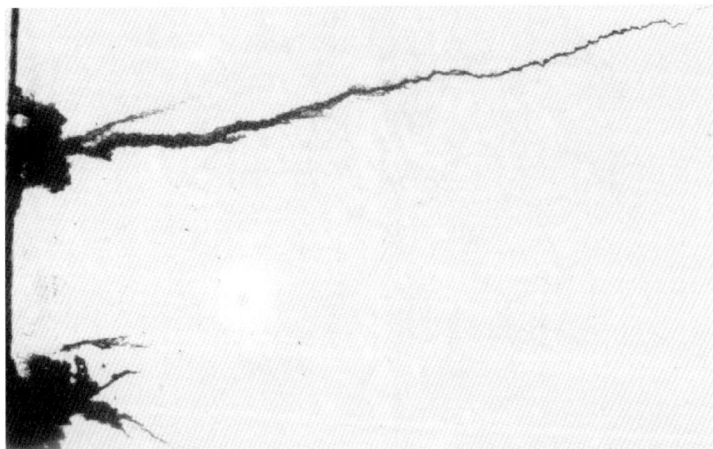

图　5-2-13　　　　　　　　　　　　　　　　　50×

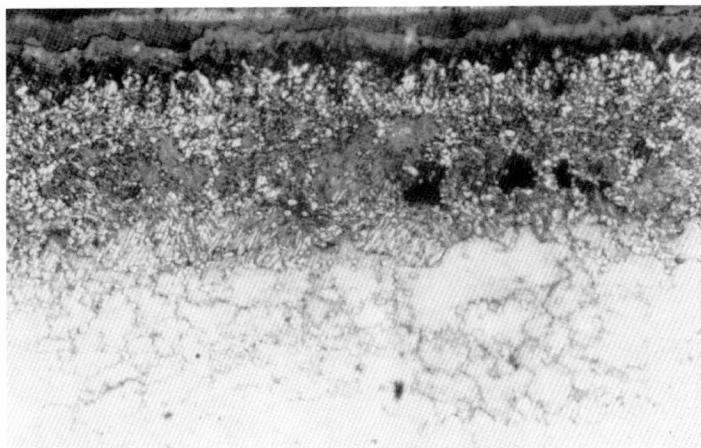

图　5-2-14　　　　　　　　　　　　　　　　　100×

图　　号： 5-2-13、5-2-14

材料名称： 5Cr21Mn9Ni4N 钢

浸 蚀 剂： 硫酸铜盐酸水溶液

处理情况： 图 5-2-13 未浸蚀；图 5-2-14 固溶处理后时效，再经软氮化处理

组织说明： 图 5-2-13：排气门盘弧面上氧化物，剥落造成的坑洞，还有向深处扩展的裂纹。

图 5-2-14：排气门盘部表面的密集的层片状析出物 Cr_2N 相。

该排气门盘采用 5Cr21Mn9Ni4N 钢，经固溶处理后又经时效处理，最后再经软氮化处理。原本目的在于使该零件具有好的高温强度，又有优良的表面耐磨性能。但是从图 5-2-10～图 5-2-14 可以看出，由于氮的渗入，使排气门盘在 650～700℃高温下服役时，诱使析出大量层片状 Cr_2N 相，从而消耗了奥氏体中大量的 Cr 元素，导致该零件的耐高温氧化性能和耐蚀性能剧烈下降，导致发生密集的沿晶氧化网和表面剥落坑洞，最终因应力腐蚀使该零件断裂。

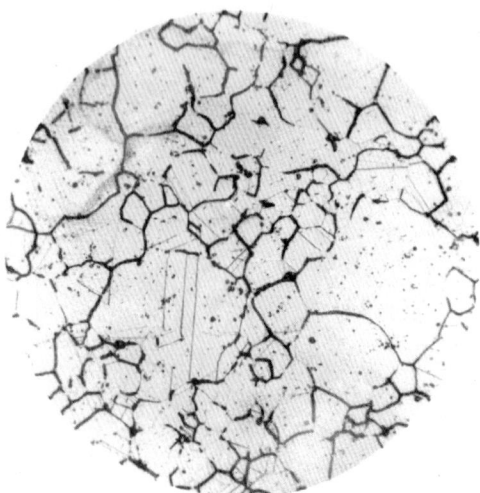

图　5-2-15　　　　　　　　　　250×

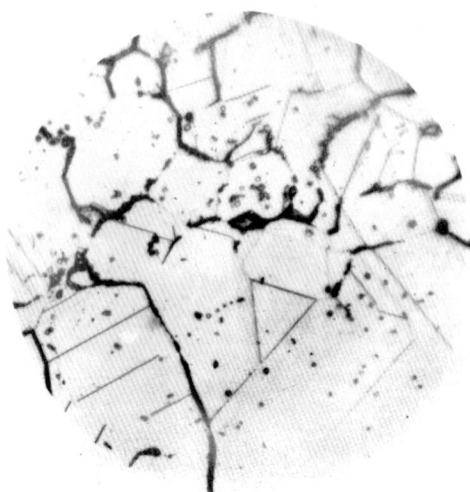

图　5-2-16　　　　　　　　　　500×

图　　号：5-2-15、5-2-16

材料名称：2Cr21Ni12N 钢 ［w（C）0.15%～0.28%，w（Si）0.75%～1.25%，w（Mn）1.00%～1.60%，w（P）≤0.035%，w（S）≤0.030%，w（Ni）10.50%～12.50%，w（Cr）20.00%～22.00%，w（N）0.15%～0.30%］

浸 蚀 剂：硝酸 25mL、氯化高铁 5g、水 25mL

处理情况：热轧供应状态

组织说明：图 5-2-16 系图 5-2-15 的放大后组织，二图组织均为奥氏体及少量颗粒状碳化物，部分奥氏体呈孪晶。

　　　2Cr21Ni12N 钢具有良好的耐热性和耐腐蚀性。钢中添加 w（N）0.2%，可提高硬度，增加奥氏体的稳定性，从而延缓碳化物的聚集。为了提高钢的抗氧化性能，可把 w（Si）提高到 1%。

　　　2Cr21Ni12N 钢具有抗 V_2O_5 和 Na_2SO_4 腐蚀的良好作用，但不耐氧化铅的腐蚀。用该钢制造的内燃机排气阀，须在其锥面覆盖硬化合金层，使耐磨性达到使用要求。

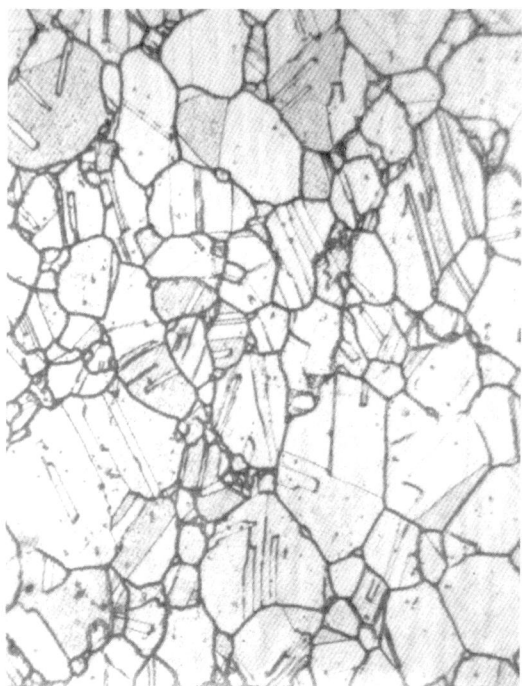

图　　号：5-2-17

材料名称：2Cr21Ni12N 钢

浸 蚀 剂：苦味酸饱和水溶液中加少量盐酸

处理情况：1050～1150℃固溶处理后再经 750℃时
效处理

组织说明：奥氏体及极少量颗粒状碳化物。奥氏体呈
孪晶。

　　2Cr21Ni12N 钢在用作柴油机或内燃机的
排气阀时，一般应先采用固溶处理后再时效处
理。也有不经固溶处理在锻造后直接进行时效
处理而使用的情况。标准热处理规范为 1100～
1200℃固溶处理，700～800℃时效处理。这种
处理后，钢的室温性能为 $R_{r0.2}\geq 430N/mm^2$；R_m
$\geq 820N/mm^2$；$A\geq 26\%$；$Z\geq 20\%$。钢在完全固
溶化时，蠕变断裂强度很高。

图　5-2-17　　　　　　　　　　100×

图　　号：5-2-18

材料名称：母材为 2Cr21Ni12N 钢；表面堆焊硬质合
金［w（C）1.20%，w（Mn）0.50%，w（Si）
1.20%，w（Cr）28.0%，w（Ni）3.0%，w（W）
4.5%，w（Fe）3.0%，w（Mo）0.5%，其余为
Co］

浸 蚀 剂：苦味酸饱和水溶液中加少量盐酸

处理情况：2Cr21Ni12N 钢制气阀母材堆焊高碳钴铬
镍钨合金

组织说明：图右侧为母材，组织为奥氏体和极少量颗
粒状碳化物，部分晶内有孪晶；图左侧为表面堆焊
硬质合金的显微组织，黑色为钴粘结相，白色树枝
状为碳化物。

　　在用该钢制造的气阀锥面堆焊硬质合金，其目
的是使其耐磨性变得很好。

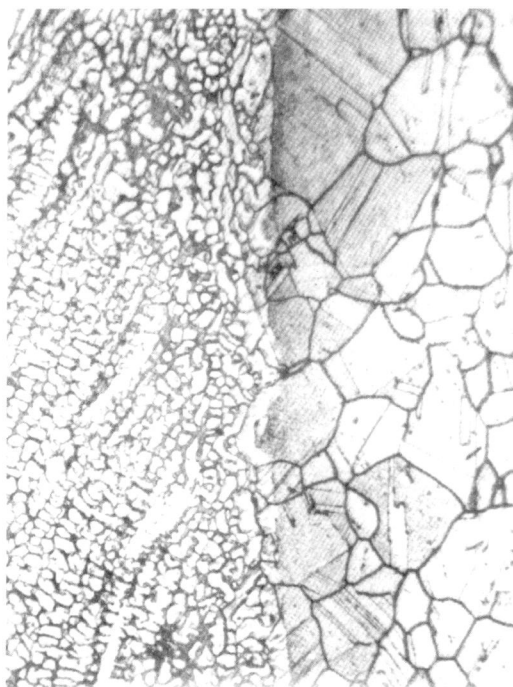

图　5-2-18　　　　　　　　　　500×

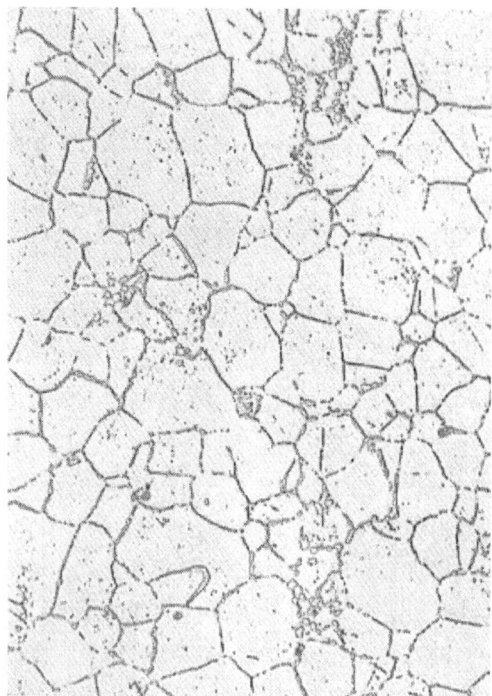

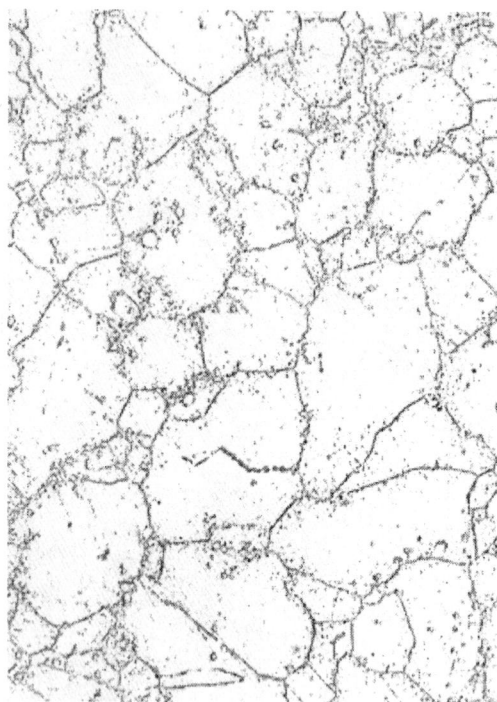

图　5-2-19　　　　　　　　　　500×　　图　5-2-20　　　　　　　　　　500×

图　　号：5-2-19、5-2-20

材料名称：3Cr23Ni8Mn3N（23-8N）奥氏体型耐热钢［w（Si）0.67%，w（Mn）2.87%，w（P）≤0.045%，w（S）≤0.045%，w（Cr）23.21%，w（Mo）≤0.50%，w（Ni）7.90%，w（N）0.27%，其余为 Fe］

浸 蚀 剂：氯化高铁盐酸水溶液

处理情况：图 5-2-19 为热轧+900℃中温软化处理。图 5-2-20 为 1160℃×30min 固溶处理+760℃×6h 时效处理

组织说明：图 5-2-19：是 23-8N 钢排气门原材料金相组织，奥氏体+较粗大的碳化物。碳化物呈长条状和块状分布在奥氏体的晶界上，局部区域有聚集现象，少量碳化物以颗粒状分布在奥氏体晶粒内。

图 5-2-20：23-8N 钢经过固溶和时效处理后的组织，奥氏体+碳化物。碳化物主要分布在晶内，呈细小弥散的颗粒状。

23-8N 钢热轧棒材在供货前，一般经过中温软氮化处理，消除其加工硬化影响，这时的组织为奥氏体以及分布在其晶界上的条、块状碳化物。热处理工艺一般采用固溶+时效处理，固溶处理的作用是使较粗大的一次碳化物充分溶入奥氏体基体，在随后的时效过程中再以细小弥散的形态从晶内析出，起到沉淀强化作用。固溶处理后，原材料中的碳化物应全部或大部分溶入固溶体，少量未溶解的碳化物仍以条块状形态残留在奥氏体晶界上。如晶界上残留的碳化物数量过多，会影响钢的热强性和耐腐蚀性，可以通过提高固溶温度或延长固溶时间加以消除。奥氏体晶粒内析出细小弥散的颗粒状的碳化物多属于 $M_{23}C_6$ 型，而晶界上的碳化物多属于 MC 型，呈块状或长条状。析出的碳化物数量主要与时效处理工艺有关，在一定范围内，随着时效温度的提高和时间的延长，碳化物的数量相应增加。由于基体组织为奥氏体，加上碳化物的沉淀强化作用，23-8N 钢具有优良的热稳定性和热强度。与 21-4N 钢（5Cr21Mn9Ni4N）相比，23-8N 钢具有更加优越的抗硫化腐蚀性能，力学性能：R_m 为 1050N/mm^2，R_{eL} 为 560N/mm^2，硬度为 26HRC。因此，更适宜制作柴油机排气门。

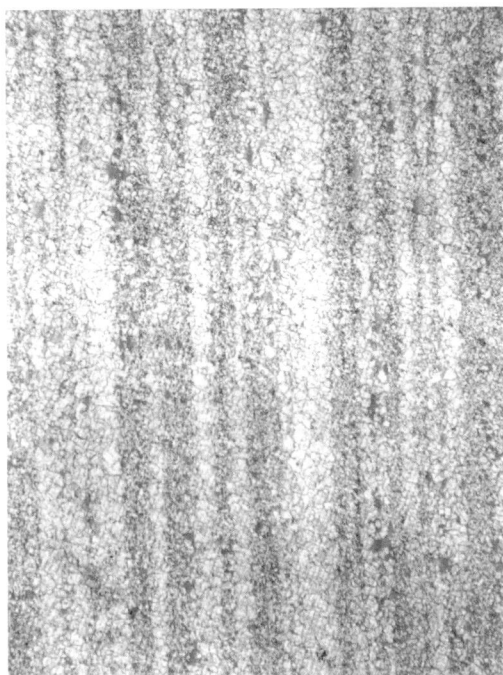

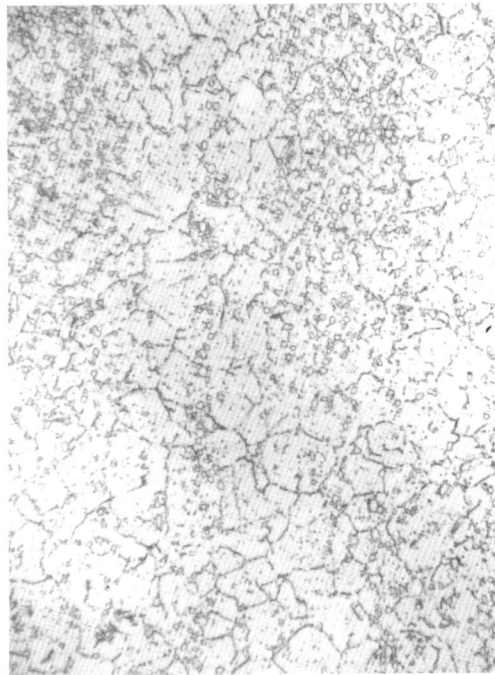

图 5-2-21   100×   图 5-2-22   500×

图   号：5-2-21、5-2-22

材料名称：4Cr14Ni14W2Mo 钢 [w（C）0.40%～0.50%，w（Cr）13.00%～15.00%，w（Ni）13.00%～15.00%，w（W）2.00%～2.75%，w（Mo）0.25%～0.40%，w（Mn）≤0.07%，w（Si）≤0.80%，w（S）≤0.030%，w（P）≤0.035%]

浸 蚀 剂：苦味酸饱和水溶液中加数滴盐酸

处理情况：供应状态

组织说明：图 5-2-21：奥氏体及碳化物，晶粒细小，呈带状分布。图 5-2-22 系图 5-2-21 放大后组织，其基体组织更为清晰。

    4Cr14Ni14W2Mo 钢属奥氏体型耐热钢。由于钢中的铬、镍含量较高，故在室温下能获得稳定的奥氏体组织。钨是提高奥氏体组织再结晶的有效元素，一部分钨在钢中可形成稳定碳化物，同时钨、镍元素还有利于提高钢的热强性，使钢在 650℃以下，仍具有良好的力学性能，在 800℃以下能耐热而不起皮。同时，这种钢耐燃气腐蚀的能力也较高。这种钢在 700℃以下有良好的抗氧化性。

    4Cr14Ni14W2Mo 钢导热性较差，在锻、轧热加工前应缓慢均匀加热。在热加工时，由于这种钢的变形阻力较大，在钢锭表面及内部容易产生裂纹，使加工发生困难，锻造时变形必须缓慢，终锻温度一般应较高。这种钢的切削加工较困难，应选用优质刀具，以低速小进给量进行切削。这种钢的焊接性较差，一般不作焊接件。用作进排气阀时，阀面须堆焊钴基合金，以提高其耐热、耐磨性能。4Cr14Ni14W2Mo 钢具有良好的冷作性能，可进行弯曲、卷边、折叠等冷加工，但厚度较大的工件必须进行预热。

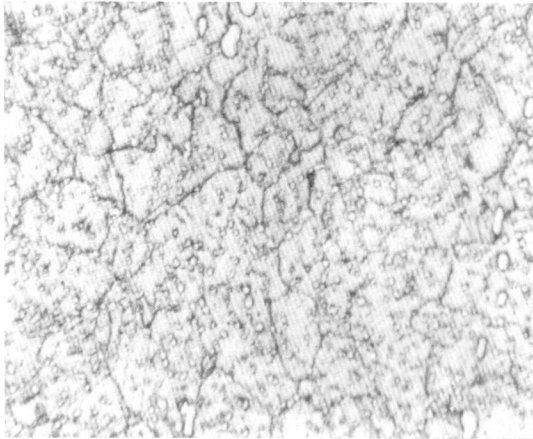

图 5-2-23   500×

图　　号：5-2-23
材料名称：4Cr14Ni14W2Mo 钢
浸 蚀 剂：苦味酸盐酸酒精溶液
处理情况：1150℃固溶处理后再经750℃时效处理
组织说明：基体为奥氏体，颗粒状碳化物。一般钢厂
　　供应时为经 820～850℃退火处理，其力学性能：
　　$R_{r0.2}$≥315N/mm^2；R_m≥705N/mm^2；A≥20%；Z≥35%。

　　　　图 5-2-23 为固溶处理的欠热组织。原因是
固溶处理的加热温度偏低，使基体中仍保留较
多量的碳化物，因此基体合金化的程度较差，
未能充分发挥材料的潜在性能，导致钢的热强
性和耐蚀性较低。

图　　号：5-2-24
材料名称：4Cr14Ni14W2Mo 钢
浸 蚀 剂：硫酸铜盐酸水溶液
处理情况：1180℃固溶处理
组织说明：等轴奥氏体晶粒。

　　　　合理的固溶处理加热温度可使该钢的奥氏体基
体合金化比较充分，晶粒又均匀细小，这是时效处
理前的理想组织。

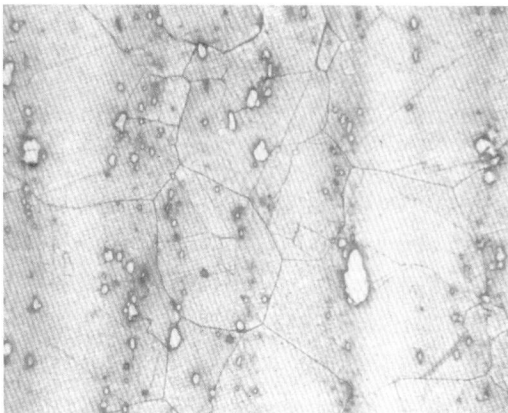

图 5-2-24   100×

图　　号：5-2-25
材料名称：4Cr14Ni14W2Mo 钢
浸 蚀 剂：苦味酸盐酸酒精溶液
处理情况：1200℃固溶处理后再经750℃时效处理
组织说明：奥氏体基体上分布有颗粒状碳化物，碳化
物颗粒大小悬殊，部分奥氏体晶粒有孪晶。

　　　　由于固溶处理加热温度较高，致使碳化物大
量溶解。剩余碳化物颗粒大小也发生了明显的变
化，同时使奥氏体晶粒粗化。由于固溶处理时的
冷速较大，导致在奥氏体晶粒内产生颇多细小的
孪晶组织。

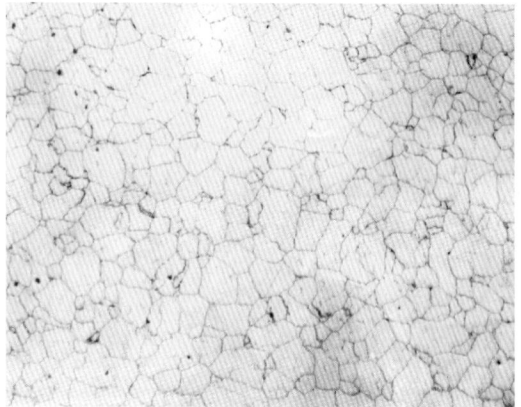

图 5-2-25   500×

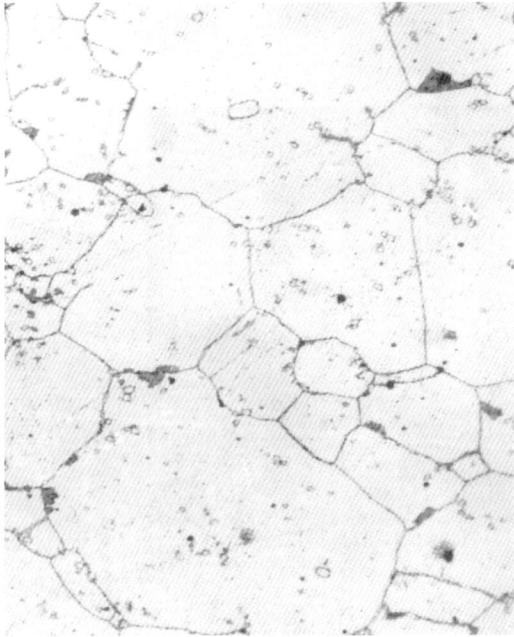

图 5-2-26   500×

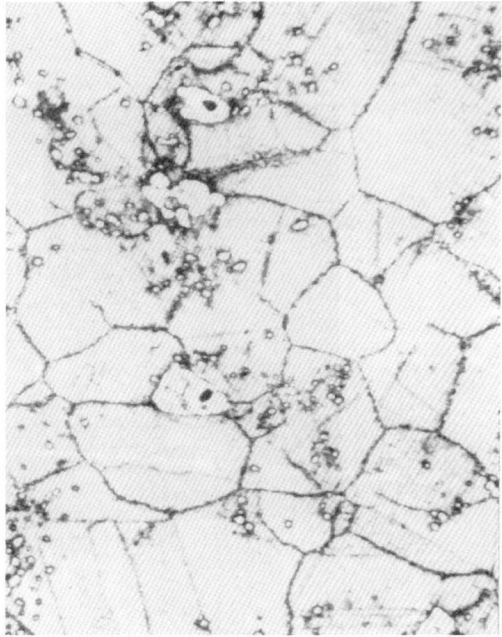

图 5-2-27   500×

图　号：5-2-26～5-2-28

材料名称：4Cr14Ni14W2Mo 钢

浸 蚀 剂：硫酸铜盐酸水溶液

处理情况：图 5-2-26 为 1180℃固溶再经 700℃时
效；图 5-2-27 为 1180℃固溶再经 800℃时效；
图 5-2-28 为 1180℃固溶再经 900℃时效

组织说明：图 5-2-26：奥氏体，晶内和晶界有少量
析出的碳化物。

图 5-2-27：奥氏体，晶界上析出的碳化物明
显增多，孪晶界上也有析出碳化物。

图 5-2-28：奥氏体，晶界和晶内有大量碳化
物析出，并且已长大。

奥氏体晶内和晶界在时效处理时的析出物均
为 $Cr_{23}C_6$，存在于晶内的较大颗粒碳化物系铸态
碳化物在轧制过程中形成的碎块，亦属 $Cr_{23}C_6$ 类
型碳化物。

将经过 1180℃固溶处理后再采用不同温
度时效处理的显微组织进行对照，可以看到：
该钢 700℃时效处理后，奥氏体晶界和晶内析
出的碳化物量太少，时效的硬化效果尚未显示
出来；在 800℃时效处理后奥氏体晶界析出的
碳化物明显增多，在孪晶界处也有多量析出碳
化物，时效的硬化效果较充分地显示出来了；
在 900℃时效处理后，奥氏体晶界和晶内有大
量的析出碳化物，并且长大，此种显微组织的
出现表示时效的硬化效果开始变差。

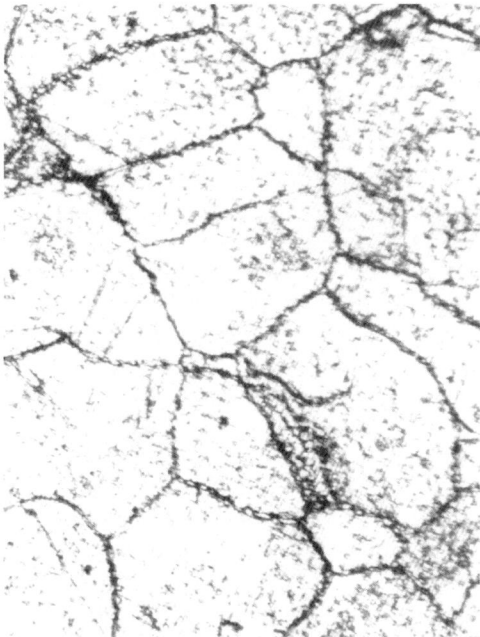

图 5-2-28   500×

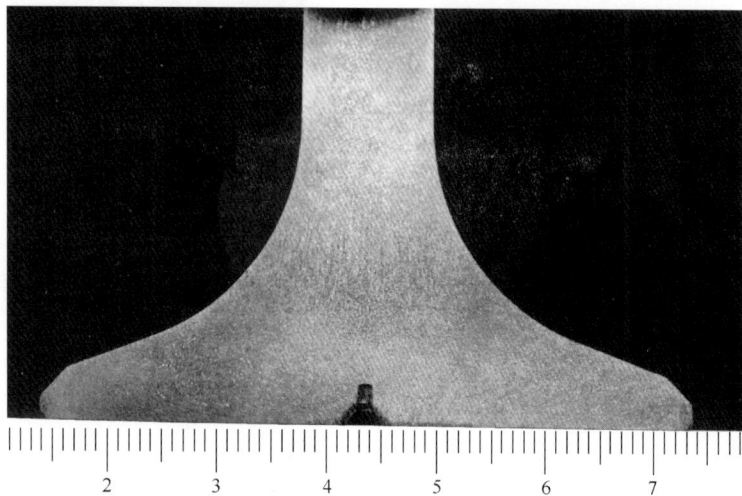

图 5-2-29   1.5×

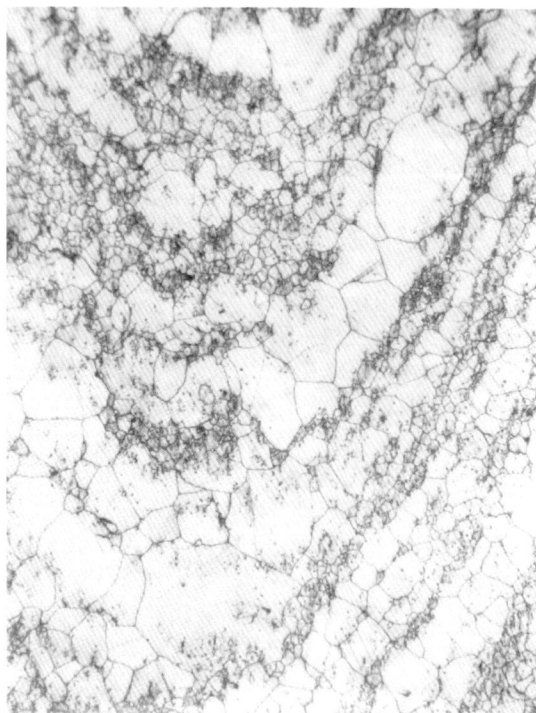

图 5-2-30   100×

图　　号：5-2-29、5-2-30

材料名称：4Cr14Ni14W2Mo 钢

浸 蚀 剂：图 5-2-29 经 1+1 盐酸水溶液热蚀；图 5-2-30 经苦味酸盐酸酒精溶液浸蚀

处理情况：柴油机排气阀镦锻成形

组织说明：图 5-2-29：柴油机排气阀毛坯剖面镦锻流线的分布情况，金属流线与零件变形方向一致，宏观组织致密，属正常宏观组织。

图 5-2-30：气阀 R 处剖面的显微组织，基体为奥氏体，晶粒粗细不均。碳化物呈带状偏析分布，显示工件在镦锻时各部位变形程度不同的影响。

4Cr14Ni14W2Mo 钢在作排气阀材料时，在阀的工作面（密封处）上须覆盖硬化合金层，以提高工作面的耐磨、耐腐蚀等性能。

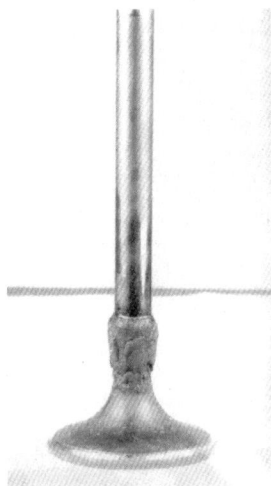

图　5-2-31　　　实物

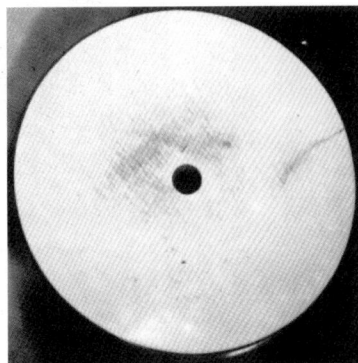

图　5-2-32　　　实物

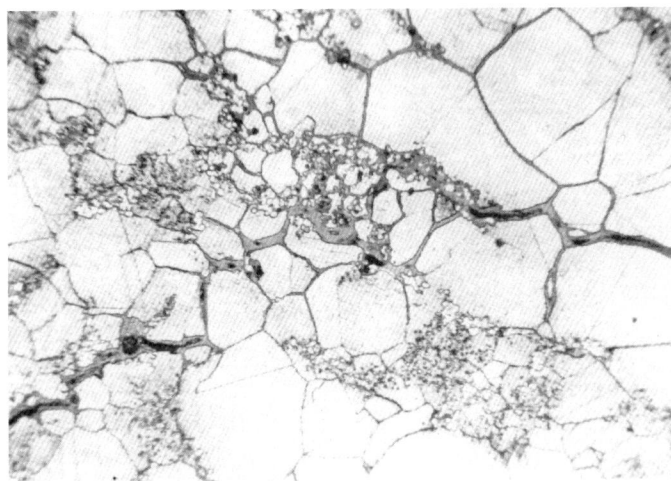

图　5-2-33　　　　　　　　　　　　　500×

图　　号：5-2-31~5-2-33

材料名称：4Cr14Ni14W2Mo 钢

浸 蚀 剂：硫酸铜盐酸水溶液

处理情况：固溶后时效处理，又经 400h 服役的柴油机排气门座盘

组织说明：图 5-2-31：服役 400h 发生失效的柴油机排气门座盘实物。

　　　图 5-2-32：失效的排气门盘经清除燃烧沉淀物的盘底平面上所显示的裂纹。

　　　图 5-2-33：排气门座盘的显微组织，基体为奥氏体，晶粒大小不十分均匀，在奥氏体晶界上有聚集分布的碳化物颗粒，同时在排气门座盘底有沿晶腐蚀裂纹。

图　5-2-34　　　　　　　　　　　　　　1500×

图　5-2-35　　　　　　　　1500×

图　5-2-36　　　　　　　　1500×

图　　号： 5-2-34～5-2-36

材料名称： 4Cr14Ni14W2Mo 钢

浸 蚀 剂： 未浸蚀

处理情况： 固溶后再时效处理，又经 400h 服役的柴油机排气门座盘

组织说明： 图 5-2-34 为图 5-2-32 排气门座盘底平面沿晶腐蚀裂纹内部断面在扫描电镜下的冰糖断面形貌。

图 5-2-35：在裂纹较深部位（0.2mm）用扫描电镜观察可看到，既有沿晶的冰糖形貌，又有疲劳辉纹的断面征状。

图 5-2-36：裂纹断面的最后部位全疲劳辉纹。

4Cr14Ni14W2Mo 钢经固溶处理后又时效处理，可获得良好的热强度，但晶界析出相却使该钢的沿晶耐腐蚀性下降。该排气门服役的柴油机在运行过程中产生较多的硫酸，借助于积炭和积焦，附着在气门上而发生沿晶腐蚀。当腐蚀裂纹达一定深度后，脉动的机械应力开始对裂纹扩展产生影响，最终导致疲劳断裂。

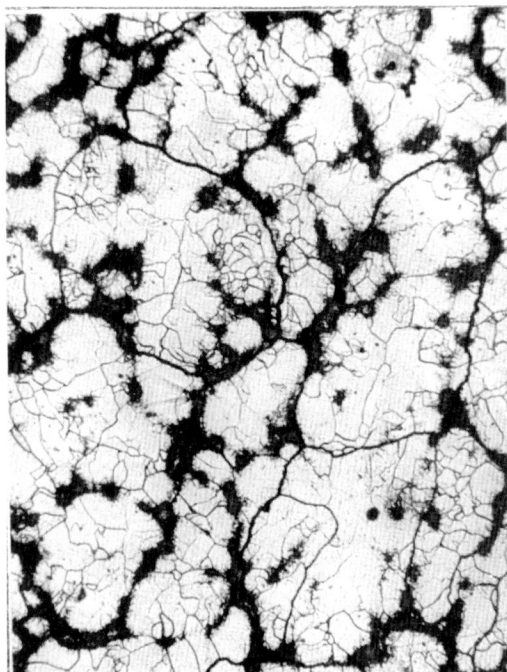

图　5-2-37　　　　　　　　　　100×

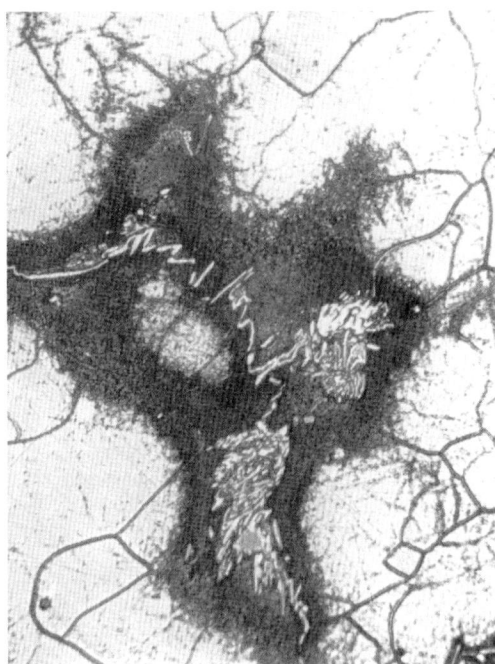

图　5-2-38　　　　　　　　　　500×

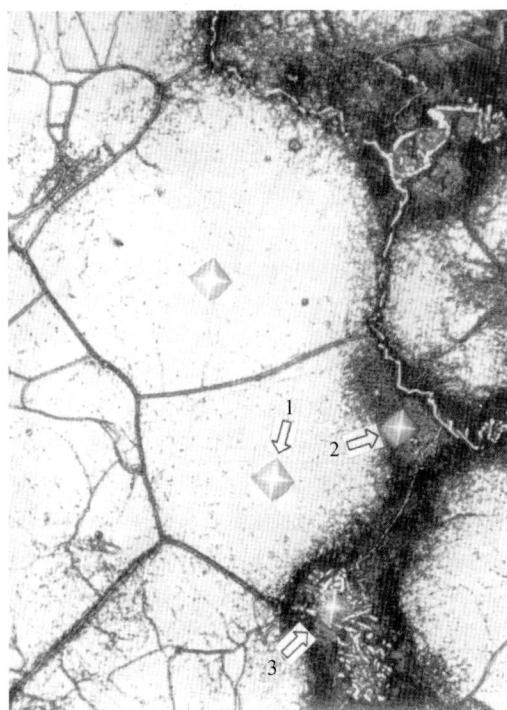

图　5-2-39　　　　　　　　　　500×

图　　号：5-2-37～5-2-39

材料名称：Cr22Ni14 钢

浸 蚀 剂：氯化高铁盐酸水溶液

处理情况：铸造状态

组织说明：图 5-2-37：基体为再结晶的奥氏体组织，
其上黑色枝晶网状为托氏体，呈铸造组织的分布
形态。由于放大倍数较低，托氏体的结构及其上
的组织未能辨清。

图 5-2-38：图 5-2-37 放大 500 倍后的组织，
在黑色托氏体中有白色细条呈弯曲分布的碳化物
和莱氏体共晶组织，白色基体为奥氏体。

图 5-2-39：三种组成相上进行显微硬度测定
情况：箭头 1 为奥氏体，231～265HV；箭头 2
为托氏体，428HV；箭头 3 为莱氏体共晶组织，
604HV。

铸造时，钢液最后凝固部分，碳和合金元素
较为富集，首先自液体中析出莱氏体及碳化物，
接着凝固成富碳富合金成分的奥氏体，在凝固冷
却过程中，这部分奥氏体即将析出细片状碳化物
而构成托氏体组织。

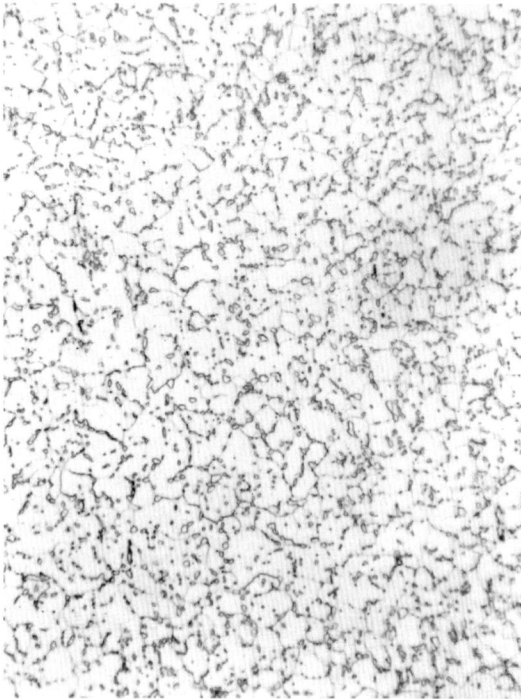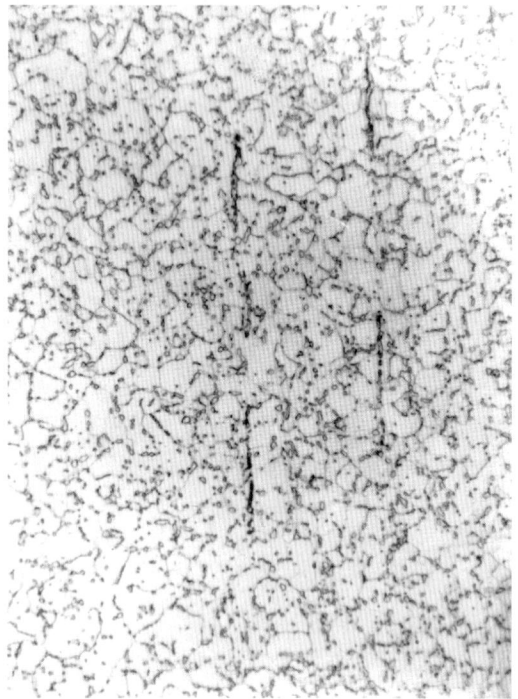

图 5-2-40   500×   图 5-2-41   500×

图 号： 5-2-40、5-2-41

材料名称： 4Cr9Si2 钢 [w（C）0.35%～0.50%，w（Si）2.00%～3.00%，w（Cr）8.00%～10.00%，w（Mn）≤ 0.7%，w（Ni）≤0.60%，w（P）≤0.035%，w（S）≤0.030%]

浸 蚀 剂： 苦味酸饱和水溶液中加少许盐酸

处理情况： 供应状态

组织说明： 图 5-2-40 及图 5-2-41：均为在铁素体基体上均匀分布着颗粒状碳化物。黑色条状为硫化物夹杂，钢的晶粒较细小。属供应状态原材料的正常显微组织。

    4Cr9Si2 钢属马氏体型耐热钢。经调质处理后具有良好的组织稳定性，即使在冷热交变的作用下，钢的组织性能仍保持不变，且有高的耐磨性和热强性，在高温时抗氧化性也比较高。

    硅铬钢的耐热性和高温强度不如奥氏体型耐热钢，但因其相变点温度较高（Ac_1 为 900℃；Ac_3 为 970℃；Ar_1 为 810℃；Ar_3 为 870℃），故耐热性良好。与奥氏体型耐热钢相比，有热导率大而膨胀系数小的优点。

    4Cr9Si2 钢中的碳化物经电解萃取及 X 射线分析，可知系 $(Fe,Cr)_3C$ 型碳化物。

    4Cr9Si2 钢主要用于制作内燃机进气阀和工作温度低于 650℃的内燃机排气阀；也作低于 800℃下使用的抗氧化构件，如料盘、炉管吊挂等。4Cr9Si2 钢经退火或调质处理后的加工性能良好。

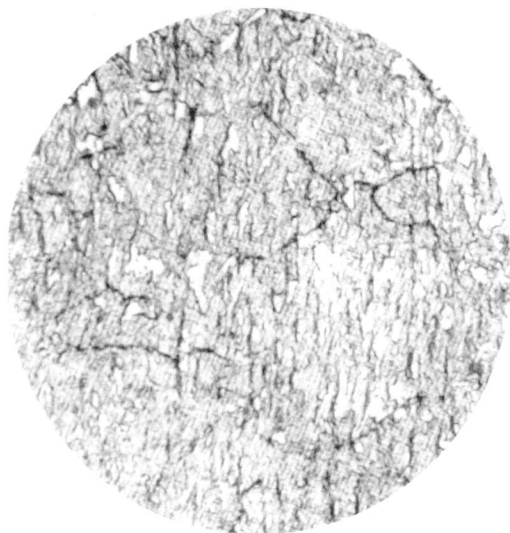

图　　号：5-2-42

材料名称：4Cr9Si2 钢

浸 蚀 剂：苦味酸饱和水溶液中加少许盐酸

处理情况：1140℃电镦后风冷

组织说明：淬火马氏体及少量颗粒状碳化物，黑色奥氏体晶界明显可见。

4Cr9Si2 钢因 w（Cr）为 8.00%～10.00%，在氧化介质中能生成氧化铬均匀覆盖在金属表面，能防止金属基体继续氧化，所以该钢抗氧化性能好，又因其含铬量高，使奥氏体等温转变曲线右移，故钢从 Ac_3 以上空冷后就能得到马氏体组织。

4Cr9Si2 钢用作排气门阀杆时，常采用电镦成形，其始锻温度为 1100℃，终锻温度必须高于 Ac_3，空冷后得马氏体组织。

图　　5-2-42　　　　　　　　　　　　1000×

图　　号：5-2-43

材料名称：4Cr9Si2 钢

浸 蚀 剂：苦味酸酒精溶液

处理情况：1050℃加热后油冷

组织说明：淬火马氏体及少量沿晶界分布的颗粒状碳化物；黑色奥氏体晶界明显可见。

采用 4Cr9Si2 钢作排气阀时，为防止阀杆与端部在锻造后出现网状碳化物，要求锻造时有一定的锻造比。这类钢淬透性较好，锻后即使缓冷也能得到部分马氏体组织，使工件难于切削加工，故锻造后需经 950℃的退火处理。由于这类钢的 Ac_3 较高，故淬火温度选择 1050℃为宜。过高的淬火温度将导致钢的晶粒急剧长大，从而增加钢的脆性。

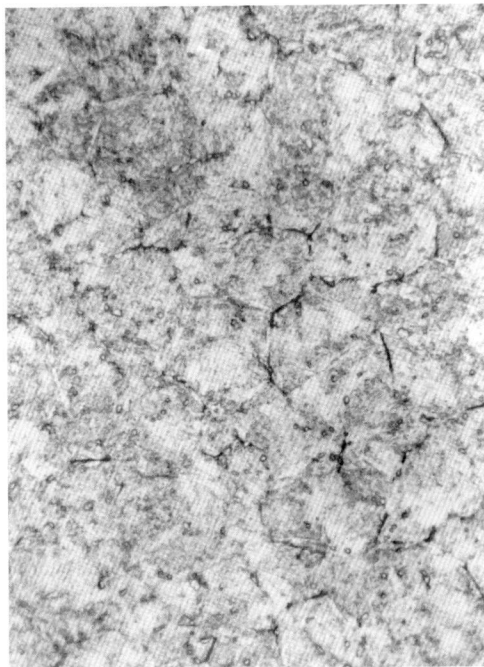

图　　5-2-43　　　　　　　　　　　　500×

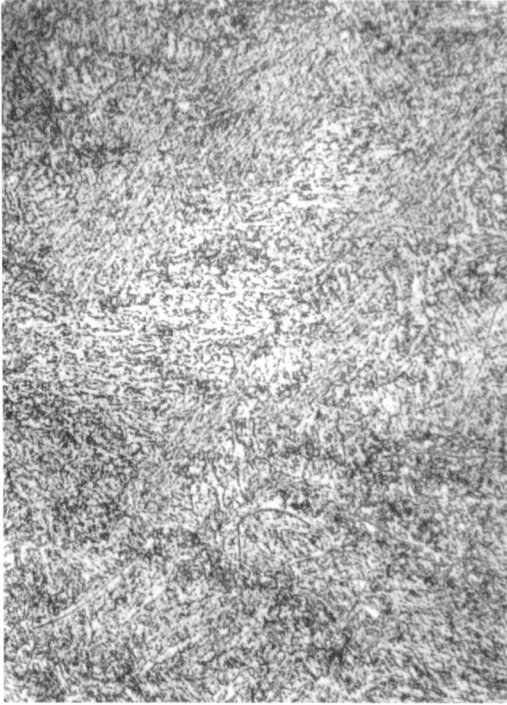

图 5-2-44   500×

图　号：5-2-45

材料名称：4Cr10Si2Mo 钢 [w（C）0. 35%～0.45%，w（Si）1.90%～2.60%，w（Mn）≤0. 7%，w（Cr）9.00%～10.50%，w（Mo）0.70%～0.90%，w（Ni）≤0.60%，w（P）≤0.035%，w（S）≤0.030%]

浸 蚀 剂：苦味酸、盐酸酒精溶液

处理情况：1050℃加热后油冷淬火，650℃回火

组织说明：索氏体基体上布有细小颗粒状未溶解的碳化物。

　　4Cr10Si2Mo 钢属于马氏体型耐热钢，与4Cr9Si2Mo 钢相比，由于含铬量稍高并加入了w（Mo）为 0.70%～0.90%，从而使抗氧化性和热强性有所提高，并使回火脆性的敏感性减弱。该钢常用来制造内燃机进气阀和 700℃以下工作的排气阀，也可用来制造 850℃以下工作的炉子构件。

图　号：5-2-44

材料名称：4Cr9Si2 钢

浸 蚀 剂：苦味酸盐酸酒精溶液

处理情况：1050℃油冷淬火，700℃回火水冷

组织说明：保持马氏体位向分布的回火索氏体，硬度为 28～29HRC。

　　对 4Cr9Si2 钢制零件，除要求一定的抗氧化性外，还要求具有一定的硬度、强度和较好的综合力学性能。为此，4Cr9Si2 钢常在调质状态下应用。调质状态的硬度与回火温度有密切的关系，随着回火温度的提高，钢的硬度将随之下降。该钢的回火温度一般采用 630～650℃，硬度在 32～37HRC。4Cr9Si2 钢具有明显的回火脆性，因此回火后应立即用水冷或油冷。图 5-2-44 所示的回火温度提高到 700℃，使回火索氏体中的碳化物颗粒较粗，弥散性亦较差，故其硬度较低。

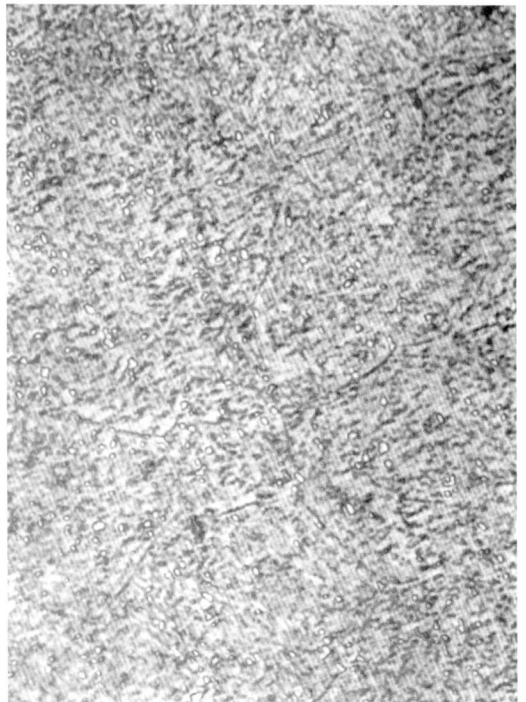

图　5-2-45   800×

图 5-2-46   100×

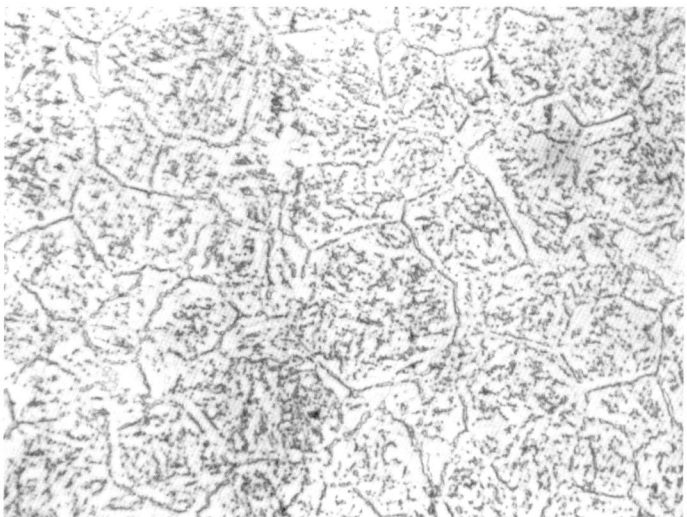

图 5-2-47   630×

图　号：5-2-46、5-2-47

材料名称：4Cr10Si2Mo 钢

浸 蚀 剂：苦味酸盐酸酒精溶液

处理情况：供应状态

组织说明：图 5-2-46：球粒状珠光体的低倍组织，稍有带状倾向，黑色条带为硫化物。

　　　　　图 5-2-47：供应状态的高倍组织，球粒状珠光体和呈封闭网状分布的碳化物。

　　4Cr10Si2Mo 钢比 4Cr9Si2 钢多含 w（Mo）0.7%～0.9%和稍多的铬，在提高抗氧化性和热强性的同时，其组织稳定性也有显著的提高；由于钼的加入，细化了钢的晶粒，并使钢的回火脆性倾向明显减弱。

　　4Cr10Si2Mo 钢的切削性能较差，退火后可以有所改善。同时，它的焊接性及冷变形性能亦较差，不适于焊接。在冷变形时必须预热至 600～800℃。这类钢在高温加热时，时间不宜过长，否则易发生脱碳而使表面硬度显著降低，导致耐磨性变差。适当控制高温加热时间，可避免含硅钢晶粒容易长大的倾向。

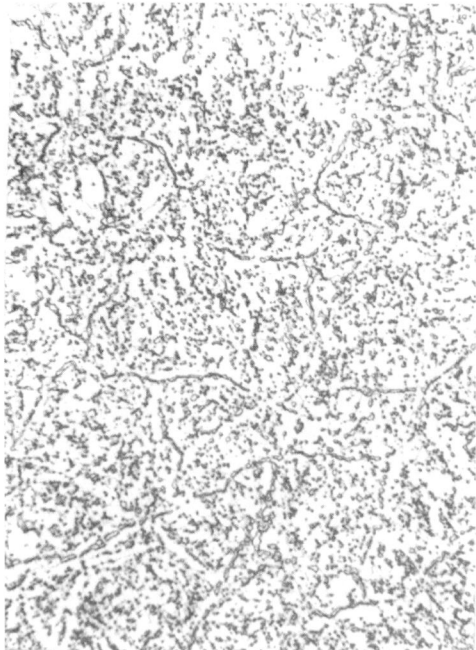

图　5-2-48　　　　　　　　　　500×

图　　号：5-2-49

材料名称：4Cr10Si2Mo 钢

浸 蚀 剂：苦味酸酒精饱和溶液中加数滴盐酸

处理情况：热轧退火状态

组织说明：细球粒状珠光体及呈带状分布的颗粒碳化物。属热轧退火状态的不正常组织。

　　基体球粒状珠光体中的碳化物极细小。部分大颗粒碳化物则聚集呈带状分布，并沿钢材的轧延方向伸展，这主要是原材料的化学成分不均匀，在热轧时构成条带状偏析所致。

　　4Cr10Si2Mo 钢热轧后，为了使它软化，以便于切削加工，一般应再进行 980℃ 加热保温后炉冷的退火处理。退火后如在基体中存在带状或网状碳化物，将会严重降低钢的性能，必须给予消除，其方法是将钢材加热到 Ac_3 以上保温，使碳化物全部溶入奥氏体，并在以后冷却时抑止碳化物呈网状或带状析出。对碳化物严重不均匀的钢材，则应进行充分锻造，否则很难用热处理方法来消除。

图　　号：5-2-48

材料名称：4Cr10Si2Mo 钢

浸 蚀 剂：苦味酸酒精饱和溶液中加数滴盐酸

处理情况：热轧退火状态

组织说明：球粒状珠光体和链状碳化物沿晶界呈断续网状分布。属热轧退火状态的正常组织。

　　4Cr10Si2Mo 钢热轧退火状态的碳化物分布形态和大小与钢材的终轧温度密切相关。轧制时，由于终轧温度较高，冷却又比较缓慢，致使基体中的二次碳化物开始在晶界处聚集而呈网状分布，其结果将导致材料的脆性增加，或在锻造、热处理时发生开裂。为此，该钢终轧温度应控制在 850～950℃ 范围，一般低于 800℃ 会使钢材因变形小而发生硬化，出现脆性横向开裂；高于 950℃ 易出现网状碳化物，或使基体获得马氏体组织。

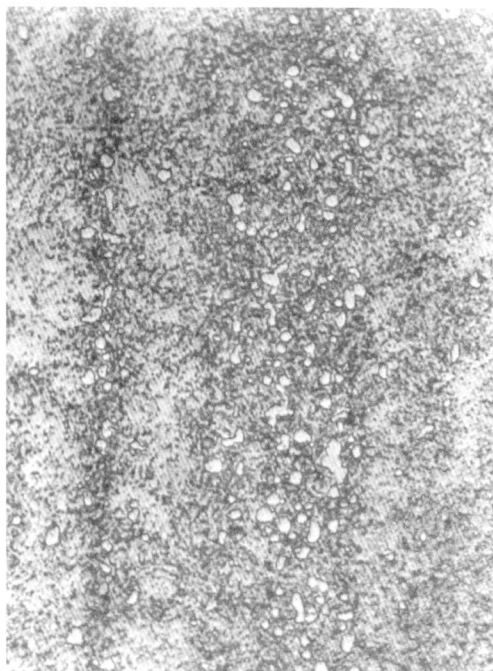

图　5-2-49　　　　　　　　　　500×

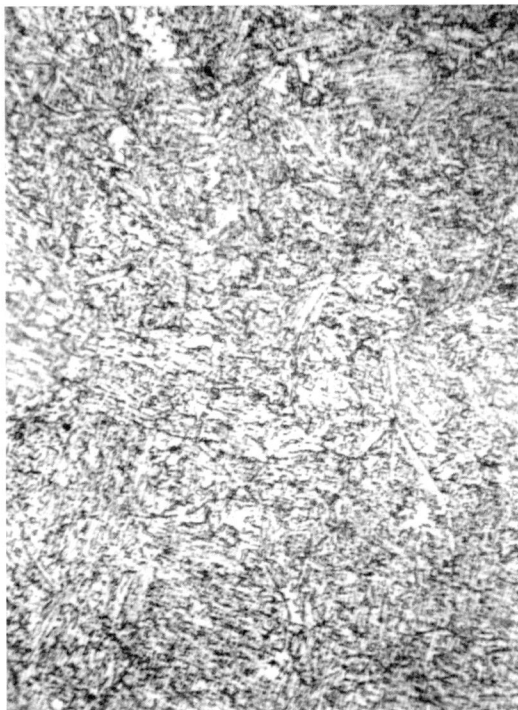

图　　号：5-2-50

材料名称：4Cr10Si2Mo 钢

浸 蚀 剂：苦味酸酒精饱和溶液中加数滴盐酸

处理情况：调质处理（1010～1040℃油冷淬火后再于 750～800℃回火水冷）

组织说明：均匀分布的回火索氏体。硬度为 33～ 34HRC。

　　调质后获得均匀细致的索氏体，是硅铬耐热钢理想的组织状态。

　　4Cr10Si2 Mo 钢的 Ac_1 为 850℃；Ac_3 为 950℃；Ar_3 为 845℃；Ar_1 为 700℃。一般经调质处理后使用。常用规范热处理工艺为 1010～1040℃油冷淬火或水冷淬火，获得基体组织为马氏体；回火温度为 750～ 800℃，常采用空冷或水冷以防止回火脆性。

图　　5-2-50　　　　　　　　500×

图　　号：5-2-51

材料名称：4Cr10Si2Mo 钢

浸 蚀 剂：苦味酸酒精饱和溶液中加数滴盐酸

处理情况：1050℃油冷淬火后 740℃回火水冷

组织说明：基体为保持马氏体位向分布的回火索氏体。本图为 4Cr10Si2Mo 钢经调质处理后的显微组织，索氏体粗大，并隐约可见粗大的奥氏体晶界。由此可推断淬火加热温度已超过正常淬火温度范围，故奥氏体晶粒长大，导致淬火后马氏体组织亦较粗大，因此回火索氏体组织也保持淬火状态的粗晶迹象。这种组织虽然使钢的合金化充分，但对其冲击韧度来说，则有下降的趋势。4Cr10Si2Mo 钢的淬火加热温度，一般应控制在 1040℃以下，这样可以避免组织粗化和由此而造成钢的脆性增加。

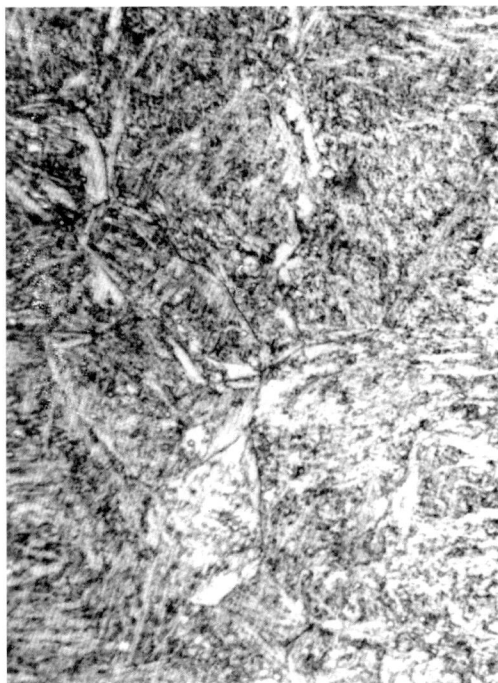

图　　5-2-51　　　　　　　　500×

图 5-2-52 500×

图　号：5-2-52
材料名称：4Cr10Si2Mo 钢
浸 蚀 剂：苦味酸酒精饱和溶液中加数滴盐酸
处理情况：调质处理
组织说明：碳化物偏析。在回火索氏体基体上布有白色未溶碳化物颗粒串连呈带状分布。

钢中布有白色颗粒呈串连带状分布的碳化物，是由于原材料中共晶碳化物的偏析较严重而引起的。钢材虽经锻造、固溶等热加工处理，共晶碳化物已被破碎，但未消除。淬火时又因加热温度不高或保温时间不长，以致未能完全固溶于基体，处理后它们以串连颗粒的带状形式残留在基体中。

存在这种碳化物偏析的工件，在使用中承受冲击载荷时，因碳化物较脆硬，致该处易产生疲劳裂纹源，随着时间的推移，则裂纹不断扩展，最终可能导致疲劳断裂。

图　号：5-2-53
材料名称：4Cr10Si2Mo 钢
浸 蚀 剂：苦味酸酒精饱和溶液中加数滴盐酸
处理情况：调质处理
组织说明：淬火过热组织，基体为粗大索氏体和少量铁素体。发动机中排气阀，工作不久即在阀盘底座发生横向裂纹，且逐渐由小裂纹扩展为大裂纹，从而造成早期失效。从裂纹处取样观察，发现马氏体位向分布的索氏体较粗大，索氏体中碳化物颗粒亦粗大。此外，尚有颇多的游离铁素体析出，由此说明排气阀在热处理时加热温度过高，淬火后得到粗大的马氏体组织，回火后又因温度过高致使马氏体中析出的碳化物聚集长大，并趋于球粒化，从而显著地降低了排气阀的热强度，危及排气阀的使用安全性。

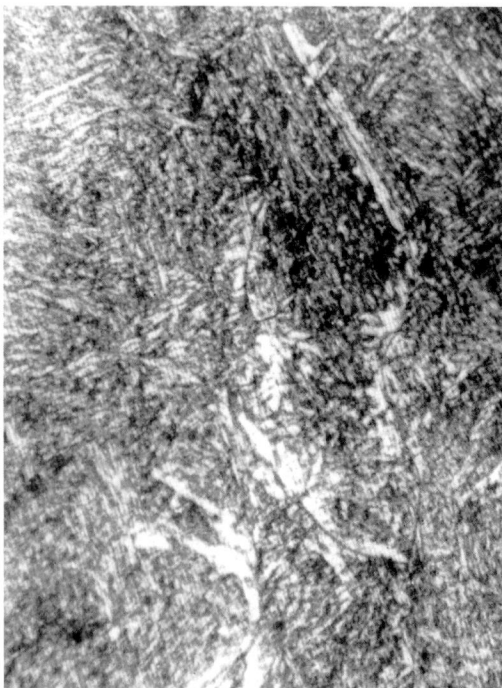

图 5-2-53 500×

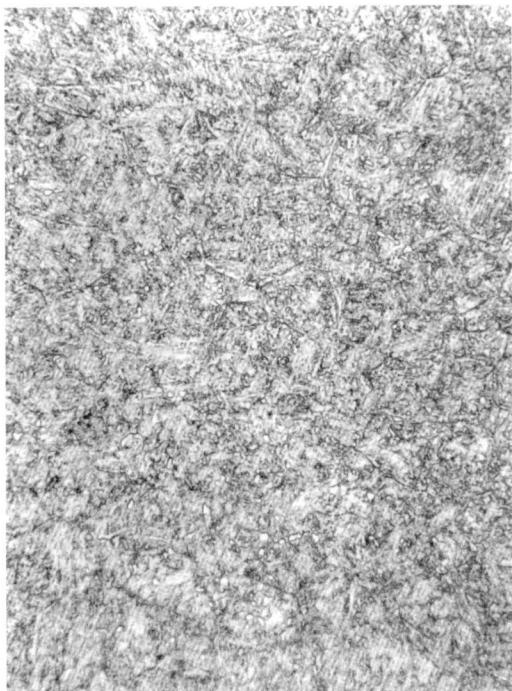

图 5-2-54   500×

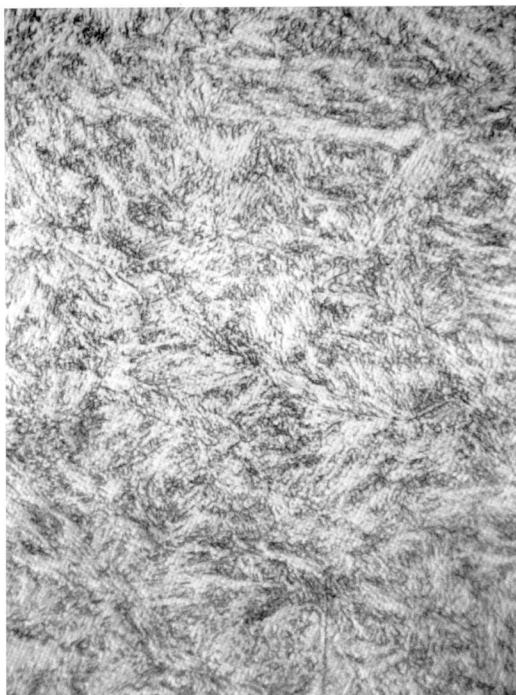

图 5-2-55   500×

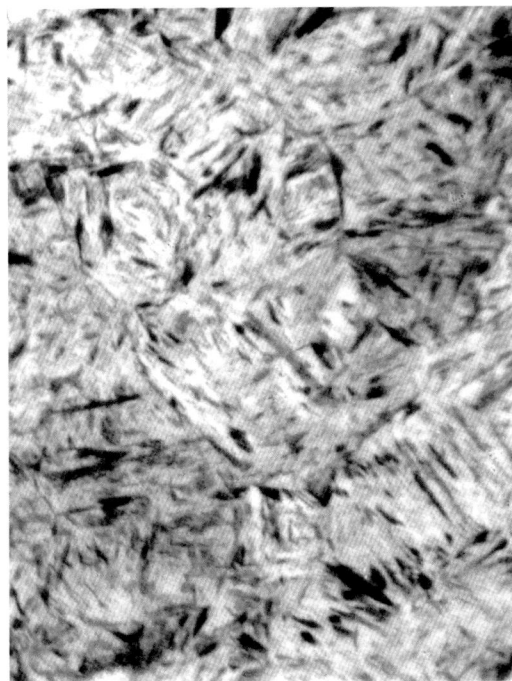

图 5-2-56   500×

图　　号：5-2-54～5-2-56

材料名称：4Cr10Si2Mo 钢

浸 蚀 剂：苦味酸盐酸酒精溶液

处理情况：高频淬火

组织说明：图 5-2-54：细针状马氏体及极少量残留
奥氏体。硬度为 56～57HRC。

图 5-2-55：针状马氏体及极少量残留奥氏体。
硬度为 56～57HRC。

图 5-2-56：较粗针状马氏体及极少量残留奥
氏体。硬度为 56HRC。

某些零件的工作表面，为了适应其高耐磨
性，常要求具有高的硬度。这组照片就是有上述
要求的气阀杆身顶端经高频淬火后硬化层的组
织形貌，具有较细的马氏体组织。通常高频用钢
的含碳量多控制在较窄的范围［$w(C)$ 为 0.4%～
0.45%］内，这样既能保证硬化层有足够的硬度
和耐磨性，而且无显著的脆性。含碳量过高时硬
化层脆性较大，韧性、塑性也较差，易导致淬火
开裂；含碳量过低时，则淬火后硬度过低，不能
满足使用要求。

图　5-2-57　　　　　　　　　　　实物

图　5-2-58　　　　　　　　　　10×

图　5-2-59　　　　　　　　　　50×

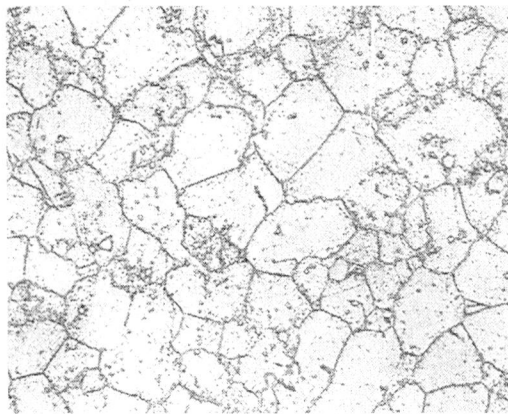

图　5-2-60　　　　　　　　　　50×

图　　号：5-2-57～5-2-60

材料名称：杆部 4Cr10Si2Mo 钢+阀盘 3Cr23Ni8Mn3N 钢（23-8N 钢）

浸 蚀 剂：氯化高铁盐酸水溶液

处理情况：4Cr10Si2 Mo：1020℃油冷淬火+回火；3Cr23Ni8Mn3：1160℃×20min 固溶+760℃×6h 时效处理

组织说明：图 5-2-57：排气门实物，4Cr10Si2Mo 钢和 3Cr23Ni8Mn3 钢两种材料在杆身中部经摩擦对接焊，
对接焊焊合处分界清晰。

图 5-2-58：是杆身为对接焊端部 4Cr10Si2Mo 钢经热处理后的金相组织，4Cr10Si2Mo 钢是马氏体型耐
热钢，淬火、回火后组织为回火索氏体+细小、弥散分布的粒状碳化物。

图 5-2-59：两种材料在杆身中部对焊后焊缝的微观形貌，由图可见，焊合处结合致密，无焊接缺陷，
对接焊情况优良。

图 5-2-60：阀盘材料为 3Cr23Ni8Mn3 钢（23-8N 钢）钢经热处理后的组织，23-8N 钢属于奥氏体型
耐热钢，经固溶和时效处理后的组织为：奥氏体+碳化物，碳化物主要分布在奥氏体晶内，少量分布在
晶界上。

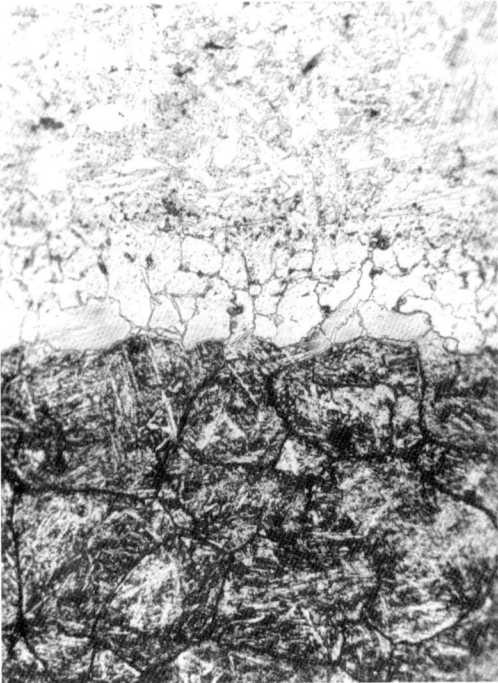

图 5-2-61   250×

图　号：5-2-61

材料名称：气阀母材为 4Cr10Si2Mo 钢；表面硬化涂
　　　　　层为合金粉末，其化学成分为：$w(C)0.75\%$，
　　　　　$w(Cr)26.45\%$，$w(Si)3.42\%$，$w(B)1.47\%$，$w(Fe)4.02\%$，
　　　　　其余为 Ni

浸 蚀 剂：苦味酸饱和水溶液中加数滴盐酸

处理情况：气阀密封面涂覆表面硬化合金涂层后经真
　　　　　空熔烧

组织说明：母材（图下半部分）为索氏体组织，黑
　　　　　色网络为晶粒晶界；表面硬化合金涂层（图上半
　　　　　部分）为 Ni-Cr 固溶体（白色基体）和碳化铬、
　　　　　硼化铬等硬质相（均呈黑色针状及点状析出相）。

　　　　　这种合金基体（Ni-Cr 固溶体）能抗氧化、耐
腐蚀，且韧性很好。硬质化合物均匀分散在合金母
体中，其硬度可高达 2200HV，因而能使气阀具有
优良的耐磨性。

图　5-2-62   实物

图　5-2-63   10×

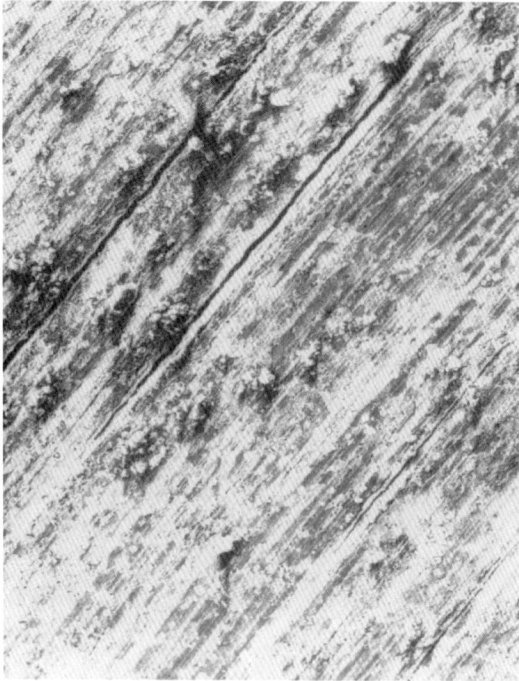

图　5-2-64　　　　　　　　　　　　　　50×

图　5-2-65　　　　　　　　　　　　　　50×

图　　号：5-2-62～5-2-65

材料名称：4Cr10Si2Mo 钢

浸 蚀 剂：在 100mL 的 1+5 盐酸水溶液中加 1g 焦硫酸钾

处理情况：调质处理

组织说明：高速柴油机进气门盘碎裂。

图 5-2-62：进气门盘部脱落后的实物形貌。

图 5-2-63：进气门盘部碎裂裂源形貌，断面有从源点发出的辐射状撕裂条痕。

图 5-2-64：进气门盘弧面上沿切削加工刀痕分布的开裂，图面上显示的连续黑色即裂纹。

图 5-2-65：垂直于进气门盘的盘弧面切削加工刀痕的径向剖面，可清晰看到裂纹已由表面扩展至内部。

进气门工作过程尽管热负荷不如排气门高，但由于其周期循环的进气过程所产生的热疲劳作用相当强烈；该进气门盘部尺寸较大；盘弧面弯曲张应力相对较大，切削加工留下的一些尖锐的加工刀痕易形成应力集中，在服役过程中首先选择在尖锐加工刀痕处产生裂纹，尔后向内扩展，最终造成气门的破断。因此，进气门盘弧面应避免切削加工的尖锐刀痕留下来。

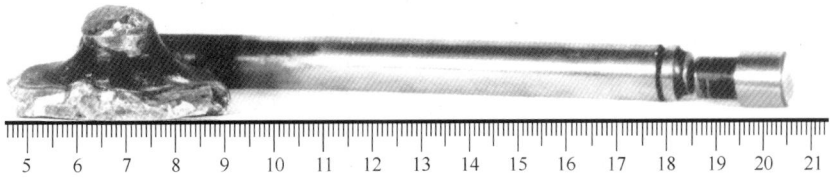

图 5-2-66　　　　　　　　　排气阀断裂外形实样

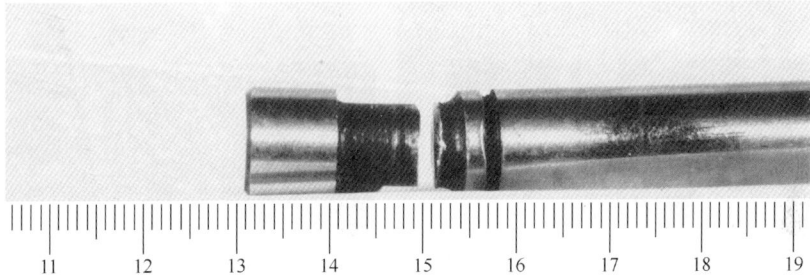

图 5-2-67　　　　　　　　　排气阀锁夹槽加工的深刀痕处

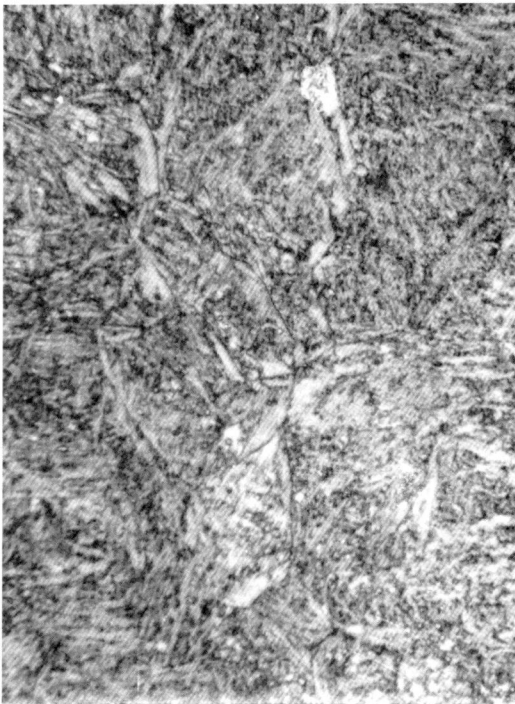

图 5-2-68　　　　　630×

图　号：5-2-66～5-2-68
材料名称：4Cr10Si2Mo 钢
浸 蚀 剂：苦味酸酒精饱和溶液中加数滴盐酸
处理情况：调质处理
组织说明：疲劳断裂。

图 5-2-66：排气阀在使用过程中断裂的情况（未浸蚀）。

图 5-2-67：排气阀锁夹槽处（未侵蚀）的断裂外貌。检视其断口，为疲劳断口。断裂源刚好在锁夹槽加工的深刀痕处。

图 5-2-68：心部的显微组织，基体为保持马氏体位向分布的稍粗大回火索氏体。

排气阀组织正常，锁夹槽处的疲劳裂纹是由于加工刀痕过深，在使用过程中，当应力超过材料强度极限时所产生，随后逐渐扩展，终因承受不了应力而断裂。这种加工疵病，可在加工锁夹槽时再增加一道冷滚压，以提高锁夹槽处的疲劳强度来获得解决。锁夹槽经滚压强化后将大大改善其表面粗糙度，并能使旋转弯曲疲劳极限提高 55%。

图　5-2-69　　　　　　　　　　　　　实物

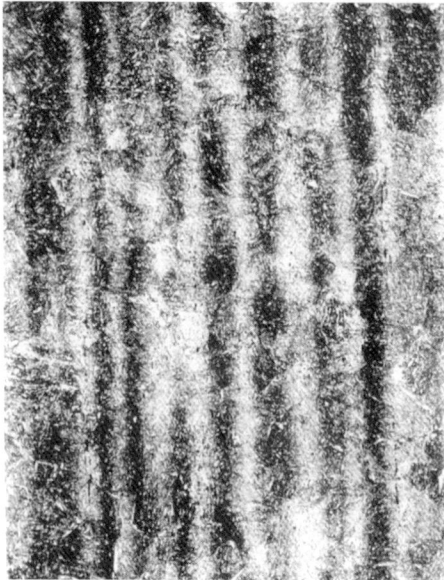

图　5-2-70　　　　　　　100×

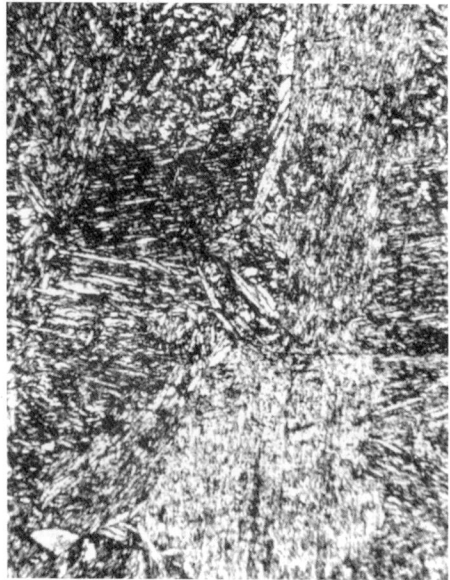

图　5-2-71　　　　　　　500×

图　　号：5-2-69～5-2-71

材料名称：4Cr10Si2Mo 钢

浸 蚀 剂：苦味酸盐酸酒精溶液

处理情况：调质处理

组织说明：风冷式柴油机，缸经为 120mm 的 V 形气缸，活塞行程为 145mm，转速为 1500r/min，材料的屈服强度 R_{eH} 为 735N/mm^2，抗拉强度 R_m 为 885～1029N/mm^2，A 为 9%，Z 为 45%，α_K 为 60J/cm^2，硬度为 36～38HRC，使用寿命为 3000h 以上，气门阀杆运转 218h 后发生断裂。

气门阀杆断裂，断件打入气缸内，阀盘冲坏阀座后冲入进气主管，检查阀盘及阀杆，断口无疲劳特征，属脆性断裂，阀盘断口略有变形，阀杆近断口处有发蓝色泽，见图 5-2-69。

阀杆组织有明显的带状偏析，见图 5-2-70。阀杆的基体组织为保持马氏体位向的粗大的回火索氏体和极少量针状铁素体，局部地区尚有极少量回火马氏体组织，见图 5-2-71。

气阀杆淬火温度过高，加上原材料有带状偏析组织，由于阀杆淬火过热产生粗大组织加上偏析区有少量回火马氏体组织，使阀杆的的力学性能受到严重影响，在使用中产生脆性断裂。

图　5-2-72　　　　　　　　　　　　　　　　　　　2×

图　5-2-73　　　　　　　　　　　　　　　　　　200×

图　　号：5-2-72、5-2-73

材料名称：4Cr10Si2Mo 钢

浸 蚀 剂：苦味酸盐酸酒精溶液

处理情况：排气阀经调质处理后，服役 760h

组织说明：腐蚀麻点。内燃机排气阀大多采用 4Cr10Si2Mo 钢耐热钢制造，经调质处理后使用，一般使
　　用寿命比较短，普遍存在着"麻点"问题。麻点一旦形成，就会发生漏气，影响密封，使油耗增加，
　　功率下降，而且由于漏气处局部温度升高，进一步加剧腐蚀和磨损，最终将导致气阀早期失效。

　　　　图 5-2-72：排气阀腐蚀麻点的宏观形貌，呈现大小不等、形状很不规则的浅坑，而且可以看出许
　　多浅坑已连成一片。

　　　　图 5-2-73：纵向剖面截取的试样，可以清楚地观察到麻点横断面内腐蚀产物的分布情况，腐蚀坑
　　浅而大，但向金属内部的发展并不平衡。

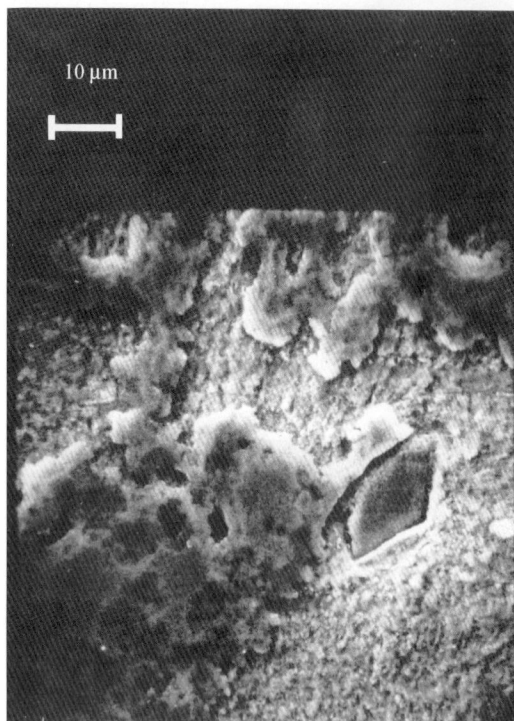

图 5-2-74   500×

图 5-2-75   500×

图　　号：5-2-74、5-2-75

材料名称：4Cr10Si2Mo 钢

浸 蚀 剂：图 5-2-74 未浸蚀；图 5-2-75 苦味酸盐酸酒精溶液

处理情况：排气阀经调质处理后，服役 760h

组织说明：腐蚀麻点。

　　图 5-2-74 为图 5-2-73 去掉麻点坑表面腐蚀产物后的扫描电镜照片，可以看到腐蚀程度不同的蚀坑，黑色孔洞是更深的凹坑。

　　图 5-2-75：排气阀的显微组织，呈细小均匀的回火索氏体。

　　用电子探针和 X 射线能谱仪对麻点的氧化腐蚀层及坑底进行化学元素的定性探测，发现其主要成分有硫、钠、磷等元素，此外，还发现有铝。

　　综上分析，排气阀上的麻点，是在工作过程中其表面经受高温燃气及各种活性介质的腐蚀产生脆性腐蚀膜，当排气阀承受冲击应力时脆化、脱落而形成。所以，它是热腐蚀和复杂的冲击应力联合作用的结果。为了提高排气阀的使用寿命，除了选择合适的材料（如 8Cr20Ni2Si 钢和 5Cr21Mn9Ni4N 钢）外，对其表面尚可进行硬化合金覆层，以增强其耐磨的能力。

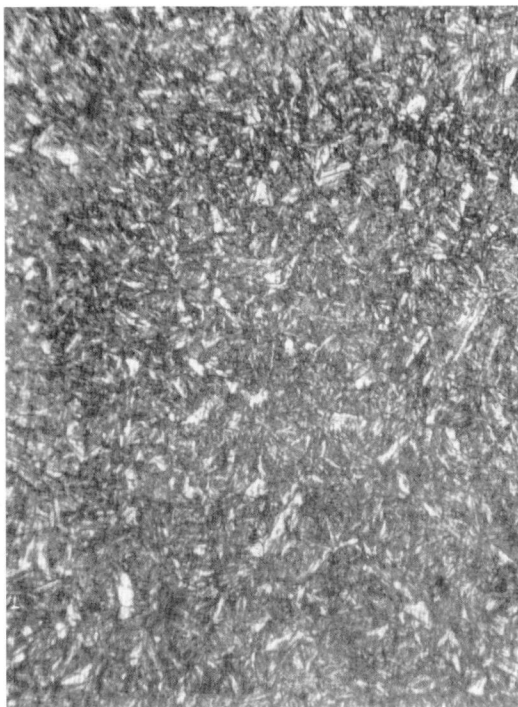

图　5-2-76　　　　　　　　　　1×　　图　5-2-77　　　　　　　　　　500×

图　　号：5-2-76、5-2-77

材料名称：4Cr10Si2Mo 钢

浸 蚀 剂：苦味酸盐酸酒精溶液

处理情况：台架试车 800h

组织说明：排气阀表面燃烧产物沉积。

　　图 5-2-76：排气阀表面（未浸蚀）燃烧沉积物实样。

　　图 5-2-77：排气阀的基体为保持马氏体位向分布的索氏体组织。其硬度为 33～34HRC。

　　高工况柴油机平台试车 800h，气阀阀杆颈部出现大量红褐色的沉积物，当用玻璃器皿刮取沉积物时，发现它十分坚硬。经用 X 射线粉末照相所获得的大量分析数据表明，该燃烧沉积物成分十分复杂，目前可以肯定的有 $CaSO_4$、$BaSO_4$、C，还可能有 PbS。

　　由此可见，沉积物的成分主要是碱土金属硫酸盐。其中硫、钙、钡等由国产柴油、添加剂、重油助燃剂或润滑油等带入。一般来说，重油中的沥青不能完全燃烧，因此在气阀表面结碳是不可避免的。

　　上述沉积物的产生，是发动机运转过程中不正常燃烧的产物，它与排气阀的材料——4Cr10Si2Mo 钢及组织无关。经解剖取样分析，组织为保持马氏体位向分布的索氏体，属正常的调质处理组织。

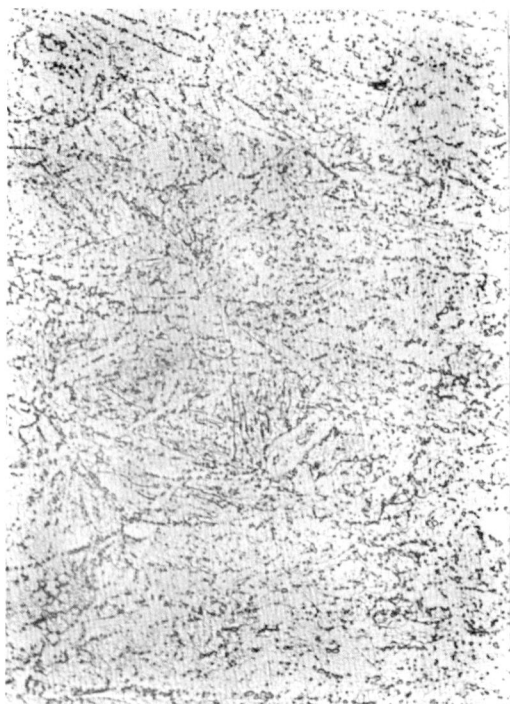 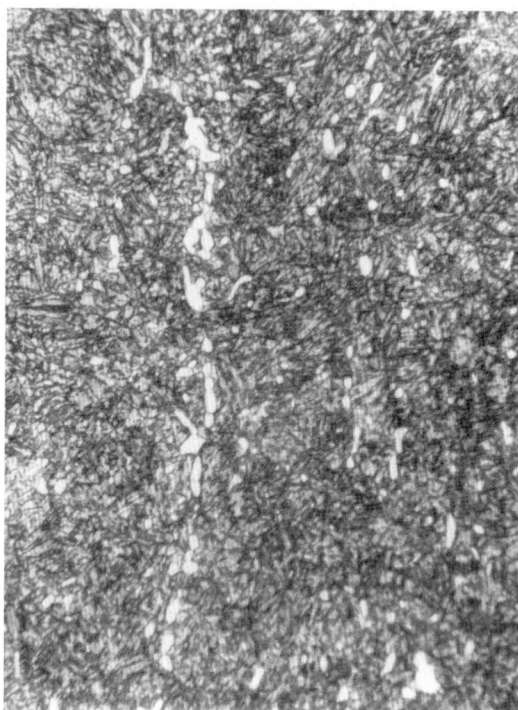

图 5-2-78   500×   图 5-2-79   500×

图　　号：5-2-78、5-2-79

材料名称：1Cr11MoV 钢 ［$w(C)0.11\%\sim0.18\%$，$w(Si)\leqslant0.50\%$，$w(Mn)\leqslant0.60\%$，$w(Cr)10.00\%\sim11.50\%$，
$w(Mo)0.50\%\sim0.70\%$，$w(V)0.25\%\sim0.40\%$，$w(S)\leqslant0.030\%$，$w(P)\leqslant0.035\%$，$w(Ni)\leqslant0.60\%$］

浸蚀剂：氯化高铁盐酸水溶液

处理情况：图 5-2-78 供货状态原材料；图 5-2-79 为 1000℃加热保温油冷

组织说明：图 5-2-78：原材料的显微组织为铁素体基体上有稀疏分布的细粒状碳化物。硬度为 160HBW。

　　图 5-2-79：正常淬火的显微组织，基体为针状马氏体，极少量残留奥氏体，其上有白色颗粒呈串连状分布的铁素体。硬度为 45HRC。

　　1Cr11MoV 钢是 Cr13 不锈钢的变种，含铬量较 1Cr13 钢少；含碳量则稍高，并加入一些钼和钒，由于铬、钼、钒能溶于 α 相中，产生固溶强化作用，且能提高 α 相的回复温度和再结晶温度，从而使钢在较高温度下仍保持足够的强度。

　　1Cr11MoV 钢常在调质处理后使用。其调质处理工艺：淬火温度 1050～1100℃加热后油冷淬火或空冷淬火；高温回火温度为 720～740℃，回火后油冷。

　　1Cr11MoV 钢中含有大量铬、钼、钒元素，使热强性明显提高，并有较好的减振性能和较小的线膨胀系数，因此该钢是制造低于 540℃条件下使用的汽轮机和燃气轮机叶片的良好材料。由于 1Cr11MoV 钢对于回火脆性不敏感和在 500～600℃长期保温后的室温冲击韧度变化不多，所以允许采取淬火后用较低的温度进行回火的方法获得高的强度。

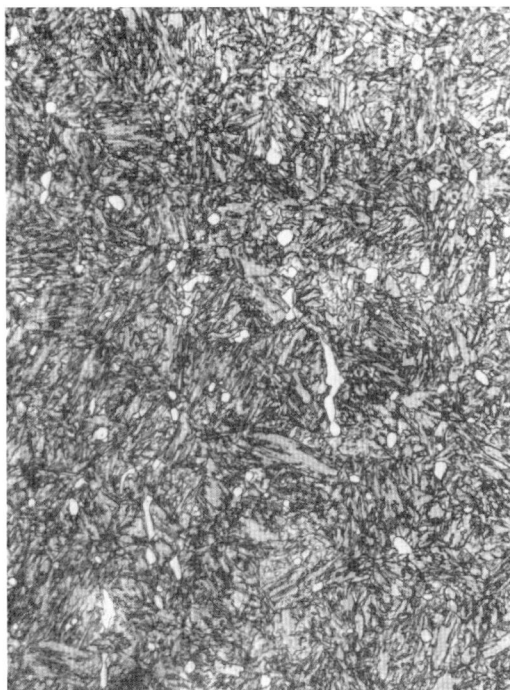

图 5-2-80   500×

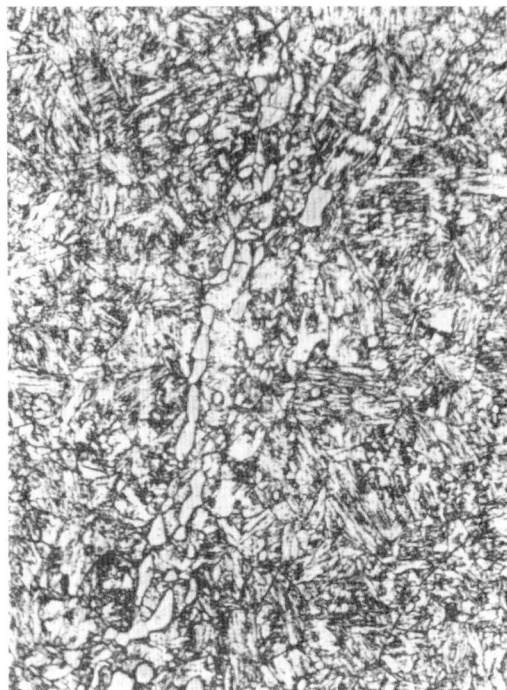

图 5-2-81   500×

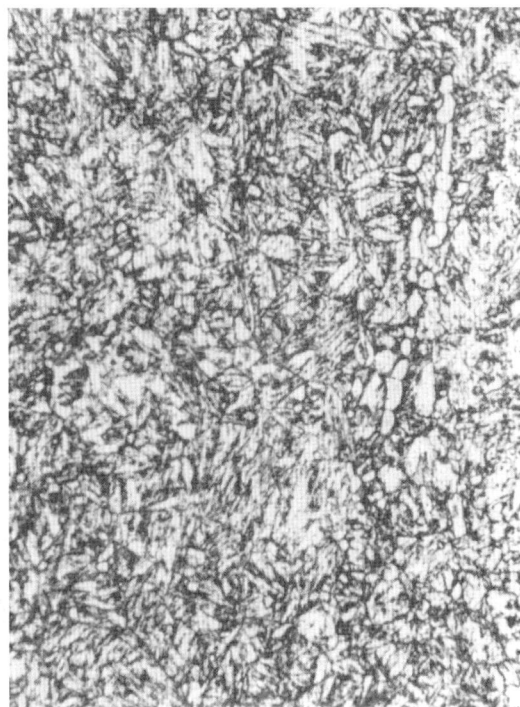

图 5-2-82   500×

图　　号：5-2-80～5-2-82
材料名称：1Cr11MoV 钢
浸 蚀 剂：氯化高铁盐酸水溶液
处理情况：图 5-2-80：1050℃加热，油冷淬火

图 5-2-81：1050℃加热，油冷淬火；720℃回火

图 5-2-82：1050℃加热，油冷淬火；780℃回火

组织说明：图 5-2-80：基体为针状马氏体和极少量残留奥氏体，其上布有少量颗粒状未溶解的铁素体。硬度为 43HRC。属淬火的显微组织。

图 5-2-81：基体为保持马氏体位向分布的索氏体，其上布有颗粒状铁素体，稍呈带状分布。硬度为 21HRC。属正常调质处理显微组织。

图 5-2-82：基体为稍保持马氏体位向分布的粗回火索氏体和少量颗粒状呈带状分布的铁素体，索氏体中碳化物颗粒已明显可见，从而使基体强度和硬度显著下降。硬度为 15HRC。属回火温度过高的显微组织。

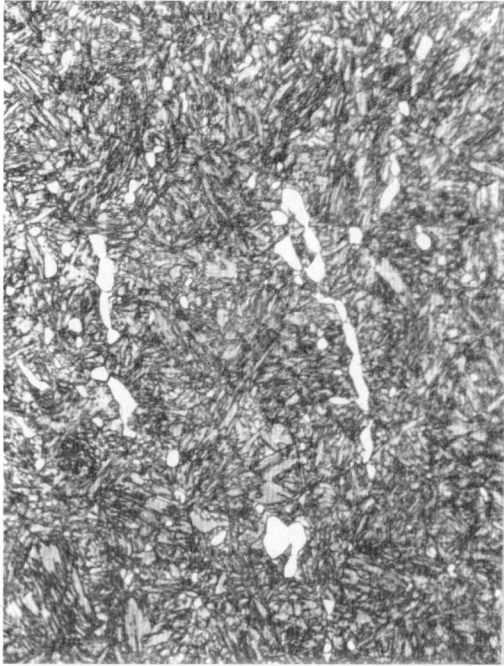

图　5-2-83　　　　　　　　　　　500×

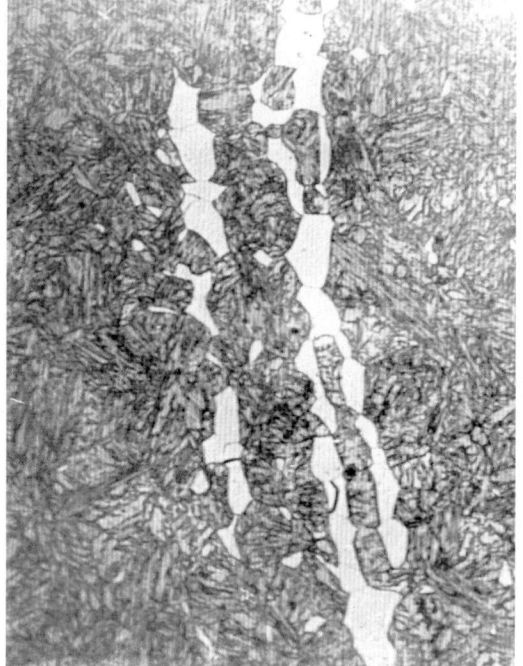

图　5-2-84　　　　　　　　　　　500×

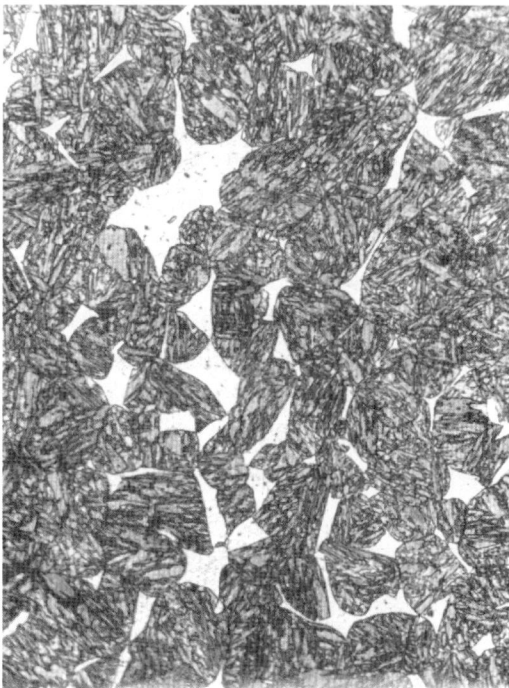

图　5-2-85　　　　　　　　　　　500×

图　　号：5-2-83～5-2-85
材料名称：1Cr11MoV 钢
浸 蚀 剂：氯化高铁盐酸水溶液
处理情况：图 5-2-83 为 1150℃加热，油冷淬火

　　　　　图 5-2-84 为 1200℃加热，油冷淬火

　　　　　图 5-2-85 为 1280℃加热，油冷淬火

组织说明：基体为粗大针状马氏体及少量残留奥氏
　　　　　体，其上布有大块、粒状铁素体，属典型的过热
　　　　　淬火组织。

　　　　　　由以上一组图片可以看出，随着淬火温度
　　　　　的升高，残留奥氏体则相应增加，但不及铁素
　　　　　体量增加得明显，从而使硬度随之下降（图
　　　　　5-2-83 硬度为 45HRC；图 5-2-84 硬度为 43～
　　　　　44HRC；图 5-2-85 硬度为 43HRC），说明
　　　　　1Cr11MoV 钢在过高温度下加热，将有高温铁
　　　　　素体析出。图 5-2-85 的铁素体呈不规则的棱角
　　　　　状，它与 1150℃淬火时获得的分布形态不同。
　　　　　高温析出大块状铁素体不但会降低材料的强
　　　　　度，而且会降低材料的冲击韧度。

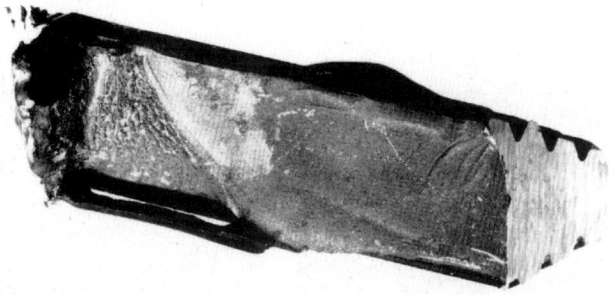

图　5-2-86　　　　　　　　　　　　　　　　　实物

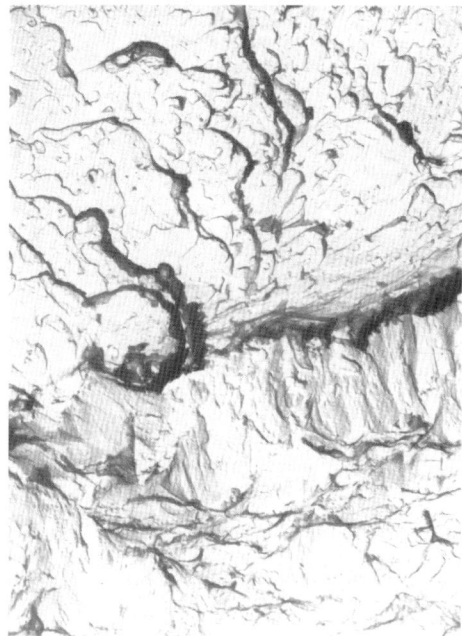

图　5-2-87　　　　　　　　4000×　　　　图　5-2-88　　　　　　　　4000×

图　　　号：5-2-86～5-2-88

材料名称：1Cr11MoV 钢

浸 蚀 剂：未浸蚀

处理情况：1050～1100℃油冷淬火后 720～740℃回火

组织说明：断裂。

图 5-2-86：2 万 kW 工业汽轮机第一级叶片的断口。断裂源在叶片背侧"棕树根"处，裂纹由叶片表面向里延伸，裂源的撕裂扩展台阶极清晰，断口上覆盖有一薄层坚实的氧化膜，见图右上角；图左侧为最后突然断裂的部位，晶粒稍粗大。

图 5-2-87：断口裂源处经二次复型电子断口显示的氧化膜形貌。

图 5-2-88：裂纹最后扩展的复型电子断口形貌，图左侧为韧窝特征，图中有平行条纹，很可能是由疲劳引起的。

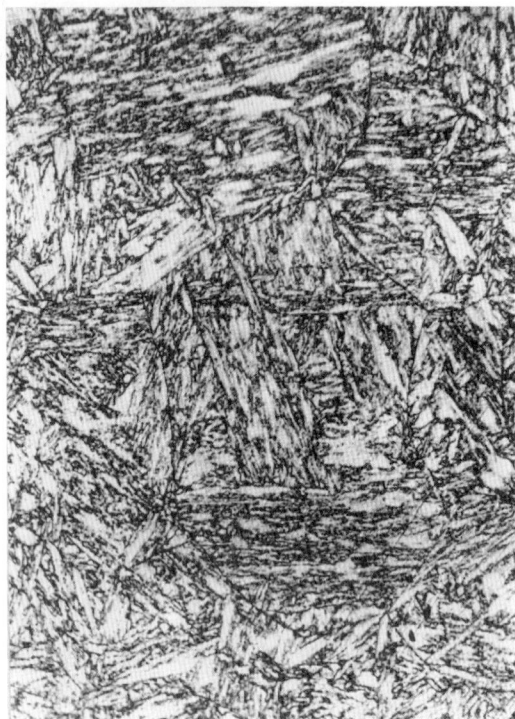

图 5-2-89   200×   图 5-2-90   500×

图　号：5-2-89、5-2-90

材料名称：1Cr11MoV 钢

浸 蚀 剂：苦味酸饱和水溶液中加数滴盐酸

处理情况：1050～1100℃油冷淬火后 720～740℃回火

组织说明：图 5-2-89 为图 5-2-86 断裂叶片的低倍金相组织，基体为保持马氏体位向分布的粗大回火索氏体，其上尚有颗粒状（白色）铁素体呈带状分布。

    图 5-2-90 为图 5-2-89 放大 500 倍后的组织，粗大针状更趋明显，索氏体中碳化物颗粒清晰可辨，晶界显明，表明叶片的晶粒粗大。

    叶片断口通过电子显微镜和金相分析可知：叶片淬火温度稍高，故得粗大的组织，使用时由于叶根装配不当，以致"棕树根"运行时受力不均匀，加上发生共振，使叶片承受的应力很高，导致叶片背面应力集中处（"棕树根"）产生裂纹，随着继续运行，裂纹继续扩展（从电子断口形貌特征得到证实），最后终于使叶片产生早期断裂而宣告失效。

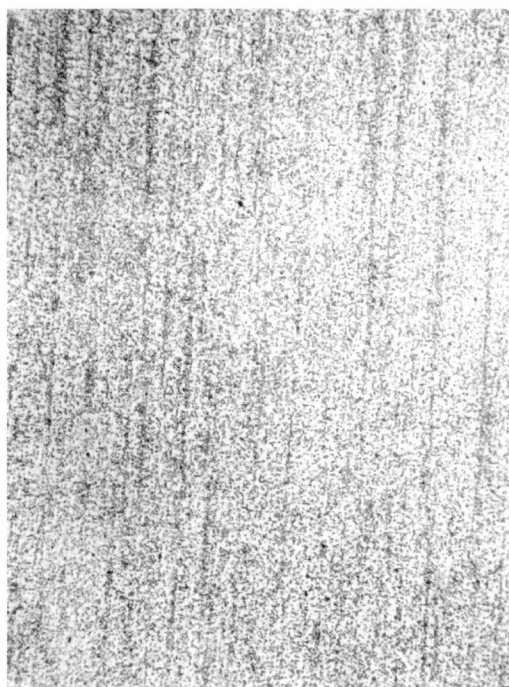

图　5-2-91　　　　　　　　　　100×

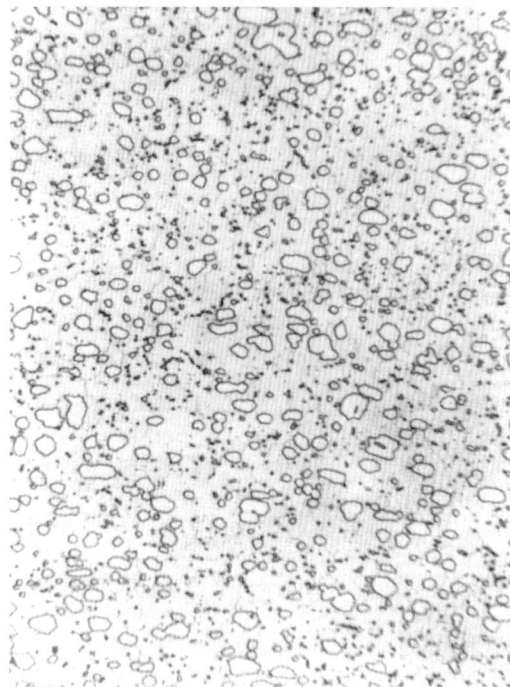

图　5-2-92　　　　　　　　　　500×

图　　号：5-2-91、5-2-92

材料名称：8Cr20Ni2Si2 钢 [w（C）0.81%，w（Cr）19.6%，w（Ni）1.47%，w（Si）1.90%，w（Mn）0.50%，w（S）0.015%，w（P）0.025%]

浸 蚀 剂：苦味酸盐酸酒精溶液

处理情况：原材料供应状态

组织说明：球粒化珠光体。低倍时，组织略呈带状分布。

8Cr20Ni2Si2 钢是 20 世纪 50 年代中期发展起来的高碳马氏体型耐热钢。该钢供应状态的退火组织应为均匀细致的球粒化珠光体。该钢具有高温耐腐蚀性，抗氧化和耐磨性，加工性能较好，但焊接性能较差，故不推荐焊接。

8Cr20Ni2Si2 钢还具有较高的室温和高温力学性能，见下表：

温度/℃	R_m /（N/mm²）	$R_{r0.2}$ /（N/mm²）	A（%）	Z（%）	HBW
室温	937	841	8.5	9.5	293
650	271	203	33.5	62.5	86
700	179	148	44	72.5	40
760	145	110	54.5	80.0	29
816	113	89	63	83.0	22

图　　5-2-93　　　　　　　　　　500×

图　　号：5-2-93

材料名称：8Cr20Ni2Si2 钢

浸　蚀　剂：苦味酸盐酸酒精溶液

处理情况：1050℃×12min 空冷

组织说明：灰色基体为马氏体，少量残留奥氏体，白色颗粒为碳化物。从基体中隐约可见细小的黑色晶界。硬度为52～55HRC。

　　8Cr20Ni2Si2 钢经 1050℃空冷后，硬度可达 48HRC 以上。淬火的组织为隐晶状细针马氏体，少量残留奥氏体以及未溶解的残存颗粒状碳化物。由图示的黑色晶界说明钢的淬火加热温度不高，故得到细小晶粒的奥氏体，因此其强度比较理想。

图　　号：5-2-94

材料名称：8Cr20Ni2Si2 钢

浸　蚀　剂：苦味酸盐酸酒精溶液

处理情况：1050℃×12min 空冷；760℃×4h 油冷

组织说明：基体为回火索氏体，基体上布有颗粒状碳化物。硬度为29～30HRC。属典型的淬火、回火后的显微组织。

　　由于 8Cr20Ni2Si2 钢含有较高的碳和铬，故在1050℃加热淬火后有较多的残留碳化物，从而使钢在调质状态下具有良好的高温耐磨性。

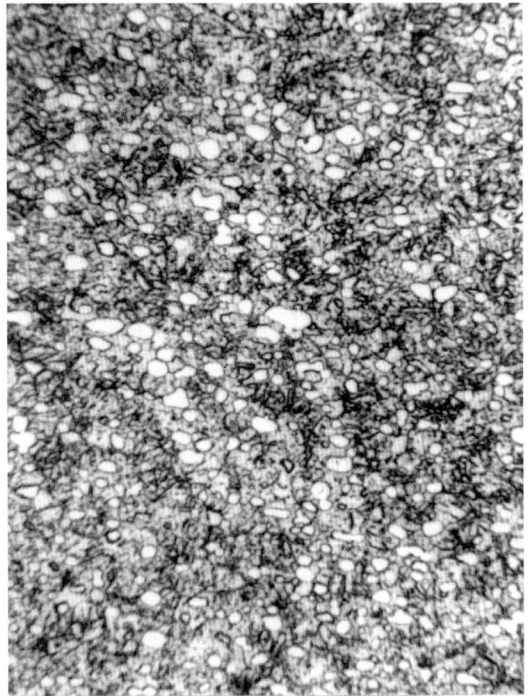

图　　5-2-94　　　　　　　　　　500×

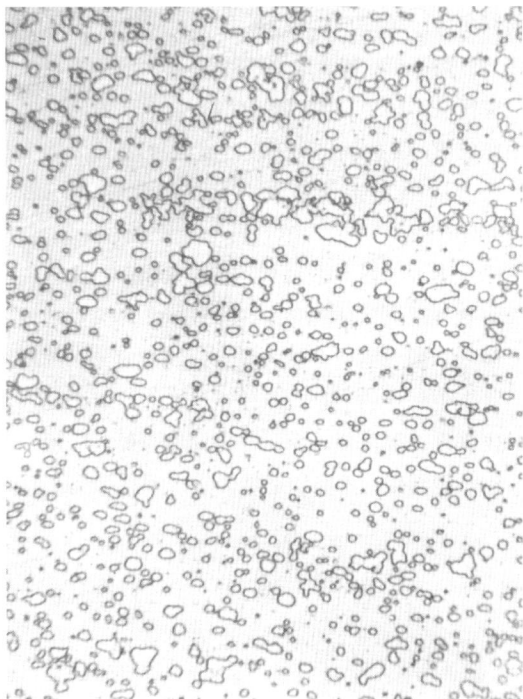

图　5-2-95　　　　　　　　　　500×

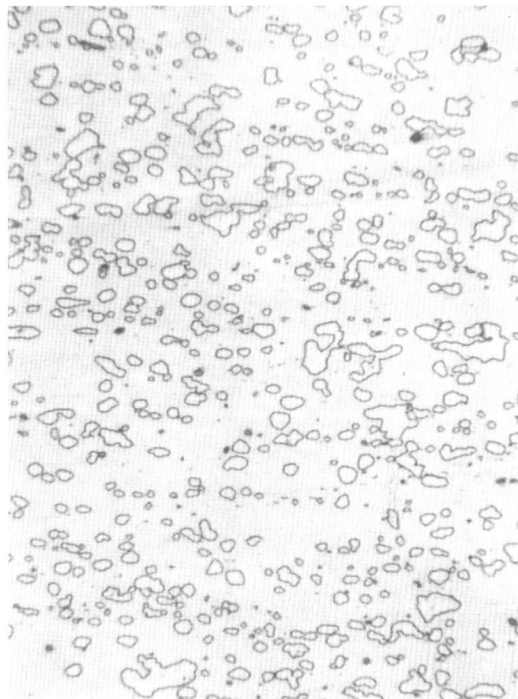

图　5-2-96　　　　　　　　　　500×

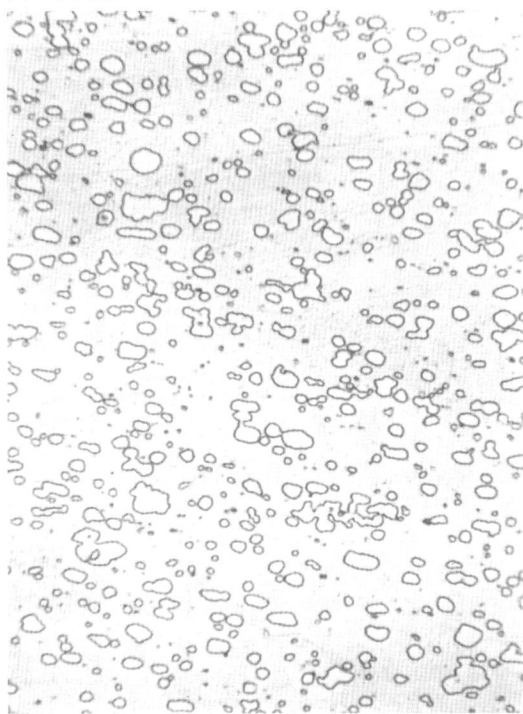

图　5-2-97　　　　　　　　　　500×

图　　号：5-2-95～5-2-97
材料名称：8Cr20Ni2Si2 钢
浸　蚀　剂：苦味酸盐酸酒精溶液
处理情况：退火状态
组织说明：棱角状碳化物。

图 5-2-95：球粒状珠光体均匀细小，并有极少量棱角状碳化物。硬度为 292HBW。

图 5-2-96：球粒状珠光体粗大而稀疏，部分碳化物颗粒呈棱角状分布。硬度为 288HBW。

图 5-2-97：球粒状珠光体较粗大，碳化物颗粒分布稀疏，部分碳化物呈棱角状。硬度为 280HBS。

8Cr20Ni2Si2 钢由非真空感应炉冶炼，一般经过开坯、热轧、退火、冷拉等工序，冷拉后需经球化退火处理，以获得球粒状珠光体组织。图 5-2-96 及图 5-2-97 球粒状珠光体较粗大，且分布稀疏，部分碳化物呈棱角状，此外碳化物略呈带状分布。说明图 5-2-96 及图 5-2-97 两炉钢的退火温度较高，以致碳化物有聚集长大的机会，其中尤以图 5-2-96 一炉钢的退火温度为最高。

图　　号：5-2-98

材料名称：8Cr20Ni2Si2 钢

浸 蚀 剂：苦味酸盐酸酒精溶液

处理情况：1080℃×12min 空冷

组织说明：带状氧化物夹杂（黑色）。基体为淬火马
　　　　　氏体、残留奥氏体及颗粒状碳化物，硬度为
　　　　　40HRC。

　　　图 5-2-98 的显微组织特征表明，因大量白色
块状残留奥氏体的存在，导致钢在淬火后的硬度
偏低。同时钢中存在大量沿轧制方向分布的断续
状黑色氧化物夹杂，致使钢材性能显著恶化，不
仅强度、硬度低，并且冲击韧度也差。一般这种
钢只能判废，不能制造零件。

图　　5-2-98　　　　　　　　　　　100×

图　　号：5-2-99

材料名称：8Cr20Ni2Si2 钢

浸 蚀 剂：苦味酸盐酸酒精溶液

处理情况：1080℃×12min 空冷

组织说明：灰色基体为马氏体，大量白色块状为残留
　　　　　奥氏体，基体上布有颗粒状碳化物，硬度偏低仅为
　　　　　38～41HRC。

　　　在正常情况下，8Cr20Ni2Si2 钢经淬火后应具有
较高的硬度。由图 5-2-99 所示的碳化物颗粒数量说
明，钢的淬火加热温度较高，致使大部分碳化物溶
于基体，钢的合金化程度较充分，致使钢的 M_s 点明
显下降，淬火后钢中残留奥氏体数量明显地增多，
导致钢的淬火硬度大幅下降。因此对 8Cr20Ni2Si2
这类高碳、高铬马氏体钢的热处理温度一定要选择
适当。

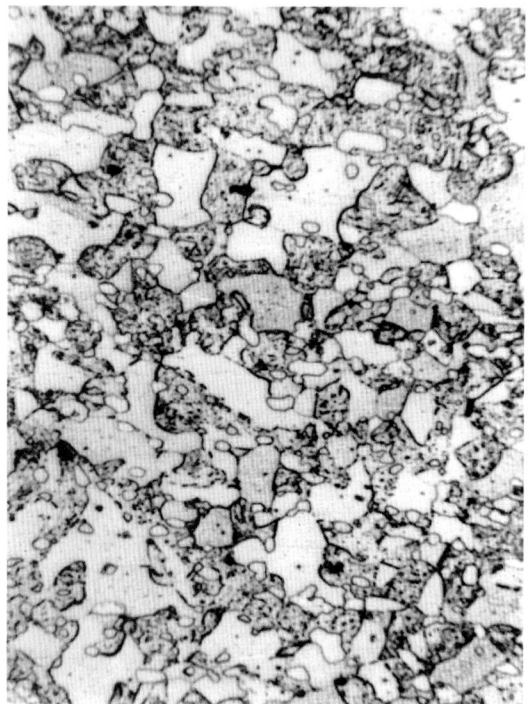

图　　5-2-99　　　　　　　　　　　500×

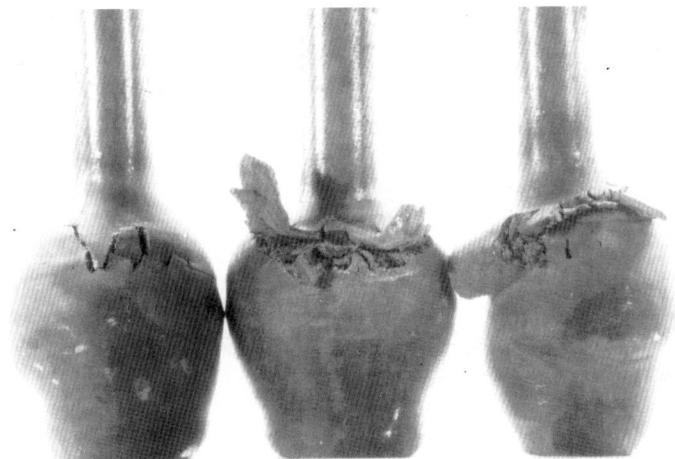

图　5-2-100　　　　　　　　　　　　　　　　0.75×

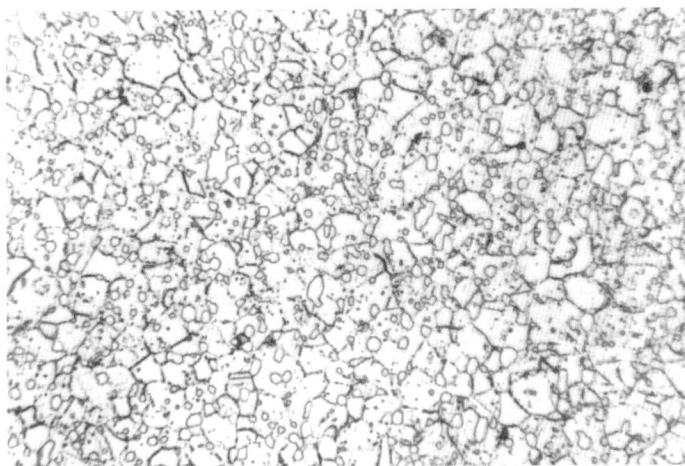

图　5-2-101　　　　　　　　　　　　　　　　500×

图　　号： 5-2-100、5-2-101

材料名称： 8Cr20Ni2Si2 钢

浸 蚀 剂： 苦味酸盐酸水溶液

处理情况： 电镦锻发动机气阀毛坯

组织说明： 图 5-2-100：发动机气阀毛坯电镦"开花"实样。

图 5-2-101："开花"实样的显微组织为部分马氏体，大量残留奥氏体，仍保留颇多碳化物颗粒。

本图实例系将 φ12.5mm 的 8Cr20Ni2Si2 钢按 340mm 长落料，在电镦机上进行电加热镦锻，而发生电镦"开花"的情况。经过多次试验和金相检查说明，该批钢料的原材料组织为球粒状珠光体，碳化物颗粒均匀细小，属正常的供应状态组织。经电镦后空冷的组织，如图 5-2-101 所示，亦属正常。而电镦"开花"的原因，主要是电镦工艺不当。经调整工艺（如正确控制电流大小和电镦挤压速度等）后，该缺陷即大为减少，成品率显著上升。

图　5-2-102 　　　　　　　　　　　　　　　　　　　0.75×

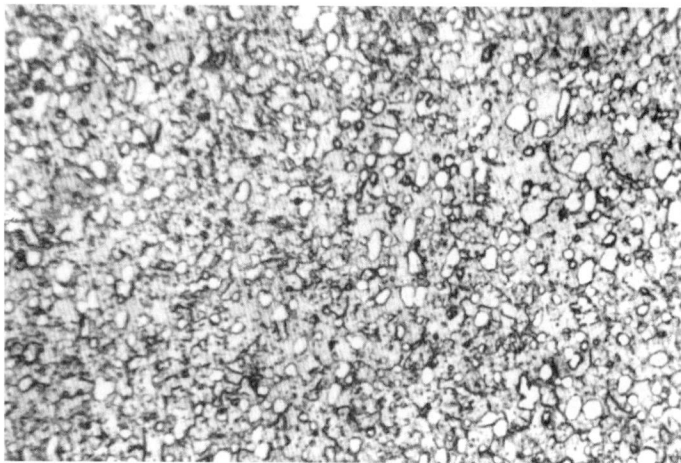

图　5-2-103 　　　　　　　　　　　　　　　　　　　500×

图　　号：5-2-102、5-2-103

材料名称：8Cr20Ni2Si2 钢

浸 蚀 剂：苦味酸盐酸酒精溶液

处理情况：1050℃×12min 空冷，又经 860℃×1h 空冷，再经 720℃×4h，油冷

组织说明：淬火内应力形成的裂纹。

图 5-2-102：热处理时由于内应力过大而造成裂纹的实样（未经浸蚀）。

图 5-2-103：实样的显微组织，索氏体及碳化物颗粒。

8Cr20Ni2Si2 钢制排气阀，由棒料电镦-模压成形，经淬火和二次回火结束后，发现气阀身与头部 R 交接处直至阀盘 R 面上有开裂现象。从开裂最严重的阀盘上取样做金相检查，其显微组织为回火索氏体及较多呈颗粒状分布的碳化物，组织尚属细致。由此可推断，淬火状态的组织正常。经过分析，造成排气阀热处理后开裂的原因，主要是淬火加热前未经预热，淬火后又未及时进行回火处理所致。因为该钢属高碳高铬钢，导热性差，相应地增加了淬火时的热应力和组织应力，尤其是组织中存在大量的合金碳化物，进一步降低了它的导热性。为此，热处理时淬火加热应缓慢，淬火介质要适当，并能做到及时带温回火，从而减少热应力和组织应力，以避免产生严重的开裂。

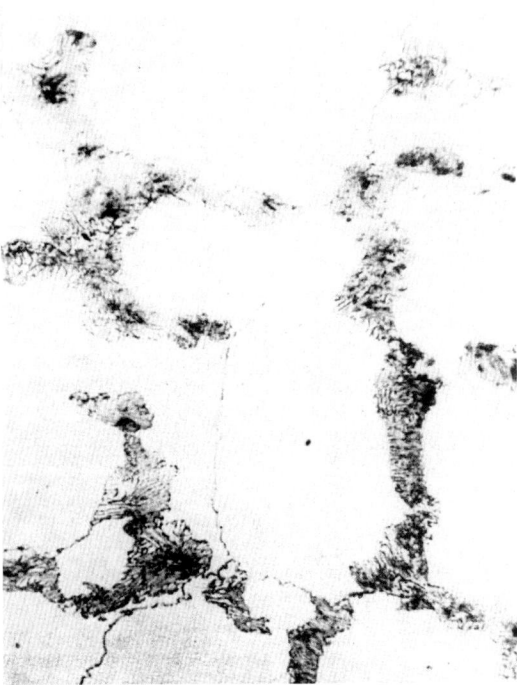

图 5-2-104   400×

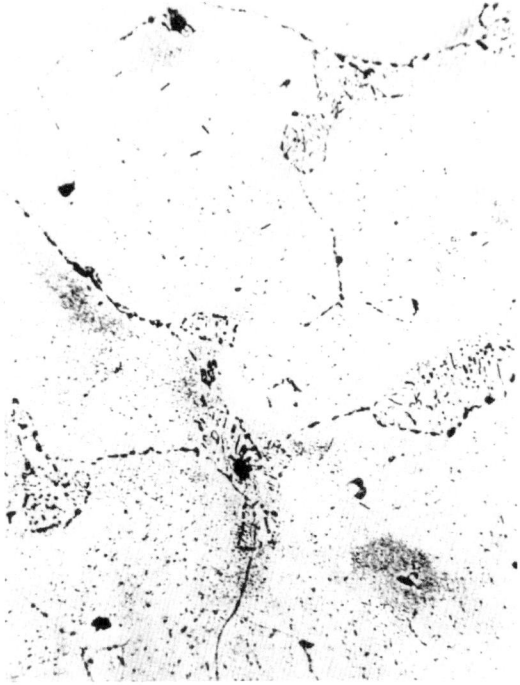

图 5-2-105   400×

图 号: 5-2-104～5-2-106

材料名称: 低镍铬锰氮炉用耐热钢 [w(C) 0.30%, w(Mn) 4.13%, w(Si) 1.86%, w(Cr) 21.44%, w(Ni) 4.0%, w(N) 0.25%, w(S) 0.11%, w(P) 0.012%]

浸 蚀 剂: 10%草酸水溶液电解浸蚀(4～6V, 10～20s)

处理情况: 铸态; 900℃×570h 时效; 1000℃×570h 时效

组织说明: 图 5-2-104:基体为奥氏体,晶界处的层状组织为碳氮化物。显微硬度为 332HV。

图 5-2-105:900℃×570h 时效后组织为奥氏体,其上弥散着 M_6C 型碳化物及针状氮化物,晶界上是 $M_{23}C_6$ 型碳化物,层状组织内的碳化物及氮化物分别聚集成颗粒状和针状分布。显微硬度为 391HV。

图 5-2-106:1000℃×570h 时效后组织为晶内及晶界上的小颗粒碳化物聚集长大成块、粒状,共晶组织内的碳氮化物也进一步聚集长大,显微硬度为 304HV。

经 900℃×570h 时效后,由于碳化物、氮化物沉淀析出并聚集,使基体的硬度上升,当升温1000℃×570h 时效后,由于碳化物及碳、氮化物进一步聚集长大,从而使基体硬度显著下降。

此系低镍铬锰氮炉用耐热钢。应用于各种热处理炉的炉底板、炉内吊挂件等。

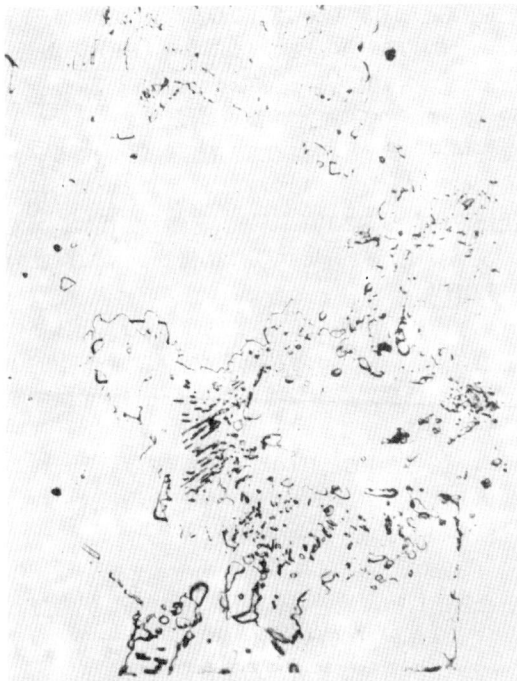

图 5-2-106   400×

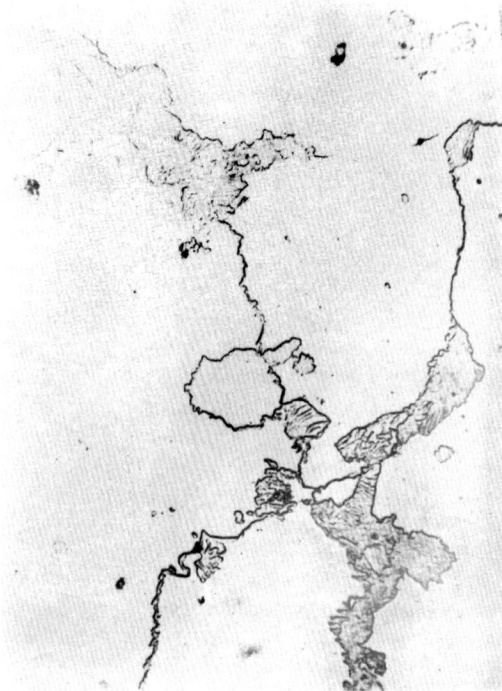

图　5-2-107　　　　　　　　400×

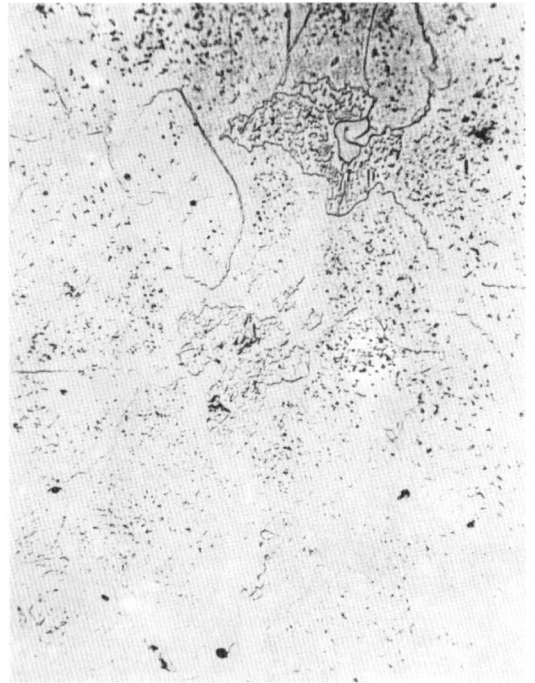

图　5-2-108　　　　　　　　400×

图　　号：5-2-107～5-2-109

材料名称：低镍含氮炉用耐热钢［w（C）0.35%，w（Mn）1.48%，w（Si）2.00%，w（Cr）25.2%，w（Ni）7.6%，w（N）0.26%，w（RE）0.020%，w（S）≤0.012%，w（P）≤0.010%］

浸 蚀 剂：10%草酸水溶液电解浸蚀

处理情况：铸态；900℃×570h 时效；1000℃×570h 时效

组织说明：图 5-2-107：铸态，基体为奥氏体，晶内及晶界上连接的层状碳、氮化物，显微硬度为321HV。

　　图 5-2-108：900℃×570h 时效后奥氏体基体上有大量弥散碳、氮化物质点析出，晶界上的层状组织已聚集成小条状及针状氮化物，显微硬度为366HV。

　　图 5-2-109：1000℃×570h 时效后奥氏体基体上及晶界上碳化物及氮化物已聚集长大成块、粒分布，显微硬度为345HV。

　　900℃×570h 时效后，由于碳化物、碳氮化合物的析出，致使基体硬度有所提高，但当时效温度升高至1000℃×570h 时效后，由于碳化物及碳氮化物的聚集长大，结果使硬度略有下降。

　　此钢亦是炉用耐热钢，它有良好的焊接性能，适用于制作炉用构件等。

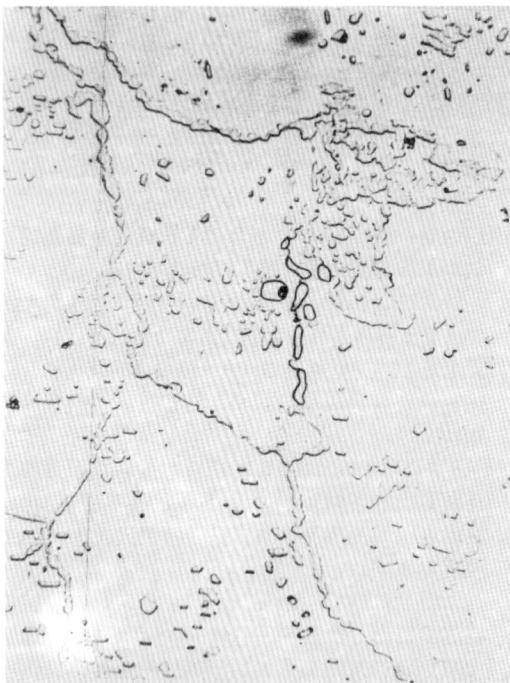

图　5-2-109　　　　　　　　400×

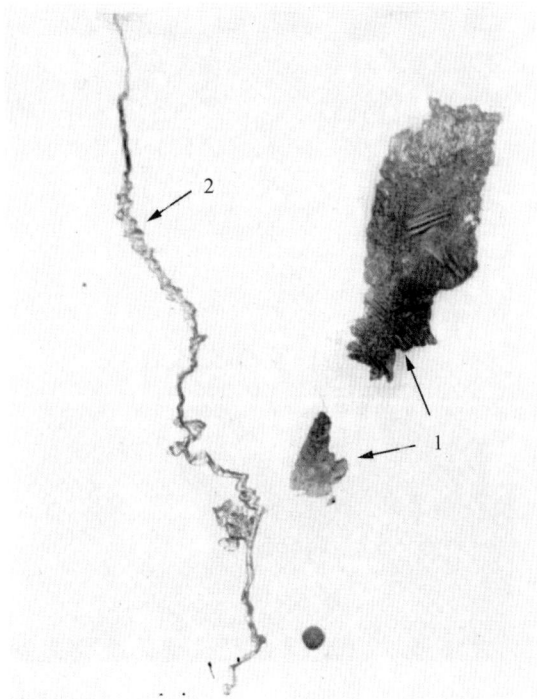

图　5-2-110　　　　　　　　　　500×

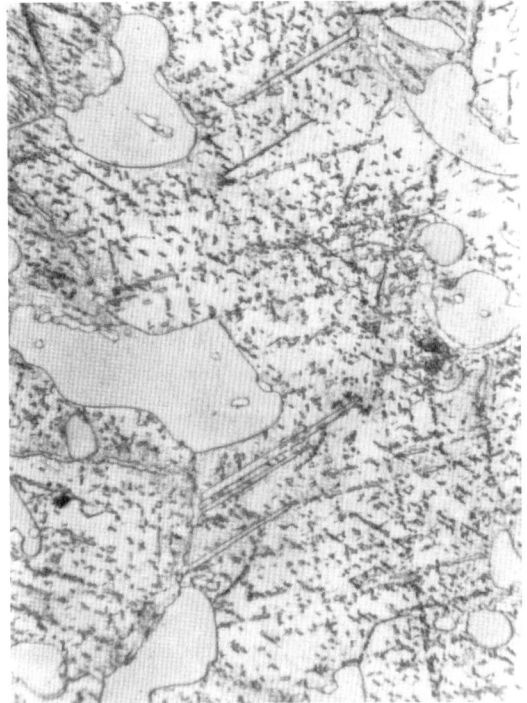

图　5-2-111　　　　　　　　　　500×

图　　号：5-2-110、5-2-111

材料名称：ZG30Cr18Mn12Si2N 钢 $[w(C)\ 0.31\%,\ w(Cr)\ 18.10\%,\ w(Mn)\ 11.80\%,\ w(Si)\ 1.95\%,\ w(N)\ 0.27\%,\ w(P)\ 0.031\%,\ w(S)\ 0.021\%]$

浸 蚀 剂：盐酸硝酸氯化高铁水溶液

处理情况：图 5-2-110 为铸态；图 5-2-111 为铸态+850℃×50h 时效处理

组织说明：图 5-2-110：铸态组织：基体为奥氏体；其上分布着层片状组织（箭头 1），白色链状为 $M_{23}C_6$ 碳化物沿晶界分布（箭头 2），通常还有少量 δ 铁素体存在。层片状组织的存在是该钢铸态组织的最大特征。

　　图 5-2-111：经 850℃×50h 时效组织，基体为奥氏体，白色大块状为 δ 铁素体，白色长针状氮化物和碳化物，它们是在时效过程中由铸态的层片状组织分解转变的产物。一般在短期（如 50h）时效后的产物中氮化物的含量比碳化物含量多。在晶内分布着大量白色颗粒为 $M_{23}C_6$ 碳化物。此外，该组织中应有少量残留的层片状组织，但与铸态层片状组织相比，时效后残留的层片状组织层片粗化，片间距也有增大。

　　该钢作为炉用耐热钢使用时，一般采用铸件。这些铸件较适宜制作退火台车炉的盖板，也可制作正火炉底盘等构件。

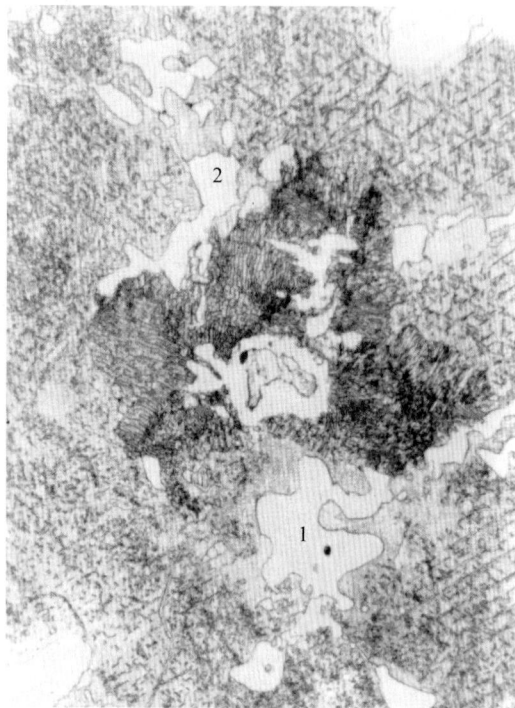 

图 5-2-112   500×   图 5-2-113   500×

图　　号：5-2-112、5-2-113

材料名称：ZG30Cr18Mn12Si2N 钢

浸 蚀 剂：盐酸硝酸氯化高铁水溶液

处理情况：图 5-2-112 为铸态+850℃×500h 时效处理；　图 5-2-113 为铸态+850℃×2000h 时效处理

组织说明：图 5-2-112：850℃×500h 时效组织，基体为奥氏体，白色大块状为 δ 铁素体（图中 1），亮白色
稍小些的块状为 σ 相（图中 2），σ 相是在时效过程中由 δ 铁素体转变而产生的。晶内的粒状组织为 $M_{23}C_6$
碳化物，由于时效时间较长，碳化物含量也随之增多，而黑色小针状为 Cr_2N 氮化物，其量已极少。它们
都是层片状组织分解的产物。在较长期时效过程中往往以碳化物含量为主，而氮化物量则变少。图中的层
片状组织则随时效时间增长而进一步粗化和分解。

    图 5-2-113：850℃×2000h 时效组织，在基体奥氏体上分布的白色小块为 σ 相，层片状组织进一步粗
化和分解，出现了短棒状的 $M_{23}C_6$ 碳化物，晶内的 $M_{23}C_6$ 碳化物也长成了白色颗粒，极少量 Cr_2N 氮化物
呈黑色的细小针状存在。

    该钢铸态组织中的 δ 铁素体在时效温度下变成不稳定相，在长期时效过程中有些 δ 铁素体转变为 σ
相。因此在此转变过程中会出现 δ 铁素体和 σ 相同时存在的情况。此两种相的外形较相似都呈块状，可
用以下方法予以区别：

    σ 相属一种高硬度脆性相，经抛光后其表面反光性较强，明场下呈白亮色。δ 铁素体是低硬度相，
抛光态及明场下呈黄白色，两者易于区别。用碱性高锰酸钾水溶液煮沸浸蚀，使 σ 相受浅蚀呈彩虹色，
而 δ 铁素体则受到深浸蚀呈褐色。还可用显微硬度法判别：实验测得钢中的 σ 相硬度约 680HV 左右，
δ 铁素体的硬度约为 300～340HV。

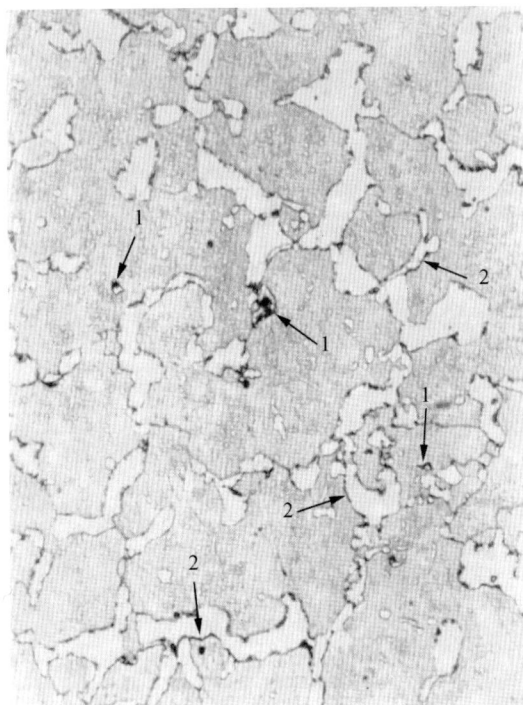

图　5-2-114　　　　　　　　　　200×

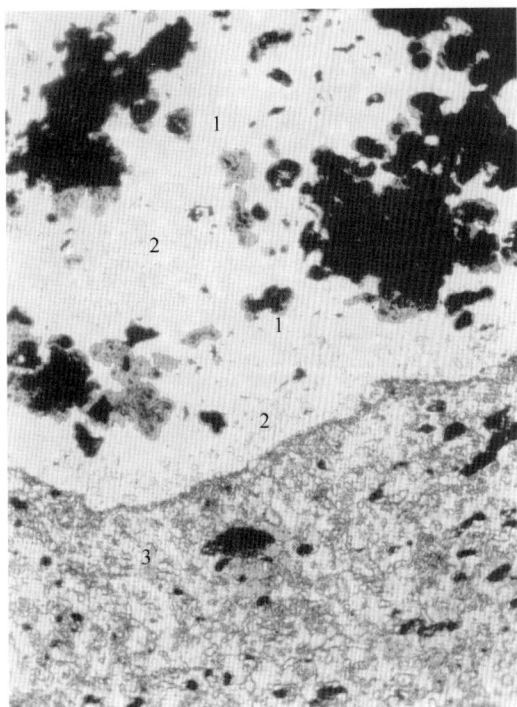

图　5-2-115　　　　　　　　　　100×

图　　　号：5-2-114、5-2-115

材料名称：ZG30Cr18Mn12Si2N 钢

浸　蚀　剂：盐酸硝酸氯化高铁水溶液

处理情况：该件取样于步进式正火炉底盘。系电弧炉冶炼砂型铸造成形件。正火温度为 950～970℃。炉内呈
　　　　　氧化气氛，使用 1725 周次，合计使用 5520h 出现开裂

组织说明：图 5-2-114：底盘内部组织，基体为奥氏体，在奥氏体内分布着少量较粗大的粒状 $M_{23}C_6$ 碳化物，
　　　　　δ 铁素体呈黄白色的大块状分布在奥氏体基体上。在块状 δ 铁素体的边缘分布着细小点粒状 $M_{23}C_6$ 碳化
　　　　　物。在部分细粒状 $M_{23}C_6$ 的边缘，与奥氏体的交界面上存在着黑色小点为细蠕变孔穴（图中箭头 1 所指）。
　　　　　有个别细小蠕变孔穴已相互连成为细蠕变裂纹（图中箭头 2 所指）。可见使用 5520h 的该铸件正火底盘内
　　　　　部已开始出现细小的蠕变孔穴和蠕变裂纹。

　　　　　图 5-2-115：底盘表面层组织。图的上部为近表面处组织（图中标注 1、2 区），图下部为近内部区组织
　　　　　（图中标注 3 区）。近内部区组织的基体为奥氏体，其内部分布着细小的点粒状 $M_{23}C_6$ 碳化物，近表面的 1
　　　　　区为全奥氏体区，未见任何碳化物出现，2 区域内组织主要为基体奥氏体，分布有少量的细粒状 $M_{23}C_6$ 碳
　　　　　化物，其碳化物含量明显少于 3 区。可见 1、2 区组织具有表面脱碳的组织特征，测得其硬度值为 258HV。
　　　　　图中大块黑色者为铸造孔洞，孔洞边缘的灰色物为氧化物。

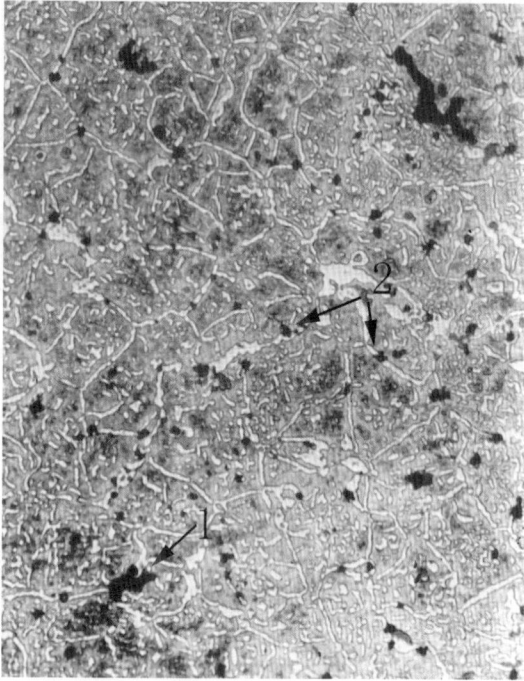

图 5-2-116   200×

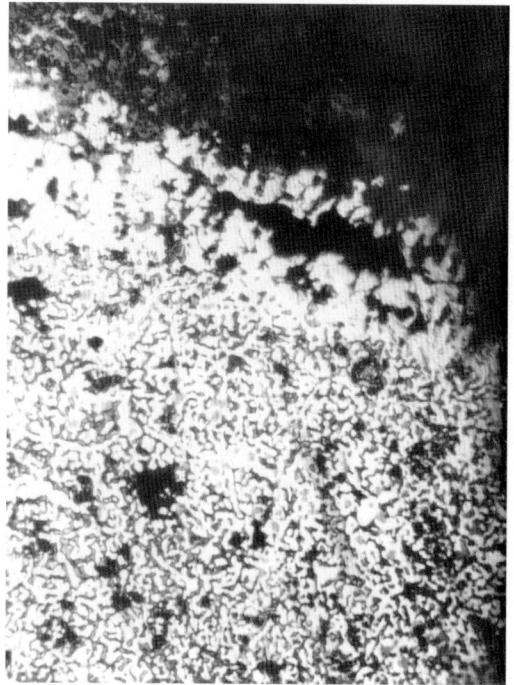

图 5-2-117   200×

图　号：5-2-116、5-2-117

材料名称：ZG30Cr18Mn12Si2N 钢

浸蚀剂：盐酸硝酸氯化高铁水溶液

处理情况：该件取样于无罐渗碳炉料盘，系中频冶炼精密铸造成形件，经过 880～910℃气体渗碳 183 周次，计 3360h 出现开裂

组织说明：图 5-2-116：料盘的内部组织，基体为奥氏体，白色的粗大网状、条状、点粒状和块状为 $M_{23}C_6$ 碳化物，碳化物含量甚多已大大超过了该钢铸态组织应有含量，可见经 3660h 渗碳作用，料盘内部组织已发生明显变化，呈增碳特征，这将使材料具有较大脆性。此外，图中的黑色孔为疏松孔洞（箭头 1 所指），而在白色颗粒状碳化物边缘有些黑色小孔是蠕变孔穴（箭头 2 所指），它们是材料在长期（3660h）高温和渗碳工件载荷等综合作用的产物。

图 5-2-117：料盘表层组织，图上部的白亮色区为最表面层，组织是粗大的块状 $M_{23}C_6$ 碳化物。测得硬度值为 1010～1150HV。图下部组织为奥氏体基体上分布着大量的白色条状、粒状和块状的 $M_{23}C_6$ 碳化物，碳化物已长得较粗大，并且相互已串连成一体。可见其含量不仅远远多于该钢铸态组织，且比内部组织（图 5-2-116）明显增多，可见在运行过程中料盘表层的增碳作用比内部更剧烈。图中较大的黑色孔为铸造缺陷。在碳化物边缘与奥氏体界面上存在的黑色小孔为蠕变孔穴，表层蠕变孔穴的数量比内部多。

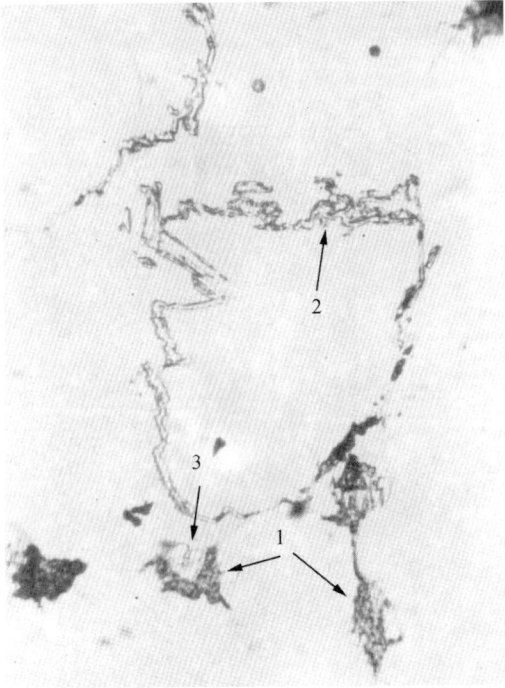

图　5-2-118　　　　　　　　　　500×

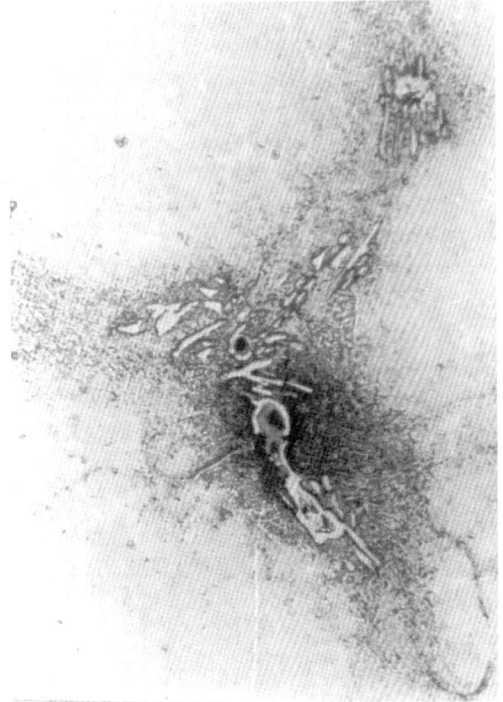

图　5-2-119　　　　　　　　　　500×

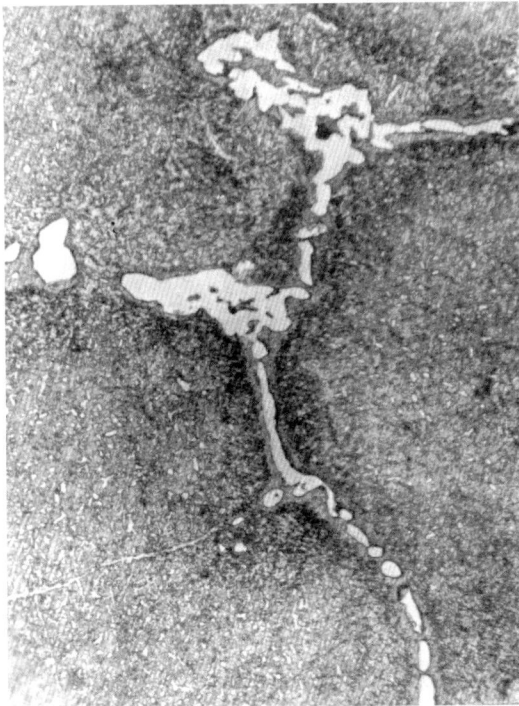

图　5-2-120　　　　　　　　　　500×

图　　号：5-2-118～5-2-120

材料名称：ZG35Cr24Ni7SiNRE 钢〔w(C)0.40%，w(Cr)23.00%，w(Ni)7.53%，w(Mn)0.74%，w(Si)1.98%，w(N)0.21%，w(P)0.028%，w(S)0.019%，w(RE)0.20%～0.30%〕

浸蚀剂：氯化高铁盐酸水溶液

处理情况：图 5-2-118 为铸态。图 5-2-119 为铸态 +850℃×50h 时效处理。图 5-2-120 为铸态 +850℃×2000h 时效处理

组织说明：图 5-2-118：铸态组织，基体为奥氏体，晶界上有层片状组织（箭头 1），共晶碳化物和沿晶分布的网状 $M_{23}C_6$ 碳化物（箭头 2），并有少量白色小块状 δ 铁素体（箭头 3）。

图 5-2-119：经 850℃×50h 时效后组织，基体为奥氏体，晶界上有共晶碳化物，其周围析出了大量的弥散状 $M_{23}C_6$ 碳化物。

图 5-2-120：经 850℃×2000h 时效后组织，基体为奥氏体，晶内有大量的白色点状及长大成小块的 $M_{23}C_6$ 碳化物，白色大块状相经 X 射线衍射法相鉴定得出为 σ 相。

ZG35Cr24Ni7SiNRE 最适宜制造使用温度在 1000℃ 以上的热处理炉的炉底板，也可作渗碳淬火料盘、渗碳夹具、1000℃ 以下炉底板、辐射管及正火炉底盘、装料筐等热处理炉用构件。

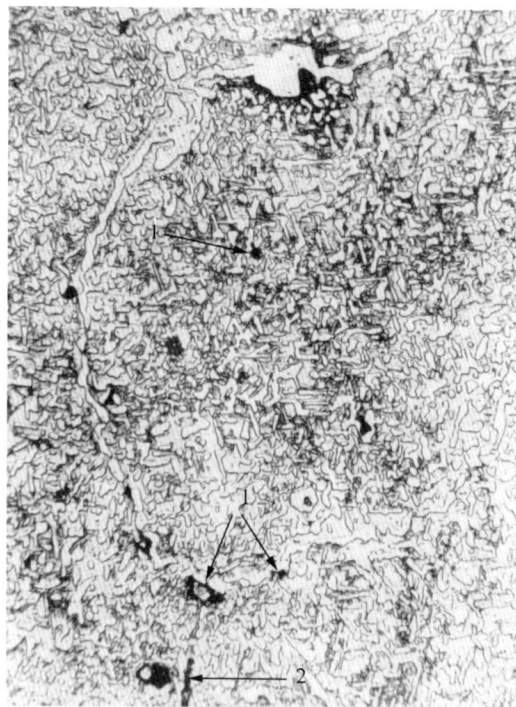
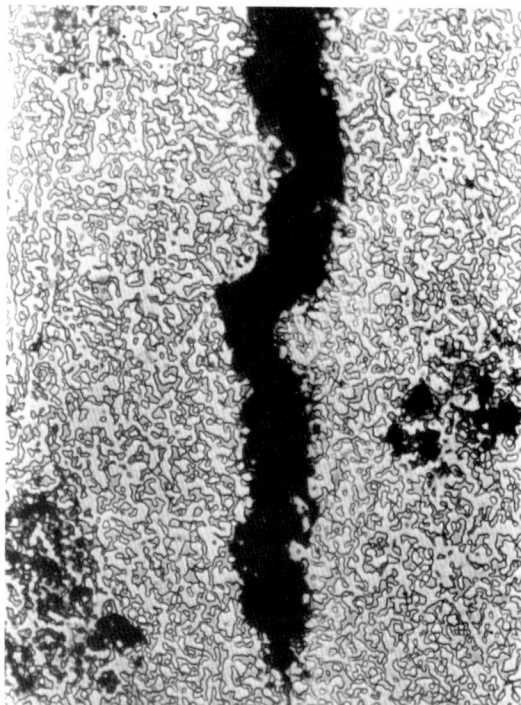

图 5-2-121   500×   图 5-2-122   200×

图　　号：5-2-121、5-2-122

材料名称：ZG35Cr24Ni7SiNRE 钢

浸 蚀 剂：氯化高铁盐酸水溶液

处理情况：该件取样于无罐渗碳炉料盘，系中频冶炼精密铸造成形件，经过 880～910℃气体渗碳运行 435 周次计为 8700h 出现开裂

组织说明：图 5-2-121：料盘的内部组织，基体为奥氏体，晶内分布着过量并且粗大的白色颗粒状、条状 $M_{23}C_6$ 碳化物，这是材料处于长期高温渗碳气氛造成严重增碳的组织。奥氏体晶界上分布着粗大网状、块状的白色 $M_{23}C_6$ 碳化物。原始铸态组织中常见的层片状组织已完全消失。此外在较粗大的碳化物边缘存在的黑色小孔为蠕变孔穴（箭头 1 所指）和蠕变裂纹（箭头 2 所指）。

　　图 5-2-122：料盘内部组织及裂纹尾端区的组织，在基体奥氏体上分布着过量白色粗大 $M_{23}C_6$ 碳化物，它们呈弯曲的条状、块状和粗粒状，并且已相互连接成一体，这是材料长期受高温渗碳作用的严重增碳组织。图中裂纹较粗大，并且全部沿着白色 $M_{23}C_6$ 碳化物的边缘扩展，主要呈穿晶状分布，裂纹尾端圆钝，这些都是高温热疲劳裂纹的特点。此外在粗粒状碳化物边缘分布着少量蠕变孔穴及蠕变裂纹。

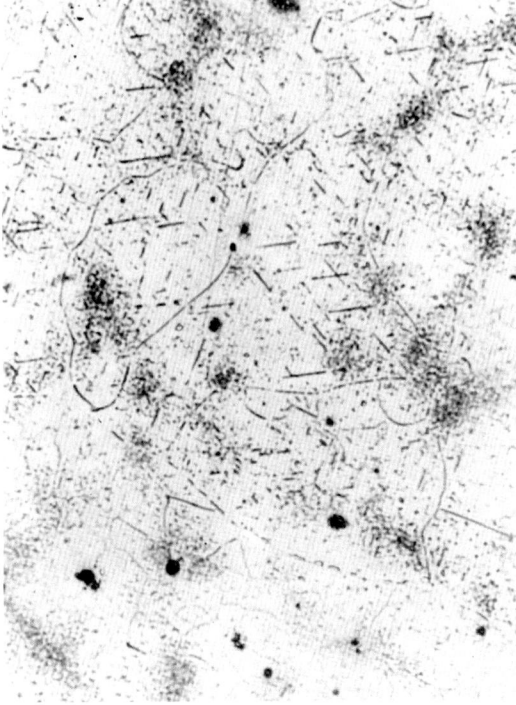

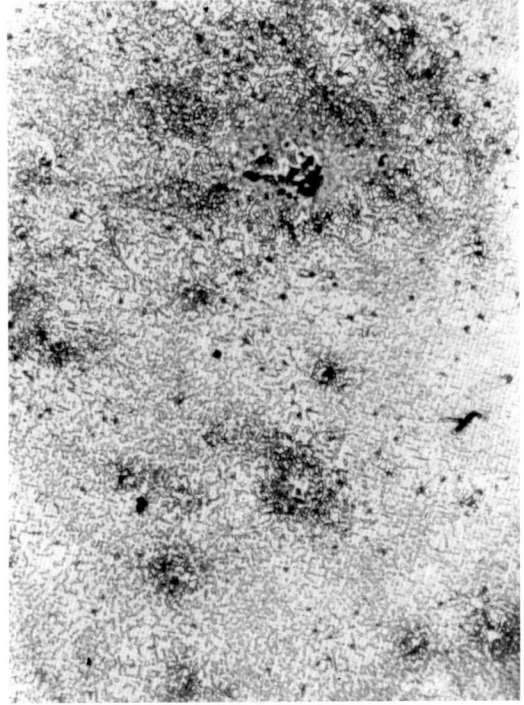

图　5-2-123　　　　　　　　　　　　　　200×　　图　5-2-124　　　　　　　　　　　　　200×

图　　号：5-2-123、5-2-124

材料名称：ZG35Cr24Ni7SiNRE 钢

浸 蚀 剂：氯化高铁盐酸水溶液

处理情况：该件取样于活塞肖的渗碳夹具之断裂立柱，服役工况为 950℃左右气体渗碳+空冷，运行时间
　　　　　为 2808h，在装料过程中立柱受工件冲撞而断裂

组织说明：图 5-2-123：立柱的心部组织，基体为奥氏体，晶界上分布着串连成网状、半网状的 $M_{23}C_6$
　　　　　碳化物，在晶内分布着大量点粒状及稍粗大的粒状 $M_{23}C_6$ 碳化物，图中深色粒子为钢中非金属夹杂物。

　　　　　图 5-2-124：立柱表层组织，基体为奥氏体，基体中分布着大量较粗大的白色粒状 $M_{23}C_6$ 碳化物。由碳
　　　　　化物的数量及粗大情况可知，该立柱经 2808h 运行，组织已发生明显增碳现象。

　　　　　该立柱内部及表层组织中均尚未发现蠕变孔穴及蠕变裂纹存在，但组织的增碳作用已较明显，而且表
　　　　　层的增碳作用更甚于内部组织。

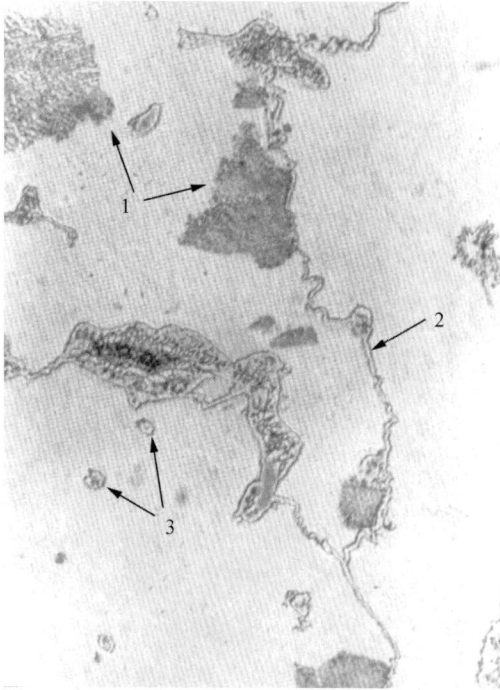

图　5-2-125　　　　　　　　300×

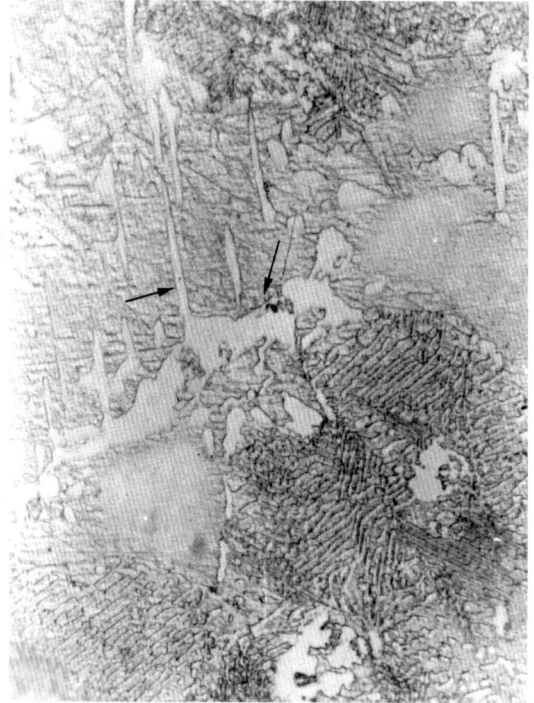

图　5-2-126　　　　　　　　500×

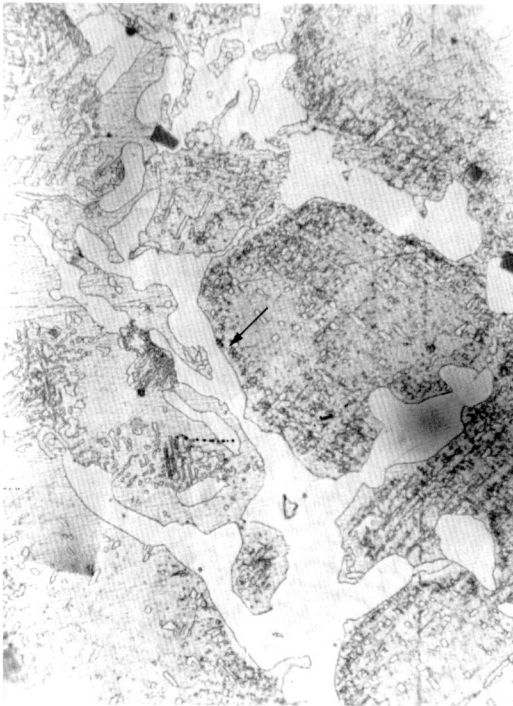

图　5-2-127　　　　　　　　500×

图　号：5-2-125～5-2-127

材料名称：ZG35Cr30Ni11N 钢 [w(C)0.40%，w(Cr) 29.50%，w(Ni)11.20%，w(Mn)0.39%，w(Si)0.31%，w(N)0.25%，w(P)0.017%，w(S)0.017%]

浸　蚀　剂：氯化高铁盐酸水溶液

处理情况：图 5-2-125 为铸态；图 5-2-126 为铸态 +850℃×500h 时效处理；图 5-2-127 为铸态 +850℃×2000h 时效处理

组织说明：图 5-2-125：铸态组织，基体为奥氏体，分布着层片状组织（箭头 1 所指），白色的网状 $M_{23}C_6$ 碳化物分布在晶界上（箭头 2 所指），还有少量白色的 δ 铁素体（箭头 3 所指）。

图 5-2-126：经 850℃×500h 时效组织，基体为奥氏体，分布有粗片状和粒状 $M_{23}C_6$ 碳化物，它们是铸态组织层片状在时效时分解转变产物。白色块状和粗针状为 σ 相（箭头所指），X 衍射相鉴定得出基体上还有少量细小的氮化物 Cr_2N 存在。

图 5-2-127：经 850℃×2000h 时效组织，基体为奥氏体，沿晶界分布着大块及粗条状的白色 σ 相（箭头所指），晶内有较多粗粒状、短棒状和片状的白色 $M_{23}C_6$ 碳化物。

ZG35Cr30Ni11N 钢较适宜于制作渗碳夹具、渗碳淬火料盘、1000℃以上的炉底板、辐射管等热处理炉构件。

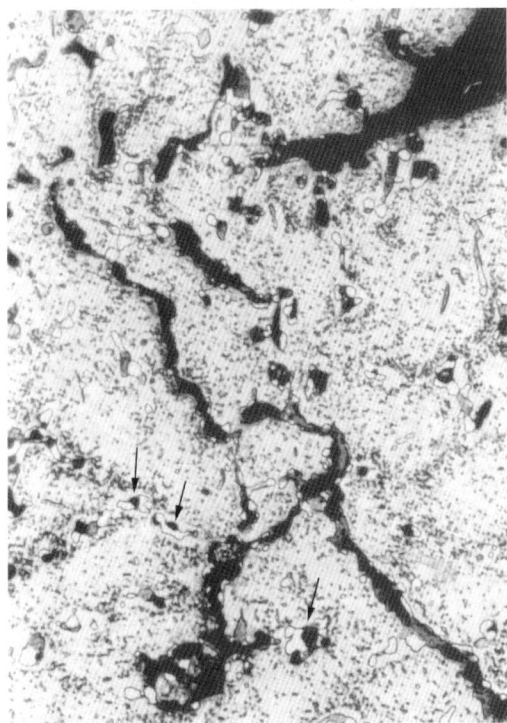

图　5-2-128　　　　　　　　　　200×

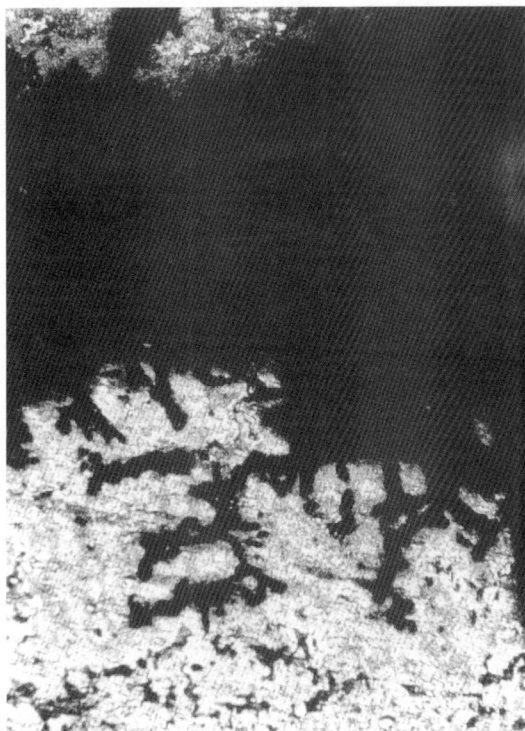

图　5-2-129　　　　　　　　　　100×

图　　号：5-2-128、5-2-129

材料名称：ZG35Cr30Ni11N 钢

浸 蚀 剂：氯化高铁盐酸水溶液

处理情况：该件取样于步进式正火炉底盘，系电弧炉冶炼砂型铸造成形。正火温度为 950～970℃，炉内是氧化气氛，经使用 1275 周次计为 4080h 出现开裂

组织说明：图 5-2-128：底盘内部组织，奥氏体+$M_{23}C_6$ 碳化物。奥氏体为基体，上面分布着较多的 $M_{23}C_6$ 碳化物。其中分布在晶界上的 $M_{23}C_6$ 主要呈条状，分布在晶内的 $M_{23}C_6$ 主要呈粒状和小块状。图中黑色条纹为铸造裂纹，主要呈沿晶分布。在白色粒状碳化物边缘分布的黑色小孔（箭头所指）为蠕变孔穴。图右上部的黑色大孔为铸造缺陷的孔洞，它已与碳化物及蠕变孔穴相连成一体。

　　　图 5-2-129：底盘表层粗大裂纹的剖面之部分，其组织与图 5-2-128 相似，属正常使用态，未见明显氧化脱碳现象。图的右侧为粗大裂纹的边缘，它与树枝状疏松已连成一体，在疏松孔附近有很多黑色的蠕变孔穴。可见该底盘经 4080h 高温正火作用，内部已出现较多蠕变孔穴，但裂纹主要属铸造缺陷。

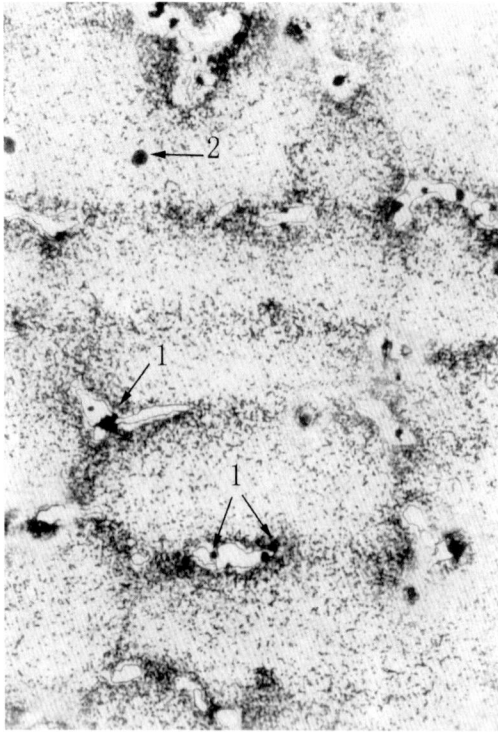

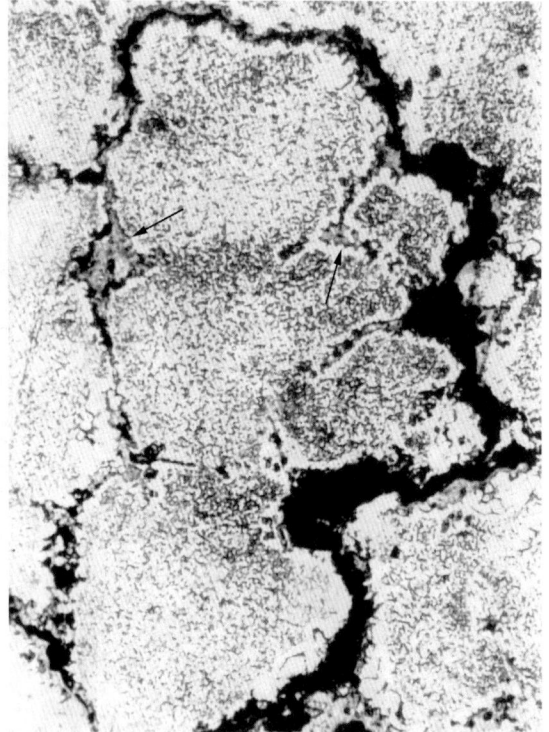

图 5-2-130   200×   图 5-2-131   200×

图　　号：5-2-130、5-2-131

材料名称：ZG35Cr30Ni11N 钢

浸 蚀 剂：氯化高铁盐酸水溶液

处理情况：该件取样于无罐渗碳炉料盘。系中频冶炼砂型铸造成形件，经 880～910℃气体渗碳 185 周次计为 3600h 出现开裂

组织说明：图 5-2-130：料盘的心部组织，奥氏体+ $M_{23}C_6$ 碳化物。基体为奥氏体，在晶界上分布的白色块状为 $M_{23}C_6$ 碳化物。在较粗的 $M_{23}C_6$ 边缘存在着黑色的细蠕变孔穴（箭头 1 所指）；在局部枝晶界上有一些点粒状的细小 $M_{23}C_6$ 碳化物聚集分布。晶内有较均匀分布的较细点粒状 $M_{23}C_6$。该样组织中的碳化物数量较多，表明料盘在 3600h 运行过程中，其内部已出现增碳现象。图中灰色颗粒为渗碳过程中由内氧化产生的氧化物（箭头 2 所指）。

图 5-2-131：表层裂纹及附近组织，奥氏体+ $M_{23}C_6$ 碳化物。基体为奥氏体，晶内分布着较多的白色粒状、条状 $M_{23}C_6$ 碳化物。这些碳化物已互相连通成一体。在裂纹边缘存在着一条白色的带状组织为 $M_{23}C_6$ 碳化物，它们与晶内的 $M_{23}C_6$ 碳化物已连接成一体。以上碳化物含量已呈明显的增碳组织特点，这是在长期运行过程中渗碳介质沿料盘表面及与表面相连通的粗裂纹扩散的结果。裂纹主要沿奥氏体晶界分布，裂纹边缘有灰色氧化物（箭头所指），具有铸造裂纹的特点。

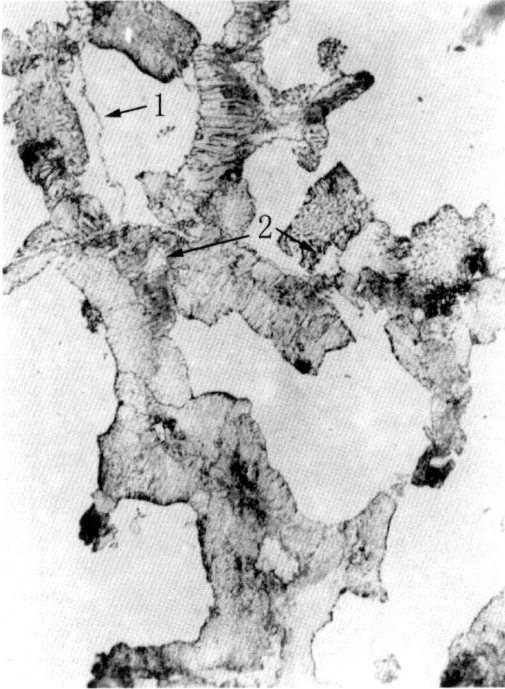

图　5-2-132　　　　　　　　　　200×

图　5-2-133　　　　　　　　　　500×

图　号：5-2-132～5-2-134

材料名称：ZG35Cr22Mn4Ni4Si2N 钢 [w(C)0.36%，w(Cr)22.00%，w(Ni)4.23%，w(Mn)4.55%，w(Si)1.92%，w(N)0.26%，w(P)0.029%，w(S)0.012%]

浸蚀剂：氯化高铁盐酸水溶液

处理情况：图 5-2-132 为铸态；图 5-2-133 为铸态 +850℃×500h 时效处理；图 5-2-134 为铸态 +850℃×2000h 时效处理

组织说明：图 5-2-132：铸态组织，基体为奥氏体，晶界上分布着白色的细网状 $M_{23}C_6$ 碳化物（箭头 1）及少量白色小块状 δ 铁素体（箭头 2）。在沿晶碳化物两侧分布着层片状组织。

图 5-2-133：经 850℃×500h 时效组织，基体为奥氏体，白色块状为 $M_{23}C_6$ 碳化物，在块状碳化物周围有大量白色条状、粒状和片状的 $M_{23}C_6$ 碳化物，它们都是时效过程中由铸态层片状组织分解转变的产物。

图 5-2-134：经 850℃×2000h 时效组织，基体为奥氏体，白色块状、粒状、短棒状为 $M_{23}C_6$ 碳化物，碳化物块及颗粒都比 500h 时效组织较粗大。

ZG35Cr22Mn4Ni4Si2N 钢适于制作正火炉底盘、1000℃ 以下炉底板，也用于作渗碳炉罐、退火炉台车盖板、装料筐，还可用作叶片的轴、传送带链节等热处理炉用构件。

图　5-2-134　　　　　　　　　　500×

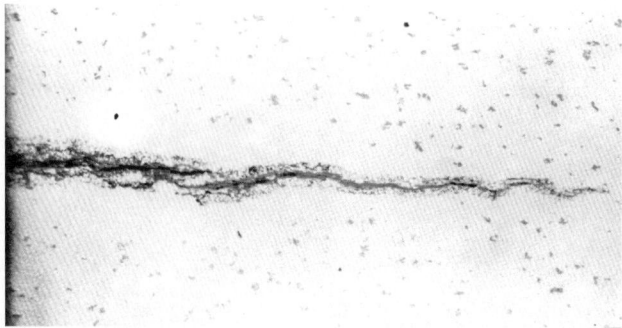

图　5-2-135　　　　　　　　　　　　100×

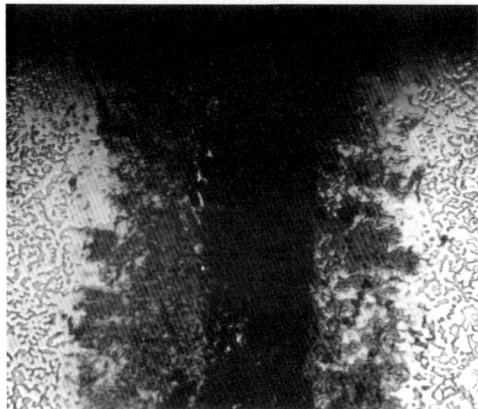

图　5-2-136　　　　　　200×

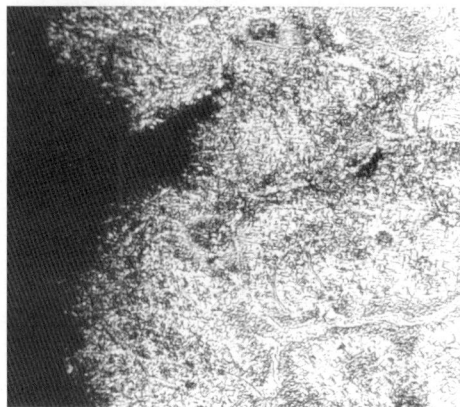

图　5-2-137　　　　　200×

图　号：5-2-135～5-2-137

材料名称：ZG35Cr22Mn4Ni4Si2N 钢

浸蚀剂：氯化高铁盐酸水溶液

处理情况：本件取样于无罐渗碳炉料盘，系中频冶炼精密铸造成形件。经过 880～910℃ 气体渗碳 203 周次，合计 4060h 后出现开裂

组织说明：图 5-2-135：是从料盘上所取的铸造裂纹的抛光态全貌，图左侧为料盘表面裂纹由表面形成后，沿与表面相垂直的方向向料盘内部扩展，裂纹内充满了灰色氧化物，裂纹两侧金属中也有局部氧化生成的氧化物。试样上的灰色点粒为钢内的氧化物。电子探针测得为氧化锰，是在渗碳过程出现的内氧化产物。在炉用耐热钢铸件的直角和截面突变部位往往出现铸造裂纹。由于铸件开裂时所处的温度很高，容易在裂纹内部产生氧化物，裂纹两侧基体也可能出现局部氧化现象，这种铸造裂纹往往分布在奥氏体晶界上，这是耐热钢中铸造裂纹的特征。本件料盘在角上出现的上述裂纹即属于这类铸造裂纹。由于该料盘是长期在高温渗碳气氛下运行，表面往往会有一层碳覆盖，使料盘在使用过程中即使产生裂纹也不会出现氧化脱碳现象，因此较容易判定。上述裂纹是铸件中生成的铸造裂纹。

　　图 5-2-136：是取自表面裂纹的开口区，图上部为裂口，裂纹两侧金属基体上有明显的灰色氧化物，表明该裂纹属铸造裂纹。裂纹两侧组织为奥氏体上分布着大量 $M_{23}C_6$ 碳化物，碳化物呈白色条状、粒状，并且已相互连成一体，碳化物已相当粗大。裂口区组织在裂纹边缘有一层厚度为 0.025mm 的白亮色碳化物层，可见经过 4060h 渗碳影响，料盘表层增碳现象已十分明显，这对使用性能是不利的。

　　图 5-2-137：是从料盘上取得的高温热裂纹，图左侧为料盘表面裂口区，裂纹从表面沿奥氏体柱状晶界上的链状 $M_{23}C_6$ 碳化物向金属内部扩展，呈沿晶形态分布，具有热疲劳裂纹的特征。该种裂纹的特征往往从较细小的裂纹尾部表现得较为清晰。

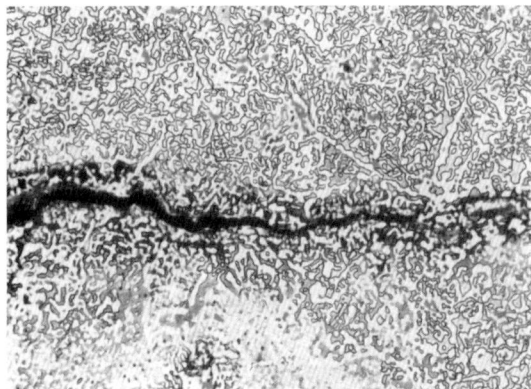

图 5-2-138   100×

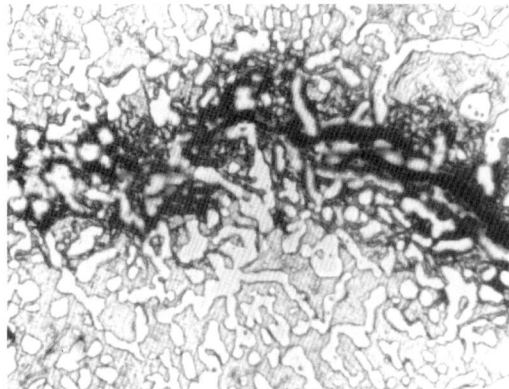

图 5-2-139   200×

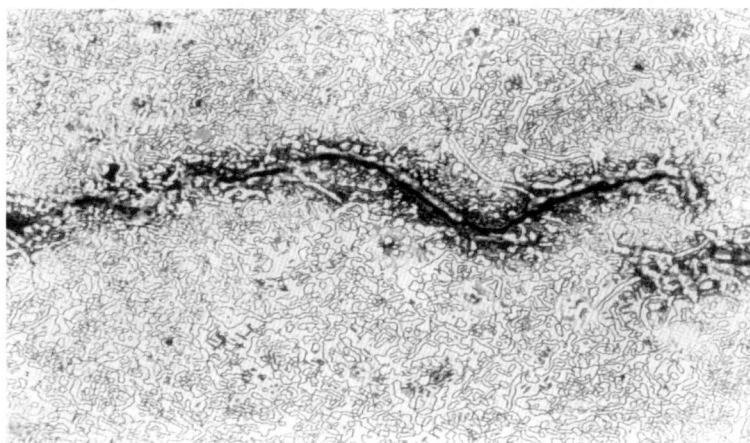

图 5-2-140   200×

图　　号：5-2-138～5-2-140

材料名称：ZG35Cr22Mn4Ni4Si2N 钢

浸蚀剂：氯化高铁盐酸水溶液

处理情况：本件取样于无罐渗碳炉料盘，系中频冶炼精密铸造成形件。经过 880～910℃气体渗碳 203 周次，
合计 4060h 后出现开裂

组织说明：图 5-2-138：料盘表层的热疲劳裂纹及毗邻金属组织。该件组织为奥氏体基体上分布着大量白色的
条状、块状和粒状的 $M_{23}C_6$ 碳化物。这些碳化物都长得相当粗大，并且有些已相互连接成一体。裂纹由料
盘壁的外层向内部扩展，在外层（图左侧）的裂纹较粗，并且裂纹边缘有明显的灰色氧化物，表明其属铸
造裂纹。但进入料盘壁的内部后，裂纹内氧化物消失，并沿碳化物边缘扩展。

图 5-2-139：高倍放大后的裂纹及组织，更清晰表明裂纹沿较粗的碳化物边缘扩展的情况，甚至在裂纹
内部还保留着未剥落的白色条状、粒状的碳化物。

图 5-2-140：裂纹尾段区的形态及组织。可见裂纹沿粗大碳化物扩展，呈穿晶断裂形式分布，这表明该
裂纹属热疲劳裂纹。它们是由于长期受高温的渗碳作用使料盘明显增碳，故碳化物不仅数量多，而且长得
粗大，这会使碳化物的表面积增多，在长期渗碳过程的 203 周次的热冷交替应力作用下，很容易造成热疲
劳裂纹的萌生和扩展，直至最终发生断裂。此外，在少数碳化物边缘存在着较细小的黑色蠕变孔穴。

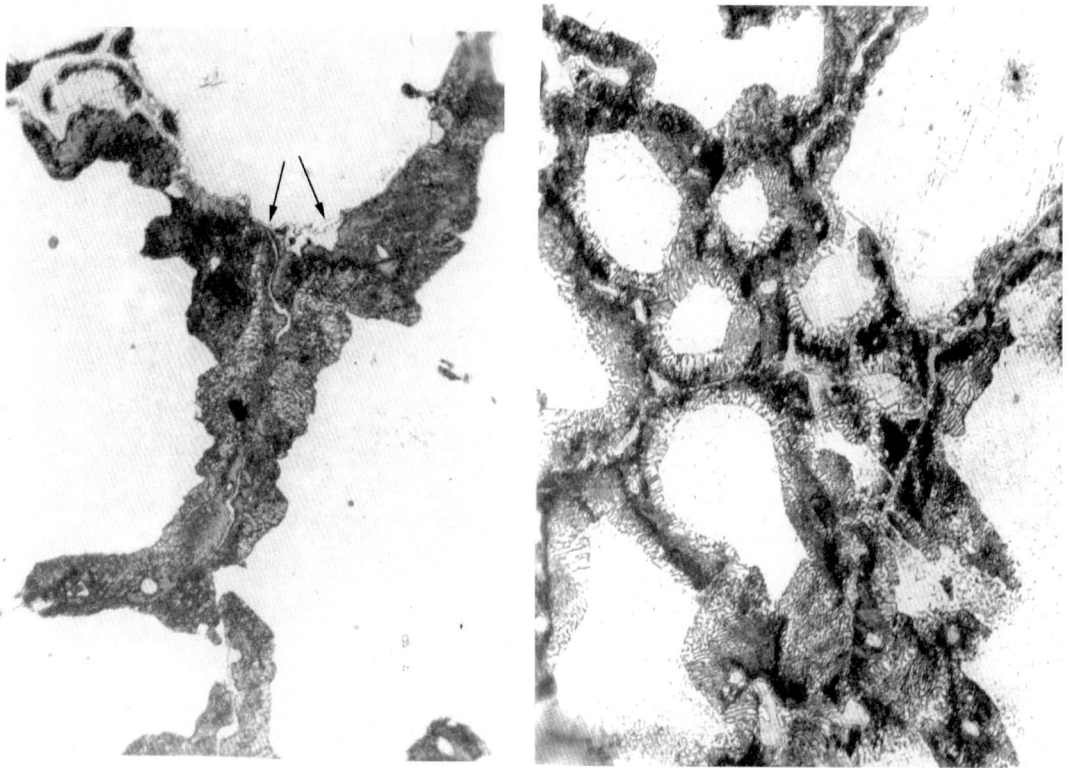

图 5-2-141 200× 图 5-2-142 200×

图 号： 5-2-141、5-2-142

材料名称： ZG45Cr20Ni5 Mn5WMoN 钢 [w(C)0.43%，w(Cr)19.00%，w(Ni)5.30%，w(Mn)4.73%，w(Si)1.58%，w(N)0.13%，w(W)0.94%，w(Mo)0.83%，w(P)0.038%，w(S)0.015%]

浸 蚀 剂： 氯化高铁盐酸水溶液

处理情况： 图 5-2-141 为铸态；图 5-2-142 为铸态+850℃×50h 时效处理

组织说明： 图 5-2-141：铸态组织，奥氏体+层片状组织+$M_{23}C_6$ 碳化物。基体为奥氏体，晶界上分布着白色的网状和块状的 $M_{23}C_6$ 碳化物（箭头所指）。在沿晶碳化物两侧分布着细片状的层片状组织。

图 5-2-142：经 850℃×50h 时效后的组织，奥氏体+层片状组织+$M_{23}C_6$ 碳化物。基体奥氏体晶界上分布的层片状组织，其片状比铸态层片状组织的片加厚，片间距也增大。在层片状组织附近的晶内有少量弥散的点状 $M_{23}C_6$ 碳化物，在晶界上仍有白色的网状和共晶状 $M_{23}C_6$ 碳化物。层片状组织在 50h 时效过程中已开始分解，从基体中析出 $M_{23}C_6$ 碳化物并开始长大。

该铸钢较适宜制作渗碳夹具、传送带链节，也可作振底板、风叶和轴等热处理炉构件。

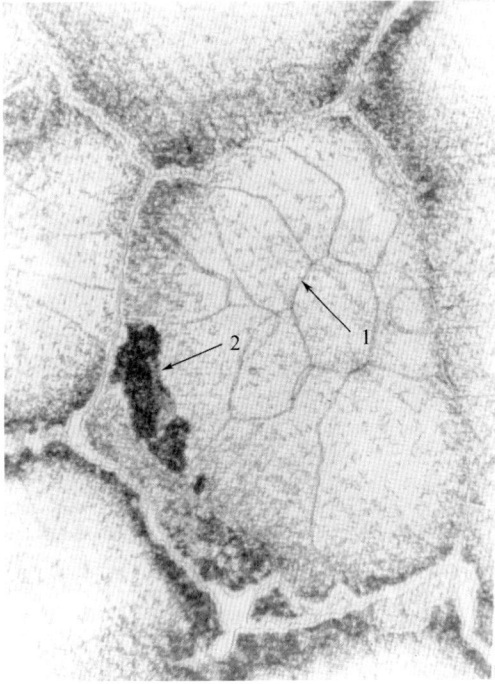

图　5-2-143　　　　　　　　　　　200×　　图　5-2-144　　　　　　　　　　500×

图　　号：5-2-143、5-2-144

材料名称：ZG45Cr20Ni5 Mn5WMoN 钢

浸 蚀 剂：氯化高铁盐酸水溶液

处理情况：图 5-2-143 为铸态+850℃×500h 时效处理；图 5-2-144 为铸态+850℃×2000h 时效处理

组织说明：图 5-2-143：经 850℃×500h 时效组织，奥氏体+$M_{23}C_6$ 碳化物+层片状组织。在基体奥氏体晶
　　界上分布的白色网状和块状为 $M_{23}C_6$ 碳化物，碳化物已长得较粗大，其附近为大量的弥散碳化物。同
　　时在奥氏体晶内的亚晶界上有链状 $M_{23}C_6$ 碳化物（箭头 1 所指）。层片状组织沿晶界分布（箭头 2 所指）
　　数量则明显的减少。

　　　图 5-2-144：经 850℃×2000h 时效组织，基体为奥氏体，晶界上的白色粗颗粒为 $M_{23}C_6$ 碳化物，而原
　　有的大块状 $M_{23}C_6$ 已变小。在晶内有较多的条状（棒状）及小块状的白色 $M_{23}C_6$ 碳化物和少量极其分散的
　　细小针状氮化物 Cr_2N（其量极少，一般可忽略）。

　　　从图 5-2-141～图 5-2-144 中的组织对比可见，随着时效时间延长，铸态的层片状组织也随之不断分解、
　　转变，并长大为条状、粒状的 $M_{23}C_6$ 碳化物。

　　　该铸钢较适宜制作渗碳夹具、传送带链节，也可作振底板、风叶和轴等热处理炉构件。

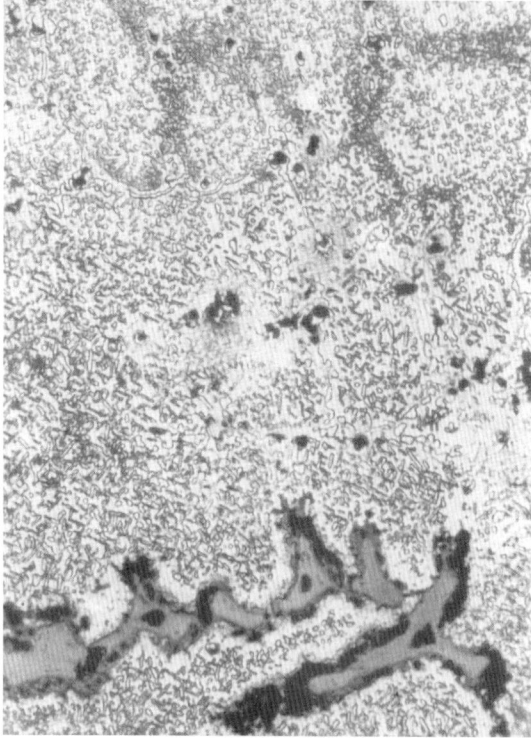

图　5-2-145　　　　　　　　　　200×

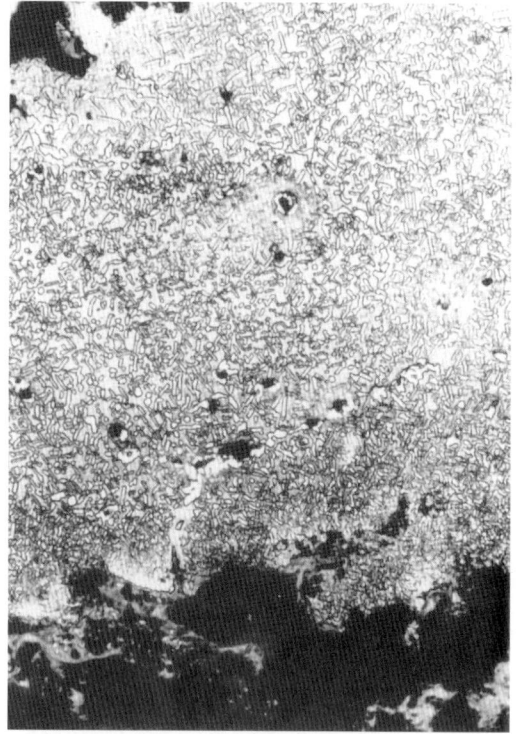

图　5-2-146　　　　　　　　　　200×

图　　号：5-2-145～5-2-147

材料名称：ZG45Cr20Ni5 Mn5WMoN 钢

浸 蚀 剂：氯化高铁盐酸水溶液

处理情况：该件取样于步进式正火炉底盘。系电弧
　　　　　炉冶炼砂型铸造成形件。正火温度为 950～
　　　　　970℃，介质呈氧化气氛，使用 1950 周次计为
　　　　　6240h 后发生开裂

组织说明：图 5-2-145：底盘内部组织，奥氏体+
　　　　　碳化物。基体为奥氏体，白色条状 $M_{23}C_6$ 碳化物
　　　　　主要分布在晶界上，在局部晶界上有粒状 $M_{23}C_6$
　　　　　聚集分布。在某些碳化物边缘存在的黑色小孔为
　　　　　蠕变孔穴。

　　　　　图 5-2-146：底盘表层开裂区组织，奥氏体
　　　　　+ $M_{23}C_6$ 碳化物。图上部为开裂裂口，其碳化物
　　　　　呈条状、粒状，但其数量比底盘内部少。图左
　　　　　上角为裂断口边缘，组织为纯奥氏体，具有脱
　　　　　碳组织特点。图下部为开裂区附近组织，其情
　　　　　况与内部组织相似，黑色小孔为蠕变孔穴。

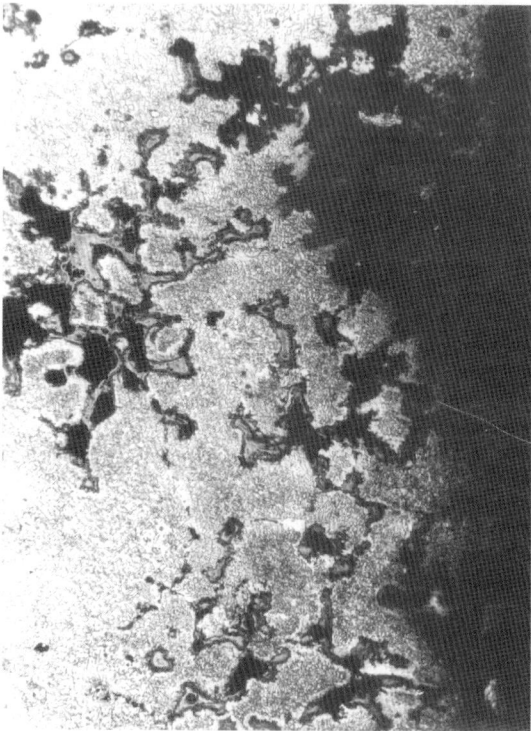

图　5-2-147　　　　　　　　　　100×

　　　　　图 5-2-147：底盘裂口区组织，奥氏体+碳化
　　　　　物。图右侧为裂口边缘，该处存在大量枝晶状疏
　　　　　松孔，疏松孔边缘有一层白色组织为奥氏体，其
　　　　　它部分为分布在奥氏体上有大量白色粒状和条
　　　　　状的 $M_{23}C_6$ 碳化物，该组织与内部组织相似。但
　　　　　越靠近断面和疏松孔的组织中碳化物量越少，这
　　　　　是在长期高温运行过程中氧化性介质与材料作
　　　　　用产生氧化脱碳的结果。

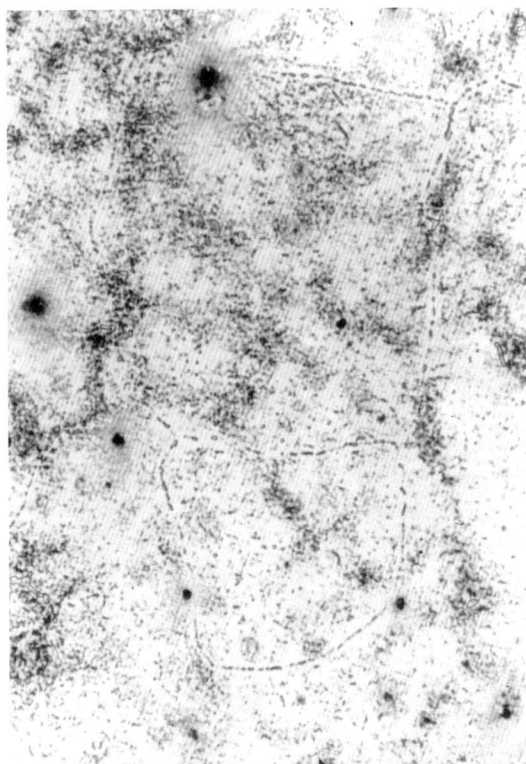

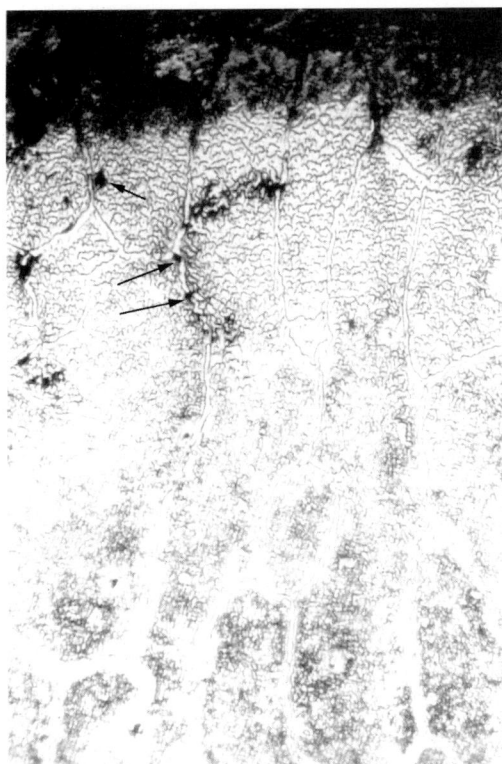

图　5-2-148　　　　　　　　　　　　　200× 　图　5-2-149　　　　　　　　　　　　　500×

图　　号：5-2-148、5-2-149

材料名称：ZG45Cr20Ni5 Mn5WMoN 钢

浸 蚀 剂：氯化高铁盐酸水溶液

处理情况：该件取自于活塞销渗碳夹具的立柱，系中频冶炼精密铸造成形件。用于 950℃无罐气体渗碳夹具，使用 2274h 后开裂

组织说明：图 5-2-148：立柱心部组织，奥氏体+碳化物。基体为奥氏体，晶界上有呈串链状分布的 $M_{23}C_6$ 碳化物颗粒，晶内有较多点粒状 $M_{23}C_6$ 碳化物。此外，尚有少量灰色点粒为渗碳过程中产生的内氧化产物。

　　图 5-2-149：立柱表层组织，奥氏体+碳化物。图上端为立柱的表面，基体为奥氏体。在奥氏体的柱状晶界上分布着白色的粗大网状 $M_{23}C_6$ 碳化物，碳化物已呈连续网状（图上部表面附近区域）和串链成完整网状（图下部表面附近区域）分布。在晶内分布着白色的粗大粒状和块状 $M_{23}C_6$ 碳化物，$M_{23}C_6$ 粒子相当密集。由以上碳化物的状况表明立柱表层由于运行作用已发生了严重的增碳现象，因此与心部组织有明显的差异。此外，在较粗粒碳化物之间出现的黑色小孔为蠕变孔穴，近表面区域的蠕变孔穴数量已较多。

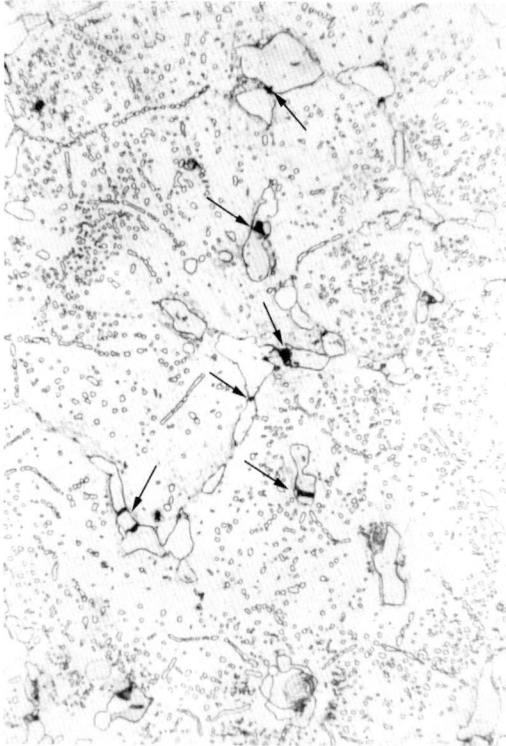

图 5-2-150　　　　　　　　　　500×

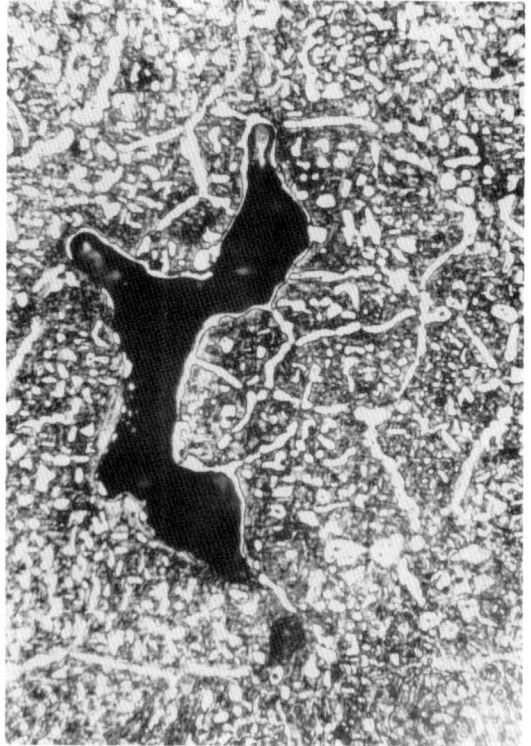

图 5-2-151　　　　　　　　　　500×

图　　号：5-2-150、5-2-151

材料名称：ZG45Cr20Ni5 Mn5WMoN 钢

浸 蚀 剂：氯化高铁盐酸水溶液

处理情况：该件取自于渗碳料筐炉栅，系电弧炉冶炼砂型铸造成形件，用于 930℃罐式气体渗碳炉，经使用
572h 后开裂

组织说明：图 5-2-150：炉栅心部组织，奥氏体+碳休物。在奥氏体基体上分布着较粗大的块状和粒状的白色
$M_{23}C_6$ 碳化物。其中大块的 $M_{23}C_6$ 由原奥氏体晶界上的共晶碳化物聚集长大而成。串链状分布的粒状 $M_{23}C_6$
主要分布在亚晶界上。在奥氏体晶粒内有粗大的白色粒状碳化物。在大块碳化物边缘已出现较多黑色小孔
为蠕变孔穴（箭头所指）。

　　图 5-2-151：炉栅表层组织及孔洞组织，奥氏体+碳化物。基体为奥氏体，沿晶界分布的白色粗网状、
条状和颗粒状为 $M_{23}C_6$ 碳化物。晶内有白色的大颗粒 $M_{23}C_6$，碳化物的数量明显超过心部组织。图中中下
部黑色块状为铸造孔洞，洞边镶有的白边为连续分布的 $M_{23}C_6$ 碳化物。由该处的碳化物的粗大状况和数量
之多，表明炉栅在运行过程中增碳现象已较严重。

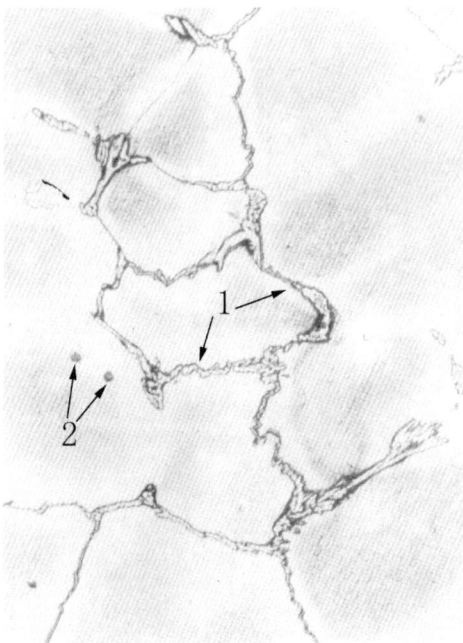

图　5-2-152　　　　　　　　　　200×

图　5-2-153　　　　　　　　　　500×

图　　号：5-2-152～5-2-154

材料名称：ZG40Cr25Ni20 钢［w(C)0.37%，w(Cr)25.00%，w(Ni)18.66%，w(Mn)1.60%，w(Si)1.35%，w(Mo)≤0.50%，w(P)0.034%，w(S)0.014%］

浸 蚀 剂：氯化高铁盐酸水溶液

处理情况：图 5-2-152 为铸态；图 5-2-153 为铸态+850℃×50h 时效处理；图 5-2-154 为铸态+850℃×2000h 时效处理

组织说明：图 5-2-152：铸态组织，基体为奥氏体，其晶界上分布着粗大网状和共晶状的白色 M_7C_3 碳化物（箭头 1 所指）；晶内有少量白色粒状 $M_{23}C_6$ 碳化物（箭头 2 所指）。耐热钢中的 M_7C_3 碳化物是以 Cr 为主溶入一些 Fe、Mn 的碳化物，常以共晶形态分布在奥氏体晶界上，有一定强化作用。

　　图 5-2-153：经 850℃×50h 时效组织，基体为奥氏体，晶界上分布着白色的条状和共晶状 $M_{23}C_6$ 碳化物；晶内有大量弥散分布的 $M_{23}C_6$ 碳化物，它们都是铸态组织中的 M_7C_3 碳化物在时效中分解转变的产物。

　　图 5-2-154：经 850℃×2000h 时效组织，基体为奥氏体；沿晶界分布着白色的大块状 $M_{23}C_6$ 碳化物，其棱角呈钝圆形，具有碳化物聚集长大的形貌特点，其附近为大量聚集分布的小颗粒及弥散细粒为 $M_{23}C_6$ 碳化物；晶内呈较均匀分布的白色粒状、块状为 $M_{23}C_6$ 碳化物，它们是铸态组织中 M_7C_3 碳化物在长期时效过程中的转变产物及随时间长大的结果。

　　该铸钢适宜制作渗碳淬火料盘、渗碳炉罐、风叶和轴、辐射管、装料筐，可作正火炉底盘、传送带链节、1000℃以上炉底板，还可作渗碳夹具、退火炉台车盖板、1000℃以下炉底等热处理炉用构件。

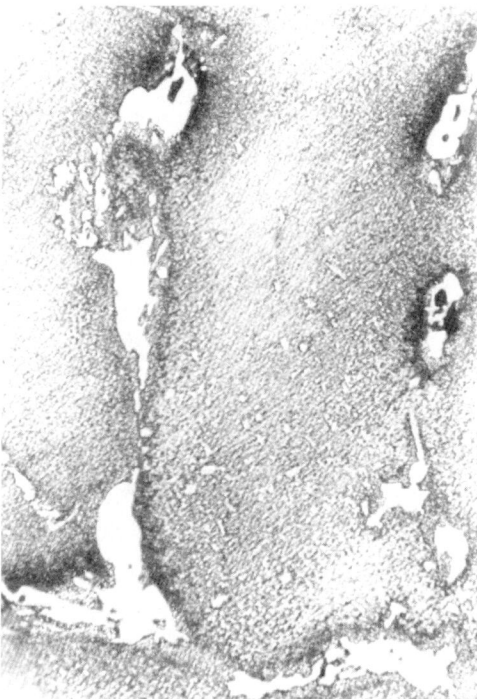

图　5-2-154　　　　　　　　　　500×

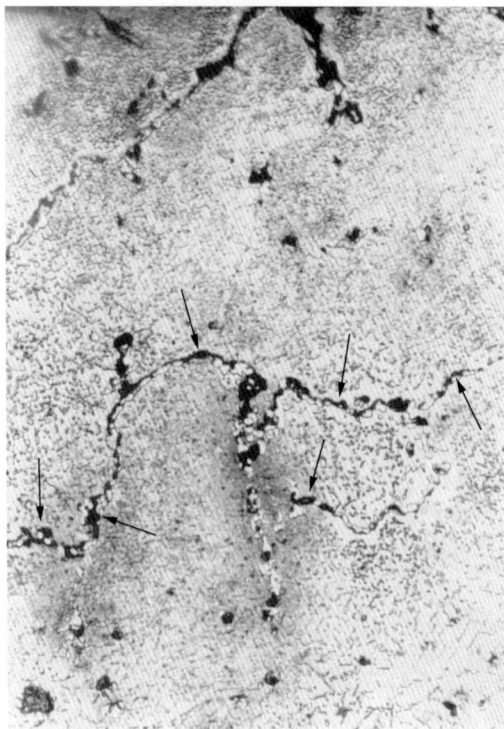

图 5-2-155   200×

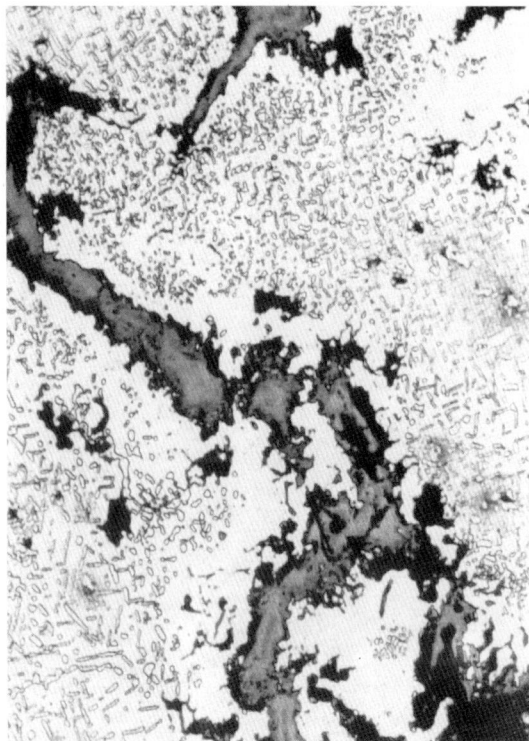

图 5-2-156   200×

图　　号：5-2-155、5-2-156

材料名称：ZG40Cr25Ni20 钢

浸 蚀 剂：氯化高铁盐酸水溶液

处理情况：该件取样于步进式正火炉底盘，系电弧炉冶炼砂型铸造成形件。正火温度 950～970℃，炉内是氧化气氛，经使用 2594 周次，计 8300h 后出现开裂

组织说明：图 5-2-155：底盘近表层组织及裂纹，组织为奥氏体+碳化物。奥氏体为基体，$M_{23}C_6$ 碳化物呈白色的粒状、条状和块状。在晶界上分布的主要为块状和条状 $M_{23}C_6$，晶内分布着密集的粒状 $M_{23}C_6$。该组织与经过 850℃×2000h 时效组织（见图 5-2-154）对比可见，其沿晶的共晶碳化物已溶解变细小，而晶内析出了大量粒状碳化物。图中在碳化物边缘的黑色小孔为蠕变孔穴，蠕变孔穴数量较多，部分孔穴已连接成为细蠕变裂纹（箭头所指）。

　　图 5-2-156：底盘表面的裂纹和组织，奥氏体+$M_{23}C_6$ 碳化物。在奥氏体基体上分布的碳化物颗粒比底盘内部组织明显粗大，分布也较稀疏。黑色条状和块状为裂纹，在裂纹边缘有一条白色带状的纯奥氏体组织，离裂纹边缘稍远处的奥氏体中有粒状 $M_{23}C_6$ 碳化物存在。可见，裂纹边缘组织具有典型的脱碳特征。该处裂纹主要呈沿晶分布，裂纹较宽，内部还保留着较厚的灰色氧化物，这些特点表明，该表面裂纹为铸造裂纹。

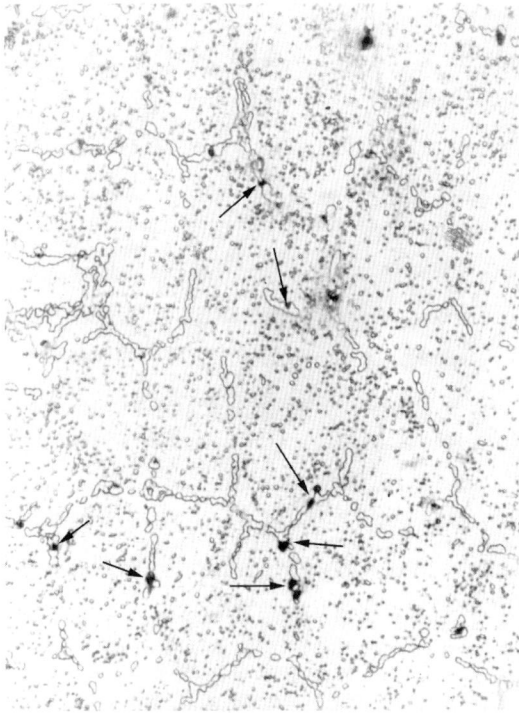

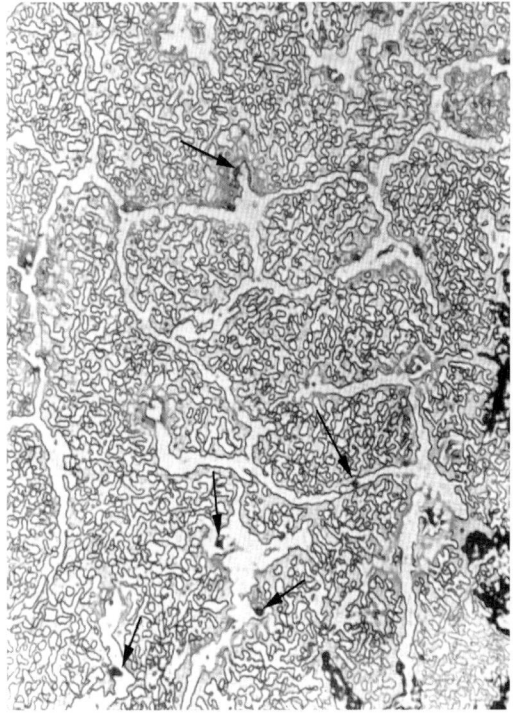

图　5-2-157　　　　　　　　200×　　　图　5-2-158　　　　　　　　200×

图　　　号：5-2-157、5-2-158

材料名称：ZG40Cr25Ni20 钢

浸 蚀 剂：氯化高铁盐酸水溶液

处理情况：该件取样于无罐渗碳炉料盘，系中频冶炼精密铸造成形件。经 880～910℃气体渗碳 437 周次计为
　　　　　8700h 后开裂

组织说明：图 5-2-157：料盘壁内部组织，奥氏体+碳化物。奥氏体为基体，碳化物呈白色粒状、条状和块状，
　　　　　它们均为 $M_{23}C_6$，而且较粗大。其中条状、块状和共晶型碳化物主要分布在晶界上，并串连成半网状；粒
　　　　　状碳化物主要分布在晶内。此外，在粗碳化物边缘存在较多的黑色小孔为蠕变孔穴(见箭头所指，蠕变孔穴
　　　　　以分布在晶界上的碳化物边缘为主。

　　　　　图 5-2-158：料盘的表层组织，奥氏体+ $M_{23}C_6$ 碳化物。奥氏体为基体，在晶界上分布着粗大的白色网
　　　　　状碳化物。晶内分布着大量的粗大条状、粒状、块状 $M_{23}C_6$ 碳化物，并且在为数较多的碳化物已相互串连
　　　　　成一体。可见此处组织具有严重增碳的特点。此外，在大块碳化物及粗网状碳化物边缘存在着黑色的蠕变
　　　　　孔穴（箭头所指）。

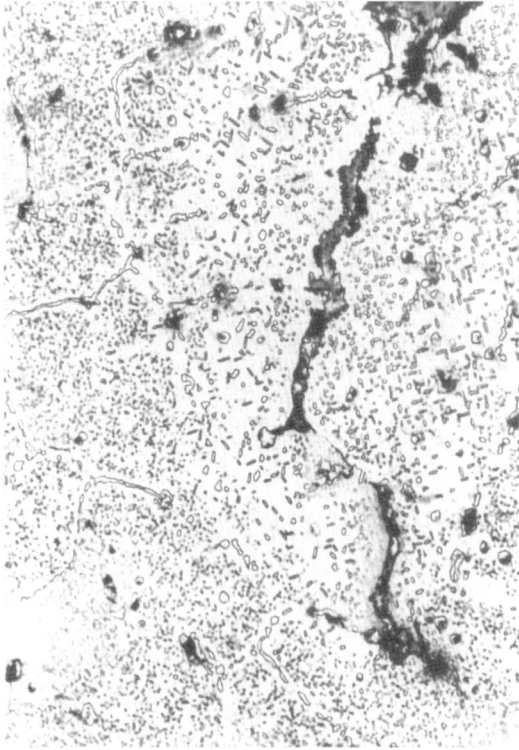

图　5-2-159　　　　　　　　　200×

图　　号：5-2-159

材料名称：ZG30Cr15Ni35 钢[w(C)0.25%～0.35%，w(Cr)13%～17%，w(Ni)33%～37%，w(Mn)≤2.00%，w(Si) ≤2.50%，w(P)≤0.04%，w(S)≤0.03%，w(Mo)0.5%]

浸 蚀 剂：氯化高铁盐酸水溶液

处理情况：该件取样于步进式正火炉底盘，系电弧炉冶炼砂型铸造成形件。正火温度 950～970℃，炉内是氧化气氛，经使用 1500 周次计为 4800h 后出现开裂

组织说明：图为裂缝尾部及附近区组织，奥氏体+$M_{23}C_6$碳化物。图上部为近裂纹口区组织，其中的碳化物呈白色粒状和小杆状；晶界上分布着条状和粒状的碳化物呈串链着分布。图下部为底盘内部组织，其晶界上分布着白色的网状碳化物，晶粒内分布着细小的点粒状碳化物，分布较密集。对比上述组织可见，靠近裂纹口区即近底盘表层的碳化物已在长期高温运行中粗大。裂纹主要呈沿晶分布，其内有灰色氧化物，可见它具有铸造裂纹的特点。在裂纹两边缘存在着一条白色带状，为纯奥氏体区，这是高温铸造裂纹边缘的脱碳组织。

图　　号：5-2-160

材料名称：ZG30Cr15Ni35 钢

浸 蚀 剂：氯化高铁盐酸水溶液

处理情况：该件取样于无罐渗碳炉料盘，系中频冶炼精密铸造成形件。经 880～910℃气体渗碳 123 周次计为 2460h 后开裂

组织说明：图为料盘内部组织，奥氏体+ $M_{23}C_6$ 碳化物。晶内分布着大量的白色粒状碳化物，由其数量之多可见，该料盘内部已存在增碳现象。在晶界上分布着白色条状的碳化物串连成链状。在沿晶分布的链状碳化物两侧存在的白色带为纯奥氏体区，即贫碳区。这表明该处尚未受到增碳作用的影响。因此在长期高温作用下，沿晶碳化物发生聚集长大，并造成了相邻金属中产生贫碳组织。

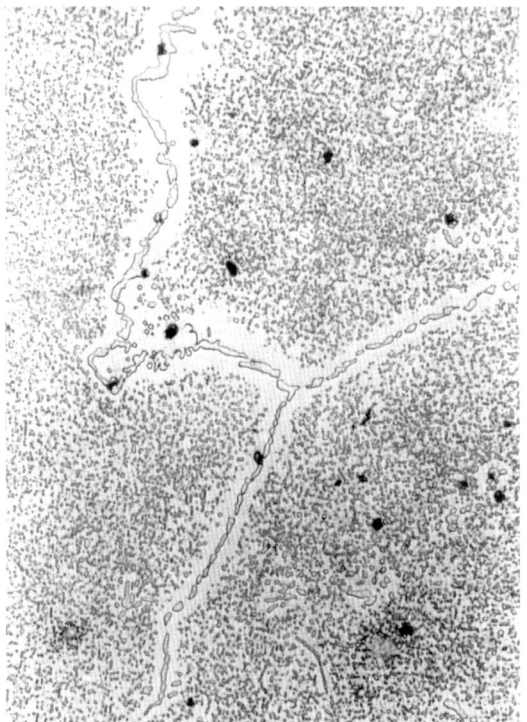

图　5-2-160　　　　　　　　　200×

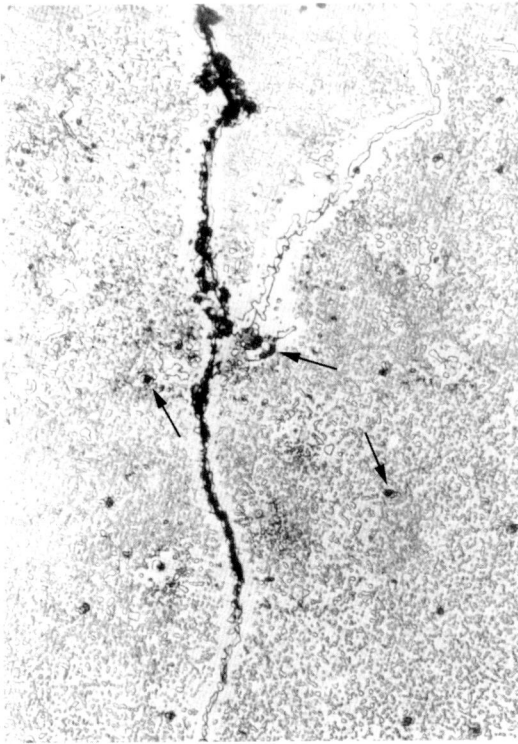 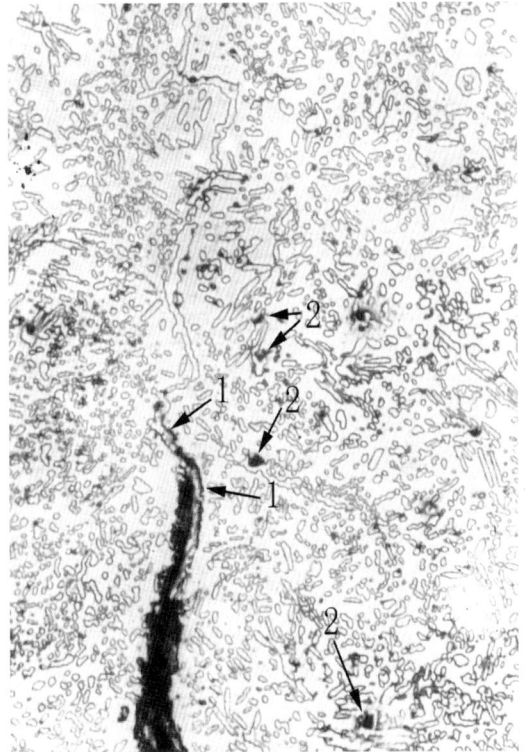

图　5-2-161　　　　　　　　　　　200×　　图　5-2-162　　　　　　　　　　　200×

图　　号：5-2-161、5-2-162

材料名称：ZG30Cr15Ni35 钢

浸　蚀　剂：氯化高铁盐酸水溶液

处理情况：该件取样于无罐渗碳炉料盘，系中频冶炼精密铸造成形件。经 880～910℃气体渗碳 123 周次，计 2460h 后开裂

组织说明：图 5-2-161：料盘内的裂纹区组织，基体为奥氏体。裂纹从料盘表面开裂并沿奥氏体的柱状晶界上的碳化物扩展，呈沿晶裂纹特征。碳化物呈白色粒状、条状及块状。沿晶分布着由条状、块状和粒状碳化物串连成半网状。晶内为粗颗粒碳化物，但沿晶碳化物边缘区存在一条白色纯奥氏体带。此外，在部分碳化物颗粒边缘存在着黑色小孔为蠕变孔穴（箭头所指）。

　　图 5-2-162：料盘表层热疲劳裂纹尾区的组织，奥氏体+ $M_{23}C_6$ 碳化物。裂纹沿晶界碳化物扩展（箭头 1 所指），晶界上的碳化物呈白色条状、粒状、网状串链分布。晶内有大量粗粒状、条状碳化物和少量块状碳化物，已呈明显的增碳组织。此外，在局部碳化物边缘存在的黑色小孔为蠕变裂纹（箭头 2 所指）。

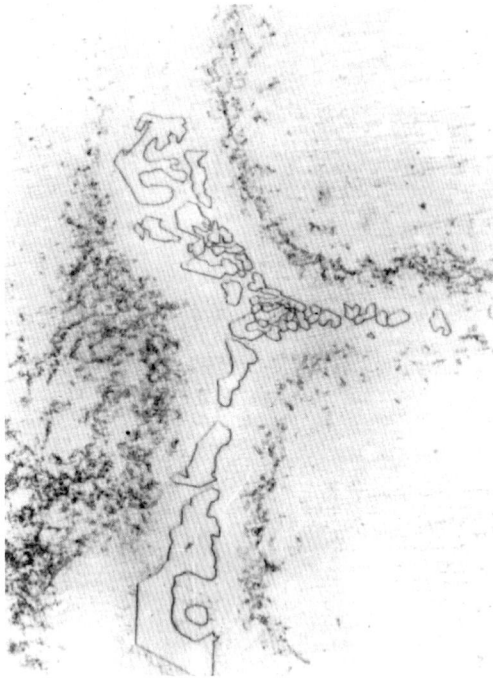

图 5-2-163 　　　　　　　　400×

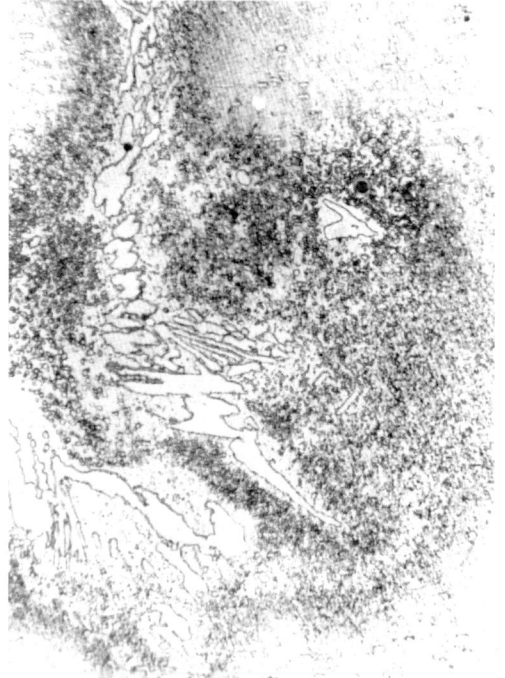

图 5-2-164 　　　　　　　　500×

图 号： 5-2-163～5-2-165

材料名称： ZG36Cr18Ni25Si2 钢[$w(C)0.36\%$，$w(Cr)18.00\%$，$w(Ni)25.20\%$，$w(Mn)1.08\%$，$w(Si)2.20\%$，$w(P)0.037\%$，$w(S)0.013\%$]

浸 蚀 剂： 氯化高铁盐酸水溶液

处理情况： 图 5-2-163 为铸态；图 5-2-164 为铸态 +850℃×50h 时效处理；图 5-2-165 为铸态 +850℃×500h 时效处理

组织说明： 图 5-2-163：铸态组织，基体为奥氏体，在晶界上分布着块状、链状和共晶状的白色 M_7C_3 碳化物，紧邻 M_7C_3 两侧组织为白色的纯奥氏体带。与纯奥氏体带为邻的组织为云雾状的弥散点状 $M_{23}C_6$ 碳化物。

图 5-2-164：经 850℃×50h 时效组织，基体为奥氏体，晶界上分布着块状、粒状和共晶状 $M_{23}C_6$ 碳化物，其他区域分布着大量点粒状 $M_{23}C_6$ 碳化物，它们主要是铸态时的 M_7C_3 碳化物在时效过程中分解，并从基体中析出的另一类 $M_{23}C_6$ 碳化物。

图 5-2-165：经 850℃×500h 时效组织，基体为奥氏体，晶界上分布着白色的链状 $M_{23}C_6$ 碳化物；而在晶内存在粒状和短棒状 $M_{23}C_6$ 碳化物。

该铸钢适宜制作渗碳炉罐，也用于辐射管等热处理炉用构件。

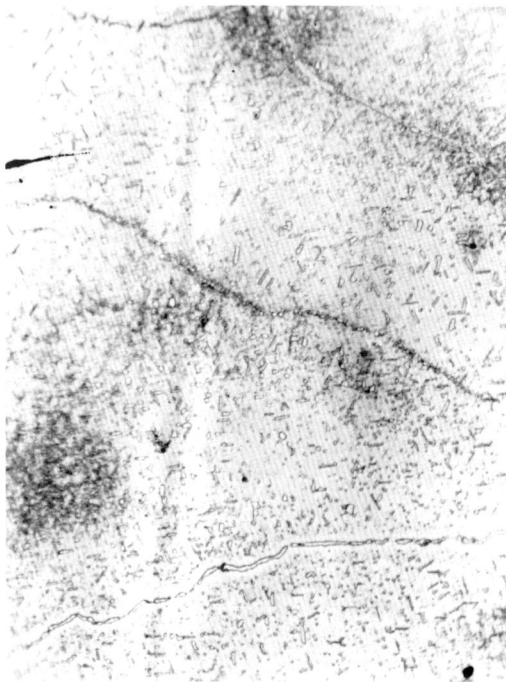

图 5-2-165 　　　　　　　　500×

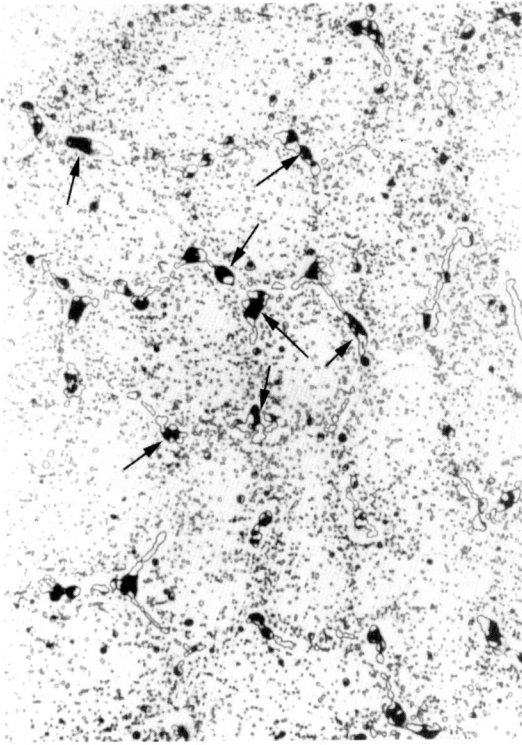

图 5-2-166   200×

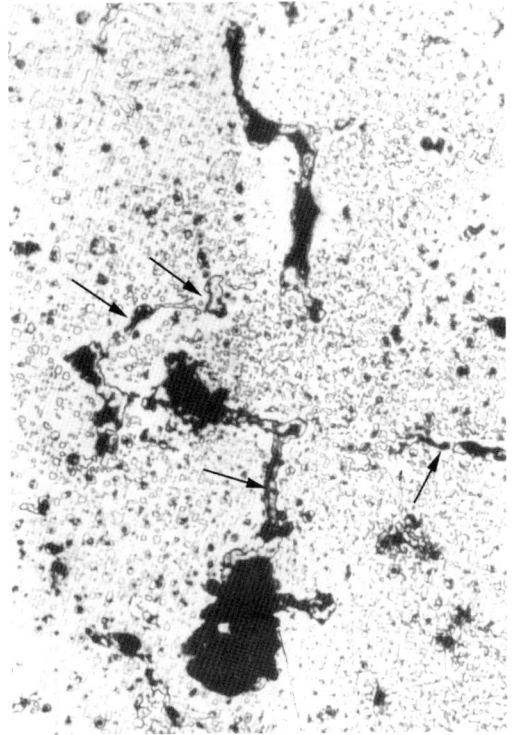

图 5-2-167   200×

图　　号：5-2-166、5-2-167

材料名称：ZG36Cr18Ni25Si2 钢

浸 蚀 剂：氯化高铁盐酸水溶液

处理情况：该件取样于步进式正火炉底盘，系电弧炉冶炼砂型铸造成形件。正火温度 950～970℃，炉内是氧化气氛，经使用 1275 周次计为 4080h 后出现开裂

组织说明：图 5-2-166：底盘的心部组织，基体为奥氏体，晶界上分布着较粗的白色粒状和条状 $M_{23}C_6$ 碳化物，晶内分布着白色粒状和点粒状也为 $M_{23}C_6$ 碳化物。该样中的碳化物比 850℃×500h 时效组织中的碳化物聚集长大得更粗大，分布也趋于较均匀。在较粗大的 $M_{23}C_6$ 碳化物颗粒的边缘存在的黑色小孔为蠕变孔穴（箭头所指）。

图 5-2-167：底盘的表层组织及裂纹情况。基体为奥氏体，在晶界和晶内均分布着白色的粒状、条状和块状 $M_{23}C_6$ 碳化物。但其碳化物的尺寸比底盘内部组织较粗些。图中较大的黑色块状为铸造缺陷孔洞，分布在较粗大的碳化物边缘的黑色小孔为蠕变孔穴。碳化物边缘的黑色曲线为蠕变裂纹（箭头所指）。由图中可看出，部分蠕变裂纹与铸造孔洞连成一体。

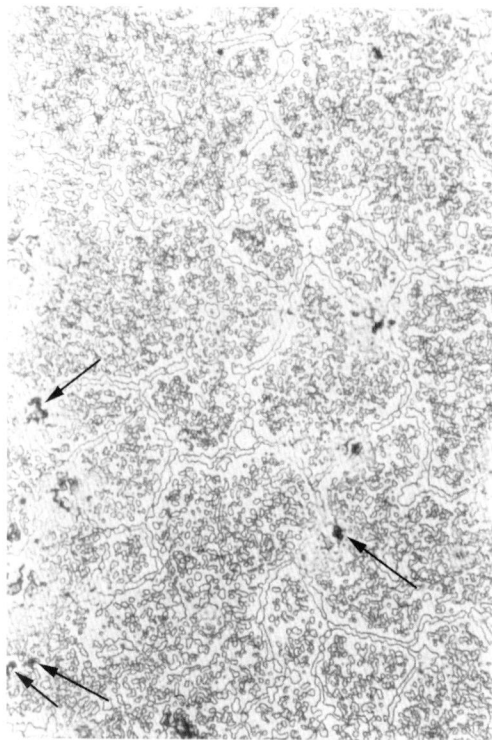

图 5-2-168   200×

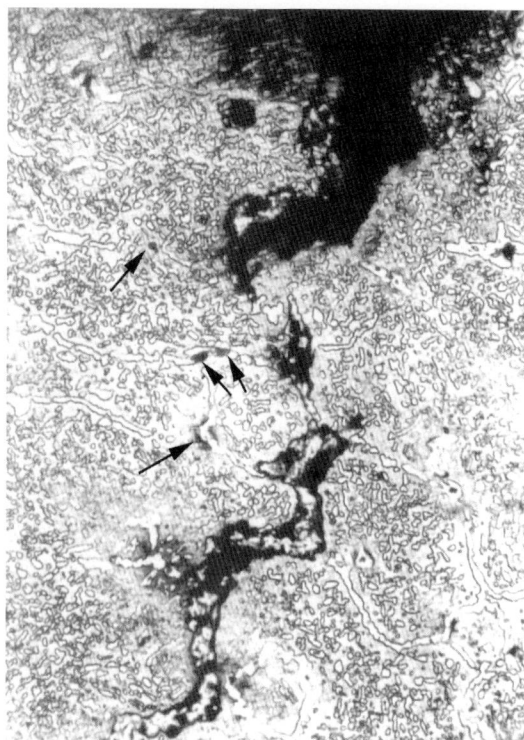

图 5-2-169   200×

图　　号：5-2-168、5-2-169

材料名称：ZG36Cr18Ni25Si2 钢

浸 蚀 剂：氯化高铁盐酸水溶液

处理情况：该件取样于无罐渗碳炉料盘，系中频冶炼精密铸造成形件。经 880～910℃ 气体渗碳 183 周次计为 3660h 后开裂

组织说明：图 5-2-168：料盘内部组织，奥氏体为基体，有弯曲的长条形、块状及粗粒状 $M_{23}C_6$ 碳化物呈串链状分布在晶界上，晶内有大量密集分布的粗粒状 $M_{23}C_6$ 碳化物。在沿晶碳化物边缘有白色带状区为纯奥氏体区——贫碳区。在少量较粗粒的碳化物边缘有黑色小孔为蠕变孔穴（箭头所指）。此外，基体上还有少量灰色颗粒，它们是渗碳过程中生成的氧化物，即内氧化产物。

    图 5-2-169：料盘表层的组织和裂纹。基体为奥氏体，碳化物的形状和分布情况与料盘内部组织相似，也存在少量蠕变孔穴（箭头所指）。黑色的裂纹沿着晶界的碳化物扩展，裂纹内部尚保存着白色粒状和块状 $M_{23}C_6$ 碳化物，以及灰色的氧化物。在低倍放大下可见，该裂纹主要沿枝晶间分布，这些特征均表明裂纹属于铸造裂纹。

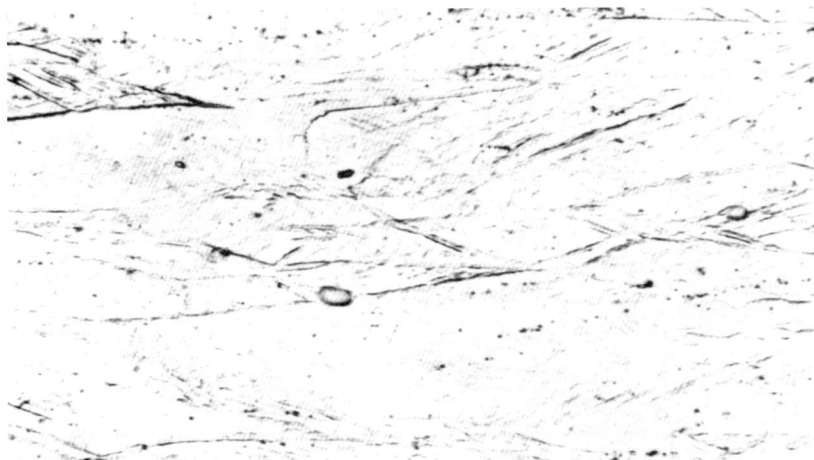

图　5-2-170

图　5-2-171　　　　　　　　　　　　500×

500×

图　5-2-172　　　　　　　　　　　　500×

图　　号：5-2-170～5-2-172

材料名称：3J₁ 钢 [w（C）< 0.05%，w（Si）<0.6%，w（Mn）<1.0%，w（Ni）34.5%～36.5%，w（Cr）11.5%～13.0%，w（Ti）2.7%～3.0%，w（Al）1.0%～1.8%，w（S）≤0.02%，w（P）<0.02%，其余为 Fe]

浸 蚀 剂：图 5-2-170：17mL 酒精、10mL 氢氟酸、20mL 硝酸、15mL 盐酸、10mL 醋酸、8mL 新洁尔灵、40mL 甘油浸蚀

　　　　图 5-2-171 及图 5-2-172 为 10mL 氢氟酸、10mL 硝酸、30mL 盐酸、20mL 醋酸浸蚀

处理情况：图 5-2-170 经 1150℃固溶处理后经冷拉

　　　　图 5-2-171 经 1150℃固溶处理后经冷拉，600℃×3h 时效

　　　　图 5-2-172 经 1150℃固溶处理后经冷拉，650℃×3h 时效

组织说明：图 5-2-170：形变奥氏体及极少量碳化物（TiC）等。R_m 为 1411N/mm²，硬度为 37～38HRC。

　　　　图 5-2-171：形变奥氏体，γ′相及极少量碳化物。由于时效温度偏高，γ′相析出较充分，使抗拉强度及硬度有所提高，R_m 为 1573N/mm²，硬度为 46.5HRC。

　　　　图 5-2-172：形变奥氏体，γ′相及极少量碳化物。由于时效温度高，γ′相不仅析出充分，而且有些再结晶，故其抗拉强度及硬度略有影响。R_m 为 1568N/mm²，硬度为 45HRC。

　　　　这种钢属高恒弹性材料，钢中含有一定量的铬和铝，可形成致密的氧化膜，提高其耐蚀性，钢中含有 w（Ni）为 35%，镍虽不能形成防护膜，但可使钢获得均一的奥氏体。不但提高了钢的耐蚀性，而且也提高了固溶体的力学性能。这种材料经 1150～1200℃固溶后，再经 600～650℃时效处理，通过析出强化，可获得很高的强度，这种材料常用于制造地震仪、油井机械的弹簧。

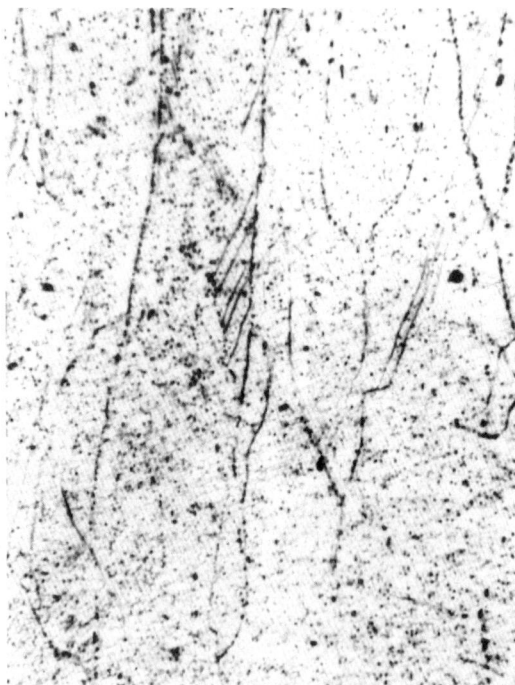

图　5-2-173　　　　　　　　　　　　　500×

图　　号：5-2-174

材料名称：GH145 镍-铬-铁基高温合金 [w（C）≤0.08%，
　　w（Si）0.4%～1.0%，w（Mn）0.3%～1.0%，
　　w（Cr）14%～16%，w（Ti）2.25%～2.7%，w（Al）
　　0.4%～1.2%，w（Fe）5%～9%，w（Nb）0.7%～
　　1.2%，其余为 Ni]

浸 蚀 剂：10mL 氢氟酸、10g 硫酸铜、50mL 盐酸、
　　30mL 硝酸浸蚀

处理情况：1100℃加热后固溶处理，再经冷拉

组织说明：形变奥氏体及极少量碳化物(TiC)颗粒。
　　由于合金冷变形不大，影响了抗拉强度，硬度为
　　30HRC。GH145 是以钛、铝、铌强化的镍-铬-铁
　　基高温合金，GH145 合金钢丝弹簧经固溶加冷拉
　　变形后冷缠成形，然后进行 730℃×16h 时效处理，
　　组织为单一奥氏体。时效时晶内和晶界处析出细
　　小颗粒状 γ'相，TiC、TiN 及 Ti(CN)呈块状分布
　　在晶内或晶界，数量极少。GH2132 和 GH145 合
　　金常用于制造飞机、原子能工程机械中耐 600℃以
　　下高温和耐蚀性良好的重要弹簧。

图　　号：5-2-173

材料名称：GH2132 镍基高温合金 [w（C）0.089%，
　　w（Si）0.4%～1.0%，w（Mn）1.0%～2.0%，
　　w（Ni）24%～27%，w（Cr）13.5%～16.0%，
　　w（Ti）1.75%～2.30%，w（Al）0.4%，w（V）
　　0.1%～0.5%，w（Mo）1.0%～1.5%，其余为 Fe]

浸 蚀 剂：王水

处理情况：900℃加热后固溶，经冷拉后再经 400℃×
　　0.5h 时效处理

组织说明：形变奥氏体，γ'相及极少量碳化物
　　(TiC)。由于时效温度太低，γ'相析出量少，
　　而且太细小，影响合金的抗拉强度和弹簧的性
　　能。硬度为 34HRC。此材料为制成弹簧后应在
　　720℃重新时效。GH2132 合金是以铝、钛、钼
　　强化的铁-镍基高温合金，标准固溶处理规范为
　　980℃×1h 油冷，获得均一的奥氏体，晶粒度为
　　6～7 级。标准的时效温度为 720℃×16h 空冷。
　　时效过程中析出弥散的 γ'，呈圆形细小颗粒，
　　直径为 100～200Å（1 Å=0.1nm），其数量约占
　　2%～3%。经过冷拔的合金，720℃时效时 γ'
　　析出速度稍快，TiC、TiN 及 Ti(CN)呈块状分布
　　于晶内或晶界，数量极少，仅占合金的 0.25%。

图　5-2-174　　　　　　　　　　　　　500×

金 相 图 片

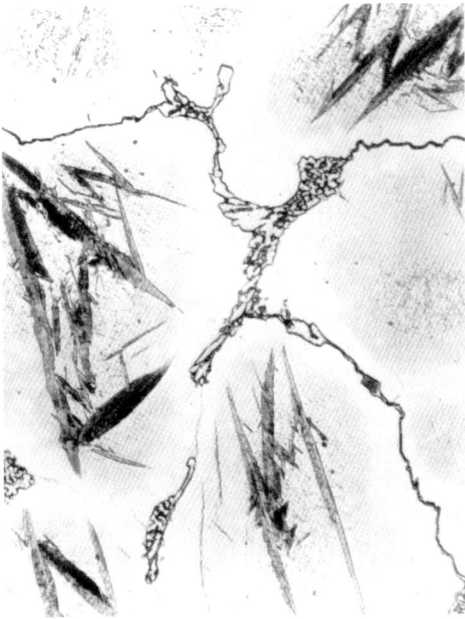

图 5-3-1   400×

图 5-3-2   500×

图 号：5-3-1～5-3-3

材料名称：ZGMn13 钢 [w（C）1.38%，w（Mn）12.20%，w（Si）0.52%，w（P）≤0.049%，w（S）≤0.002%]

浸 蚀 剂：4%硝酸酒精溶液浸蚀后，用 4%～6%的盐酸酒精溶液擦洗观察面，用滤纸吸干

处理情况：铸态

组织说明：图 5-3-1～图 5-3-3 是 ZGMn13 铸件表层、次表层和心部的显微组织，基体为奥氏体，分布在晶界莱氏体和晶内的碳化物及共析组织。

　　从 Fe-Mn-C 的三元相图可知，当具有过共析成分的 Mn13 钢在平衡态凝固冷却时，由 δ 相成核、长大，结晶终了得到高温的单相奥氏体组织；在继续冷却过程中，先共析渗碳体在晶界析出，共析转变不能完全，冷却速度越大，共析转变产物越少；在最终的铸态组织中有少量珠光体类型转变的共析组织及大量晶界和晶内碳化物存在。在不同温度析出的碳化物有不同的形态和分布：较高温者在晶界呈网状，有时局部呈块状；较低温者则呈晶内针、片状，以明显或不明显的魏氏体组织渗碳体形式出现在奥氏体基体的铸态组织中。

　　高锰钢铸态组织中有大量脆、硬碳化物在晶界和晶内分布，这将大大降低钢的晶界强度、钢的韧性和塑性，所以高锰钢不应在铸态使用。

图 5-3-3   500×

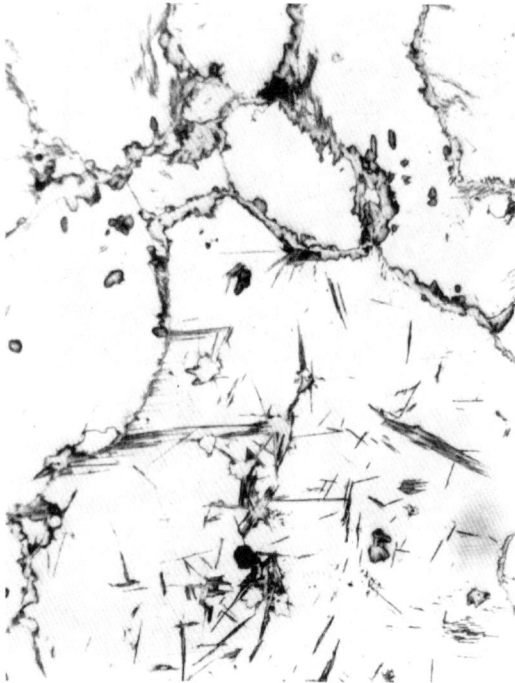

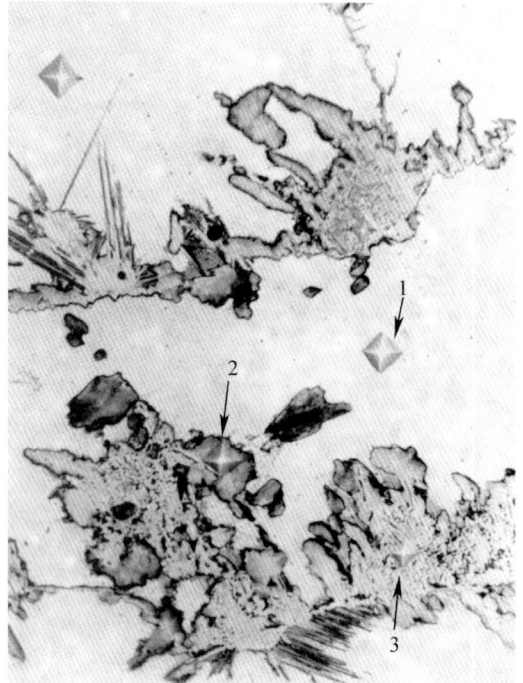

图 5-3-4   200×   图 5-3-5   500×

图 号： 5-3-4、5-3-5

材料名称： ZGMn13 钢

浸 蚀 剂： 4%硝酸酒精溶液浸蚀后，用 4%～6%的盐酸酒精溶液擦洗观察面，再用滤纸吸干

处理情况： 铸态状态

组织说明： 白色基体为奥氏体（箭头 1，显微硬度为 226HV），其上布有长针状的马氏体。奥氏体晶界上的
　　　　　　黑色块状为托氏体（箭头 2，显微硬度为 477HV），大块灰白色鱼骨状为碳化物，与奥氏体构成莱氏体（箭
　　　　　　头 3，显微硬度 687HV），在莱氏体边上的羽毛状贝氏体，细针状为马氏体，材料硬度为 241HBW。

　　　　在提高 ZGMn13 钢的含碳量虽然可提高耐磨性，但易使铸件形成裂纹的倾向增大，且使其韧性降低。
　　锰扩大 γ 区，从而稳定奥氏体，但含锰量的选择应取决于含碳量，一般锰、碳的质量分数之比应控制在 9～
　　11 之间。硅能提高固溶体的强度和硬度，并可提高钢的冷作硬化效应，但硅过多，易使晶界上出现碳化物。
　　由于锰的碳化物析出，降低了晶界处的含锰量和含碳量，在水韧处理时易析出马氏体组织，从而降低
　　ZGMn13 钢的强度和韧性；并使铸件容易开裂和在加热时脱碳。

　　　　经水韧处理后的 ZGMn13 钢，在较大冲击载荷或接触应力的作用下，其表面即产生加工硬化，从而具
　　有良好的耐磨性，而其心部则仍保持高的韧性。高锰钢由于加工硬化快，因此切削加工因难，故仅限于铸
　　造零件。常用来制造要求耐磨并承受大冲击载荷的零件。

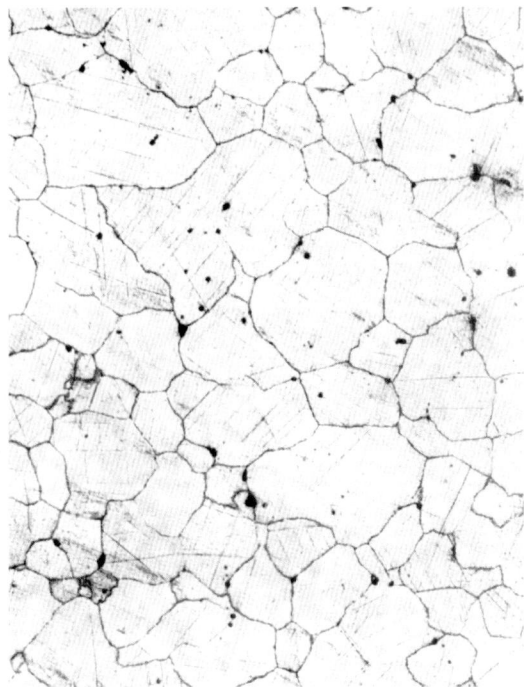

图 5-3-6 100×

图　　号：5-3-6

材料名称：ZGMn13 钢

浸　蚀　剂：4%硝酸酒精溶液浸蚀后，用 4%～6%的
　　　　　 盐酸酒精溶液擦洗观察面后，再用滤纸吸干

处理情况：1050℃水韧处理

组织说明：全部为奥氏体组织，晶粒大小不太均匀，
　　　　　 相当于 3～6 级，硬度为 187HBW。

　　　经水韧处理后的 ZGMn13 钢可获得单一的
奥氏体组织，具有高的抗拉强度、塑性和韧性，
以及无磁性。使钢材在承受较大冲击载荷时，发
挥高耐磨性的特点。水韧处理的加热温度为
1050～1100℃，高温加热后必须速冷，以免在冷
却过程中析出碳化物，否则将导致钢的韧性和耐
磨性降低。此外， ZGMn13 钢的导热性很差，
加热需缓慢，以免产生裂纹。

　　　水韧处理温度必须严格控制，若偏低或保温时
间不足，将因碳化物未完全溶解而使钢的韧性较
差；过高的水韧处理温度，不但晶粒容易长大而且
会产生氧化和脱碳，使钢的屈服强度降低。

图　　号：5-3-7

材料名称：ZGMn13 钢

浸　蚀　剂：4%硝酸酒精溶液浸蚀后，用 4%～6%的
　　　　　 盐酸酒精溶液擦洗观察面，再用滤纸吸干

处理情况：1050℃水韧处理

组织说明：表层经加工硬化后的情况。表面有一薄变
　　　　　 形层，组织为马氏体及 ε 相沿滑移面形成；心部为
　　　　　 奥氏体组织。表面变形层深度为 0.07～0.08mm。

　　　ZGMn13 钢在使用中受到剧烈冲击和强大压力
而变形时，其表面层将迅速产生加工硬化并有马氏
体及 ε 相沿滑移面形成从而产生高耐磨的表面层，
而内层仍保持优良的韧性，因此即使零件磨损到很
薄，仍能承受较大的冲击载荷而不致破裂。

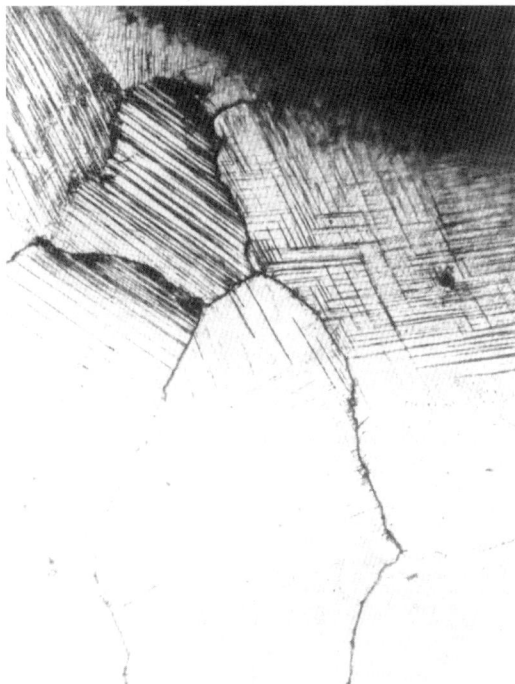

图 5-3-7 500×

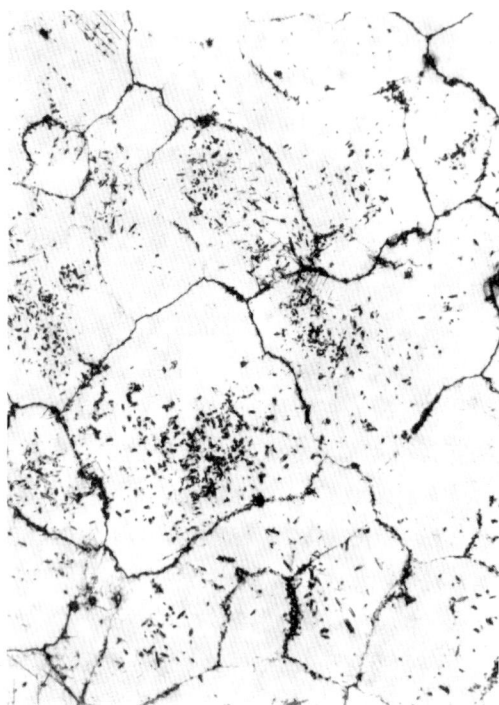

图 5-3-8   100×

图 5-3-9   500×

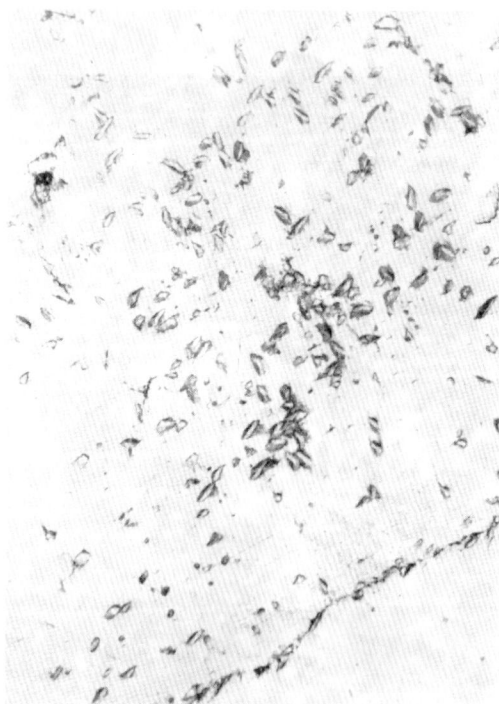

图 5-3-10   500×

图　　号：5-3-8～5-2-10

材料名称：ZGMn13 钢

浸 蚀 剂：4%硝酸酒精溶液浸蚀后，用 4%～6%的
盐酸酒精溶液擦洗观察面后，再用滤纸吸干

处理情况：1050℃水韧处理，450℃回火 1h

组织说明：图 5-3-8：白色基体为奥氏体，晶界处及
晶粒内的黑色点状为回火时析出的碳化物。

图 5-3-9：回火时在晶界处析出的颗粒状及细针
状碳化物。

图 5-3-10：回火时在晶内析出呈尖长颗粒状聚
集分布的碳化物。

当回火温度高达 370℃以上就会析出碳化物。
若碳化物均匀分布于奥氏体晶内，将提高钢的耐
磨性。若碳化物在晶界上析出时，则会严重影响
钢的力学性能。鉴于上述原因，ZGMn13 钢经水
韧处理后一般不再进行回火处理。

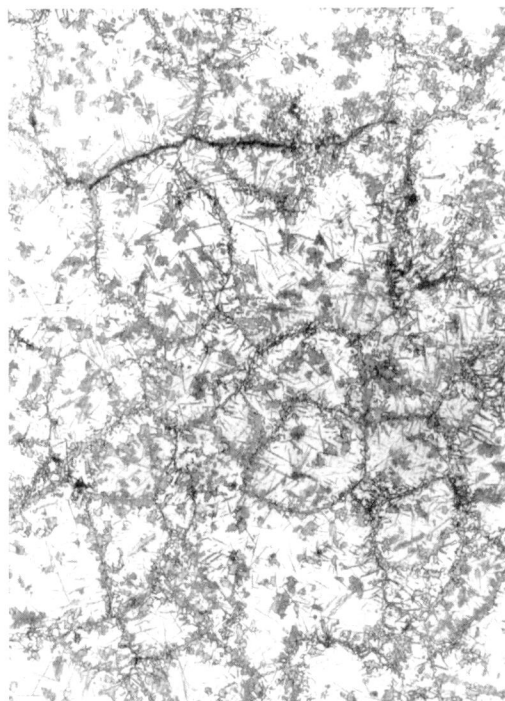

图　5-3-11　　　　　　　　　　　　　100×

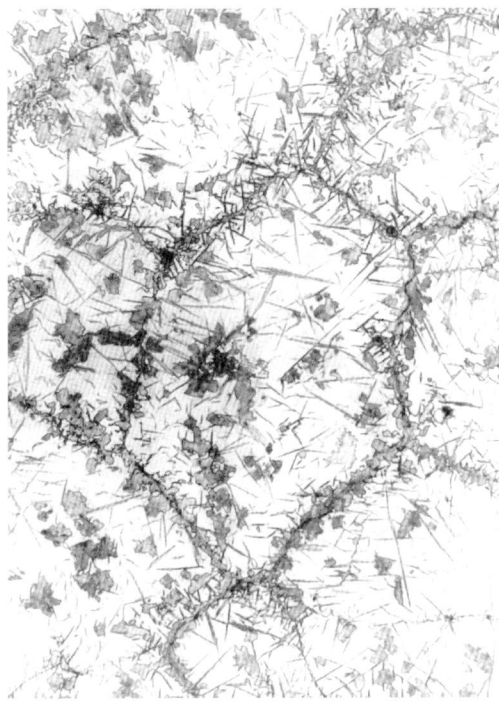

图　5-3-12　　　　　　　　　　　　　200×

图　5-3-13　　　　　　　　　　　　　500×

图　　号：5-3-11～5-2-13

材料名称：ZGMn13 钢

浸 蚀 剂：4%硝酸酒精溶液浸蚀后，用 4%～6%的
　　　　　盐酸酒精溶液擦洗观察面后，再用滤纸吸干

处理情况：1050℃水韧处理，550℃回火 2h

组织说明：沿奥氏体晶界的黑色网状物为托氏体，
　　　　　浅灰色针状物为碳化物，碳化物的外形和分布形
　　　　　态极似淬火马氏体。

　　　　图 5-3-11、图 5-3-12：由于放大倍数较低，可
以看到各种相的分布情况及奥氏体的晶粒大小。

　　　　图 5-3-13：放大 500 倍后的情况，各种组成
相的形貌更清晰，黑色团状为托氏体，灰色针状
为碳化物。

　　　　随着回火温度的升高，将在奥氏体晶界及部
分晶粒内析出团状分布的托氏体，碳化物除大部
分沿一定晶面自晶粒内析出外，还有一小部分在
晶界处析出，从而破坏了钢的单相组织，因此将
显著降低 ZGMn13 钢的加工硬化性能和耐磨性。

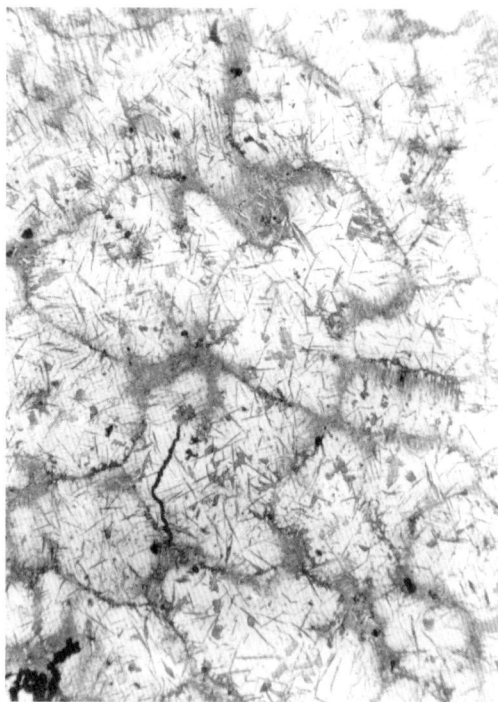

图 5-3-14   100×

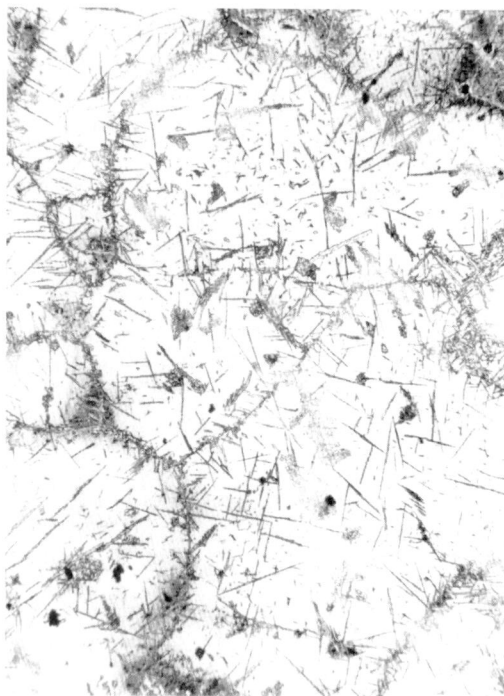

图 5-3-15   200×

图 5-3-16   500×

图　　号: 5-3-14～5-3-16

材料名称: ZGMn13 钢

浸 蚀 剂: 4%硝酸酒精溶液浸蚀后,用 4%～6%的
盐酸酒精溶液擦洗观察面后,再用滤纸吸干

处理情况: 1050℃水韧处理,750℃回火 2h

组织说明: 白色基体为奥氏体,晶界处及晶粒内除
针状碳化物沿一定晶面析出外,尚有呈聚集团状
分布的颗粒碳化物,有的分布在晶界附近,有的
则分布在晶内,如图 5-3-14 及图 5-3-15 所示。

    图 5-3-16:图 5-3-14 放大 500 倍后的组织。
晶界处针状碳化物明显可辨,且较密集,而晶内聚
集团状分布的颗粒碳化物更趋明显。

    750℃回火 2h 时,将在奥氏体晶界及晶内沿一
定晶面析出针状碳化物,另外还有颗粒状碳化物呈
聚集的团状分布,说明一部分碳化物已开始粗化和
聚集。这种组织严重降低了 ZGMn13 钢的加工硬
化性能和耐磨性。

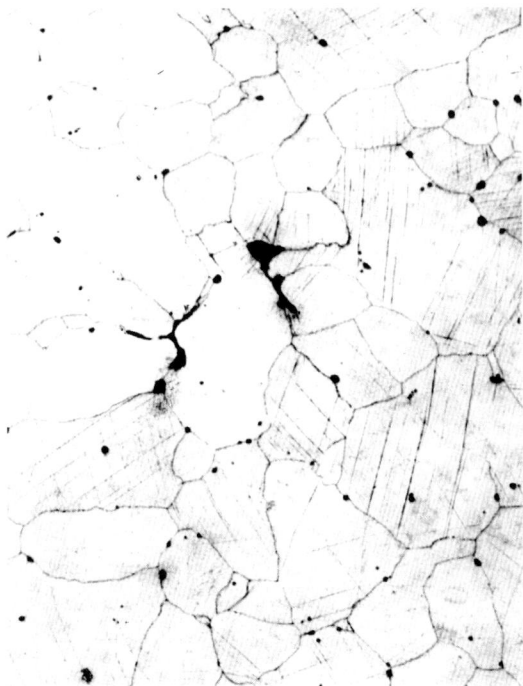

图 号：5-3-17

材料名称：ZGMn13 钢

浸 蚀 剂：4%硝酸酒精溶液浸蚀后，用 4%～6%的
盐酸酒精溶液擦洗观察面后，再用滤纸吸干

处理情况：铸造后以 1050℃水韧处理

组织说明：分散分布的显微疏松，分布在奥氏体晶界
处，呈黑色孔洞状。基体为奥氏体，在晶粒上分布
有一定位向的滑移线。

ZGMn13 钢导热性较差，凝固时线收缩的敏
感性较大，因此当铸造工艺欠佳时，由于补缩不
良，易沿奥氏体晶界形成分散分布的疏松孔隙，
这不但会降低铸件的力学性能，而且会影响铸件
的耐磨性和使用寿命。这种疏松孔隙一经形成即
无法消除。因此，只有从改进铸造工艺着手，力
求获得优质铸件。

图　5-3-17　　　　80×

图 号：5-3-18

材料名称：ZGMn13 钢

浸 蚀 剂：4%硝酸酒精溶液浸蚀后，用 4%～6%的盐
酸酒精溶液擦洗观察面后，再用滤纸吸干

处理情况：铸造后以 1050℃水韧处理

组织说明：图中两块深黑色连在一起的为金属夹杂
物，其四周为树枝状组织，再向外为等轴晶的奥
氏体晶粒，奥氏体上有颇多滑移线，沿奥氏体晶
界的黑色网络为裂纹。

因操作不慎，在铸造型腔内遗留一块异种金属，
浇注时被裹入钢液中，由于浇入的钢液温度仅高于
液相线 20～40℃，故该异种金属来不及全部熔化，
有一部分残存在 ZGMn13 钢铸件中。在异种金属周
围发生溶解而渗入 ZGMn13 钢，该处的合金成分较
高，在水韧处理加热时，其膨胀系数与 ZGMn13 钢
不同，所以热应力较大，形成了沿晶分布的热裂纹。
同时，因异种金属四周的成分偏析不易扩散，故仍
保持树枝状成分偏析。

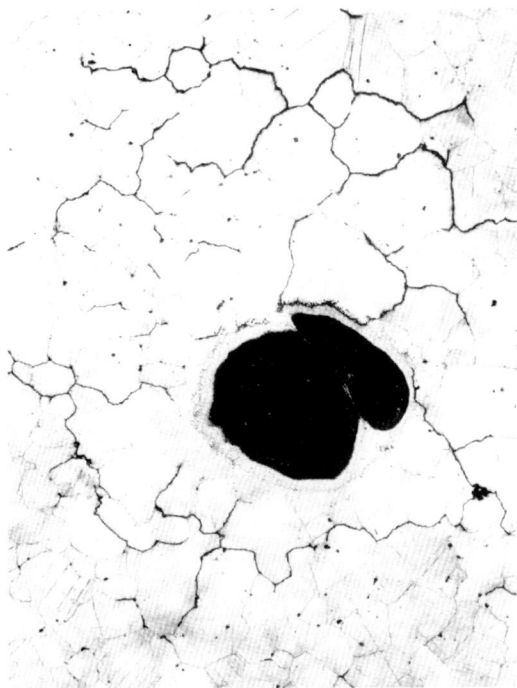

图　5-3-18　　　　50×

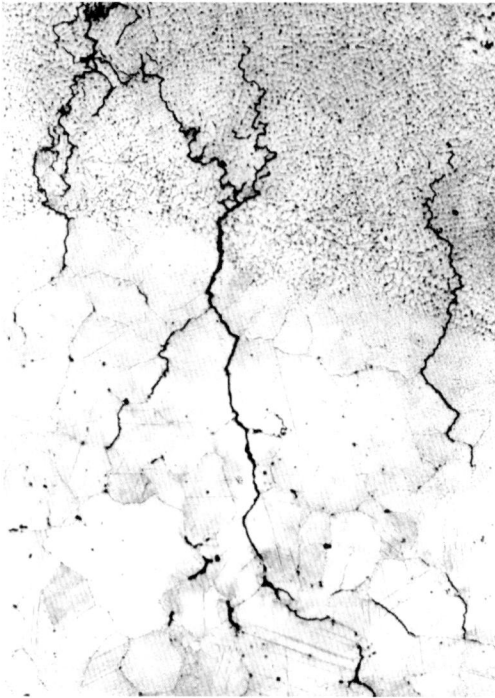

图　5-3-19　　　　　　　　50×

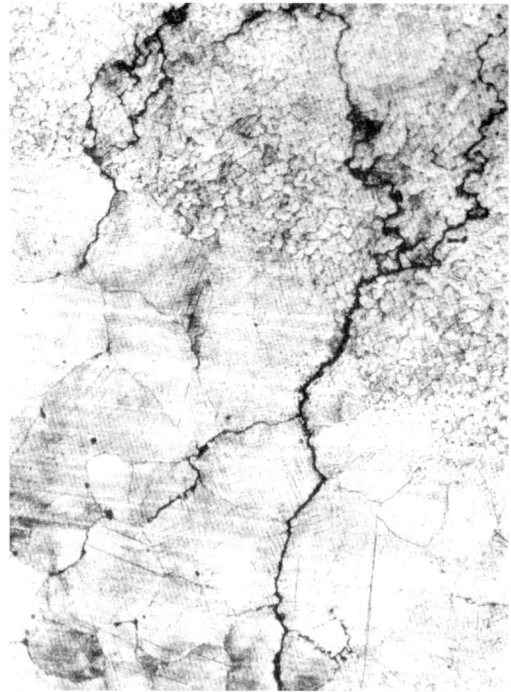

图　5-3-20　　　　　　　　120×

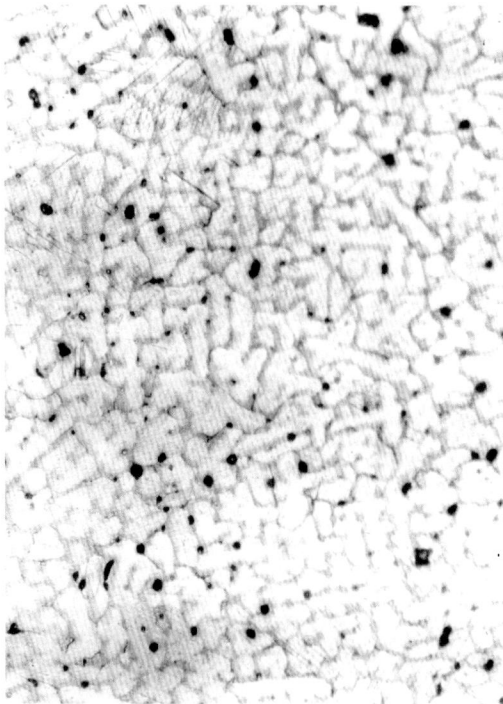

图　5-3-21　　　　　　　　200×

图　　号：5-3-19～5-3-21

材料名称：ZGMn13 钢

浸 蚀 剂：4%硝酸酒精溶液浸蚀后，用 4%～6%的
　　　　盐酸酒精溶液擦洗观察面后，再用滤纸吸干

处理情况：铸造后水韧处理，铸件表面受气焊局部
　　　　加热后空冷

组织说明：图 5-3-19 上部为呈树枝状偏析分布的奥
　　　　氏体；下部为等轴奥氏体晶粒，其上有滑移线。
　　　　裂纹自树枝状偏析的奥氏体晶界处产生，且沿晶
　　　　界延伸，见图 5-3-20 所示。图 5-3-21 为树枝状偏
　　　　析的奥氏体，其上布有黑色及灰色的圆粒为氧化
　　　　物夹杂。

　　　　ZGMn13 钢的导热性较差，故裂纹敏感性较
　　　　大。按上述处理情况，加热速度较快，高温时晶
　　　　界强度又低，因此铸件内外温差和热应力都较大，
　　　　易在晶界处产生裂纹，并沿晶界向里扩展延伸。
　　　　具有这种缺陷的铸件，承受冲击载荷时易使裂纹
　　　　进一步扩展，造成大块剥落而加剧磨损。

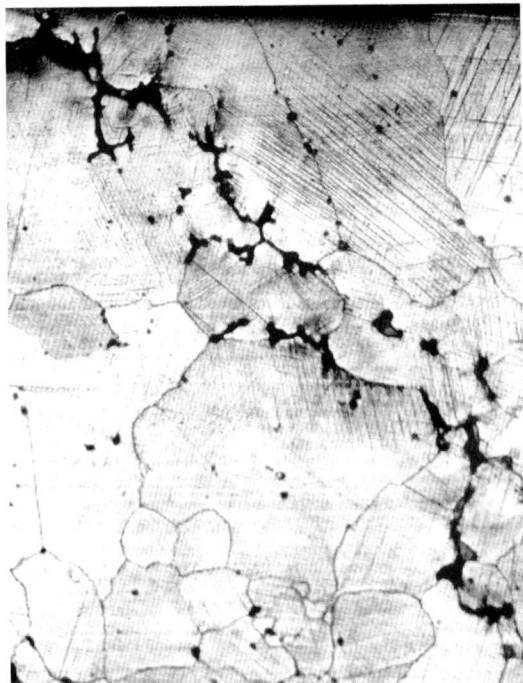

图　5-3-22　80×

图　号：5-3-22

材料名称：ZGMn13 钢

浸 蚀 剂：4%硝酸酒精溶液浸蚀后，用 4%～6%的盐酸酒精溶液擦洗观察面后，再用滤纸吸干

处理情况：铸造后以 1050℃水韧处理

组织说明：显微疏松自表面向心部沿晶界呈串连状分布。

基体为奥氏体，随表面奥氏体晶粒上分布较多的滑移线，显微疏松自表面沿晶界向里延伸，呈串连状分布，表面的奥氏体晶粒较心部为粗大。

本例铸件在使用中发生大块剥落，耐磨性较差，使用寿命不长，经解剖后，可知系铸造工艺不当，凝固时补缩不良，致使奥氏体晶界处产生串连状分布的显微缩松，致使铸件的密度不良，尤其是在工作表面层处，使铸件在承受冲击载荷时易产生剥落，从而大大降低铸件的耐磨性能，严重影响其使用寿命。

图　号：5-3-23

材料名称：ZGMn13 钢

浸 蚀 剂：4%硝酸酒精溶液浸蚀后，用 4%～6%的盐酸酒精溶液擦洗观察面后，再用滤纸吸干

处理情况：铸造后以 1050℃水韧处理

组织说明：图 5-3-18 异种金属夹杂物处放大后的情况。黑色金属夹杂物的组织为针状极明显的粗大马氏体。金属夹杂物的四周边缘的成分严重偏析，且呈树枝状分布。稍离金属夹杂物的基体为等轴奥氏体晶粒。

由此可说明，二块深黑色的金属估计为一般钢材，由于金属夹杂物的成分与高温钢基体不同，故导致在水韧处理过程中获得粗大针状分布的马氏体组织。

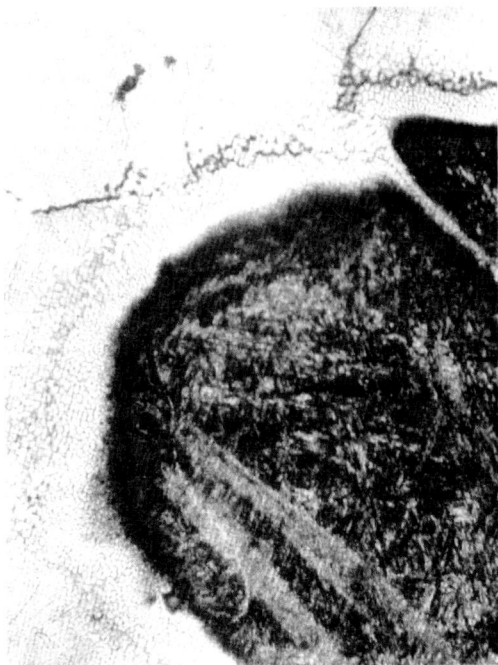

图　5-3-23　250×

附 录

《金属材料金相图谱》材料名称及状态与图片页码索引

第1章 铸 铁

材料名称及状态　　　　　　　　　　　　　　图片页码

第 2 章　结　构　钢

第 3 节　碳素铸钢及低合金铸钢

第 4 节　弹簧钢

第3章　钢中夹杂物

第 4 节　热作模具钢

第 5 节　塑料模具钢

第 6 节　高速钢

第 5 章　特　种　钢

第 1 节　不锈钢

第 2 节　耐热钢

第 3 节　耐磨钢

金属材料金相图谱

下　册

主　编　李炯辉

副主编　林德成

机 械 工 业 出 版 社

《金属材料金相图谱》分上、下两册（共12章），上册内容包括：铸铁、结构钢、钢中夹杂物、工模具钢、特种钢；下册内容包括：焊接件、粉末冶金、表面渗镀涂层、铜及铜合金、铝及铝合金、轴承合金、其他非铁金属（内有钛及钛合金、锌及锌合金、铅及铅合金、镁及镁合金、镍及镍合金和其他合金）。每章的前面部分是文字说明，简要介绍本章的材料分类、处理工艺、组织特征和检验方法等与本章图片密切相关的共性内容，每章的后面部分为金相图片，包括图号、材料名称、浸蚀剂、处理情况和组织说明。图片均选自科研、生产中常见的正常组织图片、缺陷组织图片和失效分析组织图片，共计4634幅。

本书适于金相工作者、热加工工艺人员、材料生产、使用等单位的工程技术人员以及科研人员使用，也可供大专院校有关专业师生参考。

图书在版编目（CIP）数据

金属材料金相图谱/李炯辉主编.—北京:机械工业
出版社,2006.6(2023.11重印)
ISBN 978-7-111-19312-8

Ⅰ.金… Ⅱ.李… Ⅲ.金属材料—相图 Ⅳ.TG113.14

中国版本图书馆 CIP 数据核字（2006）第 061474 号

机械工业出版社(北京市百万庄大街 22 号　邮政编码 100037)
责任编辑：崔世荣　王华庆　　版式设计：冉晓华　　责任校对：刘志文
封面设计：鞠　杨　　　　　　责任印制：常天培
北京铭成印刷有限公司印刷
2023 年 11 月第 1 版第 10 次印刷
184mm×260mm · 123 印张 · 5 插页 · 3062 千字
标准书号：ISBN 978-7-111-19312-8
定价：499.00 元（上册、下册）

电话服务　　　　　　　　　网络服务
客服电话：010-88361066　机 工 官 网：www.cmpbook.com
　　　　　010-88379833　机 工 官 博：weibo.com/cmp1952
　　　　　010-68326294　金 书 网：www.golden-book.com
封底无防伪标均为盗版　机工教育服务网：www.cmpedu.com

《金属材料金相图谱》编审委员会

《金属材料金相图谱》编写者名单

第1章　铸铁　　　　　　胡明初　周慈成　杨佳荣　梅　红

第2章　结构钢　　　　　朱铭德　李廷蔚　陈飞舟　张明良

第3章　钢中夹杂物　　　李静媛　陈善珠

第4章　工模具钢　　　　蔡美良　顾克成　赵传国　方成水

第5章　特种钢　　　　　陈金宝　强明道

第6章　焊接件　　　　　强明道　陆　慧　顾兰香

第7章　粉末冶金　　　　毛照樵　陈善珠

第8章　表面渗镀涂层　　丁尧华　张晓峰　吴建中

第9章　铜及铜合金　　　李寿康

第10章　铝及铝合金　　　丁惠麟

第11章　轴承合金　　　　孙旭茂

第12章　其他非铁金属　韩德伟　王桂生　谢先娇　余　琨　李寿康

序

  经典金相学肇始于 19 世纪中叶，英国冶金学家索比（H.C.Sorby）在光学显微镜下，用斜射光观察了钢铁中的珠贝体组织（形如贝壳表面的纹理），亦即珠光体组织。1885 年，索比应用直射光、放大至较高的倍数，清晰地看到了珠光体的片层状结构，并预测厚的片层为纯铁，薄的片层为渗碳体。之后，人们又相继研究了钢的退火、正火、淬火和回火组织。于是，一门名为"金相学"的学科诞生了。其含义是：在光学显微镜下，研究金属材料组织形态规律的科学，谓之金相学。经典金相亦即光学金相。

  随着科学技术特别是相关科学技术的发展，新的金相测试仪器不断涌现，使金相学的面貌日新月异。这主要表现于下列方面：

  光学显微镜的使用性能逐渐扩大，如暗场、偏光、相衬、微分干涉、显微硬度、红外光和紫外光的应用等等，提高了相的清晰度和分辨率。

  高温和低温显微镜的应用，可观察金属材料在高温和低温时相变的整个过程。

  电子探针、离子探针、俄歇能谱仪和 X 射线扫描等用于测定微区的化学成分。

  扫描电镜用于观察相的三维形貌，透射电镜用于观察亚结构、位错分布密度等等。与光学显微镜比较，电镜的应用深化了金相的研究层次。

  图像分析仪的应用，可根据光学显微镜下相的二维形貌推断其三维形貌并加以量化，这便是定量金相学。

  金相显微镜选配自动化电子装置，用计算机对显微镜进行自动化操作，可使金相照片上网，随时与国内外同仁交流。

  上述种种，仅为概况，并非全貌。而且每过几年，就会有一种新的测试仪器出现。可见，由于新的测试手段的不断涌现，现代金相学的内涵已逐渐扩大和深化，它已发展成为综合研究金属材料成分、组织和性能之间内在关系的一门科学。

  虽然现代金相学的优点很突出，但经典金相学仍然是科学研究特别是检验金属材料质量的重要手段。

  本书的作者，大多是从事金相工作达数十年的资深人员，他们孜孜以求，不断耕耘，做了大量分析研究，并拍摄了大量照片（有些照片颇具原创性）。于是，厚积薄发，积淀成本书。我慎重地向从事金属材料研究和检测的人员推荐，这不仅是一本对质量检验有益的图谱，还介绍了大量由材料内在质量缺陷引起的失效实例，因而它是一本能启发人们做进一步探索和研究的图谱。

  本书内容丰富，图文并茂，并附有理论说明，对从事金属材料研究和应用的科技人员来说是一本实用的工具书。我相信：本书的出版，必将有助于促进我国金相界的交流和提高。

国际材料检测和评价协会主席

吴永康

前　言

作为现代金相的重要组成部分及研究方法之一，光学显微镜在金属材料的宏观和微观检验中发挥着重要的作用，尤其以其直观、便捷的特点在金相组织鉴别和缺陷分析中得到广泛应用。

随着光学显微技术的发展，从显微镜光学系统的设计到观察方式都有了很大的进步，进一步提高了观察的效果和效率。近年来，特别是数码影像系统的发展，更是为定量金相分析提供了有利条件，同时针对材料研究的多样化要求，显微镜模块化设计为扩展显微镜的功能提供了一个好的平台、电动台、热台等，从而可以非常方便地搭载，为多视场金属夹杂物评定、高温或低温条件下的相变研究提供了便利，而且作为常规检验手段之一，对工作效率的提高要求也促使显微镜的自动化程度大幅度地提高，例如自动聚焦、电动物镜转化、电动观察方式转换，甚至显微镜完全由计算机操控都可实现，为材料科学研究和产品质量控制提供了有利的工具。

目前，现代的金相显微镜都采用了无限远光学系统，奥林巴斯显微镜采取的第二代万能无限远光学系统的像差校正更完善，使得成像更清晰，反差更明显。最新的高 NA 值（数值孔径）长工作距离的高倍物镜，更是为金相和失效分析研究提供了完美的解决方案。

对新材料的研究，使用有针对性的观察方法，往往对结果的判定起到帮助，新一代的金相显微镜都具有明场、暗场、偏光、微分干涉等观察方式并易于转换。奥林巴斯针对不同组织观察需要，还开发了分别针对高分辨率和高反差的微分干涉模块，能够观察到材料垂直方向纳米尺度的变化。

新一代高分辨率数码相机的问世，使取代繁琐暗室工作成为可能。在方便图像记录处理及量测的同时，能得到和光学相机可比拟的金相图像，配合多种金相应用模块可得到准确的分析结果，大大减轻了广大金相工作者的劳动强度，成为新一代金相图像分析的标准工具。

如今专门用于工业领域的激光共焦显微镜的问世（LEXT3000），为现代金相研究又提供了一个新的手段，通过点激光断层扫描探测并获得图像的方式，除了更高分辨率成像、3D 影像获取、表面粗糙度的量测，更是为金相检验、失效分析提供了常规光学显微镜所无法实现的功能，扩展了光学金相的范畴；同时在具体使用时也对金相制样的依赖降至最小，因此该设备在分辨率、三维成像、多功能的非接触精密量测（表面粗糙度及高度的自动化测定）以及设备使用的便捷性上都带来了革命性的技术突破。

本书是很多金相专家毕生心血所得，是目前相关领域内较完善全面的学习资料和工具书。在此期间能和很多专家一起探讨金相图片有关技术并参与部分图片拍摄，获益匪浅，我们坚信这本工具书的问世，一定会对广大金相工作者提供很有力的帮助。在此，我们也希望通过不断的努力，为广大金相用户提供更多的技术支持，为推动金相技术的发展和进步贡献我们的一份力量。

元中光学仪器国际贸易（上海）有限公司

编 者 的 话

金属材料行业是国家的支柱产业之一。金相技术则是检测材料的重要手段。

从历史轨迹看，金相技术经历了从经典金相（光学金相）到现代金相的发展过程。

光学金相具有设备简单、操作方便的优点，至今仍是研究新材料、新工艺，特别是检测材料质量以及进行失效分析的重要工具。

本书上、下两册，上册包括：铸铁、结构钢、钢中夹杂物、工模具钢、特种钢共 5 章；下册包括：焊接件、粉末冶金、表面渗镀涂层、铜及铜合金、铝及铝合金、轴承合金、其他非铁金属共 7 章。全书共有 4634 幅图片，其中有少量扫描电镜、透射电镜、俄歇电镜、电子探针和 X 射线扫描、原子力显微镜等照片。按图片的内容分类，包括正常组织、缺陷组织、废品分析和失效分析，还有一些专题研究。例如第 1 章铸铁中反白口的分布特征、形态分类和元素的微区分布，球墨铸铁测定洛氏硬度形成的压痕诱发裂纹；第 2 章结构钢汽车零部件生产应用冷挤压工艺；第 4 章工模具钢中利用原子力显微镜来显示碳素工具钢珠光体片间距的立体形貌；采用双细化新工艺来提高工模具的强韧性等等，皆是专题研究的例子。

本书对金相图片的组织说明有简有繁，对于读者熟知的组织，便用精练的笔墨加以勾勒；对于受人关注的组织（或问题），则往往从历史渊源、研究近况、组织结构和形成机理等各个角度予以论述，以期引起读者的感应和互动（例如，在第 1 章中对球墨铸铁上贝氏体的分析及第 8 章中对铁镀层组织结构的分析），从中可以看出编者的刻意和匠心，希冀把本书写成一本有所创新的图谱，当然这是不容易的。但正如古语所说，"高山仰止，景行行止，虽不能至，心向往之"，这就是我们写作时的心态。

本书的作者，大多是 20 世纪五六十年代即从事金相热处理工作的资深人员，悠悠岁月，耿耿晨昏，如今不少人已两鬓染霜，成为退休一族，为了回报社会，为了繁荣我国的金相工作，大家不量绵薄，编写了这本图谱。

本书的图片，多为编者在科研和日常检测中的长期积累，亦有些系国内同仁友情的支持和取自编者的旧作（《钢铁材料金相图谱》，作者李炯辉，施友方，高汉文；《铜及铜合金金相图谱》，洛阳铜加工厂中心试验室金相组李寿康执笔；《钛及钛合金典型显微组织图册》，有色金属研究总院王桂生执笔）。因此，从某种意义上来说，这是集体耕耘的成果。走笔至此，编者谨向支持和帮助过我们的同仁致以诚挚的谢意。

本书在编写过程中得到了香港德华材料检测有限公司、无锡港下精密砂纸厂（0510—88765588）、元中光学仪器国际贸易（上海）有限公司、恒一精密仪器有限公司等单位的大力支持，在此谨向上述各单位致以深深的谢意。

由于编写篇幅颇多，难免有疏漏之处，恳请读者批评指正。

编 者

目　录

序
前言
编者的话

上　册

第6章
焊 接 件

由于焊接具有简便、经济、安全以及可以简化形状复杂零件的制造工艺等特点，在机械制造业中，焊接工艺得到广泛的应用，以往许多铆接的结构也被焊接件所替代，因此焊接工艺的应用，将越来越广，焊接件的金相检验也越来越多。焊接金相主要检验焊接接头的组织。焊接接头由焊缝金属（简称焊缝）、母材受热影响区及母材未受热影响区三部分构成。由于焊接接头上三个区的组织不同，故应分别进行金相检验。

鉴于在施焊过程中，熔池的容积相当小，而其周围又是大块的冷态金属，因此熔池金属的冷却速度将比一般铸造或浇注的金属冷却速度大得多，同时熔池中金属的温度又比一般钢锭温度高得多，处于过热状态，熔池中心与固液相界面的温度梯度很大，这就决定了焊缝结晶的宏观特征。

焊接接头的组织：

1. 接头的低倍组织

（1）焊缝 由熔化金属（它是由熔化的填料金属和母材的熔化部分混合组成熔池的液态金属）凝固结晶而成。接头的低倍组织为铸态的柱状晶，从焊缝与母材交界面沿与熔池壁相垂直的方向伸向焊缝中心。同时由于焊缝的凝固是在热源不断向前移动的情况下进行，随着熔池的向前推进，最大温度梯度方向也在不断改变，因此柱状晶长大最有利的方向也在改变，一般情况下熔池呈椭圆形，于是柱状晶垂直于熔池弯曲长大。在焊缝中心常呈八字形分布。

（2）母材热影响区 也称焊接热影响区。位于焊接接头上与焊缝区紧邻的母材部分，这一区域虽不算太宽，但温度范围极广，从固相线温度开始，直至母材的原始状态的温度，这就包括了过热区、重结晶区和回火温区等。此区内有的组织已发生相变，所以受腐蚀后的低倍组织通常呈深灰色。

（3）母材未受热影响区 位于距焊缝较远处，但与母材热影响区相邻。该区大多仍保持着母材原始的加工状态，有时呈带状组织分布。

（4）熔合线　采用通常的浸蚀方法在焊缝和热影响区的交接处常见一条较深的黑线，即熔合线。所有的金属和合金焊接接头低倍组织中基本上都存在熔合线，但由于熔合线的实际宽度过于狭小，一般在低倍下较难清晰地显示其特征。

2．焊接接头的显微组织

（1）焊缝区　焊缝是填料和母材受热熔化后，先凝固结晶然后连续快速冷却到室温形成的组织。因此焊缝具有由结晶产生的一次组织和由固态相变生成的二次组织两种形态。

1）焊缝的一次组织：为铸态奥氏体。受焊缝组分过冷度大小影响，一次组织可归纳有五种形态：

① 平面晶。当熔池与固相界面的温度梯度很大时，即液-固界面液体凝固时，释放的相变潜热，通过界面后方向固相散发出去，使界面平缓地向前方推进，所以界面呈平面状态，称为平面结晶组织。多见于高纯度焊缝中，一般钢及合金的焊缝较少见。

② 胞状晶。当熔池与固相界面的温度梯度稍小时，即液-固相界面前液体，出现很小的成分过冷区，会从凝固界面上长出许多小芽苞突入过冷的液体区，利于凝固潜热散发，这些苞芽的截面呈六角形，故将柱状晶中这种亚晶称为胞状晶。

③ 胞状树枝晶。随着熔池温度梯度的降低，液-固相界面前液体的实际温度随之降低，出现了较宽的过冷区和过冷程度增大，界面上凸起的小芽苞能够深入到液体较远处，并不时向四周排出溶质使四周也产生了成分过冷现象。从而在若干胞状晶上生长出由发展不完全而形成的较短的二次横枝所构成的树枝状奥氏体。

④ 柱状树枝晶。当熔池与固相界面的温度梯度进一步减小时，液-固相界面前的低于液相线平衡温度的液体区宽，即出现很宽的过冷区，成分过冷度很大。在一颗晶粒内除了主干（一次轴）很长外，主轴的四周上生长有二次、三次横向分枝也可以长到一定的程度而形成了树枝状结晶。

⑤ 等轴晶。又称等轴树枝晶，是在几个结晶方向上都得到有利生长而形成等轴状结晶。

常见的焊缝一次组织，以柱状树枝晶最普遍。

焊接工艺参数会影响焊缝一次结晶的形态。当焊接速度一定时，随焊接电流的增大，结晶组织由胞状晶→胞状树枝晶→粗大树枝晶→等轴树枝晶。焊接速度也影响一次组织形态。随着焊接速度的提高，焊缝组织由树枝状晶→胞状树枝晶→胞状晶。焊接速度降低，电弧停留时间长，容易形成粗大的树枝状组织。但焊接速度的影响较为复杂，需据实际情况具体分析。

2）焊缝的二次组织：一次组织奥氏体继续快速冷却到 Ar_3 以下时，发生转变或分解，形成各种组织，即二次组织。焊缝的组分及冷却条件不同，生成各种二次组织，如铁素体、珠光体、托氏体、贝氏体和马氏体等。焊接所用的大多数是含低碳的钢种，冷却后易生成先共析铁素体，由于一次组织奥氏体往往晶粒粗大，快速冷却后易生成魏氏组织（铁素体-先共析铁素体的特殊形式）。随冷却速度增大，二次组织中先共析铁素体的形貌由块状变为针状；珠光体的片间距越来越小；超过一定冷却速度后会得到非平衡组织贝氏体和马氏体。不同材料的焊缝，其二次组织也会不同。

（2）熔合区　熔焊焊缝由混合熔化区、未混合熔化区和半熔化区构成。熔合区是母材到焊缝的过渡区，它包括未混合熔化区和半熔化区。真实熔合线在未混合熔化区和半熔化区之间，是实际的母材热影响区与焊缝的边界线。熔合区组织十分粗大，化学成分和组织都极不均匀，特别是异种钢或合金的焊缝这种情况更为明显。该区很狭窄，是接头的最薄弱部分，也是最容易发生焊接裂纹和脆断的部位。

（3）母材热影响区　从焊缝到真正的母材（未受热影响区）之间是母材热影响区，它是因受不同程度焊接热作用而产生组织和性能明显变化的区域。母材热影响区中与焊缝相距不同的各点有对应的不同组织。这主要决定于母材的成分、状态及该处所经历的焊接热循环、应力、应变。材料是否有重结晶对母材热影响区组织有密切影响。

1）具有重结晶材料的母材热影响区：对纯金属或单相合金，母材热影响区含有粗晶区、细晶区和再结晶区。粗晶区或称过热区位于焊缝近邻；细晶区位于离焊缝较远的粗晶过热区邻旁；再结晶区则位于与真正母材相紧邻的部位。

具有重结晶的多相合金母材热影响区组织较复杂，如合金结构钢的母材热影响区可包括五个区域：半熔化区、粗晶区、完全重结晶区、不完全重结晶区和回火区。

2）不发生重结晶材料的母材热影响区：对于退火状态的纯金属或单相合金焊接，只有晶粒粗化区；冷加工态的纯金属或单相合金焊接有再结晶软化区。

对多相合金焊接，基本可分为固溶区与相析出区（如 18-8 型奥氏体铬镍不锈钢中的敏化区）。

第 1 节　同种材料焊接

本节涉及的是材料为低碳结构钢和低合金结构钢焊接件的组织。

1. 低碳结构钢焊接件组织

（1）低碳结构钢的焊缝　金相所见均为焊缝二次组织，常见为铁素体＋少量珠光体＋魏氏组织。其中沿原奥氏体晶界析出且呈网状的铁素体为先共析铁素体。它勾画出了一次结晶柱状晶的轮廓，从尺寸和方向上都表现了一次结晶组织的形貌特征。低碳结构钢焊缝中的从晶界出发向晶内生长的针状铁素体，以及在晶内形核长成的针状铁素体均为魏氏组织铁素体。它作为低碳结构钢焊缝组织的特征形态，总是与晶界的先共析铁素体共生，它们之间没有明确的界面。在晶内，铁素体片间距较宽、数量也少。

当焊接热输入较小、冷却速度较大时，焊缝中的柱状晶细长，先共析铁素体多以片状析出，魏氏组织铁素体片薄，片间距较窄；若热输入大、冷却速度减小时，沿晶分布的先共析铁素体多以块状出现，魏氏组织铁素体片厚、片间距较宽。若冷却速度加快，先共析铁素体数量减少。在这种情况下，随着化学成分与冷却速度的加快，有可能出现无碳贝氏体、粒状贝氏体，甚至出现马氏体。

低碳结构钢的熔合区组织，大多是珠光体＋铁素体，也都有魏氏组织铁素体。但仅据以上组织较难判定熔合区。金相检验时，可以从多面体晶粒（母材）向柱状晶粒（焊缝）组织形态过渡性及组织不具备上述典型性来判定熔合区的存在。

低碳结构钢母材热影响区组织可分为四个区：

1）熔合区：熔合线附近焊缝到母材的过渡部分是金属经过局部熔化，晶粒十分粗大，化学成分和组织极不均匀的过热组织。该区很狭窄，金相观察较难明显区分出。

2）过热区（粗晶粒区）：晶粒十分粗大，晶粒度均在 3 级以上。常见为粗大的先共析铁素体＋针状铁素体（魏氏组织）＋索氏体，不呈带状分布特征。

3）相变重结晶区（细晶粒区）：常见为均匀细小的铁素体＋珠光体。相似于正火组织，又称正火区。铁素体网状分布及魏氏组织消失。

4）部分相变区（不完全重结晶区）：组织为未发生转变的铁素体＋经过部分相变后生成的细小珠光体和铁素体。组织通常部分地保留了原始的带状分布特征。

2. 低合金结构钢焊接件组织

焊接用低合金结构钢一般都属于低碳级的，如 Q390（15MnV）、Q345（16Mn）、16Mo、20Cr、12Cr2MoWVB、35CrMo、3Cr2W8 钢等。低合金结构钢中由于合金元素的加入，提高了钢的淬透性能，因此不仅直接影响着焊接的一次组织，也影响到热影响区的组织。各种组织如铁素体、珠光体、贝氏体和马氏体等都可能出现。以 Q345（16Mn）钢焊接为例，其焊缝组织可能由先共析铁素体＋粒状贝氏体＋魏氏组织铁素体＋无碳贝氏体等构成的混合组织。若钢中合金元素种类多，总含量也较多时，焊缝二次组织会出现贝氏体和粗大的板条状马氏体。热影响过热区组织为针状铁素体＋索氏体＋少量粒状贝氏体等。其他部位的热影响区组织与低碳结构钢基本相似，但与低碳结构钢相比，其组织有以下特点：①焊缝组织较细小。②接头中易出现中温转变（贝氏体）和低温转变（马氏体）产物，硬化倾向较大。③在相同热输入条件下母材过热区较低碳结构钢窄些，晶粒长大倾向小。④焊缝与过热区往往是多种组织伴生呈混合状态。

低碳结构钢及低合金结构钢焊缝及热影响区、母材组织一般采用 4％硝酸酒精溶液浸蚀，可获得清晰组织。

同种材料焊接接头的金相图片见图 6-1-1～图 6-1-117。

第 2 节　异种材料焊接

异种金属材料焊接是指化学成分和性能差别很大的两种钢或合金的焊接。本节涉及的主要是不锈钢、低合金结构钢（16Mn）、低碳结构钢（Q235）、工具钢（W18Cr4V）以及钢与纯铜焊接件的组织。

异种材料焊接时，焊缝金属（完全混合熔化区）的组织和母材的大部分热影响区的组织，基本上决定于给定的焊缝金属和母材的固有化学成分及焊接工艺。但在熔合线附近（熔合区）的组织则比较复杂。

异种材料焊接的熔合区组织：异种材料焊接由于化学成分和组织差别很大，在熔合区存在着化学成分的过渡，在焊接过程、热处理及运行中熔合线两侧化学成分会发生变化——碳迁移和合金元素扩散再分配，使得熔合线两侧组织发生了复杂的变化。例如当 16Mn（铁素体基体）钢与 18-8 型奥氏体不锈钢对焊焊缝中，由于碳元素从 16Mn 向 18-8 型奥氏体不锈钢焊缝侧迁移，造成 16Mn 过热区出现铁素体聚集带—脱碳带；而在熔合线的 18-8 型奥氏体不锈钢焊缝侧则会出现灰色的增碳带。脱碳带和增碳带的宽度受热处理的影响，当焊后退火温度高、保温时间长，脱碳带和增碳带将加宽。当高速工具钢 W18Cr4V 与 45 碳钢对焊时，在熔合线的母材高速钢侧出现脱碳带，组织中出现了中碳马氏体，若焊后空冷，高速钢过热区组织中出现沿晶分布的黑色托氏体。若对焊后进行退火，则高速钢熔合区脱碳带中的碳化物会显著减少。对于低碳结构钢 Q235 与纯铜 T3 对焊后，在铜与钢交界处会出现灰色狭长带的金属间层，而熔合线的 T3 铜侧组织中会出现铁相组织。这些是不同材料间化学成分扩散的结果。

低合金结构钢与不锈钢焊接，以后热处理及运行过程中的碳迁移和合金元素扩散再分配作用，使熔合区不锈钢侧形成增碳层，生成复杂碳化物而硬化和开裂，而低合金结构钢一侧形成脱碳层—铁素体聚集及含量显著增多，则会降低该处的热强度和力学性能，影响正常使用寿命。

异种材料焊接接头的金相图片见图 6-2-1～图 6-2-84。

第 3 节　特殊焊接件

本节涉及到表面渗碳件焊接；同种或异种不锈钢焊接；同类或异类炉用耐热钢的焊接；纯铜、黄铜、工业纯铁、钛合金的焊接；合金钢和碳钢表面堆焊、喷焊硬质合金层等组织。

1．表面渗碳件焊接组织

工件表面渗碳层由表及里的含碳量存在着从高到低的梯度变化，焊缝又或多或少与表面渗碳层相重合，因此焊缝及热影响区由表及里的化学成分（含碳量）及组织也存在着由过共析层→共析层→亚共析过渡层→母材原有的亚共析层的变化，各相应含碳量和组织也不相同。合金渗碳钢比普通碳钢渗碳件的焊接组织更复杂，需根据材料具体化学成分、渗碳工艺及随后的热处理状态，以及焊接工艺等综合情况来由表及里按不同化学成分（含碳量）区域分别确定焊接组织。

2．不锈钢焊接件组织

常用的奥氏体钢母材组织为奥氏体或奥氏体＋少量铁素体。其中双相不锈钢应用较广，如 18-8 型奥氏体不锈钢，其正常的焊缝组织为树枝状奥氏体＋枝晶间少量铁素体。熔合线和热影响区交界较明显。母材热影响区较狭窄，组织为奥氏体＋带状铁素体。母材未受热影响区组织为奥氏体＋少量带状分布的铁素体＋颗粒状碳化物。对于双相不锈钢，应注意控制和检查铁素体的含量，为了防止产生焊缝热裂纹和有利于提高抗晶间腐蚀能力，一般奥氏体不锈钢焊缝金属中希望含有铁素体的体积分数为 5%～10%。

3．耐热钢焊接件组织

耐热钢焊接件应用量很多的是炉用耐热钢，其中国产炉用耐热钢有属于无镍或低镍含氮类，如 CrMnN、Ni7N、Ni11N、R45 钢和 H18 钢等；也有属于高镍铬类的耐热钢，如 HK、HT、Я3C 钢等。本图谱收集了两类钢中的 CrMnN、Ni7N、R45 和 HK-40 钢的焊接接头焊态组织和经过不同温度及不同时间进行时效试验后接头的各种组织。炉用耐热钢焊接时，焊条的选择应与母材的化学成分尽量相匹配（即同类钢），否则易产生弊病：如在熔合线附近出现复杂化学成分或异样组织；在焊后或使用中容易出现裂纹等等。可见选择与母材化学成分相近的焊条对炉用耐热钢十分重要。焊接接头质量的关键是熔合线及热影响区附近的化学成分和组织状况，若采用高镍铬类的 Cr25-Ni20（A402 或 HK-40）焊条施焊低镍含氮炉用耐热钢接头后，经 900℃高温时效试验（或长期高温运行），断口均位于熔合线，伸长率很低，金相组织表现为 HK-40 焊条熔成的熔合线靠母材一侧碳化物大为减少，铁素体增多并且晶粒长大，形成一个明显的铁素体带，即脱碳带，它是在 900℃加热后产生了碳迁移，即碳从熔合线母材一侧向熔合线靠近焊缝（原含碳较低区）一侧进行迁移而造成的。随着加热温度升高，高温所处时间增长，铁素体带加宽。

而采用同类化学成分的焊条（如 S-R1），经 2000h 时效，在低镍含氮钢的熔合线附近没有出现铁素体带，只有碳化物析出严重些，这与母材时效组织变化相同。

由长期使用和时效试验表明，熔合线部位是个薄弱环节，金相检验时应特别加以重视。

表 6-3-1 为 8 种常用炉用耐热钢焊接接头焊态各部位的金相组织。表 6-3-2 为所用的 S-R1、H18、S-K3 焊条的化学成分。

表 6-3-1　8 种常用炉用耐热钢焊接接头焊态各部位的金相组织

钢　种	焊缝金属	熔合线附近	母　材
CrMnN （焊条 S-R1）	奥氏体＋碳化物＋层状碳氮化合物	奥氏体＋碳化物＋少量铁素体	奥氏体＋碳化物＋少量铁素体
Ni7N （焊条 S-R1）	奥氏体＋碳化物＋层状碳氮化合物	奥氏体＋碳化物＋少量铁素体	奥氏体＋碳化物＋少量铁素体
R45 （焊条 S-R1）	奥氏体＋碳化物＋层状碳氮化合物	奥氏体＋碳化物＋少量铁素体	奥氏体＋碳化物＋少量铁素体
Ni11N （焊条 S-R1）	奥氏体＋碳化物＋层状碳氮化合物	奥氏体＋碳化物＋碳氮化合物	奥氏体＋碳化物＋碳氮化合物
H18 （焊条 H18）	奥氏体＋$M_{23}C_6$ 型碳化物	奥氏体＋碳化物	奥氏体＋碳化物＋碳氮化合物
HK HT Я3С （焊条 S-K3）	奥氏体＋碳化物	奥氏体＋碳化物	奥氏体＋碳化物

表 6-3-2　S-R1、H18、S-K3 焊条的化学成分

焊　条	化学成分（质量分数，%）							
	C	Mn	Si	Ni	Cr	N	Mo	V
S-R1	0.41	1.38	1.36	9.50	24.81	0.25	—	—
H18	0.44	1.44	1.21	9.80	20.72	0.18	0.73	0.71
S-K3	0.43	1.12	1.47	26.21	24.81	—	—	—

4. 有色合金焊接件组织

本节收集了铜及铜合金、钛及钛合金的焊接组织。纯铜没有同素异构转变，焊接后组织一般仍为 α 相，但晶粒变粗大。若焊前为冷作状态的母材在热影响区可得到细晶粒 α 组织。黄铜焊接后由于连续快速冷却作用，β 相主要沿 α 晶界分布，成为过热区 α＋β 网状组织，热影响区应为絮状组织。钛合金分为 α 钛合金（如 TA1 等）、β 钛合金（如 TB2 等）和 α＋β 钛合金（如 TC4 等）三种，纯钛合金 TA1 退火后焊接组织可获得 α 等轴晶，也有呈锯齿 α 或片状组织，由焊接规范不同所致。可见焊接热循环及焊接条件对有色金属焊接接头组织有重大影响。又如 TB2 钛合金焊后可得粗大 β 等轴晶，也有 β 晶粒上析出弥散 α 相等。

5. 堆焊层的组织

为了提高母材抗磨损性能常用堆焊，堆焊层的抗磨损性取决于堆焊层的化学成分及其组织，针对具体工作条件来合理选择堆焊材料，如马氏体钢或合金铸铁和超硬质合金、高锰奥氏体钢、镍基或钴基合金和有色金属堆焊层等。堆焊层的组织对抗磨性影响极大，在磨料磨损条件下，堆焊层组织中的抗磨硬相起着重要作用。不同的堆焊方法有不同的焊接热循环特性，对堆焊组织有影响，热处理也会影响堆焊组织，本章收集了在碳钢上堆焊高碳高铬耐磨材料和 C-Cr-Mo 合金，主要采用马氏体为硬质相；在合金钢上堆焊 Ni-Cr-Si-B 系镍基合金，主要用碳化物、硼化物和硅化物为硬质相；堆焊 Co-Cr-Ni-W 系钴基合金，主要用高硬碳化物为硬质相，以及在低碳钢上堆焊锡磷青铜等的组织。

特殊焊接件的金相图片见图 6-3-1～图 6-3-209。

附表　焊接件常用的浸蚀剂名称、组成和用途

附表　焊接件常用浸蚀剂的名称、组成和用途

序号	名　称	组　成	应 用 范 围	备　注
1	4%硝酸水溶液	硝酸∶水（体积比 4∶100）	碳钢、低合金钢、渗碳件焊接件及堆焊层	浸蚀剂配制时需严格按组分及组分次序加入。炎热夏天时最好在冷水浴中配制，以免化学试剂加入时反应过分剧烈
2	氯化高铁盐酸水溶液	氯化高铁∶盐酸∶水（30g∶100mL∶50mL）	不锈钢、R45、HK40 等耐热钢、铜及铜合金焊接件	
3	草酸水溶液	草酸∶水（10g∶100mL）1.5～6V，30～60s	不锈钢、CrMnN、Ni7N、HK40、R45、Cr25Ni20 等耐热钢焊接件	
4	苦味酸盐酸酒精溶液	苦味酸∶盐酸∶酒精	高碳高铬耐磨材料堆焊层	
5	高锰酸钾氢氧化钠水溶液	高锰酸钾∶氢氧化钾∶水（4g∶4g∶20mL）	钴基材料堆焊层	
6	硫酸铜盐酸水溶液	硫酸铜∶盐酸∶水（4g∶20mL∶20mL）	钴基耐磨材料堆焊层	
7	复合试剂	复合试剂∶酒精 30mL，硝酸 5mL，盐酸 15g，重铬酸钾 2～3g，苦味酸 1g	不锈钢、高铬铸铁、锡磷青铜等焊接件及堆焊层	
8	氢氟酸盐酸水溶液	氢氟酸∶盐酸∶水∶（体积比 1∶1∶3）	钛及钛合金	

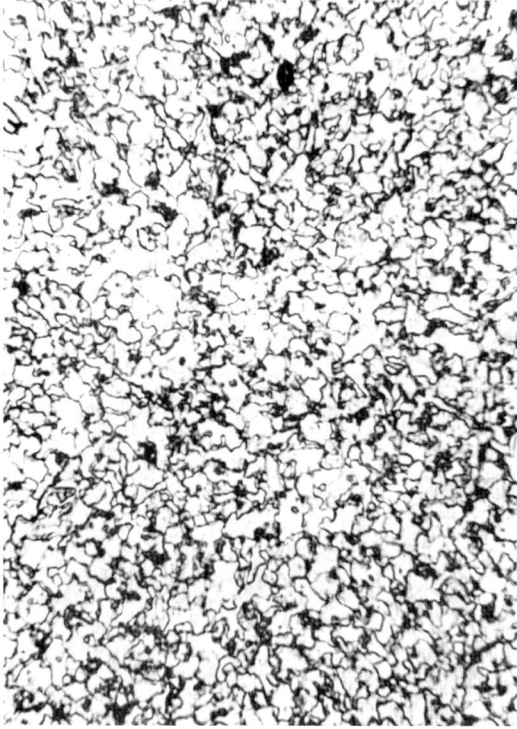

图 6-1-46   600×

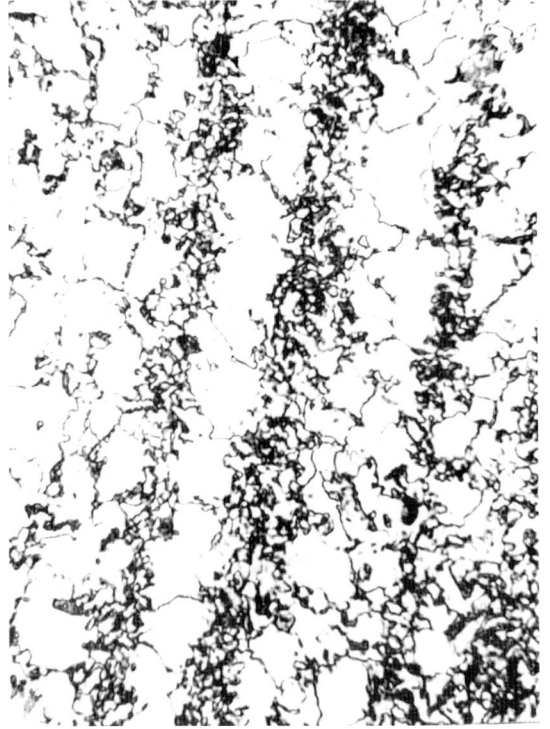

图 6-1-47   600×

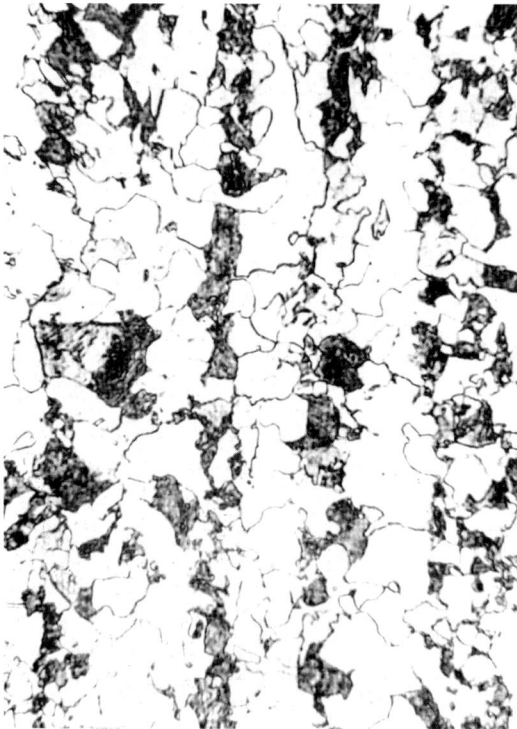

图 6-1-48   600×

组织说明：图 6-1-42：焊件图示。

图 6-1-43：焊缝组织：粗针及块状铁素体沿柱状晶晶界分布，晶内为粒状贝氏体和少量珠光体。

图 6-1-44：熔合线附近母材过热区粗晶区组织：粒状贝氏体和粗针状、块状铁素体、少量珠光体。

图 6-1-45：母材热影响过热区粗晶区组织：粒状贝氏体和针状、块状铁素体及少量珠光体。

图 6-1-46：母材热影响重结晶区组织：细晶粒铁素体和少量细片状珠光体。

图 6-1-47：母材热影响不完全重结晶区组织：铁素体和经相变分解的珠光体。铁素体仍保持母材未受热影响状态，呈带状分布。

图 6-1-48：母材未受热影响区组织：铁素体和片状珠光体，呈带状分布。

图　　号：6-1-49～6-1-55

材料名称：母材为 Q345 钢（16Mn 钢板）；焊
　　　　　条为 J507

浸 蚀 剂：4％硝酸酒精溶液

处理情况：焊条电弧焊

图　6-1-49　　　　　　　　示意图

图　6-1-50　　　　　　　　500×

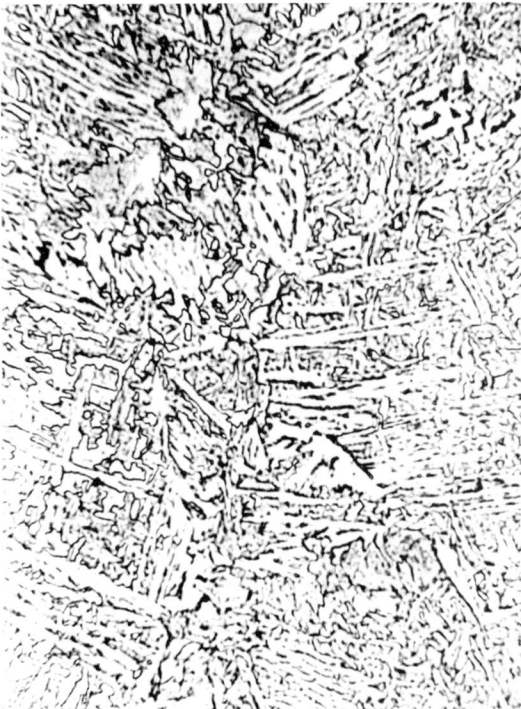

图　6-1-51　　　　　　　500×

图　6-1-52　　　　　　　500×

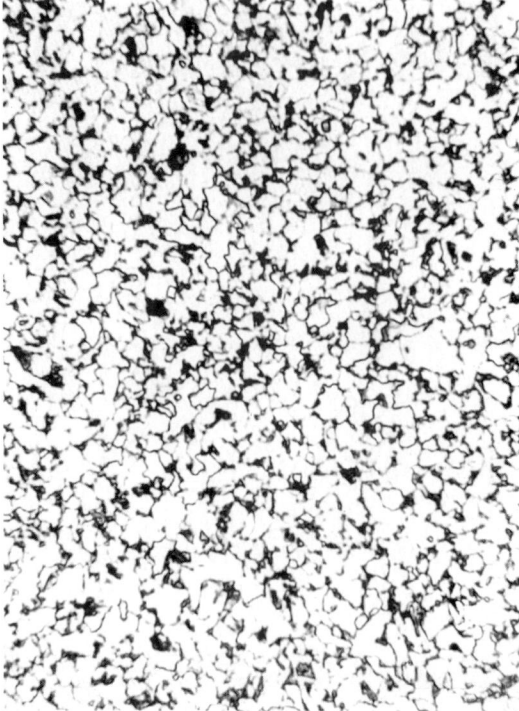

图 6-1-53   500×

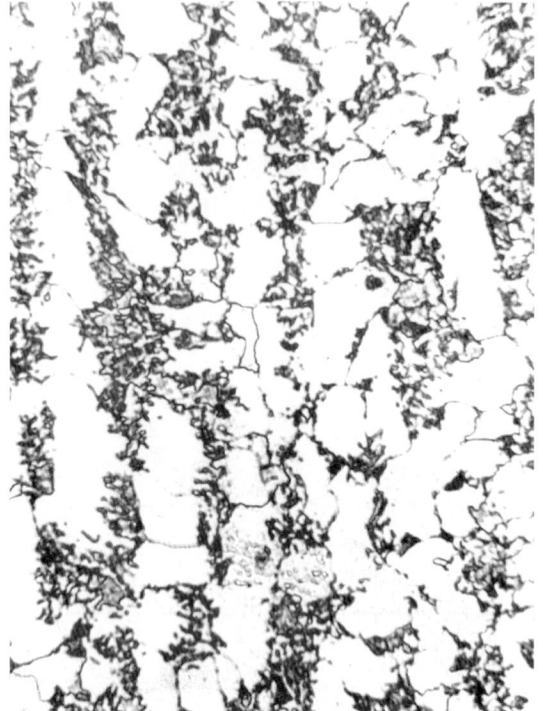

图 6-1-54   500×

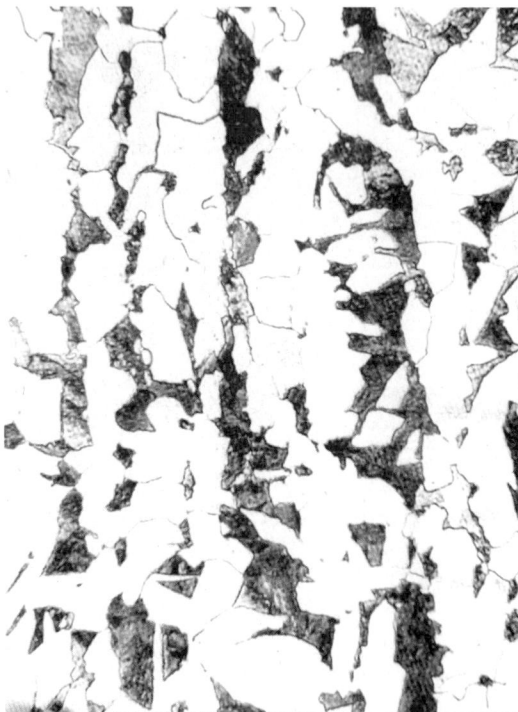

图 6-1-55   500×

组织说明：图 6-1-49：焊件图示。

图 6-1-50：焊缝组织：粒状贝氏体和铁素体。铁素体呈针状分布在柱状晶晶界上。晶内布满了粒状贝氏体。

图 6-1-51：熔合线附近母材热影响过热区组织：大量的粒状贝氏体、上贝氏体和针、块状铁素体。

图 6-1-52：母材热影响过热区（粗晶区）组织：粒状贝氏体和少量沿晶界分布的铁素体。

图 6-1-53：母材热影响重结晶区组织：较细晶粒的铁素体和少量细珠光体。

图 6-1-54：母材热影响不完全重结晶区组织：铁素体和已经相变分解的珠光体。铁素体仍保持着母材未受热影响状态。

图 6-1-55：母材未受热影响区组织：铁素体和少量细片状珠光体，稍呈带状分布。

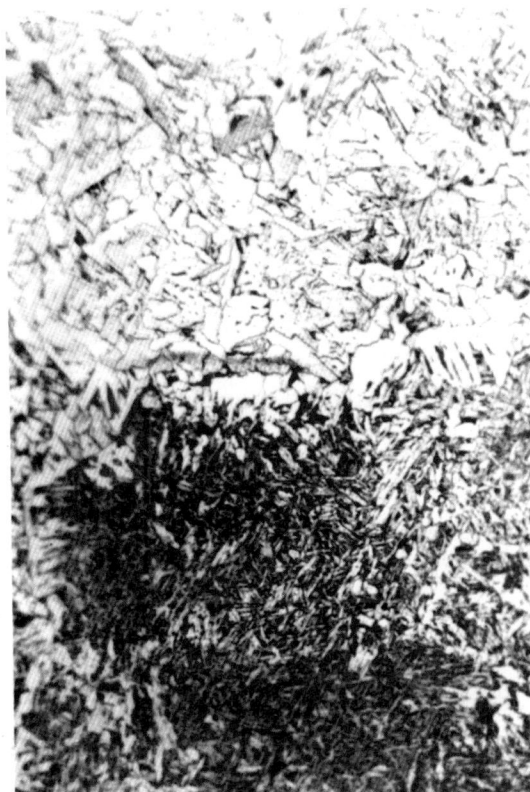

图 6-1-56   50×

图　　号：6-1-56

材料名称：Q345（16Mn）钢板

浸 蚀 剂：4％硝酸酒精溶液

处理情况：焊条电弧焊

组织说明：焊接接头，焊缝金属（铁素体和索氏体）
　　与基体热影响过热区（索氏体及网状铁素体）交
　　接处的组织。

　　低合金钢 Q345（16Mn）是常用的桥梁和建
筑用钢，它具有理想的强度和很大的韧性，能承
受较大的冲击和振动，并使钢结构具有一定的耐
蚀性。由于钢结构大多采用焊接方法，因此尚要
求钢材具有良好的焊接性能。

　　本图为熔合线处的金相组织。图上部为焊缝
金属，图下部为热影响过热区。图中部为熔合线，
该处温度介于固相线和液相线之间，局部区域处
于熔化状态，冷却后得到过热组织，晶粒粗大，
化学成分和组织很不均匀。

图 6-1-57   100×

图　　号：6-1-57

材料名称：Q345（16Mn）钢板

浸 蚀 剂：4％硝酸酒精溶液

处理情况：焊条电弧焊

组织说明：索氏体及网状和针状分布的铁素体，基
　　体呈魏氏组织。

　　此图为图 6-1-56 Q345（16Mn）钢焊接热影响
过热区放大 100 倍后的组织，由于加热温度大于
1100℃，该处奥氏体晶粒剧烈长大，在焊接空冷
的条件下，除得到索氏体外，还有沿晶界和向晶
内延伸的先共析铁素体析出，使组织显示严重的
过热特征。

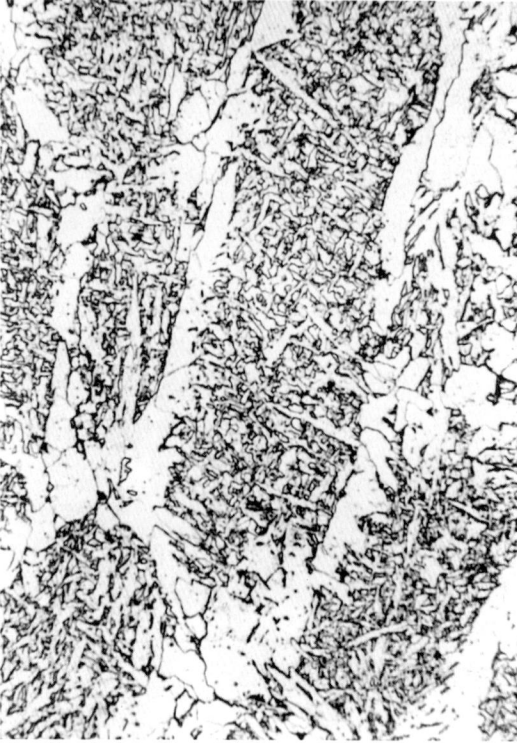

图　6-1-58　　　　　　　　　　500×

图　　号：6-1-58
材料名称：Q345（16Mn）钢板
浸 蚀 剂：4％硝酸酒精溶液
处理情况：焊条电弧焊
组织说明：焊缝金属的显微组织：铁素体沿柱状晶分布，基体为索氏体。本图为典型的焊接后焊缝金属的显微组织。6mm 厚板材采用焊条电弧对接焊，冷却时，由于向外散热，故使焊缝的熔融金属沿热扩散方向结晶而获得柱状晶；此时，先共析的铁素体沿柱状晶析出，由于温度较高，且冷速又稍快，因此组织稍呈过热特征，在随后的冷却过程中，奥氏体因过冷度较大而转变为针状分布的索氏体组织。

图　　号：6-1-59
材料名称：Q345（16Mn）钢板
浸 蚀 剂：4％硝酸酒精溶液
处理情况：热影响过热区的组织
组织说明：基体为低碳马氏体，其上部有羽毛状分布的上贝氏体以及粒状贝氏体。

热影响过热区在冷却时，起始冷却速度较大，使高温奥氏体来不及发生分解，从而过冷至中温。此时因冷却速度变缓，故过冷奥氏体即产生中温转变，而得到粒状和羽毛状的贝氏体组织；另一部分过冷奥氏体，则在继续冷却过程中转变为低碳马氏体。

在热影响区出现贝氏体及低碳马氏体组织，将使该处的强度和硬度显著增加，而伸长率和韧性明显下降。热影响区出现这种组织，则在冷弯试验或使用过程中易发生开裂。

图　6-1-59　　　　　　　　　　500×

图 6-1-60   200×

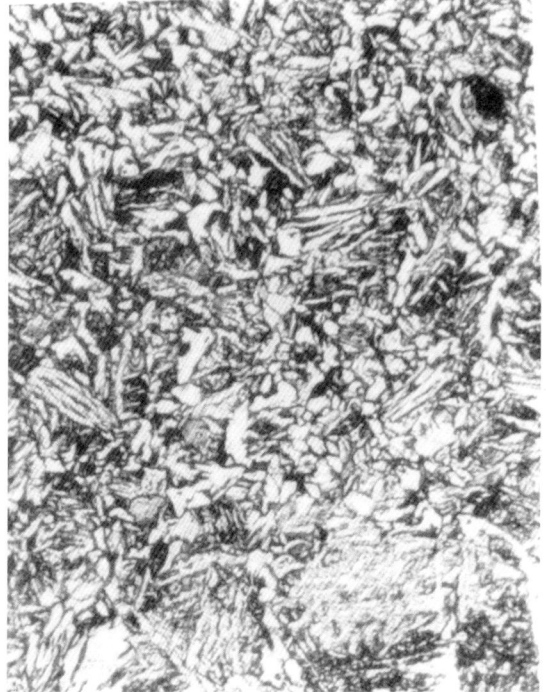

图 6-1-61   200×

图 6-1-62   200×

图　　号：6-1-60～6-1-62

材料名称：母材为 Q345 钢（16MnR 钢）；焊条为 J507

浸 蚀 剂：4％硝酸酒精溶液

处理情况：单面焊条电弧焊（焊接电流 170～180A，电弧电压 20～28V）

组织说明：图 6-1-60：焊缝组织：先共析铁素体沿柱状晶界析出，呈块状和针状铁素体魏氏组织，晶内有细针状铁素体，粒状贝氏体。

图 6-1-61：母材热影响过热区组织：块状及针状铁素体沿晶界析出，晶内有针状铁素体和粒状贝氏体。

图 6-1-62：母材未受热影响区组织：带状分布的细珠光体（灰色区组织）和细晶粒铁素体（白色区组织）。

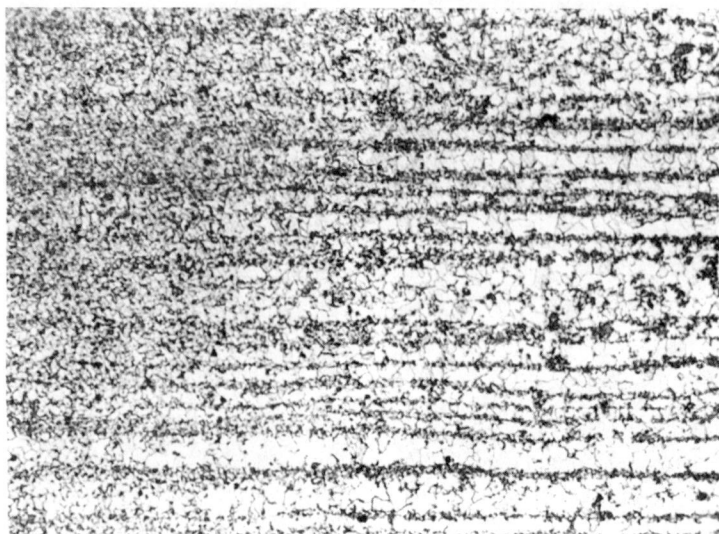

图 6-1-63   100×

图　号：6-1-63～6-1-67

材料名称：母材为 Q345 钢（16MnR 钢）；焊条为 SH425·02

浸 蚀 剂：4%硝酸酒精溶液

处理情况：多层焊条电弧焊（焊接电流：130A，电弧电压：25V）

组织说明：图 6-1-63：母材未受热影响区组织，图左侧为母材热影响正火区组织：细晶粒的铁素体、珠光体及少量索氏体。图中部为不完全正火区组织：带状分布的块状铁素体和相变后的索氏体及珠光体。图右侧为母材原始组织：带状分布的块状铁素体及珠光体、少量索氏体。

    图 6-1-64：焊接封面部分的焊缝金属区组织，呈粗大的柱状晶组织，在柱状晶的晶界上分布着白色的先共析铁素体，并有无碳贝氏体沿晶界向晶内平行生长。晶内有针状铁素体，粒状贝氏体和少量珠光体。

    图 6-1-65：焊接底部的焊缝金属区组织，图左上方组织为沿柱状晶的晶界分布的先共析铁素体，沿晶界有少量无碳贝氏体，晶内有少量针状铁素体、粒状贝氏体和珠光体。图左下方主要为以等轴状分布的先共析铁素体、无碳贝氏体、粒状贝氏体和少量珠光体。图右侧为晶粒细小的等轴晶铁素体、少量粒状贝氏体和珠光体。并存在一些焊接孔洞。该区组织具有多层焊焊缝，重热区组织的特征。由于受重热的程度、温度不同，因此出现了多种形态的组织和多种晶粒度组合的组织。

    图 6-1-66：焊缝封面区附近的母材热影响过热区组织，图上部为焊缝区柱状晶组织，图下部为过热区组织：白色的块状铁素体、粒状贝氏体及少量珠光体，且保持带状分布的特征。

    图 6-1-67：焊缝底部区附近的母材热影响过热区组织，图上部为焊缝重热区的细小等轴晶区。图下部为母材过热区组织：块状铁素体、粒状贝氏体及少量珠光体，保持带状分布的特征。

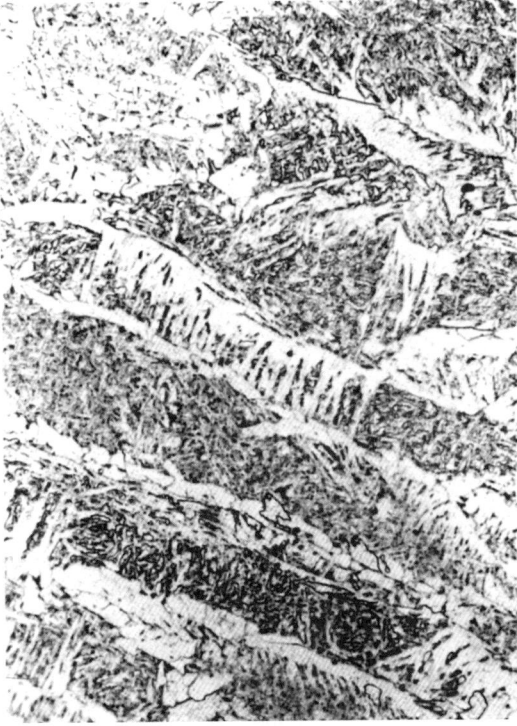

图 6-1-64   100×

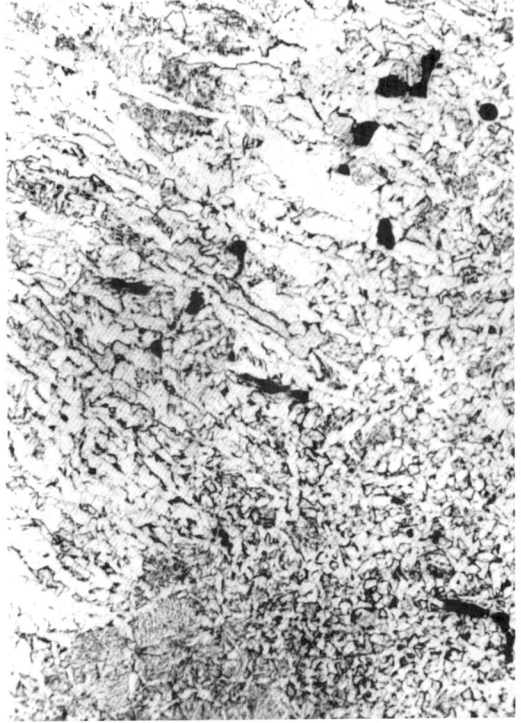

图 6-1-65   100×

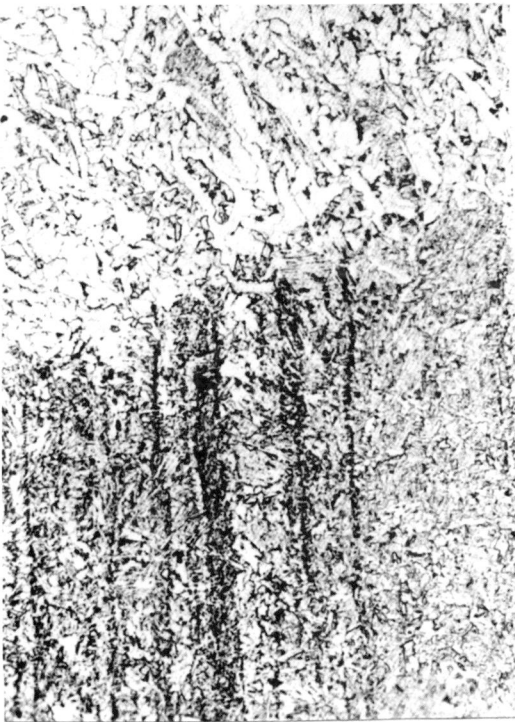

图 6-1-66   100×

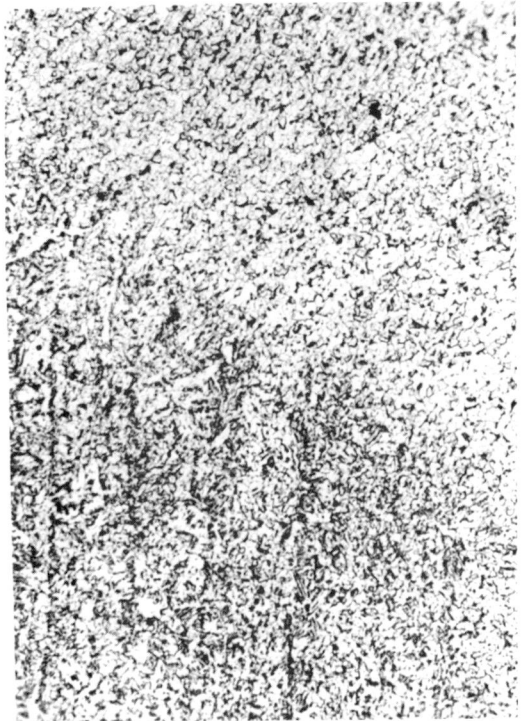

图 6-1-67   100×

图　6-1-68　　　　　　　　　　　　　　　　　　1×

图　6-1-69　　　　　　　　500×

图　6-1-70　　　　　　　　500×

图　　号：6-1-68～6-1-72

材料名称：母材为 16Mo 钢，焊条为 R107

浸 蚀 剂：4％硝酸酒精溶液

处理情况：焊条电弧焊

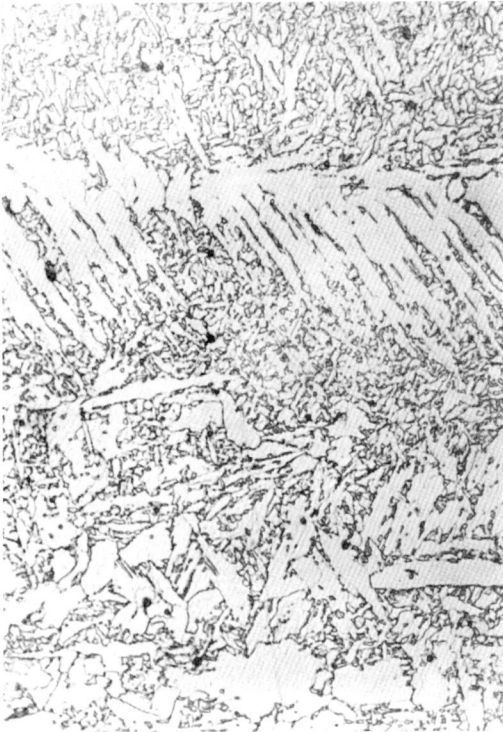

图　6-1-71　　　　　　　　　　　　　500×

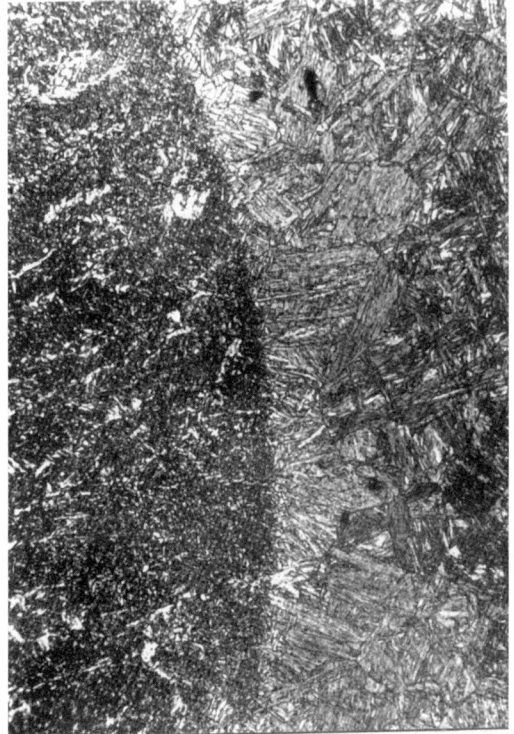

图　6-1-72　　　　　　　　　　　　　200×

组织说明：图 6-1-68：16Mo 钢焊接件截面上的宏观组织：于焊接件不同部位进行硬度试验，结果如下：箭头 "1" 为母材，硬度为 37HRC；箭头 "2" 为上侧钢板边缘，硬度为 36HRC；箭头 "3" 为上侧钢板心部（灰白色处），硬度为 21HRC；箭头 "4" 为焊缝金属，硬度为 8HRC；箭头 "5" 为熔合线，硬度为 17HRC。

　　图 6-1-69：箭头 "1" 及箭头 "2" 母材处的显微组织：基体为呈板条状分布的低碳马氏体。

　　图 6-1-70：箭头 "3" 母材中心（灰白色处）未淬透区域的显微组织：基体为索氏体及少量铁素体。

　　图 6-1-71：箭头 "4" 焊缝金属中心区域的显微组织：基体为粗索氏体及呈针、块状分布的铁素体。

　　图 6-1-72：焊缝金属与热影响区交界处的显微组织：图中有一条明显的分界线。该图右侧是母材热影响区，组织为低碳马氏体；左侧为焊缝金属有增碳现象，基体为索氏体及铁素体。

　　16Mo 钢系珠光体耐热钢，可用于制造在 450～550℃温度下使用的汽轮机零件，例如隔板、耐热螺栓、法兰盘等。16Mo 钢还可用作管壁温度达 475℃的各种导管、蛇形管和锻件等。这种钢如在 550℃以上长期使用，容易发生石墨化。电弧焊接时，应先将焊件预热至 250～300℃，否则焊缝容易开裂。为此，焊接后应进行 620～700℃左右的高温回火处理，以消除焊接时产生的热应力。

图　　号：6-1-73～6-1-79
材料名称：母材为日本产 KBK 低碳钢板（船用）；
　焊缝化学成分：w（C）0.21%，w（Mn）0.80%，
　w（Si）0.35%，w（S）0.035%，w（P）0.030%。
浸 蚀 剂：4%硝酸酒精溶液

图　6-1-73　　　　　　　示意图

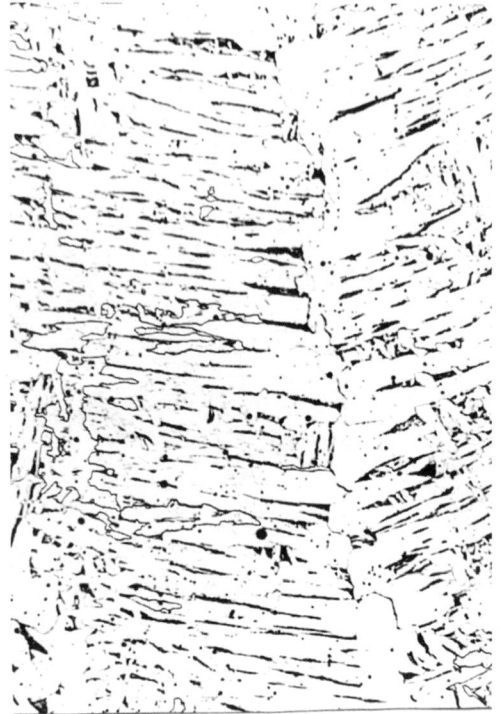

图　6-1-74　　　　　　500×

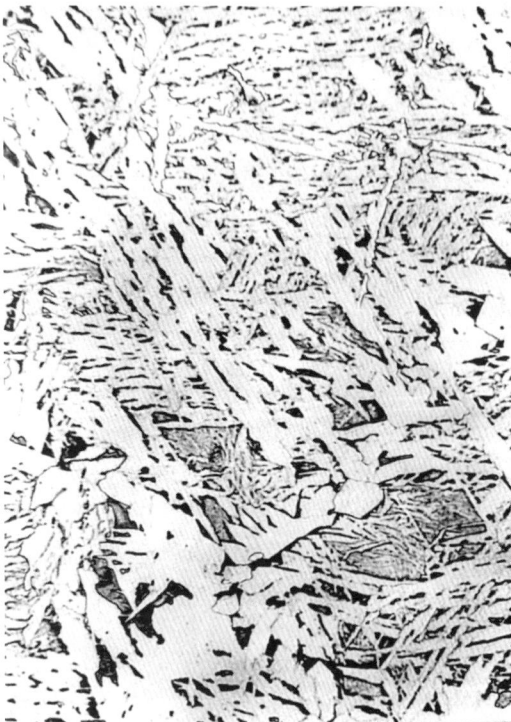

图　6-1-75　　　　　　500×

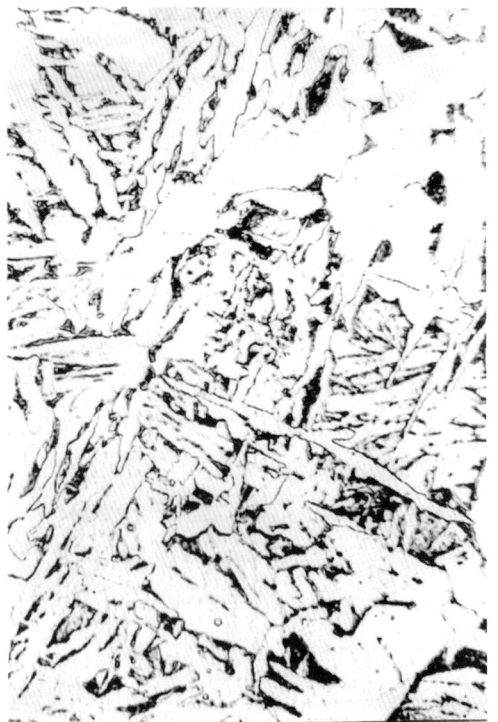

图　6-1-76　　　　　　500×

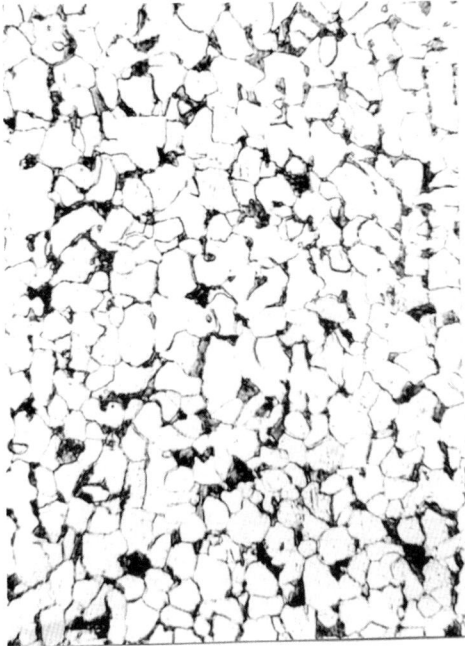

图　6-1-77　　　　　　　　　500×

图　6-1-78　　　　　　　　　500×

图　6-1-79　　　　　　　　　500×

处理情况：焊条电弧焊

组织说明：图 6-1-73：焊接件图示。

图 6-1-74：焊缝组织：铁素体和珠光体，铁素体呈侧板条状。

图 6-1-75：熔合线附近的母材过热区组织：铁素体和少量珠光体。具有粗大魏氏组织特征。

图 6-1-76：母材热影响过热区（粗晶区）组织：铁素体呈粗大针状和块状分布在粗大奥氏体晶界上。晶内有少量珠光体和针状铁素体。具有粗大魏氏组织特征。

图 6-1-77：母材热影响重结晶区组织：晶粒较细的铁素体和少量片状珠光体。

图 6-1-78：母材热影响不完全重结晶区组织：铁素体和经过相变的珠光体。铁素体仍保持着母材未受热影响状态的组织。

图 6-1-79：母材未受热影响区组织：铁素体和少量带状分布的细片状珠光体。

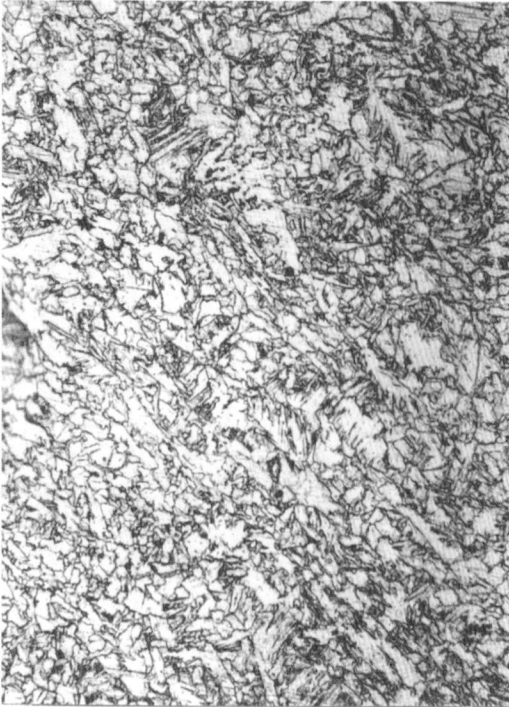

图　6-1-80　　　　　　　　　　　100×

图　6-1-81　　　　　　　　　　　100×

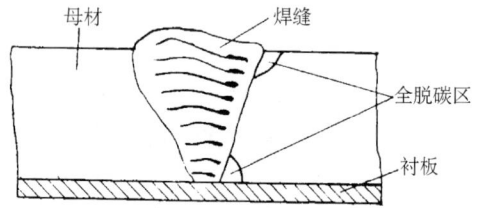

图　号：6-1-80、6-1-81

材料名称：低碳钢［w（C）<0.23%，w（Mn）0.6%～1.2%，w（Si）<0.35%，w（P）<0.04%，w（S）<0.40%］。焊条材料为08Mn2Si，衬板亦为低碳钢

浸蚀剂：4%硝酸酒精溶液

处理情况：加衬板的液化钢瓶，应用自动二氧化碳气体保护焊，焊后进行正火处理

组织说明：图6-1-80：焊缝的显微组织，基体为铁素体及少量珠光体，呈严重的魏氏组织。其他区域为铁素体及少量片状珠光体，呈柱状晶分布。

图6-1-81：液化钢瓶近焊缝两侧表面处（见示意图所示），为全脱碳区，晶粒极为粗大，最大晶粒为2～3级，一般为5～6级。液化钢瓶中心部分为带状分布的铁素体及少量珠光体。

焊缝处为严重魏氏组织；液化钢瓶近焊缝两侧表面出现粗大晶粒的全脱碳区，均为液化钢瓶焊接时选用的焊接电流过大所造成的过烧现象。

图 6-1-82   18×

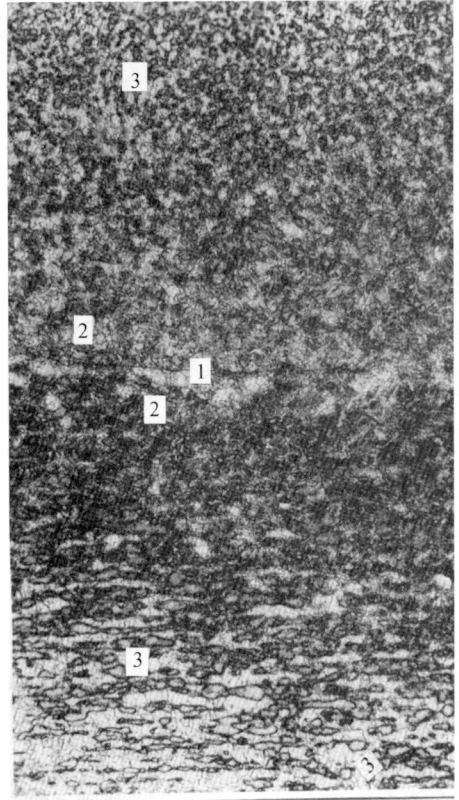

图 6-1-83   100×

图　　号：6-1-82、6-1-83

材料名称：直径 4mm 低碳钢丝

浸 蚀 剂：4％硝酸酒精溶液

处理情况：纵-横钢丝电阻焊

组织说明：图 6-1-82：纵-横钢丝电阻焊接头的低倍组织：图上部圆形区为纵向钢丝的横截面，图下部为横
　　　向钢丝的轴向截面；两区中间为电阻焊缝区，在焊缝区中存在着呈弧线分布的未焊透缝，测得其长度为
　　　0.45mm 和 0.55mm 两条，这两条肉眼可见的未焊透缝之间还有细小的未焊透缝存在。在焊缝两侧（即上、
　　　下邻近区）为母材热影响区，即图中部颜色较深区。热影响区（单边）的最大宽度约为 0.84mm。

　　　图 6-1-83：焊缝及附近母材热影响区组织：图中央有一条细弧线为焊缝中央的未焊透的细缝，图中标
　　　"1"区为焊缝区，组织为细的低碳马氏体和少量细小块的铁素体。图中标"2"区为母材热影响区中的过
　　　热区，组织为低碳马氏体及铁素体，并且距离焊缝区越远处组织中的铁素体量越多。图中标"3"区为离
　　　焊缝较远，与母材热影响重结晶区相邻近的过热区组织，其中铁素体量较多，低碳马氏体已较少，并且存
　　　在少量细珠光体。

　　　该焊接件母材热影响重结晶区组织为细晶粒铁素体和少量细片珠光体。母材未受焊接热影响区的组织
　　　为带状分布的铁素体和少量片状珠光体。

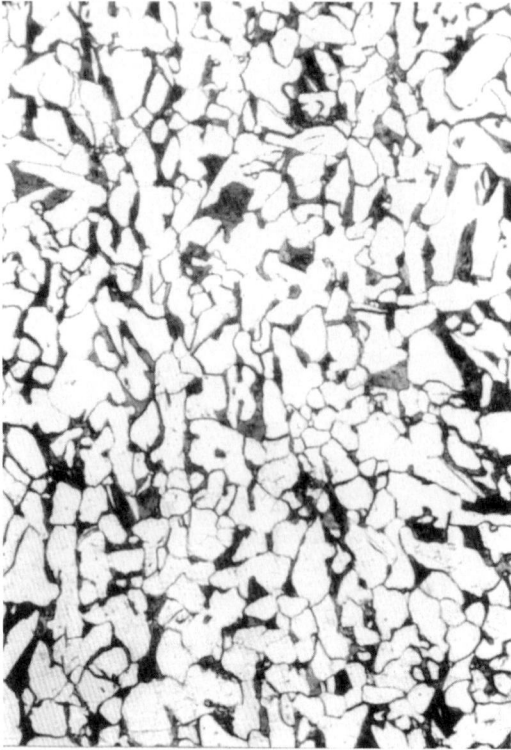

图 6-1-84   200×

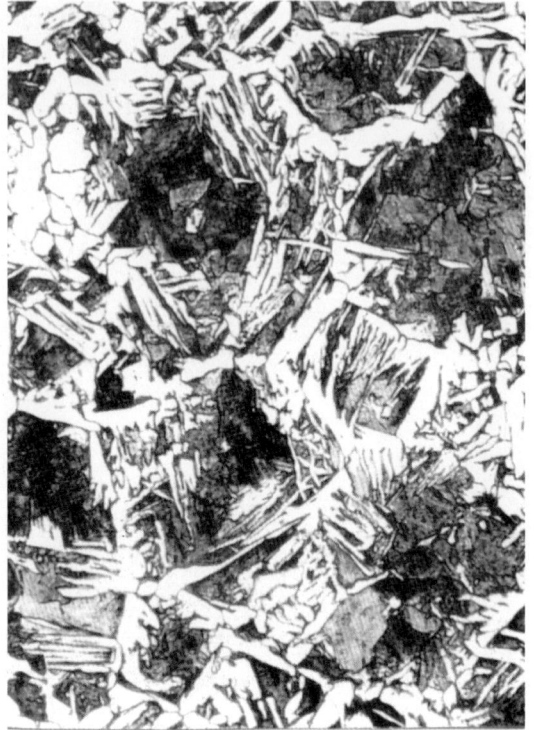

图 6-1-85   200×

图 6-1-86   200×

图　　号： 6-1-84～6-1-86

材料名称： 进口 20 低碳钢　焊条：J507

浸 蚀 剂： 4％硝酸酒精溶液

处理情况： 对接电弧焊

组织说明： 图 6-1-84：母材未受热影响区组织：白色的块状铁素体和较少量的细片状珠光体（灰色区），分布较均匀。

图 6-1-85：母材热影响过热区组织：沿粗大晶粒晶界分布的先共析块状铁素体和由晶界向晶内生长的针状铁素体（即魏氏组织），晶内黑灰色组织为细片状珠光体。

图 6-1-86：焊缝组织：块状和片状的白色先共析铁素体沿粗大柱状晶界析出；无碳贝氏体从晶界向晶内生长，晶内有少量粒状贝氏体。

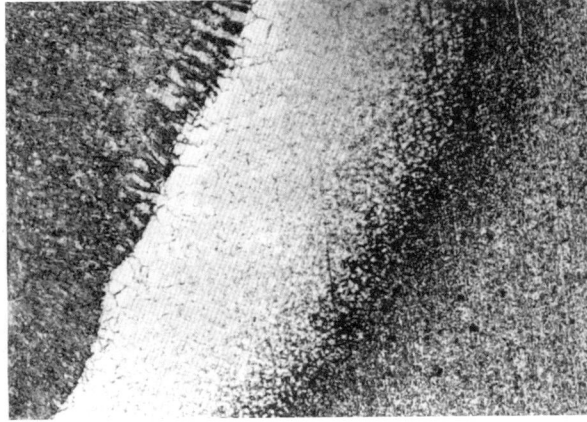

图　6-1-87　　　　　　　　　　　　　　　　　20×

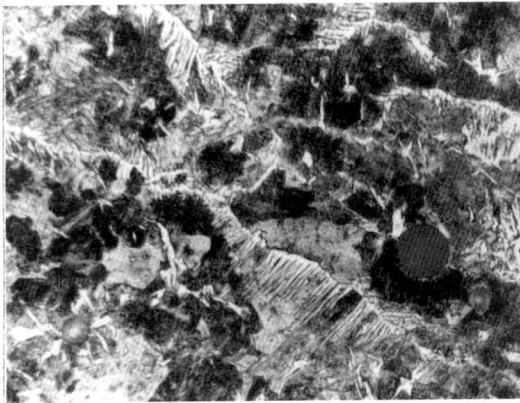

图　6-1-88　　　　　　400×

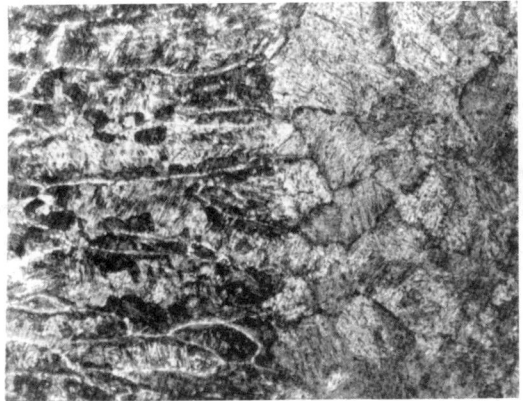

图　6-1-89　　　　　　100×

图　　号：6-1-87～6-1-89

材料名称：45 钢地脚螺栓

浸 蚀 剂：4％硝酸酒精溶液

处理情况：把地脚螺栓插入厚度为 12mm 的圆环形平板固定架后，采用焊条电弧焊以环焊缝连接固定。

组织说明：图 6-1-87：焊缝低倍组织，图左侧深色区为焊缝区组织，其右侧紧邻的白色粗晶粒区为母材热影响过热区。再向右依次为母材热影响区。图右部为母材未受热影响区组织。

　　　　图 6-1-88：焊缝金属组织，沿粗大柱状晶晶界分布的网状和针状铁素体及块状铁素体，晶内灰色组织为片状珠光体，还有少量羽毛状贝氏体和粒状贝氏体，深灰色圆球为氧化物夹杂。

　　　　图 6-1-89：熔合区及附近组织，图左侧为焊缝区粗大柱状晶区，图右半部为母材热影响过热区组织，图中间即熔合区组织。

图　6-1-90　　　　　　　　　　　　400×

图　6-1-91　　　　　　　　　　　　400×

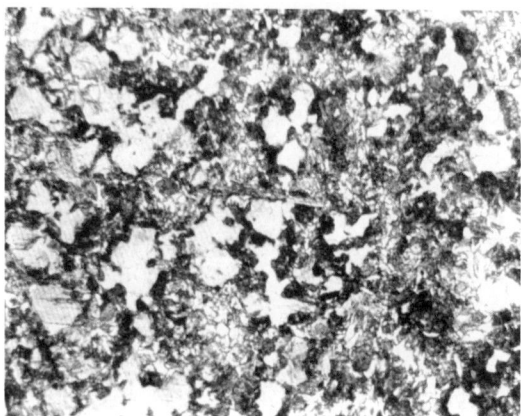

图　6-1-92　　　　　　　　　　　　400×

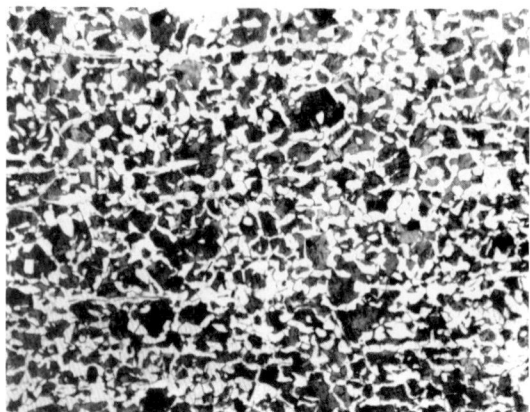

图　6-1-93　　　　　　　　　　　　100×

图　　号：6-1-90～6-1-93

材料名称：45 钢地脚螺栓

浸 蚀 剂：4%硝酸酒精溶液

处理情况：地脚螺栓插入厚度为 12mm 的圆环形平板固定架后，采用焊条电弧焊以环焊缝连接固定。

组织说明：图 6-1-90：熔合区组织，是沿晶界分布的针状铁素体魏氏组织，由晶界向晶内生长的深灰色羽毛状贝氏体（上贝氏体），晶粒内部为马氏体（灰色针状）和深灰色团簇状分布的托氏体。

　　　　　图 6-1-91：母材热影响过热区组织，它们是平行排列的灰色针状的板条状马氏体，及少量沿粗大晶粒晶界分布的深灰色托氏体。

　　　　　图 6-1-92：母材热影响过热区组织，图中由左向右大部分区域为重结晶区，组织为淡灰色块状分布的马氏体、深灰色托氏体、白色小块状铁素体及少量灰色片状珠光体，图右侧小面积区内组织为白色较大块状的铁素体、托氏体、珠光体和少量马氏体，它们为不完全重结晶区组织。

　　　　　图 6-1-93：母材未受热影响区组织，即带状分布的珠光体和铁素体。

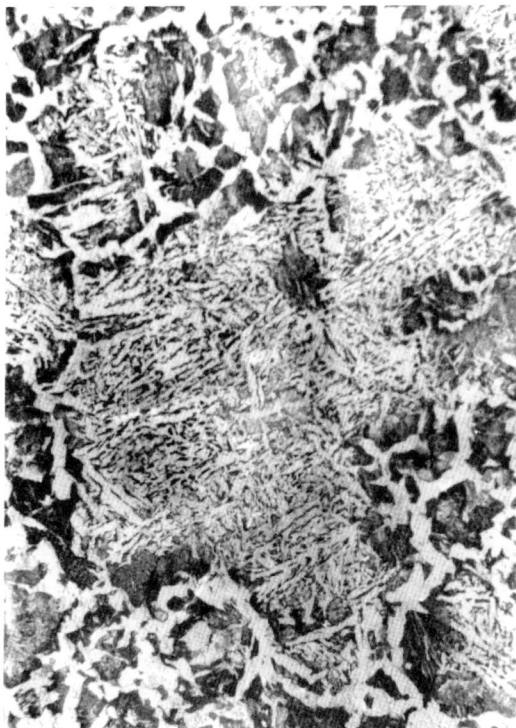

图　6-1-94　　　　　　　　　　　250×

图　　号：6-1-95

材料名称：20Cr 钢

浸 蚀 剂：4％硝酸酒精溶液

处理情况：试样焊接后经 920℃加热、并保温 40min
　　　后空冷的正火处理。

组织说明：珠光体及网状和针状分布的铁素体。

　　焊接试样经 920℃正火处理后，其热影响过热
区的晶粒有明显细化，但魏氏组织更为严重。严
重的魏氏组织采用一般的正火处理是较难消除
的，可采用退火处理得到块状分布的片状珠光体
和块、网状分布的铁素体组织。

　　一般说来，魏氏组织将降低钢材力学性能，
但试验表明，具有不十分严重的魏氏组织，使钢
的强度增加，但会降低低温冲击韧度。至于强度
及疲劳强度以及韧、塑性等指标有所下降主要是
材料过热获得粗大晶粒所造成，不能完全归咎于
魏氏组织。

图　　号：6-1-94

材料名称：20Cr 钢

浸 蚀 剂：4％硝酸酒精溶液

处理情况：焊条电弧焊

组织说明：热影响过热区的显微组织：基体为片状
　　珠光体及粗大铁素体晶粒，铁素体除呈网状分布
　　外，且有相当数量呈方向性魏氏组织分布。

　　20Cr 钢的焊接性能属于中等，在焊接时工件
应预热至 100～150℃，以免因产生过大的热应力
而引起开裂。

　　因为焊接件在热影响区受热温度较高，冷却
时将有相当数量的铁素体沿一定的晶面自晶界向
晶内作针状析出，形成魏氏组织和粗大的晶粒。
这种焊接件的组织、性能一般可采用细化晶粒的
正火或退火处理予以改善。

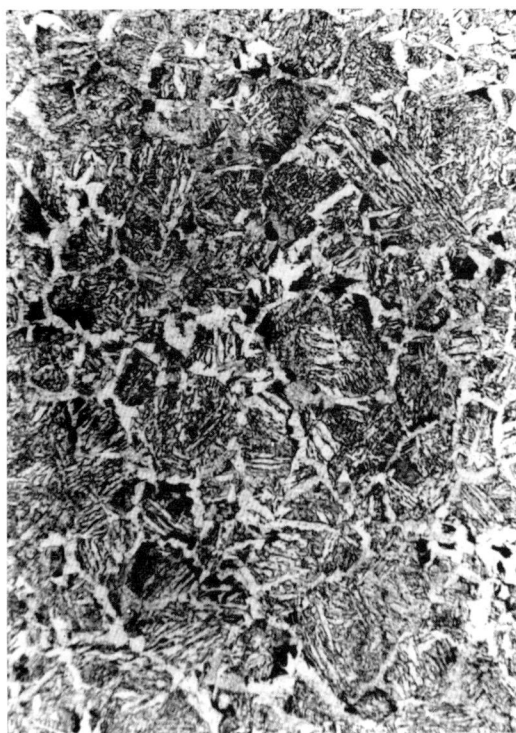

图　6-1-95　　　　　　　　　　　250×

图　　　号：6-1-96
材料名称：35CrMo 钢
浸 蚀 剂：4％硝酸酒精溶液
处理情况：　焊条电弧焊
组织说明：近焊缝热影响过热区的魏氏组织。

　　采用焊条电弧焊或气焊的接头，焊后过热区在空冷条件下，容易出现魏氏组织。因该处受热较烈，温度远超过 Ac_3，导致晶粒粗大，此时，铁素体除部分沿晶界析出外，尚有一部分向晶内按一定方向呈羽毛状生长，形成魏氏组织。

　　这种由焊接热所产生的粗大晶粒和魏氏组织，将使材料的冲击韧度、疲劳强度和塑性明显降低。对这样的焊接接头，应进行正火处理后方能使用。

图　　6-1-96　　　　　　　　　　100×

图　　　号：6-1-97
材料名称：35CrMo 钢
浸 蚀 剂：4％硝酸酒精溶液
处理情况：　焊接后，再经 870℃加热、空冷的正火
　　处理。
组织说明：珠光体与铁素体，但在晶内尚有部分魏
　　氏组织被保留下来。

　　　　硬度为 232～235HBW。

　　　　本图属正火欠佳的组织。

　　焊后过热的粗大晶粒和魏氏组织，可采用适当的热处理予以矫正。正火处理可使晶粒细化，使铁素体呈细小块状分布，从而改善零件的力学性能。但由于在正火温度下保温时间太短，以致部分魏氏组织未溶入奥氏体而被保留下来，使钢材的组织不均匀，从而影响其力学性能。

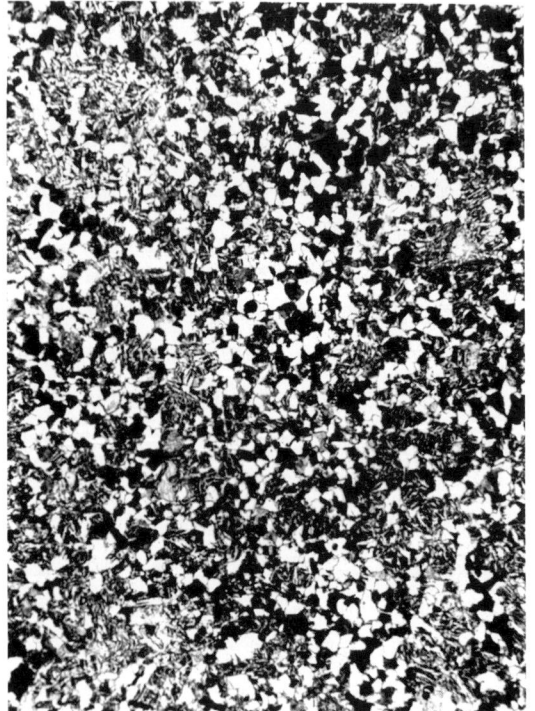

图　　6-1-97　　　　　　　　　　100×

图   6-1-98   100×

图   号：6-1-98

材料名称：3Cr2W8V 钢

浸 蚀 剂：3%硝酸酒精溶液

处理情况：于 300～400℃预热的经铲磨后损伤的 3Cr2W8V 锻模，D377 堆焊焊条 [w（C）0.35%～0.45%，w（Cr）2%～2.4%，w（W）7.5%～9.0%，w（Mn）0.2%～0.4%，w（Si）0.35%～0.5%，w（S）≤0.03%；w（P）≤0.035%]，焊后空冷

组织说明：图左侧为堆焊金属，基体为稍受回火的马氏体、残留奥氏体以及少量颗粒状碳化物；图右侧为锻模母体金属，组织为回火马氏体及颗粒状碳化物。焊缝熔合情况良好。堆焊金属硬度为 63～65HRC。

锻模型腔因热磨损或热疲劳引起开裂，退火并铲磨损坏部分后用相同成分的焊条进行堆焊修补，焊后空冷可获得高硬度的工作表面，稍经加工后即可使用。

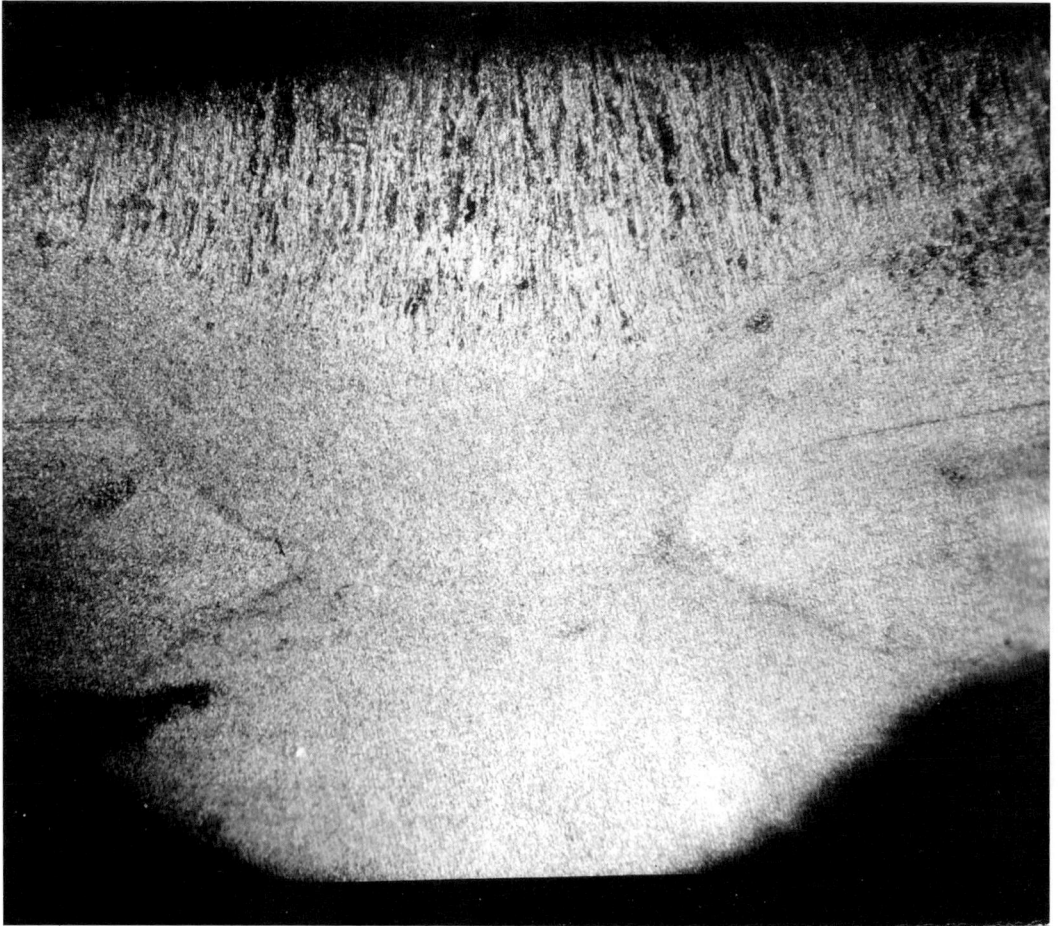

图　　6-1-99　　　　　　　　　　　　　　　　　　　　　　　　　　10×

图　　号：6-1-99

材料名称：SM41B 钢

浸 蚀 剂：4%硝酸酒精溶液

处理情况：焊条电弧焊打底，上面为埋弧焊

组织说明：为 SM41B 钢焊接件焊缝低倍组织。中部区为焊缝金属低倍组织。焊缝下部为焊条电弧焊打底的
　　组织，其占体积较小，深度也较小。上部为埋弧焊，所占体积较大，为焊缝主要部分。未见焊接缺陷。

　　　　埋弧焊具有熔敷率较高和质量较可靠的优点，为了最大限度地利用埋弧焊的优点和尽量减少烧穿，因
　　此在埋弧焊之前先采用焊条电弧焊打底。

图　6-1-100　　　　　　　　　　100×

图　6-1-101　　　　　　　　　　100×

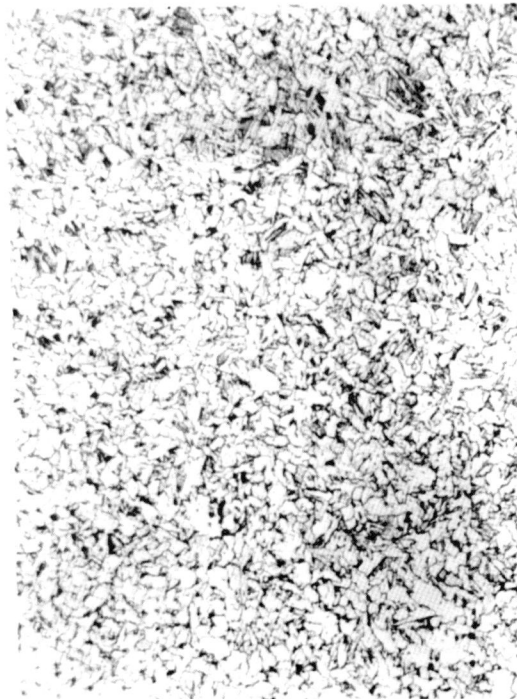

图　6-1-102　　　　　　　　　　100×

图　号： 6-1-100～6-1-102

材料名称： SM41B 钢

浸 蚀 剂： 4%硝酸酒精溶液

处理情况： 焊条电弧焊打底，上面为埋弧焊

组织说明： 图 6-1-100：焊缝组织，片状的先共析铁素体沿柱状晶晶界析出；无碳贝氏体向晶内平行生长，晶内有粒状贝氏体，珠光体型组织及针状铁素体，柱状晶相当粗大。

图 6-1-101：母材热影响过热区组织，沿着粗大晶粒晶界分布的块状先共析铁素体，针状铁素体和少量珠光体（灰色区），呈严重过热魏氏组织。

图 6-1-102：母材未受热影响区组织，较细小的白色块状铁素体，并伴有个别短棍状和针状的铁素体，少量均匀分布的细片状珠光体。

图　6-1-103   350×

图　　号：6-1-103

材料名称：母材为 12Cr2MoWVB 钢；焊条为 R327

浸 蚀 剂：3％硝酸酒精溶液

处理情况：250℃预热，焊后经 720～750℃×5h 除应力回火处理

组织说明：为 12Cr2MoWVB 钢的焊缝金属区组织：晶粒粗大的低碳马氏体，有少量白色 M-A 块。

　　　12Cr2MoWVB 钢属于低碳的多元合金钢，由于所含合金元素都为易形成碳化物元素，因此母材组织常见为铁素体和颗粒状碳化物。由于该钢的淬透性较好，所以在焊接后即使在空冷条件下，焊缝及母材热影响过热区中就能获得马氏体。因母材碳含量低，所以获得的为低碳的板条状马氏体。而在母材的热影响正火区及不完全正火组织中会出现低碳马氏体和粒状贝氏体。

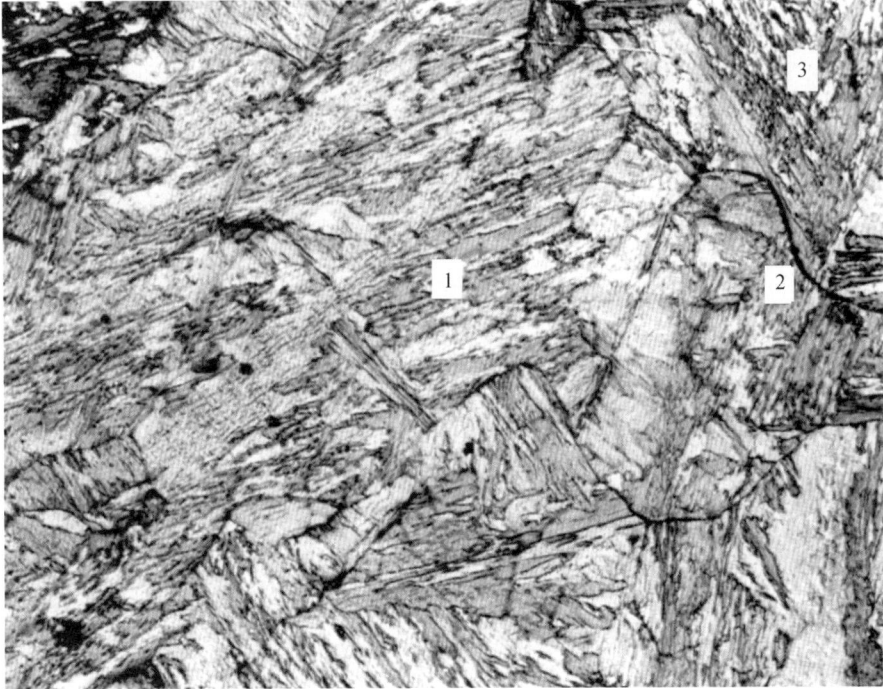

图　6-1-104　　　　　　　　　　　　　　　　　　　　　350×

图　　　号：6-1-104

材料名称：母材为 12Cr2MoWVB 钢；焊条为 R327

浸 蚀 剂：4％硝酸酒精溶液

处理情况：350℃预热，焊后经 720～750℃×5h 除应力回火处理

组织说明：为焊缝组织，主要为粗大的板条状马氏体（1）及少量上贝氏体（2）和粒状贝氏体（3）。图中部
　　　　分晶界呈深灰色，是由于细颗粒碳化物在晶界聚集分布所致。

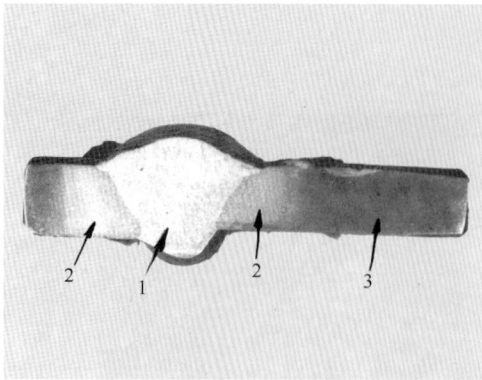

图　6-1-105　　　　　　　　　1×

图　6-1-106　　　　　　　　500×

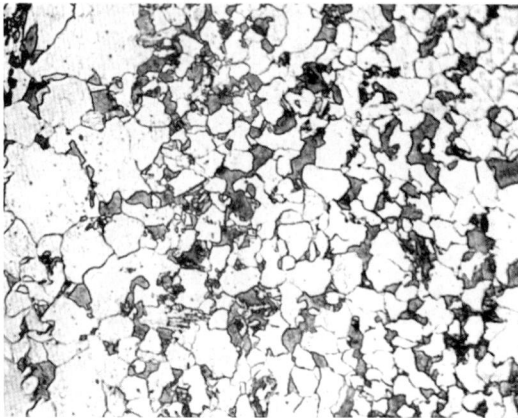

图　6-1-107　　　　　　　　500×

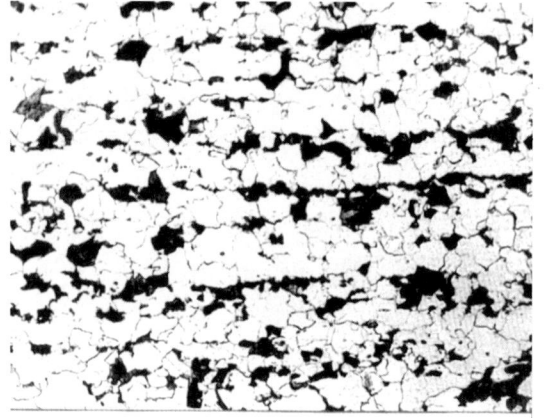

图　6-1-108　　　　　　　　200×

图　　　号：6-1-105～6-1-108

材料名称：12CrNiMo 钢

浸 蚀 剂：4%硝酸酒精溶液

处理情况：焊条电弧焊

组织说明：图 6-1-105：焊接试样剖面低倍组织，焊缝与母材熔合良好，无缺陷：箭头 1 为焊缝，硬度为
　　23HRC；箭头 2 为热影响区，硬度为 18HRC；箭头 3 为母材，硬度为 20HRC。

　　　　图 6-1-106：焊缝组织：基体为粒状贝氏体，白色长条状及块状为铁素体。

　　　　图 6-1-107：热影响区的组织：基体为铁素体及灰色块状分布的低碳马氏体。越靠近焊缝，铁素体及低
　　碳马氏体逐渐较少，而粒状贝氏体数量则增多；相反，热影响区越靠近母材处，则铁素体数量增多，而低
　　碳马氏体数量则减少，代之而出现有片状珠光体如图右区。

　　　　图 6-1-108：母材未受热影响部分：基体为铁素体及块状珠光体（黑色），呈带状分布。

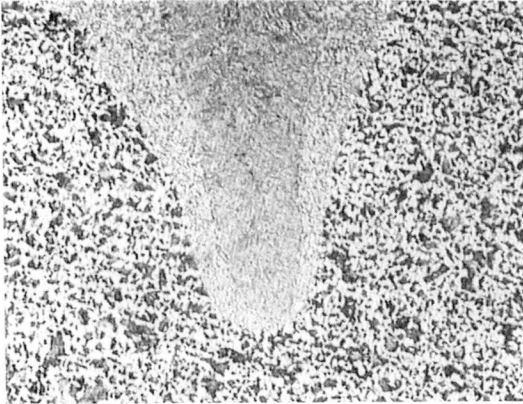

图　　6-1-109　　　　　　　　　　　100×

图　　号：6-1-110

材料名称：25MnCr5 钢

浸 蚀 剂：4%硝酸酒精溶液

处理情况：电子束焊

组织说明：焊缝组织为低碳马氏体，组织不粗大，
分布均匀组织属正常。电子束焊电子束斑直径小，
故焊缝窄而深,深宽比可达 20∶1,远大于电弧焊,
焊透能力可达 100~250mm 以上,可作为厚板深熔
焊，也可高速焊接 0.05mm 薄件,电子束热量集
中，热效率高，热影响区小，特别适用于难熔金
属、活性或高纯度金属、热敏感性强的金属焊接，
同时电子束焊速度快，变形小，适于航空发动机，
核堆、堆芯控制框架等精密构件的焊接。

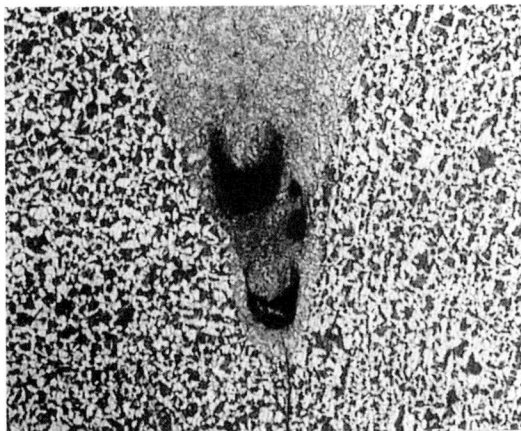

图　　6-1-111　　　　　　　　　　　100×

图　　号：6-1-109

材料名称：25MnCr5 钢

浸 蚀 剂：4%硝酸酒精溶液

处理情况：电子束焊

组织说明：母材基体组织为铁素体和珠光体，铁素
体稍呈带状分布。

电子束焊缝组织为低碳马氏体，在焊缝周围
有一层浅色为母材热影响过热区，组织为铁素体
和低碳马氏体，向母材处低碳马氏体逐渐减少，故
浸蚀后色泽较浅。母材经过正火处理，晶粒细小。

电子束焊接电压参数选择应适当，参数选择
过大使焊缝面积增大，若冷速过大，易产生裂纹。
电子束焊是利用真空电子枪产生的高能强流电子束
轰击焊件焊缝，高速电子与焊件发生碰撞时，将其
动能转送给焊件使之加热熔化的一种熔接方法。

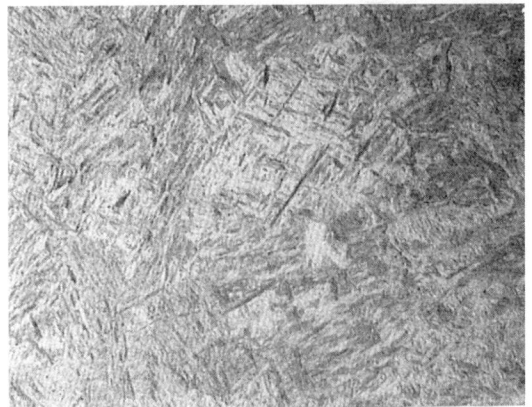

图　　6-1-110　　　　　　　　　　　400×

图　　号：6-1-111

材料名称：25MnCr5 钢

浸 蚀 剂：4%硝酸酒精溶液

处理情况：齿轮与齿环电子束焊

组织说明：两侧母材组织为铁素体和珠光体，一侧
铁素体呈明显的带状分布；另一侧铁素体带状分
布不明显。焊缝组织为低碳马氏体，焊缝底部有
两处黑色的气孔。在焊缝内出现气孔缺陷，是由
于齿轮与齿环在焊接前清洗不净所致。电子束焊
可进行同种和异种金属间的焊接，特别是不锈钢、
沉淀硬化不锈钢、马氏体不锈钢都可采用电子束
来焊接。

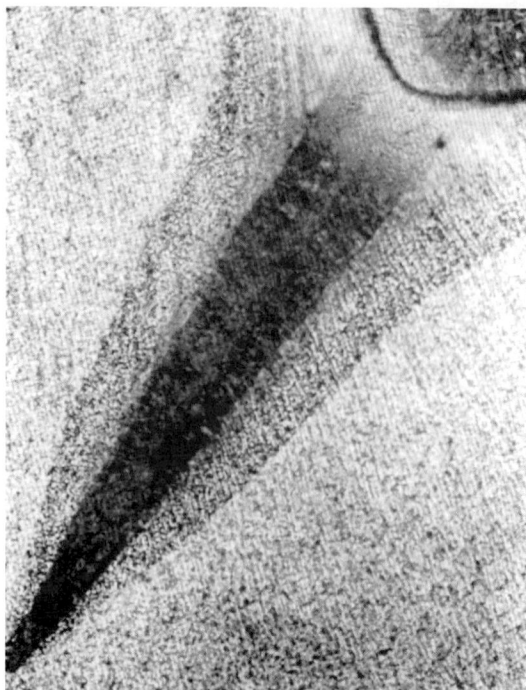

图　6-1-112　　　　　　　　　25×

图　6-1-113　　　　　　　　　400×

图　6-1-114　　　　　　　　　25×

图　　号：6-1-112～6-1-114

材料名称：25MnCr5 钢

浸 蚀 剂：4%硝酸酒精溶液

处理情况：电子束焊

组织说明：图 6-1-112：25MnCr5 钢零件经高压电子束焊，焊接工艺参数良好，显示焊缝熔池细狭，两侧浅深色为热影响区，组织有带状残痕，其分布与母材带状组织相连。

　　图 6-1-113：上部为焊缝中心熔池，组织为细马氏体，由于受热时间极快，其原始组织成分来不及扩散，故仍被保留下来；图下部为热影响区的组织，马氏体及极少量铁素体。

　　图 6-1-114：焊缝中心熔池面积较宽，尾部存在一条细小裂纹，裂纹的产生是由于电子束焊接工艺参数较大，以致熔池温度过高，冷却速度又大，故极易在焊缝中心柱状晶交界产生开裂。

　　为防止焊接裂纹的产生，可在电子束焊时采用降低电子束焊接工艺参数或用散焦电子束产热法来防止。

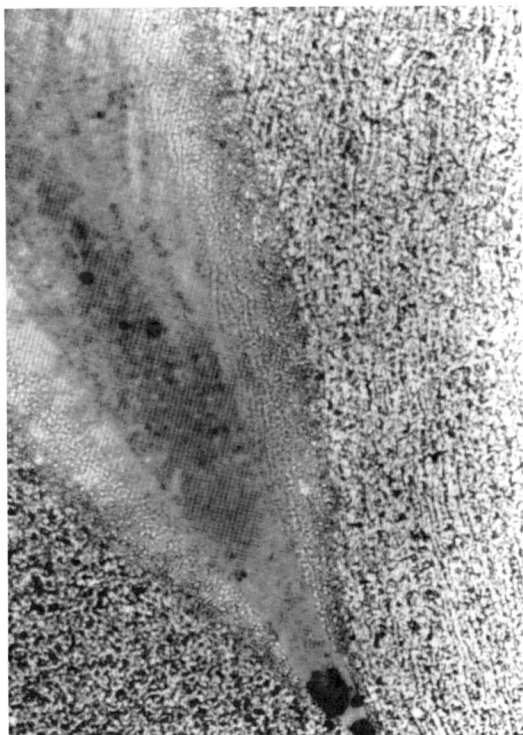

图　6-1-115　　　　　　　　　　　　25×

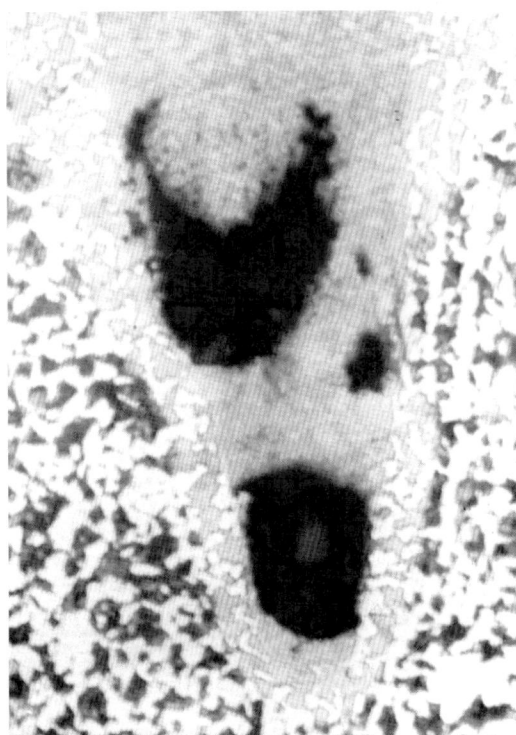

图　6-1-116　　　　　　　　　　　　400×

图　　号：6-1-115～6-1-117

材料名称：25MnCr5 钢

浸 蚀 剂：4%硝酸酒精溶液

处理情况：电子束焊

组织说明：图 6-1-115：25MnCr5 钢制零件电子束焊
　　　接组织，焊缝较宽，是由于电子束焊接工艺参数
　　　较大所致，同时在焊缝熔池尾部出现两处气孔缺
　　　陷，基体组织为珠光体及铁素体。

　　　　图 6-1-116：上图焊缝尾部气孔处放大后情况，
　　　气孔更趋清晰，四周较光滑，气孔周围的组织为
　　　低碳马氏体+少量铁素体。焊缝周围的母材组织为
　　　铁素体和少量珠光体，焊缝一侧母材为带状，另
　　　一侧则无带状组织存在。

　　　　图　6-1-117：焊接件由于电子束焊接位置错
　　　位，以致电子束焊缝位于工件的右侧上，而焊接
　　　件左侧工件未被焊合的隙缝依然存在，未焊合的
　　　隙缝平直，且其组织分布与另一侧工件组织的分
　　　布截然不同。此种焊偏缺陷可将焊件位置对准进
　　　行焊接就可避免。

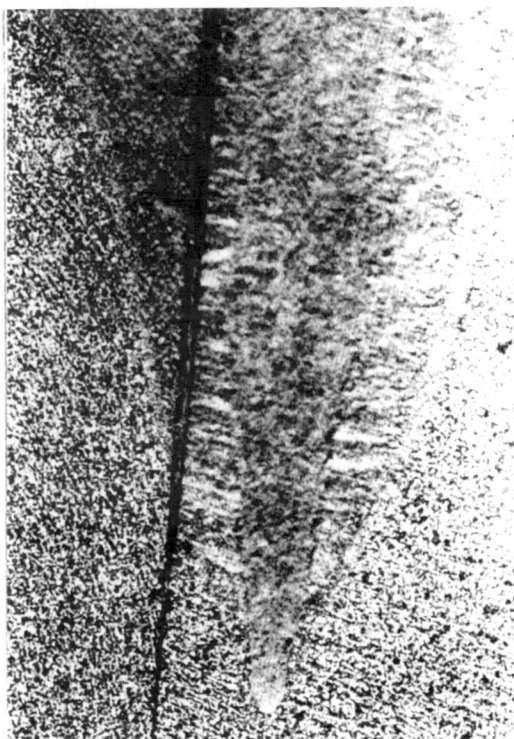

图　6-1-117　　　　　　　　　　　　25×

金 相 图 片

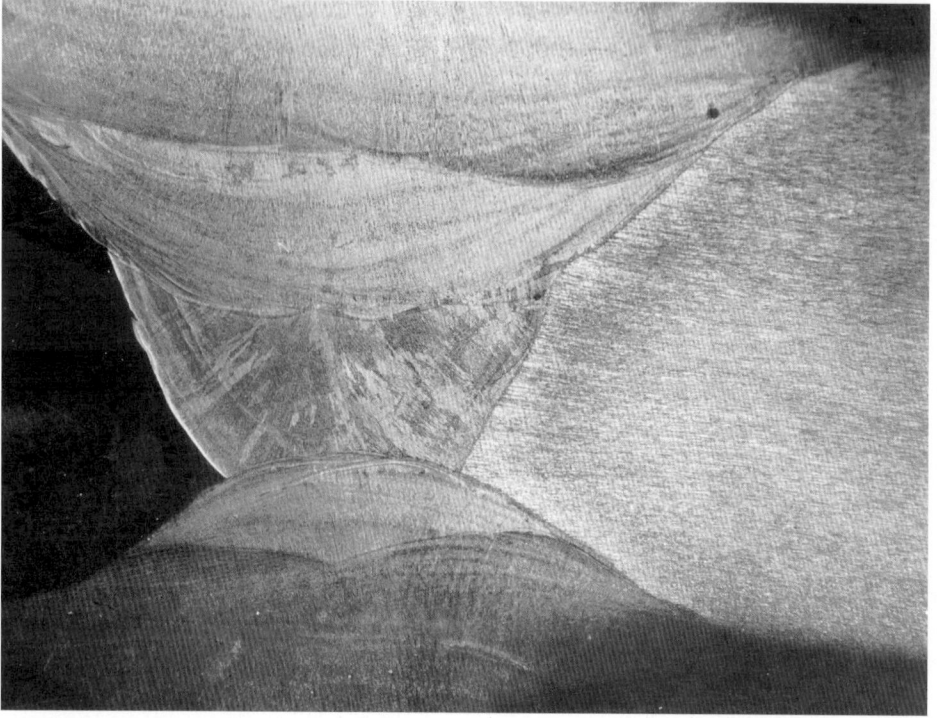

图 6-2-1   10×

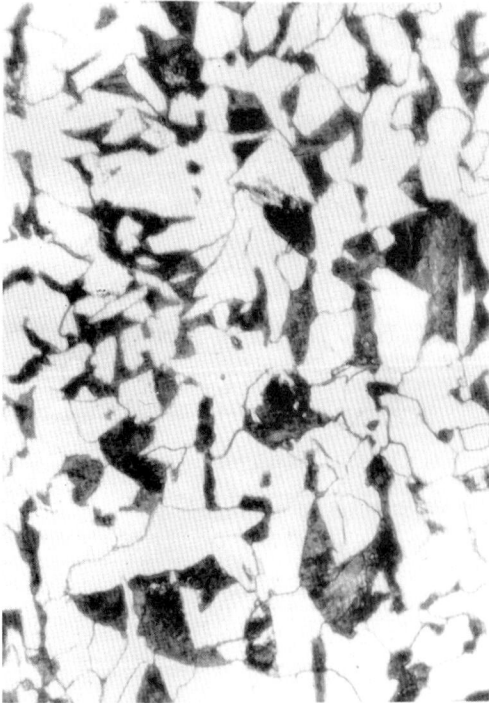

图 6-2-2   500×

图 6-2-3   500×

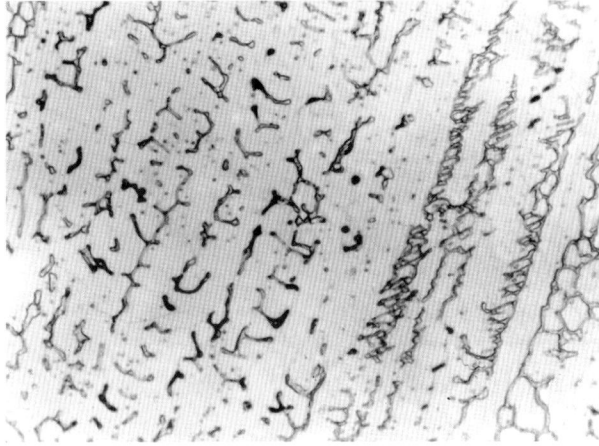

图　6-2-4　　　　　　　　　　　　　　　　　　　　　500×

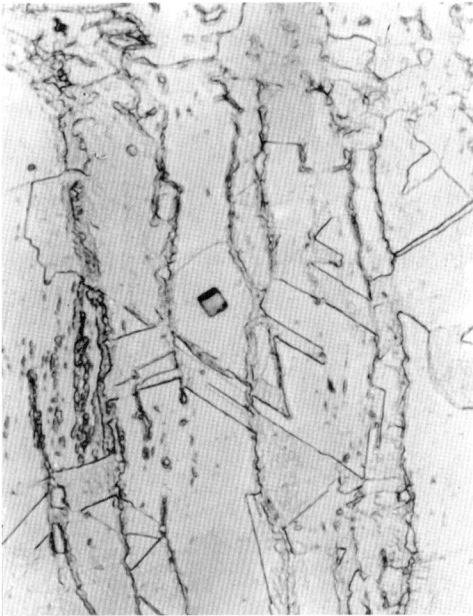

图　6-2-5　　　　　　　　500×

图　6-2-6　　　　　　　　500×

图　号: 6-2-1～6-2-6

材料名称: 1Cr18Ni9Ti 钢, Q345 钢 (16Mn 钢)

浸　蚀　剂: 4%硝酸酒精溶液; 复合试剂 (硝酸 5mL,盐酸 15mL,重溶酸钾 2～3g, 苦味酸 1g, 酒精 30mL)

处理情况: 异种钢双面奥氏体焊条电弧焊

组织说明: 图 6-2-1: 1Cr18Ni9Ti 钢与 Q345 (16Mn) 钢异种材料焊接接头低倍组织: 接头经复合试剂浸蚀,中部为焊缝区; 左侧深黑色区为 Q345 (16Mn) 组织区 (严重过浸蚀状态); 右侧为 1Cr18Ni9Ti 组织区。图中可见, 双面焊中的各面都由多层焊构成, 未见明显的焊接缺陷。

　　图 6-2-2: 焊接接头用硝酸酒精液浸蚀后显示的 Q345 (16Mn) 母材未受热影响区组织, 块状铁素体带状分布的片状珠光体。

　　图 6-2-3: 母材 Q345 (16Mn) 的热影响过热区组织: 粗大的块状针状铁素体、羽毛状上贝氏体和少量珠光体。

　　图 6-2-4: 焊缝组织: 由奥氏体及枝晶状分布的 δ 铁素体组成的粗大柱状晶。

　　图 6-2-5: 1Cr18Ni9Ti 母材热影响过热区组织: 奥氏体及带状分布的 δ 铁素体和少量碳化物, 晶粒较粗大。

　　图 6-2-6: 1Cr18Ni9Ti 母材未受热影响区的组织: 奥氏体及链状分布少量铁素体和碳化物。

　　本例 Q345 (16Mn) 与 1Cr18Ni9Ti 钢异种钢焊接组织正常, 焊接质量良好, 无未焊透、气孔、裂纹等焊接缺陷。

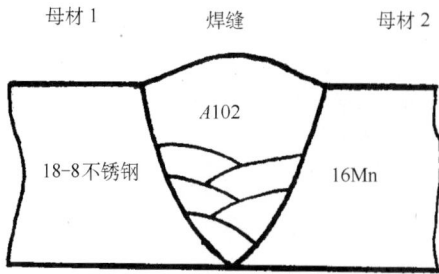

图 6-2-7　　　　　　　　示意图

图　　号：6-2-7～6-2-12

材料名称：母材：18-8 不锈钢板；16Mn 钢板，焊条
　　　　为 A102

浸 蚀 剂：a）4%硝酸酒精溶液；b）10%草酸水溶
　　　　液电解浸蚀

处理情况：多道焊条电弧焊

组织说明：图 6-2-7：18-8 型奥氏体不锈钢与 Q345
　　　　（16Mn）钢异种材料焊接接头示意图。

　　　　图 6-2-8：母材 18-8 型奥氏体不锈钢未受热
影响区组织：基体为等轴奥氏体晶粒，其上布有
少量带状分布的 α 铁素体。

　　　　图 6-2-9：18-8 型奥氏体不锈钢与焊缝之间熔
合线区两侧组织：图上部为 18-8 不锈钢母材热影
响过热区组织，等轴奥氏体基体和黑色条状分布
的 δ 铁素体，有少量奥氏体呈孪晶分布，在奥氏
体晶界上黑色点状为析出的碳化物。图下部为焊
缝区组织，在粗大奥氏体晶界分布的鸡爪状 δ 铁
素体。

　　　　从焊缝与母材熔合线组织来看，不锈钢与焊
缝的焊接组织正常，过渡也良好，未发现有熔接
不良等情况发生。但由于冷却较快导致在焊缝区
出现有鸡爪状铁素体组织。

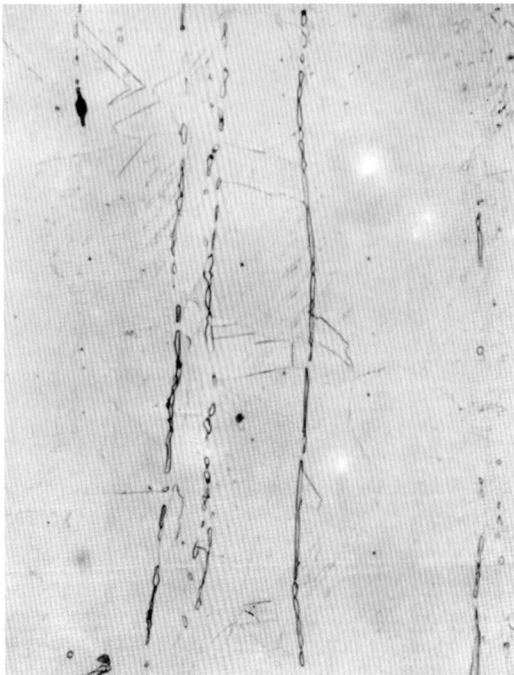

图　6-2-8　　　　　　　　600×

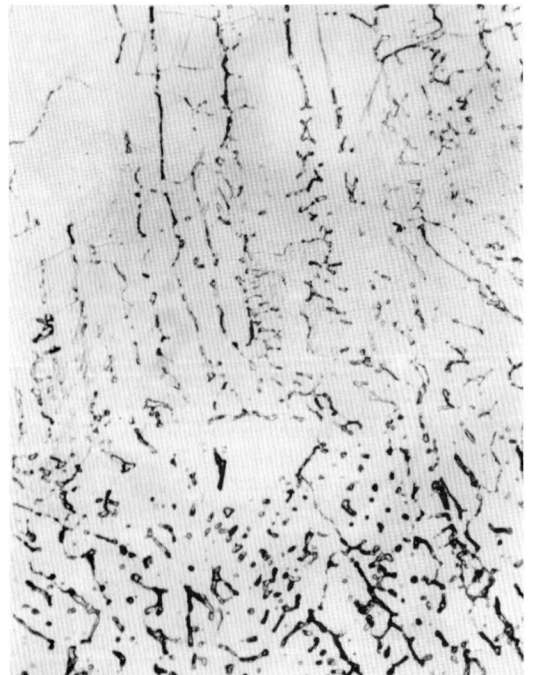

图　6-2-9　　　　　　　　400×

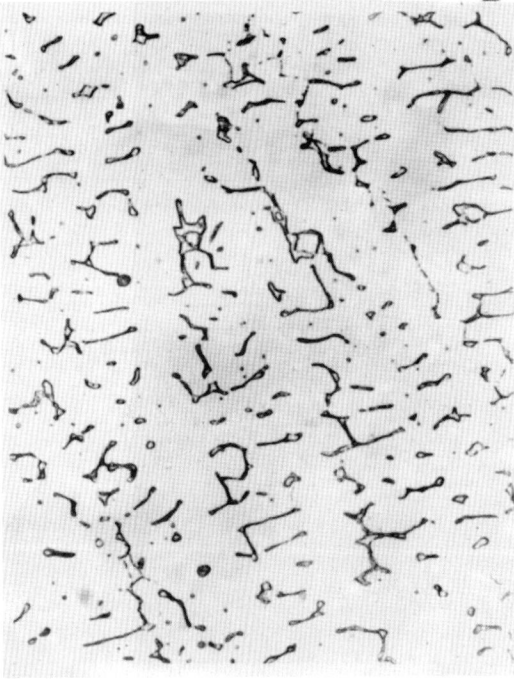

图　6-2-10　　　　　　　　600×

图 6-2-10：焊缝区组织，基体为奥氏体，有呈枝晶状 δ 铁素体分布于奥氏体晶留处，焊缝组织正常。

图 6-2-11：母材 Q345（16Mn）钢与焊缝间的熔合线两侧组织，图上部为焊缝组织，粗大的柱状晶奥氏体，下部为 Q345（16Mn）钢热影响过热区组织，铁素体和少量珠光体。该熔合线为 A102 与 Q345（16Mn）母材之间异种钢焊接的结合面。由于受温度、浓度和反应扩散等因素作用，在焊缝侧形成灰色的增碳带；而母材 16Mn 侧则由于碳向焊缝侧迁移而形成白色的脱碳带——铁素体带。

图 6-2-12：母材 Q345（16Mn）钢未受热影响区组织，铁素体和珠光体。

母材 Q345（16Mn）钢热影响区组织发生细化，其中的铁素体晶粒比母材 Q345（16Mn）未受热影响区的铁素体晶粒细得多。这是由于多道焊的热循环作用，相当于受到正火处理，故而形成较细的铁素体和珠光体的重结晶组织。

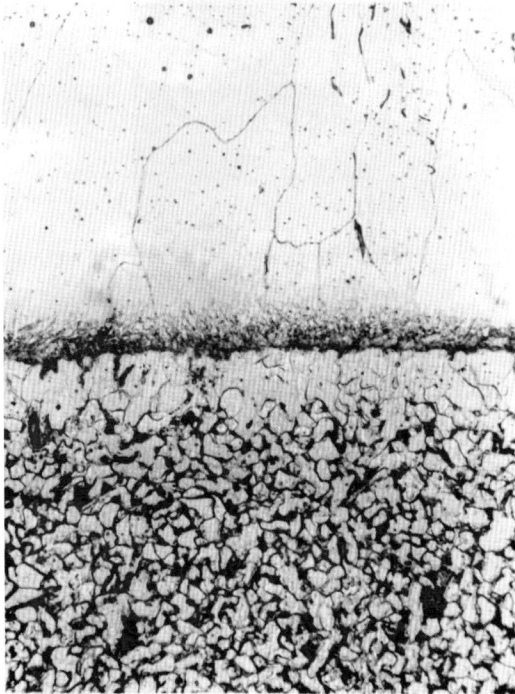

图　6-2-11　　　　　　　　400×

图　6-2-12　　　　　　　　600×

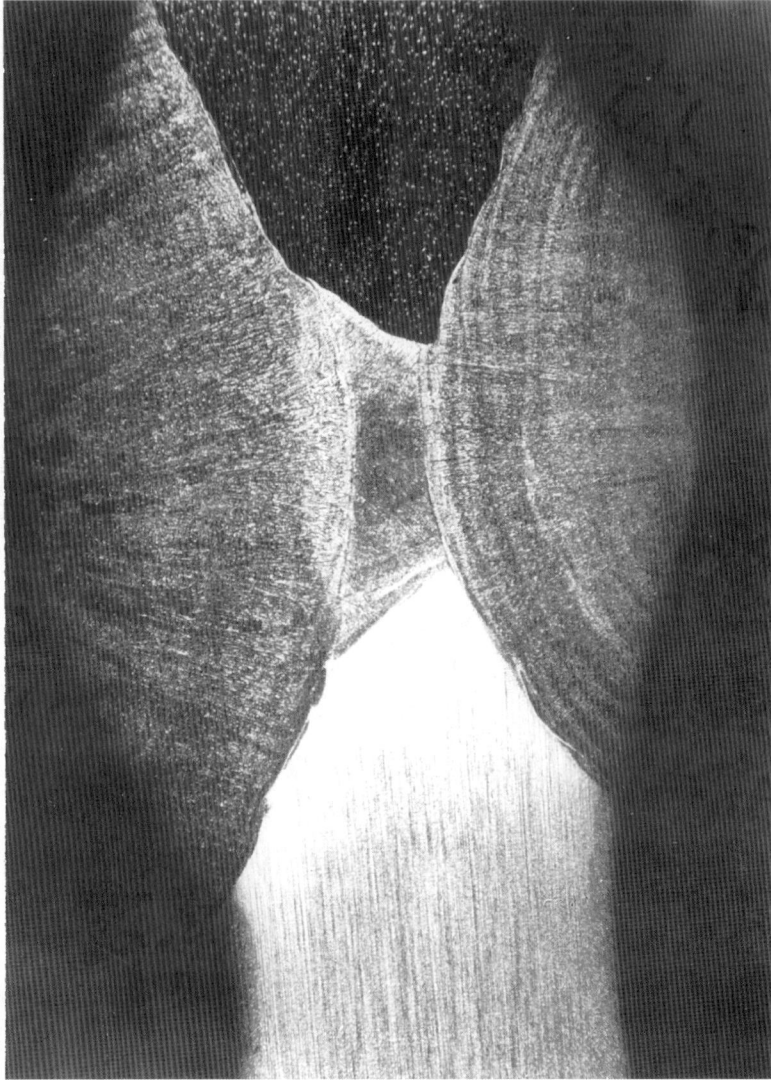

图 6-2-13   10×

图　　号：6-2-13

材料名称：16MnR 钢与 0Cr18Ni12Mo2Ti 异种钢焊接，焊条为 A307

浸　蚀　剂：采用 4% 硝酸酒精溶液先浸蚀 16MnR 钢，然后用复合试剂（硝酸 5mL、盐酸 15mL、重铬酸钾 2～
　　　3g、苦味酸 1g、酒精 30mL）显示 0Cr18Ni12Mo2Ti 和焊缝组织。

处理情况：异种钢双面焊条电弧焊

组织说明：为双面焊条电弧焊后的低倍组织，图上部黑色基体上有白色小点的为母材 16MnR 钢，图下部的
　　　灰色流线条纹区为另一侧 0Cr18Ni12Mo2Ti 不锈钢母材，图中部左右两侧柱状晶为双面焊缝区，从焊缝区
　　　看组织显示清晰，未发现有气孔、疏松、裂纹等缺陷。同时焊缝与两侧母材焊接熔合良好，无未焊透、夹
　　　渣等缺陷存在。

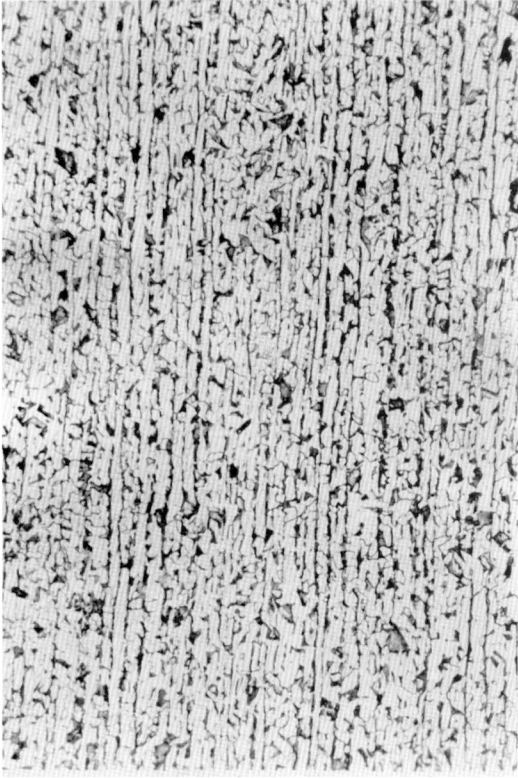

图　6-2-14　　　　　　　　　　100×

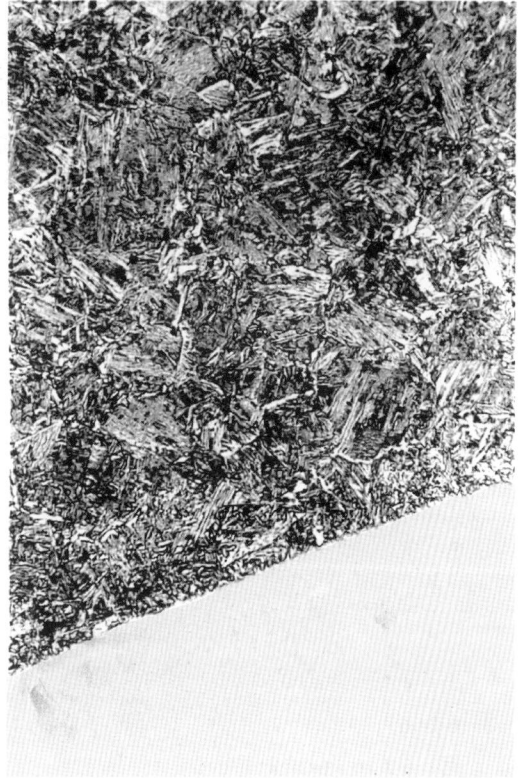

图　6-2-15　　　　　　　　　　100×

图　号：6-2-14、6-2-15

材料名称：16MnR 钢与 0Cr18Ni12Mo2Ti 异种钢焊接，焊条为 A307

浸 蚀 剂：a）采用 4%硝酸酒精溶液；b）复合试剂（硝酸 5mL、盐酸 15mL、重铬酸钾 2～3g、苦味酸 1g、酒精 30mL）

处理情况：异种钢双面焊条电弧焊

组织说明：采用 a）4%硝酸酒精溶液先浸蚀 Q345（16Mn）钢，然后采用 b）复合试剂浸蚀显示 0Cr18Ni12Mo2Ti 和焊缝组织。

图 6-2-14：母材 16MnR 钢未受热影响区组织，白色为细晶粒铁素体，灰色组织为珠光体，呈带状分布。

图 6-2-15：母材 16MnR 钢侧熔合线附近组织，图上部深色区为 16MnR 钢热影响过热区组织：白色网状的先共析铁素体沿过热后的奥氏体晶界分布，由于过热因而存在针状铁素体的魏氏组织，在晶界和晶内还有少量白色的小块状铁素体。白色针状的无碳贝氏体由晶界向晶内伸长，晶内还有少量粒状贝氏体，和少量呈深灰色的细片状珠光体。上述组织用 a）浸蚀剂显示，图下部的白色区为尚未显示组织的焊缝金属区。

16MnR 钢端焊接性与焊缝熔合性好，没有未焊透、夹杂熔渣等缺陷存在。焊缝及母材过热区组织正常。

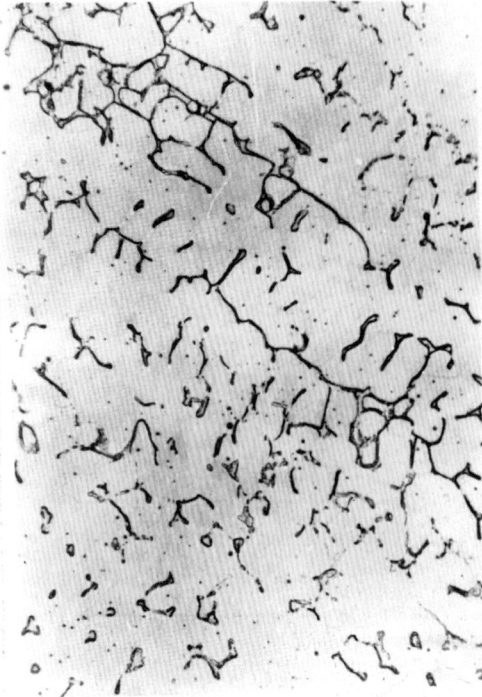

图 6-2-16   500×

图　号：6-2-16～6-2-18

材料名称：16MnR 钢与 0Cr18Ni12Mo2Ti 异种钢焊
　　　　　接，焊条为 A307

浸 蚀 剂：a）4%硝酸酒精溶液；b）复合试剂（硝
　　　　　酸 5mL、盐酸 15mL、重铬酸钾 2～3g、苦味酸 1g、
　　　　　酒精 30mL）。先用 a）浸蚀剂浸蚀，然后再用 b）
　　　　　浸蚀剂浸蚀。

处理情况：异种钢双面焊条电弧焊

组织说明：图 6-2-16：图 6-2-13 焊缝区组织，奥氏体
　　　　　和枝晶状铁素体，呈柱状晶分布，枝晶状铁素体含
　　　　　量超过 5%，晶内有少量 MC 型碳化物（小黑点）。

　　　　　图 6-2-17：图上部有树枝状铁素体组织区为
　　　　　焊缝，图中下部组织为母材 0Cr18Ni12Mo2Ti 热
　　　　　影响过热区组织：奥氏体和少量带状分布的 δ 铁
　　　　　素体，δ 铁素体的量较多，几乎呈连续的条带状
　　　　　存在。晶内有少量点状的 MC 型碳化物。

　　　　　图 6-2-18：母材 0Cr18Ni12Mo2Ti 未受热影响
　　　　　区组织，奥氏体和带状分布的 δ 铁素体，晶内有
　　　　　少量 MC 型碳化物小点存在。

　　　　　0Cr18Ni12Mo2Ti 与焊缝交接处，组织正常，
　　　　　无异常情况存在，说明不锈钢端的焊接质量正常。

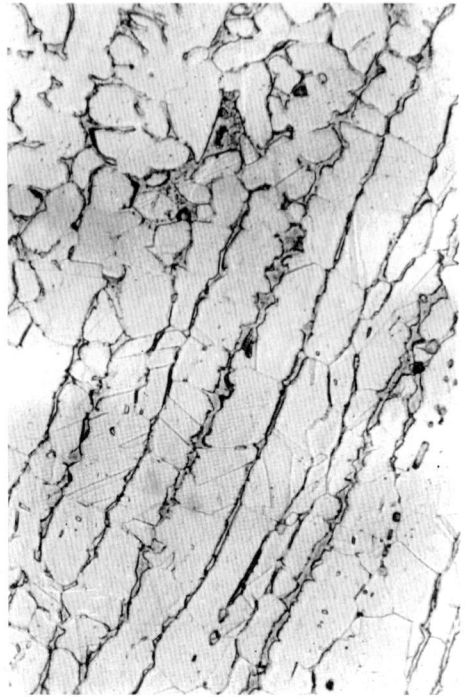

图　6-2-17   500×

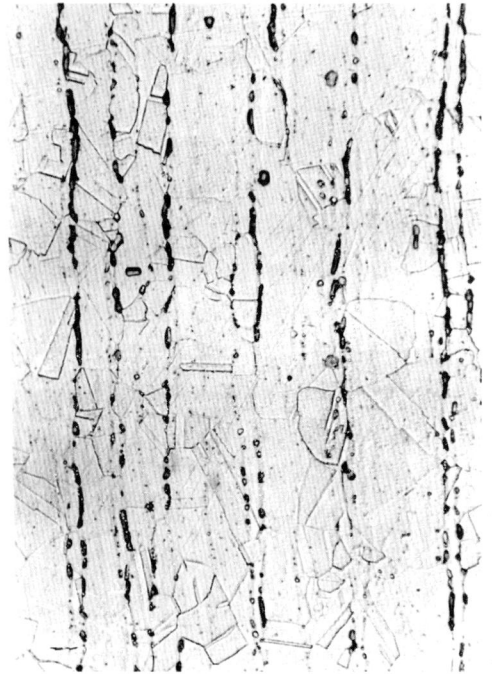

图　6-2-18   500×

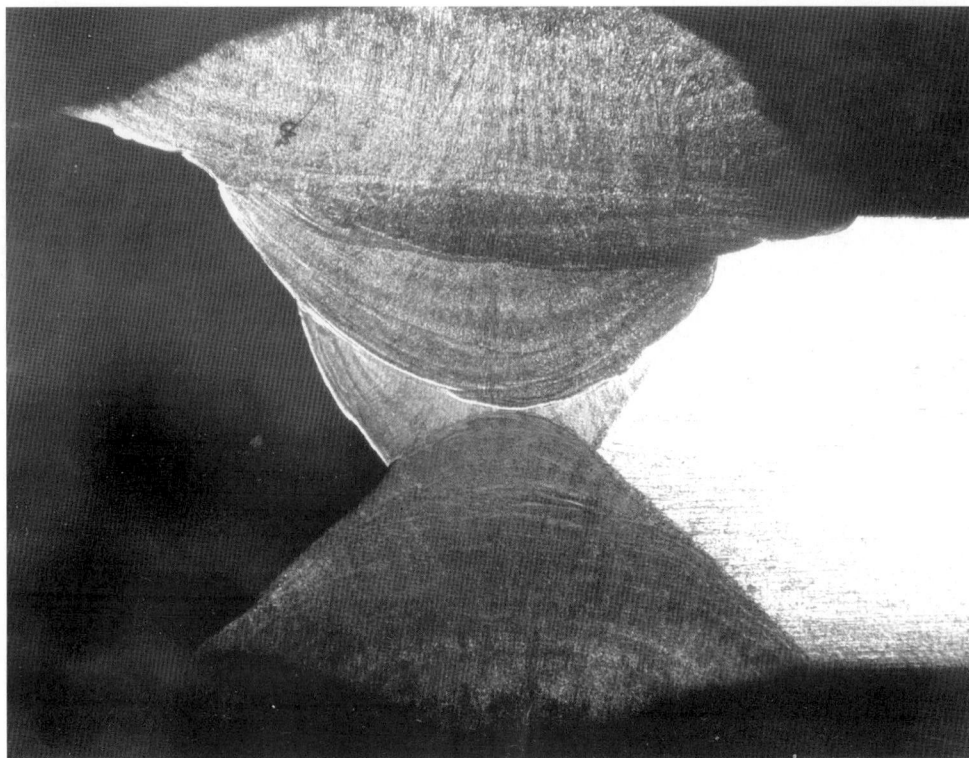

图　　6-2-19　　　　　　　　　　　　　　　　　10×

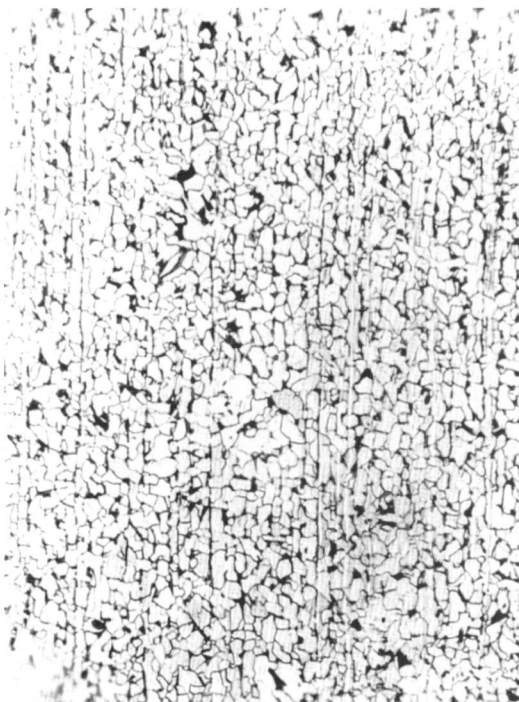

图　　6-2-20　　　　　　　　100×

图　　号：6-2-19～6-2-23

材料名称：Q235 钢与 00Cr17Ni14Mo2 钢的异种
　　　　钢焊接，焊条为 A202

浸 蚀 剂：a）4%硝酸酒精溶液；b）10%草酸水
　　　　溶液电解侵蚀

处理情况：异种钢双面焊条电弧焊

组织说明：图 6-2-19：异种钢双面焊条电弧焊焊
　　　　接头低倍组织，图左侧（深灰色区）为 Q235
　　　　钢母材区，经 a）4%硝酸酒精溶液浸蚀剂显示
　　　　组织，然后再用 b）10%草酸水溶液浸蚀剂显示
　　　　焊缝（图中部）和 00Cr17Ni14Mo2 钢母材组织
　　　　（图右部）。

　　　　图 6-2-20：Q235 钢母材未受热影响区组
　　　　织，细粒状铁素体和带状分布的少量细片状珠
　　　　光体。

图　6-2-21　　　　　　　　　250×

图　6-2-22　　　　　　　　　300×

图 6-2-21：焊缝组织，奥氏体及枝晶状δ铁素体，呈柱状晶分布，其中δ铁素体枝晶较细密。

图 6-2-22：熔合线附近区组织，图上部为熔合线组织：奥氏体和δ铁素体和细小黑点状 MC 型碳化物。其中δ铁素体已经失去枝晶特征。图中下部为母材 00Cr17Ni14Mo2 钢热影响过热区组织：粗大的孪晶奥氏体和少量 MC 型碳化物。

图 6-2-23：为母材组织，呈孪晶分布的奥氏体及少量 MC 型碳化物。

对于一定化学成分的钢或合金，焊接工艺条件会影响到焊缝一次组织内部构造的结构尺寸。一般而言，随焊接电流加大，一次组织中的枝晶组织会变粗大，冷却速度增加则树枝晶状结晶轴的宽度和轴间距会减小。本件焊缝中的δ铁素体枝晶较细密且其体积分数为 10%左右，表明其焊接时，焊接电流不很大，而冷却速度则较快。

图　6-2-23　　　　　　　　　300×

图　6-2-24　　　　　　　　　　　　　　　　　　　　　　　　10×

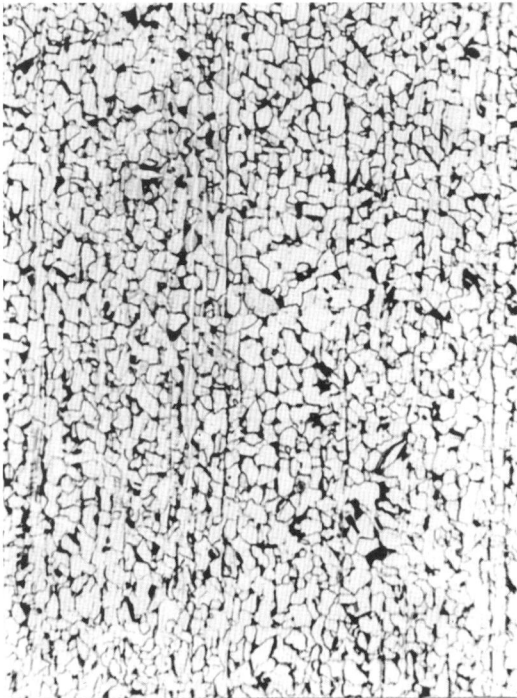

图　6-2-25　　　　　　　　　100×

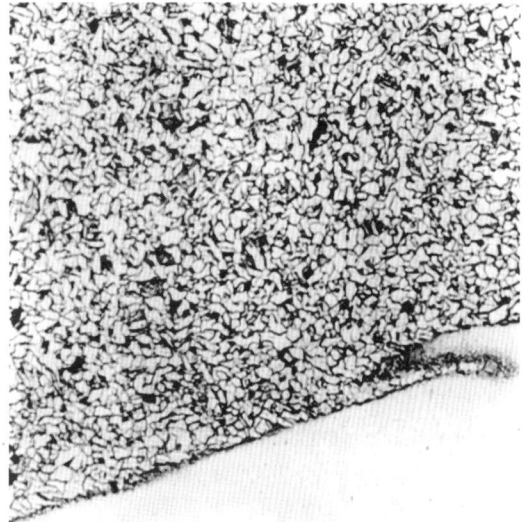

图　6-2-26　　　　　　　　　100×

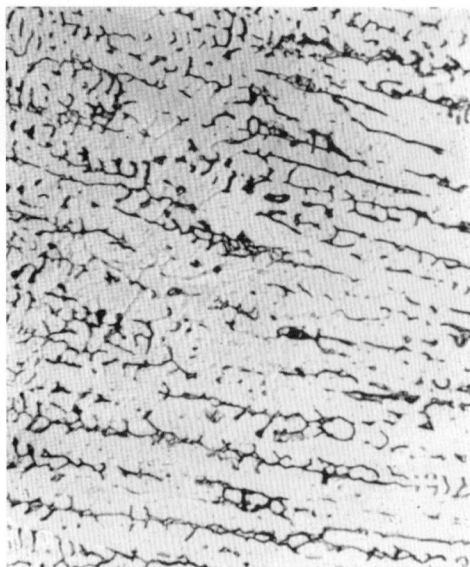

图 6-2-27   250×

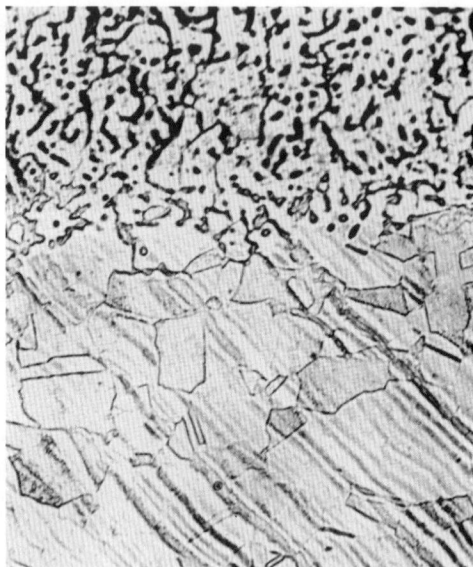

图 6-2-28   300×

图 6-2-29   300×

图　号：6-2-24～6-2-29

材料名称：Q235 钢与 00Cr17Ni14Mo2 钢异种钢焊接

浸蚀剂：a）采用 4%硝酸酒精溶液；b）10%草酸水溶液电解侵蚀

处理情况：异种钢双面焊条电弧焊（奥氏体焊条）

组织说明：图 6-2-24：异种钢双面焊条电弧焊（奥氏体焊条）焊接头低倍组织：图左侧（深灰色区）为 Q235 钢，图右侧为 00Cr17Ni14Mo2 钢，图中间为焊缝组织，该低倍组织先用 a）浸蚀剂显示出 Q235 钢部分的组织，再用 b）浸蚀剂电解腐蚀显示出 00Cr17Ni14Mo2 钢组织。

　　Q235 钢与 00Cr17Ni14Mo2 钢与焊条熔接后，熔合情况良好，无裂纹，无未熔透和气孔等缺陷存在。

　　图 6-2-25：Q235 钢未受热影响区组织：铁素体和带状分布的细片状珠光体。

　　图 6-2-26：上部为 Q235 钢的热影响过热区组织：铁素体和少量珠光体，图下部为未显示出组织的焊缝区。图示 Q235 与不锈钢焊缝熔合情况良好。

　　图 6-2-27：焊缝组织：奥氏体及枝晶状的 δ 铁素体，呈柱状晶分布，其中 δ 枝晶较稀疏。由此可知，焊接时采用的电流较高，而冷却速度不快。

　　图 6-2-28：上部为焊缝组织，图下部为 00Cr17Ni14Mo2 钢过热区组织：晶粒粗大的奥氏体和呈带状分布的长条状 δ 铁素体，及少量小黑点 MC 型碳化物，上下部分界区为熔合区组织：奥氏体基体上分布着串链状及点状的 δ 铁素体（已经失去枝晶状特征）。

　　图 6-2-29：为 00Cr17Ni14Mo2 母材未受热影响区组织：呈孪晶分布的奥氏体和黑色点状分布的 MC 型碳化物，少量黑色条状呈串链状分布的为腐蚀的 δ 铁素体。

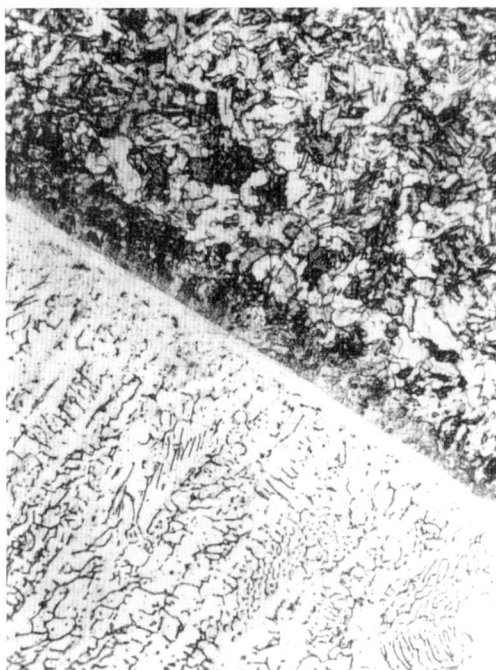

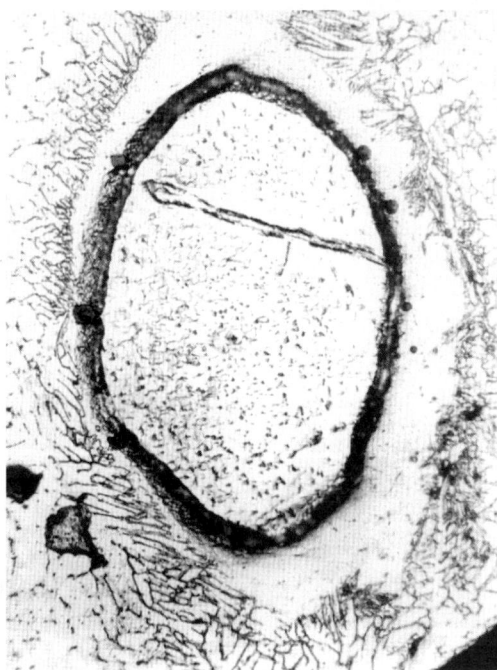

图　6-2-30　　　　　　　　100×　　　图　6-2-31　　　　　　　　300×

图　号：6-2-30、6-2-31

材料名称：母材为低合金结构钢 [w(C)≤0.18%，w(Si)0.1%～0.35%，w(Mn)0.36%～0.6%，w(Ni)3.29%～3.80%] 焊条为 1Cr18Ni9 不锈钢

浸 蚀 剂：盐酸、苦味酸饱和水溶液

处理情况：焊条电弧焊

组织说明：金属夹杂物。

　　图 6-2-30：化工用不锈钢焊接件的显微组织状况。合金钢与不锈钢之间的白色条带为熔合线，较难浸蚀，故仍呈白色带状。图上部为合金结构钢的显微组织，基体为珠光体及铁素体，呈较严重的魏氏组织；图下部为不锈钢焊缝金属组织，基体为奥氏体，其上布有呈枝晶分布的 δ 铁素体。

　　图 6-2-31：在焊缝金属内发现有一块合金成分较高的金属夹杂物，在金属夹杂物四周，黑圈为未焊合残迹；白圈为熔合线处，合金成分较高，组织为奥氏体，稍向外的焊缝金属组织为奥氏体及枝晶分布的 δ 相（铁素体）。

　　焊缝金属中存在的金属夹杂物，估计是焊接时，由焊条药皮中带入的铬合金块，在焊接时未被熔化而残留在焊缝金属中。

图　6-2-32　　　　　　　　　　　　　　　　　　　　　10×

图　6-2-33　　　　　　　　300×

图　　号：6-2-32、6-2-33

材料名称：1Cr18Ni9Ti 钢；00Cr17Ni14Mo2 钢，
　　　　　焊条为 A202

浸 蚀 剂：10％草酸水溶液电解浸蚀

处理情况：异种钢双面焊条电弧焊

组织说明：图 6-2-32：1Cr18Ni9Ti 和 00Cr17Ni14Mo2
异种钢焊接接头低倍组织：图左侧为 1Cr18Ni9Ti 母
材及热影响区；中部为焊缝低倍组织；图右侧为
00Cr17Ni14Mo2 钢母材及热影响区低倍组织。

　　从焊缝低倍组织看，焊缝系多层焊，故层
与层之间的低倍组织十分清晰，焊缝与两侧母
材的熔接情况良好，无未焊透、裂纹、气孔等
焊接缺陷存在。

　　图 6-2-33：1Cr18Ni9Ti 钢母材未受热影响
区组织，细晶粒孪晶奥氏体。

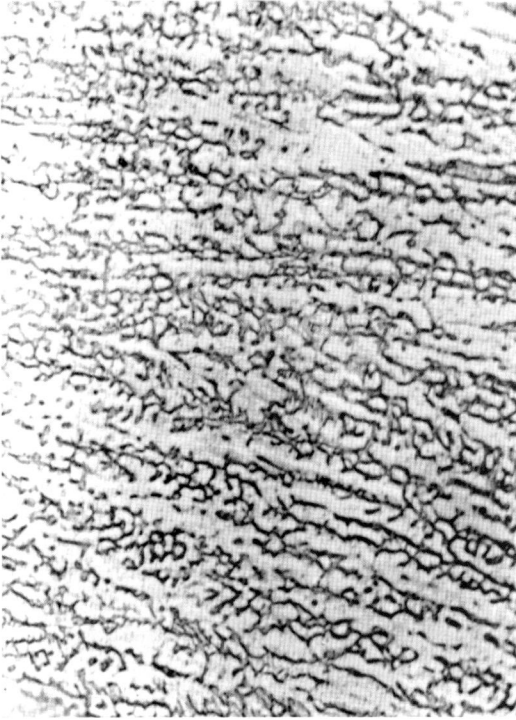

图　6-2-34　　　　　　　　　　　250×

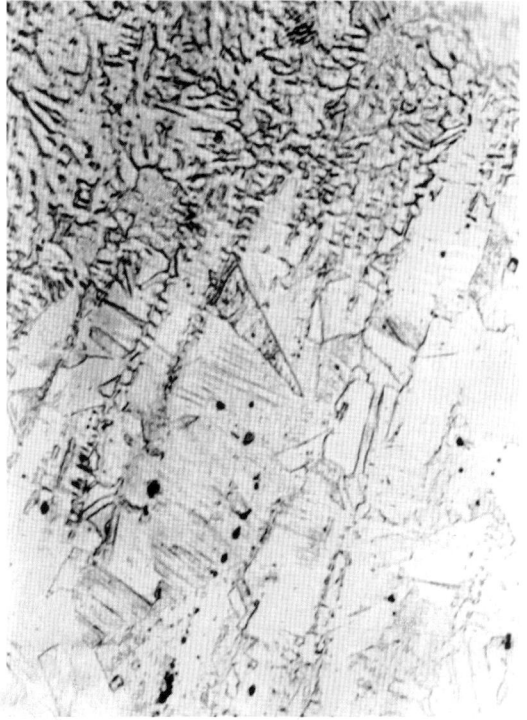

图　6-2-35　　　　　　　　　　　300×

图　　号：6-2-34～6-2-36

材料名称：1Cr18Ni9Ti 钢；00Cr17Ni14Mo2 钢

浸 蚀 剂：10％草酸水溶液电解浸蚀

处理情况：异种钢双面焊条电弧焊

组织说明：图 6-2-34：为图 6-2-32 的焊缝组织，奥
氏体和枝晶分布的 δ 铁素体呈柱状分布，铁素体
的体积分数约为 10％。

　　图 6-2-35：00Cr17Ni14Mo2 钢侧熔合线及附
近区组织。图上部为焊缝组织。中上部为熔合区
组织，它们由奥氏体晶粒和沿晶分布的 δ 铁素体
构成。图中下部为母材热影响过热区组织；粗晶
粒奥氏体和少量呈小黑点的 MC 型碳化物。

　　图 6-2-36：00Cr17Ni14Mo2 母材未受热影响
区组织；带孪晶的奥氏体及少量黑点状为 MC 型
碳化物。黑色条状呈串连状分布的为 δ 铁素体。
焊缝的组织为奥氏体和体积分数为 5％～10％的
铁素体，可以提高抗晶界腐蚀的能力，这是因为
铬在铁素体中的扩散速度比在奥氏体中快，使碳
化物就在铁素体内部及其附近析出，减轻了奥氏
体晶界贫铬现象。

图　6-2-36　　　　　　　　　　　300×

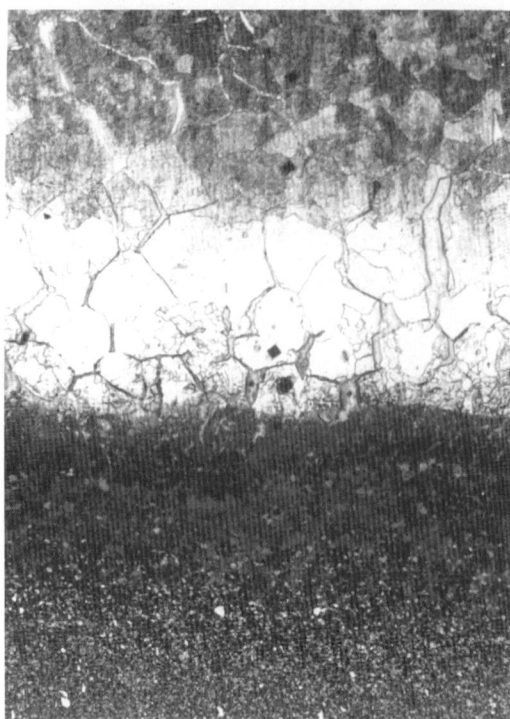

图 6-2-37　　　　　　　　　　　　100×

图　　号：6-2-37

材料名称：W18Cr4V 钢与 45 钢对接电阻焊

浸 蚀 剂：4%硝酸酒精溶液

处理情况：电阻焊后空冷，再经回火处理

组织说明：电阻焊交界处的组织分布情况：图上部
　　　　　为 45 钢热影响区，基体为珠光体及沿晶界分布的
　　　　　少量铁素体。图中部稍上为 45 钢近熔合线处的组
　　　　　织，该处为脱碳层，基体为铁素体，高碳高合金
　　　　　淬火马氏体沿铁素体晶界渗入。图中部稍下为熔
　　　　　合线，熔合情况良好，基体为中碳回火马氏体，
　　　　　及呈块状分布的共晶莱氏体。图下部为高速钢热
　　　　　影响区，基体为回火马氏体及粒状碳化物。

　　　　　　因电阻焊温度比高速钢的正常淬火温度高，
　　　　　所以熔合线附近的高速钢得到淬火；并使焊缝附
　　　　　近的 45 钢明显脱碳，同时有一部分高速钢液体金
　　　　　属沿铁素体晶界向 45 钢渗入。

图　　号：6-2-38

材料名称：W18Cr4V 钢与 45 钢对接电阻焊

浸 蚀 剂：4%硝酸酒精溶液

处理情况：电阻焊焊后空冷，再经回火处理

组织说明：将图 6-2-37 检测显微硬度处放大 500 倍
　　　　　后的组织，可以清晰的观察到熔合线附近各部位
　　　　　的组织及硬度压痕的分布情况。45 钢一侧脱碳层
　　　　　铁素体的显微硬度为 126HV；晶界处灰黑色为高
　　　　　碳高合金马氏体，箭头所指处显微硬度压痕很小，
　　　　　硬度 687HV（相当于 57HRC）；高速钢一侧近熔
　　　　　合线处，组织为中碳马氏体，其上尚有少量莱氏
　　　　　体，呈灰白色不规则形状；中碳马氏体的显微硬
　　　　　度为 535HV（相当于 50HRC）。

　　　　　　由于焊接温度很高，在高速钢焊缝附近易出
　　　　　现莱氏体。若在熔合线处出现大量莱氏体组织，
　　　　　则将严重的影响工件的力学性能。

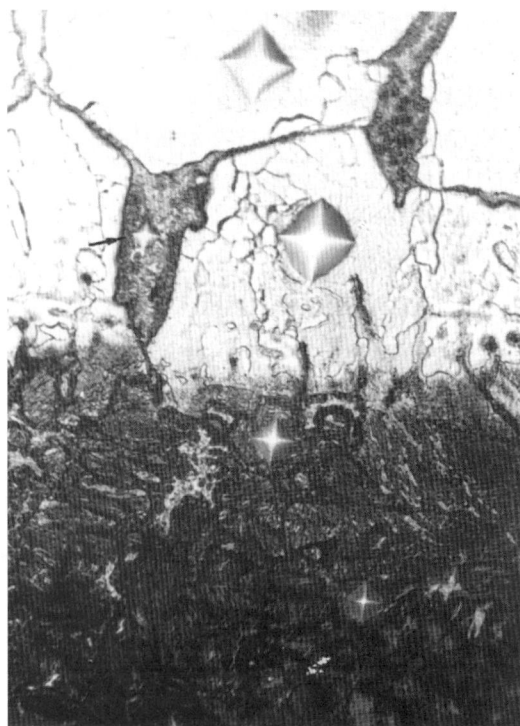

图　　6-2-38　　　　　　　　　　　500×

图　6-2-39　　　　　　　　　　　　　　　　　　200×

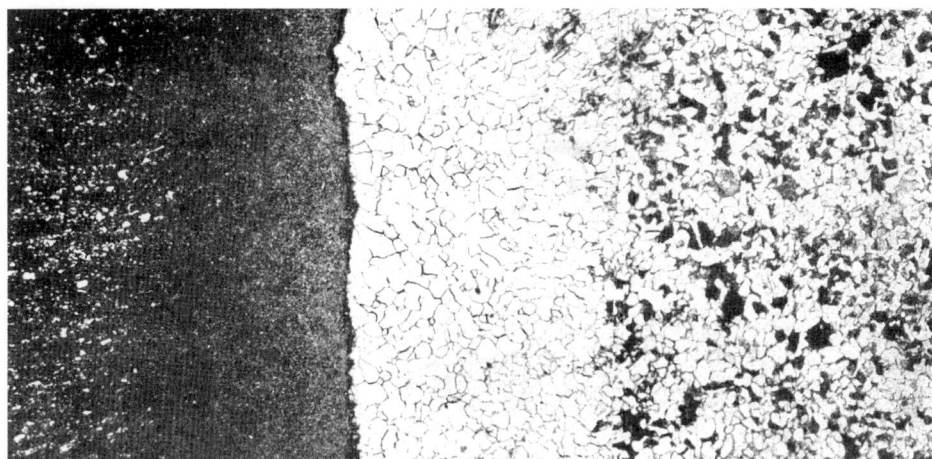

图　6-2-40　　　　　　　　　　　　　　　　　　200×

图　　号：6-2-39、6-2-40

材料名称：W18Cr4V 与 45 钢对焊；图 6-2-40 系对接电阻焊焊后退火处理

浸 蚀 剂：4％硝酸酒精溶液

处理情况：图 6-2-39 焊后空冷；图 6-2-40 焊后经 900～920℃退火处理

组织说明：图 6-2-39：右侧为高速钢，组织为淬火马氏体及黑色组织。左侧为中碳钢，组织为网状铁素体及珠光体，呈魏氏体组织。

为节约较为昂贵之高速钢材料，刀具的柄部采用中碳钢与高速钢对焊而成。焊接时由于工件的温度高于淬火温度（约 1300℃），所以焊缝附近在冷却后产生淬火组织，出现大小不均匀之奥氏体晶粒及黑色组织。黑色组织形成的主要原因是：焊接过程中焊件脱碳，使脱碳部位在高温短时间加热和空冷条件下不能形成马氏体，而转变成托氏体。一般托氏体沿晶界分布，经退火或淬火后由于钢中碳及碳化物扩散均匀，使托氏体得以消除；而中碳钢部分由于过热而形成魏氏组织。

图 6-2-40：左侧为高速钢，组织为索氏体及碳化物。右侧为中碳钢，组织为铁素体及珠光体。

退火后焊缝高速钢处出现明显的脱碳（碳化物显著减少），中碳钢处则呈现铁素体组织。这是因焊接过程中氧化及烧损所引起。越接近焊缝，脱碳越严重。试验表明，脱碳区对焊件性能无明显影响。

硬度：W18Cr4V 钢为 100～102HRB;45 钢为 82～84HRB。

图　　6-2-41　　　　　　　　　　　　　　　　　　　　200×

图　　6-2-42　　　　　　　　　　　　　　　　　　　　100×

图　　号：6-2-41、6-2-42

材料名称：W18Cr4V 与 45 钢

浸 蚀 剂：4%硝酸酒精溶液

处理情况：图 6-2-41：对接焊后，经 1280℃加热，淬入 600℃盐浴中停留 2min 后空冷后组织。

　　　　图 6-2-42：对接焊后经淬火+回火处理。两图试样淬火加热部位仅限高速钢段，均未超过焊缝。

　组织说明：图 6-2-41：右侧为高速钢，组织为淬火马氏体、碳化物及残留奥氏体。左侧为中碳钢，组织为魏氏组织。

　　　　高速钢部分经淬火后，可使焊接状态下的大小不等奥氏体晶粒得到细化均匀。这说明在退火和淬火过程中碳及合金成分得到扩散。

　　　　中碳钢部分由于淬火过热，出现严重魏氏组织。硬度：W18Cr4V 钢硬度为 64～66HRC；45 钢硬度为 85～87HRB。

　　　　图 6-2-42：左侧为高速钢，组织为回火马氏体及碳化物；右侧为中碳钢，组织为铁素体及珠光体。

　　　　较正常之焊缝组织。近焊缝部分高速钢由于脱碳使碳化物减少；中碳钢由于未被加热淬火，所以仍保持原来退火状态之组织。硬度：W18Cr4V 钢硬度为 64～66HRB；45 钢硬度为 82HRB。

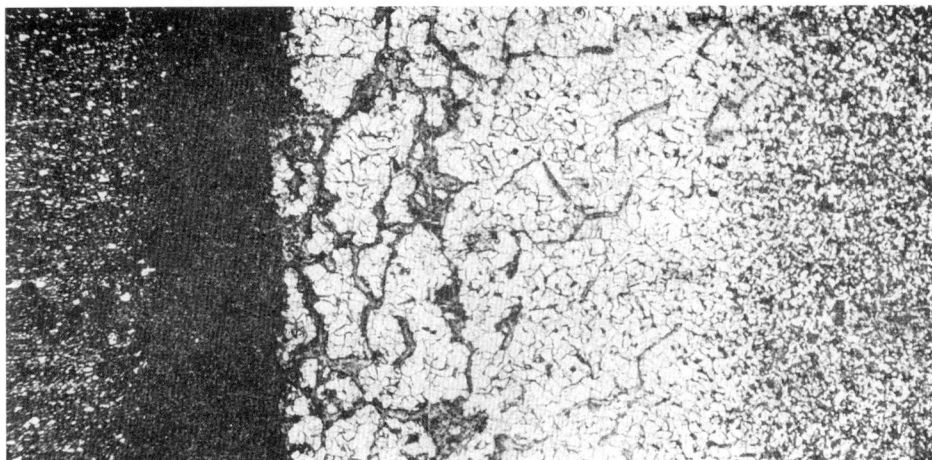

图　6-2-43　　　　　　　　　　　　　　　　　　　　　　　100×

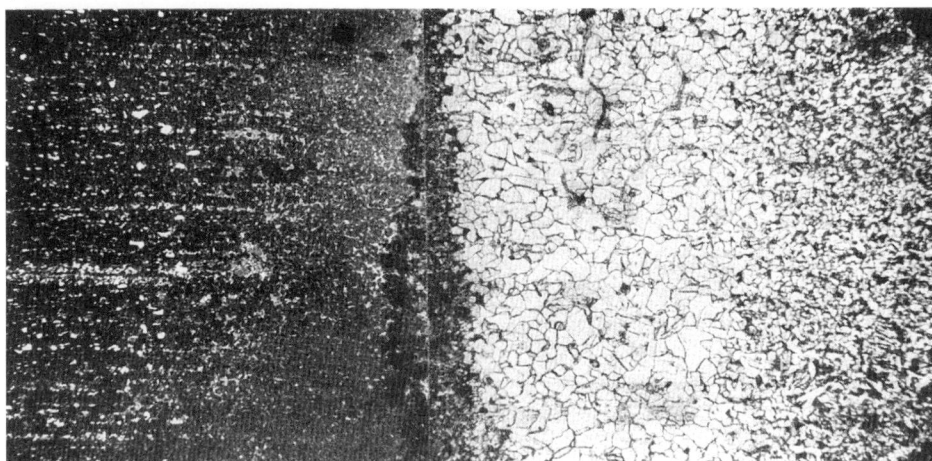

图　6-2-44　　　　　　　　　　　　　　　　　　　　　　　100×

图　　号：6-2-43、6-2-44

材料名称：W18Cr4V 钢与 45 钢对接焊

浸 蚀 剂：4％硝酸酒精溶液

处理情况：对接电阻焊后淬火+回火处理（淬火部位仅限高速钢段未超过焊缝）

组织说明：图 6-2-43：左侧为高速钢，组织为回火马氏体及碳化物；右侧为中碳钢，组织为铁素体及珠光体、莱氏体。

　　　　焊接顶锻的力量不足，部分熔化金属未被挤掉，并挤入硬度较低的铁素体组织中。

　　　　硬度：W18Cr4V 钢硬度为 64～66HRC；45 钢硬度为 83～85HRB。

　　　　图 6-2-44：左侧为高速钢，组织为回火马氏体、莱氏体及碳化物；右侧为中碳钢，组织为铁素体及珠光体。

　　　　由于焊接时温度很高、高速钢焊缝附近出现不同数量之莱氏体。试验表明，密集和大块的莱氏体对焊件的力学性能有影响，但小块或不连续的莱氏体对力学性能无敏感的反映。

　　　　硬度：W18Cr4V 钢硬度为 64～66HRC；45 钢硬度为 82～83HRB。

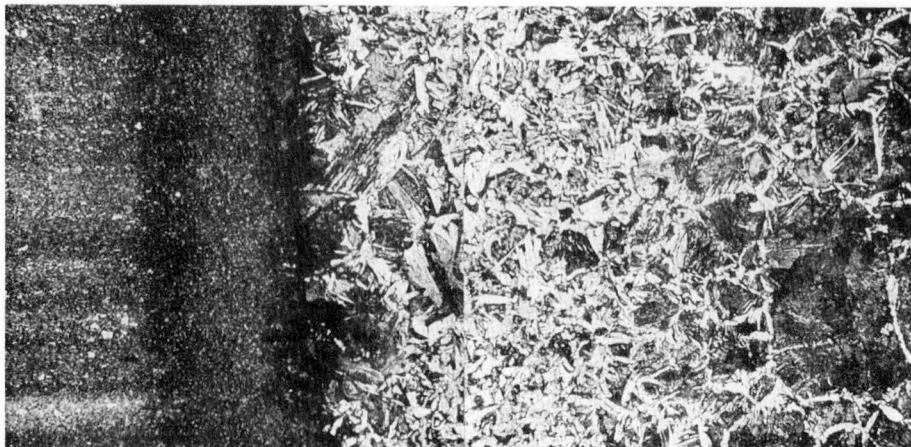

图　6-2-45　　　　　　　　　　　　　　　　　　　　　200×

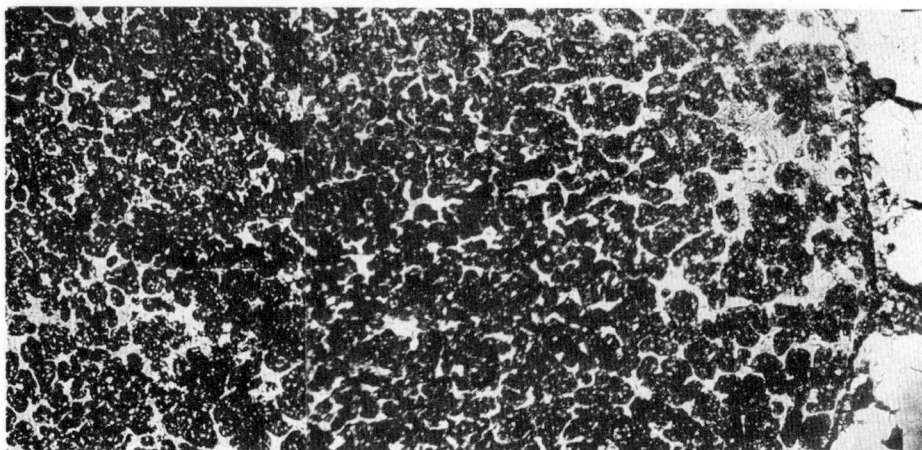

图　6-2-46　　　　　　　　　　　　　　　　　　　　　200×

图　　号：6-2-45、6-2-46

材料名称：W18Cr4V 钢与 45 钢对接焊

浸 蚀 剂：4%硝酸酒精溶液

处理情况：淬火+回火。图 6-2-45 为高速钢段淬火加热部位超过焊缝，图 6-2-46 为高速钢段淬火加热部位未
　　　超过焊缝

组织说明：图 6-2-45：左侧为高速钢，组织为回火马氏体及碳化物；右侧为中碳钢，组织为魏氏组织。

　　　焊接刀具淬火一般加热部位均不超过焊缝。若超过焊缝时，中碳钢部分将产生严重过热，出现魏氏组
　　织。又在加热超过焊缝时，盐浴对焊缝的侵蚀极为敏感，容易造成开裂等缺陷。

　　　硬度：W18Cr4V 钢硬度为 64～66HRC；45 钢硬度为 92～94HRB。

　　　图 6-2-46：左侧为高速钢，组织为回火马氏体、莱氏体及碳化物；右侧为中碳钢，组织为铁素体及珠
　　光体、莱氏体。

　　　焊接过程中使用的电压过高，所以焊件产生严重熔化，同时，由于顶锻量太小，熔化金属未被挤掉，
　　使冷却后在焊缝附近形成大量莱氏体。这种组织使焊件力学性能大大下降。

　　　硬度：W18Cr4V 钢硬度为 64～66HRC；45 钢硬度为 90～92HRB。

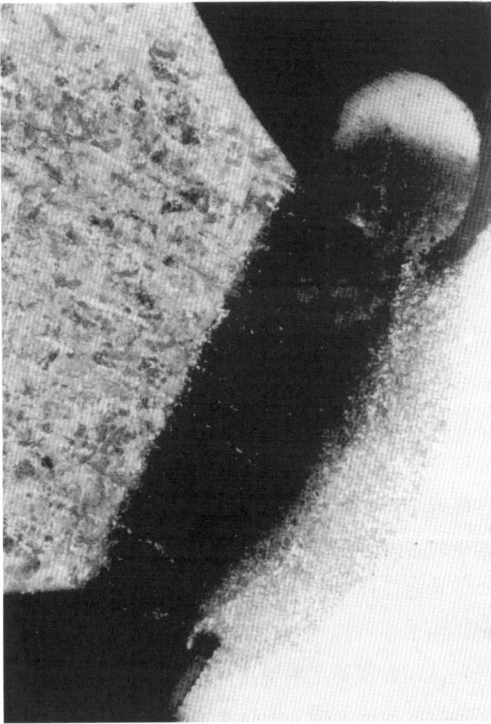

图　6-2-47　　　　　　　　　　　　25×

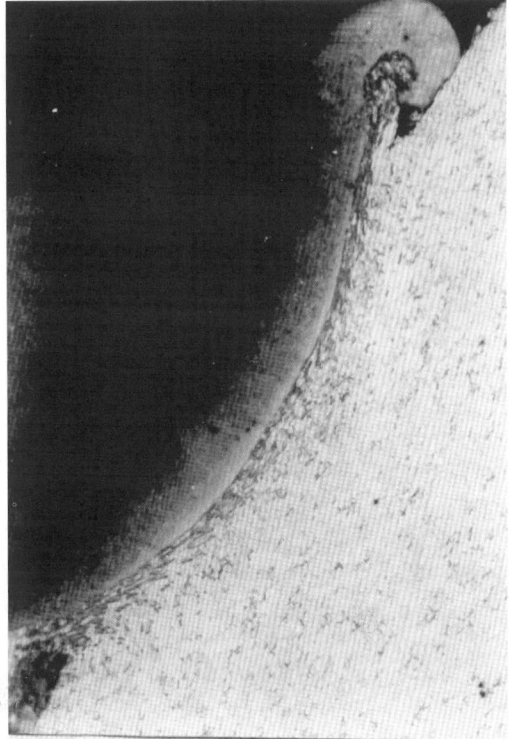

图　6-2-48　　　　　　　　　　　　100×

图　　号：6-2-47～6-2-49

材料名称：65Mn 钢、10 钢

浸　蚀　剂：4％硝酸酒精溶液

处理情况：65Mn 钢经高频淬火后与 10 钢电阻焊

组织说明：图 6-2-47：左上侧为经高频淬火的 65Mn
钢，组织为马氏体；图中间为电阻焊熔化层，熔
化层中因 65Mn 钢熔点较 10 钢低，故在电阻焊时
焊缝金属中大部分为 65Mn 钢，少量为 10 钢，因
冷速较大，得到极细马氏体组织，易受腐蚀而呈
深色；图右下侧为 10 钢，组织为铁素体及少量珠
光体。在低碳钢侧熔合区出现马氏体组织。电阻
焊时由于两侧加压太大，致使熔融金属被挤压出
来呈球形状。

　　图 6-2-48：右侧焊缝金属被挤压出来，图右下
侧为 10 钢侧熔合区及母材的组织。

　　图 6-2-49：焊缝与熔合区以及母材的组织更为
清晰，图上部为焊缝马氏体组织，熔合区为极薄一
层马氏体组织。母材热影响过热区为铁素体及少
量马氏体组织。

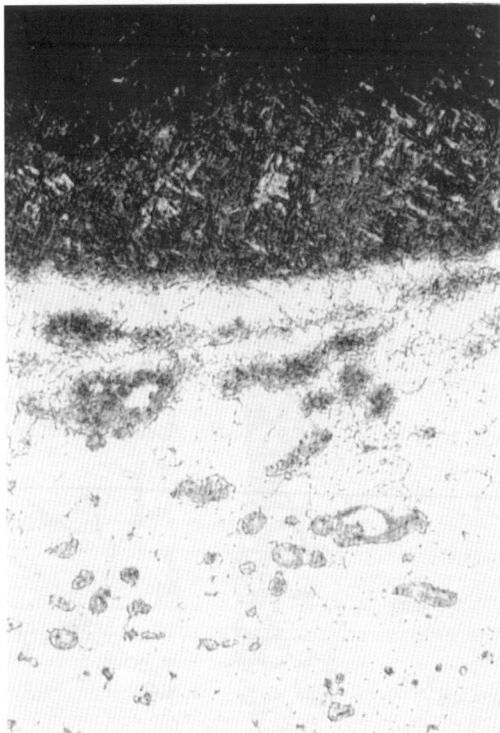

图　6-2-49　　　　　　　　　　　　400×

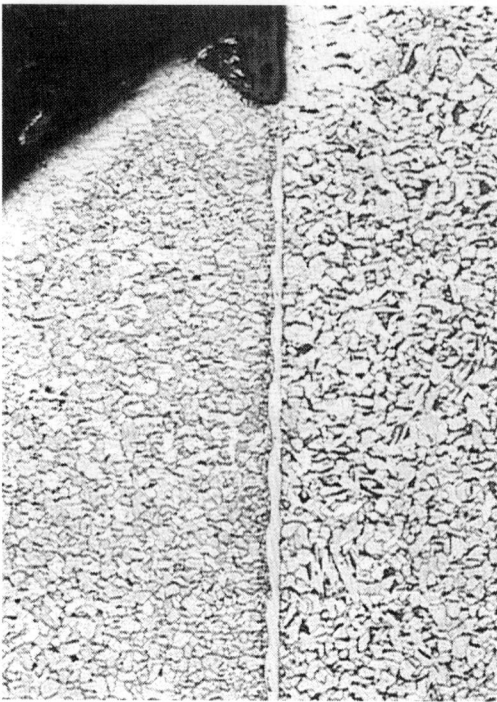

图 6-2-50   100×

图　　号：6-2-50

材料名称：10 钢、ST14 钢

浸 蚀 剂：4%硝酸酒精溶液

处理情况：钎焊

组织说明：图左侧为 10 钢，图右侧为 ST14 钢，图中间白色为铜钎焊料，两侧不同钢料放在网带炉中加热，在二钢料间隙处放置铜棒，加热后铜棒熔化，铜液被吸渗入两钢料间隙内，冷却后即被焊合连接成一体。10 钢的基体组织为铁素体及极少量珠光体，ST14 钢的 w（C）为 0.13%，基体除铁素体外，约有体积分数为 15%左右的珠光体，在钎焊缝两侧有不同程度的增碳现象，10 钢侧的增碳较 ST14 钢侧多。

　　在还原性气氛中钎焊钢时，铜是最适合的钎料，由于还原性气体的还原作用，可以不必使用钎剂，铜在碳钢上的铺展性极好，它在钎焊温度下能很好地流入接头的间隙。

图　　号：　6-2-51

材料名称：10 钢、ST14 钢

浸 蚀 剂：　4%硝酸酒精溶液

处理情况：钎焊

组织说明：铜钎焊缝经放大后情况，图左侧为 10 钢，基体为铁素体，晶粒细小，在近铜焊缝处有增碳现象，在铁素体晶界上有极少量珠光体组织，中间微红色为铜钎焊料。图左侧为 ST14 钢；组织为铁素体和少量珠光体，近铜钎焊缝处组织正常，无特异之处。

　　炉中钎焊钢使用铜钎焊料的主要优点是焊接头强度高，一般低碳钢铜钎焊接头的抗剪强度一般在 150～215N/mm² 范围内，抗拉强度一般在 170～340N/mm²，接头的强度一般总超过铜钎焊料本身的强度，在优化的条件下，可等同于钢母材的强度，但是钎焊间隙对接头强度有较大的影响，在大多数情况下，铜钎焊的碳钢的推荐间隙为 0～0.07mm。

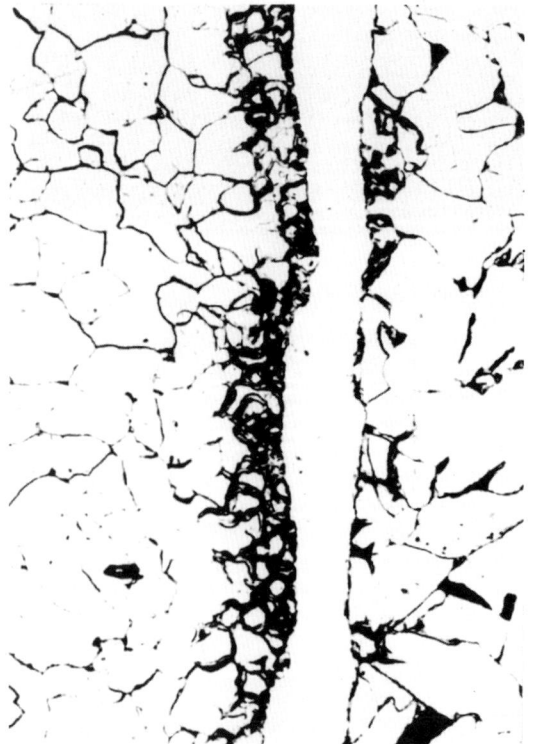

图　　6-2-51   200×

图　6-2-52　　　　　　　　　　　　　　　　　　　50×

图　6-2-53　　　　　　100×

图　6-2-54　　　　　　500×

图　　号：　6-2-52～6-2-54

材料名称：25 钢与 25CrMnMo 钢，铜钎料

浸　蚀　剂：苦味酸、硝酸酒精溶液

处理情况：输油盘上（25 钢）、下（25CrMnMo 钢），二块试样表面均经渗碳淬火、回火处理，然后用铜钎料
　　　　焊接。

组织说明：图 6-2-52：左上下二块材料均为渗层淬火、回火的组织，图中白色带为钎焊铜层，由于钢表面清
　　　　洗不干净，以致铜层中出现气孔缺陷，图左侧上下两块为原始母材组织，下面一块材料中还存在有垂直带
　　　　状分布的偏析存在。

　　　　图 6-2-53 及图 6-2-54：不同放大倍数的近母材钎焊层两侧的组织，图上部为 25 钢的珠光体及铁素体，
　　　　图下部为回火马氏体组织。

　　　　图 6-2-54：在钎焊层及其两侧用 50g 载荷测定其显微硬度，图下马氏体区为 423HV，图中铜钎焊层为
　　　　125HV，图上珠光体处为 229HV，铁素体处为 145HV，该处铁素体上有颇多弥散状小粒析出。

　　　　低碳、低合金钢用铜钎料，不但铺展性好，而且焊后钎焊接头强度高，且抗剪强度也高，钎焊接头的
　　　　强度一般总超过铜钎料本身的强度，在优化条件下，可等同于钢母材的强度。

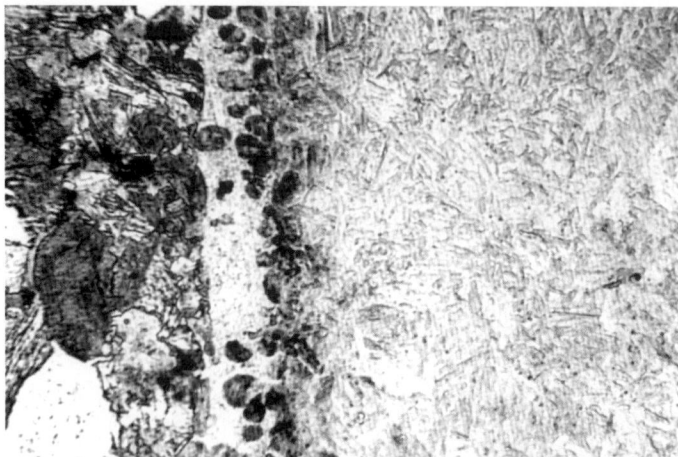

图 6-2-55 500×

图 6-2-56 500×

图　　号：6-2-55、6-2-56

材料名称：25 钢与 25CrMnMo 钢，焊接材料为铜钎料

浸 蚀 剂：苦味酸、硝酸酒精溶液

处理情况：用钎料铜焊合

组织说明：图 6-2-55：25 钢与 25CrMnMo 钢用铜钎焊的组织。图左侧为 25 钢组织：珠光体及铁素体。图中浅色条带为钎焊料铜的组织。图右侧为回火马氏体组织。

　　图 6-2-56：图 6-2-55 进一步放大的组织：珠光体及铁素体更趋清晰。图中部浅灰色钎焊料为铜。右侧则为回火马氏体。

　　钎焊各区经用 50g 载荷分别测定其显微硬度，珠光体及铁素体区为 159 HV，钎焊铜区域为 107 HV，马氏体区域为 432 HV（相当于 43HRC）。

　　上述工件系矿山机械上配油盘零件，经解剖后零件的钎焊质量较好，满足矿山机械的使用要求。

　　在还原性气氛中钎焊钢时，铜是最适合的钎料，由于还原性气体的还原作用，可不必使用钎剂，铜在碳钢上铺展性极好，它在钎焊温度下，除了能流入接头间隙内外，还可能流到钎缝以外的地方，所以有必要在钎缝周围不希望钎料铺展的地方涂上阻流剂。

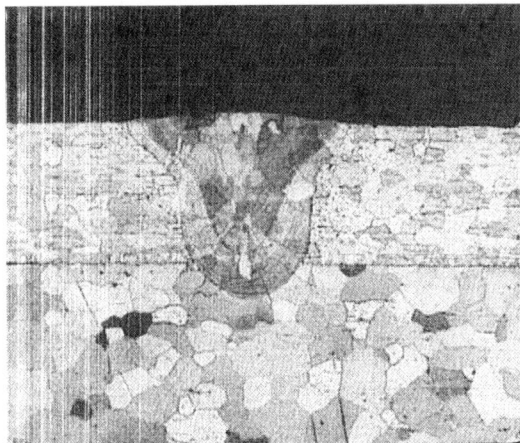

图 6-2-57   100×

图　号：6-2-57

材料名称：（德国）430FR 钢（上）；（德国）K-M35FL
　　　　钢（下）

浸 蚀 剂：氯化铁 30g，盐酸 100mL，水 50mL

处理情况：激光焊接

组织说明：下层材料组织为等轴奥氏体晶粒，晶粒
　　　　大小均匀，属 6～7 级；上层基材组织为晶粒细小
　　　　的奥氏体，有拉长变形情况，经激光焊接，焊缝
　　　　呈两层分布，虽然都是奥氏体晶粒，浸蚀后下层
　　　　焊缝色泽较浅，且渗入下层金属基体，上层焊缝
　　　　色泽较深，说明焊缝成分有差异，焊件焊接质量
　　　　良好。

图　号：　6-2-58

材料名称：（德国）X90CrMoV18 钢（左上）；X5CrNi18
　　　　钢（德国）；（德国）10 钢（右）；

浸 蚀 剂：氯化铁 30g，盐酸 100mL，水 50mL

处理情况：激光焊接

组织说明：左上侧材料经高温加热淬火回火，组织
　　　　为回火马氏体＋残留奥氏体＋细小颗粒状二次碳
　　　　化物；右下侧材料的组织为奥氏体，呈变形带状
　　　　组织。激光焊接时，下层材料熔融较多，焊缝为
　　　　柱晶状的奥氏体，与左上层材料焊接良好。由于
　　　　焊接热影响，近焊缝上层基体受热较高，为淬火
　　　　低温回火组织，故浸蚀后色泽较深，而离此有一
　　　　层较宽的受热较低的色泽较浅的高温回火组织。

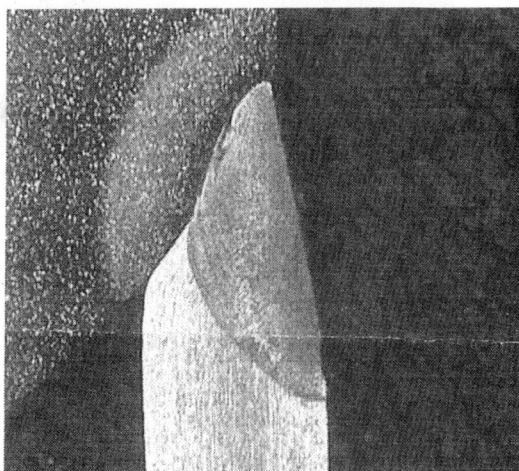

图 6-2-58   100×

图　号：6-2-59

材料名称：（德国）X5CrNi18 钢；（德国）10 钢(上)；
　　　　430FR 钢（德国）（下）

浸 蚀 剂：氯化铁 30g，盐酸 100mL，水 50mL

处理情况：激光焊接

组织说明：两层材料经激光焊接，上层金属熔融较
　　　　多，焊缝处组织细密，为细小柱状组织，上层金
　　　　属与焊缝交界平齐，与下层金属焊接情况良好，
　　　　这是典型激光焊接良好的组织。

图 6-2-59   100×

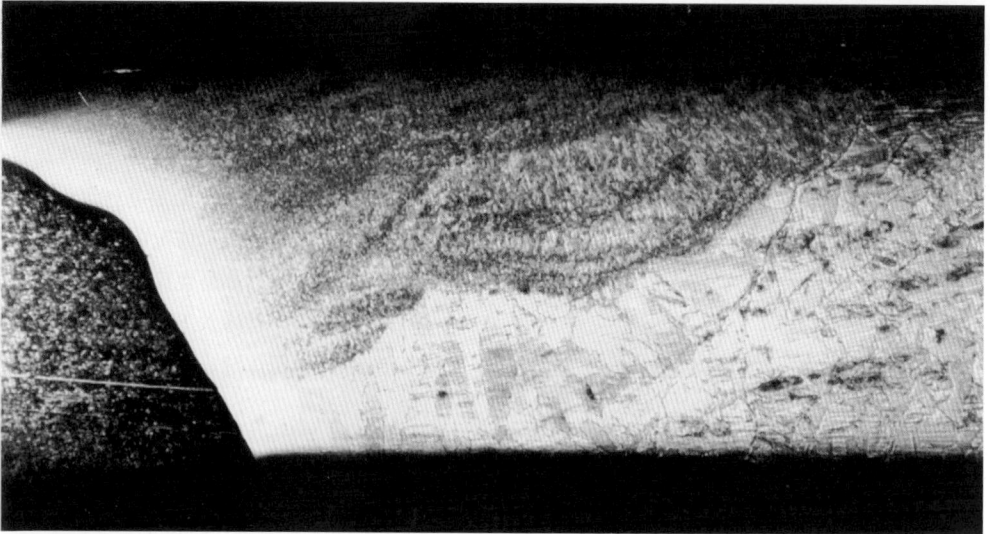

图 6-2-60   10×

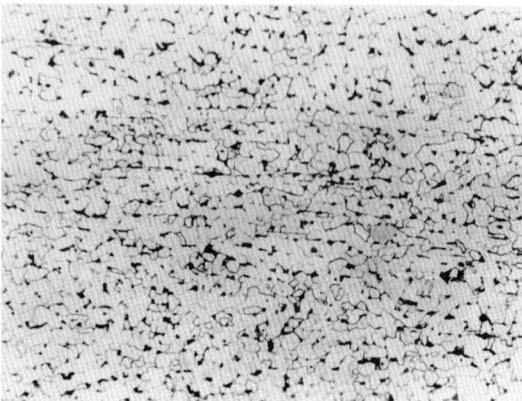

图 6-2-61   100×

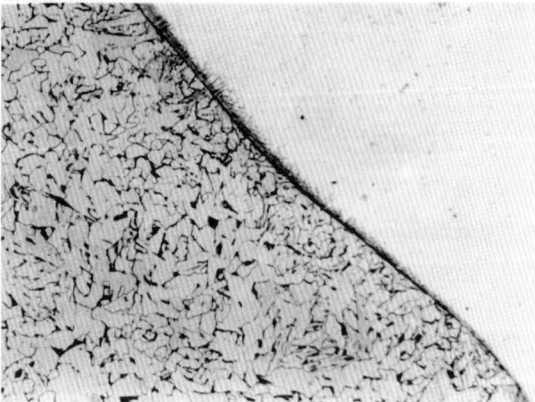

图 6-2-62   100×

图　　号：6-2-60~6-2-62

材料名称：Q235 钢；T3 纯铜

浸 蚀 剂：a）4％硝酸酒精溶液；b）氯化高铁盐酸水溶液

处理情况：钢铜单面手工氩弧焊

组织说明：图 6-2-60：Q235 钢与纯铜 T3 单面焊接接头经 b）浸蚀剂显示的低倍组织，图左下方为 Q235 钢区；中央为焊缝金属区，钢和铜焊接后，熔合情况良好，未出现有裂纹、夹杂、气孔等焊接缺陷；图右侧为 T3 纯铜区。

　　图 6-2-61：Q235 钢母材未受焊接热影响区组织，为铁素体和少量细珠光体，珠光体稍呈带状分布。

　　图 6-2-62：图左下部分为经 a）浸蚀剂显示的 Q235 钢母材热影响过热区组织，晶粒较粗大的铁素体和少量珠光体。图右上方为未受浸蚀的铜焊缝区，故焊缝组织未显示。图中部的深色斜线带为 Q235 钢和 T3 铜焊缝的熔合线，在右侧铜焊缝区有一条狭长而连续的灰色带，它是异种材料焊接熔合线上的过渡层，灰色带为呈树枝分布的铁相。

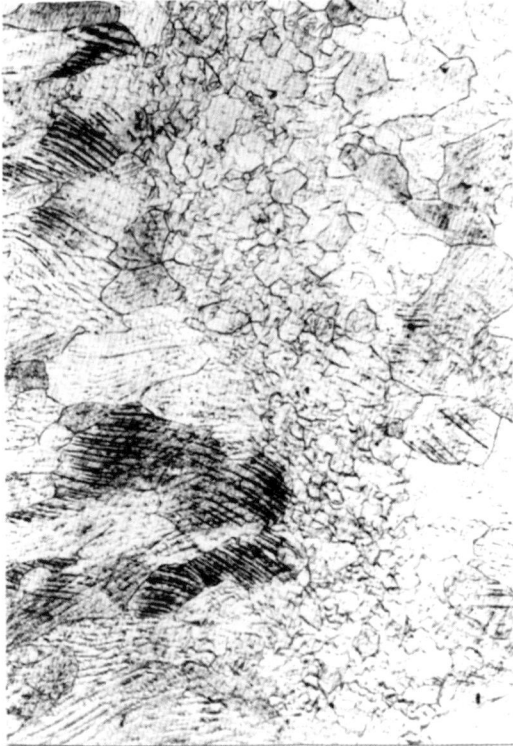

图　　6-2-63　　　　　　　　100×

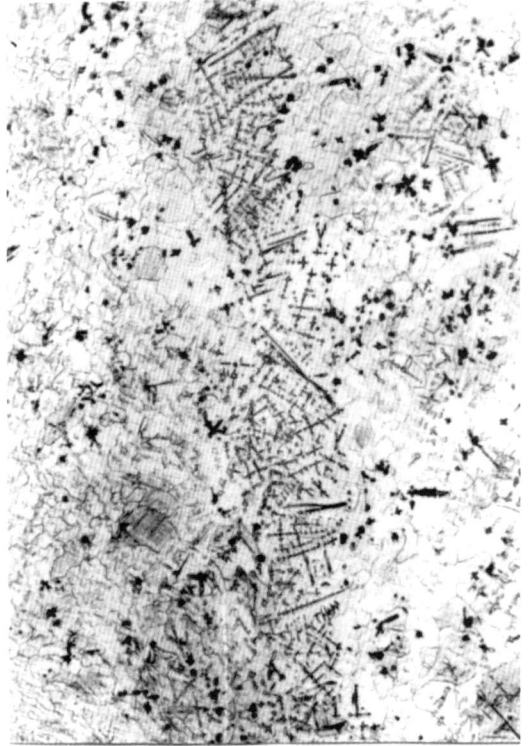

图　　6-2-64　　　　　　　　100×

图　　号：6-2-63～6-2-65

材料名称：Q235 钢；T3 纯铜

浸　蚀　剂：氯化高铁盐酸水溶液

处理情况：单面手工氩弧焊

组织说明：图 6-2-63：铜焊缝组织，单相 α 固溶体，
　　　　　大部分晶粒粗大，其上有颇多滑移线。图中间的
　　　　　细晶粒带是由于多道焊过程中后道焊缝金属的焊
　　　　　接热使前道焊缝组织重结晶而造成的。

　　　　　图 6-2-64：靠近于 Q235 钢母材附近的焊缝组
　　　　　织，主要为 α 固溶体，中部呈黑色树枝晶组织为
　　　　　铁相，它们是由于 Q235 钢母材区的铁熔入焊缝熔
　　　　　池后引起成分偏析在冷却凝固过程中产生的。

　　　　　图 6-2-65：T3 纯铜母材未受热影响区的组织，
　　　　　单相 α 固溶体呈孪晶分布，图中黑色为 T3 铜的
　　　　　Cu_2O 夹杂物。

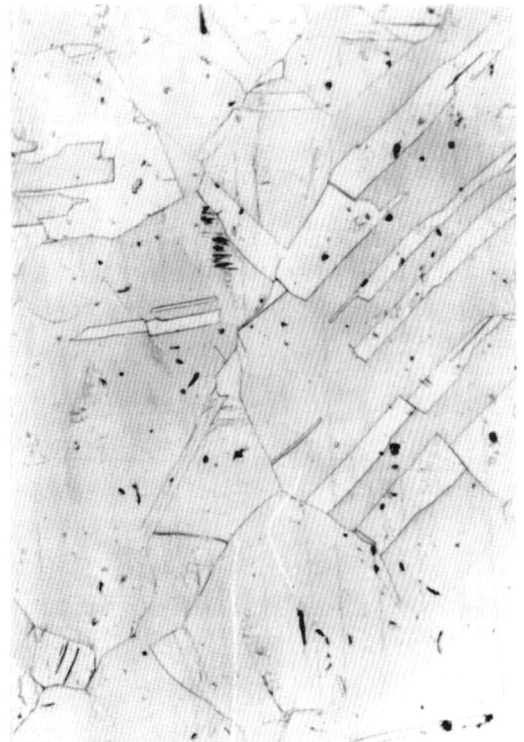

图　　6-2-65　　　　　　　　100×

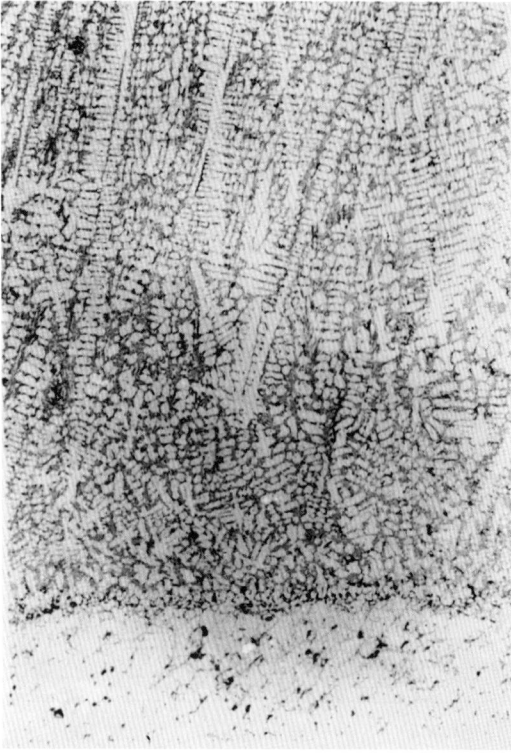

图 6-2-66   100×

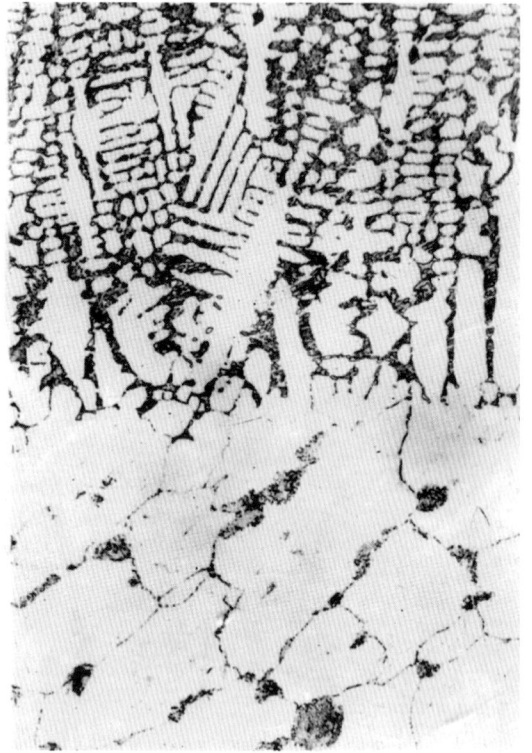

图 6-2-67   500×

图　　号：6-2-66、6-2-67

材料名称：Stellite 6 钴基堆焊硬质合金 [w（C）1.2%，w（Cr）29%，w（W）4%，w（Si）1.2%，w（Mn）1%，w（Ni）3%，其余为 Co]

浸 蚀 剂：堆焊层：4g 高锰酸钾+4g 氢氧化钾+100mL 水；母材：20mL 水+20mL 盐酸+4g 硫酸铜

处理情况：钨极氩弧堆焊

组织说明：图 6-2-67 为图 6-2-66 放大后的组织。图上部为 Stellite 6 堆焊硬质合金，白色枝晶状基体为 Co-Cr 固溶体，枝晶间黑色相为碳化物（主要为 M_7C_3，尚有部分为 WC）。固溶体系面心立方结构，M_7C_3 为密排六方结构。

　　图下部为内燃机气门母材（5Cr21Mn9Ni4N），白色基体为奥氏体，灰色沿晶析出相为 $Cr_{23}C_6$ 碳化物，较大块状为层状相。合金优异的耐磨性就是依靠这些碳化物获得的，由于钴基基体本身具有良好的抗咬合性，从而使硬面合金有十分优异的金属间的抗磨性，同时合金中固溶的强化元素含量高，所以使合金能保持很高的高温强度。适用于高温、耐磨及耐蚀环境下工作的堆焊层，如内燃机气门、高温高压的阀门等。从熔合线情况看，堆焊层与母材熔接良好。

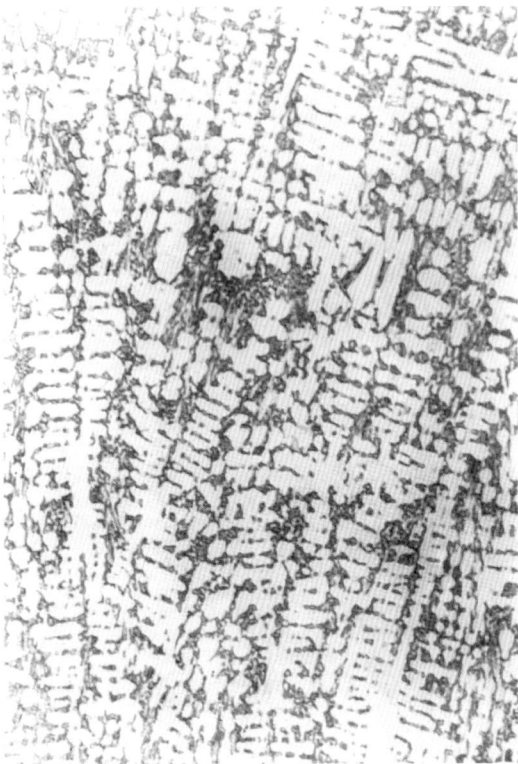 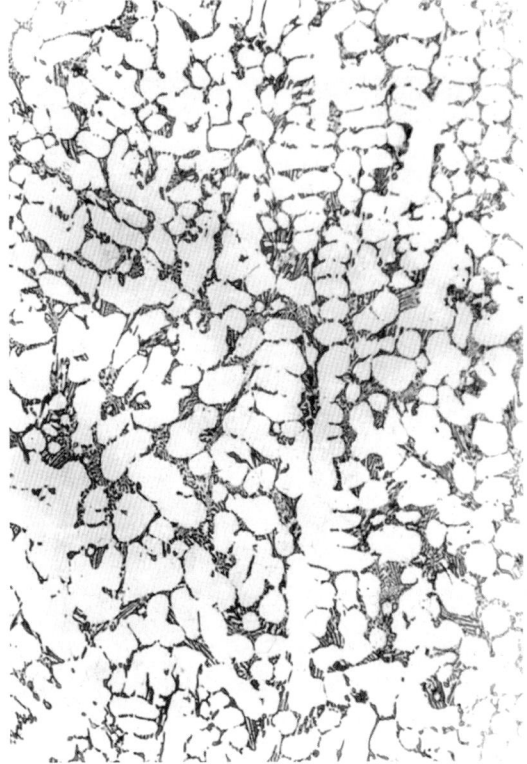

图　6-2-68　　　　　　　　　　　100×　　图　6-2-69　　　　　　　　　　　500×

图　　号：6-2-68、6-2-69

材料名称：Stellite F 钴基堆焊硬质合金 [w（C）1.75%，w（Cr）25.5%，w（W）12%，w（Fe）1.2%，w（Ni）22.5%，w（Mo）0.6%，其余为 Co]

浸 蚀 剂：4g 氢氧化钠+4g 高锰酸钾+100mL 的水

处理情况：钨极氩弧堆焊

组织说明：组织大致与 Stellite 6 合金相近似，白色固溶体为呈面心立方 Co-Cr-Ni 三元固溶体，黑色枝晶状分布的为碳化物，其组成主要为 $Cr_{23}C_6$，Cr_7C_3 与 WC。

Stellite F 堆焊层金属的常温、高温硬度见表 6-2-1。

表 6-2-1　Stellte F 堆焊层金属的常温、高温硬度

常温硬度 HRC	高温硬度　HV			
	427℃	538℃	649℃	760℃
37~40	275	265	250	195

从上述数据可见，合金在 650℃ 以下时，硬度大致可保持在 260HV 左右。温度达到 760℃ 时，硬度则有较大幅度的下降。

与 Stellite 6 同为 Co 基堆焊硬质耐磨合金，由于提高了镍的含量，堆焊层的韧性和力学性能得到提高，它有较好的耐蚀性，但耐磨性较差，主要用于耐气蚀、耐腐蚀的内燃机气门的堆焊。

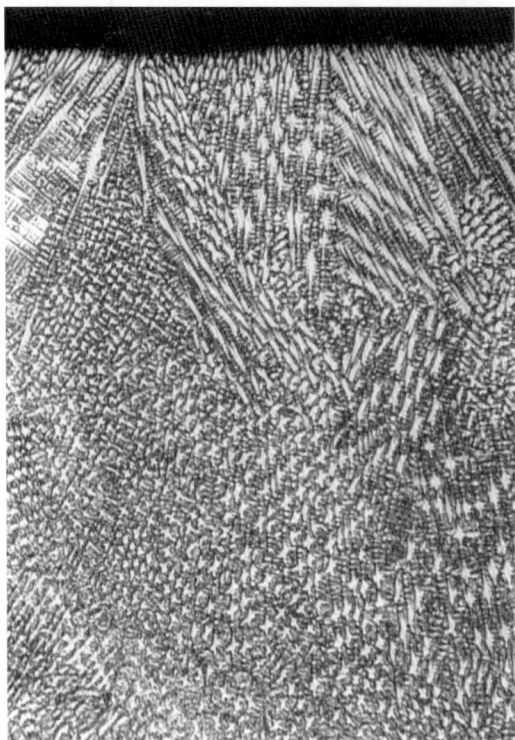

图　6-2-70　　　　　　　　　　　　100×

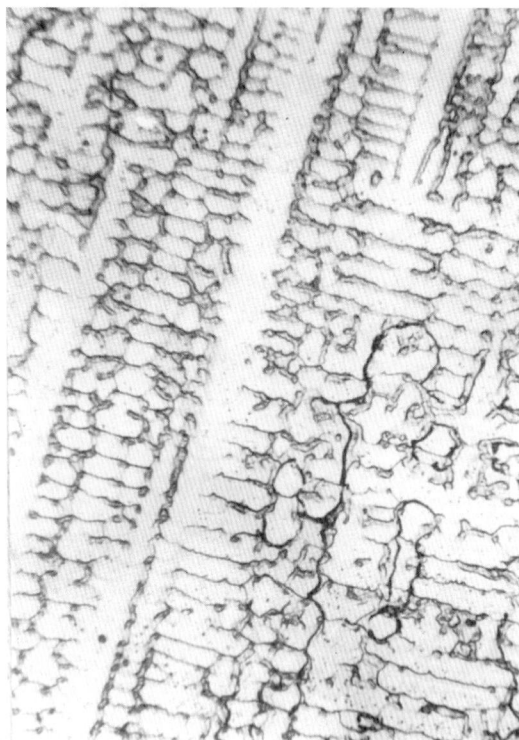

图　6-2-71　　　　　　　　　　　　500×

图　　　号：6-2-70、6-2-71

材料名称：钴基堆焊硬质合金（母材为 3Cr2W8 钢）[w（C）0.4%～1.4%，w（Mn）≤10%，w（Si）≤2%，w（Fe）5%，w（W）3.5%～6%，w（Cr）26%～32%，其余为 Co]

浸　蚀　剂：20mL 水+20mL 盐酸+4g 硫酸铜

处理情况：堆焊前预热，氧乙炔焰堆焊后缓冷

组织说明：图 6-2-70：堆焊金属近表处的组织形貌，其特征为细小白色枝晶分布的固溶体与枝晶间黑色 M_7C_3 碳化物存在。

　　　　图 6-2-71：接近熔合线部位的放大组织，白色枝晶为固溶体与灰色枝晶间碳化物构成的共晶组织，组织构成十分清晰。

　　　　由于该合金含有大量固溶强化合金元素，在高温下硬度与强度均很好，其耐磨与抗剥离性能均十分突出。经生产实际使用结果表明，经堆焊这种合金的 3Cr2W8 冷挤压冲头，可冲挤零件 15000 只，而未经堆焊该合金的普通 3Cr2W8 冲头，只能加工 2500 只同样零件。

　　　　堆焊层硬度：表层为 43.5HRC；中间部位为 47.5HRC；里层为 50.5HRC。

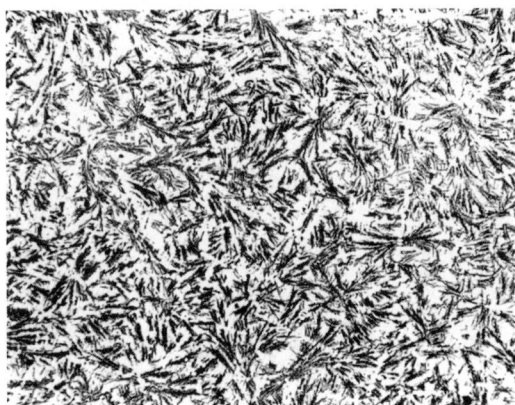

图　　6-2-72　　　　　　　　　　　　100×

图　　号： 6-2-72

材料名称： Ni102 铁自熔硬化合金喷焊粉 [w（C）
0.8%，w（Cr）16%，w（Si）4.5%，w（B）3.5%，
w（Fe）15%，其余为 Ni]

浸蚀剂： 4g 氢氧化钠+4g 高锰酸钾+100mL 水

处理情况： 氧乙炔喷焊

组织说明： 白色 Ni-Cr 固溶体与细针状、干状及小颗
粒状（Cr，Fe）$_{23}C_6$ 碳化物及细小块状 CrB、Ni_3B
硼化物构成的共晶组织。

　　由于加入较多的硼、硅元素，所以降低了合
金的熔点，故自熔性好，重熔时镜面清晰，表面
平滑，氧化物少，堆焊层组织均匀细致，硬度可
达 700HV。合金抗氧化性、耐磨性较好的合金层
可以进行磨削加工。

图　　6-2-73　　　　　　　　　　　　100×

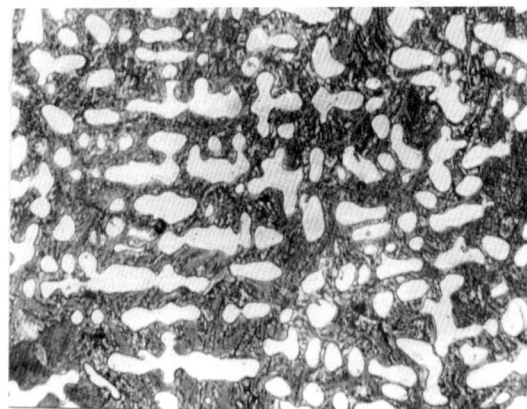

图　　6-2-74　　　　　　　　　　　　500×

图　　号： 6-2-73、6-2-74

材料名称： Co202 自熔硬化合金喷焊粉 [w（C）0.1%，w（Cr）21%，w（Si）2%，w（B）2.2%，w（W）
5%，w（Fe）10%，其余为 Co]

浸蚀剂： 4g 氢氧化钠+4g 高锰酸钾+100mL 水

处理情况： 氧乙炔焰喷焊

组织说明： 图 6-2-73 是图 6-2-74 的低倍组织。白色枝晶为 Co-Cr 固溶体，灰黑色枝晶间为（Cr，Fe）$_{23}C_6$
碳化物及碳化钨 WC 相，此外尚有 CrB 相，但由于其十分细小分布致密，故不易区分，碳化物部分硬
度为 518HV100；其中固溶体的硬度为 320HV100。

　　Co202 是以钴为基本成分的自熔硬化合金粉，是一种喷（涂）焊粉剂材料。加入硅、硼后可显著降
低合金熔点（硅的作用不如硼显著），有利于达到自熔效果。喷焊过程中形成的硅、硼氧化物覆盖于熔
融合金表面，起到保护合金不被氧化作用，硼能形成硼化物，提高合金硬度。铬及钨主要形成碳化物，
它也是提高合金硬度和热硬性的元素。合金层有耐金属间磨损和抗腐蚀等性能。

　　这种喷焊工艺，具有组织变化小、变形小、操作方便、价格低等优点，同时还便于零件在现场修
复时使用。

图 6-2-75 100×

图 6-2-76 100×

图 6-2-77 100×

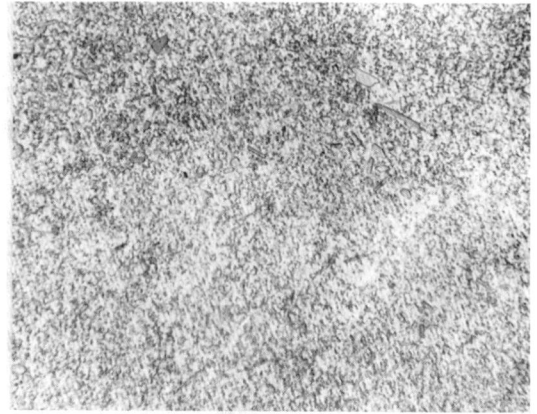
图 6-2-78 200×

图　号：6-2-75～6-2-78

材料名称：Ni16A 自熔硬化合金喷焊粉 [w（C）0.5%，w（Cr）16%，w（Si）4%，w（B）4%，w（Fe）5%，w（Cu）3%，w（Mo）3%，其余为 Ni]

浸 蚀 剂：4g 氢氧化钠+4g 高锰酸钾+100mL 水

处理情况：氧乙炔焰堆焊

组织说明：图 6-2-75 及 6-2-76：白色基体为铬-镍-硅固溶体，黑色细小颗粒状及细小杆状为（Cr，Fe）$_{23}$C$_6$ 碳化物，粗大黑色针状为 Ni$_3$B，它是在堆焊的重熔过程中（意在使合金粉末均匀地得到熔化而进行的补充加热，此时焊层合金呈现洁净的镜面，温度约为 1250℃左右），由细小的颗粒 Ni$_3$B 聚集长大而成。这种针状相硬度约为 1100～1280HV100，但较脆，受冲击易破碎。结果在表面易产生沿针状相走向的裂纹，导致合金层表面出现剥落麻坑。

图 6-2-77 及 6-2-78：是同上成分粉末在较低温（1100℃）下堆焊的组织，与高温堆焊相比，在组织形貌及大小上两者差异显著，组织十分细小，分布均匀，除近母材（4Cr14Ni14W2Mo）钢处有针状相外，其余均为细小颗粒及细小块状，组织硬度为 927HV100，比高温堆焊组织 418HV100 高出一倍。

实际使用表明（柴油机气门）低温堆焊合金的强度高，耐磨性好，焊层不出现表面剥落。

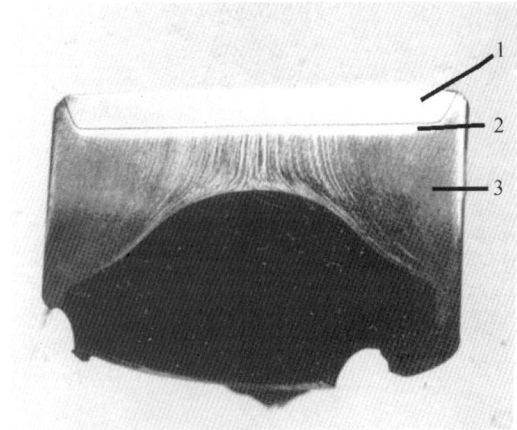

图 6-2-79   2×

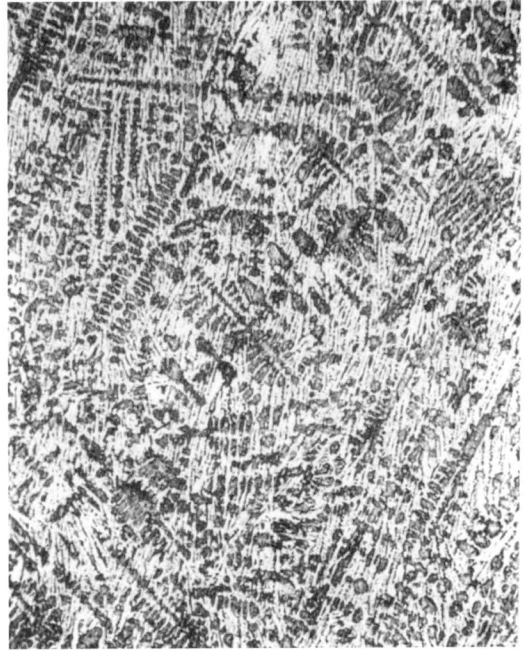

图 6-2-80   50×   图 6-2-81   100×

图　　号：6-2-79～6-2-84

材料名称：挺杆：20 钢；堆焊层：Cr-Ni-Mo 合金铸铁焊条 [w（C）3.2%～3.4%，w（Si）2.2%～2.4%，w（Mn）0.65%～0.85%，w（Ni）0.4%～0.5%，w（Cr）0.9%～1.1%，w（Mo）0.4%～0.65%，w（P）≤0.1%，w（S）≤0.1%，其余为 Fe]

浸 蚀 剂：4%硝酸酒精溶液

处理情况：20 钢制挺杆顶端表面用高频加热方法堆焊一层合金铸铁后，在空气中停留 1~3s 后水冷。

组织说明：图 6-2-79：20 钢挺杆顶端表面堆焊合金铸铁后的纵剖面，图中 1 为堆焊层；2 为熔合线；3 为 20 钢制杆身，从杆身剖面心部可见到明显带状分布的流线。

　　图 6-2-80：是图 6-2-79 的三部分经放大 50 倍后的组织，图的上部分为堆焊层；图的中部分黑色区为熔合线；图的中下部分为热影响区脱碳部分，图的下部为杆身带状组织。

　　图 6-2-81：堆焊层组织，枝晶分布的灰棕色为马氏体及残留奥氏体，白色条状及鱼骨状为合金渗碳体及莱氏体共晶。

图　6-2-82　　　　　　　　　　　　　　　　　　　　500×

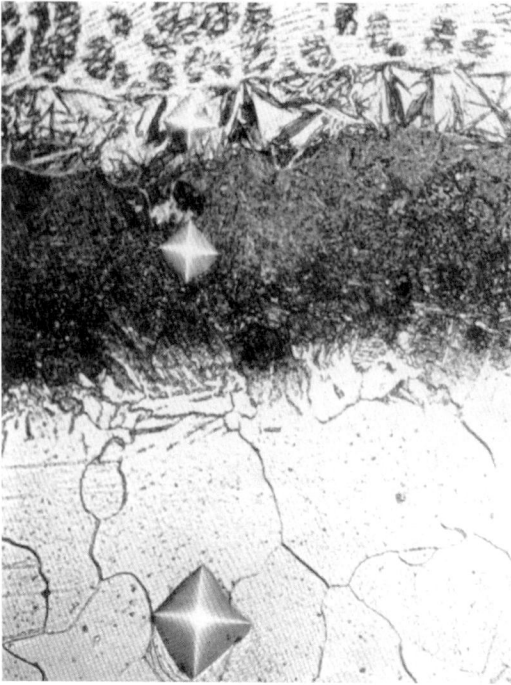

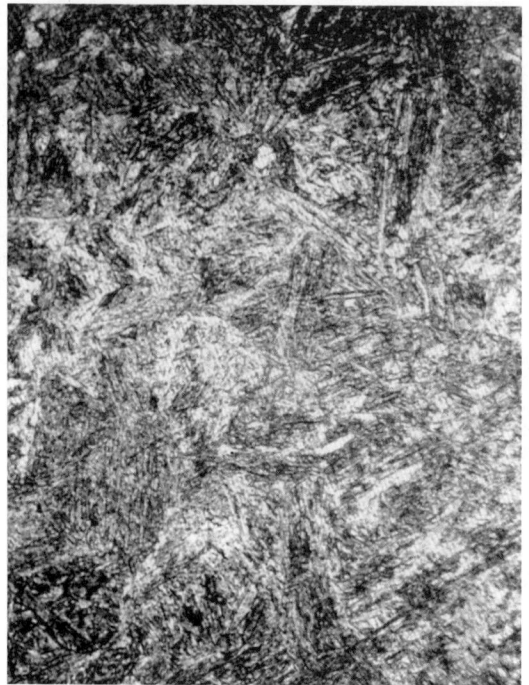

图　6-2-83　　　　　　　　　500× 图　6-2-84　　　　　　　　　500×

　　图 6-2-82：左侧为堆焊过热区，白色条状为合金渗碳体，其间颇多细小黑灰色块状为回火马氏体，呈枝晶分布的圆块状为粗针状回火马氏体及残留奥氏体；紧接堆焊过热区的一层为熔合线，组织为更粗大针状回火马氏体及残留奥氏体；近熔合线一侧（图中部）过渡层组织为托氏体及索氏体组织；图右部为近过渡区 20钢母材过热脱碳部分，组织为粗晶粒铁素体，在靠近黑色过渡区铁素体有过热倾向，呈针状分布。

　　图 6-2-83：为上图各部分经显微硬度测定后的压痕情况及硬度值：堆焊层合金渗碳体硬度为 891HV；枝晶圆块状硬度为 752~795HV；熔合线处硬度为 524HV；黑色过渡区硬度为 299HV；铁素体粗晶粒处硬度为 125HV。

　　图 6-2-84：图 6-2-79 中 3 杆身近过热脱碳区之组织，基体为贝氏体。

　　20 钢制挺杆端面堆焊合金铸铁，可以显著地提高零件的耐磨性，这一工艺已在某些发动机的挺杆上应用，且已取得一定的经济效益。

金 相 图 片

图 6-3-1   0.5×

图 6-3-2   2×

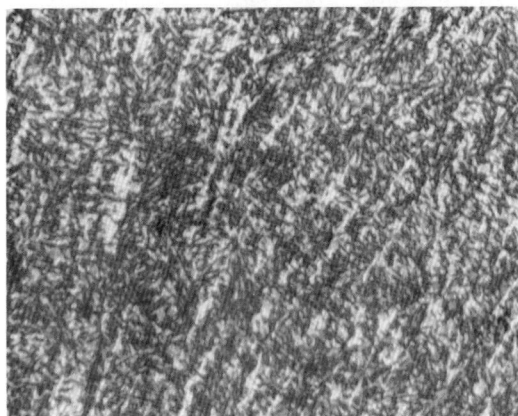

图 6-3-3   400×

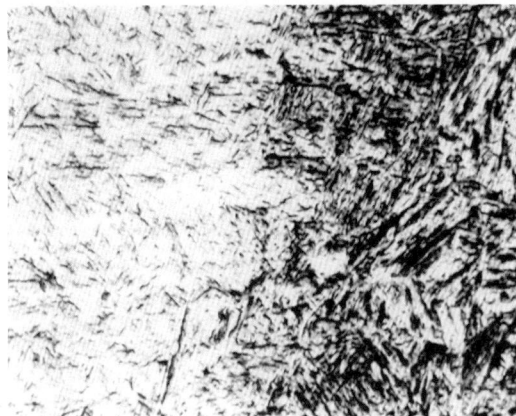

图 6-3-4   400×

图 号：6-3-1～6-3-9

材料名称：20CrMnTi 钢档位齿轮，超速档结合齿环

浸 蚀 剂：4%硝酸酒精溶液

处理情况：20CrMnTi 齿轮和齿环经过表面层渗碳后，采用 3 万 V 高真空电子束焊接。焊接深度约为 5mm。齿轮及齿环表面渗碳深度均约 0.8mm。

组织说明：图 6-3-1：20CrMnTi 挡位齿轮和超速档结合齿轮焊接成一体的实物照。

图 6-3-2：具有表面渗碳层的齿轮和齿环电子束焊接件的焊缝及其附近金属的剖面低倍组织。图上部浅灰色倒三角形为电子束焊接形成的焊缝金属区。图左侧为齿轮，图右侧为齿环区。齿轮和齿环表面的深灰色层为渗碳层。

图 6-3-3：焊缝中心区的组织：针状马氏体加少量小块残余残留奥氏体，硬度为 65HRC。

图 6-3-4：齿轮与齿环表面渗碳层内过共析—共析组织区域中的焊缝—母材热影响过热区组织。图左侧为焊缝组织：针状淬火马氏体。图右侧为母材过热区组织：粗针状自回火马氏体和少量残留奥氏体。图中部熔合区组织为针状马氏体和少量残留奥氏体。

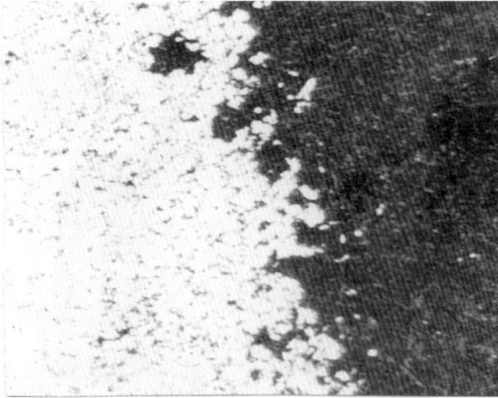

图 6-3-5   400×

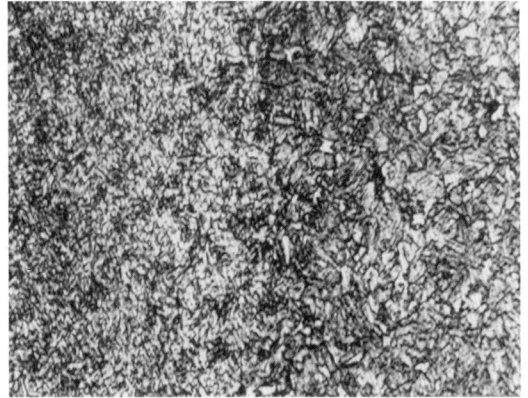

图 6-3-6   400×

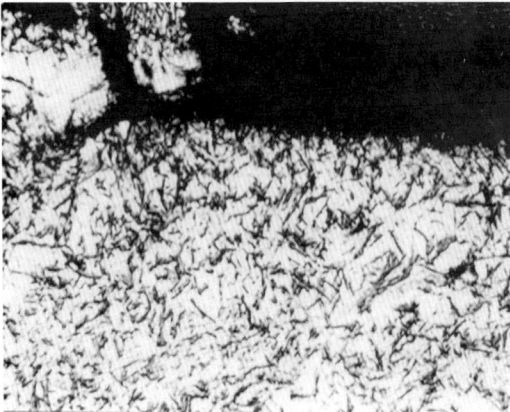

图 6-3-7   400×

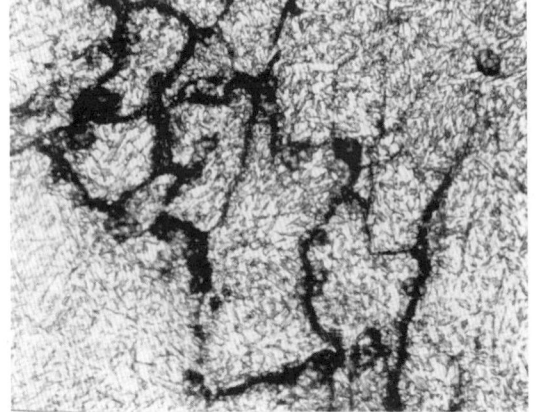

图 6-3-8   400×

图 6-3-5：位于齿轮与齿环表面渗碳层内偏邻共析层附近的过渡区中的焊缝—母材热影响过热区组织。图左侧浅色区组织为焊缝区组织细针状淬火马氏体。图右侧为母材热影响过热区组织：针状马氏体和托氏体。

图 6-3-6：齿轮与齿环内部未受表面渗碳影响区内的焊缝—母材热影响过热区组织。图左为焊缝组织：针状及板条状回火马氏体及少量小块铁素体。图右面为母材过热区组织：板条状马氏体和少量块状铁素体。图中部（偏左侧）为熔合线组织：针状马氏体＋板条状马氏体＋铁素体，其中铁素体呈细小块状稍有聚集状分布。

图 6-3-7：齿轮与齿环最表面层与焊缝区紧邻的母材热影响过热区组织：针状马氏体和数量较多的残余奥氏体。测得该区硬度为 43HRC。

图 6-3-8：焊缝底部的组织及裂纹。组织为针状马氏体及板条状马氏体和块状铁素体。裂纹呈网状及半网状分布。

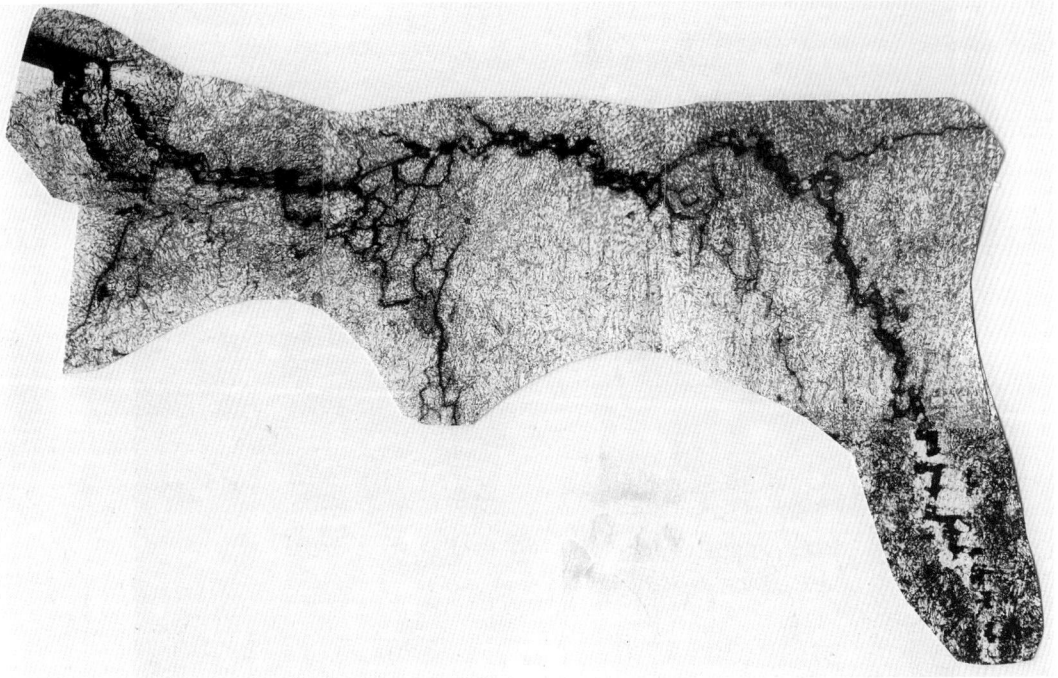

图　6-3-9　　　　　　　　　　　　　　　　　　　　　　　　100×

图 6-3-9：齿轮与齿环电子束焊缝底部区内的裂纹全貌。裂纹主要呈网状及半网状分布，具有明显的沿晶分布特征，它是在焊接过程中产生的结晶裂纹。

对具有渗碳层的 20CrMnTi 钢焊接，由于渗碳层的存在，使工件由表及里的材料成分有不断的变化：含碳量从过共析—共析—过渡层亚共析—原材料（20CrMnTi）内部的原始亚共析成分。因此在焊接后，从表面至内部所形成的焊缝及母材热影响区的组织也会随之发生相应的变化。特别是处于不同碳含量层的母材热影响区的组织之间差异更为明显。

焊缝中的结晶裂纹是一种焊接缺陷。焊接过程中熔池凝固时，在液相与固相并存的温度区间，由于结晶偏析和收缩应力应变作用。沿一次结晶形成的裂纹，即结晶裂纹，它只发生在焊缝中，有纵向裂纹和横向裂纹，结晶裂纹的显微特征为沿晶向开裂，属于晶间裂纹，本例中出现的网状和半网状裂纹即为具有晶间裂纹特征的结晶裂纹，当液相与固相间的温度区间越大，结晶偏析越大，冷却速度越快时，越容易产生结晶裂纹。本例焊缝主要处于渗碳层的高碳（过共析及共析）区，故焊缝熔池的液/固相间的温度区间较大，加上电子束焊接具有极快的冷却速度，因此在焊缝中容易产生结晶裂纹，所以，材料的含碳量及含合金元素量越高越容易产生焊接裂纹，这种裂纹可用散焦电子束预热法加以预防。

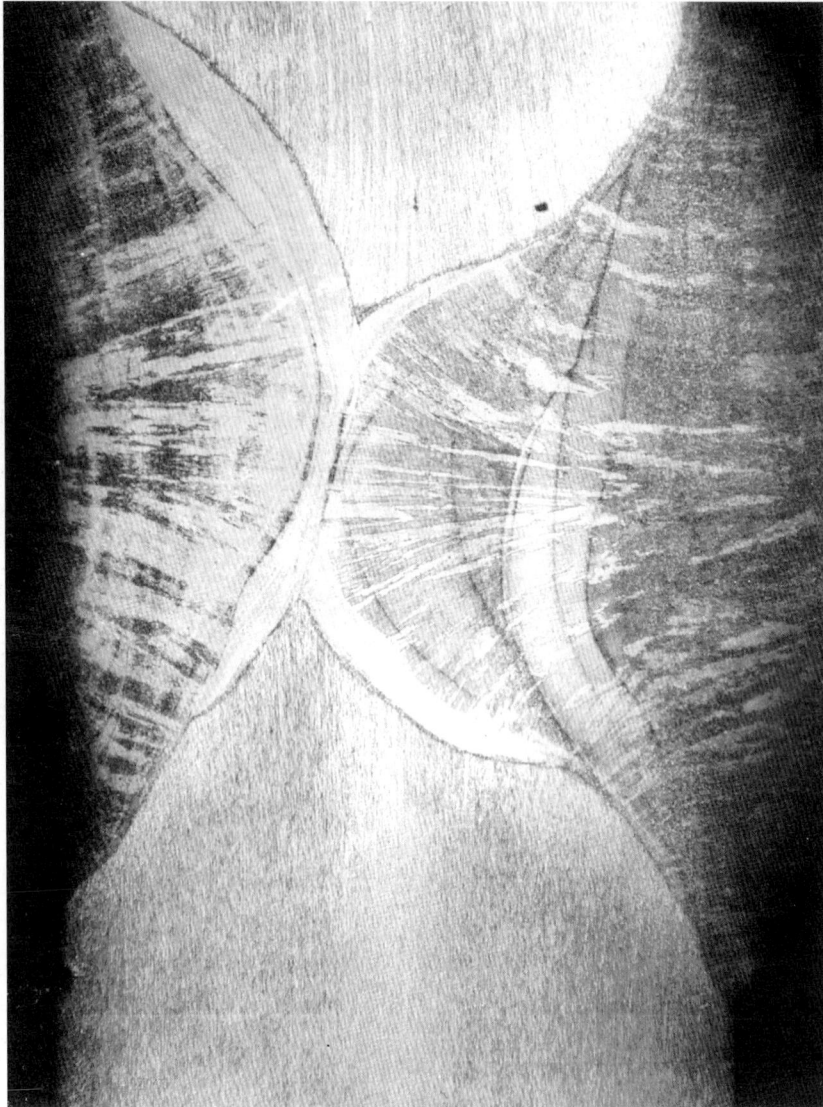

图　6-3-10　　　　　　　　　　　　　　　　　　　　10×

图　　号： 6-3-10

材料名称： 1Cr18Ni9Ti 钢

浸 蚀 剂： 10％草酸水溶液电解浸蚀

处理情况： 双面焊条电弧焊

组织说明： 为 1Cr18Ni9Ti 钢双面焊条电弧焊的焊接接头剖面的低倍组织。图中部为焊缝区，图上、下部为焊接两侧母材之组织，图中部左侧焊缝为单层焊，图右侧则为多层焊，两侧焊缝区的柱状晶粗大且明显。焊缝结合良好，未发现有焊接缺陷存在。

　　焊接奥氏体不锈钢时，可采用焊条电弧焊、钨极氩弧焊、熔化极氩弧焊、埋弧焊、电渣焊、中频感应电阻焊和摩擦焊等。焊接奥氏体钢时，常会遇到晶间腐蚀、热裂纹及焊接接头脆性等问题。

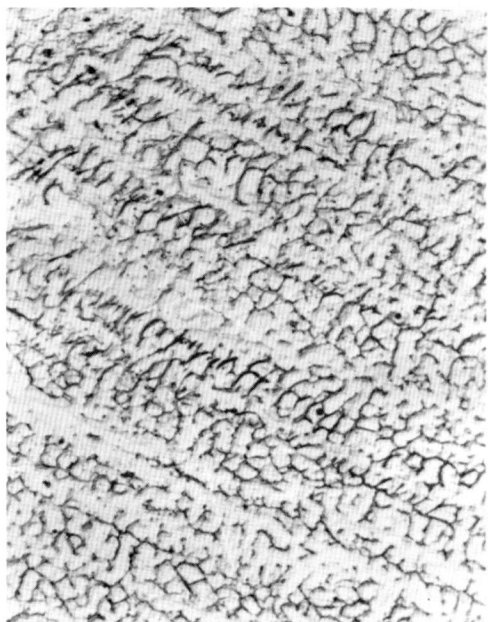

图　6-3-11　　　　　　　　　　320×

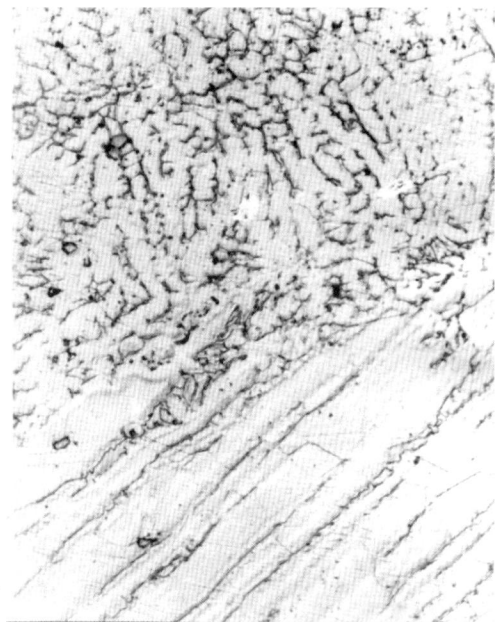

图　6-3-12　　　　　　　　　　320×

图　6-3-13　　　　　　　　　　320×

图　号：6-3-11～6-3-13
材料名称：1Cr18Ni9Ti 钢（不锈钢焊条）
浸 蚀 剂：10％草酸水溶液电解浸蚀
处理情况：双面焊条电弧焊
组织说明：图 6-3-11：焊缝组织，奥氏体和排列整齐的树枝状分布的 δ 铁素体。组织呈粗大的柱状晶分布。

图 6-3-12：熔合区及附近组织。图上部为焊缝组织，图下部为母材热影响过热区组织：粗大奥氏体晶粒和少量带状分布的 δ 铁素体。

图 6-3-13：母材未受热影响区组织：奥氏体及带状分布的 δ 铁素体。

晶间腐蚀是 18-8 型奥氏体不锈钢最危险的破坏形式，由于 w（C）在奥氏体不锈钢中溶解度很小，约为 0.02％～0.03％，但一般不锈钢中均超过上述含量，只有在固熔状态下才不会产生晶间腐蚀。但当固熔状态的钢在腐蚀介质中加热到 450～850℃或长期在这一温度区间使用，也会产生晶间腐蚀。如继续在上述温度范围内加热，使晶界处多余的碳全部形成碳化铬，随着碳停止扩散，铬将向晶界处扩散，使晶界处 w（Cr）重新恢复到大于 12％，使晶界不再产生腐蚀，这种现象称为二次稳定，利用这种恢复耐晶间腐蚀的方法称为稳定化退火。此外，焊接热规范小，冷却速度大，或在钢中和焊条中添加 Ti、Ta、Nb、Zr 等稳定化元素，或焊缝中铁素体的体积分数为 5％～10％时，均可提高耐晶间腐蚀能力。

图　　号：6-3-14~6-3-16

材料名称：1Cr18Ni9Ti 钢

浸　蚀 剂：王水甘油溶液

处理情况：工件经氩弧焊后，置于 35℃的 3%（体积
分数）氢氟酸+12%（体积分数）硝酸水溶液中浸 2h
酸洗，然后经 530℃加热 6h，继而升温至 650℃保温
10~12h，再降温至 300℃，出炉空冷

组织说明：晶间腐蚀。

1Cr18Ni9Ti 不锈钢管经氩弧焊后，采用上述
处理，在焊接接头处有晶间腐蚀现象。取样作金
相观察，发现熔焊热影响区存在沿奥氏体晶界伸
展的裂纹，深约 1~2 个奥氏体晶粒，图 6-3-14 和
图 6-3-15 就是这种晶间腐蚀的显微特征，腐蚀沿
着晶界进行。图 6-3-16 系近热影响区焊缝内侧沿
α 相形成不同程度的腐蚀坑。热影响区的奥氏体
组织也有晶界腐蚀缺陷。

晶界腐蚀是沿着晶界进行的，使晶粒间的连
续性遭到严重的破坏。但它通常不会引起金属外
形的任何变化，却可使金属的力学性能急剧降低，
进而导致工件的突然破坏。晶间腐蚀严重时，会
使工件完全失去金属声音，轻敲即可碎成粉末。

造成奥氏体不锈钢晶间腐蚀的原因，是晶间
的贫铬，因为铬镍奥氏体不锈钢在高温固溶后将
获得单相奥氏体组织，属亚稳状态，在以后某
一温度范围（600~800℃的敏化温度范围）内，碳
向晶界的扩散比铬快，铬的碳化物（$Cr_{23}C_6$）便在
晶界析出，使晶界附近的铬量降低到钝化所需的
极限含量 [w（Cr）为 11.7%]，从而造成晶界附
近铬的贫化，使晶间抗某些介质腐蚀的作用显著
降低，以致容易发生晶界腐蚀。

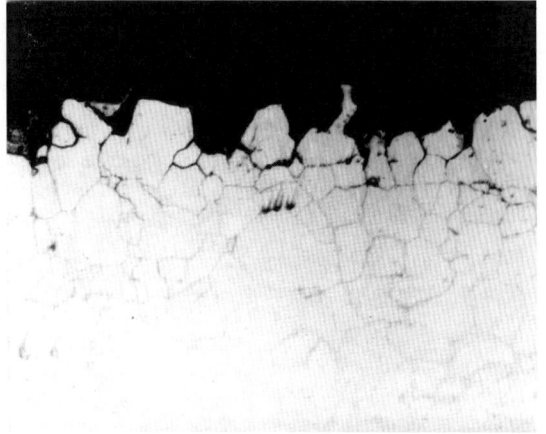

图　 6-3-14　　　　　　　　　　250×

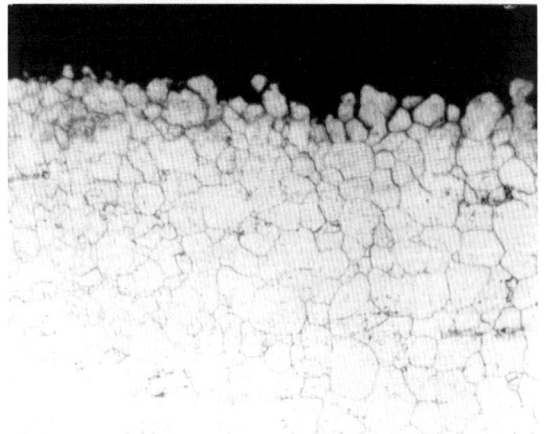

图　 6-3-15　　　　　　　　　　250×

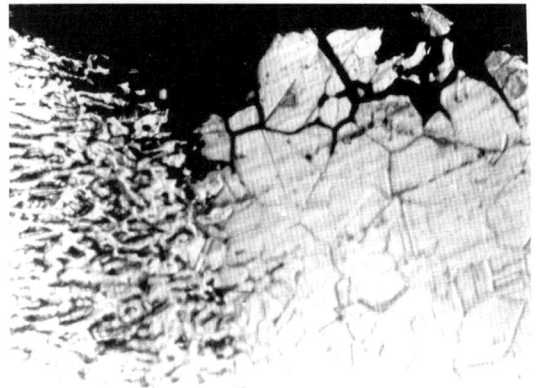

图　 6-3-16　　　　　　　　　　320×

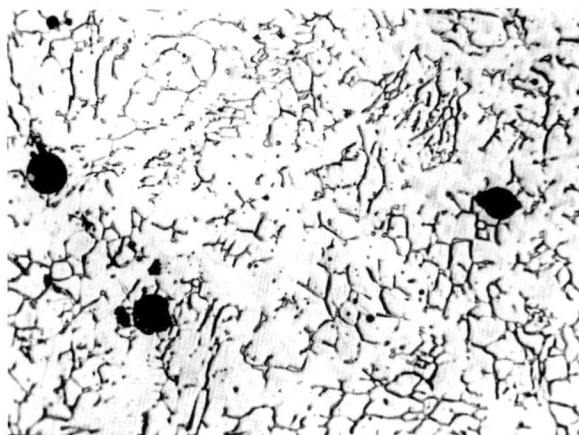

图 6-3-17 300×

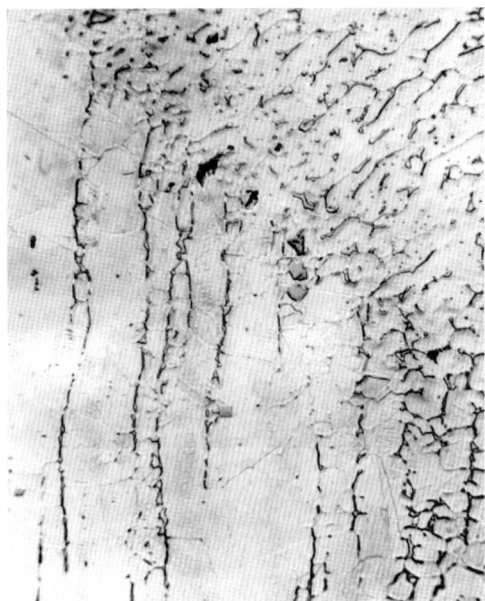

图 6-3-18 300×

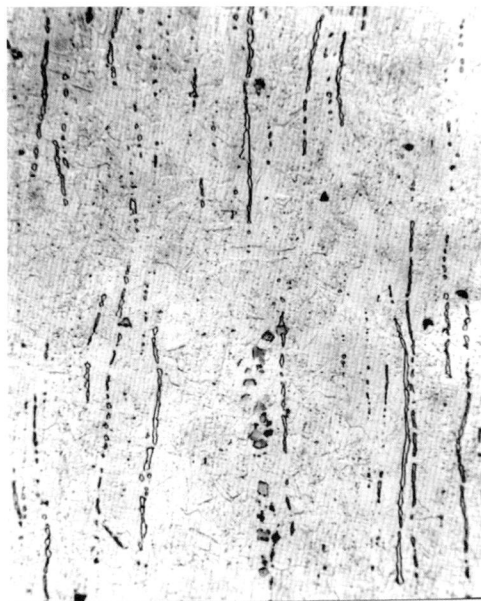

图 6-3-19 300×

图　号： 6-3-17～6-3-19

材料名称： 母材为 1Cr18Ni9Ti 钢；焊条为 H0Cr18Ni9Ti；焊剂为 HS107

浸蚀剂： 10%（质量分数）Cr_2O_3 水溶液电解腐蚀

处理情况： 埋弧焊

组织说明： 图 6-3-17：焊缝组织，奥氏体和枝晶状 δ 铁素体。黑色大颗粒为受腐蚀的非金属夹杂物剥落的孔穴。

图 6-3-18：熔合线附近组织。图右上方为焊缝组织。图左下部为母材热影响过热区组织：奥氏体和带状分布的 δ 铁素体。两区之间相交处为熔合线组织：奥氏体和 δ 铁素体，但 δ 铁素体既不是枝晶状，又不呈带状分布。图中灰色块状为夹杂物。

图 6-3-19：1Cr18Ni9Ti 母材未受热影响区组织：奥氏体细晶粒和带状分布的 δ 铁素体。图中有少量非金属夹杂（灰色小块状）。

焊缝中如铁素体含量过多，且长期在 450~825℃ 温度下长期工作，会产生 σ 相，使焊缝金属变脆，因此一些重要的焊接件在技术条件中规定了铁素体的体积分数一般控制在 5%～10%。

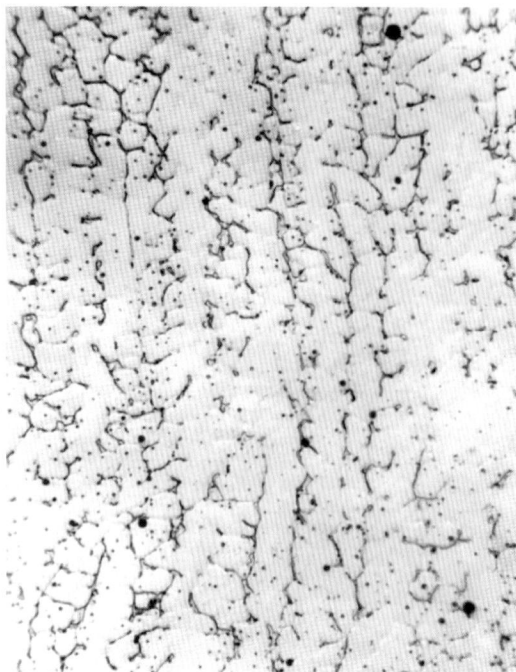

图   6-3-20   400×

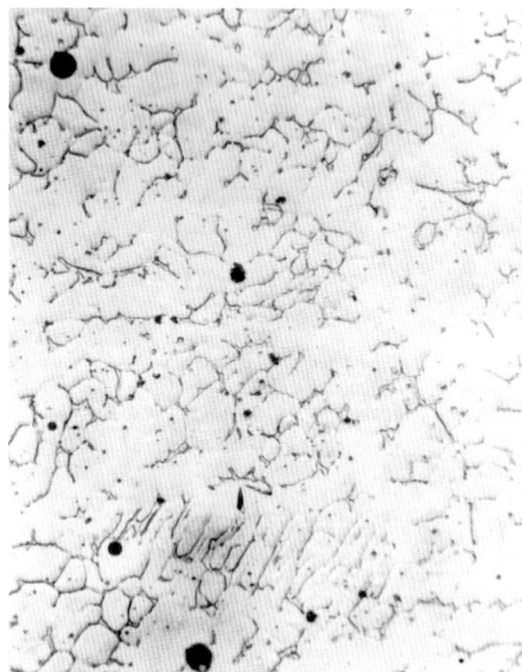

图   6-3-21   400×

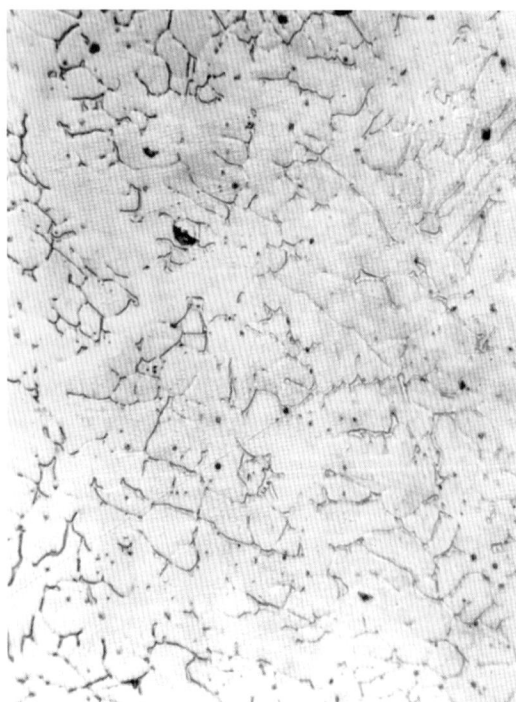

图   6-3-22   400×

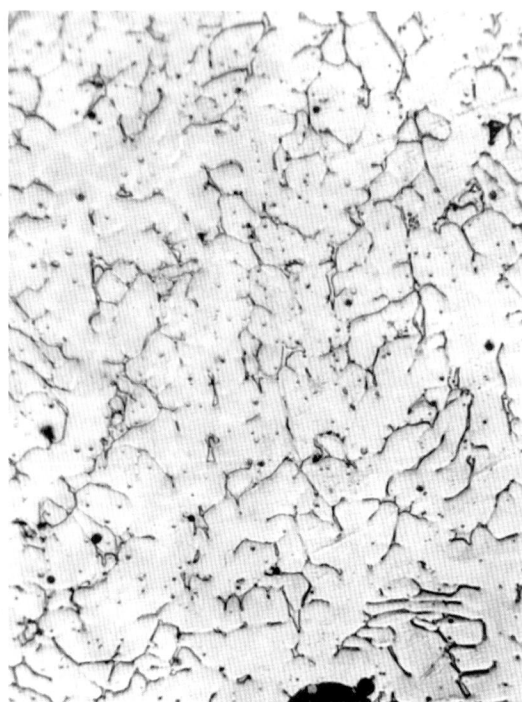

图   6-3-23   400×

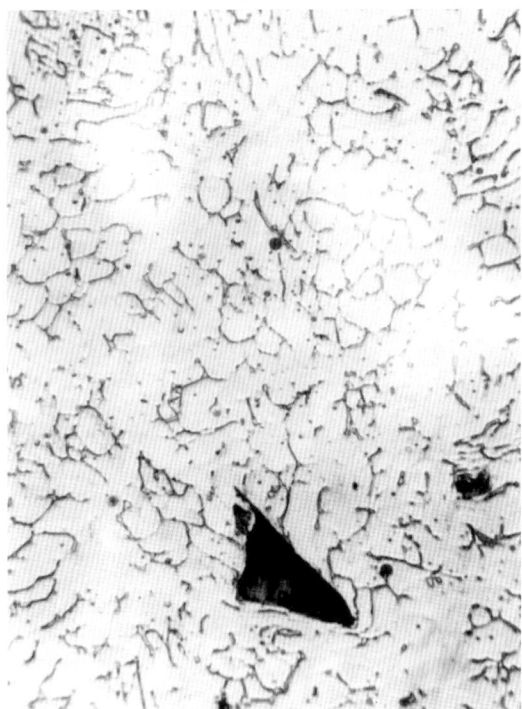

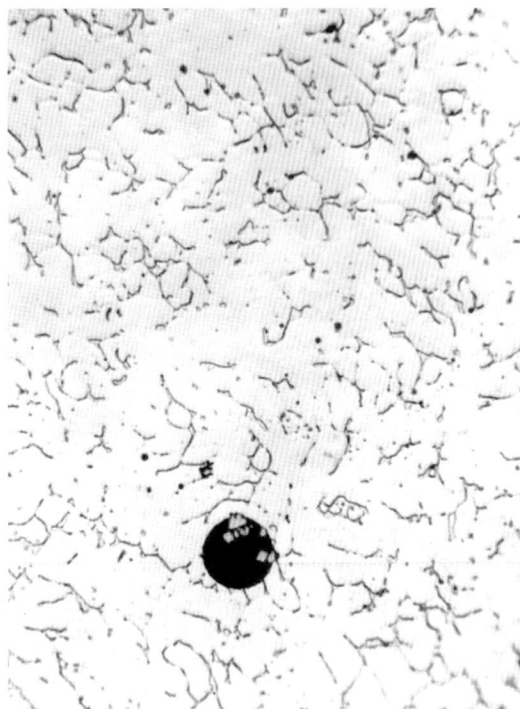

图 6-3-24　　　　　　　　400× 图 6-3-25　　　　　　　　400×

图　　号：6-3-20~6-3-25

材料名称：母材为 1Cr18Ni9Ti；焊条为 H0Cr18Ni9Ti；焊剂为 HS107

浸 蚀 剂：赤血盐-氢氧化钾水溶液煮沸热染

处理情况：埋弧焊

组织说明：1Cr18Ni9Ti 钢采用 H0Cr18Ni9Ti 焊条焊成的焊缝组织中都有枝晶状 δ 铁素体铁素体存在。对于成分一定的钢采用不同焊接参数的埋弧焊，获得的组织中 δ 铁素体的含量也不同。用定量金相法测得 6 个焊接接头焊缝中 δ 铁素体含量的数据及照片分列如下：

　　图 6-3-20：δ 铁素体的面积百分率为 12.9%。图 6-3-21：δ 铁素体的面积百分率为 11.9%。

　　图 6-3-22：δ 铁素体的面积百分率为 10.3%。图 6-3-23：δ 铁素体的面积百分率为 9.4%。

　　图 6-3-24：δ 铁素体的面积百分率为 8.4%。图 6-3-25：δ 铁素体的面积百分率为 7.0%。

　　焊缝中增加少量 δ 铁素体，使焊缝获得双相组织，从而是防止奥氏体钢焊缝产生热裂纹的有效措施之一，但含量过高，可能与 Ni 生成低熔点共晶，反而容易生成热裂纹，热裂纹大多数情况下是沿晶界产生，有些呈宏观裂纹形态，有的呈微观裂纹。

　　铬是不锈钢焊缝中增加铁素体含量的元素，当 Cr∶Ni=2.2~2.3 时，18-8 型奥氏体不锈钢就可获得双相组织，可以避免热裂纹，合金元素 Ti 及 Nb 也是铁素体形成元素，需控制得当，若含量过高，可能与 Ni 形成低熔点共晶，反而易形成热裂纹。加 Mo 元素，可促进铁素体的形成，从而减少热裂纹倾向。

　　多层焊缝在焊接第一层时由于母材金属熔入较多，会使焊缝中铁素体含量减少，可能产生热裂纹，这时可采用铁素体含量较多的焊条打底，以提高第一道焊缝中的铁素体含量，防止热裂纹的产生。

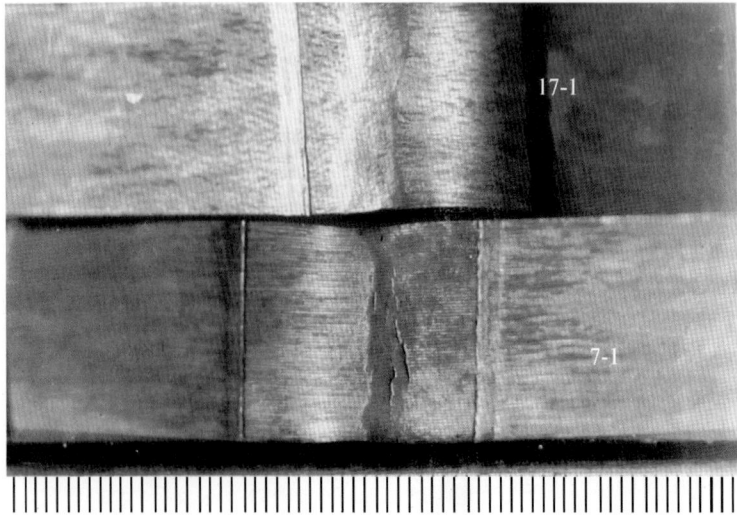

图　6-3-26　（图下标尺，每小格为 1mm）　　　　　　实物

图　　号：6-3-26~6-3-29

材料名称：母材为 18-8 不锈钢焊接件；焊条为 A202

浸 蚀 剂：图 6-3-29 经王水甘油溶液浸蚀。图 6-3-26~图 6-3-28 未浸蚀

处理情况：焊接

组织说明：内应力过大引起的裂纹

图 6-3-26：大型化工设备的不锈钢焊接件，焊后做冷弯试验时，发现在焊缝金属内存在颇多的裂纹，垂直于弯曲变形方向开裂。

图 6-3-27：从焊缝金属开裂区截取试样，在显微镜下观察，发现裂纹的分布方向垂直于试样的变形方向，裂口较粗大，未见分叉，裂口内亦未见腐蚀产物；但在尾部有弯曲扩展的裂纹。

图 6-3-28：焊缝金属内存在着小气孔及熔渣夹杂，其周围且存在密集细小的裂纹。

图 6-3-29：试样经浸蚀后，母材组织为奥氏体。焊缝金属组织为在奥氏体基体上布有网状铁素体的两相组织，比较细密。裂纹穿晶发展，沿变形方向延伸。

由上述试验可知，该不锈钢焊接件的开裂，并非是晶间腐蚀造成的裂纹，而是焊接时内应力过大造成的冷裂纹，在冷弯试验时沿变形方向扩展所致。至于焊缝金属内熔渣附近的小气孔和小裂纹，则是焊接质量较差所引起的。

所谓冷裂纹，一般是指焊后在 Ar_3 以下温度冷却过程中或冷却以后所产生的裂纹。冷裂纹可能在焊后立即出现，但也可能延迟几小时、几天甚至更长的时间方才发生。具有冷裂纹的焊件，可能在检查时看来是良好的，而在使用过程中却造成了严重的破坏。所以冷裂纹比一般的裂纹具有更大的危险性。

冷裂纹的微观特征：是穿晶开裂，而不是像热裂纹那样的沿晶界开裂。

促使冷裂纹形成的因素，除了内应力（包括组织应力和热应力）的影响以外，氢的影响极为显著。如焊条未烘干、环境湿度大以及使用有机物型或钛型焊条焊接时，很容易造成焊道下裂纹。为防止冷裂纹的产生，应采用低氢型焊接材料，焊接时，应采用短弧，焊条少做横向摆动，操作中严防氢的熔入。对母材应进行焊前预热或焊后缓冷，焊接规范要恰当，使氢能扩散逸出。同时，降低冷却过程中产生的热应力和组织应力，以降低焊接接头的应力水平。

图　6-3-27　　　　　　　　　　　　　　　　　　　50×

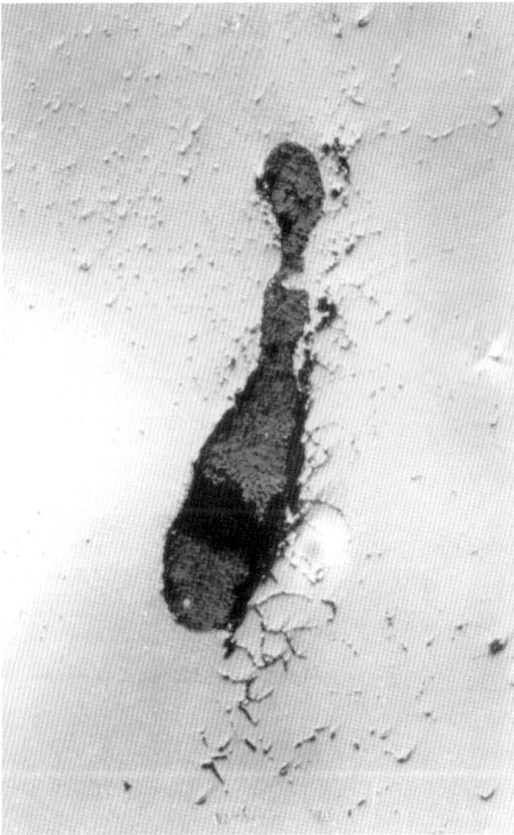

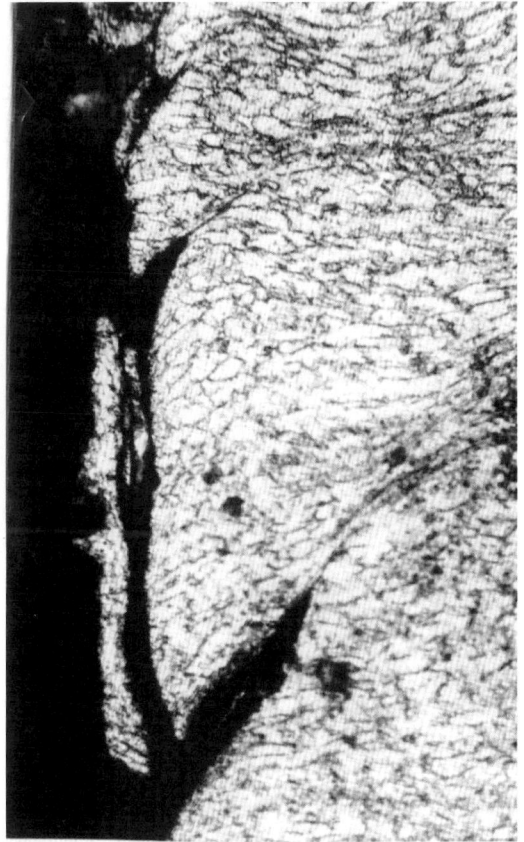

图　6-3-28　　　　　　　100×　　　图　6-3-29　　　　　　350×

图　6-3-30　　　　　　　　　　实物

图　6-3-31　　　　　　　　　　100×

图 6-3-32　　　　　　　　　　100×

图 6-3-33　　　　　　　　　　500×

图　　号：6-3-30~6-3-33

材料名称：18-8 型奥氏体不锈钢管

浸 蚀 剂：图 6-3-33 经复合试剂浸蚀，图 6-3-30～图 6-3-32 未浸蚀

处理情况：18-8 型奥氏体不锈钢管用 18-8 型奥氏体不锈钢焊条电弧焊

组织说明：18-8 型奥氏体（1Cr18Ni9Ti）不锈钢管用 18-8 型奥氏体不锈钢焊条焊接，发现焊缝金属处存在明
　　显弯曲和粗糙不平的裂纹，系熔焊金属间局部未焊合所造成的未焊透缺陷。

　　图 6-3-30：ϕ85mm×5mm 不锈钢管经焊条电弧焊，解剖后发现其内部未焊透。

　　图 6-3-31：于未焊透处取样做金相检验，知未焊透缺陷由表面向内分布，裂口粗大，裂纹且较平直，
裂纹底部圆钝、不尖锐，其内稍嵌有黑灰色的熔渣夹杂，由此亦可辨别是金属与金属之间未熔透的现象。

　　图 6-3-32：在焊缝坡口处，存在大块状夹杂，借金相显微镜观察，可以看到大量的黑灰色氧化物残渣。
这是因为焊接时熔渣未除尽或焊接电流过小，使熔渣不及排除而残留在未焊透的缝隙中。

　　图 6-3-33：未焊透处侧面的显微组织，经复合试剂浸蚀后的情况，焊缝金属表面存在着未焊合的黑色
孔隙，内有块状熔渣，显微组织呈枝晶状分布奥氏体组织，枝晶轴间为铁素体组织。

　　由上分析可知，不锈钢管的焊接质量甚差，管子内壁有局部未焊透，因而使焊缝截面削弱，降低了焊
接接头的力学性能，更重要的是未焊透处将引起应力集中，从而导致裂纹的扩展，这是焊接件中不允许存
在的缺陷。

　　此外，焊缝中存在大量的熔渣，亦将明显降低焊接接头的力学性能，同样使钢管在使用过程中容易造
成应力集中而导致开裂。

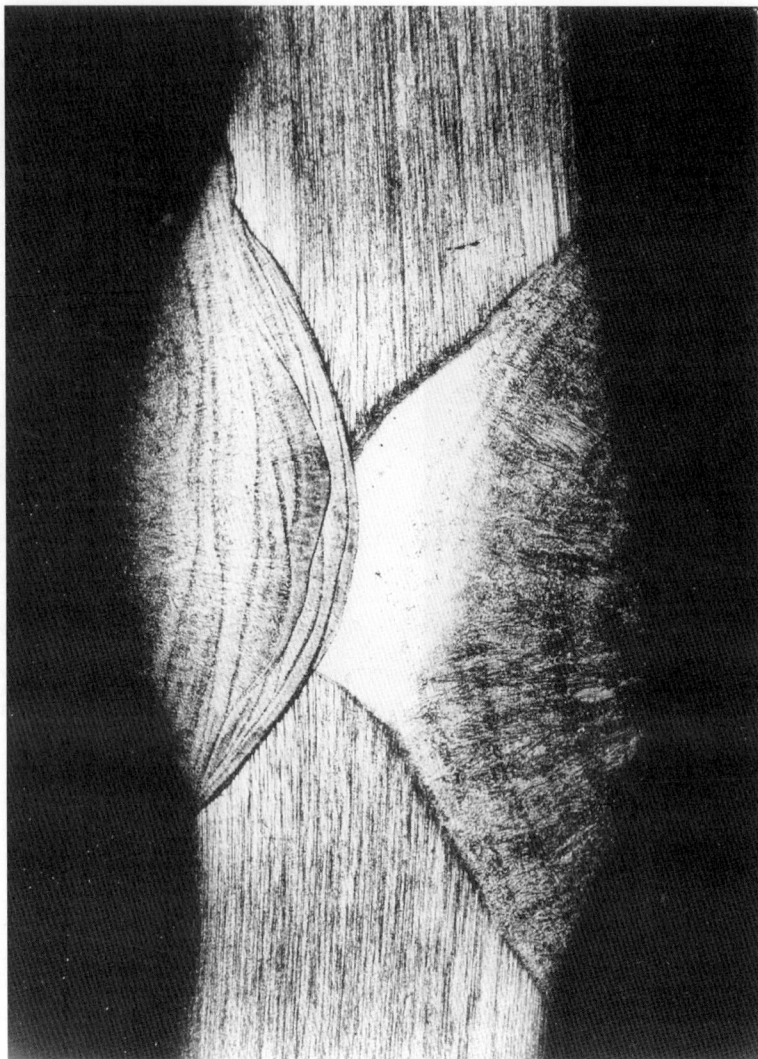

图　6-3-34　　　　　　　　　　　　　　　　　　　10×

图　号：6-3-34

材料名称：母材为 0Cr18Ni12Mo2Ti 钢；焊条为 A237

浸蚀剂：复合试剂（酒精 30mL、硝酸 5mL、盐酸 15mL、重铬酸钾 2～3g、苦味酸 1g）

处理情况：双面焊条电弧焊

组织说明：为焊接接头的低倍组织，图中部为双面焊缝，具有明显的柱状组织，图上下带有黑色平行线的部分为焊缝两侧母材的低倍组织。从焊缝及母材低倍组织来看，焊缝与两侧母材熔合良好，无气孔，无焊透的裂纹存在。

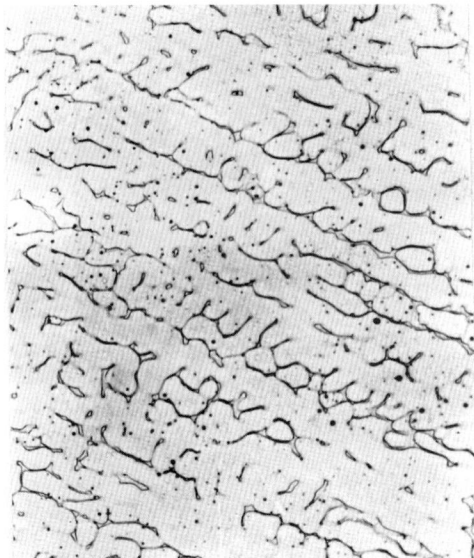

图 6-3-35　　　　　　　　　　500×

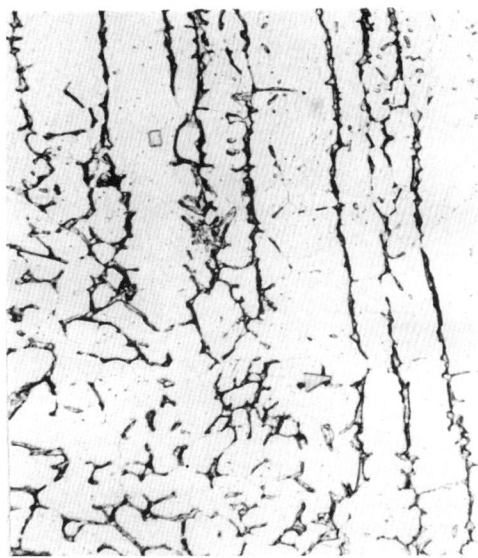

图 6-3-36　　　　　　　　　　500×

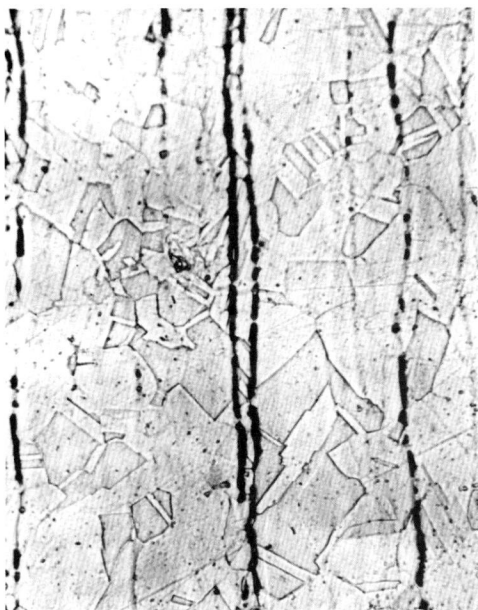

图 6-3-37　　　　　　　　　　500×

图　号： 6-3-35~6-3-37

材料名称： 母材为 0Cr18Ni12Mo2Ti 钢；焊条为 A237

浸　蚀　剂： 复合试剂

处理情况： 双面焊条电弧焊

组织说明： 图 6-3-35：焊缝组织，基体为奥氏体，在奥氏体的枝晶间分布着半网状和网状的 δ 铁素体；奥氏体的晶粒内部分布着少量 MC 型碳化物（小黑点状）。

图 6-3-36：母材热影响过热区组织，奥氏体和带状分布的 δ 铁素体。图右下侧为熔合区组织，奥氏体和沿晶界分布的半网状和网状分布的 δ 铁素体，可见该区的 δ 铁素体既非树枝状分布也非带状分布。晶内有少量 MC 型碳化物。

图 6-3-37：母材 0Cr18Ni12Mo2Ti 钢未受热影响区的组织：奥氏体基体和 δ 铁素体，其中 δ 铁素体的细颗粒串链成条状，沿冷加工方向性排列。此外，在奥氏体晶粒的内部有少量点状的 MC 型碳化物。

奥氏体的焊接接头在 500~700℃温度范围内长期使用会导致碳化物和 σ 相的析出，由于 σ 相是 Fe 和 Cr 的金属间化合物，硬而脆；σ 相的析出会使焊缝冲击韧度急剧下降，从而造成脆断。一般来说，σ 相主要由 δ 铁素体演变而来，为防止焊缝变脆，除严格控制 Mo、Cr、Ti、Nb 等合金元素外，还需控制焊缝中 δ 铁素体数量不超过 5%（体积分数）。

图　6-3-38　　　　　　　　　　250×

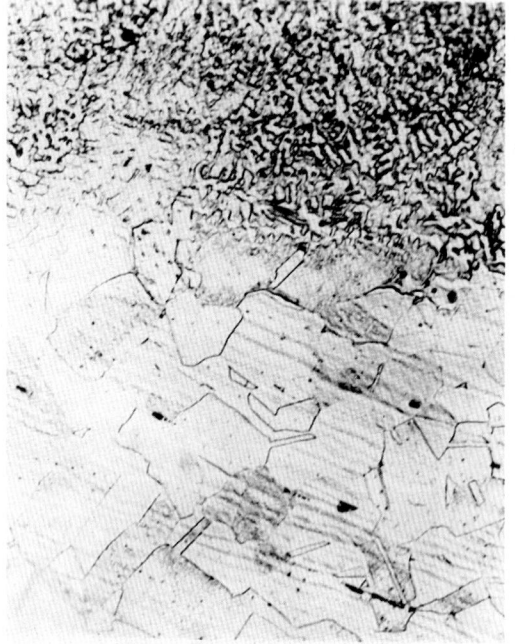

图　6-3-39　　　　　　　　　　300×

图　　号：6-3-38~6-3-40

材料名称：00Cr17Ni14Mo2 钢

浸 蚀 剂：10%草酸水溶液电解浸蚀

处理情况：单面焊条电弧焊

组织说明：图 6-3-38：焊缝组织，奥氏体和枝晶状
　　　　　δ 铁素体呈柱状晶分布。

　　　　　图 6-3-39：熔合区附近组织。图上部为焊缝
　　　　组织；与焊缝组织相连的熔合区组织为奥氏体基体
　　　　上分布着灰色条状 δ 铁素体和少量小黑点状 MC
　　　　型碳化物。图下部为母材热影响过热区组织：晶粒
　　　　粗大的奥氏体及少量小黑点状的 MC 型碳化物。

　　　　　图 6-3-40：母材未受热影响区组织，奥氏体
　　　　晶粒及少量小黑点状 MC 型碳化物。有较多奥氏
　　　　体内有孪晶分布。

　　　　　奥氏体钢焊接接头有三种脆性形式：

　　　　　（1）475℃脆性：在 350~500℃温度范围内长
　　　　期使用，导致强度增加、塑性及韧性降低的现象。

　　　　　（2）σ 相脆性：在 500~700℃范围内的长期
　　　　使用，导致 σ 相析出，使焊缝冲击韧性下降。

　　　　　（3）熔合线附近脆断：在熔合线外几个晶粒
　　　　的地方，会产生脆断。Mo 元素可提高焊缝对这种
　　　　脆断的抗力。

图　6-3-40　　　　　　　　　　300×

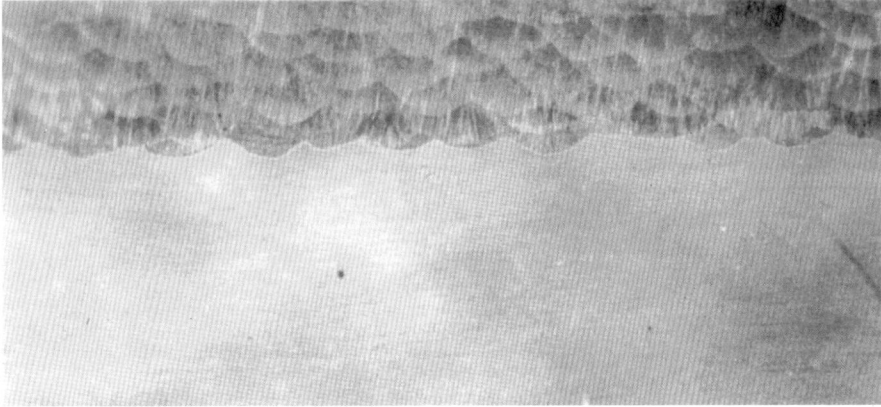

图　6-3-41　　　　　　　　　　　　　　　　　　　1∶1

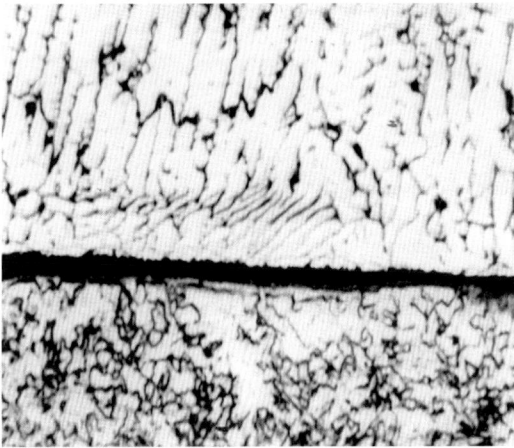

图　6-3-42　　　　　　　　200×

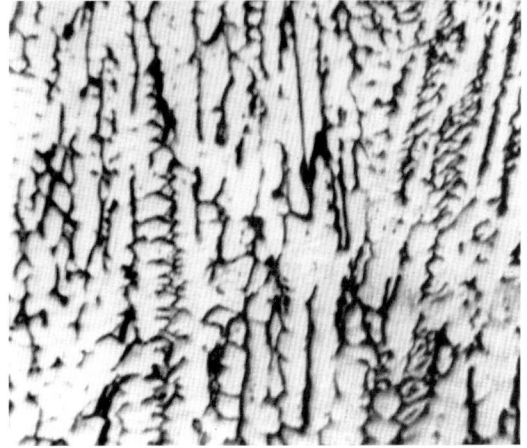

图　6-3-43　　　　　　　　500×

图　　号：6-3-41~6-3-43

材料名称：碳素钢（母材）；不锈钢 [w(Cr) 18%～20%，w(Ni) 9%～12%，w(C) 0.03%，w(Mn) 1%～2%，w(Si) <1%，w(Mo) 0.5%，w(S) <0.03%，w(P) <0.03%] 堆焊金属层

浸 蚀 剂：低倍组织用 50%盐酸水溶液热蚀，碳素钢用 4%硝酸酒精溶液，不锈钢(堆焊层)用 10%铬酸水溶液电解浸蚀

处理情况：碳素钢上手工电弧焊堆焊不锈钢

组织说明：图 6-3-41：堆焊层剖面的低倍组织。图上部深灰色为不锈钢堆焊层内分布均匀的大小焊道。在焊道与母材之间、焊道与焊道之间的结合良好、致密。堆焊层以下浅灰色区为母材碳素钢部分。

　　图 6-3-42：熔合线及附近组织。图上部为不锈钢堆焊层的柱状晶组织。图下部为碳素钢组织：铁素体和珠光体。中间的深灰色条纹为连续的金属间层。

　　图 6-3-43：堆焊层内不锈钢焊缝组织，呈柱状分布的奥氏体和枝晶状的 δ 铁素体。

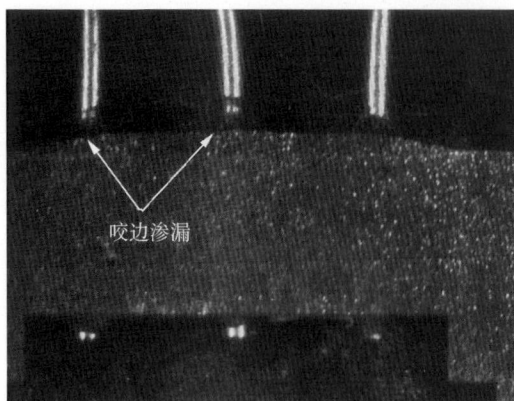

图 6-3-44   5×

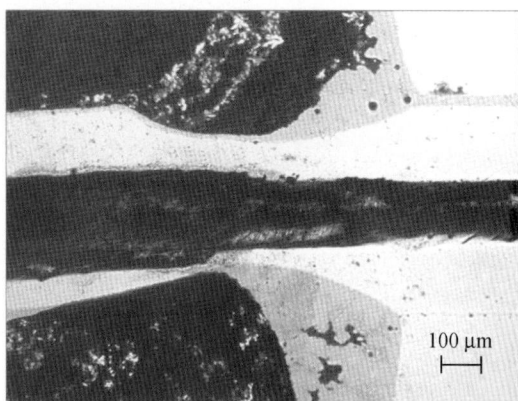

图 6-3-45   50×

图 6-3-46   5×

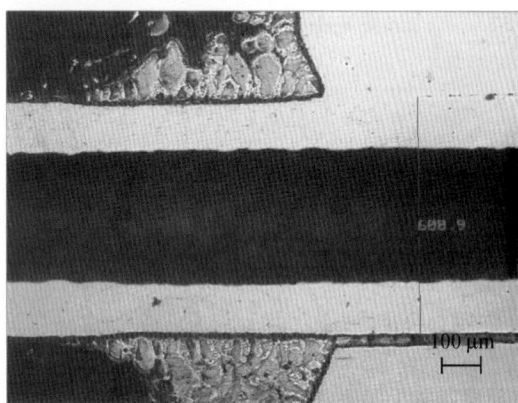

图 6-3-47   50×

图　　号： 6-3-44~6-3-47

材料名称： 1Cr18Ni9Ti 与同种材料钎焊；钎焊材料为 Mn 基 7 号合金

浸 蚀 剂： 3%草酸水溶液电解浸蚀（1.5V，30s）

处理情况： ϕ0.6mm×0.15mm 毛细管与基体经 1095℃，保温 1min 真空钎焊，真空度为 $1×10^{-1}$Pa。

组织说明： 图 6-3-44：不锈钢管钎焊件，由于真空钎焊时温度过高（1095℃），导致毛细管咬边，从而造成使用过程中渗漏。

　　图 6-3-45：遭咬边的毛细管的纵向金相剖面，可见在薄壁处已遭受严重溶蚀，造成薄壁局部减薄。最严重处管壁已溶穿。焊脚处为堆填的钎料。

　　图 6-3-46 及图 6-3-47：经过改进工艺，降低钎焊温度（1085℃），毛细管焊脚处无咬边，相应的金相剖面管壁无明显熔蚀缺陷发生。

　　不锈钢管在使用中渗漏是其在钎焊时被溶蚀所致。所谓"溶蚀"是基体金属和钎料之间在钎焊温度下相互反应，熔化的液态钎料通过渗入和扩散改变基体金属的成分从而使基体金属溶解。影响这种反应程度的诸因素，除了基体金属和钎料的成分外，主要是温度、时间以及钎料放置多少和钎焊接头的几何形状等，总之液态钎料与基体金属接触的时间越长，温度越高，溶蚀情况就越严重。如果焊接的零件有一定的厚度，这样的溶蚀是不算严重问题，但对于薄壁零件则是不允许的，它会使毛细管的力学性能下降并造成渗漏。因此在保证钎焊后形成良好的钎焊缝的前提下，钎焊的周期应尽可能的短，钎焊温度可适当降低。

图 6-3-48   20×

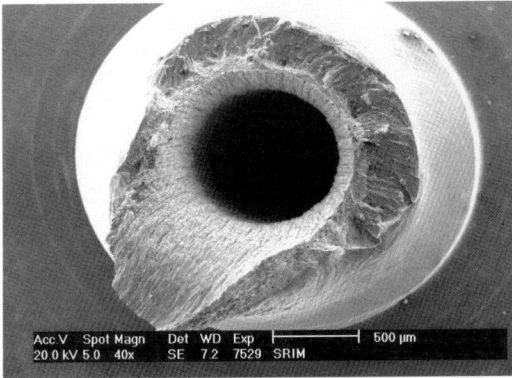

图 6-3-49   24×

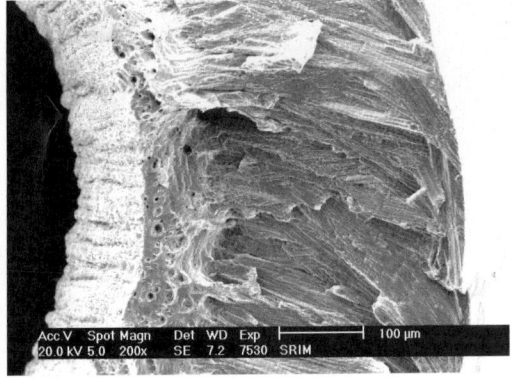

图 6-3-50   200×

图　　号：6-3-48~6-3-50

材料名称：1Cr18Ni9Ti 不锈钢

浸 蚀 剂：未浸蚀

处理情况：ϕ1.6mm×0.4mm 薄壁管搭接角焊缝激光焊，焊接功率为 1.68kW，焊接速度为 0.2mm/s。

组织说明：图 6-3-48：薄壁管经激光焊焊成的搭接角焊缝。焊后在焊缝中心发现沿焊缝存在一条垂直于激光焊方向的纵向裂纹。

　　图 6-3-49：沿焊缝纵向裂纹扳开的扫描电镜（SEM）下断口全貌，裂纹已沿周向延伸超过半径，另一边为撕裂的韧性断裂，从纵向裂纹断口上可见似沿柱状晶粒断裂的形貌。

　　图 6-3-50：图 6-3-49 在扫描电镜（SEM）下局部的放大形貌，外周裂纹断口明显具有沿柱状晶断裂的特征，而在近内圈机械扳开处韧性断裂部位为韧窝状断口形貌。

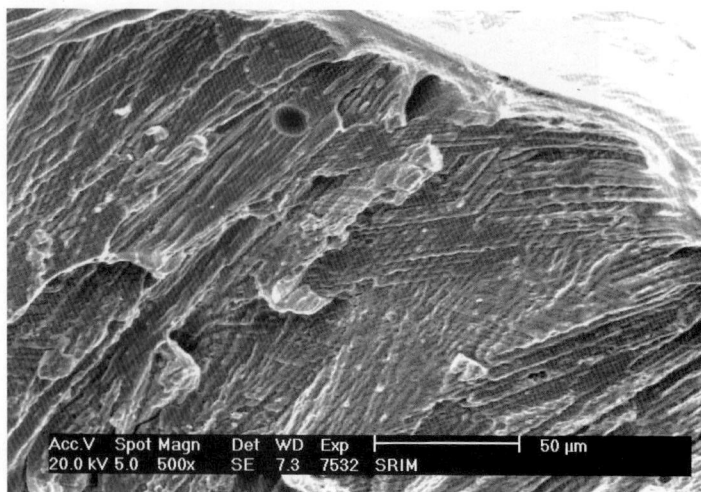

图 6-3-51 400×

图 6-3-52 110×

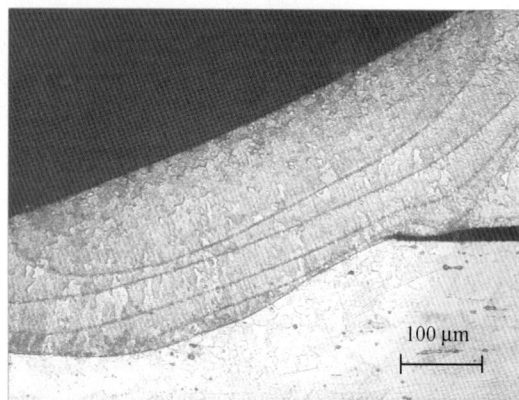

图 6-3-53 110×

图　　号：6-3-51~6-3-53

材料名称：1Cr18Ni9Ti 薄壁管

浸 蚀 剂：图 6-3-51 未浸蚀，图 6-3-52、图 6-3-53 经 10%草酸水溶液电解浸蚀，电压为 1.5V，时间为 60s

处理情况：激光焊接，焊接速度为 0.2mm/s。图 6-3-52 焊接功率为 1.68kW，　图 6-3-53 焊接功率为 1.23kW。

组织说明：图 6-3-51：是图 6-3-50 焊缝柱状晶断口扫描电镜（SEM）放大后的形貌，从图中可见裂纹沿柱状晶开裂，可见裂纹表面显示出胞状树枝状晶一次枝和二次枝有明显的突出。

　　　　图 6-3-52：激光焊接接头部位的金相组织，焊缝柱状晶晶粒粗大，裂纹沿柱状晶晶界开裂。由断口和金相分析表明，此裂纹属焊接热裂纹。

　　　　图 6-3-53：改进激光焊接工艺后的金相组织，焊缝上激光焊脉冲循环形成的波纹清晰，降低焊接功率后，焊缝近母材侧柱状晶明显变小，外侧的焊缝为等轴晶。焊缝内未发现裂纹。

　　　　薄壁管进行激光焊时，由于激光焊接参数的值过大，致使管温升温太高，焊缝柱状组织粗大，冷却快，致使焊缝内存在较大的内应力，以致在焊缝凝固过程中产生热裂纹缺陷，使工件报废。经过改变工艺，降低焊接参数，使焊缝组织细化，提高了强度，消除了热裂纹缺陷。

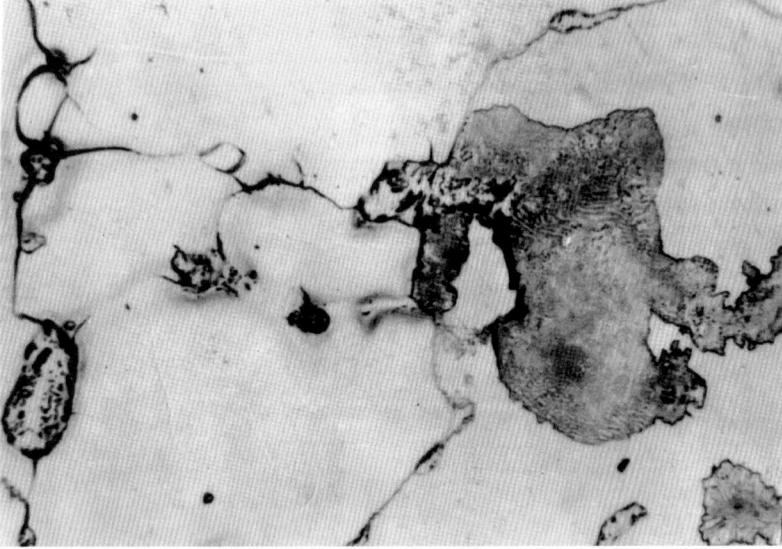

图　6-3-54　　　　　　　　　　　　　　　　　600×

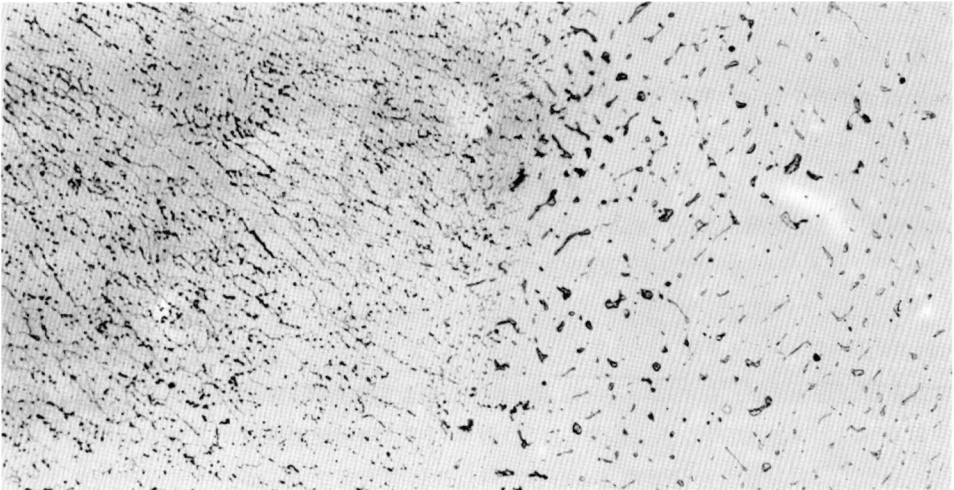

图　6-3-55　　　　　　　　　　　　　　　　　110×

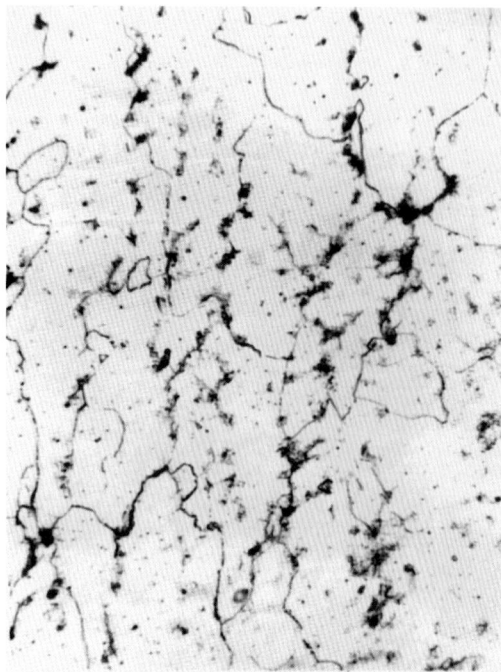

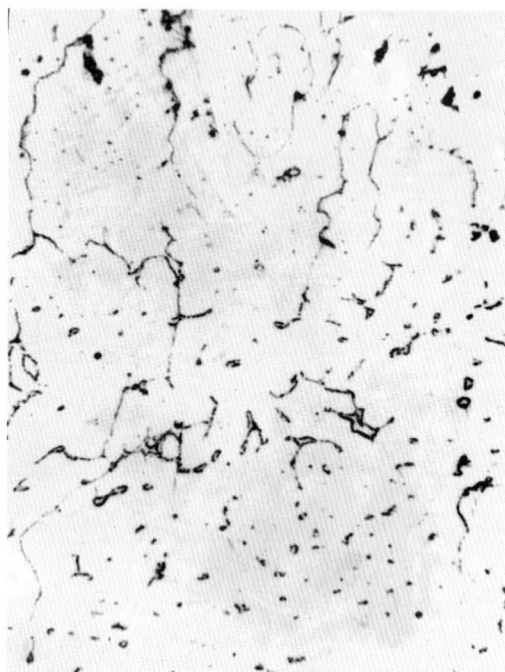

图　6-3-56　　　　　　　　500×　　　　图　6-3-57　　　　　　　　500×

图　号：6-3-54~6-3-57

材料名称：低镍含氮炉用耐热钢 R45 化学成分：$w(C)0.31\%$，$w(Mn)4\%$，$w(Si)1.8\%$，$w(Cr)21\%$，$w(Ni)4\%$，$w(N)0.26\%$，铸板板厚度为 18mm；S-R 焊条化学成分：$w(C)0.35\%$，$w(Mn)2.7\%$，$w(Si)1.9\%$，$w(Cr)20.6\%$，$w(Ni)7.8\%$，$w(N)0.16\%$，直径为 4mm

浸 蚀 剂：氯化铁盐酸水溶液

处理情况：焊条电弧焊（多道焊，60°坡口）

组织说明：图 6-3-54 母材为 R45 耐热铸钢组织，白色基体为奥氏体（显微硬度为 345HV），灰色块状的层片状组织为碳氮化合物（显微硬度 116HV）分布于晶界处，在枝晶间的白色小块为 δ 铁素体（显微硬度为 173~288HV），在 δ 铁素体晶界上分布的小黑点为 $M_{23}C_6$ 型碳化物，整个母材组织呈粗大树枝状。

　　图 6-3-55：左为焊缝，右为母材。焊缝组织由于受多道焊的过热影响，其冷却速度又极快，导致树枝晶比母材的铸态组织细且发达，见图中白色细条枝干。母材的热影响过热区及附近的组织都比母材铸板的原始枝晶组织细。熔合线附近的枝晶区呈较窄的带状分布（图中部）。

　　图 6-3-56：焊缝组织，白色基体为呈柱晶分布的奥氏体，晶界上有少量黑色细小点粒状聚集分布的 $M_{23}C_6$ 型碳化物。在枝晶晶界上有少量弥撒分布的碳化物沉淀，焊缝硬度为 362HV。但在枝晶上没有碳化物沉淀现象，也未见层片状组织。焊缝内未见到未焊透及裂纹等缺陷。

　　图 6-3-57：熔合区组织，图上部为焊缝组织。中上部为熔合线组织，奥氏体及沿晶界分布的细粒状碳化物。熔合区硬度为 314~406HV，图下部为母材组织，其中过热区组织中有少量鸡爪状、小块状和粒状 δ 铁素体分布于晶界上。但在母材区未见片层状组织，晶内也未见弥散的沉淀碳化物出现。显微硬度为 329HV。

　　R45 这类低镍含氮耐热钢常用于热处理炉等加热炉零部件。因此被称为炉用耐热钢。在焊接时，正确选择焊条对于保障焊接质量和长期使用寿命十分重要。经试验研究和长期使用经验得出：应选择与母材化学成分相近的焊条。本焊接案例就是按此原则来选择 R45 炉用耐热钢的焊条化学成分的。

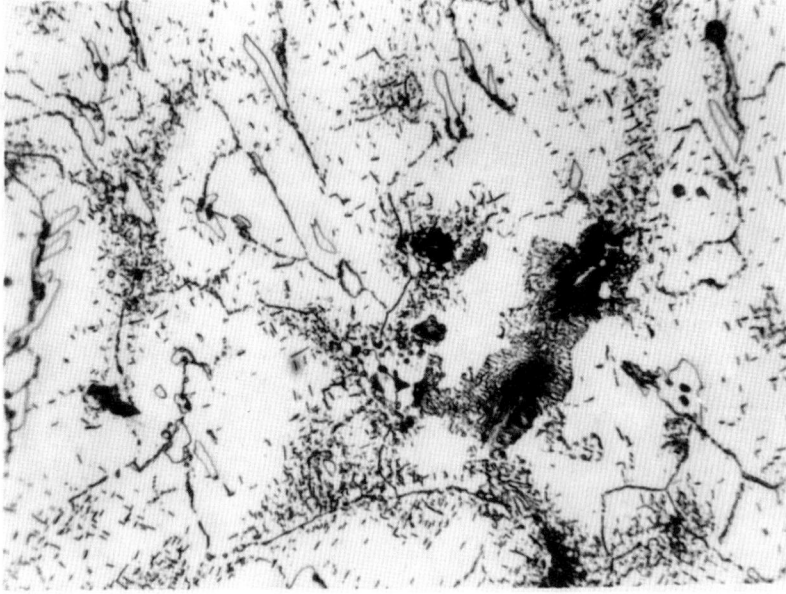

图　6-3-58　　　　　　　　　　　　　　　　　　　　　　　　600×

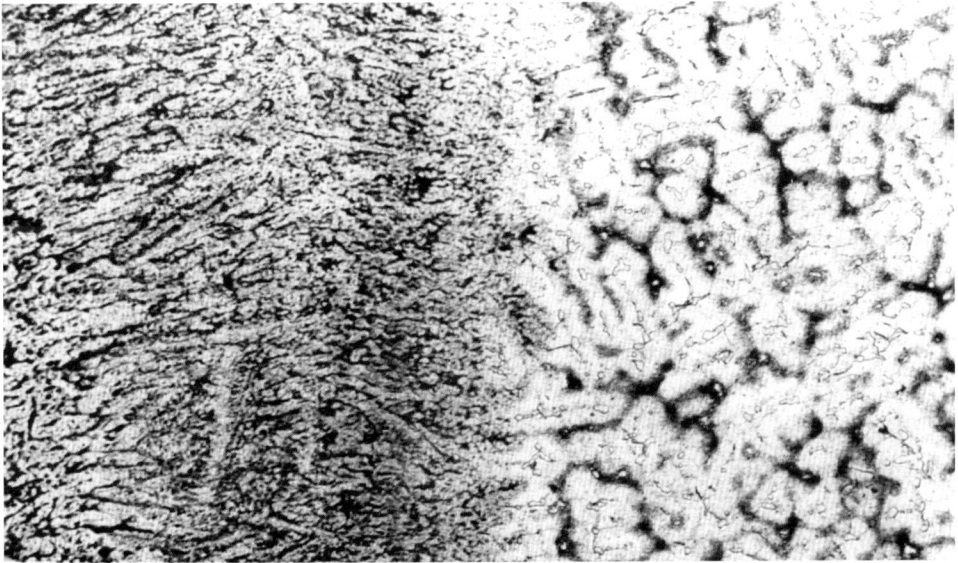

图　6-3-59　　　　　　　　　　　　　　　　　　　　　　　　110×

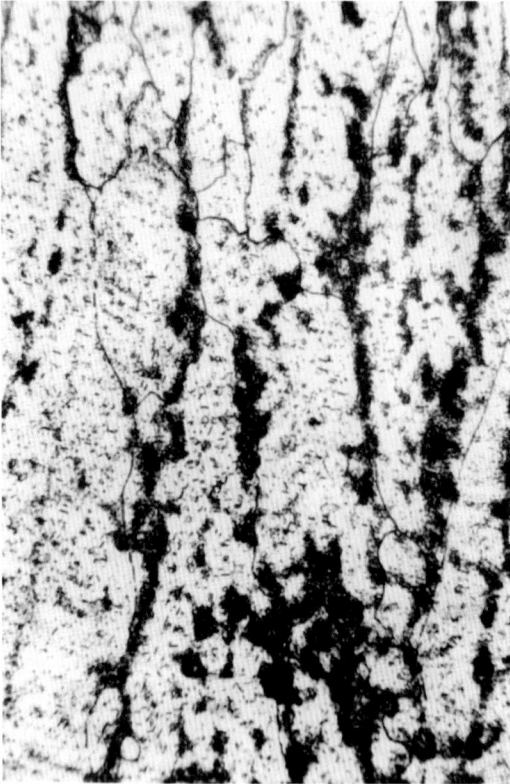

图　　6-3-60　　　　　　　　　　　　550×

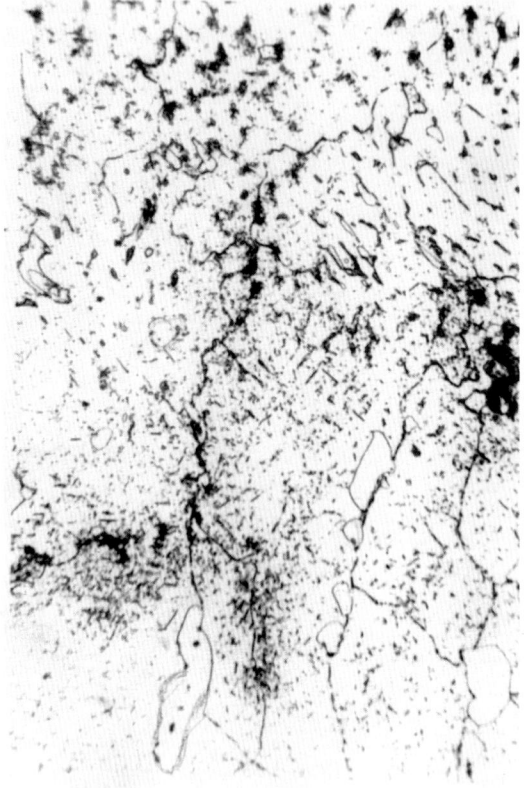

图　6-3-61　　　　　　　　　　　　550×

图　　号：6-3-58~6-3-61

材料名称：耐热钢 R45 化学成分同图 6-3-54 试样，铸板板厚度为 18mm；S-R 焊条化学成分同图 6-3-54 试样，直径为 4mm

浸　蚀　剂：氯化高铁盐酸水溶液

处理情况：焊条电弧焊（多道焊，60°坡口）后进行 900℃×50h 时效处理。

组织说明：图 6-3-58：母材 R45 经 900℃×50h 时效处理的组织，粗大枝晶状奥氏体基体（显微硬度为 265～406HV）上分布着少量片层状组织（显微硬度为 151～199HV）。白色小块状为 δ 铁素体（显微硬度为 276～288HV），分布于枝晶间；在晶内有颇多弥散析出的点状碳化物和针状氮化物。该时效组织与图 6-3-54 比较可见：片层状组织已经开始溶解，而晶内已经沉淀析出较多的弥散碳化物和氮化物，原来分布在 δ 铁素体晶界上的小点状 $M_{23}C_6$ 碳化物开始消失。

　　图 6-3-59：焊后经 900℃×50h 时效处理焊缝至母材组织，左为焊缝较细的枝状晶，母材区组织仍保持枝晶偏析的特点。

　　图 6-3-60：经 900℃×50h 时效处理焊缝组织。基体为奥氏体呈柱状晶，晶界处有大量沉淀析出的弥散碳化物，在晶内也析出了较多细小的碳化物和氮化物，与图 6-3-56 相同的是未出现片层状组织。焊缝处显微硬度为 288～329HV。

　　图 6-3-61：经 900℃×50h 时效处理的熔合区组织。上部为焊缝组织，下部为母材热影响过热区经时效的组织，奥氏体基体的柱状晶界上分布着少量块状的 δ 铁素体，其尺寸和数量比图 6-3-57 母材处要大和多。在晶内有较多沉淀析出的细碳化物颗粒和针状氮化物。焊缝和母材间的熔合线区较窄，组织与母材区组织相似，只是其中的 δ 铁素体块较小，量也少；并且晶内沉淀析出的碳化物也比母材区少得多。在该母材热影响过热区和熔合区内部无片层状组织，熔合区的显微硬度为 276～380HV。

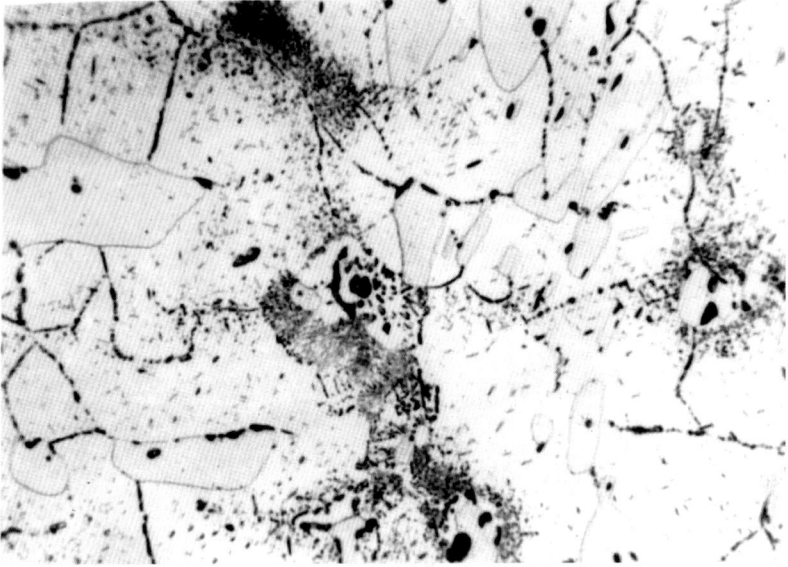

图 6-3-62   600×

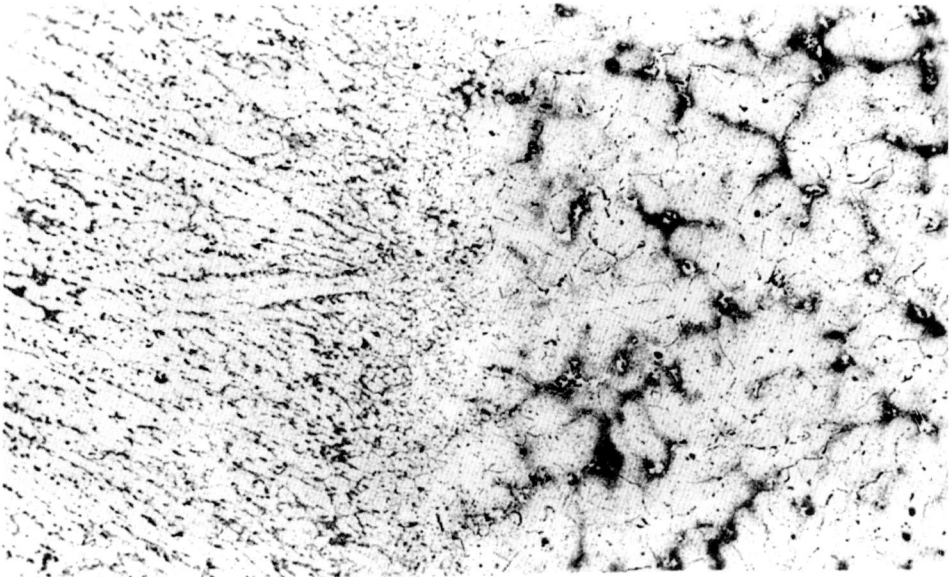

图 6-3-63   110×

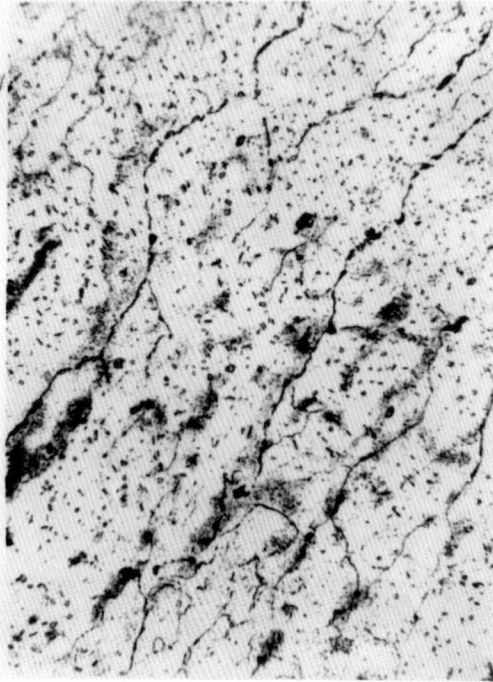

图　6-3-64　　　　　　　　　　　500×

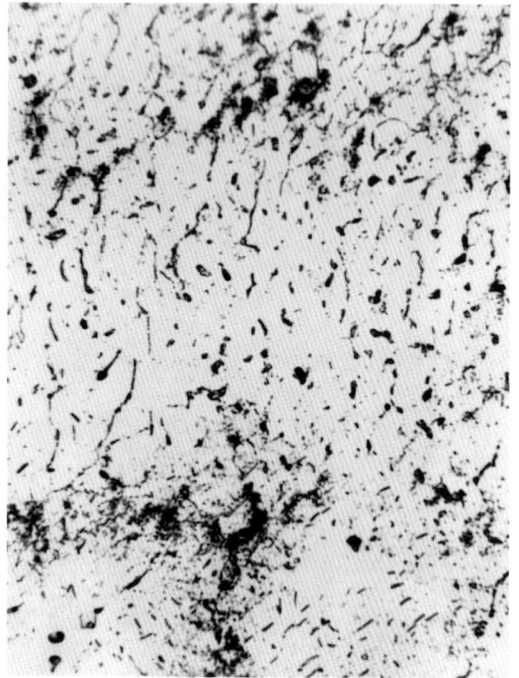

图　6-3-65　　　　　　　　　　　500×

图　号：6-3-62~6-3-65

材料名称：耐热钢 R45 化学成分同图 6-3-54 试样，铸板板厚度为 18mm；S-R 焊条化学成分同图 6-3-54 试样，直径为 4mm

浸 蚀 剂：氯化高铁盐酸水溶液

处理情况：焊条电弧焊（多道焊，60°坡口）后进行 900℃×775h 时效处理

组织说明：图 6-3-62：经过 900℃×775h 时效处理后母材 R45 的组织，基体奥氏体显微硬度为 288~314HV，在奥氏体晶粒边界上存在较多已经聚集长大的黑色点状的碳化物，碳化物颗粒比在同样温度时效 50h 明显长大和稀疏，此外在晶界上 δ 铁素体（显微硬度为 264~341HV）已经长大，数量也多。在晶界处还有一些沉淀析出的弥散碳化物和少量片层状组织（显微硬度为 180HV）存在。

　　图 6-3-63：经时效处理后的焊缝至母材热影响过热区组织。图左为柱晶状焊缝组织，显微硬度为 301~362HV，图右为母材热影响过热区组织，在两区之间为熔合区组织。热影响区显微硬度为 235~254HV。

　　图 6-3-64：经过时效处理后的焊缝组织。基体为柱状奥氏体，枝晶晶界上的弥散碳化物数量较同温度50h 时效后的弥散碳化物量明显减少，但有聚集长大现象。晶内有少量点状碳化物和针状氮化物。

　　图 6-3-65：经过时效处理后的熔合区组织。上部为焊缝组织。下部为母材热影响过热区组织：基体奥氏体枝晶的晶界上有少量弥散析出碳化物，但晶内析出碳化物及氮化物比同温度时效 50h 者少；晶界上的颗粒碳化物也比时效 50h 的组织稍有聚集长大，在晶界上的 δ 铁素体块较细小，分布也较均匀，与母材组织（图 6-3-62）相比其组织明显细小。可见该处组织受时效影响较少，也反映出该区组织受焊缝成分的影响也相当少。上述两区之间有一窄长的组织区为熔合线，它们主要由奥氏体基体及少量细小而均匀分布的 δ 铁素体组成，晶界上的碳化物颗粒未见明显的聚集粗化现象。上述组织对于焊接母材熔合区及过热区的力学性能是较有益的。

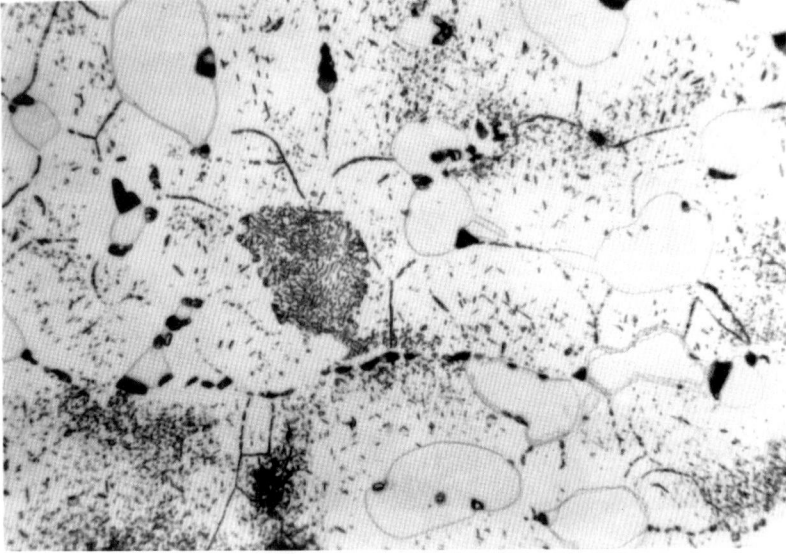

图　6-3-66　　　　　　　　　　　　　　　　　　　　600×

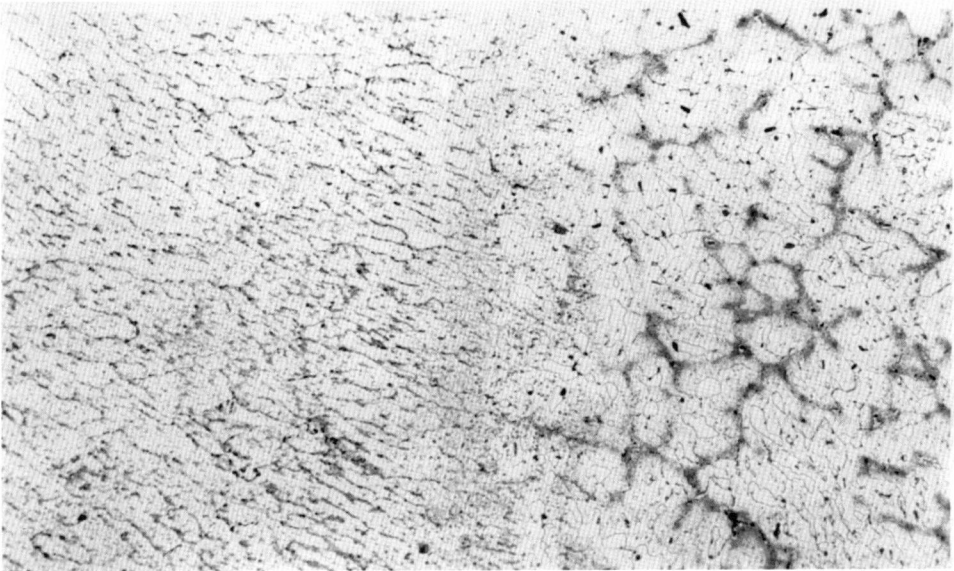

图　6-3-67　　　　　　　　　　　　　　　　　　　　110×

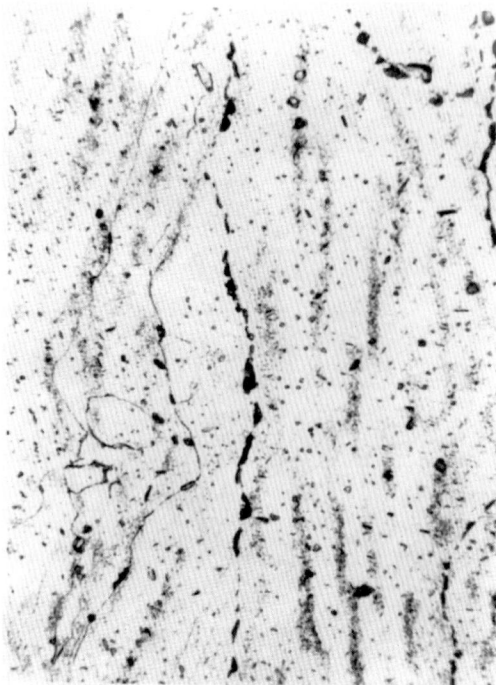

图 6-3-68   500×

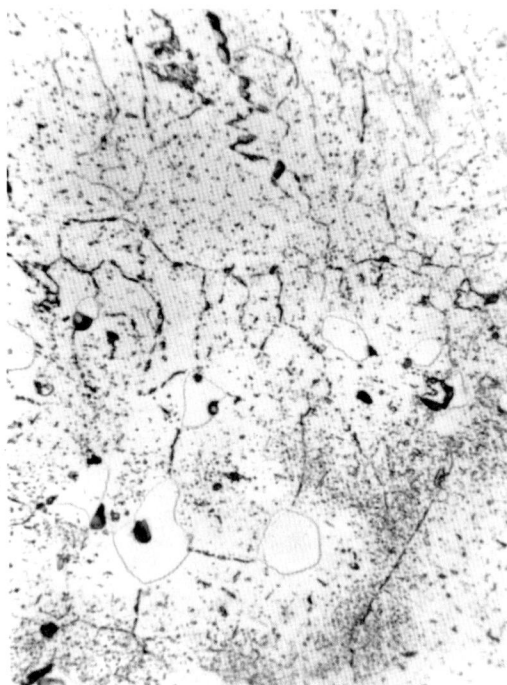

图 6-3-69   500×

图　　号：6-3-66~6-3-69

材料名称：耐热钢 R45 化学成分同图 6-3-54 试样，铸板板厚度为 18mm；　S-R 焊条化学成分同图 6-3-54 试样，直径为 4mm

浸 蚀 剂：三氯化铁盐酸水溶液

处理情况：焊条电弧焊（多道焊，60°坡口）后进行 900℃×2000h 时效处理

组织说明：图 6-3-66：母材 R45 经 900℃×2000h 时效处理后的组织。基体为奥氏体（显微硬度为 380HV），枝晶晶界上的弥散碳化物由于长时间时效作用，发生了聚集长大，因此其颗粒较粗，在奥氏体晶界上有较多大块状 δ 铁素体（显微硬度为 265～301HV）；在枝晶的晶界上还有少量片层状组织存在。

图 6-3-67：经 900℃×2000h 时效处理后的焊缝至母材热影响过热区组织：图左为柱状晶的焊缝组织，图右为母材热影响过热区组织，两区间为熔合区组织。

图 6-3-68：时效后的焊缝组织，基体为柱状奥氏体，晶内有少量聚集成条状的弥散状碳化物，晶界上有颗粒较大的碳化物，且已经聚集长大成长条状，焊缝的显微硬度为 254～345HV。

图 6-3-69：经 900℃×2000h 时效处理后的熔合区附近组织，图上部为焊缝柱状晶组织。下部为母材热影响过热区的时效组织：在基体奥氏体的枝晶内有较多弥散碳化物，颗粒已经聚集长大得较粗。在奥氏体晶界上还存在块状 δ 铁素体，其块状的数量和大小都小于母材（图 6-3-66）。奥氏体晶界上的碳化物由于经长期时效而聚集长大成串链状，甚至连接成条状。在奥氏体晶粒内部和 δ 铁素体晶界上，有聚集长大的点粒状碳化物和少量粗短的针状氮化物。图的中上部为熔合区，其中聚集在奥氏体晶界上的碳化物比母材过热区更大更多，甚至有些已经串连包围了整个晶粒。该区 δ 铁素体比临近母材过热区少，尺寸也较小，枝晶内的弥散碳化物也比邻近的过热区稀少。熔合区的显微硬度为 314HV。

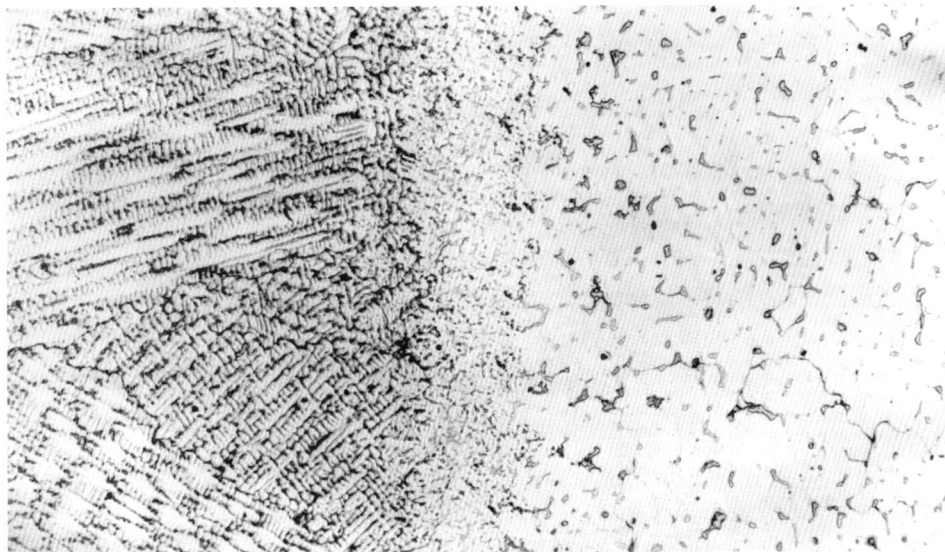

图 6-3-70   100×

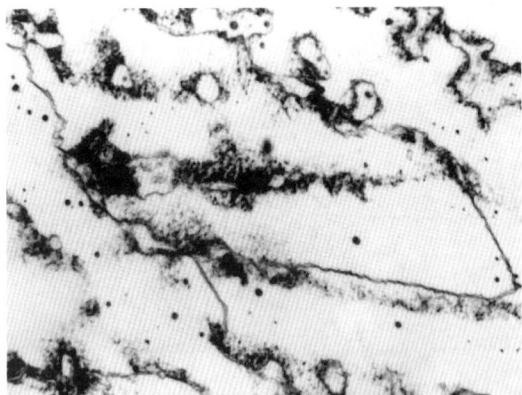

图 6-3-71   1000

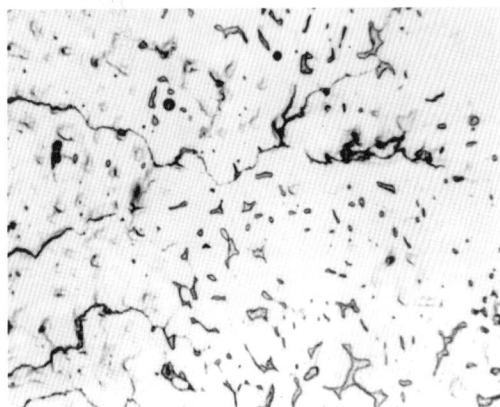

图 6-3-72   500×

图　　号：6-3-70~6-3-72

材料名称：耐热钢 R45 化学成分同图 6-3-56，铸板板厚度为 18mm；焊条为 HK40 高镍铬焊条，其化学成分

　　　　　为：$w(C)0.39\%$，$w(Mn)2.0\%$，$w(Si)1.9\%$，$w(Cr)25.5\%$，$w(Ni)20.4\%$，直径为 4mm

浸 蚀 剂：氯化高铁盐酸水溶液

处理情况：焊条电弧焊（多道焊，60°坡口）

组织说明：图 6-3-70：焊接接头焊缝至母材区组织，左为焊缝，右为母材。图中为熔合线区组织。

　　　图 6-3-71：HK40 焊条填充的焊缝组织，在以奥氏体为基体的柱状晶间有弥散碳化物存在和块状的
　　　共晶碳化物。在奥氏体晶界上 $M_{23}C_6$ 型碳化物以细点粒状存在，且有部分碳化物呈网状。焊缝区硬度为
　　　362HV。

　　　图 6-3-72：熔合线附近组织，图左部为焊缝的柱状晶组织。图右下角为母材 R45 热影响过热区组
　　　织，其基体为奥氏体，在奥氏体枝晶间有聚集分布的小块状 δ 铁素体。奥氏体晶界上有少量碳化物颗
　　　粒析出。图中部为熔合线区组织，其中以小块 δ 铁素体聚集分布较为明显，熔合区硬度为 329~452HV。

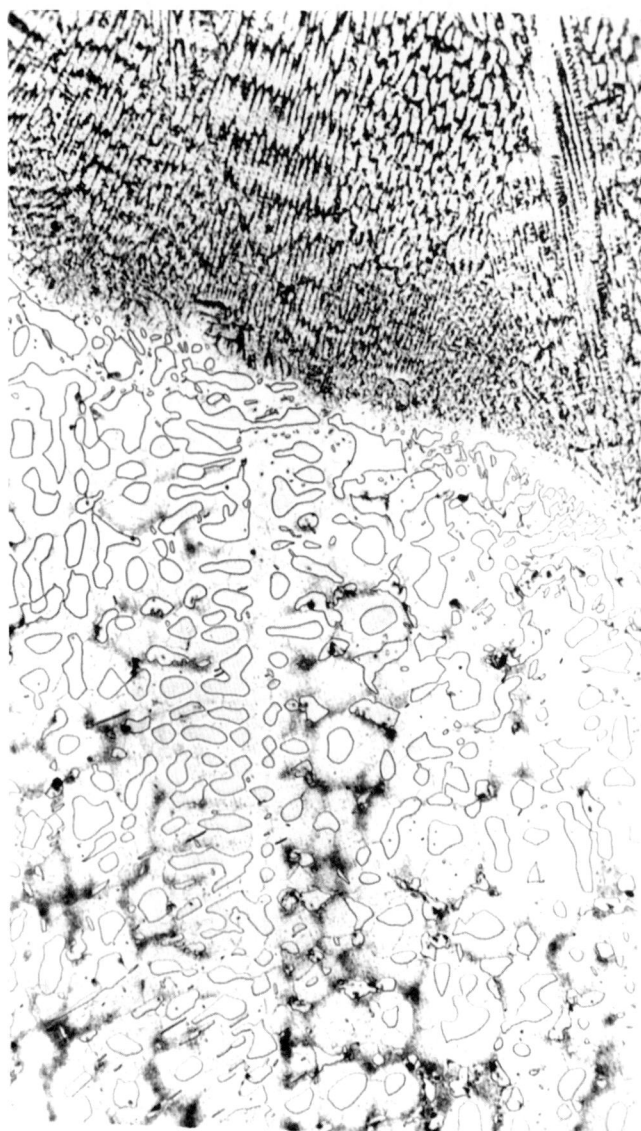

图　6-3-73　　　　　　　　　　　　　　130×

图　　号：6-3-73~6-3-75

材料名称：低镍含氮炉用耐热钢 R45 化学成分同图 6-3-56，铸板板厚度为 18mm；焊条为 HK40 高镍铬
　　　　焊条，其化学成分同图 6-3-70，直径为 4mm

浸 蚀 剂：氯化高铁水溶液

处理情况：焊条电弧焊接（多道焊，60°坡口）后，经 900℃×775h 时效处理

组织说明：图 6-3-73：焊接接头经 900℃×775h 时效后的焊缝至母材区组织：图上部为焊缝组织，下部为母
　　　　材组织，存在大量块状呈树枝晶分布的 δ 铁素体，图中部为熔合线区组织。

图 6-3-74   580×

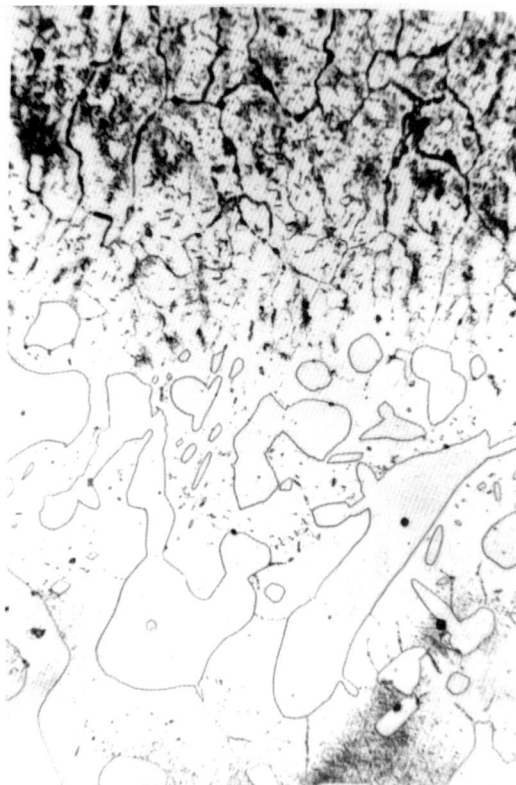

图 6-3-75   580×

图 6-3-74：HK40 焊缝经 900℃×775h 时效处理的组织，基体为柱状晶奥氏体，柱晶间的弥散碳化物比时效前有所减少（见图 6-3-71），奥氏体晶界上有聚集长大的粒状、小块状和长条状的碳化物。奥氏体晶粒内析出了 $M_{23}C_6$ 型碳化物和针状氮化物。焊缝处显微硬度为 199～244HV。

图 6-3-75：焊缝接头经 900℃×775h 时效处理后的熔合线附近组织，图上部为焊缝柱状晶区组织；图下部为母材 R45 热影响过热区组织，基体为奥氏体，在奥氏体枝晶间存在少量弥散碳化物。基体中存在大量的大块状 δ 铁素体，热影响过热区的显微硬度为 235～254HV；图中部为熔合线区，存在块状 δ 铁素体，熔合线区域的宽度在 1mm 以上；熔合线至母材过热区，基体为奥氏体及少量碳化物。其上出现大量大块状 δ 铁素体分布于枝晶间。

由上述焊缝、熔合区及母材过热区的组织可见，在经过 900℃×775h 时效处理的过程中，焊缝组织出现了明显的增碳现象——碳化物析出增多，并出现针状氮化物相；而熔合线及其附近母材组织（即母材过热区）则存在脱碳现象——出现 δ 铁素体，碳化物明显减少。这是由于高镍铬焊条与低镍含氮母材之间在长期时效过程中产生碳和合金元素迁移的结果。

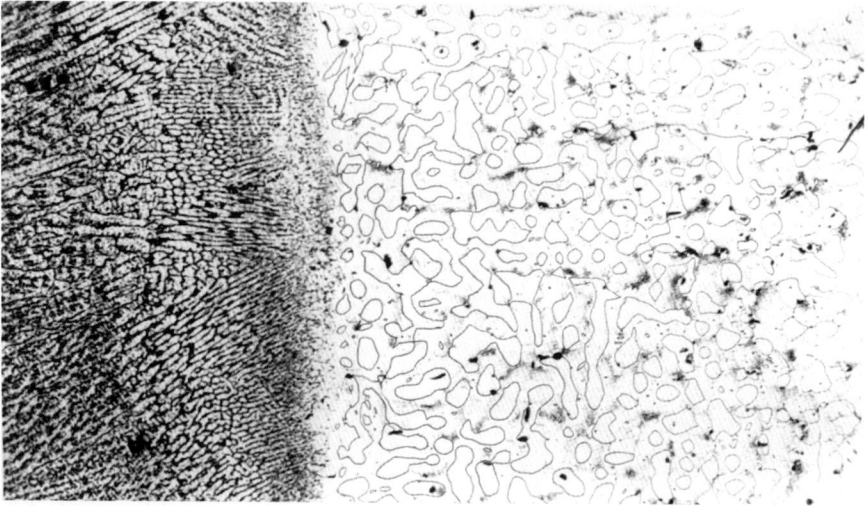

图　6-3-76　　　　　　　　　　　　　　　　100×

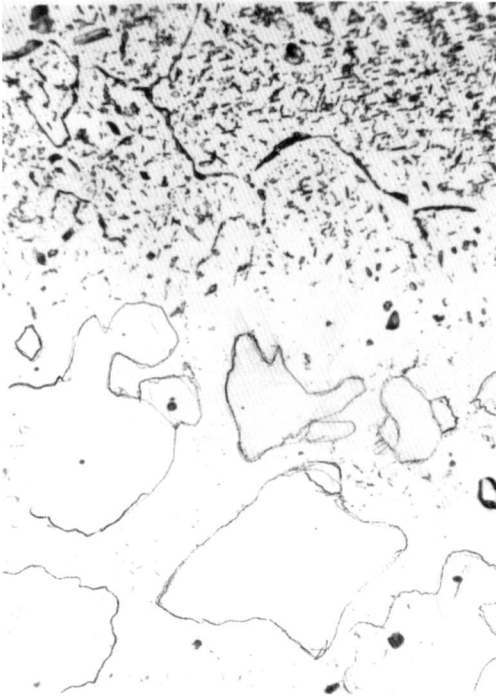

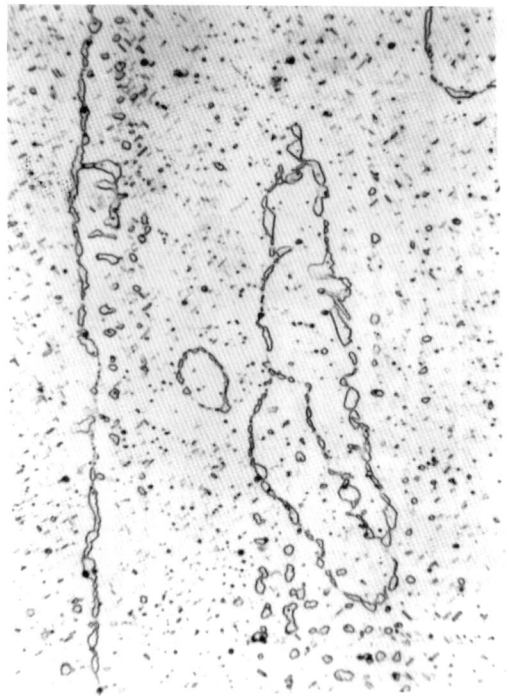

图　6-3-77　　　　　　500×　　　图　6-3-78　　　　　　500×

图　　号：6-3-76~6-3-78

材料名称：低镍含氮炉用耐热钢 R45 化学成分同图 6-3-58 试样，焊条为 HK40 高镍铬焊条，其化学成分同图 6-3-70，直径为 4mm

浸 蚀 剂：氯化高铁盐酸水溶液

处理情况：焊条电弧焊（多道焊，60°坡口），焊接接头经 900℃×2000h 时效处理

组织说明：图 6-3-76：经 900℃×2000h 时效后，焊缝与母材的界线更为分明，焊缝内树枝状组织更加明显，同时在熔合区及热影响区铁素体数量增加，且铁素体块进一步长大，使铁素体块的区域增加到 1.5mm 以上。

　　　　图 6-3-77：焊缝内碳化物颗粒更多、更大，针状氮化物趋于点粒化。

　　　　图 6-3-78：熔合区的 δ 铁素体块长大，焊缝奥氏体基体上点状碳化物（$M_{23}C_6$）及氮化物颗粒更大，分布密集。

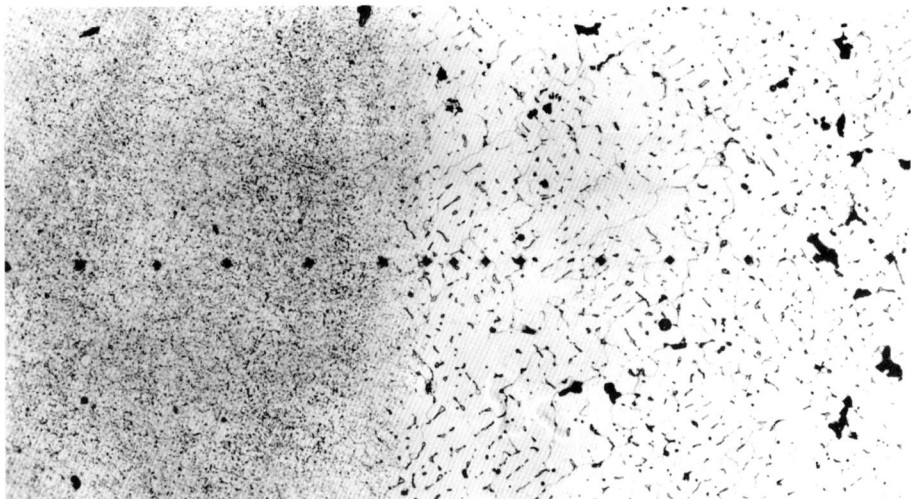

图　6-3-79　　　　　　　　　　　　　　　　　　　　　　50×

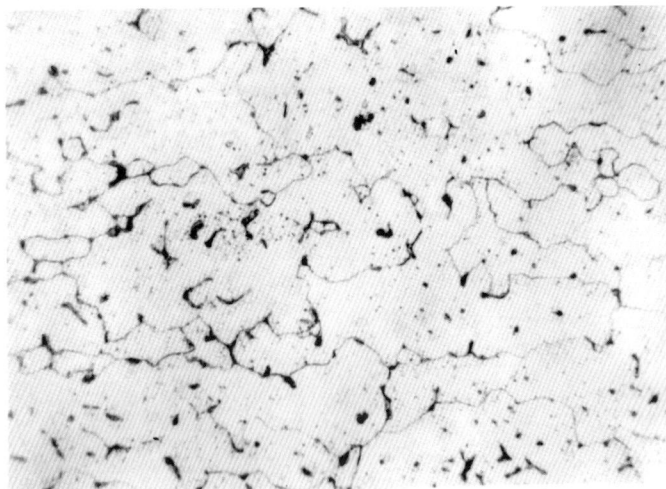

图　6-3-80　　　　　　　　　　　　　　　　　　　　　　500×

图　　号：6-3-79~6-3-83

材料名称：母材 CrMnN 炉用耐热钢铸板，其化学成分为：w（C）0.37%，w（Mn）11.95%，w（Si）1.81%，w（Cr）20.20%，w（N）0.28%；焊条为 CrMnN 无镍含氮耐热钢，其化学成分为：w（C）0.35%，w（Mn）0.36%，w（Si）1.60%，w（Cr）20.50%，w（N）0.25%

浸 蚀 剂：10%草酸水溶液电解浸蚀

处理情况：焊条电弧焊

组织说明：图 6-3-79：CrMnN 焊条与同钢种的母材（铸板）焊接接头组织，图左侧为焊缝细柱状晶组织，图右侧为母材组织，中间区为熔合区组织。

图 6-3-80：焊缝中心部位组织，基体为奥氏体，在奥氏体晶界上有少量小块状 δ 铁素体和细小点状碳化物，晶粒内有极少量点粒状碳化物。焊缝的显微硬度为 296~350HV。

图 6-3-81：焊缝表层组织，其组成相与图 6-3-80 相似，仅 δ 铁素体数量比心部多，铁素体的块也大一些。

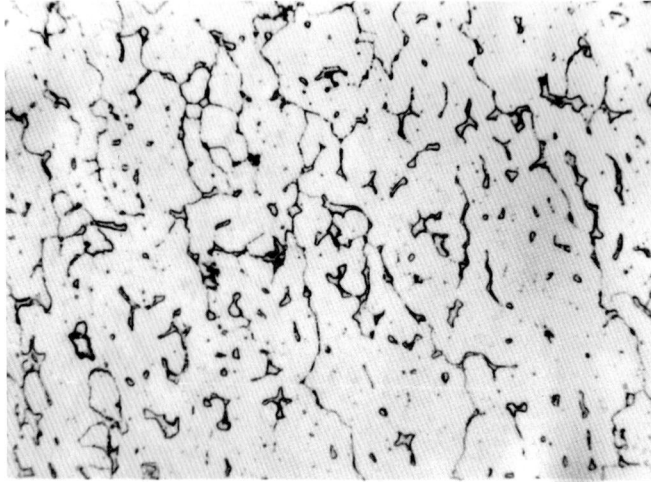

图　6-3-81　　　　　　　　　　　　　　　　　　　　　500×

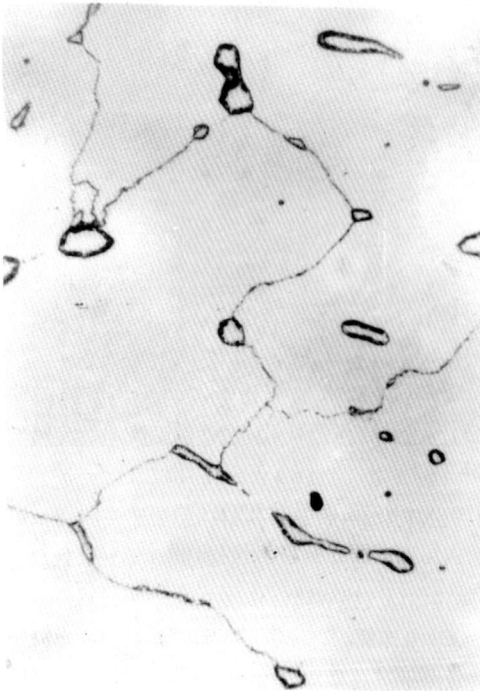

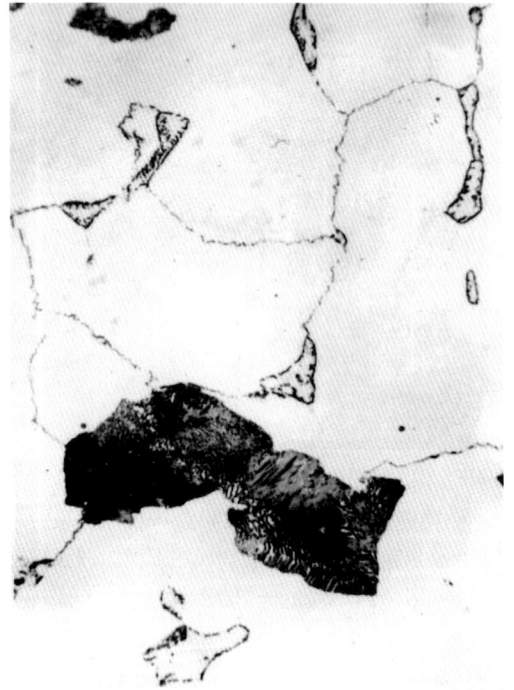

图　6-3-82　　　　　　　　　500×　　　图　6-3-83　　　　　　　　　500×

图 6-3-82：母材 CrMnN 热影响过热区组织，基体为奥氏体，晶界上有少量点状碳化物及少量颗粒状 δ 铁素体，热影响区的显微硬度为 296～350HV。

图 6-3-83：母材 CrMnN 未受焊接热影响区的组织，基体为奥氏体，晶界上有细点状碳化物及较大块的灰色层片状类珠光体组织（Cr_2N 与奥氏体构成的层片状组织），在枝晶有少量块较小的 δ 铁素体，在 δ 铁素体晶界上边上有点状碳化物析出，另外母材的显微硬度为 296～350HV。

此接头由于母材和焊条为同钢种材料，在焊缝熔合线两侧一般不发生明显的成分偏析和元素迁移过程，因此热影响过热区组织较相似，都是奥氏体基体上分布少量碳化物和 δ 铁素体，而不会出现 δ 铁素体聚集带，从焊缝、熔合区、母材热影响区、母材金相组织以及各区域测定显微硬度来看极为相似，故可推知各区域的力学性能不会相差太大。材料焊后适用于制造炉用耐热的零件和构件。

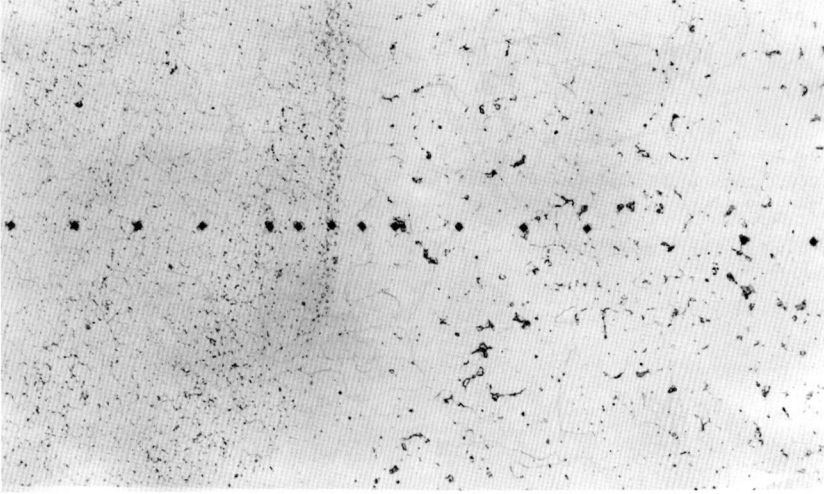

图 6-3-84   50×

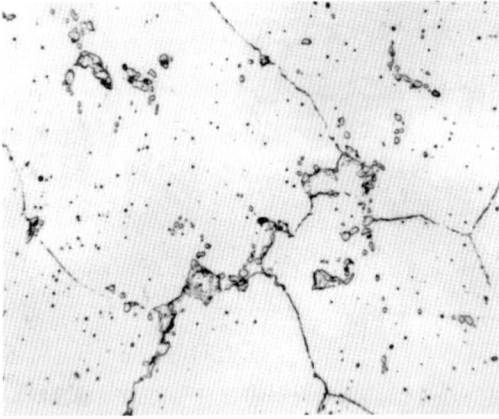

图 6-3-85   500×

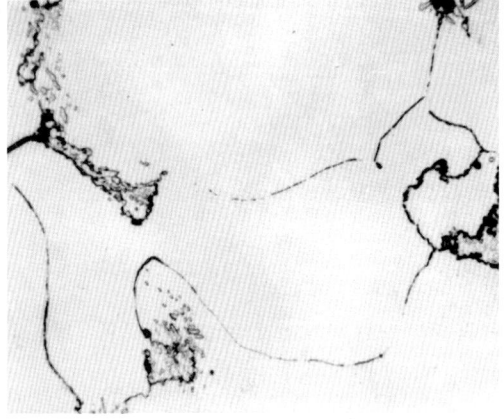

图 6-3-86   500×

图　号：6-3-84~6-3-86

材料名称：母材为 CrMnN 炉用耐热钢铸板，其化学成分同图 6-3-79；焊条为 CrMnN 无镍含氮耐热钢，其化学成分同图 6-3-79

浸 蚀 剂：10%草酸水溶液电解浸蚀

处理情况：焊条电弧焊，接头经过 1150℃水冷淬火

组织说明：图 6-3-84：同材料的焊条与母材 CrMnN 焊接的接头，经过 1150℃固溶处理后的组织，图左侧为焊缝组织，图右侧为母材区组织，图中部为熔合区组织。

　　图 6-3-85：焊缝区组织，在奥氏体基体上分布着小块状和不同大小的颗粒状碳化物，其中的奥氏体已失去柱状晶和树枝分布的特征，呈较粗的等轴晶，基体上已看不见 δ 铁素体。这些都是 CrMnN 高温固溶处理的组织特征，焊缝的显微硬度为 273~321HV。

　　图 6-3-86：母材 CrMnN 未受热影响区的高温固溶态组织，在奥氏体基体的晶界上分布着细点状碳化物和 Cr_2N 化合物，其中 Cr_2N 呈类似于共晶的点粒状组织聚集分布在奥氏体的晶界上及晶界附近，母材的显微硬度为 273~321HV。

　　此接头由同钢种材料的 CrMnN 焊条与母材焊成，经高温固溶处理后接头的熔合区和母材热影响过热区组织与焊缝组织较相似，均为奥氏体基体上分布着细点状碳化物，仅其粒状的尺寸较小，且碳化物的数量也比焊缝中的少。

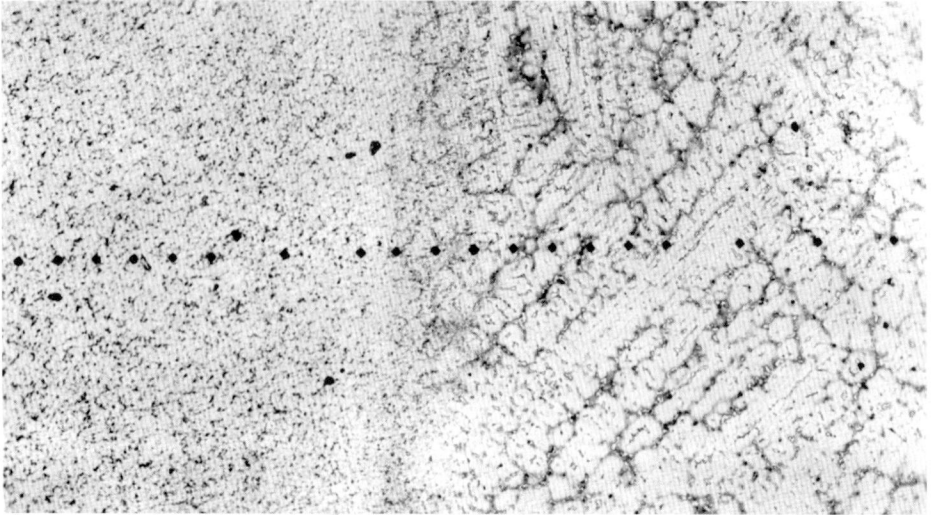

图　6-3-87　　　　　　　　　　　　　　　　　　　　　50×

图　号： 6-3-87~6-3-90

材料名称： 母材为 CrMnN 炉用耐热钢铸板；焊条为 CrMnN 无镍含氮耐热钢，母材及焊条化学成分同图 6-3-79

浸 蚀 剂： 见图中的组织说明

处理情况： 焊条电弧焊接头经过 850℃×1160h 时效处理

组织说明： 图 6-3-87：同钢种 CrMnN 焊条与母材（铸板）焊接接头经过 850℃×1160h 时效处理后的组织（10%草酸水溶液电解浸蚀），图左侧为焊缝时效组织，图右侧为母材热影响过热区组织，图中部为熔合区的时效组织。热影响区显微硬度为 246~321HV，母材处显微硬度为 296~350HV。

图 6-3-88：CrMnN 焊缝时效组织（经碱性苦味酸钠热蚀显示），其基体为奥氏体，在晶界上有颗粒状碳化物和弥散分布的碳化物，还有少量细针状 Cr_2N 相，白色块状为 δ 铁素体，焊缝处显微硬度为 254~321HV。

图 6-3-89：焊缝时效组织（电解浸蚀显示）的高倍组织，可见在奥氏体晶界上的碳化物已长大，在晶界上及晶界附近有弥散分布的细点状碳化物，晶内也有较多细粒状碳化物。这表明在时效过程中，晶界和晶内分布的细点状碳化物已发生了聚集长大。

图 6-3-90：用碱性苦味酸钠热蚀后显示的焊缝组织，其组成相与图 6-3-88 相同，在奥氏体基体上分布着较大块状的 δ 铁素体及碳化物，其中分布在奥氏体晶界上的为点粒状碳化物，在晶内有大小不同的点粒状碳化物，在奥氏体枝晶间有聚集分布的弥散状细碳化物。

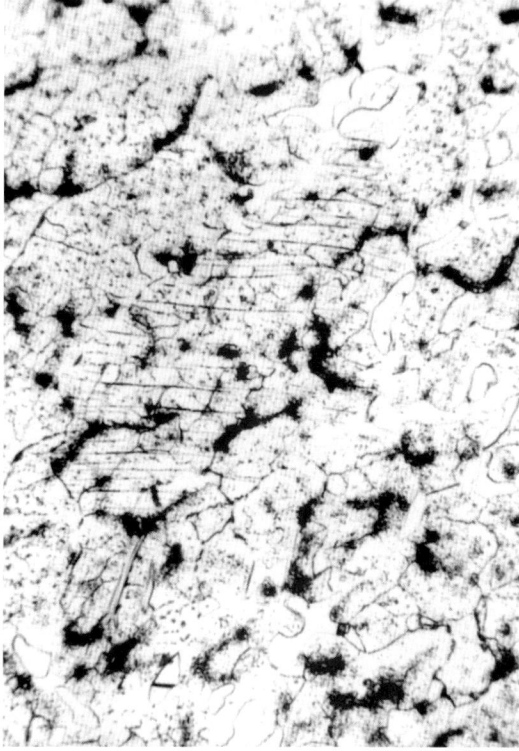

图　6-3-88　　　　　　　　　　　　　500×

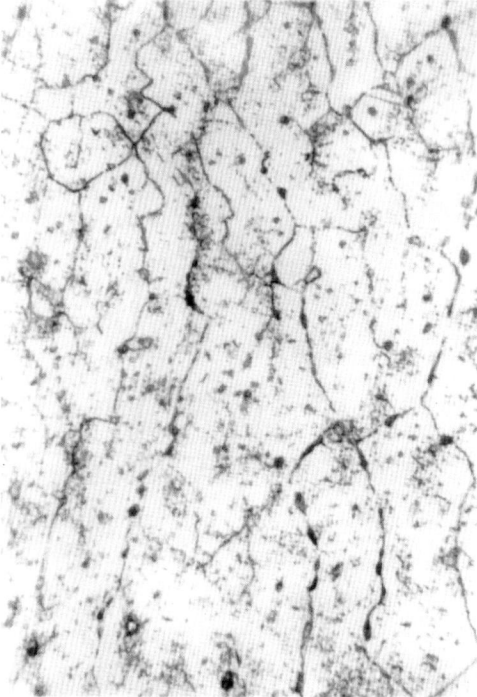

图　6-3-89　　　　　　　1000×

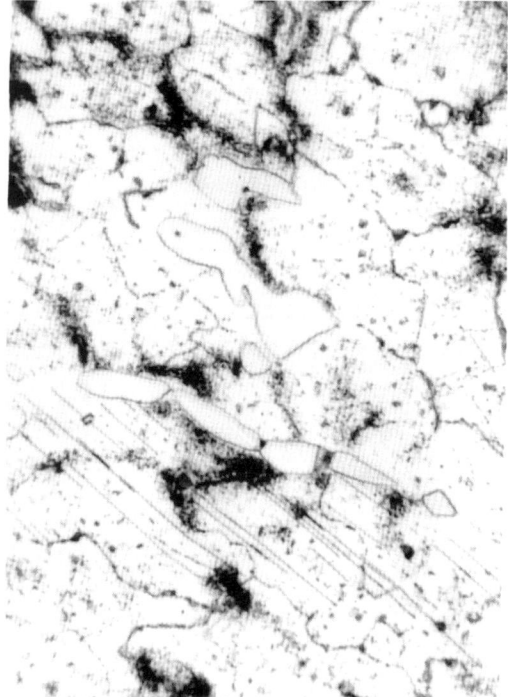

图　6-3-90　　　　　　　1000×

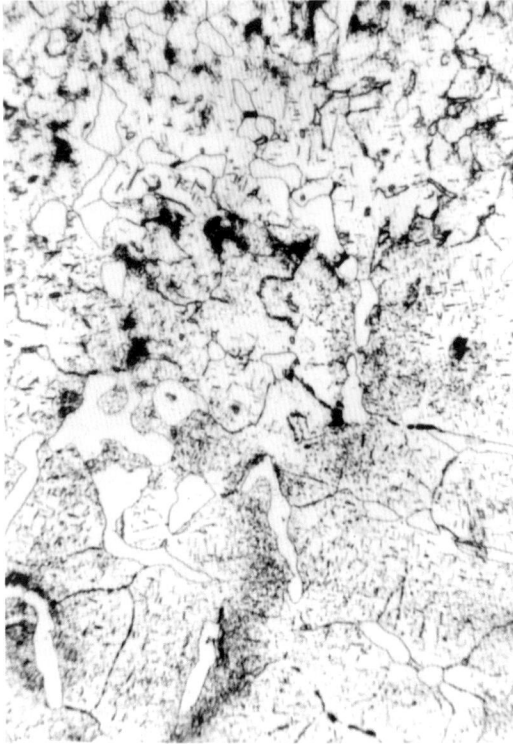

图　6-3-91　　　　　　　　　500×

图　号：6-3-91

材料名称：母材为 CrMnN 炉用耐热钢铸板；焊条为 CrMnN 无镍含氮耐热钢，母材及焊条化学成分同图 6-3-79

浸蚀剂：碱性苦味酸钠热浸蚀

处理情况：焊条电弧焊后经过 850℃×1160h 时效处理

组织说明：为经过碱性苦味酸钠热蚀后显示的熔合区时效组织，基体为奥氏体，上面分布着大量白色的块状 δ 铁素体，大量碳化物和针状组织。其中分布在奥氏体晶界上的碳化物主要为点粒状，少量呈颗粒状。此外在奥氏体枝晶间存在着弥散分布的点状碳化物。针状组织分布在奥氏体晶内，它们主要是 $M_{23}C_6$ 型碳化物和 Cr_2N 相。

图　号：6-3-92

材料名称：母材为 CrMnN 炉用耐热钢铸板；焊条为 CrMnN 无镍含氮耐热钢，母材及焊条化学成分同图 6-3-79

浸蚀剂：10%草酸水溶液电解浸蚀

处理情况：焊条电弧焊后经 850℃×1160h 时效处理

组织说明：为经过电解侵蚀后显示的熔合区高倍组织，其组织与图 6-3-91 相同。由于高倍放大，组织中的块状铁素体、针状组织及碳化物的形貌特征显示得更清晰。其中白色大块状为铁素体，奥氏体晶界上有串链状分布的点粒状碳化物和已经聚集长大的颗粒状碳化物。在奥氏体枝晶间除存在多量点状弥散碳化物外，还有部分尚未分解完却聚集长大的片层状组织（图右下部），针状氮化铬组织更明显。

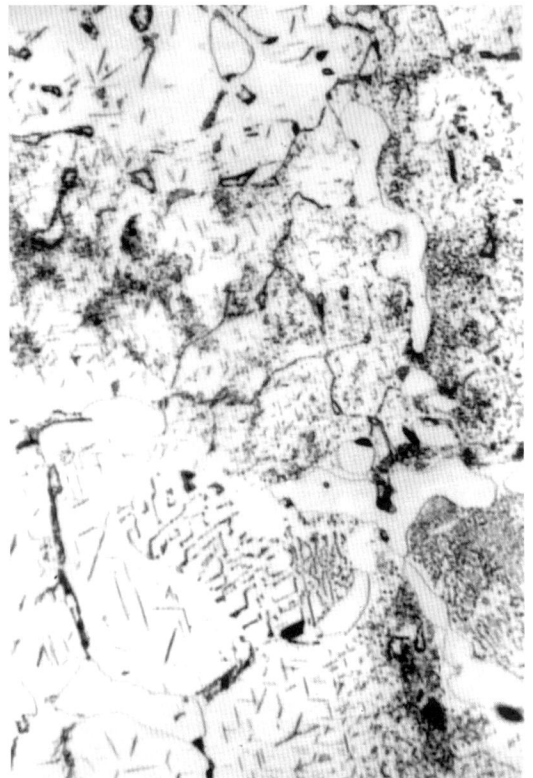

图　6-3-92　　　　　　　　　500×

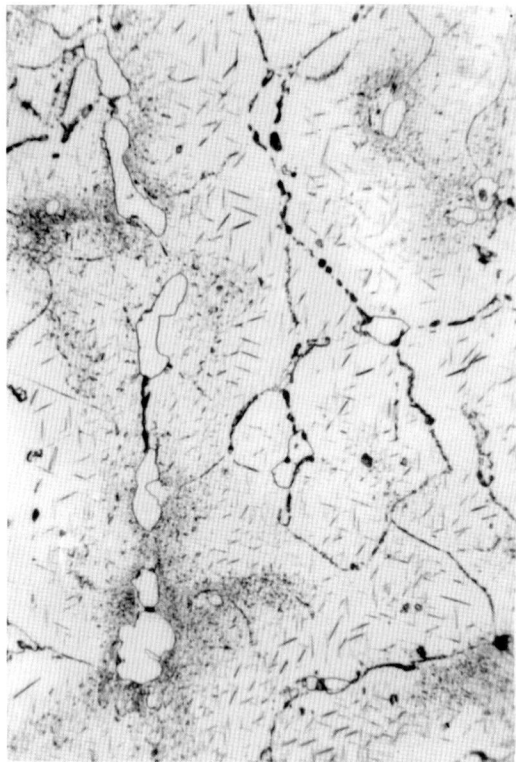

图　6-3-93　　　　　　　　　　　500×

图　　号：6-3-94

材料名称：母材为 CrMnN 炉用耐热钢铸板；焊条为
　　CrMnN 无镍含氮耐热钢，母材及焊条化学成分同
　　图 6-3-79

浸 蚀 剂：10％草酸水溶液电解浸蚀

处理情况：焊条电弧焊后经 850℃×1160h 时效处理

组织说明：为经过电解浸蚀后显示的母材时效后的
　　高倍组织（与图 6-3-93 组织相同），其奥氏体基体
　　上分布的 δ 铁素体块状、沿晶碳化物和呈弥散分
　　布的碳化物，聚集长大的残留片层状组织和针状
　　组织显示更为清晰。

　　由以上焊接接头组织可见，采用相同钢种
CrMnN 焊条和母材的焊接接头，经 850℃×
1160h 时效处理后，熔合线靠母材侧组织中未
出现铁素体聚集带；熔合线靠焊缝侧未出现碳化
物增加；其时效过程中组织的变化与母材的变化
较一致，这表明在时效过程中，在母材和焊缝之
间没有发生碳元素的扩散迁移现象。

图　　号：6-3-93

材料名称：母材为 CrMnN 炉用耐热钢铸板；焊条为
　　CrMnN 无镍含氮耐热钢，母材及焊条化学成分同
　　图 6-3-79

浸 蚀 剂：碱性苦味酸钠热浸蚀

处理情况：焊条电弧焊后经 850℃×1160h 时效处理

组织说明：为经过碱性苦味酸钠热蚀后的母材
　　（1160h 时效）组织，基体为奥氏体，在奥氏体晶
　　界上分布着白色块状的 δ 铁素体及点粒状呈链状
　　分布的碳化物，其中有些碳化物已经聚集长大，
　　在奥氏体枝晶间存在着弥散分布的细点状碳化
　　物；在奥氏体晶内分布着较多的针状组织，它们
　　主要为 $M_{23}C_6$ 型碳化物和 Cr_2N 相，母材的显微硬
　　度为 296～350HV。

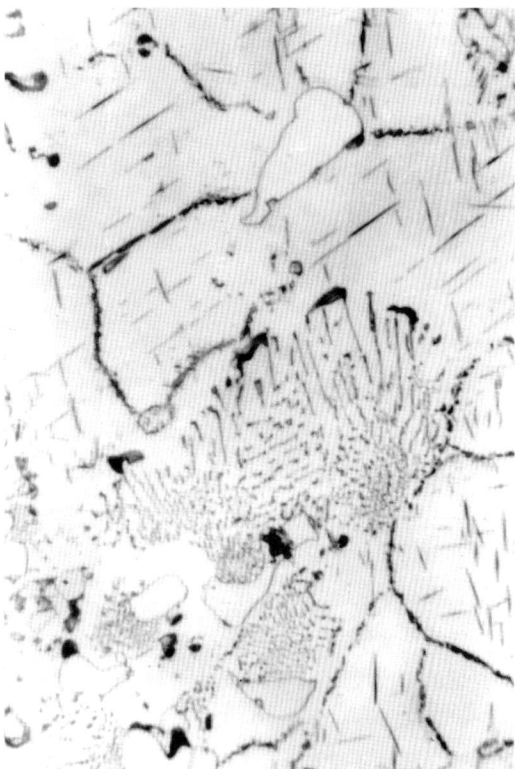

图　6-3-94　　　　　　　　　　　1000×

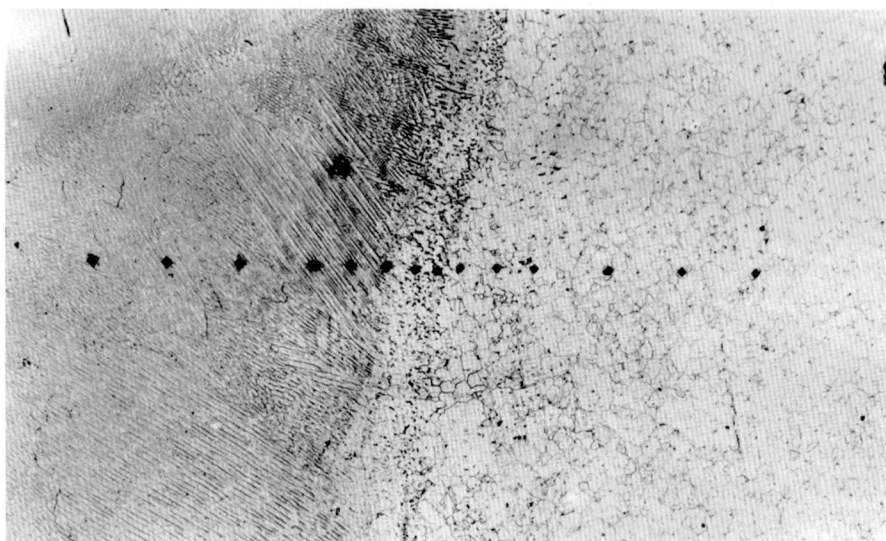

图　6-3-95　　　　　　　　　　　　　　　　　50×

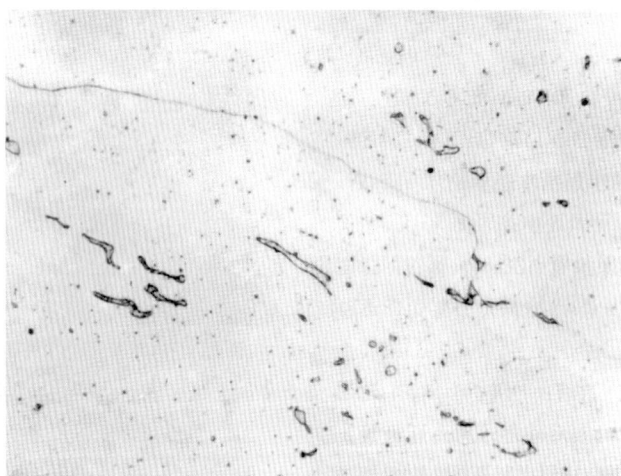

图　6-3-96　　　　　　　　　　　　　　　　　500×

图　号：6-3-95、6-3-96

材料名称：母材为 CrMnN 炉用耐热钢铸板；焊条为 Cr25-Ni20，其化学成分为：w（C）0.20%，w（Mn）6.0%，w（Si）0.70%，w（Cr）24.0%～28.0%，w（Ni）17.0%～21.0%

浸　蚀　剂：10%草酸水溶液电解浸蚀

处理情况：焊条电弧焊

组织说明：图 6-3-95：为用 Cr25-Ni20 焊条焊接 CrMnN 铸板（固溶态）的焊接接头全貌，图左侧为 Cr25-Ni20 焊缝的树枝状组织；图右侧为母材固溶态的 CrMnN 铸板组织；中间部分为接头的熔合区组织。

图 6-3-96：为 Cr25-Ni20 焊缝组织，基体为奥氏体，少量小块状组织为分布在枝晶间的 δ 铁素体，在奥氏体晶界及晶内的小黑点为碳化物，焊缝的显微硬度为 180～205HV。

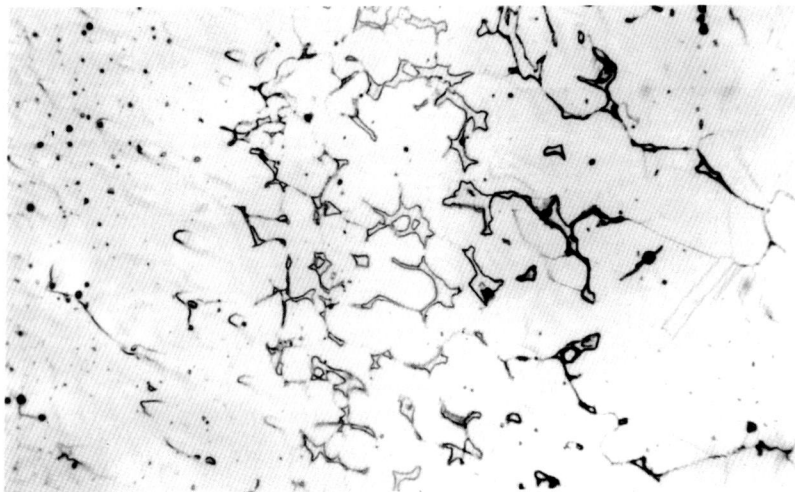

图 6-3-97 500×

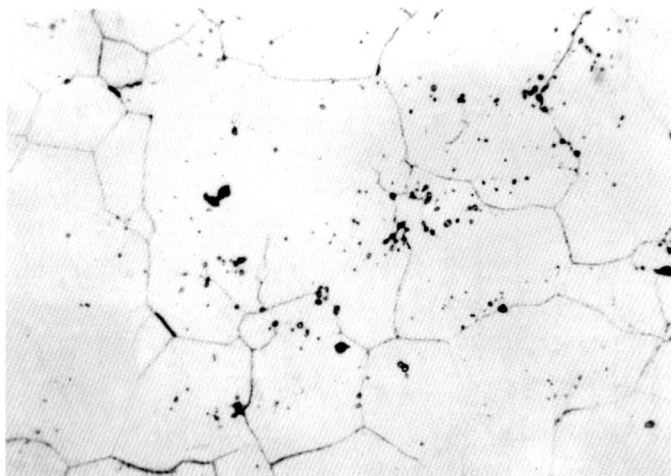

图 6-3-98 500×

图　　号：6-3-97、6-3-98

材料名称：母材为 CrMnN 炉用耐热钢铸板固溶态；焊条为 Cr25-Ni20 钢，其化学成分同图 6-3-95

浸 蚀 剂：10％草酸水溶液电解浸蚀

处理情况：焊条电弧焊

组织说明：图 6-3-97：熔合区组织，图左侧为焊缝区，图右侧为母材区，中部为熔合线区。组织为奥氏体基
体上分布着较多聚集分布的块状 δ 铁素体，及少量细点状碳化物。图中可见熔合线靠母材一侧的 δ 铁素体
已经聚集长大成鸡爪半网状，甚至有呈连续网状趋势。即铁素体明显增多粗大，出现了一个铁素体聚集带，
熔合线靠焊缝一侧碳化物有所增加。

图 6-3-98：母材 CrMnN（固溶态）热影响过热区组织，在奥氏体基体上分布着较多碳化物颗粒，其中
分布在奥氏体晶界上为少量细点状碳化物，在晶内的点粒状碳化物呈聚集分布，热影响区的显微硬度为
246～296HV，母材的显微硬度为 321～336HV。

采用 Cr25-Ni20 焊条与 CrMnN 母材进行异种钢焊接后，靠母材侧熔合线出现了铁素体聚集带，碳化
物量减少；而熔合线靠焊缝侧有碳化物量增多的现象。这是由于焊条与母材之间化学成分和组织之间存在
较大差别，因此在焊接过程中，接头熔合线两侧发生了碳元素从 CrMnN 母材向 Cr25-Ni20 焊条一侧扩散
迁移，这种碳迁移造成了熔合线两侧组织与母材及焊缝组织存在显著差异，特别是熔合区出现铁素体带，
将对焊接接头的这个薄弱环节的性能产生不良影响。

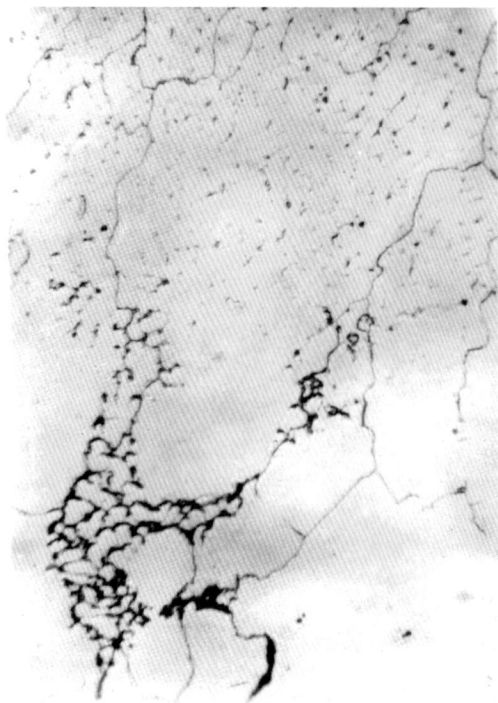

图　6-3-99 　　　　　　　　　　　　400×

图　　号：6-3-100

材料名称：母材为 R45 炉用耐热钢铸板；焊条为 R45 耐热钢焊条，化学成分同图 6-3-99

浸 蚀 剂：10％草酸水溶液电解浸蚀

处理情况：焊条电弧焊后经 900℃×570h 时效处理

组织说明：同钢种焊接接头，图上部和下部分别为焊缝及母材热影响过热区组织，组织与图 6-3-99 相似，但由于经长时间时效处理，使其中的碳化物发生聚集长大，在奥氏体晶界上聚集长成粒状的为 M_6C 型碳化物；晶内的粒状碳化物为 $M_{23}C_6$ 型碳化物，此外，层状组织中的碳化物和氮化物发生沉淀析出，弥散分布于奥氏体晶内及晶界附近。时效后硬度提高，焊缝硬度为 370～388HV；熔合线硬度为 345HV；母材硬度为 370～391HV。高温长时间时效后，出现了碳化物和氮化物的沉淀析出和聚集长大，但由于聚集长大使钢中合金元素含量稍低，因此这一转变过程稍慢，故其组织长大不十分明显。

图　　号：6-3-99

材料名称：母材为 R45 耐热钢铸板，其化学成分为：w（C）0.3％，w（Mn）4.13％，w（Si）1.86％，w（Cr）21.44％，w（Ni）4％，w（N）0.25％；

　　　　　焊条为 R45 耐热钢焊条，其化学成分为：w（C）0.36％，w（Mn）4.81％，w（Si）1.99％，w（Cr）21.73％，w（Ni）4.8％，w（N）0.27％

浸 蚀 剂：10％草酸水溶液电解浸蚀（电压：4～6V，时间：10～20s）

处理情况：焊条电弧焊

组织说明：R45 焊条与 R45（铸板）为同钢种焊接接头，图上部为焊缝，组织为奥氏体呈柱状晶，晶界上分布着细小的碳化物，图下部为铸板母材热影响过热区，组织为奥氏体晶界上分布着少量碳化物。熔合线区除组织与母材过热区类似，图中上部所示。焊缝显微硬度为 321～345HV，熔合线显微硬度为 321HV，母材显微硬度为 321～345HV。

　　　　　R45 铸板与 R45 焊条系同种钢焊接，焊态下焊缝、熔合线两边的组织均为奥氏体和碳化物。经 900℃×570h 时效后，焊缝同母材一样，碳化物和氮化物沉淀析出，弥散分布于和晶界上。

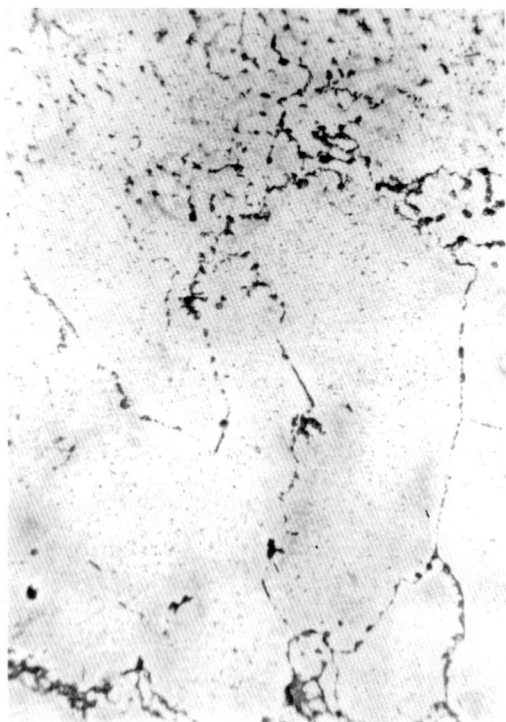

图　6-3-100 　　　　　　　　　　　　400×

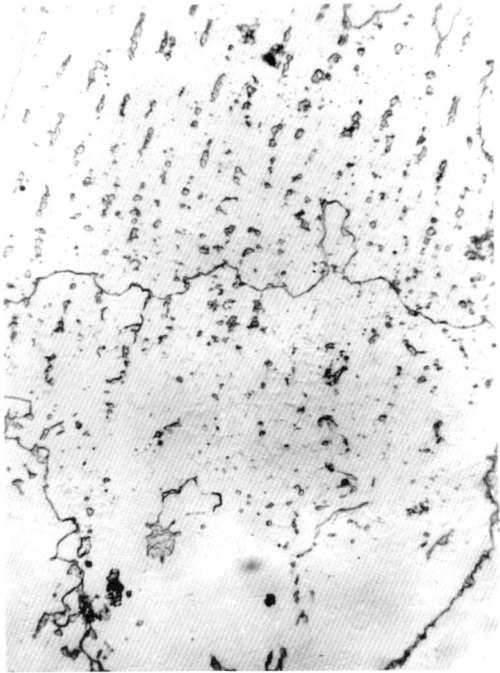

图　6-3-101　　　　　　　　　　400×

图　　号：6-3-102

材料名称：母材为 Ni7N 耐热钢铸板；焊条为 Ni7N
焊条，化学成分同 6-3-101

浸 蚀 剂：10％草酸水溶液电解浸蚀

处理情况：焊条电弧焊经 1000℃×570h 时效处理

组织说明：图上下部的组织与图 6-3-101 相似，但由
于高温时效作用，在晶内及晶界上的碳化物及层
状组织中的碳氮化合物都发生了明显聚集长大，
碳化物长大成粗粒和长条状，氮化物由细针状长
成粗针状。图中上部为熔合线区，组织与母材过
热区相似。

　　时效后硬度提高，焊缝为 358～370HV；熔合
线为 358 HV；母材为 345～407HV。

　　由图可知，NI7N 钢焊后长时间时效处理后虽
然发生了碳化物、氮化物的沉淀析出、聚集长大，
由于钢中含合金元素较高，使其沉淀析出、聚集
长大的转变快，故其组织颗粒较粗大。

图　　号：6-3-101

材料名称：母材为 Ni7N 耐热钢铸板，其化学成分为：
w（C）0.35%，w（Mn）1.49%，w（Si）2.00%，
w（Cr）25.2%，w（Ni）7.6%，w（N）0.26%

　　焊条为 Ni7N 耐热钢焊条,其化学成分为:w（C）
0.41%，w（Mn）1.38%，w（Si）1.36%，w（Cr）
24.81%，w（Ni）7.51%，w（N）0.25%

浸 蚀 剂：10％草酸水溶液电解浸蚀

处理情况：焊条电弧焊

组织说明：Ni7N 为同钢种焊接接头,图上部为焊缝,
组织为奥氏体柱状晶，晶界上有粒状碳化物，晶
内有粒状碳化物和少量层状组织（碳氮化合物）。
图下部为母材热影响过热区，组织与焊缝组织相
似，但晶界及晶内的碳化物和层状组织的含量稍
多于焊缝组织；图中上部为熔合线区，组织与母
材过热区相似，焊缝显微硬度为 321～345HV，熔
合线显微硬度为 321HV，母材显微硬度为 321～
345HV。

　　Ni7N 铸板与 Ni7N 焊条系同种钢焊接，焊缝
在焊态下已有层状的共晶组织；经 1000℃×570h
时效后，熔合线两边组织相同，均为奥氏体、碳
化物和碳氮化物（即层状组织）。

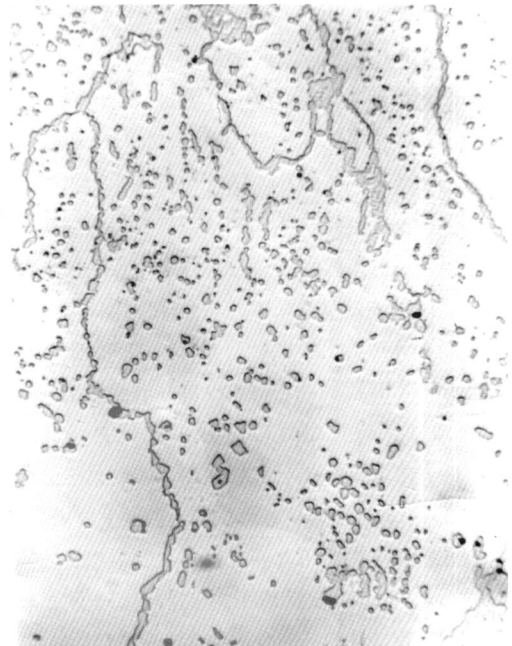

图　6-3-102　　　　　　　　　　400×

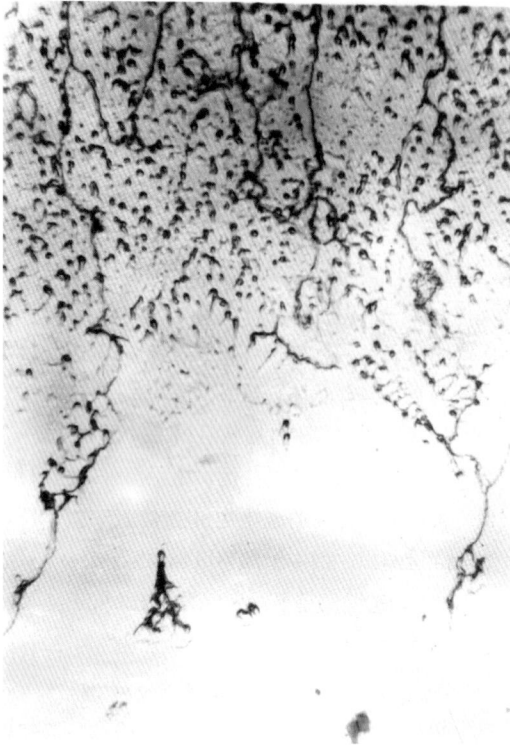

图　　6-3-103　　　　　　　　　　400×

图　　号： 6-3-103

材料名称： 母材为 R45 耐热钢铸板，其化学成分为：w（C）0.3%，w（Mn）4.13%，w（Si）1.86%，w（Cr）21.44%，w（Ni）4.0%，w（N）0.25%；焊条为 Ni7N 耐热钢焊条，其化学成分同图 6-3-101

浸　蚀　剂： 10%草酸水溶液电解浸蚀（电压：4~6V，时间：10~20s）

处理情况： 焊条电弧焊

组织说明： 图上部为 Ni7N 焊缝组织，基体为奥氏体柱状晶；在晶界上和晶内分布着粒状碳化物。图下部为 R45 铸板母材热影响过热区组织，基体为奥氏体，晶界上有少量碳化物。

　　焊缝显微硬度为 345~407HV，熔合线显微硬度为 358 HV，母材显微硬度为 391~423 HV。

　　Ni7N 和 R45 炉用耐热钢都属于低镍含氮钢，它们属于同类型钢焊接。

图　　号： 6-3-104

材料名称： 母材为 R45 耐热钢铸板；焊条为 Ni7N 耐热钢焊条，化学成分同图 6-3-101

浸　蚀　剂： 10%草酸水溶液电解浸蚀

处理情况： 焊条电弧焊经 900℃×570h 时效处理

组织说明： 图上部为 Ni7N 焊缝区，基体组织为奥氏体，在晶界上有粒状碳化物，晶内有粒状碳化物和大量弥散析出的碳化物。图下部为 R45 铸板母材热影响过热区时效组织，在基体奥氏体的晶界上串链状分布着已经聚集长大的粒状碳化物。在奥氏体晶内有粒状碳化物和少量弥散的析出碳化物和细针状氮化物。焊缝显微硬度为 321~345HV，熔合线显微硬度为 332 HV，母材显微硬度为 332~370HV，从时效后的显微硬度值来看，母材显微硬度有所下降。从时效后的组织说明，时效后发生了碳化物和氮化物的沉淀析出和聚集长大的过程，从而各部分的硬度有所下降。

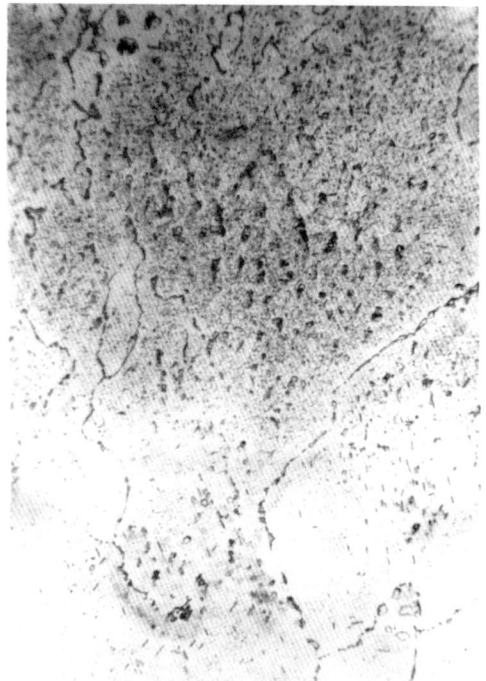

图　　6-3-104　　　　　　　　　　400×

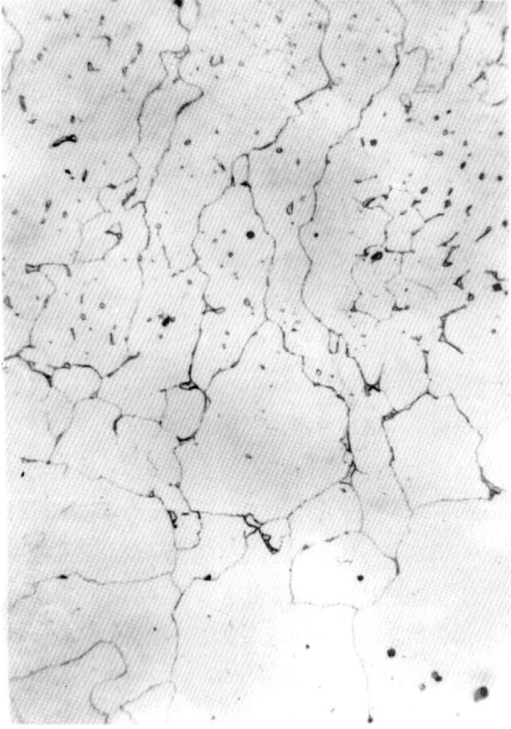

图 6-3-105 400×

图 号： 6-3-106

材料名称： 母材为 CrMnN 耐热钢铸板；焊条为 R45 耐热钢焊条，化学成分同图 6-3-105

浸 蚀 剂： 10%草酸水溶液电解浸蚀

处理情况： 焊条电弧焊后经 900℃×570h 时效处理

组织说明： 图上部为 R45 焊缝的时效组织：在基体奥氏体的晶界上有已经聚集长大的碳化物颗粒呈串链分布，在晶内有时效过程中析出的点状碳化物；图下部为 CrMnN 母材热影响过热区的时效组织：在奥氏体基体的晶界上分布着串链状的碳化物粒子，在晶内有时效而析出的点状碳化物和氮化物。时效焊缝的显微硬度为 332～345HV；熔合线显微硬度为 299HV；母材显微硬度为 370～391HV。从时效后焊缝及熔合线处的显微硬度值来看，比未经时效前的焊态有所下降。母材处未有变化。

图 号： 6-3-105

材料名称： 母材为 CrMnN 耐热钢铸板，其化学成分为：w（C）0.29%，w（Mn）12.2%，w（Si）1.77%，w（Cr）19.50%，w（N）0.27%；焊条为 R45 耐热钢焊条，其化学成分为：w（C）0.36%，w（Mn）4.81%，w（Si）1.99%，w（Cr）21.73%，w（Ni）4.80%，w（N）0.27%

浸 蚀 剂： 10%草酸水溶液电解浸蚀

处理情况： 焊条电弧焊

组织说明： 图上部为 R45 焊缝组织：在基体奥氏体的晶界上有少量碳化物。晶粒内部有少量粒状碳化物，图中上部为熔合线区：组织与图下部的 CrMnN 母材热影响过热区相似，在基体奥氏体的晶界上和晶内有少量碳化物、氮化物。

用 R45 焊条焊接 CrMnN 铸板属同类型钢焊接。R45 钢焊缝焊态的显微硬度为 370～388HV，熔合线处的显微硬度为 345HV，母材的显微硬度为 370～391HV。

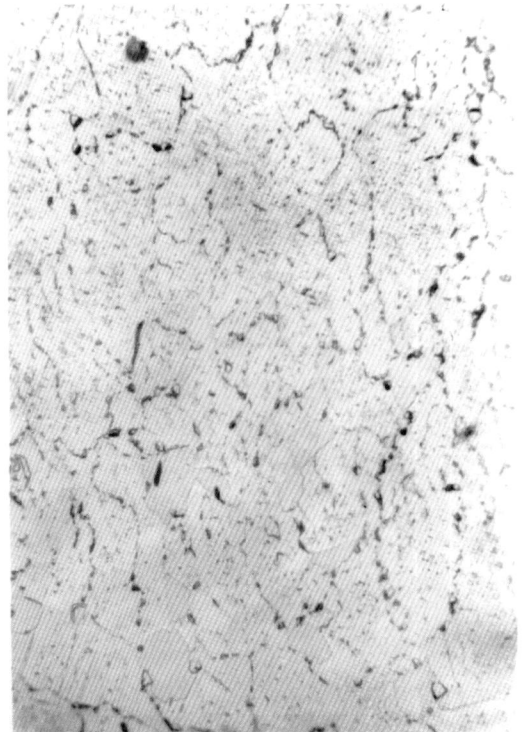

图 6-3-106 400×

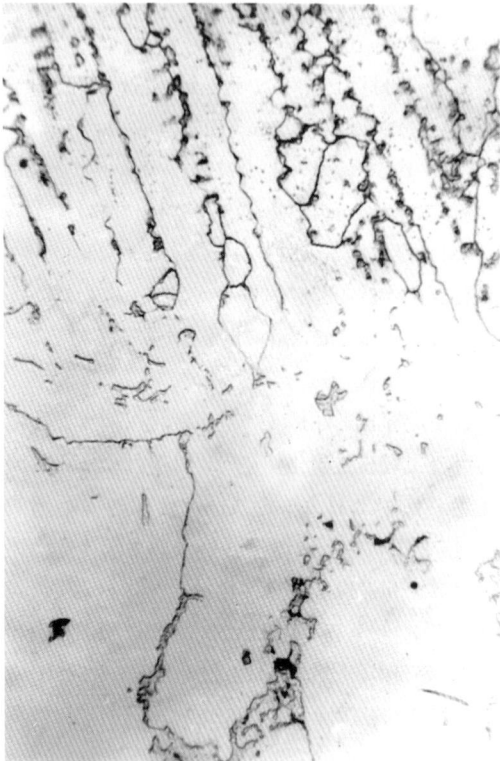

图　6-3-107　　　　　　　　400×

图　　号： 6-3-108

材料名称： 母材为 Ni7N 耐热钢铸板；焊条为 HK40
耐热钢焊条，化学成分与图 6-3-107

浸蚀剂： 10％草酸水溶液电解浸蚀

处理情况： 焊条电弧焊经 1000℃×570h 时效处理

组织说明： 图上部为 HK40 焊缝的时效组织：在基
体奥氏体的晶界上，碳化物已经聚集长大呈网状，
在晶内有析出的碳化物颗粒及大量的针状氮化
物；图下部为 Ni7N 热影响过热区的时效组织：在
基体奥氏体中析出了较多块状的 δ 铁素体，晶粒
内还有析出的弥散碳化物及已经聚集长大的氮化
物粗针；在图中上部为熔合线区组织：与下部的
母材过热区时效组织相似。由以上组织可见，在
时效过程中母材中发生了贫碳作用。生成较多的
铁素体块，而在焊缝中则出现了碳化物聚集长大
以及析出大量的针状氮化物。反映出异种钢焊接
后的时效过程中发生了碳及氮原子的扩散迁移过
程。焊缝显微硬度为 268～280HV；熔合线显微硬
度为 319 HV；母材显微硬度为 319～376 HV。由
显微硬度可见，焊缝显微硬度提高了，而母材处
则下降。

图　　号： 6-3-107

材料名称： 母材为 Ni7N 耐热钢铸板，其化学成分为：
w（C）0.35％，w（Mn）1.48％，w（Si）2.00％，
w（Cr）25.2％，w（Ni）7.6％；w（N）0.26％，
w（Re）0.0197％；焊条为 HK40 耐热钢焊条，其
化学成分为：w（C）0.39％，w（Mn）1.98％，w（Si）
0.90％，w（Cr）25.51％，w（Ni）20.4％

浸蚀剂： 10％草酸水溶液电解浸蚀

处理情况： 焊条电弧焊

组织说明： 异钢种焊接，图上部为 HK40 焊缝组织：
在基体奥氏体的柱状晶晶界上有颗粒状碳化物，
在晶内有少量碳化物小点；图下部为 Ni7N 母材
热影响过热区组织：在基体奥氏体的晶界和晶内
有少量颗粒状碳化物，还有少量层状组织；图中
上部为熔合线区，组织与其下部的母材过热区相
似，母材与焊缝含碳量相当，就是焊缝不含氮元
素。焊缝显微硬度为 251～269HV，熔合线显微
硬度为 281 HV，母材显微硬度为 328～420 HV。

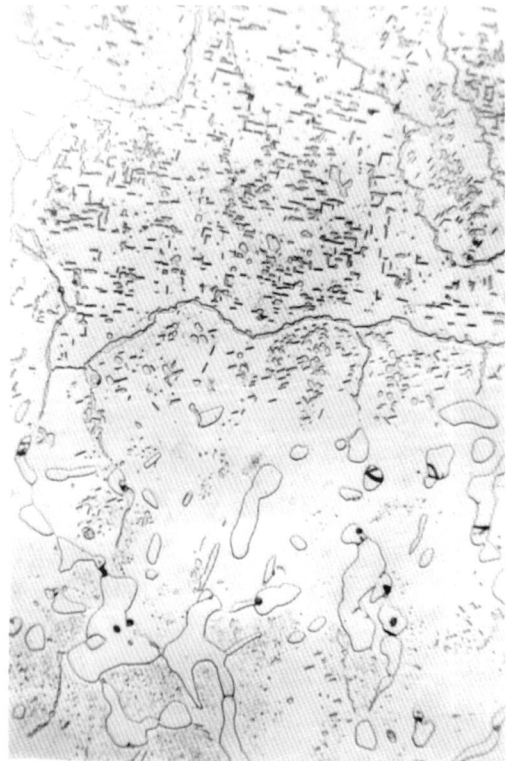

图　6-3-108　　　　　　　　400×

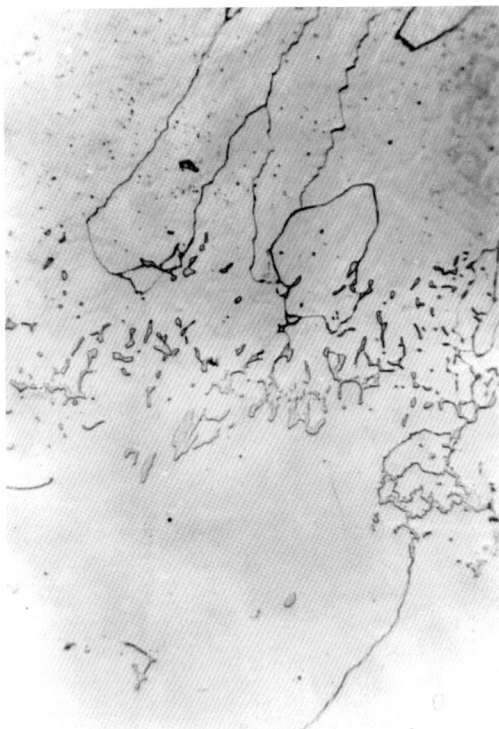

图　　6-3-109　　　　　　　　400×

图　号： 6-3-110

材料名称： 母材为 Ni7N 耐热钢铸板；焊条为 25-20 耐热钢焊条，化学成分与图 6-3-109

浸 蚀 剂： 10％草酸水溶液电解浸蚀

处理情况： 焊条电弧焊，焊后经 900℃×570h 时效处理

组织说明： 图上部为 25-20 焊缝的时效组织，基体奥氏体柱状晶晶界上，碳化物经时效已经聚集长大呈较粗的颗粒串链状，有些已连贯在一起。在晶粒内部有大量析出并聚集长大的颗粒状碳化物和针状氮化物；图下部为母材热影响过热区时效组织：在基体奥氏体中已析出较多块状的 δ 铁素体，晶界上的碳化物颗粒已经聚集长大，晶粒内部析出有大量弥散碳化物和针状氮化物。在沿晶分布的部分 δ 铁素体呈现"丝状"组织（如图下部）；图中上部为熔合线时效组织：与母材过热区相似，但其中 δ 铁素体呈聚集分布。

　时效后，焊缝中出现针状氮化物和一定量碳化物，说明母材里的氮在900℃温度下移向了焊缝，使母材失去了一定量碳和氮。由于氮是强力稳定奥氏体的元素，氮的减少使部分奥氏体就转变为 δ 铁素体。

图　号： 6-3-109

材料名称： 母材为 Ni7N 耐热钢铸板，其化学成分同图 6-3-107；焊条为 25-20 耐热钢焊条，其化学成分为：w（C）0.12％，w（Mn）2.19％，w（Si）0.72％，w（Cr）25.77％，w（Ni）18％

浸 蚀 剂： 10％草酸水溶液电解浸蚀

处理情况： 焊条电弧焊

组织说明： 图上部是 25-20 焊缝组织，为奥氏体柱状晶及少量碳化物；图下部为 Ni7N 母材热影响过热区组织：基体为奥氏体，并有少量 δ 铁素体和碳化物存在；图中上部为熔合线区。组织与下部的母材过热区相似，但其中的 δ 铁素体较多，呈块状及半网状分布在奥氏体中。

　25-20 焊条焊接 Ni7N 铸板，在焊态的母材一侧，出现了 δ 铁素体，时效后 δ 增多、增大。同时还会在晶界上 δ 铁素体呈现出一种丝状组织，草酸电解后便为黑色。

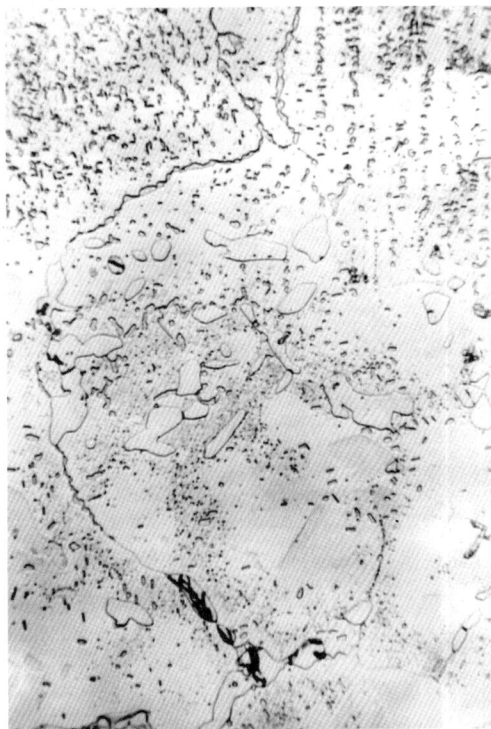

图　　6-3-110　　　　　　　　400×

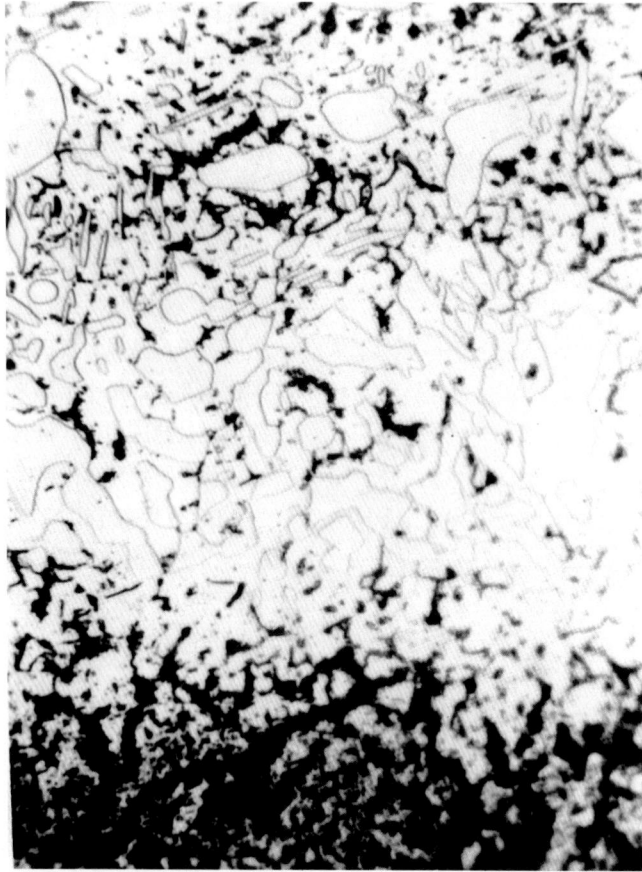

图　6-3-111　　　　　　　　　　　　　　　　　　600×

图　　号：6-3-111~6-3-113

材料名称：母材为低镍含氮炉用耐热钢 R45，其化学成分同图 6-3-103 铸钢；焊条为 HK40 高镍铬耐热钢焊条，其化学成分同图 6-3-107

浸 蚀 剂：10％草酸水溶液电解浸蚀

处理情况：焊条电弧焊后加工成时效试验的试样，然后进行 900℃持久试验，试验应力为 50MPa 经 50.5h 后断裂。持久断面位于熔合区。取垂直于断面的试样进行断口组织观察。

组织说明：图 6-3-111：断裂的持久试样熔合线附近组织，图下部为焊缝组织：基体为奥氏体柱状晶，晶界上分布着块粒状 $M_{23}C_6$ 型碳化物，晶内有大量弥散状碳化物析出；图下部有高温持久过程中产生的黑色粗条沿晶裂纹。图上部为热影响过热区组织：基体为奥氏体，出现大量块状铁素体，并有少量碳化物；中部为熔合区组织，其中存在铁素体聚集带。图中上部出现的黑色沿晶小裂纹为持久过程中产生的蠕变裂纹。

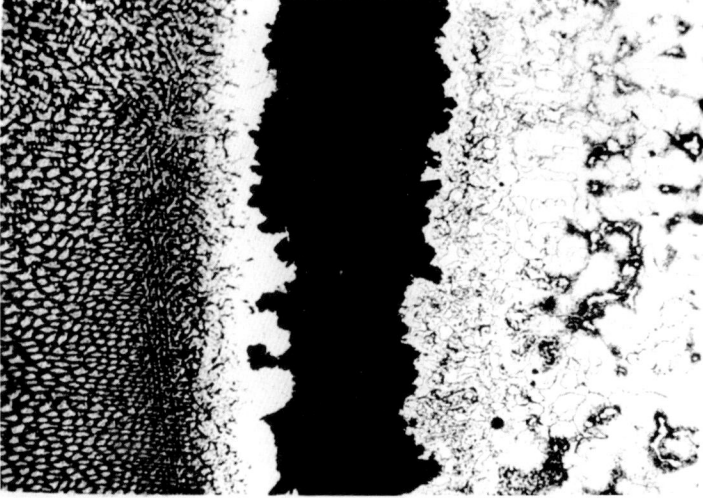

图 6-3-112   500×

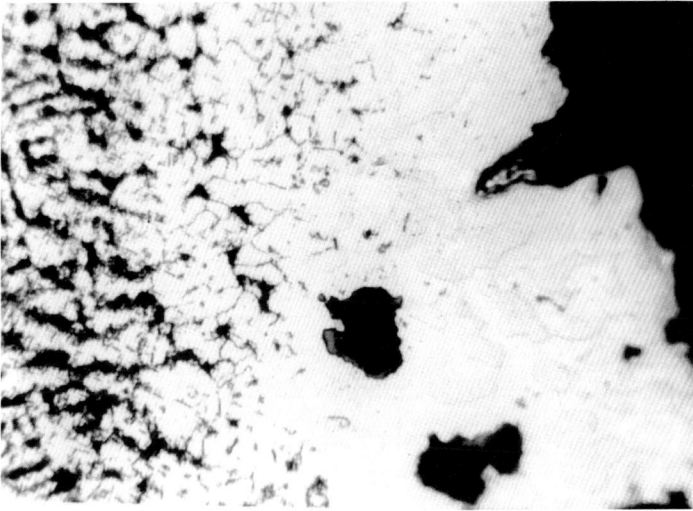

图 6-3-113   500×

图 6-3-112：垂直于断面区内的裂纹边缘组织，图下部为焊缝区的胞状晶；图中上部为熔合线和母材过热区组织，其中存在大量块状铁素体。裂纹沿铁素体与基体奥氏体之间的界面裂开并扩展。

图 6-3-113：垂直于断面区组织，图下部为焊缝组织；图上部黑白交界线为持久断面，可见断面沿熔合线中的铁素体与奥氏体的界面断开，在断面以下的黑色孔洞为高温持久过程中产生的孔洞，由分布在晶界上的多角形及三角形小空穴可知，它们为锲型（W 型）蠕变裂纹。

用高镍铬的 HK40 焊条焊接低镍含氮的炉用耐热钢 R45，系异种耐热钢焊接，其焊接接头在持久过程中容易在熔合线附近的母材组织中生成大量聚集分布的 δ 铁素体，在这些铁素体与奥氏体之间的界面往往为萌生持久裂纹的裂源，以致裂纹扩展—断裂。因此这种母材与焊条间搭配的异种钢焊接而成的构件，其持久性能较差。

当高温蠕变发生在应力较高、蠕变速度较大的条件下，较易产生在晶粒的三重点上萌生出锲型裂纹。然后沿晶扩展成沿晶裂纹，最后导致断裂，这种锲型断裂形式又称蠕变过程晶界开裂的 W 型裂纹。

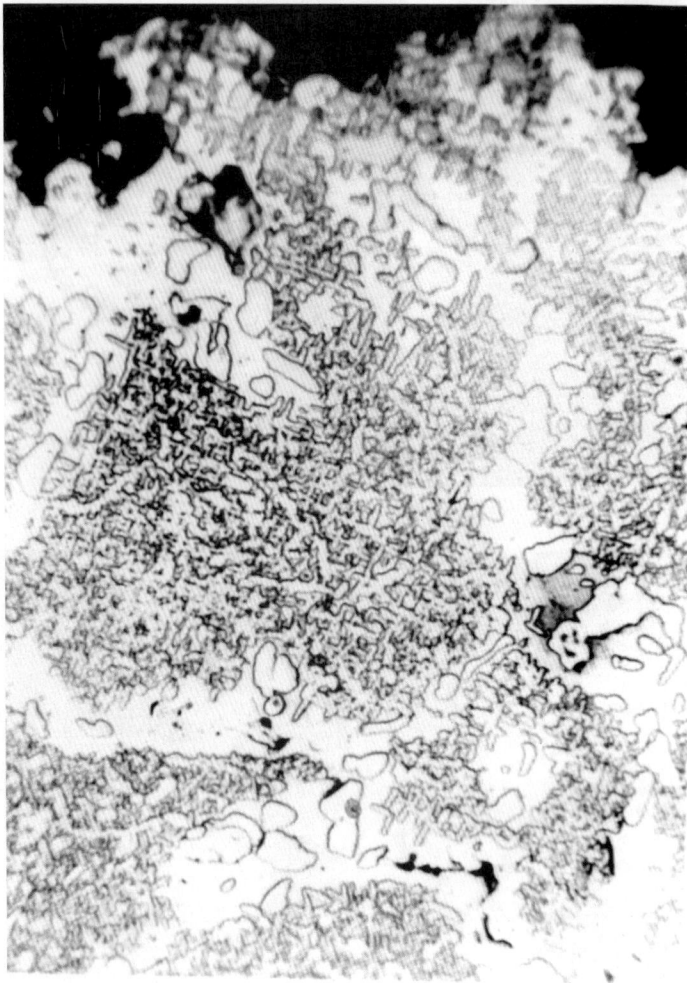

图 6-3-114   750×

图　　号：6-3-114~6-3-116

材料名称：母材为低镍含氮炉用耐热钢 R45 铸钢，其化学成分同图 6-3-103；焊条为 HK40 高镍铬耐热钢焊条，其化学成分同图 6-3-107

浸 蚀 剂：10％草酸水溶液电解浸蚀

处理情况：焊条电弧焊后加工成持久试棒，然后进行 900℃载荷应力为 20MPa 的持久试验，经过 813.5h 试棒发生持久断裂，断裂面位于试棒的熔合线区。取垂直于断面的截面试样进行金相观察。

组织说明：图 6-3-114：断面附近组织，图上部为断面剖面，断口形状弯曲凹凸，呈沿晶界断裂特征。该区组织为奥氏体基体上沿晶界分布着块状 δ 铁素体。在晶内有大量弥散分布的碳化物和粒状碳化物，以及针状氮化物。此外，在距离断口较远处的局部铁素体与奥氏体交界面上分布着少量黑色小空穴（图下部沿晶界分布的黑色小孔和弯曲黑条）它们是在持久试验过程中所形成的蠕变空穴、微孔聚集型（R 型）的沿晶开裂。

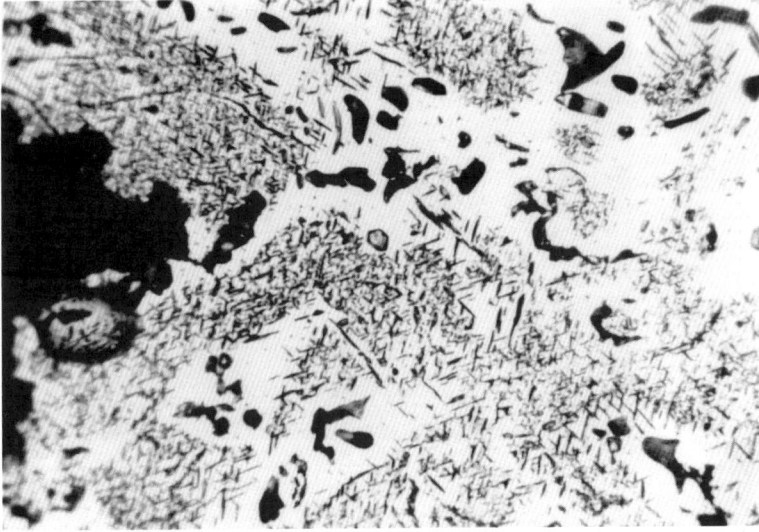

图　6-3-115　　　　　　　　　　　　　　　　　　　500×

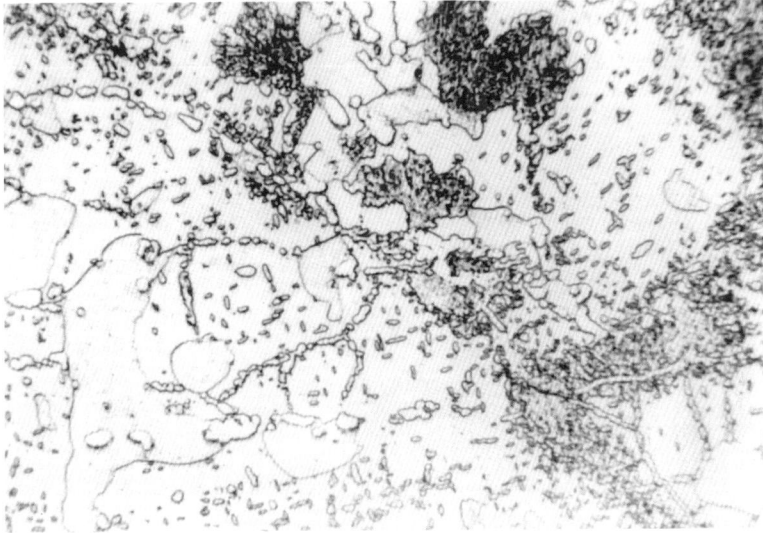

图　6-3-116　　　　　　　　　　　　　　　　　　　500×

图 6-3-115：断面附近微孔聚集型（R 型）蠕变空穴较多，且已经长大的情况，其中有些蠕变空穴由于扩展而相互连接成为弯曲条形的沿晶裂纹，当这些蠕变空穴扩展到相互连贯时，发生晶界断裂，即成为沿晶断裂。该处组织与图 6-3-104 相同。

图 6-3-116：母材为 R45 热影响过热区经过持久试验断裂时的组织，基体为奥氏体，上面分布着较多大块状 δ 铁素体，还有较多沿晶分布的粒状、条状碳化物，在沿晶碳化物的附近分布着弥散碳化物和粒状碳化物。此外在奥氏体枝晶间分布着一些尚未分解完的层片状组织（碳氮化合物），在奥氏体晶内也分布着颗粒状的碳化物和针状氮化物。

持久试验过程中发生的断裂是蠕变断裂。其特征为沿晶断裂。当持久发生在较高温度及较低应力条件下，蠕变裂缝萌生时先沿晶界形成的小空穴。然后空穴扩展长大并相互串链而成为晶界裂纹，最后导致沿晶断裂，蠕变中的这种沿晶开裂的形式即微孔聚集型（R 型）开裂。

图　6-3-117　　　　　　　　　　　　　　　　实物

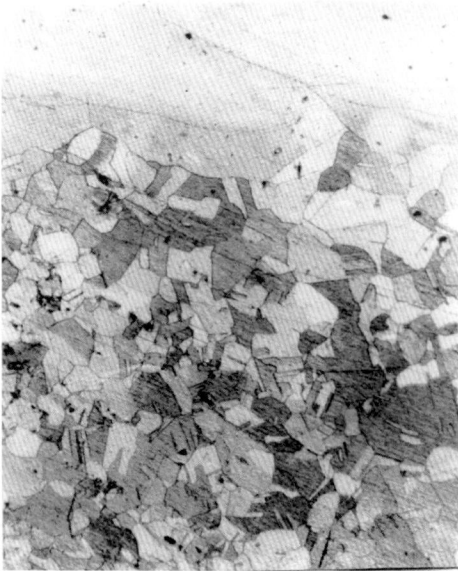

图　6-3-118　　　　　　100×

图　6-3-119　　　　　　100×

图　　号：6-3-117~6-3-119

材料名称：纯铜 T1

浸 蚀 剂：氯化高铁盐酸水溶液

处理情况：双面手工氩弧焊

组织说明：图 6-3-117：纯铜双面焊接接头的低倍组织。图中央深灰色部分为焊缝区，其上面为三层焊，下面
　　　　为二层焊，焊缝低倍组织是单相的 α 固溶体柱状晶，晶粒较粗大。焊缝两侧紧邻的区为母材热影响过热区，
　　　　其中白色小块为过热区粗大的 α 晶粒。二边为母材未受热影响区。焊缝中未见气孔、未熔合等缺陷。

　　　　图 6-3-118：上部为粗大柱状晶的 α 固溶体，下部为带有孪晶的单相 α 固溶体。晶粒较粗，其中黑点为
　　　　Cu_2O 夹杂物。

　　　　图 6-3-119：未受焊接热影响的母材金属组织，带孪晶的单相 α 固溶体，α 晶粒较细，晶粒度均为 7 级。
　　　　图中黑点为 Cu_2O 夹杂物，试样在抛光后未经腐蚀前，夹杂物 Cu_2O 呈深灰色或天蓝色，在偏振光下观察则
　　　　呈鲜红色，受腐蚀后则成为黑色小点。

图　6-3-120　　　　　　　　　200×

图　号：6-3-120~6-3-122
材料名称：纯铜 T2
浸 蚀 剂：氯化高铁盐酸水溶液
处理情况：铜管氩弧焊
组织说明：图 6-3-120：纯铜 T2 焊管的母材组织，
　为较细的单相 α 固溶体

　　图 6-3-121：焊缝纵剖的抛光面，中间较宽的
剖面部分为焊缝金属区，内部有较多圆形气孔。

　　图 6-3-122：是经过抛光、浸蚀后的焊缝金属
区组织，为树枝状单相 α 固溶体，并伴有较多的
焊接气孔。

　　焊缝中的气孔是焊缝金属在熔池冷却凝固
时，随着温度下降气体溶解度减少而释放的气体
未能逸出所形成的，有时焊缝中的化学反应也可
以产生气孔。气孔在焊缝中有均匀分布、聚集在
某个区域内或焊缝根部。气孔的形貌：边缘一般
较光滑、孔内无腐蚀等产物。也有沿晶界呈非球
形孔洞，呈长条空洞（管状气孔或蠕虫状气孔），
有链状气孔和表面气孔等。

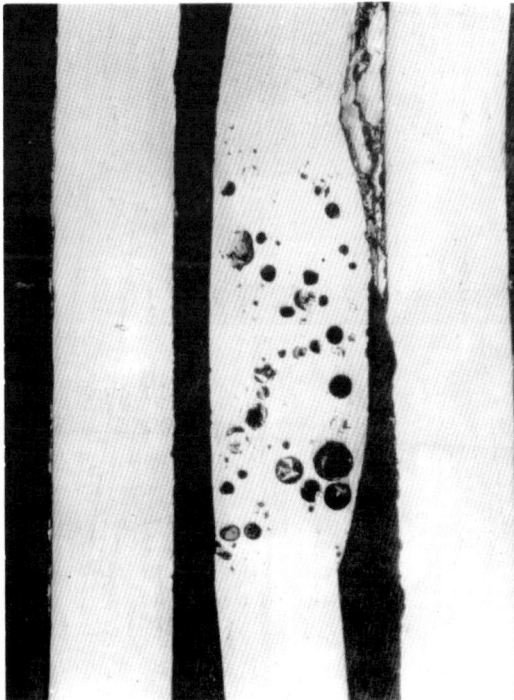

图　6-3-121　　　　　　　　50×

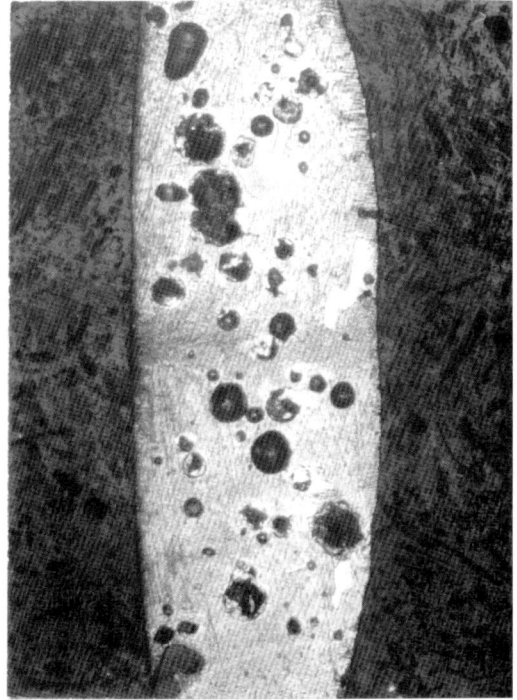

图　6-3-122　　　　　　　　100×

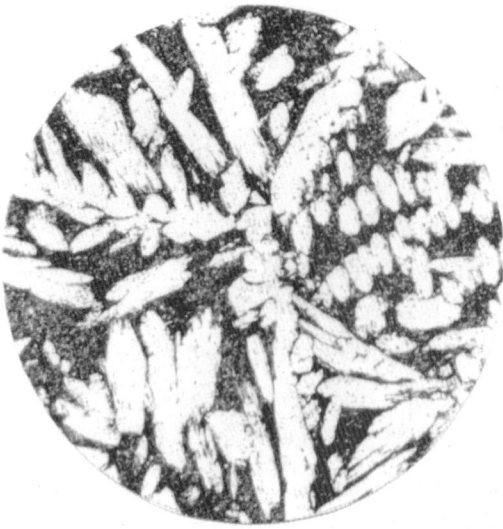

图　6-3-123　　　　　　　　130×

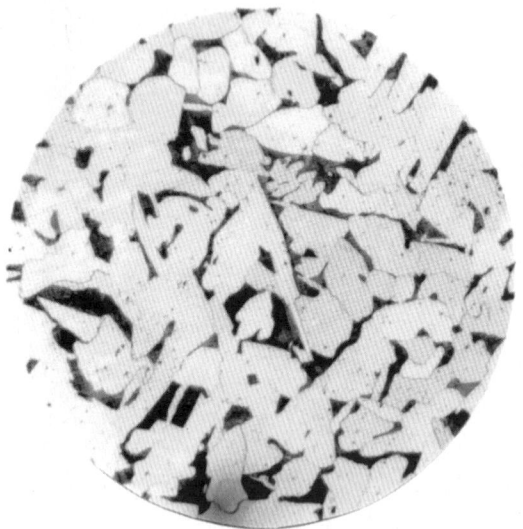

图　6-3-124　　　　　　　　130×

图　　号：6-3-123~6-3-126

材料名称：黄铜-低碳钢复合板

浸 蚀 剂：a）氯化高铁盐酸水溶液；b）4%硝酸酒精

处理情况：铜钢复合板

组织说明：图 6-3-123：黄铜组织，白色 α 相和深灰色 β 相。

图 6-3-124：低碳钢组织，白色铁素体和深灰色细片状珠光体。

图 6-3-125：复合板纵剖面抛光后，经 b）浸蚀剂显示的组织：图左侧为铜，右侧为钢的组织；铁素体和细片状珠光体。在铜的界面上有一层连续分布的铁素体带，界面处组织中珠光体含量比远离界面处明显增多，这是受铜钢板复合工艺影响，在碳钢中发生碳原子扩散迁移造成的。此外有部分铁素体呈针状短棒状。由于受复合处理时冷却条件的影响，界面附近钢组织中的铁素体晶粒较细小。

图 6-3-126：是将图 6-3-125 试样再用 a）浸蚀剂浸蚀后显示出铜的组织：白色 α 相和深灰色 β 相。受复合工艺影响，铜侧界面上的连续金属间层变为深灰色。

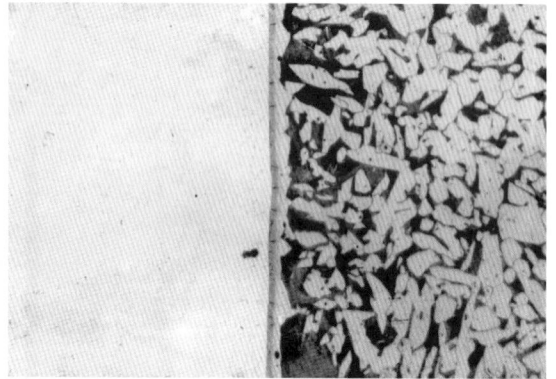

图　6-3-125　　　　　　　　100×

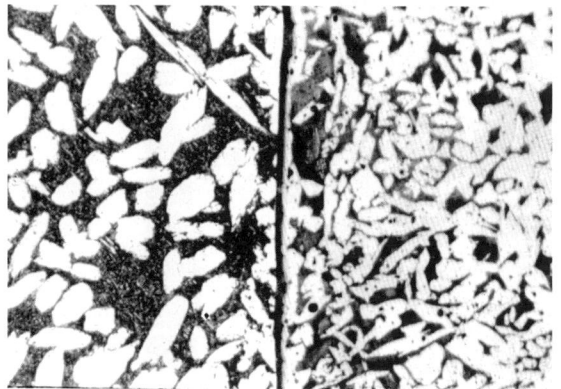

图　6-3-126　　　　　　　　100×

图　6-3-127　　　　　　　　　　　　　　　　　　　　　10×

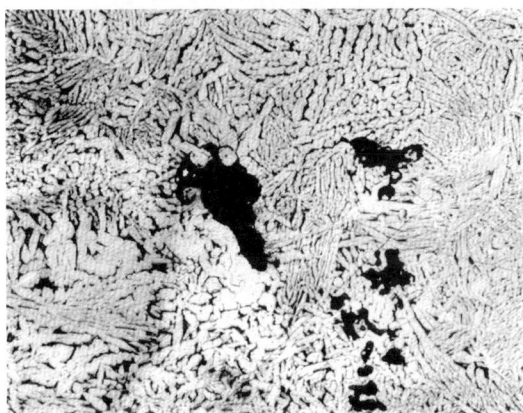

图　6-3-128　　　　　　　　100×

图　6-3-129　　　　　　　　100×

图　　号：6-3-127~6-3-129

材料名称：ZHMn55-3-1 锰黄铜

浸 蚀 剂：图 6-3-127 经硝酸水溶液擦拭，图 6-3-128、图 6-3-129 为氯化高铁盐酸水溶液

处理情况：气焊，黄铜焊丝

组织说明：图 6-3-127：ZHMn55-3-1 对接气焊焊缝经硝酸水溶液冷擦蚀的情况，焊缝两侧母材为稍有变形的
　　　　　铜晶粒，晶粒大小尚属均匀。焊缝中存在有颇多疏松孔隙及未焊透的孔隙，且在孔隙末尾有一条细长的裂
　　　　　纹存在。

　　　　图 6-3-128：焊缝组织，为呈枝晶状分布的 α + β（黑色）相，基体中存在的黑色孔洞为疏松缺陷；由
　　　　于冷却较快，致使 α 相呈针状分布。

　　　　图 6-3-129：左侧为焊缝组织，针状分布的 α + β（黑色）相，右侧为熔合区组织，近焊缝组织晶粒甚
　　　　为细小，逐向母材晶粒逐渐粗大，且在 α 相的晶界处出现少量黑色小块状 β 相。

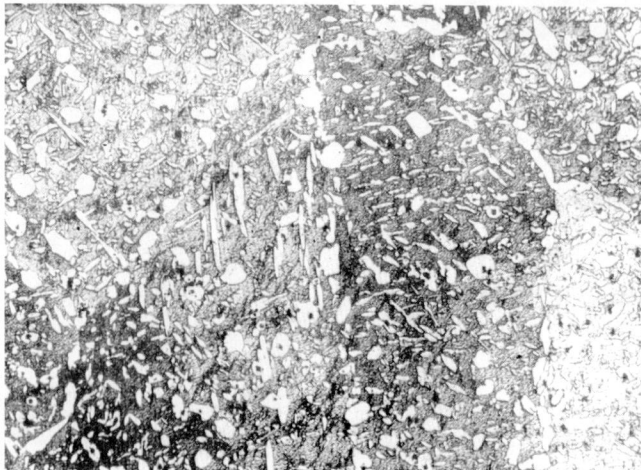

图 6-3-130　　　　　　　　　　　　　　　　　　100×

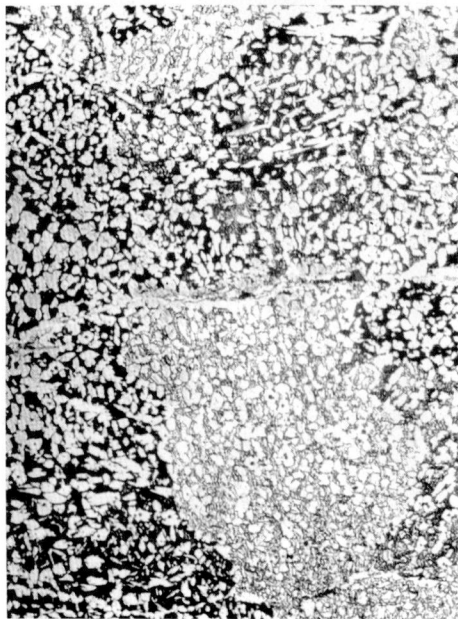

图 6-3-131　　　　　　100×

图 6-3-132　　　　　　100×

图　号：6-3-130~6-3-132　　　　　　**材料名称**：ZHMn55-3-1 锰黄铜

浸蚀剂：氯化高铁盐酸水溶液　　　　　　**处理情况**：气焊，黄铜焊丝

组织说明：图 6-3-130：图 6-3-127 焊接件母材处组织，黑色基体为 β 相，白色块状及针状为 α 相，基体上的黑色小点为铁相。

图 6-3-131：图 6-3-127 焊缝右侧即有细小长条隙缝处的组织，基体黑灰色为 β 相，白色块及条状为 α相。基体中细小黑色点状为铁相，图中断续黑色条状为长条缝隙一部分。

图 6-3-132：焊缝与热影响区交界处组织，图上侧为焊缝区组织，基体为块粒状 α＋β 相和小点状铁相。图下侧为热影响区。灰色基体为 β 相，白色条块状为 α 相，细小黑点为铁相，晶粒较粗大。

由图 6-3-127 和图 6-3-128 可见，焊接件质量甚差，不但存在未焊透，同时还存在颇多疏松、孔隙，且焊缝的成分也不均匀，焊缝左侧含锌量较低，浸蚀后呈灰白色，而右侧呈深灰色说明含锌量稍高，故易浸蚀。

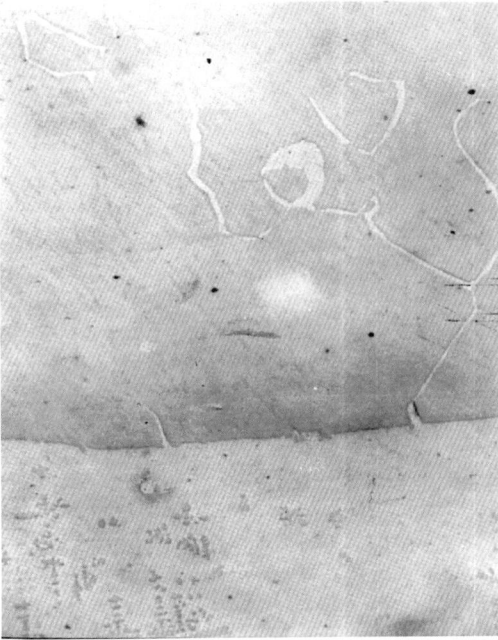

图　6-3-133　　　　　　　　　150×

图　6-3-134　　　　　　　　　100×

图　6-3-135　　　　　　　　　250×

图　　号：6-3-133～6-3-135

材料名称：碳钢上堆焊磷青铜 [w（Sn）1%，
　　　　　w（P）0.3%，余为铜]

浸 蚀 剂：稀释的复合试剂

处理情况：熔化极自动氩弧堆焊

组织说明：图 6-3-133：堆焊熔合线处经抛光后
　　　的情况，图上部为碳钢，微红色第二相自熔
　　　合线交界处向着钢基体沿晶界延伸；图下部
　　　为堆焊层的锡磷青铜组织，青铜基体上布有
　　　浅灰色枝晶铁相。

　　　图 6-3-134：堆焊熔合线处经浸蚀后的情
　　　况。图下部为碳钢热影响过热区组织，基体
　　　为珠光体及网状分布的铁素体，在铁素体上
　　　有微红色第二相；图上部为锡磷青铜，基体
　　　为 α 固溶体，黑色点状及枝晶状为铁相。

　　　图 6-3-135：堆焊熔合线处放大后的情
　　　况，图上侧为 α 固溶体上布有枝晶分布的铁
　　　相；熔合线黑色带为托氏体，其上有沿晶界
　　　的微红色铜相，托氏体的维氏显微硬度为
　　　329～406HV（相当于 34～41HRC）；近熔
　　　合线热影响过热区（图下部）的组织，基体
　　　为片状珠光体及铁素体，铜相沿网状铁素体
　　　向过热区内延伸，过热区晶粒较粗大，部分
　　　铁素体呈魏氏组织分布。

　　　熔合线及过热区的铜相，是焊接过程中
　　　铜沿晶界熔渗的结果。

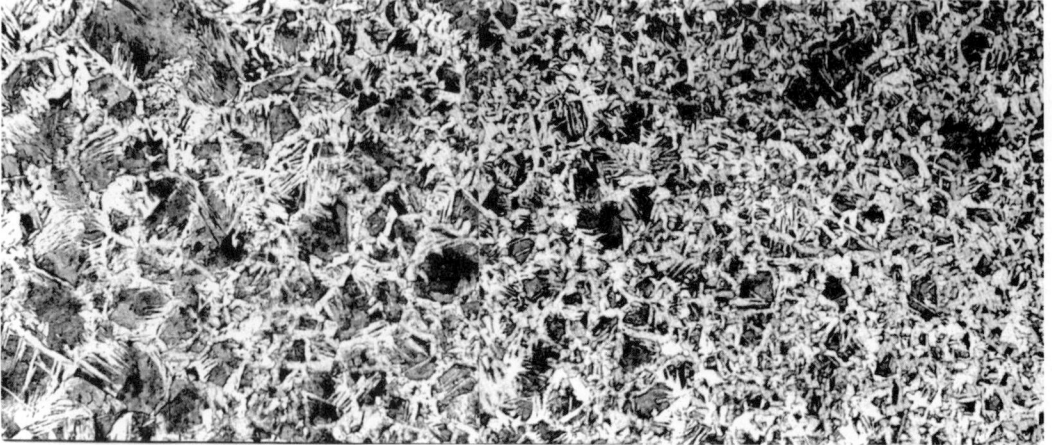

图　6-3-136　　　　　　　　　　　　　　　　　　　　　　　　　　　　100×

图　　号：6-3-136

材料名称：低碳钢上堆焊磷青铜焊丝［化学成分同图 6-3-133］

浸 蚀 剂：稀释的复合试剂

处理情况：熔化极自动氩弧堆焊，堆焊后空冷

组织说明：图左部为熔合线处的过热区，基体为片状珠光体及少量铁素体，组织已经严重过热，晶粒显著长大，呈严重的魏氏组织。此处珠光体数量多于基体，这是由于碳迁移及过冷时发生的伪共析所致。

　　　　图右部为接近再结晶区的过热区：珠光体及铁素体，铁素体呈网状及针状分布，晶粒度较细小，过热倾向较左图为小。

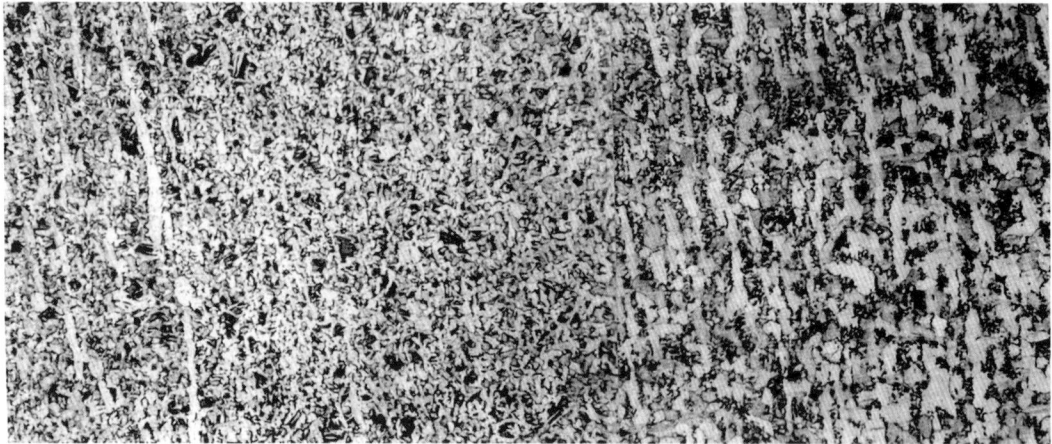

图　6-3-137　　　　　　　　　　　　　　　　　　　　　　　　　　　　100×

图　　号：6-3-137

材料名称：低碳钢上堆焊磷青铜焊丝［化学成分同图 6-3-133］

浸 蚀 剂：稀释的复合试剂

处理情况：熔化极自动氩弧堆焊，堆焊后空冷

组织说明：图左部为热影响近过热区的再结晶区：基体为细小晶粒的铁素体及珠光体。母材原始带状组织因再结晶而被消除。

　　　　图右边为热影响近再结晶区的不完全再结晶区，粒状珠光体分布在铁素体上，铁素体仍保持母材原始的条带状分布，片状珠光体因受热影响而发生球粒化。

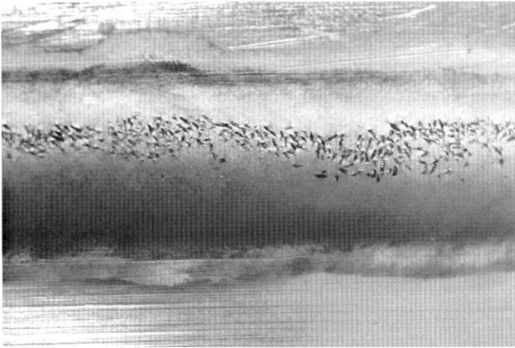

图　6-3-138　　　　　实物　　　　　1×

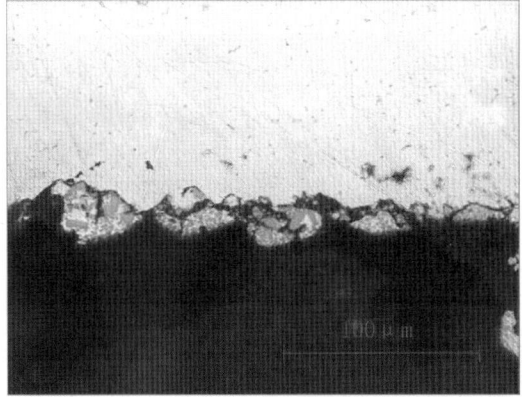

图　6-3-139　　　　　　　　　280×

图　6-3-140　　　　焊缝剖面　　　　25×

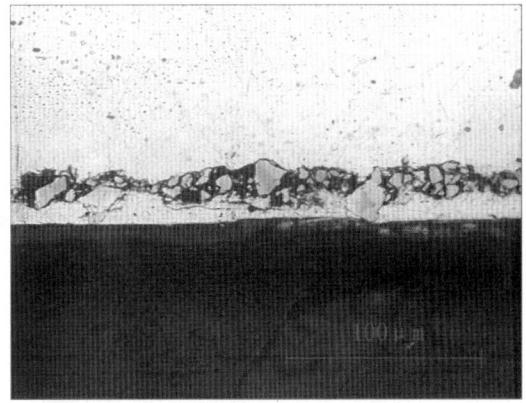

图　6-3-141　　　　　　　　　280×

图　　号：6-3-138～6-3-141

材料名称：母材为 5A06 防锈铝；焊接材料为 φ6mm 的 5B06 焊丝

浸 蚀 剂：未浸蚀

处理情况：自动氩弧焊，焊接电流：115A，焊速：175mm/min

组织说明：图 6-3-138：5B06 焊丝经自动氩弧焊焊接 5A06 防锈铝合金的焊缝，焊后发现焊缝表面沿焊缝走向呈连续分布着细小的形状相同的聚集异物。

图 6-3-139：焊缝表面聚集异物切面的金相形貌，其多数浮于焊缝表面上斑纹较深，由组织形态来看，它极为脆硬，经电子探针结合相图分析，确认为 $TiAl_3$ 相，5A06 母材基体上则无此缺陷。

图 6-3-140：焊缝剖面的金相组织。焊缝内部存在较多气孔、疏松和非金属夹杂物。

图 6-3-141：焊丝剖面的金相组织。在焊丝的表面也存在一层深灰色脆性块状物，经电子探针分析其成分与焊缝表面聚集异物相同属 $TiAl_3$ 相。

由此可知，焊缝表面堆积物与焊丝表面块状物为相同物质，属含 Ti 的化合物初晶，其形成与焊丝中存在含 Ti 的化合物初晶有关。焊丝材料熔炼时，要加入含 $TiAl_3$ 中间合金进行精炼。若铝锭熔炼浇铸时温度较低，且浇铸用具温度也较低时初晶 $TiAl_3$ 易析出于浇材底部，进而在随后的热挤压和冷拉中沿加工方向存在于焊丝材料表面。其分布主要在铝锭头部，因此可以从提高熔炼浇铸温度、用具进行预热来防止初晶 $TiAl_3$ 析出。加大锭材底部的切头也是防止形成初晶 $TiAl_3$ 带入焊丝中的有效措施。

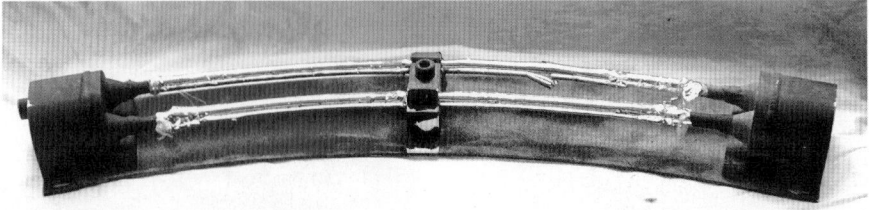

图　6-3-142　　　　　　　　　　　　　　　　　　　　　　　　实物

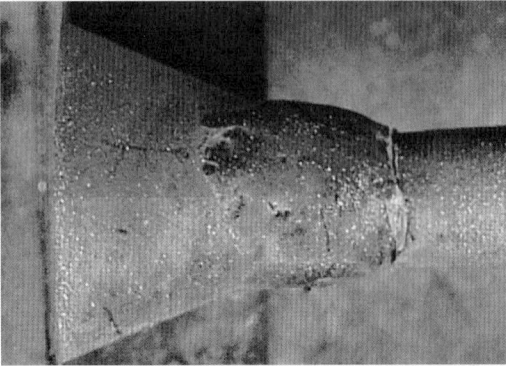

图　6-3-143　　　实物　　　2×

图　6-3-144　　　实物　　　2×

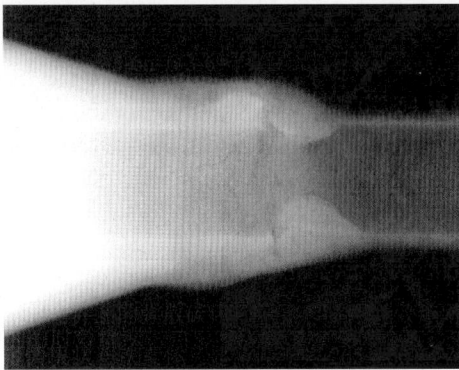

图　6-3-145　　　图 6-3-143 的 X 射线片

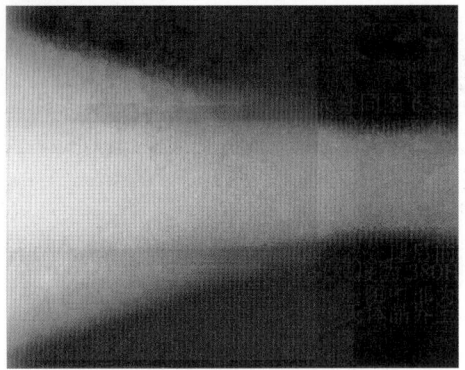

图　6-3-146　　　图 6-3-144 的 X 射线片

图　　号：6-3-142～6-3-146

材料名称：5A06 铝合金的 ϕ10mm×1.5mm 薄壁管搭接件；焊丝为 5B06

浸 蚀 剂：未浸蚀

处理情况：氩弧焊

组织说明：图 6-3-142：管接部件外形，管子与基座经氩弧焊搭接焊而成。经振动试验后在焊接接头处发生断裂。

　　　　图 6-3-143：焊接接头低倍放大图是焊缝与管材交接处开裂纹情况，可见焊缝较宽，焊缝成形差。

　　　　图 6-3-144：改进工艺参数后焊缝，焊缝较窄，表面平整焊缝成形良好（也经过振动试验）。

　　　　图 6-3-145：图 6-3-143 管焊缝的 X 射线片。可见焊缝质量差，焊脚很宽且焊缝处管子已被焊穿，焊漏明显，焊缝上存在有明显裂纹（在 X 射线负片上呈黑色裂纹）。

　　　　图 6-3-146：图 6-3-144 焊缝处拍摄的 X 射线片，从片子可见焊缝质量良好，焊脚不宽，焊缝均匀成形好，无焊接缺陷存在，也未发现经振动后开裂的现象。

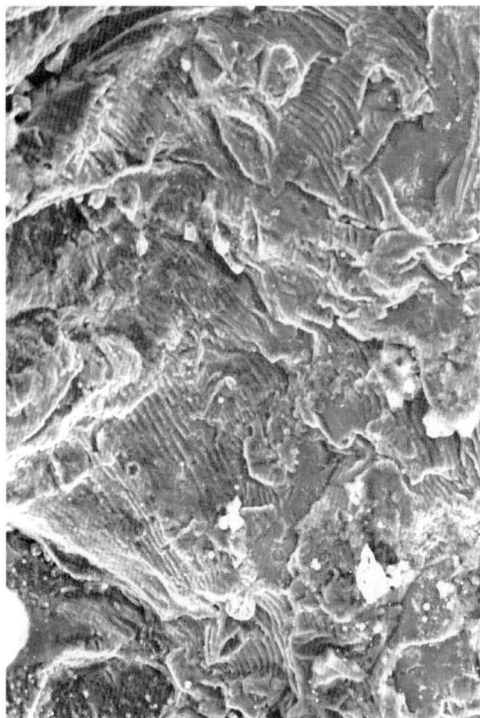

图 6-3-147   400×

图 6-3-148   4×

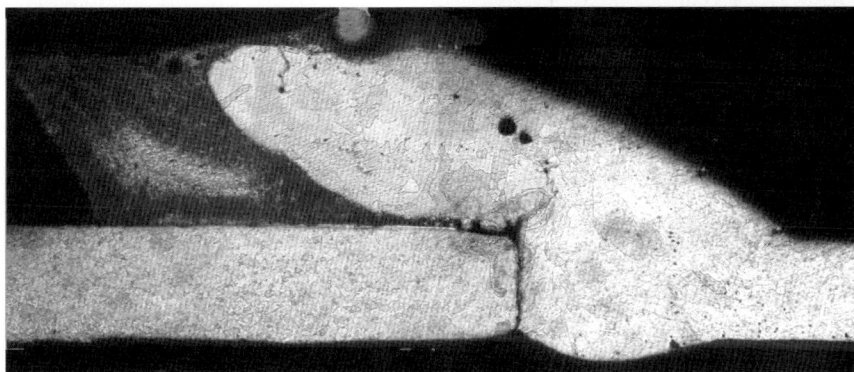

图 6-3-149   10×

图 号： 6-3-147～6-3-149

材料名称： 5A06 铝合金厚壁管焊接件，焊丝为 5B06

浸 蚀 剂： 图 6-3-147；6-3-148 未浸蚀；图 6-3-149 经混合酸浸蚀

处理情况： 氩弧焊

组织说明： 图 6-3-147：在图 6-3-143 的管接头焊缝开裂处用扫描电镜（SEM）观察其断口，断口形貌为韧窝，其上有明显可见的疲劳裂纹。

图 6-3-148：焊缝低倍剖面，焊缝内壁焊漏明显，焊缝内表面的裂纹是在焊漏根部的凹陷处形成并向外扩展。

图 6-3-149：管件焊缝一侧剖面，焊缝管子处已熔透，焊缝内有小气孔，焊缝组织粗大。薄壁管搭接件在焊接时由于工艺参数过大，致使管子熔穿。铸态焊缝与变形状态管材相比，组织粗大并往往伴有气孔、夹杂等焊接缺陷，另外焊漏凹陷处在振动时会造成应力集中，形成裂源从而降低焊接接头的疲劳强度，在构件工作一定时间后以焊接缺陷为裂源而产生疲劳断裂。改进焊接工艺后由于形成良好焊缝，使得部件的疲劳强度大大地提高。

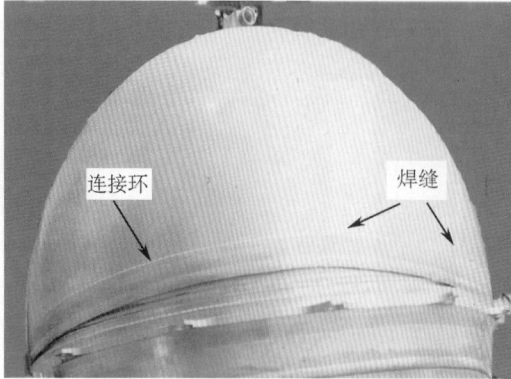

图　6-3-150　　　　　　　　　　　实物

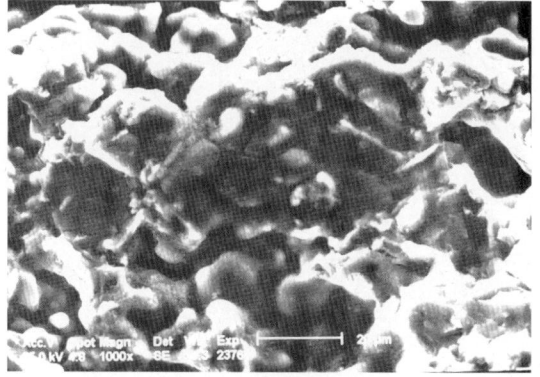

图　6-3-151　　　　　　　　　　　500×

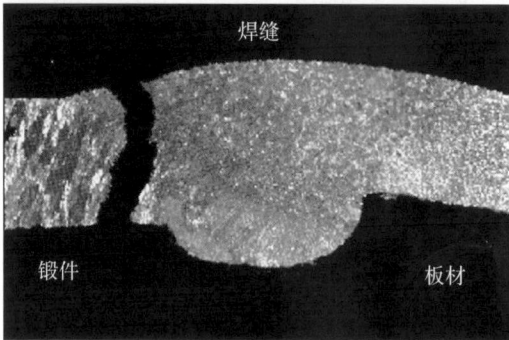

图　6-3-152　　　　　　　　　5×

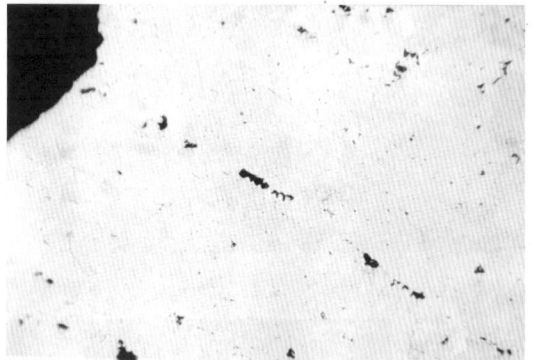

图　6-3-153　　　　　　　　　400×

图　　号：6-3-150~6-3-153

材料名称：5A06 铝合金球罐；焊丝为 5B06

浸　蚀　剂：图 6-3-152 经体积比为氢氟酸：盐酸：硝酸为 5：75：25 的溶液浸蚀，其余未浸蚀

处理情况：球罐上半球为经旋压成形的 5A06 薄壁板，连接环由 5A06 自由锻件加工而成，焊丝为 φ2.5mm 的 5B06，球罐与连接环经自动交流氩弧焊对接焊而成

组织说明：图 6-3-150：球罐在液压试验中，当压强至 4MPa 时，球罐沿连接环与焊缝的接合处开裂，属于低应力断裂。

　　　　图 6-3-151：开裂断口处扫描电镜（SEM）观察结果，断口形貌具有韧窝＋自由表面结晶特征。

　　　　图 6-3-152：在断面焊缝剖面处取样作低倍试验发现：焊缝为等轴晶，板材晶粒细小，而 5A06 锻件为粗大的长条形柱晶组织，裂纹在焊缝熔合区和热影响区沿柱状晶晶界开裂并扩展，板材的纵向与焊缝所受的最大正应力方向平行，而锻件的高向与焊缝所受的最大正应力方向平行。

　　　　图 6-3-153：焊缝剖面的金相组织，在锻件与焊缝的熔合区和热影响区有成串的复熔相和过烧孔洞，另外锻件上有粗大的第二相沿晶分布。

　　　　断口和金相分析表明：球罐爆破强度低的原因是由于连接环锻件取向不好及焊接时锻件与焊缝的熔合区与热影响区过热过烧造成的。锻件厚度大在成形过程中变形度低，组织比较粗大，在焊接时较易过热和过烧，此外在铝合金的半成品中第二相呈方向性排列，从而造成性能的方向性。对于板材由于晶粒细小不易过热且受力平行于其纵向，故强度和韧性均较高；而锻件由于拉应力方向与其高向平行则裂纹扩展方向与二相质点排列方向一致，再加上焊接熔合区和热影响区总会存在不同程度的过热和过烧，所以受力时容易在该部位形成裂源并形成断裂通路，导致焊缝力学性能下降。

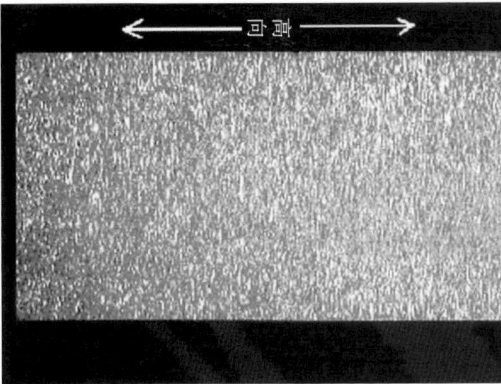

图　6-3-154　　　　　　　　1：2

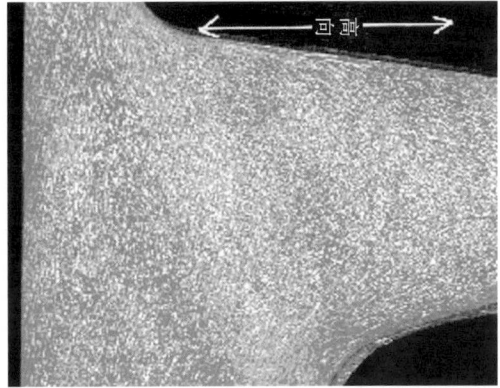

图　6-3-155　　　　　　　　1：2

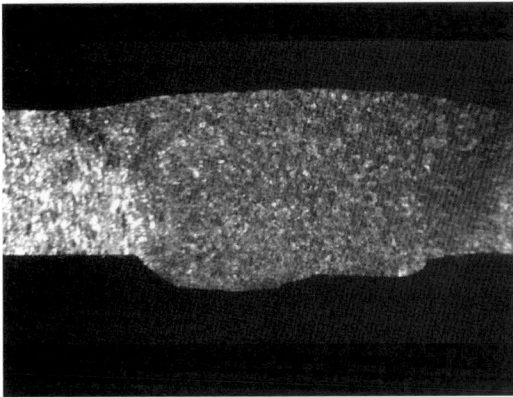

图　6-3-156　　　　　　　　5×

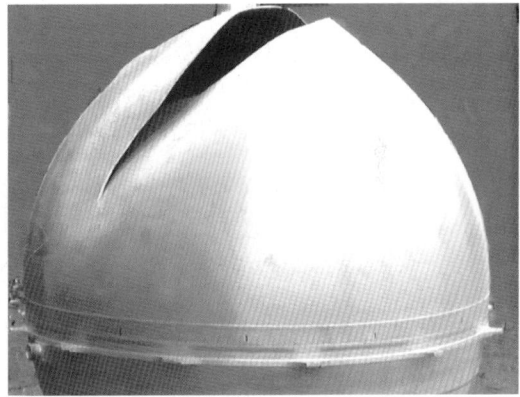

图　6-3-157　　　　　　　　实物

图　　号：6-3-154~6-3-157

材料名称：5A06 球罐；焊丝为 5B06

浸 蚀 剂：除图 6-3-157 外，均经体积比为氢氟酸：盐酸：硝酸为 5：75：25 的溶液浸蚀

处理情况：图 6-3-154 自由锻件原材料。图 6-3-155 自由锻件再经模锻成形原材料。图 6-3-156 经改进材料加工工艺和焊接工艺后的焊缝低倍组织

组织说明：经分析，球罐爆破强度低的根本原因是半球与连接环焊缝组织过热和过烧及锻件的纤维组织取向不好造成的，为此首先调整了焊接工艺，在保证形成完整焊缝的前提下降低了焊接的热输入，但要从根本上改变锻件组织对焊缝强度的影响必须有目的地改变焊接部位锻件的流线方向，使该处的纤维方向与构件所受的最大拉应力平行，这样焊缝与锻件接合处强度对焊接时过热的敏感性下降，锻件纤维方向的改变又使裂纹不易形成和扩展。所以将连接环所用的锻件由自由锻件改成模锻件并增加了锻造比，这在一定程度上改变了焊接部位锻件的纤维的取向细化了组织。

　　图 6-3-154：原连接环自由锻件剖面的低倍组织，晶粒较粗大，锻件组织方向明显。用此锻件加工后的连接环纤维方向与受力方向垂直，造成焊后的球罐低应力开裂。

　　图 6-3-155：自由锻件再经模锻成形的原材料剖面的低倍组织，晶粒较原来的细小些，用改进后锻件加工成的连接环纤维方向与受力方向成一定角度。

　　图 6-3-156：改进后锻件的焊缝低倍组织。

　　图 6-3-157：经改进焊成的球罐液压爆破强度达 6MPa，爆破后焊缝完好，破裂发生在半球体板材上，由于改善了连接环锻件的原材料组织，使球罐液压爆破强度大大提高。

图 6-3-158　　　　　　　250×

图 6-3-159　　　　　　　250×

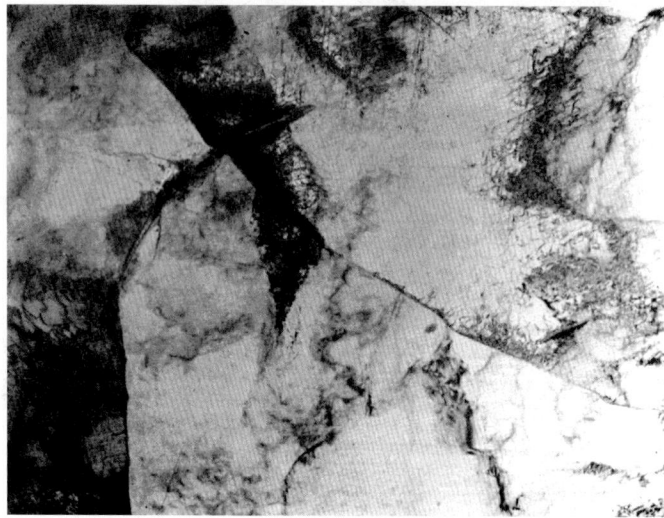

图 6-3-160　　　　　　　5000×

图　号：6-3-158~6-3-160

材料名称：TA1 工业纯钛

浸 蚀 剂：氢氟酸：硝酸：水（体积比为 1：1：3）

处理情况：3mm 板材 700℃加热 1h 后空冷，自动钨极氩弧焊，焊接工艺：电弧电压 12~14V；焊接电流：
120A；焊接速度：175mm/min

组织说明：图 6-3-158：热影响区组织，基体为等轴 α 相。

　　　　图 6-3-159：热影响区的等轴 α 相，用偏振光照明后于同一位置的情况。

　　　　图 6-3-160：明场照明的热影响区等轴 α 相在透射电镜（TEM）下组织形貌。

　　　　3mm 板材经 700℃退火后，用自动钨极氩弧焊焊接，母材 R_m 为 360N/mm²，A 为 45.8%；焊
接接头处 R_m 为 367MPa，A 为 34.3%

图　6-3-161　　　　　　　　　　250×

图　6-3-162　　　　　　　　　　250×

图　6-3-163　　　　　　　　　　5000×

图　　号：6-3-161~6-3-163

材料名称：TA1 工业纯钛

浸 蚀 剂：氢氟酸∶硝酸∶水（体积比 1∶1∶3）

处理情况：3mm 板材 700℃加热 1h 后空冷退火，自动钨极氩弧焊，焊接工艺为电弧电压：12～14V；焊接电
　　流：120A；焊接速度 175mm/min

组织说明：图 6-3-161：焊缝区组织，片状 α 相及原始 β 晶界（晶内有孪晶）。

　　　　　图 6-2-162：图 6-3-161 同一位置用偏振光照射下的图片。

　　　　　图 6-3-163：焊缝区电镜下的片状 α 相的形貌。

　　　　　700℃退火母材，R_m 为 360N/mm^2，A 为 45.8%；焊接接头处 R_m 为 367N/mm^2，A 为 34.3%

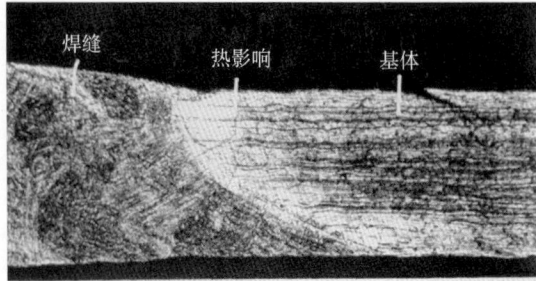

图　6-3-164　　　　　　　　　　　　10×

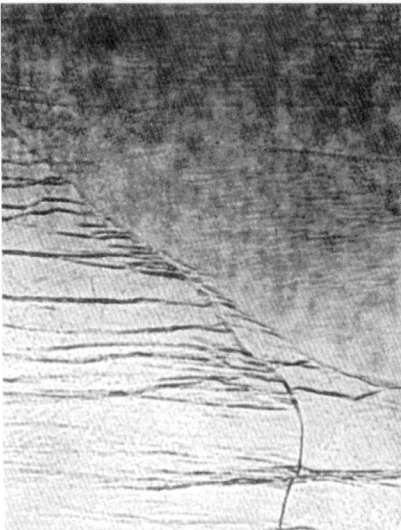

图　6-3-165　　　　500×

图　6-3-166　　　　500×

图　　号：6-3-164～6-3-166

材料名称：TB2 钛合金（Ti-5Mo-5V-8Cr-3Al）

浸 蚀 剂：氢氟酸∶硝酸∶水（体积比为 1∶1∶3）

处理情况：2mm 板材经 800℃加热 30min 后空冷，自动钨极氩弧焊，焊接工艺为电弧电压：12～14V；焊接电流：110～120A，焊接速度：175mm/min

组织说明：图 6-3-164：焊接接头剖面经氢氟酸、硝酸水溶液浸蚀后的低倍组织，焊缝热影响及母材基体各部分组织清晰，焊接质量良好，无缺陷存在。

　　图 6-3-165：焊缝区组织，基体为粗大等轴亚稳定 β 晶粒。

　　图 6-3-166：焊缝区同一视场组织暗场照明之下的组织。

　　焊后母材 R_m 为 862N/mm^2，A 为 23%；焊接接头处 R_m 为 870N/mm^2，A 为 8%，弯曲角 α 大于 65°。

图　6-3-167　　　　　　　　　　　　　　　　　　　250×

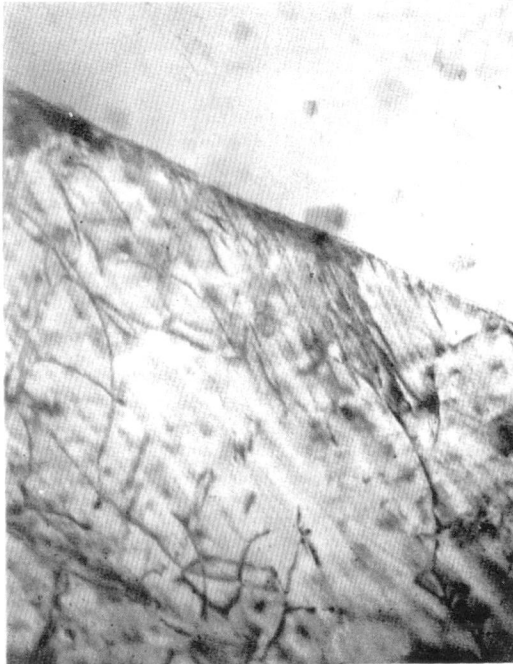

图　6-3-168　　　　　　20000×

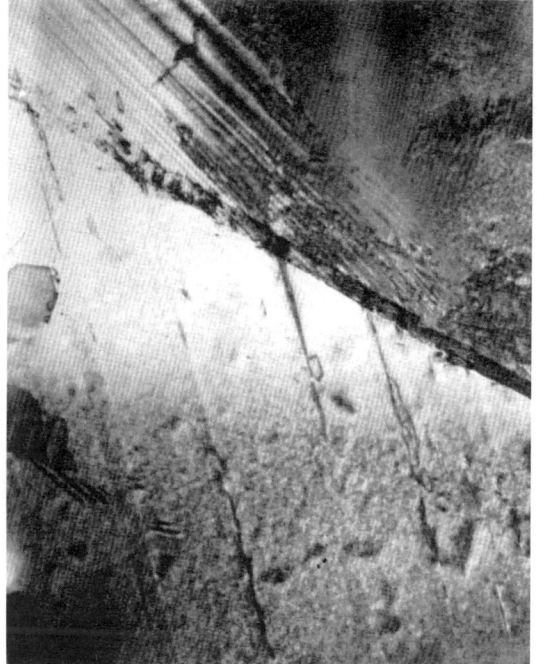

图　6-3-169　　　　　　20000×

图　　号：6-3-167~6-3-169

材料名称：TB2 钛合金（Ti-5Mo-5V-8Cr-3Al）

浸 蚀 剂：氢氟酸∶硝酸∶水（体积比 1∶1∶3）

处理情况：2mm 板材经 800℃ 加热 30min 后空冷，自动钨极氩弧焊，焊接工艺为电弧电压为 12～14V，焊接电流为 110～120A，焊接速度为 175mm/min

组织说明：图 6-3-167：热影响区之组织，基体为等轴亚稳定 β 晶粒。

　　　　图 6-3-168 及图 6-3-169：焊缝区透射电镜（TEM）明场的组织形貌，基体组织大致相仿，为等轴亚稳定 β 晶粒。图 6-3-168 为 β 晶界和位错线。

　　　　焊后母材及焊缝处的力学性能同前图试样的性能数据。

图　6-3-170　　　　　　　　500×

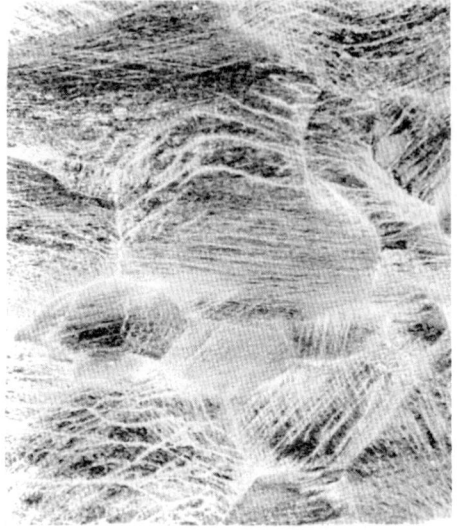

图　6-3-171　　　　　　　　500×

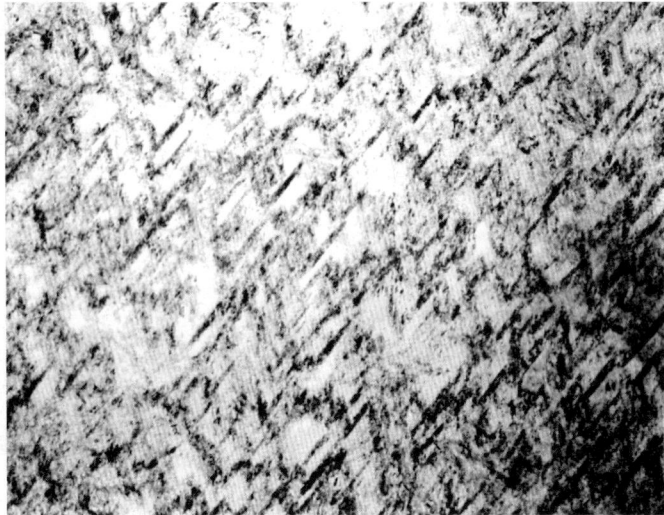

图　6-3-172　　　　　　　　2000×

图　　号：6-3-170~6-3-172

材料名称：TB2 钛合金（Ti-5Mo-5V-8Cr-3Al）

浸 蚀 剂：氢氟酸∶硝酸∶水（体积比 1∶12∶18）

处理情况：2mm 板材经 800℃加热 30min 后空冷，然后用自动钨极氩弧焊，焊接后置于 500℃加热并保温 8h，
　　　　后空冷。焊接工艺为电弧电压为 12~14V，焊接电流为 110~120A，焊接速度为 175mm/min

组织说明：图 6-3-170：焊缝区的组织，基体为 β 晶粒，其上有弥散析出的 α 相。

　　　　图 6-3-171：热影响区的组织，基体为 β 晶粒，其上有弥散析出的 α 相。

　　　　图 6-3-172：焊缝区的透射电镜（TEM）组织形貌，基体为 β 晶粒，其上有一定方向析出的弥散分布 α 相。

　　　　焊后 500℃加热 8h 时效后，母材的 R_m 为 1254N/mm^2，A 为 10%；焊接接头处 R_m 为 1313N/mm^2，A
　　　　为 3.69%，弯曲角 a 为 24.4°。

图　6-3-173　　　　　　　250×

图　6-3-174　　　　　　　250×

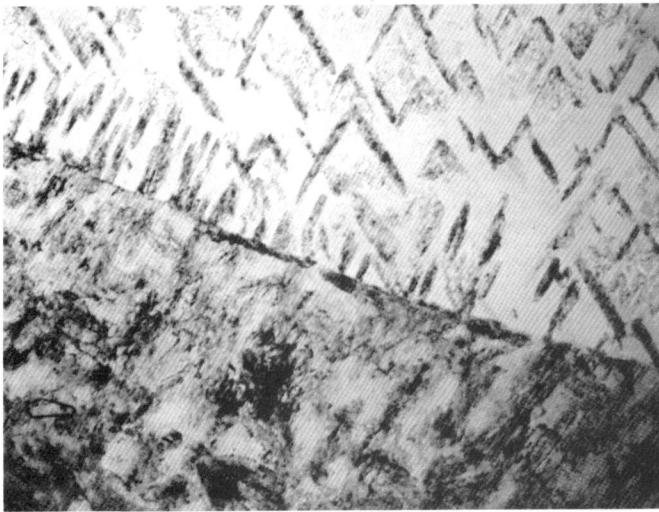

图　6-3-175　　　　　　　　　　　　　　　　　20000×

图　　号：6-3-173~6-3-175

材料名称：TB2 钛合金（Ti-5Mo-5V-8Cr-3Al）

浸 蚀 剂：氢氟酸∶硝酸∶水（体积比 1∶12∶18）

处理情况：2mm 板材经 800℃加热 30min 后空冷，再自动钨极氩弧焊，焊接后于 500℃加热并保温 8h 后升温至 620℃，保温 30min 后，空冷，焊接工艺为电弧电压为 12~14V；焊接电流为 110~120A，焊接速度为 175mm/min

组织说明：图 6-3-173：焊缝区的组织，基体为 β 晶粒，其上析出弥散分布的 α 相。

图 6-3-174：热影响区的组织，基体为 β 晶粒，其上析出弥散分布的 α 相。

图 6-3-175：焊缝区的透射电镜（TEM）组织形貌，基体为 β 晶粒，其上析出的弥散分布的 α 相，α 相较 500℃时效更粗大。500℃保温 8h 后升温至 620℃，保温 30min 时效后的母材及焊缝强度明显下降，伸长率增大，弯曲角亦增大，说明材料韧塑性增加，母材的 R_m 为 1107MPa，A 为 18%；焊接接头处 R_m 为 1137N/mm^2，A 为 7.29%，弯曲角 a 为 39°。

图 6-3-176 400×

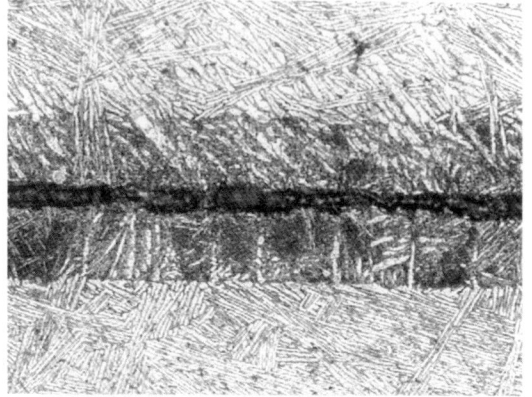

图 6-3-177 400×

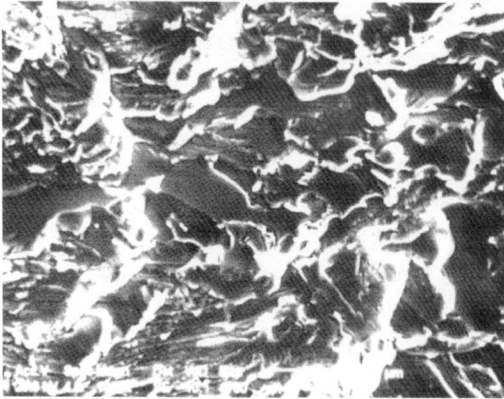

图 6-3-178 1000×

图 6-3-179 400×

图　号：6-3-176~6-3-180

材料名称：7715D 两相钛合金；钎料为 Ti51ZrNiCu

浸蚀剂：图 6-3-176；6-3-177；6-3-179 经氢氟酸：
硝酸：水（体积比 10：10：100）

处理情况：图 6-3-176～图 6-3-178 经 950℃保温
15min，钎焊

　　图 6-3-179 和图 6-3-180 经钎焊后，再经
920℃×4h 真空扩散退火

组织说明：图 6-3-176：钎焊后的组织，钛合金基体
为 α＋β 双相组织呈网篮状分布，钎焊
缝中心浅灰
色的为共晶的钎料组织，钎焊缝两侧是钎料向母
材扩散形成的扩散层，由于析出了弥散相，故易
受腐蚀而呈深色。

图 6-3-180 1000×

图 6-3-177：钎焊缝中钎料组织较脆，强度不高，R_m只有 50N/mm²，在受力后易发生开裂。

图 6-3-178：经扫描电镜（SME）观察，其断口呈脆性的准解理断裂形貌。

图 6-3-179：钎焊后再经 920℃×4h 扩散退火，钎焊缝中的钎料组织基本消失，扩散层组织加宽、变浅，在钎焊缝结合面上形成的联生晶粒，使强度及韧性大大提高，R_m 达 850～900N/mm²。

图 6-3-180：其拉伸断口（SME）由原来的准解理断裂转变为具有韧性条状+韧窝形貌特征的韧性断裂。

扩散退火改善了钎焊缝的组织，大大地提高了其强度和韧性，但必须注意在钎焊时要控制合适的间隙，否则即便经过扩散退火，只要钎焊缝存在钎料组织，其强度和韧性是很难提高的。

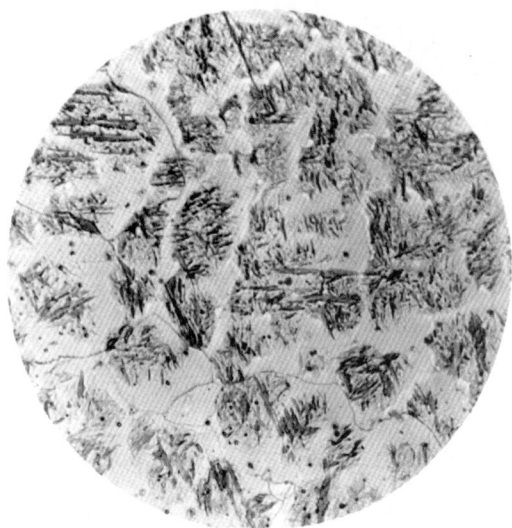

图　6-3-181　　　　　　　　　　　　　500×

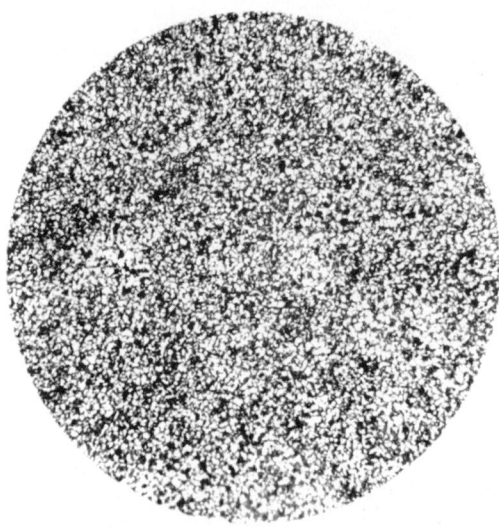

图　6-3-182　　　　　　　　　　　　　100×

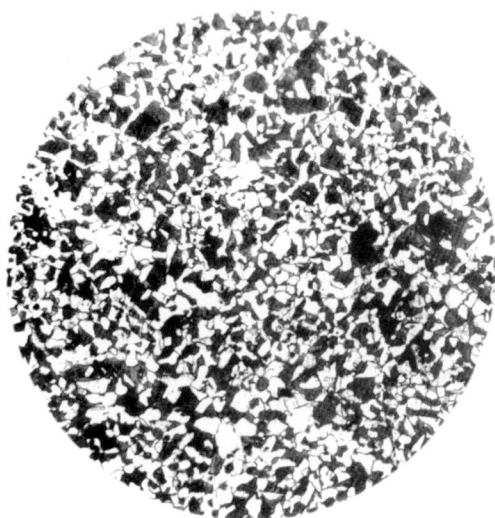

图　6-3-183　　　　　　　　　　　　　100×

组织说明： 图 6-3-181：堆焊处组织：基体为呈枝晶偏析分布的针状马氏体和残留奥氏体，可见到原始奥氏体的晶界，硬度为 62HRC。

图 6-3-182：热影响区接近母材（35 钢）处的组织：白色细晶粒为铁素体，黑色细小块状为片状珠光体。此为热影响再结晶区的组织，故铁素体晶体甚为细小，相当于 8 级。

图 6-3-183：母材 35 钢的原始组织，基体为铁素体及片状珠光体，奥氏体晶粒相当于 5～6 级。

由于焊缝中合金元素含量较高，致在空冷后即可获得淬火马氏体和多量的残留奥氏体。在近焊缝处为热影响区，热影响区按其受热影响程度一般可分为三个区域，第一个区域为过热区，接近焊缝，该处晶粒粗大，且有来自焊缝的碳和合金元素的迁移作用，而出现大于正常母材含碳量的显微组织，同时该处还会出现过热的魏氏体组织；第二个区域是紧邻过热区的再结晶区，该处晶粒十分细小；第三个区域为不完全再结晶区，该处除有细晶粒铁素体外，珠光体呈分散的团状和粒状分布。紧接不完全再结晶区之后，为母材的原始组织。

图　号： 6-3-181~6-3-183
材料名称： 35 钢上堆焊，焊条化学成分为 w（C）0.5%，w（Cr）2.2%，w（Mo）1.5%
浸蚀剂： 4%硝酸酒精溶液
处理情况： 于 35 钢上堆焊 D212 焊条

图　6-3-184　　　　　　　　　500×

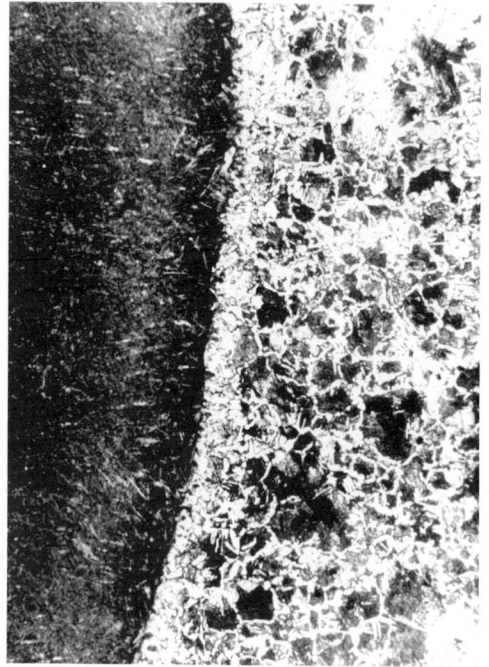

图　6-3-185　　　　　　　　　100×

图　　号：6-3-184～6-3-186

材料名称：35钢上堆焊，焊条化学成分为w（C）0.5%，
　　　　　w（Cr）2.2%，w（Mo）1.5%

浸 蚀 剂：4%硝酸酒精溶液

处理情况：将堆焊的试样再经600℃×2h回火

组织说明：图6-3-184：堆焊焊缝的组织，基体为回
　　　　　火托氏体（显微硬度为362～408HV）、针状马氏
　　　　　体及少量残留奥氏体（显微硬度为477HV）。由于
　　　　　回火的作用，使堆焊时形成的马氏体转变为回火
　　　　　托氏体，而原先的残留奥氏体（合金偏析区），因
　　　　　回火而析出二次马氏体，但尚有少量奥氏体残留
　　　　　下来。

　　　　　图6-3-185：堆焊与热影响过热区交界处的组
　　　　　织，图右侧为过热区，基体为珠光体及铁素体稍
　　　　　呈魏氏体组织；图左侧为焊缝组织，为回火托氏
　　　　　体和针状马氏体即少量残余奥氏体，由于放大倍
　　　　　数太小，因而分辨不清。过热区中片状珠光体含
　　　　　量较再结晶区及原始母材为多，这是基于焊缝中
　　　　　碳及合金元素向过热区迁移的结果。该处在冷却
　　　　　时过冷度较大，使在共析转变时产生伪共析，这
　　　　　也是该区珠光体含量增多的原因之一。

　　　　　图6-3-186：图6-3-185交界处放大500倍后的
　　　　　组织，图左侧为焊缝，组织为回火托氏体；图右侧
　　　　　为热影响过热区，组织为片状珠光体及铁素体。

图　6-3-186　　　　　　　　　500×

图　6-3-187　　　　　　　　　　　500×

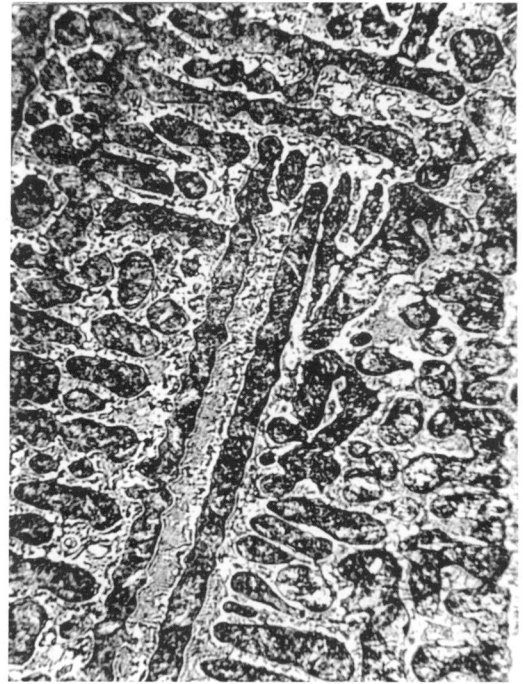

图　6-3-188　　　　　　　　　　　500×

图　号：6-3-187～6-3-189

材料名称：20 钢上堆焊高碳高铬的耐磨材料［w（C）1.2%，w（Cr）7%，w（Si）2%，w（RE）0.01%～0.03%，其余为 Fe］

浸蚀剂：苦味酸、盐酸酒精溶液

处理情况：分三层堆焊，堆焊后空冷

组织说明：图 6-3-187：下部为低碳钢母材，组织为铁素体及少量珠光体；图中间为熔合线，熔合线下为热影响过热区，组织为低碳马氏体（又称板条状马氏体）；熔合线上部（即图上部）为堆焊焊缝组织，初生枝晶为针状马氏体和残留奥氏体，枝晶轴间为共晶体，由鱼骨状的碳化物、硼化物与淬火马氏体、残留奥氏体所构成。

　　图 6-3-188：堆焊焊缝外层组织，初生枝晶针状马氏体及残留奥氏体，枝晶轴间为鱼骨状分布的碳化物、硼化物与淬火马氏体、残留奥氏体所构成的共晶体。堆焊层硬度为 66-67HRC

　　图 6-3-189：图 6-3-188 焊缝外层放大 1000 倍后的组织，初生枝晶及枝晶轴间共晶体中的各组成相更趋于清晰。枝晶轴间共晶体的显微硬度为 1145～1346HV，初生枝晶基体的显微硬度为 572～609HV。

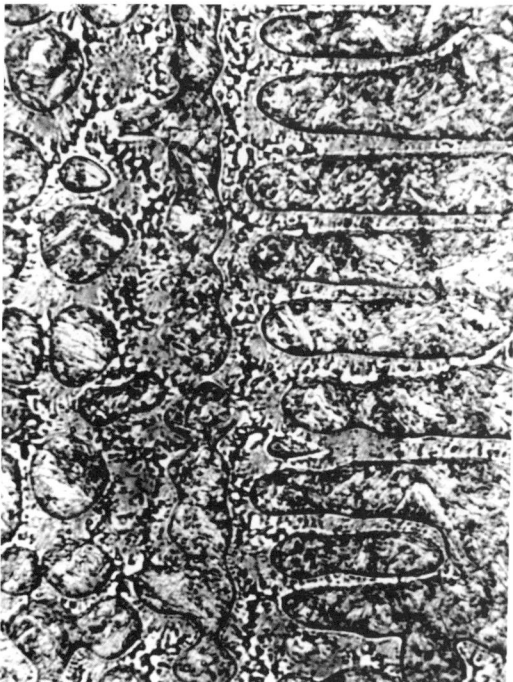

图　6-3-189　　　　　　　　　　　1000×

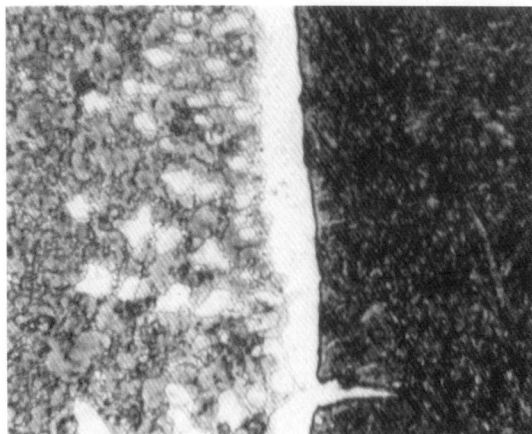

图　6-3-190　　　　　　　　　　500×

图　　号：6-3-191

材料名称：65Mn 钢堆焊高铬铸铁；焊条为 D667

浸 蚀 剂：复合试剂：酒精 30mL、重铬酸钾 3g、硝
酸 5mL、盐酸 15mL、苦味酸 1g、氯化高铁 2～3g

处理情况：焊条电弧堆焊

组织说明：堆焊层组织，黑色基体为回火马氏体和
白色共晶合金碳化物颗粒。由于堆焊后冷却速度
极快，故获得细小颗粒状分布的共晶合金碳化物。

　　堆焊材料的成分：[w（C）3.1%，w（Mn）
0.9%，w（Si）3.6%，w（Cr）27%，w（Ni）4.1%
其余为 Fe]，焊后的硬度为 51HRC，a_K 为 1.2J/cm²。

　　在 65Mn 条锯上堆焊高铬铸铁可明显提高锯
齿的耐磨性和锯削性能。

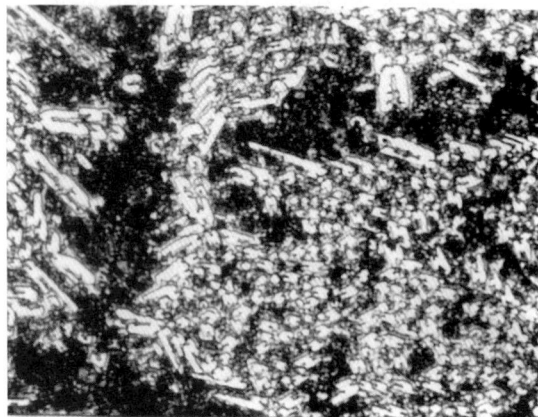

图　6-3-192　　　　　　　　　　500×

图　　号：6-3-190

材料名称：65Mn 钢堆焊高铬白口铸铁

浸 蚀 剂：复合试剂：酒精 30mL、重铬酸钾 3g、硝
酸 5mL、盐酸 15mL、苦味酸 1g、氯化高铁 2～3g

处理情况：65Mn 钢淬火处理，齿尖堆焊后，450℃
火焰回火

组织说明：图右黑色部分为锯条齿尖之组织，为回
火托氏体，硬度为 44～48HRC；图中白色带状和
块状为贫碳 α 固溶体，图右侧为堆焊高铬铸铁组
织，基体为回火马氏体和少量白色合金碳化物。
65Mn 钢锯条齿尖上堆焊高铬铸铁，可以增加锯齿
的耐磨性能以及加工性能。

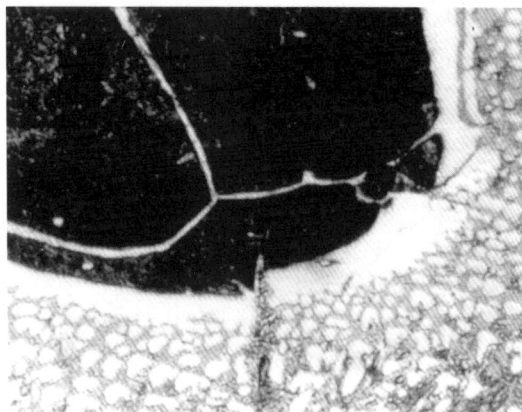

图　6-3-191　　　　　　　　　　250×

图　　号：6-3-192

材料名称：高铬铸铁堆焊材料；焊条为 D667

浸 蚀 剂：复合试剂：酒精 30mL、重铬酸钾 3g、硝
酸 5mL、盐酸 15mL、苦味酸 1g、氯化高铁 2～3g

处理情况：焊条电弧堆焊

组织说明：图左上侧黑色组织为回火托氏体，图中
白色宽边及白色细网状和块状为贫碳 α 固溶体；
图下部为浅灰色马氏体组织。

　　由于堆焊温度较高，同时又无气体保护，以
致焊丝成分烧损过多，故获得较多的贫碳组织。

　　从组织的分布情况来看，堆焊层有局部烧
熔现象。

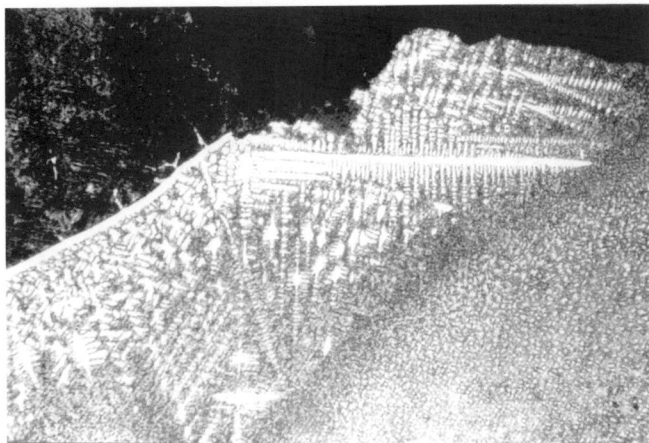

图　6-3-193　　　　　　　　　　　　　　　　100×

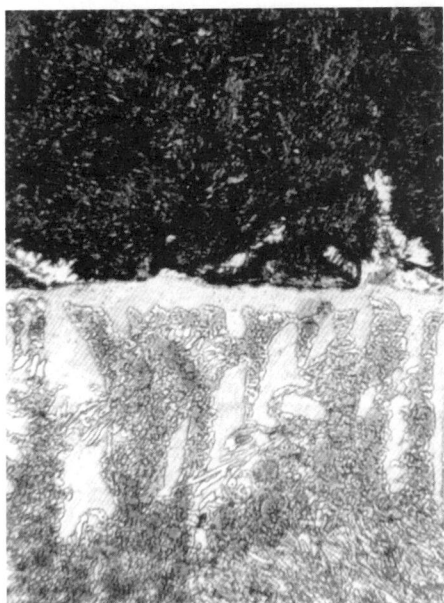

图　6-3-194　　　　　　500×

图　6-3-195　　　　　　250×

图　　号：6-3-193～6-3-195

材料名称：65Mn 钢堆焊高铬白口铸铁

浸 蚀 剂：复合试剂：酒精 30mL、重铬酸钾 3g、硝酸 5mL、盐酸 15mL、苦味酸 1g、氯化高铁 2～3g

处理情况：淬火的 65Mn 钢上堆焊高铬白口铸铁（HS101）

组织说明：图 6-2-193：左上侧黑色为 65Mn 回火托氏体；图中部白色条状及粗大枝晶状为贫碳的 α 固溶体，
基体为细马氏体；图右下侧灰色基体为回火马氏体和共晶合金碳化物。

图 6-2-194：上部为 65Mn 细回火托氏体，图中灰白色带状及块状为贫碳 α 固溶体，基体为马氏体，这
一层为过渡层。

图 6-2-195：焊缝组织，基体为马氏体及白色颗粒的共晶合金碳化物，有部分合金碳化物呈条状分布，
堆焊焊丝的成分同图 6-3-191。

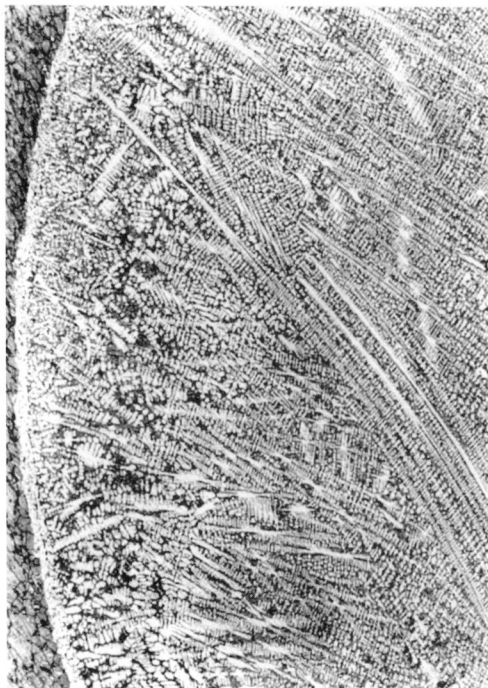

图　6-3-196　　　　　　　50×

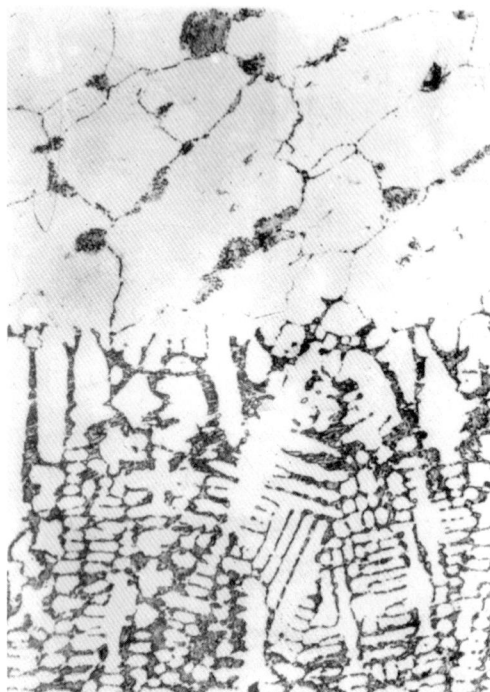

图　6-3-197　　　　　　　200×

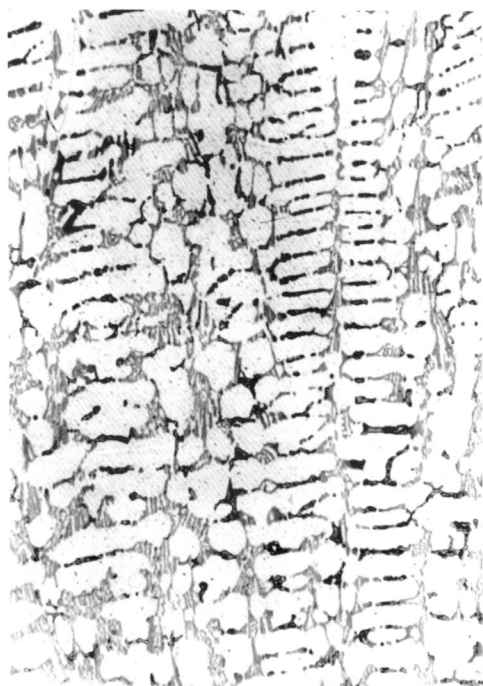

图　6-3-198　　　　　　　500×

图　号：6-3-196～6-3-198

材料名称：堆焊钴基硬质合金材料，其化学成分为：w（C）1.2%，w（Mo）1%，w（Si）1.2%，w（Cr）29%，w（Ni）3%，w（W）4.5%，其余为 Co，母材为 4Cr14Ni14W2Mo 钢

浸 蚀 剂：氢氧化钠∶高锰酸钾∶水（体积比为 4∶2∶100）

处理情况：钨极氩弧焊

组织说明：图 6-3-196：左方为母材金属，右方白色树枝状为钴的固溶体，黑色枝晶间为复杂碳化物（$M_{23}C_6$、M_7C_3 及 WC），构成发达的共晶形式。

　　图 6-3-197：堆焊层熔合线处组织，图上部为母材组织，基体为奥氏体及沿晶界析出碳化物及少量层状组织。在熔合线有部分焊层金属向母材奥氏体晶界渗入。但相互熔合良好。

　　图 6-3-198：焊层中心处组织，白色枝晶为钴固溶体，显微硬度（25g）为 354HV，碳化物显微硬度（25g）为 548HV，母材奥氏体显微硬度（25g）为 343HV，焊层宏观硬度为 44HRC。

　　由于堆焊层冷却速度较大，故碳化物极为细小，堆焊层具有良好的高温抗氧化性、耐蚀性、热硬性以及优良的抗粘着磨损能力，并可进行机械加工，是柴油机气门理想的堆焊材料。

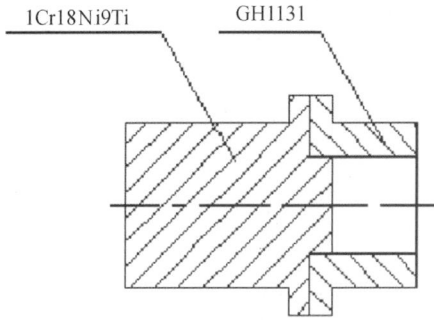

图　6-3-199　　　　　　焊接件结构图

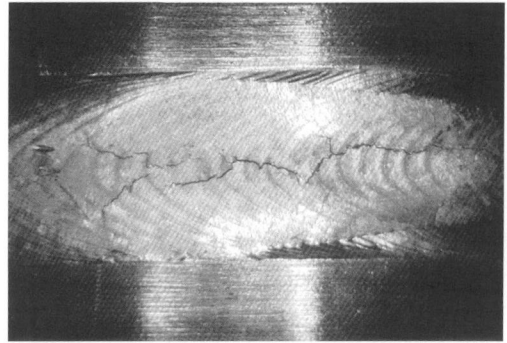

图　6-3-200　　　　　　　　　20×

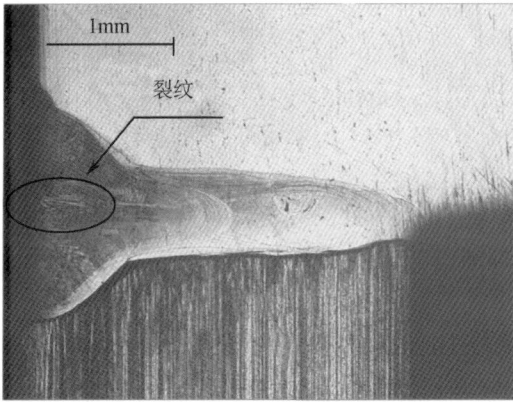

图　6-3-201　　　　　　　　　18×

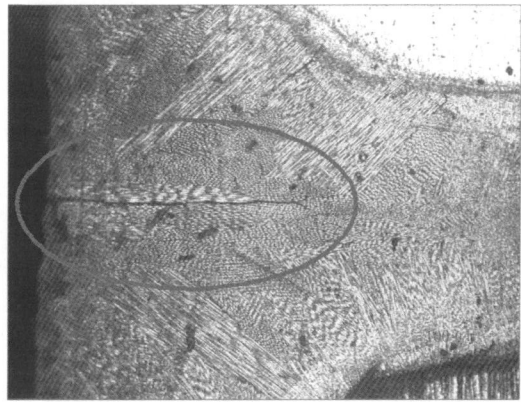

图　6-3-202　　　　　　　　　60×

图　　号：6-3-199～6-3-206

材料名称：1Cr18Ni9Ti 与 GH1131

浸 蚀 剂：10%过硫酸铵电解浸蚀，电压：6V，时间：20s

处理情况：真空电子束焊

　　　　　焊缝 1 参数：电压：60V；电流：15mA；聚焦电流：1355mA；焊接速度：30mm/s。

　　　　　焊缝 2 参数：电压：60V；电流：10mA；聚焦电流：1355mA；焊接速度：10mm/s。

组织说明：某零件材料为 1Cr18Ni9Ti 与 GH1131 的焊接结构件（见图 6-3-199）。经真空电子束焊焊接而成。
当采用焊缝 1 参数时，焊后焊缝的表面发现垂直于焊缝鱼鳞纹方向的裂纹（见图 6-3-200）。通过金相观察
可知：焊缝成形窄而深，焊缝组织以发达的柱状晶为主，柱状晶发达垂直于熔合线向焊缝中心发展，相遇
在焊缝的中心，柱状晶内的微观形态主要是胞状树枝晶和柱状树枝晶，焊缝中心有少量等轴晶，焊接裂纹
为沿着粗大的柱状晶界开裂，具有凝固裂纹特征。见图 6-3-201 及图 6-3-202 所示。

　　　将试样裂纹扳开，用扫描电镜观察断口。断口分成正常撕裂断口和裂纹自由表面断口，如图 6-3-203
所示。裂纹处的断口具有明显沿晶自由断裂特征，胞状树枝晶的一次枝晶和二次枝晶有明显的突起，如图
6-3-204 所示，表明裂纹形成的温度较高，而正常撕裂的断口为韧窝型断口。对两种断口特征的区域进行俄
歇电子（AES）能谱分析，结果表明：裂缝自由表面断口上 S、P、Ti、Cr 的含量均比正常的撕裂断口上要
高，再结合金相组织分析证明此裂纹是在焊缝结晶过程中形成的凝固裂缝。

　　　图 6-3-205 和图 6-3-206 是改进工艺采用焊缝 2 参数后的组织。主要组织形貌为柱状枝晶，焊缝的内部
存在部分等轴枝晶区。与焊缝 1 相比不仅焊缝横截面的形状有变化，另外焊缝最后凝固部位粗大的柱状晶
数量减少，等轴树枝状晶增加，焊缝表面和焊缝内均未发现裂纹。

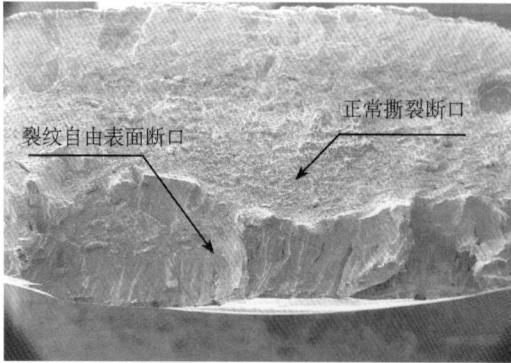

图 6-3-203　断口低倍形貌　　　15×

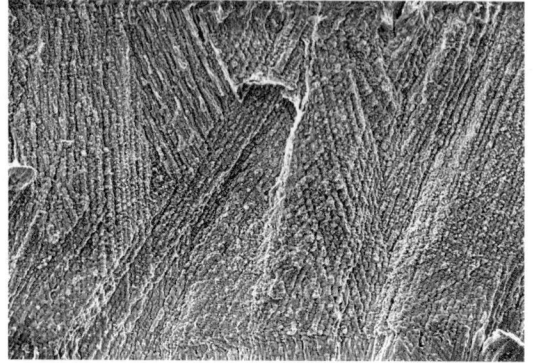

图 6-3-204　裂缝断口形貌　　　150×

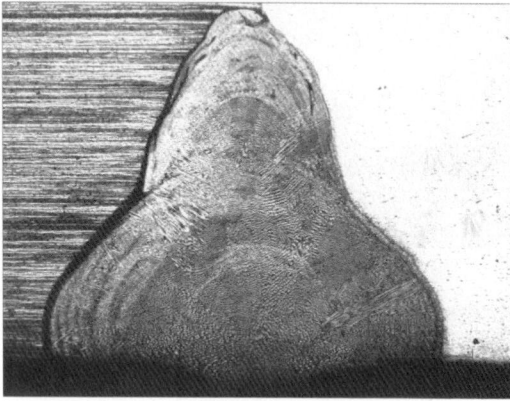

图 6-3-205　焊缝 2 的低倍组织　　　23×

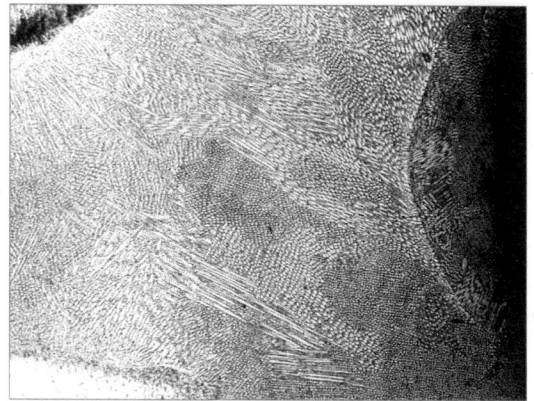

图 6-3-206　焊缝 2 的高倍组织　　　60×

　　首先，此种裂纹的产生与材料有关，1Cr18Ni9Ti 是奥氏体不锈钢，而 GH1131 的化学成分中 w（Ni）高达 25%～30%。Ni 元素属于稳定 γ 相元素，S、P 在 γ 相中的溶解度较低，凝固后残留在液相中的 S、P 等元素含量增加。Ni 元素极易与 S、P、Si、Cr、Ti 等合金元素形成低熔点共晶物，焊缝在凝固过程中，先结晶的金属成分较纯，后结晶的液态金属中 S、P 等杂质浓度逐渐增高，合金元素和杂质元素的偏析促使形成共晶物，并聚集在树枝晶间隙、柱状晶的晶间和焊缝中心区。由于共晶物熔点较低，当熔池基本金属已经结晶时，这些共晶物仍然处于液态，形成晶间液态薄膜，在一定的焊接拉伸力作用下，极易造成焊缝热裂纹。

　　其次，与焊接类型以及焊接应力有关，电子束焊具有能量密度大，焊接线性能量可精确控制，并在焊接能量低的情况下得到焊缝深宽比大，热影响区窄的焊接接头等优点。因此，当采用通常的电子束焊接工艺规范时，焊缝的深宽比大，焊缝冷却速度快，所以焊缝柱状晶发达，结晶方向性很强，一般由熔池两边向中心生长，从而更加剧了这些有害元素的偏析，促使焊缝最后凝固部位液相薄膜的产生。焊接热过程中产生的焊接应力，主要是由于奥氏体不锈钢 1Cr18Ni9Ti 材料本身导热系数小、线胀系数大，在焊接过程中局部加热、冷却条件下，焊接接头会形成较大的拉应力，而真空电子束焊接一般采用较快的焊接速度，焊接热源集中，熔池尺寸小而窄，冷却速度快，焊缝结晶方向性很强，焊接熔池结晶时也会形成较大的内应力。

　　根据以上焊接裂纹的成因分析，通过调节焊接工艺参数，控制线能量和焊缝形式来改善焊缝横截面的形状和金相组织状态，降低焊缝凝固时 S、P 等各种有害元素和合金元素的偏聚，显著降低焊缝热裂倾向，从而避免了焊接裂纹的产生。

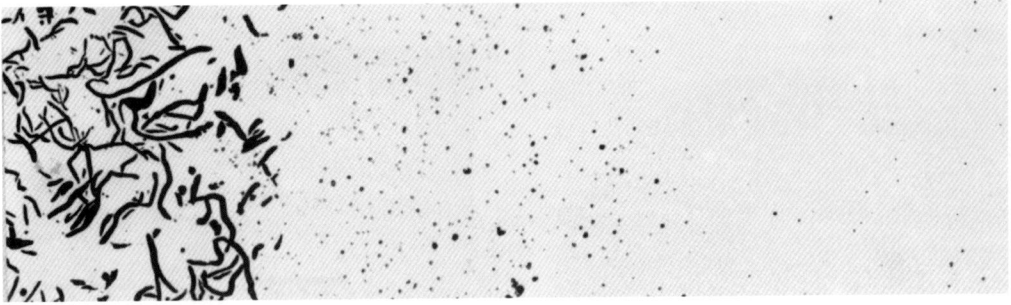

图　6-3-207　　　　　　　　　　　　　　　　　　　　100×

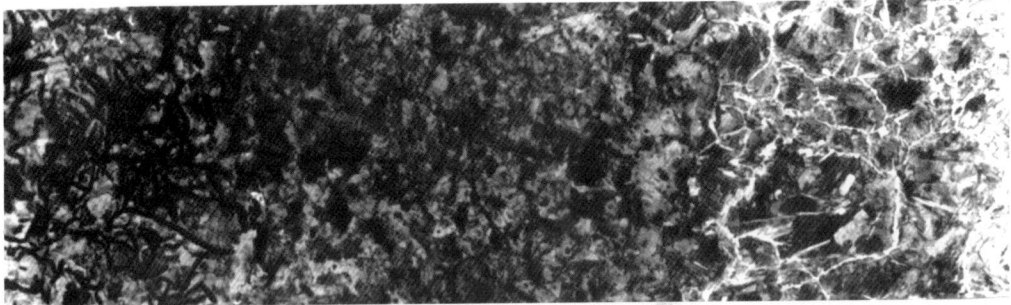

图　6-3-208　　　　　　　　　　　　　　　　　　　　100×

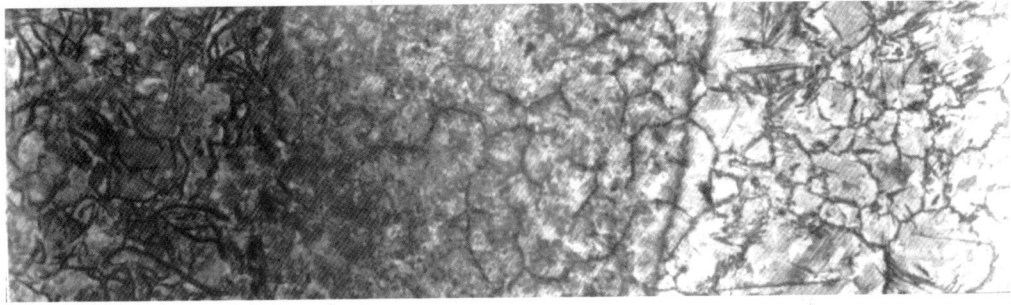

图　6-3-209　　　　　　　　　　　　　　　　　　　　100×

图　　号： 6-3-207～6-3-209

材料名称： 灰铸铁；低碳钢焊补

浸　蚀　剂： 未浸蚀；硝酸酒精；10%苛性钠的热染

处理情况： 氧乙炔焊补

组织说明： 灰铸铁表面有缺陷，经预热后用低碳钢补焊

　　图 6-3-207：左侧为灰铸铁，片状石墨呈 A 型分布，稍右为熔合区，有细小点状石墨及夹杂物，右侧白色为补焊区。

　　图 6-3-208：经 4%硝酸酒精溶液侵蚀后情况，左侧灰铸铁基体除石墨碳外，基体为细片状珠光体。稍右为熔合区，除细小点状石墨碳外，基体因冷速快，也为片状细珠光体。右侧为补焊区，因碳的迁移，基体为细片状珠光体外，还有白色网状及针状分布的渗碳体。

　　图 6-3-209：抛光后经10%苛性钠溶液热煮后，灰口、熔合区基体为珠光体，焊补区网状及针状渗碳体被染成棕黑色。

第7章

粉 末 冶 金

第1节 硬质合金

1. 概述

众所周知，以金属粉末冶金方法（包括制粉、压制、烧结）制成的硬质合金，系列颇多，主要有两大系列，即 WC-Co（简称 YG 类）和 WC-TiC-Co（简称 YT 类）。根据需求，国际、国内近年来广泛开展了在合金中添加 TaC、NbC、CrC 等化合物的研究。由于硬质合金硬度高（85~93HRA 或更高），热硬性好，是其他合金无法比拟的，所以其应用有独到之处。我国主要硬质合金产品的分类、牌号和化学成分见表 7-1-1。

表 7-1-1　我国主要硬质合金产品的分类、牌号及化学成分

分　类	合金牌号	化学成分（质量分数，%）			
		WC	TiC	TaC、NbC	Co
钨钴类	YG3X	96.5		0.5	3
	YG3	97			3
	YG4C	96			4
	YG6X	93.5		0.5	6
	YG6A	92		2.0	6
	YG6	94			6
	YG10	89.5~90.5			6.5~7.5
	YG8N	91		2.2	8
	YG8	92			8
	YG8C	92			8
	YG10C	90			10
	YG11C	89			11
	YG15	85			15
	YG20	80			20
	YG20C	80			20
	YG25	75			25

（续）

分　类	合金牌号	化学成分（质量分数，%）			
		WC	TiC	TaC、NbC	Co
钨钛钴类	YT30	66	30		4
	YT05	余量	10～12		6～8
	YT15	79	15		6
	YT14	78	14		8
	YT5	85	5		10

硬质合金可以用于机械加工刀具、模具、石油钻探和矿山开采以及当今科技发展需求等方面。

以 TiC-铬钼钢为主的钢结硬质合金系列用途比较广泛，它大量用于制作中、小型模具以及一些耐腐机械零部件。也有采用 WC-铬钼钢系列钢结硬质合金的，但应用不够广泛，仅用于制作一些特殊用途的刀具、模具等。本章主要介绍 TiC-铬钼钢系列的钢结硬质合金。

2. 显微组织

硬质合金生产工艺及其使用中发生的问题，都要按照有关标准用显微镜来加以鉴定和分析。（GB/T 3488—1983 等效 ISO 4499—1978）硬质合金　显微组织的金相测定，（GB/T 3489—1983 等效 ISO 4505—1978）硬质合金　孔隙度和非化合碳的金相测定。另外，对合金中出现的各种缺陷等均要做出分析。

（1）孔隙及石墨（非化合碳）　孔隙为黑色点状空穴，一般孔隙小且少，它比较均匀地分布在硬质合金试样上。孔隙大，数量多，分布可能不均匀。可采用在抛光试样上放大 100 倍进行评定。

石墨（非化合碳）以细小呈点状或巢状分布，放大 500 倍~1000 倍呈灰状为石墨，也可采用在抛光试样上放大 100 倍进行评定。

除了以上孔隙与石墨外，常因工艺因素出现较大的脏孔（约 50～100μm 或更大）。若有大量的过剩石墨出现一般也应做记录并写入质量报告中。

（2）显微组织

1）YG 类硬质合金显微组织一般为两相，经铁氰化钾-氢氧化钾水溶液浸蚀大小几何形状呈白色（视场中呈浅天蓝色）为 WC 相（α），暗灰色为粘接相（β），其组织比较均匀。YG3X（K01）、YG6（K20）、YG6X（K10）α 相比较细密，其中以 YG6X（K10）合金 α 晶粒为最细，可评为 α-细。YG8、YG8N（K30）则评为 α-细与 α-中之间。以上这些合金大多用于一般切削类工具。

标准中 YG11C 以上均为粗晶 WC 相（α）及粘接相（β），则均评定 α-粗。这些粗大的WC 相及粘接相量多，强度高，硬度稍低些，但韧性相对好些，所以应用于受冲击力大的模具与采矿工具方面。

由于对加工材料的要求越来越高，对工具类材料要求强度高，硬度也高，因此发展了超细晶粒硬质合金，其 WC 超细粉末小于 1μm，目前已从科研走向生产，最近制品中 WC 相只有 0.4～0.6μm。

2）YT 类硬质合金显微组织一般有三种相，浅灰色块状的为 WC 相（α），暗灰色为粘接相（β），圆形橙黄（灰）色或褐色的为 TiC-WC 相（γ），简称钛相。各相的色泽将随着氧化浸蚀的时间或氧化的气氛而略有差异。依据标准评定α相晶粒为α-中，随着钛相含量增加，其α晶粒有时也增大，可评定α-粗。此类合金一般用作低速或中高速切削工具用。

3）YG类和YT类合金中加入TaC、NbC的显微组织。加入TaC、NbC可以细化原合金中的WC相（α）晶粒和TiC-WC相（α）晶粒，又增加一种相——复式碳化物，复式碳化物呈不规则细小形状，其硬度比较高。含有复式碳化物的试样在抛光下，用铁氰化钾-氢氧化钾水溶液浅浸蚀5～7s，即可显示出金黄色色彩，在随后的较深腐蚀中变深，被其他组织所覆盖。

由于加入TaC、NbC、CrC等碳化物，不但提高了该两类合金的硬度和细化α及γ相晶粒，而且又可大大提高合金的耐蚀性和使用寿命，这是目前硬质合金创新的一个方向。

4）钢结硬质合金有两种，一种为TiC-钢结硬质合金；另一种为WC-钢结硬质合金。目前，仍以TiC-铬钼钢结硬质合金用途较为广泛，TiC-钼为主要用于制造模具。该合金经压制、烧结成形后，可以进行切削加工，还可以进行热处理退火、淬火、回火处理。其显微组织为：烧结后呈白色圆形的TiC颗粒硬质相和呈柱状分布较细珠光体粘结相；正火后TiC颗粒不变，钢部分为细珠光体和小点粒状碳化物；淬火后钢部分为马氏体、回火马氏体、回火托氏体及回火索氏体，TiC圆粒仍均匀分布其中，在热处理过程中TiC颗粒组织稳定，基本上不变化，可根据性能要求调整钢部分（粘结相）的组织。因此，它具有钢和硬质合金兼有的性能，可以用于多种形状模具与耐腐零件，实际效果甚好。

3. 缺陷

YG及YT类硬质合金中常见的缺陷有：η相、WC相堆积与大晶粒、脏孔、石墨（非化合碳）过剩以及裂纹等。它们对合金的质量有不同程度的影响。这里仅列举三种：η相、碳化物堆积与大晶粒、脏孔。

（1）η相 由于碳化钨粉料中含碳量不足，经烧结后生成η相。如果W粉已氧化，W粉或用后未保存好而继续使用压制、烧结后，则将出现大量、大块η相（W_4Co_2C或W_3Co_3C），称为贫碳相。η相的分布形态众多，有点状、块状、条状、汉字状、花边状以及显微η相。

η相性脆硬。当呈细小弥散少量分布时，对制品的基体无多大影响，而且还能提高其硬度。但若以大块或大量聚集时，则对硬质合金制品的基体起着一定的破坏作用，并使强度降低且脆性增大成为废品。

（2）碳化物堆积与大晶粒 因烧结温度过高、保温时间过长，或球磨、混料时掉入一些粗颗粒，在烧结过程中会使WC相晶粒长大和聚集。此种缺陷严重时，能显著降低合金的强度和耐磨性，同时使制品在使用中容易造成崩落而损坏。若在显微镜一个视场中出现两堆粗大聚集的WC相时，则应判为废品。

（3）脏孔 在合金中有较大的孔隙出现时，例如出现50μm、100μm甚至更大更多的大孔隙，它将减小工件截面积，降低合金强度，一般是不允许的。脏孔的产生是由于混料不清洁混入脏物，经烧结后收缩而引起的。

4. 试样制备要求

用于金相检验的试样表面，应为无磨痕和抛光划痕的光亮面。为了达到此要求，可将折断剖面置于80号绿色碳化硅砂轮上平整，并不断蘸水冷却。然后在铸铁磨盘上用800号（或10μm左右的）碳化硅或碳化硼微粉混入水中进行研磨，并经常保持浆糊状的湿润薄层，直至砂轮磨痕完全消失，然后在覆有丝绒或薄呢的抛光盘上用5.0~3.5μm金刚石研磨膏或金刚石喷雾剂进行抛光约 10min 左右，即可达到镜面光亮。

抛光好的试样即可在 100 倍显微镜下进行孔隙、石墨及其他缺陷的鉴定。

为了显示组织，可采用化学试剂浸蚀或用氧化着色法进行染色。

常用的化学试剂有两种：

① 新配 20%（10%）铁氰化钾和 20%（10%）氢氧化钠水溶液。

② 饱和氯化高铁盐酸溶液。

显示 η 相可在①试剂中浸蚀 5～7s 即可。

显示 WC 相、Co 相以及 TiC-WC 相，可用两种试剂联合浸蚀，先在①试剂中浸蚀 1～3min，取出在流水中冲洗，然后在②试剂中浸蚀 1～2min 后取出冲洗吹干后即可在 1500 倍显微镜下观察，WC 相呈浅蓝色；Co 相为黑灰色；TiC-WC 相（γ）呈橙黄色。

用氧化着色法特别是对钨钴钛类合金的显示效果更佳，可将试样抛光面向上置于一般箱式炉中加热至 400～450℃，保温 45min 至 1h 后取出即可，这样可以将 WC、Co 以及 TiC-WC 相（γ）区别开来。

硬质合金金相图片见图 7-1-1～图 7-1-67。

第 2 节 铁基粉末冶金制品

用粉末冶金方法，即混粉、压制、烧结成的材料和各种机械零件，其工艺优点为少无切削，大大降低材料消耗和加工成本，已在汽车、农机等方面广泛应用，其产品质量在不断提高。

以铁粉为主（还原粉）加入石墨和合金可制成铁基制品、预合金粉末制品和热处理成品，此外，还有制成青铜制品、某些触头（Ag-石墨、Cu-W）假合金材料、摩擦材料、金刚石工具材料以及高合金、高熔点材料等制品。这里着重介绍铁基制品，因为它的生产量大，使用广泛。

铁基粉末冶金材料分类、牌号及化学成分见表 7-2-1。

表 7-2-1　铁基粉末冶金材料的分类、牌号及化学成分　（GB/T 14667.1—1993）

分　类	牌　号	化学成分（质量分数，%）					密度 ρ /（g/cm³）
		C 化合	Cu	Mo	Fe	其他	
烧结铁	F0001J	≤0.1	—	—	余量	≤1.5	≥6.4
	F0002J	≤0.1	—	—	余量	≤1.5	≥6.8
	F0003J	≤0.1	—	—	余量	≤1.5	≥7.2
烧结碳钢	F0101J	0.1~0.4	—	—	余量	≤1.5	≥6.2
	F0102J	0.1~0.4	—	—	余量	≤1.5	≥6.4
	F0103J	0.1~0.4	—	—	余量	≤1.5	≥6.8
	F0111J	0.4~0.7	—	—	余量	≤1.5	≥6.2
	F0112J	0.4~0.7	—	—	余量	≤1.5	≥6.4
	F0113J	0.4~0.7	—	—	余量	≤1.5	≥6.8
	F0121J	0.7~1.0	—	—	余量	≤1.5	≥6.2
	F0122J	0.7~1.0	—	—	余量	≤1.5	≥6.4
	F0123J	0.7~1.0	—	—	余量	≤1.5	≥6.8
烧结铜钢	F0201J	0.5~0.8	2~4	—	余量	≤1.5	≥6.2
	F0202J	0.5~0.8	2~4	—	余量	≤1.5	≥6.4
	F0203J	0.5~0.8	2~4	—	余量	≤1.5	≥6.8

1. 粉末冶金制品的显微组织

铁基粉末冶金制品的金相特征，同冶炼金属材料相比，既相似又不相似，相似之处为同类型材料的显微组织基本相同，例如正火或退火的亚共析钢与含有 w（石墨）为1%以下的铁基制品的组织大致相仿，均为珠光体和铁素体，只是粉末冶金制品中有时出现少量渗碳体。经淬火和低温回火后，它们的组织也均为回火马氏体与部分残留奥氏体。黄铜、青铜等非铁金属组织也类似。

不同之处是粉末冶金制品内有孔隙，而冶炼的金属材料无孔隙。制品中存在孔隙是粉末冶金工艺的特点，它并不是一种缺陷。冷压烧结制品孔隙较多，热压烧结制品孔隙则较少。各种粉末冶金制品对孔隙的多少、分布形态都有不同的要求。如含油轴承与衬套以及一些多孔类制品，甚至需要有大量连通孔隙，而高强度制品则要求孔隙越少越好。

（1）孔隙、石墨、夹杂物　孔隙一般呈黑色点状空穴，分布不规则，有分散、密布、集中等情况。

石墨一般呈灰色条状或不规则状。如果抛光过度，会使石墨剥落、拉泄而变成黑色洞穴，而与孔隙相混淆。用 2.5μm 金刚石抛光剂抛光，可以获得优良的抛光面。试样不经浸蚀，在 100～200 倍显微镜下观察检查。

铁基制品的夹杂物也是在未浸蚀的试样上加以检查的，其夹杂以氧化物居多数，一般是由粉末原料中带来的，夹杂物的多少与铁粉的纯度有关。在烧结时生成的则较少。大块的或含量颇多的非金属夹杂物有时分布在制品的关键部位或表面，与孔隙、石墨并存，能严重削弱制品的有效断面，降低使用性能。少量夹杂物存在于粉末冶金制品中，则像冶炼金属一样，一般是允许的，也是不可避免的。

（2）铁-石墨、铁-石墨-合金显微组织　一般为较细或稍粗层片状珠光体和铁素体；有时出现多量块状或网状渗碳体，只要分布均匀，也属正常组织。

2. 预合金材料及热处理显微组织

这种预合金材料是经中频熔炼后用喷雾法制得粉末再制成成品，它的孔隙少，夹杂物既小又少，所以组织比较致密均匀，烧结后组织为铁素体晶粒和珠光体或珠光体和铁素体，并有一些颗粒状碳化物。一般还需淬火，经低温回火后为回火马氏体；中温回火后为回火托氏体；高温回火后为回火索氏体。这些组织能适应多种使用性能的要求。有些预合金材料中碳和合金量少，烧结后进行渗碳并淬火回火，可获得有表层、过渡层、心部各类组织，效果甚佳。这种方法适应特殊需要，例如用于制作农用机械的齿轮，是目前由粉末冶金材料制作零件的一种方向。

此外，还可用含高碳、高铬、钼、铌的合金以粉末冶金方法制作粉末高速钢，其组织是一种复杂型的大量大块碳化物与热处理淬火回火马氏体和残留奥氏体形态，组织分布比较均匀，若用冶炼法是比较难以获得的。

3. 不锈钢粉末冶金制品的显微组织

不锈钢粉末也是用喷雾法制得，再通过压制、烧结制成制品，目前多用作多孔性过滤器以及其他特殊用途制品。制品烧结后呈多孔形态，经过固溶处理，基体为奥氏体，晶界上有少量碳化物。

4. 铜基制品的显微组织

粉末冶金铜基制品没有铁基制品应用范围广，以黄铜和青铜为主。黄铜（**Cu-Zn**）产品的正常组织除一定数量的孔隙（有时需要大量孔隙）外，组织为等轴晶粒的单相α。以 Cu-Sn 为基的青铜有两种，一种是以α为基，当锡的 w（Sn）＞5%时会出现少量α+δ共析体；另一种是含锡量高，基体中有多量的α+δ共析体，目前这种合金已被嵌入金刚石硬颗粒作为工具，用于切割或加工大理石材料，使用效果甚佳。

还有一种 Cu-W 合金（俗称假合金）材料，组织为比较均匀的互不相溶的机械混合物，是为了特殊用途而制成。此类合金还有 Ag-石墨、W-Ni-Cu、Ag-CdO$_2$ 等，有的是作为电工用的触头材料。金相组织越均匀，晶粒越细，孔隙越少，相对密度越高，产品质量也越好。

铁基粉末冶金金相图片见图 7-2-1～图 7-2-63。

附表　铁基粉末冶金和硬质合金常用的浸蚀剂名称、组成和用途

粉末冶金和硬质合金常用的浸蚀剂名称、组成及用途

序　号	名　称	组　成	用　法	备　注
1	2%硝酸酒精溶液 3%硝酸酒精溶液 4%硝酸酒精溶液	酒精　98～96mL 硝酸　2～4mL	室温浸入法	显示铁基粉末和钢结硬质合金钢基体部分的组织
2	盐酸、苦味酸酒精溶液	盐酸　5mL 苦味酸　1g 酒精　10mL	室温浸入法	显示不锈钢粉末冶金组织
3	氯化高铁盐酸酒精溶液	氯化高铁　5g 盐酸　15mL 酒精　96mL	室温浸入法	显示铜基粉末冶金组织
4	铁氰化钾氢氧化钠水溶液	铁氰化钾　5g 氢氧化钠　5g 水　100mL	浅浸蚀 1～2s	显示硬质合金中的 η 相及复式碳化物相。在高倍下观察 η 相，随着浸蚀时间加长从红棕色变成黑色
5	铁氰化钾氢氧化钾水溶液	铁氰化钾　5～10g 氢氧化钾　5～10g 水　100mL	浸蚀 3～6min	硬质合金中的 WC 相呈浅灰色，Co 相仍为白色
6	饱和的氯化高铁盐酸水溶液	饱和的氯化高铁盐酸水溶液	室温浸入法	硬质合金中的 Co 相受酸浸蚀变成黑色
7	氧化浸蚀	氧化浸蚀（450～500℃）	在马弗炉中加热 4min（加热时间与试样大小有关），氧化的终点可根据试样表面的颜色确定，一般呈淡黄色时即可取出自然冷却。出炉后用显示 WC 相的试剂浸蚀 40s	用试剂浸蚀后，使 WC 相与复式碳化物分开
8	铁氰化钾水溶液	铁氰化钾　20g 水　80mL	浸入法	w-Ni-Cu 合金，Ni-Cu 固溶液受浸蚀，w 不腐蚀呈白色
9	铬酸盐酸水溶液	铬酸　5g 盐酸　2~4 滴 水　100mL	浸入法	Ag-CdO$_2$ 合金，CdO$_2$ 受浸蚀呈深黑色，Ag 呈白色

金 相 图 片

图 7-1-1   100×

图　号： 7-1-1

材料名称： YG 硬质合金

浸 蚀 剂： 未浸蚀

处理情况： 压制、烧结

组织说明： 试样抛光面上分布着极细小点状黑色孔隙，孔隙含量极少，合金压制、烧结质量优良。根据 GB/T 3489—1983 评定为 A02 0.02%（体积分数）。

　　孔隙——系点状孔穴，孔穴内无异物，抛光后在显微镜下呈黑色。硬质合金因是采用金属陶瓷法制成，它不可避免地有孔隙产生，孔隙的大小，数量多少可按有关标准图片在 100 倍下进行对照评定。

图　号： 7-1-2

材料名称： YG 硬质合金

浸 蚀 剂： 未浸蚀

处理情况： 压制、烧结

组织说明： 试样抛光面上出现点状黑色孔隙及极少量点状石墨（视为孔隙）。其孔隙含量不多，按 GB/T 3489—1983 评定为 A02~A04 0.02%～0.06%（体积分数）。此合金压制、烧结质量亦属优良。

图 7-1-2   100×

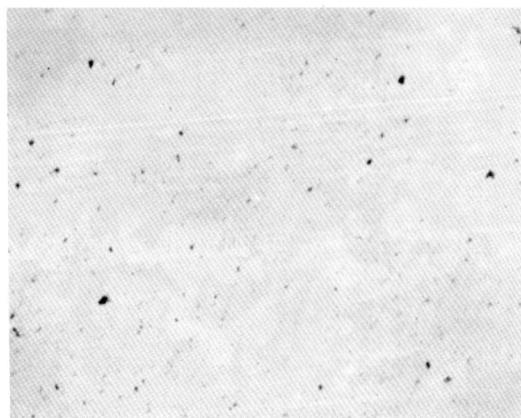

图 7-1-3   100×

图　号： 7-1-3

材料名称： YG 硬质合金

浸 蚀 剂： 未浸蚀

处理情况： 烧结

组织说明： 试样抛光面上点状黑色孔隙，按 GB/T 3489—1983 评定为 A06 0.2%（体积分数）。孔隙度量一般，未出现脏孔等较大孔隙，（25～75μm），质量属优类硬质合金刀片。

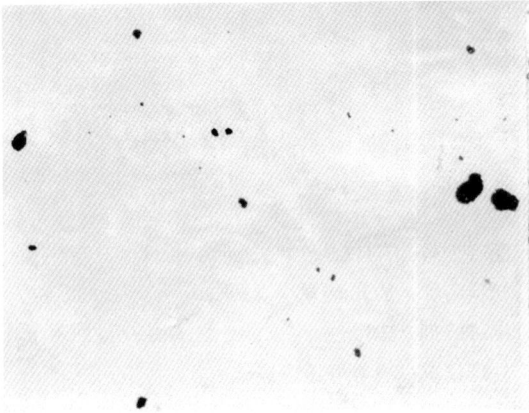

图　7-1-4　　　　　　　　100×

图　　号：7-1-4
材料名称：YG8 硬质合金铣刀
浸 蚀 剂：未浸蚀
处理情况：压制、烧结
组织说明：切取的试样抛光面上出现的细小孔隙与个别稍粗大的脏孔共存，孔隙含量按 GB/T 3489—1983 评定为 B04~B06 0.06%～0.2%（体积分数），但另有两个大孔隙（40～45μm）尚未达到报废程度。该产品实际使用性能及其寿命还属优良。

图　　号：7-1-5
材料名称：YG8 硬质合金拉丝模
浸 蚀 剂：未浸蚀
处理情况：压制、烧结
组织说明：在试样抛光面上出现较大的脏孔隙，长度约 90μm，另外，还有小孔隙分布在其周围，可知相对孔隙含量提高。过去把这种脏孔称作为污垢（大于 50μm），污垢系混料和压制过程中带入的灰尘或其他脏物，在烧结后形成的脏孔。它使合金的性能降低，严重者成为废品。现在视作为超出 GB/T 3489—1983 A 类、B 类，应作单独计数报出。

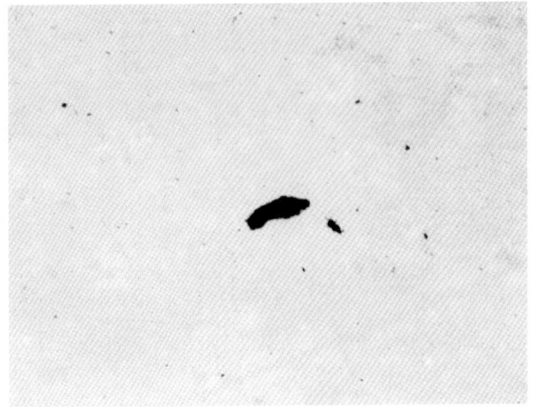

图　7-1-5　　　　　　　　100×

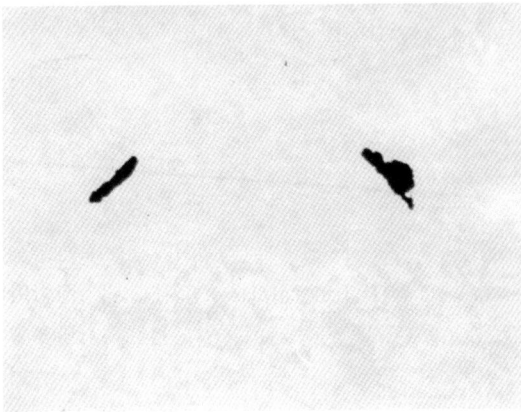

图　7-1-6　　　　　　　　100×

图　　号：7-1-6
材料名称：YG8 硬质合金拉丝模
浸 蚀 剂：未浸蚀
处理情况：压制、烧结
组织说明：试样抛光面上出现脏孔，约有 110μm 大小，对拉丝模具使用有一定影响。这种脏孔如果分布在关键部位危害则更大。按老标准规定，此污垢级别已属接近报废范围。

图　　　号：7-1-7

材料名称：YG8 硬质合金

浸 蚀 剂：未浸蚀

处理情况：冷等静压，烧结

组织说明：试样抛光面上出现大量黑色空穴，其中
以 10～25μm 孔隙为主，还有 25～75μm 的孔隙
4 颗。

　　　　该试样由于压制密度不够，产生大量孔隙，
影响材料强度和硬度，应提高压制密度

图　　7-1-7　　　　　　　　　　　　100×

图　　　号：7-1-8

材料名称：YG8 硬质合金

浸 蚀 剂：未浸蚀

处理情况：压制后烧结

组织说明：试样压制烧结后，在抛光面上出现大量黑
色空穴，空穴数量颇多，以 10～25μm 孔隙为主，
基体中还有 25～75μm 的大孔隙近 10 颗。

　　　　由图可知，试样压制的密度较前图更差，故基
体中孔隙数量较前图更多，严重影响合金的强度和
硬度，致合金成为废品。

图　　7-1-8　　　　　　　　　　　　100×

图　　7-1-9　　　　　　　　　　　　　　100×

图　　号：7-1-9

材料名称：YG11C 硬质合金

浸 蚀 剂：未浸蚀

处理情况：压制、烧结

组织说明：试样抛光面上出现巢状石墨（非化合碳）。

参照 GB/T 3489—1983 评定为 C04。在高倍（500×～1000×）下非化合碳（石墨）呈点状聚集或巢状分布，颜色呈灰色或灰暗色。这是典型游离石墨形态。

硬质合金中出现非化合碳（石墨），一般是由于合金中碳含量配比过高，烧结后过剩下来的，因其他因素生成石墨机会很少。

图　　号：7-1-10

材料名称：YG8 硬质合金

浸 蚀 剂：未浸蚀

处理情况：压制、烧结

组织说明：试样抛光面上分布有深色巢状、点状游离石墨（称为非化合碳），按 GB/T 3489—1983 石墨评定为 C08，石墨呈灰色点状及巢状分布，有时与少量孔隙共存，因此对照本标准图片评定时有一定困难。所以要求抛光时特别注意，石墨不能被拉曳影响其评定。采用金刚石喷雾剂 2.5μm、1μm 逐次进行抛光即可消除这种现象。改变了过去用腐蚀性抛光液抛光的方法。

孔隙大多为圆形，呈黑色。

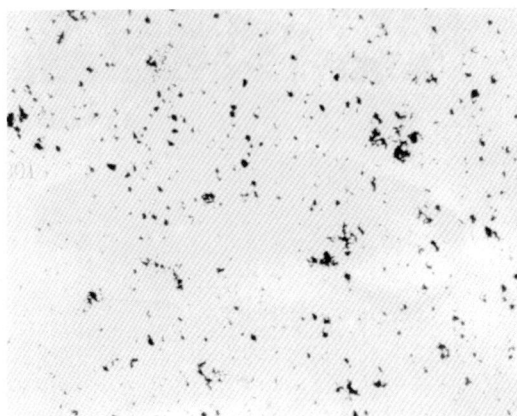

图　　7-1-10　　　　　　　　　　　　100×

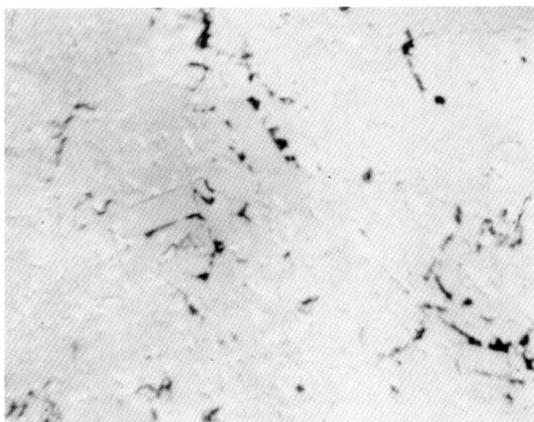

图　　7-1-11　　　　　　　　　　　　1500×

图　　号：7-1-11

材料名称：YG6 硬质合金刀片

浸 蚀 剂：未浸蚀

处理情况：压制、烧结

组织说明：此试样抛光面上 100 倍下出现的灰色巢状石墨，经放大至 1500 倍，可以明显地观察到灰色石墨呈条状和点状分布。

由于采用金刚石粉抛光效果较好，现在用的喷雾法洒在抛光盘丝绒布上，则其抛光效果更好。

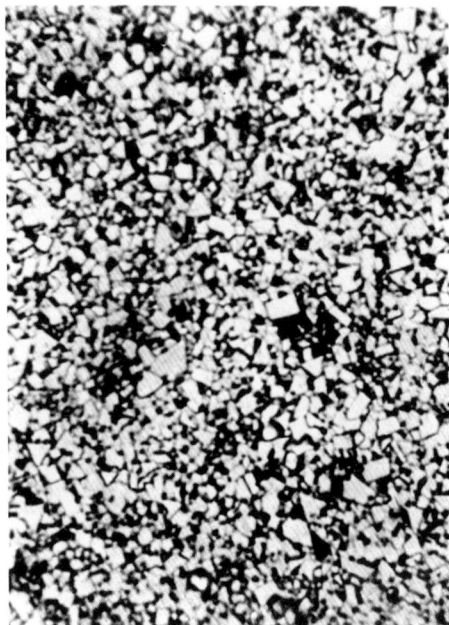

图　7-1-12　　　　　　　　　　1500×

图　　号： 7-1-12

材料名称： YG6X 硬质合金刀片

浸　蚀　剂： ①新配 20%铁氰化钾和 20%氢氧化钾水溶液与②饱和的氯化高铁盐酸溶液联合浸蚀

处理情况： 压制、烧结

组织说明： 白色几何状及颗粒状为 WC（α）相，深色为粘接 Co 相（β）。组织分布均匀。WC（α）相可分为 α、α₁、α₂。α 为基本上未再结晶的原始颗粒；α₁ 轻微再结晶稍呈规则几何形状；α₂ 为再结晶后呈明显的规则几何形状，几何形状较完整。此 YG6X 硬质合金中 α 相晶粒均细小，无较大晶粒，依照标准评定其晶粒为 α-细。该合金应用于金属切削刀具，性能优良，使用寿命亦长。

现在研制成的超细 WC 晶粒具有极细晶粒，故其结晶形式和理论另有论述。

图　　号： 7-1-13

材料名称： YG6 硬质合金

浸　蚀　剂： ①新配 20%铁氰化钾和 20%氢氧化钾水溶液与②饱和的氯化高铁盐酸溶液联合浸蚀

处理情况： 压制、烧结

组织说明： 与上图相比，为结晶充分的 α₂ 晶粒有一定数量，其晶粒大小已长至 5～6μm，但大部分 α 晶粒仍在 1～2μm 之间，可评为 α-细。黑色为粘接 Co 相（β），分布比较均匀。

在显微镜观察的视场中，WC 相呈浅天蓝色、粘结相呈暗绿色。此试样属大批量生产的一般产品，其质量属中等。

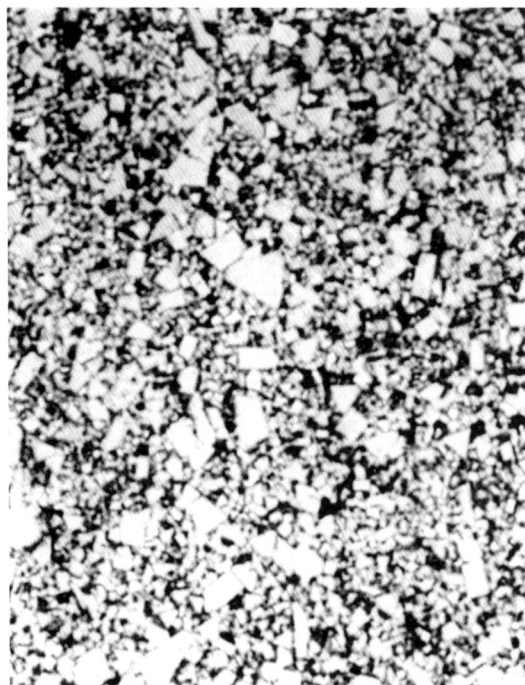

图　7-1-13　　　　　　　　　　1500×

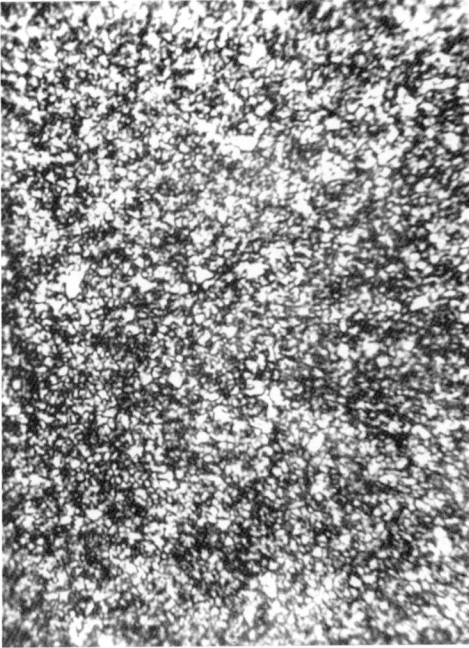

图 7-1-14   1500×

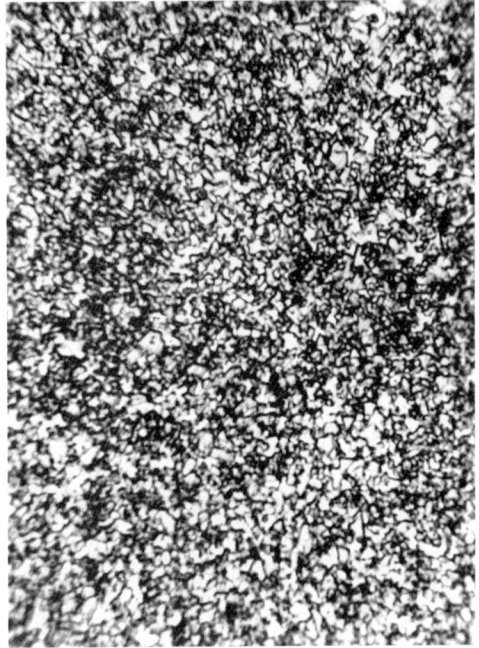

图 7-1-15   1500×

图 7-1-16   1500×

图　　号：7-1-14~7-1-16

材料名称：YG 细粒硬质合金

浸 蚀 剂：①新配 20%铁氰化钾和 20%氢氧化钾水溶液与②饱和的氯化高铁盐酸溶液联合浸蚀

处理情况：压制、烧结

组织说明：图 7-1-14 为细颗粒硬质合金之显微组织，白色细点状和几何形状为 WC（α）相，深色为粘接 Co 相（β）。大部分晶粒<0.4μm。

图 7-1-15 组织比前稍粗大一些，但晶粒大小为<0.6μm。

图 7-1-16 白色几何形状为 WC（α）相颗粒，深灰色为粘接相 Co 相（β），再结晶较完善，小部分晶粒大小为<1μm。一般的晶粒大小为<0.7μm。

随着工业不断发展，对刀具类材料的要求也越来越高，不但要求合金的强度高，同时也希望硬度也高，我国发展研制了超细晶粒的硬质合金，以适应生产的需要。上述所列的细颗粒 WC 类硬质合金，其 WC（α）晶粒只有 0.3~0.5μm。

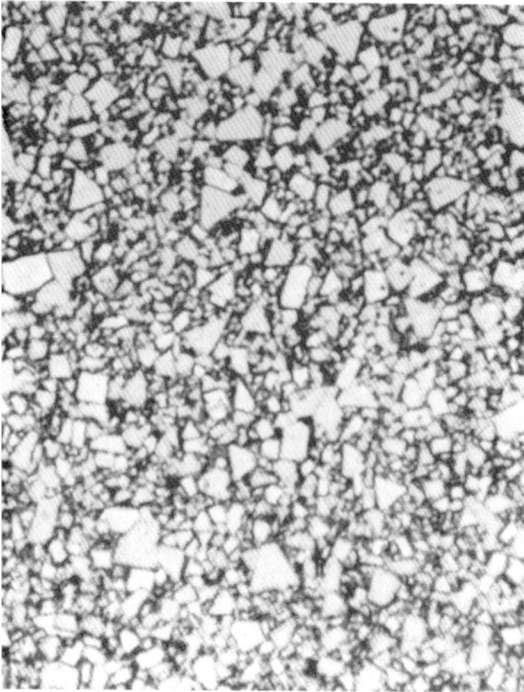

图 7-1-17   1500×

图   号：7-1-17

材料名称：YG8 硬质合金

浸 蚀 剂：①新配 20%铁氰化钾和 20%氢氧化钾水
　　　　　溶液与②饱和的氯化高铁盐酸溶液联合浸蚀

处理情况：压制、烧结

组织说明：白色几何形状为 WC（α）相，深色（暗
　　　　　色）为粘接 Co 相（β）。WC 相已明显重结晶，
　　　　　大部分 α 晶粒为 2μm；一部分已长至较粗大晶粒
　　　　　（5～6μm）。

　　　　　　此材料 α 相晶粒结晶较完善，可评为 α -中，
　　　　　但硬度相对有所降低。

　　　　　　此合金既可用作切削刀具，也可制作模具。

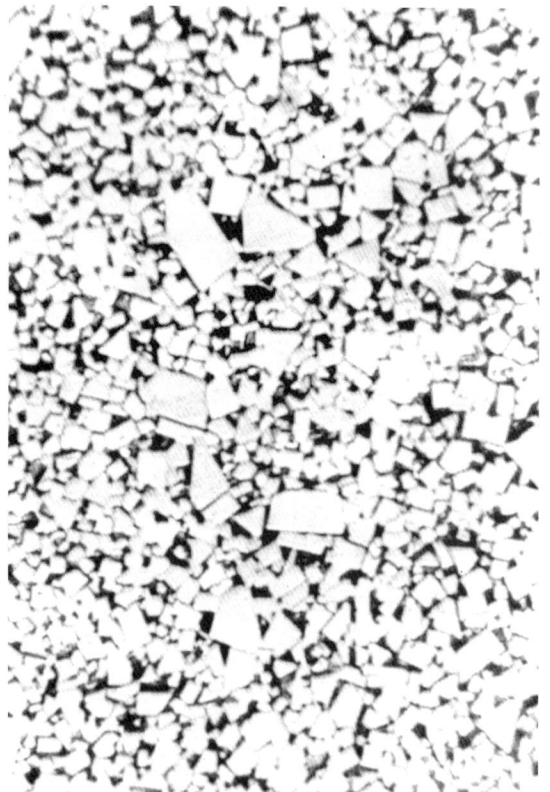

图   号：7-1-18

材料名称：YG8 硬质合金

浸 蚀 剂：①新配 20%铁氰化钾和 20%氢氧化钾水
　　　　　溶液与②饱和的氯化高铁盐酸溶液联合浸蚀

处理情况：压制、烧结

组织说明：白色几何形状为 WC 相，深暗色为粘接 Co
　　　　　相（β）。WC 相已明显再结晶，一般为 2μm，部分
　　　　　WC 晶粒长至 5～6μm。由于 α 相结晶较充分，且较
　　　　　大晶粒略多，同时有数颗 WC（α）相有堆积趋势。
　　　　　从显微组织分布可推断，合金的烧结温度偏高。

图   7-1-18   1500×

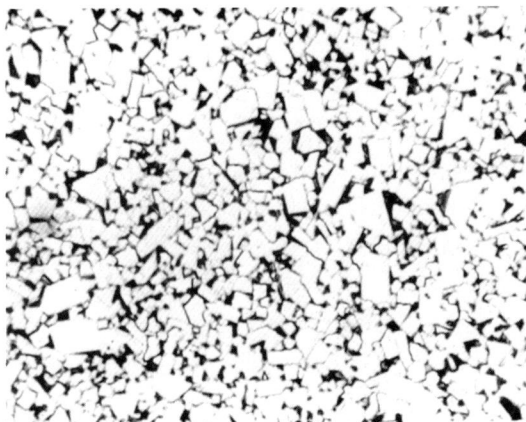

图　7-1-19　　　　　　　　　　1500×

图　　号：7-1-19

材料名称：YG6 硬质合金

浸 蚀 剂：①新配 20%铁氰化钾和 20%氢氧化钾水溶液与②饱和的氯化高铁盐酸溶液联合浸蚀

处理情况：压制、烧结

组织说明：此试样为 YG6 硬质合金，组织为 WC 相（白色几何形状）及黑色粘接 Co 相（β）。合金中 α 相晶粒较一般 YG6 粗大些。β 相粗、细分布亦不甚均匀。

　　依据标准评定，其晶粒为 α-中。此合金因 WC（α）相稍粗大，作为切削刀具其寿命就差些。

图　　号：7-1-20

材料名称：YG8 硬质合金

浸 蚀 剂：①新配 20%铁氰化钾和 20%氢氧化钾水溶液与②饱和的氯化高铁盐酸溶液联合浸蚀

处理情况：压制、烧结

组织说明：白色几何形状为 WC（α）相，黑色粘接相为 Co 相（β），合金中 α 相与 β 相分布较上图均匀，依据 α 晶粒大小，评定为 α-中。此合金可作工具、模具使用。

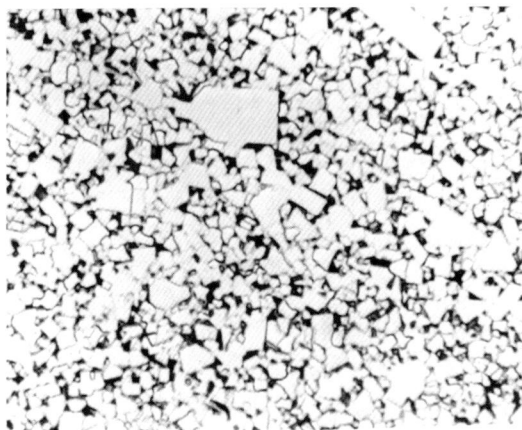

图　7-1-20　　　　　　　　　　1500×

图　7-1-21　　　　　　　　　　1500×

图　　号：7-1-21

材料名称：YG11C 硬质合金

浸 蚀 剂：①新配 20%铁氰化钾和 20%氢氧化钾水溶液与②饱和的氯化高铁盐酸溶液联合浸蚀

处理情况：压制、烧结

组织说明：白色合金晶粒为 WC（α）相及黑色粘接 Co 相（β）分布均匀，重结晶完善，其 α 晶粒评定为 α-粗。此为粗晶粒合金。

　　随着 WC（α）相晶粒增粗，Co 相亦增多，粘接（β）相厚度亦加宽。从而使合金硬度下降，韧性适当提高，因此该合金适宜用于制造模具。

图　7-1-22　　　　　　　　　　　　　　1500×

图　　号：7-1-22

材料名称：YG 硬质合金

浸蚀剂：①新配 20%铁氰化钾和 20%氢氧化钾水
溶液与②饱和的氯化高铁盐酸溶液联合浸蚀

处理情况：压制、烧结

组织说明：白色几何形状为 WC（α）相，黑色为
粘结 Co 相（β）。α 相晶粒普遍长大，一般为 4～
8μm 之间，少量 2～3μm。粘结相宽度（厚度）
增大，含量亦多。评定晶粒为 α-粗。这种合金硬
度低，韧性好，适合制作模具和石油钻头。

图　　号：7-1-23

材料名称：YG 硬质合金

浸蚀剂：①新配 20%铁氰化钾和 20%氢氧化钾水溶
液与②饱和的氯化高铁盐酸溶液联合浸蚀

处理情况：压制、烧结

组织说明：白色大小几何形状为 WC（α）相及黑色
粘接 Co 相（β）。少量 α 相晶粒已超过 10μm 的。
评定晶粒为 α-粗。

　　由于 α 相晶粒普遍粗大，β 相含量又高，故此
合金的硬度降低，韧性提高，仅适合有一定硬度并
要求具有一定韧性的机械零部件之用。因此，此类
组织的合金，其使用范围受到一定限制。

图　7-1-23　　　　　　　　　　　　　　1500×

图　7-1-24　　　　　　　　　　　　　　1500×

图　　号：7-1-24

材料名称：YG 硬质合金

浸蚀剂：①新配 20%铁氰化钾和 20%氢氧化钾水
溶液与②饱和的氯化高铁盐酸溶液联合浸蚀

处理情况：压制、烧结

组织说明：白色大小不等的几何形状为 WC（α）
相，黑色为粘接 Co 相（β），α 相晶粒为 10μm
左右，评定晶粒 α-粗。

　　由于 WC 粉采用粗粉，Co 粉含量又高，其相
对烧结温度降低，因此呈现这种粗大 WC 晶粒，
使合金的韧性好，应用于承受冲击力较大的矿山
机械零件，如石油牙轮钻的爪牙及特殊需要的拉
丝模等。

图 7-1-25 1500×

图 号：7-1-25
材料名称：YT5 硬质合金刀片
浸 蚀 剂：400℃空气炉中氧化 40min
处理情况：压制、烧结
组织说明：显微组织有三种：白色大小几何形状为
WC（α）相；深色为粘接 Co 相（β）及灰色为
WC-TiC（γ）相。γ相晶粒评为 γ-中。

合金经过合适的氧化法热染腐蚀后，在显微
镜视场中可观察到三种相的鲜艳色泽和形状的特
征。WC（α）相呈浅天蓝色；粘接相（β）Co
呈暗绿色；TiC-WC（γ）相则呈圆形黄褐色。

因为加入 w（TiC）为 5%的合金，当 WC 形
成 TiC-WC 相后，硬度有较大提高，所以该合金
可作较高速度切削刀具，硬度高于 YG6 合金是一
种优质材料。

图 号：7-1-26
材料名称：YT5 硬质合金刀片
浸 蚀 剂：抛光态试样面置于 400~500℃箱式炉中加
热氧化 40min 至 1h
处理情况：压制、烧结
组织说明：白色几何状为 WC（α）相，黑色为粘接
Co 相（β），灰色圆形为 WC-TiC(γ)相。

此图由于热腐蚀（氧化不足）使 α 及 γ 晶粒轮
廓不能明显区分开来，但组织分布尚属均匀。依据
γ 相晶粒大小评定为 γ-中。

此合金实际切削性能优良，这与合金中所含孔
隙、石墨少有关。

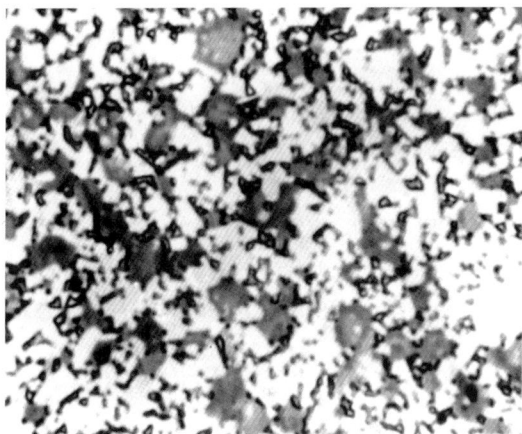

图 7-1-26 1500×

图 7-1-27 1500×

图 号：7-1-27
材料名称：YT5 硬质合金刀片
浸 蚀 剂：450℃空气炉中加热 1h
处理情况：压制、烧结
组织说明：白色几何状为 WC（α）相，黑色为粘
接 Co 相（β），灰色圆形为 WC-TiC（γ）相。

由图中可观察到 γ 相连续相较多，相对上图
则分布稍不均匀，而且该合金中石墨和孔隙亦含
量高，因此使用性能略差。

依照 γ 晶粒标准评定为 γ-中。

图　　7-1-28　　　　　　　　　　1500×

图　　号：7-1-28

材料名称：YT15 硬质合金刀片

浸 蚀 剂：抛光态试样面置于 400℃空气炉中加热氧化腐蚀 40min

处理情况：压制、烧结

组织说明：白色几何状为 WC（α）相，黑色为粘接 Co 相（β），灰色圆、块形为 TiC- WC（γ）相。

　　由于合金中 TiC 量增加，共 α 相晶粒结晶更趋完善，晶粒较大；β 相的宽度增厚；γ 相的含量增多，且其晶粒亦大，γ 相晶粒可评为 γ-中与 γ-粗之间。

　　此合金可用作高速切削刀具，由其组织形态可知，它是优良的切削刀片。

图　　号：7-1-29

材料名称：YT15 硬质合金刀片

浸 蚀 剂：抛光试样在 450℃空气中氧化腐蚀 1h

处理情况：压制、烧结

组织说明：白色几何状为 WC（α）相，黑色为粘接 Co 相（β），灰色为 TiC- WC（γ）相。WC 相有堆集趋势，粘结相（β）Co 相分布不够均匀。

　　由各相之组织分布情况可知，合金的组织分布不均匀，导致其使用寿命较低。

图　　7-1-29　　　　　　　　　　1500×

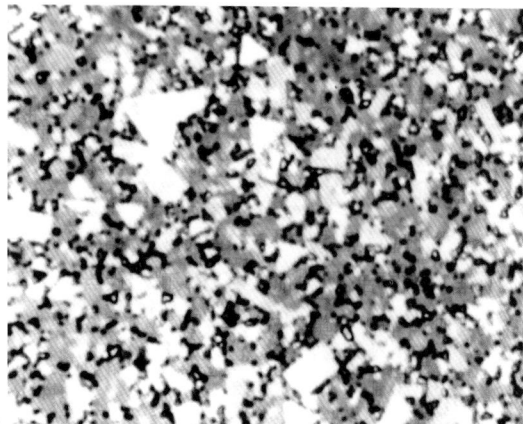

图　　7-1-30　　　　　　　　　　1500×

图　　号：7-1-30

材料名称：YT15 硬质合金刀片

浸 蚀 剂：400～450℃箱式炉中加热氧化 40min 至 1h

处理情况：压制、烧结

组织说明：白色几何状为 WC（α）相，黑色为粘接 Co 相（β），灰色圆、块形为 TiC- WC（γ）相。

　　在合金中由于 TiC 量增加，γ 相量也随之增多。依据 TiC- WC（γ）相晶粒，按标准评定为 γ-细。

　　该合金中组织分布均匀，无明显聚集现象，使用性能良好，较图 7-1-29 合金的使用寿命可提高数倍。

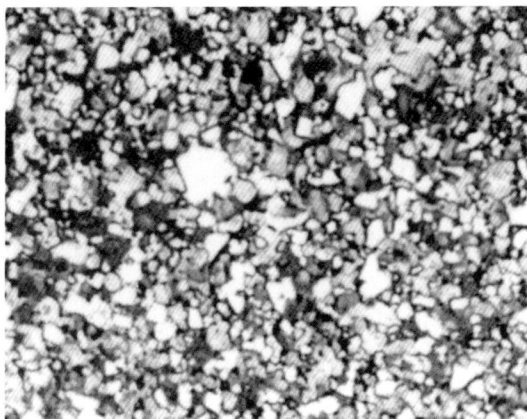

图　7-1-31　　　　　　　　　　　　　　1500×

图　　　号：7-1-31

材料名称：YT15 硬质合金

浸 蚀 剂：①新配 20%铁氰化钾和 20%氢氧化钾水溶液与②饱和的氯化高铁盐酸溶液联合浸蚀

处理情况：压制、烧结

组织说明：白色不同大小几何形状为 WC（α）相，深色为粘接 Co 相（β）和灰色圆形为 TiC- WC（γ）相。此合金 WC 几何形状不甚明显，表明重结晶不充分，γ相晶粒小，评为 γ-细。
　　　　　该合金作为较高速度切削用刀具，其质量属一般。

图　　　号：7-1-32

材料名称：YT15 硬质合金

浸 蚀 剂：①新配 20%铁氰化钾和 20%氢氧化钾水溶液与②饱和的氯化高铁盐酸溶液联合浸蚀

处理情况：压制、烧结

组织说明：白色不同大小几何形状为 WC（α）相，灰色圆形为 TiC- WC（γ）相，深色为粘接 Co 相（β）。合金中三相组织分布基本均匀，惟 WC（α）相晶粒虽长得不大，但各区域都有几颗晶粒聚集在一起的趋势，说明该合金混粉工艺尚欠佳，质量属中等。依据标准评定，γ相评为 γ-中。

图　　7-1-32　　　　　　　　　　　　1500×

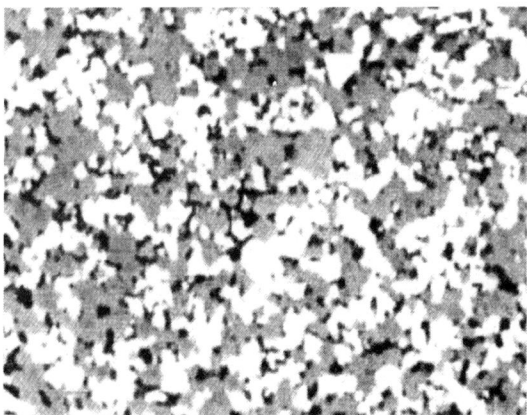

图　　7-1-33　　　　　　　　　　　　1500×

图　　　号：7-1-33

材料名称：YT 类硬质合金

浸 蚀 剂：450℃空气炉中氧化腐蚀 1h

处理情况：压制、烧结

组织说明：合金有三相，组织同上。由图可知，WC（α）相均呈相聚与堆积形态，表明混粉时 WC 粉末未充分混匀，所以压制成形、烧结后 WC 相都堆积起来了，从而对使用性能有一定影响。该合金属二等产品。

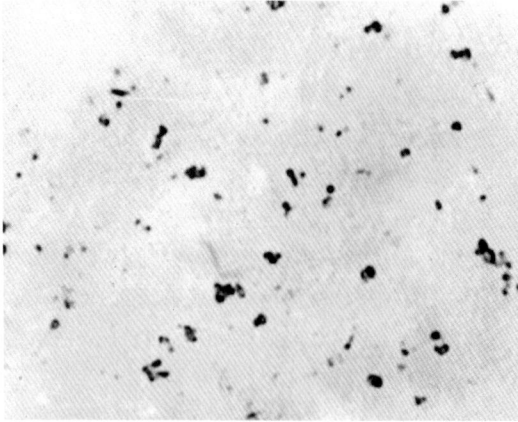

图　　　7-1-34　　　　　　　　　　1500×

图　　　号：7-1-34

材料名称：YG+TaC-NbC 硬质合金

浸 蚀 剂：新配 20%铁氰化钾和 20%氢氧化钾水溶
　　　　液，浸蚀 5～7s

处理情况：压制、烧结

组织说明：显微组织为复式碳化物，分布比较均匀。

　　　抛光态试样面上用①试剂浸蚀约数秒后，即
显示出呈金黄色的碳化物，浸蚀时间延长，碳化
物则由金黄色变为褐色或深褐色。

　　　加入 TaC-NbC 合金主要是细化 WC 晶粒并提
高其硬度，有利于提高切削效率。此试样系加入较
少量 TaC-NbC 合金元素后呈复式碳化物形态。

图　　　号：7-1-35

材料名称：YG+TaC-NbC 硬质合金

浸 蚀 剂：新配 20%铁氰化钾和 20%氢氧化钾水溶
　　　　液，浸蚀 5～7s

处理情况：压制、烧结

组织说明：浅浸蚀后颗粒状复式碳化物已被着色，它
比较均匀地分布在基体上。浸蚀 5～7s 后，凡是复
式碳化物均已显示出来，其他碳化物（如 WC）则
不受浸蚀。由于 TaC·NbC 元素加入量多些，出现
稍有聚集现象，但仍属正常形态。

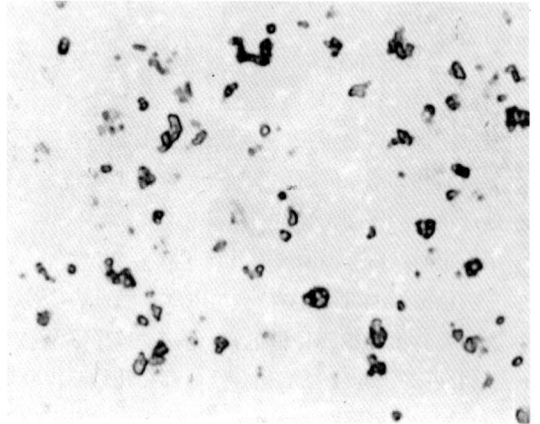

图　　　7-1-35　　　　　　　　　　1500×

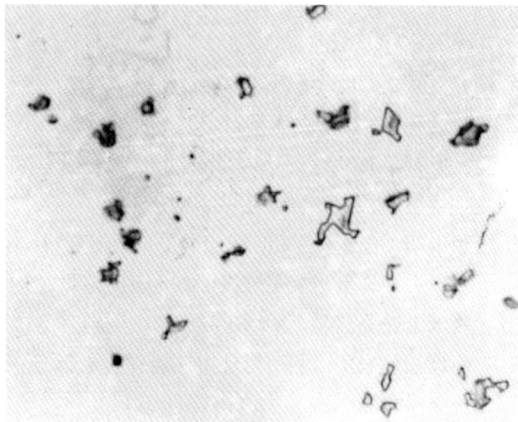

图　　　7-1-36　　　　　　　　　　1500×

图　　　号：7-1-36

材料名称：YG+TaC-NbC 硬质合金

浸 蚀 剂：新配 20%铁氰化钾和 20%氢氧化钾水溶
　　　　液，浸蚀 5～7s

处理情况：压制、烧结

组织说明：复式碳化物，个别碳化物形状有所长大，
呈多种形态，这与加入量多有关。要求获得细小
均匀分布者，则对硬质合金基体强化效果更佳，
这是弥散强化作用所致，能提高耐腐性，使切削
性能进一步地得到改善。

图 7-1-37 1500×

图 号：7-1-37

材料名称：TiC-TaC 硬质合金［w（TiC-TaC）13%，w（Cr₃C₂）0.5%，w（Co）10%，其余为 WC］

浸 蚀 剂：①新配 20%铁氰化钾和 20%氢氧化钾水溶液与②饱和的氯化高铁盐酸溶液联合浸蚀

处理情况：压制、烧结

组织说明：白色大小不等的几何状为 WC 相，灰色为 TiC-WC 相，深色为复式碳化物以及 Co 为基的粘结相。图中除有数颗 WC 相晶粒稍大外，其余组织均细小均匀。

由此说明，加入一定量的复式碳化物，既能弥散组织，又能提高硬度（强度），这是当今制造硬质合金切削工具的趋势。

图 号：7-1-38

材料名称：TiC-TaC 硬质合金［w（TiC-TaC）13%，w（Cr₃C₂）0.5%，w（Co）8%，w（Co）10%，其余为 WC］

浸 蚀 剂：①新配 20%铁氰化钾和 20%氢氧化钾水溶液与②饱和的氯化高铁盐酸溶液联合浸蚀

处理情况：压制、烧结

组织说明：组织更细密均匀，因为 TaC 和 TiC 结合成硬度高、热硬性高的复杂碳化物，又与 WC、CrC 结合成复杂碳化物相，而且这些复杂化合物既细化、弥散了原 TiC 或 WC 相，又显著提高了合金的硬度，所以该合金显微组织一定是较细小的。

这样的合金对零件作精加工十分有利。

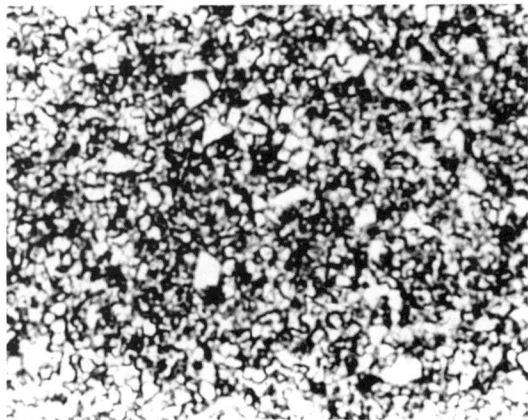

图 7-1-38 1500×

图 号：7-1-39

材料名称：TiC -TaC 硬质合金［w（TiC -TaC）12%，w（Co）14%，其余为 WC］

浸 蚀 剂：①新配 20%铁氰化钾和 20%氢氧化钾水溶液与②饱和的氯化高铁盐酸溶液联合浸蚀

处理情况：压制、烧结

组织说明：大小白色颗粒均为 WC 相，深色为以 Co 为基的粘接相。WC 相晶粒大部分细小，仅为 1~2μm。

在此试样中未明显观察到复式碳化物，实际上它已与 WC 相形成复杂碳化物，从而细化了 WC 相，提高了合金的硬度。这样的合金与 YT15 相比，晶粒要细小。

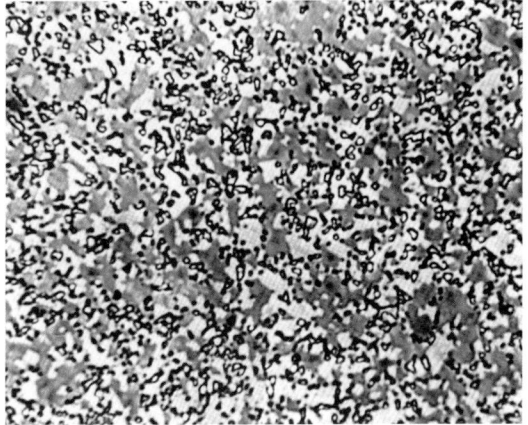

图 7-1-39 1500×

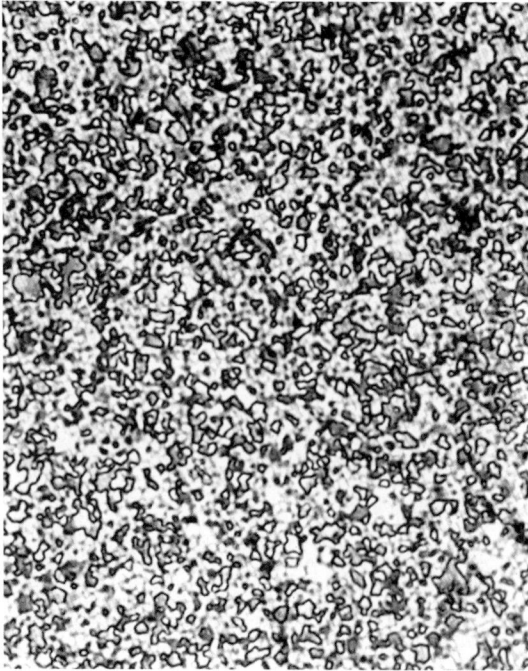

图 7-1-40   1500×

图　　号：7-1-40

材料名称：YT+ TaC-NbC 硬质合金

浸 蚀 剂：①新配 20%铁氰化钾和 20%氢氧化钾水
　　　　溶液与②饱和的氯化高铁盐酸溶液联合浸蚀

处理情况：压制、烧结

组织说明：白色颗粒均为 WC（α）相，灰色圆形为
　　　　TiC-WC（γ）相，不规则形状为 TiTaNb 互溶之复
　　　　式碳化物，深色粘结相则为以 Co 为主的（β）相。

　　　　加入复式碳化物元素后，使其烧结温度提高，
　　　　同时细化晶粒 ，组织弥散并提高了硬度。

　　　　目前采用加合金的方法来改善硬质合金的切
　　　　削性能是一种新的途径，以适应新的发展需要。

图　　号：7-1-41

材料名称：YT+ TaC-NbC 硬质合金

浸 蚀 剂：①新配 20%铁氰化钾和 20%氢氧化钾水溶
　　　　液与②饱和的氯化高铁盐酸溶液联合浸蚀

处理情况：压制、烧结

组织说明：图中可以观察到：由于复式碳化物易着色，
　　　　所以显得其色彩较深；基体仍以 TiC-WC（γ）相
　　　　及 WC（α）相为主，即灰色及白色者；深色粘结
　　　　相以 Co 相（β）已被其他相所混淆。此种合金硬
　　　　度很高，可以应用于制造高速切削刀具。

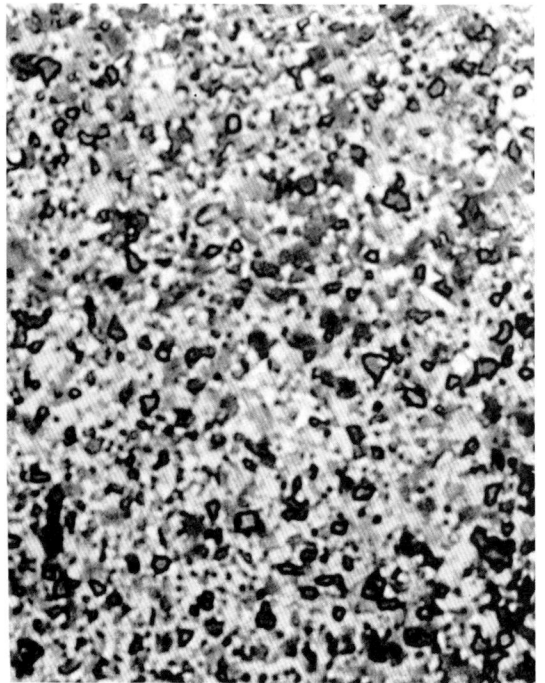

图 7-1-41   1500×

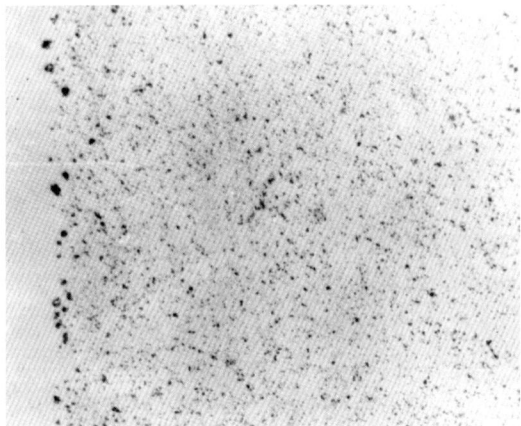

图　7-1-42　　　　　　　　　　　　　100×

图　　号：7-1-42

材料名称：YG6 硬质合金

浸 蚀 剂：新配 20%铁氰化钾和 20%氢氧化钾水溶
液，浅浸蚀 5s

处理情况：压制、烧结

组织说明：试样中出现大面积点状 η 相，这种 η 相
在显微镜视场中呈红褐色，其化学式为 W_4Co_2C、
W_3Co_3C，为一种贫碳或称为脱碳相，性脆且硬，
影响硬质合金的性能。

　　　此种 η 相形成原因：密封袋装 W 粉裸露于空
气中，或开启后未及时封好留存，W 粉搁置长期
后再用，烧结后即产生。

图　　号：7-1-43

材料名称：YG6 硬质合金

浸 蚀 剂：新配 20%铁氰化钾和 20%氢氧化钾水溶
液，浅浸蚀 5s

处理情况：压制、烧结

组织说明：此为图 7-1-42 中组织放大后情况，η 相
的形状呈无规则状，可知其 W 粉已过度氧化，后
道工艺则已无法挽救。

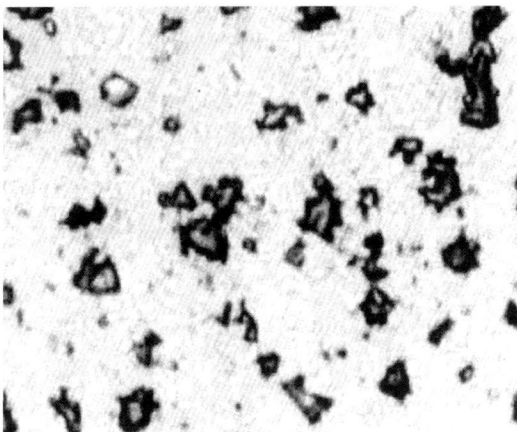

图　7-1-43　　　　　　　　　　　　　500×

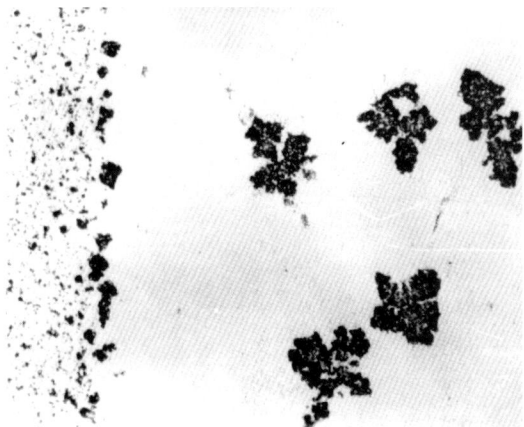

图　7-1-44　　　　　　　　　　　　　200×

图　　号：7-1-44

材料名称：YG6 硬质合金

浸 蚀 剂：新配 20%铁氰化钾和 20%氢氧化钾水溶
液，浅浸蚀 5s

处理情况：压制、烧结

组织说明：图中出现两部分 η 相：密布点状 η 相出
现在零件的表面，这是由于 W 粉已全部氧化；稍
向里 W 粉局部氧化，使 η 呈深色汉字状分布。这
是烧结硬质合金零件中常出现的一种现象。

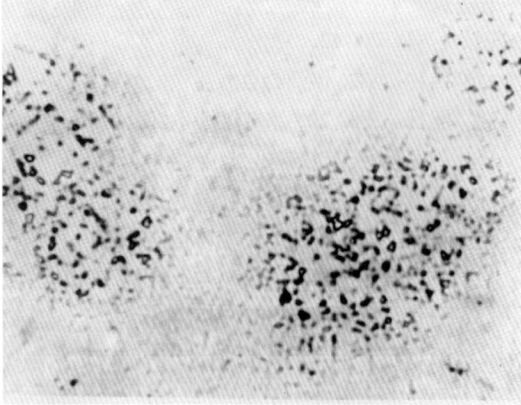

图　　号：7-1-45

材料名称：YG8 硬质合金

浸 蚀 剂：新配 20%铁氰化钾和 20%氢氧化钾水溶液，浅浸蚀 5s

处理情况：压制、烧结

组织说明：显微 η 相。在显微镜 1500 倍下观察组织时，经常出现一个区域、一个区域的成堆密集分布的 η 相。这种 η 相夹杂在正常的组织中，其色彩呈红褐色，这是由于制品在混粉时，含碳量未达到规定要求，而出现的局部脱碳现象。用试剂浅浸蚀时（数秒）即呈现红色。此 η 相性脆又硬，使用时刀片易产生崩落。

图　　7-1-45　　　　　1500×

图　　号：7-1-46

材料名称：YG8 硬质合金刀片

浸 蚀 剂：新配 20%铁氰化钾和 20%氢氧化钾水溶液，浅浸蚀 5s

处理情况：压制、烧结

组织说明：颇多小块 η 相分布在抛光面上，呈现红褐色彩。此系原始 W 粉已氧化，经混粉时碳含量配比未达到规定要求，烧结时将出现 η 相。

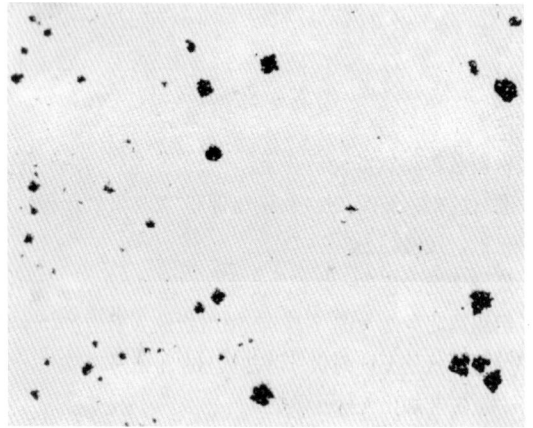

图　　7-1-46　　　　　100×

图　　号：7-1-47

材料名称：YG8 硬质合金刀片

浸 蚀 剂：新配 20%铁氰化钾和 20%氢氧化钾水溶液，浅浸蚀 5s

处理情况：压制、烧结

组织说明：图 7-1-47 中一个区域中的 η 相，放大 1500 倍观察，η 相形如卷帕状。可知这种缺陷已较严重，而且后续工艺无法改变原始 W 粉的氧化状况。

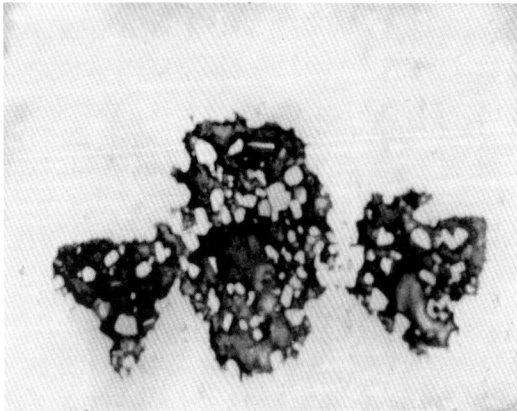

图　　7-1-47　　　　　1500×

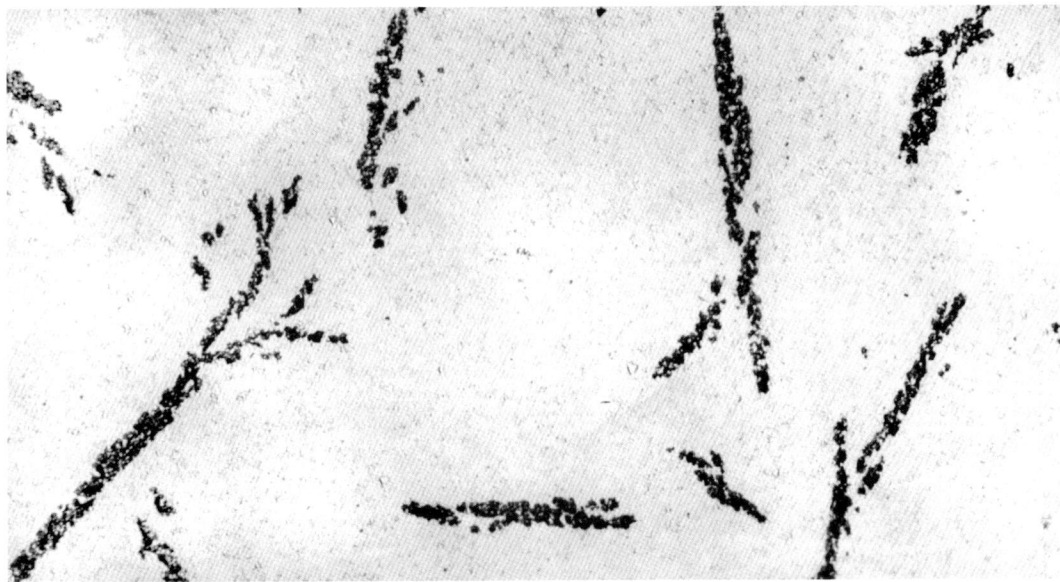

图　　7-1-48　　　　　　　　　　　　　　　　　　　　　　　　　　　500×
图　　号：7-1-48　　　　　　　　　　　　　　　　材料名称：YG8 硬质合金刀片
浸 蚀 剂：新配 20%铁氰化钾和 20%氢氧化钾水溶液，浅浸蚀 5s　　处理情况：压制、烧结
组织说明：大量长条形 η 相，表明原始 W 粉已经氧化严重，混粉、烧结时缺碳严重，以致形成这种严重的
　　　　　η 相缺陷，已属报废之列。

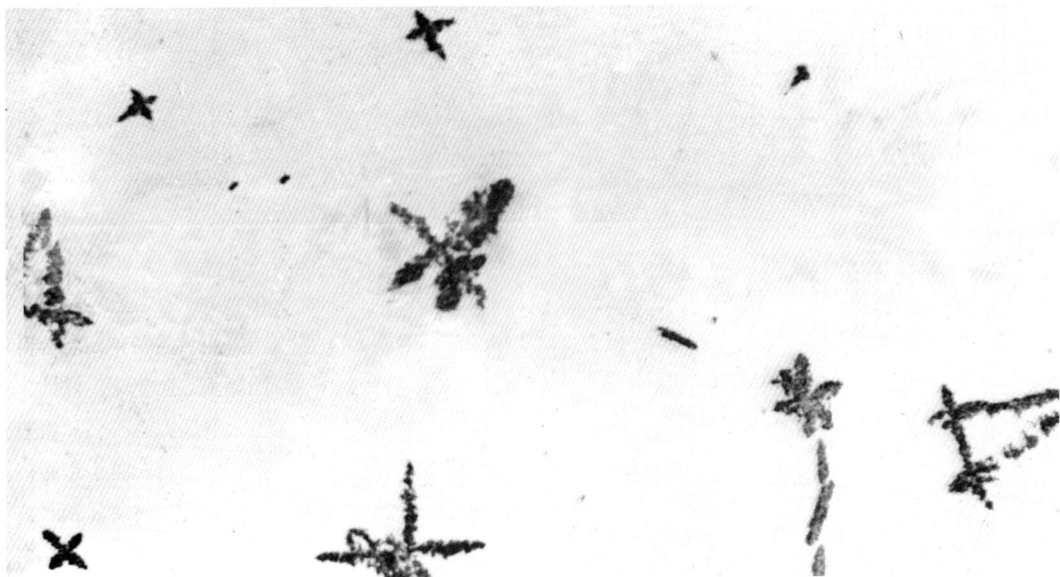

图　　7-1-49　　　　　　　　　　　　　　　　　　　　　　　　　　　400×
图　　号：7-1-49　　　　　　　　　　　　　　　　材料名称：YG8 硬质合金刀片
浸 蚀 剂：新配 20%铁氰化钾和 20%氢氧化钾水溶液，浅浸蚀 5s　　处理情况：压制、烧结
组织说明：条形及星形 η 相。由于大量大型 η 相缺陷出现在产品中，已成为废品。后续工艺无法挽救
　　　　　与改变。

图　7-1-50　　　　　　　　　　1500×

图　　号：7-1-50

材料名称：YG8 硬质合金刀片

浸 蚀 剂：①新配 20%铁氰化钾和 20%氢氧化钾水溶
　　　　　液与②饱和的氯化高铁盐酸溶液联合浸蚀

处理情况：压制、烧结

组织说明：白色大小几何形状为 WC（α）相，深
　　　　　色为粘接（β）Co 相。WC（α）相晶粒一般为
　　　　　1～2μm；大的晶粒已达 8～10μm，已占视场约
　　　　　一半面积。由于 α 相普遍长大，其晶粒等级已无
　　　　　法评定。

　　　　　硬质合金中出现这种粗大晶粒，其原因是由
　　　　　于该制品在烧结时超过正常温度和保温时间，导
　　　　　致原先较大 WC 晶粒聚集和长大，影响使用性能，
　　　　　成为废品。

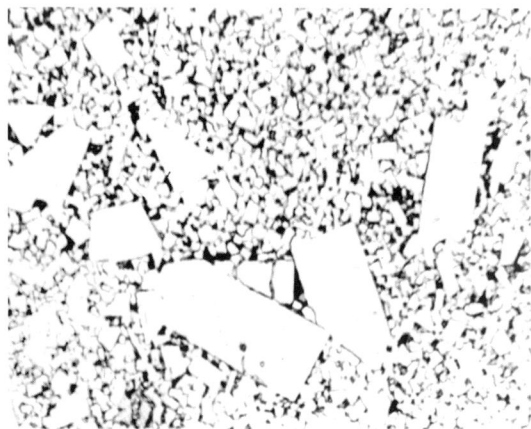

图　7-1-51　　　　　　　　　　1500×

图　　号：7-1-51

材料名称：YG6 硬质合金刀片

浸 蚀 剂：①新配 20%铁氰化钾和 20%氢氧化钾水
　　　　　溶液与②饱和的氯化高铁盐酸溶液联合浸蚀

处理情况：压制、烧结

组织说明：组织基本同图 7-1-50 所示。WC（α）相
　　　　　粗大晶粒聚集（堆积）更甚，此产品若投入实际使
　　　　　用，将引起刀具崩落失效，应属于废品。

图　7-1-52　　　　　　　　　　1500×

图　　号：7-1-52

材料名称：YG8 硬质合金

浸 蚀 剂：①新配 20%铁氰化钾和 20%氢氧化钾水
　　　　　溶液与②饱和的氯化高铁盐酸溶液联合浸蚀

处理情况：压制、烧结

组织说明：合金已是一种废品。因为烧结炉炉温失
　　　　　控，致其 WC 相晶粒严重长大与堆积，大晶粒已
　　　　　超过 10μm，占据大部分视场。

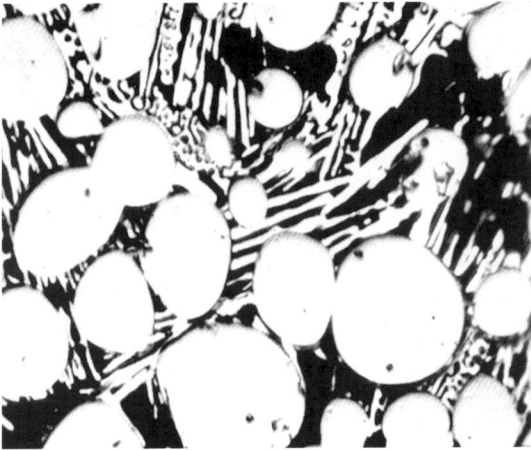

图　7-1-53　　　　　　　　　　1500×

图　　　号：7-1-53
材料名称：TiC-高速钢钢结硬质合金
浸 蚀 剂：4%硝酸酒精溶液
处理情况：压制、烧结
组织说明：硬质相大小不等的白色圆颗粒为 TiC 相；
　　　　　粘结相为高速钢粉末，黑色为珠光体，形如共晶
　　　　　碳化物（长条）者为高速钢组织。这是早期研制
　　　　　的一个钢结硬质合金产品。由此确定，钢结合金
　　　　　能用高速钢与 TiC 烧结成合金，而且其组织分布
　　　　　较均匀，宏观硬度亦较高且均匀。

图　　　号：7-1-54
材料名称：TiC-铬钼钢钢结硬质合金
浸 蚀 剂：4%硝酸酒精溶液
处理情况：压制、烧结
组织说明：白色大小圆颗粒为 TiC 相；深色为钢结部
　　　　　分组织——马氏体。
　　　　　由图可知，合金 TiC 骨架部分及基体钢结部分
　　　　组织均分布均匀。基体钢结部分含碳较高，烧结冷
　　　　却时得到马氏体组织。
　　　　　这种合金对制作模具，进行热处理及少切削是
　　　　十分有利的。
　　　　　现在许多生产厂都应用此种合金制作模具。

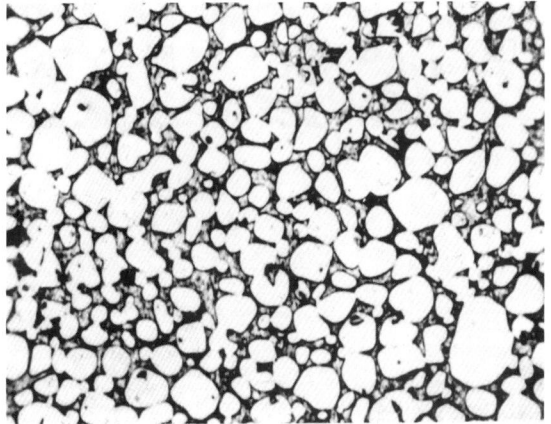

图　7-1-54　　　　　　　　　　1000×

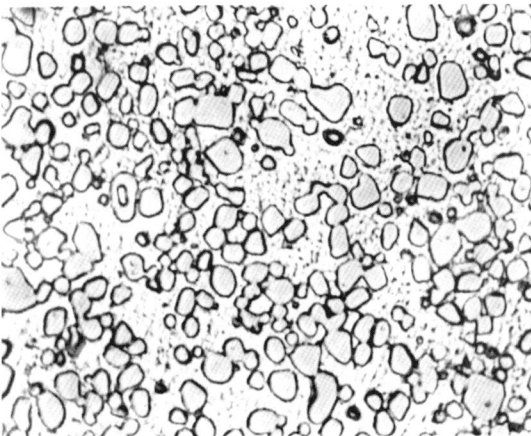

图　7-1-55　　　　　　　　　　800×

图　　　号：7-1-55
材料名称：TiC-铬钼钢钢结硬质合金
浸 蚀 剂：4%硝酸酒精溶液
处理情况：压制、烧结、调质处理
组织说明：灰白色圆颗粒为 TiC 相；钢结部分呈点
　　　　　状分布为回火索氏体，组织不甚均匀，有少部分
　　　　　区域 TiC 颗粒几乎空白。
　　　　　该合金经过淬火并高温回火，由马氏体转变
　　　　成回火索氏体。这样即能适应少量切削加工，随
　　　　着刀具钢的回火组织被切削下来，TiC 也跟着被
　　　　粘着下来，这就是钢结合金的特点。

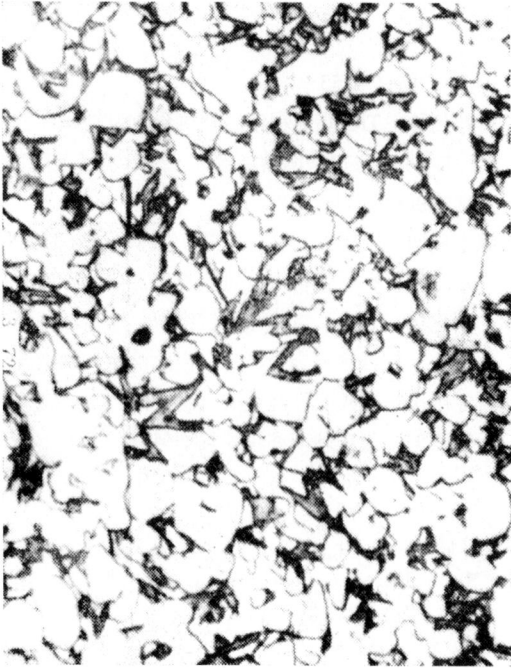

图　　号：7-1-56

材料名称：TiC-铬钼钢钢结硬质合金

浸　蚀　剂：3%硝酸酒精溶液

处理情况：烧结、退火后，1230℃加热保温油淬

组织说明：显微组织为大、小圆颗粒之 TiC 相及明显的针状马氏体、小颗粒状碳化物。

此材料经回火后，使用性能良好。

图中可以看出，TiC 作为硬质部分与钢结部分两种组织均匀度达到了较佳的配合；又经过适当的热处理加以补尝，应该认为是一种工艺性较完善的材料，故在重要（包括中、小型）模具方面已广泛应用，而且使用性能好，寿命长。

图　7-1-56　　　　　　　　　　1000×

图　　号：7-1-57

材料名称：TiC-铬钼钢钢结硬质合金 [w（TiC）33%，w（石墨）0.5%，w（Cr）1.8%，其余为 Fe]

浸　蚀　剂：3%硝酸酒精溶液

处理情况：烧结后 1000℃加热保温淬火

组织说明：显微组织为 TiC 相和较粗针状马氏体、残留奥氏体及小颗粒状碳化物。

此材料经回火处理后，其使用效果较优良。

此材料钢结部分虽然粗些，但经热处理充分回火，其使用效果仍能符合要求。

图　7-1-57　　　　　　　　　　1500×

图　　号：7-1-58

材料名称：WC-合金钢钢结硬质合金

浸 蚀 剂：3%硝酸酒精溶液

处理情况：烧结、淬火后高温回火

组织说明：显微组织白色几何形状为 WC 相；深色
钢结部分为回火索氏体及小颗粒碳化物。

显微组织中的呈几何形状为 WC 相，该材料也
有一定的使用效果。这种材料既可作切削加工刀
具之用，也可作一般的模具之用。

图　　7-1-58　　　　　　　　　　　1500×

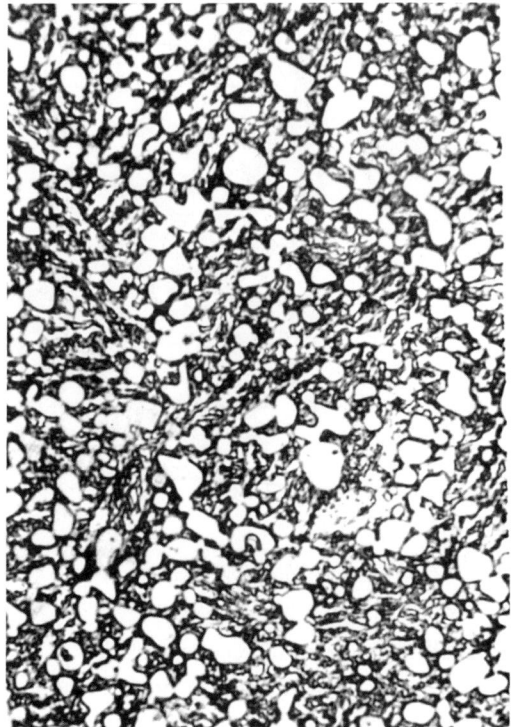

图　　号：7-1-59

材料名称：TiC-钢结硬质合金

浸 蚀 剂：4%硝酸酒精溶液

处理情况：压制、烧结

组织说明：较大圆形颗粒为 TiC 相，黑色为细珠光体、
小颗粒状碳化物以及呈铸态柱状分布的铁素体。此
试样组织分布尚属均匀，属软基体上布有硬质点的
基体组织。合金可根据使用需要，作适当的热处理。

图　　7-1-59　　　　　　　　　　　1000×

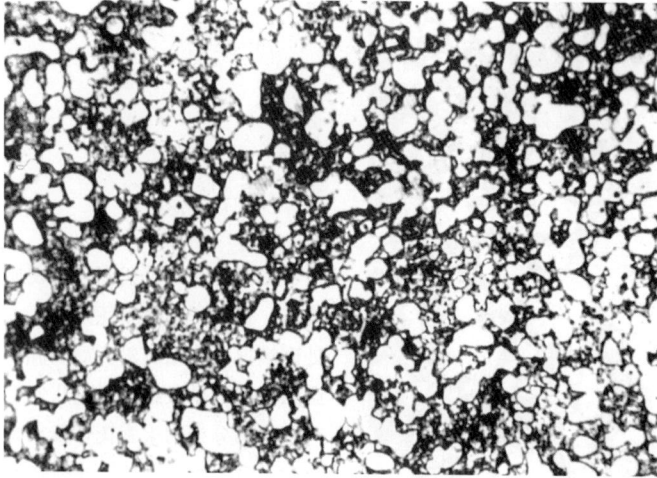

图　7-1-60　　　　　　　　　　　　　　　1000×

图　　　号：7-1-60

材料名称：TiC-钢结硬质合金

浸　蚀　剂：4%硝酸酒精溶液

处理情况：烧结后退火

组织说明：白色圆形等颗粒为 TiC 相及球粒状珠光体与小颗粒碳化物。组织分布尚属均匀。

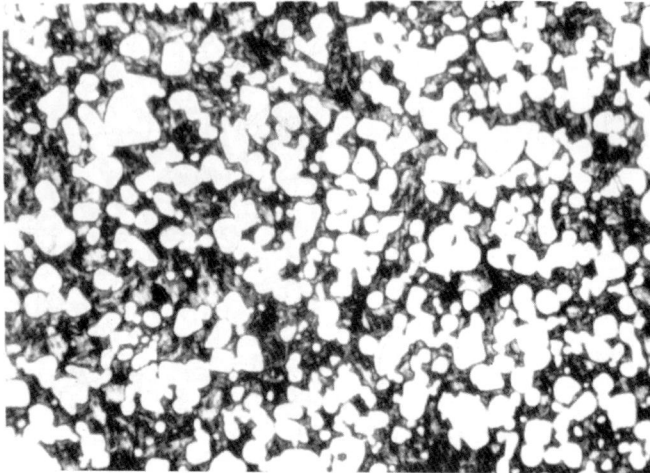

图　7-1-61　　　　　　　　　　　　　　　1000×

图　　　号：7-1-61

材料名称：TiC-钢结硬质合金

浸　蚀　剂：4%硝酸酒精溶液

处理情况：烧结、退火，再淬火回火

组织说明：白色较大颗粒为 TiC 相，黑色为回火马氏体，马氏体针叶稍粗。白色 TiC 颗粒与钢基体部
　　　　分组织基本均匀。

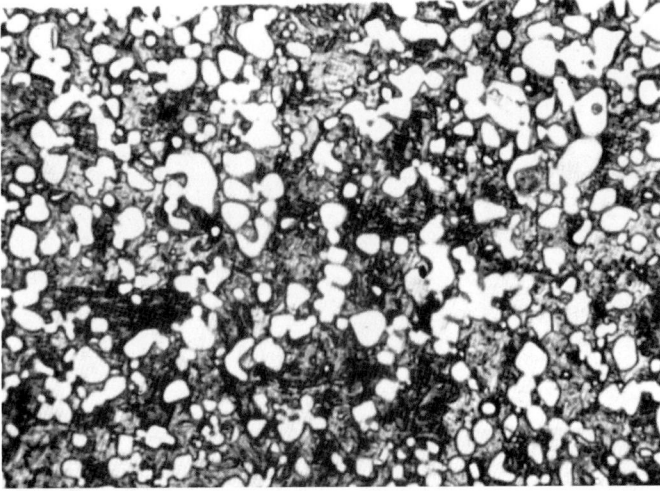

图　7-1-62　　　　　　　　　　　　　　　　　　1000×

图　　号：7-1-62　　　　　　　　　　材料名称：TiC-钢结硬质合金
浸 蚀 剂：4%硝酸酒精溶液　　　　　　处理情况：淬火、回火
组织说明：钢基体组织为回火马氏体及小颗粒状碳化物；TiC 呈白色圆粒状。圆颗粒大小差别较大，并
　　有一些堆积现象。

　　钢结硬质合金与 YG、YT 硬质合金不同之处是可以进行热处理，同时可以根据工件硬度高低的要
　　求，利用调整热处理工艺来达到使用的要求。

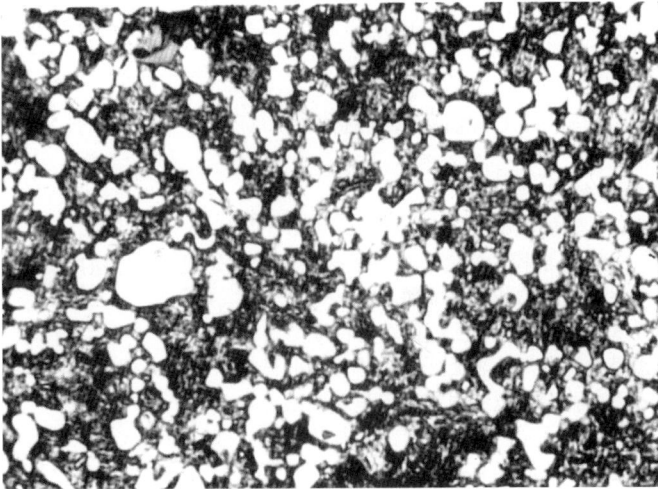

图　7-1-63　　　　　　　　　　　　　　　　　　1000×

图　　号：7-1-63　　　　　　　　　　材料名称：TiC-钢结硬质合金
浸 蚀 剂：4%硝酸酒精溶液　　　　　　处理情况：高温加热淬火，525℃回火处理
组织说明：钢基体部分为回火索氏体及小颗粒状碳化物；白色圆颗粒为 TiC 相。TiC 颗粒有堆积趋势，
　　组织分布基本均匀。钢结硬质合金利用不同的热处理工艺，可以使基体得到不同的硬度，以满足使用
　　的要求，这就是钢结硬质合金的特殊性能。

图　7-1-64　　　　　　　　　　　　　实物

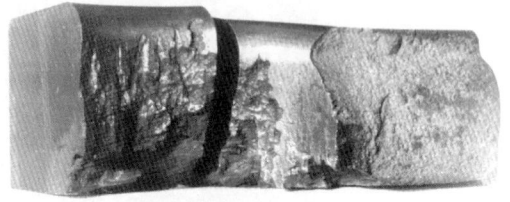

图　7-1-65　　　　　　　　　　　　3.3×

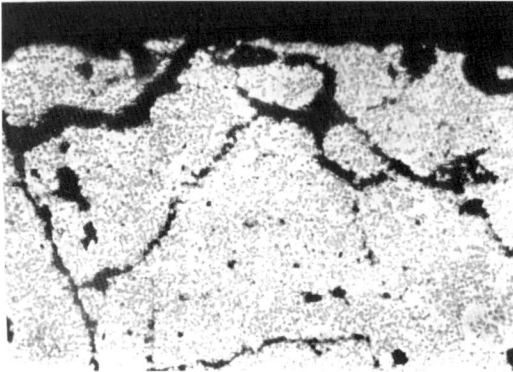

图　7-1-66　　　　　　　　　　　100×

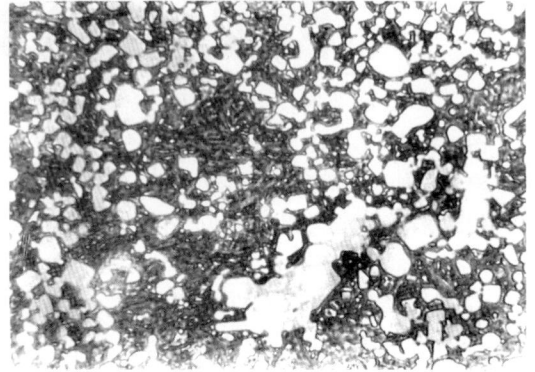

图　7-1-67　　　　　　　　　　1000×

图　　号：7-1-64~7-1-67

材料名称：TiC-钢结硬质合金 [w（C）0.4%，w（Mo）4%，w（Cr）4%，w（Ni）0.8%，w（Cu）0.5%，其余为 Fe 粉]

浸　蚀　剂：4%硝酸酒精溶液

处理情况：压制、烧结后，经加热 1025℃油冷淬火，520℃保温 1h 回火两次。

组织说明：图 7-1-64：M16 冷镦模中间套，按以上热处理工艺处理，经冷镦冲压 22 万次运行后，中间套发生开裂，图为沿横截面裂断的断口实物照片。

　　　图 7-1-65：冷镦模中间套内孔表面严重剥落特征。

　　　图 7-1-66：冷镦模中间套内孔表面严重剥落处切取试样，观察金相裂纹沿网状扩展，出现凹坑和不规则粗大网状裂纹，近内孔表面裂纹粗大，向里逐渐细小。

　　　图 7-1-67：试样经浸蚀后显示其显微组织，基体（钢）部分为回火针状马氏体及残留奥氏体和小颗粒状碳化物，并出现无 TiC 颗粒的粘结相（基体）区域；TiC（白色）大部分呈较小圆颗状，但出现数堆颇多颗 TiC 颗粒相聚与堆积现象，并有颇多不呈圆形 TiC 颗粒相聚特征，这是由于钢基碳和合金（部分 Cr、Mo）元素量较高形成碳化物 TiC 析出所致。

　　　由以上情况可知，此模具失效断裂有以下几种原因：①混粉工艺不良，造成组织分布不均匀，得到的是一种缺陷组织，故其性能差，易剥落；②热处理不完善，淬火后未充分回火，组织应力大，脆性也大，因脆性而剥落；③钢粉部分的碳化物元素，如 Cr、Mo 含量过高，淬火后使残留奥氏体增多且不稳定，不易获得良好的回火组织。鉴于中间套内应力较大，导致模具内孔表面受张应力后容易发生网状裂纹并发生剥落，造成模具早期失效。

金 相 图 片

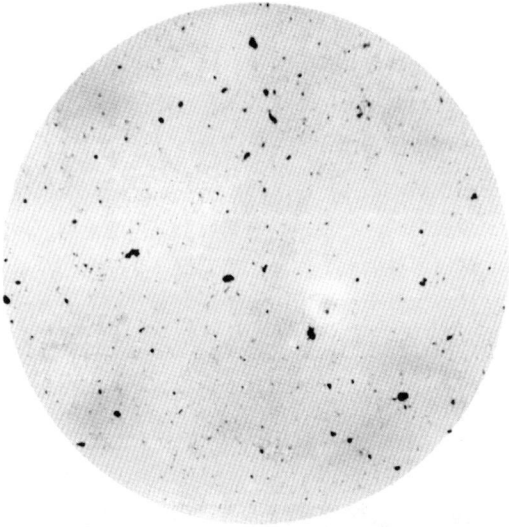

图　7-2-1　　　　　　　　　　100×

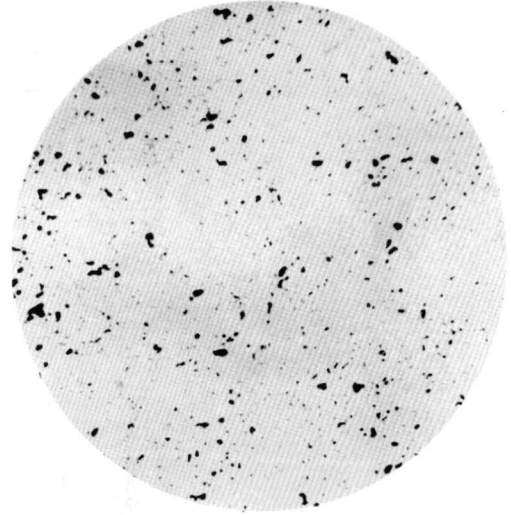

图　7-2-2　　　　　　　　　　100×

图　7-2-3　　　　　　　　　　100×

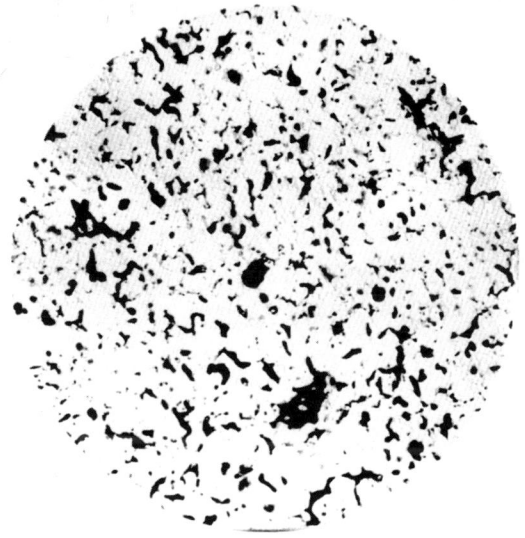

图　7-2-4　　　　　　　　　　100×

图　　号：7-2-1~7-2-4　　　　　　　　**材料名称**：铁基粉末冶金材料

浸蚀剂：未浸蚀　　　　　　　　　　　　**处理情况**：烧结

组织说明：用粉末冶金方法，以铁粉为主加入一定量石墨，经混粉压制、高温烧结成的铁基制品（或零件）都存在一定的孔隙，它是由液相、固相烧结冷却时收缩而产生孔隙的形态，其数量及其大小、分布则由对制品的要求而定。一般少量孔隙均呈点状形态，孔中无异物，显微镜下呈黑色；若多量的孔隙，除点状孔外，还出现不规则孔，或与非化合碳——石墨夹杂相连。图 7-2-1：黑色点状为孔隙，分布均匀，含量不高，其面积约占 0.6%。此种孔隙含量适合具有较高强度要求的粉末冶金零件。

图 7-2-2：相对图 7-2-1，其孔隙含量相应增加，但分布均匀，属一般粉末冶金产品。

图 7-2-3、图 7-2-4：多孔性铁基粉末冶金产品，其孔隙一般都相互连通，呈不规则形状，属含油轴承等类零件。

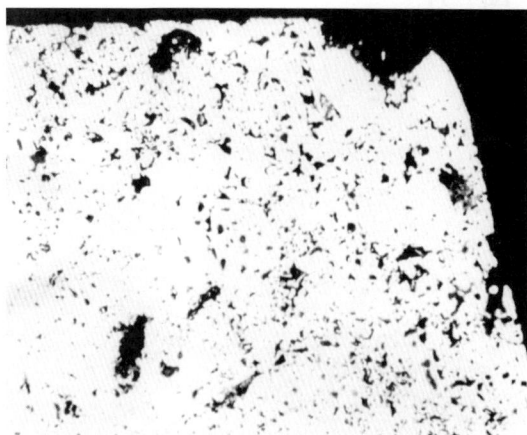

图　　号：7-2-5
材料名称：铁基粉末冶金材料
浸蚀剂：未浸蚀
处理情况：烧结
组织说明：图为一零件表面右角上出现多孔隙形态，最表层凹坑严重，影响其质量。仔细检测，该区域属零件的非工作面，故保留着此形态。在某种情况下，工作面上出现此种形态，将大大降低其使用性能，制品一般表面孔隙均多于材料内部，这与烧结冷却时表面易收缩有关。所以制品的表面由于孔隙多，其密度相对内部为低。

图　7-2-5　　　　　　　100×

图　　号：7-2-6
材料名称：铁基粉末冶金材料
浸蚀剂：未浸蚀
处理情况：烧结
组织说明：在零件 R 圆角处表面出现孔隙较多，且有多孔趋势，虽然 R 圆角部分比较光滑，仍因强度要求较高，故属不良形态。因此粉末冶金制品或零件取样位置很重要。一般的位置和特殊的位置均需考虑到，以便全面衡量其质量。

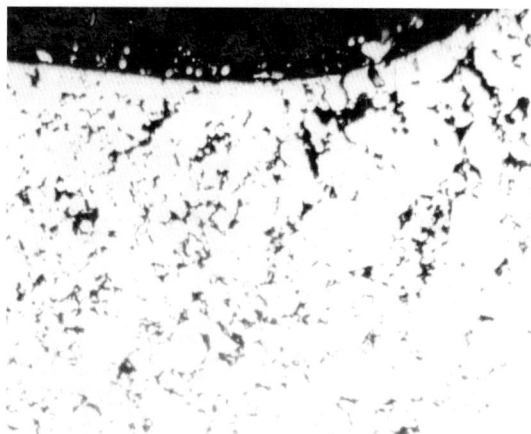

图　7-2-6　　　　　　　100×

图　7-2-7　　　　　　　100×

图　　号：7-2-7
材料名称：铁基粉末冶金材料
浸蚀剂：未浸蚀
处理情况：烧结
组织说明：为零件表面孔隙多、夹杂物多形态。这种形态实属不良，它将对工件的使用带来较大影响。粉末冶金材料是由混粉、压制、烧结而成。由于粉末本身不够纯，夹杂物有一定含量，其表面又因冷却过快致工件收缩严重，因此粉末冶金材料其表面质量一般低于内部。

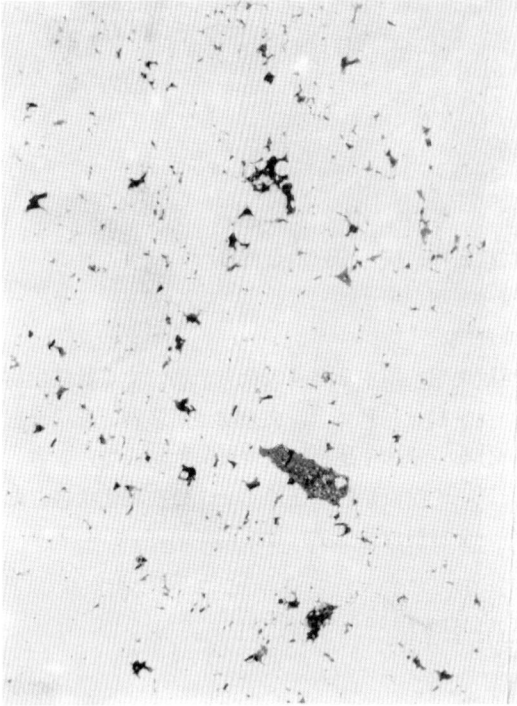

图　7-2-8　　　　　　　　　　　　100×

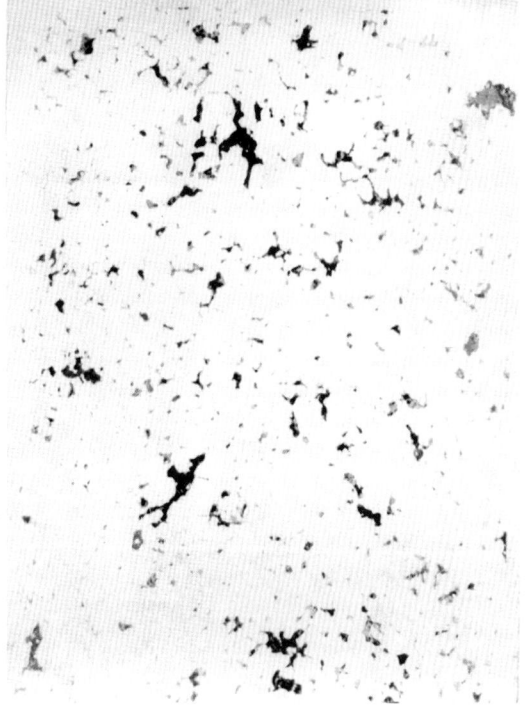

图　7-2-9　　　　　　　　　　　　100×

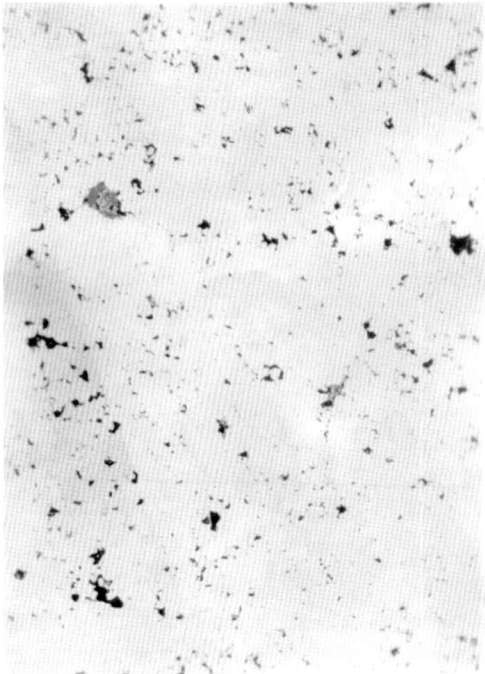

图　7-2-10　　　　　　　　　　　100×

图　号: 7-2-8～7-2-10

材料名称: 铁基粉末冶金材料

浸　蚀　剂: 未浸蚀

处理情况: 烧结

组织说明: 图 7-2-8~图 7-2-10 为粉末冶金抛光态试样上灰色不规则石墨形态与少量黑色孔隙形态共存的情况。灰色游离石墨未形成化合碳（即珠光体或碳化物），由于石墨性既脆又软,它与孔隙一样削弱了基体力学性能,因而使制品的强度明显下降。

一般粉末冶金基体中以孔隙为主,常混有游离石墨,但其含量不多,故可视作为孔隙来评定。粉末冶金制品中出现有游离石墨,是由于混粉不均匀所造成,它常呈浅灰色点状、块状、分叉状和虎皮状分布,在抛光时应防止它被拉曳或污染,以免影响其评定,少量石墨可在制品中起润滑作用。

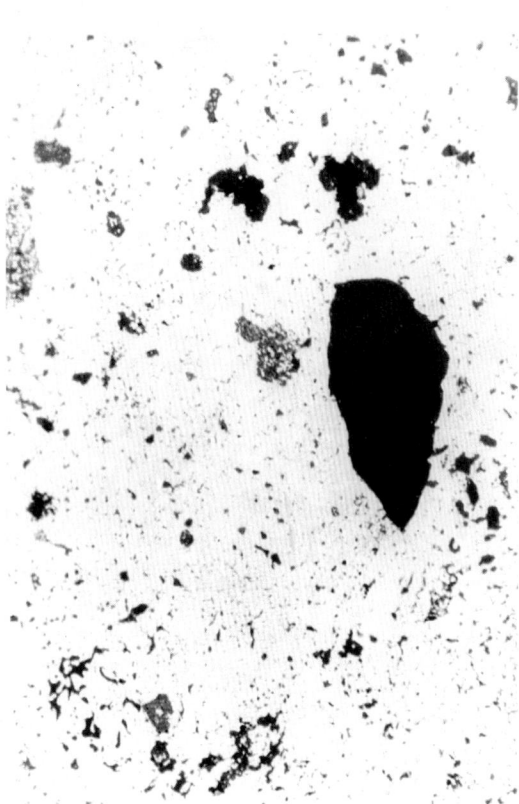

图　7-2-11　　　　　　　　100×

图　　号：7-2-11
材料名称：铁基粉末冶金材料
浸　蚀　剂：未浸蚀
处理情况：烧结
组织说明：图中分布着大量夹杂物，小点状氧化物
　　　　几乎密布在基体上，夹杂物是网络状、条状形态
　　　　分布，基体中还出现大块深灰色复杂型夹杂物。
　　　　　　说明原始粉末还原不良，处在脏化状态，此
　　　　合金材料质量低劣，故性能亦低。

图　　号：7-2-12
材料名称：铁基粉末冶金材料
浸　蚀　剂：未浸蚀
处理情况：烧结
组织说明：基体中除存在大块状夹杂物外，还有颇
　　　　多孔隙和夹杂物，使制品质量低劣，性能极差。
　　　　采用不纯粉末压制、烧结成形的粉末冶金产品，
　　　　既浪费材料、浪费工时，又不能使制品满足正常
　　　　使用，所以必须预先检查其金相各个项目，以防
　　　　止这类产品投入使用。

图　7-2-12　　　　　　　　100×

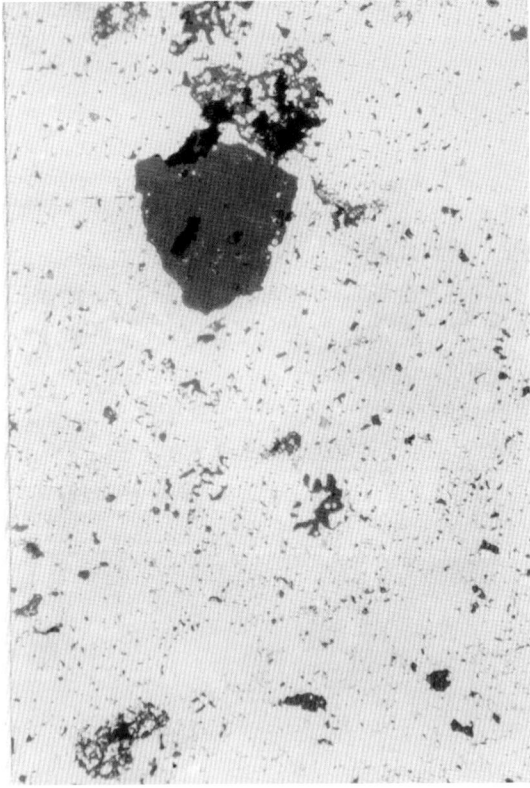

图　7-2-13　　　　　　　　　　100×

图　7-2-14　　　　　　　　　　100×

图　　号：7-2-13、7-2-14

材料名称：铁基粉末冶金材料

浸 蚀 剂：未浸蚀

处理情况：混粉、压制、烧结

组织说明：图 7-2-13：基体中灰色大块为复杂型夹杂物，另外还有颇多似菜花状分布的氧化物夹杂，以及颇多孔隙和游离石墨。本制品质量低劣。

　　图 7-2-14：大块复杂型氧化物夹杂分布在零件表面的情况，内部基体无这种大块状夹杂物，仅出现小块小点状的形态。如果该零件使用时接触到大块氧化物时，则因其硬且脆，极易剥落下来，对零件的运行造成不利。

　　在抛光面上，出现这样多的大块复杂型氧化物及小点状、块状氧化物夹杂物，可以确定是由于原始粉料不纯所致。粉末的制取：一般是收集大量热加工如锻造时落下的铁鳞，经粉碎后进行球磨，将球磨粉料进行还原即成铁粉，再在铁粉中加入一定量石墨粉及合金粉即为原始粉料。由此可知，铁鳞中夹杂多，或夹杂物类型复杂，一般是无法把它还原成较纯的铁粉的。简单的碳钢的铁鳞，因夹杂单一且含量少，能还原出优质粉末，国内阳泉粉末冶金厂出品的铁粉比较优良。

　　此外，采用矿山铁粉为原料，经粉碎后进行还原，既能保证铁粉质量，原料来源又广。

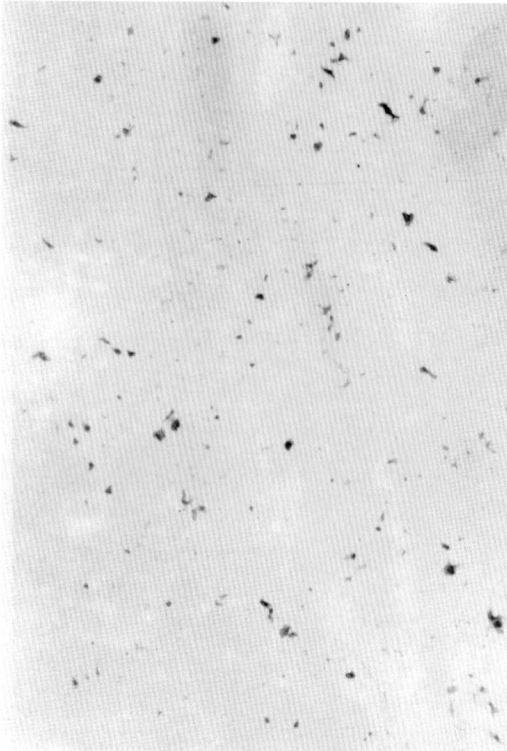

图　　号： 7-2-15

材料名称： 铁基粉末冶金材料

浸 蚀 剂： 未浸蚀

处理情况： 烧结

组织说明： 试样抛光后未浸蚀，孔隙极少，在显微镜放大 100 倍下观察到均匀分布的细小氧化物。由此说明压制、烧结工艺优良，且粉末纯度亦高。

图　7-2-15　　　　　　　　　　100×

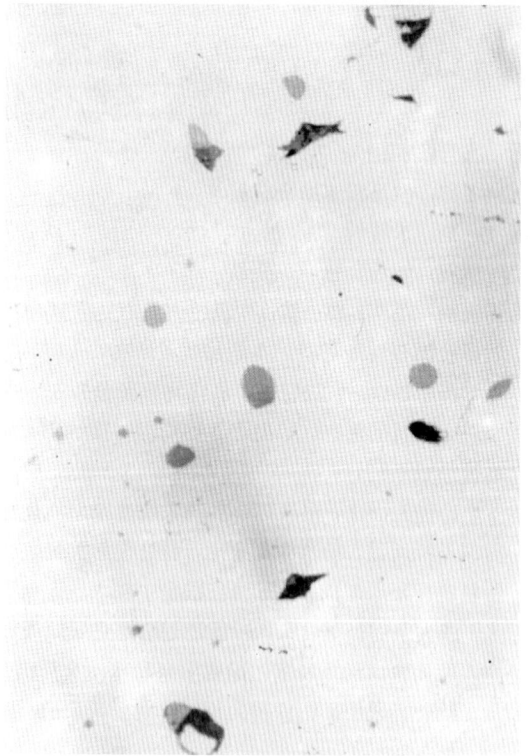

图　　号： 7-2-16

材料名称： 铁基粉末冶金材料

浸 蚀 剂： 未浸蚀

处理情况： 烧结

组织说明： 图 7-2-15 试样局部区域放大 500 倍后的组织，夹杂物有两种形态，深灰色不规则形状为氧化物夹杂物；浅灰色圆形分布的为硫化物夹杂物。这两种夹杂物均为简单型夹杂物。由于还原铁粉纯度高，对混粉、压制、烧结工艺有利，可以制造出优良的粉末冶金制品。

图　7-2-16　　　　　　　　　　100×

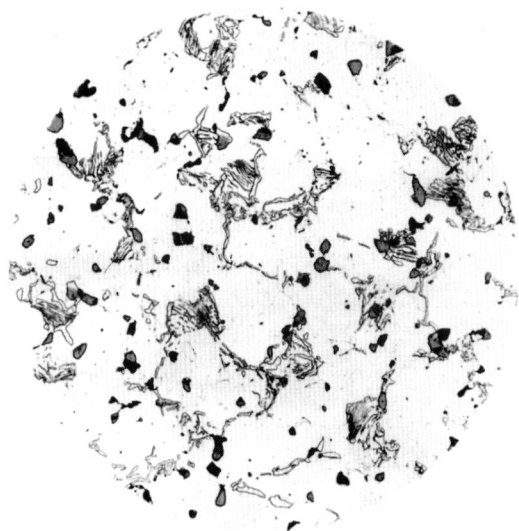

图　　　7-2-17　　　　　　　　　250×

图　　　号：7-2-17
材料名称：铁基粉末冶金材料
浸 蚀 剂：2%硝酸酒精溶液
处理情况：烧结
组织说明：白色基体为铁素体和较粗层状珠光体及
少量渗碳体。黑色不规则状为孔隙，深灰色颗粒
状为氧化物夹杂。
　　此材料组织分布较均匀，试样中夹杂物较多，
但分布均匀、孔隙少，供正常粉末冶金铁基零件
使用。

图　　　号：7-2-18
材料名称：铁基粉末冶金材料
浸 蚀 剂：2%硝酸酒精溶液
处理情况：烧结
组织说明：白色基体为铁素体和较细片状珠光体。
　　此材料中孔隙和氧化物夹杂较少，珠光体量较上
图增加，相对强度有所提高。

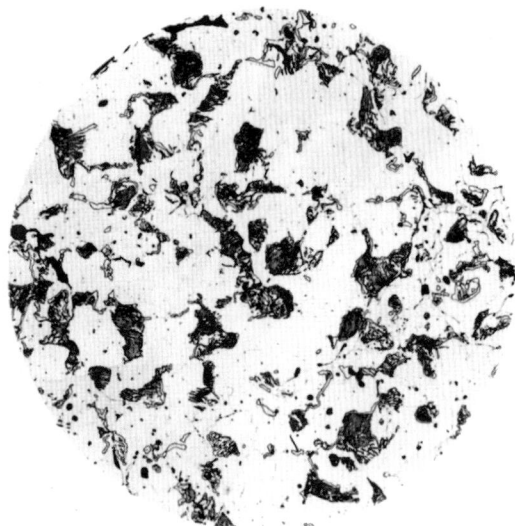

图　　　7-2-18　　　　　　　　　250×

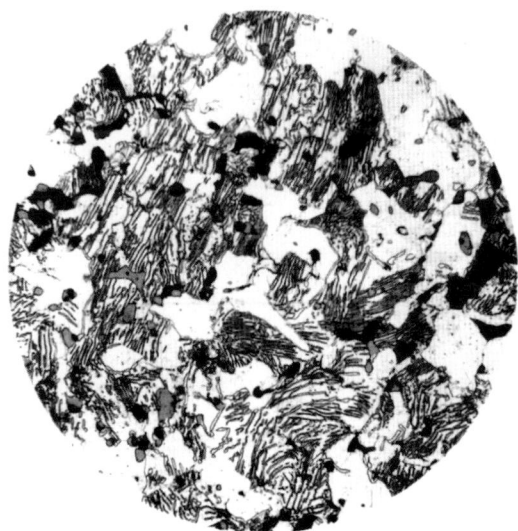

图　　　7-2-19　　　　　　　　　250×

图　　　号：7-2-19
材料名称：铁基粉末冶金材料
浸 蚀 剂：2%硝酸酒精溶液
处理情况：烧结
组织说明：白色基体为铁素体和较粗层状珠光体。
　　其上分布着黑色孔隙及深灰色颗粒氧化物。该材
料珠光体片状较粗且组织均匀，相对韧性较好些，
可供具有综合性能要求的粉末冶金零件使用。

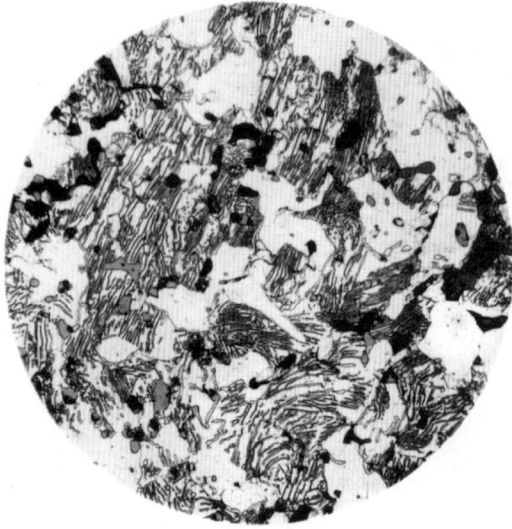

图　7-2-20　　　　　　　　250×

图　7-2-21　　　　　　　　250×

图　　号：7-2-20、7-2-21
材料名称：铁基粉末冶金材料
浸　蚀　剂：2%硝酸酒精溶液
处理情况：烧结
组织说明：图 7-2-20：较粗层状珠光体和少量白色块状铁素体，其上分布着黑色孔隙和颗粒状氧化物夹杂。
　　此图组织类似 45 钢，故其性能与退火 45 钢基本接近。
　　　　图 7-2-21：较粗层状珠光体及少量铁素体，黑色孔隙及氧化物夹杂已被深色组织所掩盖。图中珠光体
　　含量较多、属于共析碳钢组织，硬度和强度较高，此种大量珠光体在铁基粉末冶金零件中是较少出现的。

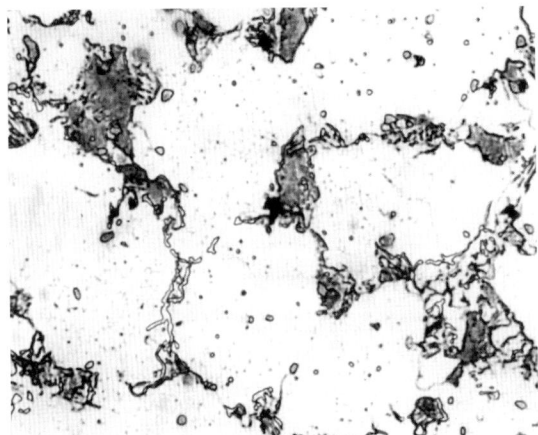

图　　号：7-2-22
材料名称：铁基粉末冶金零件
浸 蚀 剂：4%硝酸酒精溶液
处理情况：烧结
组织说明：基体为铁素体和层状珠光体，在铁素体
　　　　　基体上分布着颗粒状氧化物。孔隙较少，组织分
　　　　　布比较均匀。此种显微组织粉末冶金制品具有一
　　　　　定的强韧性，一般于动载中应用，使用寿命较长。

图　　7-2-22　　　　　　　　　　　250×

图　　号：7-2-23
材料名称：铁基粉末冶金零件
浸 蚀 剂：4%硝酸酒精溶液
处理情况：烧结
组织说明：基体为铁素体和较细珠光体，铁素体基
　　　　　体上分布着较大颗粒状氧化物夹杂，组织分布不
　　　　　如上图均匀，这种粉末冶金产品有一定的强韧性，
　　　　　实际使用较为广泛。

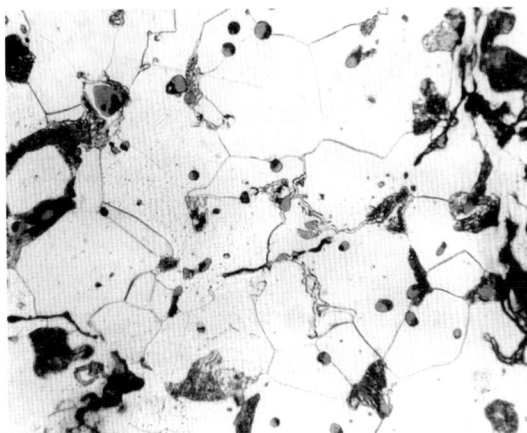

图　　7-2-23　　　　　　　　　　　250×

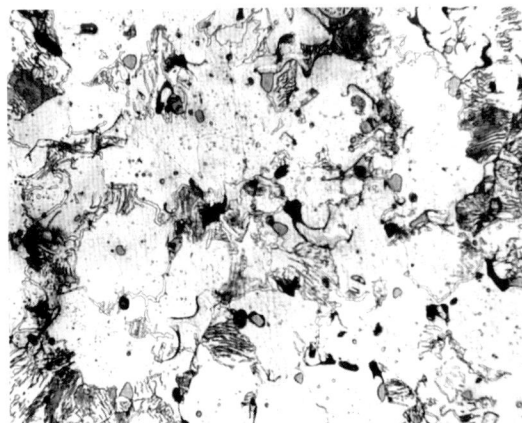

图　　号：7-2-24
材料名称：铁基粉末冶金零件
浸 蚀 剂：4%硝酸酒精溶液
处理情况：烧结
组织说明：除孔隙和点状氧化物夹杂外，组织为铁
　　　　　素体和珠光体，组织分布比较均匀。根据珠光体
　　　　　含量判断已接近 40 钢成分。珠光体较上两图多，
　　　　　含碳量亦稍高。
　　　　　　由于其含碳量稍高，珠光体含量多，因此应
　　　　　用于稍高强度的工件上，效果较显著。

图　　7-2-24　　　　　　　　　　　250×

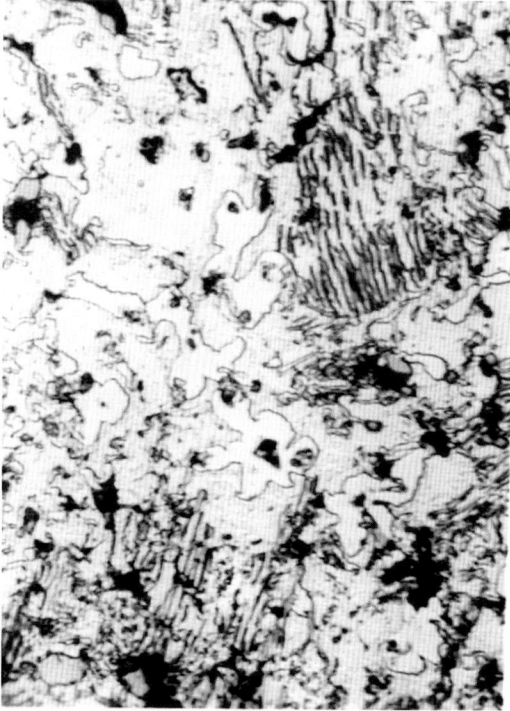

图　7-2-25　　　　　　　　　　250×

图　　号：7-2-25
材料名称：铁基粉末冶金导管
浸 蚀 剂：2%硝酸酒精溶液
处理情况：烧结
组织说明：铁素体为基体和较粗层状珠光体，在铁
　　　　　素体基体上有大块状渗碳体。由此说明烧结后冷
　　　　　却速度过慢，导致大块渗碳体堆积，故其脆性增
　　　　　加，零件质量欠佳。

图　　号：7-2-26
材料名称：铁基粉末冶金转子
浸 蚀 剂：2%硝酸酒精溶液
处理情况：烧结
组织说明：铁素体和珠光体及块状渗碳体，黑色为
　　　　　孔隙或石墨、少量夹杂物。由于材料烧结后冷
　　　　　却速度较慢而获得此种组织，故其脆性大，强
　　　　　韧性差。

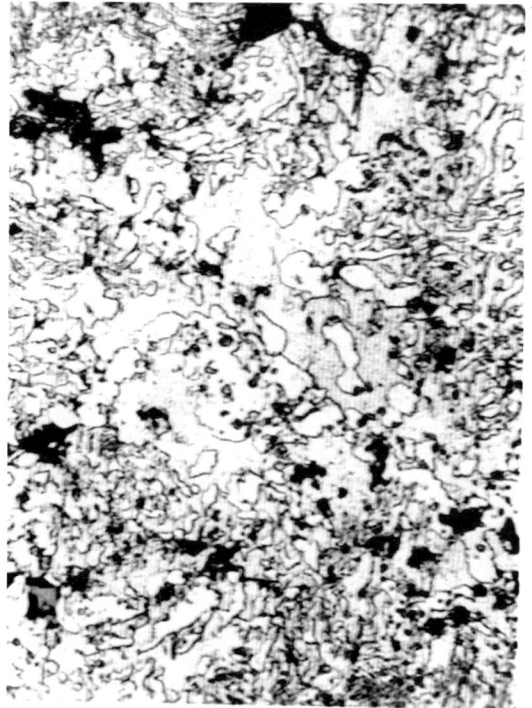

图　7-2-26　　　　　　　　　　250×

图　　号：7-2-27

材料名称：铁基粉末冶金前衬

浸　蚀　剂：3%硝酸酒精溶液

处理情况：压制、烧结

组织说明：基体为铁素体，其次为块状渗碳体，较
　　　　　粗层状珠光体，并有孔隙与点状氧化物夹杂分布
　　　　　在基体上。虽然这种组织不甚理想，但实际使用
　　　　　尚可。在铁素体基体上分布着并呈不大块形态的
　　　　　渗碳体脆性相，这也是一种组织相互搭配形态。

图　　7-2-27　　　　　　　　　　250×

图　　号：7-2-28

材料名称：铁基粉末冶金挺杆导管

浸　蚀　剂：3%硝酸酒精溶液

处理情况：压制、烧结

组织说明：铁素体和中等粗细的层状珠光体及少量
　　　　　小条、块渗碳体。黑色孔隙点状夹杂含量不高，
　　　　　均属分布均匀。此种形态粉末冶金组织的材料投
　　　　　入运行，未发生早期断裂失效。

图　　7-2-28　　　　　　　　　　250×

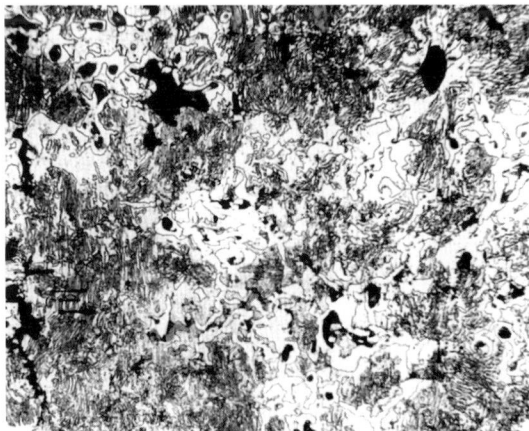

图　　号：7-2-29

材料名称：铁基粉末冶金零件

浸　蚀　剂：3%硝酸酒精溶液

处理情况：混粉、压制、烧结

组织说明：较细层状珠光体和铁素体以及半网状渗
　　　　　碳体。在其基体上分布着孔隙及颗粒状氧化物。
　　　　　该零件使用后解剖，组织形态一般，使用寿命亦
　　　　　一般。

图　　7-2-29　　　　　　　　　　250×

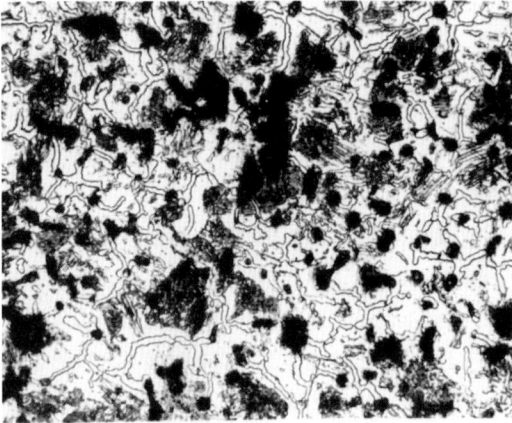

图 7-2-30   250×

图　　号： 7-2-30

材料名称： 铁基粉末冶金气门导管

浸 蚀 剂： 2%硝酸酒精溶液

处理情况： 烧结

组织说明： 基体中除孔隙与夹杂物外，为铁素体、层状珠光体和均匀断开网络分布的渗碳体。此产品有一定的强度，零件装机运行寿命较长。由此可知，在粉末冶金制品中尽管组织中脆性相多，但其分布特征是决定因素，即各相组成与均匀分布是最重要的。由图可见：断网分布渗碳体多，但比较细且较均匀分布于铁素体包围中；珠光体也较细且分布比较均匀，从而提高了制品的使用寿命。

图　　号： 7-2-31

材料名称： 铁基粉末冶金气门导管

浸 蚀 剂： 2%硝酸酒精溶液

处理情况： 烧结

组织说明： 基体中除孔隙与夹杂物外，为以铁素体和少量层状珠光体，并有颇多块状、半网状、条状渗碳体。由于此产品组织分布不合理，渗碳体量多且组织形态分布不良，所以零件脆性大，强度低，装机运行时出现早期断裂

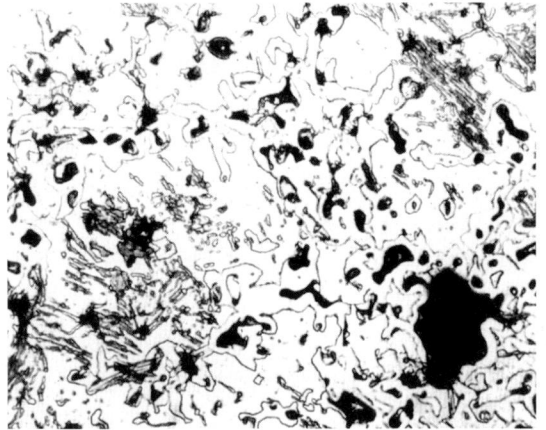

图 7-2-31   250×

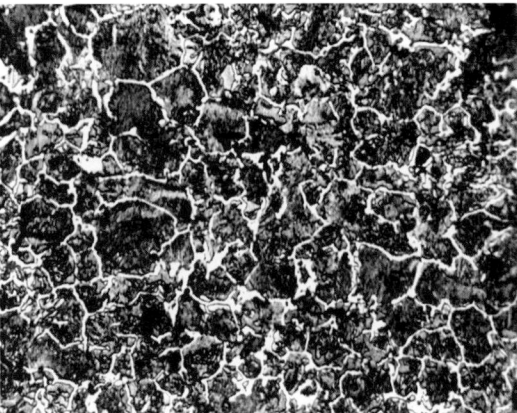

图 7-2-32   250×

图　　号： 7-2-32

材料名称： 铁基粉末冶金零件

浸 蚀 剂： 2%硝酸酒精溶液

处理情况： 烧结

组织说明： 基体中除孔隙与夹杂物外，为细层状珠光体和封闭状细网状渗碳体。

在铁基粉末冶金零件中，得到这种典型的组织比较少见。可以推想合金中含碳量较高，但是混粉、压制、烧结等一系列工艺比较优化，即合金化优良。该材料在使用中性能比较优良。

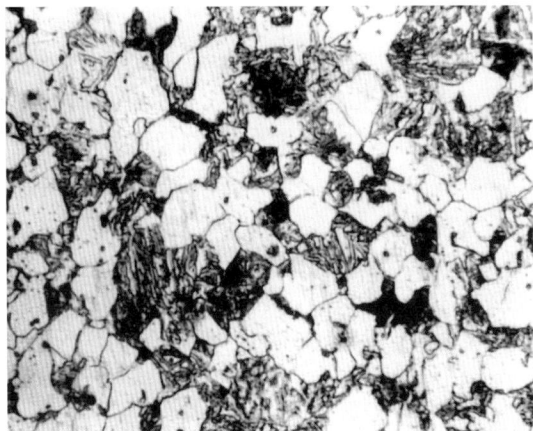

图　　7-2-33　　　　　　　　500×

图　　号： 7-2-33

材料名称： 中高强度粉末冶金材料（预合金粉）[w(C) 0.2%，w(Mn) 0.5%，w(Ni) 0.5%，w(Mo) 0.5%，其余为 Fe]

浸 蚀 剂： 2%硝酸酒精溶液

处理情况： 预处理粉、压制、烧结、锻造后经 925℃ 正火

组织说明： 等轴状铁素体和珠光体，组织分布均匀，孔隙与夹杂物较少。这种用预合金粉制成的材料，孔隙夹杂少，再加上锻造后正火，其组织已比较均匀，为最终热处理作了良好的预备热处理。

　　预处理粉末为先经中频熔炼成合金，再经喷雾喷粉冷却即成。

图　　号： 7-2-34

材料名称： 中高强度粉末冶金材料（预合金粉）

浸 蚀 剂： 3%硝酸酒精溶液

处理情况： 烧结热锻后淬火处理

组织说明： 组织为板条马氏体和针状马氏体，少量合金碳化物，组织分布均匀。

　　由于此材料已经过锻造、正火预处理，淬火后获得了这种良好的组织，其硬度和强度都比较高，可用于承受中高强度的粉末冶金零件，这种粉末冶金制品使用效果好，寿命长。

图　　7-2-34　　　　　　　　500×

图　　7-2-35　　　　　　　　500×

图　　号： 7-2-35

材料名称： 中高强度粉末冶金材料（预合金粉）

浸 蚀 剂： 3%硝酸酒精溶液

处理情况： 制品烧结后于 925℃ 加热 15min 水冷淬火

组织说明： 针状马氏体和板条状马氏体，组织均匀，夹杂物和孔隙均较稀少。此图组织反映出全淬透的组织形貌，经适当温度回火，能适合一定强度要求的零件使用。

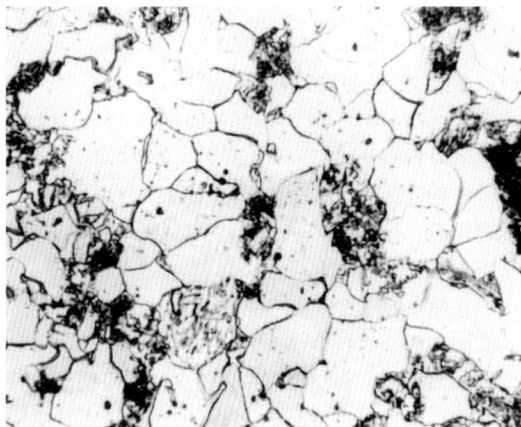

图 7-2-36 500×

图　　号：7-2-36

材料名称：中高强度粉末冶金材料［w（C）0.2%，
$\quad w$（Ni）0.5%，w（Mn）0.4%，w（Mo）0.5%，
其余为 Fe］

浸 蚀 剂：3%硝酸酒精溶液

处理情况：1180℃烧结，1080℃热锻

组织说明：铁素体和珠光体，在铁素体晶界上有少
量碳化物，组织比较均匀，可供最终热处理淬火
及回火作好准备。

图　　号：7-2-37

材料名称：中高强度粉末冶金材料

浸 蚀 剂：3%硝酸酒精溶液

处理情况：压制、烧结

组织说明：板条马氏体、针状马氏体及少量游离状
铁素体，组织比较均匀，夹杂物与孔隙含量亦较
少。此图反映出具有较高强度特征的组织形态。

图 7-2-37 500×

图 7-2-38 500×

图　　号：7-2-38

材料名称：中高强度粉末冶金材料

浸 蚀 剂：3%硝酸酒精溶液

处理情况：压制、烧结、860℃加热 15min 后水冷
淬火

组织说明：板条马氏体、针状马氏体及块状未溶铁
素体。由于淬火温度偏低，部分铁素体未充分溶
解，但其性能要比一般粉末冶金材料高得多。

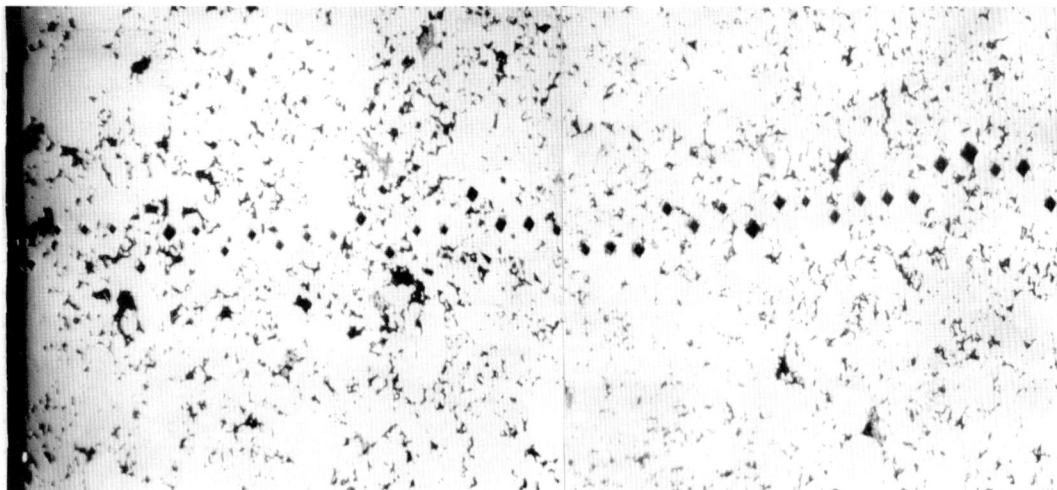

图　　7-2-39　　　　　　　　　　　　　　　　　　　　　　　　　　　　　　　100×

图　　号：7-2-39

材料名称：铁基粉末冶金零件

浸 蚀 剂：未浸蚀

处理情况：压制、烧结、渗碳、淬火、回火

组织说明：粉末冶金渗碳淬火零件经解剖后，可以观察到试样从表面至里层抛光态下孔隙、石墨、夹杂物的分布情况，同时可以观察到从表面至里层测定显微硬度的压痕，能获得比较正确的硬度数据，以控制其质量。渗层淬火回火后显微硬度压痕比较均匀且小，表层硬度符合淬火组织——回火马氏体，在这个马氏体直线区域出现了两个比较大的压痕，说明压痕下面有孔隙或石墨比较疏松；在一般情况下，可平移位置测二次即可。图中过渡区和心部压痕大小也基本符合热处理后的组织规律。

　　　　由测得的显微硬度值得知，该合金压制、烧结和渗碳、淬火、回火工艺比较优良。

　　　　以下三图（图 7-2-40~图 7-2-42）为浸蚀后的表层、过渡层及心部三个区域的显微组织特征，符合热处理工艺规范。该零件大量生产后使用效果良好。

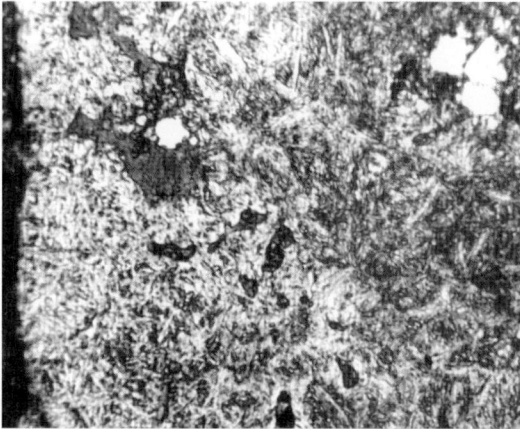

图　号：7-2-40

材料名称：铁基粉末冶金零件

浸 蚀 剂：3%硝酸酒精溶液

处理情况：压制、烧结、渗碳、淬火、回火

组织说明：为图 7-2-39 最表层组织，回火马氏体和
　　　　　残留奥氏体，表层回火马氏体组织比较细密，白
　　　　　色块状物为未溶解的合金块。

图　　7-2-40　　　　　　　　　　500×

图　号：7-2-41

材料名称：铁基粉末冶金零件

浸 蚀 剂：3%硝酸酒精溶液

处理情况：压制、烧结、渗碳、淬火、回火

组织说明：为图 7-2-39 过渡层，较粗大的回火马氏
　　　　　体、贝氏体及少量未溶铁素体，其余为孔隙、夹
　　　　　杂和石墨，白色块状物为未溶解的合金块。

图　　7-2-41　　　　　　　　　　500×

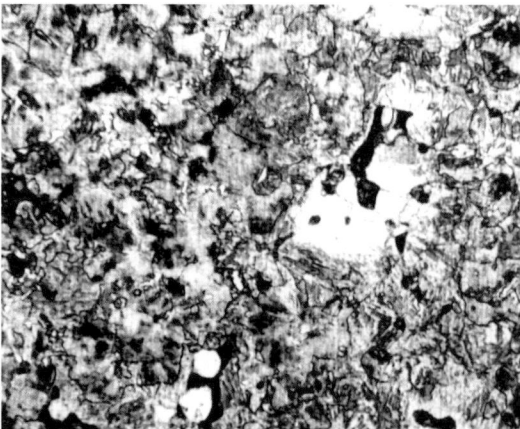

图　　7-2-42　　　　　　　　　　500×

图　号：7-2-42

材料名称：铁基粉末冶金零件

浸 蚀 剂：3%硝酸酒精溶液

处理情况：压制、烧结、渗碳、淬火、回火

组织说明：为图 7-2-39 心部组织，珠光体、托氏体、
　　　　　少量回火马氏体及沿晶断续分布的铁素体颗粒，
　　　　　其余为孔隙、夹杂及石墨，白色区域为未溶解的
　　　　　合金相。

　　　　上述三图的热处理组织基本符合要求。

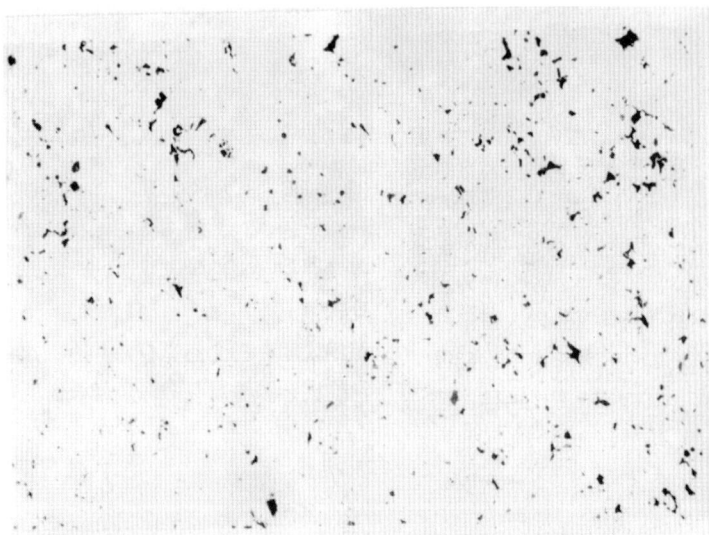

图　　7-2-43　　　　　　　　　　　　　　　　　100×

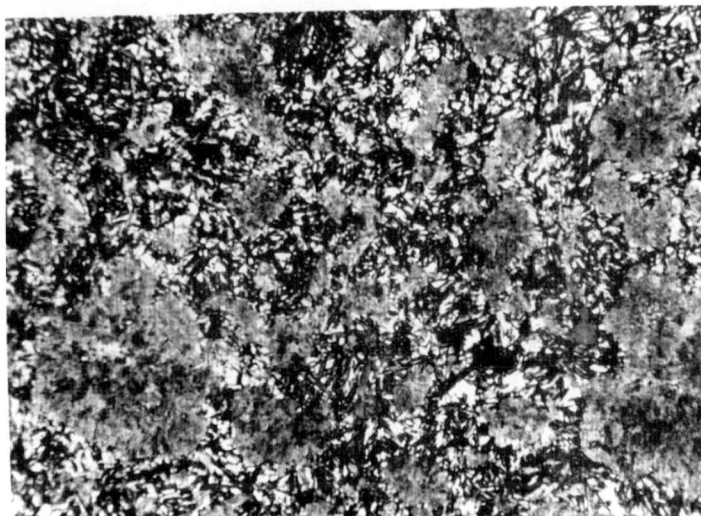

图　　7-2-44　　　　　　　　　　　　　　　　　100×

图　　号：7-2-43、7-2-44

材料名称：铁基粉末冶金零件

浸 蚀 剂：3%硝酸酒精溶液

处理情况：压制、烧结、渗碳、淬火、回火

组织说明：图 7-2-43：抛光态试样，少量孔隙及氧化物夹杂和硅酸盐夹杂物，原始粉末比较纯。

图 7-2-44：显微组织，基体为回火针状马氏体、残留奥氏体及回火托氏体，组织比较均匀。由于放大倍数较低，粉末冶金零件显微组织的细节无法分辨。

此粉末冶金热处理件为一传动轴套，能有这种状态的热处理组织和孔隙、夹杂分布，应属一种优质产品，具有性能好、使用寿命长。

图 7-2-45　　　　　100×

图　号：7-2-45
材料名称：粉末冶金合金零件
浸蚀剂：未浸蚀
处理情况：热锻、渗碳、860℃淬火、170℃回火
组织说明：抛光态试样，具有细小的氧化物及硫化物夹杂和少量孔隙。预合金粉的质量较优良。

图　号：7-2-46
材料名称：粉末冶金合金零件
浸蚀剂：3%硝酸酒精溶液
处理情况：热锻、渗碳、860℃淬火、170℃回火
组织说明：粗大针状马氏体和残留奥氏体。组织太粗，可知实际的淬火加热温度偏高，致使渗层中的碳量绝大部分溶于基体，以致淬火后有大量奥氏体被残留下来。

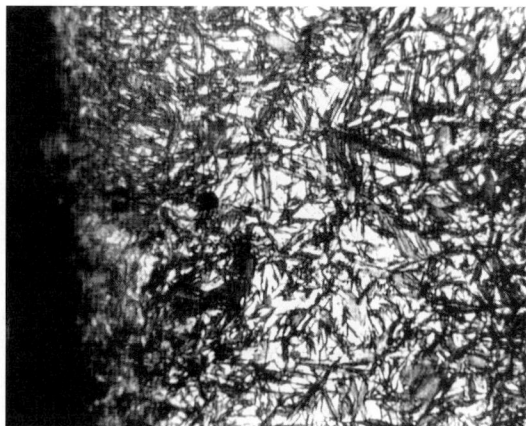

图 7-2-46　　　　　100×

图 7-2-47　　　　　100×

图　号：7-2-47
材料名称：粉末冶金合金零件
浸蚀剂：3%硝酸酒精溶液
处理情况：热锻、渗碳、860℃淬火、170℃回火
组织说明：心部有较粗大低碳马氏体、贝氏体，少量铁素体，组织分布较均匀。该零件由于淬火加热温度较高，与实际淬火加热温度不符，所以其组织粗大，影响其性能。如果控制好淬火加热温度，获得的组织细密些，则其使用效果更佳。所以，采用预合金粉制成的粉末冶金特殊用途零件比钢制品更适宜，且质量亦高。

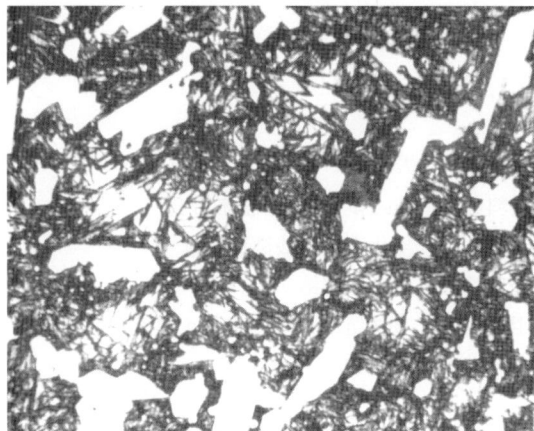

图 7-2-48 500×

图　　号：7-2-48

材料名称：粉末冶金材料 [$w(C)$ 2.3%～2.8%，$w(Cr)$ 11%～14%，$w(Mo)$ 0.5%～2%，$w(Nb)$ 3%～6%，$w(Mn)$ 0.2%～0.7%，其余为 Fe]

浸 蚀 剂：3%硝酸酒精溶液

处理情况：压制、烧结、淬火、回火

组织说明：基体为回火针状马氏体及残留奥氏体，其上白色块状为复杂碳化物相。

此试样为一复合碳化物元素高的合金粉末冶金材料。其合金混合系采用粉末混合法制作，一般方法无法达到。

依据组织形成的相确定，该材料已合金化，而且孔隙与夹杂物含量不高。

图　　号：7-2-49

材料名称：1Cr18Ni9Ti 粉末冶金材料

浸 蚀 剂：盐酸苦味酸酒精溶液

处理情况：压制、烧结

组织说明：除较粗断续分布的孔隙外，显微组织为奥氏体晶粒，晶界上有细小颗粒状碳化物析出。这种孔隙形态不锈钢粉末冶金产品用于多孔性过滤器等方面。

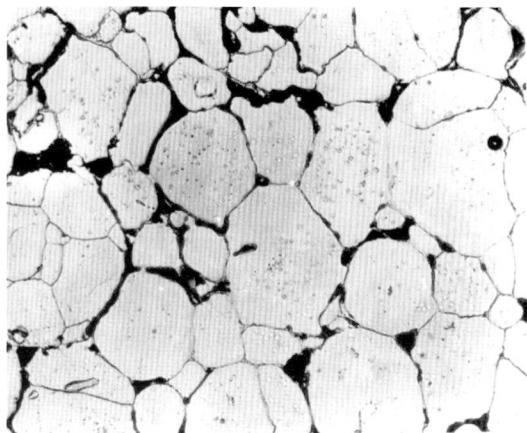

图 7-2-49 500×

图 7-2-50 500×

图　　号：7-2-50

材料名称：1Cr18Ni9Ti 粉末冶金材料

浸 蚀 剂：盐酸苦味酸酒精溶液

处理情况：压制、烧结

组织说明：白色基体为奥氏体，晶界上有细小碳化物析出，大量粗大黑色孔隙（洞）围绕在基体周围。这种合金系先制成预合金后，再经压制、烧结而成，之后再经热处理。过滤器等产品要求大孔隙，且相互连通，分布均匀，使用效果好，故此材料为优质产品。该产品的压制密度很低，但合金的固溶较充分，合金的孔隙（孔洞）也做到了相互连通。

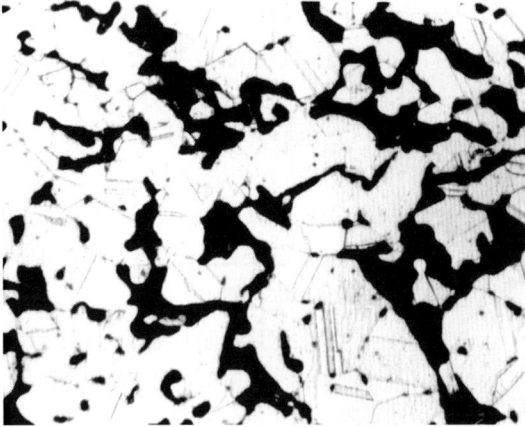

图　号：7-2-51
材料名称：Cu-Zn（黄铜）粉末冶金
浸 蚀 剂：氯化高铁盐酸酒精溶液
处理情况：压制、烧结
组织说明：基体组织为单相孪晶α固溶体，其上分
　　　　　布着大量断续状大孔隙。

图　7-2-51　　　　　　　　　　　　　500×

图　号：7-2-52
材料名称：Cu-Zn（黄铜）粉末冶金
浸 蚀 剂：氯化高铁盐酸酒精溶液
处理情况：压制、烧结
组织说明：基体组织为单相孪晶分布的α固溶体，
　　　　　除孔隙外，氧化物夹杂较多。

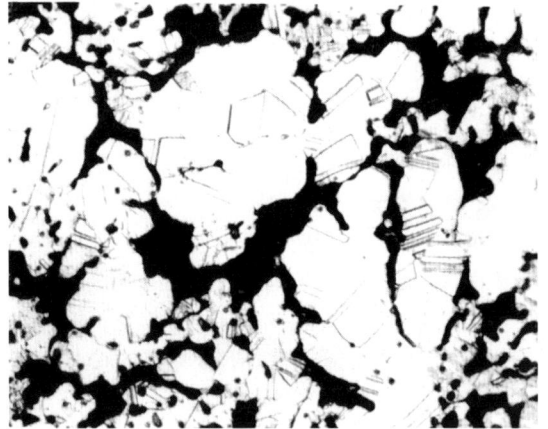

图　7-2-52　　　　　　　　　　　　　500×

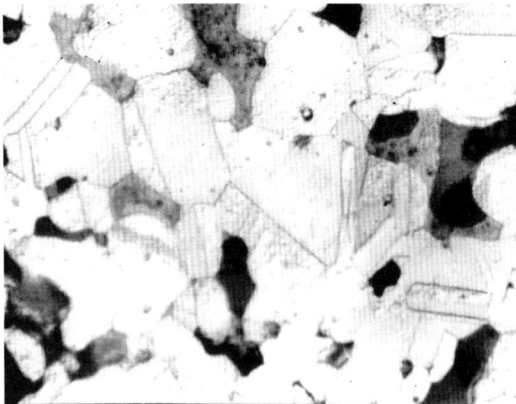

图　号：7-2-53
材料名称：Cu-Zn（黄铜）粉末冶金
浸 蚀 剂：氯化高铁盐酸酒精溶液
处理情况：压制、烧结
组织说明：较粗大的单相α（孪晶）固溶体在其上
　　　　　分布着灰色夹杂物及孔隙。

图　7-2-53　　　　　　　　　　　　　500×

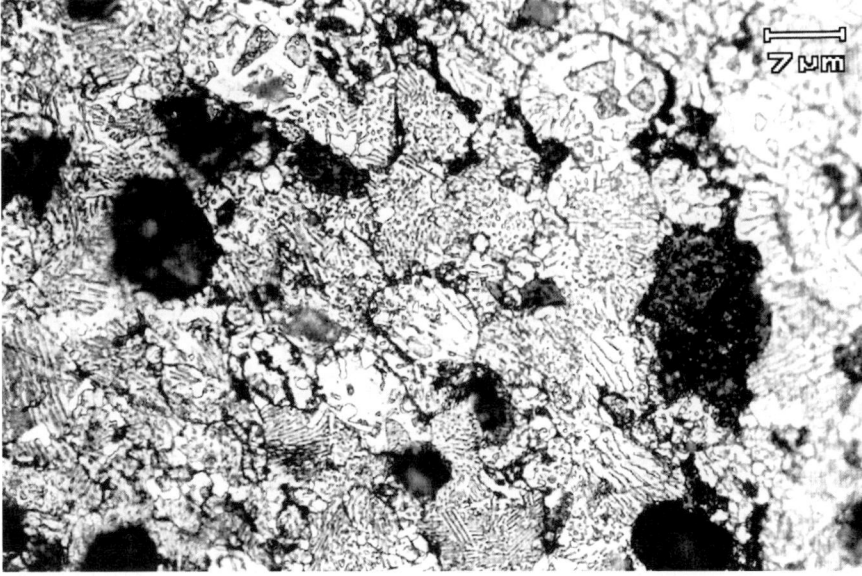

图　　7-2-54　　　　　　　　　　　　　　　　　　　　　　　　500×

图　　号：7-2-54　　　　　　　　　　　　　**材料名称**：铜基金刚石工具材料
浸 蚀 剂：氯化高铁盐酸水溶液　　　　　　　**处理情况**：压制、烧结
组织说明：不规则黑色孔穴为金刚石空穴（磨抛时脱落），深灰色为石墨，白色块状为 α 铜固溶体，点状
　　和层片状为（α＋δ）共析体。

图　　7-2-55　　　　　　　　　　　　　　　　　　　　　　　　500×

图　　号：7-2-55　　　　　　　　　　　　　**材料名称**：Cu80Sn20 铜锡预合金粉
浸 蚀 剂：氯化高铁盐酸水溶液处　　　　　　**处理情况**：热压、烧结
组织说明：α 孪晶（铜锡固溶体）＋点状（α＋δ）共析体。预合金粉经高温熔炼喷粉而成，铜和锡充分
　　固溶，由于含锡量较多，经热压烧结后 α 铜的固溶体大部分呈孪晶，富锡部分则为（α＋δ）共析体。

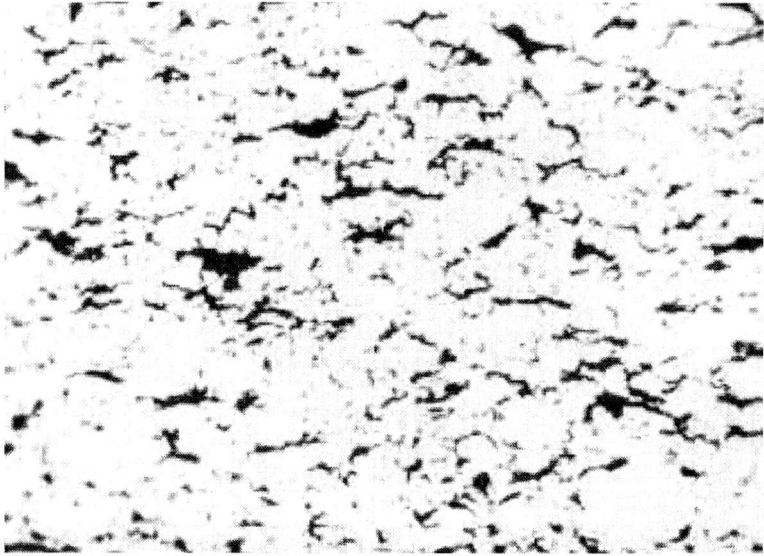

图　7-2-56   100×

图　　号：7-2-56

材料名称：Ag-石墨材料

浸 蚀 剂：未浸蚀

处理情况：压制、烧结

组织说明：白色基体为银（Ag）相，黑灰色为石墨相，形成互不相溶的机械混合物，称为假合金作为电
工器材中的触头材料。这种工艺只能采用粉末冶金法才能做到，其他冶铸方法是办不到的。

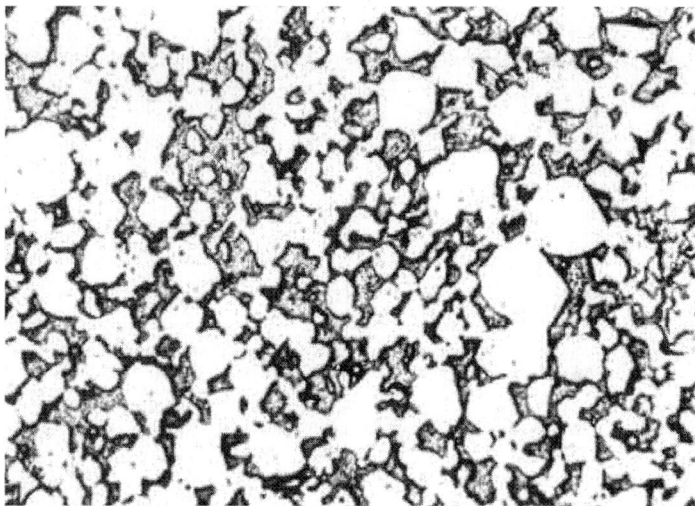

图　7-2-57   400×

图　　号：7-2-57

材料名称：Cu-W80材料

浸 蚀 剂：氯化高铁盐酸饱和溶液

处理情况：混粉、压制、烧结

组织说明：白色颗粒为钨（W）相，深色为铜（Cu）相。

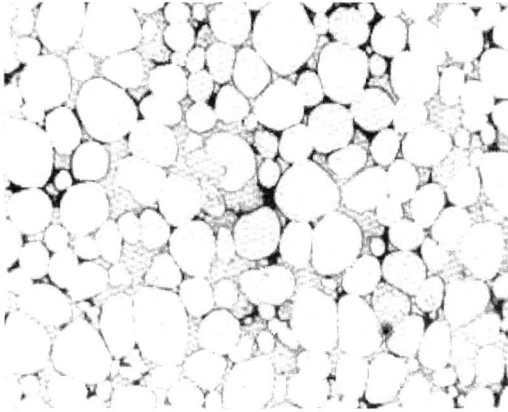

图　号：7-2-58

材料名称：W-Ni-Cu 材料

浸蚀剂：铁氰化钾水溶液

处理情况：压制、烧结

组织说明：灰色基体为 Cu-Ni 固溶体，白色圆形颗
　　　　　粒为钨，其分布尚属均匀。

图　7-2-58　　　　　　　　　　　250×

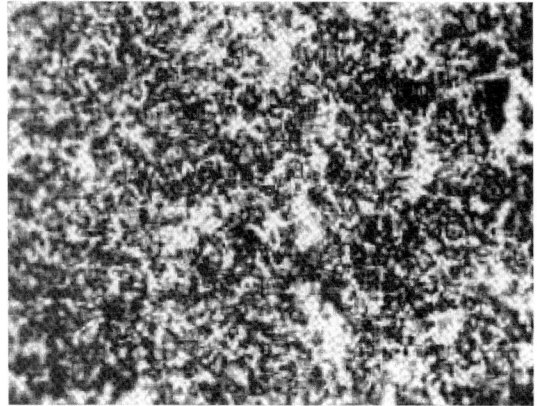

图　号：7-2-59

材料名称：Ag-W70 材料

浸蚀剂：铁氰化钾水溶液

处理情况：压制、烧结

组织说明：白色为银（Ag），灰色为钨（W）。分布
　　　　　尚属均匀。

图　7-2-59　　　　　　　　　　　200×

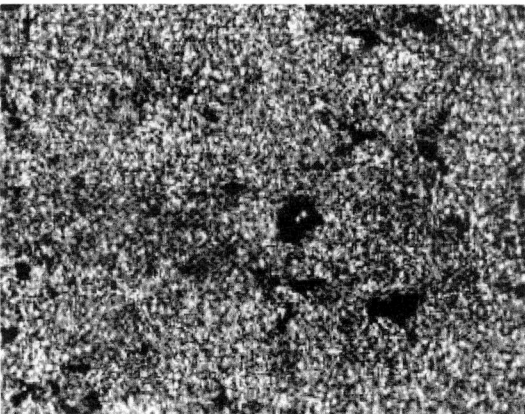

图　号：7-2-60

材料名称：Ag-CdO$_2$ 材料

浸蚀剂：铬酸盐酸水溶液

处理情况：混粉、压制、烧结

组织说明：白色为银（Ag），灰黑色为氧化镉。

图　7-2-60　　　　　　　　　　　800×

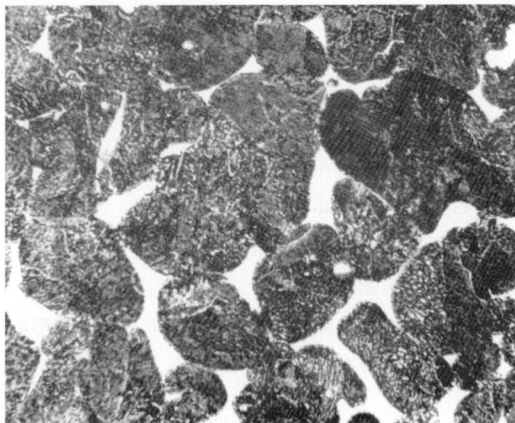

图　　号：7-2-61

材料名称：Fe-石墨制品渗铜

浸 蚀 剂：3%硝酸酒精溶液

处理情况：渗 Cu 烧结

组织说明：基体为较细层状珠光体及少量铁素体，其上分布着块状铜相（呈网络状）。铁基零件经混粉、压制成形后，在其上面放置若干片磷铜随炉（高于 Cu 熔点）烧结而成。熔化的铜液渗入基体中，并填满了孔隙，使合金强度大大提高，使用寿命延长。

图　　7-2-61　　　　　　　400×

图　　号：7-2-62

材料名称：高速钢渗铜气门座 [w（C）1.0%，w（Mo）6.13%，w（W）5.47%，w（V）3.39%，w（Cr）3.38%，其余为 Fe]

浸 蚀 剂：4%硝酸酒精溶液

处理情况：压制、烧结并渗铜处理

组织说明：黑色基体为回火马氏体及极少量残留奥氏体，白色颗粒状为合金碳化物，粉红色为铜相。制品密度为 8.0g/cm^3，制品硬度为 40～44HRC。

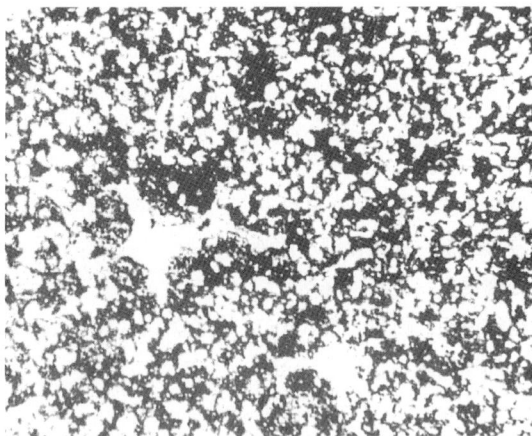

图　　7-2-62　　　　　　　500×

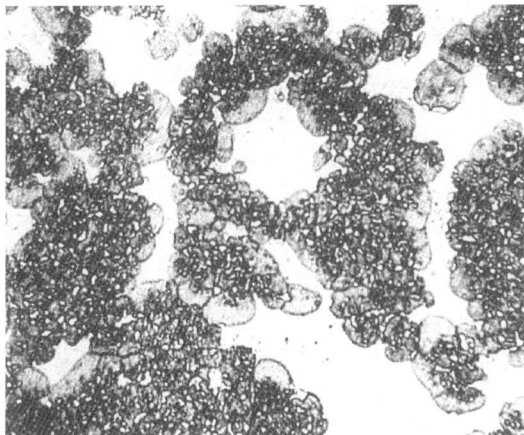

图　　7-2-63　　　　　　　500×

图　　号：7-2-63

材料名称：D6114ZQ 柴油机粉末冶金进气座

浸 蚀 剂：4%硝酸酒精溶液

处理情况：压制、烧结并渗铜处理

组织说明：进气座混粉 [w（C）0.98%～1.08%，w（W）5.75%，w（Cr）3.89%，w（Mo）5.23%，w（V）2.16%，其余为 Fe] 后烧结并作渗铜处理。黑色基体为回火马氏体、极少量残留奥氏体和极少量细小颗粒状碳化物，无明显孔隙，大块粉红色为铜相。在铜相周围浅黄色为过渡相，组织为淬火马氏体和极少量残留奥氏体。制品密度为 8.08～8.18g/cm^3，制品硬度为 42～45HRC。

第8章
表面渗镀涂层

钢铁化学热处理及表面处理在机械、汽车零部件及工具制造过程中，对挖掘金属材料强度潜力、改善零件使用性能、延长零件使用寿命和提高产品质量具有重要意义。

钢铁化学热处理，包括分解、吸收和扩散的三个基本过程，也就是在确定的温度下，使工件表面与介质分解后的活性原子直接接触，促使活性原子渗入工件的表面，改变工件表面的化学成分，再经过适当的热处理，使工件表面既具有较高的硬度、强度、耐磨性、耐疲劳、抗弯曲、抗咬合、抗腐蚀、抗氧化性能，又可以使其心部有足够的强度，并具有较好的韧性和塑性。其中渗碳、渗氮、碳氮共渗、氮碳共渗，在工业上应用比较普遍。主要是由于这些工艺相对比较成熟，设备较普及，操作方便，成本相对比较低，效果显著。

渗金属化学热处理主要是用来改善钢的表面物理和化学性质，以提高零件的耐磨性、抗氧化、耐酸蚀等性能，但设备昂贵，工艺操作复杂，还受环保等因素制约，故在工业应用上有一定的局限性，因此在生产中应用得比较少。

表面热处理是通过对工件表面局部或全部加热和冷却来改变工件表面性能的一种方法，常用的加热方法有感应加热、激光加热、电子束加热、接触电阻加热、火焰加热等。利用表面加热淬火可得到表面硬化层，而工件心部的显微组织和性能不变，这样可以提高工件的耐磨性及疲劳强度，而心部又可以保持足够的强度和较好的韧性。表面热处理最大优点就是节省能耗和减小工件在淬火中的变形。

根据零件使用的特殊要求，还可对零件进行其他的表面处理，例如渗金属、渗硼、渗硫、碳氮硼三元共渗、电镀、热喷涂、真空电弧离子气相沉积、表面氧化和磷化等。

第1节 渗 碳 处 理

渗碳处理是钢铁化学热处理应用最为广泛的一种工艺。零件要求表面具有高的强度和硬度以及好的耐磨性而中心具有良好的韧性。一般应用低碳钢或低碳合金钢进行渗碳、淬火和低温回火就能满足使用要求。

渗碳化学处理方法有固体渗碳、液体渗碳和气体渗碳三种。采用木炭加催渗剂作为渗碳介质的称为固体渗碳；以熔化的氰盐作为渗碳介质的称为液体渗碳；而以煤油（滴注）、甲醇、丙酮或甲烷等气体作为介质并加入到高温炉中使其分解出活性碳势的气氛的称为气体渗碳。在我国，目前固体渗碳由于操作不便、耗能量大，已不在生产上使用，仅在测定奥氏体晶粒度时有少量的应用。液体渗碳由于废渣不易处理，容易造成污染，一般不做推广使用。所以在生产上一般都采用气体渗碳方法。

1. 渗碳用钢

渗碳用钢是根据渗碳工艺来决定的。零件要求在渗碳处理后表面获得高强度、高硬度和高耐磨性，而心部获得适当的强度和一定的韧性，因此选用的渗碳用钢必须是低碳钢或低碳合金钢，一般 w（C）在 0.10%～0.30% 之间。由于渗碳钢要求在 920℃以上长时间的保温，钢的晶粒易于长大，将导致钢的性能下降。因此，应选择本质细晶粒钢。鉴于零件最终的心部强度及变形等要求，必须做末端淬透性试验，故应选用合适的低碳合金钢。

根据上述要求，渗碳用钢在材料选用及验收方面必须严格控制，合理选用渗碳用钢可以降低材料成本，同时也可以为合理选用锻造、热处理工艺，减小产品的变形等，来降低工艺生产成本。因此，对渗碳用钢的选用和验收是十分重要的。

（1）化学成分控制　渗碳钢中的碳与合金元素的含量对渗碳能力是有影响的。含碳量高低会影响心部强度的高低，同样也会影响渗碳速度的快慢。有的合金元素易形成合金碳化物，有的合金元素不能形成合金碳化物，例如，铬、钨、钼等元素，在渗碳过程中易形成碳化物，会提高碳在奥氏体中的扩散激活能，同时使晶格结合力增加，从而减小碳的扩散系数。钢中存在形成碳化物的元素，将会提高表面碳浓度和含碳梯度，而使渗碳层的深度减小。铬和钼虽然能降低碳在奥氏体中的扩散速度，但却能提高表面的起始碳浓度，它仍可以增加渗碳层的深度，在这里起始碳浓度起主导作用。而镍、钴不是碳化物形成元素，与碳的结合力很弱，将降低渗碳层表面起始碳浓度，因此，它会起到降低渗碳层深度的作用。由此看来，对材料的化学成分控制是极其重要的，它会直接影响渗碳工艺的顺利进行。

（2）末端淬透性试验　钢材末端淬透性试验在评价钢材质量时有其重要的地位。因为末端淬透性试验关系到钢材经锻造、正火、热处理后的表面和心部硬度的高低，特别是每批钢材的末端淬透性离散度将关系到产品的变形，如齿轮的齿形齿向的数据稳定性。在制订末端淬透性的范围时，应考虑产品强度要求及供货的离散度，对要求高的产品希望末端淬透性的公差带范围越小越好，离散度也同样如此。

（3）奥氏体晶粒度的测定　钢材奥氏体晶粒度的测定是决定各种钢材在一定的温度下长时间加热后奥氏体晶粒的长大倾向，以确保钢材在经锻造和热处理后的显微组织，同时也影响零件在热处理时的变形程度。

（4）显微组织及其他因素　显微检测钢材夹杂物及魏氏组织等，是因为这些显微组织也是影响产品质量的要素。因为魏氏组织是一种过热组织；夹杂物对钢材的强度有明显的影响，所以在钢材检测中同样是不可忽视的。

2. 渗碳原理

低碳钢及低碳合金钢加热至高温时，基体组织转变为单相的奥氏体组织。奥氏体属于面心立方晶格，它有足够的空隙，可以溶解较多的活性碳原子，使钢材吸收碳的能力增加，这是低碳钢及低碳合金钢为什么在高温下能够渗碳的基本原理。渗碳处理的过程，是由分解、吸收、扩散三个基本阶段组成的。

（1）分解活性碳原子的阶段　渗碳剂，如煤油、苯系、甲醇、丙酮、天然气、煤气等，在热处理炉中加热至一定的高温范围内即分解产生 CO、C_nH_{2n+2}、C_nH_{2n} 等渗碳气体，在高温情况下与钢表面直接接触，分解出活性很强的碳原子即被钢的表面所吸收。

（2）吸收阶段　当低碳钢和低碳合金钢在高温下成为单一奥氏体组织时，大量活性碳原子就会渗入到奥氏体中，炉内的碳势和炉温的高低，可以决定活性碳原子的供应和扩散能力，从而决定了渗碳速度的快慢。

（3）扩散阶段　当活性碳原子被钢的表面吸收后，其表面形成高碳层，使表面和心部形成碳浓度的差异，并促使碳原子由高碳区向低碳区扩散，就这样在表面不断吸收活性碳原子的同时又不断地向心部扩散，达到一定的时间，即可使渗碳工件表面形成具有一定深度和梯度的渗碳层。所以，在渗碳过程中，渗碳剂的分解速度应大于吸收活性碳原子的速度，吸收活性碳原子的速度又应大于扩散速度，这才是完整的渗碳过程，才能使渗碳层形成由高碳到低碳的正常梯度。

3. 渗碳层的显微组织

低碳钢和低碳合金钢经过高温渗碳后，在缓慢冷却的情况下，可以得到近似于平衡状态的基体组织。渗碳后直接淬火或渗碳后缓冷再加热淬火、低温回火，均可以得到表面高硬度而心部低硬度的基体组织。

（1）渗碳层平衡状态组织　由于工件在渗碳过程中，含碳量由表面高碳逐渐向里降低一直过渡到心部，导致渗碳层各部分的含碳量不同，所以，显微组织分布也不同。正常的渗碳层分为过共析、共析、亚共析过渡层和心部等四个区域。

1）第一层过共析渗碳层：由于工件在表面渗碳过程中易形成高碳区域，这一层 w（C）应大于 0.80% 以上，为过共析成分。显微组织是呈网状分布的二次渗碳体和片状珠光体。只有在放大 400 倍情况下才能分辨出珠光体的片间距和二次渗碳体的分布的形态和数量。

珠光体的片间距粗细可以说明渗碳后的冷却速度快慢。在较细的片间距时冷却速度快，在较粗的片间距时冷却速度较慢。在过共析层出现的二次渗碳体呈网状、粗网状、大块状等分布形貌出现，它应属于正常组织，因为在加热淬火时可以基本上消除二次渗碳体。

2）第二层共析渗碳层：是稍离表面过共析层的区域，这层的含碳量低于过共析层，一般 w（C）为 0.8% 左右。从显微组织来看，这一层区域为 100%（体积分数）的片状珠光体。

3）第三层亚共析过渡层：是稍离共析渗碳层，一直延伸到与心部的基体组织，又称为扩散区和过渡区。这一层碳的浓度较低，其组织由珠光体与铁素体混合组成，随着距表层深度的增加，铁素体的含量也不断增加，珠光体则相应减少。

4）第四层心部组织：是珠光体与铁素体的混合组织，也是材料的原始基体组织。若原始基体组织中出现带状组织，将会影响渗碳层深度的测量；出现粗晶粒状的魏氏组织，则会影响工件的力学性能，这些缺陷组织可以通过再次正火处理来消除。

（2）渗碳层淬火及回火后的组织　渗碳处理后的工件要提高表面硬度和保持心部的韧性，工件在渗碳后必须进行淬火和低温回火工艺的处理。渗碳、淬火工艺可以分为渗碳后直接淬火工艺和渗碳后空冷再加热淬火工艺。渗碳直接淬火工艺，是指渗碳工件在渗碳温度下或调温到适当的温度直接淬入淬火介质，这种处理方法，得到的组织，为较粗的针状马氏体、较多的残留奥氏体。如直接淬火工艺炉内温度过低，易产生过量碳化物和心部铁素体。直接淬火工艺由于淬火后应力较大，必须在淬火后及时回火，以改善和消除内应力，否则工件容易开裂。

渗碳后空冷再加热淬火工艺，在加热淬火前必须留意渗碳后二次渗碳体的形状及数量，以便来决定淬火温度的高低和保温时间的长短。提高淬火的温度和延长保温时间，可以有效地消除二次渗碳体。如果难以消除二次渗碳体，可以通过正火细化晶粒后再进行淬火，这样可以更有效地消除二次渗碳体。

4．关于马氏体及残留奥氏体的评定

渗碳、淬火、回火后，工件表面主要是马氏体和残留奥氏体。马氏体是根据针叶的长短来评定其级别的，在光学显微镜下呈黑色针状分布；而残留奥氏体是根据分布的量来评定的，在光学显微镜下是白色残留奥氏体区域。白色区域主要是残留奥氏体，但不全是残留奥氏体，在光学显微镜下，可观察到白色区域内有部分浮凸的马氏体。由马氏体针叶的大小，可反映出工件渗碳淬火的温度的高低。过于粗大的马氏体会导致工件的脆性增大而产生开裂。由于合金元素的存在，也会使工件渗碳、淬火、回火后残留奥氏体的含量增加。众所周知，残留奥氏体的增加会降低工件表面的硬度，所以认为渗碳、淬火、回火后，在评定残留奥氏体量的同时必须评定马氏体的级别，这样就比较符合工件的表面质量评定。

渗碳钢工件表面存在残留奥氏体的数量多少为佳，要根据渗碳工件使用条件来决定。在残留奥氏体的数量较高情况下，对需要磨削加工的工件容易产生裂纹，因为残留奥氏体在磨削加工过程中容易造成组织转变而产生磨削裂纹。要求表面高硬度的工件会由于过量的残留奥氏体而降低表面硬度。需要渗碳、淬火、回火后尺寸稳定的工件，过量的残留奥氏体也是不容许的，会影响工件尺寸的稳定性。残留奥氏体是不稳定组织，对于耦合运动的工件表面有一定的残留奥氏体是可以减少噪声的，特别是残留奥氏体存在于高硬度的马氏体之间，在受外力作用时，奥氏体容易产生弹性滑移，从而缓和了应力集中，减弱了产生疲劳裂纹的可能性和传播速率。残留奥氏体在较大的负荷下，特别是强喷丸工艺等可以转变为马氏体，从而增加工件残留应力，同时有利于抗弯疲劳寿命提高，特别是汽车齿轮。当然，过多的残留奥氏体不但会降低表面硬度，同样会降低工件的耐磨性能和弯曲疲劳强度。所以，一般认为渗碳工件在淬火、低温回火后，根据工件的实际使用情况，适当控制渗碳层中残留奥氏体量是合理的。

5．渗碳工件淬火、回火后的心部组织

渗碳工件淬火、回火后的心部组织、心部硬度，是根据具体工件的技术要求及使用所需的性能来制订的。工件的心部组织，是根据钢材淬透性的高低及工件截面积的大小（齿轮是根据模数大小），将会是板条状低碳马氏体、贝氏体、托氏体、索氏体、铁素体的各种混合组织。对于工件或齿轮的力学性能及弯曲疲劳等性能来讲，一般是板条状低碳马氏体的组织为好，其硬度为 33～48HRC。因为板条状低碳马氏体的综合力学性能尚佳。当心部出现呈细小条状铁素体断续分布时，这是淬火介质的冷却速度不足所引起的，即在冷却过程中析出细小条状的铁素体。当由于加热不足，导致部分铁素体未溶解而残留下来呈大块状分布的铁素体时，会使心部硬度值下降。关于心部出现贝氏体、托氏体、索氏体、细小的铁素体等不完全淬火的组织时，这与材料的淬透性有关，只要心部硬度符合技术规定的条件将不受限制。

6. 渗碳层深度的计算方法

目前我国国内对渗碳层深度的计算方法基本分为金相法及有效硬化层法两种方法。随着我国与国际上交往越来越频繁的情况，热处理设备及检测设备不断的完善，为了节约生产成本，热处理工艺采用渗碳直接淬火方法越来越普及。所以，渗碳层深度采用国际先进可靠的有效硬化层测定的方法。由于情况不同，也有不少单位仍采用金相法来测定渗碳层深度。各单位可以根据渗碳淬火后的硬度值分布及应用的实际情况来确定计算渗碳层深度方法。

（1）金相法计算渗碳层深度

1）过共析、共析层以及亚共析过渡层三个区域之和作为渗碳层深度，即渗碳层总深度，即从最表面一直测量到与心部原始组织交界处为止。为了确保工件有足够深的高碳区域，同时防止过渡陡度太小的缺点，另外附加一条规定是过共析、共析层之和不得小于总渗碳层深度的 50%～75%，以确保工件在淬火后表层有高强度、高耐磨层。

2）过共析、共析层以及二分之一亚共析过渡层之和为渗碳层深度。这种测定方法对低碳钢应用普遍，由于低碳钢的末端淬透性低于低合金钢，二分之一亚共析过渡层的计算方法在工厂企业应用极为广泛，也是比较符合实际应用要求的。

3）过共析、共析层两者之和作为渗碳层深度。这种计算方法不太合理，特别是较宽的亚共析区域在淬火后能有相当高的硬度和强度。但这种计算方法在金相测量上最为方便，并且误差也较小。

4）一般在工件实物抽查中或工件在渗碳直接淬火回火后，采用的测量渗碳层深度的方法是由表面高碳马氏体测至半马氏体（50%马氏体）区域为止或测至中碳马氏体结束处。这种方法并非是渗碳层的真实深度，因为对渗碳层中碳浓度的变化不很清楚，而且淬硬层的深度还会受到淬火温度高低的影响。

上述几种金相法测定渗碳层深度的方法，是需要工件制造方与热处理方协议决定的。世界上目前还有其他方法，如用低倍简单显微镜辨别颜色来判断渗碳淬火、回火后的渗碳层的总渗层；也有应用实物断口宏观检查渗碳层深度的。总之，渗碳层的测定方法是根据生产工艺及生产单位与热处理单位协商来决定的。

（2）有效硬化层测定　有效硬化层是目前国际上普遍采用的测定渗碳层和碳氮共渗层的淬硬层深度的一种方法。这种测定方法，可以正确反映渗碳和碳氮共渗后的实物质量，同时也可以减少检测人员的测量误差，与金相法相比更为有效和正确地反映工件质量。由于金相法测量是在渗碳和碳氮共渗后的平衡组织状况下来测定其渗层深度的，而测定时组织分界线不十分明确，所以测量时误差比较大。为此，我们认为无论测定与仲裁，有效硬化层测定方法都是可取的，也是比较正确和方便的。

国际标准（ISO 2639）适用于渗碳和碳氮共渗（渗层深度大于 0.3mm）工艺，经热处理至最终硬度值后离表面 3 倍于有效硬化层小于 450HV 的工件；对于离表面 3 倍于有效硬化层处硬度大于 450HV 的工件，可采用比 550HV 大的界限硬度值（以 25HV 为一级）来测定有效硬化层深度。

渗碳或碳氮共渗淬火后，有效硬化层深度为：从工件表面到维氏硬度值为 550HV 的垂直距离。测定硬度所采用的试验力为 9.807N（1kgf），在特殊的情况下也可采用 4.903N（0.5kgf）到 49.03N（5kgf）范围的试验力或采用表面洛氏硬度计测定，压痕应在放大 400 倍左右下进行测量，在测量时两个相邻压痕间距离不应小于压痕对角线的 2.5 倍，并规定每个压痕测试点离表面距离之差应不超过 0.10mm，同时离表面的累计距离测量精度为±25μm，压痕对角线测量精度为 0.5μm，压痕之间可以以交错方法来保证每个压痕之间 0.1mm 的要求。

有效硬化层深度计算公式为

$$DC = d_1 + \frac{(d_2 - d_1) \times (\overline{H}_1 - HS)}{\overline{H}_1 - \overline{H}_2}$$

式中　　HS——确定的硬度值；

$\overline{H}_1$、$\overline{H}_2$——分别为 d_1、d_2 处的硬度测量值的算术平均值。

规定：d_1 和 d_2 应不超过 0.30mm，d_1 和 d_2 分别对应于有效硬化层的下限和上限。而要求在距离处至少要各测 5 个压痕，并取其平均值。当同一个试样在不同两个位置所测的有效硬化层深度误差大于 0.1mm 时，则要重新测定。

渗碳处理金相图片见图 8-1-1～图 8-1-106。

第 2 节　碳氮共渗处理

在一定的温度条件下，介质分解成活性碳原子和氮原子并同时渗入钢的表面，达到碳氮共渗的目的，称为碳氮共渗处理。碳氮共渗处理是一种有效的表面强化工艺，由于碳、氮同时存在于工件的表面，能提高工件的表面强度特别是疲劳强度，增加耐磨性与耐蚀性，从而提高工件的使用寿命。

碳氮共渗处理由于比渗碳处理温度低，故在处理过程中更容易控制工件的变形。也由于氮原子的渗入，在制订碳氮共渗的渗层深度时可以相对于渗碳层深度减少 20% 左右，一般共渗层深度控制在 1.1mm 以下（温度在 800～880℃下直接淬火工艺），这样既可以节约能源，又能提高生产率。

1. 碳氮共渗处理的种类

根据碳氮共渗处理使用的介质，可以分为固体、液体和气体三种碳氮共渗方法，具体如下：

（1）固体和液体碳氮共渗处理　采用有剧毒的氰盐作为介质，在高于钢的临界点的温度条件下，氰盐（NaCN、KCN、$K_4Fe(CN)_6$ 等）产生活性碳原子和氮原子并同时被工件表面吸收。这样的处理原先称为氰化处理，科学地讲应称为碳氮共渗处理。由于氰盐是一种剧毒的化学原料，有害于操作人员的身体健康，其产生的废渣也有剧毒且不易处理，会严重污染环境，故在我国对固体和液体两种碳氮共渗处理方法基本上已停止推广使用。

（2）气体碳氮共渗处理　可分为以下四种方法：

1）在气体渗碳的同时向炉内通入干燥无水的氨气，适当控制其流量，在一定的温度下，氨气在炉内分解率为 15%～30%之间。这时新生的活性碳原子和氮原子同时渗入钢的表面达到碳氮共渗的目的，工件最表层的 w（N）可达到 0.2%～0.35%以上。

2）在气体渗碳炉内滴入三乙醇胺作为介质，三乙醇胺在一定的温度条件下，同时分解出新生的活性碳原子和氮原子并渗入钢的表面，达到碳氮共渗的目的。工件最表层 w（C）可达到 1%左右。这样可以减少由于工件表面含氮量高而带来的缺陷，是比较稳定的工艺。

3）工件先经过渗碳处理后空冷，然后再将工件重新加热，使用甲烷（CH_4）或丙烷，再通入一定量的干燥氨气，氨气和甲烷或丙烷在炉内分解出活性碳原子和氮原子并同时渗入到钢的表面，达到碳氮共渗的目的。工件表层 w（N）可达到 0.1%～0.3%。这种碳氮共渗处理一般适用于要求共渗层深度 1.1mm 以上的工件，特别是表面要求较高的耐磨性、抗咬合、抗疲劳的工件，例如汽车后桥准双曲面齿轮。该工艺对大模数的齿轮较佳，它可以把渗碳和碳氮共渗工艺结合起来。

4）高温碳氮共渗温度在 900～950℃，这个温度范围一般是渗碳处理常用的温度，对碳原子的渗入较为有利，但氮原子的渗入则甚微，可以忽略不计，实际上是渗碳处理。目前世界上应用这个温度范围内先渗碳，在降温开始时通入干燥氨气，在温度降至850℃或830℃这一段温度内保温一定时间，使碳、氮原子同时渗入，钢的表面 w（N）可以达到 0.1%以上，这后一阶段保温温度越低，保温时间越长，工件表面的含氮量就越高，同样也会出现中温碳氮共渗工艺的缺陷。这样的处理方法，可以防止工件表面产生炭黑，又可以使渗层要求较深的工件应用碳氮共渗工艺，增加工件的表面含氮量，可以适当增加工件的耐磨性、抗咬合、抗疲劳性能。

2．表面黑色组织

（1）黑色组织的类型　黑色组织一般存在于齿轮最表面，试样经抛光后用 4%的硝酸酒精浅浸蚀，也就是在基体组织还未显示出来的情况下，就可用光学显微镜进行观察鉴别。

1）表层内氧化组织形态：内氧化黑色组织是在试样抛光后未经浸蚀的工件表面就能观察到的黑色点状组织，它的分布一般沿晶界呈细点状或网状形式分布。内氧化黑色组织实属晶界氧化物。在钢中常常为了增大钢的淬透性而加入少量的 Mn、Cr、Si 等合金元素。在炉内氮势、碳势偏低而氧势偏高的情况下，钢的氧化倾向性大，在碳氮共渗过程中，表面的合金元素易被氧化，由于内氧化，在氧化物与合金，晶界氧化物与晶粒内出现重新分配，使氧化物中的合金元素富化，并且沿晶界析出而形成表层内氧化组织。

2）带状黑色组织形态：试样经浅浸蚀后，在工件表面呈深灰褐色连续状分布，硬度低于基体，一般为 45HRC 以下，是由碳氮共渗冷却后，再在中性盐浴炉加热淬火所形成的带状黑色组织或碳氮共渗直接淬火后形成的带状黑色组织，一般实属托氏体组织。渗碳直接淬火工艺也会出现这类组织。

3）网状黑色组织形态：试样经浅浸蚀后，在工件表面呈黑色网络状分布，这种分布状况易在工件槽部和齿轮的齿根部出现，严重的会影响工件的表面硬度及耐磨性，同时也会降低抗弯曲疲劳性能。分布比较均匀的网状黑色组织，工件表面硬度与基体马氏体相似，像这种网状黑色组织经台架试验对齿轮使用寿命没有显著的影响。

4）带状与网状混合黑色组织形态：试样经浅浸蚀后，零件表面呈黑带分布，次层出现严重黑色网络状分布，最深分布可达 0.3mm 左右，硬度大大低于基体硬度，一般低于 45HRC。这样会严重影响工件的使用寿命。

（2）黑色组织形成的原因

1）黑色组织在齿轮中的分布及冷却速度的影响：以检验齿轮为例，黑色组织在齿轮中分布情况是齿角比齿面少，齿面又比齿根少，也就是说齿角基本上没有黑色组织，而齿面的表面可能存在黑色组织，齿根表面的黑色组织更严重，无论是碳氮共渗直接淬火或碳氮共渗冷却后再加热淬火均是如此。直齿轮比弧齿锥齿轮的黑色组织倾向性要小些，所以我们认为黑色组织在零件表面分布是与齿轮的复杂几何形状有关。分析结果：齿根部位的蒸汽膜要比齿轮的其他部位停留时间要长，所以齿根表面部位的黑色组织要比齿轮的其他部位更容易形成，由此看来，冷却速度对碳氮共渗齿轮表面的黑色组织形成是一个极为重要的因素。

2）碳氮共渗介质及碳、氮含量对黑色组织的影响：在相同的工艺条件下，不同的共渗介质使零件表面产生黑色组织的程度不同，零件表面的含氮量也不同，这是由于碳氮共渗介质的含氮量不同造成的，而且共渗介质中含水量对产生黑色组织也有影响。我们发现：网状黑色组织往往存在于碳氮共渗直接淬火的工件，而碳氮共渗冷却后，再在中性盐浴炉中加热淬火却从未发现过，而且已经形成严重网状黑色组织的试样，如重新在中性盐浴炉中加热淬火，网状黑色组织就会消失，经含氮量分析，结果含氮量也有明显下降。实际生产证明：同一种工艺条件下，齿轮表面的含氮量越高，黑色组织形成的倾向也越严重。

3）碳氮共渗的温度对黑色组织的影响：碳氮共渗温度过低，使煤油裂解不完全，炉气恢复缓慢，容易加剧钢中合金元素的氧化，同时由于温度低对提高零件表面含氮量有利，但容易产生黑色组织。而且温度过低，与钢的临界点越接近（表层的 A_{cm}），在出炉操作动作稍慢的情况下，都会产生黑色组织。共渗温度过低，使零件表面积聚多量的氮、碳，容易形成又大又多密集分布的碳氮化合物。

4）合金元素对黑色组织的影响：在碳氮共渗工艺试验中，在同一炉中放入不同钢材的试块，发现 20CrMnTi、40Cr 等钢材的试块形成黑色组织倾向大，而 18CrNiWA、12Cr2Ni4A、20CrMo 等钢材形成黑色组织的倾向性小，这是因为 Si、Mn、Cr 等元素的氧化倾向性大，特别是 Mn 元素，它是提高钢材淬透性的元素，因此 Mn 元素沿晶界聚集使奥氏体稳定性下降，有利于黑色组织的形成，据有关资料报道，Mo 元素等可以使钢在碳氮共渗中形成黑色组织的倾向减少。

3. 白亮层

在较低温度进行碳氮共渗齿轮直接淬火工艺中最表面在高碳、高氮含量的情况下，容易产生 0.01mm 左右的白亮色组织，一般称为白亮层。白亮层组织属脆性相，在金相试样制作不当时容易脱落。零件表面白亮层组织在加工或使用时容易产生剥落，大大缩短齿轮的使用寿命。该组织与工件的共渗温度、碳氮浓度有密切关系，共渗温度越高，渗入齿表面含氮量越少。共渗温度越低，使零件表面碳氮化合物块状越大，分布也由稀疏到致密，使齿表面形成的白亮层增厚。所以，选择适当的共渗温度及碳氮浓度，是能够避免产生白亮层组织的。

4. 碳氮化合物的分布及形成原因

在碳氮共渗直接淬火工艺中，零件表面碳氮化合物的形成及分布对其使用寿命有密切关系，在碳氮浓度较高的情况下，零件表面会出现壳状、偏析状、网络状、粗大断续网络状碳氮化合物等金相组织，这些组织会降低零件的冲击韧度，使零件在运转过程中出现早期点蚀、剥落等缺陷，零件使用寿命迅速下降。因此，分析各种碳氮化合物形成原因，是提高零件使用寿命的重要途径。

（1）壳状碳氮化合物　壳状碳氮化合物是沿齿轮表面（即沿工件外形的几何形状）的白亮碳氮化合物，次层是中粗断续网状碳氮化合物、较粗大含氮的马氏体和较多量的残留奥氏体。

（2）粗断网络状化合物　在零件表面呈大块状、粗大断续网络状的碳氮化合物，次层是呈中粗网络状碳氮化合物和较粗大含氮马氏体及较多残留奥氏体。

（3）粗大网络状碳氮化合物 一般分布在齿轮的顶端角。较大块状、粗网络状碳氮化合物聚集于齿顶角，因为齿顶角与气氛的接触面较大，而次层是断续网络状碳氮化合物、含氮马氏体和较多的残留奥氏体。这种分布状况在齿面很少出现。

（4）偏析状碳氮化合物 零件表面由网络状碳氮化合物呈团絮状不均匀分布，一般情况下次层也是含氮马氏体和残留奥氏体。

（5）细点断续网状碳氮化合物 表层为细小点状碳氮化合物呈断续网络分布，次层是含氮马氏体和残留奥氏体。一般容易产生裂纹，且裂纹是沿网络状碳氮化合物方向扩展的。

（6）细网络状碳氮化合物 一般是以零件表面析出细网络状碳氮化合物为主，次层是含氮马氏体和残留奥氏体。

壳状、粗大断续网络密集状、粗网络状、偏析状等四种碳氮化合物，主要是由于齿轮表面碳、氮浓度高，保温温度偏低，使碳氮化合物在齿表面聚集，碳氮化合物由大块状分布而再由稀疏到致密形成齿表面四种分布形态的碳氮化合物。在生产实践中我们认识到工件表面 $w(N)$ 低于 0.2% 以下，一般不易产生以上四种分布形态的碳氮化合物；当 $w(N)$ 高于 0.2% 以上，就容易产生以上四种分布形态的碳氮化合物。特别是偏析状碳氮化合物，往往出现在通氨工艺的工件表面，此工艺状况一般 $w(N)$ 在 0.25% 以上。因此，要提高保温温度，减少保温时间，严格控制氨气通入量和炉中的碳势。应根据工件使用条件，合理选择工件表面碳、氮含量，决不能不根据工件使用要求盲目追求工件表面的含氮量。含氮量要求低的工件可采用三乙醇胺碳氮共渗直接淬火工艺，以上的缺陷是能避免的。

细网络状、细小点断网络状碳氮化合物的形成，主要是由于出炉前的降温保温温度是否及时有关，温度越低，时间越长，容易在晶界间析出细小的碳氮化合物。另外，在出炉操作时空冷时间越长，也能析出细小的断续网络状碳氮化合物。因此，选用合理的降温温度及保温时间，出炉时以最快速度油冷，网络状和细小点断网络状碳氮化物等缺陷是可以避免的。

5. 残留奥氏体

在共渗工艺中，齿轮表面由于氮元素渗入，使奥氏体趋向稳定（氮元素对马氏体开始转变点 M_s 点有很大影响），马氏体开始转变点下降，淬火后残留奥氏体量增多，特别是直接淬火工艺。历来认为残留奥氏体硬度低，过量的残留奥氏体会降低渗层表面的残留应力。用残留奥氏体量较多的齿轮经台架测试，齿轮表面无擦伤拉毛现象，对齿轮表面接触疲劳和弯曲疲劳影响也不大。我们认为碳氮共渗层强度高于渗碳层强度，是由于氮元素固溶于残留奥氏体与马氏体中，提高了渗层强化作用的结果。所以，淬火的残留奥氏体量增加而强度不低，是由于奥氏体中的碳、氮元素和合金元素增加，致使马氏体畸变增大，促使强度提高的结果。另外，在较大负荷下，部分残留奥氏体可转变为马氏体，增大表面残留压应力，有利于疲劳寿命的提高。而残留奥氏体存在于高硬度马氏体之间，在承受外力的作用下，残留奥氏体容易发生范性滑移，从而缓和应力集中，减弱产生疲劳裂纹的可能性和传播速率，有效阻滞裂纹伸展能力。所以，我们认为含有一定量的残留奥氏体能够改善齿轮的断裂韧度。为此，碳氮共渗直接淬火工艺的残留奥氏体量可比渗碳工艺放宽一些。

当然，过多过量的残留奥氏体，同样与渗碳工艺中的残留奥氏体一样，使工件渗层表面硬度显著下降，影响工件的使用寿命，特别是磨削工件在磨削过程中，工艺操作不当，极易使残留奥氏体转变为淬火马氏体而产生裂纹。所以残留奥氏体必须控制在一定的范围内。目前，有的单位采用冷处理工艺控制残留奥氏体量。的确，通过冷处理是能降低工件渗层表面的残留奥氏体量，使不稳定的残留奥氏体转变成为马氏体，使工件表面硬度提高，但必须及时冷处理和回火处理，才能防止工件开裂等问题。这样使生产周期延长，增加能源消耗，而且工件冷脆性增大，特别是齿角容易崩角。我们认为用适当的工艺来控制残留奥氏体量是完全可能的，有的直接淬火工艺是采用降温油冷的。那么，可在工件碳氮共渗后在油冷之前先预冷到 Ac_3 左右，并保温一定时间，这样能减少渗层中的残留奥氏体量，在 Ac_3 以下保温时间长短与残留奥氏体量有密切关系，时间越长，残留奥氏体量也越少。但也容易出现其他问题。因此，这段时间长短必须进行工艺试验，根据具体产品合理确定。另外，在相同的工艺条件下，零件表面碳、氮含量越高，残留奥氏体量越多；渗层厚比渗层薄的残留奥氏体量多；共渗阶段保温时间越长或淬火温度偏高，均会使残留奥氏体量增多。生产实践证明，碳氮共渗工艺的渗层相对于渗碳工艺渗层可以适当减薄，一般可比原渗层减薄 20% 左右，同样也可以减少残留奥氏体量，这对节能、降低成本也是十分可贵的。原材料晶粒度的大小也是很重要的，晶粒度粗大会导致残留奥氏体及马氏体的粗大。所以，根据以上工艺的要素及产品具体要求制订相适应的工艺并严格执行操作规程，残留奥氏体的含量是完全可以控制在一定范围内的。

6. 心部组织

心部组织对齿面硬化层抗剥落性能及齿根弯曲疲劳性能有重要的影响。当心部铁素体出现较多时，齿轮心部硬度就会下降，会直接影响到齿轮的强度及使用寿命。心部铁素体含量主要是决定于淬火前预冷到 Ac_3 以下的温度和保温时间，温度越低，保温时间越长，在淬火时容易产生块状铁素体，原材料的原始组织中有严重的带状铁素体，也容易在淬火后心部出现铁素体组织。因此，在碳氮共渗直接淬火工艺中，在淬火前应预冷到 Ac_3 以下的温度是根据具体齿轮的模数大小而定，对于小模数齿轮的预冷淬火温度可适当高一些，保温时间也可短一些；大模数齿轮则相反。淬火前预冷温度不应过低，以免心部游离铁素体增多而降低心部硬度。为此，在热处理前先要测定原材料的金相组织情况，如果原材料中存在缺陷组织时，应首先采用适当的工艺将其消除后才能进行热处理，同时还应根据齿轮的具体情况并经过试验，选择最佳的 Ac_3 以下的温度及保温时间，这样才可以避免心部产生缺陷组织。

7. 氢脆剥落

在碳氮共渗工艺过程中，由于介质的因素，炉内气氛中氢的体积分数可达 60%～80%，由于气氛中含有较多的氢，并在热处理过程中容易渗入钢中，使工件表面含氢量显著提高，特别是尖端处氢容易聚集，致使该部位产生剥落，随着放置的时间越长，尖端处产生剥落的情况越严重。这是由于氢致断裂不是发生在突然的强加负载过程中，而是在强加负载后经过一段时间才发生的断裂。所以，氢脆断裂又称为延迟破坏。其表现形式是沿尖端处呈片状脱落，严重的则在尖端处呈鱼眼状剥落。

根据生产实践，工件尖端处是比其他部位更容易富集氢，钢中含氢量越多，裂纹扩展越快，断裂时间越短。所以，氢脆的危害是比较大的，往往引起工件大批量报废。一般认为碳氮共渗工艺比渗碳工艺更容易产生氢脆断裂。这是由于工件表面在淬火时含氮量的显著提高，耐回火性增强，残留奥氏体量增多，一般的回火工艺会使工件回火不足，显微组织转化不完全，而工件尖端应力分布情况又较复杂，有关资料指出："在奥氏体已不再稳定的某些点上，它会转变成马氏体；但马氏体却不能把大部分氢保留在固溶体中，因此它突然地把氢释放出来，这样所产生的应力就可以引起裂纹的发生。外加应力也可以促使奥氏体转变为马氏体，并从而使氢释放出并引起裂纹。"因此，我们认为产生剥落的主要原因是：如齿轮齿角处尖端在通氨淬火时聚集大量的氢，在喷丸过程中，使齿角处不稳定的残留奥氏体在外力的作用下向马氏体转变，但马氏体不能把大部分氢保留在固溶体中，从而使氢突然释放，引起齿轮齿尖端剥落。资料又指出引起氢脆裂纹的过程是："外加的应力也可以使奥氏体变成马氏体，并从而使氢放出并引起裂纹"，"主要是由于受外力的作用下，不断产生新的位错，这些新的位错同样被氢原子填满而形成新的氢气作用，在外力的作用下移动着的位错及氢气团运动到晶界或其他障碍作用时，即产生位错堆积，同时必然造成氢在晶界附近的富集，如应力足够大，则在位错的端部形成较大的应力集中，从而形成裂纹，富集的氢原子不仅使裂纹形成，并使裂纹扩展，最后造成脆性断裂。"但是，只要我们掌握其工艺要素，氢脆断裂是可以避免的，氢脆是一个可逆过程，如果通过适当热处理，把氢自金属内部驱出或消除氢在局部地区的聚集，则材料就安全或部分地恢复原来的力学性能，避免氢脆断裂的发生。根据回火工艺试验的情况，我们认为回火工艺温度及保温时间的长短能决定齿轮含氢量降低的程度。所以，在碳氮共渗工艺中，提高回火温度，延长回火保温时间，主要是促使显微组织转化完全，使氢逸出，降低齿轮表面的含氢量，使齿轮剥落不再扩展。那么对淬火后的工件，一方面根据不同的工件不同的工艺状况制定工件完全充分回火的工艺，另一方面淬火后的工件必须及时回火，这样就可以避免氢脆断裂的发生。

8. 碳氮共渗表面含氮量的检测及渗层测量

碳氮共渗工艺能提高工件表面强度和使用寿命，工件表面含氮量的高低，决定了热处理工艺的性能及工件（特别是齿轮）表面强度。如果含氮量过高，会产生显微组织缺陷而影响工件的使用寿命。含氮量过低，则会影响工件的表面强度及耐磨性。因此，如何正确测定工件表面的含氮量对正确使用碳氮共渗工艺有着重要意义。

对工件表面的含氮量的测定，一般是采用剥层试棒与同炉工件进行碳氮共渗淬火后再退火，然后进行剥层分析。在实际生产过程中，同炉试棒由于取样方法不同而含氮量剥层分析的结果也不一样。通过试验同炉试棒在工件出炉进行油冷淬火之前取出试棒的含氮量要比同炉试样与工件经淬火后再退火处理的剥层试棒要高三分之一左右，这就是说试样在退火过程要损失一定含氮量，也就是同炉试棒在工件出炉进行油冷淬火之前取出试棒测定的表面含氮量更接近于工件含氮量，也更具有代表性。采用此方法，操作简便，速度快、分析结果正确。

由于碳氮共渗处理的工件，必须达到工艺所规定的表面含氮量，所以一般都采用碳氮共渗后直接淬火工艺，这样对共渗层深度的测定，即由表面测到心部组织明显分界处为止。如需测定标准的平衡组织共渗层时，其退火工艺是 850℃保温 15～20min，650℃保温 10～20min，共渗层测量方法与渗碳层测量方法一样计算。这种方法比较麻烦也有设备的要求，但可以采用中性氧乙炔火焰加热，将试样放在耐火砖上，用中性氧乙炔焊炬将试样（切割后）与耐火砖一起加热 2～3min（试样温度约在 850℃以上）略停数秒后,以同样方法再加热一次，然后用蛭石（保温耐热材料）覆盖在试样上，待试样缓慢冷却 10min 后将试样取出空冷。这样也可以获得平衡组织的渗层。当然，根据目前的惯例，大多数与渗碳工艺一样采用的是有效硬化层测定的方法。

碳氮共渗处理金相图片见图 8-2-1～图 8-2-75。

第3节　渗氮和氮碳共渗处理

在一定温度下，于一定介质中，使氮原子［N］渗入工件表面的化学热处理工艺，称为渗氮，又称为氮化。常用的气体渗氮介质主要是氨气，渗氮温度为 500～600℃。

在生产中，还广泛应用氮碳共渗工艺，又称为软氮化。这是一种以渗氮为主的氮碳共渗工艺。常用的氮碳共渗介质主要以氨分解气为主，也有的用尿素、甲酰胺、三乙醇胺等，氮碳共渗温度为 500～580℃。

渗氮或氮碳共渗是将活化氮原子渗入钢的表面，从而改变钢的表面成分，因而提高了钢零件表面的硬度、耐磨性、耐蚀性和抗疲劳等力学性能的一种化学热处理。渗氮工艺或氮碳共渗工艺的主要特点是处理温度低、零件变形小。

渗氮处理能使工件最表层得到较高的硬度值，是随着钢中合金元素的不同，渗氮后的硬度值的大小也不同，所以在实际运用中，钢中的铬、铝、铜等合金元素能显著地提高渗层氮的硬度，尤以铝、钛等元素特别显著，可使工件的表面硬度达到 900～1100HV，此外合金元素还能提高钢的淬透性、强度和韧性，但是含铝的钢渗氮后表面层的脆性较大。另外，由于渗氮处理的温度较低，工件的变形微小，硬度高，有良好耐蚀性能和耐磨性等，所以在机械制造业中广泛应用。

渗氮处理按工艺可分为：普通渗氮、离子渗氮、防蚀渗氮和软氮化等。

氮碳共渗也称为低温氮碳共渗，因为在氮碳共渗过程中有微量的碳渗入，以测量表面白亮层的渗层厚度为主，一般没有明显的扩散层。渗氮处理的渗层厚度是测定白亮层加扩散层为总渗层。

气体渗氮处理是生产上广泛应用的方法，它是在渗氮炉中通入氨气进行热分解得到活性氮原子，然后活性氮原子被钢的表面吸收并扩散。气体渗氮，又称硬氮化。其工艺的缺点是渗氮处理周期较长，组织上有明显的氮扩散层，表面脆性较大。

1. 渗氮处理的优越性及应用

经过渗氮处理的工件表面硬度值为 93～95HR15N 约为 68～72HRC，维氏硬度可达 900～1200HV，所以渗氮工件的耐磨性好。同时渗氮工件在 500～600℃温度下的热硬性也较好，可用在较高温度下使用的工件，如铸型、挤压塑料模等，经很短时间的防蚀渗氮处理后的工件，使其寿命成倍提高。

由于渗氮工艺保温度是在 500～600℃之间，不需要急冷处理，所以工件的尺寸变化很微小，一般渗氮处理的工件不需要加工。

渗氮工件表面的残留压应力大于渗碳、淬火工件，所以渗氮工件在交变载荷的作用下具有高的疲劳极限。为此，对需要在周期交变应力作用下工作的机床主轴、内燃机曲轴等重要工件，进行表面渗氮处理，对提高这类工件的使用寿命是非常有效的。

渗氮处理后的工件表面有薄薄一层致密的、化学稳定性较高的白色 ε 相，能显著提高工件表面的耐蚀性能，所以能使工件在水中、潮湿的空气中、过热的蒸汽和弱碱性溶液中具有高的耐蚀性。为此，碳钢、合金钢经过防蚀渗氮处理后，便能起到防锈的作用。所以渗氮处理可以替代其他防锈化学处理。

2. 渗氮用钢及合金元素的影响

渗氮用钢是比较普遍的，低碳钢、合金钢以及一般铸铁等都可以进行渗氮处理。根据各种钢材合金元素的不同，渗氮后其表面硬度值也有明显的差异，可使工件表面具有高的耐磨性，其心部保持高的强度和韧性。所以采用合金钢经过调质处理，然后再进行表面渗氮处理，能获得良好的综合性能。

在渗氮过程中，钢中的含碳量高低直接影响渗氮时的扩散速度，钢中的含碳高，渗氮的速度会下降，这是因为钢中的渗碳体及片状珠光体量相对增多，而使得易溶解氮的铁素体量相对减少，其结果必将减小钢的渗氮层深度。由于钢中的合金元素能提高氮在 α 相中固溶度，且能溶入 ε 相和 γ 相中，也可以形成单独的合金氮化物，如 TiN、AlN、VN 等。根据氮化物的稳定性降低排列：钛及铝的氮化物最稳定且硬度最高，而渗氮层的脆性较大；其次是钒、钨、钼、铬的氮化物；再其次是锰的氮化物；稳定性最差是铁的氮化物，在 560℃ 以上加热就会分解，所以渗氮温度定在 480～580℃。

过渡元素钨、钼、铬、钛、钒以及微量元素锆和铌均能溶入铁素体，从而提高氮在 α 相中的溶解度，形成的氮化物稳定，是这些元素与氮的亲和力有关系。亲和力越大，氮化物的稳定性就越大，其硬度就越高。这些氮化物还呈高度的弥散分布，在高温下不溶于铁也不聚集，并且以具有活性的推移方式扩散到一定的深度。

3. 渗氮过程

渗氮过程是由分解、吸收、扩散三个阶段构成的，氮原子渗入钢的表面后，最终与各种合金元素以及铁形成氮化物来提高其硬度值。

1）活性氮原子生成：渗氮时只有使氮分子状态变成氮原子状态时，才能被钢的表面吸收。气体渗氮是利用氨气在 500～600℃ 温度下不稳定的性能，促使氨气在炉内分解成氮与新生氮原子，这时氮原子活性很强，容易被钢吸收，氨气分解的反应方程式是 $2NH_3 \rightarrow 2\,[N]+3\,[H]_2$。

2）控制氨分解率：通常氨的分解率应控制在 15%～65% 范围内比较合适。当分解率大于 80% 时，炉内氢气浓度较高，氢分子就会吸附在工件表面，影响氮原子的渗入。所以，为了提高炉内的活性氮原子浓度，要开大气阀，使氨的流量增加。

3）氮原子的渗入：工件表面吸收氮原子并在 α 铁中形成饱和的固溶体，然后随着氮原子浓度增加而形成氮化物。同时氮原子与工件中的合金元素形成合金氮化物。

4）氮原子的扩散过程：渗氮时工件表面饱和的氮原子会向里层扩散，从而形成一定深度的渗氮层，氮的扩散是原子移动方式向里层扩散的，随着渗氮的温度提高而加速。如工件在渗氮后硬度达不到要求时，不能用重复渗氮工艺来提高工件表面的硬度。只能将工件在 820℃ 以上加热，使工件表面的氮化物发生分解，退氮后再重新渗氮。

5）气体渗氮工艺：一般分为一段、二段、三段工艺。一段渗氮在 500～550℃ 保温较长的时间，工件表面获得较厚的 ε 相，表面的硬度也偏高。二段渗氮是先在 500～520℃ 下保温 10～20h，然后再升高到 540～550℃ 继续保温，这样可以获得较薄的 ε 脆性相。三段渗氮是在二段的后期再降温至 500～520℃ 持续保温，这样可使渗层较深，表面硬度也较高。有时为了减小表面 ε 相的厚度和氮浓度，防止表面脆性增大，可在渗氮完全分解的气氛中进行 2～10h 的脱氮。

4. 渗氮层深度的测量

渗氮工件表面渗层深度测量常用的有两种方法：一种是断口法；另一种是金相法。此外还有显微硬度法和热处理法。

（1）断口法　制成规定尺寸的缺口试块，渗氮后在缺口处冲断，用肉眼观察试块表面四周有一层很细的瓷状断口，而心部的断口组织较粗，用 10～25 倍放大镜测量表面瓷状断口的深度，即是渗氮层深度。

（2）金相法　将横截面抛光试样进行化学试剂腐蚀后，在放大 100～200 倍的显微镜下，用刻度目镜对渗氮层深度进行测量。渗氮层是由化合物层和扩散层所组成，渗氮层深度计算应从试样的表面沿垂直方向一直测至与基体组织有明显的分界处为止。

（3）显微硬度法　在试样的横截面上由表及里依次相隔一定的间距用 0.5～1N（50～100g）负荷进行硬度测试，也可以精确地测定出渗氮层深度。用显微硬度测量渗氮层深度的计算方法是从渗氮试样的表面垂直测到比基体显微硬度值高 30～50HV 处的距离为渗氮层深度。

（4）热处理法　有些材料渗氮后直接用化学腐蚀法显示不出渗氮层深度，如 10 钢。可采用 300℃回火 1h 后使固溶于扩散区铁素体中氮以针状的 Fe_4N 析出，才能在硝酸酒精溶液浸蚀下，于扩散区测量到 Fe_4N 针状组织，此时自渗层表面白色化合物层一直到针状组织消失处，即为试样的渗氮层深度。

总之，渗氮层深度的测定，以金相法为主，并以常用化学试剂助以显示。在渗氮层心部交界线显示不清晰的情况下，才采用硬度法和热处理法。

5. 渗氮层的显微组织

渗氮层的显微组织按铁氮相图，可获得 α、γ、γ'、ε、ζ 五种相。

1）α 相为氮在 α-Fe 中的固溶体，590℃时在 α-Fe 中最大 w（N）为 0.19%。若自渗氮后缓慢冷却，因氮在 α-Fe 中固溶量的降低而析出 γ' 相，如快速冷却 γ' 相析出受到抑制，氮在 α-Fe 相中处于过饱和状态。

2）γ 相为氮在 γ-Fe 中的固溶体，650℃时在 γ-Fe 中最大 w（N）为 2.8%，缓冷时 γ 相发生共析转变 γ→γ'+α。快冷时 γ 相转变为含氮马氏体和含氮残留奥氏体。

3）γ' 相为 Fe_4N，w（N）为 5.7%～6.1%，有较好的强韧性。

4）ε 相为 Fe_3N，w（N）为 8%～11%，缓冷时会析出 γ' 相，ε 相脆性较大。

5）ζ 相为 Fe_2N，w（N）为 11%～11.35% 较窄范围内，只有高氮势下低温长时间渗氮时才能出现，其脆性很大。

碳钢渗氮在缓冷或回火后，由表面向心部依次可得 ζ、ε、ε+γ'、γ' 和 α+γ'（γ' 是从 α 相中析出来的）等相层，表面白亮化合物层为三相层（其中包括 γ' 和 ζ 相），每个渗氮层中以上的五种相不是同时都存在的，它可以通过调整氮势来控制。

在合金钢渗氮时，氮在 α-Fe 中达到饱和时合金元素与氮形成合金氮化物，这时继续渗氮才依次形成 γ'、ε 及 ζ 相。合金钢渗氮时表面是白亮的 ε 层（多相化合物），下面弥散着大量合金氮化物的高硬度层，后者是渗氮层的主要部分。

以 38CrMoAl 钢渗氮为例，渗氮层的主要部分很像按马氏体位向排列的索氏体组织，用硝酸酒精溶液浸蚀时，受蚀特别严重，颜色暗黑，据此可以确定渗氮层深度。

以铬铝钢渗氮为例，在 α 层下还有继续向内扩展的针状 α 相，扩散层中大致平行表面的脉状组织为 α 和 γ'，用碱性苦味酸钠溶液浸蚀可染成黑色。当表面渗氮层深度较深或调质后没有得到均匀的索氏体组织时，脉状组织晶界成网络分布，使渗氮层脆性增大。

钢的渗氮、氮碳共渗处理金相图片见图 8-3-1～图 8-3-47。

第 4 节　感应加热热处理

表面加热热处理最常用的方法就是感应加热热处理。感应加热按电源频率及设备不同，分为工频、中频、高频和超音频。感应加热热处理具有工艺简单，工艺过程容易实现机械化和自动化，工艺周期短，生产效率高，工件变形小，节约能耗，环境污染少等优点。感应加热热处理的原理是利用感应电流通过工件所产生的热量，使工件表层、局部或整体加热并快速冷却的热处理。

1．感应加热速度对钢的组织影响

当加热速度很快时，对含有自由铁素体的亚共析钢向奥氏体转化必须在较高的温度下进行，这样会使奥氏体晶粒度明显增大，所以在快速加热的条件下珠光体中铁素体在转变成奥氏体的过程中会残留部分碳化物，使奥氏体不完全均匀化，淬火得到的是含碳量不等的马氏体，但是相对提高加热温度可以消除这种情况。对于低碳钢来说，即使加热到 910℃以上的温度，在快速加热的条件下也不可能使奥氏体均匀化。因此，淬火会出现一定量的铁素体。

2．感应加热速度对工件表面强度的影响

表面感应加热时，在一定的加热速度下，可以在某一温度获得最佳的硬度和强度值，温度过高或过低均达不到理想的硬度。在同种材料的情况下，感应加热表面淬火后的硬度要高于普通加热淬火，同样感应加热淬火后的耐磨性也比普通淬火高得多。

3．原始组织对感应加热的影响

对要求严格的工件，采用感应加热淬火时，应对钢材实施预备热处理。结构钢是采用调质处理，对于晶粒度大小不均匀和表面有粗大的铁素体分布时，均会影响快速加热并导致零件强度不均匀。所以，原始组织越细，奥氏体形核位置越多，可使碳原子扩散速度越快，这样可加速相变，使奥氏体完全化，才能得到良好的淬火组织。

4．淬硬层的选择和影响

感应加热淬火工件强度增高，表面残留压应力增大，这样可使工件的抗疲劳性能增强，淬硬层过深会降低表面残留压应力。为此，选择最佳淬硬层才能提高工件的抗疲劳性能。

淬硬层深度的测定方法有两种：金相法和硬度法。金相法是在显微镜下从表面测到心部为淬硬层；硬度法是用显微硬度计根据硬度值要求来测定的。

感应加热热处理金相图片见图 8-4-1～图 8-4-46。

第 5 节　其他表面处理

除渗碳、渗氮、碳氮共渗、氮碳共渗等常用的表面化学热处理外，还有渗金属、电镀、热喷涂、表面氧化、磷化处理等表面处理以及某些特殊的表面处理，如真空电弧离子沉积等。

1．其他化学热处理

根据机械零件的使用要求，在化学热处理范畴中除了渗碳、渗氮、碳氮共渗、氮碳共渗外，还包括各种渗金属的化学热处理，如渗铬、渗钒、渗硼、渗硫以及碳氮硼三元共渗等工艺，这些工艺可以提高工件表面硬度、耐磨性、抗氧化性能和耐热性能等。

（1）渗铬处理　将合金元素铬渗入工件表面，可以大大提高工件的耐蚀性、抗氧化性、表面硬度和耐磨性。

渗铬层组织比镀铬层组织来得致密，而且渗铬的工件可以得到比较均匀的渗铬层。渗铬层组织与基体结合比镀铬更为牢固；渗铬层的抗氧化性能和耐蚀性能也比铬镀层来得要好。

渗铬处理工艺有固体渗铬法、液体渗铬法、气体渗铬法三种。常用的是固体渗铬法。固体渗铬法又有粉末法和真空密封法。固体渗铬的操作与固体渗碳很相似，其主要区别在于渗铬箱的要求更高。渗铬剂的配方（质量分数）：50%铬粉［铬 $w(Cr)$ 大于 98%，100～200 目⊖］+48%氧化铝（经 1100℃ 焙烧，100～200 目）+2%氯化铵。其中铬粉是产生活性铬原子的来源，渗铬的温度一般采用 1050～1100℃，保温 6～12h。在渗铬过程中，随着渗铬温度的提高及保温时间的延长，渗铬层深度也随之增加。

在含碳量较低的钢中，形成固溶体类型的渗铬层；在含碳量高的钢中则形成碳化物类型的渗铬层。

在渗铬层中，含铬量随着含碳量的增加而增加，$w(Cr)$ 最高可达 50% 左右，甚至更高。

纯铁形成的渗铬层为富铬 α 固溶体，硬度很低，约 150～200HV，而 45 钢的渗铬层则分别由内外两层，外层为碳化物层，硬度可达 1500HV 左右；内层硬度稍低约为 750HV 左右。高碳钢和轴承钢一类的渗铬层硬度可达 1500HV，甚至更高。

（2）渗钒处理　在机械零件、工具和模具的表面上渗入钒元素后，其表面能形成一薄层特别坚硬的碳化物和碳化钒（VC），从而可以显著地提高工件的耐磨性，有时甚至可以高于硬质合金。一般冷挤压、冷镦模具经过表面渗钒处理后，它的使用寿命可以提高几倍到几十倍，因此这种工艺有很大的发展前途。

渗钒方法有喷镀法、电火花法、气相法和盐浴扩散法等，其中以盐浴扩散法较为简单，操作方便，无环境污染，因而具有一定的生产实用性。

渗钒盐浴成分的配方（质量分数）通常是 80%～90% 脱水硼砂+10%～20% 钒铁粉。使硼砂盐浴中保持 $w(V)$ 为 10% 左右，钒铁粉的颗粒为 60～100 目⊜，$w(V)$ 为 45% 左右。使用中，当盐浴老化后可用铝粉还原，使之重新恢复活性。

渗钒的温度选用 900～1000℃ 之间，保温 4～6h 为宜。如果温度过低，碳化物形成时间较长，渗钒层也较浅。如果温度过高，会使模具钢晶粒长大的倾向增加，给基体组织的性能带来不利的影响。

碳素钢渗钒后表面形成的白色渗钒层为碳化钒（VC），使用时容易剥落；而合金钢渗钒层则不易剥落。因此，一般工、模具都采用高碳合金钢制造并经渗钒处理，这样可以获得最佳的效果。

渗钒层经硝酸酒精溶液浸蚀后，在断面上出现一层白色层，约为 5～15μm，这种白色层即为钒的碳化物。这样微薄的渗钒层已足够起到耐磨的作用，倘若渗钒层过厚，反而使工件表面的脆性增加，白色渗钒层用 X 射线衍射结构分析可知为 VC。

GCr15 钢渗钒后，表面白色渗钒层的硬度可达 2692～3386HV；CrWMn 钢渗钒层硬度可达 2900～3300HV。因此从表面化学热处理工艺比较来看，渗钒层的硬度最高。

（3）渗铝处理　为了使钢铁零件在高温下能有良好的抗氧化性和在某些介质中具有较好

⊖ 目为非法定单位，100～200 目相当于粒径为 0.154～0.071mm。
⊜ 目为非法定单位，60～100 目相当于粒径为 0.280～0.154mm。

的耐蚀性，用低碳钢、中碳钢经渗铝处理后可以作为抗氧化钢的代用品，能在 950℃ 下长期使用。

常用的渗铝方法有固体和液体（热浸法）两种。在国外，近年来正在试验采用一种电泳渗铝法。

固体渗铝剂通常是由铝粉或铝铁粉与氯化铵催渗剂配制，具体配方（质量分数）是 98% 铝铁合金+2%氯化铵。固体渗铝温度一般采用 950～1050℃，保温 10h 左右。工件渗铝后表面含铝量很高，脆性较大，受到冲击后易于脱落。若渗铝后再经 950～1050℃ 保温 3h 扩散退火，使表层的含铝量下降，既可使渗层增厚 20% 左右，又有利于降低渗层脆性。

渗铝工件的横切面经硝酸酒精溶液浸蚀后，在光学显微镜下观察其最表层为白亮层的铝铁化合物，随后为柱状的 α 固溶体，在渗铝层下面有一富碳区，含碳量比基体高。渗层表面的白色铝铁化合物硬度可达 500～700HV。

（4）渗硼处理　将硼元素渗入钢的表面，促使形成铁的硼化物，从而得到一薄层比渗氮层硬度更高的硬化层。渗硼层的最表面硬度可达 1400～2000HV，因此具有很高的耐磨性。渗硼层还具有良好的抗蚀性、热硬性和抗氧化性等优点。其主要缺点是脆性较大，不易磨削加工，并且由于渗硼的温度较高（950℃），对一般钢材容易产生过热和较大的变形，所以渗硼工艺的应用和推广受到一定的限制。

渗硼方法分为固体、气体、液体及电解盐浴渗硼四种。在国内液体渗硼应用最广泛，其特点是可采用价格低廉、供应充足的渗硼剂，设备、操作均比较简单，而且容易得到质量较好的渗硼件。其缺点是盐浴的流动性较差，残留在工件表面的盐渍很难清洗去除。

液体渗硼盐浴的配方（质量分数）为 80%的脱水硼砂（$Na_2B_4O_7$）+8%碳化硅（SiC）+3.5%碳酸钠（Na_2CO_3）+3.5%碳酸钾（K_2CO_3）+5%硅钙合金。渗硼温度为 930～950℃。

在液体渗硼时，首先是熔盐中要有一定浓度的硼元素，并在反应中能还原出硼原子。在高温下（930℃），熔盐中的硼原子与工件表面直接接触而被吸附，同时硼原子向工件内部进行扩散，从而在表面形成铁-硼化合物层。

要使液体熔盐渗硼正常工作，盐浴的流动性很重要，为此必须提高盐浴在高温下的流动性，可向熔盐中经常加入一定量的添加剂。推荐采用碳酸钾（K_2CO_3）和碳酸钠（Na_2CO_3），其质量比为 1∶1，加入量（质量分数）各为 3.5%，总量为 7%，就能使渗硼盐浴的熔点降低，使流动性提高，而且渗硼后工件表面的残盐为碳酸盐、氧化物和硅酸盐的复合物，质地疏松，只需用沸水煮洗数小时，残盐便松软，易于刷除。

渗硼过程是由活性硼原子向工件表面沉积，并向内层扩散两个过程组成的。盐浴渗硼的化学反应如下：

$$Na_2B_4O_7+2SiC \rightarrow Na_2O \cdot 2SiO_2+4 [B] +2CO$$

$$Na_2B_4O_7+SiC \rightarrow Na_2O \cdot SiO_2+4 [B] +CO_2+O_2$$

$$2Fe+B \rightarrow Fe_2B$$

$$Fe+ [B] \rightarrow FeB$$

在一般正常工艺条件下，渗硼层均以 Fe_2B 为主，只有当渗硼时间过长或者配方浓度过高时才会在工件的最表面出现 FeB 沉积。FeB 脆性很大，因而属于不希望出现的渗层组织。

（5）渗硫处理　渗硫处理是在工件表面生成一层渗硫层，可使工件表面的耐磨性和抗擦伤或抗咬合性能获得大大的改善。

钢的表面渗硫方法有固体渗硫、液体渗硫及气体渗硫三种。目前大都采用低温液体电解渗硫法。渗硫的盐浴成分（质量分数）一般采用 66%硫氰化钾（KSCN）+32%硫氰化钠（NaSCN）+2%亚铁氰化钾［$K_4Fe(CN)_6$］组成。使用的电流密度为 3.5A/dm²，通氨搅拌，使盐浴成分均匀，在 190~200℃通电约 15~20min 后，工件表面就会有一薄层软质多孔状的硫化铁渗层。

钢材表面经过低温电解渗硫后，在金相显微镜明场下就能观察到其表面有呈灰色的硫化物叠置在金属基体上，但无扩散层。

（6）碳-氮-硼三元共渗　在钢的表面进行碳氮硼三元共渗，可使工件表面硬度达到 960~1100HV，从而提高了耐磨性和耐蚀性能。所以，三元共渗工艺是综合渗碳、渗氮、渗硼处理的长处而建立起来的一种新的工艺。

三元共渗温度（一般为 740℃左右）比单独的渗碳、渗硼和碳氮共渗处理都要低，因而零件变形极小。三元共渗适用于各种碳钢、合金钢及球墨铸铁等材料。三元共渗处理后表层的脆性比单独渗硼要小，不会产生剥落现象，并且有较好的耐蚀性能。

三元共渗并淬火后可使零件表面出现一层硬化组织，基体为含氮马氏体，其上存在着弥散度较高的化合物（含硼渗碳体）。由于这种化合物极细小，在一般光学显微镜下无法分辨，只能用化学分析或扫描电镜能谱来测定。

2. 电镀

电镀是一种能在金属和非金属制品表面上形成符合某种要求的平滑面致密的金属层，也是一种表面处理方法。

电镀层的分类有四种：防护性镀层、防护装饰性镀层、功能性镀层、修复性镀层。

电镀的主要目的有：提高金属制品与工件的耐蚀能力和装饰外观，修复零件表面缺陷，赋予零件表面特殊功能，提高表面硬度、耐磨性、导电性、导磁性和高温抗氧化性，减小接触部位摩擦，增强或减弱金属表面的反光能力，防止射线的损伤，化学热处理时工件局部防渗，保护金相试样的边缘等。

电镀层的表面生长形态不但受晶体内部结构的对称性、结构基元之间成链作用以及晶体缺陷等因素制约，而且很大程度上是受到电镀工艺条件的影响。所以，观察电镀层形态的变化，将有助于加深对电结晶机理的认识和电镀工艺的研究。

常见的电结晶生长形态有层状、棱锥状和块状；不常见的有螺旋状、棱晶、枝晶和须晶等。

一般常用的电镀工艺主要有：镀铬、镀镍、镀锌、镀铜、镀银等，而镀铁工艺一般人对它的认识还不太清楚，这里着重介绍如下：

用冶炼方法生产的工业纯铁硬度仅为 80HV，而电镀法可镀得高硬度纯铁（50~60HRC），w（Fe）为 99.999%，组织为纯铁素体，镀层可获得非晶态的结构。

近 20 年来，镀铁技术获得迅速的发展，特别是应用于机械磨损件的修复方面，如用于轮船、火车、大型发动机曲轴的磨损修复上取得相当可观的经济效益。

镀铁具有以下特点：

1）在电镀工艺中，它属于成本低廉、节能、无毒和良好环保一类的工艺。

2）镀液温度低（30~50℃），电流效率高（98%以上），允许的阴极电流密度大（D_k=20~40A/dm²），沉积速度快（0.2mm/h），镀厚能力强（一次镀厚度可达 ϕ3~ϕ8mm）。

3）用不同的电解液配方和不同电源参数（直流电源、不对称交-直流、脉冲方波电源）

可获得不同硬度的铁镀层（即硬度 20～64HRC 可调）。镀层与基体结合强度好，可达到 200～300MPa，同时镀层具有良好的力学性能。经过 20 余年运行的情况来看，镀层的抗拉、抗压、抗疲劳、内应力等性能均能经受实践运行考核，能满足使用要求。铁镀层的耐磨性相当于淬硬钢。

4）铁镀层有显微孔隙，能储油，利于润滑。镀层经 X 射线测定，第一类内应力为 90MPa，第二类内应力为 200MPa，镀层具有超细晶粒的显微结构，其工作温度可达 400℃，若超过 500℃时，镀层的显微结构将发生变化，硬度有明显的降低。经 700℃加热后，镀层的硬度将下降到与工业纯铁相仿。镀层有渗氧现象，可在 110～120℃热油中浸泡 2h 来除氧。

5）铁镀层可再进行化学热处理，其渗速较普通钢铁为快，而且渗层浓度提高。例如渗碳，只需正常渗碳的 1/4～1/3 时间，渗碳层 w（C）可达 4%，不但硬度高，而且不剥落。

3. 热喷涂

热喷涂层是作为强化机械工件表面的一种新的防护和强化工艺，是当今世界金属表面处理领域中十分重要的一种新型的工艺，使用越来越广泛。它可以提高工件的质量，延长工件的使用寿命，而且能节省材料，节约能源，降低成本，在产品制造和磨损件的修复中应用越来越广泛。

热喷涂层的方法是氧乙炔火焰喷涂和喷焊、等离子喷涂和喷焊、电弧喷涂等。使用的材料分为粉末和线材两大类。

热喷涂工艺是利用某种热源，将金属、陶瓷、塑料、复合材料等加热到熔融状态并以一定的速度喷射到工件表面，从而获得各种预期性能的覆盖层。

喷焊层与基材是冶金结合，其交界处形成互熔区，互熔区约为 0.006～0.030mm 主要是受重熔温度和保温时间及焊层厚度的影响，一般来讲互熔区越窄越好。因为重熔温度和基材预期温度越高，保温时间越长，喷焊层越厚，互熔区越宽，这样会使基材中的元素向喷焊层扩散过多，也会使近互熔区的喷焊层中碳烧损太多，导致喷焊层金属失去原有的耐磨、耐蚀等特性。

4. 真空电弧离子沉积技术

真空电弧离子沉积硬化膜是物理气相沉积技术中比较理想的工艺方法之一，它具有膜层材料硬度极高，致密度大，摩擦因数小，与基体结合力强，化学稳定性高，工艺过程产生的温度效应低等优点。其基本原理：真空室内有多个作为蒸发离化源的阴极和工件架，低压大电流直流电源与蒸发源和引弧电极相接，引弧电极在阳极表面接触时瞬间引发电弧，低压大电流直流电源维持阴极和阳极之间的弧光放电过程，放电过程中使阴极材料大量蒸发，并形成定向的具有能量的原子核离子束流，足以在基体上沉积具有牢固吸附力的膜层。

膜面的致密度可利用高分辨率的 AFM 显微镜来观察。

膜层的本体硬度测试可利用纳米压痕深度测试仪测试 DLC 膜层表层的硬度。

膜层与基体的界面成分可利用 XPS X 射线光电子能谱和 EDX X 射线能谱仪对 DLC 膜进行剥层和端面扫描分析。真空电弧离子沉积设备在 TC4 钛合金表面沉积 TiN 膜和类金刚石 DLC 膜，是一种把真空弧光放电用于蒸发镀的物理气相沉积硬化层技术，膜层的厚度约为 2μm，薄膜的硬度极高，TiN 膜和 DLC 膜的外观平滑光亮致密，用于刀具制造可使切削刀具的使用寿命提高数倍。用于计算机程序控制系统，制备出的膜层材料在外观和性能上都达到了较高的水平，不仅适用于金属材料，也适用于非金属材料。国外已普遍将该项技术用在各种高精度、耐磨、抗氧化的重要零件上。

　　膜层与基体的结合力，是用冷热交变法、热震法观察膜面在急热和急冷条件下的变化情况、沉积工艺过程对表面粗糙度的影响、沉积硬化膜前后对试块和模拟件表面粗糙度进行测定。

　　其他表面处理的金相图片见图 8-5-1～图 8-5-108。

附表　表面渗镀涂层浸蚀剂的名称、组成和用途

表面渗镀涂层浸蚀剂的名称、组成和用途

序号	名　称	组　成		用　法	用　途	备　注
1	2%硝酸酒精溶液	硝酸 酒精	2mL 98mL	浸蚀法	渗碳层、碳氮共渗层、氮碳共渗层组织的显示	
2	3%硝酸酒精溶液	硝酸 酒精	3mL 97mL	浸蚀法	渗碳层、碳氮共渗层、氮碳共渗层组织的显示	
3	4%硝酸酒精溶液	硝酸 酒精	4mL 96mL	浸蚀法	渗碳层、碳氮共渗层、氮碳共渗层组织的显示	
4	1+1盐酸水溶液	盐酸 水	1 份 1 份	酸洗	零件表面的酸洗	
5	氯化高铁+盐酸水溶液	氯化高铁 盐酸 水	5g 10mL 100mL	浸蚀法	渗氮扩散层组织的显示	
6	硒酸盐酸酒精溶液	硒酸 盐酸 酒精	3mL 20mL 100mL	浸蚀法	渗氮、软氮化层组织的显示	
7	盐酸硫酸铜水溶液	盐酸 硫酸铜 水	20mL 4g 20mL	浸蚀法	渗氮层、扩散层组织的显示	
8	三钾试剂	黄血盐 赤血盐 氢氧化钾 水	1g 10g 10g 100mL	浸蚀法	渗硼层组织显示，FeB 呈黑色，Fe_2B 呈浅灰色	
9	10%草酸溶液	草酸 水	10mL 90mL	电浸蚀	镀铁层组织的显示	
10	三氯化铁盐酸溶液	氯化高铁 盐酸 水	5g 20mL 100mL	浸蚀法	铜零件组织的显示	
11	氟化氢铵水溶液	氟化氢铵 蒸馏水	5g 100mL	浸蚀法	渗氮工件测 TiN 化合物层、含氮钛晶粒（黑色、白色）	

（续）

序号	名　称	组　成	用　法	用　途	备　注
12	硫代硫酸钠氯化镉柠檬酸水溶液	硫代硫酸钠 240g 氯化镉 24g 柠檬酸 30g 蒸馏水 100mL	先经 4%硝酸酒精预浸蚀，然后化染，目测至蓝紫色	渗碳层、碳氮共渗层、氮碳共渗层、渗硫层、硫氮共渗层中的显微组织染色，渗硼、渗铝中的显微组织染色，渗铌，渗氮化钛	
13	三钾试剂	铁氰化钾 10g 亚铁氰化钾 1g 氢氧化钾 30g 蒸馏水 100mL	浸蚀	简称三钾试剂 显示渗硼层组织，FeB 呈黑色，Fe_2B 呈浅灰色	
14	硫代硫酸钠氯化镉柠檬酸水溶液	硫代硫酸钠 240g 氯化镉 24g 柠檬酸 30g 蒸馏水 1000mL	先经硝酸酒精预浸蚀，然后化染，目测至蓝紫色	渗硼组织化染、硼-钒共渗	
15	铁氰化钾氢氧化钾水溶液	铁氰化钾 10g 氢氧化钾 10g 蒸馏水 1000mL	先经 4%硝酸酒精预浸蚀，然后再浸蚀	渗铬、渗钒	
16	盐酸硒酸酒精溶液	盐酸（质量分数为35%） 5～10mL 硒酸 1～13mL 乙醇 100mL	化染	沉积碳化钛	
17	铬酸硫酸钠水溶液	铬酸 20g 硫酸钠 0.5g 蒸馏水 125mL	浸蚀	镀锌、镀锌-铁合金	
18	氨水过氧化氢水溶液	氨水 30mL 过氧化氢 30mL 蒸馏水 30mL	浸蚀	镀银、镀硬银、镀铜、镀铜-锡合金	
19	硝酸醋酸溶液	硝酸 50mL 醋酸 50mL	浸蚀	镀镍	
20	硝酸盐酸溶液	硝酸 20mL 盐酸 60mL	浸蚀	镀铬	
21	苦性味酸钠水溶液	苦味酸 2g 苛性钠 25g 蒸馏水 100mL	煮沸浸蚀 5～10min	渗碳体呈棕黑色，铁素体不变色	
22	高氯酸酒精溶液	高氯酸 5mL 酒精 100mL	放入双喷减薄仪中作薄膜减薄用	制作透射电子显微镜（TEM）的金属薄膜试样	

金 相 图 片

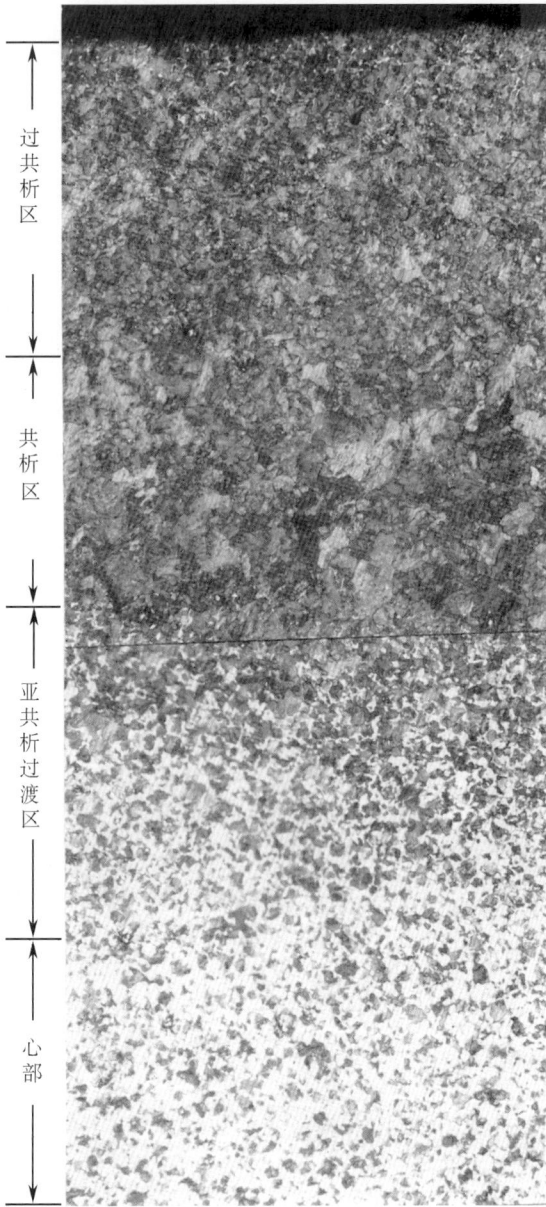

过共析区

共析区

亚共析过渡区

心部

图 8-1-1   100×

图 号：8-1-1

材料名称：20CrMnTi 钢

浸 蚀 剂：4%硝酸酒精溶液

处理情况：920℃气体渗碳后坑冷

组织说明：最表面为过共析渗碳层，均匀分
布的颗粒状碳化物，黑灰色基体是细珠
光体；次层为共析渗碳层，黑灰色基体
为细片状珠光体；第三层为亚共析过渡
层，组织为珠光体及铁素体，逐渐向心
部，铁素体含量渐增，而珠光体则不断
减少，一直过渡到心部原始组织为止。
心部组织为铁素体及珠光体，铁素体晶
粒细小。图示的组织属于正常的渗碳后
缓慢冷却得到的平衡组织。含碳量由高
向低逐渐过渡。心部晶粒细小，属正常
渗碳温度。在 100 倍下就能观察到最表
层的碳化物颗粒，而且有一定的深度，
说明渗碳时碳势偏高所致。这可以通过
选用 880～860℃淬火加热温度，保温时
间可根据碳化物大小及深度来确定长
短，以确保表面碳化物充分溶解，使淬
火后工件表面碳化物数量减少。

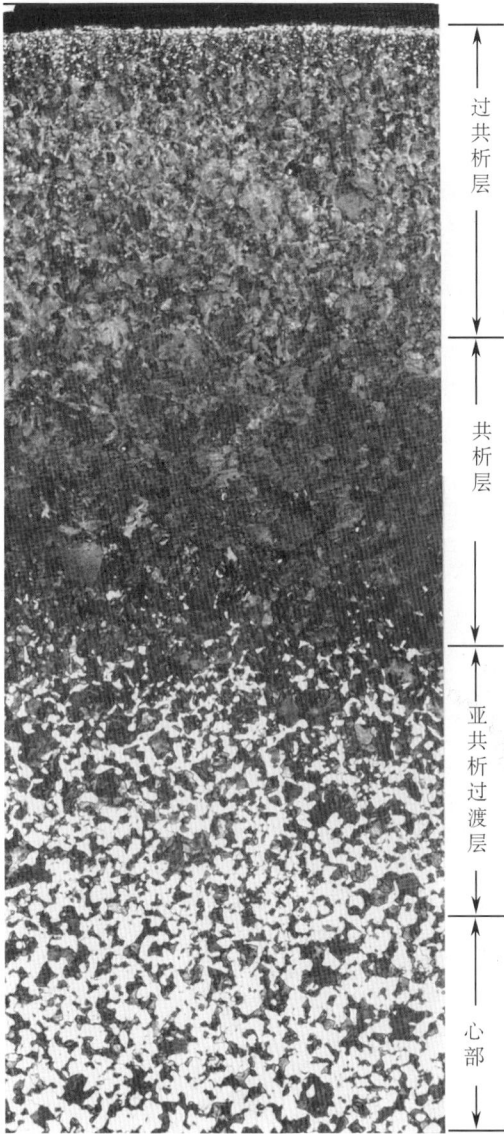

图　8-1-2　　　　　　　　　　　100×

图　8-1-3　　　　　　　　　　　250×

图　　号：8-1-2、8-1-3
材料名称：20CrMnTi 钢
浸 蚀 剂：4%硝酸酒精溶液
处理情况：920℃气体渗碳后坑冷
组织说明：图 8-1-2：表面渗碳层组织的分布情况，第一层为过共析渗碳层，基体为细片状珠光体及粒状和
　　　　　网状碳化物，由于放大倍数小，故碳化物的分布不易被判断；第二层为共析渗碳层，基体为细片状珠光体；
　　　　　第三层亚共析过渡层，基体为珠光体及铁素体；最后为心部组织，基体为铁素体+珠光体。
　　　　图 8-1-3：是图 8-1-2 表面过共析渗碳层放大后的组织，最表面是颗粒状碳化物，达一定深度后才开始
　　　析出沿晶界分布的网状碳化物。图中晶粒分布由表及里逐渐长大，这是由于越接近表面碳浓度越高，碳化
　　　物阻止晶粒长大的倾向就会越大。

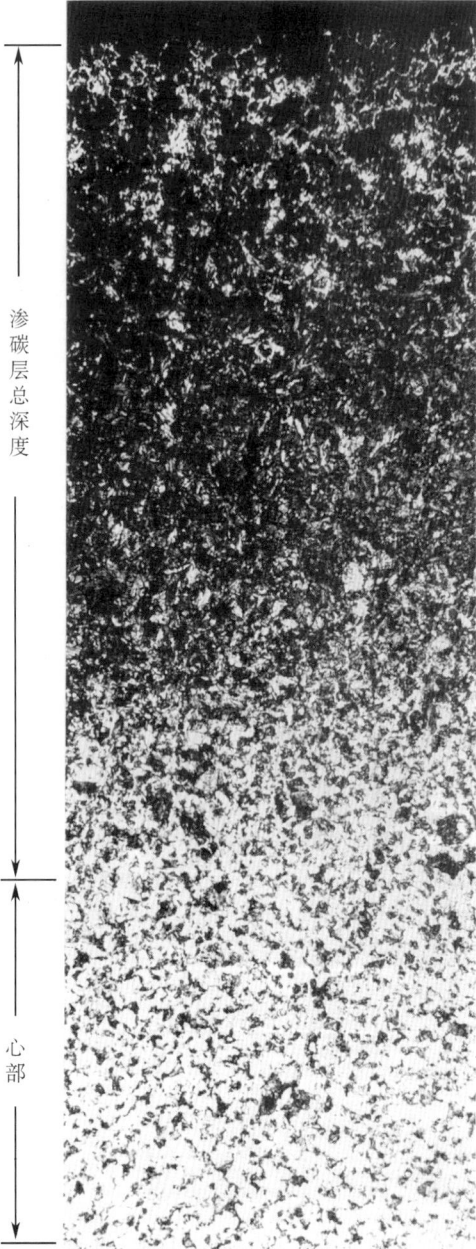

渗碳层总深度

心部

图 8-1-4 100×

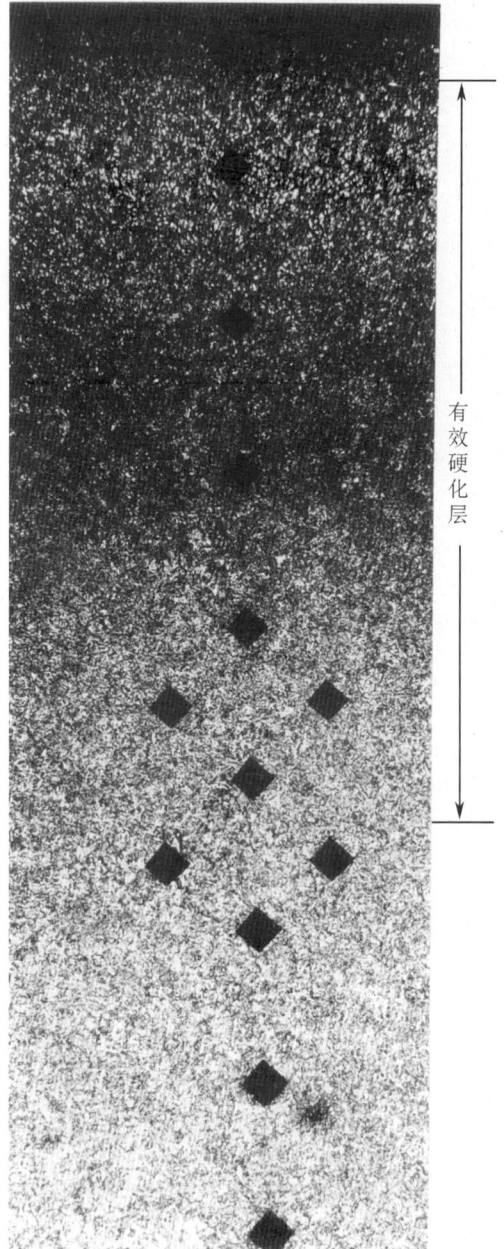

有效硬化层

图 8-1-5 100×

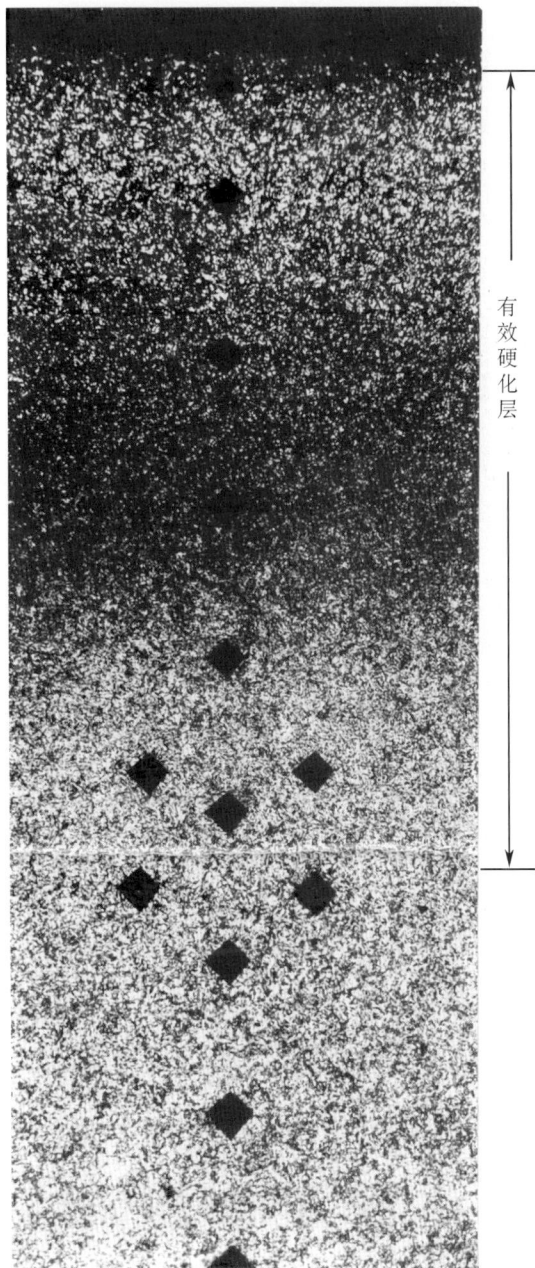

有效硬化层

图　8-1-6　　　　　　　　100×

图　　号：8-1-4～8-1-6

材料名称：12Cr2Ni4 钢

浸 蚀 剂：4%硝酸酒精溶液

处理情况：920℃渗碳，860℃加热，水冷淬火、油冷淬火，180℃回火

组织说明：将同一根渗碳试棒，采用不同冷却方法，测定它的渗层深度和有效硬化层。

　　图 8-1-4：920℃高温气体渗碳 4.5h 后缓冷的组织分布情况，渗碳层中组织为细珠光体及部分马氏体，近边缘有少量碳化物，在交界处逐渐有铁素体析出一直过渡到心部，渗碳后总深度（测到心部明显交界处）为 1.02mm。

　　图 8-1-5：是将图 8-1-4 试块再经过 860℃加热水冷淬火，180℃回火处理后的组织分布以及用 9.8N（1kgf）负荷测定其硬度的变化情况。

　　组织分布：由表层针状马氏体及残留奥氏体和少量碳化物→中碳马氏体→低碳马氏体（心部）。

　　有效硬化层按 ISO—2639 国际标准中规定的公式计算为 1.03mm。

　　图 8-1-6：是将图 8-1-4 试块再经过 860℃加热后油冷淬火，180℃回火处理后的组织分布，其有效硬化层深度为 1.07mm。

　　从以上三者的深度比较，基本接近。

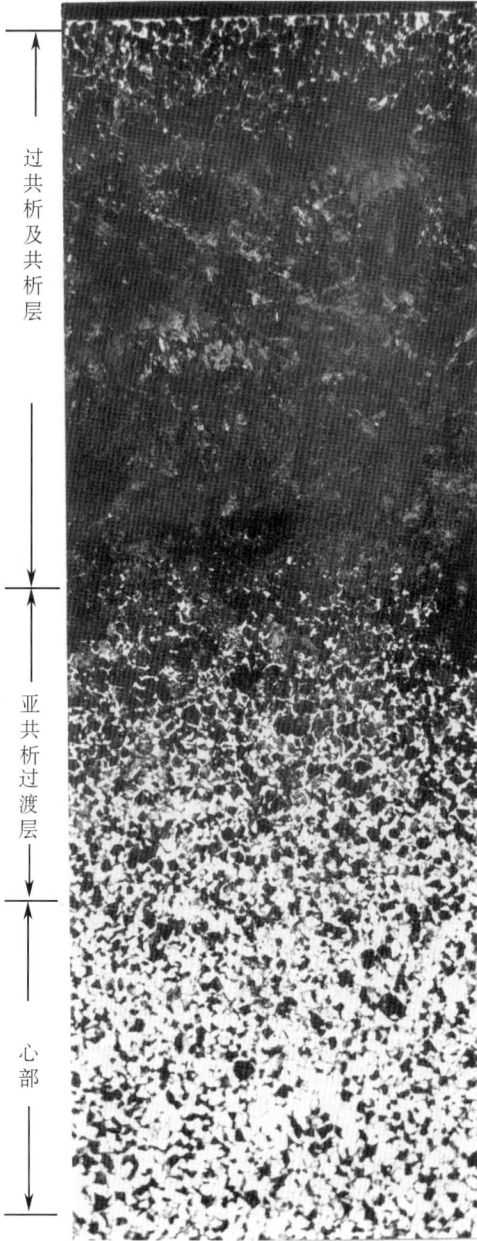

图 8-1-7 100×

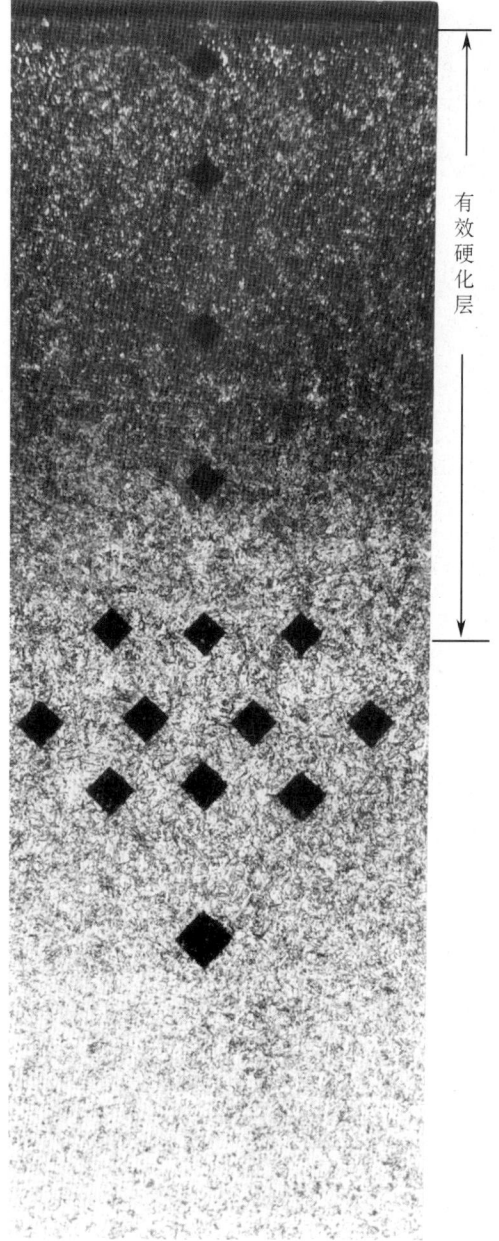

图 8-1-8 100×

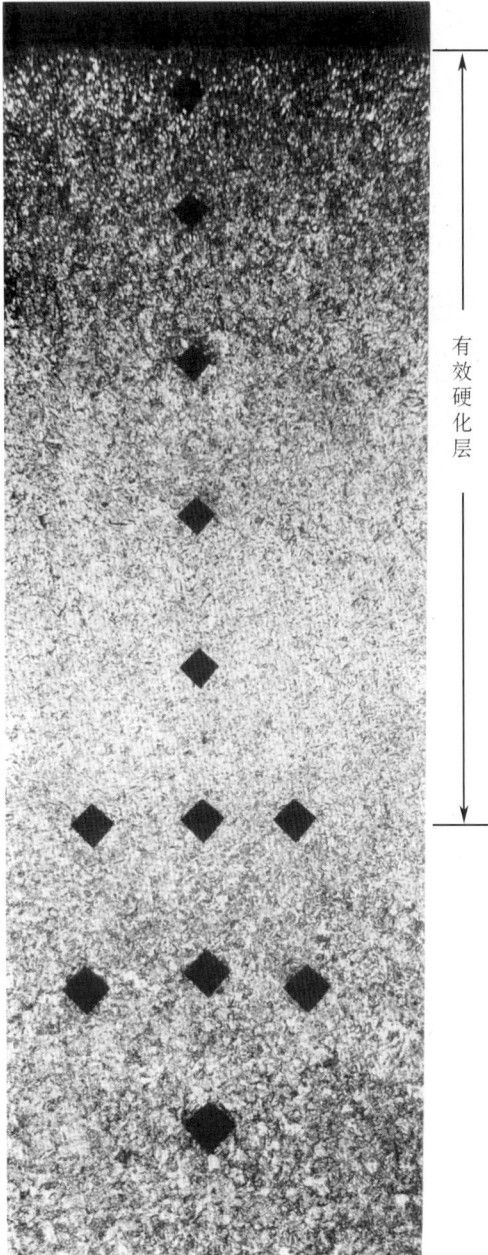

图　　号：8-1-7～8-1-9

材料名称：20Cr 钢

浸 蚀 剂：4%硝酸酒精溶液

处理情况：图 8-1-7 试块 1 经过 920℃渗碳 4.5h 后缓
冷；图 8-1-8 将图 8-1-7 试块再经 860℃加热后油冷淬
火，180℃回火；图 8-1-9 将图 8-1-7 试块再经 860℃
加热后水冷淬火，180℃回火

组织说明：图 8-1-7：渗碳缓冷的平衡状态组织分布。

第一层为过共析渗碳层，块状及网状碳化物+
基体为细珠光体，这一层深度为 0.25mm。

第二层为共析渗碳层，基体主要为细片状珠光
体。这一层深度为 0.50mm。

第三层为亚共析过渡层，基体为细珠光体+铁素
体。随深度的增加铁素体含量逐渐增多，一直到与
心部组织相同。

这三层合计渗碳层总深度为 1.20mm。心部组织
为铁素体+细珠光体。

图 8-1-8：渗碳试块经过油冷淬火并 180℃回火
后的组织分布，表层为针状马氏体及残留奥氏体和
块状碳化物，逐渐向里则碳化物减少。过渡到中碳
马氏体，最后一直过渡到心部低碳马氏体。按 ISO
国际标准测定到 550HV 处作为有效硬化层的深度，
9.8N（1kgf）负荷所测得的硬度值。根据公式计算
有效硬化层厚度为 0.84mm。

图 8-1-9：渗碳试样经过水冷淬火并 180℃回火
后的组织和硬度分布。由表及里的组织与图 8-1-8
相似，有效硬化层厚度为 1.03mm。

由图 8-1-8、图 8-1-9 可知，随着淬火冷却速度
的增大，渗碳淬火有效硬化层也会增大。

图　8-1-9　　　　　　　　100×

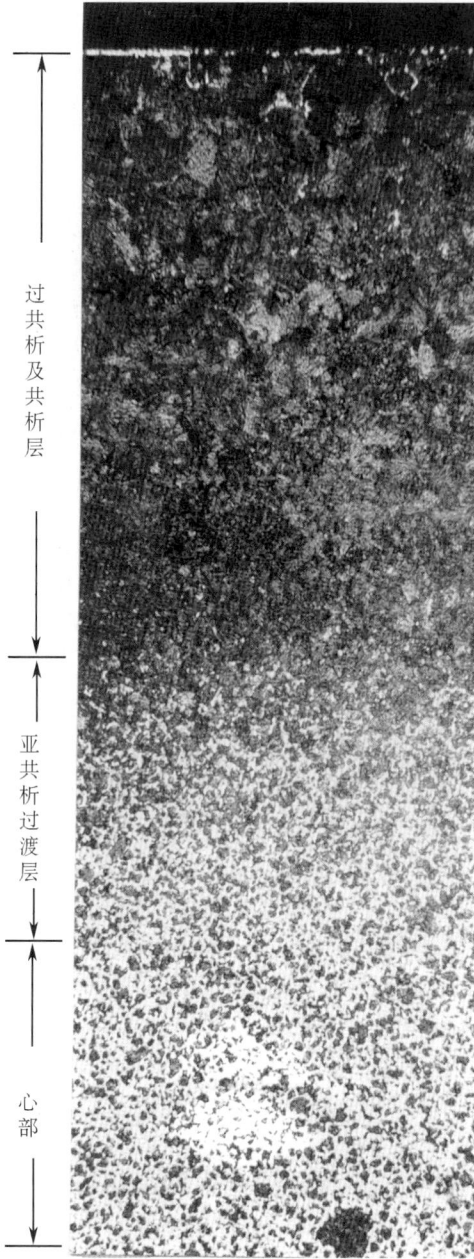

过共析及共析层

亚共析过渡层

心部

图 8-1-10   100×

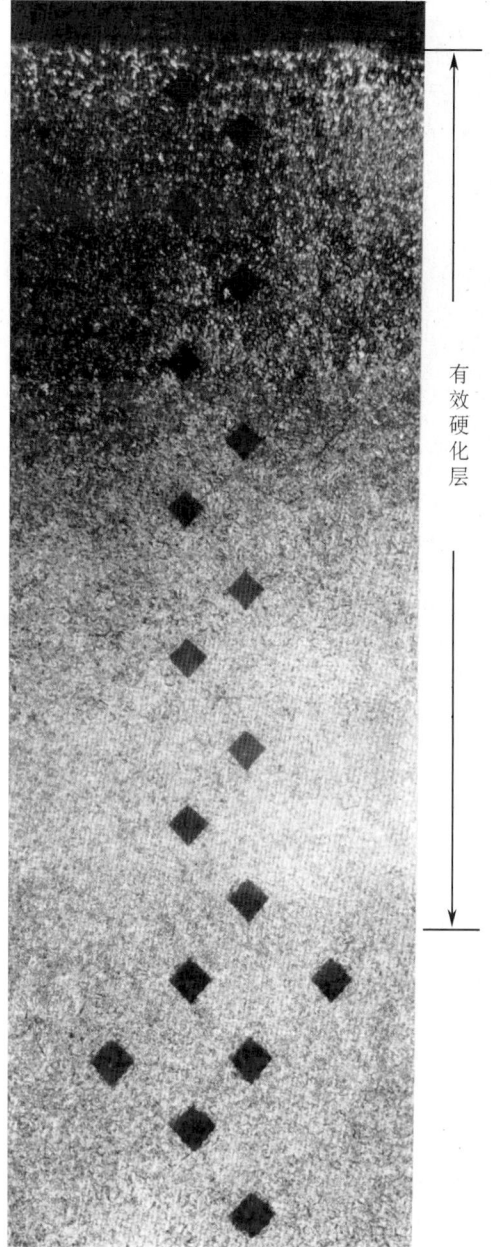

有效硬化层

图 8-1-11   100×

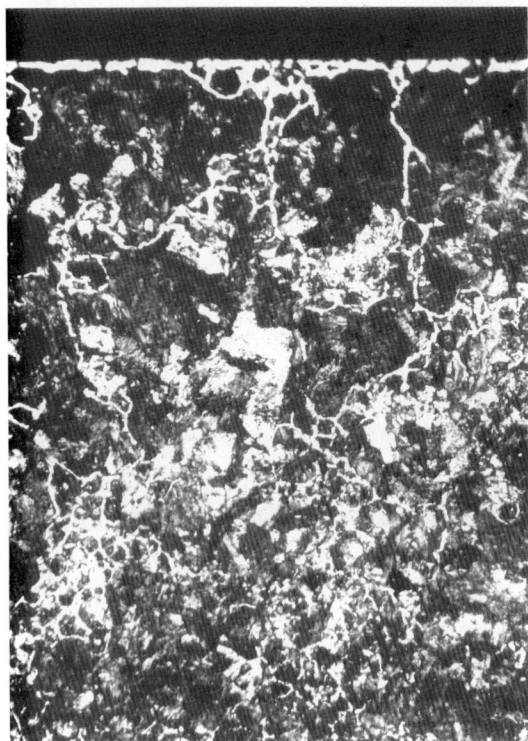 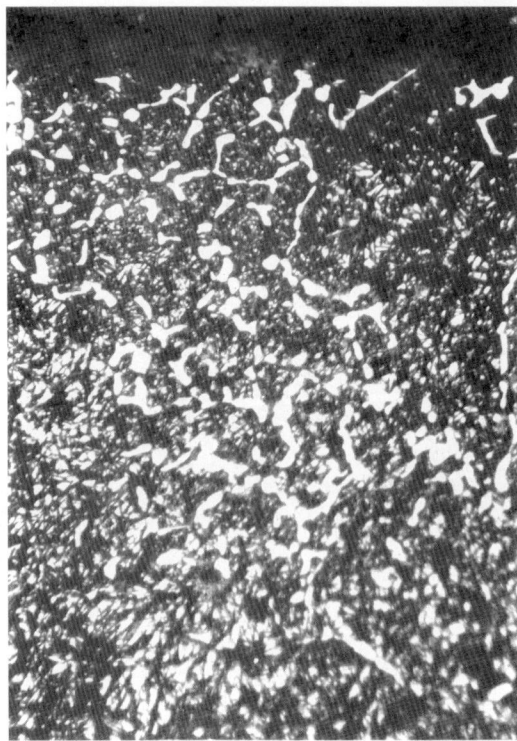

图　8-1-12　　　　　　　　　　　　500× 　　　图　8-1-13　　　　　　　　　　　　500×

图　　号：8-1-10～8-1-13

材料名称：20CrMo 钢

浸蚀剂：4%硝酸酒精溶液

处理情况：920℃渗碳 4.5h 后坑冷；860℃加热油冷淬火，180℃回火

组织说明：渗碳缓冷的渗碳层深度与渗碳淬火后有效硬化层深度的对比情况。

　　图 8-1-10：渗碳缓冷后的渗碳层平衡组织的分布情况，表面过共析+共析渗碳层深度为 0.80mm；亚共析过渡层深度为 0.38mm 渗碳层总深度为 1.18mm。

　　图 8-1-11：淬火后，按 ISO 国际标准有效硬化层的硬度值由测 550HV 处测到 575HV 处（即提高 25 个单位）；按 ISO—2639 国际标准中公式计算得有效硬化层厚度为 1.15mm。

　　图 8-1-12：图 8-1-10 的最表层过共析渗碳层放大 500 倍的形貌后清晰可见细片状珠光体及白色网状碳化物。含碳浓度较高，w（C）约为 1.20%左右。

　　图 8-1-13：图 8-1-11 的最表面放大组织，基体为针状马氏体及残留奥氏体和较多呈条网状分布的碳化物，由于碳浓度较高，用一次 860℃加热未能使碳化物全部溶解。从图 8-1-10，图 8-1-11 的深度对比，有效硬化层与渗碳总深度的尺寸相似。

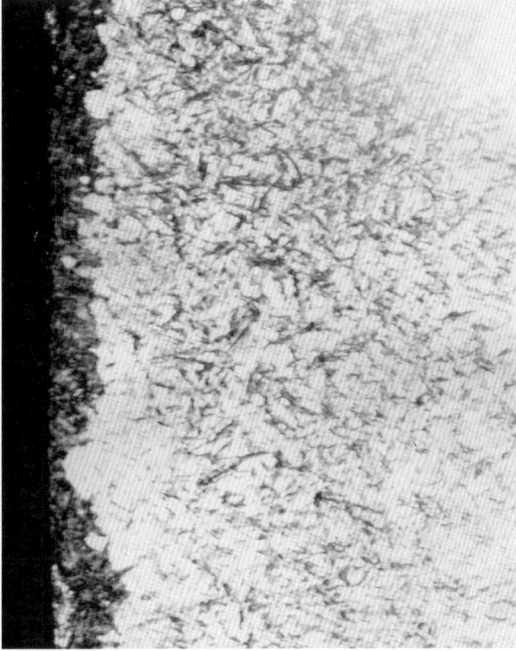

图 8-1-14　　　　　　　400×

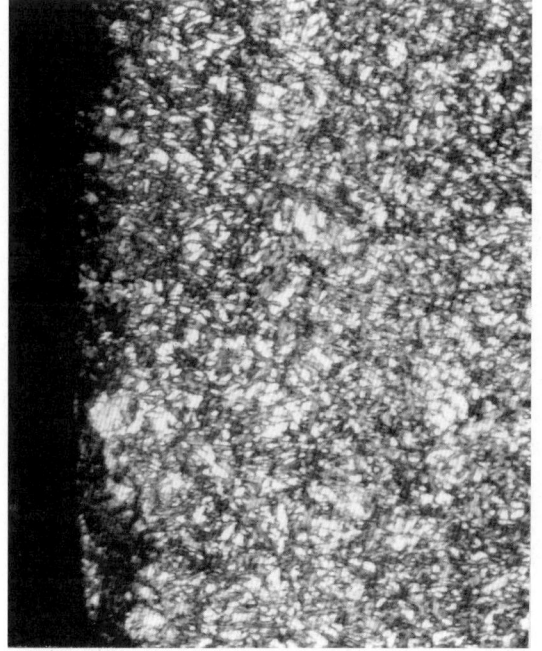

图 8-1-15　　　　　　　400×

图　　号：　8-1-14、8-1-15

材料名称：20CrMnTi 钢

浸 蚀 剂：图 8-1-14：4%硝酸酒精溶液浅浸蚀；图 8-1-15：4%硝酸酒精溶液浸蚀

处理情况：920℃渗碳，降温至 840℃淬火，180℃低温回火

组织说明：图 8-1-14：工件表面有黑色组织，深度为 0.01～0.02mm，次层隐约有针状马氏体（灰色）。

　　　　　图 8-1-15：经浸蚀后工件表面有黑色组织，深度约为 0.01～0.02mm，次层是细小颗粒状碳化物、残留奥氏体及细针状回火马氏体。由于浸蚀稍深，故表面黑色组织与基体组织不易分辨。

图　　号：8-1-16

材料名称：20CrMnTi 钢（齿轮）

浸 蚀 剂：4%硝酸酒精溶液浅浸蚀

处理情况：920℃煤油滴注式渗碳，降温至 860℃直接油冷淬火，180℃回火

组织说明：齿轮表面有黑色组织呈絮状分布，黑色组织带状内有细小碳化物，工件在高温渗碳后在浸入油池冷却阶段产生脱碳，并使表面产生贫碳区形成托氏体为主的组织。颗粒碳化物周围有黑色组织，主要是碳化物析出后其周围成贫碳区，淬火时成为托氏体。

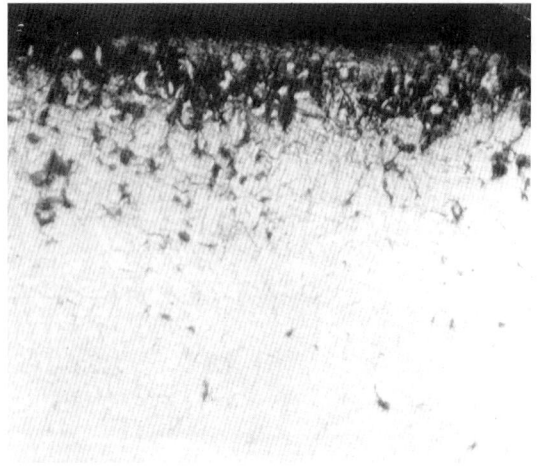

图　8-1-16　　　　　　400×

图　　号：8-1-17

材料名称：20CrMo 钢

浸 蚀 剂：4%硝酸酒精溶液浅浸蚀

处理情况：920℃固体渗碳二次（第一次渗碳，第二次补碳），再在 860℃盐浴炉加热，油冷淬火，180℃回火

组织说明：表面黑色组织呈带状，次层隐约能见到密集浅灰色块状碳化物，硬度为 359.8HV，第二点为 742.4HV，第三点为 706.8HV，第四点为 781.0HV。由于是浅浸蚀，次层密集的浅灰色块状碳化物清晰显示，由于盐浴炉加热时渗层表面贫碳降低了淬硬性，使工件表面产生托氏体。

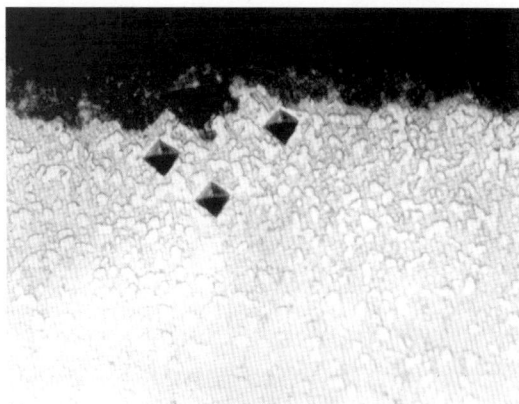

图　8-1-17　　　　　　　　　　400×

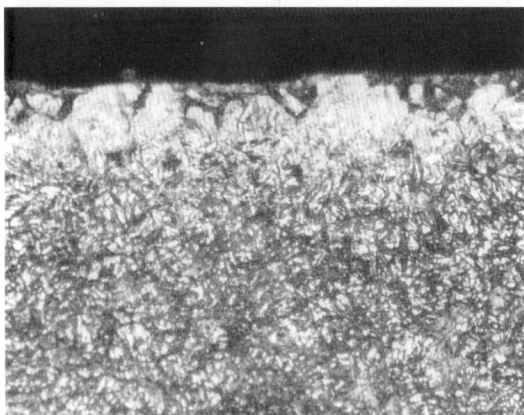

图　8-1-18　　　　　　　　　　400×

图　　号：8-1-18

材料名称：12Cr2Ni4 钢

浸 蚀 剂：4%硝酸酒精溶液

处理情况：900℃渗碳降温至 840℃油冷淬火

组织说明：齿轮节圆处表面呈锯齿形分布的黑色组织，灰白色大块状组织为马氏体和残留奥氏体混合组织，次层是针状马氏体、细小的残留奥氏体。表面大块状灰白色组织反映出齿轮回火时间不足，因为齿轮表面碳浓度偏高，所以回火时间不足使表层马氏体组织不太清楚。

图　　号：8-1-19

材料名称：15CrMo 钢进口齿轮

浸 蚀 剂：4%硝酸酒精溶液浅浸蚀

处理情况：渗碳淬火回火

组织说明：表层为呈条状、块状铁素体及托氏体分布，厚度约有 0.04mm，基体为马氏体。

　　由于齿轮表面已磨损，无法检查组织状况。在齿根处发现表层有呈条状、块状铁素体及托氏体组织，厚度约有 0.04mm 左右。这是渗碳后期碳势过低所致。因此，表面硬度偏低约为 52HRC，易在使用中产生早期磨损。

图　8-1-19　　　　　　　　　　400×

图　　号：8-1-20

材料名称：15CrMo 钢

浸 蚀 剂：4%硝酸酒精溶液浅浸蚀

处理情况：渗碳淬火回火

组织说明：表层有少量点状铁素体，黑色组织是托氏
体及羽毛状贝氏体，白色是残留奥氏体及马氏体
（灰色）。

　　表面有托氏体，铁素体、贝氏体混合组织硬度
约为 43HRC，白色区硬度为 58HRC，这可能是齿
轮表面碳浓度偏低，淬火时温度偏低所致。可以加
强炉内的碳势使其表面浓度提高，另外淬火时采用
快速冷却的介质可以避免产生此类缺陷。

图　8-1-20　　　　　　　　　　　　　　400×

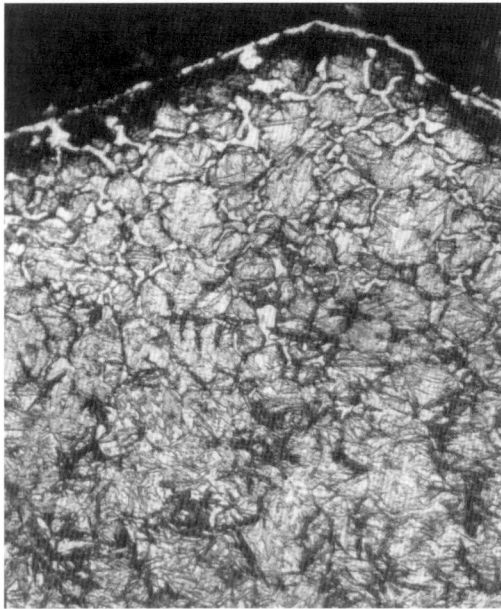

图　8-1-21　　　　　　　　400×

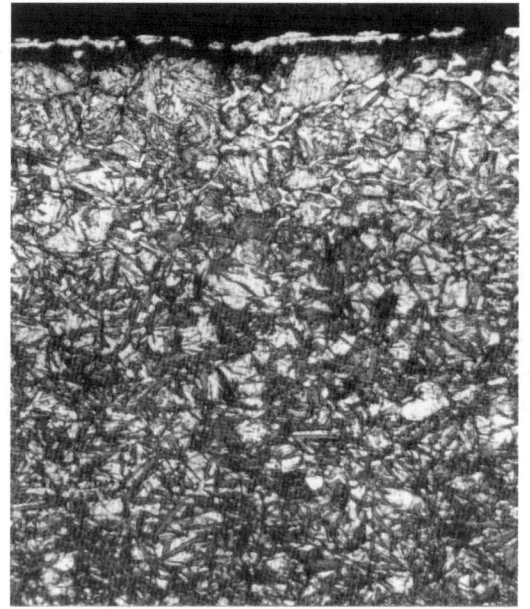

图　8-1-22　　　　　　　　400×

图　　号：8-1-21、8-1-22

材料名称：20CrMnTi 钢

浸 蚀 剂：4%硝酸酒精溶液

处理情况：920℃渗碳，降温至 840℃油冷淬火，低温回火（井式炉）

组织说明：图 8-1-21：齿角最表层脱碳层深度为 0.005mm，次层是黑色组织深度为 0.025mm，（有的称
为非马氏体），沿晶界析出的网络状、断网络状碳化物及针状马氏体和较大块状的残留奥氏体。

　　图 8-1-22：齿面最表层脱碳层深度为 0.005mm 次层是黑色组织（有的称为非马氏体），黑色针状组织厚
度约为 0.02～0.025mm，针状马氏体及较多块状残留奥氏体，沿晶界析出中粗网络状、断网络状的碳化物。

　　以上齿面齿角的组织是不良的组织，一般是由于在井式炉吊装过程中速度慢，特别是油冷淬火之前
在空气中停留的时间过长，就会产生此类的缺陷。

图　　号：8-1-23

材料名称：28MnCr5 钢

浸 蚀 剂：4%硝酸酒精溶液

处理情况：900℃渗碳降温油冷淬火

组织说明：工件表面是细针状马氏体、小块状碳化
　　　　物，次层是细小块状残留奥氏体，工件显微组织
　　　　基本属正常。如适当提高淬火温度，使最表层碳
　　　　化物溶解在奥氏体中，这对工件表面耐磨性的增
　　　　强是有利的。

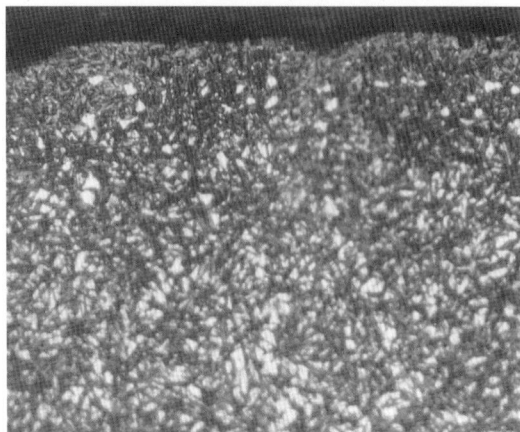

图　　8-1-23　　　　　　　　　　　　　　　　400×

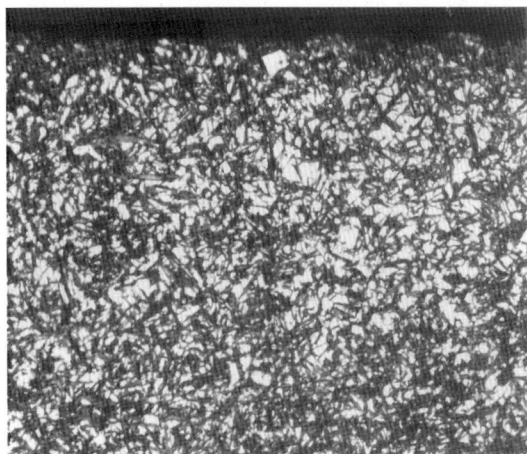

图　　8-1-24　　　　　　　　　400×

图　　号：8-1-24

材料名称：20CrMnTi 钢

浸 蚀 剂：4%硝酸酒精溶液

处理情况：920℃渗碳，低温淬火

组织说明：工件表面存在一块白色近方形的氮化钛夹
　　　　杂物（在显微镜下观察呈橙黄色），细小块状为碳
　　　　化物、针状马氏体及残留奥氏体。工件表面的显微
　　　　组织属于正常。工件的渗碳工艺、碳势、温度及保
　　　　温时间都选择较好。

图　　号：8-1-25

材料名称：20CrMn5 钢

浸 蚀 剂：4%硝酸酒精溶液

处理情况：920℃渗碳降温油冷淬火

组织说明：工件表面为细针状马氏体及白色细小残留
　　　　奥氏体。工件的表面碳浓度低，故没有碳化物存
　　　　在，残留奥氏体在次层出现，而呈细小块状分布，
　　　　这样会使工件表面的耐磨性下降。这主要是在渗
　　　　碳过程的后期炉内碳势偏低所致。适当提高后期
　　　　炉内的碳势即能消除此缺陷。

图　　8-1-25　　　　　　　　　　　　　　　　400×

图　　号：8-1-26

材料名称：18CrNiW 钢齿轮

浸 蚀 剂：4%硝酸酒精溶液

处理情况：900℃渗碳，降至 840℃油冷淬火，160℃
　　　　　低温回火

组织说明：齿轮在加工时产生的飞边，经渗碳淬火形
　　　　　成密集的呈块状的碳化物，周围是托氏体，基体是
　　　　　粗大的马氏体和残留奥氏体，因为加工时的飞边较
　　　　　薄，由于其四周的接触面积大，故容易渗碳也容易
　　　　　产生呈块状碳化物聚集。

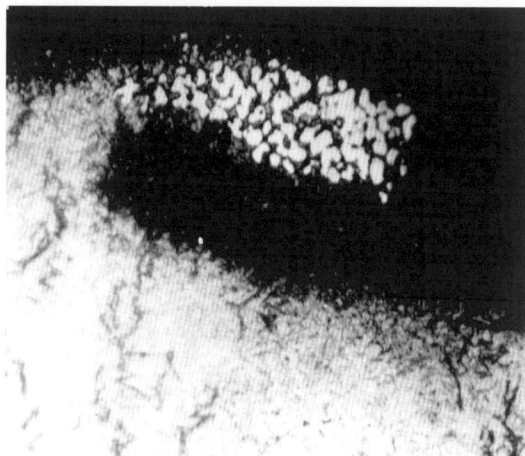

图　　8-1-26　　　　　　　　　　　　　400×

图　　号：8-1-27

材料名称：18CrNiW 钢

浸 蚀 剂：4%硝酸酒精溶液

处理情况：900℃渗碳，降至 840℃油冷淬火，低温
　　　　　回火

组织说明：表层是大块状断续网络状分布的碳化物，
　　　　　深度较深。次层为残留奥氏体及针状马氏体。

　　　　　炉内的碳势过高，使工件表面碳浓度偏高，
　　　　　又是降温油冷淬火，在渗碳过程中使表面形成大
　　　　　块状断续网络状的碳化物。具有此种组织的工件，
　　　　　在使用过程中易产生剥落和点蚀，降低了工件的
　　　　　使用寿命。

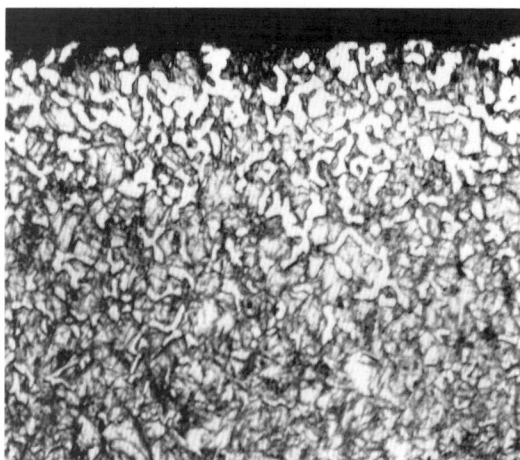

图　　8-1-27　　　　　　　　　　　　　400×

图　　号：8-1-28

材料名称：20CrMnTi 钢

浸 蚀 剂：4%硝酸酒精溶液

处理情况：930℃渗碳，降至 830℃，保温 30min，油
　　　　　冷淬火，低温回火

组织说明：齿角表面有大、小块状，针状，爪状分布
　　　　　的碳化物，分布较深，次层是较细的针状马氏体及
　　　　　少量残留奥氏体。

　　　　　渗碳温度过高，碳势高，齿角又容易渗碳，使
　　　　　其容易形成碳化物，然后降温至 830℃又保温 0.5h
　　　　　使碳化物不断沿晶界析出，致使碳化物由小到大
　　　　　形成各种形状，分布较深。

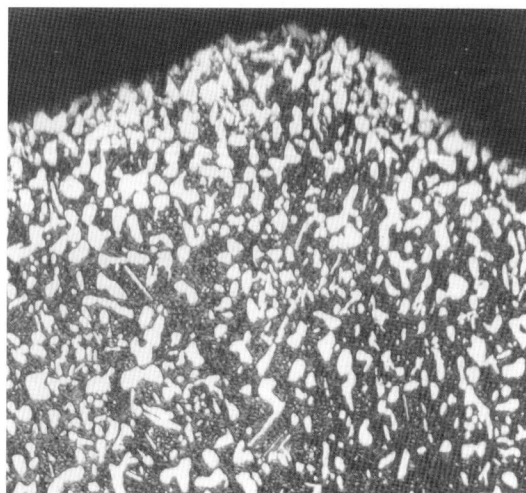

图　　8-1-28　　　　　　　　　　　　　400×

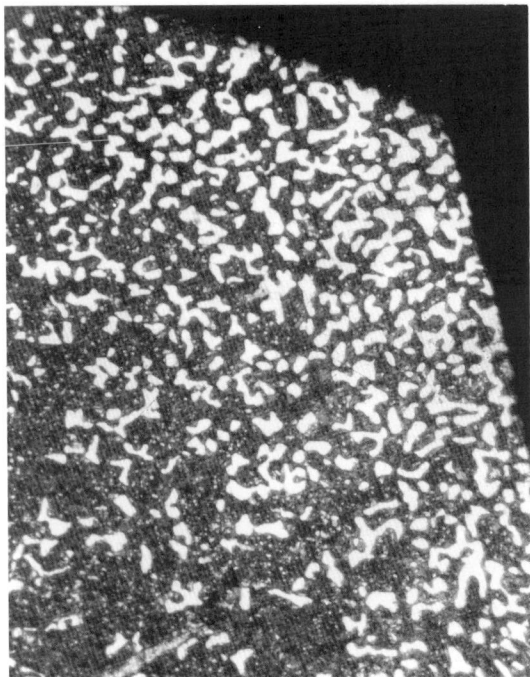

图　　号：8-1-29

材料名称：20CrMnTi 钢齿轮

浸 蚀 剂：4%硝酸酒精溶液

处理情况：渗碳空冷，再加热（丙烷作保护气体）油冷淬火，低温回火

组织说明：齿角表层呈块状密集分布的碳化物，深度较深，基体是细小针状回火马氏体及残留奥氏体。

呈块状密集分布的碳化物主要是渗碳后采用炉内高碳势作保护气体，所以在第二次加热过程中使齿角碳化物进一步增加所致。这种渗碳、淬火工艺一般应用在大模数齿轮上，渗碳层深度一般大于 1.2mm 以上。碳化物密集于齿角，容易导致齿轮在使用时产生齿角处剥落，影响使用寿命。

图　8-1-29　　　　　　　　　　400×

图　　号：8-1-30

材料名称：20CrMnTi 钢齿轮

浸 蚀 剂：4%硝酸酒精溶液

处理情况：渗碳冷却后再通氨滴煤油加热淬火回火

组织说明：呈粗大、网络状碳氮化合物，聚集于齿顶角表面，次层是断续网状碳氮化合物、含氮马氏体及较多量的残留奥氏体。

由于齿角呈尖角状，与气氛的接触面积较大，在炉内碳、氮势较高的情况下碳氮化物容易聚集。再次加热淬火时通入氨气，这样的工艺一般相当于碳氮共渗直接淬火工艺，因为通氨量的大小，决定于齿角含氮量的高低，含氮量越高，同样会出现碳氮共渗直接淬火时的缺陷，如表面各种黑色组织、碳氮化合物偏析、残留奥氏体量增多等缺陷。

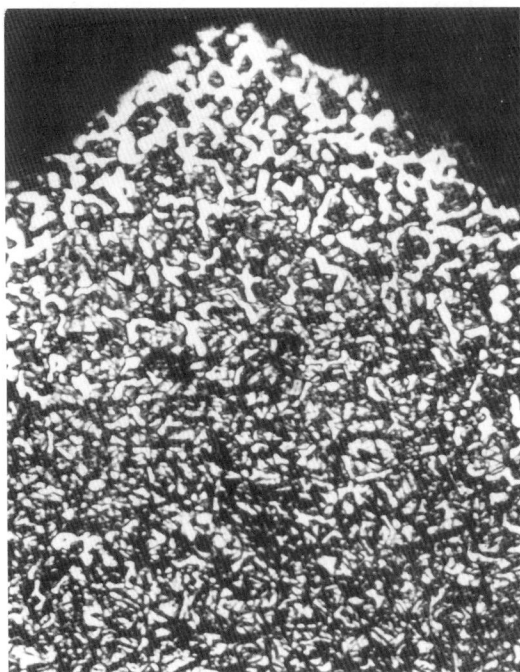

图　8-1-30　　　　　　　　　　400×

图　　号：8-1-31
材料名称：20CrMnTi 钢
浸 蚀 剂：4%硝酸酒精溶液
处理情况：880℃渗碳降至 830℃油冷淬火，低温回火
组织说明：齿角最表层是块状碳化物，次层是呈粗条
　　　　　状和爪状的碳化物，基体是细小回火马氏体及残留
　　　　　奥氏体。

　　　　考虑齿轮的变形，一般选择较低的温度进行渗
碳，其碳势可以不变，但由于大模数齿轮，渗碳时
间较长，故使齿角碳化物形成上述状态。

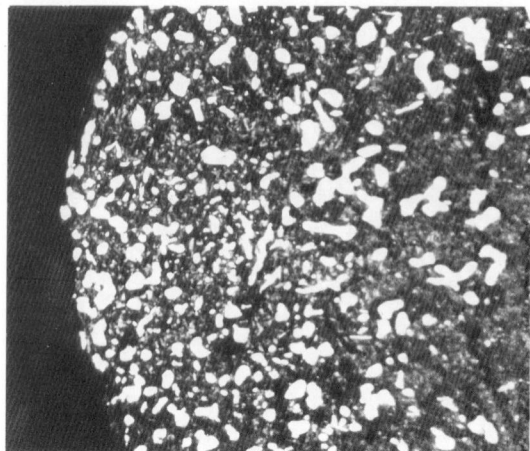

图　　8-1-31　　　　　　　　　　400×

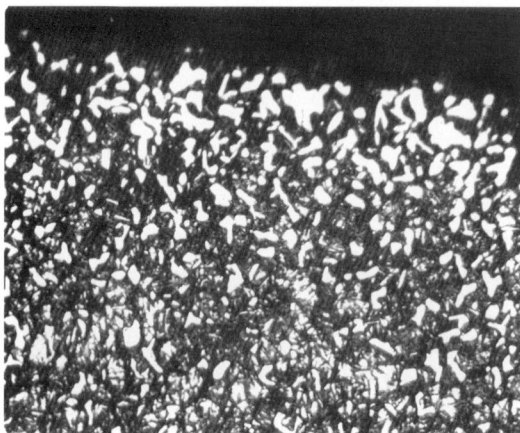

图　　8-1-32　　　　　　　　　　400×

图　　号：8-1-32
材料名称：20CrMnTi 钢
浸 蚀 剂：4%硝酸酒精溶液
处理情况：920℃渗碳降至 830℃油冷淬火，低温回火
组织说明：零件表面为大块状、条状碳化物，基体为
　　　　　针状马氏体及残留奥氏体。

　　　　从较高的渗碳温度降至 830℃这段降温时间较
慢，使零件表面沿晶界析出大块状碳化物，由于淬
火温度偏低，所以针状马氏体与残留奥氏体组织较
细小。

图　　号：8-1-33
材料名称：20CrMo 钢
浸 蚀 剂：4%硝酸酒精溶液
处理情况：900℃渗碳，降温至 830℃，保温 40min，
　　　　　油冷淬火，低温回火
组织说明：齿角表面小块状、断网络状碳化物，基体
　　　　　为细针状马氏体及残留奥氏体。

　　　　降温到 830℃保温 40min 使碳化物沿晶界析
出，形成断网络状碳化物，同时使针状马氏体及残
留奥氏体组织较细，这与 830℃保温时间有关，时
间长组织细，但是保温时间太长，会使碳化物析出
更多，使表面的硬度明显降低。

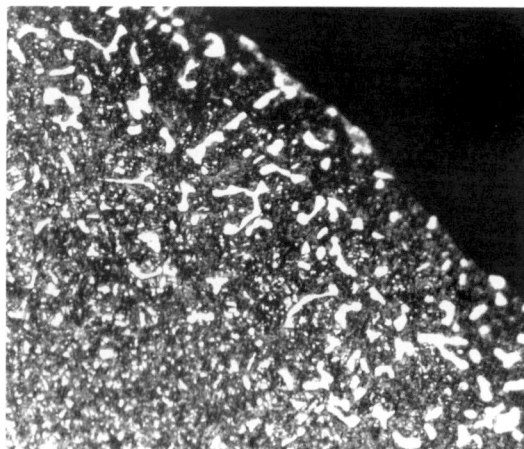

图　　8-1-33　　　　　　　　　　400×

图　　号：8-1-34

材料名称：20CrNi 钢

浸 蚀 剂：4%硝酸酒精溶液

处理情况：920℃渗碳，降温至 860℃淬火，低温回火

组织说明：表面少量块状碳化物及少量爪状碳化物，
　　　次层是较多的残留奥氏体及针状马氏体。零件渗碳
　　　表面碳浓度偏高，淬火温度也偏高，因此使工件表
　　　面处残留奥氏体量比较多。

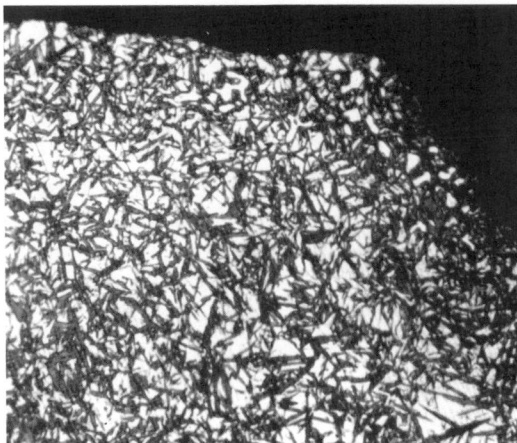

图　8-1-34　　　　　　　　　　　　　　400×

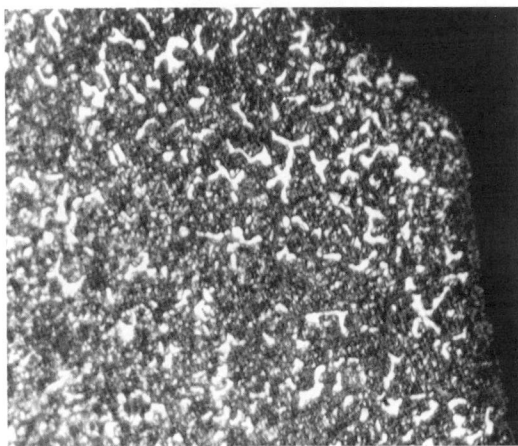

图　8-1-35　　　　　　　　400×

图　　号：8-1-35

材料名称：18CrNiW 钢

浸 蚀 剂：4%硝酸酒精溶液

处理情况：900℃渗碳，在降温时通入氨气，在 830℃
　　　保温 1h，油冷淬火，低温回火

组织说明：表面颗粒状含氮碳化物，次层是断续网状
　　　和爪状分布的含氮碳化物，基体为细针状马氏体及
　　　少量残留奥氏体。

　　　　在降温过程中通入氨气，降温至 830℃保温
　　　1h。随着温度降低，齿面表面含氮量就不断增加，
　　　到淬火时，含氮碳化物沿晶界呈断网络状析出。

图　　号：8-1-36

材料名称：20CrNiMoA 钢

浸 蚀 剂：4%硝酸酒精溶液

处理情况：930℃渗碳，降温通氨气至 850℃油冷淬
　　　火，低温回火

组织说明：表面有少量黑色组织，大块状残留奥氏体
　　　及针状马氏体，次层是残留奥氏体及针状马氏体。

　　　　工件在渗碳后降温时通入大量的氨气，使工
　　　件表面含氮量急剧增大，而淬火温度又偏高，所
　　　以淬火、回火后形成大块状残留奥氏体，由于含
　　　氮残留奥氏体耐回火性好，使奥氏体难以向马氏
　　　体转变。

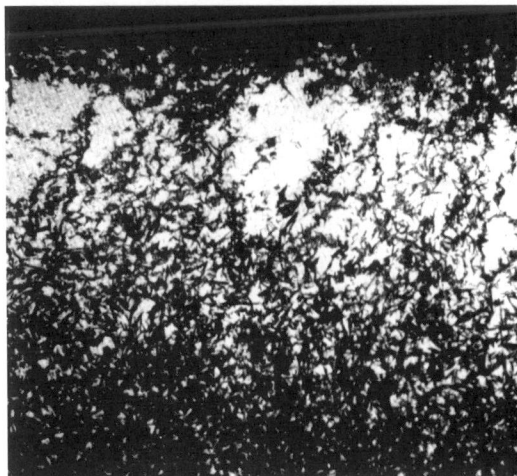

图　8-1-36　　　　　　　　　　　　　　400×

图　　号：8-1-37

材料名称：20Cr 钢

浸 蚀 剂：4%硝酸酒精溶液

处理情况：920℃气体渗碳，保温 4.5h 后冷却

组织说明：渗碳层最表面的组织分布出现大块及粗网
状碳化物沿晶界析出，晶粒度为 5～6 号。

越近表层块状碳化物越大，而且晶粒略小。这
是由于碳元素本身也有阻止晶界长大作用的缘故。
由于滴煤油量过多，因而碳势较高，最后在缓冷条
件下出现粗大的块状网状碳化物，估计表层的含碳
量较高，其 w（C）可达 1.2%左右。

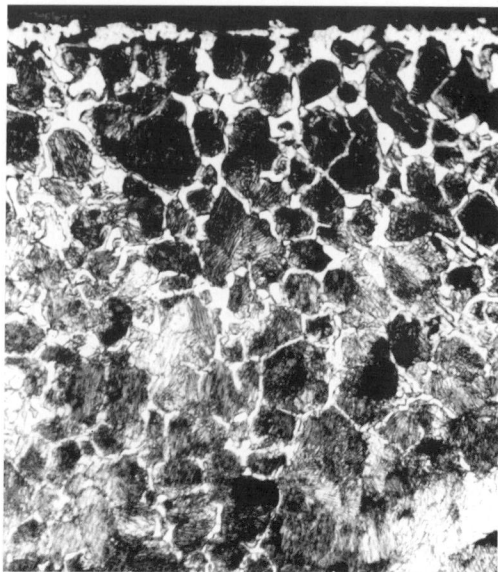

图　8-1-37　　　　　　　　400×

图　8-1-38　　　　　　400×

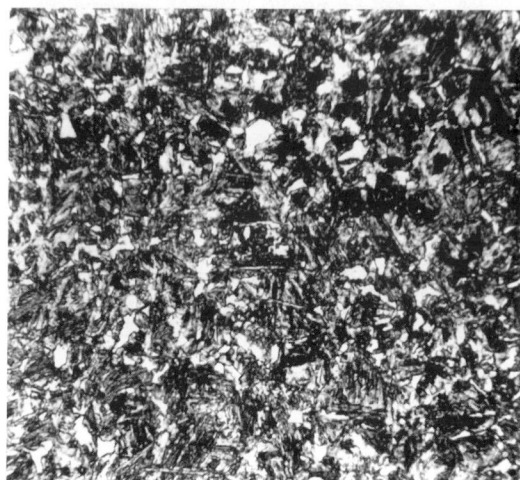

图　8-1-39　　　　　　400×

图　　号：8-1-38、8-1-39

材料名称：20CrMnTi 钢（齿轮）

浸 蚀 剂：4%硝酸酒精溶液

处理情况：920℃气体渗碳，降温至 830℃，油冷淬火，低温回火

组织说明：图 8-1-38：是齿角处块状、条状碳化物，基体为针状马氏体及残留奥氏体。碳化物周围是黑色的
托氏体。

图 8-1-39：是心部组织，低碳马氏体、条状、块状铁素体。此外，尚有少量的贝氏体和索氏体。

从齿角、心部的显微组织来看，由于沿晶界析出碳化物，使晶界处形成贫碳区，在淬火时易形成托氏
体。齿轮心部同样也是如此沿晶界析出铁素体。这是齿轮在渗碳后从高温降至 830℃的时间较长所致。

淬火温度偏低而形成这样的缺陷组织，会影响齿轮的耐磨性，从而降低使用寿命。

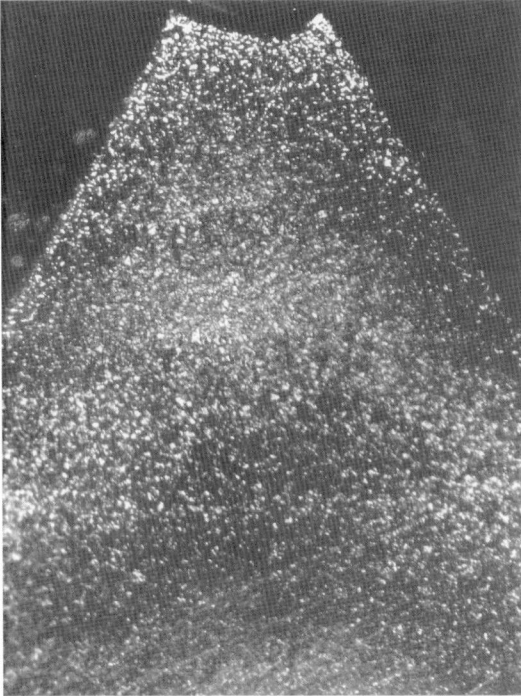

图　8-1-40　　　　　　　　　　　　100×

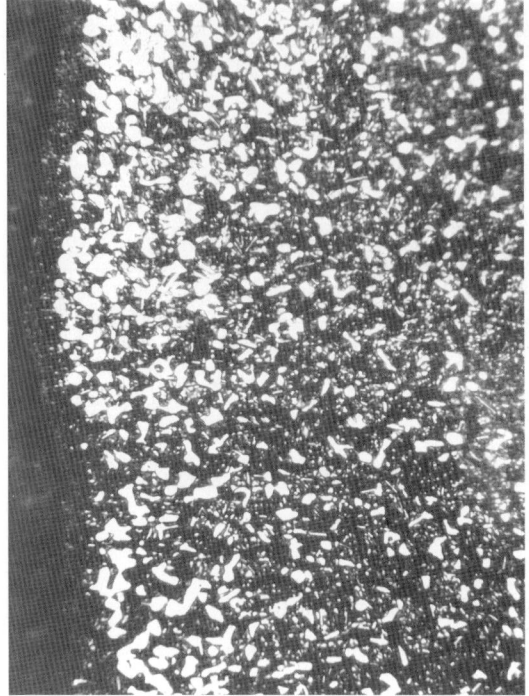

图　8-1-41　　　　　　　　　　　　400×

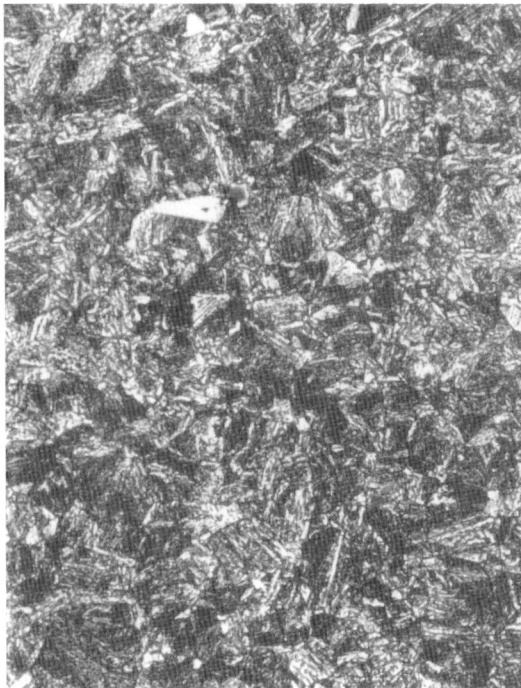

图　8-1-42　　　　　　　　　　　　400×

图　号：8-1-40～8-1-42

材料名称：20CrMnTi 钢

浸 蚀 剂：4%硝酸酒精溶液

处理情况：920℃渗碳后降温淬火，低温回火

组织说明：工件的柄部是螺纹部分，与工件一起渗碳
　　　　　后降温淬火，再经低温回火。

　　　　图 8-1-40：是螺纹顶部及两侧的显微组织，分
　　　布较密呈细粒状的碳化物及回火细针状马氏体。

　　　　图 8-1-41：螺纹顶部经放大后的显微组织，块
　　　状、针状碳化物呈密集分布及回火针状马氏体和残
　　　留奥氏体。

　　　　图 8-1-42：是螺纹的心部组织，基体为低碳马
　　　氏体、索氏体、贝氏体和针、条状分布的铁素体，
　　　白色块是氮化钛夹杂物（显微镜下观察呈橙黄色）。

　　　　螺纹顶部碳化物分布密集呈块、条状，具有如
　　　此分布的显微组织，使工件在使用过程中容易产生
　　　剥落，甚至会产生崩角，所以在处理过程中应尽量
　　　避免这种情况。

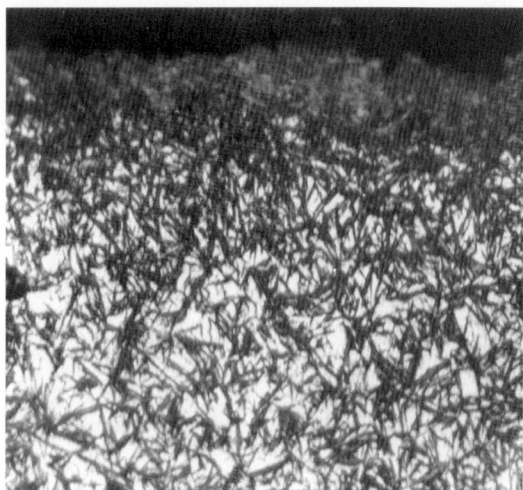

图　8-1-43　　　　　　　　　400×

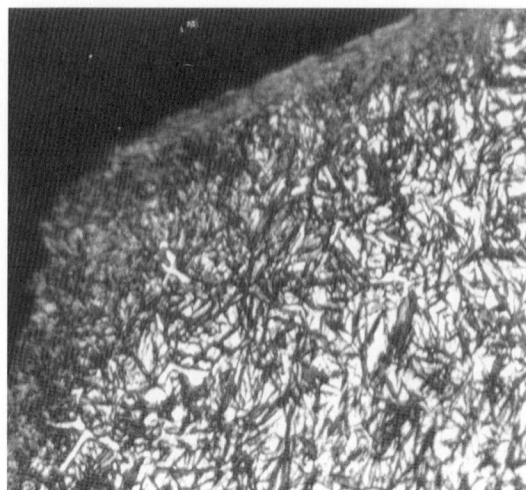

图　8-1-44　　　　　　　　　400×

图　　　号：图 8-1-43、8-1-44

材料名称：20CrMnTi 钢

浸 蚀 剂：4%硝酸酒精溶液

处理情况：920℃渗碳降至 860℃淬火，低温回火

组织说明：图 8-1-43：齿面表层，是较细针状马氏体（碳浓度偏低），次层是中粗状马氏体及较多的残留奥氏体。

　　　　图 8-1-44：齿角表层，是较细小马氏体（碳浓度偏低），次层是不均匀分布的条状、爪状碳化物及中粗状马氏体和残留奥氏体。

　　　　齿角齿面的表层马氏体（碳浓度偏低），主要是在渗碳过程中后期碳势偏低，所以淬火后马氏体极细小且针状不明显。次层由于淬火温度偏高并且前期碳势偏高（齿角有碳化物分布），所以齿轮在淬火后出现次层残留奥氏体较多，马氏体为中粗状分布。

图　　　号：8-1-45

材料名称：20CrMnTi 钢

浸 蚀 剂：4%硝酸酒精溶液

处理情况：920℃渗碳，降至 840℃淬火，低温回火

组织说明：表面有较多较大块状的残留奥氏体（白色）及针状马氏体和少量点状碳化物；次层残留奥氏体相对减少，在针状马氏体中有小点状碳化物分布，所以表层残留奥氏体较多，是炉中碳势偏高，降温至 840℃油冷淬火时有小点状碳化物析出。如果降温至 830℃油冷淬火，残留奥氏体量将会相对减少。

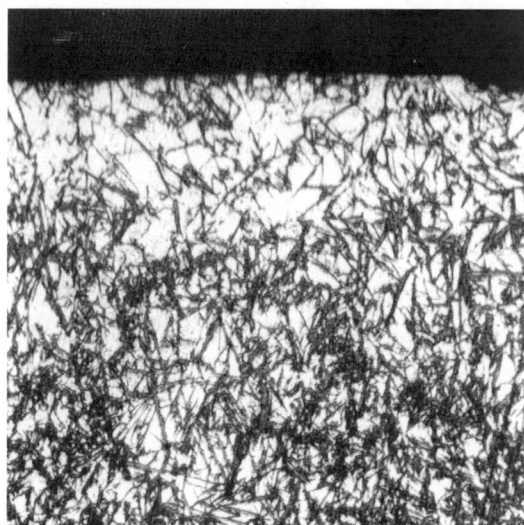

图　8-1-45　　　　　　　　　400×

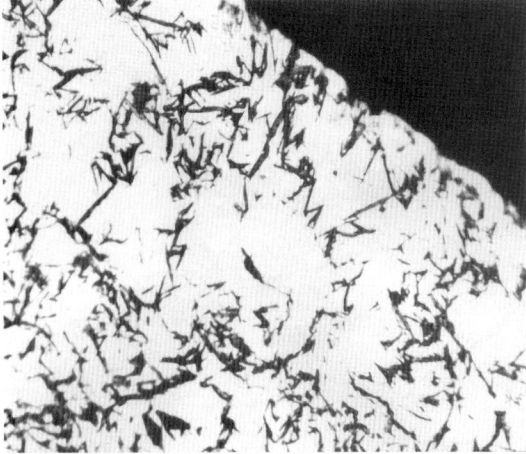

图　　8-1-46　　　　　　　　　　　　　400×

图　　　号：8-1-46

材料名称：18Cr2Ni4W 钢

浸 蚀 剂：4%硝酸酒精溶液

处理情况：920℃渗碳后出炉坑冷，再加热 860℃后淬
　　　　　火，低温回火

组织说明：工件表面为粗针状马氏体及大量残留奥氏
　　　　　体，表面硬度也偏低。主要是由于钢中的合金元素
　　　　　较多，淬火温度偏高，碳化物溶入奥氏体较多，促
　　　　　使奥氏体稳定且马氏体开始转变点显著下降，使工
　　　　　件淬火后得到大量的残留奥氏体。要消除这样的组
　　　　　织，只有采用高温回火处理，使其转变为索氏体组
　　　　　织，再加热淬火可以减少残留奥氏体，提高工件表
　　　　　面硬度和耐磨性。

图　　　号：8-1-47

材料名称：20Cr 钢

浸 蚀 剂：4%硝酸酒精溶液

处理情况：气体渗碳 8h 后直接油冷淬火并回火，然
　　　　　后再加热到 850℃油冷淬火和回火

组织说明：较细针状马氏体及少量残留奥氏体，硬度
　　　　　为 64HRC。这是 20Cr 钢的试块进行加热油冷淬火
　　　　　后得到的组织，改善了马氏体针叶使之变小，相应
　　　　　的残留奥氏体量明显减少。

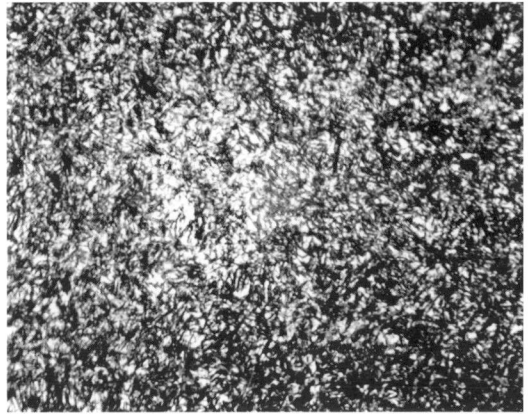

图　　8-1-47　　　　　　　　　　　　　400×

图　　8-1-48　　　　　　　　　　　　　400×

图　　　号：8-1-48

材料名称：20Cr 钢

浸 蚀 剂：4%硝酸酒精溶液

处理情况：气体渗碳 8h 后直接油冷淬火，180℃回火

组织说明：粗大针状马氏体及较多的残留奥氏体和少
　　　　　量条状碳化物。硬度为 53～55HRC，由于高温渗碳
　　　　　时间较长，温度也偏高，因直接淬火故而形成粗大
　　　　　的马氏体，同时伴随着大量的残留奥氏体，促使工
　　　　　件的硬度偏低。工件必须进行再加热淬火，细化晶
　　　　　粒，减少奥氏体量，使其硬度提高。

图　8-1-49　　　　　　　　　　　　　400×

图　　号：8-1-49、8-1-50

材料名称：20Cr 钢

图　8-1-50　　　　　　　　　　　　400×

浸　蚀　剂：4%硝酸酒精溶液

处理情况：920℃渗碳降温直接淬火，低温回火

组织说明：图 8-1-49：是过渡区的显微组织，为网络状铁素体、羽毛状贝氏体和低碳马氏体及少量托氏体。

　　　　　图 8-1-50：是心部组织，为网络状铁素体、羽毛状贝氏体及低碳马氏体和少量托氏体。

　　　　工件淬火后显微组织呈粗大的针状，属过热的组织，主要是高温保温时间较长，降温保温时间又较短，加上淬火时温度偏高，使显微组织有过热倾向。

图　　号：8-1-51

材料名称：BD2F 钢（进口牌号）

浸　蚀　剂：4%硝酸酒精溶液

处理情况：880℃渗碳，水冷淬火

组织说明：粗大低碳马氏体及少量残留呈断续网状分
　　　　　布的铁素体。

　　　　工件在 880℃保温渗碳后直接淬水冷却，由于淬火时温度偏高，冷却速度极快，使显微组织呈粗大的成排分布的低碳马氏体。

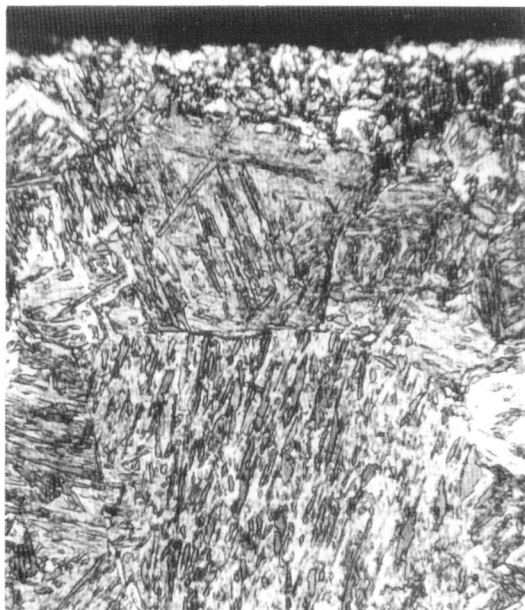

图　8-1-51　　　　　　　　　　　　500×

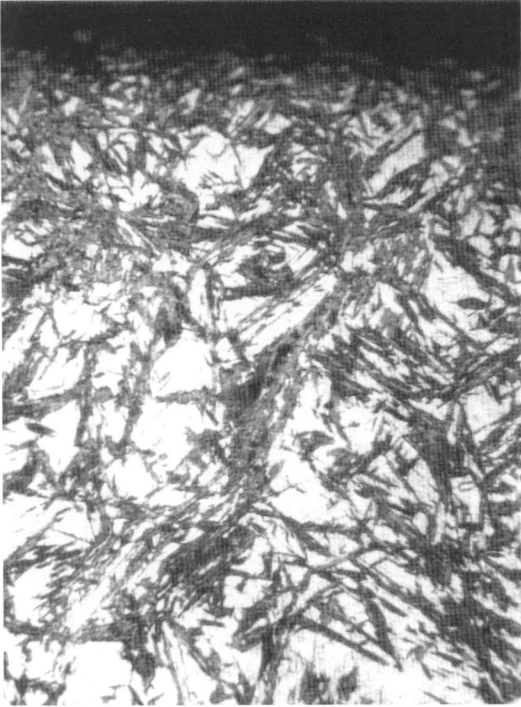

图　8-1-52　　　　　　　　　500×

图　8-1-53　　　　　　　　　500×

图　8-1-54　　　　　　　　　500×

图　号：8-1-52～8-1-54
材料名称：20 钢
浸 蚀 剂：4%硝酸酒精溶液
处理情况：900℃渗碳，淬火
组织说明：图 8-1-52：是工件表面组织，为粗大针状
　　马氏体+残留奥氏体。

　　图 8-1-53：过渡层组织，属过热组织，为板条
状粗大低碳马氏体。

　　图 8-1-54：心部组织属过热组织为板条状粗大
低碳马氏体和极少量断续网状铁素体。

　　具有粗大低碳马氏体、断续网状铁素体分布的
工件，是碳素钢渗碳温度偏高又是直接淬火而形成
的。特别是碳钢在温度偏高的情况下容易产生过热
倾向。要消除过热组织，必须在保温后采用降温的
方法再出炉淬火。

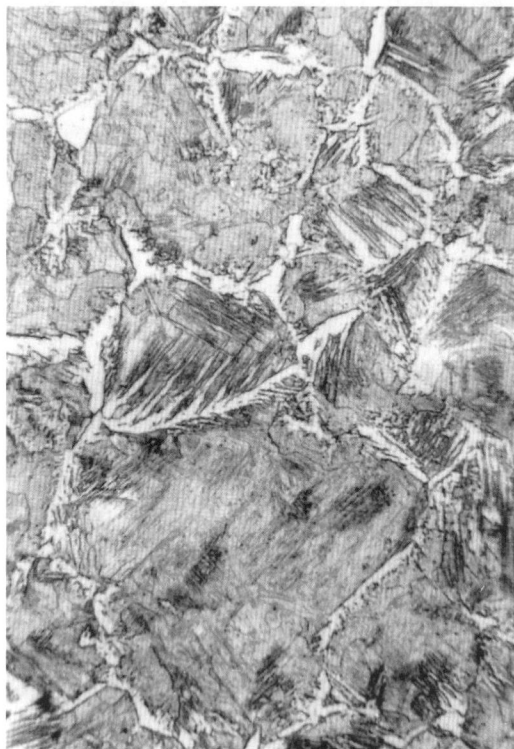

图 8-1-55　　　　　　　　　　　　500×

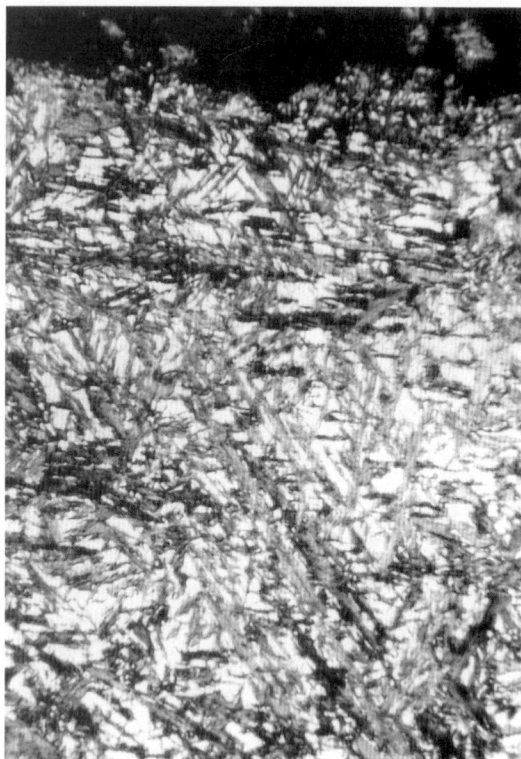

图 8-1-56　　　　　　　　　　　　500×

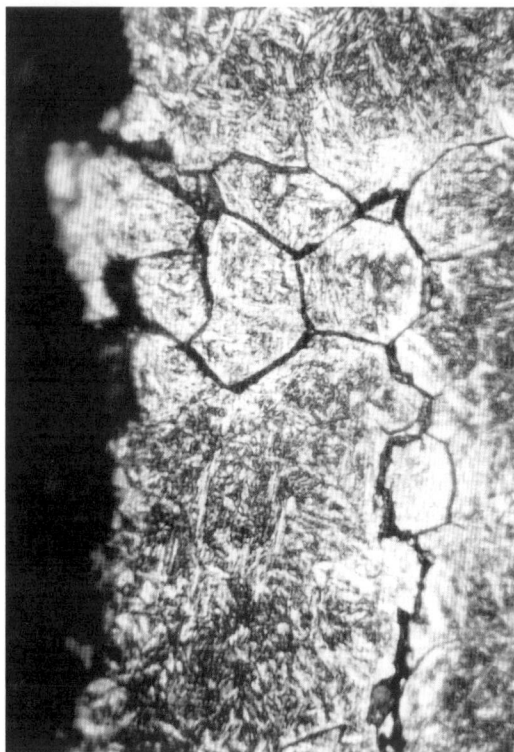

图 8-1-57　　　　　　　　　　　　500×

图　　号：8-1-55~8-1-57

材料名称：Q235 钢

浸 蚀 剂：4%硝酸酒精溶液

处理情况：900℃渗碳，淬火

组织说明：图 8-1-55：心部组织，为针、网状铁素体
　　　及马氏体和少量贝氏体。

　　　图 8-1-56：粗大针状马氏体及残留奥氏体，呈
　　　过热状态。

　　　图 8-1-57：表面裂纹沿晶界分布，粗大针状马
　　　氏体+残留奥氏体，是淬火过热组织。

　　　过高温度淬火易得到过热粗大的马氏体组织，
　　同时容易因较大的淬火应力而产生沿晶界分布的
　　裂纹，必须选择适当的淬火温度来淬火，以避免粗
　　大的马氏体组织以及淬火裂纹。

图　　号：8-1-58

材料名称：20 钢

浸 蚀 剂：4%硝酸酒精溶液

处理情况：气体渗碳后缓冷，再 800℃加热水冷淬火

组织说明：表面组织，基体为针状细马氏体及白色网
状渗碳体沿晶界分布。由于渗碳体沿晶界呈网状分
布，造成淬硬层脆性增大，在使用时容易崩落而早
期损坏。原先渗碳时表层含碳浓度偏高，在渗碳后
缓冷时，过共析的碳以渗碳体沿奥氏体晶界析出，
并且网状较为宽厚，采用 800℃较低的淬火温度加
热，不能使网状渗碳体向奥氏体固溶，而淬火后仍
保留下来。提高淬火温度（860℃）就可以消除。
但马氏体针叶会增粗，过于粗大的马氏体可用二次
淬火消除。

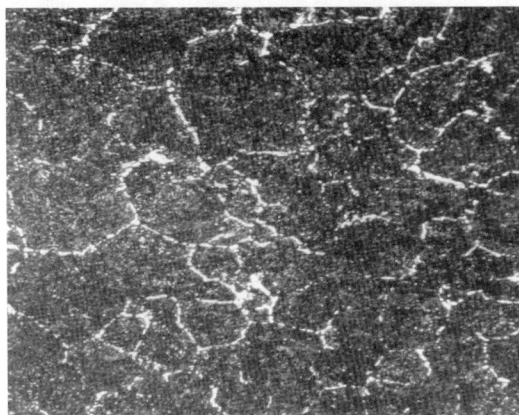

图　　8-1-58　　　　　　　　　　500×

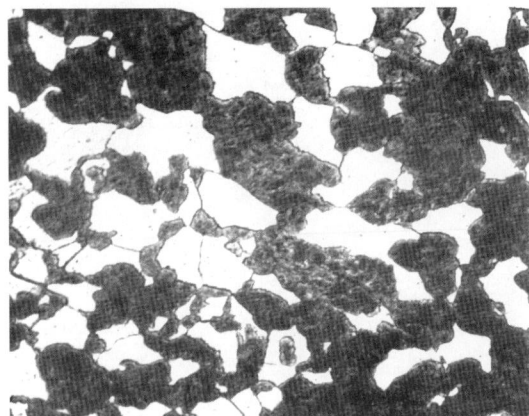

图　　8-1-59　　　　　　　　　　500×

图　　号：8-1-59

材料名称：20 钢

浸 蚀 剂：4%硝酸酒精溶液

处理情况：气体渗碳后缓冷再 800℃加热水冷淬火

组织说明：工件中心层组织出现大量未溶解的铁素体
及低碳马氏体；由于淬火温度较低，仅 800℃未达
到 20 钢的 Ac_3（855℃）故而有多量铁素体未向奥
氏体固溶，而在淬火时保留了下来，铁素体量多会
使心部硬度降低。因此对渗碳钢的淬火温度不宜偏
低，否则既不利于表层网状渗碳体的消除，同时也
不利于心部组织。

图　　号：8-1-60

材料名称：28MnCr5 钢

浸 蚀 剂：4%硝酸酒精溶液

处理情况：900℃渗碳，降温，再等温油冷淬火

组织说明：工件的心部组织为大块状铁素体、贝氏
体、低碳马氏体。大量大块状铁素体会降低工件心
部抗拉强度以及抗弯强度，使工件使用寿命明显降
低。造成这种缺陷是降温温度偏低保温时间较长，
另外冷却介质是等温冷却油，所以使大量大块状
的铁素体析出，可以提高降温温度或更换淬火介
质，可选快速冷却油来改善心部组织，以获得完
全低碳马氏体。

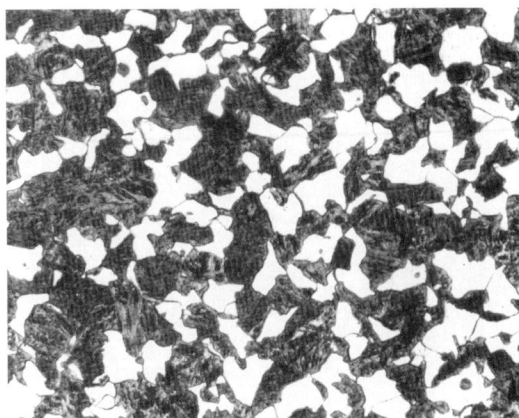

图　　8-1-60　　　　　　　　　　400×

图　8-1-61　　　　　　　　　　400×

图　　号：8-1-61
材料名称：20CrMnTi 钢
浸 蚀 剂：4%硝酸酒精溶液
处理情况：930℃气体渗碳坑冷，再加热至860℃油冷
　　　　　淬火
组织说明：基体为低碳马氏体、贝氏体及呈白色大块
　　　　　状、条状、针状的铁素体，硬度为28HRC。
　　　　　一般气体炉加热温度设在 870℃或者是 880℃
　　　左右，工件在第二次加热的保温温度略为偏低，从
　　　心部的大块状未溶的铁素体可以断定，工件加热的
　　　时间偏短。如果延长一些保温时间铁素体含量会相
　　　对少些，而且铁素体块状也会相对小一些。

图　　号：8-1-62
材料名称：20CrMnTi 钢
浸 蚀 剂：4%硝酸酒精溶液
处理情况：930℃气体渗碳，降温到860℃油冷淬火，
　　　　　低温回火
组织说明：齿轮心部基体组织为中粗状低碳回火马氏
　　　　　体，其分布类似于等边三角形。硬度为44HRC。
　　　　　由于高温渗碳保温时间较长，再降温至860℃
　　　时，在没有保温情况下直接油冷淬火，工件淬火温
　　　度偏高，奥氏体晶粒长大，在降温至860℃时，由
　　　于没有保温就马上淬火，冷却时形成等边三角形分
　　　布的中粗低碳马氏体，这种分布形态的组织是过热
　　　淬火所引起的。

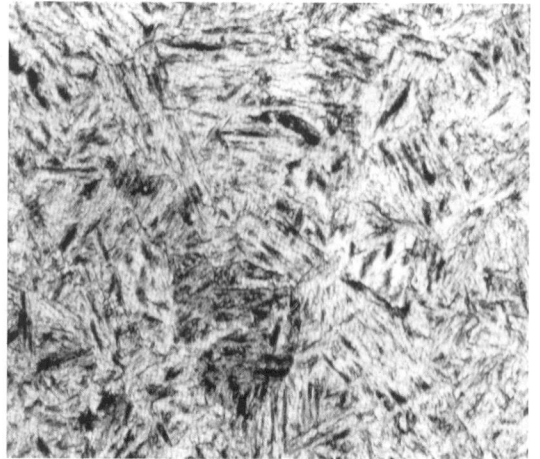

图　8-1-62　　　　　　　　　　400×

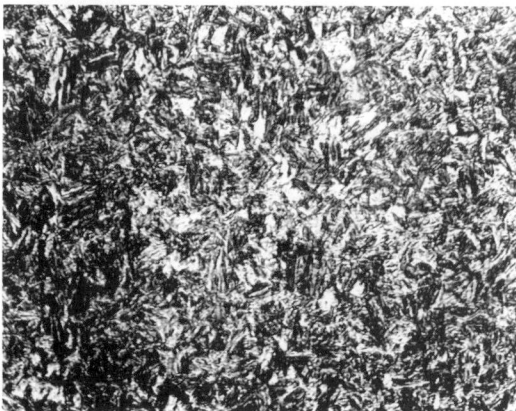

图　8-1-63　　　　　　　　　　400×

图　　号：8-1-63
材料名称：20CrMnTi 钢
浸 蚀 剂：4%硝酸酒精溶液
处理情况：900℃气体渗碳坑冷，850℃加热保温后油
　　　　　冷淬火，低温回火
组织说明：齿轮心部基体组织为细小的低碳马氏体，
　　　　　硬度为 42HRC（技术要求为 33～48HRC）。
　　　　　由于齿轮模数较小，所以淬火温度为850℃，
　　　也能获得正常齿轮心部淬火回火后的显微组织。

图　8-1-64　　　　　　　　　　　　400×

图　8-1-65　　　　　　　　　　　　400×

图　8-1-66　　　　　　　　　　　　400×

图　　号：8-1-64～8-1-66

材料名称：20CrMnTi 钢

浸 蚀 剂：4%硝酸酒精溶液

处理情况：930℃气体渗碳，再降温至 870℃油冷淬
　　　　　火，低温回火

组织说明：由于渗碳温度偏高，淬火温度也高于平时
　　　　　840℃淬火温度，所以心部的基体组织均为粗大低
　　　　　碳马氏体。

　　　　图 8-1-64：板条状粗大低碳马氏体组织。

　　　　图 8-1-65：板条状粗大低碳马氏体组织。

　　　　图 8-1-66：板条状粗大低碳马氏体组织。

　　　　要消除这些粗大板条状低碳马氏体组织，淬火
　　　温度应选择在 840℃，保温一段时间再油冷淬火。

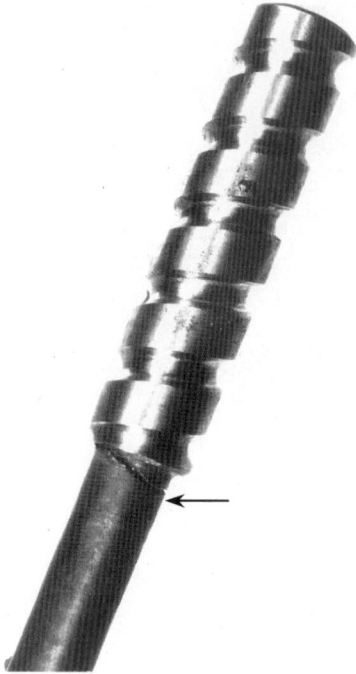

图　8-1-67　　　　　　　　　0.5×

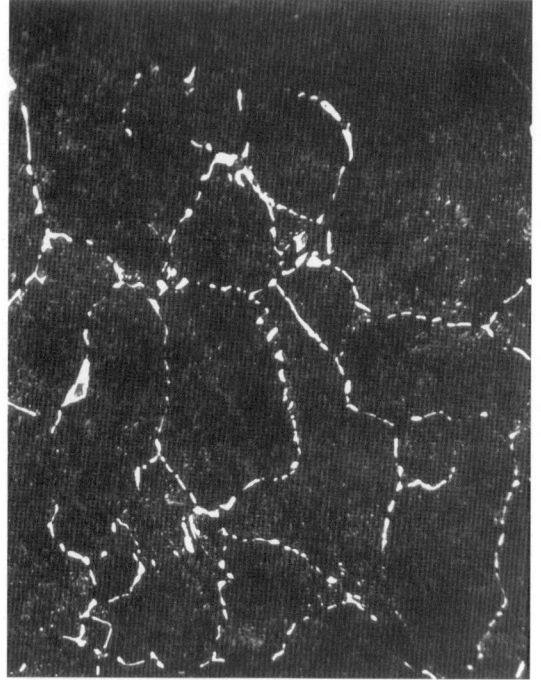

图　8-1-68　　　　　　　　　500×

图　　号：8-1-67～8-1-69

材料名称：20CrMnTi 钢

浸 蚀 剂：4%硝酸酒精溶液浸蚀

处理情况：轴向蜗杆经渗碳、淬火、回火处理

组织说明：图 8-1-67：拖拉机轴向蜗杆在行驶途中突
　　　然断裂，如图中箭头所指处，从断裂的实物上观
　　　察，倒角半径太小，车削加工后的表面很粗糙。

　　　　图 8-1-68：断裂表面处的组织，黑色基体为细
　　　针状回火马氏体，但出现沿晶界分布的严重网状碳
　　　化物。基体中出现严重的网状碳化物，使蜗杆的脆
　　　性增加，在使用时容易产生裂纹。

　　　　图 8-1-69：心部组织为低碳马氏体及大块状未
　　　溶的铁素体。心部出现大块状未溶铁素体，将明
　　　显降低蜗杆的抗拉强度。在使用时裂纹迅速发展
　　　而断裂。

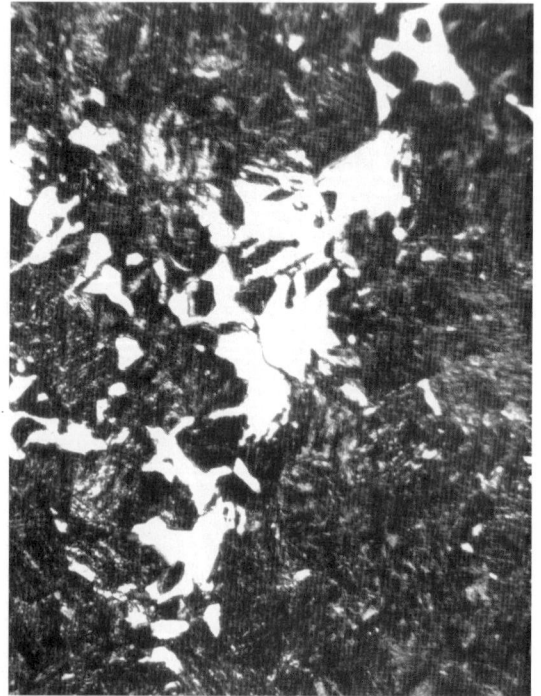

图　8-1-69　　　　　　　　　500×

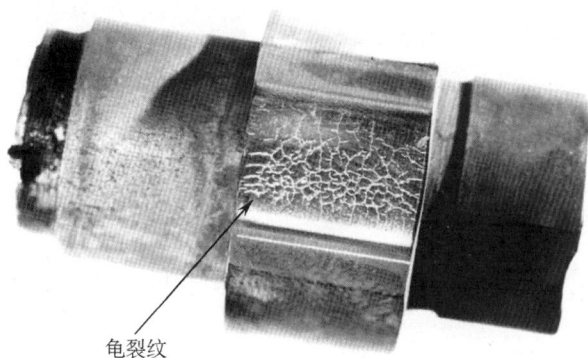

龟裂纹

图　8-1-70　　　　　　　　　　　　　　2×

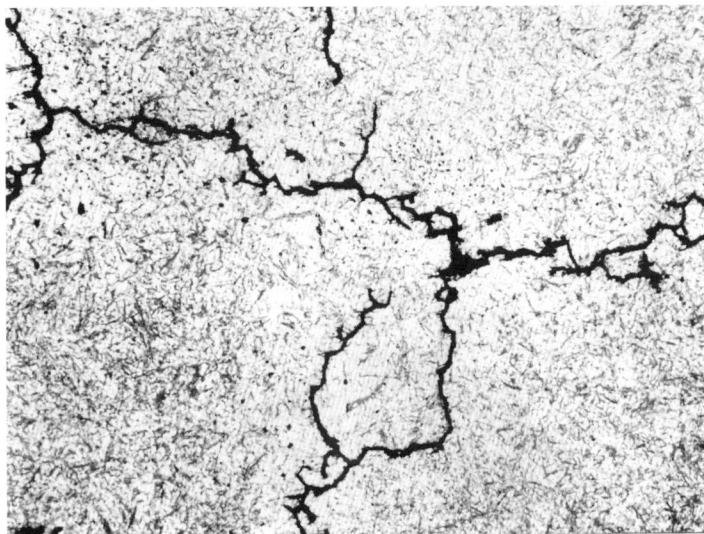

图　8-1-71　　　　　　　　　　　　　　100×

图　　号： 8-1-70、8-1-71

材料名称： 20Cr 钢

浸　蚀　剂： 图 8-1-70 为未浸蚀；图 8-1-71 为经 4%硝酸酒精溶液浸蚀

处理情况： 高温渗碳 10h 后直接油冷淬火，180℃回火 1～2h

组织说明： 图 8-1-70：汽车发动机分离器凸轮表面磨削后出现的严重龟裂，裂纹深度约为 0.12mm。

图 8-1-71：图 8-1-70 放大 100 倍的组织，在基体上已可明显地看出针状马氏体组织，龟裂沿晶界分布在基体上。

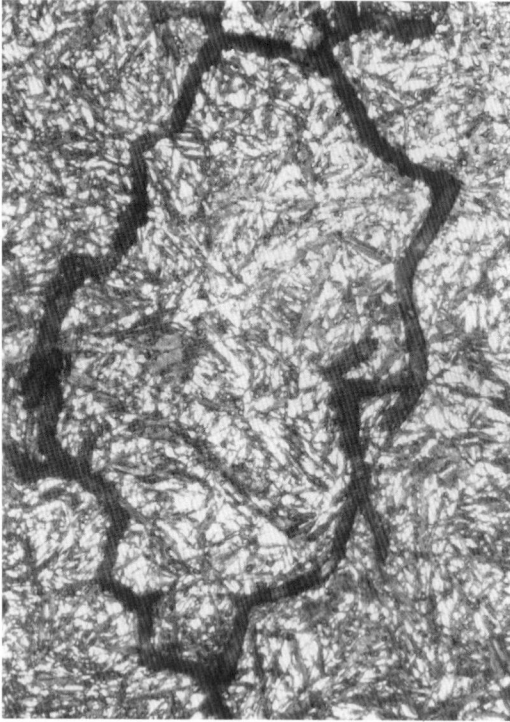

图 8-1-72   500×

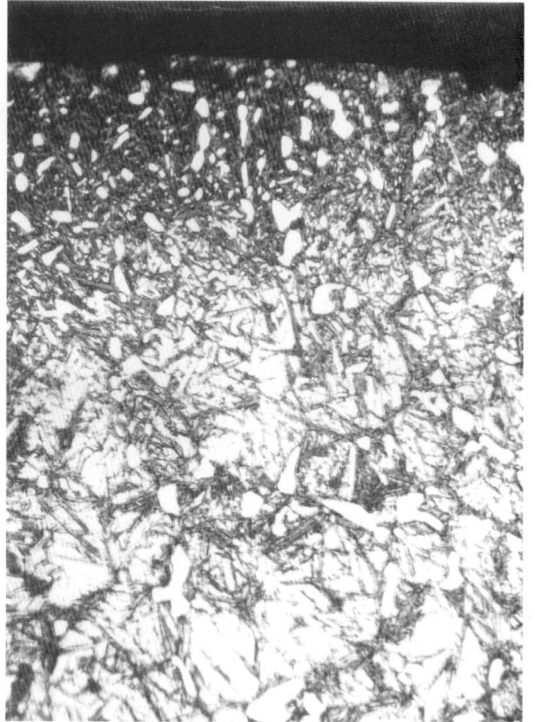

图 8-1-73   500×

图　　号：8-1-72～8-1-74

材料名称：20Cr 钢

浸 蚀 剂：4%硝酸酒精溶液浸蚀

处理情况：高温渗碳 10h 后油冷淬火，180℃回火
　　　　　1～2h

组织说明：图 8-1-72：汽车发动机分离器凸轮表面
　　　　　龟裂放大 500 倍的组织，基体为粗大针状马氏体
　　　　　及残留奥氏体，裂纹沿晶界网络状分布。

　　　　　图 8-1-73：凸轮表面边缘的组织为粗针马氏
　　　　　体及较多较粗大的残留奥氏体，同时出现较大颗
　　　　　粒的碳化物，说明表层含碳量偏高。

　　　　　图 8-1-74：凸轮心部组织，主要为低碳马氏
　　　　　体及部分羽毛状贝氏体。

　　　　　由于渗碳温度较高，保温时间又过长，表面
　　　　　碳浓度偏高，在直接淬火的情况下就会产生粗大
　　　　　的马氏体和较多粗大残留奥氏体，存在较大的应
　　　　　力，因而在磨削过程中，若磨削工艺稍有不慎，
　　　　　就容易产生龟裂。

图 8-1-74   500×

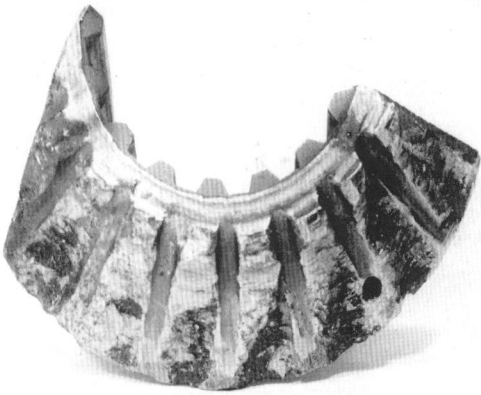

图　8-1-75　　　　　　　1×

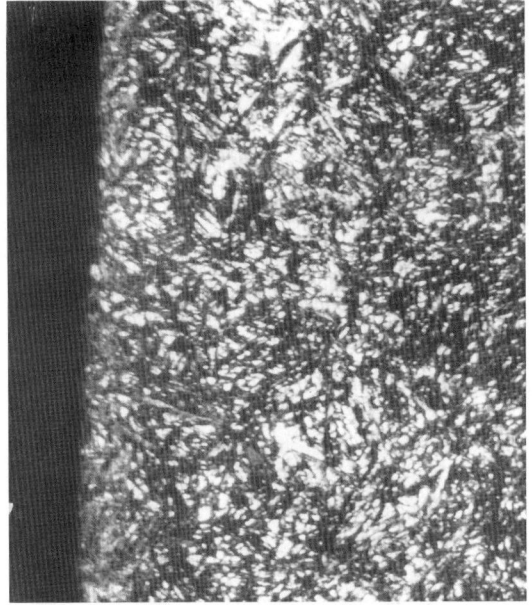

图　8-1-76　　　　　　　400×

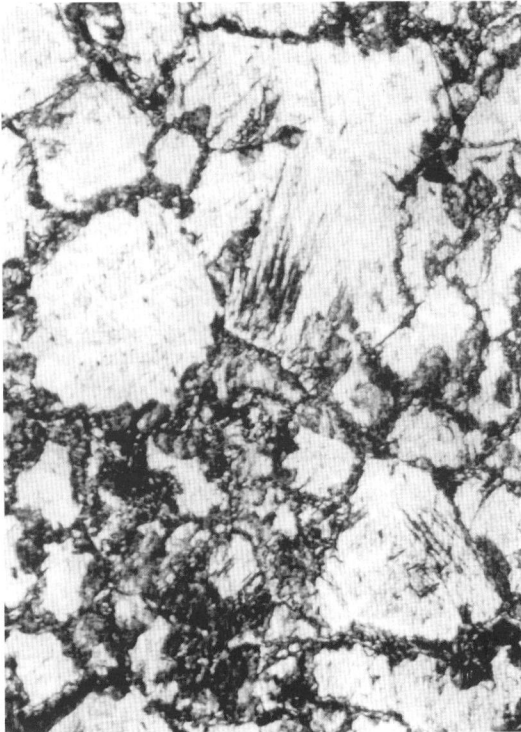

图　8-1-77　　　　　　　400×

图　　号：8-1-75～8-1-77

材料名称：45 钢

浸　蚀　剂：4%硝酸酒精溶液

处理情况：渗碳后直接油冷淬火，低温回火

组织说明：图 8-1-75：损坏实物，表面硬度为 57～
58HRC。

图 8-1-76：未磨损的齿表面组织，小点状为碳
化物+针状回火马氏体及残留奥氏体。

图 8-1-77：齿轮心部组织为中碳马氏体、托氏
体、贝氏体及断网络状铁素体，心部硬度为 49～
50HRC

齿轮应该是按 20CrMnTi 钢材料来编制热处理
工艺的，但从心部组织及硬度值的情况来看，它不
可能是 20CrMnTi 钢，经化学成分分析是 45 钢混
入后制成的齿轮，45 钢制成的齿轮是不耐磨的，
容易造成早期损坏。

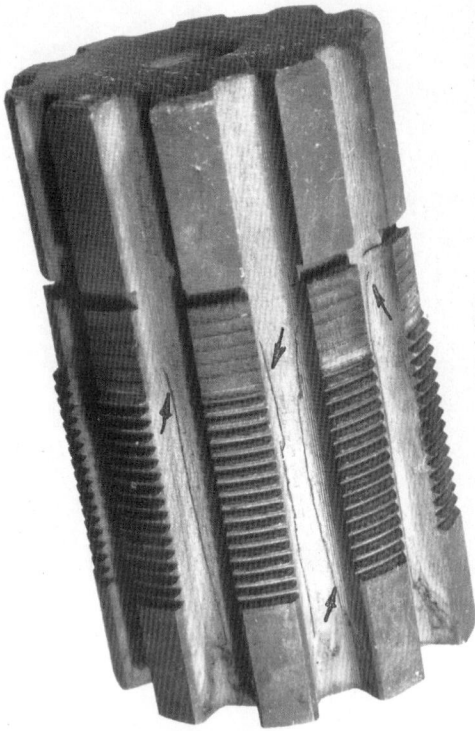

图 8-1-78   1×

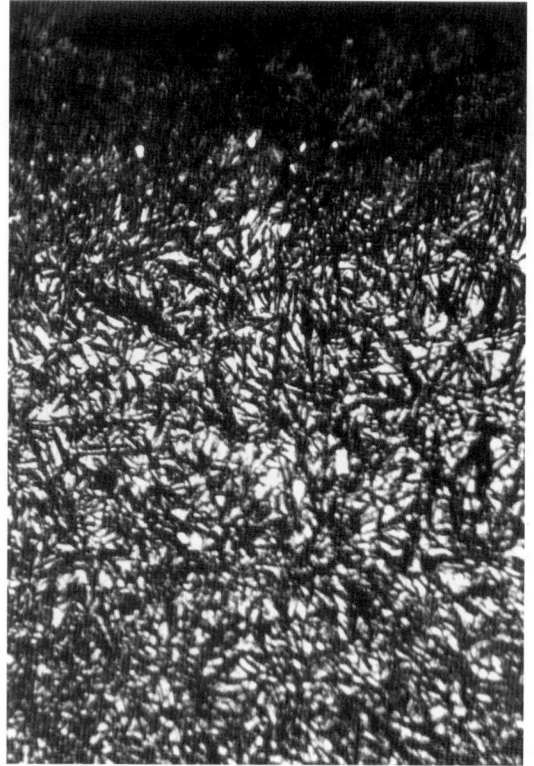

图 8-1-79   500×

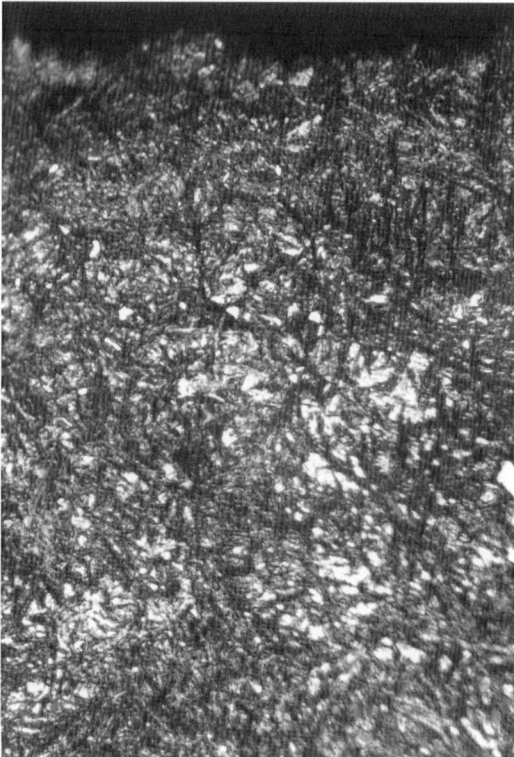

图 8-1-80   500×

图　　号：8-1-78～8-1-80

材料名称：20CrMnTi 钢

浸 蚀 剂：图 8-1-78 经 1+1 盐酸水溶液热蚀；图 8-1-79、图 8-1-80 为 4%硝酸酒精溶液浸蚀

处理情况：渗碳淬火后，在花键轴螺纹部位进行高频退火处理

组织说明：图 8-1-78：拖拉机后桥主动齿轮经过渗碳、淬火、回火后，在花键轴螺纹部位采用高频加热退火。其目的是使螺纹部位硬度降低，防止脆性。结果高频加热退火后在花键槽根部位产生了纵向裂纹。如图中箭头所指。

图 8-1-79：是未经过高频加热的花键槽底，基体组织为针状马氏体及较多的残留奥氏体以及很少量的颗粒状碳化物。

图 8-1-80：高频加热区的组织，基体为马氏体及残留奥氏体和贝氏体的混合组织，也有很少量的碳化物。

高频退火后键槽根部开裂是由于高频加热温度偏高，在随后冷却的速度过快，则易于引起淬硬现象，增大应力而造成裂纹。

图　8-1-81　　　　　　　　　　　　500×

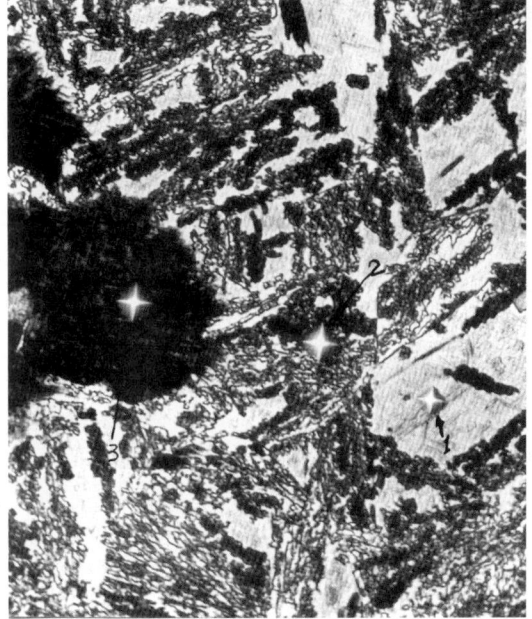

图　8-1-82　　　　　　　　　　　　500×

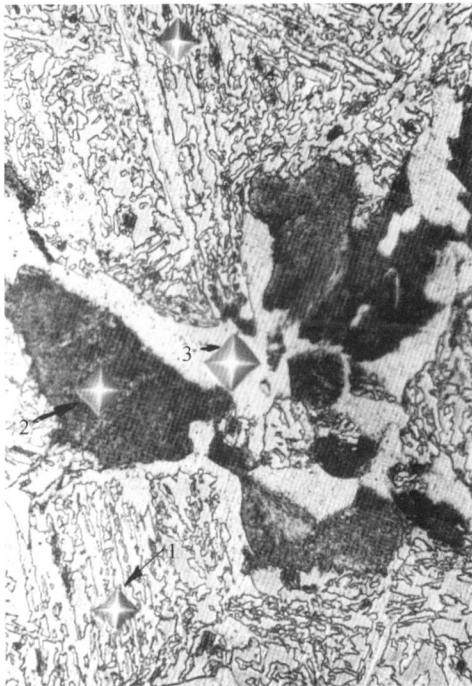

图　8-1-83　　　　　　　　　　　　500×

图　　号：8-1-81～8-1-83

材料名称：20CrMnMo 钢（ϕ10mm 试块）

浸　蚀　剂：4%硝酸酒精溶液

处理情况：渗碳后空冷

组织说明：图 8-1-81：试块表面渗碳层组织，基体为
细珠光体及沿晶界分布的粗大网状碳化物，并且在
部分粗晶粒内出现针状碳化物的过热组织。

图 8-1-82：渗碳过渡区的组织，其中灰白色区
以马氏体为主，也有贝氏体及残留奥氏体。箭头 1
处显微硬度为 808HV；暗黑区显微硬度为 408HV；
是托氏体组织，见箭头 2，箭头 3 所指黑色团状区
为托氏体组织，显微硬度也为 408HV。

图 8-1-83：心部组织，基体为粒状贝氏体，箭
头 1 所指显微硬度为 201HV；箭头 2 所指黑色细珠
光体显微硬度为 288HV 见箭头 3 所指为铁素体组
织，压痕最大硬度最低。此试样属过热的渗碳组织，
因而表层有粗晶粒过共析魏氏组织出现。在过渡区
部分形成淬火马氏体，贝氏体组织是由于中间层处
的奥氏体中无碳化物析出，故而奥氏体合金化含碳
浓度反高于表层而得到淬硬的组织。心部组织也由
于过热渗碳而使奥氏体晶粒变粗，在随后的空冷时
（直径较小）容易形成粒状贝氏体，这是由于含
Mo 的合金钢之故。

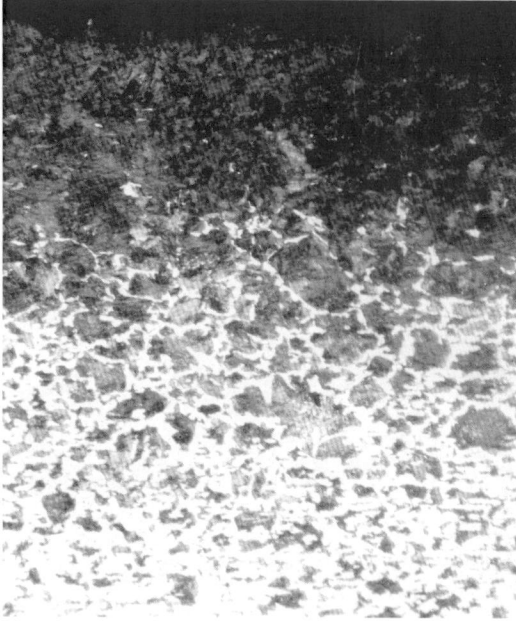

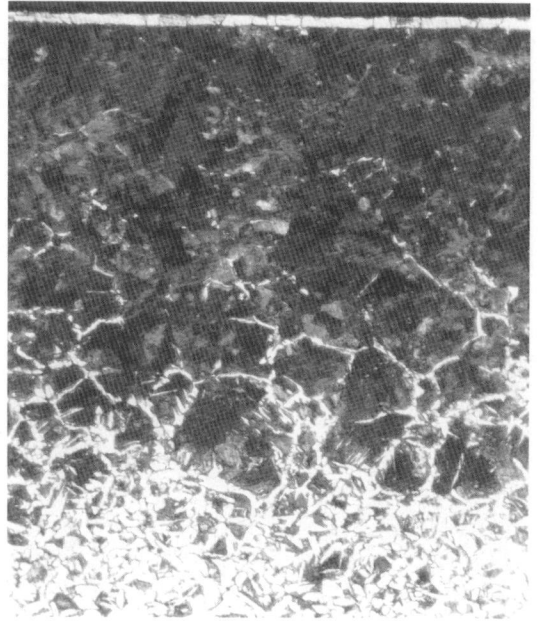

图　8-1-84　　　　　　　　　　　　100×　　图　8-1-85　　　　　　　　　　　　100×

图　　　号：8-1-84、8-1-85　　　　　　浸 蚀 剂：4%硝酸酒精溶液

材料名称：20钢　　　　　　　　　　　　处理情况：渗碳后正火处理

组织说明：图 8-1-84：是渗碳后经正火处理正常的渗碳层，表面无明显脱碳

　　　　　图 8-1-85：是渗碳后经正火处理，渗碳层表面有 0.02mm 全脱碳层

　　　　渗碳后进行正火处理，使 20 钢工件淬火后能得到较为细小的显微组织，但在采用正火工艺时，必须在采用防脱碳的气氛下进行，否则容易产生脱碳层，影响淬火后的表面硬度。

图　　　号：8-1-86

材料名称：20Cr

浸 蚀 剂：4%硝酸酒精溶液

处理情况：渗碳后油冷淬火，低温回火

组织说明：工件的表面为全脱碳（深度为 0.035mm），次层基体是细针状马氏体、少量残留奥氏体，其间有极少量块状铁素体，工件渗碳出炉后遭受强烈氧化，在加热淬火时炉内碳势不高，为此脱碳层在淬火时没有减轻，保留了下来。如果在磨削加工时消除了脱碳层，是不会影响工件使用的，否则工件将做不合格处理。

图　8-1-86　　　　　　　　　　　　400×

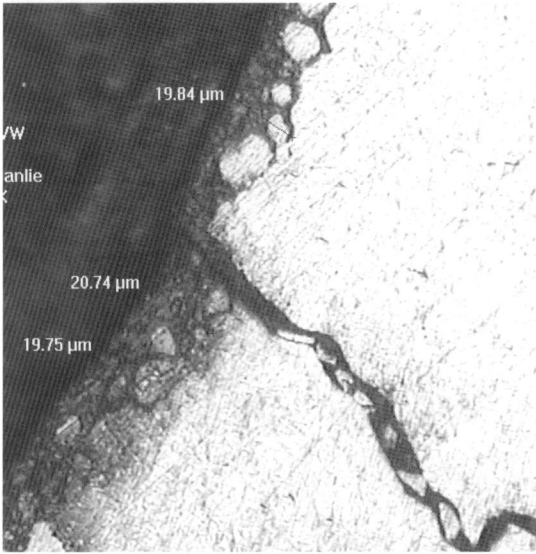

图　8-1-87　　　　　　　　　　400×

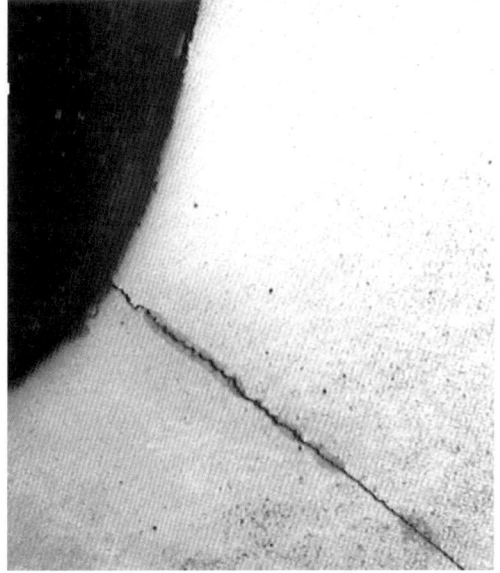

图　8-1-88　　　　　　　　　　100×

图　　　号：8-1-87、8-1-88

材料名称：20MnCr5 钢（齿轮轴）

浸 蚀 剂：4%硝酸酒精溶液，浅浸蚀

处理情况：渗碳后直接淬火

组织说明：图 8-1-87：齿轮轴在使用中齿轮产生断裂，经显微组织分析，齿根弯曲处表面有 0.02～0.025mm
左右黑色组织（非马氏体），且有裂纹。

图 8-1-88：是裂纹的全貌。齿根弯曲处存在严重的黑色组织会影响齿轮齿根抗弯强度。所以，在使用
时会在齿根处产生裂纹，降低了齿轮的使用寿命。

图　　　号：8-1-89

材料名称：20CrMnTi 钢

浸 蚀 剂：4%硝酸酒精溶液

处理情况：真空渗碳油冷却后低温回火

组织说明：齿轮表面为小颗粒碳化物、细针状马氏体
及极少量的残留奥氏体的氮化钛夹杂物（显微镜下
观察呈橙黄色）。真空渗碳淬火可以防止齿轮脱碳
和黑色组织，齿轮从组织状况来看，齿轮渗碳时碳
势控制良好，淬火温度控制符合工艺要求，所以得
到较好的显微组织。

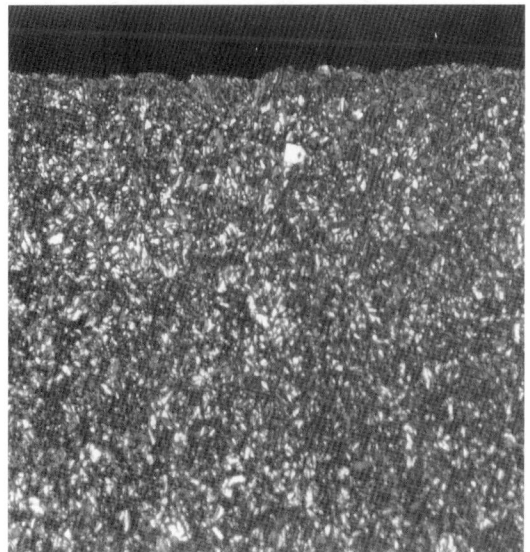

图　8-1-89　　　　　　　　　　400×

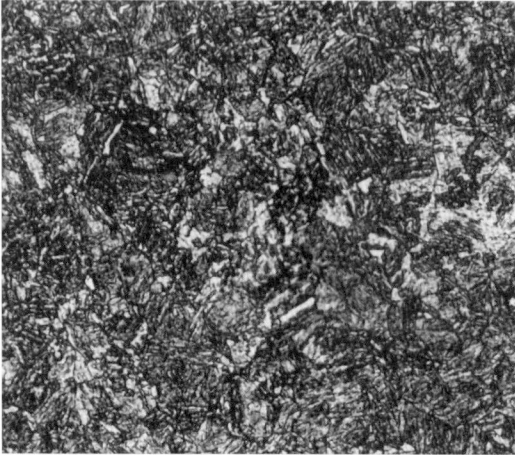

图　8-1-90　　　　　　　　　　　400×

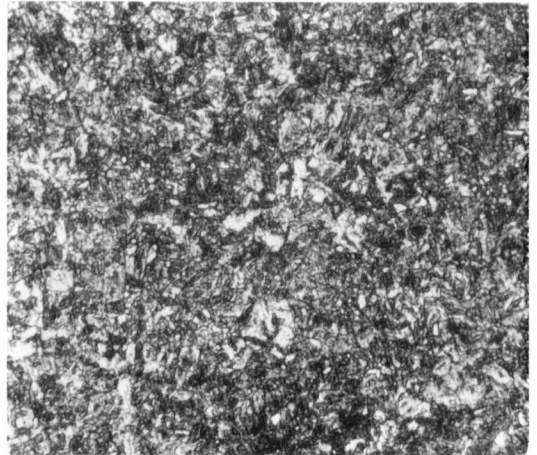

图　8-1-91　　　　　　　　　　　400×

图　　号： 8-1-90～8-1-92

材料名称： 20MnCr5 钢

浸 蚀 剂： 4%硝酸酒精溶液

处理情况： 真空渗碳，气冷淬火，低温回火

组织说明： 变速器齿套心部组织：图 8-1-90 为低碳马氏体+贝氏体及条状、块状铁素体；图 8-1-91 为低碳马氏体+贝氏体及少量点、块状铁素体；图 8-1-92 为低碳马氏体+贝氏体及点状铁素体。

真空渗碳淬火能消除黑色组织，特别是气冷淬火可以减少齿轮的变形，尤其是薄壁件的齿轮。但是，气冷的冷却性能比油冷差。所以，目前尚不能解决所有的齿轮采用气冷淬火工艺，只有薄壁件的齿轮能采用气冷淬火工艺。

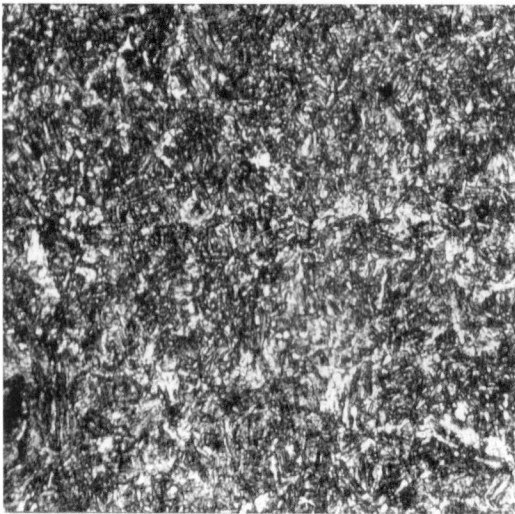

图　8-1-92　　　　　　　　　　　400×

图　　号： 8-1-93

材料名称： 28MnCr5 钢

浸 蚀 剂： 4%硝酸酒精溶液

处理情况： 真空渗碳，气冷淬火，低温回火

组织说明： 齿轮表面为细针状马氏体及极少量残留奥氏体，真空渗碳采用气冷却淬火，可使薄壁的齿套类、小模数齿轮类达到良好的显微组织，特别心部组织可以得到低碳马氏体及其他组织，心部硬度也能达到 33～48HRC，符合齿轮热处理的技术要求。

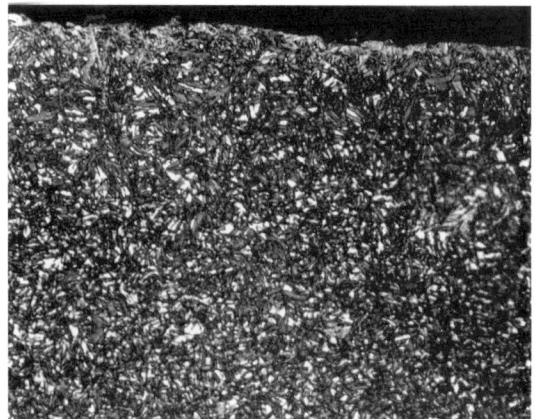

图　8-1-93　　　　　　　　　　　400×

图　8-1-94　　　　　　　　　500×

图　　号：8-1-94～8-1-96

材料名称：28MnCr5 钢

浸 蚀 剂：4%硝酸酒精溶液

处理情况：真空渗碳后油冷淬火，低温回火

组织说明：图 8-1-94：齿角表面条块状粗大碳化物、粗大马氏体及粗大残留奥氏体，这是由于炉内的碳势偏高，易导致粗大碳化物和残留奥氏体。

　　图 8-1-95：齿表面小块状碳化物、粗大马氏体及粗大残留奥氏体，是由于炉内温度和碳势偏高所致。

　　图 8-1-96：心部低碳马氏体、粗条状铁素体（白色），出现粗条状铁条体是与炉内的温度及油冷的速度有关。

　　上述三图是取于在几种真空渗碳油冷工艺，由此看来真空炉的温度、碳势及油冷的速度都会影响齿轮各部位的显微组织。所以，要根据齿轮的模数大小、真空渗碳工艺特性及油冷的特点来选择和制订工艺，真空炉虽然可以避免内氧化及非马氏体的缺陷，但是，处理不当也会出现各种组织缺陷，影响齿轮的使用寿命。

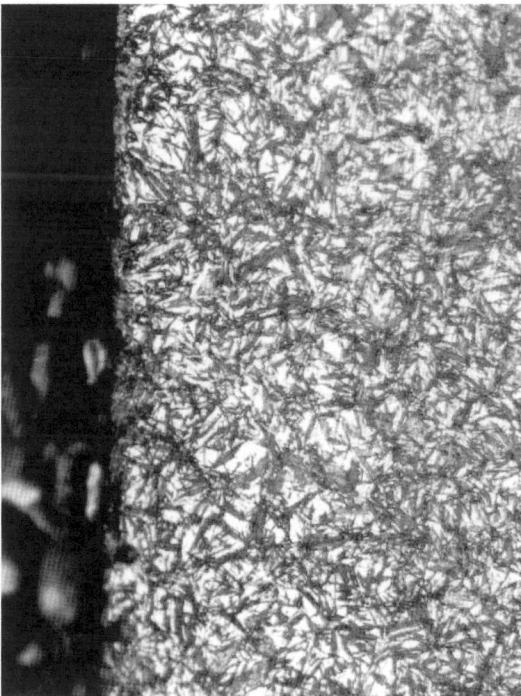

图　8-1-95　　　　　　　　　400×

图　8-1-96　　　　　　　　　500×

图　8-1-97　　　　后桥从动弧齿锥齿轮实物

图　　号：8-1-97
材料名称：20CrMnTi 钢（后桥从动弧齿锥齿轮）
浸 蚀 剂：4%硝酸酒精溶液
处理情况：920℃渗碳后坑冷，再加热至 880℃保温后在压机上油冷，然后经过 180℃保温 3h 回火处理
组织说明：后桥从动弧齿锥齿轮热处理后再经精加工并经磨削，然后在台架上进行寿命试验，该齿轮运行一段时间后突然断裂，将齿轮卸下后观察，发现一个齿自外缘齿根开始断裂，并且逐渐向内缘发展，在发展过程中断口并不平整，而且是凹陷并向齿顶扩展，同时还可以见到裂纹逐渐断续扩展痕迹，最终使该齿剥落齿体。整个断口晶粒粗大，断口呈韧性断裂特征。

图　　号：8-1-98
材料名称：20CrMnTi 钢
浸 蚀 剂：4%硝酸酒精溶液
处理情况：920℃渗碳后坑冷，再加热至 880℃保温后在压机上油冷，然后经过 180℃保温 3h 回火处理
组织说明：取齿面做金相分析，齿面为正常的渗碳淬火回火组织，在细针状回火马氏体+极少量残留奥氏体基体上均匀分布的细小颗粒状碳化物。经实测，过渡层组织均匀、正常，也不过深。但心部组织粗大，基体为极粗大的贝氏体+低碳马氏体组织。

根据分析，断裂原因是心部组织过于粗大，这是由于锻造时加热温度过高引起晶粒急剧长大，冷却后获得粗大的组织，而粗大的组织严重降低了齿轮抗弯强度，又由于心部强度不够，最终造成齿轮断裂。

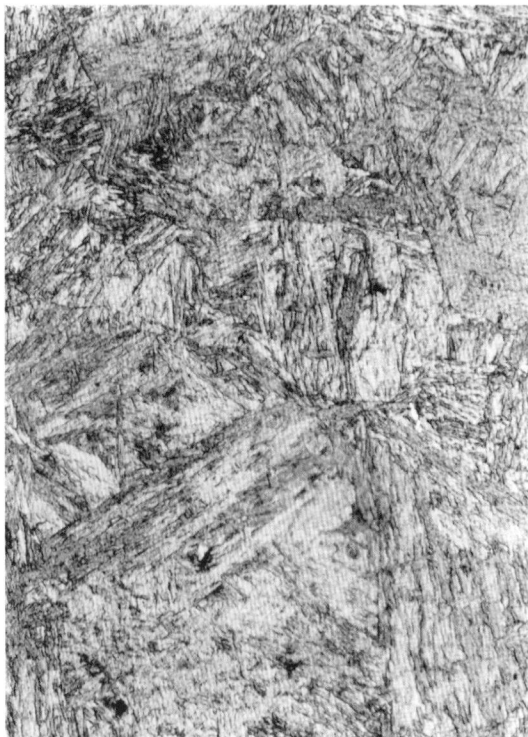

图　8-1-98　　　　　　　　　　　　　　　　400×

图 8-1-99 后桥主动弧齿锥齿轮实物

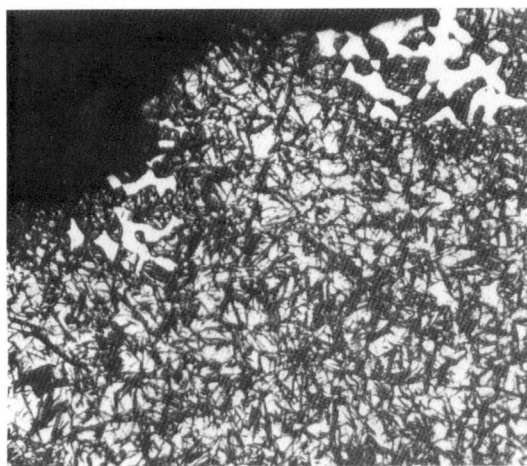

图 8-1-100 400×

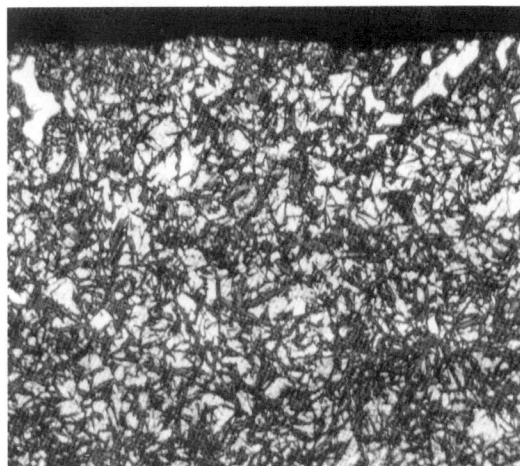

图 8-1-101 400×

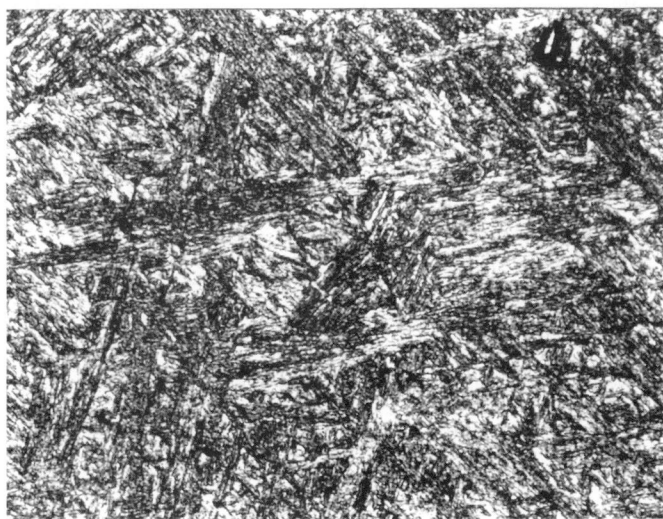

图 81-1-102 400×

图　　号：8-1-99～8-1-102

材料名称：20CrMnTi 钢

浸 蚀 剂：4%硝酸酒精溶液

处理情况：930℃渗碳，降温至 880℃后油冷淬火，180℃保温 3h 回火处理

组织说明：变速箱主动弧齿锥齿轮在台架试验时产生断裂，断口晶粒粗大，在断齿底部及中部黑色处为疏松孔隙，呈脆性断口。

　　图 8-1-99：在齿轮截面上作硬度试验，主动齿表面硬度为 52～53HRC。

　　图 8-1-100：齿角处组织，粗大断网络状碳化物+粗针状低碳马氏体+残留奥氏体。

　　图 8-1-101：齿面大块状碳化物+粗大针状马氏体+残留奥氏体。

　　图 8-1-102：主动齿心部组织，基体为回火粗大低碳马氏体+贝氏体。心部硬度为 32～34HRC。

　　根据以上分析：齿面和心部硬度均偏低于技术要求，而晶粒粗大使齿轮齿面硬化层抗剥落性能及齿根弯曲疲劳性能降低，碳化物呈大块状及粗大网络状，粗针状马氏体及残留奥氏体是热处理时保温温度高于规定的淬火温度而引起的，使齿轮的弯曲疲劳、耐磨性能降低，使齿角变脆易于崩裂。心部的粗大组织是由于锻造过热所引起的，齿轮中存在的疏松孔隙是冶金缺陷，这将严重影响齿轮的使用寿命，当齿轮台架试验时，啮合开始或终了时主动齿轮齿根危险断面表面处最大弯曲应力超过材料的持久极限，齿面出现疲劳破坏，当超过材料抗弯强度时使齿轮断裂。

图　8-1-103　　　　　　　行星齿轮实物

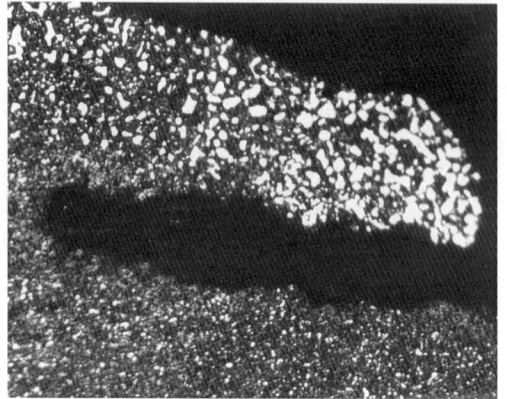

图　8-1-104　　　　　　　　　　　　　400×

图　　号：8-1-103、8-1-104

材料名称：20CrMnTi 钢

浸 蚀 剂：图 8-1-104　经 3%硝酸酒精溶液浸蚀

处理情况：井式炉 900℃气体渗碳 3h，降温至 840℃后油冷淬火，180℃保温 3h 回火处理

组织说明：图 8-1-103：行星齿坯锻件，经机械加工后再经热处理后，发现近齿角处有一条裂纹，裂纹一端较宽，并沿纵面向另一端齿角延伸，裂纹明显、细小。

　　图 8-1-104：裂纹处金相组织，近齿面裂纹尖角处是密集的块状碳化物，而裂纹另一侧碳化物则明显减少且细小。基体组织为回火马氏体＋极少量残留奥氏体。裂纹尾部较圆钝，它不像淬火裂纹。

　　根据以上分析：此裂纹在热处理前就存在，它是锻造时产生的折叠缺陷，在渗碳过程中，近齿面的折叠层比整体齿轮先受加热并渗碳，由于折叠层外表较薄容易渗穿，造成此层碳浓度高而获得聚集分布的碳化物，而折叠另一侧是齿轮本体，因而加热渗碳正常，获得的组织也细小正常。

图　　号：8-1-105

材料名称：20CrMnTi 钢

浸 蚀 剂：4%硝酸酒精溶液

处理情况：齿轮经渗碳淬火回火后，再对齿面及齿根
　　　　　进行磨削加工

组织说明：齿轮经上述热处理及磨削加工后不久，即
　　　　　发现在齿根表面及齿面上出现有颇多与磨削方向
　　　　　垂直平行分布的细小裂纹，裂纹不深并且排列整
　　　　　齐，这是典型的磨削裂纹缺陷。由于齿轮表面经渗
　　　　　碳淬火回火，其表面处于高硬状态，且内应力较大，
　　　　　当进行磨削加工时，如果砂轮硬度太软或太硬、进
　　　　　给量较大、磨削速度高和切削液供给不当时，齿轮
　　　　　表面应力较大，以致在上述参数综合的作用下磨削
　　　　　面就容易产生磨削裂纹缺陷。磨削裂纹一般呈有规
　　　　　则平行排列形式存在，有时也呈网络状分布。

图　　8-1-105　　　　　　　　　　油泵齿轮实物

图　　号：8-1-106

材料名称：20CrMnTi 钢

浸 蚀 剂：4%硝酸酒精溶液

处理情况：齿轮经渗碳淬火回火后，再对齿面及齿根
　　　　　进行磨削加工

组织说明：齿轮表面由于磨削的进给量太大，同时冷
　　　　　却又不当，以致在齿轮表面产生磨削裂纹，并在齿
　　　　　轮表面产生一层极薄的冷作硬化层。在垂直于磨削
　　　　　裂纹的齿面处取样作金相分析，发现齿面有一薄
　　　　　层白亮层的冷作硬化层。该处的组织为小块状碳
　　　　　化物＋少量颗粒状碳化物＋极少量残留奥氏体。
　　　　　心部组织为回火低碳马氏体。白亮冷作硬化层是
　　　　　与磨削的速度及磨削的进给量有关。由于齿轮表
　　　　　面有较多量的残留奥氏体，在磨削过程中如果进给
　　　　　量过大，表面受力较大，促使残留奥氏体向马氏体
　　　　　转变，因此，渗层中残留奥氏体过多时，通过提高
　　　　　回火温度或冷处理来减少残留奥氏体量，可明显减
　　　　　少磨削裂纹。同时，在磨削时控制好磨削速度和进
　　　　　给量也是消除磨削裂纹的有效方法。

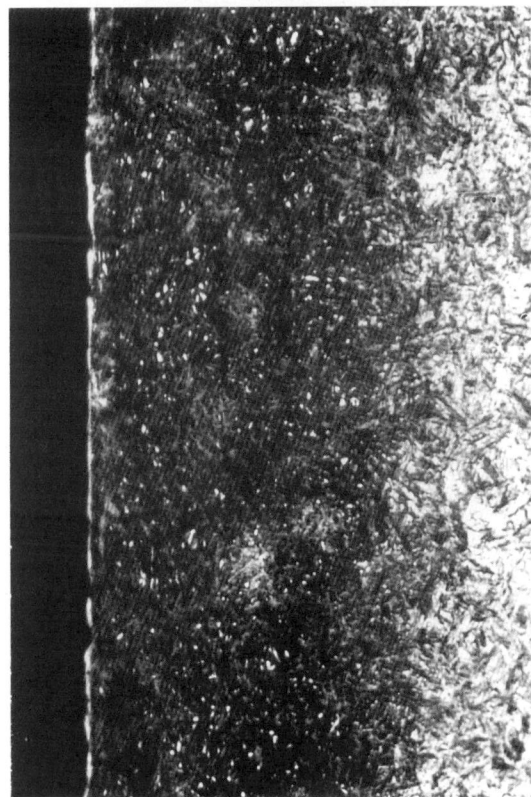

图　　8-1-106　　　　　　　　　　400×

金 相 图 片

图 8-2-1   400×

图　　号： 8-2-1

材料名称： 16MnCr5 钢

浸 蚀 剂： 未浸蚀，抛光态

处理情况： 碳氮共渗后直接淬火、回火

组织说明： 表面内氧化组织。

    工件经抛光后在显微镜下观察，最表面有一层黑色条状或枝叉状分布的内氧化组织。在共渗过程中，炉内有氧化气氛，这与炉子升温时的排气是否充分有关，或是与炉子排气时的均匀性有关。这种情况可以通过适当延长排气时间来解决。渗碳直接淬火同样会出现这种内氧化。

图　　号： 8-2-2

材料名称： 20CrMnTi 钢

浸 蚀 剂： 未浸蚀，抛光态

处理情况： 920℃渗碳，然后通氨降温至 840℃直接淬火

组织说明： 经抛光后，工件表面原有的腐蚀坑表面有黑色锯齿形内氧化组织。内氧化粗细是决定于零件锈蚀的情况，锈蚀情况严重的内氧化组织较粗较严重。

图 8-2-2   400×

图　　号： 8-2-3

材料名称： 20CrMnTi 钢

浸 蚀 剂： 抛光态，未浸蚀

处理情况： 880℃碳氮共渗直接淬火

组织说明： 工件表面经过抛光后的情况，在 400 倍下能观察到沿晶界分布的黑色组织，这是比较严重的内氧化组织。出现严重的内氧化组织与共渗的炉子的密封性有密切关系。共渗炉中的氧气来不及排清，或工件表面沿晶界有锈蚀，在共渗处理后比一般的内氧化严重，因为内氧化会自表面沿晶界往里扩展，为此工件表面的清洁度也是相当重要的。

图 8-2-3   400×

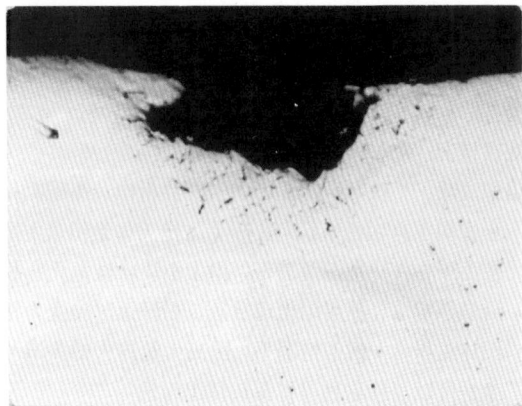

图　　号：8-2-4
材料名称：20CrMnTi 钢
浸 蚀 剂：抛光态，未浸蚀
处理情况：840℃碳氮共渗后直接淬火
组织说明：工件共渗后，表面在抛光后的情况下，在
　　　　　凹坑处有黑色条状的内氧化组织，在其他部位上没
　　　　　有内氧化组织，这说明炉内的气氛是正常的。而凹
　　　　　坑实际上是零件表面在共渗前的腐蚀点，也就是氧
　　　　　化铁的锈蚀斑点处，在共渗中锈蚀斑点处表面就产
　　　　　生内氧化组织。

图　　8-2-4　　　　　　　　　　400×

图　　号：8-2-5
材料名称：20CrMnTi 钢（齿轮）
浸 蚀 剂：4%硝酸酒精溶液浅浸蚀
处理情况：860℃通氨碳氮共渗后降温至 840℃油冷
　　　　　淬火，180℃低温回火
组织说明：齿轮表面呈均匀分布的黑色细网络状，是
　　　　　淬火冷却时发生组织转变，在奥氏体晶界处产生黑
　　　　　色细网络状的托氏体为主的非马氏体组织，但表面
　　　　　硬度为 61.5HRC，齿轮经台架试验良好，齿轮表面
　　　　　未发生磨损，所以我们认为极少量均匀细网络状分
　　　　　布的黑色组织，在表面硬度达到技术指标要求时是
　　　　　可以正常使用的。

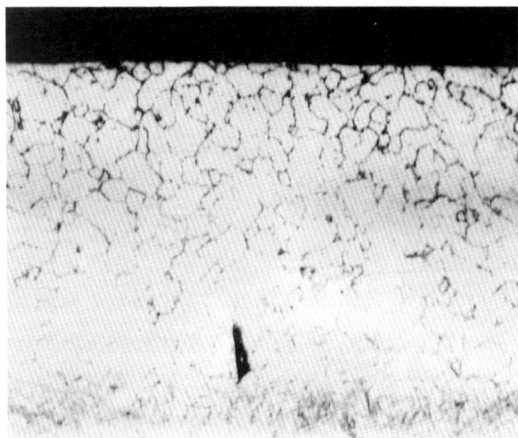

图　　8-2-5　　　　　　　　　　400×

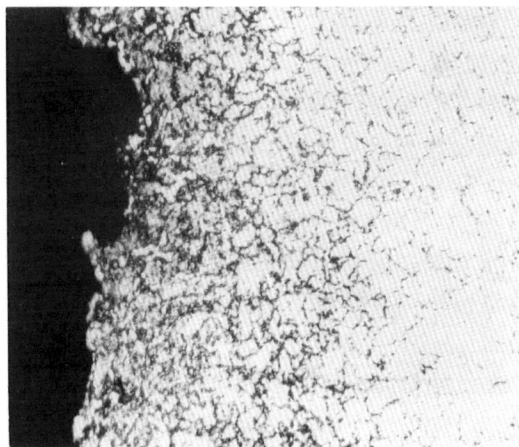

图　　号：8-2-6
材料名称：20CrMnTi 钢
浸 蚀 剂：4%硝酸酒精溶液浅浸蚀
处理情况：碳氮共渗直接淬火低温回火处理
组织说明：齿轮齿根部最表层为小块状碳氮化合物，
　　　　　次层为细网络状较深，黑色组织，并且是沿晶界分
　　　　　布。由于齿根部碳氮含量偏高，而齿根的冷却速度
　　　　　往往比其他部位慢，所以容易形成黑色网络状组
　　　　　织，这种缺陷组织会降低齿轮表面的抗弯疲劳强
　　　　　度，严重的会使齿轮断裂。这种缺陷组织在淬火时
　　　　　如果增加齿轮的冷却速度是可以减轻或消除的。

图　　8-2-6　　　　　　　　　　400×

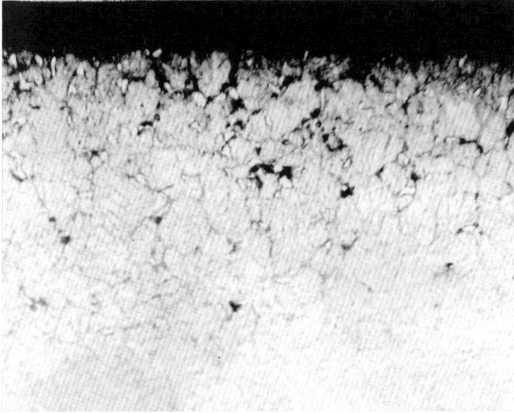

图　号：8-2-7

材料名称：20CrMnTi 钢（齿轮）

浸蚀剂：2%硝酸酒精溶液浅浸蚀

处理情况：880℃渗碳，降至 820℃直接淬火

组织说明：小块状碳氮化合物沿晶界析出，在碳氮化
合物周围有黑色组织，实际上是托氏体组织，主要
是由于在淬火前温度偏低，由于小块状碳氮化合物
沿晶界析出，使周围出现贫碳，在淬火时转变为托
氏体组织。一般的情况下，提高齿轮淬火的保温温
度是可以消除这种晶界托氏体组织的。

图　　8-2-7　　　　　　　　　　400×

图　号：8-2-8

材料名称：20CrMo 钢

浸蚀剂：4%硝酸酒精溶液浅浸蚀

处理情况：860℃尿素、三乙醇胺碳氮共渗后降温至
830℃油冷淬火，180℃低温回火

组织说明：表层有不均匀分布的黑色组织，次层有较
粗的黑色组织呈网状沿晶界分布，在黑色组织中
白色小颗粒为碳氮化合物。由于碳氮浓度偏高，
淬火温度偏低，在油冷时碳氮化合物析出，淬透
性降低，形成黑色组织，要消除这种组织应该提
高冷却介质的冷却性能或在冷却过程中提高冷却
介质搅拌速度。

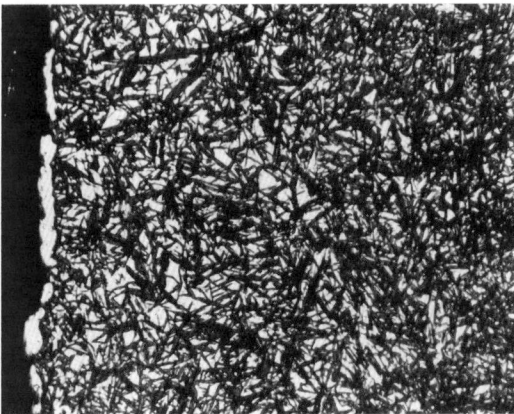

图　　8-2-8　　　　　　　　　　400×

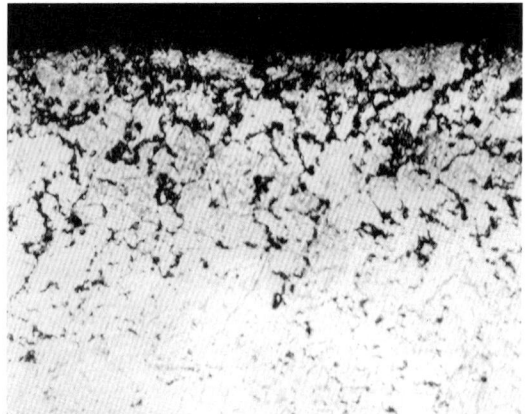

图　　8-2-9　　　　　　　　　　400×

图　号：8-2-9

材料名称：20CrMnTi 钢

浸蚀剂：4%硝酸酒精溶液

处理情况：840℃通氨气，碳氮共渗后直接淬火

组织说明：工件最表面在高碳、氮含量的情况下易产
生 0.001～0.003mm 左右的白亮色组织，一般称白
亮层，最表层有一层白色碳氮化合物，次层为含氮
粗大的马氏体，较多的残留奥氏体。白亮层组织是
脆性相，在制作金相试样时处理不当易掉落。共渗
温度越低，在高碳、氮气氛下使工件表面碳氮化合
物呈块状分布的可能性越大，且由稀疏到致密而形
成白亮层。具有这种组织的零件在使用过程中易产
生剥落，造成零件表面产生拉毛及磨损直至零件损
坏。这是严重的缺陷组织。

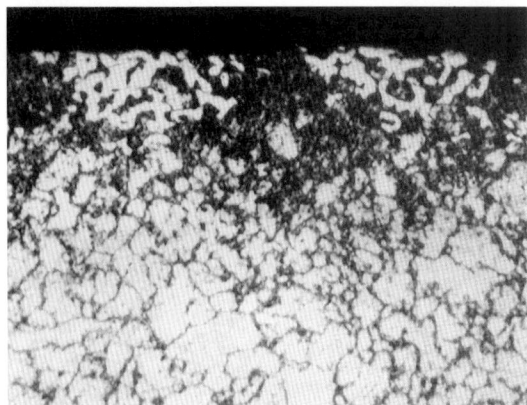

图　　8-2-10　　　　　　　　　400×

图　　号：8-2-10

材料名称：20CrMnTi 钢（齿轮）

浸 蚀 剂：4%硝酸酒精溶液浅浸蚀

处理情况：860℃通氨气、三乙醇胺碳氮共渗，降温
　　　　至 820℃直接淬火

组织说明：齿轮表面有偏析状碳氮化合物，呈团絮状
　　　　分布。碳氮化合物呈细网状或断网状分布在黑色组
　　　　织内。次层是黑色粗网状组织。这是典型的碳氮共
　　　　渗工艺缺陷组织。碳氮化合物成团絮状偏析分布说
　　　　明了齿轮表面的碳氮含量偏高，特别是含氮量，经
　　　　测定 w（N）在 0.3%以上。而直接淬火温度偏低，
　　　　使碳氮化合物在齿轮表层沿晶界析出，呈网状、断
　　　　网状或团絮状分布。我们认为在碳氮共渗工艺中必
　　　　须控制碳氮含量的比例，一般情况下，w（N）应
　　　　控制在 0.1%～0.2%。

图　　号：8-2-11

材料名称：20CrMnTi 钢（齿轮）

浸 蚀 剂：4%硝酸酒精溶液浅浸蚀

处理情况：850℃通氨、煤油，碳氮共渗，降温至 825℃
　　　　保温 1h

组织说明：齿轮节圆处表面有严重的黑色组织，其次
　　　　层是粗网络状黑色组织。这种严重的黑色组织是碳
　　　　氮共渗炉内 w（N）大于或等于 0.3%时形成的。由
　　　　于工艺考虑到产品的变形问题，在降温至 825℃时
　　　　再保温 1h，在这段时间里有利于氮原子的渗入。若
　　　　在 825℃保温时间过长，会造成淬火温度偏低，
　　　　不利于表面组织向马氏体转变。此缺陷可提高降温
　　　　温度，减少降温后的保温时间，黑色组织是可以减
　　　　少和避免出现的。

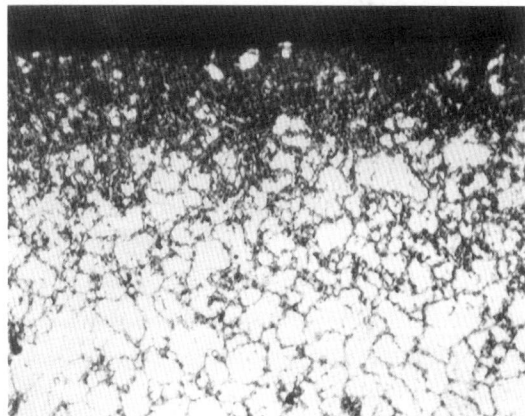

图　　8-2-11　　　　　　　　　400×

图　　号：8-2-12

材料名称：15CrMo 钢

浸 蚀 剂：4%硝酸酒精溶液

处理情况：860℃通氨气，碳氮共渗后直接淬火

组织说明：齿轮节圆处表面碳氮化合物呈团絮状分
　　　　布，次层为较细小含氮马氏体、残留奥氏体及分
　　　　散颗粒状碳氮化合物。这种碳氮化合物分布是典
　　　　型碳氮共渗偏析状分布，一般是表面 w（N）在
　　　　0.3%以上，就容易产生这样的偏析状组织。

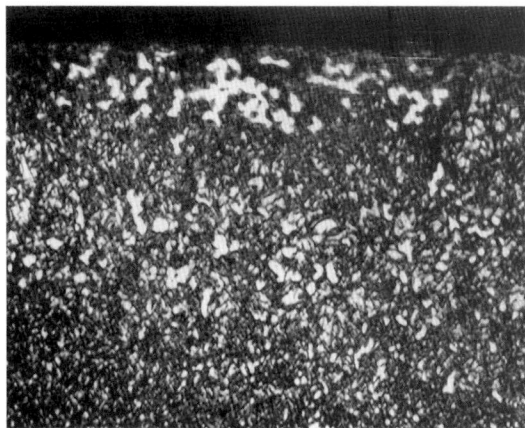

图　　8-2-12　　　　　　　　　400×

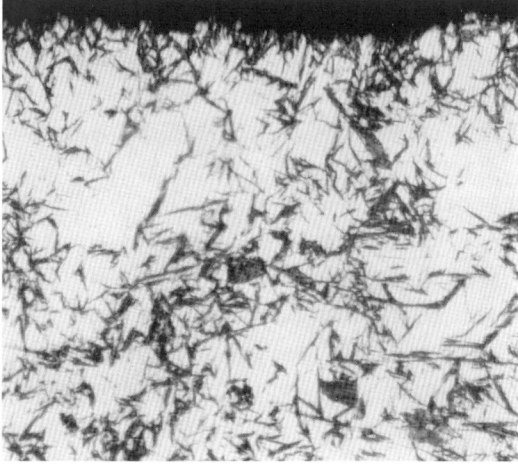

图　8-2-13　　　　　　　　　　　400×

图　　号：8-2-13

材料名称：20CrMnTi 钢

浸 蚀 剂：4%硝酸酒精溶液

处理情况：860℃通氨，碳氮共渗后直接淬火，低温回火

组织说明：齿轮齿表层是较粗大的马氏体+大量的残留奥氏体，硬度约 50HRC 左右，是碳、氮元素大量溶解于基体，奥氏体合金化充分，使奥氏体稳定。马氏体转变点则显著下降，而淬火温度又偏高，故在淬火后得到大量的残留奥氏体，导致齿轮表面硬度不高，这种情况只有重新加热淬火，才能减少基体中的残留奥氏体，提高齿轮的表面硬度。

图　　号：8-2-14

材料名称：20CrMnTi 钢

浸 蚀 剂：4%硝酸酒精溶液

处理情况：880℃碳氮共渗后直接淬火，低温回火

组织说明：齿轮表面点状碳氮化合物，齿面较多的残留奥氏体（白色）及粗大的马氏体，较多的碳氮化合物溶解于基体，同时在高温下直接淬火，故在淬火后得到粗大的马氏体，如果重新加热淬火是可以得到较细的针状马氏体的。为此碳氮共渗工艺可以使齿轮降温至最佳温度时淬火是可以避免产生粗大马氏体组织的。

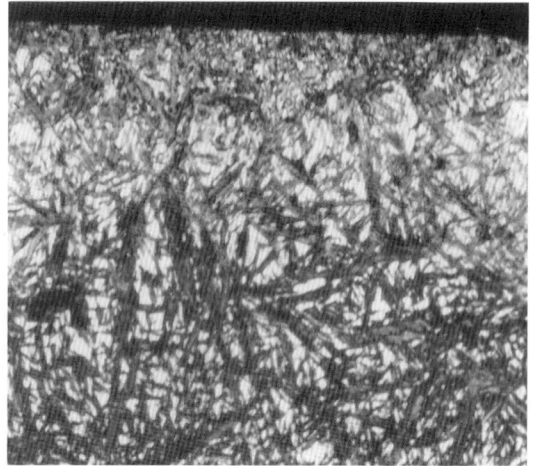

图　8-2-14　　　　　　　　　　　400×

图　　号：8-2-15

材料名称：20CrMnTi 钢

浸 蚀 剂：4%硝酸酒精溶液

处理情况：880℃碳氮共渗后直接淬火，低温回火

组织说明：齿轮齿表面点状碳氮化合物，次层是残留奥氏体及针状马氏体，组织是较理想的，这与齿轮表面碳氮含量适当，选择较好的淬火温度有关。

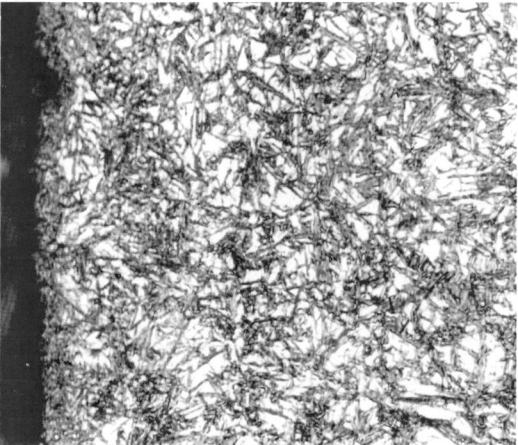

图　8-2-15　　　　　　　　　　　400×

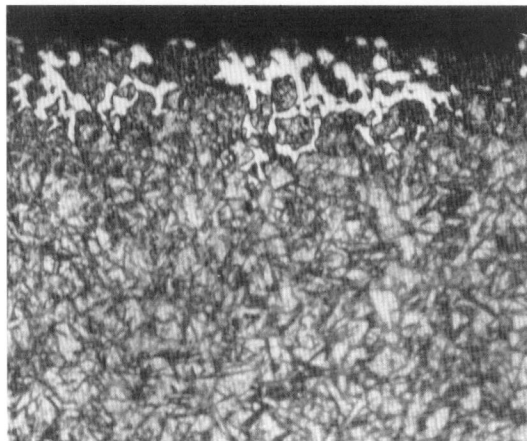

图　8-2-16　　　　　　　　　　　　400×

图　　号：8-2-17
材料名称：20CrMnTi 钢
浸 蚀 剂：4%硝酸酒精溶液
处理情况：880℃三乙醇胺碳氮共渗直接淬火，表面
　　　　　硬度偏低 56HRC（要求 58～63HRC）是由于工件
　　　　　表面碳浓度偏低，因此再加热至 860℃三乙醇胺补
　　　　　充工件表面碳氮浓度，再降温至 840℃淬火
组织说明：渗层表面有较密的小块状碳氮化合物、针
　　　　　状马氏体及较细的残留奥氏体。从工艺处理的情况
　　　　　可以看到补充工件表面碳氮浓度的保温温度低于
　　　　　原工艺，淬火前温度比原工艺低，这样均匀小块
　　　　　状、颗粒状碳氮化合物容易聚集在工件的表面，
　　　　　并且有向纵深分布的趋势。这是一种变形量很小
　　　　　的碳氮共渗返工工艺，如果表面碳氮化合物分布略
　　　　　稀少一些，对工件的使用寿命相当有利。

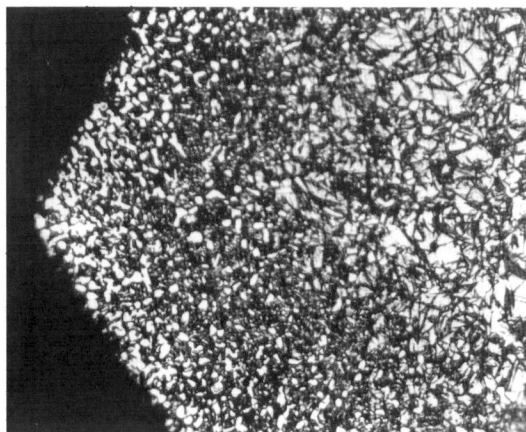

图　8-2-18　　　　　　　　　　　　400×

图　　号：8-2-16
材料名称：20CrMnTi 钢
浸 蚀 剂：4%硝酸酒精溶液
处理情况：860℃尿素、三乙醇胺碳氮共渗，降温至
　　　　　830℃直接淬火，低温回火
组织说明：表层为偏析状、网状、断网状碳氮化合物，
　　　　　基体是回火针状马氏体及残留奥氏体。
　　　　由于尿素及三乙醇均是碳氮共渗的主要介质，
因此炉内在高氮、碳势情况下进行碳氮共渗，一般
情况下表面 w（N）大于 0.3%以上就容易产生碳氮
化合物偏析，呈团絮状分布。所以，在两种以上的
共渗介质又加上淬火时温度偏低的情况下，使零件
碳氮含量增高，产生碳氮化合物偏析，同时基体中
残留奥氏体也会随之增加。

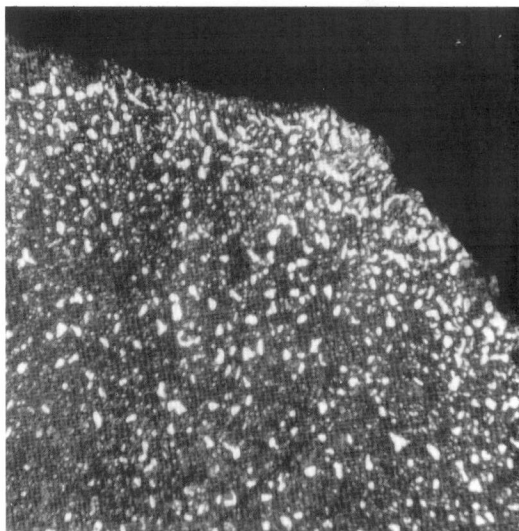

图　8-2-17　　　　　　　　　　　　400×

图　　号：8-2-18
材料名称：20MnCr5 钢
浸 蚀 剂：4%硝酸酒精溶液
处理情况：920℃渗碳淬火，渗层已达到要求，表面
　　　　　碳浓度偏低，再用 860℃三乙醇胺直接淬火工艺
组织说明：齿角表面密集点状、小块状碳化物，次层
　　　　　有粗针状马氏体和较多量的残留奥氏体。
　　　　渗碳后工件需要补充碳氮处理，由于渗层已达
到要求，补充碳时温度一定要低于原工艺，保温时
间必须在 1h 左右，否则渗层要超差。因此炉内碳
势相应要高一些，需再补充一些氮形成上述组织。

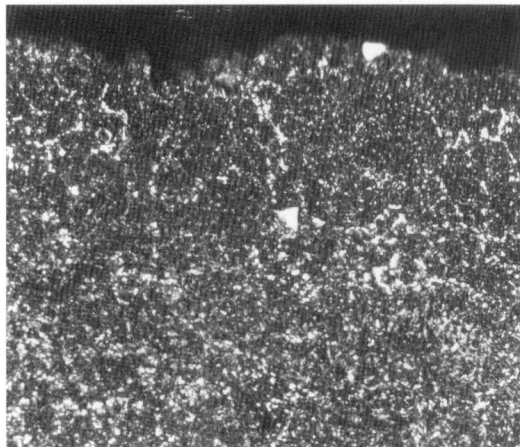

图　　8-2-19　　　　　　　　　　400×

图　　号：8-2-20

材料名称：20CrMnTi 钢

浸 蚀 剂：4%硝酸酒精溶液

处理情况：860℃通氨气，煤油碳氮共渗直接淬火

组织说明：齿角是细小点状呈断网状分布的碳氮化
　　　　　物，次层是含氮马氏体及极少量的残留奥氏体。经
　　　　　台架试验，发现齿角有裂纹，裂纹是沿点状细小碳
　　　　　氮化合物方向扩展。所以在碳氮共渗工艺中出现点
　　　　　网状碳氮化合物，一般情况下应判为不合格，特别
　　　　　齿角最容易产生裂纹。

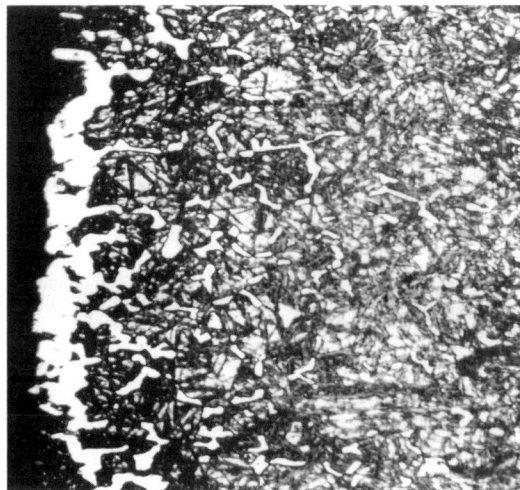

图　　8-2-21　　　　　　　　　　400×

图　　号：8-2-19

材料名称：20CrMnTi 钢

浸 蚀 剂：4%硝酸酒精溶液

处理情况：860℃通氨气、煤油碳氮共渗（井式炉）
　　　　　直接淬火

组织说明：点断网状碳氮化合物及弥散状分布的点状
　　　　　碳氮化合物、细小针状马氏体及残留奥氏体，有两
　　　　　块三角形的橙色氮化钛夹杂。零件在吊装淬火时，
　　　　　从炉内吊装至槽的过程中的停留时间过长，引起碳
　　　　　氮化合物沿晶界析出。由于淬火温度偏低，所以显
　　　　　微组织均比较细，碳氮化合物沿晶界呈点状析出。
　　　　　在井式炉进行热处理在淬火时吊装的速度必须在
　　　　　规定的时间范围内。

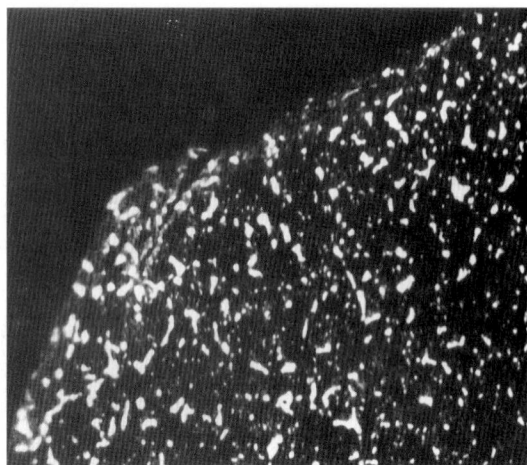

图　　8-2-20　　　　　　　　　　400×

图　　号：8-2-21

材料名称：20CrMnTi 钢

浸 蚀 剂：4%硝酸酒精溶液

处理情况：860℃通氨气碳氮共渗后降温至 830℃油
　　　　　冷淬火，再经−30℃冷处理，180℃低温回火处理

组织说明：壳状碳氮化合物是沿齿轮的几何形状分
　　　　　布的。次层为中粗断网状碳氮化合物、针状回火
　　　　　马氏体及灰色次生马氏体。油冷淬火后工件中的
　　　　　残留奥氏体经过冷处理后转变成细马氏体，即次
　　　　　生马氏体。这部分马氏体可以看出原残留奥氏体
　　　　　的痕迹。壳状碳氮化合物也是一种严重的组织缺
　　　　　陷，脆性极大，在使用中会产生剥落使零件的使用
　　　　　寿命大大下降。

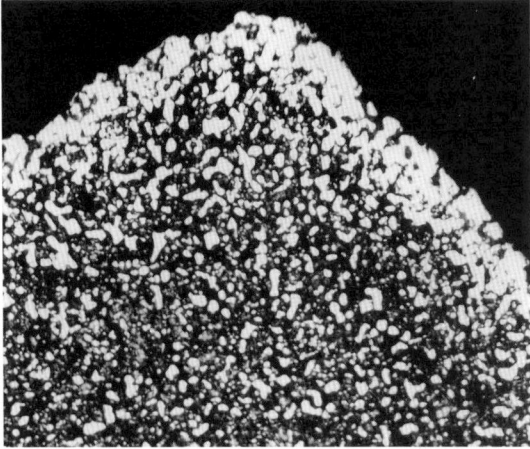

图　8-2-22　　　　　　　　　　　400×

图　　号：8-2-22

材料名称：20CrMnTi 钢

浸蚀剂：4%酸酒精溶液

处理情况：860℃通氨气碳氮共渗，降温至 830℃，保温 0.5h 后油冷淬火，180℃低温回火

组织说明：齿轮的齿角表面白亮层是大块状碳氮化合物及断续网状碳氮化合物。次层是断续网状及块状碳氮化合物向纵深分布，基体为细针状马氏体和少量残留奥氏体。这种组织在碳氮共渗工艺中与降温时间长短有关。

　　炉子保温性能好降温时间越长，到 830℃保温 0.5h，使碳氮化合物在齿表面形成密集分布，齿角相对比齿面形成的碳氮化物多，这是与齿角的形状有关。

图　　号：8-2-23

材料名称：20CrMnTi 钢

浸蚀剂：4%硝酸酒精溶液

处理情况：880℃三乙醇胺碳氮共渗，降温至 840℃油冷淬火，180℃低温回火

组织说明：齿角表面块状、条状、密集分布的碳氮化合物，次层为小块状碳氮化合物、细针状马氏体及少量残留奥氏体。三乙醇胺作为碳氮共渗介质，保温温度 880℃。据我们分析，齿轮表面 $w(N)$ 不会超差 0.1%。碳氮化合物的多少是决定于三乙醇胺的滴量。这类缺陷可以通过在共渗时减少三乙醇胺的滴量来避免。

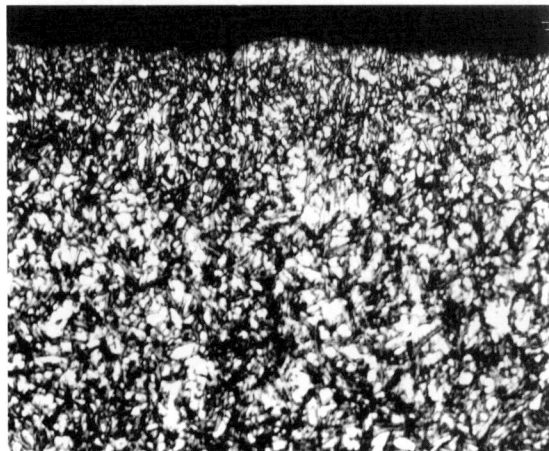

图　8-2-23　　　　　　　　　　　400×

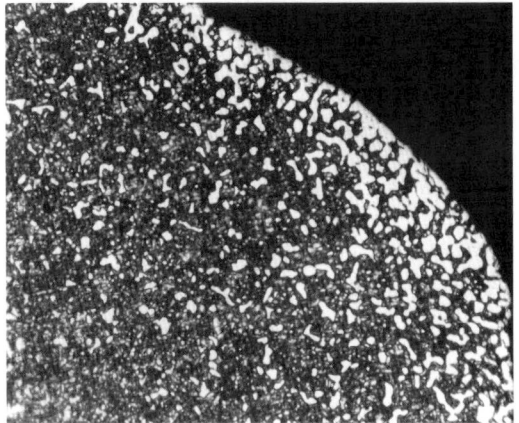

图　8-2-24　　　　　　　　　　　400×

图　　号：8-2-24

材料名称：25MnCr5 钢

浸蚀剂：4%硝酸酒精溶液

处理情况：880℃通氨气碳氮共渗，降温至 840℃油冷淬火，冷处理后回火

组织说明：表面较多的小颗粒碳氮化合物均匀分布，比较多的残留奥氏体及针状马氏体。工件淬火后残留奥氏体较多，通过冷处理，有残留奥氏体向马氏体转变的痕迹，所以残留奥氏体通过冷处理可以减少其数量，同样可以提高表面硬度。

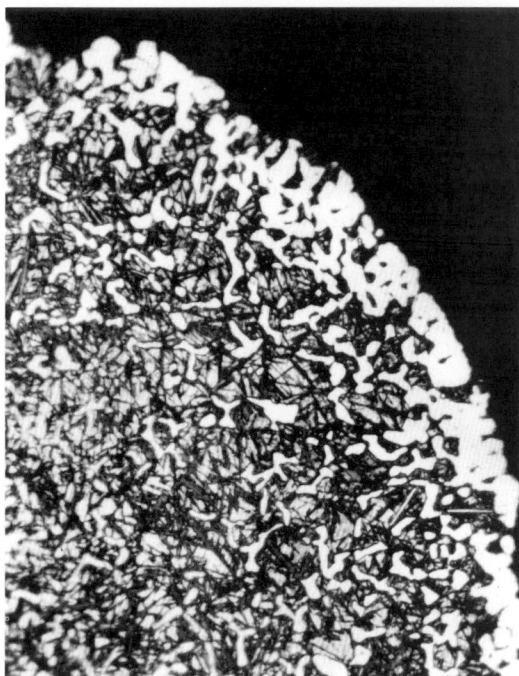

图　　号：8-2-25

材料名称：12Cr2Ni4 钢

浸 蚀 剂：4%硝酸酒精溶液

处理情况：880℃通氨气滴煤油碳氮共渗后降温至
　　　　 830℃保温 0.5h 后淬火，160℃低温回火

组织说明：在齿角表面呈大块状粗断续网状分布的
　　　　 碳氮化合物，次层是呈中粗断续网状碳氮化合物+
　　　　 较粗大的含氮马氏体及较多残留奥氏体。

　　　　由于是镍铬钢，渗层已达上限，共渗时间长
（其渗层深度已达 1.10mm），又是降温至 830℃
再保温 0.5h 油冷淬火，炉内碳氮势略偏高，导致
渗层较深。一般碳氮共渗工艺最佳渗层深度在
0.3～0.8mm 左右，渗层深度在 0.9mm 以上往往
容易出现上述的组织缺陷，如果要求渗层厚的碳
氮共渗工艺，可采用先渗碳、后补充碳氮的共渗
淬火工艺，就可以避免出现此类缺陷。

图　 8-2-25　　　　　　　　　　　400×

图　　号：8-2-26

材料名称：20CrMnTi 钢（齿轮）

浸 蚀 剂：4%硝酸酒精溶液

处理情况：860℃通氨气碳氮共渗，降温至 830℃油
　　　　 冷淬火，160℃回火

组织说明：最表层为粗网状及大块状碳氮化合物，次
　　　　 层为含氮马氏体及较多量的残留奥氏体。

　　　　碳氮化合物呈偏析状分布，表明共渗时氮势、
碳势偏高，这种情况齿表面 w（N）在 0.3%～0.4%
左右，齿轮表面具有粗大网状的碳氮化合物，齿轮
使用时会产生点蚀等缺陷，同样也会降低使用寿命。

　　　　控制炉内的碳势及氮势是极为重要的。这样可
以控制齿轮表面的碳、氮含量，减少碳氮化物的形
成，也可以减少一定的残留奥氏体量。

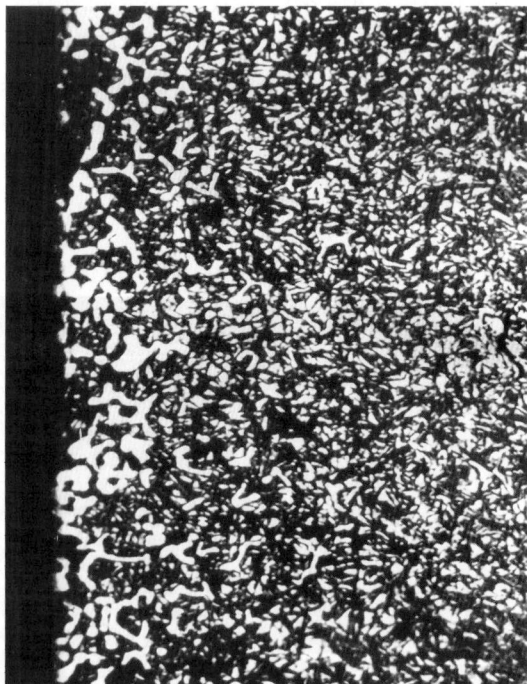

图　 8-2-26　　　　　　　　　　　400×

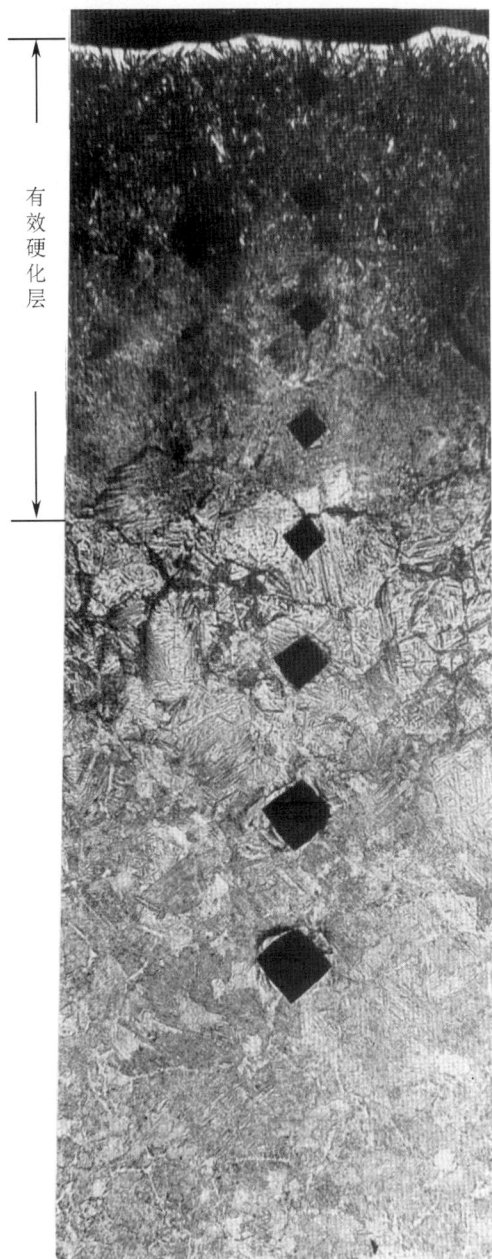

有效硬化层

图　8-2-27　　　　　　　　100×

图　　号：8-2-27、8-2-28
材料名称：Q235 钢
浸 蚀 剂：4%硝酸酒精溶液
处理情况：950℃液体碳氮共渗
组织说明：图 8-2-27：碳氮共渗处理的组织分布，表层白色为 ε 相，其上为含氮粗针状马氏体及残留奥氏体。交界区有呈黑色条状沿晶界分布的托氏体，心部为低碳马氏体和贝氏体及少量铁素体。图中黑色方块菱形是维氏硬度的压痕，越接近表层压痕越小则硬度越高。

图 8-2-28：前图表层放大 500 倍后的形貌。表层白亮层为残留奥氏体，黑针状为含氮粗针状马氏体；次层为针状马氏体及少量残留奥氏体。

按 ISO—2639 标准中规定由表面测到 550HV 处作为碳氮共渗有效硬化层。从图 8-2-27 中组织分布来看，0.62mm 处主要为马氏体，仅出现部分托氏体。这与原先测到的 50%马氏体区域的方法有一些偏差。

图　8-2-28　　　　　　　　500×

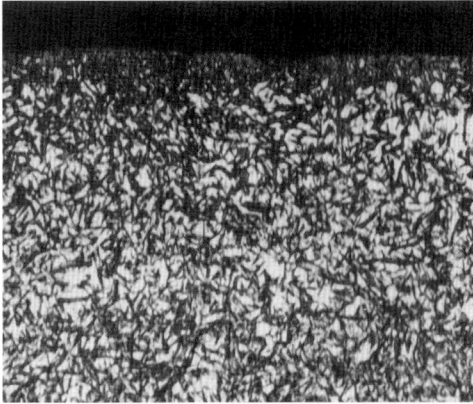

图　　8-2-29　　　　　　　　　　　400×

图　　　号：8-2-29

材料名称：20CrMnTi 钢

浸 蚀 剂：4%硝酸酒精溶液

处理情况：860℃尿素、三乙醇胺碳氮共渗，降温至
　　　　　830℃直接淬火，低温回火

组织说明：表面为细针状马氏体及小块状碳氮化合物
　　　　　和残留奥氏体，次层为回火细针状马氏体及残留奥
　　　　　氏体。

　　　　　由于是三乙醇胺作为碳氮共渗介质，一般情况
　　　下 w（N）为 0.1%左右，碳势控制适当，其组织分
　　　布比较均匀，属于正常的碳氮共渗的显微组织。

图　　　号：8-2-30

材料名称：20CrMnTi 钢

浸 蚀 剂：4%硝酸酒精溶液

处理情况：880℃三乙醇胺碳氮共渗直接淬火，由于
　　　　　零件表面碳浓度偏低，表面硬度 56HRC（技术要求
　　　　　58～63HRC），再加热至 860℃三乙醇胺中保温后
　　　　　降温至 840℃淬火。

组织说明：渗层表面有较密的小颗粒状碳氮化合物，
　　　　　较细的针状马氏体及少量残留奥氏体。这种表面碳
　　　　　浓度是后处理的工艺保温温度低于原工艺，淬火前
　　　　　温度比原工艺更低，炉内的碳势控制适当，这样均
　　　　　匀、颗粒状碳氮化合物容易聚集在工件的表面，并
　　　　　且有向纵深分布的趋势。这种组织的分布是比较理
　　　　　想的。

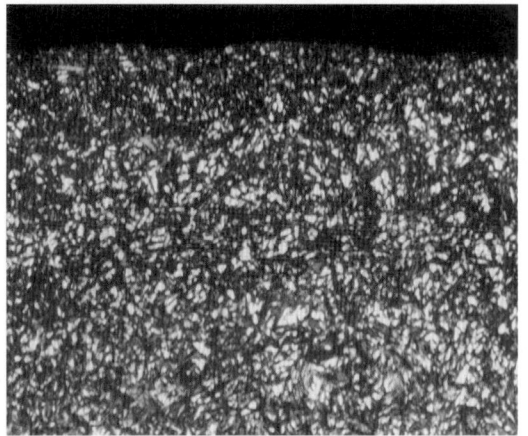

图　　8-2-30　　　　　　　　　　　400×

图　　　号：8-2-31

材料名称：20CrMnTi 钢

浸 蚀 剂：4%硝酸酒精溶液

处理情况：860℃三乙醇胺碳氮共渗后降温至 840℃
　　　　　直接油冷淬火，低温回火

组织说明：表层是冷作硬化层（白色），是由于齿轮
　　　　　表面拉毛产生的，次层有分布不均匀的黑色组织，
　　　　　基体是少量点状和呈小块状碳氮化合物、针状回火
　　　　　马氏体及较密集分布的残留奥氏体。

　　　　　齿轮在台架试验中，表层的黑色组织，由于硬
　　　度偏低，在运转过程中接触应力较大，造成冷作硬
　　　化层，噪声过大，使试验中断。

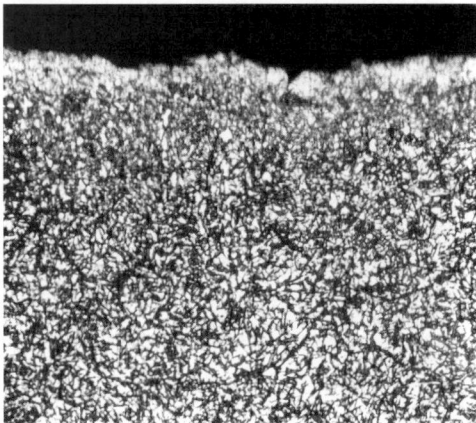

图　　8-2-31　　　　　　　　　　　400×

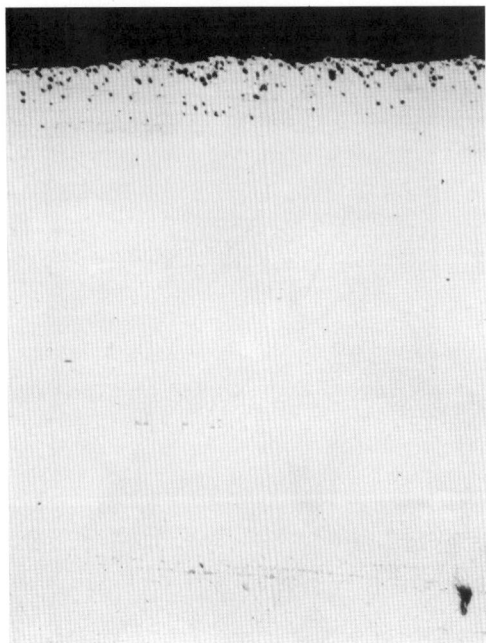

图　8-2-32　　　　　　　　　　100×

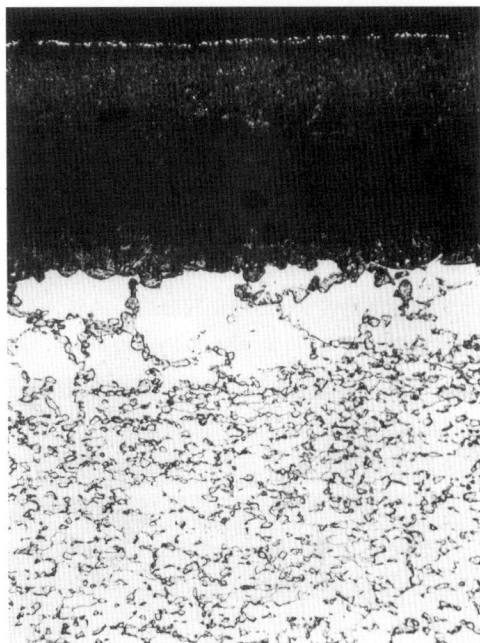

图　8-2-33　　　　　　　　　　100×

图　　号：8-2-32～8-2-34

材料名称：10 钢

浸 蚀 剂：图 8-2-32 未浸蚀，图 8-2-33、图 8-2-34
经 4%硝酸酒精溶液浸蚀

处理情况：790℃通氨+滴煤油碳氮共渗 5.5h

组织说明：图 8-2-32：碳氮共渗层深为 0.35mm，在
工件表面出现黑色孔洞，在共渗层出现的内氧化孔
洞约为 0.10mm。

图 8-2-33：图 8-2-32 经浸蚀后的情况，表层白
色为薄层碳氮化合物，次层为回火细针状马氏体及
极少量残留奥氏体，心部组织为低碳马氏体及沿晶
界分布的铁素体，越向心部，铁素体越多。

图 8-2-34 在表面内氧化孔洞区中组织出现一
层白色壳状碳氮化合物层，基体为较细针状马氏体
及残留奥氏体。由于出现孔洞及壳状碳氮化合物，
则促使表层脆性增大，在使用过程中容易损坏，这
是碳氮浓度过高引起的缺陷。

图　8-2-34　　　　　　　　　　100×

图　　号：8-2-35～8-2-37

材料名称：20 钢

浸 蚀 剂：4%硝酸酒精溶液

处理情况：碳氮共渗后直接淬火

组织说明：花键槽经表面碳氮共渗直接淬火的组织和
　　　　　硬度压痕的分布情况如 8-2-35 所示。表面组织见图
　　　　　8-2-36，为含氮针状马氏体及少量残留奥氏体。交
　　　　　界过渡区比较宽，而出现较多的沿晶界分布的托氏
　　　　　体或索氏体组织。8-2-37 为心部组织，低碳马氏体
　　　　　及白色条块状分布的铁素体。局部出现少量晶粒粗
　　　　　大的低碳马氏体区域。如图中间灰色区域即是。图
　　　　　8-2-35 是用一般浸蚀剂显示的共渗层与心部交界
　　　　　区，其深度为 0.50mm。但按 ISO—2639 规定的有
　　　　　效硬度层 $DC=0.28mm$，小于 0.30mm。二者差距比
　　　　　较大，其主要原因是过渡区碳浓度不足，出现过多
　　　　　的托氏体或索氏体，因而硬度较低，影响了有效硬
　　　　　度层的深度。

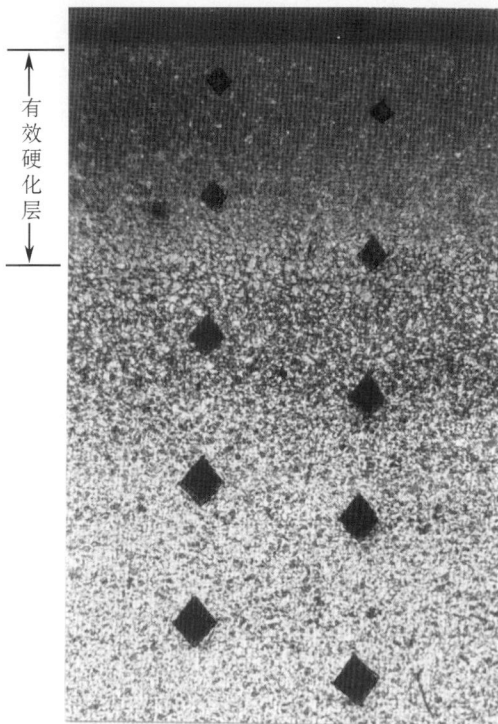

有效硬化层

图　8-2-35　　　　　　　　　100×

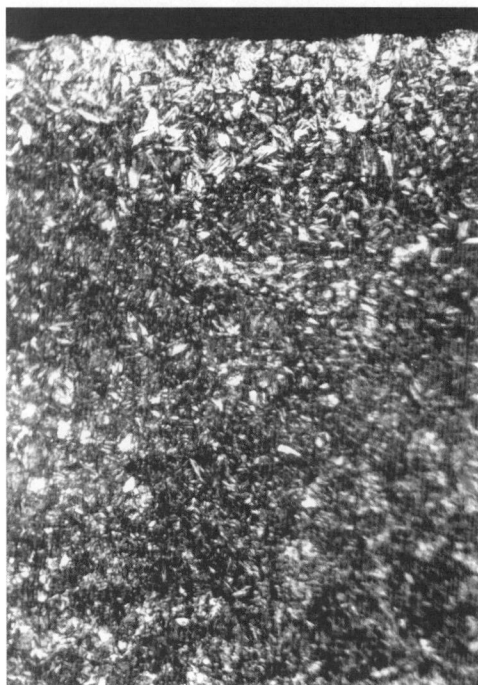

图　8-2-36　　　　　　　500×

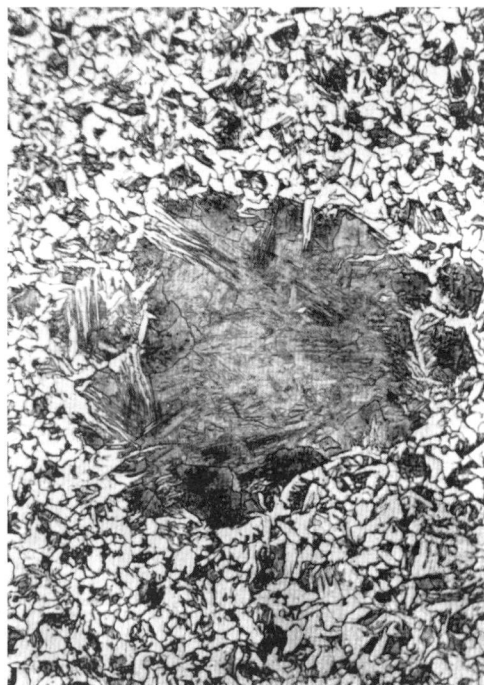

图　8-2-37　　　　　　　500×

图　　号：8-2-38、8-2-39　　　　　　　　　浸 蚀 剂：4％硝酸酒精浸蚀

材料名称：T10 钢　　　　　　　　　　　　　处理情况：手工锯条，790℃碳氮共渗后油中冷却

组织说明：在同一根锯条上软硬不一，一端为 83HRA，而另一端为 73HRA。硬度高的一端基体组织如图
　　　8-2-38，主要为细针状马氏体及小颗粒状渗碳体。硬度低的一端基体组织如图 8-2-39，在表面 0.10mm 内主
　　　要为细针状马氏体+颗粒状渗碳体及极少量小块状托氏体。逐渐向内则托氏体及铁素体增多，到心部以
　　　托氏体及少量铁素体为主。由表层向里的显微硬度分布见图 8-2-39，图中第一点硬度压痕是距离表面
　　　0.03mm 处为 795HV（合 61HRC）；第二点压痕是距离表面 0.08mm 处为 480HV（合 46HRC）；第三点压痕
　　　是距离表面 0.16mm 处（心部）为 423HV（合 43HRC）。手工锯条淬火后硬度高低不均匀，主要是由于冷
　　　却介质油老化造成的。

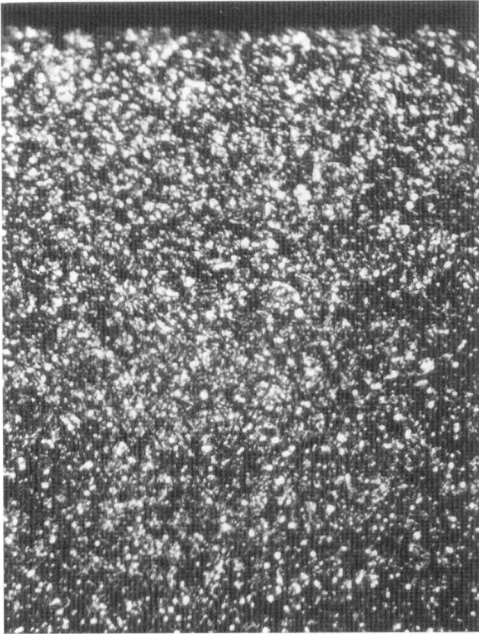

图　8-2-38　　　　　　　　　　　　　　500×

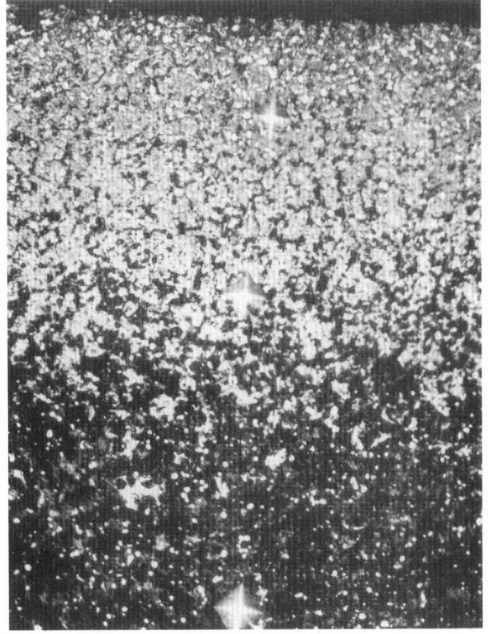

图　8-2-39　　　　　　　　　　　　　　500×

图　　号：8-2-40

材料名称：Q235 钢

浸 蚀 剂：4％硝酸酒精溶液

处理情况：920℃盐浴碳氮共渗

组织说明：基体组织为粗大针状马氏体及残留奥氏
　　　体，并在工件近尖角处出现沿晶界分布的白色渗
　　　碳体网，晶粒粗大。由于普通碳素钢过热倾向比
　　　较大，故而在高温碳氮共渗处理时晶粒比较容易
　　　长大，它将带来脆性的增加，故对普通碳素钢的
　　　渗碳或碳氮共渗要严格控制温度，并且也不宜过长
　　　时间的保温。

图　8-2-40　　　　　　　　　　　　　　500×

图　　号：8-2-41

材料名称：10 钢

浸 蚀 剂：4%硝酸酒精溶剂

处理情况：860℃碳氮共渗

组织说明：图 8-2-41 表面碳氮层基体组织为含氮针
状马氏体及残留奥氏体，近交界处有少量托氏体。
心部基体组织为铁素体及低碳马氏体，由于碳氮共
渗温度偏高，形成的马氏体针叶较大，并在最表层
伴随较多的残留奥氏体。

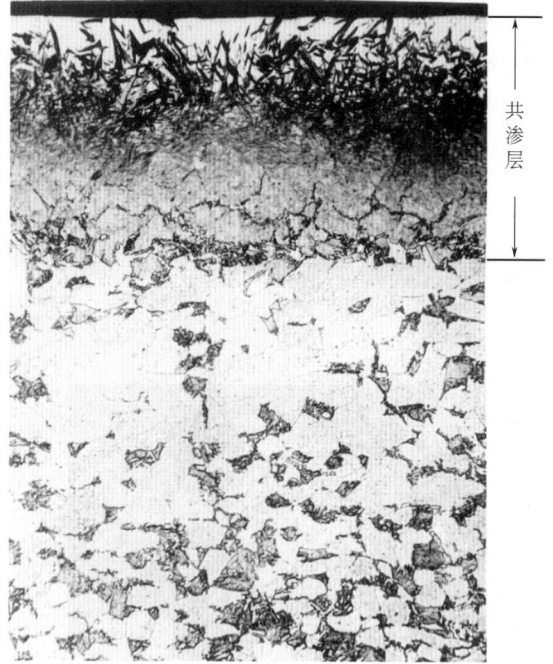

图　8-2-41　　　　　　　　　　　200×

图　　号：8-2-42

材料名称：10 钢

浸 蚀 剂：4%硝酸酒精溶剂

处理情况：860℃表面碳氮共渗

组织说明：将图 8-2-41 放大 500 倍下观察见图 8-2-42，
并通过由表及里的显微硬度分布，可知最表层为残
留奥氏体，其数量多于里层。

　　第一点硬度距离边缘 0.015mm 处为 480～
609HV（合 46～54HRC）；第二点距离边缘 0.035mm
处为 609HV（合 54HRC）；第三点距离边缘 0.08mm
处为 713HV（合 59HRC）；第四点距离边缘 0.12mm
处为 502HV（合 48HRC）；心部铁素体为 144.9HV。

图　8-2-42　　　　　　　　　　　500×

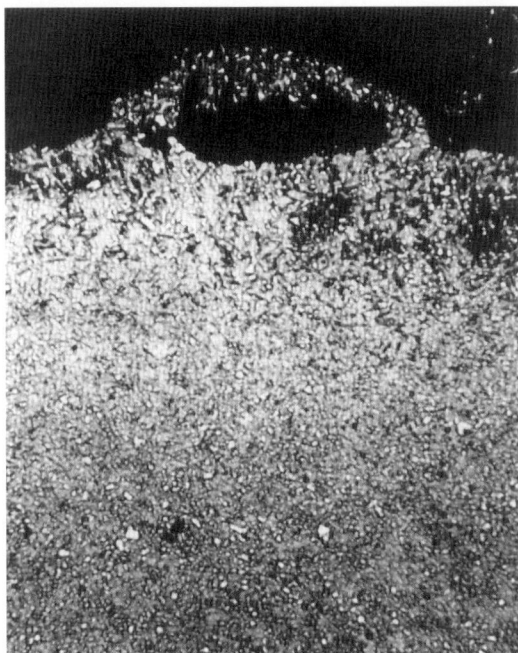

图　8-2-43　　　　　　　　100×

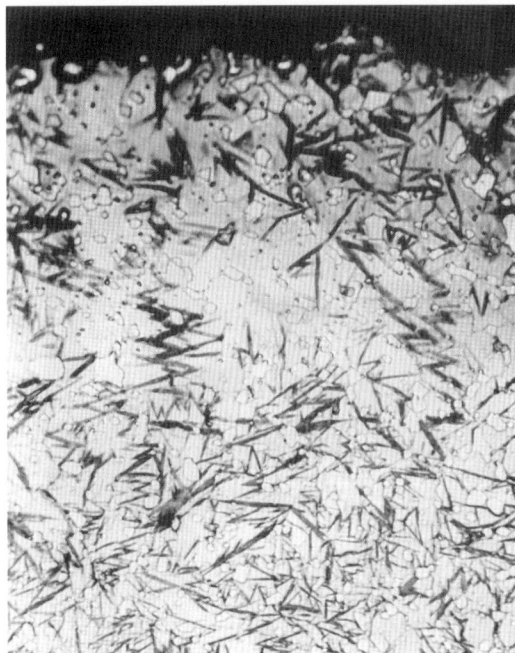

图　8-2-44　　　　　　　　500×

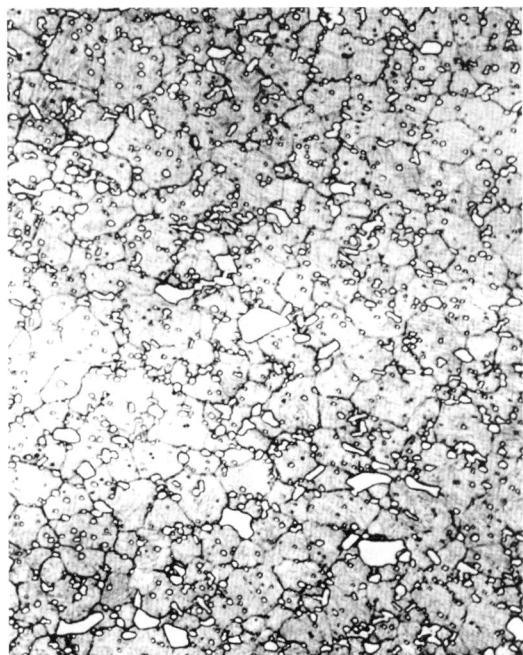

图　8-2-45　　　　　　　　500×

图　　号：8-2-43～8-2-45

材料名称：W18Cr4V 高速钢

浸 蚀 剂：4%硝酸酒精溶液

处理情况：850℃碳氮共渗 2h；850℃预热后升温到
　　　　　1200℃油冷淬火

组织说明：图 8-2-43：工件表面出现桔皮状缺陷，
　　　　　见图上方，黑色椭圆形是桔皮状气孔区，并从中
　　　　　观察到上半截浸蚀颜色较浅，后半段较深。

　　　　　图 8-2-44：在浅色区放大 500 倍，基体为淬
　　　　　火马氏体及黑色粗针状回火马氏体以及较多的
　　　　　残留奥氏体和白色块状及颗粒状碳化物。

　　　　　图 8-2-45：在里层深色的为淬火马氏体及残
　　　　　留奥氏体和碳化物，晶粒度相当于 8.5～10 级，从
　　　　　晶粒的大小看来，工件的加热温度是在 1260～
　　　　　1270℃之间。这个温度对表层增 C 增 N 的区来
　　　　　说已属过热，故出现粗大针状马氏体。因而使表
　　　　　皮有桔皮状气泡产生。

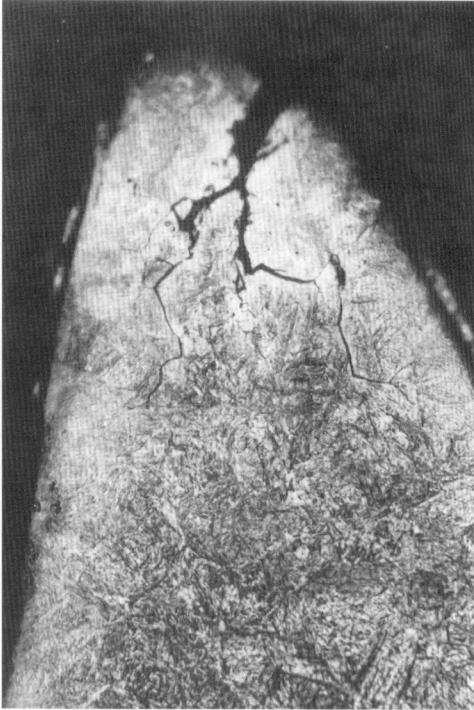

图 8-2-46 200×

图 8-2-47 500×

图　号：8-2-46～8-2-48

材料名称：20 钢

浸 蚀 剂：4%硝酸酒精溶液

处理情况：自攻螺钉碳氮共渗

组织说明：图 8-2-46：在螺钉尖端部位有裂纹出现的情况，裂纹沿晶界延伸。螺钉表面碳氮共渗层为 0.15mm。

　　图 8-2-47：碳氮共渗的组织，粗大马氏体和残留奥氏体。碳氮共渗层硬度为 841HV（约 63HRC）。

　　图 8-2-48：螺钉心部的组织为低碳马氏体及大块游离铁素体，低碳马氏体硬度为 358HV（约 37HRC）。

　　自攻螺钉碳氮共渗淬火后，在螺钉螺牙尖端产生开裂，一方面由于碳氮共渗温度过高渗层过陡；另一方面由于螺牙尖端处冷却速度过快而产生沿晶开裂缺陷。

图 8-2-48 500×

图　　号：8-2-49～8-2-51

材料名称：20 钢

浸 蚀 剂：4%硝酸酒精溶液

处理情况：螺钉碳氮共渗

组织说明：自攻螺钉使用中脆裂

　　图 8-2-49：在螺牙尖端出现裂纹，自牙尖处以较直的形态向里延伸，裂纹两侧均为粗针状马氏体及残留奥氏体，碳氮共渗层深度约为 0.25mm。

　　图 8-2-50：放大 500 倍的基体组织，为粗大针状马氏体+残留奥氏体。

　　图 8-2-51：心部组织，基体为低碳马氏体组织较粗。由于碳氮共渗温度偏高，所以出现粗大组织，渗层深度较深，因螺钉较小，截面处的厚度也很小，当两面共渗时硬度高，内应力较大，故在使用中易于产生较直的脆性断裂。

　　显微硬度：表层为 841HV（63HRC），心部为441HV（44HRC）。

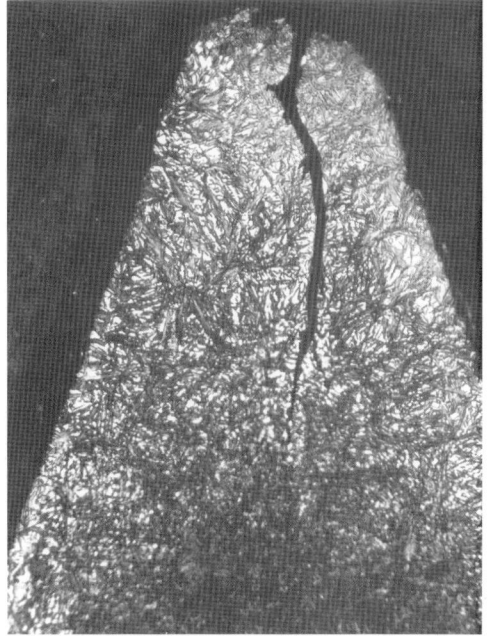

图　8-2-49　　　　　　　　　　　200×

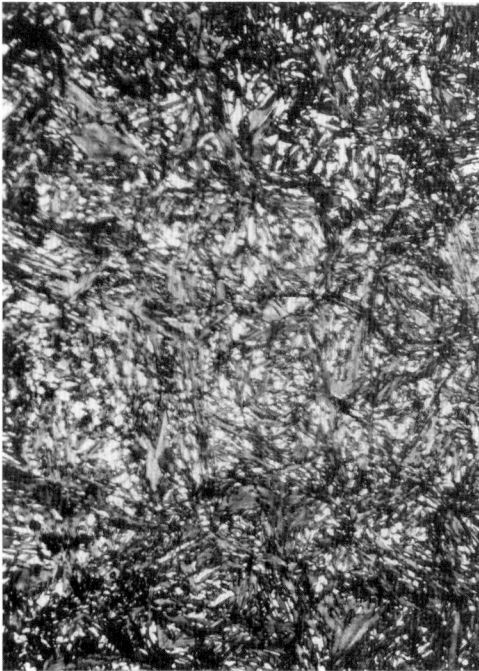

图　8-2-50　　　　　　　500×

图　8-2-51　　　　　　　500×

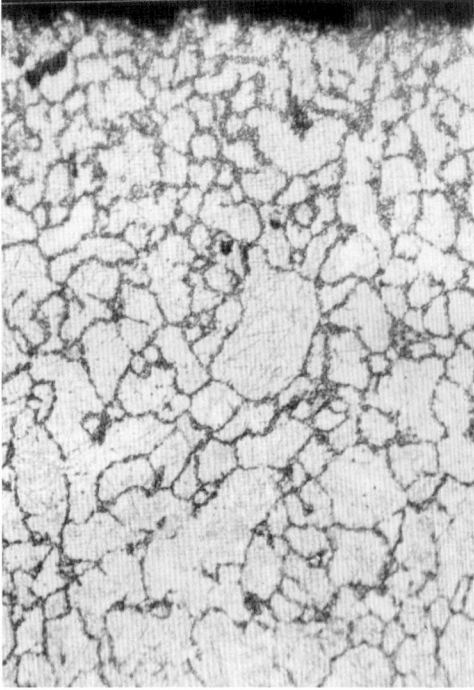

图　8-2-52　　　　　　　　400×

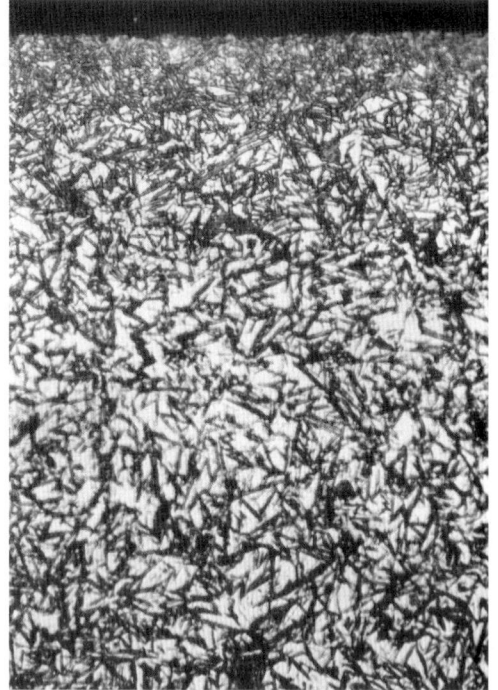

图　8-2-53　　　　　　　　400×

图　8-2-54　　　　　　　　400×

图　　号：8-2-52～8-2-54

材料名称：20CrMnTi 钢

浸 蚀 剂：4%硝酸酒精溶液

处理情况：860℃通氨碳氮共渗，降温至 830℃油冷
　　　　　淬火

组织说明：图 8-2-52：显微组织是黑色中粗网状组
　　　　　织，深度约为 0.20mm。

　　　　　图 8-2-53：表面点状碳氮化合物、细针状马氏
　　　　体及残留奥氏体；次层是块状碳氮化合物、针状马
　　　　氏体及粗大的残留奥氏体。

　　　　　图 8-2-54：心部硬度为 31HRC，显微组织是低
　　　　碳马氏体、针条状、块状铁素体、贝氏体和少量索
　　　　氏体。

　　　　　齿轮碳氮共渗表面碳、氮含量偏高，但是淬火
　　　　温度偏低，因此造成表面黑色网络严重。心部硬度
　　　　偏低，这是因析出铁素体所致。

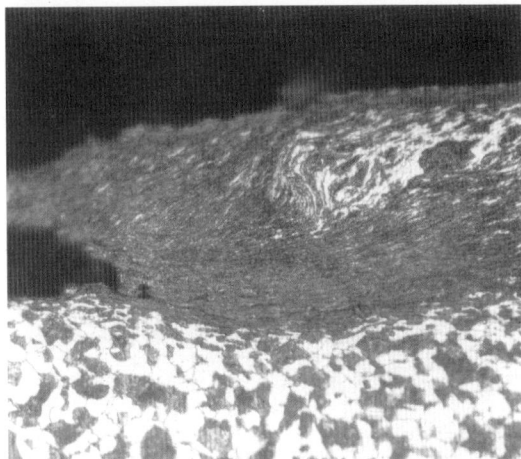

图　8-2-55　　　　　　　　400×

图　　号：8-2-55

材料名称：28MnCr5 钢

浸 蚀 剂：4%硝酸酒精溶液

处理情况：齿轮毛坯齿根处切削加工

组织说明：在齿轮表面处有明显切削加工铁屑叠加层，其次有少量的加工变形层，基体是正常的锻造正火组织，铁素体及珠光体。如将这种状况的工件进行热处理，铁屑叠加层就会变成硬块，影响齿轮的精度。

图　　号：8-2-56

材料名称：20MnCr5 钢

浸 蚀 剂：4%硝酸酒精溶液

处理情况：齿轮、齿环、齿槽切削加工

组织说明：齿面有明显的冷作硬化层（白亮层）和明显的晶粒塑性变形层。这样的组织在热处理后会使工件产生严重的无规则变形。

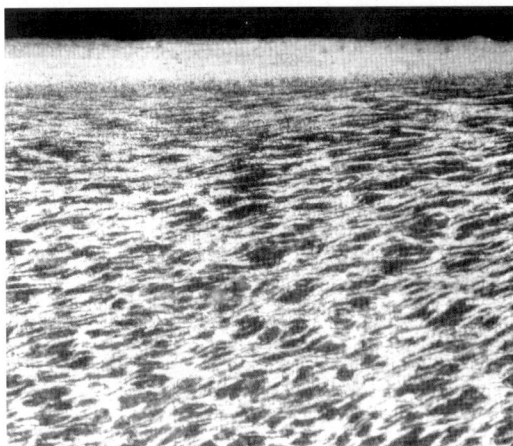

图　8-2-56　　　　　　　　400×

图　　号：8-2-57

材料名称：28MnCr5 钢

浸 蚀 剂：4%硝酸酒精溶液

处理情况：齿轮毛坯切削加工

组织说明：在齿轮的根部都有严重的冷作硬化层形成的切削瘤，其次是严重的塑性变形层。这是由于加工时切削瘤所引起的加工缺陷。在热处理过程中会引起齿轮不正常的变形。

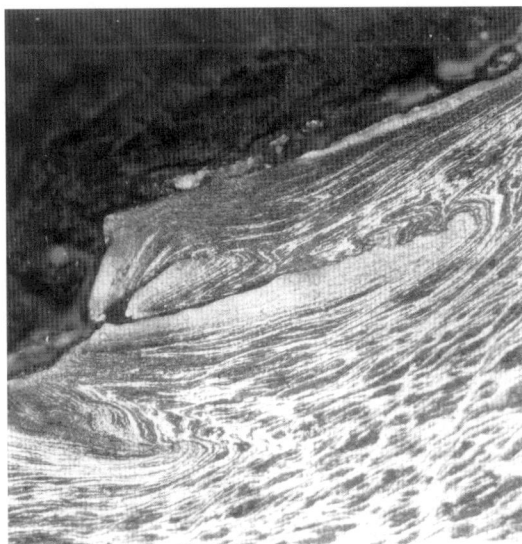

图　8-2-57　　　　　　　　400×

图　8-2-58　　　　　　　　　　400×

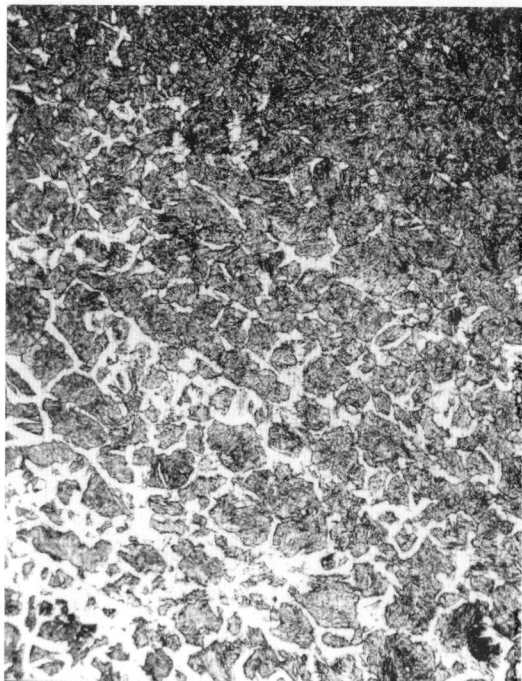

图　8-2-59　　　　　　　　　　400×

图　8-2-60　　　　　　　　　　400×

图　　号：8-2-58～8-2-60

材料名称：Y12 易切削钢

浸 蚀 剂：4％硝酸酒精溶液

处理情况：880℃通氨碳氮共渗后直接淬火，低温回火

组织说明：图 8-2-58：工件的表面是点状颗粒状碳氮化合物、马氏体、残留奥氏体。

　　图 8-2-59：是过渡区中碳马氏体及呈带、网状铁素体铁素体含量自过渡层向心部由少到多、由细到粗分布。

　　图 8-2-60：是心部低碳马氏体+呈带状、块网状分布的铁素体，中间是极粗带、条状铁素体其上灰褐色条状为硫化分布，是明显易切削钢的特征。

　　Y12 是低碳易切削钢，心部明显有较多灰褐色条状分布的硫化物，对切削加工有利，但是对热处理碳氮共渗不利，易产生脆性断裂，为此，加强回火工艺能消除脆性，防止断裂。

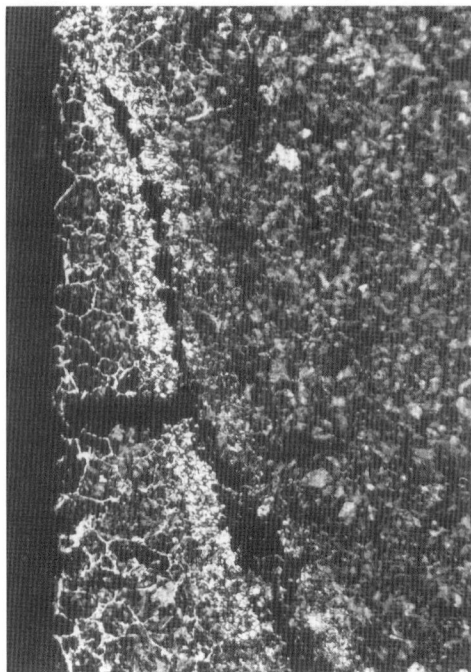

图　8-2-61　　　　　　　　　　　　　100×

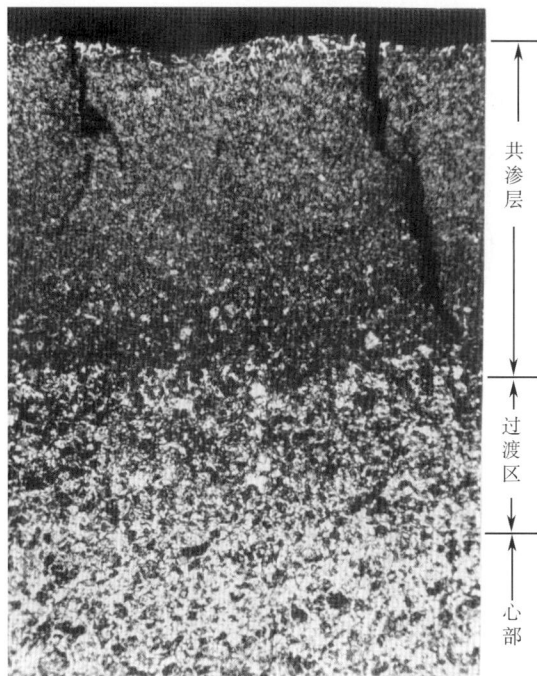

共渗层

过渡区

心部

图　8-2-62　　　　　　　　　　　　　100×

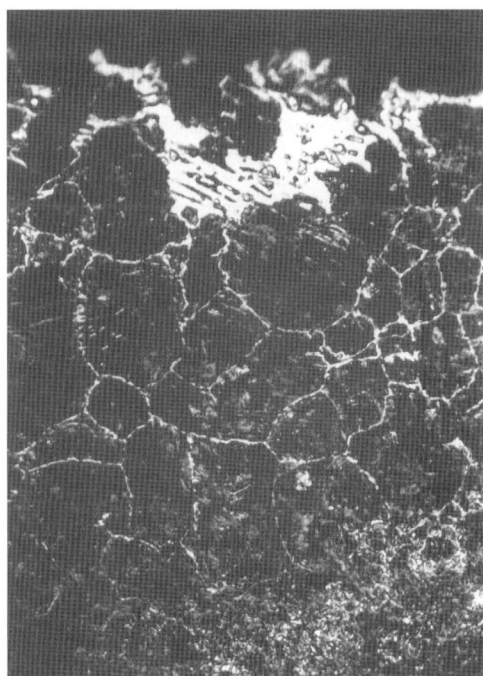

图　8-2-63　　　　　　　　　　　　　500×

图　　号：8-2-61～8-2-63

材料名称：20Cr 钢

浸 蚀 剂：4%硝酸酒精溶液

处理情况：缝纫机牙叉表面碳氮共渗，淬火后再退火

组织说明：工件在退火校直时发生开裂。

　　图 8-2-61：在局部区域表层发现有锻造折叠缺陷，如图所示，斜裂纹为折叠层，在裂纹二侧及表层有白色铁素体网状分布，这证明锻件在退火时裂纹二侧已发生脱碳之故。

　　图 8-2-62：工件表面裂纹（黑色条状）向里延伸到碳氮共渗交界处为止。

　　图 8-3-63：基体组织为索氏体，在表层出现严重的网状碳化物以及部分大块状碳氮化物偏析析出，硬度为 37～40HRC。

　　由于表层碳氮共渗硬度偏高，淬火后已经具有高的硬度和应力，校直时用火焰加热时不均匀，再加上校直弯曲的应力又大，以致易于导致共渗层开裂。

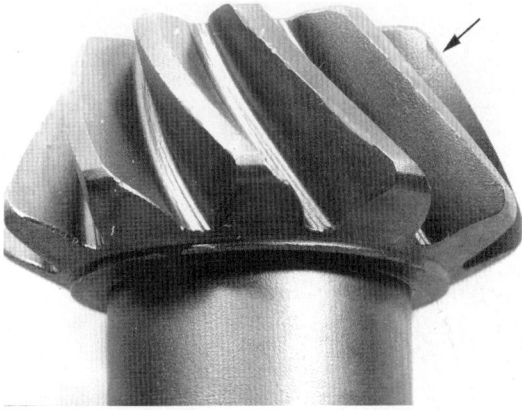

图 8-2-64 后桥主动弧齿锥齿轮 实物

图 8-2-65 后桥从动弧齿锥齿轮 实物

图 8-2-66 变速器第二轴花键齿 实物

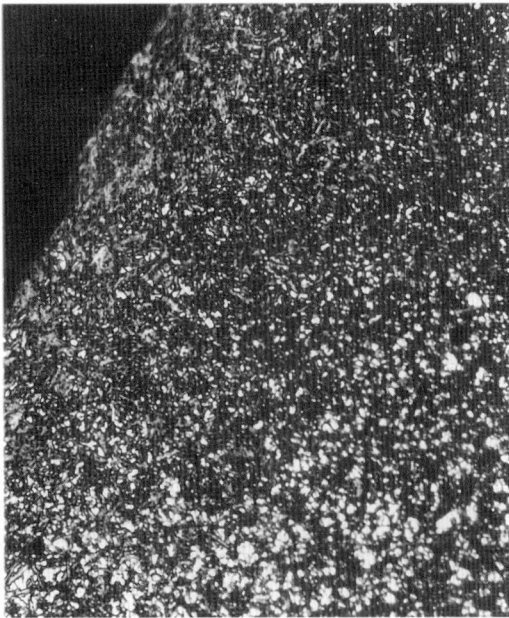

图 8-2-67 400×

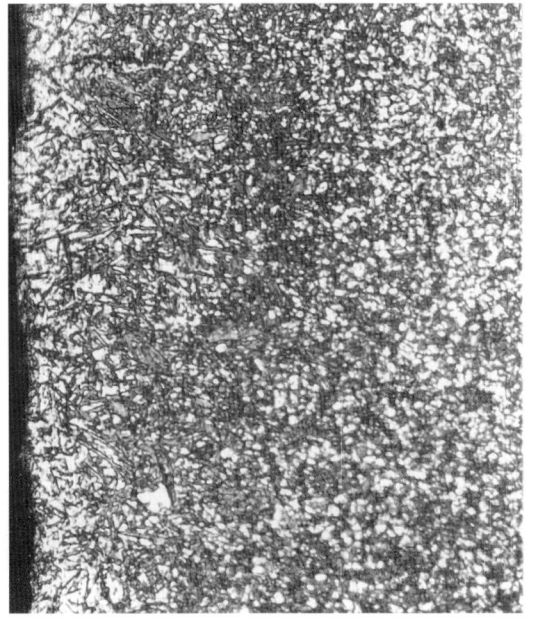

图 8-2-68 400×

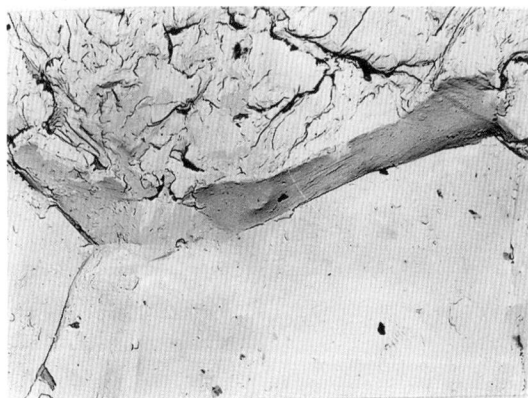

图　8-2-69　　　　　　　　　　　　　　　8000×

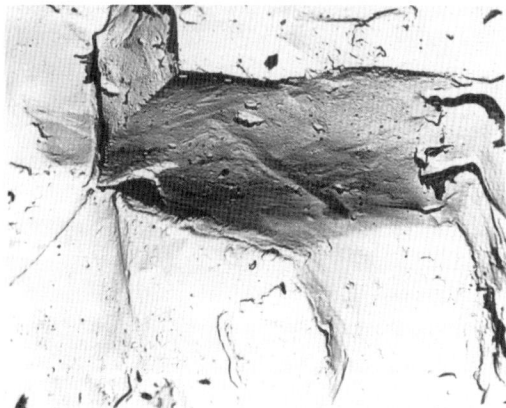

图　8-2-70　　　　　　　　　　　　　　10000×

图　　号： 8-2-64～8-2-70

材料名称： 20CrMnTi 钢

浸 蚀 剂： 图 8-2-67，图 8-2-68 经 4%硝酸酒精溶液浸蚀

处理情况： 920℃气体渗碳后出炉坑冷，再经 880℃通氨及煤油加热保温后油冷淬火，180℃回火处理，喷丸

组织说明： 齿角处剥落。

图 8-2-64、图 8-2-65 为轿车后桥弧齿锥齿主、从动齿轮热处理后经喷丸进一步处理，放置第四天开始在部分齿角处产生剥落，见图中箭头所指处。随着放置时间延长，剥落程度扩大和加剧，甚至出现"鱼眼"状的断裂，如图 8-2-65 中箭头所指处。图 8-2-66 为第二轴花键齿齿角处也有崩裂缺陷。

在齿轮截面处取样做金相分析。图 8-2-67 为齿角剥落处表面无明显残留奥氏体，基体是针状马氏体和极少量细颗粒状碳化物。图 8-2-68 所示齿面有较多的残留奥氏体及马氏体，针叶稍粗大。经电镜断口分析，是沿晶界脆断，见图 8-2-69 及图 8-2-70，沿晶界断裂界面上有延迟断裂特征的条纹。

经含氢量分析，热处理后未经回火，含氢量为 3.3mL/100g，表面硬度为 62.5HRC；经 190℃保温 3h 回火 3h，含氢量为 2mL/100g，表面硬度为 62.5HRC；再经 220℃保温 3h 回火，表面硬度为 60～61.5 HRC，含氢量为 1.5mL/100g。

采用离子探针相对离子流动强度各部位测定（进行含氢量比较）：齿面为 0.17 离子流强度 H^+/Fe^+；齿角处为 0.31 离子流强度 H^+/Fe^+；心部为 0.062 离子流强度 H^+/Fe^+。

根据以上分析：后桥弧齿锥齿轮从断裂剥落的现象看是延迟破坏，也就是氢致断裂，是由于齿轮表面在淬火时含氢量的明显提高，使回火脆性增强，残留奥氏体量增多，所以在一般回火工艺处理时，会使齿角表面回火不足，显微组织转化不完全，而在喷丸过程中，导致齿角不稳定的残留奥氏体在应力的作用下向马氏体转变，但马氏体又不能把大部分氢保留在过饱和固溶体中，所以迫使氢从固体中迁移释放出来，引起齿角表面处剥落。氢致断裂是可以克服的，可以及时用调整回火温度及保温时间来降低齿轮表面的含氢量。回火不足的后桥弧齿锥齿轮可立即通过再次回火，促使显微组织转化完全，从而降低齿轮表面的含氢量，使齿轮剥落不再发生。

图　8-2-71　　　　　　　　　　　　　　　　实物

图　　号：8-2-71

材料名称：20CrMnTi 钢

浸 蚀 剂：未浸蚀

处理情况：在井式炉中于 880℃碳氮共渗，然后降温至 830℃油冷淬火，再经 180℃回火处理

组织说明：2t 载货车后轿主动曲线齿锥齿轮。在使用过程中出现主动齿断裂，断口表面有明显塑性变形（一般称为拉毛）且呈无光泽的纤维状和丝状断口。

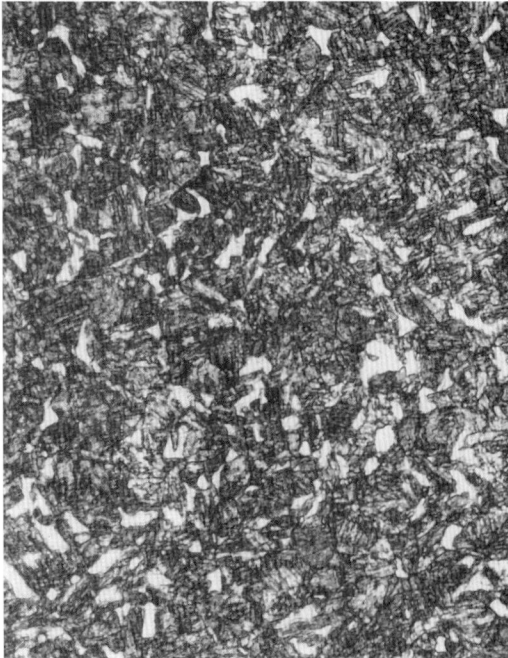

图　8-2-72　　　　　　　　400×

图　　号：8-2-72

材料名称：20CrMnTi 钢

浸 蚀 剂：4%硝酸酒精溶液

处理情况：处理情况图 8-2-71

组织说明：截取轮齿截面做金相分析：齿表层组织正常，基体为低碳马氏体＋贝氏体组织，其中分布有多量的块状、大块状及爪状分布的铁素体，心部硬度为 32HRC。

　　根据以上分析：心部存在较多的块状及爪状铁素体，导致齿轮心部强度不够，当齿轮在外力的作用下，容易产生塑性变形，当继续加载时，齿轮在切应力的作用下，轮齿产生呈自剪的切唇口断口。轮齿强度不足是由于齿轮渗碳后淬火时吊装油冷过程中在空气中停留时间过长，使心部析出多量游离大块状铁素体所致。

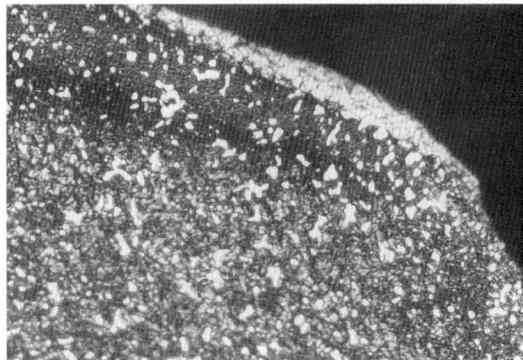

图　8-2-73　后桥从动曲线齿锥齿轮　　实物　　图　8-2-74　　　　　　　　　　400×

图　　号：8-2-73、8-2-74

材料名称：20CrMnTi 钢

浸　蚀　剂：图 8-2-73 为未浸蚀拉毛的锥齿轮齿实物，图 8-2-74 经 4%硝酸酒精溶液浸蚀

处理情况：880℃气体碳氮共渗（滴三乙醇胺）保温 3h 降温至 840℃后油冷淬火，180℃保温 3h 回火

组织说明：图 8-2-73：轿车后桥从动曲线齿锥齿轮经台架疲劳试验后发现在齿面上有拉毛，齿角上有擦伤。

　　　图 8-2-74：取齿轮截面做金相分析，齿角表面有擦伤的白亮色冷作硬化层，次层是回火层（黑色），基体组织为回火马氏体及块状、细小状碳氮化合物和极少量残留奥氏体，根据以上分析：齿角处表面组织正常，齿面上有拉毛痕迹，是齿轮在较大负荷运转时，主、从动齿面接触面不正常，主、从动齿的齿角与齿面产生摩擦接触，易使齿面拉毛，齿角擦伤引起齿角面有冷作硬化层，此时摩擦热促使次层产生严重回火，获得再回火组织层。

图　8-2-75　　　　　　　　　　　　　　　　　　400×

图　　号：8-2-75　　　　　　　　　浸　蚀　剂：4%硝酸酒精溶液

材料名称：CrNiMo 合金铸铁　　　　　处理情况：880℃气体碳氮共渗后油冷淬火

组织说明：零件表面黑色组织是托氏体，基体是长条石墨及针状马氏体和白色块状是磷共晶+条状、小块状分布的碳氮化合物。

　　　工件表面要进行磨削加工，工件在浇注过程中有脱碳，在碳氮共渗过程进行补碳，淬火时形成表层的托氏体组织。在磨削加工时托氏体组织基本被磨削掉了。

金 相 图 片

图　　号： 8-3-1

材料名称： 08 钢

浸 蚀 剂： 4%硝酸酒精溶液

处理情况： 650℃气体（通氨+乙醇）软氮化 3h 后油冷淬火，再经 300℃回火 1h

组织说明： 过热软氮化。最表面呈柱状晶粒排列的白色化合物层，硬度为 452HV；第二层黑色带区为含氮回火马氏体及屈氏体，硬度 345HV；扩散层基体为铁素体及沿铁素体一定晶面析出的针状 γ'（Fe₄N）相。扩散层硬度 150HV。扩散层过饱和的铁素体沿一定晶面析出针状 γ'（Fe₄N）相，有利于正确测出扩散层的深度。同时，由于针状 γ' 相的析出，使工件的脆性增加，因此，对基体为铁素体的零件软氮化后须立即淬油、快冷，使氮固溶在铁素体中，这样除了工件表面有一薄层硬的化合物层外，其心部也将持有高的韧性。此外，工件表面在过热软氮化后出现的柱状晶粒化合物，性质更脆，在使用时容易剥落。

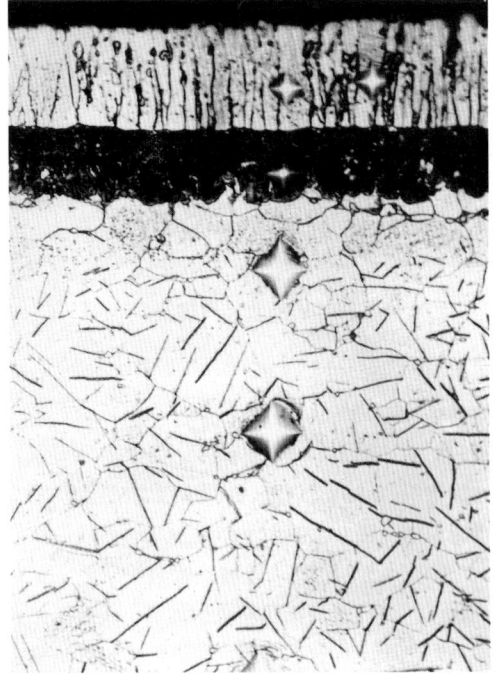

图　8-3-1　　　　　　　　　　500×

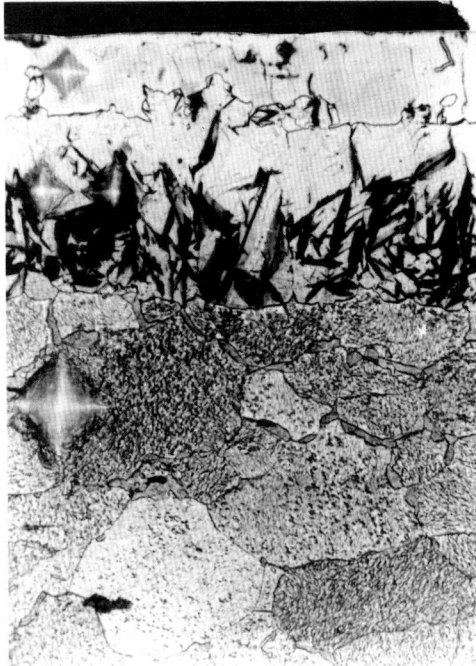

图　8-3-2　　　　　　500×

图　　号： 8-3-2

材料名称： 08 钢

浸 蚀 剂： 4%硝酸酒精溶液

处理情况： 氮碳共渗处理

组织说明： 最表面为白色化合物层，硬度较高；第二层为含氮粗大针状马氏体及残留奥氏体，硬度也较高；里层为含氮铁素体，硬度较低，显微硬度压痕最大。最表面白色化合物层无明显疏松孔隙出现。

　　表层出现两层硬化层的特征说明软氮化的温度较高，估计已超过 650℃。第二层氮化马氏体组织，实际上相当于含氮马氏体及残留奥氏体。渗层表面无明显疏松，说明组织致密，具有较好的耐磨性，并有良好的抗咬合和抗腐蚀的作用。

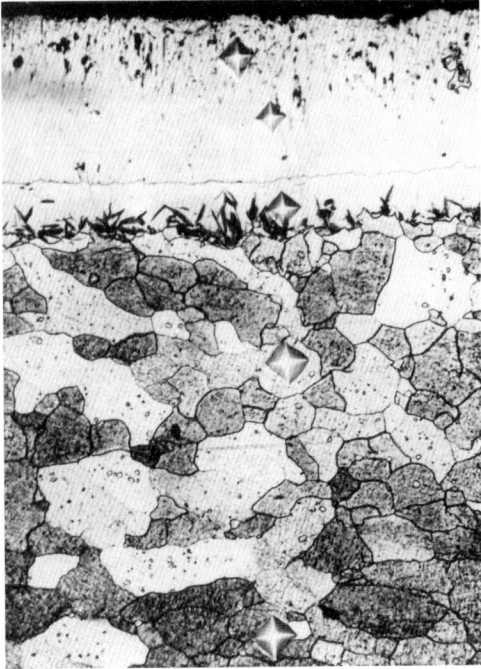

图   8-3-3   500×

图   号：8-3-3

材料名称：08 钢

浸 蚀 剂：4%硝酸酒精溶液

处理情况：气体氮碳共渗处理

组织说明：表面白色化合物层较宽（深约 0.046mm），
最表层有较多的疏松孔隙（深度约为 0.02～
0.03mm），第二层为氮化马氏体及残留奥氏体组织
（深度约为 0.01mm），并出现部分黑色针状回火马
氏体，里层为含氮铁素体及少量颗粒状三次渗碳
体。渗层各层的显微硬度值：表面疏松区为 452HV；
白色化合物层为 604HV；氮化马氏体层为 509HV；
里层铁素体为 173HV；表层虽有较多疏松孔隙，
但尚未连成片，仅降低一些硬度，对耐磨性能略
有影响。这种现象在生产中常见。按氮化标准为 3
级疏松仍属合格级，因此本例属正常状态。

图   号：8-3-4

材料名称：10 钢

浸 蚀 剂：4%硝酸酒精溶液

处理情况：氮碳共渗

组织说明：表面白亮层约为 2μm 是 ε 化合物，基体
是铁素体和少量珠光体，由于工件没有进行调质处
理，所以渗氮比较困难。为此，白亮层是比较薄的。
一般情况下碳钢进行调质处理呈索氏体组织，对渗
氮处理就容易，表面白亮层也可以增厚。

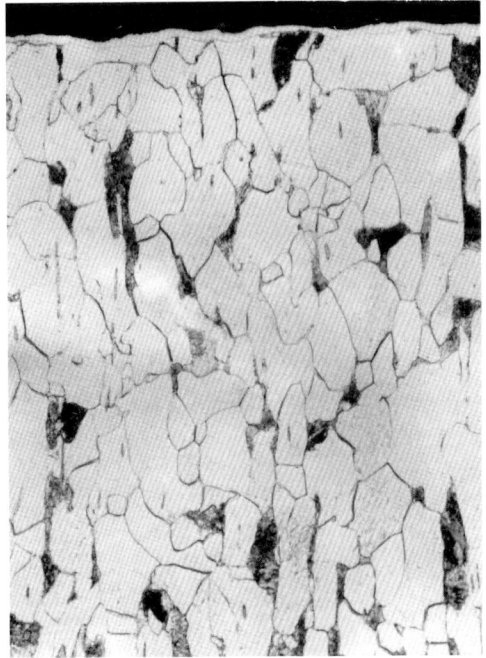

图   8-3-4   500×

图　　号：8-3-5

材料名称：10 钢

浸 蚀 剂：4%硝酸酒精溶液

处理情况：渗氮后的试样再经过 300℃回火 1h

组织说明：经回火处理后，扩散层通过在铁素体晶粒
　　　　上析出呈针状分布的 γ'相（Fe₄N）而显示出来。

　　　　由表及里的硬度值分布如下：最表面第一点因
　　存在轻微疏松，硬度为 735HV；第二点白色化合物
　　层硬度为 869HV；第三点渗氮扩散区为 244HV；
　　第四点也为 244HV；心部组织为 199HV。

　　　　为了用金相法测量氮碳共渗扩散层的深度，可
　　将氮碳共渗处理的试样再经 300℃回火处理，促使
　　α 铁中析出 γ'（Fe₄N）相，有利于测量扩散层深
　　度，一般应渗至针状氮化物消失为止。

　　　　必须指出，在生产中工件是不允许有 γ'相析
　　出的，因为 γ'相的析出将导致工件变脆，在使用
　　中容易损坏。

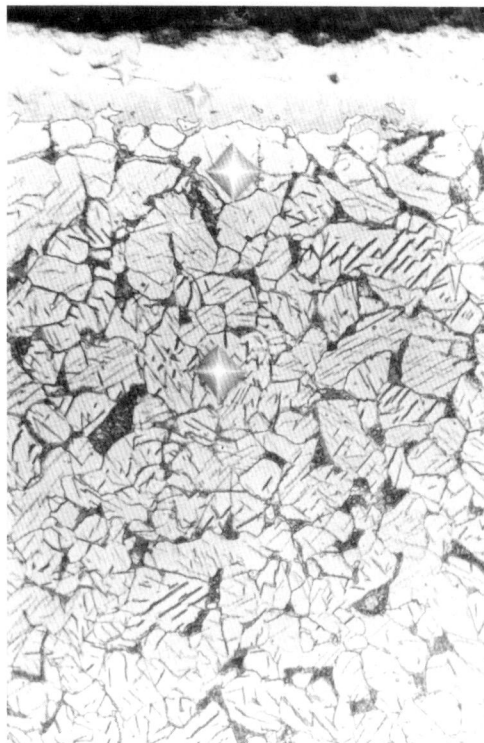

图　 8-3-5　　　　　　　　　　　　　　500×

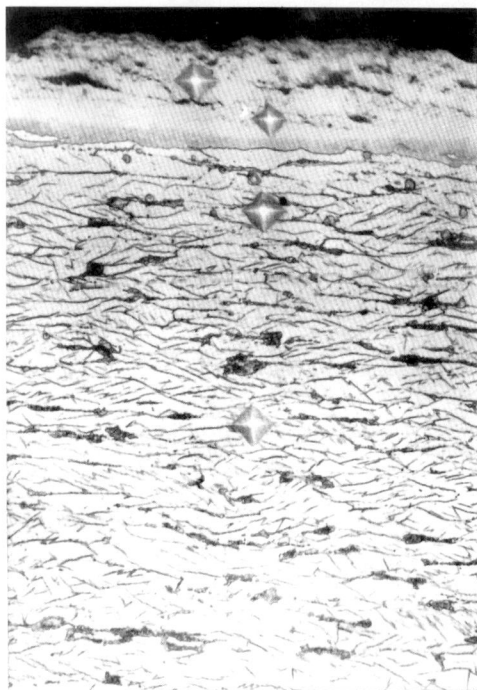

图　 8-3-6　　　　　　　　　　500×

图　　号：8-3-6

材料名称：15 钢

浸 蚀 剂：4%硝酸酒精溶液

处理情况：气体氮碳共渗后并经过 300℃回火 1h

组织说明：严重疏松孔隙有分层现象。

　　　　渗层最表面疏松较为严重，同时有分层现象，
　　此为渗氮层不良的显微组织。表面疏松孔隙按氮化
　　标准评定，相当于 5 级，属不合格级。

　　　　渗氮扩散层的基体为冷变形的铁素体和珠光
　　体晶粒，在铁素体变形晶粒上有较多细针状 γ'相
　　（Fe₄N）析出。渗氮各层的显微硬度值：第一点渗
　　氮疏松区为 388HV；第二点白色化合物层为
　　604HV；第三点渗氮扩散层为 345HV；第四点渗氮
　　扩散层为 329HV；心部基体为 215HV。

　　　　由于渗层表面存在严重的疏松孔隙，致使表面
　　硬度明显下降，同时在使用过程中容易起皮、脱
　　落，使工件发生早期损坏。

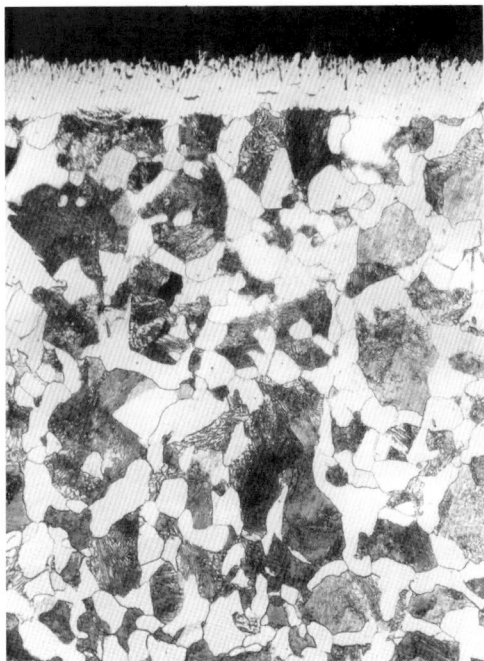

图　　号：8-3-7
材料名称：45 钢
浸 蚀 剂：4%硝酸酒精溶液
处理情况：550℃通氨气氮碳共渗后油冷淬火
组织说明：表层为 ε 相化合物，其中有三分之一疏松
　　　　　层，由于齿轮未经过调质处理，基体为珠光体+块
　　　　　状铁素体。片状珠光体和大块状铁素体不利于氮原
　　　　　子的扩散，故层下未见到弥散相 ε 相化合物，一
　　　　　般氮化工艺应该采用调质工艺后进行。因为调质工
　　　　　艺形成的索氏体组织有利于工件的氮的吸收，同时
　　　　　对工件的变形更容易控制。

图　　8-3-7　　　　　　　　　　　　500×

图　　号：8-3-8
材料名称：45 钢
浸 蚀 剂：4%硝酸酒精溶液
处理情况：表面氮碳共渗
组织说明：表面出现一层白色占 0.01mm；氮化合物
　　　　　层显微硬度为 508HV；基体组织为球粒状珠光体，
　　　　　并在基体上见到有少量黑色针状分散分布是属
　　　　　Fe_4N（γ'相）它一直延伸到心部。
　　　　　扩散层的显微硬度如下：

离表面距离	维氏硬度值	折合 HRC 值
0.03mm	235HV	22 HRC
0.08 mm	233HV	20HRC
0.13 mm	193HV	12HRC

　　　　心部硬度为 193HV，该工件是将球化退火的
原材料加工后直接进行氮碳共渗处理的。

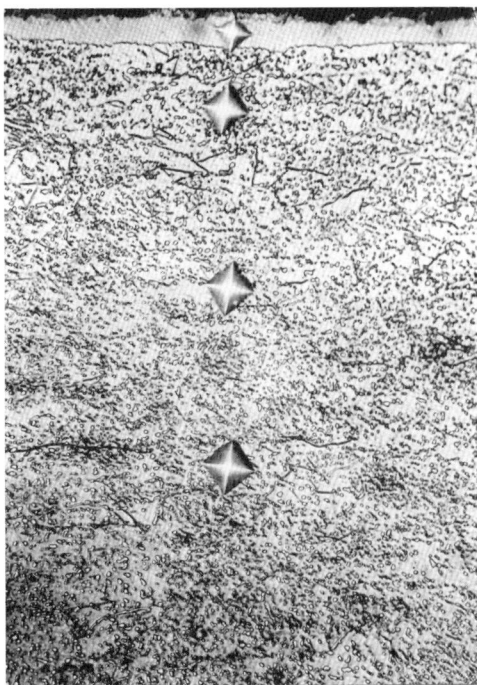

图　　8-3-8　　　　　　　　　　　　500×

图　　号：8-3-9

材料名称：45 钢

浸 蚀 剂：未浸蚀

处理情况：通氨气氮碳共渗（井式炉）后油冷淬火

组织说明：工件制样经抛光后未浸蚀在显微镜下观
　　　　　察，样品表层有明显的氧化层厚度约为 0.005mm
　　　　　左右，一般情况是在井式炉中容易产生氧化，因为
　　　　　井式炉出炉吊装过程接触空气，工件表面容易产生
　　　　　氧化。

图　　8-3-9　　　　　　　　　　　500×

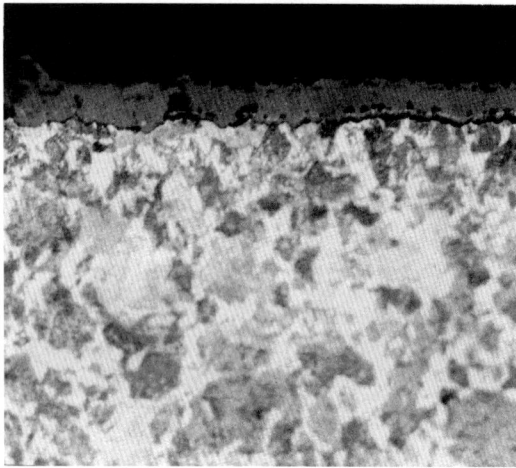

图　　8-3-10　　　　　　　　　　500×

图　　号：8-3-10

材料名称：45 钢

浸 蚀 剂：4%硝酸酒精溶液浅浸蚀

处理情况：通氨气氮碳共渗（井式炉）后油冷淬火

组织说明：工件最表层有明显氧化层厚度约为 0.0075～
　　　　　0.01mm，次层是较薄的白亮层，基体是珠光体+铁
　　　　　素体。在氮碳共渗过程中间曾经有过预氧化处理，
　　　　　这样工件出炉不是铁红颜色而是深蓝色，这种工艺
　　　　　是不可取的，会影响白亮层的形成，从而影响工件
　　　　　的使用寿命。

图　　号：8-3-11

材料名称：40Cr 钢

浸 蚀 剂：4%硝酸酒精溶液

处理情况：调质后表面离子渗氮

组织说明：在工件顶端处的组织分布白色 ε 相厚度约
　　　　　为 0.015mm，并有较轻微的条状氮化物在扩散层中
　　　　　出现。离子渗氮的优点是表层脆性小，因为它出现
　　　　　的 ε 相是以 Fe_4N 为主的缘故，而且氮化时间短，
　　　　　在尖角处也不容易形成较多的脉状或网状氮化物。

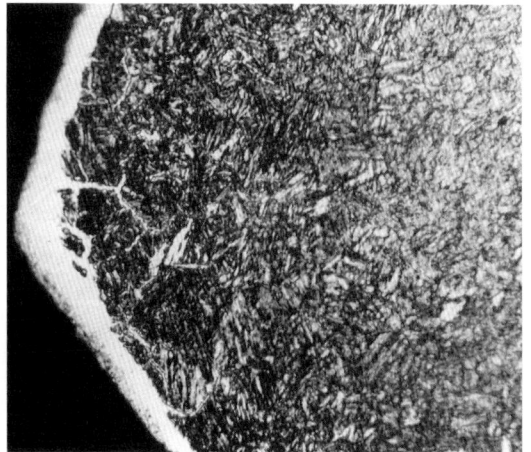

图　　8-3-11　　　　　　　　　　500×

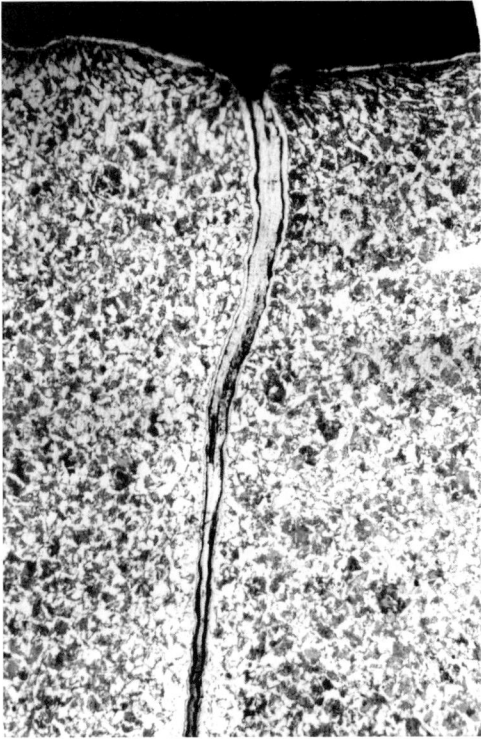

图　8-3-12　　　　　　　　　　100×

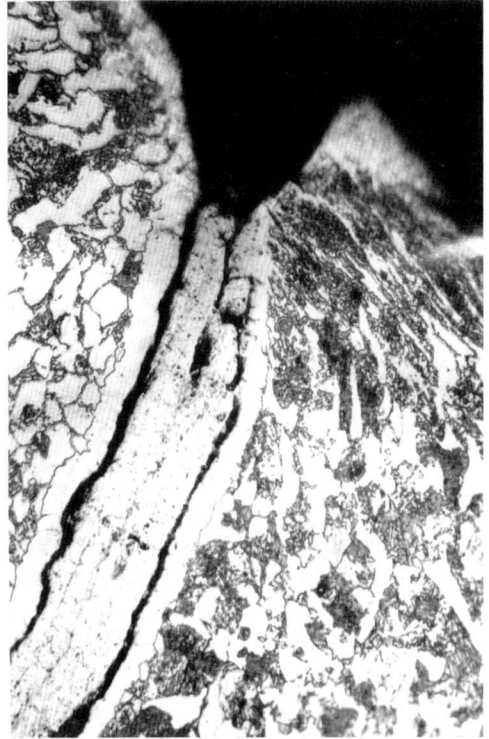

图　8-3-13　　　　　　　　　　400×

图　　号：8-3-12、8-3-13

材料名称：50 钢

浸 蚀 剂：4%硝酸酒精溶液

处理情况：通氨气氮碳共渗

组织说明：图 8-3-12、图 8-3-13 工件表面白亮层为 ε 化合物层，基体是渗氮铁素体+珠光体，工件裂纹处表
　　　　　面至里分布白色长条为 ε 相（Fe$_{2-3}$N），是工件渗氮时在裂纹中形成的。由于工件在锻造正火中产生开裂，
　　　　　裂纹向里则逐渐变细。在氮碳共渗过程中活性氮原子在裂纹中间同时增氮，最后连在一起形成白色长条。

图　　号：8-3-14

材料名称：50 钢

浸 蚀 剂：4%硝酸酒精溶液

处理情况：氮碳共渗

组织说明：工件槽口表面白亮层为 ε 化合物层，基体
　　　　　是断网状铁素体及珠光体，槽口中间有一条从表
　　　　　面至心部的裂纹，槽口处壁是比较薄的，工件槽
　　　　　口两侧齿在高频加热时使槽口处受到热影响，结
　　　　　果使槽口薄壁处产生应力而产生裂纹。为此，在高
　　　　　频加热时应尽可能使槽口避免受热影响，裂纹是可
　　　　　以避免的。

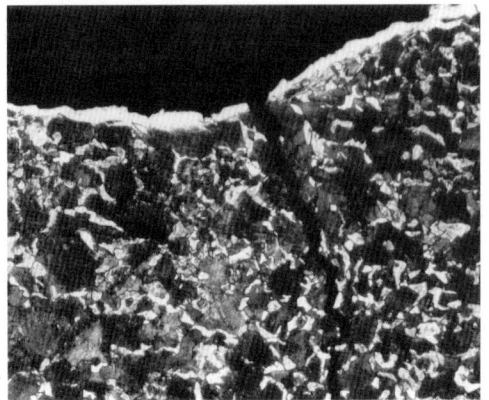

图　8-3-14　　　　　　　　　　200×

图　　号：8-3-15

材料名称：40Cr 钢

浸 蚀 剂：4%硝酸酒精溶液

处理情况：通氨气氮碳共渗后油冷淬火

组织说明：白亮层厚度约为 0.018～0.022mm，最表面呈灰褐色的是氧化层组织；次层是为 ε 相化合物，一般疏松层；接下来是较致密的 ε 相化合物。基体渗氮之前进行调质处理，所以是索氏体为主，氮碳共渗 ε 相化合物层表面出现灰褐色的氧化层，一般容易出现在井式炉氮碳共渗的工件上，这与氮碳共渗后从井式炉吊出工件再放入油冷过程中接触空气有关，当然在多用炉上操作不当也会在工件的表面出现氧化层。有些汽车零件上是不允许存在氧化物的，此时必须改进设备，应用能隔绝空气的炉子进行氮碳共渗后油冷淬火工艺。

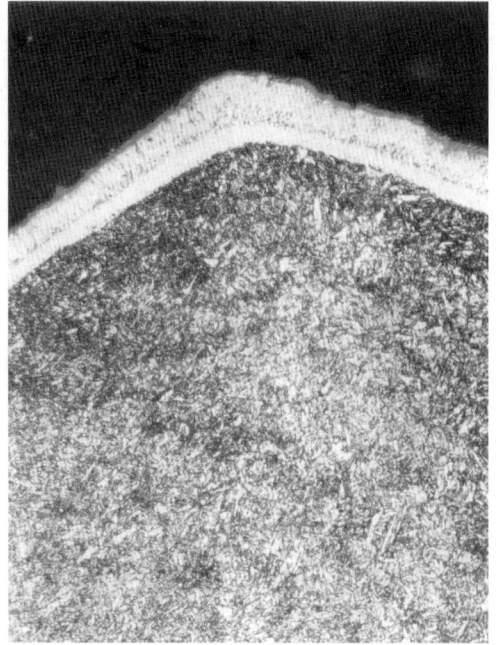

图　　8-3-15　　　　　　　　500×

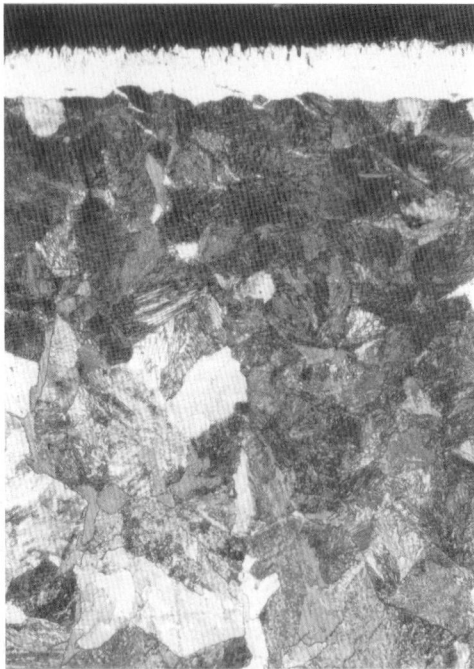

图　　8-3-16　　　　　　　500×

图　　号：8-3-16

材料名称：40Cr 钢

浸 蚀 剂：4%硝酸酒精溶液

处理情况：570℃通氨气氮碳共渗后油冷淬火

组织说明：表层白亮层 ε 相化合物致密层厚度约为 0.018～0.02mm，但在最表面有少量疏松层，工件未经过调质处理，片状珠光体和铁素体不利于氮的扩散，故层下没有见到弥散相 ε 相化合物层。基体为片状珠光体及铁素体的工件，在氮碳共渗时保温时间相对要延长些。

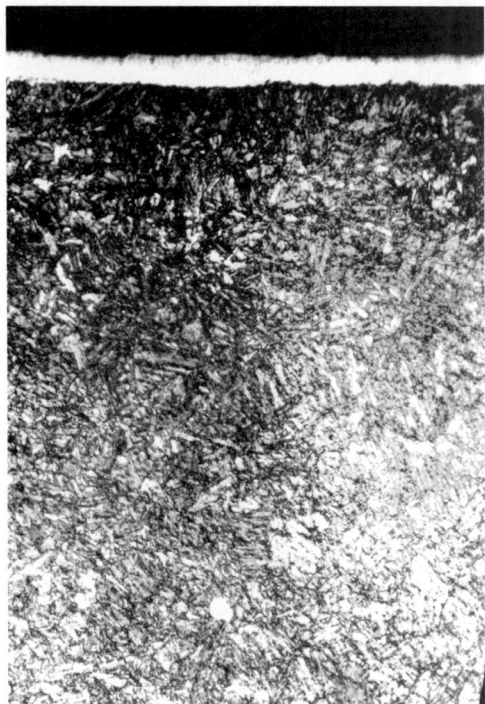

图　8-3-17　　　　　　　　500×

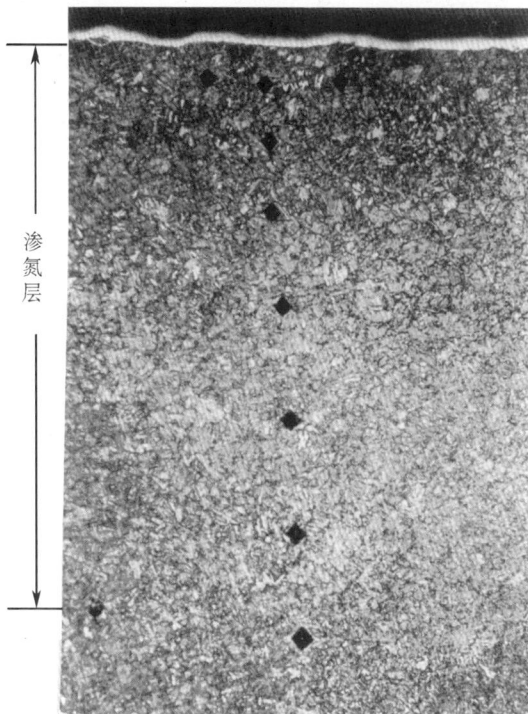

图　8-3-18　　　　　　　　200×

渗氮层

图　号：8-3-17～8-3-19

材料名称：40Cr 钢

浸 蚀 剂：图 8-3-17、图 8-3-18 经 4%硝酸酒精溶液
　　　　 浸蚀；图 8-3-19 经硒酸+盐酸酒精溶液浸蚀

处理情况：齿轮调质后表面离子渗氮

组织说明：图 8-3-17：最表层氮化后出现一层白色 ε
　　　　 相为 $Fe_{2-3}N$ ，深度为 12μm。用硝酸酒精浸蚀不
　　　　 能显示出扩散层与基体的明显交界线，仅能见到回
　　　　 火索氏体的基体。

　　　　 图 8-3-18：用 50g 负荷测定显微硬度分布的
　　　　 情况，最表面为 633HV，心部为 299HV。按 GB/T
　　　　 11354—1989 氮化标准规定高于基体 30～50HV 处
　　　　 作为渗氮层深度，则渗氮层深度相当于 0.35～
　　　　 0.40mm。

　　　　 图 8-3-19：用硒酸+盐酸酒精溶液（同上图试
　　　　 块）浸蚀，可明显地显示出渗氮扩散区深度（暗黑
　　　　 色）为 0.36mm。在接近心部交界处浸蚀后颜色较
　　　　 浅，是由于含氮浓度较低之故。

渗氮层

心部

图　8-3-19　　　　　　　　100×

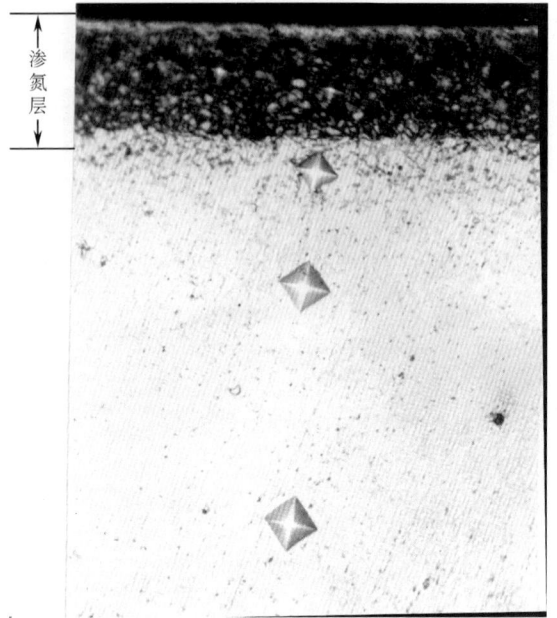

图　　号：8-3-20

材料名称：1Cr17Ni2 不锈钢

浸 蚀 剂：4%硝酸酒精溶液

处理情况：560～570℃液体氮碳共渗 2h

组织说明：表面渗氮层为 0.04mm。最表面的白色氮
　　　　化物层微薄，仅 2μm 左右。渗氮扩散层呈暗黑色
　　　　分布，接近心部交界处其显微硬度较低，浸蚀后颜
　　　　色也较浅。显微硬度分布：渗氮扩散区为 938 HV
　　　　（65HRC）；渗氮层与心部交界处为 329HV
　　　　（34HRC）；心部基体硬度为 199HV（14HRC）。

图　　8-3-20　　　　　　　　　　　　　　500×

图　　8-3-21　　　　　　　　　　　　　　400×

图　　号：8-3-21

材料名称：1Cr17 钢

浸 蚀 剂：4%硝酸酒精溶液

处理情况：气体氮碳共渗

组织说明：表面有较厚的 ε 相，深度约 0.005mm。次
　　　　层黑色区是渗氮扩散层深度约为 0.04mm，扩散层
　　　　有细小颗粒碳化物及块状碳氮化合物，沿晶界呈网
　　　　络状碳氮化合物。中心组织由于浸蚀时间较短，显
　　　　示不太清楚的晶界上分布有块状碳化物。

图　　号：8-3-22

材料名称：50 钢

浸 蚀 剂：4%硝酸酒精溶液

处理情况：氮碳共渗（通氨气）

组织说明：表面白亮层为 ε 化合物层，白亮层致密度
　　　　　较好，共渗层厚度为 0.012～0.015mm，扩散层厚
　　　　　度为 0.15mm 左右，次层是珠光体+铁素体，在扩
　　　　　散层中有针状氮化物，在铁素体中的黑色针状明
　　　　　显。

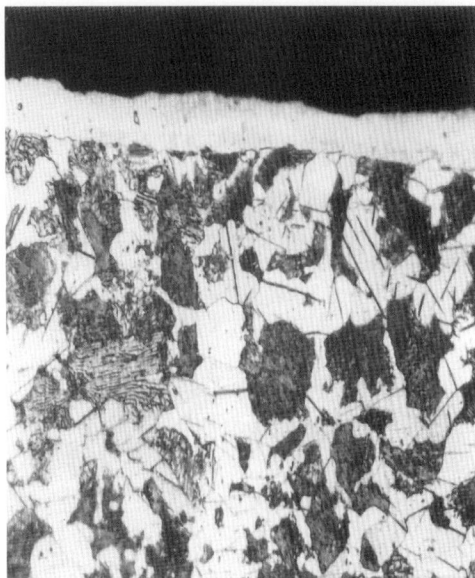

图　　8-3-22　　　　　　　　　　　　　　　　400×

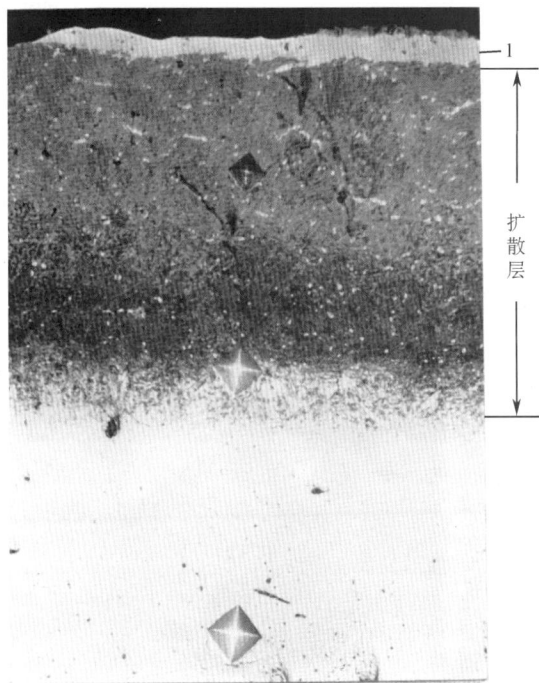

图　　8-3-23　　　　　　　　500×

图　　号：8-3-23

材料名称：4Cr9Si2 钢

浸 蚀 剂：4%硝酸酒精溶液

处理情况：通氨气渗氮处理

组织说明：表面渗氮层深度为 0.11mm，其中符号
　　　　　"1"处是最表面白色氮化物层厚度为 0.8μm 左
　　　　　右；渗氮扩散区呈暗灰色分布，其中白色条状为
　　　　　碳化物。显微硬度用 50g 负荷测定结果如下：渗
　　　　　氮扩散区为 549HV（51HRC）；渗氮层与基体交
　　　　　界处的硬度为 321HV（33HRC）；心部基体硬度
　　　　　为 271HV（28HRC）。

图　8-3-24　　　　　　　　　　100×

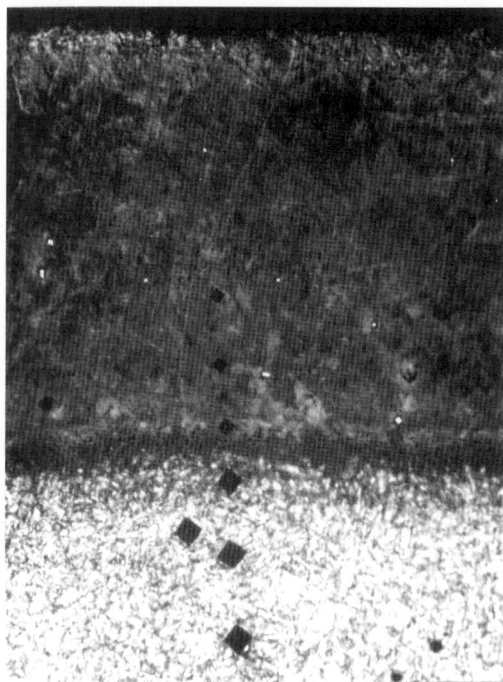

图　8-3-25　　　　　　　　　　200×

图　　号：8-3-24、8-3-25

材料名称：1Cr13 钢

浸 蚀 剂：氯化高铁盐酸水溶液

处理情况：液体渗氮

组织说明：图 8-3-24 上方暗黑区即是渗氮层，深度为 0.30mm，中心基体为回火索氏体+铁素体。

　　　　　图 8-3-25 渗氮层显微硬度为 549～633HV（51-55HRC），心部基体显微硬度为 236HV（22HRC）。

图　　号：8-3-26

材料名称：38CrMoAl 钢

浸 蚀 剂：4%硝酸酒精溶液

处理情况：调质后气体渗氮后缓冷

组织说明：表面的白亮层为 ε 相（$Fe_{2-3}N$），次层为扩散层，约为 0.55mm，黑色基体为合金氮化物+索氏体，（Fe_4N）颗粒呈弥散分布在索氏体上，进入心部消失，浅色为心部组织索氏体。

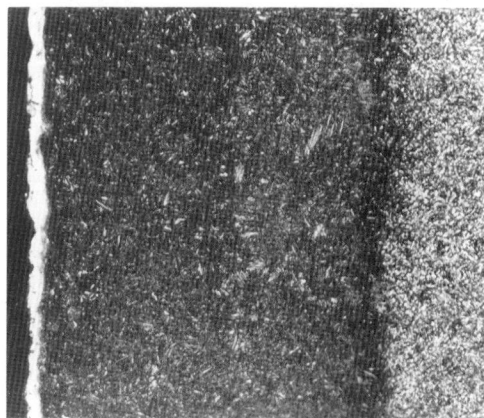

图　8-3-26　　　　　　　　　　100×

图　　号：8-3-27

材料名称：38CrMoAl 钢

浸 蚀 剂：4%硝酸酒精溶液

处理情况：纯氨离子渗氮

组织说明：最表层是脆性较大的白亮层（已破碎），
　　　　次层是扩散层，碳氮化合物粗大，呈脉状分布。主
　　　　要是离子渗氮温度偏低，时间较长，致使表面白亮
　　　　层厚度较深，所以脆性较大，这种组织容易在使用
　　　　中产生剥落，降低工件使用寿命，具有这样组织的
　　　　工件是不能应用的，应作报废处理。

图　　8-3-27　　　　　　　　　　500×

图　　号：8-3-28

材料名称：38CrMoAl 钢

浸 蚀 剂：4%硝酸酒精溶液

处理情况：通纯氨离子渗氮

组织说明：最表面较厚的白亮层一半已经剥落，这是
　　　　在制样过程中剥落的，说明白亮层脆性是较大的，
　　　　次层是较密呈粗大脉状和网络状分布氮化物，这
　　　　是由于炉内的氮势过高所造成的。同样是在使用
　　　　中会产生剥落，缩短工件使用寿命，必须控制通
　　　　氨量并且适当提高渗氮温度，此类缺陷是能够克
　　　　服的。

图　　8-3-28　　　　　　　　　　500×

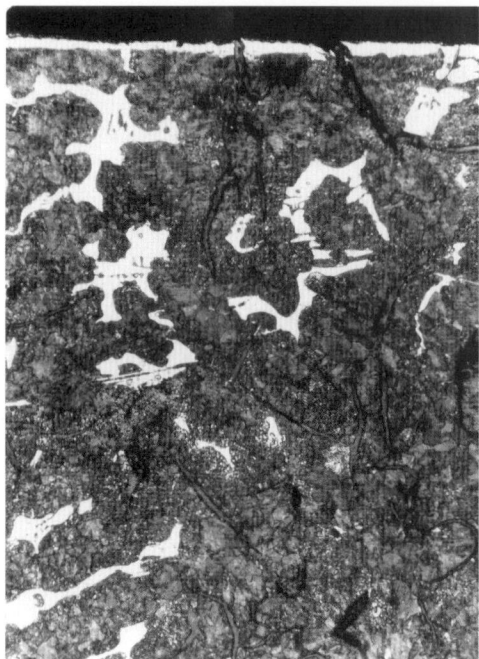

图　　号：8-3-29
材料名称：合金铸铁
浸蚀剂：4%硝酸酒精溶液
处理情况：570℃气体氮碳共渗处理
组织说明：最表面有一层白色化合物层，某些地区的
　　　　　白色化合物层被片状石墨所隔开。次层为渗氮扩散
　　　　　层，用硝酸酒精溶液难以显示；只有采用硒酸、盐
　　　　　酸酒精溶液才能清晰地显示出来它的深度。

　　　　　合金铸铁的显微组织除均匀分布的片状石墨
　　　　　外，基体为细珠光体（又称索氏体状珠光体），其
　　　　　上部有较多的共晶莱氏体和少量块状碳化物。

　　　　　由于最表面白色化合物层被片状石墨碳所隔
　　　　　开的情况说明，石墨碳宛如一个孔洞，氮是不会渗
　　　　　入的，因此当基体金属表面存在片状石墨时，该处
　　　　　不会被氮所饱和，故渗层被隔开而呈不连续状。

图　　8-3-29　　　　　　　　　　　500×

图　　号：8-3-30
材料名称：冷硬铸铁
浸蚀剂：4%硝酸酒精溶液
处理情况：570℃气体氮碳共渗处理
组织说明：基体组织为片状珠光体、鱼骨状共晶莱氏
　　　　　体、条块状渗碳体和过冷的点状石墨，石墨周围为
　　　　　铁素体（呈灰白色）。在最表面有深度约为0.01mm
　　　　　的白色化合物层。次层为渗氮扩散区显示不明显，
　　　　　但在接近白色化合物层处的基体珠光体粗大，稍向
　　　　　里石墨周围的铁素体浸蚀后呈灰褐色，说明已有氮
　　　　　渗入其间。

　　　　　为了提高冷激铸铁凸轮轴的表面硬度和耐磨
　　　　　性，可进行氮碳共渗处理，可提高其抗咬合和抗擦
　　　　　伤性能。

图　　8-3-30　　　　　　　　　　　500×

图　　号：8-3-31

材料名称：球墨铸铁

浸　蚀　剂：4%硝酸酒精溶液

处理情况：850℃加热后油冷淬火，560℃氮碳共渗后油冷

组织说明：表面白亮层为化合物层，渗氮扩散层为回火屈氏体及弥散分布的 γ'（Fe_4N）相，心部组织为细回火托氏体。球铁工件经氮碳共渗后，在表面有球墨处氮不能渗入球墨内部，球墨类似一个空穴，但氮与球墨周围的金属基体起作用，能形成一薄层氮化合物环绕着石墨四周。

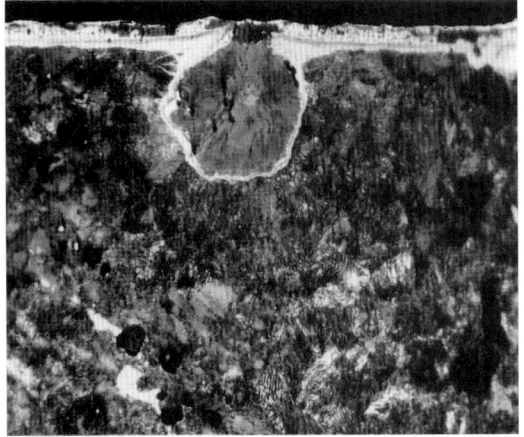

图　　8-3-31　　　　　　　　　　　400×

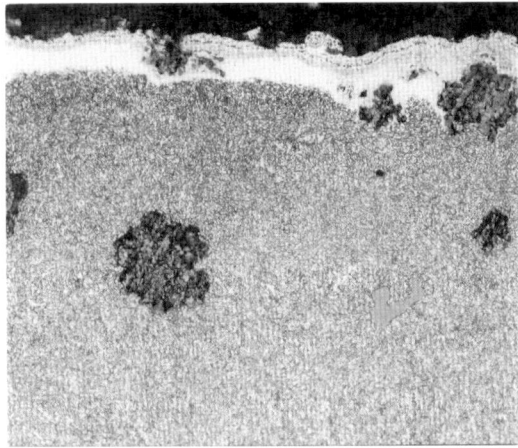

图　　8-3-32　　　　　　　　　　　500×

图　　号：8-3-32

材料名称：可锻铸铁

浸　蚀　剂：4%硝酸酒精溶液

处理情况：可锻铸铁经高频处理后再通氨气渗氮后油冷

组织说明：表层有轻微氧化及疏松层，白亮层为 ε 化合物层，厚度约为 0.01～0.02mm，基体是团絮状石墨+马氏体+托氏体，有少量灰色硫化物呈块状分布。

　　　　　氮碳共渗时氮势偏高，同时在白亮层中有团絮状石墨，所以它不一定能提高耐磨性能，因为它容易造成脆性剥落，引起早期失效。

图　　号：8-3-33

材料名称：08F 钢

浸　蚀　剂：4%硝酸浪精溶液

处理情况：氮碳共渗

组织说明：两边表面白亮层均为 ε 化合物，厚度约为 15～20μm。基体是铁素体和珠光体，工件是薄壁件，为此能同时看到两边均匀分布的渗氮层，两边的白亮层为 ε 化合物，其分布是理想的。

图　　8-3-33　　　　　　　　　　　100×

图　　号：8-3-34

材料名称：灰铸铁

浸蚀剂：硒酸 3mL、盐酸 20mL、酒精 100mL 溶液

处理情况：570℃气体氮碳共渗处理

组织说明：左侧表面白色带为化合物层，厚度约为
0.01mm；第二层深灰色区为渗氮扩散层；图中暗
黑色条状为片状石墨碳，金属基体未受浸蚀，呈白
色。

　　　铸铁氮碳共渗处理后，在表层出现微薄的一层
白色化合物层，它能显著地提高工件的耐磨性，并
使工件在摩擦过程中具有良好的抗咬合性。

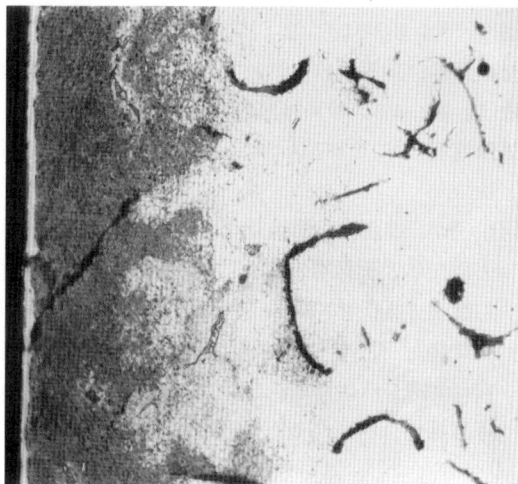

图　　8-3-34　　　　　　　　100×

图　　8-3-35　　　　　　　　100×

图　　号：8-3-35

材料名称：灰铸铁

浸蚀剂：4%硝酸酒精溶液

处理情况：570℃气体氮碳共渗处理

组织说明：图左表面白色带为化合物层，厚度约为
0.02mm，其上有数条片状石墨碳；图中暗灰色条
状为石墨，基体是片状珠光体。

　　　氮碳共渗时，由于气氛中的氮浓度较高，导
致工件表层的白色化合物层增厚。过厚的白色带
不一定对提高工件的耐磨性有良好的效果。因为
它容易造成脆性剥落，促使工件早期失效。

图　　号：8-3-36

材料名称：合金铸铁

浸蚀剂：硒酸、盐酸、酒精溶液，浸蚀 30s

处理情况：570℃气体氮碳共渗处理

组织说明：图左深灰色区为渗氮扩散层，由于渗层氮
浓度不高，因而最表面无白色化合物层，灰色片
状为石墨碳。当采用硒酸溶液浸蚀后，将按渗层
中氮浓度的高低而起不同程度的化学反应，从而
在光学显微镜下呈深蓝（氮浓度较高处）到浅蓝
色（氮浓度较低处）。由于硒酸溶液对金属基体不
浸蚀，因此可以得到清晰的分界线，便于渗氮层深
度的测量。

图　　8-3-36　　　　　　　　100×

图　　号：8-3-37

材料名称：Cr12MoV 钢

浸 蚀 剂：4%硝酸酒精溶液

处理情况：570℃气体氮碳共渗处理

组织说明：心部基体为索氏体及球粒状珠光体，其中
　　　有块状和颗粒状分布的共晶碳化物及二次碳化物。
　　　渗氮层表面出现一层白色富氮 ε 相，其中有颇多隐
　　　约可见的颗粒状碳化物，稍向里为渗氮扩散层，出
　　　现多量呈粗脉状分布的氮化物。

　　　Cr12MoV 钢氮碳共渗时，氮浓度很高，导致
　　　渗氮层表面获得氮浓度较高的显微组织，这层组织
　　　厚而脆，易在使用中剥落。

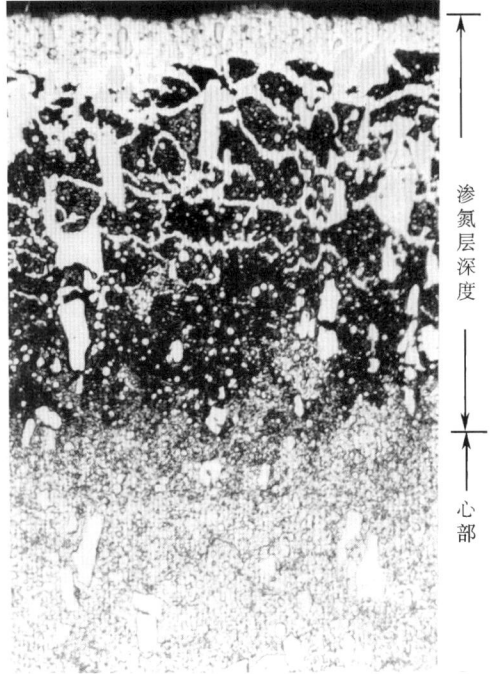

图　8-3-37　　　　　　　　　　　500×

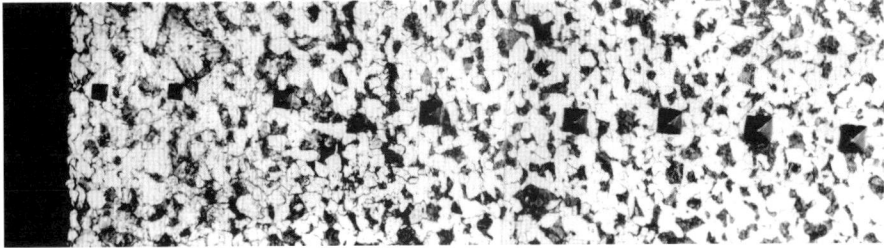

图　8-3-38　　　　　　　　　　　220×

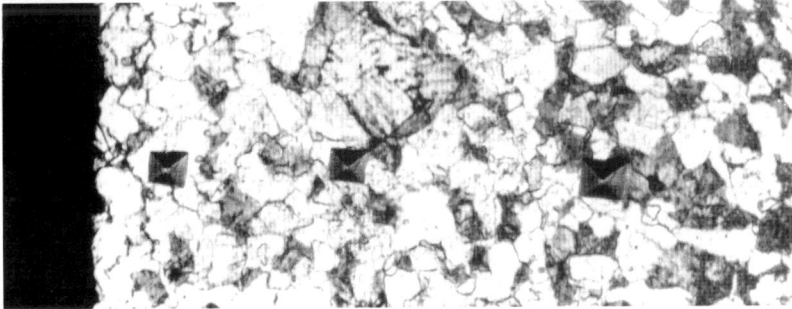

图　8-3-39　　　　　　　　　　　400×

图　　号：8-3-38、8-3-39

材料名称：20CrMnTi 钢

浸 蚀 剂：4%硝酸酒精溶液

处理情况：离子渗氮

组织说明：图 8-3-38：表面为扩散层，深度约为 0.50mm，基体是含氮珠光体及铁素体，心部是珠光体及铁
　　　素体，在渗氮过程中炉内含氮量低，所以无白亮层存在。

　　　图 8-3-39：表面为含氮珠光体及铁素体，从硬度压痕可知，其硬度较心部为高。

图　　号：8-3-40

材料名称：20CrMo 钢

浸 蚀 剂：4%硝酸酒精溶液

处理情况：570℃气体氮碳共渗，加氯化铵催渗剂

组织说明：严重疏松孔隙。最表面第一层是极严
　　　　重的疏松孔隙区，这层极易剥落，按氮化标准
　　　　评定，疏松标准相当于 5 级，属不合格级。第
　　　　二层白色区为致密的化合物层。第三层是渗氮
　　　　扩散层，组织为含氮铁素体，这一层在浸蚀后
　　　　极易染成黄褐色，这是低碳合金结构钢氮碳共
　　　　渗后采用硝酸酒精溶液浸蚀的组织特征，这将
　　　　有利于渗氮层深度的测量。

　　　　渗层表面出现严重疏松，是加入氯化铵催
　　　渗剂造成的，氯化铵虽然能加快氮的渗入，增
　　　加化合物的厚度，但却由此而使化合物层有一
　　　半以上形成了极为疏松的孔隙，它不但降低了
　　　硬度，而且极易剥落；实验证明 4～5 级的疏松
　　　层其耐磨性将显著地降低。

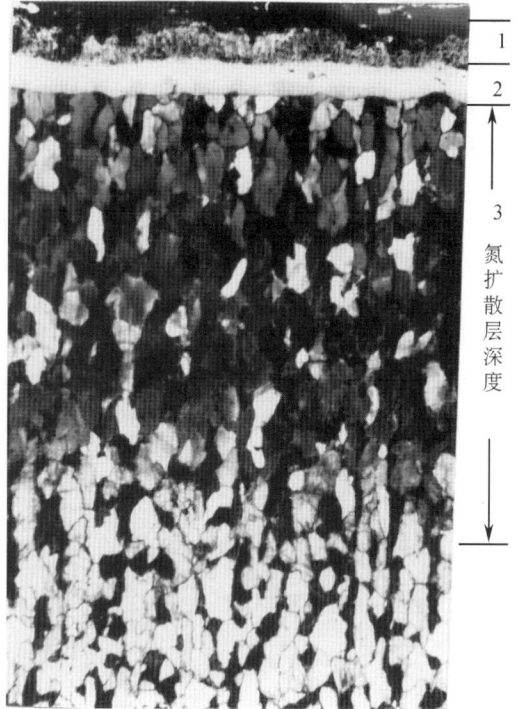

图　8-3-40　　　　　　　　　200×

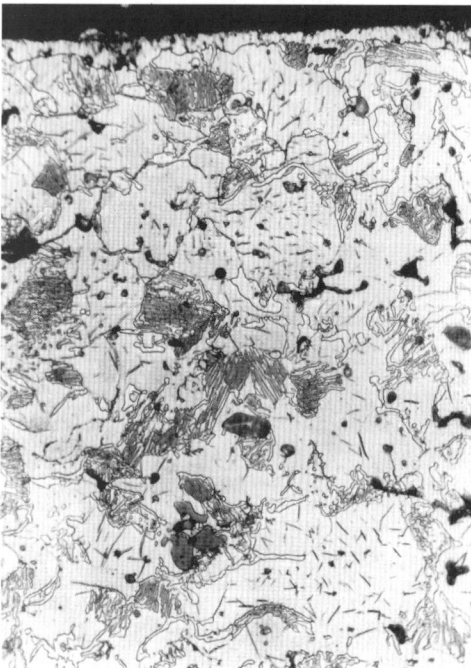

图　8-3-41　　　　　　　500×

图　　号：8-3-41

材料名称：铁基粉末冶金

浸 蚀 剂：4%硝酸酒精溶液

处理情况：1100℃烧结成形，570℃气体氮碳共渗后空
　　　　冷，300℃回火 1h

组织说明：表面有一层微薄的白色化合物层，渗氮扩散
　　　　层中除原有的铁素体基体上分布有粗片状珠光体和
　　　　条状渗碳体外，尚有黑色细针状的 γ' 相（Fe$_4$N ）。
　　　　γ' 相在未回火时是不会析出的，只有回火后才沿铁
　　　　素体的一定晶面以针状形态析出。

　　　　铁基粉末冶金制品表面同样可以进行氮碳共渗
　　　处理，能获得高硬度的白色化合物层，从而可显著提
　　　高制件的耐磨性。

图　　号：8-3-42

材料名称：5Cr21Mn9Ni4N 钢

浸 蚀 剂：20mL 水+20mL 盐酸+4g 硫酸铜

处理情况：表面氮碳共渗

组织说明：最表层有灰褐色层（厚度为 0.007mm）
为氧化物，其中最表面白色横向线为原 ε 相，深
度约为 0.0025mm（本试样为排气门，已经过 500h
运行）；第二层黑色柱状晶带为高浓度氮的扩散
层；第三层白色带状区为低浓度氮的扩散层，至
里为母材奥氏体晶粒，其上布有细小黑色碳化物
颗粒。

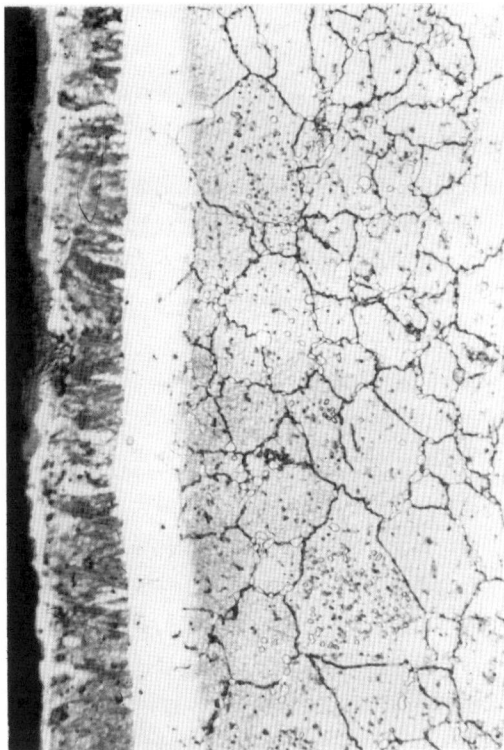

图　8-3-42　　　　　　　　　　500×

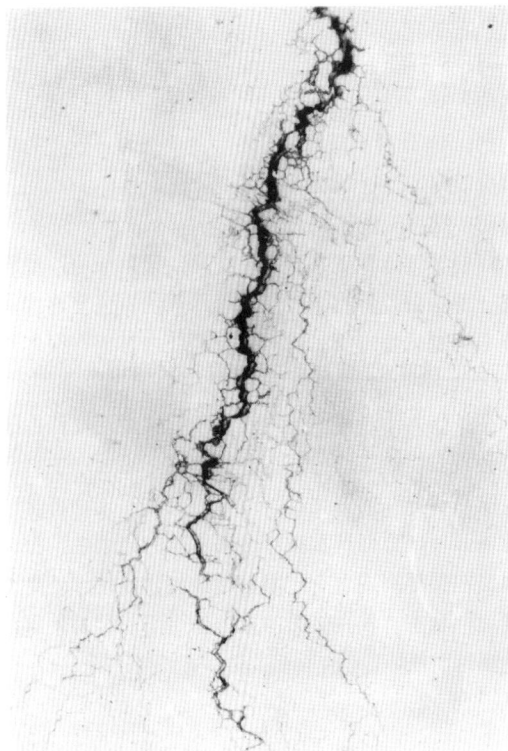

图　号：8-3-43

材料名称：5Cr21Mn9Ni4N（奥氏体耐热钢）

浸 蚀 剂：未浸蚀

处理情况：固溶+时效+表面氮碳共渗

组织说明：为柴油机气门表面的应力腐蚀裂纹。柴油机
排气门盘部表面因受高温氧化腐蚀而发生沿晶剥落而
形成凹坑。开裂的起始处在沿晶剥离形成的坑底那里
有裸露的晶粒（形似如冰糖），为开裂提供了滑移的台
阶。应力腐蚀裂纹有穿晶型和沿晶型，这里为沿晶形
式，形态呈多分枝的根须状，裂纹在渐进的扩展中达
到盘的底平面，使气门最终完全断开。

图　8-3-43　　　　　　500×

图　　号：8-3-44

材料名称：38CrMoAl 钢

浸 蚀 剂：4%硝酸酒精溶液

处理情况：540℃气体氮碳共渗

组织说明：氮碳共渗中途过热，最表层组织为白
色 ε 相；过渡层起始组织为脉状氮化物，分布
在渗氮索氏体基体上，稍向里全为渗氮索氏体
组织，再向里为过热区，在索氏体基体上有质
点较粗的 γ′（Fe$_4$N）相和合金氮化物（AlN、
CrN、MoN 等），以及呈脉状分布的氮化物；过
热带后的里层又为含氮索氏体。

　　在扩散层各部分以同一载荷进行显微硬度
测定，结果是：过热区的压痕最大，为低硬度
区。低硬度是由于氮碳共渗过热导致 γ′ 相和
合金氮化物粗化聚集，降低了弥散度，从而使
硬度明显下降，在随后降温氮碳共渗过程中，
这一部分粗化聚集的氮化物被后渗入的氮化物
推向心部，所以在渗层中出现过热低硬度带。

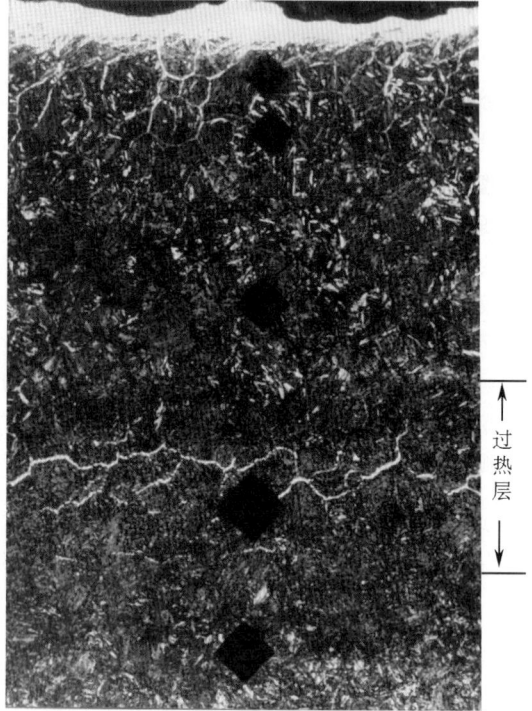

图　　8-3-44　　　　　　　　　　　200×

图　　号：8-3-45

材料名称：38CrMoAl 钢

浸 蚀 剂：4%硝酸酒精溶液

处理情况：540℃气体氮碳共渗处理

组织说明：螺纹脆性崩裂。

　　螺栓经气体氮碳共渗后，在螺纹顶角部位，最表
面有一薄层白色 ε 相，次层出现严重的白色呈连续网
状分布的氮化物组织。同时，在晶粒内部也有很多须
状氮化物；基体为渗氮索氏体。

　　在氮碳共渗过程中，螺纹尖角处接触活性氮原子
的机会较多，造成该处氮浓度特别高，因而产生严重
的连续网状分布的氮化物。这类脆硬的氮化物将基体
晶粒隔开，一方面严重破坏金属基体的连续性，另一
方面又在晶界周围包有一薄层脆性相，致使该处处于
高度脆性状态，仅在轻微的扭力作用下，即易使螺纹
发生崩落而损坏。

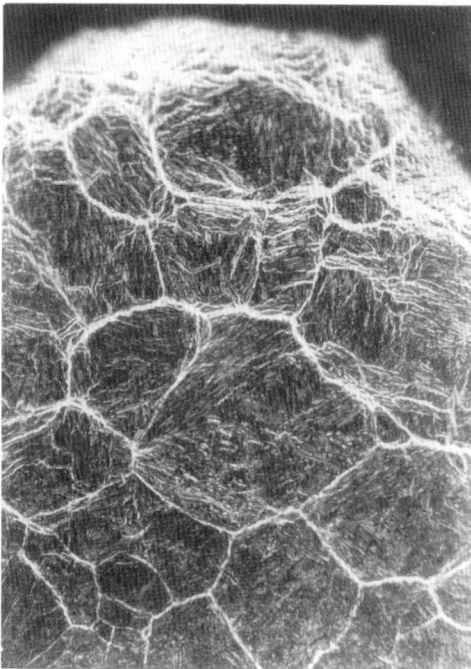

图　　8-3-45　　　　　　　　　　500×

图 号：8-3-46

材料名称：38CrMoAl 钢

浸蚀剂：4%硝酸酒精溶液

处理情况：调质后，经 540℃气体氮碳共渗 30h 后缓冷

组织说明：脱碳层渗氮组织

　　工件最表面白色 ε 相层中出现须状（针状）氮化物，并向扩散层延伸；扩散层的基体组织为含氮铁素体，因其易受浸蚀，故呈黄褐色；逐步向里，心部组织应是回火索氏体（图中未拍摄到）。

　　工件原材料表面存在全脱碳的铁素体层，氮碳共渗后，由于氮在铁素体中有较大的扩散速度，致使工件表面脱碳层铁素体中含有较高浓度的氮，从而得到较厚的须状或网状的 ε 相。38CrMoAl 钢表面全脱碳的铁素体层，氮碳共渗后硬度比正常氮碳共渗层略低，但其脆性很大，因此白色针状相很容易崩落。为防止上述缺陷的产生，工件在调质时，要采取有效措施，防止其表面脱碳，同时要严格控制调质件的残留铁素体含量。

图　8-3-46　　　　　　　　　　　　　　　500×

图　8-3-47　　　　　　　　　　800×

图 号：8-3-47

材料名称：50 钢

浸蚀剂：4%硝酸酒精溶液

处理情况：570℃通氨氮碳共渗处理

组织说明：最表面有氧化层组织，次层是严重疏松组织为 6～14μm，渗氮白亮层总厚度为 28μm，（偏厚，技术要求厚度为 8～20μm），基体是片状珠光体+铁素体。疏松层严重处约为总白亮层的 50%，这样对工件使用时因疏松容易剥落，影响工件的使用寿命。

　　要避免出现严重疏松缺陷，可以适当减少氮碳共渗的保温时间，减少白亮层的厚度，严格控制氨气的通入量，同时氨气必须经过干燥处理。

金 相 图 片

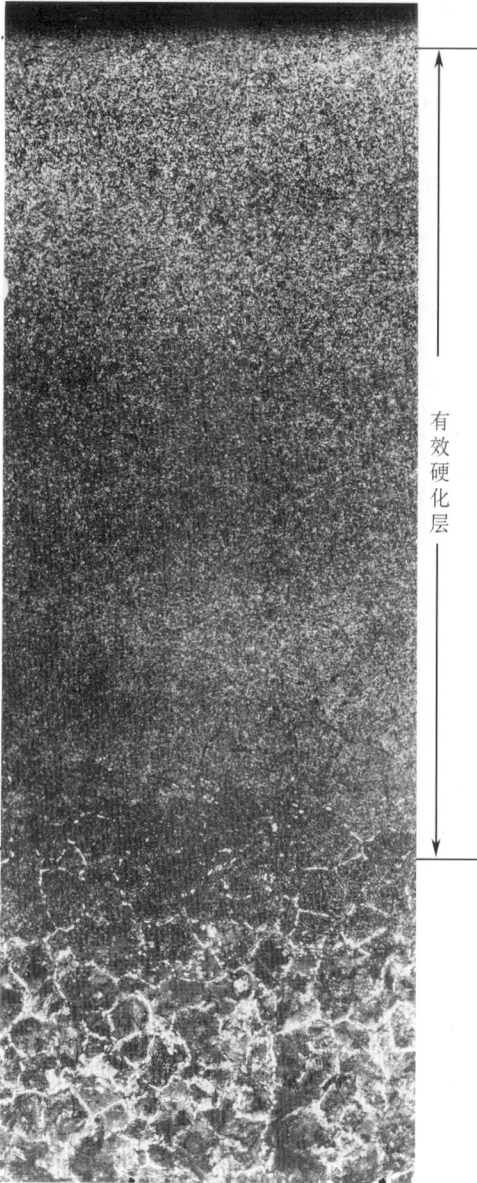

有效硬化层

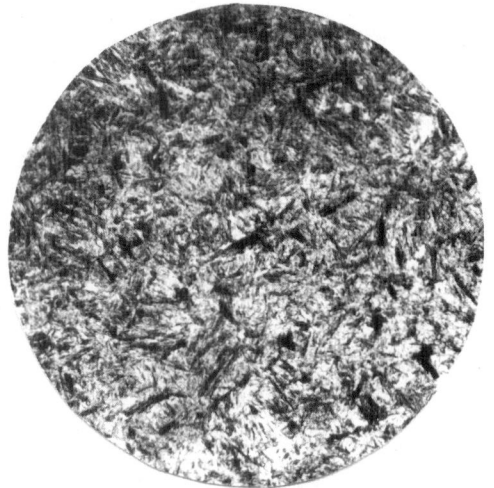

图　8-4-2　　　　　　　　　　　　400×

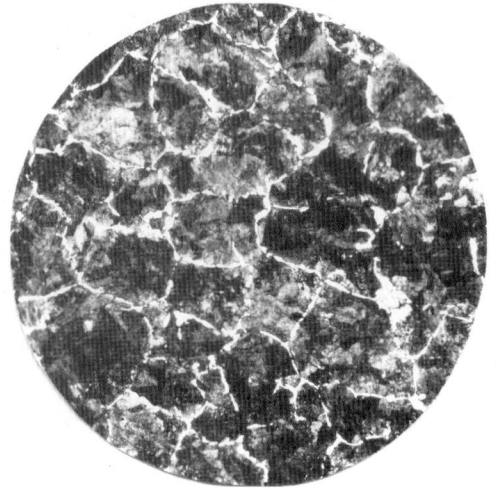

图　8-4-1　　　　　　　50×　　　　　图　8-4-3　　　　　　　　　400×

图　号：8-4-1～8-4-3
材料名称：45 钢
浸 蚀 剂：4%硝酸酒精溶液
处理情况：表面高频淬火
组织说明：表面为高频淬火正常的组织分布，这是高频加热各种参数应用适当的结果。

图 8-4-1：表面高频淬硬层深度 2.2mm，表面组织主要是马氏体，硬度为 58HRC，与心部交界处除了马氏体以外，还有少量的铁素体。

图 8-4-2：高频淬硬层的组织为中等针状马氏体及板条状马氏体混合分布。

图 8-4-3：为心部原始组织，细片状珠光体及沿晶界分布的铁素体，晶粒号为 2～3 号，硬度为 22～25HRC。

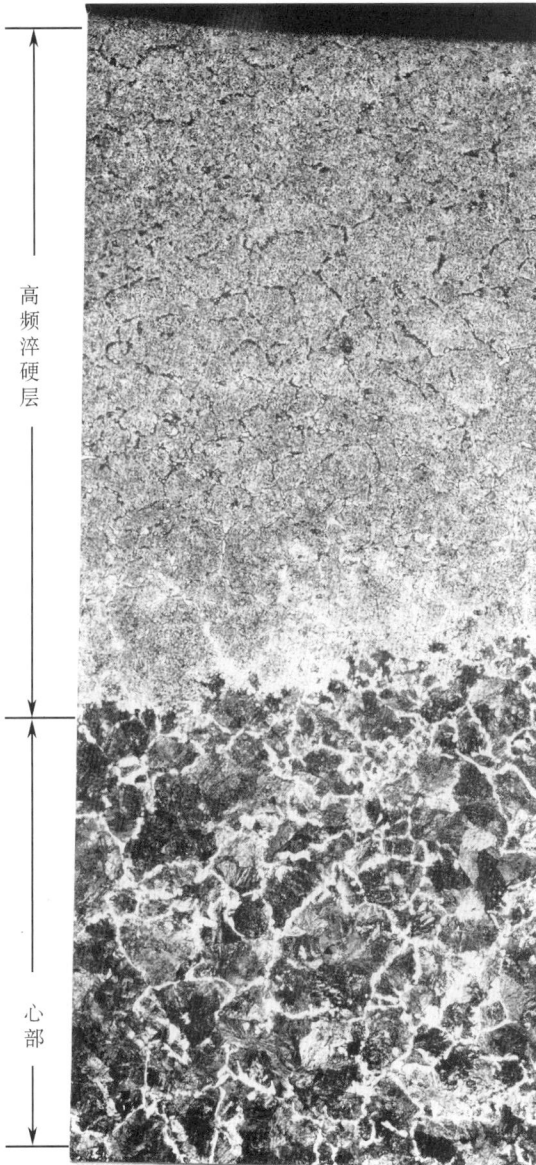

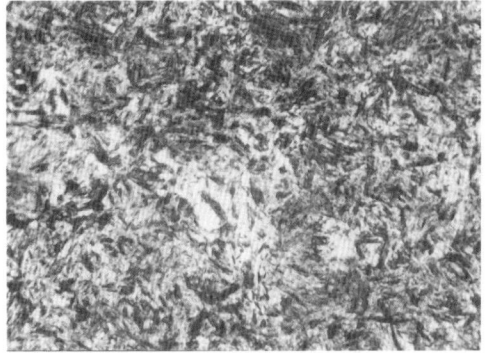

图　8-4-5　　　　　　　　　　　　500×

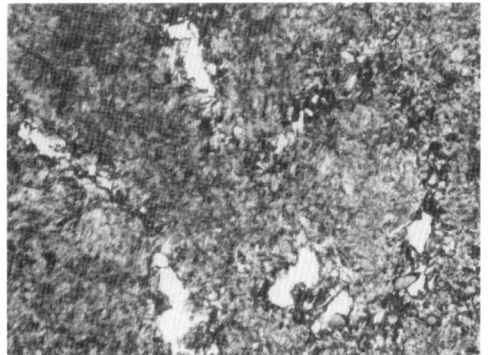

图　8-4-6　　　　　　　　　　　　500×

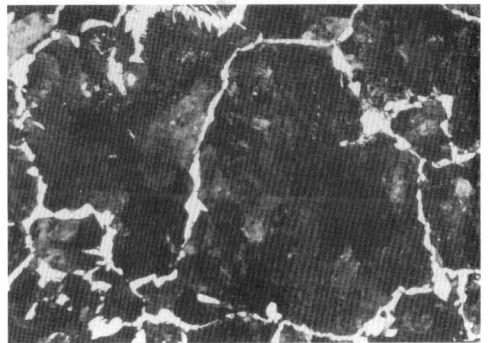

图　8-4-7　　　　　　　　　　　　500×

图　8-4-4　　　　　　　　　　　50×

图　　号：8-4-4～8-4-7　　　　　　　　　　　浸 蚀 剂：4%硝酸酒精溶液

材料名称：45 钢　　　　　　　　　　　　　　处理情况：表面高频加热淬火

组织说明：表面高频淬火后欠热的组织。

图 8-4-4：显示的是表面高频硬化层深度为 1.8mm，在交界处能很明显区分。硬化层中除马氏体外，出现有黑色细条状的托氏体沿晶界分布。

图 8-4-5：最表面高频淬火组织，中等针状马氏体和板条状马氏体混合分布，并有少量托氏体和微量铁素体，铁素体周围有极少量黑色托氏体组织析出。

图 8-4-6：高频淬火过渡区，细马氏体及未溶解的块状铁素体，在铁素体周围有极少量黑色托氏体组织的析出；图 8-4-7 为心部原始组织，细状珠光体及沿晶界分布的铁素体，晶粒较粗大，为 1～3 级。

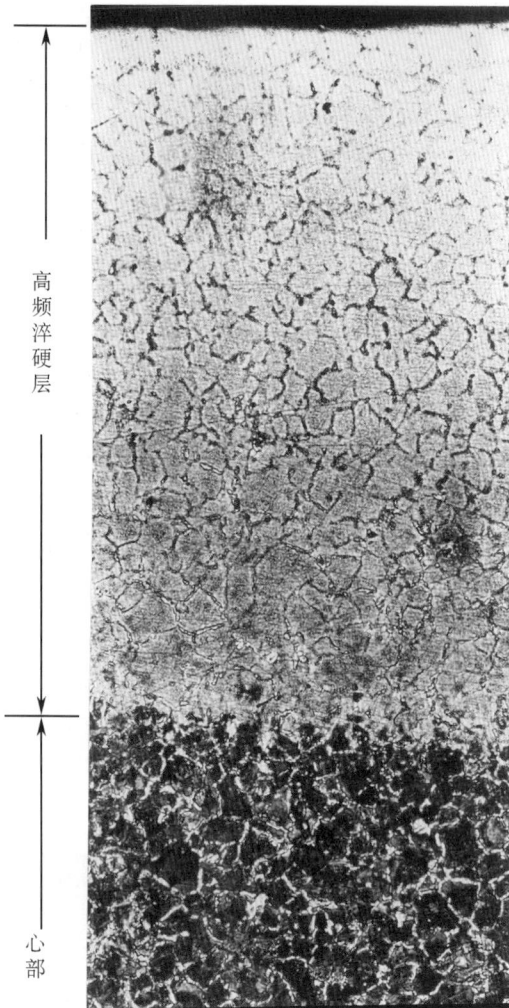

高频淬硬层

心部

图　8-4-8　　　　　　　63×

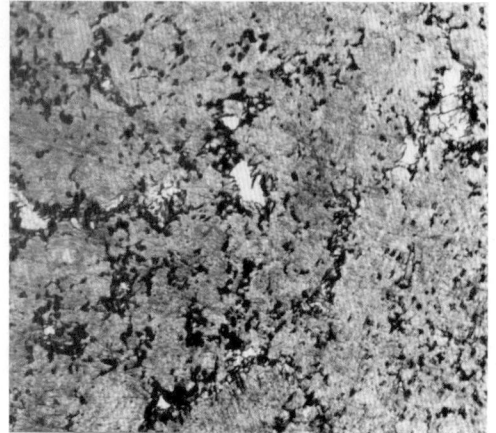

图　8-4-9　　　　　　　500×

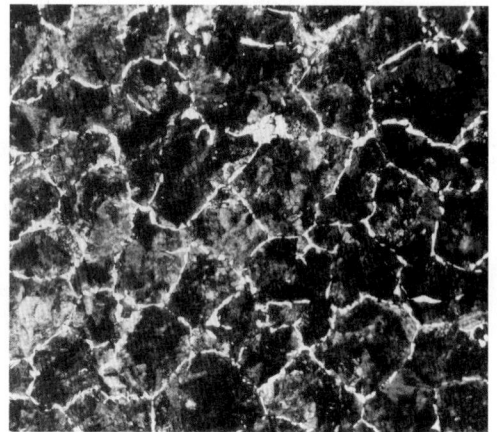

图　8-4-10　　　　　　100×

图　　号：8-4-8～8-4-10

材料名称：45 钢

浸 蚀 剂：4%硝酸酒精溶液

处理情况：表面高频淬火

组织说明：表面高频淬火加热温度不足的缺陷组织。

图 8-4-8：表面高频淬硬层组织的分布情况，除马氏体外出现较多明显的托氏体沿晶界析出。

图 8-4-9：淬硬层基体为细马氏体（灰色）及白色块状未溶解的铁素体和少量黑色托氏体组织，这是高频加热不足所产生的缺陷组织。

图 8-4-10：心部原始组织，细珠光体及沿晶界分布的铁素体。

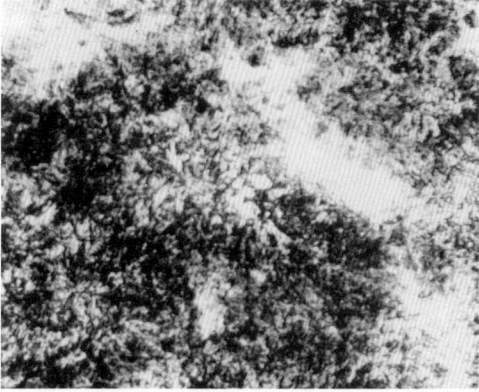

图 8-4-11   400×

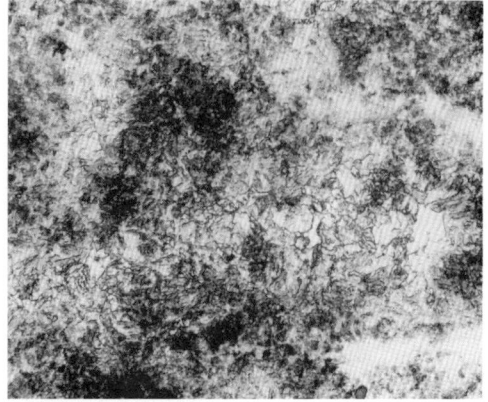

图 8-4-12   400×

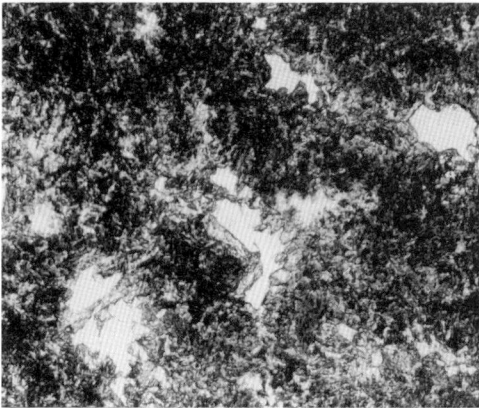

图 8-4-13   400×

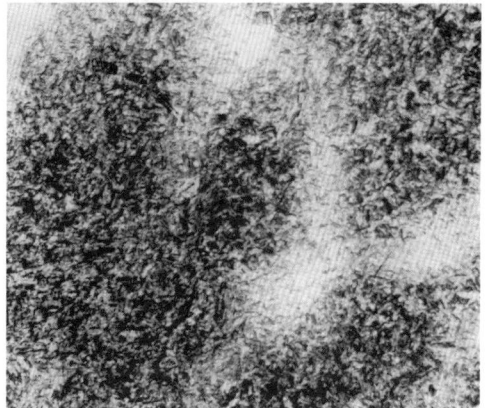

图 8-4-14   400×

图　　号：8-4-11～8-4-14

材料名称：ZG35CrMo 钢（拨叉）

浸 蚀 剂：3%硝酸酒精溶液

处理情况：图 8-4-11、8-4-12、8-4-13 浇注后，于 920℃×2.4h 坑冷后再高频淬火；图 8-4-14 浇注后经 920℃×
2.4h 空冷后再高频处理

组织说明：图 8-4-11：马氏体、索氏体、托氏体及少量铁素体，合金元素沿晶界偏析较明显，白亮偏析区域
是硬度较高的马氏体。

图 8-4-12：马氏体、呈带状铁素体、索氏体，合金元素沿晶界偏析较明显，白亮偏析区域是硬度较高
的马氏体。

图 8-4-13：针状马氏体、大块状分散铁素体、索氏体，合金元素偏析不明显。

图 8-4-14：针状马氏体、索氏体、托氏体、无明显铁素体，白亮偏析区的马氏体硬度较高，高频处理
前工件在 920℃×2.4h 后空冷，空冷比坑冷的显微组织均匀，特别是没有块状的铁素体，这样可以提高拨
叉的使用寿命。

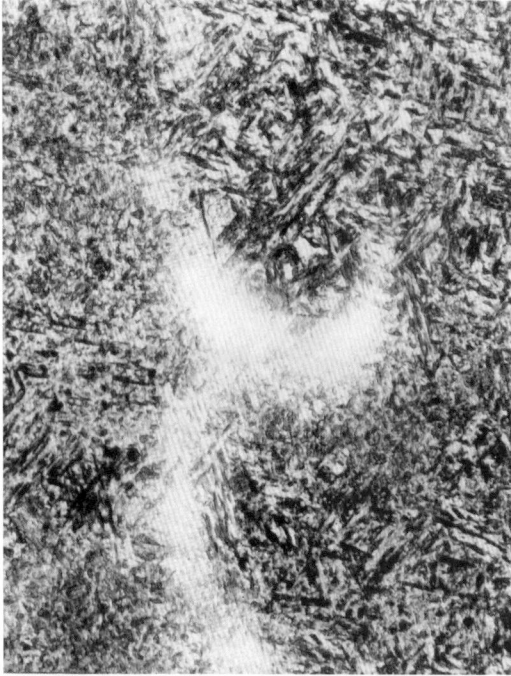

图　8-4-15　　　　　　　　　400×

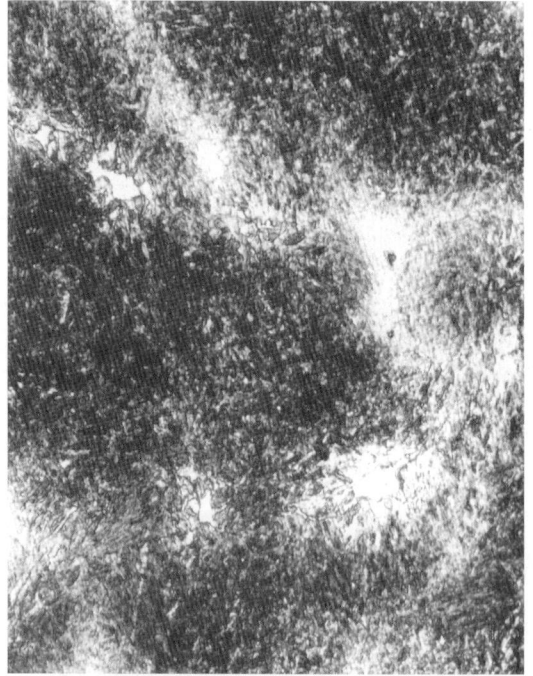

图　8-4-16　　　　　　　　　400×

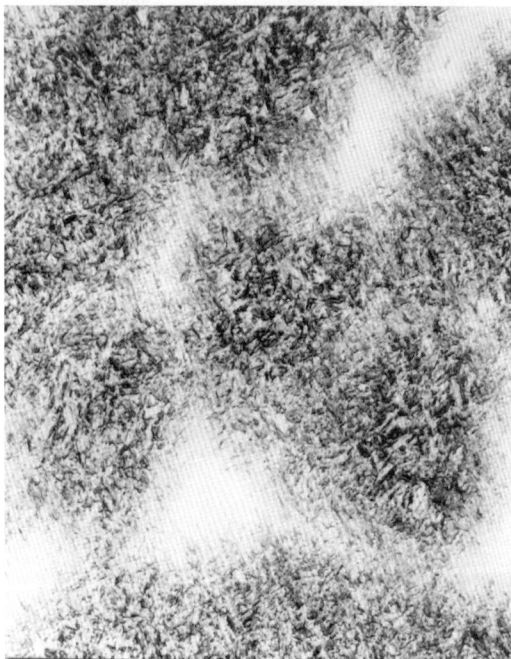

图　8-4-17　　　　　　　　　400×

图　　号：8-4-15～8-4-17

材料名称：ZG35CrMo 钢（拨叉）

浸 蚀 剂：3％硝酸酒精溶液

处理情况：浇注后直接高频淬火

组织说明：图 8-4-15：较粗针状马氏体、托氏体、索氏体，合金元素沿晶界偏析较明显，白亮偏析区域的马氏体硬度较高。

图 8-4-16：细针状马氏体、少量分散块状铁素体、托氏体、索氏体，合金元素沿晶界偏析，白亮偏析区域的马氏体硬度偏高。

图 8-4-17：针状马氏体、托氏体、索氏体，合金元素沿晶界偏析较明显，白亮偏析区域的马氏体硬度较高。

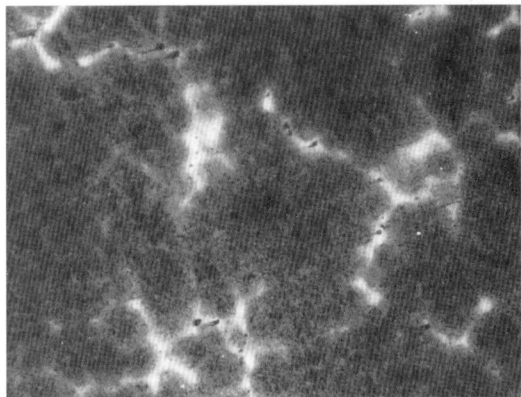

图　8-4-18　　　　　　　　　　　100×

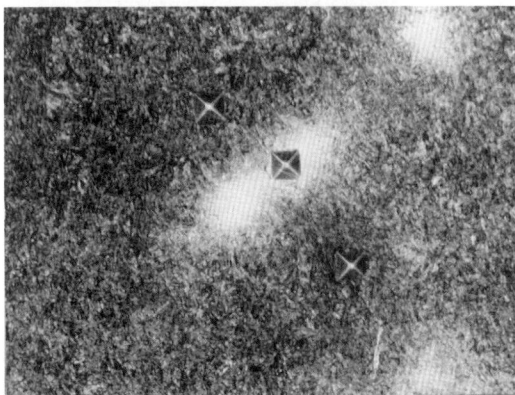

图　8-4-19　　　　　　　　　　　400×

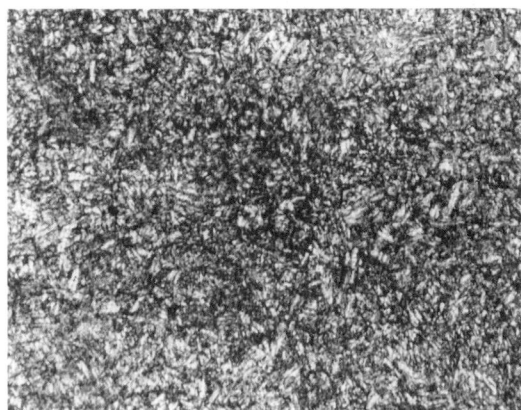

图　8-4-20　　　　　　　　　　　400×

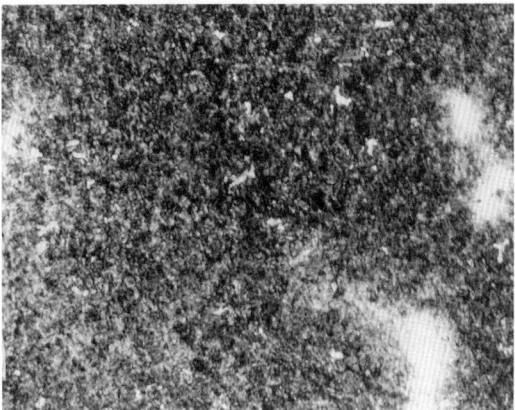

图　8-4-21　　　　　　　　　　　400×

图　　号：8-4-18～8-4-21

材料名称：ZG40CrMnMo 钢（拨叉）

浸 蚀 剂：3％硝酸酒精溶液

处理情况：图 8-4-18、图 8-4-19 浇注后高频淬火

　　　　图 8-4-20：调质处理

　　　　图 8-4-21：调质后高频淬火

组织说明：图 8-4-18、图 8-4-19：较细密的马氏体，合金元素沿晶界偏析较明显，白亮偏析区硬度比基体高。

　　　　图 8-4-20：主要为索氏体组织。

　　　　图 8-4-21：高频淬火层为较细的马氏体及少量小粒状分布的铁素体，合金元素沿晶界偏析较明显。

图　号：8-4-22
材料名称：HT200 灰铸铁
浸 蚀 剂：4%硝酸酒精溶液
处理情况：高频淬火
组织说明：片状石墨珠光体、马氏体、贝氏体及少量
　　　　　颗粒状铁素体。属于工件加热不足的显微组织，必
　　　　　须提高工件的加热温度或延长高频加热的时间，可
　　　　　以使显微组织除了片状石墨外，得到以马氏体为主
　　　　　的基体组织。

图　　8-4-22　　　　　　　　　500×

图　号：8-4-23
材料名称：QT450-10 球墨铸铁
浸 蚀 剂：4%硝酸酒精溶液
处理情况：中频淬火
组织说明：针状马氏体、大块状或小块状铁素体及少
　　　　　量贝氏体的混合组织。
　　　　上述组织说明工件感应加热不足，只要适当提
　　　高加热温度或延长加热时间，是可以获得良好组织
　　　的，使工件获得以球状石墨、马氏体为主的组织。

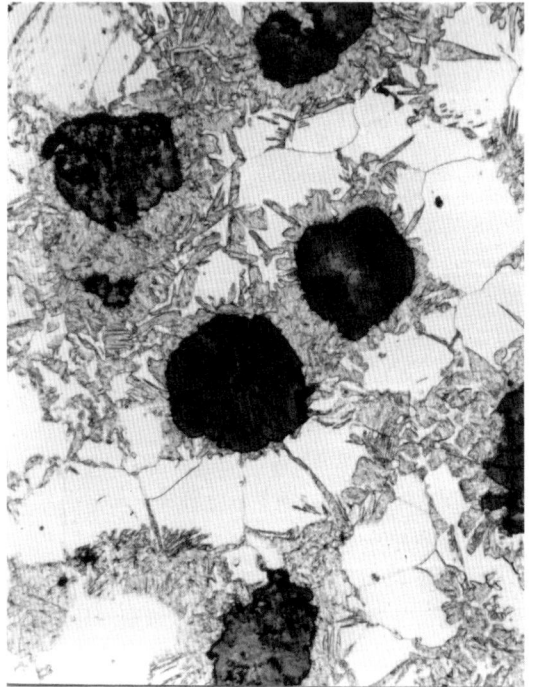

图　　8-4-23　　　　　　　　　500×

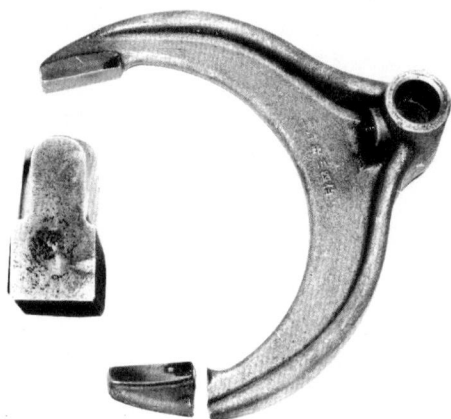

图　　8-4-24　　　　　　　　　实物

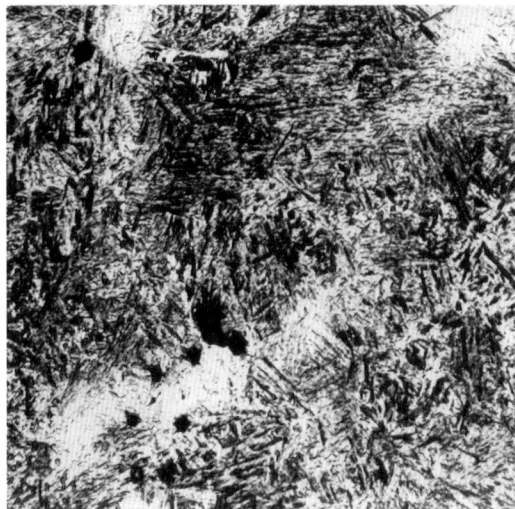

图　　8-4-25　　　　　　　　　400×

图　　号：8-4-24、8-4-25

材料名称：ZG40CrMnMo 钢

浸 蚀 剂：4%硝酸酒精溶液

处理情况：高频淬火

组织说明：图 8-4-24 拨叉的一个脚处断裂，同时图左侧显示断裂脚的截面中心有较多的缩孔孔洞，图 8-4-25 显微组织是以中碳中粗的马氏体为主，基体上有几个大小不同的缩孔孔洞。

拨叉经高频加热为中碳中粗马氏体，但由于在拨叉脚的中间部位缩孔孔洞较多，在使用时因强度不够致使拨叉脚断裂，这与高频淬火无关，主要是铸造时生产的缺陷导致。

图　　号：8-4-26

材料名称：球墨铸铁（QT600-3）

浸 蚀 剂：4%硝酸酒精溶液

处理情况：高频加热油冷淬火，低温回火

组织说明：工件是球墨铸铁，经高频加热油冷淬火，基体为针状马氏体、残留奥氏体和较多的大块、条状、爪状碳化物，是铸造缺陷，因脆性较大，影响工件的使用寿命。由于高频加热时间较短，不可能使碳化物减少和消除，这种缺陷只有在铸造时进行工艺改进才能消除碳化物。

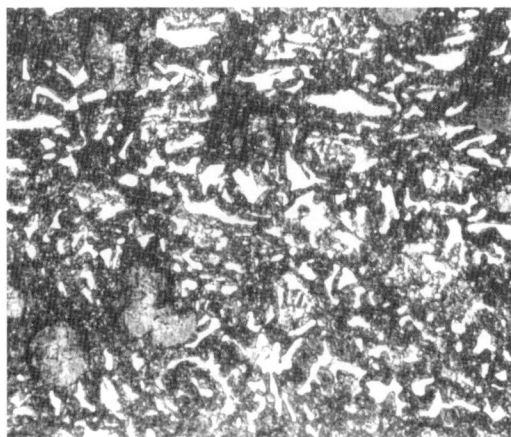

图　　8-4-26　　　　　　　　　400×

图　　号：8-4-27

材料名称：球墨铸铁（QT600-3）

浸 蚀 剂：4%硝酸酒精溶液

处理情况：高频加热油冷淬火低温回火

组织说明：工件表面基体为针状马氏体、残留奥氏体
　　　　　及球状石墨。工件是球墨铸铁，浇注时组织是珠光
　　　　　体及少量铁素体和球状石墨，没有其他缺陷组织，
　　　　　故高频淬火后组织主要是马氏体及少量残留奥氏
　　　　　体和球状石墨。

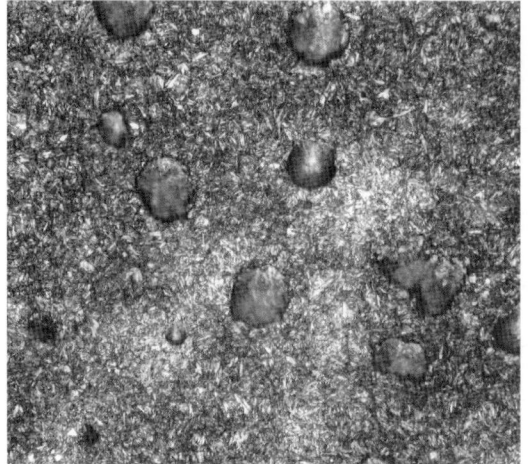

图　8-4-27　　　　　　　　　　　　　　　　400×

图　　号：8-4-28、8-4-29

材料名称：50 钢（齿壳）

浸 蚀 剂：4%硝酸酒精溶液

处理情况：齿壳渗氮处理后冷却，高频加热水冷淬火，低温回火

组织说明：图 8-4-28：是齿壳高频淬火后有较为均匀的硬化层分布特性图。

　　　　图 8-4-29：表面为经高频淬火后渗氮白亮层厚度为 0.022mm，是 ε 化合物，比较致密，黑点是显微硬
　　　度计的压痕，硬度为 924HV，基体是细中碳马氏体及少量托氏体。这是渗氮后工件经过高频淬火后良好的
　　　组织。

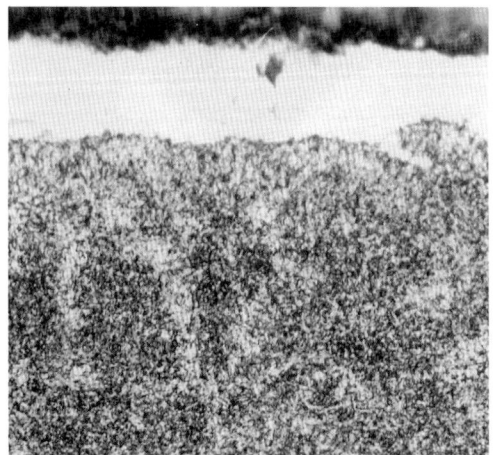

图　8-4-28　　　　　　　　　　实物　　　　　　图　8-4-29　　　　　　　　　　500×

图　　号：8-4-30

材料名称：50 钢

浸 蚀 剂：4%硝酸酒精溶液

处理情况：氮碳共渗、高频处理

组织说明：表层白亮层为 ε 化合物，白亮层中间致
　　　密度较差，呈黑色的是疏松部分，基体是细针状
　　　马氏体。

　　　白亮层中黑色条状是致密度较差的疏松部
　　分，工件在使用过程中容易产生剥落，造成提前
　　失效。

图　　8-4-30　　　　　　　　　　400×

图　　8-4-31　　　　　　　实物

图　　8-4-32　　　　　　　　　400×

图　　号：8-4-31、8-4-32

材料名称：45 钢

浸 蚀 剂：4%硝酸酒精溶液

处理情况：高频加热水冷淬火，再用高频短时间加热回火

组织说明：图 8-4-31：工件实物以及高频淬硬层的特性图（呈黑色）。

　　　图 8-4-32：工件表面高频淬火后较细的回火中碳马氏体及托氏体，硬度为 57HRC，采用高频加热水冷
淬火后再用高频短时间加热回火，这种工艺可以使高频淬火、回火工艺连续进行，便于工件采用自动加热
淬火流水线生产，既可提高高频淬火工艺的生产率，也可降低生产成本。

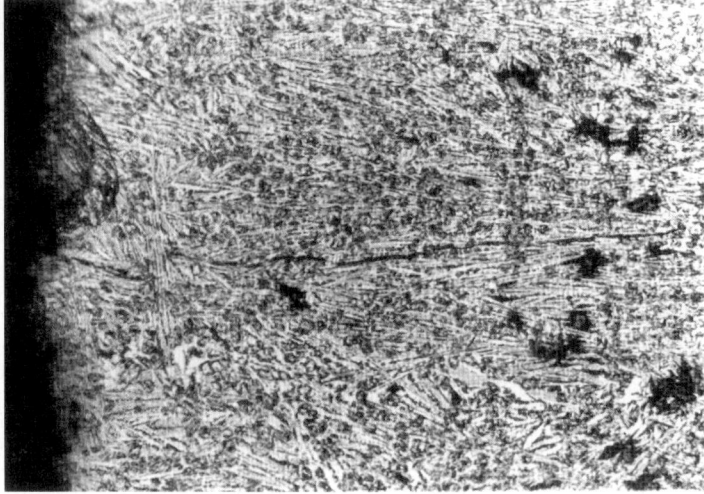

图　8-4-33　　　　　　　　　　　　　　　200×

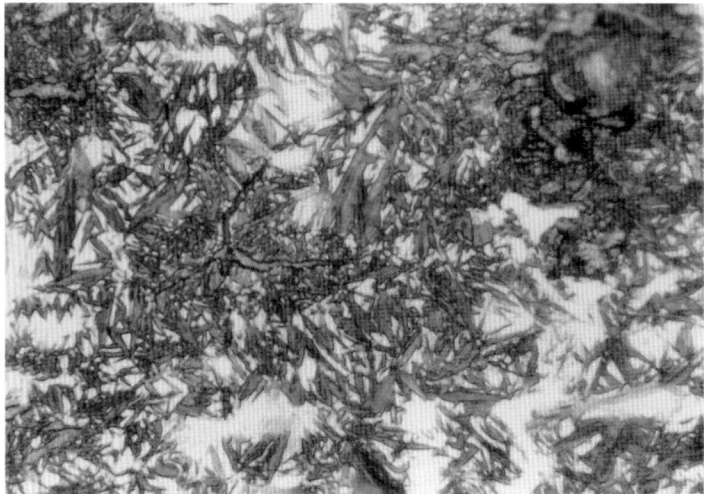

图　8-4-34　　　　　　　　　　　　　　　500×

图　　号：8-4-33、8-4-34

材料名称：合金铸铁（内燃机凸轮轴）

浸 蚀 剂：4%硝酸酒精溶液

处理情况：铸造及感应淬火

组织说明：图 8-4-33：凸轮表面感应淬火后的显微组织状况，白色针状及小块状为共晶莱氏体和碳化物，灰
　　　　　色部位为马氏体。从针状碳化物的柱状晶的热流方向表明，其铸造过程激冷程度很大。图片中间有一条水
　　　　　平方向的灰色裂纹，是感应淬火时形成的。形成这条裂纹的主要原因是：第一是感应淬火时巨大的热应力
　　　　　与组织应力；第二是强烈的方向性分布的碳化物及基体，使材料在力学性能上具有方向性的差异。

　　　　　图 8-4-34：同一样品的高倍组织形貌，灰色针状马氏体十分粗大，白色残留奥氏体的数量也明显偏多，
　　　　　其中有未溶尽的碳化物，可见感应淬火时温度相当高。这是淬火过热组织，操作明显失当。

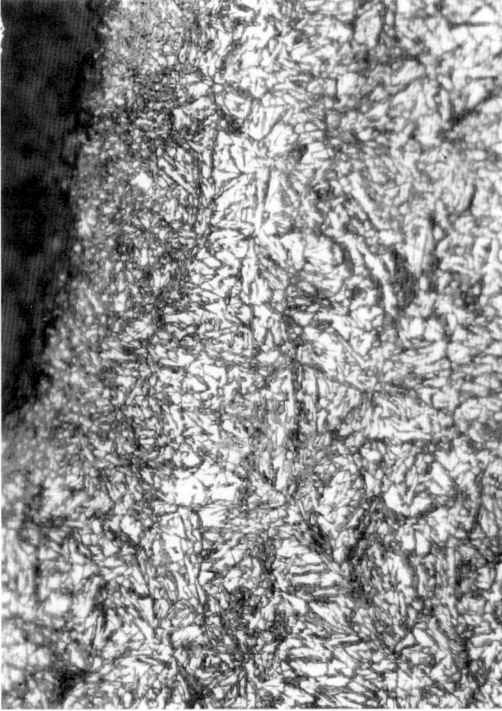

图　8-4-35　　　　　　　　　　　500×

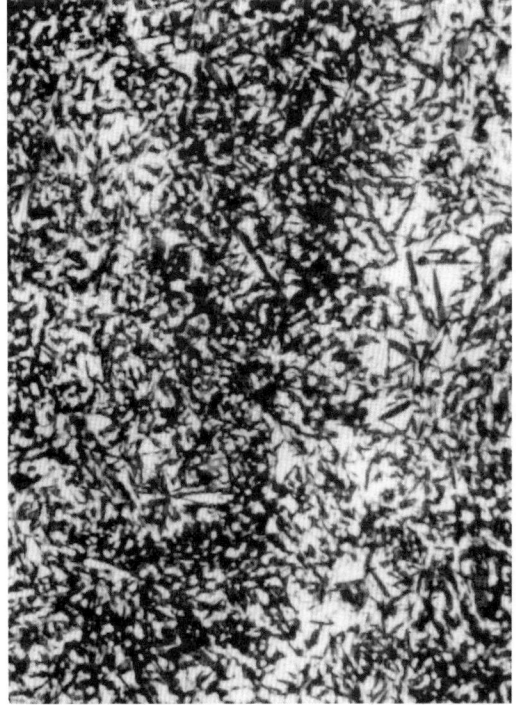

图　8-4-36　　　　　　　　　　　500×

图　　号： 8-4-35～8-4-37

材料名称： GCr15 钢

浸 蚀 剂： 4%硝酸酒精溶液

处理情况： 860℃通胺碳氮共渗后再高频加热油冷淬
火，低温回火

组织说明： 图 8-4-35：表层组织，为细针状马氏体及
少量白色残留奥氏体；稍向里为较粗针状马氏体及
较多残留奥氏体和细颗粒状碳氮化合物。

图 8-4-36：次层组织，为针状马氏体和较粗大
呈带状分布的残留奥氏体，此外尚有少量细颗粒状
碳氮化合物。

图 8-4-37：过渡区，为隐针状、针状马氏体、
托氏体和碳氮化合物。

GCr15 钢经过碳氮共渗后再高频加热油冷淬
火和低温回火，由于表面碳氮浓度偏高、高频加热
温度偏高、保温时间过长，使在碳氮偏高的情况下
容易形成粗大的残留奥氏体，为此，我们认为：首
先应控制碳氮共渗中碳、氮的含量；其次选择适当
的加热温度和保温时间，是可以克服缺陷组织的。
呈带状分布的残留奥氏体与原材料中碳化物呈带
状分布有关。

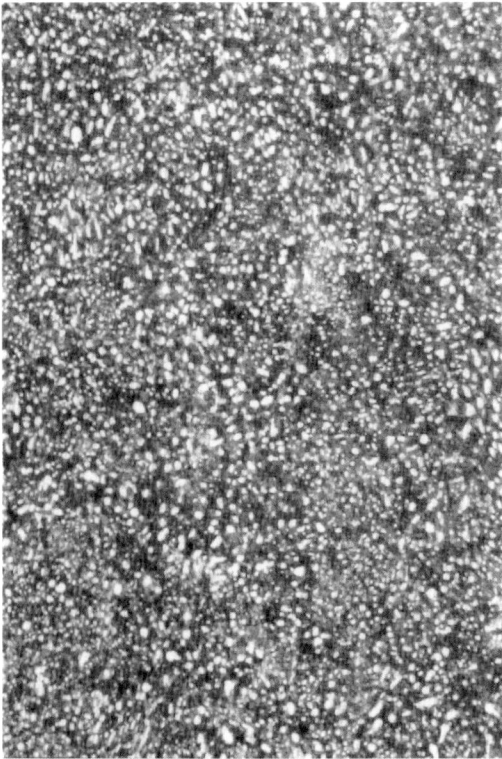

图　8-4-37　　　　　　　　　　　500×

图　8-4-38　　　　　　　　　　20×

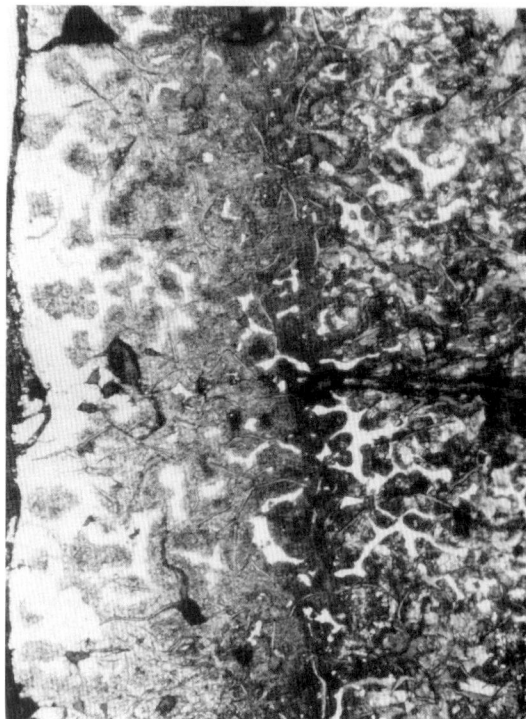

图　8-4-39　　　　　　　　　　500×

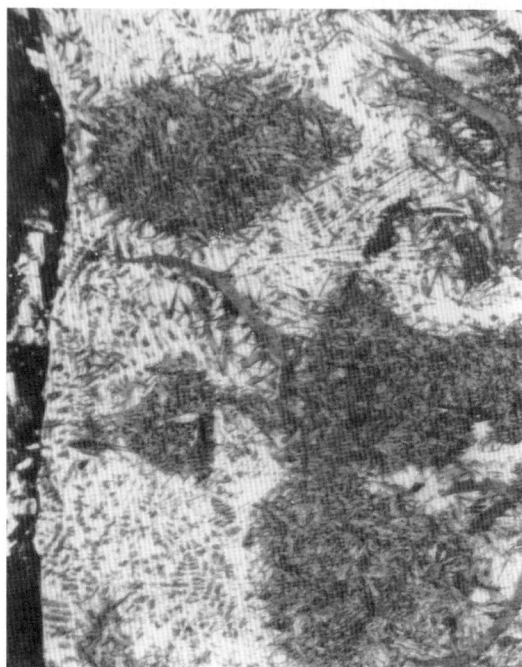

图　8-4-40　　　　　　　　　　500×

图　　号：8-4-38～8-4-40
材料名称：高磷铸铁（内燃机气缸套）
浸 蚀 剂：4%硝酸酒精溶液
处理情况：激光淬火（功率1000W）
组织说明：图8-4-38：激光束的能量以中间为高，而且主要的是接受激光束加热表面，其两侧由于传导散热要损耗部分热量，故淬火层中间深、两侧较浅。

图8-4-38：表面激光淬火呈月牙形，最表面白色部位主要为重熔形成的共晶莱氏体、淬火马氏体及残留奥氏体。

图8-4-39：次层灰色部分为回火马氏体，以下白色弯曲块状为磷共晶，黑色条状为石墨。

图8-4-40：为原白色部分组织形貌，为共晶莱氏体、淬火马氏体及残留奥氏体组织，淬火区域为自回火马氏体，其中黑色粗条状为石墨。

激光淬火是缸套表面硬化方法的一种，淬火表面硬度可达到58HRC以上，适用于抵抗磨料损耗的工作环境。

图　8-4-41　　　　　　　　　　　　　　　　　　　　30×

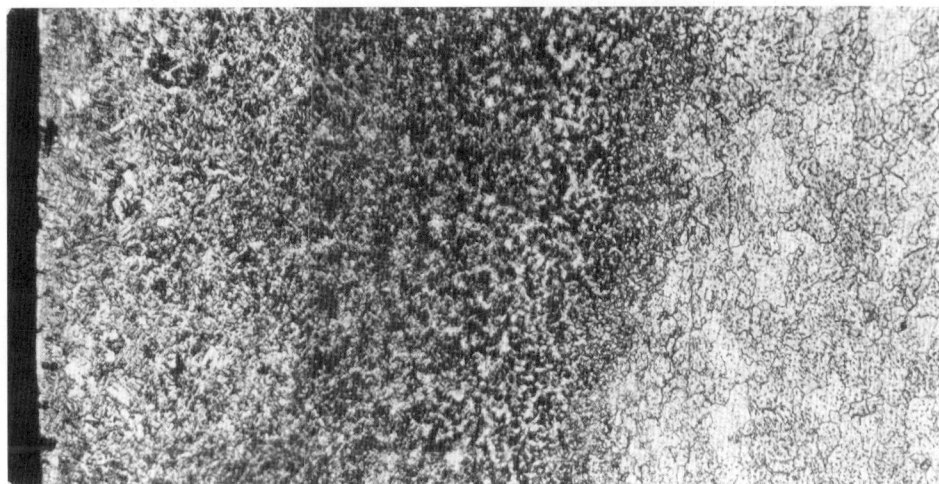

图　8-4-42　　　　　　　　　　　　　　　　　　　　400×

图　　号：8-4-41、8-4-42

材料名称：45 钢

浸 蚀 剂：4%硝酸酒精溶液

处理情况：经过调质处理的 45 钢钢板，局部表面经激光淬火处理

组织说明：图 8-4-41：局部表面激光淬火层呈黑色月牙状分布，向里为心部基体组织。

图 8-4-42：是图 8-4-41 表层放大 400 倍后的显微组织，表层是淬硬层，组织为细针状马氏体；次层为过渡区的显微组织；基体为细针状马氏体和板条状马氏体的混合组织；向里为原始状态的索氏体组织。

激光热处理的优点是加热速度快，然后借助金属基体热传导的冷却作用使局部表面获得细密组织，从而获得硬度高的淬硬层，它具有一定的残余应力，可以明显地提高工件的耐磨性和疲劳寿命，这种工艺特别适合用于各种形状复杂、变形敏感的工件。

图 8-4-43　　　　　　　　　　　　　实物

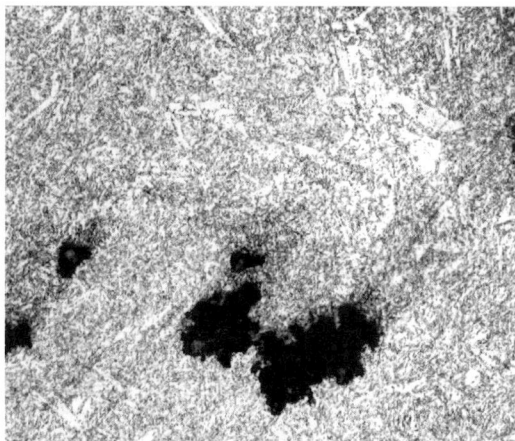

图 8-4-44　　　　　　　　　　　　　500×

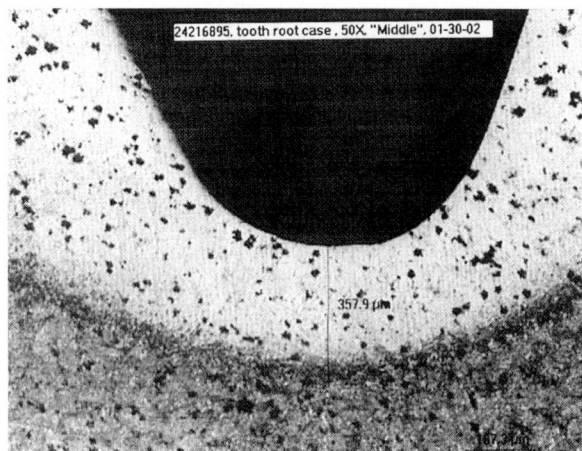

图 8-4-45　　　　　　　　　　　　　50×

图 8-4-46　　　　　　　　　　　　　500×

图　　号：8-4-43～8-4-46

材料名称：可锻铸铁

浸 蚀 剂：4%硝酸酒精溶液

处理情况：毛坯是调质处理的，经机械加工，再经高频水冷淬火，低温回火

组织说明：图 8-4-43：内侧齿轮实物。

图 8-4-44：可锻铸铁经调质处理后的组织，团絮状石墨、贝氏体、索氏体及细小的颗粒状碳化物，呈弥散状分布。

图 8-4-45：齿根部经高频淬火、低温回火，淬硬层呈灰白色，黑色点状为团絮状石墨，测定淬硬层总层深为 0.357mm。

图 8-4-46：高频淬火、低温回火组织，团絮状石墨、残留奥氏体、马氏体及极细小颗粒状碳化物，呈弥散状分布。

可锻铸铁在国外已经普遍应用于轿车齿轮上，在工艺上一般都采用铸造后进行调质处理，然后进行切削加工，再进行高频淬火，最后进行低温回火。随着汽车工业的发展，由于制造成本低、工艺处理方便，国内也开始应用可锻铸铁制造汽车变速箱中的齿轮。

金 相 图 片

图　　号：8-5-1

材料名称：Q235 钢

浸 蚀 剂：4%硝酸酒精溶液

处理情况：1100℃固体渗铬后空冷

组织说明：最表层为 $Cr_{23}C_6$，次层是柱状 α 固液体，铁素体上有少量铬碳化物（Cr，Fe）$_{23}C_6$，黑点是夹杂物，基体是以铁素体为主。

　　Q235 钢渗铬表面硬度不高，但可显著增强表面抗腐蚀和抗氧化性，固体渗铬温度较高，致使基体晶粒粗化，使其韧性及塑性降低。

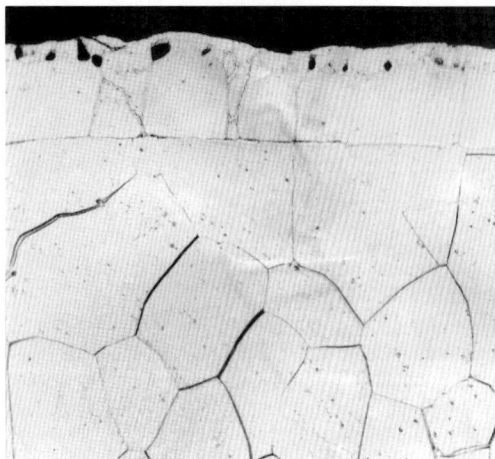

图　　8-5-1　　　　　　　　　　　　　200×

图　　号：8-5-2

材料名称：GCr15 钢

浸 蚀 剂：4%硝酸酒精溶液

处理情况：1100℃真空密封渗铬 10h

组织说明：左侧白色带为渗铬层，里层基体组织为细片状珠光体。

　　由于铬和碳的亲和力较强，在渗铬过程中易在工件表面形成一层铬的碳化物，其硬度可达 1500HV，故其耐磨性、耐蚀性和抗氧化性都较好。用于模具，渗铬后必须进行热处理，使基体能有足够的强度和韧性；用于制造表面仅要求耐磨、耐蚀和抗氧化的塞块和样板时，渗铬后不再进行热处理。

图　　8-5-2　　　　　　　　　　　　　400×

图　　号：8-5-3

材料名称：50CrV 钢

浸 蚀 剂：4%硝酸酒精溶液

处理情况：1000℃固体渗铬 10h 后空冷

组织说明：左侧白色带为表面渗铬层，组织为铬的碳化物，硬度可达 1500HV 左右，里层基体组织为铁素体+片状珠光体。

　　钢中存有扩大铁素体区的铬元素，可使工件在渗铬后具有较厚的渗层，且比镀铬层致密，与基体的结合也较牢。50CrV 钢渗铬后可以显著提高表面硬度，并增强耐蚀性和抗氧化性。

图　　8-5-3　　　　　　　　　　　　　400×

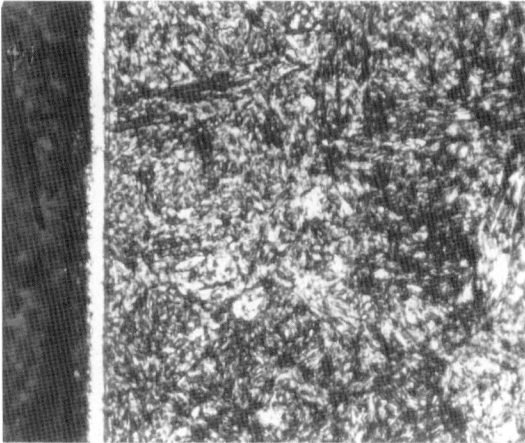

图 8-5-4   300×

图　号：8-5-4

材料名称：T10 钢

浸 蚀 剂：2%硝酸酒精溶液

处理情况：先将钒铁通过电解溶入熔融的硼砂溶液中，使溶液含有 w（V）3%。然后将工件置于上述溶液中，加热至 900℃×1h 后水冷淬火。

组织说明：基体为针状马氏体、极少量残留奥氏体及少量颗粒状碳化物；表层渗层组织为碳化钒，深度约 5μm。

工作表面经渗钒处理后，获得一薄层硬度极高的白色碳化钒，从而大大提高其耐磨性。

图　号：8-5-5

材料名称：T10 钢

浸 蚀 剂：2%硝酸酒精溶液

处理情况：钒铁通过电解溶入熔融的硼砂溶液中，使溶液含有 w（V）达 8.6%；将工件置于 900℃ 的上述溶液中，保温 4h 后空冷。

组织说明：基体为片状珠光体及少量颗粒状碳化物，表面白色渗层组织为碳化钒，中间黑色带状过渡层为贫碳区。渗层厚度为 12～14μm；硬度为 2956～3301HV。

图 8-5-5   300×

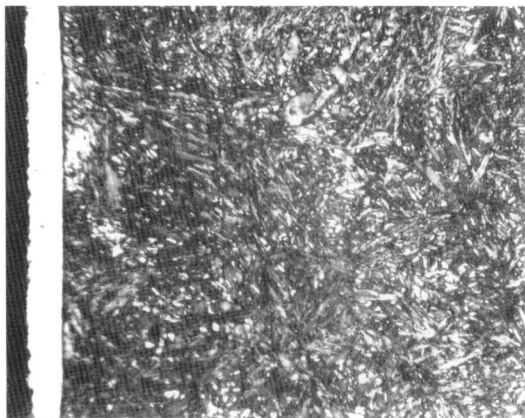

图 8-5-6   500×

图　号：8-5-6

材料名称：CrWMn 钢

浸 蚀 剂：4%硝酸酒精溶液

处理情况：920℃渗钒后淬火处理

组织说明：表面白色区为渗钒层，组织为碳化钒，硬度可达 2600HV。次层基体组织为针状马氏体、残留奥氏体及少量颗粒状碳化物。

CrWMn 钢模具经渗钒处理后，其表面可获得一薄层高硬度的碳化钒，从而可大大提高模具的耐磨性，但由于渗层组织较脆，故渗钒模具在使用中不能承受大的冲击载荷，否则易发生脆裂或崩落。

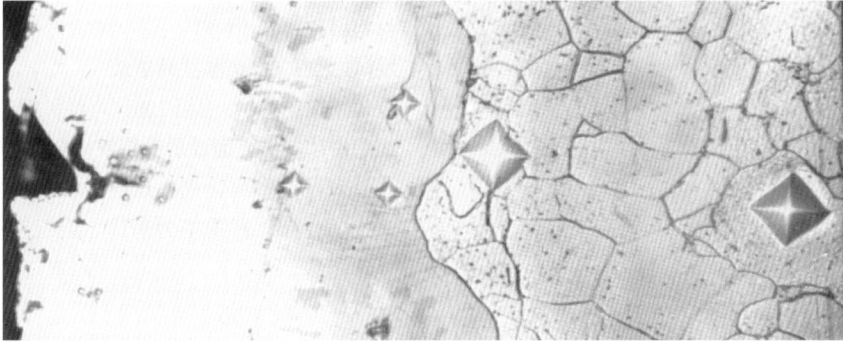

图　8-5-7　　　　　　　　　　　　　　　　　　　　　　　　　500×

图　8-5-8　　　　　　　　　　　　　　　　　　　　　　　　　100×

图　号： 8-5-7、8-5-8

材料名称： 图 8-5-7　08 钢；图 8-5-8　20 钢

浸 蚀 剂： 4%硝酸酒精溶液

处理情况： 图 8-5-7 为 700℃液体渗铝 2h 后空冷。图 8-5-8 为 700℃液体渗铝 6min 后空冷，再经高温扩散退火。

组织说明： 图 8-5-7：渗铝最表面白亮层为铝铁化合物（深度约为 0.05~0.06mm），次层为含铝 α 固溶体（深度约为 0.03～0.07mm），基体为等轴晶的铁素体，渗层总深度为 0.09~0.13mm。用 30g 载荷测定次层及心部的显微硬度，分别为 1020HV 及 141HV。渗层的含铝量较高，易形成铝铁化合物，它的性质很脆，容易剥落，为降低表面的含铝量和脆性，可进行扩散退火。钢经渗铝后除具有较好的耐蚀性外，还能提高在高温下的抗氧化性能。

图 8-5-8：白色表面为渗铝层，组织为铝铁化合物，较脆硬，容易碎裂和剥落。次层白色基体为含铝 α 固溶体。20 钢原始组织为铁素体+珠光体，呈严重的魏氏组织。

液体渗铝也称为热浸渗铝法，即将工件经过脱脂去锈后，浸入熔融的铝溶液中，保温一段时间，然后再经过 850℃、保温 10h 的扩散退火，使其表面达到耐热、耐腐蚀的要求。

为了防止工件在铝液中溶解，应在铝液中加入 w（Fe）8%。

渗铝工件之所以要进行高温扩散退火处理，主要是为了避免工件在渗铝后其铝覆层表面形成脆性的铝铁化合物。

渗铝工艺除了这里介绍的热浸渗铝法外，还有喷镀铝、高频加热渗铝等方法，无论采用何种方法渗铝，均对延长工件的使用寿命有一定效果。

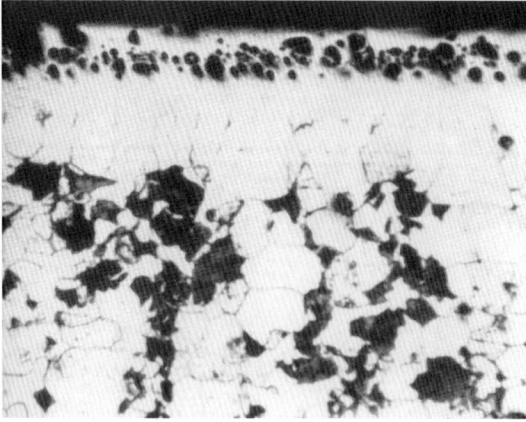

图 号：8-5-9
材料名称：20 钢
浸 蚀 剂：3%硝酸酒精溶液
处理情况：950℃渗铝 10h，再经扩散退火 3h
组织说明：最表面渗层为铝铁化合物，其上黑色孔洞
　　　　　颇多，呈密集排列；次层为含铝 α 固溶体，呈柱
　　　　　状晶分布；再向里为基体，组织为铁素体及少量
　　　　　珠光体。

图　　8-5-9　　　　　　　　　　　　　100×

图 号：8-5-10
材料名称：3Cr2W8V 钢
浸 蚀 剂：3%硝酸酒精溶液
处理情况：950℃渗铝 10h，再经扩散退火 3h
组织说明：渗铝层的外表面存在颇多黑色孔洞，呈密
　　　　　集排列，表面白色基体为铝铁化合物，硬度较高。
　　　　　心部基体为淬火马氏体、少量残留奥氏体及白色颗
　　　　　粒状碳化物。

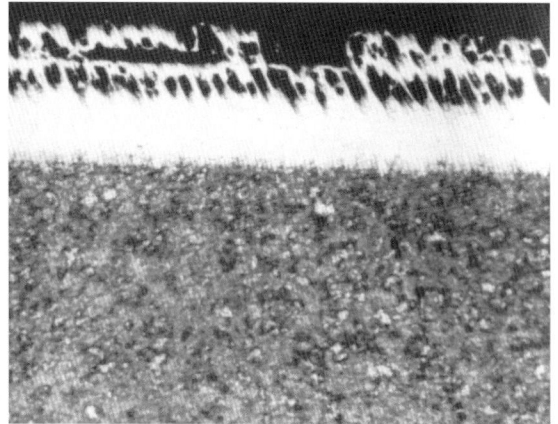

图　　8-5-10　　　　　　　　　　　　100×

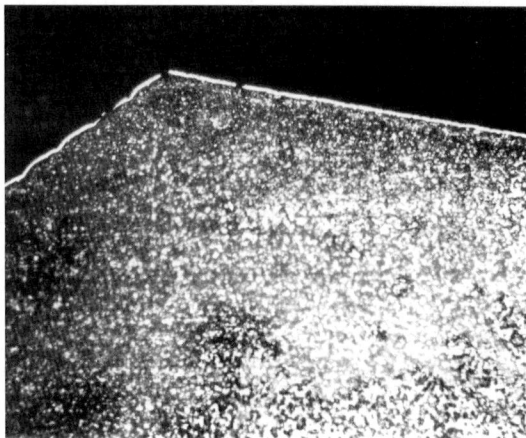

图 号：8-5-11
材料名称：40CrNi 钢
浸 蚀 剂：4%硝酸酒精溶液
处理情况：渗铝处理
组织说明：表面一薄层白亮区为渗铝层，心部组织为
　　　　　索氏体。
　　　　　　　这种渗铝覆层的工艺，完全不同于液体渗铝后
　　　　　在经高温扩散退火的工艺；表面铝覆层虽极微薄，
　　　　　但它却能显著地提高和改善工件的耐热性、耐磨性
　　　　　和抗氧化性。

图　　8-5-11　　　　　　　　　　　　160×

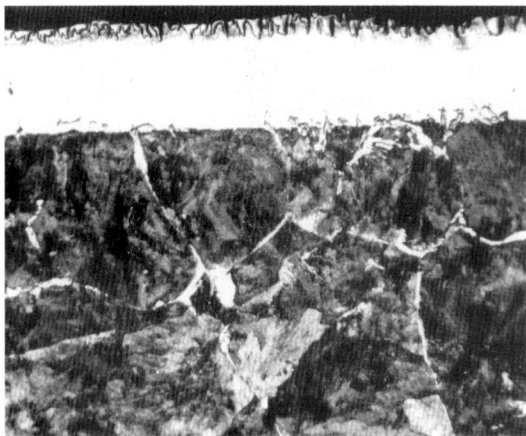

图　8-5-12　　　　　　　　　　　　100×

图　　号：8-5-12

材料名称：20 钢

浸 蚀 剂：3%硝酸酒精溶液

处理情况：渗铝扩散退火后，再在 980℃渗硼 2h

组织说明：在白色渗铝层的外面有成锯齿形的渗硼
　　　组织；心部组织为珠光体及少量成网状分布的铁
　　　素体，渗硼组织为 Fe₂B 相，渗铝层组织为铝铁化
　　　合物。

　　　工件经渗铝后再经渗硼处理，在抗氧化性好
的表面再覆一薄层高硬度的 Fe₂B 相，从而可使工
件在提高抗氧化性的情况下，再进一步提高其表
面硬度，以适应使用的需要。

图　　号：8-5-13

材料名称：20 钢

浸 蚀 剂：3%硝酸酒精溶液

处理情况：渗铝后再渗硼

组织说明：为图 8-5-12 渗层放大 200 倍的情况，渗
　　　硼后 Fe₂B 组织呈锯齿形楔入渗铝层表面，清晰
　　　可见。渗铝层为铝铁化合物，在近交界处，渗
　　　层中尚存在小块碳化物。基体组织为珠光体+网
　　　状分布的铁素体。

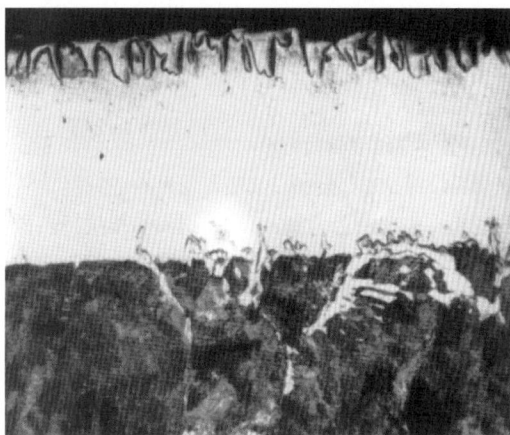

图　8-5-13　　　　　　　　　　　　200×

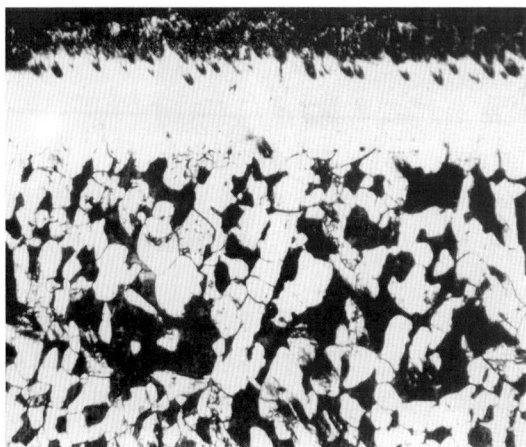

图　8-5-14　　　　　　　　　　　　100×

图　　号：8-5-14

材料名称：20 钢

浸 蚀 剂：3%硝酸酒精溶液

处理情况：硼-铝共渗，共渗温度为 950℃，时间为
　　　10h，共渗后再经过 900℃×3h 的扩散退火

组织说明：表面黑色为疏松孔隙；次层白色为共渗组
　　　织；再次层为低碳钢的基体组织，白色为铁素体，
　　　黑色块状为珠光体，铁素体呈带状分布。

图　　8-5-15　　　　　　　　　　　200×

图　　号：8-5-15
材料名称：20 钢
浸 蚀 剂：3%硝酸酒精溶液
处理情况：900℃盐浴渗硼 5h 后空冷
组织说明：最表面锯齿形渗硼层较尖锐，白色渗硼层为 Fe₂B 单相组织。在接近 Fe₂B 的扩散层其基体为片状珠光体及极少量网状铁素体。某些珠光体领域浸蚀后由于反差较大，故呈一片灰白色。

　　　　低碳钢渗硼后，渗层一般只出现 Fe₂B 单相组织，只有在渗硼温度较高、保温时间较长，或采用电解盐浴渗硼时，才会在 Fe₂B 相外表面出现 FeB 相。

图　　号：8-5-16
材料名称：20 钢
浸 蚀 剂：4%硝酸酒精溶液
处理情况：经 950℃±10℃加热，保温 6h 渗硼
组织说明：表层白色为 Fe₂B，其指间和指尖析出的"针状"或"羽状"物为 Fe₃（C,B），指尖之间黑色处是增碳部分，基体是铁素体及低碳马氏体。

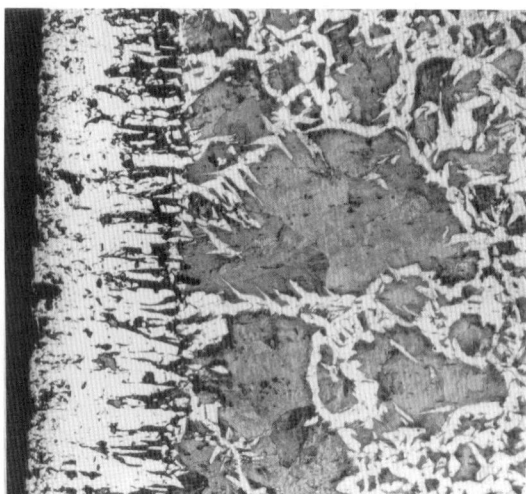

图　　8-5-16　　　　　　　　　　　400×

图　　8-5-17　　　　　　　　　　　500×

图　　号：8-5-17
材料名称：20Cr 钢
浸 蚀 剂：4%硝酸酒精溶液
处理情况：940℃盐浴渗硼后油冷
组织说明：表面白色 Fe₂B 渗硼组织呈锯齿形楔入基体，在 Fe₂B 上有少量灰色块物为低碳马氏体组织，里层基体为低碳马氏体。

　　　　铬元素能促使渗硼层表面出现 FeB 相，但要在较高温度、较长保温时间渗硼后才会出现。FeB 性极脆硬，在受较大的冲击载荷时容易剥落。

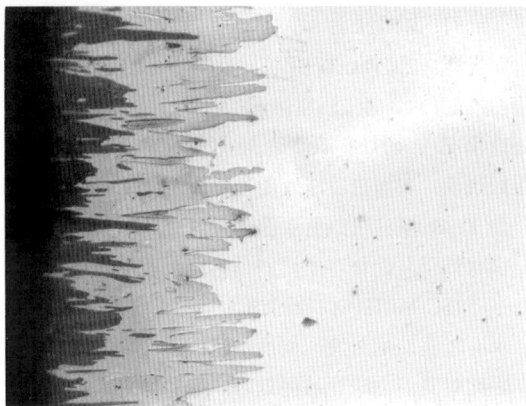

图　　号：8-5-18

材料名称：45 钢

浸 蚀 剂：三钾试剂

处理情况：电解渗硼

组织说明：表层化合物层为黑灰色 FeB 和浅灰色 Fe_2B，Fe_2B "指间" 的深灰色肥厚组织为 $Fe_{23}(C,B)_6$。

　　　　三钾试剂是专门用来鉴别 FeB 相与 Fe_2B 相的有效浸蚀试剂，经三钾试剂浸蚀后，FeB 呈黑灰色，Fe_2B 相呈浅灰色。

图　　8-5-18　　　　　　　　　　200×

图　　号：8-5-19

材料名称：45 钢

浸 蚀 剂：三钾试剂

处理情况：经 950℃±10℃加热，保温 6h 渗硼

组织说明：两样组织大致相仿，表面黑灰色呈柱状晶形态分布的为 FeB（w（B）为 16%），次层浅灰色为 Fe_2B 相（w（B）为 8.8%），呈锯齿形分布，在 Fe_2B 之间的条形深色为 $Fe_{23}(C,B)_6$ 组织。基体未受侵蚀，故呈白色，渗硼层出现 FeB 时脆性将显著增大。

　　　　FeB 硬度很高（2300HV），脆性大；Fe_2B 的硬度为 1290~1650HV，其脆性较 FeB 为小。

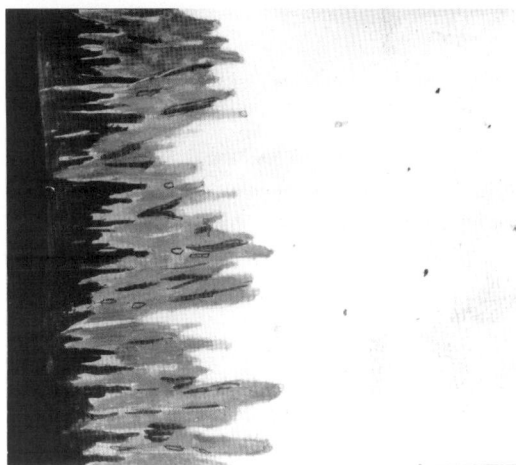

图　　8-5-19　　　　　　　　　　200×

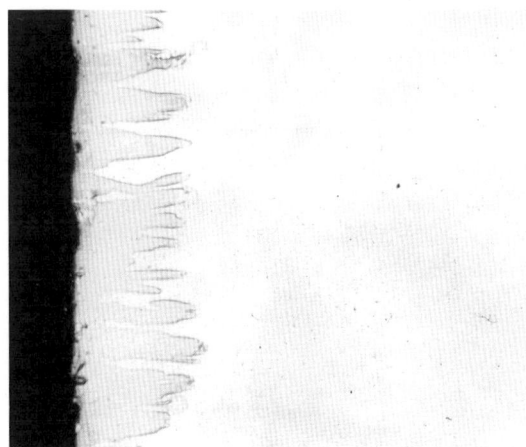

图　　号：8-5-20

材料名称：T8 钢

浸 蚀 剂：三钾试剂

处理情况：940℃×6h 渗硼后油冷

组织说明：表面是灰色的 Fe_2B，"指间" 析出肥厚的 $Fe_{23}(C,B)_6$，指尖析出针状的 $Fe_3(C,B)$。

　　　　Fe_2B 脆性小，硬度高，且耐磨和耐蚀，有良好的热硬性和抗氧化性能，适用于制作高耐磨性的零件。

图　　8-5-20　　　　　　　　　　250×

图　8-5-21　　　　　　　　　　　　　200×

图　　号：8-5-21

材料名称：20CrMnTi 钢

浸 蚀 剂：4%硝酸酒精溶液

处理情况：940℃盐浴渗硼 5h 后油冷

组织说明：表面白色渗硼层呈锯齿形楔入基体，组织
为 Fe_2B 相。在白色渗硼层中可见到一些浅灰色条
块状低碳马氏体。里层基体为粗针状马氏体。

　　18CrMnTi 钢制轴类形状简单，在使用中仅要
求有较高的耐磨性，而所承受的冲击载荷并不大。
因此对其表面进行渗硼处理，在易磨损部分渗上一
层高硬度的 Fe_2B，能适应耐磨的要求。渗硼层还具
有良好的耐蚀性、热硬性和抗氧化性。轴经渗硼油
冷淬火后的变形规律也和一般热处理差不多，通常
是外径稍有增大，内径则缩小。

图　　号：8-5-22

材料名称：20CrMnTi 钢

浸 蚀 剂：4%硝酸酒精溶液

处理情况：940℃盐浴渗硼 5h 后油冷

组织说明：为图 8-5-21 表面渗层放大 500 倍后进行显
微硬度测定，箭头"1"为渗硼层白色组织 Fe_2B，
硬度为 1700HV；箭头"2"为白色渗硼层中的灰色
条块状低碳马氏体，硬度为 345HV；基体马氏体的
硬度与灰色块状组织基本相同，因此可以证实灰色
条块状组织为低碳马氏体。

　　渗硼后立即进行油冷淬火，心部组织即由奥氏
体转变为马氏体，体积将发生膨胀，而渗层则不发
生相变，此时基体与渗层两者的膨胀系数显然不
同，淬火后，往往会在渗层中出现微裂纹或小块崩
落。因此渗硼工件淬火时应采用较缓和的淬火介
质，淬火后需立即回火，以减少工件在淬火时所引
起的内应力。

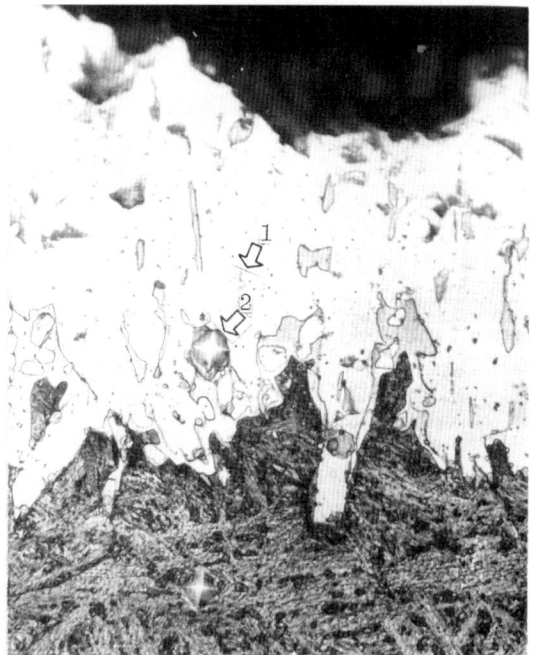

图　8-5-22　　　　　　　　　　　　　500×

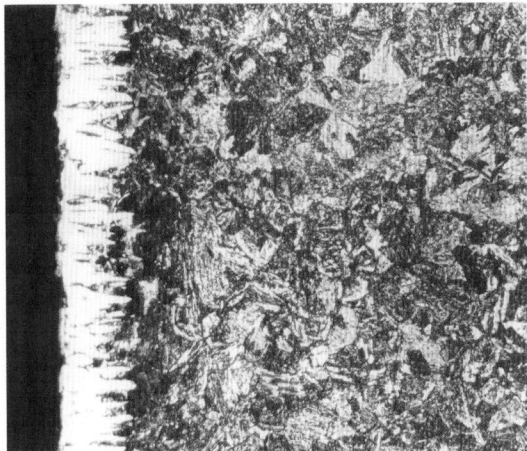

图　8-5-23　　　　　　　　　　　　200×

图　　号：8-5-23

材料名称：30CrMoA 钢

浸 蚀 剂：4%硝酸酒精溶液

处理情况：946℃渗硼保温 6h 空冷

组织说明：表层白色为 Fe_2B 相呈尖锐的锯齿形楔入基体中，次层（深褐色）为增碳区，基体为条块状铁素体、贝氏体及索氏体。

图　　号：8-5-24

材料名称：5CrMnMo 钢

浸 蚀 剂：4%硝酸酒精溶液

处理情况：930℃渗硼 5h 后油冷

组织说明：表面白色渗硼层组织为 Fe_2B 相，其上夹有灰色含硼碳化物组织，扩散层的基体组织为针状马氏体。

　　热锻模表面经渗硼后，可得到高硬度的 Fe_2B 渗层，将使其耐磨性、耐蚀性及耐热性明显提高。但渗硼只适用于形状简单、承受冲击载荷不大的热锻模。

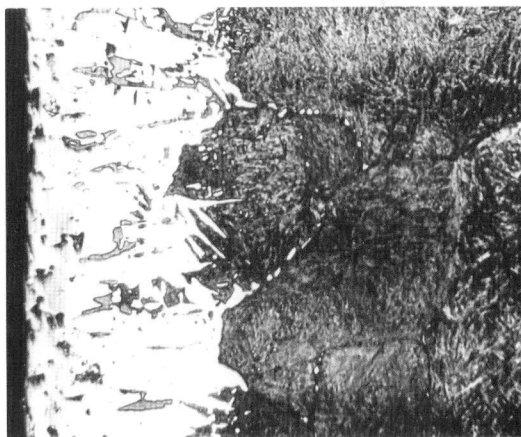

图　8-5-24　　　　　　　　　　　　250×

图　8-5-25　　　　　　　　　　　　250×

图　　号：8-5-25

材料名称：5CrMnMo 钢

浸 蚀 剂：4%硝酸酒精溶液

处理情况：930℃渗硼 5h 后油冷

组织说明：表面白色渗硼层组织为 Fe_2B 相，其上夹有极少量含硼碳化物，扩散层的基体为粗针状马氏体。

　　承受冲击载荷不大锻模，其表面经渗硼后，不仅可以获得高的硬度，而且可以明显地提高其热硬性和抗氧化性。

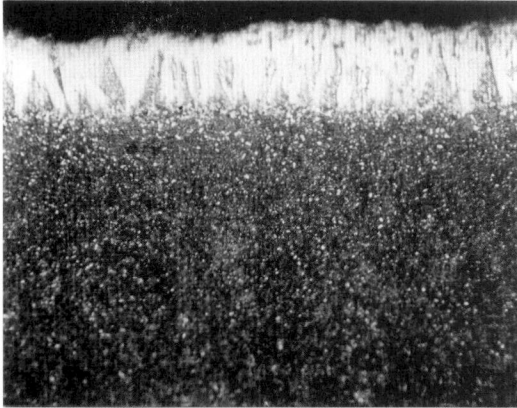

图　　8-5-26　　　　　　　　　　　400×

图　　号：8-5-26

材料名称：9SiCr 钢

浸　蚀　剂：4%硝酸酒精溶液

处理情况：950℃渗硼 4h 后油冷

组织说明：表面一层柱状晶为 Fe_2B 相，其中夹有含硼碳化物和扩散层的基体，渗层与扩散层交界处有颇多颗粒状聚集分布的碳化物，里层扩散层的基体为隐针状马氏体加极少量残留奥氏体及少量碳化物。

铬和硅有减缓硼元素渗入基体的作用，但不如钨、钼强烈。因此，当高碳硅铬钢采用与一般碳钢相同的渗硼工艺参数，其渗层厚度则比碳钢浅得多。同时在与渗层交接的扩散层中将出现 $Cr_{23}C_6$ 及 $Fe_3(C,B)$ 碳化物。

图　　号：8-5-27

材料名称：60Si2 钢

浸　蚀　剂：4%硝酸酒精溶液

处理情况：960℃渗硼 4h 后油冷

组织说明：最表面白色渗硼层较平坦，组织为单相 Fe_2B；在 Fe_2B 相下面，灰白色为含硅较高的铁素体；再向里，基体组织为较粗针状马氏体。

硅钢在渗硼时，硅元素将自渗硼层向里迁移，导致渗硼层下硅元素富集，由于硅是铁素体形成元素，故在 Fe_2B 下出现含硅铁素体。

渗层与基体之间存在一层软带，使用时脆硬渗硼层容易发生剥落。

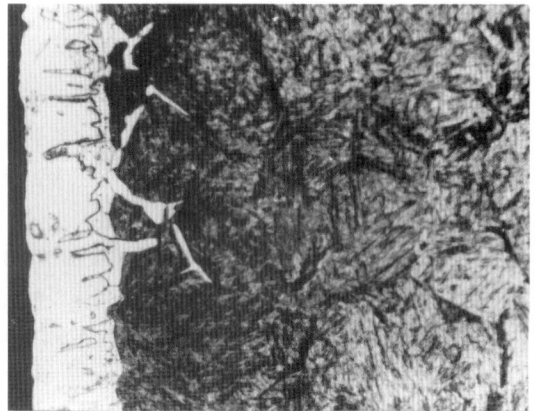

图　　8-5-27　　　　　　　　　　　400×

图　　号：8-5-28

材料名称：GCr15 钢

浸　蚀　剂：4%硝酸酒精溶液

处理情况：930℃渗硼 5h 后油冷

组织说明：表面白色渗硼层较平坦，是合金钢渗硼的特征。在白色 Fe_2B 组织中夹有部分粒状、条状的含硼碳化物。此外，在渗层与扩散层（增碳区）交界处富聚着较多颗粒状的白色碳化物，这是碳元素和合金元素渗硼时被排挤而迁移到基体时所形成的，或者是渗硼加热时未溶解而残留下来的。

扩散层基体主要是隐针状马氏体及少量残留奥氏体和颗粒状碳化物。

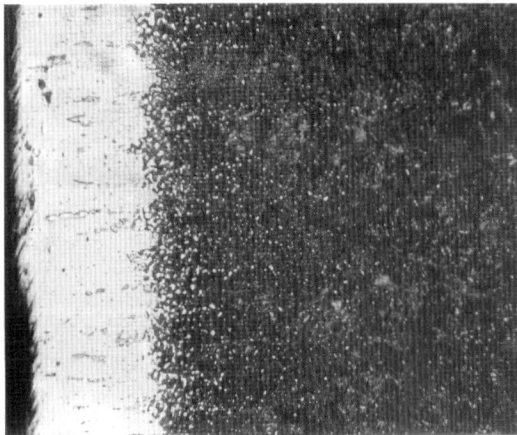

图　　8-5-28　　　　　　　　　　　200×

图　　号：8-5-29
材料名称：GCr15 钢
浸　蚀　剂：4%硝酸酒精溶液
处理情况：950℃固体渗硼后油冷
组织说明：渗层放大 500 倍后的情况，表面渗硼层中
　Fe$_2$B 相呈灰白色，以柱状晶形态渗入基体，渗硼层
　的硬度为 1449HV。扩散层基体为细片状珠光体及
　颗粒状碳化物，硬度为 260HV。
　　从 Fe$_2$B 四周可见到聚集分布的白色颗粒，这
　种颗粒为碳化物或含硼渗碳体 Fe$_3$(C,B)。含硼渗碳
　体的成分是可变的，将视钢的化学成分及渗硼的作
　用而定。
　　工件表面出现图示的显微组织，其硬度将获得
　显著提高。

图　8-5-29　　　　　　　　500×

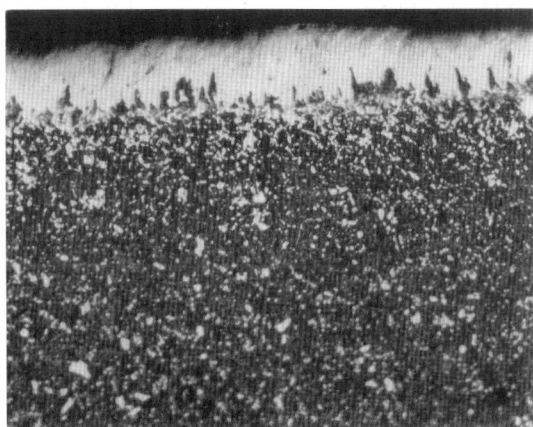

图　8-5-30　　　　　　　200×

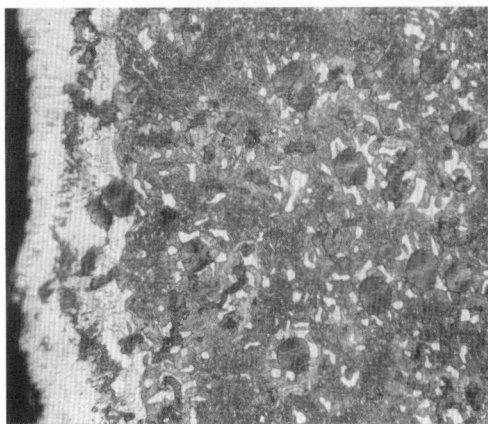

图　8-5-31　　　　　　　200×

图　　号：8-5-30
材料名称：W18Cr4V 钢
浸　蚀　剂：4%硝酸酒精溶液
处理情况：950℃渗硼 5h 后油冷
组织说明：表面白色渗硼层连成一片，平坦而均匀。
　在与基体交界处有较多的条状或颗粒状碳化物呈
　聚集分布。里层的基体为回火马氏体及残留奥氏体
　和碳化物。

图　　号：8-5-31
材料名称：球墨铸铁
浸　蚀　剂：4%硝酸酒精溶液
处理情况：950℃盐浴渗硼 6h 后空冷
组织说明：在表面的白色渗硼层组织中出现珠光体
　层，这是由于硼排碳作用的结果。里层除球状、
　团状石墨外，基体组织为细珠光体及块状分布的
　铁素体。

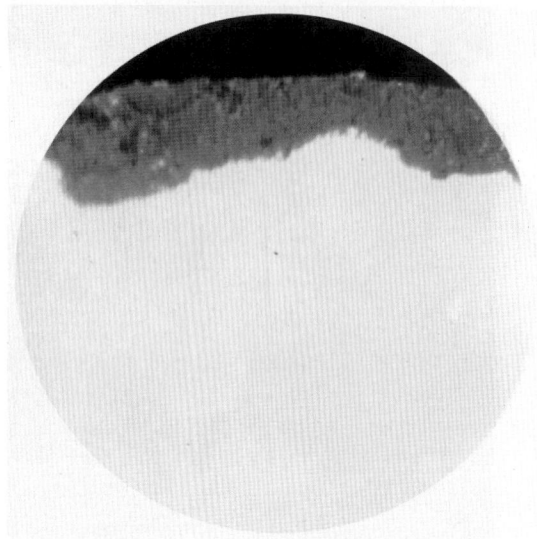

图　8-5-32　　　　　　　　　　500×

图　8-5-33　　　　　　　　　　500×

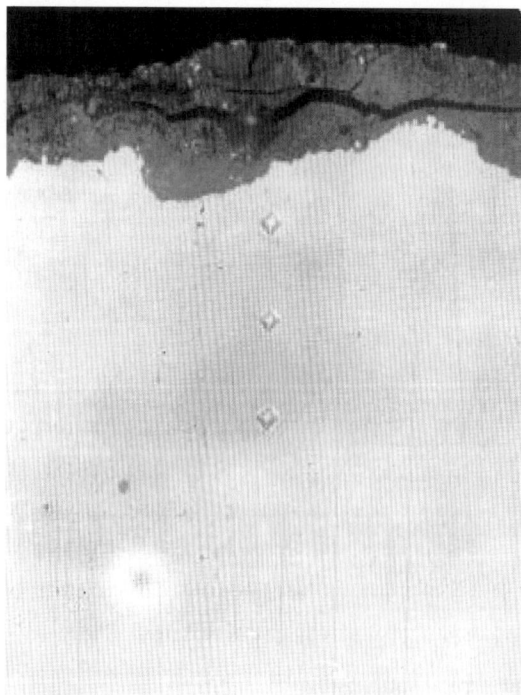

图　8-5-34　　　　　　　　　　500×

图　　号：8-5-32～8-5-34

材料名称：T10 钢

浸 蚀 剂：图 8-5-32；图 8-5-34 为未浸蚀；图 8-5-33
经 4%硝酸酒精溶液

处理情况：190℃电解渗硫 20min

组织说明：图 8-5-32：表面暗灰色为渗硫层，组织为
硫化铁。渗层呈波浪形，与基体粘结较好，无扩散
区存在。渗硫层用电子衍射分析，结构为 FeS_2。用
X 射线衍射分析，则为 Fe_2S_4。众所周知，Fe_2S_4
是不能自然形成的，只能用人工的方法制取，故
Fe_2S_4 可以认为是 $2FeS$ 与 FeS_2 的混合物。至于渗
层中 FeS 和 FeS_2 的相对含量、分布情况，至今尚
未查明，有待进一步试验研究。

图 8-5-33：表面灰色带为硫化铁渗层，次层的
基体组织为隐针状马氏体及白色颗粒状碳化物。

图 8-5-34：硫化层的脆性较大，进行硬度测定
时极易碎裂。从硬度压痕的大小来看，渗硫层的硬
度远比基体低。

硫化铁渗层抛光时很容易因倒角而看不到，
故在制备试样时，可采用 07 号金相砂纸磨光，直
接进行观察，这样可获得良好的效果。

图　　号：8-5-35

材料名称：20 钢

浸 蚀 剂：4%硝酸酒精溶液

处理情况：C-N-B 三元共渗后再经 740℃加热水冷淬火，160℃回火

组织说明：表层为含氮粗针马氏体及高度弥散分布的化合物（含硼渗碳体）；次层为马氏体及残留奥氏体；心部组织为铁素体及珠光体。 表面渗层的深度为 0.15～0.17mm，硬度为 948HV。

　　三元共渗是一种液体化学热处理方法，盐浴是由尿素、碳酸钠、硼酸、铬化钾、氢氧化钾五种成分组成。C-N-B 三种活性原子在盐浴中都存在，它们的原子半径都比铁小，因此在适当温度下容易渗入铁内。

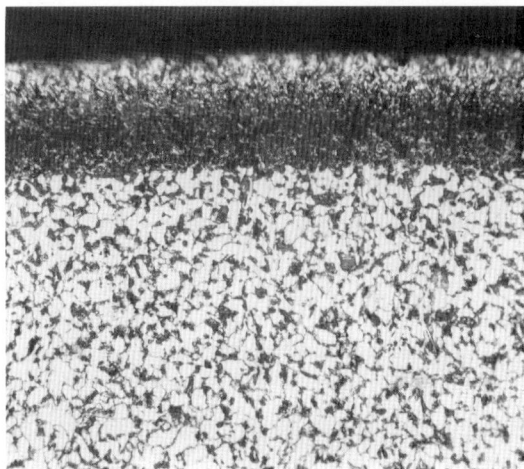

图　8-5-35　　　　　　　　　　　　100×

图　8-5-36　　　　　　　　　　　　100×

图　　号：8-5-36

材料名称：3Cr2W8V 钢

浸 蚀 剂：4%硝酸酒精溶液

处理情况：C-N-B 三元共渗后再经 740℃加热淬火，160℃回火

组织说明：表面白色区为渗层，基体为含氮马氏体、少量残留奥氏体及碳化物和化合物相（含硼碳化物）。向里黑色层为扩散层，基体组织为细马氏体加残留奥氏体及极少量颗粒状碳化物。心部组织为球粒化珠光体。

　　表面渗层的总深度为 0.27～0.30mm，其中扩散层深度为 0.22mm。表面渗层的硬度为 66HRC。

图　　号：8-5-37

材料名称：Cr12 钢

浸 蚀 剂：4%硝酸酒精溶液

处理情况：C-N-B 三元共渗，740℃淬火，160℃回火

组织说明：表面渗层为含氮细针状马氏体、残留奥氏体、颗粒状共晶碳化物及弥散分布的化合物相（含硼碳化物）；次层基体颜色较深，为扩散层，其组织与表面渗层基本相同，只因碳化物较细小，故易受浸蚀。心部基体的显微组织为珠光体及颗粒状碳化物，共晶碳化物颗粒保持带状分布。

　　表面渗层总深度为 0.40mm，最表面渗层深度为 0.08～0.10mm，过渡扩散层较深，约为 0.30mm。最表面渗层硬度为 64HRC。

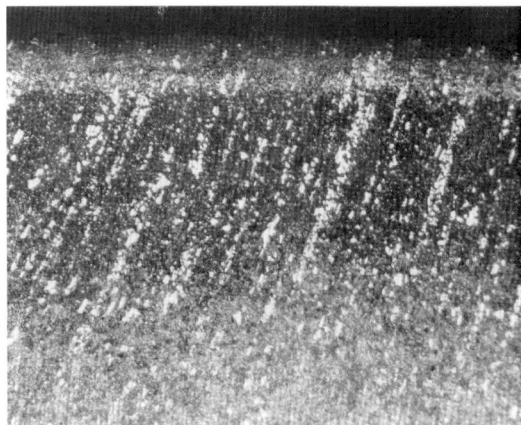

图　8-5-37　　　　　　　　　　　　100×

图　　号：8-5-38

材料名称：45 钢镀铁（横向）

浸 蚀 剂：2%硝酸酒精溶液

处理情况：45 钢经体积分数为 30%硝酸浸蚀后置于
　　　氯化亚铁盐酸溶液中用直流电源低温镀铁 2.5h

组织说明：图 8-5-38 右边为 45 钢基体，组织为铁素
　　　体和珠光体（黑色），晶粒度为 7 级；图 8-5-38 左
　　　边为镀铁层组织，镀层与 45 钢结合良好，镀层为
　　　白亮色，其上有与 45 钢基体垂直的小平面分布的
　　　黑色细线条纹，镀层厚度为 0.52mm。45 钢基体的
　　　硬度为 260～271HV；过渡层硬度为 289～310HV，
　　　镀层硬度 633～891HV（相当于 55～64HRC），由
　　　此可知镀铁层具有高硬度。

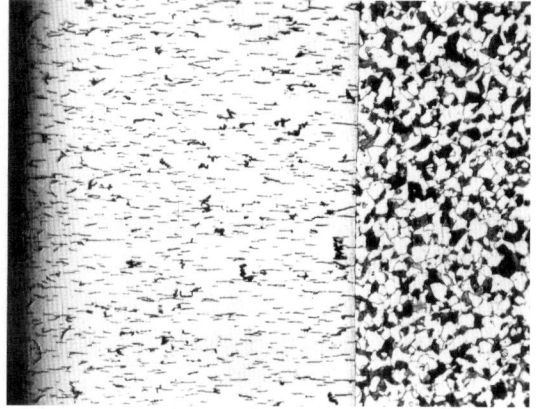

图　8-5-38　　　　　　　　　　100×

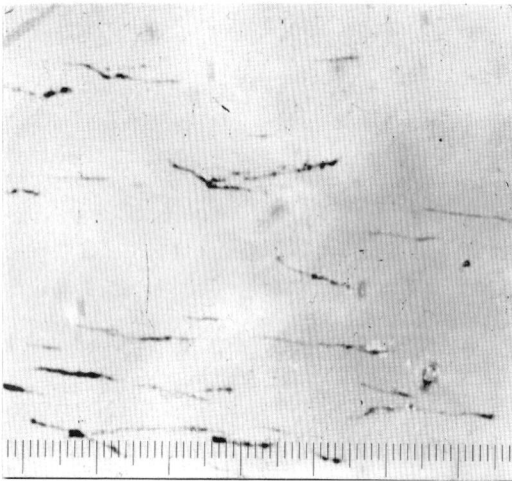

图　8-5-39　　　　　　　　　　1250×

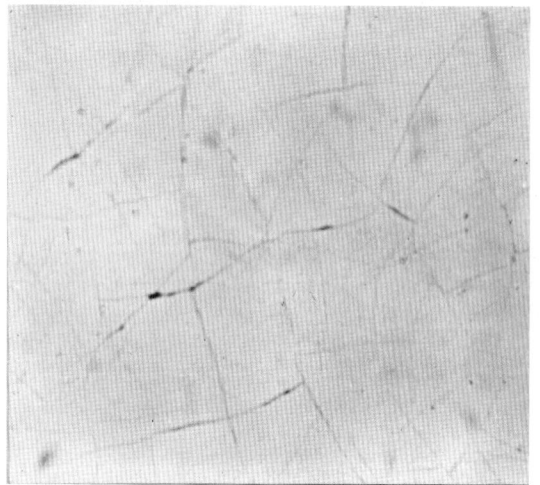

图　8-5-40　　　　　　　　　　1250×

图　　号：8-5-39

材料名称：铁镀层（横向）

浸 蚀 剂：未浸蚀

处理情况：氯化亚铁盐酸溶液低温镀铁

组织说明：镀铁层横向抛光态，在白亮层基体上可
　　　隐约见到条状隙纹，长度约为 0.01～0.07mm

图　　号：8-5-40

材料名称：铁镀层（纵向）

浸 蚀 剂：未浸蚀

处理情况：氯化亚铁盐酸溶液低温镀铁

组织说明：镀铁层纵向抛光态，在白亮层基体上可
　　　隐约见到网状龟裂细隙纹。

注：镀铁图片由沈正英女士提供。

图　　号：8-5-41

材料名称：铁镀层（纵向）

浸 蚀 剂：10%草酸溶液电解浸蚀 30s，再放入硝
　　　　酸：盐酸（体积比为 3∶1）+饱和氯化亚铜溶液
　　　　浸蚀 45s

处理情况：直流电源低温氯化亚铁水溶液中的阴极
　　　　镀层

组织说明：呈超细颗粒状铁素体，粗大黑色网络为
　　　　因深浸蚀被腐蚀扩大的隙纹的分布情况。

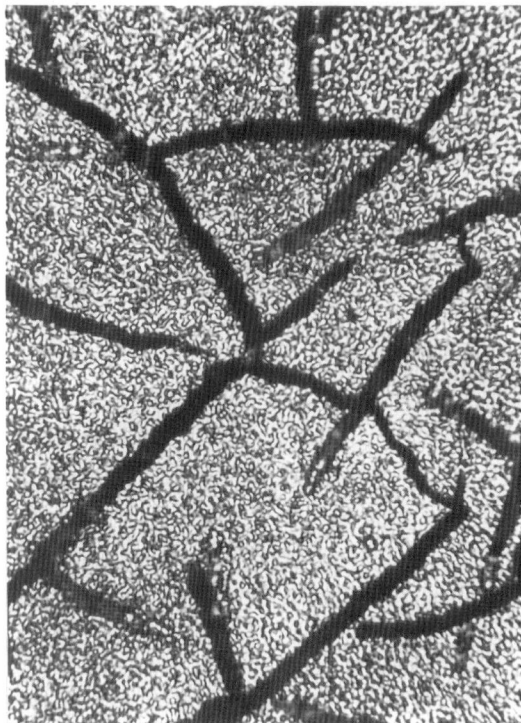

图　8-5-41　　　　　　　　　　　　　　　1500×

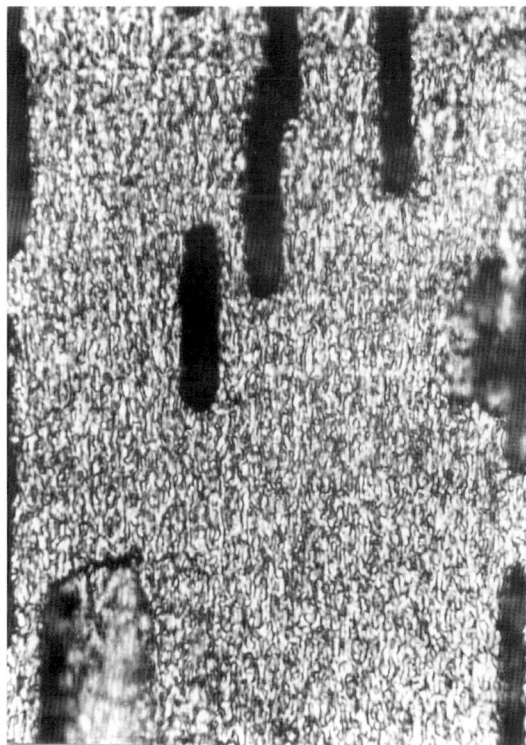

图　8-5-42　　　　　　　　　1500×

图　　号：8-5-42

材料名称：铁镀层（横向）

浸 蚀 剂：10%草酸溶液电解浸蚀 30s，放入硝酸：
　　　　盐酸（体积比 3∶1）+饱和氯化亚铜溶液浸蚀 45s

处理情况：直流电源低温氯化亚铁水溶液中的阴极
　　　　镀层

组织说明：超细棱条状的铁素体晶粒呈条状排列形
　　　　态。黑色粗大条状为已腐蚀扩大的隙纹。在基体上
　　　　尚有较多极细颗粒状的铁素体细晶粒。

　　　　由以上二图可知，基体为超细晶粒的铁素体，
　　　　使基体具有较大的内应力，导致镀层有较高硬度，
　　　　同时由于镀层存在颇多呈网、条状分布的隙纹，
　　　　在摩擦时由于这些隙纹能储油，故能使镀层不仅
　　　　耐磨而且能使修复后的主轴与轴承间能有良好的
　　　　浸润性。

图　号：8-5-43
材料名称：铁镀层
浸　蚀　剂：用高氯酸酒精溶液（体积比 5：95）电
　　介液作双喷减薄
处理情况：镀态
组织说明：镀铁层纵向的金属薄膜在电子显微镜
　　（TEM）36000 倍透射下显示出薄膜的微晶状
　　态，经测量计算晶粒直径为 0.17μm，属准纳米
　　级。其晶粒大小是 8 级工业纯铁晶粒的 1/150。

图　8-5-43　　　　　　　　　　36000×

图　号：8-5-44
材料名称：铁镀层横向金属薄膜
浸　蚀　剂：用高氯酸酒精溶液（体积比 5：95）
　　电解液作双喷减薄
处理情况：镀态
组织说明：镀铁层横向金属薄膜在电子显微镜
　　（TEM）36000 倍透射下显示薄膜的微观形
　　态，铁素体呈超细条状成排分布。

图　8-5-44　　　　　　　　　　36000×

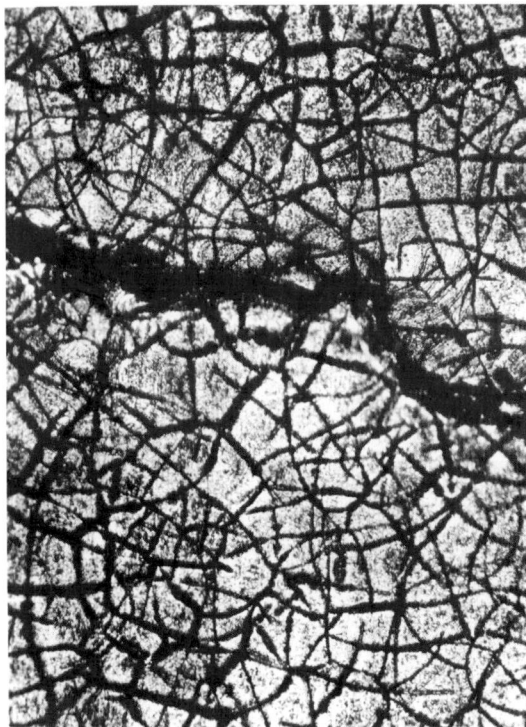

图　　号：8-5-45

材料名称：铁镀层

浸 蚀 剂：10%草酸溶液电浸 30s，再放入硝酸：盐
　　　　 酸（体积比 3∶1）+饱和氯化亚铜溶液浸蚀 45s

处理情况：直流电源低温氯化亚铁盐酸溶液中镀铁

组织说明：由于深腐蚀，网状隙纹被扩大，图中贯穿
　　　　 视场的是黑色粗大脆裂纹。

　　　　 镀层中出现粗大脆性裂纹是由于电镀时电流
密度过大或者电流波动过大造成，镀层中出现粗大
脆性裂纹会使镀层的质量严重受损，将使镀层容易
产生剥落，降低其耐磨性，这是镀铁层的缺陷组织。

图　　8-5-45　　　　　　　　　　　　　　250×

图　　号：8-5-46

材料名称：工业纯铁上镀铁

浸 蚀 剂：2%硝酸酒精溶液

处理情况：直流低温镀铁后于 640℃×2h 真空处理

组织说明：图下部白色基体为工业纯铁的金相组织，
　　　　 铁素体晶粒为 6～8 号。

　　　　 图上部为镀铁层，由于真空处理温度较低，致
使镀铁层未能全部再结晶，结晶区域组织为较细铁
素体晶粒，靠近工业纯铁的镀层带出现大块黄褐色
区域为局部尚未重结晶区，同时在该区域靠近结合
处有一条垂直于工件表面的横向裂纹，该处有灰色
条状氧化物夹杂物存在。出现裂纹和氧化物夹杂是
由于电解液中的 Fe^{3+} 超过允许值，或者 SO_4^{2-} 含量过
多所致，这是镀铁层的缺陷组织。

图　　8-5-46　　　　　　　　　　　　　　100×

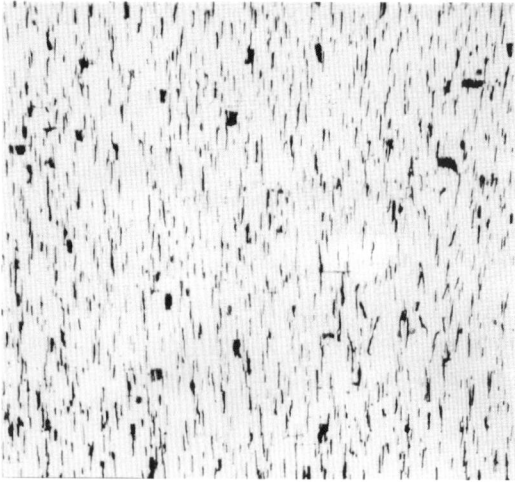

图　　号：8-5-47

材料名称：铁镀层（横向）

浸蚀剂：未浸蚀

处理情况：直流低温氯化亚铁单盐镀铁，镀后经100℃×2h真空处理

组织说明：白亮基体上互不相同的取向性排列的细条纹隙纹。经过100℃×2h真空处理后仅消除了一些氧气和应力，其隙纹及组织未能改变。

图　　8-5-47　　　　　　　　100×

图　　号：8-5-48

材料名称：铁镀层（横向）

浸蚀剂：抛光态

处理情况：直流低温氯化亚铁单盐镀铁，然后经60℃×2h真空处理

组织说明：镀态细条纹断开，且成小线状呈断续串联状，隙纹已消失，但仍保持取向性，这些断续串联小线状是铁的氧化物夹杂物。

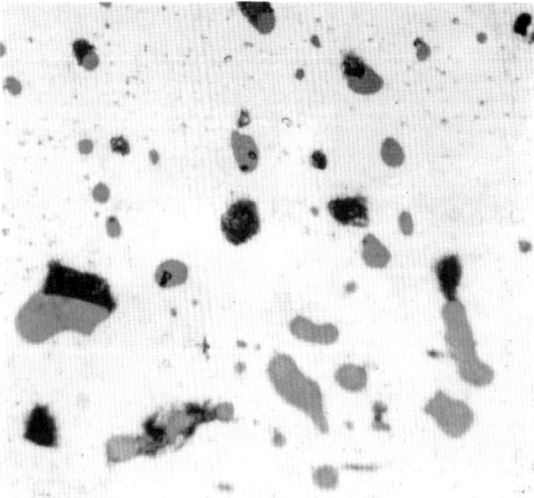

图　　8-5-48　　　　　　　　800×

图　　号：8-5-49

材料名称：铁镀层（横向）

浸蚀剂：抛光态

处理情况：直流低温氯化亚铁单盐镀铁，然后经700℃×2h真空处理

组织说明：镀态方向性排列的细条状隙纹已消失，镀层基体上分布灰色点状、圆粒状和长条状铁的氧化物，它们呈散乱分布无取向性。

图　　8-5-49　　　　　　　　800×

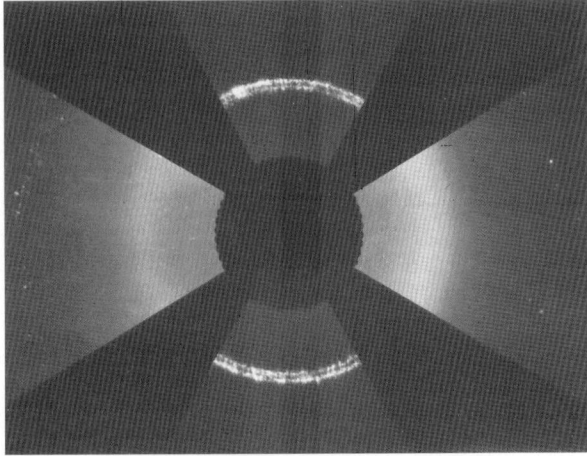

图　8-5-50　　　　　　　　　　　　　　　X 射线背反射图

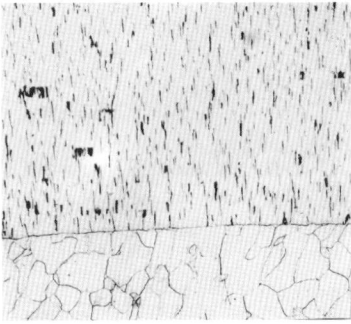  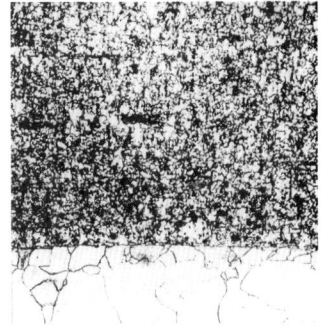

图　8-5-51　　　　　　　100×　　图　8-5-52　　　　　　100×　　图　8-5-53　　　　　　100×

图　号： 8-5-50～8-5-53

材料名称： 工业纯铁上镀铁

浸 蚀 剂： 图 8-5-51、图 8-5-53 用 2%硝酸酒精溶液浸蚀

处理情况： 图 8-5-50 左右弧线镀层经过 100℃×2h 真空处理；图 8-5-50 上下弧线镀层经过 700℃×2h 真空处理；图 8-5-51 试样经 100℃×2h 真空处理；图 8-5-52 试样经过 600℃×2h 真空处理；图 8-5-53 试样经过 700℃×2h 真空处理

组织说明： 图 8-5-50：左右二条白亮弧线是镀层经过 100℃×2h 真空处理后经 X 光衍射背反射线条，衍射峰为宽峰，衍射线明显宽化，晶粒趋向弥散，是 0.15μm 晶粒。图 8-5-50 上下二条白亮弧线是镀层经过 700℃×2h 真空处理后的衍射线条，呈连续状，衍射峰为锐峰，说明镀层已重结晶。

图 8-5-51：下部为工业纯铁，基体为细小铁素体晶粒；图上部为镀层，经过 100℃×2h 处理，镀层中细缝呈方向性分布。

图 8-5-52：下部为工业纯铁，组织为细小铁素体晶粒；图上方为镀层，基体大部分未重结晶，呈深黄色，在深黄色基体上多量白亮小点为已重结晶的超细铁素体晶粒，由此说明镀层经过 600℃×2h 真空处理仅开始重结晶，但大部分尚未重结晶。

图 8-5-53：为工业纯铁，铁素体晶粒较大，图上方为经 700℃×2h 处理的镀层，显示镀层已重新结晶，故铁素体晶粒明显，但大小不均匀。

图　　号：8-5-54

材料名称：铁镀层（纵向）

浸 蚀 剂：2%硝酸酒精溶液

处理情况：低温直流氯化亚铁单盐镀铁，镀后
　　　　　600℃×2h 真空处理

组织说明：镀铁层在再结晶过程中局部出现可
　　　　　见的铁素体晶粒，形状特殊，并出现深黄褐
　　　　　色的尚未再结晶区和白亮的结晶区，白亮色
　　　　　的晶粒多数呈长条状取向性的铁素体晶粒，
　　　　　还有个别较大块的白色特殊形状的铁素体晶
　　　　　粒。出现这样的组织，说明镀层热处理温度
　　　　　较低，以致于镀层大部分地区未重结晶，而
　　　　　个别地区由于存在的内应力较大，促使该地
　　　　　区出现重结晶的铁素体晶粒。

图　　8-5-54　　　　　　　　　　500×

图　　号：8-5-55

材料名称：铁镀层（纵向）

浸 蚀 剂：2%硝酸酒精溶液

处理情况：低温直流氯化亚铁单盐镀铁，镀后
　　　　　700℃×2h 真空处理

组织说明：镀层上黄色消除，基体全部再结晶，
　　　　　并有一些晶粒开始长大而出现个别的大晶
　　　　　粒，原来的条纹已变成灰色的点状断续的圆
　　　　　球状氧化物夹杂物。

图　　8-5-55　　　　　　　　　　500×

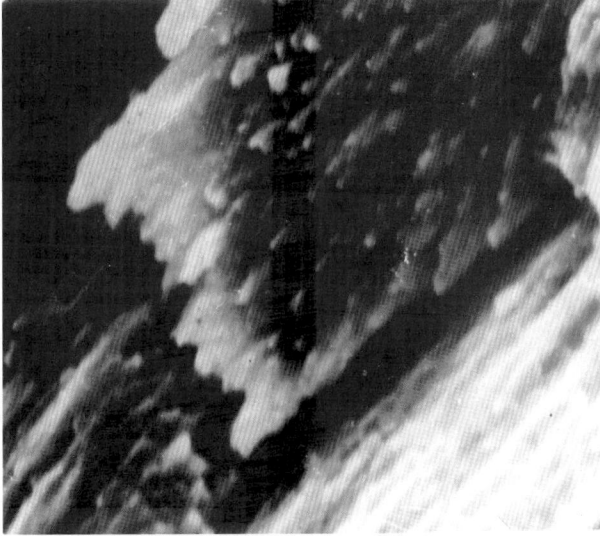

图　8-5-56　　　　　　　　　　　　　　　30000×

图　　号：8-5-56
材料名称：铁镀层
处理情况：镀态，制备成断口复膜
组织说明：断口呈聚针状成群分布。检测方法及部位：电镜复膜断口形貌。

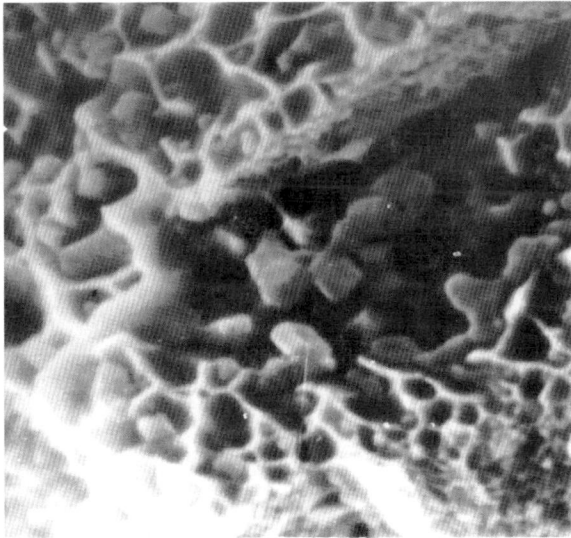

图　8-5-57　　　　　　　　　　　　　　　30000×

图　　号：8-5-57
材料名称：铁镀层
处理情况：镀后 700℃×2h 真空处理
组织说明：断口形貌为蜂窝状分布，有氧化铁颗粒。

图　　号：8-5-58
材料名称：45 钢镀铁
浸 蚀 剂：2%硝酸酒精溶液
处理情况：镀后经过 700℃×2h 空冷
组织说明：图下部为 45 钢基体组织，组织为颗粒状
　　　索氏体，接近镀铁层处为一层长条粒状铁素体晶粒
　　　带，靠近基体的黑色镀铁层为含碳较高的少量珠光
　　　体及重结晶铁素体晶粒带，由于此处含碳稍高，因
　　　而浸蚀发暗。镀铁层处为重结晶的铁素体。
　　　　靠近镀层的基体出现一层铁素体晶粒带是由
　　　于在 700℃×2h 时，基体中碳分强烈地向镀层发生
　　　迁移所致。

图　　8-5-58　　　　　　　　　　100×

图　　号：8-5-59
材料名称：45 钢镀铁
浸 蚀 剂：2%硝酸酒精溶液
处理情况：镀铁后于 840℃×2h 渗碳处理后淬火
组织说明：镀层由于渗碳处理后出现了白色大块状碳
　　　化物分布于黄褐色隐针状马氏体基体上。
　　　　镀层虽然在较低温度进行了渗碳处理，但由于
　　　其在镀层基体组织中存在颇多较细小的隙纹，因而
　　　加速了渗碳的进程，所以在渗碳处理后在镀层中出
　　　现了大块状的碳化物。

图　　8-5-59　　　　　　　　　　100×

图　　号：8-5-60

材料名称：45 钢镀铁

浸 蚀 剂：2%硝酸酒精溶液

处理情况：镀铁工件于 860℃×2h 渗碳

组织说明：上部为镀层基体为隐针状马氏体，其上有大块白色彩云状碳化物，下部为 45 钢基体组织。

　　上述镀层经失效分析，其 $w(C)$ 为 0.4%，虽然镀层中碳量极高，碳化物虽硬但不脆，在加工及运转过程中与轴承磨合性很好，不产生剥落。

图　8-5-60　　　　　　　　　250×

图　　号：8-5-61

材料名称：铁镀层（纵向）

浸 蚀 剂：2%硝酸酒精溶液

处理情况：低温镀铁后于 860℃×2h 渗碳

组织说明：镀层渗碳 2h 后的组织，白色大块状为碳化物分布于隐针状马氏体镀层基体上，在大块碳化物上有块状及条状分布的隐针状马氏体。碳化物经显微硬度测定为 1000～1250HV。

　　碳化物块很大，且硬度很高，但其不易剥落，所以它会使镀层的耐磨性大为增加。

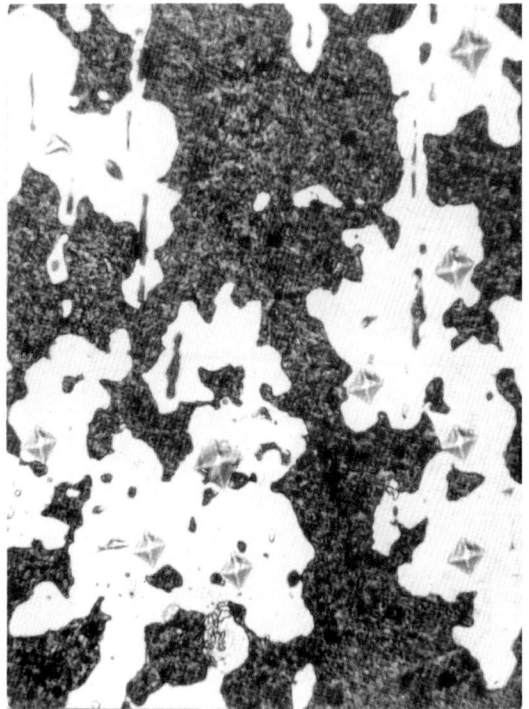

图　8-5-61　　　　　　　　　500×

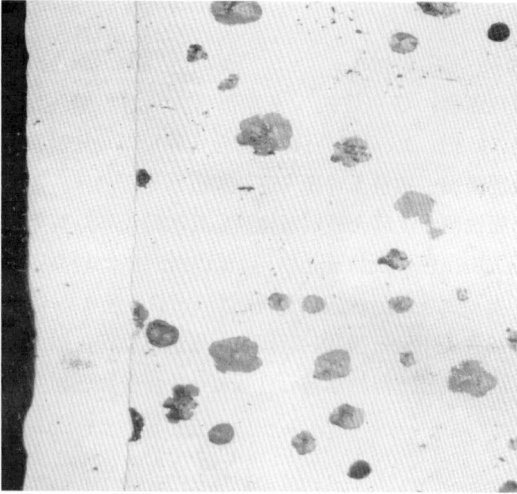

图 8-5-62   100×

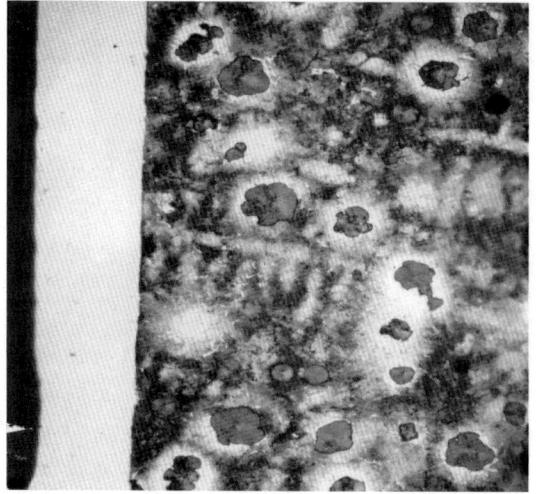

图 8-5-63   100×

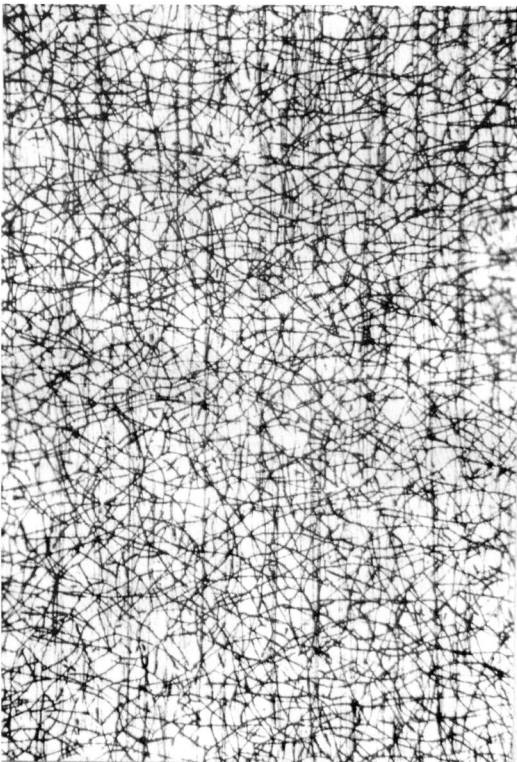

图 8-5-64   100×

图　号： 8-5-62～8-5-64

材料名称： 球墨铸铁活塞环

浸蚀剂： 图 8-5-63 经 4%硝酸酒精溶液浸蚀

处理情况： 正火状态的球墨铸铁活塞环，表面镀铬。

组织说明： 图 8-5-62：球状石墨分布情况，表面（左侧）白亮层为镀铬层，两者结合良好。

图 8-5-63：基体组织为珠光体，白色为铁素体，其体积分数小于 10%，球状者为石墨，表面白亮层为镀铬层。

图 8-5-64：镀铬球墨铸铁活塞环表面松孔网格大小。活塞环是发动机的重要零件之一，当发动机运转时，活塞环产生运动，并受到冲击负荷的作用，随着活塞槽、缸套和活塞磨损增加，冲击负荷也随着增加。因此对大功率发动机的头道活塞环除要求极高的耐磨性和适当的弹力外，还应具有高强度、冲击韧度和耐热性。通过对损坏后的灰铸铁镀铬活塞环进行失效分析得知，它的使用寿命不长，球墨铸铁则是制作第一道活塞环的理想材料。球墨铸铁活塞环表面镀铬，需增大冲击电流，缩短刻蚀时间并延长镀铬时间，其余工艺参数不变，就能得结合良好的镀铬层，镀层厚度为 0.12～0.14mm。镀铬层表面松孔深度为 0.03mm，松孔网格大小为 1～2 级。

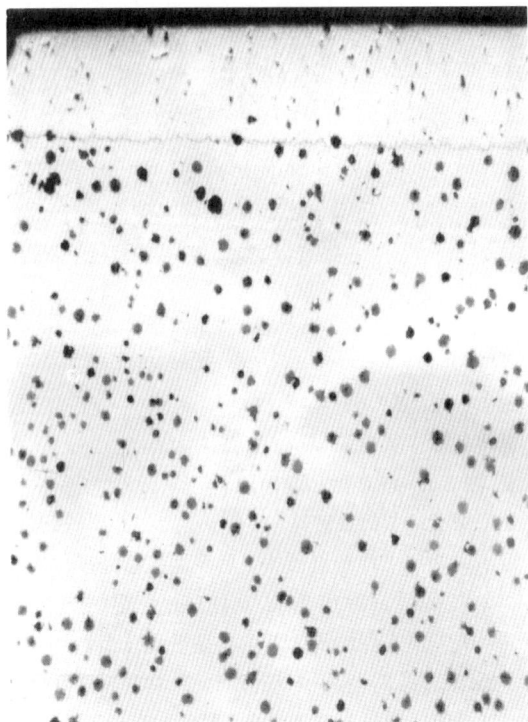

图 8-5-65   100×

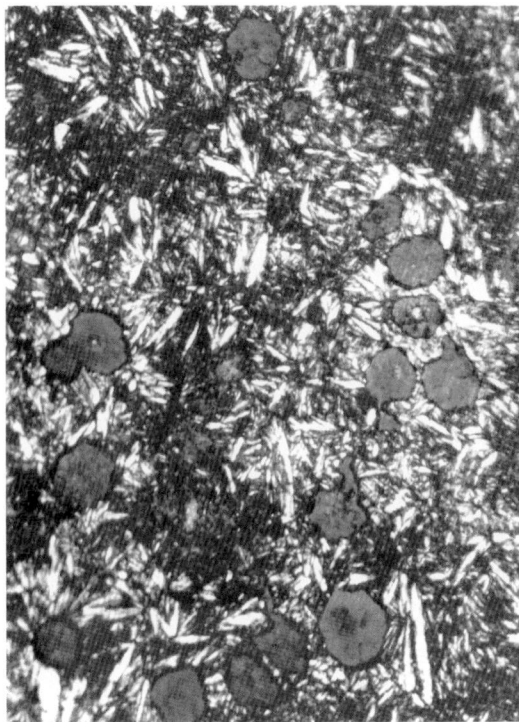

图 8-5-66   500×

图   号： 8-5-65、8-5-66

材料名称： 球墨铸铁第一道活塞环

浸 蚀 剂： 图 8-5-65 未浸蚀；图 8-5-66 为 4%硝酸酒精溶液

处理情况： 球墨铸铁活塞环经淬火处理及中温回火处理，外圆镀铬处理

组织说明： 图 8-5-65：上方白色区为镀铬层，镀层厚度为 0.12mm，镀铬层显微硬度值用 50g 负荷测定为
945～1006HV。

　　活塞环中有细小球状石墨均匀分布，球径小于 0.015mm，是用纯镁处理的单体铸造工艺。

　　图 8-5-66：活塞环的基体组织为回火托氏体，显微硬度为 391HV（合 40HRC）。是经过淬火及中温回
火处理后的组织，可增强活塞环基体的弹性极限，再加上外圆镀铬处理可以增加表面的耐磨性能。

图　　号：8-5-67

材料名称：灰铸铁

浸　蚀　剂：3%硝酸酒精溶液

处理情况：灰铸铁表面镀铬

组织说明：表层镀铬层厚度为 0.115mm，硬度为
910HV。基体为 A 型片状石墨，基体组织为珠光体+
粒状铁素体，硬度为334HV，镀层与基体结合良好。

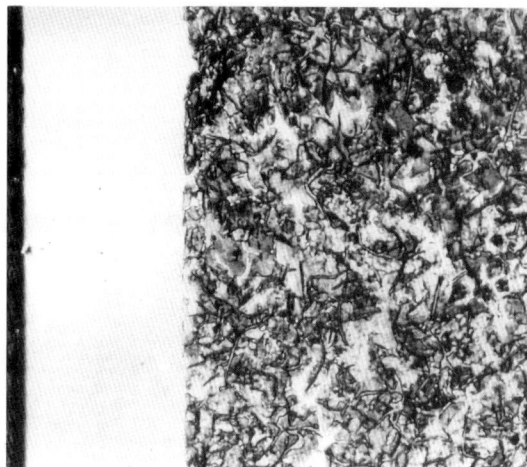

图　　8-5-67　　　　　　　　200×

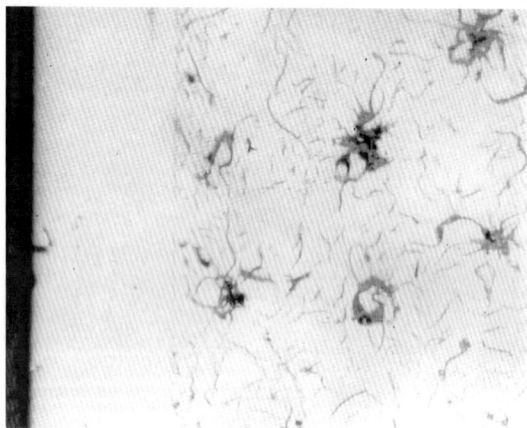

图　　8-5-68　　　　　　　　200×

图　　号：8-5-68

材料名称：灰铸铁

浸　蚀　剂：4%硝酸酒精溶液

处理情况：灰铸铁镀铬

组织说明：工件经机械加工后表面镀铬处理，表面
有镀铬层，厚度约为 0.115mm，显微硬度为
910HV。工件的基体上布有呈星状及少量片状石
墨碳，属 F 型及 A 型分布，基体的显微硬度为
334HV，镀层与基体结合良好。

图　　号：8-5-69

材料名称：Cr12 钢

浸　蚀　剂：4%硝酸酒精溶液

处理情况：锻造加工后再进行镀铬

组织说明：表面有镀铬层，厚度约为 0.165mm，显微
硬度为881HV，基体为隐针状马氏体、极少量残余
奥氏体、块状（白色）共晶碳化物及颗粒状二次碳
化物，组织极细密，基体显微硬度为437HV，镀层
与基体结合良好。

图　　8-5-69　　　　　　　　200×

图　　号：8-5-70

材料名称：低碳铬锰钢

　　　　　[w(C)0.2%；w(Si)0.29%；w(Cr)17.16%；w(Mn)5.36%；w(P)0.022%；其余为Fe]

浸 蚀 剂：硝酸盐酸酒精溶液

处理情况：镀铬

组织说明：表面有镀铬层，厚度约为 0.10mm，显微
　　　　硬度为 896HV，基体组织为呈塑性变形的孪晶奥
　　　　氏体，其上布有极少量颗粒状碳化物，奥氏体晶
　　　　粒较细，基体的显微硬度为 466HV，镀层与基体
　　　　结合良好。

图　　8-5-70　　　　　　　　　　　　　　　　200×

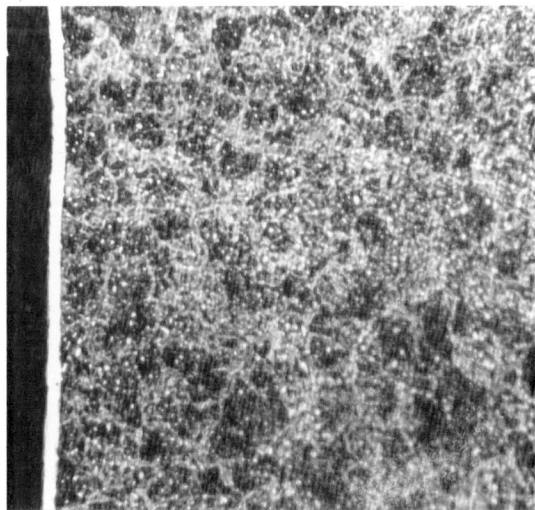

图　　8-5-71　　　　　　　　　　500×

图　　号：8-5-71

材料名称：GCr15 钢

浸 蚀 剂：4%硝酸酒精溶液

处理情况：840℃淬火，150℃回火，再镀铬处理

组织说明：表面镀铬层均匀，厚度约为 0.004mm，镀
　　　　层与基体结合良好。次层组织（基体）为隐针状马
　　　　氏体、针状马氏体、残余奥氏体及颗粒状碳化物。

图 8-5-72   500×

图 8-5-73   500×

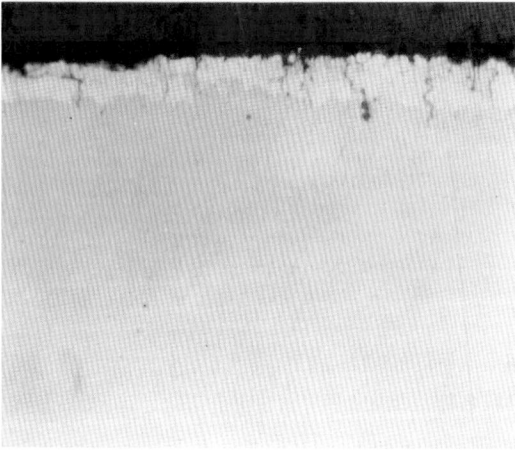

图 8-5-74   500×

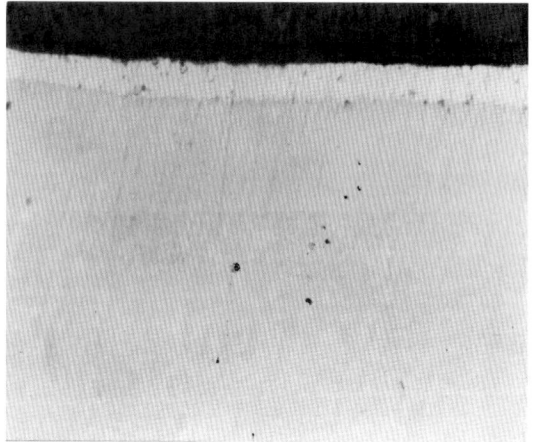

图 8-5-75   500×

图　　号：8-5-72～8-5-75

材料名称：60Si2Mn

浸 蚀 剂：4%硝酸酒精溶液

处理情况：860℃油冷淬火，450～460℃回火后镀锌。

组织说明：图 8-5-72：基体组织为细回火托氏体及白色小颗粒状碳化物。

        图 8-5-73：镀锌层厚度为 0.008mm，镀层比较均匀，镀层硬度为 425HV。

        图 8-5-74：镀锌层厚度为 0.0075～0.014mm，镀层中有显微裂纹，镀层硬度为 431HV。

        图 8-5-75：镀锌层厚度为 0.008～0.011mm，镀层相对比较均匀，镀层硬度为 425HV。

图　　8-5-76　　　　　　　　　　　　　　　　100×

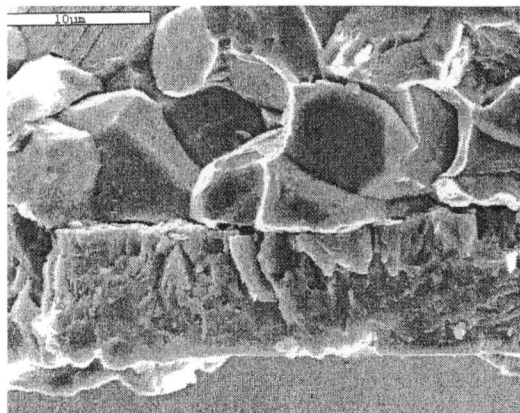

图　　8-5-77　　　　　　　　　　　　　　　1500×

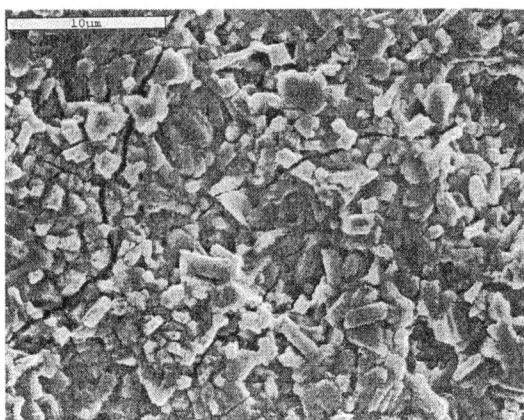

图　　8-5-78　　　　　　　　　　　　　　　1500×

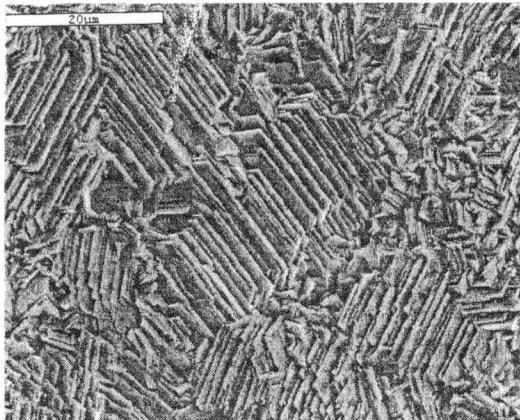

图　　8-5-79　　　　　　　　　　　　　　　1000×

图　　号：8-5-76～8-5-79

材料名称：镀锌板

浸 蚀 剂：未浸蚀

处理情况：图 8-5-76、8-5-77、8-5-78 为热镀锌；8-5-79 为电镀锌

组织说明：图 8-5-76：热镀锌板表面镀锌层的情况，热镀锌层与钢板结合良好，镀锌层厚度较均匀，厚度约
为 0.03～0.05mm。

图 8-5-77：热镀锌合金板经过低温冲断的断口形貌，热镀锌板是沿晶界脆性断裂，表面为热镀锌层断
口实物的形貌。

图 8-5-78：热镀锌层表面晶粒的分布形貌。

图 8-5-79：电镀锌层的结晶形貌。

锌的腐蚀速度较钢要慢的多，在相同的暴露条件下，锌的抗腐蚀能力是钢铁的 25 倍左右，因此热镀
锌有良好的抗腐蚀性能，一方面它隔断了钢板与环境的接触，减小了它们之间的化学腐蚀，同时因锌的电
极电位比钢负，当基材钢露出个别不大部分时，锌将成为原电池的阳极，它的电化学作用仍然保护着基材
不受腐蚀，这就是锌的阳极保护作用。鉴于镀锌有良好的抗腐蚀性能，被汽车工业用作车身的覆盖材料。

图　　号：8-5-80

材料名称：16MnCr5 钢

浸　蚀　剂：4%硝酸酒精溶液

处理情况：渗碳淬火，低温回火；齿轮孔径磨削后孔
　　　　　径内镀铍青铜

组织说明：齿轮孔径表面镀铍青铜，镀层的厚度约为
　　　　　0.04mm，基体是回火低碳板条状马氏体。镀层呈波
　　　　　浪状，这与磨削工艺有关，由于齿轮孔径磨削后再
　　　　　进行电镀，因此孔径表面磨削粗糙度将直接影响镀
　　　　　层表面的粗糙度。

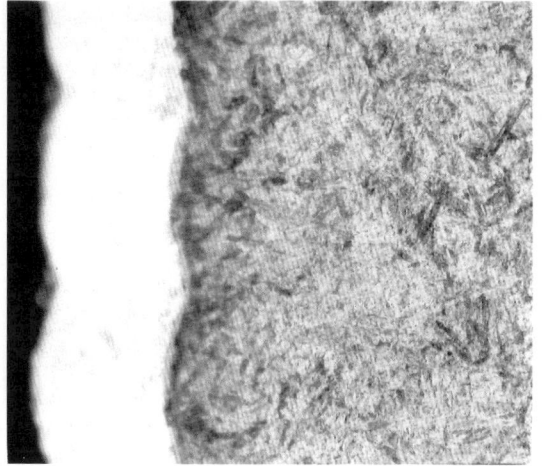

图　　8-5-80　　　　　　　　　　　500×

图　　号：8-5-81

材料名称：20CrMnTi 钢

浸　蚀　剂：3%硝酸酒精溶液

处理情况：工件正火后表面镀铜

组织说明：表面为镀铜层，次层是正火组织，为铁素
　　　　　体+珠光体。

　　　　　　从图中可以看出，工件表面存在切削变形组
　　　　　织，从而影响镀铜层的平面度。

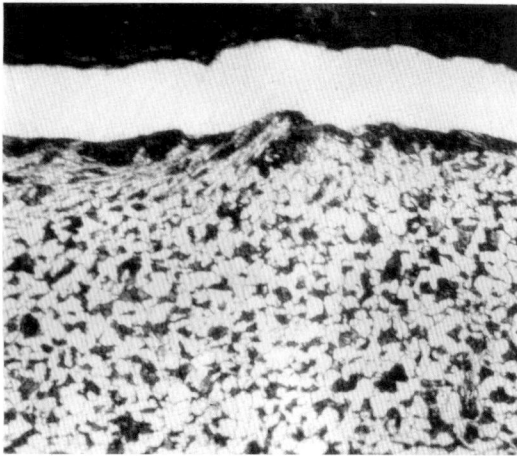

图　　8-5-81　　　　　　　　　　　200×

图　　号：8-5-82

材料名称：20MnCr5 钢

浸　蚀　剂：3%硝酸酒精溶液

处理情况：工件正火后表面镀铜

组织说明：表面是镀铜层，次层是正火组织：铁素体+
　　　　　珠光体，由于工件表面切削变形层不甚明显，因此
　　　　　铜镀层厚度相对比较均匀。

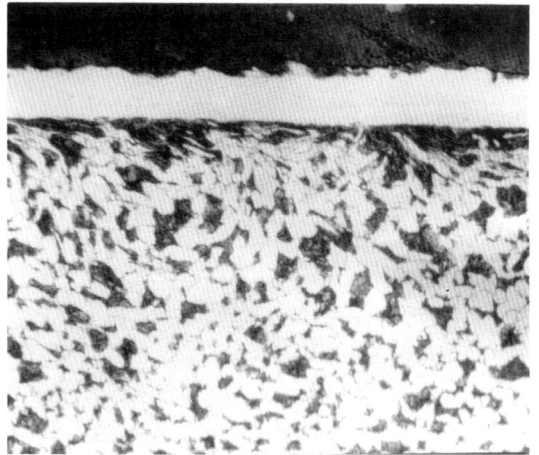

图　　8-5-82　　　　　　　　　　　200×

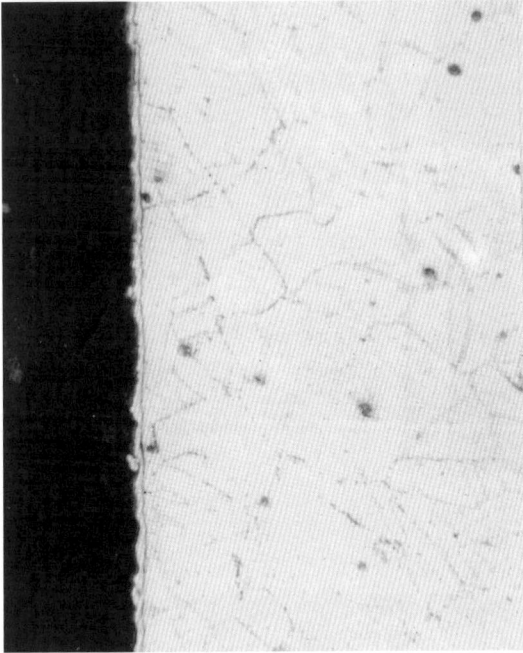

图　8-5-83　　　　　　　　　　500×

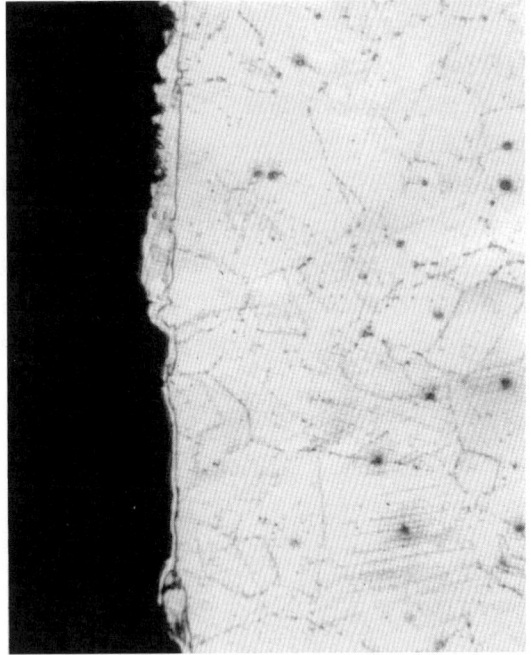

图　8-5-84　　　　　　　　　　500×

图　　　号：8-5-83、8-5-84　　　　　　　　　　浸　蚀　剂：三氯化铁盐酸溶液

材料名称：不锈钢　　　　　　　　　　　　　　　处理情况：镀金

组织说明：表面镀层与基体结合良好，镀金厚度约为 1.9～2.0μm，基体是单相奥氏体。

　　　图 8-5-83 表面镀金层是比较均匀的，图 8-5-84 表面镀金层是不均匀的，镀金层不均匀容易产生剥落，这与电镀工艺参数有关。在一般情况下，电镀层均匀时其结合力也是相当好的。

图　　　号：8-5-85

材料名称：BD2F 钢（进口牌号）

浸　蚀　剂：3%硝酸酒精溶液

处理情况：880℃渗碳淬火后再镀镍

组织说明：表层为镀镍层（白色），基体为板条状马
　　　　　氏体，不均匀分布的灰色块状是硫化物夹杂物，沿
　　　　　晶界有条状分布的铁素体，心部铁素体是条块状分
　　　　　布的。

图　8-5-85　　　　　　　　　　500×

图　　号：8-5-86

材料名称：60Si2Mn 钢

浸 蚀 剂：4%硝酸酒精溶液

处理情况：淬火回火后再镀镍

组织说明：倒车灯开关衬套，基体是马氏体，表层有全脱碳+半脱碳层，厚度约为 0.05～0.06mm，最表层是镀镍层，约为 11.8～14.08μm，衬套表面脱碳层是在淬火加热过程中形成的，为此，在盐浴加热过程中，必须加强盐浴脱氧，是可以避免脱碳层形成的。

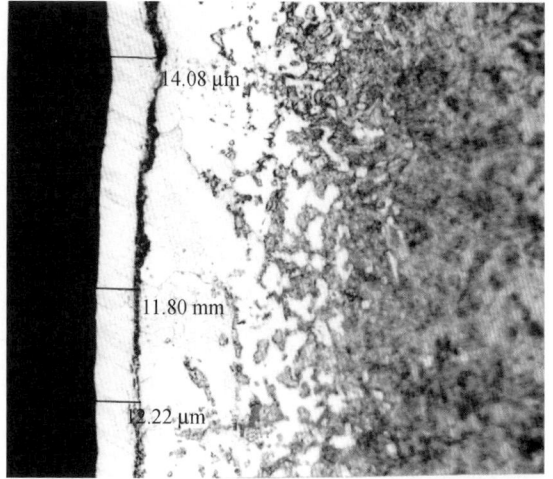

图　8-5-86　　　　　　　　　　500×

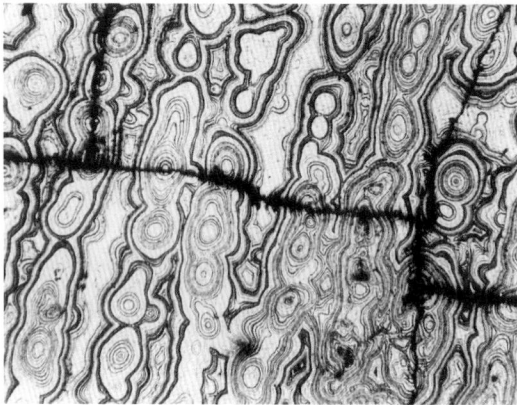

图　8-5-87　　　　　　50×

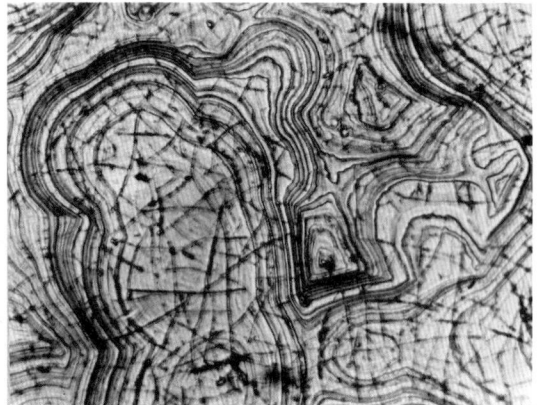

图　8-5-88　　　　　　400×

图　　号：8-5-87、8-5-88

材料名称：灰铸铁

浸 蚀 剂：4%硝酸酒精溶液

处理情况：铸铁工件经过铣床加工后，镀铁-镍合金

组织说明：在铸铁上直接镀铁-镍合金，厚度约为 0.33mm，工件经锤击镀层易出现剥离，证明镀层与基体结合不好，经表面低倍观察有环状花纹，具有一定的方向性，并且有大的裂纹贯穿其中，如图 8-5-87 所示。

　　图 8-5-88：放大 400 倍情况下观察，图中环状花纹组织中布满了网状的细纹。

　　环状花纹的出现与铸铁表面的粗糙度有密切的关系，经过磨光、抛光的铸铁工件，表面粗糙度值在 0.80μm 以上，直接镀铁-镍合金，若铸铁工件表面粗糙就容易出现环状花纹。为了不出现环状花纹，在镀铁-镍合金前先预镀打底镍（厚度为 0.016mm），然后再镀铁-镍合金，这时环状花纹就不会出现了。

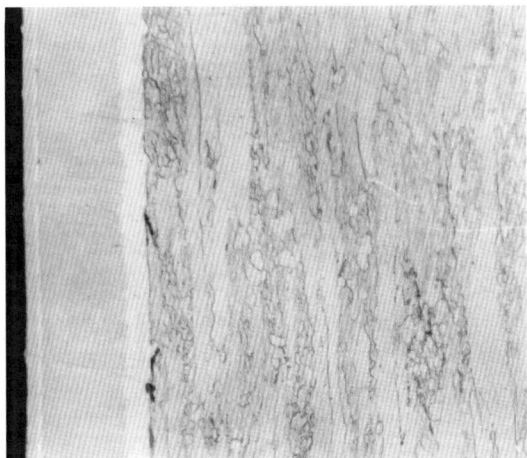

图　8-5-89　　　　　　　　　　500×

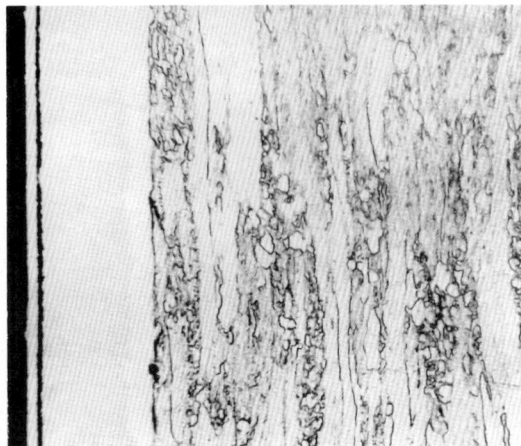

图　8-5-90　　　　　　　　　　500×

图　　号：8-5-89、8-5-90

材料名称：低碳钢

浸　蚀　剂：4%硝酸酒精溶液

处理情况：镀铜后，再镀镍，最后镀银

组织说明：工件基体是铁素体为主，第一层是镀银层，第二层是镀镍层，第三层是镀铜层，见图 8-5-89。图
　　8-5-90 是工件放置三天后，第一层镀银层与第二层镀镍层分离产生剥落，第三层镀铜层与基体结合良好。
　　这是与最后的镀银工艺有关，镀银层与镀镍层结合比较差。

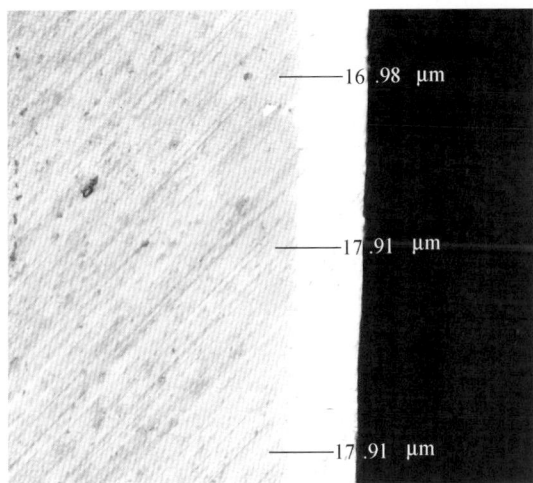

图　8-5-91　　　　　　　　　　500×

图　　号：8-5-91

材料名称：纯铜

浸　蚀　剂：4%硝酸酒精溶液

处理情况：纯铜片上表面镀银镉合金

组织说明：基体是铜，表面镀银镉合金，镀层厚度约
　　为 16.98～17.91μm，由于银镉合金导电性能比铜
　　好，所以纯铜片表面镀银镉可以提高铜插脚（开关）
　　的导电性能。

图　8-5-92　　　　　　　　　　500×

图　　号：8-5-92

材料名称：60 钢

浸　蚀　剂：4%硝酸酒精溶液

处理情况：高频处理后表面镀镍磷合金

组织说明：基体是马氏体及残留奥氏体，表面镀层
　　（白亮）厚度约为 0.005～0.01mm，由于工件表面
　　不平整，所以镀层也厚薄不均匀。

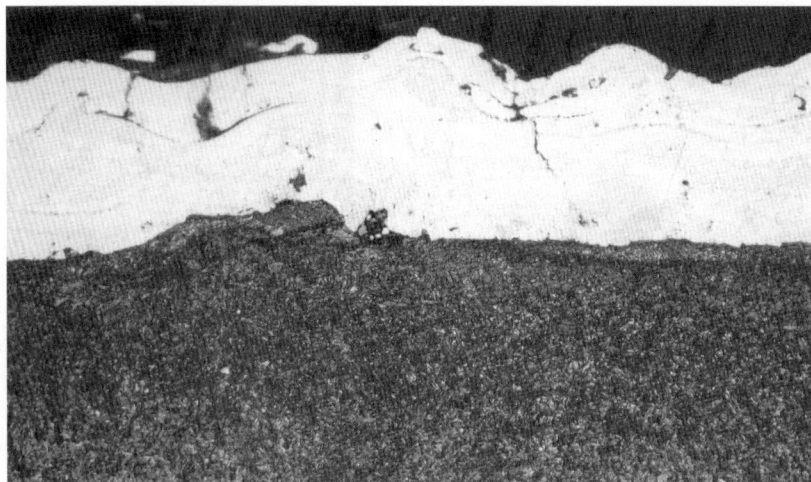

图　8-5-93 　　　　　　　　　　　　　　　　　　　　500×

图　　号：8-5-93

材料名称：20CrNiMo 钢

浸 蚀 剂：4%硝酸酒精溶液

处理情况：拨叉渗碳淬火后低温回火，再热喷涂钼

组织说明：拨叉基体是回火针状马氏体及少量残留奥氏体，再在表层热喷涂纯钼层（灰褐色），厚度约为
　　　0.05～0.07mm，钼层表面是比较脆的，在制样过程中容易产生裂纹，一般硬度为 650～850HV，硬度越高
　　　脆性也越大。

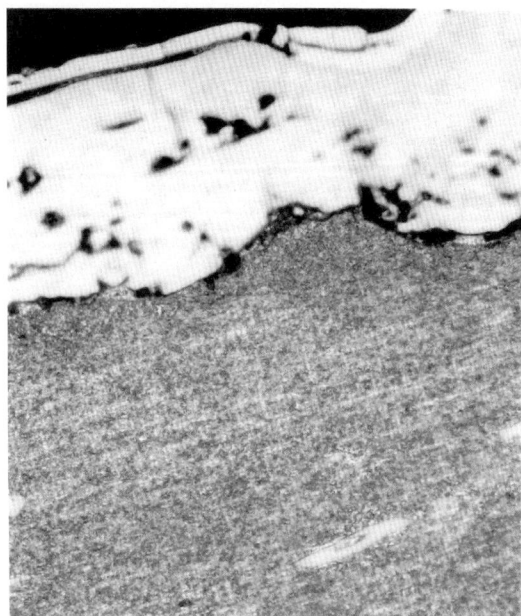

图　　号：8-5-94

材料名称：ZCuZn40Mn2 黄铜

浸 蚀 剂：三氯化铁盐酸溶液

处理情况：铸造后表面热喷涂钼

组织说明：基体是 r 相及长条形的硅锰相夹杂物，表
　　　面灰褐色为钼层，厚度约为 0.05～0.07mm，表面有
　　　黑洞，这是由于喷涂钼时产品表面清洁度较差，导
　　　致镀层中形成孔洞及气泡，所以在热喷涂钼前工件
　　　必须清洗干净。

图　8-5-94 　　　　　　　500×

图　　号：8-5-95

材料名称：TC4 钛合金

浸 蚀 剂：未浸蚀

处理情况：真空电弧离子气相沉积 TiN

组织说明：TC4 钛合金基体上有一薄层 TiN 涂层，呈
　　　　金黄色，涂层厚度均匀，约为 1μm，涂层与基体
　　　　结合良好，涂层致密性好。涂层硬度为 2100HV100。
　　　　真空电弧离子气相沉积 TiN 硬化膜的膜层硬度可以
　　　　达到 3000HV 以上，在测试时由于涂层极薄，往往
　　　　测得硬度值是基体材料的硬度值。

　　　　由于 TiN 是 Ti 和 N 的金属间的化合物，晶体
　　　结构为多晶体，涂层具有极高的硬度和极高的熔
　　　点，致密度大，摩擦因数小，与基体结合力强，具
　　　有较高的化学稳定性和生产过程温度效应低等优
　　　点，国内外已将该项技术应用于各种高精密度、高
　　　耐磨、抗氧化的重要零件上，例如航天、航空等部
　　　门的陀螺仪零件表面处理上；机械系统中常用于刀
　　　具的表面处理上。

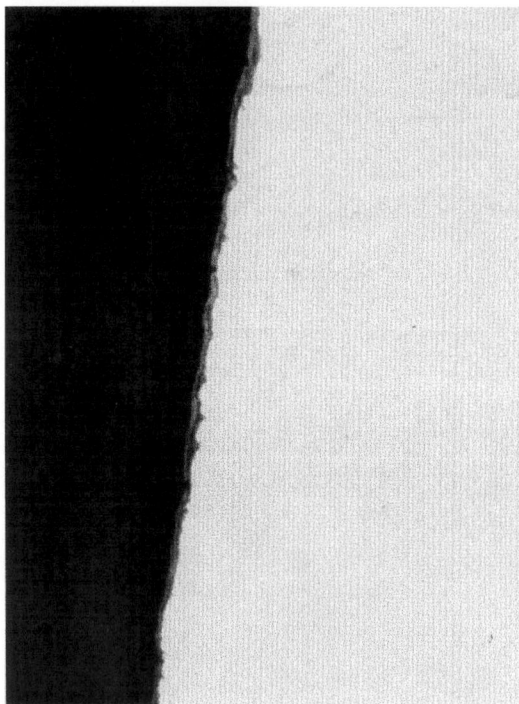

图　8-5-95　　　　　　　　　　　　　　1000×

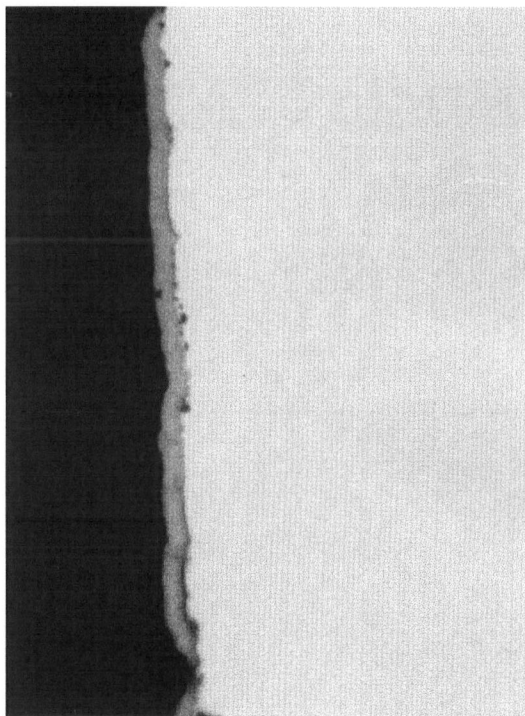

图　8-5-96　　　　　　　　　1000×

图　　号：8-5-96

材料名称：TC4 钛合金

浸 蚀 剂：未浸蚀

处理情况：真空电弧气相沉积类金刚石（DLC）

组织情况：TC4 钛合金基体上有极薄一层深黑灰类
　　　　金刚石涂层，涂层厚度约为 2μm，涂层厚度均匀，
　　　　涂层与基体结合良好，且涂层的致密性好，涂层的
　　　　硬度约为 2600HV。

　　　　真空电弧离子气相沉积类金刚石，硬度可达
　　　5000HV。涂层可使零件表面获得极高的硬度，以
　　　满足需具有高耐磨性的零件耐磨性的功能。类金刚
　　　石是一种无定形碳化物，晶体结构为非晶体，其致
　　　密度接近金刚石的 $3.51g/cm^3$，因而称为类金刚石，
　　　硬度高于 TiN，摩擦因数比 TiN 低，为 0.068，耐
　　　高温性能不如 TiN，使用温度应低于 300℃。类金
　　　刚石和 TiN 都有很高的化学稳定性，类金刚石有含
　　　氢和补含氢两种碳化物形式，本图的类金刚石涂层
　　　是补含氢碳化物。

　　　　鉴于类金刚石涂层在显微镜下呈黑色，硬度测
　　　试后极难看清压痕大小，将载荷增至 200g 后，才
　　　能勉强观测到压痕。

图　8-5-97　　　　　　　　　　600×

图　8-5-98　　　　　　　　　　600×

图　　号：8-5-97～8-5-99
材料名称：16MnCr5 钢
浸 蚀 剂：未浸蚀
处理情况：锰磷化处理
组织说明：零件在扫描电镜 600×情况下观察：

　　图 8-5-97：黑色处是腐蚀疤，次层是锰磷化不均匀分布的晶粒。

　　图 8-5-98：极细的锰磷化晶粒，小于 1 级。

　　图 8-5-99：较均匀的锰磷化晶粒，小于 3 级。

　　锰磷化处理主要是耐磨性能较好。在处理过程中温度控制较为严格，一般控制在 70℃左右，晶粒度按国外标准 1～3 级为合格级，4～6 级为不合格级。同样，要测定腐蚀疤，根据技术要求规定深度范围，同时规定每平方毫米中腐蚀疤不得超过几个。因为晶粒度大小及腐蚀疤的多少将影响锰磷化的耐磨性。

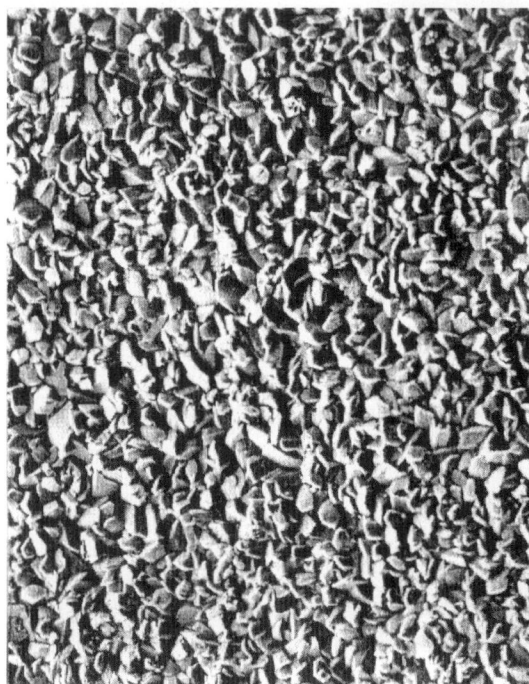

图　8-5-99　　　　　　　　　　600×

图　8-5-100　　　　　　　　600×

图　8-5-101　　　　　　　　600×

图　　　号：8-5-100～8-5-102

材料名称：16MnCr5 钢

浸 蚀 剂：未浸蚀

处理情况：锰锌磷化处理

组织说明：零件在扫描电镜 600×情况下观察：

图 8-5-100：晶粒为"冰糖"型大块状分布，晶粒粗大。

图 8-5-101：晶粒为"层状"型大块状分布，晶粒粗大。

图 8-5-102：晶粒为"条状"块状型大小不均匀分布，晶粒以粗大为主。

锰锌系是原型磷化处理，锌系是条型磷化处理，其装饰、防锈性能、耐用性能较好。锰锌系温度在 60～70℃，锌系温度在 60～65℃，没有晶粒度标准要求，一般晶粒度较粗大。若锌系要求晶粒度细时可以加催化剂。因此，这两种系列磷化处理方法简单，容易控制，只要求测定磷化层的厚度，一般须经过 8h 的盐雾试验及表面光泽度测定。

图　8-5-102　　　　　　　　600×

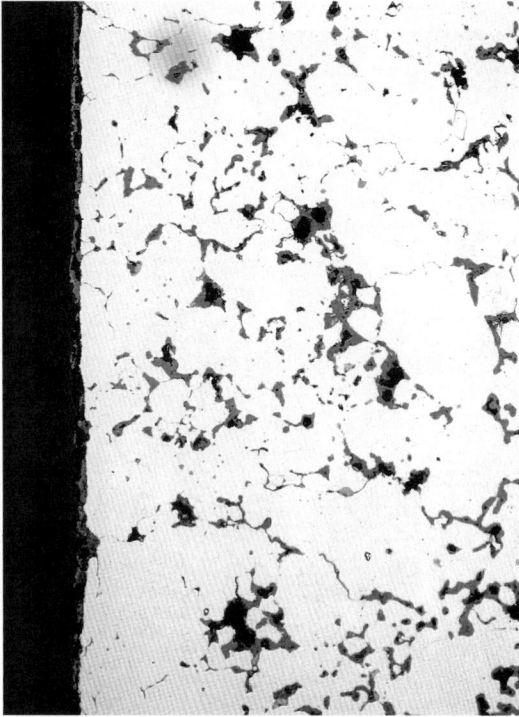

图　8-5-103　　　　　　　　100×

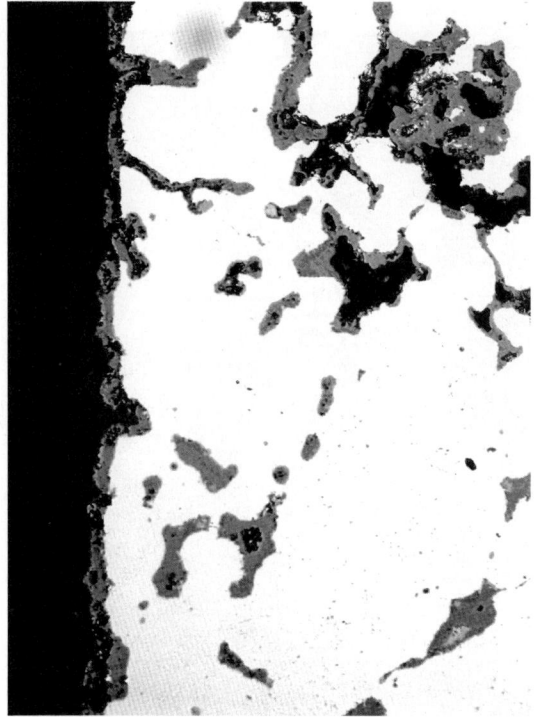

图　8-5-104　　　　　　　　500×

图　8-5-105　　　　　　　　500×

图　　号：8-5-103～8-5-105

材料名称：铁基粉末冶金的空调压缩机连杆

浸　蚀　剂：图 8-5-105　4%硝酸酒精溶液

处理情况：保护性蒸汽处理，在 540～570℃密封炉内通入过热水蒸气 2h

组织说明：图 8-5-104：铁基粉末冶金的空调压缩机连杆内存在颇多孔隙，经蒸汽处理后，除了表面覆盖一薄层氧化铁外，基体内部分孔隙因透入蒸汽冷却后形成氧化铁呈灰色，尚有部分孔隙未被氧化而呈黑色。

图 8-5-104：图 8-5-103 的放大组织。

图 8-5-105：浸蚀后组织，表面及基体中灰色为氧化铁，基体为铁素体+粗片状珠光体，部分孔隙未被氧化。

为提高连杆的抗氧化和耐磨性，经保护性蒸汽处理后，可在工件表面形成一薄层氧化铁，基体中部分孔隙内因有蒸汽渗入在冷却后形成氧化铁，部分孔隙则没有氧化铁。氧化铁（$Fe_2O_3 \cdot FeO$）为尖晶石氧化铁，可对工件的表面起保护作用。

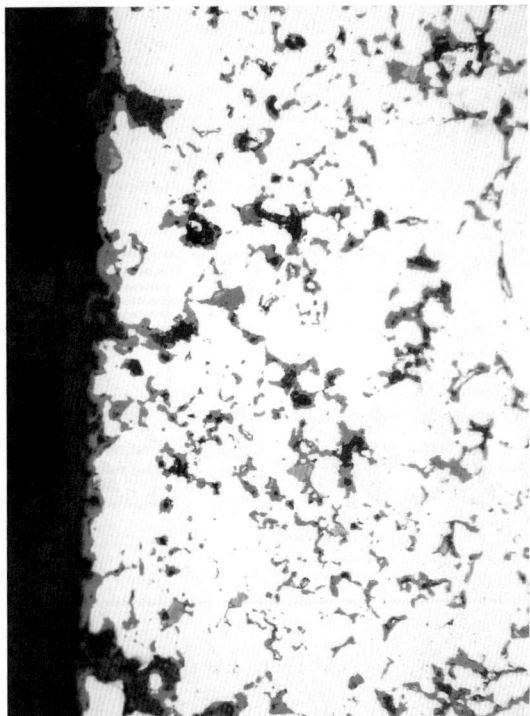

图　8-5-106　　　　　　　　　　　　　　　100×

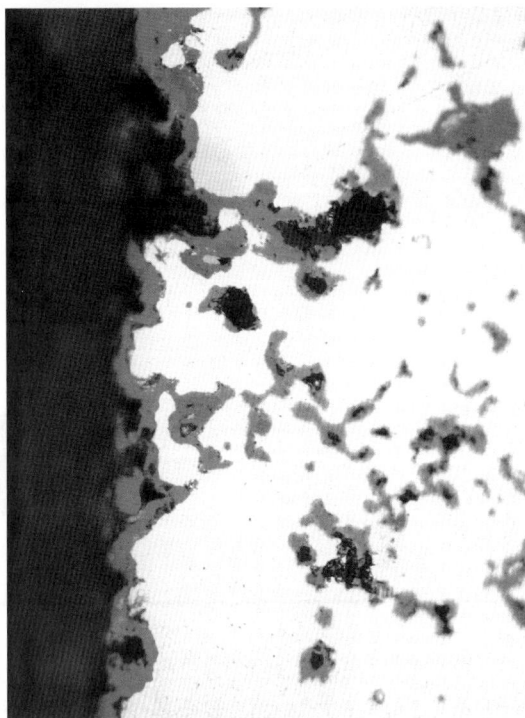

图　8-5-107　　　　　　　　　　　　　　　500×

图　号：8-5-106～8-5-108

材料名称：铁基粉末冶金的空调压缩机活塞

浸 蚀 剂：图 8-5-108　4%硝酸酒精溶液

处理情况：致密性蒸汽处理，在 570℃密封炉内通入
　　　　过热水蒸气 4h

组织说明：铁基粉末冶金的压缩机活塞内存在颇多
　　　　孔隙，工件不致密，通过蒸汽处理后，表面形成
　　　　一层氧化铁，孔隙内也充满氧化铁，使工件的致密
　　　　性提高。

　　　　图 8-5-106：表面及孔隙内存在氧化铁的情况。

　　　　图 8-5-107：图 8-5-106 的放大组织，灰色的氧
　　　　化铁更清晰。

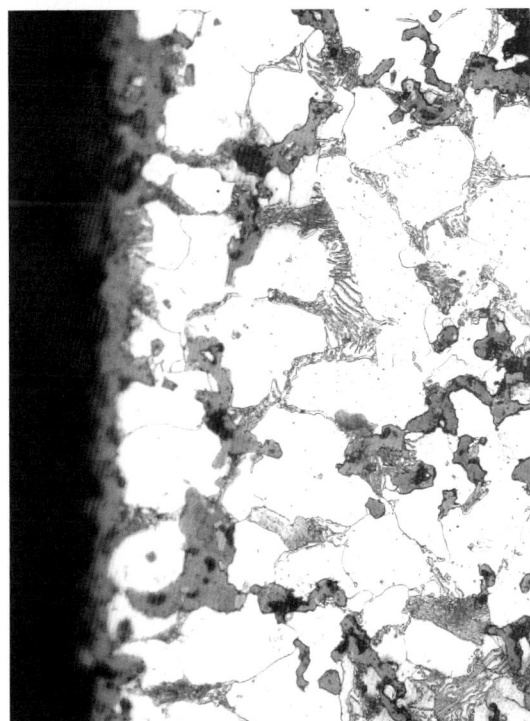

图　8-5-108　　　　　　　　　　　　　　　500×

　　　　图 8-5-108：浸蚀后的情况，基体为铁素体+粗
　　　　片状珠光体，表面及孔隙内灰色氧化铁更为清晰，
　　　　黑色为孔隙。

　　　　为了增加活塞的致密性，故将蒸汽处理的温度
　　　　提高，时间延长，使表面获得较厚的氧化铁覆盖层
　　　　将孔隙填满。冷却时由于氧化铁要膨胀，将孔隙的
　　　　通道堵塞，使活塞在做耐压试验时不发生渗漏，活
　　　　塞的抗氧化性和耐磨性均提高，使活塞在运行时不
　　　　易被磨损。

第9章
铜及铜合金

铜及铜合金的优越性能是多方面的。在所有的金属中，纯铜的导热、导电性仅次于银而居于第二位。在大气及许多介质中，它们有很高的耐蚀性，并具有美丽的色泽、足够的强度和优良的塑性。加工性能好，可制成各种形状和尺寸的铸件以及板材、带材、箔材、管材、棒材等产品，是现代的机械、电气、热工、制冷、化工、仪表、船舶、飞机、车辆、航天、高能物理、尖端科研、国防以及豪华建材、工艺装饰等各行各业不可缺少、难以替代的重要非铁金属材料。

在人类历史上，铜是首先使用和发展的金属，"青铜时代"占有人类文明史初期的辉煌一页，我国则是世界上最早进入这一时代的文明古国之一。在社会文明高度发达的今天和未来，铜及铜合金正在并且仍将发挥着重大作用。

我国现行铜及铜合金的分类法是沿袭传统，将其分成纯铜、黄铜、青铜、白铜四大类。其中纯铜中铜的质量分数在99%以上并含有微量合金元素（代号T）。在铜锌合金中加入其他元素的复杂合金统称黄铜（代号H）。在铜镍合金中加入其他元素的复杂合金统称为白铜（代号B）。除纯铜、黄铜、白铜以外的铜合金，统称青铜（代号Q）。

第1节 纯 铜

纯铜的新鲜表面呈浅玫瑰肉红色，大气下则常常覆有一层紫色的氧化膜，故俗称紫铜。它具有极高的导电、导热和很高的塑性及突出的冷作硬化效应；在大气、淡水、蒸汽、海水中耐蚀，还具有抗磁干扰、可焊等特性。在国民经济各部门有着极为广泛的应用。纯铜绝大部分是以加工状态供货的，我国现列入国家标准的纯铜牌号有9个，合金牌号（代号）和化学成分见表9-1-1。而美国以CI×××表示的纯铜牌号包括高铜合金多达106个。

1. 纯铜的组织及性能

铸态下纯铜的高倍组织为α单相晶粒，其低倍组织多为发达的柱状晶，纯铜有很高的塑性，热轧开坯后的纯铜（注意：纯铜在 400～700℃ 之间有一个高温脆性区，热加工必须在 700℃ 以上进行）板材能一直冷轧至成品而无需中间退火，总加工率可达 99%，纯铜的冷作硬化作用很突出，软态下纯铜的 R_m 仅为 200～250N/mm²，A 可达 40%～50%，冷变形后 R_m 升到 400～500N/mm²，A 下降至 3%～10%。冷加工再结晶退火后的纯铜呈明显的退火孪晶特征，其再结晶温度很低，通常在 200～280℃ 左右，若加入微量元素如 w（Te）为 0.01%，可使再结晶温度提高到 380℃ 左右，加工率达 99% 时，再结晶温度可降至 180℃ 以下。

表 9-1-1　纯铜加工产品的合金牌号（代号）和化学成分（GB/T 5231—2001）

级别	牌号	代号	化学成分（质量分数，%）													
			Cu+Ag	P	Ag	Bi	Sb	As	Fe	Ni	Pb	Sn	S	Zn	O	杂质总和
纯铜①	一号铜	T1	99.95	0.001		0.001	0.002	0.002	0.005	0.002	0.003	0.002	0.005	0.005	0.02	0.05
	二号铜	T2	99.90			0.001	0.002	0.002	0.005	0.005	0.005	0.002	0.005	0.005	0.06	0.1
	三号铜	T3	99.70			0.002	0.005	0.01	0.05	0.2	0.01	0.05	0.01		0.1	0.3
无氧铜②	零号无氧铜	TU0	99.99	0.003	0.0025	0.0001	0.0004	0.0005	0.0010	0.0010	0.0005	0.0002	0.0015	0.0001	0.0005	
				Se 0.0003			Te 0.0002			Mn 0.0005			Cd 0.0001			
	一号无氧铜	TU1	99.97	0.002		0.001	0.002	0.002	0.004	0.002	0.003	0.004	0.003	0.002		0.03
	二号无氧铜	TU2	99.95	0.002		0.001	0.002	0.002	0.004	0.002	0.004	0.004	0.003			0.05
磷脱氧铜③	一号脱氧铜	TP1	99.90	0.005 0.012		0.002	0.002	0.002	0.01	0.005	0.005	0.002	0.005	0.005	0.01	0.1
	二号脱氧铜	TP2	99.85	0.013 0.050		0.002	0.002	0.005	0.05	0.01	0.005	0.01	0.005		0.01	0.15
银铜	0.1 银铜	TAg0.1	Cu99.5		0.06 0.12	0.002	0.005	0.01	0.05	0.2	0.01	0.05	0.01		0.1	0.3

① T1、T2 多用于导电、导热、耐蚀器材，如电线、电缆、导电螺钉、雷管、化工用蒸发器、贮存器、各种管道等。T3 多用于一般铜材，如电气开关、垫圈垫片、铆钉、各种管嘴管道。

② TU0、TU1、TU2 用于电真空元器件。

③ TP1、TP2 多用于汽油、气体供应管以及冷凝器、蒸发器、热交换器等器件中。

2. 合金元素对组织及性能的影响

合金元素对纯铜组织与性能的影响大致可分为如下三类：

第一类：微量的铍、镁、钛、锆、铬、锰、铁、钴、镍、钯、铂、金、银、锌、镉、铝、镓、铟、硅、锗、锡、磷、锑、砷等均可固溶于铜中，而基体仍为 α-单相组织，显微镜下不能被发现。它们都不同程度地提高了纯铜的强度和硬度而不降低其塑性；但又都不同程度地降低其导电、导热性。按降低程度由大到小依次为钛、磷、铁、硅、砷、铍、铝、锑、锰、镍，而银、铬、镉、锌、锆降低得更少。

第二类：铅、铋等。这类元素极少固溶于铜，而与铜形成低熔点的共晶出现于晶界，而此共晶又几乎由纯铅、纯铋所组成。

第三类：氧、硫、磷、硒、碲等非金属元素。这类元素几乎不固溶于铜而与铜形成熔点较高的共晶或脆性化合物。

氧：纯铜中有些牌号允许有微量氧的存在。因为这样会使那些强烈降低导电性的杂质得以氧化，从而降低了杂质的危害。但是氧的危害性却更为突出。100℃ 下氧就能在铜表面生成黑色的氧化铜（CuO），随着温度的升高，氧化速度加快并在表面生成红色的氧化亚铜（Cu_2O）。液态下 Cu_2O 能溶解于铜液，凝固后 Cu_2O 与铜生成粒状共晶分布于晶界。随着含氧量的增加，Cu-Cu_2O 共晶网络的数量也在不断增加。当 w（O）达到共晶成分点 0.39% 时，试片上将全部为共晶组织。故而 Cu-Cu_2O 亚共晶组织中纯铜的氧含量可近似地用下式计算：

$$X=（0.39\ \varphi_{共晶}/100）\%$$

式中 $\varphi_{共晶}$ 为磨片上共晶体所占的体积分数。据此纯铜中的含氧量可用金相法较精确地予以测定。

Cu_2O 性硬而脆，显微镜下铸态多呈细粒状并构成共晶网络，经加工变形后共晶网络被破坏而沿加工方向伸长。经退火后可聚成较大颗粒。未浸蚀前呈淡天蓝色，在偏光（正交）或暗场下呈红宝石色。用氯化高铁盐酸水溶液浸蚀后，Cu_2O 可转为暗黑色。

含氧较高的纯铜的塑性及韧性均较差，冷拉时表面会出现毛刺。大量 Cu_2O 的存在使纯铜由粉红色的韧性断口变成红砖样的脆性断口，造成加工或使用时破裂。含有 Cu_2O 的纯铜在含有 H_2、CH_4、CO 等还原性气氛中加热时，这些气体可扩散至材料内部与 Cu_2O 发生反应而生成水蒸气或 CO_2，它们将产生一定的压力以求析出。当压力大于金属此时的高温强度时，便会引起材料内部出现空洞及表层沿晶界的开裂，严重时肉眼即可见到表面的起泡。

硫：液态下硫能很好地溶解于铜液中，固态下却几乎全不固溶而与铜生成 Cu_2S 并形成 Cu-Cu_2S 共晶。Cu_2S 在铜液中的聚集作用较大，故多呈较大的圆滴或橄榄状，共晶网络也较粗疏。其颜色在明场下与 Cu_2O 颇为相似，但在偏光下不发红，浸蚀后也不变色。高温下铜与 SO_2 可能发生反应生成 Cu_2O 及 Cu_2S，故在显微镜下有时可见二者共存的现象。硫对铜的导电导热影响较小，但却能明显降低铜在高温和低温下的塑性。

磷：磷在铜的熔炼中能有效地进行脱氧，提高铜液的流动性，微量磷还能提高成品铜的焊接性。但磷会强烈地降低铜的导电导热性。高温下磷在铜中的固溶度最高可达 1.75%。温度下降时固溶度也明显下降并析出蓝灰色的 Cu_3P 相。714℃时化合物 Cu_3P 可与铜生成放射状的 Cu-Cu_3P 共晶。

纯铜的金相图片见图 9-1-1～图 9-1-52。

第2节 黄 铜

黄铜是一系列不同含锌量（w（Zn）最高不超过 50%）的铜锌二元合金，称为普通黄铜。在此基础上再加入了其他合金元素的铜锌多元合金，称为特殊黄铜或复杂黄铜。例如镍黄铜、铁黄铜、铅黄铜、铝黄铜、锰黄铜、锡黄铜、砷黄铜、硅黄铜。实际上 w（Zn）在 15% 时的普通黄铜仍呈红色，其后随着含锌量的增加其色泽才发生向金黄色的改变。

黄铜具有良好的工艺性能和力学性能，导电、导热性也较高，价格低，密度轻，色泽好，是铜合金中应用最广泛的合金材料之一。仅纳入 GB/T 5231—2001 标准的加工黄铜牌号就有 43 个（美国以 C2××××、C3××××、C4××××、C5×××× 为编号的黄铜牌号多达 69 种），且一些已开发应用的如形状记忆合金、超塑材料、轿车同步齿轮环材料等黄铜新品种尚未包括在内。

纳入 GB/T 5231—2001 标准的加工黄铜及纳入 GB/T 1176—1987 标准的铸造黄铜的牌号（代号）化学成分、力学性能、主要特点及用途分别见表 9-2-1 和表 9-2-2。

表 9-2-1 部分加工黄铜的代号、化学成分、力学性能及用途

组别	代号	化学成分（质量分数，%）		力学性能[①]			主要特点	用途举例
		Cu	其他	R_m /(N/mm^2)	A (%)	HBW		
普通黄铜	H96	95.0~97.0	Zn 余量	450	2	—	有优良的冷、热加工性，无应力腐蚀	冷凝管、散热器管及导电零件
	H90	88.0~91.0	Zn 余量	480	4	130	有优良的冷、热加工性，力学性能好，耐蚀性高	奖章、双金属片、供水和排水管
	H85	84.0~86.0	Zn 余量	550	4	126	有优良的冷、热加工性，力学性能好，耐蚀性高	虹吸管、蛇形管、冷却设备制件及冷凝器管
	H80	79.0~81.0	Zn 余量	640	5	145	有优良的冷、热加工性，力学性能好，耐蚀性高	造纸网、薄壁管
	H70	68.5~71.5	Zn 余量	660	3	150	有高的塑性和较高的强度，冷成形性能好，耐蚀性好	弹壳、造纸用管、机械和电气用零件
	H68	67.0~70.0	Zn 余量	660	3	150	有高的塑性和较高的强度，耐蚀性好，冷成形性能好，有"季裂"倾向	复杂的冷冲件和深冲件，散热器外壳、导管
	H65	63.5~68.0	Zn 余量	700	4	—	有良好的力学性能与工艺性能，能良好地承受冷、热压力加工性能	小五金、小弹簧及机械零件
	H63	62.0~65.0	Zn 余量					板材、线材、带材、管材、棒材
	H62	60.5~63.5	Zn 余量	500	3	164	有足够的强度与抗蚀性，有"季裂"倾向，热态下塑性良好	销钉、铆钉、螺帽、垫圈、导管、散热器
	H59	57.0~60.0	Zn 余量	500	10	103	强度较高，热加工性好，有一般的耐蚀性	机械、电器用零件，焊接件，热冲压件
铅黄铜	HPb89-2	87.5~90.5	Pb1.3~2.5，Zn 余量	—	—	—	Pb 提高耐磨性，改善切削加工性	棒材
	HPb62-2	60.0~63.0	Pb1.5~2.5，Zn 余量	—	—	—	Pb 提高耐磨性，改善切削加工性	钟表、汽车、拖拉机及一般机器零件
	HPb63-3	62.0~65.0	Pb2.4~3.0，Zn 余量	600	5	—	Pb 提高耐磨性，改善切削加工性	钟表零件
	HPb60-1	59.0~61.0	Pb0.6~1.0，Zn 余量	610	4	—	有好的切削加工性能和较高的强度	结构零件
	HPb59-1	57.0~60.0	Pb0.8~1.9Zn 余量	650	16	140	有良好的力学性能和工艺性能，有"季裂"倾向	适于热冲压及切削加工零件，如销子、螺钉、垫圈等
铝黄铜	HAl77-2	76.0~79.0	Al1.8~2.3，As 和 Be 微量，Zn 余量	650	12	170	有高的力学性能及良好的冷、热压力加工性能和耐蚀性	海船冷凝器管及其他耐蚀零件
	HAl60-1-1	58.0~61.0	Al0.75~1.5，Fe0.7~1.5，Mn、Zn 余量	750	8	180	有高的力学性能和良好的耐蚀性能	齿轮、蜗轮、衬套、轴及其他耐蚀零件
	HAl59-3-2	57.0~60.0	Al2.5~3.5，Ni2.0~3.0，Zn 余量	650	15	150	有高的力学性能和良好的耐蚀性能	船舶电动机等常温下工作的高强度耐蚀零件

（续）

组别	代号	化学成分（质量分数，%）		力学性能[①]			主要特点	用途举例
		Cu	其他	R_m /(N/mm^2)	A (%)	HBW		
锡黄铜	HSn90-1	83.0～91.0	Sn0.25～0.75，Zn余量	520	5	148	力学性能与工艺性能与H90近似，但有更高的耐蚀性和减磨性	汽车、拖拉机弹性套管等
	HSn70-1	69.0～71.0	Sn0.8～1.3，Zn余量	700	4	—	有高的耐蚀性和力学性能，有"季裂"倾向	船舶、热电厂中高温耐蚀冷凝器管
	HSn62-1	61.0～63.0	Sn0.7～1.1，Zn余量	700	4	—	在海水中有高的耐蚀性、力学性能高，有"季裂"倾向	与海水和汽油接触的船舶零件
铁黄铜	HFe59-1-1	57.0～60.0	Fe0.6～1.2，Mn0.5～0.8，Sn 0.3～0.7，Zn余量	700	10	160	有高的强度，在大气、海水中耐蚀性好	在摩擦及海水腐蚀下工作的零件，如垫圈、衬套等
锰黄铜	HMn58-2	57.0～60.0	Mn 1.0～2.0，Zn余量	700	10	175	有良好的力学性能和耐蚀性	船舶和弱电零件
硅黄铜	HSi65-1.5-3	63.5～66.5	Si1.0～2.0，Pb2.5～3.5，Zn余量	600	8	160	有高的力学性能、耐蚀性、减磨性和切削加工性能	耐磨锡青铜的代用品
镍黄铜	HNi65-5	64.0～67.0	Ni5.0～6.5，Zn余量	700	4	—	有高的力学性能与耐蚀性	压力计管，船舶用冷凝管

① 表中所列力学性能是合金在硬（Y）或特硬状态下测定的。

表 9-2-2 部分铸造黄铜的合金牌号、化学成分、力学性能及用途

组别	合金牌号	化学成分（质量分数，%）			铸造方法[①]	力学性能			用途举例
		Cu	其他			R_m /(N/mm^2)	A(%)	HBW	
普通黄铜	ZCuZn38	60.0～63.0	Zn余量		J / S	300 / 300	30 / 30	70 / 60	—
硅黄铜	ZHSi80-3-3	79.0～81.0	Si2.5～4.5 Pb2.0～4.0	Zn余量	J / S	300 / 250	15 / 7	95 / 85	化工机械零件，如轴承、衬套、阀体
	ZCuZn16Si4	79.0～81.0	Si2.5～4.5	Zn余量	J / S	350 / 300	20 / 15	100 / 90	船舶零件，在海水、淡水、蒸气（265℃）和4.5MPa条件下工作的零件，内燃机散热器本体、分水器

（续）

组别	合金牌号	化学成分（质量分数，%）					铸造方法①	力学性能			用途举例
		Cu	其 他					R_m /(N/mm²)	A(%)	HBW	
铅黄铜	ZCuZn33Pb2	46.0～50.0	Pb2.5～4.0	Fe0.3～1.0	Mn1.5～2.5	Zn 余量	J S	450 400	10 10	120 100	—
	ZCuZn40Pb2	57.0～61.0	Pb0.8～1.9			Zn 余量	J S	280 220	20 15	90 80	选矿机大型轴套及滚珠轴承的轴套
铝黄铜	ZCuZn25Al6Fe3Mn3	64.0～68.0	Al5～7	Fe2～4	Mn1.5～2.5	Zn 余量	J S	400 380	7 7	160 160	压下螺母，重型蜗杆，衬套、轴承
	ZCuZn31Al2	66.0～68.0	Al2.0～3.0			Zn 余量	J S	390 295	15 12	90 80	海运机械，通用机械的耐蚀零件
锰黄铜	ZCuZn40Mn3Fe1	53.0～58.0	Fe0.5～1.5	Mn3～4		Zn 余量	J S	490 440	15 18	110 100	轮廓不复杂的重要零件，海轮上在300℃以下工作的管配件、重要零件，如螺旋桨和桨叶
	ZCuZn38Mn2Pb2	57.0～60.0	Pb1.5～2.5	Mn1.5～2.5		Zn 余量	J S	345 245	18 10	80 70	轴承、衬套和其他减磨零件，如车轴轴承内衬
	ZCuZn40Mn2	57.0～60.0	Mn1.0～2.0			Zn 余量	J S	390 345	25 20	90 80	在海水、淡水、水蒸气（300℃）和液体燃料中工作的零件，如泵活塞、填料箱衬套、冷凝器、管接头和阀门

① 铸造方法：J 是金属型铸造；S 是砂型铸造。

1. 普通黄铜

（1）普通黄铜的组织与性能　锌能大量固溶于铜中。随着黄铜中锌含量的增加，固态下可出现 α、β、γ 三种相，通常把位于 α 相区的合金称为 α 黄铜。位于 α+β 相区的合金称为 α+β 黄铜，位于 β 相区的合金称为 β 黄铜。α 黄铜及 α+β 黄铜的结晶间隔很窄，结晶时易形成柱状晶和集中的缩孔。

α 相为锌在铜中的固溶体，与纯铜同属面心立方晶格。锌在 450℃ 时溶解度的最高 w（Zn）可达 39%。高于或低于 450℃ 时溶解度都有减少。实际生产中由于不平衡冷却之故，使本应为 α 单相的 w（Zn）为 31%～32% 的铸态黄铜仍偶有由 L+α → β 包晶反应生成的 β 相存在。

至于 w（Zn）为 38% 的 H62 黄铜，其 β 相在任何状态都能见到，故已属 α+β 双相黄铜。α相的特征是不易受浸蚀，在显微镜下通常呈亮白色，经形变退火后与加工铜相似，但随着锌量的增加会出现更多的退火孪晶带。

β 相是以电子化合物 CuZn 为基的成分可变的固溶体，为体心立方晶格。β 相易受浸蚀，在明场下颜色较深，易变黄或变黑。在单一的 β 相黄铜中可以看到其平直的晶界及多边形的晶粒，再结晶退火后无孪晶出现。在 α+β 两相黄铜且 α 相占很大比例时，由于经历了包晶反应及 α 相自 β 相中的析出过程，明场下便很难显示其铸造晶粒形状，借助偏光则可以看到高温下存在而在室温业已分解的 β 相晶粒外形。α 相在 β 相析出时首先在 β 相晶界大量出现。晶内析出的 α 相则与 β 相有着｛110｝$_β$//｛111｝$_α$、<111>$_β$//<110>$_α$的位相关系。因而 α 相多呈针条状或长卵条状且具有魏氏组织的特征，冷却速度越大，α 相沿 β 相惯习面特征析出的形态越明显。具有高塑性的高温 β 相缓冷至 456～468℃以下时将发生无序的 β 相向有序的β'相的转变。β'相明显变脆。

γ 相是以电子化合物 Cu_5Zn_8 为基的固溶体，性硬而脆，不适于压力加工，工业黄铜中较少采用这种相结构；γ 相不易浸蚀，在未浸蚀的磨片上即可显示其呈蓝灰色颗粒状或星花状的形貌特征。

普通黄铜的力学性能与含锌量、相的形态、数量、分布有密切关系，单相 α 黄铜的塑性极好，可进行冷热加工。其室温断后伸长率及抗拉强度随含锌量的增加而增大，在 w（Zn）为 30%～32% 时，即β'相即将出现之时，伸长率升至极大值，随着β'相的出现及增多而急剧下降。而抗拉强度却一直到 w（Zn）为 45%～47% 时，即 γ 相出现时才发生明显的下降。α+β 黄铜虽在室温下因含有硬脆的有序β'相而塑性较差，但在高温下 β 相却比 α 相更易软化。故 α+β 黄铜常加热到 β 相区且保持有少量 α 相，以防止 β 相晶粒长大而进行热加工。纯β 相黄铜室温下硬而脆，故只适于热变形。还需指出的是，所有黄铜在 200～700℃ 之间均有一个脆性区，热加工时必须避开这一温度范围，以防材料开裂。

冷加工时，α 黄铜有很高的加工率。如 H68 两次中间退火之间的加工率可达 70%，而 α+β 黄铜在冷轧时必须严格控制加工率，以防沿脆性的 β 相的开裂。α+β 黄铜中以 α 相构成连续基体时，对材料的塑性变形最为有利。反之强度虽然可能有所增加而塑性却明显下降。

冷加工后的 α 黄铜生产中采用 500～700℃ 下退火。退火后的晶粒平均直径在 0.025～0.045mm 之间时，黄铜带的冲压性能最为适宜。而对 α+β 双相黄铜，由于 β 相再结晶温度较高，退火温度宜在 600～700℃ 之间。

（2）加工黄铜的脱锌腐蚀与应力腐蚀　耐蚀性是黄铜的重要使用性能之一。w（Zn）低于 15% 的黄铜，在大气、纯净的淡水、多种介质的水溶液中均与纯铜有相近的耐蚀能力。但当 w（Zn）大于 15% 时，特别是对 α+β 双相黄铜，其脱锌腐蚀与应力腐蚀问题比较突出。

脱锌腐蚀是黄铜接触了含氧的中性盐类水溶液而发生的。合金中的锌被选择性地溶解出来，留下了多孔薄膜状的强度很低的残留铜。在 α 单相黄铜中，脱锌区会全部变为铜的多孔残留体。在 α+β 黄铜中，β 相优先溶解，其后才扩展到 α 相脱锌。脱锌腐蚀又分为均匀层状脱锌（在海水中易出现）与局部栓状脱锌（在淡水中易出现）两种。前者使材料壁厚较均匀地减薄。材料尚能在较长的时间内不致发生穿孔破坏。后者则可能出现栓状的铜块突然剥落形成穿孔，使用低锌黄铜或在 α 相黄铜中加入 w（As）、w（P）或 w（Te）为 0.03%～0.05% 时，脱锌腐蚀现象可以得到减轻和抑制。

应力腐蚀又称季节破裂，简称 SCC。它不仅存在于加工黄铜，不少其他铜合金甚至加工铜都有应力腐蚀发生的可能。应力腐蚀是材料内存在超过某临界值的拉应力（此临界值往往远低于材料的屈服强度）并协同某特定介质环境所引起的。应力腐蚀所引起开裂的特征与疲劳及腐蚀疲劳有相同之处，即材料的脆断，破裂处几乎不产生任何收缩变形。加工黄铜的应力腐蚀，往往是存有冷加工的残余应力，或外加拉应力且处于易引起锌选择性溶解的腐蚀介质，加工黄铜中如含氨、氧、水分、铵盐、SO₂、汞盐、硝酸、硫酸气氛、尿液等，再加上铜合金本身易于脱锌的三个因素所引起的。加工黄铜中含锌量越高，所受应力越大，则在腐蚀介质中破裂前的持续时间越短。低锌黄铜的应力腐蚀破裂多沿晶界发生。高锌（如 $w(Zn)$ 大于 30%）黄铜则多系穿晶破裂，或可能两者的混合。试验室中常用氨薰、硝酸或汞盐法做材料的应力腐蚀倾向的检查。

为了防止应力腐蚀破裂，必须对冷加工后的黄铜及时进行低温退火（生产中多采用 275～325℃×1～2h 的退火）并须保证材料的贮运过程中不得有外加负荷，以防材料内部产生新的超过某一临界值的拉应力。

黄铜在高温（300～900℃）下会同时出现氧化与脱锌。氧化使表面出现含 Cu_2O 与 ZnO 的氧化层。锌在高温下易挥发，脱锌使黄铜表面含锌量降低，使 α + β 双相黄铜表面的 β 相可能消失。为防止氧化，材料须在无氧化气氛中退火。但很薄的氧化膜又可以抑制脱锌的发生。故黄铜多采用在含微量氧的氮气或 CO_2 气氛中退火，以得到较好的表面质量。

2. 复杂黄铜

在铜-锌二元合金中再加入少量其他合金元素构成的多元（三元、四元甚至五元）合金，称为复杂黄铜或特殊黄铜。加入的第三组元为锡的称为锡黄铜。同样的还有铅黄铜、锰黄铜、铝黄铜、硅黄铜、镍黄铜等。第四、第五组元则不在名称或符号中标出，仅以数字表示其名义加入量。复杂黄铜的理化性能及力学性能较普通黄铜有了不同程度的改善和提高。

新元素加入后本应根据相应的多元合金相图分析其金相组织，但通常再加元素的含量都不很高，故常以 Cu-Zn 相图为基础，再改善添加元素对 α、α + β 相界线左右移动的影响来大致了解其金相组织。人们把加入某元素的质量分数达到 1% 后，其金相组织相当于增加或减少多少含锌量的系数 K_i，称为该元素的锌当量系数（又称为海茵当量）。表 9-2-3 为常加入黄铜中合金元素的系数表。

表 9-2-3　几种合金元素的锌当量系数表

元 素 名 称	硅	铝	锡	镁	铅	镉	铁	锰	钴	镍
锌当量系数 K_i	10	6	2	2	1	1	0.9	0.5	0.1～1.5	−1.3～−1.5

例如：向普通黄铜中加 $w(Si)$ 为 1%后，相当于又增加 $w(Zn)$ 为 10%后的合金组织，故硅的加入将明显缩小 α 相区。加入 $w(Ni)$ 为 1%后，相当于减少 $w(Zn)$ 为 1.5%的合金组织，故镍使 α 相区扩大。Cu-Zn 二元合金加入其他元素后相当于锌的总含量（又称为虚拟含锌量）X 可用下式计算

$$X = \left(\frac{A + \sum C_iK_i}{A + B + \sum C_iK_i} \right) 100\%$$

式中　A——Zn 的实际含量；

　　　B——Cu 的实际含量；

　　　C_i——某一元素的实际含量；

Ki——该元素的锌当量系数。

判断相组成的标准是：$X<36\%$时为 α 单相，X 在 36%～46.5%时为 α＋β 双相，X 在 46.5%～50%时为 β 相。以 HA159-3-2 为例，此时 w（Cu）为 59%，w（Zn）为 [100－（59+3+2）]%=36%，将铝的锌当量系数为 6、镍的锌当量系数为－1.5 代入，则 X= {36+ [3×6+2×（－1.5）] / 36＋59＋[3×6+2×（－1.5）] } ×100％＝46.4%。

对照上文可知其组织应以 β 相为基，而实际生产检验中也确是如此。但此公式仅对加入量甚少时适用，否则仅能作为参考。实际上仍要对具体的多元合金相图作考查后，方能更准确地了解此合金的相组成，故实际的 HAl59-3-2 铸态下常有 γ 相的存在。经热处理后还可以看到 α＋β＋γ 的三相并存。在 HPb59-1 中只要加入 w（Pb）1%左右就可在任何状态下发现有第三相——游离铅的存在。

还要指出的是复杂黄铜中的 α 相、β 相已呈多元合金的固溶体，故其强化效果较 Cu-Zn 二元合金中的 α 相、β 相要强得多。

（1）锡黄铜　少量锡固溶于 α 及 α＋β 黄铜中可提高铜合金的耐蚀性、强度和硬度。若其含量过多则使铜合金的塑性下降，故通常只在黄铜中加入 w（Sn）为 1% 左右。锡能抑制普通黄铜的脱锌现象，提高耐蚀性。锡黄铜在淡水及海水中均耐蚀，故又称为海军黄铜，多用于海船制造、热电厂的冷凝器及其他耐蚀零件。HSn62-1 在显微镜下除看到 α＋β 相外，还有亮白色的 γ 相（CuZnSn 化合物）存在。HSn70-1 中再加入微量 As 和 Sb，其耐蚀性会得到进一步的提高。HSn70-1 在平衡态下应为单相 α 组织，但实际铸态下常常会出现由不平衡相 β 分解出的 γ 相存在。通过扩散退火 γ 相即可消失。

（2）铅黄铜　铅在黄铜中以独立的游离铅相存在。游离的铅质点既有润滑作用，使其宜作减磨零件，又可使切屑呈崩碎末状。故铅黄铜可进行高速切削并获得光洁表面。若 w（Pb）超过3%后，加工性能不再有明显改善，且强度、硬度及断后伸长率不断下降，故若 w（Pb）通常不超过 3%。铅在 α 单相黄铜中的溶解度 w（Pb）小于 0.03%。通常 α 单相铅黄铜只能进行冷轧或热挤。而 β 相中可固溶 w（Pb）达 0.3% 以上，且 α＋β 双相黄铜在加热中会发生 α＋β→β 的转变，铅此时可由晶界转入晶内，从而减轻了铅对黄铜的危害，提高了材料的高温塑性。以 H63 为例，按平衡图其组织应为单相 α 组织，铅的存在使之难以热加工，但若加入锌当量很高的 w（Al）达 0.4%时,因为扩大了名义含锌量，成为 α＋β 双相黄铜，热轧就变得可以进行。

铅的分布情况对黄铜的性能影响很大，作手表机芯的铅黄铜，如铅的分布集中不均匀时，对钻孔加工极为有害。为此在熔炼时须加强搅拌，以得到分散、均匀、细小的铅颗粒分布，这样对材料的耐磨性及精密加工都较有利。

（3）铝黄铜　铝的锌当量很高，加铝能显著地缩小 α 相区，扩大 α＋β 相区并将出现 γ 相。铝在黄铜表面离子化的倾向比锌大，能优先与空气中的氧结合生成坚固致密的氧化薄膜，其耐蚀性特别是对高速海水的耐蚀性有了很大的提高。铝还能显著地提高合金的强度，但塑性同时会明显下降，因此铝黄铜中的 w（Al）多控制在 2%左右。

工程金属材料上常用的 HAl77-2 黄铜具有良好的铸造、加工、化学及力学性能，如再加入微量的 As、Sb、Ni、Cr、Si、Mn、Be 等，则其抗蚀能力和力学性能可得到更大的提高，且不出现新相，在加入 As 的同时如再加入极微量的 Be，所形成的坚实保护膜有"自愈合"能力，故可广泛用于造船、海滨电厂冷凝器及其他耐蚀零件。

在 HAl59-3-2 中，镍能提高耐蚀性。合金组织由强度很高的 β 相为基与硬度很高的 γ 相组成（平衡态下还可析出少量 α 相），此合金仅可作热加工，多用于造船、电机制造及常温下要求高强度耐蚀的零件。

目前在轿车工业中使用的齿轮环材料 HAl64-4-3（Fe）-1（Si）及 HAl65-5-4（Mn）-1（Fe）中另加有 w（Pb）为 0.4%，具有耐腐、耐蚀及优良的力学性能，并可通过热处理改变其性能。其显微组织分别由 β + α + Fe_3Si 及 β + α + Mn_5Si_3+Fe_3Si+微量铅相构成。

（4）铁黄铜　铁在黄铜中的溶解度极小，通常都以游离的富铁相存在。铁可以作为晶核而细化晶粒，阻止晶粒长大，铁与锰、镍、锡等互相配合，可提高黄铜的强度及在大气、海水下的耐蚀性，但含铁量过高时，富铁相的增加，可引起铁相的偏析反而会降低合金的耐蚀性。通常在黄铜中 w（Fe）不超过 1.5%，如同时存在 Si 时，Si 与 Fe 可形成高硬度的 Fe_3Si 质点（950 HV），使合金的加工性能变差。

（5）锰黄铜　锰的锌当量为 0.5，能较多地固溶于 α 黄铜，产生固溶强化，并能很好地承受热冷态压力加工。锰能显著地提高黄铜在海水、氯化物和过热蒸汽中的耐蚀性；同时加有 Al、Fe、Si 的锰黄铜广泛用于造船及军工部门。铜中 w（Zn）在 30% 时，只需加入 w（Mn）10% 就可以使合金变成类似白铜的银白色。当 w（Mn）为 12%，即可部分地代替白铜。应用于工业上的高锰黄铜经淬火与时效可获得很高的强度与硬度（R_m 为 840MPa，硬度为 400 HV）。

近来试制的 HMn62-3-3（Al）-0.7（Si），具有优异的力学性能与耐蚀性，广泛地用来制作轿车同步齿轮环，其相组成为 β + α +Mn_5Si_3，并可通过淬火及时效处理改变其组织与性能。

（6）硅黄铜　硅的锌当量系数高达 10，故能急剧地缩小 α 相区，含硅量增高时，高温下出现一种密集六方晶格的 K 相，K 相在高温下有足够的塑性，454℃ 左右分解成 α + γ（Cu_5Si）共析体。当含锌量增高，含硅量降低时，则为 α + β 组织。硅黄铜对有害杂质特别是 Al、Fe、Pb、Sb、As、P 等非常敏感，故应严格控制其含量。

硅可提高黄铜在海水中的耐蚀性，抗应力腐蚀破裂的能力也较高，有高的力学性能、铸造性能，且耐寒、可焊接，常用来代替锡黄铜制作一些高强度的耐蚀零件。

（7）镍黄铜　镍的锌当量系数为负值，加镍后 α 相区扩大，一些高锌黄铜加镍后可获得含量较少 β 相的高强度合金。镍提高了黄铜的强度、耐蚀性和韧性，是部分锡磷青铜及白铜的代用材料。加镍的同时又加入一定比值的铝的铝镍黄铜，经 850℃ 淬火 500℃ 回火的调质处理后，其强度可大幅度提高。

黄铜的金相图片见图 9-2-1～图 9-2-146。

第3节　青　铜

按我国现行的铜合金分类法，纳入国家标准的加工青铜牌号有 41 个，美国则多达 68 个。青铜的牌号在我国统一用 Q 字母表示，后面附以主要加入元素的化学符号及所有特意加入合金元素的名义含量。如 QAl10-3-1.5，其化学成分除铜外还含有 w（Al）10%、w（Fe）3%、w（Mn）1.5%。青铜的种类繁多，添加元素不同，其组织与性能差别很大，在工业上应用很广。

1. 锡青铜

锡青铜是人类文明史上使用最早的一种铜合金。我国古代留下的一些古钱币、古铜镜、古剑及钟鼎之类皆系锡青铜所制。现代工业使用的锡青铜中还加入了磷、锌、铅等合金元素、锡青铜的强度较纯铜、黄铜更高且耐腐蚀，可焊接，耐低温，冲击时不产生火花，因而得到了广泛的使用。部分加工锡青铜及铸造锡青铜的合金牌号（代号）、化学成分及用途见表 9-3-1。

表 9-3-1　部分加工、铸造锡青铜的合金牌号（代号）、化学成分及用途

合金牌号		化学成分（质量分数，%）					用途举例
		Sn	P	Zn	Pb	Cu	
加工锡青铜	QSn4-0.3	3.5～4.5	0.20～0.40	—	—	余量	测量仪表所需各种尺寸的管材
	QSn6.5-0.1	6.0～7.0	0.1～0.25			余量	要求导电性能好的弹簧接触片或其他弹簧，精密仪器中的耐磨零件和抗磁元件
	QSn6.5-0.4	6.0～7.0	0.26			余量	金属网耐磨零件及弹性元件
	QSn7-0.2	6.0～8.0	0.10～0.25	—	—	余量	中载荷及中速度的受摩擦零件、弹簧簧片及其他机械电气零件
	QSn4-3	3.5～4.5	—	2.7～3.3	—	余量	扁圆弹簧、簧片，化工器械及耐磨抗磁零件
	QSn4-4-2.5	3.0～5.0	—	3.0～5.0	1.5～3.5	余量	航空、汽车、拖拉机及其他工业中承受摩擦的零件，如衬套、圆盘、轴套的衬垫等
	QSn4-4-4	3.0-5.0	—	3.0～5.0	3.5～4.5	余量	
铸造锡青铜	ZCuSn3Zn11Pb4	2.0～4.0		9.0～13.0	3.0～6.0	余量	25atm[①]以下的淡水、海水和蒸汽中工作的零件
	ZCuSn3Zn8Pb6Ni1	2.0～4.0	Ni0.5～1.5	6.0～9.0	4.0～7.0	余量	
	ZCuSn5Pb5Zn5	4.0～6.0		4.0～6.0	4.0～6.0	余量	较高荷载、中等滑速的耐磨耐蚀零件，如轴瓦、缸套、泵体等
	ZQSn6-6-3[②]	5.0～7.0		5.0～7.0	2.0～4.0	余量	中载中速的轴承、螺母等耐磨零件等
	ZCuSn10P1	9.0～11.0	0.8～1.2			余量	高载荷（20N/mm² 以下）和高滑速（8m/s）下工作的耐磨零件，如连杆、齿轮、蜗轮等
	ZCuSn10Zn2	9.0～11.0		2.0～4.0		余量	慢速中载或重载的耐磨零件，大气压下的管配件、阀、齿轮等

① 1atm=101.325kPa。

② ZQSn6-6-3 为旧标准 GB 1176—1974 牌号，目前企业仍在应用，供参考。

　　工业上获得应用的锡青铜中的 $w(Sn)$ 大都不超过 14%。在 $w(Sn)$ 不超过 20% 的 Cu-Sn 二元合金中可能出现以下的相：

　　1）α 相：为锡溶入铜中的固溶体，面心立方晶格，是锡青铜中最基本的组成相。

　　2）β 相：以电子化合物 Cu_5Sn 为基的固溶体，体心立方晶体结构。只在高温下存在，温度降至 586℃ 发生 β → α+γ 的共析转变。若在高温 β 相区淬火急冷，则可得到硬脆的 β' 马氏体非稳定相。

　　3）γ 相：也只在高温下存在，复杂立方晶体结构。温度降至 520℃ 时发生 γ → α+δ 的共析转变。

　　4）δ 相：为以电子化合物 $Cu_{31}Sn_8$ 为基的固溶体，具有复杂立方晶格。在 350℃ 下又会

发生 $\delta \rightarrow \alpha + \varepsilon$ 的共析转变，但实际上这种转变极为困难，故 δ 相也是 Cu-Sn 合金室温下的常见相。δ 相属硬脆相，显微镜下呈浅蓝灰色，不能进行塑性变形，它的出现会导致合金的塑性下降。

5）ε 相：按 Cu-Sn 二元平衡图，室温下似应有 ε 相存在，但此相不论由 δ 相的共析分解或自 α 相的析出都极为缓慢，故实际上极难出现。但也有资料表明 $w(\mathrm{Sn})$ 为 5% 青铜经大加工率冷轧并作淬火时效处理，即可能出现亚稳定的 ε' 相及 GP 区。

由 Cu-Sn 二元平衡图可见，其固液相线的水平及垂直距离都很大，加上锡原子在铜中的扩散速度极慢，因而实际铸造组织与相图有很大的偏离；α 相界线显著向铜侧移动，结果使得高温下位于 α 单相区的锡青铜铸态下也常可看到 δ 相，其铸造组织均有极明显的树枝状晶内偏析。在三氯化铁或硝酸高铁溶液浸蚀下，先析 α 相因含铜量高不易浸蚀，其周围因含铜量的减少含锡量的增高，颜色逐渐变黑或出现浮雕。当 $w(\mathrm{Sn})$ 在 5%~6% 以上时，位于枝晶枝叉间的锡达到一定的含量便会出现由高温 γ 相分解出（$\alpha + \delta$）共析体。（$\alpha + \delta$）相多呈不规则块状，浸蚀前呈蓝灰色，浸蚀后内有斑纹。树枝状晶内偏析及含锡量较低时出现的 δ 相经高温长时间退火（650~700℃×8h 以上）通常可以完全消除，从而得到单一的 α 相，合金的塑性得到明显地提高。变形锡青铜中 $w(\mathrm{Sn})$ 最高不超过 8%，故经加工退火后均为有明显孪晶的 α 单相合金。铸造锡青铜中 $w(\mathrm{Sn})$ 最高可达 24%，其相组成较复杂。

由于锡青铜的结晶间隔宽，其铸造流动性差，凝固时线收缩小，易在铸件的断面形成分散的疏松，降低了铸件的致密度，并易出现含锡量边部高中心低的反偏析现象，严重时在铸锭（件）表面出现白色的"锡汗"瘤（实际是 δ 相）。为了克服这些缺陷，现代工业锡青铜都分别加入了一定量的磷、锌、铅等组成锡磷青铜、锡锌青铜和锡锌铅青铜，其性能及组织得到很大的提高与改善。加入这些元素对合金的影响分述如下：

（1）磷　磷的加入能改善 Cu-Sn 合金的铸造性能，提高其流动性，并能有效地脱氧。磷提高合金的强度和硬度，以及弹性极限、弹性模量、疲劳强度和耐磨性。锡磷青铜是工业上广泛使用的弹性材料之一。Cu-Sn 合金加磷后，α 相区急剧向铜角缩小而出现 Cu_3P。

Cu_3P 与 δ 相在显微镜下相似，但颜色较 δ 相为深，缓冷时 Cu_3P 呈放射层状。激冷下呈蓝灰色颗粒。用体积分数为 50% 的硝酸浸蚀时 Cu_3P 不变色，而（$\alpha + \delta$）共析体可全部呈黑色。用体积分数为 5% 的赤血盐水溶液浸蚀时，Cu_3P 可随浸蚀时间的延长而加深成黑灰色，而（$\alpha + \delta$）不变色。

当锡磷的含量都达到一定含量时，Cu_3P 与（$\alpha + \delta$）形成（$\alpha + \delta + Cu_3P$）的三元共晶 T 相，该点在 $w(\mathrm{Cu})$ 80.7%、$w(\mathrm{Sn})$ 14.8%、$w(\mathrm{P})$ 4.5% 处，其熔点为 628℃。用赤血盐水溶液浸蚀时，可见 Cu_3P 位于共晶体的边缘呈黑灰色，（$\alpha + \delta$）则呈蓝灰色不规则块状，且内有斑纹。低熔点的三元共晶 T 相的存在会导致合金的热脆。变形锡青铜中，含磷的量不能超过 $w(\mathrm{P})$ 0.5%，否则将引起加工时的热裂。

（2）锌　锡青铜中加锌后称为锡锌青铜。在 Cu-Sn 合金中加入锌后，结晶温度范围变窄，提高了合金在液态下的流动性。锌还促进熔炼铸造的脱氧除气，减少反偏析倾向，提高合金的致密度，减轻晶内偏析程度。锌能大量固溶于锡青铜的 α 相中，提高合金化程度，改善材料的力学性能，降低生产成本。在一定量的含锌范围内合金的显微组织无明显改变。

（3）铅　铅实际上不溶于锡青铜，而以游离铅相的形态分布于结晶枝叉或填充于锡青铜易于出现的显微疏松处，从而提高了铸件的致密度。这一点在我国的古铜镜及古钱币制造中便应用了这一技术。w（Sn）超过 10% 的锡青铜，因其硬脆不能进行压力加工。但加入一定量的铅和锌后其铸造性能及作为轴瓦的磨合适应能力都大大提高。因此常用来铸造轴瓦和齿轮坯。含铅的锡青铜具有热脆性，所以它们只能经均匀化退火处理后在冷态下加工变形。此外，锡青铜加铅时，铅的分布往往不易均匀，通过加入少量镍后，可改善铅的分布并细化组织。

2. 铝青铜

铝青铜又分普通铝青铜和复杂铝青铜两类。前者是普通的 Cu-Al 二元合金，后者除加铝外还含有铁、锰、镍等其他合金元素。铝青铜具有比黄铜和锡青铜更好的力学性能，液态下流动性良好，晶内偏析及疏松倾向小，铸件致密，耐蚀、耐寒、耐磨，冲击时不产生火花。可通过热处理改变其性能，是一种优良的铜合金品种。其缺点是凝固时线收缩率大，融体易被氧化铝膜夹杂污染，较难焊接。我国现行纳入国家正式标准的铝青铜的牌号（代号）、化学成分及用途见表 9-3-2。

表 9-3-2 部分铸造、加工铝青铜的合金牌号（代号）、化学成分及用途

合金代号		主要成分（质量分数，%）					用途举例
		Al	Fe	Mn	Ni	Cu	
加工铝青铜	QAl5	4.0～6.0	0.5	0.5	—	余量	弹簧及其他要求耐蚀的弹性元件
	QAl7	6.0～8.0	0.5	～0.5	—	余量	
	QAl9-2	8.0-10.0	0.5	1.5～2.5	—	余量	高强度零件、海轮及 250℃以下工作的管配件和零件
	QAl9-4 [C62300]	8.0～10.0	2.0～4.0	0.5	—	余量	高强度耐磨零件及船舶电气零件
	QAl10-3-1.5 [C63200]	8.5～10.0	2.0～4.0	1.0～2.0	—	余量	船舶用高强度耐蚀零件，如齿轮、轴承等
	QAl10-4-4 [C63020]	9.5～11.0	3.5～5.5	～0.3	3.5～5.5	余量	高强度耐磨耐蚀和 400℃以下工作的零件，如轴衬、轴套、飞轮、齿轮、阀座等
	QAl11-6-6	10.0～11.5	5.0～6.5	～0.5	5.0～6.5	余量	高强度耐磨零件和 500℃以下工作的零件
铸造铝青铜	ZCuAl9Mn2	8.0～10.0	—	1.5～2.5	—	余量	耐磨耐蚀零件，大型铸件以及 250℃以下工作的管配件铸件
	ZCuAl10Fe3	8.5～11.0	2.0～4.0	—	—	余量	高强度耐磨耐蚀的重要铸件，如轴套、齿轮以及 250℃以下工作的管配件
	ZcuAl10Fe3Mn2	9.0～11.0	2.0～4.0	1.0～2.0	—	余量	要求高强度耐磨耐蚀的零件，如齿轮、轴承、衬套以及耐热管配件
	ZCuAl9Fe4Ni4Mn2	8.5～10.0	4.0～5.0	0.8～2.5	4.0～5.0	余量	要求高强度耐磨耐蚀的铸件，船舶螺旋桨和 400℃以下工作的零件，如法兰、阀体、导向套管
	ZCuAl8Mn13Fe3Ni2	7.0～8.5	2.5～4.0	11.5～14.0	1.8～2.5	余量	高强度耐磨耐蚀的重要铸件，如船舶螺旋桨、高压阀体及耐压耐磨零件

（1）铜-铝二元合金的金相组织　铜-铝二元合金的铜侧凝固范围狭小，流动性良好，铸造时易生成发达的柱状晶和集中的缩孔，铝青铜中 w（Al）通常不超过 12% 其可能出现的相有以下三种：

1）α 相：是以铜为基的固溶体，面心立方晶格，具有较高的力学性能和塑性变形能力，是铝青铜的基本组成相。

2）β 相：是以电子化合物 Cu_3Al 为基的固溶体，体心立方晶体结构，只在 570℃ 以上稳定，有热塑性，可承受热加工变形。

3）γ_2 相：是以电子化合物 $Cu_{32}Al_{19}$ 为基的固溶体，复杂立方晶体结构，性极硬脆（520 HV）。

w（Al）在 7.4% 以下的普通铝青铜为 α 单相固溶体组织，塑性良好，易于进行冷热加工。w（Al）在 7.4%～9.4% 的铝青铜，按平衡图高温下为 α + β 组织；565℃ 以下应为 α 单相固溶体。但在实际生产中 β → α 的转变往往不能完成，而保留少量 β 相。β 相随后分解为（α + γ_2）共析体，此时强度增高而塑性降低。

w（Al）超过 9.4% 以后，合金的相变过程变得非常复杂，缓慢冷却时，合金在 565℃ 发生 β →（α + γ_2）的共析转变。生成的共析体与退火钢中的珠光体相似，有明显的层状组织。若冷却非常缓慢而导致出现粗大的 γ_2 相时，合金将严重变脆，这就是所谓"自发退火"现象。

当冷却速度加快时 β →（α + γ_2）的共析分解被抑制，所形成的亚稳定组织依冷却时到达的温度和在此温度下停留的时间不同而生成上贝氏体、下贝氏体和无扩散型相变生成的针状马氏体 β'组织。硬度为 171HV，比 α 相硬度高但比 γ_2 相 520HV 为低，也不如共析组织（α + γ_2）272～305HV 那么硬。β'相是一种亚稳定组织，经回火后自 β'相中析出大量 α 相时，其硬度及强度均会降低，当自 β'相析出细密的（α + γ_2）共析体时，强度和硬度又会提高。因此铝青铜可以通过淬火及不同温度的回火处理，使之得到不同的组织与性能。

（2）合金元素对 Cu-Al 合金组织与性能的影响　为了改进铝青铜的组织与性能，在其中又加入了铁、锰、镍等合金元素，构成了复杂铝青铜，加入这些元素的影响分述如下：

1）铁：在 Cu-Al 合金中 w（Fe）可达 2%～3%，铁的质量分数超过 4% 时，则出现 Al_3Fe 化合物（又称 K 相、富铁相）呈颗粒状析出。此时铁可起变质作用细化晶粒。含铁量进一步增加便会有针状的 $FeAl_3$ 析出。降低了合金的力学性能和耐蚀性。工业上铝青铜中 w（Fe）不超过 6.5%，铁在较低温度下能抑制相变过程的进行，增加 β 相的稳定性，显著减轻合金因"自发退火"而变脆的倾向。

2）锰：锰能较多地固溶于铝青铜中的 α 相，提高 α 相的合金化程度，产生固溶强化。同时又能降低铝在 α 相中的固溶度。锰能稳定 β 相，推迟共析转变的发生。

在 QAl 9-2 中，含铝量在下限时为 α 单相组织，若含铝为上限则出现（α + γ_2）组织，由于锰的作用使共析体非常细密。QAl9-2 即使在冷加工中也有很好的塑性，可以板、带、管、棒等多种形式供应。此合金有较高的强度、塑性、耐磨、耐冲击，并在 250℃ 时还可保持较高的强度。

含锰的铝青铜再加入一定量的铁可进一步细化组织，其力学性能及耐磨性能都得到进一步的提高，消除因 γ_2 相的出现而导致的选择性腐蚀。复杂铝青铜 QAl10-3-1.5 既可通过热处理（淬火、回火）改变其性能，还可通过加 w（Ti）、w（B）、w（V）为 0.01%～0.05% 进行变质处理，可使合金的强度及硬度大幅度提高，是铝青铜中的大宗产品。

3）镍与铁：镍能提高铝青铜的强度、硬度、热稳定性和耐蚀性。经热加工后可不经过再加热淬火便能够进一步时效强化。镍还提高 Cu-Al 合金的共析转变温度及共析点的含铝量。在复杂高铝青铜中，往往同时加入镍和铁以获得更好的综合性能，镍铁铝青铜从零下 200℃到零上 300℃都有很高的综合力学性能，且耐蚀、耐磨，只是加镍后价格较其他铝青铜为高。

在 Cu-Al-Ni-Fe 四元复杂铝青铜中出现一种通常称为 K 相的 Ni-Fe-Al 相，为有序体心立方晶格，其结构与 NiAl、FeAl 相似，此相能固溶于 α 相及 β 相中，固溶度随温度的升高而增加。当温度超过 925～950℃时，K 相可全部固溶。冷却时 K 相从 α 相及 β 相中析出，产生明显的沉淀硬化。α 相中的 K 相的析出温度较从 β 相中析出的温度低。实验表明：合金中的含铝量、铁镍含量及相互比例以及合金的热处理条件都会影响 K 相的析出形态及合金的性能。当合金中的含镍量大于铁时 K 相呈层状析出，反之含铁量大于镍时 K 相将以块状析出。只有在铁、镍的含量大致相同时，K 相才以细粒状析出，有利于合金得到较高的力学性能。合金同时含有 w（Fe）、w（Ni）为 4%～6% 时，能扩大 α+K 相区，缩小 β 相区，此时若提高合金中的含铝量，会提高材料的合金化程度，提高合金的强度。对含镍铝青铜加入少量锰，也可促进 K 相以细粒状析出。

Cu-Al-Ni-Fe 四元系铝青铜的相变很复杂，下列两牌号的铜合金在冷却过程中可有如下相变程序：

1）QAl10-4-4：β → α+β → α+β+K → α+K

2）QAl11-6-6：β → β+K → α+β+K → α+K+γ_2

对这类合金加热到完全 β 相区并随后淬火时，将发生无扩散马氏体相变，生成针状 β′马氏体。若再行加热到不同温度进行回火，β′相将发生分解引起组织和性能的明显改变。挤压的 QAl10-4-4 硬度约在 160 HBW 左右。经 980℃淬火并随后在 400℃下回火 2h，硬度可猛增到 400 HBW。

3. 铍青铜

铍青铜是铜合金中综合性能极佳，时效效果极好的一种典型铜合金材料。它具有很高的强度、硬度和弹性极限；且弹性滞后小，稳定性高，抗蠕变、耐磨、耐蚀、耐疲劳、无磁性、导电导热性能高，冲击时不产生火花等优良性能。缺点是生产中有毒性、价格高。工业上铍青铜还常加有 Ni、Co、Ti、Al 等其他元素。铍青铜的合金代号、化学成分及用途见表 9-3-3。

表 9-3-3 加工铍青铜的合金代号、化学成分及用途

合金代号	主要成分（质量分数，%）				用途举例
	Be	Ni	Ti	Cu	
QBe2.15	2.0～2.3	—	—	余量	已淘汰，不再生产，但因其组织具有典型性故也列入
QBe2	1.9～2.2	0.2～0.5	—	余量	用于制造重要的弹簧及弹性元件，各种耐磨零件及在高速高压高温下工作的轴承衬套，仪表零件、膜片、膜盒、波纹管，矿山炼油厂用冲击不产生火花工具及各种深冲零件
QBe1.7	1.6～1.85	0.2～0.4	0.10～0.25	余量	用于制造重要弹簧、精密仪表的弹性元件、敏感元件及高交变载荷的弹性元件
QBe1.9	1.85～2.10	0.2～0.4	0.10～0.25	余量	

（1）铍青铜的组织及相组成 铍青铜中可能出现 α、β、γ 三种相，各相的显微硬度在不同状态有很大的变化，见表 9-3-4。含铍的质量分数为 2% 以上的铸态铍青铜，其显微组织以 α 相为基，枝晶间为（α+γ）共析体。如经淬火则为 α+β 组织。β 相为无序体心立方固溶体，有良好的高温塑性，为高温稳定相，经淬火可保留至室温。在二氯化铜氨水溶液的浸蚀下呈亮白色，而此时 α 相基体较暗从而得以区分。γ 相为体心立方晶格的有限固溶体，用硝酸高铁酒精溶液浸蚀时颜色发暗。大颗粒的 γ 相在二氯化铜氨水溶液浸蚀下呈浅蓝色。二元铜铍合金在加热时晶粒极易长大，冷却时过饱和的 α 相会很快分解并发生明显的体积变化（3%～9%），易在材料内部形成应力而导致开裂，为此需在高温下快速冷却，淬火后的铍青铜性质柔软，易于冷态加工。

表 9-3-4 铍青铜中各相的显微硬度

相及其状态	维氏硬度 HV	相及其状态	维氏硬度 HV
780℃淬火后的 α 相	100～130	780℃淬火后的 β 相	200～240
冷变形后的 α 相	200～280	冷变形后的 β 相	340～400
320℃时效 2h 后的 α 相	320～400	320℃时效后的 γ 相	600～660

淬火后的铍青铜时效的效果极为显著。w（Be）为 2%～2.5% 的铍青铜，经 780℃淬火后，R_m 为 450～500N/mm^2，A 为 40%～50%、硬度为 90 HV，经过 320℃×2h 时效，R_m 猛增到 1250～1400N/mm^2，硬度为 375 HV，A 则降至 2%～3%。

铍青铜时效过程中组织结构的变化及强化机制很复杂。实验证明：铍青铜的时效是一个过饱和的固溶体 α 相的共格脱溶过程。其在晶内的脱溶顺序是：α 相→Be 原子偏聚区（GP 区）→过渡相（介稳相）γ'［γ'的（100）面与母相 α 的（100）面共格］→稳定相 γ$_{CuBe}$（此时共格关系破坏）。合金的强化主要是在过渡相 γ' 的生成时刻，此时由于新相与母相共格关系的结合，在脱溶物周围形成较大范围的应变场，阻碍了变形中位错的运动而使屈服强度升高。当稳定相 γ 相生成时共格关系即被破坏，合金开始软化，GP 区及 γ" 在金相显微镜下均不能分辨，只有在电镜下方可证实。实验还证明：铍青铜的脱溶首先是从晶界开始，并以比晶内更大的脱溶速度而发展的，这就是在显微镜下看到的位于晶界的"瘤状组织"。当晶内产生强化时，晶界却往往已经过时效并导致合金宏观硬度的降低。w（Be）为 2% 以上的铍青铜淬火后常出现 β 相，β 相分布不良会破坏组织的均匀性，降低材料的疲劳性能和弹性稳定性，甚至沿 β 相断裂，若 β 相呈粗大的条带（链条）状分布则影响更坏。改进铍青铜的加工和热处理工艺，可使链条状的 β 相变成细小的粒块状，均匀分布，铍青铜的性能会有很大的改善。现在更多的是通过加入其他合金元素并降低含铍量使 β 相不再出现，从而保证组织的均匀性。

（2）合金元素的影响

1）镍与钴：此二元素能与铍形成 NiBe、CoBe 化合物，它们在 α 相中的固溶度随温度的降低而急剧减少，通过时效处理也起时效强化作用，少量的镍与钴能延缓再结晶，阻止晶粒长大并延缓固溶体的分解，降低晶界的脱溶速度，抑制晶界反应，显著推迟时效软化，因而提高了合金的稳定性。其不良作用是降低铍在 α 相中的固溶度，使 β 相"提前"出现，以致造成组织不均匀，故其加入量需要控制在下限。

2）钛：钛与铍能形成化合物 Be$_2$Ti。Be$_2$Ti 在 α 相中的最大固溶度可达 3.7%，温度下降时，固溶度急剧减小，故钛可提高合金的时效强化效果。含镍的铍青铜加入 w（Ti）0.1%～0.25%后，在保证与同类材料力学性能相当的条件下，可降低合金中的铍、镍含量，减少 β 相，提高合金的组织均匀性。钛还能细化铸造晶粒，降低铍在晶界的浓度与扩散速度，抑制晶界反应，阻止 γ 相在晶界的析出，因而合金的加工性能、弹性稳定性及弹性滞后均得到改善。

4. 硅青铜

硅青铜中硅的质量分数一般不超过 3%，生产中同时还加入锰、镍或少量的锌、铁，从而使硅青铜的强度高，耐大气和海水腐蚀，耐磨，耐低温，无磁性，冲击时不产生火花，铸造、冷热加工及焊接性良好，价格较低，因而得到广泛的应用，其主要合金代号、化学成分及用途见表 9-3-5。

表 9-3-5　硅青铜的主要合金代号、化学成分及用途

合金代号	主要成分（质量分数，%）					用途举例
	Si	Mn	Ni	Zn	Cu	
QSi3-1	2.7～3.5	1.0～1.5	0.2	0.5	余量	可用于制造各种弹性元件及腐蚀条件下工作的蜗轮、蜗杆、齿轮、衬套等耐磨零件
QSi1-3	0.6～1.1	0.1～0.4	2.4～3.4	0.2	余量	可用于制造在较高温度（300℃以下）工作的发动机零件，还可用于工作压力不大但润滑条件不良的耐磨零件
QSi3.5-3-1.5	3.0～4.0	0.5～0.9	Fe 1.3～1.8	2.5～3.5	余量	可用于制造高温下工作的轴套

（1）硅青铜的金相组织　含硅较高时 Cu-Si 合金中除 α 相基体外，还会出现 K 相，并在 555℃有一个 K→（α + γ）的共析转变，但在实际冷却条件下这种反应很难进行，故 K 相可保留至室温。K 相为六方晶系，偏光下有消光现象，加工退火后无退火孪晶出现，从而可与 α 相分开，当硅的质量分数超过 3.5% 时，低温下可能有脆性 γ 相的脱溶，但其强化效果微弱且还会降低合金的塑性和韧性，因而工业上不希望出现。

（2）合金元素的影响

1）锰：硅青铜中加入锰，可产生固溶强化，提高耐蚀性并在熔炼铸造中有脱氧作用。w（Si）为 3%、w（Mn）为 1%的硅青铜在高温下处于 α 单相固溶体状态，450℃以下可有少量 Mn_2Si 化合物沉淀析出，Mn_2Si 的强化作用很弱。相反在硅锰青铜的拉伸制品中，由于冷变形促进了脆性相 Mn_2Si 的析出，导致材料出现所谓的"自脆破裂"。含硅量越高，产生自脆破裂的现象越严重。故在硅锰青铜中含硅量应取下限，并对成品应及时进行一次低温退火，即可避免自脆破裂的产生。

2）镍：镍能使合金固溶强化并提高其耐蚀性，合金还兼有良好的导电性。硅青铜中的镍与硅能形成化合物 Ni_2Si。Ni_2Si 在 α 相中的溶解度在 1025℃时可达 9%，室温下又降至几乎为零。因此可以通过固溶时效处理借 Ni_2Si 的脱溶予以很好的强化。在 Ni_2Si 中 Ni 与 Si 的质量比近似于 4∶1，因而在 QSi3-1 中应将成分控制在 w（Si）为 0.7%、w（Ni）为 2.9%左右。QSi3-1 经 900℃淬火，500℃×1h 时效其硬度可增至 2 倍以上。

3）锌：锌的加入会缩小硅青铜的结晶温度范围，提高合金的强度与硬度。由于提高了液态下的流动性并有去气作用，故可提高合金的铸锭质量。

4）铁：硅青铜中 w（Fe）超过 0.3%时就会出现游离的铁相以及 FeSi 化合物。铁相的出现会降低材料的耐蚀性。但在 QSi3.5-3-1.5 中同时加入 Zn、Fe、Mn，铁相能阻止材料在高温

下的晶粒长大，并提高合金的耐热性和耐磨性。

5. 钛青铜

工业上除使用铜-钛二元合金外，还有添加锡、铬、铁、铝等元素的多元合金。钛青铜具有高强度、高弹性、耐磨、耐热、耐疲劳、耐腐蚀，冷热加工性好，生产中无毒、无磁性，受冲击不产生火花等优点。作为铍青铜的代用品值得深入研究和推广生产。

几种加工钛青铜的合金代号、化学成分及用途见表 9-3-6。

表 9-3-6 几种加工钛青铜的合金代号、化学成分及用途

合金代号	主要成分（质量分数，%）				用途举例
	Ti	Cr	Al	Cu	
QTi3.5	3.5～4.0	—	—	余量	用于制造高强度、高弹性、高耐磨性的各种元件，如电器开关、继电器的弹性元件，真空管插座，各种控制系统的弹簧，插接元件，膜盒膜片，精密小型齿轮以及各种轴承等
QTi3.5-0.2	3.5～4.0	0.15-0.25	—	余量	
QTi6.0-1	5.8～6.1	—	0.5～1.0	余量	可代替铍青铜作精密仪器和仪表的弹性元件，如振动片、膜片、超高频接触弹性元件、行程开关弹簧片等

高温下，钛在 α 相中的固溶度 w（Ti）可达 4.3%，温度下降时固溶度明显减少。钛青铜可借 Cu_3Ti（一说为 Cu_7Ti_2 γ 相）的脱溶产生的时效硬化使性能得到提高。Cu_3Ti 的析出形态与含钛量及时效温度有关，以 w（Ti）为 3% 的合金为例，在低温时效时析出的是具有正交晶格结构的过渡相；在 460～620℃ 时效时，则以不连续沉淀方式形成类似退火钢中的层状珠光体，析出物 Cu_3Ti 呈层片状；620℃ 以上时效时则以连续脱溶形式形成魏氏体组织。由于高温下钛极易吸收碳、氮、氢等杂质恶化合金性能，因而钛青铜的熔炼及热处理需在真空或保护性惰性气体下进行。且其成形性较铍青铜差，需加入某些合金元素（如铁）加以改进，这都是钛青铜生产中存在的问题。在钛青铜中加入一定量的镍（镍钛的质量比为 3.68 时），可形成时效强化相 Ni_3Ti，不仅可提高强度，也可提高其耐热性。加入锡则形成新的第二强化相 TiSn。加入少量锡、铁，可阻止加热时的晶粒长大。加入少量硼、铬、锆，可阻止加热时晶粒长大，细化晶粒，降低固溶处理后的硬度；铬在淬火时效时以单独的铬相析出强化。

6. 其他青铜

这类合金通常为 w（Cu）达 95% 以上，国外称为高铜合金，我国则称其为某合金元素的铜合金，如锰青铜、锆青铜等。

（1）锰青铜 锰青铜的加工性能及力学性能良好，且耐蚀、耐热，适于制作高温下工作的电极合金零件。加工锰青铜的主要合金代号、化学成分及用途见表 9-3-7。

表 9-3-7 加工锰青铜的代号、化学成分及用途

合金代号	主要成分（质量分数，%）		用途举例
	Mn	Cu	
QMn1.5	1.20～1.80	余量	用作电子仪表零件，蒸汽锅炉管配件及接头等
QMn5	4.5～5.5	余量	用作蒸汽管、蒸汽阀、火花塞和锅炉的各种焊接件

锰能大量固溶于铜中。锰对铜可产生固溶强化，合金的硬度、强度、屈服强度均会随含锰量的增加而提高。少量锰还可使铜的伸长率增加，若进一步增加含锰量伸长率虽有降低但

变化不大。锰可使铜的再结晶温度增高 150～200℃。QMn5 在 400℃时仍可保持室温时的力学性能。镍、锌均可固溶于锰青铜中产生固溶强化，故其允许含量较高。含铝的锰青铜经时效硬化处理，其强度可达结构钢的水平，且具有极好的消振能力（比最好的灰铸铁还高 30%），是值得重视发展的新材料。

（2）铬青铜和镉青铜　由于铜中加入少量的铬和镉后的导电、导热性下降均很小，故铬青铜及镉青铜都具有很高的导电、导热性能，此外还具有良好的加工性能和力学性能，耐磨、耐蚀，以及较高的再结晶及软化温度。镉能产生固溶强化；铬可通过淬火时效予以强化。几种铬青铜及镉青铜的合金代号、化学成分及用途见表 9-3-8。

表 9-3-8　几种铬青铜及镉青铜的合金代号、化学成分及用途

合金代号	主要成分（质量分数，%）					用途举例
	Cr	Al	Mg	Cd	Cu	
QCr0.5	0.4～1.1	—	—	—	余量	用于制造电抗整流子和电焊机的电极以及其他在高温下要求高强度、硬度和导电、导热性的零件，还可制成双金属用于刹车盘和圆盘
QCr0.5-0.2-0.1	0.4～1.0	0.1～0.25	0.1～0.25	—	余量	用于制造点焊、滚焊的电极等
QCr1	—	—	—	0.8～1.3	余量	用于制造电动机的整流子等

高温下铬与镉都可部分固溶于铜中，温度下降时分别析出 Cr 相及 Cu_2Cd（β相）。铬青铜在 1000～1030℃下淬火，在 450～500℃时效，或淬火后经冷加工后再时效，可以得到明显地强化。镉青铜由于 Cu_2Cd 相的沉淀效果不明显，因而工业上得不到应用，而仅以冷变形方式予以强化。还应注意的是镉青铜在熔炼铸造中有毒性挥发物，应注意防护。铬青铜中再加入少量铝与镁不会出现新相，但可在合金表面生成一层致密度高、熔点高、电阻低、挥发性的保护膜，从而可有效地防止高温氧化，增强合金的耐热性。

（3）锆青铜　锆青铜具有很好的抗蠕变和热强性，经退火后屈强比小，易成形，抗高温氧化。用于兼备高导电、导热和耐热性的零件和重要部件。几种锆青铜的合金代号、化学成分及用途见表 9-3-9。

表 9-3-9　几种锆青铜的合金代号、化学成分及用途

合金代号	主要成分（质量分数，%）		用途举例
	Zr	Cu	
TUZr0.15	0.11～0.20	余量	用于高导热、导电、耐热、抗蠕变并能良好成形的零件
QZr0.2	0.15～0.30	余量	用作电阻焊接零件及高导电、高强度的电极材料
QZr0.4	0.30～0.50	余量	用作电阻焊接零件及高导电、高强度的电极材料

由 Cu-Zr 二元平衡图可知：Zr 在铜中的最大固溶度（质量分数）在共晶温度 965℃时为 0.11%，超过此成分便会出现（α +Cu_3Zr）共晶组织。温度下降时固溶度急剧减少，而析出稳定而细小的沉淀强化相，可有效地阻止合金在退火时位错的消失和晶界的移动，因而提高了合金的再结晶温度及热强性。锆青铜加入银可提高合金的导电、导热性；加入少量铬可形成 Cu_2Zr，经固溶时效处理，此相能和 Cu_3Zr 一起，更进一步地提高合金强度和硬度。生产中对锆青铜淬火后给予一定程度的变形再进行时效处理，可获得导电、导热与强度都好的综合性能。

（4）铁青铜　铁青铜是一种能较好满足电子工业中引线框架材料要求的价格较便宜的新

合金。它在加入铁的同时还加入少量磷、锌、锡及稀土元素。常用的铁青铜代号、化学成分见表 9-3-10。

铜与铁在 1096℃有一包晶反应，此时铁在铜中的极限固溶度（质量分数）达到 4%，但通常在其凝固过程中易生成较粗大的 γ 铁相颗粒，且一直会保留到加工退火状态，对合金性能不利。若同时加入磷时，不仅铁能细化晶粒且能与磷生成弥散强化相 Fe_3P（另一种说法为 Fe_2P）。这样在温度下降时，析出的细微 Fe_3P 质点，不仅可提高合金的强度，且不会因磷的加入降低合金的导电性。若同时再加入微量稀土元素，则不仅可进一步细化晶粒，还会因细微质点 $FeRE_6$ 析出进一步提高合金的硬度与强度。加入少量锌时，可与磷同时起脱氧作用，提高产品的冶金质量。CDA194（美国标准）的导电率比黄铜高出 2 倍，比磷青铜高出 3 倍。其耐应力腐蚀能力及钎焊、焊接性能与加工铜相当。KFC 的导电率可达 92%IACS（国际韧铜标准）。

表 9-3-10　常用的铁青铜合金代号和化学成分

合 金 代 号	化学成分（质量分数，%）						
	Fe	P	Zn	Sn	Pb	Cu	杂 质 总 和
KFC 铁青铜（日本牌号）	0.05～0.15	0.025～0.04	—	—	—	499.8	—
QFe2.5	2.1～2.6	0.015～0.15	0.05～0.20	0.03	0.03	497.0	0.15

青铜的金相图谱见图 9-3-1～图 9-3-165。

第 4 节　白　　铜

1. 加工白铜

铜镍合金通称白铜。在铜-镍二元系中 w（Ni）超过 15%以后其颜色才逐渐呈银白色。在白铜中如再加入锰、铁、锌等合金元素后，则分别称为锰白铜、铁白铜、锌白铜。加工白铜的牌号用"B"表示，其后附以镍的平均含量。如再加入其他元素时，则于"B"后附以主要加入元素符号及其平均含量。如 B5 表示 w（Ni）为 5%普通白铜，BFe30-1-1 表示 w（Ni）为 30%、w（Fe）为 1%、w（Mn）为 1%的铁白铜。

镍的加入可在保持高塑性的情况下，明显地提高合金的高温和低温强度，其耐氧化、耐腐蚀能力和抗海水冲刷能力都非常突出，且弹性好，易于冷热加工，易于焊接，因而在机械制造、石油化工、造船、航空、电器、电力等工业部门得到了广泛的应用。部分加工白铜的合金代号、化学成分及用途见表 9-4-1。

（1）白铜的组织与相组成　铜与镍在元素周期表中相邻，原子半径差很小，且同为面心立方结构，是典型的彼此无限固溶体。故铜-镍二元合金不论含镍多少，都均为单一的 α 相组织。但由于液相线和固相线的水平距离较大，加上镍在铜中的扩散速度很慢，因而 Cu-Ni 二元合金在铸态下呈明显的树枝状组织。这种组织甚至可一直保持到热加工之后。消除了晶内偏析的 Cu-Ni 合金，其显微组织在各种状态下均与纯铜有相似的特征。

（2）合金元素的影响

1）锌：锌能大量固溶于 Cu-Ni 合金的 α 相中，锌的加入不仅使合金得到了固溶强化，且其耐蚀性也有进一步提高。俗称德国银（实际我国最早制成此类合金）的锌白铜系 α 单相合金，在此相的成分范围内可适当降低镍含量，增加锌的成分，以降低成本、减轻密度。锌白

表 9-4-1　部分加工白铜的合金代号、化学成分及用途

合 金 代 号	化学成分（质量分数，%）							用 途 举 例
	Ni+Co	Mn	Al	Zn	Fe	Pb	Cu	
B5	4.4～5	—	—		—		余量	管材、棒材
B10	9.0～11.0	0.5～1.0	—		1.0～1.5		余量	板材、管材
B19	18.0～20.0	0.5	—				余量	板材、带材、箔材
B30	29～33						余量	板材、管材、线材
BZn18-18	16.5～19.5	0.5		余量	0.25	0.05	63.5～66.5	板材、带材、箔材、管材、棒材、线材
BZn15-21-1.8	14.0～16.0	0.5	—	余量	0.30	1.5～2.0	60～63.0	板材、带材
BAl6-1.5	5.5～6.5	0.2	1.2～1.8		0.5		余量	板材
BAl13-3	12.0～15.0	0.5	2.3～3.0		1.0		余量	棒材
BFe5-1.5-0.5	4.8～6.2	0.3～0.8		1.0	1.3～1.7		余量	板材、带材、管材
BFe30-1-1	29.0～33.0	0.5～1.2	—	0.3	0.5～1.0		余量	管材

铜 BZn15-20 能很好地进行冷热加工，主要用于精密机械零件、光学仪器、电子器件、钟表零件、器皿及装饰材料。作为手表材料的 BZn15-21-1.8 中还有游离铅相，从而改善了合金的加工性能，但此时材料出现热脆，故含铅白铜只能在冷态下加工变形。

2）铝：铝能显著提高镍及镍合金的强度和耐蚀性。但其加工性能变差。铝在白铜中的固溶度不大，随着温度的下降，溶解度减小，并析出质点状鸠灰色的 θ 相（Ni_3Al）及 β 相（$NiAl_2$），引起明显的沉淀硬化。以 BAl13-3 为例，热处理前 R_m 为 350～380N/mm^2、A=20%；经 900℃淬火，550℃回火 2～3h，R_m 可达 800～900N/mm^2、A =5%。

3）锰：锰在白铜中的溶解度不大，化合物 NiMn 相有沉淀硬化作用。锰能显著提高铜-镍合金抗湍流冲击腐蚀能力，在含铁量不高的白铜中，锰能加强铁对合金的有利作用，消除熔炼时碳的不良影响，改善工艺性能。

4）铁：铁在白铜中的固溶度较小，若加入 w（Fe）为 2%以下时可全部固溶而不出现新相，加铁后合金在流动的海水中的抗冲击腐蚀能力和力学性能都可得到显著提高，并可细化结晶组织。因此 w（Ni）为 10%～30%的白铜作为冷凝材料，实际上还含有 w（Fe）为 0.5%～1.0%及适量的锰。当 w（Fe）超过 2%以后,合金易腐蚀开裂；当 w（Fe）超过 4%则使腐蚀加剧，保护层剥落。

5）锡：锡在白铜中的溶解度也随温度的降低而急剧减少，当含锡量超过一定含量时，会出现一种新的 $(Cu,Ni)_3Sn$ 的 θ 相。含锡白铜中的 θ 相可产生沉淀强化效应。在 Cu-9Ni-6Sn 合金中，存在一种不形核的自发分解，即所谓调幅分解。其特征是经热处理后合金会产生晶体结构相同而成分不同、晶格常数不同的两相 $α_1$、$α_2$。它们周期性有规律的排列，且分布均匀，由于其分解初期两相完全处于共格状态，没有明显的分界面（仅在高倍率电镜下方可分辨），其强化效果非常明显。合金的强度已接近铍青铜，而成本只有铍青铜的 1/3，如继续探索，克服现存问题，则很有望成为铍青铜的代用材料。

6）碳：碳在白铜中的溶解度很小，含量超过溶解极限时，碳将以石墨形态成条状沿晶界出现或呈团状在晶内析出（与钢铁中的石墨相似）。碳不良的分布使白铜出现冷脆，并降低其耐蚀性。

白铜金相图谱见图 9-4-1～图 9-4-25。

附表 铜及铜合金宏观浸蚀剂的名称、组成及适用范围(见附表 1)

附表 1 铜及铜合金宏观浸蚀剂的名称、组成及适用范围

名 称	序号	组 成		适 用 范 围	备 注
硝酸水溶液	1	硝酸 水	20~50mL 80~50mL	加工铜、黄铜、青铜及白铜(腐蚀白铜可加少量醋酸)	试剂成分可依合金成分及状态来变动,试样浸蚀应在溶液中摇动或擦拭,如表面出现污膜,可用稀硝酸溶液擦洗
硫酸双氧水溶液	2	硫酸 双氧水	10mL 90mL	锡青铜、白铜	可有效地避免硝酸溶液浸蚀时产生的黑膜
盐酸氯化高铁水溶液	3	盐酸 氯化高铁 水(或甲醇)	30mL 10g 120mL	加工铜、黄铜	表面粗糙度值要低,晶粒对比明显
铬酐氯化铵硝酸硫酸水溶液	4	铬酐 氯化铵 硝酸 硫酸 水	40g 7.5g 50mL 8mL 100mL	硅黄铜及硅青铜	晶粒清晰
醋酸铬酸氯化高铁水溶液	5	醋酸 5%铬酸水溶液 10%氯化高铁水溶液 水	20mL 10mL 5mL 100mL	普通黄铜的变形组织	深浸蚀,水的比例可以改变

附表 铜及铜合金浸蚀抛光试剂的名称、组成及适用范围(见附表 2)

附表 2 铜及铜合金浸蚀抛光试剂的名称、组成及适用范围

名 称	序号	组 成		备 注
氢氧化铵水溶液	1	氢氧化铵 水	少许 100mL	取任一种溶液少许,随同抛光液洒在抛光盘上,进行试样的抛光 采用上述方法可加速抛光效果,并能消除试样在研磨时产生的变形(扰乱层)组织和划痕,对单相 α 铜来说,效果显著
氢氧化铵过硫酸铵水溶液	2	氢氧化铵 质量分数为 20%过硫酸铵水溶液 水	1 份 1 份 1 份	
氯化高铁盐酸水溶液	3	氯化高铁 盐酸 水	1g 5mL 100mL	

附表 铜及铜合金电解抛光液的名称、组成、抛光条件及适用范围(见附表 3)

附表 3 铜及铜合金电解抛光液的名称、组成、抛光条件及适用范围

名 称	序号	组 成		抛光条件	阴极材料	适 用 范 围
正磷酸水溶液	1	正磷酸 3 份 水 4 份		空载:电压:30~50V 时间:10~20s	加工铜	纯铜及单相合金
硝酸甲醇溶液	2	硝酸 300mL 甲醇 600mL		电压:①20~70V;②30~50V 电流密度: ① 0.65~3.1A/cm²; ② 2.5~3.1A/cm² 时间:①10~60s;②5~10s	不锈钢	① 纯铜、黄铜 ② 硅青铜、锡青铜

(续)

名　称	序号	组　成	抛光条件	阴极材料	适用范围
正磷酸水溶液	3	正磷酸　　400mL 水　　　　600mL	电压：1～2V 电流密度：0.06～0.15A/cm² 时间：1～15min	铜或不锈钢	α及α+β黄铜、铜-铁、铜-铬合金
正磷酸水溶液	4	正磷酸　　700mL 水　　　　350mL	电压：1.2～2V 时间：15～30min	纯铜	纯铜、黄铜以及铅青铜、锡青铜、磷青铜和硅青铜，以及质量分数低于3%的铍青铜、铁青铜、铅青铜、铬青铜
正磷酸甲醇丙醇尿素水溶液	5	正磷酸　　250mL 甲醇　　　250mL 丙醇　　　 50mL 蒸馏水　　500mL 尿素　　　 3g	电压：3～6V 时间：50s	不锈钢	铜及铜合金
正磷酸水溶液	6	正磷酸　　540mL 水　　　　460mL	电压：①2V；②2.2V 电流密度： ① 0.065～0.075A/cm²； ② 0.1～0.15A/cm² 时间：①5～15min；②15min	纯铜	① 纯铜 ② 白铜

附表　铜及铜合金电解浸蚀液的名称、组成、使用条件及适用范围(见附表4)

附表4　铜及铜合金电解浸蚀液名称、组成、使用条件及适用范围

名　称	序号	组　成	使用条件	适用范围
正磷酸水溶液	1	5%～10%正磷酸水溶液	电压：①1～4V；②1～8V 时间：①10s；②5～7s	① 纯铜 ② 弹壳铜、易切削铜、海军黄铜和首饰铜合金
硫酸亚铁氢氧化钠硫酸水溶液	2	硫酸亚铁　　　　30g 氢氧化钠　　　　4g 硫酸　　　　　100mL 水　　　　　1900mL	电压：8～10V 时间：<15s	浸蚀表面勿擦拭，黄铜、青铜、白铜黄铜中β相变黑
铬酐水溶液	3	铬酐　　　　　　1g 水　　　　　100mL	电压：6V 时间：3～6s	铍青铜和铝青铜 用作化学浸蚀时可加1～2滴盐酸，可显现某些铜合金的镍、铁等硅化物，使锡青铜中δ相变黑
冰醋酸硝酸水溶液	4	冰醋酸　　　　　5mL 硝酸　　　　　 10mL 水　　　　　　 30mL	电压：0.5～1.0V 时间：5～15s	白铜
70%磷酸水溶液	5	70%磷酸水溶液（体积分数）	电压：5～6V 时间：5～6min	黄铜

附表　铜及铜合金化学浸蚀试剂的名称、组成及适用范围(见附表5)

附表5　铜及铜合金化学浸蚀试剂名称、组成及适用范围

名　称	序　号	组　成	适用范围	备　注
氯化高铁盐酸水溶液	1	氯化高铁盐酸水溶液各种配比： 氯化高铁/g　盐酸/mL　水/mL 　1　　　　20　　　　100 　3　　　　10　　　　100① 　5　　　　10　　　　100② ① 加入二氯化铜1g ② 加入格莱氏No2试剂，使用时可再加入二氯化铜1g及二氯化锡0.5g	纯铜、黄铜、青铜，黄铜中β相侵蚀后变黑	消除细小磨痕能力较强，可用浸入法或擦拭法；使用时可加入体积分数为50%酒精混合使用

(续)

名 称	序号	组　成		适 用 范 围	备 注
氯化高铁盐酸酒精溶液	2	氯化高铁 盐酸 酒精（或丙酮）	5g 5～30mL 100mL	铜及铜合金，α+β黄铜及铝青铜中β相变暗	用浸蚀法或擦拭法 1s 至数分钟
氯化高铁酒精溶液	3	氯化高铁 酒精（或丙酮）	3g 100mL	硅青铜等	可蘸溶液反复擦拭试样，组织干净，去磨痕能力强
硝酸高铁酒精溶液	4	硝酸高铁 酒精（水）	2g 50mL	铜及铜合金	适用范围宽，作用柔和，去细小磨痕能力强；组织干净清晰；可用浸入法或擦拭法，但有时易出现浮雕；用部分水代替酒精可使单相合金的晶粒染色倾向增大
过硫酸铵水溶液	5	过硫酸铵 水	10g 100mL	纯铜、黄铜、锡青铜、铝青铜及白铜	浸入法，可以冷浸，也可以热浸
硝酸醋酸丙酮溶液	6	硝酸 醋酸（75%） 丙酮	20mL 30mL 30mL	白铜	浸蚀后 NiAl 呈鸠灰色，Ni₃Al 呈暗灰色
硝酸冰醋酸水溶液	7	硝酸 冰醋酸 水	30mL 42mL 28mL	加工铜及退火锡青铜	有良好的晶粒对比度
铁氰化钾水溶液	8	铁氰化钾 水	1～5g 100mL	锡磷青铜	能区分（α+δ+Cu₃P）中的 δ 相和 Cu₃P 相，δ 相浸蚀后不变色，Cu₃P 相随浸蚀时间的延长可由蓝变到深灰色
氢氧化铵双氧水溶液	9	氢氧化铵 水 双氧水	20mL 0～20mL 8～20mL	铜及铜合金（用新配的试剂）	浸蚀法或擦拭 1min，双氧水浓度随浸蚀时间或含铜量降低而减少，最好用新鲜的双氧水；铝青铜浸蚀后表面上的膜可用弱的格莱氏试剂去除
氢氧化铵过硫酸铵水溶液	10	氢氧化铵 2.5%过硫酸铵水溶液 水	25mL 50mL 25mL	铜及铜合金	浸蚀或擦拭
二氯化铜氢氧化铵溶液	11	二氯化铜 氢氧化铵	8～20g 8～100mL	铍青铜及白铜	铍青铜 α 相变暗，β 相呈亮白色
醋酸、硝酸、磷酸溶液	12	醋酸 硝酸 磷酸	66份 17份 17份	铜及铜合金	浸蚀
铬酸硫酸钠盐酸水溶液	13	铬酸 硫酸钠 盐酸 水	20g 2g 1.7mL 100mL	青铜	浸蚀法或擦试法
铬酸饱和水溶液	14	铬酸饱和水溶液		纯铜、黄铜、青铜、白铜	浸蚀法或擦拭法
重铬酸钾硫酸氯化钠饱和水溶液	15	重铬酸钾 硫酸 氯化钠饱和水溶液 水	2g 8mL 4mL 100mL	纯铜、铍青铜、铁青铜、硅青铜；白铜、锡青铜、铬青铜；常用于显示晶界、晶粒衬度以及冷变形组织	浸蚀法：每 25mL 溶液中加一滴盐酸可取代氯化钠，在使用前加入；浸蚀后再用氯化高铁溶液或其他浸蚀剂加强对比度
二氯化铜氨水溶液	16	二氯化铜 氨水	1g 8～100mL	脱锌试剂	75℃浸蚀 24h
硝酸亚汞水溶液	17	硝酸亚汞 水	107g 1000mL	检查铜合金内有无内应力	铜管及棒材表面应清洗脱脂后放入溶液内浸蚀 15min，取出冲洗吹干，因试剂中含汞操作时应戴橡胶手套避免汞渗入皮肤，残液排放应符合环保要求

金 相 图 片

图　9-1-1　　　　　　　　　　　　　　　　　　　　　　　实物

图　　号：9-1-1

材料名称：一号铜（T1）

浸 蚀 剂：未浸蚀

处理情况：铜液注入铸型中，结晶时不慎将铸型倒翻，未凝固的铜液则外溢

组织说明：加工铜树枝状结晶的形貌。铜液在铸型中凝固结晶，突然将铸型倒翻，未凝固的铜液则外溢，结果留下已凝固的树枝状结晶的形貌，由此证实了金属液体凝固结晶过程的理论。

图　9-1-2　　　　　　　　　　　　　　　　　　　　　　　2/7×

图　　号：9-1-2

材料名称：二号铜（T2）

浸 蚀 剂：40%硝酸水溶液

处理情况：140mm×740mm，金属型浇注，扁锭剖面

组织说明：纯铜液的结晶前沿是沿扁锭模四周逐渐进行的，其冷却方向是上、下及侧面同时进行的，于是就形成柱状晶自上、下及侧面同时向中心发展，结果在中心线及边缘的45°处柱状晶彼此接触，构成最后结晶的薄弱面（如箭头所指）。此薄弱面处最易有低熔点的杂质富集，导致热轧开坯时产生开裂。

图　　9-1-3　　　　　　　　　　　　　　　　　　　　　1/3×

图　　号：9-1-3

材料名称：二号铜（T2）

浸蚀剂：40%硝酸水溶液

处理情况：180mm×640mm 半连续铸造扁锭

组织说明：半连续铸造有较强的冷却条件，边缘成核多，故边部为较细短的柱状晶，中心部分冷至成核温度
　　　　　以下。由于晶核较少，故中心为较粗的等轴晶，无明显薄弱面存在。

图　　9-1-4　　　　　　　　　　70×

图　　号：9-1-4

材料名称：二号铜（T2）

浸蚀剂：硝酸高铁酒精溶液

处理情况：半连续铸造

组织说明：显示出 α 单相晶粒的晶界，黑色点状是
　　　　　腐蚀产物。

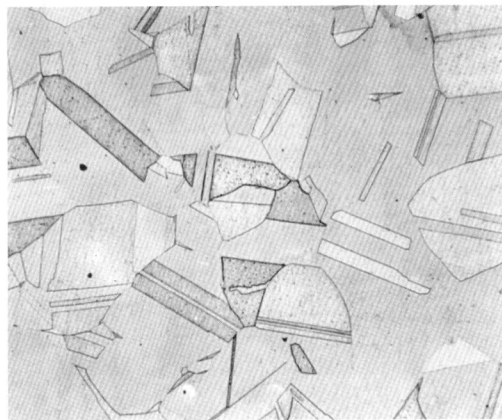

图　　9-1-5　　　　　　　　　　120×

图　　号：9-1-5

材料名称：二号铜（T2）

浸蚀剂：硝酸高铁酒精溶液

处理情况：850℃下热加工

组织说明：热加工后的加工铜 α 相为完全再结晶组织，
　　　　　温度较高，晶粒较大，有明显的退火孪晶。

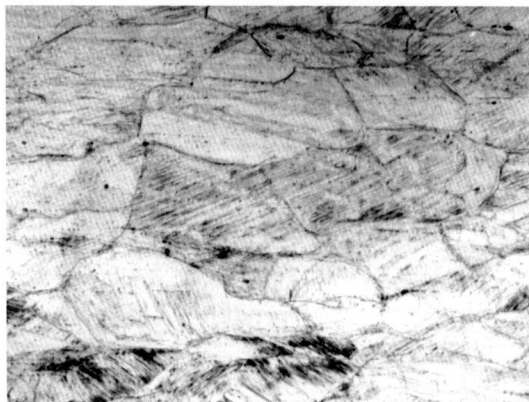

图 9-1-6   120×

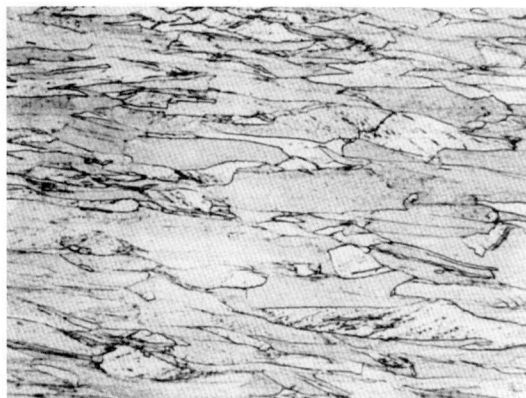

图 9-1-7   200×

图 9-1-8   200×

图 9-1-9   200×

图　号：9-1-6～9-1-9

材料名称：二号铜（T2）

浸蚀剂：硝酸高铁酒精溶液

处理情况：图 9-1-6：8.0mm 冷轧板，加工率 30%。

图 9-1-7：5.5mm 冷轧板，加工率 54%。

图 9-1-8：1.0mm 冷轧板，加工率 85%。

图 9-1-9：0.5mm 冷轧板，加工率 95%。

组织说明：随着冷变形程度的增加，从图上可以看到：开始时是晶粒稍变形拉长，晶内有滑移带出现；随后这种拉长更为严重，滑移带密集且方向性也越加明显；再进一步，晶粒完全被破碎而成条带状组织；最后变为密集的条带状纤维状组织。

纯铜随着加工变形量的增加，其加工率也随之增高；加工铜也由于塑性变形量的增大，使板材成为薄片，此时材料的硬度也随之增高，这种现象即是加工硬化。如果变形量再增大，材料即会发生脆性断裂。

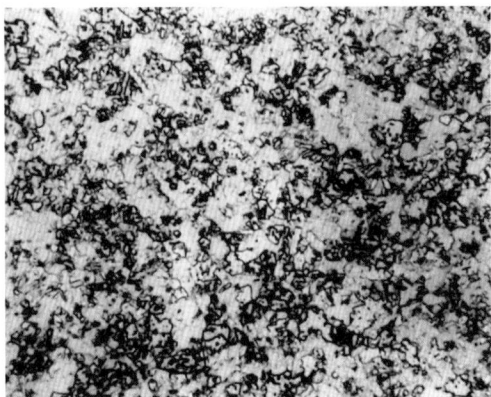

图　9-1-10　　　　　　　　　　120×

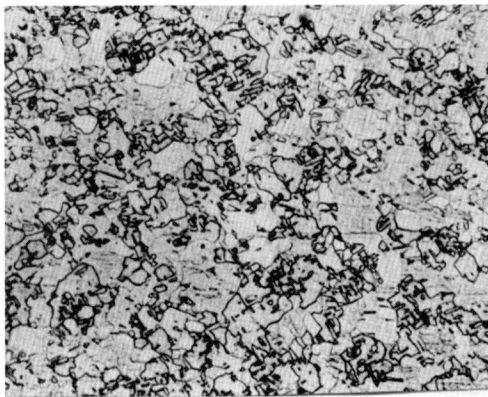

图　9-1-11　　　　　　　　　　120×

图　9-1-12　　　　　　　　　　120×

图　9-1-13　　　　　　　　　　120×

图　　号：9-1-10～9-1-13

材料名称：二号铜（T2）

浸蚀剂：硝酸高铁酒精溶液

处理情况：图 9-1-10：0.5mm 冷轧板，350℃×30min 退火。

　　　　　图 9-1-10：0.5mm 冷轧板，450℃×30min 退火。

　　　　　图 9-1-10：0.5mm 冷轧板，550℃×30min 退火。

　　　　　图 9-1-10：0.5mm 冷轧板，700℃×30min 退火。

组织说明：在相同的退火时间下，不同的退火温度，其再结晶的程度也不一样，为控制晶粒的大小，在再结晶退火工艺的制订时，退火温度是首先要考虑的因素。

　　　　　图 9-1-10：再结晶刚开始。图 9-1-11：再结晶还不完善，留有一部分细小的晶粒。图 9-1-12：再结晶晶粒细小，晶粒大小尚属均匀。图 9-1-13：再结晶温度稍高，晶粒明显长大。

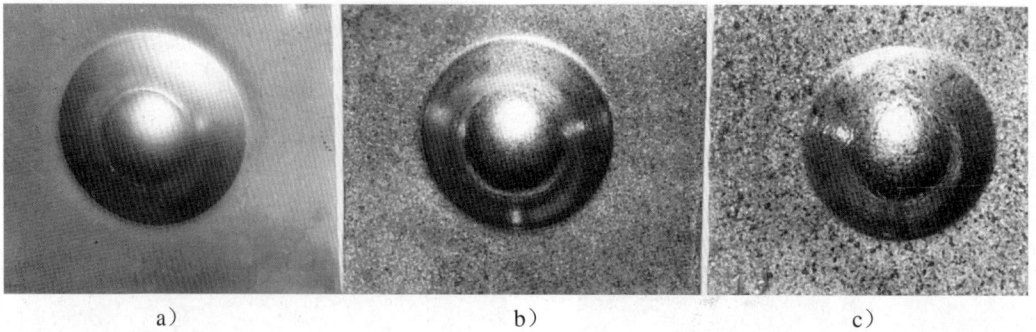

a)　　　　　　　　　　　b)　　　　　　　　　　　c)

图　9-1-14　　　　　　　　　　　　　　　　　　　　　　　　　1×

图　号： 9-1-14

材料名称： 二号铜（T2）

浸 蚀 剂： 40%硝酸水溶液

处理情况： 冷轧板经不同温度退火后，深冲 a：200℃×30 min；b：650℃×30min；c：800℃×30min

组织说明： 试样经不同温度退火后对其作深冲试验，并作酸蚀，显示其组织。

　　　a：表面光洁，肉眼看不到晶粒，深冲值9.0mm。

　　　b：表面有晶粒显现，深冲凹坑表面粗糙度值增加，深冲值为10.0mm。

　　　c：铜板晶粒明显变粗，深冲凹坑表面有"桔皮"出现，深冲值降至8.3mm。

　　由图9-1-14可知，深冲值与表面粗糙度和退火工艺间有密切关系。

图　9-1-15　　　　　　　　　　　　　　　　　　　　　　　　　1/2×

图　号： 9-1-15

材料名称： 二号铜（T2）

浸 蚀 剂： 深冲盂实物

处理情况： 不同板材所作的冲盂试样实物

组织说明： 这些板材具有不同程度的织构，造成在不同方向有不同的力学性能。以具有退火立方织构的加工
　　铜带为例：其垂直和平行于轧制方向的伸长率仅为16%；而与轧制方向成45°方向的伸长率却高达73%，
　　结果使冲制件出现大小不同的"制耳"。织构可通过加工及退火工艺来改进或加入某些微量元素使之减轻
　　或消除。

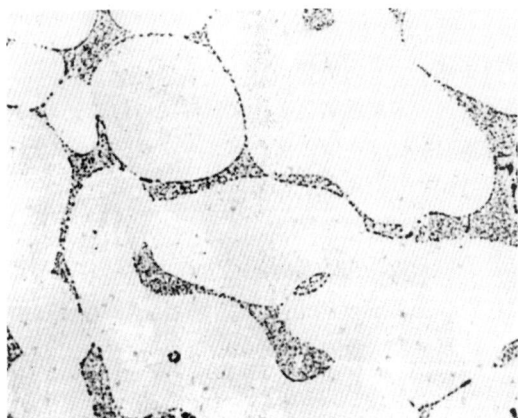

图　9-1-16　　　　　　　　　　　　　200×

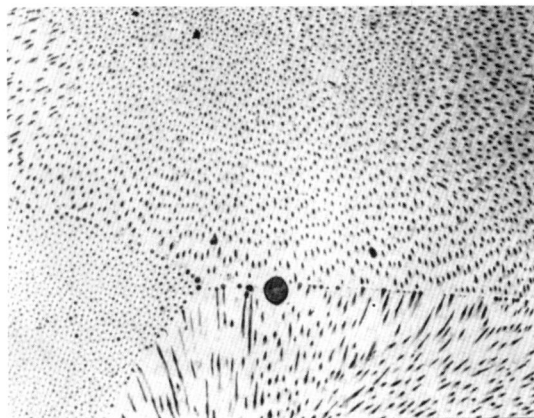

图　9-1-17　　　　　　　　　　　　　200×

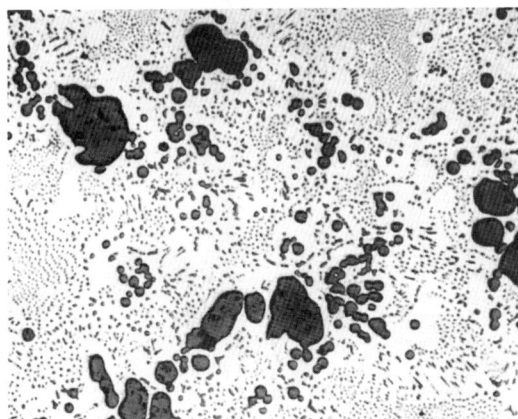

图　9-1-18　　　　　　　　　　　　　200×

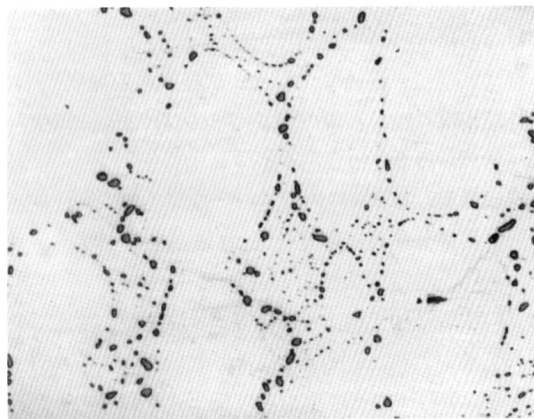

图　9-1-19　　　　　　　　　　　　　200×

图　　　号： 9-1-16～9-1-19

材料名称： 纯铜

浸 蚀 剂： 未浸蚀

处理情况： 铸态，图 9-1-19 试样经 850℃×2h 退火处理

组织说明： 图 9-1-16：α＋（α＋Cu_2O）亚共晶组织，共晶体中黑色点状为 Cu_2O，放大后 Cu_2O 颗粒在明场下呈天蓝色颗粒，本试样中 w（O）为 0.07％。

图 9-1-17：为全共晶组织，w（O）达 0.39％，图中一颗浅灰色圆粒是与 Cu_2O 共生的 Cu_2S 夹杂相。

图 9-1-18：Cu_2O＋（α＋Cu_2O）过共晶组织，大块深灰色相为初生 Cu_2O 相，此时纯铜变得很脆，折断的断口呈红砖状脆性特征。

图 9-1-19：由于经高温退火，导致共晶体中 Cu_2O 颗粒聚集长大，其颗粒明显粗化。有的大小仍然与铸态相近似。

图　　号：9-1-20
材料名称：一号无氧铜（TU1）
浸 蚀 剂：未浸蚀氧化着色（试样经电解抛光）
处理情况：试样在氢气保护下 840℃×20min 退火，
　→ 150℃左右出炉氧化着色
组织说明：试样纯度较高，含氧极低，高温退火后晶粒急剧长大，出炉后瞬间在大气中氧化。因不同晶粒及孪晶带的取向不同，致使氧化膜的厚度也不同，从而显示绚丽的不同色彩。无晶界裂纹的出现。试样氧的质量分数在 $10×10^{-6}$ 以下。

图　9-1-20　　　　　　　200×

图　　号：9-1-21
材料名称：一号无氧铜（TU1）
浸 蚀 剂：未浸蚀氧化着色（试样经电解抛光）
处理情况：试样在氢气保护下 840℃×20min 退火，
　随后炉冷至 150℃左右出炉氧化着色
组织说明：由于试样内部含有一定量的氧，经处理后表面部分晶界出现开裂。此材料在电真空状态下使用时，将造成部件的失效漏气。

　　氧是加工铜产生"氢气病"的根源，在还原性气氛中加热，易反应生成水蒸气或 CO_2，它不溶于铜，从而产生一定压力以求析出，当压力大于高温金属本身强度时便引起材料内部出现空洞及表层沿晶界开裂。本例晶界出现开裂。即是上述原因所造成的。

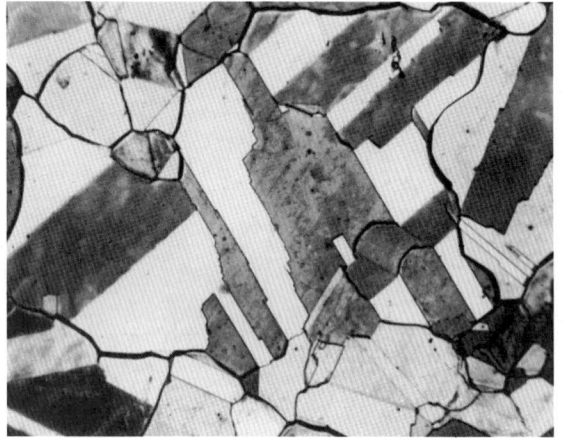

图　9-1-21　　　　　　　200×

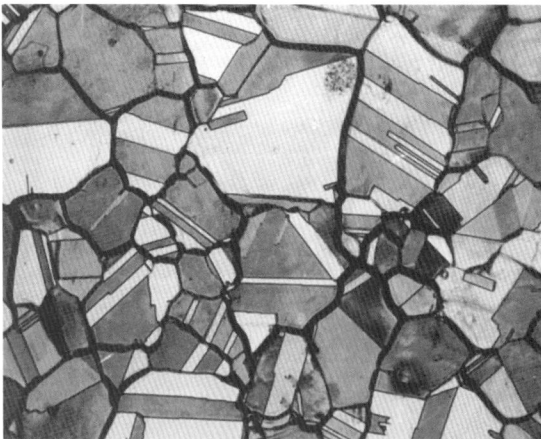

图　　号：9-1-22
材料名称：一号无氧铜（TU1）
浸 蚀 剂：未浸蚀氧化着色（试样经电解抛光）
处理情况：试样在氢气保护下 840℃×20min 退火，
　随后炉冷至 150℃左右出炉氧化着色
组织说明：由于内部含氧量较高，经处理后几乎表面所有晶界上都出现了严重的裂纹。$w(O)$ 在 $(25\sim30)×10^{-6}$ 以上。

图　9-1-22　　　　　　　200×

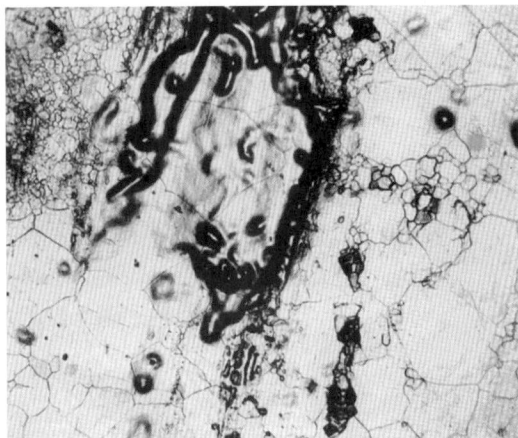

图　9-1-23　　　　　　　　　　　　　100×

图　　号：9-1-23

材料名称：一号无氧铜（TU1）

浸 蚀 剂：未浸蚀氧化着色（试样经电解抛光）

处理情况：试样在氢气保护下 840℃×20min 退火，随后炉冷至 100℃以下出炉

组织说明：试样本不含氧，但在试样制备过程中未将锯口表面的氧化部分除去，并有氧化的铜屑嵌入，经处理后造成这些部位的局部晶界开裂，给人以试样含氧的假象。由于本试样出炉时温度很低，故晶粒未氧化着色，退火孪晶也未清晰显现。由图 9-1-23 证明：用"烧氢"法检查无氧铜中的含氧情况，必须按操作规程执行，否则可能出现错检事故。

图　9-1-24　　　　　　　　1×　图　9-1-25　　　　　　　　200×

图　　号：9-1-24、9-1-25

材料名称：一号无氧铜（TU1）

浸 蚀 剂：图 9-1-24 为实物照片，图 9-1-25 为氯化高铁酒精溶液浸蚀

处理情况：冲制零件经氢气退火处理

组织说明：图 9-1-24：因零件内部含氧较高，经"烧氢"处理后，导致零件表面起泡的情况。

图 9-1-25：将此零件剖面作显微组织检验。由图可见，在晶内、晶界上均有大小不一的孔洞，且在晶界上已构成明显的晶界开裂。在表层部分已看到造成表面起泡的特大孔洞，如箭头所指。

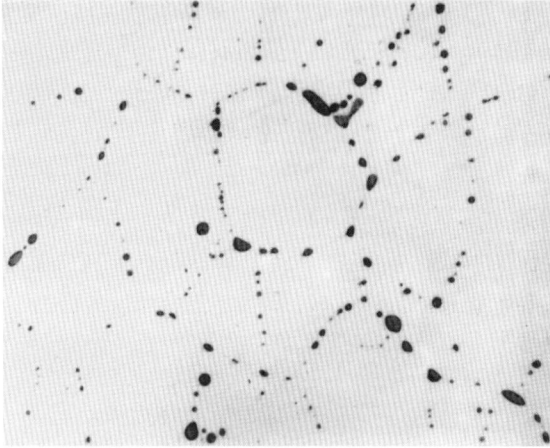

图 9-1-26   200×

图　　号：9-1-26
材料名称：含硫加工铜
浸 蚀 剂：未浸蚀
处理情况：铸态
组织说明：蓝灰色的颗粒状及橄榄状的 Cu_2S 沿晶界
　　　　　呈断续网状分布在 α 相基底上。Cu_2S 能显著降低
　　　　　铜的塑性，但呈弥散分布的 Cu_2S 可改善铜的切削
　　　　　性能。

图　　号：9-1-27
材料名称：含磷较高的纯铜
浸 蚀 剂：硝酸高铁酒精溶液浸蚀后，再用氯化高铁
　　　　　酒精溶液着色
处理情况：铸态
组织说明：高温下磷在铜中有一定的固溶度。在铸态
　　　　　下显示出呈明显偏析的 α 相树枝状结晶，黑色部分
　　　　　为含磷较高的 α 相，黑色部分中间出现的形状不规
　　　　　则白色条块状及颗粒状的新相是磷超过了固溶度
　　　　　后与铜形成的 Cu_3P 化合物。此时合金的导热、导
　　　　　电及塑性均有明显的下降。

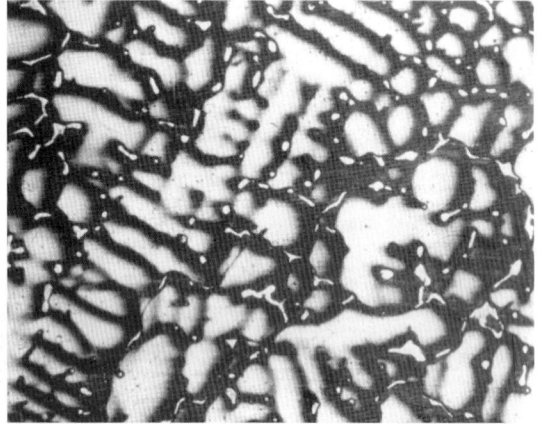

图 9-1-27   200×

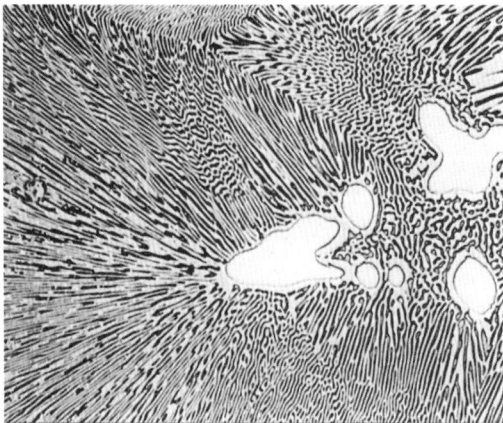

图 9-1-28   200×

图　　号：9-1-28
材料名称：Cu-P 中间合金
浸 蚀 剂：氯化高铁酒精溶液浸蚀后作轻微抛光
处理情况：铸态
组织说明：基体为呈放射状的（α+Cu_3P）共晶组织，
　　　　　白色块状为 α 相。此时合金变得极脆。中间合金是
　　　　　熔炼铸造中某些合金元素加入的重要形式。由于中
　　　　　间合金性脆易碎，这就方便了合金熔炼前各种加入
　　　　　合金质量比的配制。以中间合金形式的加入，由于
　　　　　其密度通常比合金元素大而熔点低这样就会很快
　　　　　溶入铜液且不易造成较大的烧损。

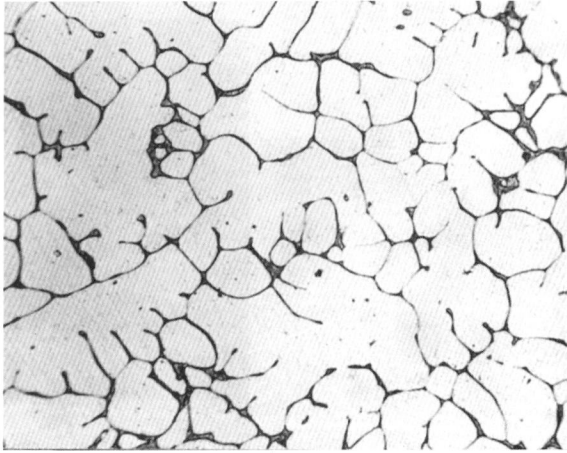

图　9-1-29　　　　　　　　　　　　　　　200×

图　　号：9-1-29

材料名称：Cu-Bi 中间合金［w（Bi）9.4%］

浸 蚀 剂：氯化高铁酒精溶液

处理情况：铸态

组织说明：铜铋共晶（实际上几乎为纯铋）呈网络状分布于 α 相基体上。此时加工铜在热态或冷态下都变得
　　　　　极脆。但在工程上可在加工铜中加 w（Bi）为 0.7%～1.0%，利用其低熔特性做成真空开关触头材料，此
　　　　　时加工铜仍具有高的导电、导热特性，并具有断流时不粘结的优点。

图　9-1-30　　　　　　　　　　　200×

图　　号：9-1-30

材料名称：Cu-Ag 中间合金［w（Ag）20%］

浸 蚀 剂：氯化高铁酒精溶液

处理情况：铸态

组织说明：组织为 α+（α+β）亚共晶组织。白枝晶
　　　　　块状为初生 α 相，β 相呈灰黑色。共晶 β 相呈粒状
　　　　　及放射状分布。

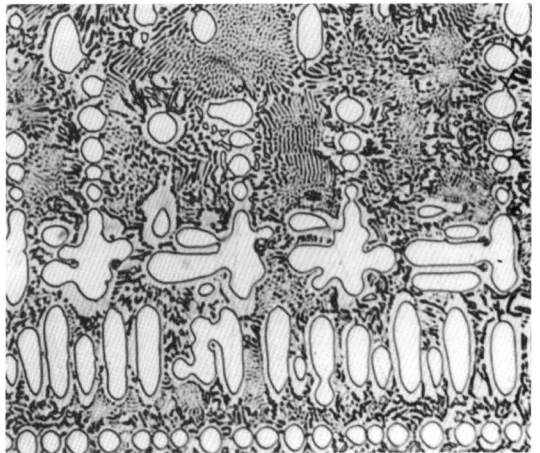

图　9-1-31　　　　　　　　　　　200×

图　　号：9-1-31

材料名称：Cu-As 中间合金

浸 蚀 剂：氢氧化铵双氧水溶液

处理情况：铸态

组织说明：基体为（α+Cu$_3$As）共晶，白色枝晶
　　　　　块色状为初生 α 相，此图为典型的亚共晶组织。

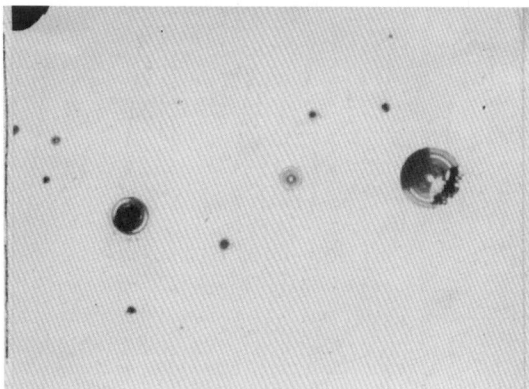

图 9-1-32　　　　　　　　　　　　200×

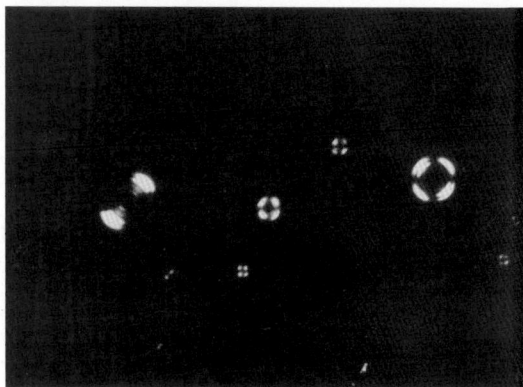

图 9-1-33　　　　　　　　　　　　200×

图　　号：9-1-32、9-1-33

材料名称：纯铜

浸 蚀 剂：未浸蚀

处理情况：半连续铸造

组织说明：加工铜中的硅酸盐夹杂。

　　　图 9-1-32：明场照明，灰黑色和浅灰色圆形夹杂物多有同心环。

　　　图 9-1-33：同一视场在偏振光照明下的情况，圆形硅酸盐夹杂物呈带有黑"十"字白亮色环状物。

图　9-1-34　　　　　　　　　　　1/10×

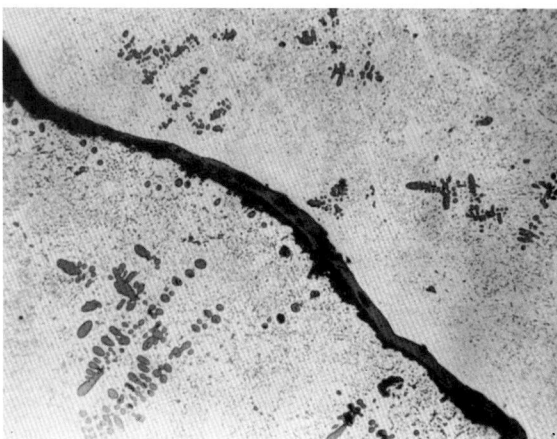

图　9-1-35　　　　　　　　　　　200×

图　　号：9-1-34、9-1-35

材料名称：二号铜（T2）

浸 蚀 剂：图 9-1-34 为实物，图 9-1-35 未浸蚀

处理情况：ϕ410mm 半连续铸造圆锭

组织说明：图 9-1-34：铸造圆锭表面出现的冷隔情况。

　　　图 9-1-35：在冷隔处所取试样的显微组织，基体为富氧［w（O）大于 0.39%］的 Cu_2O+（Cu_2O+α）过共晶。冷隔缝内则为厚厚的氧化皮所填充。圆锭表面出现冷隔缺陷，主要是铜液浇注工艺不当所致。

图　9-1-36　　　　　　　　　　　2/3×

图　　号：9-1-36

材料名称：一号无氧铜（TU1）

浸 蚀 剂：40%硝酸水溶液

处理情况：反挤棒

组织说明：由于挤压工艺不当，造成挤压棒两侧面变形量不一样，退火后两侧面局部晶粒反常长大，造成
　　　　　晶粒大小极为不均匀，不同区域其性能也将有明显不同。

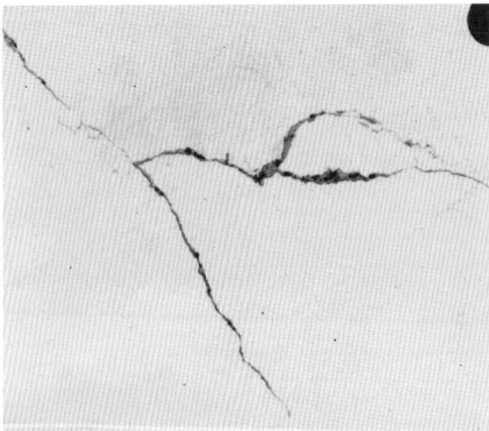

图　9-1-37　　　　　　　　70×

图　　号：9-1-37

材料名称：纯铜

浸 蚀 剂：未浸蚀

处理情况：铸态

组织说明：铸锭内有热裂纹及氧化膜，裂纹内被浅
　　　　　灰色氧化膜所填充。

图　9-1-38　　　　　　　　70×

图　　号：9-1-38

材料名称：二号铜（T2）

浸 蚀 剂：氯化高铁盐酸水溶液

处理情况：热轧板

组织说明：在热轧时有异种金属压入加工铜板的表面。
　　　　　上部为异种金属，下面加工铜的基底表面有明显的界
　　　　　面。　加工铜基体为稍变形的孪晶晶粒。

图　9-1-39　　　　　　　　　　　　2/3×

图　9-1-40　　　　　　　　　　　　1/2×

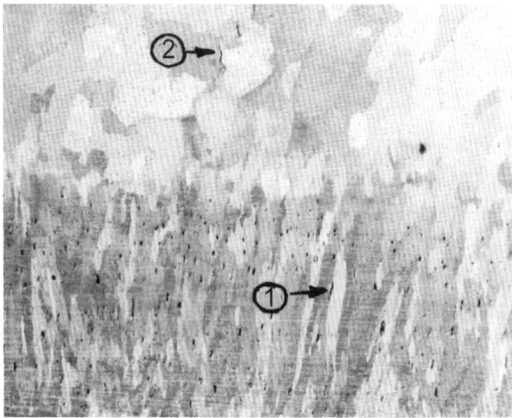

图　9-1-41　　　　　　　　　　　　1/2×

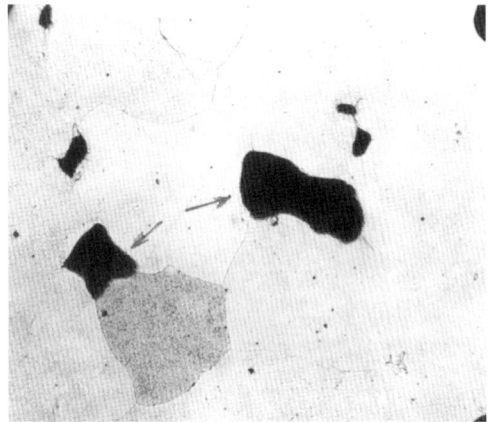

图　9-1-42　　　　　　　　　　　　70×

图　　　号：9-1-39～9-1-42

材料名称：三号铜（T3）

浸 蚀 剂：40%硝酸水溶液；图 9-1-40 为硝酸高铁溶液浸蚀

处理情况：铸态

组织说明：图 9-1-39：铸锭中心最后结晶处，有与柱状晶生长方向一致的条状气孔，它们共同构成放射状分布。

图 9-1-40：呈环状分布的孔（即密集的条状气孔）。

图 9-1-41：在铸锭的边部（图下部）有许多针孔（见箭头①），铸锭中心（图上部）有晶界裂纹（见箭头②）。内部还原性气体的细小针孔经热加工后可能焊合；反之则无法消除，而给以后的产品加工及产品质量带来不同程度的危害。

图 9-1-42：α 铜晶粒，在晶界处黑色四方形及不规则边缘较光滑的空洞则为气孔。在气孔形成过程中，若气孔内气体的压力小于周围将要凝固铜液的静压力时，气孔将不呈圆形，而形成不规则形状的变形气孔，见箭头所指处。

图　9-1-43　　　　　　　　　　　　　　　　　　　　　　　　1/2×

图　　　号： 9-1-43

材料名称： 纯铜

浸 蚀 剂： 40%硝酸水溶液

处理情况： 中频炉熔炼，铸铁平模铸造 170mm×740mm×1060mm 扁锭

组织说明： 铸模壁潮湿，熔炼铸造时除气又不良，铜液中溶解了大量气体，凝固时溶解度突然降低，气体从
固体中析出，造成了密集气孔布满整个铸锭，越近上部（左侧）的表面随着铜液压力的减小和气泡的合并，
气孔越来越大。纯铜在熔炼铸造中易产生气孔缺陷。

图　9-1-44　　　　　　　　　　　　　　　　　　　　　　　　1/2×

图　　　号： 9-1-44

材料名称： 二号铜（T2）

浸 蚀 剂： 40%硝酸水溶液

处理情况： 中频熔炼炉熔炼铸造，铸铁立模铸造

组织说明： 铜液除气不良，铜液中大量气体在凝固时沿结晶方向析出，形成平行于柱状晶的条状气孔，在铸
锭的中心线部位，可看到由四周向中心集中的一条直线上有密集排列呈椭圆及圆形的气孔。气孔中若为
H_2、CO、CH_4 等还原性气体时，气孔的内壁光亮圆滑；反之有 O_2 等氧化性气体时，气孔内壁氧化变暗。

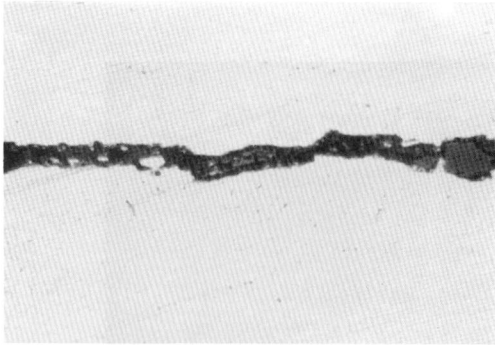

图　9-1-45　　　　　　　　　　100×

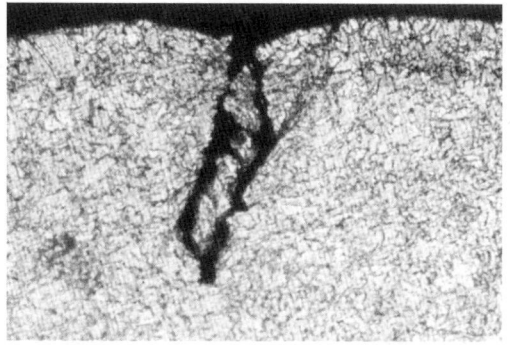

图　9-1-46　　　　　　　　　　100×

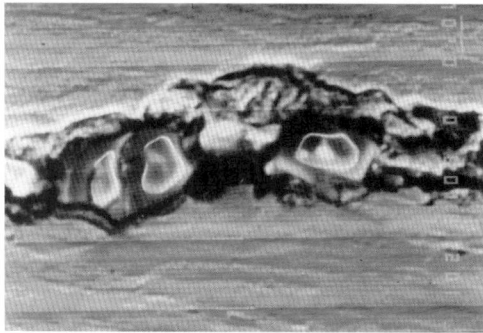

图　9-1-47　　　　　　　　二次电子图像

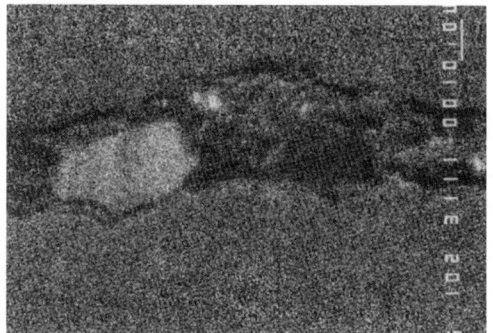

图　9-1-48　　　　　　SiX 射线扫描图像

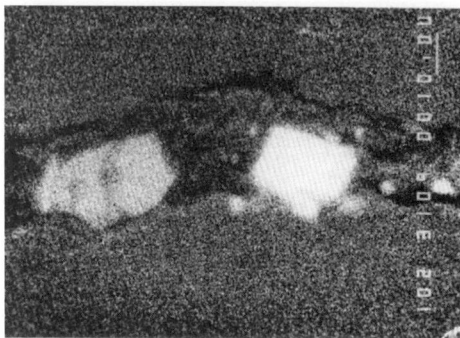

图　9-1-49　　　　　　AlX 射线扫描图像

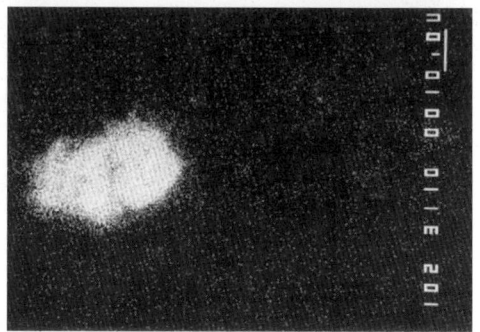

图　9-1-50　　　　　　CaX 射线扫描图像

图　　号：9-1-45～9-1-50

材料名称：二号铜（T2）

浸　蚀　剂：除图 9-1-46 经氯化高铁盐酸水溶液浸蚀外，其余各图未浸蚀

处理情况：热挤压成形，然后冷拉成 ϕ8mm 铜管

组织说明：冷拉成 ϕ8mm 铜管，发现有 1/6 成品表面上有沿加工方向、呈连续和断续串连状分布的裂纹。
　　横向断面作金相检验，裂纹沿纵向分布，较平整，局部裂纹内夹杂有硬质点，见图 9-1-45。横向截面浸
　　蚀后为细小晶粒，裂纹有一定深度呈穿晶状向内延伸，裂纹尾部较圆钝，裂纹两侧晶粒明显变形，见
　　图 9-1-46。图 9-1-47 为裂纹处二次电子图像，裂纹内有硬质点夹杂物，用电子探针和扫描电镜对夹杂
　　物进行探测：颗粒夹杂物以 Si 为主，其中有一颗尚含有少量 Al 和 Ca 元素，分别见图 9-1-48～图 9-1-50。
　　缺陷是由于铜管毛坯放在露天时间较长，表面积尘较多，在冷加工前未清整和酸洗，以致在冷套拉时，
　　将附着在铜管表面的外来硬颗粒杂质物压入铜管表面而成为所谓的"裂纹"。

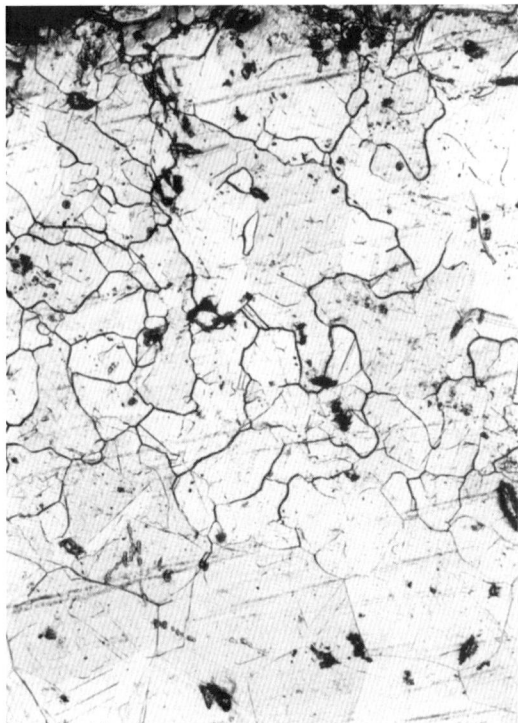

图　　号：9-1-51

材料名称：二号铜（T2）

浸 蚀 剂：未浸蚀

处理情况：圆锭经 780℃加热保温 3h，而后在边缘
　　　　　处取样置于 820～840℃氢气炉中保温 20min 作退
　　　　　火处理，然后直接在显微镜下观察并拍照。

组织说明：图右上侧为边缘。由边缘至中心，由重
　　　　　而轻的裂纹沿晶界分布直至裂纹消失。

　　　　　这是由于锭坯边缘表面在加热时，氧自表皮
　　　　　向内部扩散渗入，造成锭坯表面富氧，因而在氢
　　　　　气炉中退火时出现氢脆而产生沿晶界的开裂。

　　　　　图下部为锭坯内部，在加热时它未与氧接触，
　　　　　氧也未渗入，因而未受到氧的影响，故在氢气炉
　　　　　中退火后无裂纹出现。

图　　9-1-51　　　　　　　　　　　50×

图　　号：9-1-52

材料名称：纯铜电源导线［w（Cu）99.9%　］

浸 蚀 剂：氯化高铁盐酸水溶液

处理情况：冷拉后退火处理

组织说明：导线的基体组织为 α+Cu$_2$O 共晶体。图
　　　　　上部导线表面层组织为 α+（α+Cu$_2$O），晶粒较
　　　　　粗大，黑色块状为高温氧化铜。

　　　　　由于电源导线陈旧或严重过载，造成局部电
　　　　　源导线严重发热，导致产生火花而熔化，引起电
　　　　　源导线短路。因电源导线处于周围高温空气中时
　　　　　间较长，引起铜和氧的反应生成（Cu+Cu$_2$O）的
　　　　　共晶体。因此可根据导线短路时形成的熔珠组织
　　　　　来判断是否是由于电源导线产生短路时产生的火
　　　　　花而引起的火灾事故。

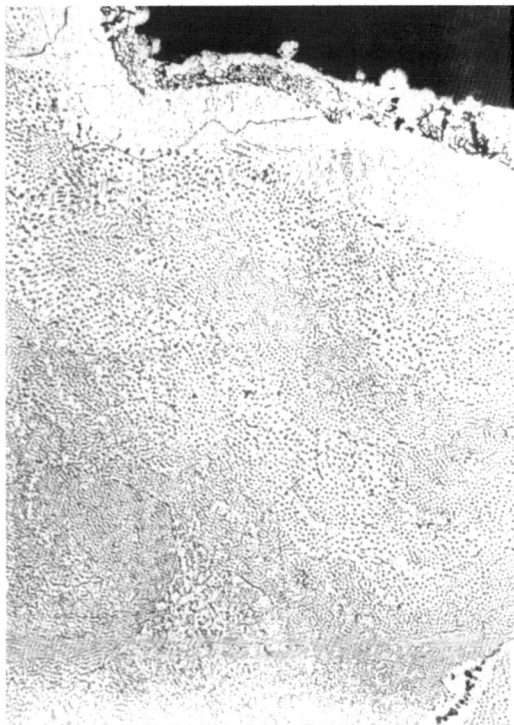

图　　9-1-52　　　　　　　　　　　150×

金 相 图 片

图 9-2-1   120×

图　号： 9-2-2

材料名称： 90 黄铜（H90）

浸 蚀 剂： 氯化高铁盐酸水溶液

处理情况： 热轧退火状态

组织说明： 基体为呈孪晶分布的 α 相。

　　热轧退火后获得 α 单相的孪晶组织，晶粒细小，故其强度、塑性和韧性良好。铜锌二元合金通称普通黄铜，其中 w（Zn）最多不超过 50%，在普通黄铜中 w（Zn）≤15% 时，铜仍呈红色，与纯铜的色泽相仿。只有随着含锌量增加时，其色泽才会发生向金黄色变化。这种低锌量的黄铜，具有良好的冷热加工性，并有好的力学性能和高的耐蚀性。除用作奖章和双金属片外，常用来做供水管和排水管，因为它的价格比纯铜便宜，且不生锈、耐腐蚀。

图　9-2-3   80×

图　号： 9-2-1

材料名称： 90 黄铜（H90）

浸 蚀 剂： 经硝酸高铁酒精溶液浸蚀后用氢氧化铵双氧水再浸蚀

处理情况： 铸态

组织说明： 组织为呈树枝状偏析的 α 相固溶体，灰黑色部分为富锌区，这种锌在 α 相中的偏析经加热退火后便会很快消除。其后的组织便呈现与纯铜完全相同的特征。α 相为锌在铜中的固溶体，与纯铜同属面心立方晶格，在 450℃ 时固溶体中 w（Zn）最高可达 39%。高于或低于 450℃ 时，溶解度都将减少。

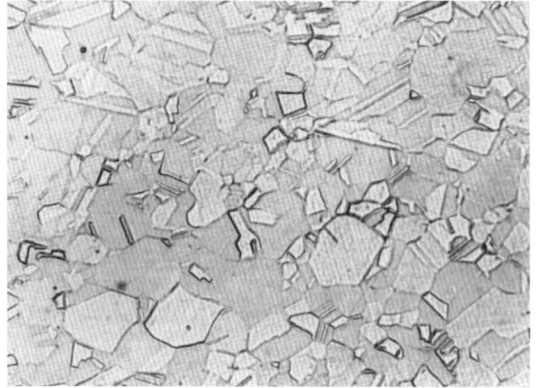

图　9-2-2   400×

图　号： 9-2-3

材料名称： 70 黄铜（H70）

浸 蚀 剂： 氯化高铁盐酸水溶液

处理情况： 加工变形后退火处理

组织说明： 呈孪晶分布的 α 相，晶粒极为粗大，最大晶粒的尺寸为 0.64mm，可按 ASTM《金属平均晶粒度测定法》来评定。

　　α 相的特征是不易受浸蚀，通常在显微镜下呈亮白色。经变形退火后与纯铜组织相似。由于合金中 w（Zn）已超过 15%，铜的色泽为金黄色。由于是单相黄铜，故它的加工工艺性、力学性能以及耐蚀性均较好。它在具有良好的塑性和较高的强度的情况下，冷成形性良好。常用来制作弹壳和机械、电气用零件。

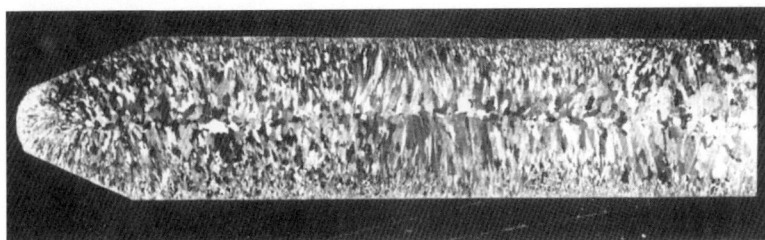

图　9-2-4　　　　　　　　　　　　　　　　　　　1/4×

图　　号：9-2-4

材料名称：68 黄铜（H68）　[w（Cu）67.0%～70.0%，其余为 Zn]

浸 蚀 剂：40%硝酸水溶液

处理情况：半连续铸造扁锭的横截面

组织说明：铸造中由于模壁直接通水使锭坯边部很快降至形成临界核的温度以下，大量晶核的出现使边部
　　　形成细小的等轴晶，向里则随着冷却曲线的逐渐平缓，晶粒成核数目减少，造成了晶粒凝固向与冷却方
　　　向相反的中心延伸长大而形成柱状晶，并类似于纯铜柱状晶直达锭坯中心。

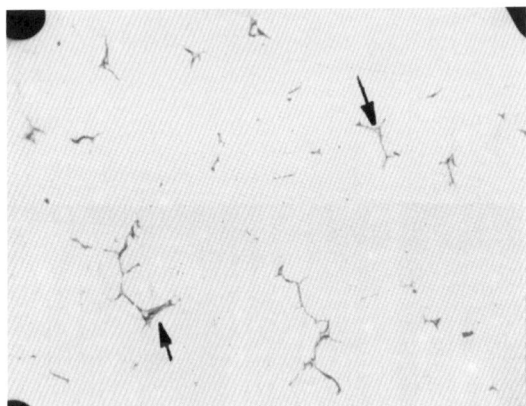

图　9-2-5　　　　　　　　　　　120×

图　9-2-6　　　　　　　　　　　60×

图　　号：9-2-5

材料名称：68 黄铜（H68）

浸 蚀 剂：硝酸高铁酒精溶液

处理情况：铸态

组织说明：按平衡图 H68 应为单相组织，但由于非
　　　平衡的冷却，加之有时含锌偏高，故有时会出现
　　　如箭头所指极少量的 β 相，通常这些少量的 β 相
　　　在以后的加热中消失，反之如 β 相甚多且经加热
　　　退火后仍不消失，则应分析其含铜量是否过低，
　　　已不属 H68 黄铜。

图　　号：9-2-6

材料名称：68 黄铜（H68）

浸 蚀 剂：70%磷酸水溶液电解浸蚀（电压：5～6V，
　　　时间：5～6min）然后用氯化高铁盐酸水溶液浸蚀

处理情况：热轧板

组织说明：由于加热及终轧温度较高，非平衡的少量
　　　β 相全部消失。热轧时产生的动态再结晶使合金获
　　　得 α 单相再结晶的孪晶组织晶粒粗大，孪晶典型。
　　　这种板材多是中间在制品，需作进一步多道次冷轧
　　　及中间退火，最后以薄板带形式出厂。

图 9-2-7   90×

图 9-2-8   90×

图 9-2-9   150×

图 9-2-10   150×

图　9-2-11　　　　　　　　150×　　图　9-2-12　　　　　　　　120×

图　　号：9-2-7～9-2-12

材料名称：68 黄铜（H68）

浸　蚀　剂：氯化高铁酒精溶液

处理情况：热轧板作不同程度冷轧加工和再结晶退火

组织说明：图 9-2-7：由 5.9mm 热轧板冷轧至 4.5mm，ε=23％的显微组织。等轴的晶粒被拉长变形，孪晶带弯曲变形。

　　图 9-2-8：由 5.9mm 热轧板冷轧至 3.5mm，ε=39％的显微组织。按纯铜中加锌后能降低其位错堆垛能，变形中的交叉滑移变得困难，以至位错往往保留在滑移带内或堆积起来或形成短的堆垛层带，因而在晶粒变形加剧的同时，可明显地看出滑移带的大量出现（纯铜则不如此明显），并终止于晶界或孪晶界。位错的堆积使合金的强度及硬度得以提高，而伸长率下降。

　　图 9-2-9：由 5.9mm 热轧板冷轧至 2.5mm，ε=56％的显微组织。变形进一步加剧，晶粒明显拉长，一些孪晶变成长长的带条状。

　　图 9-2-10：由 5.9mm 热轧板冷轧至 1.5mm，ε=73％带状特征更加明显，晶粒的外形已消失。

　　图 9-2-11：由 5.9mm 热轧板冷轧至 1.0mm，ε=83％，此时晶粒已完全破碎，呈纤维状组织。

　　图 9-2-12：热轧板冷轧后进行再结晶退火的典型 α 相退火孪晶组织。

　　α 单相黄铜在冷加工时有很高的加工率，如 68 黄铜在两次中间退火间，加工率可达 70％，冷加工的 α 单相黄铜，一般采用 500～700℃退火工艺，退火后的晶粒平均直径在 0.025～0.045mm 之间，其时黄铜带的冷冲性能最好。

图　9-2-13　　　　　　　　　　　　　　　　　2/3×

图　　号：9-2-13

材料名称：68 黄铜（H68）

浸 蚀 剂：未浸蚀实物

处理情况：热轧开坯后的碎块

组织说明：由于铸坯加热温度过高保温时间过长，铸坯发生严重过烧晶界熔化，从而在轧制时很快崩裂成碎块，从碎块中可以看到边部铸态的柱状晶（左侧）及中心的等轴晶粒外形，为了保证不同合金的加热制度，应定时校正测温仪表并严密对加热锭坯的监控。

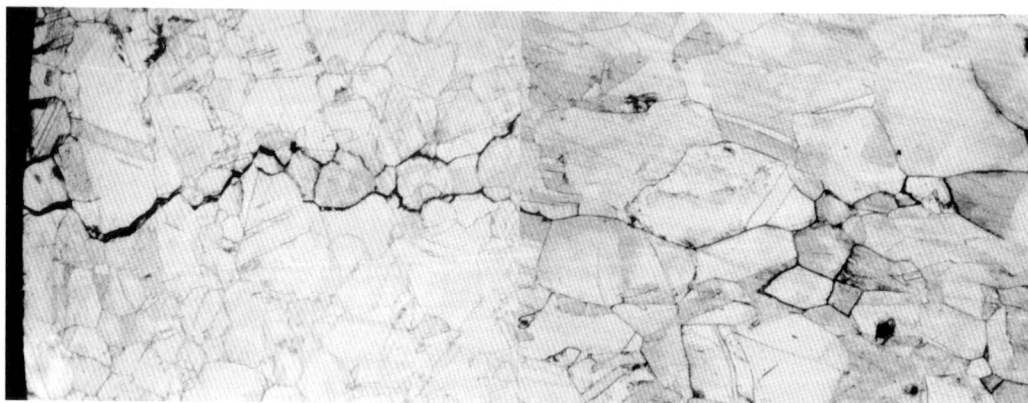

图　9-2-14　　　　　　　　　　　　　　　　　100×

图　　号：9-2-14

材料名称：68 黄铜（H68）

浸 蚀 剂：氯化高铁盐酸水溶液

处理情况：加工变形后退火处理

组织说明：基体为稍保持变形的孪晶分布的 α 固溶体，近表面处晶粒较内部为细小些，晶粒大小、分布不均匀；表面处裂纹沿晶界分布，有一条裂纹向工件心部沿晶界延伸。

　　工件冷变形后，退火时由于加热温度不够高，加上保温时间又不足，致使工件内应力未被完全消除，因而工件碰到潮湿等介质时极易产生应力腐蚀破裂。

图　9-2-15　　　　　　　　　　100×

图　9-2-16　　　　　　　　　　80×

图　　　号： 9-2-15、9-2-16

材料名称： 65 黄铜　（H65）

浸 蚀 剂： 图 9-2-15 用硝酸高铁酒精溶液，图 9-2-16 用氯化高铁盐酸水溶液

处理情况： 图 9-2-15 为铸态，图 9-2-16 为冷轧板

组织说明： 图 9-2-15：具有明显的枝晶 α+β 相组织，α 相（白色）位于枝干，经包晶反应而生成的 β 相位于枝晶间，使用硝酸高铁溶液浸蚀 β 相不会明显变黑，而仅为淡黄色。

图 9-2-16：为冷轧板纵向组织，由于退火后 β 相已消除，再经变形，基体为变形严重的 α 相，应变线密集，α 相晶粒已被拉碎，150HV。

图　9-2-17　　　　　　　　　　100×

图　　　号： 9-2-17

材料名称： 65 黄铜（H65）

浸 蚀 剂： 硝酸高铁酒精溶液

处理情况： 退火后的 H65 空调管，经冷变形弯管

组织说明： 基体为孪晶 α 相，裂纹主要沿晶界发生和延伸，裂纹附近晶粒无明显变形，故具有明显的应力腐蚀特征。空调管冷变形弯管处，这种不大的变形虽不致于引起组织的改变，但却留下足够的残留应力，之后未作及时的退火处理，经焊接后在合适的腐蚀环境下，即出现开裂。

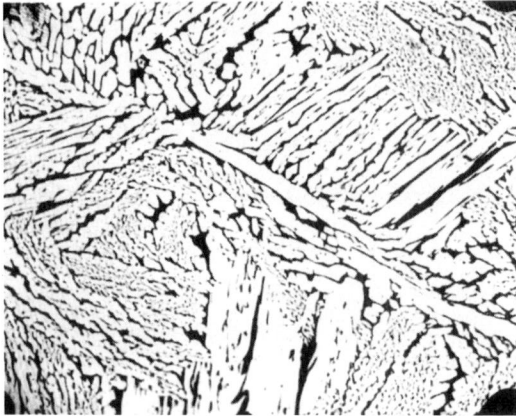

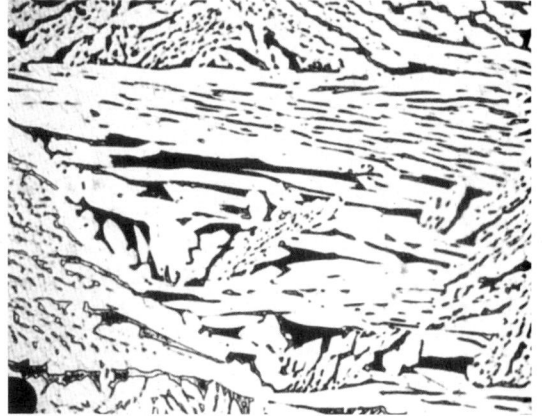

图 9-2-18   200×   图 9-2-19   200×

图　　号：9-2-18、9-2-19

材料名称：铸造黄铜（ZCuZn38）［w（Cu）60.0%～63.0%，其余为 Zn］

浸 蚀 剂：氯化高铁酒清溶液

处理情况：铸态

组织说明：按 Cu-Zn 二元平衡图分析 ZCuZn38 应为 α 单相合金，但在实际生产中由于锌得不到充分扩散，
凝固时部分 α 初晶与液体发生包晶反应生成的 β 相便保留下来并与初生 α 相一起构成 α＋β 双相合金，
锌含量越高，冷却强度越大，被保留下来的 β 相也越多。

    图 9-2-18：铸锭的边部组织。

    图 9-2-19：同一铸锭的中心组织，可见中心由于冷却较缓，相变较充分，其组织也较边缘粗。在普
通黄铜中 ZCuZn38 是典型的 α＋β 双相合金。

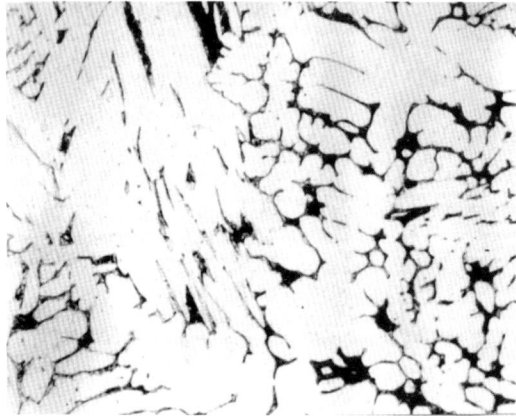

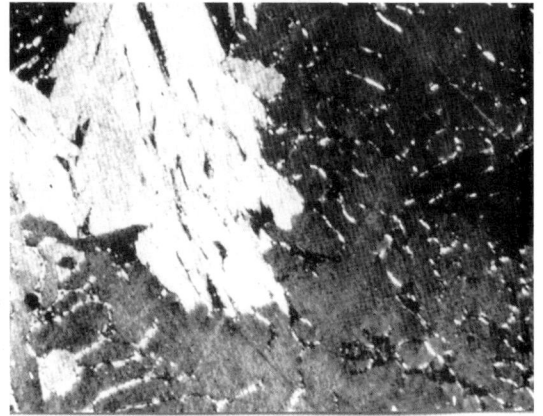

图 9-2-20   200×   图 9-2-21   200×

图　　号：9-2-20、9-2-21

材料名称：铸造黄铜（ZCuZn38）

浸 蚀 剂：氯化高铁酒精溶液

处理情况：铸造

组织说明：在 α＋β 双相黄铜中，特殊的相变使高倍下的铸造晶粒和铸造晶界常常难以分辨（见图 9-2-20）。
此时若使用偏光照明则可依不同铸造晶粒有不同的明暗偏振反射而将铸造晶粒区分，如图 9-2-21（同一
视场拍摄）较暗的部分属刚凝固后的某一晶粒，较亮部分则属另一晶粒。

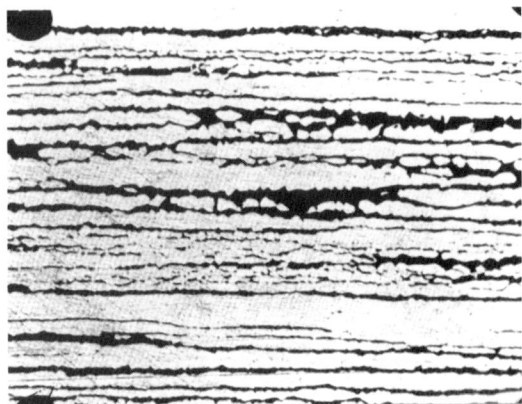

图　9-2-22　　　　　　　　　　　　120×

图　9-2-23　　　　　　　　　　　　120×

图　　号：9-2-22、9-2-23

材料名称：62 黄铜（H62）

组织说明：图 9-2-22：挤压组织，白色基底为 α 相+黑色 β 相，经加工变形后成带状组织。

浸　蚀　剂：氯化高铁酒精溶液

处理情况：热加工

图 9-2-23：热轧组织，黑色的链条状为 β 相，α 相因经较重的浸蚀显示出以 β 相条带为界限的具有孪晶的再结晶组织。

这两种热加工组织无本质区别，其中 β 相以带状分布，均匀细密且不构成连续分布，不致破坏 α 相的连续分布，对以后的冷加工最为有利。必须指出：所有黄铜在 200～700℃ 间有一个脆性区，热加工时应避开这一温度范围，以防材料开裂。

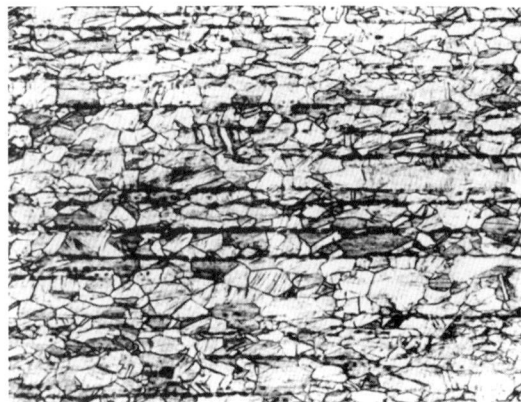

图　9-2-24　　　　　　　　　　　　120×

图　9-2-25　　　　　　　　　　　　120×

图　　号：9-2-24、9-2-25

材料名称：62 黄铜（H62）

浸　蚀　剂：氯化高铁酒精溶液

处理情况：图 9-2-24 是图 9-2-23 试料再经小变形量的冷轧加工；图 9-2-25 则是图 9-2-24 冷轧加工后作退火处理

组织说明：图 9-2-24：因加工率较小，可见 α + β 双相合金中 α 相的轻度变形，孪晶带的弯曲以及晶内滑移带的出现。β 相在室温下塑性较低，因而有一定的破碎与拉长。

图 9-2-25：经退火处理，可见 α 相为退火再结晶孪晶组织。由于一些 β 相在退火时溶入 α 相，剩下的 β 相多呈黑色点状。鉴于 β 相再结晶温度较高，退火温度宜在 600～700℃ 之间。必须指出：α + β 双相黄铜在冷轧时必须严格控制加工率，以防沿脆性的 β 相开裂。

图 9-2-26　　　　　　　　　　　80×

图 9-2-27　　　　　　　　　　　80×

图 9-2-28　　　　　　　　　　　80×

图　　号：9-2-26～9-2-28

材料名称：62 黄铜（H62）

浸 蚀 剂：氯化高铁盐酸水溶液

处理情况：冷拔变形后，去应力退火

组织说明：某铜厂生产的 H62 薄壁铜管，经冷拔变形后低温去应力退火，使铜管处于半硬状态，以利铜管再次进行冲制加工，铜管大部分硬度较高，但发现有一根铜管硬度极低。

　　图 9-2-26：半硬状态铜管纵向组织，基体为晶粒明显变形的孪晶 α 相，其上滑移线较多。维氏显微硬度值为 180HV。

　　图 9-2-27：软铜管纵向组织，基体为等轴分布 α 相，部分晶粒是孪晶。硬度值为 102HV。

　　图 9-2-28：软铜管横截面组织，同纵向。

　　硬管处理工艺适当，铜管硬度符合技术要求，而软管则由于退火温度较高，获得了等轴分布的单相 α 相晶粒，消除冷加工硬化作用，已达到了完全再结晶，故其硬度较低，不能达到中间产品的力学性能要求。

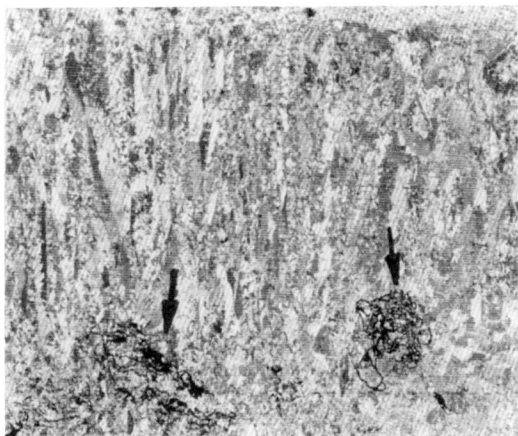

图　　号：9-2-29
材料名称：62 黄铜（H62）
浸 蚀 剂：30%硝酸水溶液
处理情况：铸造板坯
组织说明：铸造板坯经车削后发现下部有大块圆形
　　　　的氧化皮夹渣，若进一步加热加工，则缺陷将更
　　　　加扩展，致使产品成为废品。
　　　　　　这种缺陷是熔炼铸造过程中除渣不良，在浇注
　　　　过程中夹渣及氧化皮混入铜液注入铸造板坯中所
　　　　致。为避免此种缺陷，铜液在冶炼过程中应加强除
　　　　渣和脱氧，以保证铜液的洁净。

图　　9-2-29　　　　　　　　　　　2/3×

图　　号：9-2-30
材料名称：62 黄铜（H62）
浸 蚀 剂：30%硝酸水溶液
处理情况：热轧板（H=15mm）
组织说明：由于加热温度过高，轧制后出现沿加工
　　　　方向拉长的粗大晶粒，此是过热组织，其性能将
　　　　大幅度下降。因 H62 在加热过程中有 α+β→β 的
　　　　转变，晶粒极易长大使性能恶化的特点，故在加
　　　　热过程中必须严格控制加热制度。过热组织可以
　　　　通过再加工变形使之细化进行挽救。

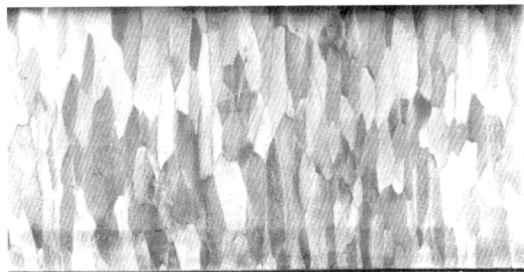

图　　9-2-30　　　　　　　　　　　1×

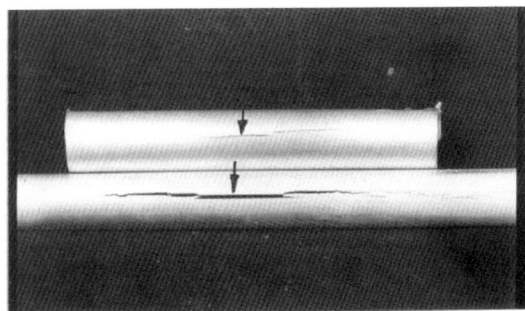

图　　9-2-31　　　　　　　　　　　2/3×

图　　号：9-2-31
材料名称：62 黄铜（H62）
浸 蚀 剂：氨薰
处理情况：拉深管材作氨薰法应力腐蚀破裂检查
组织说明：由于拉深管中有较大的残留应力，消除
　　　　应力退火不充分，因而在用氨薰法作应力腐蚀检
　　　　查时，出现了不同程度的破裂，裂纹如箭头所指。
　　　　　　为了避免这种管子在以后使用中出现应力腐
　　　　蚀破裂，必须及时对其作充分消除应力的低温退火
　　　　处理。生产中一般采用 275～325℃×1～2h 的退
　　　　火处理。

图　　号：9-2-32

材料名称：62 黄铜（H62）

浸 蚀 剂：上图为实物，下图为硝酸高铁酒精溶液
　　　　　浸蚀

处理情况：冷轧管

组织说明：上图为由于冷轧加工变形量过大，造成
　　　　　管材沿应力最大，即与轧制方向呈 45° 方向产生
　　　　　周期性裂纹（如图中箭头所指）及开裂（上图箭
　　　　　头所指处）。

　　　　　　下图为裂纹处的显微组织，裂纹横穿带状组
　　　　　织，可知裂纹是在室温下冷轧产生的。

　　　　　　为避免这种废品的出现，需制订并严格执行
　　　　　冷轧工艺规程，严格控制合适的轧制变形量，以
　　　　　避免产生过量变形，而导致因变形量过大产生的
　　　　　开裂事故。

图　　9-2-32　　　　　　　　上 1×、下 120×

图　　号：9-2-33

材料名称：α 黄铜及 β 黄铜

浸 蚀 剂：氢氧化铵双氧水溶液

处理情况：材料经退火后置于有锌选择性溶解腐
　　　　　蚀的介质中，且又有外加拉应力的作用之下

组织说明：左图是 α 黄铜，有孪晶，应力腐蚀裂纹
　　　　　沿晶界出现。右图为高锌的 β 黄铜，可以看到明
　　　　　显的穿晶裂纹，且二者的裂纹附近均未见有变形
　　　　　组织的存在。

　　　　　　在特定介质下，当所受拉力大大低于合金的
　　　　　强度极限时，便可出现材料的开裂，故有很大的
　　　　　潜在危险性。这类黄铜使用时，务必防止拉应力
　　　　　及腐蚀介质共同作用，以避免产生应力腐蚀。

　　　　　　应力腐蚀又称"季裂"，简称 SCC，它不仅
　　　　　存在于黄铜，其他铜合金甚至纯铜都有可能发生
　　　　　应力腐蚀。

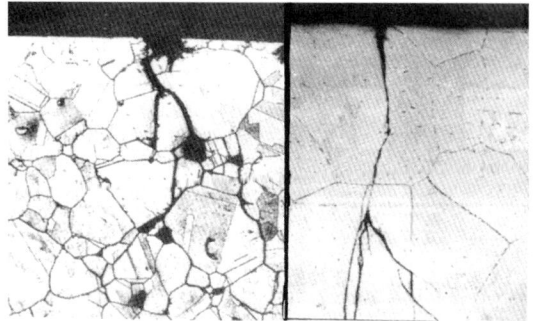

图　　9-2-33　　　　　　　　　　　　　　150×

图 9-2-34   2/3×

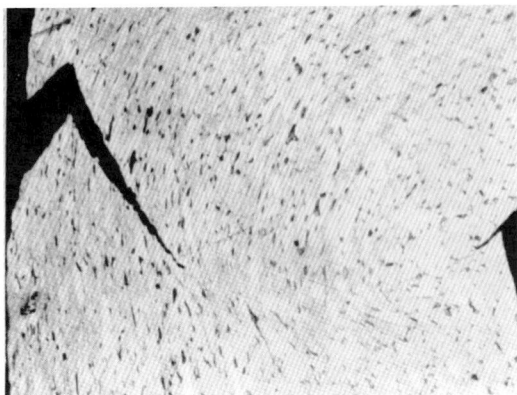

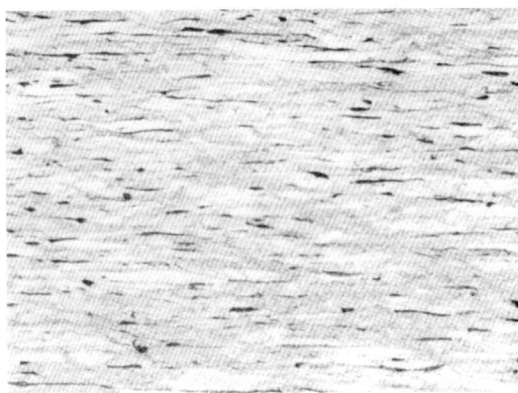

图 9-2-35   80×   图 9-2-36   80×

图　　号：9-2-34～9-2-36

材料名称：62 黄铜（H62）［w（Zn）38.69%，其余为 Cu］

浸 蚀 剂：图 9-2-34 未浸蚀，图 9-2-35、图 9-2-36 氯化高铁盐酸水溶液浸蚀

处理情况：冷轧薄板，冷冲压成形

组织说明：图 9-2-34：H62 冷轧薄板经冷冲压的零件，在冷冲成形后，发现在零件变形最大的弯角处产生开裂，裂纹自零件底部弯角处产生，沿着弯角延伸，见图 9-2-34 中箭头指引处。

　　图 9-2-35：弯角横截面裂纹处的组织，基体为变形量大的 α 固溶体，随加工变形方向分布的黑色块、条状为 β 相，β 相数量较多，且因变形量大而呈细条状分布。在变形量最大的弯角处，截面两侧各有一条裂纹，弯角外侧裂纹较大，裂纹始沿变形方向 45°向内延伸，继而裂纹则沿直角向里扩展，见图左侧；图右侧为零件弯角里侧部分，裂纹也沿加工变形方向 45°的挤压变形较大处向里延伸，不过裂纹较小，且刚好与弯角外侧裂纹的走向相反。

　　图 9-2-36：零件纵向的显微组织，基体为变形量较大的 α 固溶体，其上有沿变形方向分布的点、块状和条状的 β 相，用 200g 载荷测其维氏硬度值为 190HV。

　　零件开裂是原材料变形量较大，且 β 相含量较多，材料硬度较高，在冲压变形时，因材料脆硬，不但易在沿拉应力最大处开裂，同时在受挤压应力一侧处也产生反方向的开裂。

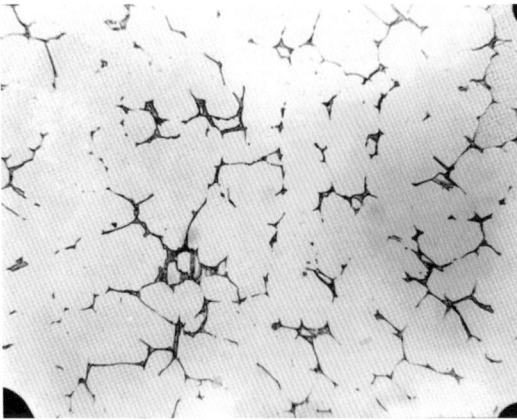

图　9-2-37　　　　　　　　　　120×

图　　号：9-2-37

材料名称：70-1 锡黄铜（HSn70-1）

浸 蚀 剂：氯化高铁盐酸水溶液

处理情况：铸态

组织说明：基体为 α 相，灰色部分为不平衡的 β 相分解的（α＋γ）共析体，通常经加热退火后即可消失，故经热加工、冷加工、退火后的 HSn70-1 应为单一的 α 相组织，少量锡可固溶于 α 及 α＋β 黄铜，提高合金的强度、硬度并抑制普通黄铜的脱锌现象，提高耐蚀性。锡黄铜在淡水及海水中耐蚀。故又称"海军黄铜"。

图　　号：9-2-38

材料名称：C44300（美国牌号）[w（Cu）70%～73%，w（Sn）0.9%～1.2%，w（As）0.02%～0.10%，其余为 Zn]（相当于 HSn70-1 加砷牌号）

浸 蚀 剂：氯化高铁酒精溶液

处理情况：热挤管

组织说明：锡黄铜加微量砷，其抗蚀能力大为提高，基体组织为单相 α 相，再结晶孪晶组织。如图 9-2-37 所述，铸态下常会出现由不平衡 β 相分解出来的 γ 相，γ 相是呈亮白色 CuSnZn 化合物，通过扩散退火 γ 相即可消失。

　　此合金有"季裂"倾向，常用作船舶、热电厂中高温耐蚀冷凝器管。

图　9-2-38　　　　　　　　　　200×

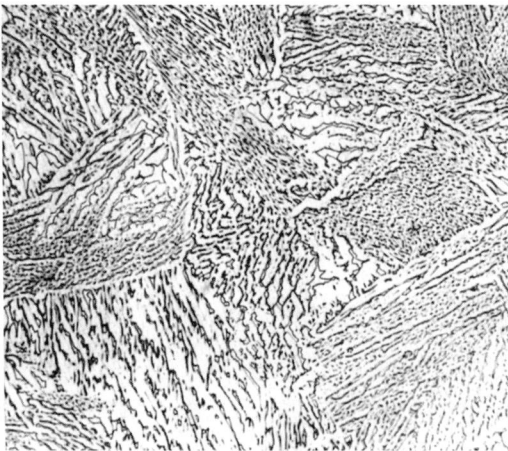

图　9-2-39　　　　　　　　　　70×

图　　号：9-2-39

材料名称：62-1 锡黄铜（HSn62-1）[w（Cu）61.0%～63.0%，w（Sn）0.7%～1.1%，其余为 Zn]

浸 蚀 剂：硝酸高铁酒精溶液

处理情况：铸态

组织说明：试样取自铸锭边缘，冷却强度较大因而组织细密，β 相来不及分解故为 α＋β 双相组织，并一直保持在加工及成品使用过程中，随着缓慢冷却还会有少量 γ 相出现。这是它与普通的 α＋β 普通黄铜的不同之处。

　　此牌号合金有"季裂"倾向，常用作与海水、汽油接触的船舶零件。

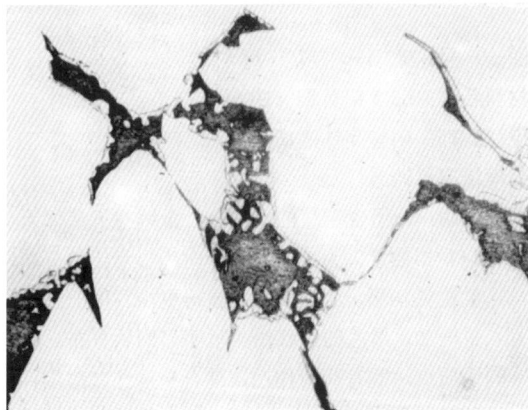

图　　号：9-2-40

材料名称：62-1 锡黄铜（HSn 62-1）

浸 蚀 剂：氯化高铁盐酸水溶液

处理情况：850℃×2h，炉冷至室温

组织说明：基体为 α 相，缓慢冷却使部分 β 相分解出
　　　　　α+γ 相。图中箭头 1 所指为灰黑色为 β 相，箭头
　　　　　2 所指白色块粒状为 γ 相。可见 γ 相均位于原 β 相
　　　　　的边缘分解而出现。

图　9-2-40　　　　　　　　　200×

图　9-2-41　　　　　　　　　2/3×

图　　号：9-2-41

材料名称：70-1 锡黄铜（HSn 70-1）

浸 蚀 剂：30%硝酸水溶液

处理情况：挤压管的压余纵剖面

组织说明：从剖面的宏观组织中可见有大量缺陷（如氧化皮）流入金属内部（如箭头所指）。这些缺陷进
　　　　　入管材将形成缩尾，它将以连续或不连续的形式将产品内部分开。合金的性能将严重下降，使用时潜在
　　　　　危险性大大增加，故对挤制品需作无损探伤检查，以确保无缩尾的产品出厂或在加工使用前检出。

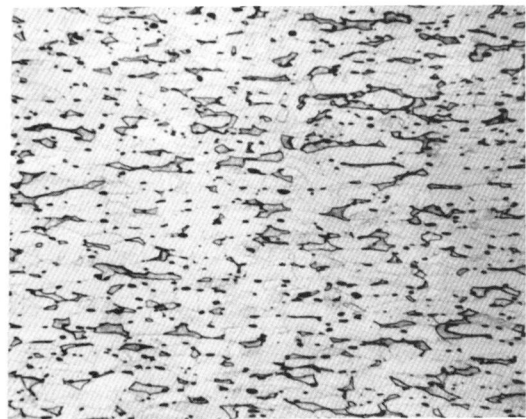

图　　号：9-2-42

材料名称：61-1 铅黄铜（HPb 61-1）

浸 蚀 剂：硝酸高铁酒精溶液

处理情况：热轧开坯后又进行冷轧

组织说明：经冷轧变形，β 相、铅相及基体 α 相均沿
　　　　　加工方向变形拉长。此时合金产生明显冷作硬化，
　　　　　虽有较高的强度和硬度，但塑性较差，为了改善其
　　　　　综合性能，需作退火处理。
　　　　　　因 HPb61-1 具有比 HPb59-1 更好的加工性能、
　　　　　润滑性能和减摩性，故广泛地用于手表材料。

图　9-2-42　　　　　　　　　100×

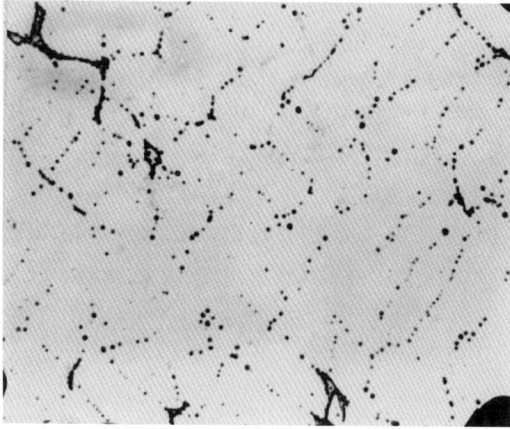

图 9-2-43   270×

图　　号：9-2-43

材料名称：63-3 铅黄铜（HPb63-3）

浸 蚀 剂：硝酸高铁酒精溶液

处理情况：铸态

组织说明：由于含铜量的增加，合金铸态下基体为 α
相，β 相数量大为减少，摄影时为显示铅的分布，
尽量避免 β 相，这就使 β 相显得更少。由于铅的加
入量增加，黑色的点状铅相呈明显网状分布。游离
的铅质点，既有润滑作用，使合金可作减磨零件，
又可使切屑呈崩碎状，但 w（Pb）超过 3% 后其
加工性能不再有明显的提高。此合金适宜作钟表
零件。

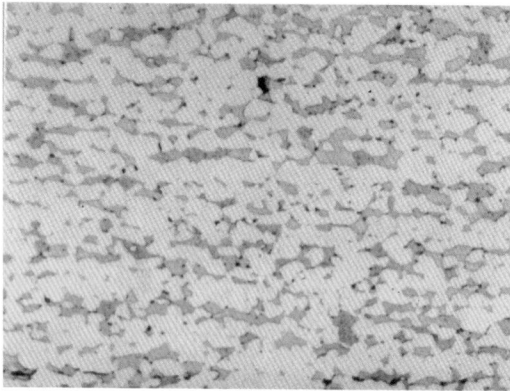

图 9-2-44   200×

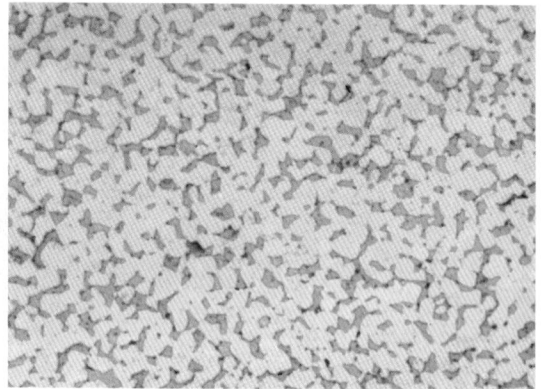

图 9-2-45   200×

图　　号：9-2-44、9-2-45

材料名称：59-3 铅黄铜（HPb59-3）（相似于德国 Cu Zn39 Pb2；日本的 3604 牌号）

浸 蚀 剂：硝酸高铁酒精溶液

处理情况：挤压棒经拉伸后成品退火

组织说明：本合金较 HPb59-1 多加入了 w（Pb）为 1.5%，w（Fe）为 0.4% 及 w（Sn）为 0.2%，获得了更好
的综合力学性能、加工性能、润滑性能及耐磨性能。铁还能细化合金组织。故而经挤压拉伸退火后可得
到细密均匀的组织。

    图 9-2-44：棒材的纵向组织。条块状灰色的 β 相沿加工方向均匀分布，因经冷加工形态有一定的聚
缩，从而使基体 α 相构成了连续的基体，铅相颗粒细小分布均匀。因而在宏观上表现有优良的力学性能。
经测定：R_m 为 490N/mm²，硬度为 143HBW，A 为 18%。

    图 9-2-45：试样的横向组织。灰色块状的 β 相在整个视场分散均匀地分布，整体无方向性，α 相构
成连续基体，铅相细小均匀，无大颗粒铅相偏聚现象。整个视场为较理想的合金组织形态，这是合金成
分、加工率、退火工艺配合得均较好时所形成的。

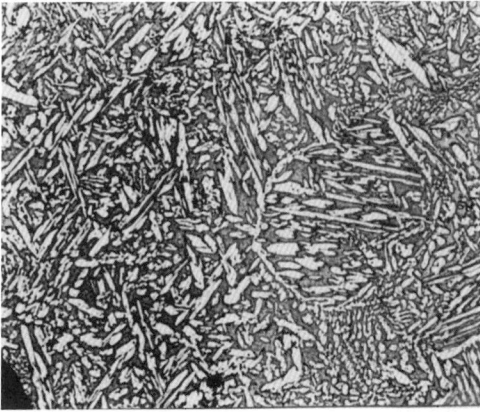

图　9-2-46　　　　　　　　　　　　70×

图　　号：9-2-46

材料名称：59-1 铅黄铜（HPb59-1）

浸 蚀 剂：氯化高铁盐酸水溶液

处理情况：铸态

组织说明：由于 HPb59-1 中含锌量较高，此时灰色基
体为 β 相，白色条、针状卵形为自 β 相晶界及晶内
析出的 α 相，黑色颗粒为游离铅相。故 HPb59-1 的
相组成为 α + β +Pb 相。由于合金含有较多的 β 相
及铅相，合金在室温下有较高的强度及耐腐性、润
滑性并有很好的切削加工性能，可得到光洁的加工
表面，是黄铜中使用广泛、价格较低的大宗产品。
对杂质含量的要求合格范围也较大。适用于冲压及
切削加工零件，如销子、螺钉、垫圈等。

图　9-2-47　　　　　　　　　　　　　　　　　　　　　　　　　　　　2/3×

图　　号：9-2-47

材料名称：59-1 铅黄铜（HPb59-1）［w（Cu）57.0～60.0%，w（Pb）0.8%～1.9%，其余为 Zn］

浸 蚀 剂：30%硝酸水溶液

处理情况：正向挤压棒

组织说明：试样为取自同一正向挤压棒的头、中、尾部的纵截面。可见头部（左图）是锭坯最先进入，挤
压模，变形量小因而组织粗大，甚至残留着铸态组织特征。中部（中图）经较大的挤压流动，变形组织
显示明显的加工流动变形。尾部（右图）变形量最大，组织极细，由于表层缺陷最后进入棒材内部，可
见有缩尾存在，如箭头所指。

　　按正向挤压特别对较大规格的挤压制品，这种头中尾组织上的差别通常总是存在。为此可作进一步
的冷热压力加工如拉伸或锻造，经再结晶退火后即可获得均匀细化的组织，进一步提高并均匀化不同部
位的力学性能。

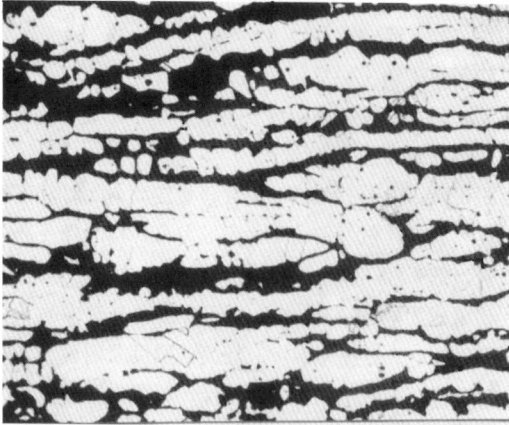

图　9-2-48　　　　　　　　　　120×

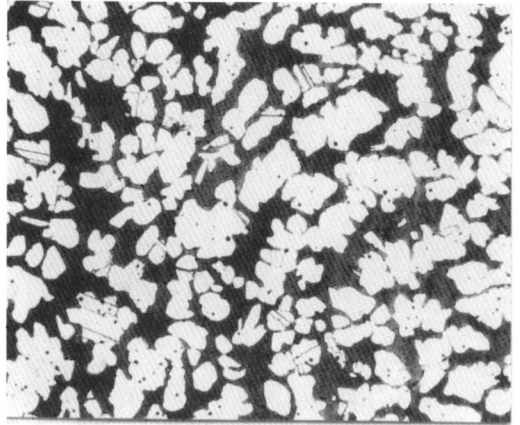

图　9-2-49　　　　　　　　　　120×

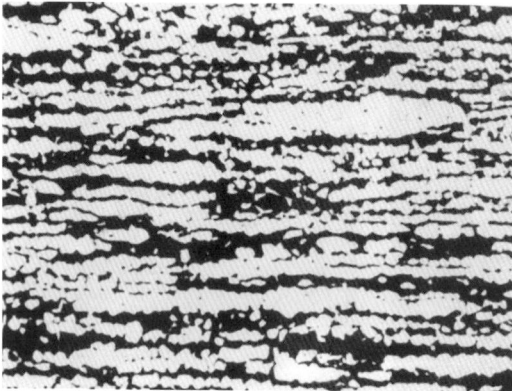

图　9-2-50　　　　　　　　　　120×

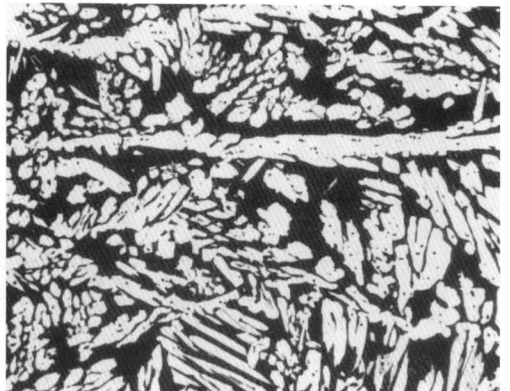

图　9-2-51　　　　　　　　　　120×

图　　　号：9-2-48～9-2-51

材料名称：　59-1 铅黄铜（HPb59-1）

浸 蚀 剂：氯化高铁酒精溶液

处理情况：热挤压

组织说明：图 9-2-48～图 9-2-50：分别为 HPb59-1 在 600℃下的挤压棒头部的纵、横向截面及尾部纵向截面
　　　　　显微组织。从纵向截面的组织可以看出 β 相沿加工方向的拉长变形，尾部组织明显比头部细密。横向截
　　　　　面的显微组织，看不出方向性。

　　　　　图 9-2-51：在 710℃下挤压的头部组织，由于在 α+β → β 转变温度之上挤压的，故在挤压终了之后，
　　　　　可以看出 α 相呈条状或长卵形自 β 相在特定位相上的析出。此组织的性能均匀性较差，过于严重时还会
　　　　　形成撕裂断口，为了改善合金的性能可作进一步适当的冷拉，随后作均匀化退火。

　　　　　在 α 相单相黄铜中溶解度 [w（Pb）] 小于 0.03%，而在 β 相中固溶度 [w（Pb）] 在 0.3%以上，
　　　　　且 α+β 双相黄铜在加热中会发生 α+β → β 相的转变，铅此时可由晶界转入晶内，从而减轻了铅对黄铜
　　　　　的危害，提高了材料的高温塑性。

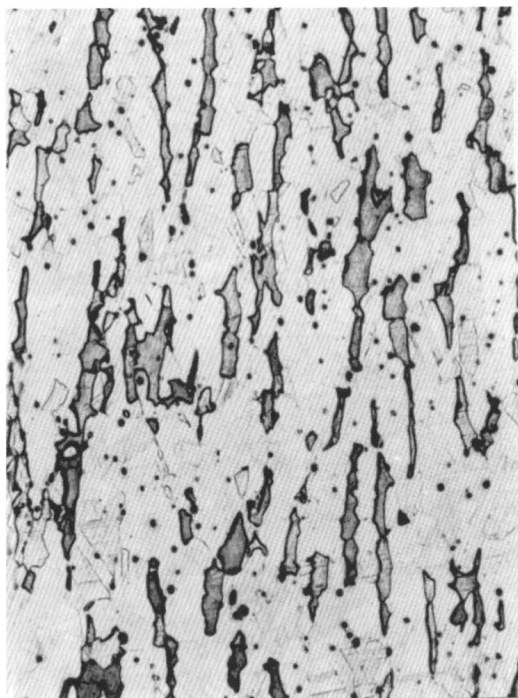

图 9-2-52   90×

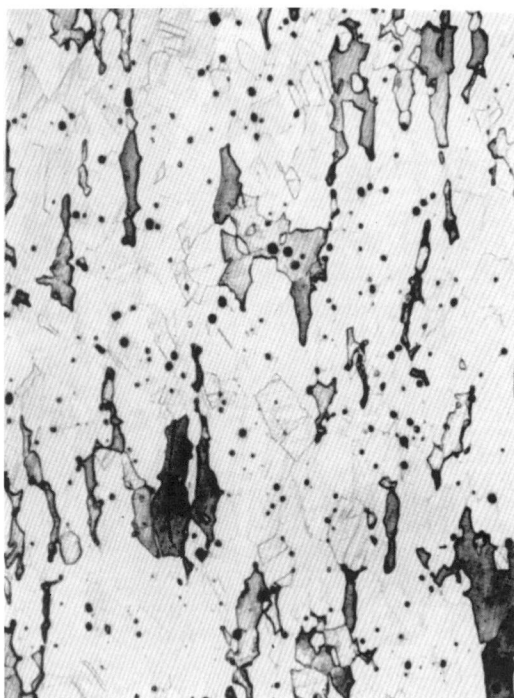

图 9-2-53   90×

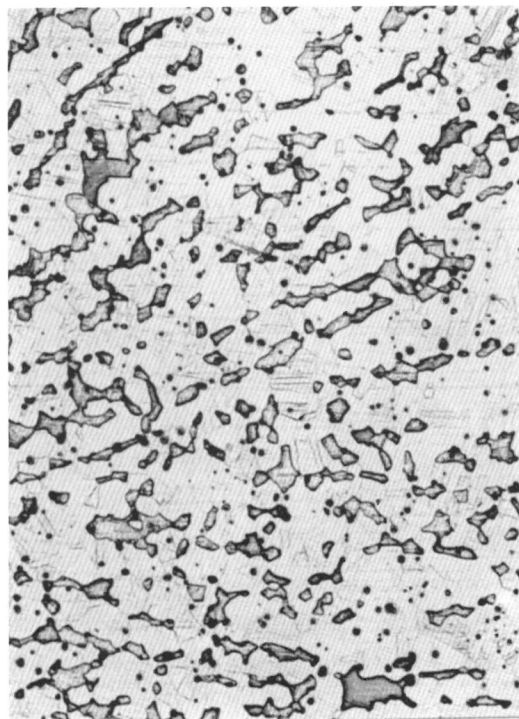

图 9-2-54   90×

图　　号：9-2-52～9-2-54

材料名称：59-1 铅黄铜（HPb59-1）

浸 蚀 剂：化学抛光后，经硝酸高铁酒精溶液浸蚀

处理情况：冷拉成 φ4.1mm 丝材

组织说明：图 9-2-52：丝材纵向表面的组织，白色基体为 α 相，隐约可见其晶界及孪晶组织，β 相沿拉伸方向呈断续状分布，其组织由 α + β + 颗粒状 Pb 组成。

图 9-2-53：丝材心部组织，在白色 α 相基体只可见到晶界及孪晶，由于丝材中心部位的变形量较表面处为小，所以 β 相沿拉伸方向变形也较少，β 相相对较宽而短。

图 9-2-54：丝材的横截面组织，白色基体为 α 相，晶界及孪晶较明显，β 相呈条颗粒状分布，分布较均匀。

HPb59-1 具有良好的力学性能和工艺性能，有"季裂"倾向。它适用于热冲压零件和切削加工的零件，例如销子、螺母、垫圈等。

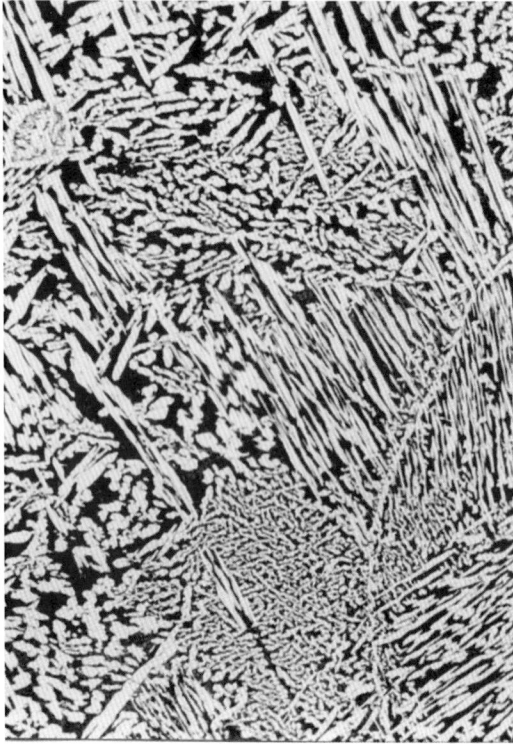

图 9-2-55　　　　　　　　120×

图 9-2-56　　　　　　　　120×

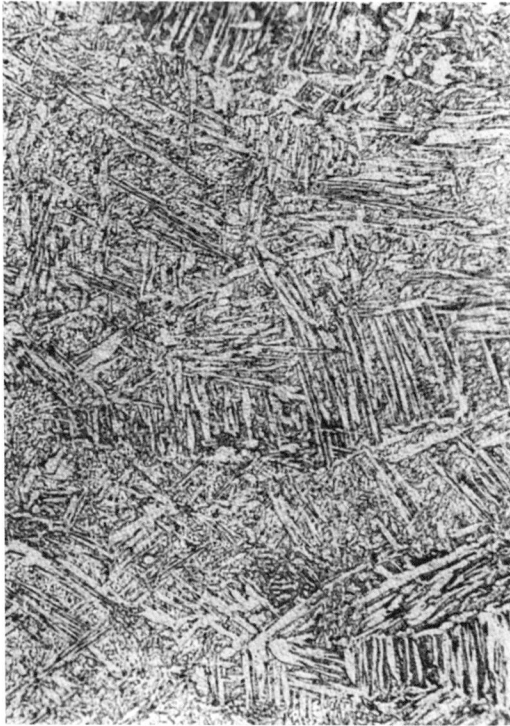

图 9-2-57　　　　　　　　120×

图　号：9-2-55～9-2-57

材料名称：59-1 铅黄铜（HPb59-1）

浸 蚀 剂：氯化高铁盐酸水溶液

处理情况：热模锻成形

组织说明：图 9-2-55：模锻件中心部位的显微组织，
针状 α 相较粗大，并沿晶界分布，黑色为 β 相。Pb
粒细小不易分解。由于晶粒粗大，晶界处有 α 相存
在，降低了锻件的力学性能。

　　图 9-2-56：模锻件分模面边缘的显微组织，针
状 α 相比中心部位的细小，晶粒也由于变形较大而
再结晶后细小，晶界处 α 相的分布也有所改善，黑
色为 β 相，铅粒细小不易分辨。由组织的分布可知，
该处的力学性能较锻件心部为好。

　　图 9-2-57：模锻分模面处的显微组织，由于其
变形量极大，且冷速又快，故 α 相针状较其他部位
细小，晶界处的 α 相也基本上消除，β 相细小，可
见到少量大的黑色颗粒为铅分布于基体上。此部位
的硬度及强度均较其他部位为高。唯其塑性稍差。

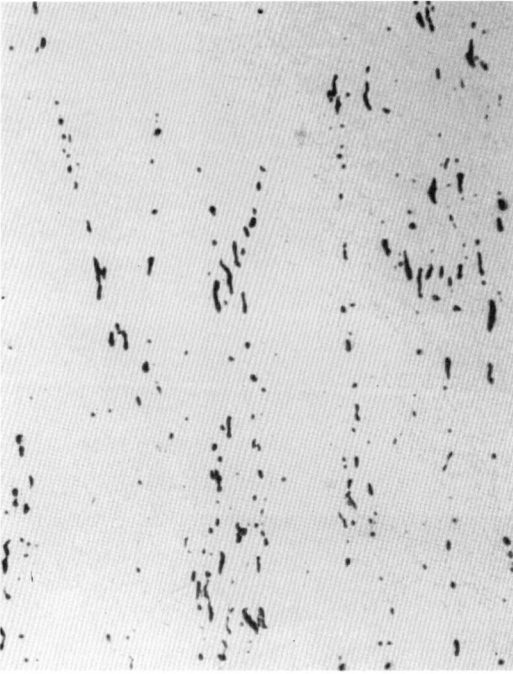

图　　9-2-58　　　　　　　　　120×

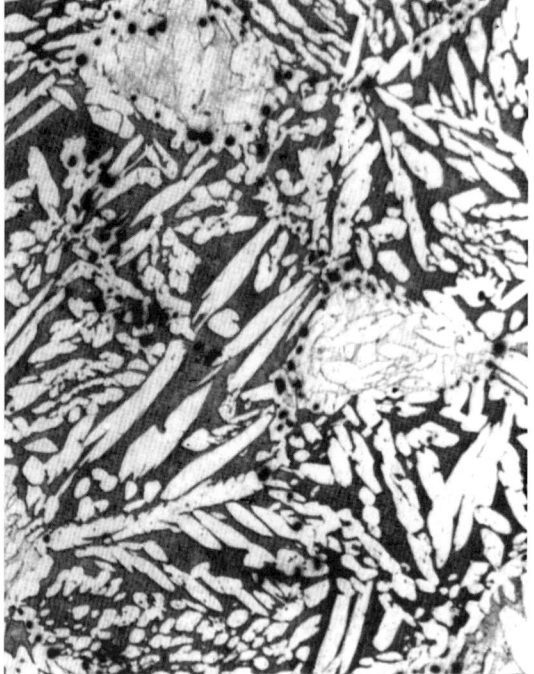

图　　9-2-60　　　　　　　　　120×

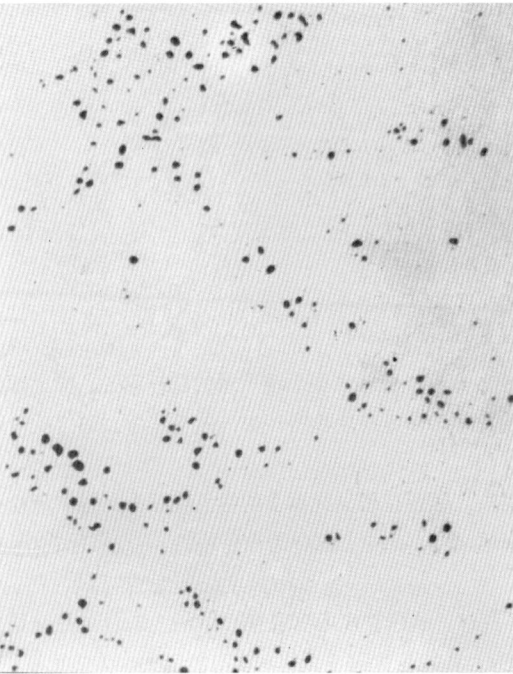

图　　9-2-59　　　　　　　　　120×

图　　号：9-2-58～9-2-60

材料名称：59-1 铅黄铜（HPb59-1）

浸 蚀 剂：图 9-2-58、图 9-2-59 未浸蚀，图 9-2-60 氯
化高铁盐酸水溶液浸蚀

处理情况：锻态

组织说明：图 9-2-58：锻件纵向的显微组织，深灰色
点状和小条状为铅，沿金属变形方向分布。

图 9-2-59：锻件横截面的显微组织，基体上深
灰色铅粒成聚集状和网络状分布。

图 9-2-60：锻件中心部位横截面的显微组织，
灰色基体为 β 相+白色针块状 α 相，沿晶界呈网络
状分布的呈黑色点状为铅粒。

由于工件中铅粒沿晶界呈网络状分布，降低了
合金晶界的结合能力，导致工件在锻造过程中易沿
晶界产生开裂缺陷。

铅在黄铜中以独立的游离铅存在，铅质点既有
润滑作用，其宜作减磨零件，又可使切屑呈崩碎状，
故铅黄铜可进行高速切削加工并获得光洁表面。

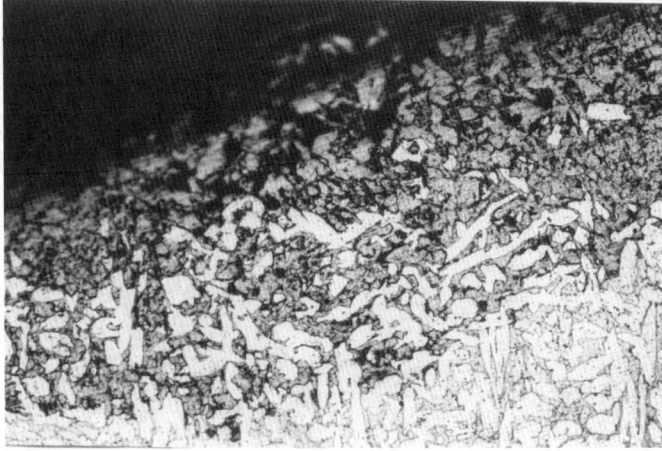

图　　9-2-61　　　　　　　　　　　　　　　　　　150×

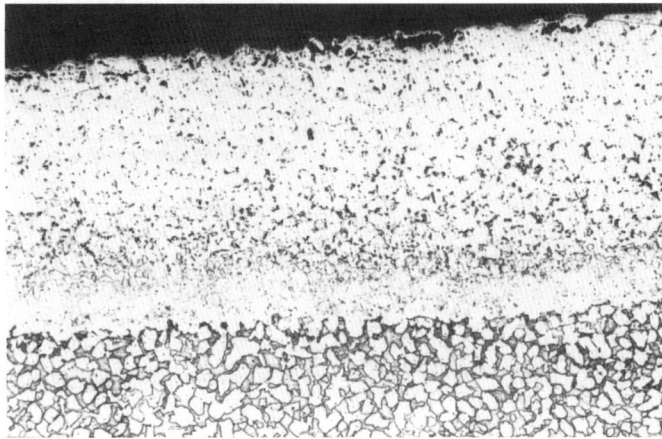

图　　9-2-62　　　　　　　　　　　　　　　　　　50×

图　　号：9-2-61、9-2-62

材料名称：59-1 铅黄铜（HPb59-1）

浸 蚀 剂：硝酸高铁酒精溶液

处理情况：置于 75℃的 w（$CuCl_2$）1%的水溶液中浸泡 24h

组织说明：图 9-2-61：浸泡腐蚀 24h，剖开试样截面表层处组织，试样表面出现严重的脱锌腐蚀，图上部为表面脱锌层组织，由于 β 相被优先选择性腐蚀而变色发暗，白色条块状为 α 相；图下部为心部组织，基体为白色 α 相+灰色 β 相。

图 9-2-62：试样表层脱锌层组织，β 相已全部消失，残留在表层纯铜上的黑色孔隙为腐蚀的疏松孔隙，逐向里（图中部）疏松孔隙减少，白色层为纯铜层，图下部中心部分为白色块状 α +浅灰色 β 相+极少量 Pb 相，此为 HPb59-1 正常组织。

黄铜在高温（300～900℃）下会同时出现氧化与脱锌。氧化使表面出现含 Cu_2O 与 ZnO 的氧化层。锌在高温下易挥发，脱锌使黄铜表面含锌量降低，使 α + β 双相黄铜表面的 β 相可能消失。为防止氧化，材料须在无氧化气氛中退火。薄的氧化膜又可抑制脱锌的发生。故黄铜多采用在含微量氧的氮气或 CO_2 的气氛中退火，以得到较好的表面质量。

图　9-2-63　　　　　　　　　　　实物

图　9-2-64　　　　　　　　　　　50×

图　9-2-65　　　　　　　　50×

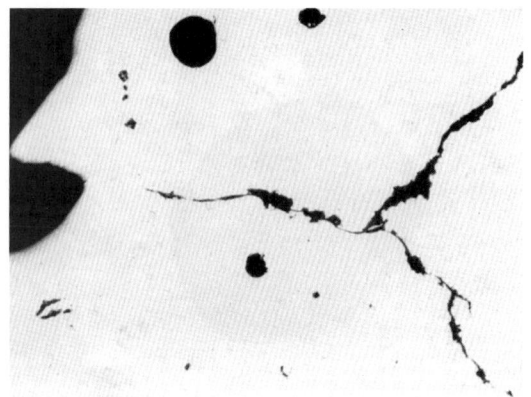

图　9-2-66　　　　　　　　50×

图　　　号：9-2-63～9-2-66

材料名称：铸造黄铜（ZCuZn40Pb2）［w（Cu）58.0%～63.0%，w(Pb)0.5%～2.5%，w（Al）0.2%～0.8%，其余为 Zn］

浸 蚀 剂：未浸蚀

处理情况：压力铸造

组织说明：图 9-2-63：压铸后开模时发现零件弯角处有一条大裂纹，另外两条裂纹分别分布于零件薄壁边缘处，且已裂穿。

　　　　图 9-2-64：零件断面的基体组织，发现有颇多聚集分布浅灰色颗粒状铁相。

　　　　图 9-2-65：零件近表面的冷夹杂缺陷，其内充有黑灰色氧化夹杂物；冷夹杂物周围也有聚集分布的颗粒状铁相。

　　　　图 9-2-66：零件内疏松孔隙周围的圆形气孔和内裂纹的分布情况。

　　　　零件开裂是由于原材料混有较多夹杂物，熔融铜液内气体又多加上浇注温度又低所造成。

　　　　ZCuZn40Pb2 铅黄铜采用压力铸造，可直接制造外形较为复杂的零件，可以减少零件成形后的机加工余量，而其力学性能能满足需要，这样可以缩短零件的生产周期，降低生产成本。

图　9-2-67　　　　　　　　　　　　　　　　实物

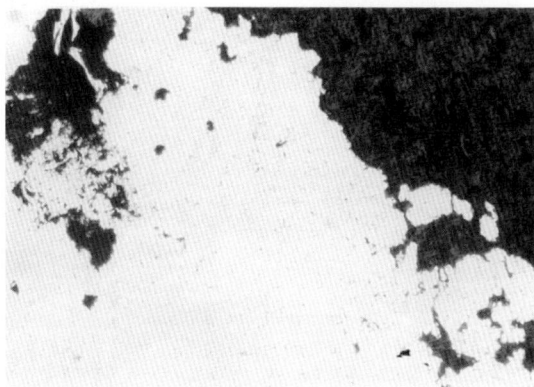

图　9-2-68　　　　　　　　　　　　　　　　100×

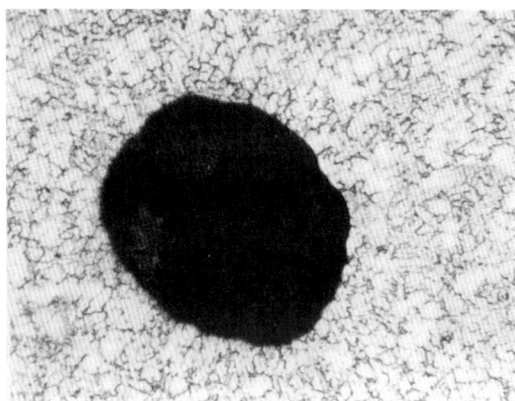

图　9-2-69　　　　　　　　　　　　　　　　200×

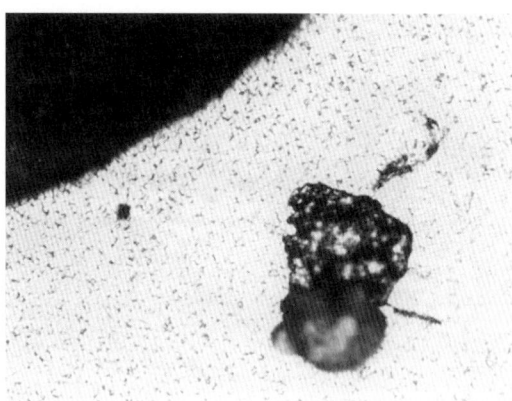

图　9-2-70　　　　　　　　　　　　　　　　100×

图　　号：9-2-67～9-2-70

材料名称：铸造黄铜（ZCuZn40Pb2）

浸蚀剂：图 9-2-69、图 9-2-70 氯化高铁盐酸水溶液浸蚀

处理情况：压力铸造

组织说明：图 9-2-67：压铸零件外形，在零件一端断裂的断面上有一大的收缩孔洞，其周围可见到颇多圆
　　　形小气孔。零件的内侧面有较粗大的龟裂。

　　　图 9-2-68：大收缩孔隙边缘的情况，除有疏松孔隙缺陷外，尚有呈黑灰色的大块夹杂物，灰色小点
　　　为铅相。

　　　图 9-2-69：白色基体为 α 相，浅灰色为 β 相。图中黑色圆形孔洞为气孔，气孔的四周光滑。

　　　图 9-2-70：基体为 α＋β 相，在零件近表面有大块夹杂缺陷。

　　　综上情况，零件上存在严重的收缩以及气孔和龟裂缺陷，说明零件的铸造质量甚差。经查证，零件
　　是采用回炉料，熔炼时又未采取除渣、除气措施，以致铜液质量甚差，加之浇注工艺又欠佳，以致造成
　　零件出现颇多缺陷。

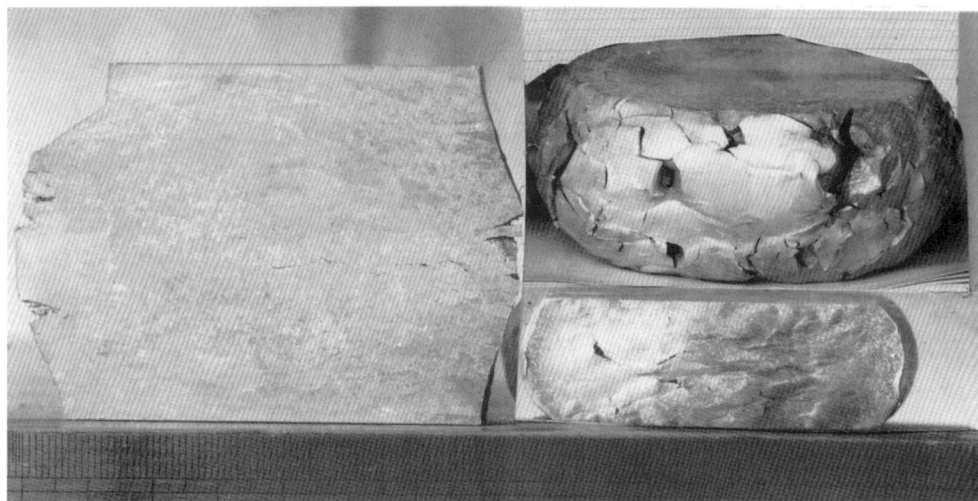

图　9-2-71 1/2×

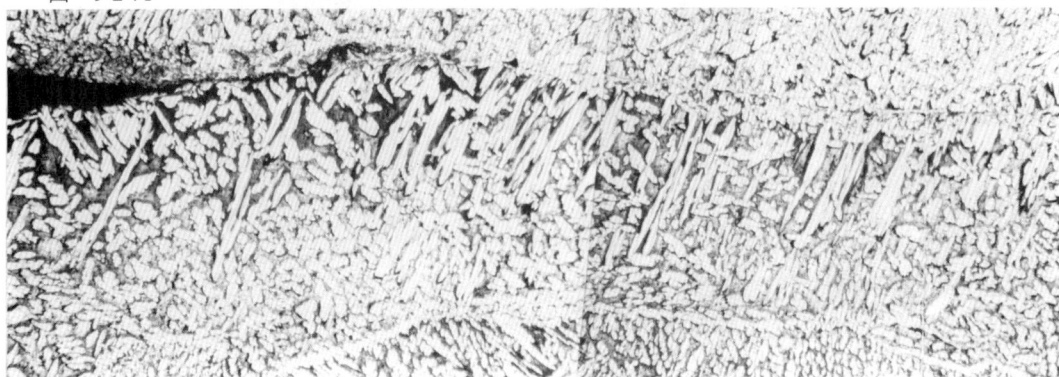

图　9-2-72 70×

图　号：9-2-71、9-2-72

材料名称：59-1 铅黄铜（HPb59-1）

浸蚀剂：图 9-2-71 左侧试样为此图右下部试样的纵剖面，经 50%硝酸水溶液腐蚀，图 9-2-72 用氯化高铁盐酸水溶液擦蚀

处理情况：780℃加热后锻造

组织说明：图 9-2-71：右上图为锻件经锻造镦粗时即发生沿晶镦裂，晶粒粗大，且有整颗大晶粒在锤击时跑掉而留下的裂口。

图 9-2-71：右下图为锻件压扁后二端面的开裂情况；图左侧为右下图锻件纵剖面经 50%硝酸水溶液腐蚀，锻件剖面上显示出粗大变形晶粒情况，锻件两端均有沿晶裂开的开口裂纹，裂纹向心部扩展，说明锻件已严重开裂。

图 9-2-72：对图 9-2-71 右下锻件取纵向切面裂纹处做金相检验，裂纹自表面沿原挤压方向粗大长晶粒的晶界伸展，白色基体为 α 相+浅灰色为 β 相。α 相有沿粗大晶粒的晶界处分布和呈针状、卵形分布。此组织说明：此裂纹是由于粗晶造成材料力学性能不高所引起的开裂。

造成锻裂缺陷是由于原材料因加工变形不当（处于 2%～10%临界变形或变形大于 70%时），经再结晶后，均可得到粗大晶粒，由于粗晶引起材料力学性能下降，以致在以后的加热锻造时，即使温度不高，也会由于原材料的粗晶而引起开裂，并非由于加热温度过高引起的过热开裂。

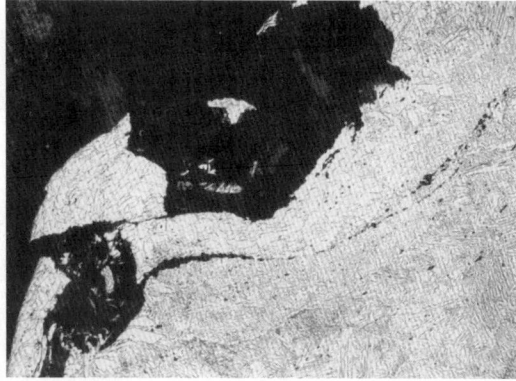

图　9-2-73　　　　　　　　　　　　　50×

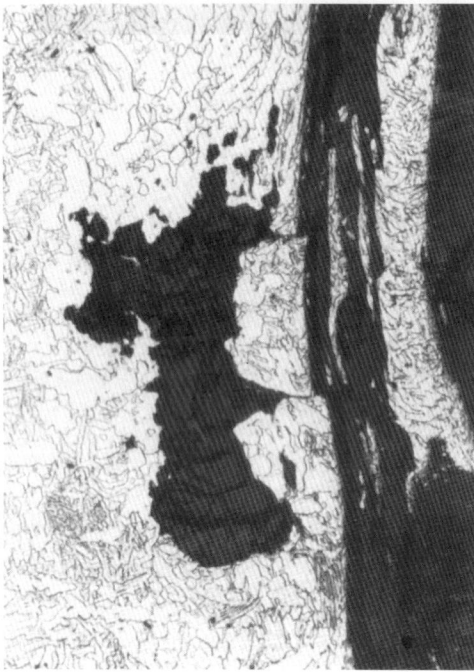

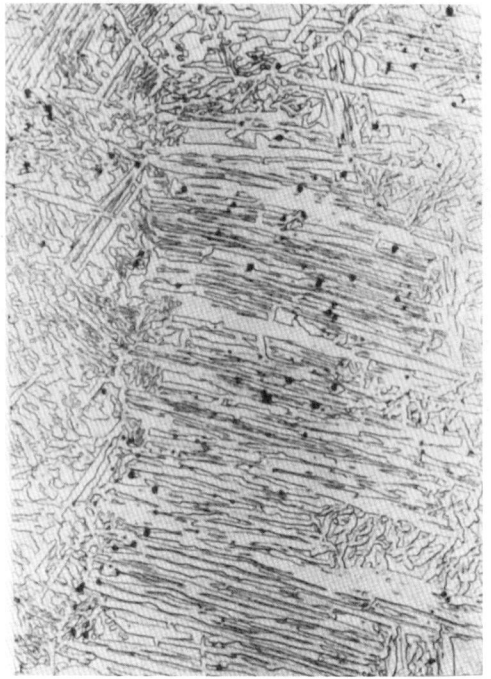

图　9-2-74　　　　　　　300×　　　　图　9-2-75　　　　　　　300×

图　　号：9-2-73～9-2-75

材料名称：59-1 铅黄铜（HPb59-1）

浸 蚀 剂：氯化高铁盐酸水溶液

处理情况：锻造成形

组织说明：将原材料 HPb59-1 加热后锻造，锻成乙炔阀门毛坯，发现锻坯表面有裂纹，经解剖，并非为裂
　　　　纹缺陷，而是锻造时将表面缺陷压入毛坯所致。

　　　　图 9-2-73：压入毛坯表面的缺陷情况，基体为 α＋β＋少量 Pb 粒，表面氧化夹杂物压入次表层并沿变
　　　形方向分布。

　　　　图 9-2-74：图 9-2-73 放大后的组织，表皮金属沿加工方向变形，次层大块黑灰色脆性夹杂物。

　　　　图 9-2-75：基体为 α 固溶体，其上布有方向性排列的 β 相，黑色点状为 Pb 颗粒。

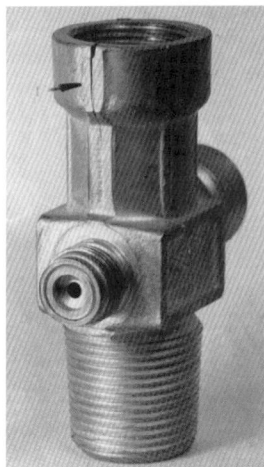

图　9-2-76　　　　　　2/3×

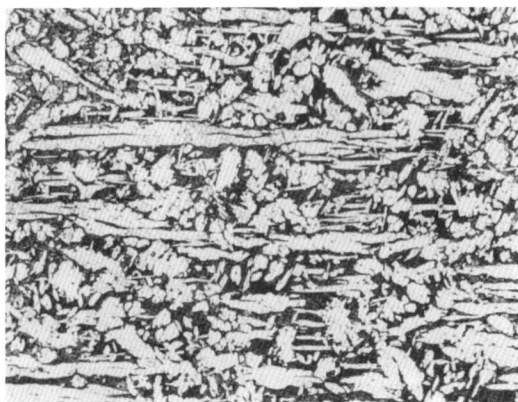

图　9-2-77　　　　　　100×

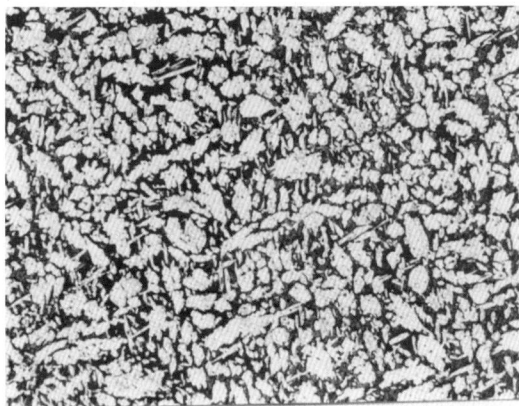

图　9-2-78　　　　　　100×

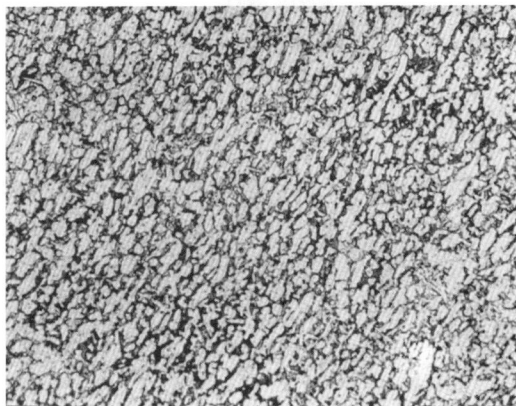

图　9-2-79　　　　　　100×

图　　号： 9-2-76～9-2-79

材料名称： 59-1 铅黄铜（HPb59-1）

浸 蚀 剂： 图 9-2-77～图 9-2-79 氯化高铁盐酸水溶液浸蚀

处理情况： 加热至 780℃，然后模锻成形

组织说明： 图 9-2-76：零件分模面处存在裂纹的分布情况，见箭头指处。

图 9-2-77：锻件中心部位纵向的组织，白色条状、块状为 α 相+β 相+细点状铅相，分布均匀，未见沿晶的铅相。该组织的力学性能较好。

图 9-2-78：锻件分模面附近的组织，由于该处变形量较中心处为大，所以 α 相呈小条块分布，细小黑色块 β 相及黑色小点状铅均匀分布在该区域。

图 9-2-79：锻件分模面处组织，由于该处变形量最大，冷却又快，故获得细小均匀分布的块状 α 相+β 相+铅粒。

由锻件各部位的组织分布说明，锻件组织正常。在裂纹附近并未发现有特异之处，从裂纹的分布来看，裂纹是由于锻模合模不好所引起，确切地说是操作不当所造成的缺陷。

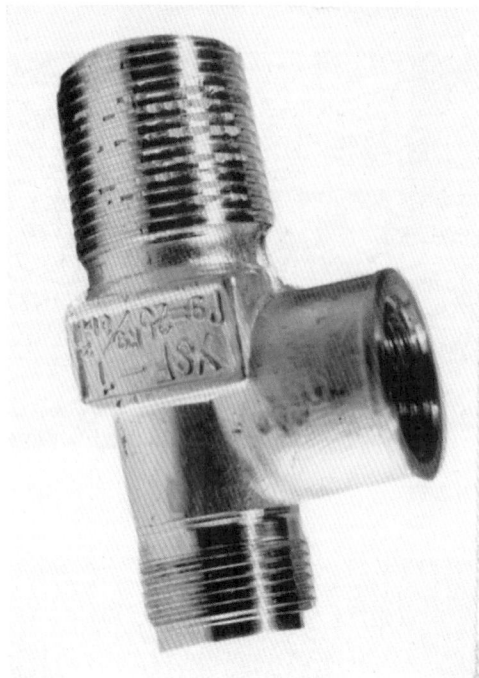

图　9-2-80　　　　　　　　　　　　2/3×

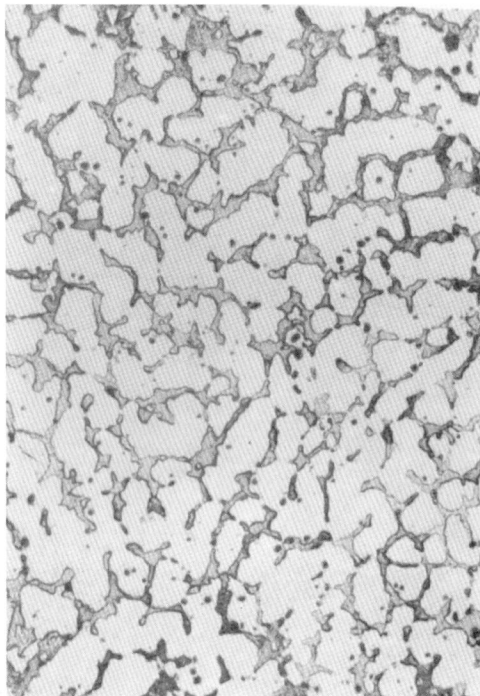

图　9-2-81　　　　　　　　　　　　110×

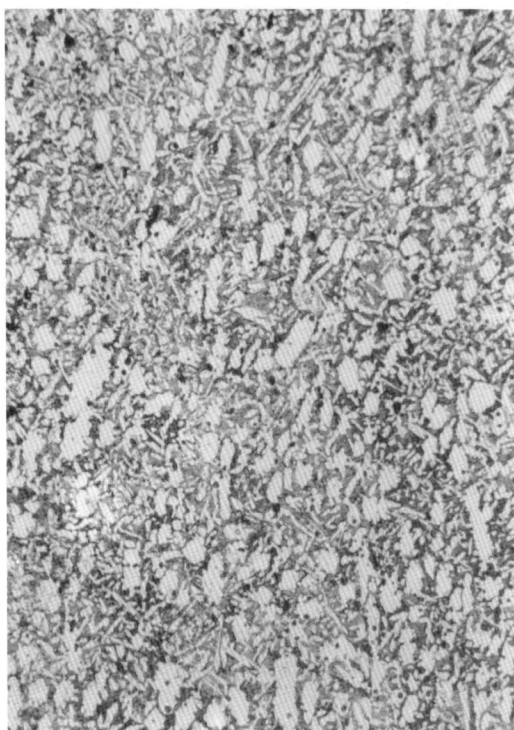

图　9-2-82　　　　　　　　　　　　120×

图　　号：9-2-80～9-2-82

材料名称：59-1 铅黄铜（HPb59-1）

浸 蚀 剂：图 9-2-81、图 9-2-82 经氯化高铁盐酸水溶液浸蚀

处理情况：加热锻造成形，机械加工螺纹

组织说明：图 9-2-80：是锻件经机械加工螺纹时，发现颇多螺牙崩落的情况，导致零件报废。

图 9-2-81：螺纹牙齿崩落零件的组织，白色基体为 α 相+灰色网状分布的 β +黑色小点状铅相。

图 9-2-82：经机械加工良好的零件的组织，白色基体为 α 相+灰色细小块状的 β 相+黑色小点状铅相。由组织可知：零件中 β 相数量较多，α 相含量较少，组织甚为细密，由此说明材料的综合力学性能较好，所以机械加工时不会产生崩牙缺陷。

产生螺纹崩牙缺陷，是由于零件毛坯在锻造加热时产生脱锌缺陷，导致零件表面锌含量降低，使材料的力学性能下降，同时脆性 β 相又呈网状分布，使机械加工性能变差，引起螺纹在机械加工时产生崩牙缺陷。

图　9-2-83　　　　　　　　　　1/2×

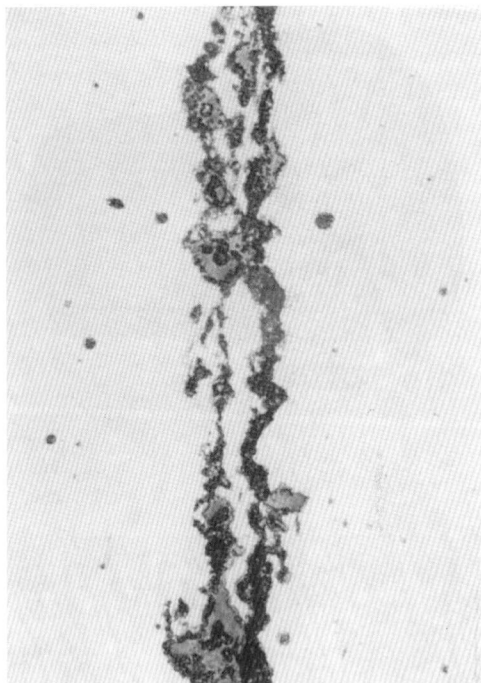

图　9-2-84　　　　　　　　　　120×

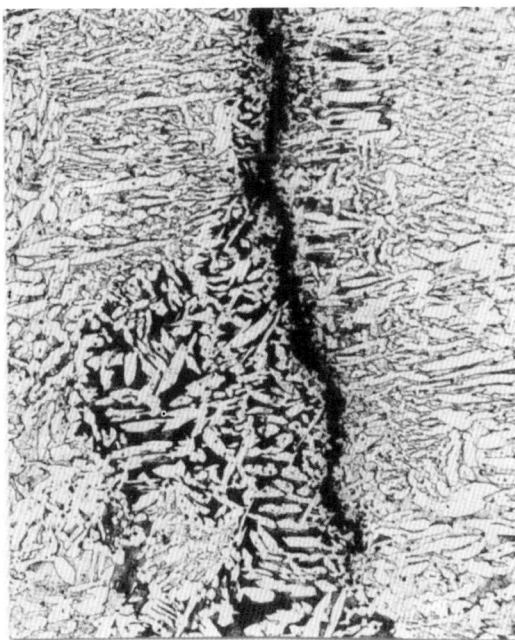

图　9-2-85　　　　　　　　　　60×

图　号：9-2-83～9-2-85
材料名称：59-1 铅黄铜（HPb59-1）
浸 蚀 剂：未浸蚀，图 9-2-85 经氯化高铁盐酸水溶液
　　　　　浸蚀
处理情况：780℃加热保温后模锻成形
组织说明：图 9-2-83：三个模锻件，右侧二个模锻件
的分模面上有裂纹（见箭头指处），为锻模合模不
良所引起的裂纹；左侧模锻件上有分层和剥落情况
（见箭头 1 指处）。
　　图 9-2-84：模锻件上分层和剥落处大型非金属
夹杂物的分布情况，周围黑灰色颗粒为铅相。
　　图 9-2-85：分层剥落处的组织，夹杂裂纹周围
的基体，白色针条状为 α 相+灰色条块状 β+细点状
Pb 相，由于铅相极为细小，故分辨不清。在分层裂
纹附近的组织虽然也为 α+β+Pb 相，唯其分布情
况与基体稍有不同，是由于该处的变形情况与基体
不同所致。
　　由上述组织情况说明，模锻件的分层与剥落
是由于原材料中存在较粗大的非金属夹杂物所
引起的。

图 9-2-86   1/2×

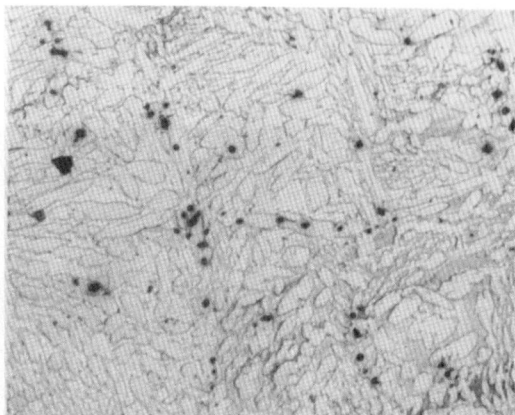

图 9-2-87   100×

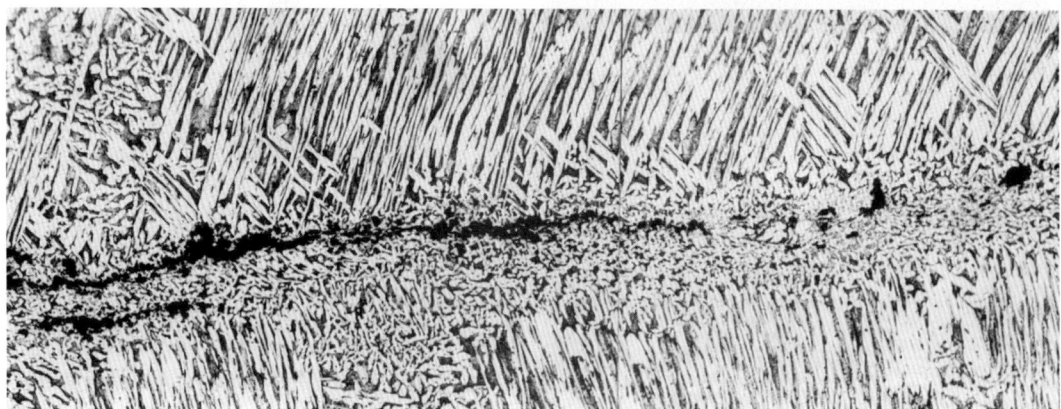

图 9-2-88   75×

图 号：9-2-86～9-2-88

材料名称：59-1 铅黄铜（HPb59-1）

浸 蚀 剂：图 9-2-86 未浸蚀，其余经氯化高铁盐酸水溶液浸蚀

处理情况：780℃加热保温后锻造

组织说明：图 9-2-86：加热锻造的锻件，镦粗部位开裂情况。

图 9-2-87：锻件表面处的组织，白色针状 α 相+浅灰色 β 相+沿晶断续分布的黑色小颗粒为铅相。

图 9-2-88：开裂处裂纹尾部处组织，裂纹侧 α+β 相细小，细小铅粒分辨不出，两边的基体为粗针状 α+β 相，由此可说明基体组织过热呈粗针状分布。由裂纹两边的组织说明，锻造过程中金属流动而使交汇处未完全熔合。

由图 9-2-87、图 9-2-88 组织可知锻件加热时，由于控温仪表失灵，使实际加热温度过高，导致锻件脱锌，故表面基体中 α 相数量较多，导致表面强度下降；加上铅粒在加热时聚集长大变粗，且沿晶界分布，降低了材料的热塑性，使锻件在强烈锻造变形时金属受内、外摩擦，使锻件温度进一步提高，材料的热塑性大大降低，从而使锻件更易形成裂纹。

黄铜在高温加热时，锌元素极易挥发，造成表面含锌量降低，严重时可使 α+β 两相组织中 β 相大部分消失，这就是脱锌，可采取在含微量氧的氮气或 CO_2 的气氛中加热来防止。

图 9-2-89   2×

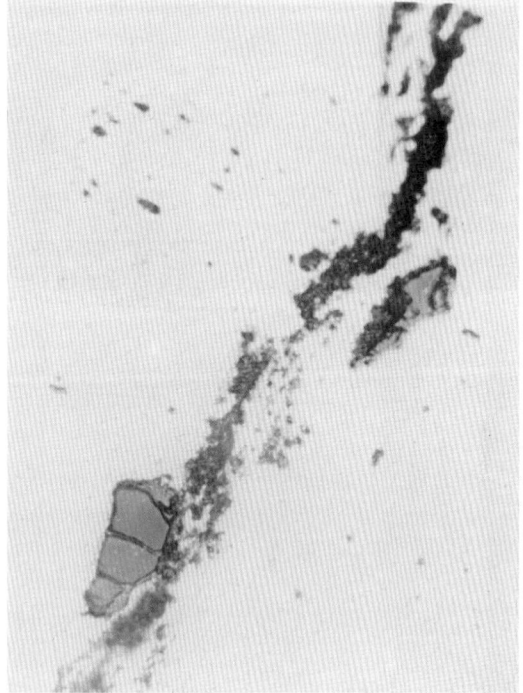

图 9-2-90   120×

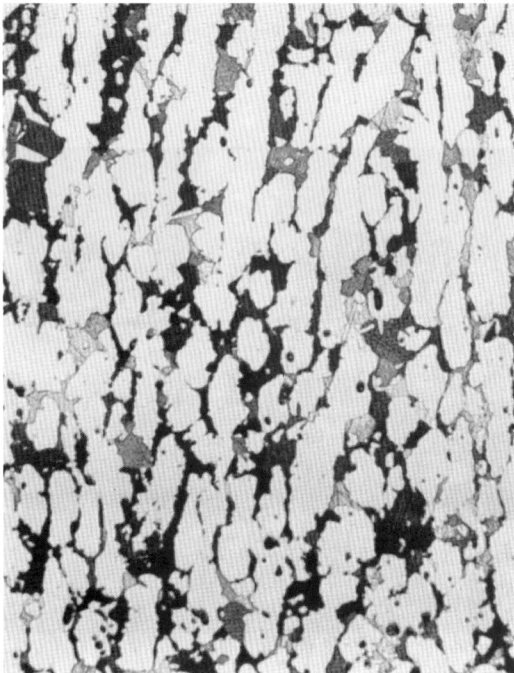

图 9-2-91   120×

图　号：9-2-89～9-2-91

材料名称：59-1 铅黄铜（HPb59-1）

浸蚀剂：图 9-2-89、图 9-2-90 未浸蚀，图 9-2-91 氯化高铁盐酸水溶液浸蚀

处理情况：760～780℃加热后锻造

组织说明：图 9-2-89：锻件在进行机械加工时，在螺纹处发现开裂的情况。

图 9-2-90：锻件螺牙开裂处的组织，有大块非金属夹杂物，裂纹沿夹杂物延伸。

图 9-2-91：锻件不开裂处的组织，白色基体为 α 相，呈网络状黑灰色为 β 相，黑色颗粒状为铅。

锻件机械加工时，在螺牙处发生开裂，其主要是由于原材料中存在大块状非金属夹杂物集聚分布，导致材料连续性遭到破裂。同时材料经锻造后，脆性的 β 相呈网状或半网状分布，也导致材料的连接强度下降，塑性变差，机械加工时易沿脆性的 β 相引起开裂。

原材料中存在如此大的非金属夹杂物，是铜合金在冶炼除渣不净或是炉衬材料剥落混入铜液中所致。

图　9-2-92　　　　　　　　　　　2/3×

图　　号：9-2-92

材料名称：59-1 铅黄铜（HPb59-1）

浸 蚀 剂：30%硝酸水溶液

处理情况：2.0mm 冷轧板中间退火

组织说明：合金冷轧后退火温度过高，高温下 β 相晶
　　　　粒急剧长大，晶粒直径超过 10mm，冷却后 α 相自
　　　　β 相晶内呈粗大的条状大量析出，组织变得极为粗
　　　　大，成为多相合金的典型过热组织。

　　　　由于合金严重过热，导致晶粒粗化使合金各项
　　　性能普遍下降，鉴于此时合金已接近成品，且
　　　HPb59-1 的冷变形能力又差，很难经过再加工使之
　　　细化，故成废品无法使用。

图　　号：9-2-93

材料名称：59-1 铅黄铜（HPb59-1）

浸 蚀 剂：30%硝酸水溶液

处理情况：将锭坯加热挤压一半后取出

组织说明：从纵剖面宏观组织中可以清晰地显现
　　　　挤压时金属的流动情况及挤压缩尾缺陷形成
　　　　的过程。

　　　　箭头所指为流动中的缺陷压入棒材即形成
　　　缩尾。缩尾是挤压管棒材及型材中常会产生但又
　　　是不允许存在的缺陷，它破坏了材料的连续性，
　　　严重的缩尾可将金属完全分开为两部分。生产中
　　　对低塑性材料可使用折断的断口检查，可以灵敏
　　　地检查出缩尾缺陷来；对纯铜一类高塑性材料，
　　　则多使用宏观酸浸蚀或超声波进行检查。为了减
　　　少缩尾的产生，一方面要保证锭坯加热前后的表
　　　面及内部质量，还要改进挤压工艺及孔型设计。

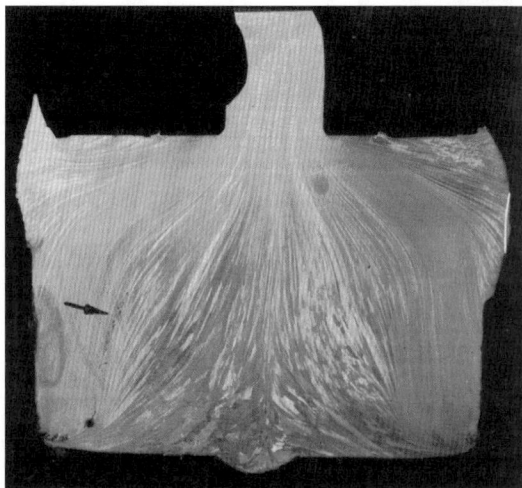

图　9-2-93　　　　　　　　　　　1/3×

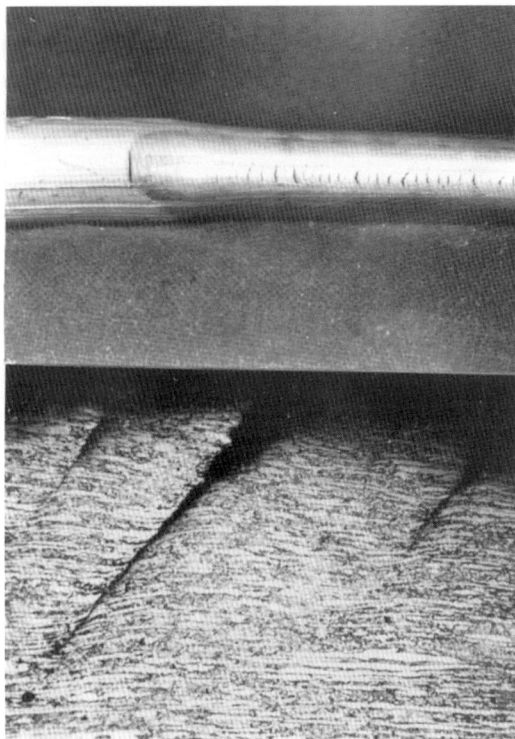

图 号：9-2-94
材料名称：59-1 铅黄铜（HPb59-1）
浸 蚀 剂：上图为实物，下图为硝酸高铁酒精溶液
　　　　　浸蚀
处理情况：上图为对挤压棒进行冷拉，左侧尚未进入
　　　　　拉伸模，下图为有缺陷的显微组织
组织说明：冷拉时由于侧面局部先进入拉伸模，致使
　　　　　先进入的侧面局部产生周期性横向裂口。此缺陷是
　　　　　由于不均匀的强烈变形，超过了室温下 HPb59-1 的变
　　　　　形能力所致。下图的显微组织可以看到裂纹呈 45°
　　　　　延伸，且组织发生了明显的扭曲变形。
　　　　　为了减少这类缺陷的产生，须制订合理的拉伸
　　　　工艺，合理地设计拉伸模的孔型，一次拉伸变形量
　　　　不宜过大。可增加中间退火的工序进行多道次的拉
　　　　伸以获得更细规格的拉伸产品。

图　9-2-94　　　　　　　上图 1×、下图 70×

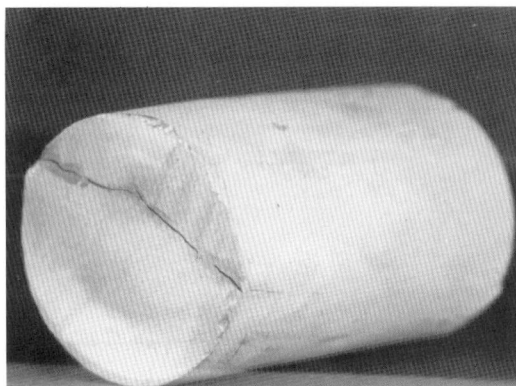

图　9-2-95　　　　　　实物

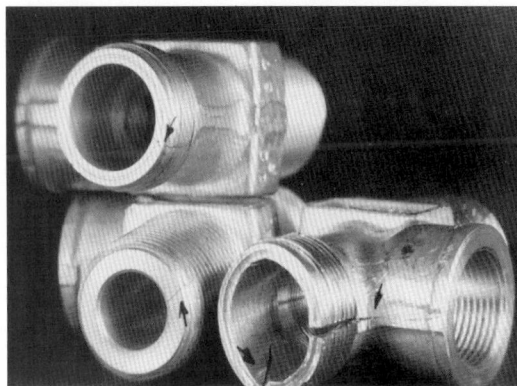

图　9-2-96　　　　　　　　2/3×

图 号：9-2-95、9-2-96
浸 蚀 剂：未浸蚀

材料名称：59-1 铅黄铜（HPb59-1）
处理情况：左图为剪切料坯，右图为剪切料制成气瓶阀体

组织说明：图 9-2-95：HPb59-1 棒材经压力机剪切下料，剪下的毛坯放置一段时间后，在检查时，发现剪切
　　　　口处有一条因内应力而造成的裂纹。
　　　图 9-2-96：采用剪切下料的坯料，未进行及时的内应力退火，使制成的气瓶阀体成品上多处有裂
　　　纹（箭头所指处），此为内应力引起的开裂。
　　　工件经冷变形落料或加工成形后，应及时进行低温（一般用 275～325℃×12h 保温退火）退火处理，
以消除工件存在的内应力，否则将会导致工件在放置过程中，遇到氨、氧、水分等介质时产生应力腐
蚀开裂。在试验室常用氨薰、硝酸或汞盐法作材料的应力腐蚀倾向的检查。

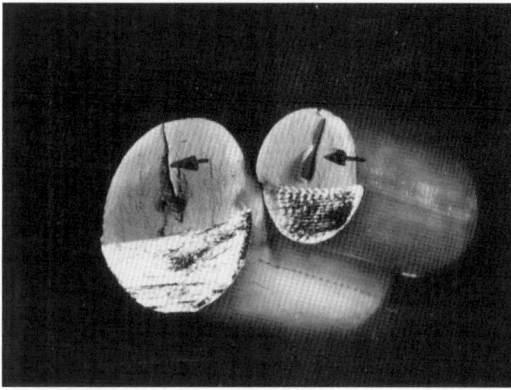

图　9-2-97　　　　　　　　　　　　　　1×

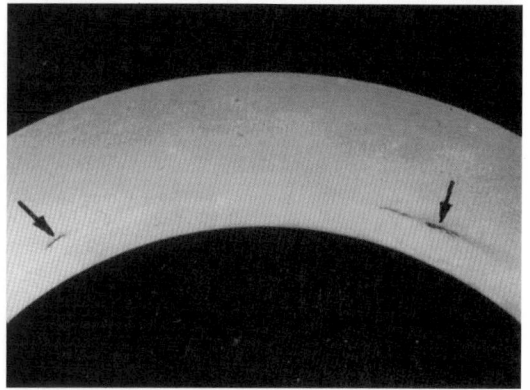

图　9-2-98　　　　　　　　　　　　　　1×

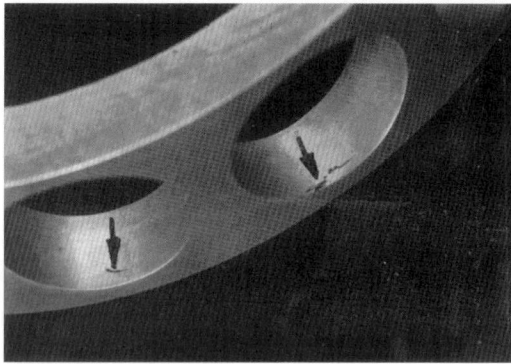

图　9-2-99　　　　　　　　　　　　　　1×

图　9-2-100　　　　　　　　　　　　1/2×

图　　号：9-2-97～9-2-100

材料名称：59-1 铅黄铜（HPb59-1）

浸 蚀 剂：图 9-2-98、图 9-2-99 为 30%硝酸水溶液浸蚀；图 9-2-97、图 9-2-100 为未经浸蚀的实物

处理情况：挤压管棒材

组织说明：图 9-2-97：挤压棒的折断口，检查时发现棒材的中心部位有长条状的缩尾缺陷。

　　　　图 9-2-98：挤压管材宏观浸蚀表面，其二端有沿挤压方向的长条状缩尾缺陷。

　　　　图 9-2-99：挤压多孔模内孔出现的特殊形状的缩尾，即缩尾位于棒材中心和挤压中心的连线上。

　　　　图 9-2-100：机械加工后，在零件表面上出现的缩尾缺陷。存在此缺陷的零件只能报废。

　　　　挤压棒材或管材存在缩尾缺陷，如用其加工零件，则将会成批出现废品，只有在加工前经过无损探伤来检验出它的存在，从而可避免浪费，少出废品。

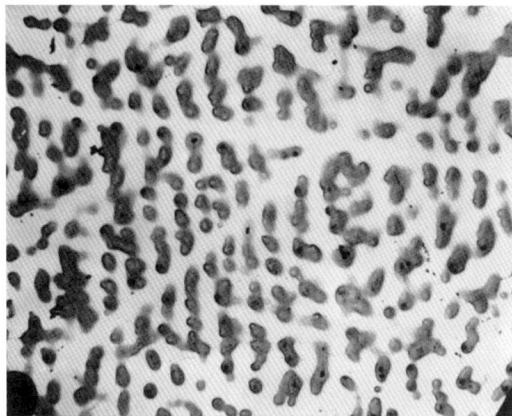

图　9-2-101　　　　　　　　　　70×

图　　号：9-2-101

材料名称：77-2 铝黄铜（HAl77-2）

浸 蚀 剂：硝酸高铁酒精溶液

处理情况：半连续铸造

组织说明：具有树枝状晶内偏析的 α 单相固溶体，
灰色枝晶间为富锌富铝区。铝的加入显著地缩小
了 α 相区，提高合金的强度并能优先与腐蚀性气
体或溶液结合形成致密的氧化膜，提高合金对气
体、溶液特别是高速海水的耐蚀性。若再加入微
量 As 、Sb、Be、Si、Ni 可以进一步提高耐蚀性。
通常因加入量很少，故不会出现新相。

图　　号：9-2-102

材料名称：77-2 铝黄铜（HAl77-2）

浸 蚀 剂：硝酸高铁酒精溶液

处理情况：700℃挤压管材

组织说明：合金经高温加热并在热态下挤压，通过高
温扩散，晶内的树枝状偏析完全消失。热挤压中产
生动态再结晶，使合金获得 α 单相孪晶组织，因而
具有良好的加工变形能力，可进行下一道的冷轧加
工。工程上常用的 HAl77-2，具有良好的铸造、加
工、化学以及力学性能，常用于造船、海滨电厂冷
凝器及其他耐蚀零件。

图　9-2-102　　　　　　　　　　120×

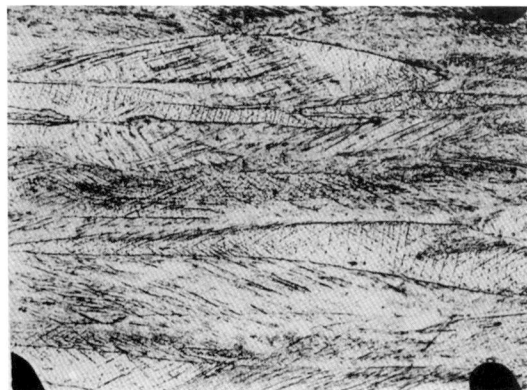

图　9-2-103　　　　　　　　　　200×

图　　号：9-2-103

材料名称：77-2 铝黄铜（HAl77-2）

浸 蚀 剂：硝酸高铁酒精溶液

处理情况：φ26mm×1.2mm 冷轧管

组织说明：经冷轧变形后， α 相晶粒明显地沿加工
方向拉长，晶内出现了大量的滑移带，合金随之出
现加工硬化。此时合金的强度及硬度均明显提高而
塑性下降，合金处于硬状态。若将此管于 520℃×
30min 退火，可获得细小孪晶的 α 单相组织，晶
粒平均直径为 0.020mm，此时合金具有良好的综
合力学性能。

图　9-2-104　　　　　　　　　　1×

图　9-2-105　　　　　120×

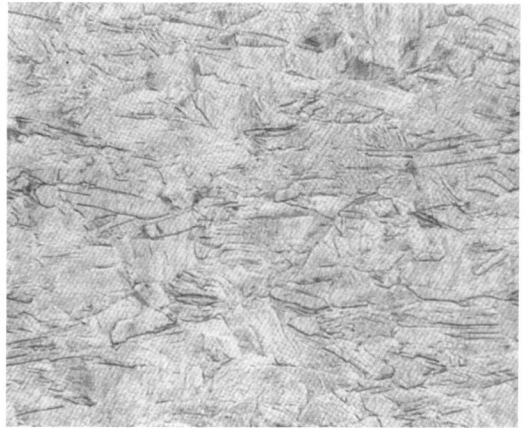

图　9-2-106　　　　　120×

图　　号：9-2-104～9-2-106

材料名称：77-2 铝黄铜（HAl77-2）

浸 蚀 剂：图 9-2-104 为实物拍照，图 9-2-105、图 9-2-106 为硝酸高铁酒精溶液浸蚀

处理情况：冷轧管

组织说明：图 9-2-104：冷轧管实物照片，图右侧的管子因轧前中间退火温度过高，造成合金过热，晶粒急剧长大变粗，在随后的冷轧变形中，表面处粗大的不同晶粒因取向的不同，发生不同的变形及位相转动使表面变得凹凸不平，宏观上表现为产品的表面不光洁，有大量麻点出现。另外退火温度过高也会使管材表面出现均匀脱锌，从而促进表面麻点的出现。表面质量的下降不仅影响了产品的外观，且其他的性能如力学性能、耐蚀性能均会下降。

　　　　图 9-2-105：此管材的表面显微组织，可见虽经变形，但仍可分辨出其极为粗大的晶粒外形。

　　　　图 9-2-106：图 9-2-104 左侧表面光洁明亮质量良好的管子的显微组织，因加热正常，未出现过热组织。虽经变形但仍可分辨的较细等轴晶粒。

　　在 HAl77-2 合金中，在加入 As 的同时，如再加入微量的 Be，所形成的坚实的保护膜有"自愈合"的能力，可进一步提高耐蚀性能，故被用作海水中使用的耐蚀零件。

图　9-2-107　　　　　　　　　1/2×

图　　号：9-2-108

材料名称：59-3-2 铝黄铜（HAl59-3-2）

浸 蚀 剂：硝酸高铁酒精溶液

处理情况：铸态

组织说明：HAl59-3-2 为 Cu-Zn-Al-Ni 四元合金。按
　　锌当量公式将 Cu：59；Al：（锌当量为 6）3；Ni：
　　（锌当量为-1.5）2；Zn 余量代入公式后可得此合
　　金的虚拟 w（Zn）为 46.4。按 Cu-Zn 二元平衡图应
　　为以 β 相为基，并有微量 α 相。本铸锭实际的显微
　　组织以 β 相为基，在平直的 β 相晶粒内有灰色颗粒
　　及星花状的 γ 相，此皆因不平衡冷却及合金元素
　　Ni 的加入，使扩散更加延缓之故。

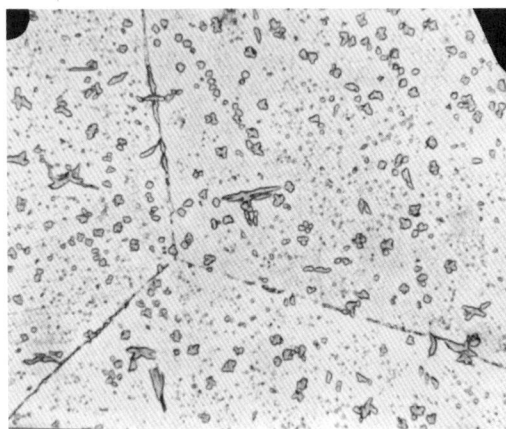

图　9-2-109　　　　　　　　　50×

图　　号：9-2-107

材料名称：59-3-2 铝黄铜（HAl59-3-2）［w（Cu）
　　57.0%～60.0%，w（Al）2.5%～3.5 %，w（Ni）
　　2.0%～3.0%，其余为 Zn］

浸 蚀 剂：30%硝酸水溶液

处理情况：铸态

组织说明：β 黄铜的宏观铸造组织。β 相晶粒多呈
　　形状规则的多面体，晶界平直，四元复杂合金生
　　成细小等轴晶的倾向增大，并有极好的晶粒对比。
　　其铸造组织与普通 α 黄铜及 α＋β 黄铜有明显的
　　不同组织特征。

　　　合金具有良好的力学性能和耐蚀性，常用于
　　船舶、电机等常温下工作的高强度、高耐蚀性的
　　零件。

图　9-2-108　　　　　　　　　270×

图　　号：9-2-109

材料名称：59-3-2 铝黄铜（HAl59-3-2）

浸 蚀 剂：硝酸高铁酒精溶液

处理情况：铸造后 830℃×2h 淬火

组织说明：高温下 γ 相全部固溶于 β 相，因此淬火
　　后 γ 相完全消失，而得到的是单一的 β 组织。可
　　以看到 β 相平直的晶界及规则的多面体形态，
　　合金的性能完全由 β 相的性质及晶粒的大小来
　　决定。

　　　Ni 能提高合金的耐蚀性，组织由强度很高的
　　β 为基与硬度很高 γ 相组成，平衡态下还可能析
　　出少量 α 相。

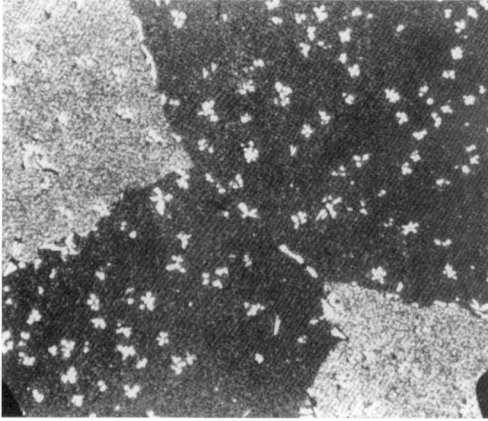

图 9-2-110　　　　　　　　　120×

图　　号：9-2-110
材料名称：59-3-2 铝黄铜（HAl59-3-2）
浸 蚀 剂：氯化高铁盐酸水溶液
处理情况：铸样于 830℃保温 5h 炉冷至 450℃再保温 2h 后水冷淬火
组织说明：高温长时间保温并缓慢冷却至 450℃，使 γ 相以星花状自 β 相晶内析出，同时以条块状自 β 相晶界析出，此合金为 β＋γ 相构成。合金此时以强度很高的 β 相为基，其上有硬度很高的 γ 相，使合金的塑性明显下降。

图　　号：9-2-111
材料名称：59-3-2 铝黄铜（HAl59-3-2）
浸 蚀 剂：氯化高铁盐酸水溶液
处理情况：铸样于 830℃保温 5h 炉冷至 400℃再保温 2h 后水冷淬火
组织说明：晶界及晶内开始有针状的 α 相析出，形成由 α＋β＋γ 三相共存的相组成并保持至室温。
　　此合金多用于造船、电机制造及常温下要求很高强度、耐腐蚀的零件。

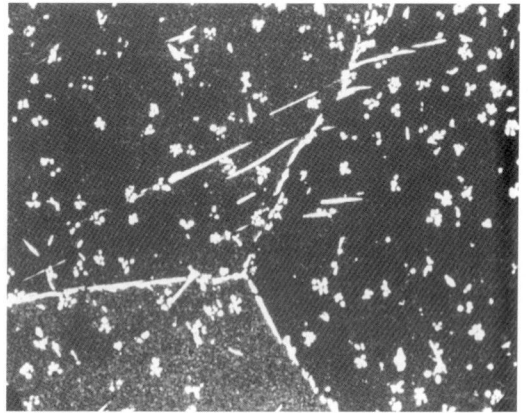

图 9-2-111　　　　　　　　　120×

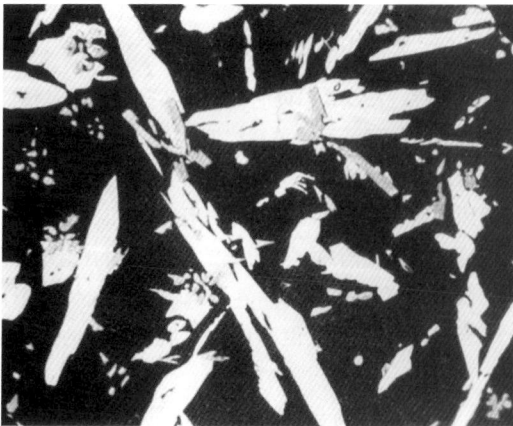

图 9-2-112　　　　　　　　　270×

图　　号：9-2-112
材料名称：59-3-2 铝黄铜（HAl59-3-2）
浸 蚀 剂：氯化高铁盐酸水溶液
处理情况：830℃保温 5h 炉冷至室温
组织说明：高温下的长期保温，加之更加缓慢的冷却至室温，使组织更趋于平衡状态，图中可见黑色的基体为 β 相，蓝灰色星花状为 γ 相，白色条状为 α 相。
　　由于合金出现的 α 相较为粗大，且数量增多，故而合金的强度及硬度均明显地有所下降。

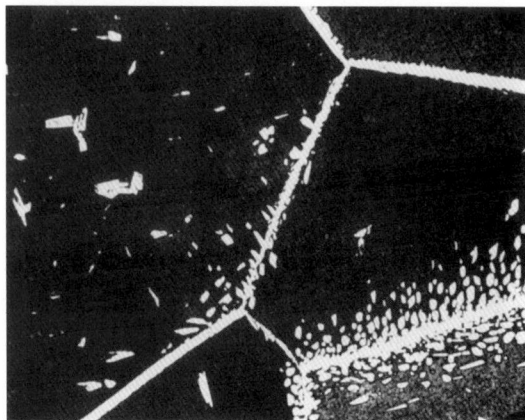

图　　9-2-113　　　　　　　　　120×

图　　号：9-2-114

材料名称：59-3-2 铝黄铜（HAl59-3-2）

浸 蚀 剂：硝酸高铁酒精溶液

处理情况：热挤压管材

组织说明：基体为 β 相，颗粒状为 γ 相，沿加工方向分布的不规则条状为 α 相。这是供货状态的 HAl59-3-2 的常见组织。

　　铝在黄铜表面离子化的倾向比锌大，能优先与空气中的氧结合生成坚固致密的氧化薄膜，其耐蚀性，特别是对高速海水的耐蚀性有很大的提高。同时合金中又加入镍，使其耐蚀性有进一步的提高。

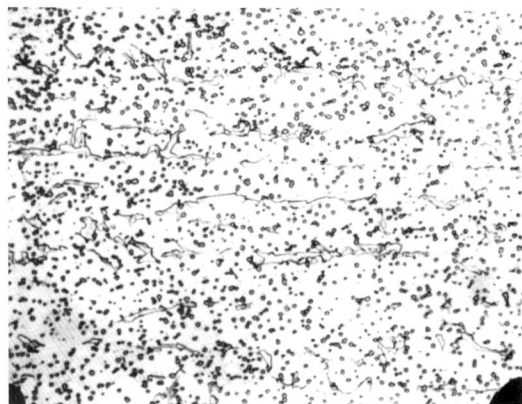

图　　9-2-115　　　　　　　　　200×

图　　号：9-2-113

材料名称：59-3-2 铝黄铜（HAl59-3-2）

浸 蚀 剂：氯化高铁盐酸水溶液

处理情况：830℃保温 15 h 水冷淬火后于 450℃下回火

组织说明：黑色基体为 β 相，白色为 α 相，经 830℃高温长时间保温速冷，基体中则没有 γ 相出现，这表明 γ 相是在 830～450℃之间产生的。避开这一温度区间，则无硬脆的 γ 相产生。

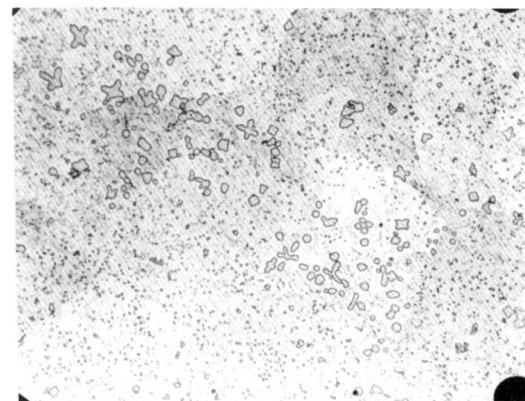

图　　9-2-114　　　　　　　　　200×

图　　号：9-2-115

材料名称：ZHAl66-6-3（Fe）-2（Mn）铝黄铜

　　　　　[w（Cu）64.0%～68.0%，w（Al）5.0%～7.0%，w（Fe）2.0%～4.0%，w（Mn）1.5%～2.5%，其余为 Zn]

浸 蚀 剂：硝酸高铁酒精溶液

处理情况：铸态

组织说明：基体为 β 相，灰色星花状及颗粒状为 γ 相。细小的弥散质点为富铁相。

　　这是一种多元的复杂合金，为了显示各相的特征故浸蚀较轻，故 β 相的晶界没有被显现出来，实际上铸造晶粒为细小的等轴晶。

　　铁在黄铜中的溶解度极小，通常都以游离的富铁相存在，铁可以作为晶核而细化晶粒，阻止晶粒长大。此合金适宜于制作压下螺母、重型蜗杆、衬套、轴承等零件。

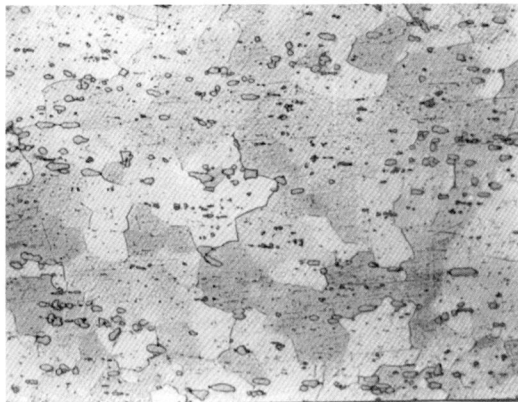

图 9-2-116 200×

图　号： 9-2-116

材料名称： 66-6-3-2 铝黄铜（HAl66-6-3-2）

浸 蚀 剂： 硝酸高铁酒精溶液

处理情况： 热挤压棒

组织说明： 基体为β相，灰色沿加工方向略有变形的颗粒为γ相，细小的弥散质点为富铁相。可以看到较细的β相晶粒、γ相颗粒分布略显不均，因此合金是在β相的基体上还有硬脆的γ相及弥散的富铁相，故有很高的抗拉强度，但其伸长率较低（R_m高达 750MPa，伸长率为 7%）。

图　号： 9-2-117

材料名称： HAl61-4-3（Ni）-1（Si）铝黄铜 ［另含有 w（Fe）0.3%～1.3%，w（Co）0.3%～1.0%］

浸 蚀 剂： 硝酸高铁酒精溶液轻浸蚀

处理情况： 铸态

组织说明： 轿车同步齿轮环材料,基底为β相，灰色树枝状及鱼骨状为γ相初晶。因其硬度高，加工时被破碎成颗粒状，均匀分布于基体上，将提高合金的耐磨性；基体上极细小弥散分布的强化相，也会提高整体的强度与耐磨性。

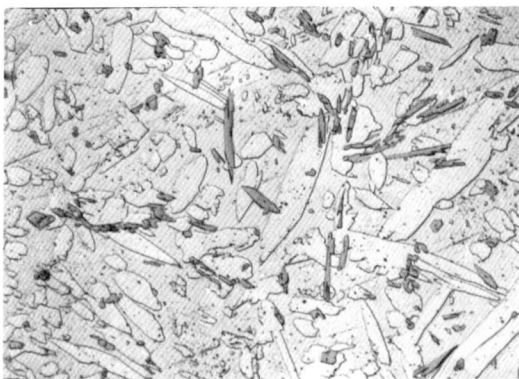

图 9-2-117 270×

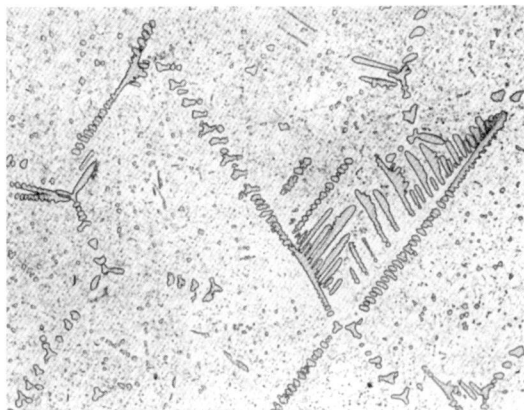

图 9-2-118 400×

图　号： 9-2-118

材料名称： HAl62-3-3（Mn）-2（Si）铝黄铜

浸 蚀 剂： 硝酸高铁酒精溶液

处理情况： 铸态

组织说明： 轿车同步齿轮环材料，基体为β相，白色条块状为α相，带棱角的深灰色条粒状为 Mn_5Si_3 相。

　　由于是多元合金，铸造时易得到以β相为基的细小等轴晶。这种合金具有很高的强度、耐热性、耐磨性。但本图中α相数量较多，致使合金的硬度、强度明显地降低，从而降低合金在使用时的耐磨性。

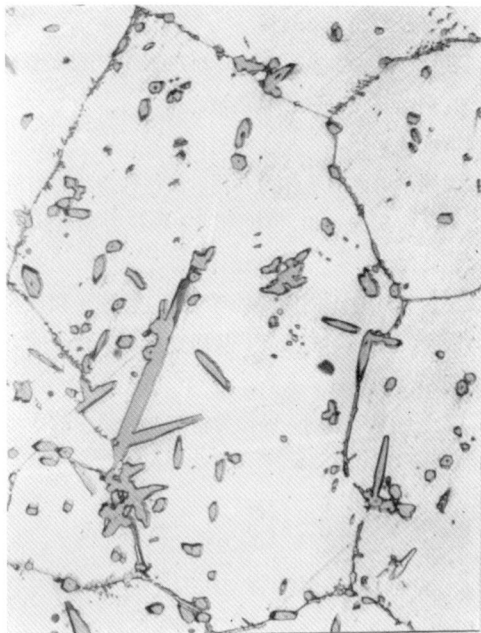

图　9-2-119　　　　　　　　　　400×

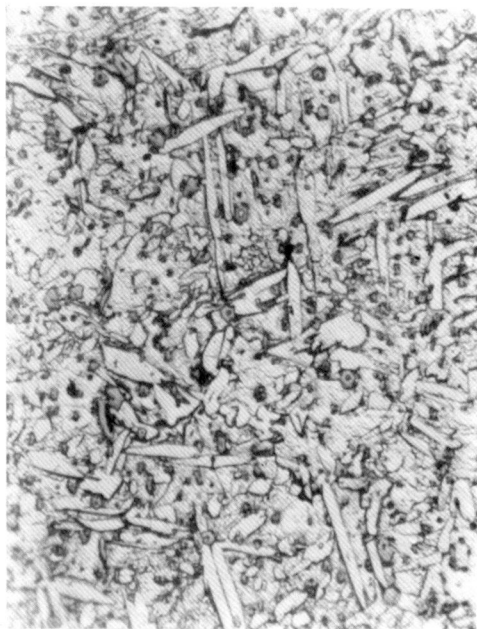

图　9-2-120　　　　　　　　　　200×

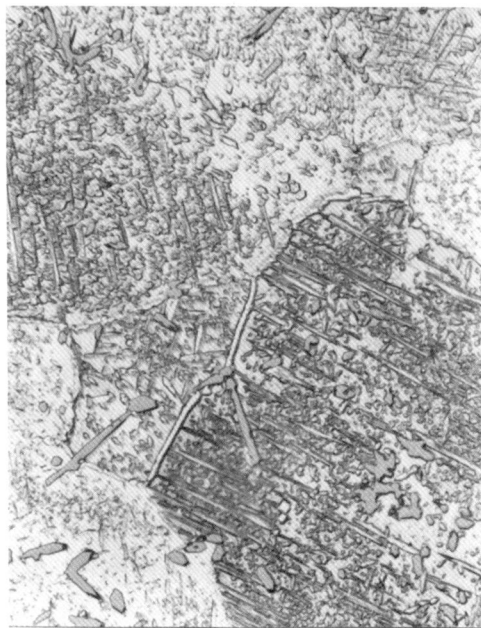

图　9-2-121　　　　　　　　　　200×

图　　号：9-2-119～9-2-121

材料名称：铝黄铜（TLVW081）［w（Cu）58.0%～
59.0%，w（Mn）1.8%～2.2%，w（Al）1.4%～1.7 %，
w（Sn）0.1%～0.4%，w（Pb）0.3%～0.6 %，
w（Fe）0.35%～0.65%，w（Ni）<0.2%，其余为
Zn］

浸 蚀 剂：氯化高铁盐酸水溶液擦蚀

处理情况：740℃锻造成形，120℃回火

组织说明：基体为 β 相，少量沿晶界浅灰色 α 相，深
　　　　　灰色块条状为 Mn_5Si_3 化合物相，深灰色点粒状为
　　　　　Fe 相和铅相。

　　　　图 9-2-119：α 相<5%，属于正常组织，硬度
　　　　为（168±8）HBS。

　　　　图 9-2-120：白色 α 相呈条针状析出较多，
　　　　Mn_5Si_3 相、Fe 相和铅相呈点块状分布，由于 α 相析
　　　　出较多，致使合金硬度下降。

　　　　图 9-2-121：白色 α 相沿晶界分布外，还向晶内
　　　　成排分布，深灰色 Mn_5Si_3 相呈条块分布，合金硬度
　　　　也因 α 相析出较多而偏低。

　　　　如合金中出现较多量 α 相，将使合金硬度下
　　　　降，从而影响合金在使用中的强度和耐磨性能。一
　　　　般 α 相应小于 5%为合格。

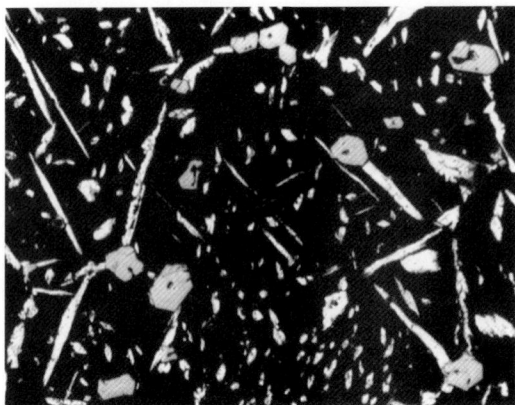

图　9-2-122　　　　　　　　　　　400×

图　　号： 9-2-122

材料名称： HAl62-3-3（Mn）-0.7（Si）铝锰黄铜

浸 蚀 剂： 氯化高铁酒精溶液

处理情况： 挤压

组织说明： 黑色的基体为 β 相，白色针条状为自高温下重新析出的 α 相，带棱角的大颗粒为 Mn_5Si_3 化合物相。

　　合金通过不同的热处理工艺，可使 α 相及 β 相的数量发生不同的改变，从而直接影响合金的力学性能和使用性能。

　　此是国产材料，可作为轿车变速箱中的同步齿轮环。

图　　号： 9-2-123

材料名称： 铝黄铜［w（Cu）60.0%～62.0%，w（Al）3.5%～4.5%，w（Ni）2.5%～4.0%，w（Fe）0.3%～1.3%，w（Si）0.5%～1.5%，w（Co）0.5%～1.0%，其余为 Zn］

浸 蚀 剂： 氯化高铁盐酸水溶液擦蚀

处理情况： 锻造后回火处理

组织说明： 白色基体为 β 相，灰色沿晶界和呈条针状为 α 相，黑灰色点状为 Fe_3Si 相。

　　在轿车工业中使用的齿轮环材料有多种材料，HAl64-4-3-1 也是其中之一，它具有耐磨、耐蚀和优良的力学性能，并可通过热处理来改变其性能。由于合金中 w（Fe）不超过 1.5%，若有 Si 时，它将与 Fe 构成高硬度的 Fe_3Si 质点（950HV），Fe_3Si 相含量较多时，使合金的加工性能变差。

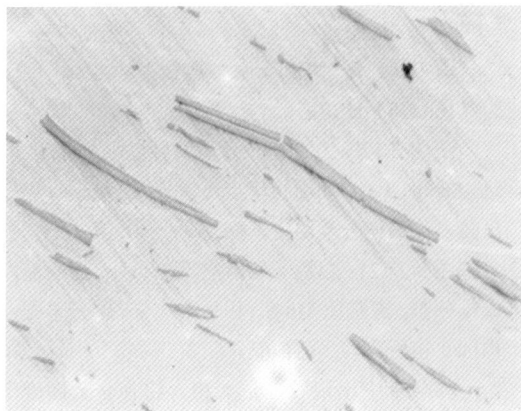

图　9-2-123　　　　　　　　　　　200×

图　　号： 9-2-124

材料名称： TLVW084 铝黄铜（相当于 HMn8-5（Al）-1.5（Si）-1（Fe）

浸 蚀 剂： 未浸蚀

处理情况： 锻态

组织说明： 抛光基体上深灰色长条状为 Mn_5Si_3 化合物相，其上尚有少量灰色小点条状为 Fe_3Si 相和 Pb 相。由于未浸蚀，基体组织 β 相等未被显示出来。

　　高锰铝黄铜具有优异的力学性能和耐蚀性，它可用于制造轿车同步齿轮环。此合金也可通过淬火、时效处理等工艺来改变其显微组织和力学性能。

　　本例图中 Mn_5Si 相很粗大，将使合金的力学性能受到很大的影响。

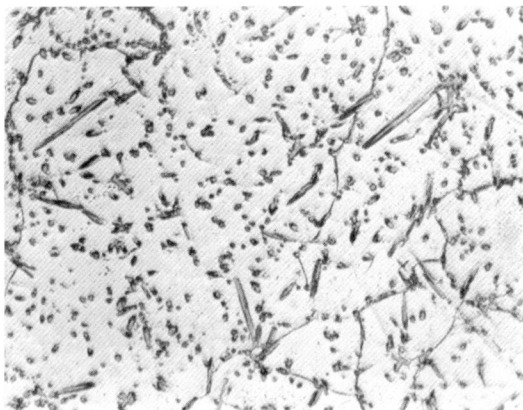

图　9-2-124　　　　　　　　　　　200×

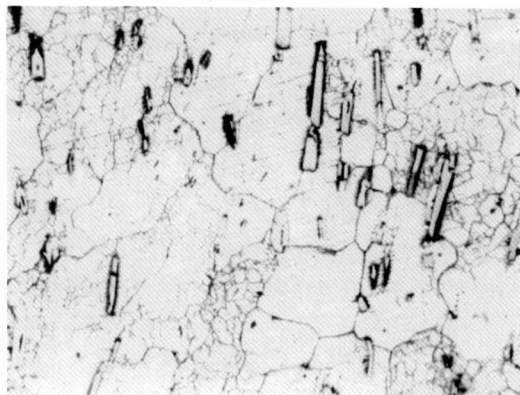

图　　9-2-125　　　　　　　　　　　　　200×

图　　　号：9-2-125
材料名称：TLVW081 铝黄铜
浸 蚀 剂：氯化高铁盐酸水溶液擦蚀
处理情况：748℃锻造成形
组织说明：白色基体为 β 相，其上尚有颇多细晶粒
　　　　　区，其间夹杂有极少量的 α 相，深灰色条状为
　　　　　Mn_5Si_3 化合物相，它沿加工方向分布；此外，尚有
　　　　　极少量深黑灰色颗粒状 Fe 相和黑色点状铅相。
　　　　　　　本图的组织不理想，Mn_5Si_3 相呈聚集分布，且
　　　　　条状稍大，分布又不均匀，且有颇多 α 相细小晶粒
　　　　　聚集在一起。

图　　　号：9-2-126
材料名称：TLVW081 铝黄铜
浸 蚀 剂：氯化高铁盐酸水溶液擦蚀
处理情况：740℃加热锻造
组织说明：锻造时，由于高温停留时间过长，导致
　　　　　晶界氧化，故浸蚀后晶界较宽，基体 β 相也不明
　　　　　亮，有颇多 α 相呈小点状析出，深灰色块状为
　　　　　Mn_5Si_3 化合物相。此外，尚有极少量的深黑色点
　　　　　状的 Fe 相和 Pb 相。

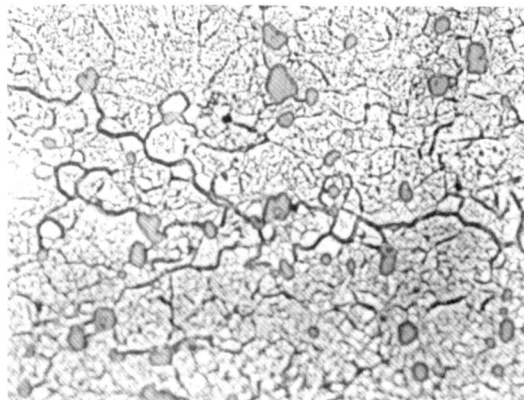

图　　9-2-126　　　　　　　　　　　　　200×

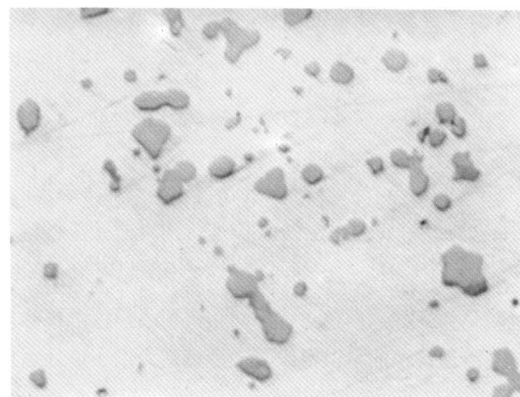

图　　9-2-127　　　　　　　　　　　　　200×

图　　　号：9-2-127
材料名称：铝锰黄铜 [w（Cu）56.5%～58.5%，w（Mn）
　　　　　1.5%～2.3%，w（Al）1.3%～2.1%，w（Sn）≤
　　　　　0.5%，w（Pb）0.3%～0.8%，w（Fe）0.3%～0.8%，
　　　　　w（Si）0.5%～0.7%；w（Ni）≤0.5%，其余为 Zn]
浸 蚀 剂：未浸蚀
处理情况：740℃加热锻造成形
组织说明：深灰色块粒状为 Mn_5Si_3 化合物相，分布尚
　　　　　属均匀，尚有极少量深黑灰色点状的 Fe 相和 Pb 相
　　　　　分布其间。由于试样未浸蚀，基体组织未显示出来。

图 9-2-128　　　　　　　　　　　　70×

图　　号：9-2-128

材料名称：HMn57-3-1（Al）锰黄铜

浸　蚀　剂：醋酸、硝酸、磷酸溶液

处理情况：铸态

组织说明：非平衡态的铸造组织。β相中α相的析出被抑制，因而呈纯β相组织，其特征是等轴晶。因是多元合金，故晶粒较细，晶界平直，晶粒呈规则的多面体。

　　　　　HMn57-3-1具有较高的强度及耐蚀性，但其塑性较差，仅可在热状态下加工。

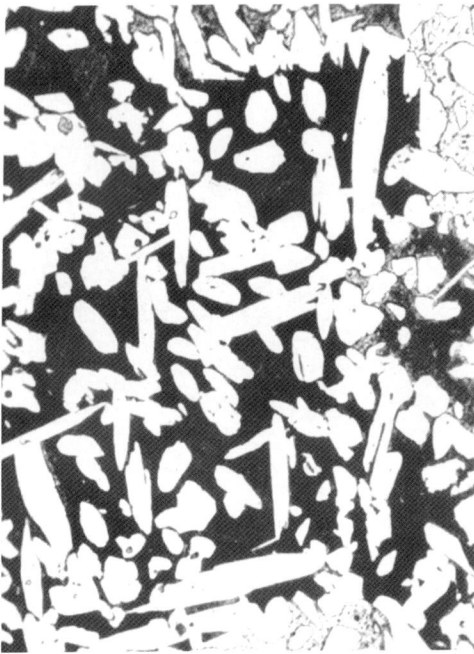

图　9-2-129　　　　　　　　　　　100×

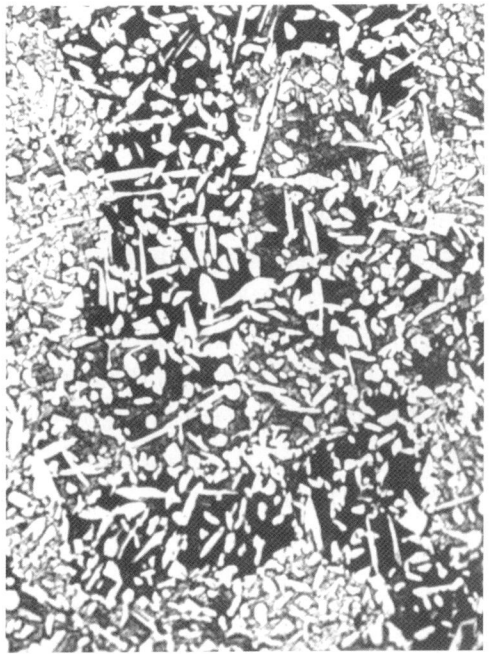

图　9-2-130　　　　　　　　　　　100×

图　　号：9-2-129、9-2-130

材料名称：铸造黄铜 [w（Cu）55.0%～58.0%，w（Mn）3.0%～4.0%，w（Fe）0.5%～1.5%，其余为Zn]

浸　蚀　剂：氯化高铁盐酸酒精溶液

处理情况：图9-2-129为砂型铸造；图9-2-130为金属型铸造

组织说明：图9-2-129：砂型铸造的显微组织，黑色、灰色基体为β相，白色条状为α相，深灰色颗粒状Fe相。

　　　　图9-2-130：金属型铸造的显微组织，黑色、灰色基体为β相，白色条状为α相，细小黑色颗粒状为Fe相。由于金属型的冷却速度较砂型为快，所以金属型铸造铸件的显微组织较砂型铸造为细小，且α相数量也较多一些，铁相更为细小。

　　　　鉴于铁在黄铜中的溶解度很小，一般以游离的富铁相存在于合金中，由于铁的熔点较高，它可以作为晶核阻止晶粒长大而细化晶粒，含Al、Fe、Si的锰黄铜，广泛用于造船及军工部门。ZCuZn40Mn3Fe1可铸成轮廓不复杂的重要零件，如海轮上300℃以下工作的管配件、螺旋浆和浆叶等。

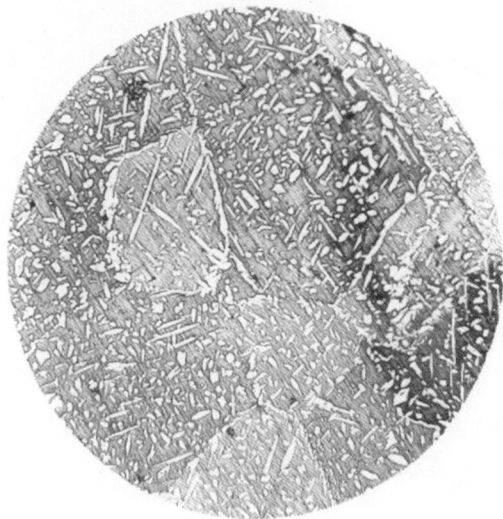 

图　9-2-131　　　　　　　　　　100×　　图　9-2-132　　　　　　　　　100×

图　号：9-2-131、9-2-132

材料名称：铸造黄铜（ZCuZn40Mn3Fe1）图 9-2-131：［w（Cu）58.0%，w（Mn）3.85%，w（Fe）1.12%，其余为 Zn］；图 9-2-132：［w（Cu）54.0%，w（Mn）3.29%，w（Fe）0.91%，其余为 Zn］

浸　蚀　剂：氯化高铁盐酸溶液

处理情况：铸态

组织说明：图 9-2-131：β+白色条块状及网状的为 α 相+颗粒状 Fe 相，试样的锌当量为 42.4%，且冷却速度较慢，故 α 相析出较多。

　　　　　图 9-2-132：锌当量为 48.6% ,冷却又快，故 α 相析出甚少。此合金可作海轮上 300℃以下工作的过热蒸汽管道和重要零件，如螺旋浆和浆叶。

　　　　　两图的基体组织大致相仿。

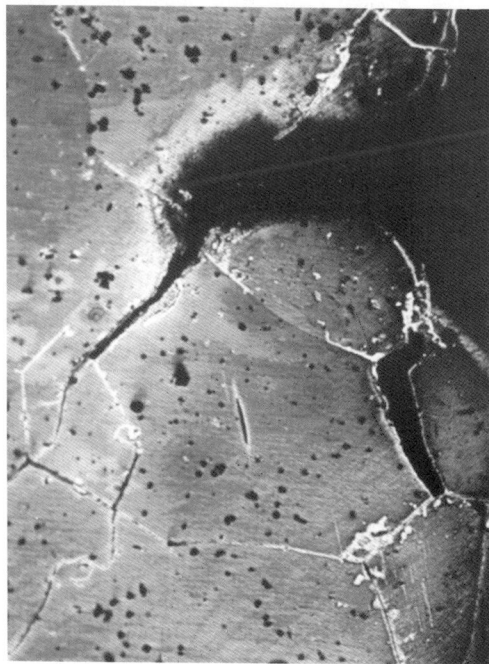

图　号：9-2-133

材料名称：铸造黄铜（ZCuZn40Mn3Fe1）

浸　蚀　剂：氯化高铁盐酸水溶液

处理情况：铸造后经退火处理

组织说明：此为 150 马力近海渔轮螺旋浆，使用了 13 年，其表面已腐蚀，经解剖表面晶界已被海水严重腐蚀成凹坑状，（见图右侧所示）基体为 β 相，黑色点状、星状者为 Fe 相，白色沿晶界为脱锌腐蚀沉淀相。

　　　　　脱锌腐蚀是工件接触了含氧的中性盐类水溶液发生的。锌离子呈阳极反应而被选择性地溶解，铜则呈多孔薄膜状而残留于黄铜表面，从而表面构成一个微电池，加速了脱锌腐蚀过程。可在铜合金中加入 0.03%～0.05% 的 w（As）、w（P）或 w（Sb），脱锌腐蚀现象可以得到减轻或抑制。

图　9-2-133　　　　　　　　　250×

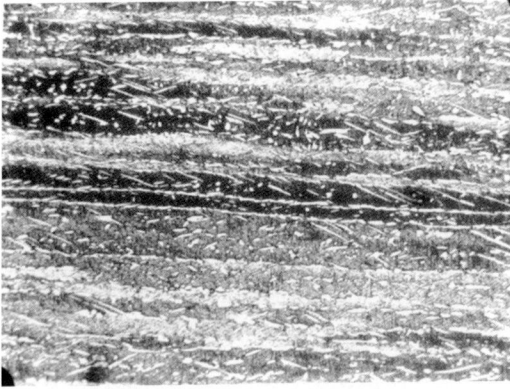

图　9-2-134　　　　　　　　　70×

图　　号：9-2-134
材料名称：57-3-1 锰黄铜（HMn57-3-1）
浸 蚀 剂：氯化高铁盐酸水溶液
处理情况：750℃热轧板
组织说明：终轧温度在 500℃以上，由于高温下 β 相
　　　　具有良好的塑性，热轧时沿加工方向拉长成带状分
　　　　布，在以后的冷却过程中，将从 β 相（黑色基体）
　　　　中析出白色针状的 α 相。它有的与轧制方向呈一定
　　　　角度似羽毛状分布，有的呈单独条块状分布。此外，
　　　　尚有一部分 α 相呈带条状分布，与 β 相并行而存
　　　　在，组织呈现明显的加工变形特征。

图　　号：9-2-135
材料名称：58-2 锰黄铜（HMn58-2）
浸 蚀 剂：氯化高铁盐酸水溶液
处理情况：半连续铸造
组织说明：左图为铸锭的边缘部分的组织。由于
　　　　冷却强度较大，α 相的析出较少，并呈针状分
　　　　布。右图为铸锭的中心处的组织，冷却相对缓
　　　　慢，α 相则有较多的析出，且呈条状、长卵形
　　　　及网状分布。
　　　　　由于锰能显著地提高黄铜在海水和过热蒸
　　　　汽中的耐蚀性，因此锰黄铜常用作船舶或弱电
　　　　用零件。

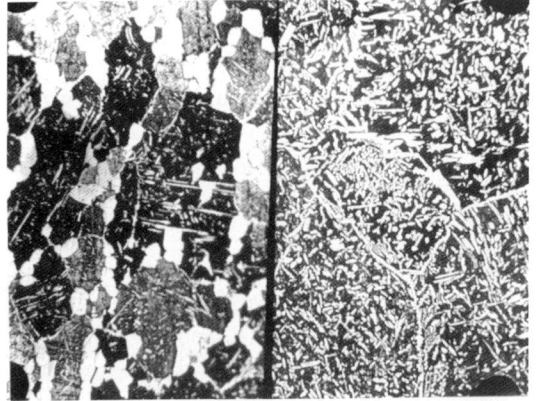

图　9-2-135　　　　　　　　　50×

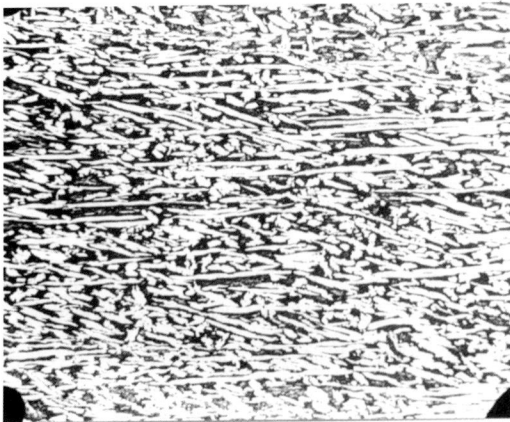

图　9-2-136　　　　　　　　　70×

图　　号：9-2-136
材料名称：58-2 锰黄铜（HMn58-2）
浸 蚀 剂：氯化高铁盐酸水溶液
处理情况：热轧
组织说明：条状的 α 相在高温下有更多的析出，并沿
　　　　热加工方向变形，此时基体虽为 β 相，但 α 相的数
　　　　量已大大超过 β 相。对照图 9-2-135 左图的边缘部
　　　　分铸态的组织，可以看出 β+α 两相的相对含量已
　　　　发生巨大的改变。
　　　　　锰的锌当量仅为 0.5，能较多地固溶于基体，
　　　　并产生固溶强化作用，这类合金能较好地承受热、
　　　　冷压力加工。

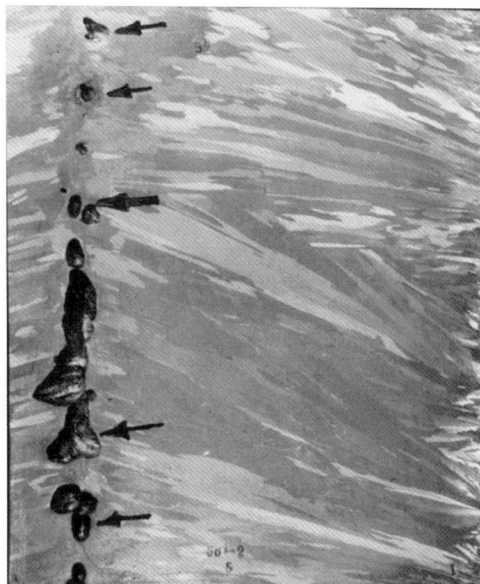

图　　9-2-137　　　　　　　　1/2×

图　　号：9-2-138

材料名称：59-1-1 铁黄铜（HFe59-1-1）［w（Cu）
57.0%～60.0%，w（Fe）0.6%～1.2%，w（Mn）
0.5%～0.8%，w（Sn）0.3%～0.7%，其余为 Zn］

浸蚀剂：硝酸高铁酒精溶液

处理情况：铸态

组织说明：黑灰色基体为β相，白色条状为自β相
中析出的α相，细小黑色质点为铁相。铁的加入
细化铸态晶粒，铁与锰、锡、镍等元素互相配合，
可提高合金的强度及在大气、海水下的耐蚀性。
锰能较多地固溶于黄铜中，故无富锰相的出现，
但可使合金产生固溶强化并提高合金的耐蚀性。

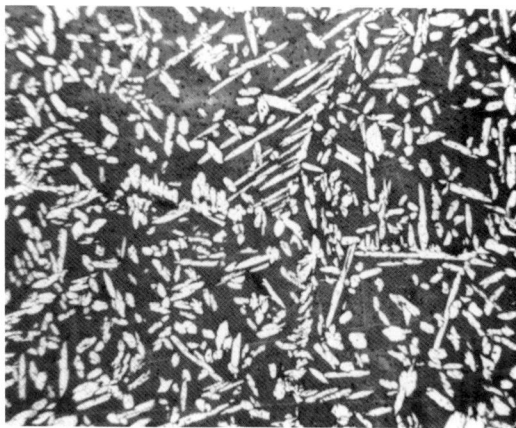

图　　9-2-139　　　　　　　　200×

图　　号：9-2-137

材料名称：58-2 锰黄铜（HMn58-2）

浸蚀剂：30%硝酸水溶液

处理情况：中频熔炼，半连续铸造，ϕ295mm 铸锭

组织说明：圆锭纵剖面的宏观结晶组织。由于浇注速
度较快，气体来不及析出，且又因补缩不及时，于
是便在铸锭内部形成隐蔽的气孔型断续缩孔，如箭
头所指。

　　这种缺陷如未被及时发现，将在以后的加工过
程中，给材料或零件带来更严重的缺陷，致使产品
成为废品。

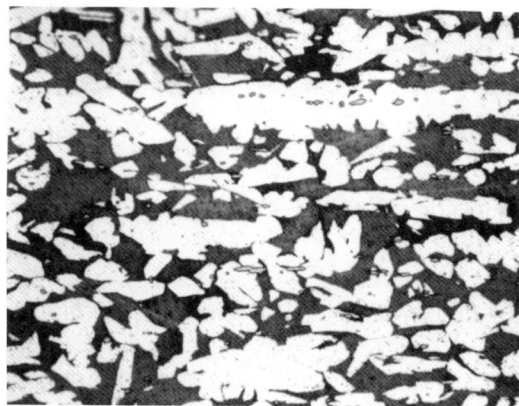

图　　9-2-138　　　　　　　　100×

图　　号：9-2-139

材料名称：59-1-1 铁黄铜（HFe59-1-1）

浸蚀剂：硝酸高铁酒精溶液

处理情况：热挤压

组织说明：白色的α相沿加工方向成条状分布于黑
色的β相基体上，铁相经加热后聚集长大，呈灰
色颗粒沿加工方向分布。在白色α相上，灰色颗
粒 Fe 相尤为明显。图中虽有较多的α相分布，但
仍以β相为基，故合金的强度较高。

　　若合金中铁量过高，将增加富 Fe 相，将会引
起铁的偏析，反而降低合金的耐蚀性。若合金中有
Si 元素，它将与 Fe 形成高硬度的 Fe_3Si（950HV）
硬质点，使合金的加工性能变差。

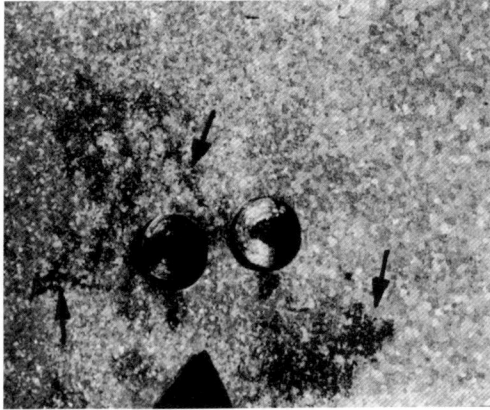

图 9-2-140   2/3×

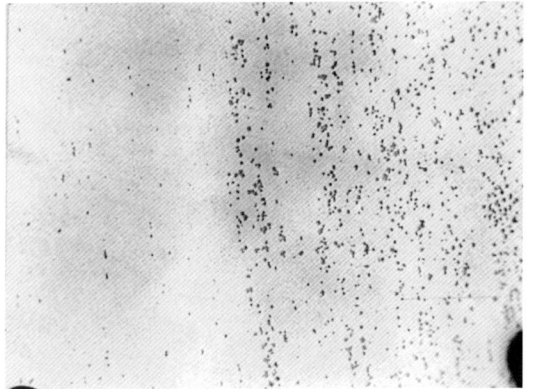

图 9-2-141   70×

图　号：9-2-140、9-2-141

材料名称：59-1-1 铁黄铜（HFe59-1-1）

浸蚀剂：图 9-2-140 为 30%硝酸水溶液浸蚀，图 9-2-141 未浸蚀

处理情况：铸态

组织说明：铁的加入使黄铜的晶粒显著细化，因熔炼温度较低，搅拌不良，形成了铁的局部偏析（箭头指
　　　处黑色点状聚集处），经化学成分分析（图中两圆孔为化学分析取样钻孔）偏析区 w（Fe）为 3.24%，
　　　其他部位 w（Fe）为 0.75%。左图为偏析部位的显微组织，灰色颗粒铁相呈不均匀分布。在暗场下铁相
　　　呈黑色颗粒状。铁的偏析使合金的性能明显不均，高铁处的抗蚀性能明显下降。在熔炼时提高熔炼温度
　　　并加强搅拌方可避免。

图 9-2-142   100×

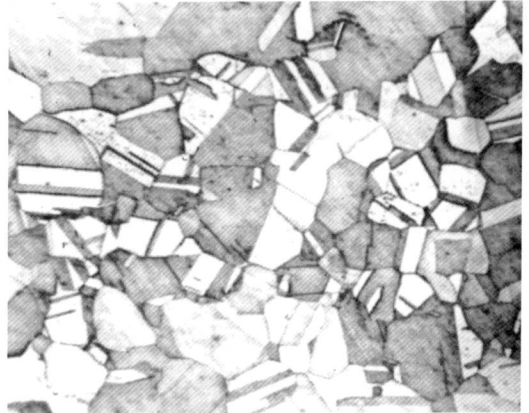

图 9-2-143   100×

图　号：9-2-142、9-2-143

材料名称：80-3 硅黄铜（HSi80-3）［w（Cu）79.0%～81.0%，w（Si）2.5%～4.5%，其余为 Zn］

浸蚀剂：氯化高铁酒精溶液

处理情况：图 9-2-142 为铸态，图 9-2-143 为热挤压棒

组织说明：图 9-2-142：铸态非平衡冷却的铸造组织，以 α 相为基，基体上树枝状规则排列的块状相为 β
　　　相（或 K 相）。

　　　图 9-2-143：经高温加热后，铸态下的非平衡相消失，组织全转变为 α 相。并在热加工中形成具有
　　　孪晶的再结晶组织。Si 的锌当量高达 10～12，在合金中加入 w（Si）为 3%，即相当于在 Cu-Zn 相图中又
　　　加入了 w（Zn）为 30%～36%，从而使相图大大向左偏移，提前出现 β 相，并可能出现新的 K 相。

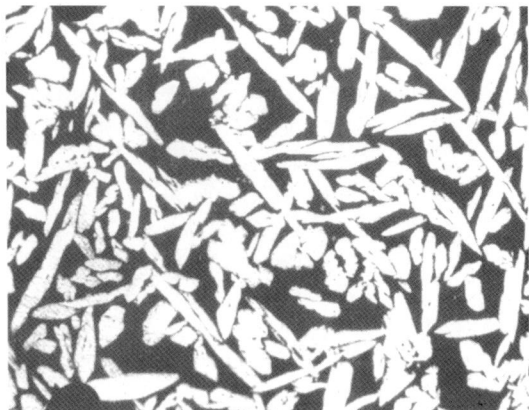

图　　9-2-144　　　　　　　　　　　200×

图　　号：9-2-144

材料名称：56-3 镍黄铜（HNi56-3）

浸 蚀 剂：氯化高铁酒精溶液

处理情况：半连续铸造

组织说明：黑色基体为 β 相，白色条状为 α 相。按
　　Cu-Zn 二元合金中 w（Cu）为 56%时，其相组成
　　应为 β 相组织。

　　　　镍的锌当量为负值，因此镍的加入扩大了 α
　　相区，故图中出现大量的 α 相。在黄铜中添加镍
　　元素后，可提高它的强度、韧性及耐蚀性，并对
　　脱锌及应力腐蚀起到稳定的作用。

图　　号：9-2-145

材料名称：48-10 镍黄铜（HNi48-10）

浸 蚀 剂：硝酸高铁酒精溶液

处理情况：铸锭边部

组织说明：由于镍的加入，原子扩散速度减慢，故
　　在高温下边部的 β 相来不及分解出 α 相，便保留
　　至室温，呈单一的 β 相组织。

　　　　镍元素能提高黄铜的强度、耐蚀性和韧性，
　　是部分锡磷青铜及镍白铜的替代材料。

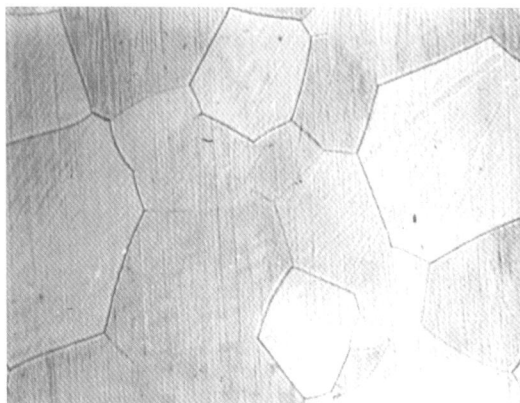

图　　9-2-145　　　　　　　　　　　100×

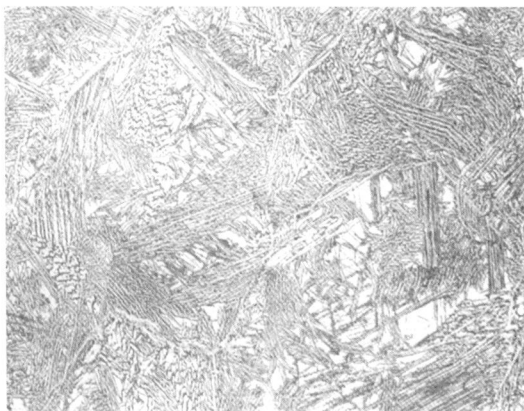

图　　9-2-146　　　　　　　　　　　100×

图　　号：9-2-146

材料名称：48-10 镍黄铜（HNi48-10）

浸 蚀 剂：硝酸高铁酒精溶液

处理情况：铸锭中心

组织说明：铸锭中心的冷却速度缓慢，α 相便自 β
　　相晶内及晶界呈针状、条状及羽毛状析出。按
　　Cu-Zn 二元相图中 w（Cu）为 48%时，不仅为 β
　　相，并还将有 γ 相的出现，但由于加入大量的镍，
　　因而扩大了 α 相区，使基体中出现了大量的 α 相。

　　　　镍黄铜可用做压力计管，船舶用冷凝管等零件。

金 相 图 片

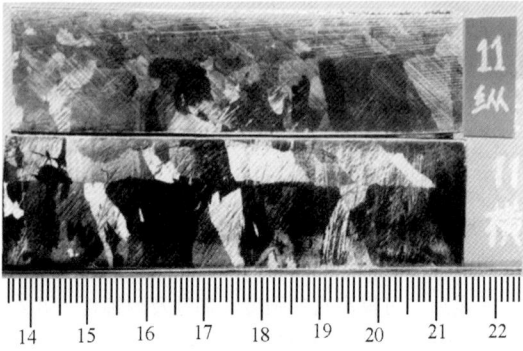

图 9-3-1 实物

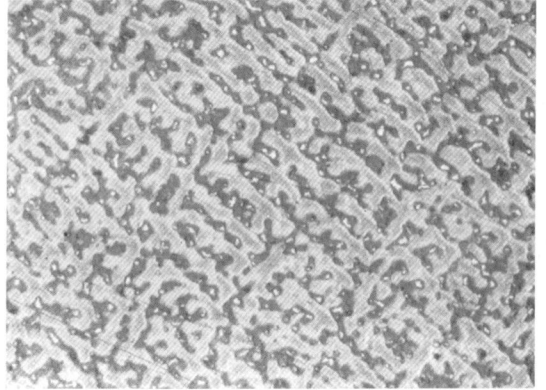

图 9-3-2 100×

图 9-3-3 100×

图 9-3-4 100×

图　号：9-3-1～9-3-4

材料名称：6.5-0.1 锡青铜（QSn6.5-0.1）

浸 蚀 剂：图 9-3-1 为 50%硝酸水溶液擦蚀；图 9-3-2～图 9-3-4 为氯化高铁盐酸水溶液浸蚀

处理情况：图 9-3-1～图 9-3-2 为铸态；图 9-3-3 为 700℃退火；图 9-3-4 冷轧至 9mm 厚后退火，再冷轧至
4.5mm 退火

组织说明：图 9-3-1：水平连铸坯纵（上）、横（下）向截面经硝酸水溶液擦蚀后情况。纵、横向组织相仿，
晶粒粗大，由于冷却较缓两侧晶粒长大至中心处交接，最大晶粒长约 15mm。

图 9-3-2：树枝状组织，晶内偏析明显，先析出枝晶 α 相因含铜量高不易受浸蚀故呈白色，枝晶间因
锡量逐渐增高，故易受浸蚀而逐渐变深黑，而其中心白色块状为 α + δ（$Cu_{31}Sn_8$）+ Cu_3P 三元共晶组织。

图 9-3-3：经均匀化退火后，α + δ（$Cu_{31}Sn_8$）共析体完全消失，获得大晶粒 α 相，灰黑色小点为
Cu_3P。

图 9-3-4：经二次冷轧退火后，基体为细小孪晶 α 相+极少量 Cu_3P 颗粒，晶粒直径 0.015mm。

锡青铜的结晶间隔较宽，易形成树枝状偏析的组织，由于少量磷的加入，它能改善 Cu -Sn 合金的铸
造性能，提高合金的流动性，并能有效地脱氧。磷能提高合金的强度和硬度，以及弹性极限、弹性模量，
疲劳强度和耐蚀性。

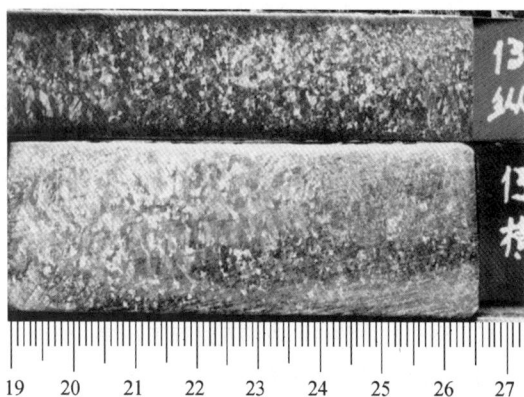

图 9-3-5　　　　　　　　　　　　　　　　　　实物

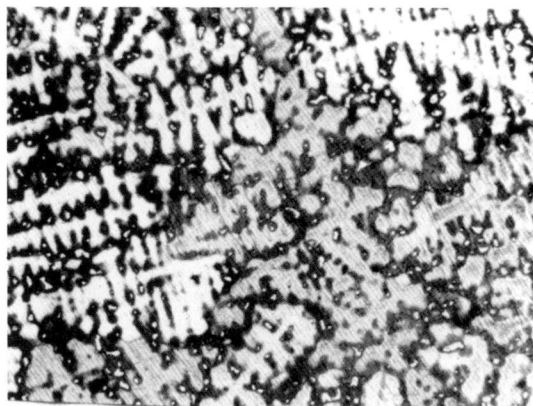

图 9-3-6　　　　　　　　　　　　　　　　　　100×

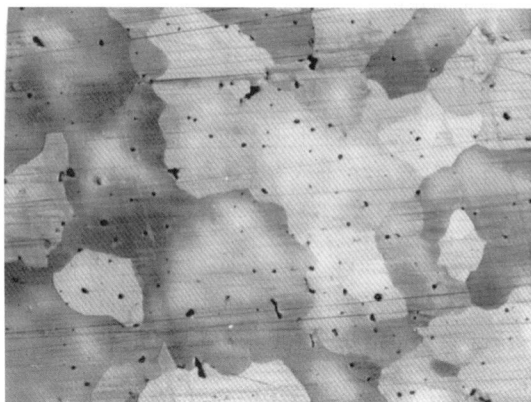

图 9-3-7　　　　　　　　　　100×

图 9-3-8　　　　　　　　　　100×

图　　　号：9-3-5～9-3-8

材料名称：6.5-0.1 锡青铜（QSn6.5-0.1）

浸 蚀 剂：图 9-3-5 为 50%硝酸水溶液擦蚀；图 9-3-6～图 9-3-8 为氯化高铁盐酸水溶液浸蚀

处理情况：图 9-3-5、图 9-3-6 为金属型浇注；图 9-3-7 为 700℃退火；图 9-3-8 冷轧至 9mm 后退火，再冷
　　　　　轧至 4.5mm 退火处理

组织说明：图 9-3-5：金属型浇注坯纵（上）横（下）向组织。由于冷却速度较快，铸坯两侧边缘晶粒细
　　　　　小，中心部分因冷却速度稍缓，故晶粒较边缘部分为粗。

　　　　　图 9-3-6：铸态树枝状偏析，白色枝干为先析出含铜较高的 α 相，枝晶间是固溶锡量逐渐增高的 α
　　　　　相，因而它易受浸蚀而呈黑色，其心部锡量磷量最高而生成 $\alpha + \delta + Cu_3P$ 三元共晶组织。

　　　　　图 9-3-7：均匀化退火组织，基体为 α 相+灰黑点状 Cu_3P。

　　　　　图 9-3-8：是经两次冷轧两次退火后的组织，基体为呈孪晶分布的 α 相等轴晶粒，其上有极少量的
　　　　　呈蓝灰色的 Cu_3P 小颗粒。由于退火温度稍高，晶粒长大，晶粒直径为 0.13～0.15mm。

　　　　　锡青铜是工业上广泛应用的弹性材料，常用来制造导电性能好的弹簧、接地触片或其他弹簧，精密
仪器中的抗磨零件和抗磁元件。

图　9-3-9　　　　　　　　　　　1/3×

图　　号：9-3-9

材料名称：QSn6.5-0.1

浸 蚀 剂：35％硝酸水溶液

处理情况：中频炉熔炼、水冷金属型铸造 φ195mm
铜锭浇口部位

组织说明：原锭最后结晶处的纵剖面宏观组织。可
见除少量柱状晶外，整个组织为细小等轴晶，最
后对浇口部位的中心收缩孔进行了补缩，但由于
铜液温度较低，补缩部分与原锭金属并未相互熔
合，故有明显的分界。未熔的分界处有气孔等缺
陷。原锭中心部位仍有断续的缩孔，缩孔附近有
严重的疏松。

锭坯由于存在严重缩孔、气孔及疏松缺陷，
有些已分隔开，且有部分已被氧化，这些必须切
除，否则会在以后的加工中，给型材或零件带来
各种缺陷，使产品成为废品。

图　　号：9-3-10

材料名称：6.5-0.1 锡青铜（QSn6.5-0.1）

浸 蚀 剂：35％硝酸水溶液

处理情况：半连续铸造浇口部位

组织说明：采取了半连续铸造，并在工艺上保证了
铸锭的顺序结晶，铜液中存在的气体及杂质能及
时的排出，使铸锭结晶完善，组织较水冷模大为
改善。由于结晶是在动态下进行的，边缘部分可
以看到水平冷却方向与铸锭垂直运动合成而形成
的斜生柱状晶；向里随着冷却速度的减小，柱状
晶趋于水平分布；顶部浇口部位冷却速度较慢，
形成较粗的等轴晶，在整个铸锭剖面上除少量疏
松、孔隙外，未发现有大的宏观铸造缺陷。

由于 Cu-Sn 合金的固相线与液相线的结晶间
隔较宽，其铸造流动性差，凝固时的线收缩小，
易在铸件的断面上形成分散分布的疏松，从而降
低了铸件的致密度。现在工业上锡青铜中常加入
一定量的磷、锌、铅等合金元素，从而可使其组
织及性能有很大程度的提高。

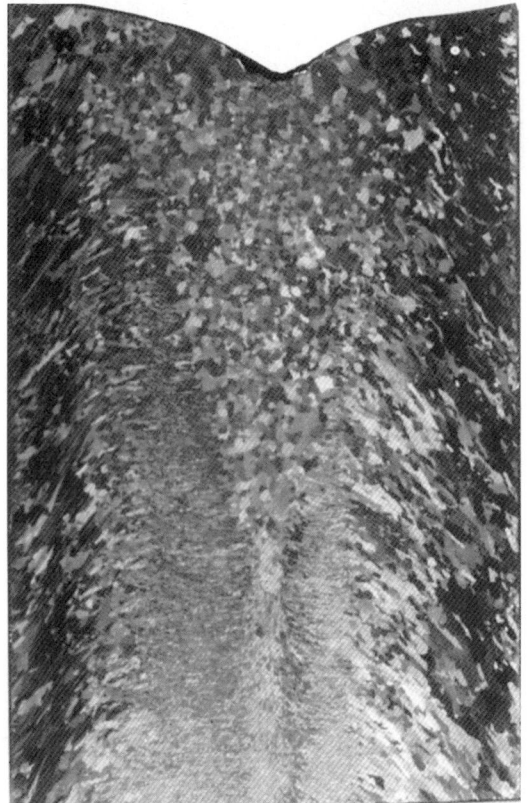

图　9-3-10　　　　　　　　　　1/4×

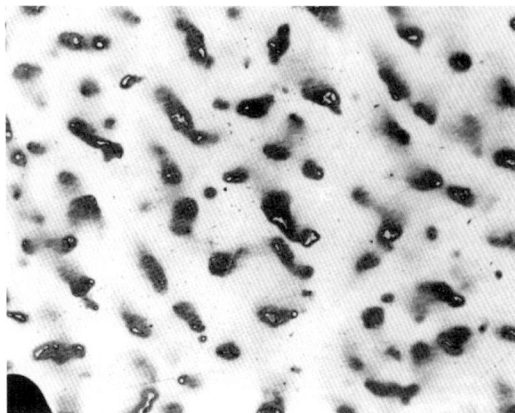

图 9-3-11 120×

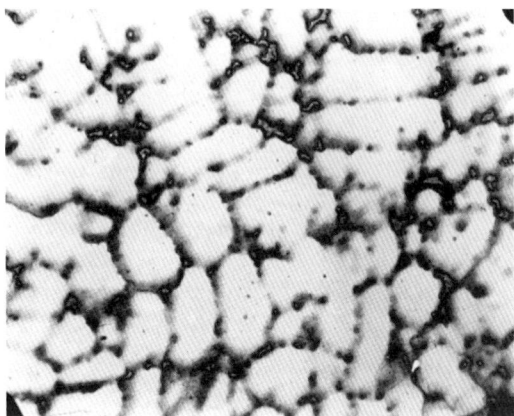

图 9-3-12 120×

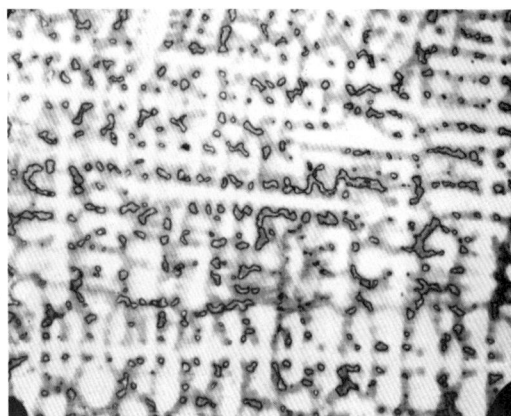

图 9-3-13 120×

图　　号：9-3-11～9-3-13

材料名称：锡青铜（QSn4-0.3，QSn6.5-0.1，QSn8-0.3）

浸蚀剂：氯化高铁酒精溶液

处理情况：半连续铸造

组织说明：图 9-3-11、图 9-3-12、图 9-3-13 分别为 QSn4-0.3、QSn6.5-0.1、QSn8-0.3 牌号的合金。白色基
体均为 α 相，在 α 相枝晶间，随着含锡含磷的增加，颜色逐渐变黑。黑色区域的中间出现的蓝灰色颗粒
状及不规则块状为 Cu_3P 或（α+δ+Cu_3P）三元共晶组织。由以上三图可以看出，随着含锡量的增加，
树枝状偏析越加明显，Cu_3P 及（α+δ+Cu_3P）的数量也逐渐增多。

　　由于 Cu-Sn 合金的固液相线的间隔距离较大，同时锡原子在铜中的扩散速度极慢，因而实际铸造
组织与平衡图有很大的偏离。α 相界线明显地向铜侧移动，结果使得在高温下位于 α 单相区的锡青铜在
铸态下也可见到 δ 相；而且在铸造组织中可见到明显的树枝状晶内偏析，经 650～700℃退火后 δ 相可
完全消除，得到单一的 α 相。

　　显微镜下 Cu_3P 与 δ 相似，但其颜色较 δ 相为深。缓冷时 Cu_3P 呈放射层状，激冷时呈蓝灰色颗粒。
用 50%硝酸浸蚀时，Cu_3P 不变色，（α+δ）共析体全部呈黑色。用 5%铁氰化钾水溶液浸蚀时，Cu_3P
随浸蚀时间加长而成深灰色，而（α+δ）不变色。

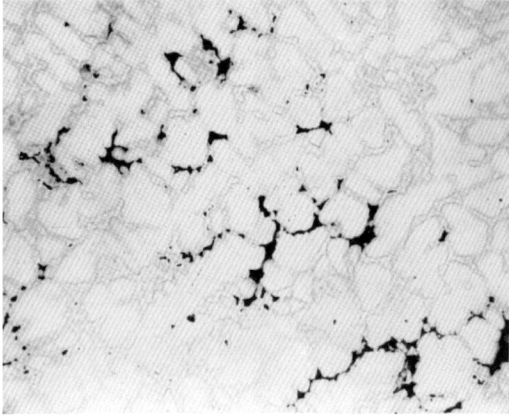

图　9-3-14　　　　　　　　　　　　　50×

图　　号：9-2-14

材料名称：6.5-0.1 锡青铜（QSn6.5-0.1）

浸 蚀 剂：氯化高铁酒精溶液

处理情况：半连续铸造

组织说明：由于本合金含锡，其结晶间隔很宽，生
　　　　　成宏观及显微疏松的倾向都很大。本试样取自半
　　　　　连续铸锭(金属型或砂型会更加严重)中心，存在
　　　　　于结晶枝叉间形状不规则的黑色孔洞即为显微疏
　　　　　松，它造成铸锭不致密，铸件经水压试验时将会
　　　　　发生渗水。如内有气体则加工后也难以焊合而形
　　　　　成缺陷，为防止这种缺陷，应避免浇注温度过低，
　　　　　浇注速度过快并应及时补缩。

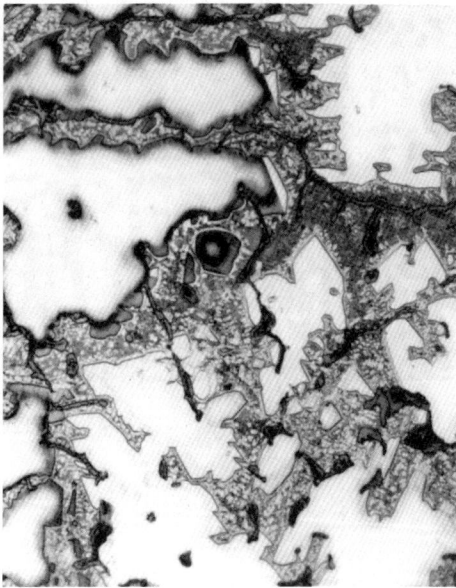

图　9-3-15　　　　　　　　　　　500×

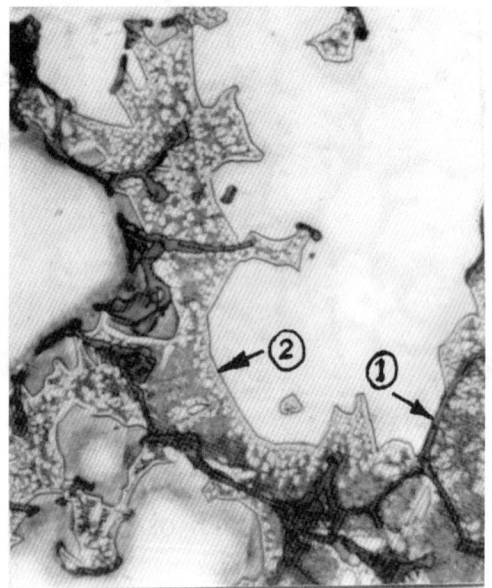

图　9-3-16　　　　　　　　　　1000×

图　　号：9-3-15、9-3-16　　材料名称：6.5-0.1 锡青铜（QSn6.5-0.1）　　处理情况：半连续铸造

浸 蚀 剂：在 5%硝酸高铁酒精溶液浸蚀后，用 1%铁氰化钾水溶液擦拭

组织说明：图 9-3-15：试样取自铸锭的边缘反偏析区，由于含锡磷甚高，故可以看到在白色的 α 相基体上
　　　　　有大量（α+δ +Cu_3P）三元共晶组织存在。在一般浸蚀剂作用下，Cu_3P 与 δ 相在明场下较难区分。若
　　　　　用 1%铁氰化钾水溶液擦拭，Cu_3P 可随着擦拭时间的延长可逐渐变成深灰色，而（α+δ）仍保持较淡
　　　　　的颜色不变。由于冷却速度较快，锡原子的扩散缓慢，共析体（α+δ）内部的细节在 500 倍下仍难区分。

　　　　　图 9-3-16：试样在更高倍率下的显微组织。除白色 α 相基体外，可以更清晰地将深灰黑色条状 Cu_3P
　　　　（箭头①所指）与大块灰色内有斑纹的（α+δ）共析体（箭头②所指）区分开来。此时（α+δ）的
　　　　　细节仍难区分。

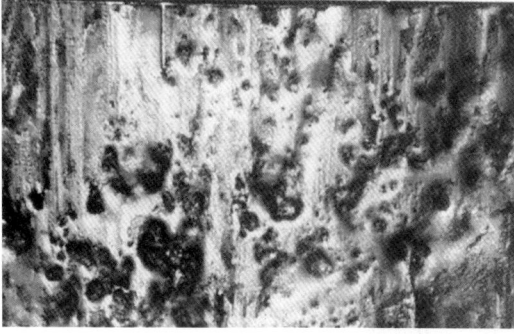

图 9-3-17　　　　　　　　2/3×

图 9-3-18　　　　　　　　2/5×

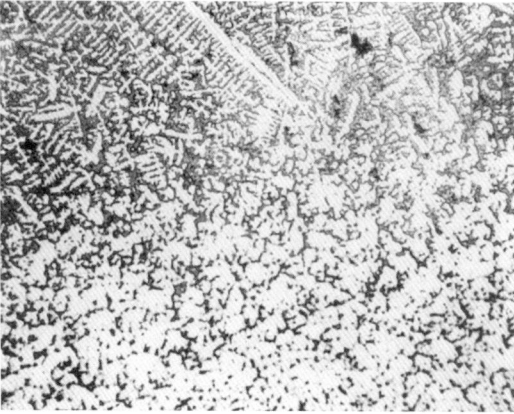

图 9-3-19　　　　　　　　50×

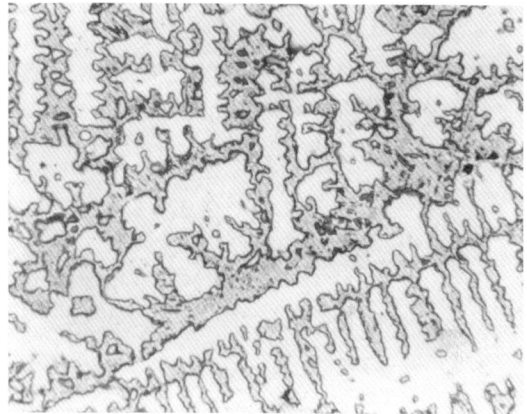

图 9-3-20　　　　　　　　120×

图　　号：9-3-17～9-3-20

材料名称：7-0.2 锡青铜（QSn7-0.2）

浸 蚀 剂：图 9-3-17 为实物表面；图 9-3-18、图 9-3-19 为 35%硝酸水溶液宏观浸蚀；图 9-3-20 为氯化高铁酒精溶液浸蚀

处理情况：半连续铸造

组织说明：反偏析是锡青铜铸造中的突出问题，反偏析的结果是铸锭表面的含锡量大大高于内部，严重时表面明显凹凸不平，颜色发青以至有白色的偏析疤瘤（又称表面"出汗"）。

图 9-3-17：圆锭表面出现反偏析瘤的情况。

图 9-3-18：横截面的宏观组织，箭头指处为偏析瘤。

图 9-3-19：偏析瘤与内部铸锭交界处的显微组织。可见图上部偏析处有大量（α+δ+Cu$_3$P）三元共晶组织，且呈严重的树枝状偏析；图下部为铸锭正常组织，在白色 α 固溶体上，分布有少量（α+δ+Cu$_3$P）三元共晶组织。经化学分析此处 w（Sn）高达 11%，而中心 w（Sn）仅为 5.86%，表面反偏析使合金严重变脆，变形时容易开裂。采用振动半连续铸造法、短石墨结晶器、增大冷却强度均可使反偏析得到有效的防止，也可用切削加工或脱皮挤压将反偏析缺陷消除。

图 9-3-20：偏析瘤（α+δ+Cu$_3$P）集中处的局部放大图片，白色基体为 α 相，大量灰色内有斑纹的为（α+δ+Cu$_3$P）三元共晶组织，呈树枝状排列于枝晶间。

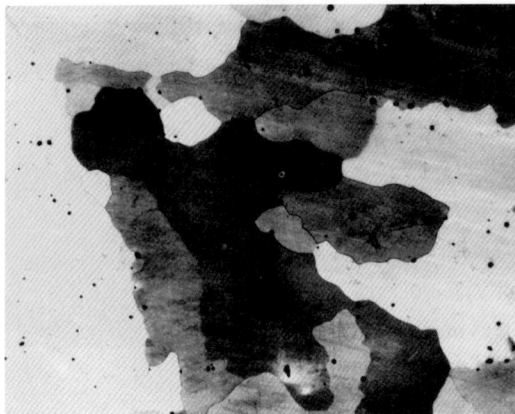

图　9-3-21　　　　　　　　　　　　　120×

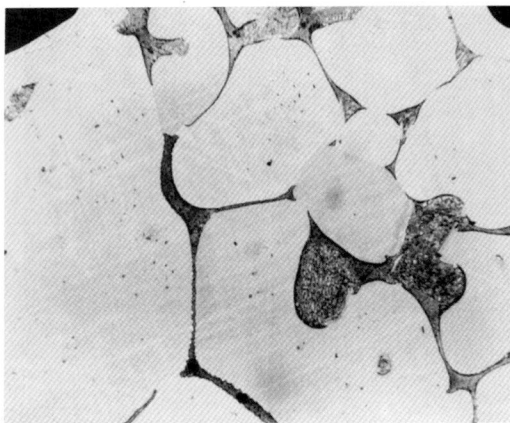

图　9-3-22　　　　　　　　80×

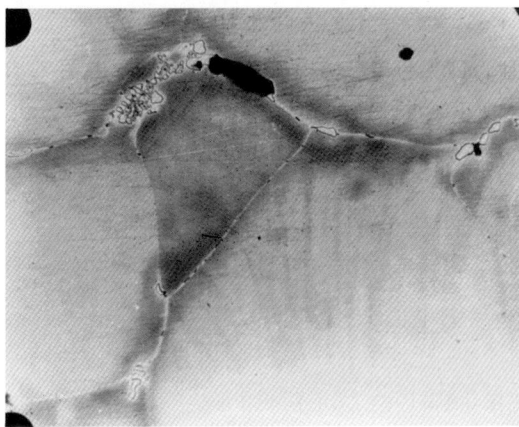

图　9-3-23　　　　　　　　115×

图　　号：9-3-21～9-3-23

材料名称：6.5-0.1 锡青铜（QSn6.5-0.1）

浸 蚀 剂：氯化高铁酒精溶液

处理情况：高温长时间均匀化处理

组织说明：由于锡青铜有明显的枝晶偏析倾向及低熔点的（α+δ+Cu₃P）三元共晶组织存在于枝晶间，极易在加工时产生开裂，为此在变形前需进行均匀化退火。

　　图 9-3-21：铸锭经 700℃×8h 退火后的显微组织。可见其树枝状偏析及（α+δ+Cu₃P）三元共晶体均已消失而呈单相组织，黑白反差为取向不同的铸造晶粒受不同程度的浸蚀所致。

　　图 9-3-22：反偏析瘤附近经 670℃×8h 退火后的显微组织，树枝状偏析虽已消除，但反偏析造成的大量（α+δ+Cu₃P）三元共晶体仍然存在，发生熔融并明显聚集或向晶界浸润。

　　图 9-3-23：670℃×24h 退火后的显微组织。可见（α+δ+Cu₃P）三元共晶组织虽随退火保温时间的延长而有所减少，但仍未完全消除，三元共晶体并已发生明显的离异，其中的 α 相已与基体 α 相合并，由于长时间的加热保温，致使部分低熔的三元共晶体发生了熔化，导致在晶界出现了过烧的孔洞。

　　锡青铜合金中出现 α+δ+Cu₃P 三元共晶组织的 T 相，将会导致合金的热脆。在变形锡青铜中，磷的质量分数不能超过 0.5%，否则会在加工时引起热裂缺陷。

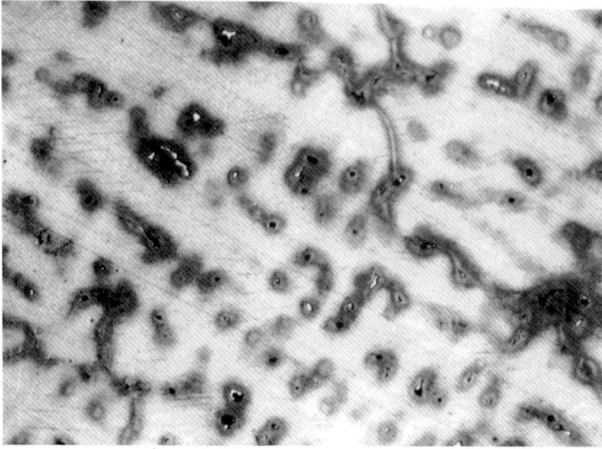

图　9-3-24　　　　　　　　　　　　　　　　　100×

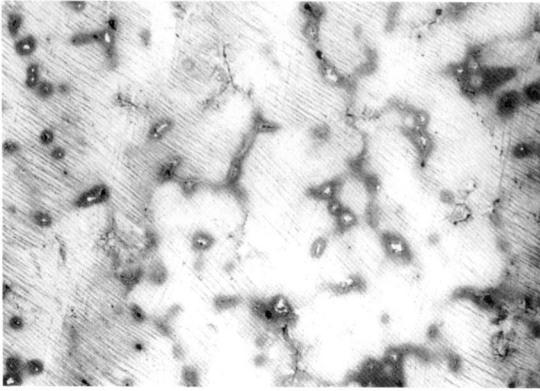

图　9-3-25　　　　　　100×

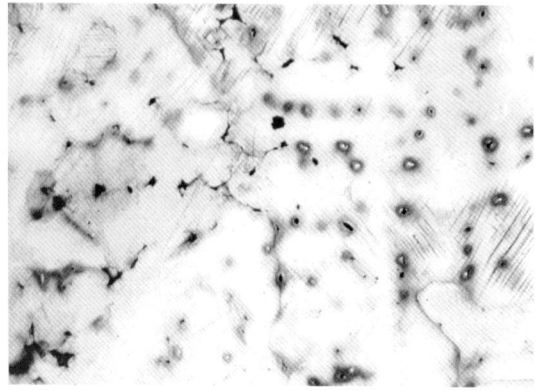

图　9-3-26　　　　　　100×

图　号：9-3-24～9-3-26

材料名称：锡青铜［w（Sn）6.5%，w（Pb）0.7%，其余为 Cu］

浸 蚀 剂：氯化高铁盐酸水溶液

处理情况：铸态

组织说明：图 9-3-24：基体为 α 固溶体，灰色枝晶处为富锡的 α 固溶体，枝晶中心的白色块状为 α＋δ 共析体，且已发生异离。枝晶间黑色孔洞为疏松孔隙，它的外形凹陷呈岛块状，枝晶间圆形颗粒为铅粒。在枝晶间的疏松孔隙处尚有因凝固补缩不足而引起的沿晶界分布的显微细裂纹，如图 9-3-25、图 9-3-26 所示。

　　　锡青铜的铸造流动性差，虽然合金会有少量的铅，但在凝固时还是容易形成分散分布的疏松孔隙。沿枝晶晶界分布的裂纹，破坏了金属基体的连续性，使合金的力学性能、耐蚀性明显下降。用 50%硝酸溶液浸蚀时（α＋δ）共析体变成黑色，用 5%铁氰化钾水溶液浸蚀时，α＋δ 共析体不变色。

图 9-3-27   2/3×   图 9-3-28   1/5×

图　　号：9-3-27、9-3-28

材料名称：6.5-0.1 锡青铜（QSn6.5-0.1）

浸 蚀 剂：图 9-3-27 为 5%硫酸+双氧水溶液浸蚀，图 9-3-28 为实物

处理情况：图 9-3-27 为半连续铸造扁锭，图 9-3-28 为图 9-3-27 扁锭经热轧开坯

组织说明：锡青铜在一定的铸造工艺和规格下可形成粗大的柱状晶。

图 9-3-27：半连续铸造扁锭的宏观组织。由图可见，由两边向里倾斜生长的粗大柱状晶。它们彼此在中心互相接触形成一个界面，此处最易有低熔点相或杂质或微缩孔、疏松及未能排出的气体聚集而构成一个明显的薄弱面。

图 9-3-28：此种扁锭在热轧时沿薄弱面发生严重张嘴的开裂，同时又因扁锭加热温度过高，边部和中心也出现了横向开裂，从而导致板坯完全报废。

锡青铜较纯铜、黄铜有更高的强度、耐蚀性，可焊性好，且耐低温，在冲击时不产生火花。因此在古代时被用来做钱币、古铜镜、古剑和钟表零件和鼎等物件；在加入少量磷、锌、铅等元素后，可制作弹簧接触件、弹簧簧片、弹簧以及一些耐蚀的零件，如衬套、轴套、衬垫以及螺母、缸套、泵体、齿轮等。锡青铜常被航空、汽车、拖拉机、海轮以及精密仪表等工业广泛应用。

图 9-3-29　　　　　　　　　　　　　　　　120×

图　9-3-30　　　　　　　　200×

图　9-3-31　　　　　　　　120×

图　　号：9-3-29～9-3-31

材料名称：7-0.2 锡青铜（QSn7-0.2）［w（Sn）6.0%～7.0%，w（P）0.26%，其余为 Cu］

浸 蚀 剂：图 9-3-29 为硝酸高铁酒精溶液浸蚀；图 9-3-30、图 9-3-31 为硝酸、冰醋酸水溶液浸蚀

处理情况：热挤压及随后的冷拉棒

组织说明：图 9-3-29：热挤压棒的组织。合金的树枝状偏析及（$\alpha + \delta + Cu_3P$）三元共晶组织已全部消失，为 α 单相等轴孪晶再结晶组织，所有经热变形的锡青铜均是此种组织。

　　图 9-3-30：随后冷拉变形的组织，晶粒外形略有改变，但晶内的滑移带极为清晰。

　　图 9-3-31：变形进一步加大，晶粒沿拉伸方向拉长，滑移带的数量及密度也进一步增加，合金明显被加工而硬化，硬度升高，强度增大，而韧性、塑性下降。加热后经受热塑性变形，合金中的（$\alpha + \delta$）共析体以及（$\alpha + \delta + Cu_3P$）三元共晶组织在加热时被熔入 α 固溶体，得到单一的 α 固溶体组织，此时合金的塑性明显提高，使其能顺利地经受热变形，在随后的冷却时成为呈孪晶分布的等轴 α 晶粒。对于热变形的合金，其中 w（Sn）应不大于 8%，否则将不易进行热变形。经热变形的锡青铜，其冷加工变形性能也好，随冷加工变形量的不同，合金中 α 晶粒也随之被拉长，α 晶粒上的滑移线也随之增多，晶粒被拉长的程度也随变形量的增加而增加，最后晶粒被拉碎，组织呈纤维状分布。此时合金的冷作硬化程度也随之增大。

图　　号：9-3-32

材料名称：7-0.2 锡青铜（QSn7-0.2）

浸 蚀 剂：硝酸冰醋液水溶液

处理情况：冷轧板退火组织

组织说明：锡青铜经均匀化退火及冷热加工变形之后，组织已全部为α单相，致密度也有很大提高。本图为经再结晶退火后典型的等轴呈孪晶分布的α晶粒。其强度、硬度和弹性明显优于纯铜和黄铜。适宜用作中载荷及中速度的受摩擦零件、弹簧簧片及其他机械、电器零件。

图　　9-3-32　　　　　　　　　　120×

图　　号：9-3-33

材料名称：7-0.2 锡青铜（QSn7-0.2）

浸 蚀 剂：未浸蚀

处理情况：热挤棒

组织说明：因挤压温度过高、挤压速度过快，使金属产生不均匀流动，表层出现附加应力，当此应力升至一定值时，便引起表层开裂，同时应力得到松弛。但随金属的继续流动，应力又重新积累升高再度形成裂纹。如此周而复始便形成了挤压棒表层的周期性横裂。

图　　9-3-33　　　　　　　　　　1×

图　　号：9-3-34

材料名称：7-0.2 锡青铜（QSn7-0.2）

浸 蚀 剂：氨薰

处理情况：冷轧管材

组织说明：一些青铜也具有应力腐蚀破裂倾向。冷轧锡青铜由于残留应力较大，在作氨薰法应力腐蚀破裂检查时，管材出现严重的应力腐蚀开裂。这表明此类合金在冷加工后也需及时地作消除应力退火处理，否则在特定腐蚀介质下会发生应力腐蚀开裂，其处理制度则应依合金的不同而定。对于即使作了消除应力退火处理后的产品，在贮存及使用中也应避免过大的拉应力负载，防止合金产生新的内应力。

图　　9-3-34　　　　　　　　　　2/3×

图 9-3-35　　　　　　　　　　　　　　　　　　　　100×

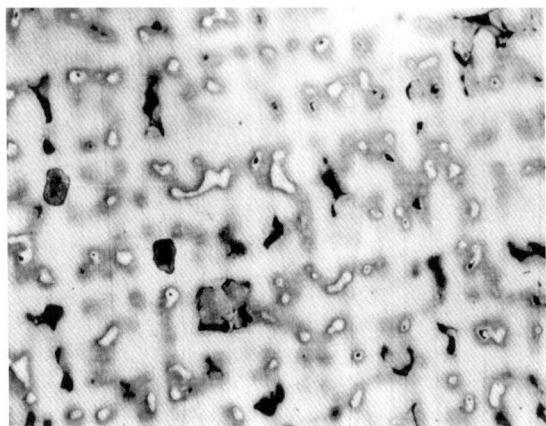

图　9-3-36　　　　　　　　　80×

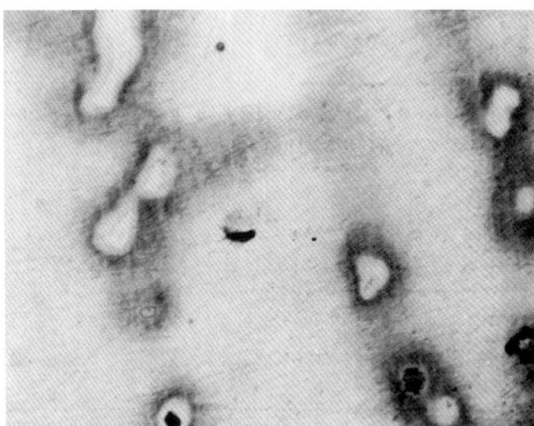

图　9-3-37　　　　　　　　　300×

图　　号：9-3-35～9-3-37

材料名称：锡青铜 [w（Sn）7.41%；　其余为 Cu]

浸 蚀 剂：图 9-3-35 未浸蚀；图 9-3-36 及图 9-3-37 经氯化高铁盐酸溶液浸蚀

处理情况：铸态

组织说明：图 9-3-35：未浸蚀，因而基体组织未被显示，枝晶分布的黑色孔洞为疏松孔洞，甚为严重，基体中有少量圆钝灰色颗粒为铅。

　　图 9-3-36：浸蚀后的基体组织，白色基体为 α 固溶体，灰色枝晶偏析为富锡的 α 固溶体，其中白色岛块状为 α＋δ 共析体，细小灰黑色为铅，黑色岛块为分散分布的疏松孔洞。

　　图 9-3-37：图 9-3-36 的组织放大照片，各部分组织更为清晰。

　　由于锡在铜中的扩散速度较慢，使在高温下处于 α 相区的合金，在铸态组织中也会出现 α＋δ 共析体组织，由于锡青铜结晶时的间隔宽，易在铸件中形成疏松孔洞，合金中因致密度降低，使强度、耐蚀性等显著下降，同时还会使铸件产生渗漏现象。

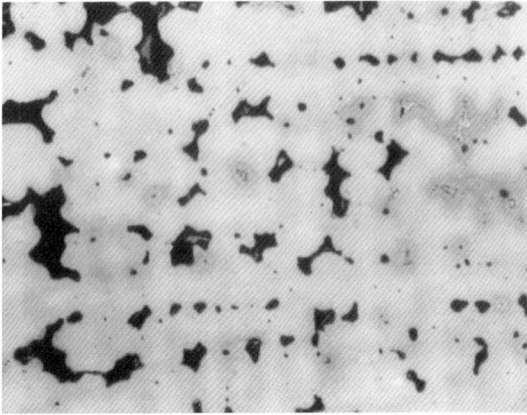

图　9-3-38　　　　　　　　　　　50×

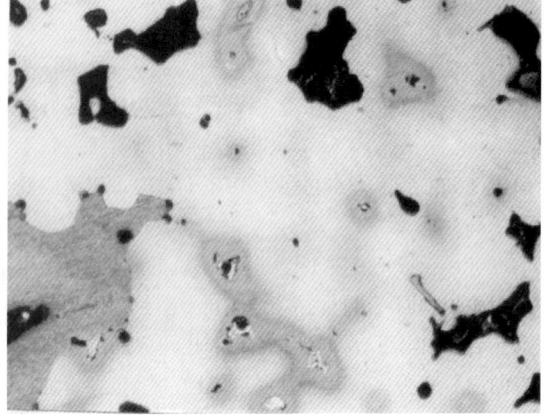

图　9-3-39　　　　　　　　　　　100×

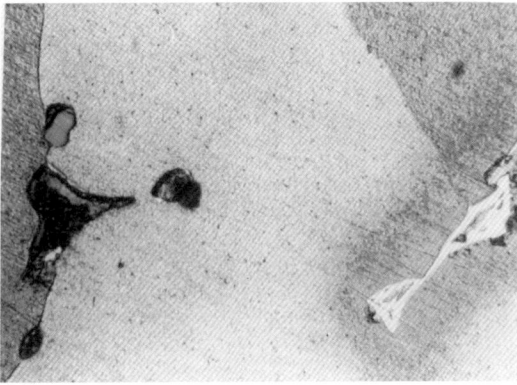

图　9-3-40　　　　　　　　　　　400×

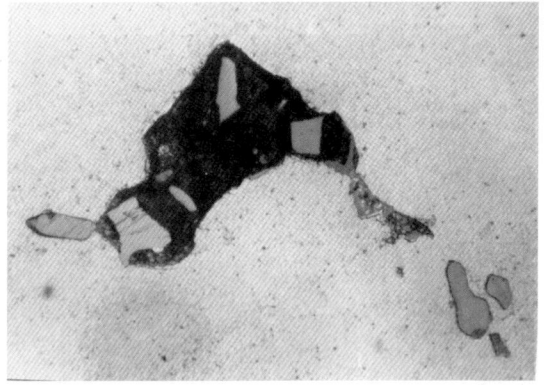

图　9-3-41　　　　　　　　　　　400×

图　号：9-3-38～9-3-41

材料名称：锡青铜 [w （Sn）8.40%，w （P）0.082%，其余为 Cu]

浸蚀剂：氯化高铁盐酸水溶液

处理情况：铸造后经 650℃ 短时退火

组织说明：图 9-3-38：650℃短时退火的组织，基体为粗大 α 晶粒上分布有颇多疏松孔洞，疏松孔洞呈方向性排列分布于枝晶间和晶界处。铸态的偏析稍有改善但未被完全消除。

图 9-3-39：在 α 固溶体枝晶偏析处有尚未溶解残留的一次结晶相（α + δ）共析体和（α + δ +Cu₃P）三元共晶 T 相，在疏松孔洞内及其附近，有颇多重熔再结晶 α + δ 及 T 相。

图 9-4-40 及图 9-3-41：图 9-3-39 放大后的组织，可清晰地见到铸态残存相分布于图 9-3-40 右下方。重溶相则分别位于图 9-4-40 及图 9-3-41 两图疏隙孔洞内及其附近处。

由于锡青铜在铸造后于 650℃ 短时加热退火，但实际的加热温度已超过 650℃，因而使分布于枝晶间的低熔点（α + δ +Cu₃P）（熔点 628℃）发生熔化，因而在随后的冷却过程中重新凝固而生成熔化孔洞和重熔相。熔化孔洞与疏松孔洞是性质不同的二种孔洞，前者是由于低融相熔化后形成；而疏松孔洞是因合金在结晶时无熔液补缩而造成的，因而孔洞的外形受到已凝固的金属外形的影响而成为凹陷多棱角岛状分布。

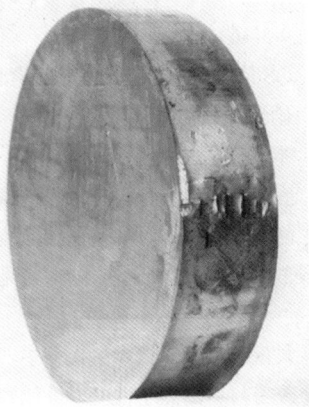

图　　9-3-42　　　　　　2/3×

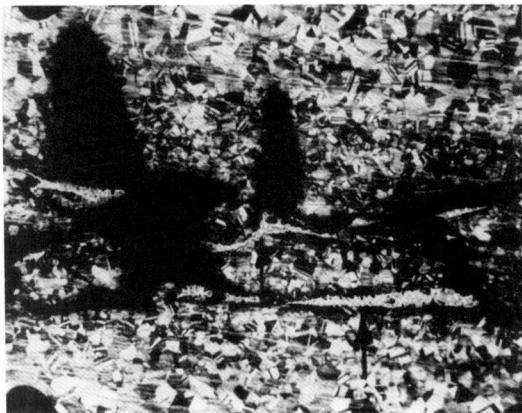

图　　9-3-43　　　　　　70×

图　　号：9-3-42、9-3-43

材料名称：7-0.2 锡青铜（QSn 7-0.2）

浸蚀剂：图 9-3-42 为实物；图 9-3-43 为硝酸冰醋酸水溶液浸蚀

处理情况：ϕ60mm 挤压棒

组织说明：图 9-3-42：原锭坯表面存在有反偏析，经均匀化退火仍未能消除，挤压变形时，由于该处的塑性及强度都很低，因此在该处形成断续的横向裂口。

图 9-3-43：裂口附近的显微组织，有被加工变形拉长的（$\alpha+\delta+Cu_3P$）存在（见箭头）。为了防止这类缺陷的出现，可将锭坯表面的偏析层彻底切削清除或脱皮挤压清除。最根本的途径则是在铸造中防止反偏析的产生，如采取振动半连续铸造，使用短的石墨结晶器等工艺措施。

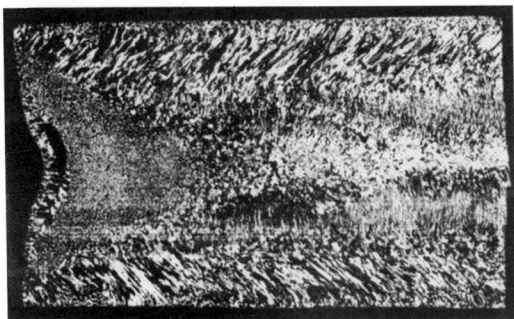

图　　9-3-44　　　　　　1/4×

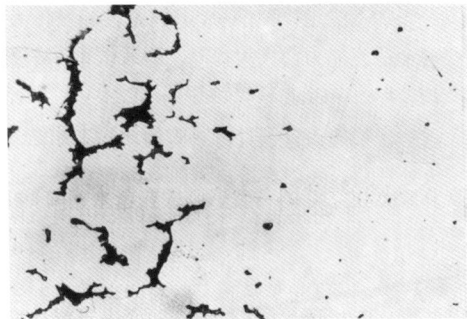

图　　9-3-45　　　　　　120×

图　　号：9-3-44、9-3-45

材料名称：4-3 锡青铜（QSn 4-3）

浸蚀剂：硝酸高铁酒精溶液

处理情况：半连续铸造

组织说明：锡青铜加锌后结晶温度范围变窄，合金的铸造性能得到改善，生成柱状晶的倾向增大。

图 9-3-44：这类合金半连续铸造浇口部位的典型铸态宏观组织。其边部为水平方向冷却与铸锭垂直运动合成而形成的斜生柱状晶。铸锭中心随着冷却速度的降低倾斜逐渐变平，代之以水平方向生长的柱状晶，铸锭中心为细小等轴晶。浇口部位除看到最后凝固的漏斗状部分因凝固温度较低杂质较多而形变小的等轴晶外，补缩的铜液温度较高晶粒较大，且因未补满仍留下一个隐缩孔，见图左侧。

图 9-3-45：其边部的铸态显微组织。锌的加入使树枝状偏析减轻，但在边缘处（图左侧）仍有由反偏析造成的（$\alpha+\delta$）共析体。通常 QSn4-3 经热、冷加工及退火后，（$\alpha+\delta$）共析体应全部消失，而只有 α 单相组织。

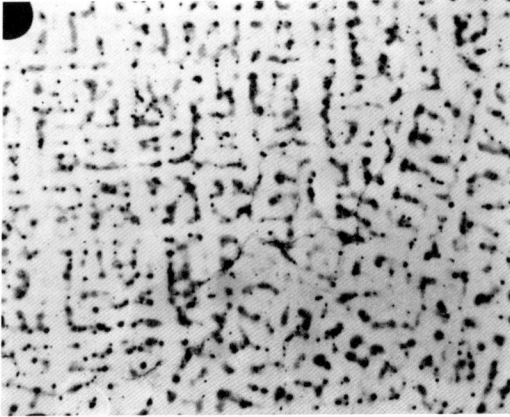

图　　9-3-46　　　　　　　　　　70×

图　　号：9-3-47

材料名称：QSn4-4(Zn)-2.5(Pb)锡锌铅青铜

浸 蚀 剂：硝酸高铁酒精溶液

处理情况：扁锭冷轧后退火

组织说明：冷轧后又经再结晶退火的显微组织。树枝
　　　　　状偏析已完全消失，整个基体为具有孪晶的再结晶
　　　　　组织，晶粒细小。原来呈圆点状的黑色铅相被加工
　　　　　变形成扁形，分布尚属均匀。

　　　　　加入少量锌和铅后，其铸造性能及作为轴瓦的
　　　　　磨合适应能力都大大提高，因此常用来铸造轴瓦和
　　　　　齿轮坯。

　　　　　含铅的锡青铜具有热脆性，它只有经均匀化退
　　　　　火处理后，才能在冷态下进行加工变形。

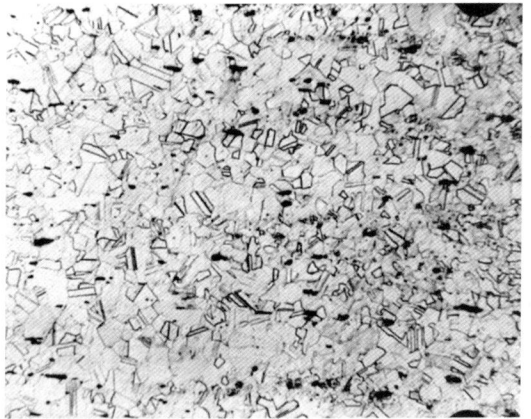

图　　9-3-48　　　　　　　　　　200×

图　　号：9-3-46

材料名称：QSn4-4(Zn)-2.5(Pb)锡锌铅青铜

浸 蚀 剂：硝酸高铁酒精溶液

处理情况：半连续铸造扁锭

组织说明：基体为具有轻微树枝状晶内偏析的 α 相固
　　　　　溶体，灰色部分为富锡区，灰色结晶枝叉间的黑点
　　　　　为熔点最低最后结晶的铅相。图中可见其分布较为
　　　　　均匀。

　　　　　锌能大量固溶于锡青铜的 α 相中，提高了合金
　　　　　化程度，改善材料的力学性能，降低生产成本。在
　　　　　一定的含锌量范围内，合金的显微组织无明显改变。

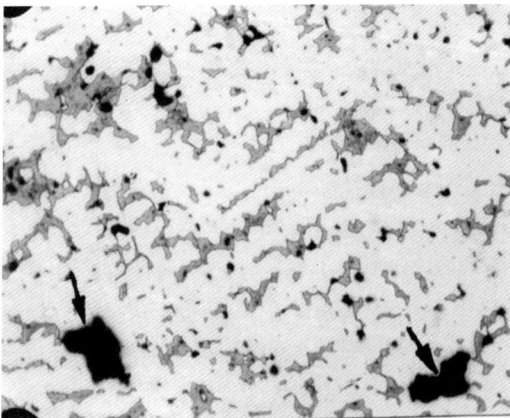

图　　9-3-47　　　　　　　　　　120×

图　　号：9-3-48

材料名称：铸造锡青铜（ZCuSn6Zn6Pb3）

浸 蚀 剂：硝酸高铁酒精溶液

处理情况：铸态

组织说明：由于锡的增加，而在白色的 α 相基体上出
　　　　　现大量灰色块状（α＋δ）共析体；呈树枝状排列，
　　　　　黑色点状为铅相，分布均匀。箭头所指形状不规则
　　　　　的孔洞为显微疏松。

　　　　　在锡青铜中铅是以游离状态分布于枝晶间
　　　　　或填充于锡青铜易于出现的显微疏松处，从而提
　　　　　高了铸件的致密度，在我国的古铜镜及铜币制造
　　　　　时应用了这一技术。

　　　　　这种合金不能加工变形而只能在铸态下使用。
　　　　　一般用作中载中速的轴承和螺母等耐蚀零件。

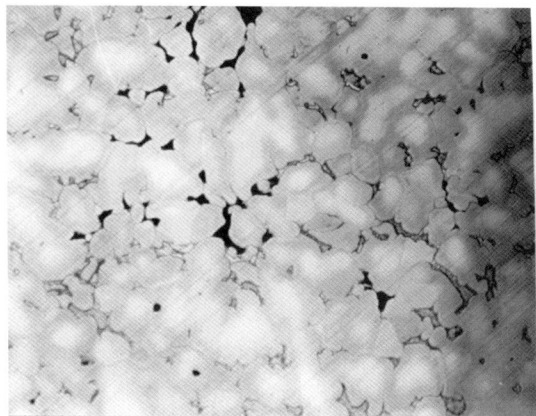

图　9-3-49　　　　　　　　　　　　　　80×

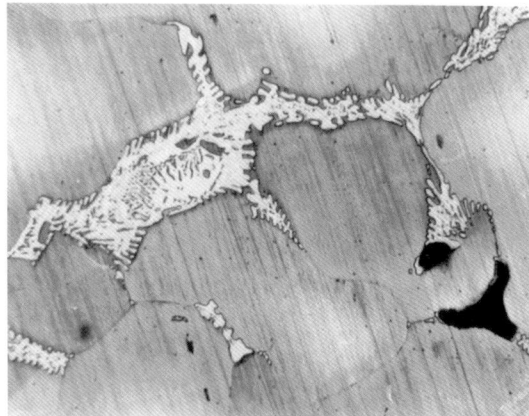

图　9-3-50　　　　　　　　　　　　　　400×

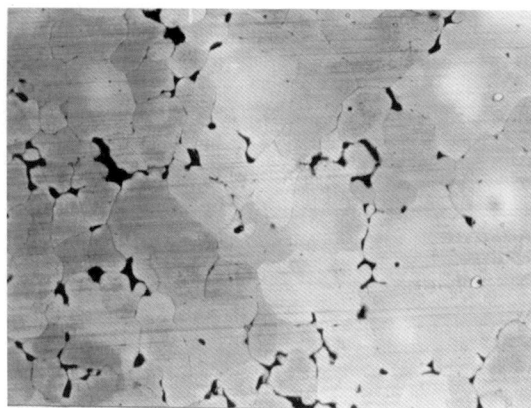

图　9-3-51　　　　　　　　　　　　　　80×

图　9-3-52　　　　　　　　　　　　　　400×

图　号：9-3-49～9-3-52

材料名称：铸造锡青铜（ZCuSn10P1）

浸蚀剂：氯化高铁盐酸水溶液

处理情况：图 9-3-49、图 9-3-50 为铸态；图 9-3-51、图 9-3-52 铸造后经 650℃退火处理

组织说明：图 9-3-49：铸态组织，具有心形偏析的 α 固溶体为基体，其上灰色岛块状分布的为（α+δ）共析体以及（α+δ+Cu₃P）三元共晶体。黑色岛块状为疏松孔洞，它分布于树枝晶的晶界处，有的呈网状分布，试样晶粒较细小。

图 9-3-50：图 9-3-49 放大的组织，晶界白色岛块状为（α+δ+Cu₃P）三元共晶体，其中灰色大颗粒为 Cu₃P 相，白色颗粒状为（α+δ）共析体。黑色岛块状为疏松孔洞。

图 9-3-51 及图 9-3-52：经 650℃加热退火的组织。由于经 650℃加热退火，晶粒稍有长大，晶界处黑色岛块状为疏松孔洞。在晶界处有重熔组织，重熔共晶组织细小，因此组织中的细节不易分辨。此外，在晶界有极少量熔化孔洞。

由于退火温度高于三元共晶组织的熔化温度，合金在加热过程中必然会使三元共晶组织产生熔化，熔化的合金在冷却时，会凝固成重熔组织和极少量熔化孔洞，重熔组织必然较一次结晶的组织为细密。合金中出现熔化孔洞及重熔组织，除使合金不致密外，还会使晶粒间的结合力降低，力学性能明显下降，其耐磨性能及耐蚀性能也显著下降。ZCuSn10P1 合金适宜制作承受静冲击载荷的螺母和齿轮等耐蚀零件。

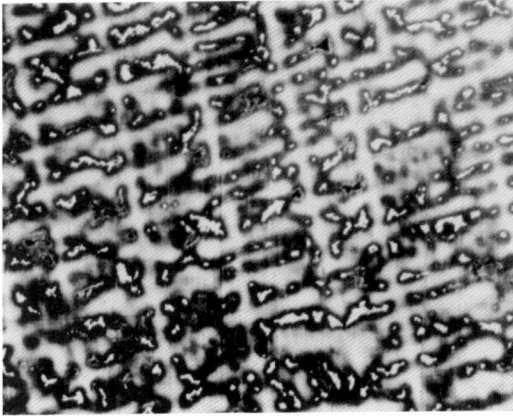

图　　9-3-53　　　　　　　　　　　　100×

图　　号：9-3-54

材料名称：铸造锡青铜（ZCuSn10Zn2）

浸 蚀 剂：氯化高铁盐酸水溶液

处理情况：铸态

组织说明：基体为 α 固溶体，在晶界处为（α＋δ）共析体，共析体的白色基体为 δ 相，灰黑色颗粒为 α 固溶体。δ 相是电子化合物 $Cu_{31}Sn_8$ 为基的固溶体，在显微镜下呈浅蓝灰色，具有复杂立方晶格，是锡青铜中的脆硬相，不能进行塑性变形，它的出现会导致合金的塑性下降。

　　含锡量较低时，可以通过高温长时间退火（650～700℃×8h 以上）来消除 δ 相，从而获得单一 α 固溶体。此时合金塑性提高，合金可以进行冷加工变形。

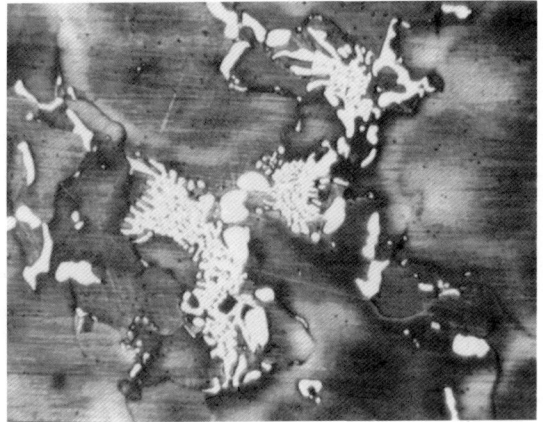

图　　9-3-55　　　　　　　　　　　　150×

图　　号：9-3-53

材料名称：铸造锡青铜（ZCuSn10Zn2）

浸 蚀 剂：氯化高铁盐酸水溶液

处理情况：铸态

组织说明：白色基体为 α 固溶体，呈树枝状分布；枝晶间灰黑色为富锡的 α 固溶体，呈严重的心型偏析；在灰黑色枝晶间的白色岛块状为（α＋δ）共析体。

　　锌元素的加入，能提高合金中 α 固溶体的合金化程度。因为锌能大量固溶于 α 固溶体，故它可以改善合金的力学性能，降低合金的生产成本。一定量的锌对合金的显微组织无明显的改变。

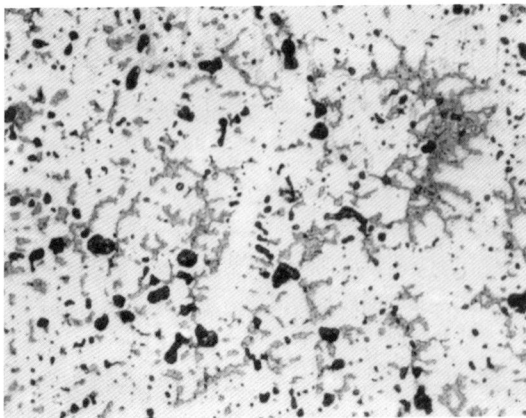

图　　9-3-54　　　　　　　　　　　　500×

图　　号：9-3-55

材料名称：铸造锡青铜（ZCuPb10Sn10）

浸 蚀 剂：硝酸高铁酒精溶液

处理情况：铸态

组织说明：合金的含锡及含铅的质量分数均高达 10%，因此在白色 α 相基体上出现大量灰色块状的（α＋δ）共析体，分布于枝晶间，且大小不一，分布不均。大的黑色液滴状及黑色点状物均为铅相。此铸造合金的 $w(Sn)$ 及 $w(Pb)$ 均超过 8％，故此合金不能进行加工变形。

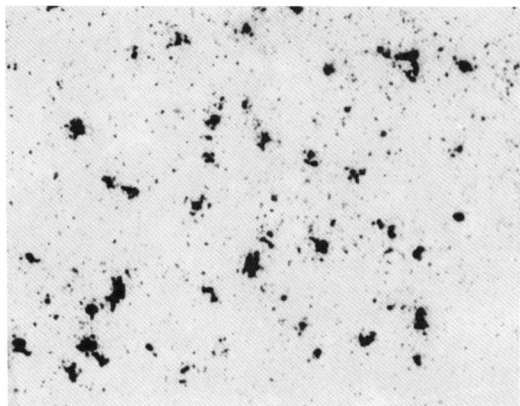

图　9-3-56　　　　　　　　　　　　　　100×

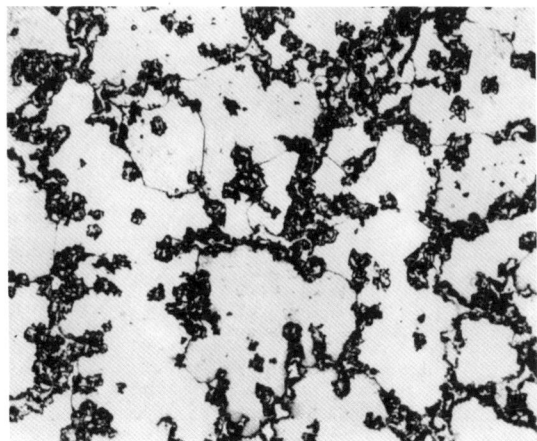

图　9-3-57　　　　　　　　　90×

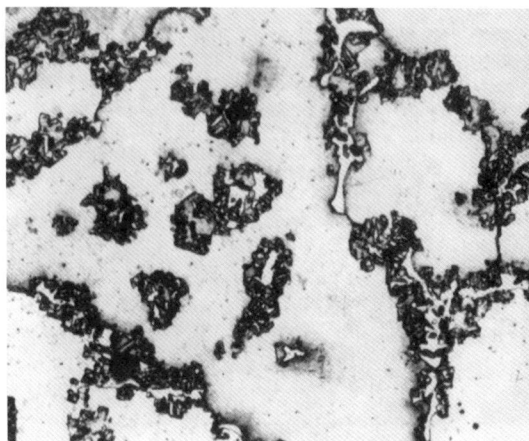

图　9-3-58　　　　　　　　　450×

图　　号：9-3-56～9-3-58

材料名称：高锡青铜［w（Sn）10.2%，w（Pb）2.89%，w（Ni）3.7%，其余为 Cu］

浸 蚀 剂：图 9-3-56 未浸蚀，其余均经氯化高铁盐酸酒精溶液浸蚀

处理情况：铸态

组织说明：图 9-3-56：未经浸蚀，基体组织未被显示，黑色铅粒不均匀分布在基体上，其颗粒大小也不均匀，有的较大，有的则较小。

　　图 9-3-57：经浸蚀后的情况，白色基体为 α 固溶体，沿晶界分布白色（α＋δ）共析体，在其周围黑色基体为富锡 α 固溶体，黑色铅相混杂其间，不易被分辨。

　　图 9-3-58：图 9-3-57 放大后情况，组织分辨更趋明显。白色 α 基体及沿晶分布的（α＋δ）共析体和其周围黑色富锡的 α 相和铅相明晰可辨。

　　白色块状的能谱成分分析结果为：w（Sn）24.79%，w（Ni）9.52%，其余为 Cu。白色 α 固溶体基体的能谱成分分析结果为：w（Sn）4.612%，w（Ni）3.37%，w(Cu)92.0%。

　　锡青铜中的铅，分布往往不甚均匀，加入 Ni 元素后，可以改善铅的分布，并细化组织。

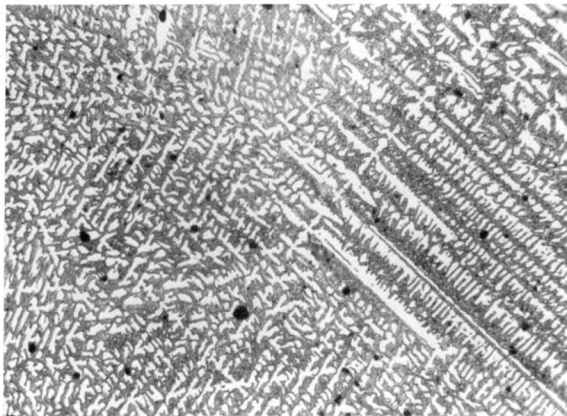

图 9-3-59   200×

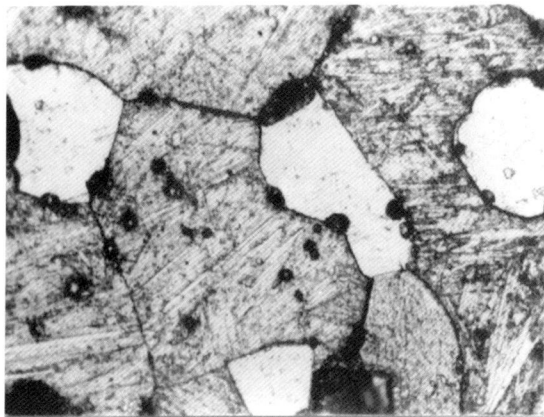

图   9-3-60   500×

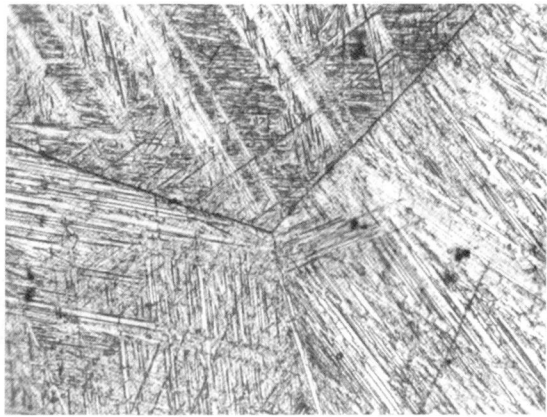

图   9-3-61   200×

图　　号：9-3-59～9-3-61

材料名称：高锡铸造青铜

浸　蚀　剂：氯化高铁盐酸水溶液

处理情况：图 9-3-59 金属型铸造；图 9-3-60 为铸件 720℃×1h 水冷淬火；图 9-3-61 为铸件 720℃×5h 水冷
　　　　　淬火。

组织说明：图 9-3-59：w（Sn）达 21%的 Cu-Sn 二元合金，金属型铸造，组织为少量白色初生枝晶状分布的
　　　　　α 相，灰色的枝间排列的为（α+δ）共析体。

　　　　　图 9-3-60：w（Sn）20%，w（Pb）为 10%的 Cu-Sn-Pb 三元合金，经 720℃×1h 后水冷淬火，铅相熔
　　　　　融聚集成大小不等的液滴状，整个合金进入 β+α+Pb 状态。经淬火 α 相呈白色块状，铅相保持大小不等
　　　　　的液滴状，而 β 相则由无扩散型转变成针状 β′相。

　　　　　图 9-3-61：w（Sn）达 24%的 Cu-Sn 二元合金，经 720℃×5h，合金全部进入 β 相区，故经水淬后便
　　　　　得到全部针状马氏体组织 β′相。

　　　　　上述三图是由中科院自然史研究所何堂坤先生提供，经研究表明，我国唐代以前就掌握了高锡青铜淬
　　　　　火、回火的热处理技术。

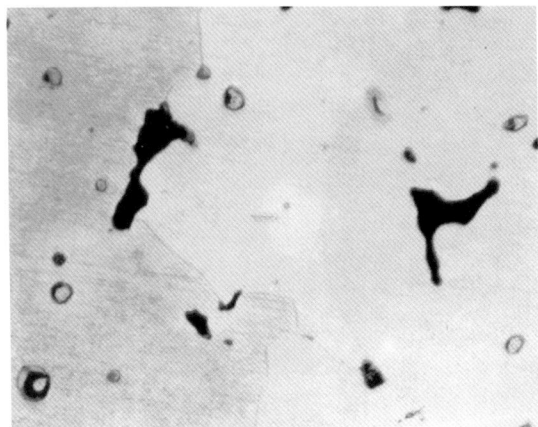

图　　号：9-3-62
材料名称：7-0.2 锡青铜（QSn7-0.2）
浸 蚀 剂：氯化高铁盐酸溶液
处理情况：铸造后退火
组织说明：由于退火温度较高，致使晶界处的三元共
　　　　　晶严重熔化，而成为熔化孔洞，呈岛块状分布，同
　　　　　时铸造晶粒也明显长大。基体上的 δ 相部分也明
　　　　　显变圆钝，有部分则发生熔化，而在其边缘留下小的
　　　　　黑色熔化孔洞和重熔相。

图　　9-3-62　　　　　　　　　　250×

图　　号：9-3-63
材料名称：QSn4-4-2.5
浸 蚀 剂：35%硝酸水溶液
处理情况：60mm×480mm 生铁模铸造扁锭
组织说明：铸造工艺不当使铸锭横截面存在许多分散
　　　　　缩孔，在缩孔周围伴生着大量疏松及细小裂纹。
　　　　　　锌铅二元素的加入，可促进合金在熔炼时脱
　　　　　氧、除气，减少反偏析倾向，提高合金的致密程度。
　　　　　但由于铸造工艺不当而产生大量缩孔、疏松和小裂
　　　　　纹，使合金在以后的加工过程中容易产生废品。

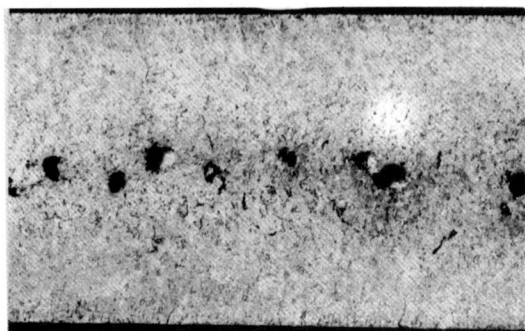

图　　9-3-63　　　　　　　　　　2/3×

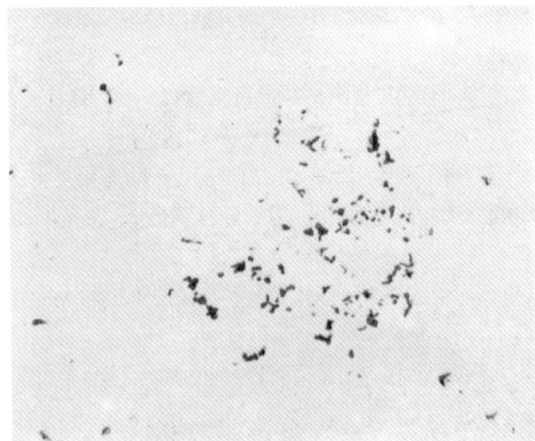

图　　9-3-64　　　　　　　　　　300×

图　　号：9-3-64
材料名称：6.5-0.4 锡青铜（QSn6.5-0.4）
浸 蚀 剂：未浸蚀
处理情况：铸态
组织说明：因铜液保护及脱氧不良，除渣不净，则可
　　　　　能在铸锭内出现 SnO_2 夹杂物。其色泽灰黑色，形
　　　　　态呈略带不规则棱角的蜂窝状，丛集分布。因其较
　　　　　硬抛光时易出现曳尾，无偏光反应。因熔点高且呈
　　　　　无规律分布，会给铸锭（件）及加工产品带来危害。

图 9-3-65   1/5×

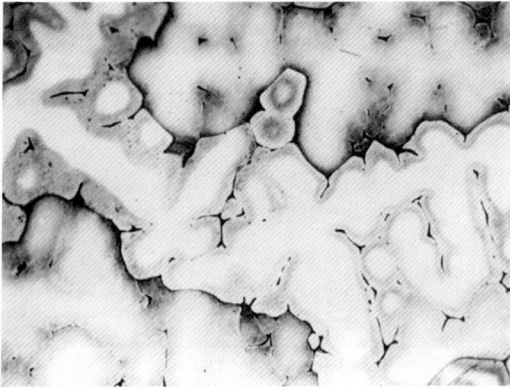

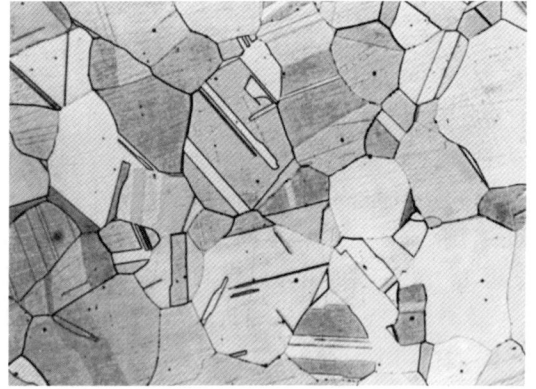

图 9-3-66   70×   图 9-3-67   120×

图　　号：9-3-65～9-3-67

材料名称：7 铝青铜（QAl7）

浸 蚀 剂：图 9-3-65 为 40％硝酸水溶液浸蚀，图 9-3-66、图 9-3-67 为氯化高铁+硝酸高铁酒精溶液浸蚀

处理情况：半连续铸锭，图 9-3-67 为图 9-3-65 铸锭加工成热挤棒

组织说明：铝青铜 QAl7 的结晶间隔很窄，因此生成柱状晶的倾向较大。从图 9-3-65 可见其较发达的柱状晶，结晶组织较致密。

　　图 9-3-66：基体为不明显的树枝状偏析的 α 相。由于较强的不平衡冷却，枝晶最深色处为富铝 α 相；枝叉处出现的很少量（α＋γ_2）共析体，是高温少量 β 相在冷却时分解而得，由于分解不充分，细节不能分辨故呈黑色。

　　图 9-3-67：热挤棒显微组织，树枝状偏析及少量共析体均全部消失，基体呈具有孪晶的 α 相再结晶组织。

　　w（Al）低于 7.4％的铝青铜组织应为 α 固溶体，具有良好的塑性，易于进行冷、热加工。基体中少量高温 β 相是偏析所造成，β 相在 570℃以上时稳定，可以进行热塑性变形，在 570℃下将分解为（α＋γ_2）共析体。β 相是以电子化合物 Cu_3Al 为基的固溶体，体心立方晶格。γ_2 相是以电子化合物 $Cu_{32}Al_{19}$ 为基的固溶体，为复杂立方结构，性能硬脆，硬度为 520HV。

　　QAl7 锡青铜可作弹簧及其他要求耐蚀的弹性元件。

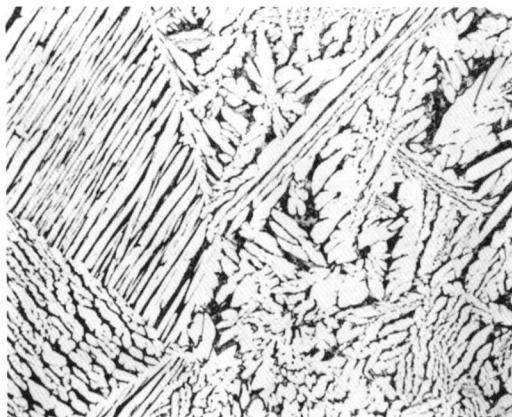

图　9-3-68　　　　　　　70×

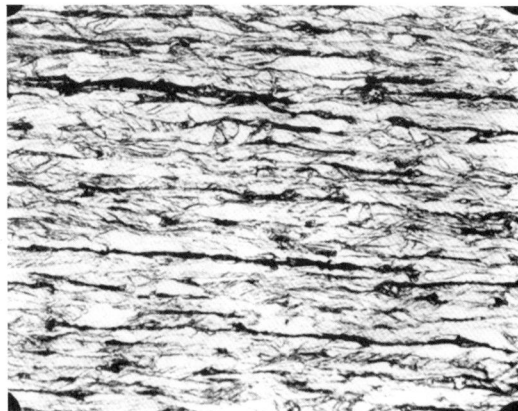

图　9-3-69　　　　　　　200×

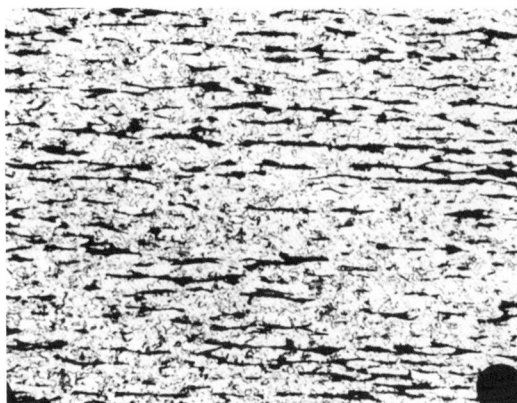

图　9-3-70　　　　　　　200×

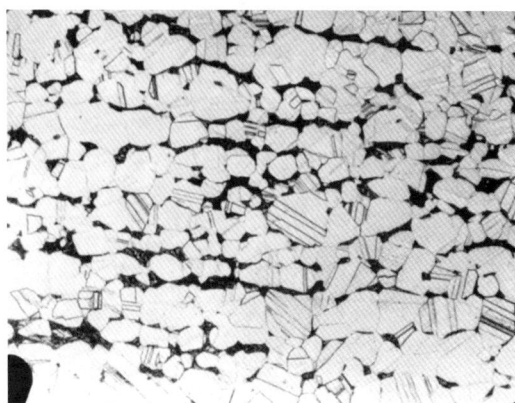

图　9-3-71　　　　　　　200×

图　　号：9-3-68～9-3-71

材料名称：铸造铝青铜（ZCuAl9Mn2，QAl9-2）

浸　蚀　剂：氯化高铁酒精溶液

处理情况：图 9-3-68：半连续铸造；图 9-3-69 为热轧开坯后的冷轧板（厚度为 1.28mm）；图 9-3-70 为冷轧
板经 450℃×0.5h 退火；图 9-3-71 为冷轧板经 700℃×0.5h 退火

组织说明：图 9-13-68 铸态下 α 为先析相，有明显的析出方向，灰色的为（α＋γ₂）共析体。

　　　图 9-3-69：热轧后冷轧组织。原本细小的 α 相晶粒完全破碎并出现大量滑移带，由于共析体极细密故
在加工中表现出良好的塑性，它沿加工方向形成细条带组织。

　　　图 9-3-70：450℃×0.5h 退火后的显微组织。可见基体上细小的 α 相再结晶新生的晶粒已经出现，而
共析体仍保持条带状分布，但已有聚缩之势，使长条中断。

　　　图 9-3-71：退火温度为 700℃，α 相很快再结晶，有明显孪晶，共析体明显聚缩而断开分离，合金的
塑性会明显增加。

　　　在铝青铜中加入锰，可固溶于 α 相，提高其合金化程度，起固溶强化作用。锰降低铝在 α 相中的固溶
度，并稳定 β 相，推迟共析转变。QAl9-2 合金中，铝下限时为单相 α，上限时则出现（α＋γ₂）共析体。
锰使共析组织细密。合金有较高的强度、塑性、耐蚀性和耐冲击性，在 250℃时还保持较高的强度。在冷
加工时，也有很好的塑性。

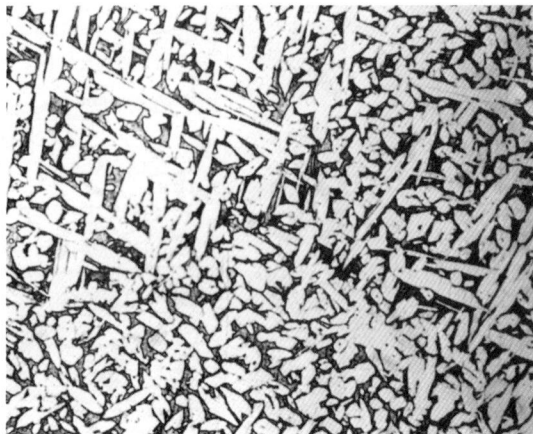

图 9-3-72

120×

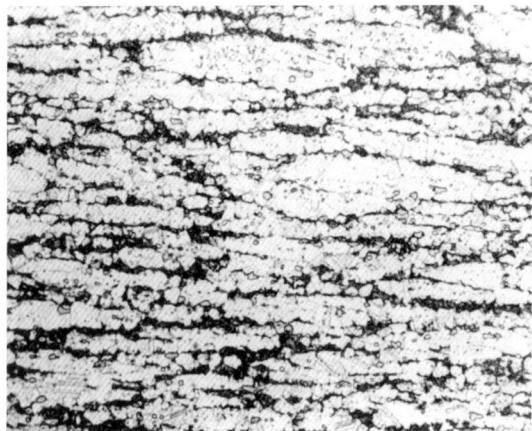

图　9-3-73   100×

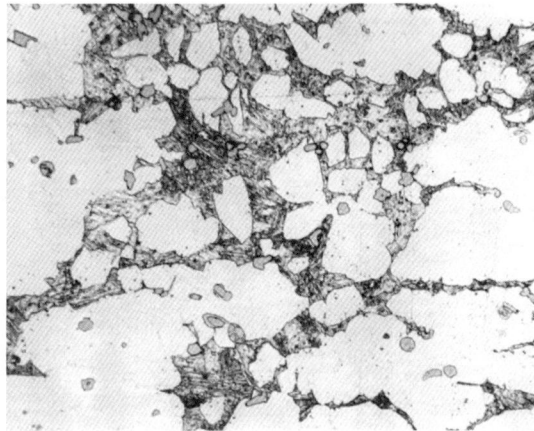

图　9-3-74   400×

图　号： 9-3-72～9-3-74

材料名称： 铝青铜（ZCuAl10Fe3，QAl9-4）

浸 蚀 剂： 氯化高铁+硝酸高铁酒精溶液

处理情况： 图 9-3-72 为半连续铸造；图 9-3-73、图 9-3-74 热挤管材

组织说明： 图 9-3-72：铸态组织，白色长卵形及块状为 α 相，灰色部分为未分解的（α＋γ$_2$）共析体，铁相因颗粒较小并有部分因快冷未得析出而不能分辨。

    图 9-3-73：热挤压组织，白色基体为隐约的孪晶 α 相，其上随着加热保温 α 相的析出增多。灰色共析体沿加工方向拉长。灰色颗粒为富铁相。

    图 9-3-74：图 9-3-73 放大后的组织。

    QAl9-4 合金相变较为复杂，缓慢冷却时，在 565℃ 发生 β → （α＋γ$_2$）的共析转变，生成的共析体与退火钢中珠光体相似，有明显的层状组织；若冷却非常缓慢时，将会出现粗大的 γ$_2$ 相，将使合金严重变脆，这就是所谓"自发退火"现象。γ$_2$ 相硬度较高达 520HBW，γ$_2$ 相较多时会影响合金机械加工，刀具易变钝，使切削产生困难。合金 640℃ 回火可细化均匀组织，性能大为改善，硬度为 110HBW。在铝青铜中固溶度［w（Fe）］可过 2%～3%，超过 4% 则会出现 FeAl$_3$ 化合物（K 相或称富铁相），呈灰色颗粒析出，可起变质细化晶粒的作用；还可在较低温度下抑制相变的过程，稳定 β 相，显著减轻合金因"自发退火"而变脆的倾向。

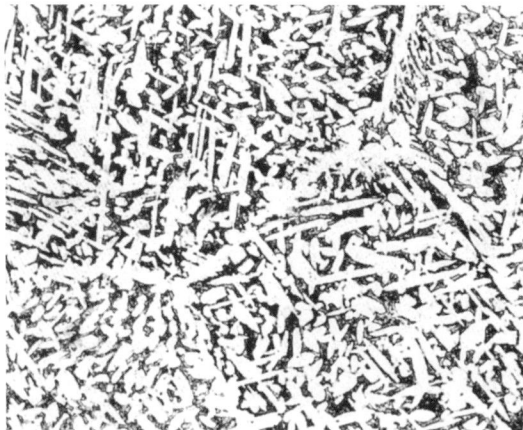

图　9-3-75　　　　　　　　　　200×

图　9-3-76　　　　　　　　　　200×

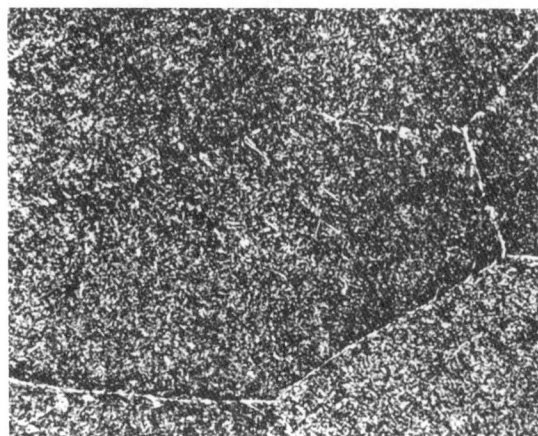

图　9-3-77　　　　　　　　　　200×

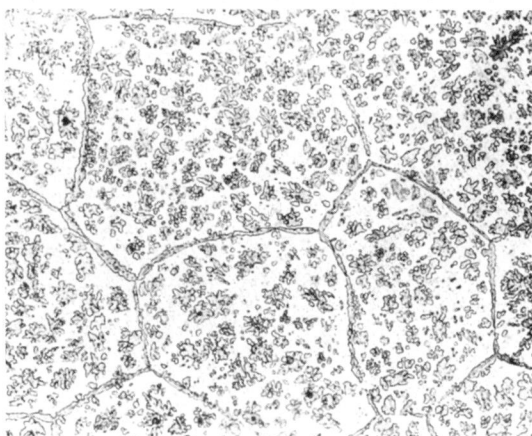

图　9-3-78　　　　　　　　　　200×

图　　号：9-3-75～9-3-78

材料名称：铸造铝青铜（ZCuAl 10Fe3Mn2）

浸 蚀 剂：氯化高铁盐酸水溶液

处理情况：金属型铸造小锭块，熔炼时锰、铁、铜成分固定，仅改变铝含量

组织说明：由 Cu-Al 二元平衡图可以看出：w（Al）从 8.0%～12.0%之间，α／（α＋β）曲线的倾斜较大，共析转变的成分范围也很窄。这就意味着在此成分范围内，含铝量的微小改变也会引起显微组织的明显变化。进行了不同铝含量引起金相组织改变的试验，试验时为了排除冷却强度等其他因素的干扰，制作了一固定金属型进行铸造并在同一部位取样，试验结果选取了以上四张图片作为代表。

图 9-3-75：w（Al）为 9.6%，此时 α 相量仍占很大比例，α 相呈条块状及网状分布。黑相块条状为高温 β 相转变分解的（α＋γ_2）共析体。

图 9-3-76：w（Al）为 10.4%时，α 相数量大减并多呈针条状析出，高温 β 相分解的（α＋γ_2）共析体明显增多。

图 9-3-77：w（Al）为 10.93%，除高温 β 晶界有极少量 α 相外，已全部变为共析组织。

图 9-3-78：w（Al）达 12.75%时，α 相全部消失，代之以共析体基体上出现了大量玫瑰花状的 γ_2 相，合金已严重变脆。

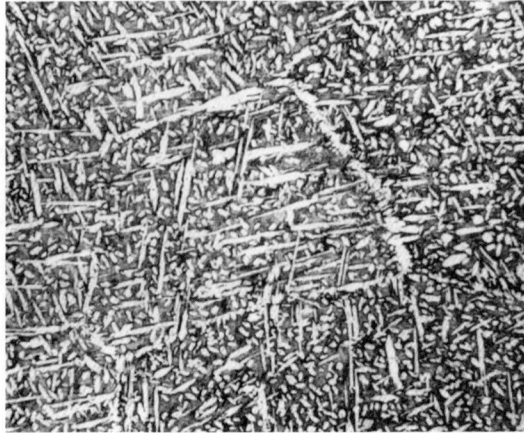

图 9-3-79   120×

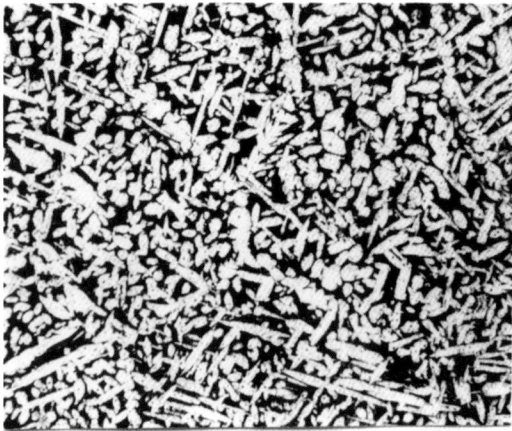

图   9-3-80   120×

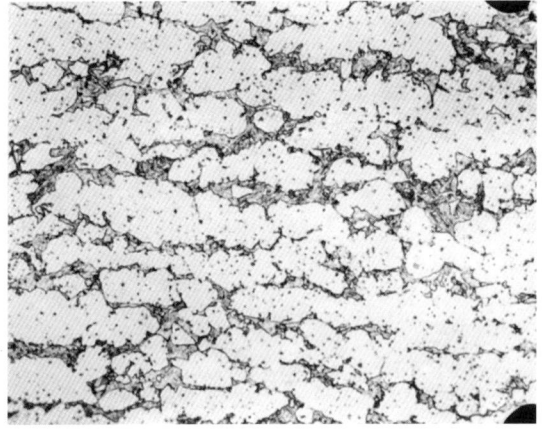

图   9-3-81   200×

图   号：9-3-79～9-3-81

材料名称：铝青铜（ZCuAl10Fe3Mn2，QAl10-3-1.5）

浸 蚀 剂：氯化高铁盐酸水溶液

处理情况：图 9-3-79、图 9-3-80 为半连续铸造；图 9-3-81 为挤压管材

组织说明：图 9-3-79、图 9-3-80：同一铸锭，前者取边缘，后者取中心。边缘冷却强度大，白色 α 相析出不充分，因而显得数量较少，且在高温 β 相晶内呈不同位向呈针条状择优析出，冷至室温下的共析体分解及铁相的析出也被强烈抑制，故灰色共析部分内部的细节及铁相均难分辨。铸锭中心由于冷却较缓，α 相的析出及长大均较充分，故其数量占了优势，共析体的细节仍难分辨，铁相质点仅隐约可见。这种差别在铸锭经均匀化加热后将会消失。

图 9-3-81：热挤状态组织，由图可见白色的 α 相基体上有大量黑灰色点状或颗粒状的铁相存在。共析体沿加工方向呈链条状，以上均是合金的正常组织。

合金中锰能较多固溶于 α 相中，提高 α 相的合金化程度，使合金产生固溶强化的作用，同时它还能稳定 β 相，推迟共析转变的发生。在合金中存在一定量的铁，可进一步细化晶粒，提高合金的力学性能，同时还能消除因 γ_2 相出现导致合金产生的选择性腐蚀的疵病。

复杂铝青铜 QAl10-3-1.5 合金还可以通过热处理（淬火及回火处理）来改变其组织和力学性能。

图　9-3-82　　　　　　　　　　　　200×

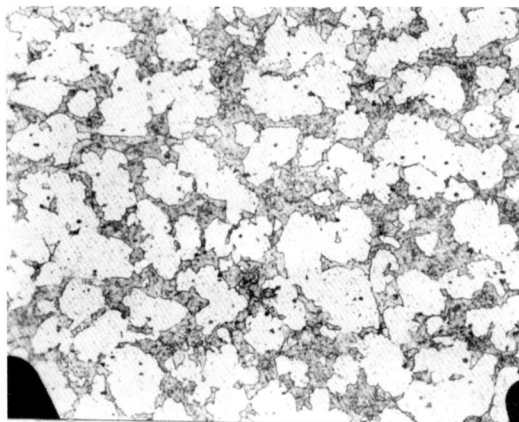

图　9-3-83　　　　　　　　　　　　200×

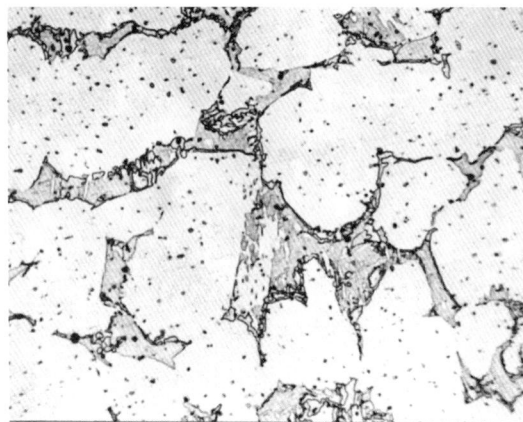

图　9-3-84　　　　　　　　　　　　400×

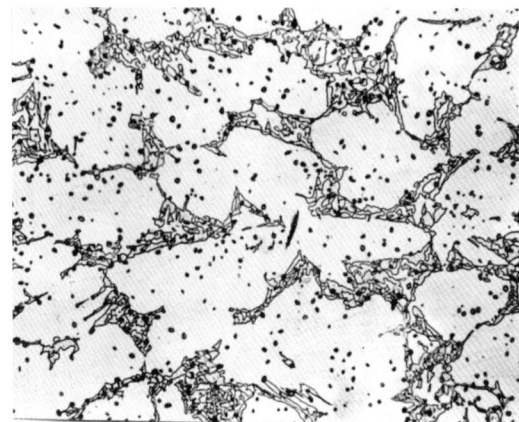

图　9-3-85　　　　　　　　　　　　200×

图　　号：9-3-82～9-3-85　　　　　　　　浸 蚀 剂：氯化高铁盐酸水溶液

材料名称：10-3-1.5 铝青铜（QAl10-3-1.5）　　处理情况：图 9-3-82 为挤压棒；图 9-3-83 为经 750℃保温
2h 炉冷至 550℃后出炉空冷至室温；图 9-3-84 为挤压棒 850℃保温 3h 炉冷至室温；图 9-3-85 为挤压
棒 900℃保温 2h 炉冷至 450～475℃保温 30h 炉冷

组织说明：QAl10-3-1.5 挤制品常会有硬度过高、塑性过低的现象。组织过于细密，含铝、铁、锰过高及缓
冷形成的"自发退火"都会导致材料的硬脆。

图 9-3-82：由于组织过于细密，硬度高达 229HBW。

图 9-3-83：同一试样经 750℃退火 2h 炉冷至 550℃出炉空冷后的显微组织，其硬度降至 163HBW，硬
度下降的原因在于高温下保温并缓慢冷却，促使 α 相的充分析出长大。降至 550℃出炉空冷则避免了在
500℃附近的"自发退火"，即 γ_2 脆性相的析出，而防止了硬度重新回升和性能的恶化。注意此热处理方
案仅对组织过于细密者有效，而对合金化程度过高，造成的硬度过高则无效。

图 9-3- 84：缓冷使共析体部分发生分解，图中箭头所指为已离解出来的 γ_2 相，分布在灰色共析体边
上的情况。γ_2 相在明场上呈蓝灰色，黑色点状为铁相。

图 9-3-85：由于在共析转变温度附近长期保温，结果使共析体完全分解。图中可以分辨出完全分离的
γ_2 相，黑色点状为铁相，此时合金明显变脆。

从以上一组图片可以看出，合金通过不同工艺的热处理，可使其显微组织得到改变，从而也导致合金
的力学性能也随之发生变化。

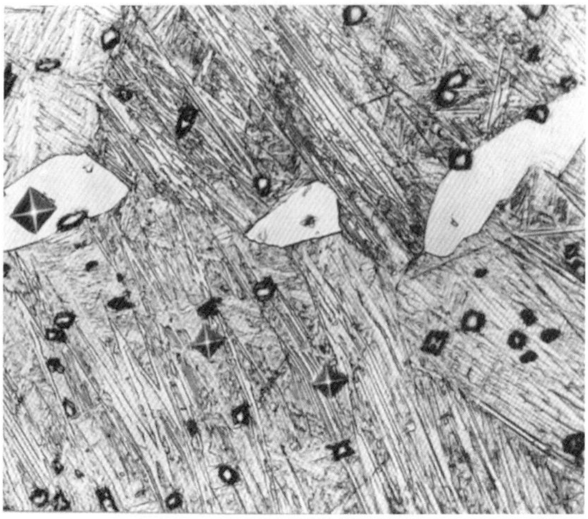

图　9-3-86　　　　　　　　　　　　　　　　　400×

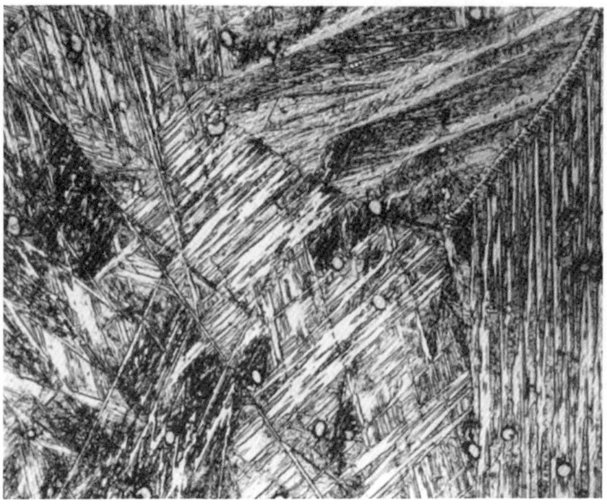

图　9-3-87　　　　　　　　　　400× 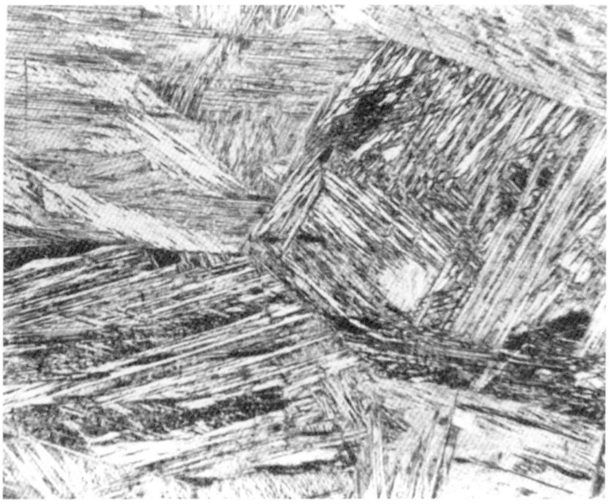　　　图　9-3-88　　　　　　　　　　100×

图　　号：9-3-86～9-3-88　　　　　　　　浸　蚀　剂：氯化高铁盐酸水溶液

材料名称：10-3-1.5 铝青铜（QAl10-3-1.5）　　处理情况：图 9-3-86 为挤压棒于 900℃保温 100 min
　　炉冷至 750℃保温 30min 水冷淬火；图 9-3-87 为挤压棒 900℃保温 100min 水冷淬火；图 9-3-88 为挤压棒
　　950℃保温 100min 水冷淬火

组织说明：图 9-3-86：淬火后基体为 β′马氏体。试样在高温下晶粒急剧长大，缓冷至 750℃有少量 α 相自
　　晶界析出并长大，淬火后分布于 β′相晶界，铁相未能溶解，经浸蚀后呈灰色颗粒状，分布均匀，α 相经
　　测定硬度值为 145～155HV，β′相为 289HV。

　　　　图 9-3-87：900℃淬火的显微组织，除个别晶界上有锯齿状 α 相外，整个基体为马氏体 β′相。少量
　　灰色颗粒的铁相仍未固溶，分布于 β′相基体上。

　　　　图 9-3-88：为试样在更高的温度下淬火的显微组织，高温的 β 相全部转变为粗大的 β′马氏体，铁相
　　则全部消失固溶于 β′马氏体中。

　　　　从上列图片可知，合金经高温加热后晶粒会长大，在缓冷至 750℃保温 30min 后会析出硬度低的 α 相，
　　使合金淬火后硬度有所降低。经 900℃加热后直接水淬可获得 β′马氏体组织，铁相未完全固溶仍残留在
　　β′基体上，此外在 β′晶界上仍有极少量 α 相呈锯齿状析出。在 α 中最大固溶量［w（Fe）］可达 4%，
　　故合金在 950℃加热保温后，铁相可固溶于基体中。淬火获得单一的 β′马氏体组织。合金可用于制造船舶
　　用高强度的耐蚀零件，例如齿轮、轴承等。

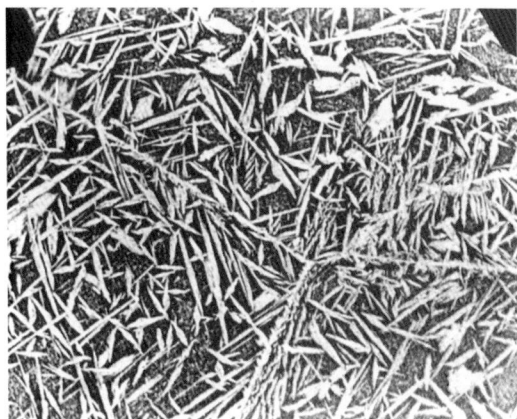

图　9-3-89　　　　　　　　　　　　70×

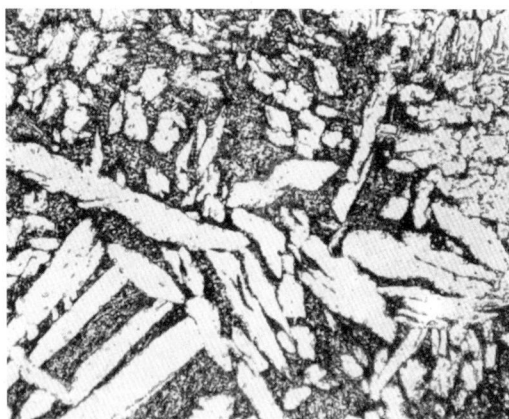

图　9-3-90　　　　　　　　　　　　400×

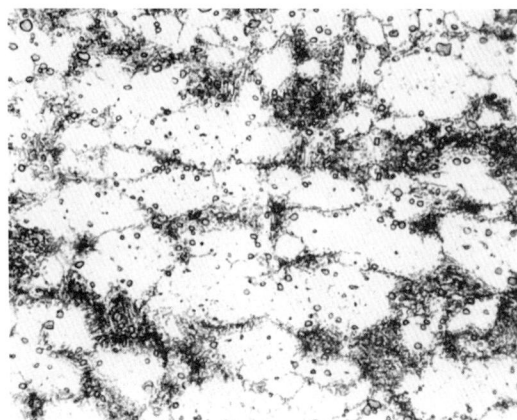

图　9-3-91　　　　　　　　　　　　400×

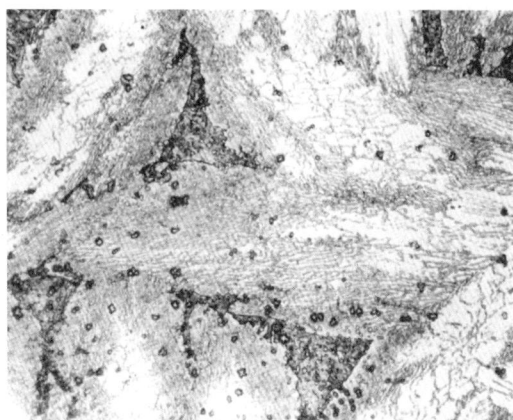

图　9-3-92　　　　　　　　　　　　400×

图　　号：9-3-89～9-3-92

材料名称：10-4-4 铝青铜（QAl10-4-4）［w（Al）9.5%～11.0%，w（Fe）3.5%～5.5%，w（Ni）3.5%～5.5%，w（Mn）<0.3%，其余为 Cu］

浸 蚀 剂：氯化高铁酒精溶液

处理情况：图 9-3-89、图 9-3-90 为半连续铸造；图 9-3-91、图 9-3-92 为挤压管

组织说明：图 9-3-89：取自铸锭边部，由于冷却强度大，灰色基体为共析体，大部分白色的 α 相呈竹叶状析出；少量 α 相沿晶界分布。K 相由于来不及析出及倍率关系无法分辨。

图 9-3-90：铸锭中心显微组织。由于冷却缓慢，α 相的析出及长大较为充分，在共析体的内部及毗邻共析体的 α 相可以看到细密的 K 相颗粒。

图 9-3-91：挤压管的正常组织，白色基体为 α 相。经加热保温及热加工，灰色的 K 相颗粒析出长大，清晰可辨。共析体沿加工方向分布，且其周围也有次生 K 相分离出来。

图 9-3-92：经不正常的加热及挤压工艺造成的粗大显微组织。除初生 K 相颗粒外，共析体周围有大量 K 相呈层状析出，其性能明显降低。

QAl 10-4-4 合金中铝、铁、镍元素的含量及相互比例以及合金的热处理工艺，都会影响 K 相析出的分布状态和其性能。当合金中镍量大于铁时，K 相呈层片状析出。反之铁量大于镍量时，K 相将以块状析出。只有铁与镍含量大致相同时，K 相才以细粒状析出，产生的沉淀硬化效应较大，此时合金将会得到较高的力学性能。

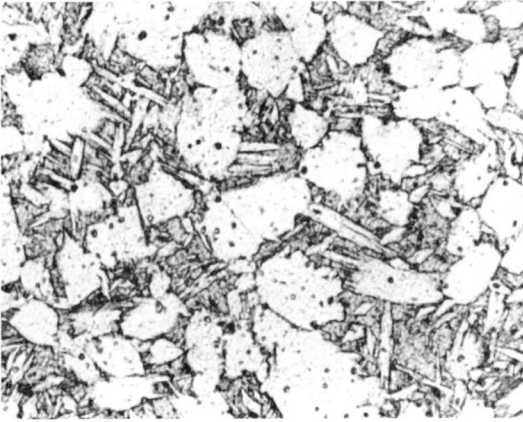

图 9-3-93 400×

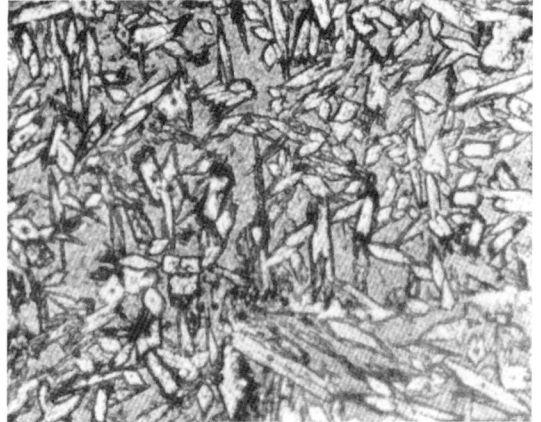

图 9-3-94 400×

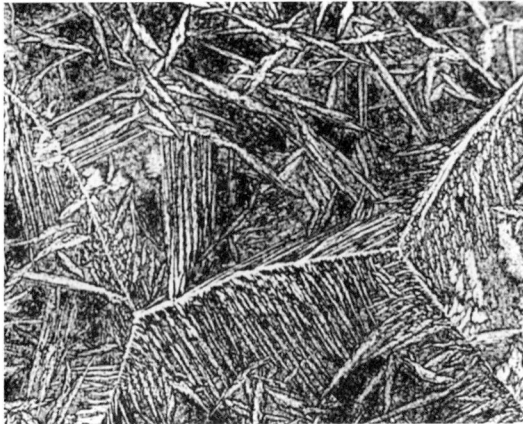

图 9-3-95 200×

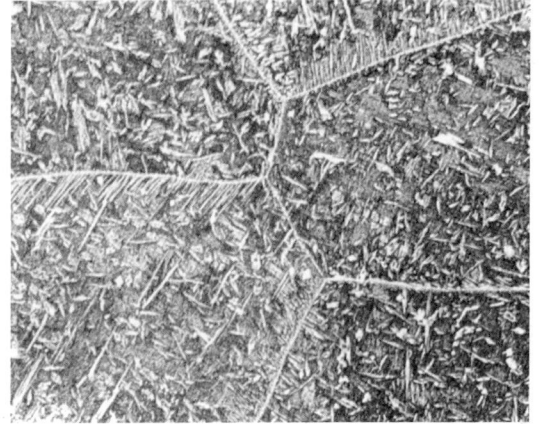

图 9-3-96 250×

图　号：9-3-93～9-3-96　　　　　　**材料名称**：10-4-4 铝青铜（QAl10-4-4）

浸蚀剂：图 9-3-93 用酪酐水溶液；图 9-3-94 用铬酸 20g，硫酸钠 2 g，盐酸 1.7mL，水 100mL 溶液；

图 9-3-95 用氨水 1 份，过硫酸铵 2.5 份，水 1 份溶液；图 9-3-96 用硝酸铁酒精溶液

处理情况：图 9-3-93 为 900℃保温 2h 热水淬火；图 9-3-94 为 940℃保温 2 h 热水淬火；

图 9-3-95 为 960℃保温 2h 热水淬火；图 9-3-96 为 990℃保温 2h 水冷淬火；

组织说明：图 9-3-93：水冷淬火后，白色块状为 α 相及由高温 β 相和 β 相亚稳定相（Cu_3Al）二部分在水冷淬火时形成的灰色无扩散 β′针状马氏体，颗粒状富铁 K 相（Ni Fe Al）。

图 9-3-94：由于加热温度较高，α 相数量明显减少，呈块条片状分布，灰色基体为 β＋β′相；因加热温度较高，部分颗粒状 K 相溶入基体，故数量明显减少。

图 9-3-95：淬火温度进一步提高，块状 α 相已全部溶解。由于热水淬火，冷却稍慢，以致 α 相沿晶界并向晶内延伸分布，呈粗的羽毛状和魏氏组织分布，β′针状马氏体也明显粗大，此时 K 相已完全溶入基体。由组织说明合金已产生过热。

图 9-3-96：加热温度更高，原块状 α 相和 K 相已完全溶入基体，水冷淬火时，少量 α 相沿晶界并向晶内延伸，呈羽毛状和细针状分布，由于合金冷水淬火，故组织比热水淬火细小。

不同温度淬火的组织说明，随加热温度升高，块状 α 相溶解，析出的 α 相沿晶界并向晶内延伸呈羽毛状分布，同时随着淬火介质温度的下降，其显微组织也由粗变细。

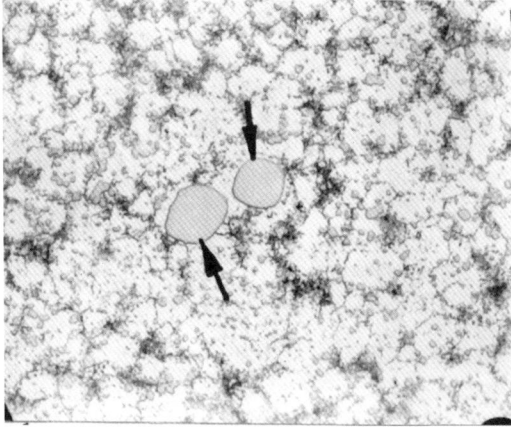

图　9-3-97　　　　　　　　　　　340×

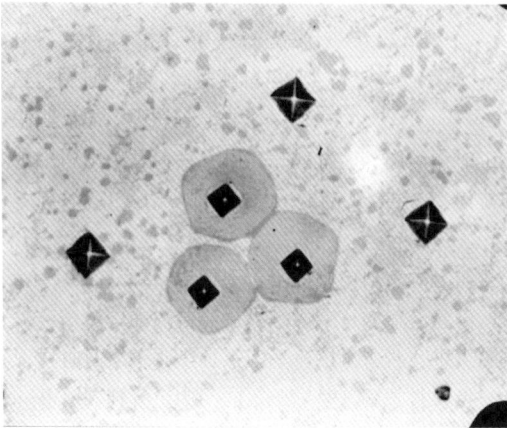

图　9-3-98　　　　　　　　340×

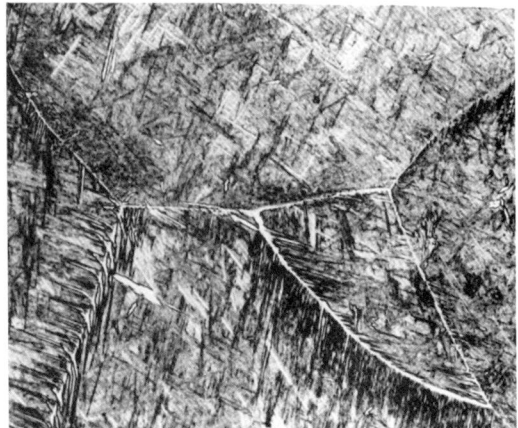

图　9-3-99　　　　　400×

图　号：9-3-97～9-3-99

材料名称：10-4-4 铝青铜（QAl10-4-4）

浸 蚀 剂：氯化高铁酒精溶液，图 9-3-99 未浸蚀

处理情况：挤压棒（横截面），图 9-3-99 为挤压管 950℃保温 1h 水冷淬火

组织说明：熔炼铸造工艺参数不当，搅拌不均以及铁镍配比失当，会出现大块状的 K 相。

图 9-3-97：挤压制品作断口检查时，有许多针孔出现，经高倍检查是大块的 K 相存在所致，如图中箭头所指。

图 9-3-98：在未浸蚀的情况下对 K 相及基体作的显微硬度测定。由压痕的大小可知，K 相的硬度明显高于基体。

图 9-3-99：高温下 K 相全部溶入 β 相，β 相晶粒也因加热温度高而急剧长大，淬火得到 β 相，针状马氏体组织。由于淬火冷却速度不够快，晶界上尚有少量羽毛状 α 相析出。

Cu-Al-Fe-Ni 四元复杂铝青铜中常会出现 Ni-Fe-Al 相，通常称为 K 相，它具有有序的体心立方晶格，结构与 NiAl、FeAl 相似。K 相能固溶于 α 相及 β 相中，固溶度随温度的升高而增加，当加热温度超过 925～950℃时，K 相可全部固溶。冷却时，K 相从 α 相及 β 相中析出，产生明显的沉淀硬化。K 相从 α 相中析出的温度较从 β 相中析出的温度为低。

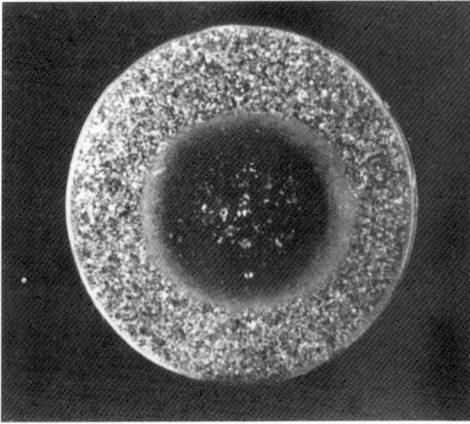

图　9-3-100　　　　　　　　2/3×

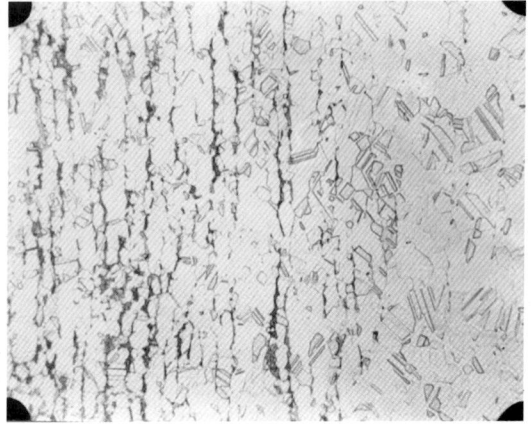

图　9-3-101　　　　　　　　90×

图　　号：9-3-100、9-3-101

材料名称：9-2 铝青铜（QAl9-2）

浸　蚀　剂：图 9-3-100 为 40%硝酸水溶液浸蚀；图 9-3-101 氯化高铁酒精溶液浸蚀

处理情况：φ100mm 挤压棒

组织说明：图 9-3-100：熔炼时搅拌不均，造成铝在铸锭中的区域偏析，挤压时低铝区被挤至中心而高铝区位于边部，于是在挤压棒的横截面宏观组织上可看到明显的分界和不同的组织。

　　　　　图 9-3-101：取自图 9-3-100 试样的宏观组织分界处，可见显微组织也有明显差异，内层（图右）因含铝少而呈 α 单相再结晶组织；外层（图左）因含铝较高便出现了沿加工方向分布的共析体。

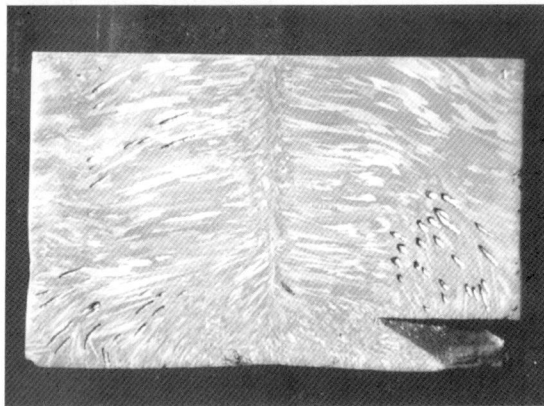

图　9-3-102　　　　　　　　1/3×

图　　号：图 9-3-102

材料名称：铸造铝青铜（ZCuAl10Fe3）

浸　蚀　剂：40%硝酸水溶液

处理情况：半连续铸造 φ295 mm 圆锭

组织说明：浇注时由于模底和模壁潮湿，高温下形成的气体来不及逸出，而在锭壁沿结晶方向形成明显的气孔。

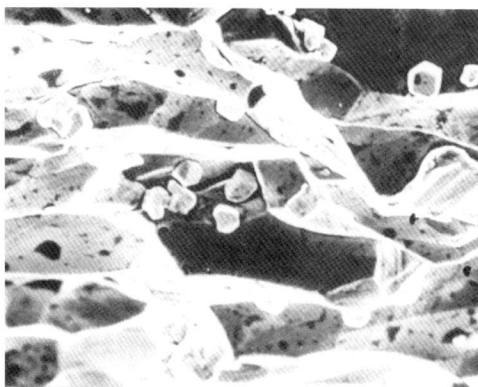

图　9-3-103　　　　　　　　　1× 　　　图　9-3-104　　　　　　　　1000×

图　　　号：9-3-103、9-3-104

材料名称：9-4 铝青铜（QAl9-4）

浸 蚀 剂：图 9-3-103 经硝酸亚汞水溶液浸蚀 15 min

处理情况：挤压棒材

组织说明：图　9-3-103：挤压棒在机械加工时，发现有裂纹存在。经在仓库中找出同批材料用硝酸亚汞溶液浸蚀，检查其内应力，结果发现棒材有裂纹存在。

图 9-3-104：图 9-3-103 断面经扫描电镜观察，断裂沿晶发展，白色小块是检查内应力时渗入的汞。

由图 9-3-104 说明应力腐蚀开裂不但在黄铜中存在，在铝青铜中，由于消除应力退火不良，也会在某些介质或气氛下由于应力的存在而引起开裂。

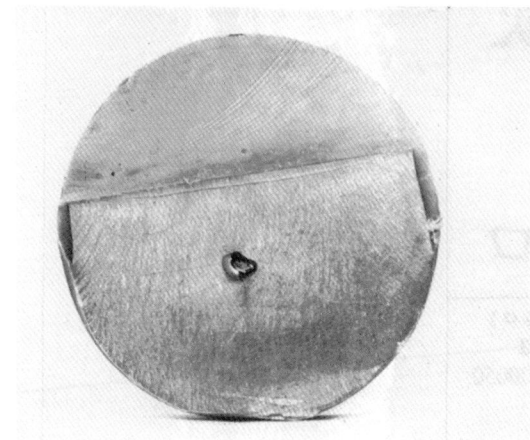

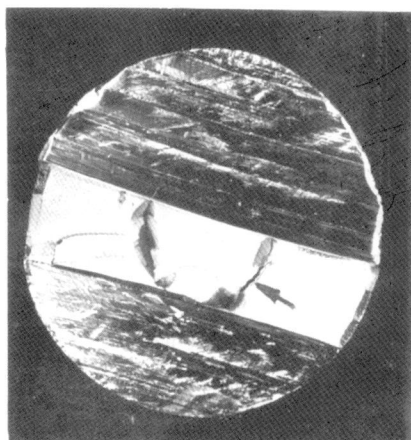

图　9-3-105　　　　　　　　　2/3× 　　　图　9-3-106　　　　　　　　1/3×

图　　　号：图 9-3-105、图 9-3-106

材料名称：10-3-1.5 铝青铜（QAl10-3-1.5）

浸 蚀 剂：断口实物

处理情况：挤压棒作断口质量检查

组织说明：图　9-3-105：断口中有一明显的白色非金属夹杂物，并在其周围形成孔洞和裂逢。这是由于熔炼中除渣不净而留在铸锭内部，经挤压成棒材时，它仍残留在棒材中。

图 9-3-106：断口致密，但中心有明显的环状缩尾，严重破坏了材料的连续性，降低了材料的横向性能，缩尾如箭头所指。

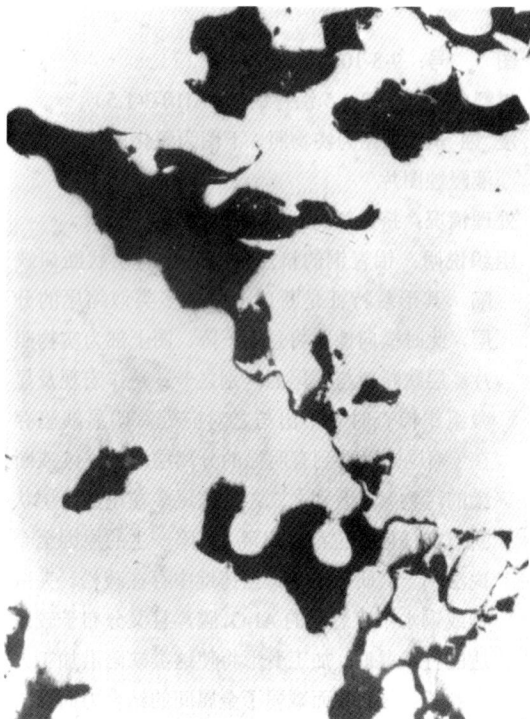

图　9-3-111　　　　　　　　　　　　　　50×

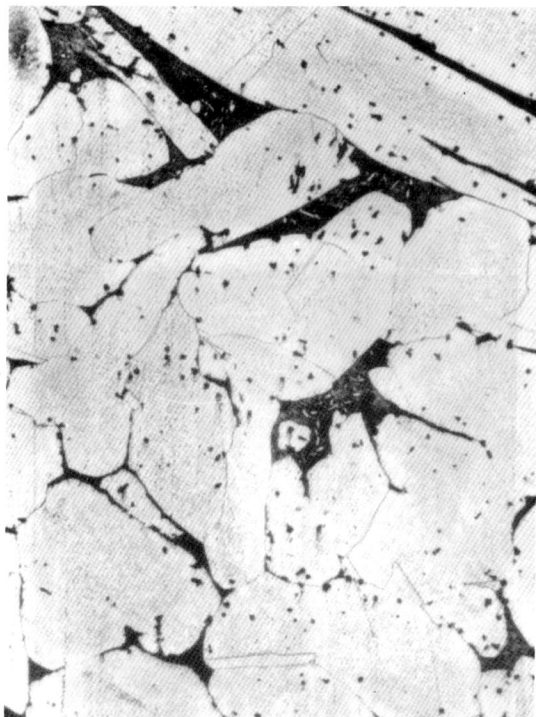

图　9-3-112　　　　　　　　　　　　　　100×

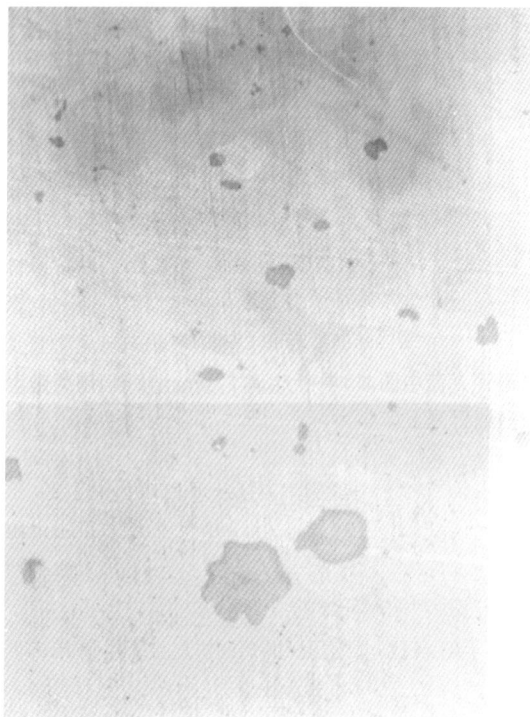

图　9-3-113　　　　　　　　　　　　　　500×

图　号： 9-3-111～9-3-113

材料名称： 铸造铝青铜（ZCuAl10Fe3Mn2）

浸蚀剂： 图9-3-111、图9-3-113未浸蚀,图9-3-112氯化高铁盐酸水溶液浸蚀

处理情况： 铸态

组织说明： 图9-3-111：铸态试样内存在较大的疏松孔隙情况。

图9-3-112：基体为α相,其上布有（α+γ_2）共析体,黑色点状及颗粒状为铁相。

图9-3-113：白色基体上分布的灰色颗粒状和点粒状为铁相。

在铝铁锰青铜中,铁和锰的加入,可进一步细化组织。在铝青铜中加入锰,锰可以较多地固溶于铝青铜中α相,同时再加入一定量的铁,它可以使合金的力学性能及耐蚀性得到进一步的提高。

合金中出现严重的疏松孔隙,将严重地降低合金的力学性能,这是铸造工艺不当所引起的铸造缺陷。

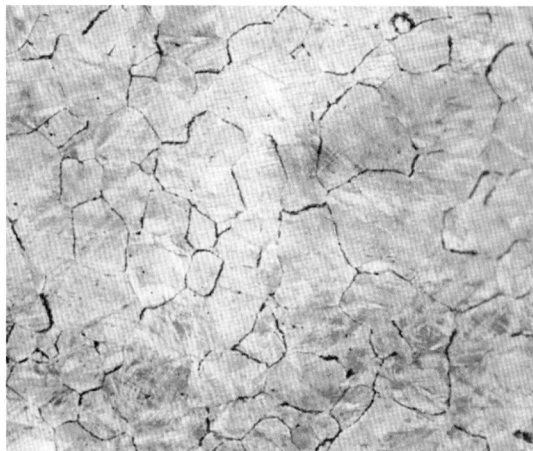

图　9-3-114　　　　　　　　　　　200×

图　　号：9-3-114

材料名称：1.9 铍青铜（QBe1.9）［w（Be）1.85%～2.10%，w（Ni）0.2%～0.4%，w（Ti）0.10%～0.25%，其余为 Cu］

浸　蚀　剂：1%铬酐水溶液电解浸蚀液

处理情况：780℃淬火后 320℃×2h 时效

组织说明：热轧淬火后不冷轧直接时效处理，这种处理称软时效。图中可看到经时效后等轴晶粒的晶界上已有黑色的节瘤状析出物出现。晶内也有轻微的波纹状组织。

　　铍青铜时效过程是一个过饱和的固溶体 α 相的共格脱溶过程，脱溶首先从晶界开始，并以比晶内更大的脱溶速度而发展的，这就是在显微镜下看到的位于晶界的"瘤状组织"。320℃时效的 α 相的显微硬度为 320～400HV。

图　　号：9-3-115

材料名称：1.9 铍青铜（QBe1.9）

浸　蚀　剂：1%铬酐水溶液电解浸蚀

处理情况：780℃淬火后冷轧（ε=33%）再经 320℃×2 h 时效

组织说明：淬火冷轧再进行时效的显微组织。图中可见晶粒明显变形及晶内出现大量滑移带。经时效后沿晶界隐约可见有黑色析出物的出现。经这种处理的 QBe1.9 线材 R_m 可高达 1300N/mm^2 以上。

　　铍青铜是综合力学性能极佳，时效强化效果极好的一种合金材料。QBe1.9 适宜制造重要弹簧、精密仪表的弹性元件，敏感元件以及承受高交变载荷的弹性元件。

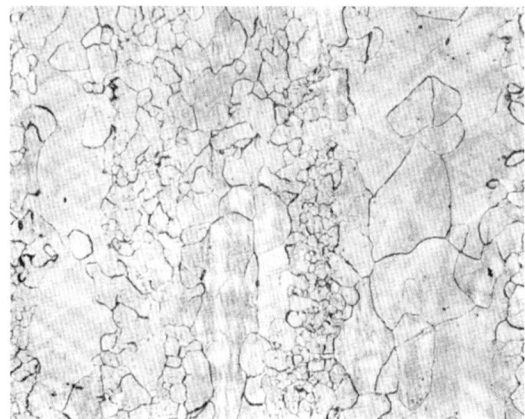

图　9-3-115　　　　　　　　　　　200×

图　9-3-116　　　　　　　　　　　100×

图　　号：9-3-116

材料名称：1.9 铍青铜（QBe1.9）［w（Be）1.94%，w（Ni）0.35%，w（Ti）0.18%，其余为 Cu］

浸　蚀　剂：二氯化铜水溶液

处理情况：780℃×1h 淬火，320℃×2h 时效

组织说明：基体为 α 相，在晶界处集聚的黑色物为 γ 相，晶界清晰可见到晶粒大小相差悬殊，它将严重地影响到合金的力学性能和工艺性能。γ 相为体心立方晶格的有限固溶体，硬度为 600～660HV。用硝酸高铁酒精溶液浸蚀时颜色发暗，大颗粒的 γ 相在氯化铜溶液浸蚀下呈浅灰色。

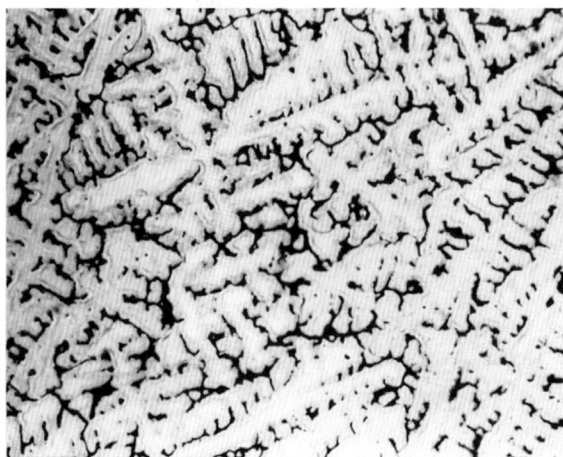

图 9-3-117   120×

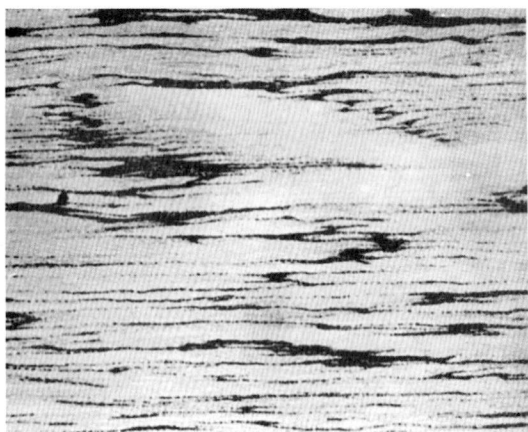
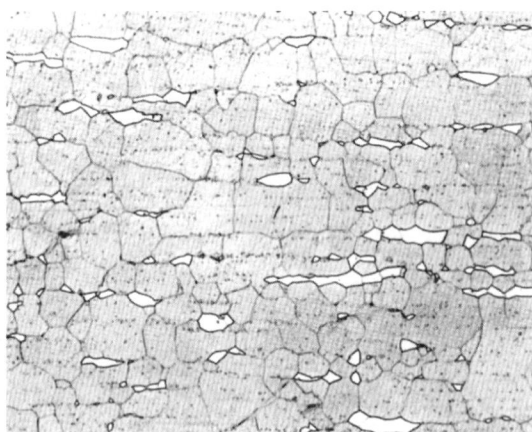

图 9-3-118   200×   图 9-3-119   200×

图 号： 9-3-117～9-3-119

材料名称： 2 铍青铜（QBe 2）［w（Be）1.9%～2.2%，w（Ni）0.2%～0.5%，其余为 Cu］

浸 蚀 剂： 图 9-3-117 为硝酸高铁酒精溶液浸蚀；图 9-3-118、图 9-3-119 为二氯化铜氨水溶液

处理情况： 图 9-3-117 为铸态；图 9-3-118 为热轧板；图 9-3-119 为轧后经 780℃×1h 淬火

组织说明： 图 9-3-117：合金凝固时先析枝干为 α 相，后凝固的枝晶间为 β 相。随着温度下降 β 相发生
　　　　　 β → α + γ 共析分解。故 QBe2.0 室温下的铸态组织为 α +（α + γ）。图中的（α + γ）共析体组织细密
　　　　　 呈黑色分布于树枝状结晶的枝晶间。

　　　　图 9-3-118：热轧板的显微组织。高温下为 α + β 组织，热压时两相都有良好的塑性。β 相被拉成
　　　 细条状，随着温度下降 β 相分解成黑色纤维状（α + γ）共析体。

　　　　图 9-3-119：热轧后淬火的显微组织。由于又加热至 780℃，此时（α + γ）又转变为 β 相，保温期
　　　 间 β 相发生向 α 相固溶和集聚。故淬火后，可以看到少量分散的但仍保持沿加工方向分布的块状和条
　　　 状的白色 β 相。灰色基体并显示出晶界为过饱和的 α 相固溶体。淬火后 α 相显微硬度为 100～130HV，
　　　 β 相为 200～240HV，所以淬火后合金软化。

　　　　铍青铜有高的强度、硬度和弹性极限，弹性滞后小，稳定性高，抗蠕变、耐磨、耐蚀、耐疲劳、
　　 无磁性、导电导热性高，冲击时不产生火花等优良性能。缺点是生产时有毒性。

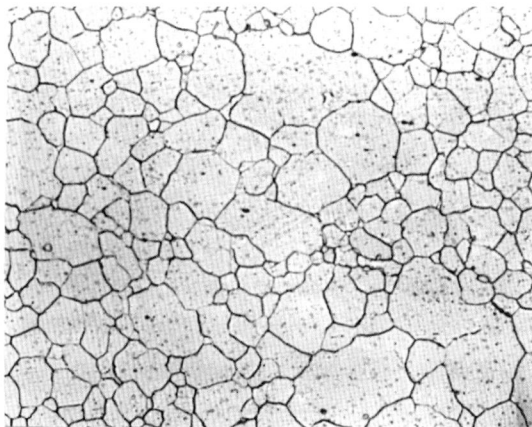

图　9-3-120　　　　　　　　　　200×

图　　号：9-3-120

材料名称：2 铍青铜（QBe2）

浸 蚀 剂：1%铬酐水溶液电解浸蚀

处理情况：热压板经 780℃×2h 水冷淬火

组织说明：780℃保温时间延长，β 相全部固溶于 α
相中。故淬火后的显微组织中 β 相完全消失，呈
单一过饱和的 α 相固溶体。从图中可见 α 相的晶
粒有一定程度的长大。

　　二元铜-铍合金在加热时晶粒极易长大；冷却
时，过饱和的 α 相会很快分解，并发生明显的体
积变化（3%～9%），使材料易产生应力而导致
开裂。为此高温下需速冷，淬火后合金性柔软，
易于冷态下加工。

图　　号：9-3-121

材料名称：2 铍青铜（QBe2）

浸 蚀 剂：1%铬酐水溶液电解浸蚀

处理情况：780℃淬火后 320℃×2h 时效

组织说明：经过 320℃×2 h 的时效，晶内虽未发现
组织的改变，但在晶界已可见有黑色节瘤状物的
优先析出，合金已得到了极大的时效强化。

　　此时强度可猛增，R_m 可达 1250～1400N/mm²，
伸长率则降至 2%～3%，硬度为 375HV 左右。

图　9-3-121　　　　　　　　　　200×

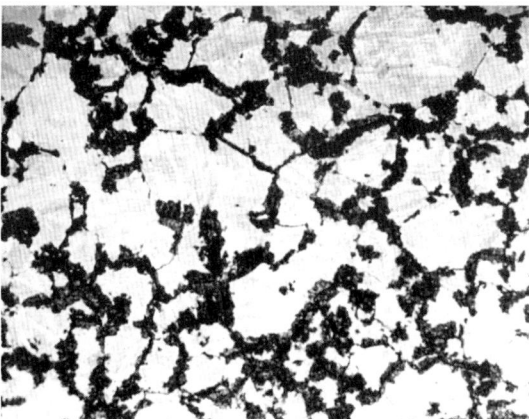

图　9-3-122　　　　　　　　　　200×

图　　号：9-3-122

材料名称：2 铍青铜（QBe2）

浸 蚀 剂：1%铬酐水溶液电解浸蚀

处理情况：780℃淬火后 350℃×5h 时效

组织说明：随着时效温度的提高及时效时间的延长，
晶界上黑色的节瘤组织明显增多、长大、球化并
向晶内发展。这些黑色物可能是 γ' 转变为 γ 相
与 α 相的混合组织，此时合金已明显的产生过时
效现象。

　　合金产生过时效首先发生在晶界处，瘤状组
织不但增多，而且 γ 相发生了分解，从而使合金
的硬度及强度明显下降。

图　　9-3-123　　　　　　　　200×

图　　号：9-3-123

材料名称：2 铍青铜（QBe2）

浸 蚀 剂：1%铬酐水溶液电解浸蚀液

处理情况：淬火后冷轧再于 320℃×2h 时效

组织说明：铍青铜经淬火处理后的塑性良好（室温下若残留硬脆的 β 相则对冷加工不利），能很好地进行冷轧加工。冷变形后的 α 相，其显微硬度可达 200～280HV。在冷轧后再进行时效，则材料将获得更高的强度，R_m 可达 1200MPa 以上。图中可见冷轧后的晶粒沿加工方向的变形拉长以及晶内大量的滑移带，还可以看到经时效后，在变形的晶界上已有少量黑色节瘤状析出物的出现。

图　　号：9-3-124

材料名称：2 铍青铜（QBe2）

浸 蚀 剂：二氯化铜氨水溶液

处理情况：冷轧板于 780℃×1 h 水冷淬火

组织说明：含铍在上限，淬火保温时间又不够，有大量白色 β 相未能固溶而被保留下来，沿加工方向呈链条状分布。这种组织的不均匀会给合金的综合性能带来不利的影响，图中灰色的基体为 α 相，晶粒不大，呈等轴晶分布。

　　780℃ 淬火后 β 相的显微硬度为 200～240HV。合金在淬火后常会出现 β 相，若它分布不良，会破坏组织的均匀性，从而降低材料的疲劳性能和弹性的稳定性，材料甚至会沿 β 相发生断裂。

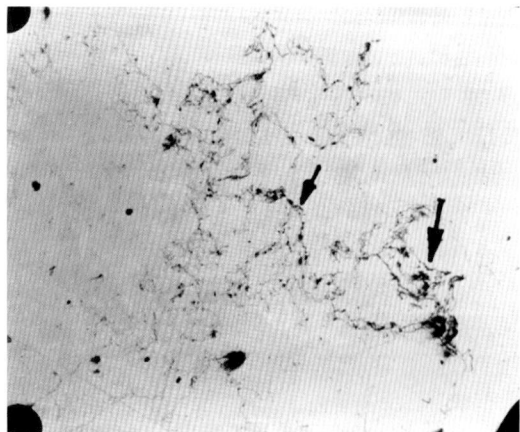

图　　9-3-124　　　　　　　　200×

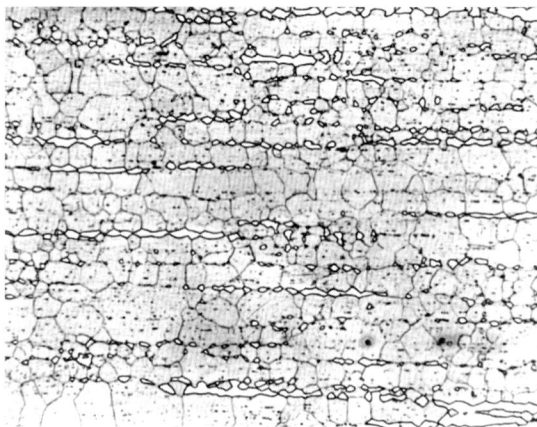

图　　9-3-125　　　　　　　　50×

图　　号：9-3-125

材料名称：2 铍青铜（QBe2）

浸 蚀 剂：未浸蚀

处理情况：铸态

组织说明：铍青铜在熔炼中因含有易氧化的金属铍，故在脱氧不足或保护不当，液体搅拌强烈，静置时间又较短的情况下易有氧化夹渣产生而不易上浮。图中是在铸锭断口发现有氧化夹渣时所取的显微组织。可见有大量氧化夹杂膜的存在，如箭头所示。

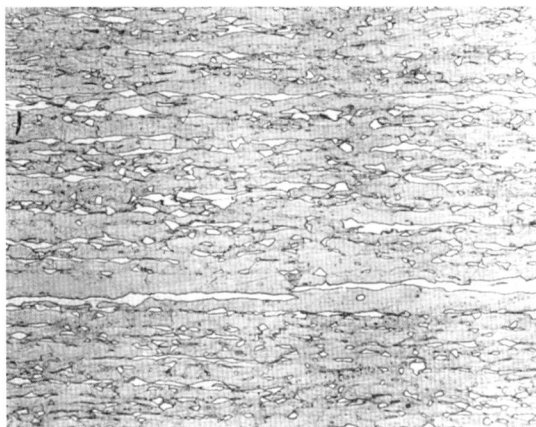

图　　9-3-126　　　　　　　　　　200×

图　　号： 9-3-127

材料名称： 2.15 铍青铜（QBe2.15）

浸 蚀 剂： 二氯化铜氨水溶液

处理情况： 热轧板 780℃×2h 水冷淬火，320℃×2h 时效

组织说明： 由于合金含铍量较高，经 780℃保温 2h 后，大块 β 相依然存在，时效时首先在 α 相晶界出现节瘤，同时晶内也因脱溶时的应力发生了沿 {1000} 面的滑移变形。因而出现明显的波纹状组织，此刻 β 相尚未发现分解（试验证明 β 相的分解温度较高，分解时还会出现一个二次硬化峰）。但通过对显微硬度的测定，它可看出极大的时效强化：780℃淬火后为 110HV，320℃×0.5h 时效后为 327HV，320℃×2h 时效后为 360HV，320℃×4h 时效后为 370HV。

图　　9-3-128　　　　　　　　　　200×

图　　号： 9-3-126

材料名称： 2.15 铍青铜（QBe2.15）［w（Be）2.0%～2.3%，其余为 Cu］

浸 蚀 剂： 二氯化铜氨水溶液

处理情况： 780℃淬火后冷轧

组织说明： 经淬火冷轧后白色的 β 相更明显地被破碎拉长，组织的不均匀性仍然存在，灰色基体为 α 相。因变形破碎，且浸蚀较轻，故未显示出晶界及滑移带。

　　β 相的分布情况对合金的性能有极大的影响，可以通过改进合金的加工工艺和热处理工艺，可使链条状 β 相变成细粒块状分布，从而使合金的性能有明显的改善。

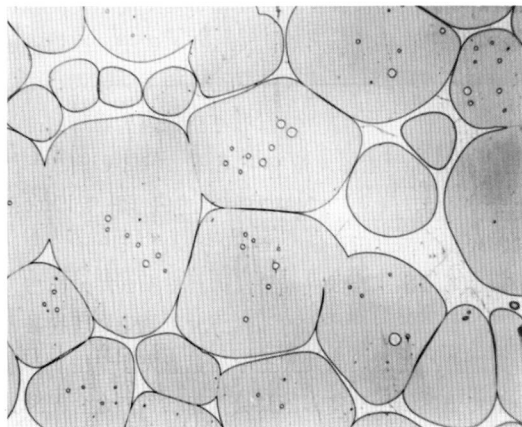

图　　9-3-127　　　　　　　　　　400×

图　　号： 9-3-218

材料名称： 2.15 铍青铜（QBe2.15）

浸 蚀 剂： 二氯化铜氨水溶液

处理情况： 热轧板 870℃×1h 淬火

组织说明： 因淬火温度过高，合金已发生过烧，在此高温下合金的晶界及晶内高铍区发生复熔，熔化部分在晶内聚合成圆球，在晶界则向晶界浸润并将晶界包围，使固态的 α 相呈卵圆形。淬火时熔化部分全部转变成不平衡的 β 相。图中灰色基体为 α 相，晶内白色圆珠状及包围 α 相的白色不规则块状为复熔 β 相。

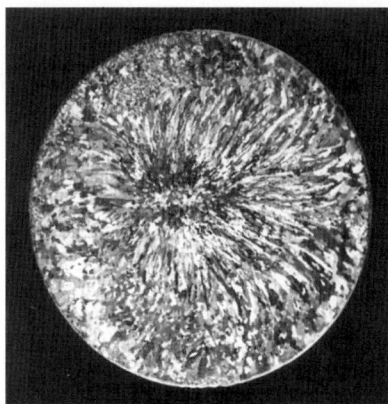

图　9-3-129　　　　　　　　1/4×

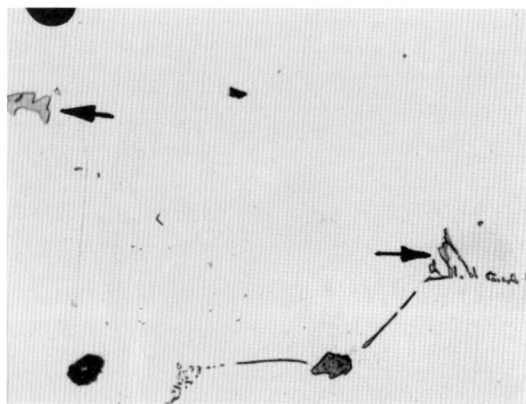

图　9-3-130　　　　　　　　340×

图　　　号：9-3-129、9-3-130

材料名称：3-1 硅青铜　（QSi3-1）［w（Si）2.7%～3.5%，w（Mn）1.0%～1.5%，w（Ni）0.2%，其余为 Cu］

浸 蚀 剂：图 9-3-129 为 40%硝酸水溶液浸蚀，图 9-3-130 为氯化高铁酒精溶液浸蚀

处理情况：半连续铸造

组织说明：硅青铜的结晶范围较窄，铜液的流动性好，易生成发达的柱状晶，铸锭组织致密。

　　图 9-3-129：为半连续铸造圆锭的横截面的宏观结晶组织。纵向截面上即可看到边部为斜生的柱状晶，向里为水平方向生长的柱状晶，最中心方向为少量等轴晶。

　　图 9-3-130：半连续铸造的冷却条件下有少量不平衡相，灰色的 Mn_2Si 在晶界上出现，如箭头所示。

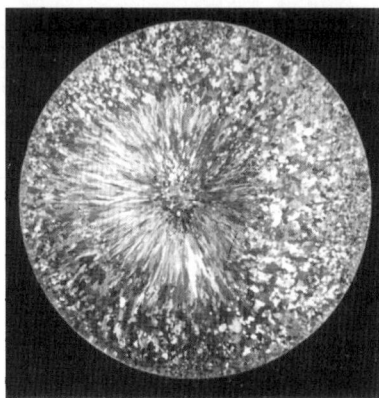

图　9-3-131　　　　　　　　1/3×

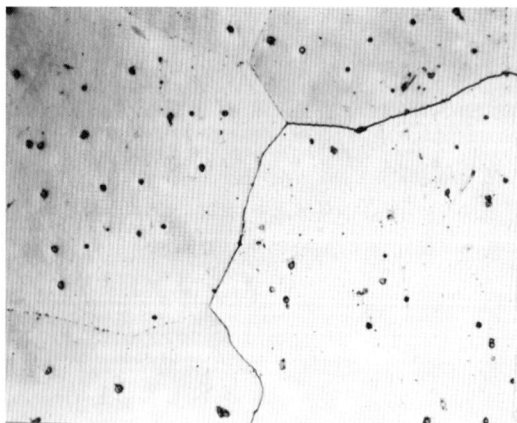

图　9-3-132　　　　　　　　200×

图　　　号：9-3-131、9-3-132

材料名称：1-3 硅青铜（QSi1-3）［w（Si）0.6%～1.1%，w（Ni）2.4%～3.4%，其余为 Cu］

浸 蚀 剂：图 9-3-131 为 40%硝酸水溶液浸蚀，图 9-3-132 为硝酸高铁酒精溶液浸蚀

处理情况：半连续铸造

组织说明：图 9-3-131：QSi1-3 圆锭横截面的宏观铸造组织，与图 9-3-129 的 QSi 3-1 有相似的组织特征。柱状晶较发达，组织较致密。图 9-3-132：铸造显微组织。除有少量颗粒状 Ni_2Si 相外，基体为 α 相。镍的加入不仅产生了固溶强化，提高了合金的耐蚀性并兼具有良好的导电性。合金中的镍与硅可形成强化相 Ni_2Si，它的固溶与时效处理，可使合金可进行热处理强化。

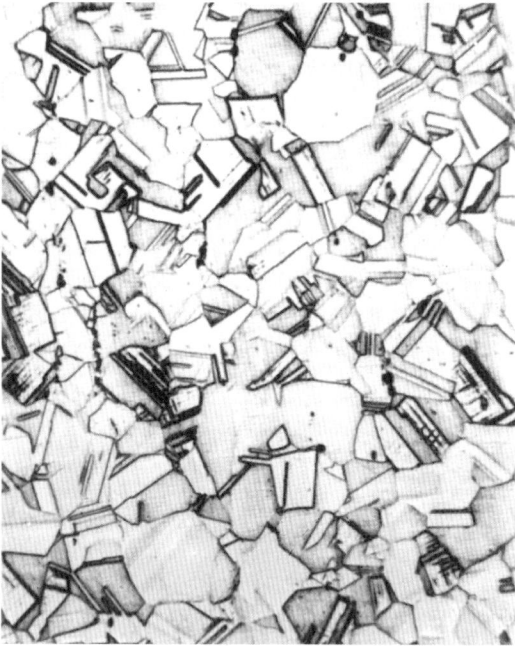

图　9-3-133　　　　　　　　　　　200×

图　　号：9-3-133

材料名称：3-1 硅青铜（QSi3-1）

浸蚀剂：氯化高铁酒清溶液

处理情况：　挤压棒

组织说明：加热保温后，绝大部分非平衡相 Mn_2Si
　　　　消失，故热挤后合金呈 α 单相再结晶组织。仅
　　　　在个别处有孤立的 Mn_2Si 相颗粒存在。硅青铜
　　　　中 w（Si）一般不超过 3%，有时还有少量锰、镍
　　　　或少量锌和铁。硅青铜的强度高，耐大气和海水
　　　　腐蚀，耐低温、无磁性，冲击时不产生火花，铸
　　　　造、冷热加工及可焊性良好，而且价格便宜，在
　　　　工业上常用作各种弹性元件及腐蚀条件下工作的
　　　　蜗轮、蜗杆、齿轮、衬套等耐蚀零件。

图　　号：9-3-134

材料名称：3-1 硅青铜（QSi3-1）

浸蚀剂：40%硝酸水溶液

处理情况：铸态

组织说明：这是合金在浇注中由于结晶器模壁的强
　　　　烈冷却使铜液温度过低。金属液面形成的凝壳膜
　　　　与后来浇入的铜液不能熔合而产生了皱析式的冷
　　　　隔。图上部为铸锭纵向严重的冷隔形貌；图下部
　　　　为铸锭横向冷隔形貌。冷隔处由于凝固温度较低
　　　　因而与别处组织有明显的不同。若采用导热性稍
　　　　差，润滑性能较好的石墨作结晶器则可减少结晶
　　　　器内壁与液体金属的温差。从而改善铸锭的表面
　　　　质量。

　　　　铸锭中存在冷隔缺陷，将在以后加工中无法
　　　　消除而残留在材料中，导致材料的连续性被破坏，
　　　　有时使材料产生分层或剥开，致使材料成为废品。

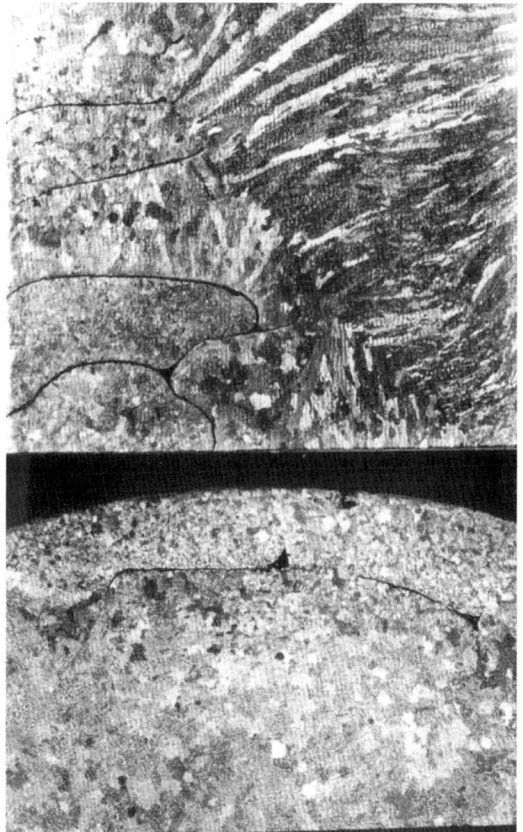

图　　9-3-134　　　　　　　　　　1/2×

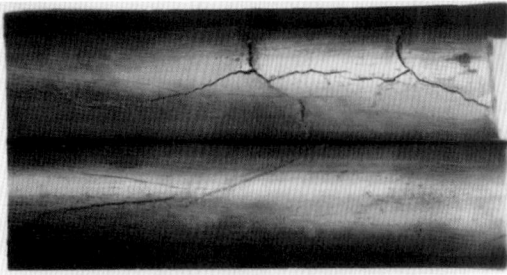

图　9-3-135　　　　　　　　　　1×

图　　号：9-3-135

材料名称：3-1 硅青铜（QSi3-1）

浸 蚀 剂：实物

处理情况：冷拉棒

组织说明：QSi 3-1 合金中若硅锰含量较高，其冷加工产品在放置期间，就会因冷变形的作用促使硅锰化合物的析出，析出时的巨大应力便会导致如图中所示棒材的开裂——自脆破裂。为了避免裂纹的产生，除控制硅锰含量外，还须对冷加工产品及时进行低温退火。

图　　号：9-3-136

材料名称：3-1 硅青铜（QSi3-1）

浸 蚀 剂：未浸蚀

处理情况：挤压棒

组织说明：这是 QSi3-1 合金中氧化夹杂物经挤压变形后沿加工方向分布的形貌。夹杂物的来源可能在铸锭中即已存在，经加热更为严重。也可能是经加热后，铸锭表面被氧化的污染层挤压进入制品所造成。

　　材料制品内存有氧化夹杂物，破坏了材料的连续性，从而严重影响制品的力学性能和焊接性能。

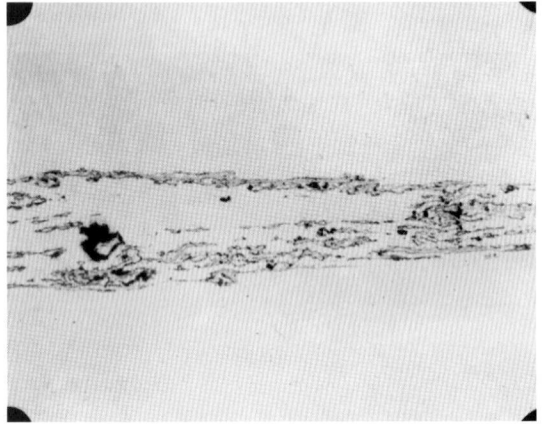

图　9-3-136　　　　　　　　　　70×

图　　号：9-3-137

材料名称：1-3 硅青铜（QSi1-3）

浸 蚀 剂：硝酸高铁酒精溶液

处理情况：挤压棒

组织说明：经高温保温并热挤后缓慢冷却，其基体为再结晶的 α 相。α 晶界及部分孪晶界有黑色点状的 Ni_2Si 相析出，图中灰色颗粒为高温保温时聚集长大并沿加工方向略有变形的 Ni_2Si 相。此时合金的硬度为 269HBS。

　　镍能使合金固溶强化，提高硅青铜的耐蚀性并兼有良好的导电性。硅青铜中镍与硅能形成 Ni_2Si 化合物，其 Ni 与 Si 的质量比接近于 4：1，因而在 QSi 1-3 合金中化学成分应控制 w（Si）为 0.7%；w（Ni）为 2.9%左右，经 900℃淬火，500℃×1h 时效，其硬度可增至 2 倍以上。

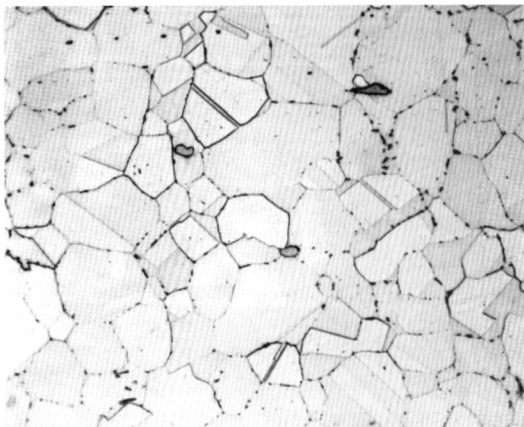

图　9-3-137　　　　　　　　　　250×

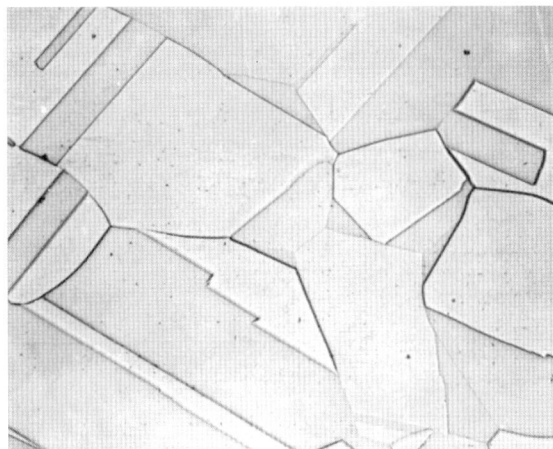

图　9-3-138　　　　　　　　　　　　　　　　　　400×

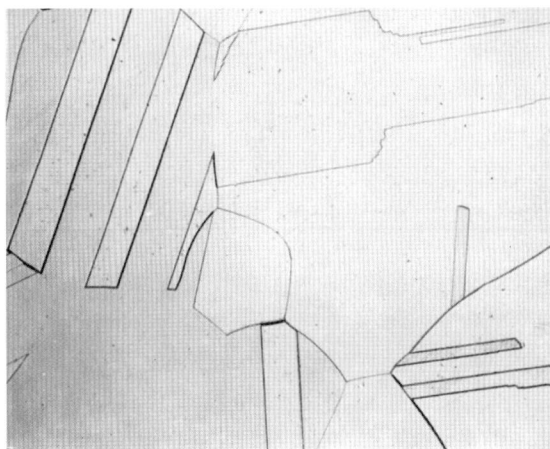

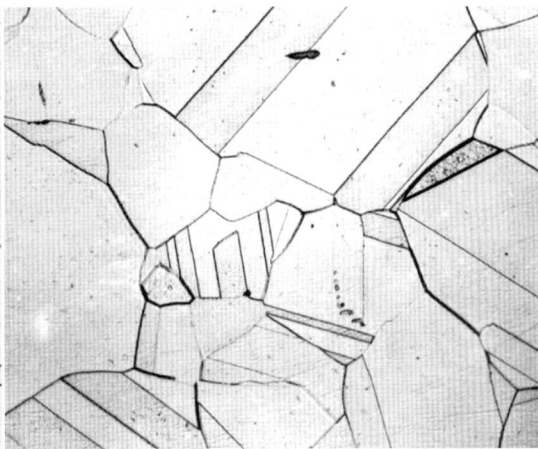

图　9-3-139　　　　　　　　　　　　400× 图　9-3-140　　　　　　　　　　　　400×

图　　号：9-3-138～9-3-140

材料名称：1-3 硅青铜（QSi1-3）

浸 蚀 剂：氯化高铁酒精溶液

处理情况：图 9-3-138 为 900℃×100min 后水冷淬火；图 9-3-139 为淬火后 460℃×30min 时效；图 9-3-140
　　　　　为淬火后 460℃×100min 时效

组织说明：QSi1-3：是一种具有明显时效强化效应的合金材料。

　　　图 9-3-138：为挤压棒经高达 900℃的高温加热及长时间保温水淬。绝大部分的 Ni_2Si 相溶入 α 相基
　　体，加上晶粒的明显长大，淬火后的组织为过饱和的 α 相固溶体，硬度值为 61.2HBW。若经时效后，
　　由于强化相 Ni_2Si 的沉淀析出，其硬度又会随时效时间的增长而不断提高。在 460℃时效，10min 后硬
　　度值即升至 79.6HBW。

　　　图 9-3-139：时效 30min 后的显微组织，虽然此时在显微镜下未看到显微组织的改变及析出物的出
　　现，而硬度值已升至 117HBW。

　　　图 9-3-140：时效 100min 后的组织。这时仍未能看到金相组织的明显改变，而硬度值却已高达
　　302HBW，硬度几乎增至淬火时的五倍。

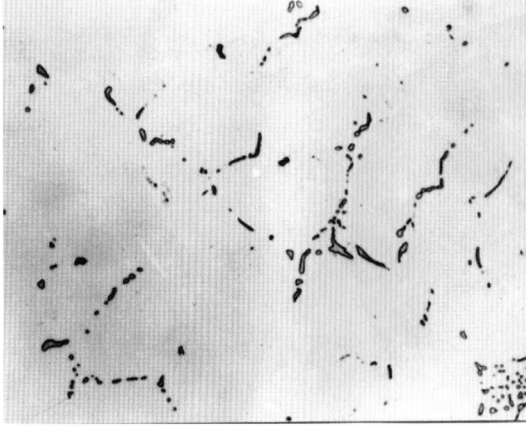

图 9-3-141   340×

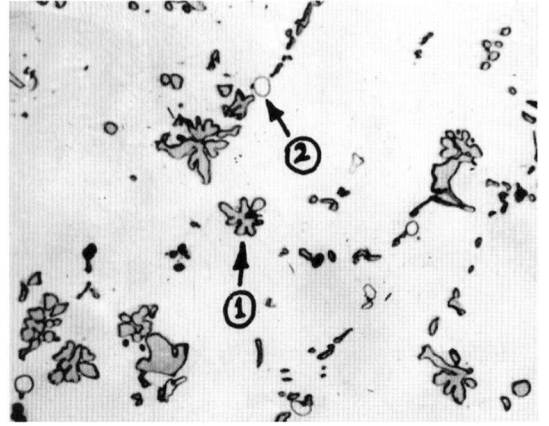

图 9-3-142   340×

图　　号：9-3-141、9-3-142

材料名称：3-4-1.5 硅锌铁青铜（QSi3-4-1.5）

浸 蚀 剂：氯化高铁酒精溶液

处理情况：半连续铸造

组织说明：此两图均为 QSi3-4（Zn）-1.5（Fe）合金的铸态组织，基体为 α 相。

图 9-3-141：有 FeSi 化合物相呈不规则灰色物在枝晶间析出。

图 9-3-142：有较多呈玫瑰花状分布的初生大块 FeSi 相（箭头①所指），箭头②所指白色相可能为 K 相。

K 相是六方晶系，偏光下有消光现象。K 相在 550℃有一个 K→（α+γ）共析转变，但在实际冷却条件下，这种转变很难进行，因此 K 相可保留至室温。

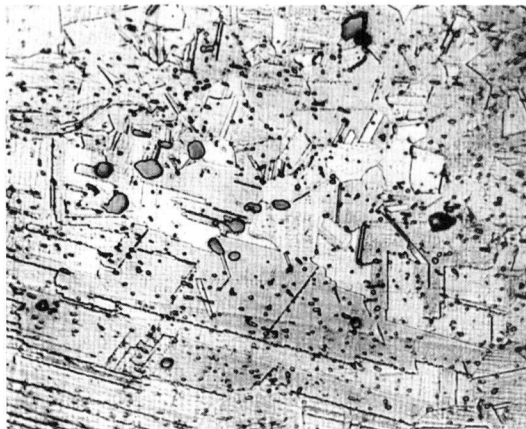

图 9-3-143   400×

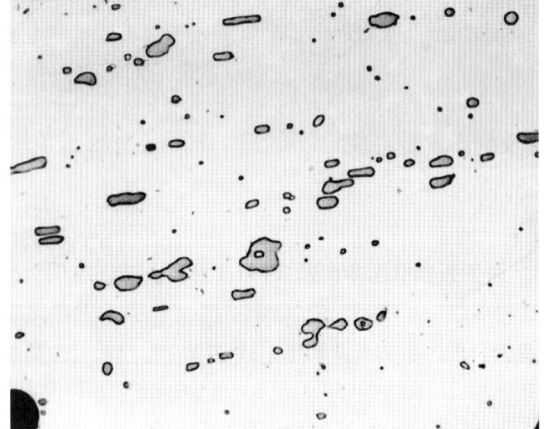

图 9-3-144   500×

图　　号：9-3-143、9-3-144

材料名称：3-4-1.5 硅锌铁青铜（QSi 3-4-1.5）

　　　　　压管于 900℃×2h 水冷淬火

浸 蚀 剂：硝酸高铁酒精溶液

处理情况：图 9-3-143 为挤压管材；图 9-3-144 为挤压管于 900℃×2h 水冷淬火

组织说明：图 9-3-143：挤压状态显微组织，合金经高温加热保温热挤后，初生的 FeSi 相呈灰色的颗粒状不均匀分布，具有孪晶的 α 相基体，再结晶晶粒不均。基体上还有次生的 FeSi 相呈细小颗粒状析出。

图 9-3-144：此料经高温并长时间保温后淬火，次生的 FeSi 又溶入 α 相基体，仅有初生的大颗粒 FeSi 相未能溶入而存在。合金中的铁相能阻止合金在高温下的晶粒长大，并能提高合金的耐热性和耐磨性。此材料适宜作高温下工作的轴套材料。

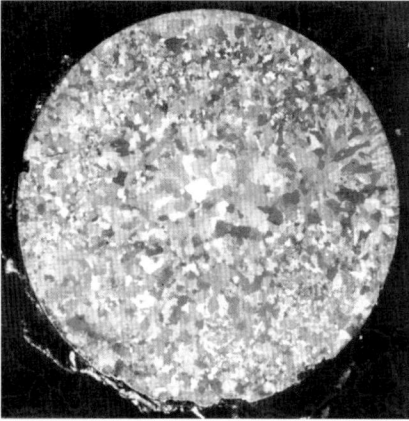

图　9-3-145　　　　　　　　1/2×

图　　号：9-3-145

材料名称：3.5 钛青铜 （QTi3.5）［w（Ti）3.5%～4.0%，其余为 Cu］

浸 蚀 剂：40%硝酸水溶液

处理情况：半连续铸造小圆锭

组织说明：由 Cu-Ti 二元平衡图可知，合金的凝固温度范围及液-固相线的水平距离均较宽。因而较易生成等轴晶及产生晶内成分偏析。故在本图的铸锭组织中可见到全为等轴的晶粒，中心区域由于冷却较缓慢故晶粒较为粗大。

　　QTi3.5 合金具有耐高温、高弹性、耐蚀及耐疲劳，冷热加工性好，生产时无毒，无磁性，受冲击不产生火花等优点，可作为铍青铜的替代材料。

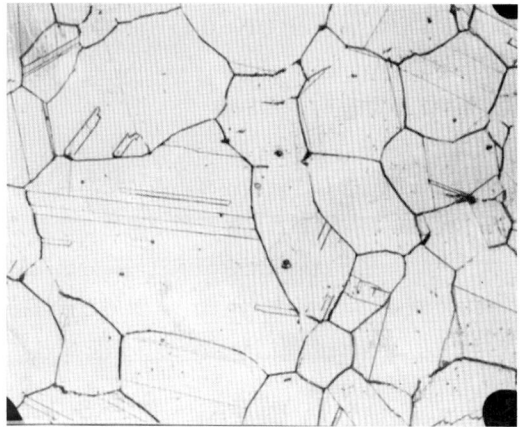

图　9-3-146　　　　　　　　200×

图　　号：9-3-146

材料名称：3.5 钛青铜（QTi3.5）

浸 蚀 剂：氯化高铁酒精溶液

处理情况：挤压棒，850℃×30min 水冷淬火

组织说明：QTi 3.5 合金含钛较低，高温下 Cu_3Ti 全部固溶，因而淬火后便得到 α 单相过饱和固溶体。此时 $R_{r0.2}$ 为 200～250N/mm²；A 为 45%～48%；Z 为 60%～72%。

　　合金可用作高强度、高弹性、高耐蚀性的各种元件，如电器开关，各种继电器的弹性元件以及弹性接插元件，精密小型齿轮和各种轴承。

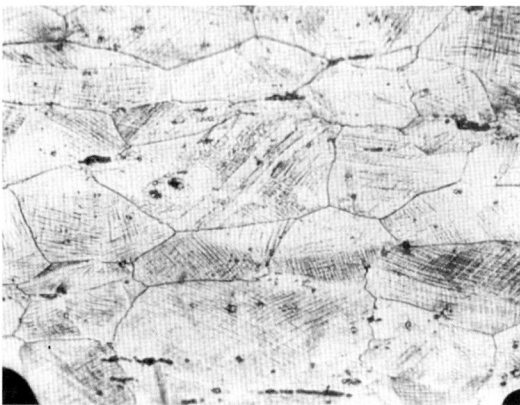

图　9-3-147　　　　　　　　200×

图　　号：9-3-147

材料名称：3.5 钛青铜（QTi3.5）

浸 蚀 剂：氯化高铁酒精溶液

处理情况：棒经 850℃×30min 水淬后拉伸

组织说明：由于加工变形量不大，晶粒略有拉长变形，但晶内出现颇多交叉滑移带。此时：$R_{r0.2}$ 为 690～720N/mm²；A 为 11%～13%；Z 为 57%～59.5%。

　　钛青铜可借助 Cu_3Ti 的脱溶而产生时效硬化而使性能得到提高。Cu_3Ti 相的析出形态与合金的含钛量以及时效温度有关，不同的形态将与合金的性能有密切的关系。

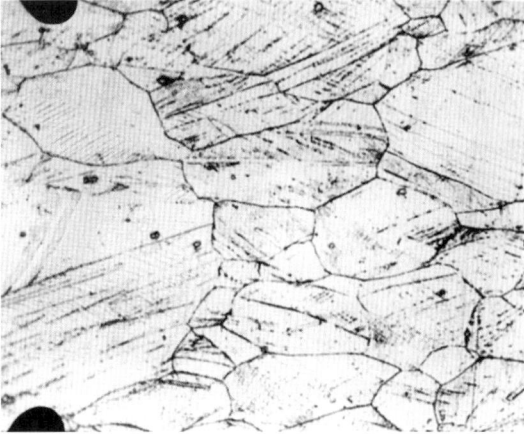

图　　　9-3-148　　　　　　　　　　200×

图　　号：9-3-149

材料名称：6.0-1 钛青铜（QTi 6.0-1）［w（Ti）5.8%～6.1%，w（Al）0.5%～1.0%，其余为 Cu］

浸 蚀 剂：氯化高铁丙酮溶液

处理情况：铸态

组织说明：由于合金含钛量较高，树枝状晶内成分偏析更加明显。图中白色及灰色向黑色过渡部分均为基体 α 相，在枝晶间合金浓度最高处出现的白色不规则块状为初生 Cu_3Ti 相，其附近出现的类似退火中碳钢的层状珠光体为次生的层片状 Cu_3Ti 及 α 相的机械混合物。

　　高温下钛极易吸收碳、氮、氢等杂质，从而恶化合金的性能，因此钛青铜在熔炼、热处理时需在真空或保护性惰性气氛下进行。

图　　　9-3-150　　　　　　　　　　200×

图　　号：9-3-148

材料名称：3.5 钛青铜（QTi3.5）

浸 蚀 剂：氯化高铁丙酮溶液

处理情况：棒材经淬火拉伸并随后作 600℃×1h 时效处理

组织说明：此时显微镜下看不出组织的明显变化，但合金的强度明显上升：R_m 为 900～1050N/mm^2；$R_{r0.2}$ 为 800～880N/mm^2；$A_{11.3}$ 为 7%～9%。

　　经过时效处理后，基体组织在显微镜下虽无明显的变化，但析出具有正交晶格超显微过渡相质点，使合金的强度急剧升高。

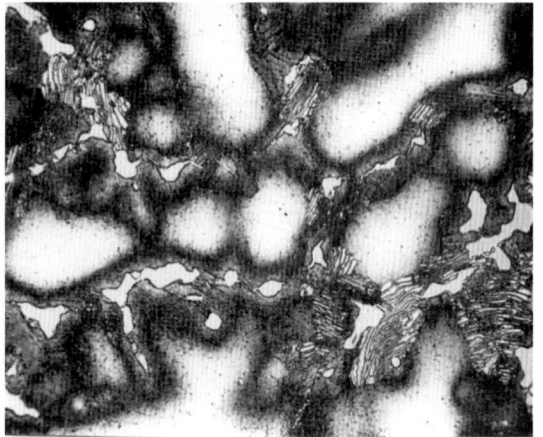

图　　　9-3-149　　　　　　　　　　200×

图　　号：9-3-150

材料名称：6.0-1 钛青铜（QTi6.0-1）

浸 蚀 剂：氯化高铁酒精溶液

处理情况：挤压棒

组织说明：合金经高温加热，次生 Cu_3Ti 全部固溶于 α 相基体。初生 Cu_3Ti 的数量也明显减少，且形状变小，经压力加工后，Cu_3Ti 相沿加工方向被明显拉长。由此表明：此相在高温下有良好的变形能力。晶内偏析仍未完全消除而呈灰色条状沿加工方向分布。

　　鉴于合金具有良好的弹性，而且生产时又无毒性，因此它常被用作铍青铜的替代品，用于精密仪器和仪表的弹性元件，如振动片，超高频接触弹性元件等。

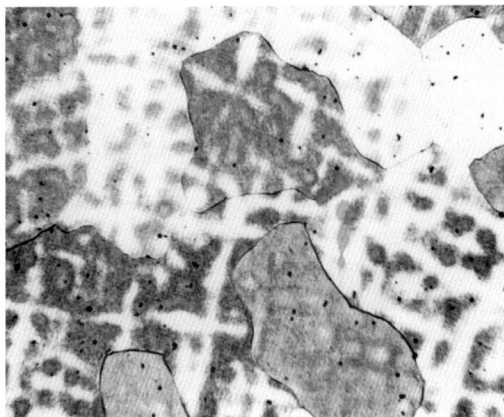

图　9-3-151　　　　　　　　　　　50×

图　　号：9-3-151　　　　　　　　　　　　　　　浸 蚀 剂：硝酸高铁酒精溶液
材料名称：5 锰青铜（QMn5）［w（Mn）4.5%～5.5%，其余为 Cu］　　处理情况：铸态
组织说明：由于锰能大量固溶于铜中，故 QMn1.5、QMn5 均为 α 单相固溶体。图示晶内树枝状偏析组织。
　本牌号合金允许有较高的杂质（Sn、Si、Fe、Zn、Ni）含量。因而在 α 基体上有较多的杂质相。本合金
经热加工后其组织具有 α 相铜合金的所有特征。

　　QMn5 具有良好的加工及力学性能，在 400℃时仍有室温下的力学性能，它耐蚀、耐热好，适宜作高
温下工作的电极合金零件，蒸汽管、蒸汽阀、火花塞和锅炉的各种焊接件。

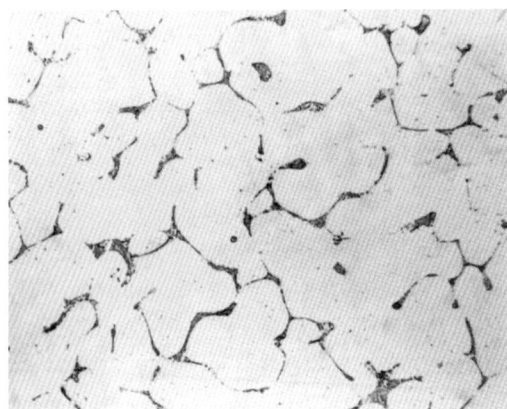

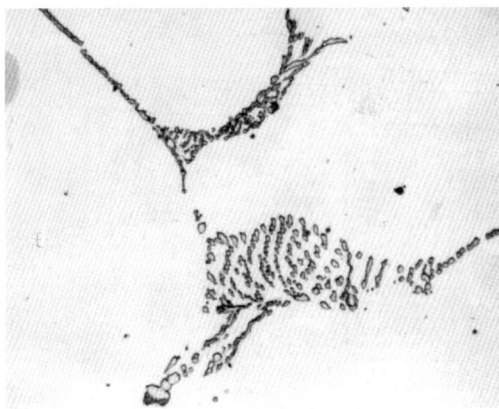

图　9-3-152　　　　　　　　　　120×　　　图　9-3-153　　　　　　　　　600×

图　　号：9-3-152、9-3-153
材料名称：0.5 铬青铜（QCr0.5）［w（Cr）0.4%～1.1%，其余为 Cu］
浸 蚀 剂：硝酸高铁酒精溶液
处理情况：半连续铸造
组织说明：由 Cu-Cr 二元平衡图可知：Cu-Cr 共晶成分为含铬质量分数为 1.4%。此时铬在铜中最大固溶量
　　［w（Cr）］达 0.7%。但实际生产条件下 QCr0.5 的组织应向右偏移而为 α+（α+Cr）亚共晶组织。
　　图 9-3-152：基体为 α 相，灰色网络状为（α+Cr）共晶体，与氧在铜中形成的共晶相似。
　　图 9-3-153：图 9-3-152 的放大组织。Cr 相多呈颗粒状与 α 相构成共晶体。
　　铬铜中加入少量铝与镁，不会出现新相，但可在合金表面生成一层致密、高熔点、高电阻、低挥发
的保护膜，从而有效地防止高温氧化，增强合金的耐热性。

图　　号：9-3-154

材料名称：0.5 铬青铜（QCr0.5）

浸 蚀 剂：硝酸高铁酒精溶液

处理情况：上图为挤压棒，下图为挤压棒再作进一步
　　　　　冷拉

组织说明：上图为挤压状态的显微组织，基体为与纯
　　　　　铜相似的 α 相，基体上有颗粒状 Cr 相沿挤压方向
　　　　　不均匀分布。

　　　　　下图为热挤压后再作冷拉变形的显微组织。可
　　　　　见 α 相被明显拉长变形，Cr 相均匀分布在 α 相基
　　　　　体上，合金被冷作硬化。R_m 由 230N/mm^2 增至
　　　　　480N/mm^2。

　　　　　铬青铜可通过淬火、时效予以强化，合金淬火后，
　　　　　经冷加工后再时效，合金可得到明显的强化。

　　　　　本合金具有良好的导电、导热性，并有良好的
　　　　　加工和力学性能以及耐磨和耐蚀性能。

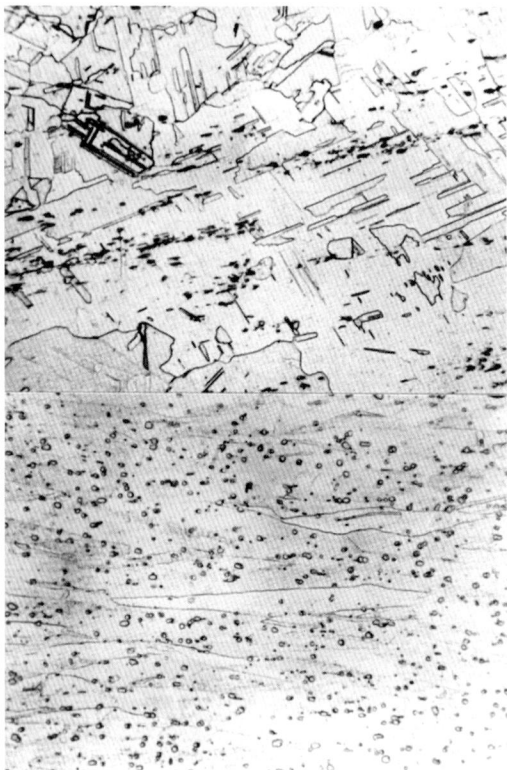

图　9-3-154　　　　　　　　　　　　400×

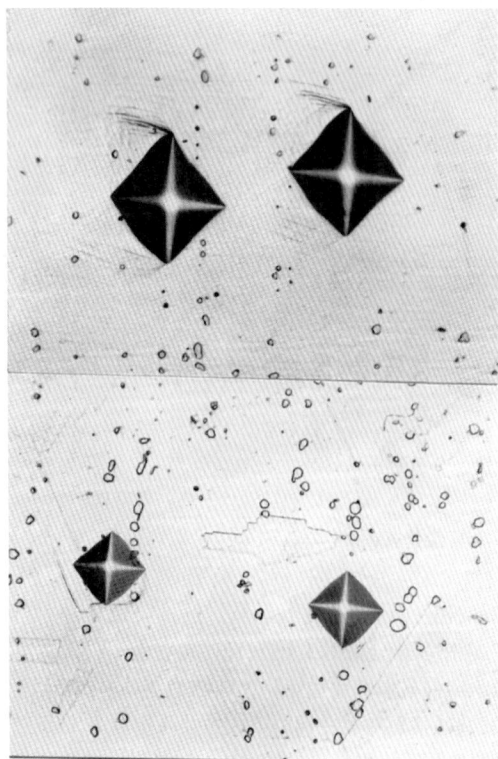

图　9-3-155　　　　　　　　　400×

图　　号：9-3-155

材料名称：0.5 铬青铜（QCr0.5）

浸 蚀 剂：硝酸高铁酒精溶液

处理情况：上图为挤制棒于 1055℃×3h 淬火，下图为
　　　　　淬火后 500℃×1h 时效

组织说明：合金经高温长时间保温后，晶粒严重长
　　　　　大，但仍有部分 Cr 相未溶入 α 相中。此时显微硬
　　　　　度为 63～65HV。经时效后，下图与淬火组织无明
　　　　　显改变，但硬度却明显提高到 137～148HV，图中
　　　　　的显微硬度压痕是用同一负载进行硬度测定时得
　　　　　到的，时效后的压痕尺寸明显小于淬火状态，表
　　　　　明合金的硬度有显著的提高。

　　　　　本合金可制造电抗整流子和电焊机的电极，
　　　　　以及高温下要求高强度、高硬度、高导电和高导
　　　　　热性的零件，还可以制成双金属用于刹车盘或圆
　　　　　盘。

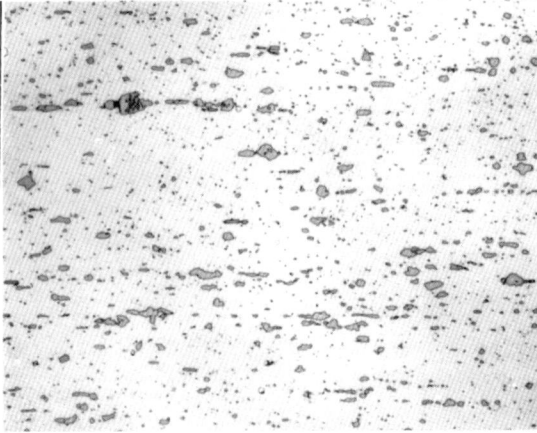

图　9-3-156　　　　　　　　　　　　　　　200×

图　　号：9-3-156

材料名称：QCr0.8-0.8（Zr）-0.05（Mg）铬青铜

浸 蚀 剂：硝酸高铁酒精溶液

处理情况：热轧板

组织说明：这是一种新型的电阻焊电极多元合金材料。铬与锆的同时加入比单独加入在高温能更多地固溶于 α 相。经淬火时效，此合金能产生多种析出相，使合金得以更明显地强化。少量镁可有效地脱氧，抑制析出相在晶界的沉淀，提高时效硬化效果。图中可见经热轧后有 Cr 相、Cu_3Zr 及 Cr_2Zr 沿加工方向分布。其中细微质点及灰白色颗粒为 Cr 相，灰色内有斑纹者为（α +Cu_3Zr）共晶球，灰色颗粒为 Cu_3Zr 及 Cu_2Zr 相。此合金经 950 ℃淬火、75%变形并作 450℃×2～3h 时效后，R_m 可达 54～61N/mm²，硬度为 150～170HBW，电导率为（75～87）%IACS，软化温度 580℃以上。

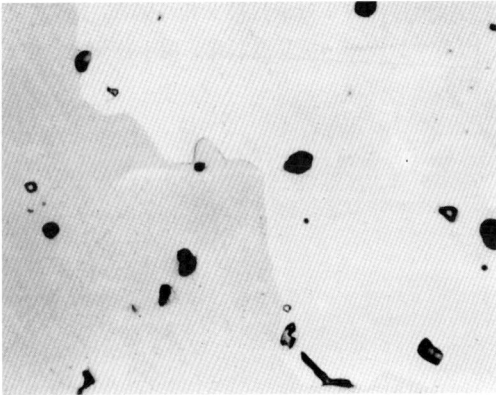

图　9-3-157　　　　　　　　　400×

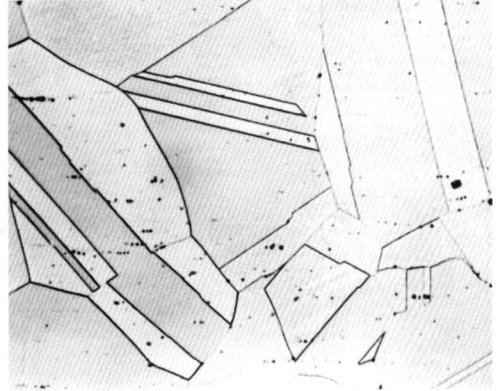

图　9-3-158　　　　　　　　　200×

图　　号：9-3-157、9-3-158

材料名称：1 镉青铜（QCd1）［w（Cd）0.8%～1.3%，其余为 Cu］

浸 蚀 剂：硝酸高铁酒精溶液

处理情况：图 9-3-157 为铸态，图 9-3-158 为热挤棒

组织说明：由 Cu-Cd 平衡图可以看到：铜侧的液固相线的水平距离虽然很宽，但 α 相的成分范围都变化不大，因而树枝状偏析不明显。在 549℃时 Cu-Cd 生成 Cu_2Cd（β 相）化合物，故 QCd1.0 铸态下的显微组织为 α +Cu_2Cd（β 相）。Cu_2Cd 相在抛光时极易剥落，因而多留下颗粒状的孔洞（见图 9-3-157）。合金经加热挤压为带双晶的 α 相再结晶组织。Cu_2Cd 颗粒虽多已剥落，但仍可看到沿加工方向分布的情况（见图 9-3-158）。以后的冷加工变形组织与纯铜相似。

　　由于镉青铜中 Cu_2Cd 相沉淀硬化效果不明显，因而工业上得不到应用，便以冷变形方式予以强化。

　　应特别指出：镉青铜在熔炼中有毒性挥发物，应注意防护。

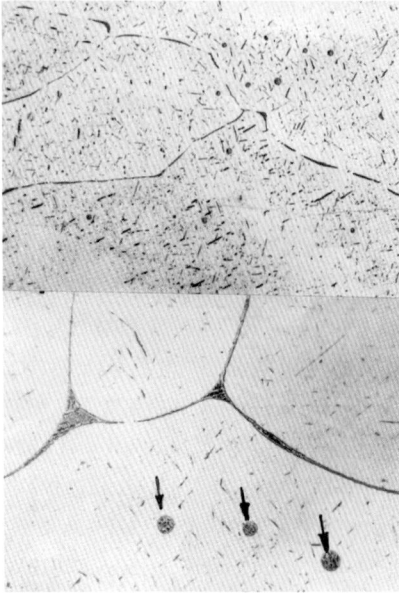

图　9-3-159　　　　上 200、下 500×

图　　号：9-3-159

材料名称：0.2 锆青铜（QZr0.2）［w（Zr）0.15%～0.30%，其余为 Cu］

浸 蚀 剂：硝酸高铁酒精溶液

处理情况：铸态

组织说明：由 Cu-Zr 二元平衡图可知：QZr0.2 在生产条件下其铸态组织应为 α +（α +Cu₃Zr）亚共晶组织。图上部为在较低倍数下的照片，图下部为局部放大，可见其晶界上为凝固时出现的（α +Cu₃Zr）共晶。但多为 α 相离异而形成单一的 Cu₃Zr 相。晶内的共晶由于其表面张力较大而呈现共晶球的形貌特征。同时在 α 相的基体上可以看到随温度的降低，固溶于铜中的 Zr 脱溶而形成次生的 Cu₃Zr 相。次生的 Cu₃Zr 相沿 α 相的特定择优方向呈针状、棒状及点状析出。

　　锆青铜有很好的抗蠕变和热强性，退火后屈强比小，易成形，抗高温氧化。用于兼备高导电导热和耐热的零件。

图　　号：9-3-160

材料名称：TUZr0.15 锆青铜［w（Zr）0.11%～0.20%，其余为 Cu］

浸 蚀 剂：硝酸高铁酒精溶液

处理情况：上部为冷轧板（加工率 88.2%），下部为冷轧板，650℃×30min 退火

组织说明：图上部为冷加工组织,脱溶的次生针状 Cu₃Zr 相在热加工过程中消失重又溶入 α 相。α 相在其后的冷加工中沿加工方向被拉长成纤维状，而（α +Cu₃Zr）共晶球由于是在液态下凝固形成的，故在加热及随后的热冷加工变形中除个别被压成椭圆形外，其余形态均无改变。它们孤立地分布于变形的 α 相基体上。

　　下图为经 650℃×30min 退火后的显微组织。纤维状组织基本消失并有细小的 α 相再结晶的晶粒出现，显示了此合金有较高的热稳定性，而球状的（α +Cu₃Zr）共晶仍保持不变。

　　在 965℃共晶温度时锆在铜中最大溶解度［w（Cu）］0.11%，超过此成分便会出现（α +Cu₃Zr）共晶组织。

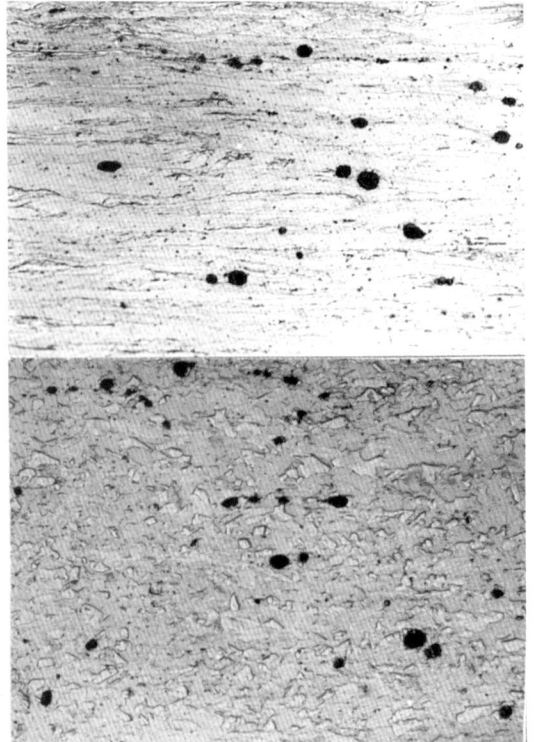

图　9-3-160　　　　　　　　　　　200×

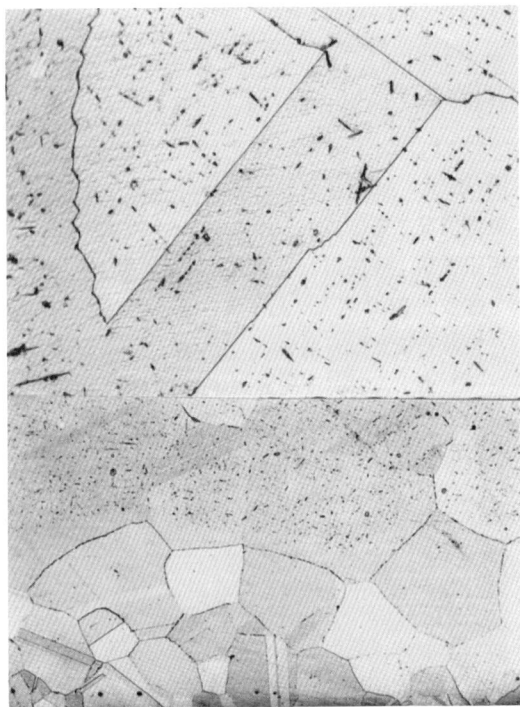

图　9-3-161　　　　　　上 400×、下 100×

图　　　号：9-3-161

材料名称：TUZr0.15 锆青铜

浸 蚀 剂：氯化高铁酒精溶液

处理情况：冷轧板于 930℃×30min 退火

组织说明：由于加热温度过高材料发生过热，晶粒急剧长大，高温下固溶于 α 相中的 Cu_3Zr，在冷却过程中重新又沿着特定的晶体单方向析出而与铸态合金有某些相似。此时试样的边缘（图下部），Zr 通过高温扩散挥发而烧损。从而在边缘部分出现一个 Cu_3Zr 析出物基本消失的"脱锆层"，合金的性能全面下降。

　　由于合金具有良好的抗蠕变和热强性，且兼备有抗高温氧化等优点，合金适宜用作高导热、导电、耐热、抗蠕变并能良好地成形结构件。

图　　　号：9-3-162

材料名称：2.5 铁青铜（QFe 2.5）（CDA194 美国牌号）

浸 蚀 剂：硝酸高铁酒精溶液

处理情况：半连续铸造

组织说明：合金的基体为 α 相，其上有呈灰色均匀分布的弥散相 Fe_3P（一说为 Fe_2P），并有兰灰色的大颗粒 Fe 相，为了显示相组成的细节，未作进一步浸蚀来显示晶界。图下部为暗场照明下的照片，这时可更清楚地分辨大颗粒的 Fe 相（白色箭头指处）及 α 基体上弥散的 Fe_3P 相质点。

　　铜与铁在 1096℃有一包晶反应，此时铁在铜中的极限固溶度 [w（Fe）] 达 4%，但通过凝固过程，易生成较粗大的 γ 铁相颗粒，如同时加入磷，铁不仅能细化晶粒，而且与磷生成弥散的 Fe_3P 相。

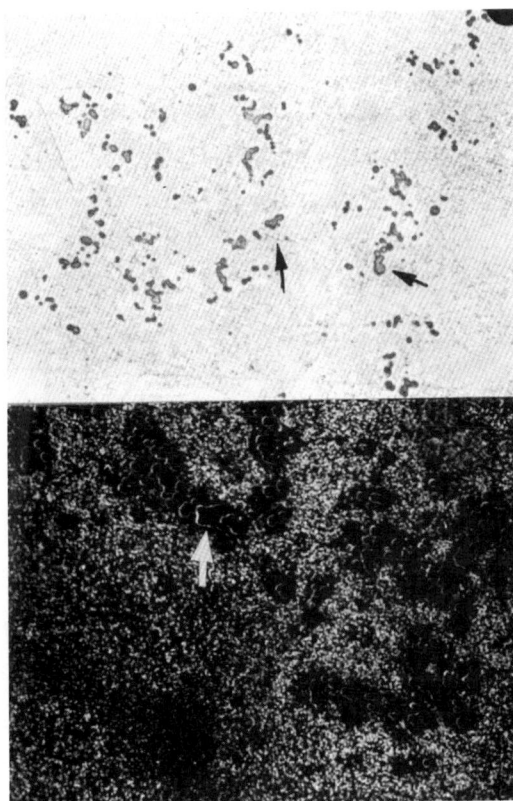

图　9-3-162　　　　上 200×、下 400×（暗场照明）

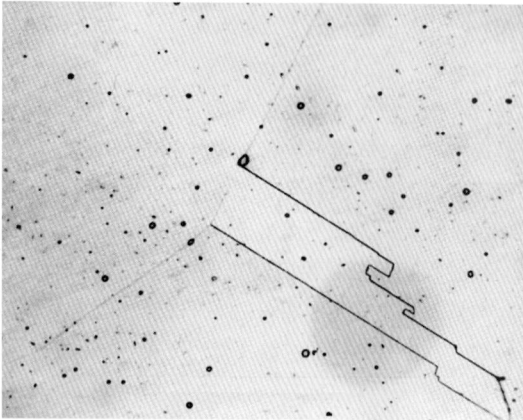

图　9-3-163　　　　　　　　　　200×

图　　号：9-3-164

材料名称：2.5 铁青铜（QFe 2.5）（CDA194 美国牌号）

浸 蚀 剂：硝酸高铁酒精溶液

处理情况：冷轧后低温退火（YZ 状态）

组织说明：基体为部分再结晶的 α 相。α 相基体上有大量弥散的 Fe_3P 质点均匀分布，少量灰色大颗粒 Fe 相（如箭头所指）仍然存在。

　　CDA194 除有良好的导电率外，其耐蚀能力及钎焊性能与纯铜相当。

　　铁青铜能较好地满足电子工业中的引线框架对材料的要求，是一种价格便宜的新合金。

图　9-3-165　　　　100×（偏光照明）

图　　号：9-3-163

材料名称：2.5 铁青铜（QFe 2.5）（CDA194 美国牌号）

浸 蚀 剂：硝酸高铁酒精溶液

处理情况：挤压棒于 1060℃×2h 水冷淬火

组织说明：经高温长期保温，α 相晶粒异常粗大，弥散的 Fe_3P 溶入 α 相基体，而少量铁相（灰色圆颗粒）依然没有消失。

　　由于淬火温度较高,铁相明显圆钝，在冷却过程中析出细微的 Fe_3P 相，不仅可提高合金的强度且不会因磷的加入而降低合金的导电性。CDA194 的导电率比黄铜高 2 倍，比磷青铜高 3 倍。

图　9-3-164　　　　　　　　　　200×

图　　号：9-3-165

材料名称：铁青铜 （KFC）（日本牌号）［w（Fe）0.05%～0.15%，w（P）0.025%～0.04%，w（Cu）99.8%］

浸 蚀 剂：硝酸高铁酒精溶液

处理情况：冷轧带于 450℃×2h 退火

组织说明：KFC 实际是加入少量铁（0.1%左右）的加磷脱氧铜,此合金具有很高的电导率(92%IACS 国际韧铜标准)。导热性强、散热效果好，且软化温度高,作框架引线跟树脂的粘结性好，不易软化。图 9-3-165 经 450℃×2h 退火，因有弥散质点 Fe_3P 的细化作用，晶粒及组织仍然非常细小，因而能保持较高的力学性能。

金 相 图 片

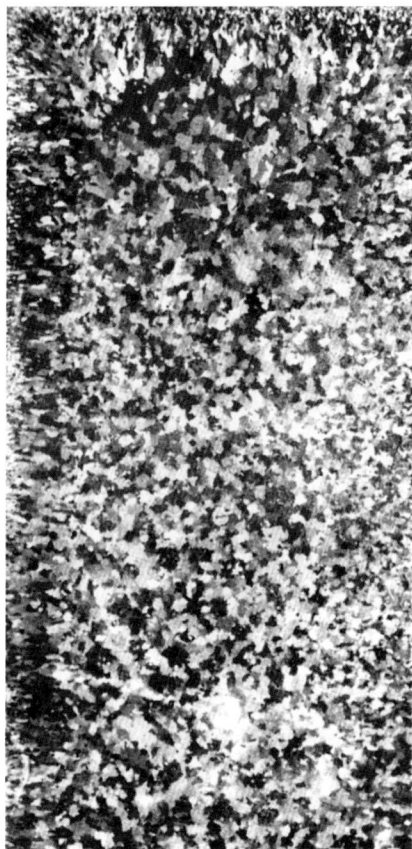

图 9-4-1   6/10×   图 9-4-2   70×

图 号：9-4-1、9-4-2

材料名称：19 白铜（B19）［w（Ni）18.0%～20.0%，w（Mn）<0.5%，其余为 Cu］

浸 蚀 剂：图 9-4-1 为 40%硝酸水溶液浸蚀；图 9-4-2 为二氯化铁氨水溶液浸蚀

处理情况：半连续铸造

组织说明：图 9-4-1：铸造状态的宏观低倍组织。由于 Cu-Ni 合金具有较宽的结晶范围，故有较大的生成等
  轴晶的倾向。表面为过冷细晶粒层；次层为不发达的柱状晶区，柱状晶较细密，不粗大，且不深；心部
  为细等轴晶，所占面积较大，几乎占扁锭 2/3 面积。

　　图 9-4-2：在有疏松缺陷处取样的显微组织。除有明显的树枝状晶内偏析组织外，基体中有大量严重
的疏松，不少疏松已构成大的形态不规则的孔洞。根据铜镍合金在高温下极易吸气的特性推测，疏松内
还可能充有大量的气体。

　　B19 是典型的 Cu-Ni 二元结构合金之一，具有优异的加工变形能力和耐蚀性能，加工成各种板带以
至箔材。

　　Cu-Ni 二元合金中，当 w（Ni）超过 15%以后，合金才逐渐呈现银白色。由于镍元素的加入，可在
保持高塑性的情况下，提高合金的高温和低温强度。合金的耐氧化、耐腐蚀能力和抗海水冲涮的能力都
很突出，合金的弹性好，易于进行冷、热加工，且易焊接，因此镍白铜在工业上应用较为广泛。

图　9-4-3　　　　　　　　120×

图　9-4-4　　　　　　　　120×

图　　号：9-4-3～9-4-5

材料名称：19白铜（B19）

浸 蚀 剂：硝酸高铁酒精溶液

处理情况：图9-4-3为冷轧板；图9-4-4为冷轧板低温退火（半硬状态）；图9-4-5为成品退火

组织说明：图9-4-3：经大加工率变形后的冷轧带组织。可见金属沿加工方向变形流动所形成的纤维状组织。晶粒已变成极细的条带，具有明显的方向性。合金已明显地被加工硬化，合金的硬度、强度升高，伸长率下降。

　　图9-4-4：冷轧板经低温退火后的显微组织。由于退火温度较低，纤维状组织依然存在，但在基体上已可见有少量极细小的再结晶晶粒的出现，此时合金加工硬化未被完全消除，但硬度已有所下降。

　　图9-4-5：为成品经完全退火的组织。纤维状组织完全消失，代之以具有孪晶的α单相再结晶晶粒。合金的加工硬化作用完全消失，合金的强度、硬度和塑性得到恢复。

　　B19有极好的塑性，软态的伸长率不小于35%。因合金具有一系列良好的特殊性能，故在机械制造、石油化工、造船、航空、电力电器等行业的重要部件得到广泛应用。

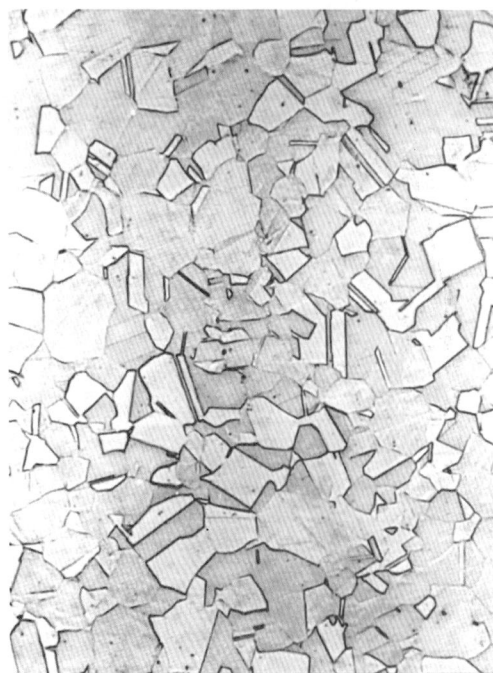

图　9-4-5　　　　　　　　120×

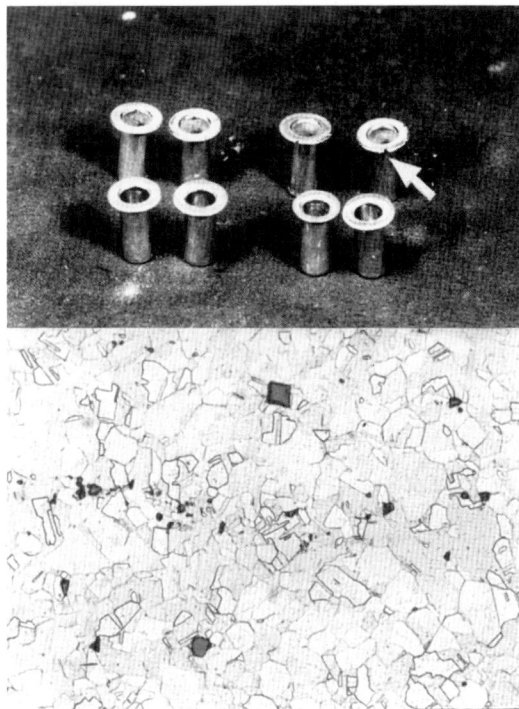

图　　号：9-4-6
材料名称：B19
浸 蚀 剂：图上部为实物，图下部为硝酸高铁酒精溶
　　　　　液浸蚀
处理情况：成品带材冷冲成形
组织说明：在成品带材冲制零件时发现有的零件出现
　　　　　裂边现象。如图上部白色箭头所指。经显微组织分
　　　　　析检查发现，材料再结晶完全，但凡有裂边者其内
　　　　　部均有数量不等的夹杂物存在，如图下部所示。图
　　　　　中深灰色块状物及形状不规则的灰黑色颗粒均是
　　　　　合金在溶炼铸造中除渣不净或脱氧不足而出现的
　　　　　夹杂物，从而导致产品的报废。铜与镍在元素周期
　　　　　表中位置相邻，原子半径差又很小，且同为面心立
　　　　　方结构，因此是典型的二者可以形成彼此无限固溶
　　　　　的无限固溶体。

图　　9-4-6　　　　　　　　　　上×1、下 200×

图　　号：9-4-7
材料名称：30 白铜（B30）
浸 蚀 剂：二氯化铜氨水溶液
处理情况：半连续铸造
组织说明：B30 是白铜中最常见的结构白铜之一。
具有很高的耐蚀性，特别是耐高速海水冲击腐蚀
能力。合金还具有优良的力学性能和压力加工性
能，主要用来制造冷凝管、蒸发器、热交换器和
各种高强耐蚀零件。在 B30 中加入 $w(Fe)0.5\%\sim$
1.0%和 w（Mn）为 $0.5\%\sim1.0\%$后，可进一步改
善合金的耐蚀性和力学性能而不增加新相。
　　本图为 B30 的铸造组织，由于铜镍合金固液
相线之间的距离较大且扩散较慢，因而在铸态下
为典型的树枝状偏析结晶组织。镍在铜中的扩散
速度很慢，因此 Cu-Ni 合金在铸态下呈明显的树
枝状组织，这种组织甚至可一直保持到热加工之
后，只有通过高温长时间保温的扩散退火，才可
以消除树枝偏析组织。

图　　9-4-7　　　　　　　　　　　　　　　50×

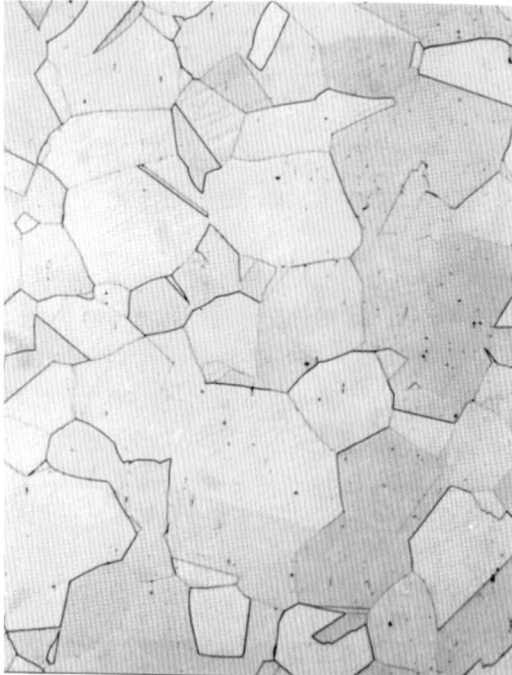

图　9-4-8　　　　　　　　　　　150×

图　9-4-9　　　　　　　　　　　200×

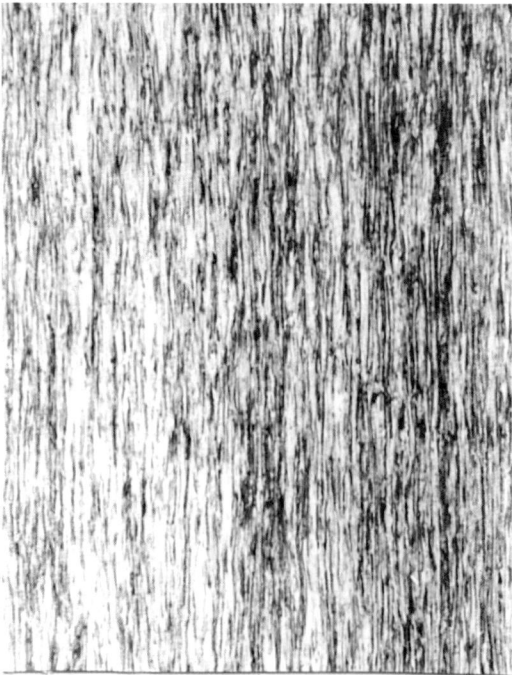

图　9-4-10　　　　　　　　　150×

图　号：9-4-8～9-4-10

材料名称：30白铜（B30）

浸蚀剂：硝酸高铁酒精溶液

处理情况：图9-4-8为挤压管材；图9-4-9为冷轧管；
图9-4-10为大加工率的冷轧管

组织说明：B30经挤压后其组织为具有孪晶的α单相
再结晶组织，见图9-4-8。此时合金的强度R_m不小
于380MPa，伸长率A不小于23%。

经冷轧后，晶粒及孪晶完全破碎变形并随
加工率的增大纤维状越来越严重，见图9-4-9、
图9-4-10，此时合金的强度R_m应不小于
550N/mm^2。

随着加工率的增大，合金的强度、硬度也随之
增加，而伸长率随之下降。此一现象，即是合金的
加工硬化效应。B30合金一般可制成板材、管材和
线材供货。

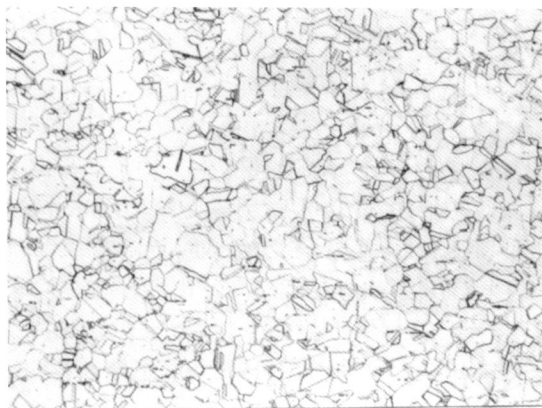

图 9-4-11 120×

图　　号：9-4-11

材料名称：30 白铜（B30）

浸 蚀 剂：硝酸高铁酒精溶液

处理情况：ϕ12mm×1.5mm 冷轧管于 600℃退火 30min

组织说明：B30 冷轧管经成品退火后加工变形的纤维状组织完全消失，代之以细小的具有孪晶的 α 单相再结晶等轴晶粒。合金此时具有较好的综合性能，属正常成品退火组织。

图　　号：9-4-12

材料名称：白铜［w（Ni）9.0%～11.0%，w（Mn）0.5%～1.0%，w（Fe）1.0%～1.5%，其余为 Cu］

浸 蚀 剂：氯化高铁盐酸水溶液

处理情况：冷轧后退火

组织说明：铸态树枝状偏析组织完全消失，代之以典型的 α 单相再结晶组织。晶粒内灰黑色细小点状可能为 Ni Mn 相或是富铁相。

　　由于退火温度稍高，故再结晶晶粒也稍粗大，通过冷轧后退火处理，消除了铸造时晶内偏析，得到了等轴的晶粒，合金得到良好的综合力学性能。

　　在 B10 白铜中，由于 w（Ni）小于 15%，因此合金的色泽仍为金黄铜色。

图 9-4-12 200×

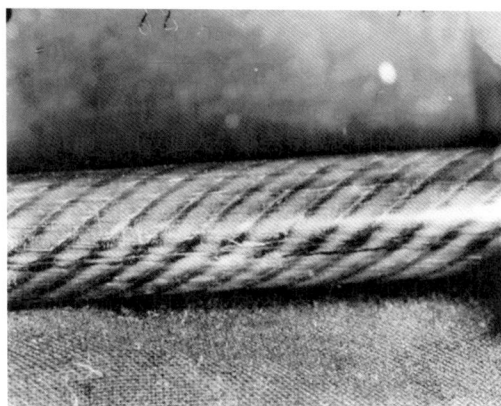

图 9-4-13 1×

图　　号：9-4-13

材料名称：30 白铜（B30）

浸 蚀 剂：实物

处理情况：ϕ14mm×1mm 冷轧管

组织说明：B30 管材在冷轧中由于轧辊调正不良，轧制时产生不均匀变形，出现与管材轴线成 45°方向的周期性的表面花纹，这种花纹若进一步加剧，则可发展成裂纹而使产品完全报废。管材在轧制中要制定正确轧制工艺，轧制变形量宜适当控制，不得过大。并调正好轧辊以保证制品在轧制中的均匀变形。

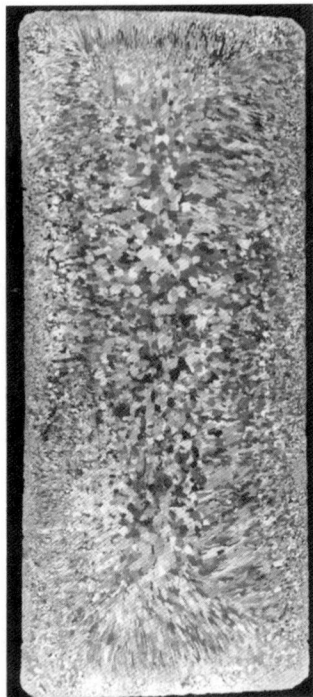

图　9-4-14　　　　　　　1/3×

图　　号：9-4-15

材料名称：15-20 锌白铜（BZn15-20）

浸　蚀　剂：60%磷酸电解液浸蚀（电压：1.5～2V，
　　　　　时间：3～5s）

处理情况：铸态

组织说明：是 α 单相合金，大量锌固溶于 α 相，凝
　　　　　固时固液相线之间的距离较大，故其铸造组织有
　　　　　明显的树枝状晶内偏析。由于枝干与枝间的化学
　　　　　成分有差异，故受浸蚀程度不同，因而显示出明
　　　　　显的凹凸浮雕形貌。

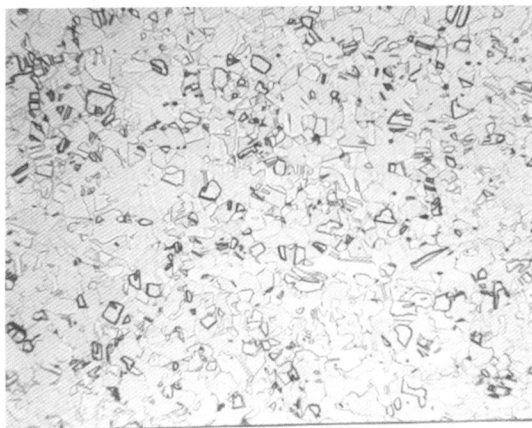

图　9-4-16　　　　　　　100×

图　　号：9-4-14

材料名称：15-20 锌白铜（BZn15-20）

浸　蚀　剂：40%硝酸酒精溶液

处理情况：半连续铸造扁锭

组织说明：BZn15-20 是一种常见的锌白铜，俗称德
　　　　　国银。锌能大量固溶于 Cu-Ni 二元合金中而产生
　　　　　固溶强化，锌的加入既减轻了比重又降低了成本，
　　　　　并具有美丽的银白色泽，增加了抗大气腐蚀的能
　　　　　力。BZn15-20 锌白铜能很好地进行冷、热加工，
　　　　　因此可用来制作精密仪器、医疗器械以及通讯工
　　　　　业、卫生工程的各种零件，也可制作弹性元件、
　　　　　食具及日用品。本图中的 BZn15-20 扁锭试片上显
　　　　　示了三个不同的结晶区，边部为细晶区，向里部
　　　　　分为柱状晶区，其余均为较粗的等轴晶区。

图　9-4-15　　　　　　　120×

图　　号：9-4-16

材料名称：15-20 锌白铜（BZn15-20）

浸　蚀　剂：硝酸高铁酒精溶液

处理情况：冷加工后 600℃×1h 退火

组织说明：合金经热冷加工及中温退火后，原来的
　　　　　树枝状偏析完全消失，得到的是细小的具有孪晶
　　　　　的等轴再结晶晶粒。此为合金成品正常退火组织。
　　　　　合金的抗拉强度 R_m 应不小于 300N/mm^2，伸长率
　　　　　A 不小于 30%。

图　9-4-17　　　　　　　　　　120×

图　　号：9-4-17
材料名称：13-3 铝白铜（BAl13-3）［w（Ni）12.0%～
　　15.0%，w（Al）2.3%～3.0%，w（Mn）0.5%，
　　w（Fe）1.0%，其余为 Cu］
浸 蚀 剂：氯化高铁盐酸丙酮溶液
处理情况：铸态
组织说明：由于铝的加入使铜镍合金有了籍 Ni₃Al 的
　　沉淀强化作用而有比 B30 还要高的力学性能，其
　　导热能力也高于 B30。耐蚀性则与 B30 相近，焊接
　　性能良好，可用来代替 B30 使用。图中为铸态下
　　的 BAl13-3 的显微组织，黑色树枝状为铝在合金中
　　的富集偏析。

图　　号：9-4-18
材料名称：13-3 铝白铜（BAl13-3）
浸 蚀 剂：硝酸高铁酒精溶液
处理情况：900~950℃加热挤压 φ24mm 棒材
组织说明：加热过程中由于铝在铜镍合金中的扩散
　　速度极慢，故虽经加热保温而合金凝固时所形成
　　的树枝状偏析依然没有消失，图上部为挤压棒的
　　横向显微组织。由于加工率不很大，故显示的组
　　织为树枝状被略加扭曲的图形；图下部为挤压棒
　　的纵向显微组织，可见树枝状偏析沿加工方向流
　　动变形的图形。

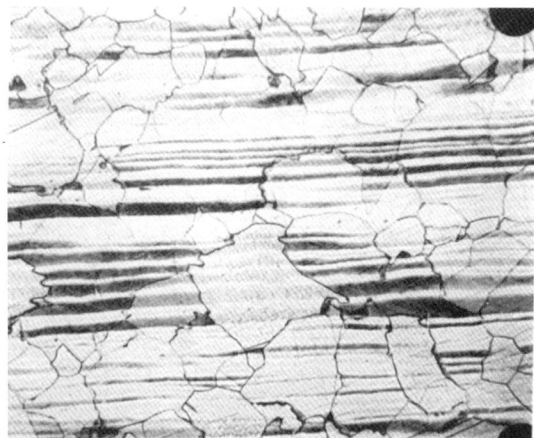

图　9-4-18　　　　　　　　　上 50×、下 200×

图　　号：图 9-4-19
材料名称：13-3 铝白铜（BAl13-3）
浸 蚀 剂：硝酸高铁酒精溶液
处理情况：热轧板
组织说明：合金经加热轧制已形成等轴的晶粒，但
　　铸态的树枝状偏析仍未完全消失，而沿加工方向
　　呈一条条平行的深灰色带状分布。用电子探针作
　　微区扫描分析的结果也表明，深色带中的含铝量
　　明显高于白色基体。

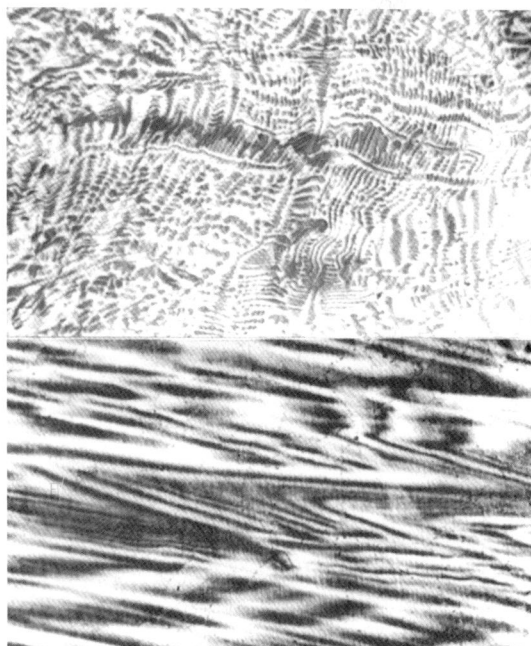

图　9-4-19　　　　　　　　　　120×

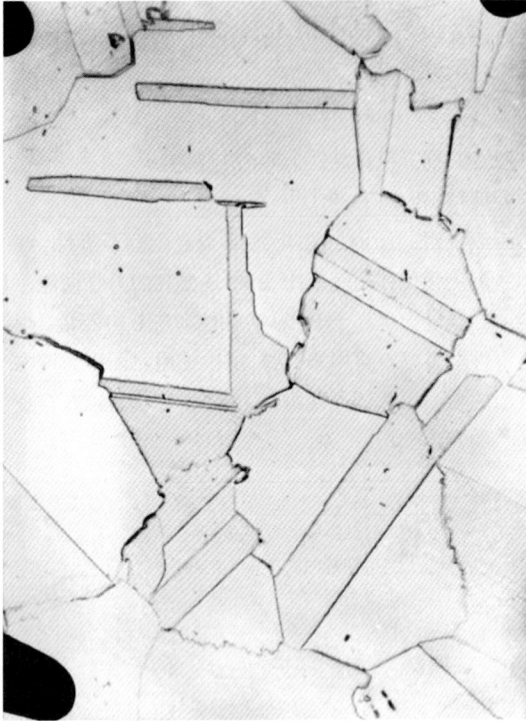
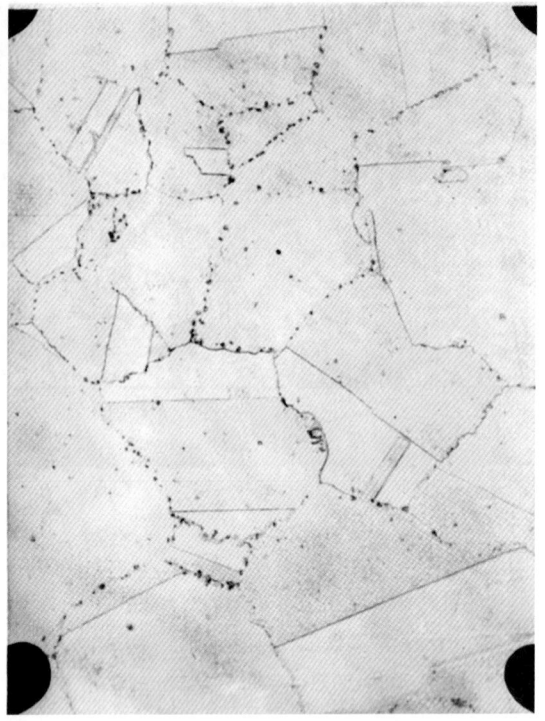

图　9-4-20　　　　　　　　450×　　　图　9-4-21　　　　　　　　450×

图　　号：9-4-20、9-4-21

材料名称：13-3 铝白铜（BAl13-3）

浸 蚀 剂：硝酸高铁酒精溶液

处理情况：图 9-4-20 为热轧板经 950℃×1h 后水冷淬火；

　　　　　图 9-4-21 为淬火后在 400℃×2h 回火

组织说明：合金经高温加热保温，树枝状偏析终于消除。

　　图 9-4-20：淬火组织，此时晶粒等轴方向性消失，有明显的再结晶孪晶。α 相的基体上除有极少量杂质点外已完全固溶为成分均匀单一的 α 相过饱和固溶体。

　　图 9-4-21：淬火后经 400℃×2h 回火后的显微组织。可见晶界首先有细微的 Ni_3Al 质点析出，晶内的沉淀析出物极难分辨。合金的力学性能由热加工时的 R_m 350～380N/mm^2，A 20%，经淬火回火后抗拉强度 R_m 可达 800～900N/mm^2，伸长率 A 5%。

　　铝能显著地提高铜镍合金的强度和耐蚀性，但其冷加工性能变差。由于铝在白铜中的固溶度不大，随着温度下降，溶解度减小，并析出极细小鸠灰色粒点的 θ 相（Ni_3Al）及 β 相（$NiAl_2$），引起合金的明显沉淀硬化效应，使合金的硬度及强度明显上升。

图　　号：9-4-22

材料名称：13-3 铝白铜（BAl 13-3）

浸 蚀 剂：图上部为 40%硝酸水溶液浸蚀，图下部为实物

处理情况：半连续铸锭于 900~950℃下加热退火

组织说明：BAl13-3 在半连续铸造中有较大的铸造应力。本图上部铸锭在加热前尚未检查出有裂纹存在，但经加热后由于存在较大的铸造内应力而造成铸锭产生严重中心开裂。下图为此铸锭的折断断口，可以看到断口处大部分已经严重氧化成黑色，说明裂纹是在加热过程中产生或加热前业已出现。

图　9-4-22　　　　　　　上 1/3×、下 1/2×

图　　号：9-4-23

材料名称：13-3 铝白铜（BAl13-3）

浸 蚀 剂：图上部为实物；图下部为硝酸高铁酒精溶液浸蚀

处理情况：挤压棒

组织说明：此为加热后铸锭中心发生开裂的锭坯所挤压出来的棒材，棒材的表面及中心均出现大量严重裂纹。下图为裂纹处的显微组织。可以明显看出裂纹发生于铸造晶粒的边界，裂纹两边有位相不同的树枝状晶内偏析并因变形而扭曲的花纹。

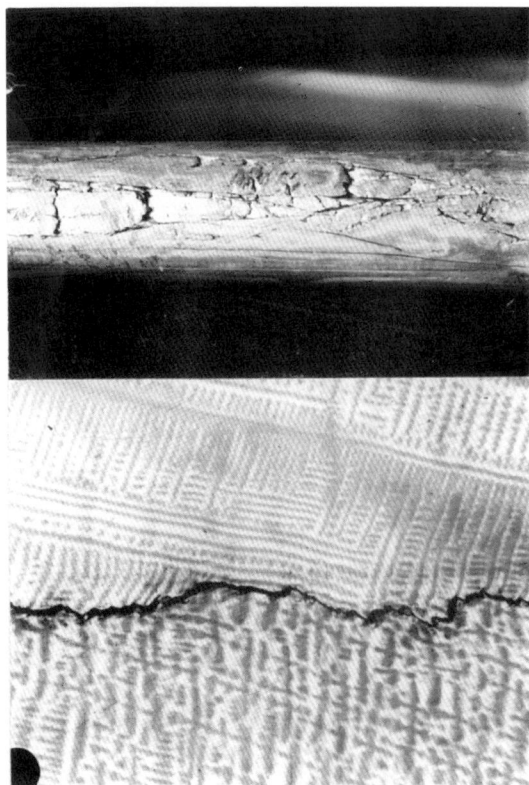

图　9-4-23　　　　　　　上 1×、下 100×

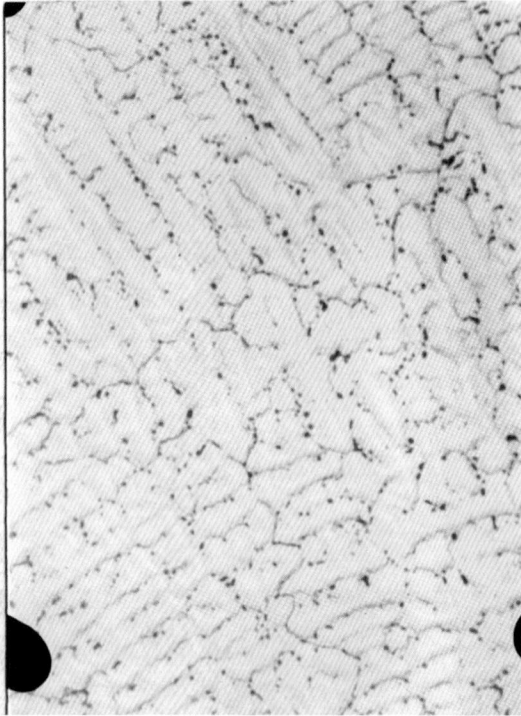

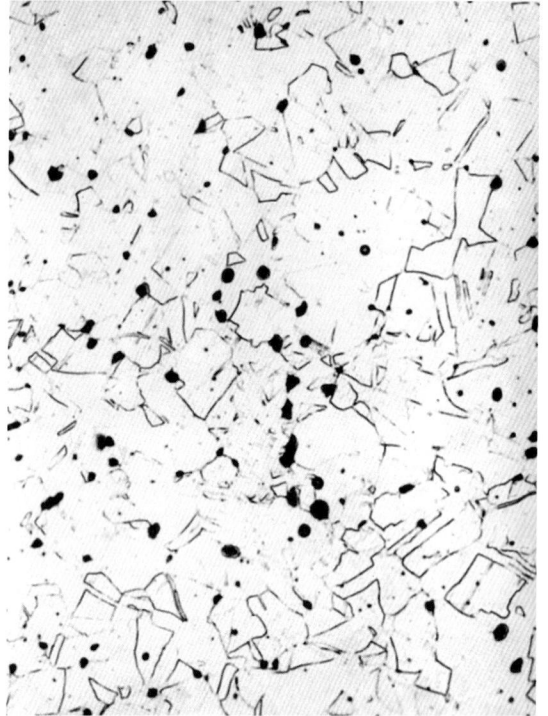

图 9-4-24　　　　　　　　　　120×　　图 9-4-25　　　　　　　　　　250×

图　　号：9-4-24、9-4-25

材料名称：17-18-2.0 铅白铜（BZn17-18-2）

浸 蚀 剂：硝酸高铁酒精溶液

处理情况：图 9-4-24 为铸造扁锭；图 9-4-25 为冷轧板退火

组织说明：图 9-4-24：铸态铅白铜（BZn17-18-2）的显微组织。为显示铅的分布及形貌特征，故浸蚀较浅，可见大量铅相呈细小颗粒状分布于枝晶间。此类合金具有美丽的银白色泽，合金耐大气腐蚀。由于大量铅的存在经机械加工后工件可获得极光洁的表面，故多用于精密仪器、手表及装饰材料。由于此材料会出现热脆缺陷，本合金仅能经均匀化退火后作冷变形加工。

　　　　图 9-4-25：经冷轧后的成品退火组织。可见 α 相基体树枝状偏析完全消失，代之以具有退火孪晶的再结晶组织。铅相略有聚集而成较大颗粒，分布基本均匀。

第10章
铝及铝合金

　　铝合金除了具有密度小、塑性好、比强度高、耐蚀性和导电性好等优良特性外，还具有良好的力学性能和工艺性能。因此，在工业上仅次于钢铁而得到广泛的应用。

　　铝合金通常按性能、用途和热处理特性或合金系列来分类。如图 10-1，合金元素总含量低于 D 点时，当合金加热到一定温度后可形成单相 α 固溶体，塑性好，便于加工，故称为变形铝合金。合金元素总量大于 D 点，由于出现共晶组织，其性能差，但液态流动性好，适用于铸造，称为铸造铝合金。

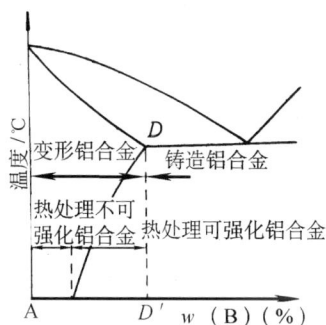

图 10-1　铝合金分类示意图

　　铸造铝合金通常根据主要添加元素分为各种不同系列。按国家标准 GB/T 1173—1995 规定分为 Al-Si 合金、Al-Cu 合金、Al-Mg 合金和 Al-Zn 合金等四大类。

　　变形铝合金中，按合金成分又可分为可热处理强化铝合金和不可热处理强化铝合金。按性能和用途还可分为防锈铝合金、硬铝、锻铝和超硬铝等。

第1节　铸造铝合金

1. Al-Si 系合金

　　此系列合金中一般 w（Si）为 5%～13%，属于亚共晶和共晶型合金，它具有良好的铸造性能，抗腐蚀性能高，力学性能较好，而且密度小。此系列合金还分为简单的 Al-Si 二元合金和二元合金中加入铜、镁等合金元素，形成复杂的 Al-Si 系合金，由于合金中形成了 Al_2Cu、Mg_2Si、S（Al_2MgCu）和 ω（AlCuMgSi）等可热处理强化相，使复杂的 Al-Si 系合金不仅有良好的铸造性、耐蚀性和耐热性，而且还有相当高的强度，从而扩大了 Al-Si 系合金在工业上的应用。Al-Si 系合金的牌号（代号）及化学成分见表 10-1-1。

表 10-1-1 Al-Si 系合金的牌号（代号）及化学成分

合金牌号	合金代号	主要化学成分（质量分数，%）						
		Si	Mg	Cu	Zn	Mn	Ti	其 他
ZAlSi7Mg	ZL101	6.5~7.5	0.25~0.45					
ZAlSi7MgA	ZL101A	6.5~7.5	0.25~0.45				0.08~0.20	
ZAlSi12	ZL102	10~13.0						
ZAlSi9Mg	ZL104	8~10.5	0.17~0.35			0.2~0.50		
ZAlSi5Cu1Mg	ZL105	4.5~5.5	0.4~0.6	1.0~1.50				
ZAlSi5Cu1MgA	ZL105A	4.5~5.5	0.4~0.55	1.0~1.50				
ZAlSi8Cu1Mg	ZL106	7.5~8.5	0.3~0.5	1.0~1.50		0.3~0.5	0.10~0.25	
ZAlSi7Cu4	ZL107	6.5~7.5		3.5~4.5				
ZAlSi12Cu2Mg1	ZL108	11~13.0	0.4~1.0	1.0~2.0		0.3~0.90		
ZAlSi9Cu1Mg1Ni1	ZL109	11~13.0	0.8~1.3	0.5~1.5				Ni0.8~1.50
ZAlSi5Cu6Mg	ZL110	4.0~6.0	0.2~0.5	5.0~8.0				
ZAlSi9Cu2Mg	ZL111	8~10.0	0.4~0.60	1.3~1.80		0.1~0.35	0.1~0.35	
ZAlSi7Mg1A	ZL114A	6.5~7.5	0.45~0.60				0.1~0.20	Be0.04~0.07
ZAlSi5Zn1Mg	ZL115	4.8~6.2	0.4~0.65		1.2~1.80			Sb0.1~0.25
ZAlSi8MgBe	ZL116	6.5~8.5	0.35~0.55				0.1~0.30	Be0.15~0.40

简单的 Al-Si 二元共晶型合金（ZL102），虽然具有良好的铸造性能、无裂纹倾向、线收缩小、气密性好，而且还具有良好的耐蚀性，但吸气倾向大，易形成针孔。合金的力学性能，特别是塑性在很大程度上决定于共晶硅的分布形态和细化程度。在铸态下为 α+Si 共晶组织，硅呈粗大的针状和可能出现的多角状初晶硅，对力学性能有不利的影响，强度和塑性较低，只适用于制作小负荷壳体类零部件。采用特殊的铸造工艺，使过量的硅（w（Si）17%左右）细化并均匀分布，用于制造发动机活塞，可提高耐磨性，大大提高了使用寿命。

简单的 Al-Si 二元合金不可通过热处理强化，只能通过钠盐或磷等元素进行变质处理，使粗大的共晶硅变细，以改善合金的力学性能和加工性能。

在简单的 Al-Si 二元合金中添加一定数量的铜、镁等合金元素，即可成为复杂的 Al-Si 二元合金，可使合金性能得到很大的改善。加入镁、铜形成的 Al-Si-Mg 和 Al-Si-Cu-Mg 合金在铸造条件下的组织，除 α 基体和 α+Si 二元共晶外，还可能有 α+Si+Mg$_2$Si、α+Si+Al$_2$Cu、α+Si+ω（Al$_x$Cu$_4$Mg$_5$Si$_4$）等三元共晶体和 α+Si+Mg$_2$Si+Al$_2$Cu、α+Si+Mg$_2$Si+Al$_2$Cu+ω（Al$_x$Cu$_4$Mg$_5$Si$_4$）等四元和五元共晶体存在。因此，大都是在淬火时效状态下使用。合金淬火后经 150~175℃人工时效，其强度和硬度得到明显的提高，而伸长率有所下降。Al-Si-Cu-Mg 合金固溶处理后在 165~180℃时效时，过饱和固溶体分解产物主要是 G—P$_{II}$区，可达到最大程度的强化，这时的组织变化只能用电子显微镜才能观察到。当时效温度过高时出现 β 相和 θ 相，最终形成 β 相和 θ 相平衡相，使合金强度下降。复杂 Al-Si 系合金的热处理规范及其力学性能见表 10-1-2。

表 10-1-2 Al-Si 系合金的热处理规范及其力学性能

合金代号	铸造方法[①]	合金状态[②]	固溶处理			时效处理			力学性能（不低于）		
			加热温度/℃	保温时间/h	冷却介质	加热温度/℃	保温时间/h	冷却介质	R_m/(N/mm²)	A(%)	HBW(5/250/30)
ZL101	SB、RB、KB	T6	535±5	2～6	60～100℃水	200±5	3～5	空冷	222	1	70
ZL101A	S、R、J	T6	525±5	2～6	60～100℃水	200±5	3～5	空冷	230	3	75
ZL102	SB、J	F							143～153	4～2	50
ZL104	J、JB	T6	535±5	3～6	60～100℃水	175±5	5～10	空冷	231	2	70
ZL105	S、R、K	T6	525±5	3～4	60～100℃水	180±5	3～5	空冷	222	0.5	70
ZL105A	SB、R、K	T5	525±5	3～4	60～100℃水	160±5	3～5	空冷	271	1	85
	J、JB								290	2	85
ZL106	SB、JB	T6	515±5	5～12	60～100℃水	175±5	6～8	空冷	241～261	1～2	70～90
ZL107	SB、J	T6	515±5	8～10	60～100℃水	155±5	6～8	空冷	241～271	2.5～3	90～100
ZL108	J	T6	515±5	3～8	60～100℃水	205±5	6～10	空冷	251		90
ZL109	J	T6	515±5	8～10	60～100℃水	155±5	6～8	空冷	241		100
ZL110	J	T1	—	—		210±5	10～16	空冷	170	—	90
ZL111	J、JB	T6	515±5 再 520±5	4～6 6～8	60～100℃水	175±5	6～8	空冷	310	2	100
ZL114A	J	T5	535±5	10	60～100℃水	室温再160	4～8	空冷	300	4	80
ZL115	S、J	T5	540±5	10～12	60～100℃水	150	3～5	空冷	271～310	5	100
ZL116	S、J	T5	535±5	10	60～100℃水	175±5	6	空冷	290～330	2～4	85～90

① S—砂型铸造；J—金属型铸造；R—熔模铸造；K—壳型铸造；B—变质处理。

② F—铸态；T5—固溶＋不完全人工时效；T6—固溶＋完全人工时效，T1—不固溶处理的自然时效。

在 Al-Si-Cu-Mg 合金的基础上加入镍后，合金中形成 Al_3Ni、$Al_3(CuNi)_2$、Al_6Cu_3Ni 和 AlFeMgSiNi 等化合物。当出现成分偏析时，局部还可能出现 Al_2Cu、AlFeSiNi 等相。在淬火加热时 Al_2Cu 相全部溶入 α 中，而 Mg_2Si 相不能全部固溶而有残留呈黑色圆形状存在。$Al_3(CuNi)_2$ 相部分残留成支离破碎状，其他各相也有不同程度的钝化和集聚现象。由于合金中增加了 Al_3Ni、$Al_3(CuNi)_2$ 等含镍化合物，提高了合金的耐热性。

合金中添加少量的钛、锆、硼，可形成细小的 Al_3Ti、Al_3Zr 等化合物，作为 Al 固溶体的结晶核心，细化晶粒，减轻缩松和热裂倾向，可提高热稳定性和改善高温性能。合金中加入微量的铍，可提高高温合金液的抗氧化能力，减少铝液的氧化和气孔，但含铍量过多，会使合金晶粒粗化，降低塑性，增加热裂倾向。

铁是降低 Al-Si 系合金力学性能的主要元素。铁在合金中形成 α（$Al_{12}Fe_3Si$）相或者 β

（$Al_9Fe_2Si_2$）相等不溶杂质相，尤其是针状 β ($Al_9Fe_2Si_2$)相，随着含铁量的增加而长大，显著降低力学性能，其危害甚大。针状 β ($Al_9Fe_2Si_2$)相的出现形态和大小还取决于冷却速度和含锰量。锰可使针状 β （$Al_9Fe_2Si_2$）相转化为枝叉形或骨骼状的 AlFeMnSi 相，从而降低铁的有害作用，提高合金的力学性能。

　　Al-Si 系合金强化元素含量较少，淬火加热温度距共晶点较远，一般固溶处理时不易过烧，如果固溶温度过高产生过烧时，组织中将出现复熔球、晶界熔化和硅相聚集长大等特征。

2. Al-Cu 系合金

　　该系合金中 w（Cu）在 4%～11% 之间，可热处理强化，主要强化相是 θ（Al_2Cu）。合金中加入少量的镁和锌，还可形成 S（Al_2CuMg）相或 T（AlCuZn）相等强化相可补充强化。该系合金在室温和高温下都具有高的力学性能，是发展高强度、高耐热性铸铝合金的基础。Al-Cu 系合金的牌号（代号）、主要化学成分、热处理规范和特性见表 10-1-3～表 10-1-5。

表 10-1-3　Al-Cu 系合金的牌号（代号）和主要化学成分

合金牌号	合金代号	主要化学成分（质量分数，%）						
		Si	Cu	Mg	Zn	Mn	Ti	其 他
ZAlCu5Mn	ZL201		4.5～5.3			0.6～1.0	0.15～0.35	
ZAlCu5MnA	ZL201A		4.8～5.3			0.6～1.0	0.15～0.35	
ZAlCu4	ZL203		4.0～5.0					
ZAlCu5MnCdA	ZL204A		4.6～5.3			0.6～0.9	0.15～0.35	Cd0.15～0.25
ZAlCu5MnCdVA	ZL205A		4.6～5.3			0.3～0.5	0.15～0.35	Cd0.15～0.25 V0.05～0.3 Zr0.05～0.2 B0.005～0.06
ZAlRE5Cu3Si2	ZL207	1.6～2.0	3.0～3.4	0.15～0.25	Zr0.15～0.25	0.9～1.2	RE4.4～5.0	Ni0.2～0.3

表 10-1-4　Al-Cu 系合金的代号、主要特性及用途

合金代号	主 要 特 性	用 途 举 例
ZL201	铸造流动性差，形成热裂和缩孔倾向大，气密性低，线收缩大，但吸气倾向小。可热处理强化，力学性能和耐热性高，焊接和加工性能良好，但耐蚀性能差	适用于 300℃ 或 -70℃ 下高负荷工作，形状不太复杂的零件，用途较广
ZL201A	化学成分与性能和 ZL201 基本相同，但杂质较少，其性能也优于 ZL201 合金	主要用于高强度零件
ZL202[①]	铸造性能差，流动性、收缩与气密性均为一般，热裂倾向大，吸气倾向小，热处理强化效果差，但熔炼简单，不需要变质处理，有优良的加工性和焊接性，耐热性较好，但耐蚀性差，密度大	适用于小型低负荷在 250℃ 以下工作的零件，如小型内燃发动机活塞、气缸头等
ZL203	铸造性能差，流动性低，热裂、收缩和线收缩倾向大，但吸气倾向小，可热处理强化，不需要变质处理，焊接和加工性良好，但耐蚀性差，耐热性不高	用于形状简单、承受中等静载荷或冲击载荷、200℃ 以下工作的零件，如曲轴箱、支架等
ZL204	添加少量镉可加速合金人工时效，加入少量钛可细化晶粒，降低合金中有害杂质可获得 R_m 达 437N/mm² 的高强度耐热合金，但铸造工艺性差，一般适用于砂型铸造	适用于受力零件耐热的优质铸件，可代替一般铝锻件
ZL205A	在 ZL201 基础上加入钒、锆、硼等元素，提高合金热强性，加入少量镉可改善人工时效效果，能使铸件强度 R_m 达到 437N/mm² 以上，合金耐热性高于 ZL204A	适用于受力零件耐热的优质铸件，可代替一般铝锻件
ZL207A	合金除有较高的稀土外，还含有铜、硅、锰、镍、镁、锆等元素，耐热性好，可在 400℃ 下长期工作。铸造性能好，针孔倾向较小，气密性高，不易产生热裂和疏松，但室温力学性能较低，成分复杂	适用于形状复杂受力不大的高温下工作的零件

　① ZL202 在 GB 1173—1983 标准中有，但在 GB/T 1173—1995 标准中没有，仅供参考。

表 10-1-5　Al-Cu 系合金的代号、热处理规范及力学性能

合金代号	铸造方法	合金状态	固 溶 处 理			时 效 处 理			力学性能　不低于		
			加热温度/℃	保温时间/h	冷却介质	加热温度/℃	保温时间/h	冷却介质	R_m /(N/mm²)	A (%)	HBW (5/250/30)
ZL201	S、R、J、K	T5	530±5 再 540±5	6～9 5～9	60～100℃ 水	175±5	3～5	空冷	330	4	90
ZL201A	S、R、J、K	T5	530±5 再 540±5	6～9 5～9	60～100℃ 水	155±5	8～10	空冷	388	8	100
ZL202	S、J	T6	510±5	12	60～100℃ 水	155±5 (S) 175±5 (J)	10～14 7～14	空冷	163		100
ZL203	S、R、J、K	T5	515±5	10～15	60～100℃ 水	150±5	2～4	空冷	212～222	3	70
ZL204A	S	T6	538±5	12～18	60～100℃ 水	175±5	3～5	空冷	437	4	100
ZL205A	S	T6	538±5	12～18	60～100℃ 水	175±5	4～6	空冷	467	3	140
ZL207	S、J	T1①				200±5	5～10	空冷	163～173		75

① T1——不固溶处理的人工时效。

Al-Cu 合金中的锰作为主要元素加入，锰和铜形成 T（Al₁₂CuMn₂）相，又称 Tmn 相，有很高的热稳定性，同时固溶在 α 中的锰可降低原子扩散速度，延缓时效过程，改善耐热性，强化合金基体和晶界，还可限制固溶处理时晶粒长大，改善耐蚀性。当合金中 w（Mn）大于 1% 时，组织中易出现不溶的初生 Tmn 相，又称一次 Tmn 相使合金强度降低，脆性增加。化学成分相当于 ZL201 的合金在不平衡结晶时，会形成 α＋T（Al₁₂CuMn₂）包晶和 α＋θ＋T 三元共晶（547.5℃）。w（Mn）为 0.8% 左右的合金，有少量一次 Tmn 相呈不连续网状分布于晶粒边界。对于含锰量低的 ZL205A 合金，则锰几乎全部溶入 α 固溶体。微量的镉能急剧提高合金的屈服强度，降低伸长率。当 w（Cd）超过 0.3% 时，因晶界存在较多的低熔点游离镉易引起铸件淬火开裂。

ZL204A 和 ZL205A 合金淬火温度为 538℃±5℃，其上限相当于 α＋θ＋Cd 三元共晶点 543℃，当超过规定温度时因过烧使合金性能很快下降。反之 θ（Al₂Cu）相溶解不完全，性能也低。ZL205A 合金过烧时组织中出现复熔物，晶界加宽，晶粒长大和晶内 Tmn 相聚集，并有空白区等特征。

ZL203、ZL201 和 ZL205A 合金三者之间的主要差别是晶粒粗细，基体中弥散黑色质点 T（Al₁₂CuMn₂）相数量、分布特征和晶间化合物、杂质的数量不同。ZL201 和 ZL205A 合金淬火加热过程中析出的二次 Tmn 相呈弥散分布。

合金中主要杂质元素铁、硅形成 Al₇Cu₂Fe、AlCuFeMn 和 Al₁₀SiMn₂ 等不溶脆性相，对合金塑性、韧性危害较大。此类杂质相还会在合金中形成低熔点共晶体 α＋θ＋Al₁₀SiMn₂（525℃）、α＋θ＋S（Al₂CuMg）（507℃），可显著降低合金的过烧温度，并减少主要强化元素铜的固溶量。所以组织中不希望有过多的不溶杂质脆性相存在。

3. Al-Mg 系合金

Al-Mg 系合金是铝合金中密度最小、耐蚀性最高的合金，突出的表现在抗电化学腐蚀方

面，因在淬火状态下成为单相 α，即使有 Mg_2Si 相存在，由于其电极电位较 α 相低成为阳极，电化学腐蚀过程中 Mg_2Si 相不断蚀耗，使铸件表面形成单相 α 而使腐蚀终止。但此合金的铸造性能差，熔炼工艺复杂，热强性能低，含镁量高的合金有长期使用"变脆"的现象。所以其使用受到一定的限制，不如 Al-Si 系合金那么普遍。其牌号（代号）、化学成分、力学性能、热处理工艺和主要特性见表 10-1-6～表 10-1-8。

表 10-1-6　Al-Mg 系合金的牌号（代号）、主要添加元素

合金牌号	合金代号	主要添加元素（质量分数，%）				
		Mg	Zn	Ti	Si	其他
ZAlMg10	ZL301	9.5～11.0				
ZAlMg5Si1	ZL303	4.5～5.5			0.8～1.30	Mn0.1～0.4
ZAlMg8Zn1	ZL305	7.0～9.0	1.0～1.5	0.1～0.20		Be0.03～0.10

表 10-1-7　Al-Mg 系合金的代号、主要特性及用途

合金代号	主 要 特 性	用 途
ZL301	铸造性能差，易产生显微疏松，气密性低，收缩率和吸气倾向大。可热处理强化，具有高的强度和良好的塑性、韧性，有自然时效倾向。长期使用塑性下降，有"脆性"出现和应力腐蚀倾向。有良好的加工性能和抛光性能。在海水和大气等介质中有很高的耐蚀性，但焊接性能较差，熔炼中易氧化	适用于承受高静载荷和冲击载荷的在大气或海水等介质中工作的温度低于 200℃ 的形状简单的零件，如水上飞机和船舶配件
ZL303	耐蚀性高，铸造流动性一般，有氧化、吸气、形成缩孔和热裂的倾向。收缩率大，热处理强化不明显，高温性能比 ZL301 好，有良好的加工性能和抛光性能，焊接性能较 ZL301 有明显改善，熔炼中易氧化和吸气	可用于腐蚀介质和 220℃ 下工作的承受中等负荷的船舶、航空等零件，如发动机气缸头等
ZL305	它是 ZL301 的改型合金，针对 ZL301 合金不足之处，降低 Mg 含量加入 Zn 及少量 Ti，提高合金的自然时效稳定性和抗应力腐蚀能力。合金中加入少量 Be，可防止在熔炼和铸造过程中的氧化现象。合金的其他特性与 ZL301 相似	用途与 ZL301 基本相同，但人工时效高于 150℃ 时，有大量的强化相析出，使塑性下降，应力腐蚀加剧，所以工作温度应小于 100℃

表 10-1-8　Al-Mg 系合金的代号、热处理规范及力学性能

合金代号	铸造方法	合金状态[①]	固 溶 处 理			时 效 处 理		力学性能(不低于)		
			加热温度/℃	保温时间/h	冷却介质	加热温度/℃	保温时间/h	R_m/(N/mm²)	A(%)	HBW(5/250/30)
ZL301	S、J、R	T4	430±5	12～20	沸水或50～100℃油	室温	≥24	280	9	60
ZL303	S、J、R、K	F						143	1	55
ZL305	S	T4	490±5	6～8	60～100℃水	室温	≥24	290	8	90

① T4——固溶处理+自然时效。

镁在铝中有很大的溶解度，且两者原子半径相差悬殊，因而有高的固溶强化作用，使力学性能显著增加。在 ZL301 合金的铸态组织中，有沿晶分布的白色不定形 β（Al_8Mg_5）相存在，经淬火处理后 β（Al_8Mg_5）相完全溶入基体，呈过饱和状态，不仅有固溶强化效果，塑性也显著增加。淬火后的组织除 α 固溶体外，还有少量的不溶杂质相 Mg_2Si 和 Al_3Fe 等存在。

在自然时效或人工时效后，过饱和固溶体分解形成粗大脆性 β（Al_8Mg_5）相质点，特别是沿晶析出时，会使力学性能和耐蚀性能恶化。所以该系合金应避免时效处理，使用温度也限制在 80℃ 以下。当 w（Mg）大于 12% 时，形成的粗大 β（Al_8Mg_5）相不能完全溶入 α 固溶体中，使力学性能明显降低，而且 β（Al_8Mg_5）相的电极电位（-1.24V）与 α（-0.87V）相差较大，使合金的耐蚀性迅速下降，当 β（Al_8Mg_5）相沿晶呈网状分布时，容易引起晶界腐蚀。

在合金中加入 w（Zn）为 1%～1.5% 后，同时溶入 α 相和 β（Al_8Mg_5）相，会降低镁原子的扩散能力，阻碍 β（Al_8Mg_5）相析出，抑制了合金自然时效，使析出 β（Al_8Mg_5）相呈不连续分布，从而显著地提高了合金的抗应力腐蚀能力。合金中加入少量的硅（ZL303），使组织中出现 α+Mg_2Si 共晶体，以改善合金铸造性能，降低缩松和热裂倾向。添加微量铍和钛，是为了减少氧化和细化晶粒。由于上述少量元素的加入，使显微组织中还会出现沿晶分布的骨骼状或分叉状的 Mg_2Si、白色块状的 Al_3Ti 和灰色片状的 Al_3Fe 等组成相。

4. Al-Zn 二元系合金

锌在铝中有很大的溶解度，在铸造冷却凝固过程中不发生分解，可获得相当的固溶强化，在室温或人工时效下强化相沉淀析出，使合金的性能得到进一步的提高。Al-Zn 系合金的牌号（代号）、主要添加元素、特性和用途以及其热处理规范和力学性能分别见表 10-1-9、表 10-1-10、表 10-1-11 所示。ZL401 合金中含有 w（Si）为 6%～8% 和少量镁，其性能与 ZL101 合金相似，具有良好的铸造性能和线收缩小的优点。一部分镁溶入 α 相中外，另一部分镁与硅形成 Mg_2Si 相存在于组织中。

表 10-1-9　Al-Zn 系合金的牌号（代号）和主要添加元素

合金牌号	合金代号	主要添加元素（质量分数，%）				
		Si	Mg	Zn	Ti	Cr
ZAlZn11Si7	ZL401	6.0～8.0	0.1～0.30	9.0～13.0		
ZAlZn6Mg	ZL402		0.5～0.65	5.0～6.5	0.15～0.25	0.4～0.60

铸造状态下合金的组成相除 α、硅和 Mg_2Si 等相外，还有少量有害的黑色针状 β（$Al_9Si_2Fe_2$）相。Mg_2Si 相由于其含量较低，组织中往往不易发现。

表 10-1-10　Al-Zn 系合金的代号、主要特性及用途

合金代号	主 要 特 性	用 途 举 例
ZL401	铸造性和流动性好，缩孔和热裂倾向小，线收缩小，铸态下具有固溶时效强化能力，焊接和加工性能良好，但吸气倾向较大，需变质处理。耐蚀性低，密度大。适用于压力铸造	适用于大型复杂的承受高的静载荷的 200℃ 以下工作的零件，如汽车压铸零件
Zl402	铸造性尚可，流动性和气密性良好，缩松和热裂倾向小，铸态下具有固溶时效强化能力，在 -70℃ 下仍可保持良好的力学性能，有良好的耐蚀性和抗应力腐蚀性能。加工性能好，时效后尺寸稳定，但密度大	适用于承受高载受和冲击载荷的零件，或有腐蚀介质和尺寸稳定性高的零件，如压缩机活塞、精密仪表零件等

表 10-1-11　Al-Zn 系合金的代号、热处理规范及力学性能

合金代号	铸造方法	合金状态	时 效 处 理			力学性能　不低于		
			加热温度/℃	保温时间/h	冷却介质	R_m /(N/mm²)	A（%）	HBW (5/250/30)
ZL401	S、R、K	T1	200±10	5～10	空冷	192	2	80
	J					241	1.5	90
ZL402	J	T1	180±10	8～10	空冷	231	4	70
	S					222	4	65

在 Al-Zn 二元合金中加入少量的钛、铬等元素，形成细小的 Al_7Cr 和 Al_3Ti 相，可细化晶粒。铁和硅是 ZL402 合金中的主要杂质，可形成 α（$Al_{12}Fe_3Si$）相。铬可溶入 α（$Al_{12}Fe_3Si$）相中取代部分铁而成为 $Al_{12}(CrFe)_3Si$ 相，降低 α（$Al_{12}Fe_3Si$）相的有害影响。所以，ZL402 合金在铸态下除 α、Mg_2Si 相外，还有 Al_7Cr、Al_3Ti、$Al_{12}(CrFe)_3Si$ 等相。Al_7Cr 相形态呈浅灰色大块组成物，经体积分数为 0.5% 的 HF 水溶液浸蚀后稍呈灰色，而 $Al_{12}(CrFe)_3Si$ 相呈浅灰色骨骼状。

铸造铝合金的金相图片见图 10-1-1～图 10-1-187。

第2节　变形铝合金

1. 工业纯铝

工业纯铝中 w（Al）一般在 98.8%～99.99% 之间。工业纯铝中的主要杂质为铁和硅。当铝中铁和硅的含量很少时，硅可溶入基体，而铁形成针状或细条状 Al_3Fe 相。当其含量较多时，可形成三元化合物，若含铁量大于含硅量时，可形成不定形片状或骨骼状的 α（$Al_{12}Fe_3Si$）相。含硅量大于含铁量时，则形成针状或细条状 β（$Al_9Si_2Fe_2$）相。

工业纯铝中可能出现的 Al_3Fe、α（$Al_{12}Fe_3Si$）相、β（$Al_9Si_2Fe_2$）相和共晶硅等杂质相的存在，严重地降低塑性和抗腐蚀性能，对工艺性能和力学性能也有明显的影响。工业纯铝的牌号（代号）、化学成分以及主要特性和用途分别见表 10-2-1 及表 10-2-2。

表 10-2-1　工业纯铝的牌号（代号）及化学成分

牌号	代号	化学成分（质量分数，%）							
		Cu	Mg	Mn	Si	Ti	Fe	Zn	Al
1070A	L1	0.03	0.03	0.03	0.20	0.03	0.25	0.07	99.7
1060	L2	0.05	0.03	0.03	0.25	0.03	0.35	0.05	99.6
1050A	L3	0.05	0.05	0.05	0.25	0.05	0.40	0.07	99.5
1035	L4	0.10	0.05	0.05	0.35	0.03	0.60	0.10	99.35
1200	L5	0.05	—	0.05	Si+Fe:1.00	0.05	—	0.10	99.0

表 10-2-2　工业纯铝的主要特性及用途

产品名称	主 要 特 性	主 要 用 途
工业纯铝	具有高的可塑性、耐蚀性、导电性和导热性，易承受各种压力加工和引伸弯曲，但强度低，不能热处理强化，加工性不好。可气焊、原子氢焊和电阻焊，不宜钎焊	用于不受载荷，要求具有高的塑性、良好的焊接性、高的耐蚀性或高导电、导热性的结构件，如垫片、电容器、电子管隔离罩、电缆电线线芯和飞机通风系统零件等

2. 防锈铝合金

防锈铝合金包括 Al-Mn 和 Al-Mg 系两类合金。防锈铝合金的牌号及化学成分见表 10-2-3。

（1）Al-Mn 系合金　常用的为 3A21，锰是合金的主要添加元素。随着含锰量的增加，合金的强度也随之提高，w（Mn）在 1.0%～1.6% 范围内，有最佳的综合性能。当 w（Mn）超过 1.6% 时，由于形成大量的脆性化合物 Al_6Mn，使合金在变形时易开裂。Al-Mn 系合金的牌号、主要特性及主要用途见表 10-2-4。

表 10-2-3　Al-Mn、Al-Mg 系防锈铝合金的牌号及化学成分

合金牌号	化学元素（质量分数，%）									
	Mg	Mn	Si	Cr	Ti	Zr	Fe	Cu	Zn	合计
5A01	6.0~7.0	0.3~0.7		0.1~0.2	0.15	0.1~0.2	Fe+Si:0.40	0.10	0.25	
5A02	2.0~2.8	0.15~0.40	0.4		0.15		0.40	0.10		0.8
5A03	3.2~3.8	0.3~0.6	0.5~0.8		0.15		0.50	0.10	0.20	0.85
5083	4.0~4.9	0.4~1.0	0.40	0.05~0.25	0.15		0.40	0.10	0.25	0.15
5A05	4.8~5.5	0.3~0.6	0.50				0.50	0.10		0.15
5A06	5.8~6.8	0.5~0.8	0.40		0.02~0.10		0.40	0.10	0.20	
5B05	4.7~5.7	0.2~0.6			0.15		0.40			
5A12	8.3~9.6	0.4~0.8	0.30	Ni 0.1	0.05~0.15		0.30	0.05		1.1
5A13	9.2~10.5	0.4~0.8	0.30	Ni 0.1	0.05~0.15		0.30	0.05	0.20	
5B06	5.8~6.8	0.5~0.8	0.40		0.1~0.30		0.40			
5A30	4.7~5.5	0.5~1.0			0.03~0.15		Fe+Si:0.40	0.10	0.25	
5A33	6.0~7.5	0.10	0.35		0.05~0.15		0.35	0.10	0.5~1.5	
5A43	0.6~1.40	0.15~0.4	0.40		0.15		0.40	0.10		
5056	4.5~5.6	0.05~0.2	0.30	0.05~0.20			0.40	0.10	0.10	
3A21		1.0~1.6	0.6			Cu0.2	0.70			1.75

表 10-2-4　Al-Mn 系合金的牌号、主要特性和主要用途

合金牌号	主　要　特　性	主　要　用　途
3A21	为应用最广的一种防锈铝，不能热处理，强度不高，只能采用冷加工方法提高力学性能。在退火状态下有高的塑性，在半冷作硬化时塑性尚可，硬化下塑性低，耐蚀性好，焊接性良好，加工性能不良	用于要求塑性高和良好的焊接性、在液体或气体介质中工作的低载荷零件，如油箱，汽油或滑油导管，各种液体容器和其他深拉制作的小负荷零件，线材用作铆钉

由于 Al_6Mn 化合物的电极电位和基体十分接近，故可保持较高的耐蚀性。锰可提高合金再结晶温度，而且 Mn 相呈质点弥散分布，可阻止晶粒长大，故有细化晶粒的作用。

硅和铁是合金中的主要杂质。铁和铝能形成硬而脆的 Al_3Fe 化合物，并可溶入 Al_6Mn 相中形成硬而脆的难溶 $Al_6(FeMn)$ 化合物，严重降低合金的塑性，但可细化晶粒，减轻晶内偏析。杂质硅增加合金的热裂倾向，降低铸造性能。若铁和硅同时存在时，可形成硬而脆的三元化合物 $Al_{12}Fe_3Si$ 或 β（$Al_9Si_2Fe_2$）相，严重降低合金塑性。

合金中主要组成相除 α 固溶体和 Al_6Mn 相外，还可能存在 $Al_6(FeMn)$、$T(Al_2Mn_3Si_2)$和 α（$Al_{12}Fe_3Si$）或 β（$Al_9Si_2Fe_2$）等相。

（2）Al-Mg 系合金　该系合金中除主要添加合金元素镁外，还加入少量的锰或铬和硅、钒、钛等元素，形成 Al-Mg 系防锈铝合金。

合金中添加少量的硅，可改善合金的铸造性能，减少焊接裂纹倾向。含硅量过多，由于过剩的镁含量降低 Mg_2Si 相在基体的溶解度，而降低了合金的塑性。锰、铬能起固溶强化作用，改善合金的耐蚀性能。而钛和钒可细化晶粒，提高合金的力学性能。加入少量铍，提高合金的耐蚀性能。锌一般都作为杂质元素，但对耐蚀性没有明显影响，可提高合金的抗拉强度。铜、铁等杂质元素对合金的耐蚀性能有不利影响，应严格控制。

w（Mg）小于 2% 的 Al-Mg 系合金在退火处理后为单相 α 固溶体，随着含镁量的增加，

组织中出现 β（Al_8Mg_5）相，当 w（Mg）大于 5% 时，为 α＋β（Al_8Mg_5）两相组成。随着 β（Al_8Mg_5）相的出现，合金的塑性下降。

此类合金中的主要组成相，除有 α、β（Al_8Mg_5）[⊖]、Al_6Mn、Al_7Cr、Al_3Ti 等相外，还有 Al_3Fe、(FeMn)Al_6 和 Mg_2Si（5A03 合金为主要组成相）等杂质相。共晶组织中的 β（Al_8Mg_5）相呈骨骼状，浸蚀前为浅灰色。

防锈铝合金为不可热处理强化，只能根据合金特性和使用要求，进行不完全退火或完全退火。不完全退火加热温度一般为 150～300℃，而完全退火加热温度为 310～450℃。

Al-Mg 系合金的强度高于 Al-Mn 系合金。在大气和海水中耐蚀性也优于 Al-Mn 系合金，而相当于纯铝，但在酸性和碱性介质中比 3A21 稍差。部分 Al-Mg 系防锈铝合金的牌号、主要特性及用途见表 10-2-5。

表 10-2-5　部分 Al-Mg 系防锈铝合金的牌号、主要特性和主要用途

合金牌号	主 要 特 性	主 要 用 途
5A02	该合金与 3A21 相比，强度较高，具有较高疲劳强度；塑性与耐蚀性与 3A21 相似；不能热处理强化；电阻焊和原子焊焊接性能良好，氩弧焊有形成结晶裂纹倾向；冷作硬化和半冷作硬化状态下加工性能较好；退火态加工性能较差；可抛光	用于焊接在液体中工作的容器和构件（如油箱，汽油或润滑油导管）以及其他中等载荷的零件，车辆船舶的内部装饰件等；线材可用于制作焊条和铆钉
5A03	性能与 5A02 相似，但含镁比 5A02 稍高，且加入少量的硅，故焊接性比 5A02 好，合金的气焊、氩弧焊、点焊和滚焊焊接性能都很好，其他性能相似	用于在液体下工作的中等强度的焊接件、冷冲压的零件和骨架等
5A05 5B05	5B05 的含镁量稍高于 5A05，两者的强度与 1050A 相当，不能热处理强化，退火态塑性高，半冷作硬化时塑性中等，焊接性能尚好，耐蚀性高，退火态加工性能差，半冷作硬化时可加工性能尚好；制造铆钉需进行阳极化处理	5A05 用于液体中工作的焊接零件，如管道和容器以及其他零件 5B05 用于铆接铝合金和镁合金结构铆钉，铆钉在退火状态使用
5A06	具有较高的强度和腐蚀稳定性，在退火和挤压状态下塑性尚可，焊接性能尚好，加工性能良好	用于焊接容器、受力零件、飞机蒙皮及骨架零件

3．硬铝

硬铝合金属于热处理强化合金，它包括 Al-Cu-Mg 系和 Al-Cu-Mn 系合金。根据合金化程度、力学性能和工艺性能的不同，又可分为低强度硬铝（2A01、2A10）、中强度硬铝（2A11）、高强度硬铝（2A12、2A06）和耐热硬铝（2A02、2A16、2A17）。

（1）Al-Cu-Mg 系合金　合金的牌号和主要化学成分见表 10-2-6。

表 10-2-6　Al-Cu-Mg 系合金的牌号和主要化学成分

化学成分（质量分数，%） ＼ 合金牌号	2A01	2A02	2A04	2A06	2A10	2A11	2A12	2B11	2B12
w（Cu）	2.2～3.0	2.6～3.20	3.2～3.7	3.8～4.3	3.9～4.5	3.8～4.8	3.8～4.9	3.8～4.5	3.8～4.5
w（Mg）	0.2～0.50	2.0～2.40	2.1～2.60	1.7～2.30	0.15～0.30	0.4～0.80	1.2～1.80	0.4～0.80	1.2～1.60
w（Mn）	0.20	0.45～0.7	0.5～0.80	0.5～1.00	0.3～0.50	0.4～0.80	0.3～0.90	0.4～0.80	0.3～0.70

Al-Cu-Mg 三元相图平衡结晶终了的铝角部分，主要由 S（Al_2CuMg）、θ（Al_2Cu）、

⊖　β（Al_8Mg_5）相有的资料认为是 β（Al_8Mg_2）相。

T（Al_6CuMg_4）、β（Al_8Mg_5）和 α 等相组成，由于 Al-Cu-Mg 系合金中实际含镁量较低，均处于相图中 α＋S、α＋θ＋S、α＋θ 三个相区中，因此合金中只有 θ、S 两个主要强化相。合金所处相区不同，合金相的组成和时效硬化能力也不同,这里铜/镁比值是决定相组成的主要因素，S（Al_2CuMg）中铜/镁比值为 2.61，因此低于此比值的合金，其主要强化相为 S 相。随着含铜量的增加及含镁量的减少，主要强化相由 S 过渡到 θ，见表 10-2-7。铜和镁总量越大，强化相数量增多，强化效果越大；S 相越多，则耐热性越好。

表 10-2-7　常用的硬铝合金的牌号、铜/镁比值和主要强化相

合金牌号	2A02	2A04	2A06	2A12	2B12	2B11	2A11	2A01	2A10
铜/镁比值	1.32	1.4	2	2.9	2.96	6.9	7.2	7.4	1.87
主要强化相	S	S	S	S(θ)	S(θ)	θ(S)	θ(S)	θ(S)	θ

合金中加入少量的锰，是为了消除铁杂质的有害影响和提高耐蚀性。锰能稍许提高合金的室温强度，延缓和减弱硬铝的人工时效过程，提高合金的耐热强度，但使塑性有所下降。

硬铝合金中的主要组成相除 α、S、θ 等相外，还可能有 Al_6Mn 和 α（AlFeSi）、Al_7Cu_2Fe、Mg_2Si、Al(MnFe)Si、Al_6(FeMn) 等杂质相。

合金热变形退火后，晶粒和化合物均保持方向性，基体上析出大量的 S、θ 等强化相和杂质相。淬火加热强化相得到充分固溶，淬火后组织为过饱和 α 固溶体和不溶杂质相。时效后可能有含锰的 T（$Al_{12}CuMn_2$）相从固溶体中析出，在光学显微镜下组织和淬火态基本相同。该系合金淬火加热时上限温度接近低熔点共晶体的熔点，特别是 2A12 合金，所以需要特别注意淬火后过烧组织的检查。

Al-Cu-Mg 系合金的牌号、热处理规范和主要特性及用途分别见表 10-2-8 及表 10-2-9。

表 10-2-8　Al-Cu-Mg 系合金的牌号和热处理规范

合金牌号	淬　火		人　工　时　效			自　然　时　效	
	淬火温度/℃	淬火介质	时效温度/℃	时间/h	冷却介质	温度/℃	时间/h
2A01	495～505	水				室温	96
2A02	495～505	水	165～175	10～16	空气		
2A04	500～510	空气				室温	120
2A06	500～510	空气	95～105	3	空气	室温	120
2B11	495～505	水				室温	96
2B12	490～500	水				室温	96
2A10	510～520	水	70～80	24	空气	室温	240
2A11	495～510	水	155～165	6～10	空气	室温	96
2A12	495～505	水	185～195	6～12	空气	室温	96

表 10-2-9　Al-Cu-Mg 系合金的牌号、主要特性及用途

合金牌号	主　要　特　性	用　途　举　例
2A01	低合金、低强度硬铝，α 固溶体的过饱和程度较低，但具有很高的塑性和良好的工艺性能，焊接性与 2A11 相同，加工性能尚好，耐蚀性不高，铆接过程中不受热处理后的时间限制	广泛用于铆钉材料，适用于中等强度和工作温度不超过 100℃的结构用铆钉，因铆钉耐蚀性低，应在硫酸中阳极化处理，再用重铬酸钾填充氧化膜再铆接
2A02	室温强度高，热强性好，属于耐热硬铝。热塑性好，挤压半成品中有形成粗晶环倾向，可热处理强化，腐蚀稳定性较好，但有应力腐蚀倾向，焊接性较好，加工性能良好	用于 200～300℃的涡轮喷气发动机轴向叶片及其他在高温下工作的模锻件

（续）

合金牌号	主要特性	用途举例
2A04	铆钉合金，具有较高的抗剪强度和耐热性，压力加工性、加工性能和耐蚀性与2A12相同，在150~250℃下晶间腐蚀倾向较2A12小，可热处理强化，在淬火状态下2~6h内铆接	适用于工作温度为125~250℃的铆钉
2A06	高强度硬铝，退火与淬火态塑性尚好，可热处理强化，耐蚀性、压力加工性和切削加工性与2A12相同，150~250℃下晶间腐蚀倾向较2A12小，耐蚀性不好，但焊接性能良好	可用于125~250℃下的结构板材使用。但对于淬火自然时效后冷作硬化的板材在200℃长期（>100h）工作的零件不宜采用
2B11	铆钉用铝合金，具有中等抗剪强度，在退火、刚淬火和热态下塑性尚好，可热处理强化，淬火后在2h内铆接	用于中等强度的铆钉
2B12	铆钉用合金，抗剪强度与2A04相当，其他性能和2B11相似，淬火后必须在20min内铆接	用作强度要求较高的铆钉
2A10	铆钉用合金，具有较高的抗剪强度，在各种状态下均具有足够的铆接所需的可塑性，焊接性良好，腐蚀稳定性与2A01、2A11相同，由于耐蚀性不高，须在硫酸中经过阳极氧化处理，再用重铬酸钾填充氧化膜后铆接	用于制造要求高强度的铆钉，但超过100℃时有晶间腐蚀倾向，故工作温度不宜超过100℃。可代替2A11、2A12、2B12和2A01等牌号的合金制造铆钉
2A11	具有中等强度，在退火、刚淬火和热态下塑性尚好，可热处理强化，用2A11焊丝进行气焊、氩弧焊时有裂纹倾向。包铝板材有良好的腐蚀稳定性，100℃以上有晶间腐蚀倾向。表面阳极化或涂漆可有效地防止零件腐蚀。淬火时效态切削加工性能尚好，但退火态下不良	用于各种中等强度的零件、构件、冲压的连接部件、空气螺旋浆叶片和局部锻粗的零件，如螺栓、铆钉等。铆钉应在淬火后2h铆入结构
2A12	可热处理强化的高强度硬铝，在淬火和退火状态下塑性中等，点焊焊接性良好，用气焊和氩弧焊时有形成晶间裂纹的倾向。在淬火时效态和冷作硬化后，其切削加工性能尚好。退火态切削加工性能较低。耐蚀性较差，常采用阳极氧化处理与涂漆方法或表面包铝层，以提高其耐蚀能力	用于高负荷的零件和构件，如飞机骨架零件、蒙皮、隔框、翼肋、翼梁、铆钉等150℃以下工作的零件。在制作特高负荷零件时，一般是采用7A04取代

（2）Al-Cu-Mn系合金　该系合金中铜和锰是主要组成元素，见表10-2-10。w（Cu）高达6%~7%，具有高的再结晶温度，是中强耐热可焊合金。铜在合金中和铝形成强化相Al_2Cu，在淬火人工时效后可使合金强化。锰是提高合金耐热性的主要元素，在铝中扩散系数小，降低固溶体的分解速度和Al_2Cu相在高温下的聚集倾向。当固溶体分解时，析出相T（Al_2CuMn_2）的形成和长大过程非常缓慢，当w（Mn）为0.4%~0.5%时，弥散析出的细小T（Al_2CuMn_2）相对合金耐热性有良好的影响。在w（Cu）为6%铜的合金中添加w（Mn）为0.4%~0.8%时，可提高合金持久强度。含锰量过高，T（Al_2CuMn_2）相增多，而且变得粗大，使相界面增加，加速了扩散作用，使合金耐热性降低，焊接时热裂倾向增大。Al-Cu-Mn合金的牌号热处理规范、主要特性及用途见表10-2-11和表10-2-12。

表10-2-10　Al-Cu-Mn系合金的牌号和主要化学成分

合金牌号	合金元素（质量分数，%）				
	Cu	Mg	Mn	Ti	Zr
2A16	6.0~7.0	—	0.40~0.80	0.10~0.20	0.2
2A17	6.0~7.0	0.25~0.45	0.40~0.80	0.10~0.20	

表 10-2-11　Al-Cu-Mn 系合金的牌号和热处理规范

合金牌号	淬　火		人 工 时 效			自 然 时 效	
	加热温度/℃	淬火介质	温度/℃	时间/h	冷却介质	温度/℃	时间/h
2A16	530～540	水	挤压件 200～220	8～12	空气	室温	不限
			落板、锻件 160～170	10～16	空气		
2A17	520～530	水	180～190	16	空气	—	—

表 10-2-12　Al-Cu-Mn 系合金的牌号、主要特性及用途

合金牌号	主 要 特 性	用 途 举 例
2A16	在常温下强度不太高，而在高温下有较高的蠕变极限（与 2A02 相当），热态下有较高的塑性，无挤压效应，可热处理强化，焊接性能良好。焊缝腐蚀稳定性较低，包铝板材的腐蚀稳定性尚可，挤压半成品的耐蚀性不高，应采用阳极氧化处理或涂漆保护，加工性能尚好	用于 250～350℃下工作的零件，如轴向压缩机叶片、圆盘、板材，用作常温和高温下工作的焊接件，如容器、气密仓等
2A17	成分和性能与 2A16 大致相同，在 2A17 合金中加入少量的镁，使其室温强度和高温（225℃）下的持久强度超过 2A16（在 300℃下才低于 2A16）。但焊接性不好，所以不能焊接	用于 20～300℃下要求高强度的锻件和冲压件

合金中加入少量的钛，不仅能细化铸态晶粒，提高合金再结晶温度，还可降低过饱和固溶体的分解倾向，使合金在高温下的组织稳定。钛元素添加量过多，Al_3Ti 化合物呈粗大针状，使合金耐热性有所下降，所以规定 w（Ti）在 0.1%～0.2%。

在 2A16 成分的基础上添加 w（Mg）为 0.25%～0.45% 而成的 2A17 合金，镁在合金中形成少量的 S（Al_2CuMg）相，提高了合金的室温强度，改善了合金在 150～225℃以下的耐热强度，但使焊接性能变坏。

退火状态下的组织为 α、Al_2Cu、T（$Al_{12}Mn_2Cu$）等相以二元或三元共晶形态存在，还有（FeMn）Al_6、Al_7Cu_2Fe、α（AlFeSi）或 AlMnSiFe 等不溶杂质相。很细小的 Al_3Ti 相不易辨认。2A17 合金中还有少量的 S（Al_2CuMg）相。在淬火加热时 Al_2Cu、T（$Al_{12}Mn_2Cu$）和 S（Al_2CuMg）等强化相将会溶入 α 固溶体，使合金人工时效获得强化，同时从过饱和的固溶体中分解出含锰相 T（$Al_{12}Mn_2Cu$）并呈点状弥散分布在基体上，起弥散强化作用，提高合金的耐热性。

4. 超硬铝

超硬铝（Al-Zn-Mg-Cu 系合金）是室温强度最高的一类铝合金。其主要合金元素为锌、镁、铜和少量锰、铬、钛、锆等元素（表 10-2-13）。锌和镁在铝中有很高的固溶度。锌、镁共存时可形成 β（Al_8Mg_5）、T（$Al_2Mg_3Zn_3$）、η（Zn_2Mg）和 θ（Zn_5Mg）等相，其中 η（Zn_2Mg）和 T（$Al_2Mg_3Zn_3$）在铝中有较高的溶解度，并随着温度的下降而减小，因而有强烈的时效硬化效应。在 Al-Zn-Mg 合金的基础上添加铜，除铜本身的固溶强化作用外，还改变了合金沉淀相的相态结构，使时效组织更为弥散均匀，提高了强度，改善了塑性和应力腐蚀倾向。合金成分的牌号与部分合金的热处理规范及用途分别见表 10-2-13、表10-2-14 和表 10-2-15。

表 10-2-13   Al-Zn-Mg-Cu 系合金的牌号和主要化学成分

合金牌号	化学成分（质量分数，%）						
	Zn	Mg	Cu	Mn	Cr	Ti	Zr
7A03	6.0～6.7	1.2～1.6	1.8～2.4	0.10	0.05	0.02～0.08	
7A04	5.0～7.0	1.8～2.8	1.4～2.0	0.2～0.60	0.1～0.25	0.10	
7A09	5.1～6.1	2.0～3.0	1.2～2.0	0.15	0.16～0.30	0.10	
7A10	3.2～4.2	3.0～4.0	0.5～1.0	0.2～0.35	0.10～0.20	0.10	
7A15	4.4～5.4	2.4～3.0	0.5～1.0	0.1～0.40	0.10～0.30	0.05～0.15	Be：0.005～0.01
7A19	4.5～5.3	1.3～1.90	0.08～0.30	0.3～0.50	0.1～0.20	Be：0.0001～0.004	0.08～0.20
7A52	4.0～4.8	2.0～2.8	0.05～0.20	0.2～0.50	0.15～0.25	0.05～0.18	0.05～0.15
7A05	4.4～5.0	1.1～1.7	0.2	0.15～0.40	0.05～0.150	0.02～0.06	0.1～0.25

表 10-2-14   Al-Zn-Mg-Cu 系部分合金的牌号和热处理规范及硬度

合金牌号	淬 火		淬火过烧温度/℃	时 效		硬度 HBW
	加热温度/℃	淬火介质		加热温度/℃	保温时间/h	
7A03	460～470	水	520	分级 115～125	3～4	150
				160～170	3～5	
7A04	棒材 472～477	水	530	分级 115～125	3	120～130
				155～165	5	
7A09	455～462	水	525	130～145	12～16	
7A10	469～475	水		125～135	16	

表 10-2-15   部分 Al-Zn-Mg-Cu 系合金牌号、主要特性及用途

合金牌号	主 要 特 性	用 途 举 例
7A03	超硬铝铆钉合金。在淬火和人工时效态的塑性较好，可热处理强化，常温抗剪强度较高，耐蚀性尚好，加工性能尚可，铆接不受热处理后时间限制	用于受力结构的铆钉，在250℃以下，可作为2A10铆钉合金的代用品
7A04	在退火和刚淬火态可塑性中等，可热处理强化，通常在淬火人工时效态使用，这时强度比一般硬铝高得多，但塑性较低；截面不太厚的挤压半成品和包铝板有良好的耐蚀性；合金具有应力集中倾向，转接部位应圆滑过渡，减少偏心率等；点焊良好，气焊不良；热处理后的可加工性能良好	用于承力构件和高载荷零件，如飞机大梁、桁条、加强框、蒙皮、翼肋、接头、起落架等。通常多用于取代2A12
7A09	在退火和淬火态下塑性稍低于同样状态的2A12，稍优于7A04。淬火与人工时效后的塑性显著下降；板材的静疲劳、缺口敏感、应力腐蚀性稍优于7A04，棒材与7A04相当	用于飞机蒙皮等结构件和主要受力零件

合金中微量的锰、铬、钛、锆等元素形成金属间化合物，以弥散质点存在，可细化晶粒，有效地阻止晶粒长大，提高合金再结晶温度。在热加工变形和热处理后仍保持晶粒主变形方向细长而呈纤维状，可进一步提高合金的力学性能，提高应力腐蚀抗力。

铁和硅是合金中有害杂质。铁和锰形成难溶的复杂化合物 AlMnSiFe、$(FeMn)Al_6$，降低合金的力学性能。硅与合金中镁形成 Mg_2Si 相，减少合金中主要强化相 η（$MgZn_2$）和 T（$Al_2Mg_3Zn_3$）的数量，降低合金的强度，所以铁与硅的含量应尽量控制在下限。

常用超硬铝的主要组成相为 α、$MgZn_2$、T（$Al_2Mg_3Zn_3$）、S（Al_2CuMg）和 α＋T（$Al_2Mg_3Zn_3$）共晶以及 Al_6（FeMn）和 Mg_2Si 相等杂质相。

5. 锻铝

此类合金除具有与超硬铝相媲美的强度外，还具有良好的高温塑性，可以进行锻造，锻后可进行固溶＋自然时效或人工时效，可使合金得到强化。由于合金中元素不同，其性能也各异，通常可分为两类：

（1）Al-Mg-Si-Cu 系合金　此系合金是在 Al-Mg-Si 系合金的基础上加入适量的铜和锰而形成的，它们的镁、硅含量基本相同，含铜量则顺序增加。铜在组织中的存在形式，不仅取决于含铜量，而且受镁、硅含量比的影响。当含铜量很少时，镁/硅比值为 1.73 时形成 Mg_2Si 相，铜全部固溶于基体中；含铜量较多时，镁/硅比值小于 1.08 时，便可形成 ω（$AlCu_4Mg_5Si_4$）相，剩余铜形成 θ（Al_2Cu）相。若镁/硅比值大于 1.73，则可形成 S（Al_2CuMg）相和 θ（Al_2Cu）相。所以，Al-Mg-Si 合金中加铜后除 Mg_2Si 相外，还可出现 ω、S、θ 三相，但在固态下只能部分溶解参与强化作用，所以其强化合金作用不如 Mg_2Si 相大。Al-Mg-Si-Cu 系合金的牌号、化学成分、热处理规范、主要特性及使用范围，分别见表 10-2-16、表 10-2-17 和表 10-2-18。

表 10-2-16　Al-Mg-Si-Cu 系合金的牌号和主要化学成分

合金牌号	化学成分（质量分数，%）					
	Mg	Si	Cu	Mn	Ti	Cr
6A02	0.45～0.90	0.5～1.20	0.2～0.60	0.15～0.35	0.15	Zn:0.2
2A50	0.4～0.80	0.7～1.20	1.8～2.60	0.4～0.80	0.15	Zn:0.3,Fe+Ni:0.7
2B50	0.4～0.80	0.7～1.20	1.8～2.60	0.4～0.80	0.02～0.10	0.01～0.20,Fe+Ni:0.7
2A14	0.4～0.80	0.6～1.20	3.9～4.80	0.4～1.00	0.15	Zn:0.3,Ni:0.1

表 10-2-17　Al-Mg-Si-Cu 系合金的牌号和热处理规范

合金牌号	制品种类	淬　火		淬火过烧温度/℃	时　效		硬度 HBW
		加热温度/℃	淬火介质		加热温度/℃	保温时间/h	
6A02	锻件	515～523	水	575	150～165	8～15	65
2A50	锻件	509～515	水	535	150～160	6～12	95～105
2B50	锻件	505～515	水	550	150～160	6～12	95～100
2A14	锻件	499～505	水	515	150～160	8～12	110～135

表 10-2-18　Al-Mg-Si-Cu 系合金的牌号、主要特性和用途

合金牌号	主　要　特　性	用　途　举　例
6A02	在退火态下可塑性高，在热态下可塑性很高，易于锻造、冲压。在淬火自然时效后，可塑性尚可；耐蚀性与 3A21、5A02 一样良好。人工时效状态，具有晶间腐蚀倾向。合金具有中等强度（锻铝中较低）。易于点焊和氢原子焊，气焊性尚可；淬火时效后加工性能尚可	用于要求有高塑性和高耐蚀性且承受中等载荷的零件和形状复杂的锻件，如气冷发动机曲轴箱、直升飞机桨叶等
2A50	在热态下具有高的可塑性，易于锻造、冲压，可热处理强化，在淬火人工时效后的强度与硬铝相似。工艺性能较好，但有挤压效应，纵横向性能有所差别；耐蚀性较好，但有晶间腐蚀倾向；加工性能良好；电阻焊、点焊和滚焊性能良好，而电弧焊和气焊性能较差	适用于制造形状复杂中等强度的锻件和冲压件
2B50	为高强度锻铝，其化学成分和性能与 2A50 接近，可互相通用，但热态下的可塑性比 2A50 高	可制作复杂形状的锻件，如压气机叶轮和风扇叶轮等
2A14	其化学成分和性能上与硬铝合金及 2A50 相近，但比 2A50 的含铜量要高，故强度较高，热强性较好，但热态下塑性比 2A50 差，有良好的加工性能及电阻焊、点焊和滚焊性能，但电弧焊和气焊性差；可热处理强化，但有挤压效应，使纵横向性能有差别；耐蚀性不高，人工时效态有晶界腐蚀倾向和应力腐蚀倾向	适用于承受高负荷和形状简单的锻件和模锻件。由于热压力加工困难，限制了合金的应用

在合金中加入少量的锰、钛和铬等元素，可提高强度，改善耐蚀性、冲击韧度和弯曲性能。加入微量钛可细化晶粒，改善锻造性能。铬可抑制 Mg_2Si 相在晶界析出，延缓自然时效，提高人工时效后的强度，同时可细化晶粒，提高耐蚀性。所以，此类合金中除主要组成相 α、Mg_2Si、ω（$AlCu_4Mg_5Si_4$）、θ（Al_2Cu）、S（Al_2CuMg）外，还可能存在 AlMnFeSi、AlFeSi、AlCrFeSi 等难溶杂质相。

（2）Al-Cu-Mg-Fe-Ni 系合金　该系合金的化学成分比较复杂，除含有铜、镁外，还有较多的铁、镍和微量钛，在 2A80 和 2A90 合金中还含有硅，Al-Cu-Mg-Fe-Ni 系合金的牌号和化学成分见表 10-2-19。合金中铜、镁含量比硬铝低，使合金中具有较多的 S（Al_2CuMg）相，因而室温强度较高，耐热性较好。

表 10-2-19　Al-Cu-Mg-Fe-Ni 系合金的牌号和化学成分

合金牌号	化学成分（质量分数，%）					
	Cu	Mg	Ni	Fe	Si	Ti
2A70	1.9～2.5	1.4～1.8	0.9～1.5	0.9～1.5	Zn:0.3	0.02～0.10
2A80	1.9～2.5	1.4～1.8	0.9～1.5	1.0～1.6	0.5～1.2	0.15,Zn:0.30
2A90	3.5～4.5	0.4～0.8	1.8～2.3	0.5～1.0	0.5～1.0	0.15,Zn:0.30

铁、镍在合金中形成 Al_9FeNi 相，该相有很好的热稳定性，在高温下很难溶于 α 固溶体，经锻造、热处理后呈弥散状分布于晶内和晶界上，对高温的合金变形起阻碍作用，故可显著地提高合金的耐热性。由于合金中铁、镍化学成分的波动，当铁过剩时会形成 Al_7Cu_2Fe 相，若镍过剩时还会形成 AlCuNi 相。

Al-Cu-Mg-Fe-Ni 合金的牌号、热处理规范、主要特性及应用分别见表 10-2-20、10-2-21 所示。

表 10-2-20　Al-Cu-Mg-Fe-Ni 系合金的牌号和热处理规范

合金牌号	淬　火		淬火过烧温度/℃	时　效		硬度　HBW
	加热温度/℃	淬火介质		加热温度/℃	保温时间/h	
2A70	525～535	水	545	185～195	8～12	110
2A80	525～535	水	545	165～180	10～16	100
2A90	510～520	水		165～170	8	100

表 10-2-21　Al-Cu-Mg-Fe-Ni 系合金的牌号、主要特性及用途

合金牌号	主　要　特　性	用途举例
2A70	耐热锻铝，化学成分与 2A80 基本相同，但添加了微量的钛，故组织比 2A80 细，因含硅量较少，其热强性比 2A80 高，可热处理强化，工艺性比 2A80 好好，热态下具有高的可塑性，由于合金中无锰、铬，故无挤压效应；电阻焊、点焊和滚焊性能良好，电弧焊和气焊差；耐蚀性和加工性能尚好	适用于制造内燃机活塞和高温下工作的复杂锻件，如压气机叶片、叶轮和鼓风机叶轮等。板材可用于高温下工作的结构材料
2A80	耐热锻铝，热态下可塑性稍低，可热处理强化，高温强度高，无挤压效应；焊接性能与 2A70 相同；耐蚀性尚好，但有应力腐蚀倾向；可加工性能尚可	用于内燃机活塞，压气机叶片、叶轮、圆盘以及其他高温下工作的发动机零件
2A90	有较好的热强性，在热态下可塑性尚可；可热处理强化；耐蚀性、焊接性和加工性能与 2A70 接近	适用范围与 2A70、2A80 相同，目前已被热强性高、热塑性好的 2A70、2A80 所取代

$w(Si)$ 为 0.5%～1.2% 时，可使合金中生成 Mg_2Si 相，从而减少了主要热强相 S（Al_2CuMg），在人工时效后合金强度升高，但在高温下有较大的过时效敏感性，影响耐热性，对高温性能有

不利影响。2A70 合金中硅作为杂质应控制在 $w(Si)$ 为 0.35% 以下，所以合金中只有少量 Mg_2Si 相出现，其耐热性最好，应用最广。但硅可降低合金热膨胀系数，提高室温强度，所以 2A80、2A90 合金中又作为主要化学成分加入，使合金具有热膨胀系数小、导热性好的特点。

在合金中加入 $w(Ti)$ 为 0.02%～0.15%，作为细化合金组织的变质剂，可提高锻造工艺性能，而且对耐热性有利。

变形铝合金的金相图片见图 10-2-1～图 10-2-168。

附表　常用的铝及铝合金抛光液成分及工艺参数（见附表 1）

附表 1　常用的铝及铝合金抛光液成分及工艺参数

序　号	电解液成分		工　艺　参　数				备　注
			电压/V	电流密度/（A/cm²）	温度/℃	时间/s	
1	高氯酸 无水乙醇	1 份 3 份	40		室温	15	电解抛光
2	正磷酸 硫　酸 铬　酸	817mL 134mL 40mL	30		室温	60	电解抛光
3	正磷酸 硫　酸 铬　酸	811mL 134mL 40mL	20 10		75 75	20 12	电解抛光 电解浸蚀
4	正磷酸 琼　脂 氢氧化钠	500mL 5g 5g	50～20 2.5～5		室温 室温	60～90 3～4	电解抛光 电解浸蚀

附表　常用的铝及铝合金组织浸蚀剂名称、组成和用途（见附表 2）

附表 2　常用的铝及铝合金组织浸蚀剂名称、组成和用途

序号	名　称	组　成	条　件	用　途
1	稀氢氧化钠 水溶液	氢氧化钠 15～25g 水 75～85g	室温 时间：1～4min	显示铝及铝合金的宏观组织
2	0.5%氢氟酸水溶液	氢氟酸 0.5mL 蒸馏水 100mL	室温 时间：10～40s	适用于大多数铝及铝合金，含 Fe 和 Ni 的化合物成棕黄色，Si 呈深红色
3	氢氧化钠 水溶液	氢氧化钠 10～15g 蒸馏水 100mL	温度：50～70℃ 时间：5s 左右	显露铝和铝合金晶界（Al-Cu，纯铝，Al-Mg，Al-Si-Mg 合金）短时浸蚀 Al_2Cu 不变色，浸蚀时时长常呈黑色，Al_3Ni 成棕色
4	混合酸水溶液 （Dix-Kener 浸蚀剂，浓度可变）	氢氟酸 2(4)mL 盐酸 3(6)mL 硝酸 5(10)mL 蒸馏水 190(190)mL	室温 时间：10～30s 新鲜溶液效果较好	除含硅高的铝合金外，适用于大多数铝及铝合金
5	25%硝酸水溶液	硝酸 25mL 蒸馏水 75mL	温度：70℃ 时间：40s	适用于大多数铝和铝合金，对含铜的铝合金尤其适用
6	10%～20%硫酸水溶液	硫酸 10～20mL 蒸馏水 90～80mL	温度：20℃ 时间：5～8s	显露铝中的晶界，Al_3Fe 呈黑色，Al_2Cu 和 Al_3Ni 相不变，在 Al-Mg-Si 合金中，Mg_2Si 受蚀
7	碱性赤血盐水溶液	赤血盐 10g 氢氧化钠 10g 蒸馏水 100mL	室温 时间：2min	显示变质和未变质的晶界，可用来研究 Al-Cu 合金中固溶体的弥散析出相和过共晶合金中共晶体的异常共晶结晶

金 相 图 片

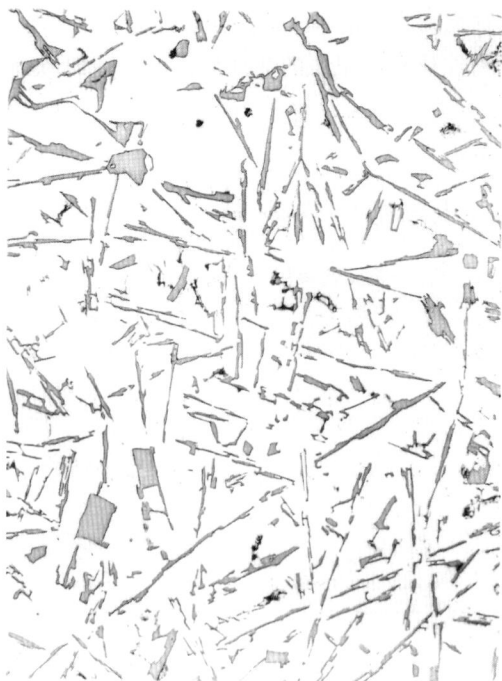

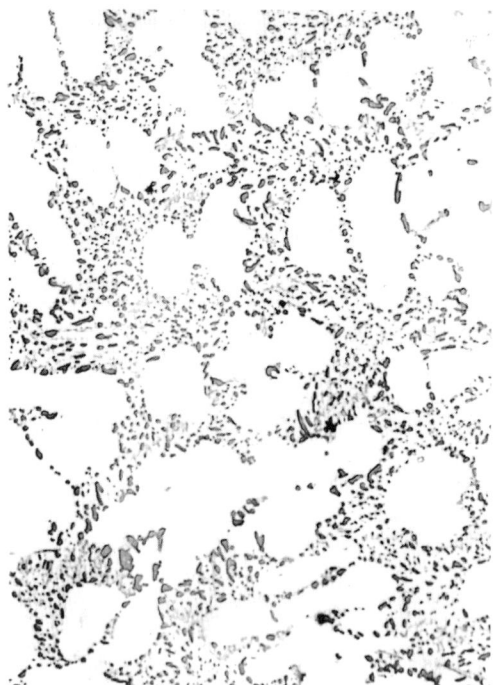

图 10-1-1   100×   图 10-1-2   300×

图　　号：10-1-1、10-1-2

材料名称：ZAlSi12 (ZL102)　铝硅合金［w（Si）10%～13%，w(Mg) <0.1%，w (Fe) <0.7%，w(Mn) <0.5%，w(Cu)<0.3%，w (Zn)<0.1%，w(Ti)<0.2%，其余为 Al］

浸 蚀 剂：0.5%氢氟酸水溶液

处理情况：砂型铸造。图 10-1-1 未变质；图 10-1-2 钠盐变质处理

组织说明：图 10-1-1：白色基体为 α 固溶体、粗大灰色条片状共晶硅及块状初晶硅，此为未经变质处理的典型组织。

图 10-1-2：白色枝晶状为初生 α 固溶体、灰色共晶硅呈球状和椭圆状，此为典型的变质处理组织。

ZL102 是 Al-Si 系合金中最简单的二元合金，其 w（Si）为 10%～13%，属于简单的共晶型合金，它具有良好的铸造性和良好的耐蚀性，无热裂倾向，线收缩小，气密亦小，但合金在融熔状态下吸气倾向大，铸件容易形成针孔。

ZL102 合金的强度较低，只能用作小负荷、形状复杂的壳体类零件。铝和硅不形成任何化合物，仅形成有限固溶体。

ZL102 二元合金在铸态下共晶硅呈粗大条片状，由于成分不均匀和凝固冷却缓慢导致局部出现块状初晶硅。条片状共晶硅严重地割裂基体的连续性，易引起应力集中，从而降低合金的力学性能，尤其是塑性的降低更为显著。由于粗片状共晶硅脆性大，强度低，又不能用热处理方法来强化合金，它只能通过变质处理来改变共晶硅和 α 固溶体的组织分布形态，来提高合金的力学性能。对共晶成分的 Al－Si 合金来说，经变质处理后可获得亚共晶分布的组织，硅晶体变成颗粒状分布，从而可提高合金的强度 50%，伸长率可提高 5 倍左右。铝硅合金中尚含有一定的杂质铁，它与铝形成二元 Al_3Fe 或 β（$Al_9Fe_2Si_2$）化合物，它们均呈粗大针状，当结晶不平衡时，还可能有 α（$Al_{12}Fe_3Si$）相，这些脆性条状或鱼骨状铁相使铸件的晶粒粗大，从而增加铸件的脆性。

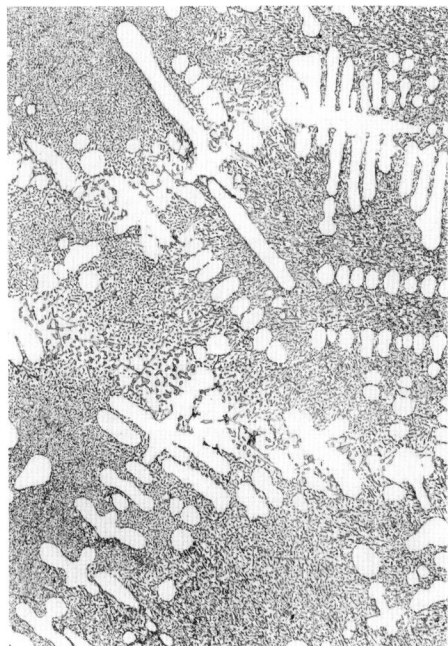

图　10-1-3　　　　　　　　50×

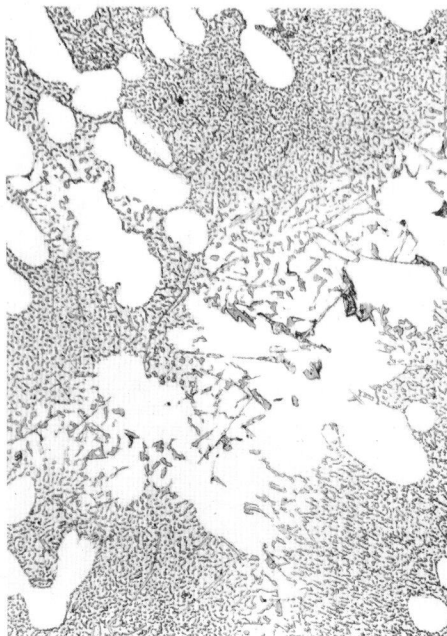

图　10-1-4　　　　　　　　100×

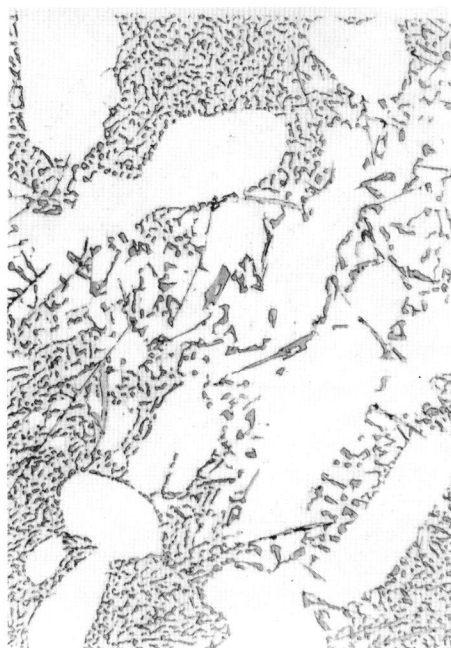

图　10-1-5　　　　　　　200×

图　　号：10-1-3～10-1-5

材料名称：ZAlSi12 (ZL102) 铝硅合金

浸 蚀 剂：0.5% 氢氟酸水溶液

处理情况：砂型铸造，经钠盐变质处理

组织说明：图 10-1-3：初生枝晶 α 固溶体与共晶组织，分布均匀，而共晶组织中部分共晶硅呈细小条状和针状，说明合金未完全变质好，属变质不足（变质不完全或部分失效组织）。

图 10-1-4、图 10-1-5：图 10-1-3 的放大后组织，共晶体中部分硅晶体呈细针状和针状，降低了力学性能，根据 JB/T 7946·1—1999《铸造铝硅合金变质》标准是不允许存在的组织，组织中少量深灰色细针状为 β（$Al_9Fe_2Si_2$）相。

变质处理时，加 Na 量少或加 Na 时温度过高，浇注温度过低，或加入 Na 的时间过短和过长，都引起变质不足。变质不足与变质正常相比，抗拉强度低，伸长率小。

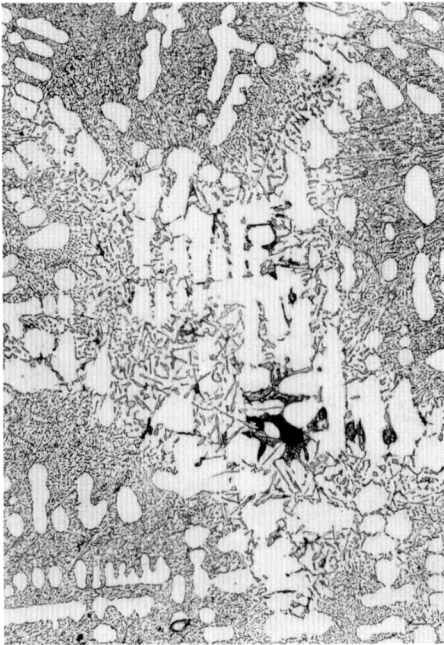

图　10-1-6　　　　　　　　　　50×　　　图　10-1-7　　　　　　　　　　200×

图　　号：10-1-6、10-1-7

材料名称：ZAlSi12 (ZL102) 铝硅合金

浸 蚀 剂：0.5% 氢氟酸水溶液

处理情况：砂型铸造，经钠盐变质处理

组织说明：图 10-1-6：白色枝晶为初生 α 固溶体，基体为共晶体（α 固溶体和不均匀分布的点粒状共晶硅），在共晶组织中有部分组织分布不均匀，部分共晶硅晶体呈短棒状和条片状，同时尚有极少量黑色块状为显微疏松，细小黑色针状为 β（$Al_9Fe_2Si_2$）相分布其间。上述组织由于钠变剂加入时间过长，致使钠盐的变质作用减弱引起变质衰退。

　　　变质衰退组织对合金的力学性能改善作用很轻微，尤其当出现较多显微疏松和大量夹杂相时，将给合金的力学性能带来显著坏的影响。同时变质的共晶组织中出现硅晶体变粗的现象。

　　　图 10-1-7：图 10-1-6 的局部放大后组织，在变质衰退处，除了共晶硅晶体变为粗粒状和椭圆形外，还出现较多短片状和条状的共晶硅，近似未变质形态。在黑色块状显微疏松周围有较多呈灰色的骨骼状 AlFeMnSi 相和少量深灰细针状的 β（$Al_9Fe_2Si_2$）相。

　　　显微疏松属于铝液在结晶过程中形成的缺陷组织，合金凝固范围大，合金枝晶发达，易形成分散性疏松；若工艺和结构不合理，热节部位易出现集中疏松。疏松割裂了晶粒间的联系，从而降低了合金的力学性能。

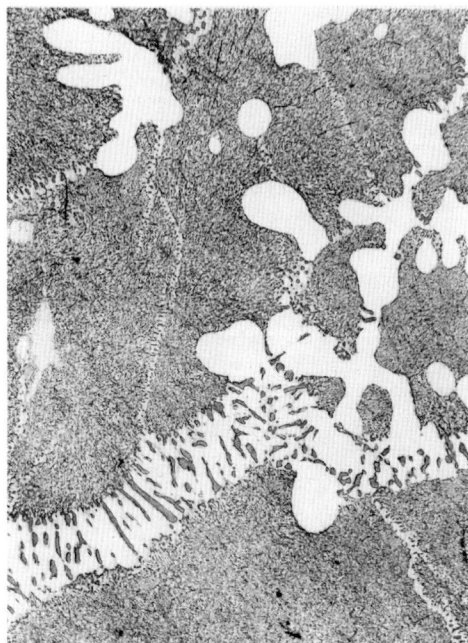
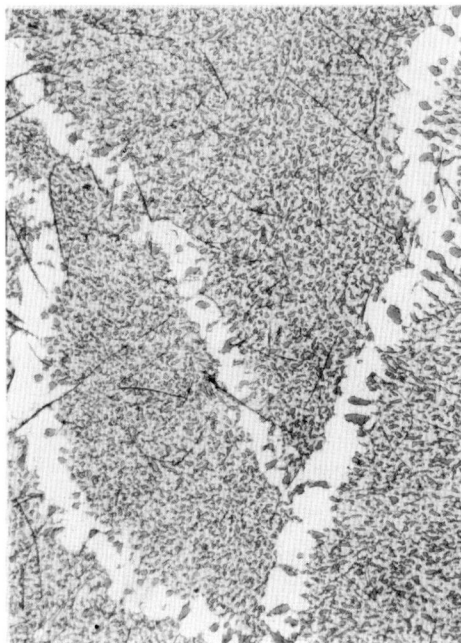

图　　10-1-8　　　　　　　　100×　　图　　10-1-9　　　　　　　　400×

图　　号：10-1-8、10-1-9

材料名称：ZAlSi12 (ZL102) 铝硅合金

浸 蚀 剂：0.5%氢氟酸水溶液

处理情况：砂型铸造，经钠盐变质处理

组织说明：图 10-1-8：大块枝晶状白色相为 α 固溶体，基体为致密的 Al-Si 共晶体，共晶硅细小，分布均匀，
其上有呈波浪形的白色条带分布在共晶体上，且在白色条带的 α 固溶体上有较粗短棒状的硅晶体。这就是
严重过变质的组织特征。

　　　变质剂加入量过多时，使硅的生长为"内生"外，其余 Na 形成 AlNaSi 三元化合物，使硅形核生成过
变质带，造成合金发生过变质。图中可见粗细不等的过变质带中有粗大的硅晶体存在。在过变质带处的部
位共晶硅呈细小颗粒状，变质效果较好。黑色小针状为 β（$Al_9Fe_2Si_2$）相。

　　　图 10-1-9：图 10-1-8 的局部放大后的组织，基体组织更趋清晰，变质带上有粗大颗粒和短棒状的硅晶
体存在。由于变质带外的共晶硅变质效果较好，所以过变质与变质正常两者的组织对比更趋明显，除了抗
拉强度稍低外伸长率并不降低。

　　　图中黑色细针状为 β（$Al_9Fe_2Si_2$）相，严重降低了合金的力学性能，使铸件脆性增加。

　　　铝硅合金常用变质处理来细化组织，若变质剂加入量过多时，这将造成变质过度的缺陷，它将导致 α
固溶体枝晶分布不均匀，而且在细密的共晶组织中出现波浪状分布的 α 固溶体带，且在带中有粗大的颗粒
或短棒状的硅晶体，形成具有过变质特征的粗过变质带。

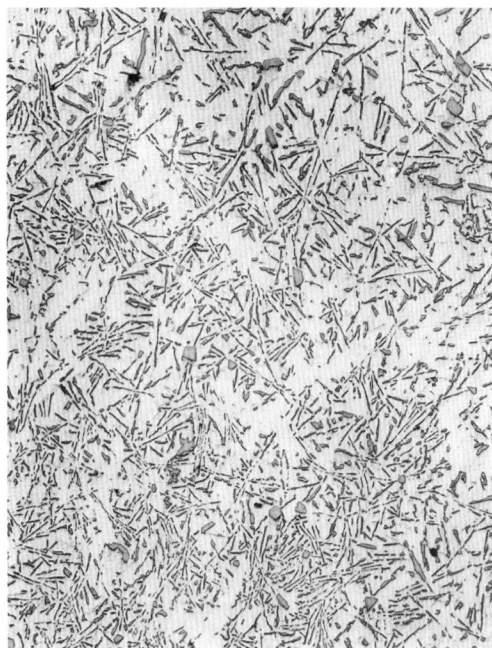 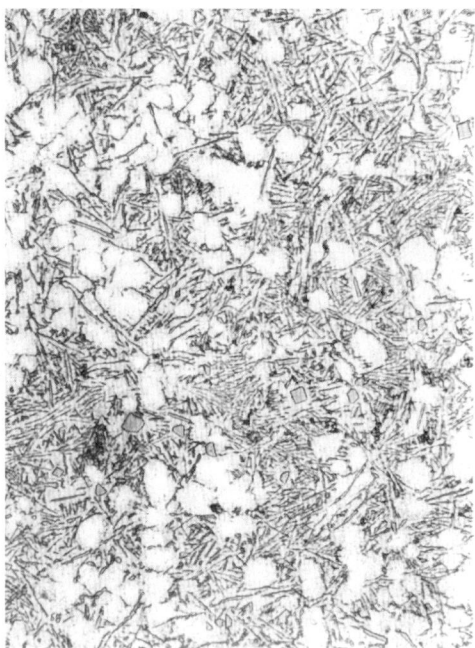

图 10-1-10   100×   图 10-1-11   100×

图 号： 10-1-10、10-1-11

材料名称： ZAlSi12 (ZL102) 铝硅合金

浸 蚀 剂： 0.5% 氢氟酸水溶液

处理情况： 砂型铸造，均经磷变质处理

组织说明： 图 10-1-10：白色枝晶为初生 α 固溶体，基体为 α ＋ Si 共晶体，共晶硅呈短条状分布，此外，在共晶体中尚有小块状初晶硅分布其间。

在液态 Al-Si 合金中加入 P 后，Al+P→AlP，使 AlP 质点作为 Si 的晶核，促进初晶 Si 的出现，形成过共晶型组织。由于共晶型组织具有低膨胀、高热强度等运转性能好的特点，所以活塞往往采用 P 变质处理，以控制 α 固溶体枝晶的出现，使共晶 Si 呈短条状，而初晶 Si 呈均匀分散的较小颗粒状存在。

图 10-1-11：白色初生 α 固溶体呈块状、枝晶形态分布，略显变质不足，对耐磨性和膨胀系数有一定的影响。基体为短条状共晶硅与 α 固溶体组成的共晶体，还有少量方块状或块状的初生硅存在。

P 变质能促进生成细小块状（10～85μm）初晶硅、短棒状条状硅和 α 固溶体构成的过共晶组织，消除粗大方块状、块状和针状硅晶体，从而改善了合金的加工性能和力学性能，可获得高耐磨性和膨胀系数较小的铸铝合金。本图合金出现较多枝晶状初生 α 固溶体是 P 变质不足所造成的，从而降低了 P 变质的优越性。

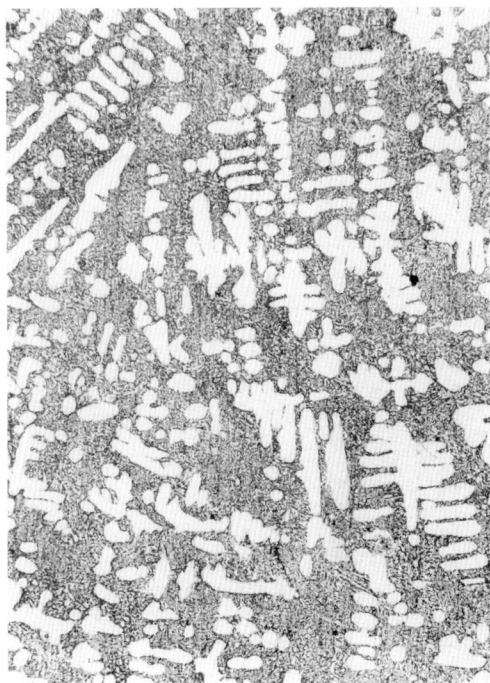 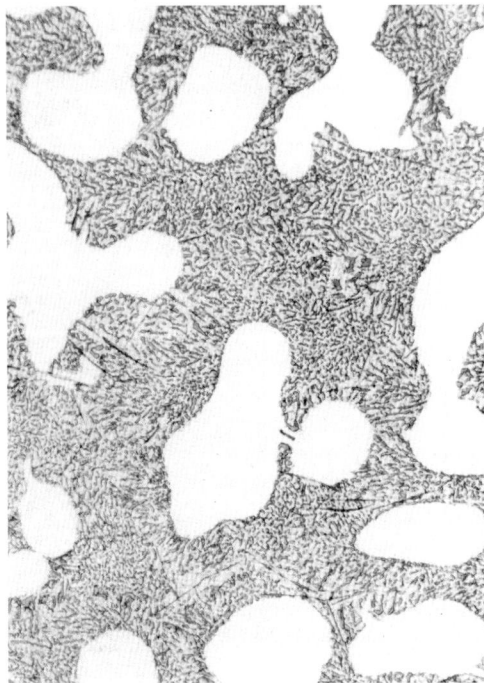

图　10-1-12　　　　　　　　　　50×　　图　10-1-13　　　　　　　　　400×

图　　　号：10-1-12、10-1-13

材料名称：ZAlSi12 (ZL102) 铝硅合金

浸 蚀 剂：0.5% 氢氟酸水溶液

处理情况：砂型铸造，经磷变质处理

组织说明：图 10-1-12：基体为细密的 α 固溶体和硅晶体构成的共晶体，同时还有较多的初生 α 固溶体枝晶。组织中出现较多的 α 固溶体枝晶且呈明显的亚共晶组织，这是 P 变质正常组织中不允许出现的。它使膨胀系数增大，使用时活塞易造成拉缸。出现这种组织的主要原因是由于加 P 变质时温度过低（低于或等于 750℃）和加 P 不足产生的，若采用加 P 温度≥800℃，加 w（P）为 0.025%～0.035%，浇注温度高于或等于 750℃，可获得（Al-Si）共晶体上分布较均匀的初晶 Si 的过共晶型组织，使铸件具有良好的使用性能。

　　图 10-1-13：图 10-1-12 局部放大后的情况，基体组织分辨更为清晰，（α +Si）共晶体中的共晶 Si 呈小条状和小颗粒状，基体中还存在黑色条状 β（$Al_9Si_2Fe_2$）相，细小块状初晶 Si 也很少。由于 P 变质温度过低或加入的 P 量不足，造成获得过多的亚共晶体，这是 P 变质不合格的显微组织。根据 JB/ T 7946・1—1999《铸造铝硅合金变质》标准将变质不良分为：未变质、变质不足、变质正常、变质衰退和过变质五类。

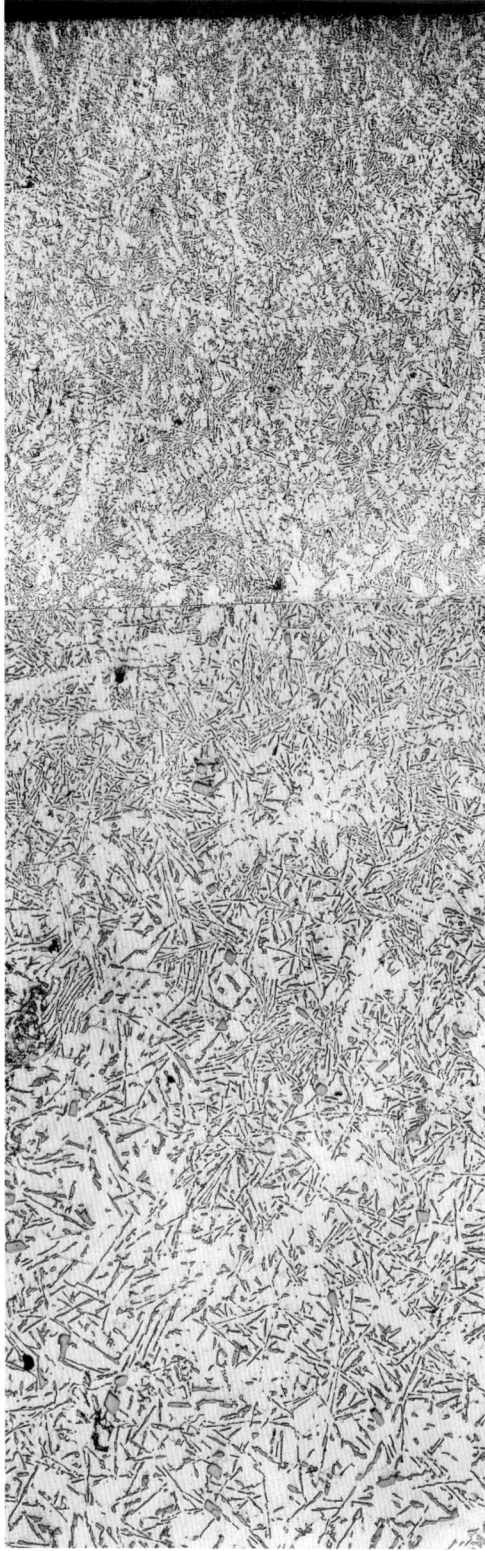

图 10-1-14   30×

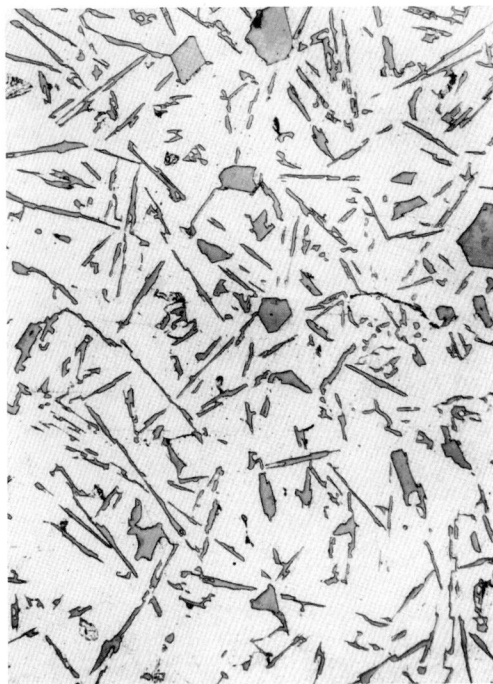

图　10-1-15　　　　　　　　　　100×　　　图　10-1-16　　　　　　　　　　100×

图　　号：10-1-14～10-1-16

材料名称：ZAlSi12 (ZL102) 铝硅合金

浸蚀剂：0.5％氢氟酸水溶液

处理情况：金属型铸造，未变质

组织说明：图 10-1-14：是一大件厚壁铸件在浇注后速冷的表面层组织。由于表层散热条件较好，冷却较快，而稍里就较慢，因而外表层和稍里层组织就不一样，最表面初生 α 固溶体枝晶细小，基体共晶组织也较细密，使共晶硅颗粒分辨不清；稍里，由于冷却逐渐缓慢，故基体组织也随之变粗大。

图 10-1-15：最表层组织放大 100 倍后的组织，初生 α 固溶体枝晶较明显，随着向铸件内部深入，由于散热条件差，冷却速度逐渐缓慢，使 α 固溶体枝晶的形成和长大稍快，所以 α 固溶体枝晶相对就不明显，且量少些，同时共晶硅也随之长大。

图 10-1-16：铸件内部组织，由于冷却缓慢，条状共晶硅也随之长大，并出现少量小颗粒初晶硅。越近中心初生 α 固溶体枝晶逐步消失，初晶硅增多。

图 10-1-17   1×

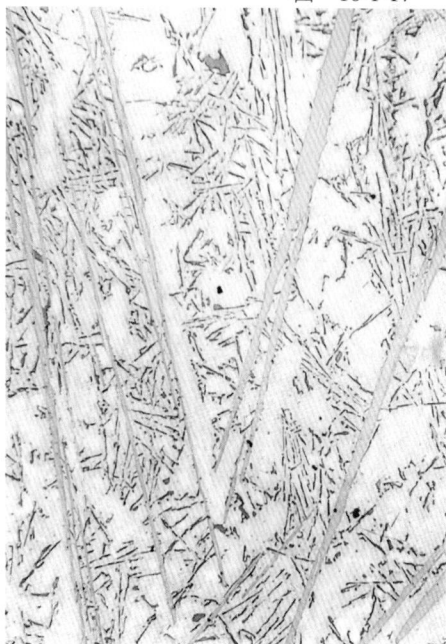

图 10-1-18   100×

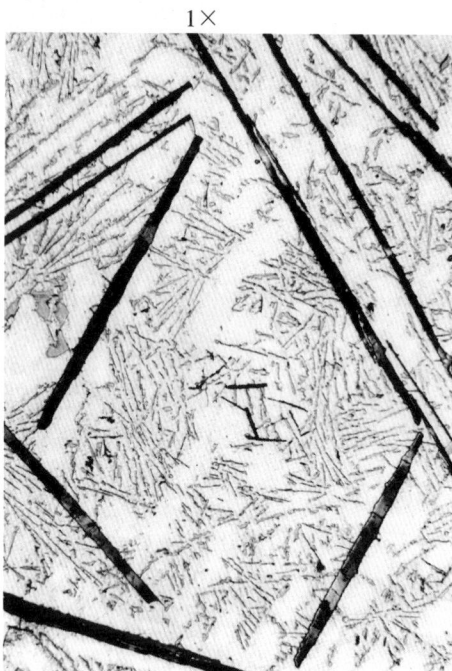

图 10-1-19   100×

图　　号： 10-1-17～10-1-19

材料名称： ZAlSi12 (ZL102) 铝硅合金

浸　蚀　剂： 图 10-1-17、图 10-1-18：未浸蚀；图 10-1-19：0.5%氢氟酸水溶液浸蚀

处理情况： 金属型铸造

组织说明： 因含铁量过高造成组织粗化而引起的脆性断裂。

图 10-1-17：零件脆断断口，断口呈冰晶状粗大晶粒，无宏观塑性变形特征。

图 10-1-18：粗大亮灰色针状为初晶 β（$Al_9Fe_2\ Si_2$）相，较深灰色为共晶硅，白色基体为 α 相。

图 10-1-19：粗大黑色针状为初晶 β（$Al_9Fe_2\ Si_2$）相受腐蚀而呈黑色，同时共晶 β 相也受腐蚀呈细小黑色针状分布，灰色针状为共晶硅，白色枝晶及基体为 α 固溶体。

铸件在搬运过程中落地断裂，断口晶粒粗大（图 10-1-17），其他未断零件加工困难，显微组织为初生 α 固溶体，基体为 α＋Si 共晶体，Si 呈条状分布，其上分布有粗大初生针状 β（$Al_9Fe_2\ Si_2$）相和共晶 β（$Al_9Fe_2\ Si_2$）相。造成针状 β 相的增多，主要是由于熔炼铝合金时，铁坩锅和铁工具表面涂层剥落，使坩锅与铁工具表面和高温铝液接触，Fe 离子向铝液中扩散，导致铝合金中含 Fe 量增加（断裂件含 w（Fe）达 3.1%），使合金晶粒粗化，脆性增加，塑性下降，加工性能恶化。

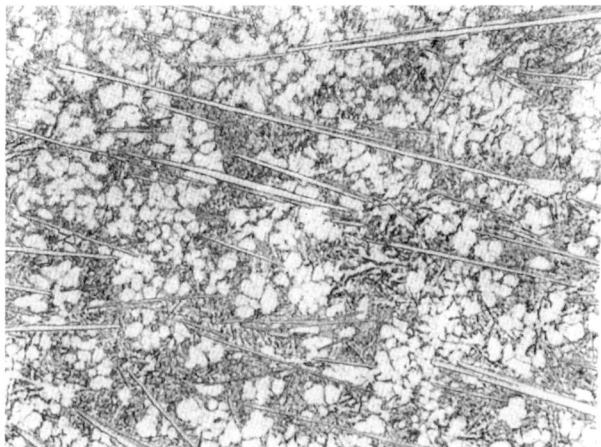

图 10-1-20 100×

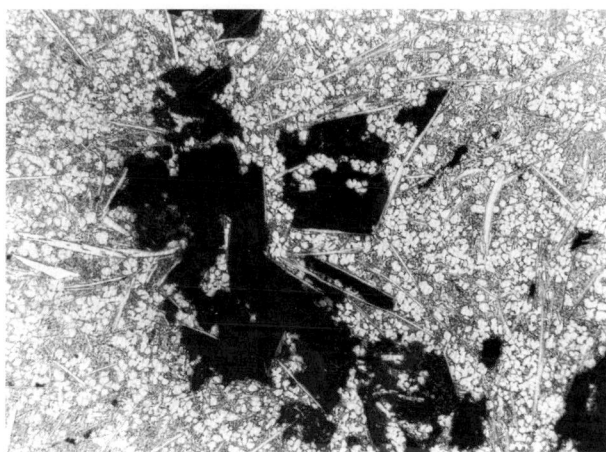

图 10-1-21 100×

图　　号：10-1-20、10-1-21

材料名称：ZAlSi12 (ZL102) 铝硅合金

浸 蚀 剂：稀氢氧化钠水溶液（室温）

处理情况：压力铸造

组织说明：图 10-1-20：白色枝晶块状为初生 α 固溶体，基体为 α ＋Si 共晶体，共晶硅呈颗粒状。此外尚有较多亮灰色粗大针状 β（$Al_9Fe_2Si_2$）分布在基体上。

图 10-1-21：基体组织同上，惟在铸件心部有黑色孔洞，此为疏松缺陷。

采用压力铸造，可增加凝固压力，加速铸型与铸件间的热交换，使铸件的冷却速度增加，缩短凝固时间，细化晶粒，减少成分偏析，高压下凝固使铝液产生较大的过冷度，可提高 Al-Si 合金中硅的溶解度，增加共晶组织中硅的数量，促使共晶成分的合金获得亚共晶组织，因取样剖面位置关系，初生 α 固溶体枝晶方向性不明显。过冷，使共晶硅颗粒细化从而提高合金的强度、塑性和抗疲劳能力。

压力铸造可增加氢在金属液中的固溶度，防止气泡形成，因而可减轻气孔和针孔缺陷，提高补缩能力，可消除缩孔和疏松。如果合金中铁量过高，在显微组织中将出现过多的粗大初生针状铁相，割裂了基体组织，使铸件性能恶化。尤其在铸件的热节部位，由于粗大初生铁相，阻碍金属液的流动，减弱了热节部位的补缩能力，致使该处产生严重的疏松缺陷。

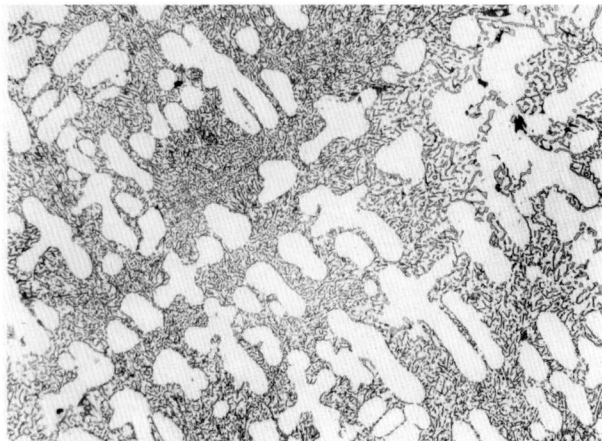

图　10-1-22　　　　　　　　　　　　　　　100×

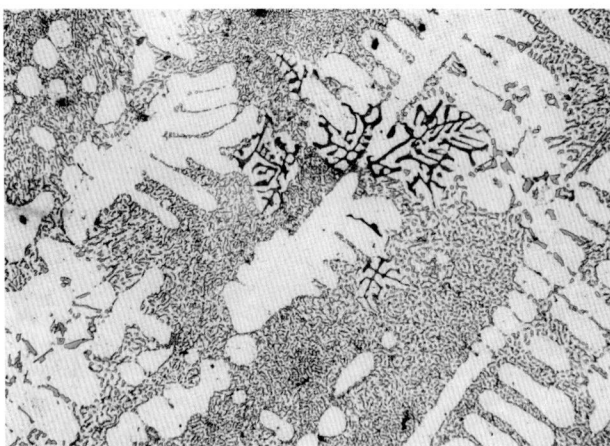

图　10-1-23　　　　　　　　　　　　　　　100×

图　　号：10-1-22、10-1-23

材料名称：ZAlSi7Mg（ZL101）铝硅镁合金　[w（Si）6.5%～7.5%，w(Mg) 0.25%～0.45%，w（Ti）<0.5%，w（Cu）<0.2%，w（Zn）<0.3%，w（Mn）<0.35%，w（Ti+Zr）<0.25%，w（Be）<0.1%，其余为Al]。

浸 蚀 剂：0.5%氢氟酸水溶液（室温）

处理情况：变质处理

组织说明：图 10-1-22：经变质处理后，α 固溶体（白色）成树枝状分布，共晶硅呈小颗粒和细小条状分布于枝晶间，组织较均匀，右上角黑色小骨骼状为 Mg_2Si 相，图中少量黑色小点为显微针孔，由于显微针孔较少而分布较均匀，小条状共晶硅细小，对力学性能影响不明显。

　　　　图 10-1-23：变质后的树枝状 α 固溶体较粗大，分布集中，对力学性能有一定的影响，黑色小骨骼状组织为 Mg_2Si 相，黑色的小点状为显微针孔，其分布较集中，数量较多，对力学性能有较大的影响。

　　　　ZL101 合金系是 Al-Si 二元合金基础上添加少量 Mg 元素后形成的 Al-Si-Mg 系 [w（Si）6.0%～8.0%，w(Mg) 0.2%～0.4%，余为 Al] 合金，合金中添加镁元素后形成 Mg_2Si 相，它参与合金固溶和沉淀强化，因而合金可通过热处理强化。合金具有良好的铸造性能，流动性高，无热裂倾向，线收缩小，气密性高，合金还具有高的耐热性，形成气孔和缩孔倾向性比 ZL102 小，切削加工性也比 ZL102 合金为好，合金热处理后有较高的强度和塑性，焊接性能好，但耐热性不高，合金可用于形状复杂、承受中等负荷、工作温度在 200℃以下的零件，如水泵、抽水机、传动装置等壳体和气缸体、气化器等零件。

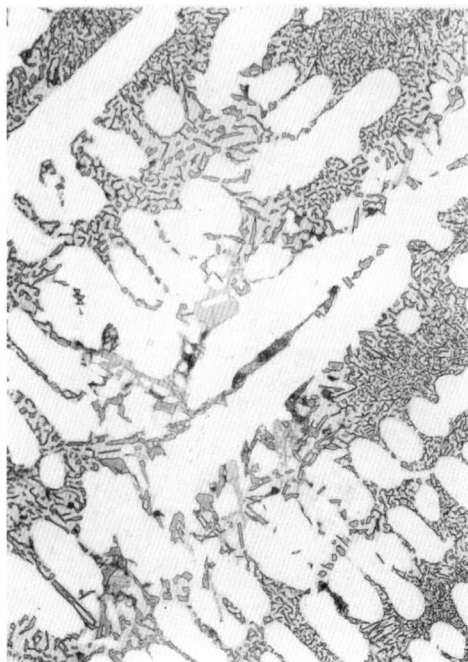

图　10-1-24　　　　　　　　　　　100×

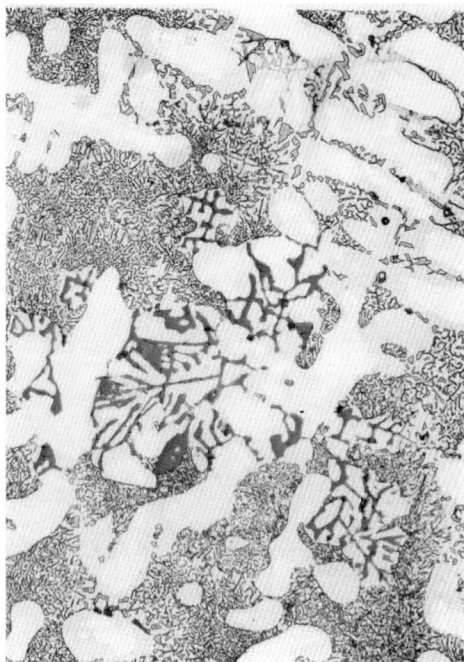

图　10-1-25　　　　　　　　　　　100×

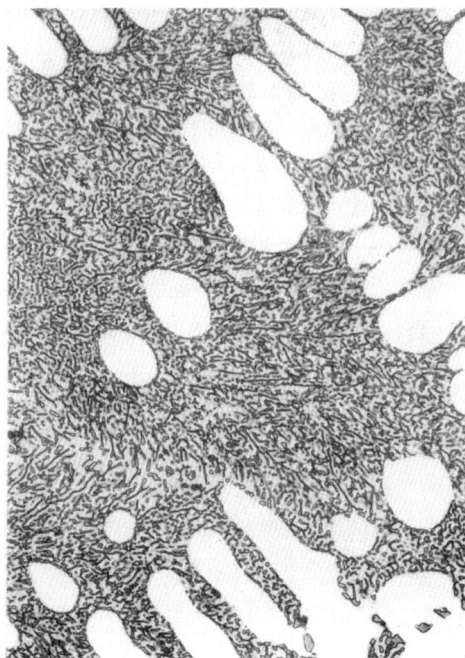

图　10-1-26　　　　　　　　　　　400×

图　　号：10-1-24～10-1-26

材料名称：ZAlSi7Mg（ZL101）铝硅镁合金

浸　蚀　剂：0.5%氢氟酸水溶液（室温）

处理情况：变质处理

组织说明：图 10-1-24：白色基体及枝晶块状为 α
固溶体，灰色点状及小条状为共晶硅，在白色
枝晶边缘的浅灰色骨骼状为 $Al_8Mg_3FeSi_6$ 相，
少量浅灰色片状为 β（$Al_9Fe_2Si_2$）相。

图 10-1-25：黑色骨骼状为 AlMnFeSi，不
显相界的浅灰色骨骼状为 $Al_8Mg_3FeSi_6$。

两图经变质处理后 α 固溶体呈集中粗大
的树枝状分布，会降低力学性能（R_m），机加
工后表面易出现"白斑"。

图 10-1-26：经变质处理后，硅共晶不完全
呈颗粒形和椭圆形，仍有部分保持条片状，呈
现出变质不足特征。

ZAlSi7Mg 合金在铸态下的组成相，除杂
质相外，主要为 α+Si+Mg_2Si 相。

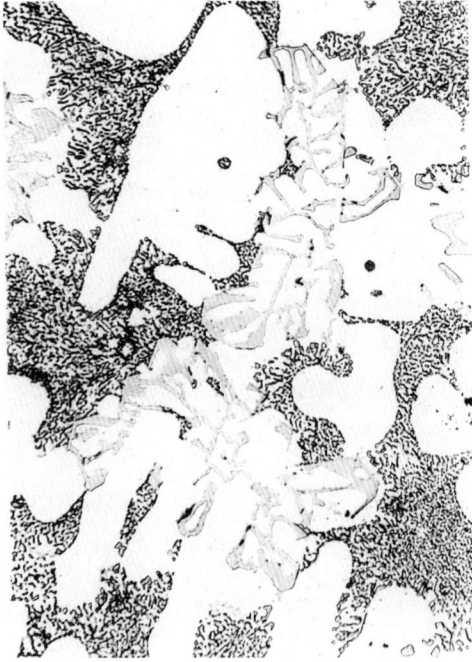

图 10-1-27   100×

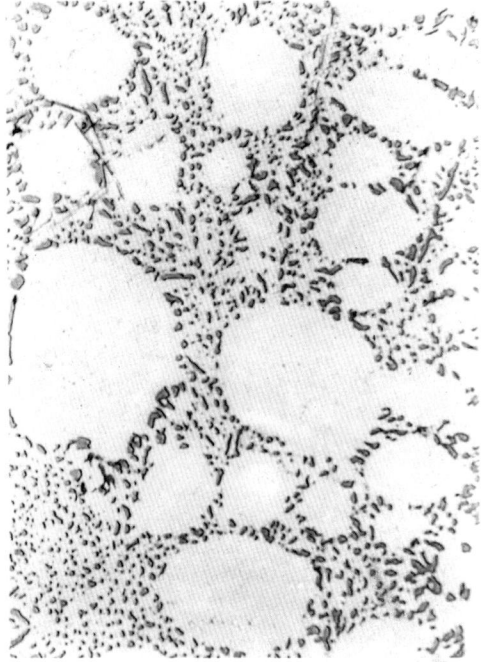

图 10-1-28   200×

图　号：10-1-27～10-1-29

材料名称：ZAlSi7Mg （ZL101）铝硅镁合金

浸蚀剂：0.5%氢氟酸水溶液（室温）

处理情况：图 10-1-27 铸态变质处理；图 10-1-28
510℃×5h 固溶，175℃×4h 时效；图 10-1-29
535℃×5h 固溶，175℃×4h 时效

组织说明：图 10-1-27：经变质处理后，共晶硅呈
细小点状和椭圆形分布于枝晶间，白色初晶 α 固
溶体较粗大，由于局部含 Fe 成分较高，形成先
共析的浅灰色骨骼状 AlFeMnSi。

图 10-1-28：经 510℃固溶处理后，强化相已
基本固溶，再经 175℃×4h 沉淀强化（时效）处
理后，性能得到进一步的提高。左上角出现少量
细小灰色针状 β （Al₉Si₂Fe₂）相，它由于量少且
细小，对力学性能影响不大。由于固溶温度较低，
Si 共晶形态基本未变。

图 10-1-29：经 535℃固溶、175℃×4h 时效
强化后的组织，除共晶硅有些粗化外，共晶硅更
加圆整化，强化相固溶更加完全。

经 510～535℃×5h 后淬入 60～100℃水中
处理，可使强化相固溶，然后在 155～250℃×
4h 时效处理，来提高铸件的强度，以适应不同
的使用要求。

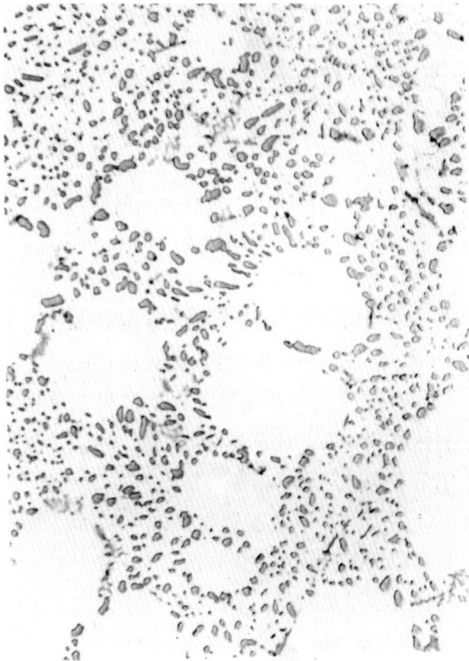

图 10-1-29   200×

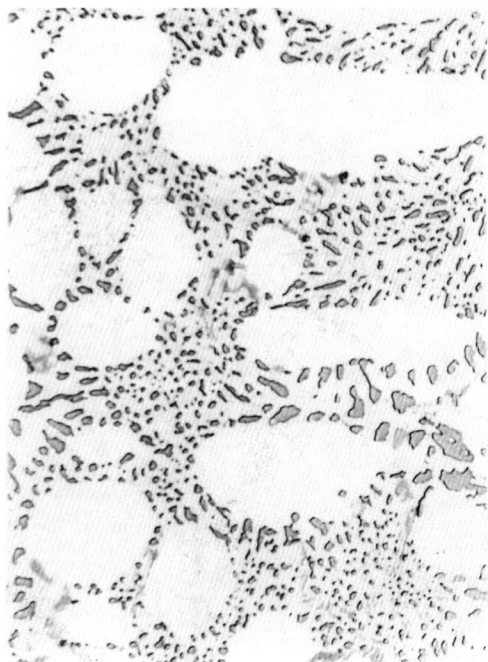

图　10-1-30　　　　　　　　200×

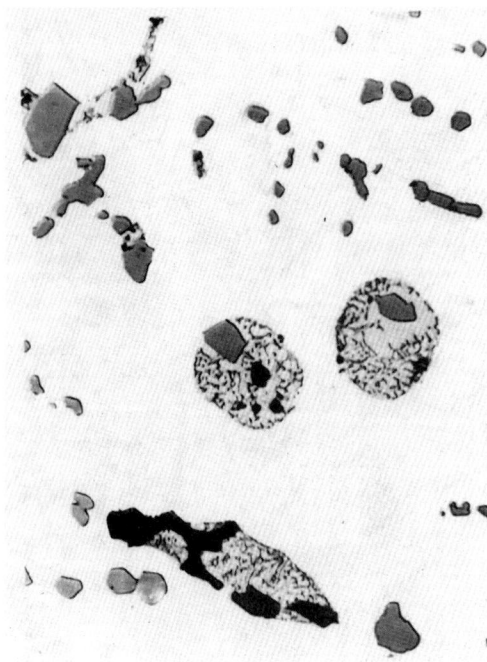

图　10-1-31　　　　　　　　300×

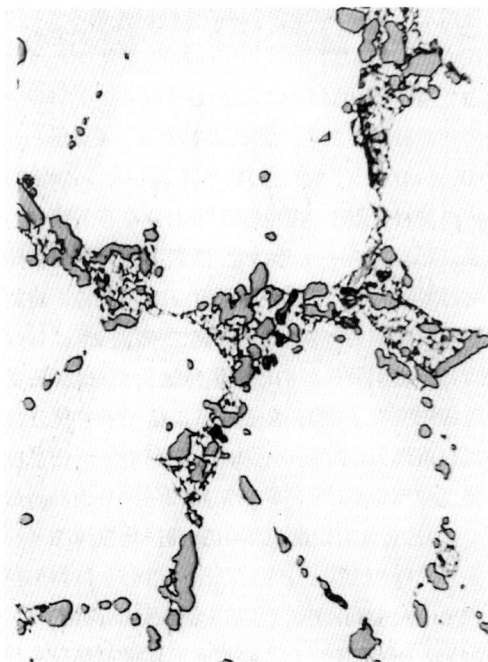

图　10-1-32　　　　　　　　300×

图　　号：10-1-30～10-1-32

材料名称：ZAlSi7Mg (ZL101) 铝硅镁合金

浸 蚀 剂：0.5%氢氟酸水溶液（室温）

处理情况：不同温度固溶处理

组织说明：图 10-1-30：经 550℃×5h 水淬固溶处
理，由于固溶温度较高，使 Si 共晶颗粒化，
显示出过热的特征。但强化相固溶充分，因此对
性能影响不显著。

　　图 10-1-31、图 10-1-32：试样均经 580℃×
5h 水淬固溶处理，由于固溶温度过高，引起共
晶 Si 集聚长大和共晶体复熔而出现复熔球和晶
界的复熔，导致性能恶化，这是不允许存在的组
织特征。图 10-1-31 为共晶体复熔后出现的复熔
球；图 10-1-32 为晶界处的复熔情况。

　　由于铸造合金中强化相较为粗大，为使其固
溶于基体，一般采用稍低于熔化温度的温度进行
加热，但加热时稍有不慎或者合金中存在偏析，
极易使合金再加热时产生局部熔化，冷却后即得
到复熔重新凝固的组织，严重时将导致合金力学
性能恶化。为此，固溶加热温度不宜过高。

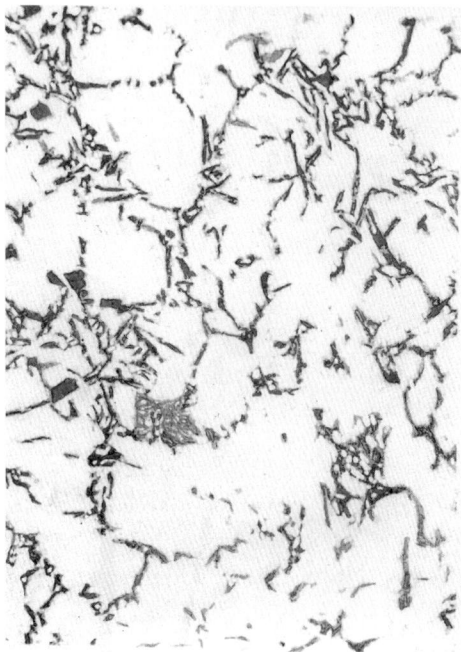

图　10-1-33　　　　　　　　200×

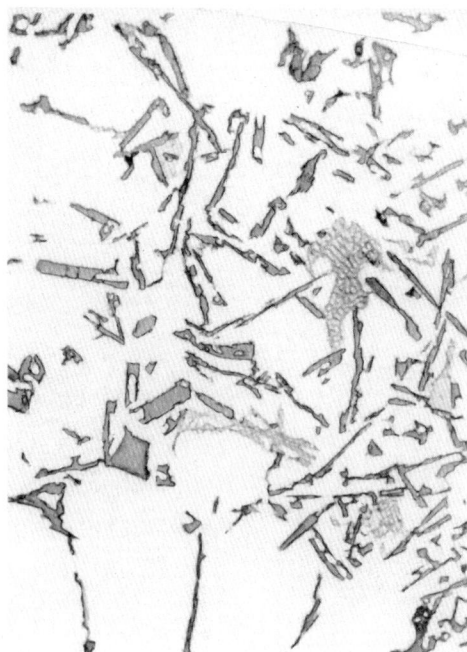

图　10-1-34　　　　　　　　400×

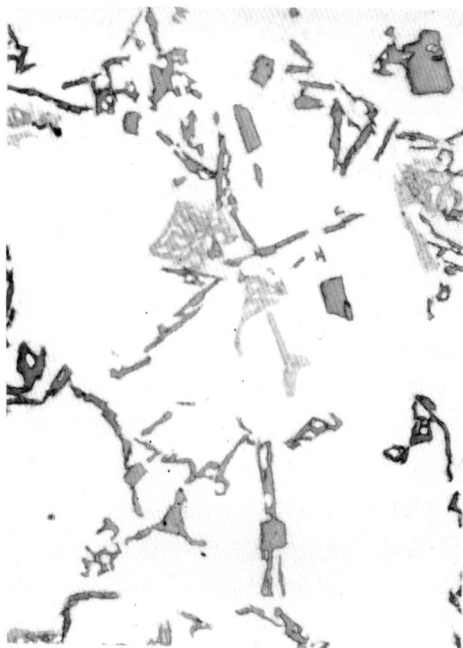

图　10-1-35　　　　　　　　400×

图　号： 10-1-33～10-1-35

材料名称： ZAlSi7Mg (ZL101)　铝硅镁合金

浸　蚀　剂： 0.5%氢氟酸水溶液（室温）

处理情况： 未经变质处理。液体锻压成形

组织说明： 图 10-1-34 为图 10-1-33 局部放大组织。
白色基体为 α 固溶体，灰色条片状为共晶硅，块状
为初晶硅，浅灰色骨骼状组织为 η（$Al_8Mg_3FeSi_6$）
相。

图 10-1-35：白色固溶体上分布有条片状的共
晶硅和较多的块状初晶硅，降低了抗拉强度和伸长
率，增加了锻件的脆性，恶化了加工性能。浅灰色
骨骼状组织为 η（$Al_8Mg_3FeSi_6$）相。

未经变质处理的液体锻压摩托车轮鼓，在使用
过程中突然发生断裂。由于共晶硅呈条片状分布于
α 固溶体上，而影响了基体的连续性，降低了抗拉
强度和伸长率（断裂零件 R_m 仅为 106～218N/mm^2，
A 为 1%～4%，硬度为 59HBW），往往达不到规范
要求（Q/NLB01—1993 摩托车铝合金整体车轮技
术要求及检验标准约为 R_m≥260N/mm^2，A≥7%，硬
度为 80～90HBW），从而导致液体锻压轮鼓在使用
过程中发生断裂的早期失效。

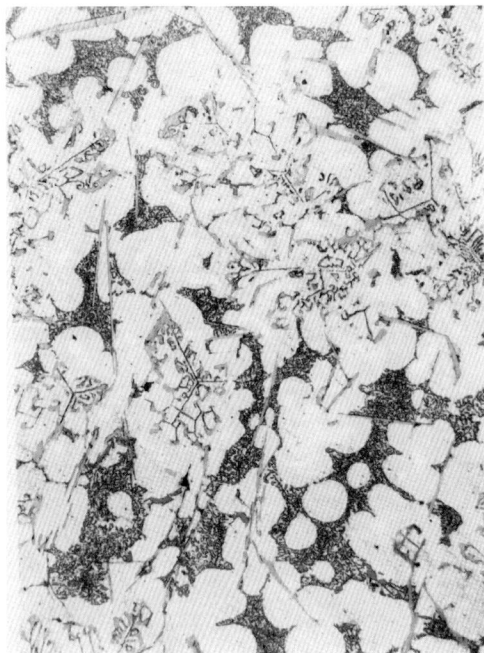

图　10-1-36　　　　　　　　　100×

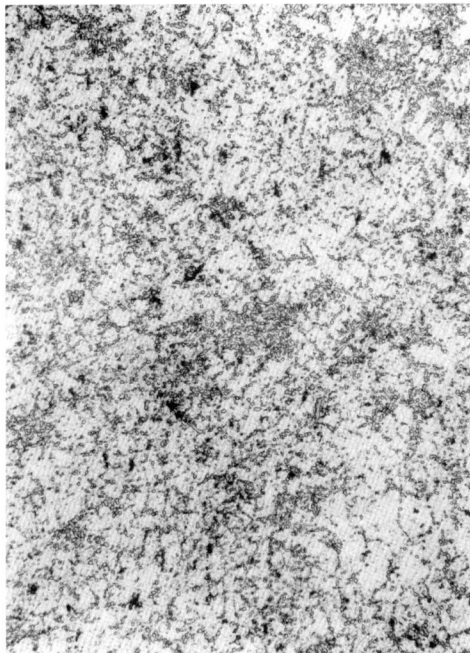

图　10-1-37　　　　　　　　　100×

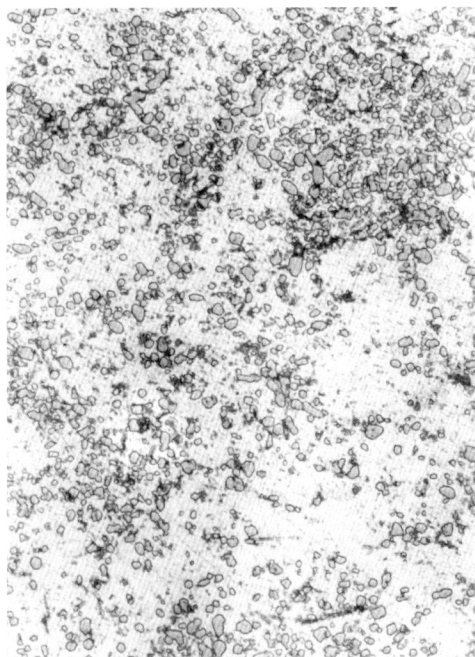

图　10-1-38　　　　　　　　　400×

图　　号：10-1-36～10-1-38

材料名称：ZAlSi7Mg (ZL101)　铝硅镁合金

浸　蚀　剂：0.5%氢氟酸水溶液（室温）

处理情况：砂型变质处理，图 10-1-37；图 10-1-38
系液体锻压铸造

组织说明：图 10-1-36：白色基体为 α 固溶体枝晶
间点状为共晶硅，深灰色骨骼状为 Mg_2Si 相，浅
灰色针状为 β（$Al_9Fe_2Si_2$）相，Mg_2Si 相聚集分
布是因局部地区 Mg 的偏析所造成的，针状 β 相
会造成铸件脆性，并使力学性能恶化。

图 10-1-37：白色为 α 固溶体，共晶硅呈不均匀
颗粒状分布在 α 相基体上的黑色小点为显微针孔。

图 10-1-38：图 10-1-37 局部放大组织，共晶
硅颗粒集聚更为明显，这是液体锻压铸造易出现的
特征，从而影响力学性能的均匀性和加工性能。图
中黑色小点为显微针孔，对液压铸造是较难避免的，
若针孔过多或集中时会降低力学性能和抗蚀性。

液体锻压铸造的铝轮鼓，变质后虽提高了强
度、塑性和伸长率（R_m 为 205～215N/mm²，A
为 10%～13%，硬度为 65～70HBW）。但还不能
达到 Q/NLB01—1993 摩托车铝合金整体车轮的
技术要求。

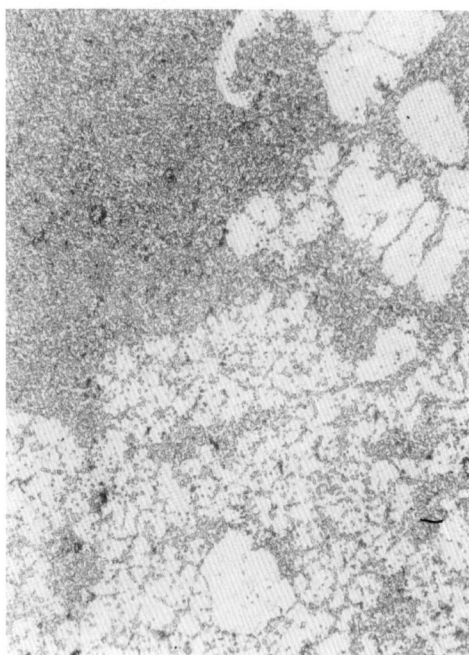

图　10-1-39　　　　　　　　　100×

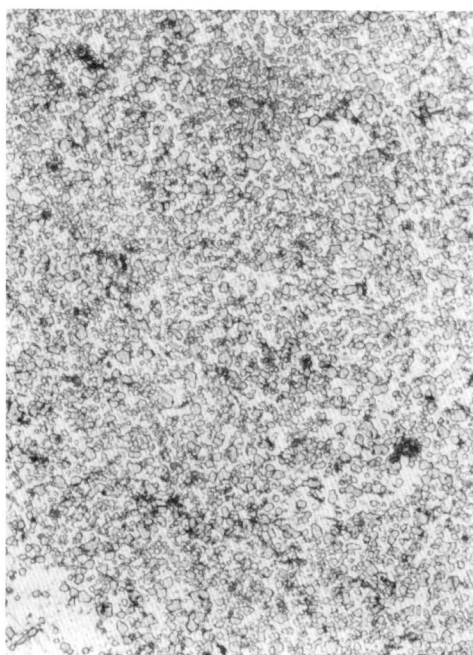

图　10-1-40　　　　　　　　　400×

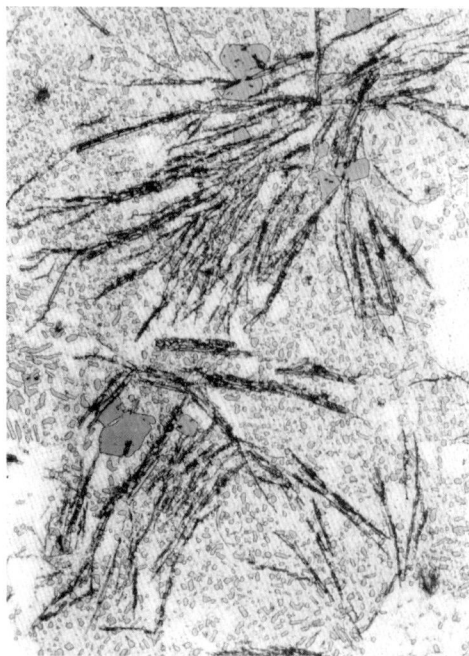

图　10-1-41　　　　　　　　　400×

图　　号：10-1-39～10-1-41
材料名称：ZAlSi7Mg（ZL101）铝硅镁合金
浸蚀剂：0.5%氢氟酸水溶液（室温）
处理情况：变质处理后液体锻压铸造
组织说明：图 10-1-39：经变质处理后液体锻压铸造，
　　　硅共晶为细小颗粒状，但分布很不均匀，局部硅
　　　共晶集中，其他部位较少，且出现粗大块状 α 固
　　　溶体，严重影响力学性能的均匀性和加工性能。

　　　图 10-1-40：图 10-1-39 左上角部分的放大组
　　　织，由于硅共晶较集中，使塑性和加工性能降低，
　　　但耐磨性较好。

　　　图 10-1-41：由于局部区域含铁量较高，形成
　　　粗大而集中的 β（Al$_9$Si$_2$Fe$_2$）相，该区还出现块
　　　状初晶硅，使铸件塑性降低，脆性增加。

　　　同一铸件中出现上述不同的组织，将使铸件
　　　的力学性能和其他性能出现异常，这是不希望的。

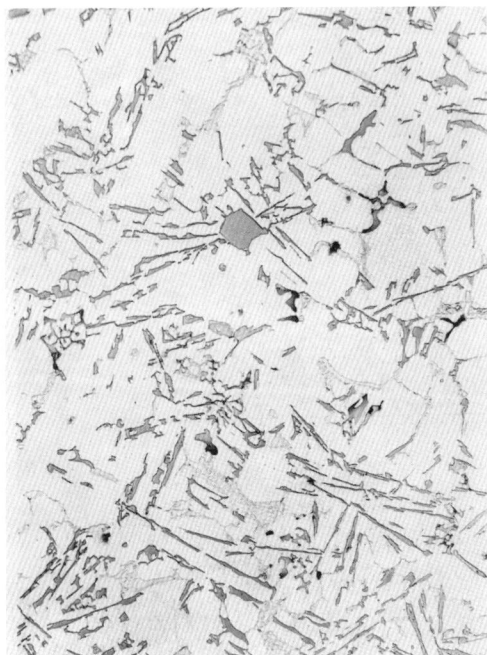

图　10-1-42　　　　　　　　　　100×

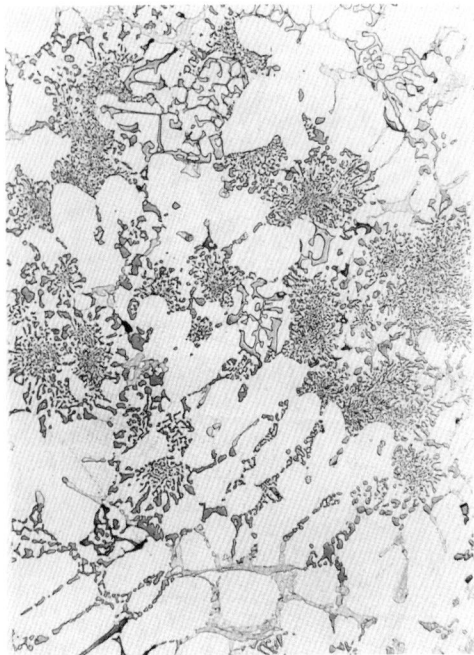

图 10-1-43　　　　　　　　　　100×

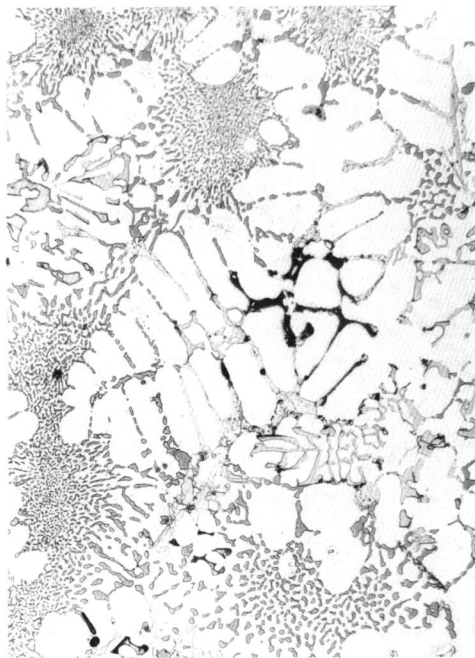

图　10-1-44　　　　　　　　　　100×

图　号：10-1-42～10-1-44

材料名称：ZAlSi5Cu2 (ZL103) 铝硅铜合金 [w（Si）5.6%，w（Cu）1.51%，w（Mg）0.38%t，w（Mn）0.40%，其余为 Al]

浸 蚀 剂：0.5%氢氟酸水溶液（室温）

处理情况：图 10-1-42 未经变质处理，图 10-1-43、图 10-1-44 经变质处理

组织说明：图 10-1-42：白色 α 固溶体的基体上分布着条片状共晶硅，还出现极少量块状初晶硅，不显相界的浅灰色骨骼状为 $Al_8FeMg_3Si_6$ 相，亮灰色为 Al_2Cu 相，黑色细小骨骼状是 Mg_2Si 相。条片状共晶硅割裂了基体，未经固溶时效强化，所以力学性能较差。图 10-1-43 是图 10-1-42 放大后组织。

图 10-1-44：组织与图 10-1-42 基本相同，白色 α 固溶体呈枝晶状和块状，灰色骨骼状为 AlFeMnSi 相，经变质处理后，共晶硅呈圆形和椭圆形，力学性能得到改善，由于合金未经时效强化处理，Al_2Cu 和 Mg_2Si 等强化相未发挥作用，所以性能提高不多。合金具有良好的铸造性，收缩率较低，吸气性较少，气密性好，但耐磨性较差。一般用作承受轻或中等载荷的零件，如航空仪表外壳和其他小零件。

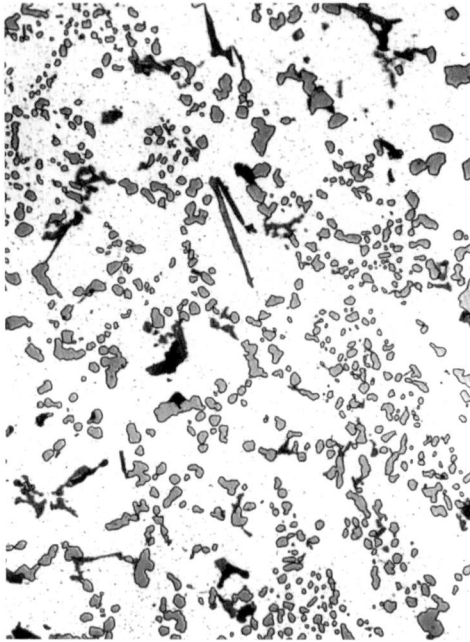

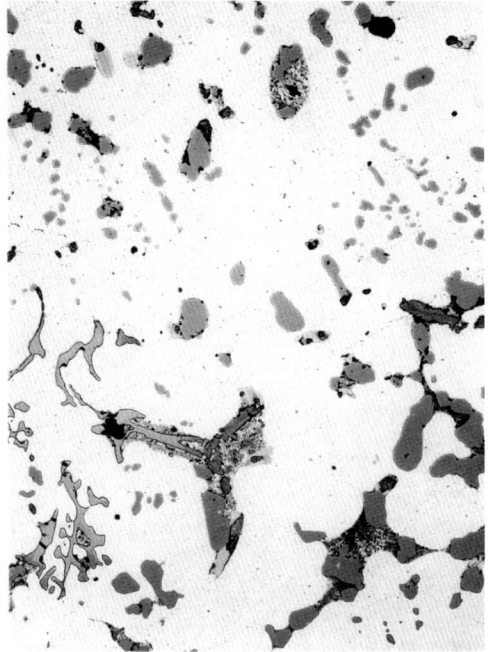

图　10-1-45　　　　　　　　　320×　　　图　10-1-46　　　　　　　　　100×

图　　号：10-1-45、10-1-46

材料名称：ZAlSi5Cu2（ZL103）铝硅铜合金

浸 蚀 剂：0.5%氢氟酸水溶液（室温）

处理情况：经变质处理

组织说明：图 10-1-45：经变质处理后 530℃×2h 水冷淬火，再在 175℃×4h 时效，由于固溶处理温度较高，Al_2Cu 强化相已完全固溶于 α 基体，时效后强度较高。共晶硅呈圆角状颗粒，有的已聚集长大，呈过热组织，黑色骨骼状为 AlMnFeSi 不溶相。

由于 ZL103 合金中含 Cu 量比 ZL105 高，并加入了 Mn，所以 Al_2Cu 等耐热相较多，合金的耐热性比 Z105 高。经 T7 处理（515℃×3～6h，水冷淬火后再在 230℃保温 3～5h 回火）后 $\sigma_{100h}^{250℃}=59～68N/mm^2$，可用在 250℃下工作的零件，但其室温下塑性较差。

图 10-1-46：ZL103 合金在 515℃×6h，水冷淬火，再在 160℃×3～5h 时效，在固溶处理时，由于控温仪表失灵，致使固溶温度过高（539℃），引起合金严重过烧，使零件表面呈深灰色和局部出现起泡。组织中出现了共晶体复熔和复熔球，共晶硅集聚粗化。图左下浅灰色骨骼状组织为 AlFeMnSi 相。

由于锰可以提高 α 固溶体在高温下的稳定性，使高温性能得到改善，同时它又可降低铁的有害作用。当镁、铜含量处于上限时可能形成熔点为 517℃的四元共晶（α+Si+Al_2Cu+Mg_2Si），在固溶处理时易产生过烧，合金在 515℃±5℃×2～6h 水冷淬火固溶，然后在 175～300℃×3～5h 后空冷的时效，可使合金得到强化，由于合金中 ω（$Al_xMg_5Si_4Cu_4$）和 θ（Al_2Cu）等耐热相较多，故其耐热性要比 ZL105 合金为好，可在 280℃下工作，但合金室温时的塑性较差。由于合金化学成分范围较大，导致组织的变化也大，所以它的性能也不稳定，限制了它的应用。

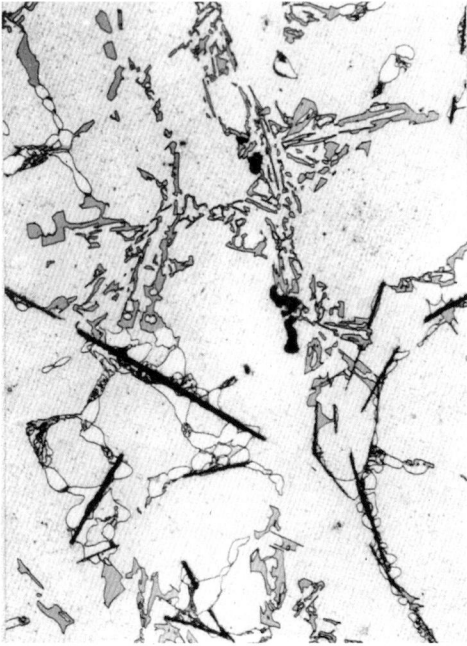

图　10-1-47　　　　　　　　　　200×

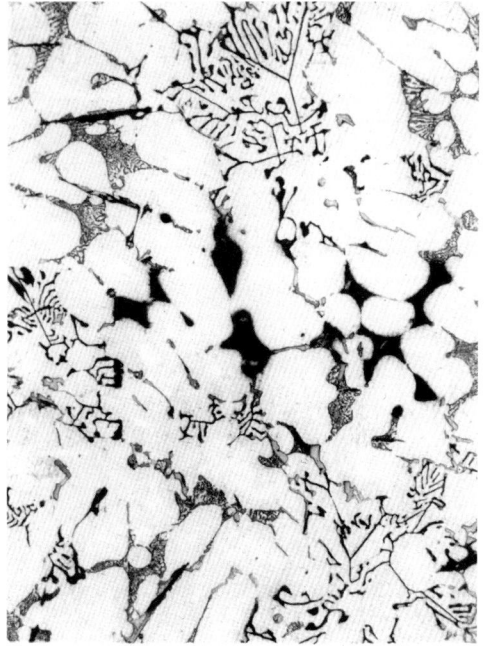

图　10-1-48　　　　　　　　　　100×

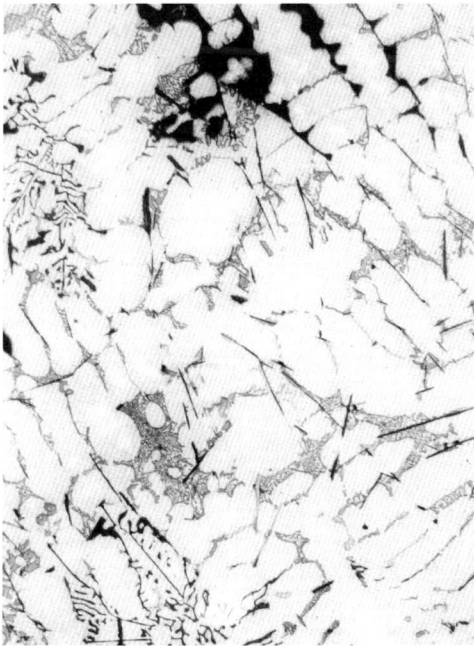

图　10-1-49　　　　　　　　　　100×

图　号：10-1-47～10-1-49

材料名称：ZAlSi5Cu2 (ZL103) 铝硅铜合金

浸蚀剂：0.5%氢氟酸水溶液（室温）

处理情况：图 10-1-47 金属型铸造；图 10-1-48、图 10-1-49 砂型铸造

组织说明：图 10-1-47：灰色条片状和小块状为共晶硅，沿晶分布的亮白色为 θ（Al_2Cu）相，黑色针状为 β（$Al_9Si_2Fe_2$）相，黑色细块状为显微疏松，针状 β 相和粗大的 θ 相使铸件脆性增加和抗蚀性下降。

　　图 10-1-48：在白色的基体上除了分布着灰色共晶硅外，由于镁元素的偏析，还形成了较多的蛛网状 Mg_2Si 相，黑色块状为疏松。

　　图 10-1-49：组织特征除与图 10-1-48 基本相同外，还分布着较多的针状 β 相和较集中分布的疏松孔隙，使性能恶化。一般铸件中是不允许存在这种组织特征的。

　　ZL103 是 Al-Si 系中含 Si 量较低的牌号之一。鉴于它的化学成分范围较大，致使组织和性能的变化也大，从而限制了它的应用范围。

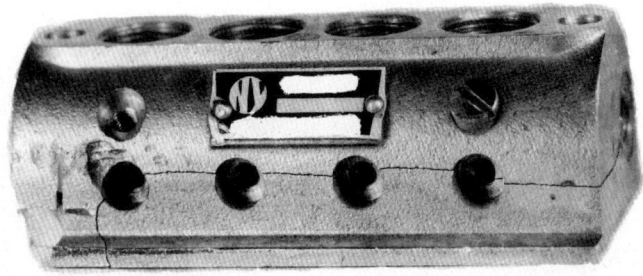

图 10-1-50 0.5×

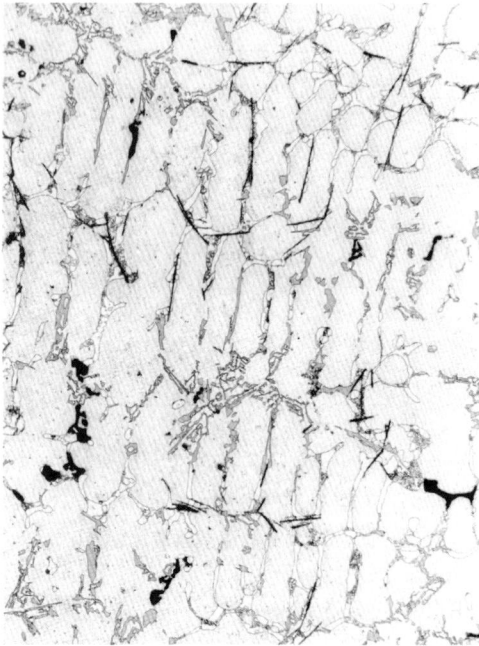

图 10-1-51 100×

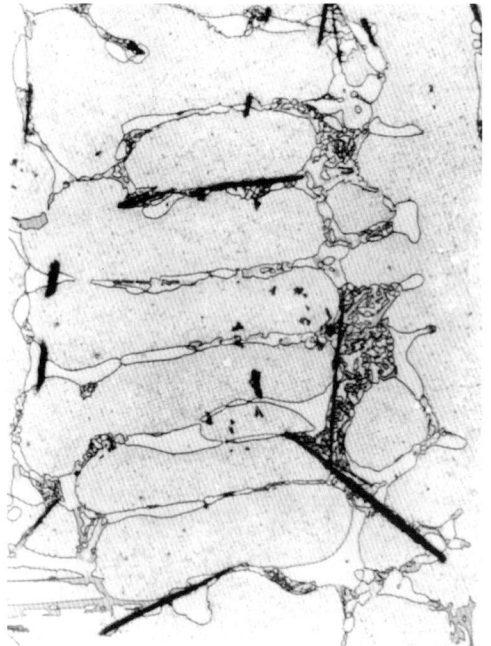

图 10-1-52 400×

图 号：10-1-50～10-1-52

材料名称：ZAlSi5Cu2 (ZL103) 铝硅铜合金

浸 蚀 剂：0.5%氢氟酸水溶液（室温）

处理情况：金属型铸造

组织说明：金属型铸件在加工完毕后的组装过程中，当拧紧第三只螺钉时工件即发生开裂，断口呈脆性晶粒状，未发现宏观疏松、夹渣和其他铸造缺陷。

图 10-1-50：工件开裂情况。

图 10-1-51、图 10-1-52：开裂部位的显微组织。在白色 α 固溶体基体上除分布着灰色共晶硅外，还有较多的沿晶分布的亮灰色的 θ（Al_2Cu）相，并有较多的黑色针状 β（$Al_9Si_2Fe_2$）相及少量黑色块状的显微疏松。由于较多脆硬的 θ（Al_2Cu）相和针状 β（$Al_9Si_2Fe_2$）相的存在，尤其是铜相分布于枝晶间，大大减弱了基体的连续性，使铸件的强度和塑性明显下降，因此当拧紧螺钉时张应力增加而导致壳体的开裂。

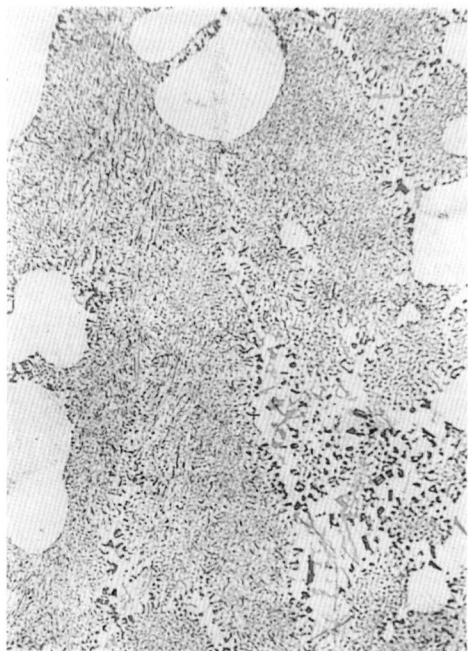

图　10-1-53　　　　　　　　　　　200×

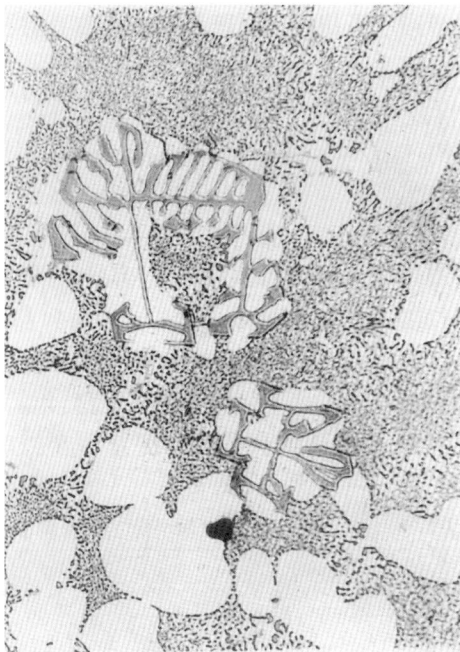

图　10-1-54　　　　　　　　　　　200×

图　　号：10-1-53、10-1-54

材料名称：ZAlSi9Mg（ZL104）铝硅镁合金［w（Si）8.0%～10.5%，w（Mg）0.17%～0.35%，w（Mn）0.2%～0.5%，w（Fe）<0.6%，w（Cu）<0.1%，w（Zn）<0.25%；w（Ti+Zr）<0.15%，其余为 Al］

浸　蚀　剂：0.5%氢氟酸水溶液（室温）

处理情况：变质处理，砂型铸造

组织说明：图 10-1-53：经变质 α 固溶体呈树枝状分布，枝晶间隙中的灰色颗粒为硅，它与 α 相构成（α+Si）共晶体，浅灰色骨骼状相为 AlFeMnSi，它与 α 相形成 α+AlFeMnSi 二元共晶体，在（α+Si）共晶体中出现条带状 α 固溶体和较大颗粒 Si 等轴晶粒组成的轻度过变质带，轻度过变质对抗拉强度有一定影响。

　　　　图 10-1-54：白色块状为 α 固溶体，变质处理后的共晶硅呈细小点状和颗粒状；粗大的深灰色骨骼状为 AlFeMnSi，它与 α 固溶体形成 α+AlFeMnSi 二元共晶体。

　　ZL104 是在 Al-Si-Mg 系基础上添加了少量的 Mn 元素而形成的合金。该合金在铸态下，主要由 α、Si、Mg_2Si 和少量 AlFeMnSi 杂质相组成。由于 Mn 元素的加入，改善了高硬度针状铁相的形态，降低了针状铁相的脆性作用，从而明显地改善了合金的力学性能，同时合金中针状共晶硅，也需要在浇注前进行变质处理，以改善其不利的影响。合金的 Mg_2Si 是强化相，通过（535±5）℃×2～6h 后淬入 60～100℃水中固溶处理，再经（175±5）℃×5～10h 空冷的时效处理，合金可明显地得到良好的力学性能：R_m 为 231N/mm²；$A_{11.3}$≥2%；硬度≥70HBW。

　　合金的铸造性能良好，流动性高，无热裂倾向，线收缩小，气密性良好，但吸气性大，易形成针孔，合金需进行变质处理，合金可热处理强化，室温时的力学性能好，耐蚀性好，切削性和焊接性一般。合金只能在≤200℃下工作，可用于制作形状复杂、薄壁、耐蚀和承受较高载荷或冲击载荷的大型铸件。如曲轴箱、气缸盖、气缸体等重要零件。

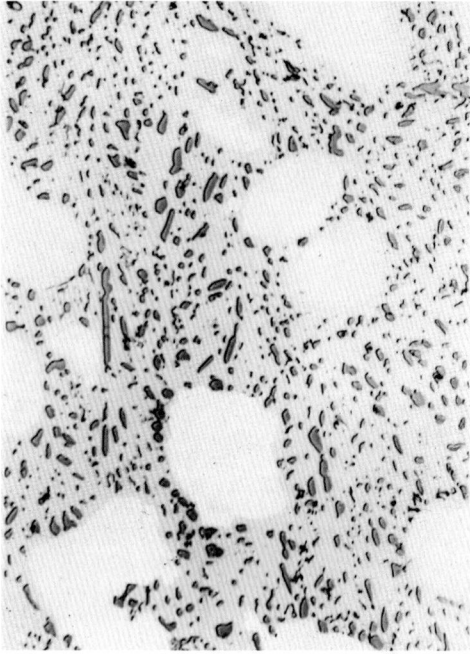

图　10-1-55　　　　　　　　　　300×

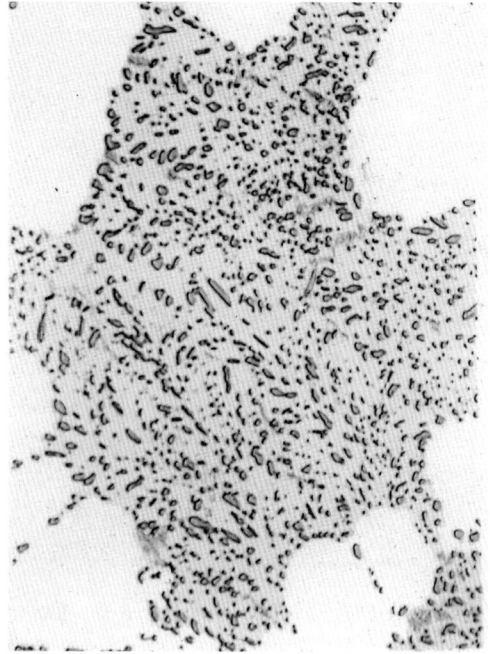

图　10-1-56　　　　　　　　　　300×

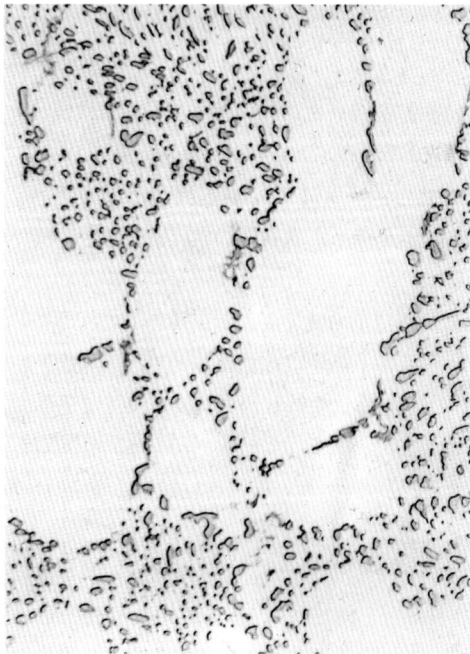

图　10-1-57　　　　　　　　　　300×

图　　号：10-1-55～10-1-57

材料名称：ZAlSi9Mg (ZL104) 铝硅镁合金

浸 蚀 剂：0.5%氢氟酸水溶液（室温）

处理情况：变质处理，砂型铸造

组织说明：图 10-1-55、图 10-1-56：经变质处理砂型铸造后未经热处理，（α+Si）共晶体中 Si 颗粒呈椭圆形和长条状，与未经变质处理的条片状共晶硅相比，力学性能有很大的改善。

图 10-1-57：经 540℃×3h 固溶处理后，硅晶体大部分呈圆形和椭圆形分布。

合金中除 α+Si 外，还有少量 Mg$_2$Si 强化相，经固溶处理后 Mg$_2$Si 强化相大部分固溶于基体中，使合金的力学性能得到进一步的提高，如再经时效处理，可使合金性能得到充分的发挥。

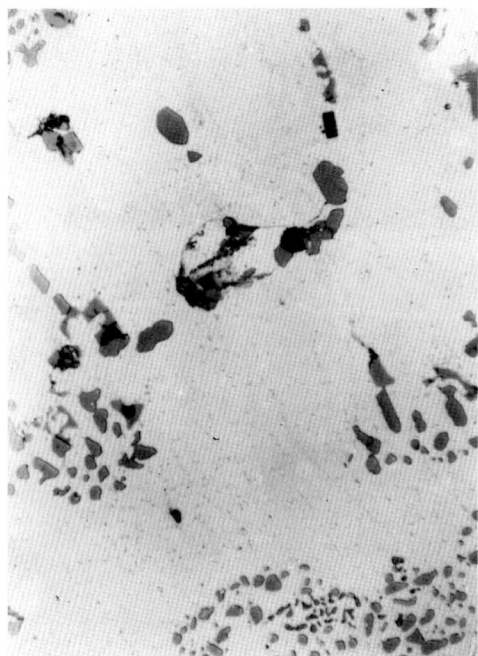

图　10-1-58　　　　　　　　　　300×

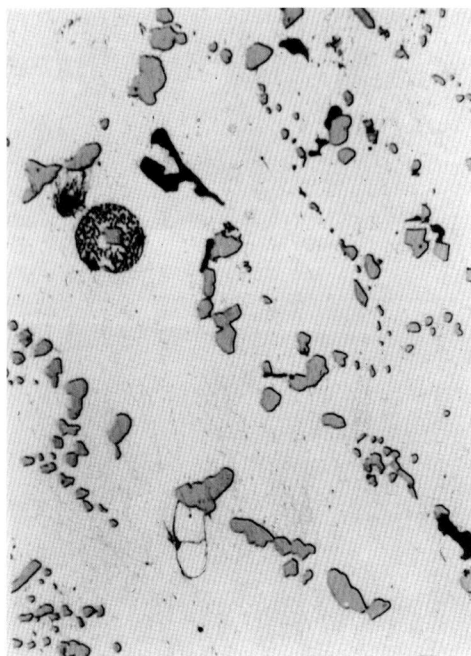

图　10-1-59　　　　　　　　　　300×

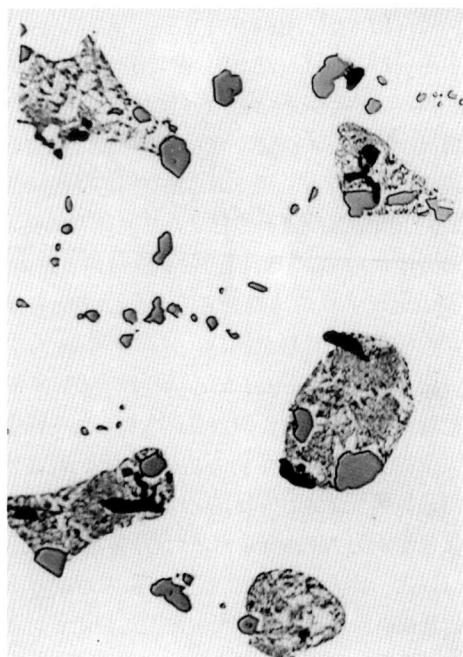

图　10-1-60　　　　　　　　　　300×

图　　号：10-1-58～10-1-60

材料名称：ZAlSi9Mg (ZL104) 铝硅镁合金

浸 蚀 剂：0.5%氢氟酸水溶液（室温）

处理情况：变质处理，砂型铸造后经不同温度固溶处理

组织说明：为了加速强化相的充分固溶，往往将铸件加
　　　　热到尽可能高的温度，确保固溶时效处理后能获得最
　　　　佳的力学性能。由于铸造组织的不均匀性和低熔点共
　　　　晶体的存在，当加热温度较高时，使共晶硅周边产生
　　　　圆滑并聚集长大，显示出过热现象。

　　　　图 10-1-58：温度过高（570℃）时，共晶硅将进
　　　一步聚集长大并趋向平直化，同时晶界上开始出现低
　　　熔点共晶体熔化。

　　　　图 10-1-59：随着温度的进一步升高（575℃），
　　　共晶硅继续聚集长大，并在冷却时出现复熔球。

　　　　图 10-1-60：580℃加热固溶后，除共晶硅继续聚
　　　集长大外，在共晶硅和夹杂共晶相处发生熔化，出现
　　　多角化和典型的复熔球与多元复熔球组织，形成过烧
　　　组织。

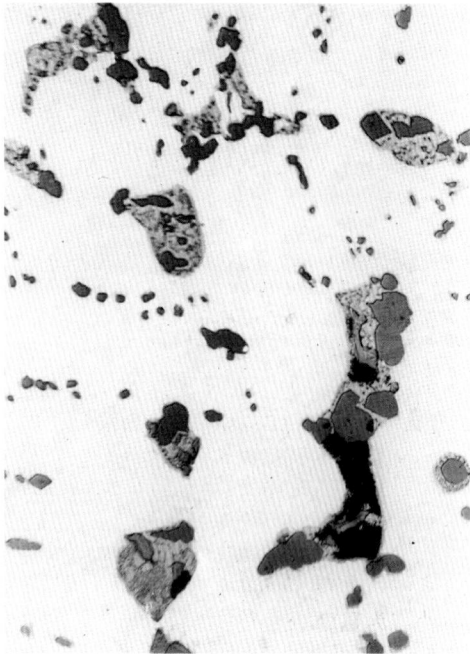

图　10-1-61　　　　　　　　　300×

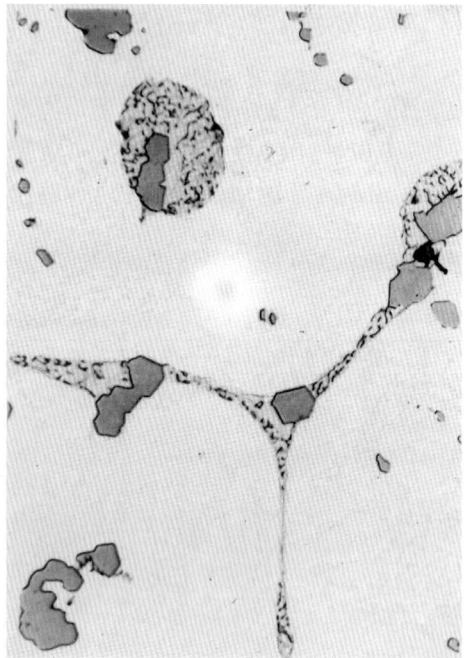

图　10-1-62　　　　　　　　　300×

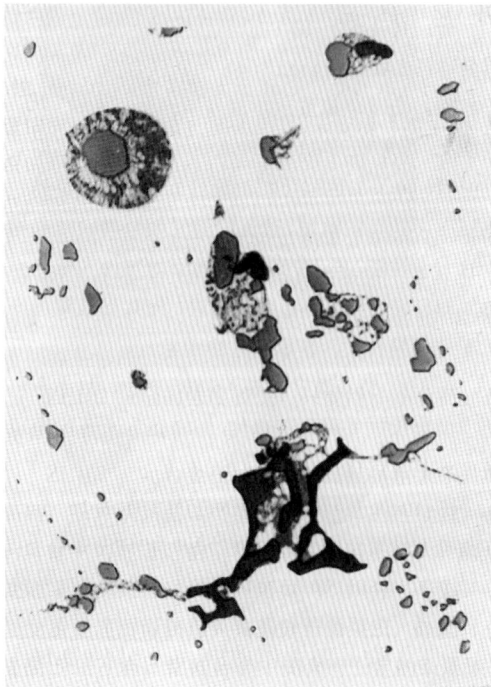

图　10-1-63　　　　　　　　　300×

图　　号：10-1-61～10-1-63

材料名称：ZAlSi9Mg (ZL104) 铝硅镁合金

浸　蚀　剂：0.5%氢氟酸水溶液（室温）

处理情况：变质处理砂型铸造后经不同温度固溶处理

组织说明：图 10-1-61：经 585℃ 加热固溶处理后的情
　　　　　况，由于固溶温度进一步提高，共晶硅聚集长大并
　　　　　更趋圆球状，在共晶硅及 AlFeMnSi 边缘发生熔化，
　　　　　冷凝后出现了复熔球或晶界多角化的多元复熔组
　　　　　织，构成严重的过烧组织。

　　　　　图 10-1-62、图 10-1-63：试样经 590℃×4h 固
　　　　　溶处理后的组织。由于固溶温度太高，使组织中出
　　　　　现大量的复熔体和多角化的共晶硅，并出现晶界和
　　　　　三角晶界的复熔。图中复熔组织中出现的似骨骼状
　　　　　灰黑色组织为 AlFeMnSi 相，这是严重的过烧组织。

　　　　　以上一组是不同过高温度加热固溶处理后的
　　　　　组织情况。固溶处理后组织中出现过烧组织时使力
　　　　　学性能恶化，所以以上均为不合格的显微组织。

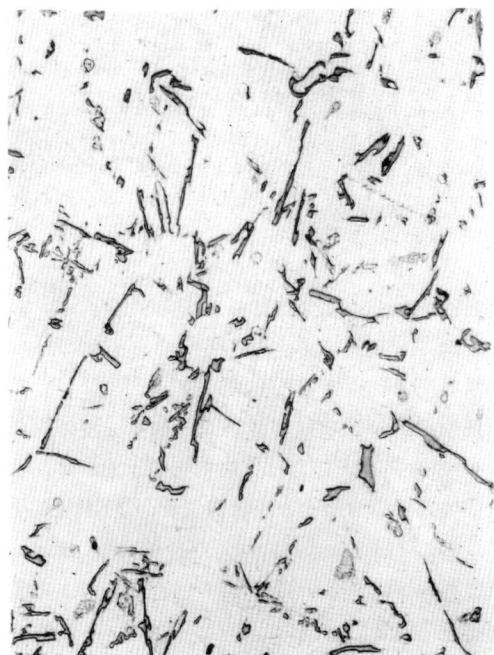

图　　号：10-1-64

材料名称：ZAlSi9Mg (ZL104) 铝硅镁合金

浸　蚀　剂：0.5%氢氟酸水溶液（室温）

处理情况：金属型铸造未变质处理，经 535℃±5℃固溶处理

组织说明：未经变质处理，共晶硅呈条片状，由于金属型铸造，冷却比砂型快，所以共晶硅较小，经 535℃±5℃×2～6h 固溶处理使 Mg$_2$Si 等强化相得到充分固溶，所以在基体组织中看不到强化相。但有极少量的细针状 β（Al$_9$Si$_2$Fe$_2$）相存在。属正常组织，力学性能较好（R_m一般可达 231N/mm^2，$A_{11.3}$≥2%，硬度在 70HBW 以上）。局部的极少量黑色小点为显微气孔。

图　10-1-64　　　　　　　　　　200×

图　　号：10-1-65

材料名称：ZAlSi9Mg (ZL104) 铝硅镁合金

浸　蚀　剂：0.5%氢氟酸水溶液（室温）

处理情况：变质处理

组织说明：枝晶间灰色花纹为（α+Si）共晶体，黑色块状为初生 Mg$_2$Si 相，黑色骨骼状组织为（α+Mg$_2$Si）共晶，黑色针状为 β（Al$_9$Si$_2$Fe$_2$）相。由于合金中主要强化元素含量偏高，加上局部偏析形成了较多的共晶 Mg$_2$Si 和初生 Mg$_2$Si 相，在铸件淬火前的加热保温过程中不可能使 Mg 相全部固溶于 α 固溶体中，而残留的较粗大的 Mg$_2$Si 脆性相，不但不能起强化作用，反而使合金的塑性急剧降低。由于铁杂质元素较高，形成了较多的针状 β（Al$_9$Si$_2$Fe$_2$）相，也降低了合金的塑性，恶化了合金的力学性能。

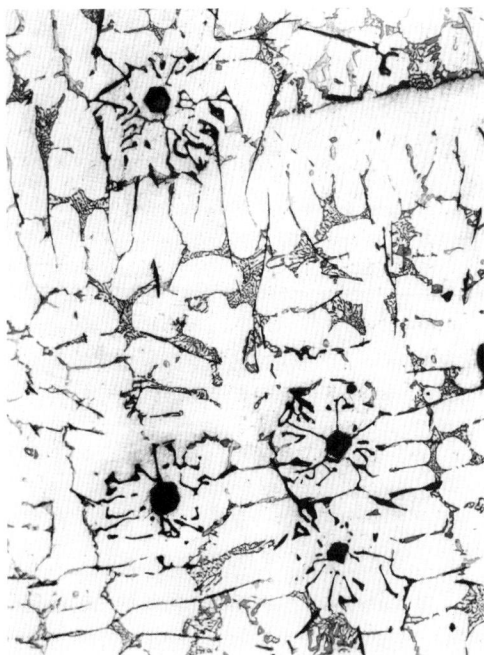

图　10-1-65　　　　　　　　　　100×

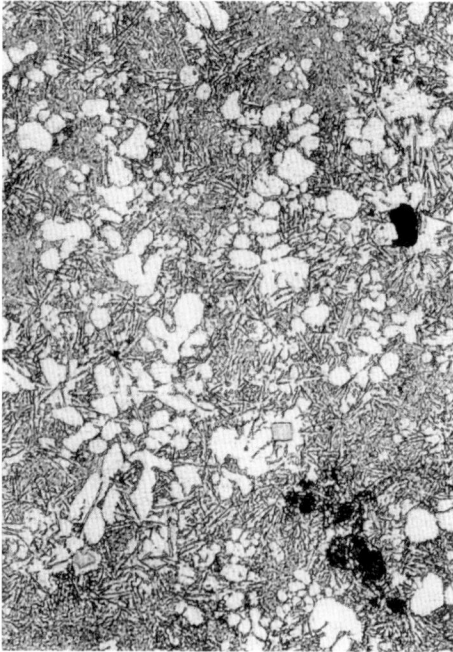

图 号：10-1-66
材料名称：ZAlSi9Mg (ZL104) 铝硅镁合金
浸 蚀 剂：0.5%氢氟酸水溶液（室温）
处理情况：未变质处理，压力铸造
组织说明：短小针状硅与枝晶间白色α固溶体构成
（α+Si）共晶，并有白色块状初生α固溶体，有
少量边界轮廓清晰的方块状初生硅存在，不规则黑
色点状为空洞，深灰色块状为非金属夹杂。由于显
微空洞和非金属夹杂物的存在，严重地恶化了力学
性能和抗蚀性能。

图 10-1-66 100×

图 号：10-1-67
材料名称：ZAlSi9Mg (ZL104) 铝硅镁合金
浸 蚀 剂：0.5%氢氟酸水溶液（室温）
处理情况：未变质处理，砂型铸造
组织说明：白色为初生α固溶体，枝晶间为（α+Si）
共晶体，灰色针片状为β（$Al_9Si_2Fe_2$）相，骨骼
状灰色相为 AlFeMnSi。未经变质处理的共晶硅
呈条状，其强度和伸长率比变质处理后的球状共
晶硅的要低，尤其是针状铁相的存在，对恶化力
学性能尤为显著。

　　合金中由于含有一定量的 Mn 元素，使部分
铁相的形态由针状改变为多边的蜘蛛状，大大减
少了对合金力学性能的影响，同时铁相的结构也
发生了变化，它构成了 AlFeMnSi 化合物。

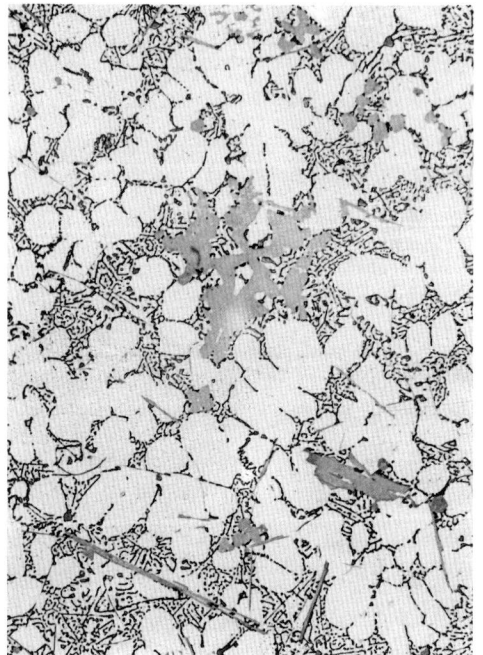

图 10-1-67 100×

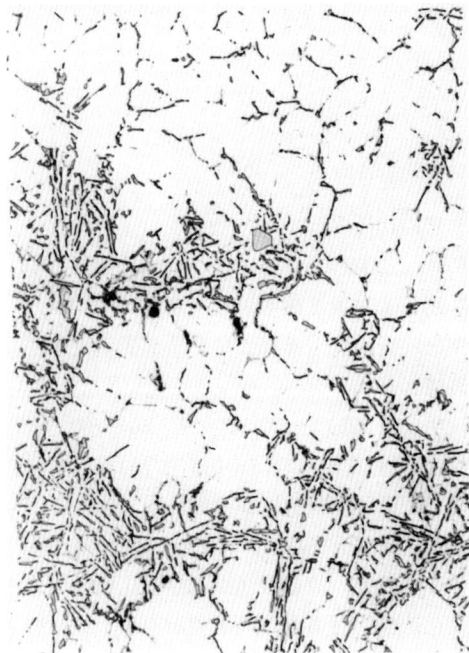 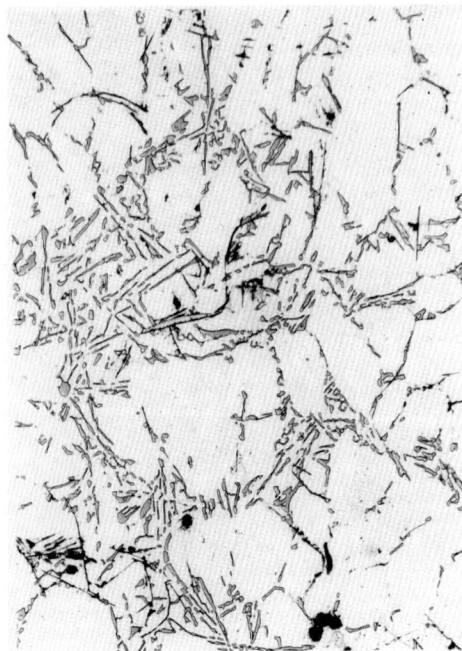

图　10-1-68　　　　　　　　125×　　　　图　10-1-69　　　　　　　　125×

图　号：10-1-68、10-1-69

材料名称：ZAlSi5Cu1Mg (ZL105)　铝硅铜镁合金　[w(Si)4.5%～5.5%, w(Cu)1.0%～1.5%，w(Mg)0.4%～0.6%，w(Fe)≤0.6%，w(Mn)≤0.5%，w(Zn)≤0.3%，w(Ti+Zr)<0.15%，w(Be)≤0.1%，其余为 Al]

浸蚀剂：混合酸水溶液（室温）

处理情况：未变质处理，金属型铸造

组织说明：图 10-1-68：小条片状的共晶硅分布于 α 固溶体枝晶间，分布不均匀，局部地区较集中，并有显微疏松（黑色点状）和多角形初晶硅存在。少量浅灰色 Al$_2$Cu 以复杂的共晶体形式存在。由于局部条片状共晶硅较集中，严重地割裂了 α 固溶体的连续性，使铸件强度和伸长率降低，尤其是显微疏松的存在，降低铸件的力学性能更为显著，而且还将影响铸件的耐蚀性。

　　图 10-1-69：灰色条片状共晶硅分布在 α 固溶体枝晶间，黑色针状为 β（Al$_9$Si$_2$Fe$_2$）相，并有少量的 θ（Al$_2$Cu）相存在。该铸件是经过 525℃±5℃×3～5h，淬入 60～100℃水中冷却，180℃±5℃×5～10h 回火时效处理。大部分 θ（Al$_2$Cu）相已固溶于 α 基体中，残留 θ（Al$_2$Cu）相较少，对性能影响不大。但因存在较多的显微疏松，严重影响合金的力学性能和抗蚀性能。

　　ZL105 是工业中常用的铸造铝合金，是 Al-Si-Cu-Mg 系合金，它和 ZL101 相比，降低了硅的含量，增加了铜的含量，目的是改善合金的耐热性。

　　在平衡状态下，凝固后主要有 α 固溶体、硅、Al$_2$Cu 三相，在非平衡凝固后还会产生 Mg$_2$Si，当含铜量在上限、含镁量在下限时主要形成 Al$_2$Cu 相，反之可能出现 Mg$_2$Si 相和 ω（Al$_x$Mg$_5$Cu$_4$Si$_4$）相，在淬火固溶状态下，Al$_2$Cu 和 Mg$_2$Si 可全部溶入 α 相，而 ω 相仅部分溶解，并再时效时弥散析出而强化合金，ω 相可提高合金的耐热性。

　　该合金铸造性能良好，流动性高，收缩率较低，吸气倾向小，气密性良好，热裂倾向小，熔炼工艺简单，不需变质处理，可热处理强化，室温强度较高，但塑性、韧性较低，高温力学性能好，可在 225℃下工作，焊接和切削性良好，耐蚀性尚好。可用来制造形状复杂、承受载荷高的零件，如气缸体、气缸头、空气发动机头和曲轴箱等。

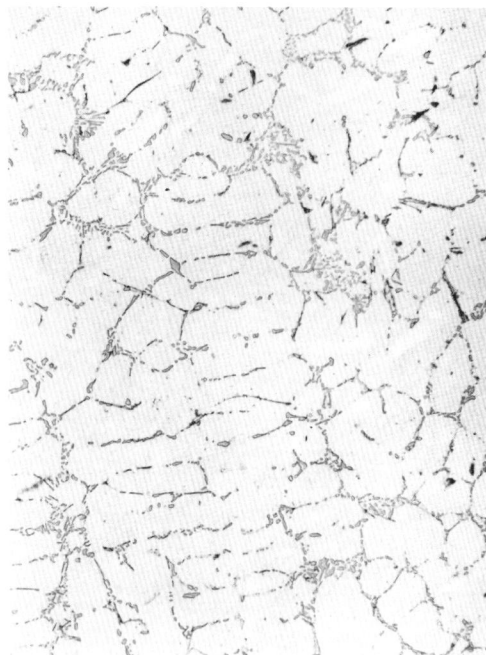

图　10-1-70　　　　　　　　125×

图　　号：10-1-70
材料名称：ZAlSi5Cu1Mg (ZL105) 铝硅铜镁合金
浸 蚀 剂：0.5%氢氟酸水溶液（室温）
处理情况：经钡盐无毒长效精变质剂变质处理，金属型铸造
组织说明：经 525℃±5℃×3～5h，60～100℃水冷固溶处理，180℃±5℃×5～10h 空冷时效处理，共晶硅呈不规则颗粒状和短条状与 α 固溶体构成(α+Si)共晶体，分布于枝晶间，θ（Al₂Cu）相等强化相固溶于 α 基体中，故显微观察不到强化相，黑色小点为显微疏松，对力学性能不利，但由于共晶硅较细小，显微疏松较少而分散，所以力学性能仍符合要求：R_m 为 273N/mm²，$A_{11.3}$ 为 0.7%。

图　　号：10-1-71
材料名称：ZAlSi5Cu1Mg (ZL105) 铝硅铜镁合金
浸 蚀 剂：0.5%氢氟酸水溶液（室温）
处理情况：经钡盐变质处理。
组织说明：图 10-1-71 的变质、铸造方法和热处理工艺同图 10-1-70，其显微组织也基体相同，但显微疏松较严重（黑色块状和小点状使力学性能显著下降，R_m 为 234N/mm²，$A_{11.3}$ 为 0.36%），其性能在技术条件以下，为不合格铸件。要消除此缺陷，必须在熔炼时严格按工艺规范控制浇注温度和良好的除气，防止针孔和疏松的出现。

采用钡盐进行变质处理，可以获得与钠盐变质处理后一样良好的变质组织，共晶硅呈细小的圆粒状分布，这对提高合金的力学性能和加工性能是十分有利的。

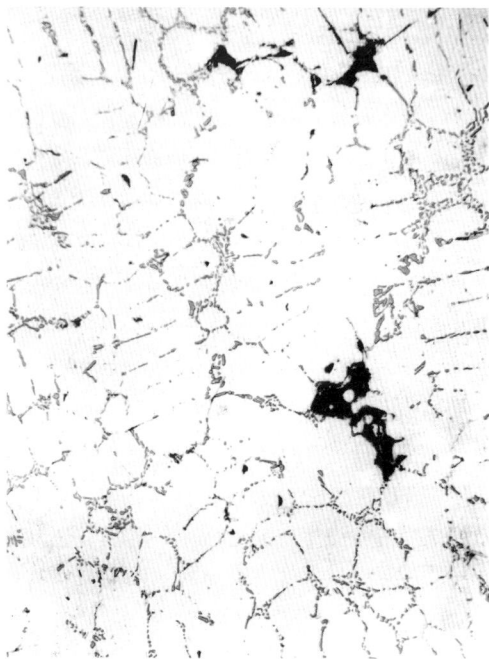

图　10-1-71　　　　　　　　125×

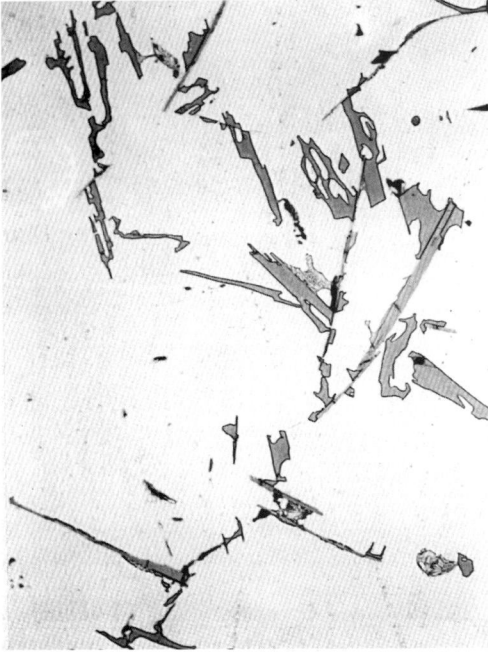

图　　号：10-1-72

材料名称：ZAlSi5Cu1Mg (ZL105) 铝硅铜镁合金

浸　蚀　剂：0.5％氢氟酸水溶液（室温）

处理情况：未变质处理

组织说明：当浇注温度为 750℃；冷至 550℃需 14s，
其组织：白色基体为 α 固溶体，灰色片状的共晶硅，
少量浅灰色花纹状 θ（Al_2Cu）相，浅灰色针状和片
状为 β（$Al_9Si_2Fe_2$）相。椭圆形花纹组织为 α＋Si
＋Al_2Cu 的三元共晶体。黑色点状为针孔。条片状的
共晶硅和针状、片状 β（$Al_9Si_2Fe_2$）相存在，增加了
铸铝合金的脆性，降低了强度。

图　10-1-72　　　　　　　　　　320×

图　　号：10-1-73

材料名称：ZAlSi5Cu1Mg (ZL105) 铝硅铜镁合金

浸　蚀　剂：0.5％氢氟酸水溶液（室温）

处理情况：固溶处理

组织说明：经 570℃×4h，70℃水冷固溶处理，
170℃×12h 时效处理，其力学性能 R_m 为 260N/mm²，
$A≈0\%$，硬度为 125HBW。由于固溶处理温度
过高引起严重过烧，使 Si 共晶集聚长大（灰
色块状），晶界复熔形成共晶组织，严重地削
弱了晶粒间的结合力，降低了合金的力学性
能。组织中沿晶界的黑色圆形花纹状组织为过
烧后形成的复熔组织。

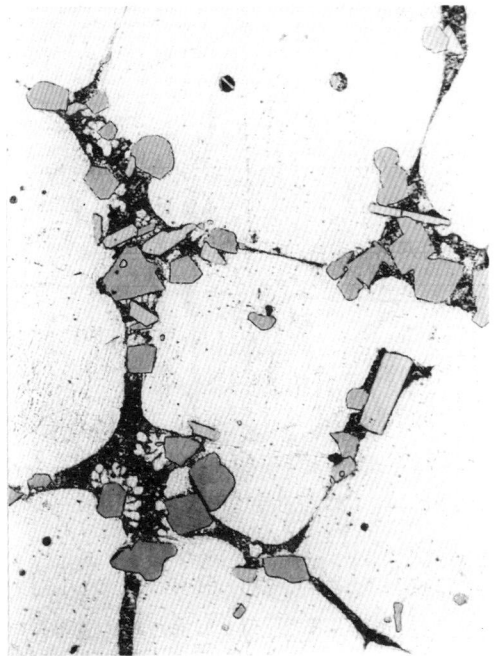

图　10-1-73　　　　　　　　　　320×

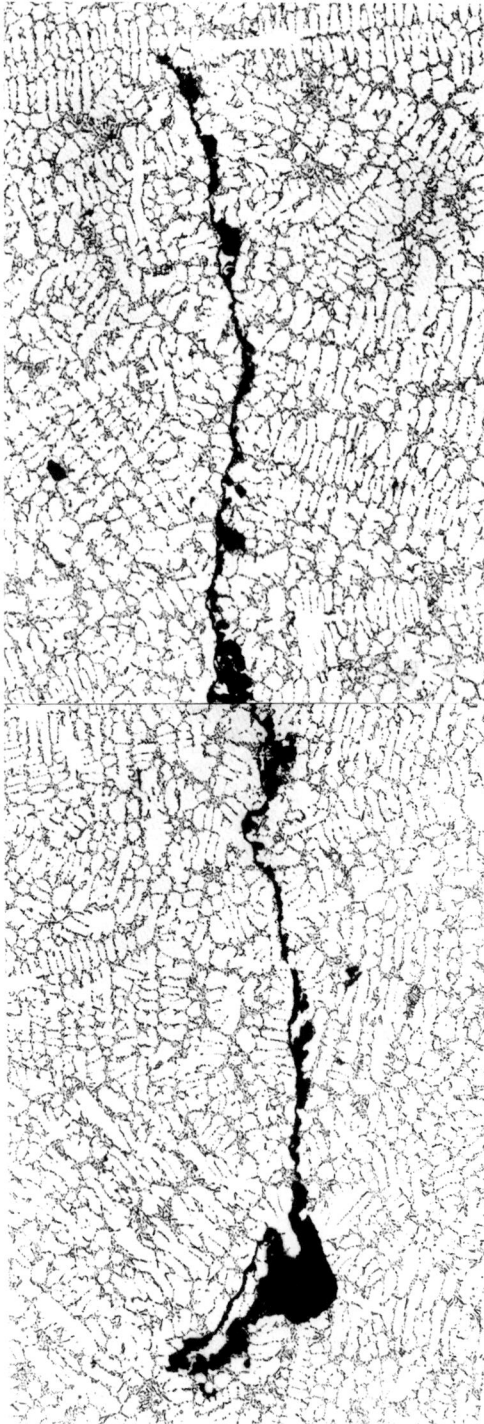

图　10-1-74　　　　　　　　　　　　　100×

图　10-1-75　　　　　　　　　　　2.5×

图　　号：10-1-74、　10-1-75

材料名称：ZAlSi5Cu1Mg (ZL105) 铝硅铜镁合金

浸　蚀　剂：图 10-1-74：0.5%氢氟酸水溶液（室温）；

图 10-1-75：未侵蚀

处理情况：525℃±5℃×3～5h，60～100℃水冷固溶

处理，180℃±5℃×8h 空冷时效

组织说明：图 10-1-74：压铸叶轮的组织为树枝状 α +

（α +Si）共晶体，硅呈细小颗粒状，黑色条状为熔

渣。

由于压铸叶轮零件较小，冷却凝固速度较快，

Mg_2Si、Al_2Cu 等强化相不易发现。熔渣是由于浇注

前除渣不净，进入铸型后夹杂在零件内部，割裂了

基体的连续性，严重地降低了铸件力学性能，尤其

是当此缺陷处于受力部位时，易使零件产生早期断

裂失效。

图 10-1-75：拉力试棒断口实物照片，灰黑色片

状为浇注过程中混入铝液中的氧化膜，由于割裂了

基体金属的连续性，使抗拉强度下降了 58%，伸长

率仅为 0.2%～0.3%，均不合格。

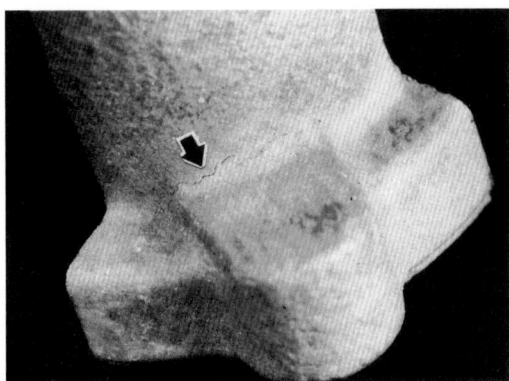

图　10-1-76　　　　　　　　　　　2×

图　10-1-77　　　　　　　　　　　1∶1

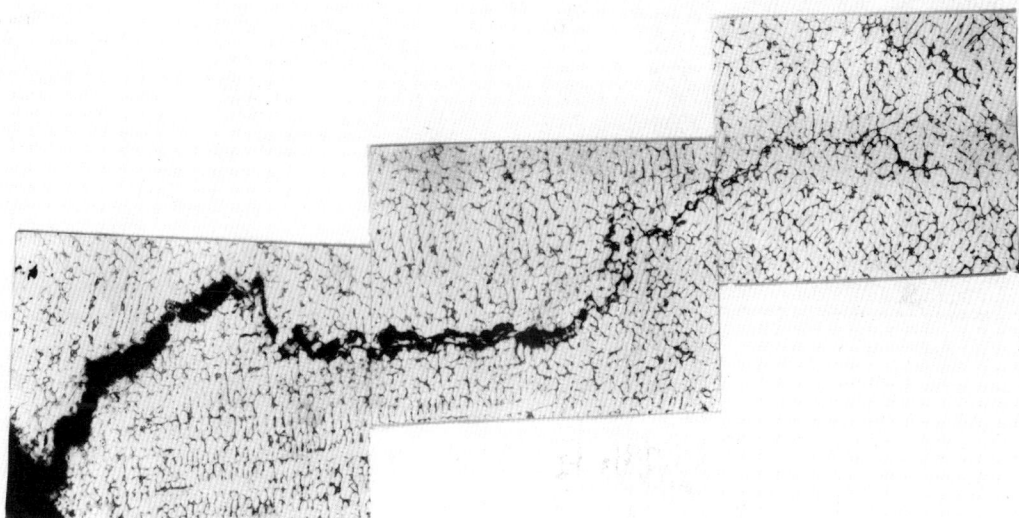

图　10-1-78　　　　　　　　　　　　　　　　　　　　　　　50×

图　　　号：10-1-76～10-1-78

材料名称：ZAlSi5Cu1Mg (ZL105) 铝硅铜镁合金

浸 蚀 剂：图 10-1-78 用 0.5%氢氟酸水溶液（室温）

处理情况：变质后金属型铸造

组织说明：图 10-1-76：失效零件实物，箭头所指为热裂纹。

　　图 10-1-77：热裂纹折断的断口形貌。可看到树枝晶结构及热裂纹自表面向零件内部发展的形貌特征。热裂纹扩展区已被氧化而成灰黑色。

　　图 10-1-78：组织为 α 固溶体＋灰色网络状（α+Si）的共晶体，黑色小点为缩松，裂纹沿（α+Si）共晶组织向缩松集中区发展。

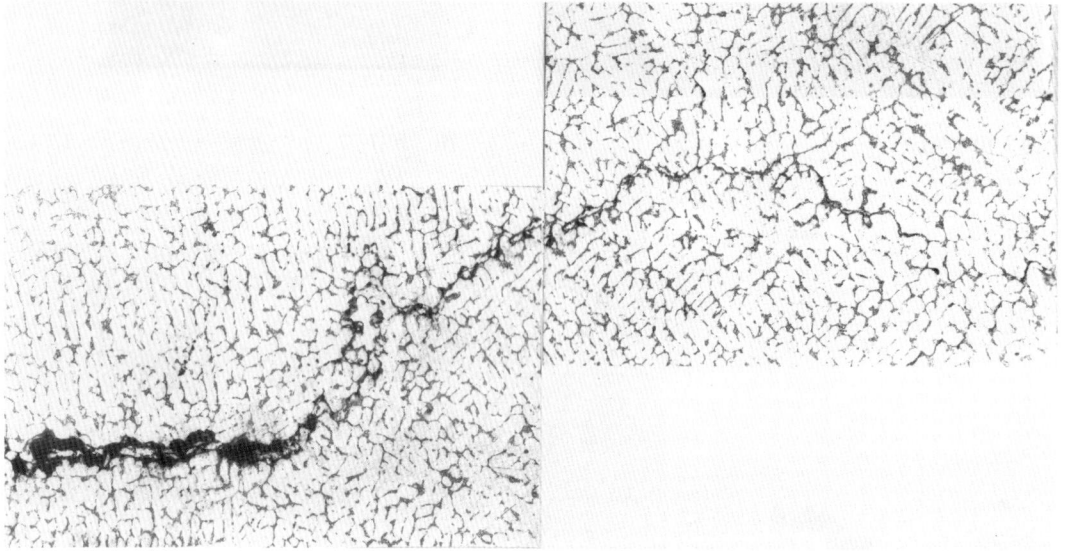

图　10-1-79　　　　　　　　　　　　　　　　　　　　　　　　　　80×

图　　号：10-1-79

材料名称：ZAlSi5Cu1Mg (ZL105) 铝硅铜镁合金

浸 蚀 剂：0.5%氢氟酸水溶液（室温）

处理情况：变质后金属型铸造

组织说明：该图是失效零件热裂纹中部经放大后的情况。热裂纹沿枝晶间（α+Si）共晶组织，呈弯曲状向心
　　部缩松处发展，因放大倍数较小，强化相无法清晰辨认。由于零件较小，金属型铸造冷速较快，在零件弯
　　角处热应力容易集中而导致开裂。如果裂缝漏检，加工时又未能全部去除而留下裂纹尾端，该零件在使用
　　中裂纹会继续扩展而导致断裂。

图 10-1-80   1:1

图 10-1-81   10×

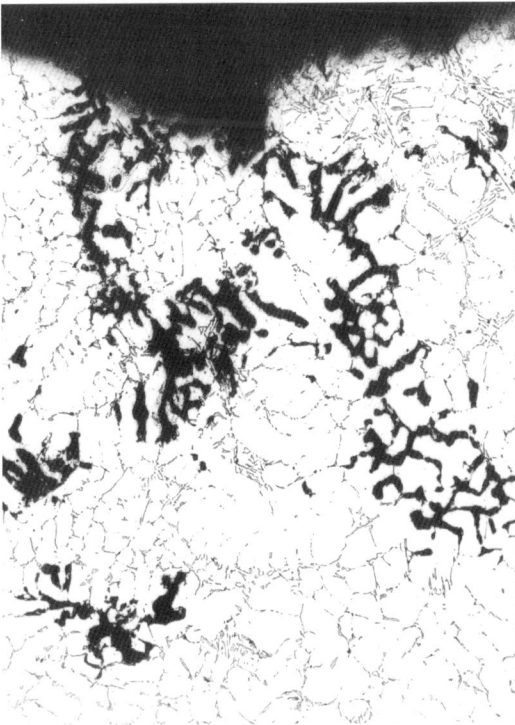

图 10-1-82   100×

图　　号：10-1-80～10-1-82

材料名称：ZAlSi5Cu1Mg (ZL105) 铝硅铜镁合金

浸 蚀 剂：0.5%氢氟酸水溶液（室温）

处理情况：变质后金属型铸造

组织说明：图 10-1-80：零件在机加工时，拐角处发现细小冷裂纹，如图中箭头指处。

    图 10-1-81：零件拐角处裂纹的横截面，经砂纸磨光后置于低倍显微镜下观察，裂纹自零件拐角表面向心部垂直扩展的情况。

    图 10-1-82：横截面取样磨抛后，裂纹分布于枝晶间密集性的疏松处。

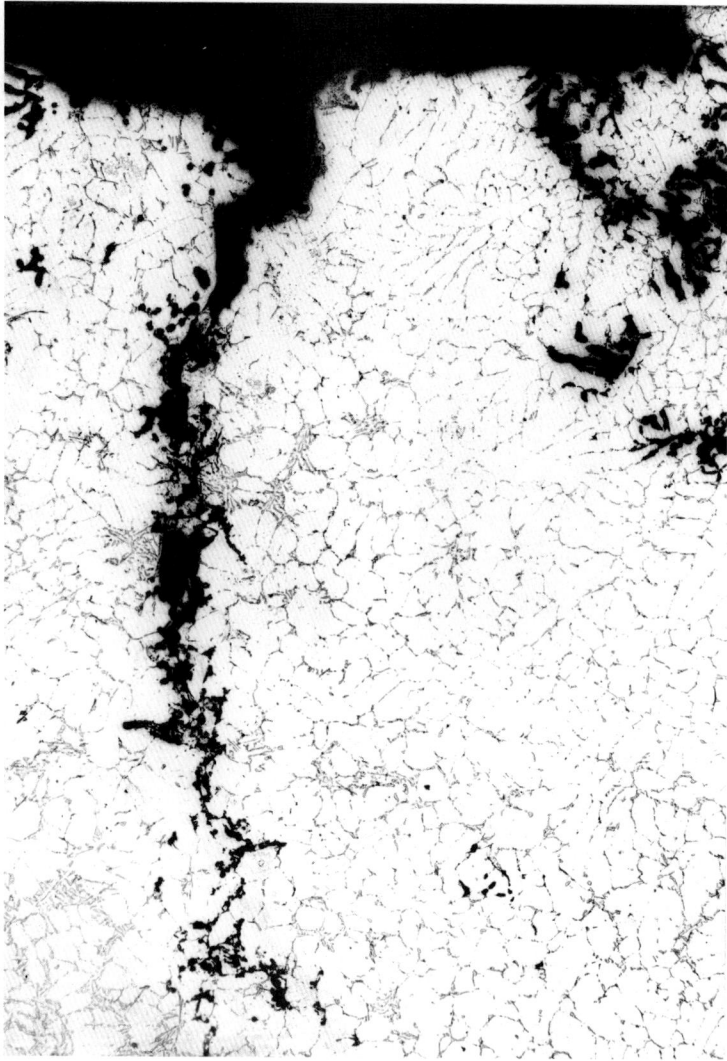

图　10-1-83 　　　　　　　　　　　　　　　　　　100×

图　　号：10-1-83

材料名称：ZAlSi5Cu1Mg (ZL105) 铝硅铜镁合金

浸 蚀 剂：0.5%氢氟酸水溶液（室温）

处理情况：变质后金属型铸造

组织说明：在图 10-1-80 中箭头部位的宏观裂纹处取样，裂纹深约 3mm 左右，断面无氧化色和液态结晶面。裂纹表面较宽，沿黑色疏松方向深入，裂纹端部呈不规则断续形貌。

　　　　工件中出现所谓的"裂纹"实为断续的疏松空隙所引起，造成大量疏松缺陷，是由于：①设置浇注系统位置不合理，使零件拐角部位得不到良好的补缩，导致局部性疏松的出现，使合金的强度和塑性大大降低；②模具设计不合理，导致金属液体在凝固冷却过程中收缩受到阻碍，使零件拐角处受到较大的张应力。由于以上因素导致拐角处形成疏松而引起裂纹。

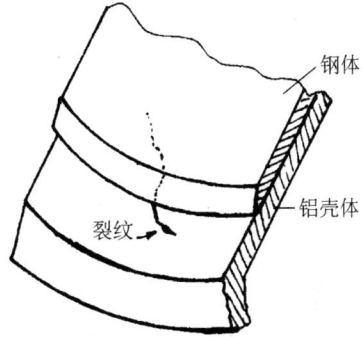

图　10-1-84　　　　　　　　2×　　　图　10-1-85　　　　　　示意图

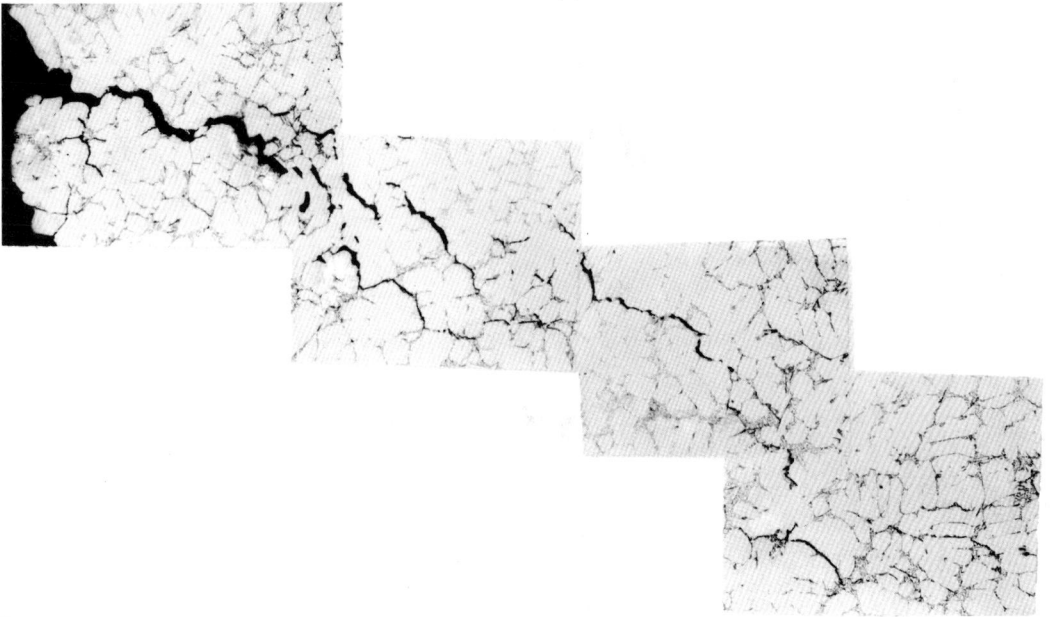

图　10-1-86　　　　　　　　　　　　　　　　　　　　　　≈50×

图　号：10-1-84～10-1-86

材料名称：ZAlSi5Cu1Mg (ZL105) 铝硅铜镁合金

浸 蚀 剂：0.5%氢氟酸水溶液（室温）

处理情况：经固溶时效处理

组织说明：图 10-1-84：失效泵体，箭头处为两匹配面上存在的裂纹。

　　　　图 10-1-85：泵体示意图。在泵体上裂纹分布的情况。

　　　　图 10-1-86：该泵体经 525℃±5℃×4h，70℃水冷固溶处理，180℃±5℃×4h 空冷时效强化。从泵体缺陷部位取样磨制抛光经 0.5%氢氟酸水溶液浸蚀后的裂纹全貌，裂纹呈不连续沿晶界和共晶体发展。

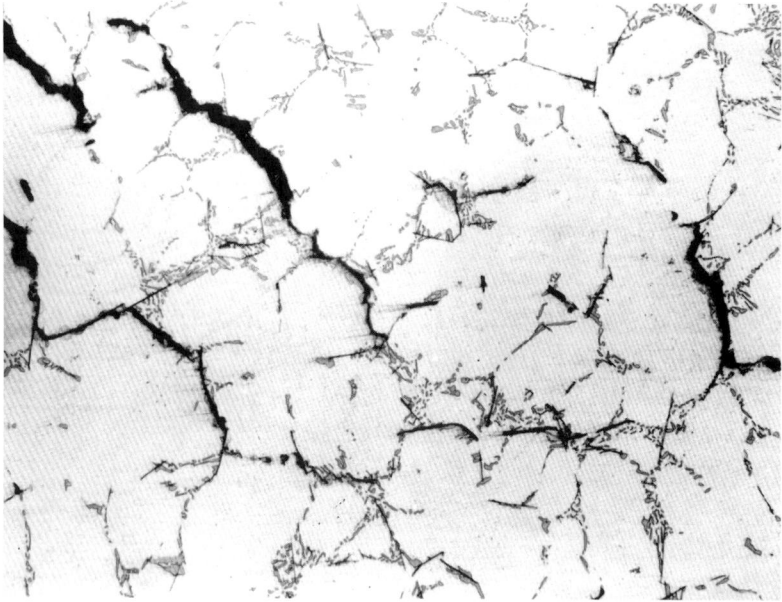

图　　10-1-87   200×

图　　号：10-1-87

材料名称：ZAlSi5Cu1Mg (ZL105) 铝硅铜镁合金

浸 蚀 剂：0.5%氢氟酸水溶液（室温）

处理情况：经固溶时效处理

组织说明：该图系失效泵体裂纹（图 10-1-86）的局部放大，基体为 α 固溶体，枝晶间为（α＋Si）共晶体，
黑色针状为 β（$Al_9Si_2Fe_2$）相，沿晶间黑色裂纹是显微疏松受力扩展所引起的。裂纹部位靠近铸件冒口处，
由于浇注后金属液体凝固较晚，易产生不连续分散状显微疏松和高熔点的针状脆性铁相等缺陷，宏观不易
发现，当加工后压入钢件时受到较大的张应力，加上使用中受到振动等应力和较大的液压作用，促使缺陷
处形成显微裂纹，并扩展至漏油现象的出现。经解剖检查，裂纹主要沿（α＋Si）共晶体和 β（$Al_9Si_2Fe_2$）
相发展。（α＋Si）共晶体相对脆性较大，尤其是有害的针状脆性 β（$Al_9Si_2Fe_2$）相的存在，当受到较大的
应力作用时，易在该薄弱区域形成裂纹，最后导致该泵漏油的失效。

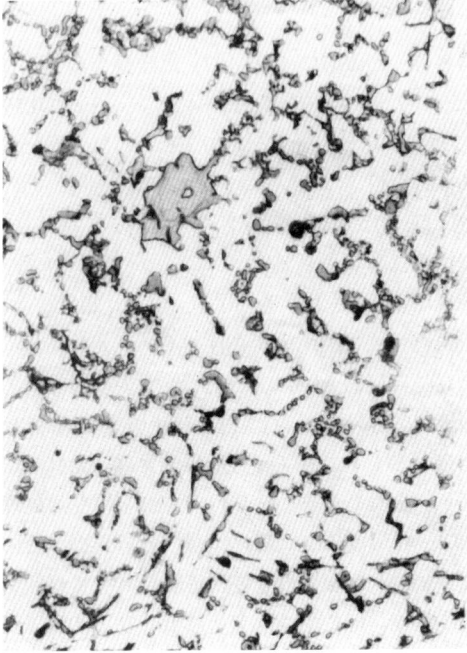

图　10-1-88　　　　　　　150×

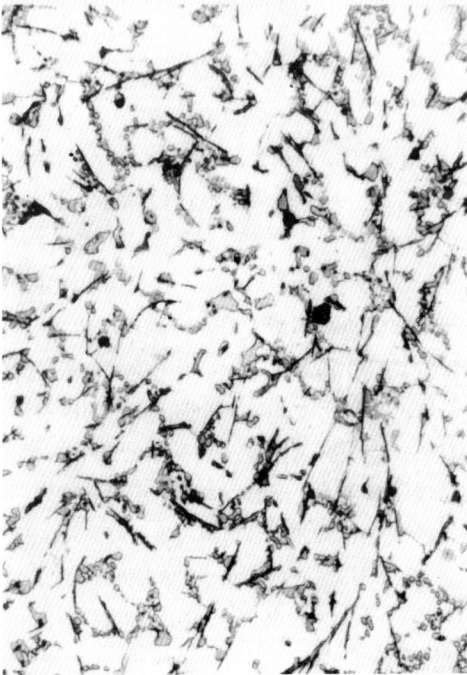

图　10-1-90　　　　　　　120×

图　　号：10-1-88～10-1-90

材料名称：ZAlSi8Cu1Mg (ZL106) 铝硅铜镁合金

[w（Si）7.5%～8.5%，w (Cu)1.0%～1.5%，w (Mg) 0.3%～0.5%，w (Mn) 0.3%～0.5%，w (Ti)0.1%～ 0.25%，w (Fe)≤0.6%，w (Zn) ≤0.2%，其余为 Al]

浸 蚀 剂：0.5%氢氟酸水溶液（室温）

处理情况：515℃±5℃×6h，70℃水冷，175℃± 5℃×7h 空冷时效处理

组织说明：图 10-1-88：灰色硅晶体呈椭圆形，与 α 相构成共晶体，大块骨骼状为 α（$Al_{12}SiFe_3$）相和 少量黑色短针状为 β（$Al_9Si_2Fe_2$）相。Al_2Cu 等强 化相固溶较好，看不到强化相，性能较好。

　　图 10-1-89：枝晶间为（α＋Si）硅共晶，有 多量黑色针状 β（$Al_9Si_2Fe_2$）相，割裂了基体组织 的连续性，使合金脆性增加，恶化合金性能。

　　图 10-1-90：由于加热炉升温至 531℃，使硅 共晶集聚长大，α + Al_2Cu +Mg_2Si 等低熔点共晶体 发生复熔，组织中出现大量的复熔球和晶界的复熔 共晶体，使强度和塑性急剧下降。有这种组织的零 件必须报废。

　　ZA106 合金铸态时主要相为 α 、Si、ω （$AlxMg_5Si_4Cu_4$）和 Al_2Cu 相，有时，还会出现 Fe 相和 Mg_2Si，如合金速冷，Al_2Cu 将不会出现。 合金可固溶时效强化，其性能可达 R_m≥141～ 261N/mm², A≈1%～2%，硬度为≥90HBW。可 用于制造承受高载荷的零件。

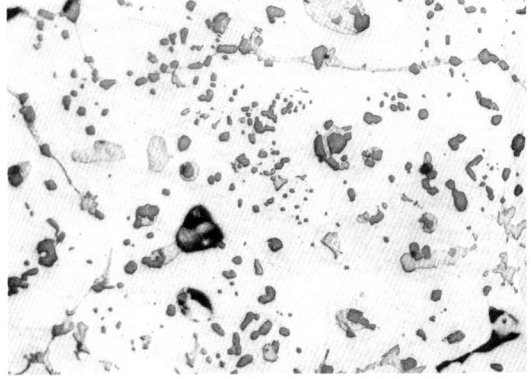

图　10-1-89　　　　　　　150×

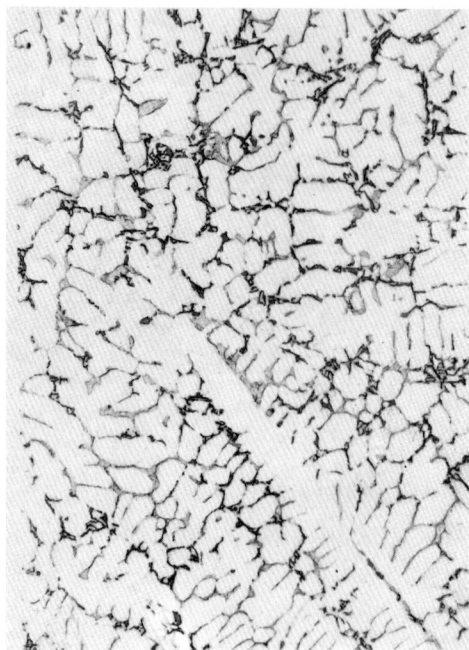

图 10-1-91　　　　　　　　　　100×

图　　号：10-1-91

材料名称：ZAlSi7Cu4 (ZL107) 铝硅铜合金 [w（Si）6.5%～7.5%，w (Cu)3.5%～4.5%，w (Fe)≤0.5%，w (Mg)≤0.1%，w (Zn)≤0.3%，w (Mn)≤0.5%；其余为 Al]

浸 蚀 剂：0.5%氢氟酸水溶液（室温）

处理情况：金属型铸造

组织说明：深灰色片状为共晶硅，白色 α 相呈枝晶状，灰白色花纹状组织为 α +Si+Al₂Cu 三元共晶体。该合金是典型的 Al-Si-Cu 三元合金。要获得好的力学性能，必须严格控制 Fe 含量，防止脆性铁相的出现，合金中 Si、α、Al₂Cu 等形成二元或三元共晶，保证了合金具有良好的铸造性能，合金需变质处理。Cu 与 Al 形成 Al₂Cu 强化相，使合金可热处理强化，提高强度和屈服强度，并保证合金具有良好的切削加工性能，但使耐蚀性有所降低。在 250℃以下，其力学性能较 ZL104 高，合金适用于制造形状复杂、壁厚不匀，承受较高载荷的零件，如机架，汽化器零件，发动机附件等。

图　　号：10-1-92

材料名称：ZAlSi7Cu4 (ZL107) 铝硅铜合金

浸 蚀 剂：0.5%氢氟酸水溶液（室温）

处理情况：砂型铸造

组织说明：灰色条块状是共晶体中 Si 相，轮廓清晰的亮灰色块状为 Al₂Cu，花纹状组织为 α +Al₂Cu 共晶体，针状为 β（Al₉Si₂Fe₂）相，黑色小块为显微疏松。由于含 Cu 量过高，形成大量的 Al₂Cu 相沿晶界分布，在固溶处理过程中不能完全固溶于基体，使合金脆性增加，抗腐蚀性能下降，尤其是有害元素 Fe 含量较高，零件局部热节处出现较多的粗大针状 Fe 相，使合金脆性的增加更为显著。

　　合金一般采用 515℃±5℃×8～10h 后淬入 60～100℃水中，155℃±5℃×6～8h 空冷时效处理，合金的力学性能：R_m≥241～271MPa，A≥2.5%～3%，硬度为 90～100HBW。

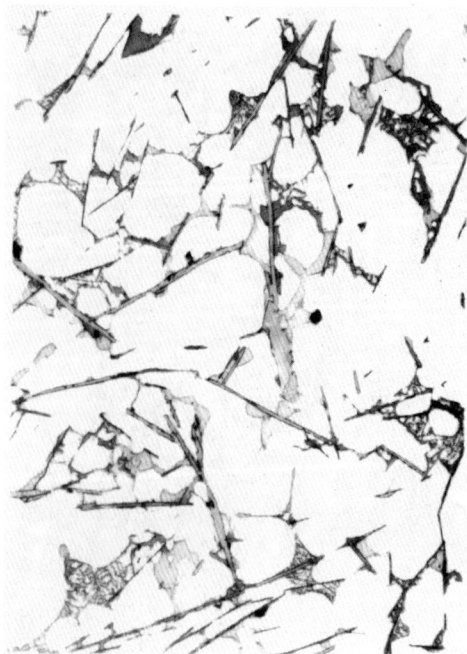

图 10-1-92　　　　　　　　　　200×

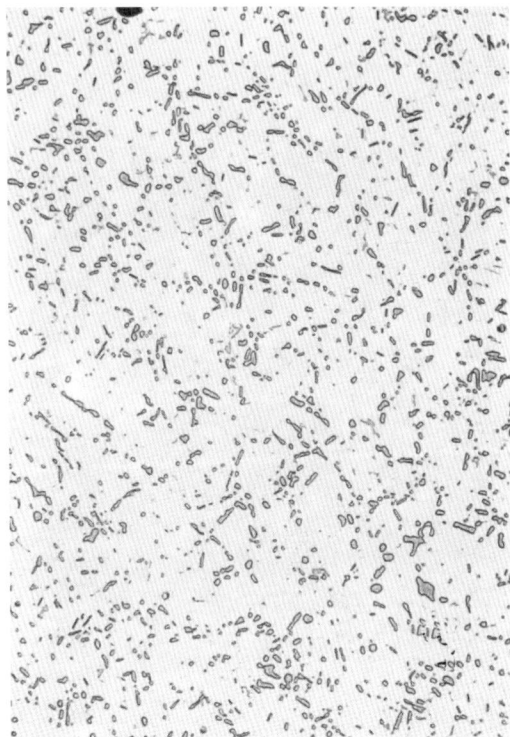

图　10-1-93　　　　　　　　　　100×

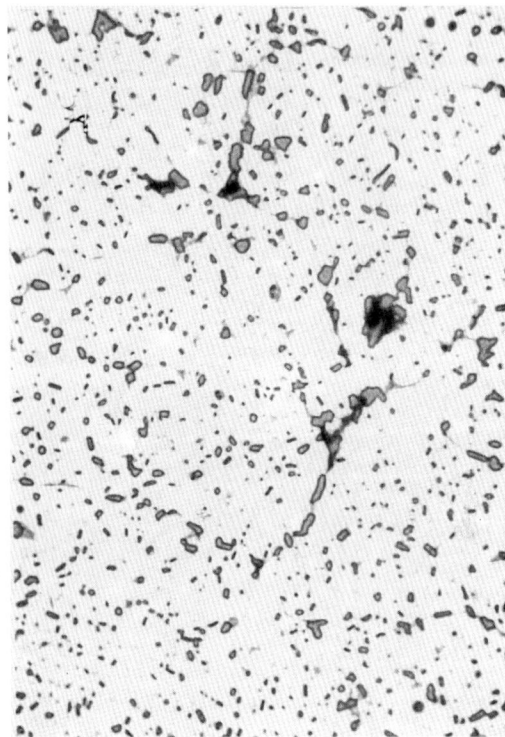

图　10-1-94　　　　　　　　　　100×

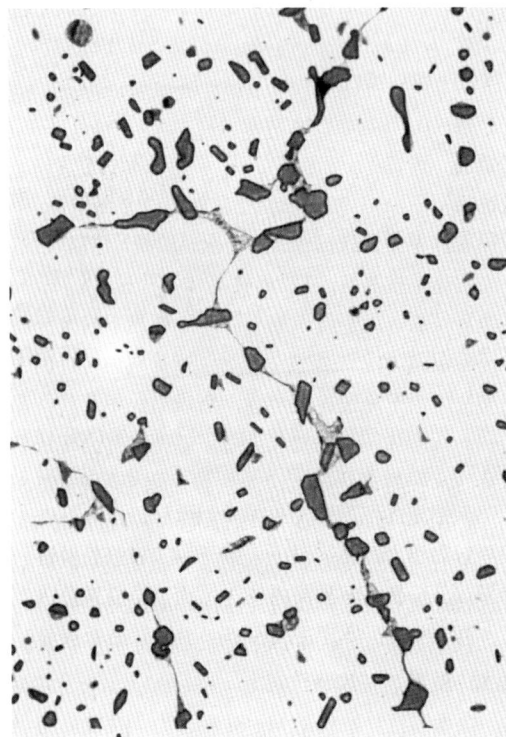

图　10-1-95　　　　　　　　　　200×

图　　号：10-1-93～10-1-95

材料名称：ZAlSi7Cu4(ZL107)铝硅铜合金

浸 蚀 剂：0.5%氢氟酸水溶液（室温）

处理情况：金属型变质处理，经 515℃×8h，淬入
　　　　　80℃水冷，150℃×8h 空冷时效处理。

组织说明：图 10-1-93：白色基体为 α 固溶体，灰色
　　　　　颗粒和短条状为共晶硅，分布较均匀。经固溶处理
　　　　　后 Al$_2$Cu 强化相基本都溶于固溶体中，少数淡灰色
　　　　　为残留的未溶 Al$_2$Cu 相，组织正常。

　　　　　图 10-1-94：固溶处理时仪表失控温度达 525～
　　　　　530℃，由于 α＋Si＋Al$_2$Cu 三元共晶体复熔温度为
　　　　　525℃，使组织中出现复熔球和晶界复熔，共晶硅
　　　　　聚集长大。

　　　　　图 10-1-95：为图 10-1-94 的局部放大组织，晶
　　　　　界复熔，共晶硅聚集长大和复熔球更为明显。

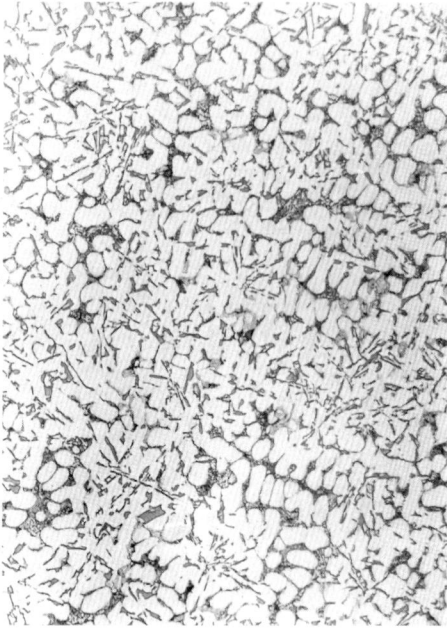

图 10-1-96　　　　　　　100×

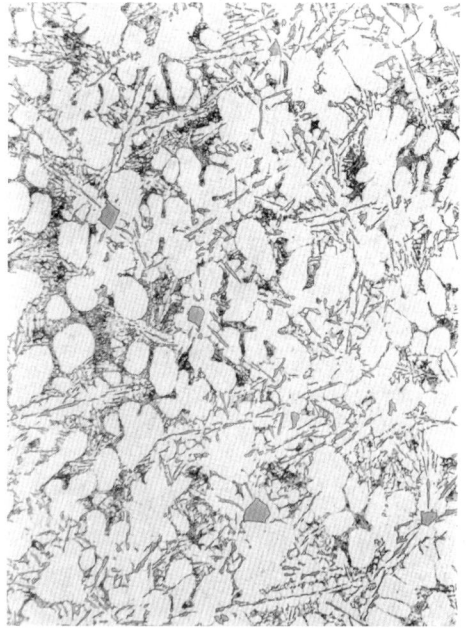

图 10-1-97　　　　　　　100×

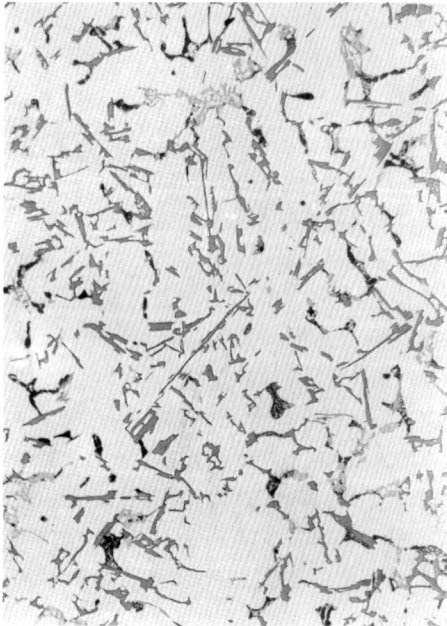

图 10-1-98　　　　　　　100×

图　　号：10-1-96～10-1-98

材料名称：C8CV 铝硅铜镁合金（日本牌号）［w（Si）10.1%，w（Cu）3.8%，w（Mg）0.53%，w（Fe）0.37%，w（Mn）0.2%，其余为 Al］

浸　蚀　剂：0.5%氢氟酸水溶液（室温）

处理情况：铸造

组织说明：图 10-1-96：未经变质处理，金属型铸造，试样取自零件边缘部位。由于冷速较快，结晶较细，α 固溶体呈枝晶状，枝晶间共晶体中的硅片较细小，有的呈粒状。由于组织细小 Al_2Cu 等相不易区分。

图 10-1-97：未经变质处理，试件取自零件的中心部位，由于冷速比表层慢，所以组织中片状共晶 Si 和 α 固溶体，相对要粗大些，基体中并出现块状初晶硅。在共晶体附近深灰色骨骼状为 AlFeMnSi 或 AlCuFeSi 铁相。由于组织较细，不易清晰显示。

图 10-1-98：未经变质处理，砂型铸造，浇注后的冷却凝固速度比金属型浇注冷却凝固速度缓慢，所以共晶体中片状 Si 较粗大，浅灰色骨骼状为 AlCuFeSi 相，花纹状组织为 α +Si+ Al_2Cu 三元共晶体，少量黑色骨骼状是 Mg_2Si 相。力学性能随组织变粗而降低。

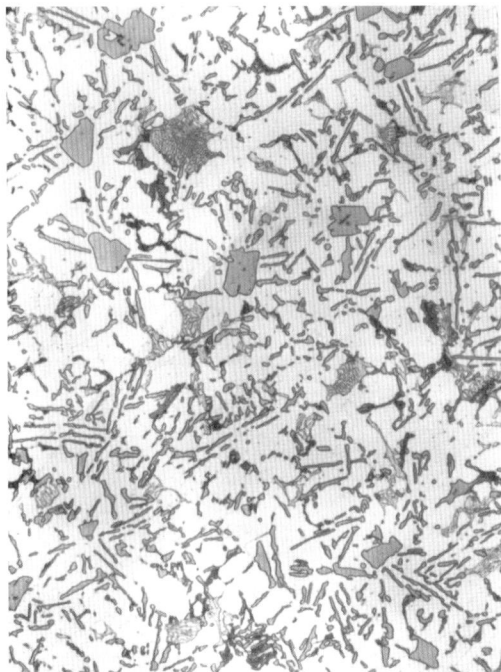

图　10-1-99　　　　　　　　　　　　　　100×

图　　　号：10-1-99

材料名称：C8CV 铝硅铜镁合金（日本牌号）[w(Si)
9.8%，w(Cu)3.9%，w(Mg) 0.6%，w(Fe)0.31%，
w(Mn) 0.3%，其余为 Al]

浸 蚀 剂：0.5%氢氟酸水溶液（室温）

处理情况：金属型铸造，经磷变质处理

组织说明：共晶体中 Si 呈短体状和颗粒状，白色基
体为 α 固溶体，灰色大块状为初晶硅，浅灰色骨骼
状是 AlCuFeSi 相，亮灰色和花纹状组织是 Al_2Cu
与 Al_2Cu 复杂共晶体，黑色骨骼状组织为 Mg_2Si
相。磷变质处理后呈现过共晶组织，膨胀系数小并
可提高耐磨性。

图　　　号：10-1-100

材料名称：C8CV 铝硅铜镁合金（日本牌号）[w(Si)
9.7%，w（Cu）4.1%，w（Mg）0.6%，w（Fe）
0.4%，w（Mn）0.1%，其余为 Al]

浸 蚀 剂：0.5%氢氟酸水溶液（室温）

处理情况：金属型铸造，经磷变质处理

组织说明：共晶硅呈小颗粒状和小针状，由于变质
过度，局部出现了过变质区小颗粒状共晶 Si，周
围出现粗大的 Si 相，α 固溶体呈树枝状，亮灰色
骨骼状 AlFeMnSi 相。由于变质过度使力学性能
稍有降低。

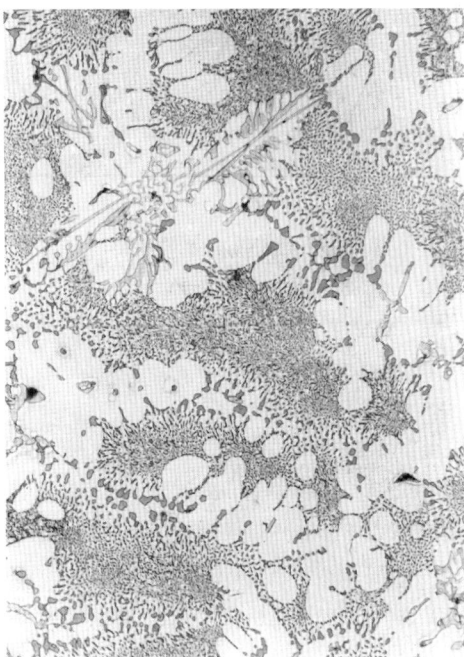

图　10-1-100　　　　　　　　　　　　　　100×

金属材料金相图谱

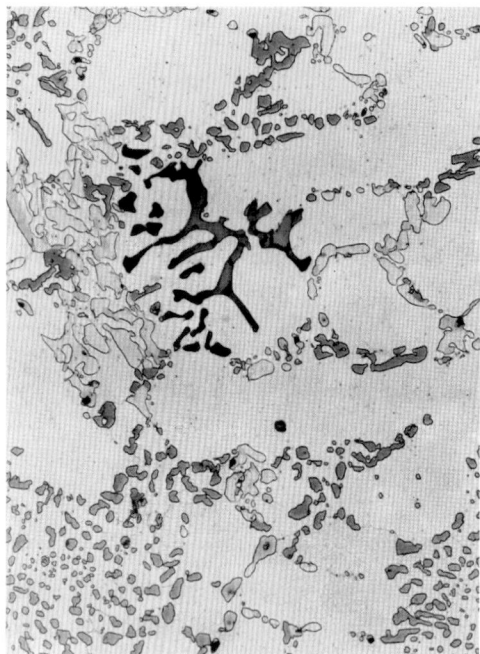

图 10-1-101 400×

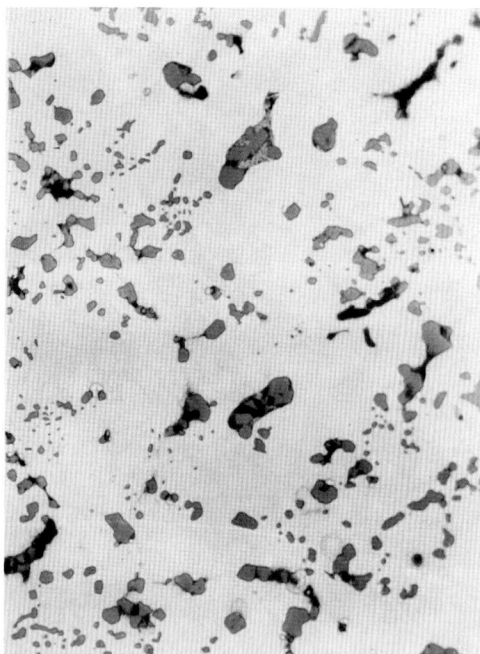

图 10-1-102 100×

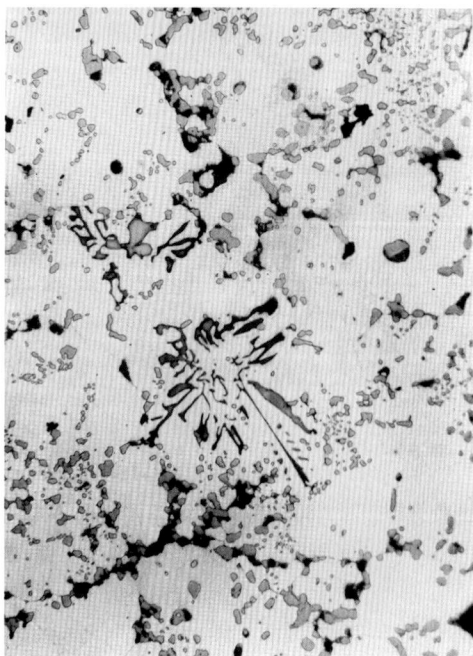

图 10-1-103 100×

图　　号：10-1-101～10-1-103

材料名称：C8CV 铝硅铜镁合金（日本牌号）[w (Si) 9.7%，w (Cu) 4.1%，w (Mg) 0.6%，w (Fe) 0.4%，w (Mn) 0.1%，其余为 Al]

浸 蚀 剂：0.5%氢氟酸水溶液（室温）

处理情况：变质金属型铸造，固溶时效处理

组织说明：图 10-1-101：经 515℃±5℃×6h 后 70℃ 水冷，155℃±5℃×6h 空冷时效，深灰色颗粒状为共晶 Si，由于含 Cu 量较高，在厚壁中心部位形成粗大的 Al₂Cu 相，在固溶处理时未完全溶解残留较多，呈亮灰色块状存在，增加合金脆性和降低抗蚀性。黑灰色骨骼状是 AlFeMnSi 相。

　　图 10-1-102：经变质处理，由于固溶处理温度过高引起过烧，强化相完全溶解。Si 相聚集长大成为粗大块状和粒状，共晶复熔较严重，它依附着共晶硅存在，使力学性能迅速下降。

　　图 10-1-103：除共晶复熔外，晶界也发生复熔并局部出现空洞，黑灰色骨骼状为 AlFeMnSi 相。由于部分晶界的复熔，强度大幅度下降，伸长率几乎等于零。所以出现共晶复熔组织为不合格组织。

— 1690 —

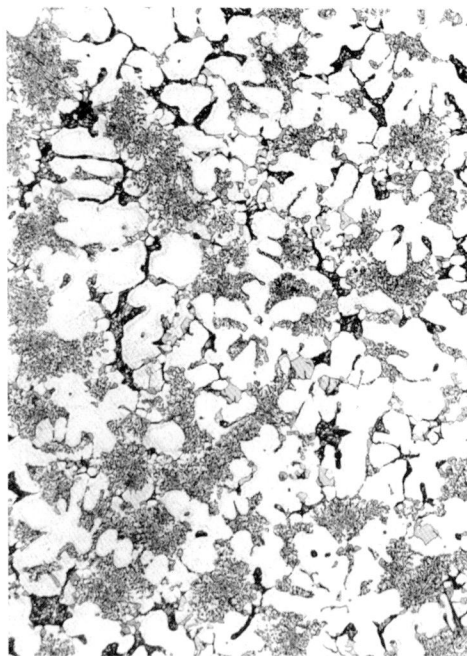

图　10-1-104　　　　　　　　100×

图　　号：10-1-104

材料名称：C8CV 铝硅铜镁合金（日本牌号）[w（Si）9.1%，w（Cu）3.2%，w（Mg）0.5%，w（Fe）0.61%，w（Mn）0.5%，其余为 Al]

浸 蚀 剂：0.5%氢氟酸水溶液（室温）

处理情况：变质金属型铸造，固溶时效处理

组织说明：经变质处理，515℃±5℃×8h 后 70℃水冷，155℃±5℃×6h 空冷时效。Al_2Cu 等强化相固溶于基体，白色枝晶为先共晶 α 固溶体，共晶硅大部分呈细小颗粒状和 α 固溶体形成二元共晶分布于枝晶间。黑灰色花纹组织为 α＋Al_{12}（FeCuMn）$_3$Si＋Si 三元共晶体，此共晶体过多对性能有一定的影响。

图　　号：10-1-105

材料名称：C8CV 铝硅铜镁合金（日本牌号）[w（Si）9.1%，w（Cu）3.2%，w（Mg）0.5%，w（Fe）0.61%，w（Mn）0.5%，其余为 Al]

浸 蚀 剂：0.5%氢氟酸水溶液（室温）

处理情况：变质金属型铸造，固溶时效处理

组织说明：图 10-1-105 系图 10-1-104 试样经放大后的特征。白色枝晶为先共晶初生 α 固溶体，枝晶间灰色颗粒为硅晶体与白色 α 基体构成共晶。花纹组织中白色为 α 固溶体，黑色为 $Al_{12}(FeCuMn)_3Si$ 铁相，灰色为硅相，浅灰色轮廓清晰的 Al_2Cu 强化相，这是由于铜相集聚偏析，导致固溶时未被完全溶解，基体构成共晶。

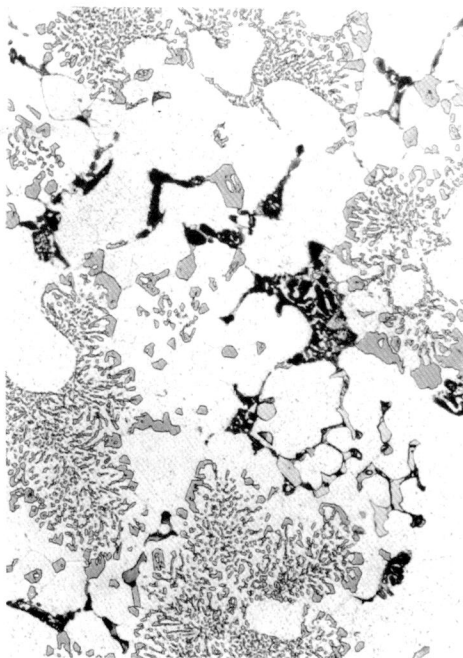

图　10-1-105　　　　　　　　400×

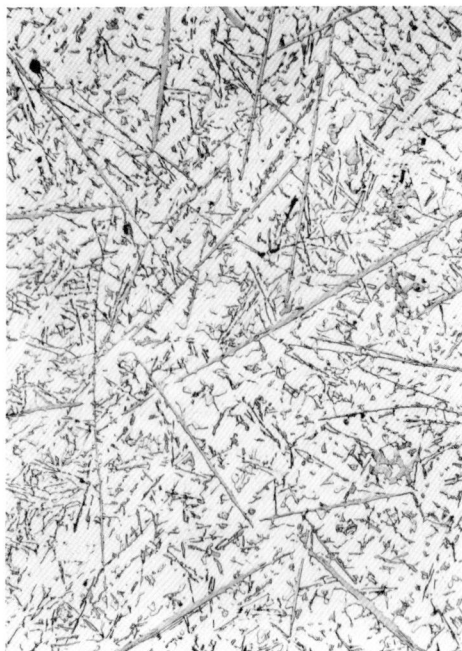

图　10-1-106　　　　　　　　　　100×

图　　号：10-1-106

材料名称：AC4B 铝硅铜合金［w（Si）7.9%，w（Cu）2.7%，w（Mg）0.23%，w（Fe）1.57%，w（Mn）0.3%，其余为 Al］

浸 蚀 剂：0.5%氢氟酸水溶液（室温）

处理情况：金属型铸造

组织说明：仿制日本 CABV 牌号，金属型铸造后力学性能不合格，断口晶粒粗大。显微组织中除 α 固溶体＋（α＋Si）外，还出现大量灰色针状 β（Al$_9$Si$_2$Fe$_2$）相和少量骨骼状的 AlFeMnSi 相。黑色小点状为针孔。经化学分析结果：w（Fe）高达 1.57%，形成大量长针状脆性 β（Al$_9$Si$_2$Fe$_2$）相，严重割裂了基体的连续性，是导致抗拉强度和伸长率大大下降的根本原因。

图　　号：10-1-107

材料名称：AC4B 铝硅铜合金［w（Si）7.9%，w（Cu）2.7%，w（Mg）0.23%，w（Fe）1.57%，w（Mn）0.3%，其余为 Al］

浸 蚀 剂：经 20%H$_2$SO$_4$ 水溶液 70℃浸蚀

处理情况：金属型铸造

组织说明：脆性铁相被强烈浸蚀和溶去呈黑色针状和骨骼状，而小条状共晶 Si 和小块状初晶 Si 颜色不变，仍呈灰色，分散独立存在的小黑点为针孔。

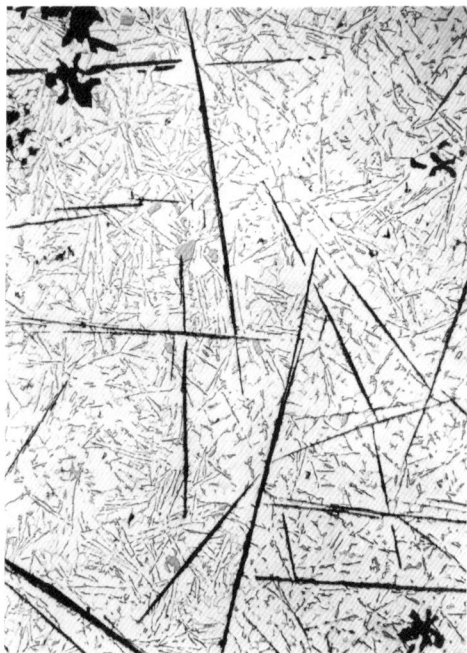

图　10-1-107　　　　　　　　　　100×

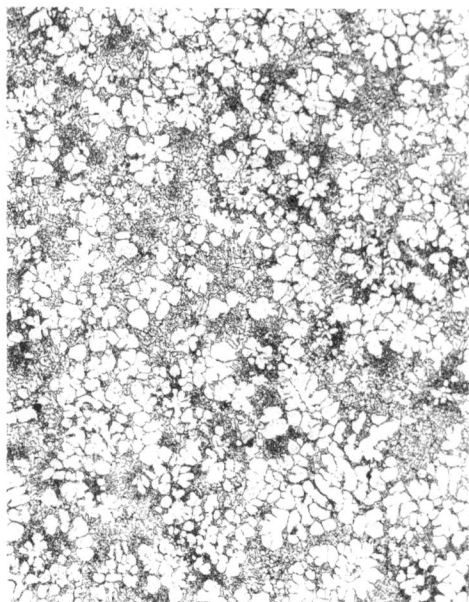

图　10-1-108　　　　　100×

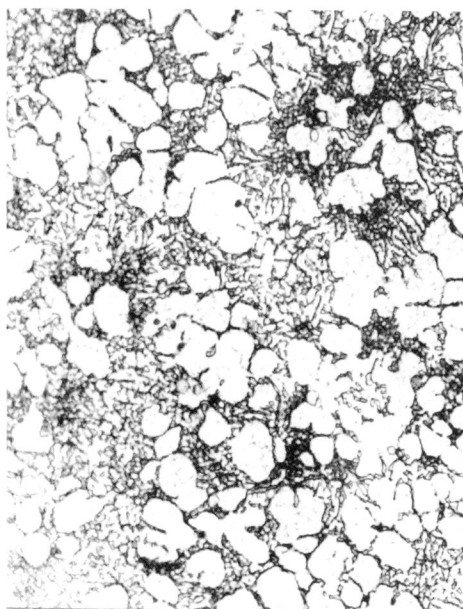

图　10-1-109　　　　　400×

图　　　号：10-1-108、10-1-109

材料名称：ZAlSi12Cu2Mg1 (ZL108) 铝硅铜镁合金 [w（Si）11.0%～13.0%，w（Cu）1.0%～2.0%，w（Mg）0.4%～1.0%，w（Mn）0.3%～0.9%，w（Fe）≤0.7%，w（Zn）≤0.2%，w（Ti）≤0.2%，w（Ni）≤0.3%，其余为 Al]

浸 蚀 剂：0.5%氢氟酸水溶液（室温）

处理情况：压铸

组织说明：图 10-1-108：由于压铸冷凝速度较快，所以显微组织较细，先形成的白色 α 相呈不发达枝晶和粒状及花斑状分布，在其周围充满细小的（α ＋Si）共晶体，黑色小点为针孔。

图 10-1-109：图 10-1-108 试样经放大后的组织。共晶体的 Si 呈短条状和小颗粒状，少量细小白亮色 Al_2Cu 相不易区分鉴别。

合金中 Si 含量较高，保证了良好的铸造性能，并改善了耐磨和耐蚀性，而且热膨胀系数小，铸造组织中 α ＋Si 共晶体较多，所以合金的流动性能较好，同时合金中还含有 Cu、Mg、Mn 等元素，可形成 Mg_2Si、Al_2Cu 和 ω（$Al_4Mg_5Si_4Cu_4$）等强化相和耐热相，特别是 Mn 元素可提高合金固溶体在高温下的稳定性及减少铁相的有害影响，因此合金的力学性能和高温性能得到改善。但在金属型铸造和压铸件中这些相不易见到。

ZL108 合金的特点是铸造流动性好，无热裂倾向，但易形成集中缩孔，有较大吸气倾向，切削加工性能较差，常用的热处理规范为：515℃±5℃×3～8h 60～100℃ 水中淬火，205℃±5℃×6～8h 空冷时效强化，其强度 R_m≥251MPa，硬度大于或等于 90HBW。此合金主要适用于小于或等于 250℃高温下工作，如低热膨胀系数的高速内燃机活塞等零件。

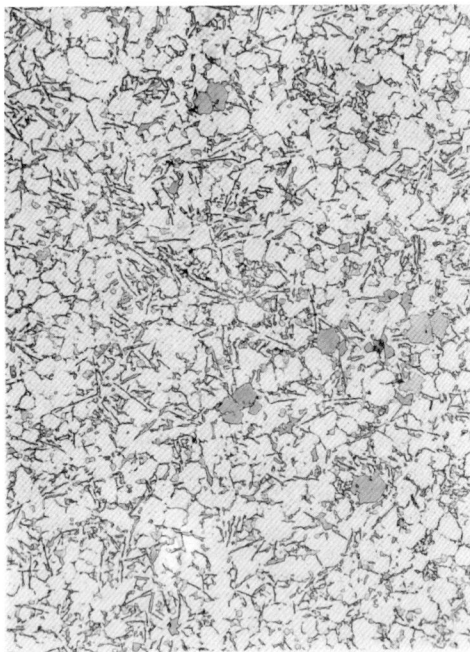

图 10-1-110   100×

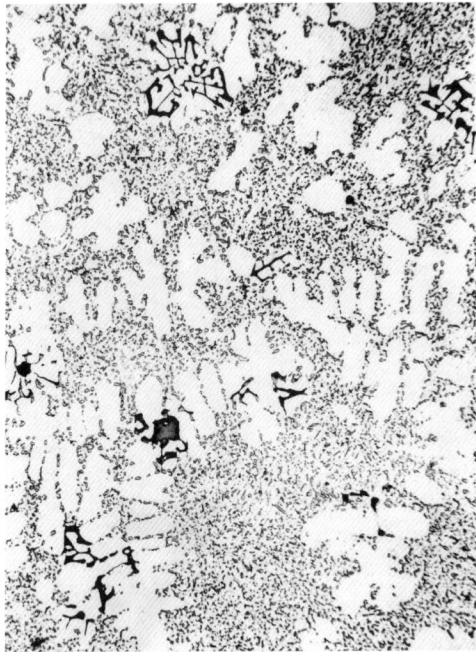

图 10-1-111   100×

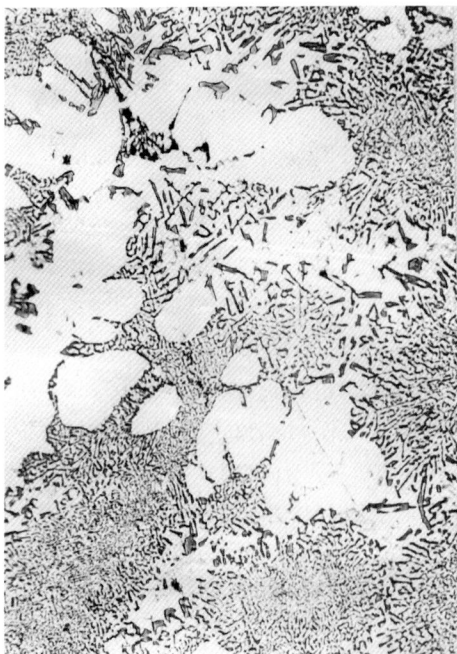

图 10-1-112   100×

图　号：10-1-110～10-1-112
材料名称：ZAlSi12Cu2Mg1 (ZL108) 铝硅铜镁合金
浸 蚀 剂：0.5%氢氟酸水溶液（室温）
处理情况：变质，金属型铸造；图 10-1-111 砂型铸造
组织说明：图 10-1-110：α 固溶体呈块状树枝形态。
经 P 变质处理后，改善了 α 固溶体明显的树枝晶组
织的方向，（α＋Si）共晶体中的 Si 晶体呈细小短
杆状和颗粒状，多角形灰色块状为初晶 Si，深灰色小
针状为 β（Al₉Si₂Fe₂）相。 由共晶体组织的分布说
明合金的变质还不足。

　　图 10-1-111：经钠盐变质，初生白色 α 相呈枝
晶状分布，共晶体 Si 呈小颗粒状，变质效果较好，
黑色骨骼状是 Mg₂Si 相。

　　P 变质后既有过共晶型组织，又有亚共晶的组
织，与钠盐变质后的全为亚共晶组织相比，具有低
膨胀、高热强度和运转性能好等特点。

　　图 10-1-112：经钠盐变质不足，共晶 Si 未完全
呈小颗粒状，还有部分片状存在，使力学性能达不
到较好的效果。

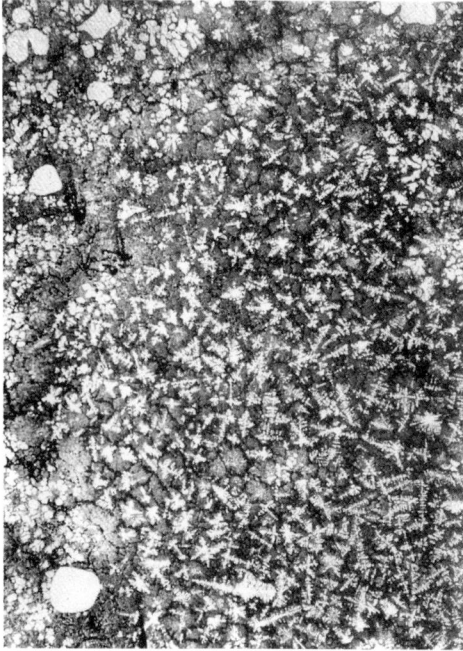

图　　号：10-1-113

材料名称：ZAlSi12Cu2Mg1 (ZL108) 铝硅铜镁合金

浸 蚀 剂：0.5%氢氟酸水溶液（室温）

处理情况：金属型压铸

组织说明：压铸时金属液流速较快。鉴于压铸型设计和工艺不良，或操作不当，易引起金属液流的飞溅和混乱，导致凝固速度的不同和组织的差异，图右下部白色α相呈细小枝晶结构，而左上部出现了大块状白色α相和较大的枝晶，说明该部位金属凝固速度相对较慢，二者间形成了明显的交界面，由于两部分的力学性能的差异，影响其使用寿命。灰黑色区域为细小的（α＋Si）共晶区。

图　　10-1-113　　　　　　100×

图　　号：10-1-114

材料名称：ZAlSi12Cu2Mg1 (ZL108) 铝硅铜镁合金

浸 蚀 剂：0.5%氢氟酸水溶液（室温）

处理情况：金属型压铸

组织说明：大小白色块状为初生α相，灰色部分为（α＋Si）共晶体。浇注温度过低或在压缸停留时间较长，先析出的α相得到充分的长大，而压铸后析出的α相就比较小。组织中出现了粗大的α初晶组织后，经机械加工和随后的低温硫酸阳极化处理时，由于粗大α相容易氧化形成较厚的白色氧化层，而α＋Si的共晶区不易氧化，这就使铸件在氧极化处理后产生宏观可见的白斑。

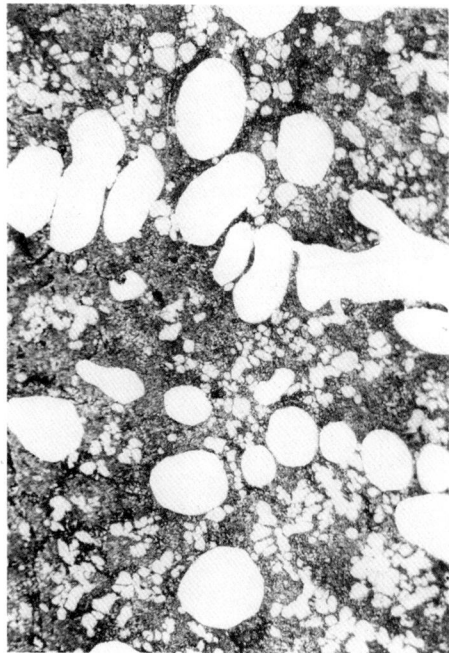

图　　10-1-114　　　　　　100×

图 10-1-115   1.5×

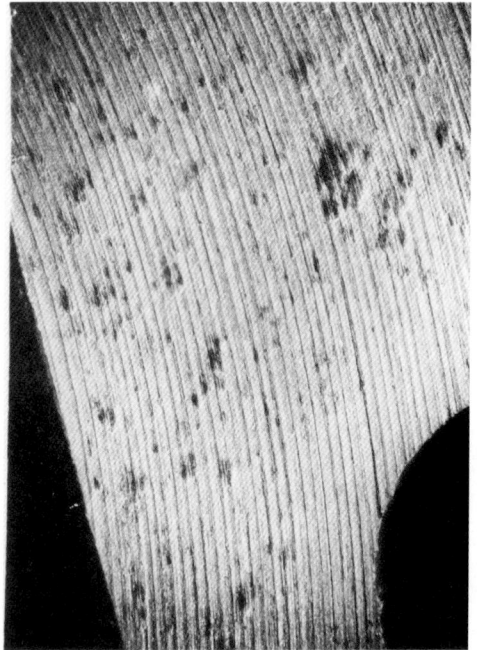

图 10-1-116   8×

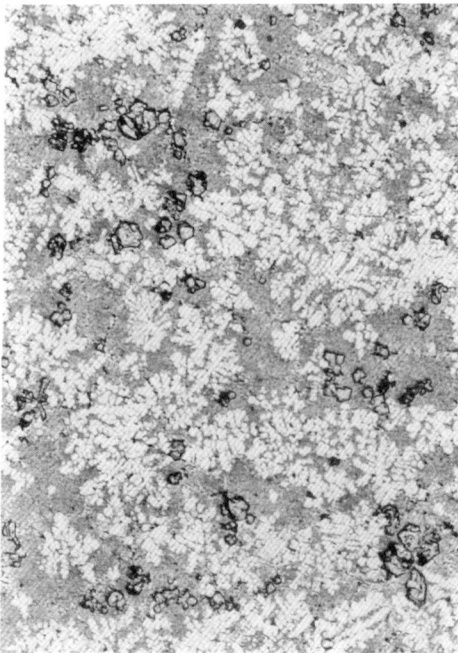

图 10-1-117   100×

图　　号：10-1-115～10-1-117

材料名称：ZAlSi12Cu2Mg1 (ZL108) 铝硅铜镁合金

浸 蚀 剂：0.5%氢氟酸水溶液（室温）

处理情况：金属型压铸

组织说明：金属型压铸的摩托车缓冲器在车削加工时刀具磨损严重，加工困难，加工后的表面肉眼可见凸出的白亮硬质点，见图 10-1-115、10-1-116。

图 10-1-117：组织为白色枝晶 α 相＋（α＋Si）共晶体和较多的灰色多角形骨骼状相（经能谱成分分析，硬质点为 Al-Mn-Si-Fe 和含有少量 Mg 的化合物）。此相极易和初晶 Si 相混淆。但它是引起切削加工刀具磨损的主要原因。

图　　10-1-118　　　　　　　　　　　　　　　　　　　　　　　　　2×

图　　10-1-119　　　　　　　　　　　　　　　　　　　　　　　　1∶1

图　　号：10-1-118、10-1-119

材料名称：ZAlSi12Cu2Mg1 (ZL108) 铝硅铜镁合金

浸 蚀 剂：未侵蚀

处理情况：金属型压力铸造

组织说明：摩托车右罩壳行驶不久发现漏油，经分解检查，壳体多处有裂缝，见图 10-1-118 箭头指处。经解
　　　剖分析，于裂纹处打开，见图 10-1-119 箭头指处的白色带为靠近零件表面的冷隔部分，图右上角断口处有
　　　冷豆存在。造成漏油的原因是压铸壳体存在冷隔、冷豆等铸造缺陷，在受到使用应力的作用时，使铸造缺
　　　陷逐步扩大和发展，最后导致漏油失效。

　　　　　该壳体壁薄，型面较复杂，压铸过程易形成金属液流混乱，则多股金属液流的汇合处易造成结合不良
　　　而形成冷隔、冷豆等铸造缺陷。

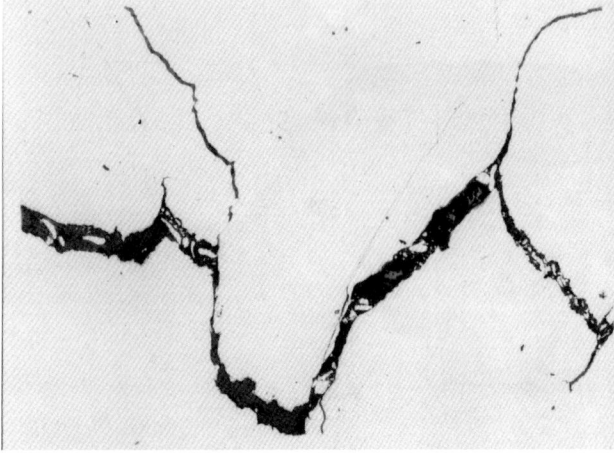

图　10-1-120　　　　　　　　　　　　　　　100×

图　　号：10-1-120

材料名称：ZAlSi12Cu2Mg1（ZL108）铝硅铜镁合金

浸 蚀 剂：未侵蚀

处理情况：金属型压力铸造

组织说明：在失效壳体裂缝附近取样，磨抛后未经浸蚀观察，可见多股金属液流汇集的结合面有氧化物存在，
　　　　阻隔了金属液流间的熔融结合。

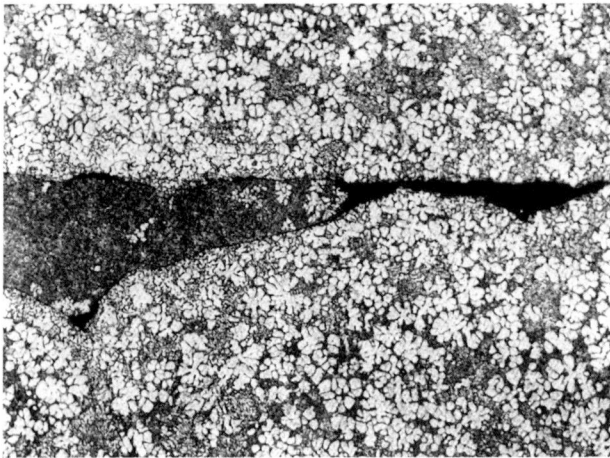

图　10-1-121　　　　　　　　　　　　　　　100×

图　　号：10-1-121

材料名称：ZAlSi12Cu2Mg1（ZL108）铝硅铜镁合金

浸 蚀 剂：0.5%氢氟酸水溶液（室温）

处理情况：金属型压力铸造

组织说明：左右两边组织特征相同，均为枝晶细小的 α＋（α＋Si），其他强化相不易观察到。中间另一股金
　　　　属镶嵌其中，其组织较细小，说明其冷速较快，在其周围有厚度不同的氧化物相隔，并有空隙存在，这是
　　　　典型的冷隔的显微组织。

图　10-1-122　　　　　　　　　　100×

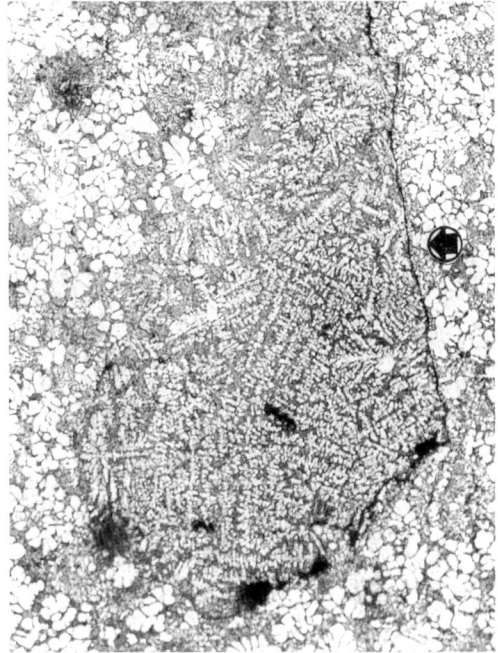

图　10-1-123　　　　　　　　　　100×

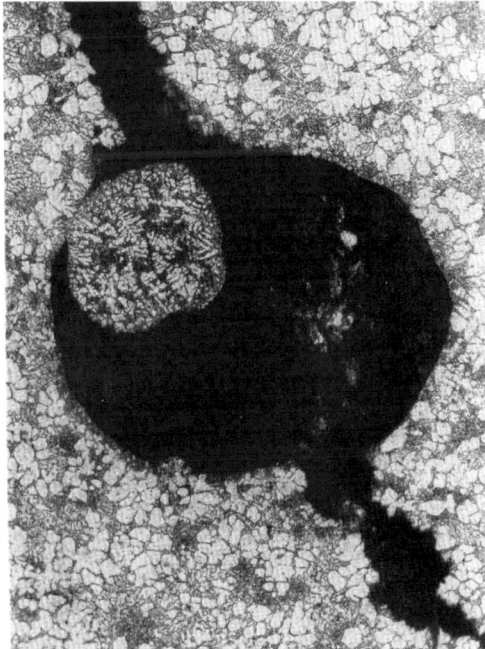

图　10-1-124　　　　　　　　　100×

图　　　号：10-1-122～10-1-124

材料名称：ZAlSi12Cu2Mg1 (ZL108) 铝硅铜镁合金

浸 蚀 剂：0.5%氢氟酸水溶液（室温）

处理情况：金属型压力铸造

组织说明：图 10-1-122：在压铸过程中飞溅引起的熔
　　　　　珠迅速凝固后随金属液注入型腔，部分边缘和熔融
　　　　　金属相熔合，部分未熔合而存在显微裂缝（箭头
　　　　　处），由于熔珠飞溅过程中冷凝较快，所以 α 枝晶
　　　　　很明显且细小，和周围有明显的差别。

　　　　　图 10-1-123：特征与图 10-1-122 基本相同，
　　　　　但不是熔珠（冷豆）而是金属液流。箭头处为有氧
　　　　　化物的裂缝，下部分除裂缝外还有空洞存在，在左
　　　　　上部分已基本熔合。

　　　　　图 10-1-124：中间圆珠为冷豆在空洞中，空洞
　　　　　和二端缝内有较多的氧化物，在磨抛和浸蚀过程中
　　　　　脱落了，所以呈黑色空洞和裂缝。

图　10-1-125　　　　　　　　　　　　　　　　　　　　　　1：2

图　10-1-126　　　　　　　　100×

图　号： 10-1-125、10-1-126

材料名称： ZAlSi12Cu2Mg1 (ZL108) 铝硅铜镁合金

浸 蚀 剂： 0.5%氢氟酸水溶液（室温）

处理情况： 金属型压力铸造

组织说明： 图 10-1-125：压铸件棱角处出现不连续的细小裂纹，深约 0.5～1.0mm，裂纹断面有氧化色，呈"热裂"特征。

图 10-1-126：从图 10-1-125 裂纹处取样观察裂纹处组织特征，裂纹表面宽，向内部发展，尖端细小，且不连续。裂纹周围尤其是表层处（α＋Si）共晶较多，其余组织正常。由于铸造工艺和操作的不良，导致共晶成分比较集中，得不到补充，在收缩等拉伸应力的作用下，易形成热裂纹。压铸温度过高或过低，都有利于裂纹的形成，所以选择最佳的压铸温度，对消除该裂纹有良好的效果。一般选择高于液相 20～30℃压铸为佳。

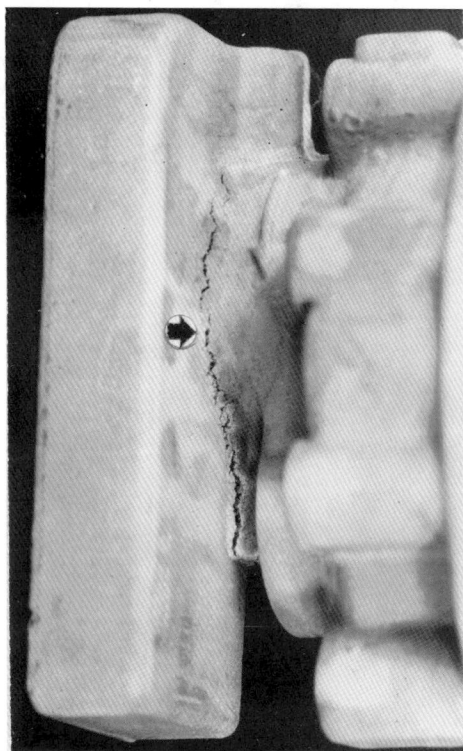

图　10-1-127　　　　　　　　　　1.5×

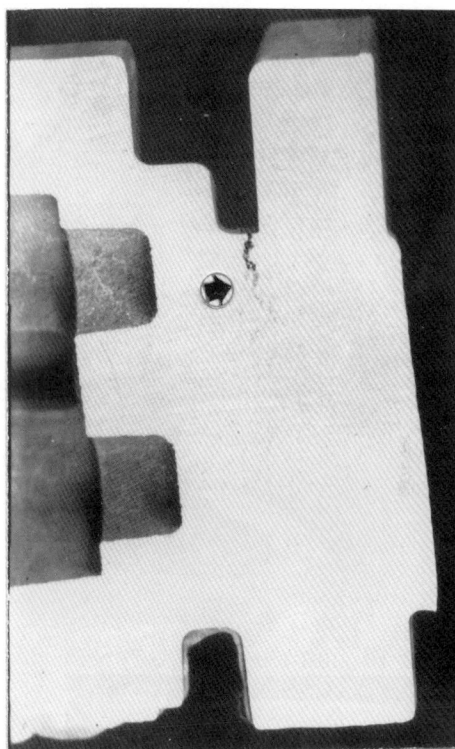

图　10-1-128　　　　　　　　　　1.5×

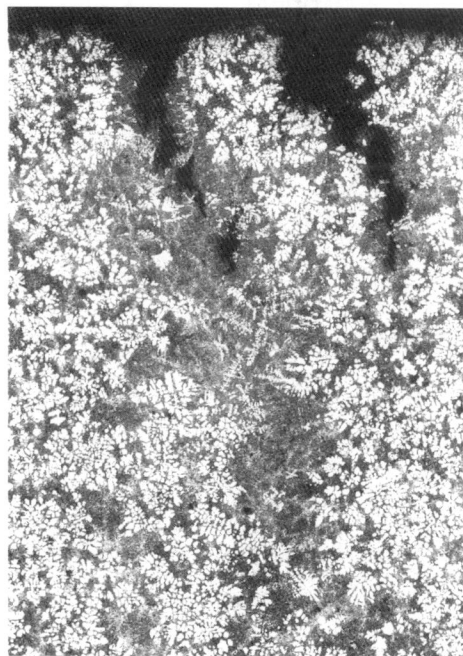

图　10-1-129　　　　　　　100×

图　　号：10-1-127～10-1-129

材料名称：ZAlSi12Cu2Mg1 (ZL108) 铝硅铜镁合金

浸 蚀 剂：0.5%氢氟酸水溶液（室温）

处理情况：金属型铸造

组织说明：图 10-1-127：有热裂纹的零件，裂纹位于
　　　零件凹槽底部的弯角处（见箭头所指），裂纹呈不连
　　　续分布，断口表面有暗黑色氧化膜。

　　　图 10-1-128：零件凹槽底部的垂直裂纹，剖开
　　　磨平后，经 10%NaOH 水溶液浸蚀后的低倍组织，
　　　裂纹周围未见铸造缺陷。箭头部位黑色的为裂纹。

　　　图 10-1-129：裂纹由表面向内发展，裂纹呈不
　　　规则和断续状，裂纹周围和底部存在较多共晶组织。

　　　裂纹产生于金属液凝固末期和凝固后不久的温
　　　度范围内；因为此时的强度和塑性较低，而金属固
　　　态线收缩受到阻碍导致铸件的开裂。

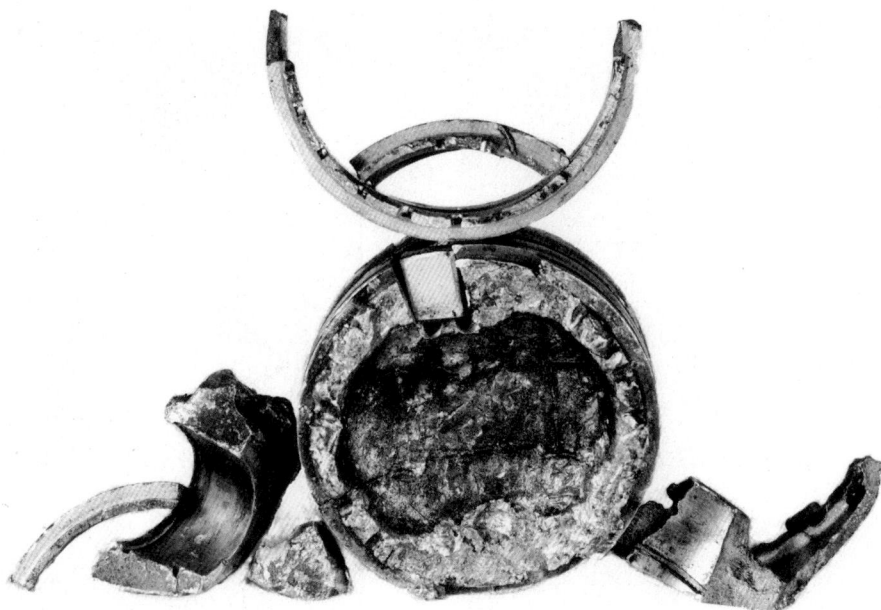

图 10-1-130   2/3×

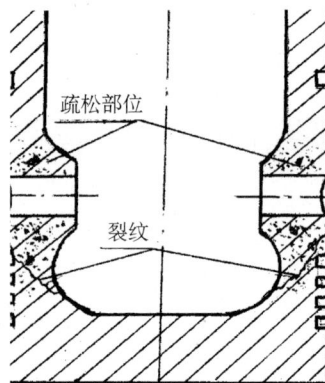

a)   2/3×   b）示意图

图 10-1-131

图 号：10-1-130、10-1-131

材料名称：ZAlSi12Cu2Mg1 (ZL108) 铝硅铜镁合金

浸 蚀 剂：0.5%氢氟酸水溶液（室温）

处理情况：压力铸造

组织说明：图 10-1-130：内燃机活塞经 520℃×6h 固溶处理，200℃×8h 后空冷时效处理，活塞使用 500h 后引起粉碎性损坏。断面遭到严重破坏。

     图 10-1-131：a）为内燃机活塞，其热处理工艺与图 10-1-130 同。在使用 340h 后引起开裂（箭头所指）。经从裂纹处打开后，裂纹处有缩孔和疏松，图 10-1-131 b）为示意图。此为热节部位，不易得到金属补充而形成疏松。

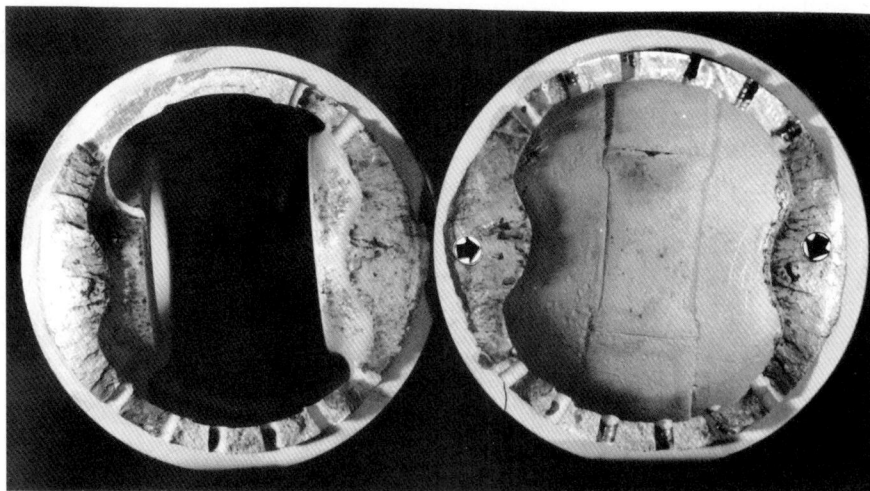

图　10-1-132　　　　　　　　　　　　　　　　　　　　实物

图　10-1-133　　　　　　30×

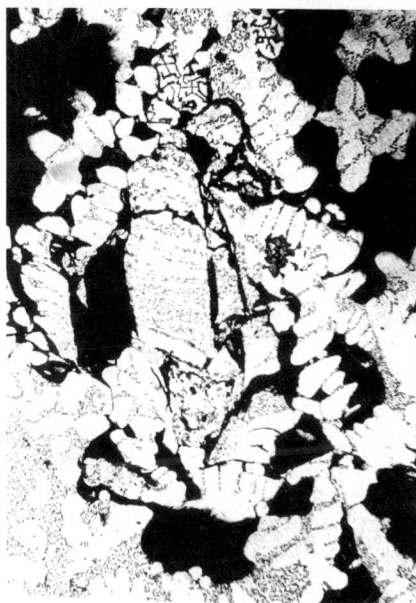

图　10-1-134　　　　　　100×

图　号：10-1-132～10-1-134

材料名称：ZAlSi12Cu2Mg1 (ZL108) 铝硅铜镁合金

浸 蚀 剂：0.5%氢氟酸水溶液（室温）

处理情况：压力铸造

组织说明：图 10-1-132：图 10-1-131 裂纹处打开后的断面，可见到较大的缩孔和疏松（箭头所指），大大降
　　低合金的力学性能，是裂纹产生的发源地。

　　　　图 10-1-133：是在图 10-1-132 右箭头部位取样，白色 α 枝晶较为粗大，周围为（α＋Si）共晶体，共
　　晶 Si 呈颗粒状，黑色为疏松空洞。

　　　　图 10-1-134：是图 10-1-132 左箭头部位取样，白色枝晶状为 α 相。共晶体中 Si 呈细小颗粒状，黑色骨
　　骼状相为 Mg_2Si，大块状黑色为缩孔。

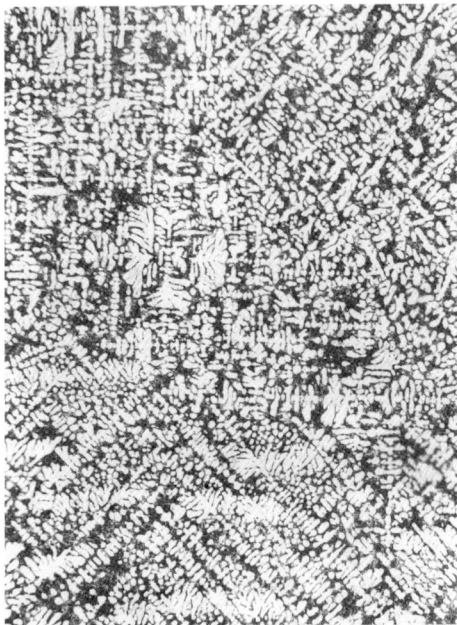

图 10-1-135   100×

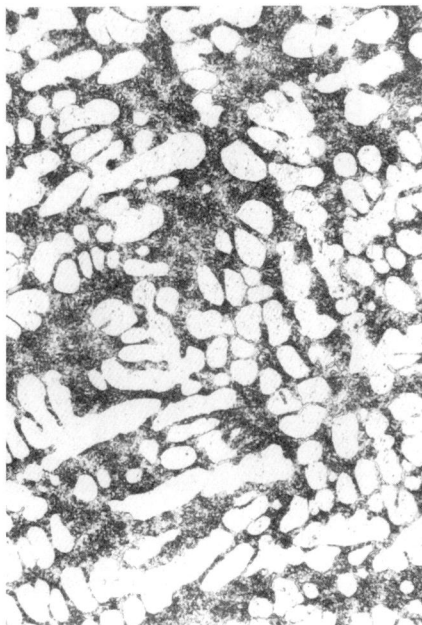

图 10-1-136   200×

图 号： 10-1-135～10-1-137

材料名称： ZAlSi12Cu1Mg1Ni1 (ZL109) 铝硅铜镁镍合金 [w（Si）11.0%～13.0%，w（Cu）0.5%～1.5%，w（Mg）0.8%～1.3%，w（Ni）0.8%～1.5%，w（Fe）≤0.7%，w（Zn）≤0.2%，w（Mn）≤0.2%，w（Ti）≤0.2%，其余为 Al]

浸 蚀 剂： 0.5%氢氟酸水溶液（室温）

处理情况： 高压铸造，未热处理

组织说明： 图 10-1-135：因铸造压力增加，使枝晶状 α 相增加，组织均匀细化，枝晶间为共晶组织。

图 10-1-136：图 10-1-135 试样的放大组织。由于共晶区组织很细，只能看到小颗粒共晶 Si 外，无法分辨其他共晶相。此组织力学性能较好。

图 10-1-137：经 500℃±5℃×3h 后 80～90℃水中冷却，200℃±5℃×10h 空冷时效。白色 α 相细小均匀，共晶 Si 也细小，浅灰色不显相界的骨骼状和枝叉状相是 AlFeMnSiNi，其他相由于放大倍数低而不易分辨。组织特征性能较好 R_m 为 309N/mm², $\sigma_{30min}^{300℃}$ 213N/mm²，硬度为 121HBW。

在 Al-Si-Mg-Cu 基础上加入少量 Ni 其组成相更为复杂，除 Si，Mg₂Si，Al₂Cu 外，还有 Al₃Ni，Al₃(CuNi)，Al₆Cu₃Ni 和 AlFeMgSiNi，因而提高合金的耐热性，在砂型铸件中会出现 Al₂Cu 相。

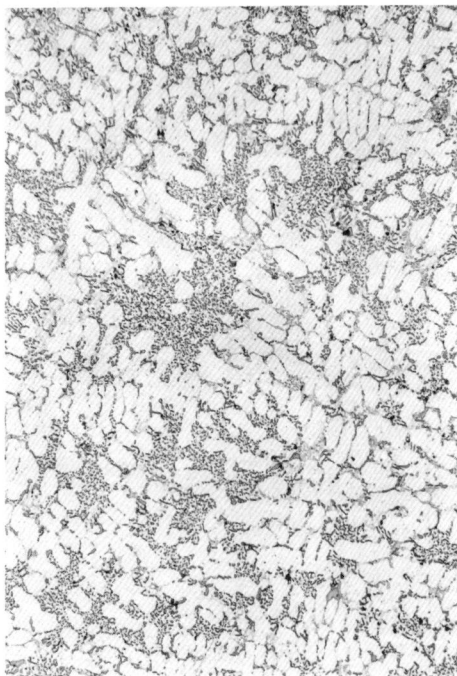

图 10-1-137   200×

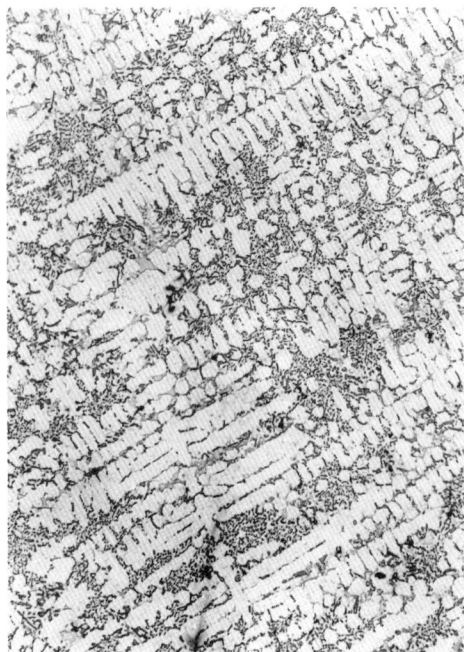

图　10-1-138　　　　　　　200×

图　　号：10-1-138

材料名称：ZAlSi12Cu1Mg1Ni1 (ZL109) 铝硅铜镁镍
　　　　　合金

浸蚀剂：0.5%氢氟酸水溶液（室温）

处理情况：变质处理金属型铸造

组织说明：变质后经 500℃±5℃×4h 后 70℃水中冷
　　　　　却，185℃±5℃×10h 空冷时效，粗大白色 α 枝晶
　　　　　周围均匀分布着颗粒状共晶 Si，浅灰色不显相界
　　　　　的骨骼状及枝叉状相是 AlFeMnSiNi，其他强化相
　　　　　（如 θ（Al$_2$Cu）相和 S（Al$_2$CuMg）相等）固溶
　　　　　于 α 固溶体，一般观察到残留相。黑色小点为针
　　　　　孔。该组织特征为变质和热处理较正常，具有良
　　　　　好的力学性能。

图　　号：10-1-139

材料名称：ZAlSi12Cu1Mg1Ni1 (ZL109) 铝硅铜镁
　　　　　镍合金

浸蚀剂：0.5%氢氟酸水溶液（室温）

处理情况：变质处理金属型铸造

组织说明：经变质，固溶时效处理（500℃±5℃×
　　　　　4h，70℃水中冷却，185℃±5℃×10h 空冷时效）。
　　　　　白色 α 相呈粗大树枝状，共晶 Si 均匀分布在枝
　　　　　晶间，浅灰色不显相界的骨骼状及枝叉状相
　　　　　AlFeMgSiNi。其他相由于放大倍数低不易分辨。
　　　　　粗大的白色 α 枝晶对力学性能有一定的影
　　　　　响。黑色小点是针孔。经过上述正规的热处理
　　　　　工艺处理后，其强度 R_m 可达≥241N/mm^2，硬
　　　　　度≥100HBW，它与 ZAlSi12Cu2Mg1 合金一样，
　　　　　适用于强度要求高的零件，如高温、高速大功
　　　　　率活塞和 250℃以下工作的零件等。

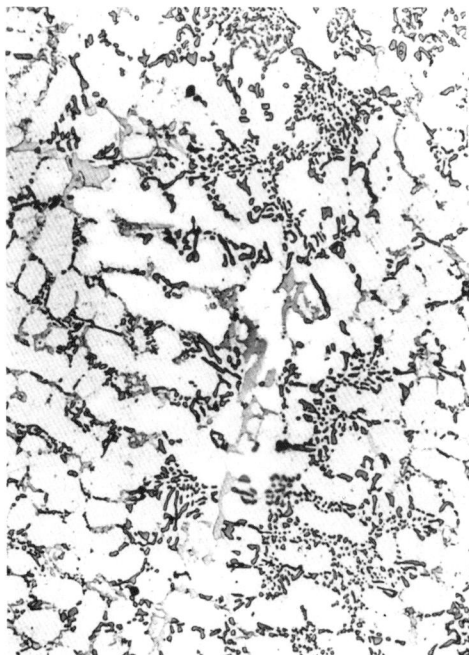

图　10-1-139　　　　　　　400×

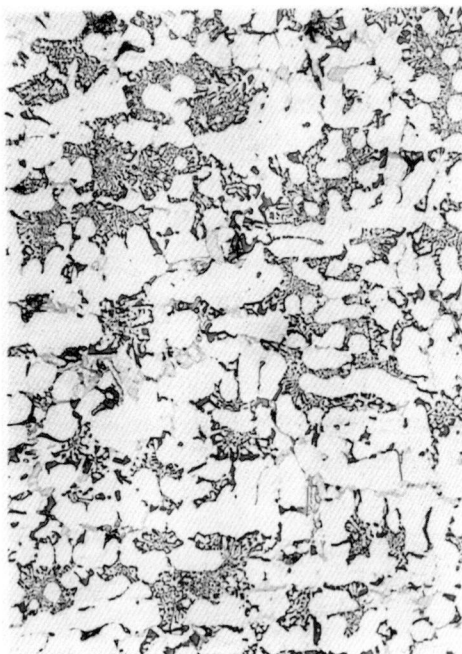

图 10-1-140 200×

图　　号：10-1-140

材料名称：ZAlSi12Cu1Mg1Ni1 (ZL109)铝硅铜镁镍合金

浸 蚀 剂：0.5%氢氟酸水溶液（室温）

处理情况：变质、金属型铸造后固溶时效处理

组织说明：经变质处理后的热处理规范为 500℃±5℃×4h，70℃水中冷却，185℃±5℃×10h 空冷时效，白色枝晶及基体为 α 相，共晶 Si 呈小块状和少量小条状，浅灰色不显相界的骨骼状相为 AlFeMgSiNi，黑色小骨骼状为 Mg_2Si 相，灰色块状和骨骼状相为 $Al_3(CuNi)$ 或 Al_6Cu_3Ni，由于共晶 Si 未完全变质好，有小条状存在，对性能有一定的影响，但有较多的耐热相存在对高温强度有利（试验结果：R_m 为 317N/mm²，$\sigma_{30min}^{300℃}$ 为 295.3N/mm²，硬度为 110HBW）。

图　　号：10-1-141

材料名称：ZAlSi12Cu1Mg1Ni1 (ZL109)铝硅铜镁镍合金

浸 蚀 剂：0.5%氢氟酸水溶液（室温）

处理情况：变质、金属型铸造后固溶时效处理

组织说明：上图同一试样上放大后摄取，共晶 Si 呈颗粒状和小条状，浅灰色不显相界的骨骼状相为 AlFeMgSiNi，灰色片状和骨骼状相为 $Al_3(CuNi)$ 或 Al_6Cu_3Ni，少量小黑点为针孔。ZAlSi12Cu1Mg1Ni1 合金的性能与 ZAlSi12Cu2Mg1 合金相似，在 Al-Si-Mg-Cu 合金中加入少量 Ni 元素，可以提高合金的高温性能，合金中除 α 相外，还有 Si、Mg_2Si、Al_2Cu 等相外，还会出现 Al_3Ni、$Al_3(CuNi)$、Al_6Cu_3Ni 和 AlFeMgSiNi 等。

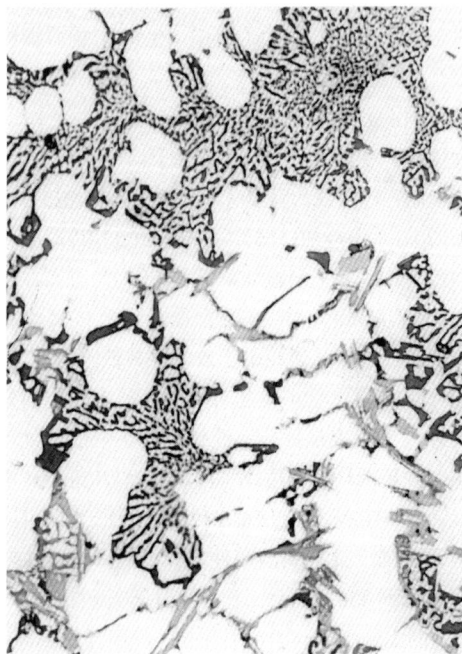

图 10-1-141 200×

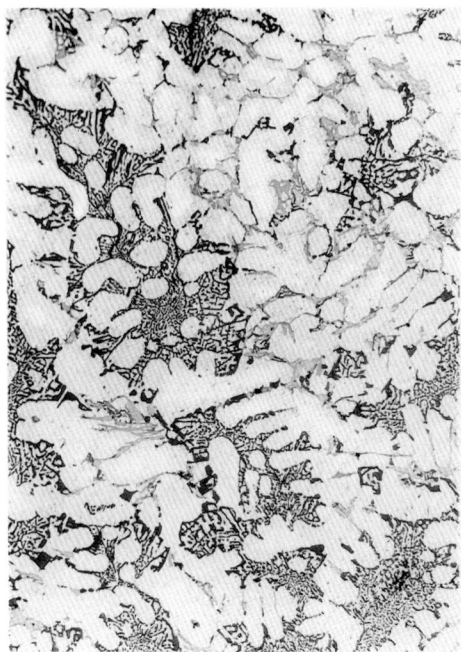

图　　号：10-1-142

材料名称：ZAlSi12Cu1Mg1Ni1 (ZL109)铝硅铜镁镍合金

浸 蚀 剂：0.5%氢氟酸水溶液（室温）

处理情况：变质、金属型铸造后固溶时效处理

组织说明：白色 α 相呈枝晶状，灰色共晶 Si 由于变质不良除呈颗粒状外，还有条状和片状存在于 α 基体上，浅灰色不显界的骨骼状相为 AlFeMgSiNi，深灰色片状和骨骼状相为 $Al_3(CuNi)$ 或 Al_6Cu_3Ni，极少量小黑点为针孔。

　　由于变质不足，会降低力学性能（R_m 为 290N/mm^2，$\sigma_{30min}^{300℃}$ 188N/mm^2，硬度为 120HBW）。

图　　10-1-142　　　　　　　　　　200×

图　　号：10-1-143

材料名称：ZAlSi12Cu1Mg1Ni1 (ZL109) 铝硅铜镁镍合金

浸 蚀 剂：0.5%氢氟酸水溶液（室温）

处理情况：变质、金属型铸造后固溶时效处理

组织说明：白色 α 基体上分布着灰色粒状和小条状共晶硅，淡灰色不显界的骨骼状相为 AlFeMgSiNi，深灰色片状和骨骼状相为 $Al_3(CuNi)$ 或 Al_6Cu_3Ni，少量小黑点为针孔。

　　ZAlSi12Cu1Mg1Ni1 合金的热处理规范为 500℃±5℃×4～6h，60～100℃水中冷却，185℃±5℃×10～14h 空冷时效，经过上述热处理后其强度 R_m≥241N/mm^2，硬度≥100HBW。

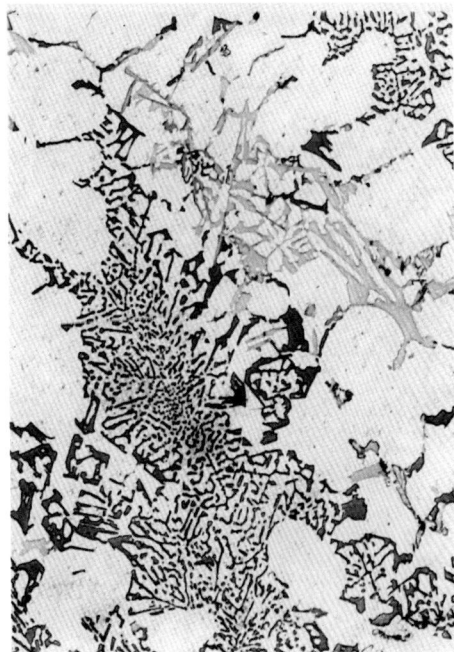

图　　10-1-143　　　　　　　　　　500×

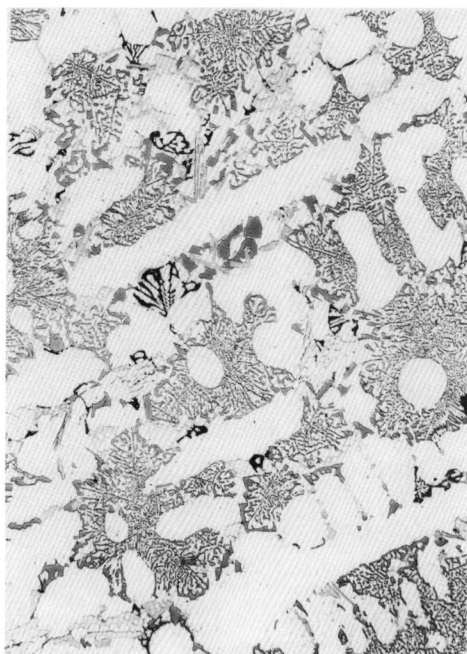

图　10-1-144　　　　　　　　200×

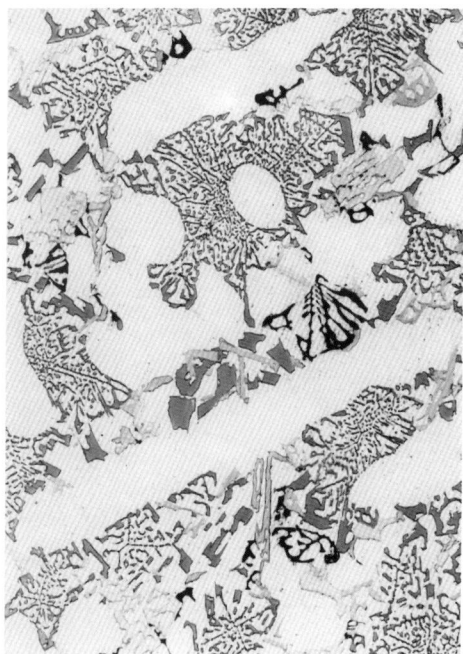

图　10-1-145　　　　　　　　400×

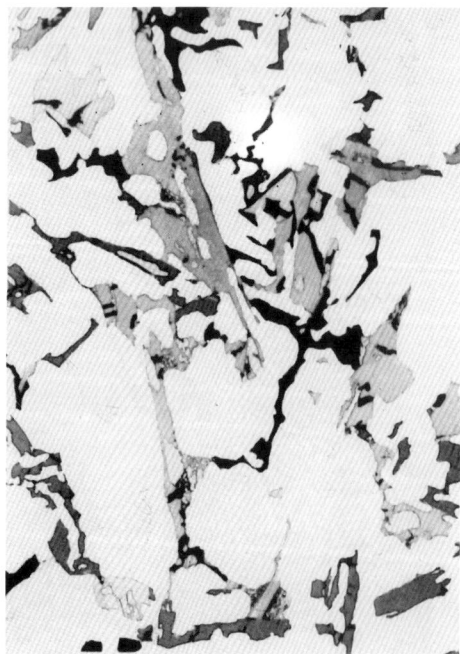

图　10-1-146　　　　　　　　500×

图　　号：10-1-144～10-1-146

材料名称：ZAlSi12Cu1Mg1Ni1（ZL109）铝硅铜镁镍
　　　　　合金

浸 蚀 剂：0.5%氢氟酸水溶液（室温）

处理情况：金属型铸造，变质处理

组织说明：图 10-1-144：白色呈粗大条状和树枝状为
　　　　初生 α 相，共晶 Si 大部分为小条状，呈现变质不足，
　　　　淡灰色不显相界的骨骼状相为 AlFeMgSiNi，深灰色
　　　　片状和骨骼状相为 Al$_3$(CuNi)或 Al$_6$Cu$_3$Ni，黑色骨
　　　　骼状是 AlFeMnSi 和 Mg$_2$Si。

　　　　图 10-1-145：放大 400 倍后的各组成相分辨较清
　　　　楚。该组织对性能有一定的下降，尤其是对高温性能
　　　　影响更为显著（R_m 为 289MPa，$\sigma_{30min}^{300℃}$ 为 165.6N/mm^2，
　　　　硬度为 120 HBW）。

　　　　图 10-1-146：白色为 α 固溶体，深灰色为共晶
　　　　Si，黑色为 Mg$_2$Si 相，浅灰色大块状为 AlCuNiFe
　　　　相，少量亮灰色为 Al$_2$Cu 相。

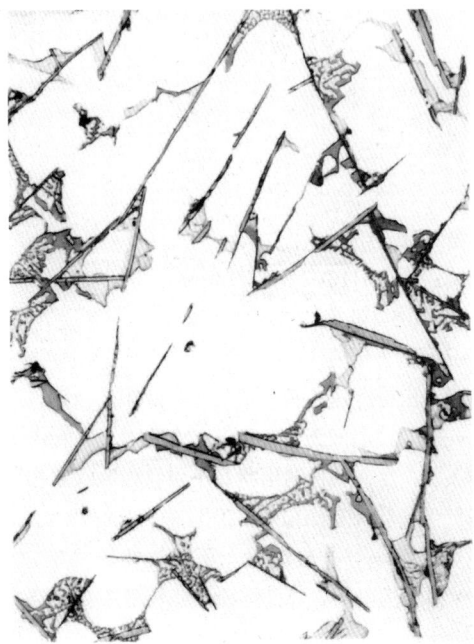

图　10-1-147　　　　　　　　200×

图　　号：10-1-147

材料名称：ZAlSi5Cu6Mg（ZL110）铝硅铜镁合金［w
（Si）4.0%～6.0%，w（Cu）5.0%～8.0%，w（Mg）
0.2%～0.5%，w（Fe）≤0.8%，w（Zn）≤0.6%，w
（Mn）≤0.5%，其余为 Al］

浸 蚀 剂：0.5%氢氟酸水溶液（室温）

处理情况：未经变质和热处理

组织说明：该合金在 Al-Si 系中含 Si 量是较低的，和
　　　　ZAlSi5Cu1Mg 合金相当，而含 Cu 量较高。在白色
　　　　α 基 体 上 灰 色 片 状　Si　较 少，深 灰 色 针 状 为
　　　　N（Al_7Cu_2Fe）相，亮灰色块状为 θ（Al_2Cu）相，
　　　　灰色骨骼状是 ω（$Al_xMg_5Si_4Cu_4$）相。

　　　　ZAlSi5Cu6Mg 合金中含铜量较高，因此基体中
　　　　含 Al_2Cu 强化相较多，其耐热性较 ZAlSi5Cu1Mg
　　　　合金为好。但当 Al_2Cu 相过多且沿晶界分布时增加
　　　　了合金的脆性，降低了合金的抗蚀性，铜量应采用
　　　　下限。

　　　　本图组织较粗大，强化相未经固溶处理和时效
　　　　强化，性能较差，而且抗蚀性能较低。ZAlSi5Cu6Mg
　　　　合金应用于 300℃ 以下工作的内燃发动机活塞和其
　　　　他高温下工作的零件。

图　　号：10-1-148

材料名称：ZAlSi5Cu6Mg（ZL110）铝硅铜镁合金

浸 蚀 剂：0.5%氢氟酸水溶液（室温）

处理情况：未经变质和热处理

组织说明：灰色片状为共晶 Si，亮灰色圆滑的是
　　　　θ（Al_2Cu）相，花纹状的是 α ＋Al_2Cu 共晶和
　　　　α ＋Al_2Cu +Si 三元共晶，黑色为显微疏松。
　　　　Al_2Cu 相沿晶分布增加了合金的脆性，降低抗蚀
　　　　性，显微疏松较多大大降低了合金的力学性能。
　　　　合金中主要组成相除 α、Si 和 Al_2Cu 相外，还
　　　　可能出现 β（$Al_9Fe_2Si_2$）和 N（Al_7Cu_2Fe）相等
　　　　有害杂质相等，合金的铸造流动性和气密性较
　　　　好，但较共晶型合金 ZAlSi12Cu2Mg1 和
　　　　ZAlSi5Cu1Mg1Ni1 等差，合金的密度大，易产
　　　　生分散性气孔，有热裂倾向，膨胀系数比
　　　　ZAlSi12Cu2Mg1、ZAlSi5Cu1Mg1Ni1 合金高，
　　　　合金耐腐性较低。

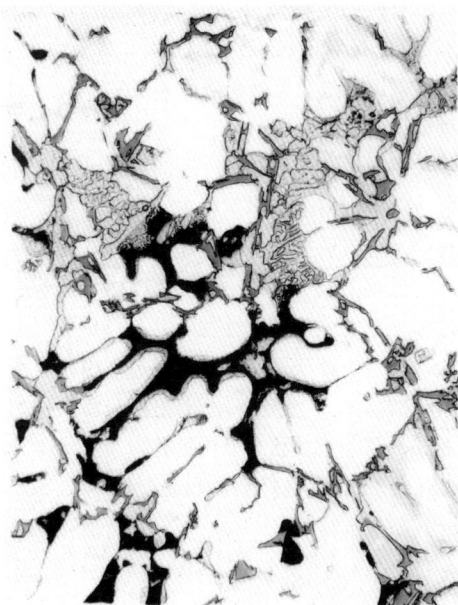

图　10-1-148　　　　　　　　100×

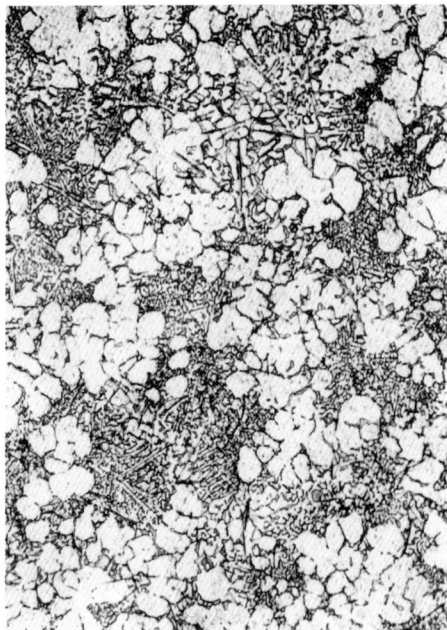

图　号：10-1-149

材料名称：ZAlSi11Cu2（ZL113）铝硅铜合金

浸　蚀　剂：0.5%氢氟酸水溶液（室温）

处理情况：压力铸造

组织说明：压铸冷速较快，初生 α 固溶体枝晶集聚，呈
　　　　　白色花瓣。枝晶间为（α＋Si）共晶体，灰色共晶 Si
　　　　　呈小条状，呈亮灰色网络状和小块状为 Al$_2$Cu 相，少
　　　　　量的黑色针状为 β (Al$_9$Fe$_2$Si$_2$)相。

　　　　　由于组织分布较均匀，所以性能较稳定。　但
　　　　Al$_2$Cu 相的析出，会降低抗蚀性能和增加合金脆性。

图　10-1-149　　　　　　　　100×

图　号：10-1-150

材料名称：ZAlSi11Cu2（ZL113）铝硅铜合金

浸　蚀　剂：0.5%氢氟酸水溶液（室温）

处理情况：压力铸造

组织说明：压铸薄壁件时，冷却凝固过程中有部
　　　　　分 Al$_2$Cu 固溶于基体 α 相中，时效处理后强度
　　　　　和硬度会有所提高，但有部分 Al$_2$Cu 相在凝固
　　　　　冷却过程中析出呈细小亮灰色网络状，若析出
　　　　　过多会影响强度和抗蚀性。共晶 Si 呈细小条
　　　　　状，黑色小针状是 β（Al$_9$Si$_2$Fe$_2$）相，它和小
　　　　　条状共晶 Si 不易分辨。　多角形灰色块状是初
　　　　　晶 Si，黑色小块状是显微针孔。

　　　　　由于 Si 的偏析形成局部区域（α＋Si）二
　　　　元共晶分布较集中。

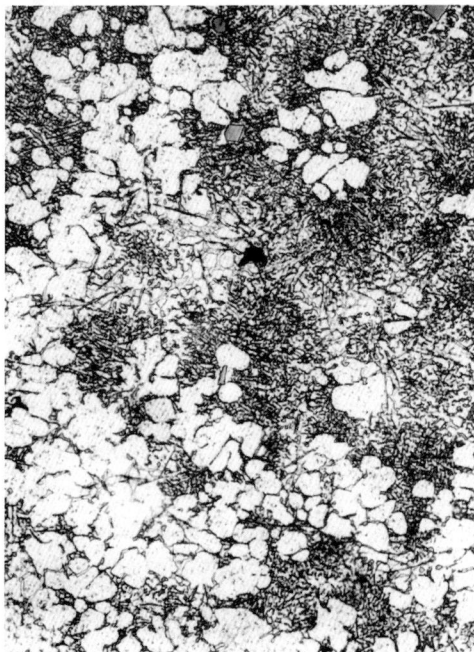

图　10-1-150　　　　　　　　300×

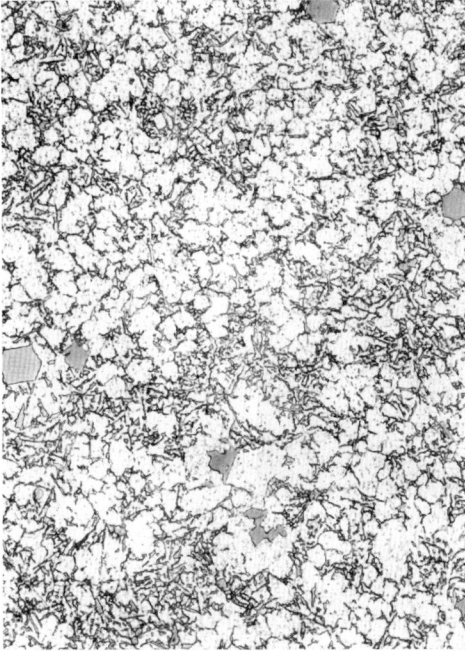

图 10-1-151   320×

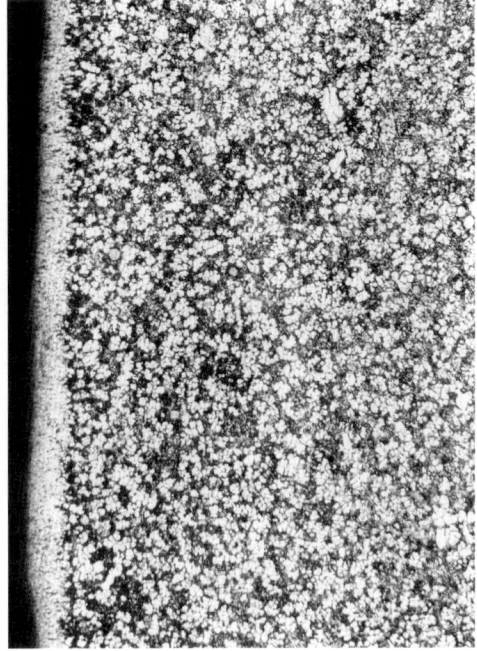

图 10-1-152   100×

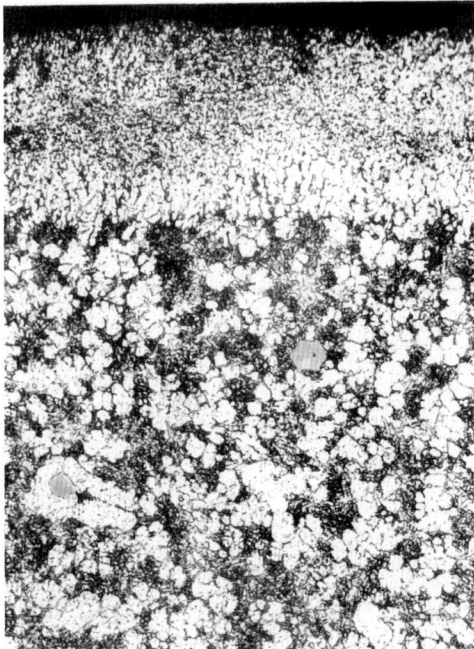

图 10-1-153   320×

图　号：10-1-151～10-1-153

材料名称：ZAlSi11Cu2（ZL113）铝硅铜合金

浸蚀剂：0.5%氢氟酸水溶液（室温）

处理情况：压力铸造

组织说明：图 10-1-151：白色块状为初生 α 相，α 相间（α＋Si）二元共晶中条状 Si 较细小，由于冷速较快，Al_2Cu 相细小不易分辨，少量多角形灰色块状为初晶 Si。

图 10-1-152：薄壁压铸件。冷速很快，白色为 α 相细小均匀，（α＋Si）二元共晶中 Si 很难分辨，在零件表面有层白色区。

图 10-1-153：系经放大后的表面层，白色区为 α 固溶体，其上分布极少量分散的细小 Si 相，而且晶粒细小，硬度比中心低，Si 和 Cu 含量比中心少。中心多角形灰色块状为初晶 Si。

图 10-1-154   2×

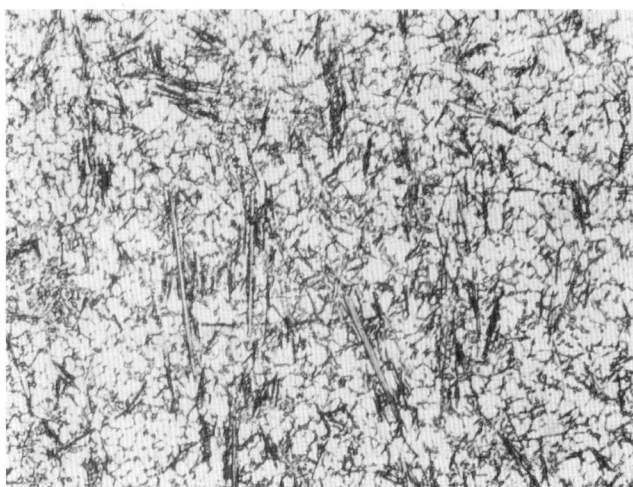

图 10-1-155   100×

图　　号：10-1-154、10-1-155

材料名称：ZAlSi11Cu2（ZL113）铝硅铜合金

浸 蚀 剂：0.5%氢氟酸水溶液（室温）

处理情况：压力铸造

组织说明：图 10-1-154：摩托车离合器壳体压铸后，在加工过程中出现脆裂（见箭头）。

图 10-1-155：在离合器壳体开裂零件上取样磨制抛光后金相组织检查，除初生枝晶 α 相及（α ＋Si）共晶体外，基体中出现大量针片状 β（$Al_9Si_2Fe_2$）相。Al_2Cu 相较细小，不易分辨。

由于合金熔炼工具和坩埚表面涂料脱落，使铁原子溶解于铝液中，导致合金铝液中 w（Fe）增加至 2.25%，形成大量的粗针片状 β（$Al_9Si_2Fe_2$）脆性铁相，使力学性能大大降低。

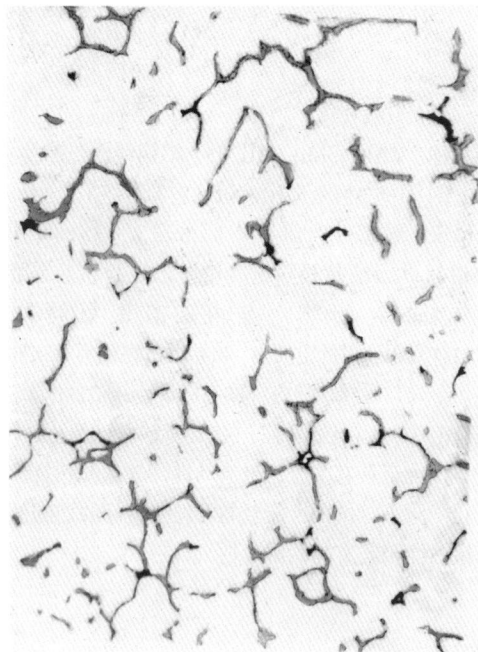

图　10-1-156　　　　　　　　　　300×

图　　号：10-1-156

材料名称：ZAlCu5Mn（ZL201）铝铜锰合金[w（Cu）4.5%～5.3%，w（Mn）0.6%～1.0%，w（Ti）0.15%～0.35%，w（Fe）≤0.25%，w（Si）≤0.3%，w（Mg）≤0.05%，w（Zn）≤0.2%，w（Ni）≤0.1%，w（Zr）≤0.2%，其余为 Al]

浸 蚀 剂：0.5%氢氟酸水溶液（室温）

处理情况：金属型铸造

组织说明：金属液冷却凝固速度快，致使合金组织细小均匀，在枝晶间和晶界上分布着包含 Al$_2$Cu 和 T（Al$_{12}$CuMn$_2$）相的共晶体，由于组织细小，不易分辨，其中黑色相为 T（Al$_{12}$CuMn$_2$）。

晶界上形成过多的 Al$_2$Cu 和 Al$_{12}$CuMn$_2$ 相，使合金的强度和塑性有明显的减小。ZAlCu5Mn 合金是在 Al-Cu 二元合金基础上添加了少量的 Mn 和 Ti 元素，Mn 元素一部分形成了 T（Al$_{12}$CuMn$_2$）相，一部分则在凝固过程中固溶于 α 相中，呈过饱和状态，热处理后发生了分解形成细小质点 T（Al$_{12}$CuMn$_2$）相，使合金的屈服强度和高温性能得到改善，此合金具有室温和高温下高强度的特性。此合金适用于 300℃以下工作和工作要求高屈服强度的零件。

图　　号：10-1-157

材料名称：ZAlCu5Mn（ZL201）铝铜锰合金

浸 蚀 剂：0.5%氢氟酸水溶液（室温）

处理情况：金属型铸造

组织说明：经 530℃±5℃×6h，70℃水冷却，铸造组织中的 Al$_2$Cu 相已完全溶入基体，晶界上残留的黑色化合物为不溶解的 T（Al$_{12}$CuMn$_2$）相，晶内大量细小质点为淬火加热时析出的二次 T（Al$_{12}$CuMn$_2$）相，灰色骨骼状是 AlFeMnSi，该相为脆性化合物，会降低合金力学性能。合金中的 Ti 元素可与 Al 形成 Al$_3$Ti 质点在高温下从液体中呈弥散析出，成为 α 相的结晶的核心，使 α 相晶粒细化。合金组成相为 α，Al$_2$Cu、T（Al$_{12}$CuMn$_2$）相、Al$_3$Ti、Al$_6$Mn 等，有时还会出现少量其他杂质相。

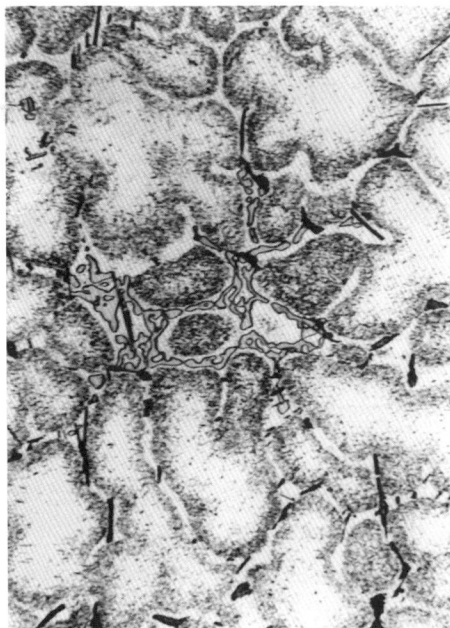

图　10-1-157　　　　　　　　　　300×

图　　号：10-1-158
材料名称：ZAlCu5Mn（ZL201）铝铜锰合金
浸 蚀 剂：0.5%氢氟酸水溶液（室温）
处理情况：铸态
组织说明：因结晶凝固速度较慢，除晶界上有黑色
　　　　T($Al_{12}CuMn_2$) 相外， 晶 内 还 有 密 集 的 二 次
　　　　T($Al_{12}CuMn_2$)相析出质点。晶界上白亮色为 Al_2Cu 相
　　　　和 α 形成共晶体，晶内灰白色杆状为 Al_3Ti 相，这是
　　　　L＋Al_3Ti→ α 相包晶转变不完全而少量残余相。

　　　　　该合金具有中等铸造流动性，气密性和抗形成
　　　　气孔倾向小，抗蚀性能较差，但有良好的切削性和
　　　　焊接性能，具有高的耐热性。

图　10-1-158　　　　　　　　　　　250×

图　　号：10-1-159
材料名称：ZAlCu5Mn（ZL201）铝铜锰合金
浸 蚀 剂：0.5%氢氟酸水溶液（室温）
处理情况：固溶时效处理
组织说明：经 530℃±5℃×6h，70℃水冷，再 540℃
　　　　±5℃×5h，70℃水冷，175℃±5℃×3h 空冷，铸
　　　　造组织中的 Al_2Cu 相已完全溶入 α 中，晶界上少量
　　　　黑色组织为不溶解的 T($Al_{12}CuMn_2$)相，灰色骨骼状
　　　　相是 AlFeMnSi，晶内大量的细小质点为淬火加热
　　　　时析出的二次 T($Al_{12}CuMn_2$)相，该组织性能较好，
　　　　（R_m 为 289N/mm^2，A 为 18.5%）。

　　　　　ZAlCu5Mn 合金的典型热处理工艺为 530℃±
　　　　5℃×6～9h，60～100℃水冷再 540℃±5℃×5～
　　　　9h，淬入 60～100℃水冷，175℃±5℃×3h 空冷时
　　　　效处理，处理后的性能 R_m≥330N/mm^2，A≥4%，
　　　　硬度≥90HBW。

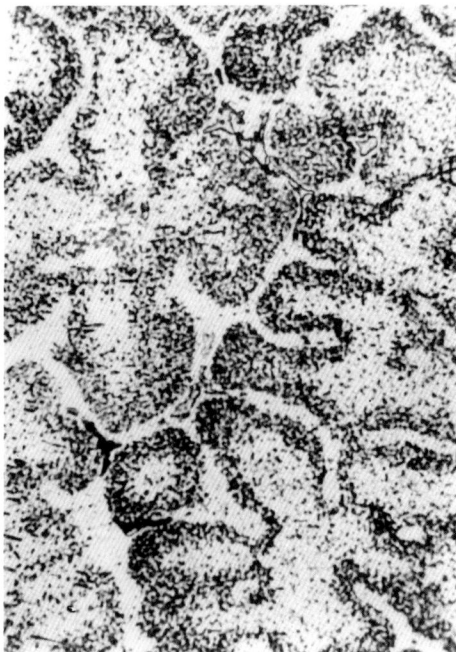

图　10-1-159　　　　　　　　　　　200×

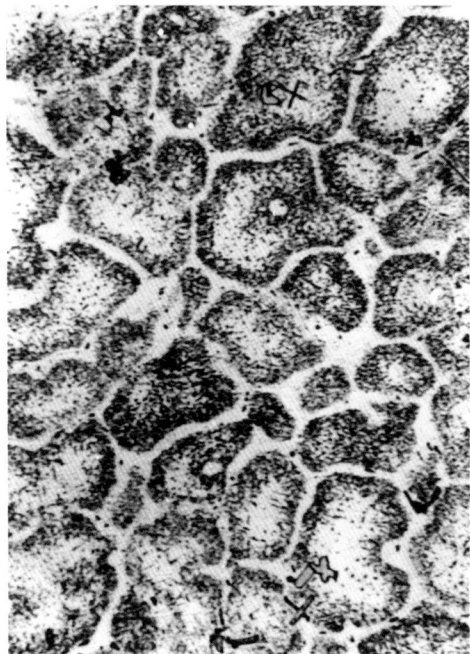

图　　号：10-1-160

材料名称：ZAlCu5Mn（ZL201）铝铜锰合金

浸 蚀 剂：0.5%氢氟酸水溶液（室温）

处理情况：砂型铸造，固溶时效处理

组织说明：经 530℃±5℃×6h，70℃水冷再经 540℃
±5℃×5h，70℃水冷，175℃±5℃×3h 空冷时效，
Al_2Cu 相已完全溶入基体中，晶界上少量的黑色组
织是不溶解的 T（$Al_{12}CuMn_2$）相，灰色有明显相界
的杆状和十字叉状是 Al_3Ti，晶内密集的小质点是淬
火加热时析出的二次 T（$Al_{12}CuMn_2$）相。但在原晶
界处，则无二次 T 相析出，故该处呈显白色。

图　　10-1-160　　　　　　　300×

图　　号：10-1-161

材料名称：ZAlCu5Mn（ZL201）铝铜锰合金

浸 蚀 剂：0.5%氢氟酸水溶液（室温）

处理情况：砂型铸造，固溶时效处理

组织说明：560℃热处理温度过高，除了淬火加热
时析出的二次 T（$Al_{12}CuMn_2$）相外，组织中还
出现复熔球和三角形的晶界熔化，而且由于沉
淀相的溶解和集聚，基体中出现一些无沉淀区
即空白区，此组织使强度有明显下降而塑性提
高。组织中出现复熔球和三角形的晶界熔化孔
洞，将严重降低合金的力学性能。

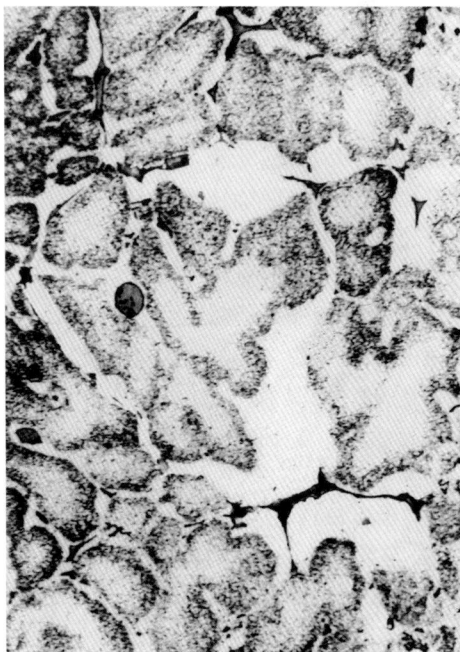

图　　10-1-161　　　　　　　300×

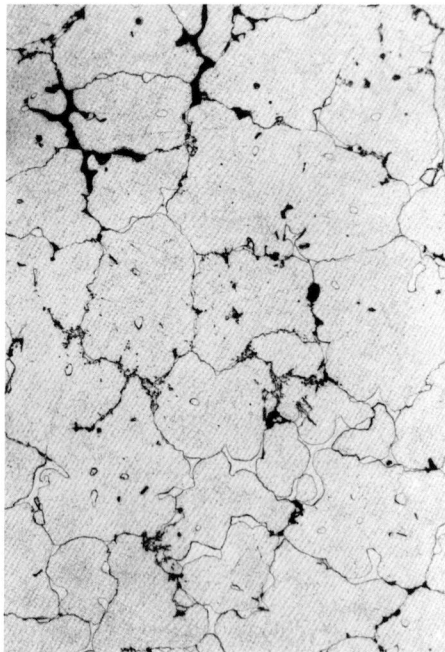

图　10-1-162　　　　　　　　　　100×

图　　号： 10-1-163

材料名称： ZAlMg10 (ZL301) 铝镁合金

浸　蚀　剂： 0.5%氢氟酸水溶液（室温）

处理情况： 铸态，未经热处理

组织说明： 沿晶白亮色不定形化合物为 Al_8Mg_5 相，少量黑色块状是 Mg_2Si 相。必须通过热处理来固溶晶界上的 β(Al_8Mg_5)相提高力学性能。合金强度较高，韧性好，密度低，但铸造性差，易产生疏松，抗热裂倾向和气密性差。熔炼工艺复杂，热强性能低，故它的使用受到限制，不如 Al-Si 系合金那么普遍。ZAlMg10 合金在海水等介质中有优良的抗蚀性和切削性，抛光和电镀性能好。合金铸态组织为 α 相、α＋β（Al_8Mg_5）共晶体，一般呈异离共晶分布。此外，有少量 Si, Fe 的存在，还可能有 Mg_2Si 和 Al_3Fe 等杂质相，这些杂质相在热处理时不溶解，从而增加合金的脆性，恶化了力学性能。合金适用于造船、食品、化工等要求高强度和抗蚀性好的零件。

图　　号： 10-1-162

材料名称： ZAlMg10 (ZL301)铝镁合金[w (Mg) 9.5%～11.0%，w（Fe）≤0.3%，w（Si）≤0.3%，w (Cu) ≤0.1%，w (Zn)≤0.15%，w (Mn) ≤0.15%，w (Ti) ≤0.15%，w (Ni)≤0.05%，w (Zr)≤0.20%，其余为 Al]

浸　蚀　剂： 0.5%氢氟酸水溶液（室温）

处理情况： 未热处理

组织说明： 未经热处理，白亮色显相界的不定形相是 β(Al_8Mg_5)，β(Al_8Mg_5)是脆性化合物，会严重降低合金的力学性能和抗蚀性能，通过热处理使 β（Al_8Mg_5）相完全溶入基体，使合金呈过饱和状态，以获得固溶强化效果，塑性也得到显著增加，黑色块状和分叉状相是 Mg_2Si，沿晶灰色密集点状为 Al_3Fe 相。

　　Al-Mg 系合金是铝合金中耐蚀性最高的合金，突出的表现在抗电化学腐蚀方面，这是因为在淬火状态下成为单相 α 固溶体，即使有残留 Al_8Mg_5 相存在，其电极电位较 α 相更低，为阳极。在电化学腐蚀过程中 Al_8Mg_5 不断的被腐蚀，是铸件表面形成单一 α 相，而使腐蚀中断。

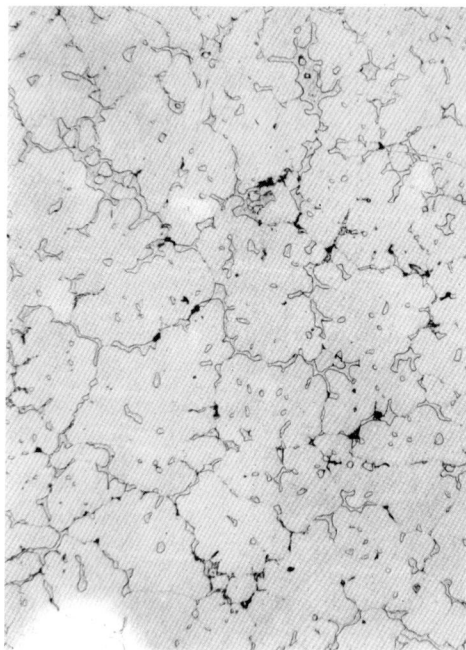

图　10-1-163　　　　　　　　　　100×

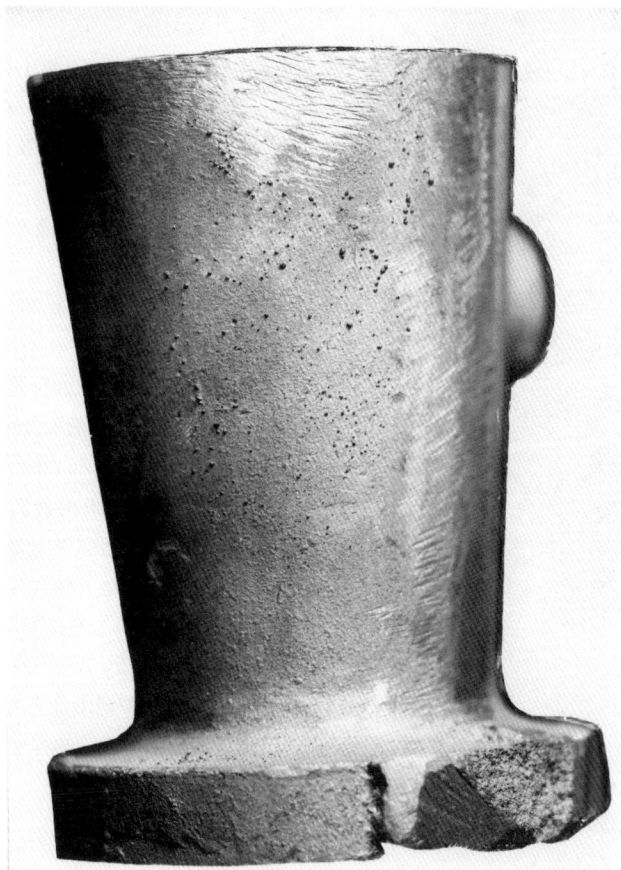

图 10-1-164   0.5×

图　号：10-1-164、10-1-165

材料名称：ZAlMg10 (ZL301) 铝镁合金

浸蚀剂：0.5%氢氟酸水溶液（室温）

处理情况：砂型铸造，固溶处理

组织说明：图 10-1-164：该零件经加热 430℃±5℃
×12h 固溶处理时，由于仪表失灵，炉子跑温引起
零件表面出现"汗珠"——低溶点共晶体复熔向表
面渗出。

图 10-1-165：图 10-1-164 零件由于温度
高，保温时间长，使晶界熔化 α+Mg$_2$Si 共晶
复熔聚集和球化，形成严重过烧，使力学性能
明显下降。R_m 为 188～233N/mm^2，A 仅为
4.3%～7.2%，硬度为 91HBW（规范要求:R_m
≥274N/mm^2, A≥9%,硬度≥60HBW）

ZAlMg10 合金正常的热处理工艺为
435℃±5℃×10～20h，在 60～100℃ 水中
淬火，不必进行回火，其机械性能:R_m 为
280MPa，A≥9%，硬度≥60HBW。

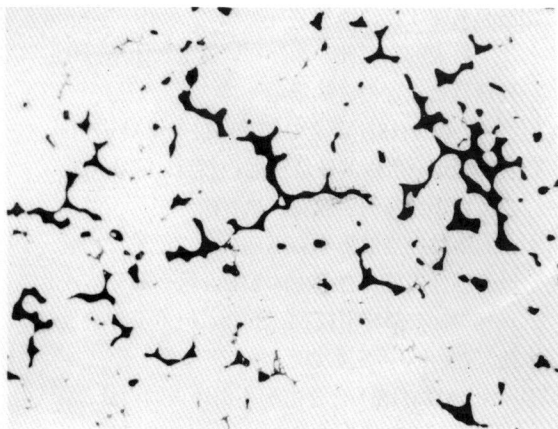

图 10-1-165   100×

图　　　10-1-166　　　　　　　　100×

图　　号：10-1-167

材料名称：ZAlZn11Si7 (ZL401)铝锌硅合金

浸 蚀 剂：0.5%氢氟酸水溶液（室温）

处理情况：压力铸造

组织说明：白色 α 相大小很不均匀，（α＋Si）共晶体中的 Si 呈细小条状，粗大深灰色条片状相是 β (Al$_9$Si$_2$Fe$_2$)，黑色小点为针孔，局部有小的疏松缺陷存在。

　　粗大条片状 β (Al$_9$Si$_2$Fe$_2$)相的存在，恶化加工性能，刀具易磨损，加工后的表面会出现凸起的硬质点，增加零件脆性。

　　粗大的白色的 α 相存在，加工表面阳极化处理后会出现白斑缺陷。

　　ZAlZn11Si7 合金中 Si 和 Mg 与 ZAlSi7Mg 合金相近，所以其铸造性能也相近。线收缩较小但由于结晶间距较宽，热裂倾向较大。由于 α 固溶体在高温下不会迅速析出 Zn 质点，所以热强性较低。合金中的 Mg 含量一部分溶入 α 相中，一部分形成 Mg$_2$Si 相，但由于含量很低，在组织中不易发现。

　　ZAlZn11Si7 合金由于不需淬火固溶处理，所以适用于制造形状复杂、尺寸稳定、精度要求高的零件。

图　　号：10-1-166

材料名称：ZAlZn11Si7 (ZL401)铝锌硅合金 [w（Si）6.0%～8.0%，w (Mg)0.1%～0.3%，w (Zn)9.0%～13.0%，w (Fe)≤0.7%，w (Cu) ≤0.6%，w (Mn) ≤0.5%，其余为 Al]

浸 蚀 剂：0.5%氢氟酸水溶液（室温）

处理情况：砂型铸造

组织说明：灰色片状为 Si 相，灰白色针片状为 β (Al$_9$Si$_2$Fe$_2$) 相，它与 Si 相不易分辨，少量小骨骼状是 Mg$_2$Si 相，黑色小点状为针孔。Zn 在合金中完全固溶于 Al 基体内，在金属液凝固过程中不发生分解，所以固体合金中不存在含 Zn 相。Al-Zn 合金的特点是铸造工艺简单，在铸态下可得到 Zn 在铝中的过饱和固溶体，因而使用时不必经过热处理，经自然时效即可获得较高的力学性能，是一种高强度，价格便宜的合金，但 Al-Zn 二元合金铸造性能差，脆性大，必须加入多量硅和少量的 Mg, Cr、Ti 等元素，使合金的铸造性能、力学性能、耐蚀性和切削加工性能得到改善，这类合金的不足之处是密度大、热强性低、抗蚀性不高。

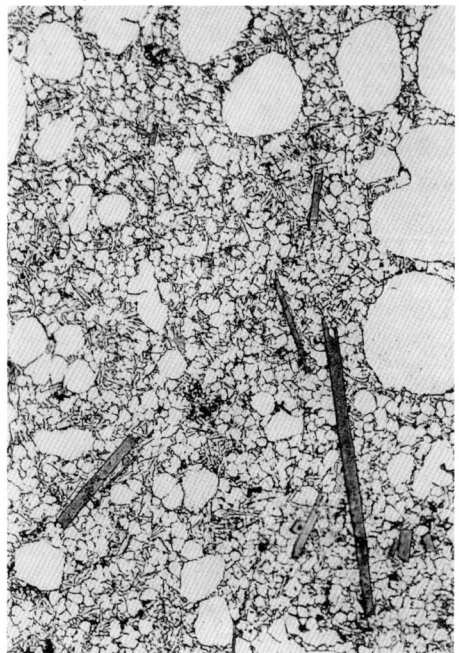

图　　　10-1-167　　　　　　　　100×

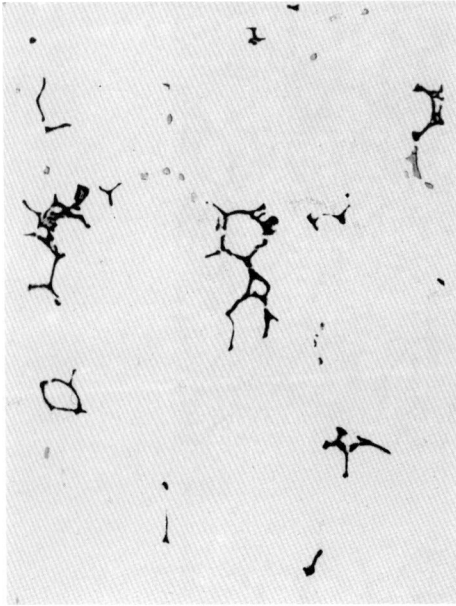 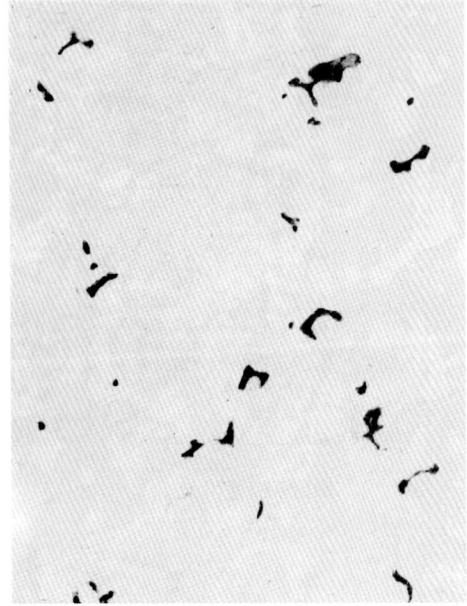

图　10-1-168　　　　　　　　200×　　　图　10-1-169　　　　　　　　200×

图　　　号：10-1-168、10-1-169

材料名称：ZAlZn6Mg (ZL402) 铝锌镁合金 ［w (Mg)0.5%～0.65%，w (Zn)5.0%～6.5%，w (Ti)0.15%～0.25%，w (Cr) 0.4%～0.6%，w (Fe)≤0.5%，w (Si)≤0.3%，w (Cu)≤0.25%，w (Mn)≤0.1%，其余为 Al］

浸 蚀 剂：0.5%氢氟酸水溶液（室温）

处理情况：砂型铸造

组织说明：图 10-1-168：白色 α 固溶体为基，黑色骨骼状为 Mg_2Si 相，浅灰色为 $Al_{12}(CrFe)_3Si$。合金中加入 Ti 是为了细化晶粒，提高力学性能并能改善铸造性能，加入少量的 Mg 和 Cr，使合金中形成 Zn_2Mg 和 T（$Al_2Mg_3Zn_3$）相，Cr 能阻碍原子扩散，减慢 Zn_2Mg 和 T($Al_2Mg_3Zn_3$)相的析出，有效的减少两相在晶界的分布，可显著地提高合金的抗应力腐蚀和力学性能。

图 10-1-169：组织特征和图 10-1-168 基本相同。该合金在铸态经 21 天自然时效，或在 180℃人工时效 8～10h 后，可获得良好的力学性能（R_m 为 245N/mm²，R_{eL} 为 176N/mm²，$A_{11.3}$ 为 4%）

经人工时效后，晶界和晶界上的化合物就会被显现，晶内花瓣状 Mg、Zn 偏析也明显可见。

合金铸造流动性、抗裂倾向和焊接性较差，但切削性和抗蚀性较 ZAlZn11Si7 合金为好，加入少量 Cr 和 Ti，使合金性能得到改善。Cr 能阻碍原子扩散，有效地减少 Zn_2Mg 和 T（$Al_2Mg_3Zn_3$）相在晶界上的析出，显著的提高了合金的力学性能和抗应力腐蚀。而 Ti 可以细化晶粒，提高力学性能并能改善铸造性能，降低合金的壁厚效应。热处理工艺和 ZAlZn11Si7 合金相似，仅需 180℃±10℃×8～10h 空冷时效强化，采用砂型性能铸造时合金可达 R_m≥222N/mm²，硬度可达≥65HBW；若采用金属型铸造时合金性能可达 R_m 为 231N/mm²，A≥4%，硬度≥70HBW。由于合金在 70℃有良好的力学性能，因此可适用于高速旋转的整铸叶轮等受力零件。

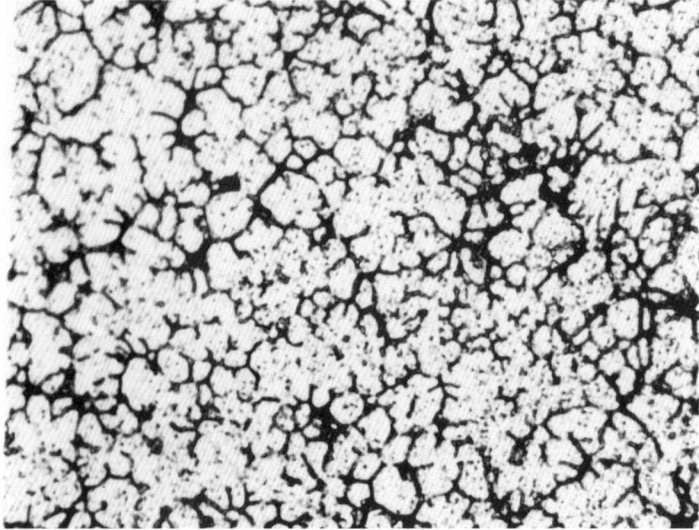

图　10-1-170　　　　　　　　　　　　　　500×

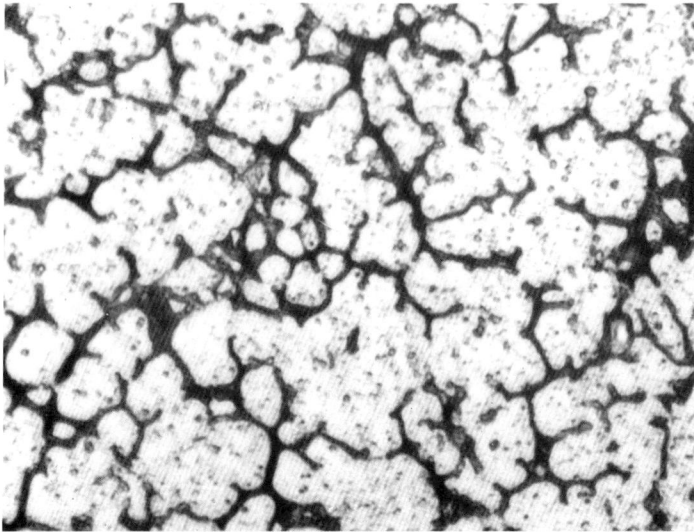

图　10-1-171　　　　　　　　　　　　　　1000×

图　　号：10-1-170、10-1-171

材料名称：D6V 铝镁硅锰合金（日本牌号）[w(Mg)3.7%，w(Si)0.9%，w(Mn) 0.65%，其余为 Al]

浸 蚀 剂：0.5%氢氟酸水溶液（室温）

处理情况：液态锻压

组织说明：图 10-1-170：由于采用了液态锻压的方法，冷凝速度快，铸造缺陷少，晶粒非常细小，Mg_2Si 呈网络状分布，晶内有化合物质点弥散析出。由于显微组织非常细小致密，所以力学性能优良。

图 10-1-171：是图 10-1-170 的高倍放大组织，黑色骨骼状 Mg_2Si 和一般铸造中的相的形态有很大的不同，其原因是由于在压力下快速结晶其成长受到一定的限止。

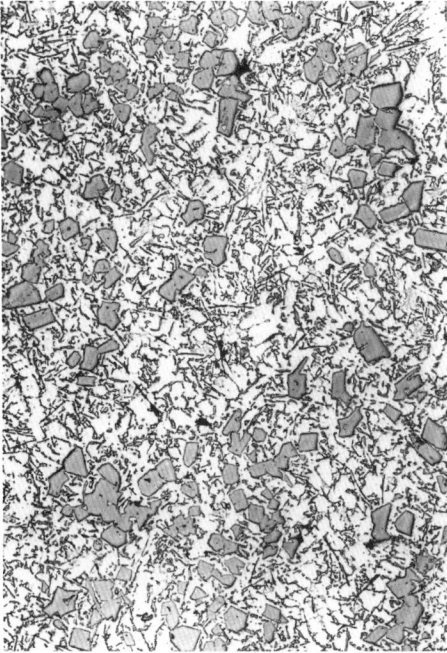

图　10-1-172　　　　　　　　　100×

图　10-1-173　　　　　　　　　100×

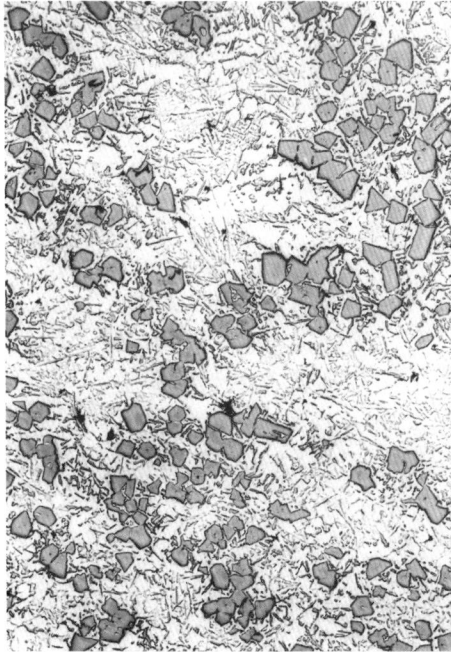

图　10-1-174　　　　　　　　　100×

图　　号：10-1-172～10-1-174

材料名称：ZAlSi20Cu2RE1 (ZL117) 铝硅铜稀土合金[w
（Si）19.0%～22.0%，w (Cu)1.0%～2.0%，w（Mg）
0.4%～0.8%，w(Mn)0.3%～0.5%，w(RE)0.5%～1.5%，
w(Fe)0.51%，其余为 Al]

浸 蚀 剂：0.5%氢氟酸水溶液（室温）

处理情况：金属型铸造，固溶处理

组织说明：图 10-1-172：经固溶时效处理，强化相已
　　　　　固溶于 α 基体，所以除（α＋Si）共晶体外，较均
　　　　　匀地分布着较细小的初晶 Si，黑色小点为针孔，该
　　　　　组织可获得良好的力学性能和耐磨性能，而且降低
　　　　　了热膨胀系数，可以满足于高速、增压、高功率发
　　　　　展的需要。

　　　　　图 10-1-173：未经浸蚀，共晶 Si 呈灰色小片状，
　　　　　初晶 Si 颗粒较粗大，使加工性能和使用性能恶化，
　　　　　黑色小点状和小条状为针孔和疏松。

　　　　　图 10-1-174：未经浸蚀。共晶体中 Si 晶体呈小
　　　　　条状，初晶 Si 颗粒较小，但分布不均匀，影响合金
　　　　　的力学性能和使用性能。黑色小点状为针孔。

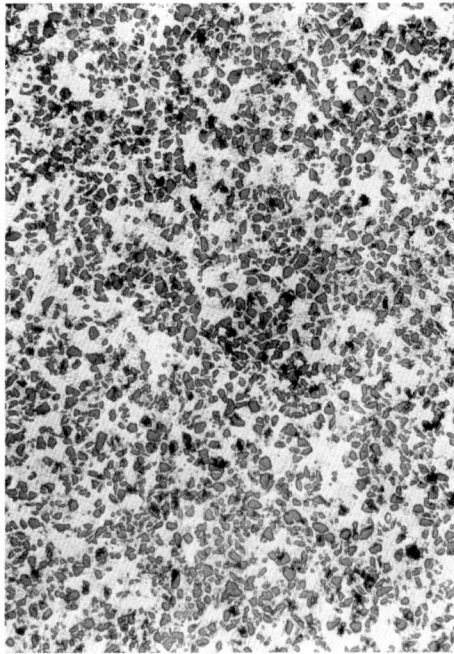

图　10-1-175　　　　　　　　　　　100×

图　　号：10-1-175

材料名称：Al 基复合材料[w(Si)6.8%，w(Mg)0.41%，w(SiC)19.8%，w(Fe)0.17%，其余为 Al]

浸 蚀 剂：0.5%氢氟酸水溶液（室温）

处理情况：金属型铸造，固溶时效处理

组织说明：基体组织为 α ＋（α ＋Si）共晶体，深灰色均匀分布的小颗粒为 SiC。

　　铝基复合材料是在 Al-Si 系合金中加入高硬度、高耐磨的 SiC 微粒后铸造而成。优良的力学性能取决于 SiC 的刚度、强度和耐磨性及铝基韧性的共同作用。加入质量分数为 20%的 SiC 可提高抗拉强度，尤其是屈服强度在室温可提高66%，在315℃提高200%以上，所以铸件产品的使用温度范围可提高至 95℃，耐磨性可提高 2.5 倍，而且降低了膨胀系数。

图　　号：10-1-176

材料名称：Al 基复合材料

浸 蚀 剂：0.5%氢氟酸水溶液（室温）

处理情况：金属型铸造，固溶时效处理

组织说明：（α ＋Si）共晶组织隐约可见，不规则的深灰色小颗粒 SiC，分布比较均匀，黑色小点为显微针孔。该组织具有优良的性能，很适合用于活塞等耐摩擦零件。由于铝基合金中存在 SiC 硬质点，使加工困难，切削刀具易磨损，必须采用特殊切削刀具才能满足加工成形。

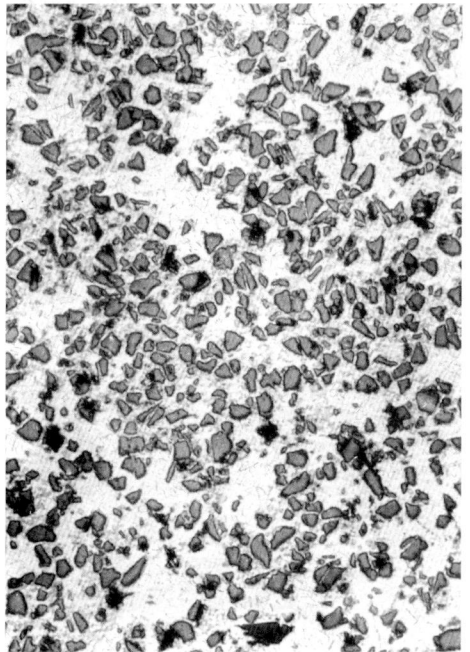

图　10-1-176　　　　　　　　　　　200×

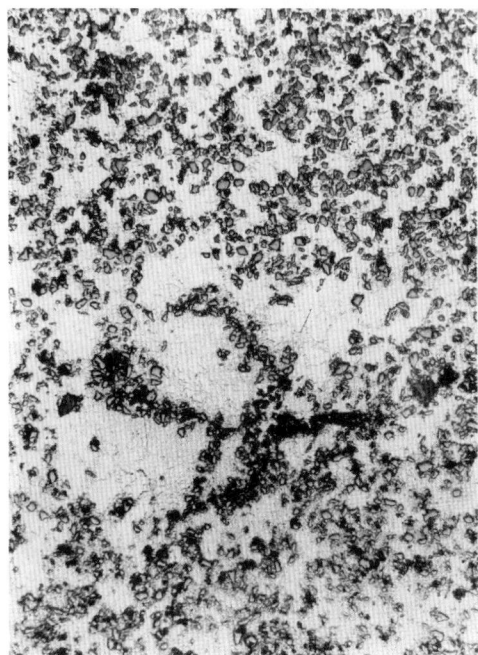

图　　号：10-1-177

材料名称：Al 基复合材料［w (Si)7.1%，w (Mg)0.43%，w (SiC)20%，w (Fe)0.3%，其余为 Al］

浸 蚀 剂：未浸蚀

处理情况：金属型铸造，固溶时效处理

组织说明：基体为 α 和（α＋Si）共晶组织，灰色颗粒状为 SiC 其大小和分布不均匀，局部沿缩孔处集聚。Al 基复合材料的强度在一定程度上取决于凝固速率，快速凝固可获得 SiC 的均匀分布。所以 SiC 的不均匀，严重影响力学性能和使用性能，必须从熔炼和浇注工艺上来消除该缺陷的产生。

图　　10-1-177　　　　　　　100×

图　　号：10-1-178

材料名称：Al 基复合材料［w(Si)7.1%，w (Mg)0.38%，w (SiC)19.7%，w (Fe)0.15%，其余为 Al］

浸 蚀 剂：未浸蚀

处理情况：金属型铸造，固溶时效处理

组织说明：SiC 严重不均匀，有大块无 SiC 的"白区"，仅有（α＋Si）的共晶组织，共晶 Si 呈小条状。在"白区"有收缩裂纹，裂纹周围聚集着 SiC。这是一种严重的铸造缺陷。

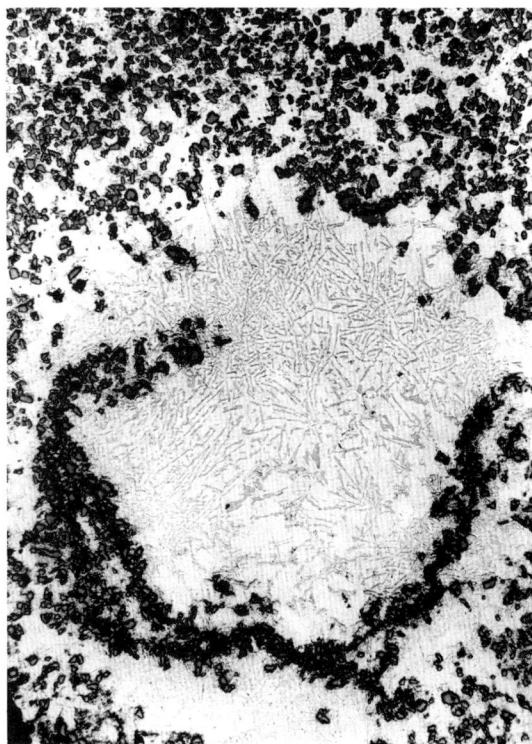

图　　10-1-178　　　　　　　　　　　　100×

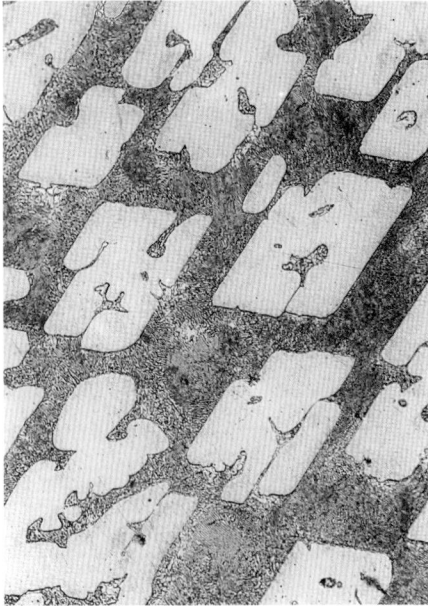

图　10-1-179　　　　　200×

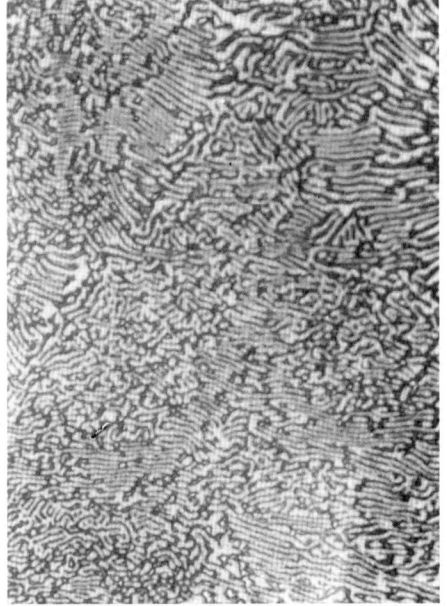

图　10-1-180　　　　　800×

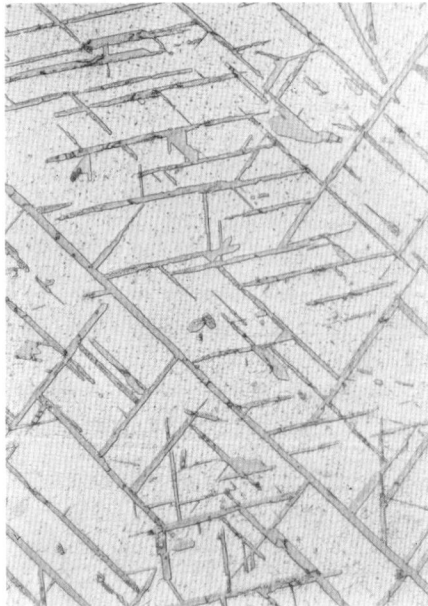

图　10-1-181　　　　　200×

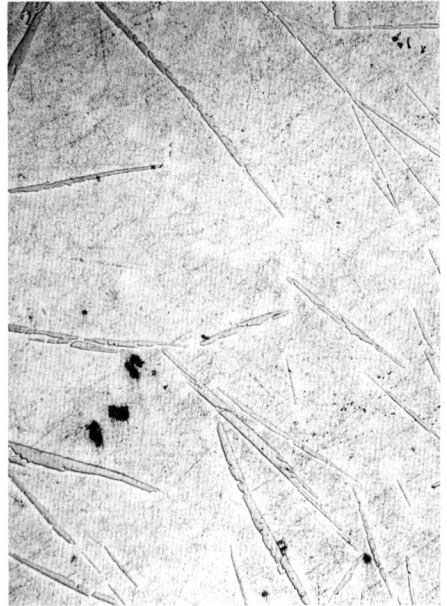

图　10-1-182　　　　　200×

图　号：10-1-179～10-1-182

材料名称：图 10-1-179 和图 10-1-180 为 Al-Cu 合金 [$w(Cu)$为 50%]；图 10-1-181 为 Al-Mn 合金 [$w(Mn)$为 10%]；图 10-1-182 为 Al-Ti 合金 [$w(Ti)$为 5%]

浸 蚀 剂：混合酸浸蚀

处理情况：铸态

组织说明：图 10-1-179：大块白色为 α 固溶体，基体为 Al_2Cu 共晶体。

图 10-1-180：图 10-1-179 放大后的（α＋Al_2Cu）共晶体。

图 10-1-181：白色基体为 α 固溶体，其上针片状为 Al_6Mn 化合物。

图 10-1-182：灰白色基体为 α 固溶体，其上粗针状为 Al_3Ti 化合物，黑色点状为孔洞。

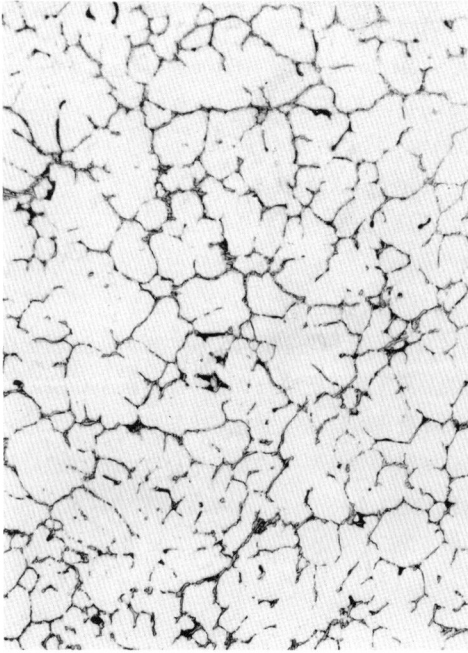

图　10-1-183　　　　　　　　　100×

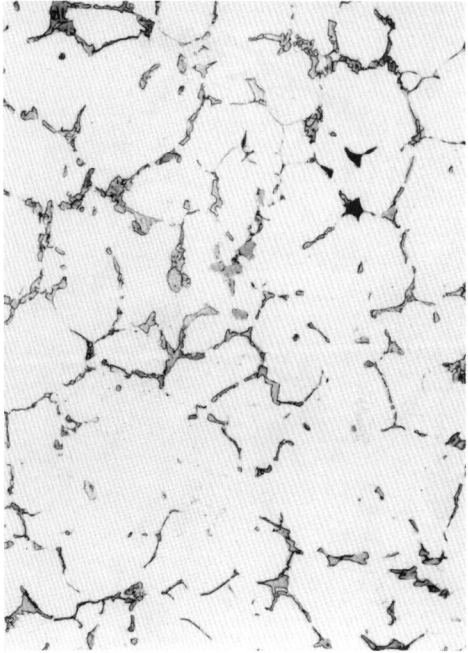

图　10-1-184　　　　　　　　　250×

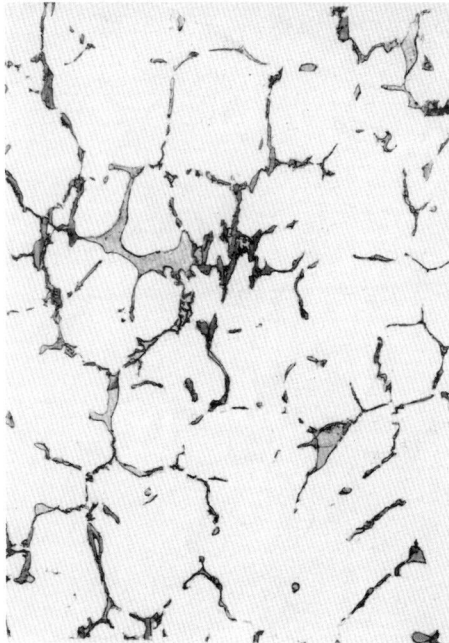

图　10-1-185　　　　　　　　　250×

图　　号：10-1-183～10-1-185

材料名称：Al-Sn 合金［w(Sn)5.5%，w(Cu)1.0%，w(Ni)1.0%，w(Si)1.0%，w(Fe)0.5%，其余为 Al］

浸 蚀 剂：0.5%氢氟酸水溶液

处理情况：金属型铸造

组织说明：图 10-1-183：沿晶较均匀地分布的 Al$_3$Ni、Al$_2$Cu 以及（α+Sn）共晶体，由于放大倍数较小，各项组织分辨不清，黑色小点为孔洞。

图 10-1-184：白色基体为 α 相，沿晶界分布的深灰色为（α+Sn）共晶体，亮灰色为 Al$_3$Ni，白色椭圆形颗粒为 Al$_2$Cu 黑色点状为孔洞。

图 10-1-185：基体组织与图 10-1-184 基本相同，惟组织较粗大，故各相清晰可辨。

Al-Sn 合金具有良好的耐磨性，尤其在加入少量的 Cu、Ni 和 Si 后，能明显提高其强度，当晶界处析出硬质的 Al$_3$Ni、Al$_2$Cu 后，在摩擦时能起到支承的作用。Si 的加入可改善合金的铸造性能。

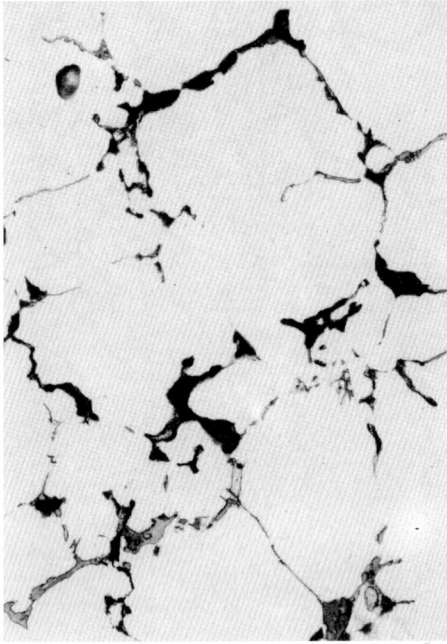

图　　号：10-1-186

材料名称：Al-Sn 合金 [w(Sn)6.8%， w(Cu)0.78%，

w(Ni)0.81%， w(Si)0.82%， w(Mn)0.11%， w(Ti)0.13%，

w(Fe)0.31%，其余为 Al]

浸 蚀 剂：0.5%氢氟酸水溶液

处理情况：金属型铸造

组织说明：（α+Sn）共晶体沿晶分布，深灰色片状相为 Al₃Ni，沿晶亮灰色呈椭圆形和长条形为 Al₂Cu 相。

　　　Sn 在 α 固溶体中溶解很少，即使微量的 Sn 就会在 α 固溶体的晶界上形成低熔点共晶体（熔点 190～222℃）使合金在热处理时，易发生共晶体复熔。所以 Al-Sn 合金只能作低温时效处理（160～180℃），当温度稍有跑温时，晶界上的（α+Sn）共晶体有聚集成大颗粒分布，使合金性能下降。

图　10-1-186　　　　　　　400×

图　　号：10-1-187

材料名称：Al-Sn 合金[w(Sn)6.2%， w(Cu)1.21%，

w(Ni)0.82%， w(Ti)0.15%， w(Si)0.92%， w(Mn)0.13%，

w(Fe)0.11%，其余为 Al]

浸 蚀 剂：0.5%氢氟酸水溶液

处理情况：金属型铸造

组织说明：沿晶和晶内分布着（α+Sn）共晶体，白色椭圆形和长条形为 Al₂Cu 相，深灰色为 Al₃Ni。

　　　晶粒度大小不均匀，局部晶粒过大，会导致使用寿命的降低。

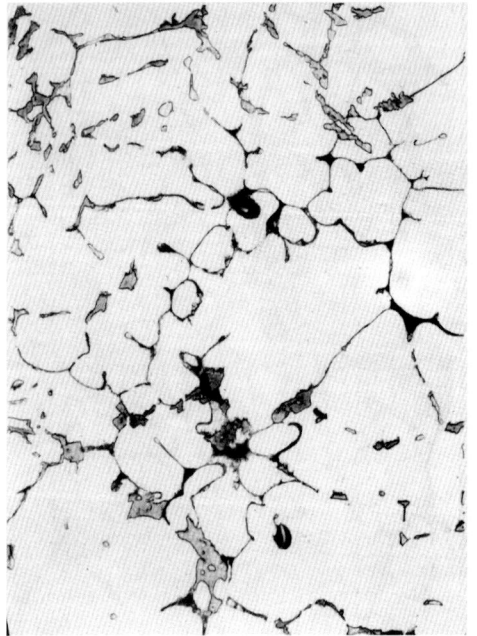

图　10-1-187　　　　　　　250×

金 相 图 片

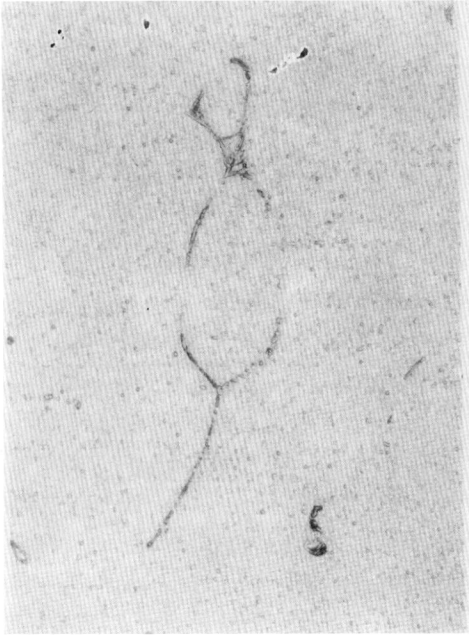

图　10-2-1　　　　　　　　　100×

图　10-2-2　　　　　　　　　100×

图　10-2-3　　　　　　　　　20×

图　号：10-2-1～10-2-3

材料名称：1060（L2）工业纯铝 [$w(Fe)$0.35%，$w(Si)$0.25%，其余为 Al]

浸 蚀 剂：图 10-2-1、图 10-2-3 为混合酸水溶液；图 10-2-2 为电解抛光并阳极复膜

处理情况：经轧制后退火处理

组织说明：图 10-2-1：图中沿晶界分布的亮灰色的相是 α（$Al_{12}Fe_3Si$）。基体为 α 固溶体。

图 10-2-2：经电解抛光，并阳极复膜偏光后的组织形貌，可看出晶粒大小和形态，其晶粒呈等轴状，分布比较均匀。

图 10-2-3：经轧制后退火处理，由轧制变形量控制不当，引起退火后晶粒粗大，只能采用低倍观察比较。粗大的晶粒降低了力学性能。

工业纯铝中 Fe 和 Si 是主要有害杂质，而在工业纯中形成 $FeAl_3$，α（Fe_3SiAl_{12}）和 β（$Fe_2Si_2Al_9$）相等，不仅影响导电性和力学性能，而且它们的电位比纯铝高，并破坏了纯铝表面氧化膜的连续性，降低铝的抗蚀性。

图　10-2-4　　　　　　　　　200×

图　号：10-2-4

材料名称：5A02（LF2）防锈铝合金［w(Mg)2%～2.8%，w(Mn)0.15%～0.4%，w(Cu)0.1%，w(Fe+Si)0.6%，其余为 Al］

浸 蚀 剂：混合酸水溶液

处理情况：热挤压

组织说明：在 α 固溶体的基体上分布着 Al_6Mn 和 β (Al_8Mg_5)相、及少量 Mg_2Si、Al_3Fe 等杂质相，经热挤压的强烈变形，铸态化合物被破碎，挤压冷却后呈小颗粒状均匀分布于基体上，不易分辨。

　　Al-Mg 变形合金是重要的防锈铝合金，而且保持良好的加工性和可焊性，在工业中得到广泛的应用。

　　Al-Mg 合金的强度高于 Al-Mn 合金，在大气和净水中抗蚀能力也优于 Al-Mn 合金,而相当于纯铝，但在碱性和酸性介质中比 Al-Mn 合金稍差。如合金中添加少量 Si 可改善合金的铸造性能，减小焊接时形成裂纹的倾向。

图　号：10-2-5

材料名称：5A02（LF2）　防锈铝合金

浸 蚀 剂：混合酸水溶液

处理情况：热挤压变形

组织说明：横向取样，在 α 固溶体基体上均匀分布着 β (Al_8Mg_5)等小质点和 Al_3Fe 相，并显示出清晰的晶界。

　　Al-Mg 合金随着含 Mg 量的增加，显微组织逐渐由 α 固溶体单相组织过渡到 ［α + β (Al_8Mg_5)］两相，使晶界腐蚀和应力腐蚀加剧，可通过调整工艺和热处理规范获得较好组织,来保证合金的良好的抗腐蚀性能。

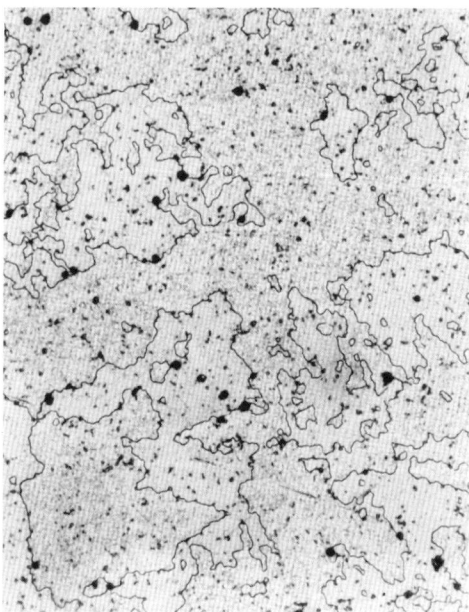

图　10-2-5　　　　　　　　　200×

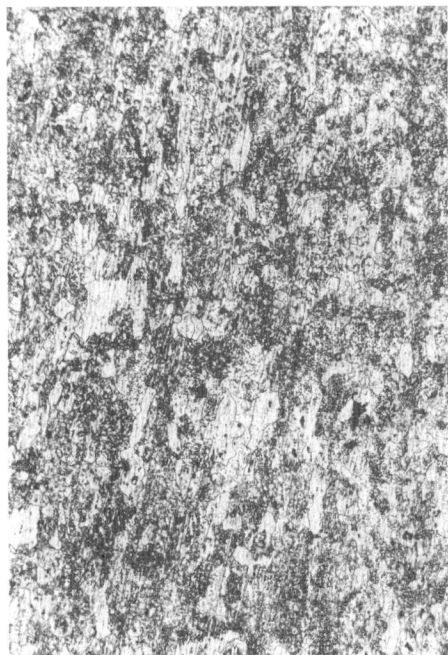

图　10-2-6　　　　　　　　　　　　　200×

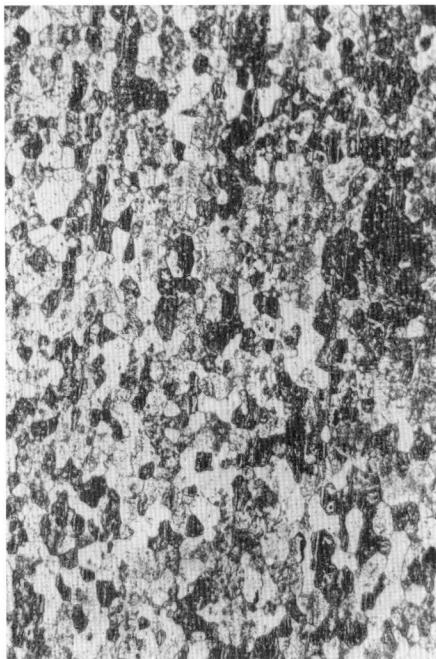

图　10-2-7　　　　　　　　　　　　　200×

图　10-2-8　　　　　　　　　　　50×

图　　　号：10-2-6～10-2-8

材料名称：5A02（LF2）防锈铝合金

浸 蚀 剂：电解抛光

处理情况：板材　图 10-2-6　拉伸变形；图 10-2-7　变形
后经 360℃×1h 退火；图 10-2-8　退火后又经 3%的
拉伸变形

组织说明：图 10-2-6：1.5mm×3200mm×2000mm 板
材，原始纵向拉伸纤维组织和少量 Mg_2Si 相。

图 10-2-7：原始组织经 360℃×1h 退火后的组
织，纤维状的变形组织基本得到恢复。

图 10-2-8：经退火后的板材又经 3%的拉伸变形
成形后，经退火板材两表面层晶粒粗大而中心比较
细小，两表面层和中心 α 固溶体随拉伸方向变形程
度不同导致退火晶粒长大不同，另外中心变形量相
对较小，仍有少部 α 固溶体呈块状存在，因此导致
各区域间的性能各异。

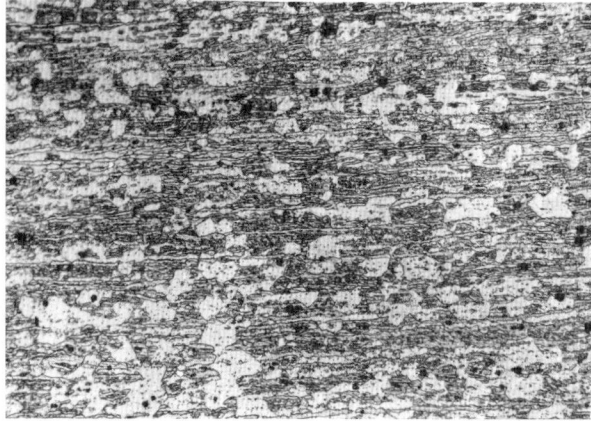

图　10-2-9　　　　　　　　　　　　　　　　　　200×

图　　号：10-2-9

材料名称：5A02（LF2）防锈铝合金

浸 蚀 剂：电解抛光

处理情况：经退火后，以4%变形量进行拉伸和5%变形量进行二次拉伸退火

组织说明：α固溶体成纤维状和块状分布，晶粒比较均匀和细小，力学性能相对较好。

　　　　Al-Mg合金热处理强化效果不明显一般只在退火状态或冷作硬化下使用。5A02低温退火温度为150～180℃，高温退火温度为350～420℃；5A03低温退火温度为270～300℃，高温退火温度为350～420℃；5A05、5A06、5B05的退火温度为310～335℃。

图　10-2-10　　　　　　　　　　　　　　　　　　100×

图　　号：10-2-10

材料名称：5A02（LF2）防锈铝合金

浸 蚀 剂：电解抛光

处理情况：原材料经退火后，进行拉伸变形，变形量为11%，拉伸后退火

组织说明：晶粒迅速长大，其性能较差。

　　　　Al-Mg系合金中加入Mn、Cr能起到固溶强化的作用，改善合金的抗蚀性能，而Ti和V可以细化晶粒，提高力学性能，有时还加入少量Be来提高合金的抗氧化性能。

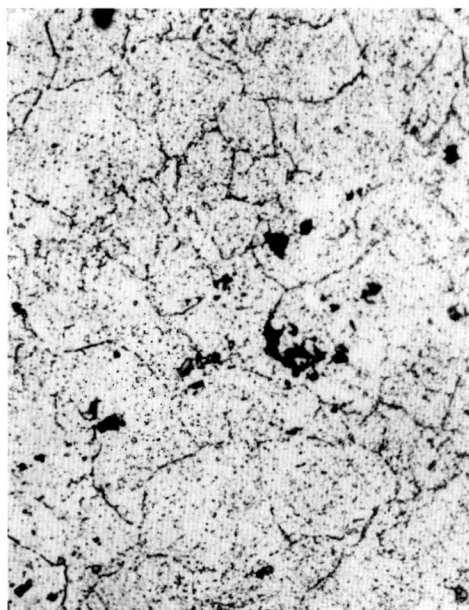

图　10-2-11　　　　　　　　200×

图　　号：10-2-11

材料名称：5A03（LF3）防锈铝合金［w(Mg)3.2%～3.8%，w(Mn)0.3%～0.6%，w(Si)0.5%～0.8%，w(Ti)0.15%，其余为 Al］

浸 蚀 剂：混合酸水溶液

处理情况：热挤压，退火处理

组织说明：横向取样。在 α 固溶体基体上分布着大量的 β(Al$_8$Mg$_5$)相质点，及少量黑色 Mg$_2$Si 相和灰色 Al$_6$Mn 相。经再结晶退火后晶粒度呈等轴状。

合金中加入 w（Si）为 0.5%～0.8%，可降低焊接裂纹倾向，改善焊接性能。但含 Si 量过多，会出现过量的不溶性黑色 Mg$_2$Si 相（混合酸水溶液浸蚀），而严重降低合金的塑性。Mg-Si 是强化相，质硬，在抛光状态下呈天蓝色，但在抛光时因极易污染而呈黑色。

图　　号：10-2-12

材料名称：5A05（LF5）防锈铝合金 ［w(Mg)4.8%～5.5%，w(Mn)0.3%～0.6%，w(Si)0.5%，其余为 Al］

浸 蚀 剂：混合酸水溶液

处理情况：热挤压，退火处理

组织说明：在 α 固溶体基体上分布着大量的 β（Al$_8$Mg$_5$）等相质点，并呈纵向分布的灰褐色 Al$_6$Mn 相，经再结晶退火，显示出不连续的等轴状晶粒。随着含 Mg 量的提高，组织中 β（Al$_8$Mg$_5$）相随之增多，会使晶间腐蚀和应力腐蚀倾向加剧，必须通过适当的热处理工艺来改善。

Al-Mg 系合金一般适用于作油箱、导管、铆钉、中等强度的焊接结构和冷冲压零件、飞机蒙皮、骨架等。

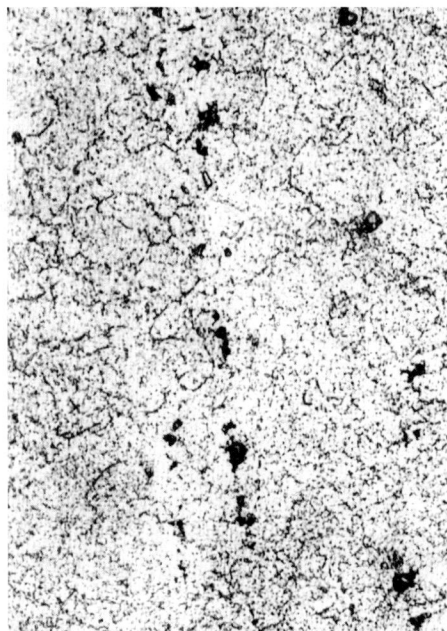

图　10-2-12　　　　　　　　200×

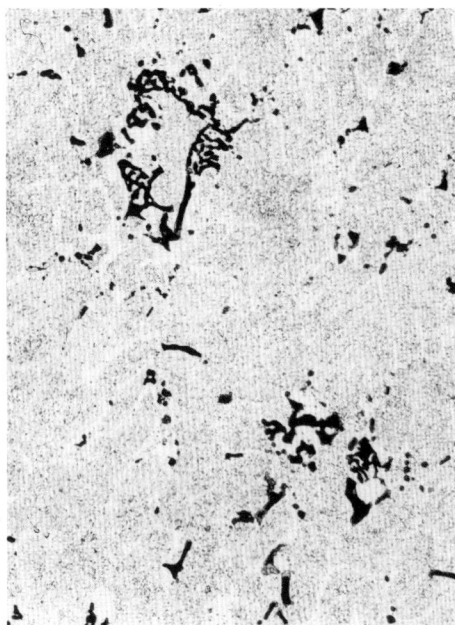

图 10-2-13 　　　　　　　　　　300×

图 10-2-14 　　　　　　　　　　300×

图 10-2-15 　　　　　　　　　　100×

图　号：10-2-13～10-2-15

材料名称：5A06（LF6）防锈铝合金 [w(Mg)5.8%～
6.8%，w(Mn)0.5%～0.8%，w(Si)0.4%，w(Ti)0.02%～
0.10%，其余为 Al]

浸蚀剂：图 10-2-13、图 10-2-14 混合酸水溶液；图
10-2-15 电解抛光并阳极复膜处理

处理情况：退火

组织说明：图 10-2-13：在 α 固溶体基体上均匀分布着细
小的 β（Al_8Mg_5）相质点，黑色骨骼状是 Mg_2Si 相，灰色
和浅灰色块状为 Al_6Mn 与 Al_6（FeMn）相。由于存在
未完全破碎的骨骼状 Mg_2Si 相，使力学性能和抗蚀性能
恶化。

图 10-2-14：在 α 固溶体上除分布着 β（Al_8Mg_5）
相外，还存在浅灰色块状 Al_6（FeMn）相、骨骼状 Mg_2Si
相及灰色 Al_6Mn 相。

图 10-2-15：在偏光照明下，已完全再结晶的组织。

在高 Mg 铝合金中的 β（Al_8Mg_5）相呈固溶状态存在
能提高合金抗蚀性，但在长期使用中 β（Al_8Mg_5）相仍
会继续析出降低抗蚀性，所以一般高 Mg 合金仅限于
70℃以下使用。

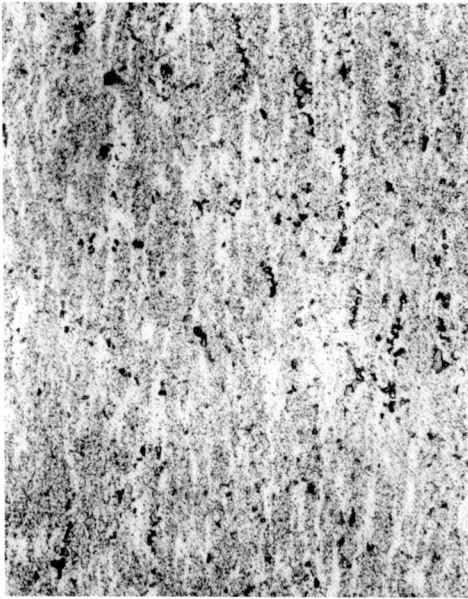

图 10-2-16 200×

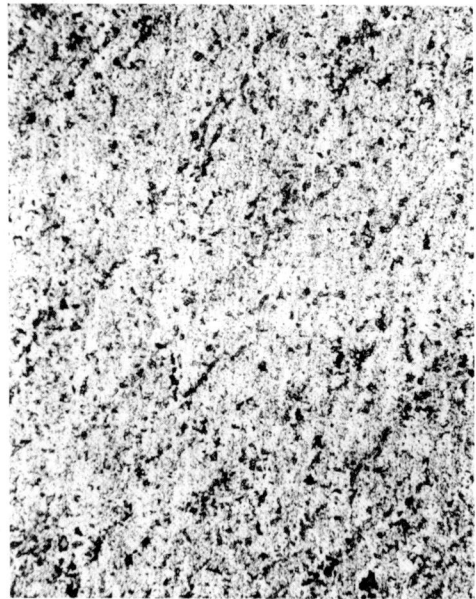

图 10-2-17 200×

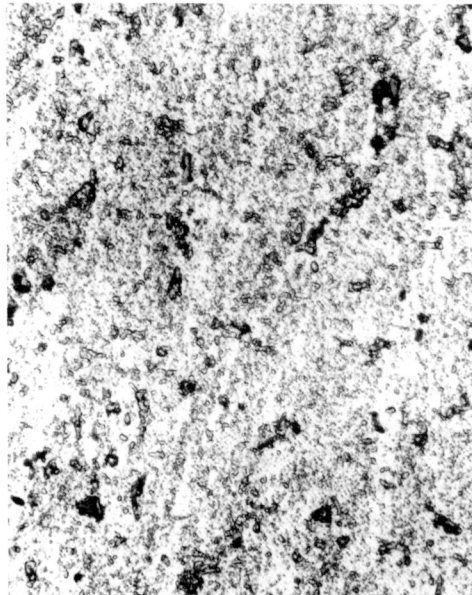

图 10-2-18 500×

图　号：10-2-16～10-2-18

材料名称：5A06（LF6） 防锈铝合金

浸蚀剂：混合酸水溶液

处理情况：图 10-2-16 经 300℃×30min 空冷；图 10-2-17 经 300℃×30min 后水冷

组织说明：图 10-2-16：经 300℃/30min 空冷，在 α 固溶体基体上存在大量的 β (Al_8Mg_5) 等相质点，而化合物受热变形而破碎沿受压方向排列。在 300℃ 加热时没有发生固溶而仍以细小的质点分布。

图 10-2-17：α 固溶体基体上存在的 β (Al_8Mg_5) 相，比空冷的试样相对要少一些，化合物颗粒也相对小些。

图 10-2-18：是图 10-2-17 试样放大的组织形貌。

5A06 合金具有较高的强度和腐蚀稳定性，焊接性能和加工性能良好，因此常用来制作焊接容器、受力零件，如飞机的蒙皮和骨架零件等。

图 10-2-19   200×

图 10-2-20   200×

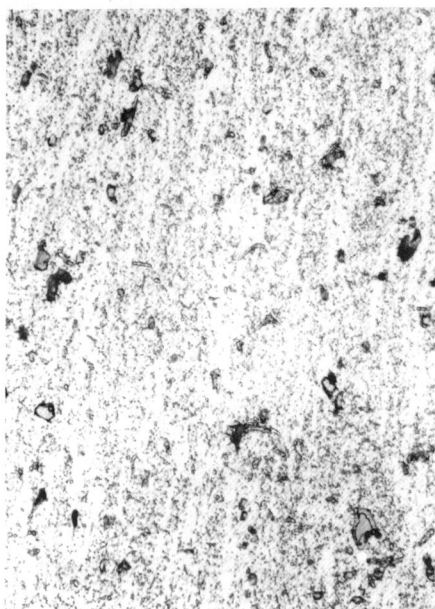

图 10-2-21   500×

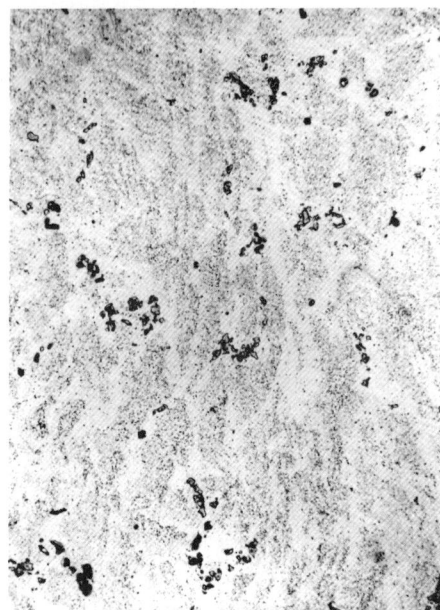

图 10-2-22   200×

图　　号：10-2-19～10-2-22   浸 蚀 剂：混合酸水溶液

材料名称：5A06（LF6） 防锈铝合金   处理情况：图 10-2-19 440℃×30min 空冷；图 10-2-20 440℃×
                                          30min 水冷；图 10-2-22   550℃×30min 空冷

组织说明：图 10-2-19：α 固溶体基体上 β（Al₈Mg₅）等相有所长大。

图 10-2-21：图 10-2-19 的放大组织，β（Al₈Mg₅）等相更趋清晰。

图 10-2-20：由于冷速较快，α 固溶体基体上 β（Al₈Mg₅）等相比空冷小。

图 10-2-22：α 固溶体基体上的 β（Al₈Mg₅）等相有明显的聚集和轻微过烧特征。

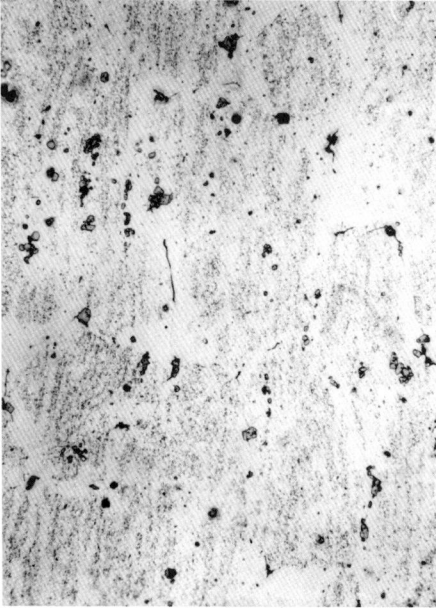

图 10-2-23   200×

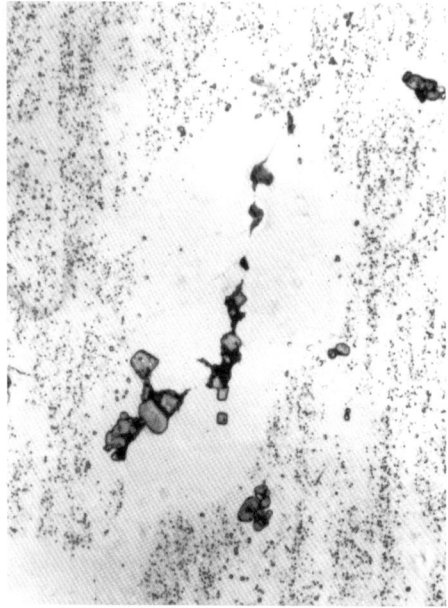

图 10-2-24   500×

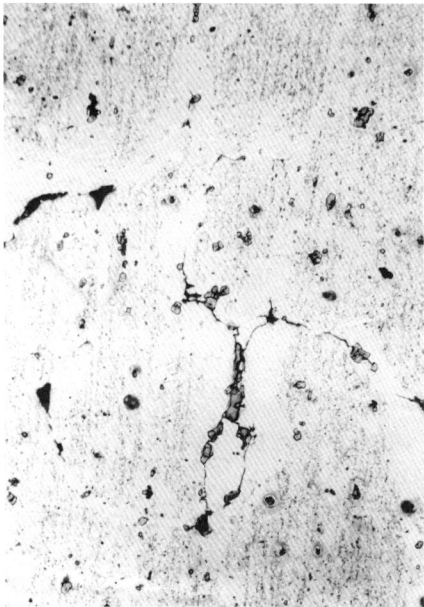

图 10-2-25   200×

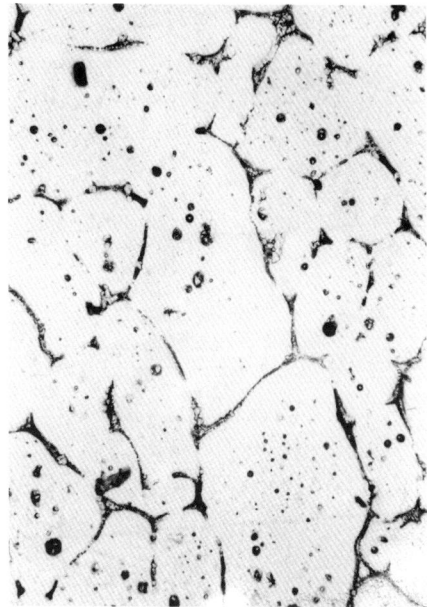

图 10-2-26   200×

图　　号：10-2-23～10-2-26   浸 蚀 剂：混合酸水溶液

材料名称：5A06（LF6）防锈铝合金   处理情况：图 10-2-23 560℃×30min 空冷；图 10-2-25 570℃×30min 空冷；图 10-2-26 580℃×30min 水冷

组织说明：图 10-2-23：α 固溶体基体上，β（Al_8Mg_5）相质点减少而集聚成块状，有明显过烧特征。

图 10-2-24：图 10-2-23 的放大组织，在 β（Al_8Mg_5）相集聚过烧团周围质点相减少。

图 10-2-25：β（Al_8Mg_5）相集聚和沿晶分布，晶界开始复熔。

图 10-2-26：β 相集聚并沿晶分布，晶界大部分已经复熔，由于冷却速度快，部分 β 相质点溶入基体后不完全析出，所以 α 固溶体基体上的 β 相质点较少。

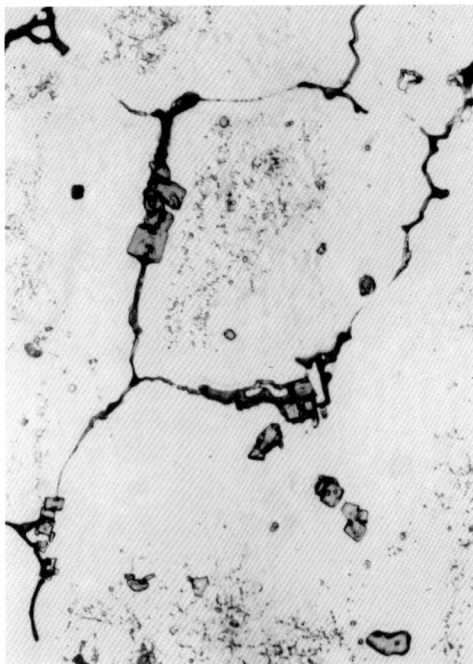

图　10-2-27　　　　　　　　500×

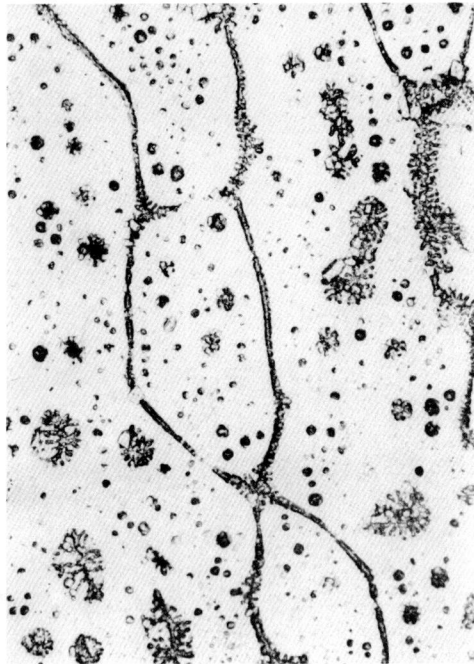

图　10-2-28　　　　　　　　200×

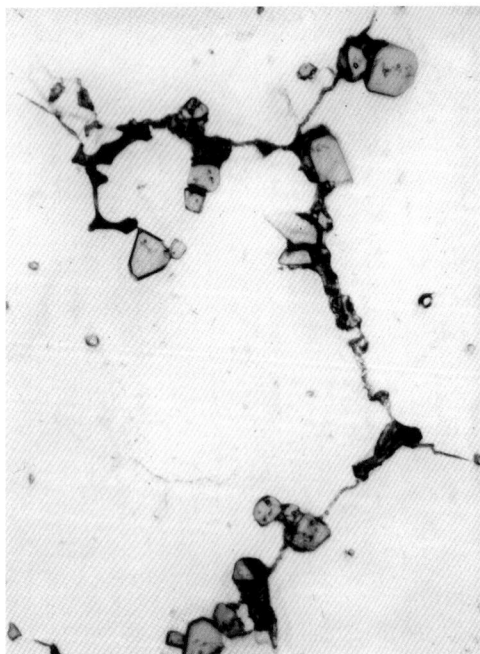

图　10-2-29　　　　　　　　500×

（图10-2-19～图10-2-29由邹人玉先生提供）

图　　号：10-2-27～10-2-29

材料名称：5A06（LF6）防锈铝合金

浸 蚀 剂：混合酸水溶液

处理情况：图 10-2-27：580℃×30min 空冷；图
　　　　　10-2-28：590℃×30min 水冷

组织说明：图 10-2-27：α 固溶体晶界已复熔，β
　　　　　（Al$_8$Mg$_5$）相除晶内有少数质点外，大部分集聚成
　　　　　块状分布于晶界上。

　　　　　图 10-2-28：温度过高，使晶界和化合物都形成
　　　　　复熔相和复熔球。

　　　　　图 10-2-29：图 10-2-28 放大的组织形貌。基体
　　　　　上 β 相质点近消失，β 相都集聚成块状且沿复熔球
　　　　　的晶界分布。

　　　　　5A06 一般均匀化退火温度为 460～475℃，成品
　　　　　退火温度为 300~400℃。从该组加热温度对组织的
　　　　　变化可看出，随退火温度的提高，β 相质点逐渐长
　　　　　大，当温度升至 555℃时，β 相就有明显的集聚和
　　　　　过烧特征，560℃时就出现复熔球和晶界开始复熔，
　　　　　当温度升至 580℃时，晶界已全部复熔。力学性能
　　　　　和晶界腐蚀试验结果，从 555℃开始也有明显的下
　　　　　降而且随温度的升高，性能越趋恶化。

图 10-2-30　　　　　　　　　　　实物

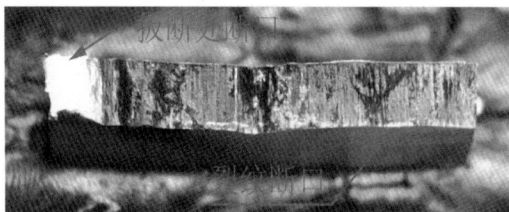

图 10-2-31　　　　　　　　　　　裂纹断口

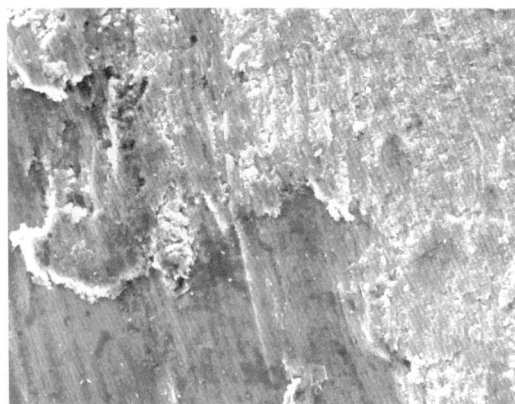

图 10-2-32　　　　　　　　　　300×

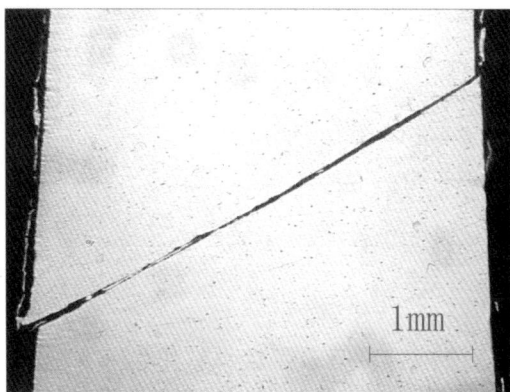

图 10-2-33　　　　　　　　　　15×

图　　号：10-2-30～10-2-33

材料名称：5A06（LF6）防锈铝合金模锻件

浸蚀剂：未侵蚀

处理情况：模锻退火

组织说明：图 10-2-30：铝合金连接环模锻件，在定位焊时发现连接环的本体上出现长度为约 45mm 的两处裂纹，见图 10-2-30 中黑色条纹。模锻件的生产过程为坯料 φ300mm 挤压棒材→多方向自由锻→模锻→冲孔→机加内孔→退火。

图 10-2-31：将图 10-2-30 模锻件表面用 2～3 倍放大镜观察，可见裂纹的起点在定位焊的尾部向连接环本体延伸长度约为 45mm，并贯穿整个壁厚，将裂纹扳开，可见其断口色泽为黑色，形貌类似层状断口。

图 10-2-32：将裂纹扳开用扫描电镜观察，裂纹断口为自由表面，而锻件正常的断口为韧窝。

图 10-2-33：在离焊缝较远处磨制裂纹横剖面图片，可见缺陷横剖面呈线状分布，贯穿连接环壁厚，其内为氧化物等脏物。

根据模锻件的加工过程及各试验分析结果，该连接环在定位焊时所出现的裂纹缺陷性质为挤压棒材料中的成层，挤压成层产生的基本原因是：铸锭表面不干净或挤压模内壁不干净，通过挤压将油污等脏物带入制品表面，锻造时将挤压造成的成层缺陷带入锻件。该缺陷在随后的锻造过程中进一步扩大和氧化，属于锻件中不允许存在的缺陷。锻件可以增加超声探伤，来控制其质量。

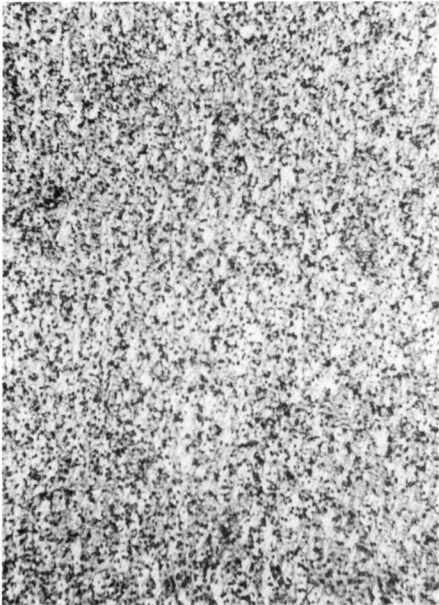

图 10-2-34   400×

图 10-2-35   100×

图 10-2-36   100×

图　　号：10-2-34～10-2-36

材料名称：3A21（LF21）防锈铝合金 [w(Mn)1.0%～1.6%，w(Si)0.6%，w(Cu)0.2%，其余为 Al]

浸 蚀 剂：图 10-2-34、图 10-2-36 10%氢氧化钠水溶液；图 10-2-35 电解抛光并阳极复膜

处理情况：退火处理

组织说明：图 10-2-34：α 固溶体基体上均匀分布着析出的 Al_6Mn 等质点相。

图 10-2-35：在偏振光下晶粒沿压延方向伸长，析出质点分布均匀。

图 10-2-36：经氢氧化钠水溶液中浸蚀 20min 后出现了沿压延方向的沿晶腐蚀沟和腐蚀坑。

锰是 3A21 防锈铝中的主要元素，合金随含 Mn 量的增加，强度随之提高。当 w（Mn）质量分数在 1%～1.6%范围内，合金不但有较高的强度，而且有良好的塑性和工艺性能。Mn 在合金中能形成大量的 Al_6Mn 化合物，其电极电位与 α 固溶体十分接近，故可保持较高的抗蚀性。合金可用于要求塑性高、焊接性好的在液体和气体介质中的低压零件，如油箱、导管等。

图　10-2-37　　　　　　　　200×

图　　号：10-2-37

材料名称：2A11（LY11）中强度硬铝合金［w（Cu）
　　3.8%～4.8%，w (Mg)0.4%～0.8%，w (Mn)0.4%～
　　0.8%，其余为 Al］

浸 蚀 剂：混合酸水溶液

处理情况：淬火自然时效

组织说明：晶粒沿压挤方向伸长，θ (Al$_2$Cu)等强化相
　　大部分固溶于 α 基体中,杂质不溶相 Al$_6$(FeMn)、
　　Al$_{12}$Mn$_3$Si 等沿压挤方向分布，少量残留 θ (Al$_2$Cu)
　　相呈圆角化。

　　硬铝中除 α 相、S，θ (Al$_6$Mn)相外，还可能有
　　α (AlFeSi)、Al$_7$Cu$_2$Fe、Mg$_2$Si、Al(MnFe)Si 和
　　Al$_6$(FeMn)等杂质相。该合金是 Al-Cu-Mg 系合金，
　　因含 Mg 量较低，一般不会出现 T(Al$_{12}$CuMn)相、
　　和 Mg$_2$Si 相，其主要强化相为 θ (Al$_2$Cu)。2A11 的
　　强度和耐热性不如 2A12 合金，属于中强度铝，但
　　塑性较好，可生产锻件。

图　　号：10-2-38

材料名称：2A11（LY11）中强度硬铝合金

浸 蚀 剂：混合酸水溶液

处理情况：锻造

组织说明：在锻造过程中，由于加热跑温引起温
　　度过高产生严重过烧，晶粒粗大，局部晶界复
　　熔，出现复熔球、三角晶界和孔洞。

　　温度过高引起过烧组织出现，对反复弯曲、
　　疲劳强度、抗拉强度和韧性、塑性都有很大的
　　影响，所以出现过烧组织即作废品处理。

　　2A11 合金在刚淬火和热态下的塑性尚好，
　　可热处理强化，淬火时效态切削性尚好，退火
　　下不良。用 2A11 焊条进行气焊，氩弧焊时有裂
　　缝倾向；在 100℃ 以上时有晶间腐蚀倾向。表面
　　复铝或阳极处理或涂漆可有效的保护零件不受
　　腐蚀。

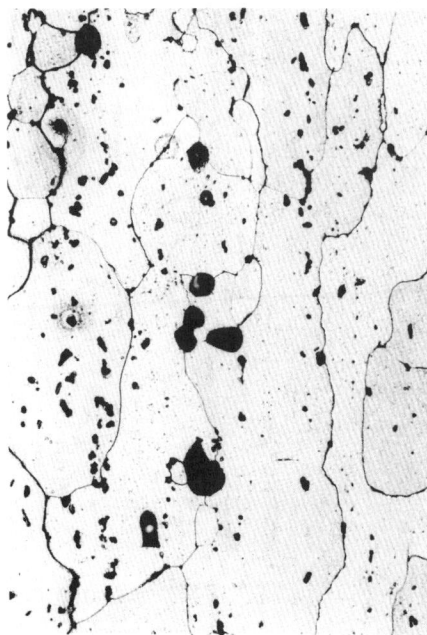

图　10-2-38　　　　　　　　100×

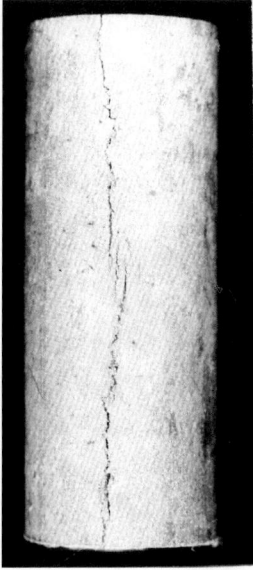

图　10-2-39　　　　1×

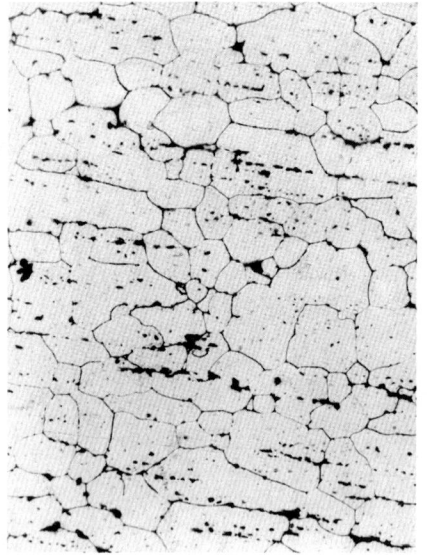

图　10-2-40　　　　100×

图　　号：10-2-39～10-2-41

材料名称：2A11（LY11）硬铝合金

浸 蚀 剂：混合酸水溶液

处理情况：固溶

组织说明：图 10-2-39：固溶温度过高，在 70℃水中冷却过程中引起零件表面出现裂纹。

图 10-2-40：从固溶温度过高而产生裂纹的零件上取样的显微组织。可熔性化合物已完全固溶，仅有不熔性杂质相存在，沿压延方向分布，可明显看到晶界复溶、三角晶界和少量复熔球。

图 10-2-41：从图 10-2-39 裂纹部位取样的显微组织，除和图 10-2-40 有相同的组织特征外，裂纹沿晶发展的形貌非常明显，这是由于晶界复熔后晶粒间结合强度较低，在固溶处理的激冷过程中导致晶界开裂。

由于硬铝合金的牌号较多，各牌号所含的合金元素比例是不同的，因而导致各牌号合金的性能也不同。硬铝是可热处理强化的合金，主要是由Al-Cu-Mg、Al-Cu-Mn 二个系列的合金组成，随它们的工艺性能和力学性能的不同，又可分为低强度硬铝（2A01、2A10）合金、中强度硬铝 2A11、高强度硬铝（2A12、2A06）和耐热硬铝（2A02、2A16、2A17），因而可用于制造锻件、铆钉、构件、骨架、螺旋桨叶、飞机蒙皮、隔框、翼肋和交通、造船建筑业的构件等。

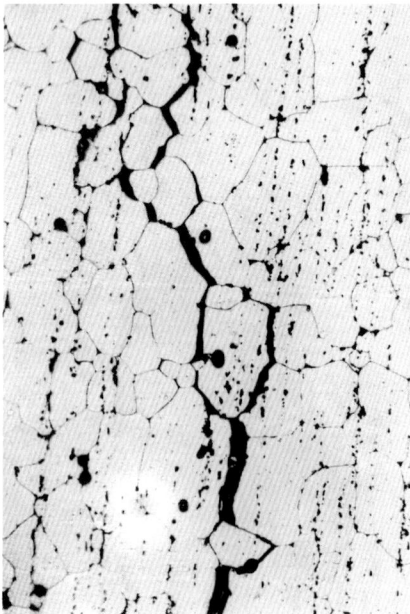

图　10-2-41　　　　100×

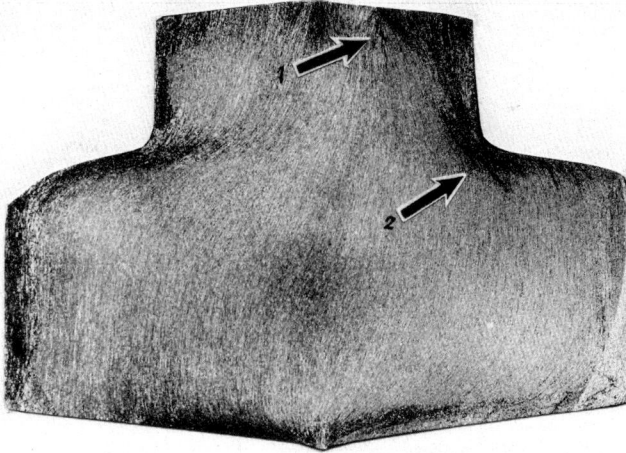

图　10-2-42　　　　　　　　　　　　　　　　　　1.25×

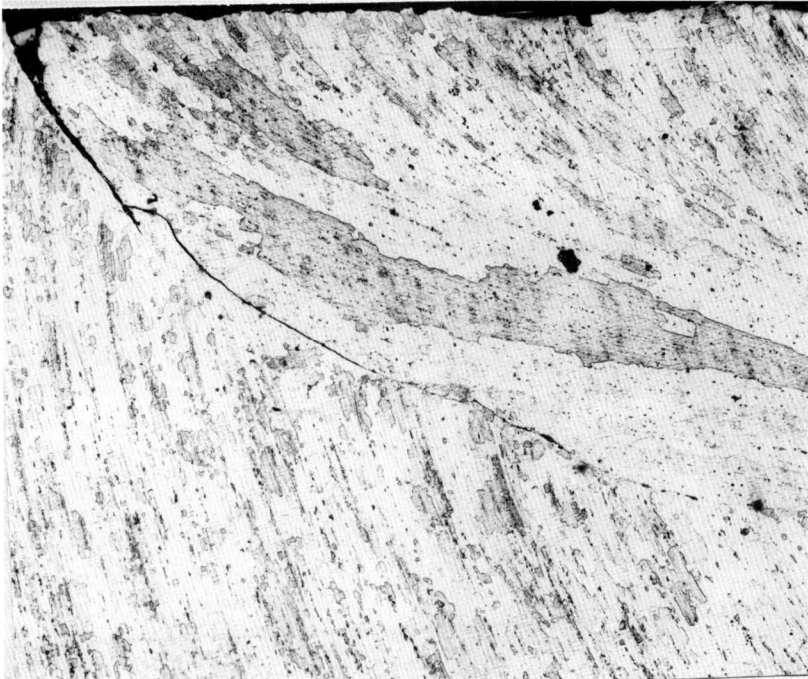

图　10-2-43　　　　　　　　　　　　　　　　　　50×

图　号： 10-2-42、10-2-43

材料名称： 2A11（LY11）硬铝合金［$w(Cu)4.3\%$，$w(Mg)0.61\%$，$w(Mn)0.58\%$，$w(Fe)0.41\%$，$w(Si)0.31\%$，其余为 Al］

浸 蚀 剂： 混合酸水溶液

处理情况： 锻造

组织说明： 图 10-2-42：模锻件在加工中发现裂纹。经 15% NaOH 水溶液浸蚀后，裂纹处于拐角纤维密集处（箭头所指），这是锻造模具或锻造工艺不良所引起。

　　图 10-2-43：图 10-2-42 箭头所指的裂纹处取样，经磨抛后的裂纹是由于锻造过程中金属流向不同引起迭叠所造成的，裂缝内有氧化夹杂。

图　10-2-44　　　　　　　　　1×

图　10-2-45　　　　　　　　　1×　　　　图　10-2-46　　　　1×

图　　号：10-2-44～10-2-46

材料名称：图 10-2-44：3A21（LF21）防锈铝合金；图 10-2-45、图 10-2-46：2A11 T4（LY11）高强度硬铝合金

浸 蚀 剂：15%NaOH 水溶液浸蚀，25%H NO$_3$ 水溶液中和去膜

处理情况：图 10-2-44：热扎或热挤；图 10-2-45、图 10-2-46：淬火自然时效

组织说明：图 10-2-44：经 15%NaOH 水溶液浸蚀，25%HNO$_3$ 水溶液中和去膜后外层成层状分布并有环形分层，这是热挤压过程中的一种缺陷。

　　图 10-2-45：板材在机加工中发现直线状分层，这是一种轧制分层，即铸锭在轧制过程中，由于变形的不均匀，金属沿高度方向成层状未能压合和切除，残留在型材中，降低强度和塑性。

　　图 10-2-46：在加工中发现头部包铝层压入板材中心，制造厂出厂前未去除。经 15%NaOH 水溶液浸蚀，25%HNO$_3$ 水溶液中和去膜后呈白色。

图　10-2-47　　　　　　　　　　　1×

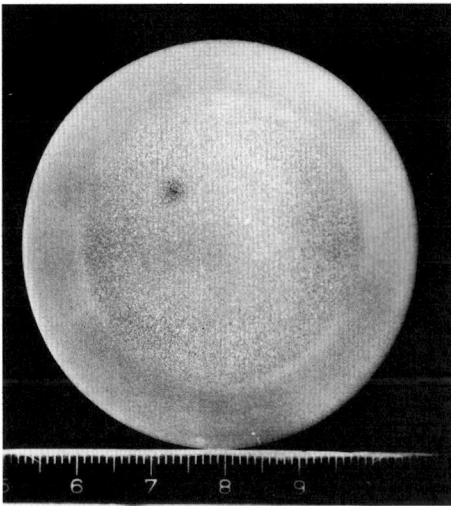

图　10-2-48　　　　　　　1×

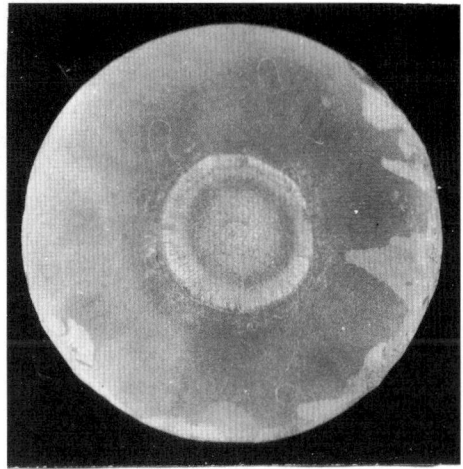

图　10-2-49　　　　　　　1×

图　　号：10-2-47～10-2-49

材料名称：2A12（LY12）高强度硬铝合金［$w(Cu)3.8\%\sim4.9\%$，$w(Mg)1.2\%\sim1.8\%$，$w(Mn)0.3\%\sim0.9\%$，其余为 Al］

浸 蚀 剂：15%NaOH 水溶液室温浸蚀，25%HNO₃ 水溶液中和去氧化膜

处理情况：图 10-2-47：固溶处理；图 10-2-48：热挤压；图 10-2-49：退火

组织说明：图 10-2-47：经 500℃固溶处理后，15%NaOH 水溶液室温浸蚀。25%HNO₃ 水溶液中和去氧化膜后呈现的粗晶环。

　　图 10-2-48：热挤压后未经固溶处理，经 15%NaOH 水溶液室温浸蚀。25%HNO₃ 水溶液中和去氧化膜后显露细晶环（潜在粗晶环），经固溶处理后就形成粗晶环。

　　图 10-2-49：经 15%NaOH 水溶液室温浸蚀，25%HNO₃ 水溶液中和去氧化膜。中心灰白环为成分偏析，外圆灰白色块为纯铝块。

图　10-2-50　　　　　　　　　　　　　　　　1×

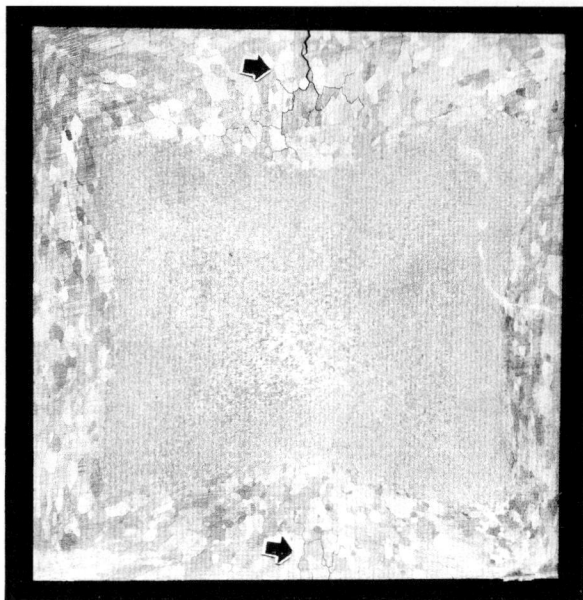

图　10-2-51　　　　　　　　　　　　　　　　1.25×

图　　号：10-2-50、10-2-51

材料名称：2A12（LY12）高强度硬铝合金

浸 蚀 剂：15%NaOH 水溶液浸蚀，25%H NO₃ 水溶液中和去膜

处理情况：热挤压；固溶后自然时效

组织说明：图 10-2-50：经固溶处理后用 15%NaOH 水溶液室温浸蚀，25%HNO₃ 水溶液中和去膜后显现的月牙型粗晶环

　　　图 10-2-51：在锻造过程中引起不均匀的再结晶，在固溶过程中形成周边粗晶，随后在水中快速冷却时易沿粗晶粒边界产生裂纹，如图中箭头所指。

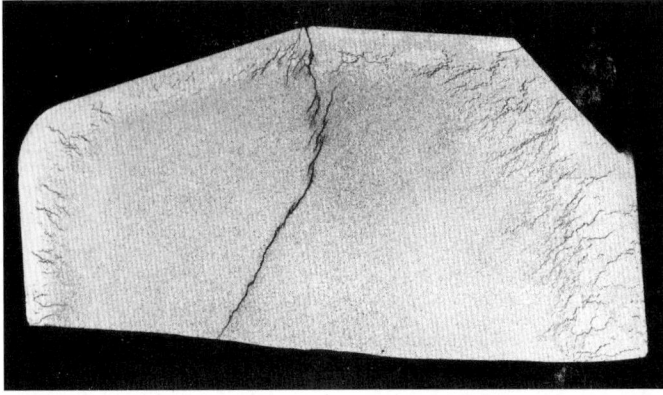

图　10-2-52　　　　　　　　　　　　1×

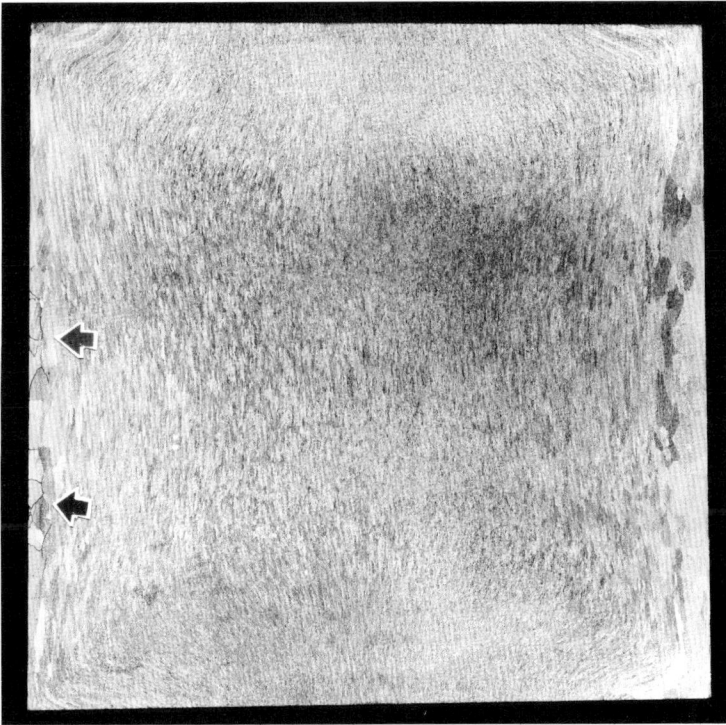

图　10-2-53　　　　　　　　　　　　1×

图　号: 10-2-52、10-2-53

材料名称: 2A12（LY12）高强度硬铝合金

浸 蚀 剂: 15%NaOH 水溶液浸蚀，25%NOH$_3$ 水溶液中和去膜

处理情况: 图 10-2-52：锻造；图 10-2-53：固溶后自然时效

组织说明: 图 10-2-52：锻件毛坯在分模面上有裂纹存在，经 15%NaOH 水溶液浸蚀 25%NOH$_3$ 水溶液中和去膜后，可见分模面裂纹向纵深发展，周边存在密集细小裂纹。

图 10-2-53：2A12 高强度硬铝合金经固溶自然时效后锻件，经 15%NaOH 水溶液浸蚀，25%HNO$_3$ 水溶液中和去膜后，锻造纤维组织清晰，粗晶处出现沿晶界开裂的裂纹（见箭头所指）。

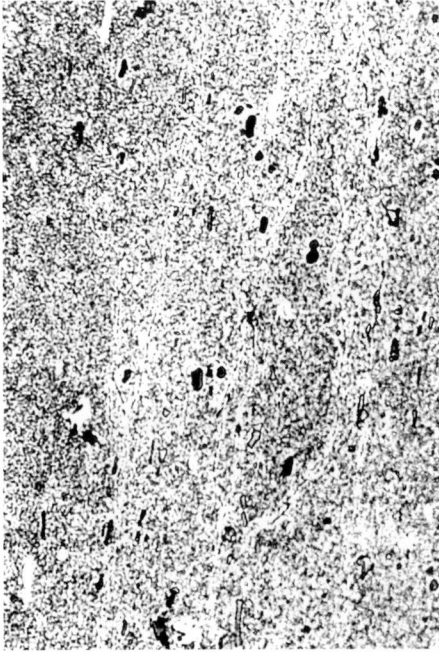

图 10-2-54 250×

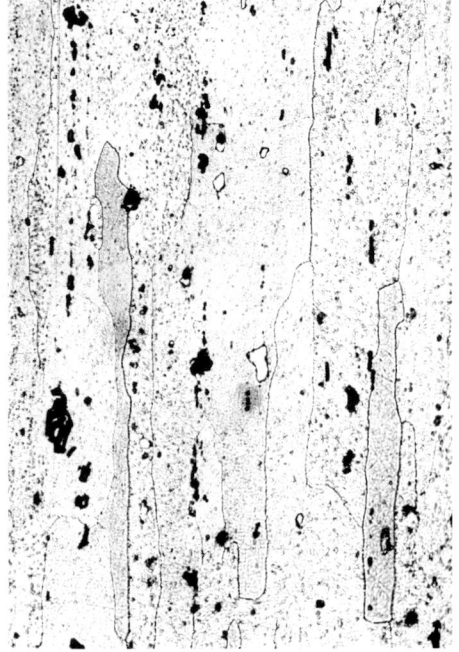

图 10-2-55 400×

图　　号：10-2-54、10-2-55

材料名称：2A12（LY12）高强度硬铝合金

浸 蚀 剂：混合酸水溶液

处理情况：图 10-2-54：退火；图 10-2-55：固溶后自然时效

组织说明：图 10-2-54：在 420℃×1.5h 随炉冷至 150℃出炉空冷，退火后在 α 固溶体上析出大量的化合物质点，较大的 S（Al$_2$CuMg）相、θ（Al$_2$Cu)相等强化相和不溶杂质相经挤压延伸而被破碎，因而 Mg$_2$Si 和黑色杂质相不易区分，而 θ（Al$_2$Cu)相与 Al$_6$Mn 相也不易区分。

该合金含 Cu、Mg 含量较高，其主要组成相为 S（Al$_2$CuMg）、Al$_2$Cu、Al$_6$Mn 和 Al(FeMn)Si、Al$_7$Cu$_2$Fe、Mg$_2$Si、AlSiMnFe 等杂质相。合金经退火或固溶处理后有良好的塑性和焊接性，冷态下可进行压力加工，可通过热处理强化，此合金一般均在固溶时效后使用。

图 10-2-55：经 500℃±5℃×1h，水冷 190℃保温 6h 空冷时效。纵向组织，经淬火后已完全再结晶，晶粒沿压挤方向伸长，在 α 固溶体上沿压挤方向分布着不溶的化合物，少量白色残留可溶相 θ（Al$_2$Cu)呈圆角块状存在。

2A12 高强度硬铝合金的淬火工艺为 498～502℃水冷淬火，180～190℃保温 6～16h 后空冷时效。经固溶时效处理后合金强度得到大幅提高，（R_m 为 530N/mm^2，硬度为 131HBW），同时合金的耐热性也较好。

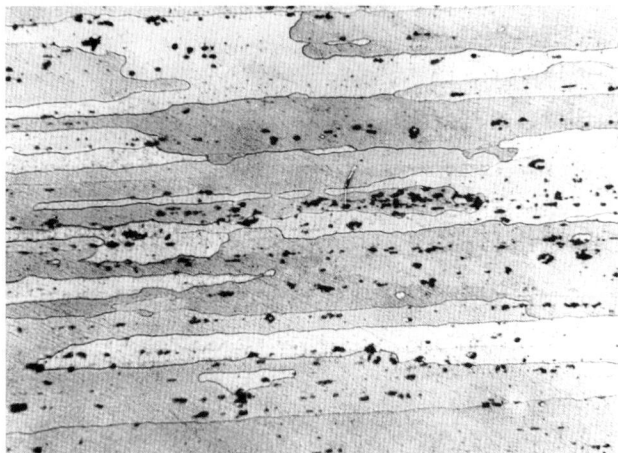

图　10-2-56　　　　　　　　　　　　　　　500×

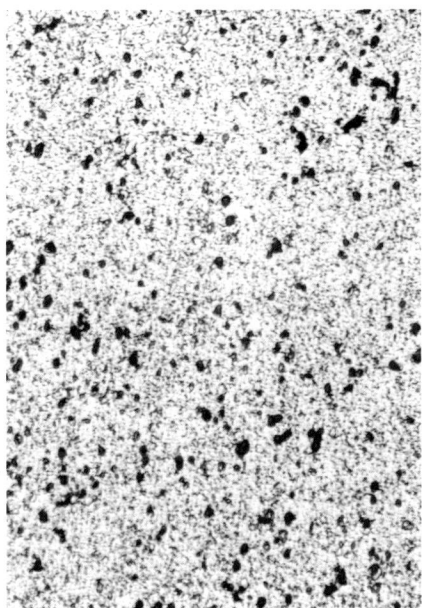

图　10-2-57　　　　400×

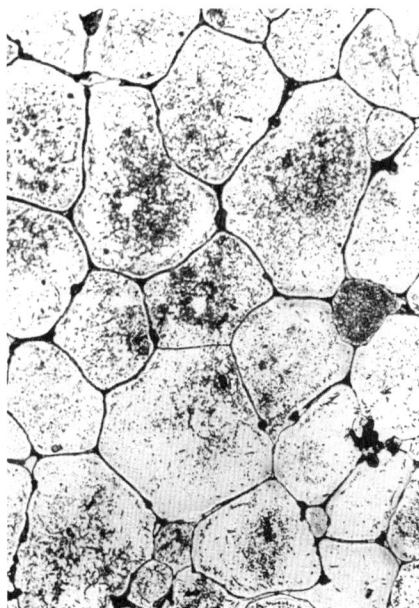

图　10-2-58　　　　200×

图　　号：10-2-56～10-2-58

材料名称：2A12（LY12）高强度硬铝合金

浸 蚀 剂：混合酸水溶液

处理情况：图 10-2-56：淬火后自然时效；图 10-2-57：退火；图 10-2-58：锻造

组织说明：图 10-2-56：经 500℃±5℃×30min 水冷，纵向组织，晶粒沿压延方向伸长，可溶性化合物已完
　　　全溶入 α 固溶体中，不溶性化合物（杂质相）沿压延方向分布。由于棒材直经小，变形量大，不溶性杂质
　　　相相对较分散。

　　　图 10-2-57：经锻造空冷后，又经退火处理，在 α 固溶体上析出大量的化合物质点，由于又经过锻造变
　　　形，杂质相分布较均匀。

　　　图 10-2-58：由于锻造温度较高，引起严重过烧，晶粒呈粗大等轴状，晶界大部分已复熔，晶内有化合
　　　物质点沉淀析出，力学性能急剧下降。

图　10-2-59　　　　　1.25×

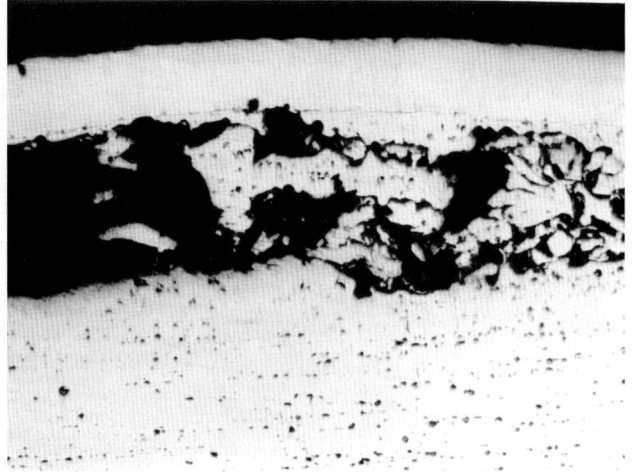

图　10-2-60　　　　　100×

图　10-2-61　2×

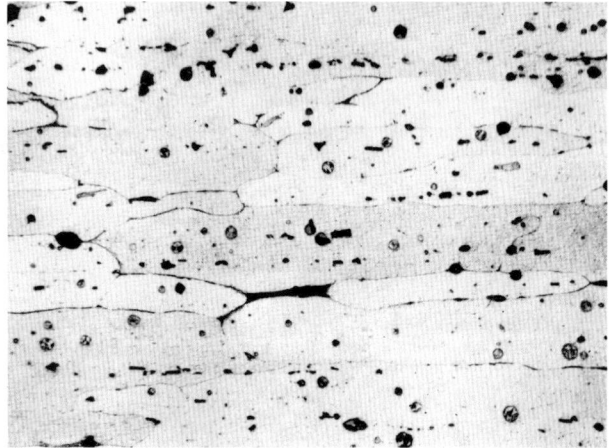

图　10-2-62　　　　　300×

图　　　号： 10-2-59～10-2-62

材料名称： 2A12（LY12）高强度硬铝合金

浸 蚀 剂： 图 10-2-60：抛光态；图 10-2-62：混合酸水溶液

处理情况： 固溶处理

组织说明： 图 10-2-59：经 500℃±5℃固溶处理后表面出现带状排列的气泡零件。

图 10-2-60：系图 10-2-59 零件起泡部位解剖显微检查的情况：表层白色层为包 Al 层，在包 Al 层和基体 2A12 金属结合处出现鼓起的缝隙，未发现基体合金有过烧特征。引起鼓泡的主要原因是由于包 Al 层和基体合金结合不良，固溶加热过程中，气体膨胀所致。

图 10-2-61：经 500℃±5℃固溶处理后表面一端出现无规律气泡。

图 10-2-62：是图 10-2-61 鼓泡处解剖显微组织检查，α固溶体上分布着大量的复溶球，局部晶界已复熔，可熔相已全部固溶于α固溶体。造成过烧的原因，主要是由于加热炉炉温不均匀，局部区域温度过高，导致合金过烧。

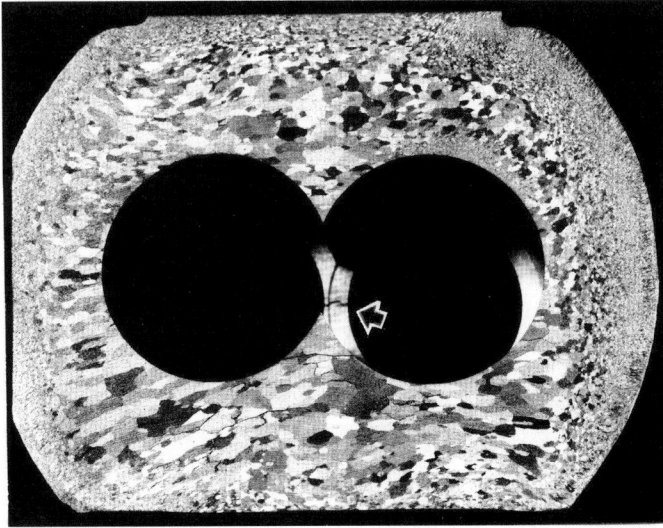

图　10-2-63　　　　　　　　　　　　　　　1.25×

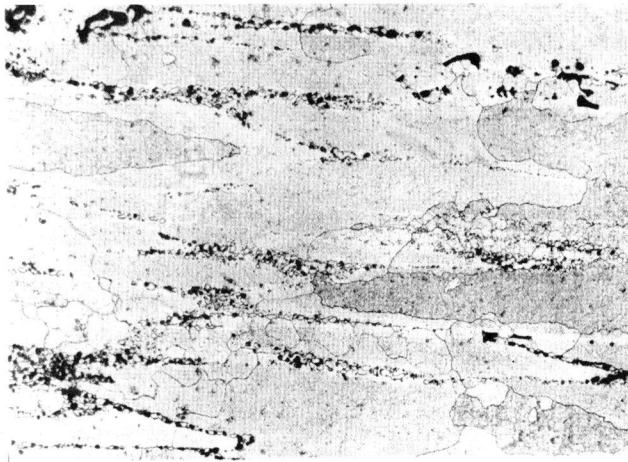

图　10-2-64　　　　　　　　　　　　　　　200×

图　号: 10-2-63、10-2-64

材料名称: 2A12(LY12)高强度硬铝合金[w(Cu)4.28%,w(Mg)1.61%,w(Mn)0.73%,w(Fe)0.42%,w(Si)0.31%,其余为 Al]

浸 蚀 剂: 图 10-2-63:15%NaOH 水溶液,图 10-2-64:混合酸水溶液浸蚀

处理情况: 锻造后固溶处理

组织说明: 图 10-2-63:ϕ180mm 棒材,经锻造成形后固溶时效处理(500℃±5℃×80min 水冷,190℃×6h 空冷时效),在加工过程中发现近中心开裂(箭头处),经碱溶液浸蚀后,局部有沿晶开裂。由于锻件截面各处经受变形量不同,故在固溶处理后截面经受变形量不同处的结晶的晶粒大小也不同,一般锻件心部由于变形量小而使晶粒粗大,而边缘处变形增大故晶粒也逐渐细小。

图 10-2-64:从开裂的废品零件中心取样显微组织检查,在 α 固溶体上有少量的化合物析出质点外,有大量的沿晶分布的,有的呈网络状和分叉状的各种化合物集聚,亮灰色椭圆形 θ(Al$_2$Cu)相和 Al$_6$Mn 相,黑色 Mg$_2$Si 和黑色不溶杂质相等混和在一起不易区分,暗褐色相为 S(Al$_2$MgCu)相。

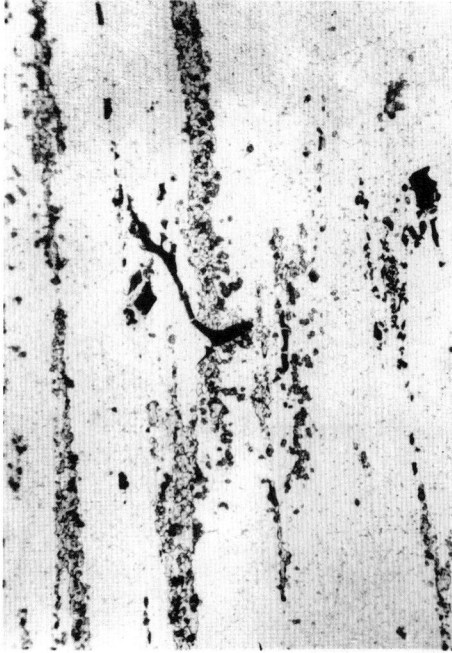

材料名称： 2A12（LY12）高强度硬铝合金
浸 蚀 剂： 混合酸水溶液
处理情况： 锻造后固溶处理
组织说明： 在图 10-2-63 中心部位截取试样，在 α 固
　　溶体上除有少量的化合物析出质点外，沿压延方向
　　还分布着残留的可溶和不可溶化合物，大黑块为
　　$Al_{12}Mn_3Si$，白色块状为 $Al_6(FeMn)$ 相。由于棒材直
　　径较大，中心变形量较小，较多的可熔和不可溶杂
　　质相未得到充分的破碎和分布均匀，使强度和塑性
　　下降，导致在锻造和机械加工过程中产生开裂。

图　　10-2-65　　　　　　　　　500×

图　　号：10-2-66
材料名称： 2A12（LY12）高强度硬铝合金
浸 蚀 剂： 混合酸水溶液
处理情况： 锻造后固溶处理
组织说明： 在图 10-2-63 同批废品零件的中心部位
　　取样，其显微组织与图 10-2-65 基本相同，黑色块
　　状为 $Al_{12}Mn_3Si$ 化合物，不溶性杂质相沿晶呈分叉
　　状和网络状分布，使强度和塑性恶化更为显著。

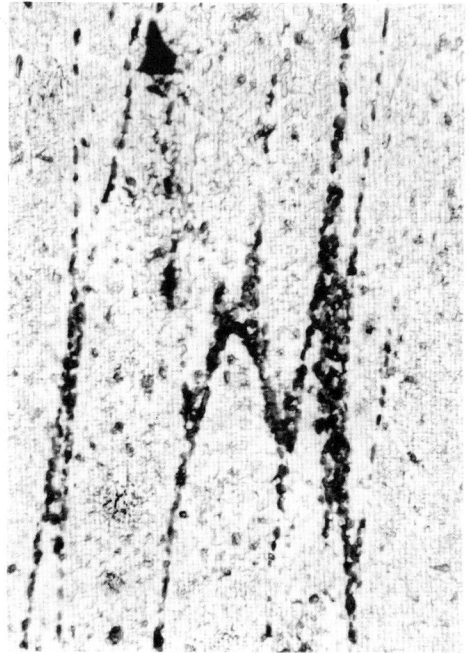

图　　10-2-66　　　　　　　　　600×

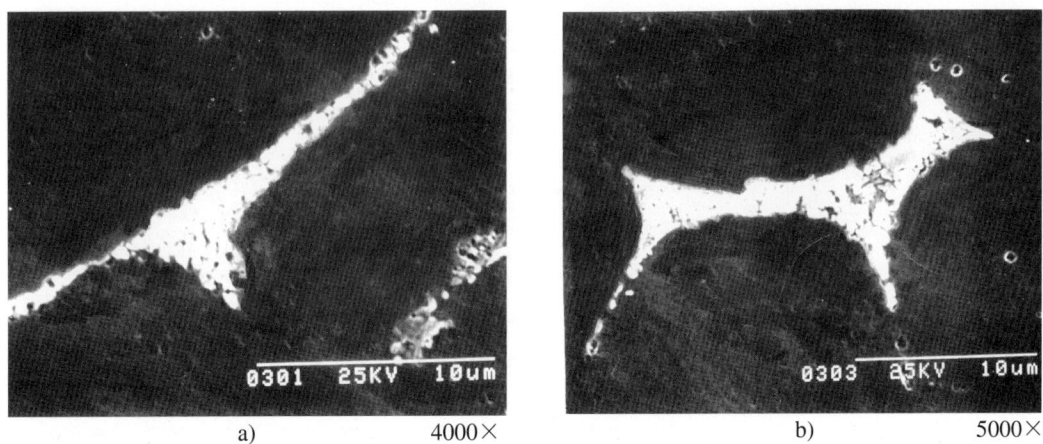

a)　　　　　　　4000×　　　　　　　b)　　　　　　　5000×

图　　10-2-67

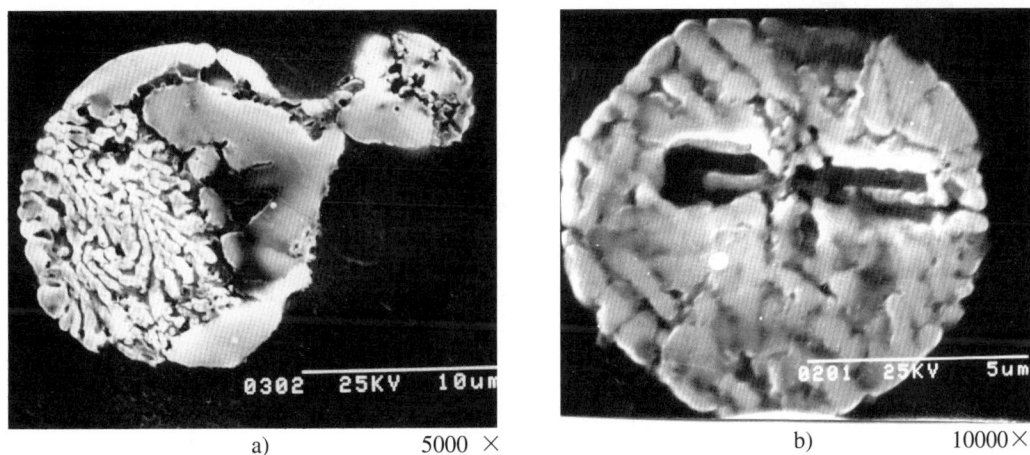

a)　　　　　　5000 ×　　　　　　b)　　　　　　10000×

图　　10-2-68

图　　号： 10-2-67、10-2-68

材料名称： 2A12（LY12）高强度硬铝合金

浸蚀剂： 混合酸水溶液

处理情况： 固溶处理

组织说明： 2A12 硬铝合金热加工引起过烧复熔球，复熔三角形在扫描电镜下的结构形貌特征。

图 10-2-67：a)为三角复熔共晶组织；b)为晶界和三角形复熔共晶组织。

图 10-2-68：复熔球共晶组织。

图 10-2-67 和图 10-2-68 由别守信先生提供。

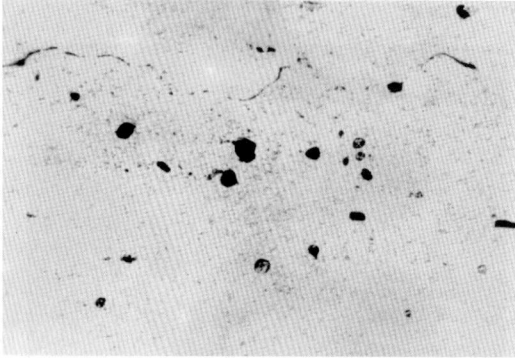

图 10-2-69　　　　　　　　　500×

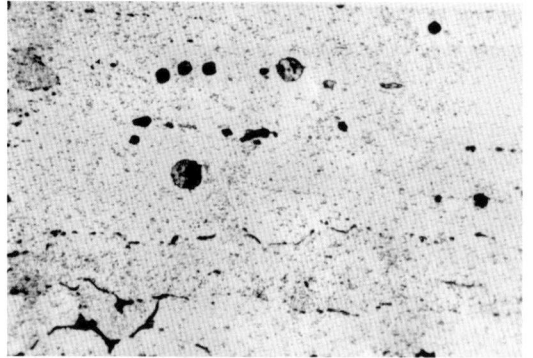

图 10-2-70　　　　　　　　　500×

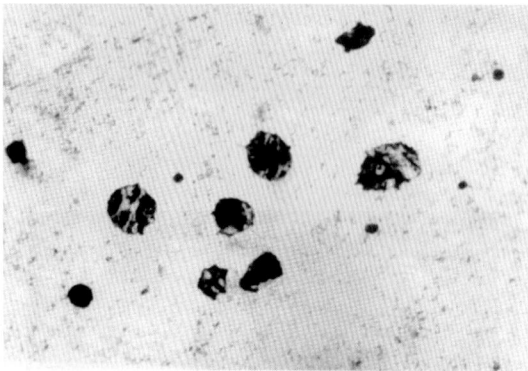

图 10-2-71　　　　　　　　　500×

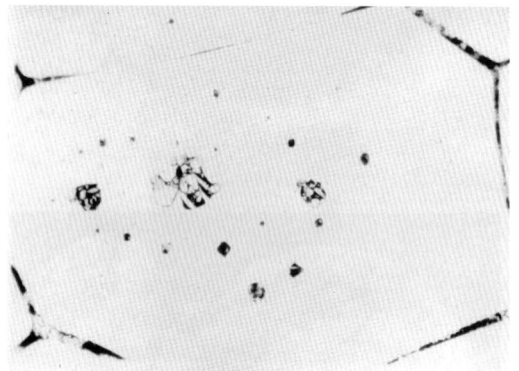

图 10-2-72　　　　　　　　　500×

图　号： 10-2-69～10-2-72

材料名称： 2A12（LY12）高强度硬铝合金

浸 蚀 剂： 混合酸水溶液

处理情况： 按图序分别经 505℃、510℃、515℃、610℃固溶后水冷

组织说明： Al-Cu-Mg-Mn 系 2A12 硬铝合金，正常固溶温度为 500℃±5℃,显微组织中 S(Al$_2$CuMg)基本消失，尚残存少量 Al$_2$Cu，还有不溶的 AlMnFeSi 杂质相。根据 Al-Cu-Mg 三元相图可存在下列共晶：α＋Al$_2$Cu ＋S（Al$_2$CuMg），其熔点为 507℃；α＋Al$_2$Cu＋Mg$_2$Si 其熔点为 517℃；α＋Al$_2$Cu 其熔点为 548℃，在小于 505℃下固溶时没有发现过烧组织特征，当加热温度为 505℃时，主要强化相显著减少，合金中出现共晶球体和局部的晶界复熔。在粗晶区出现直径为 0.003～0.006mm，分布于晶粒内的小球，其内部结构具有黑白相间的共晶体特征，见图 10-2-69；当固溶温度为 510℃时粗晶区的球状物增多变大，其直径为 0.005～0.012mm，结构分布无多大变化，见图 10-2-70。当固溶温度为 515℃时，液相增多，球状组织继续增大，见图 10-2-71 所示，当固溶温度高达 610℃时，晶粒进一步长大和等轴化，晶界复熔，晶内出现许多直径较大形态各异复熔球，粗化的块状物被复熔体所吞食，见图 10-2-72。

　　2A12 合金中可溶相充分固溶的温度与 α+S+Al$_2$Cu 三元共晶温度的间隔很窄。所以这个合金具有强烈的过烧敏感性。在生产条件下，2A12 合金固溶温度可采用 495～500℃。

图 10-2-73 1×

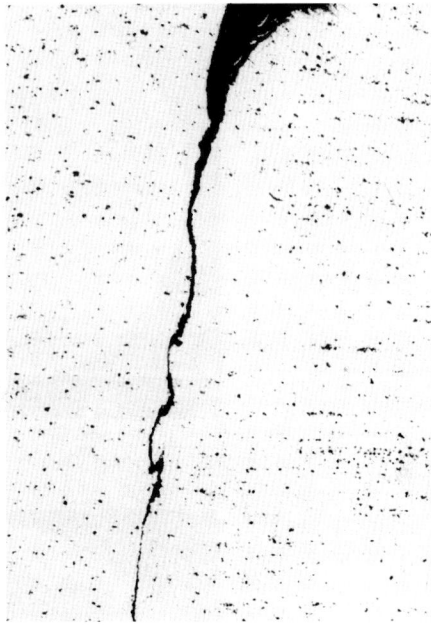

图 10-2-74 50×

图 号：10-2-73～10-2-75

材料名称：2A02（LY2）耐热硬铝合金[w(Cu)2.6%～3.2%，w(Mg)2.0%～3.4%，w(Mn)0.45%～0.7%，其余为 Al]

浸蚀剂：图 10-2-74：未浸蚀；图 10-2-75：混合酸水溶液

处理情况：固溶后人工时效

组织说明：图 10-2-73：锻造叶片加工后阳极化处理，在装配中发现叶根部位有裂纹状缺陷（箭头所指）。

图 10-2-74：图 10-2-73 缺陷处解剖取样，经磨抛制样后金相观察，裂缝表面宽中心较窄，呈曲折不规则状。这是由于锻造不当所引起的废品。

图 10-2-75：从裂纹尾端磨抛浸蚀后观察，除裂纹宽度很不规则外，并有氧化物折叠在其中，裂纹两边晶粒不连贯。而组织相同，未见强化相 S（Al_2CuMg）（已渗入 α 固溶体中），黑色点状为 Al_7Cu_2Fe 等杂质相。合金中主要强化相 S（Al_2CuMg）属耐热相。合金中加入少量的 Mn，能消除铁杂质的有害影响和提高耐蚀性，Mn 能稍许提高合金室温强度，但使塑性有所下降。Mn 可延缓和减弱人工时效的过程，能提高合金的耐热强度。因此 2A02 具有较高的耐热性，属耐热硬铝。

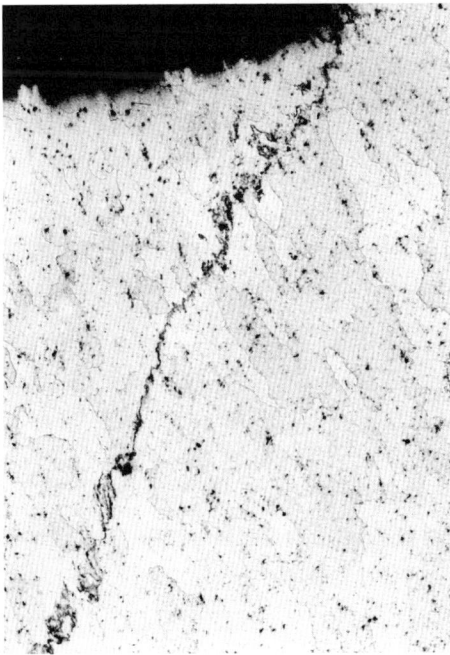

图 10-2-75 100×

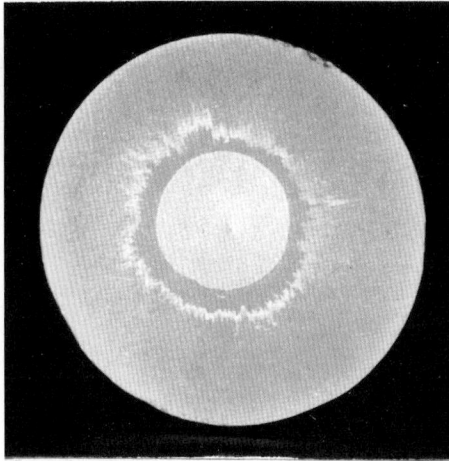

图　10-2-76　　　　　　　　　1.25×

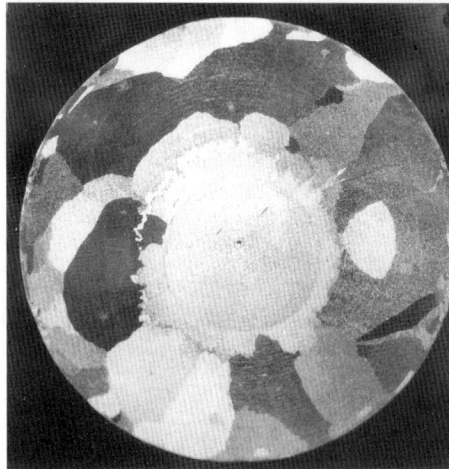

图　10-2-77　　　　　　　　　1.25×

图　　号：10-2-76、10-2-77

材料名称：7A04（LC4）超硬铝合金[w(Zn)5.0%～7.0%，w(Mg)1.8%～2.8%，w(Cu)1.4%～2.0%，w(Mn)0.2%～0.6%，w(Cr)0.1%～0.25%，w(Ti)0.1%，其余为 Al]

浸 蚀 剂：15%NaOH 水溶液浸蚀，25%HNO₃ 水溶液中和去膜

处理情况：固溶处理

组织说明：图 10-2-76：中心白色区合金元素较少，其周围为成分不均匀区。外圆为潜在细晶区。

　　　　图 10-2-77：经 470℃ 固溶处理，中心白色区的合金元素较低，外圆为粗大晶粒环，严重降低力学性能。

　　　　7A04 是 Al-Zn-Mg-Cu 系合金，是室温强度最高的一类合金。主要合金元素有：Zn、Mg、Cu 和少量 Mn、Cr、Ti 及 Zr 等元素。锌和镁在铝中有很高的固溶度。锌和镁共存时可形成 β（Al₈Mg₅）、T(Al₂Mg₃Zn₃)、η(Zn₂Mg)和 θ (Zn₅Mg)等相，其中 η 相及 T 相在铝中有较高的溶解度，并随温度下降而减少，因而时效硬化效应强烈。在铝锌镁合金中添加铜，除铜有固溶强化作用外，还改变了合金沉淀相的结构，使时效组织更为弥散均匀，提高强度，改善了塑性和应力腐蚀的倾向。

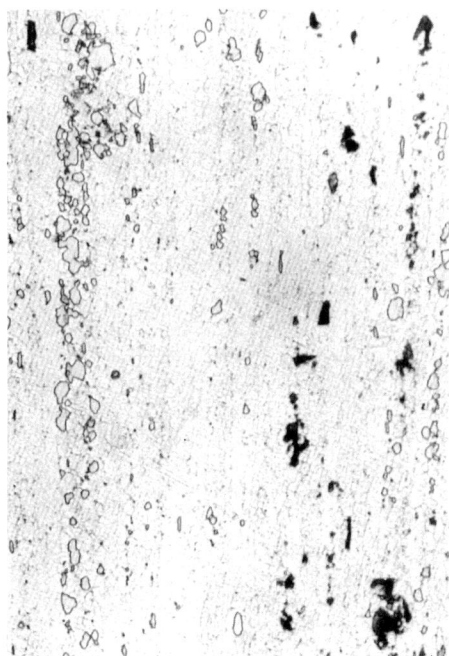

图　10-2-78　　　　　　　　　200×

图　　号：10-2-78

材料名称：7A04（LC4）超硬铝合金

浸蚀剂：混合酸水溶液

处理情况：固溶后分级时效

组织说明：　ϕ150mm 经 470℃±5℃×1h 水冷，120℃ ±5℃×3h 空冷，160℃±5℃×5h 空冷分级时效。从中心部位取样，经混合酸浸蚀后在 α 固溶体上分布着断续状浅灰色 Al_6(MnFe) 固溶体和暗褐色的残留 S(CuMg Al_2)相及 AlMnFeSi 等不溶杂质相。

微量 Mn、Cr、Ti、Zr 等微量元素可形成金属间化合物，以弥散状质点存在，从而可细化晶粒，有效地阻止晶粒长大，提高合金再结晶温度。在热加工变形和热处理后仍保持晶粒的主变形方向呈细长的纤维状。

由于棒材直径较大中心部分可溶和不可溶杂质相较多，所以中心的力学性能和工艺性能较差。

图　　号：10-2-79

材料名称：7A04（LC4）超硬铝合金

浸蚀剂：混合酸水溶液

处理情况：固溶后分级时效

组织说明：经 470℃±5℃×1h 水冷，120℃±5℃ ×3h 空冷，160℃±5℃×5h 空冷分级时效处理，在 ϕ100mm 横截面中心取样，在 α 固溶体基体上分布着残留 S（Al_2CuMg）相、T（$Al_2Mg_3Zn_3$）相和不溶 Al（Mn）SiFe 相。

该合金是在硬铝 Al-Cu-Mg 等基础上适当增加 Zn 的含量并添加 Cr、Mn、Ti 等元素，从而大大提高合金强度，并使其塑性和耐应力腐蚀得到了改善，形成了室温强度最高的超硬铝合金。合金中铁与硅是有害杂质，铁和锰可形成难熔的复杂化合物 AlMnFeSi、Al_6 (MnFe)，降低了合金的力学性能。硅又能与合金中镁形成 Mg_2Si 相减少了合金中的 η（Zn_2Mg）和 T($Al_2Mg_3Zn_3$)相的数量，从而降低了合金的强度，所以铁与硅的含量应当控制在下限。

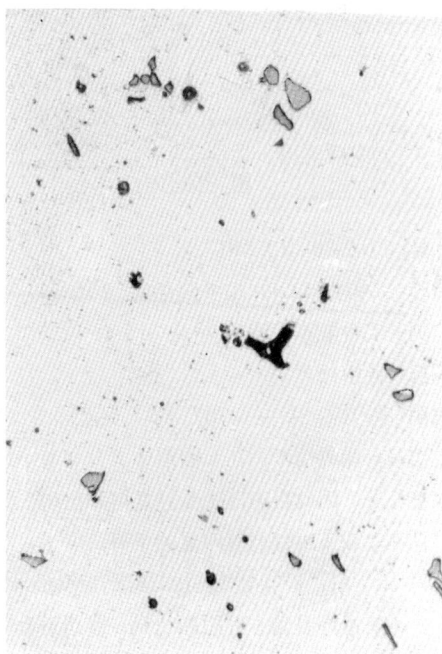

图　10-2-79　　　　　　　　　200×

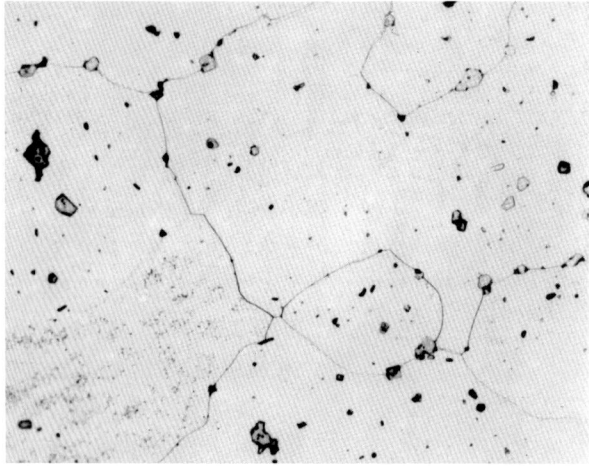

图　10-2-80　　　　　　　　　　　　　200×

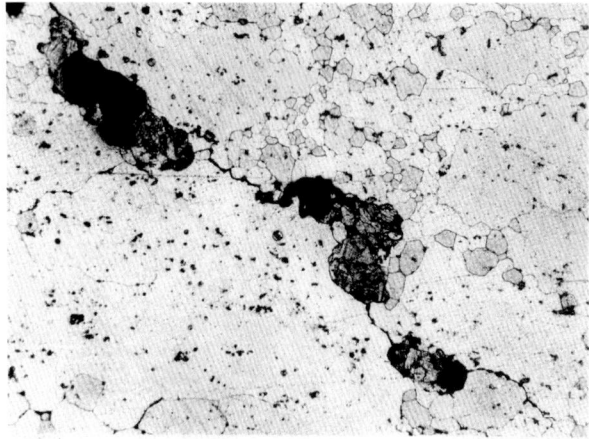

图　10-2-81　　　　　　　　　　　　　200×

图　　号：10-2-80、10-2-81

材料名称：7A04（LC4）超硬铝合金

浸 蚀 剂：混合酸水溶液

处理情况：固溶处理

组织说明：图 10-2-80：在 470℃±5℃保温固溶过程中，由于仪表失灵温度升至 490℃引起组织中心出现大量的复熔球，晶界清晰，在 α 固溶体上分布着 Al_6（MnFe）和 AlMnFeSi 等不溶杂质相。由于强化相在高温下固溶充分，因此在未产生晶界复熔和出现三角晶界时，故对静态力学性能影响不大，甚至显示出更加优越，但在动载下对性能有明显的下降。

图 10-2-81：经 430℃±10℃锻造后又经 470℃±5℃×1h 水冷固溶处理，在 α 固溶体上分布着不溶杂质相，并有沿晶复熔、开裂和空洞，并可看到亚晶界。此显微组织力学性能极低，只能作废品。

7A04 合金的热处理工艺：465～475℃固溶水中淬火，115～225℃×3h，155～165℃×5h 分级时效。

7A04 是常用的超硬铝合金，可制成板材、锻件和型材。适用于飞机的翼梁，大梁衍条，隔框，起落架等。

图　10-2-82　　　　　　　　　　　　　　　　1×

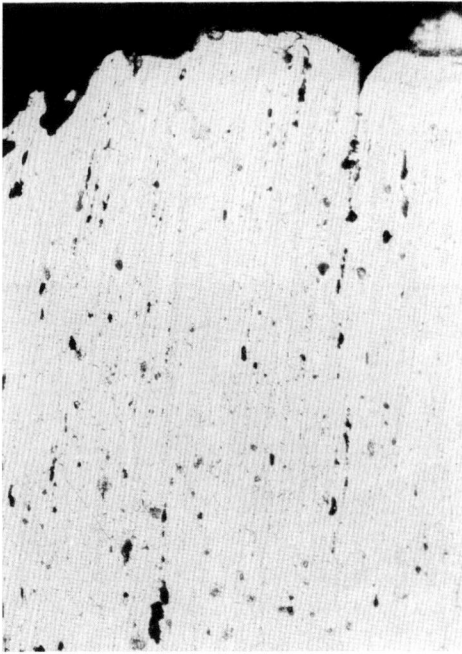

图　10-2-83　　　　　350×

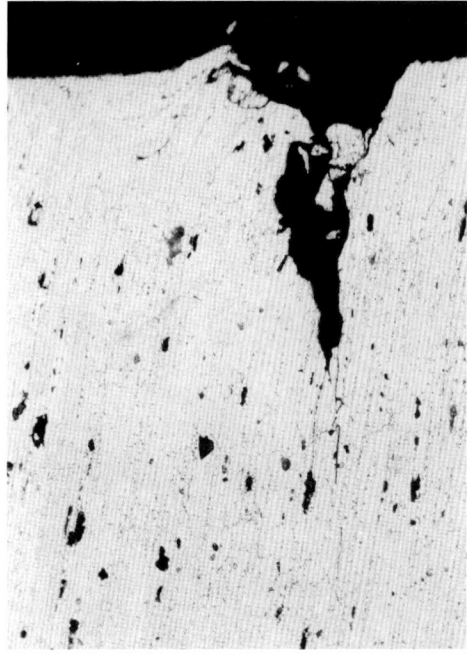

图　10-2-84　　　　　350×

图　号：10-2-82～10-2-84

材料名称：7A04（LC4）超硬铝合金

浸 蚀 剂：图 10-2-83、图 10-2-84：混合酸水溶液

处理情况：供货状态

组织说明：图 10-2-82：　7A04 6mm 板材在冲切毛坯下料时，由于冲切刀刃不锐利和上下刀片间隙过大引起剪切面金属撕裂(箭头所指)，加工未完全去除干净，使零件上有残留撕裂纹，其深度约为 0.2~1.2mm，在阳极化后被清晰的暴露。

图 10-2-83、10-2-84：是从图 10-2-82 箭头部位切取试样磨抛浸蚀后的残留撕裂纹的形貌，撕裂纹靠表面较宽，尾部较尖锐细小，若漏留在使用的零件上，易造成应力集中导致零件的早期失效，所以对使用寿命危害较大，是不允许存在的缺陷。

图　10-2-85　　　　　　　　　　　0.5×

图　10-2-86　　　　　　　　　　　1×

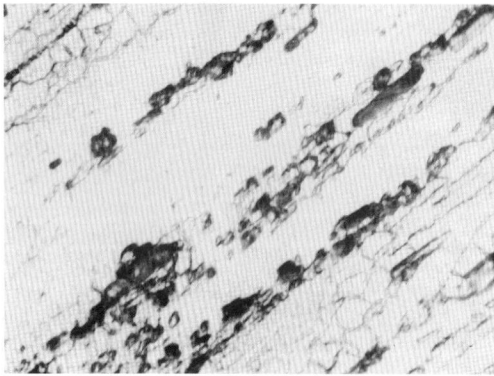

图　10-2-87　　　　　　　　　　　400×

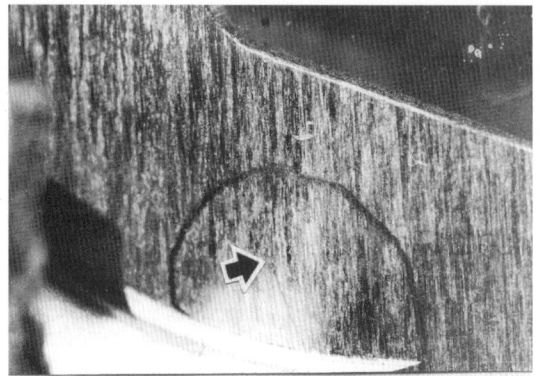

图　10-2-88　　　　　　　　　　　2×

图　号：10-2-85～10-2-88

材料名称　7A04（LC4）超硬铝合金 [w(Zn)6.81%，w(Mg)2.52%，w(Cu)1.79%，w(Mn)0.43%，w(Cr)0.21%，w(Fe)0.42%，w(Si)0.39%，其余为 Al]

浸　蚀　剂：图 10-2-88 混合酸水溶液

处理情况：固溶后人工时效

组织说明：以上各图均为 7A04 成分相同的同一批零件，是由 ϕ145mm 棒材，经固溶处理人工时效后加工而成。在短时间使用即发生叶尖折断(见图 10-2-85)；对未折断零件检查也发现有裂纹产生（见图 10-2-86)；未使用零件经 NaOH 水溶液浸蚀后呈带状纤维组织和沟状组织严重，取样金相检查有严重的带状质点相和亚晶界（见图 10-2-87)。由于存在严重的带状不溶杂质相，当叶轮工作时叶尖受到弯曲应力，引起在带状杂质相处产生应力集中，导致叶尖部分折断（见图 10-2-88)，改成锻件后即可得到改善。

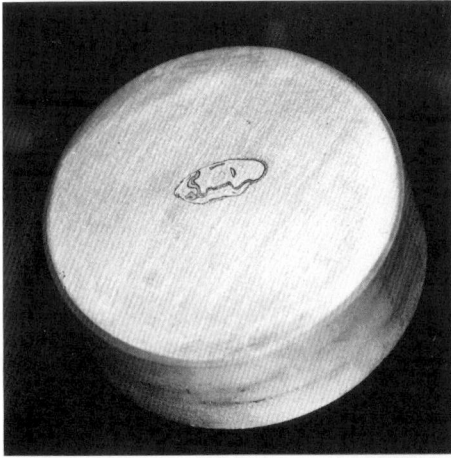

图　10-2-89　　　　　　　　　　　0.8×

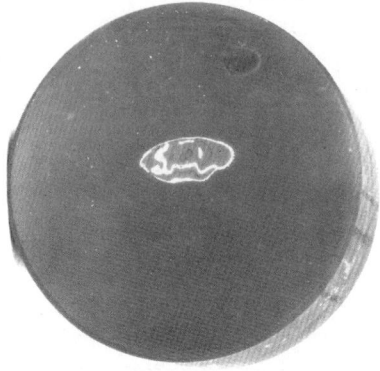

图　10-2-90　　　　　　　　　　　0.8×

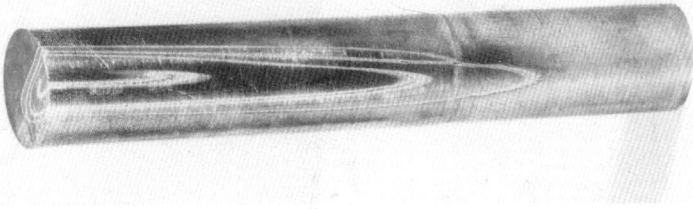

图　10-2-91　　　　　　　　　　　　　　　实物

图　　号：10-2-89～10-2-91

材料名称：7A04（LC4）超硬铝合金

浸 蚀 剂：氢氧化钠水溶液

处理情况：轧制

组织说明：图 10-2-89：经 NaOH 水溶液浸蚀又经硝酸水溶液中和，水冲洗后横截面中心存在缺陷的特征；
图 10-2-90：经 NaOH 水溶液浸蚀后未经中和去膜的横截面上缺陷的宏观特征；图 10-2-91 加工至中心的毛坯上的缺陷特征（经 NaOH 水溶液浸蚀）。

图 10-2-91：7A04 φ50mm 棒材，在加工过程中发现如图所示年轮状的层状缺陷。复查原材料，经金相组织观察如图 10-2-89、图 10-2-90。 缺陷部位呈"年轮"状（图 10-2-92），"年轮"处存在较多的不变形含 Fe 块状夹杂相和少量不规则含 Si 夹杂相。并存在细小裂纹和带状 α 固溶体。它和基体有明显的分界线，化学成分也不同，所以可确定该缺陷是在铸造的浇注过程中，偶有其他金属掉进铸锭，成为金属夹杂。由于金属夹杂周围及本身有较多的不净物，则在铸锭挤压或轧制成材过程中，随变形方向呈各种不同形状夹杂于基体中。由于金属和非金属夹杂物的存在，严重影响力学性能。所以是不允许的缺陷。

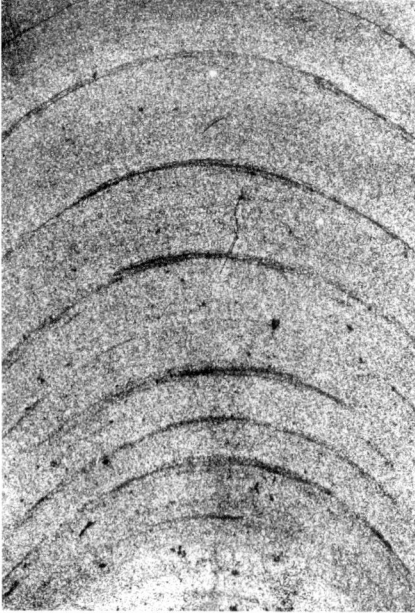

图　10-2-92　　　　　　　　50×

图　10-2-93　　　　　　　　100×

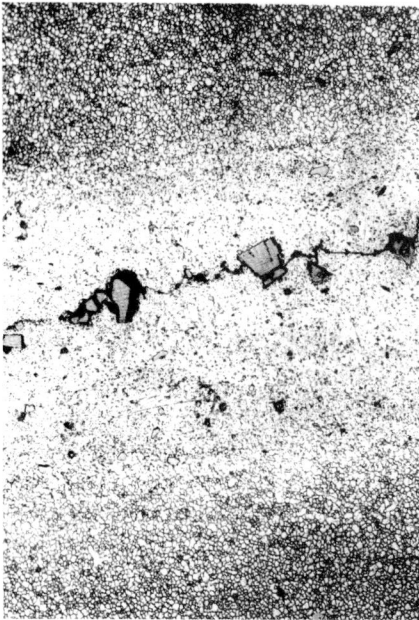

图　10-2-94　　　　　　　　100×

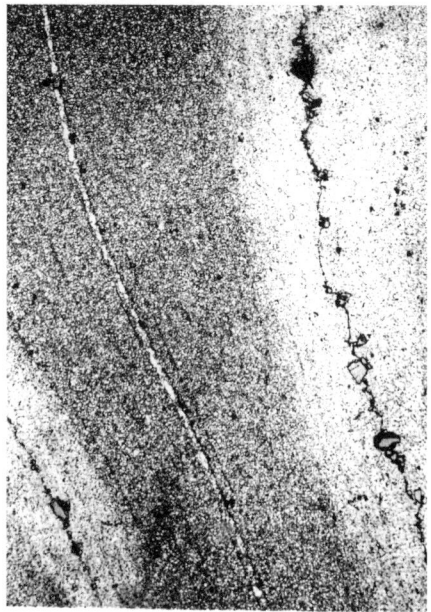

图　10-2-95　　　　　　　　400×

图　　号：10-2-92～10-2-95　　　　　材料名称：7A04（LC4）超硬铝合金

浸 蚀 剂：混合酸水溶液　　　　　　　处理情况：轧制

组织说明：图 10-2-92：系图 10-2-91 棒材上部缺陷处的"年轮"特征。

图 10-2-93：条带处存在较多的块状和粒状夹杂与白色条块状 α 固溶体。

图 10-2-94：条带状部位有较多的块状夹杂，还有细小裂纹穿过不溶夹杂相而存在，其周围看不到细小晶粒。

图 10-2-95：条带处有裂纹穿越夹杂相而分布，还有细小的带状 α 固溶体。

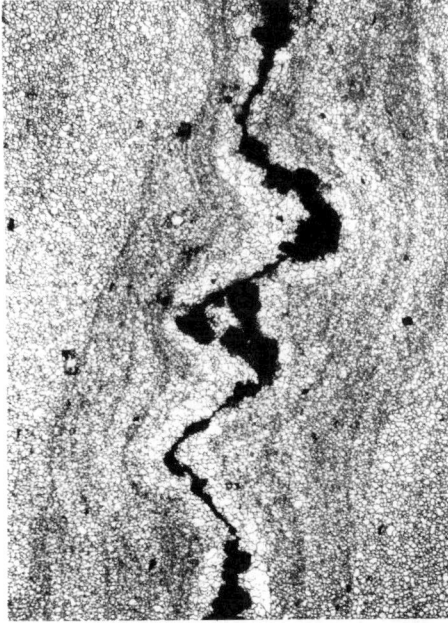

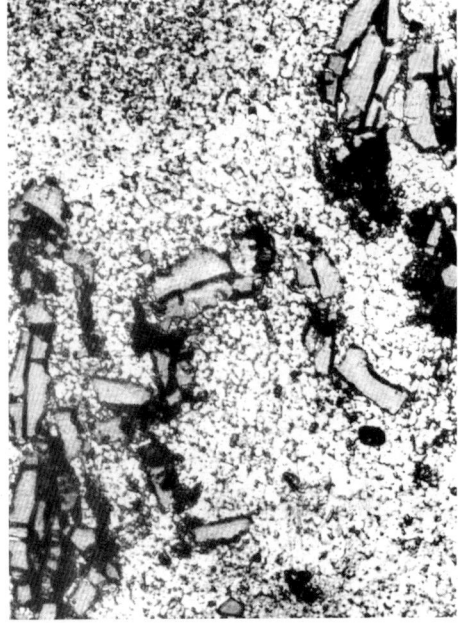

图　10-2-96　　　　　　　　　　100×　　　　图　10-2-97　　　　　　　　　400×

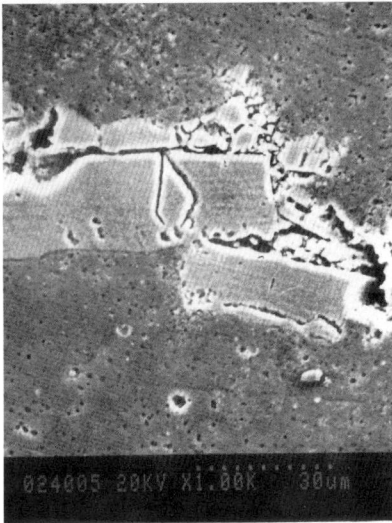

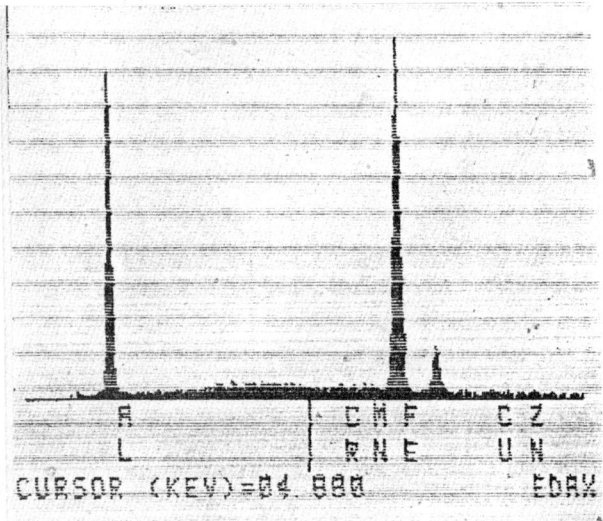

图　10-2-98

图　　号：10-2-96～10-2-98

材料名称：7A04（LC4）超硬铝合金

浸 蚀 剂：混合酸水溶液

处理情况：轧制

组织说明：图 10-2-96：局部条带处有较大的裂纹存在，其周围有明显的金属流动特征。

图 10-2-97：局部有集中成堆积状的不变形块状夹杂，其周围有较多的空隙。

图 10-2-98：块状夹杂物扫描电镜观察，由于不变形夹杂物在轧制过程中，受到变形力的作用，形成碎裂，所以在其周围有较多的细小碎块和空隙。经能谱成份分析结果，除有 Al 外，主要成分为 Fe，另外还有少量的 Mn 和 Cr 等元素（见图 10-2-98 右侧能谱图）。

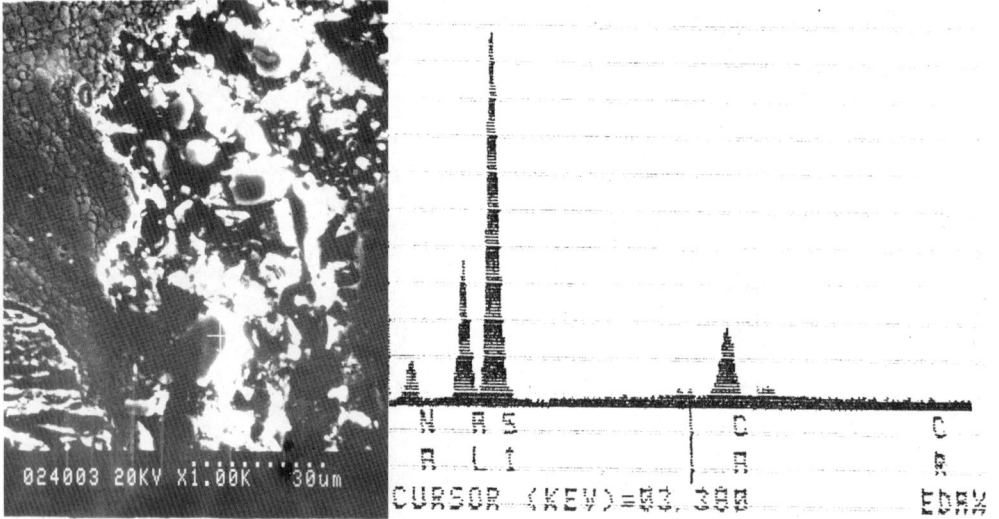

图　10-2-99

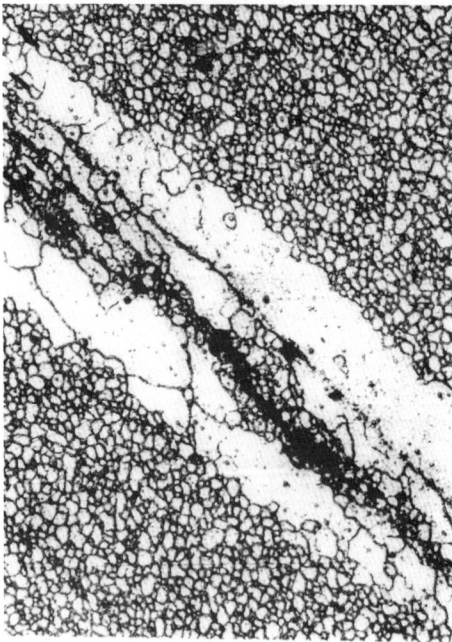

图　10-2-100　　　　　　　　　400×

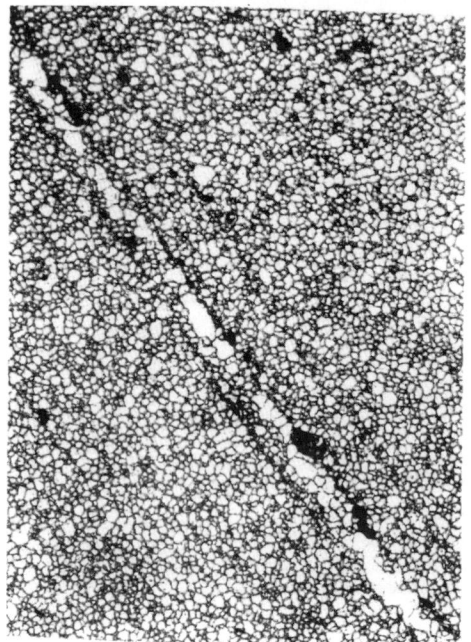

图　10-2-101　　　　　　　　　400×

图　　号：10-2-99～10-2-101

材料名称：7A04（LC4）超硬铝合金

浸蚀剂：混合酸水溶液

处理情况：轧制

组织说明：图 10-2-99：局部区域夹杂物的扫描电镜观察。夹杂物的形态各异，大部分呈不规则状和椭圆形，
　　　经能谱检查图中"+"（见右能谱图），主要成分 Si，其次是 Al 和少量的 Cr 和 Na 等元素。

　　　图 10-2-100：局部条带处夹杂物较少，但存在着细小的裂纹，其周围白色带状为 α 固溶体。

　　　图 10-2-101：条带之间除少量的不规则夹杂外，主要大块带状为 α 固溶体，但周围晶粒极其细小。

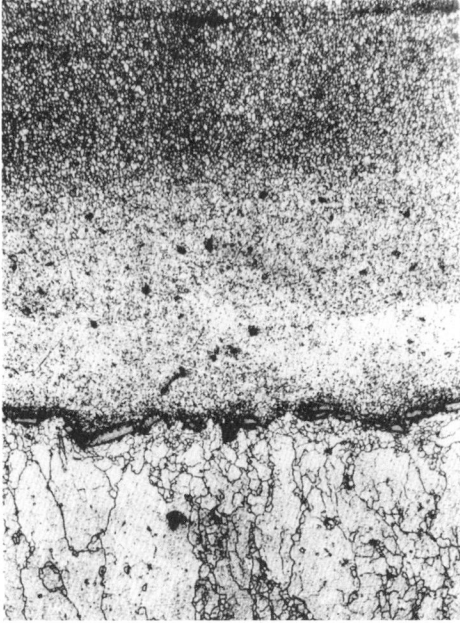

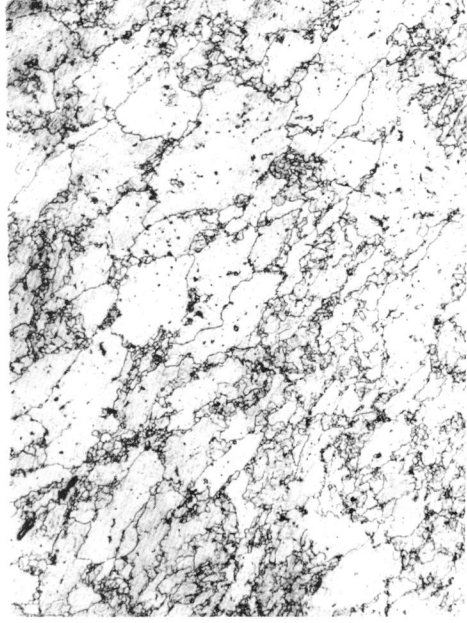

图　10-2-102　　　　　　　　　　100×　　　图　10-2-103　　　　　　　　　　100×

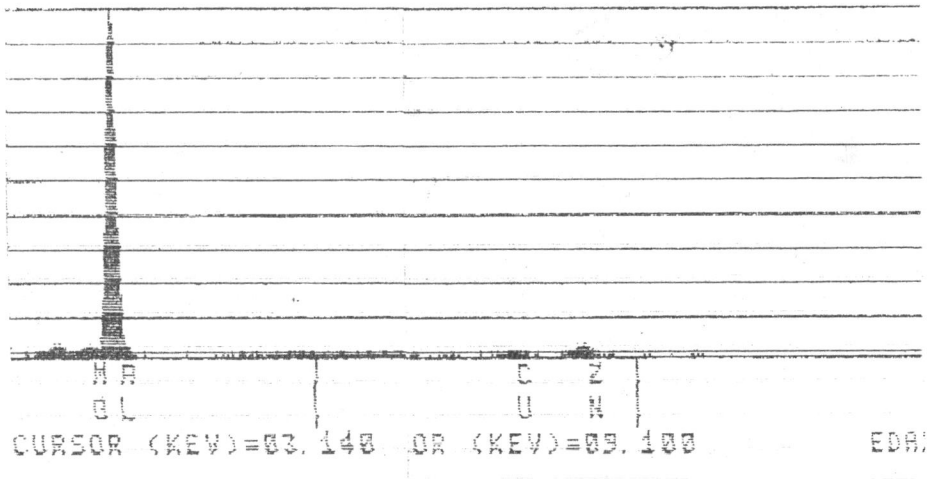

图　10-2-104

图　　号：10-2-102～10-2-104

材料名称：7A04（LC4）超硬铝合金

浸 蚀 剂：混合酸水溶液

处理情况：轧制

组织说明：图 10-2-102：为缺陷和基体的交界部位（图下部为基体）。在基体交接处有不变形夹杂和裂缝，缺
　　陷基体呈大小不均匀 α 固溶体晶粒。

　　　　图 10-2-103：基体部位为正常的 7A04 组织，有 α +少量夹杂相，强化相经固溶处理后，已固溶于基体。

　　　　图 10-2-104：缺陷部位的基体组织（为图 10-2-102 上部位），经能谱成分检查除含 Al 和少量 Cu、Zn
　　等元素外，还存在 Mo 元素。说明该缺陷材料和 7A04 基体不同。

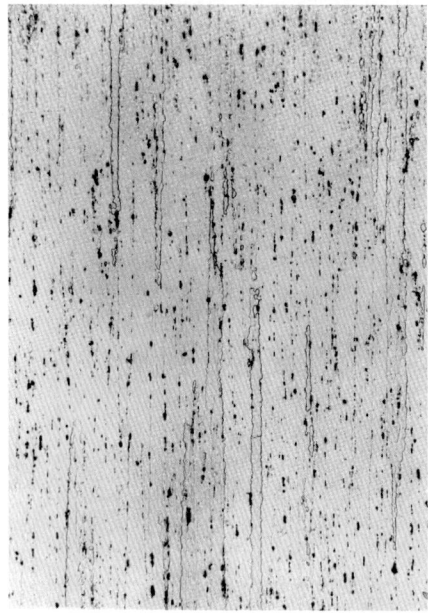

图 10-2-105   400×   图 10-2-106   100×

图 号： 10-2-105、10-2-106

材料名称： 6A02（LD2）锻铝合金[$w(Cu)0.2\%\sim0.6\%$, $w(Mg)0.45\%\sim0.90\%$, $w(Si)0.5\%\sim1.2\%$, $w(Mn)0.15\%\sim0.35\%$，其余为 Al]

浸蚀剂： 混合酸水溶液

处理情况： 图 10-2-105：热挤压，图 10-2-106：固溶+时效

组织说明： 图 10-2-105：在 α 固溶体基体上均匀分布着沉淀析出相的质点相外，还存在亮灰色颗粒状 AlMnFeSi 相和灰色 Al_6（MnFe）相，Mg_2Si 相经混合酸水溶液浸蚀后呈黑色。

该合金 Cu、Mg 含量较低，所以固溶时效强化效果较差。

图 10-2-106：经 520℃×40min 水冷固溶处理，160℃×8h 空冷时效强化。经浸蚀后可显现沿拉伸方向伸长的晶界和残留 ω($Al_4Mg_5Si_4Cu$)相与不溶相 AlMnFeSi，AlFeSi 等杂质相，主要强化相已完全固溶于 α 固溶体基体。在锻造铝合金中的主要强化元素为 Cu、Mg、Si，Mg 与 Si 形成 Mg_2Si 是合金中主要强化相等，它们的比为 1.73 时可获得最大的时效强化能力。若 Mg 过剩则会降低 Mg_2Si 在 α 固溶体中的溶解度，而 Si 无此作用，所以 Si 含量应略于高于 Mg 含量。

锻铝除具有与硬铝相媲美的强度外，还具有良好的高温塑性，可以很好承受锻压加工，锻后进行固溶处理、自然时效或人工时效，都可以使合金得到强化。这类合金由于含合金元素的不同其性能也各异，通常它有 Al-Mg-Si-Cu 系（常称为普通锻铝）和 Al-Cu-Mg-Fe-Ni 系（称为耐热锻铝）二类锻铝合金。普通锻铝有 6A02、2A50、2B60 和 2A14 等牌号。

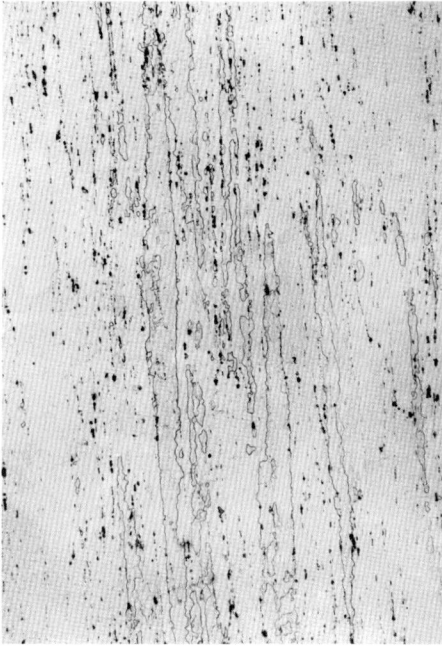

图　10-2-107　　　　　　　　　　　100×

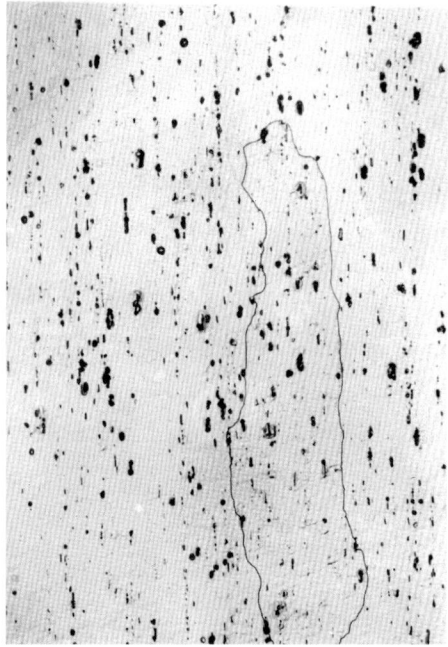

图　10-2-108　　　　　　　　　　　300×

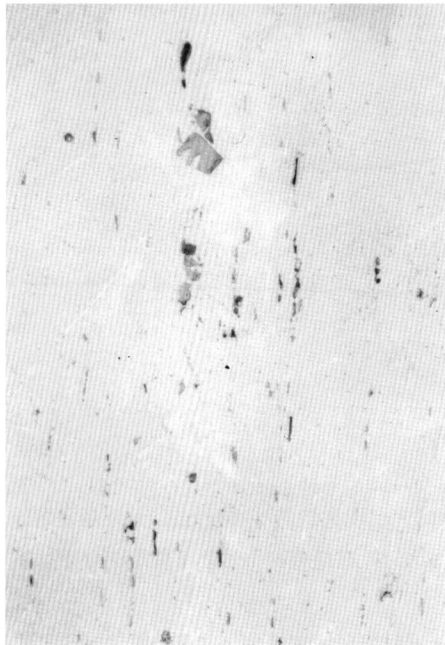

图　10-2-109　　　　　　　　　600×

图　　号：10-2-107～10-2-109

材料名称：6A02（LD2）锻铝合金

浸 蚀 剂：混合酸水溶液

处理情况：固溶后人工时效

组织说明：图 10-2-107：经 540℃×40min 水冷固溶
　　　　　处理，160℃×6h 空冷时效强化。由于固溶温度超
　　　　　过规范（510~525℃），使晶粒稍有长大外，显微组
　　　　　织与图 10-2-106 基本相同，并未发现有明显的过
　　　　　烧特征，这是由于该合金中的低熔点共晶体(α
　　　　　+Mg₂Si)的复熔温度达 575℃，所以固溶温度稍高
　　　　　而不影响力学性能。

　　　　　图 10-2-108 和图 10-2-109：图 10-2-107 的
　　　　　放大组织，浅灰色相是 Al₆（FeMn），深灰色相
　　　　　为 ω（Al₄Mg₅Si₄Cu）相。

　　　　　此合金可用于高塑性和高耐热性等受中等载
　　　　　荷的零件，形状复杂的锻件。

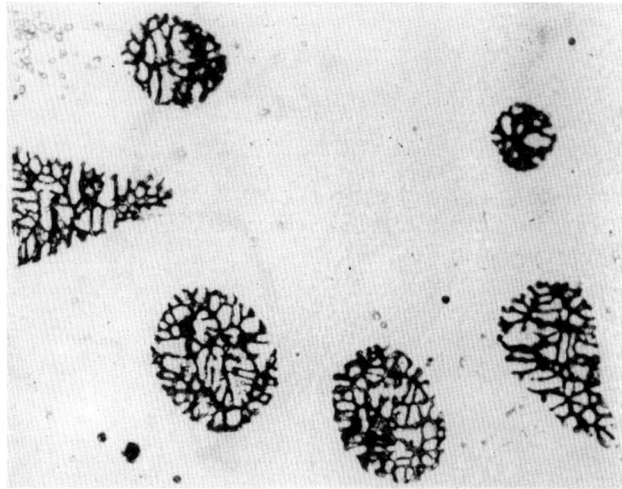

图　10-2-110　　　　　　　　　　　　　　400×

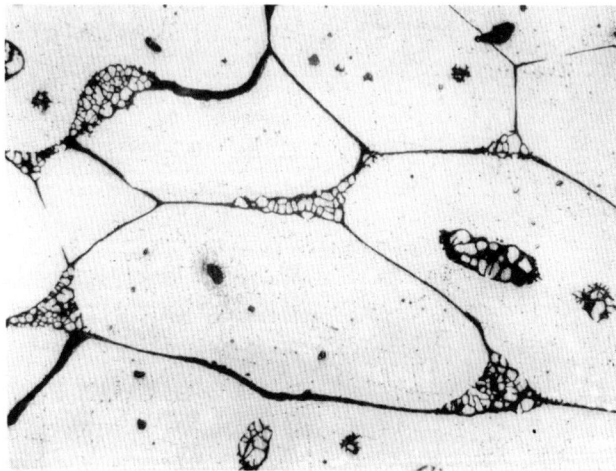

图　10-2-111　　　　　　　　　　　　　　100×

图　　号：10-2-110、10-2-111

材料名称：6A02（LD2）锻铝合金

浸 蚀 剂：混合酸水溶液

处理情况：固溶后自然时效

组织说明：图 10-2-110：固溶处理时跑温至 600℃水冷，组织中出现大量的 α +Mg$_2$Si 二元共晶复熔球，使力学性能明显降低（R_m 为 180.2~201.3N/mm^2，A 为 13%~18.7%），在动载荷下性能下降更为显著，所以只能作废品处理。

　　　　图 10-2-111：固溶处理时炉子短时跑温至 615℃，使零件表面呈灰黑色，并有少量"汗珠"出现，显微组织出现严重过烧，除出现大量复熔球外，大部分晶界也发生复熔，使力学性能大幅下降。

　　　　合金用于制造承受中等载荷的零件和形状复杂的锻件，如发动机曲轴箱、直升飞机的浆叶。

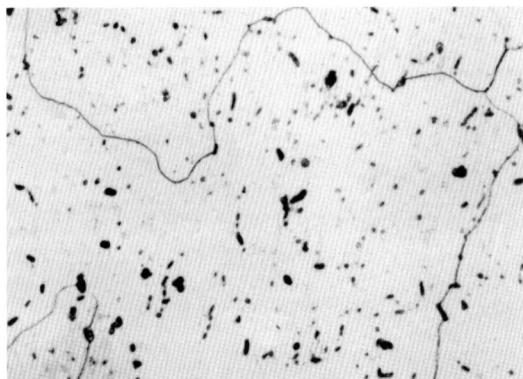

图 10-2-112 500×

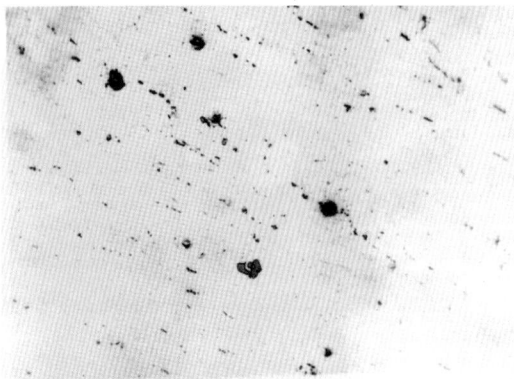

图 10-2-113 500×

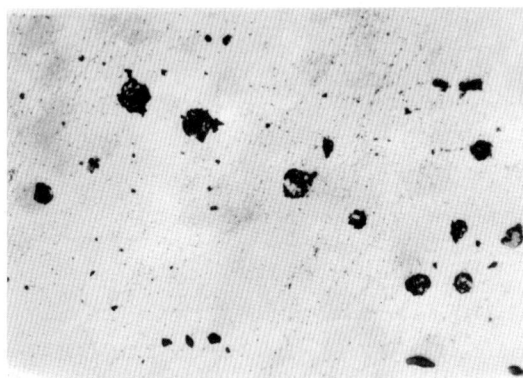

图 10-2-114 500×

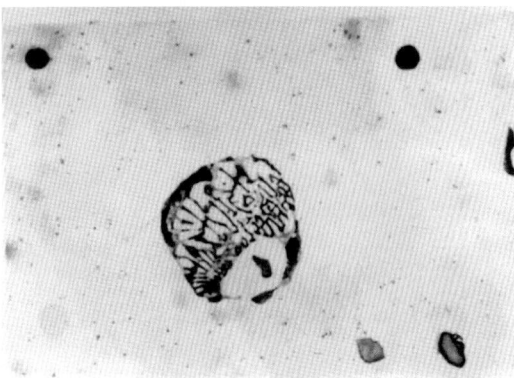

图 10-2-115 1000×

图 号：10-2-112～10-2-115

材料名称：6A02（LD2）锻铝合金

浸 蚀 剂：混合酸水溶液

处理情况：图 10-2-112：590℃固溶后水冷；图 10-2-113：610℃固溶后水冷；图 10-2-114 和图 10-2-115：640℃固溶后水冷

组织说明：Al-Si-Mg 系 6A02 锻铝，热处理通常温度为 535℃±10℃，显微组织中有少量剩余的 Mg_2Si 和不溶的 AlMnFeSi 相，当固溶温度超过 530℃直至 580℃时，除 Mg_2Si 相逐渐消失，晶粒不断长大外无过烧特征出现，见图 10-2-112。从 Al-Si-Mg 系合金相图可知 6A02 在 595℃存在伪二元共晶转变点，所以固溶温度达 590℃时，组织中开始出现直径为 0.003～0.005mm 小球，见图 10-2-113。若样品制备的得当可见球内有花样，这些小球有的分布在晶内，有的分布在晶界，不仔细观察很容易被漏检。当固溶温度达 610℃时，晶界出现复熔和氧化现象，球状组织明显增多和加大，其直径为 0.003～0.012mm 分布在晶粒内且沿轧制方向，见图 10-2-114。在这一温度下，类似 AlMnSiFe 等相还不能全部溶解，部分粗化被周围液相所吞食，故所组成的球状组织之内部结构多为未熔的固相和复熔的液相夹在一起，其边缘凹凹凸凸，当加热温度高达 640℃时，材料处于半熔化状态，粗大的固溶体晶粒间分布着共晶铸造网，在晶粒内出现直径为 0.003～0.018mm 的各种形状共晶球图案线条分明，图 10-2-115 所示的共晶球为清晰的骨骼状共晶 Mg_2Si 所组成。

图　10-2-116　　　　　　　100×

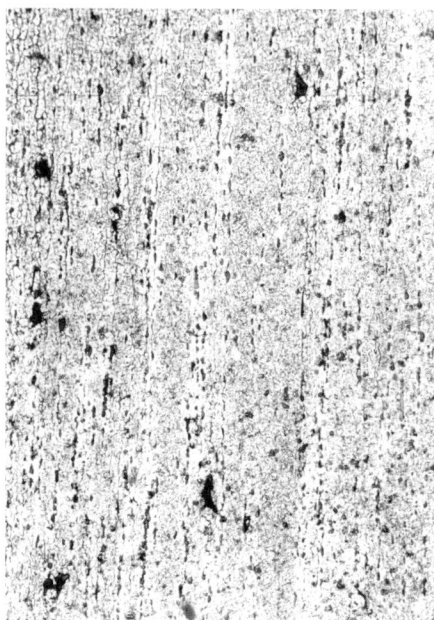

图　10-2-117　　　　　　　100×

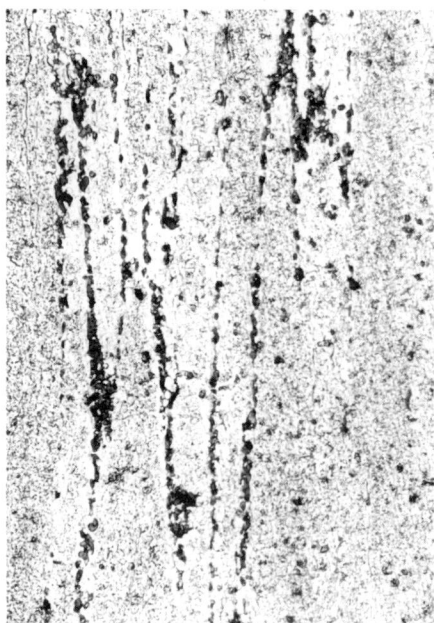

图　10-2-118　　　　　　　100×

图　号：10-2-116～10-2-118

材料名称：2A50（LD5）锻铝合金［$w(Cu)1.8\%～2.6\%$，$w(Mg)0.4\%～0.80\%$，$w(Si)0.7\%～1.2\%$，$w(Mn)0.4\%～0.8\%$，其余为 Al］

浸　蚀　剂：混合酸水溶液

处理情况：退火

组织说明：图 10-2-116：ϕ200mm 退火状态下的外缘组织，由于变形量大，故组织较细，在 α 固溶体基体上沿拉伸方向呈断续状分布着 Mg$_2$Si 相、ω（Al$_4$Mg$_5$ Cu Si$_4$）相，Al$_2$Cu 和少量的 S（Al$_2$CuMg）等相，并有 Al$_6$（MnFeSi）等杂质相和含 Mn 相的分解质点。

图 10-2-117：ϕ200mm 的 1/4 处取样的显微组织，与图 10-2-116 基本相同，但破碎的化合物颗粒较大。

图 10-2-118：ϕ200mm 的中心部位，在 α 固溶体基体上分布着含 Mn 相的分解质点，大量的可熔性和不可溶性化合物呈网状和分叉状分布的铸造残留组织，严重的影响力学性能和工艺性能。该合金在热态下易于锻造、冲压，可热处理强化，在固溶人工时效后的强度与硬铝相似，适用于制造形状复杂中等强度的锻件和冲压件，如航空叶轮、压气机导向叶轮等。

图　10-2-119　　　　　　　　　　100×

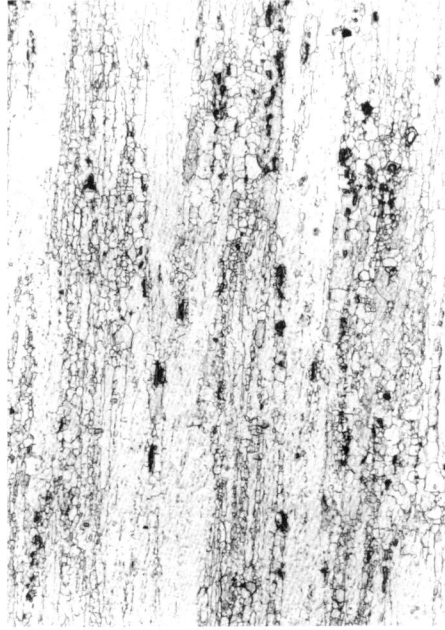

图　10-2-120　　　　　　　　　　200×

图 10-2-121　　　　　　　　　　200×

图　　号：10-2-119～10-2-121

材料名称：2A50（LD5）锻铝合金

浸 蚀 剂：混合酸水溶液

处理情况：固溶后人工时效

组织说明：图 10-2-119：ϕ100mm 棒材经 510℃×
40min 水冷固溶处理，160℃×6h 空冷时效强化，
纵向取样晶粒沿挤压方向伸长呈纤维状，失去了
铸态特征，破碎不溶化合物沿拉伸方向弥散分布
在 α 基体上。

图 10-2-120：图 10-2-119 经放大后已看不到
铸态残留组织，合金尚未完全再结晶，组织中还
可见到亚晶粒。

图 10-2-121：组织特征与图 10-2-120 基本相
同，少量未完全溶解的 Al_2Cu 相呈亮灰色颗粒状
存在，灰色相为 ω($Al_4 Mg_5Cu Si_4$)，大部分黑色相
是不溶杂质相，但不易区分。2A50 合金的热处理
工艺：510~525℃淬火，150~160℃×6～12h 空冷
时效。

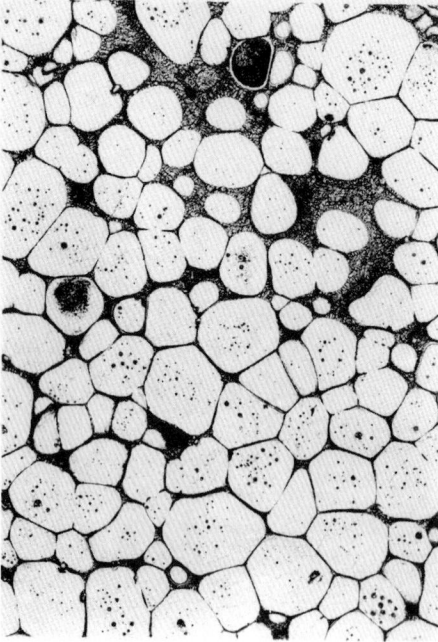

图 10-2-122　　　　　　100×

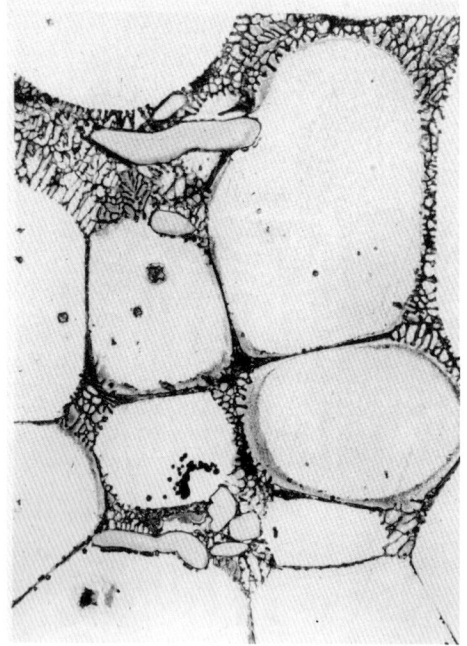

图 10-2-123　　　　　　400×

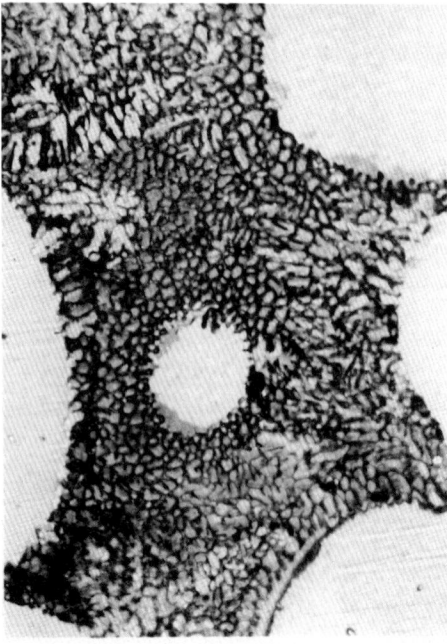

图 10-2-124　　　　　　600×

图　　号：10-2-122～10-2-124

材料名称：2A50（LD5）锻铝合金

浸 蚀 剂：混合酸水溶液

处理情况：固溶处理

组织说明：图 10-2-122：在加热至 560℃×45min 后水冷，晶界全部复熔，晶内有小点状复熔球属严重过烧组织，力学性能极底。

图 10-2-123：图 10-2-122 的放大组织，晶界上形成（α + Al$_2$Cu）等复熔共晶组织，并有大块状亮灰色 ω(Al$_4$ Mg$_5$Cu Si$_4$)相存在。

图 10-2-124：图 10-2-123 晶界复熔共晶组织的放大组织，由于晶界复熔成液相在快速冷却下呈细小的共晶铸态组织，所以强度和塑性较低。

这类合金热塑性高，可锻造、热处理强化，具有强度和耐蚀性较高，无应力腐蚀倾向，焊接性能良好。

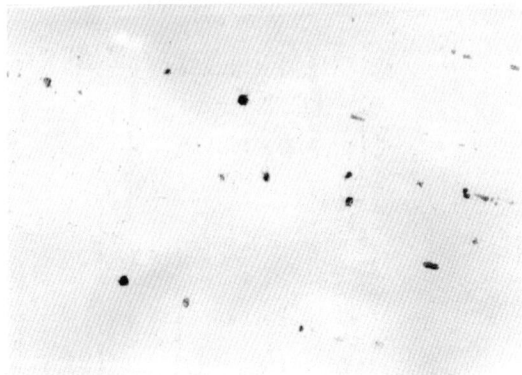

图 10-2-125　　　　　　　　500×

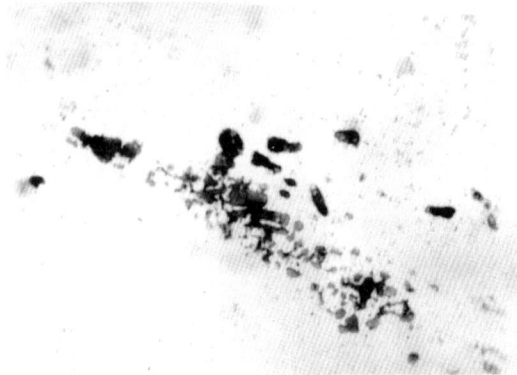

图 10-2-126　　　　　　　　1000×

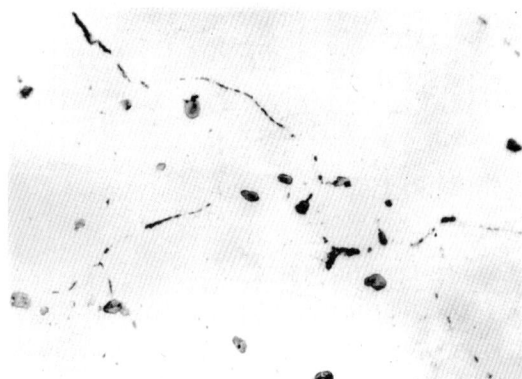

图 10-2-127　　　　　　　　500×

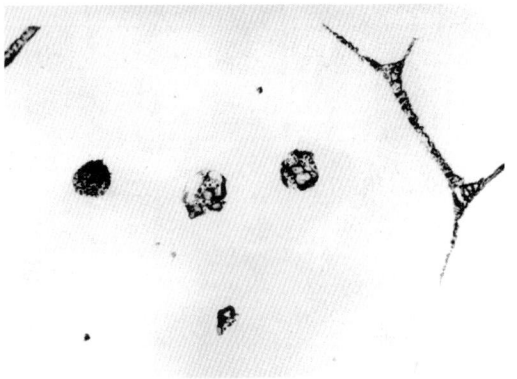

图 10-2-128　　　　　　　　500×

图　　号：10-2-125～10-2-128

材料名称：2A50（LD5）锻铝合金

浸 蚀 剂：混合酸水溶液

处理情况：图 10-2-125 和图 10-2-126：530℃固溶后水冷；图 10-2-127：545℃固溶后水冷；图 10-2-128：640℃固溶后水冷

组织说明：Al-Mg-Si-Cu 系 2A50 锻铝，正常固溶温度为 510℃±5℃，显微组织中有少量剩余的 Mg_2Si、Al_2Cu、（$Al_4Mg_5 CuSi_4$）相和 AlMnSiFe 杂质相。根据成分 2A50 合金存在 α ＋Si＋Al_2Cu 共晶体，其熔点为 525℃，α ＋Al_2Cu 共晶体其熔点为 535℃。试验中发现当固溶温度为 530℃时组织中普遍出现 0.003～0.005mm 甚至更小的粒状小球(见图 10-2-125)，这往往不易被人发现，选较大者在高倍显微镜下观察，见球内有黑白相间的共晶花样(见图 10-2-126)，这种小球多分布在晶界上或相界边。当固溶温度达 545℃时，晶界出现液相膜与氧化现象，晶内出现球状组织，尺寸为 0.006～0.010mm，其结构形态仍为黑白相间的共晶体(见图 10-2-127)，当固溶温度为 580℃时，晶粒等轴化和长大现象明显，AlMnSiFe 相减少晶粒内球增多，其尺寸多为 0.009mm 左右。当温度高达 630℃时合金处于半熔化状态，粗大的固溶体晶粒内出现形态不一的球状组织（见图 10-2-128），球的直径达 0.003～0.014mm，个别可达 0.023mm 左右。

图　10-2-129　　　　　　　　100×

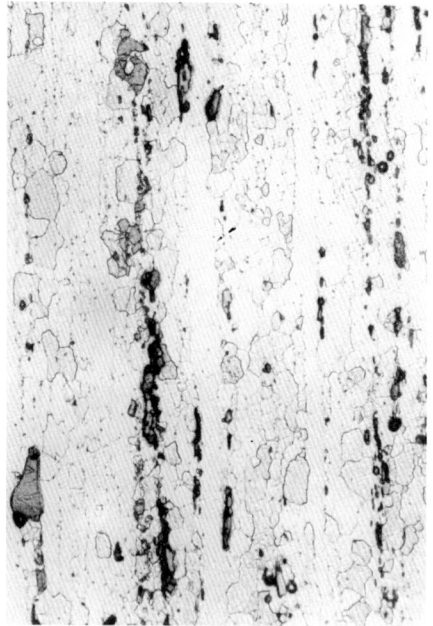

图　10-2-130　　　　　　　　400×

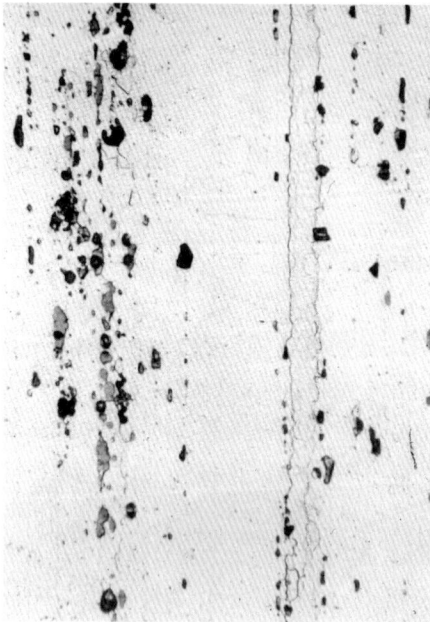

图　10-2-131　　　　　　　　400×

图　　号：10-2-129～10-2-131

材料名称：2A14（LD10）锻铝合金［w(Cu)3.9%～4.8%，w(Mg)0.4%～0.8%，w(Si)0.6%～1.2%，w(Mn)0.4%～1.0%，其余为 Al］

浸蚀剂：混合酸水溶液

处理情况：固溶后人工时效

组织说明：图 10-2-129：ϕ180mm 棒材经 500℃水冷固溶处理，150℃×10h 空冷时效，合金已再结晶，其晶粒沿压挤方向伸长，化合物沿压挤方向成行排列，在组织中还可见到亚晶粒。

　　图 10-2-130：图 10-2-129 的放大组织，Mg_2Si、Al_2Cu 和 $S(Al_2CuMg)$ 等强化相已基本固溶于 α 固溶体中，而 $\omega(Al_4\ Mg_5Cu\ Si_4)$ 相有部分残留，它和 $Al_6(MnFeSi)$ 等相都有轻微腐蚀呈灰色，因此不易辩别。由于棒材直径较大，中心部位成行排列的杂质相较多，所以中心的力学性能和工艺性能比表层要差。

　　图 10-2-131：经 508℃水冷固溶处理，180℃空冷时效。$S(Al_2CuMg)$、Mg_2Si 和 Al_2Cu 等强化相已大部分固溶于 α 固溶体中，尚有少量残留呈圆角化 $Al_6(MnFeSi)$ 和 $Al_{12}Mn_3Si$ 等杂质相沿拉伸方向呈颗粒状排列。

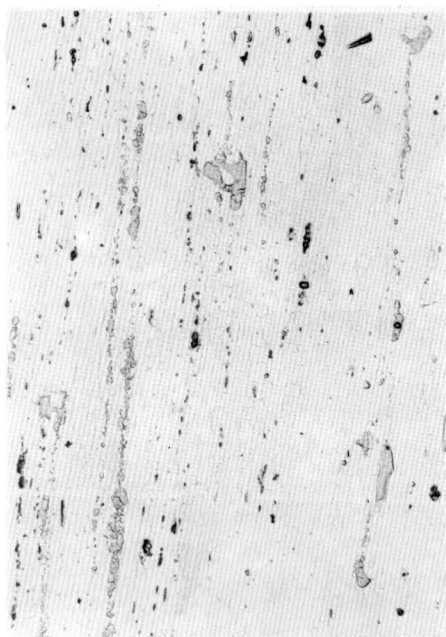

图　10-2-132　　　　　200×

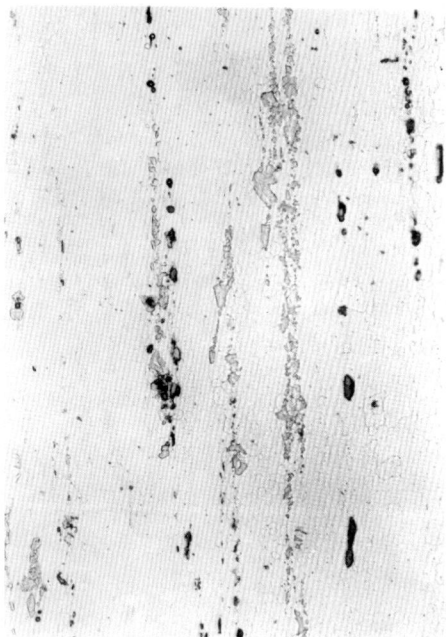

图　10-2-133　　　　　200×

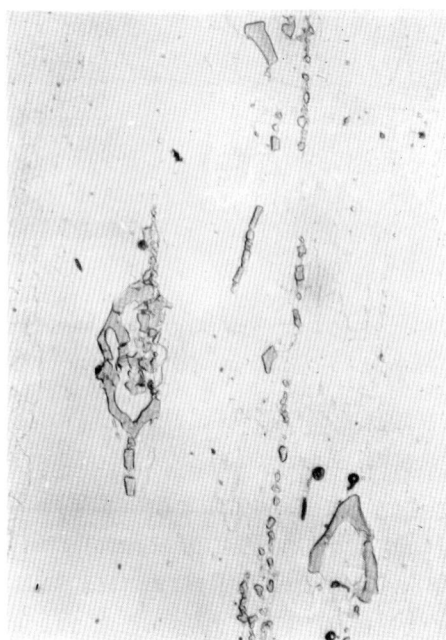

图　10-2-134　　　　　400×

图　　　号：10-2-132～10-2-134

材料名称：2A14（LD10）锻铝合金

浸 蚀 剂：混合酸水溶液

处理情况：固溶后人工时效

组织说明：图 10-2-132：ϕ180mm 棒材经 503℃水冷固溶，150℃×10h 空冷时效，浸蚀时间短晶界未显现，沿拉伸方向排列的灰色块状相为 Al_6（MnFeSi）和 ω（$Al_4Mg_5CuSi_4$）相，黑色 $Al_{12}Mn_3Si$ 相。由于杂质相已破碎，故不易分辩。

图 10-2-133：热处理和浸蚀时间与图 10-2-132 相同，沿压挤拉伸方向排列的化合物更多，尤其是杂质相明显增加，使力学性能和工艺性能恶化。

图 10-2-134：棒材中心大块灰色骨骼状 Al_6（MnFeSi）相，在压挤过程中未完全破碎，亮灰色 Al_2Cu 呈椭圆形存在。粗大的杂质相的存在，降低了力学性能和工艺性能。

2A14 合金热处理工艺：499~505℃淬火，150~160℃×4～15h 空冷时效，此时合金的强度较高，适用于制造承受大载荷的零件和形状复杂的锻件，如飞机的框架等。

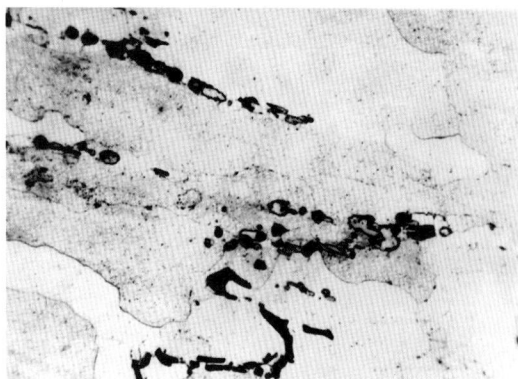

图 10-2-135　　　　　　　　　500×

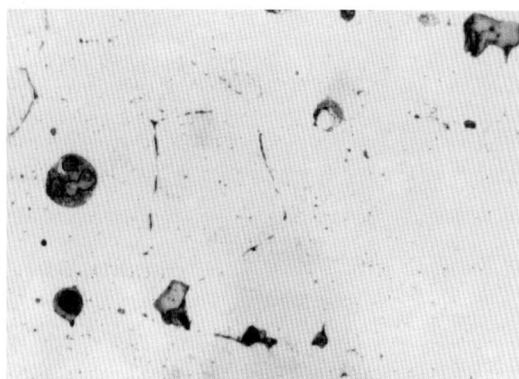

图 10-2-136　　　　　　　　　500×

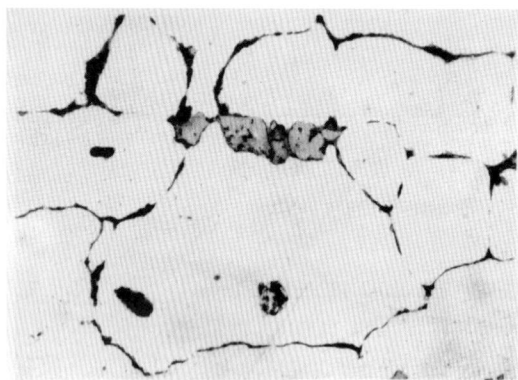

图 10-2-137　　　　　　　　　500×

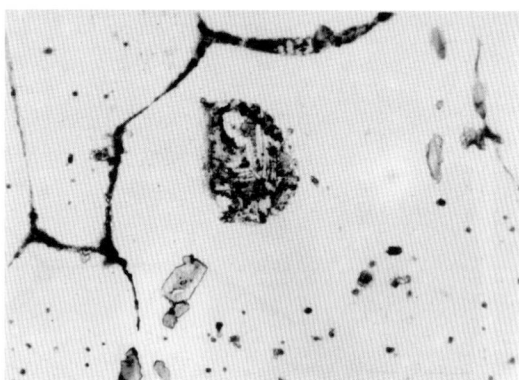

图 10-2-138　　　　　　　　　500×

图　　号：10-2-135～10-2-138

材料名称：2A14（LD10）锻铝合金

浸 蚀 剂：混合酸水溶液

处理情况：按图序分别为 495℃、510℃、515℃、580℃固溶后水冷

组织说明：Al-Mg-Si-Cu 系 2A14 高强度锻铝，正常固溶温度为 500℃±5℃，显微组织中 S（Al$_2$CuMg）基本消失，尚存在少量 Mg$_2$Si 和 Al$_2$Cu，还有不溶的 AlMnSiFe 杂质相。根据 Al-Cu-Mg 三元相图可存在下列共晶：α＋Al$_2$Cu＋S（Al$_2$CuMg），其熔点为 507℃；α＋Al$_2$Cu＋Mg$_2$Si 其熔点为 517℃；α＋Al$_2$Cu 其熔点为 545℃，但日常检验中发现 2A14 大规格的挤压棒材，特别是大型锻件固溶温度应取下限为妥，ϕ190mm 的棒材其原始组织较为粗大，当加热温度为 500℃时，局部出现颗粒状小球，位于晶粒间和相界处，直径为 0.003～0.005mm，见图 10-2-135。当固溶温度为 505℃时复熔球数量增多，直至 510℃时，晶界开始出现液相膜与氧化空洞，球状组织明显，其直径为 0.005～0.008mm，其出现的位置也在晶界上和相界边，见图 10-2-136。当固溶温度为 515℃时，晶界出现的液相膜与氧化空洞，球状组织增大到 0.006～0.012mm，分布在晶粒内，见图 10-2-137 所示。当固溶温度高达 580℃时，晶粒进一步长大和等轴化，晶界复熔，晶内出现许多直径较大形态各异复熔球，见图 10-2-138。

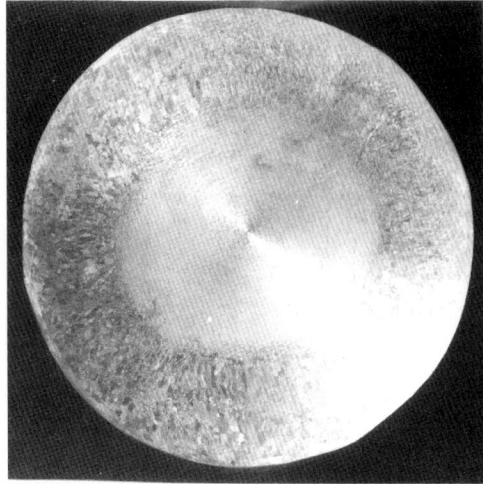

图　10-2-139　　　　　　　　　　1×

a)　　　　　0.75×　　　　　　　　　　b)　　　　　0.75×

图　10-2-140

图　号：10-2-139、10-2-140

材料名称：2A14（LD10）

浸蚀剂：图 10-2-139、图 10-2-140b)：15% NaOH 水溶液室温浸蚀，25%NOH₃ 水溶液中和去膜

处理情况：图 10-2-139：固溶处理；图 10-2-140：锻造

组织说明：图 10-2-139：500℃固溶处理后经 15%NaOH 水溶液室温浸蚀，25%NOH₃ 水溶液中和去膜后的粗晶环，超过了技术条件要求，粗晶区强度较低。

图 10-2-140a)：机械加工的纵向截面上出现的裂纹情况。图 10-2-140b)：经 15%NaOH 水溶液浸蚀，25%NOH₃ 水溶液中和去膜后显现出的粗晶和裂纹，裂纹沿晶界分布。

图　10-2-141　　　　　　　　　1×

图　10-2-142　　　　　　　　　0.75×

图　　号：10-2-141、10-2-142

材料名称：2A14（LD10）锻铝合金

浸 蚀 剂：15% NaOH 水溶液室温浸蚀；　25%NOH₃ 水溶液中和去膜

处理情况：图 10-2-141：固溶处理；图 10-2-142：锻造

组织说明：图 10-2-141：经固溶处理后用 15% NaOH 水溶液室温浸蚀；25%NOH₃ 水溶液中和去膜后显现的
月牙型粗晶环

图 10-2-142：在锻造过程中引起不均匀的再结晶，在固溶过程中边缘产生少量再结晶，核心吞并已再
结晶小晶粒并迅速长大所致的粗大晶粒，环绕锻件边缘四周的情况。

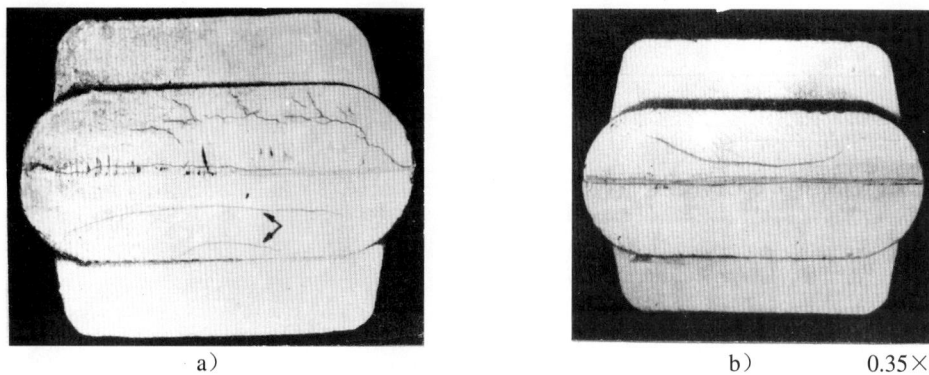

a)

b)　　0.35×

图　10-2-143

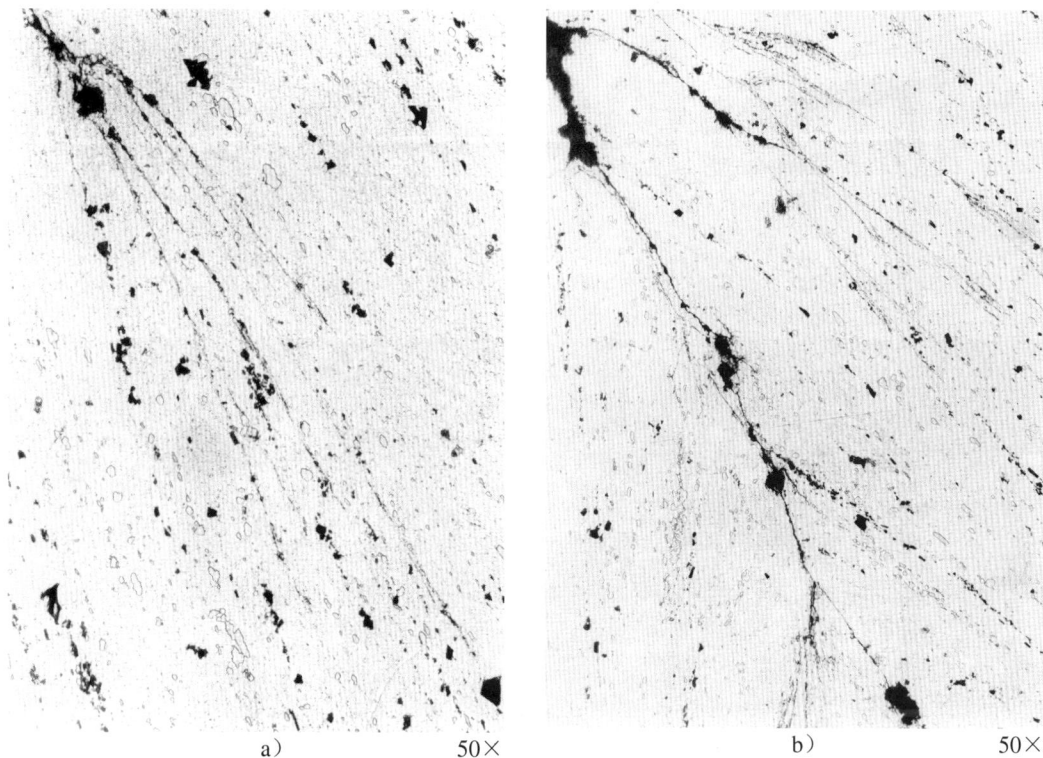

a)　　50×

b)　　50×

图　10-2-144

图　　号：10-2-143、10-2-144

材料名称：2A14（LD10）锻铝合金

浸 蚀 剂：混合酸水溶液

处理情况：固溶后人工时效

组织说明：图 10-2-143：模锻件经 15%NaOH 水溶液浸蚀后，表面出现两种形态裂纹，图 a）、有大量的细小
分叉状裂纹和长条状裂纹同时出现；图 b）只出现一条或两条长条状弯曲裂纹。

图 10-2-144：从模锻件裂纹处取样，裂纹表面较宽，内部较细小，呈分叉状，裂纹内有黑色氧化物，
裂纹的发展大部分沿化合物带状方向。形成该裂纹的主要原因是由于锻造工艺不良所引起的。

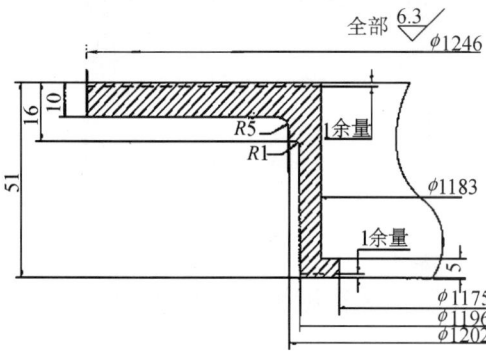

图 10-2-145　　　　　　　下端框零件断面

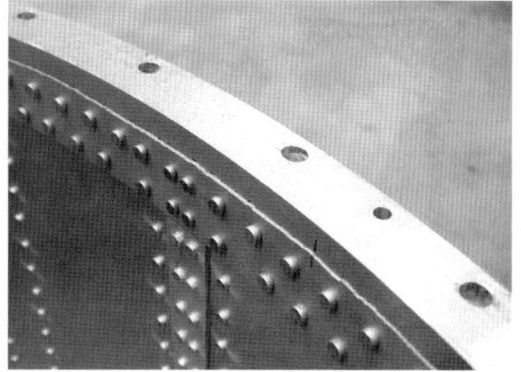

图 10-2-146　　　　　　　下端框断裂实物

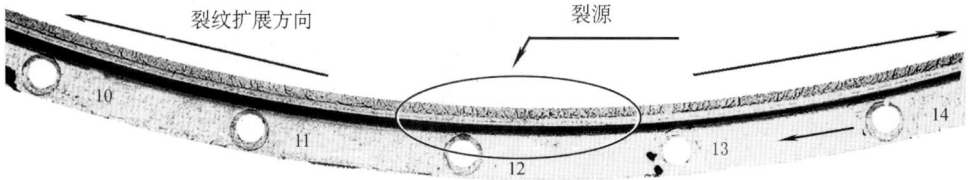

图　10-2-147　　　　　　　　　　　　　　　　　　　0.35×

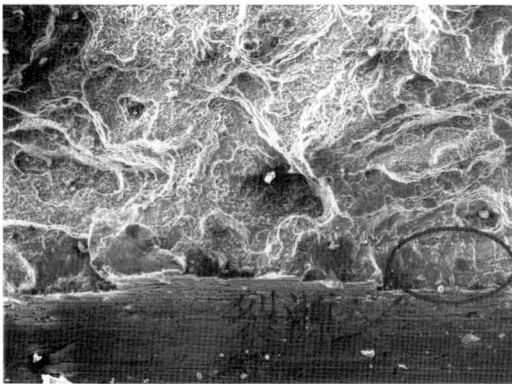

图 10-2-148　　　　　18×

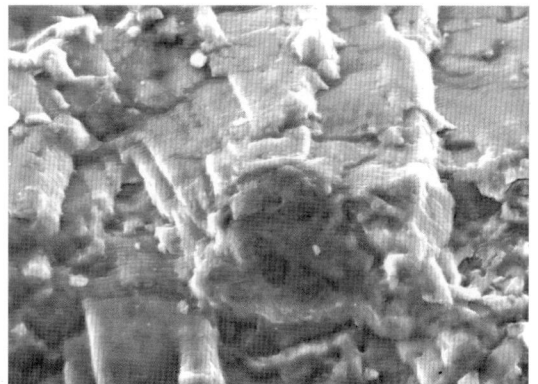

图 10-2-149　　　　　800×

图　　　号：10-2-145～10-2-153

材料名称：2A14（LD10）锻铝合金

浸 蚀 剂：未浸蚀

处理情况：自由锻件，车削加工后经 170℃±10℃除应力退火热处理

组织说明：下端框材料为 φ1300mm×75mm 自由锻件，车削加工成图 10-2-145 所示的部件，经除应力退火热处理，组装后其上承重 2000kg，在产品的振动试验时连接环在图 10-2-145 所示的部位一周突然全部断裂，断裂实物见图 10-2-146。用放大镜观察下端框断口，发现断裂处无明显塑性变形，其上可见较多擦伤，断口上存在明显的裂纹扩展条纹，从断口上显示的裂缝扩展条纹走向判断，裂源位于编号 12～13 区间，见图 10-2-147 所示。断口具有快速断裂的特征。

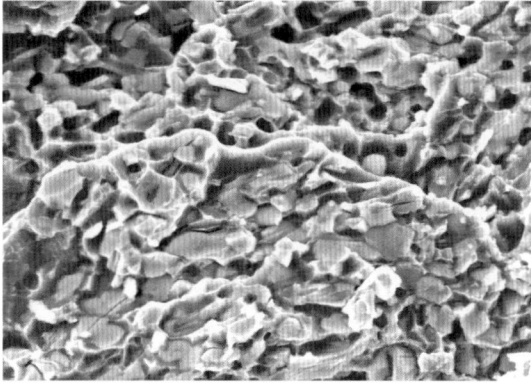

图　10-2-150　　　　　　　　　　　　800×

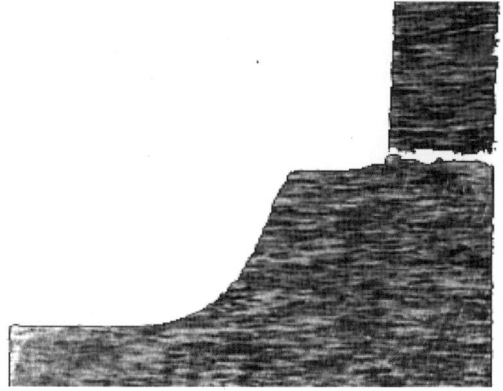

图　10-2-151　　　　　　　　　　　　3×

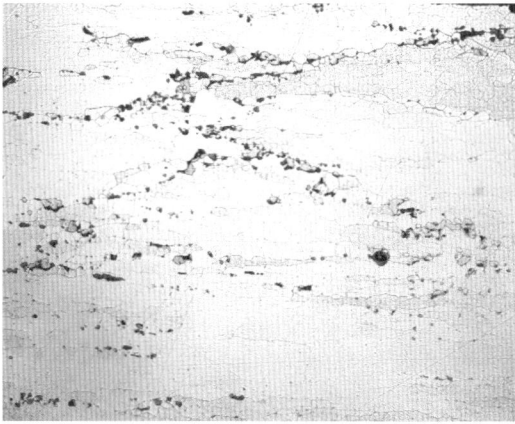

图　10-2-152　　　　　　　　　　　　350×

图　10-2-153　　　　　　　　　　　　200×

对裂源区用（SEM）扫描电镜观察，发现在 12～13 区域内存在多处小裂纹源，其断口低倍形貌见图 10-2-148；裂源位于下端框外壁处，其上有较密的第二相颗粒，扩展区可见明显的疲劳辉纹见图 10-2-149，扩展区宽度约 0.26mm。图 10-2-150 为瞬断区的断口形貌，具有韧窝＋较多脆性的第二相颗粒＋第二相开裂等特征。

于裂源处取样，可见下端框剖面上流线呈明显的方向性，其流线与锻件的高向垂直，见图 10-2-151。作高倍组织观察，在 α 固溶基体上大量脆性第二相（Fe.Mn 杂质相，Mg2Si、Al2Cu、Al2CuMg 等未溶强化相）呈链状的方向性排，如图 10-2-152 所示。裂缝断口附近可见明显沿脆性第二相开裂如图 10-2-153 所示。

从下端框断裂处的断口及金相分析结果表明：振动时下端框从根部 12 号位的直角处首先形成疲劳源，随后在交变应力作用下裂纹不断扩展，当疲劳裂纹扩展到一定长度后，便快速断裂，断裂沿第二相分布较多的面进行。下端框断裂的性质为脆性断裂，其断裂的机理为低周疲劳。下端框断裂及疲劳寿命低的主要原因是下端框 2A14 锻件原材料的各向异性，另外下端框结构上直角处产生应力集中，下端框壁厚较薄在振动时所受的应力较大，都对疲劳裂纹的形成和扩展起到促进作用。因此可通过用模锻件代替自由锻件，改变锻件的流线的方向，尽量使其与最大拉应力方向平行，另外增加锻造比，细化锻件组织，控制疲劳源的萌生和扩展，这样构件的可靠性和疲劳寿命都将会大大提高。

图　10-2-154　　　　　　　　100×

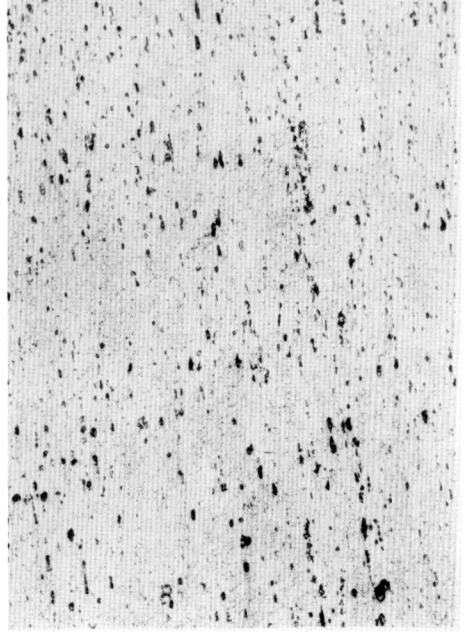

图　10-2-155　　　　　　　　100×

图　　号：10-2-154～10-2-156

材料名称：2A70（LD7）耐热锻铝合金[w(Cu)1.9%～2.5%，w(Mg)1.4%～1.8%，w(Fe)0.4%～1.5%，w(Ni)0.9%～1.5%，w(Ti)0.02%～0.1%，其余为Al]

浸　蚀　剂：混合酸水溶液

处理情况：图10-2-154、图10-2-155：热挤压；图10-2-156：固溶后人工时效

组织说明：图10-2-154：φ80mm热轧棒材中心部位，在α固溶体上有大量分解析出的S(Al_2CuMg)和Mg_2Si相细小质点，沿轧制方向分布着亮灰色Al_2CuNi相，暗褐色Al_9FeNi。S(Al_2CuMg)相和黑色的Mn_2Si等相，由于放大倍数较小不易分辨。

　　图10-2-155：热轧棒材边缘，由于铸锭边缘冷速较快，低熔点化合物较少，所以沿轧制方向除分布的颗粒化合物比中心少外，其余基本相同。

　　图10-2-156：经540℃固溶处理，180℃×10h空冷时效，因控温不良和冷速不够，在α固溶体上有分解析出的质点，并有复熔球。Al_9FeNi相界局部复熔，沿晶复熔纺锤形裂纹等过烧特征。

　　合金中Fe、Ni和Al形成Al_9FeNi，有很好的热稳定性，高温下难溶于α固溶体中，锻造、热处理后弥散分布于组织中，可对合金变形时起阻碍作用，因此可显著的提高合金的耐热性，同时合金中加入少量的钛元素可细化铸造晶粒，对锻造性能及制品的横向性能均有好处。

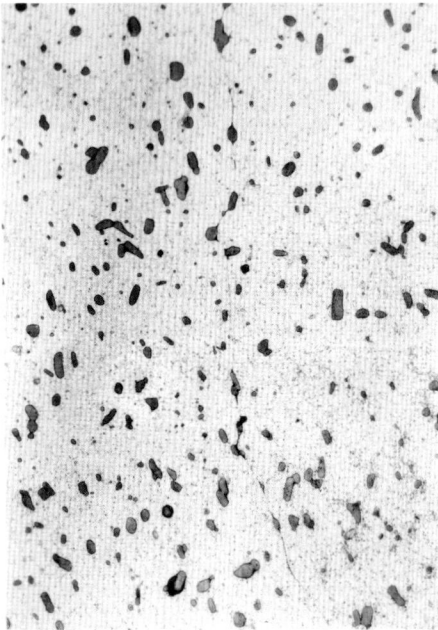

图　10-2-156　　　　　　　　400×

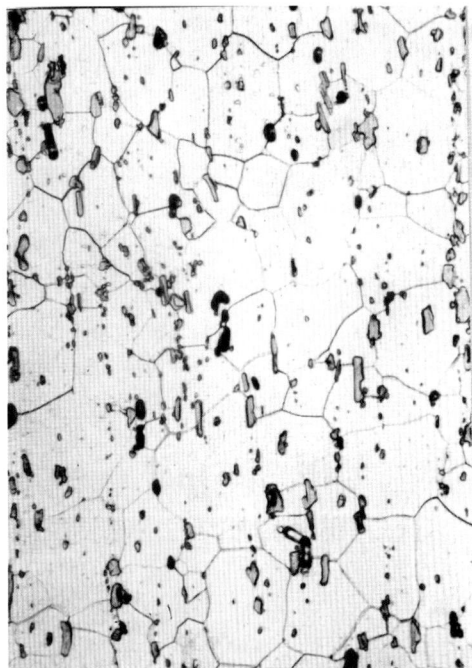

图　10-2-157　　　　　　　　200×　　　图　10-2-158　　　　　　　400×

图　　　号：10-2-157、10-2-158

材料名称：2A80(LD8)耐热锻铝合金[w(Cu)1.9%～2.5%，w(Mg)1.4%～1.8%，w(Fe)1.0%～1.6%，w(Ni)0.9%～1.5%，w(Si)0.5%～1.2%，其余为 Al]

浸 蚀 剂：混合酸水溶液

处理情况：固溶后人工时效

组织说明：图 10-2-157：经 520℃固溶水冷，175℃×8h 空冷时效。在 α 基体上分布着 Al$_9$FeNi，AlCuNi 等相和少量 Mg$_2$Si 相。

图 10-2-158：图 10-2-157 的放大组织。

2A80 系耐热铝合金，其成分比较复杂，除含有 Cu、Mg 外还有较多的 Fe、Ni 和 Si 等元素，因此除了含有较多的室温强度和耐热性好的 S（Al$_2$CuMg）相外，还含有能部分溶解强化的 Mg$_2$Si 相和较多的不溶解而耐热性好的硬脆化合物 Al$_9$FeNi、Al$_7$Cu$_2$Fe 及 AlCuNi 等相，因此固溶温度升高，其组织的变化特征与一般硬铝合金有所不同。

2A80 合金正常固溶温度为 525～535℃。165~180℃×8～14h 空冷时效。显微组织在 α 固溶体上有较多的沿变形方向分布着不溶相，还能看到成堆分布的情况，而 S（Al$_2$CuMg）相已完全固溶于 α 固溶体中，当温度过高时，Al$_9$FeNi 等相界局部变粗至复熔，而 Al$_2$CuNi 相减少，并出现复熔球等过烧特征。随固溶温度的升高，抗拉强度随之提高，当温度升至 545℃达到最高值，而伸长率和冲击韧性在固溶温度超过 540℃就出现明显的下降趋势。

2A80 经固溶人工时效后有较高的热强度，能在 200~300℃下工作，故广泛应用于制造内燃机活塞、航空发动机的压速机叶片和轮盘曲轴箱以及在高温下工作的锻件和模锻件。

图 10-2-159   200×

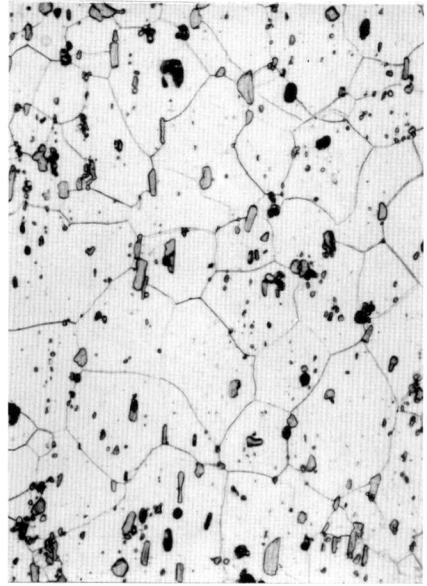

图 10-2-160   400×

图 10-2-161   200×

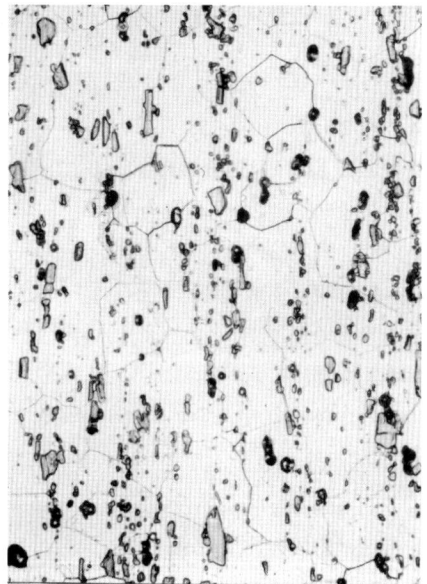

图 10-2-162   400×

图　　号：10-2-159～10-2-162
材料名称：2A80（LD8）耐热锻铝合金
浸 蚀 剂：混合酸水溶液
处理情况：固溶后人工时效
组织说明：图 10-2-159：经 530℃固溶水冷。175℃×8h 空冷时效。S（Al₂CuMg）相完全固溶于 α 固溶体中，
　　　晶界清晰，Al₉FeNi 有集聚倾向，其他与图 10-2-157 相同。
　　　　　图 10-2-160：为图 10-2-159 的放大组织。
　　　　　图 10-2-161：经 540℃固溶水冷，175℃×8h 空冷时效，其组织与图 10-2-159 基本相同，但复熔球较多。
　　　　　图 10-2-162：图 10-2-161 的放大组织。

图　10-2-163　　　　　　　　　　　250×

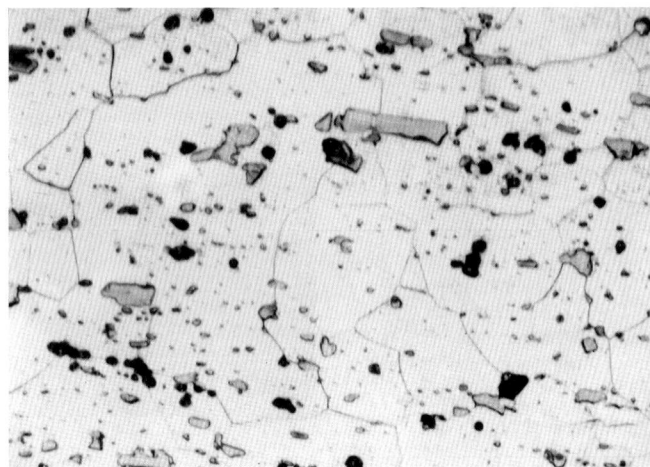

图　10-2-164　　　　　　　　　　　500×

图　　号：10-2-163、10-2-164；

材料名称：2A80（LD8）耐热锻铝合金

浸 蚀 剂：混合酸水溶液

处理情况：固溶后人工时效

组织说明：图 10-2-163：经 555℃固溶水冷，175℃×8h 空冷时效。化合物减少，复熔球普遍存在，Al_9FeNi
　　相聚集长大，力学性能显著下降。

　　　　图 10-2-164：图 10-2-163 的放大组织。

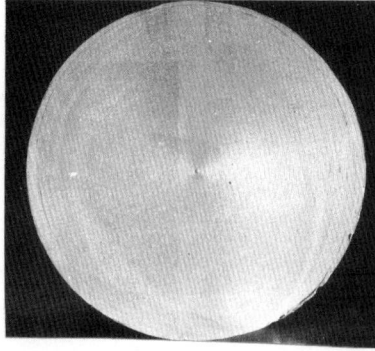

图　10-2-165　　　　　　　　　　0.9×

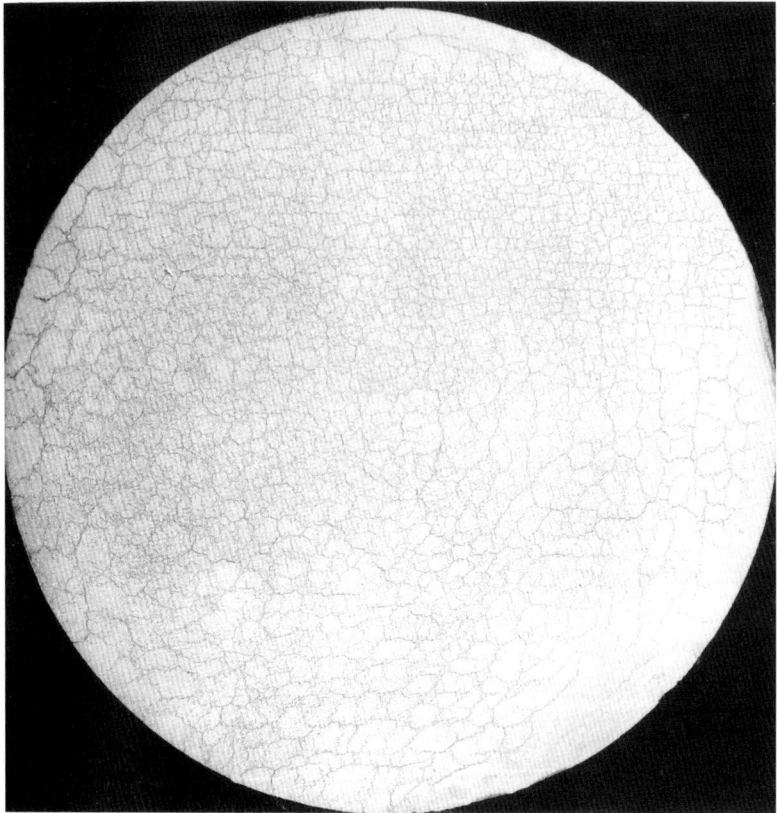

图　10-2-166　　　　　　　　　　0.9×

图　　号：10-2-165、10-2-166；

材料名称：图 10-2-165 2A70（LD7）；图 10-2-166 2A80（LD8）耐热锻铝合金

浸 蚀 剂：15% NaOH 水溶液室温浸蚀；　25%NOH₃ 水溶液中和去膜

处理情况：热挤压

组织说明：图 10-2-165：经 15% NaOH 水溶液室温浸蚀，25%NOH₃ 水溶液中和去膜后，外表层由黑线状弧形裂纹（成层）的挤压缺陷。

　　　图 10-2-166：2A80　φ120mm 截面经 15%NaOH 水溶液室温浸蚀，25%NOH₃ 水溶液中和去膜后显现出龟裂。

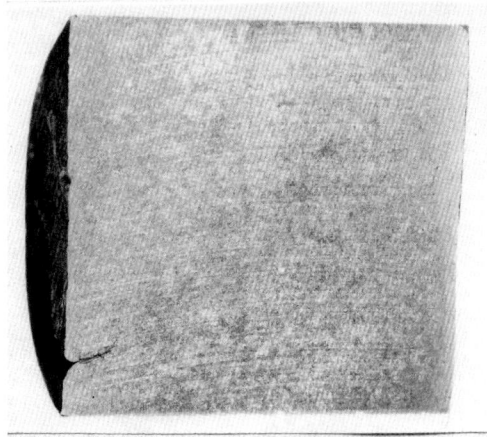

图　10-2-167　　　　　　　　　　　　2×

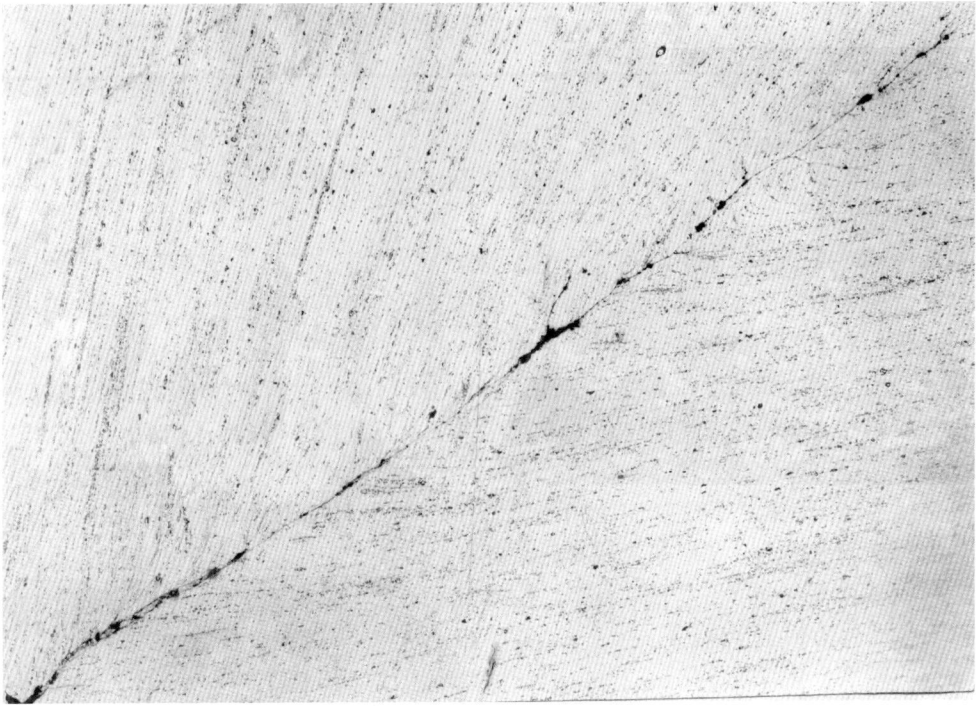

图　10-2-168　　　　　　　　　　　　50×

图　号：10-2-167、10-2-168

材料名称：2A80（LD8）耐热锻铝合金

浸 蚀 剂：图 10-2-168 混合酸水溶液

处理情况：锻造

组织说明：图 10-2-167：锻件迭叠缺陷宏观图。

图 10-2-168：折叠缺陷金相组织。由于锻造工艺不当，使锻造时金属流动过程中引起折皱裂纹，其表面裂缝较宽而尾部细且尖锐又不规则，其中有氧化夹杂存在。由于折皱裂纹二边金属的流动方向不同，各种化合物沿金属伸长方向分布明显不同。若加工时未被完全去除，留下尾部细小而不易发觉的折皱裂纹，则在使用应力的作用下，易形成应力集中，使细小裂纹进一步的扩展，最后导致零部件的早期失效。

第11章
轴 承 合 金

　　滑动轴承是汽车、拖拉机、机车、飞机等内燃机发动机和动力机械上的重要耐磨零件，其质量的优劣直接影响到这些机械的工况和使用寿命。在滑动轴承中，制造轴承内衬的金属材料称为轴承合金。

　　滑动轴承特别是内燃机滑动轴承的工作条件比较恶劣，既要承受轴颈所给予的压力、冲击载荷和交变应力，又要经受摩擦、磨损、较高温度的作用和多种介质的腐蚀作用。特别是近代发动机向着重载、高速方向发展，滑动轴承的工作条件更为苛刻。因此，轴承合金除应有足够的力学性能，如硬度、强度、塑性和韧性之外，还应具有良好的耐磨性、抗疲劳性、耐蚀性、导热性等。现代高速发动机要求轴承合金既要有抗"穴蚀"的能力，还要求有良好的表面工作性能，如抗咬合性、嵌藏性、顺应性、亲油性，以及良好的工艺性能，主要有铸造性能、压力加工性能、切削加工性能，与瓦背材料（一般是低碳钢）有良好的粘结性等。

　　能够用来制造轴承减摩层的金属材料种类很多，生产上广泛应用的主要有四大类非铁金属合金：锡基轴承合金，铅基轴承合金，铜基轴承合金，铝基轴承合金。锡基轴承合金和铅基轴承合金通称为轴承合金。

　　常用的轴承合金牌号、化学成分、力学性能及用途见表11-1。

　　轴承合金的各种性能，除与合金的种类、化学成分、生产工艺等有关外，还与金相组织密切相关。轴承合金的金相组织主要有如下两大类型：一类为软基体、硬质点的金相组织，如锡基轴承合金和铅基轴承合金；另一类为硬基体、软质点的金相组织，如铜铅合金和铝锡合金。

第1节　锡基轴承合金

　　锡基轴承合金以锡-锑-铜三元系合金应用最广泛，其代表性的合金牌号有 ZSnSb4Cu4、ZSnSb8Cu4 和 ZSnSb11Cu6。锑对合金的组织和性能有重大的影响：当 w（Sb）小于9%

表 11-1　常用的轴承合金的牌号、主要化学成分、力学性能及用途（GB／T 1174—1992）

合金类别	合金牌号	主要化学成分（质量分数，%）						力学性能				用途举例
		Sn	Pb	Cu	Al	Sb	杂质总和（不大于）	抗拉强度 R_m /(N/mm²)	屈服强度 R_{eL} /(N/mm²)	伸长率 A (%)	硬度 ≥HBW	
锡基	ZSnSb12Pb10Cu4	余量	9.0~11.0	2.5~5.0	—	11.0~13.0	0.55				29	
	ZSnSb12Cu6Cd1	余量	Cd1.1~1.6	4.5~6.8	0.3~0.6	10.0~13.0	0.55				34	
	ZSnSb4Cu4	余量	—	4~5	—	4~5	0.5	70			20	涡轮内燃机轴承
	ZSnSb8Cu4	余量	—	3~4	—	7~8	0.55	80			24	一般大型机器轴承及汽车发动机轴承
	ZSnSb11Cu6	余量	—	5.5~6.5	—	10~12	0.55	100	80	6.0	37	1500kW 以上蒸汽机，370kW 涡轮压缩机，涡轮泵及部分高速内燃机轴承
铅基	ZPbSb15Sn5Cu3Cd2	5.0~6.0	余量	2.5~3.0	Cd 1.75~2.25	14.0~16.0					32	
	ZPbSb16Sn16Cu2	15.0~17.0	余量	1.5~2.0	—	15.0~17.0	0.6	95	80	0.2	27	110~880kW 蒸汽涡轮机，150~750kW 电动机和小于 1500kW 重载推力轴承
	ZPbSb15Sn10	9.0~11.0	余量	0.7	—	14.0~16.0	0.45				24	汽车、拖拉机、空压机轴承等
	ZPbSb10Sn6	5.0~7.0	余量	0.7	—	9.0~11.0	0.75	70		5.5	21	
	ZPbSb15Sn5	4.0~5.5	余量	0.5~1.5	—	14.0~15.5	0.75				20	铁路车辆和部分拖拉机轴承
铜基	ZCuPb30	—	27.0~33.0	余量	—	—	1.0	110		4	35	汽车、拖拉机轴承
	ZCuPb20Sn5	4.0~6.0	18.0~23.0	余量	—	—	0.75	160	90	6	55	中高功率柴油机轴承
	ZCuPb15Sn8	7.0~9.0	13.0~17.0	余量	—	—	0.75	210	120	3	70	轴套、衬套、止推片
	ZCuPb10Sn10	9.0~11.0	8.0~11.0	余量	—	—	1.0	220		13	70	轴套、衬套、止推片
	ZCuSn5Pb5Zn5	4.0~6.0	4.0~6.0	余量	—	Zn4.0~6.0	0.7	200		13	60	轴套、衬套、止推片
	ZCuSn10P1	9.0~11.5	0.25	余量	—	P0.5~1.0	0.7	310		2	90	轴套、衬套、止推片
	ZCuAl110Fe3	0.3	0.2	余量	8.5~11.0	Fe2.0~4.0	1.0	490		13	100	中、高速重载轴承、衬套
铝基	ZAlSn6Cu1Ni1	5.5~7.0	—	0.7~1.3	余量	Ni 0.7~1.3	1.5	130		15	40	中高速功率柴油机轴承

时，则溶于锡中形成锡基固溶体，提高合金的硬度和强度；当 w（Sb）超过 9% 时，合金金相组织中会出现方形或多边形的 SnSb 化合物，它会进一步提高合金的硬度和强度；但当含锑量过高时，则合金变脆，性能下降。铜的加入，其主要作用是为了防止密度较小的晶体 SnSb 在结晶过程中出现上浮而造成的密度偏析现象，铜会与锡形成针状及星状化合物的初晶体 Cu_6Sn_5，有机械阻止后析出的 SnSb 的偏析作用。在这类合金中，w（Cu）一般在 6% 以下。铜的加入会提高合金的力学性能。

锡-锑-铜三元系合金的主要组成相有：锡基 α 固溶体（软基体）、β 相化合物（SnSb）和 ε 相化合物（Cu_6Sn_5）。ZSnSb4Cu4 合金与 ZSnSb8Cu4 合金在常温下的金相组织基本相同，都为 α 固溶体+针状及星状化合物（Cu_6Sn_5）；ZSnSb11Cu6 合金的金相组织为 α 固溶体＋方形或多边形的化合物（SnSb）＋针状及星状化合物（Cu_6Sn_5）。

锡基轴承合金轴承主要采用铸造法进行生产，若浇注工艺不当及采用不合格的原材料，则常会出现一些铸造缺陷，如化合物偏析、结晶粗大、裂纹、缩孔和缩松、气孔和夹渣、脱壳和粘结不良等。上述各种铸造缺陷，会给轴承的使用性能带来不同程度的影响。

一般来说，锡基轴承合金的硬度、强度较低，表面性能优良，作为轴承减摩层使用时，具有良好的减摩性和磨合性；此外，该合金熔点低，生产工艺比较简单，在添加某些合金元素以后可以得到一定程度的强化。其主要缺点是力学性能较低，抗疲劳性能不足，因此常用于制造负荷较低、工作温度不高的发动机和机械上的轴承。

锡基轴承合金金相图片见图 11-1-1～图 11-1-18。

第2节　铅基轴承合金

铅基轴承合金以加入锡、锑、铜等元素组成的合金应用最为普遍，其代表性的合金牌号有 ZPbSb16Sn16Cu2、ZPbSb10Sn6 等。这类合金亦具有软基体、硬质点的金相组织，主要组成相有铅、锡、锑的固溶体及 SnSb、Cu_3Sn、Cu_2Sb 等化合物。铅-锑合金在结晶过程中亦有偏析现象，故常采用在合金中加入一定数量的铜或其他元素以及快速冷却的浇注工艺等措施加以防止。

牌号为 ZPbSb16Sn16Cu2 合金金相组织如下：基体为［Pb+Sn（Sb）］的共晶体，方块状为（SnSb），针状为 Cu_3Sn 或 Cu_2Sb。ZPbSb10Sn6 合金的金相组织为（当用硝酸酒精溶液侵蚀时）：黑色为铅基固溶体，通常呈枝晶状，黑白相间为（Pb+Sb）的共晶体。由于合金成分的波动和偏析的结果，有时会在视场中出现全部为（Pb+Sb）的共晶体组织，或者在基体组织中出现少量方块状 SnSb 晶体的情况。

由于铅的储藏量丰富，价格便宜，加之铅基轴承合金的性能与锡基轴承合金的性能相接近，因此它常是锡基轴承合金的代用品。

铅基轴承合金金相图片见图 11-2-1～图 11-2-10。

第3节　铜基轴承合金

铜基轴承合金中以铜铅合金的应用最为广泛，其代表性的合金牌号，如铸造铜铅合金有

ZCuPb20Sn5 及 ZCuPb30，烧结铜铅合金为 CuPb24Sn 等。老牌号 ZCuPb24Sn2 目前在生产上仍被广泛应用。

铜铅合金在结晶过程中有两个显著特点：其一为铜与铅在固态下互不相溶，合金在完全凝固后的金相组织为 Cu+Pb 的机械混合物；其二为合金的凝固温度范围很宽，在结晶过程中由于铜与铅的熔点相差悬殊及密度上的差异而易于产生密度偏析。铅偏析是铜铅合金的最主要的铸造缺陷之一，它是卧式离心浇注生产过程中极难解决的一个重要缺陷，它的存在会严重影响合金的性能，降低轴承的使用寿命。因此，减轻和防止铅的偏析，是改善铜铅合金金相组织，提高力学性能的重要一环。生产实际证明：防止铜铅合金的偏析可采用如下三个基本措施：

1）严格控制合金的含铅量。合金中 w（Pb）应控制在 36% 以下。当 w（Pb）大于 36% 时，合金在熔融状态的某一温度范围内不能均匀混合，使结晶凝固后铅的偏析极为严重。w（Pb）小于 36% 时，合金在熔融状态下能成为成分均匀一致的液体，在结晶凝固过程中有利于减轻和防止偏析，且随着含铅量的降低，合金的偏析倾向亦会相应减轻。

2）在铸造工艺上采用必要的措施，特别是采用强制速冷的方法，使合金中的铅来不及聚集长大，从而达到防止铅偏析的目的。

3）合理选用和适量添加能改善结晶条件、细化组织的第三种合金元素，如硫、银、锡、稀土、镍、锰等，能有效地细化铅的晶粒，防止铅的偏析，因而在生产上得到广泛的应用。

铜铅合金的主要组成相为铜基 α 固溶体（硬基体）和铅相（软质点）。铸造铜铅合金的金相组织主要有五种基本类型：点状组织、点块状组织、球状组织、网状组织、树枝状组织。铸造铜铅合金，特别是卧式离心浇注和静止浇注的铜铅合金，经常会出现各种铸造缺陷，主要有铅偏析、疏松、裂纹、气孔、针孔、脱壳和粘结不良等。

连续铸造法是克服铜铅合金产生铅偏析的一种有效方法，它是将熔融的铜铅合金浇注在连续移动的钢带上并在钢带背面进行激冷的一种铸造方法，制成的铜铅合金-钢双金属带，再加工成双金属轴承。用该法生产的铜铅合金，可以得到铅粒细小、分布均匀的金相组织，其力学性能亦较高。

烧结铜铅合金轴承，通常是将预制成的铜铅合金粉末铺在钢背上，在具有保护性和还原性气氛的烧结炉中烧结成双金属板或带再加工制造而成的。烧结铜铅合金的金相组织，是在铜基 α 固溶体上，铅呈网状或点块状分布，而在许多情况下，铅主要呈网状（断续网状或连续网状）分布。这类双金属板的主要组织缺陷有：铅偏析、疏松、粘结不良、裂纹、夹杂等。铜铅合金粉末的质量对烧结双金属板的质量影响很大，因而对合金粉末有严格的质量要求。在金相上的要求主要为：合金颗粒呈球形，颗粒中的铅应细小，分布均匀，无气孔、夹杂等缺陷，颗粒外无自由状态的铅存在。

铜铅合金具有承载能力大，抗疲劳强度高，导热性好，耐热性优良等特点，广泛用于制造中高速、中大功率发动机（如汽油机及柴油机）上的轴承。

高铅青铜的金相组织：在铜基体上分布着点状、块状及球状的铅。由于高铅青铜中 w（Sn）较高（4%～6%），在金相组织中一般不会出现连续网状的铅相。当铅青铜中 w（Sn）超过 6% 时，组织中会出现（α+δ）共析体，使合金硬度提高，脆性增加。

铜铅合金和高铅青铜由于硬度较高，嵌藏性和顺应性等表面性能较差，抗腐蚀性亦不理想。为了改善这些性能，常在其表面电镀一层软质合金层。表面电镀层通常为铅基合金，主要有三种：①铅锡二元合金 $[w(Sn) 8\% \sim 12\%$，其余为 Pb]；②铅铟二元合金 $[w(In) 5\%$，其余为 Pb]；③铅锡铜三元合金 $[w(Sn) 7\% \sim 11\%$，$w(Cu) 1.5\% \sim 3\%$，其余为 Pb]。电镀层厚度一般为 0.02～0.05mm。为了防止锡或铟从电镀层中向铜铅合金或高铅青铜减摩合金层内扩散，在它们两层之间常电镀一层厚度为 1～2μm 的纯镍层，通常称为镍栅层。

高铅青铜常用于制造大功率、高负荷发动机上的轴承。含铅量较低的铅青铜和锡青铜主要用于制造轴套、衬套和止推片等。

铜基轴承合金金相图片见图 11-3-1～图 11-3-110。

第4节　铝基轴承合金

铝基轴承合金种类繁多，其中主要有铝锡、铝锑镁、铝硅、铝铅、铝锌等合金。目前，应用最广泛的铝基轴承合金是铝锡合金，其牌号为 ZAlSn6Cu1Ni1，但目前 AlSn20Cu 高锡铝基轴承合金还在生产上普遍应用。

ZAlSn6Cu1Ni1 和 AlSn20Cu 合金的金相组织通常为铝基 α 固溶体+锡铝共晶体。有时还存在少量的其他组成相。锡铝共晶体中的锡常称为锡相，故该两种合金的金相组织又可以写成为铝基 α 固溶体+锡相。其中，铝基 α 固溶体为硬基体，锡相为软质点。这两种合金在金相组织上的主要不同点是：AlSn20Cu 合金的锡相要比 ZAlSn6Cu1Ni1 合金的锡相多得多。对金相组织的一般要求为：锡相应细小，呈孤岛状均匀分布，不应有粗大的或呈网状的锡相存在，不希望有明显的锡相平行于钢背分布，不应有较多或密集的其他脆、硬相存在，合金与钢背的粘结应牢固。

ZAlSn6Cu1Ni1 和 AlSn20Cu 作为轴瓦材料使用时，一般都将其覆合在钢背上制成双金属带或板。为使合金能牢固地粘结在钢背上，在合金层与钢背之间常覆合一层纯铝层。

ZAlSn6Cu1Ni1 和 AlSn20Cu 合金具有较高的承载能力和抗疲劳强度，表面性能较好，耐磨性、耐蚀性优良，加工性能良好，是中高速中负荷发动机上较为理想的轴承材料，也是目前国内外应用最为广泛的两种轴承材料。

铝锡合金中，除 ZAlSn6Cu1Ni1 和 AlSn20Cu 之外，$w(Sn)$ 为 30%～40%的高锡铝合金在生产中也有一定的应用。

除了上述四种主要的轴承合金之外，还有银基、锌基、镉基等轴承合金。银基轴承合金性能优良，但由于成本高，通常仅用于制造航空发动机轴承；锌基轴承合金成本较低，性能尚好，目前在国内已制成双金属材料用于制造发动机轴承；镉基轴承合金价格昂贵，在实际生产中极少应用。

为了满足现代发动机的工作要求，具有良好综合性能（既具有良好的表面性能，又具有足够的力学性能）的多层金属轴承获得了广泛的应用，瓦背已成为近代发动机轴承的一个重要组成部分，它对轴承的使用性能有着重大的影响。另外，多层金属轴承各层之间的牢固粘结是轴承工作可靠性、持久性的重要保证。因此，在检查和评定轴承质量时，必须重视对瓦背材料及轴承各层之间粘结质量的金相分析。

我们还发现国外利用喷涂技术，在球墨铸铁上喷涂硬基体软质点的铅青铜以及软基体硬质点的高硅铝合金，制成高速高负荷的耐磨零件。利用喷涂技术，可以使耐磨层非常均匀致密，没有任何偏析、疏松、晶粒粗大等铸造缺陷，极大地提高耐磨性能。为了更好地提高耐磨性能，还可在上述耐磨涂层表面涂以各种聚合物基自润滑复合材料。

铝基轴承合金金相图片见图 11-4-1～图 11-4-28。

附表　轴承合金浸蚀剂名称、组成和用途

轴承合金浸蚀剂名称、组成及用途

序号	名　称	组　成	用　法	用　途	备　注
1	5%～10%盐酸水溶液 5%～10%酒精水溶液	体积分数为 5%～10%盐酸溶液或酒精溶液	浸蚀 30s～5min	显示锡、铅、铋和锑及其合金的晶界	含铅量高时，干燥后立即观察
2	1%硝酸酒精溶液 2%硝酸酒精溶液 3%硝酸酒精溶液 4%硝酸酒精溶液	硝酸　　　酒精 1mL　　　99mL 2mL　　　98mL 3mL　　　97mL 4mL　　　96mL	浸蚀 20s～2min	显示锡、铅、铋和锑的晶界 Pb-Sn,Sn-Cd,Sn-Zn,Sn-Fe 合金的组织，含镉、锑的锡基合金中富锡相浸蚀后变黑，δ 与 ε 相不受浸蚀，Sn-Sb-Cu 合金中共晶体浸蚀变黑，Cu_2Sb、SnSb 不受浸蚀	
3	硝酸醋酸水溶液	硝酸　　　4 份 醋酸　　　3 份 水　　　　16 份	浸蚀 4～30s（40～42℃），揩干，加热至80℃，反复浸蚀和抛光（10～15s）	显示铅和铅合金的组织	必须用新配的试剂，浸蚀细的组织时应加入 2～3 份甘油
4	醋酸双氧水溶液	醋酸　　　3 份 双氧水（体积分数为9%）　1 份	浸蚀（10～15s），用硝酸酒精洗蚀	含锑、钠、钙的铅基合金及锡焊料	根据需要也可采用体积比为 4:1；2:1；1:1 的试剂
5	氯化高铁盐酸水溶液	氯化高铁　　5g 盐酸　　　10mL 水　　　　100mL	浸蚀3s～5min	含锑的锡铅合金、铜基轴承合金	
6	0.5%氢氟酸水溶液	氢氟酸　　0.5mL 水　　　　99.5mL	浸蚀5s～1min	铝基轴承合金	

金 相 图 片

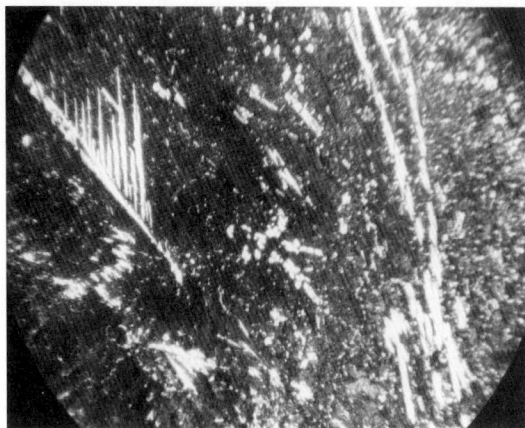

图　11-1-1　　　　　　　　150×

图　　号：11-1-1
材料名称：ZSnSb4Cu4 锡基轴承合金
浸 蚀 剂：4%硝酸酒精溶液
处理情况：卧式离心浇注
组织说明：在黑色 α 固溶体上分布白色羽毛状、长针状及星状 Cu_6Sn_5 化合物。锡-锑-铜合金是应用较为广泛的轴承合金。在 ZSnSb4Cu4 合金中，随着 Sb、Cu 含量的波动和浇注工艺的变化，Cu_6Sn_5 的数量和形态会发生变化，如 Cu_6Sn_5 呈现星状、针状、羽毛状、放射状等多种形态。由于合金高温浇注和快速冷却，有利于 Cu_6Sn_5 向羽毛状发展。

图　　号：11-1-2
材料名称：ZSnSb4Cu4 锡基轴承合金
浸 蚀 剂：4%硝酸酒精溶液
处理情况：卧式离心浇注
组织说明：此为靠近轴承结合面的合金层组织：黑色基体为 α 固溶体，粗大的白色针状及粒状 Cu_6Sn_5 化合物聚集在钢背附近。由于浇注时合金冷速缓慢，导致 Cu_6Sn_5 粗化并呈严重偏析分布。这样的组织会严重恶化合金的性能，亦不利于合金与钢背的粘结，这是铸造缺陷组织。本图组织分布不良，是铸造工艺不当所致。由于合金浇注时冷速缓慢，导致密度较大的 Cu_6Sn_5 粗化并在离心力的作用下向钢背聚集，从而产生严重的偏析。

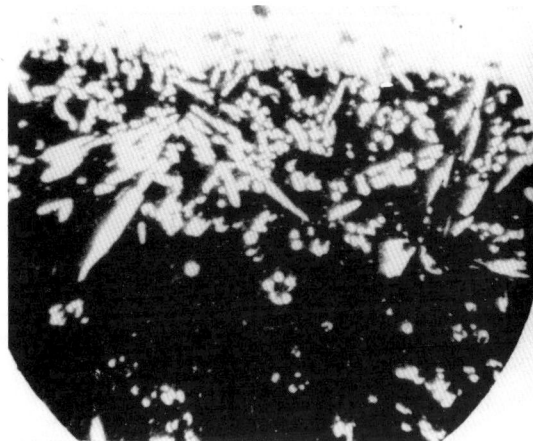

图　11-1-2　　　　　　　　150×

图　　号：11-1-3
材料名称：ZSnSb8Cu4 锡基轴承合金
浸 蚀 剂：4%硝酸酒精溶液
处理情况：卧式离心浇注
组织说明：黑色基体为锡基 α 固溶体，白色针状及星状者为 Cu_6Sn_5 化合物。Cu_6Sn_5 化合物不粗大，分布尚属均匀。随着含锑量的增加，合金中 Cu_6Sn_5 化合物的数量明显增多，合金的硬度也有所提高。锡基轴承合金的熔点比较低，生产工艺简单，但是它的缺点是力学性能比较低，抗疲劳性能不足，但有良好的减摩性和结合性，因此常用于制造负荷较低、工作温度不高的发动机和大型机器上的轴承。

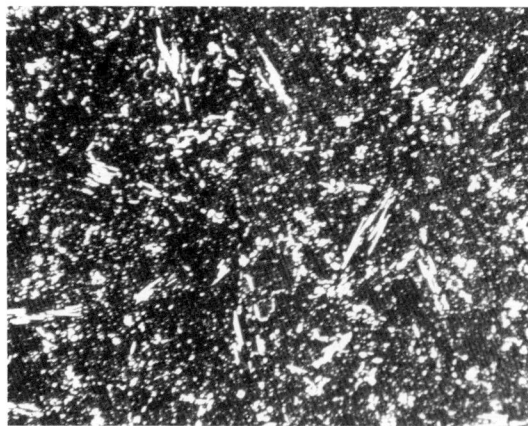

图　11-1-3　　　　　　　　100×

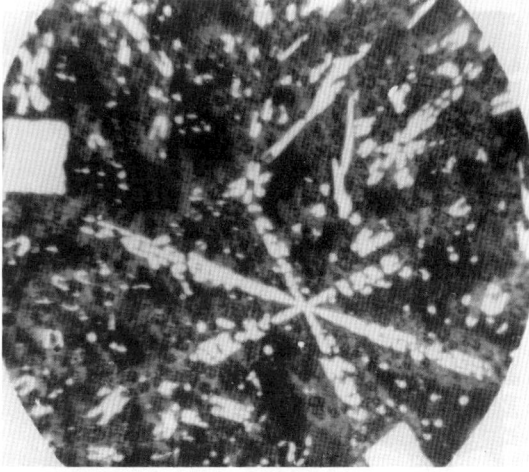

图　11-1-4　　　　　　　　　　150×

图　　号：11-1-5

材料名称：ZSnSb8Cu4 锡基轴承合金

浸 蚀 剂：4%硝酸酒精溶液

处理情况：卧式离心浇注，加少量混合稀土

组织说明：在黑色 α 固溶体上，分布着白色星状、短
　　　　　杆状 Cu_6Sn_5 化合物。合金中添加少量混合稀土后，
　　　　　有利于 Cu_6Sn_5 细化，但有时会促使 Cu_6Sn_5 聚集成
　　　　　团块状（图中白色大块者）分布，这是不正常组织。
　　　　　锡基轴承合金的熔点低，生产工艺比较简单，添加
　　　　　一些合金元素后，可以得到一定程度的强化，该合
　　　　　金的主要缺点是力学性能较低，抗疲劳性能不足，
　　　　　因此常用于制造负荷较低、工作温度不高的发动
　　　　　机和机械上的轴承。

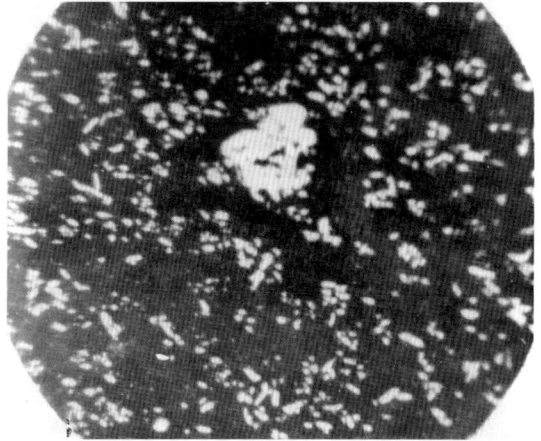

图　11-1-6　　　　　　　　　　150×

图　　号：11-1-4

材料名称：ZSnSb8Cu4 锡基轴承合金

浸 蚀 剂：4%硝酸酒精溶液

处理情况：卧式离心浇注

组织说明：黑色 α 固溶体上，分布白色放射状、针
　　　　　状及星状 Cu_6Sn_5 化合物。由于低温浇注，并在
　　　　　Cu_6Sn_5 结晶温度范围内缓冷，有利于 Cu_6Sn_5 长大
　　　　　并向放射状发展。同时由于合金成分有起伏，致
　　　　　使合金有时会析出少量白色方块状 SnSb 化合物。
　　　　　为了细化组织，一方面在浇注后及时快速冷却；
　　　　　另一方面可添加一些 Cd 元素来细化晶粒，以提
　　　　　高合金的硬度、强度、抗疲劳性能和耐磨性。有
　　　　　时会使 SnSb 由方形变成针状的倾向。

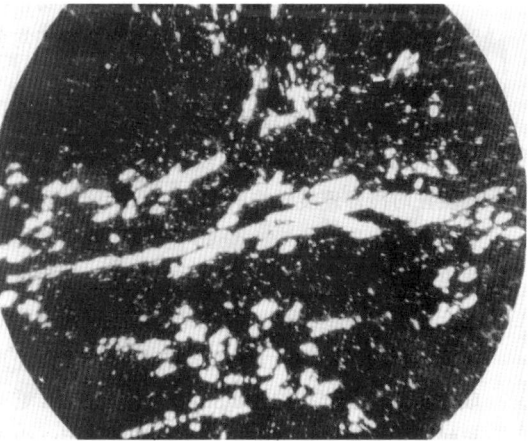

图　11-1-5　　　　　　　　　　150×

图　　号：11-1-6

材料名称：ZSnSb8Cu4 锡基轴承合金

浸 蚀 剂：4%硝酸酒精溶液

处理情况：卧式离心浇注

组织说明：黑色基体为 α 固溶体，白色粗大针状及
　　　　　粒状者为 Cu_6Sn_5 化合物。由于合金冷却速度缓
　　　　　慢，Cu_6Sn_5 粗化并呈偏析分布，这是不正常的缺
　　　　　陷组织。本图例是由于浇注温度较低，加上冷却
　　　　　速度又缓慢，导致 Cu_6Sn_5 化合物充分长大粗化，
　　　　　恶化了合金的性能。在合金中加入少量混合稀土
　　　　　后，可明显改变 Cu_6Sn_5 的形状，使其变得短小而
　　　　　圆滑，因而提高合金的塑性和韧性。

图　11-1-13　　　　　　　　100×

图　11-1-14　　　　　　　　100×

图　11-1-15　　　　　　　　100×

图　号：11-1-13～11-1-15
材料名称：ZSnSb12Cu6Cd1 锡基轴承合金
浸 蚀 剂：4%硝酸酒精溶液
处理情况：铸态
组织说明：三试样显微组织大致相仿，由于三试
　　　　样摄影部位不一，组成相的大小、形态和分布
　　　　也不一。

　　　　基体为 α 固溶体，其上白色方块状、三角形
或不规则多边形为 β 相，系 SnSb 化合物。白色粒
状及短棒状为 ε 相，系 Cu_6Sn_5 化合物。

　　　　图 11-1-13：轴承近表面处，因冷却速度较快
故方块状 β 相较小数量较多，针状 ε 相也细小。

　　　　图 11-1-14：近中心部位，由于冷却速度较缓，
β 相大小不一，最大的线长度为 270μm，针状 ε
相较粗且密集。

　　　　图 11-1-15：中心部位，β 相有聚集现象，ε
相短而粗且数量多。

　　　　合金中加入少量镉，虽未有新相，但可提高
合金高温时的硬度。β 相由方形向针状变化的倾
向在本例不明显。

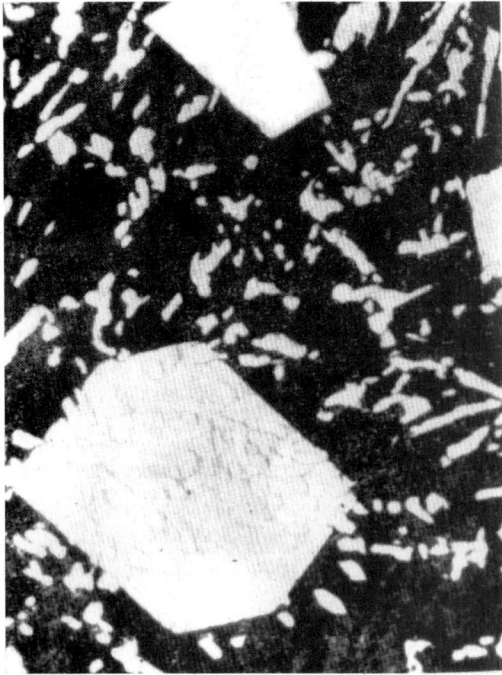

图 11-1-16 125×

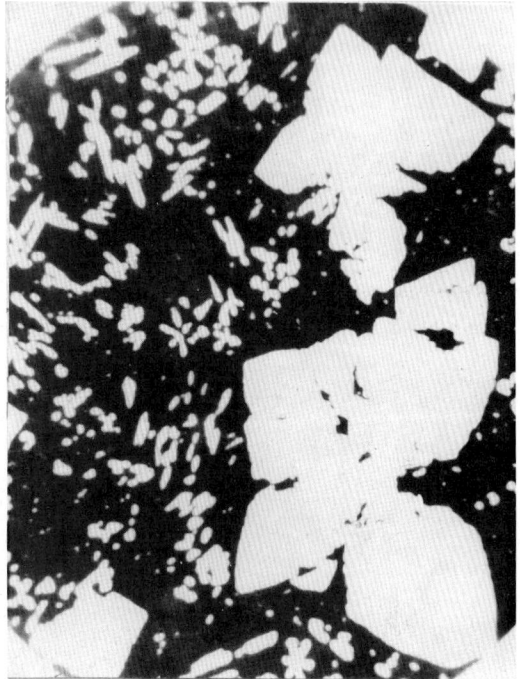

图 11-1-17 150×

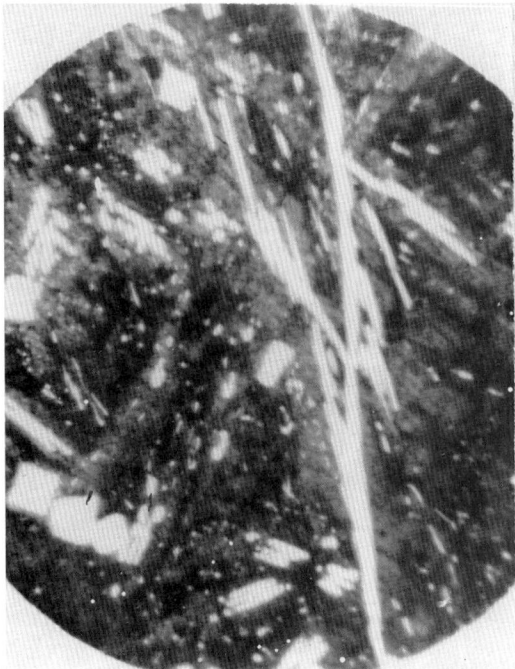

图 11-1-18 150×

图　号：11-1-16～11-1-18

材料名称：ZSnSb11Cu6 锡基轴承合金

浸 蚀 剂：4%硝酸酒精溶液

处理情况：图 11-1-16 为立式静止浇注（即重力浇注），浇注温度为 505℃，铜模温度为 310℃。图 11-1-17、11-1-18 为卧式离心浇注

组织说明：图 11-1-16：在黑色 α 固溶体上分布着白色方块状 SnSb 化合物+针状、粒状 Cu_6Sn_5 化合物。由于浇注温度和铜模温度较高，合金冷却速度较慢，SnSb 和 Cu_6Sn_5 都较粗大，这是不正常组织。

图 11-1-17：在黑色 α 固溶体上分布较小白色针状 Cu_6Sn_5 化合物+粗大聚集成蝶状的白色 SnSb 化合物。这是由于合金在 270℃以上冷速较快，Cu_6Sn_5 化合物较小。随后结晶时冷却速度较缓慢，致使 SnSb 化合物粗化，这是缺陷组织。

图 11-1-18：在黑色 α 固溶体上分布着粗长的白色针状 Cu_6Sn_5 化合物+较小方块状 SnSb 化合物。由于合金在 270℃以上温度缓冷，Cu_6Sn_5 化合物粗化，随后速冷，SnSb 化合物则细小，这也是缺陷组织。

金 相 图 片

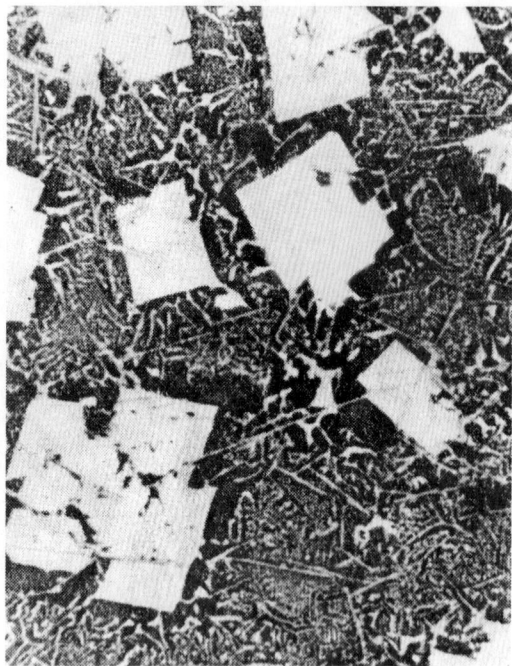

图　11-2-1　　　　　　　　　　　　125×

图　号：11-2-2

材料名称：铅基轴承合金

[w(Pb)81.5%，w(Sb)17.0%，w(Cu)1.5%]

浸 蚀 剂：4%硝酸酒精溶液

处理情况：立式静止浇注

组织说明：基体为铅+锑共晶体 [w（Pb）88.8%；w（Sb）11.2%]，白色方块状为 Sb 固溶体，白色针状为 Cu_2Sn。由于合金浇注时冷速较缓，故组织较粗大。由于合金中锑元素超过共晶成分，因而在冷却时析出初生方块状分布的锑固溶体，以致造成它的周围贫锑，故它周围墨色为铅基固溶体。此类合金是属于软基体上布有硬质点的铅基轴承合金。铅-锑合金在结晶过程中也有偏析现象，故常采用在合金中加入一定量的铜和其他元素，以形成导先相，从而控制后析出相不产生偏析。此外，采用快速冷却的浇注工艺等措施，也是防止产生偏析的有效方法。

铅金属在熔化时产生的金属气体对人体健康有严重的影响，应重视其对环境的污染和防止对人体健康的损害。

图　号：11-2-1

材料名称：ZPbSb16Sn16Cu2 铅基轴承合金

浸 蚀 剂：4%硝酸酒精溶液

处理情况：立式静止浇注

组织说明：基体为 Pb+ Sn（Sb）固溶体的共晶体，白色方块状为 SnSb 化合物，白色针状为 Cu_3Sn 化合物或 Cu_2Sn 化合物，此系 ZPbSb16Sn16Cu2 的正常组织。铅基轴承合金是加入锡、锑、铜等元素组成的合金，具有软的基体和硬质点的金相组织。它的组成相有铅（含有少量锡）的固溶体，锡的固溶体，以及 SnSb、Cu_3Sn、Cu_2Sn 等化合物相。铅与锡构成共晶体，SnSb 化合物是硬质点相，分布在 Pb+ Sn 软基共晶体上，加入铜形成 Cu_3Sn、Cu_2Sn 相，它们熔点较高，是先析出相，它们有阻止后结晶的 SnSb 产生偏析的作用。由于铅的储藏量丰富，价格低廉，铅基轴承合金的性能与锡基轴承合金的性能接近，因此常用铅基轴承合金替代锡基轴承合金。 ZPbSb16Sn16Cu2 合金适用于 1500kW 以上的蒸汽机、370kW 涡轮压缩机和小于 1500kW 起重机的重载荷推力轴承。

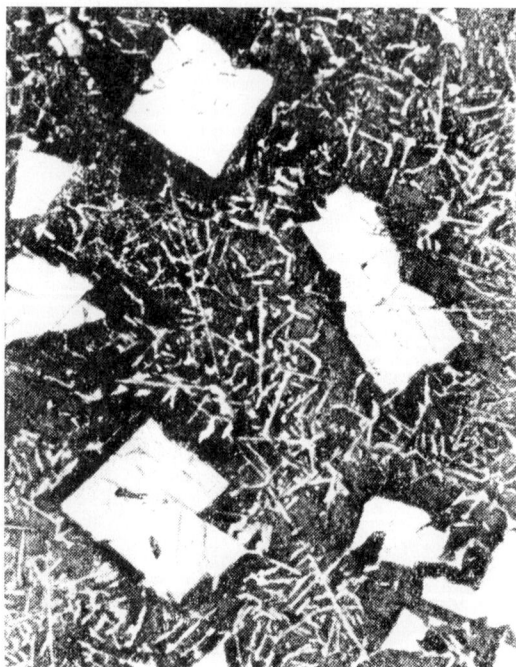

图　11-2-2　　　　　　　　　　　　125×

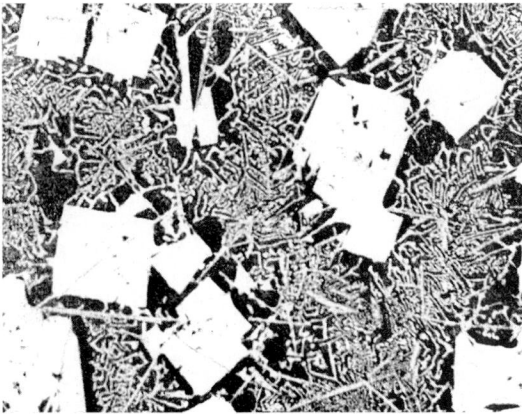

图　11-2-3　　　　　　　　　　100×

图　　号：11-2-3

材料名称：ZPbSb16Sn16Cu2 铅基轴承合金

浸 蚀 剂：4%硝酸酒精溶液

处理情况：重力浇注，浇注温度为 550℃，铜模模温为 260℃

组织说明：基体为［Pb＋Sn（Sb）］固溶体的共晶体，白色方块及多链形为 SbSn 化合物（β相），白色针条状为 Cu₃Sn 或 Cu₂Sb 化合物。针条状为 Cu₃Sn 化合物，熔点较高是先析相，SbSn 化合物依其而析出，故它又有阻止后结晶相产生偏析分布的作用。β相的最大线长度为 230μm，由于冷凝时冷速较慢，故共晶体较粗大，同时 β 相亦稍粗大。

图　　号：11-2-4

材料名称：ZPbSb15Sn10 铅基轴承合金

浸 蚀 剂：4%硝酸酒精溶液

处理情况：铸态

组织说明：基体为［Pb＋Sb＋Sn］三元共晶体，其上分布初生白色方块状或不规则状的 SbSn 化合物（β相），由于 SbSn 的析出，使其周围 SbSn 元素贫乏，故在方块的周围析出黑色 Pb 相。

　　在 w（Sb）为 12%～16%的铅锑合金中加入 w（Sn）为 4%～5.5%时，使合金有 SbSn 化合物形成，促使合金硬度明显增加。由于 SbSn 密度相对较小，冷凝过程中 β 相有积聚现象。此合金属软基体上分布硬质相的轴承合金。

图　11-2-4　　　　　　　　　　100×

图　　号：11-2-5

材料名称：ZPbSb15Sn5 铅基轴承合金

浸 蚀 剂：4%硝酸酒精溶液

处理情况：铸态

组织说明：基体为 Pb（黑色）＋Sb（白细条状）＋SbSn（白色小方块）三元共晶体，黑色枝晶状为初生铅。

　　合金成分处于 Pb-Sn-Sb 三元平衡图 X 点相近，三元共晶点成分应为 w（Pb）85%，w（Sb）11.5%，w（Sn）3.5%，组织为三元共晶，由于合金存在偏析或冷速过快，故在合金中出现了初生 Pb 相。

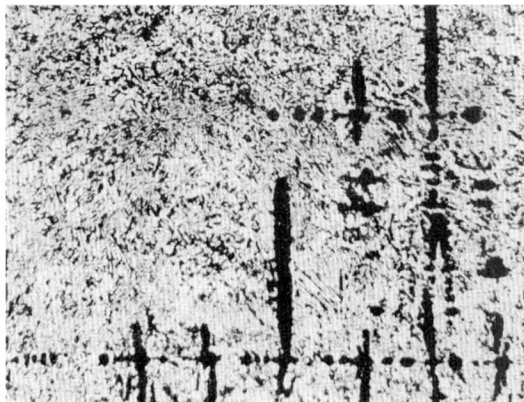

图　11-2-5　　　　　　　　　　100×

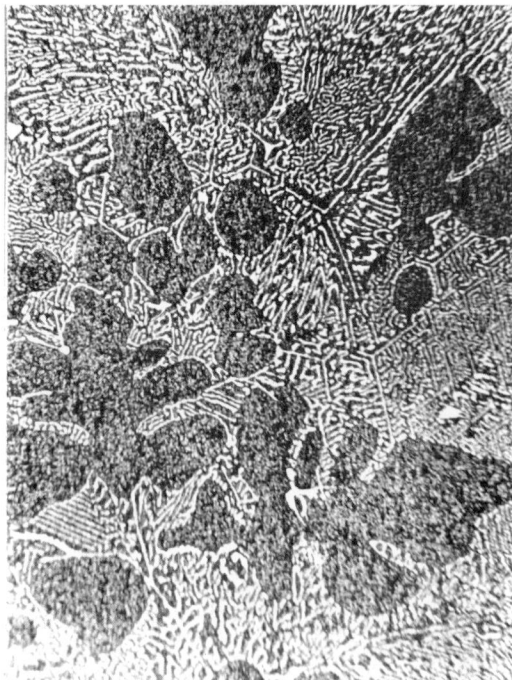

图　11-2-6　　　　　　　　400×

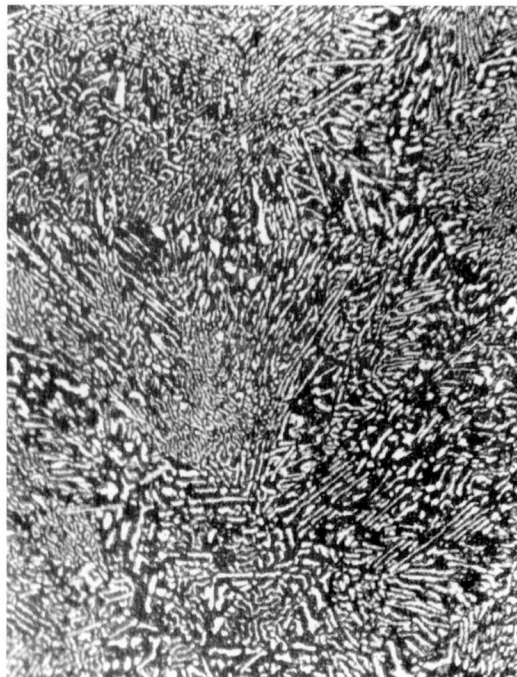

图　11-2-7　　　　　　　　500×

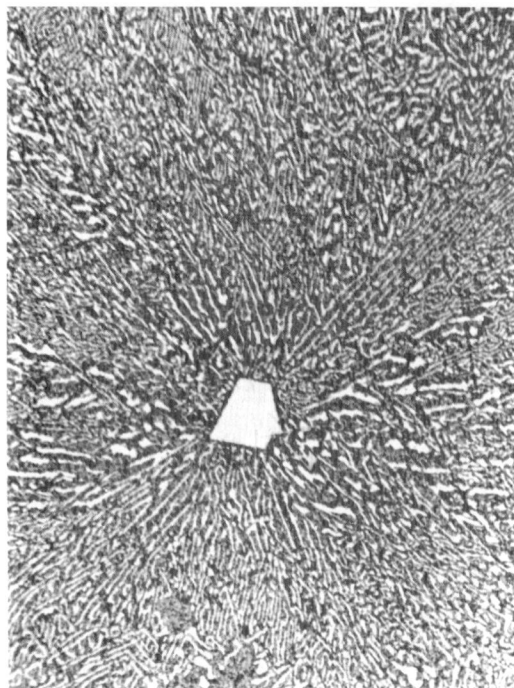

图　11-2-8　　　　　　　　500×

图　　号：11-2-6～11-2-8

材料名称：ZPbSb10Sn6 铅基轴承合金

浸 蚀 剂：4%硝酸酒精溶液

处理情况：铸态

组织说明：图 11-2-6 黑色枝晶块状为铅固溶体，黑
白相间者为（Pb+Sb）共晶体（即黑色基体铅固溶
体与白色鱼骨状分布的锑（β）固溶体构成的共
晶体）。

图 11-2-7：基体全为（Pb+Sb）共晶体。
ZPbSb10Sn6 合金经常可见到全部为共晶体组织
的视场。

图 11-2-8：基体为（Pb+Sb）共晶体及白色方
块状的 SbSn。出现块状 SbSn 化合物，这是合金
成分不均匀所造成的。

以上三图均为 ZPbSb10Sn6 合金的正常金相
组织。

ZPbSb10Sn6 合金常用于作汽车、拖拉机、空
压机的轴承。

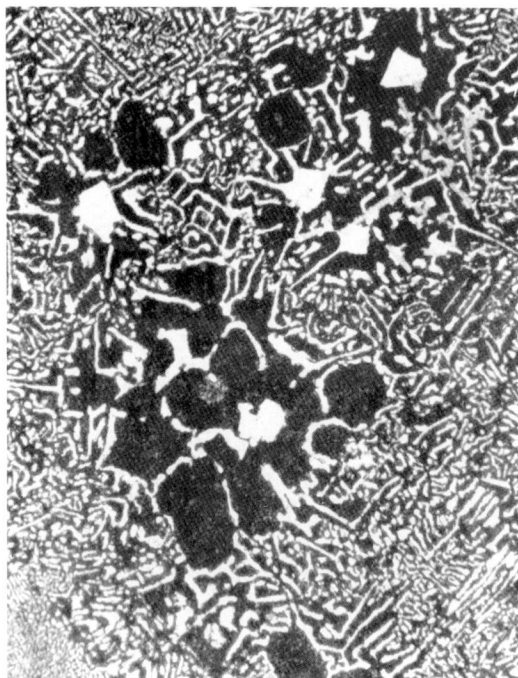

图　　号：11-2-9

材料名称：ZPbSb10Sn6 铅基轴承合金

浸 蚀 剂：4%硝酸酒精溶液

处理情况：铸态

组织说明：黑色者为铅基固溶体，黑白相间者为基
　　　　　体（Pb+Sn）共晶体，白色方块状者为 SnSb，黑
　　　　　色枝晶块状为 Pb。由于合金的成分不均匀，加上
　　　　　浇注温度又低，致使在合金中出现多种组织，出
　　　　　现不平衡的组织，既有初生枝晶分布的铅，又有
　　　　　方块 SnSb 相。铅锑锡合金由于加入了锡，它能提
　　　　　高 Pb-Sn 合金常温和高温硬度，锡一方面溶于铅
　　　　　中形成固溶体，提高基体的强度和硬度；另一方
　　　　　面与锑可形成方块形 SnSb 化合物，进一步提高合
　　　　　金的硬度和耐磨性。在 Pb-Sb-Sn 合金中加入一些
　　　　　铜元素，除能减轻和防止合金偏析作用外，还可
　　　　　以形成针状 Cu_2Sn 或 Cu_3Sn 相，防止 Sb 晶体和
　　　　　SnSb 晶体的偏析作用。对合金力学性能的有效作
　　　　　用将更加显著。

图　　11-2-9　　　　　　　　　　　　　　500×

图　　号：11-2-10

材料名称：ZPbSb10Sn6 铅基轴承合金；瓦背材料为
　　　　　ZCuPb17Sn4Zn4 铅青铜

浸 蚀 剂：4%硝酸酒精溶液

处理情况：铸态

组织说明：图上部铅基轴承合金（即轴承减摩合金
　　　　　层）。ZPbSb10Sn6 的组织为细密的（Pb+Sb）共晶
　　　　　体。图下部为白色铅青铜墙铁壁（即瓦背材料）
　　　　　ZCuPb17Sn4Zn4 合金，其组织为黑色块状、球状，
　　　　　点状铅分布在白色铜基 α 固溶体上。轴承合金与
　　　　　瓦背材料结合良好，从而提高铅基轴承合金的使
　　　　　用寿命。

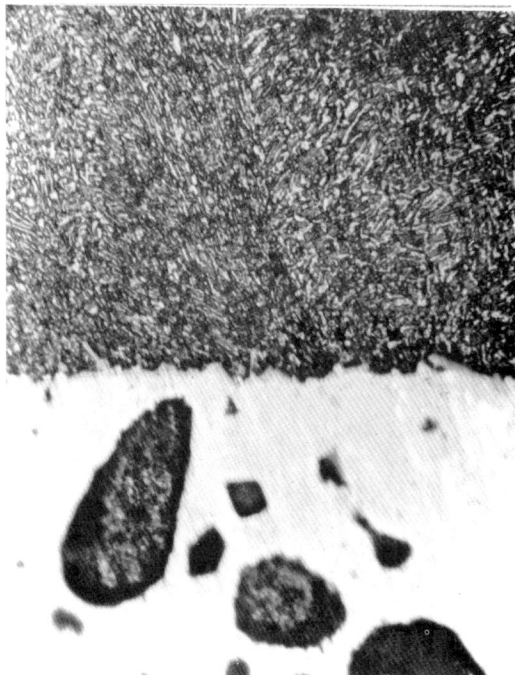

图　　11-2-10　　　　　　　　　　　　　500×

金 相 图 片

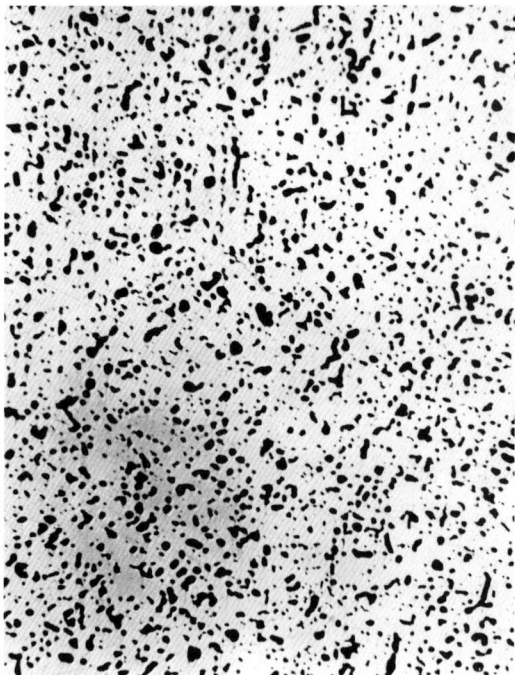

图 11-3-1　　　　　　　　100×

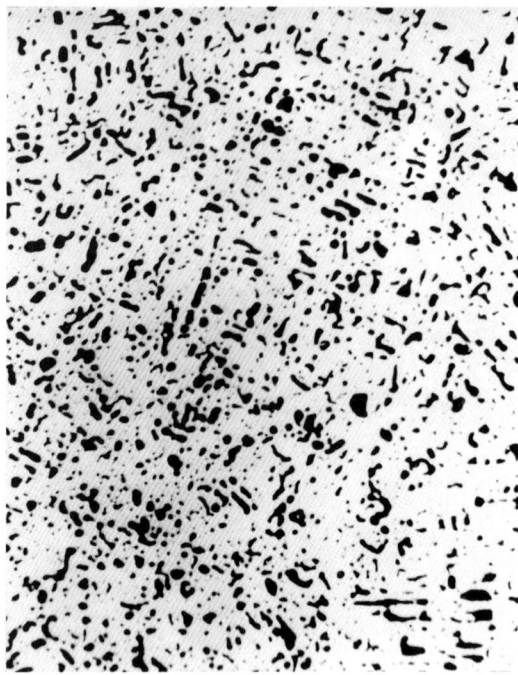

图 11-3-2　　　　　　　　100×

图 11-3-3　　　　　　　　100×

图　号： 11-3-1～11-3-3

材料名称： ZCuPb20Sn5 铜基轴承合金

浸 蚀 剂： 4%硝酸酒精溶液

处理情况： 立式静止浇注

组织说明： 图 11-3-1：中小点块状铅均匀分布在铜基 α 固溶体上。w（Sn）5%左右的铜铅合金，采用立式静止浇注工艺时，易于得到力学性能较高的铅呈点块状均匀分布的金相组织。合金硬度为 80HV。

图 11-3-2：在铜基 α 固溶体上分布着点块状铅，故对基体的切割作用较小，合金强度较高。合金硬度为 73HV。

图 11-3-3：铜基 α 固溶体，铅粒稍大呈中等点块状均匀分布在基体上。此牌号合金在基体中有时还会出现小粒状分布的 δ（$Cu_{31}Sn_8$）相，但由于硝酸酒精浸蚀时不易显示。合金硬度为 76HV。

通常将 w（Pb）20%，w（Sn）小于 6%的铅青铜称为高铅青铜。此牌号合金在生产中仍被大量采用，主要用作中、高速轴承以及汽车、拖拉机、大功率柴油机的轴承。

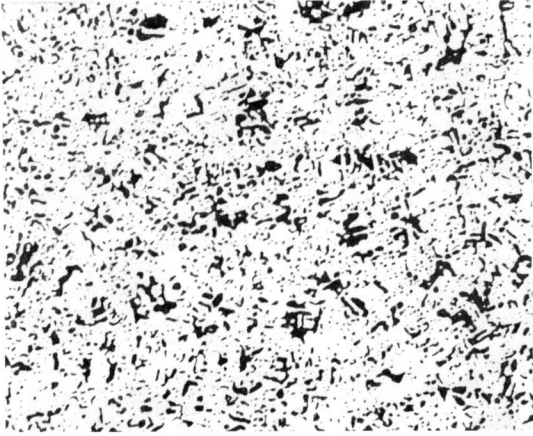

图 11-3-4   100×

图　　号：11-3-4

材料名称：ZCuPb24Sn2 铜基轴承合金

浸 蚀 剂：4%硝酸酒精溶液

处理情况：立式静止浇注

组织说明：图为轴承工作面合金层的金相组织，
　　黑色铅呈细小的点块状均匀分布在白色铜基 α
　　固溶体上，合金硬度为 65HV。立式静止浇注法
　　设备简单、投资少，与卧式离心浇注法相比，
　　质量较为稳定。适用于大型轴承的小批量生产。
　　w（Sn）为 2%左右的 Cu-Pb 合金，在立式静止
　　浇注时，易于得到铅呈中、小点块状分布的均
　　匀的金相组织。

图　　号：11-3-5

材料名称：ZCuPb24Sn2 铜基轴承合金

浸 蚀 剂：4%硝酸酒精溶液

处理情况：立式静止浇注

组织说明：轴承结合面处金相组织，铜基 α 固溶体
　　呈连续的树枝状，黑色点块状铅分布在枝晶间，
　　树枝状铅粒较上图稍大。钢背组织为铁素体+片
　　状珠光体，呈魏氏组织分布，合金硬度为 65HV。
　　此轴承的金相组织正常。
　　　　立式静止浇铸的 Cu-Pb 合金轴承，在合金层内
　　易于产生气孔和夹渣等缺陷。

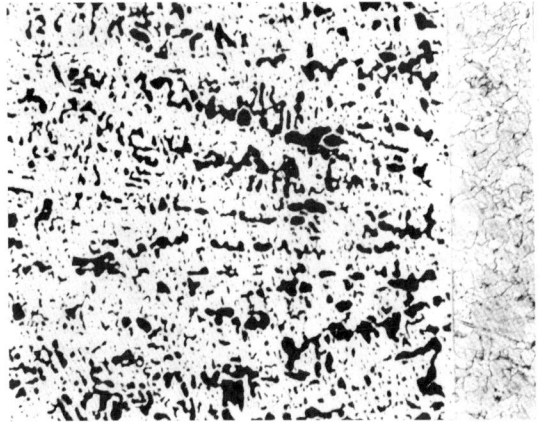

图 11-3-5   100×

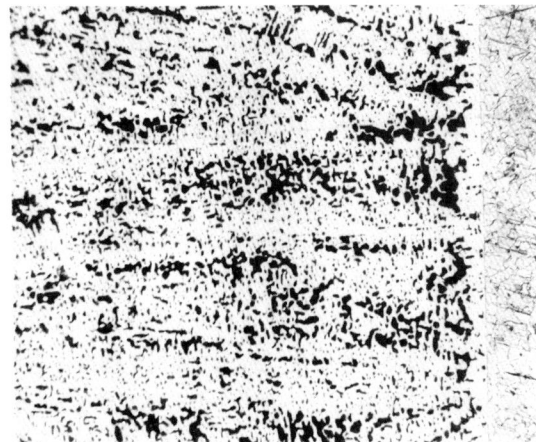

图 11-3-6   100×

图　　号：11-3-6

材料名称：ZCuPb24Sn2 铜基轴承合金

浸 蚀 剂：4%硝酸酒精溶液

处理情况：立式静止浇注

组织说明：铜基 α 固溶体呈垂直于钢背的树枝状，
　　铅呈点块状分布在枝晶间。这是一种铜基体连续
　　的树枝状组织。具有这类树枝状组织的合金，与
　　点块状组织的合金相似，其力学性能较高，承载
　　能力较大。合金硬度为 60HV。

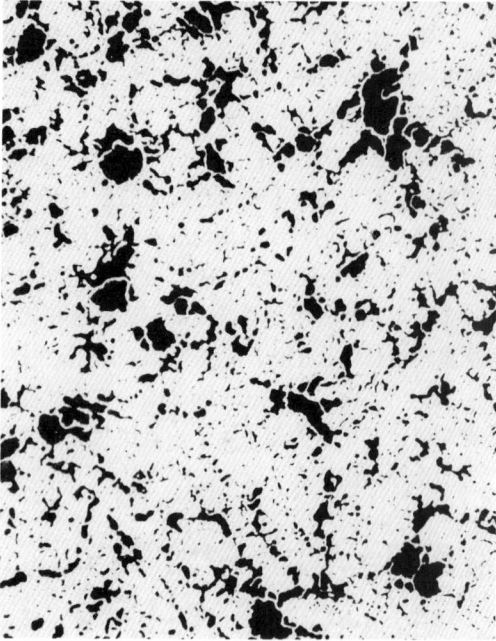

图　11-3-7　　　　　　　　　　100×

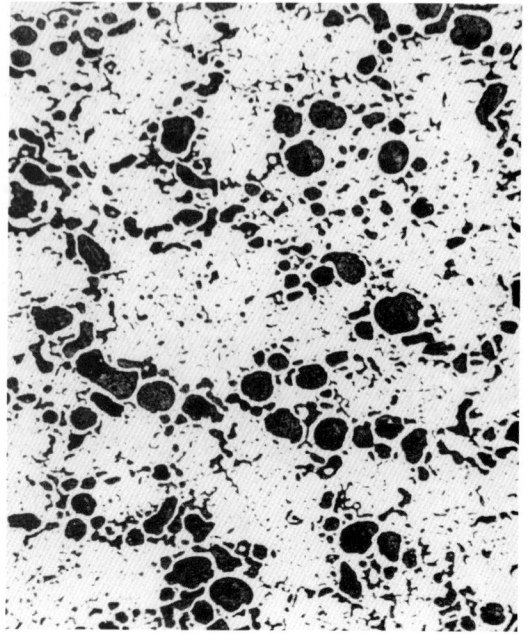

图　11-3-8　　　　　　　　　　100×

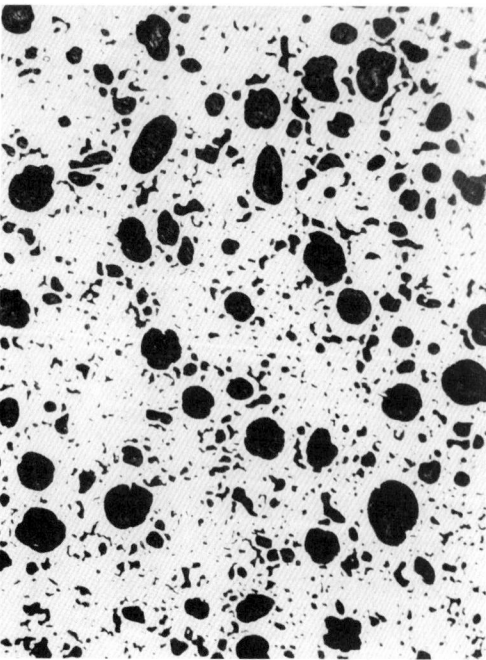

图　11-3-9　　　　　　　　　　100×

图　　号：11-3-7～11-3-9

材料名称：ZCuPb24Sn2 铜基轴承合金

浸 蚀 剂：未浸蚀

处理情况：卧式离心浇注，图 11-3-9 合金中添加少
　　　　　量混合稀土

组织说明：图 11-3-7：白色铜基 α 固溶体上较均匀
　　　　地分布着黑色中小点块状铅。力学性能较高。

　　　　图 11-3-8：在铜基 α 固溶体上，球状及点块
　　　状铅呈断续网状分布。此金相组织亦会明显降低
　　　合金的力学性能。合金硬度为 41.8HV。

　　　　图 11-3-9：加入少量混合稀土后，铅的形态
　　　和分布得到改善。铅主要呈球状均匀分布在铜基
　　　α 固溶体上，称为球状组织。具有球状组织的合
　　　金，力学性能较高。合金硬度为 50.5HV。由于
　　　铜与铅在固态下互不相溶，凝固时就形成 Cu+Pb
　　　的机械混合物。鉴于合金的凝固温度范围较宽，
　　　两者的熔点相差甚大，且密度差异大，在结晶过
　　　程中，极易产生密度偏析。铅偏析是铜铅合金主
　　　要的铸造缺陷之一。铜铅合金的高温性能较好，
　　　当工作温度达 250℃时，仍能正常工作。

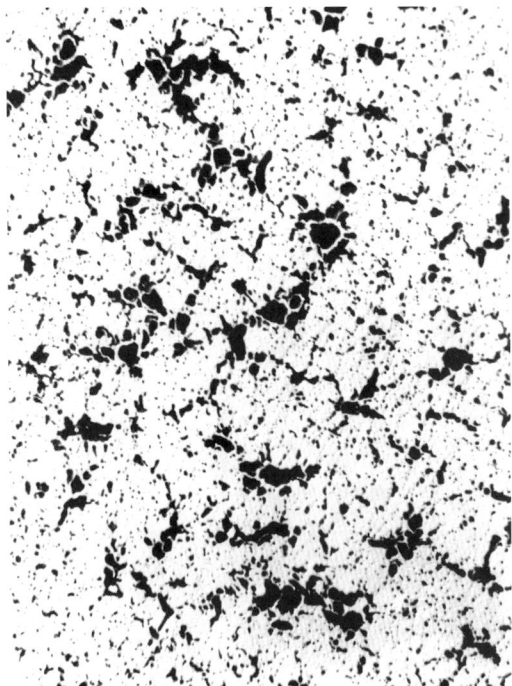

图　11-3-10　　　　　　　　　　　100×

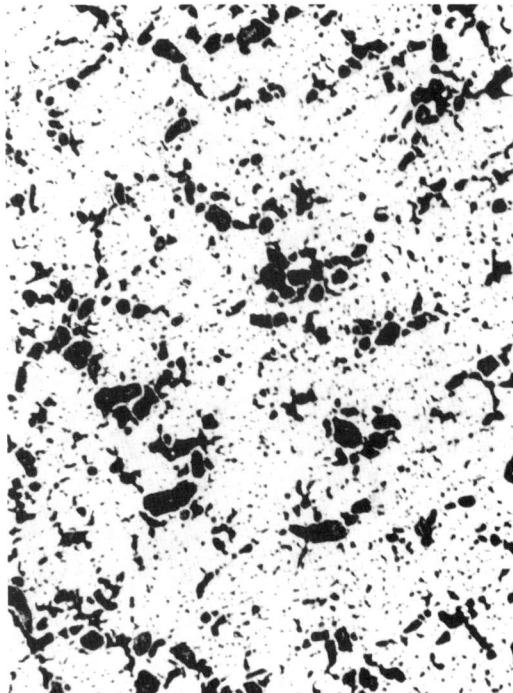

图　11-3-11　　　　　　　　　　　100×

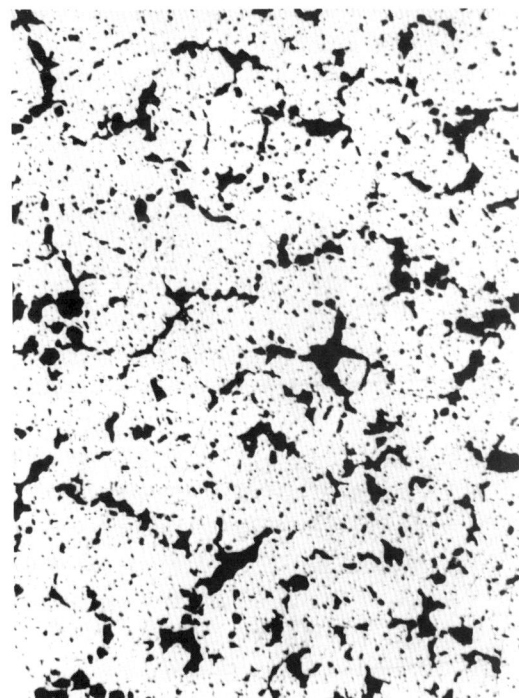

图　11-3-12　　　　　　　　　　　100×

图　　号：11-3-10～11-3-12

材料名称：ZCuPb24Sn2 铜基轴承合金

浸 蚀 剂：4%硝酸酒精溶液

处理情况：卧式离心浇注后分别置于：

　　　图 11-3-10 轴承在 230℃保温 8h 后炉冷

　　　图 11-3-11 轴承在 300℃保温 6h 后炉冷

　　　图 11-3-12 轴承在 400℃保温 6h 后炉冷

组织说明：图 11-3-10 及图 11-3-11 两图组织类似，铅为点块状呈断续网状分布在铜基 α 固溶体上。铜铅合金在 230℃和 300℃下较长时间保温对组织影响不大。在 400℃保温 6h 后空冷会使相互靠得很近的铅发生通连形成条状，铅的连续性增大，见图 11-3-12。卧式离心浇注后置于 230℃保温 8h 后炉冷的轴承，其硬度为 57.7HV。

　　为减轻和防止铜铅合金产生铅的偏析，可将 w（Pb）控制在 36%以下；铸造后采用快速冷却措施，使合金中铅来不及聚集长大；合理地添加改善结晶条件，细化晶粒的第三种合金元素，将会有效地控制并细化铅晶粒。

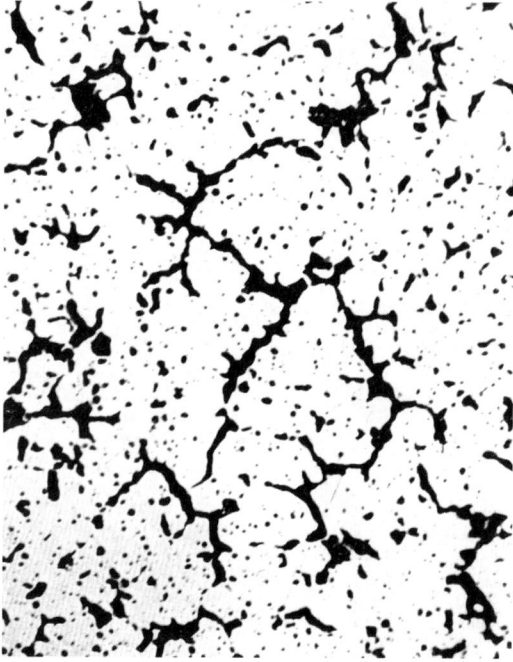

图　11-3-13　　　　　　　　　100×

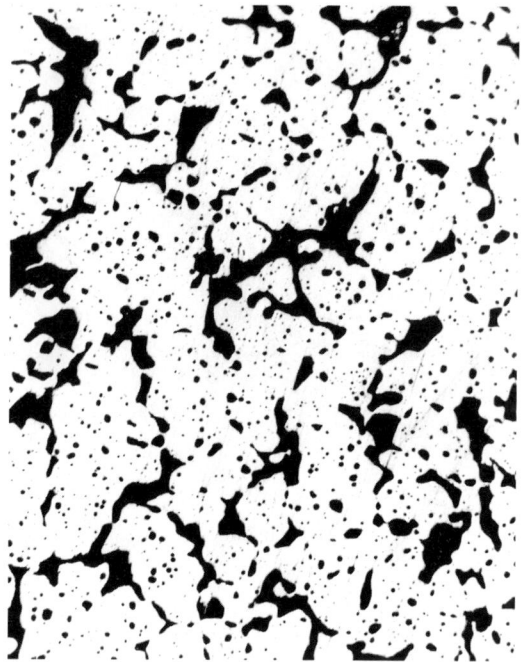

图　11-3-14　　　　　　　　　100×

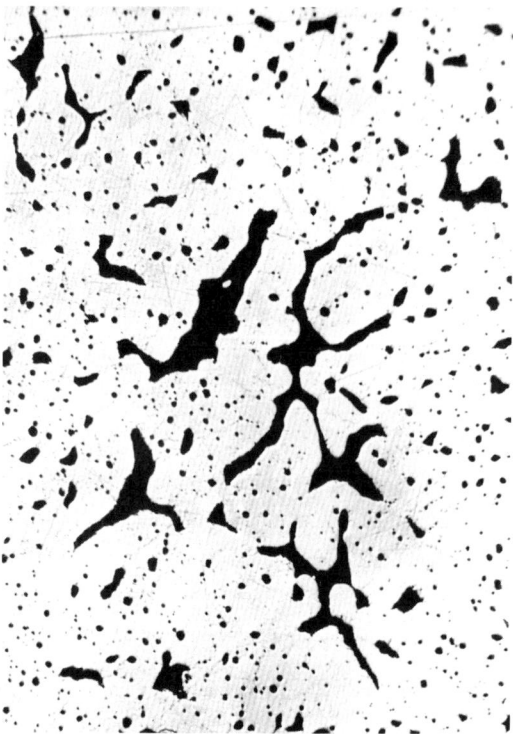

图　11-3-15　　　　　　　　　100×

图　　号： 11-3-13～11-3-15
材料名称： ZCuPb24Sn2 铜基轴承合金
浸蚀剂： 4%硝酸酒精溶液
处理情况： 卧式离心浇注后分别置于：

图 11-3-13 轴承在 450℃保温 6h 后空冷
图 11-3-14 轴承在 500℃保温 6h 后空冷
图 11-3-15 轴承在 650℃保温 6h 后空冷

组织说明： 图 11-3-13～图 11-3-15 在铜基固溶体上，铅由断续网状趋向连续网状，并随温度的升高组织开始聚集、粗化。由图 11-3-13～图 11-3-15 三组试样可看出：离心浇注轴承从 230℃至 650℃长时间保温后，铅由点块断续状趋向连续网状分布，铅随之粗化并聚集。说明离心浇注后采用缓冷是不能得到理想的组织。只有通过浇注后快冷或添加细化铅晶体的元素，如硫、银、锡、稀土、镍、锰等来细化铅晶体和改善铅偏析，从而改善轴承的力学性能和使用性能。铜铅合金是硬基体上布有软质点的轴承合金，因此铅在铜基体上的分布形态，对轴承的使用寿命是至关重要的。如铅呈网状，将切割铜基体的连续性，使硬度、强度大幅度降低，承载能力和疲劳强度不足，同时由于铅的耐腐性较差，合金在使用时易产生腐蚀和疲劳剥落。

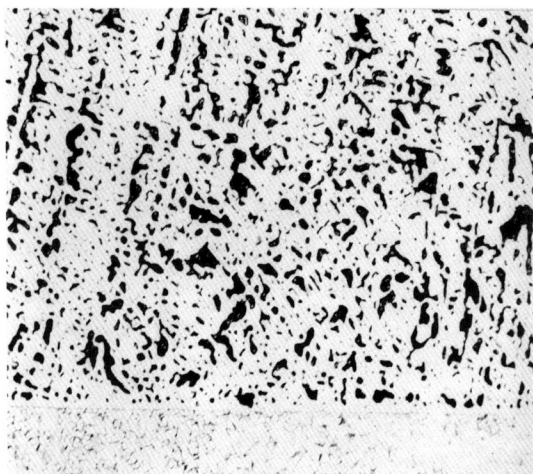

图　　11-3-16　　　　　　　　　100×

图　　　号：11-3-16

材料名称：ZCuPb24Sn2 铜基轴承合金

浸 蚀 剂：4%硝酸酒精溶液

处理情况：立式静止浇注

组织说明：铜基 α 固溶体呈树枝状，铅为中小点块
　　　　　状分布在枝晶间。铜铅合金与钢背结合良好。合
　　　　　金硬度为 66HV。铸造铜铅合金的金相组织主要
　　　　　有五种基本类型：点状组织；点块状组织；球状
　　　　　组织；网状组织和树枝状组织。但铜铅合金的金
　　　　　相组织往往不是以单一基本类型组织出现，而常
　　　　　是以两种或多种基本类型同时出现的。

图　　　号：11-3-17

材料名称：ZCuPb24Sn2 铜基轴承合金

浸 蚀 剂：4%硝酸酒精溶液

处理情况：卧式离心浇注，添加 w（S）为 0.07%

组织说明：较大的点块状铅分布在铜基 α 固溶体上，
　　　　　铅有断续网状分布的趋势。合金中的锡有利于铅
　　　　　呈点块状析出，添加少量硫有利于铅的均匀分布。
　　　　　合金硬度为 40HBS。但由于硫的加入量不够，组
　　　　　织的分布未能得到理想的效果，铅粒较粗大，当
　　　　　进一步添加硫时，铅相会细化，但铅的网状分布
　　　　　趋向会加大。

图　　11-3-17　　　　　　　　　100×

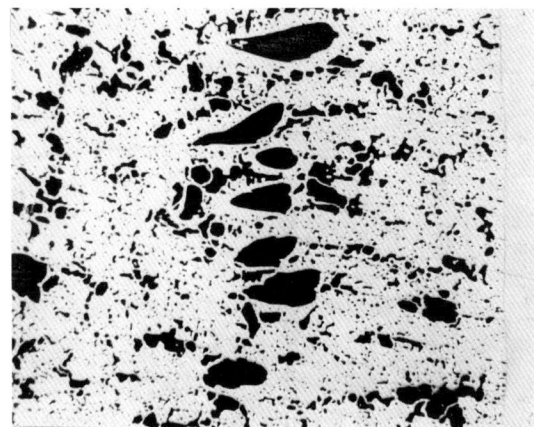

图　　11-3-18　　　　　　　　　100×

图　　　号：11-3-18

材料名称：ZCuPb24Sn2 铜基轴承合金

浸 蚀 剂：未浸蚀

处理情况：卧式离心浇注，添加少量混合稀土

组织说明：在铜基 α 固溶体上，部分铅呈蝌蚪状。
　　　　　在铜铅合金中加入稀土元素能细化铅的晶粒，同
　　　　　时又能改善铅的偏析。合金中有 w（Sn）为 2%
　　　　　左右，锡是促使铅呈点块状析出的元素。在卧式
　　　　　离心浇注时，要想得到细小且均匀分布的 Pb 相，
　　　　　在工艺上是难掌握的。该图所示为铅的层次偏析
　　　　　（中间层偏析）。

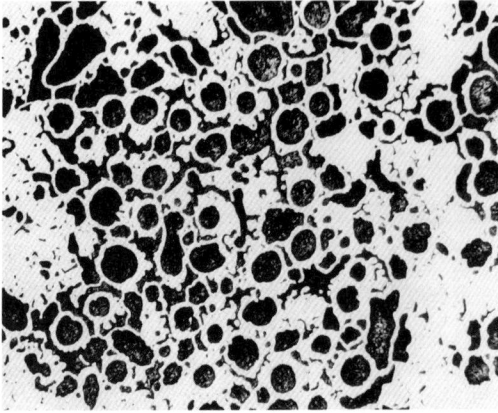

图 11-3-19 100×

图 号：11-3-19

材料名称：ZCuPb24Sn2 铜基轴承合金

浸 蚀 剂：未浸蚀

处理情况：卧式离心浇注

组织说明：密集的球状和块状铅偏析分布在铜基 α 固溶体上。此为严重偏析的不良金相组织。铜熔点为 1084.5℃，铅的熔点为 327℃，常用铜铅合金的液相线温度（约为 960～980℃）和固相线温度（326℃）之差约为 650℃，在 955℃偏晶反应后，合金中的铜已绝大部分变成固体，而铅直至 326℃才凝固结晶，同时铜与铅两种金属的密度相差较大，铜密度为 8.93g/cm³，铅密度为 11.37g/cm³，加上铜与铅在固态下又互不相溶，因此在结晶时易产生密度偏析。

图 号：11-3-20

材料名称：ZCuPb24Sn2 铜基轴承合金

浸 蚀 剂：未浸蚀

处理情况：卧式离心浇注

组织说明：大块状的铅偏析分布在轴承钢背结合界面附近，这是一种正偏析，它有害于合金层与钢背的粘结质量。成分偏析有区域偏析、条带状偏析和层次偏析。层次偏析有三种：第一种是铅聚集分布在轴承钢背附近，称为正偏析；第二种是铅聚集分布于轴承合金层工作表面附近，称为反偏析；第三种是铅聚集分布于轴承合金层中间位置，称为中间层偏析。

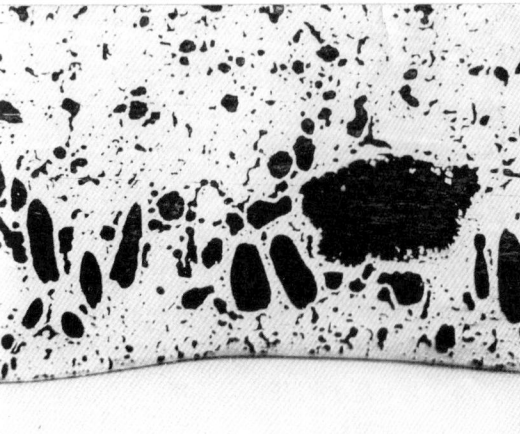

图 11-3-20 100×

图 号：11-3-21

材料名称：ZCuPb24Sn2 铜基轴承合金

浸 蚀 剂：未浸蚀

处理情况：粉末感应加热，卧式离心浇注

组织说明：粗大块状铅聚集在轴承与钢背结合面附近。这是卧式离心浇注铜铅合金轴承合金层常出现的一种层次偏析，称之谓正偏析。

由于铜与铅金属两者的密度相差较大，在感应加热时，粉末成为液体，由于在离心力和激冷作用下，铜液先由于钢背受激冷而先结晶，随后铅液则由于密度较大而靠近钢背。若钢背激冷不及时，或冷速较慢，或粉末外有较多铅存在时，都会形成这种层次偏析，称为正偏析。

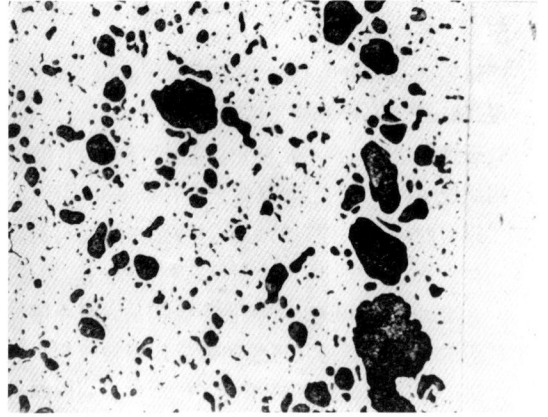

图 11-3-21 100×

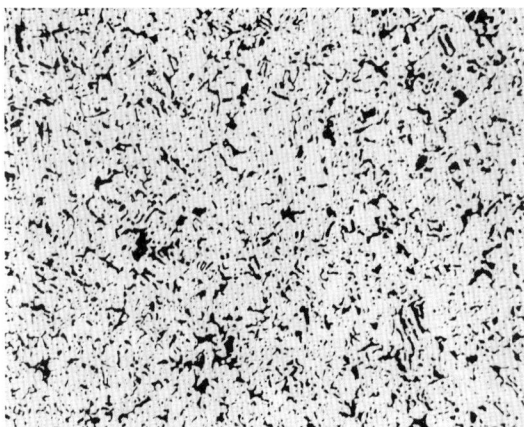

图　11-3-22　　　　　　　　　　　　100×

图　　号：11-3-22

材料名称：ZCuPb24Sn2 铜基轴承合金

浸 蚀 剂：4%硝酸酒精溶液

处理情况：带式连续浇注

组织说明：黑色细小的点块状铅均匀分布在白色铜
　　　　　基 α 固溶体上。此为铜铅合金优良的金相组织。
　　　　　合金硬度为 66HV。

　　　　带式连续浇注工艺易于消除铜铅合金的铅偏
析，获得性能良好的金相组织。带式连续浇注是
将熔化好的合金溶液浇注在连续移动的钢带上，
在钢带背面进行喷油冷却，制成钢带-铜铅合金双
金属带，然后加工成各种轴承。

图　　号：11-3-23

材料名称：ZCuPb24Sn2 铜基轴承合金

浸 蚀 剂：4%硝酸酒精溶液

处理情况：带式连续浇注

组织说明：细小的点块状铅均匀地分布在铜基 α 固
　　　　　溶体上。合金硬度为 65.5HV。

　　　　带式连续浇注工艺除能消除铜铅合金的铅的
偏析，获得细小均匀的金相组织，此工艺的优点
是生产效率高，双金属板质量好，且稳定，缺点
是设备投资大，技术要求高，不适宜于多品种小
批量生产。

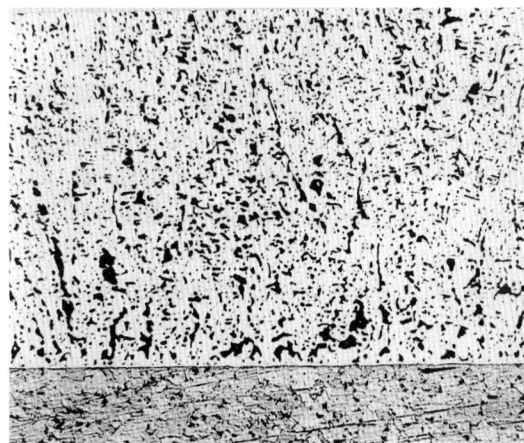

图　11-3-23　　　　　　　　　　　　100×

图　　号：11-3-24

材料名称：ZCuPb24Sn2 铜基轴承合金

浸 蚀 剂：4%硝酸酒精溶液

处理情况：带式连续浇注

组织说明：较小的点块状铅较均匀地分布于铜基 α
　　　　　固溶体上。此为轴承结合面金相组织。合金与钢
　　　　　背结合良好。合金硬度为 66HV。

　　　　带式连续浇注不但可以消除偏析获得细小组
织，而且铜铅合金与钢带的结合良好，从而得到
优质的轴承。国内目前仍广泛采用卧式离心浇注
和立式静止浇注工艺，其主要缺点是浇注工艺难
掌握，产品质量不够稳定，但能适应多规格小批
量生产的需要。

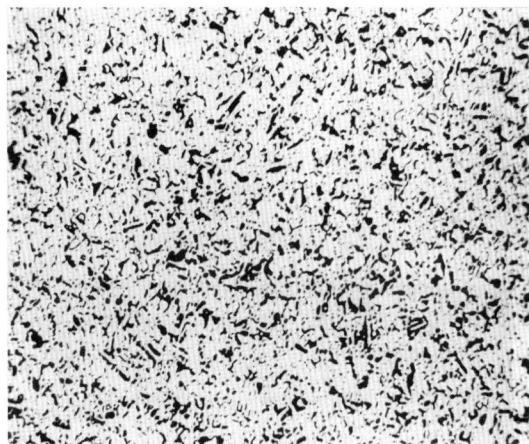

图　11-3-24　　　　　　　　　　　　100×

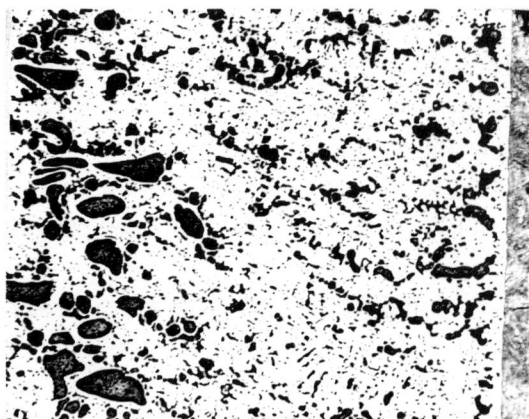

图　11-3-25　　　　　　　　　100×

图　　号：11-3-25

材料名称：ZCuPb24Sn2 铜基轴承合金

浸 蚀 剂：4%硝酸酒精溶液

处理情况：卧式离心浇注，添加少量混合稀土

组织说明：大块状铅聚集分布在轴承合金层工作面附近，这是卧式离心浇注的铜铅合金常出现的另一种层次偏析，称为反偏析。

采用卧式离心浇注工艺，虽有生产效率较高、设备简单、易实现多品种生产等优点，但其缺点是工艺不易控制，质量不够稳定，特别是铅偏析难以消除。

图　　号：11-3-26

材料名称：ZCuPb24Sn2 铜基轴承合金

浸 蚀 剂：4%硝酸酒精溶液

处理情况：卧式离心浇注，添加 w（RE）为 0.2%的混合稀土

组织说明：铅聚集分布在轴承合金层的中间位置，这是卧式离心浇注铜铅合金常见的又一种层次偏析，称之谓中间层偏析。合金硬度为 46.6HV。

层次偏析是卧式离心浇注 Cu-Pb 合金经常遇到较难消除的一种铅偏析，为了减轻和防止它的产生，合金在浇注前必须充分搅拌，浇注时应该采取快速冷却的措施。

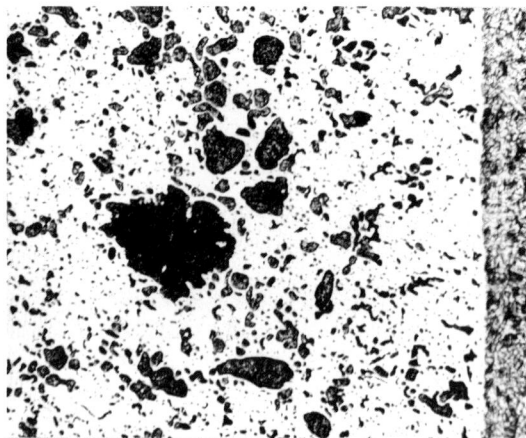

图　11-3-26　　　　　　　　　100×

图　　号：11-3-27

材料名称：ZCuPb24Sn2 铜基轴承合金

浸 蚀 剂：4%硝酸酒精溶液

处理情况：立式静止浇注

组织说明：在铜铅合金层与钢背的结合界面上存在着少量黑色氧化物夹杂。此为粘结质量有问题的一种金相组织。

立式静止浇注虽具有设备简单、投资少，与卧式离心浇注法相比，质量比较稳定，较易得到点块状铅的组织，铅的偏析倾向较小等优点，但生产效率和原材料利用率低，易出现气孔、夹杂、铸件上端有收缩等缺陷，主要用于大型轴承的小批量生产。

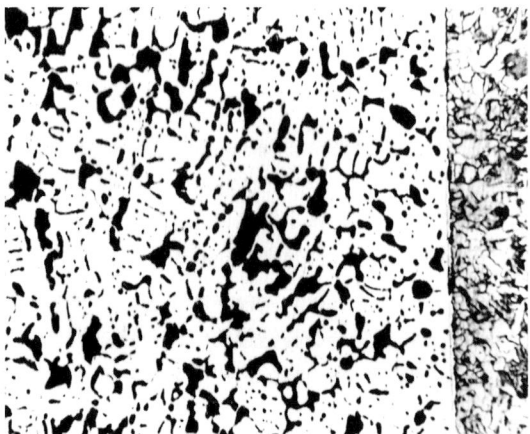

图　11-3-27　　　　　　　　　100×

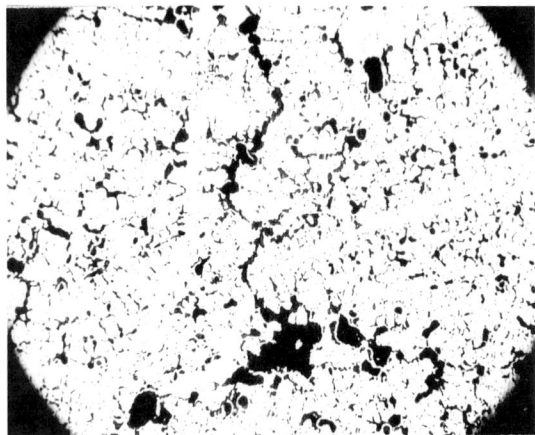

图　　11-3-28　　　　　　　　　　　　　100×

图　　号：11-3-28

材料名称：铜铅合金 [w（Pb）24.4%，其余为 Cu]

浸 蚀 剂：4%硝酸酒精溶液

处理情况：卧式离心浇注，添加 w（Sn）为 0.46%

组织说明：在铜基 α 固溶体上分布着断续网状铅，
　　　　　并存在着细长铅条和较粗的铅块。合金硬度为
　　　　　35HBS。

　　　　　　在离心浇注的铜铅合金中添加 w（Sn）为 1%
　　　　　以下是难于消除铅的网状结构和铅的偏析的，尽
　　　　　管锡元素是缩小混合界域的元素，能使 Cu-Pb 合
　　　　　金的偏晶点左移，但由于加入量少，因此，对铜
　　　　　铅分布的改变作用不明显。

图　　号：11-3-29

材料名称：铜铅合金 [w（Pb）23%，其余为 Cu]

浸 蚀 剂：4%硝酸酒精溶液

处理情况：卧式离心浇注，添加 w（Sn）为 1.5%

组织说明：在铜基 α 固溶体上，大部分铅呈中等点块
　　　　　状，少量铅块偏大，并带有断续网状分布的趋势。
　　　　　当 w（Sn）为 1.5%的加入量介于 1%～1.8%时，铅
　　　　　的形状应以点、块状为主，但往往带有断续网状的
　　　　　趋势。加锡的 Cu-Pb 合金是目前内燃机上应用最
　　　　　广泛的铜基轴承合金之一。

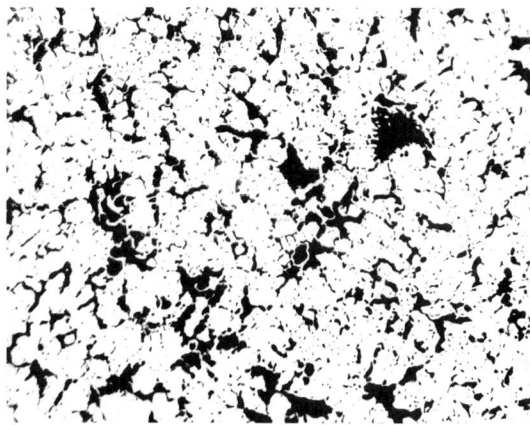

图　　11-3-29　　　　　　　　　　　　　100×

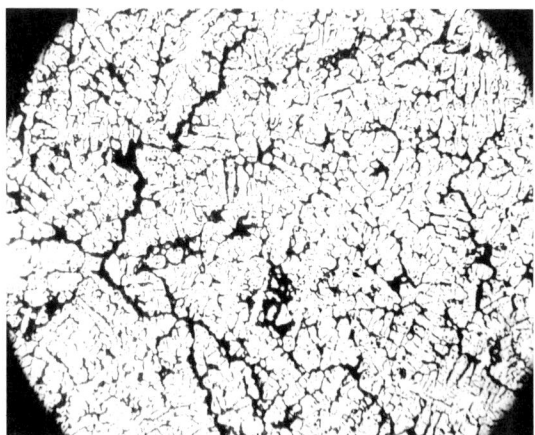

图　　11-3-30　　　　　　　　　　　　　100×

图　　号：11-3-30

材料名称：铜铅合金 [w（Pb）23.0%，其余为 Cu]

浸 蚀 剂：4%硝酸酒精溶液

处理情况：卧式离心浇注，添加 w（Sn）为 0.56%；
　　　　　w（S）为 0.22%

组织说明：铅呈连续网状分布在铜基 α 固溶体上。
　　　　　合金硬度为 36HBS。在生产实践中，有时将锡和
　　　　　硫同时加入到铜铅合金中，调整 Sn 和 S 的加入
　　　　　量，可以在一定程度上改变铜铅合金的金相组织。
　　　　　由于合金中加硫较多，加锡较少，故合金易于得
　　　　　到连续网状组织。把 Sn 作为主加入元素，把 S
　　　　　作为辅加元素时，在 Sn 作用下，使铅主要呈点块
　　　　　状分布。

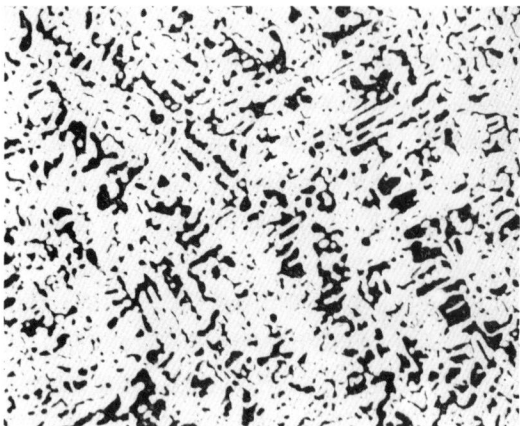

图　11-3-31　　　　　　　　　　　　100×

图　　号：11-3-32

材料名称：铜铅合金 [w（Pb）23.5%，其余为 Cu]

浸 蚀 剂：4%硝酸酒精溶液

处理情况：卧式离心浇注，添加 w（Ni）1.5%

组织说明：连续和断续状的铅分布在铜基 α 固溶体
　　　　　的枝晶间。

　　　　合金硬度为 26.6HV。镍能无限地固溶于铜中，
　　形成无限固溶体。能提高合金的熔点，由于镍是扩
　　大混合界域的元素，可使 Cu-Pb 合金平衡图中偏
　　晶点向右移。在铜铅合金中加镍会助长铜晶体向
　　树枝状发展，但铅主要呈连续的网状及树枝状分
　　布，故其力学性能提高极有限。

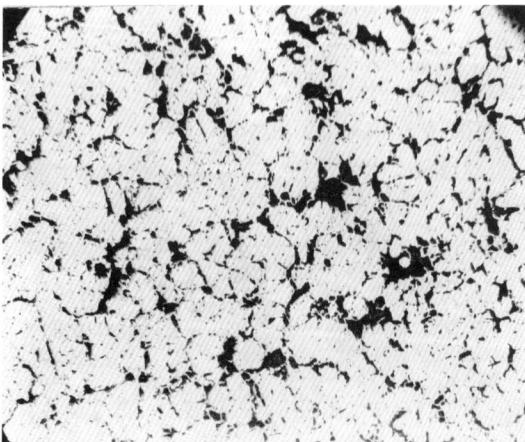

图　11-3-33　　　　　　　　　　　　100×

图　　号：11-3-31

材料名称：ZCuPb24Sn2 高铅青铜

浸 蚀 剂：4%硝酸酒精溶液

处理情况：立式静止浇注，添加 w（Ni）1%

组织说明：铜基 α 固溶体呈树枝状，其上分布着点
　　　　　块状铅。

　　　　Cu-Pb 合金中最常用的添加元素是锡，当加
　　入 w（Sn）超过 3%时，就成为高铅青铜牌号的合
　　金了，一部分锡溶于铜中形成 α 固溶体，起到强
　　化基体的作用；另一部分则溶于铅中，不仅强化
　　了铅，而且有利于提高铅的耐腐蚀性。若再加入
　　镍元素，可使铅呈点块树枝状分布。

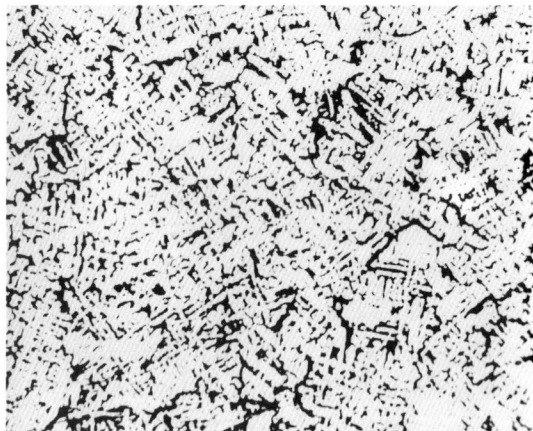

图　11-3-32　　　　　　　　　　　　100×

图　　号：11-3-33

材料名称：铜铅合金 [w（Pb）23.0%，其余为 Cu]

浸 蚀 剂：4%硝酸酒精溶液

处理情况：卧式离心浇注，添加 w（Sn）为 2%，
　　　　　w（Ni）为 1.5%

组织说明：在铜基 α 固溶体上，铅主要呈点块状，
　　　　　但成断续网状分布。同时将锡和镍作为主加元素
　　　　　加入到铜铅二元合金中，在卧式离心浇注时，当
　　　　　w（Sn）小于 1%时，是难以改变铅的网状结构，
　　　　　当 w（Sn）大于 1.8%时，比较容易得到铅呈中、
　　　　　小点块状的分布，但尚有呈断续网状的趋势。

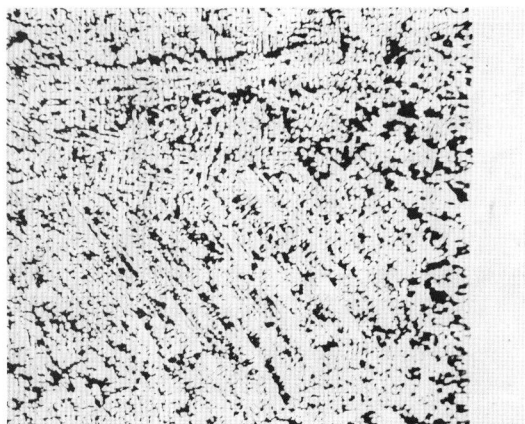

图　　11-3-34　　　　　　　　　　　　100×

图　　号：11-3-34
材料名称：铜铅合金
浸 蚀 剂：未浸蚀
处理情况：卧式离心浇注，添加 w（Ag）为 2.4%
组织说明：铜基 α 固溶体呈树枝状，较小的连续和
　　　　断续状铅分布在枝晶间。此为轴承结合面的金相
　　　　组织。

　　　　银的作用基本上与硫相似，能细化晶粒和防
　　　止铅的偏析，但其作用不如硫强烈。随着合金中
　　　银的加入量的增加，合金的金相组织会进一步细
　　　化，铅的分布会更均匀，但铅的连续网状倾向更
　　　显著。

图　　号：11-3-35
材料名称：铜铅合金
浸 蚀 剂：4%硝酸酒精溶液
处理情况：卧式离心浇注，添加 w（Ag）为 2.4%
组织说明：在铜基 α 固溶体上分布着连续的网状铅。
　　　此为轴承合金层工作面金相组织，合金硬度为
　　　27.8HV。

　　　　合金中加入银后，铅基本上呈连续的网状分
　　　布。由于加入的银较多，故组织较均匀，铅网较细
　　　化。加银的铜铅合金在卧式离心浇注时易于得到网
　　　状组织，其力学性能也不高，网状铅在使用中易于
　　　被腐蚀，合金易于产生剥落，故其应用范围日趋减
　　　少，主要用于较低载荷下工作的发动机轴承。

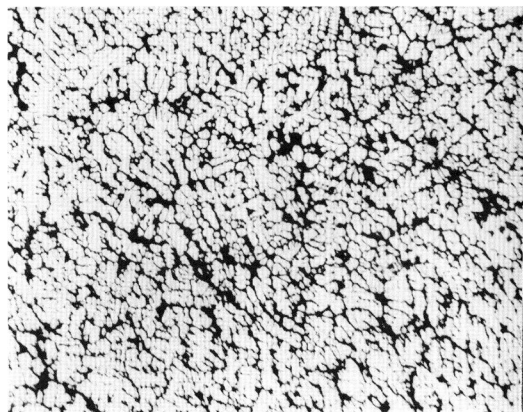

图　　11-3-35　　　　　　　　　　　　100×

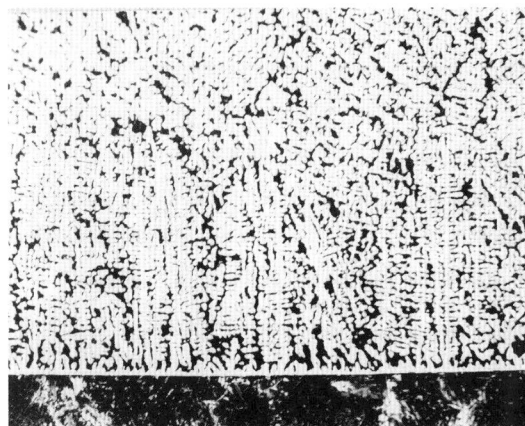

图　　11-3-36　　　　　　　　　　　　100×

图　　号：11-3-36
材料名称：铜铅合金
浸 蚀 剂：4%硝酸酒精溶液
处理情况：卧式离心浇注，在合金中添加 Ag 和 Ni
组织说明：此为轴承结合面金相组织。铜铅合金层
　　　的金相组织为：铜基 α 固溶体呈方向性树枝状分
　　　布并垂直于钢背，铅分布在枝晶间，这是一种铅
　　　连续的树枝状组织，其力学性能并不高。合金与
　　　钢背结合界线清晰，粘结良好。

　　　　合金硬度为 32.4HV。加 Ag 和 Ni 元素的
　　　Cu-Pb 合金鉴于力学性能不高，不能承受较高载
　　　荷，故其应用越来越少。

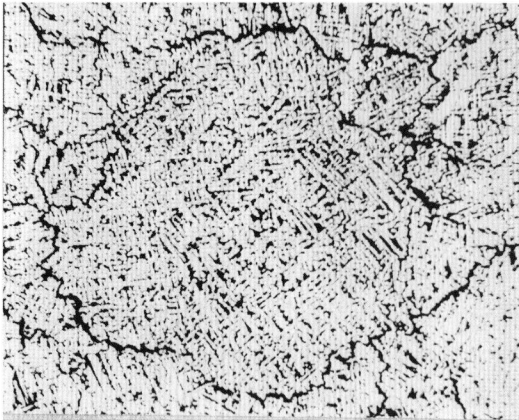

图　11-3-37　　　　　　　　　　100×

图　　号：11-3-37
材料名称：铜铅合金［w（Pb）22.5%，其余为Cu］
浸 蚀 剂：4%硝酸酒精溶液
处理情况：卧式离心浇注，添加 Ag 和 Ni 元素
组织说明：合金工作面金相组织。在粗大的连续网
　　状铅的内部分布着细小的树枝状组织，枝晶间分
　　布着细小的铅。这是一张网状组织和树枝状组织
　　同时并存的金相照片，铅网很大，但枝晶很细。
　　合金硬度为 32.4HV。
　　　　银和镍均是扩大混合界域的元素，它们会使
　　铜-铅合金平衡图的偏晶点向右移动，能细化晶
　　粒，防止偏析，铅基本上呈连续的网状分布。

图　　号：11-3-38
材料名称：铜铅合金［w（Pb）25.4%，其余为Cu］
浸 蚀 剂：4%硝酸酒精溶液
处理情况：卧式离心浇注，添加 w（S）为 0.31%
组织说明：具有较大连续铅网和在铅网内呈连续树
　　枝状分布的铅并存的组织。由于合金中铅的连续
　　性强，故其力学性能不高。
　　　　合金硬度为 31HBW。硫能显著地扩大
　　Cu-Pb 合金的混合界域，使偏晶点向右移动，
　　有利于形成均匀的合金熔液。硫会与铜形成高
　　熔点（1131℃）的硫化亚铜（Cu₂S），它能成为
　　合金的结晶中心，强烈地细化合金的组织，能
　　有效地防止铅的偏析。

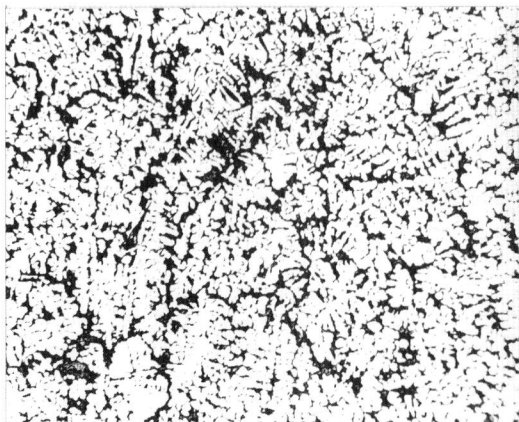

图　11-3-38　　　　　　　　　　100×

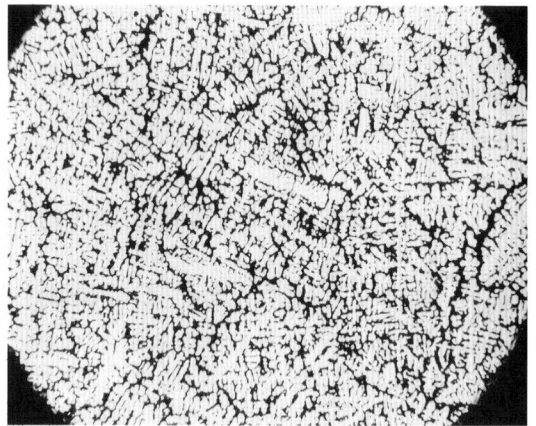

图　11-3-39　　　　　　　　　　100×

图　　号：11-3-39
材料名称：铜铅合金［w（Pb）25.4%，其余为Cu］
浸 蚀 剂：4%硝酸酒精溶液
处理情况：卧式离心浇注，添加 w（Ce）为 0.15%
组织说明：铅主要呈连续网状分布在铜基 α 固溶体
　　上，将稀土铈加入 Cu-Pb 合金中，有防止铅偏析
　　作用，有利于铅呈连续状分布。
　　　　稀土元素的作用与扩大混合界域的银和镍
　　等元素相似，使 Cu-Pb 合金平衡图中偏晶点向右
　　移，从而改善铅的偏析程度。

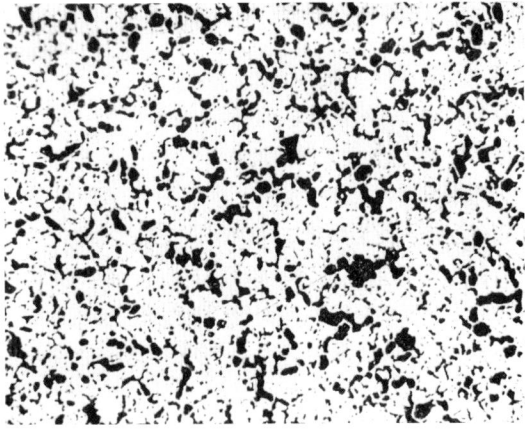

图 11-3-40   100×

图 号：11-3-41

材料名称：ZCuPb24Sn2 铜基轴承合金及表面电镀层

浸 蚀 剂：氯化高铁盐酸水溶液

处理情况：在铸造铜铅合金层表面先镀镍栅层，再在
其上镀 Pb- Sn -Cu 三元合金

组织说明：铜铅合金为点块状组织；中间镍栅层（白
色细条状）连续；表面三元镀层为铅基固溶体上
分布细散 Cu-Sn 化合物。此为铜铅合金层表面电
镀层的正常金相组织。

为改善轴承的表面工作性能，常在表面镀覆一
层软质的二元或三元合金层，镀层的厚度一般在
0.02～0.05mm。为了防止镀层中 Sn 向 Pb-Cu 合金
层内扩散，在铜铅合金层上先镀上一厚度 1～2μm
纯镍，这就是所谓的镍栅层。

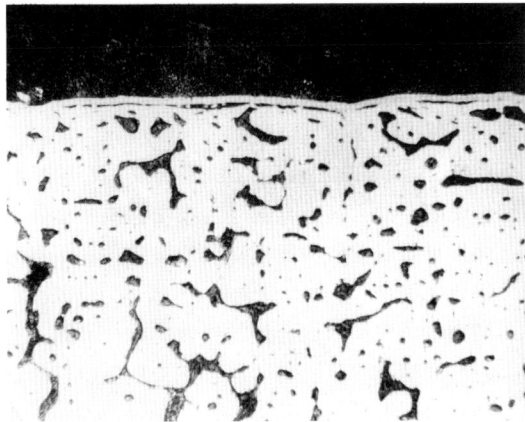

图 11-3-42   100×

图 号：11-3-40

材料名称：铜铅合金 [w（Pb）22%，其余为Cu]

浸 蚀 剂：4%硝酸酒精溶液

处理情况：立式静止浇注，添加 w（Sn）为 3%；
w（Mn）为 2%

组织说明：黑色铅呈点粒状均匀分布在铜基α固溶
体上。

合金硬度：76HV。在含锡量较多的铜铅合
金或高铅青铜中添加较多的锰，在采用立式静
止浇注工艺时有利于合金中的铅形成点状，并
使合金力学性能大为提高。同时锰元素还具有
脱氧效果。

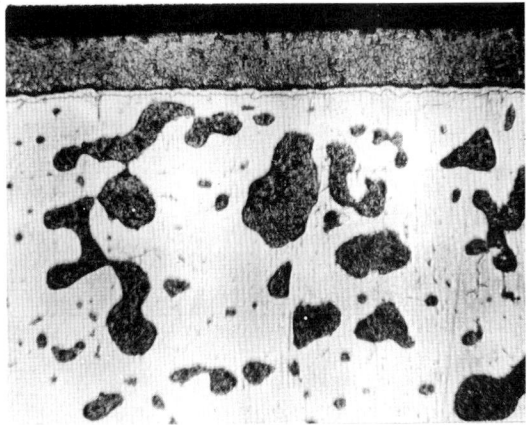

图 11-3-41   400×

图 号：11-3-42

材料名称：ZCuPb24Sn2 铜基轴承合金及表面电镀层

浸 蚀 剂：4%硝酸酒精溶液

处理情况：在连续浇注的铜铅合金层上先镀镍栅
层，再在其上镀 Pb-Sn -Cu 三元合金

组织说明：在铜铅合金层与镍栅层之间存在着黑色
呈断续分布的条状夹杂物，此为镀层与铜铅合金
层粘结不良的金相组织。

近代大功率内燃机上使用的铜铅合金轴承，
为改善其表面工作性能，大多制成钢背—铜铅合
金—表面镀层的三层金属轴承，这类轴承既具有
高的疲劳极限和承载能力，又有良好的表面性能
和耐蚀性能。

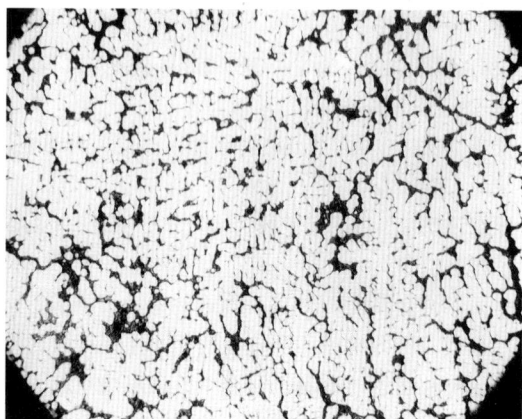

图　　　11-3-43　　　　　　　　　　100×

图　　号：11-3-43

材料名称：铜铅合金 [w（Pb）26%，其余为 Cu]

浸 蚀 剂：4%硝酸酒精溶液

处理情况：卧式离心浇注

组织说明：此为轴承工作面上合金层之金相组织：
　　　　　稍粗的黑色连续网状铅分布在白色铜基 α 固溶
　　　　　体上。铅的分布不甚均匀。未加第三元素的铜铅
　　　　　合金，在卧式离心浇注时易于得到网状的金相组
　　　　　织。具有网状组织特别是连续网状组织的合金，
　　　　　其力学性能较低。合金硬度为 26.5HV。

图　　号：11-3-44

材料名称：ZCuPb30 铜基轴承合金

浸 蚀 剂：4%硝酸酒精溶液

处理情况：卧式离心浇注

组织说明：此为轴承结合面处金相组织：近结合面处
　　　　　合金层为呈较粗的连续网状铅分布在铜基 α 固溶
　　　　　体上；瓦背材料为低碳钢，其金相组织为铁素体＋
　　　　　少量珠光体。由于浸蚀较浅，低碳钢组织未被完全
　　　　　显示，故呈白色。合金硬度为 26.5HV。

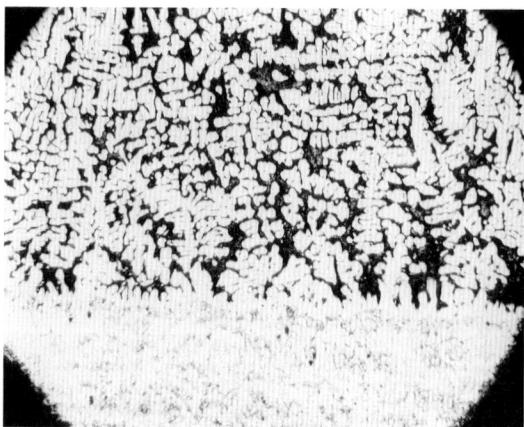

图　　　11-3-44　　　　　　　　　　100×

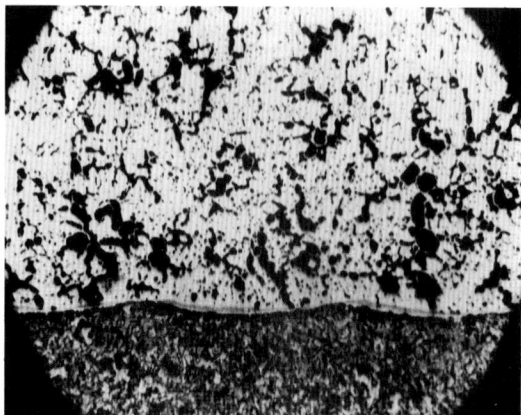

图　　　11-3-45　　　　　　　　　　100×

图　　号：11-3-45

材料名称：ZCuPb24Sn2 铜基轴承合金

浸 蚀 剂：4%硝酸酒精溶液

处理情况：卧式离心浇注

组织说明：图上部为合金层，在白色铜基 α 固溶
　　　　　体上分布着分散的黑色块状铅晶体；图下部为
　　　　　钢背之组织，基体为珠光体+铁素体，呈魏氏组
　　　　　织分布。在铜铅合金层与钢背的结合界面上有
　　　　　一牢固的灰白色固溶体层，此为粘结较好的一
　　　　　种金相组织。

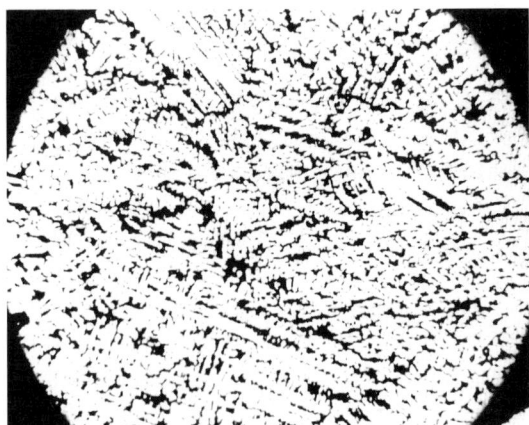

图　11-3-46　　　　　100×

图　　号：11-3-46
材料名称：ZCuPb30 铜基轴承合金
浸 蚀 剂：硝酸酒精溶液
处理情况：卧式离心浇注
组织说明：铜基 α 固溶体呈树枝状，铅主要呈连续
　　　状分布在枝晶间。由于合金冷却较快，致使组织
　　　较细。此为正常组织。
　　　从 Cu-Pb 相图可知，w（Pb）大于 36%而
　　小于 87%的合金，在高温液态时就已存在成分
　　偏析，在浇注轴承时，若采用含 Pb 量大于偏晶
　　成分［即 w（Pb）36%的合金］，铅的偏析程度
　　要比 w（Pb）小于 36%的合金严重得多。

图　　号：11-3-47
材料名称：ZCuPb24Sn2 铜基轴承合金
浸 蚀 剂：4%硝酸酒精溶液
处理情况：卧式离心浇注
组织说明：铅主要呈连续网状分布在铜基 α 固溶体
　　　上。此图合金层组织冷却稍慢，故其组织稍粗些，
　　　但尚属正常的金相组织。
　　　Cu-Pb 合金在工业上一般采用 w（Pb）均小
　　于 36%，ZCuPb30 轴承合金常用于制造中、高速
　　和中、高载荷内燃机曲轴主轴承。

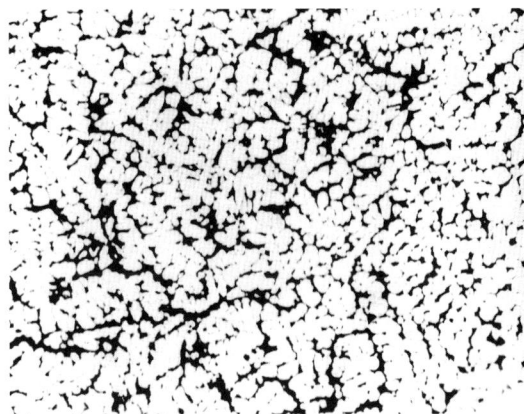

图　11-3-47　　　　　100×

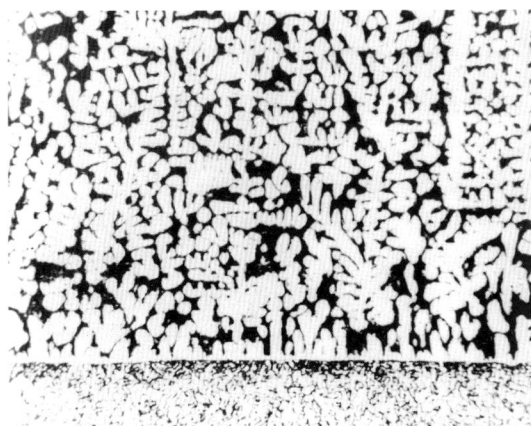

图　11-3-48　　　　　100×

图　　号：11-3-48
材料名称：ZCuPb30 铜基轴承合金
浸 蚀 剂：4%硝酸酒精溶液
处理情况：卧式离心浇注
组织说明：轴承合金层组织为呈连续网状分布的铅，
　　　铅较粗大些，白色基体为铜基 α 固溶体；合金层
　　　与钢背粘结良好。结合界线清晰无缺陷。钢背系
　　　低碳钢，组织为铁素体+少量珠光体。
　　　合金与钢背粘结是否良好，是考核轴承质量
　　优劣的一个极为重要的指标。一般要求，合金与
　　钢背的结合界线应清晰，结合界线及其附近不存
　　在夹杂、气孔、裂纹等缺陷，结合界线上有铅存
　　在，亦会降低合金与钢背的粘结强度。

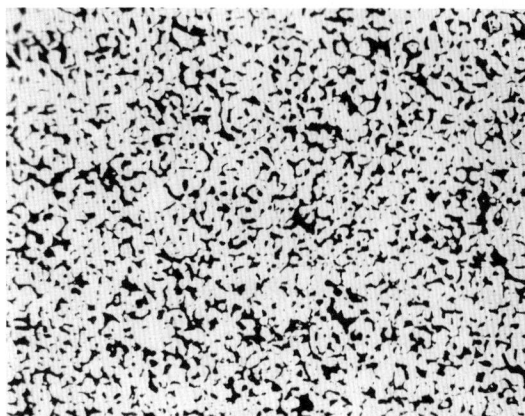

图　　11-3-49　　　　　　　　　　　100×

图　　号：11-3-49
材料名称：CuPb24Sn 烧结铜铅合金 [w（Pb）24%，
　　　　　w（Sn）1%，其余为 Cu]
浸 蚀 剂：4%硝酸酒精溶液
处理情况：将铜铅合金烧结在低碳钢钢背上
组织说明：烧结铜铅合金轴承工作面金相组织，在
　　　　　铜基 α 固溶体上分布着点块状和断续网状铅，组
　　　　　织细小，分布均匀，是烧结铜铅合金良好的金相
　　　　　组织。合金硬度为 70.7HV。块料烧结法是将预制
　　　　　的铜铅合金粉末铺在一定尺寸的钢板上，在保护
　　　　　气氛炉内烧结（温度约为 850～870℃），制成双
　　　　　金属板，合金层呈多孔性，经轧制后使致密性提
　　　　　高，然后经第二次的烧结和轧制，可制成较致密
　　　　　的双金属板，再经剪切、冲压和加工，成为钢背-
　　　　　烧结铜铅合金双金属轴承。

图　　号：11-3-50
材料名称：铜铅合金 [w（Pb）23.34%，w（Sn）2.04%，
　　　　　其余为 Cu]
浸 蚀 剂：4%硝酸酒精溶液
处理情况：烧结
组织说明：中等大小的连续和断续网状铅较均匀地
　　　　　分布在铜基 α 固溶体上。合金硬度为 57.1HV。
　　　　　连续烧结法是将预制的铜铅合金粉末铺在连
　　　　　续移动的钢带上，其烧结工序与块料烧结法相似，
　　　　　也要进行两次烧结和两次轧制，制成双金属卷带。
　　　　　烧结法的突出优点是可以制造 w（Pb）高达 40%～
　　　　　50%的没有铅偏析的双金属材料。

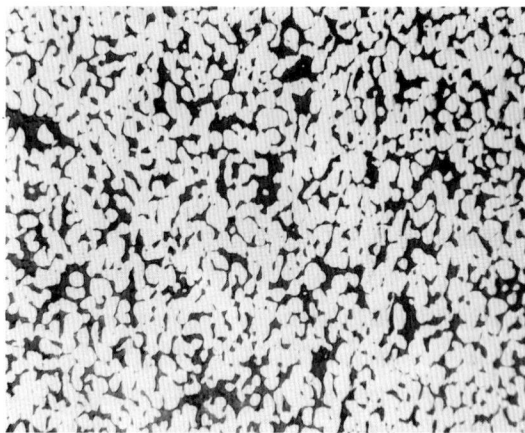

图　　11-3-50　　　　　　　　　　　100×

图　　号：11-3-51
材料名称：CuPb24Sn 烧结铜铅合金 [w（Pb）24%，
　　　　　w（Sn）1%，其余为 Cu]
浸 蚀 剂：4%硝酸酒精溶液
处理情况：将铜铅合金烧结在低碳钢钢背上
组织说明：此为烧结铜铅合金轴承结合面金相组织：
　　　　　图上部铜铅合金层组织为点块状和断续网状铅均
　　　　　匀分布在铜基 α 固溶体上；图下部是低碳钢钢背
　　　　　的组织为等轴的和稍扁的铁素体及少量珠光体。
　　　　　合金层与钢背之间的结合界线清晰，粘结良好。
　　　　　此为烧结铜铅合金轴承良好的金相组织。

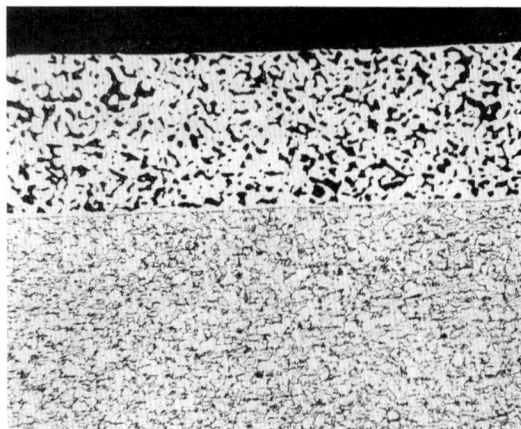

图　　11-3-51　　　　　　　　　　　100×

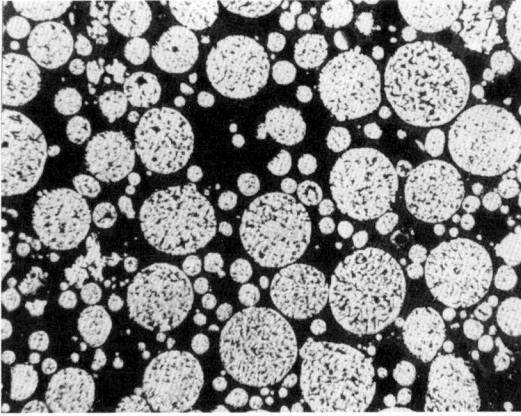

图　11-3-52　　　　　　　　　　　100×

图　　号：11-3-52

材料名称：CuPb24Sn 铜铅合金粉末

浸蚀剂：未浸蚀

处理情况：氮气雾化（将铜铅合金溶液用高压氮气雾化成合金粉末）

组织说明：在球形合金粉末颗粒中，白色基体为铜基 α 固溶体，其上分布着黑色的细小的铅，铅粒分布均匀。此为铜铅合金粉末较良好的金相组织。

　　　　将铜铅合金溶液用高压氮气雾化成圆颗粒粉末，以供制作烧结铜铅合金轴瓦，可大大改善铜铅轴瓦的合金成分偏析。

图　　号：11-3-53

材料名称：CuPb24Sn 铜铅合金

浸蚀剂：4%硝酸酒精溶液

处理情况：烧结

组织说明：较大的网状铅较均匀地分布在铜基 α 固溶体上。合金硬度为 44.6HV。

　　　　这种组织稍粗一些，但其分布尚均匀，合金层的硬度稍低。影响烧结合金金相组织的因素主要有：粉末和钢板（带）的质量、铺粉质量、烧结工艺及轧制工艺等。

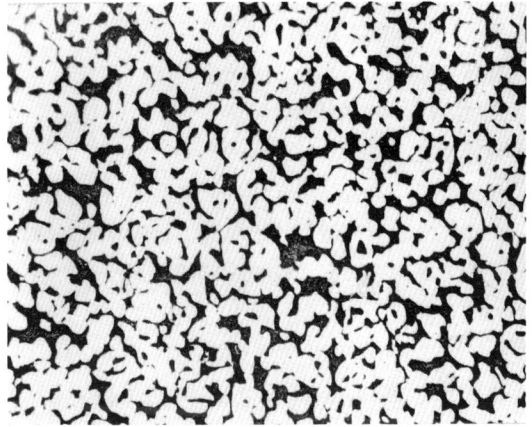

图　　11-3-53　　　　　　　　　　100×

图　　号：11-3-54

材料名称：CuPb24Sn 铜铅合金

浸蚀剂：4%硝酸酒精溶液

处理情况：烧结

组织说明：此为轴承结合面合金的金相组织。合金层的组织为较大的网状铅呈轻度偏析分布在铜基 α 固溶体上；钢背组织为较小的等轴铁素体＋少量珠光体；在合金层与钢背的结合界面上有部分铅与钢背相粘连，这会削弱合金层与钢背的粘结强度。

　　　　制备铜铅轴承合金结合面处金相试样时，若操作不当会造成结合面处出现一条黑线或黑带，会导致错误地判断轴承质量，应加以注意。

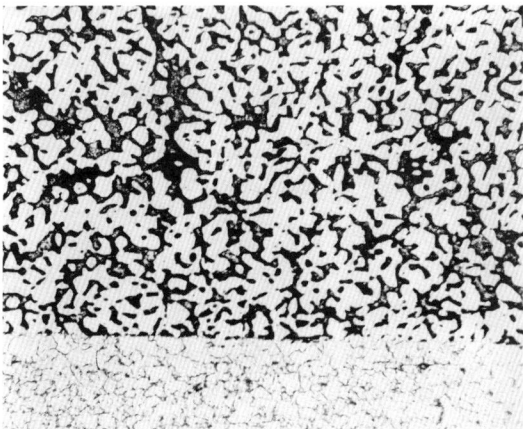

图　　11-3-54　　　　　　　　　　100×

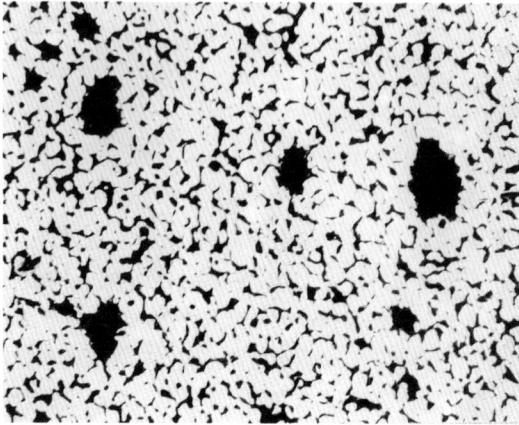

图 11-3-55 100×

图　　号：11-3-55

材料名称：CuPb24Sn 铜铅合金

浸 蚀 剂：4%硝酸酒精溶液

处理情况：烧结

组织说明：铅呈断续网状分布在铜基 α 固溶体上，并有较多数量的大块状铅。合金硬度为 62.6HV。

　　由于采用不合格的原材料或者烧结工艺不当，烧结铜-铅合金轴承也会出现某些不正常的组织，合金中出现大块状铅相，因此在烧结制造双金属材料时，应选用合格的原材料，严格烧结工艺和轧制工艺等措施。

图　　号：11-3-56

材料名称：CuPb24Sn 铜铅合金

浸 蚀 剂：4%硝酸酒精溶液

处理情况：烧结

组织说明：此为烧结合金层工作面上的金相组织，存在着较多的圆形和近似圆形的颗粒状，像许多粉末堆聚在一起一样，颗粒的四周被铅所包围，此为烧结不良的金相组织。合金硬度为 28HV。

　　出现这种组织的主要原因是：合金烧结温度偏低或烧结时间过短，在轧制时该处受力又不足，使粉末颗粒的形态保留下来，此处合金往往疏松严重，硬度较低。

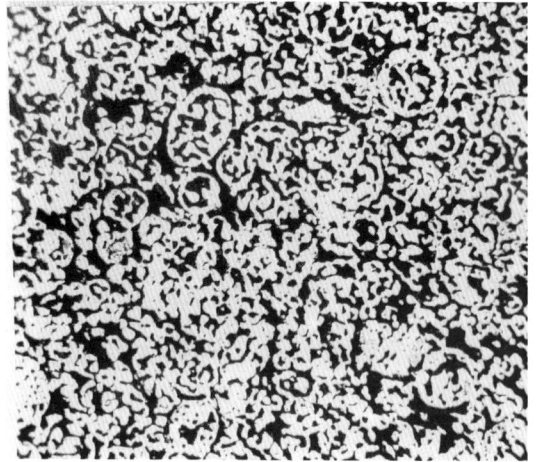

图 11-3-56 100×

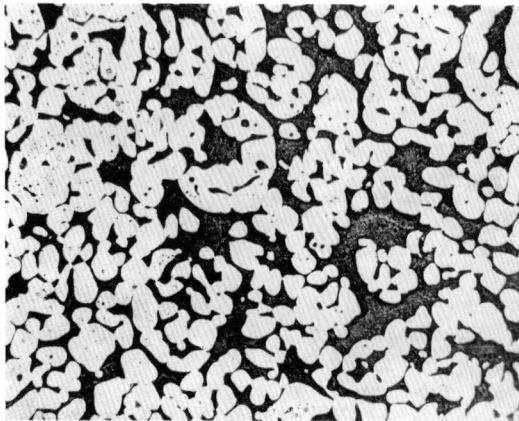

图 11-3-57 100×

图　　号：11-3-57

材料名称：CuPb24Sn 铜铅合金

浸 蚀 剂：4%硝酸酒精溶液

处理情况：烧结

组织说明：铜铅合金中的铅多呈粗大网状分布在铜基 α 固溶体上，在组织中还保留着原始铜铅合金粉末的颗粒形状，此为烧结不良的金相组织。合金硬度为 43.8HV。

图　11-3-58　　　　　　　　　　　250×

图　　　号：11-3-58

材料名称：三层金属轴承：钢背-烧结
　　　　　CuPb24Sn 合金-铅锡二元镀层

浸　蚀　剂：氯化高铁盐酸水溶液

处理情况：将铜铅合金 CuPb24Sn 烧结在钢背上，
　　　　　再在铜铅合金表面电镀 Pb-Sn 二元合金

组织说明：铜铅合金层组织为网状铅分布在铜基 α
　　　　　固溶体上；Pb-Sn 二元镀层的组织为锡溶于铅的
　　　　　固溶体。镀层的厚度为 0.02～0.05mm，小型轴
　　　　　承取下限，大型轴承取上限，在镀层中不希望出
　　　　　现游离状态的铅相。有时为了防止 Sn 向铜铅合
　　　　　金层内扩散，在表面镀层和 Cu-Pb 合金之间常
　　　　　镀一层厚度为 1～2μm 的镍层，称为镍栅。

图　　　号：11-3-59

材料名称：CuPb24Sn 铜铅合金

浸　蚀　剂：氯化高铁盐酸水溶液

处理情况：烧结后再在铜铅合金表面电镀 Pb-Sn 二元
　　　　　合金

组织说明：此为轴承合金结合面金相组织，轴承由钢
　　　　　背(图下部)-烧结铜铅合金层-表面电镀层三层组
　　　　　成。铜铅合金层中的铅呈网状分布，另有较多孔隙
　　　　　(图中深黑色者)，合金层疏松较为严重。

图　11-3-59　　　　　　　　　　　250×

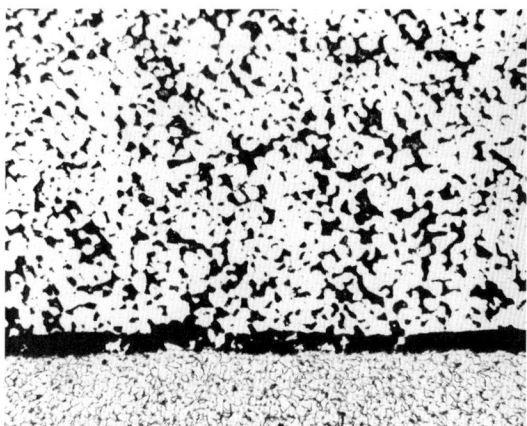

图　11-3-60　　　　　　　　100×

图　　　号：11-3-60

材料名称：CuPb24Sn 铜铅合金

浸　蚀　剂：4%硝酸酒精溶液

处理情况：烧结

组织说明：此为轴承结合面金相组织，在结合界
　　　　　面处有一层连续的黑色铅带。此为粘结不良的
　　　　　金相组织。合金硬度为 50HV。出现粘结不良缺
　　　　　陷是原材料质量不合格，或者是烧结工艺不当，
　　　　　或钢背表面不清洁等原因所造成。合金层与钢
　　　　　背粘结界面处存在一层铅带将会严重影响合金
　　　　　与钢背的粘结质量，使用时会造成合金层大块
　　　　　剥落，甚至脱壳。

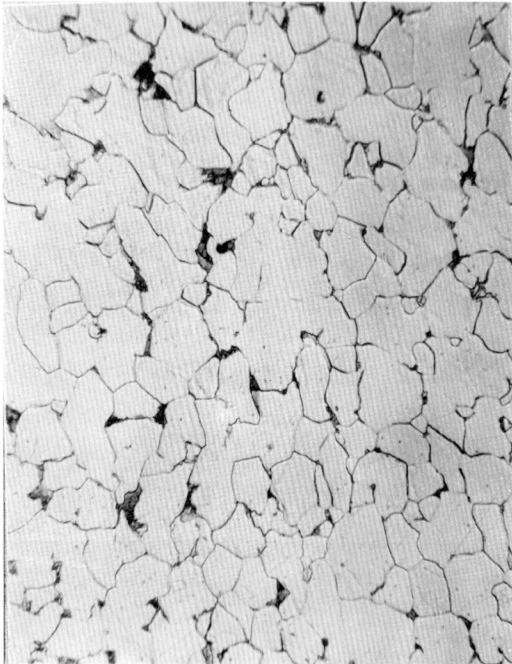

图　11-3-61　　　　　　　　　　400×

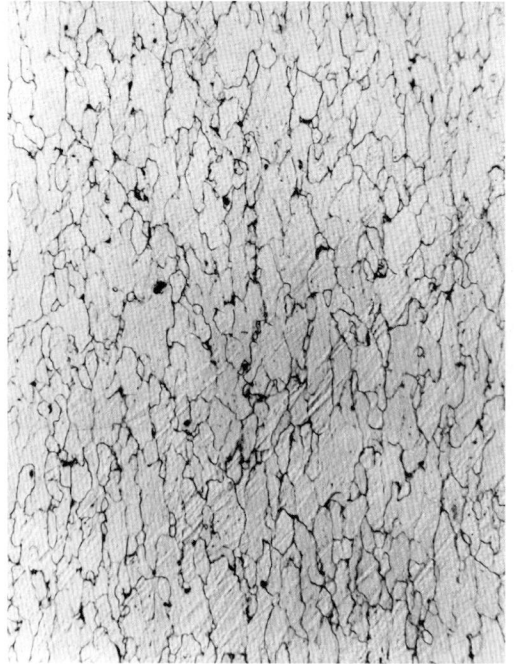

图　11-3-62　　　　　　　　　　400×

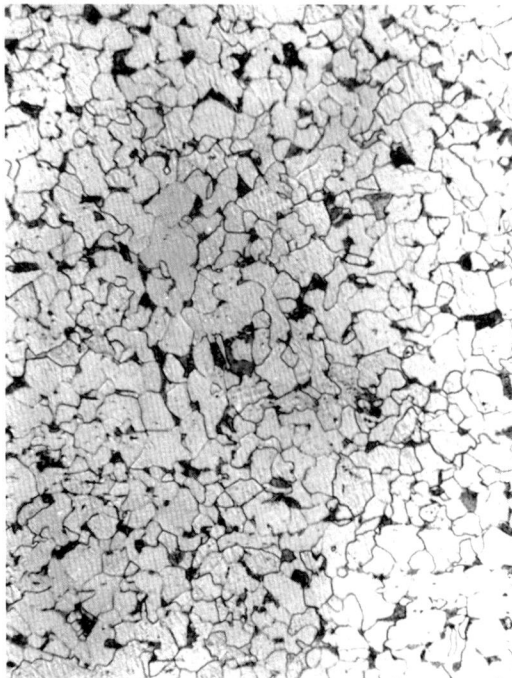

图　11-3-63　　　　　　　　　　100×

图　号：11-3-61～11-3-63
材料名称：08 钢，10 钢
浸 蚀 剂：4%硝酸酒精溶液
处理情况：图 11-3-61 及图 11-3-62 为烧结 Cu-Pb 轴
　　　　承合金轧制钢背；图 11-3-63 热轧后空冷钢背
组织说明：图 11-3-61：烧结 Cu-Pb 合金轴承轧制
　　　　钢背，基体为等轴铁素体晶粒+极少量块状分布
　　　　的珠光体，铁素体的晶粒大小为 8 级，材料硬度
　　　　为 136HV。
　　　　　　图 11-3-62：烧结 Cu-Pb 合金轴承钢背金相
　　　　组织，基体为变形拉长呈扁平状的铁素体+极少
　　　　量小块状分布的珠光体，在铁素体上有明显的方
　　　　向性滑移线存在。铁素体晶粒虽被拉长，但较上
　　　　图为小，属 9～10 级。由于珠光体较上图为少，
　　　　材料硬度为 134HV。
　　　　　　图 11-3-63：热轧后冷却的 10 钢，组织为等轴
　　　　铁素体+少量块状分布的珠光体，铁素体晶粒大小
　　　　为 6 级，材料硬度为 127～141HV。铜铅合金轴承
　　　　的钢背通常采用优质低碳钢，一般采用 08 钢、10
　　　　钢、15 钢甚至 20 钢的钢带或热轧钢管来制造。供
　　　　应状态的低碳钢，相当于正火状态下的金相组织。

图 11-3-64   100×

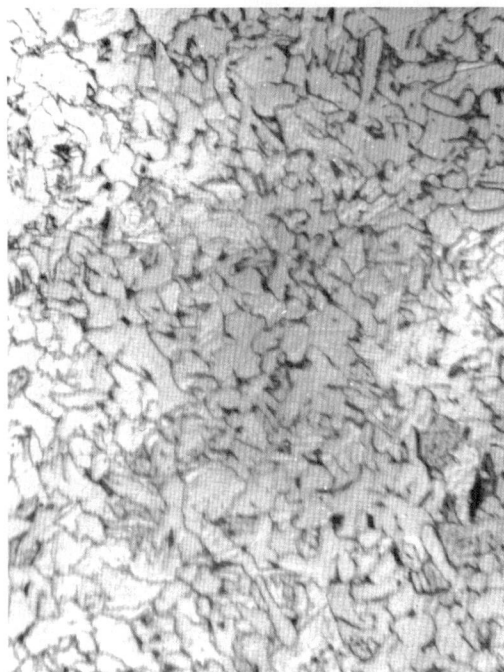

图 11-3-65   400×

图 11-3-66   实物

图 号：11-3-64～11-3-66

材料名称：10 钢 [w（C）0.13%] 上浇注 Cu-Pb
合金层

浸 蚀 剂：未浸蚀

处理情况：卧式离心浇注 Cu-Pb 合金轴承，钢背表
面喷压缩水激冷

组织说明：图 11-3-64：铜铅合金钢背通常采用优质
低碳钢来制造，一般为 08 钢或 10 钢，其中 w（C）
小于 0.14%时，在卧式离心浇注时，钢背背面用
压缩水激冷，浇注后钢背外层的金相组织为铁素
体+珠光体，铁素体呈网络状和针状分布，呈明显
魏氏组织，钢背硬度为 216HV。

图 11-3-65：靠近 Cu-Pb 合金的钢背处（即钢
背内层）组织，基体为铁素体+极少量块状分布的
珠光体，硬度为 176～188HV。

图 11-3-66：经上述工艺处理后的轴承合金成
品作压弯试验时，Cu-Pb 合金层上有颇多平行排
列的趋皮似的小裂纹，但钢背由于硬度低、韧性
好，而没有发现开裂。

图　11-3-67　　　　　　　　　　　400×

图　11-3-68　　　　　　　　　　　400×

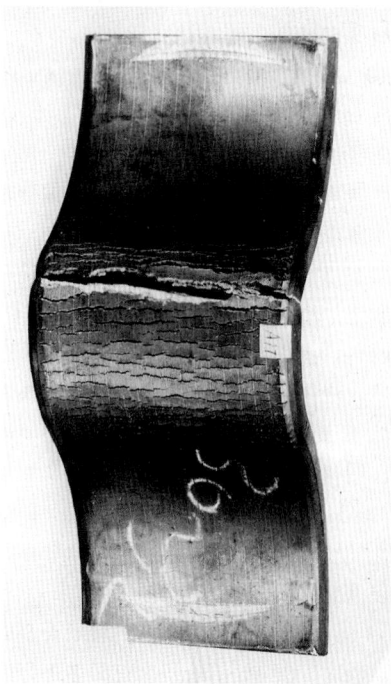

图　11-3-69　　　　　　实物

图　　号：11-3-67；11-3-68；11-3-69

材料名称：15 钢轴承钢背 [w（C）0.17%]

浸 蚀 剂：4%硝酸酒精溶液

处理情况：钢背经预热后浇注铜铅合金，制成轴承。
浇注时钢背背表面用压缩水激冷

组织说明：图 11-3-67：是轴承钢背内层组织，为粗
大魏氏组织。由于钢背预热温度过高，组织粗大；
另外由于钢背内层冷速减缓，未得到淬火组织，
硬度为 201～223HV。

图 11-3-68：是轴承钢背表层组织，为粗大低
碳马氏体组织。由于钢背预热温度过高，钢背表
层激冷，得到粗大的淬火组织，脆性较大，硬度
为 374HV。

图 11-3-69：由于轴承钢背 w（C）大于 0.16%，
在浇注激冷时表面尽管预热温度稍过，但由于激冷
还是得到了板条状马氏体组织，而钢背内层则得到
较严重的粗大魏氏组织。具有这些组织的钢背，硬
度高，韧性差，在同样作压弯试验时则易断裂。当
轴承钢背外层为低碳马氏体时，可采用中频退火法
进行处理，以改善其组织，提高其韧性。

图　　11-3-70　　　　　　　　　　　　　100×

图　　号：11-3-70

材料名称：15 钢轴承钢背［w（C）0.17%］

浸 蚀 剂：4%硝酸酒精溶液

处理情况：热轧无缝钢管

组织说明：基体为等轴铁素体+少量珠光体，珠光
体数量占基体的15%左右，铁素体晶粒大小为6
级。材料硬度为 157～165HV。供应状态下钢背
材料相当于正火状态下的金相组织。这种组织硬
度低，韧性、塑性均较好。然而制成轴瓦钢背
时，常常由于预热温度过高及时间过长，钢背
外层为淬火低碳马氏体，内层为粗大魏氏组织，
使塑性和韧性大大下降，脆性明显增大。轴承
在使用中钢背有发生断裂的危险。

图　　号：11-3-71

材料名称：15 钢轴承钢背［w（C）0.17%］

浸 蚀 剂：4%硝酸酒精溶液

处理情况：钢背经浇注合金制成轴承后进行中频退火

组织说明：此为轴承钢背外层经中频回火后的组织，
由退火前的低碳马氏体变成保持马氏体位向分布
的索氏体，材料硬度大幅降低，塑性和韧性明显提
高。材料硬度为226HV，经过局部中频回火处理，
使钢背外层性能得到改善，明显降低了钢背外层的
硬度，消除了脆性，而轴承 Cu-Pb 合金层的组织和
性能则不发生明显变化，使轴承能满足使用要求。

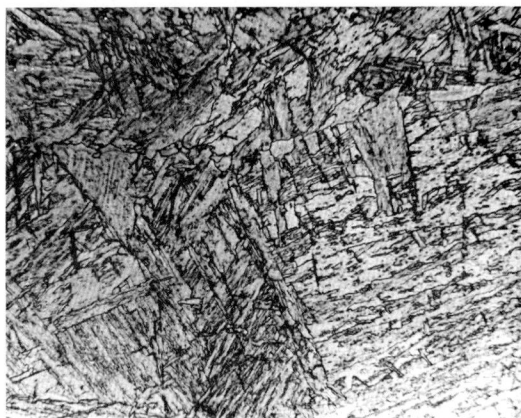

图　　11-3-71　　　　　　　　　　　　　400×

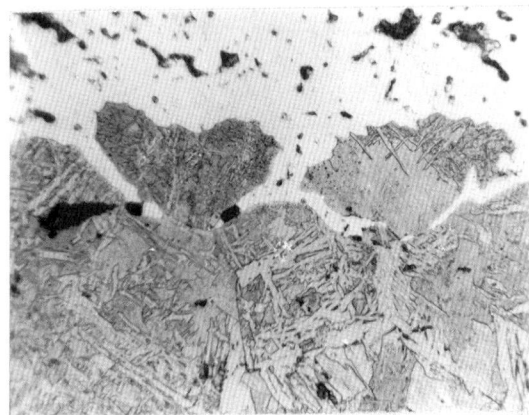

图　　11-3-72　　　　　　　　　　　　　400×

图　　号：11-3-72

材料名称：轴承钢背浇注铜铅合金

浸 蚀 剂：4%硝酸酒精溶液

处理情况：卧式离心浇注

组织说明：轴承钢背呈粗大魏氏组织，钢背内层烧
损成锯齿状，晶界有氧化，铜铅合金已渗入到受
严重氧化腐蚀的钢背内层的晶界间。此情况不但
减弱钢背内层基体的连接强度，而且还会严重影
响钢背内层与轴承合金的粘结质量。轴承合金结
合界面出现如此不良组织，主要是由于钢背预热
温度过高及时间过长，造成晶界氧化、晶间腐蚀
而形成的。

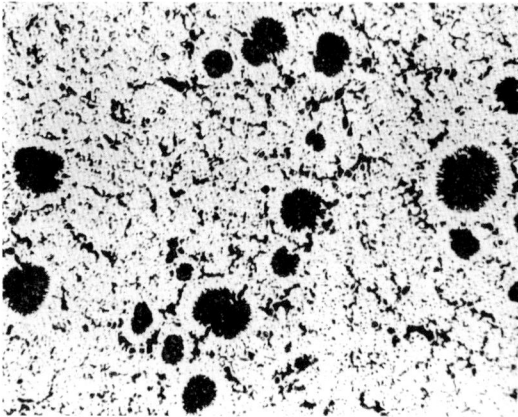

图　　号：11-3-73
材料名称：ZCuPb30 铜基轴承合金
浸 蚀 剂：4%硝酸酒精溶液
处理情况：卧式离心浇注
组织说明：在铜基 α 固溶体上，部分铅呈杨梅状，部分铅呈断续网状分布。此种组织可以归属为点块铅这一基本形态，由于铅断续，对铜基体的切割作用不大，因此合金有较高的机械强度。

图　　11-3-73　　　　100×

图　　号：11-3-74
材料名称：ZCuPb30 铜基轴承合金
浸 蚀 剂：4%硝酸酒精溶液
处理情况：卧式离心浇注
组织说明：在铜基 α 固溶体上，点块状铅呈断续网状偏析分布。如此分布的金相组织会大大降低合金的力学性能。合金硬度为 40HV。
　　一般 Cu-Pb 合金中铅的分布有四种基本类型，按其对力学性能的影响排列：①呈球状分布；②呈点块状分布；③树枝状分布；④网状分布。其中以球状的力学性能最好，点块状次之，呈连续树枝状的力学性能稍高于网状组织。

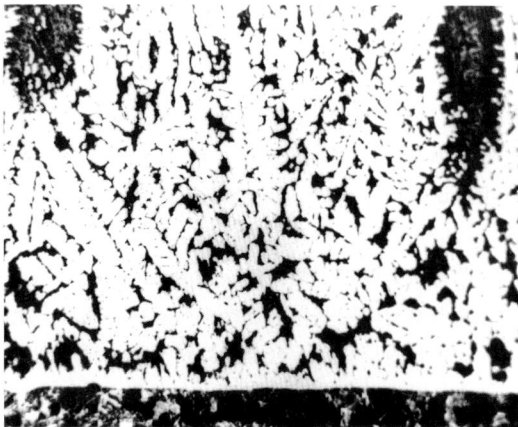

图　　11-3-74　　　　100×

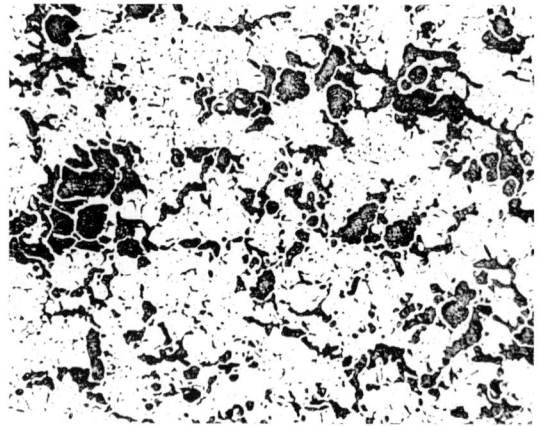

图　　11-3-75　　　　150×

图　　号：11-3-75
材料名称：ZCuPb30 铜基轴承合金
浸 蚀 剂：4%硝酸酒精溶液
处理情况：卧式离心浇注
组织说明：部分铅呈断续网状分布在铜的枝晶间，部分铅呈柱状偏析垂直于钢背分布。这样的组织在国内并不多见，在国外可见到铅呈较细的长柱状垂直于钢背分布的金相组织。轴承在使用中，通连柱状铅可向工作面析出，起到润滑剂的作用。当柱状铅粗大时，或柱状铅不垂直于钢背分布时，会降低合金的机械强度和承载能力。

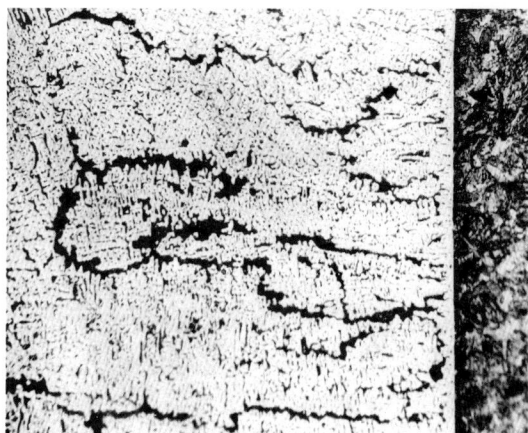

图　　号：11-3-76
材料名称：ZCuPb30 铜基轴承合金
浸 蚀 剂：4%硝酸酒精溶液
处理情况：卧式离心浇注
组织说明：铜基 α 固溶体呈树枝状，较多铅呈条状
　　分布在枝晶间，并与钢背基本相垂直。
　　　　这种分布的组织，在使用中极易在条状铅
　　处产生裂纹并从而扩展，最后导致合金层剥落
　　或开裂。

图　　11-3-76　　　　　　　　　100×

图　　号：11-3-77
材料名称：ZCuPb30 铜基轴承合金
浸 蚀 剂：4%硝酸酒精溶液
处理情况：立式静止浇注
组织说明：粗大点块状铅呈组织偏析分布在铜基 α
　　固溶体上。仔细观察粗大点块状铅实际上有好几
　　处是由小条的铅联系起来，因而它有构成断网的
　　趋势，如在使用中承载时，这些粗块状铅极有可
　　能连接起来，从而造成裂纹的产生和扩展，最后
　　导致产生早期失效。

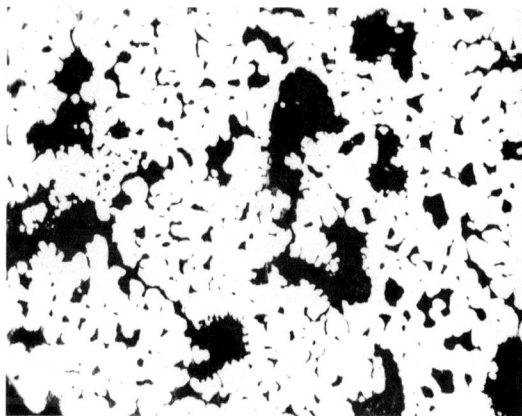

图　　11-3-77　　　　　　　　　100×

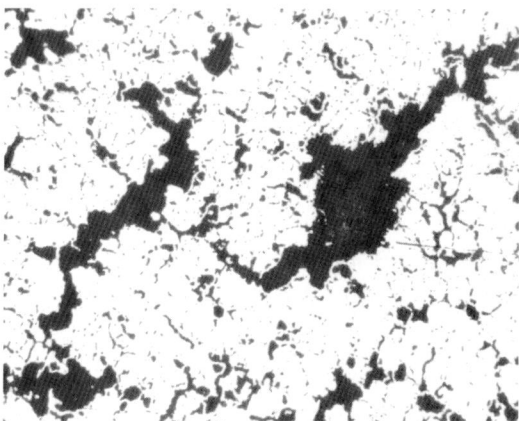

图　　11-3-78　　　　　　　　　100×

图　　号：11-3-78
材料名称：ZCuPb30 铜基轴承合金
浸 蚀 剂：未侵蚀
处理情况：卧式离心浇注
组织说明：大块状铅偏析分布在铜基 α 固溶体上。
　　合金硬度为 38.9HV。从组织上来看，大块状铅已
　　接近连接在一起，这种不良组织不但力学性能较
　　低，在使用中极易使轴承产生早期失效。

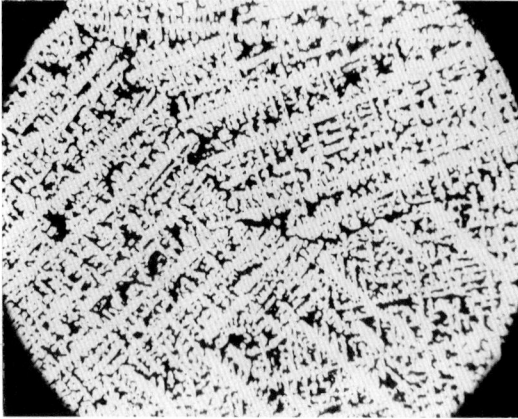

图　　号：11-3-79

材料名称：ZCuPb30 铜基轴承合金

浸　蚀　剂：4%硝酸酒精溶液

处理情况：卧式离心浇注

组织说明：铜基 α 固溶体呈明显的方向性树枝状，
　　　　铅分布于树枝晶间，少部分铅呈连续状分布在树
　　　　枝晶界上。铅的这种分布，将显著地破坏铜基体
　　　　的连接强度，同时由于铅的强度较低，当受力时，
　　　　裂纹将沿连续状铅而延伸。

图　　11-3-79　　　　　　　　　　　100×

图　　号：11-3-80

材料名称：ZCuPb30 铜基轴承合金

浸　蚀　剂：未浸蚀

处理情况：卧式离心浇注

组织说明：系安装在东方红—54 型拖拉机上的铜铅
　　　　合金轴承，使用 800h 后，发生合金层大面积早
　　　　期剥落。
　　　　　　经拆开后，发现轴承工作面上有大面积合金层
　　　　被剥落而形成不规则凹坑、麻点的情况。

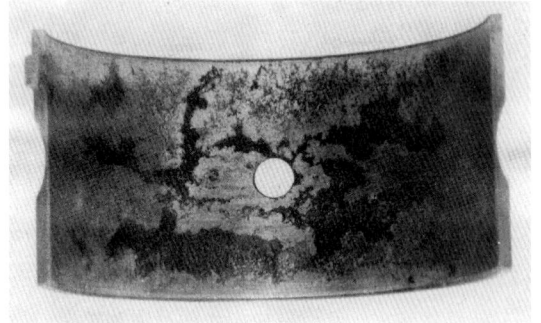

图　　11-3-80　　　　　　　　　　　实物

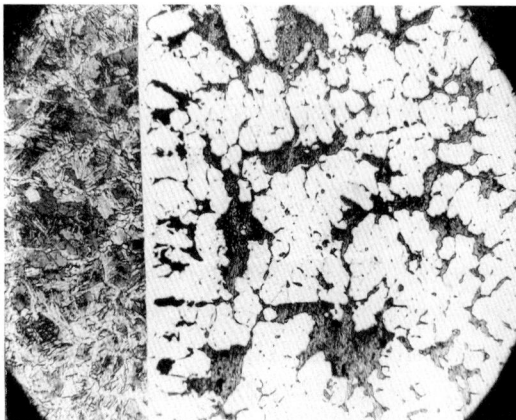

图　　11-3-81　　　　　　　　　　　100×

图　　号：11-3-81

材料名称：ZCuPb30 铜基轴承合金

浸　蚀　剂：4%硝酸酒精溶液

处理情况：卧式离心浇注

组织说明：在前图轴承上裁取一块金相试样，经抛
　　　　光后，显示合金层与钢背结合良好，钢背近结合
　　　　面组织为珠光体+网状或针状分布的铁素体，呈明
　　　　显的魏氏组织，合金层组织为粗大网状铅呈组织
　　　　偏析分布在铜基 α 固溶体上。该轴承合金层出现
　　　　大面积早期剥落，是由于合金层中铅颗粒较大，
　　　　呈粗大网状分布，这种不良的金相组织极易产生
　　　　裂纹并逐渐扩大，导致合金层大面积早期剥落，
　　　　致使轴承早期失效。

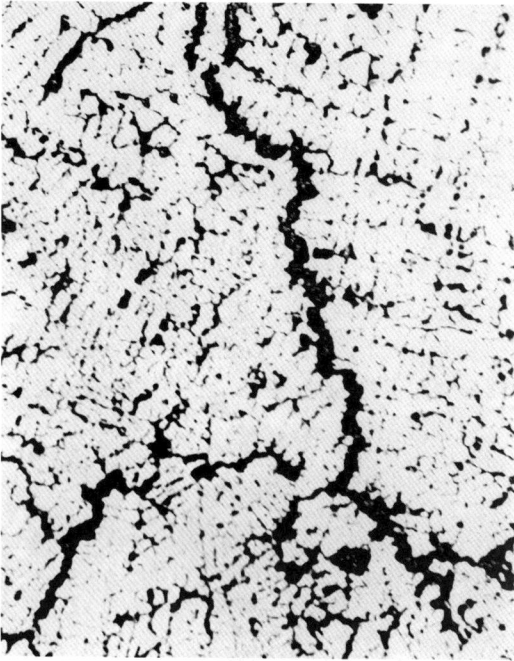

图　　号：11-3-82

材料名称：ZCuPb30 铜基轴承合金

浸　蚀　剂：4%硝酸酒精溶液

处理情况：卧式离心浇注

组织说明：在铜基 α 固溶体上存在着长条状铅，这
　　　　　是一种"铅裂纹"，铜铅合金在结晶凝固过程中，
　　　　　在高温下有时会产生热裂纹，这种热裂纹往往被
　　　　　还处于液体状态的铅所充填，形成"铅裂纹"。
　　　　　"铅裂纹"呈弯曲不规则的条状分布。

图　　11-3-82　　　　　　　　100×

图　　号：11-3-83

材料名称：ZCuPb30 铜基轴承合金

浸　蚀　剂：4%硝酸酒精溶液

处理情况：卧式离心浇注

组织说明：在铜基 α 固溶体上存在着长条状"铅裂纹"。
　　　　　这种缺陷可采取降低浇注温度，在合金结晶温
　　　　　度范围需速冷，在合金凝固后（326℃以下）应缓
　　　　　冷；或在冷却时采用大水量低水压的方式使合金均
　　　　　匀冷却，可以防止裂纹的产生。

图　　11-3-83　　　　　　　　100×

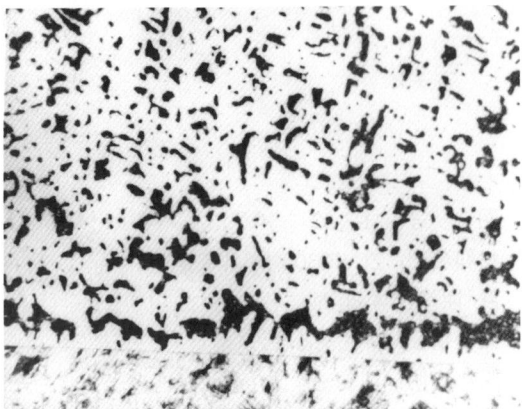

图　11-3-84　　　　　　　　150×

图　　号：11-3-84

材料名称：ZCuPb30 铜基轴承合金

浸 蚀 剂：4%硝酸酒精溶液

处理情况：铸造

组织说明：图上部为铜铅合金层，白色铜基体+黑色
　　　　　铅呈点块状分布；图下部为钢背金相组织，基体
　　　　　为铁素体+少量块状分布的片状珠光体。在轴承
　　　　　合金结合界面附近有较多的铅断续排列并近似
　　　　　条状平行于钢背分布。这样的组织会明显降低合
　　　　　金层与钢背的粘结质量，使用时极易使合金层产
　　　　　生剥落缺陷。

图　　号：11-3-85

材料名称：ZCuPb30 铜基轴承合金

浸 蚀 剂：4%硝酸酒精溶液

处理情况：卧式离心浇注

组织说明：此为具有气孔和针孔的铜铅合金金相组
　　　　　织，图中近似圆形的黑色大块为孔隙。合金中出
　　　　　现此种缺陷，主要是在熔炼时原材料带入的气体
　　　　　太多，或是合金熔炼过程中吸收气体或是合金中
　　　　　各种物质相互反应时生成的气体，在合金结晶时
　　　　　来不及析出，而残留在合金中所致，气孔和针孔
　　　　　常呈圆形或是近似圆形。在高温时形成的气孔，有
　　　　　时会被液态铅所充填形成所谓"铅气泡"。

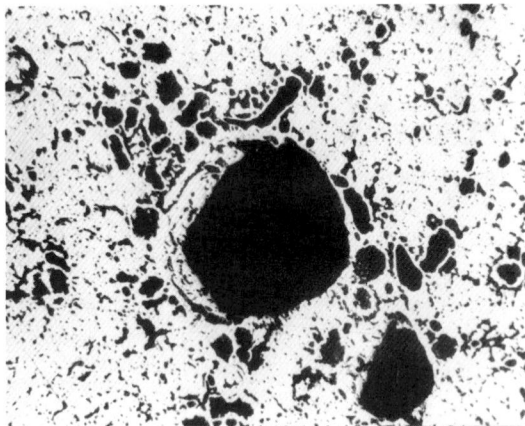

图　11-3-85　　　　　　　　100×

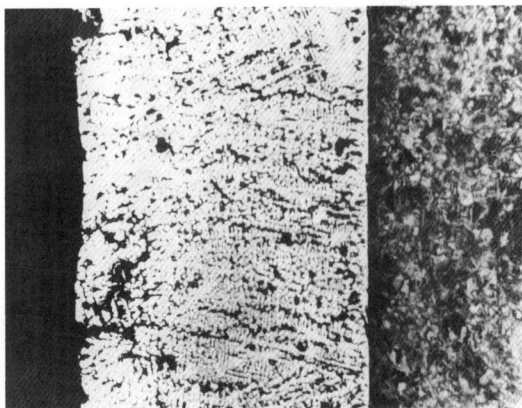

图　11-3-86　　　　　　　　100×

图　　号：11-3-86

材料名称：ZCuPb30 铜基轴承合金

浸 蚀 剂：4%硝酸酒精溶液

处理情况：卧式离心浇注

组织说明：轴承合金层表面有疏松缺陷，同时还有
　　　　　较大黑色块状为孔隙。铜铅合金的疏松有时还常
　　　　　伴有许多孔隙，疏松大多是由于合金氧化所造
　　　　　成，合金内的缩松、气孔、非金属夹杂等也是导
　　　　　致合金产生疏松的原因。疏松降低了合金的力学
　　　　　性能，并使疲劳极限和承载能力明显减小，容易
　　　　　在使用中产生疲劳剥落而过早损坏。采用质量好
　　　　　干燥的原材料，熔炼时防止合金吸气过多，浇
　　　　　注前要注意除气除渣，合金冷却时冷速不宜过快
　　　　　等，均有利于气体析出并与熔渣一并上浮。

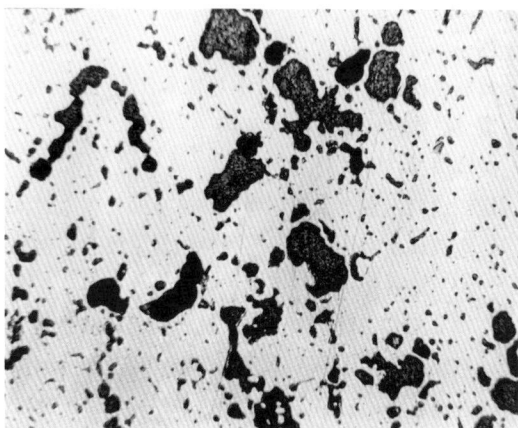

图　　号：11-3-87

材料名称：ZCuPb30 铜基轴承合金

浸 蚀 剂：未浸蚀

处理情况：卧式离心浇注

组织说明：合金中有疏松缺陷的金相组织，白色基
　　　　　体为铜基 α 固溶体，灰黑色为铅，深黑色者为孔
　　　　　洞。合金硬度为 56.5HV。

　　　　　　疏松会降低合金的力学性能，使承载能力和
　　　　　疲劳强度明显减小，在使用中容易产生疲劳剥落
　　　　　而导致早期损坏。

图　　11-3-87　　　　　　　　　　　250×

图　　号：11-3-88

材料名称：ZCuPb30 铜基轴承合金

浸 蚀 剂：4%硝酸酒精溶液

处理情况：卧式离心浇注

组织说明：在铜铅合金与钢背的结合界面附近，钢
　　　　　背上有碎屑落入合金之中形成的夹杂，此为一种
　　　　　粘结不良的金相组织。

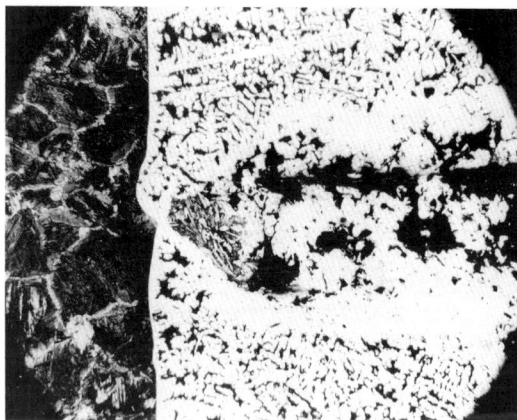

图　　11-3-88　　　　　　　　　　　100×

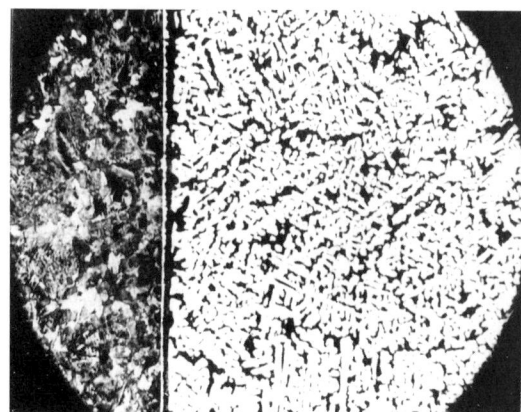

图　　号：11-3-89

材料名称：ZCuPb30 铜基轴承合金

浸 蚀 剂：4%硝酸酒精溶液

处理情况：卧式离心浇注

组织说明：在紧靠合金层与钢背的结合界面处有黑
　　　　　色长条状夹杂，此为一种粘结不良的金相组织。

　　　　　　此种缺陷在使用中由于粘结强度不够，而极
　　　　　易导致轴承产生脱壳损坏。

图　　11-3-89　　　　　　　　　　　100×

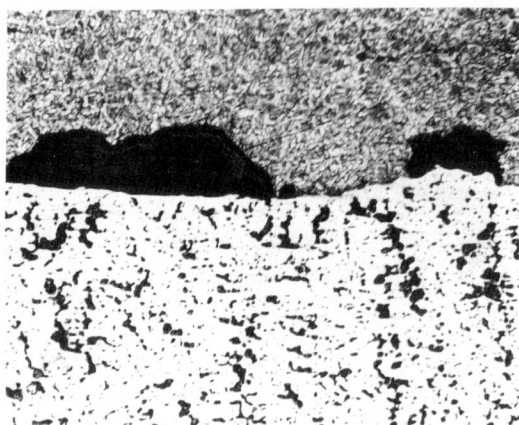

图　　11-3-90　　　　　　　　　　100×

图　　号：11-3-90
材料名称：ZCuPb24Sn2 铜基轴承合金
浸 蚀 剂：4%硝酸酒精溶液
处理情况：卧式离心浇注
组织说明：在合金与钢背的结合界面上有大块状黑
　　　　　色氧化物夹杂，此为一种粘结质量极差的金相组
　　　　　织。造成此种缺陷是由于钢背局部表面存在氧化
　　　　　物夹杂，在离心浇注前未及时清除，以致浇注后
　　　　　它依然存在，夹在钢背与合金层间，导致钢背与
　　　　　合金粘结不良。钢背在预热中形成的氧化物未能
　　　　　清除，也会在浇注后形成氧化物夹杂。

图　　号：11-3-91
材料名称：ZCuPb24Sn2 铜基轴承合金
浸 蚀 剂：未浸蚀
处理情况：卧式离心浇注
组织说明：在铜铅合金与钢背的结合界面上有气孔，
　　　　　在结合界面附近的钢背上有裂纹。
　　　　　气孔和裂纹的存在都有害于合金层与钢背的
　　　　　粘结质量，它将严重地降低轴承的使用寿命。

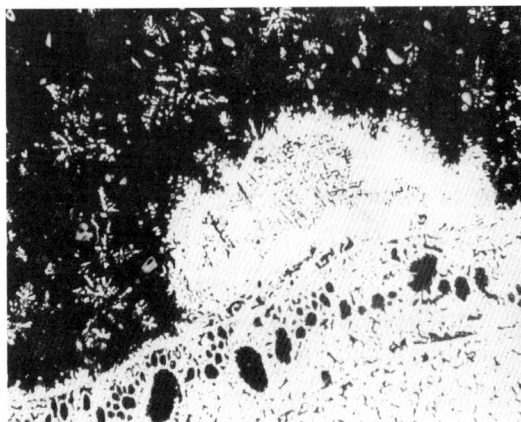

图　　11-3-91　　　　　　　　　　100×

图　　11-3-92　　　　　　　　　　100×

图　　号：11-3-92
材料名称：ZCuPb24Sn2 铜基轴承合金
浸 蚀 剂：4%硝酸酒精溶液
处理情况：卧式离心浇注
组织说明：在铜铅合金层中有大量锡基轴承合金夹
　　　　　杂。白色基体为铜相，其上黑色点、圆粒状为铅。
　　　　　黑色基体为锡基 α 固溶体，其上白色星状及短条
　　　　　状为 Cu_6Sn_5 化合物。
　　　　　这种缺陷是原材料管理不善和熔炼生产管理
　　　　　不严，误将锡基轴承合金料落在铜铅合金液中所
　　　　　造成。

图　11-3-93　　　　　　　　　　　实物

图　11-3-94　　　　　　　　　　　40×

图　　号：11-3-93～11-3-95

材料名称：ZCuPb30 铜基轴承合金

浸 蚀 剂：未浸蚀

处理情况：卧式离心浇注

组织说明：图 11-3-93：轴承使用一段时间后发生断裂且裂成数块，在轴承合金层工作面上并有严重的大面积的剥落。

　　图 11-3-94：轴承合金层剥落处钢背内表面放大 40 倍的情况，钢背上加工刀痕清晰可见，几乎无合金粘附在钢背上。

　　图 11-3-95：合金层工作面，轴承产生早期剥落继而导致发生抱轴事故的轴承内表面，部分合金层剥落呈黑色、黑灰色，部分合金层被挤压成薄层，部分钢背被挤压变薄成刀片状。

　　粘结不良的轴承合金在使用时，由于疲劳载荷和冲击载荷的作用，粘结界面处容易首先产生疲劳裂纹，并沿结合界面和合金层表面扩展，造成合金层碎裂和产生剥落，继而会导致发生轴承断裂和抱轴等严重事故。防止脱壳和粘结不良方法有：钢背要洁净；用好的硼砂清洗钢背；钢背在氧化性气氛中预热温度不能过高，防止氧化、过热、过烧；采用合理的浇注工艺和添加适当的元素，防止铅偏析、气孔、夹杂等缺陷。

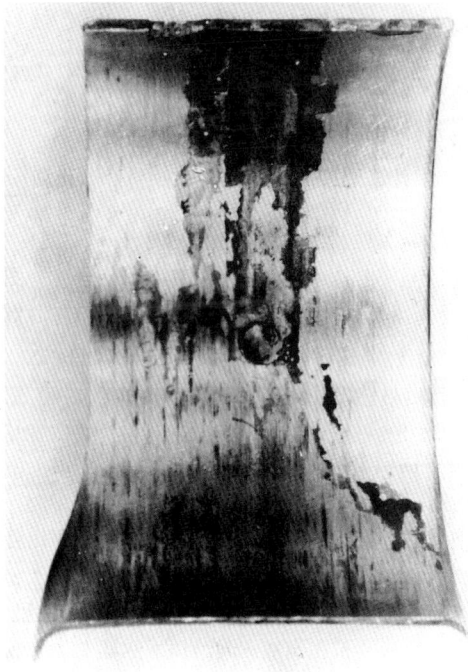

图　11-3-95　　　　　　　　　　　实物

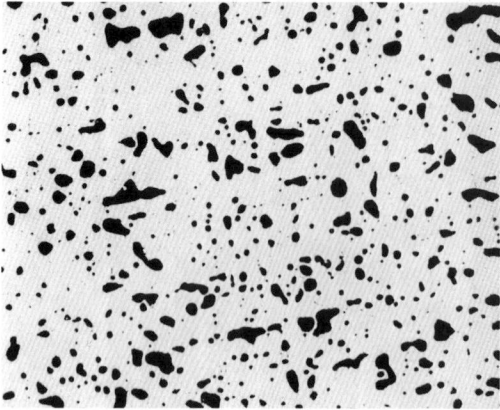

图　11-3-96　　　　　　　　　　　　100×

图　　号：11-3-96

材料名称：ZCuPb15Sn8 铜基轴承合金

浸 蚀 剂：4%硝酸酒精溶液

处理情况：立式静止浇注

组织说明：在铜基 α 固溶体上均匀地分布着点块状
　　　　　和小球状铅。合金硬度为62.2HV。

　　　　　合金除 Pb 外，还加入 w（Sn）8%，有时在
　　　　合金中加入少量锌主要是起脱氧作用，同时改善
　　　　合金的流动性和铸造性能，以提高合金的硬度和
　　　　强度。加入的锡由于冷速较快故大部分溶于铜
　　　　中，明显地提高基体的强度，并有促使铅形成点
　　　　块状。此牌号合金宜用作高压下工作的重要轴承
　　　　（如冷轧机轴承）。

图　　号：11-3-97

材料名称：ZCuPb24Sn2 铜基轴承铅合金

浸 蚀 剂：4%硝酸酒精溶液

处理情况：卧式离心浇注，添加 w（Ni）为 0.43%

组织说明：铅呈中小点块状较均匀地分布在铜基 α
　　　　　固溶体上。在含锡量较大的铜铅合金及高铅青铜
　　　　　中添加少量镍，有利于形成较均匀分布的点块状
　　　　　组织。合金硬度为 64.2HV。

　　　　　高铅青铜中加入镍元素，可使铅的分布更加均
　　　　匀，同时组织更加细化，可得到较小点块状分布较
　　　　均匀的组织。此类合金适宜用作中、大功率柴油机
　　　　的轴承。

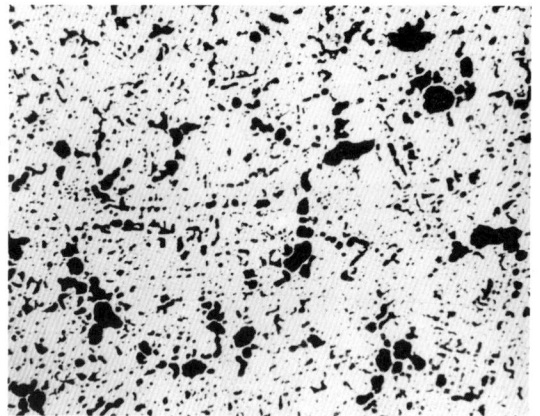

图　11-3-97　　　　　　　　　　　　100×

图　　号：11-3-98

材料名称：ZCuPb20Sn5 铜基轴承铅合金及 ZPbSb15
Sn10 表面层铅基轴承合金

浸 蚀 剂：4%硝酸酒精溶液

处理情况：将高铅青铜浇注在钢背上，再在高铅青
　　　　　铜表面镀镍栅层，然后浇注一层铅基轴承合金

组织说明：图中间白色部分是铅青铜，组织为铅呈
　　　　　细小点块状分布在铜基 α 固溶体上；图左侧为表
　　　　　层为（Pb+Sb）共晶体，其上分布着细散白色化合
　　　　　物。图右侧为钢背组织，基体为珠光体+网状或针
　　　　　状分布的铁素体，呈严重的魏氏组织。铅青铜与
　　　　　表层铅基轴承合金结合良好，中间极薄一层白色
　　　　　镀镍栅层结合良好，钢背与铅青铜合金层结合也
　　　　　良好。

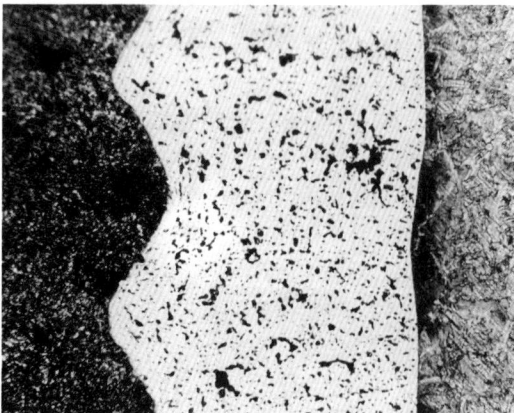

图　11-3-98　　　　　　　　　　　　100×

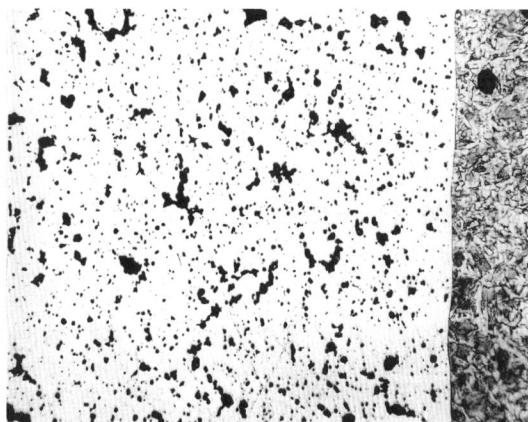

图　11-3-99　　　　　　　　　　　　　100×

图　　号：11-3-99

材料名称：ZCuPb10Sn10 铜基轴承合金

浸 蚀 剂：4%硝酸酒精溶液

处理情况：卧式离心浇注

组织说明：此为轴套结合面金相组织。合金层组织
　　为细小的点块状铅均匀分布在铜基 α 固溶体上。
　　由于未用氯化高铁盐酸水溶液浸蚀，铜基体中
　　（α＋δ）共析体未被显示出来。钢背组织为珠
　　光体+少量网状或针状分布的铁素体，呈极明显
　　的魏氏组织，钢背与合金层结合良好，此为铅青
　　铜轴承合金的正常组织。此牌号合金适用于制造
　　轴套、衬套及推片。

图　　号：11-3-100

材料名称：ZCuPb10Sn10 铜基轴承合金。

浸 蚀 剂：未浸蚀

处理情况：烧结

组织说明：铅青铜合金层组织为在铜基 α 固溶体上
　　均匀分布着黑色细小点块铅和灰色点状共析
　　体。右侧白色为钢背，钢背与铅青铜合金层结合
　　良好。这是烧结铅青铜轴承合金的正常组织。此
　　为铅青铜合金烧结在钢背上制成的双金属材料，
　　由于合金试样未经浸蚀，故（α＋δ）共析体未
　　被显示出来。

图　11-3-100　　　　　　　　　　　　100×

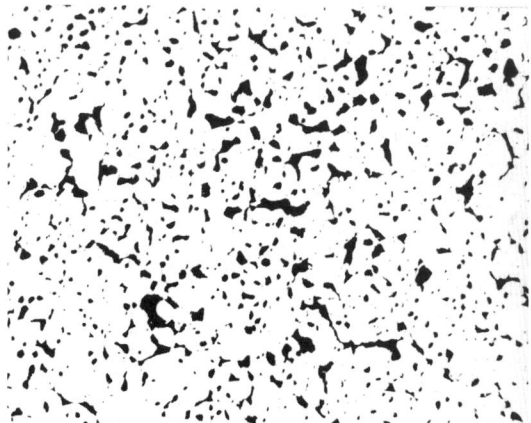

图　11-3-101　　　　　　　　　　　　100×

图　　号：11-3-101

材料名称：ZCuPb10Sn10 铜基轴承合金

浸 蚀 剂：未浸蚀

处理情况：烧结

组织说明：在铜基 α 固溶体上分布着黑色点块状和
　　断续网状铅，灰色点状为脆硬的 $Cu_{31}Sn_8$ 化合物
　　相，它常与铜基 α 固溶体构成（α＋δ）共析体。
　　此为铅青铜合金层的正常组织。合金硬度为
　　92.8HV。由于出现（α＋δ）共析体，导致合金
　　的强度和硬度均有所提高，（α＋δ）共析体应用
　　氯化高铁、盐酸水溶液浸蚀后才能清晰显示。α＋
　　δ 共析体的出现导致合金硬度明显提高，一般可
　　达 60～80HV，最高可达 80～110HV。

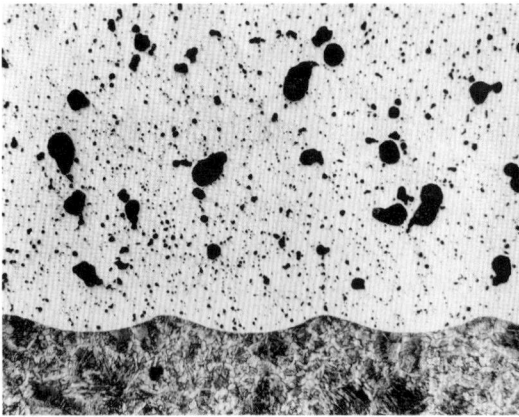

图　11-3-102　　　　　　　　　　　100×

图　　号：11-3-102

材料名称：ZCuPb10Sn10 铜基轴承合金

浸 蚀 剂：4%硝酸酒精溶液

处理情况：卧式离心浇注

组织说明：此为轴套合金结合面金相组织。合金层
　　组织为球状和点状铅分布在铜基 α 固溶体上，尚
　　有细小灰色点状 δ（Cu$_{31}$Sn$_8$）相析出并分布在 α
　　固溶体上，图下部是钢背组织，为典型的魏氏组
　　织，合金层与钢背结合良好，惟在合金中有部分
　　铅粒较大。合金硬度为 106HV。

图　　号：11-3-103

材料名称：ZCuPb10Sn10 铜基轴承合金

浸 蚀 剂：4%硝酸酒精溶液

处理情况：卧式离心浇注

组织说明：在铜基 α 固溶体上分布着球状和点块状
　　铅。此外，在铜基 α 固溶体上尚有未被显示清晰的
　　浅灰色小颗粒可能是（α+δ）共析体。合金硬度
　　为 106HV。

　　ZCuPb10Sn10 合金的组织，应是在铜基 α 固溶体
上分布软质的铅相外，还有少量硬质的（α+δ）共
析体。合金中部分锡溶解于铜中起强化基体的作用，
一部分锡与铜形成一种脆硬的 δ（Cu$_{31}$Sn$_8$）相，它会
使合金的硬度、强度大为提高。

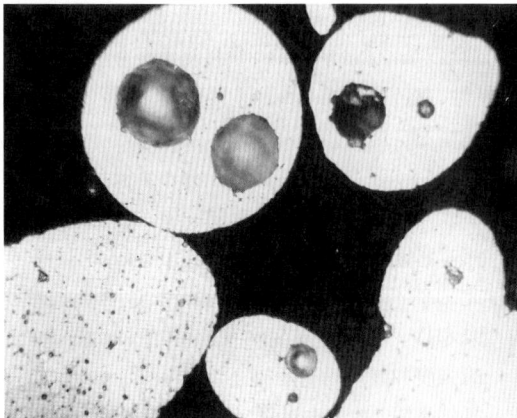

图　11-3-103　　　　　　　　　　　100×

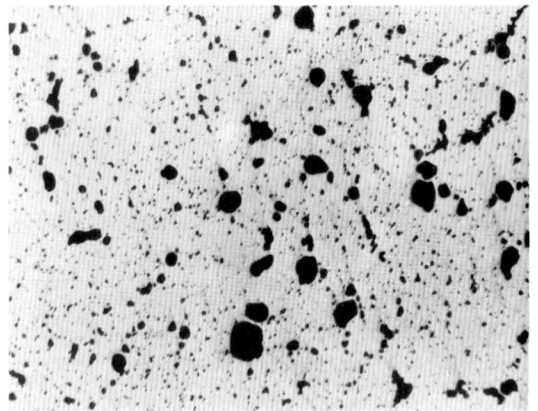

图　11-3-104　　　　　　　　　　　400×

图　　号：11-3-104

材料名称：ZCuPb15Sn8 铅青铜合金粉末

浸 蚀 剂：4%硝酸酒精溶液

处理情况：水雾化

组织说明：在合金粉末的颗粒中存在着较多气孔
　　（颗粒内呈较大的灰黑色圆形者为气孔）。合金
　　粉末颗粒中含有大量气孔，是由于合金在熔化时
　　吸收了较多的气体所造成。

　　合金中 w（Sn）超过 6%后，析出（α+δ）
共析体，由于合金粉末冷却速度极快，使（α+δ）
共析体的析出被抑制，同时铅相也以极细小的点
状析出，有些合金粉末颗粒中连 Pb 相的析出也
被抑制。

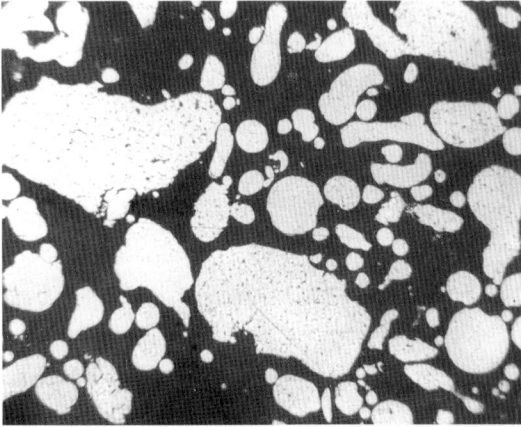

图　　11-3-105　　　　　　　　　　　　200×

图　　号：11-3-105
材料名称：ZCuPb10Sn10 铅青铜合金粉末
浸 蚀 剂：4%硝酸酒精溶液
处理情况：氮气雾化
组织说明：铅青铜合金粉末大多呈不规则状。在合
　　　　金颗粒中细小的黑点为铅。
　　　　　　由图可知，合金粉末颗粒大小不均匀，同时
　　　　形状又不规则。由于合金粉末颗粒冷速极大，而
　　　　使其原来应析出的铅粒和（α+δ）共析体亦大部
　　　　分被抑制，一小部分仅以极细颗粒析出。合金中
　　　　w（Sn）超过 6%时，将会在基体中析出 α+δ 共
　　　　析体。

图　　号：11-3-106
材料名称：ZCuSn5Pb5Zn5 铜基轴承合金
浸 蚀 剂：氯化高铁盐酸水溶液
处理情况：卧式离心浇注
组织说明：在铜基 α 固溶体上分布着少量白色块状的
　　　　（α+δ）共析体，黑色颗粒状为铅。锡青铜具有
　　　　良好的耐磨性、耐蚀性，并且具有较高的硬度和强
　　　　度，广泛用于制造各种耐磨和耐蚀零件。制造滑动
　　　　轴承用的锡青铜有铸造的二元锡青铜、锡锌铅青
　　　　铜和磷青铜等。ZCuSn5Pb5Zn5 主要用作减摩零
　　　　件，用于航空、机器制造以及汽车、拖拉机发动
　　　　机的轴套和内衬。

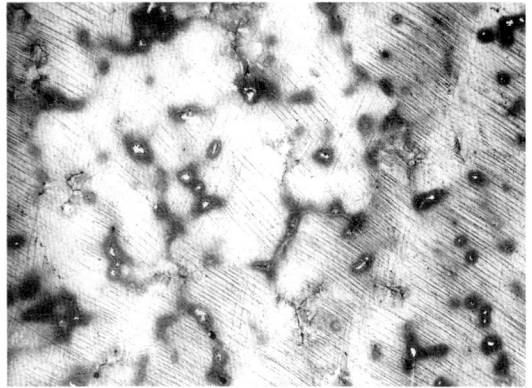

图　　11-3-106　　　　　　　　　　　　100×

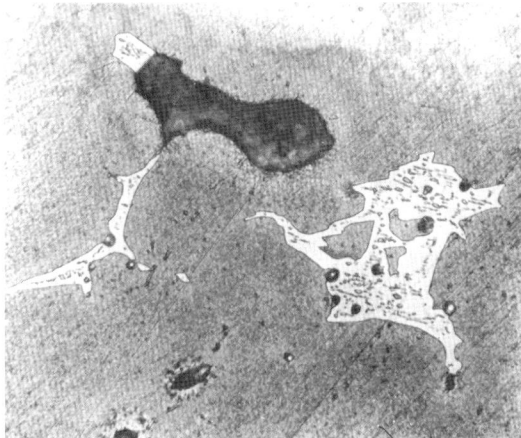

图　　11-3-107　　　　　　　　　　　　500×

图　　号：11-3-107
材料名称：ZCuSn5Pb5Zn5 铜基轴承合金
浸 蚀 剂：氯化高铁盐酸水溶液
处理情况：卧式离心浇注
组织说明：在铜基 α 固溶体上分布着（α+δ）共析
　　　　体，白色块状物为 δ 相，其上分布的黑灰色点块
　　　　状为铜基 α 固溶体，在晶界分布着黑色相为铅。
　　　　　　δ 相系电子化合物为基的固溶体，系复杂立方晶
　　　　格，在常温下硬而脆，不能进行变形加工，它分
　　　　布在软基体中，形成了软基体、硬质点相组织。
　　　　在 ZCuSn5Pb5Zn5 中还有软质的铅相析出物存
　　　　在，它可以起到润滑作用。

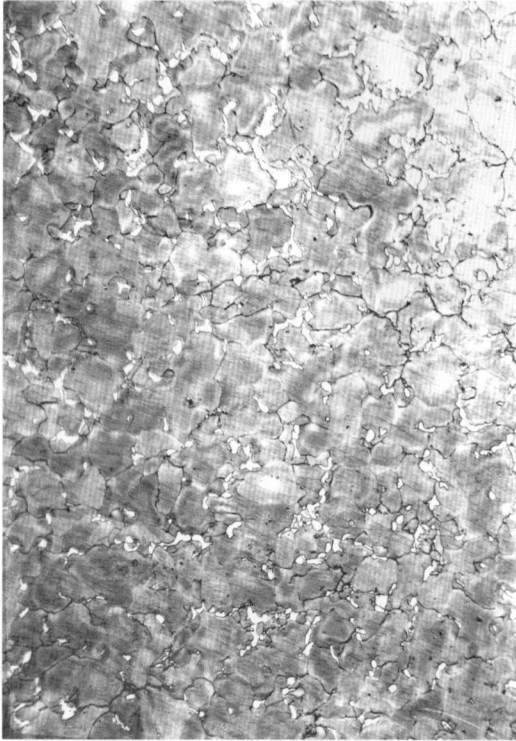

图 11-3-108　　　　　　　　100×

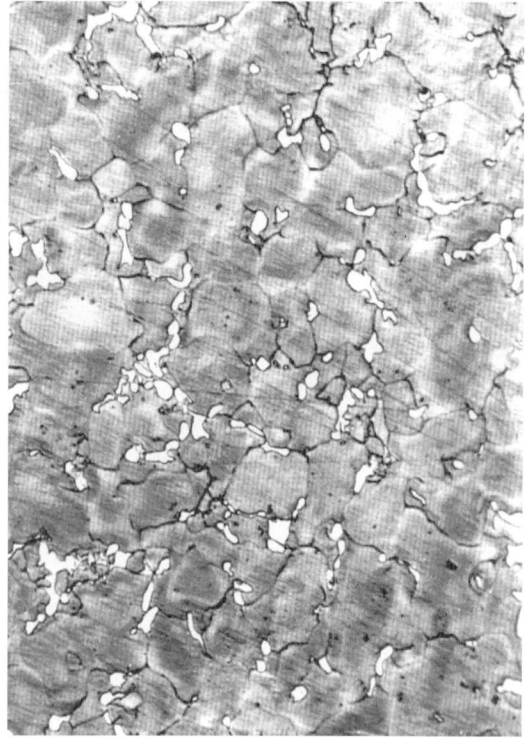

图 11-3-109　　　　　　　　250×

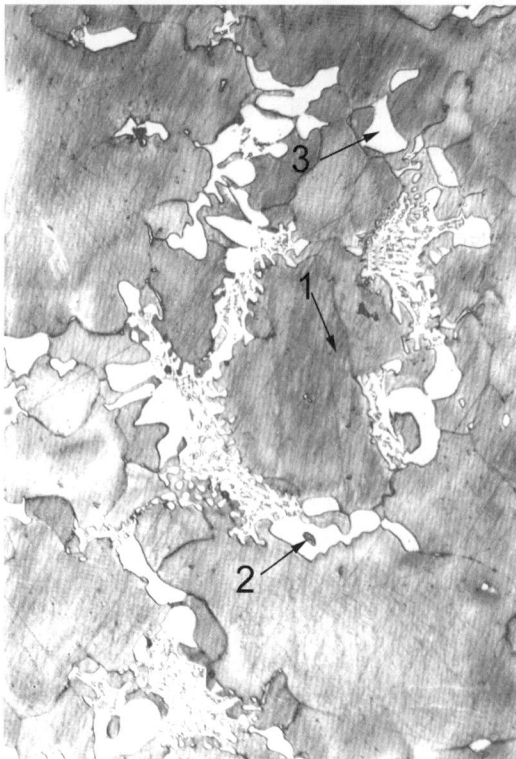

图 11-3-110　　　　　　　　500×

图　　号：11-3-108～11-3-110

材料名称：ZCuSn10P1 铜基轴承合金

　　[w（Sn）9.0%～11.5%，w（P）0.5%～1.0%]

浸 蚀 剂：氯化高铁盐酸水溶液

处理情况：铸态

组织说明：在铜基 α 固溶体上，分布着（α+Cu$_3$P）二元共晶体和（α+Cu$_3$P+δ）三元共晶体。

　　因锡元素扩散较困难，容易偏聚，所以在低磷高锡处可能析出（α+δ）共析体。因此在组织中除 α+Cu$_3$P、α+Cu$_3$P+δ 外，还会有（α+δ）。

　　图 11-3-108：低倍组织分布情况。

　　图 11-3-109：组成相分辨还不够清晰。

　　图 11-3-110：图 11-3-108 放大 500 倍的组织，基体为 α 固溶体见箭头 1 指处，箭头 2 为 Cu$_3$P，箭头 3 为 δ 相，δ 相系电子化合物(Cu$_{31}$Sn$_8$)属脆性相，浅蓝色，不能进行塑性变形，它会使合金塑性下降。Cu$_3$P 与 δ 相在显微镜下相似，颜色较 δ 相为深。5%硝酸溶液浸蚀时 Cu$_3$P 不变色，（α+δ）共晶体可全部呈黑色，用 5%赤血盐溶液浸蚀时，Cu$_3$P 随浸蚀时间的延长而加深成黑灰色，而（α+δ）共晶体不变色。

金 相 图 片

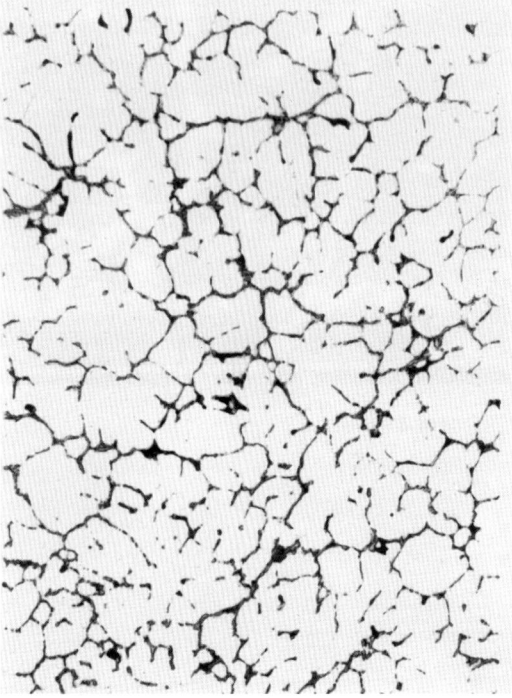

图　11-4-1　　　　　　　　　　100×

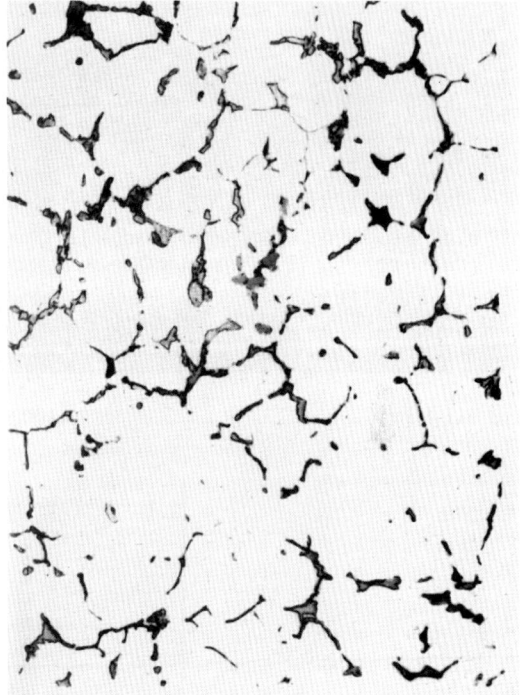

图　11-4-2　　　　　　　　　　250×

图　　号： 11-4-1～11-4-7

材料名称： ZAlSn6Cu1Ni1 低锡铝基轴承合金 [w（Sn）5.6%，　w（Cu）0.98%，　w（Ni）0.81%，　w（Ti）0.13%，w（Si）0.7%，　w（Mn）0.16%，　w（Fe）0.12%，其余为 Al]

浸 蚀 剂： 0.5% 氢氟酸水溶液

处理情况： 金属型浇注

组织说明： 图 11-4-1：白色基体为 α 固溶体，沿晶分布的灰白色（α＋Sn）共晶体，其上布有灰色椭圆形为 Al_2Cu 相，黑灰色条状为 Al_3Ni 相。因放大倍数小，Al_2Cu 相及 Al_3Ni 相不易分辨。图中黑色小点为孔洞。

图 11-4-2：图 11-4-1 的放大组织，灰白色沿晶分布的网络状为（α＋Sn）共晶体，极少量灰色为 Al_2Cu 相，黑灰色条状为 Al_3Ni 相。

图 11-4-3：电子扫描图象，黑色基体为 α 固溶体，白色网络状为（α＋Sn）共晶体，由于放大倍数低，Al_2Cu 相及 Al_3Ni 相不易清晰分辨。

图 11-4-4：图 11-4-3 放大电子扫描图象，基体为 α 固溶体、（α＋Sn）共晶体、深灰色椭圆形 Al_2Cu 相及黑灰色条状 Al_3Ni 相清晰可见。

图 11-4-5：于共晶 Sn 相上作能谱分析，图示为 Sn 元素 K_a 峰的情况。

图 11-4-6：于 Al_3Ni 相处作能谱分析，　图示为 Al 及 Ni 元素 K_a 峰的情况。

图 11-4-7：于 Al_2Cu 相处作能谱分析，图示为 Al 及 Cu 元素 K_a 峰的情况。

在 GB/T 1174—1992 铸造轴承合金标准中，ZAlSn6Cu1Ni1 低锡铝基轴承合金是铝基轴承合金惟一的牌号，在以往 ZAlSn20Cu 使用比较广泛，但在目前国内外中高速中负荷发动机上，仍将 ZAlSn20Cu 作为理想的轴承材料广泛应用。

ZAlSn6Cu1Ni1 低锡铝基轴承合金具有良好的耐磨性，加入少量的 Cu 和 Ni 能显著地提高合金的强度，并在晶界处均匀地析出高硬度的 Al_3Ni 和 Al_2Cu，在摩擦时这些硬质相可起到支承作用。

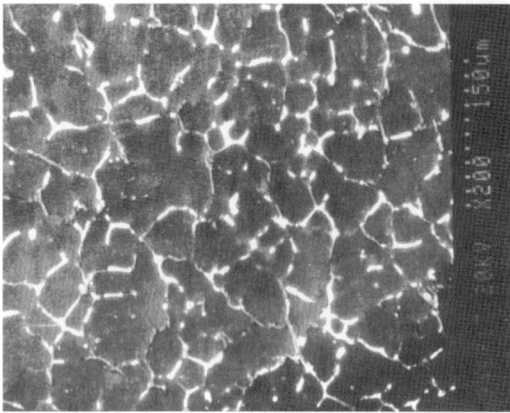

图 11-4-3   100×

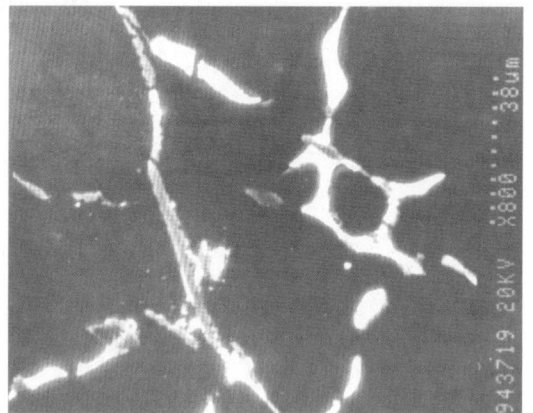

图 11-4-4   500×

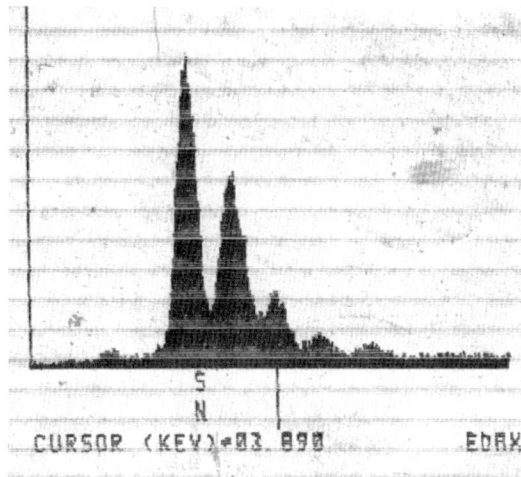

图 11-4-5   （图 11-4-4 中白色区的能谱图）

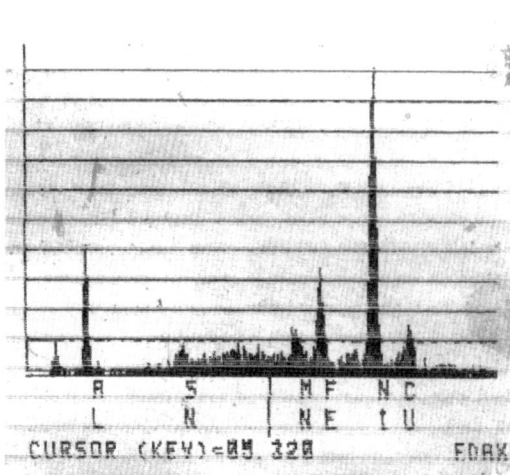

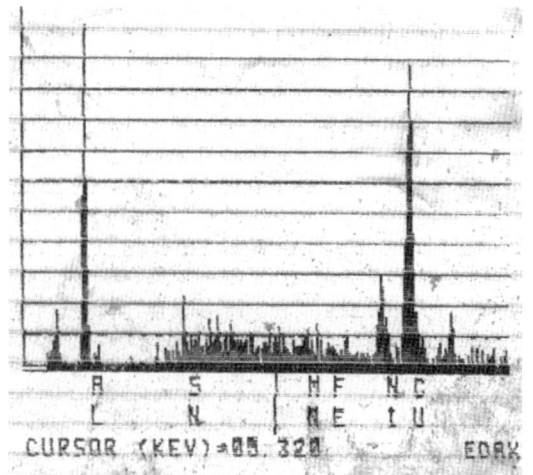

图 11-4-6（图 11-4-4 中深灰色条状区的能谱图）   图 11-4-7（图 11-4-4 中深灰色椭圆形区的能谱图）

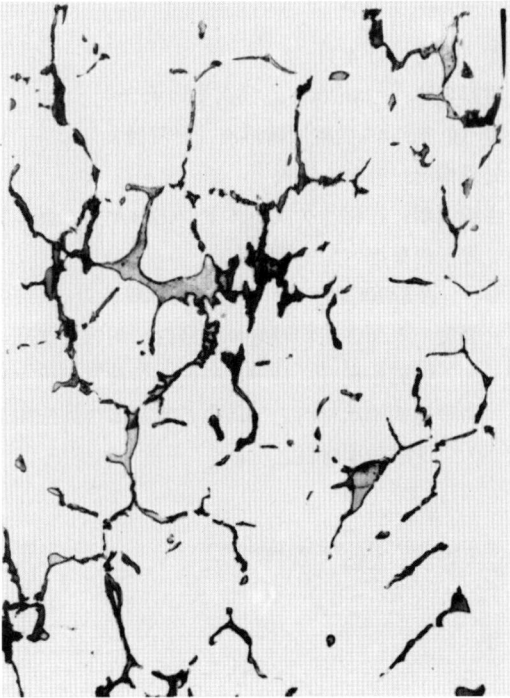

图　11-4-8　　　　　　　　　250×

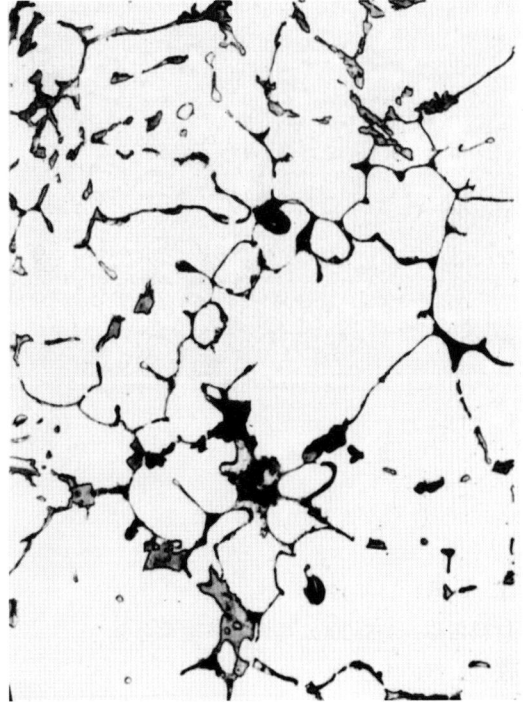

图　11-4-9　　　　　　　　　400×

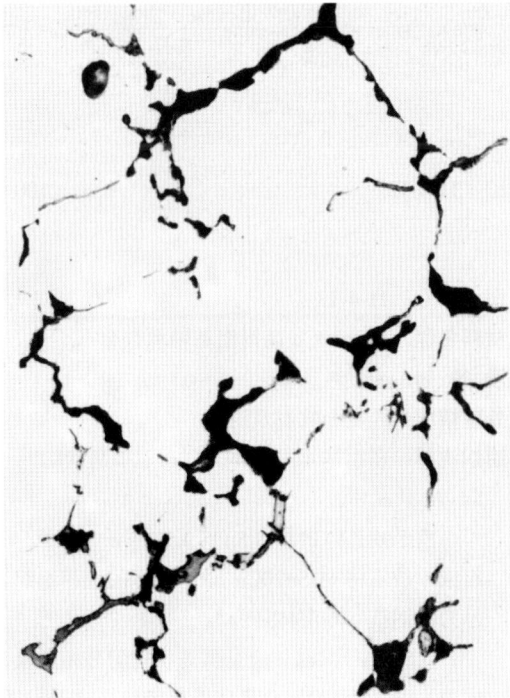

图　11-4-10　　　　　　　　200×

图　　号：11-4-8～11-4-10
材料名称：ZAlSn6Cu1Ni1 低锡铝基轴承合金
浸 蚀 剂：0.5％氢氟酸水溶液
处理情况：金属型浇注
组织说明：图 11-4-8：基体 α 固溶体，灰色沿晶为
（α＋Sn）共晶体，亮灰色为 Al₃Ni 相。晶粒细
小不粗大。此为 w（Sn）5.5%-w（Ni）1%的合金。
由于合金中含铜量较低，故 Al₂Cu 相极少
　　图 11-4-9：α 固溶体及沿晶分布的共晶体和深
灰色片状 Al₃Ni 相，亮灰白色呈椭圆形为 Al₂Cu
相，此为 w（Sn）6.5%-w（Cu）9.5%-w（Ni）0.9%
的合金中，由于含铜量较多，故 Al₂Cu 亦较前图
为多。
　　图 11-4-10：亮白色椭圆形和长条形为 Al₂Cu
相，深灰色为 Al₃Ni 相，合金的晶粒大小不均匀，
局部晶粒过大。
　　锡在 α 固溶体中溶解度较小，少量的锡就会
在 α 晶界形成低熔点共晶（熔点约 190～220℃），
在热处理时极易使共晶体产生复熔。若合金中有
大量的（α＋Sn）共晶体沿晶界分布，它只能作
低温时效（160～180℃）处理，当温度稍有超温
时，晶界上的（α＋Sn）共晶体即发生聚集，并
成大颗粒分布，使合金的性能明显下降。

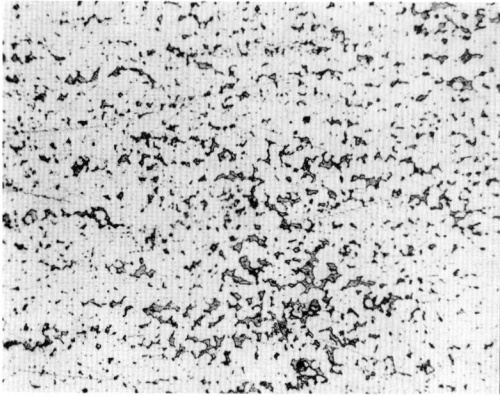

图 11-4-11 100×

图 号： 11-4-11

材料名称： AlSn20Cu 高锡铝基轴承合金

浸 蚀 剂： 4%硝酸酒精溶液（轻浸蚀）

处理情况： 轧制，退火

组织说明： 在铝基 α 固溶体上，（Sn+Al）共晶体集聚于局部地区呈偏析分布。

AlSn20Cu 合金具有较高的承载能力，抗疲劳强度，表面性能均较好，耐磨性、耐蚀性优良，加工性能也良好，是中、高速中负荷发动机上较为理想的轴承材料之一，也是目前国内外应用最为广泛的轴承材料之一。

图 号： 11-4-12

材料名称： AlSn20Cu 高锡铝基轴承合金

浸 蚀 剂： 未浸蚀

处理情况： 轧制，退火

组织说明： 在铝基 α 固溶体上，（Sn+Al）共晶体呈条带状方向性分布。

轧制时共晶体沿加工方向变形延伸，由于退火温度较低，共晶体之分布未得到改善。

AlSn20Cu 作为轴承材料使用时，一般是将它覆合在钢背上制成双金属带或板，然后再制成所需规格的滑动轴承。

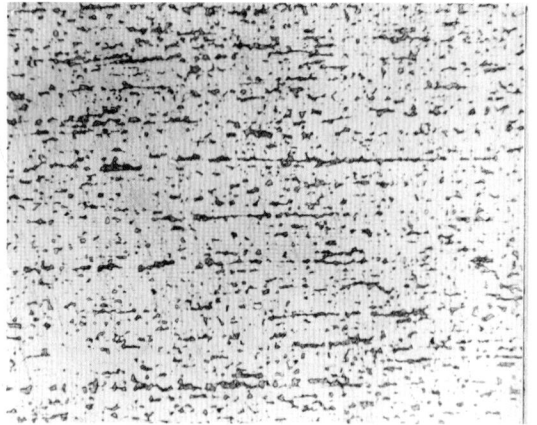

图 11-4-12 100×

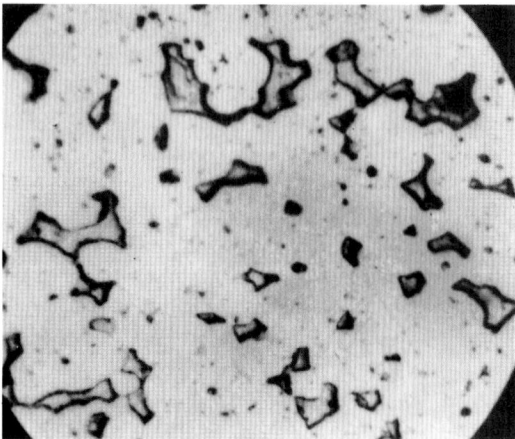

图 11-4-13 360×

图 号： 11-4-13

材料名称： AlSn20Cu 高锡铝基轴承合金

浸 蚀 剂： 未浸蚀

处理情况： 经复合轧制及退火

组织说明： 在铝基 α 固溶体上分布着孤岛状的 Sn+Al 共晶体。

由于共晶体由 $[w(Sn)99.5\%+w(Al)0.5\%]$ 组成，故常将 AlSn20Cu 轴承合金的金相组织表示为：铝基 α 固溶体+锡相。

（Sn+Al）共晶体应呈孤岛状均匀分布于合金层内，若（Sn+Al）共晶体以条带状平行于钢背，将会降低合金层的使用性能。

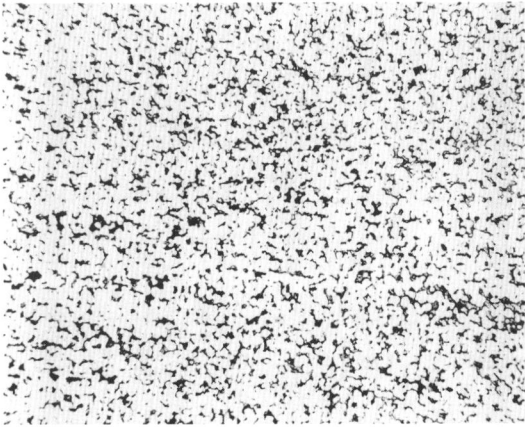

图　11-4-14　　　　　　　　　　　　100×

图　　号：11-4-14

材料名称：高锡铝基轴承合金 [w（Sn）40%，其余为 Al]

浸 蚀 剂：4%硝酸酒精溶液

处理情况：轧制，退火

组织说明：较细小的（Sn+Al）共晶体均匀地分布在铝基 α 固溶体上。共晶体分布仍有呈带状分布趋势。

　　铝基 α 固溶体为硬基体，锡相则为软质点。一般要求锡相应细小均匀，呈孤岛状均匀分布，锡相不应是粗大或呈网状分布，不希望锡相平行于钢背分布，同时要求不存在其他较多的或呈密集分布的硬相存在。

图　　号：11-4-15

材料名称：　AlSn20Cu

浸 蚀 剂：氢氟酸水溶液

处理情况：轧制，退火

组织说明：此为轴承或复合金属板（带）结合面金相组织。AlSn20Cu 合金层金相组织：黑色基体为铝基 α 固溶体，其上白色者为（Sn+Al）共晶体。在合金层与钢背之间有一纯铝层。为了使合金层能与钢背牢固地粘结在一起，常在合金层与钢背之间覆合一薄层纯铝层。本图结合面合金的金相组织属正常组织。

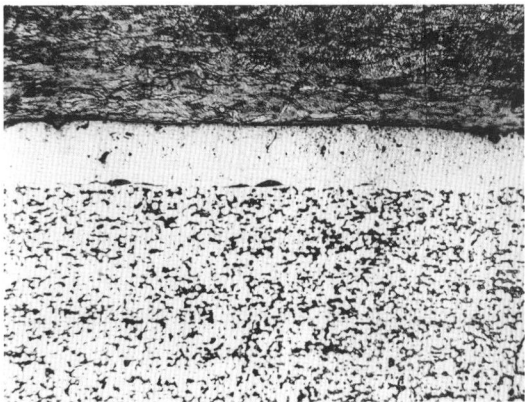

图　11-4-15　　　　　　　　　　　　100×

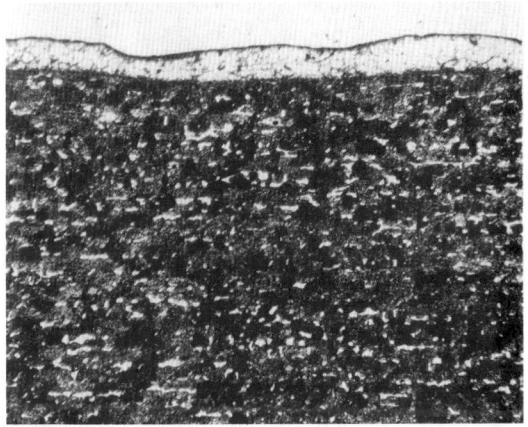

图　11-4-16　　　　　　　　　　　　100×

图　　号：11-4-16

材料名称：高锡铝基轴承合金 [w（Sn）40%，其余为 Al]

浸 蚀 剂：4%硝酸酒精溶液

处理情况：轧制，退火

组织说明：此为轴承合金结合面金相组织。图下部为高锡铝合金层的组织（Sn+Al），共晶体较细且较均匀地分布在铝基 α 固溶体上；图上部为钢背组织，呈纤维状组织；在图中部为合金层与钢背之间一层白色纯铝层组织。在合金层与纯铝层之间有橄榄状气泡遗迹存在。

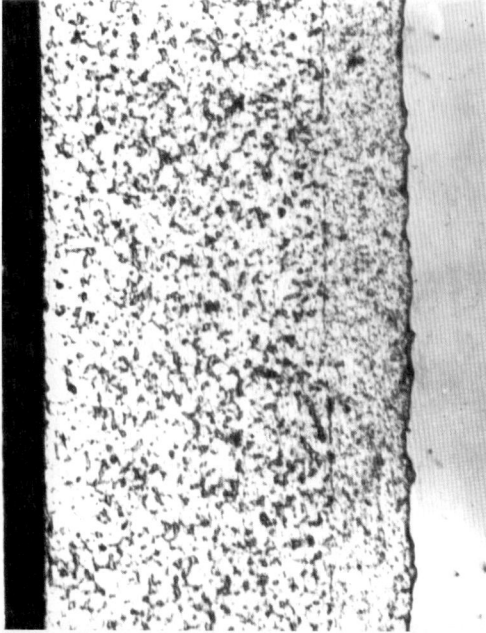

图　11-4-17　　　　　　　　100×

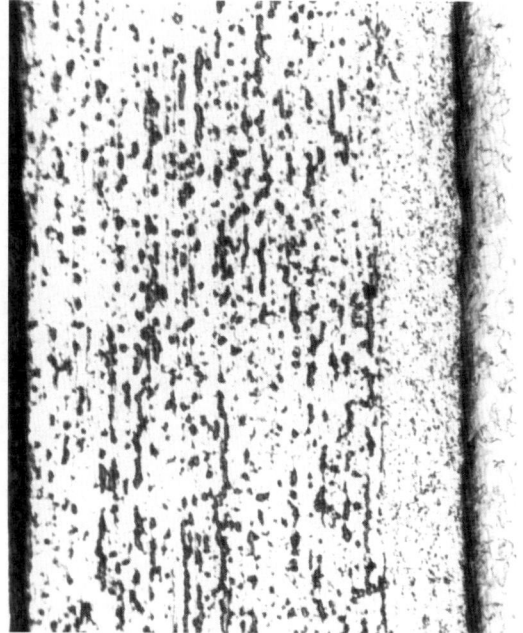

图　11-4-18　　　　　　　　100×

图　　号：11-4-17～11-4-19

材料名称：AlSn20Cu 高锡铝基轴承合金

浸 蚀 剂：4％硝酸酒精溶液

处理情况：轧制后退火

组织说明：图 1-4-17：左侧为铝基轴承合金层，基
体为 α 固溶体，其上分布有均匀分布的点、块状
为（α＋Sn）共晶体。图右侧白色基体为钢背，
在钢背与轴承合金之间为一层纯铝层。

图 11-4-18：组织基本上同图 11-4-17。惟有
铝基轴承合金中共晶体沿轧制方向分布，平行于
钢背材料。

图 11-4-19：铝基轴承材料与钢背上钝铝层之
间结合情况，有未结合好的黑色长条形气泡间隙，
此外在铝基轴承工作面上有一薄层锡层。

AlSn20Cu 高锡铝基合金是目前应用较广
泛的轴承材料，它是由铝硬基体上分布有软质
点锡相所组成。要求锡相应细小呈孤岛状均匀
分布，不希望存在粗大的、呈网状分布的锡相；
同时更不希望有明显的平行于钢背分布的锡相
存在，这将严重影响轴承合金的使用寿命，此
外合金层与钢背粘结应牢固，不应存在粘结不
牢固的间隙存在。

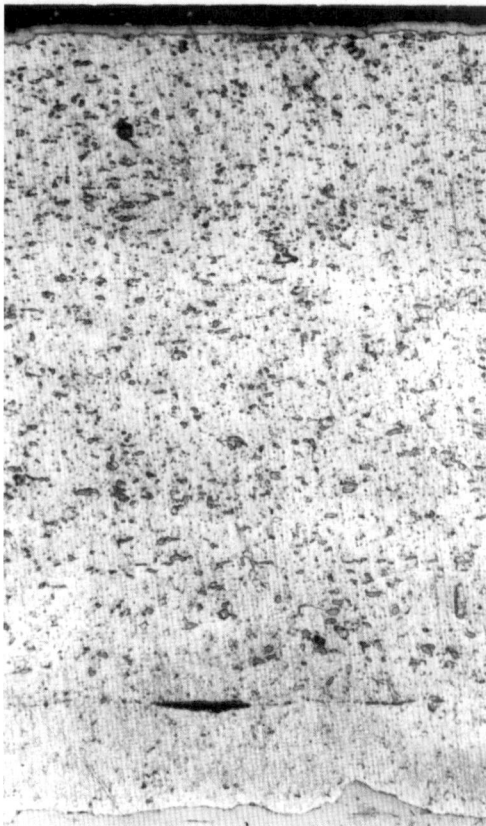

图　11-4-19　　　　　　　　400×

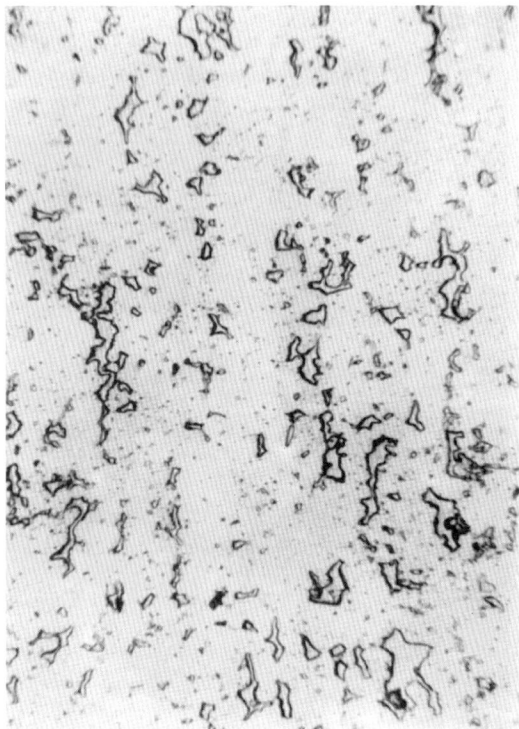

图　11-4-20　　　　　　　　　　　400×

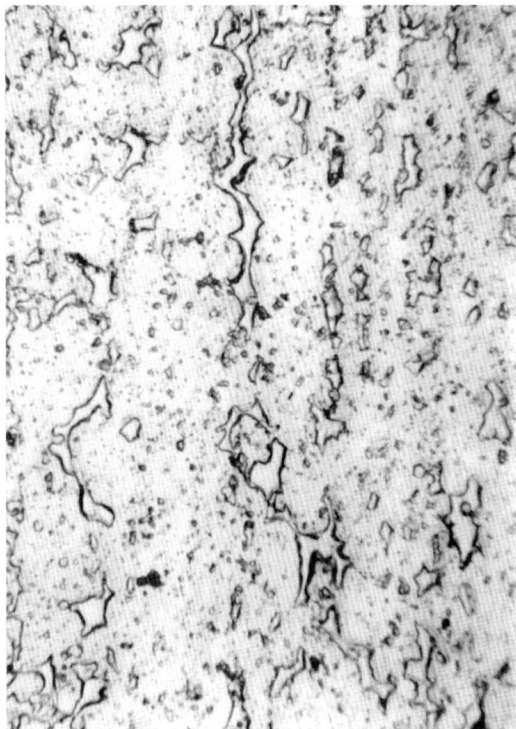

图　11-4-21　　　　　　　　　　　400×

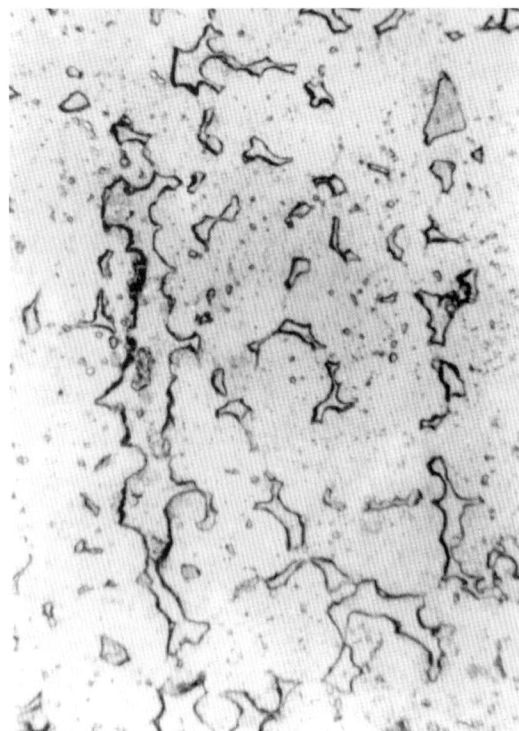

图　11-4-22　　　　　　　　　　　400×

图　　号： 11-4-20～11-4-22

材料名称： AlSn20Cu 高锡铝基轴承合金

浸 蚀 剂： 4％硝酸酒精溶液

处理情况： 浇注后轧制退火

组织说明： 图 11-4-20：AlSn20Cu 合金层的显微组织，基体为 α 固溶体，其上有呈点、块状和小岛状均匀分布的（α＋Sn）共晶体。

图 11-4-21：合金层中铝基体上（α＋Sn）共晶体呈孤岛状分布，有部分孤岛状共晶体连接在一起呈条状分布。

图 11-4-22 孤岛状（α＋Sn）共晶体分布于 α 基体上，部分孤岛状（α＋Sn）共晶体有呈网状分布倾向。有的孤岛状（α＋Sn）共晶体因退火温度较高而呈条带状平行于钢背分布。

从图片中可以看出，随着加工变形量的增加和退火温度的升高或退火时间的增加，会使低熔点（α＋Sn）共晶体将发生迁移，同时合金层的晶粒长大，使孤岛状共晶体呈网状和粗条状平行于加工方向分布，从而降低了合金层的使用性能。

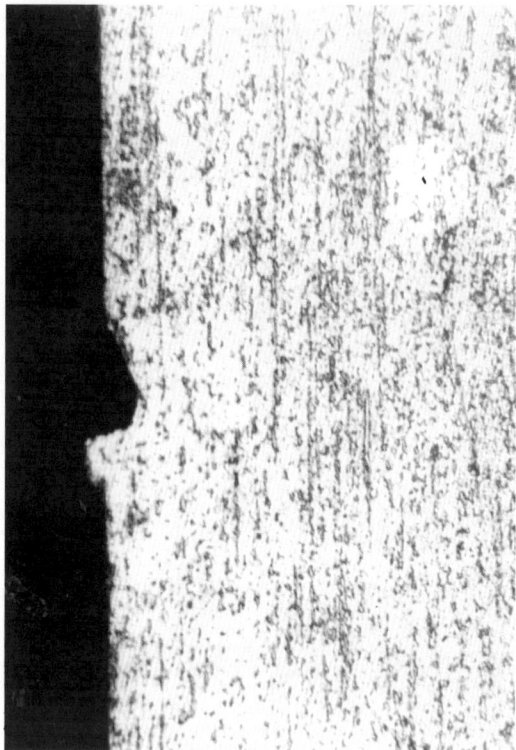

图　11-4-23　　　　　　　　　　100×

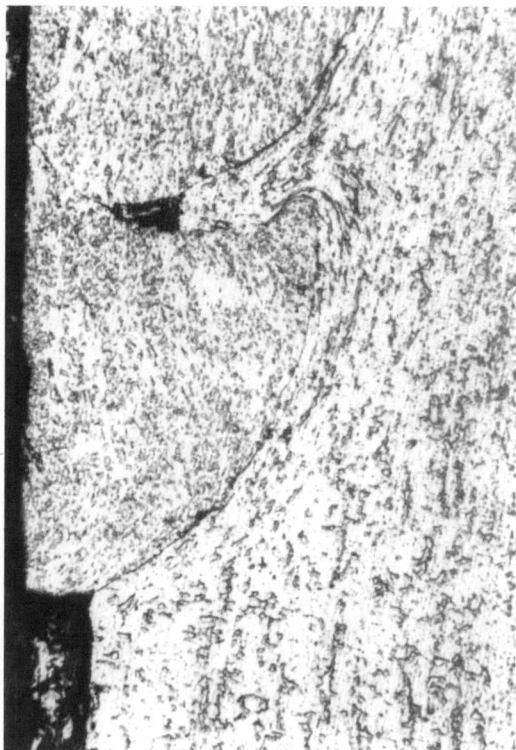

图　11-4-24　　　　　　　　　　100×

图　11-4-25　　　　　　　　　　100×

图　　号：11-4-23～11-4-25

材料名称：AlSn20Cu 高锡铝基轴承合金

浸　蚀　剂：4％硝酸酒精溶液

处理情况：轧制后退火

组织说明：图 11-4-23：合金剖面组织，基体为 α 固
溶体，其上灰色呈点状及条状为（α＋Sn）共晶
体，条状共晶体平行于钢背分布，在合金层工作
表面有刮伤缺口存在。

图 11-4-24：合金层上灰色呈点、块状及小条
状为（α＋Sn）共晶体。在合金层工作表面有明
显的似折叠的缺陷，合金塑性变形严重。图示刮
伤引起表面合金层翘起被挤压的情况。

图 11-4-25：高锡铝基轴承合金层表面被刮伤
变形的情况。

轴承合金层工作表面，由于摩擦副金属表面
毛糙或落入硬金属粒屑，在运行过程中由于合金
层硬度较低而被刮伤，造成铝基轴承工作表面严
重塑性变形。为消除此种缺陷，摩擦副表面应光
洁，防止硬金属粒屑掉入摩擦副间隙内。

图　11-4-26　　　　　　　　2×

图　11-4-27　　　　　　　　200×

图　11-4-28　　　　　　　　200×

图　　号：11-4-26～11-4-28

材料名称：AlSn20Cu 高锡铝基轴承合金

浸 蚀 剂：图 11-4-27 及图 11-4-28 浸蚀剂均为 4%
硝酸酒精溶液

处理情况：轧制后退火

组织说明：图 11-4-26：合金表面情况。在使用一段
时间后，表面被刮伤及被硬质点压入情况。

　　图 11-4-27：合金表面层剖面，基体为 α 固溶
体＋（α＋Sn）共晶体，共晶体呈点、块状及孤
岛状分布，有明显的方向性。有灰色硬质点异金
属压入合金层工作表面，硬质点呈长条卵形分布。

　　图 11-4-28：合金层剖面，组织为［α＋（α＋
Sn）］共晶体，共晶体沿加工方向变形呈长条形，
平行于钢背。在合金层工作表面有灰色硬质点异
金属压入，合金层稍有塑性变形，异金属已破碎。

　　高锡铝基轴承合金的硬度较低，安装和运行
时应十分注意清洁工作，以免硬质异金属落入轴
承合金和主轴之间，使其工作表面被刮伤或被异
金属压入造成主轴在运行时被刮伤，严重的刮伤
会产生抱轴事故，从而降低其使用寿命。

第12章 其他非铁金属

工业上除常用的铜及铜合金、铝及铝合金以及轴承合金外，还有为适应现代工业需要的其他非铁合金，如钛及钛合金、锌及锌合金、铅及铅合金、镁及镁合金、镍及镍合金等，现分别叙述于后。

第1节 钛及钛合金

钛合金于20世纪50年代初才投入工业化生产，由于其具有特别的使用价值，发展速度很快。中国钛工业起步并不晚，从20世纪50年代后期开始研制，到20世纪60年代中期实现了工业化生产。

钛增长速度快的原因是由于钛具有特别的优异性能，钛及钛合金性能最大的特点是密度小、强度高、耐蚀性能好，还具有良好的中温强度和低温韧性，钛的导电性和导磁性较差，钛是无磁的。

钛的应用是从宇航工业开始，逐渐推广到一般工业。钛及钛合金不仅是一种理想的结构材料，而且具有优良的耐蚀性，在国内60多个行业中得到应用，获得良好的经济和社会效益。

现在已能生产的钛合金牌号有24个，产品包括板、带、箔、棒、管、丝和各种锻件、铸件等。

1. 钛及钛合金分类

（1）按组织分类 钛合金一般是按其组织来命名的，如α钛合金（含近α钛合金）、α+β钛合金及β钛合金，中国分别用TA、TC、TB作为字头表示。

1）α钛合金（TA）：主要含有α稳定剂，在室温稳定状态基本为α相的钛合金，如TA0、TA1、TA2（工业纯钛）和TA7（Ti-5Al-2.5Sn）。六方结构α-Ti是低温稳定相，在α→β转变温度以下的环境下组织是稳定的，不能通过热处理来改善强度，α-Ti是耐热钛合金的基础，具有良好的焊接性。α相弹性模量比β相大10%，因而α钛合金适合于制作耐高温蠕变的构件。

2）近 α 钛合金：α 合金中加入少量 β 稳定元素，在室温稳定状态 β 相数量一般小于 10% 的钛合金。根据添加元素的性质，退火组织中将包含少量 β 相或金属间化合物，称为近 α 钛合金，如 TA15（Ti-6.5Al-2Zr-1Mo-1V）、Ti-8Al-1Mo-1V 和 α 相＋化合物合金，如 Ti-2.5Cu。

3）α＋β 钛合金（TC）：含有较多的 β 稳定元素，在室温稳定状态由 α 相及 β 相所组成的钛合金，β 相数量一般为 10%~50%。α＋β 钛合金具有中等强度，与钢一样是具有淬透性的合金，合金的热处理通常在 α＋β 两相区进行，两相的体积分数和各相中的元素质量分数可通过不同的热处理温度来加以调节。α＋β 钛合金可热处理强化，其强度与化学成分、淬火冷却速度及工件尺寸密切相关，但焊接性能较差。常用的 α＋β 合金有：TC1（Ti-2Al-1.5Mn）、TC2（Ti-4Al-1.5Mn）、TC4（Ti-6Al-4V）、TC6（Ti-6Al-2.5Mo-1.5Cr-0.5Fe-0.3Si）、TC20（Ti-6Al-7Nb）等。其中 TC4(Ti-6Al-4V)应用最为广泛。根据钼当量不同，此类合金又可划分为马氏体型和过渡型。

4）β 钛合金（TB）：含有足够多的 β 稳定元素，在适当冷却速度下能使其室温组织全部为 β 相的钛合金，具有体心立方结构。β 钛合金通常又可分为可热处理的 β 钛合金（亚稳定 β 钛合金）和热稳定 β 钛合金。可热处理的 β 钛合金，其固溶强化程度大，还可通过热处理实现析出强化。β 钛合金在淬火状态下有非常好的工艺塑性，可以进行板材冷成形，并能通过时效处理获得高达 1300~1400MPa 的室温抗拉强度。常用的 β 钛合金有 TB2（Ti-5Mo-5V-8Cr-3Al）、TB8（Ti-15Mo-2.7Nb-3Al-0.25Si）等。

（2）按强度分类　更适合设计者需要是按强度分类，见表 12-1-1，此表分成 5 个强度等级。表 12-1-1 中虽没有列出全部钛合金，但已包括了最通用的各种强度范围的钛合金。典型的钛合金的力学性能见表 12-1-2 所示。

表 12-1-1　钛合金按强度分类

类　型	最小抗拉强度/(N/mm²)	化 学 成 分	牌　号	备　注
低强度	<500	Ti Ti-0.2Pd Ti-0.3Mo-0.8Ni	TA0 TA1 TA2 TA9 TA10	良好的耐蚀性，易于成形和焊接 改善了耐蚀性 改善了耐蚀性
普通强度	>500	Ti Ti-2.5Cu Ti-5Al-2.5Sn Ti-2Al-1.5Mn	TA3 TA7 TC1	能时效强化 可成形，可焊接
中等强度	>900	Ti-6Al-4V Ti-6Al-2Sn-4Zr-2Mo	TC4 6242	使用最广泛的钛合金
高强度	1000	Ti-6Al-6V-2Sn-0.5Cu-0.5Fe	TC10	
最高强度	1200	Ti-11.5Mo-6Zr-4.5Sn Ti-5Mo-5V-8Cr-3Al	β Ⅲ TB2	能时效强化，可冷成形，密度高

表 12-1-2　典型的钛合金的力学性能

牌号	名义成分（质量分数，%）	类型	状　态	R_m /(N/mm²)	$R_{r0.2}$ /(N/mm²)	$A_{11.3}$ （%）	Z （%）
TA2	Ti	α	退火	440	320	18	30
TA5	Ti-4Al-0.005B	α	退火	685	585	15	
TA7	Ti-5Al-2.5Sn	α	退火	785	680	10	25

（续）

牌号	名义成分（质量分数，%）	类型	状态	R_m /(N/mm^2)	$R_{r0.2}$ /(N/mm^2)	$A_{11.3}$ （%）	Z （%）
TA9	Ti-0.2Pd	α	退火	370	250	25	
TA10	Ti-0.3Mo-0.8Ni	α	退火	485	345	20	
TC1	Ti-2Al-1.5Mn	α＋β	退火	585	460	15	30
TC4	Ti-6Al-4V	α＋β	退火	895	830	10	25
TC6	Ti-6Al-1.5Cr-2.5Mo-0.5Fe-0.3Si	α＋β	双重退火	980	840	10	25
TC10	Ti-6Al-6V-2Sn-0.5Cu-0.5Fe	α＋β	退火	1030	900	10	25
TC11	Ti-6.5Al-3.5Mo-1.5Zr-0.3Si	α＋β	双重退火	1030	930	10	30
TB2	Ti-5Mo-5V-8Cr-3Al	β	淬火	980		20	
			淬火时效	1320		8	

（3）按用途分类　钛合金按用途可分为结构钛合金、耐蚀钛合金、耐热钛合金、低温钛合金以及特殊功能钛合金。

1）结构钛合金：低强度钛合金主要是耐蚀钛合金。其他钛合金主要用于结构件，称为结构钛合金。结构钛合金分为：

普通强度钛合金（大于 500N/mm^2）。主要包括工业纯钛、Ti-2Al-1.5Mn（TC1）和 Ti-3Al-2.5V，由于加工成形性能和可焊性好，广泛用于航空用板材制作零件和液压管以及自行车架等民用产品。

中等强度钛合金（抗拉强度大于 900N/mm^2）。典型合金是 Ti-6Al-4V（TC4），广泛用于宇航工业，它具有良好的综合性能，直至 400℃还有较好的强度，可用来生产各种大规格航空锻件和板材零件。

高强度钛合金（抗拉强度大于 1100N/mm^2）。由近β钛合金和亚稳定β钛合金组成，主要用来代替飞机结构中常用的高强度结构钢。

2）耐蚀钛合金：适合于在强腐蚀性介质中应用的钛合金。主要为低强度钛合金，广泛应用于化学工业中。

3）耐热钛合金：适合于在较高温度下长期工作的钛合金。在一定的工作温度范围内，具有较高的持久强度；室温下有较好的塑性，较好的蠕变抗力和良好的热稳定性；在室温与高温下均要有好的抗疲劳性能。

生产中应用的耐热钛合金有固溶强化的 α＋β 型和近 α 型钛合金。能在 500℃以下长期工作的 α＋β 型耐热钛合金，它们都含有较多的 α 稳定元素，铝的质量分数都在 6%以上，加入适当的 β 稳定元素，可使合金在高温下不仅显示出高的瞬时强度，而且具有足够的塑性。典型的合金有 TC4、TC6、TC11。

4）低温钛合金：适用于低温下使用的 α 和 α＋β 钛合金。该类合金强度随温度的降低而增加，韧性随温度的降低而很少下降。可作低温结构件，特别是宇航飞行器中的低温容器。典型的合金有 Ti-5Al-2.5Sn EL1 和 Ti-6Al-4V EL1。

2. 钛及钛合金常用的牌号及主要化学成分（表 12-1-3）

表 12-1-3　钛及钛合金常用的牌号及主要化学成分

合金牌号	名 义 成 分	主要化学成分（质量分数，%）					
		Ti	Al	Cr	Mo	Sn	其他
TAD	碘法钛	基体	—	—	—	—	—
TA0、TA1、TA2、TA3	工业纯钛	基体	—	—	—	—	—
TA4	Ti-3Al	基体	2.0～3.0	—	—	—	—
TA5	Ti-4Al-0.005B	基体	3.3～4.7	—	—	—	B:0.005
TA6	Ti-5Al	基体	4.0～5.5	—	—	—	—
TA7	Ti-5Al-2.5Sn（ELI）	基体	4.0～6.0	—	—	2.0～3.0	—
T8	Ti-5Al-2.5Sn-3Cu-1.5Zr	基体	4.5～5.5	—	—	2.0～3.0	Cu:2.5～3.2
TB1	Ti-3Al-8Mo-11Cr	基体	3.0～4.0	10.0～11.5	7.0～8.0	—	—
TB2	Ti-5Mo-5V-8Cr-3Al	基体	2.5～3.5	7.5～8.5	4.7～5.7	—	V:4.7～5.7
TC1	Ti-2Al-1.5Mn	基体	1.0～2.5	—	—	—	Mn:0.7～2.0
TC2	Ti-4Al-1.5Mn	基体	3.5～5.0	—	—	—	Mn:0.8～2.0
TC3	Ti-5Al-4V	基体	4.5～6.0	—	—	—	V:3.5～4.5
TC4	Ti-6Al-4V	基体	5.5～6.8	—	—	—	V:3.5～4.8
TC6	Ti-6Al-1.5Cr-2.5Mo-0.5Fe-0.3Si	基体	5.5～7.0	0.8～2.3	2.0～3.0	—	Fe:0.2～0.7 Si:0.15～0.4
TC7	Ti-6Al-0.6Cr-0.4Fe-0.4Si-0.01B	基体	5.0～6.5	0.4～0.9	—	—	Fe:0.25～0.6 Si:0.25～0.6 B:0.01
TC9	Ti-6.5Al-3.5Mo-2.5Sn-0.3Si	基体	5.8～6.8	—	2.8～3.8	1.8～2.8	Si:0.2～0.4
TC10	Ti-6Al-6V-2Sn-0.5Cu-0.5Fe	基体	5.5～6.5	—	—	1.5～2.5	V:5.5～6.5 Fe:0.35～1.0 Cu:0.35～1.0

3. 钛及钛合金的金相组织

（1）钛的金相组织　钛与铁一样具有同素异构转变，其 α → β 同素异构转变点为 882℃。转变点以下的稳定相为 α 相或 α-Ti，属密排六方结构；转变点以上的稳定相为 β 相或 β-Ti，属体心立方结构。纯钛在室温下是得不到 β 相的，但若添加适量的合金元素后，可以在室温下得到 β 相，β 相较 α 相要致密。

α、β 相的组织形态，在光学显微镜下均为等轴状的多边形晶粒，不像钢铁中高温相奥氏体具有孪晶特征，可与低温相铁素体区分开来。但是钛的 α、β 相可在偏振光下加以区别，即 α 相在偏振光下呈各向异性，而 β 相呈各向同性。

（2）钛合金的金相组织

1）合金元素对钛的作用

① 扩大 α 相区域。使 α → β 转变温度上升。扩大 α 相区域的元素称为 α 稳定型元素，有 Al、Sn 和 O、N、C 等，其中 Sn 是中间型元素，Al 是钛合金主要合金元素。Al 的添加使 α → β 转变点上升，将 α 稳定到较高的温度，还因 Al 在 α-Ti 中有较大的溶解度（室温下约为 w（Al）6%，800℃ 时约为 w（Al）9%），能提高合金的强度、弹性模量、抗氧化性和可热加工性等等。但是 w（Al）添加量超过 6%，就会形成第二相 α_2 相（Ti_3Al），使合金的塑性和耐应力腐蚀抗力急剧下降。O、N、C 等为间隙元素，除了使 α → β 转变温度升高、α 相稳定之外，

还使合金强度提高，缺口敏感性增大，促使 β → α 转变加速。

② 扩大 β 相区域。使 α → β 转变温度下降，扩大 β 相区域的元素称为 β 稳定型元素。根据相图的类型，可分为连续固溶体型及产生金属间化合物的 β 共析型。前者的合金元素有 Mo、V、Nb 及 Ta，后者有 Cr、W、Mn、Re、Fe、Co、Ni、Ag、Au、Si 及 Sb 等。在二元相图中，使 β → (α + β) 的边界，即 β 转变线的斜率越大，而且 α 区域越小的元素，对 β 的稳定能力就越强。上述元素中，Fe、Mn、Cr、Co、Ni 为作用强烈元素，Cu、Mo、V、W、Nb、Ta 为作用弱的元素。

对 α/β 转变温度起中间作用的元素有 Zr 和 Hf。与 α 相、β 相分别形成连续固溶体的元素是 Sn。

β 稳定型元素的添加，除了使 β 稳定到较低的温度（甚至室温）外，还可使合金具有热处理（固溶 + 时效）强化效果，并改善合金的工艺性能，增大密度，降低合金的蠕变抗力及扩大形成 α_2 相的温度范围。

2) 钛合金的相变：钛合金与钢一样，其相变是比较复杂的，三类钛合金中 α + β 型钛合金的相变最为复杂，现以使用最为广泛的 TC4（Ti-6Al-4V）合金为例，来叙述钛合金的相变。

① 钛合金相变的特点（以 Ti-Al-V 系的垂直切面相图为例）

a. 钒和 β-Ti 同属体心立方结构。当 w（A1）为 6% 时，随着含钒量的变化，可认为相图为连续式固溶体类型。

b. 含钒量较低的 β 相，快速冷却时会发生马氏体相变。

c. 随着含钒量的增加，β 相可被稳定到较低的温度。

d. 平衡状态下为 α + β 两相组织。

Ti-6Al-4V 合金的 α → β 转变温度为 980～1000℃，在相变过程中可能出现的相有 α、β、α'、α_s、ω 等相。

② 高温冷却时的相变特点

a. 在 α → β 转变温度以上加热后冷却

快速冷却时由 β_0 → α'（马氏体相变产物）。

慢速冷却时由 β_0 → α + β。

b. 在 α + β 两相区加热后冷却

快速冷却时：

α + β_0 → α + α'（β_0 中 V 含量 < c_2 时）（c_2 系 V 的临界浓度）。

α + β_0 → α + β_0（β_0 中 V 含量 > c_2 时）。

慢速冷却时：α + β_0 → α + α_s + β。

③ 加热（时效）过程中的相变

a. 当 < T_1 温度淬火后时效（T_1 系小于 c_2 时 V 的临界含量所对应的转变温度）

α + β_0 → α_p + α_s + β。

b. 当 > T_1 温度淬火后时效：α + α' + β_0 → α_p + α_s + β（注：α_p 为初生 α，α_s 为次生 α）。

④ 相变后的组织形貌

a. 在 α → β 转变点以上加热，不同冷却速度下的相形貌：

水冷：β_0 → α'（呈针状，组织中可见原始 β 晶界）。

油冷：β_0 → α' + 在 β 晶界上析出岛状 α 相。

空冷：β_0 → α + β（组织呈片状或条状）。

炉冷：$\beta_0 \rightarrow \alpha + \beta$（$\alpha$ 相呈针状，有的交替成束）。

缓冷：$\beta_0 \rightarrow \alpha + \beta$（组织呈粗大条状）。

十分缓冷：$\beta_0 \rightarrow \alpha + \beta$（呈粗大等轴状，$\beta$ 相发生沉淀反应）。

b. 在 $\alpha + \beta$ 两相区加热，不同冷却速度下的相形貌是不同的。若 β 相中含钒量大于临界含量时，即使采用水冷，β 相也不发生马氏体相变，而被稳定到室温，组织为等轴状 $\alpha + \beta_0$。

但缓慢冷却时，β 分解成 $\alpha + \beta$（称为转变 β），组织为等轴状初生 $\alpha_p +$（次生 $\alpha_s +$ 转变 β）。

若 β 相中含钒量小于临界含量时，水冷时 α 被保留，称为初生 α（即 α_p），$\beta \rightarrow \alpha'$ 或有少量残留 β 相，得到 $\alpha_p + \alpha'$ 或 $+ \beta_r$（β_r 为残留 β）。

油冷时：$\alpha + \beta \rightarrow \alpha + \alpha' + \beta_r$（或 ω），ω 相在电镜下呈小板片状。

空冷时：β 相不发生马氏体转变，而转变成 $\alpha + \beta$，获得等轴状 $\alpha_p +$（$\alpha_s +$ 转变 β）。

炉冷时：$\alpha + \beta \rightarrow$ 等轴状 $\alpha +$ 网络状 β。

⑤ 加热（时效）后的相形貌。一般淬火后获得 $\alpha' + \beta$ 或 $\alpha + \alpha' + \beta$（时效时 α 相保持不变，β 和 α' 发生转变）。

α' 相分解为：$\alpha + \beta$（原淬火时的针状形态消失）。

β_0 相的分解：$\beta_0 \rightarrow \alpha + \beta$（正常温度或较高温度时效）。

$\beta_0 \rightarrow \beta + \omega \rightarrow \alpha + \beta$（低温时效）。

（3）钛及钛合金中常见的典型的金相组织

1）α 相：钛的一种同素异构晶体，具有密排六方晶体结构，出现在 β 转变点以下。

2）针状 α：从 β 相冷却时成核长大或马氏体分解形成的 α 相。其典型的长宽比为 10：1。在显微照片上针状 α 多半呈现针状形貌，而在三维空间可呈现针状、凸透镜状或平直棒状形貌。

3）球状 α：球形的等轴 α。

4）片状 α：片状排列的 α 相，在魏氏组织中常以集束或畴的形式出现，α 片间也可能有 β 相。

5）块状 α：比初生 α 相大很多，外观呈多边形化。它与周围正常组织相比显微硬度没有明显差别。

6）β 相：钛的一种同素异构晶体，具有体心立方晶体结构的高温同素异构晶体（在 β 转变温度以上存在）。

7）晶间 β：位于 α 晶粒之间的 β 相。在 β 稳定元素含量较低的合金中，当显微组织为等轴 α 时，晶间 β 相可能在晶粒交角处，常以小岛状存在。

8）转变 β：β 相在冷却过程中的分解产物，通常由片状的 $\alpha + \beta$ 组成。可能并存初生 α 相。

9）等轴组织：一种多角的或球形的显微组织，各个方向具有大致相等的尺寸。在 $\alpha + \beta$ 合金中主要是指横向组织中大部分 α 相呈球形。

10）网篮状组织：β 区加热经较大的 β 区变形或 $\alpha + \beta$ 区变形后得到的组织，原始 β 晶界被破碎，α 或 $\alpha + \beta$ 小片短而歪扭，具有较小的纵横比。

11）魏氏组织：从 β 转变点以上以不太快的速度冷却形成的 α 片或 α 及 β 片组成的组织。一般都存在粗大集束。

12）马氏体：β 相以很高的速度冷却，以非扩散转变形成 α 产物，含有过饱和的 β 稳定剂，也称马氏体 α。

13）基体：在两相或更多相的显微组织中，连续的或占优势的相形成的组分。

（4）合金的性能　钛合金在 β 区域下经高温加热晶粒将发生明显粗化。当温度超过 1000～

1100℃时，晶粒的粗化使材料韧性恶化，这一现象称为β脆性，因此钛合金的固溶温度通常在α＋β两相区。

当充分粗化的β晶粒，在冷却过程中通过α/β转变温度时，就在α＋β的两相组织中析出粗大的针状α，称为针状α或魏氏组织α。反之，在具有强度和韧性综合水平的两相组织中，α相呈粒状，称为粒状α或等轴α。通常α的形态可通过两相区的热处理来调节。

实验表明针状α和粒状α对抗拉强度几乎没有影响，但对韧性是敏感的，而且对疲劳强度和疲劳裂纹的传播行为也有一定的影响。因而根据用途的需要有时需控制针状α组织，例如TC6合金的等温挤压锻件用于WP-7、WP-13系列发动机时，高倍组织在技术条件中规定1～5级为合格，表12-1-4为各种钛合金的力学性能倾向。

表12-1-4　各种钛合金的力学性能倾向

α型 耐热、高强度	α＋β型 高强度	β型 高强度、加工性

热处理强化性 ─────────→ 大
大 ←───── 耐热，稳定性，耐蠕变性
大 ←───── 弹性常数
塑性加工性 ─────────→ 大

（5）钛材的热处理　两相钛合金中β相的存在是其可热处理性的必要条件，利用β相的相变来提高钛合金的力学性能，是充分发挥钛合金潜力的有效途径。在两相钛合金中，热处理制度有退火处理、固溶处理及时效处理等。

1）退火处理：对于TC4（Ti-6Al-4V）合金只进行再结晶退火，因再结晶退火会发生相变，而且β ⇌ α转变的体积效应小，不能发生较大的晶内硬化，对力学性能影响不大，反而会使合金的晶粒迅速长大，并造成高温污染。TC4（Ti-6Al-4V）合金的退火处理可分为：

① 消除应力退火。一般消除应力退火制度为500～650℃×1～4h，空冷。

② 半成品退火。这类退火的目的是消除加工硬化和保证组织稳定性，它可以分为简单退火和复杂退火。简单退火制度为700～800℃×1～2h，空冷；复杂退火处理目的是提高合金的塑性和保证组织充分稳定，其制度为：700～800℃×1～4h，缓冷到500～600℃，空冷，再加热到500～600℃，空冷。

2）固溶和时效处理：固溶和时效是提高钛合金力学性能常用的热处理方法。固溶处理的目的是为了利于合金成形及为时效准备条件。研究表明TC4（Ti-6Al-4V）合金经844℃淬火后，可获得最大延展性和最佳成形性；955℃淬火＋482℃时效，可获得最好的综合性能。研究还表明固溶处理时的冷却速度快，时效后的强度较高。

3）淬火延迟热处理：淬火延迟处理是指试样从加热炉取出到水淬这一空间停留时间，也就是实际淬火温度低于加热温度的淬火处理。TC4（Ti-6Al-4V）合金对淬火延迟的敏感性强烈依赖于合金的化学成分，即加热平衡状态的β晶粒中β稳定型元素含量多，合金对淬火延迟的敏感性就低。

（6）钛及钛合金化学浸蚀试剂　常用的钛及钛合金的化学浸蚀试剂名称、组成及适用范围见表12-1-5。

表 12-1-5   常用的钛及钛合金的化学浸蚀试剂名称、组成及适用范围

序号	名　称	组　成		适 用 范 围	备　注
1	氢氟酸硝酸水溶①液	氢氟酸	2　（体积）	钛及钛合金克氏试剂（Kroll 试剂）	1. 用揩拭法浸蚀 30~60s 2. 浸蚀剂组成为体积比
		硝酸	1　（体积）		
		水	17　（体积）		
2	氢氟酸硝酸甘油溶液	氢氟酸	5mL	钛及钛合金雷氏试剂（Remington）	用揩拭法浸蚀 30~60s
		硝酸	5mL		
		甘油	15mL		
3	氢氟酸饱和草酸溶液	氢氟酸	4mL	钛及钛合金	浸入法，浸蚀 30~60s
		饱和草酸溶液	196mL		
4	氢氟酸磷酸二甘醇-乙醚水溶液	氢氟酸	5mL	钛及钛合金	浸入法
		磷酸	50mL		
		水	25mL		
		二甘醇-乙醚	20mL		

①　氢氟酸硝酸水溶液成分可根据不同浸蚀对象进行调整，本书中介绍的氢氟酸∶硝酸∶水的体积比还有 2∶1∶17、1∶1∶7、1∶6∶193 等等。

钛及钛合金的金相图片见图 12-1-1～图 12-1-128。

第 2 节　锌及锌合金

锌的原子结构位于周期表中第四周期，第二族副族，原子序数为 30，相对原子质量为 65.38。锌具有密排六方结构，是各向异性金属。锌是灰色金属，断面呈金属光泽，在常温下较脆，100~150℃时变软，超过 200℃时又变脆。锌的晶体结构对锌塑性变形及性能的各向异性的产生有重要作用。

1．锌及锌合金的分类

锌合金的分类有多种方法，一般人们熟悉的铸造锌合金，是按加工方法分类的，除此之外还可以根据化学成分、特性及用途来分类。

（1）按合金化学成分分类　铸造锌合金的牌号、化学成分见表 12-2-1。

表 12-2-1   铸造锌合金的牌号、化学成分

合金牌号	代号	合金元素（质量分数，%）				杂质元素（质量分数，%）不大于					杂质总和
		Al	Cu	Mg	Zn	Fe	Pb	Cd	Sn	其他	
ZZnAl4Cu1Mg	ZA4-1	3.5~4.5	0.75~1.25	0.03~0.08	其余	0.1	0.015	0.005	0.003	—	0.2
ZZnAl4Cu3Mg	ZA4-3	3.5~4.3	2.5~3.2	0.03~0.06	其余	0.075	Pb+Cd0.009		0.002	—	—
ZZnAl6Cu1	ZA6-1	5.6~6.0	1.2~1.6	—	其余	0.075	Pb+Cd0.009		0.002	Mg0.005	—
ZZnAl8Cu1Mg	ZA8-1	8.0~8.8	0.8~1.3	0.015~0.030	其余	0.075	0.006	0.006	0.003	Mn0.01 Cr0.01 Ni0.01	—
ZZnAl9Cu2Mg	ZA9-2	8.0~10.0	1.0~2.0	0.03~0.06	其余	0.2	0.03	0.02	0.01	Si0.1	0.35
ZZnAl11Cu1Mg	ZA11-1	10.5~11.5	0.5~1.2	0.015~0.03	其余	0.075	0.006	0.006	0.003	Mn0.01 Cr0.01 Ni0.01	—

（续）

合金牌号	代号	合金元素（质量分数，%）				杂质元素（质量分数，%）不大于					杂质总和
		Al	Cu	Mg	Zn	Fe	Pb	Cd	Sn	其他	
ZZnAl11Cu5Mg	ZA11-5	10.0~12.0	4.0~5.5	0.030~0.06	其余	0.2	0.03	0.02	0.01	Si0.05	0.35
ZZnAl27Cu2Mg	ZA27-2	25.0~28.0	2.0~2.5	0.01~0.02	其余	0.075	0.006	0.006	0.003	Mn0.01 Cr0.01 Ni0.01	—

锌合金按化学成分可分为四类，即 Zn-Al 系、Zn-Cu 系、Zn-Pb 系和 Zn-Pb-Al 系合金。第一类一般都含有少量 Cu、Mg，以提高强度和改善耐蚀性。第二类是抗蠕变合金，一般还含有 Ti，即实际使用时多为 Zn-Cu-Ti 三元为基的合金，有时为进一步改善其抗蠕变性能也加有少量 Cr。第三类是 Zn-Pb 系合金作为冲制电池壳用，并可制成各种小五金及体育运动器材等。第四类是镀锌用 Zn-Pb-Al 合金。

（2）按加工方法分类　锌合金按加工方法可分为三类：一是铸造合金；二是变形合金；三是热镀锌合金。铸造合金中又可按铸造方法不同而分为压力铸造合金、重力铸造合金等等。Zn-Al 合金和 Zn-Cu-Ti 合金既可以直接铸造，又可以进行变形加工，其中超塑性 Zn-Al 合金曾引起人们极大的兴趣。

（3）按性能和用途分类　铸造锌合金的牌号、力学性能及用途见表 12-2-2。

表 12-2-2　铸造锌合金的牌号、力学性能及用途

序号	合金牌号	合金代号	铸造方法及状态	抗拉强度 R_m/(N/mm²)	断后伸长率 A（%）不小于	布氏硬度 HBW	用途举例
1	ZZnAl4Cu1Mg	ZA4-1	J.F	175	0.5	50	用于压铸件，复杂形状铸件
2	ZZnAl4Cu3Mg	ZA4-3	S.F J.F	220 240	0.5 1	90 100	铸造用锌合金，强度高，适用于压铸各种零件
3	ZZnAl6Cu1	ZA6-1	S.F J.F	180 220	1 1.5	80 80	适用于硬模铸造和压铸零件
4	ZZnAl8Cu1Mg	ZA8-1	S.F J.F	250 225	1 1	80 85	军械零件，仪表零件
5	ZZnAl9Cu2Mg	ZA9-2	S.F J.F	275 315	0.7 1.5	90 105	用于复杂零件，广泛应用于各种工艺
6	ZZnAl11Cu1Mg	ZA11-1	S.F J.F	280 315	1 1	90 90	用于复杂零件，广泛应用于各种工艺
7	ZZnAl11Cu5Mg	ZA11-5	S.F J.F	275 295	0.5 1.0	80 100	用于轴承合金
8	ZZnAl27Cu2Mg	ZA27-2	S.F S.T3 J.F	400 310 420	3 8 1	110 90 110	用于复杂零件

1）抗蠕变锌合金：即 Zn-Cu-Ti 合金，它可通过变形生产所需要的零件，也可以直接压铸制品。

2）超塑性锌合金：Zn-Al 二元合金在一定的组织条件和变形条件下，能呈现出极高的伸长率。对于加工一些形状复杂的零件有独到之处。从 20 世纪 70 年代，美、英、日等国家开始大力研究锌合金的超塑现象，目前在工业上已获得一定的应用。

3）阻尼锌合金：这是一种很有发展前途的新型功能材料。国内又叫减振锌合金，它可以降低工业噪声和减轻机械振动。

4）模具锌合金：锌合金模具在第二次世界大战初期就开始使用，当时称为简易模具。这项技术在日本、西欧一些国家已经成功地使用于汽车制造工业，日本标准定名为冲压用锌合金，即 ZAS。

5）耐磨锌合金：锌合金轴承具有摩擦因数低，对油有较高的亲和力，力学性能优异等特点。早在 1940 年前，德国就因缺铜，而用锌合金代替青铜作轴承材料。

6）防腐锌合金：包括牺牲阳极以及作为喷镀、热浸镀等用的锌合金。

7）结构锌合金：Zn-Cu-Ti、Zn-Al 合金都可以用来制造结构零件，其中早期的 Zn-4Al 压铸合金在这方面用量较大，而近期发展起来的高强度 Zn-Al 合金的应用范围正在扩大。

2. 锌及锌合金的金相组织

（1）纯锌的金相组织　纯锌是比较软的材料，它的金相组织为等轴晶粒，有时呈双晶。鉴于纯锌较软，在外力作用下易发生塑性变形，同时纯锌的再结晶温度又较低，如经强烈变形后，在室温开始再结晶，终了温度约为 100℃，因此在制作金相试样时，用一般的切割、研磨、抛光等操作极易使纯锌表面产生变形层，使显微组织呈现假象（如胞状组织和变形层等），影响检验结果，因此制样过程应特别予以注意。

（2）锌-铝合金的金相组织　从 Zn-Al 二元相图可知，它有一个共晶点［共晶温度为 382℃，化学成分为 w（Al）5%，w（Zn）95%］和一个共析点［共析温度为 275℃，化学成分为 w（Al）22%，w（Zn)78%］。共晶成分的合金凝固刚结束时，组织为初生富锌枝晶固溶体（β 相）和呈层状分布的（富铝 α 相＋锌）共晶组织，富铝 α 相在 275℃要进行共析分解。实际上，由于铸造时的冷却速度较大，得到的是非平衡组织。因为在正常情况下，铸件从铸型中取出时，温度还比较高，然后迅速冷至室温，这样共析分解及过饱和固溶体的沉淀都在室温下进行，整个过程基本上要 30d 才完成，最后的组织由沉淀强化的初生锌固溶体枝晶＋层状的共晶体组成。

在 w（Al）为 0~5%范围内，随着含铝量的减少，白色初生枝晶锌固溶体（β）相逐渐增多，而层状共晶体逐渐减少。

（3）锌-铝-铜合金的金相组织　锌-铝-铜合金是最常用的压铸锌合金。

Zn-Al（w（Al）为 11%）-Cu（w（Cu）为 2%）合金约在 385℃开始结晶，析出 α_1 相和剩余锌液（L_r），随着温度下降两者均向富锌减铜靠近，直至 382℃与共晶线相遇，发生 L_E（E 代表共晶）→ α_2＋Zn 共晶反应直至合金完全凝固，此时组织为 α_2＋（α_2＋Zn）＋CuZn$_3$ 共晶体。温度再下降，达到共析转变时发生 α_2 → α_1＋Zn 反应。至室温时，原来的 α_2 转变为（α_1＋Zn）共析体，共晶体中的 α_2 也发生共析转变，变成（α_1＋Zn）。故合金的室温组织为（α_1＋Zn）$_P$＋［（α_1＋Zn）＋Zn＋CuZn$_3$］$_E$（P 表示初晶，E 表示共晶）。α_2分解的共析产物一般呈现片状，类似钢中的珠光体。

Zn-Al（w（Al）为 23%）-Cu（w（Cu）为 5%）合金约在 475℃开始结晶，即 L→α$_1$+L$_r$，随着温度的降低，枝晶 α$_1$ 数量不断增加，α$_1$ 中含锌量也不断增加，此时如果扩散不均匀，就会造成枝晶中内部少锌、边缘多锌的现象。在这一过程中 α$_1$ 成分向 α$_x$（富锌）靠近，L$_r$ 中锌和铜逐渐富集，当成分达到 390℃共晶线时，发生 L$_r$→ε（CuZn$_3$）+α$_x$ 共晶转变。此时组织为初生的 α$_x$+［ε（CuZn$_3$）+α$_x$］共晶体。当温度不断下降至共析转变温度，此时 α$_x$（富锌）进行共析分解，α$_x$（富锌）→［α$_x$（低锌）+Zn］共析体。该合金最终室温组织为［α$_x$（低锌）+Zn］+{［α$_x$（低锌）+Zn］+ε}，即珠光体型初晶+［珠光体（共晶）+ε（CuZn$_3$）］。

Zn-Al（w（Al）为 22%）-Cu（w（Cu）为 2.5%）合金的结晶过程与上述类似。温度降至 475℃开始结晶（L→α$_1$+L$_r$），温度降至 384℃时，液体开始发生共晶转变，组织为 L$_r$+α$_1$（低锌）+α$_2$（高锌），当温度降至 382℃时，发生 L$_r$+α$_1$（低锌）+α$_2$（高锌）+ε 反应，直至全部凝固。温度在下降，达到共析反应温度时，均发生共析分解，合金最终组织为初生枝晶珠光体（初晶）+［枝晶间珠光体（共晶）+ε（CuZn$_3$）］。

常用的锌及锌合金的浸蚀剂见表 12-2-3。

表 12-2-3　常用的锌及锌合金的浸蚀剂名称、组成及适用范围

序号	名 称	组 成		适 用 范 围	备 注
1	铬酐硫酸钠水溶液	铬酐 硫酸钠 蒸馏水	200g 15g 100mL	锌及锌合金	浸蚀 1~5s，浸蚀后用铬酐 20g+水 100mL 溶液冲洗
2	铬酐硫酸钠水溶液	铬酐 硫酸钠 蒸馏水	50g 4g 100mL	压铸锌合金	浸蚀 1~2s 浸蚀后用铬酐 20g+水 100mL 溶液冲洗
3	饱和硫代硫酸钠焦亚硫酸钾溶液	硫代硫酸钠饱和溶液 焦亚硫酸钾	50mL 1g	锌和低合金化锌的着色浸蚀	浸蚀 30s
4	氢氧化钠水溶液	氢氧化钠 蒸馏水	10g 100mL	工业纯锌，Zn-Cu，Zn-Co 低合金化锌合金	浸蚀 1~5s
5	盐酸水溶液	盐酸 蒸馏水	1~5mL 100mL	锌及锌合金	浸蚀数秒~3min

锌及锌合金的金相图片见图 12-2-1～图 12-2-16。

第3节　铅及铅合金

铅及铅合金在现代工业技术发展中仍是不可缺少的一种材料，铅的物理性质为低熔点、高密度、低刚度以及高阻尼，具有重要的实用价值。铅合金已逐渐演变成蓄电池金属（板栅材料等），当前世界上铅最大的应用方面是铅蓄电池生产，约占铅总消耗量的一半以上。随着汽车生产的不断增长，近年来铅在蓄电池生产中所占的消耗比重有呈连续增长趋势。由于铅的高密度及其对射线的吸收和散射强烈，因而对防护 X、γ 射线及放射性元素辐射危害非常有效。特别是在中子辐射条件下，铅不会成为二次放射源，因而也可作为原子能反应堆的防护材料之一。用作防射线的铅常为铅板材、铅块、铅砖、铅内衬或两钢板之间的铅夹层。铅

对各种酸及相应的盐溶液有高度的稳定性，使其广泛应用于化学工业中。铅及铅合金用于制造耐酸容器及管道或容器管道内衬，在电解工业中用于电解槽衬里及电极。

由于铅对各种成分的水以及不同土壤的优良抗蚀能力，使其广泛用作地下或水下动力电缆的护套材料。铅的低刚度及面心立方结构特征，使其具有极高的柔度及延展性；加之其优异的自润滑性能，使其成为轴承合金、垫料及密封填料的优良材料；铅的低硬度、高阻尼性能，还使铅成为消声、减振、防振的极好物料。

铅-锡合金在工业上被作为钎焊料，有时还加入少量银，以适应某些场合下作为钎焊的焊料。在活字印刷时代，铅-锑-锡合金由于其熔点低，常作为熔铸铅字的合金。此外，铅也是铜合金及其他合金中的重要添加元素，铅的多种化合物也有着重要的工业用途。

1. 铅及铅合金加工材料

铅及铅合金加工材料是指通过轧制、挤压及拉伸等加工方法生产的铅及铅合金板、带、条、箔、管、棒、丝等产品。铅及铅合金加工材料应用较多的是 Pb-Sb 合金系列。除纯铅和铅-锑合金加工材料外，其他还有应用较少的铅-银合金、铅-锡合金等加工材料。铅及铅-锑合金加工产品的牌号、化学成分、硬度见表 12-3-1。

表 12-3-1　铅及铅-锑合金加工产品的牌号、化学成分、硬度

分类	牌号	化学成分（质量分数，%）		杂质含量（质量分数，%）　不大于										板材硬度 HV 不小于
		铅 不小于	锑	银	铜	锑	砷	铋	锡	锌	铁	总和	
纯铅	Pb1	99.994	—	0.0005	0.001	0.001	0.0005	0.003	0.001	0.0005	0.0005	0.006	
	Pb2	99.9	—	0.002	0.01	0.05	0.01	0.03	0.01	0.002	0.002	0.1	—
	Pb3	99.0	—	0.003	0.1	0.5	0.2	0.2	0.2	0.01	0.01	1.0	
铅－锑合金	PbSb0.5	余量	0.3～0.8	—	—	—	0.005	0.06	0.008	0.005	0.005	0.15	—
	PbSb2	余量	1.5～2.5				0.010	0.06	0.008	0.005	0.005	0.2	6.6
	PbSb4	余量	3.5～4.5				0.010	0.06	0.008	0.005	0.005	0.2	7.2
	PbSb6	余量	5.5～6.5				0.015	0.08	0.01	0.01	0.01	0.3	8.1
	PbSb8	余量	7.5～8.5				0.015	0.08	0.01	0.01	0.01	0.3	9.5

铸造退火纯铅的金相组织为等轴铅晶粒，由于铅的硬度极低，当轻微受力铅晶粒即发生滑移，产生颇多滑移线。

2. 铅基轴承合金

一般均是将铅基轴承合金浇注在钢背上制成双金属轴承。铅基轴承合金按其主要成分可分为两大类：一类为 Pb-Sb-Sn 系合金；另一类为 Pb-Ca-Sn 系合金。铅基轴承合金应用最多的为 Pb-Sb-Sn 系合金。

轴承合金要求合金具有特定的金相组织，铅基轴承合金也是如此。所谓特定组织，就是在软的基体上分布着硬质点，或者是在硬的基体上分布着软质点。凸出的硬质点（硬相）在软的基体上起着支承轴所施加的压力，凹下去的软基体则可贮存润滑油以及磨损残屑等。如合金的组织是硬基体上分布着软质点，则硬基体承受载荷，软质点所形成的凹坑或沟槽可贮存润滑油和容纳外来硬质点。不管是硬相或软相，在合金中应占视场面积的 15%～30%左右。

在铅基轴承合金中，除初晶外，还有（Cu_6Sn_5）、Cu_2Sb 及 SnSb 等化合物分布于基体中。

它们的分布特征是呈针状、星状、小方块或点状。

铅基轴承合金的牌号、化学成分、用途及相关的金相图片，见第 11 章第二节铅基轴承合金和图 11-2-1～图 12-2-10。

3. 蓄电池用板栅铅合金

蓄电池用板栅材料均为铅合金。普通蓄电池用铅板栅材料含 Sb 量较高（高锑合金中 w（Sb）一般为 4.5%～9%），Pb-5Sb 为高锑板栅材料，是目前较通用的一种产品。这种合金板栅的优点是具有良好的铸造工艺性能和力学性能，但其免维护和自放电性能较差。免维护蓄电池正板栅用低锑或低锑合金，负板栅为无锑合金。无锑合金典型的为 Pb-Ca-Al-Sn 系列，其化学成分为 w（Ca）0.1%、w（Sn）0.6%、w（Al）0.02%，余为铅。其金相组织，基体为铅固溶体，其上分布有灰色蝶形或点状的 Pb_3Ca 化合物相。

4. 电缆护套用铅合金

电缆护套的铅管保护层的作用，是防止导线芯中润滑油的散失，避免潮气浸入绝缘层，抵御环境中某些物质对电缆的化学和电化学腐蚀。因此，要求电缆铅护套有良好的加工性、密封性、足够的强度、抗蠕变、耐振动、抗腐蚀等性能。

电缆护套用铅合金大体上分为 Pb-Sb-Cu、Pb-Sn-Sb、Pb-Sn-Cd 三大类。国内应用最多的是 Pb-Sb-Cu 类。电缆用护套的铅及铅合金牌号、化学成分见表 12-3-2。电缆护套铅锭的牌号、化学成分见表 12-3-3。

表 12-3-2　电缆用护套的铅及铅合金牌号、化学成分

牌　号	说　明	化学成分（质量分数，%）						
		Pb	Sb		Sn		Cd	
			最小	最大	最小	最大	最小	最大
Pb	Pb	余量	—	0.15	—	0.35	—	0.02
合金 E	0.04%Sn-0.2%Sb	余量	0.15	0.25	0.35	0.45	—	0.02
合金 B	0.085%Sb-0.2%Sn	余量	0.80	0.05	—	0.01	—	0.02
合金 1.2C	0.075%Cd	余量	—	0.005	0.13	0.20	0.06	0.09

表 12-3-3　电缆护套铅锭的牌号及化学成分

牌　号	代　号	化学成分（质量分数，%）			
		Pb	Sb	Cu	Sn
HTPbSb-1	1H	余量	0.45～0.60	0.03～0.06	0.001
HTPbSb-2	2H	余量	0.15～0.25		0.35～0.45

Pb-Sb-Cu 合金由于含锑量较少，因而合金凝固后树枝状偏析较严重，当经低温退火处理后，在晶粒内将会见到小粒状或细针状（Cu_2Sb）化合物，如果（Cu_2Sb）化合物呈粗针状分布，将会不利于铅护套的挤压工艺，因此在做金相检验时应给予注意。鉴于经退火处理的铅护套极软，在制备金相试样时，极易使抛光面出现污染缺陷。

5. 化学浸蚀试剂

铅及铅合金常用化学浸蚀试剂名称、组成及适用范围见表 12-3-4。

表 12-3-4　常用的铅及铅合金化学浸蚀试剂名称、组成及适用范围

序　号	名　称	组　成		适 用 范 围	备　注
1	铬酐硝酸甘油溶液	铬酐 硝酸 甘油	1 份 1 份 4 份	显示纯铅的晶界	需新配，试剂需 80℃浸蚀抛光交替进行
2	硝酸银水溶液	硝酸银 水	5~10g 90~95mL	适用于抗磨轴承合金	擦拭至组织显示
3	乳酸双氧水溶液	双氧水 乳酸	1 份 1 份	铅及铅合金	浸入数秒并摇动试剂，短时抛光，再浸入试剂数秒，反复数次至试样表面光亮为止
4	冰醋酸双氧水溶液	冰醋酸 双氧水	3 份 1 份	铅及铅合金	擦拭试样表面数秒，至试样面发亮

铅及铅合金的金相图片见图12-3-1～图 12-3-21。

第4节　镁及镁合金

镁合金是目前工业上应用的最轻的金属结构材料，它具有密度低（纯镁的密度为 $1.74g/cm^3$），比强度、比刚度高，尺寸稳定性高，阻尼性能优良，热导率高和机械加工性能优良等特点，而且镁资源丰富，其产品可以回收再利用。因此镁合金材料有巨大的发展潜力。

1. 镁及镁合金的性能

镁是一种非常活泼的金属，其表面氧化膜不致密，抗蚀性差，在潮湿大气、海洋、盐类、有机酸等介质中可产生剧烈腐蚀。镁合金的腐蚀行为与其冶金过程、显微组织及合金元素含量有很大关系，控制铁、镍、铜等杂质元素及其他盐类夹杂，可大大降低合金的腐蚀速率。一些合金元素如稀土元素的加入等，可改善并提高镁合金的耐蚀性。镁及镁合金的这一特性，使观察和研究其显微组织的工作十分必要，其宏观力学、物理及化学性能的好坏常常可以通过显微组织的改变而变化。镁合金的合金系列并不像铝合金、铜合金及钢铁材料那样丰富，这使镁合金的金相研究工作相对集中。同时，随着新的镁合金系列的开发，新的金相制备工艺和显微组织观察方法也将陆续产生，有大量研究工作可以进行。

2. 合金元素对镁合金性能的影响

镁合金中合金元素对镁合金性能有非常重要的影响。由于镁是强正电性的，会与大部分合金元素生成金属间化合物，随着合金元素的负电性增加，化合物的稳定性增加。在镁中有最大固溶度的是周期表ⅡB族元素锌和镉。现将各种不同合金元素在镁中的主要作用简述如下。

（1）银　在与稀土一起加入时，可改善合金的高温抗拉强度和蠕变性能，但对合金抗腐蚀性能不利。

（2）铝　改善合金铸造性能，但有形成显微缩松的倾向，是固溶强化元素，在低温下（小于 393K）沉淀强化，对腐蚀性能影响较小。

（3）铍　在很低含量（小于 30×10^{-6}）时，能明显降低熔体表面氧化，但含量过高会导致晶粒粗大。

（4）钙　有明显细化晶粒作用，可稍微抑制熔体金属的氧化，可改善抗蠕变性能，但对抗腐蚀性能不利。

（5）铁　镁与低碳钢坩埚几乎不反应，但对抗腐蚀性能极为不利，必须严格限制。

（6）锂　增大蒸发及燃烧的危险，只能在保护密封条件下熔炼，室温下可起固溶强化作用，降低密度，提高延展性，强烈地降低耐蚀性。

（7）锰　以沉淀 Fe-Mn 化合物控制含铁量，细化沉淀产物，增大蠕变抗力，改善耐蚀性能。

（8）稀土　改善铸造性能，在室温和高温下有固溶强化和沉淀强化作用，改善高温抗拉强度和蠕变性能，改善耐蚀性能。

（9）硅　降低铸造性能，与 Al、Zn、Ag 等元素形成稳定的硅化物，是弱的晶粒细化剂，可改善蠕变性能，对腐蚀性能有害。

（10）钍　是抑制显微缩松，改善高温抗拉强度及蠕变性能，提高延展性的最有效的合金元素，但有放射性。

（11）钇　有晶粒细化作用，改善高温抗拉强度及蠕变性能，改善腐蚀行为。

（12）锌　增加熔体流动性，为弱晶粒细化剂，有形成显微缩松倾向，有沉淀硬化作用，对腐蚀性能影响较小。

（13）锆　为最有效的晶粒细化剂，但与 Si、Al、Mn 等不容，从熔体中清除 Fe、Al、Si 等元素，可稍微改善室温抗拉强度。

镁及镁合金系列尚无国际统一分类方法，目前世界上的文献资料中主要以美国 ASTM（American Society for Testing Materials）标准来划分不同系列的镁合金及标注其牌号。按照该标准，不同的字母代表镁合金中的主合金元素，如 A-铝，B-铋，C-铜，D-镉，E-稀土，F-铁，H-钍，K-锆，L-锂，M-锰，N-镍，P-铅，Q-银，S-硅，T-锡，W-钇，Z-锌。字母后的数字代表各合金元素在合金中的名义成分（质量分数）。例如 AZ91 表示 Mg-Al-Zn 系合金，其中 w(Al) 为 9%，w(Zn) 为 1%。目前应用及研究的主要有三种系列的镁合金：分别是 Mg-Al-Zn 系合金、Mg-Zn 系合金和 Mg-RE（稀土）系合金。本章所列举的金相照片主要是这些常用商业化的镁合金，并按 ASTM 标准命名。目前我国生产的镁合金也基本上是上述三个系列，GB/T 1177—1991 标准中列入了 8 个铸造镁合金牌号（代号），它们是：ZMgZn5Zr（ZM1）；ZMgZn4RE1Zr（ZM2）；ZMgZn8AgZr（ZM7）；ZMgAl8Zn（ZM5）；ZMgAl10 Zn（ZM10）；ZMgRE3ZnZr（ZM3）；ZMgRE3Zn2Zr（ZM4）；ZMgRE2ZnZr（ZM6）。

常用的镁及镁合金化学浸蚀试剂名称、组成及适用范围见表 12-4-1。

表 12-4-1　常用的镁及镁合金化学试剂名称、组成及适用范围

序　号	名　称	组　成		适　用　范　围	备　注
1	醋酸水溶液	醋酸 水	10mL 90mL	镁的宏观组织显示	
2	硝酸醋酸乙二醇水溶液	硝酸 醋酸 乙二醇 水	1mL 20mL 60mL 19mL	镁合金微观组织显示	浸入法和擦拭法
3	硝酸水溶液	硝酸 水	5mL 95mL	纯镁和大多数镁合金，也适用于铸态和锻态	浸数秒~数分钟
4	柠檬酸水溶液	柠檬酸 水	5~10mL 100mL	显示变形镁锰合金和镁铜合金	擦拭法 5~15s

镁及镁合金金相图片见图 12-4-1～图 12-4-21。

第5节 镍及镍合金和其他合金

镍属面心立方结构,在高低温度下均有良好的力学性能及加工性能。镍的熔点高(1455℃)、抗氧化、耐腐蚀。镍还具有一些特殊物理性能,如铁磁性,磁伸缩性,高电真空性能等。故广泛应用于高温、电真空、磁性、弹性、膨胀、电热、耐蚀及精密电阻、热电偶等其他合金不能胜任的重要部件或零件。纯镍的显微组织与纯铜有些相似,如冷加工后呈纤维状组织,退火后出现孪晶等。

1. 杂质对纯镍的组织与性能的影响

由于原料与熔炼条件的影响,加工纯镍通常都含有一定数量的杂质,这里仅介绍氧、硫、碳、氢等几种:

(1) 氧 氧在镍中常呈脆性 NiO 存在,含氧较多时会在晶界析出,浸蚀剂可使晶界明显变粗,使镍产生冷脆。氧还像对纯铜一样,当 $w(O)$ 较高(0.024%以上)的镍在 800~900℃退火时能产生氢脆。只有生产不纯的阳极镍时,氧的存在可提高镍的电镀质量。

(2) 硫 硫与镍在 635℃时可组成 $\alpha + Ni_3S_2$ 共晶。易熔、性脆的共晶体沿晶界析出并破坏晶粒之间的结合,使镍产生热脆和冷脆。镍中 $w(S)$ 大于 0.01%时就不能热轧,退火镍中 $w(S)$ 大于 0.002%时就不能冷轧。镍在 400℃以上与含硫介质接触时,硫就能沿晶界渗入镍中使之变脆。与氧相似,微量硫能消除镍的钝化现象,从而提高电镀质量。为了消除硫的危害,生产上可采取以下措施:①在高于热脆温度区以上(1000℃)进行热加工,或在高温下淬火后冷加工;②熔炼时加入少量镁、钛、锆、锰或碱土、稀土元素,与硫生成高熔点的杂质相,使其分布于晶内,从而消除硫的不良影响;③避免与含硫介质在高温下长期接触,如采用电加热,即可避免硫的污染。

(3) 碳 碳在镍中的固溶度很小,固溶的碳对某些性能略有提高。碳在镍的熔炼中是一种良好的脱氧剂,能改善铸造性能,提高铸造质量。但 $w(C)$ 超过 0.2%后,碳将以石墨形态沿晶界析出,使镍出现冷脆。此时适量镁的加入,可使石墨变质球化成球状石墨而分布于晶内,从而减小危害性。

(4) 氢 氢在镍中的溶解度随温度的升高而增加,镍在高温下吸气的能力很强,氢和镍生成的化合物大多分布在晶界,当它分解时会产生很高的压力,引起晶界形成微裂纹,降低镍的强度和塑性。只有 $w(H)$ 小于 0.01%时才能避免氢脆性。

2. 合金元素对镍合金的影响

镍基合金有一个庞大的家族,下面简单介绍最主要的合金元素对镍合金的影响。

(1) 钴、铁、锰 它们在一定的温度范围均能与镍形成彼此无限连续固溶体 α 相,均能提高镍的热电势。钴提高镍的硬度及热稳定性。铁、锰能显著降低镍的膨胀系数,锰还能消除硫和碳的有害影响。

(2) 铬 铬在镍中的固溶度 $[w(Cr)]$ 可达 40%,是许多耐蚀及高温镍基合金的重要元素,铬能显著提高镍的热强性与热稳定性,并大大提高镍的电阻系数,降低电阻温度系数。

(3) 铝、钛、硅 它们在镍中的溶解度不大。铝能提高镍在高温下的抗氧化能力及热强性。钛能显著提高镍的热强性、电阻系数、热电动势及再结晶温度。硅可提高镍的硬度、强度、电阻系数与耐热性,但含量过高则会降低塑性。

镍基合金除通过以上合金元素固溶强化外，还能形成 Ni_3Al、Ni_3Ti（γ'-相）产生沉淀强化。

镍作为十分重要的添加元素加入钢中，制成合金结构钢、不锈钢、高镍合金钢，广泛应用于飞机、坦克等军工制造业中。除作为添加元素外，以镍为基的镍合金也有重要和广泛的应用，如用于制造喷气涡轮叶片，其他如电阻元件、电热元件、热电偶材料（镍硅合金）等。镍钴合金可制成优良的永磁材料，在电真空器件和仪表、电信工业部门都有广泛的应用。以镍为主的合金，多以板、棒、管、带、线、箔加工产品形态提供使用。常用的变形镍合金牌号如下：

N2、N4、N6、N8、ND、NY1、NY2、NY3、NMg0.1、NSi0.19、NW4-0.15、NSi3、NCr10、NMn3、NMn5、NCu40-2-1、NW4-0.07 等。

3. 常用的镍及镍合金和其他合金的浸蚀剂名称、组成及适用范围（见表 12-5-1）

表 12-5-1　常用的镍及镍合金和其他合金的浸蚀剂名称、组成及适用范围

序　号	名　称	组　成		适用范围	备　注
1	氯化高铁酒精溶液	氯化高铁	3g	纯镍	浸入法或擦拭法
		酒精	100mL		
2	硝酸盐酸冰醋酸水溶液	硝酸	20mL	镍及镍合金	浸入法
		盐酸	5mL		
		冰醋酸	30mL		
		水	45mL		
3	盐酸硫酸铜水溶液	盐酸	50mL	镍及镍合金	浸入法
		硫酸铜	5g		
		水	50mL		
4	氢氧化钠铁氰化钾水溶液	氢氧化钠	10g	钴及钴合金	MURAKAMI'S 试剂，100℃热浸 20s
		铁氰化钾	10g		
		水	100mL		
5	氯化铜盐酸酒精溶液	氯化铜	2g	镍及镍合金	KALL1NGS 试剂，擦蚀 5s
		盐酸	40mL		
		酒精	80mL		
6	氯化铜氢氧化铁硝酸盐酸水溶液	氯化铜	12.5g	镍及镍合金	NiMoNiC 试剂，擦蚀 5s
		氯化亚铁	12.5mL		
		硝酸	50mL		
		盐酸	200mL		
		加水至	500mL		
7	氯化铜氯化亚铁硝酸盐酸水溶液	氯化铜	12.5g	镍及镍合金	50%NiMoNiC 试剂，擦蚀 5s
		氯化亚铁	12.5g		
		硝酸	50mL		
		盐酸	200mL		
		加水至	1000mL		
8	磷酸水溶液	磷酸	4 份	镍及镍合金	电浸蚀 3V，30s
		水	3 份		
9	磷酸硫酸硝酸溶液	磷酸	12mL	镍及镍合金	电浸蚀 0.2~0.3A/cm²
		硫酸	47mL		
		硝酸	41mL		
10	草酸水溶液	草酸	10g	镍及镍合金	电浸蚀 0.2~0.5A/cm²
		水	90mL		

镍及镍合金和其他合金的金相图片见图 12-5-1～图 12-5-18。

金 相 图 片

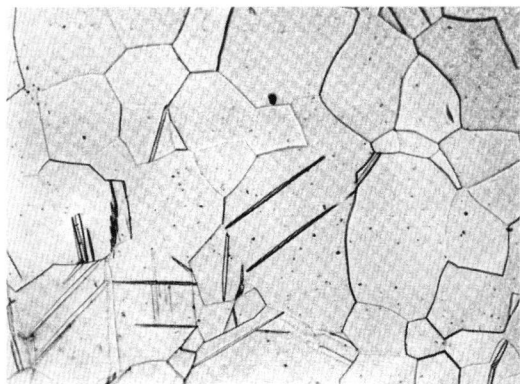

图　12-1-1　　　　　　　　　　250×

图　12-1-2　　　　　　　　　　250×

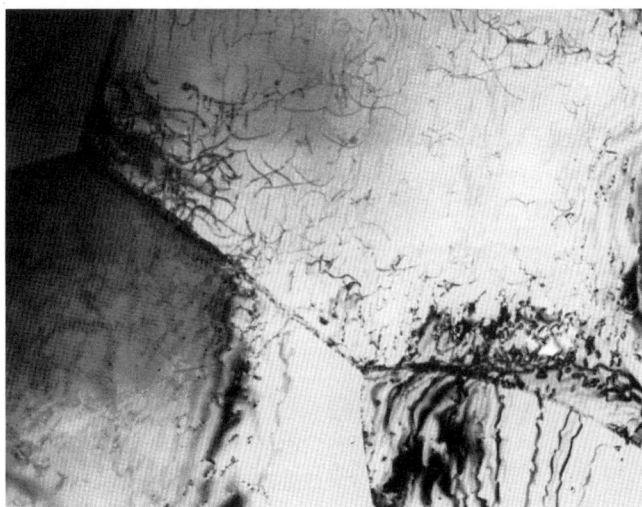

图　12-1-3　　　　　　　　　　5000×

图　　号： 12-1-1~12-1-3

材料名称： TA2（工业纯钛）

浸　蚀　剂： 氢氟酸：硝酸：水（体积比 2：1：17）

处理情况： 锻棒经 700℃×1h 后空冷退火

组织说明： 三图基体组织为等轴 α 相，在某些晶粒内出现孪晶，图 12-1-1 为明场照明，图 12-1-2 为图 12-1-1 同视场暗场照明，图 12-1-3 为透射电镜（TEM）明场下等轴 α 相的形貌。

　　图中出现孪晶是由于 α 相较软，在制样过程中易产生变形而形成孪晶的出现。退火后 TA2 的力学性能：R_m 为 478N/mm^2，A 为 22%，Z 为 53.5%，a_K 为 150J/cm^2。此性能与不锈钢相当。

　　工业纯钛含钛质量分数不低于 99%，并含有少量铁、碳、氧、氮、氢杂质的致密金属钛。夹杂对纯钛的力学性能影响较大，随着杂质含量的增加，强度增加，塑、韧性下降。工业纯钛分成 TA0、TA1、TA2、TA3 四个牌号，其中 TA2 和 TA3 由于具有良好的综合性能，故使用较为普遍。

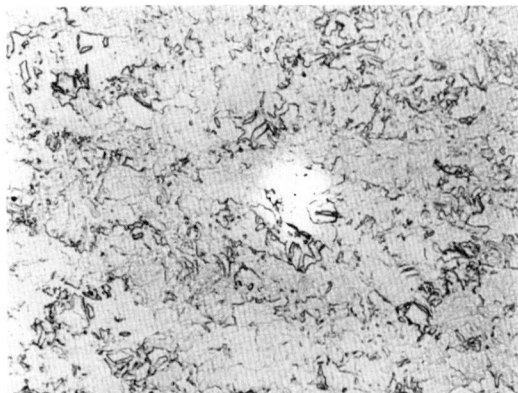

图　12-1-4　　　　　　　　　　　　　　　250×

图　12-1-5　　　　　　　　　　　　　　2000×

图　　号： 12-1-4、12-1-5

材料名称： TA2（工业纯钛）

浸 蚀 剂： 氢氟酸：硝酸：水（体积比 2：1：17）

处理情况： 锻态

组织说明： 图 12-1-4 基体为变形 α 晶粒；图 12-1-5 为 2000 倍透射电镜（TEM）下变形 α 晶粒形态。

　　　工业纯钛耐蚀性能好，是由于钛的表面有一薄层坚固的氧化膜，且此膜具有良好的自愈性，故使钛在许多化工介质或海水中耐蚀，因此钛不仅是理想的结构材料，而且是一种良好的耐腐蚀材料。锻态的力学性能：R_m 为 652N/mm^2，A 为 18.5%，Z 为 62%，a_K 为 117J/ cm^2。

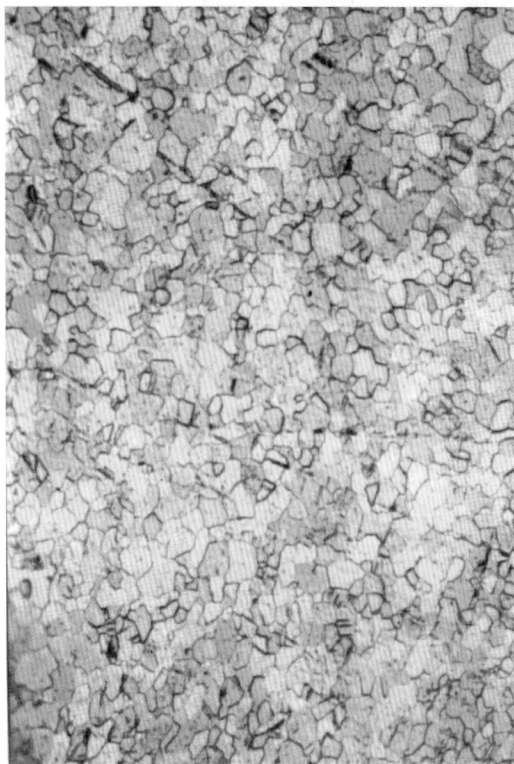

图　12-1-6　　　　　　　　　　　100×

图　　号： 12-1-6

材料名称： TA2（工业纯钛）

浸 蚀 剂： 氢氟酸：硝酸：水（体积比 1：6：193）

处理情况： 2mm 冷轧板，经退火处理

组织说明： 细小等轴 α 晶粒，晶粒相当于 GB/T 6394—2002 的 9 级。

　　　2mm 冷轧退火板材是用于外科植入材料，其室温力学性能：R_m 为 590N/mm^2，A 为 38%，弯曲角为 178°。

　　　本例合金的化学成分、力学性能和显微组织都符合 GB/T 13810—1997《外科植入物用钛及钛合金加工材》要求。

　　　满足长期植入人体的材料有下列基本要求：具有耐腐蚀和良好的生物相容性，具有优越的力学和疲劳性能以及韧性，低的弹性模量，高的耐磨性，令人满意的价格。

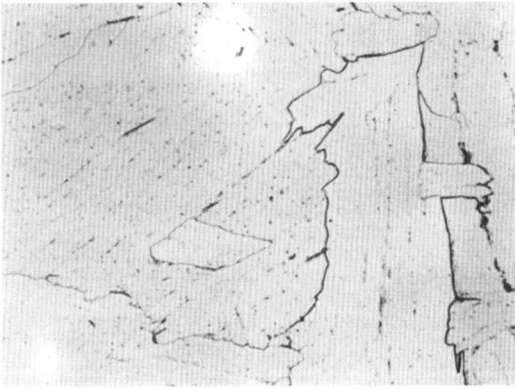
图 12-1-7   250×

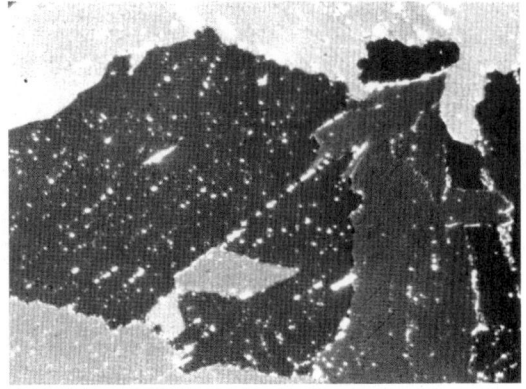
图 12-1-8   250×

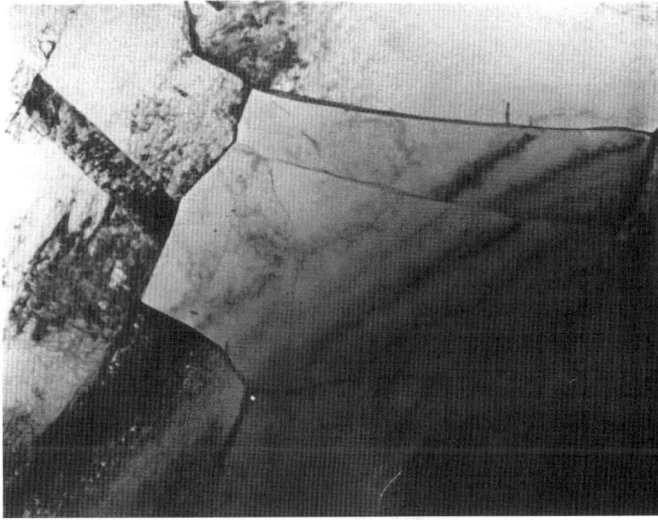
图 12-1-9   5000×

图　　号：12-1-7~12-1-9

材料名称：TA2（工业纯钛）

浸 蚀 剂：氢氟酸：硝酸：水（体积比 2：1：17）

处理情况：锻棒经 1000℃×1h 后空冷退火

组织说明：锯齿状 α 片群和 α 片间还保留少量 β 相。图 12-1-8 为图 12-1-7 同视场暗场照明下 α 片状片间残存 β 相颗粒的分布情况。图 12-1-9 为透射镜（TEM）5000 倍下的组织形貌。

当加热至 1000℃并经保温 1h 后，基体 α 全部转变为 β 相；在空冷过程中 β 相转变为片状排列的 α 相，在 α 片间还保留少量 β 相，它是细小点粒状断续排列在 α 片间。

退火可分为消除应力退火、再结晶退火、真空退火、稳定化退火等，其中最常用的是再结晶退火。消除应力退火一般是在加工（如成型、焊接）之后进行的，以消除加工后材料内部存在的残留应力，一般在 600℃左右。有时为了防止材料表面在退火时产生氧化，可采用真空退火来防止。锻棒经 1000℃保温 1h 空退火后其室温力学性能：R_m 为 447MPa，A 为 38%，Z 为 58%，a_K 为 82J/cm²。

图　12-1-10　　　　　　　　　　　　　250×

图　12-1-11　　　　　　　　　　　　　250×

图　12-1-12　　　　　　　　　　　　　5000×

图　　号：12-1-10~12-1-12

材料名称：TA2（工业纯钛）

浸 蚀 剂：氢氟酸：硝酸：水（体积比 2∶1∶17）

处理情况：锻棒经 1000℃×1h 后水冷淬火

组织说明：针状 α 相。图 12-1-11 是图 12-1-10 同视场暗场照明的情况。图中 α 针状更趋明显。图 12-1-12 为
透射电镜（TEM）5000 倍下 α 针状分布形貌。

加热至 1000℃经保温 1h 水冷淬火，通过成核长大，β 相向低温同素异构 α 转变的一种产物——针状 α 相，
在明场金相图片上为针状形貌，在三维空间，其形貌可以是针状，透镜状或扁平棒状，其纵横比为 10∶1。

锻棒经 1000℃加热保温 1h 后水冷淬火，其力学性能：R_m 为 512MPa，A 为 24%，Z 为 63%，a_K 为 94J/ cm^2。

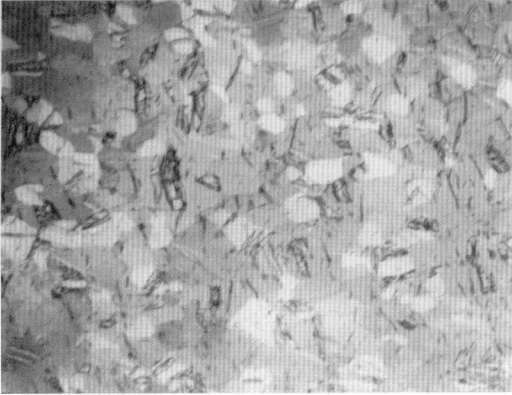

图 12-1-13   100×

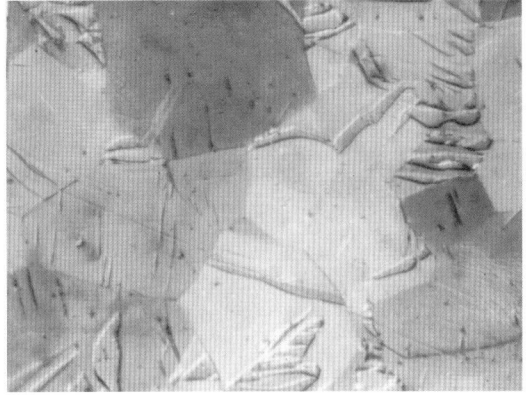

图 12-1-14   500×

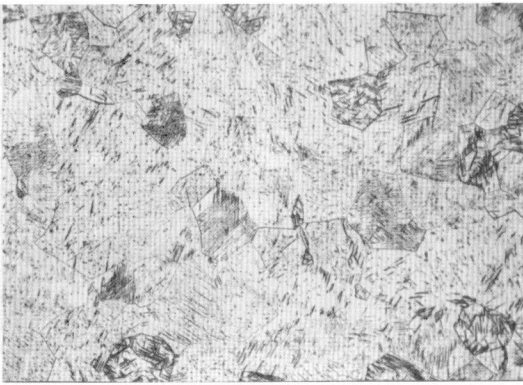

图 12-1-15   200×

图 12-1-16   200×

图 号： 12-1-13~12-1-16

材料名称： TA0（ϕ14mm 热轧棒）工业纯钛

浸 蚀 剂： 氢氟酸：硝酸：水（体积比 1：6：193）

处理情况： 热轧棒材再经 700℃×1h 空冷退火

组织说明： 图 12-1-13～图 12-1-16：显微组织基本相似，均为等轴 α 晶粒，有部分晶粒内出现了孪晶，晶粒大小为 6.5 级。图 12-1-14 为图 12-1-13 的放大情况。图 12-1-15 为明场照明，晶内孪晶较图 12-1-13 为密集，而图 12-1-16 则是图 12-1-15 同放大倍数在偏光照明下的组织，图示 α 晶粒的立体感较强，且明显。

此组图片的纯钛热轧棒材用作外科植入材料，根据 GB/T 13810—1997《外科植入物用钛及钛合金》标准有三方面要求：①化学成分应符合标准要求；②力学性能：R_m 为 345N/mm^2，$R_{p0.2}$ 为 275 N/ mm^2，A 为 47%，Z 为 74%，③金相组织：纯钛的 α 晶粒度有要求，应按 GB/T 6394—2002 标准来评定。

目前常用的三种外科金属材料植入物（不锈钢、钴铬合金和钛及钛合金），相比下钛具有比强度高，生物相容性好，耐蚀性好等特点；而钛的不足之处在于：耐磨性较差，难于铸造，其加工性能也较差。

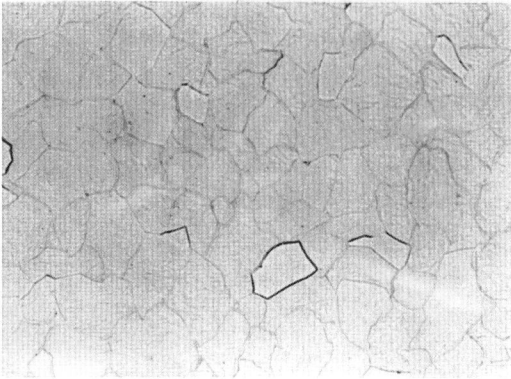

图　12-1-17　　　　　　　　　　320×

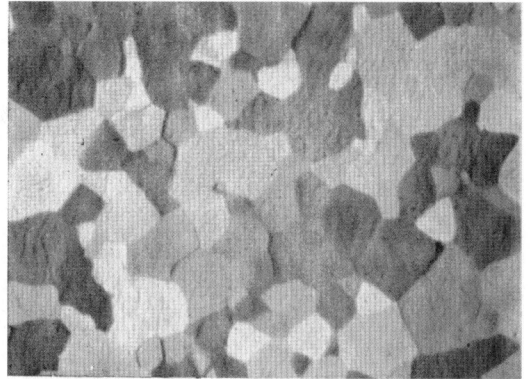

图　12-1-18　　　　　　　　　　320×

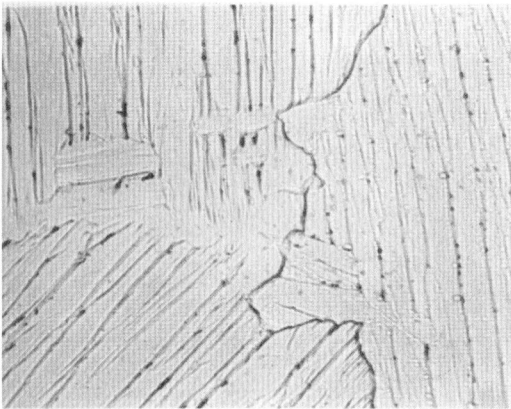

图　12-1-19　　　　　　　　　　250×

图　12-1-20　　　　　　　　　　250×

图　号： 12-1-17~12-1-20

材料名称： TA7（Ti-5Al-2.5Sn）钛合金

浸 蚀 剂： 氢氟酸：硝酸：水（体积比 1：1：7），图 12-1-18 再经阳极氧化处理

处理情况： 35mm×35mm 方坯加热至 1040℃保温后轧至直径为 20mm 的棒材，然后再经热轧至直径为 15mm 的棒材。图 12-1-17 试样是上述处理的棒材再经 800℃×1h 后空冷退火；图 12-1-19 试样是 φ15mm 热轧棒材再经加热至 1040℃×30min 后炉冷退火。

组织说明： 图 12-1-17 及图 12-1-18：基体为等轴 α 相。图 12-1-17 为明场照明下，基体 α 等轴晶粒的晶界不明晰，图 12-1-18 为偏光照明下，更易使位向不同的 α 等轴晶粒显示清晰。处于 α→β 同素异构转变温度以下退火，致使 α 呈等轴晶分布。

图 12-1-19：是 1040℃加热保温后炉冷的组织，基体为片状 α 相，原始 β 相晶界清晰。

图 12-1-20：是图 12-1-19 同视场相衬照明，α 相及原始 β 相晶界凹陷，立体感丰富。由于冷却稍缓慢，β 相→α 相转变时，α 相比较宽厚。原始 β 相晶界仍被保留。

φ15mm 热轧棒经 800℃×1h 后：R_m 为 824N/mm^2；A 为 19%；Z 为 39%；a_K 为 78J/ cm^2。φ15mm 热轧棒经 1040℃×30min 后：R_m 为 749N/mm^2，A 为 15.6%，Z 为 31.1%。

由于 TA7 合金中含有铝和锡，提高了 α/β 转变温度，改善了合金的耐热性，增加合金室温和高温强度。TA7 合金的热塑性和焊接性能良好，可加工成板材、棒材和锻件，它的组织稳定，可在 400℃以下长期工作。TA7 为超低温下使用的钛合金，可用于−196～253℃环境下使用，多用于航天工业。合金中含间隙元素量极低，使合金在超低温时还具有良好的韧性和综合性能。

图 12-1-21　　　　　　　　　　　　　　　250×

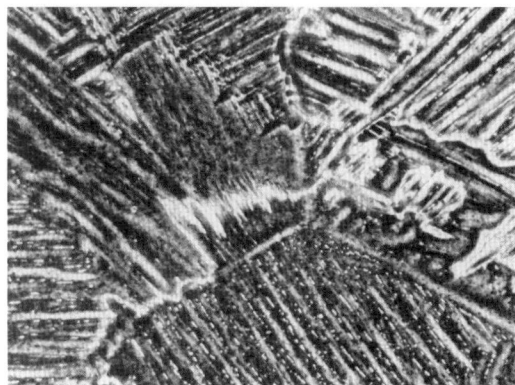

图 12-1-22　　　　　　　　　　　　　　　250×

图 12-1-23　　　　　　　　　　　　　　　250×

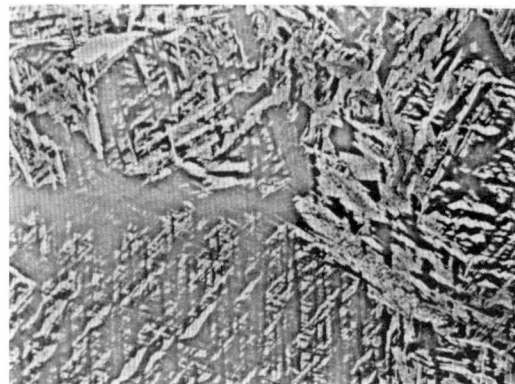

图 12-1-24　　　　　　　　　　　　　　　250×

图　　号：12-1-21~12-1-24

材料名称：TA7（Ti-5Al-2.5Sn）钛合金

浸蚀剂：图 12-1-21 及图 12-1-22 氢氟酸：盐酸：甘油（体积比 1：1：7），图 12-1-23 及图 12-1-24 氢氟酸：硝酸：水（体积比 1：1：7）。

处理情况：图 12-1-21 及图 12-1-22 为 $\phi15mm$ 试棒经 1040℃×30min 后空冷，图 12-1-23 及图 12-1-24 为 $\phi15mm$ 试棒经 1040℃×30min 后水冷淬火

组织说明：四图基体均为针状 α 相，原始 β 相晶界仍清晰可见，惟加热后空冷处理的 α 相针状较粗宽，而加热后水冷淬火 α 相针状较细，且不明显，这是由于冷却速度较快的原故。图 12-1-22 及图 12-1-24 为图 12-1-21 和图 12-1-23 同视场相衬照明下组织的分布情况。

由于二图试棒加热至 1040℃，α 相产生同素异构转变为 β 相，冷却时由于合金中存在较多稳定 α 相元素，故又产生了 β 相→α 相的转变，但由于冷却速度稍快，致使 α 相呈针状分布，保留着 β 相原始晶界；经水冷淬火的 β 相原始晶界较空冷者为粗宽且明显，α 相针叶细小且不甚明显。

$\phi15mm$ 试棒经 1040℃×30min 空冷后，其力学性能：R_m 为 817N/mm^2，A 为 15%，Z 为 31%。

$\phi15mm$ 试棒经 1040℃×30min 水冷淬火后，其力学性能：R_m 为 851N/mm^2，A 为 14%，Z 为 33%。

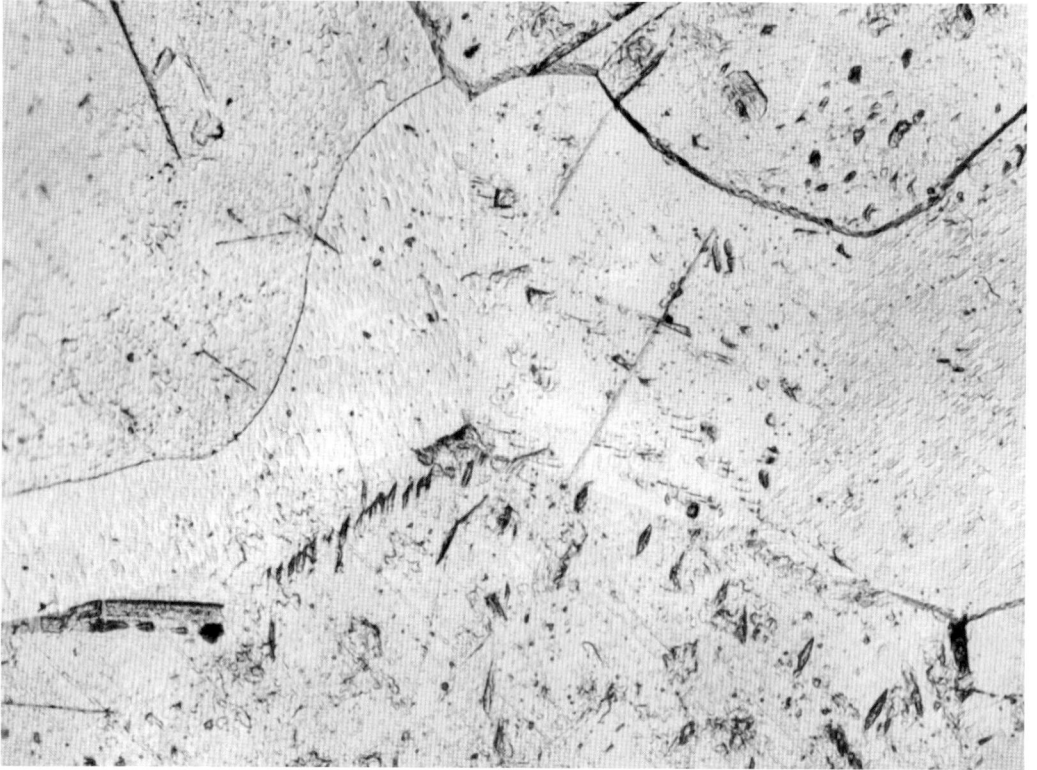

图　12-1-25

300×

图　　号：12-1-25

材料名称：ZTA1（铸钛 ϕ8mm 铸棒）

浸 蚀 剂：氢氟酸：硝酸：水（体积比 2：1：17）

处理情况：真空铸造棒材，经热等静压（HIP）处理

组织说明：α 晶粒，晶粒粗大，晶界清晰可见，存在变形孪晶。

由于铸造并经高温高压等静压处理，导致 α 晶粒长大而粗化。铸棒的室温力学性能：R_m 为 420N/mm^2，$R_{p0.2}$ 为 325 N/ mm^2，A 为 40%。铸态棒材的化学成分及力学性能均符合 GB/T 6614—1994《钛及钛合金铸件》要求。热等静压工艺是按照 HB/Z 234—1993《钛合金铸件热等静压工艺》进行。

TA1 是工业纯钛，它属于低强度钛。由于它具有良好的耐蚀性，易于成形和焊接，因此常用于耐蚀、易加工成形和焊接的板材、液压管和民用自行车架等零件。

钛具有同素异构转变的特性，α → β 同素异构转变点为 882℃，在转变点以下的稳定性为 α 相或 α -Ti，密集六方结构；转变点以上为 β 相或 β -Ti，属体心立方结构。纯钛在室温下是得不到 β 相的。（图片由冯芝华女士提供）

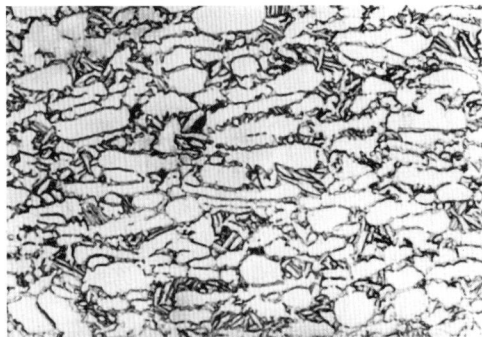

图　12-1-26　780℃×1h（AC）　　　　　400×

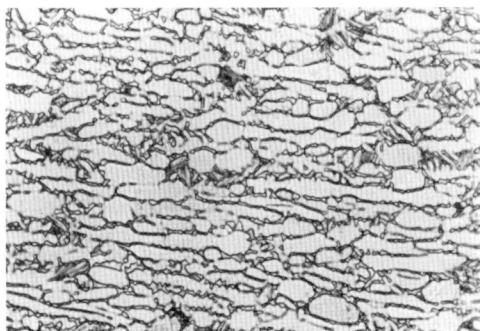

图　12-1-27　800℃×1h（AC）　　　　　400×

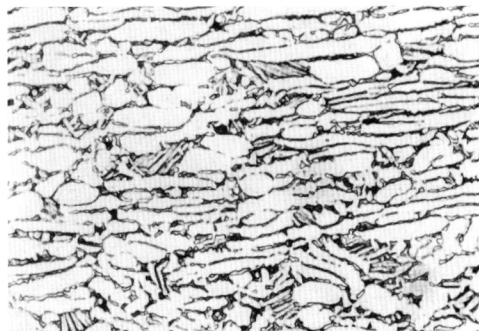

图　12-1-28　820℃×1h（AC）　　　　　400×

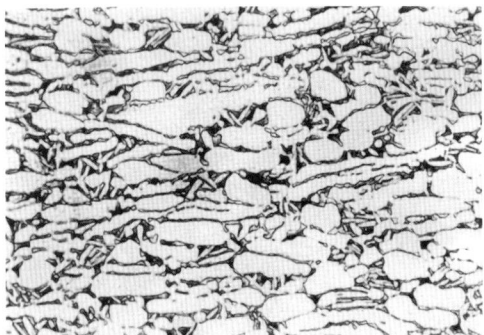

图　12-1-29　840℃×1h（AC）　　　　　400×

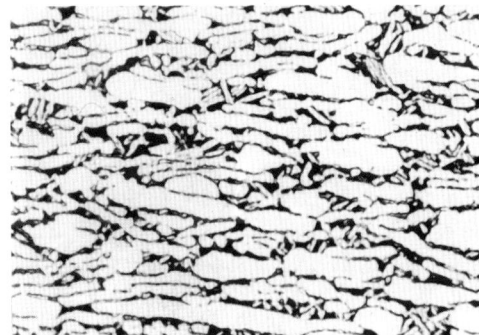

图　12-1-30　860℃×1h（AC）　　　　　400×

图　号： 12-1-26~12-1-30

材料名称： TA15（Ti-6.5Al-2Zr-1Mo-1V）钛合金

浸 蚀 剂： 氢氟酸：硝酸：水（体积比 1：3：7）

处理情况： 55mm 热轧板，分别经 780℃、800℃、820℃、840℃、860℃保温 1h 退火处理。

组织说明： 经不同温度退火后，白色基体为等轴状和条状 α 相，黑色为 β 转变组织（图 12-1-26）；在图 12-1-28～图 12-1-30 中 β 转变组织中次生 α 相比图 12-1-27 的 800℃退火者更为清晰。Ac 为水冷淬火。

　　TA15 为俄罗斯 BT20 合金，是美国 Ti-8Al-1Mo-1V 合金的改进型，降低含铝量增加 w（Zr）2%。合金中 w（Al）超过 7%后，会形成 α_2 相，使合金变脆，一般工业合金中 w（Al）不会超过 7%。铝不仅能提高钛合金的室温强度，而且也改善了合金的耐热性。

　　TA15 为近 α 型合金，有良好焊接和工艺性。500℃ 以下使用，可作飞机结构件，可制成板材、棒材、锻件和铸件等。合金退火温度从 800℃提高 860℃，R_m 提高了 60N/mm^2（从 985N/mm^2 提高至 1045N/mm^2），而塑性变化不大（A 由 12%提高到 14%，Z 由 36%提高到 41%），冲击韧度变化也不大，厚板退火工艺推荐 850℃×1h。

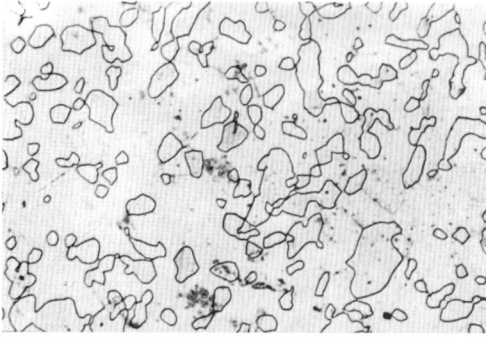

图 12-1-31 950℃×1h（WQ） 400×

图 12-1-32 1010℃×1h（WQ） 400×

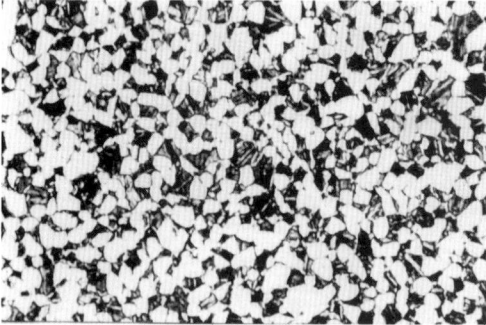

图 12-1-33 950℃×1h（AC） 400×

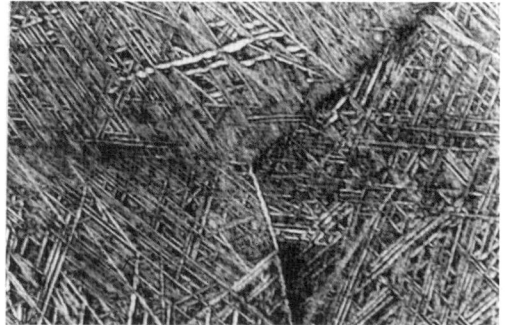

图 12-1-34 1010℃×1h（AC） 400×

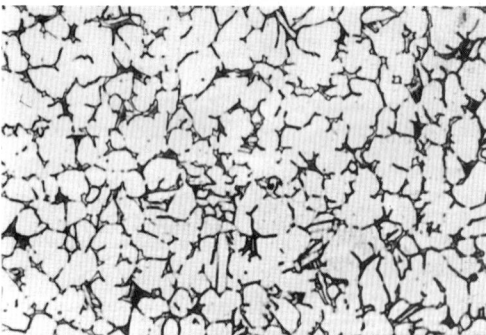

图 12-1-35 950℃×1h（FC） 400×

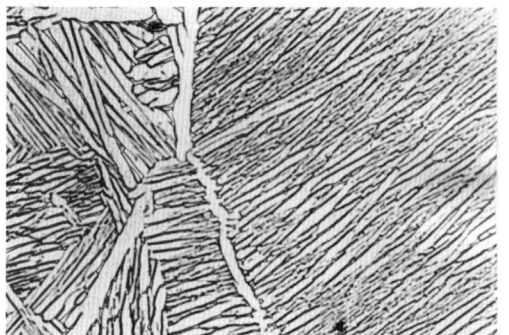

图 12-1-36 1010℃×1h（FC） 400×

图　　号：12-1-31~12-1-36

材料名称：TA15（Ti-6.5Al-2Zr-1Mo-1V）（钛合金 ϕ16mm 棒材）

浸 蚀 剂：氢氟酸：硝酸：水（体积比 1：3：7）

处理情况：热轧棒材，两种加热温度，即 β 相转变温度以下为 950℃和 β 相转变温度以上为 1010℃；保温均
　　为 1h；三种冷却方式：即水冷淬火（WQ）、空冷（AC）和炉冷（FC）

组织说明：取样热处理后作力学性能及金相检验结果见表 12-1-6 所示。

表 12-1-6 图 12-1-31~图 12-1-36 热处理状态和力学性能

图 号	热处理状态	显 微 组 织	室温力学性能			
			R_m/(N/mm^2)	$R_{p0.2}$/(N/mm^2)	A（%）	Z（%）
12-1-31	950℃×1h（WQ）	初生 α 和马氏体 α'＋β	1239	1070	12	49
12-1-32	1010℃×1h（WQ）	马氏体 α'＋β 和原始 β 晶界	1236	1133	2.0	5.9
12-1-33	950℃×1h（AC）	初生 α 和针状 α＋β	1016	894	16	50
12-1-34	1010℃×1h（AC）	针状 α＋β 和原始 β 晶界	1018	847	9.5	14
12-1-35	950℃×1h（FC）	初生 α 和晶间 β 相	946	878	17	48
12-1-36	1010℃×1h（FC）	片状 α＋β 和原始 β 相晶界	970	899	9.6	15

注：可见 1010℃×1h（WQ）强度最高，塑性最低，而 1010℃×1h（FC）和（AC）塑性虽有上升，但还较低。

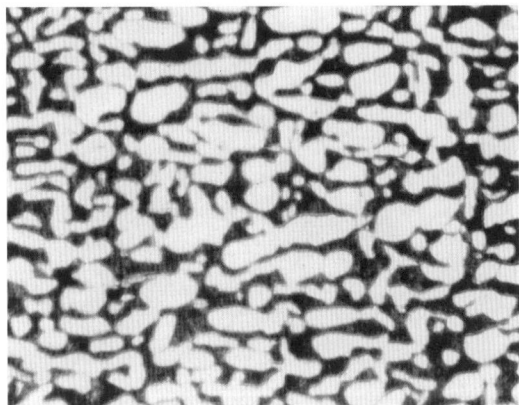

图　12-1-37　　　　　　　　500×

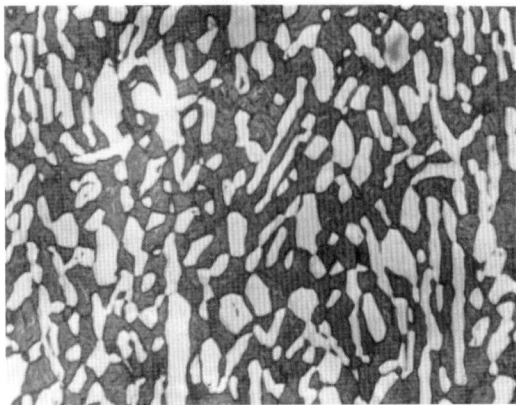

图　12-1-38　　　　　　　　500×

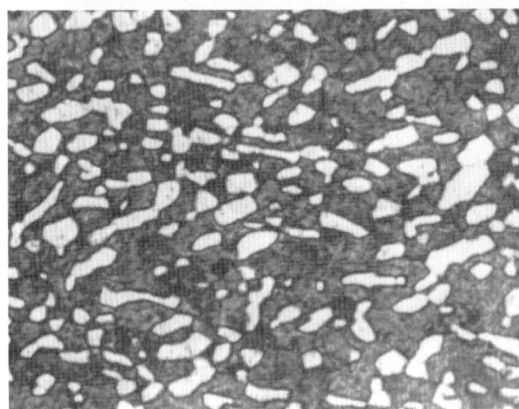

图　12-1-39　　　　　　　　500×

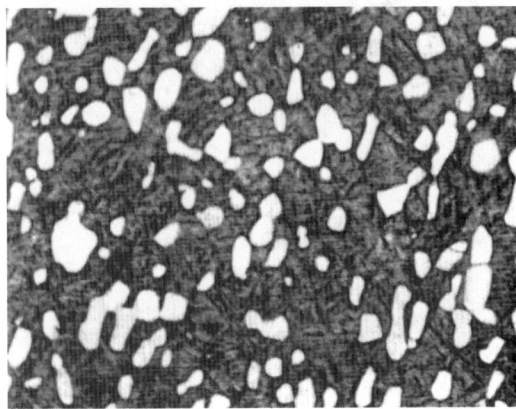

图　12-1-40　　　　　　　　500×

图　　号：12-1-37~12-1-40

材料名称：TA15（Ti-6.5Al-2Zr-1Mo-1V）（钛合金 ϕ16mm 轧棒）

浸 蚀 剂：氢氟酸∶硝酸∶水（体积比 3∶10∶87）

处理情况：利用金相法测定 TA15 钛合金轧棒在 900～1000℃温度范围内初生 α 相（α_p）的含量，从而测定其相变温度。

组织说明：为了保证测量精度，选用等轴 α 原始组织，然后分别经不同温度加热淬火时效，随后制备 500 倍金相图片，用截线法确定 α_p% 数值。

　　图 12-1-37：900℃加热 1h 水冷淬火，600℃时效 2h，测定初生 α 相数量为 55%。

　　图 12-1-38：935℃加热 1h 水冷淬火，600℃时效 2h，测定初生 α 相数量为 39%。

　　图 12-1-39：955℃加热 1h 水冷淬火，600℃时效 2h，测定初生 α 相数量为 28%。

　　图 12-1-40：965℃加热 1h 水冷淬火，600℃时效 2h，测定初生 α 相数量为 23%。

　　从上图可知，随淬火温度上升 α_p 数量减少，在 900～935℃区间减速较慢，每升温 10℃，α_p 数量减少约 5%，同时在低温区（900～935℃）。α_p 形态受原始组织影响较大，α_p 尺寸约在 2～10μm 之间，条状 α_p 长度达 30～40μm，同时基体中原始 β 晶粒也有一个明显长大过程。965℃以下 D_β 值（β 的晶粒大小）约为 4～10μm。

　　ϕ16mm 的 TA15 轧棒经 800℃×1h（AC）后的抗拉强度 R_m 为 1045N/mm²，$R_{p0.2}$ 为 991N/mm²，A 为 17%，Z 为 50%。

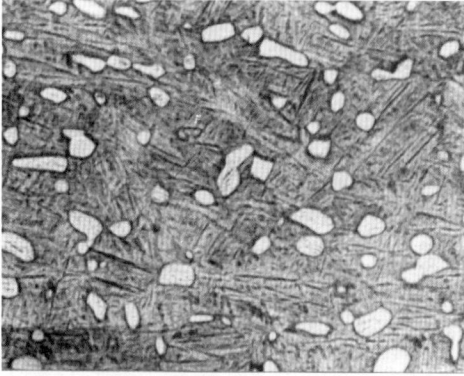

图 12-1-41   500×

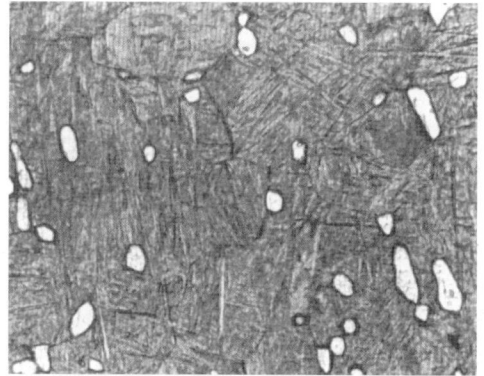

图 12-1-42   500×

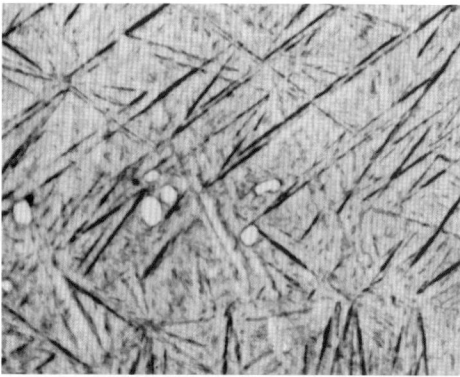

图 12-1-43   500×

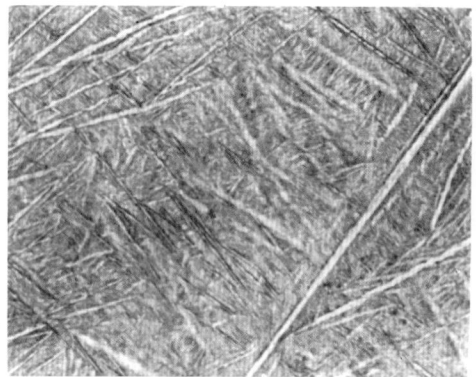

图 12-1-44   500×

图　号： 12-1-41~12-1-44

材料名称： TA15（Ti-6.5Al-2Zr-1Mo-1V）（钛合金 ϕ16mm 轧棒）

浸 蚀 剂： 氢氟酸：硝酸：水（体积比 3：10：87）

处理情况： 利用金相法测定 TA15 钛合金轧棒在 900～1000℃温度范围内初生 α 相（α_p）的含量，从而测定其相变温度。

组织说明： 为了保证测量精度，选用等轴原始组织，然后分别经不同温度加热淬火时效，随后制备 500 倍金相图片，用截线法确定 α_p% 数值。

图 12-1-41：975℃加热 1h 水冷淬火，600℃时效 2h，测定初生 α 相数量为 14%。

图 12-1-42：985℃加热 1h 水冷淬火，600℃时效 2h，测定初生 α 相数量为 8%。

图 12-1-43：990℃加热 1h 水冷淬火，600℃时效 2h，测定初生 α 相数量为 3%。

图 12-1-44：995℃加热 1h 水冷淬火，600℃时效 2h，测定初生 α 相数量为 0。

从上述各图可知，进入 965～995℃高温区，α_p 数量减速加大，达到 8%～10%/10℃。α_p 颗粒在加热过程中逐步均匀化和球化，α_p 颗粒尺寸也有所减小，但基体中原始 β 晶粒明显长大，985℃达到 20～30μm，995℃达到 700μm，这证实临近 T_β（α＋β→β 的转变温度）温度 D_β（β 的晶粒大小）值急剧增加。本组试样测定结果，相变温度为 995℃。（TA15 图片由沈桂琴、王世洪先生提供）

图 12-1-45 200×

图 12-1-46 400×

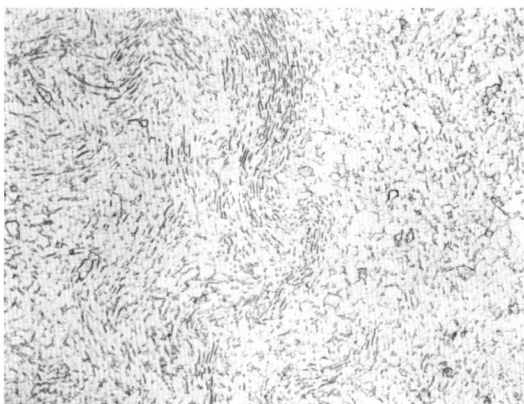

图 12-1-47 200×

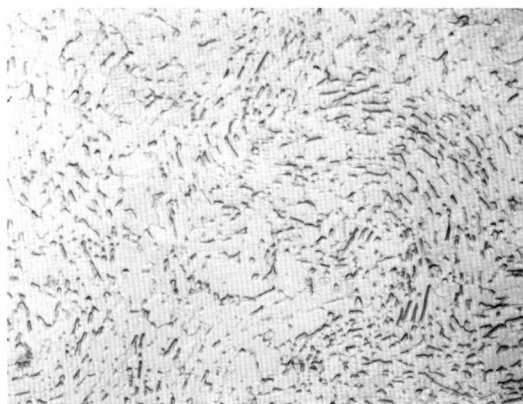

图 12-1-48 400×

图 号：12-1-45~12-1-48

材料名称：TC1（Ti-2Al-1.5Mn）钛合金

浸蚀剂：氢氟酸：硝酸：水（体积比 1：6：193）

处理情况：图 12-1-45、图 12-1-46 系 12mm 热轧板材，经退火处理，图 12-1-47、图 12-1-48 是 ϕ25mm 热轧棒材，经退火处理

组织说明：图 12-1-45：等轴 α＋β，组织沿轧制方向分布。图 12-1-46：是图 12-1-45 放大 400 倍组织。

图 12-1-47：为 α＋β 相，组织较细。图 12-1-48：是图 12-1-47 放大 400 倍组织。

TC1 钛合金是一种合金元素含量较低的合金，加入 w（Al）2%可提高合金的强度，加入 w（Mn）1.5% 有利于提高合金的热塑性。合金具有高塑性和普通强度，用于略高于工业纯钛强度的场合，此合金不能进行热处理强化，合金在退火状态下使用。它的热稳定和焊接性能良好，工作温度可达 350℃。其主要的半成品有：板材、棒材、带材及锻件等。

板材的 R_m 为 746N/mm^2，$R_{p0.2}$ 为 685N/mm^2，A 为 27%，Z 为 44%；350℃时的 R_m 为 477N/mm^2，持久强度极限 $\sigma_{>10^2}^{350℃}$ 为 320N/mm^2。

棒材的 R_m 为 723N/mm^2，$R_{p0.2}$ 为 548N/mm^2，A 为 18%，Z 为 33%；350℃时的 R_m 为 509N/mm^2，持久强度极限 $\sigma_{>10^2}^{350℃}$ 为 325N/mm^2。

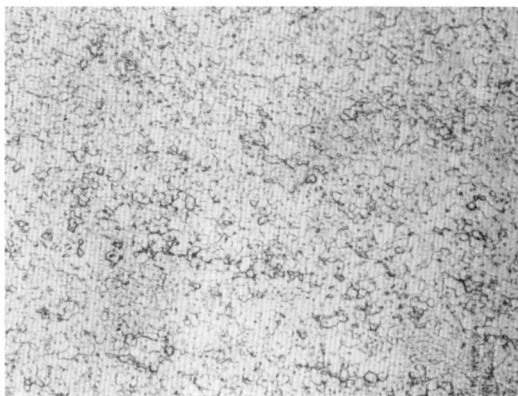

图 12-1-49   200×

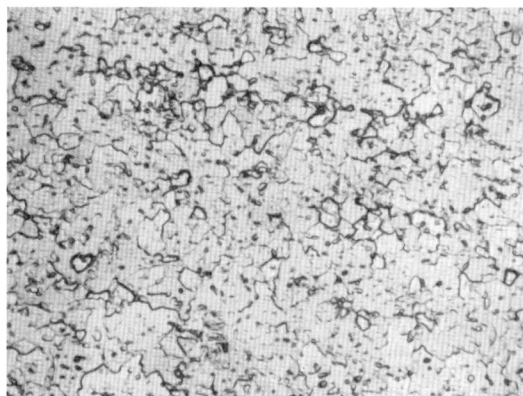

图 12-1-50   400×

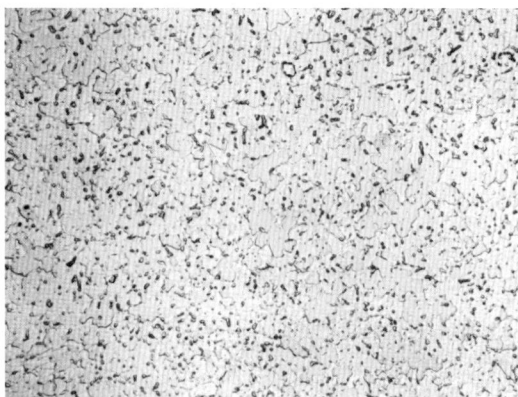

图 12-1-51   200×

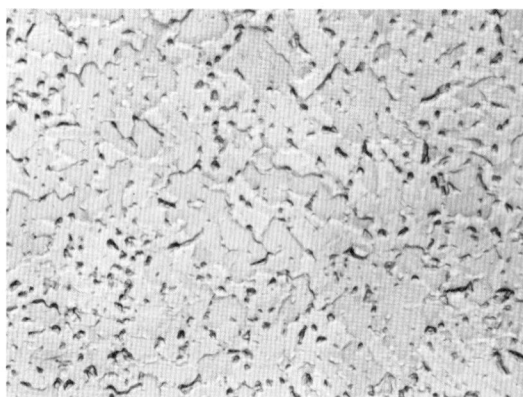

图 12-1-52   400×

图　　号：12-1-49~12-1-52

材料名称：TC2（Ti-4Al-1.5Mn）钛合金

浸 蚀 剂：氢氟酸∶硝酸∶水（体积比 1∶6∶193）

处理情况：图 12-1-49、图 12-1-50 为 2mm 冷轧板材，图 12-1-51、图 12-1-52 为 ϕ25mm 热轧棒，经退火处理

组织说明：图 12-1-49 组织为等轴 α＋β，组织甚为细小。

图 12-1-50：图 12-1-49 放大 400 倍后情况。等轴 α 相晶粒明显，细小黑色点状为 β 相。

图 12-1-51：组织为等轴 α＋β， α 相晶粒较图 12-1-49 为大些。

图 12-1-52：图 12-1-51 放大 400 倍后情况。

TC2（Ti-4Al-1.5Mn）是一种塑性较好，且有中等强度的钛合金，具有较好的工艺塑性和焊接性能，长期的工作温度可达 350℃。合金不能进行热处理强化，只有在退火状态下使用。其主要的半成品有：板材、棒材、带材及锻件等。

板材的室温性能：R_m 为 762N/mm^2，$R_{p0.2}$ 为 725N/mm^2，A 为 26%；350℃时的 R_m 为 548N/mm^2，持久强度极限 $\sigma_{>10^2}^{350℃}$ 为 390N/mm^2。

棒材的室温性能：R_m 为 847N/mm^2，$R_{p0.2}$ 为 692N/mm^2，A 为 18%，Z 为 36%；350℃时的 R_m 为 615N/mm^2，持久强度极限 $\sigma_{>10^2}^{350℃}$ 为 390N/mm^2。（TC1、TC2 图由王永兰女士提供）

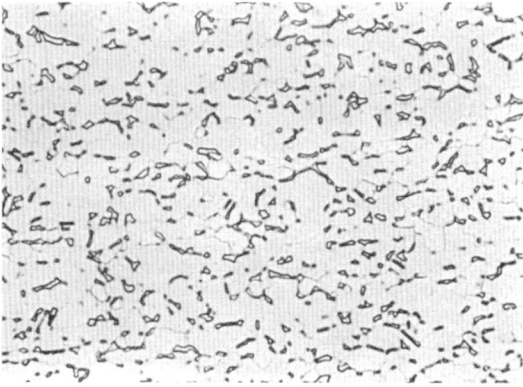

图 12-1-53   320×

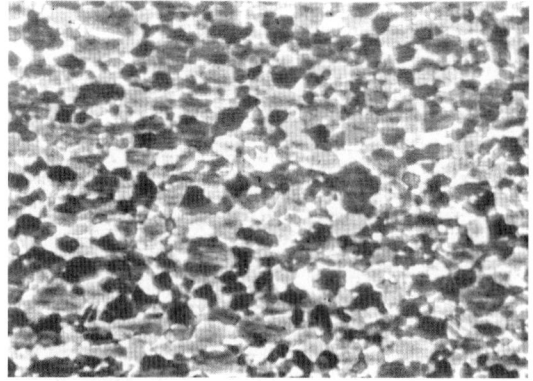

图 12-1-54   320 ×

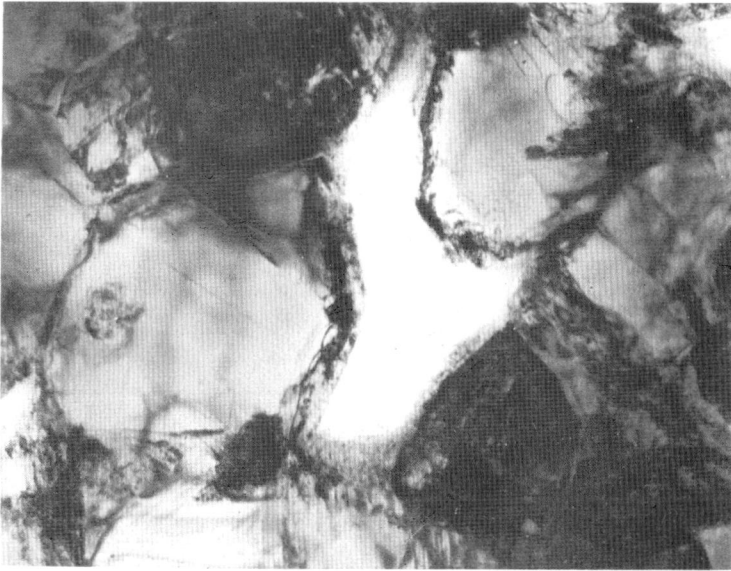

图 12-1-55   20000×

图　　号：12-1-53~12-1-55

材料名称：TC4（Ti-6Al-4V）（钛合金 ϕ24mm 热轧棒）

浸 蚀 剂：氢氟酸：硝酸：水（体积比 1∶4∶45）

处理情况：920℃热轧后经 750℃×1h 后空冷退火

组织说明：初生等轴 α 相＋少量 β 相。

图 12-1-54：是与图 12-1-53 同视场相衬照明下的组织。

图 12-1-55：是图 12-1-54 透射电镜（TEM）20000 倍的组织形貌。

空温时的力学性能：R_m 为 990N/mm^2，A 为 16.5%，Z 为 46%，a_K 为 52J/cm^2，缺口抗拉强度 σ_b 为 1558MPa（K_t=2.5）。

400℃时的力学性能：R_m 为 666N/mm^2，A_5 为 18.5%，Z 为 58%，持久强度极限 $\sigma_{>10^2}^{440℃}$ 为 588N/mm^2。

Ti-6Al-4V 是美国水城兵工厂实验室于 1954 年研制成功的，广泛用于宇航工业，占美国钛合金生产总量的 55%～65%。它具有良好的综合性能，至 400℃还有较好的强度，所以迄今成为世界各国普遍使用的钛合金。

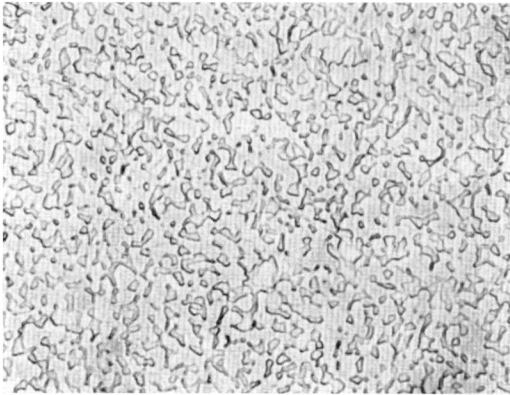

图　12-1-56　　　　　　　　500×

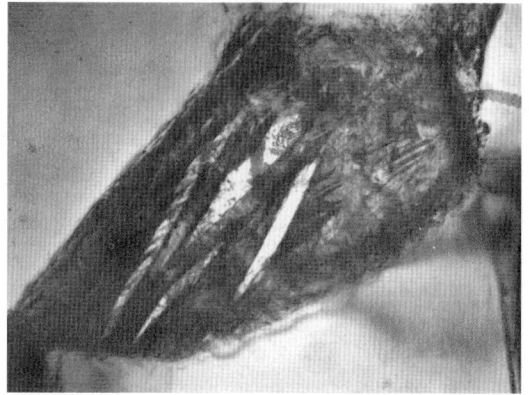

图　12-1-57　　　　　　　　20000×

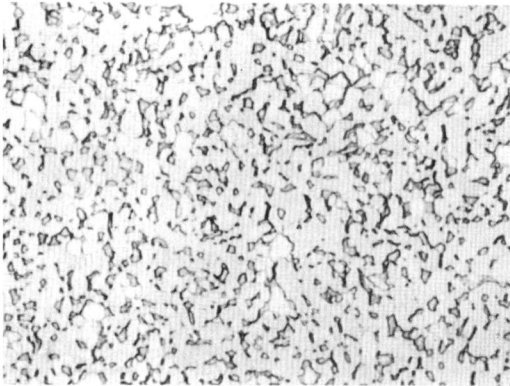

图　12-1-58　　　　　　　　500×

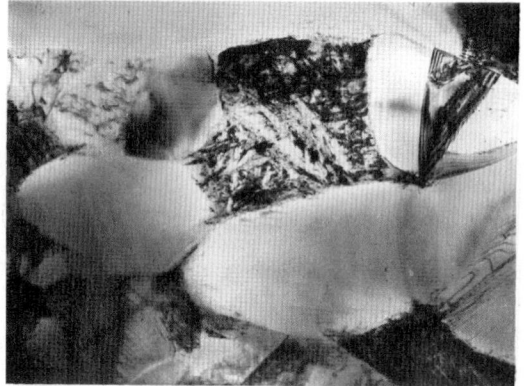

图　12-1-59　　　　　　　　12000×

图　　号: 12-1-56~12-1-59

材料名称: TC4（Ti-6Al-4V）（钛合金 ϕ24mm 热轧棒）

浸 蚀 剂: 氢氟酸：硝酸：水（体积比 1：4：45）

处理情况: 920℃热轧后经 850℃×1h 后分别水冷淬火、空冷退火

组织说明: 图 12-1-56：850℃水冷淬火的组织，基体为等轴初生 α 相＋小块状分布的 α'马氏体。其热处理状态和力学性能见表 12-1-7。

　　　　图 12-1-57：图 12-1-56 放大 20000 倍透射电镜（TEM）下组织形貌，晶界处可清晰见到针状 α'马氏体形貌。

　　　　图 12-1-58：850℃空冷退火的组织，基体为等轴初生 α 相及晶界处转变 β 相。其热处理状态和力学性能见表 12-1-7。

　　　　图 12-1-59：图 12-1-58 放大 12000 倍透射电镜下组织形貌，等轴初生 α 及晶界处含有针状 α 的转变 β 相。

表 12-1-7　图 12-1-56 和图 12-1-58 热处理状态和力学性能

图　号	热处理状态	室温力学性能				400℃力学性能		
		R_m/(N/mm²)	A（%）	Z（%）	a_K/（J/cm²）	σ_b/(N/mm²)	δ（%）	ψ（%）
12-1-56	920℃轧制　850℃×1h，水冷淬火	975	18	50	46	—	—	—
12-1-58	920℃轧制　850℃×1h，空冷退火	950	18	49	52.8	666	21	64

　　从上一组试样的金相组织来看，在 850℃×1h 后经水冷淬火，原晶界处 β 相因急冷转变为 α'马氏体；而经 850℃×1h 后经空冷退火，原晶界 β 相由于冷却稍缓而成为含有针状 α 的转变 β 相。从室温的力学性能来看，除水冷淬火者强度稍高、韧性稍低外，塑性指标几乎相等。850℃加热保温 1h 空冷退火，其缺口抗拉强度 σ_{bn} 为 1519N/mm²（K_t=2.5）。

图　12-1-60　　　　　　　　　　500×

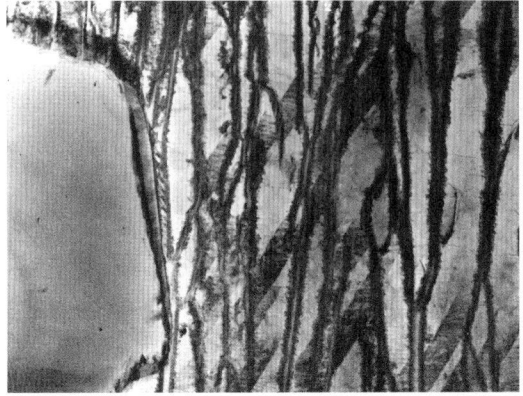

图　12-1-61　　　　　　　　　10000×

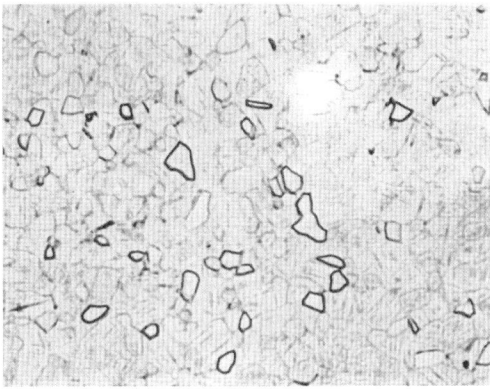

图　12-1-62　　　　　　　　　　500×

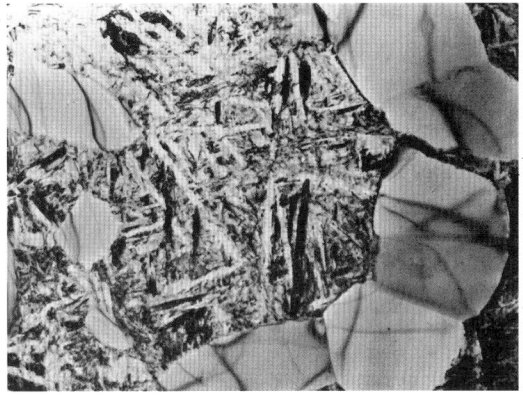

图　12-1-63　　　　　　　　　5000×

图　　号：12-1-60~12-1-63

材料名称：TC4（Ti-6Al-4V）（钛合金 φ24mm 热轧棒）

浸 蚀 剂：图 12-1-60 为氢氟酸：硝酸：水（体积比 1：6：193）；图 12-1-62 为氢氟酸：硝酸：水（体积比 1：4：45）

处理情况：图 12-1-60 为 950℃×1h →600℃空冷，再经 970℃×1h 后空冷，

图 12-1-62 为 950℃×1h 水冷淬火后再加热至 550℃×4h 后空冷

组织说明：图 12-1-60：基体为等轴初生 α 相＋再结晶二次 β 相晶粒的双态组织。

图 12-1-61：图 12-1-60 放大 10000 倍透射电镜（TEM）下的组织形貌。

图 12-1-62：等轴初生 α 相＋含有针状 α 的 β 转变基体。其热处理状态和力学性能见表 12-1-8。

图 12-1-63：图 12-1-62 放大 5000 倍透射电镜下的组织形貌，可清晰见到含有针状 α 的 β 转变基体的组织。

表 12-1-8　图 12-1-60 和图 12-1-62 热处理状态和力学性能

图　号	热处理状态	室温力学性能				400℃ 力学性能			$\sigma^{400℃}_{2\times10^2}$ /(N/mm²)
		R_m/(N/mm²)	$A(\%)$	$Z(\%)$	a_K/ (J/cm²)	σ_b/(N/mm²)	$\delta(\%)$	$\psi(\%)$	
12-1-60	950℃×1h 炉冷至 600℃空冷，再经 970 ℃×1h 后空冷	970	18	47	49	641	18	52	588
12-1-62	950℃×1h 水冷 淬火后＋550℃×4h 空冷	1127	16	54	41	794	18	70.3	

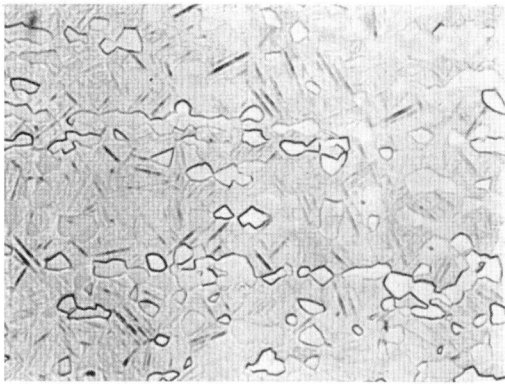

图 12-1-64   500×

图 12-1-65   5000×

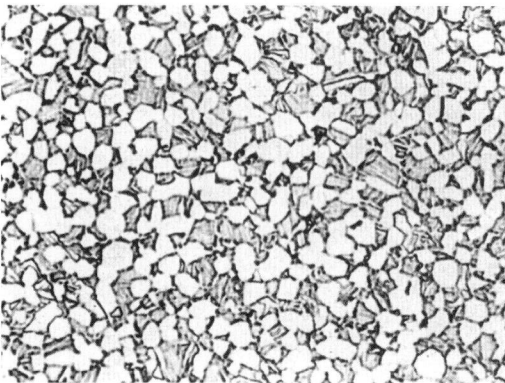

图 12-1-66   500×

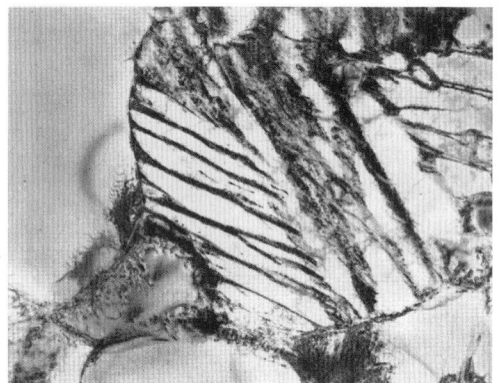

图 12-1-67   10000×

图　号： 12-1-64~12-1-67

材料名称： TC4（Ti-6Al-4V）（钛合金 φ24mm 热轧棒）

浸 蚀 剂： 图 12-1-64、图 12-1-65 为氢氟酸：硝酸：水（体积比 1∶4∶45）

处理情况： 均经 950℃×1h，图 12-1-64 水冷淬火，图 12-1-66 为空冷

组织说明： 图 12-1-64 等轴初生 α 相＋α′马氏体基体，其热处理状态和力学性能见表 12-1-9。

图 12-1-65：图 12-1-64 放大 5000 倍透射电镜（TEM）下 α′马氏体形貌。

图 12-1-66：等轴 α 相＋含有针状 α 的 β 转变基体，其热处理状态和力学性能见表 12-1-9。

图 12-1-67：图 12-1-66 放大 10000 倍透射电镜下含针状 α 相的 β 相转变基体组织。

表 12-1-9　图 12-1-64、图 12-1-66 及图 12-1-68 热处理状态和力学性能

图　号	热处理状态	室温力学性能					400℃力学性能		
		R_m/(N/mm²)	A（%）	Z（%）	a_K /（J/cm²）	$\sigma_{bn(K_t=2.5)}$ /(N/mm²)	σ_b /(N/mm²)	δ(%)	ψ(%)
12-1-64	950℃×1h 水冷淬火	1034	17	61	49				
12-1-66	950℃×1h 空冷	918	20	50	55	1495	627	21	62
12-1-68	950℃×1h 炉冷	902	21	48	47	1485	597	22	65

本组试样采用加热是在 β 转变温度以下的 950℃，冷却方式采用水冷淬火、空冷、炉冷三种方式。

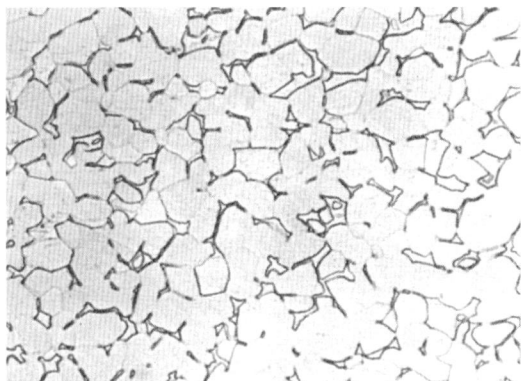

图　12-1-68　　　　　　　　　500×

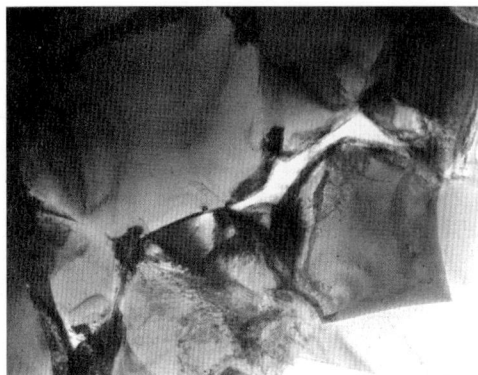

图　12-1-69　　　　　　　　5000×

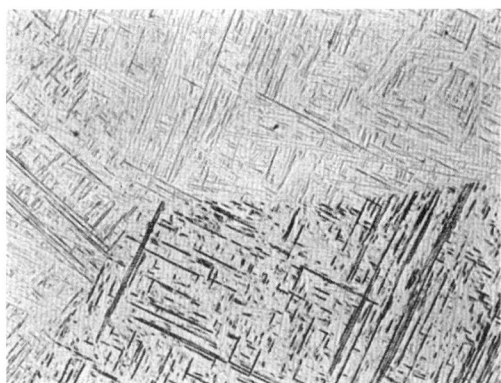

图　12-1-70　　　　　　　　　250×

图　12-1-71　　　　　　　　5000×

图　　号：　12-1-68~12-1-71

材料名称：TC4（Ti-6Al-4V）（钛合金 φ24mm 热轧棒）

浸 蚀 剂：氢氟酸∶硝酸∶水（体积比 1∶6∶193）

处理情况：图 12-1-68 经 950℃×1h 后炉冷，图 12-1-70 经 1020℃×1h 后水冷淬火

组织说明：图 12-1-68：等轴 α 相＋晶界上的 β 相，其热处理状态和力学性能见表 12-1-9。

　　　　　图 12-1-69 为图 12-1-68 放大 5000 倍透射电镜下的等轴 α 相及晶界处 β 相的分布情况。

　　　　　由图 12-1-64、图 12-1-66、图 12-1-68 三图所示组织和性能可知，在 β 相转变温度以下的 950℃加热后，随着冷却速度的不同，所得到的组织也不同。水冷淬火冷却速度最快，得到 α＋α'马氏体，其强度最高，塑性、韧性较差；空冷一般可获得 α＋含针状 α 相的 β 转变基体，强度较水冷淬火稍差，但比炉冷为高，其塑性介于水冷淬火和炉冷之间，韧性则比水冷淬火和炉冷为高。

　　　　　图 12-1-70：基体为 α'马氏体＋原始 β 相晶界。其热处理状态和力学性能见表 12-1-10。

　　　　　图 12-1-71：图 12-1-70 放大 5000 倍透射电镜（TEM）下 α'马氏体及 β 相晶界的形貌。

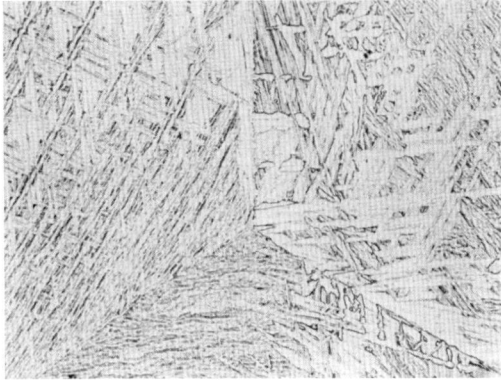

图 12-1-72   250×

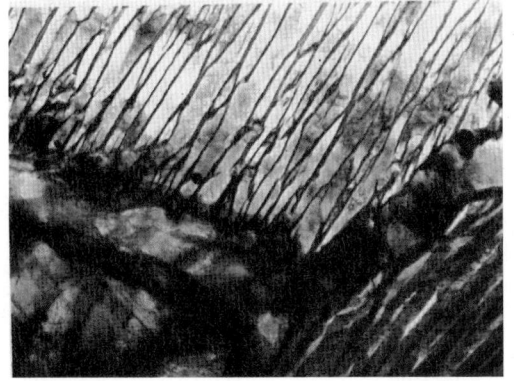

图 12-1-73   5000×

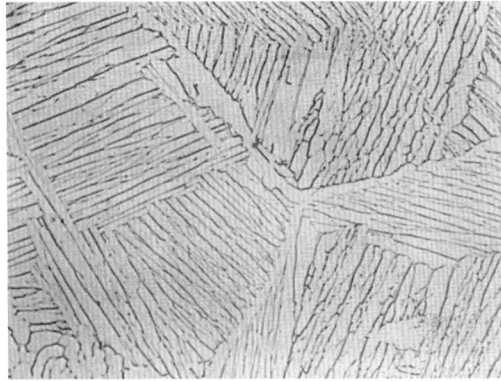

图 12-1-74   250×

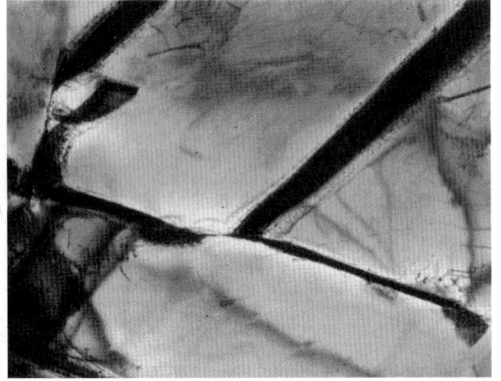

图 12-1-75   5000×

图 号： 12-1-72~12-1-75

材料名称： TC4（Ti-6Al-4V）（钛合金 ϕ24mm 热轧棒）

浸 蚀 剂： 氢氟酸：硝酸：水（体积比 1∶6∶193）

处理情况： 图 12-1-70 均经 1020℃×1h 后，水冷淬火，图 12-1-72 空冷，图 12-1-74 炉冷

组织说明： 图 12-1-72 基体为针状 α 相＋原始 β 相晶界，其热处理状态和力学性能见表 12-1-10。

图 12-1-73：图 12-1-72 放大 5000 倍透射电镜（TEM）下含针状 α＋原始 β 相晶界的形貌。

图 12-1-74：基体为片状 α 相＋β 相晶界，其热处理状态和力学性能见表 12-1-10。

图 12-1-75：图 12-1-74 放大 5000 倍透射电镜（TEM）下 α＋β 晶界清晰可见。

表 12-1-10   图 12-1-70、图 12-1-72 及图 12-1-74 热处理状态和力学性能

图 号	热处理状态	室温力学性能					400℃力学性能		
		R_m /(N/mm²)	A(%)	Z(%)	a_K/ (J/cm²)	$\sigma_{bn(K_j=2.5)}$ /（N/mm²）	σ_b /（N/mm²）	δ（%）	ψ（%）
12-1-70	1020℃×1h 水冷淬火	1098	6	8	34	1450	647	15	60
12-1-72	1020℃×1h空冷	1005	9	14	26	1430	647	13	34
12-1-74	1020℃×1h炉冷	960	12	23	46				

从表 12-1-10 可知：1020℃×1h 水冷淬火的强度最高，塑性及韧性较空冷的略差，空冷的强度也稍低，炉冷的强度最低，但塑性及韧性较高。

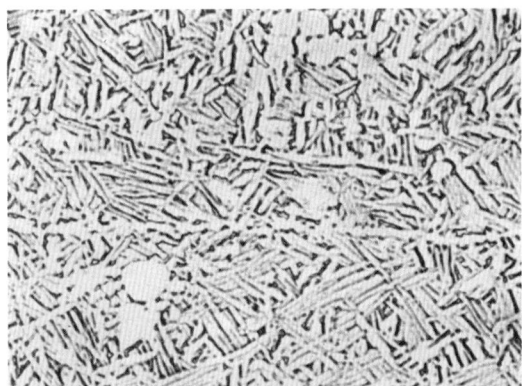

图 12-1-76   500×

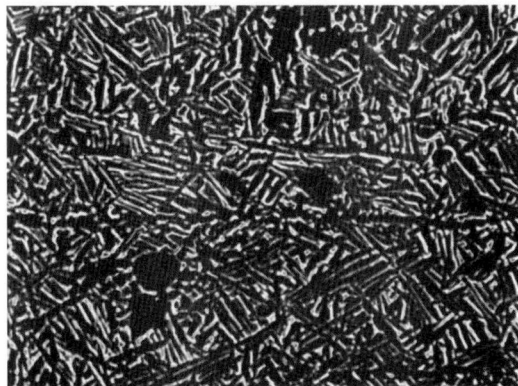

图 12-1-77   500×

图 12-1-78   10000×

图　　号：12-1-76~12-1-78

材料名称：TC4（Ti-6Al-4V）（钛合金 ϕ24mm 热轧棒）

浸 蚀 剂：氢氟酸：硝酸：水（体积比 1：4：45）

处理情况：1020℃轧制，变形量 78%，750℃×1h 后空冷

组织说明：基体为网篮状 α＋β 相和极少量等轴 α 相。

　　图 12-1-77：图 12-1-76 同视场相衬照明的情况。

　　图 12-1-78：图 12-1-77 放大 10000 倍透射电镜（TEM）下网篮状 α＋β 组织形貌。

　　室温力学性能：R_m 为 990N/mm^2，A 为 17%，Z 为 46%，a_K 为 49J/cm^2，缺口抗拉强度 σ_{bn} 为 1539N/mm^2（K_i=2.5）。400℃力学性能：σ_b 为 657MPa，δ 为 18%，ψ 为 64%，与 920℃轧制，750℃保温 1h 空冷处理后的力学性能相仿。

　　Ti-6Al-4V 合金的 α/β 转变温度为 980~1000℃，在相变过程中，可能出现的相有：

　　水冷：$\beta_0 \rightarrow$ α'（呈针状），组织中可见到原始 β 相晶界。

　　油冷：$\beta_0 \rightarrow$ α'＋在 β 相晶界上析出岛状 α。

　　空冷：$\beta_0 \rightarrow$ α＋β，组织呈片状或条状。

　　炉冷：$\beta_0 \rightarrow$ α＋β，α 相呈针状，有的交替成束。

　　缓冷：$\beta_0 \rightarrow$ α＋β，组织呈粗大条状。

　　很缓冷：$\beta_0 \rightarrow$ α＋β，组织呈粗大等轴，β 相发生沉淀反应。

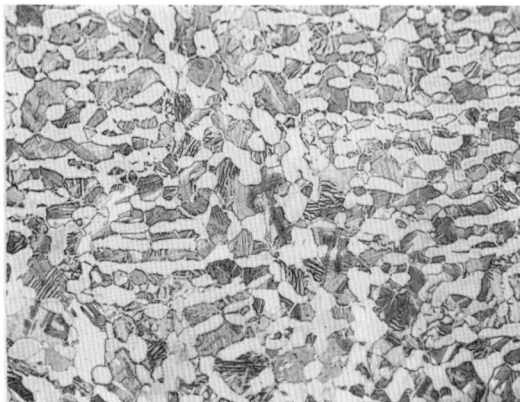

图 12-1-79   200×

图 12-1-80   2500×

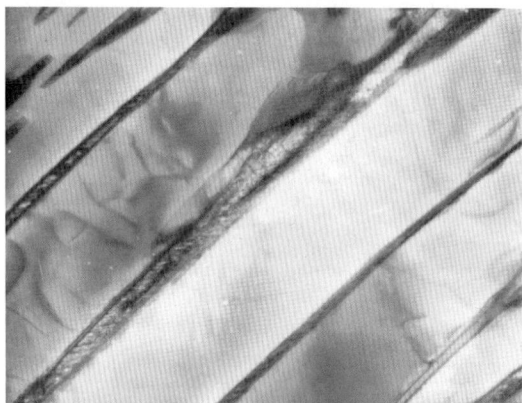

图 12-1-81   10000×

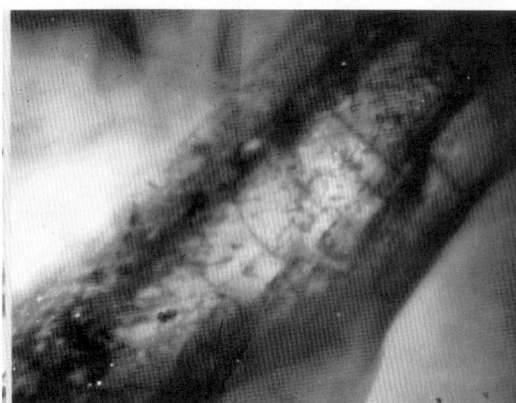

图 12-1-82   50000×

图　　号：12-1-79~12-1-82

材料名称：TC4（Ti-6Al-4V）（钛合金盘件）

浸 蚀 剂：氢氟酸：硝酸：水（体积比 1：3：7）

处理情况：模锻盘，经退火处理

组织说明：初生 α＋含 α 相的 β 相转变基体。模锻盘件的径向与弦向组织基本相似，初生 α 相形貌除等轴晶外，其间也有拉长条状的 α 相，说明热加工时，α 相没有完全被破碎成等轴状，转变 β 相分解产生的次生 α 相清晰可见。图 12-1-80：图 12-1-79 透射电镜 2500 倍下的组织形貌，基本与光学显微镜组织相同。

图 12-1-81：图 12-1-79 放大 10000 倍透射电镜下，把转变 β 相放大，清晰地可以见到转变 β 相呈片状，次生 α 相与 α 相之间 β 相存在羽毛状的界面相。

图 12-1-82：图 12-1-79 放大 50000 倍组织，界面的羽毛状更趋清晰。

盘件室温力学性能：R_m 为 960N/mm^2，$R_{p0.2}$ 为 905N/mm^2，A 为 10%，Z 为 36%，硬度为 41HRC，弹性模量 E 为 117GPa。400℃力学性能：σ_b 为 600N/mm^2、$\sigma_{p0.2}$ 为 470N/mm^2，δ 为 16%，ψ 为 41%。

图 12-1-83   200×

图 12-1-84   200×

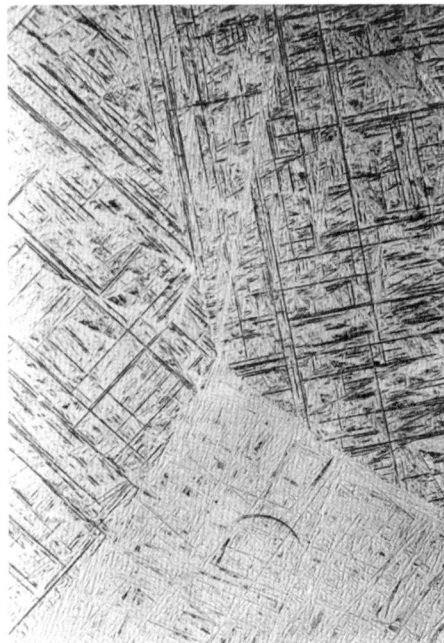

图 12-1-85   200×

图　号：12-1-83~12-1-85

材料名称：TC4（Ti-6Al-4V）（钛合金盘件）

浸蚀剂：氢氟酸：硝酸：水（体积比 1∶3∶7）

处理情况：模锻盘，退火后分别在不同温度下加热，保温后水冷淬火，以测定其相变转变温度。

组织说明：采用航标 HB 6623.2—1992《钛合金 β 转变温度测定方法金相法》测定了 TC4 盘体的相变温度。

　　图 12-1-83：是经 985℃加热水冷淬火，基体为少量初生 α 相＋马氏体。

　　图 12-1-84：是经 990℃加热水冷淬火，基体为初生 α 相量减少＋马氏体。

　　图 12-1-85：是经 1000℃加热水冷淬火，基体全为马氏体。

　　根据上述测定的结果，此 TC4 合金盘体的相变温度为 1000℃。

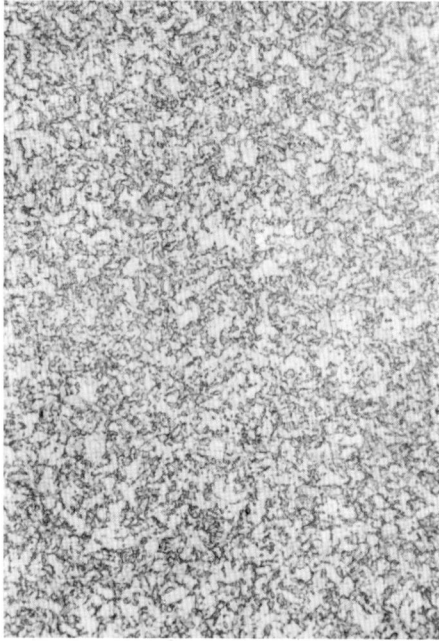

图　12-1-86　　　　　　　　200×

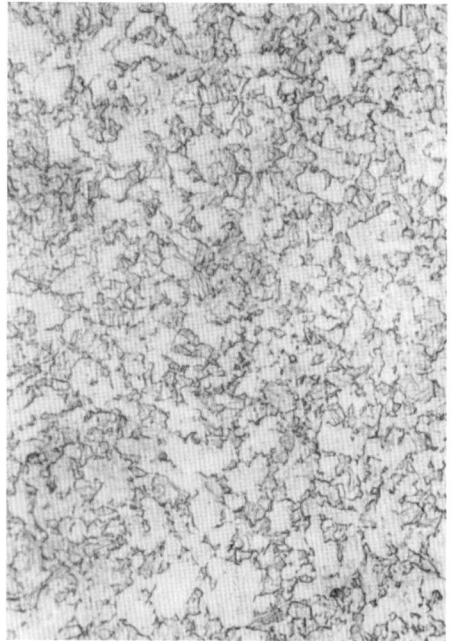

图　12-1-87　　　　　　　　500×

图　　号：12-1-86、12-1-87

材料名称：TC4（Ti-6Al-4V）（钛合金 ϕ5.5mm 丝材）

浸 蚀 剂：氢氟酸：硝酸：水（体积比 1：6：93）

处理情况：热轧材经多次拉拔退火，最终拉成 ϕ5.5mm 丝材，经退火处理

组织说明：图 12-1-86：基体为等轴 α ＋细粒状 β。分布尚属均匀。

图 12-1-87：图 12-1-86 放大 500 倍情况，等轴 α 和粒状 β 相清晰可见。

ϕ5.5mm 丝材是用于外科植入物的材料，国标 GB/T 13810—1997 规定，横向显微组织应按附录 A《TC4 钛合金金相组织分类评级图》来评定，在放大 200 倍下组织类型应符合 A1~A9。

本图例的组织较细，应为 A2 级。

丝材的室温力学性能：R_m 为 935MPa，$R_{p0.2}$ 为 905MPa，A 为 16%，Z 为 36%。

丝材的化学成分为：w（Al）6.11%；w（V）4.05%；w（Fe）0.18%，w（C）0.018%，w（N）0.0088%，w（O）0.089%，其余为 Ti。

综上，丝材的化学成分、力学性能和显微组织全部符合国标 GB/T 13810—1997《外科植入物用钛及钛合金加工材》的要求。

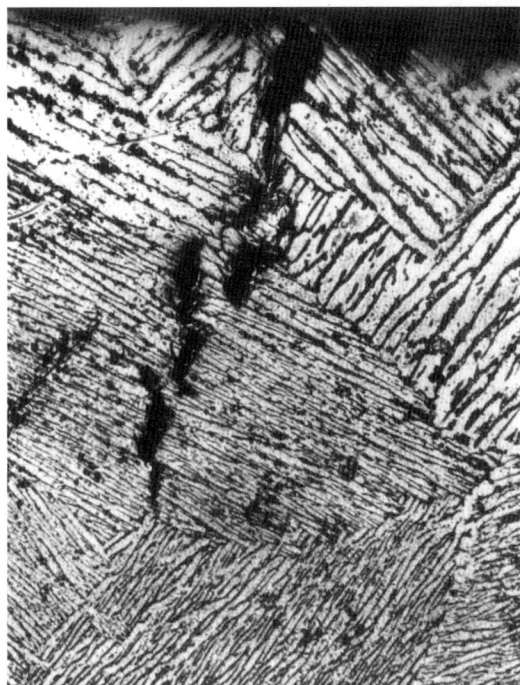

图　　号：12-1-88

材料名称：ZTC4（铸造 φ12mm 棒材）

浸 蚀 剂：氢氟酸∶硝酸∶水（体积比 1∶2∶7）

处理情况：真空铸造

组织说明：呈集束状分布的魏氏组织，原始 β 相晶界清晰可见。在铸棒表面存在有一条自表面向里断续延伸的裂纹。

　　　铸棒表面出现开裂，是由于浇注温度太高，冷却速度又较快，使铸件获得粗大的晶粒和粗大过热的魏氏组织，导致铸件存在较大的内应力，同时铸件本身的塑性又较低，以致易使铸件产生开裂。这也由铸件的力学性能数据得到证实。

　　　铸造棒材的室温力学性能：R_m 为 960N/mm^2，$R_{p0.2}$ 为 885N/mm^2，A 为 5%；Z 为 10%。从力学性能数据可知，铸造棒材的塑性较低。

图　 12-1-88　　　　　　　　　　　　400×

图　　号：12-1-89

材料名称：ZTC4（铸造 φ12mm 棒材）

浸 蚀 剂：氢氟酸∶硝酸∶水（体积比 1∶2∶7）

处理情况：真空铸造

组织说明：呈片状排列的 α 相，在 α 相片间有 β 相，近表层的黑色大孔及颇多小孔为疏松缺陷。

　　　由于钛液浇注温度过高，导致铸件获得粗大的显微组织，同时铸件的铸造质量又差，导致铸件出现疏松缺陷，这将会降低铸件的力学性能。

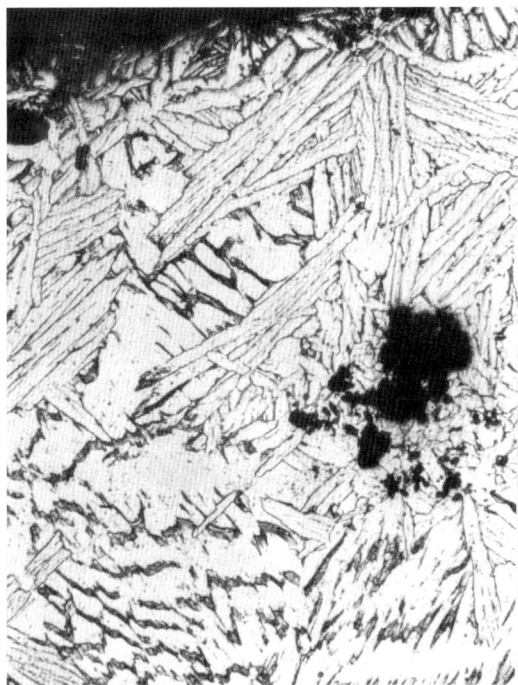

图　 12-1-89　　　　　　　　　　　　400×

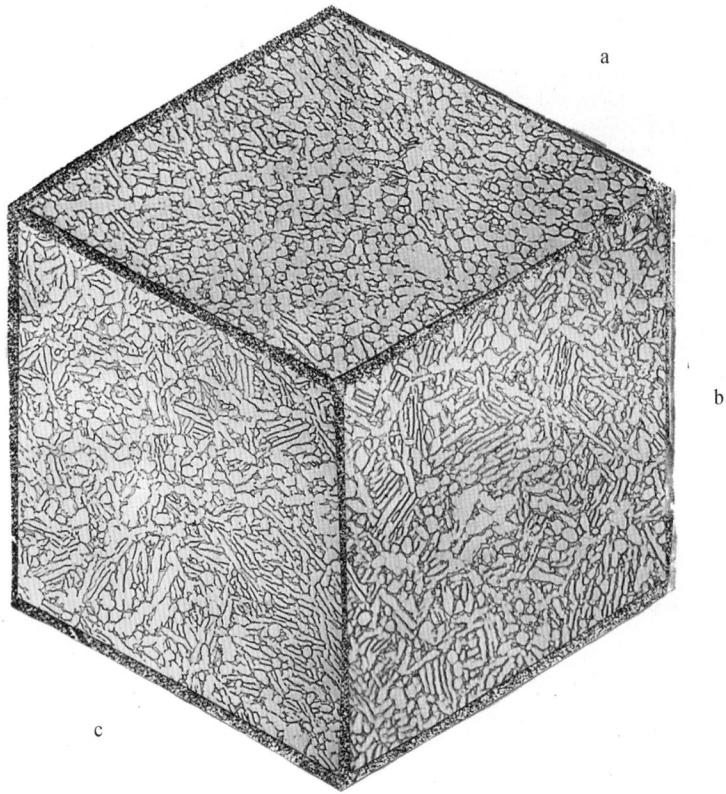

图　12-1-90　　　　　　　　　　　　　　　　　　　200×

图　　号：12-1-90

材料名称：TC6（Ti-6Al-1.5Cr -2.5Mo -0.5Fe-0.3Si）（钛合金锻件）

浸 蚀 剂：氢氟酸∶硝酸∶水（1∶6∶93）

处理情况：模锻盘，等温退火处理

组织说明：锻件 a、b、c 三维方向显微组织的分布情况立体图。a、b、c 三个方向的显微组织均为 α＋转变
　　　　　β 相，α 相呈等轴晶及长条状分布，三维方向组织分布均匀，呈无向性。

　　　　TC6 合金是一种综合性能良好的马氏体型 α - β 两相合金是俄罗斯研制的 BT3-1 合金。主要用来制造
航空发动机的压气机盘和叶片，能在 400℃ 以下长时间工作 6000h，在 450℃ 时工作 2000h。

　　　　TC6 合金热处理工艺比较复杂，有等温退火、双重退火和淬火时效等。一般采用等温退火工艺，具体
工艺为：870℃×1h 后冷却到（或转炉到）650℃×2h 空冷。

　　　　锻件室温力学性能：R_m 为 1010N/mm^2，$R_{p0.2}$ 为 965N/mm^2，A 为 15%，Z 为 36%。

　　　　400℃ 时力学性能：σ_b 为 845N/mm^2，δ_5 为 18%，ψ 为 41%。

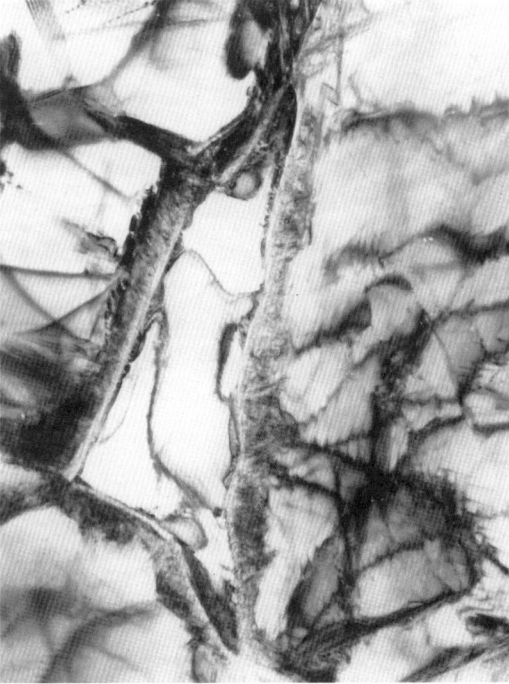

图 12-1-91   13000×

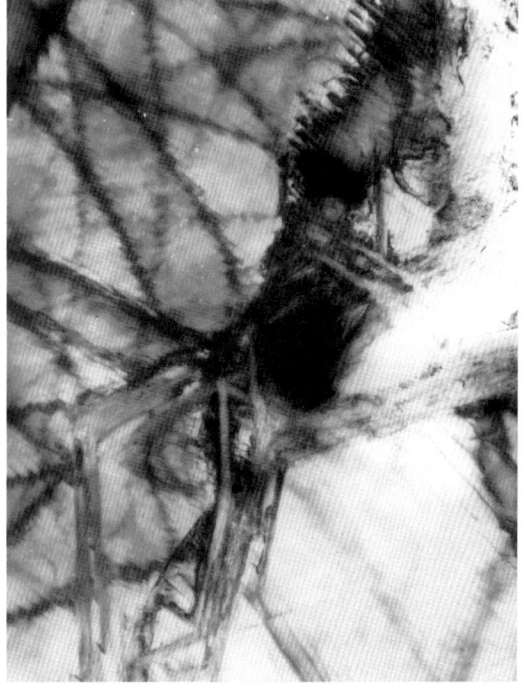

图 12-1-92   21000×

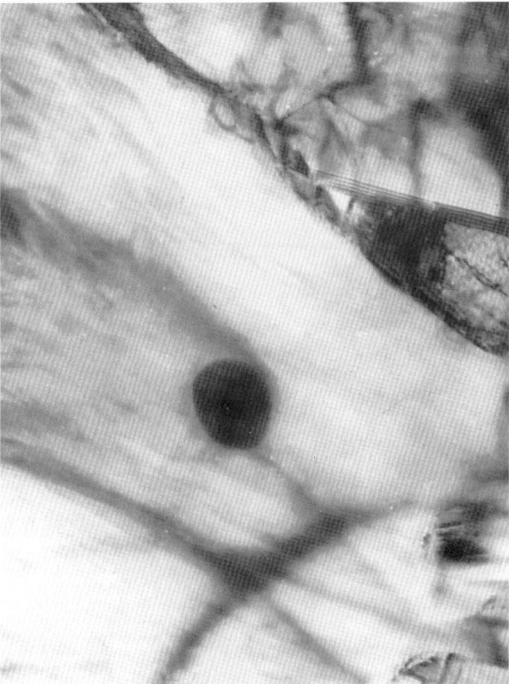

图 12-1-93   31000×

图　号：12-1-91~12-1-93

材料名称：TC6（Ti-6Al-1.5Cr-2.5Mo-0.5Fe-0.3Si）
（钛合金锻件）

浸蚀剂：氢氟酸∶硝酸∶水（体积比 1∶6∶193）

处理情况：模锻盘，等温退火处理

组织说明：组织为等轴 α 相＋转变 β 相。

图 12-1-91：透射电镜（TEM）13000 倍下的组织形态，可看到在 α 相之间存在着三角形的转变 β 相，并在两相交界处存在着羽毛状的界面相。

图 12-1-92：透射电镜（TEM）21000 倍下的组织形貌，界面相的羽毛状更清晰。

图 12-1-93：透射电镜（TEM）31000 倍下观察到黑色小圆粒是硅化物。

采用能谱对 α 相、β 相及硅化物进行成分分析：α 相中除钛外，还有大量的 α 稳定元素铝，此外还有少量钼、铬和硅元素。

转变 β 相中，除钛外，有大量稳定 β 元素铬和钼，还有一定量的铝、铁和硅元素。

硅化物中，除钛外，有大量的硅元素，另有少量的铝、钼、铬以及杂质磷元素。

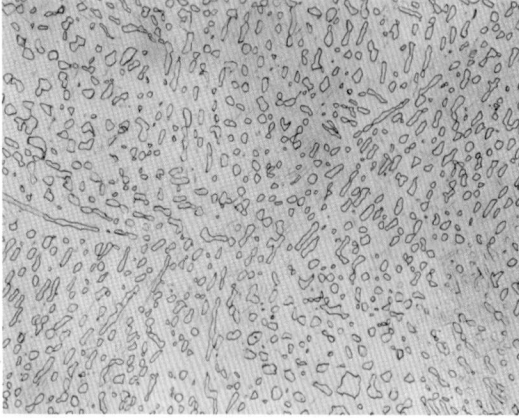

图 12-1-94   200×

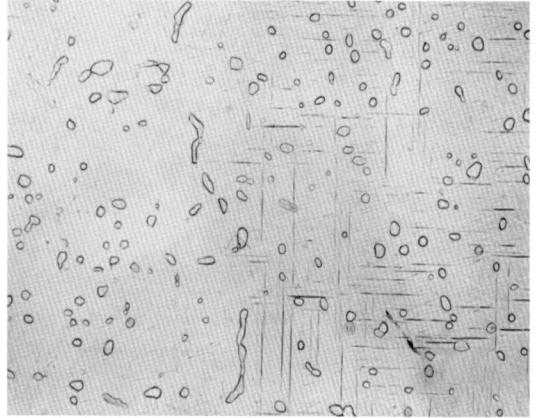

图 12-1-95   200×

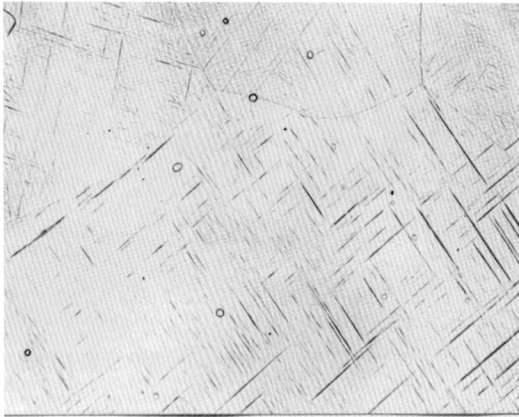

图 12-1-96   200×

图 12-1-97   200×

图　　号：12-1-94~12-1-97

材料名称：TC6（Ti-6Al-1.5Cr -2.5Mo -0.5Fe-0.3Si）（钛合金锻件）

浸 蚀 剂：氢氟酸∶硝酸∶水（体积比 1∶6∶193）

处理情况：模锻盘，等温退火处理后又经不同温度加热后水冷淬火

组织说明：采用航空工业标准 HB 6623.2—1992《钛合金 β 转变温度测定方法　金相法》测定了 TC6 钛合金模锻盘的相变温度。

图 12-1-94：是经 960℃×1h 水冷淬火的组织，基体为等轴初生 α 相和极少量马氏体。

图 12-1-95：是经 970℃×1h 水冷淬火的组织，基体为马氏体，其上的 α 相已明显减少，呈颗粒状分布。

图 12-1-96：是经 980℃×1h 水冷淬火的组织，针状马氏体基体上的 α 相大为减少，仅数颗而已。

图 12-1-97：是经 990℃×1h 水冷淬火的组织，基体全为粗针状马氏体，α 相已完全消失。

由上述结果可知，TC6 合金的相变温度为 990℃。

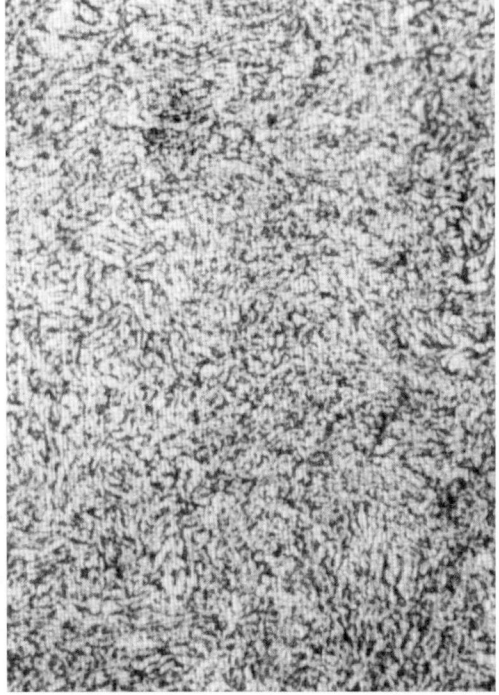

图 12-1-98   200×   图 12-1-99   500×

图　号： 12-1-98、12-1-99

材料名称： TC20（Ti-6Al-7Nb）（钛合金 φ10mm 热轧棒）

浸蚀剂： 氢氟酸∶硝酸∶水（体积比 1∶6∶193）

处理情况： 热轧棒材，经 700℃×1h 空冷退火处理

组织说明： 图 12-1-98：α + β 相，组织细小均匀。

　　按照 GB/T 13810—1997 附录 A《TC4 钛合金金相组织分类评级图》，在 200 倍放大下评定相当于标准 A1 级。

　　图 12-1-99：图 12-1-98 放大 500 倍的情况，白色基体为 α 相，其上黑灰色点粒状为转变 β 相，清晰可辨。

　　TC20 合金棒材室温力学性能：R_m 为 1060N/mm², $R_{p0.2}$ 为 975N/mm²，A 为 16%，Z 为 49%。

　　Ti-6Al-7Nb 钛合金是瑞士 Selzer 公司研制的外科植入物材料，于 1985 年用于临床。SN-056512 是瑞士第一个该合金的标准，随后于 1987 年由美国 FDA 批准了 ASTMF 1295—01 标准。国际标准化委员会 TC150 也于 1994 颁布了 ISO 5832—11 标准。

　　该合金用无毒元素铌代替有毒元素钒，Ti-6Al-7Nb 合金与 Ti-6Al-4V 合金相当，近十多年来 Ti-6Al-7Nb 在国际上广泛用于临床。

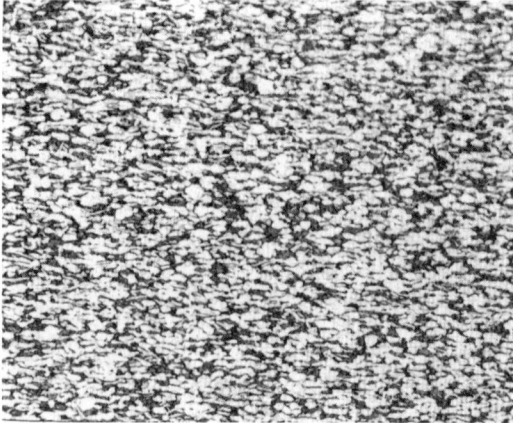

图　12-1-100　　　　　　　　500×

图　12-1-101　　　　　　　　500×

图　12-1-102　　　　　　　　500×

图　12-1-103　　　　　　　　500×

图　　号：12-1-100~12-1-103

材料名称：Ti-6Al-2Sn-4Zr-2Mo（钛合金涡轮发动机叶片）

浸蚀剂：氢氟酸：硝酸：水（体积比 1：3：5），克劳尔（Kroll）试剂

处理情况：锻态；图 12-1-101 再经 977℃×1h 水冷淬火，620℃×8h 时效处理；图 12-1-102、图 12-1-103 再
经 994℃×1h 水冷淬火，620℃×8h 时效处理。

组织说明：图 12-1-100：是锻造状态组织，基体为 α 相＋黑色 β 相，α 相呈稍变形的拉长形状。

图 12-1-101：是水冷淬火并时效后的基体组织，等轴 α 相、长条次生 α 相和转变 β 相。

图 12-1-102：是叶片边缘部分组织，经 994℃×1h 水冷淬火，620℃×8h 时效的基体组织，初生等轴
α 相及粗宽针状 β 相，白色网络状及长条状为次生 α 相。边缘部分初生块状等轴 α 相有偏聚现象。

图 12-1-103：是叶片心部组织，粗大的条状转变 β 相，粗大晶界上存在宽狭不均的 α 相。转变 β 相呈
竹篮结构。

由图 12-1-100 可以看出，叶片的终锻温度稍低，故 α 相呈变形的拉长形式；图 12-1-102 中存在大量的
等轴 α 相，说明是因固溶温度低于相变温度较多所致。由图 12-1-102、图 12-1-103 两图组织可推断锻造时
叶片截面各处的变形量不一样，以致在固溶处理和时效后获得不同的组织，且其晶粒大小也不一（图
12-1-100～图 12-1-103 由王琦先生提供）。

图 12-1-104　自断螺栓　　　　　实物 2∶1

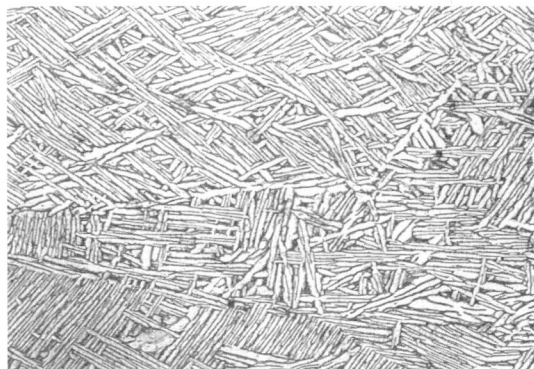

图 12-1-105　自断螺栓高倍组织　　　　300×

图 12-1-106　自断螺栓低倍断口　　　　18×

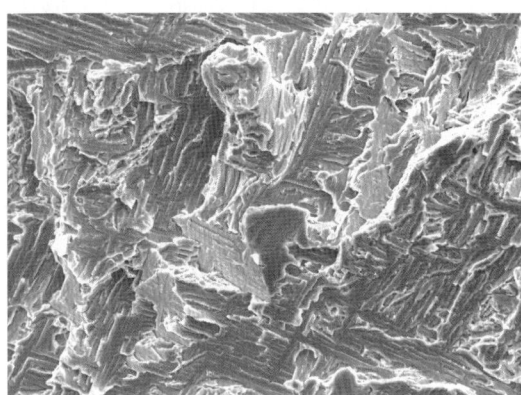

图 12-1-107　自断螺栓裂源断口形貌　　　300×

图　　　号：12-1-104~12-1-112

材料名称：7715D（双相钛合金）

浸 蚀 剂：图 12-1-105　氢氟酸∶硝酸∶水（体积比 1∶1∶10）

处理情况：钛棒经 980℃×1h 空冷＋580℃×2h 空冷的双重退火处理

组织说明：图 12-1-104：7715D 钛合金螺栓，规格为 M4mm×30mm，用 ϕ15mm 热轧棒车削加工而成。状态为 M 态。本批钛棒退火加热时存在还原性气氛。首次入厂复验时因 φ（H）达 0.019%超标，返回钢厂。经真空除氢退火后重新复验，其 φ（H）为 0.0071%，该螺栓作为产品紧固用，安装完毕在产品存放第二天，发现其中一个螺栓在正常预紧状态下自行断裂。在第三天后检查时，又发现另一个螺栓在相同的螺纹处自行断裂。

图 12-1-105：断裂螺栓低倍的断口形貌很相似，断口中部均是一大片平坦刻面区，边缘是粒状灰暗区，自断螺栓的金相组织为网篮状的 α＋β，晶粒粗大。

为了分析寻找螺栓的断裂的原因，将这二自断螺栓上段加工成 M4mm 的螺栓，分别作了拉伸试验和静疲劳试验。抗拉强度 R_m=1192N/mm²。静疲劳试验螺栓的情况是：经 200N/mm² 保载 24h＋300N/mm² 保载 16h＋400N/mm² 保载 24h＋600N/mm² 保载至 9h 时发生断裂。

将自断螺栓和拉断试样进行扫描电镜断口分析，结果表明：自断螺栓和静疲劳试验螺栓的断口形貌基本相同，裂源位于中心区域或中心区偏一侧并具有向周围发散的特征，裂源处放大后断口形貌为准解理＋少量韧窝，见图 12-1-106 和图 12-1-107。在断口宏观小刻面区均为准解理＋韧窝。其余部位断口的形貌为韧窝，具有脆性准解理断裂特征。

图 12-1-108　拉伸试样低倍断口形貌　　　　18×

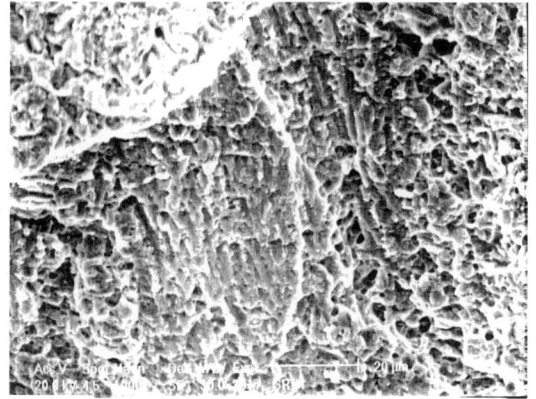

图 12-1-109　拉伸试样高倍断口形貌　　　　600×

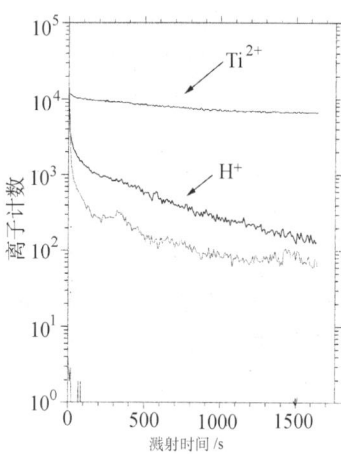

图 12-1-110　自断螺栓

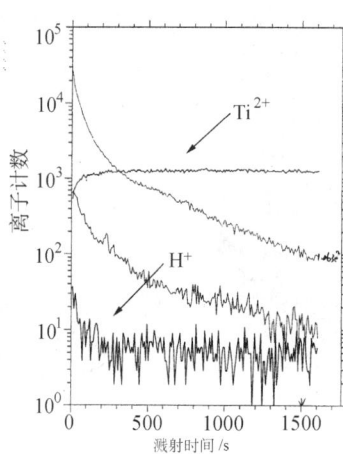

图 12-1-111　拉伸试样

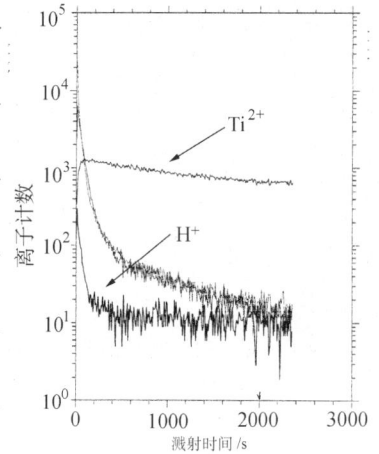

图 12-1-112　标准试样

　　抗拉试验拉断螺栓的断口形貌主要为韧窝，具有韧性断裂特征，见图 12-1-108 和图 12-1-109。

　　用二次离子质谱（SIMS）对自断螺栓、拉伸试验螺栓的断口及棒材标准试样（φ（H）为 0.0076%）进行了深度剖析分析。分析结果表明：自断螺栓断口试样的（N_H/N_{Ti}）值相对另两个试样较高，从而证明那里的氢含量也高，在自断螺栓试样中深度剖析分析的 400S 处，由归一法得（N_H/N_{Ti}）$_{400}$=7.9e^{-2}，与标准试样的 N_H/N_{Ti}=1.5e^{-2} 相比，自断螺栓断口近表面的氢含量相当于标准试样氢含量的 5 倍左右，见图 12-1-110～图 12-1-112。这就证实在自断螺栓的断口上有氢元素的聚集。

　　根据以上分析可以确定，两个钛合金螺栓的断裂性质为：应力和氢的共同作用下使金属材料致脆是氢致延迟断裂。导致螺栓氢致延迟断裂的原因与该批棒材原始含氢量过高及组织过于粗大有关。

　　氢致延迟断裂多发生在高强度钢和 α＋β 钛合金中，当其中含有适量的固溶状态的氢时，在低于屈服强度的应力作用下，经过一定时间后会突然脆断。断裂寿命与所加应力水平有关，应力越低断裂寿命越长，当应力低于某一数值时，试样则不断裂。试样不断裂的最大应力或应力因子，称为氢脆门槛值。应力诱发氢致延迟断裂属于低应力脆断，由于与氢的扩散和聚集有关，它无征兆，具有突发性。

　　因此，要避免此类断裂，必须控制和降低热轧棒中的含氢量，钛棒不能在还原性的气氛中加热，同时还需要控制其组织，不能让组织过于粗大。另外螺栓的加工最好不采用车削而用滚丝，使其具有良好的加工流线组织。

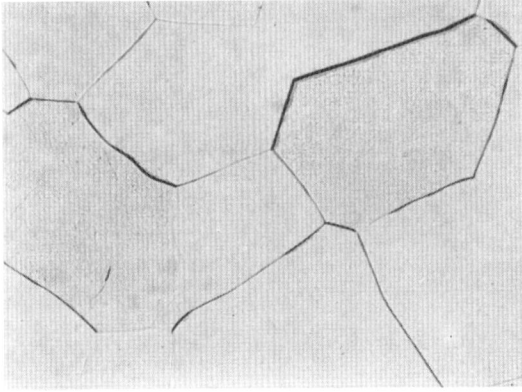

图　12-1-113　　　　　　　500×

图　12-1-114　　　　　　　20000×

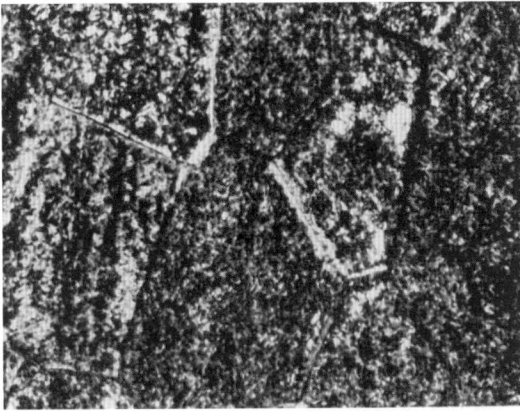

图　12-1-115　　　　　　　500×

图　12-1-116　　　　　　　15000×

图　　号： 12-1-113~12-1-116

材料名称： TB2（Ti-5Mo-5V-8Cr-3Al）（钛合金板材）

浸　蚀　剂： 氢氟酸：硝酸：水（体积比 1：1：3）图 12-1-113；（体积比 1：3：5）图 12-1-115

处理情况： 1.5mm 冷轧板。图 12-1-113 经 800℃×0.5h 空冷淬火；图 12-1-115 经 800℃×0.5h 空冷后再加热至 500℃×8h 空冷

组织说明： 图 12-1-113：等轴亚稳定 β 相晶粒。

图 12-1-114：图 12-1-113 经透射电镜放大 20000 倍下亚稳定 β 相晶粒情况。

图 12-1-115：有弥散 α 相析出的 β 相。

图 12-1-116：图 12-1-115 经透射电镜放大 15000 倍下弥散的 α 相分布在 β 相晶粒上的情况。

经 800℃×0.5h 空冷的室温力学性能：R_m 为 869N/mm^2，A 为 23%。800℃×0.5h 空冷后加热至 500℃×8h 时效的力学性能：R_m 为 1254N/mm^2，A 为 10%。

TB2 合金中加有大量 β 相稳定元素（Mo、V、Cr），因此它是一种亚稳定 β 型钛合金，钼当量为 18.15，在淬火状态下，具有优异的冷成形性能和良好的焊接性能，在淬火时效状态下具有高的强度和良好的塑性相匹配。该合金带材可制成星箭连接带。

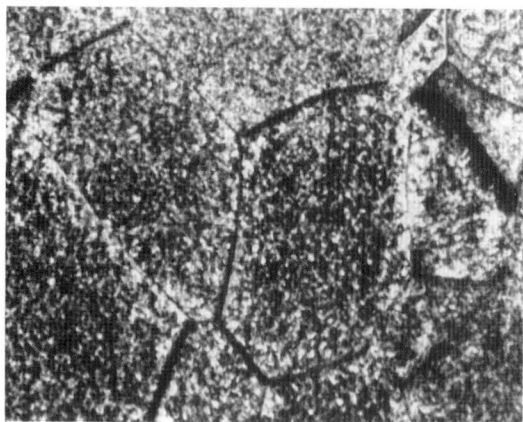

图 12-1-117　　　　　　　　　　500×

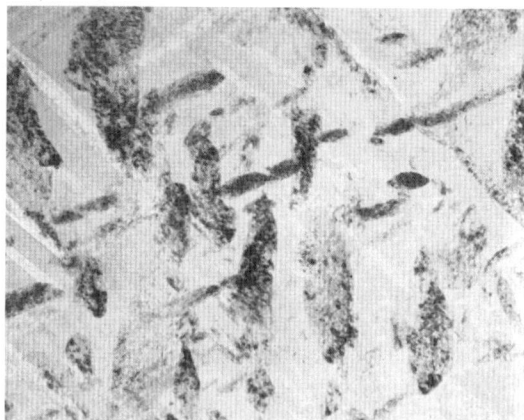

图 12-1-118　　　　　　　　　　40000×

图 12-1-119　　　　　　　　　　500×

图 12-1-120　　　　　　　　　　10000×

图　　号：12-1-117~12-1-120

材料名称：TB2（Ti-5Mo-5V-8Cr-3Al）（钛合金板材）

浸 蚀 剂：氢氟酸：硝酸：水（体积比 1：12：18）

处理情况：图 12-1-117 经 800℃×0.5h 空冷＋500℃×8h 后升温至 620℃×0.5h 空冷，

　　　　　图 12-1-119 经 800℃×0.5h 空冷＋540℃×4h 空冷

组织说明：图 12-1-117：β相晶粒析出颇多弥散分布 α 相。

　　　　　图 12-1-118：图 12-1-117 放大 40000 倍透射电镜下的 β 相上弥散分布 α 相的情况。

　　　　　图 12-1-119：β相晶粒上析出的非均匀的弥散 α 相。

　　　　　图 12-1-120：图 12-1-119 放大 10000 倍透射电镜下非均匀弥散 α 相分布在 β 相晶粒上的情况。

　　　　　β 钛合金是具有高强度、高韧性和高淬透性的钛合金，国内最早期研制的 β 型和近 β 型的钛合金
主要有：Ti-5Mo-5V-8Cr-3Al（TB2）、Ti-3.5Al-10Mo-8V-1Fe（TB3）和 Ti-4Al-7Mo-10V-2Fe-1Zr（TB4）
等；美国有：Ti-13V-11Cr-3Al、Ti-11.5Mo-6Zr-4.5Sn（$β_Ⅲ$）和 Ti-3Al-8V-6Cr-4Mo-4Zr（BC）；俄罗斯
有：Ti-3Al- 8Mo-11Cr（原 B1）、Ti-3Al-5Mo-6V-11Cr；英国的 Ti-15Mo。在 20 世纪 80~90 年代又研制
新的合金有：Ti-10V- 2Fe-3Al、Ti-15V-3Al-3Cr-3Sn 和 Ti-15Mo-2.7Nb-3Al-0.25Si（TB8）等。

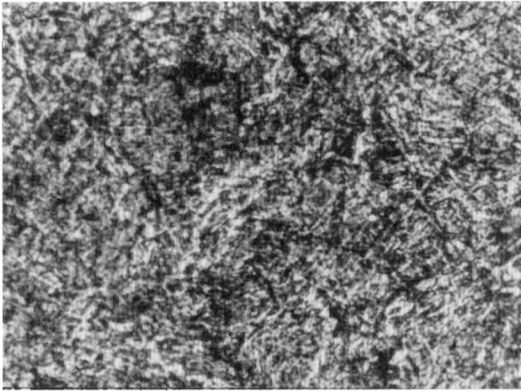

图 12-1-121　　　　　　　　　　　500×

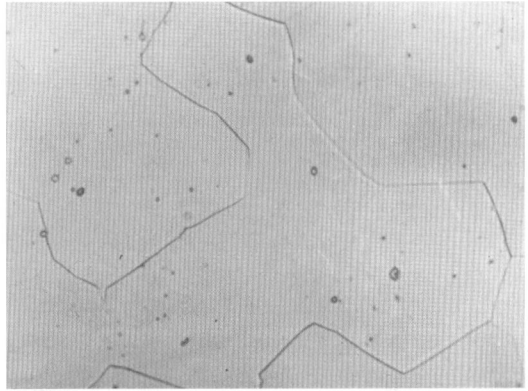

图 12-1-122　　　　　　　　　　　500×

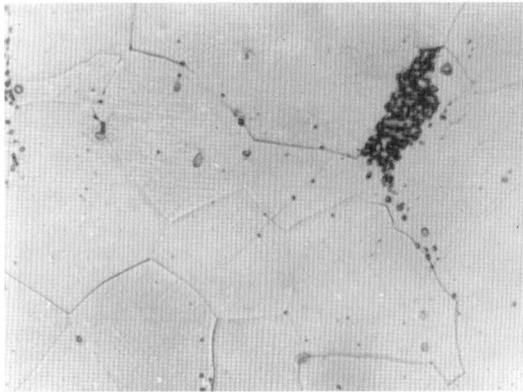

图 12-1-123　　　　　　　　　　　500×

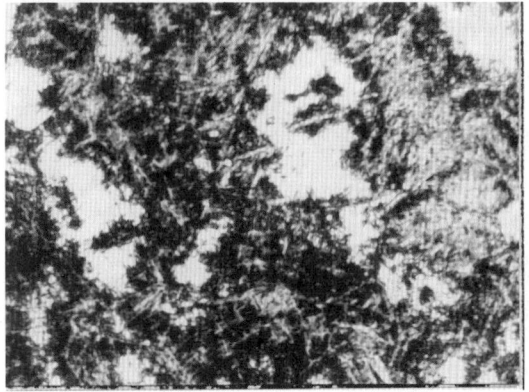

图 12-1-124　　　　　　　　　　　500×

图　　号：12-1-121~12-1-124

材料名称：TB8（Ti-15Mo-2.7Nb-3Al-0.25Si）（钛合金 φ12mm 棒材）

浸 蚀 剂：氢氟酸∶硝酸∶水（体积比 1∶3∶5）

处理情况：精锻，热轧成 φ12mm 棒材，图 12-1-122～图 12-1-124 经 845℃×1h 后分别水冷淬火、空冷、炉冷处理

组织说明：图 12-1-121：热轧态，基体白色为 α 相＋黑色 β 相。

　　　图 12-1-122：经 845℃×1h 后水冷淬火者，基体为等轴亚稳定 β 相，其上尚有极少量颗粒状未溶 α 相。

　　　图 12-1-123：经 845℃×1h 后空冷者，基体组织同图 12-1-122，唯有局部地区有聚集分布的 α 相。

　　　图 12-1-124：经 845℃×1h 后炉冷者，由于冷速较慢，在 β 基体上析出了多量的 α 相。

　　　从图 12-1-122 和图 12-1-123 可看出，固溶温度尚低于相变温度或加热保温度不足，以致尚有少量 α 相未溶解，而被保留下来，图 12-1-123 中聚集的 α 相颗粒，是由于合金中存在偏析所致。

　　　TB8 合金具有优良的冷热加工性能和冷成形性能，强度和塑性综合性能优良，特别是高温性能和抗氧化性能优异，其抗氧化性是 Ti-15V-3Cr-3Al-3Sn 合金的 100 倍，同时该合金还具有良好的耐蚀性。主要以板材为主供货，但也可以使用棒材。

　　　TB8 钛合金（即美国 B21S）是美国 Timet 公司：美国国家航空航天飞机计划（NASP）对抗氧化的金属基复合材料（MMC）基体的需求于 1989 年研制成功的一种新型亚稳定 β 钛合金。

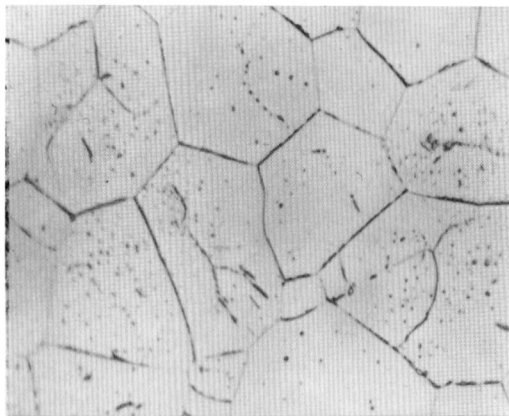

图　12-1-125　　　　　　　　　　　500×

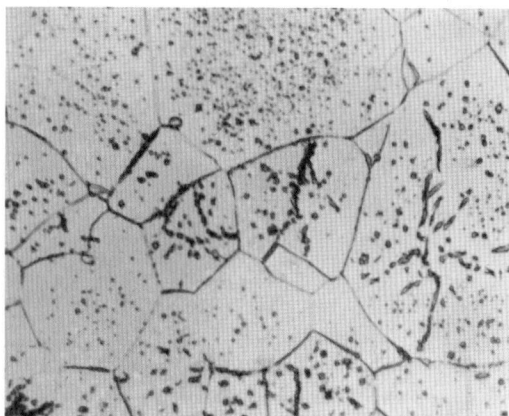

图　12-1-126　　　　　　　　　　　500×

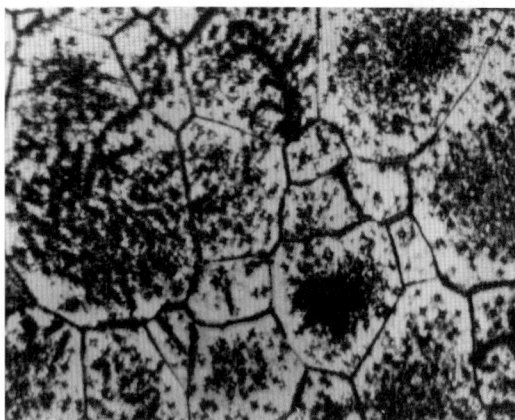

图　12-1-127　　　　　　　　　　　500×

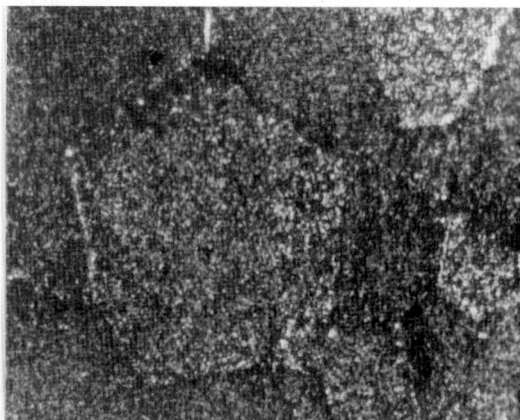

图　12-1-128　　　　　　　　　　　500×

图　　号：12-1-125~12-1-128

材料名称：TB8（Ti-15Mo-2.7Nb-3Al-0.25Si）（ϕ12mm 钛合金棒材）

浸 蚀 剂：氢氟酸：硝酸：水（体积比 1：3：5）

处理情况：845℃×1h 水淬固溶处理后分别于 500℃经不同时间时效处理

组织说明：图 12-1-125：500℃×10min 空冷时效的组织，在 β 基体上析出极少量点状 α 相。

　　　　图 12-1-126：经 500℃×30min 空冷时效的组织，在 β 基体析出的 α 相数量增多，且颗粒也增大。

　　　　图 12-1-127：经 500℃×1h 空冷时效，时效后 β 相上析出 α 相数量增多，β 相晶界明显。

　　　　图 12-1-128：经 500℃×24h 空冷时效，长时间时效后，析出的 α 相满视野，且 α 相明显粗化，但还可看到 β 相的晶界。

　　　　TB8 钛合金的时效温度为 500℃，时效时间以 8~12h 为宜。合金经时效处理后的力学性能：$R_m \geq$ 1250N/mm², $R_{r0.2} \geq$1105N/mm²，$A \geq$8%，$Z \geq$15%。

　　　　TB8 除用于宇航工业外，在 20 世纪 90 年代又发展了外科植入物用 Ti-15Mo-2.8Nb-0.2Si 钛合金，它是由 B21S 合金去掉铝，增加 w（O）为 0.25%而成。（TB8 合金两组图片由脱祥明、叶文君先生提供）

金 相 图 片

图　　号：12-2-1
材料名称：工业纯锌
浸 蚀 剂：铬酐硫酸钠水溶液
处理情况：铸态
组织说明：工业纯锌铸造组织，晶粒一般比较粗大，
　　　　　因为锌属于密排六方晶体结构，滑移系少，因此
　　　　　在外力作用下容易产生孪变形，试样在进行机械
　　　　　抛光时，容易在晶内产生一些孪晶的形貌。不同
　　　　　方法冶炼的锌，其杂质种类不同，但工业纯锌中
　　　　　常见的杂质是铅、铁、锡、镉等。

图　　12-2-1　　　　　　　　　　　100×

图　　号：12-2-2
材料名称：特级纯锌
浸 蚀 剂：铬酐硫酸钠水溶液
处理情况：铸态
组织说明：特级纯锌中杂质含量低，铸造组织呈
　　　　　现单相组织形貌，晶粒粗大。

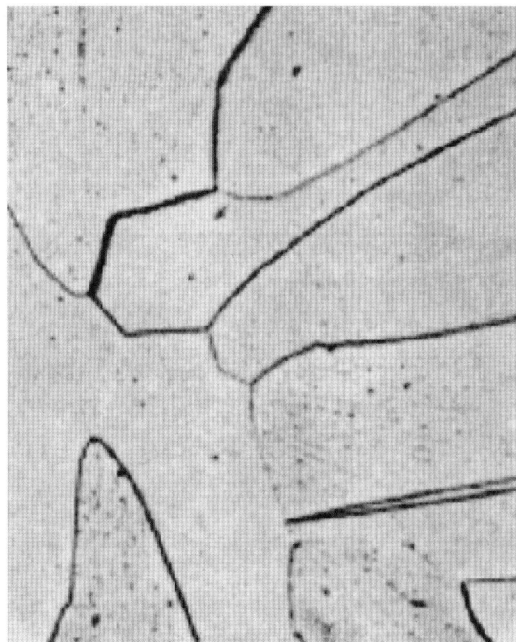

图　　12-2-2　　　　　　　　　　　100×

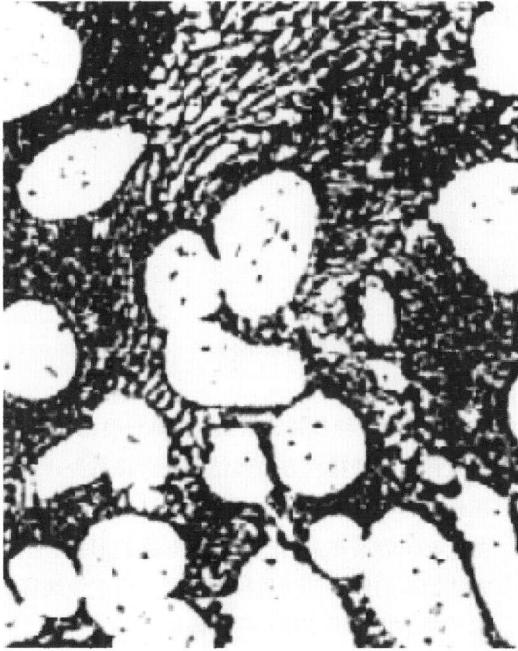

图　　号：12-2-3

材料名称：ZA4-1（铸造锌铝铜镁合金）

浸　蚀　剂：铬酐硫酸钠水溶液

处理情况：压铸态

组织说明：该合金名义成分为：w（Al）3.5%～4.5%，w（Cu）0.75%～1.25%，w（Mg）0.03%～0.08%，其余为Zn。是铸造锌合金，合金中铜含量较低。组织中白色为锌固溶体，围绕于初晶周围的是共晶混合物 Zn+α$_2$，其中 α$_2$ 又共析分解为 α$_1$+ Zn（Al）+CuZn$_3$ 共析体，呈黑白相间层片状。合金最后相组成物为 Zn（Al）+ α$_1$+CuZn$_3$，该合金流动性好，铸造性能好，力学性能优良，广泛用于压铸零件，复杂形状的铸件。

图　　12-2-3　　　　　　　　　　　　250×

图　　号：12-2-4

材料名称：ZA4-1（铸造锌铝铜镁合金）

浸　蚀　剂：铬酐硫酸钠水溶液

处理情况：压铸态

组织说明：组织组成物与相组成物同图 12-2-3。锌固溶体（白色）有围绕于周围的共晶体（黑白相间）。试样的冷却速度较一般压铸时的要慢得多，结果是组织粗化，可见在 Zn(Al)初晶中因溶解度降低而析出的 α$_2$ 固溶体（最后 α$_2$ 分解为 [α$_1$＋Zn(Al)] 共析体）。

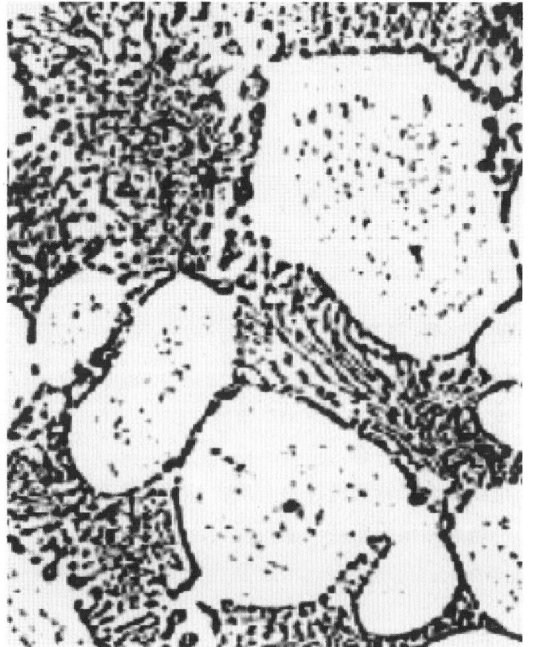

图　　12-2-4　　　　　　　　　　　　250×

图 12-2-5　　　　　　100×

图　　号：12-2-5

材料名称：ZA4-3（铸造锌铝铜镁合金）

浸　蚀　剂：铬酐硫酸钠水溶液

处理情况：铸态（铁型）

组织说明：合金名义成分为：$w(Al)$ 3.5%～4.5%，$w(Cu)$ 2.5%～3.2%，$w(Mg)$ 0.03%～0.06%，其余为 Zn。属铸造锌合金。按 Zn-Al-Cu 三元相图分析，其铸造组织中，白色树枝晶为初晶 Zn 基固溶体。合金凝固过程中发生 $L \rightarrow Zn + \alpha_2 + CuZn_3$ 共晶反应，其中 α_2 固溶体在共析温度发生 $\alpha_2 \rightarrow Zn(Al) + \alpha_1 + CuZn_3$ 共析反应,黑色部分为共晶混合物，最终相组成物为：Zn（Al）固溶体 $+ \alpha_1$ 固溶体$+ CuZn_3$ 化合物。

图　　号：12-2-6

材料名称：Zn-Cu-Ti（锌铝铜镁合金）

浸　蚀　剂：铬酐硫酸钠水溶液

处理情况：冷室压铸机压铸态

组织说明：合金的名义成分为：$w(Cu)$ 0.55%，$w(Ti)$ 0.12%，其余为 Zn。属于典型的变形锌合金，铸态下白色基体为 Zn 的固溶体，枝晶间存在 $CuZn_3$ 化合物。合金中 Cu 提高强度和塑性，Ti 以细小的 $TiZn_{15}$ 相质点析出，它能细化晶粒，提高抗蠕变性能和合金的再结晶温度，避免高温使用时晶粒长大，Ti 使 Zn-Cu 合金硬度增大。Zn-Cu-Ti 合金主要用于生产板材，也可用于压铸件。

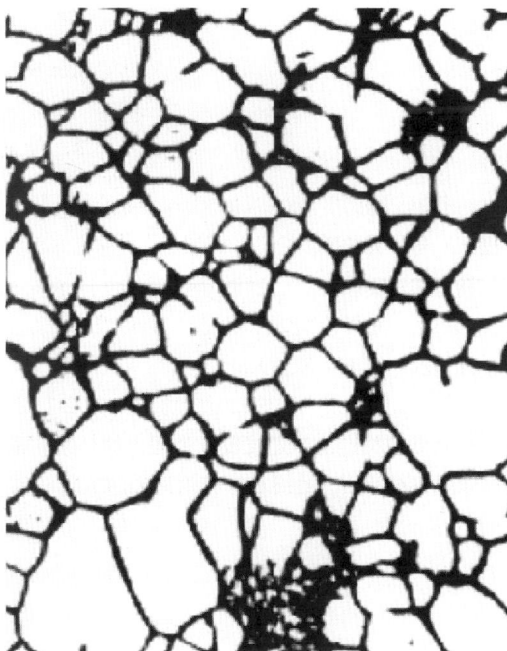

图 12-2-6　　　　　　250×

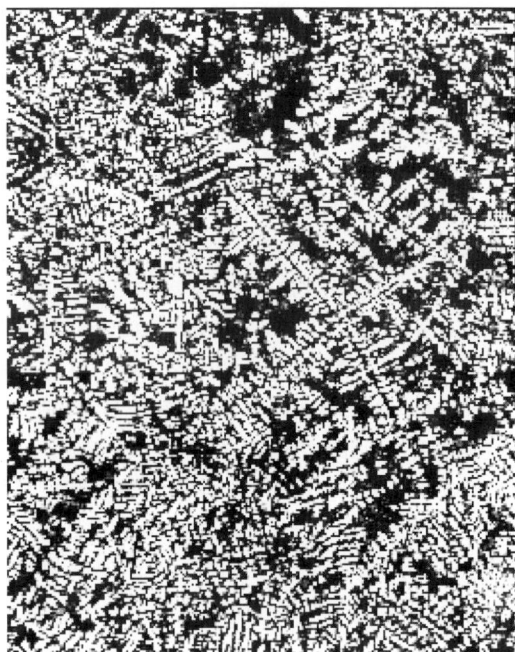

图　　号：12-2-7

材料名称：ZA8-1（铸造锌铝铜镁合金）

浸蚀剂：铬酐硫酸钠水溶液

处理情况：铸态（铁型）

组织说明：合金的名义成分为：w（Al）8.0%～8.8%，w（Cu）0.8%～1.3%，w（Mg）0.015%～0.03%，其余为 Zn。白色树枝晶为 Zn（Al）固溶体,黑色为共晶混合物 α_2＋Zn(Al)，其中 α_2 发生共析分解，成为 α_1＋Zn(Al)共析混合物。最后组成相为：Zn（Al）＋α_1。

图　12-2-7　　　　　　　　　　100×

图　　号：12-2-8

材料名称：ZA8-1（铸造锌铝铜镁合金）

浸蚀剂：铬酐硫酸钠水溶液

处理情况：铸态（砂型）

组织说明：组织组成物与相组成物与图 12-2-7 相同。只是砂型铸造冷却速度较铁型慢，树枝状初晶和共晶都较粗大。最终其组成相为 Zn（Al）＋α_1。

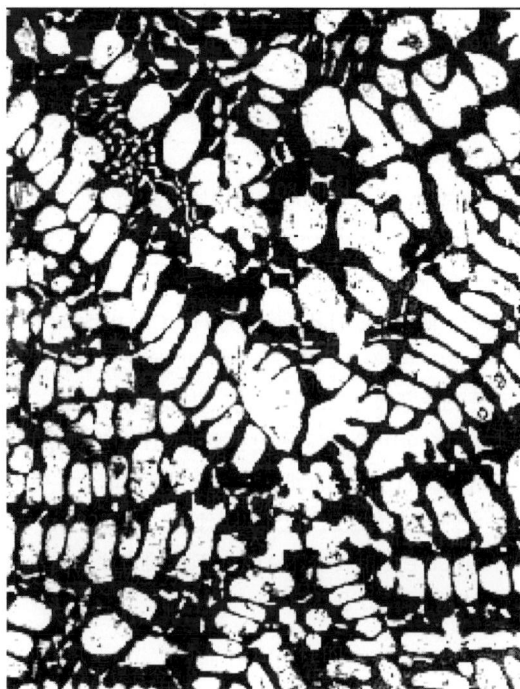

图　12-2-8　　　　　　　　　　100×

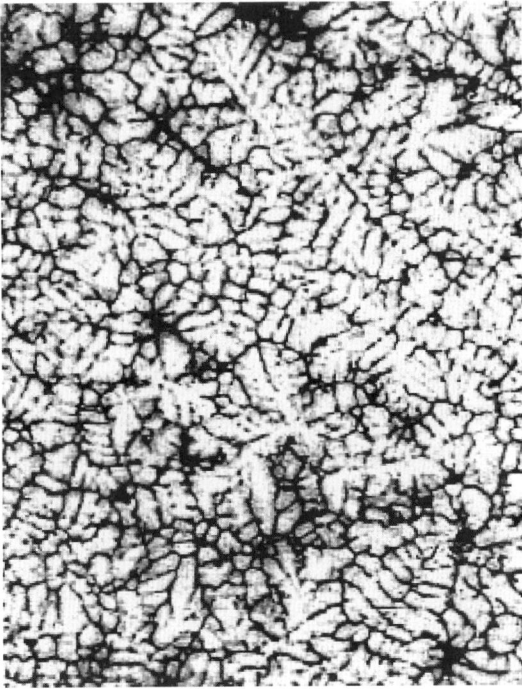

图　　号：12-2-9

材料名称：ZA11-1（铸造锌铝铜镁合金）

浸 蚀 剂：铬酐硫酸钠水溶液

处理情况：铸态（铁型）

组织说明：合金的名义成分为：w（Al）10.5%～11.5%，w（Cu）0.5%～1.2%，w（Mg）0.015%～0.03%，其余为 Zn。白色树枝晶为 α_2 固溶体（其中锌的溶解度可达 82.8 at%），黑色部分为共晶混合物 α_2＋Zn（Al）。在 275℃产生共析反应 $\alpha_2 \rightarrow \alpha_1$＋Zn（Al）。合金最终组成相为 α_1（Al）＋Zn（Al）两相。

图　12-2-9　　　　　　　　　100×

图　　号：12-2-10

材料名称：ZA11-1（铸造锌铝铜镁合金）

浸 蚀 剂：铬酐硫酸钠水溶液

处理情况：铸态（砂型）

组织说明：组织组成物与相组成物与图 12-2-9 相同，只是砂型铸造冷却速度较慢，树枝状初晶和共晶比较粗大。另外在树枝状初晶中可见由于温度降低，溶解度减少而析出的 α_1＋Zn（Al）共析体。

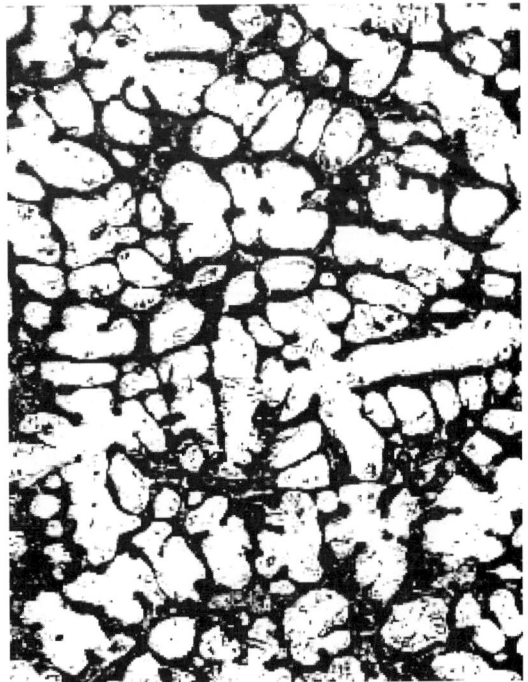

图　12-2-10　　　　　　　　100×

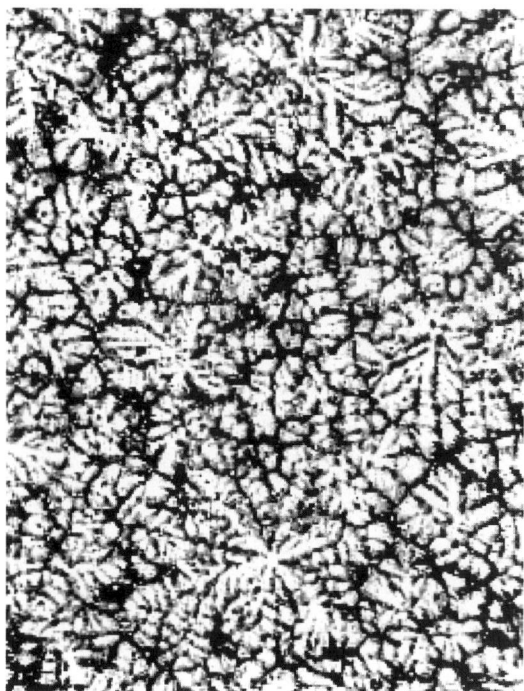

图 号：12-2-11

材料名称：ZA27-2（铸造锌铝铜镁合金）

浸 蚀 剂：铬酐硫酸钠水溶液

处理情况：铸态（铁型）

组织说明：合金的名义成分为：w（Al）25%～28%；
w（Cu）2.0%～2.5%；w（Mg）0.01%～0.02%，
其余为 Zn。白色树枝晶为初晶 Zn(Al)固溶体，
随温度降低，由 α_2＋Zn（Al）＋ CuZn$_3$ 构成
共晶，到 275℃发生 $\alpha_2 \rightarrow \alpha_1$＋Zn（Al）＋CuZn$_3$
共析反应。最后相组成物为：Zn（Al）＋α_1＋
CuZn$_3$ 三相。

图　12-2-11　　　　　　　　　100×

图 号：12-2-12

材料名称：ZA27-2（铸造锌铝铜镁合金）

浸 蚀 剂：铬酐硫酸钠水溶液

处理情况：铸态（砂型）

组织说明：相组成物与图 12-2-11 相同。白色为初
晶 Zn（Al）固溶体，黑色为共析混合物（α_1＋
Zn（Al）＋CuZn$_3$）。

图　12-2-12　　　　　　　　　100×

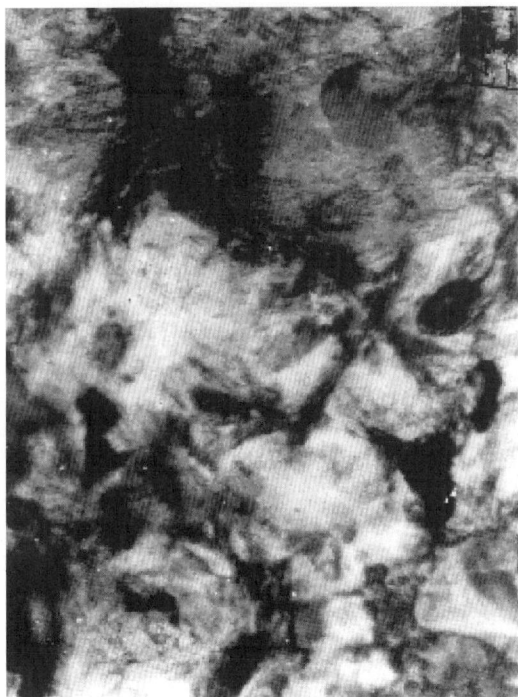

图　　号：12-2-13

材料名称：ZA27-2（铸造锌铝铜镁合金）

浸 蚀 剂：铬酐硫酸钠水溶液

处理情况：铸态（ϕ20mm 砂型）

组织说明：相组成物与图 12-2-11、图 12-2-12 相同，为初晶 Zn（Al）α$_1$+Zn（Al）固溶体及少量 CuZn$_3$ 化合物。

图　　12-2-13　　　　　　　　400×

图　　号：12-2-14

材料名称：ZA27-2（铸造锌铝铜镁合金）

浸 蚀 剂：铬酐硫酸钠水溶液

处理情况：铸态（铁型）

组织说明：相组成物与图 12-2-11、图 12-2-12 相同，为初晶 Zn（Al），α$_1$+Zn（Al）固溶体和少量 CuZn$_3$ 化合物。

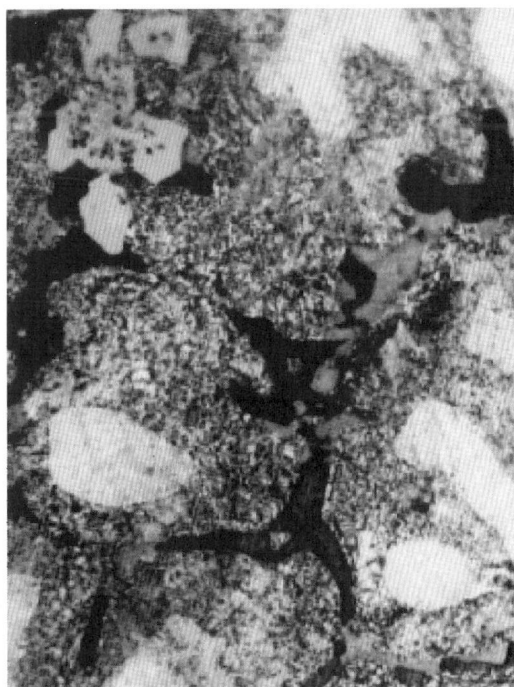

图　　12-2-14　　　　　　　　800×

图 号：12-2-15
材料名称：ZA27-2（铸造锌铝铜镁合金）
浸 蚀 剂：铬酐硫酸钠水溶液
处理情况：细微化处理
组织说明：铸造后再于 350℃保温 1h 后空冷，组织
　　　　　为 Zn（Al）（富铝固溶体）和 α₁（富锌固溶体）
　　　　　和少量 CuZn₃组成的共析层片状和粒状混合物。

图　12-2-15　　　　　　　　　　2500×

图 号：12-2-16
材料名称：ZA22（锌铝铜镁合金）
浸 蚀 剂：铬酐硫酸钠水溶液
处理情况：细微化处理
组织说明：ZA22 为 Zn-22Al-Cu 合金，经组织细微
　　　　　化处理后获得的细小均匀共析组织，该合金由于
　　　　　组织细小均匀，具有超塑性。

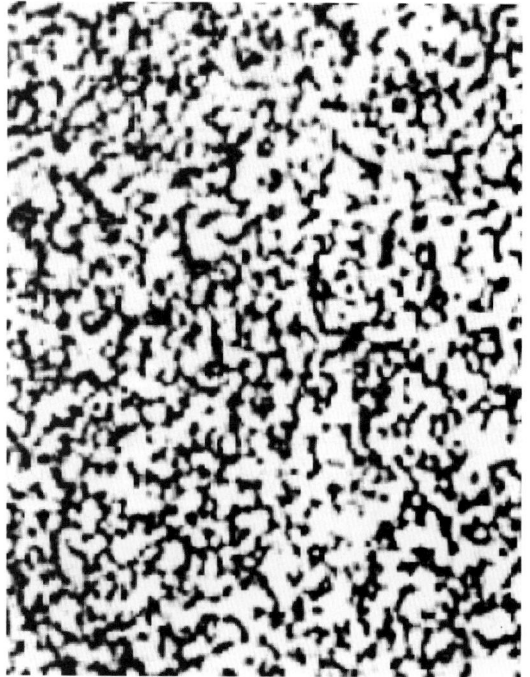

图 12-2-16　　　　　　　　　　2500×

金 相 图 片

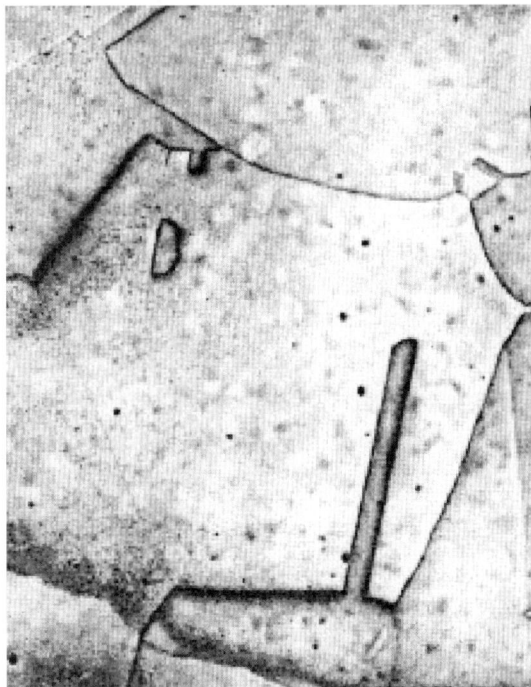

图   号：12-3-1

材料名称：工业纯铅

浸 蚀 剂：乳酸：过氧化氢（体积比 1：1）

处理情况：铸锭

组织说明：单相铅的等轴晶粒。

铅硬度极低，易于变形。铅属面心立方金属，变形以滑移方式为主进行，滑移面为（111），滑移方向为（110）。纯铅铸态试样也因轻微受力而表现出滑移台阶（见图中从晶界伸向晶内直线框条）。

图   12-3-1   100×

图   号：12-3-2

材料名称：Pb-Sb 合金 [w（Sb）5%，w（Pb）95%]

浸 蚀 剂：4%硝酸酒精溶液

处理情况：铸态

组织说明：黑色初晶 α 相呈树枝状分布，（α＋β）共晶体呈片状黑白相间分布，$β_{II}$（Sb）相在黑色枝晶上呈白色点状依附在共晶β相上分布。

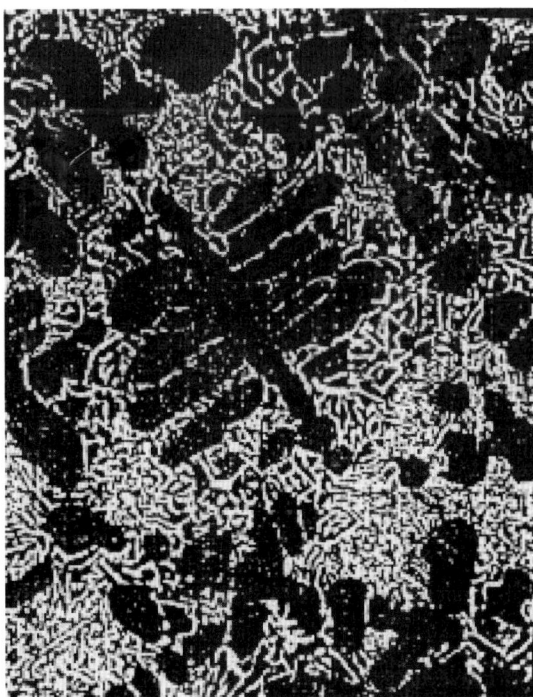

图   12-3-2   100×

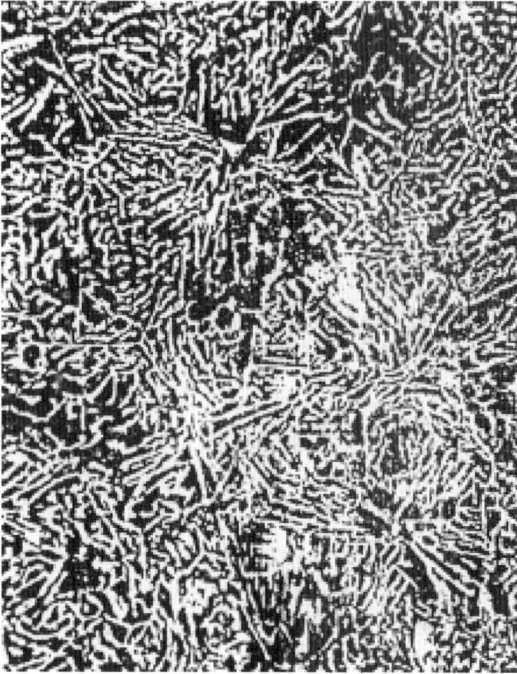

图　12-3-3　　　　　　　　100×

图　　号：12-3-3

材料名称：Pb-Sb 合金 [w（Sb）11.2%，其余为 Pb，共晶成分]

浸 蚀 剂：4%硝酸酒精溶液

处理情况：铸态

组织说明：（α＋β）共晶。黑色为 α（Pb）相，白色条片为 β（Sb）相。仔细观察在黑色 α 相上可见细小白色点状组织，极少细小白色小点为 β ⅱ（Sb）析出相。共晶组织呈片状黑白相间分布。

图　　号：12-3-4

材料名称：Pb-Sb 合金 [w（Sb）3.54%，其余为 Pb]

浸 蚀 剂：4%硝酸酒精溶液

处理情况：铸态

组织说明：黑色树枝晶为富（Pb）α 固溶体，白色网状为 β（Sb）相与 α（Pb）相二相共晶体，（α＋β ＋β ⅱ）离异共晶组织。

　　w（Sb）3.54%铅合金成分离共晶点较远，由于初晶 α 的量很多，而共晶量很少，在共晶转变时，共晶中与初晶相同的那个相（α）依附于初晶的枝晶长大，而剩下的另一个（β）则单独分布于枝晶轴间和晶界处，从而失去了共晶组织的特征。这种被分离开来的共晶组织称为离异共晶。黑色树枝晶（α）相上分布的小白点为β ⅱ相。

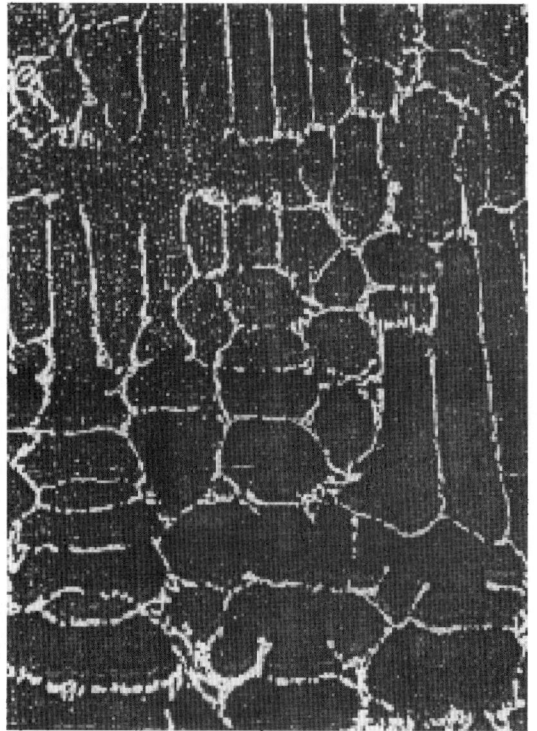

图　12-3-4　　　　　　　　100×

图　　号：12-3-5

材料名称：Pb-Sb2 合金

浸 蚀 剂：乳酸：过氧化氢（体积比 1∶1）

处理情况：均匀化并淬火后轧制 50%

组织说明：铅锑合金板变形后具有典型滑移特征。从图中可见拉长的晶粒上，晶内有许多平行线条，这就是滑移带。滑移过程是由于位错在滑移面上运动的结果，滑移使晶体表面上形成许多小台阶。滑移变形在晶内是不均匀的，其滑移方向与晶体位相有关，滑移面为（111），滑移方向为（110）。

图　12-3-5　　　　　　　　　　　200×

图　　号：12-3-6

材料名称：Pb-Sb2 合金（板材）

浸 蚀 剂：乳酸：过氧化氢（体积比 1∶1）

处理情况：均匀化并淬火后轧制加工成板材后放置一天。

组织说明：图 12-3-5 与图 12-3-6 为同一视场下拍摄，相比之下，图 12-3-6 上滑移带已明显消失，再结晶晶粒开始可见。

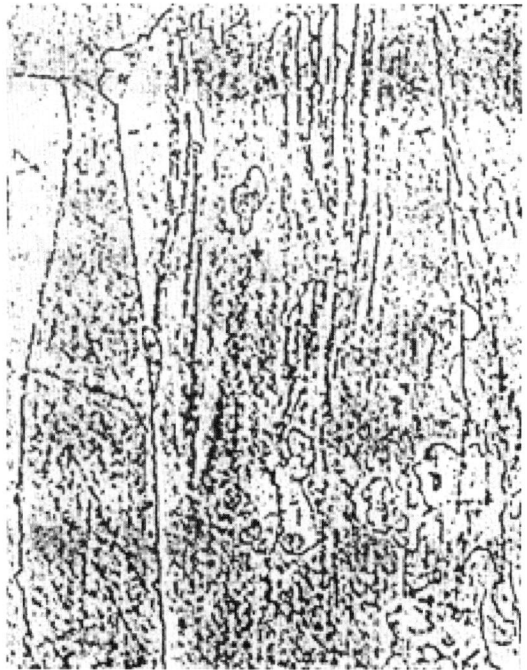

图　12-3-6　　　　　　　　　　　200×

图　号：12-3-7

材料名称：Pb-Sb2 合金（板材）

浸 蚀 剂：乳酸∶过氧化氢（体积比 1∶1）

处理情况：PbSb 合金加工板材，变形后二天。

组织说明：板材变形后放置两天，滑移带明显消失。
　　　　　再结晶的数量增多，但仍未完全再结晶。

图　12-3-7　　　　　　　　　　　200×

图　号：12-3-8

材料名称：Pb-Sb2 合金（板材）

浸 蚀 剂：乳酸∶过氧化氢（体积比 1∶1）

处理情况：Pb-Sb2 合金加工板材，变形后 12 天

组织说明：图 12-3-6~图 12-3-8 是 Pb-Sb2 合金板材
　　　　　加工后再结晶过程的变化情况。由于铅及铅合金
　　　　　的再结晶温度较低，因而在常规变形条件下，变
　　　　　形（硬化）的同时，可发生动态回复再结晶（软
　　　　　化）。变形后保持一定时间可发生亚动态再结晶
　　　　　及静态再结晶（进一步软化）。软化的程度与变
　　　　　形速度、变形温度及变形后保持时间有关。从
　　　　　图 12-3-6~图 12-3-8 可看出，Pb-Sb2 合金板材
　　　　　再结晶过程随时间延长显微组织的变化，这就
　　　　　是铅锑合金板材成品硬度较低的原因。

图　12-3-8　　　　　　　　　　　200×

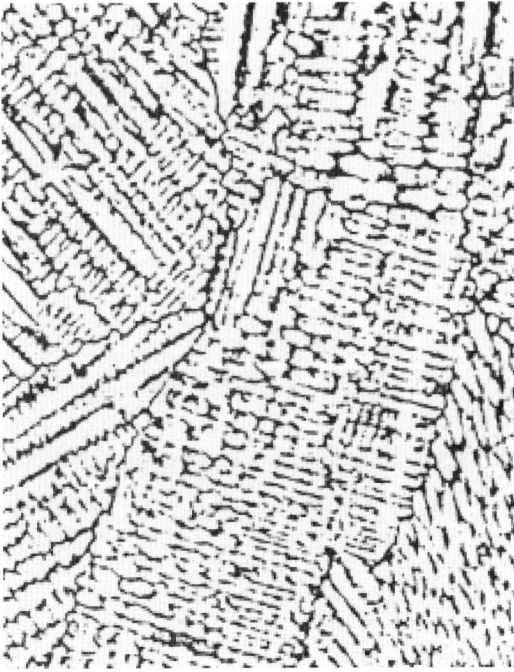

图　　号：12-3-9

材料名称：Pb-5Sb 合金（蓄电池用板栅合金）

浸 蚀 剂：4%硝酸酒精溶液

处理情况：铸态

组织说明：白色树枝晶为富 Pb 固溶体，枝晶间黑色
　　　　　为 β（Sb）相与 α（Pb）相二相共晶体。

图　12-3-9　　　　　　　　　　　　100×

图　　号：12-3-10

材料名称：Pb-5Sb 合金（蓄电池用板栅合金）

浸 蚀 剂：4%硝酸酒精溶液

处理情况：铸态

组织说明：图 12-3-10 为图 12-3-9 试样放大 500 倍后
　　　　　的组织特征。黑色 β 相经放大后，实为灰白色条片状
　　　　　的 Sb 相与白色铅基体构成的异离共晶体。

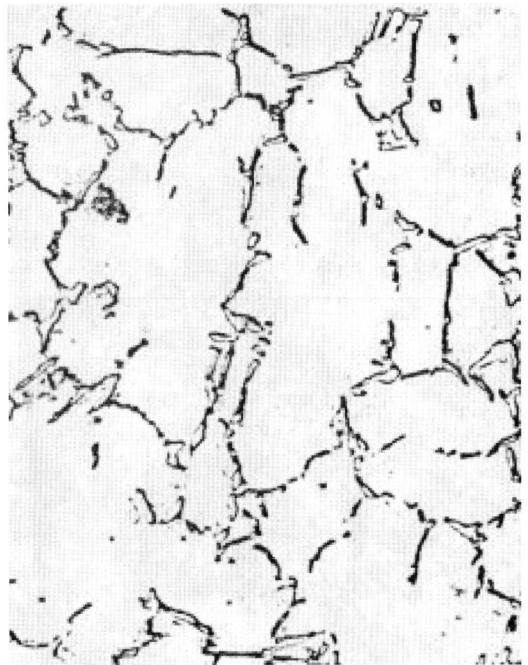

图　12-3-10　　　　　　　　　　　500×

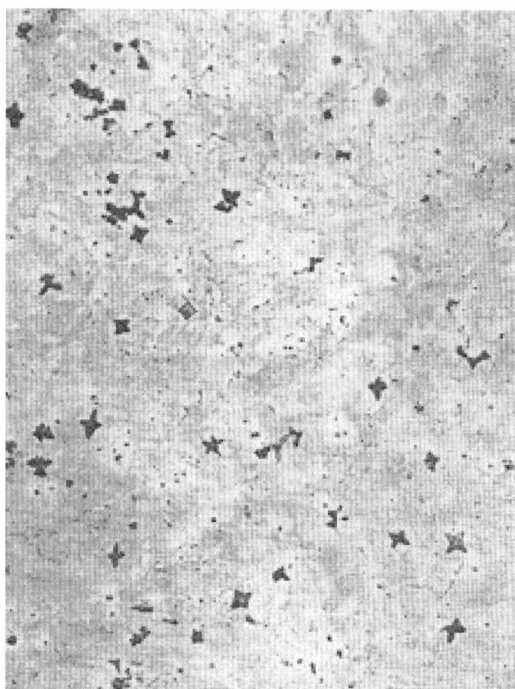

图　12-3-11　　　　　　　　　　　　100×

图　　号：12-3-11
材料名称：Pb-Ca-Al-Sn 合金
　　［w（Ca）0.1%；w（Sn）0.6%；w（Al）0.02%；
　　其余为 Pb］
浸 蚀 剂：冰醋酸：过氧化氢（体积比 3：1）
处理情况：铸态
组织说明：基体为 Pb 固溶体，细小黑色蝶形块状和
　　黑色小块状为 Pb_3Ca 相。此为典型的无锑合金金
　　相组织，由于放大倍数太低，Pb_3Ca 相形貌显示
　　不太清晰。

图　　号：12-3-12
材料名称：Pb-Ca-Al-Sn 合金
浸 蚀 剂：冰醋酸：过氧化氢（体积比 3：1）
处理情况：铸态
组织说明：图 12-3-12 为图 12-3-11 试样放大 400 倍
　　后的组织，基体为 Pb 固溶体，白色方块及蝶形块
　　状为 Pb_3Ca 化合物。

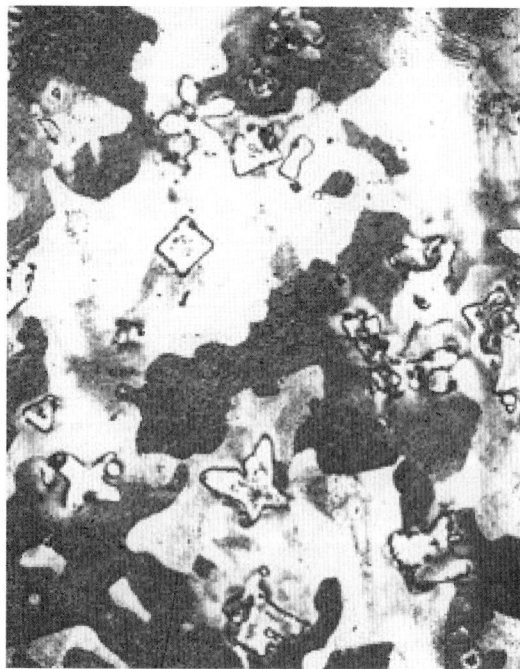

图　12-3-12　　　　　　　　　　　　400×

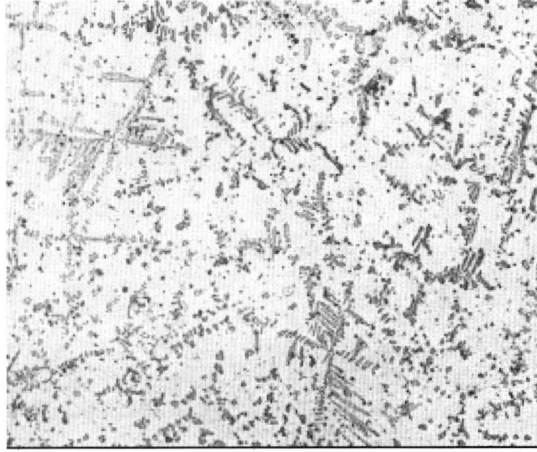

图　12-3-13　　　　　　　　　　　　　　100×

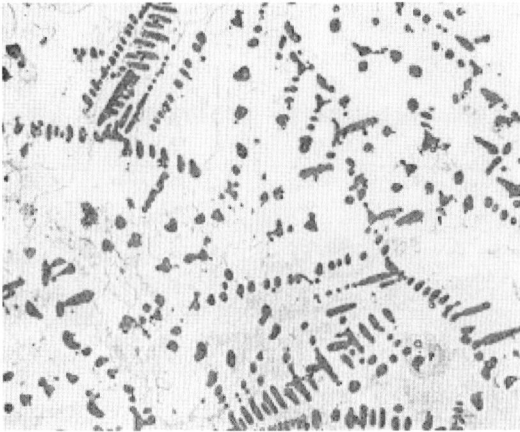

图　12-3-14　　　　　　　　　200×

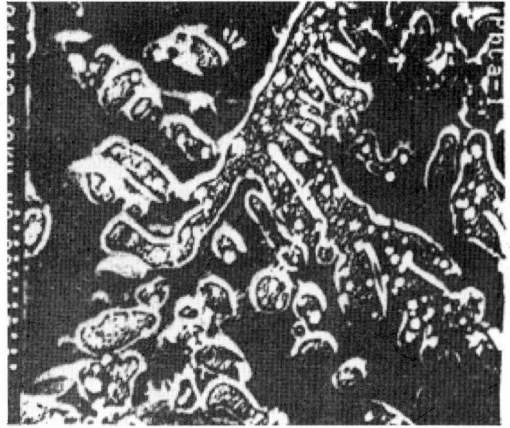

图　12-3-15　　　　　　　　　2000×

图　　号：12-3-13~12-3-15

材料名称：Pb-Ca-Al 中间合金

浸 蚀 剂：4%硝酸酒精溶液

处理情况：铸态

组织说明：图 12-3-13：基体为 Pb 固溶体，灰色树枝状和灰色细颗粒为 Pb₃Ca 化合物。

图 12-3-14：基体为 Pb 固溶体，灰色树枝状和灰色细颗粒为 Pb₃Ca 化合物，经放大后，呈树枝状分布的 Pb₃Ca 更趋清晰。

图 12-3-15：为 SEM 扫描电镜下树枝状分布的 Pb₃Ca 的电子形貌。

Pb-Ca-Al 合金为生产 Pb-Ca-Al-Sn 合金用重要的中间合金。

图　　12-3-16　　　　　　　　　　　　　　100×

图　　号：12-3-16

材料名称：Pb-Sb-Cu 合金（铅基电缆护套材料）

浸 蚀 剂：乳酸：双氧水（体积比 1：1）

处理情况：铸态

组织说明：Pb-Sb-Cu 合金含 Sb 量虽少，但也易于出现枝晶偏析，因此铸造后在一般冷却条件下，均表现为
　　　　　枝晶偏析形态。

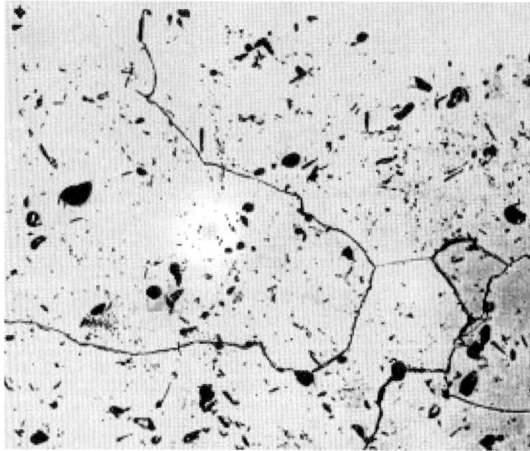

图　　12-3-17　　　　　　　　　　　　　　100×

图　　号：12-3-17

材料名称：Pb-Sb-Cu 合金（铅基护套材料）

浸 蚀 剂：乳酸：双氧水（体积比 1：1）

处理情况：铸态　　250℃×2h 退火

组织说明：枝晶偏析已完全消除。晶粒晶界明显，晶粒内可见小粒状和细针状 Cu_2Sb 化合物相，此图片上黑
　　　　　色大颗粒为制样显示稍差出现的假象，应注意区分判定。粗长的针状 Cu_2Sb 相很不利于铅护套挤制工艺。
　　　　　铅护套材料的金相检测，对此点应特别关注。

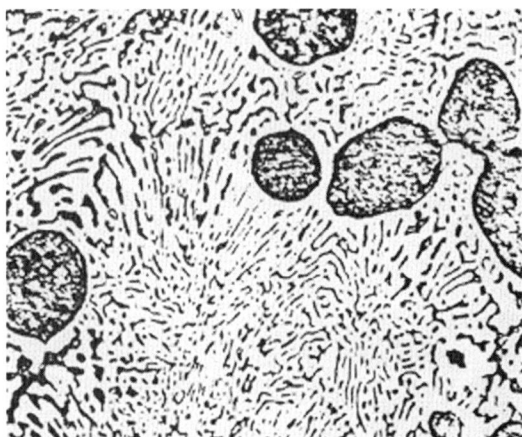

图 12-3-18   400×

图　　号：12-3-18
材料名称：Pb-50Sn 钎料
浸 蚀 剂：氢氧化铵∶3％双氧水∶水（体积比
　　1∶1∶1）
处理情况：铸态
组织说明：黑色球块状为富铅固溶体初晶，片层状基
　　体组织为富 Pb（黑色）和富 Sn（白色）共晶组织。

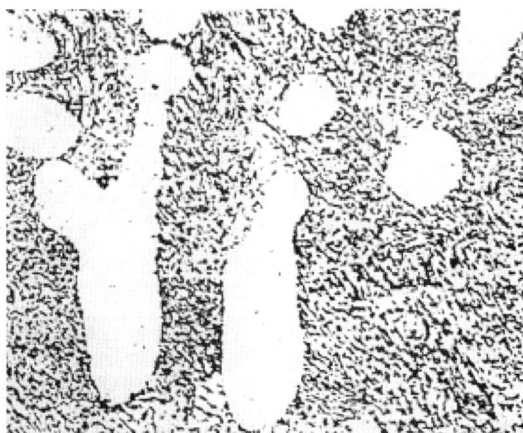

图 12-3-19   400×

图　　号：12-3-19
材料名称：Pb-1Sn-1.5Ag 铅基带银钎焊料
浸 蚀 剂：醋酸∶硝酸∶甘油（体积比 1∶1∶8）
处理情况：铸态
组织说明：白色大块为富 Pb 树枝状初晶，余为（Pb＋
　　Ag_2Sn）片层状共晶。Pb（白色），Ag_2Sn（黑色）。

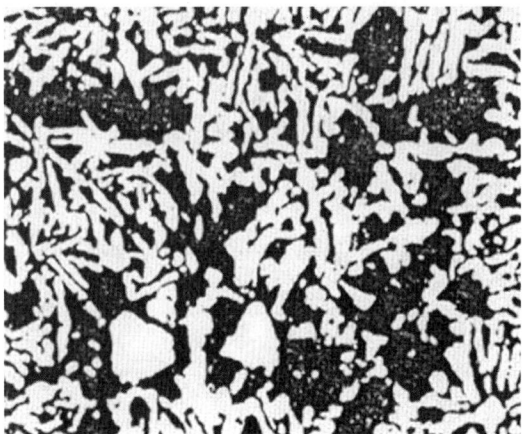

图 12-3-20   100×

图　　号：12-3-20
材料名称：铅锑锡铅字合金 [w（Sb）16％，w（Sn）
　　7％，其余为 Pb]
浸 蚀 剂：4％硝酸酒精溶液
处理情况：铸态
组织说明：β（Sb）初晶（白色方块）＋[α（Pb）＋
　　β（Sb）＋（SnSb）] 三元共晶。

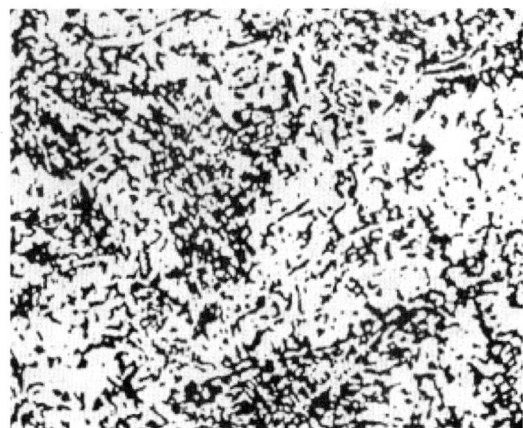

图 12-3-21   100×

图　　号：12-3-21
材料名称：铅锑锡铅字合金 [w（Sb）11.5％，w（Sn）
　　4％，其余为 Pb]
浸 蚀 剂：4％硝酸酒精溶液
处理情况：铸态
组织说明：β（Sb）初晶＋共晶组织。

金 相 图 片

图 12-4-1　　　　　　　　　　　　　　　　　　　实物

图　　号: 12-4-1

材料名称: 工业纯镁(实物)

浸 蚀 剂: 醋酸 10mL,水 90mL 混合溶液。

处理情况: 铸态

组织说明: 工业纯镁经过不同晶粒细化处理后的宏观组织。

在金属型铸造条件下,纯镁凝固时十分容易形成柱状晶和扇形晶。未进行细化处理时,铸锭的整个断面全是柱状晶,晶粒大小清晰可见,晶粒尺寸十分粗大,柱状晶最长约 8～10mm,宽约 1.5～2.5mm。这种粗大的晶粒组织的铸锭显然是不能获得优良性能的,铸锭的强度和塑性很低。

在纯镁中添加不同成分的稀土合金后,镁的晶粒形貌、尺寸发生了显著的变化,由原来粗大的柱状晶逐渐变成细小的等轴晶组织。随稀土合金加入量的提高,铸锭组织细化效果越明显,晶粒细小而很难分辨。

经过细化的镁合金铸锭力学性能可获得大幅度提高,尤其是塑性,可提高 1 倍以上,晶粒细化是提高镁合金铸锭性能的重要技术。

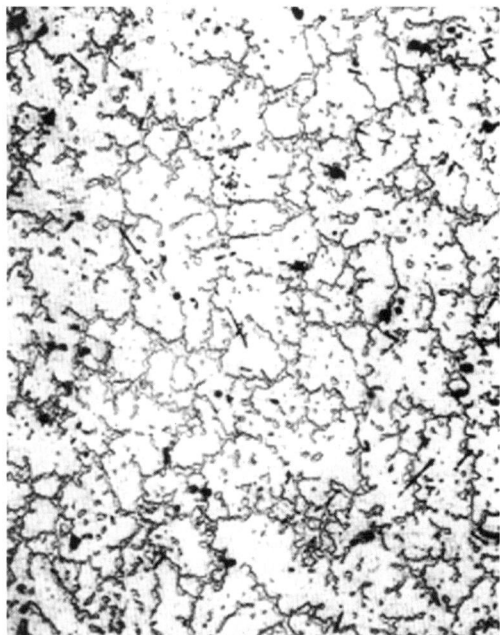

图　12-4-2　　　　　　　　　100×

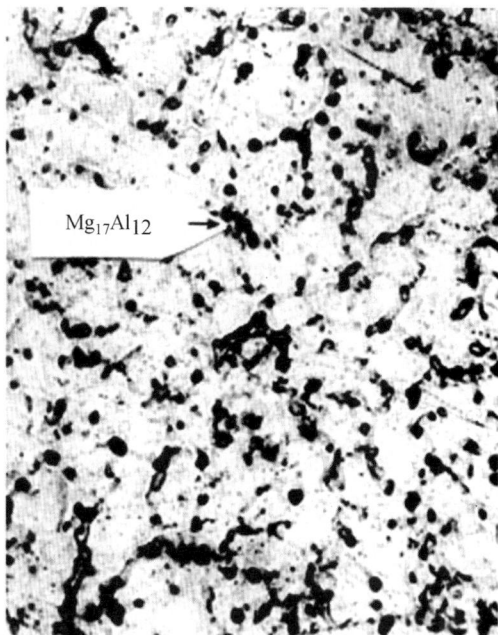

图　12-4-3　　　　　　　　　150×

图　　号：12-4-2、12-4-3

材料名称：AZ61（美国），AZ31（美国）（铸造镁合金）

AZ61 [w（Al）5.8%～7.2%，w（Zn）0.4%～1.5%，w（Mn）0.15%～0.5%，其余为 w（Mg）]

AZ31 [w（Al）2.5%～3.5%，w（Zn）0.6%～1.4%，w（Mn）0.2%～1.0%，其余为 Mg]

浸 蚀 剂：硝酸 1mL，醋酸 20mL，乙二醇 60mL，水 19mL。

处理情况：铸态

组织说明：Mg-Al-Zn 系合金主要为两相或多相合金。图 12-4-2 为 AZ61 合金的金相图片；图 12-4-3 为 AZ31 合金的金相图片。在白色 α（Mg）基体中分布有灰黑色的 β（$Mg_{17}Al_{12}$）相或 β [$Mg_{17}(Al，Zn)_{12}$] 相，该相按合金中铝含量的多少呈断续点状（AZ31 合金，含铝量低）或连续网状（AZ61 合金，含铝量高）分布在 α（Mg）基体晶界上或枝晶网胞间。β（$Mg_{17}Al_{12}$）相或 β [Mg_{17}（Al，Zn）$_{12}$] 相在室温下属硬脆相，会降低合金的塑性。随温度升高，β（$Mg_{17}Al_{12}$）相的硬度可以由室温时的 183HV 下降到 84HV，从而减小了该相对基体塑性的不利影响，因此镁合金铸锭进行后续加工一般需在高温下进行。

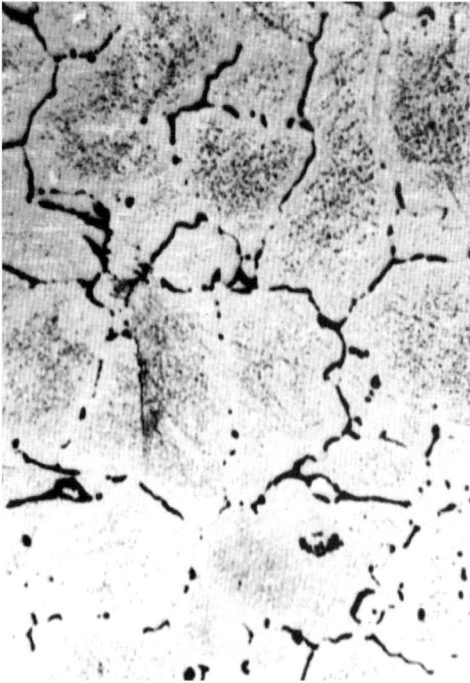
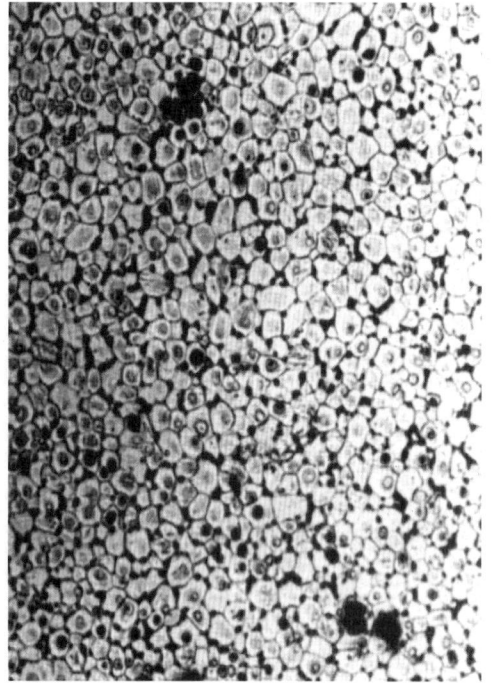

图　　12-4-4　　　　　　　　　　100×　　图　　12-4-5　　　　　　　　　100×

图　　　号：12-4-4、12-4-5

材料名称：Mg-RE-（Zr）铸造镁合金

　　　　Mg-RE（美国）：[w（RE）1.5%～2.5%，其余为 w（Mg）]

　　　　Mg-RE-Zr [w（RE）1.5%～2.5%，w（Zr）0.4%～1.0%，其余为 Mg]

浸 蚀 剂：硝酸 1mL，醋酸 20mL，乙二醇 60mL，水 19mL。

处理情况：铸态

组织说明：图 12-4-4：未添加 Zr 的 Mg-RE 合金。图 12-4-5：是在同样成分合金中添加了微量 Zr 后的 Mg-RE-Zr 合金，可见合金的晶粒获得明显地细化。在细化后的晶粒中心部位，可见明显的非均匀形核核心存在，经过成分分析，晶粒内部的结晶核心富含 Zr，基本是 Zr 的单质。

　　　　因为锆的晶体结构与镁同为密排六方晶型，晶格常数接近，Mg：$a = 0.320$nm、$c = 0.520$nm；Zr：$a = 0.323$nm、$c = 0.514$nm，Zr 满足作为镁基体的异质形核"尺寸结构匹配"原则，因此 Zr 成为 α（Mg）的结晶核心。根据 Mg-Zr 相图，Mg-Zr 系为包晶反应，锆在镁中的溶解度不到 0.7%，因此在含 Zr 镁合金中，Zr 总是以单质 Zr 形式存在，而且只需要微量的 Zr，就对镁基体有明显的晶粒细化作用。Zr 容易聚集造成成分偏析并容易在熔化过程中沉淀，而且非常容易和镁合金组元 Al、Mn 等元素以及杂质 Fe、Si 等形成高熔点固态化合物而下沉，从而造成 Zr 的大量损失而不能溶解到镁液中去，丧失细化作用。因此在加 Zr 的镁合金中要严格控制这些元素的存在。在合金生产制备中应特别重视控制溶解 Zr 的量，以保证锆对镁合金晶粒细化的效果。

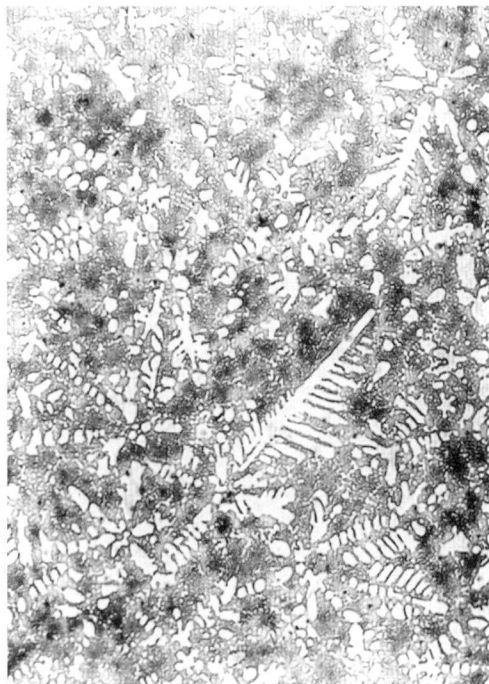

图　12-4-6　　　　　　　　　100×　　　图　12-4-7　　　　　　　　　100×

图　　　号：12-4-6、12-4-7

材料名称：Mg-RE（铸造镁合金）

　　　　　Mg-Ce［w（Ce）17.0%，其余为 Mg］

　　　　　Mg-Y［w（Y）35.0%，其余为 Mg］

浸 蚀 剂：硝酸 5mL，水 95mL

处理情况：铸态

组织说明：图 12-4-6：Mg-Ce 合金中白色为基体 α（Mg）相，初晶镁呈树枝晶形貌，同时在树枝晶中间存在大量共晶组织。根据 Mg-Ce 相图，Ce 在镁中的溶解度很小，仅为 0.48at%，因此在 α（Mg）基体中溶解的 Ce 含量很少，而黑白色相间相为共晶的 α（Mg）+Mg$_{12}$Ce 相。

　　　　　图 12-4-7：初晶 α（Mg）以白色骨骼状生长，Y 在 α（Mg）基体中固溶度较高，最高可达 w（Y）为 3.75%，α（Mg）枝晶间为黑白相间的 Mg-Y 共晶组织。黑色为共晶 MgY 相，该相中 Y 含量高。

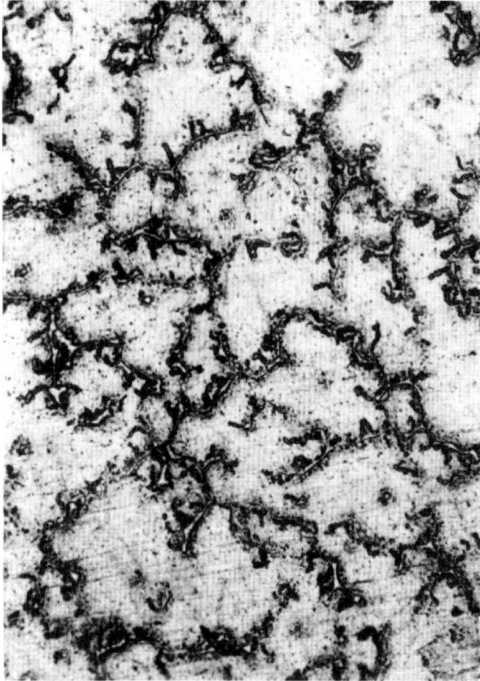

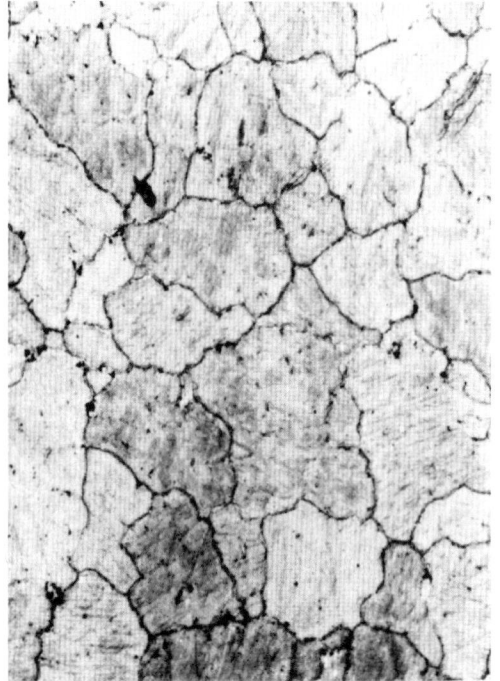

图 12-4-8   200×   图 12-4-9   200×

图   号：12-4-8、12-4-9

材料名称：（美国）ZK60（ZMgZn5Zr1）镁合金。[w（Zn）4.8%～6.2%，w（Zr）0.45%～1.0%，其余为 Mg]

浸 蚀 剂：硝酸 5mL，水 95mL

处理情况：图 12-4-8 铸态，图 12-4-9 为 450℃均匀化退火状态

组织说明：图 12-4-8 铸态，ZK60 合金 α（Mg）基体呈白色，基体晶界及网状枝晶间有大量灰黑色条块状或蠕虫状第二相化合物存在，这是因为合金中 Zn 的含量较高，在凝固过程中容易造成非平衡偏析而形成大量第二相。又因为 Zn 在 α（Mg）基体中的固溶度较高（Zn 的原子百分比为 2.4%），因此凝固冷却过程中固溶体分解，在基体中有少量黑色点状析出相存在。

    图 12-4-9：经过 420℃均匀化退火后，晶界和网状枝晶间的非平衡偏析化合物已固溶到基体中，晶界清晰。

    由于 ZK60 合金凝固过程中易产生成分偏析，形成的共晶相成分比平衡态偏多，直接高温均匀化退火容易引起组织过热甚至过烧，导致合金铸锭性能降低以及镁合金氧化加剧，因此宜采取分级均匀化退火。如先在较低温度下（300～400℃）保温 3～5h，然后缓慢升温至 400℃以上保温 16h。

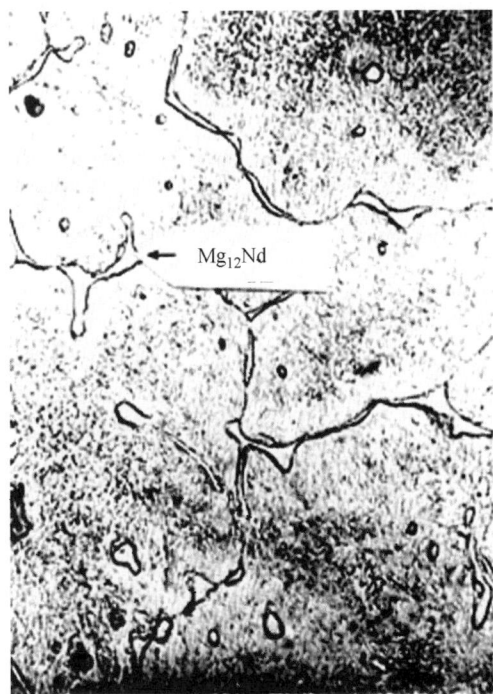

图 12-4-10   500×

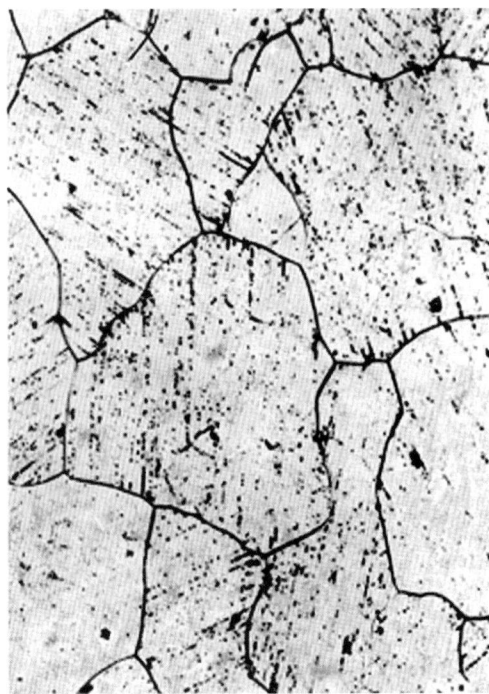

图 12-4-11   400×

图   号： 12-4-10、12-4-11

材料名称：（美国）EZ31 镁合金 [w（Nd）2.5%～3.5%，w（Zn）0.6%～0.8%，w（Zr）0.45%～1.0%，其余为 Mg]

浸 蚀 剂： 硝酸 1mL，醋酸 20mL，乙二醇 60mL，水 19mL。

处理情况： 图 12-4-10 铸态，图 12-4-11 为 530℃固溶＋200℃时效 20h

组织说明： 图 12-4-10：EZ31 合金铸态组织中有条状化合物分布在网状枝晶间，经成分分析，化合物主要为 $Mg_{12}Nd$ 相，基体中也有少量点、块状相，是从基体 α（Mg）固溶体中析出的 $Mg_{12}Nd$ 相。

图 12-4-11：经过热处理后，网状枝晶间粗大的化合物完全溶解，时效时以细小弥散的点状化合物形式从 α（Mg）基体中析出，并在每个晶粒内部沿一定的惯习面呈方向性排列。

对于含钕镁合金，热处理后一般按照过饱和固溶体（SSSS）→GP 区→β″（Mg_3Nd）→ β′（Mg_3Nd）→ β（$Mg_{12}Nd$）的顺序脱溶。在时效初期，首先从过饱和固溶体中析出与基体共格的 GP 区和同样与基体共格过渡相 β″（hcp 结构，（0001）β″∥（0001）Mg，{1010} β″∥ {1010} Mg），然后有与基体半共格的 β′相析出（fcc 结构，（011）β′∥（0001）Mg，{111} β′∥ {2110} Mg）。其中过渡相 β″、 β′ 起主要的强化作用。

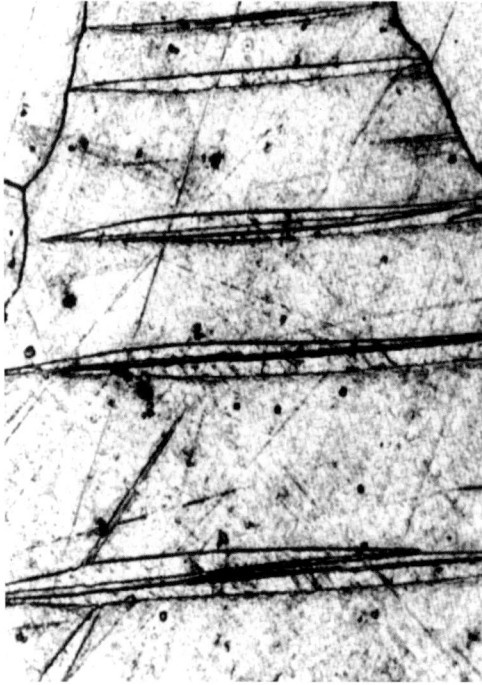 

图　12-4-12　　　　　　　　　　500× 　图　12-4-13　　　　　　　　　　500×

图　　号：12-4-12、12-4-13

材料名称：（美国）AZ31 镁合金 [w（Al）2.5%～3.5%，w（Zn）0.6%～1.4%，w（Mn）0.2%～1.0%，其余为 Mg]

浸 蚀 剂：硝酸 1mL，醋酸 20mL，乙二醇 60mL，水 19mL。

处理情况：图 12-4-12 轻微变形 2%，图 12-4-13 大变形 30%。

组织说明：图 12-4-12：AZ31 合金经过变形后，组织内部典型特征是有变形孪晶存在。在轻微变形时，晶粒内部的孪晶数量很少，孪生产生晶体的切变，切变均匀分布在孪生区域内的每一个原子面上，其中每一对相邻原子面的相对位移量都是相等的。孪生的切变沿着特定的晶面和特定的晶体方向发生，镁基体的孪生面为 {10$\bar{1}$2}，孪生方向为 <$\bar{1}$011>。

　　图 12-4-13：经过较大变形后，基体中产生大量孪晶，孪晶的尺寸会减小，孪晶也会相互碰撞。孪生变形对镁合金变形十分有利，六方晶体结构的镁对称性较低，滑移系统少，在晶体取向不利于滑移时，孪生就成为另一种重要的塑性变形方式，促进了镁基体的塑性变形。

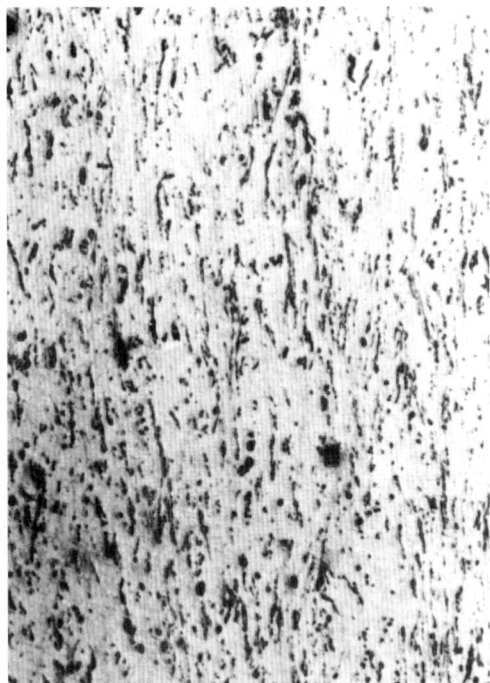 

图　12-4-14　　　　　　　　200×　　　图　12-4-15　　　　　　　　200×

图　　号：12-4-14、12-4-15

材料名称：（美国）AZ61 镁合金 [w（Al）5.8%～7.2%，w（Zn）0.4%～1.5%，w（Mn）0.15%～0.5%，其余为 Mg]

浸 蚀 剂：硝酸 1mL，醋酸 20mL，乙二醇 60mL，水 19mL。

处理情况：轧制，变形量 40%。

组织说明：图 12-4-14：经轧制变形的 AZ61 合金，未经腐蚀，可见第二相化合物被破碎并沿轧制方向排列，这些化合物主要是 β（$Mg_{17}Al_{12}$）相或 β [Mg_{17}（Al,Zn）$_{12}$] 相，在较高温度下（120℃以上），该第二相化合物的硬度有明显下降，有利于镁合金的塑性加工，因此 AZ61 合金一般条件下都采用热轧或温轧加工。

　　图 12-4-15：浸蚀后显微组织中呈现大量变形组织形貌，主要是变形孪晶交错在一起。变形组织中有塑性变形集中带产生。这些变形带与板材表面角度成 40°左右。轧制时，理论上受到最大切应力作用的晶面是与板材轧制面成 45°的晶面，从而形成变形集中带。在这些变形集中带中，有大量孪生，再继续轧制，变形集中带就不再发生孪生变形，而是在已形成的孪晶中的基面产生滑移，使变形集中带成为板材的公共滑移面，对材料的变形更加有利。在热轧时，由于高温条件下孪生变形不产生裂纹，因此有变形集中带的变形在总变形量中有重要的作用。

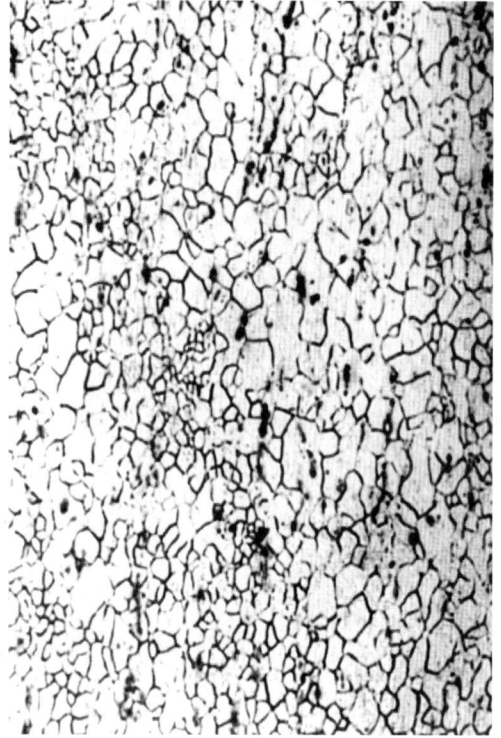

图　12-4-16　　　　　　　　　200×　　　图　12-4-17　　　　　　　　　200×

图　　号：12-4-16、12-4-17

材料名称：（美国）ZK60 镁合金 [w（Zn）4.8%～6.2%，w（Zr）0.45%～1.0%，其余为 Mg]

AZ31 镁合金（美国）[w（Al）2.5%～3.5%，w（Zn）0.6%～1.4%，w（Mn）0.2%～1.0%，其余为 Mg]

浸 蚀 剂：硝酸 1mL，醋酸 20mL，乙二醇 60mL，水 19mL。

处理情况：ZK60 合金轧制后 200℃×1h 退火，AZ31 合金轧制后 300℃×1h 退火。

组织说明：图 12-4-16：经 200℃×1h 退火后，从轧制的变形组织中开始出现再结晶的组织形貌。但此时再结晶过程的进行是不完全的，晶粒仍然显现出被拉长的痕迹，合金组织中变形组织并未完全消失。可以认为此时是不完全再结晶，但已发生了回复，由于位错的滑移和攀移形成多边化，使晶体内的长程应力减小，因此随回复时多边化的进行，合金会逐渐变软。

图 12-4-17：经 300℃×1h 退火后，合金组织中可见已生成大量细小的等轴晶晶粒，只残留有少量变形组织痕迹。AZ31 合金晶粒尺寸为 40～50μm。

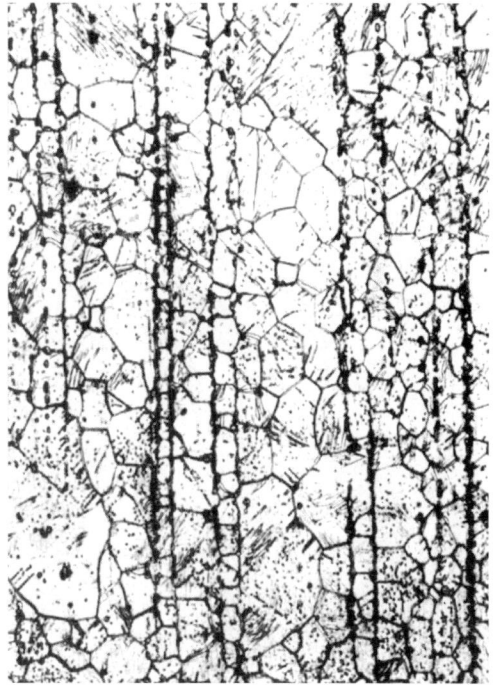

图 12-4-18   200×   图 12-4-19   400×

图   号：12-4-18、12-4-19

材料名称：（美国）ZK60（ZMgZn5Zr）镁合金 [w（Zn）4.8%～6.2%，w（Zr）0.45%～1.0%，其余为 Mg]

          （美国）EZ31 镁合金 [w（Nd）2.5%～3.5%，w（Zn）0.6%～0.8%，w（Zr）0.45%～1.0%，其余为 Mg]

浸 蚀 剂：硝酸 1mL，醋酸 20mL，乙二醇 60mL，水 19mL。

处理情况：挤压态

组织说明：ZK60 合金经过挤压变形后，基体的晶粒沿挤压方向被拉长，呈图 12-4-18 中白色长条状，在拉长的晶粒间，有细小的再结晶晶粒出现，整个组织呈现为变形晶粒和再结晶晶粒混杂的情况。因为镁的层错能低，尤其是其基面层错能低，其扩展位错宽度大，很难从位错网中解脱，也很难通过交滑移和攀移而与异号位错抵消。交滑移和攀移困难而导致动态回复变得困难，而使动态再结晶倾向增加。因此，组织中细小的等轴晶是动态再结晶晶粒。通过动态再结晶可以大大细化镁合金的晶粒而获得非常细小的晶粒。

    图 12-4-19：EZ31 合金经过高温挤压，合金基体已经发生了完全再结晶，但再结晶晶粒大小有不均匀的情况。这是因为 Mg-RE 合金变形比较困难，提高了挤压温度，因此合金在挤压时很快发生了动态再结晶，由于稀土化合物对基体变形的阻碍作用，基体变形不均匀，因此在基体各处的动态再结晶发生的程度不同，动态再结晶晶粒在挤压过程中或挤压完成后的温度下发生了再结晶晶粒的长大。挤压后组织中的含稀土元素的第二相镁化钕（$Mg_{12}Nd$）化合物沿挤压方向呈明显带状分布，化合物附近的晶粒细小，说明 $Mg_{12}Nd$ 耐热稀土相有很好的阻碍晶粒长大的作用。

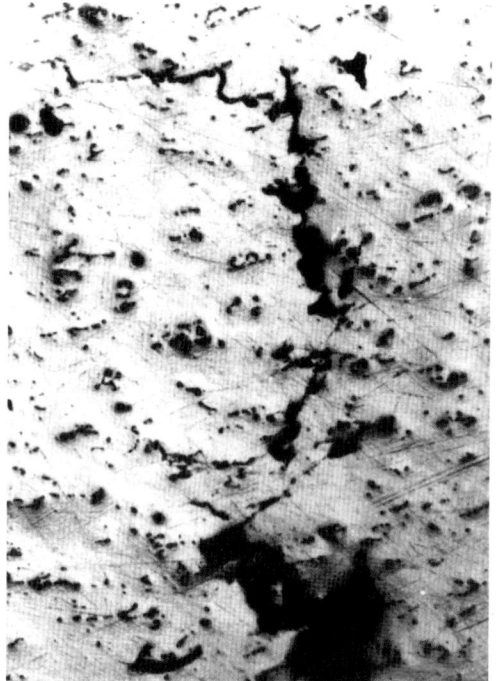

图 12-4-20   200×   图 12-4-21   200×

图　号：12-4-20、12-4-21

材料名称：（美国）AZ61 镁合金 [w（Al）5.8%～7.2%，w（Zn）0.4%～1.5%，w（Mn）0.15%～0.5%，其余为 Mg]

（美国）ZK60（ZMgZn5Zr）镁合金 [w（Zn）4.8%～6.2%，w（Zr）0.45%～1.0%，其余为 Mg]

浸 蚀 剂：硝酸 1mL，醋酸 20mL，乙二醇 60mL，水 19mL。

处理情况：AZ61 热轧状态，ZK60 热挤压状态

组织说明：图 12-4-20 镁合金塑性变形时，其密排六方晶体结构决定主要发生基面滑移 {0001} <$11\bar{2}0$>，在较高温度下才开动新的棱柱滑移系 {$10\bar{1}1$} <$2\bar{1}\bar{1}0$>，因此塑性较差，热轧变形的同时，温度不断降低，β（$Mg_{17}Al_{12}$）或 β [$Mg_{17}(Al,Zn)_{12}$] 相硬度升高，变形容易在该相周围基体中造成微裂纹。

图 12-4-21：ZK60 合金挤压时很容易发生挤压开裂，挤压温度过高造成周期性裂纹，导致棒材断裂，挤压变形速度过快，则材料易产生微细裂纹，深入到基体内部而影响最终产品性能。图 12-4-21 为挤压速度过快造成的二次显微裂纹。

金 相 图 片

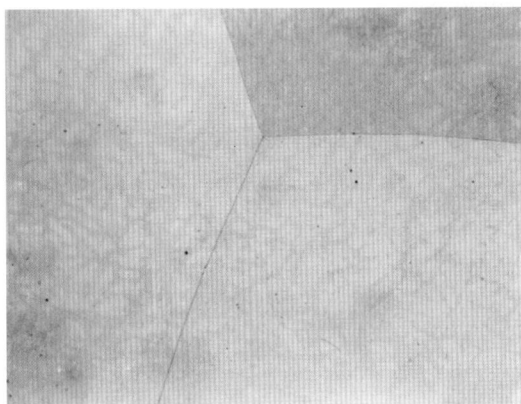

图　　号：12-5-1
材料名称：二号镍（N2）（w（Ni）99.96%）
浸 蚀 剂：氯化高铁酒精溶液
处理情况：铸态
组织说明：α 相晶粒，少量黑点为杂质相。

图　12-5-1　　　　　　　　200×

图　　号：12-5-2
材料名称：六号镍（N6）（w（Ni）99.50%）
浸 蚀 剂：磷酸：水（体积比 4∶3）电解浸蚀，电
　　　　　压：30V（空载）
处理情况：热轧板
组织说明：此为因含氧过高而导致冷脆的六号镍板
　　　　　的显微组织，合金在室温下变得极脆，伸长率为
　　　　　零。在折断的断口上有闪光晶粒沿脆断的特征。
　　　　　图中所示此时晶界变得较粗，并有沿加工方向成
　　　　　串的黑色颗粒状的 NiO 存在。

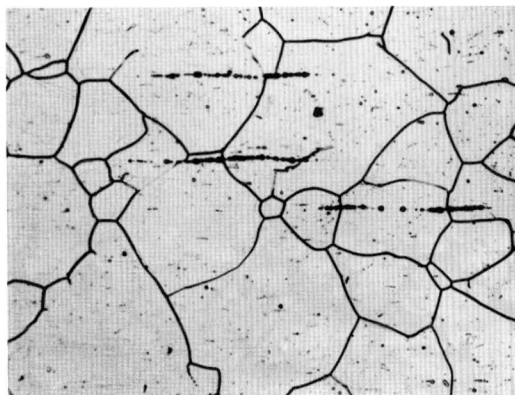

图　12-5-2　　　　　　　　100×

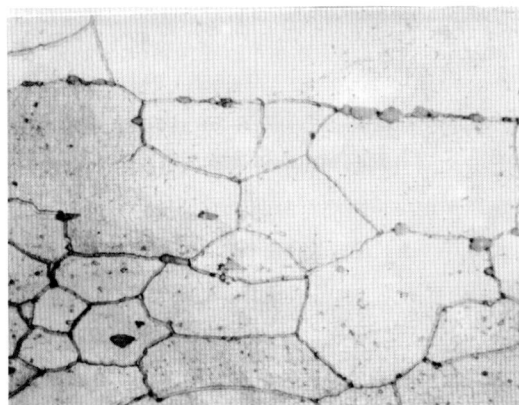

图　12-5-3　　　　　　　　200×

图　　号：12-5-3
材料名称：六号镍（N6）（w（Ni）99.50%）
浸 蚀 剂：氯化高铁酒精溶液
处理情况：热轧板
组织说明：此为因含硫过高而导致中温及低温脆的
　　　　　六号镍板。其特征与含氧过高而致冷脆的断口相
　　　　　似，且往往含有 NiO 及 NiS 相的存在，图中灰色
　　　　　沿加工方向略被压扁的颗粒为 NiS 相，晶界上由
　　　　　于硫在晶界的偏聚，经浸蚀后也变得甚粗

图　12-5-4　　　　　　　　　　　　　　　1/5×

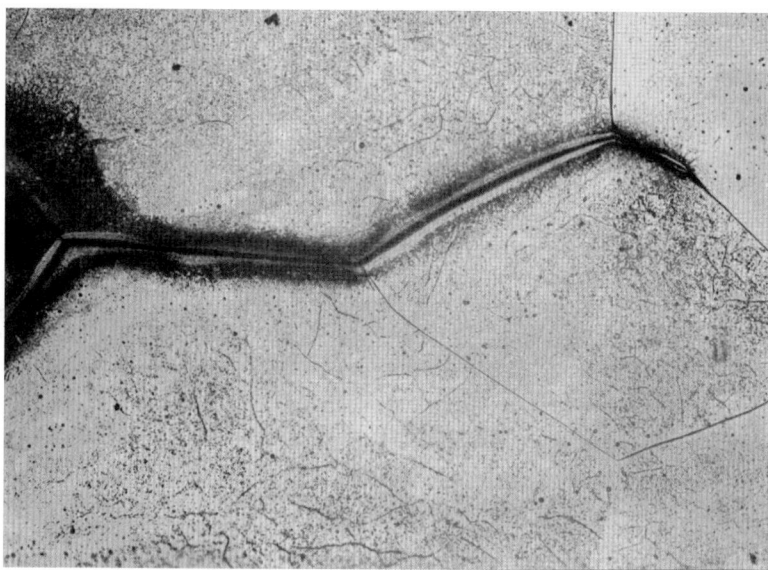

图　12-5-5　　　　　　　　　　　　　　　50×

图　号：12-5-4、12-5-5

材料名称：六号镍（N6）

浸 蚀 剂：图 12-5-4 为硝酸、盐酸、冰醋酸水溶液；图 12-5-5 为磷酸∶水（体积比 4∶3），电解浸蚀，电压 30V（空载）

处理情况：圆锭、扁锭在高含硫煤气中加热

组织说明：硫对镍的危害极为明显，纯镍在含硫的煤气中加热时，煤气中的 SO_2 便会与镍发生 $4Ni+SO_2\rightarrow$ Ni_3S_2+NiO 的反应，硫将由表面向内部渗入扩散，特别是通过晶界的短途扩散更为严重。

图 12-5-4：在高含硫的煤气中加热的圆锭和扁锭的剖面实物。图中白色箭头所指处的白色条状物为硫沿柱状晶粒的晶界向里渗入的景象。可见在扁锭的最严重处裂纹直达中心。硫的渗入大大削弱了晶粒间的结合力使之出现热脆和冷脆，对这种扁锭及圆锭进行轧制或挤压等压力加工变形时便会发生严重开裂。

图 12-5-5：高倍下硫向纯镍沿晶界短途扩散及由晶间向周围基体扩散后的显微组织。图左部为纯镍表面。为了防止硫对镍的污染危害，必须要保证加热气氛中不得含硫或改在电炉中加热。

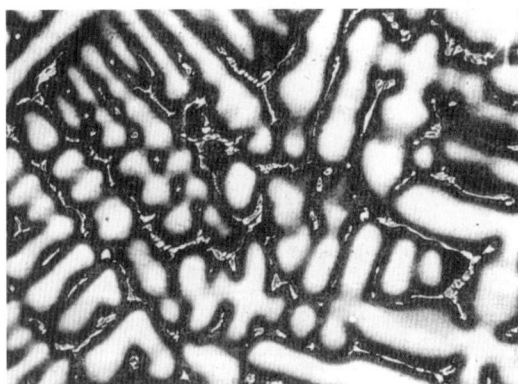

图　12-5-6　　　　　　　　　　200×

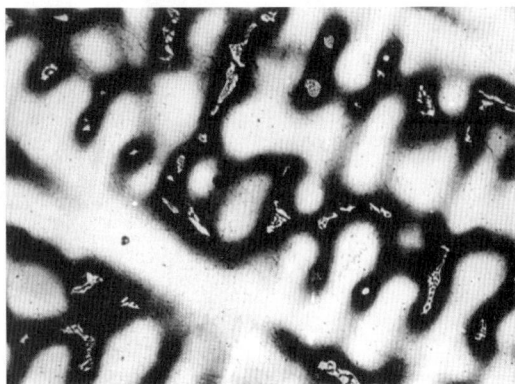

图　12-5-7　　　　　　　　　　200×

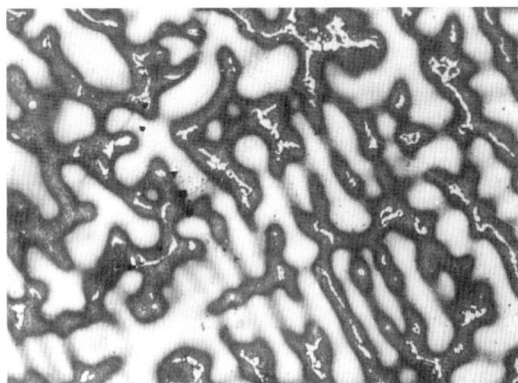

图　12-5-8　　　　　　　　　　200×

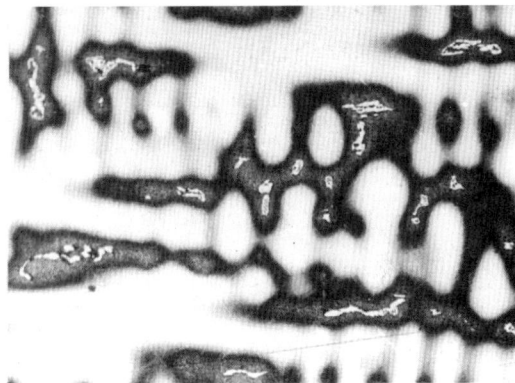

图　12-5-9　　　　　　　　　　200×

图　　号：12-5-6~12-5-9

材料名称：NCu30（Cu）-4（Si）-2（Fe）-1（Mn）

浸蚀剂：硝酸高铁酒精溶液

处理情况：图 12-5-6、图 12-5-7 为铸态，图 12-5-8、图 12-5-9 为铸棒在 580℃下退火 4h

组织说明：NCu30（Cu）-4（Si）-2（Fe）-1（Mn）是一种航空用材料，具有很高的强度和耐热、耐蚀性。
这种多元合金具有明显的树枝状晶内偏析，并有第二相出现。

图 12-5-6 及图 12-5-7：分别为铸棒的边缘和中心的铸态显微组织。由图可见边部的枝晶网络细密而中
心明显粗疏。白色的第二相位于枝晶间的最后凝固处，实验证实：铸棒经 580℃保温处理后，其强化效果
与挤压棒材淬火后时效的效果相近，而成品率却可得以明显的提高。

图 12-5-8 及图 12-5-9：分别为铸棒的边部和中心经 580℃×4h 时效后的显微组织。可见原先铸态下的
晶内偏析及第二相仍然未发生任何变化，但是其时效后的强化效果，是由于显微镜下无法分辨的强化相的
析出使性能得到了提高所致。

图 12-5-10

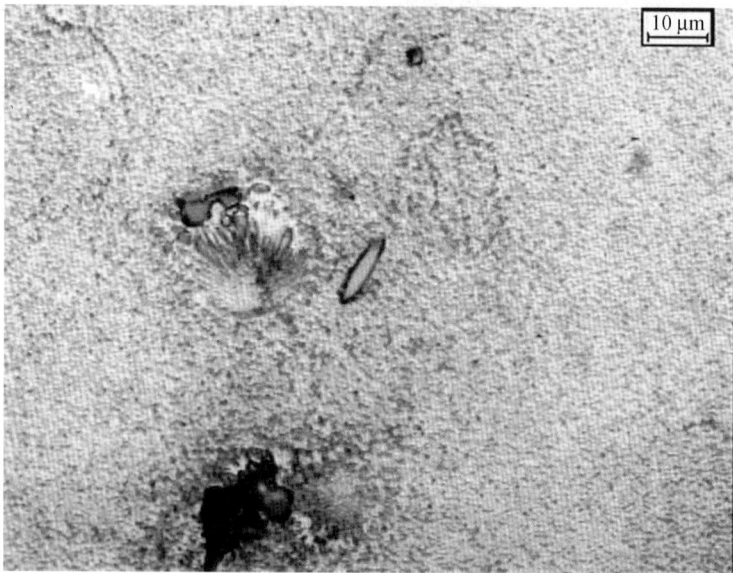

图 12-5-11

图　　号： 12-5-10、12-5-11

材料名称：（美国）IN713LC 镍基合金 [w（C）0.03%~0.07%，　w（Al）5.5%~6.2%，w（Co）≤1.0%，w（Cr）11.0%~12.0%，w（Mo）3.8%~4.5%，w（Ti）0.4%~1.0%，w（Nb+Ta）1.5%~2.2%，其余为 Ni]

浸 蚀 剂： KallingS 试剂（氢氧化钠、铁氢化钾、水溶液）100℃热浸蚀 20s

处理情况： 铸态

组织说明： 图 12-5-10：铸态组织，基体为 γ 晶粒较大，在晶粒内，可隐约见到树枝状偏析的分布情况。

图 12-5-11：图 12-5-10 放大情况，基体为 γ 相，鸠灰色条块状为碳化物，在枝晶间即块状碳化物附近为 γ+γ'共晶体。合金的密度小，综合性能良好，组织稳定，铸造工艺性良好，可用于制造 600~950℃以下使用的燃气涡轮发动机转子、叶片等。此类合金在使用温度下长期时效后的析出相为 γ'、M23C6 以及 σ 相（图 12-5-10~图 12-5-18 由宣伟先生提供）。

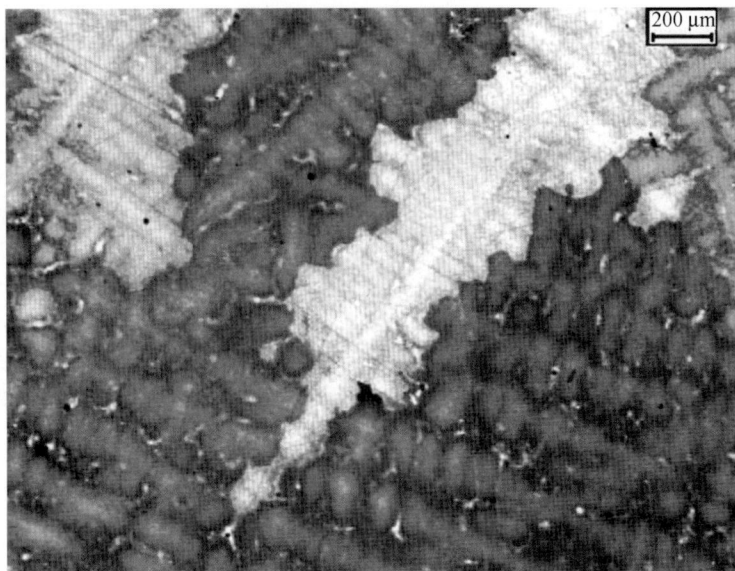

图 12-5-12

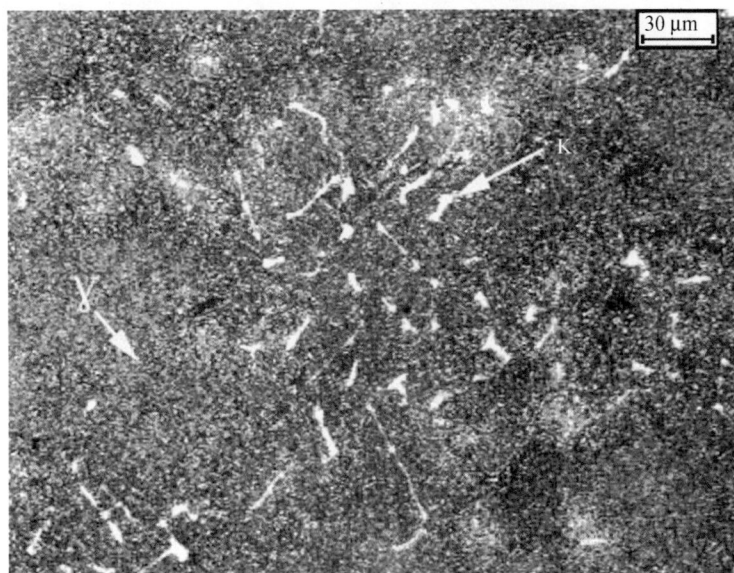

图 12-5-13

图 号: 12-5-12、12-5-13

材料名称:（美国）C1023 镍基合金 [w（C）0.12%~0.18%，w（Al）3.9%~4.4%，w（Co）9.0%~10.5%，w（Cr）14.5%~16.5%，w（Mo）7.6%~9.0%，w（Ti）3.4%~3.8%，其余为 Ni]

浸 蚀 剂: 50%Nimonic 试剂（氯化铜 12.5g，氯化亚铁 12.5g，硝酸 50mL，盐酸 200mL，加水至 1000mL）

处理情况: 铸态

组织说明: 图 12-5-12：基体为 γ 相，有明显的枝晶偏析，枝晶间白色条块状为碳化物聚集分布，在 γ 相基体上有黑色弥散点状 γ′强化相析出。

图 12-5-13：基体组织经放大后更清晰，碳化物（K）及强化相 γ′分别见箭头所指，基体中固溶 Mo 及 Co 等元素，有明显的固溶强化作用，此外，碳化物也有一定的强化作用。合金的铸造性能较好，抗氧化和冷热疲劳性能也较好。可用于制造 900℃ 以下使用的燃气涡轮发动机导向叶片。

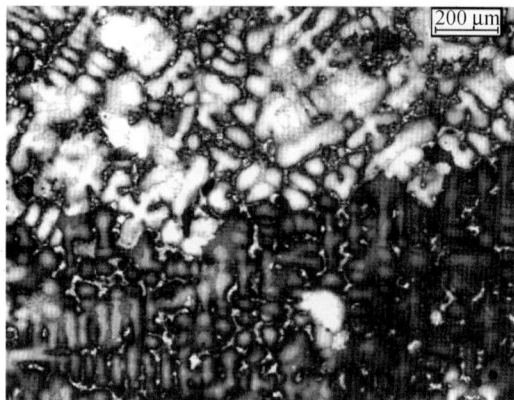

图 12-5-14

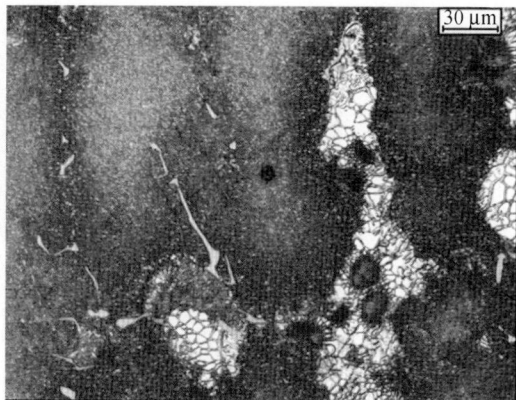

图 12-5-15

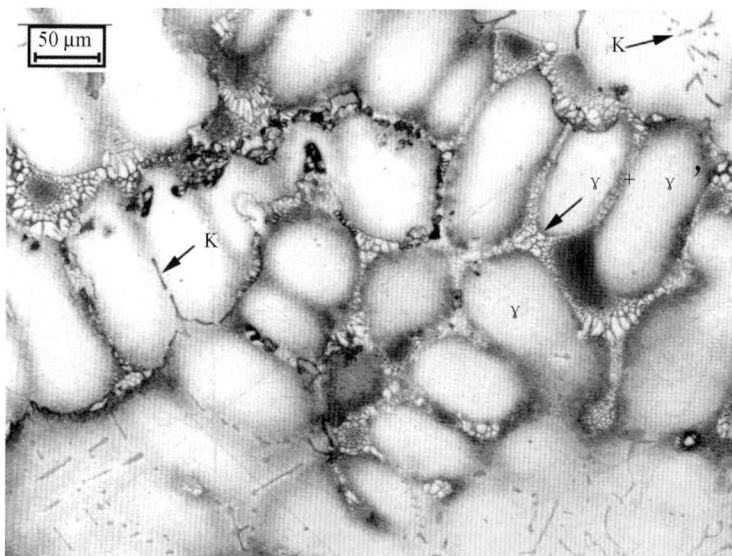

图 12-5-16

图　　号：12-5-14~12-5-16

材料名称：（美国）Marm002 镍基合金［w（C）0.13%~0.17%，w（Al）5.52%~5.75%，w（Co）9.0%~11.0%，w（Cr）8.0%~10.0%，w（Ti）1.25%~1.75%，w（Ta）2.25%~2.75%，w（W）9.0%~11.0%，w（Hf）1.25%~1.7%，其余为 Ni］

浸 蚀 剂：Nimonic 试剂

处理情况：铸态

组织说明：图 12-5-14：基体为 γ 相，有极为明显的树枝状偏析，在枝晶晶界处白色相为 γ+γ' 共晶体，由于放大倍数较低，组织的分布细节分辨不清。

图 12-5-15：图 12-5-14 放大后组织，晶界处 γ+γ' 共晶体清晰可见，并且还有灰色条块状碳化物存在。

图 12-5-16：再进一步放大后组织，基体 γ 相以及 γ+γ' 共晶体和碳化物 K 更为清晰，分别见箭头所指。

合金组织稳定性较好，且具有高的高温强度，抗热腐蚀性能也好。适用于制造 800~1040℃ 以下使用的燃气涡轮发动机叶片。

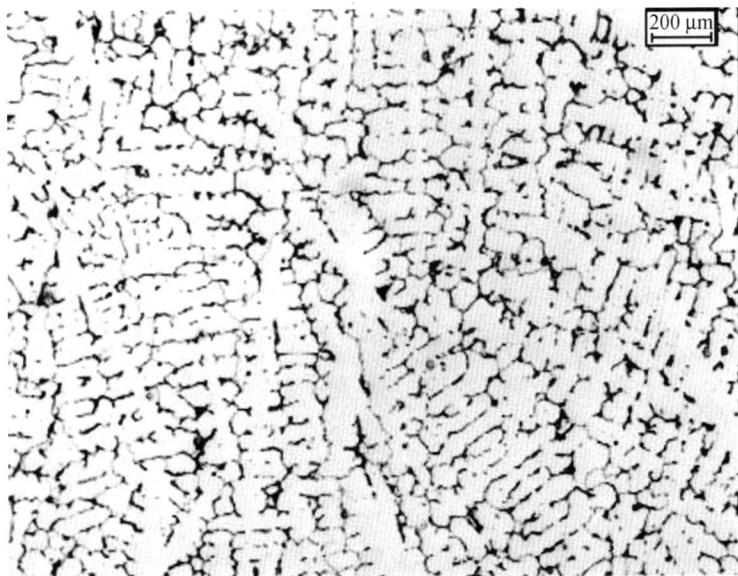

图 12-5-17

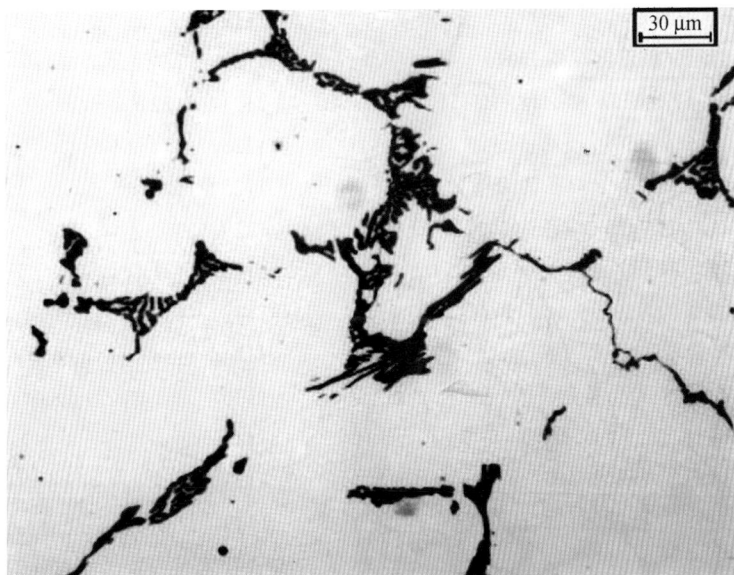

图 12-5-18

图　　号：12-5-17、12-5-18

材料名称：（英国）Stellite 31 钴基合金 [w（C）0.40%~0.60%，w（Cr）24.5%~26.5%，w（Ni）9.5%~11.5%，w（W）7.0%~8.0%，w（Fe）≤2.0%，其余为 Co]

浸 蚀 剂：Murakami's 试剂（氢氧化钠 10g，铁氢化钾 10g，水 100mL）

处理情况：铸态

组织说明：图 12-5-17：基体为 γ 相，树枝状枝晶特别明显，枝晶间黑色骨骼状为碳化物。

图 12-5-18 为图 12-5-17 放大后的组织，枝晶间骨骼状碳化物更为清晰。

钴基合金铸造性能良好，抗氧化性及燃气腐蚀性能良好，组织稳定。用于制造燃气涡轮发动机叶片。

附　　录

《金属材料金相图谱》材料名称及状态与图片页码索引

第6章　焊　接　件

第 3 节 特殊焊接件

第 7 章 粉 末 冶 金

第 8 章　表面渗镀涂层

第 2 节　碳氮共渗处理

第 3 节　渗氮和氮碳共渗处理

第 9 章　铜及铜合金

第 10 章　铝及铝合金

第 2 节　变形铝合金

第 11 章　轴 承 合 金

第 1 节　锡基轴承合金

第 12 章　其他非铁金属

第 2 节　锌及锌合金

第 3 节　铅及铅合金

材料名称及状态   图 片 页 码